A. Unsöld

Physik der Sternatmosphären

mit besonderer Berücksichtigung der Sonne

Berichtigter Nachdruck
der zweiten Auflage

Mit 257 Abbildungen

Springer-Verlag Berlin · Heidelberg · New York 1968

Professor Dr. A. Unsöld
Institut für Theoretische Physik der Universität
2300 Kiel, Olshausenstraße, Neue Universität, Bau 13

 Library of Congress Catalog Card Number 68-58188. Printed in Germany

Titel-Nr. 1071

Vorwort zur ersten Auflage.

Die Astrophysik ist in den letzten zwei Jahrzehnten zu einer quantitativen Wissenschaft geworden. Dieses Buch möchte eine Einführung in die neue Forschungsrichtung geben.

Im Laufe der letzten Jahre ist es dem angehenden Astrophysiker immer schwerer geworden, zwischen der Unmenge alter und neuer Arbeiten durchzufinden, die einander vielfach widersprechen und nur zu oft kaum ein Ziel erkennen lassen. Es scheint mir daher ein Bedürfnis zu bestehen nach einer Darstellung, die weniger die vorhandene Literatur referiert, als vielmehr das Brauchbare in vereinfachter Form und unter einheitlichen Gesichtspunkten darstellt und Unbrauchbares rigoros beiseite läßt. (Dabei soll nicht verkannt werden, daß auch unrichtige Arbeiten der Forschung oft wertvolle Anregung geben.)

Weiterhin ist es gerade in der Astrophysik besonders nötig, den Zusammenhang von Beobachtung und Theorie enger zu gestalten, als dies gewöhnlich der Fall ist. Astrophysikalische Theorien, welche die Verbindung mit der Wirklichkeit verloren haben, sind nichts als ungeeignete Übungsaufgaben zur theoretischen Physik, mit denen man die Zeitschriften besser nicht belasten sollte. Wir werden sämtliche theoretischen Ansätze soweit durchführen, daß sie der Praktiker anwenden und prüfen kann. Daneben wollen wir das vorliegende Beobachtungsmaterial, soweit es für uns von Bedeutung ist, in gesichteter Form zusammenstellen, ohne jedoch mehr als nötig auf technische Einzelheiten einzugehen.

Die größte Schwierigkeit einer Einführung in die neuere Astrophysik liegt in der Abgrenzung gegen die „terrestrische“ Physik. Im Rahmen eines Astrophysikbuches eine vollständige Darlegung der nötigen Grundlagen zu geben, ist gar nicht möglich — wir wollen ja nicht erst ein weiteres Handbuch der Physik schreiben. Dagegen sollen einige für den Astrophysiker besonders wichtige Zweige der Theorie, die anhand der physikalischen Literatur nur mit einigen Schwierigkeiten zu erlernen sind, gleich in geeignet vorbereiteter Form und ohne irgendwelchen Anspruch auf Vollständigkeit dargestellt werden, um den Zugang zu unserem Forschungsgebiet zu erleichtern.

Die entscheidenden Fortschritte in der Astrophysik — daran soll auch hier nochmals erinnert werden — sind fast immer entstanden durch Anwendung neuer physikalischer Ideen auf kosmische Probleme. Ich erinnere an FRAUNHOFER und KIRCHHOFF, die selbst ihre neuen physikalischen Erkenntnisse auf Sonne und Sterne anwandten, an SAHA, der ausgehend vom NERNSTschen Wärmesatz und BOHRs Atommodell die Theorie der thermischen Ionisation und Anregung auf die Sternatmosphären anwandte, und nicht zuletzt an SCHWARZSCHILD und EDDINGTON, die in engstem Anschluß an den enormen Aufschwung der theoretischen Physik jener Jahre für die Astrophysik dasselbe leisteten, wie MAXWELL für die Elektrodynamik: Aus einem Gewirr einzelner Ansätze und Hypothesen entstanden die Grundmauern eines wohlgeordneten mathematischen Gebäudes, dessen Ausbau freilich die zielbewußte Mitarbeit der Beobachter und Theoretiker noch auf Jahre in Anspruch nehmen wird.

Mein Dank gebührt vor allem Herrn Dr. W. LOCHTE-HOLTGREVEN, der das ganze Manuskript einer kritischen Durchsicht unterzogen und mich in sachlichen wie in Darstellungsfragen ständig beraten hat. Meiner *lb. Frau* danke ich für ihre unermüdliche Mithilfe an der Schreibmaschine, durch die sie wesentlich zur zeitigen Fertigstellung des Buches beitrug. Schließlich möchte ich Herrn Dr. G. BURKHARDT für seine frdl. Hilfe beim Lesen der Korrekturen herzlichst danken.

Kiel, im Dezember 1937. A. UNSÖLD.

Vorwort zur zweiten Auflage.

Die Erforschung der Sternatmosphären hat in den seit Erscheinen der 1. Auflage dieses Buches vergangenen 17 Jahren eine so glänzende Entwicklung genommen, daß die 2. Auflage praktisch neu bearbeitet werden mußte. Im Frühjahr 1951 konnte mit dieser Arbeit begonnen werden. Es wurde versucht, den neuesten Fortschritten der Forschung soweit wie möglich Rechnung zu tragen; da und dort mußte dafür allerdings auf eine völlige Homogenität der Darstellung verzichtet werden. Ganz beiseite gelassen wurde — wie in der 1. Auflage — die Theorie der Molekülspektren in den kühlen Sternen sowie die Theorie der interstellaren Materie, der Gasnebel und extrem dünner Hüllen (mit Ausnahme der Sonnenkorona). Der erstere Problemkreis könnte nur von einem Spezialisten dargestellt werden; bezüglich des letzteren dürfen wir auf die ausgezeichneten Monographien von O. STRUVE, K. WURM, J. DUFAY u. a. hinweisen.

Wir möchten dem Leser nicht die Freude vorwegnehmen, beim Durchblättern des Inhaltsverzeichnisses sich noch einmal zu vergegenwärtigen, wie grundlegend sich die theoretischen und praktischen Aspekte der Physik der Sternatmosphären innerhalb weniger Jahre gewandelt haben, und wir möchten es auch ihm überlassen, im Text das herauszufinden, „was nicht im Baedeker steht“.

Allen den Kollegen und Institutionen des In- und Auslandes, die es durch ihre freundliche großzügige Mithilfe ermöglichten, nach den Zerstörungen des Krieges die Forschungsarbeit in unserem Kieler Institut so rasch wieder in Gang zu bringen, möchte ich auch an dieser Stelle noch einmal meinen herzlichen Dank aussprechen. Bei der Bearbeitung bestimmter Fragen sowie der Anfertigung von Tabellen und Zeichnungen haben die jüngeren Mitarbeiter des Institutes stets auf das bereitwilligste geholfen. Frau K. BOEHNERT übernahm die mühevolle Arbeit, das ganze Manuskript auf der Maschine zu schreiben. Beim Lesen der Korrekturen haben mich Herr Dr. G. TRAVING und Herr Dipl. phys. L. OSTER auf das freundlichste unterstützt. Ihnen allen möchte ich auf das herzlichste danken.

Kiel, im November 1954. A. UNSÖLD.

Institut für theoretische Physik
und Sternwarte der Universität.

Inhaltsverzeichnis.

Erster Teil.

Die Sternatmosphäre im thermischen Gleichgewicht.

I. Kapitel: Strahlungstheorie. Seite

1. Das Strahlungsfeld; Grundbegriffe und Definitionen 1
2. Emission und Absorption der Strahlung 4
3. Strahlung im thermischen Gleichgewicht. Hohlraumstrahlung. KIRCHHOFFscher Satz 5
4. Das STEFAN-BOLTZMANNsche Gesetz 7
5. Spektrale Energieverteilung der Hohlraumstrahlung. WIENsches Verschiebungsgesetz. Entropie eines (nahezu) monochromatischen Strahlenbündels 10
6. Energieverteilung im Spektrum der Hohlraumstrahlung. Klassische Theorie; RAYLEIGH-JEANSsche Strahlungsformel 11
7. Quantentheorie. PLANCKsches Strahlungsgesetz (1900) 14
8. Herstellung der Hohlraumstrahlung. Messung der Strahlungskonstanten σ und c_2. Optische Temperaturmessung und Temperaturskala 22

II. Kapitel: Anwendung des PLANCKschen Gesetzes auf die Strahlung der Sonne. Strahlungsmessungen.

9. Grundprinzipien. Absorption in der Erdatmosphäre 25
10. Messung der Gesamtstrahlung der Sonne 27
11. Messung der Energieverteilung im Spektrum der gesamten Sonnenscheibe und der Mitte der Sonnenscheibe 31
12. Reduktion der Messungen von ABBOT und WILSING. Solarkonstante und effektive Sonnentemperatur. Energieverteilung im Spektrum des Strahlungsstromes πF_λ in absolutem Maß 35
13. Mitte-Rand-Konstrast $I_\lambda(\vartheta)/I_\lambda(0)$. Strahlungsintensität und -strom. $I_\lambda(0)/F_\lambda$ 39
14. Verzerrung des „wahren" kontinuierlichen Sonnenspektrums durch die FRAUNHOFER-Linien. Intensitätsverteilung im „wahren" kontinuierlichen Spektrum; F_λ und $I_\lambda(0)$ in erg/cm$^2\cdot$sec. Vergleich mit dem schwarzen Körper von $T_e = 5780°$ K 44
15. Kritische Bemerkungen über die Methodik der Sonnenstrahlungsmessungen 48

III. Kapitel: Die Strahlung der Sterne.

16. Einführung in die Klassifikation der Sternspektren 49
17. Messung der Energieverteilung in den kontinuierlichen Spektren der Sterne. Farbtemperaturen und Gradienten. Abweichung vom PLANCKschen Strahlungsgesetz 52
18. Visuelle, photographische und bolometrische Helligkeit der Sterne. Farbenindizes und bolometrische Korrektionen 66
19. Absolute Helligkeiten. Sterndurchmesser. Riesen- und Zwergsterne. HERTZSPRUNG-RUSSELL-Diagramm. Die zwei Sternpopulationen 69
20. Empirische Verknüpfung von Farbtemperatur T_F, Strahlungstemperatur T_s und effektiver Temperatur T_e 74
21. Die Massen der Sterne. EDDINGTONS Masse-Leuchtkraft-Beziehung. Schwerebeschleunigung an den Sternoberflächen 76

IV. Kapitel: Thermische Ionisation und Anregung.

22. Anregung und Ionisation der Atome bei thermischem Gleichgewicht. BOLTZMANNsche und SAHAsche Formel 79
23. Zahlenmäßige Auswertung der SAHAschen Formel. Ionisations- und Anregungspannungen. Statistische Gewichte 85
24. Experimentelle Prüfung der SAHAschen Formel. Anwendung auf Sternatmosphären nach SAHA, FOWLER und MILNE 93
25. Ionisation von Gemischen mehrerer Elemente. Verhältnis von Elektronendruck P_e zu Gasdruck P_g. Effektives Molekulargewicht 101

Zweiter Teil.

Kontinuierliches Spektrum und Aufbau einer Sternatmosphäre.

V. Kapitel: Strahlungsaustausch. Seite

26. Die Strömungsgleichung der Strahlung 106
27. Die Ergiebigkeit S_ν 107
28. Zusammenhang von Strahlungsintensität $I(x, \vartheta)$ und Ergiebigkeit $S(x)$. 109
29. Analyse des kontinuierlichen Sonnenspektrums nach LUNDBLAD, CHALONGE-KOURGANOFF und BARBIER 115
30. Zusammenhang von mittlerer Strahlungsintensität $J(x) = \int I(x, \vartheta) \frac{d\omega}{4\pi}$, Strahlungsstrom $\pi F(x)$ und Ergiebigkeit $S(x)$ 118
31. Zahlenmäßige Berechnung der mittleren Strahlungsintensität, des Strahlungsstromes und ähnlicher Quadraturen 120
32. Die Strömungsgleichung der Gesamtstrahlung $I = \int_0^\infty I_\nu d\nu$. Der ROSSELANDsche Mittelwert $\bar{\varkappa}$ (Opazitätskoeffizient) des Absorptionskoeffizienten $\varkappa_\nu$. 123
33. S. CHANDRASEKHARs Verfahren zur Berechnung von $\bar{\varkappa}$ 127

VI. Kapitel: Strahlungsgleichgewicht.

34. Die Kontinuitätsgleichung der Strahlung 128
35. Anwendung der Theorie des Strahlungsgleichgewichtes auf die Gesamtstrahlung der grauen Atmosphäre. Randverdunkelung der Sonne. Einführung des Temperaturbegriffes 129
36. Weitere Näherungsmethoden zur Lösung der Integrodifferentialgleichung des Strahlungsgleichgewichtes der grauen Atmosphäre 132
37. Die SCHWARZSCHILD-MILNEsche Integralgleichung des Strahlungsgleichgewichtes. Untersuchungen von E. HOPF über deren strenge Lösung. Zweite Näherung 138
38. Das „Strom-Iterationsverfahren" 141
39. Näherungsverfahren mit vorgegebener Form der Lösung 143
40. Exakte Lösung der SCHWARZSCHILD-MILNEschen Integralgleichung. Numerischer Vergleich der verschiedenen Näherungsverfahren. Analytische Approximation nach D. LABS 144
41. Mitte-Rand-Kontrast in Abhängigkeit von λ und Energieverteilung im kontinuierlichen Sonnenspektrum 148
42. Einfluß der Absorptionslinien auf die Temperaturschichtung der Sonnenatmosphäre 154
43. Einfluß der Linien auf die Temperaturschichtung in Sternatmosphären. Näherungsverfahren zur Behandlung nichtgrauer Strahlungsgleichgewichtsprobleme 160

VII. Kapitel: Kontinuierliche Absorption und Streuung.

44. Qualitativer Überblick: Der kontinuierliche Absorptionskoeffizient in Sternatmosphären. Historische Bemerkungen 163
45. Kontinuierliche Absorption der Wasserstoffatome 165
46. Der kontinuierliche Absorptionskoeffizient von He I und He II 171
47. Der kontinuierliche Absorptionskoeffizient der übrigen Atome bzw. positiven Ionen, insbesondere der Metalle 173
48. Das negative Wasserstoffion H^- 174
49. THOMSON-Streuung an freien Elektronen und RAYLEIGH-Streuung an Wasserstoff und Heliumatomen 177
50. Der kontinuierliche Absorptions- und Streukoeffizient $\varkappa + \sigma$ und der ROSSELANDsche Opazitätskoeffizient $\bar{\varkappa}$ stellarer Materie als Funktion von Temperatur und Druck 181

VIII. Kapitel: Der Aufbau der Sternatmosphären.

51. Druck- und Temperaturschichtung einer Atmosphäre im Strahlungsgleichgewicht. Gasdruck, Strahlungsdruck und Turbulenzdruck 199
52. Mittlere Zustandsgrößen der Sternatmosphären als Funktion der effektiven Temperatur T_e und der Schwerebeschleunigung g. 202
53. Genauere Berechnung der Temperatur- und Druckschichtung „nichtgrauer" Atmosphären im Strahlungsgleichgewicht 208
54. Konvektion und Strahlungsgleichgewicht. Stabilitätskriterium von K. SCHWARZSCHILD 215

Inhaltsverzeichnis.

Erster Teil.

Die Sternatmosphäre im thermischen Gleichgewicht.

I. Kapitel: Strahlungstheorie. Seite

1. Das Strahlungsfeld; Grundbegriffe und Definitionen 1
2. Emission und Absorption der Strahlung 4
3. Strahlung im thermischen Gleichgewicht. Hohlraumstrahlung. KIRCHHOFFscher Satz 5
4. Das STEFAN-BOLTZMANNsche Gesetz 7
5. Spektrale Energieverteilung der Hohlraumstrahlung. WIENsches Verschiebungsgesetz. Entropie eines (nahezu) monochromatischen Strahlenbündels 10
6. Energieverteilung im Spektrum der Hohlraumstrahlung. Klassische Theorie; RAYLEIGH-JEANSsche Strahlungsformel 11
7. Quantentheorie. PLANCKsches Strahlungsgesetz (1900) 14
8. Herstellung der Hohlraumstrahlung. Messung der Strahlungskonstanten σ und c_2. Optische Temperaturmessung und Temperaturskala 22

II. Kapitel: Anwendung des PLANCKschen Gesetzes auf die Strahlung der Sonne. Strahlungsmessungen.

9. Grundprinzipien. Absorption in der Erdatmosphäre 25
10. Messung der Gesamtstrahlung der Sonne 27
11. Messung der Energieverteilung im Spektrum der gesamten Sonnenscheibe und der Mitte der Sonnenscheibe 31
12. Reduktion der Messungen von ABBOT und WILSING. Solarkonstante und effektive Sonnentemperatur. Energieverteilung im Spektrum des Strahlungsstromes πF_λ in absolutem Maß 35
13. Mitte-Rand-Konstrast $I_\lambda(\vartheta)/I_\lambda(0)$. Strahlungsintensität und -strom. $I_\lambda(0)/F_\lambda$ 39
14. Verzerrung des „wahren" kontinuierlichen Sonnenspektrums durch die FRAUNHOFER-Linien. Intensitätsverteilung im „wahren" kontinuierlichen Spektrum; F_λ und $I_\lambda(0)$ in erg/cm^2 · sec. Vergleich mit dem schwarzen Körper von $T_e = 5780°$ K 44
15. Kritische Bemerkungen über die Methodik der Sonnenstrahlungsmessungen 48

III. Kapitel: Die Strahlung der Sterne.

16. Einführung in die Klassifikation der Sternspektren 49
17. Messung der Energieverteilung in den kontinuierlichen Spektren der Sterne. Farbtemperaturen und Gradienten. Abweichung vom PLANCKschen Strahlungsgesetz 52
18. Visuelle, photographische und bolometrische Helligkeit der Sterne. Farbenindizes und bolometrische Korrektionen 66
19. Absolute Helligkeiten. Sterndurchmesser. Riesen- und Zwergsterne. HERTZSPRUNG-RUSSELL-Diagramm. Die zwei Sternpopulationen 69
20. Empirische Verknüpfung von Farbtemperatur T_F, Strahlungstemperatur T_s und effektiver Temperatur T_e 74
21. Die Massen der Sterne. EDDINGTONS Masse-Leuchtkraft-Beziehung. Schwerebeschleunigung an den Sternoberflächen 76

IV. Kapitel: Thermische Ionisation und Anregung.

22. Anregung und Ionisation der Atome bei thermischem Gleichgewicht. BOLTZMANNsche und SAHAsche Formel 79
23. Zahlenmäßige Auswertung der SAHAschen Formel. Ionisations- und Anregungspannungen. Statistische Gewichte 85
24. Experimentelle Prüfung der SAHAschen Formel. Anwendung auf Sternatmosphären nach SAHA, FOWLER und MILNE 93
25. Ionisation von Gemischen mehrerer Elemente. Verhältnis von Elektronendruck P_e zu Gasdruck P_g. Effektives Molekulargewicht 101

Zweiter Teil.

Kontinuierliches Spektrum und Aufbau einer Sternatmosphäre.

V. Kapitel: Strahlungsaustausch. Seite

26. Die Strömungsgleichung der Strahlung 106
27. Die Ergiebigkeit S_ν 107
28. Zusammenhang von Strahlungsintensität $I(x, \vartheta)$ und Ergiebigkeit $S(x)$. 109
29. Analyse des kontinuierlichen Sonnenspektrums nach LUNDBLAD, CHALONGE-KOURGANOFF und BARBIER 115
30. Zusammenhang von mittlerer Strahlungsintensität $J(x) = \int I(x, \vartheta) \frac{d\omega}{4\pi}$, Strahlungsstrom $\pi F(x)$ und Ergiebigkeit $S(x)$ 118
31. Zahlenmäßige Berechnung der mittleren Strahlungsintensität, des Strahlungsstromes und ähnlicher Quadraturen 120
32. Die Strömungsgleichung der Gesamtstrahlung $I = \int_0^\infty I_\nu d\nu$. Der ROSSELANDsche Mittelwert $\bar{\varkappa}$ (Opazitätskoeffizient) des Absorptionskoeffizienten $\varkappa_\nu$. 123
33. S. CHANDRASEKHARS Verfahren zur Berechnung von $\bar{\varkappa}$ 127

VI. Kapitel: Strahlungsgleichgewicht.

34. Die Kontinuitätsgleichung der Strahlung 128
35. Anwendung der Theorie des Strahlungsgleichgewichtes auf die Gesamtstrahlung der grauen Atmosphäre. Randverdunkelung der Sonne. Einführung des Temperaturbegriffes 129
36. Weitere Näherungsmethoden zur Lösung der Integrodifferentialgleichung des Strahlungsgleichgewichtes der grauen Atmosphäre 132
37. Die SCHWARZSCHILD-MILNEsche Integralgleichung des Strahlungsgleichgewichtes. Untersuchungen von E. HOPF über deren strenge Lösung. Zweite Näherung 138
38. Das „Strom-Iterationsverfahren" 141
39. Näherungsverfahren mit vorgegebener Form der Lösung 143
40. Exakte Lösung der SCHWARZSCHILD-MILNEschen Integralgleichung. Numerischer Vergleich der verschiedenen Näherungsverfahren. Analytische Approximation nach D. LABS 144
41. Mitte-Rand-Kontrast in Abhängigkeit von λ und Energieverteilung im kontinuierlichen Sonnenspektrum 148
42. Einfluß der Absorptionslinien auf die Temperaturschichtung der Sonnenatmosphäre 154
43. Einfluß der Linien auf die Temperaturschichtung in Sternatmosphären. Näherungsverfahren zur Behandlung nichtgrauer Strahlungsgleichgewichtsprobleme 160

VII. Kapitel: Kontinuierliche Absorption und Streuung.

44. Qualitativer Überblick: Der kontinuierliche Absorptionskoeffizient in Sternatmosphären. Historische Bemerkungen 163
45. Kontinuierliche Absorption der Wasserstoffatome 165
46. Der kontinuierliche Absorptionskoeffizient von He I und He II 171
47. Der kontinuierliche Absorptionskoeffizient der übrigen Atome bzw. positiven Ionen, insbesondere der Metalle 173
48. Das negative Wasserstoffion H^- 174
49. THOMSON-Streuung an freien Elektronen und RAYLEIGH-Streuung an Wasserstoff und Heliumatomen 177
50. Der kontinuierliche Absorptions- und Streukoeffizient $\varkappa + \sigma$ und der ROSSELANDsche Opazitätskoeffizient $\bar{\varkappa}$ stellarer Materie als Funktion von Temperatur und Druck 181

VIII. Kapitel: Der Aufbau der Sternatmosphären.

51. Druck- und Temperaturschichtung einer Atmosphäre im Strahlungsgleichgewicht. Gasdruck, Strahlungsdruck und Turbulenzdruck 199
52. Mittlere Zustandsgrößen der Sternatmosphären als Funktion der effektiven Temperatur T_e und der Schwerebeschleunigung g. 202
53. Genauere Berechnung der Temperatur- und Druckschichtung „nichtgrauer" Atmosphären im Strahlungsgleichgewicht 208
54. Konvektion und Strahlungsgleichgewicht. Stabilitätskriterium von K. SCHWARZSCHILD 215

Seite
55. Energietransport durch Konvektion und Strahlung. Aerodynamik stellarer Konvektionszonen. Turbulenz, Mischungsweg, Austauschgröße 216
56. Die Adiabate ionisierbarer Gase. Die Wasserstoff-Konvektionszone. Entropiediagramm der stellaren Materie. Einfluß der Strahlung 227
57. Die spezifische Wärme $c_p(P, T)$ stellarer Materie. Schallgeschwindigkeit 232
58. Die Wasserstoffkonvektionszone der Sonne. 234

Dritter Teil.

Messung der Intensitätsverteilung in den Fraunhofer-Linien.

IX. Kapitel: Messung der Profile und Äquivalentbreiten von Fraunhofer-Linien.

59. Grundbegriffe. Historisches 238
60. Die photographische Platte 239
61. Standardisierung der Platten. Schwärzungskurve 240
62. Mikrophotometer. Reduktion der Photometerkurven 243
63. Der Spektrograph: Gittergeister, Streulicht. Trennungsvermögen . . . 246
64. Empirische Bestimmung des Apparateprofils 250
65. Ver- und Entzerrungsprobleme 252
66. Berechnung der Voigt-Funktionen 261
67. Messung der Äquivalentbreite. Abgekürzte Methoden zur Messung schwacher Linien. Schätzungsskalen. Systematische Fehler 265

Vierter Teil.

Physikalische Grundlagen der Theorie der Fraunhofer-Linien.

X. Kapitel: Dämpfung (insbesondere Strahlungsdämpfung) und Dopplereffekt.

68. Einige historische Bemerkungen. Klassische Elektronentheorie (H. A. Lorentz). Dispersion, Absorption und Emission des harmonischen Oszillators 269
69. Klassische Theorie der Strahlungsdämpfung und Resonanzfluoreszenz . . 274
70. Quantentheorie: Die Einsteinschen Übergangswahrscheinlichkeiten A_{nm}, B_{mn} und B_{nm}. Lebensdauer angeregter Zustände. Oszillatorenstärken . . 276
71. Quantentheorie der Strahlungsdämpfung. Kohärente und inkohärente Streuung. Wahre Absorption 280
72. Thermischer Dopplereffekt und Turbulenz 285
73. Dopplereffekt und Dämpfung. Wachstumskurve für exponentielle Absorption. 288
74. Streuung thermisch bewegter Teilchen 293

XI. Kapitel: Druckverbreiterung und Druckverschiebung von Spektrallinien.

75. Einleitung 297
76. Theorie der Stoßdämpfung 298
77. Statistische Theorie der Druckeffekte 307
78. Abgrenzung und Verschmelzung von Stoßdämpfungstheorie und statistischer Theorie 311
79. Quantentheoretische Begründung und Verfeinerung der Theorie der Druckeffekte 312
80. Gleichzeitige Störung durch mehrere Teilchen 318
81. Reemission druckverbreiterter Linien 318
82. Berechnung astrophysikalisch wichtiger Wechselwirkungskonstanten, Wirkungsquerschnitte, Absorptionskoeffizienten usw. 319

XII. Kapitel: Quantenmechanische Berechnung von Linienstärken, Übergangswahrscheinlichkeiten und Oszillatorenstärken.

83. Grundbegriffe 334
84. Linienstärken in Multipletts mit Russell-Saunders-Kopplung. Burger-Dorgelosche Summenregel 338
85. Linienstärken in Supermultipletts und Übergangsschemata, insbesondere mit Russell-Saunders-Kopplung 341
86. Absolute Linienstärken, Übergangswahrscheinlichkeiten und Oszillatorenstärken für Wasserstoff 344
87. Quantenmechanische Berechnung absoluter Linienstärken in komplizierteren Atomen 348
88. Der f-Summensatz von Kuhn-Thomas-Reiche: seine Verallgemeinerungen und seine Gültigkeitsgrenzen 350

XIII. Kapitel: Experimentelle Bestimmung von Oszillatorenstärken. Laboratoriums-Untersuchungen über Strahlungsdämpfung sowie Druckverbreiterung und -verschiebung von Spektrallinien. Seite
89. Astrophysik und Laboratoriumsphysik 351
90. Messung von Oszillatorenstärken mit Hilfe der Dispersion in der Nähe der Linien 352
91. Bestimmung der Oszillatorenstärke f aus der Absorption optisch dünner Schichten 353
92. Thermische Emission optisch dünner Schichten. Selbstabsorption . . . 355
93. Experimentelle Untersuchungen über Strahlungsdämpfung 357
94. Verbreiterung und Verschiebung von Spektrallinien durch Stöße 359
95. Statistische Druckeffekte. Die Verbreiterung der Wasserstoff- und Heliumlinien 360
96. Experimentelle Untersuchungen über kontinuierliche Spektren 363

XIV. Kapitel: Literatur über astrophysikalisch wichtige Linienstärken, Übergangswahrscheinlichkeiten und Oszillatorenstärken einzelner Elemente
97. Einleitung. Neuere Zusammenfassungen 365
98. Literaturverzeichnis 366

Fünfter Teil.

Die Entstehung der FRAUNHOFER-Linien.

XV. Kapitel: Strahlungsaustausch und FRAUNHOFER-Linien.
99. Atomtheoretische Grundlagen: Kohärente und inkohärente Streuung, wahre Absorption, Extinktion 371
100. Die SCHWARZSCHILDsche Integrodifferentialgleichung des Strahlungsaustausches 374
101. FRAUNHOFER-Linien mit wahrer Absorption (und evtl. Extinktion) . . . 377
102. FRAUNHOFER-Linien mit kohärenter Streuung 391
103. Abhängigkeit der FRAUNHOFER-Linien von der Art des Strahlungsaustausches (wahre Absorption, kohärente Streuung ...) sowie der Variation von $\varkappa_\nu / \varkappa$ bzw. $\sigma_\nu / \varkappa$ ... und $B(\tau)$ als Funktionen der Tiefe. Berechnung von Linienprofilen 400
104. Inkohärente Streuung ι_ν 407
105. Polarisation und Dopplereffekt der Streustrahlung in Sternatmosphären 408

XVI. Kapitel: Theorie der Wachstumskurven.
106. Grundlagen der Theorie 412
107. Berechnung der Äquivalentbreiten von FRAUNHOFER-Linien mit Dopplereffekt und Dämpfung 414
108. Verallgemeinerung und Umkehrung des Wachstumskurven-Problems . . 419
109. J. C. PECKERs Verallgemeinerung der Gewichtsfunktionen-Methode . . . 421

XVII. Kapitel: Quantitative Deutung der FRAUNHOFER-Linien in den Spektren der Sonne und „normaler“ Sterne.
110. „Grobanalyse“ der Sternatmosphären unter Annahme konstanter Mittelwerte von Druck, Temperatur, wirksamer Schichtdicke usw. Häufigkeitsverteilung der chemischen Elemente 423
111. „Feinanalyse“ der Sonnenatmosphäre unter Berücksichtigung der Tiefenabhängigkeit von Temperatur, Elektronendruck usw. 438
112. Empirische Wachstumskurven. Auswertung der stärkeren FRAUNHOFER-Linien 443
113. Mitte-Rand-Variation der FRAUNHOFER-Linien auf der Sonnenscheibe . . 446
114. „Feinanalyse“ von Sternspektren. Bestimmung von T_e und g 452
115. Thermischer Dopplereffekt und Turbulenz 456
116. Hyperfeinstruktur und ZEEMAN-Effekt 463
117. Stoßdämpfung und Strahlungsdämpfung 466
118. Verbreiterung der Wasserstofflinien durch den Starkeffekt von Ionen und evtl. Elektronen 471
119. Druckverbreiterung und verbotene Linien im Heliumspektrum 485
120. Die Intensität in der Mitte der FRAUNHOFER-Linien. (Zentralintensität oder Restintensität.) 491
121. Verkettung mehrerer Linien (Interlocking). Selektive Energieübertragung (sensibilisierte Fluoreszenz) 499
122. Gegenseitige Störung zweier Linien (Blends) 501

Seite
55. Energietransport durch Konvektion und Strahlung. Aerodynamik stellarer Konvektionszonen. Turbulenz, Mischungsweg, Austauschgröße 216
56. Die Adiabate ionisierbarer Gase. Die Wasserstoff-Konvektionszone. Entropiediagramm der stellaren Materie. Einfluß der Strahlung 227
57. Die spezifische Wärme $c_p(P, T)$ stellarer Materie. Schallgeschwindigkeit 232
58. Die Wasserstoffkonvektionszone der Sonne. 234

Dritter Teil.

Messung der Intensitätsverteilung in den FRAUNHOFER-Linien.

IX. Kapitel: Messung der Profile und Äquivalentbreiten von FRAUNHOFER-Linien.

59. Grundbegriffe. Historisches 238
60. Die photographische Platte 239
61. Standardisierung der Platten. Schwärzungskurve 240
62. Mikrophotometer. Reduktion der Photometerkurven 243
63. Der Spektrograph: Gittergeister, Streulicht. Trennungsvermögen . . . 246
64. Empirische Bestimmung des Apparateprofils 250
65. Ver- und Entzerrungsprobleme 252
66. Berechnung der VOIGT-Funktionen 261
67. Messung der Äquivalentbreite. Abgekürzte Methoden zur Messung schwacher Linien. Schätzungsskalen. Systematische Fehler 265

Vierter Teil.

Physikalische Grundlagen der Theorie der FRAUNHOFER-Linien.

X. Kapitel: Dämpfung (insbesondere Strahlungsdämpfung) und Dopplereffekt.

68. Einige historische Bemerkungen. Klassische Elektronentheorie (H. A. LORENTZ). Dispersion, Absorption und Emission des harmonischen Oszillators 269
69. Klassische Theorie der Strahlungsdämpfung und Resonanzfluoreszenz . . 274
70. Quantentheorie: Die EINSTEINschen Übergangswahrscheinlichkeiten A_{nm}, B_{mn} und B_{nm}. Lebensdauer angeregter Zustände. Oszillatorenstärken . . 276
71. Quantentheorie der Strahlungsdämpfung. Kohärente und inkohärente Streuung. Wahre Absorption 280
72. Thermischer Dopplereffekt und Turbulenz 285
73. Dopplereffekt und Dämpfung. Wachstumskurve für exponentielle Absorption. 288
74. Streuung thermisch bewegter Teilchen 293

XI. Kapitel: Druckverbreiterung und Druckverschiebung von Spektrallinien.

75. Einleitung 297
76. Theorie der Stoßdämpfung 298
77. Statistische Theorie der Druckeffekte 307
78. Abgrenzung und Verschmelzung von Stoßdämpfungstheorie und statistischer Theorie 311
79. Quantentheoretische Begründung und Verfeinerung der Theorie der Druckeffekte 312
80. Gleichzeitige Störung durch mehrere Teilchen 318
81. Reemission druckverbreiterter Linien 318
82. Berechnung astrophysikalisch wichtiger Wechselwirkungskonstanten, Wirkungsquerschnitte, Absorptionskoeffizienten usw. 319

XII. Kapitel: Quantenmechanische Berechnung von Linienstärken, Übergangswahrscheinlichkeiten und Oszillatorenstärken.

83. Grundbegriffe 334
84. Linienstärken in Multipletts mit RUSSELL-SAUNDERS-Kopplung. BURGER-DORGELOsche Summenregel 338
85. Linienstärken in Supermultipletts und Übergangsschemata, insbesondere mit RUSSELL-SAUNDERS-Kopplung 341
86. Absolute Linienstärken, Übergangswahrscheinlichkeiten und Oszillatorenstärken für Wasserstoff 344
87. Quantenmechanische Berechnung absoluter Linienstärken in komplizierteren Atomen 348
88. Der f-Summensatz von KUHN-THOMAS-REICHE: seine Verallgemeinerungen und seine Gültigkeitsgrenzen 350

XIII. Kapitel: Experimentelle Bestimmung von Oszillatorenstärken. Laboratoriums-Untersuchungen über Strahlungsdämpfung sowie Druckverbreiterung und -verschiebung von Spektrallinien. Seite

89. Astrophysik und Laboratoriumsphysik 351
90. Messung von Oszillatorenstärken mit Hilfe der Dispersion in der Nähe der Linien 352
91. Bestimmung der Oszillatorenstärke f aus der Absorption optisch dünner Schichten 353
92. Thermische Emission optisch dünner Schichten. Selbstabsorption . . . 355
93. Experimentelle Untersuchungen über Strahlungsdämpfung 357
94. Verbreiterung und Verschiebung von Spektrallinien durch Stöße 359
95. Statistische Druckeffekte. Die Verbreiterung der Wasserstoff- und Heliumlinien 360
96. Experimentelle Untersuchungen über kontinuierliche Spektren 363

XIV. Kapitel: Literatur über astrophysikalisch wichtige Linienstärken, Übergangswahrscheinlichkeiten und Oszillatorenstärken einzelner Elemente

97. Einleitung. Neuere Zusammenfassungen 365
98. Literaturverzeichnis 366

Fünfter Teil.

Die Entstehung der FRAUNHOFER-Linien.

XV. Kapitel: Strahlungsaustausch und FRAUNHOFER-Linien.

99. Atomtheoretische Grundlagen: Kohärente und inkohärente Streuung, wahre Absorption, Extinktion 371
100. Die SCHWARZSCHILDsche Integrodifferentialgleichung des Strahlungsaustausches 374
101. FRAUNHOFER-Linien mit wahrer Absorption (und evtl. Extinktion) . . . 377
102. FRAUNHOFER-Linien mit kohärenter Streuung 391
103. Abhängigkeit der FRAUNHOFER-Linien von der Art des Strahlungsaustausches (wahre Absorption, kohärente Streuung ...) sowie der Variation von $\varkappa_\nu/\varkappa$ bzw. $\sigma_\nu/\varkappa$ ... und $B(\tau)$ als Funktionen der Tiefe. Berechnung von Linienprofilen 400
104. Inkohärente Streuung ι_ν 407
105. Polarisation und Dopplereffekt der Streustrahlung in Sternatmosphären 408

XVI. Kapitel: Theorie der Wachstumskurven.

106. Grundlagen der Theorie 412
107. Berechnung der Äquivalentbreiten von FRAUNHOFER-Linien mit Dopplereffekt und Dämpfung 414
108. Verallgemeinerung und Umkehrung des Wachstumskurven-Problems . . 419
109. J. C. PECKERs Verallgemeinerung der Gewichtsfunktionen-Methode . . . 421

XVII. Kapitel: Quantitative Deutung der FRAUNHOFER-Linien in den Spektren der Sonne und „normaler" Sterne.

110. „Grobanalyse" der Sternatmosphären unter Annahme konstanter Mittelwerte von Druck, Temperatur, wirksamer Schichtdicke usw. Häufigkeitsverteilung der chemischen Elemente 423
111. „Feinanalyse" der Sonnenatmosphäre unter Berücksichtigung der Tiefenabhängigkeit von Temperatur, Elektronendruck usw. 438
112. Empirische Wachstumskurven. Auswertung der stärkeren FRAUNHOFER-Linien 443
113. Mitte-Rand-Variation der FRAUNHOFER-Linien auf der Sonnenscheibe . . 446
114. „Feinanalyse" von Sternspektren. Bestimmung von T_e und g 452
115. Thermischer Dopplereffekt und Turbulenz 456
116. Hyperfeinstruktur und ZEEMAN-Effekt 463
117. Stoßdämpfung und Strahlungsdämpfung 466
118. Verbreiterung der Wasserstofflinien durch den Starkeffekt von Ionen und evtl. Elektronen 471
119. Druckverbreiterung und verbotene Linien im Heliumspektrum 485
120. Die Intensität in der Mitte der FRAUNHOFER-Linien. (Zentralintensität oder Restintensität.) 491
121. Verkettung mehrerer Linien (Interlocking). Selektive Energieübertragung (sensibilisierte Fluoreszenz) 499
122. Gegenseitige Störung zweier Linien (Blends) 501

XVIII. Kapitel: Beeinflussung der Linienprofile durch Rotation und Expansion der Sterne.

Seite

123. Berechnung der Linienprofile rotierender Sterne 508
124. Spektroskopische Bestimmung der Rotationsgeschwindigkeit v sin i von Sternen 512
125. Beobachtung von Rotationseffekten bei spektroskopischen Doppelsternen und Bedeckungsveränderlichen 513
126. Beobachtung der Rotation einzelner Sterne 515
127. Linienprofile pulsierender Sterne 518

XIX. Kapitel: Klassifikation der Sternspektren.

128. Spektralklassifikation und spektroskopische Parallaxenbestimmung; ältere Systeme bis 1932 520
129. Die Yerkes-Klassifikation von W. W. Morgan, P. C. Keenan und E. Kellman (MKK-System) 522
130. Die Pariser Klassifikation von D. Chalonge und L. Divan 526
131. Klassifikation und Theorie der Sternspektren. Spektralanalyse individueller Sterne mit großer Dispersion. Messung oder Schätzung spektraler Kriterien? 528

Sechster Teil.

Physik der Sonne.

XX. Kapitel: Die Struktur der äußeren Schichten der Sonne.

132. Übersicht über die beobachteten Erscheinungen: Beobachtungsmethoden und Apparate. Zyklus der Sonnenaktivität. Rotation der Sonne 531
133. Die Granulation 553
134. Die Sonnenflecke 558
135. Die Sonnenfackeln 577
136. Das Problem eines allgemeinen Magnetfeldes der Sonne 580
137. Bemerkungen zur Theorie der Konvektion und der Magnetfelder auf der Sonne. Magneto-Hydrodynamik 581
138. Chromosphärische Sonneneruptionen (Flares) 598
139. Anhang: „Aktivität" der Sterne. Flecke, Fackeln und Eruptionen auf Sternen 606

XXI. Kapitel: Der Sonnenrand. Chromosphäre, Korona und Protuberanzen.

140. Finsternisbeobachtungen 609
141. Der Helligkeitsabfall am äußersten Sonnenrand 613
142. Chromosphäre 617
143. Korona 635
144. Protuberanzen 673
145. Interpretation von Spektroheliogrammen 703

Siebenter Teil.

Radiofrequenzstrahlung und kosmische Ultrastrahlung.

XXII. Kapitel: Radioastronomie.

146. Einleitung. Historisches 714
147. Grundbegriffe und Maßeinheiten 715
148. Die Radiofrequenzstrahlung der ruhigen Sonne 723
149. Die Radiofrequenzstrahlung der gestörten Sonne 737
150. Die Radiofrequenzstrahlung der Milchstraße und kosmischer Quellen . . 751
151. Die 21 cm-Linie des interstellaren Wasserstoffes 772

XXIII. Kapitel: Kosmische Ultrastrahlung und Radiofrequenzstrahlung.

152. Problemstellung 773
153. Die solare Komponente der Ultrastrahlung 773
154. Die kosmische Ultrastrahlung und die galaktische Radiofrequenzstrahlung 777

Anhang.

A. Naturkonstanten und Zahlenwerte 782
B. Klassifikation der Linienspektren 784
C. Über die Integralexponentialfunktionen 788

Literaturverzeichnis 793

Namen- und Sachverzeichnis 849

Erster Teil.

Die Sternatmosphäre im thermischen Gleichgewicht.

I. Kapitel.

Strahlungstheorie[1].

1. Das Strahlungsfeld; Grundbegriffe und Definitionen.

Wir legen in das betrachtete Strahlungsfeld (z. B. einer Sternatmosphäre oder eines Hohlraumes) ein Flächenelement $d\sigma$ mit der Normalen n und fassen (Abb. 1) die pro Zeiteinheit durch $d\sigma$ unter dem Winkel ϑ zu n in einem Raumwinkelbereich $d\omega$ (charakterisiert durch die Richtungswinkel ϑ und φ) verlaufende Strahlung ins Auge. Aus dieser greifen wir den Frequenzbereich ν bis $\nu + d\nu$ durch spektrale Zerlegung heraus und schreiben

$$dE_\nu(\vartheta, \varphi) = I_\nu(\vartheta, \varphi)\, d\nu \cdot \cos\vartheta\, d\sigma \cdot d\omega \qquad (1, 1)$$

($d\sigma \cdot \cos\vartheta$ ist der Querschnitt unseres Strahlungsbündels).

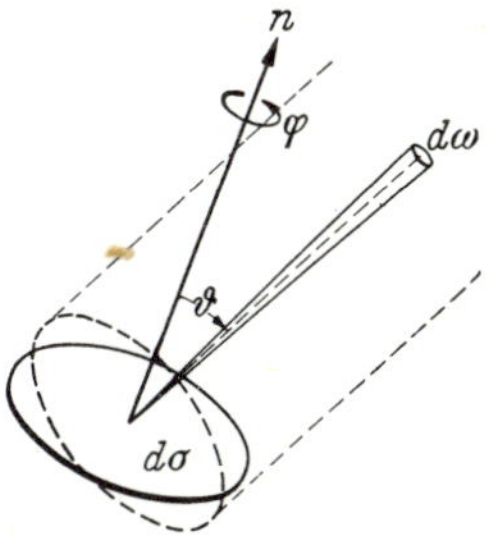

Abb. 1. Definition der Strahlungsintensität $I_\nu(\vartheta, \varphi)$.

Als *Strahlungsintensität* $I_\nu(\vartheta, \varphi)$ bezeichnen wir dementsprechend diejenige Energiemenge, welche pro Raumwinkel 1 und Frequenzbereich 1 in der Sekunde durch eine senkrecht zur Richtung ϑ, φ des Strahlenbündels stehende Einheitsfläche strömt. Hat man es mit *polarisierter Strahlung* zu tun, so wird man zwei aufeinander senkrecht stehende Schwingungsrichtungen herausgreifen und die entsprechenden Intensitäten mit $I'_\nu(\vartheta, \varphi)$ und $I''_\nu(\vartheta, \varphi)$ bezeichnen. Es ist dann[2] $I_\nu = I'_\nu + I''_\nu$. Für unpolarisiertes, sog. „natürliches" Licht ist $I'_\nu = I''_\nu = \frac{1}{2} I_\nu$.

Die *Intensität der Gesamtstrahlung* I erhält man durch Integration über alle Frequenzen

$$I = \int_0^\infty I_\nu\, d\nu. \qquad (1, 2)$$

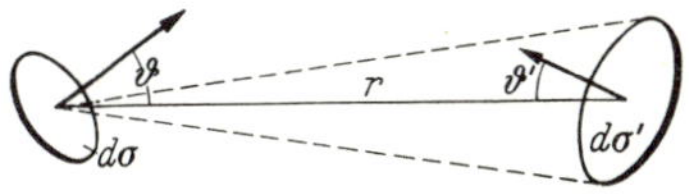

Abb. 2. Zustrahlung zweier Flächenelemente.

Um die Anwendung dieser Begriffe zu erläutern, berechnen wir die *von einem Flächenelement* $d\sigma$ *einem zweiten* $d\sigma'$ *pro sec zugestrahlte Energie* dE (die Normalen von $d\sigma$ bzw. $d\sigma'$ schließen mit ihrer Verbindungslinie r die Winkel ϑ bzw. ϑ' ein; vgl. Abb. 2): $d\sigma'$ bildet von $d\sigma$ aus gesehen den Raumwinkel

$$d\omega = \frac{\cos\vartheta' \cdot d\sigma'}{r^2}. \qquad (1, 3)$$

[1] Literaturangaben sind am *Ende* des Buches zusammengestellt. Zahlen in eckigen Klammern beziehen sich auf dieses Literaturverzeichnis. Die 1. Ziffer entspricht der Nummer des Kapitels. [108] heißt z. B. M. Planck: Wärmestrahlung. Die Formeln sind in jedem Abschnitt durchnumeriert. (4, 3) heißt Formel 3 in Abschnitt 4.

[2] Die Argumente ϑ und φ werden wir im folgenden nur noch anschreiben, wenn dies besondere Gründe hat.

Nach (1, 1) ist also

$$dE = I\,\frac{\cos\vartheta\, d\sigma \cdot \cos\vartheta'\, d\sigma'}{r^2}\,. \tag{1, 4}$$

(Man beachte die Symmetrie dieses Ausdruckes!)

Die gesamte, pro sec durch ein Flächenelement $d\sigma$ hindurchtretende ν-Strahlung ist ($d\omega = \sin\vartheta\, d\vartheta\, d\varphi$, vgl. Abb. 3)

$$\pi F_\nu \cdot d\sigma = \int_0^\pi \int_0^{2\pi} I_\nu \cos\vartheta \cdot \sin\vartheta\, d\vartheta\, d\varphi \cdot d\sigma. \tag{1, 5}$$

Dabei gibt also (in Abb. 3) die nach oben strömende Strahlung einen positiven, die nach unten strömende einen negativen Beitrag. Im *isotropen* Strahlungsfeld (Hohlraumstrahlung!) verschwindet der ganze Ausdruck. πF_ν bezeichnen wir als den *Strahlungsstrom* in der Richtung n. Gelegentlich ist es zweckmäßig, ihn in Aus- und Einstrahlung zu zerlegen:

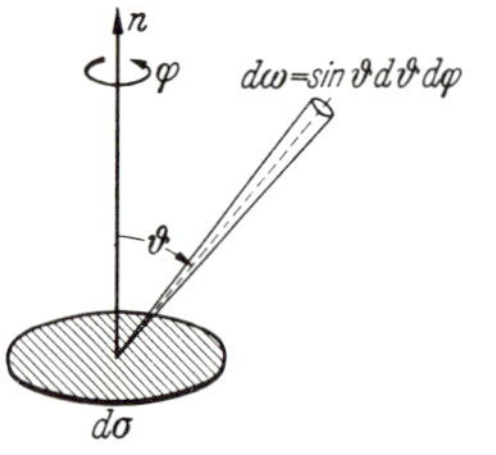

Abb. 3. Definition des Strahlungsstromes πF_ν.

$$\left.\begin{aligned} \pi F_\nu^+ &= \int_0^{\pi/2} \int_0^{2\pi} I_\nu \cos\vartheta \cdot \sin\vartheta\, d\vartheta\, d\varphi \\ \pi F_\nu^- &= -\int_{\pi/2}^{\pi} \int_0^{2\pi} I_\nu \cos\vartheta \cdot \sin\vartheta\, d\vartheta\, d\varphi \end{aligned}\right\} F_\nu = F_\nu^+ - F_\nu^-. \tag{1, 6}$$

Man erkennt sofort auch die anschauliche Bedeutung von F_ν^+. Man kann nämlich schreiben

$$F_\nu^+ = \frac{\int_0^{\pi/2}\int_0^{2\pi} I_\nu \cos\vartheta \sin\vartheta\, d\vartheta\, d\varphi}{\int_0^{\pi/2}\int_0^{2\pi} \cos\vartheta \sin\vartheta\, d\vartheta\, d\varphi}\,. \tag{1, 7}$$

F_ν^+ ist der Mittelwert der Intensität $\overline{I}_\nu$ für die nach „oben" gehende Strahlung. Wir formulieren diesen Satz noch in einer für unsere späteren Anwendungen auf Sterne geeigneten Form: Die Intensität der aus einer Sternatmosphäre austretenden ν-Strahlung hängt — sofern der Stern nicht rasch rotiert oder dgl. — nur vom Austrittswinkel ϑ ab (gerechnet von der Normalen der betreffenden Stelle aus), d. h.

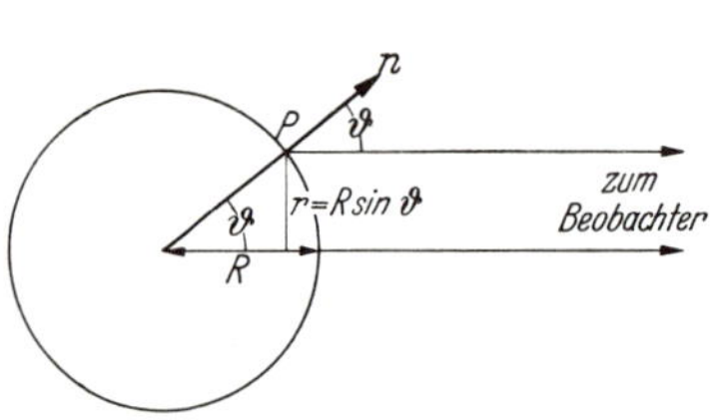

Abb. 4. Strahlungsstrom eines Sternes.

$$I_\nu = I_\nu(\vartheta).$$

Derselbe Winkel ϑ tritt nach Abb. 4 nochmals auf zwischen der Verbindungslinie Beobachter – Sternmittelpunkt M einerseits und Mittelpunkt M – beobachteter Punkt P andererseits. Die Entfernung des Punktes P von M in der Projektion auf eine Ebene senkrecht zur Beobachtungsrichtung ist gleich $\sin\vartheta$ in Einheiten des Sternradius. Die mittlere Intensität $\overline{I}_\nu$ der von der scheinbaren Stern- (bzw. Sonnen-)Scheibe auf den Beobachter zu emittierten Strahlung ist nun nach (1, 1) gegeben durch:

$$\pi R^2 \cdot \overline{I}_\nu = \int_0^{\pi/2}\int_0^{2\pi} I_\nu(\vartheta) \cdot \cos\vartheta \cdot R^2 \sin\vartheta\, d\vartheta\, d\varphi \tag{1, 8}$$

($R^2 \sin\vartheta\, d\vartheta\, d\varphi$ ist das Flächenelement auf der Kugel). Der Vergleich mit (1, 6) zeigt, daß

$$\overline{I}_\nu = F_\nu^+ ; \tag{1, 9}$$

d. h. wenn wir die scheinbare Sternscheibe als ganzes betrachten (einzelne Teile können wir ja nur bei der Sonne unterscheiden), so ist die mittlere Strahlungsintensität gleich $1/\pi$mal dem Strahlungsstrom πF_ν^+. Die Theorie der Sternspektren z. B. muß also auf die Berechnung des *Strahlungsstromes* abzielen. Die große Bedeutung der Sonnenbeobachtung liegt andererseits — wie SCHWARZSCHILD zuerst klargestellt hat — darin, daß wir dort I_ν als Funktion von ϑ direkt messen können.

Durch Integration über alle Frequenzen erhalten wir analog zu (1, 2) den *Strom der Gesamtstrahlung*:

$$\pi F = \int_0^\infty \pi F_\nu\, d\nu . \tag{1, 10}$$

Anstatt die unter bestimmten Bedingungen durch ein Flächenelement strömende Energie ins Auge zu fassen, können wir ein Strahlungsfeld auch beschreiben durch Angabe der in 1 cm³ *enthaltenen* Strahlungsenergie. Wir definieren (wieder bezogen auf Frequenzbereich 1):

Strahlungsdichte u_ν = Strahlungsenergie/cm³. Der Zusammenhang von u_ν mit $I_\nu(\vartheta, \varphi)$ ergibt sich durch Betrachtung (Abb. 5) der in ein kleines Volumen V (das vorerst leer sein soll) von seiner durchsichtigen Begrenzung her eintretenden Strahlung: Durch $d\sigma$ kommt unter dem Winkel ϑ in das Raumwinkelelement $d\omega$ pro sec die Energiemenge $I_\nu(\vartheta,\varphi)\, d\sigma \cdot \cos\vartheta\, d\omega$. Diese Strahlung hält sich in V jeweils während der Zeit s/c (s = durchlaufener Weg, s. Abb. 5; c = Lichtgeschwindigkeit) auf. Die in V *befindliche* Energiemenge ist also

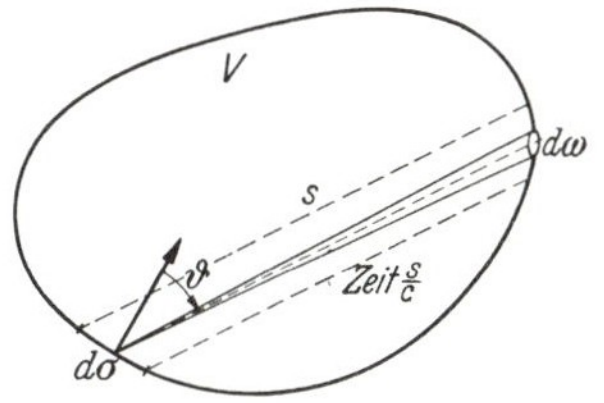

Abb. 5. Berechnung der Strahlungsdichte u_ν.

$$V \cdot u_\nu = \int_\omega \int_\sigma I_\nu(\vartheta,\varphi) \cdot d\sigma \cdot \cos\vartheta \cdot d\omega \cdot s/c . \tag{1, 11}$$

Nun ist aber $d\sigma \cdot \cos\vartheta \cdot s = dV$ und somit

$$u_\nu = \frac{1}{c} \int_\omega I_\nu\, d\omega . \tag{1, 12}$$

Im Spezialfall des isotropen Strahlungsfeldes gilt

$$u_\nu = \frac{4\pi}{c} \cdot I_\nu . \tag{1, 13}$$

Die *Dichte der Gesamtstrahlung* definieren wir entsprechend (1, 2) durch

$$u = \int_0^\infty u_\nu\, d\nu . \tag{1, 14}$$

Die Verallgemeinerung für den materieerfüllten Raum (Brechungsindex) werden wir später angeben.

Als Abschluß dieser Zusammenstellung der Grundlagen der Strahlungstheorie wollen wir noch fragen, wie die Intensität, Strahlungsdichte usw. sich ändern, wenn wir sie auf die Wellenlängen-, statt wie bisher auf die Frequenzskala, beziehen. Offenbar muß gelten:

$$I_\nu \, d\nu = -I_\lambda \, d\lambda \tag{1, 15}$$

und wegen $\nu \cdot \lambda = c$

$$I_\lambda = \frac{c}{\lambda^2} I_\nu \text{ und entsprechend } u_\lambda = \frac{c}{\lambda^2} u_\nu . \tag{1, 16}$$

Gelegentlich kann es zweckmäßig sein, statt einer ν- oder λ-Skala direkt die Längenskala in der Brennebene des Spektrographen zu benutzen. Die Art der Umrechnung dürfte nach dem Vorhergehenden klar sein.

2. Emission und Absorption der Strahlung.

Ein Volumelement dV emittiert pro sec in das Raumwinkelelement $d\omega$ innerhalb des Frequenzbereiches $d\nu$ die Energiemenge

$$\varepsilon_\nu \cdot d\nu \cdot dV \cdot d\omega \tag{2, 1}$$

Der *Emissionskoeffizient* ε_ν hängt im allgemeinen von der Frequenz ν, von Art und Zustand der Materie, eventuell auch von der Richtung ab.

Die gesamte Ausstrahlung des Volumelementes dV pro sec ist:

$$dV \cdot \int_0^\infty \int_\omega \varepsilon_\nu \, d\nu \, d\omega , \tag{2, 2}$$

im Falle isotroper Ausstrahlung

$$dV \cdot 4\pi \int_0^\infty \varepsilon_\nu \, d\nu . \tag{2, 3}$$

Als Gegenstück zur Emission betrachten wir nunmehr den Intensitätsverlust durch *Absorption*, welchen ein enges Strahlenbündel der Intensität I_ν erfährt, wenn es eine materielle Schicht der Dicke ds durchsetzt. Es ist

$$dI_\nu/ds = -\varkappa_\nu I_\nu . \tag{2, 4}$$

$\varkappa_\nu$ (abhängig von ν, eventuell auch von s und der Richtung von ds) bezeichnen wir als den *Absorptionskoeffizienten*. Beziehen wir ihn statt auf 1 cm auf 1 g pro cm², so erhalten wir den *Massenabsorptionskoeffizienten* $\varkappa_{\nu,M}$ und schreiben (2, 4) in der Form (ϱ = Dichte)

$$dI_\nu/ds = -\varkappa_{\nu,M} \cdot \varrho \cdot I_\nu . \tag{2, 5}$$

Während $\varkappa_\nu$ die Dimension [cm^{-1}] oder – sinngemäßer geschrieben – [$\text{cm}^2 \cdot \text{cm}^{-3}$] hat, ist die von $\varkappa_{\nu,M}$ gleich [$\text{cm}^2\,\text{g}^{-1}$]. Rechnet man endlich den Absorptionskoeffizienten pro Atom, so ergibt sich der *atomare Absorptionskoeffizient* $\varkappa_{\nu,at}$ und

$$dI_\nu/ds = -\varkappa_{\nu,at} \cdot n \cdot I_\nu , \tag{2, 6}$$

wobei n die Anzahl der betr. Atome pro cm³ bezeichnet. Seine Dimension ist [cm²]; wir können ihn auch direkt interpretieren als den *Wirkungsquerschnitt* eines Atoms für den betrachteten Absorptionsprozeß. Entsprechend bedeutet $\varkappa_{\nu,M}$ die Summe der Wirkungsquerschnitte pro Gramm Materie, $\varkappa_\nu$ selbst pro cm³.

Durchsetzt das Strahlenbündel eine selbst nicht emittierende Schicht endlicher Dicke, so ist nach (2, 4) die Intensität I_ν nach dem Durchgang mit der Intensität $I_{\nu,0}$ der einfallenden Strahlung verknüpft durch

$$I_\nu = I_{\nu,0} \, e^{-\int \varkappa_\nu ds} . \tag{2, 7}$$

Die dimensionslose Größe $\tau_\nu = \int \varkappa_\nu \, ds$ nennt man die *optische Dicke* der Schicht. Eine Schicht der optischen Dicke $\tau_\nu = 1$ schwächt z. B. einen Strahl auf

$1/e = 36{,}8\%$ seiner ursprünglichen Intensität. Weiterhin sieht man, daß wir nur von *den* Schichten einer Sternatmosphäre direkte Kunde erhalten können, deren τ_ν nicht $\gg 1$ ist. Anhand der vorhergehenden Formeln erkennt man ferner, daß für die Gesamtstrahlungsintensität $I = \int I_\nu \, d\nu$ im allgemeinen (d. h. wenn $\varkappa_\nu$ von ν abhängt) *kein* einfaches Absorptionsgesetz gilt; der mittlere Absorptionskoeffizient hängt vielmehr von der spektralen Intensitätsverteilung der Strahlung ab. Selbst wenn $\varkappa_\nu$ von s unabhängig ist, wird also bei endlicher Schichtdicke der *mittlere* Absorptionskoeffizient wegen der fortschreitenden „Farbänderung" der Strahlung mit s variieren.

3. Strahlung im thermischen Gleichgewicht. Hohlraumstrahlung. KIRCHHOFFscher Satz.

Wir können hoffen, auf besonders einfache Verhältnisse zu treffen, wenn wir zunächst ein Strahlungsfeld betrachten, das mit seiner Umgebung im *Temperaturgleichgewicht* steht. Alle Körper haben dann dieselbe Temperatur T, die Entropie des Systems ist ein Maximum. Dieser Zustand kann realisiert werden, indem man das System in eine wärmeundurchlässige Hülle einschließt und hinreichend lange Zeit sich selbst überläßt. Man spricht dementsprechend von der *Hohlraumstrahlung der Temperatur* T (die Temperatur der Strahlung wird dabei nach demselben Grundsatz festgelegt, wie die irgendwelcher materieller Körper: bei Temperaturgleichheit soll kein Energietransport stattfinden).

Da der Energieaustausch durch Strahlung von dem durch andere Agentien (Leitung, Strömung usw.) sicher unabhängig ist, so müssen wir fordern, daß im Zustand thermischen Gleichgewichts die Ein- und Ausstrahlung einander stets kompensieren.

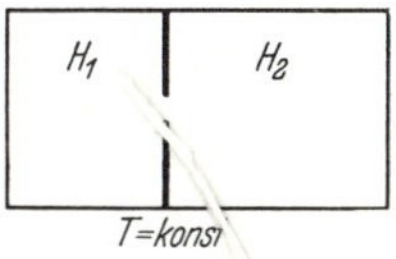

Abb. 6. Unabhängigkeit der Intensität der Hohlraumstrahlung von der Beschaffenheit des Hohlraumes usw.

Wir zeigen nun zunächst, daß die Intensität I_ν der Hohlraumstrahlung unabhängig ist von der *Beschaffenheit des Hohlraumes* (vorerst nehmen wir jedoch an, daß der Brechungsindex überall $= 1$ ist): Wäre z. B. in dem Hohlraum H_2 (Abb. 6) die Intensität der ν-Strahlung größer als in H_1, so könnten wir die beiden Hohlräume durch eine kleine Öffnung mit einem Farbfilter verbinden, das nur diese Frequenz durchläßt, und könnten den Energiestrom von H_2 nach H_1 zum Antrieb eines Perpetuum mobile II. Art verwenden. In ähnlicher Weise erkennt man leicht, daß die Hohlraumstrahlung homogen (Einbringen weiterer Körper), isotrop (Verbindungskanäle verschiedener Richtungen zwischen H_1 und H_2) und unpolarisiert (Nikol statt Farbfilter in Abb. 6) ist. Es gilt also der wichtige Satz, daß die *Intensität und Dichte der Hohlraumstrahlung nur von* ν *und* T *abhängen.*

$$I_\nu = I_\nu(\nu, T) \quad \text{und} \quad u_\nu = u_\nu(\nu, T). \tag{3, 1}$$

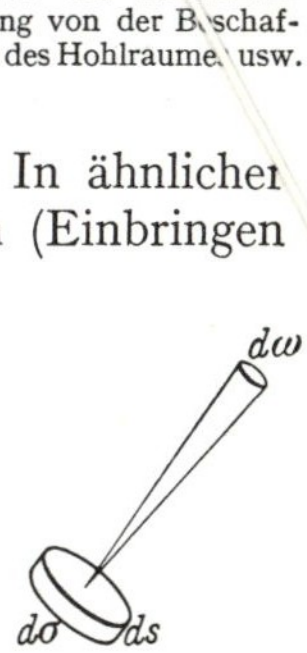

Abb. 7. Zum KIRCHHOFFschen Satz.

Die Dichte u und Intensität I der *Gesamt*strahlung hängen *nur* von T allein ab.

Wir betrachten nun die *Emission* und *Absorption* eines Volumelementes der Grundfläche $d\sigma$ und Höhe ds bezüglich der ν-Strahlung innerhalb des Raumwinkelelementes $d\omega \perp d\sigma$ (Abb. 7). Es ist nach (2, 1) bzw. (2, 4)

$$\left.\begin{aligned} \text{Emission/sec} &= \varepsilon_\nu \, d\nu \cdot d\sigma \cdot ds \cdot d\omega \\ \text{Absorption/sec} &= \varkappa_\nu \, ds \cdot I_\nu \cdot d\sigma \cdot d\omega \cdot d\nu. \end{aligned}\right\} \tag{3, 2}$$

Im thermischen Gleichgewicht müssen diese beiden Größen einander gleich sein, und zwar unabhängig von irgendwelchen Materialeigenschaften, d. h.

$$\boxed{\varepsilon_\nu/\varkappa_\nu = I_\nu(\nu, T)}\,. \tag{3, 3}$$

Diese grundlegende Beziehung ist zuerst von G. KIRCHHOFF entdeckt worden; sie besagt, daß im Zustande *thermischen Gleichgewichtes das Verhältnis von Emissions- und Absorptionskoeffizient gleich der Intensität der Hohlraumstrahlung, also eine universelle Funktion der Frequenz und Temperatur ist.*

Statt eines Volumelementes können wir auch ein Flächenelement $d\sigma$ der Wandung unseres Hohlraumes betrachten. Dessen Absorption und Emission bezüglich eines Strahlenbündels $d\omega$, das mit der Normale von $d\sigma$ den Winkel ϑ bildet, sind gegeben durch folgende Beziehungen:

$$\text{Emission/sec} = E_\nu \cdot d\nu \cdot d\sigma \cos\vartheta \, d\omega. \tag{3, 4}$$

Den Koeffizienten E_ν (abhängig von ν, T, eventuell der Richtung) nennen wir das *Emissionsvermögen* der Wand. Entsprechend wird die

$$\text{Absorption/sec} = A_\nu \cdot I_\nu \cdot d\nu \cdot d\sigma \cdot \cos\vartheta \, d\omega. \tag{3, 5}$$

A_ν (abhängig von denselben Größen wie E_ν) bezeichnen wir als das *Absorptionsvermögen* der Wand. Da die nicht absorbierte Strahlung offenbar – diffus oder spiegelnd – reflektiert werden muß, so ist $1 - A_\nu = r_\nu$ der *Reflexionskoeffizient.* Setzen wir Absorption und Emission pro sec einander gleich, so erhalten wir den eigentlichen KIRCHHOFF*schen Satz*:

$$E_\nu/A_\nu = I_\nu. \tag{3, 6}$$

Das Verhältnis *von Emissions- und Absorptionsvermögen ist im Zustande thermischen Gleichgewichtes gleich der Intensität der Hohlraumstrahlung, also eine universelle Funktion von ν und T.*

Ist $A_\nu = 1$, so wird alle auffallende Strahlung absorbiert (Schwarzer Körper!); das Emissionsvermögen wird dann $E_\nu = I_\nu$. Hierauf beruht die bekannte Methode von W. WIEN und ST. JOHN zur Herstellung der Strahlung des schwarzen Körpers mit Hilfe eines Hohlraumes konstanter Temperatur, der nur durch eine kleine Öffnung mit der Außenwelt in Verbindung steht: Die durch diese Öffnung hereinkommende Strahlung wird (viele Reflexionen, vgl. Abb. 8) völlig absorbiert, d. h. $A_\nu = 1$. Andererseits sieht man aber auch direkt, daß sich das Strahlungsfeld im Innern nicht merklich ändern kann, wenn man durch eine Öffnung einen kleinen Teil der Hohlraumstrahlung „abzapft".

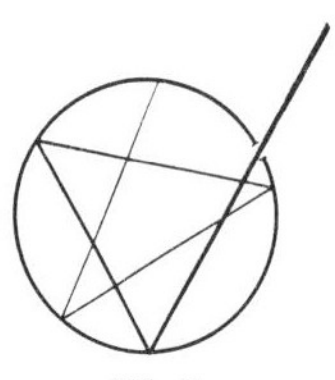

Abb. 8. Hohlraumstrahlung.

Die *Dichte der Hohlraumstrahlung* wird nach (1, 13) (Isotropie!)

$$u_\nu = \frac{4\pi}{c} I_\nu \tag{3, 7}$$

und die *Ausstrahlung* pro cm^2 und sec in den ganzen Halbraum

$$\int_0^{\pi/2} I_\nu \cos\vartheta \cdot 2\pi \sin\vartheta \, d\vartheta = \pi I_\nu \tag{3, 8}$$

Ergänzungsweise müssen wir uns nun noch überlegen, wie sich die vorstehenden Betrachtungen ändern, wenn ein Teil des Hohlraumes mit einem *Medium vom Brechungsindex n* erfüllt ist. Die auf 1 cm^2 der Trennungsfläche pro sec von links

(s. Abb. 9) unter dem Einfallswinkel ϑ in dem Raumwinkelelement $d\omega = \sin\vartheta\, d\vartheta\, d\varphi$ auftreffende Strahlung ist $I_\nu\, d\nu \cdot \cos\vartheta\, d\omega$. Von dieser werde der Bruchteil r reflektiert, der Bruchteil $1 - r$ dringt in das Medium vom Brechungsindex n ein. Als „Kompensation" trifft in umgekehrter Richtung auf die Flächeneinheit die Strahlung

$$I'_\nu\, d\nu \cos\vartheta'\, d\omega',$$

wobei ϑ und $d\omega$ einerseits, ϑ' und $d\omega'$ andererseits so einzurichten sind, daß die beiden Strahlenbündel nach dem Brechungsgesetz ineinander übergehen. Der Reflexionskoeffizient ist nach dem Reziprozitätssatz der Optik in beiden Fällen $= r$. Es muß also sein

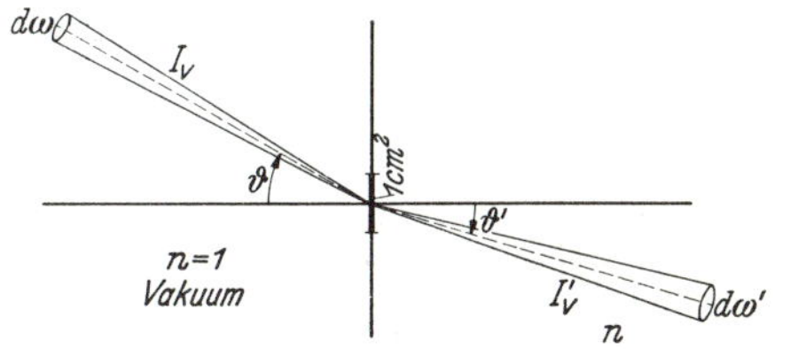

Abb. 9. Hohlraumstrahlung in Medium vom Brechungsindex n.

$$I_\nu \cos\vartheta\, d\omega = I'_\nu \cos\vartheta'\, d\omega' \qquad (3,9)$$

oder

$$\frac{I'_\nu}{I_\nu} = \frac{\cos\vartheta \sin\vartheta\, d\vartheta \cdot d\varphi}{\cos\vartheta' \sin\vartheta'\, d\vartheta' \cdot d\varphi'}. \qquad (3,10)$$

Nach dem SNELLIUSschen Brechungsgesetz ist $\frac{\sin\vartheta}{\sin\vartheta'} = n$ und $\varphi = \varphi'$ also

$$I'_\nu / I_\nu = n^2. \qquad (3,11)$$

Genau genommen ist also – bei thermischem Gleichgewicht – I'_ν/n^2 eine universelle Funktion von ν und T, die sog. KIRCHHOFF-PLANCK-*Funktion* $I_\nu(\nu, T)$.

Auch der Zusammenhang zwischen Strahlungsdichte und Intensität (3, 7) wird in einem Medium vom Brechungsindex n etwas abgeändert. An die Stelle der Vakuumlichtgeschwindigkeit c tritt c/n und es gilt

$$u'_\nu = \frac{4\pi}{c} \cdot n\, I'_\nu. \qquad (3,12)$$

Zusammen mit (3, 11) besagt diese Gleichung, daß auch u'_ν/n^3 eine universelle Funktion von ν und T ist.

Auf die grundlegenden Anwendungen des KIRCHHOFFschen Satzes, die großenteils sein Entdecker selbst schon machte, braucht hier wohl nicht mehr hingewiesen zu werden (Deutung der FRAUNHOFER-Linien, Spektralanalyse!). Wohl aber erscheint noch eine Warnung angebracht: Der KIRCHHOFFsche Satz gilt *nur für thermisches Gleichgewicht*, jede Anwendung auf Nicht-Gleichgewichtsverhältnisse hat nur Näherungscharakter und bedarf einer Rechtfertigung auf atomtheoretischer Grundlage. Der gänzlich verschwommene Begriff der *Temperaturstrahlung* hat besonders in der Astrophysik viel Unheil gestiftet und sollte endgültig verschwinden.

4. Das STEFAN-BOLTZMANNsche Gesetz.

Nach KIRCHHOFFs grundlegenden Untersuchungen erhob sich das Problem, die Intensität der Hohlraumstrahlung in Abhängigkeit von Frequenz und Temperatur T zu erforschen.

STEFAN fand 1879 auf experimentellem Weg, daß die gesamte Ausstrahlung eines schwarzen Körpers pro cm² und sec proportional der 4. Potenz der absoluten Temperatur sei. Das heißt, es ist

$$\pi F = \sigma \cdot T^4 \qquad (4,1)$$

oder

$$I = F = \frac{\sigma}{\pi} T^4 \qquad (4, 2)$$

und nach (1, 13)

$$u = \frac{4\sigma}{c} T^4 . \qquad (4, 3)$$

Als wahrscheinlichsten Wert der Strahlungskonstante σ – wir werden darauf in Abschnitt 8 noch zurückkommen – betrachtet man heute [*A* 1]

$$\sigma = 5.671_6 \cdot 10^{-5} \,\mathrm{erg/cm^2 \cdot sec \cdot grad^4} = 1.355 \cdot 10^{-12} \,\mathrm{cal/cm^2 \cdot sec \cdot grad^4}. \qquad (4, 4)$$

1884 gab sodann BOLTZMANN eine theoretische Begründung des Strahlungsgesetzes (4, 1). Er betrachtet die Hohlraumstrahlung ähnlich wie ein Gas und berechnet ihren Druck im Anschluß an MAXWELLs Untersuchungen über den Strahlungsdruck. Nachdem so die Hohlraumstrahlung einer thermodynamischen Behandlung zugänglich gemacht war, erhielt er das STEFAN-BOLTZMANN*sche Strahlungsgesetz* durch eine einfache Anwendung des 2. Hauptsatzes. Wir schicken zunächst einiges über den *Strahlungsdruck* voraus:

Ein Strahl werde charakterisiert durch den Vektor des Energiestromes pro cm² und sec (POYNTINGscher Vektor) $\mathfrak{S}$ (= dem Integral von I über den kleinen strahlungserfüllten Raumwinkel). Wie die Elektrodynamik lehrt, entspricht diesem Energiestrom ein Impulsstrom $\mathfrak{S}/c$ (quantentheoretisch betrachtet: Ein Lichtquant der Energie $h\nu$ hat den Impuls $\frac{h\nu}{c}$). Trifft dieser Strom nun senkrecht auf eine schwarze Fläche, so übt er einen Druck (Impuls/sec cm²)

$$p = |\mathfrak{S}|/c \qquad (4, 5)$$

aus. Nehmen wir statt der schwarzen eine spiegelnde Fläche, so kommt noch der Rückstoß der reflektierten Strahlung hinzu und es wird

$$p = \frac{2|\mathfrak{S}|}{c} . \qquad (4, 6)$$

Fällt endlich die Strahlung unter einem Winkel ϑ zur Normale der Fläche ein, so wird einerseits die pro sec auf 1 cm² der Fläche treffende Energie um einen Faktor $\cos\vartheta$ verkleinert, andererseits wirkt nur noch die senkrecht zur Fläche stehende Komponente des übertragenen Impulses. Statt (4, 5 bzw. 4, 6) gilt also

$$p = \frac{|\mathfrak{S}|}{c} \cos^2\vartheta \quad \text{bzw.} \quad p = \frac{2|\mathfrak{S}|}{c} \cos^2\vartheta . \qquad (4,7)\,\text{u.}\,(4,8)$$

Den Druck eines isotropen Strahlungsfeldes auf seine *spiegelnde Hülle* erhalten wir – mit $|\mathfrak{S}| = I\,d\omega$ – zu

$$p = \frac{2I}{c} \int_0^{\pi/2} \cos^2\vartheta \cdot 2\pi \sin\vartheta \, d\vartheta = \frac{4\pi}{c} \cdot \frac{I}{3} = \frac{u}{3} , \qquad (4, 9)$$

d. h. der Strahlungsdruck ist gleich $^1/_3$ der Strahlungsdichte. Für einen Hohlraum im thermischen Gleichgewicht gilt dieser Ausdruck unabhängig von der Beschaffenheit der Wände. Was an reflektierter Strahlung ausfällt, wird durch die Emission der Wand ersetzt.

Noch eleganter läßt sich der BOLTZMANNsche Ausdruck für den Druck des isotropen Strahlungsfeldes ableiten mit Hilfe des MAXWELLschen Spannungstensors ($\mathfrak{E}$ und $\mathfrak{H}$ sind die elektrische und magnetische Feldstärke):

$$T_{ik} = \frac{1}{4\pi} \begin{vmatrix} \mathfrak{E}_x^2 + \mathfrak{H}_x^2 - \frac{1}{2}(\mathfrak{E}^2 + \mathfrak{H}^2) & \mathfrak{E}_x \mathfrak{E}_y + \mathfrak{H}_x \mathfrak{H}_y & \mathfrak{E}_x \mathfrak{E}_z + \mathfrak{H}_x \mathfrak{H}_z \\ \mathfrak{E}_x \mathfrak{E}_y + \mathfrak{H}_x \mathfrak{H}_y & \mathfrak{E}_y^2 + \mathfrak{H}_y^2 - \frac{1}{2}(\mathfrak{E}^2 + \mathfrak{H}^2) & \mathfrak{E}_y \mathfrak{E}_z + \mathfrak{H}_y \mathfrak{H}_z \\ \mathfrak{E}_x \mathfrak{E}_z + \mathfrak{H}_x \mathfrak{H}_z & \mathfrak{E}_y \mathfrak{E}_z + \mathfrak{H}_y \mathfrak{H}_z & \mathfrak{E}_z^2 + \mathfrak{H}_z^2 - \frac{1}{2}(\mathfrak{E}^2 + \mathfrak{H}^2) \end{vmatrix} \qquad (4, 10)$$

Wegen der Isotropie ist der Druck (ganz wie in der Elastizitätstheorie!) gleich dem negativen Mittelwert der 3 Diagonalglieder

$$p = -\frac{1}{3}(T_{xx} + T_{yy} + T_{zz}) = \frac{1}{3} \cdot \frac{1}{8\pi}(\mathfrak{E}^2 + \mathfrak{H}^2) = \frac{u}{3}, \tag{4, 11}$$

da ja $\frac{1}{8\pi}(\mathfrak{E}^2 + \mathfrak{H}^2)$ bekanntlich die Energiedichte des Feldes darstellt.

Wir betrachten nun mit BOLTZMANN die Hohlraumstrahlung in einem Zylinder mit schwarzen Wänden (Volum V, Temperatur T), der durch einen verschiebbaren Kolben mit spiegelnder Innenfläche verschlossen ist (Abb. 10).

Verschieben wir den Kolben sehr langsam – so daß das Strahlungsfeld im Innern sich immer auf den Gleichgewichtszustand, d. h. „Hohlraumstrahlung", einstellen kann – so ist die von den Wänden abgegebene Wärmeenergie

$$dQ = dU + p\,dV, \tag{4, 12}$$

wobei $U = V \times$ Strahlungsdichte u die gesamte in V enthaltene Energie und $p = u/3$ den Strahlungsdruck, also $p\,dV$ die bei Vergrößerung des Volums um dV geleistete mechanische Arbeit bedeutet.

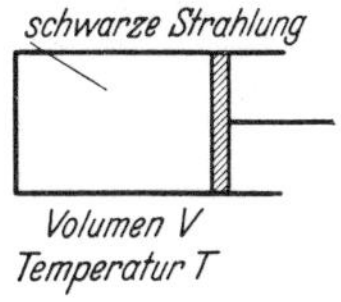

Abb. 10. Zum STEFAN-BOLTZMANNschen Strahlungsgesetz.

Da der ganze Vorgang reversibel verläuft, ist die entsprechende Entropieänderung:

$$dS = \frac{dQ}{T} = \frac{dU + p\,dV}{T}, \tag{4, 13}$$

oder, wegen $U = V \cdot u$ und $p = u/3$:

$$dS = \left(\frac{V}{T}\frac{\partial u}{\partial T}\right)_V dT + \left(\frac{4u}{3T}\right)_T dV. \tag{4, 14}$$

Wir fordern nun gemäß dem 2. Hauptsatz, daß S eine Zustandsgröße, also dS ein vollständiges Differential sei:

$$\frac{\partial}{\partial V}\left(\frac{V}{T}\frac{\partial u}{\partial T}\right) = \frac{\partial}{\partial T}\left(\frac{4u}{3T}\right). \tag{4, 15}$$

Hieraus ergibt sich:

$$\frac{du}{u} = 4\frac{dT}{T} \tag{4, 16}$$

oder

$$u = a\,T^4.$$

Durch Vergleich mit (4, 3) erkennt man, daß die Integrationskonstante in unseren früheren Bezeichnungen

$$a = \frac{4\sigma}{c} \tag{4, 17}$$

ist.

Die Entropie S selbst der Strahlung des Hohlraumes vom Volum V ergibt sich aus (4, 14) durch

$$\frac{dS}{dT} = \frac{V}{T}\frac{du}{dT} = V \cdot 4\,a\,T^2 \tag{4, 18}$$

oder

$$S = \frac{4a}{3} \cdot V \cdot T^3. \tag{4, 19}$$

Hinsichtlich adiabatischer Zustandsänderungen ($S = \text{const}$) verhält sich die Hohlraumstrahlung daher in vieler Hinsicht wie ein Gas[1] mit $\varkappa = c_p/c_v = 4/3$.

[1] Die Adiabatengleichung lautet bekanntlich $p \cdot V^\varkappa = \text{const}$ oder mit $pV \sim T$ auch $V \cdot T^{1/\varkappa - 1} = \text{const}$.

Diese Analogie ist von Bedeutung für die EDDINGTONsche Theorie des inneren Baues der Sterne sowie – nach K. SCHWARZSCHILD – für die Diskussion der Frage, unter welchen Verhältnissen Strahlungs- bzw. konvektives Gleichgewicht der stabile Zustand eines Sternes ist.

5. Spektrale Energieverteilung der Hohlraumstrahlung. WIENsches Verschiebungsgesetz. Entropie eines (nahezu) monochromatischen Strahlenbündels.

In thermodynamischer Hinsicht ist der entscheidende Punkt bei BOLTZMANNs Überlegungen die Anwendung des Entropiebegriffes auf die Hohlraumstrahlung. Wie kann man nun zu weitergehenden Aussagen über die spektrale Energieverteilung I_ν kommen?

Den ersten Schritt über BOLTZMANN hinaus tat – in theoretischer Hinsicht – W. WIEN durch den Nachweis, daß man auch einem isolierten, nahezu monochromatischen Strahlenbündel Entropie zuschreiben darf. Man kann direkt der *Energiestrahlung* eine *Entropiestrahlung* gegenüberstellen:

	Intensität	Dichte pro Frequenzeinheit	Gesamtdichte
*Energie*strahlung	I_ν	$u_\nu = \frac{4\pi}{c} I_\nu$	$u = \frac{4\pi}{c}\int I_\nu d\nu$
*Entropie*strahlung	H_ν	$s_\nu = \frac{4\pi}{c} H_\nu$	$s = \frac{4\pi}{c}\int H_\nu d\nu$

Im Zustand thermischen Gleichgewichtes muß nach dem 2. Hauptsatz sein:

$$s = \int s_\nu\, d\nu = \text{Maximum mit der Nebenbedingung } u = \int u_\nu\, d\nu = \text{const} \tag{5, 1}$$

oder

$$\delta s = \int \frac{\partial s_\nu}{\partial u_\nu}\, \delta u_\nu\, d\nu = 0 \text{ mit } \int \delta u_\nu\, d\nu = 0\,. \tag{5, 2}$$

Die beiden Forderungen (5, 2) sind nur miteinander verträglich, wenn

$$\frac{\partial s_\nu}{\partial u_\nu} = \text{const}\,. \tag{5, 3}$$

Da für die Gesamtstrahlung nach den Ergebnissen des vorhergehenden Abschnittes

$$ds/du = (dS/dU)_\nu = 1/T\,, \tag{5, 4}$$

so muß auch die Konstante in (5, 3) $= 1/T$ sein, d. h.

$$\partial s_\nu/\partial u_\nu = 1/T. \tag{5, 5}$$

In der Hohlraumstrahlung haben also alle Strahlenbündel dieselbe Temperatur; die Berechtigung unserer neuen Begriffsbildungen ist damit nachgewiesen.

Mit W. WIEN betrachten wir nun einen mit Hohlraumstrahlung erfüllten Zylinder, und zwar sollen seine Wände diffus, der Kolben dagegen spiegelnd reflektieren. (Bei einer Verschiebung des Kolbens kann also kein Energieaustausch zwischen Strahlung und Wänden erfolgen; das Strahlungsfeld bleibt aber stets isotrop.) Wir zeigen zunächst, daß bei einer unendlich langsamen Verschiebung des Kolbens die Strahlung „schwarz" bleibt:

1. Komprimieren wir. Dabei wird Arbeit gegen den Strahlungsdruck $p = u/3$ geleistet.

2. Bringen wir in den Hohlraum ein winziges Kohlenstäubchen. Dadurch wird die Energie nicht verändert. Wenn die Strahlung noch nicht im Zustand

thermischen Gleichgewichtes wäre, so würde sie den Zustand maximaler Entropie annehmen.

3. Expandieren wir zurück zum Anfangsvolumen. Dabei wird dieselbe Arbeit geleistet wie bei 1., da ja $p = u/3$ nur von der Stellung des Kolbens abhängt. Wir kommen also genau auf den Ausgangszustand zurück und haben damit bewiesen, daß das Einbringen des Kohlenstäubchens *keine* Entropievermehrung bedingte, d. h. daß die Strahlung bei der Kompression schwarz blieb.

Fordert man nun für ein Strahlenbündel, das an dem bewegten spiegelnden Kolben (Dopplereffekt, Strahlungsdruck!) reflektiert wird, Erhaltung der Energie (unter Berücksichtigung der Arbeit am Spiegel!) und Entropie (wegen obiger Reversibilitätsbetrachtung), so ergibt sich[1], daß bei der unendlich langsamen Kompression die beiden „adiabatischen Invarianten"

$$I_\nu/\nu^3 \text{ und } H_\nu/\nu^2 \tag{5, 6}$$

unverändert bleiben.

Es muß daher weiterhin

$$(H_\nu/\nu^2) = f(I_\nu/\nu^3) \tag{5, 7}$$

eine Funktion von I_ν/ν^3 allein sein.

Nach (5, 5) ist

$$\frac{1}{T} = \frac{\partial H_\nu}{\partial I_\nu} = \frac{1}{\nu} f'\left(\frac{I_\nu}{\nu^3}\right), \tag{5, 8}$$

oder

$$I_\nu = \nu^3 \varphi(\nu/T) = T^3 \Phi(\nu/T) \tag{5, 9}$$

und nach (1, 16)

$$I_\lambda = \frac{1}{\lambda^5} \psi(\lambda T) = T^5 \Psi(\lambda T), \tag{5, 10}$$

wobei die $\varphi \ldots \Psi$ noch unbekannte Funktionen sind, deren Zusammenhang mit f wohl nicht explizit angeschrieben werden braucht.

Aus der 2. Gleichung (5, 10) lesen wir das WIEN*sche Verschiebungsgesetz* ab: Für das Maximum der Energieverteilungskurve I_λ

$$dI_\lambda/d_\lambda = 0 \tag{5, 11}$$

gilt sicher

$$\lambda T = \text{const} = b \tag{5, 12}$$

und

$$I_{\lambda max} \sim T^5.$$

Die Wellenlänge des Maximums verschiebt sich also umgekehrt proportional der Temperatur; seine Höhe wächst mit T^5. Die entsprechenden Gesetzmäßigkeiten für I_ν liest man leicht aus (5, 9) ab. Ebenso führen (5, 9) und (5, 10) ohne weiteres auf das STEFAN-BOLTZMANNsche Gesetz zurück: z. B. gibt (5, 9) mit $\nu/T = x$

$$I = \int I_\nu \, d\nu = T^4 \int_0^\infty x^3 \varphi(x) \, dx = \text{const } T^4. \tag{5, 13}$$

6. Energieverteilung im Spektrum der Hohlraumstrahlung. Klassische Theorie; RAYLEIGH-JEANSsche Strahlungsformel.

Um die Energieverteilung im Spektrum der Hohlraumstrahlung zu ermitteln, untersuchen wir deren Wechselwirkung mit einem System materieller Körper, das sich im thermischen Gleichgewicht befindet und das wir infolgedessen nach

[1] Die expliziten Rechnungen brauchen wir hier nicht wiederzugeben; der Leser findet sie in jedem Lehrbuch.

den üblichen Methoden der kinetischen Theorie behandeln können. Da es nach dem KIRCHHOFFschen Satz (Unabhängigkeit der Hohlraumstrahlung von der Art des Hohlraumes) auf die spezielle Beschaffenheit dieses Systems nicht ankommt, wählen wir mit PLANCK das einfachste: Eine elastisch an ihre Gleichgewichtslage gebundene Masse m mit der Ladung e (z. B. ein Elektron), die in einer bestimmten Richtung (x-Achse) schwingen kann (Eigenfrequenz ν_0). Wir bezeichnen dieses Gebilde als *linearen harmonischen Oszillator*.

Vernachlässigen wir zunächst seine Strahlung, so können wir seine Bewegungsverhältnisse beschreiben durch:

$$\ddot{x} + (2\pi\nu_0)^2 x = 0 \tag{6, 1}$$

oder

$$x = A \cdot e^{2\pi i \nu_0 t} \qquad (A \text{ reell}) \tag{6, 2}$$

(gemeint ist hier und in Zukunft bei derartigen Ausdrücken stets der reelle Teil; dies ist bei Bildung quadratischer Größen zu beachten). Die Energie unseres Oszillators setzt sich nun zusammen aus

$$\left.\begin{aligned} E_{kin} &= \frac{m}{2}\dot{x}^2 &&= \frac{m}{2}(2\pi\nu_0)^2 \cdot A^2 \sin^2 2\pi\nu_0 t \\ E_{pot} &= m(2\pi\nu_0)^2 \cdot \frac{x^2}{2} &&= \frac{m}{2}(2\pi\nu_0)^2 \cdot A^2 \cos^2 2\pi\nu_0 t \end{aligned}\right\} E = E_{kin} + E_{pot}. \tag{6, 3}$$

Im Zeitmittel ist also:

$$\overline{E}_{kin} = \overline{E}_{pot} = \frac{1}{2}\overline{E}. \tag{6, 4}$$

Die mittlere Energie $\overline{E}$ des linearen Oszillators können wir nun einerseits aus der klassischen Statistik (BOLTZMANNscher Gleichverteilungssatz; pro Freiheitsgrad $\overline{E}_{kin} = \frac{1}{2} kT$) berechnen zu ($k$ = BOLTZMANN-Konstante):

$$\overline{E} = kT. \tag{6, 5}$$

Andererseits erhalten wir $\overline{E}$ in Abhängigkeit von der Dichte u_ν des Strahlungsfeldes für die Frequenz $\nu \sim \nu_0$ auf Grund folgender Überlegung: Wie jede beschleunigte Ladung emittiert und absorbiert der Oszillator Strahlung. Im Gleichgewicht muß sich seine Amplitude so einspielen, daß Emission und Absorption pro Zeiteinheit im Mittel einander gleich sind. Aus der Amplitude können wir aber nach (6, 3 und 6, 4) sofort die mittlere Energie $\overline{E}$ berechnen.

Behandeln wir zunächst den freien Oszillator (ohne Strahlungsfeld) mit Berücksichtigung der bremsenden Wirkung seiner Ausstrahlung *(Strahlungsdämpfung)*: Wie die Elektrodynamik lehrt (H. HERTZ), ist der Energieverlust/sec einer schwingenden Ladung e gegeben durch

$$-\frac{dE}{dt} = \frac{2e^2}{3c^3}\ddot{x}^2. \tag{6, 6}$$

Diesen können wir auch auffassen als die Wirkung einer Reibungskraft der Größe:

$$K = \frac{2e^2}{3c^3} \cdot \dddot{x}, \tag{6, 7}$$

da deren Arbeit/sec $K \cdot \dot{x} = \frac{2e^2}{3c^3}\dddot{x} \cdot \dot{x} = \frac{2e^2}{3c^3}\left\{\frac{d}{dt}(\ddot{x} \cdot \dot{x}) - \ddot{x}^2\right\}$ im Zeitmittel $= -\frac{2e^2}{3c^3} \cdot \ddot{x}^2$ ist.

Die Bewegungsgleichung lautet nunmehr:

$$\ddot{x} + (2\pi\nu_0)^2 x - \frac{2e^2}{3mc^3} \cdot \dddot{x} = 0. \tag{6, 8}$$

Da – wie wir noch verifizieren werden – die Dämpfung stets verhältnismäßig schwach ist, können wir näherungsweise nach (6, 1) $\ddot{x} = -(2\pi\nu_0)^2 \cdot \dot{x}$ schreiben und die Reibung wie üblich proportional zur Geschwindigkeit setzen. Dann wird aus (6, 8)

$$\ddot{x} + (2\pi\nu_0)^2 x + \gamma\dot{x} = 0 \quad \text{mit} \quad \gamma = \frac{8\pi^2 e^2 \nu_0^2}{3 m c^3}. \tag{6, 9}$$

Zur Lösung machen wir wieder den Ansatz $x = A\, e^{i\alpha t}$ und bekommen

$$-\alpha^2 + (2\pi\nu_0)^2 + i\alpha\gamma = 0$$

und wegen $\alpha \approx 2\pi\nu_0$

$$\alpha \approx \sqrt{(2\pi\nu_0)^2 + 2\pi\nu_0 \cdot i\gamma} \approx 2\pi\nu_0 + i\frac{\gamma}{2}. \tag{6, 10}$$

Schreiben wir die Lösung der Übersichtlichkeit wegen gleich in reeller Form, so ist also

$$x = |A| \cdot e^{-\frac{\gamma}{2}t} \cos(2\pi\nu_0 t + \delta) \tag{6, 11}$$

und die Energie (proportional dem Amplitudenquadrat)

$$E = E_0\, e^{-\gamma t} = E_0\, e^{-\frac{t}{T}} \tag{6, 12}$$

Wir erhalten eine gedämpfte Schwingung mit der *Abklingungskonstante* $\gamma\ \mathrm{sec}^{-1}$ und der *Abklingungszeit*

$$T = 1/\gamma\ \mathrm{sec}. \tag{6, 13}$$

Setzt man in (6, 9) die Zahlenwerte von Elektronenmasse und -ladung ein, so erhält man für optische Frequenzen $T \sim 10^{-8}$ sec in *größenordnungsmäßiger* Übereinstimmung mit den direkten Kanalstrahlmessungen von W. WIEN. (Auf alle diese Fragen werden wir später im Zusammenhang mit der Theorie der FRAUNHOFER-Linien nochmals ausführlich zurückkommen.)

Als nächsten Schritt untersuchen wir das Mitschwingen des gedämpften Oszillators im Feld einer Lichtwelle ($\nu \approx \nu_0$)

$$\mathfrak{E}_x = F \cdot e^{2\pi i\nu t} \tag{6, 14}$$

mit dem Ziel der Berechnung seiner mittleren Energie in Abhängigkeit von F. An Stelle von (6, 9) tritt nun

$$\ddot{x} + (2\pi\nu_0)^2 \cdot x + \gamma\dot{x} = \frac{e}{m}\mathfrak{E}_x. \tag{6, 15}$$

Wir machen wieder den Ansatz $x = A\, e^{2\pi i\nu t}$; die zugehörige freie Schwingung (Lösung der homogenen Gleichung) klingt in einer Zeit der Größenordnung T ab und kann also gleich wegbleiben. Damit erhalten wir

$$\{4\pi^2(\nu_0^2 - \nu^2) + 2\pi i\nu\gamma\} A = \frac{e}{m} F \tag{6, 16}$$

und daher für das Amplitudenquadrat

$$|A|^2 = A \cdot \tilde{A} = \frac{e^2}{4\pi^2 m^2} \cdot \frac{|F|^2}{4\pi^2(\nu_0^2 - \nu^2)^2 + \nu^2\gamma^2} \tag{6, 17}$$

und für $\nu \approx \nu_0$ $(\nu_0^2 - \nu^2 \approx 2\nu_0(\nu_0 - \nu))$:

$$|A|^2 = \frac{e^2}{4\pi^2 m\nu_0^2} \cdot \frac{|F|^2}{[4\pi(\nu_0 - \nu)]^2 + \gamma^2}. \tag{6, 18}$$

Die mittlere Energie des Oszillators ist nun [da wir schwache Dämpfung annehmen, gelten die Gl. (6, 3)]:

$$\overline{E} = \frac{m}{2}(2\pi\nu_0)^2 |A|^2 = \frac{e^2}{2m} \frac{|F|^2}{[4\pi(\nu_0 - \nu)]^2 + \gamma^2}. \tag{6, 19}$$

Nunmehr müssen wir noch die Feldstärke der anregenden Lichtwellen mit der Strahlungsdichte in Verbindung bringen. Es ist

$$u_\nu \, d\nu = \frac{1}{8\pi} \sum (\mathfrak{E}_x^2 + \mathfrak{E}_y^2 + \mathfrak{E}_z^2) + (\mathfrak{H}_x^2 + \mathfrak{H}_y^2 + \mathfrak{H}_z^2), \tag{6, 20}$$

wobei die $\sum$ über alle in den Bereich $d\nu$ fallenden Wellen zu erstrecken ist. Nun ist

$$\overline{\mathfrak{E}_x^2} = \overline{\mathfrak{E}_y^2} = \ldots \overline{\mathfrak{H}_z^2} = \tfrac{1}{2} |F|^2,$$

also

$$u_\nu \, d\nu = \frac{3}{8\pi} \sum_{\nu}^{\nu + d\nu} |F|^2. \tag{6, 21}$$

Wir erhalten vollends $\overline{E}$, indem wir in (6, 19) über alle anregenden Lichtwellen integrieren. Das heißt, es wird (da nur die Umgebung von ν_0 einen wesentlichen Beitrag liefert, so dürfen wir von $-\infty$ bis $+\infty$ integrieren und trotzdem u_ν als konstant betrachten):

$$\overline{E} = \frac{e^2}{2m} \int_{-\infty}^{+\infty} \frac{\frac{8\pi}{3} u_\nu \, d\nu}{[4\pi(\nu_0 - \nu)]^2 + \gamma^2}. \tag{6, 22}$$

Setzen wir $\frac{4\pi(\nu - \nu_0)}{\gamma} = x$, so erhält das Integral die Form

$$\int_{-\infty}^{+\infty} \frac{dx}{x^2 + 1} = \operatorname{arc\,tg} x \Big|_{-\infty}^{+\infty} = \pi \ldots$$ und es wird

$$\overline{E} = \frac{\pi e^2}{3m\gamma} u_\nu = \frac{c^3}{8\pi\nu^2} \cdot u_\nu. \tag{6, 23}$$

Andererseits sollte nach dem Gleichverteilungssatz der klassischen Statistik (6, 5)

$$\overline{E} = kT$$

sein. Das Strahlungsgesetz der klassischen Theorie lautet daher

$$u_\nu = \frac{8\pi\nu^2}{c^3} \cdot kT. \tag{6, 24}$$

Es wurde zuerst von RAYLEIGH und JEANS abgeleitet, indem sie das Strahlungsfeld eines Hohlraumes in seine Eigenschwingungen (stehende Wellen) zerlegten und auf diese direkt den Gleichverteilungssatz anwandten.

Man erkennt sofort, daß das RAYLEIGH-JEANSsche Gesetz (6, 24) nicht der Wirklichkeit entsprechen kann: u_ν und entsprechend I_ν wachsen mit ν beliebig stark an; schon bei niedrigen Temperaturen müßte also ein schwarzer Körper starke Ultraviolettstrahlung aussenden! Außerdem nimmt $u = \int u_\nu \, d\nu$ einen unendlichen Wert an, statt dem STEFAN-BOLTZMANNschen Gesetz zu folgen. Während das RAYLEIGH-JEANSsche Gesetz – wie gesagt – im kurzwelligen Gebiet völlig versagt, paßt es sich den Beobachtungen immer besser an, wenn man zu langwelligerer Strahlung übergeht. Offenbar ist es der Grenzfall des endgültigen Strahlungsgesetzes im limes $\lambda \to \infty$.

7. Quantentheorie. PLANCKsches Strahlungsgesetz (1900).

Um zu einer mit der Erfahrung übereinstimmenden Strahlungsformel zu gelangen, müssen wir mit PLANCK zuerst die Grundlagen des Gleichverteilungssatzes einer gründlichen Revision unterziehen:

In der *klassischen Statistik* geht man bekanntlich folgendermaßen vor: Nach dem LIOUVILLEschen Satz nimmt ein mechanisches System im Laufe seiner Bewegung im Phasenraum (Lage- und Impulskoordinaten) stets dasselbe Volumen ein. Dementsprechend teilt man den Phasenraum in Zellen gleicher Größe und bestimmt die Wahrscheinlichkeit eines bestimmten Zustandes (Verteilung der Moleküle usw. auf die Phasenzellen) aus der Zahl seiner Realisierungsmöglichkeiten (Lotterie!). Nachträglich geht man mit dem Volumen der einzelnen Phasenzelle zum *Grenzwert Null* über.

Nach der *Quantentheorie* ist nun gerade dieser Grenzübergang nicht berechtigt, man hat vielmehr den Phasenraum in endliche Zellen der Größe h pro Freiheitsgrad, also h^f bei einem System von f Freiheitsgraden einzuteilen. Einem bestimmten Quantenzustand eines Systems entspricht ein bestimmter Energiewert, ein sog. Energieniveau[1].

Gleichartige Partikel, die sich in demselben Quantenzustand (-zelle) befinden, sind nicht unterscheidbar[2]; es kann also in statistischer Hinsicht nur auf *ihre Anzahl pro Quantenzelle* ankommen. Ist diese Anzahl keinen weiteren Einschränkungen unterworfen, so spricht man von BOSE-EINSTEIN-Statistik. Sie ist in der Natur realisiert für die Strahlung und Atomkerne gerader Massenzahl. Bei den *materiellen* Elementarpartikeln (Elektron, Proton, Neutron) und den Atomkernen ungerader Massenzahl dagegen gestattet die Natur, wie PAULI zuerst erkannt hat, nur je *einem* Partikel den Aufenthalt in einer Phasenzelle. Die Anwendung dieses PAULI-Prinzipes auf die Statistik hat zuerst FERMI gegeben. Der Unterschied zwischen FERMI-*Statistik* einerseits und BOSE-EINSTEINscher bzw. *klassischer Statistik* andererseits *(Gasentartung)* wird nur wesentlich, wenn die Partikel im Phasenraum sehr „gedrängt wohnen“; d. h. bei tiefer Temperatur und großem Druck (R. H. FOWLERs Theorie der weißen Zwergsterne!).

Wir beschränken uns hier – im Hinblick auf unser Hauptziel – auf Verhältnisse, bei denen noch keine Gasentartung einsetzt, und betreiben also Quantenstatistik nur insofern, als wir die Einteilung des Phasenraumes in endliche Zellen und die Existenz diskreter Energiewerte berücksichtigen.

Betrachten wir ein System von N gleichartigen Partikeln (Oszillatoren, Gasmolekülen usw.), deren jedes der gequantelten Energiewerte[3]

$$E_0, E_1, E_2 \ldots E_n \ldots \tag{7, 1}$$

fähig sein soll. Die Anzahl der Partikel, die sich bei einer bestimmten Anordnung des Systems im n-ten Quantenzustand befinden, nennen wir N_n:

$$N_0, N_1, N_2 \ldots N_n \ldots \tag{7, 2}$$

Ist N die Gesamtzahl der Partikel, $\overline{E}$ ihre mittlere Energie, so gilt

$$\Sigma N_n = N \quad \text{und} \quad \Sigma E_n N_n = \overline{E} \cdot N = E \text{ (Gesamtenergie).} \tag{7, 3}$$

[1] Falls das ganze System auf ein endliches Volumen beschränkt ist, kommen nur diskrete Energiewerte vor. Den Fall einer kontinuierlichen Folge von Energiewerten können wir leicht nachträglich einschließen.

[2] Die Anwendung der Quantentheorie auf die Atomtheorie (BOHRsches Atommodell, Lichtquantenvorstellung usw.) kann heute wohl als allgemein bekannt vorausgesetzt werden. Wir werden uns hier auf die Darstellung der astrophysikalisch wichtigen Prinzipien der Quantenstatistik beschränken, die in der Literatur für den Astronomen zur Zeit noch nicht so bequem zugänglich sind.

[3] Wiedererkennen eines bestimmten Partikels ist unmöglich wegen der Gleichheit der Partikel (Systeme). Verfolgen eines bestimmten Partikels ist bei einem Zusammenstoß nicht möglich wegen der für die Quantentheorie charakteristischen Beschränkung unserer Meßmöglichkeiten (HEISENBERGsche Ungenauigkeitsrelation).

Die *thermodynamische Wahrscheinlichkeit* des in (7, 1) und (7, 2) charakterisierten Zustandes, d. h. die Anzahl seiner Realisierungsmöglichkeiten (eine sehr große Zahl!) ist nach einer bekannten Formel der Wahrscheinlichkeitsrechnung

$$W = \frac{N!}{N_0!\, N_1! \ldots N_n! \ldots} \tag{7, 4}$$

(Vertauschung aller N Partikel gibt $N!$ Möglichkeiten, die $N_0!$ bzw. $N_1! \ldots$ Vertauschungen innerhalb des 0., 1. ... Quantenzustandes führen aber zu nichts Neuem!). Da die N sehr große Zahlen sind, können wir die STIRLINGsche Formel anwenden:

$$\ln N! = \sum_1^N \ln n \approx \int_1^N \ln n\, dn \approx N(\ln N - 1), \tag{7, 5}$$

oder

$$N! \approx \left(\frac{N}{e}\right)^N. \tag{7, 6}$$

(Rechnet man genauer, so kommt zu (7, 6) noch ein Faktor $\sqrt{2\pi N} + \cdots$, der für unsere Zwecke aber schon belanglos ist.) Damit wird aus (7, 4):

$$\ln W = N(\ln N - 1) - \Sigma N_n (\ln N_n - 1) = -\Sigma N_n \ln N_n/N. \tag{7, 7}$$

Das Verhältnis $N_n/N = w$ gibt den Bruchteil der Partikel im n-ten Quantenzustand an; sein Mittelwert ist die *mathematische* Wahrscheinlichkeit dieses Zustandes.

Mit (7, 3), (7, 4) und (7, 7) können wir unser Hauptproblem der Auffindung der wahrscheinlichsten Verteilung (7, 1) und (7, 2) nunmehr folgendermaßen formulieren: Die thermodynamische Wahrscheinlichkeit, bzw. der

$$\ln W = -N\, \Sigma w_n \ln w_n \tag{7, 8}$$

soll zu einem Maximum gemacht werden[1] mit den Nebenbedingungen (7, 3)

$$\Sigma w_n = 1 \quad \text{und} \quad \Sigma E_n w_n = \overline{E}. \tag{7, 9}$$

Wir erhalten durch Variation der w_n:

$$\Sigma \ln w_n\, \delta w_n + \Sigma\, \delta w_n = 0 \tag{7, 10}$$

und

$$\Sigma\, \delta w_n = 0; \quad \Sigma E_n\, \delta w_n = 0.$$

Nach Einführung LAGRANGEscher Multiplikatoren $-\ln \alpha$ und β wird aus (7, 10) die *eine* Gleichung

$$\Sigma\, \delta w_n (\ln w_n - \ln \alpha + \beta E_n) = 0 \tag{7, 11}$$

oder, da δw_n frei verfügbar und $\Sigma w_n = 1$ ist:

$$w_n = \alpha\, e^{-\beta E_n} = \frac{e^{-\beta E_n}}{\sum_0^\infty e^{-\beta E_n}}. \tag{7, 12}$$

Nachdem wir so die Konstante α schon festgelegt haben, müssen wir noch den Zusammenhang von β mit $\overline{E}$ bzw. der Temperatur T ermitteln. Um letztere einzuführen, greifen wir direkt auf den 2. Hauptsatz zurück. Nach BOLTZMANN definieren wir die Entropie S durch

$$S = k \ln W. \tag{7, 13}$$

[1] Man kann unschwer zeigen, daß Zustände, die sich vom Wahrscheinlichsten auch nur unbeträchtlich entfernen, sofort sehr unwahrscheinlich werden.

$k = 1{,}380 \cdot 10^{-16}$ erg/grad ist die bekannte BOLTZMANNsche Konstante; der ln sorgt dafür, daß der *Multiplikation* von Wahrscheinlichkeiten die *Addition* von Entropien entspricht. Nach den vorhergehenden Formeln wird

$$S = -k\,N\,\Sigma\,w_n \ln w_n = -k\,N\,\Sigma\,w_n\,(\ln\alpha - \beta\,E_n) \qquad (7, 14)$$

oder wegen $\Sigma\,w_n = 1$ und $1/\alpha = \Sigma\,e^{-\beta E_n}$

$$S = k\,N \ln \Sigma\,e^{-\beta E_n} + k\beta \cdot E\,. \qquad (7, 15)$$

Nach dem 2. Hauptsatz gilt nun

$$\frac{1}{T} = \frac{\partial S}{\partial E} = -k\,N\,\frac{\Sigma\,E_n\,e^{-\beta E_n}}{\Sigma\,e^{-\beta E_n}} \cdot \frac{\partial\beta}{\partial E} + k\,E\,\frac{\partial\beta}{\partial E} + k\beta\,, \qquad (7, 16)$$

oder, weil die zwei ersten Glieder rechts sich gerade wegheben:

$$\beta = \frac{1}{kT}\,. \qquad (7, 17)$$

Damit haben wir nun, um unsere Ergebnisse noch zusammenzustellen:

$$w_n = \frac{e^{-\frac{E_n}{kT}}}{\Sigma\,e^{-\frac{E_n}{kT}}}\,; \qquad \overline{E} = \frac{\Sigma E_n\,e^{-\frac{E_n}{kT}}}{\Sigma e^{-\frac{E_n}{kT}}} \qquad (7, 18)$$

$$S = E/T + k\,N \ln \Sigma\,e^{-\frac{E_n}{kT}} \qquad (7, 19)$$

Die immer wieder auftretende $\Sigma\,e^{-\frac{E_n}{kT}}$ bezeichnet man als die *Zustandssumme* (in der englischen Literatur: partition function).

Die Gl. (7, 18) wird uns später einen der Grundsteine zur Deutung der Sternspektren (Temperaturanregung!) liefern. Wir wollen aber hier unsere Betrachtungen nicht unterbrechen; vielmehr werden wir zunächst die *Energiestufen des linearen harmonischen Oszillators* berechnen und dann die Quantenstatistik auf ihn anwenden, um so schließlich zum PLANCKschen Strahlungsgesetz zu gelangen.

Bezeichnen wir wieder den Ausschlag des Oszillators mit x und den zugehörigen Impuls mit $p = m\,\dot{x}$, so ist die Energie [vgl. (6, 3) und (6, 4)]

$$E = \frac{p^2}{2m} + 2\pi^2\,m\,\nu_0^2 \cdot x^2 = \text{const}\,. \qquad (7, 20)$$

x und p variieren periodisch mit der Zeit, und zwar mit $^1/_4$-Periode Phasenverschiebung (für $x = \text{Max}$ ist $p = 0$ und umgekehrt). Zeichnen wir die Bewegung des Oszillators im Phasenraum (Koordinaten p und x) auf, so erhalten wir also eine Ellipse, deren Halbachsen a und b (Abb. 11) dadurch festgelegt sind, daß in ihren Endpunkten die potentielle bzw. kinetische Energie verschwindet. Gemäß (7.20) ist daher

$$\left.\begin{aligned} a &= \sqrt{2\,m\,E} \\ b &= \sqrt{\frac{E}{2\pi^2\,m\,\nu_0^2}}\,. \end{aligned}\right\} \qquad (7, 21)$$

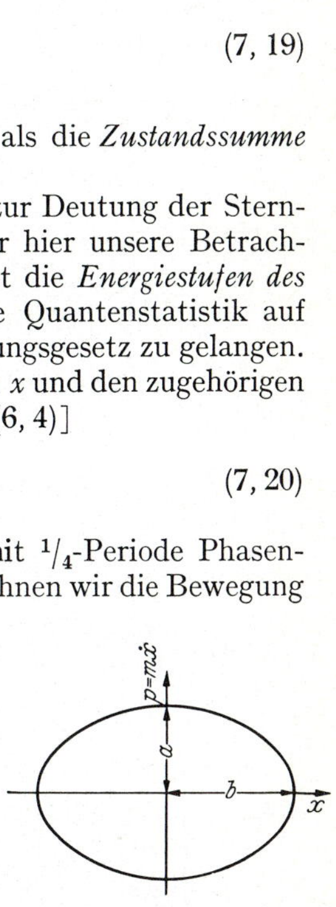

Abb. 11. Quantelung des linearen harmonischen Oszillators.

Im Sinne der Quantentheorie fordern wir nun, daß die Fläche zwischen zwei aufeinanderfolgenden Bahnen im Phasenraum die Größe des PLANCKschen Wirkungsquantums h (Dimension: Länge $\times$ Impuls oder erg $\times$ sec) haben soll, oder etwas weitergehend (BOHR-SOMMERFELDsche Quantenbedingung), daß die Fläche einer Bahnellipse ein ganzzahliges Vielfaches von h sein soll, d. h.:

$$\pi\, a\, b = E/\nu = n\, h\,. \tag{7, 22}$$

Die Energiestufen des linearen harmonischen Oszillators sind also[1]

$$E_n = n \cdot h\,\nu. \tag{7, 23}$$

Den Energieaustausch zwischen Oszillator und Strahlungsfeld haben wir uns jetzt so vorzustellen, daß beim *Übergang* von einem Energieniveau E_n zum nächsten E_{n-1} ein Lichtquant $h\,\nu$ emittiert wird. Trotzdem werden wir mit PLANCK die auf klassischem Weg abgeleitete Beziehung (6, 23) zwischen $\overline{E}$ und u_ν nachher in die Quantentheorie herübernehmen. Eine in sich konsequente Darstellung aller dieser Fragen gibt selbstverständlich erst die Quantenmechanik und -elektrodynamik.

Die mittlere Energie $\overline{E}$ eines Oszillators der Frequenz ν wird nun (abgesehen von der Nullpunktsenergie) bei der Temperatur T nach (7, 18):

$$\overline{E} = \frac{\sum\limits_0^\infty n\, h\nu\, e^{-n\cdot\frac{h\nu}{kT}}}{\sum\limits_0^\infty e^{-n\cdot\frac{h\nu}{kT}}}\,. \tag{7,24}$$

Setzen wir $e^{-\frac{h\nu}{kT}} = x$, so wird mit Hilfe der bekannten Summenformel der geometrischen Reihe

$$\left.\begin{aligned} \sum_0^\infty x^n &= \frac{1}{1-x} \\ \sum_0^\infty n\, x^{n-1} &= \frac{1}{(1-x)^2} \end{aligned}\right\} \quad \frac{\Sigma\, n\, x^n}{\Sigma\, x^n} = \frac{x\,(1-x)}{(1-x)^2} = \frac{1}{\frac{1}{x}-1} \tag{7, 25}$$

und also

$$\overline{E} = \frac{h\,\nu}{e^{\frac{h\nu}{kT}}-1}\,. \tag{7,26}$$

Andererseits gilt nach (6, 23)

$$\overline{E} = \frac{c^3}{8\pi\,\nu^2}\cdot u_\nu\,. \tag{7,27}$$

Wir erhalten durch Vergleich der beiden Ausdrücke[2] die PLANCK*sche Strahlungsformel*:

$$u_\nu = \frac{8\pi\, h\,\nu^3}{c^3}\cdot\frac{1}{e^{\frac{h\nu}{kT}}-1}\,. \tag{7,28}$$

Die Strahlungsintensität selbst, in der ν- bzw. λ-Skala gemessen, wird nach (1, 13) und (1, 16):

$$I_\nu = \frac{c}{4\pi}\, u_\nu = \frac{2\,h\,\nu^3}{c^2}\cdot\frac{1}{e^{\frac{h\nu}{kT}}-1} \tag{7, 29}$$

und

$$I_\lambda = \frac{c}{\lambda^2}\, I_\nu = \frac{2\,h\,c^2}{\lambda^5}\cdot\frac{1}{e^{\frac{hc}{k\lambda T}}-1} = \frac{2\,C}{\lambda^5}\cdot\frac{1}{e^{\frac{c_2}{\lambda T}}-1}\,. \tag{7, 30}$$

[1] Nach der Quantenmechanik käme zu E_n noch eine Nullpunktsenergie $\frac{1}{2}\,h\nu$, die aber hier für uns ohne Bedeutung ist.

[2] Diese Ableitung der PLANCKschen Strahlungsformel, in der zum Teil noch Ergebnisse der klassischen Theorie mitbenutzt wurden, besitzt noch nicht die wünschenswerte innere Geschlossenheit. In Abschnitt 45 werden wir daher von einem rein quantentheoretischen Standpunkt aus nochmals auf das Problem zurückkommen.

Die Strahlungskonstanten

$$\left.\begin{array}{l} C = hc^2 \left(\frac{4\pi}{c} \cdot 2C = 8\pi\, hc \text{ bezeichnet man gewöhnlich als } C_1\right) \\ \text{und } c_2 = \frac{hc}{k} \ (= 1{,}438_5 \text{ cm} \cdot \text{grad}) \end{array}\right\} \tag{7, 31}$$

bestimmen (wenn man die Lichtgeschwindigkeit c als bekannt annimmt) die BOLTZMANNsche und PLANCKsche Konstante k bzw. h und umgekehrt. In praxi wird jedoch meist nur c_2 direkt gemessen; statt C bestimmt man lieber die Konstante σ im STEFAN-BOLTZMANNschen Gesetz. Nach (7, 29) wird die gesamte Ausstrahlung pro cm² und sec (nach allen Richtungen):

$$\pi I = \pi \int_0^\infty I_\nu\, d\nu = \int_0^\infty \frac{2\pi\, h\nu^3}{c^2} \cdot \frac{d\nu}{e^{\frac{h\nu}{kT}} - 1} = \frac{2\pi\, k^4}{c^2 \cdot h^3} \cdot T^4 \int_0^\infty \frac{x^3\, dx}{e^x - 1}. \tag{7, 32}$$

Der Wert des bestimmten Integrals ist

$$\int_0^\infty \frac{x^3\, dx}{e^x - 1} = \frac{\pi^4}{15} = 6{,}4939\,. \tag{7, 33}$$

Andererseits soll die rechte Seite von (7, 32) gleich σT^4 sein, es gilt also

$$\sigma = \frac{2\pi^5\, k^4}{15 c^2\, h^3} \quad (= 5{,}671_6 \cdot 10^{-5} \text{ erg/cm}^2 \text{ sec grad}^4). \tag{7, 34}$$

(7, 31) und (7, 34) geben zusammen die wohlbekannten Zahlenwerte:

$$k = 1{,}380 \cdot 10^{-16} \text{ erg/grad und } h = 6{,}624 \cdot 10^{-27} \text{ erg} \cdot \text{sec} \tag{7, 35}$$

Vielfach interessiert man sich auch für die Ausstrahlung pro cm² und sec in einem bestimmten Frequenzintervall ν_1 bis ν_2. Nach (7, 29) und (7, 34) erhält man – wieder mit $x = h\nu/kT$:

$$\int_{\nu_1}^{\nu_2} \pi I_\nu\, d\nu = \frac{15}{\pi^4} \cdot \sigma T^4 \int_{x_1}^{x_2} \frac{x^3\, dx}{e^x - 1} = \frac{15}{\pi^4} \cdot \sigma T^4 \left(\mathfrak{J}_2(x_1) - \mathfrak{J}_2(x_2)\right). \tag{7, 36}$$

Division des Integranden mit $h\nu$ ergibt die entsprechende Anzahl von Lichtquanten:

$$\int_{\nu_1}^{\nu_2} \pi Z_\nu\, d\nu = \frac{2\pi\, k^3}{c^2\, h^3} \cdot T^3 \int_{x_1}^{x_2} \frac{x^2\, dx}{e^x - 1} = \frac{2\pi\, k^3}{c^2\, h^3} \cdot T^3 \left(\mathfrak{J}_1(x_1) - \mathfrak{J}_1(x_2)\right), \tag{7, 37}$$

wobei wir allgemein

$$\mathfrak{J}_n(x) = \int_x^\infty \frac{x^{n+1}\, dx}{e^x - 1} \tag{7, 38}$$

definiert haben (vgl. P. DEBYE [113] und H. ZANSTRA [116]).
Für $x = 0$ ist:

$$\mathfrak{J}_1(0) = 2!\sum_1^\infty n^{-3} = 2{,}40411 \text{ und } \mathfrak{J}_2(0) = \frac{\pi^4}{15} = 6{,}4939. \tag{7, 39}$$

Für kleine x entwickeln wir zunächst

$$\frac{x}{e^x - 1} = \sum_{k=0}^\infty \frac{B_k\, x^k}{k\,!}, \tag{7, 40}$$

wobei B_k die BERNOULLIschen Zahlen bedeuten, und zwar ist für

$$\left.\begin{array}{lllllll} k=0 & 1 & 2 & 4 & 6 & 8 & 10 \\ B_k=1 & -\frac{1}{2} & +\frac{1}{6} & -\frac{1}{30} & +\frac{1}{42} & -\frac{1}{30} & +\frac{5}{66} \end{array}\right\} \qquad (7,41)$$

(für ungerade $k \geqq 3$ sind die $B_k = 0$)[1]. Gliedweise Integration ergibt nun ohne weiteres

$$\int_0^x \frac{x^{n+1}\,dx}{e^x-1} = \sum_{k=0}^{\infty} \frac{B_k\, x^{k+n+1}}{k!\,(k+n+1)}\,, \qquad (7,42)$$

d. h.

$$\mathfrak{J}_1(0) - \mathfrak{J}_1(x) = \frac{x^2}{2} - \frac{x^3}{6} + \frac{x^4}{48} - \frac{x^6}{4320} \cdots \qquad (7,43)$$

und

$$\mathfrak{J}_2(0) - \mathfrak{J}_2(x) = \frac{x^3}{3} - \frac{x^4}{8} + \frac{x^5}{60} - \frac{x^7}{5040} \cdots \qquad (7,44)$$

Für große x entwickelt man zweckmäßig

$$\frac{1}{e^x-1} = \sum_{k=1}^{\infty} e^{-kx} \qquad (7,45)$$

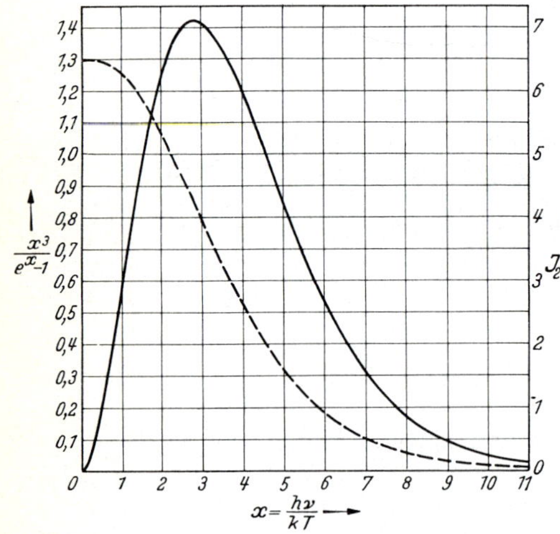

Abb. 12 a) Dimensionslos gemachte KIRCHHOFF-PLANCK-Funktion $\frac{x^3}{e^x-1}$ und Integral $\mathfrak{J}_2(x)$.

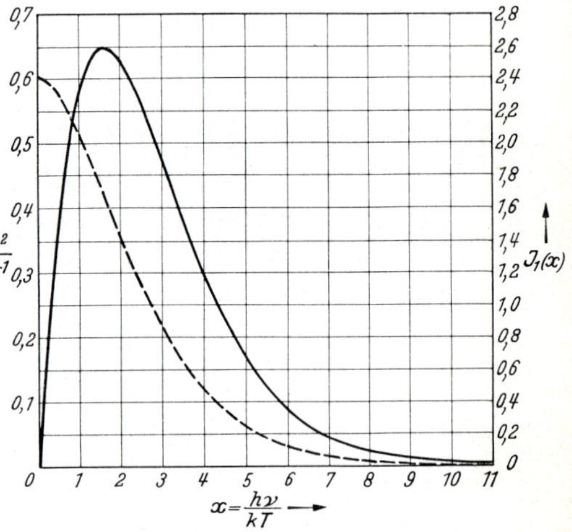

Abb. 12 b) $\frac{x^2}{e^x-1}$ (~ Anzahl der Quanten pro Frequenzintervall) und Integral $\mathfrak{J}_1(x)$.

und integriert gliedweise partiell; man erhält dann

$$\mathfrak{J}_1(x) = \sum_{k=1}^{\infty} e^{-kx}\left(\frac{2}{k^3} + \frac{2x}{k^2} + \frac{x^2}{k}\right) \qquad (7,46)$$

sowie

$$\mathfrak{J}_2(x) = \sum_{k=1}^{\infty} e^{-kx}\left(\frac{6}{k^4} + \frac{6x}{k^3} + \frac{3x^2}{k^2} + \frac{x^3}{k}\right). \qquad (7,47)$$

Ist x größer als etwa 5, so genügt meistens das Glied mit $k = 1$. Tabellen gibt H. ZANSTRA [116, Tab. 7].

[1] In der Literatur werden daher die BERNOULLIschen Zahlen gelegentlich auch anders numeriert.

Graphische Darstellungen der Funktionen $\mathfrak{Z}_2$ und $\mathfrak{Z}_1$ sowie der dimensionlos gemachten KIRCHHOFF-PLANCK-Funktion $x^3/e^x - 1$ und der Funktion $x^2/e^x - 1$ zeigt unsere Abb. 12.

Aus (7, 39) in Verbindung mit (7, 36) und (7, 37) ergibt sich übrigens die *mittlere* Energie eines Quants $h\nu$ der Hohlraumstrahlung zu 2,70 kT.

Eine Kontrolle für die Richtigkeit der PLANCKschen Formel liefert das WIEN*sche Verschiebungsgesetz*: Setzen wir wieder $\frac{c_2}{\lambda T} = x$, so ist nach (7, 30) im Maximum der Energieverteilungskurve $(dI_\lambda/d\lambda = 0)$:

$$\frac{d}{dx}\frac{x^5}{e^x-1} = \frac{5x^4}{e^x-1} - \frac{x^5 e^x}{(e^x-1)^2} = 0\,. \tag{7, 48}$$

Als Wurzel der Gleichung

$$e^{-x} + x/5 - 1 = 0 \tag{7, 49}$$

findet man – ausgehend von $x = 5$ – mit Hilfe der bekannten numerischen Verfahren

$$x_m = 4{,}9651. \tag{7, 50}$$

Es ist also

$$\lambda_{max} \cdot T = c_2/x_m = 0{,}2897 \text{ cm} \cdot \text{grad}\,. \tag{7, 51}$$

Von besonderem Interesse ist es noch, das Verhalten der Hohlraumstrahlung bei sehr kleinen bzw. großen Frequenzen zu diskutieren:

Für $\frac{h\nu}{kT} \ll 1$ kann man die e-Funktion nach $\frac{h\nu}{kT}$ entwickeln und kommt auf das RAYLEIGH-JEANS*sche Gesetz*

$$u_\nu = \frac{8\pi\nu^2}{c^3} \cdot kT \tag{7, 52}$$

zurück. Charakteristischerweise verschwindet bei diesem Grenzübergang das PLANCKsche Wirkungsquantum vollständig. Im extrem langwelligen Gebiet, wo die Quanten $h\nu$ sehr klein werden, gehen klassische und Quantentheorie ineinander über.

Umgekehrt können wir für $\frac{h\nu}{kT} \gg 1$ (dem praktisch viel wichtigeren Fall!) die 1 im Nenner wegstreichen und erhalten das sog. WIEN*sche*[1] *Strahlungsgesetz*:

$$u_\nu = \frac{8\pi h\nu^3}{c^3} e^{-\frac{h\nu}{kT}}\,. \tag{7, 53}$$

Es ist nicht die Aufgabe dieses Buches, die glänzende Entwicklung, welche die Atomphysik im Anschluß an PLANCKs Entdeckung nahm, im einzelnen darzustellen. Statt dessen zur Erinnerung nur einige Daten:

1905 EINSTEINs Theorie des Photoeffektes; Lichtquanten.

1913 BOHRsche Theorie des Atombaues; Spektren.

1925 Wellen- und Quantenmechanik (DE BROGLIE-SCHRÖDINGER; HEISENBERG-DIRAC).

1927 Klärung der Kompetenzfrage von Wellen- und Partikelbild durch HEISENBERGs Ungenauigkeitsrelation.

Diese Dinge sind heute schon in hohem Maße (erfahrungsgemäß viel mehr, als die elementaren Grundlagen der Strahlungstheorie) Gemeingut der Physiker und Astrophysiker. Dem Anfänger stehen eine Reihe ausgezeichneter Lehrbücher zur Verfügung. Wir werden im folgenden daher nur auf einige astrophysikalisch besonders wichtige Teilgebiete der Quantentheorie zurückkommen, die sonst schwer zugänglich sind.

[1] W. WIEN hat die *Form* des Gesetzes aus (5, 9) in Anlehnung an die damals vorliegenden Beobachtungen erschlossen.

8. Herstellung der Hohlraumstrahlung. Messung der Strahlungskonstanten σ und c_2. Optische Temperaturmessung und Temperaturskala.

Die Erzeugung „schwarzer" Strahlung mit Hilfe eines nahezu geschlossenen Hohlraumes wurde zuerst 1895 von W. WIEN und LUMMER einerseits, ST. JOHN andererseits realisiert.

Zur Herstellung der gewünschten Temperatur dienen bei niedrigen Temperaturen Flüssigkeitsbäder. Bis ~ 1500° C kommt man nach LUMMER und KURLBAUM mit einem Platin-Widerstandsofen (dünnes, elektrisch geheiztes Platinrohr auf Porzellankörper mit passend geformten Kammern). Bis ~ 3000° C führt nach KING ein elektrisch geheiztes Kohlerohr (KINGscher Ofen).

Die Methoden zur σ-Bestimmung können nun in zwei Gruppen eingeteilt werden: Es wird entweder der Strahlungssender (A) oder der Empfänger (B) als Hohlraum ausgebildet. Anordnungen mit zwei Hohlräumen konnten noch nicht zur gleichen Genauigkeit entwickelt werden.

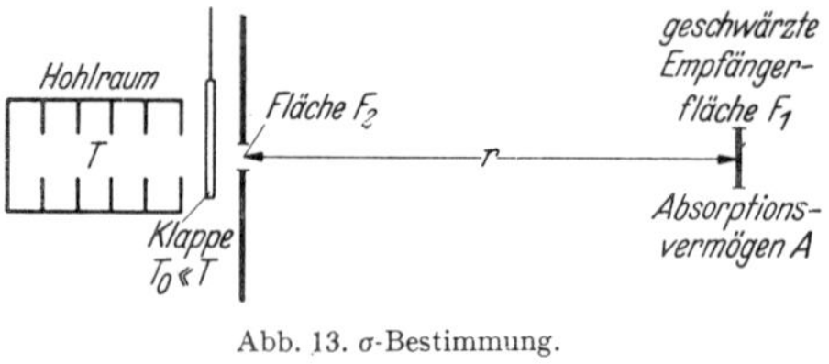

Abb. 13. σ-Bestimmung.

A. Der Empfänger (Abb. 13) erhält bei geöffneter Klappe pro sec die Zustrahlung nach (1, 4):

$$Q = A \cdot \frac{F_1 F_2}{r^2} \cdot \frac{\sigma}{\pi} T^4. \qquad (8, 1)$$

Schließt man die Klappe (Temperatur T_0) und heizt statt dessen den Empfänger elektrisch (Strom i, Spannung am Heizkörper e), so daß er dieselbe Energiemenge pro sec erhält (gleiche Temperatureinstellung!), so ist offenbar:

$$Q = i \cdot e + A \cdot \frac{F_1 F_2}{r^2} \cdot \frac{\sigma}{\pi} T_0^4. \qquad (8, 2)$$

Um σ zu ermitteln, muß nur noch das Absorptionsvermögen A (in praxi ~ 0,99; Schwärzungskorrektion) des Empfängers bestimmt werden. Dies geschieht meist, indem man – gemäß dem KIRCHHOFFschen Satz – bei *derselben* Temperatur sein Emissionsvermögen mit dem eines gleich temperierten schwarzen Körpers vergleicht. Besonders zu achten ist bei den ganzen Messungen auf die Absorption langwelliger Strahlung infolge des (wechselnden!) Wasserdampf- und Kohlensäuregehaltes der Luft.

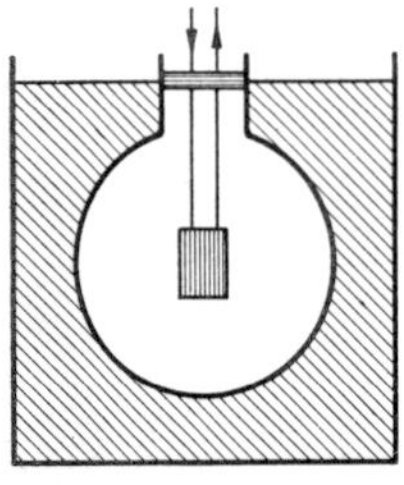
Abb. 14. σ-Bestimmung nach SHAKESPEAR-WESTPHAL.

Bei der Konstruktion der Empfänger ist wesentlich, daß die elektrische Heizung in genau derselben Weise wirkt, wie die Erwärmung durch Strahlung. Die vollkommenste Lösung dieses Problems wurde im Anschluß an solare Strahlungsmessungen von K. ÅNGSTRÖM (s. unten) von F. PASCHEN angegeben und durch W. GERLACH und C. MÜLLER weiterentwickelt: Ein dünner geschwärzter Metallstreifen dient als Strahlungsempfänger und elektrischer Heizkörper. Das Temperaturmeßgerät (Thermosäule oder Bolometer) befindet sich, durch eine dünne Luftschicht getrennt, dahinter, so daß störende Temperaturunterschiede innerhalb des Streifens ausgeglichen werden.

B. Ein elektrischer Heizkörper (Abb. 14), dessen Temperatur auf dem Wert T gehalten wird, kann mit einer blanken (Absorptionsvermögen $A_1 \ll 1$) oder geschwärzten (Absorptionsvermögen $A_2 \approx 1$) Hülle der Oberfläche F umkleidet werden. Seine Energieabgabe erfolgt durch Leitung und Konvektion (durch Evakuieren möglichst herabgesetzt!) – Q – und durch Ausstrahlung an den umgebenden geschwärzten Hohlraum der konstanten Temperatur T_0 (z. B. Eispackung). Die entsprechende Energiezufuhr rührt von der elektrischen Heizung und von der Ausstrahlung des Hohlraumes her. Es ist also:

	Ausstrahlung	Konvektion Leitung	Elektrische Heizung	Einstrahlung	
Blanker Heizkörper:	$A_1 \cdot F \cdot \sigma T^4$	$+ Q$	$= i_1 e_1$	$+ A_1 F \cdot \sigma T_0^4$	(8, 3)
Geschwärzter Heizkörper:	$A_2 \cdot F \cdot \sigma T^4$	$+ Q$	$= i_2 e_2$	$+ A_2 F \cdot \sigma T_0^4$	

Q wird – wie man sieht – durch Differenzbildung eliminiert, A_1 und A_2 wie unter A. bestimmt. H_2O- und CO_2-Korrektionen fallen weg.

Nun zur Bestimmung der zweiten Strahlungskonstante $c_2 = \frac{hc}{k}$! Zunächst muß die Strahlung mit Hilfe eines Monochromators (Streulicht!) spektral zerlegt werden. Dann bieten sich zwei Möglichkeiten:

A. *Isochromatenmethode.* Für eine bestimmte Wellenlänge λ wird I_λ als Funktion von T ermittelt. Im Bereich des Wienschen Gesetzes ist

$$\ln I_\lambda = \text{const} - \frac{c_2}{\lambda T}. \tag{8, 4}$$

Mißt man die Strahlungsintensität für die Wellenlänge λ bei zwei Temperaturen T und T', so ist

$$\ln \frac{I_\lambda}{I'_\lambda} = -\frac{c_2}{\lambda}\left(\frac{1}{T} - \frac{1}{T'}\right). \tag{8, 5}$$

Da nur das *Verhältnis* I_λ/I'_λ eingeht, braucht man die Energieverluste durch Absorption, Reflexion usw. in der Apparatur nicht zu kennen.

B. *Isothermenmethode.* T wird konstant gehalten und I_λ als Funktion von λ gemessen. Hier muß die Gesamtdurchlässigkeit der Apparatur in Abhängigkeit von λ gesondert gemessen werden, was sehr schwierig ist. Die Methode B ist daher nur zur direkten Prüfung der Planckschen Strahlungsformel benutzt worden. Für Präzisionsmessungen von c_2 kommt allein die Isochromatenmethode in Frage.

In astrophysikalischer Hinsicht wird es besonders interessant sein, die in diesem Abschnitt wenigstens in ihren Grundzügen charakterisierten Methoden der σ- und c_2-Bestimmung zu vergleichen mit den in der Astronomie entwickelten Verfahren zur Strahlungsmessung an Sonne und Sternen.

Die *Temperaturmessung* hat bei allen Bestimmungen der Strahlungskonstanten – direkt oder indirekt (Thermoelement, Schmelzpunkte) – die Bedeutung eines Anschlusses an die thermodynamische Temperaturskala (Gasthermometer). Von einer *Prüfung* der Strahlungsgesetze kann man nur sprechen bis zum höchsten gasthermometrisch mit einiger Sicherheit erreichbaren Punkt, dem *Goldschmelzpunkt* mit 1063,0° C bzw. 1336,2° K.

Die direkt gemessenen Werte der Strahlungskonstante c_2 stimmen nach einer kritischen Diskussion von F. Hoffmann [115] befriedigend mit dem – wohl genaueren – aus den elementaren Naturkonstanten berechneten Wert nach J. W. H. DuMond und E. R. Cohen [A 1]

$$c_2 = 1{,}4385 \pm 0{,}0002 \text{ cm} \cdot \text{grad} \tag{8, 6}$$

überein. Für σ dagegen folgt nach denselben Autoren aus den „heutigen" Werten der Naturkonstanten der zur Zeit als wahrscheinlichster betrachtete Zahlenwert

$$\sigma = 5{,}671_6 \pm 0.002 \cdot 10^{-5} \text{ erg cm}^{-2} \text{sec}^{-1} \text{grad}^{-4}, \tag{8, 7}$$

während die direkten Messungen – wieder nach F. Hoffmann [115] – für ein $\sigma = 5{,}75 \cdot 10^{-5}$ sprechen. F. Hoffmann vermutet nun (hierzu auch W. de Groot

[114]), daß diese Diskrepanz daher rührt, daß in Wirklichkeit der Au-Punkt um 3–4° höher liegt, als dem üblicherweise angegebenen Wert (s. oben) entspricht, dessen Fehlergrenzen man mit $\pm 1°$ angab. Nachdem sich in neuerer Zeit bei mehreren der elementaren Naturkonstanten herausgestellt hat, daß die Fehlerangaben der älteren Messungen viel zu optimistisch waren, dürfte der Vorschlag von F. HOFFMANN ernste Beachtung und Prüfung verdienen. Im Bereich „astrophysikalischer" Temperaturen machen sich die erwähnten Unterschiede in σ bzw. der Temperaturskala schon erheblich bemerkbar.

Für den praktischen Gebrauch im Bereich $T > T_{\mathrm{Au}}$ wurde vom Bureau International des Poids et Mesures auf seiner 9. Generalkonferenz die „*optische Temperaturskala* 1948" eingeführt, die auf dem PLANCKschen Strahlungsgesetz mit $c_2 = 1{,}438$ cm · grad unter Beibehaltung des Wertes von 1063°C für den Goldschmelzpunkt gegründet ist.

Wir fragen noch, um welche Beträge – im Bereich des WIENschen Gesetzes – irgendwelche optisch gemessene Temperaturen zu ändern sind, wenn wir von einem System der Größen T, T_{Au}, c_2, σ zu einem zweiten T', T'_{Au}, c'_2, σ' übergehen. Wir bezeichnen die Differenzen $T - T'$ mit $\Delta T \ldots$ und betrachten sie als klein gegenüber den betreffenden Größen selbst.

a) Mißt man *Strahlungstemperaturen*, d. h. vergleicht die Strahlungsintensität bei einer Wellenlänge λ mit der am Gold-Punkt herrschenden, so ist wesentlich die Funktion

$$\exp\left\{-\frac{c_2}{\lambda}\left(\frac{1}{T_{\mathrm{Au}}} - \frac{1}{T}\right)\right\}. \tag{8, 8}$$

b) Mißt man *Farbtemperaturen*, d. h. die relative Intensitätsverteilung zwischen zwei Wellenlängen λ_1 und λ_2, so kommt es an auf die

$$\exp\left\{-c_2\left(\frac{1}{\lambda_1} - \frac{1}{\lambda_2}\right)\left(\frac{1}{T_{\mathrm{Au}}} - \frac{1}{T}\right)\right\}. \tag{8, 9}$$

In beiden Fällen gilt also – wie man durch logarithmische Differentiation des Exponenten erkennt –:

$$\frac{\Delta c_2}{c_2} - \frac{\dfrac{\Delta T_{\mathrm{Au}}}{T_{\mathrm{Au}}^2} - \dfrac{\Delta T}{T^2}}{\dfrac{1}{T_{\mathrm{Au}}} - \dfrac{1}{T}} = 0. \tag{8, 10}$$

Schließt man z. B. die *Sonnen*temperatur von $T \approx 6000°$ K im optischen Gebiet an den Goldschmelzpunkt an, so führt dessen „Erhöhung" um 3,5° gegenüber der gesetzlichen Skala von 1948 zu einer Vergrößerung der Sonnentemperatur um $\Delta T = \Delta T_{\mathrm{Au}} \cdot \frac{T^2}{T_{\mathrm{Au}}^2} = 71°$. Andererseits wäre T in der 1948er Skala mit $c_2 = 1{,}438$ gegenüber der älteren Skala von 1928 mit $c_2 = 1{,}432$ um 88° niedriger.

c) Mißt man *effektive Temperaturen*, d. h. schließt man die Gesamtstrahlung unter Annahme des STEFAN-BOLTZMANNschen Gesetzes an den Goldschmelzpunkt an, so kommt es auf T_{Au}^4/T^4 an und es gilt

$$\frac{\Delta T}{T} = \frac{\Delta T_{\mathrm{Au}}}{T_{\mathrm{Au}}} \tag{8, 11}$$

d. h. $\Delta T_{\mathrm{Au}} = 3{,}5°$ würde bei 6000° K schon eine Änderung von 15,7° bewirken.

d) Andererseits bedingt eine Änderung von σ bei der Auswertung *absoluter Strahlungsmessungen* (z. B. Solarkonstante, Abschnitt 12) einen Unterschied der Temperaturwerte nach

$$\frac{\Delta\sigma}{\sigma} + \frac{4\Delta T}{T} = 0. \tag{8, 12}$$

Der Übergang vom „alten“ $\sigma = 5{,}75 \cdot 10^{-5}$ zum „neuen“ $5{,}67 \cdot 10^{-5}$ bringt also bei 6000° K eine Erhöhung der Temperatur um 21° mit sich.

Alle diese Differenzen, insbesondere a) und b), wachsen im Gebiet höherer Temperaturen rasch an.

II. Kapitel.

Anwendung des PLANCKschen Gesetzes auf die Strahlung der Sonne. Strahlungsmessungen.

9. Grundprinzipien. Absorption in der Erdatmosphäre.

Um die Temperatur der Sonne zu bestimmen, liegt es nahe, die für den schwarzen Körper gültigen Strahlungsgesetze versuchsweise auf die Sonnenoberfläche anzuwenden. Zuvor aber muß die Frage geklärt werden, mit welcher Annäherung die Sonne sich tatsächlich wie ein schwarzer Strahler verhält.

Wie wir sahen, ist die Hohlraumstrahlung *isotrop*, d. h. ihre Intensität I_ν unabhängig von der Richtung, in der sie das strahlende Gebilde verläßt (LAMBERTsches Gesetz). Eine Sonne, die wie ein schwarzer Körper strahlte, würde daher als gleichmäßig helle Scheibe erscheinen, während bekanntlich die Gesamtstrahlungsintensität beim Übergang von der Mitte zum Rande der Sonnenscheibe (wir sagen im folgenden kurz: von ⊙-Mitte nach ⊙-Rand) etwa im Verhältnis 1:0,4, d. h. um eine Größenklasse, abnimmt. Schon qualitative Betrachtung zeigt also, daß die Sonnenstrahlung beträchtlich von der eines schwarzen Körpers abweicht. Trotzdem wird es interessant sein, aus der Gesamtintensität und spektralen Energieverteilung der Sonnenstrahlung mit Hilfe des STEFAN-BOLTZMANNschen bzw. PLANCKschen Strahlungsgesetzes versuchsweise eine Art mittlere Temperatur der Sonnenatmosphäre zu berechnen. Wenn die so bestimmten Werte nur wenig voneinander abweichen, so dürfen wir annehmen, daß ihnen einige physikalische Bedeutung zukommt. Unsere Betrachtungen über die Richtungsverteilung der Sonnenstrahlung lassen aber erwarten, daß wir auf diesem Wege nicht sehr weit kommen werden. Wir wollen daher vorerst den Temperaturbegriff möglichst beiseite lassen und die Strahlungsmessungen an der Sonne (unter Beiseitelassung experimenteller Einzelheiten) *so* darstellen, daß ihre allgemeinen Prinzipien deutlich hervortreten und ihre Ergebnisse später auch im weiteren Rahmen der Theorie des Strahlungsgleichgewichtes diskutiert werden können.

Zunächst seien, auch mit Rücksicht auf die folgenden Kapitel, einige Zahlenangaben über Größe, Masse usw. der Sonne zusammengestellt:

Scheinbarer Sonnendurchmesser (Messungen von AUWERS und der Sternwarte Greenwich):

31′59″,3 = 1919″,3 = 0,009305 rad. (Unsicherheit ∼ 1″). Faustregel: Pro Meter Objektivbrennweite 1 cm Sonnenbild-Durchmesser.

Sonnenparallaxe (Äquatorialer Radius der Erde gesehen aus der mittleren Entfernung Erde—Sonne): 8″,80.

Mittlere Entfernung Erde—Sonne (astr. Einheit):

$$1{,}4945 \cdot 10^{8}\ \text{km} = 1{,}4945 \cdot 10^{13}\ \text{cm}.$$

Sonnendurchmesser $2R = 109{,}1$ Erddurchmesser $= 1\,390\,600$ km. Sonnenradius $R = 695\,300\ \text{km} = 6{,}953 \cdot 10^{10}$ cm. Auf der Sonnenscheibe entspricht 1″ ∼ 725 km; die kleinsten noch erkennbaren Objekte auf der Sonne haben also bereits einige 100 km Durchmesser.

Sonnenmasse $M = 331\,950$ Erdmassen $= 1{,}983 \cdot 10^{33}\,g$.

Schwerebeschleunigung an der ⊙-Oberfläche $g = 27{,}9 \times$ terrestrische Schwerebeschleunigung,

$$g = 2{,}736 \cdot 10^4 \text{ cm sec}^{-2}.$$

Mittlere Dichte der Sonne: $1{,}41\ g \cdot \text{cm}^{-3}$.

Um die *Strahlung der Sonne* – wir wollen uns zunächst auf keinerlei theoretische Erörterungen einlassen – vollständig beschreiben zu können, müssen wir messen:

A. Die Energieverteilung $I_\lambda(\lambda)$ [relativ *und* absolut; vgl. die Definitionsgleichung (1, 1)] im Spektrum entweder der gesamten Sonnenstrahlung oder der Strahlung einer bestimmten Stelle der Sonnenscheibe.

B. Den Helligkeitsabfall von Sonnenmitte nach Sonnenrand in Abhängigkeit von der Wellenlänge λ; d. h. $I_\lambda(\vartheta)$ (Definition von ϑ vgl. Abb. 4).

Durch diese Messungen (oder eine äquivalente Kombination anderer) ist die Sonnenstrahlung in jeder Hinsicht beschrieben; alle weiteren Größen, wie z. B. die gesamte Ausstrahlung der Sonne pro Tag, können daraus berechnet werden.

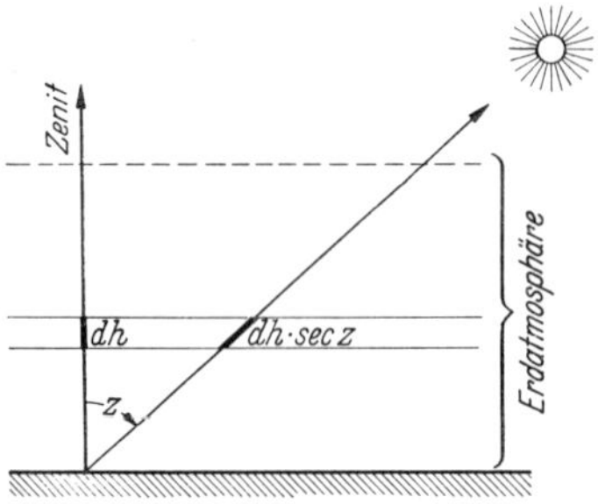

Abb. 15. Extinktionsbestimmung.

Die Hauptschwierigkeit der unter A. zusammengefaßten Strahlungsmessungen liegt in der Berücksichtigung der Absorption der Strahlung in der Erdatmosphäre (Extinktion). Sie geschieht für Strahlung einer *bestimmten* Wellenlänge λ durch Beobachtung unter verschiedenen Zenitdistanzen z (Abb. 15): Legt in einer dünnen Schicht der Erdatmosphäre ein vom Zenit kommender Strahl den Weg dh zurück, so kommt auf einen unter der Zenitdistanz z eintreffenden (Sonnen-)Strahl der Weg $dh/\cos z = dh \cdot \sec z$ und nach (2, 7) ist die *extraterrestrische* Strahlungsintensität $I_{\lambda,0}$ mit der unter der Zenitdistanz z *am Boden ankommenden* I_λ verknüpft durch die Gleichung:

$$I_\lambda = I_{\lambda,0}\, e^{-\varkappa(\lambda)\cdot H \cdot \sec z}, \tag{9, 1}$$

wobei wir gleich statt $\int \varkappa(\lambda, h)\, dh$ kurz geschrieben haben $\varkappa(\lambda) \cdot H \cdot \varkappa(\lambda)$ ist der mittlere Absorptionskoeffizient der Erdatmosphäre bei der Wellenlänge λ, H ihre äquivalente Höhe. Es kommt offenbar nur auf die *optische Dicke* $\varkappa(\lambda) \cdot H$ der Erdatmosphäre, *nicht* aber auf ihre Schichtung an, solange wir die Krümmung der Erdoberfläche vernachlässigen können (d. h. nicht zu tief am Horizont beobachten). Trägt man die Meßwerte von $\log I_\lambda$ in Abhängigkeit von $\sec z$ auf, so muß sich nach (9, 1) eine Gerade ergeben, deren Extrapolation auf $\sec z = 0$ die extraterrestrische Strahlungsintensität gibt. Für die spektral nicht zerlegte Gesamtstrahlung würde das entsprechende Diagramm eine *gekrümmte* Linie liefern; eine *direkte* Extrapolation der Gesamtstrahlung auf „Atmosphärendicke Null" ist *nicht* möglich. Aus demselben Grund gibt direkte Extrapolation von Gesamtstrahlungsmessungen, die in verschiedenen Höhen H (Berge, Ballon) gemacht sind, auf $\lim H \to 0$ nur sehr unsichere Ergebnisse.

In praxi hat sich nun – teilweise mitbestimmt durch die Bedürfnisse der Meteorologie – die Gewohnheit herausgebildet[1], die unter A. charakterisierten Messungen in zwei Schritten auszuführen:

a) *Messung der pro Minute auf eine senkrecht zu den Sonnenstrahlen stehende Fläche von 1 cm² auffallenden Strahlungsenergie* (reduziert auf mittleren Abstand Erde-Sonne) *in kleinen Kalorien.* Abgesehen von der historisch bedingten Wahl

[1] Die Frage, inwiefern sie heute noch sachlich begründet ist, werden wir später erörtern.

der Einheiten handelt es sich also um die Gesamtstrahlungsintensität, die wir in diesen Einheiten bei der Zenitdistanz z der Sonne gemessen mit $S(z)$ bezeichnen. Die entsprechende Strahlungsintensität pro Wellenlängenbereich 1 sei $S_\lambda(z)$; außerhalb der Erdatmosphäre S_λ. Dann ist nach (9, 1)

$$S_\lambda(z) = S_\lambda\, e^{-\varkappa(\lambda)\cdot H \sec z} \tag{9, 2}$$

und

$$S(z) = \int_0^\infty S_\lambda\, e^{-\varkappa(\lambda)\cdot H \sec z}\, d\lambda\,. \tag{9, 3}$$

Die Größe $S(z)$, auf den Luftweg Null extrapoliert, bezeichnet man als die *Solarkonstante* S (= Gesamtstrahlungsintensität außerhalb der Erdatmosphäre, in cal/cm² min gemessen). Es gilt also:

$$\lim_{\sec z = 0} S(z) = S = \int_0^\infty S_\lambda\, d\lambda\,. \tag{9, 4}$$

Wie aber schon bemerkt wurde, ist eine direkte Extrapolation von $S(z)$ auf Atmosphäre Null nicht möglich, man braucht vielmehr noch

b) *Relativmessungen der spektralen Energieverteilung.* Nach (9, 2) kann man aus den $S_\lambda(z)$ ohne weiteres die extraterrestrische Strahlungsintensität S_λ durch Extrapolation gewinnen. Die Absolutwerte der $S_\lambda(z)$ sind dann festgelegt durch die Forderung

$$S(z) = \int_0^\infty S_\lambda(z)\, d\lambda\,. \tag{9, 5}$$

Nach Extrapolation der $S_\lambda(z)$ auf Atmosphärendicke Null gibt (9, 4) die Solarkonstante.

Die hier besprochenen Messungen bezogen sich noch auf die Strahlung der ganzen Sonnenscheibe, also genauer gesagt (nach 1, 8 und 1, 9) den *Strahlungsstrom.* Auf die Strahlungsintensität $I_\nu(\vartheta)$ in Abhängigkeit vom Austrittswinkel ϑ kann man leicht übergehen mit Hilfe der unter B. schon besprochenen relativen Messungen des Mitte-Rand-Kontrastes.

Endlich ist noch zu beachten, daß das Sonnenspektrum durchsetzt wird von vielen Absorptionslinien, den Fraunhoferschen Linien. Man muß sich also von vornherein darüber im klaren sein, ob man die Intensität usw. des *ungestörten* kontinuierlichen Spektrums *zwischen den Linien* messen will, oder ob man die Linien wegmitteln, sozusagen verschmieren will, wie das ein Spektralapparat mit kleinem Auflösungsvermögen ja von selbst tut.

Nachdem wir klare Begriffe geschaffen haben, die (NB!) noch keinerlei Theorie voraussetzen, können wir uns den eigentlichen Messungen zuwenden.

10. Messung der Gesamtstrahlung der Sonne.

Zunächst die Messung der *Gesamtstrahlung* mit dem Ziel der Bestimmung der *Solarkonstante:* Man erkennt sofort die Analogie zur σ-Bestimmung (Abschnitt 8). Würde die Sonne wie ein schwarzer Körper strahlen, so könnte man ja aus der Solarkonstanten mit Hilfe des Stefan-Boltzmannschen Gesetzes sofort „die Sonnentemperatur" berechnen.

Die ersten Versuche zur Messung der Gesamtintensität der Sonnenstrahlung gehen auf S. S. Pouillet (1837) zurück. Sein *Aktinometer* bestand aus einer wassergefüllten Dose, deren aus geschwärztem Silberblech bestehender Boden der Sonne zugekehrt wird. Die — nach Zulassung der Sonnenstrahlung — mit einem Thermometer gemessene Temperatursteigerung pro min ergibt bei bekannter Wärmekapazität des Apparates direkt $S(z)$. Durch *direkte* Extrapolation auf Atmosphärendicke Null (deren Unkorrektheit erst nachträglich RADAU bemerkte) erhielt POUILLET den immerhin größenordnungsmäßig richtigen Wert der Solarkonstante $S = 1{,}76\ \mathrm{cal/cm^2 \cdot min}$. Eine genaue Korrektion für Abkühlung durch Rückstrahlung, Konvektion u. dgl. ist bei dem POUILLETschen Aktinometer kaum möglich.

Einen wesentlichen Fortschritt (vgl. auch Abschnitt 8 unter A.) brachte (~ 1893) das *Kompensationspyrheliometer* von K. ÅNGSTRÖM [214, 215]. Es enthält zwei möglichst gleiche, auf einer Seite geschwärzte Manganinstreifen, deren einer der Sonnenstrahlung ausgesetzt wird, während der andere elektrisch so geheizt wird, daß beide Streifen auf gleiche Temperatur kommen. (Dann Messung mit Vertauschung der Streifen.) Zur Feststellung der Temperaturgleichheit dient ein Thermoelement, dessen Lötstellen an oder besser dicht neben den Manganinstreifen angebracht sind. Die Fehlerquellen des Instrumentes wurden schon im Zusammenhang mit der σ-Bestimmung diskutiert: Notwendigkeit einer besonderen Schwärzungskorrektion, Verschiedenheit der elektrischen bzw. Strahlungserwärmung (Volum bzw. Oberfläche!) und Randeffekt (der Streifenrand wird durch den Strom erwärmt, nicht durch die Strahlung). Die Weiterbildung des *Kompensationspyrheliometers* ging natürlich Hand in Hand mit der Verbesserung der σ-Messungen; die verbesserten ÅNGSTRÖM-Pyrheliometer sind auch heute noch durchaus „konkurrenzfähig". Die *Meßergebnisse* werden wir nachher besprechen.

Eine entscheidende Förderung unseres Problems bedeutete es, als 1903 C. G. ABBOT [207—211] zusammen mit FOWLE und ALDRICH und im Anschluß an die Vorarbeiten LANGLEYs [248] die Smithsonian Institution (Washington) in den Dienst der Sonnenstrahlungsmessung stellte. ABBOTs Ziel war ein doppeltes: einmal den *Absolutbetrag* der *Solarkonstante* und die spektrale *Energieverteilung* möglichst genau zu bestimmen und daneben nach zeitlichen Schwankungen der Sonnenstrahlung zu suchen. Auf dieses zweite Problem werden wir später zurückkommen; es sei jedoch schon hier bemerkt, daß diese Schwankungen — falls sie überhaupt reell sind — so klein bleiben (~ $\pm 0{,}3\%$), daß ihre astrophysikalische Bedeutung nicht sehr groß ist[1].

In meßtechnischer Hinsicht ist der Grundgedanke ABBOTs, den Empfänger als Hohlraum auszubilden und ihn gleichzeitig als Kalorimetergefäß zu benutzen. Die Messung der pro min zugestrahlten Wärmeenergie geschah ursprünglich nach den gewöhnlichen Kalorimetermethoden, dann — schon wesentlich genauer — durch Vergleich mit einer elektrischen Heizung. Die neuesten Instrumente benutzen zwei solche — möglichst gleiche — Anordnungen *differentiell* in derselben Weise wie die zwei Manganinstreifen des ÅNGSTRÖM-Pyrheliometers. Die Tendenz der ganzen Entwicklung ist — wie bei jeder Meßtechnik —, das Verfahren möglichst weitgehend *differentiell* zu gestalten.

Hinsichtlich der Messung der dem Empfängerhohlraum pro min zugestrahlten Energie verwendet ABBOT wiederum zwei Konstruktionen (bezüglich Details muß natürlich auf die Originalabhandlungen verwiesen werden):

a) *Das Wasserstrom-Pyrheliometer* (Water-Flow-Pyrheliometer [207, S. 39]. Der geschwärzte Empfängerhohlraum *a* (Abb. 16), dessen Einlaß durch Blenden *c* in ähnlicher Weise begrenzt wird wie der Strahlenaustritt beim LUMMER-KURLBAUMschen Hohlraumstrahler, ist umgeben von einem Mantel, durch den Wasser mit genau konstant gehaltener Geschwindigkeit strömt (MARIOTTEsche Flasche).

[1] Veränderliche Sterne aller Art sind ja in reicher Auswahl bekannt.

Die Temperaturdifferenz zwischen Ein- und Austrittstelle wird mit Bolometer f_1, f_2 bzw. f_3, f_4 oder Thermoelement gemessen. Die durch die Sonnenstrahlung hervorgerufene Temperaturdifferenz wird nachher mit Hilfe einer elektrischen Heizspule *m* dupliziert.

b) Beim *Wasserrühr-Pyrheliometer* (Water-Stir-Pyrheliometer) [208, S. 64] ist (Abb. 17) der Empfängerhohlraum *A* von einer festen Wassermenge umgeben. Der Temperaturausgleich wird befördert durch ein Rührwerk *B*, *E*. Die elektrische Vergleichsheizung erfolgt wieder durch die Spule *G*.

Beide Instrumente sind in neuerer Zeit zu rein *differentiell* arbeitenden *Zwillingsinstrumenten* ausgestaltet worden:

a) Das *Wasserstrom-Pyrheliometer* durch SHULGIN, ABBOT und ALDRICH (Standard Water-Flow-Pyrheliometer Nr. 5) [212]. Zwei Kammern sind an

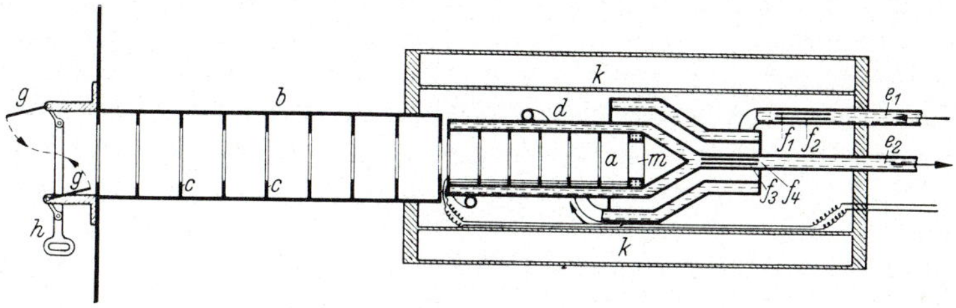

Abb. 16. Wasserstrom-Pyrheliometer nach C. G. ABBOT [207].

dieselbe „Wasserleitung" angeschlossen; die eine wird durch die Sonnenstrahlung, die andere elektrisch erwärmt (dann Messung mit vertauschten Rollen). Schwankungen in der Strömungsgeschwindigkeit und Temperatur des Wassers werden so weitgehend eliminiert.

b) Das *Wasserrühr-Pyrheliometer* hat 1931 C. TINGWALDT [275] zu einem Zwillingsinstrument weiter zu entwickeln versucht. Die Wärmekapazität seiner

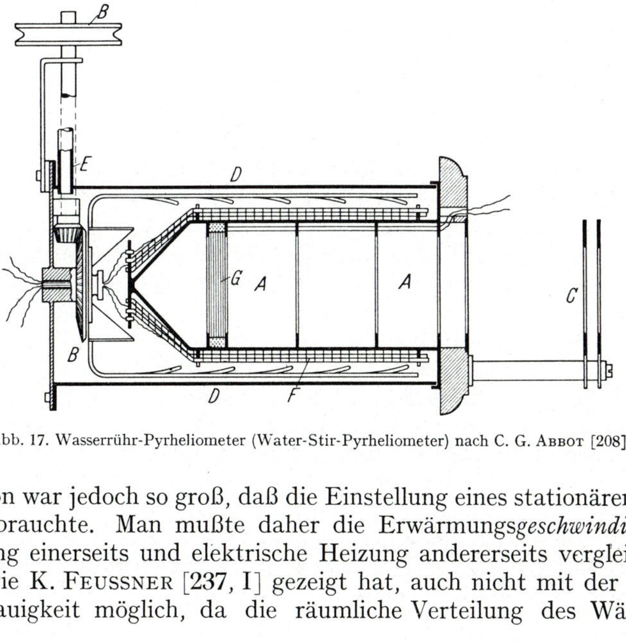

Abb. 17. Wasserrühr-Pyrheliometer (Water-Stir-Pyrheliometer) nach C. G. ABBOT [208].

Konstruktion war jedoch so groß, daß die Einstellung eines stationären Zustandes ~ 1,5 Std. brauchte. Man mußte daher die Erwärmungs*geschwindigkeit* durch die Strahlung einerseits und elektrische Heizung andererseits vergleichen. Dies aber war, wie K. FEUSSNER [237, I] gezeigt hat, auch nicht mit der wünschenswerten Genauigkeit möglich, da die räumliche Verteilung des Wärmestromes bei Bestrahlung und elektrischer Heizung nicht gleichartig war. K. FEUSSNER [237, II u. III] hat diesen Mangel durch günstigere Anordnung der Heizspulen zu beheben und dem Instrument durch Verkürzung eine kleinere Wärmekapazität zu geben versucht.

c) G. FALCKENBERG [236] hat 1943 ein *Zwillings-Luftkalorimeter* gebaut, bei dem als Strahlungsempfänger zylindrische Hohlräume aus geschwärztem Papier dienen. An deren Boden befindet sich eine Flachspule, die den Hauptteil der Strahlung auffängt und zur elektrischen Heizung benutzt wird. Die Papierzylinder sind, durch Wollfäden isoliert, stramm in luftdichte Messingzylinder eingeschoben, in welche die Strahlung durch dünne Quarzfenster eintritt. Die beiden Kammern sind durch ein empfindliches Differentialmanometer verbunden, welches ihre Temperaturdifferenz abzulesen gestattet.

Die *Reflexions*verluste an der Quarzplatte werden mit 7,4% in Rechnung gestellt. Die *Hauptabsorption* des Quarzes bei 2,6—2,9 μ verursacht keine Schwierigkeiten, da sie mit den starken $H_2O + CO_2$ Banden zusammenfällt, welche die Sonnenstrahlung in diesem Gebiet praktisch auslöschen.

Allen besprochenen Pyrheliometern haftet noch ein gemeinsamer Übelstand an: In den Empfängerhohlraum kommt nicht nur die Strahlung der Sonne selbst, sondern auch noch die Himmelsstrahlung der umgebenden Zone. Solange man die Begrenzung des „erfaßten" Raumwinkels durch Diaphragmen herstellt, muß man diesen Übelstand in Kauf nehmen. C. G. ABBOT [210, S. 89] hat Versuche mit einem Zwillingspyrheliometer – die Temperaturmessung erfolgt mittels eines Differentialluftthermometers — gemacht, bei dem eine optische Abbildung der Sonne durch Quarzlinsen benutzt wird. Die Absorption und Reflexion dieser Linsen muß natürlich berücksichtigt werden, was wie unter c) eine gewisse Kenntnis der spektralen Zusammensetzung der Strahlung voraussetzt.

Im Zusammenhang damit müßte die Frage erörtert werden, wie die Winkelverteilung und spektrale Zusammensetzung des Streulichtes in unmittelbarer Nähe der Sonnenscheibe mit der Sonnenhöhe und den meteorologischen Verhältnissen variiert. Über diese — anscheinend sehr komplexe — Frage liegen jedoch nur vereinzelte Beobachtungen vor, die mit den unter ganz anderen Verhältnissen gemachten Pyrheliometermessungen nicht ohne weiteres verknüpft werden können[1].

Nun zum Vergleich der verschiedenen Instrumente, d. h. der Festlegung einer absoluten Skala für Sonnenstrahlungsmessungen! Als ABBOT 1913 auf Grund seiner Messungen mit dem Wasserstrom- und Rührpyrheliometer die „Smithsonian-Revised-Skala" (1913) aufstellte, lagen seine Meßwerte 3,9% über den von ÅNGSTRÖM mit seinem Kompensationspyrheliometer gewonnenen [216, S. 72 und 208, S. 72]. Heute ist man im allgemeinen geneigt, diese Differenz mit 3,5% anzusetzen.

Die ÅNGSTRÖMsche Skala ist nun ohne Zweifel etwas zu niedrig wegen des „Randeffektes", der dadurch entsteht, daß eine kleine Randzone des Bolometerbändchens nicht bestrahlt wird. Trotz eingehender Untersuchungen von K. ÅNGSTRÖM [216][2], W. MARTEN [252] u. a. ist über die Größe dieser Korrektion für die tatsächlich benutzten Instrumente kein klares Bild zu gewinnen. A. ÅNGSTRÖM [217] gibt 1949 die Korrektion der ÅNGSTRÖMschen Skala zu +1,3% an.

[1] Vgl. C. G. ABBOT [208, Kap. 6]. Ferner E. PETTIT [266], B. LYOT [251], T. EINARSSON [232], F. LINKE und E. ULMITZ [250], J. W. EVANS [234].

[2] Der von K. ÅNGSTRÖM benutzte Zahlenwert der Wärmeleitfähigkeit des Manganins ist versehentlich um einen Faktor 10 zu hoch, worauf mich Herr Studienassessor W. MÜLLER frdl. aufmerksam machte.

Andererseits ergaben die Messungen von C. G. ABBOT und L. B. ALDRICH [212] mit dem Zwillings-Wasserstrom-Pyrheliometer Nr. 5 Werte, die 2,3—2,4% *unter* der „Smithsonian-Revised-Skala" von 1913 liegen.

Dazu paßt die Angabe von K. FEUSSNER [237, III], daß nach vorläufigen Messungen die Skala seines verbesserten Zwillings-Rührpyrheliometers etwa 1% über der ÅNGSTRÖMschen liegt.

1937 hat dann J. GUILD [239] die Zusammenhänge der verschiedenen Pyrheliometerskalen nochmals eingehend untersucht. Er benutzt als Meßinstrumente einerseits die "Radio-balance" nach H. C. CALLANDER [221], welche sich infolge ihrer minimalen Wärmekapazität sehr rasch auf den stationären Zustand einstellt und andererseits ein neues Strahlungsmeßgerät sehr großer Wärmekapazität, bei welchem die Temperaturänderung pro Zeiteinheit für Strahlungs- oder elektrische Erwärmung gemessen wird. Zunächst zeigt sich, daß die beiden grundverschiedenen Instrumente — wegen Einzelheiten sei auf die Originalarbeit verwiesen — untereinander innerhalb $1^0/_{00}$ übereinstimmen. Weitere Messungen ergaben, daß die Strahlungsenergieskalen des National Physical Laboratory (N. P. L.) in Teddington und des National Bureau of Standards (N. B. S.) in Washington auf 2—$3^0/_{00}$ zusammen passen. Dagegen liegt nach J. GUILDs Messungen die „Smithsonian Revised Skala von 1913" um 2,2% zu hoch und die ÅNGSTRÖM-Skala etwa 0,5% zu niedrig. J. GUILD ist geneigt, die Skalendifferenz „Smithsonian 1913" — „ÅNGSTRÖM" mit $2{,}2 + 0{,}5 = 2{,}7\%$ anzusetzen und möchte die Differenz gegen 3,5% den verschiedenen Beiträgen der Himmelsstrahlung zur Last legen. Leider hat J. GUILD die verschiedenen Instrumente nur im Laboratorium (mit einer gasgefüllten 1500 Watt-Lampe) verglichen, so daß der letztere Punkt wohl noch nicht als endgültig geklärt anzusehen ist.

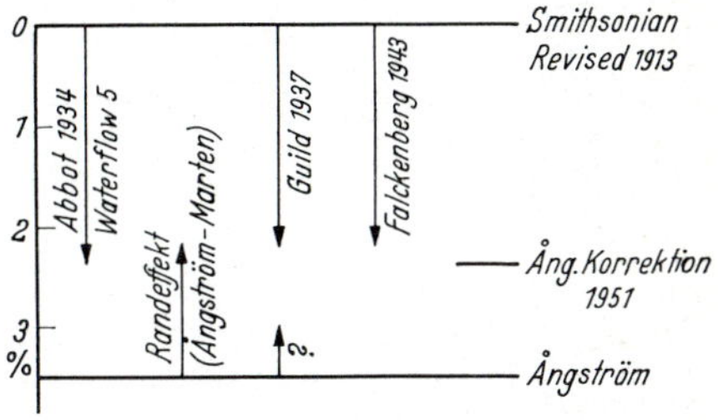

Abb. 18. Skalenvergleich der Pyrheliometermessungen.

Schließlich erwähnen wir noch, daß vorläufige Messungen von G. FALCKENBERG [236] mit seinem *Zwillings-Luftkalorimeter* ~ 2,2% unter der „Smithsonian Revised" Skala von 1913 liegen.

Fassen wir die Ergebnisse dieser Skalenvergleiche (vgl. hierzu auch A. ÅNGSTRÖM [217] in Abb. 18 nochmals zusammen, so erscheint die zur Zeit an der Smithsonian Institution[1] angenommene *Korrektion der Smithsonian Revised Skala von* 1913 um —2,4% auf etwa ±0,2% gesichert.

11. Messung der Energieverteilung im Spektrum der gesamten Sonnenscheibe und der Mitte der Sonnenscheibe.

Ehe wir zu dem Zahlenwert der *Solarkonstante* gelangen können, müssen wir uns dem zweiten Hauptproblem (b) zuwenden, der *relativen Messung der Intensitätsverteilung im Sonnenspektrum.* Die wichtigsten Messungen wurden auch hier im Anschluß an LANGLEYs bahnbrechende Arbeiten (~ 1880) von ABBOT [207—211] (Smithsonian Institution) und WILSING [278, 279] (Potsdam) ausgeführt. Die seit LANGLEYs Untersuchungen im Prinzip beibehaltene Anordnung ist folgende: Durch einen Zölostaten (die oberflächenversilberten Spiegel ersetzt ABBOT zur Erzielung besserer Konstanz des Reflexionsvermögens durch

[1] Nach frdl. Mitteilung von Herrn Dr. L. B. ALDRICH (1951).

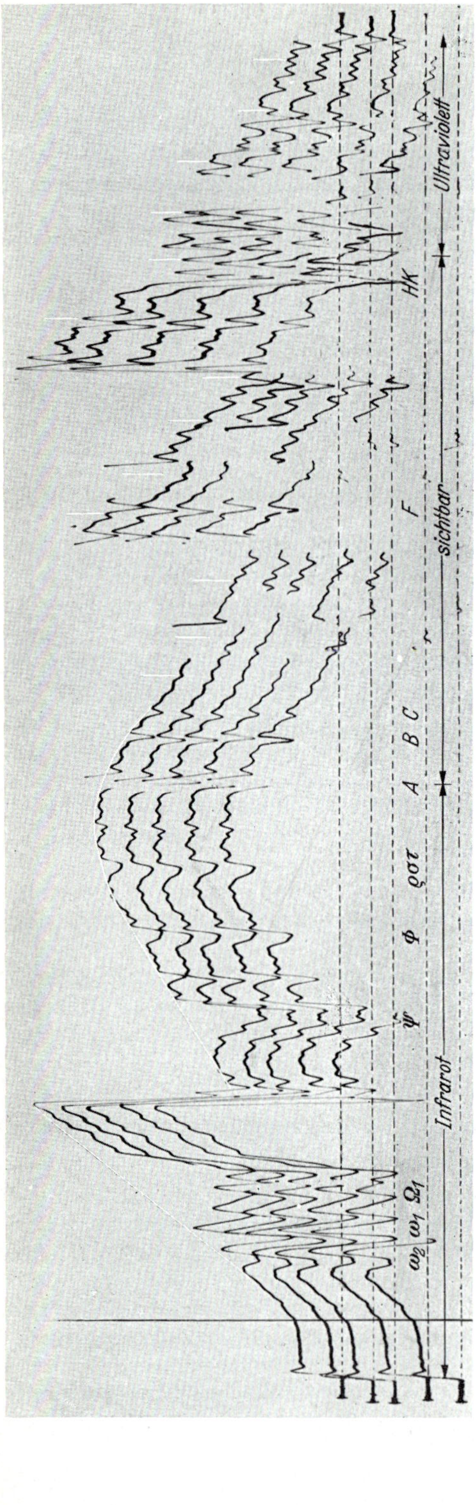

Abb. 19. Bolographenkurven nach C. G. Abbot [210]: Station Montezuma; trockener Tag; schwache Wasserdampfbanden. Die wichtigsten Banden und Linien sind bezeichnet. Die weißen Marken bestimmen die geglätteten Kurven und Meßpunkte. An einigen Stellen wurde die Skala während der Registrierung in bestimmter Weise verändert.

Stellit-Edelstahl-Spiegel) wird das Sonnenlicht in das *Spektrobolometer* geworfen[1]. Dieses besteht im Prinzip aus einem Spektrographen (Monochromator) mit einfacher oder – zur Schwächung des Streulichtes anderer Wellenlängen — doppelter Zerlegung (Glas, Quarz bzw. Steinsalz für immer größere Wellenlängen) und einem Bolometer als nichtselektivem Strahlungsmeßgerät. Letzteres besteht aus zwei gleichen, geschwärzten Pt-Streifen[2], die in eine Brückenschaltung mit sehr empfindlichem Galvanometer eingefügt sind. Bei Bestrahlung eines Streifens ändert sich seine Temperatur proportional der pro Zeiteinheit auffallenden Energie, das Galvanometer gibt einen entsprechenden Ausschlag. Dieser wird in Abhängigkeit von der Prismenstellung (bekannte Funktion der Wellenlänge) photographisch registriert (Abb. 19).

Die Hauptschwierigkeit solcher Messungen liegt in der Ermittlung der Lichtverluste im Zölostaten und Spektralapparat. Sie geschieht unter Verwendung zweier Hilfszölostatenspiegel (die – nun meßbar! – dieselben Reflexionsverluste verursachen, wie die eigentlichen Zölostatenspiegel) und eines besonderen Hilfsspektroskops, das in entspre-

[1] Eine eigentliche Abbildung findet dabei nicht statt, man will ja auch die Intensitätsverteilung der von der *gesamten* Sonnenscheibe emittierten Strahlung messen („Integrierte Sonnenstrahlung"). Dies ist beim Vergleich mit anderen Messungen zu beachten.

[2] Zur Erhöhung der Empfindlichkeit im Vakuum (Vakuumbolometer); Wegfall der Abkühlung durch Leitung und Konvektion der Luft.

chender Weise in den Strahlengang eingeschaltet werden kann. J. Wilsing [279, 280] hat bei seinen Messungen zwischen λ 4510 und λ 23400 die von der Wellenlängenabhängigkeit der Dispersion, Absorption usw. herrührenden Korrektionen zusammen dadurch eliminiert, daß er zum Vergleich die Energieverteilung im Spektrum eines Hohlraumstrahlers (Heräusscher Platinwiderstandsofen) von 1560° K ausmaß. Für den Wellenlängenbereich λ 4000 bis λ 5770 Å hatten Wilsing [278] sowie Müller und Kron [262] entsprechende Messungen schon früher auf photographischem Wege durchgeführt. Um „integrierte" Sonnenstrahlung zu bekommen und gleichzeitig ihre Intensität der des schwarzen Körpers anzugleichen, streuten sie die Sonnenstrahlung vor dem Eintritt in den Spektrographen an einer Kreideplatte, deren Reflexionsvermögen in Abhängigkeit von der Wellenlänge bekannt war. Das Meßverfahren Wilsings läuft im Prinzip — ganz verschieden von Abbot — auf einen Anschluß der *Sonnenstrahlung* an den *schwarzen Körper* heraus.

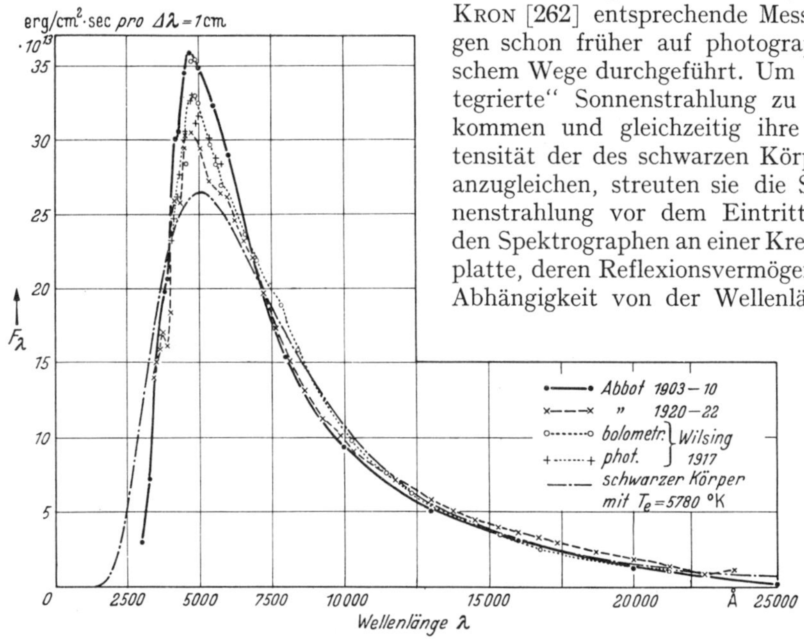

Abb. 20a. Energieverteilung im Spektrum der integrierten Sonnenstrahlung F_λ erg/cm² sec pro $\Delta\lambda = 1$ cm. Messungen von C. G. Abbot (1903—1910 und 1920—1922); reduziert nach M. Minnaert [255], dessen Werte mit einer Skalenkorrektion von —2,4% versehen wurden. Messungen von J. Wilsing [279]; multipliziert mit passender Skalenkonstante. Schwarzer Körper von $T_e = 5780°$ K.

Das spektrale Trennungsvermögen der Apparaturen war bei Abbot und Wilsing[1] so klein, daß die Mehrzahl der Fraunhoferschen Linien (mit Ausnahme etwa von H und K und einigen starken Liniengruppen) völlig verwischt sind. Auf Reduktion und Ergebnisse der Messungen werden wir im nächsten Abschnitt zurückkommen (vgl. Abb. 20a)[2].

Neuerdings hat E. Pettit [267] die Energieverteilung von λ 2920 bis λ 7000 mit Quarzdoppelmonochromator und Thermoelement bzw. — für $\lambda < 3200$ bis 3100 Å, je nach Sonnenhöhe — einer gasgefüllten Natrium-Photozelle gemessen. Dabei wurde jeweils über ein *Wellenlängenintervall von 100 Å integriert*; die Linien sind also über dieses „verschmiert" zu denken. Die Ergebnisse für die integrierte

[1] Bei den photographischen Untersuchungen hat Wilsing diesen Effekt absichtlich durch „falsches" Fokussieren des Spektrographen hervorgerufen.

[2] Nach Abschluß dieses Teiles ist die relative Energieverteilung im Spektrum der ⊙-Mitte mittels PbS-Zellen von R. Peyturaux [268] im Bereich λ 0,60 bis 23 μ und von A. K. Pierce [269a] im Bereich λ 1,0 bis 25 μ gemessen worden. Auf die zugehörigen Randverdunkelungsmessungen beider Autoren werden wir in Abschnitt 13 zu sprechen kommen.

Sonnenstrahlung F_λ und die Mitte der Sonnenscheibe $I_\lambda(0)$ sind in Abb. 20b dargestellt. Die PETTITschen Werte von $I_\lambda(0)$ und F_λ unterscheiden sich viel weniger, als man nach direkten Messungen der Mitte-Rand-Verdunkelung (Abschnitt 13) erwarten sollte. Da die Absolutwerte ohnedies nur auf einem Vergleich mit ABBOT beruhen, wollen wir ihnen keine allzugroße Bedeutung beilegen.

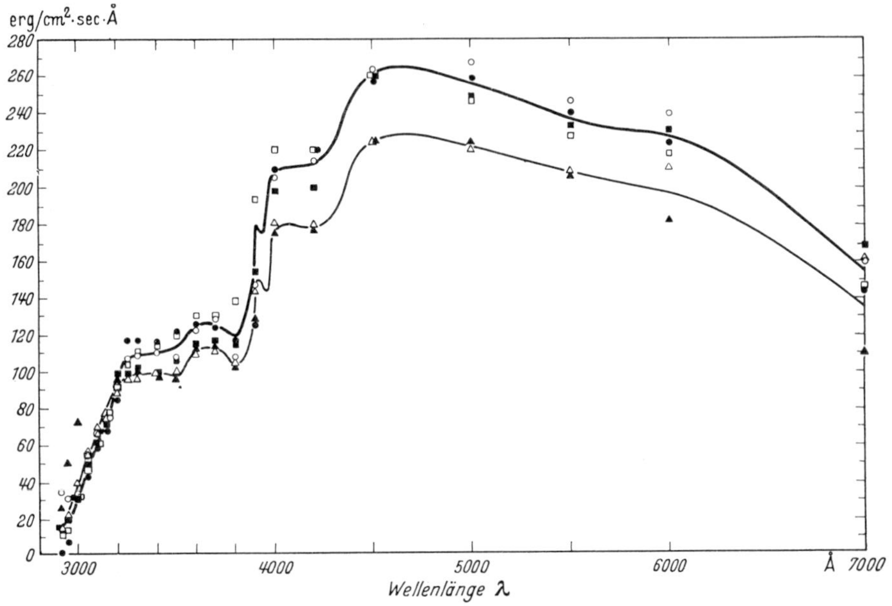

Abb. 20b. Energieverteilung im ultravioletten Sonnenspektrum außerhalb der Erdatmosphäre nach E. PETTIT [267]. —— Integrierte Strahlung; Messungen von 1931 und 1934. ▬▬ Sonnenmitte; Messungen von 1931, 1934, 1937 und 1939.

E. PETTIT [267] hat sodann versucht, mit größerer Dispersion das „wahre" Kontinuum zwischen den Linien zu erfassen. Neuere Untersuchungen (Abschnitt 14) haben aber gezeigt, daß die angewandte Dispersion hierzu nicht ausreicht, so daß die Korrektion auf wahres Kontinuum erheblich zu klein herauskommt.

Auf neuere Relativmessungen im photographischen Spektralgebiet, deren Hauptziel eben die Erfassung des *„wahren" Kontinuums* zwischen den Linien darstellt, kommen wir in Abschnitt 14 zurück.

Die kurzwellige Grenze des Sonnenspektrums ist — nach HARTLEY und FABRY — bedingt durch das enorme Anwachsen der atmosphärischen Extinktion infolge der Ozonabsorption. Während ein die Atmosphäre senkrecht durchsetzender Strahl bei λ 3940 erst auf die Hälfte geschwächt wird, geht die Intensität bei λ 2922 auf 1/70000 herunter [235].

Unter Verwendung eines besonders streulichtfreien Quarzspektrographen mit doppelter Zerlegung ist P. GÖTZ in Arosa [238] photographisch bis λ 2863 vorgedrungen.

1946 und 1947 konnten E. DURAND, J. J. OBERLY und R. TOUSEY [230, 231] sowie H. E. CLEARMAN [228] einen Gitterspektrographen mit 34 Å/mm in V2-Raketen über die Ozonschicht hochschicken und damit das Sonnenspektrum bis λ 2200 aufnehmen. Ein größenordnungsmäßiges Bild der Intensitätsverteilung (relativ zu einem schwarzen Körper von 6000° K) geben [230, Abb. 48] und [228, Abb. 5]. Zwischen den dichtgedrängten, zum Teil außerordentlich starken Absorptionslinien kommt das *„wahre"* Kontinuum überhaupt nicht mehr zum

Vorschein. Die mittlere Intensität nimmt — wieder relativ zum schwarzen Körper von 6000° K — nach kurzen Wellen zu rasch ab.

Das astrophysikalisch besonders interessante *Lymangebiet* wird — wegen der starken Sauerstoffabsorption — erst in erheblich größeren Höhen zugänglich.

12. Reduktion der Messungen von Abbot und Wilsing. Solarkonstante und effektive Sonnentemperatur. Energieverteilung im Spektrum des Strahlungsstromes πF_λ in absolutem Maß.

Wie gewinnt man nun aus *spektrobolographischen und pyrheliometrischen* Messungen die *extraterrestrische Intensitätsverteilung im Sonnenspektrum und die Solarkonstante*? Das Grundprinzip[1] der Reduktionsmethode ist folgendes: Man nimmt Bolographenkurven bei verschiedenem Sonnenstand auf. Die – zunächst noch verfügbare – Energieskala der einzelnen Kurven wird sodann dadurch festgelegt, daß die Integration jeder Strahlungsenergiekurve über alle erfaßbaren Wellenlängen die – pyrheliometrisch in *absolutem* Maß bestimmte – Gesamtstrahlung geben muß. Aus den Beobachtungen für eine bestimmte Wellenlänge bei verschiedener Zenitdistanz z der Sonne kann nun nach (9, 1) durch Extrapolation die entsprechende extraterrestrische Strahlungsenergie bestimmt werden.

Dieses Verfahren versagt jedoch bei den starken Absorptionsbanden des terrestrischen Wasserdampfes (vgl. Abb. 19) im Ultrarot. Die Extinktion in diesen Banden ist so groß, daß die übliche Methode der Extinktionsbestimmung nicht mehr anwendbar ist, man muß vielmehr die Strahlungskurve über diese Lücken hinweg einfach interpolieren[2]. Diese Korrektion hängt natürlich ab von der über dem Beobachter befindlichen Wasserdampfmenge in der Atmosphäre. Um nicht immer wieder diese sehr umständlichen Korrektionsrechnungen de novo ausführen zu müssen, hat Fowle [207] ein für allemal die Wasserdampfkorrektion in Abhängigkeit von der Stärke der Absorption in *einer* Bande (zuerst die sog. ϱ-Bande, jetzt die Ψ-Bande) bestimmt, so daß nur noch diese *eine* Größe gemessen werden muß.

Im Mittel langjähriger und mit äußerster Sorgfalt durchgeführter Beobachtungsreihen an mehreren Stationen in Nord- und Südamerika sowie Afrika erhielten nun die Beobachter der *Smithsonian Institution* für das zugängliche Spektralgebiet

$$3420\,\text{Å} < \lambda < 23000\,\text{Å} : 1{,}847\ \text{cal/cm}^2\ \text{min in der Skala von 1913,} \qquad (12,1)$$

oder mit einer Skalenkorrektion (Abb. 18) von $-2{,}4\%$ wiederum für

$$3420\,\text{Å} < \lambda < 23000\,\text{Å} : 1{,}804\ \text{cal/cm}^2\ \text{min als } \textit{wahren} \text{ Wert.} \qquad (12,2)$$

Um die eigentliche *Solarkonstante* S zu erhalten, müssen nun noch die von der Erdatmosphäre völlig abgeschnittenen Enden des Sonnenspektrums im Ultraviolett und Ultrarot ergänzt werden.

Nach Smithsonian Ann. V [210] rechnet man an der *Smithsonian Institution* zur Zeit mit einer Ultrarotkorrektion von 2% und einer Ultraviolettkorrektion von 3,44% der angegebenen Zahlen (12, 1) bzw. (12, 2) und erhält so eine Solarkonstante von

$$1{,}947\ \text{cal/cm}^2\ \text{min in der Skala von 1913} \qquad (12,3)$$

[1] Die folgende Darstellung versucht, die Grundgedanken der Abbotschen Untersuchungen möglichst deutlich zu machen; sein tatsächlich benutztes Rechenverfahren ist mit Rücksicht auf die Umständlichkeit der Zahlenrechnung etwas anders.

[2] Ganz allgemein darf in unaufgelösten Banden, wo der Absorptionskoeffizient sich rasch mit der Wellenlänge ändert, das Extinktionsgesetz (9, 1) *nicht* angewandt werden.

bzw.

$$1{,}900 \text{ cal/cm}^2 \text{ min in der heutigen Skala.} \tag{12, 4}$$

Die angegebenen Zahlenwerte der Korrektionen scheinen aber dem *Verf.* (nach gemeinsamen Rechnungen mit Frl. Dr. VITENSE) einer Revision zu bedürfen:

Approximieren wir zunächst das Sonnenspektrum durch das eines schwarzen Körpers der Temperatur T, so ist nach Gl. (7, 36) die *Ultrarotkorrektion* ($\lambda > 23000$ Å) gleich

$$\int_0^{x_0} \frac{x^3\,dx}{e^x-1} \Big/ \int_{x_0}^{\infty} \frac{x^3\,dx}{e^x-1} \quad \text{mit } x_0 = \frac{c_2}{\lambda_0 T} \tag{12, 5}$$

Dabei bedeutet $c_2 = 1{,}438$ cm · grad die bekannte Strahlungskonstante und $\lambda_0 = 23000 \cdot 10^{-8}$ cm die gewählte Grenzwellenlänge[1]. Man erhält so für $T = 5950°$ K (mittlere Strahlungstemperatur des Kontinuums) eine Korrektion von $4{,}3_4\%$, während $T = 5700°$ auf $4{,}7\%$ führt. Berechnet man das Emissionsvermögen der Sonnenatmosphäre als Funktion der Wellenlänge unter Berücksichtigung der Temperaturschichtung und der Theorie des H^--Absorptionskoeffizienten, so erhält man den wenig verschiedenen und vielleicht noch etwas genaueren Wert von 4,78%.

Für die *Ultraviolettkorrektion* ($\lambda < 3420$ Å) ergibt die Integration über die Messungen mit V2-Raketen nach E. DURAND [230] einen Zahlenwert von 3,89%, was mit dem *Smithsonian*-Wert fast übereinstimmt.

Insgesamt führen nun unsere Korrektionen von 4,78 + 3,89% auf eine *Solarkonstante*

$$\boxed{S = 1{,}961 \text{ cal cm}^{-2} \text{ min}^{-1} = 1{,}368 \cdot 10^6 \text{ erg cm}^{-2} \text{ sec}^{-1}} \tag{12, 6}$$

in der heutigen Skala[2].

Den Gesamtstrahlungsstrom πF an der Sonnenoberfläche (= Ausstrahlung pro cm² und sec nach allen Richtungen; F = mittlere Strahlungsintensität) erhalten wir auf Grund der Überlegung, daß alle Strahlung, die an der Sonnenoberfläche eine Kugel vom Sonnenradius R durchsetzt, in der Entfernung des Erdbahnradius ϱ von der Sonne eine Kugel von eben diesem Radius durchdringt. Das Verhältnis R/ϱ ist andererseits der Winkel (im Bogenmaß), unter dem uns der Sonnenradius erscheint, also

$$R/\varrho = 16',0 = 0{,}004652, \tag{12, 7}$$

also

$$\pi F = 1{,}368 \cdot 10^6 \cdot 0{,}004652^{-2} \text{ erg cm}^{-2} \text{ sec}^{-1} = 6{,}32 \cdot 10^{10} \text{ erg cm}^{-2} \text{ sec}^{-1}. \tag{12, 8}$$

Unter der *Annahme*, daß die Sonne wie ein schwarzer Körper strahlt, können wir hieraus nach dem STEFAN-BOLTZMANNschen Gesetz (4, 1) sofort die „Sonnentemperatur" berechnen. Man bezeichnet die so definierte Temperatur als *effektive Temperatur* und setzt also

$$\pi F = \sigma T_e^4. \tag{12, 9}$$

Mit (12, 8) und dem aus den anderen elementaren Naturkonstanten berechneten $\sigma = 5{,}671 \cdot 10^{-5}$ erg cm^{-2} sec^{-1} grad^{-4} wird

$$\boxed{T_e = 5780° \text{ K}} \tag{12, 10}$$

[1] Ob wir in dem zweiten Integral bis zur ultravioletten Grenze oder bis $\nu \to \infty$ gehen, ist praktisch belanglos.

[2] Mit einer Rakete, praktisch außerhalb der Erdatmosphäre, erhielt neuerdings A. L. QUIRK $1{,}375 \cdot 10^6$ erg cm^{-2} sec^{-1} (vgl. H. E. NEWELL und J. W. SIRY: Rocket Upper Air Research. J. Amer. Rocket Soc. **1953**, 10).

Die Differenz gegenüber dem früher angegebenen Wert von 5713° K rührt etwa zu $^2/_3$ von der Vergrößerung der Solarkonstante, zu $^1/_3$ von der Verkleinerung des σ her. Die Unsicherheit unseres neuen Wertes schätzen wir auf etwa $\pm 40°$.

Auf die Schwierigkeiten einer Festlegung der thermodynamischen Temperaturskala im Bereich der Sterntemperaturen haben wir am Schluß des Kap. 1 schon hingewiesen. Im Sinne von F. HOFFMANN [115] möchten wir erwarten, daß unser $T_e = 5780°$ K sich wirklich auf diese Skala bezieht.

In Abb. 20a und Tab. 1A und B geben wir zunächst die Strahlungsenergiekurven F_λ nach zwei Beobachtungsreihen von ABBOT [207–209], 1903–1910 bzw. 1920–1922. Wir folgen dabei im wesentlichen der Reduktion auf absolute

Tabelle 1. Energieverteilung im Spektrum der ganzen Sonnenscheibe. λ in Ångström. F_λ in 10^{13} erg pro cm² sec und $\Delta\lambda = 1$ cm. ABBOTs Messungen reduziert nach MINNAERT [255] und mit einer Skalenkorrektion von —2,4% versehen.

A. Messungen 1903—10				B. Messungen 1920—22					
λ	F_λ	λ	F_λ	λ	F_λ	λ	F_λ	λ	F_λ
3000	3,1	5500	32,3	3415	14,1	5980	26,2	13020	5,9
3250	7,3	6000	29,0	3504	15,1	6238	24,6	13770	5,1
3500	15,4	7000	21,0	3600	16,0	6530	23,2	14520	4,5
3750	19,9	8000	15,3	3709	17,1	6858	22,1	15280	4,0
3900	20,8	10000	9,5	3853	16,2	7222	19,7	16030	3,7
4200	30,2	13000	5,2	3974	18,4	7644	17,4	16700	3,3
4300	30,6	16000	3,1	4127	25,9	8120	15,2	17380	3,0
4500	34,6	20000	1,4	4307	25,8	8634	13,2	18700	2,4
4700	35,9	25000	0,2	4516	29,5	9220	11,3	20000	1,9
5000	34,9	30000	0,08	4713	30,5	9861	10,2	21230	1,4
				5026	29,4	10620	9,1	22420	0,9
				5348	27,2	11460	7,7	23480	1,1
				5742	26,4	12250	6,8		

Einheiten nach M. MINNAERT [255], dessen Zahlen wir entsprechend der inzwischen gefundenen Korrektion der Smithsonian Revised Skala von 1913 um 2,4% verkleinern[1]. Wie man sich leicht klar macht, ist es in diesem Zusammenhange belanglos, welche Annahmen man über die Ultrarot- und Ultraviolettkorrektion macht; man könnte sich ja einfach direkt auf den Strahlungsstrom im Wellenlängen*bereich* 3420–23000 Å beziehen.

Neben den beiden Meßreihen der Smithsonian Institution haben wir in Abb. 20a noch die Potsdamer Messungen von J. WILSING [234] nach Multiplikation mit einem passend gewählten Skalenfaktor[2] eingezeichnet. Die Bedeutung der aufgetragenen Größe F_λ ist, wie schon bemerkt: $\pi F_\lambda =$ Ausstrahlung von 1 cm² Sonnenoberfläche in erg pro sec und pro Wellenlängenbereich 1 cm; F_λ selbst ist die entsprechende Strahlungs*intensität*, gemittelt über die Sonnenscheibe.

Die nicht unbeträchtlichen Unterschiede der drei Kurven geben ein deutliches Bild der großen Schwierigkeit derartiger Strahlungsmessungen. Soweit man dies nach der Vollkommenheit der Apparaturen beurteilen kann, dürfte die ABBOTsche Meßreihe 1920–1922 die genaueste sein.

Zum Vergleich ist in Abb. 20a nach (7, 30) die Intensitätsverteilung (ebenfalls *absolut*) für einen Hohlraumstrahler der Temperatur $T_e = 5780°$ K eingezeichnet. Bezüglich des allgemeinen Verlaufes stimmt die Strahlungskurve der Sonne

[1] In Tab. 1 und 2 der 1. Auflage war die damalige Korrektion von 2% durch ein Versehen leider im verkehrten Sinne angebracht!

[2] Zu WILSINGs $\log E_\lambda / E_{2,128\,\mu}$, l. c. S. 25/26, haben wir 13,050 addiert.

leidlich mit der des schwarzen Körpers überein; im einzelnen treten aber beträchtliche Abweichungen auf. Wollte man z. B. im Maximum der neueren Meßreihe Übereinstimmung mit einer PLANCKschen Kurve erzielen, so müßte deren Maximum gegenüber der eingezeichneten Kurve um 15% erhöht werden, da $I_{max} \sim T^5$ geht, käme man auf eine Temperatur von 5950° K. Die dazu „berechnete" Solarkonstante ($\sim T^4$) würde schon 12% über dem gemessenen Wert liegen.

Man kann den Vergleich der beobachteten Energieverteilung im Sonnenspektrum mit der PLANCKschen Funktion auf alle möglichen Arten ausführen und so verschiedene „Temperaturen" *definieren* (vgl. A. BRILL [219] und W. BECKER [1]):

Tabelle 2.

Energieverteilung im Spektrum der Sonnenmitte.

$I_\lambda(0)$ in 10^{13} erg pro cm² sec und $\Delta\lambda = 1$ cm. ABBOTs Messungen reduziert nach MINNAERT [255] und mit einer Skalenkorrektion von —2,4% versehen.

λ	$I_\lambda(0)$ 1903—10	$I_\lambda(0)$ 1920—22	λ	$I_\lambda(0)$ 1903—10	$I_\lambda(0)$ 1920—22
3230	10,3	16,0	6700	27,5	26,9
3860	30,2	22,7	6990	25,0	25,1
4330	43,6	35,2	8660	15,3	14,8
4560	47,0	39,4	10310	10,1	10,6
4810	46,6	39,3	12250	6,6	7,6
5010	44,9	37,7	16650	3,0	3,5
5340	42,1	34,4	20970	1,3	1,6
6040	34,9	31,6			

a) Paßt man der gemessenen Energieverteilungskurve eine PLANCK-Funktion im Wellenlängenbereich λ_1 bis λ_2 hinsichtlich ihrer *relativen Verteilung* an, so erhält man die sog. „*Farbtemperatur im Bereich* λ_1 *bis* λ_2".

Rückt man λ_1 und λ_2 immer näher zusammen, so erfaßt man praktisch die Tangente $dI_\lambda/d\lambda$ bei einer mittleren Wellenlänge $\bar{\lambda}$ und spricht dann von der „*Farbtemperatur bei* $\bar{\lambda}$" oder der „*Gradationstemperatur bei* $\bar{\lambda}$".

b) Beschränkt sich der Vergleich mit der PLANCK-Funktion auf die *absolute Strahlungsintensität* in einem engen Spektralgebiet λ_1 bis λ_2, so bekommt man die entsprechende „*Strahlungstemperatur*". Vergleicht man bei *einer* bestimmten Wellenlänge $\bar{\lambda}$, so redet man auch von der „*schwarzen Temperatur bei* $\bar{\lambda}$". Die beiden Bezeichnungen werden häufig synonym gebraucht.

c) Interpretiert man die gemessene Gesamtstrahlung (Solarkonstante) nach dem STEFAN-BOLTZMANNschen Gesetz, so erhält man die *effektive Temperatur* T_e.

Allen derartigen Begriffsbildungen kommt aber nur ein sehr beschränkter Wert zu, ihr Sinn liegt nur in einer kurzen Beschreibung der zugrunde liegenden Beobachtungen. Der Temperaturbegriff ist zunächst überhaupt *nur* für Systeme definiert, die sich im lokalen thermischen Gleichgewicht befinden. Seine näherungsweise Anwendung auf Systeme, die vom Zustande des Wärmegleichgewichtes abweichen, muß stets besonders gerechtfertigt werden. Wenn man sagt: Ein System hat die Temperatur T° K, so ist z. B. die Geschwindigkeitsverteilung der Atome, die relative Häufigkeit von Quantenzuständen mit verschiedener Anregungsenergie usw. durch diesen *einen* Parameter *bestimmt*. In einem Nichtgleichgewichtszustand ist dies nicht mehr möglich; die obigen Pseudotemperaturen gestatten keinerlei thermodynamische Rückschlüsse auf andere Größen, als die bei ihrer Berechnung benutzten. Ihre Bedeutung sollte deshalb nicht überschätzt werden, und wir ziehen es meist vor, direkt auf die gemessene spektrale Energieverteilung zurückzugreifen[1].

[1] Es sei noch vor einem in der älteren Literatur verschiedentlich wiederkehrenden Fehlschluß gewarnt: „Da das Absorptionsvermögen der Sonnenoberfläche sicher ≤ 1 ist, so erhält man jedenfalls eine *untere Grenze* T_{min} der Sonnentemperatur, indem man die PLANCK-

Das Problem der *Deutung* des kontinuierlichen Sonnenspektrums behandeln wir später im Zusammenhang mit der *Theorie des Strahlungsgleichgewichtes.*

13. Mitte-Rand-Kontrast $I_\lambda(\vartheta)/I_\lambda(0)$. Strahlungsintensität und -strom. $I_\lambda(0)/F_\lambda$.

Nachdem wir die Messungen des Strahlungsstromes πF_λ bzw. der *mittleren* Strahlungsintensität F_λ besprochen haben, fragen wir nach der Abhängigkeit der Strahlungsintensität $I_\lambda(\vartheta)$ vom Austrittswinkel ϑ (vgl. wieder Abb. 4) an der Sonnenoberfläche. Man mißt am besten den sog. Mitte-Rand-Kontrast, d. h. das Verhältnis der Strahlungsintensität in der Entfernung r von der Mitte der Sonnenscheibe (Radius R; $\varrho = \frac{r}{R} = \sin\vartheta$) zur Intensität der Mitte der Scheibe ($\vartheta = 0$) selbst. Die Verknüpfung zwischen I_λ und F_λ wird nach (1, 6) hergestellt durch

$$F_\lambda = 2\int_0^{\pi/2} I_\lambda(\vartheta)\cos\vartheta\sin\vartheta\, d\vartheta \tag{13, 1}$$

Tabelle 3a. Mitte-Rand-Kontrast (1906—08) in Prozent. Nach C. G. ABBOT [208, S. 157]. $I_\lambda(0)/F_\lambda$ und ϱ^* nach M. MINNAERT [255].

$\varrho = \sin\vartheta$	0,00	0,20	0,40	0,55	0,65	0,75	0,825	0,875	0,92	0,95	$I_\lambda(0)/F_\lambda$	ϱ^*
$\cos\vartheta$	1,000	0,980	0,916	0,835	0,760	0,661	0,565	0,484	0,392	0,312		
λ in Å												
3230	100	96,0	89,7	83,5	77,5	69,0	60,0	53,0	45,2	38,2	1,487	0,758
3860	100	98,0	92,6	85,6	79,2	71,0	63,3	55,4	48,3	41,8	1,407	0,749
4330	100	97,8	92,7	86,6	80,6	72,9	64,7	58,3	51,0	45,0	1,371	0,750
4560	100	98,6	94,2	88,4	83,1	75,6	68,1	61,6	53,8	47,1	1,326	0,752
4810	100	98,7	94,4	89,1	84,0	77,1	70,1	63,8	56,6	49,9	1,302	0,753
5010	100	98,5	94,5	89,4	84,5	77,7	71,1	65,0	58,3	51,7	1,287	0,750
5340	100	98,7	95,0	90,2	85,6	79,2	72,8	67,2	60,5	54,8	1,265	0,751
6040	100	98,9	95,7	91,3	87,2	81,6	76,1	71,0	64,8	59,4	1,226	0,750
6700	100	99,1	96,1	92,4	88,7	83,8	78,6	74,0	68,0	62,9	1,201	0,758
6990	100	99,0	96,3	92,6	89,0	84,2	79,2	74,8	69,1	63,7	1,190	0,751
8660	100	99,2	96,9	93,9	91,1	87,1	83,0	79,2	74,4	69,9	1,158	0,763
10310	100	99,8	97,7	95,1	92,5	88,9	85,1	81,6	77,2	73,0	1,130	0,757
12250	100	99,5	97 6	95,3	93,2	90,1	86,5	83,4	79,4	75,6	1,118	0,762
16550	100	99,6	98,2	96,6	95,0	92,8	90,1	87,7	84,7	81,5	1,088	0,774
20970	100	99,6	98,6	97,1	95,6	93,6	91,5	89,2	86,6	83,8	1,077	0,775

Tabelle 3b. Mitte-Rand-Kontrast (1913) in Prozent. Nach C. G. ABBOT [209, S. 221].

$\varrho = \sin\vartheta$	0,00	0,20	0,40	0,55	0,65	0,75	0,825	0,875	0,92	0,95	0,97
$\cos\vartheta$	1,000	0,980	0,916	0,835	0,760	0,661	0,565	0,484	0,392	0,312	0,243
λ in Å											
3737	100	98,4	93,4	87,1	81,1	73,0	65,2	58,0	49,9	43,2	34,9
4265	100	98,5	93,7	87,2	81,2	73,4	65,5	58,7	51,1	44,5	38,8
5062	100	98,9	95,1	90,0	85,2	78,7	72,0	66,0	59,1	52,9	47,2
5955	100	99,0	95,9	91,6	87,6	82,1	76,4	71,3	65,1	59,5	54,1
6702	100	99,3	96,7	92,9	89,3	84,4	79,4	74,8	69,2	64,0	—
8580	100	99,3	97,2	94,4	91,6	87,7	83,6	79,9	75,3	71,0	—
10080	100	99,4	97,5	94,9	92,3	88,8	85,1	81,6	77,3	73,3	—

sche Strahlungskurve aufsucht, welche für alle Wellenlängen über der beobachteten Energieverteilungskurve liegt."

Diese Überlegung ist falsch, weil dabei der KIRCHHOFFsche Satz entgegen seinen Voraussetzungen auf ein System angewandt wird, das sich nicht im thermischen Gleichgewicht befindet. Streng genommen, gibt es eben gar nicht „*eine*" Sonnentemperatur.

oder

$$F_\lambda = 2\int_0^1 I_\lambda(\varrho)\varrho\, d\varrho = \int_0^1 I_\lambda(\varrho)\, d(\varrho^2)\,. \qquad (13,2)$$

Messungen der Randverdunkelung hat ABBOT[1] in der Weise ausgeführt, daß er bei festgeklemmtem Zölostaten das Bild der Sonne vermöge ihrer täglichen Bewegung über den Spalt des Spektrobolographen laufen ließ. Die Registrierplatte bewegte sich mit konstanter Geschwindigkeit, so daß eine ∩-förmige Registrierkurve entstand.

Die Ergebnisse – die neuere Beobachtungsreihe ist wohl genauer, umfaßt aber einen kleineren Wellenlängenbereich als die ältere – sind in den Tabellen 3a u. b. zusammengestellt. (Auf die Messungen für λ 3230 Å werden wir gleich zurückkommen.)

Leider sind auch diese Messungen sehr der Verfälschung durch systematische Fehler ausgesetzt. Zunächst wird die Intensität am ⊙-Rand auf Kosten der ⊙-Mitte vergrößert durch Lichtstreuung in der Erdatmosphäre und besonders in der Apparatur (vgl. B. LYOT [251], T. EINARSSON [232]). Da bei ABBOT das Sonnenlicht vor dem Bolographenspalt an 5 Spiegeln reflektiert wird, so dürfte namentlich der letztere Einfluß kaum vernachlässigbar sein. (Nach Erfahrung des Verf. sind die feinen Systeme fast paralleler Kratzer, die beim Polieren der Spiegel stets entstehen – schräge Betrachtung! –, die schlimmste Streulichtursache.) Eine zweite Fehlerquelle dürfte in der Trägheit des Galvanometers liegen (MOLL, BURGER und v. D. BILT sowie ABBOTs Entgegnung auf deren Kritik [261]), die sich (vgl. [209, Tab. 63, S. 219]), in einer leichten Unsymmetrie der beiden Seiten der ∩-Kurven äußert. Durch Mittelbildung wird dieser Fehler wohl größtenteils eliminiert.

Die Messungen für λ 3230 in Tab. 3a wurden von K. SCHWARZSCHILD und W. VILLIGER [272] auf photographisch-photometrischem Wege aus Aufnahmen mit einem *versilberten* Objektiv gewonnen. Da dünne Silberschichten bekanntlich ein ziemlich scharfes Durchlässigkeitsmaximum haben (nach der kurzwelligen Seite noch verengt durch die Durchlässigkeitsgrenze des Glases), so können diese Messungen wohl den spektrobolometrischen von ABBOT an die Seite gestellt werden.

1937/38 hat dann H. RAUDENBUSCH [271] in Jena eine neue Meßreihe gemacht mit einer Apparatur, die in mehrfacher Hinsicht Verbesserungen aufweist. Über *einen* Zölostatenspiegel und einen Hohlspiegel aus Quarz wird ein Sonnenbild

Tabelle 4. Mitte-Rand-Kontrast (1937—38) in Prozent. Nach H. RAUDENBUSCH [271].

$\varrho = \sin\vartheta$	0,000	0,174	0,342	0,500	0,643	0,766	0,819	0,866	0,906	0,940	0,966
$\cos\vartheta$	1,000	0,985	0,940	0,866	0,766	0,643	0,574	0,500	0,423	0,342	0,259
λ in Å											
4260	100	98,8	95,4	90,4	83,0	73,6	68,0	62,6	56,7	49,9	42,8
5060	100	99,0	96,2	91,5	84,9	77,0	72,7	66,8	61,0	54,8	48,0
5960	100	99,1	96,8	92,2	87,9	81,2	77,2	72,9	68,3	62,9	57,6
6700	100	99,3	97,2	94,1	89,6	83,5	79,9	75,8	71,8	67,4	61,6

von ~ 20 cm Durchmesser erzeugt. Dieses läuft bei der Messung über einen Spalt, dessen Breite $0{,}002_2$ Sonnenradien entspricht. Die Registrierung erfolgt über Monochromator, Photozelle und ein WULFsches Einfadenelektrometer, um

[1] Smithsonian Ann. 3, 157 (1913); 4, 221 (1922); 1906/08 und 1913. Inwieweit die Unterschiede zwischen beiden Reihen reell sind, mag einstweilen dahingestellt bleiben.

Trägheitseffekte auszuschalten. Die Wellenlängen sind ausgewählt im Hinblick auf möglichste Freiheit von FRAUNHOFER-Linien. Die von H. RAUDENBUSCH angegebenen Fehler entsprechen am Sonnenrand etwa 2 Einheiten der letzten Stelle. Am Sonnenrand liegen die *Jenaer* Werte durchschnittlich um etwa 1% der Intensität der ⊙-Mitte *über* den ABBOTschen von 1913, andererseits um etwa denselben Betrag *unter* denen von MOLL, BURGER und V. D. BILT [261].

Auf photographisch-photometrischem Wege haben 1943 am Observatoire de Haute Provence R. CANAVAGGIA und D. CHALONGE [222] mit einem Sonnenbild von 5 cm Durchmesser (das durch ein schiefes Cassegrainsystem mit zwei aluminisierten Spiegeln erzeugt wurde) und einem Quarzspektrographen die Mitte-Rand-Verdunkelung bis $\varrho = \sin\vartheta = 0{,}975$ bzw. $\cos\vartheta = 0{,}222$ für zahlreiche möglichst linienfreie Wellenlängen („Fenster") in den Bereichen λ 3149–3692 und λ 4006–5955 Å gemessen. In dem Zwischengebiet λ 3700–4000 Å ist nach ihrer Ansicht das wahre Kontinuum auch mit großer Dispersion überhaupt nicht zu erfassen (hierzu Abschnitt 14).

Bis weit ins Ultrarot erstreckt sich eine neue Meßreihe von A. K. PIERCE, R. R. MCMATH, L. GOLDBERG und O. C. MOHLER [269]. Diese haben am Turmteleskop des MCMATH Observatory mit einer Bleisulfidzelle bei einer Anzahl relativ linienfreier Wellenlängen zwischen λ 5485 und 22870 Å bis $\varrho = \sin\vartheta = 0{,}986$ bzw. $\cos\vartheta = 0{,}165$ (vgl. Abb. 21) und am 24″ Cassegrain Reflektor mit einem Perkin-Elmer-Spektrometer und Thermoelement bei λ 3,5, 8,3 und 10,2 μ bis $\varrho = \sin\vartheta = 0{,}977$ bzw. $\cos\vartheta = 0{,}215$ gemessen. Als wahrscheinlichen Fehler der ersten Meßreihe geben die Autoren für den Sonnenrand $\pm 0{,}5\%$ an. Die Übereinstimmung mit ABBOT liegt bei manchen Wellenlängen innerhalb 0,1%, während bei anderen systematische Differenzen ungeklärten Ursprunges bis 1% auftreten.

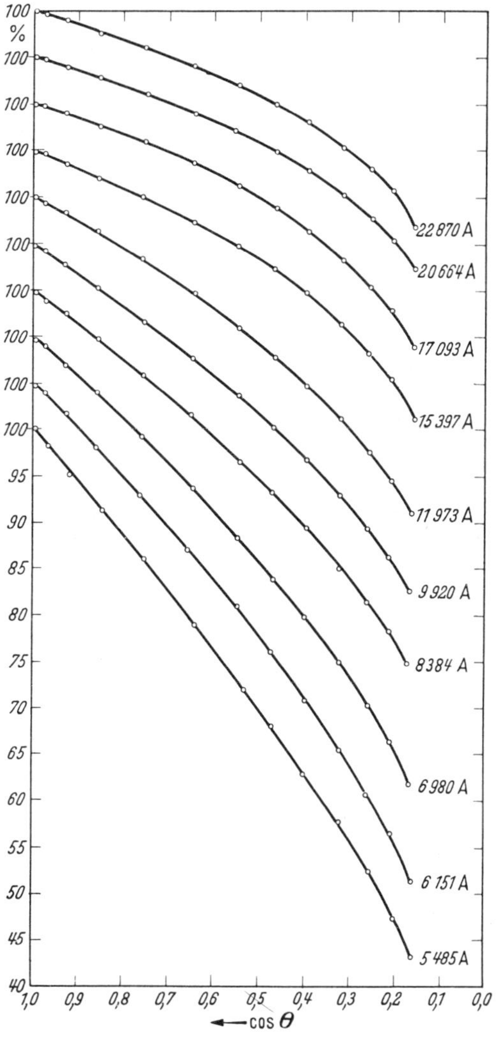

Abb. 21. Mitte-Rand-Verdunkelung der Sonne $I_\lambda(\vartheta)/I_\lambda(0)$ im Wellenlängengebiet 0,5—2,2 μ nach A. K. PIERCE, R. R. MCMATH, L. GOLDBERG und O. C. MOHLER [269]. Als Abszisse ist aus theoretischen Gründen $\cos\vartheta = \sqrt{1-\varrho^2}$ aufgetragen.

1952 hat auch R. PEYTURAUX [268] Randverdunkelungsmessungen für 15 Wellenlängen zwischen 0,67 und 23 μ bis $\varrho = \sin\vartheta = 0{,}986$ publiziert.

Theoretische Überlegungen (vgl. Kap. 5–7) lassen es wünschenswert erscheinen, noch näher an den Sonnenrand heranzukommen. Die bisher betrachteten Methoden reichen etwa bis $\varrho = 0{,}97$, d. h. 0′.5 vom Sonnenrand. Dann wachsen die Schwierigkeiten wegen Luftunruhe, Streulicht in der Apparatur und der Erdatmosphäre usw. rapide an.

M. MINNAERT, E. v. d. HOVEN v. GENDEREN und J. v. DIGGELEN [259] haben direkte Aufnahmen am 40″ Yerkes Refraktor mit Farbfiltern für die wirksamen Wellenlängen[1] λ 5593 und 6245 Å von $\varrho = 0.90$ bis 0.995 ($\cos\vartheta = 0.100$) ausgewertet. Das Ergebnis der – wohl genaueren – Messungen bei λ 5593 Å zeigt unsere Abb. 22.

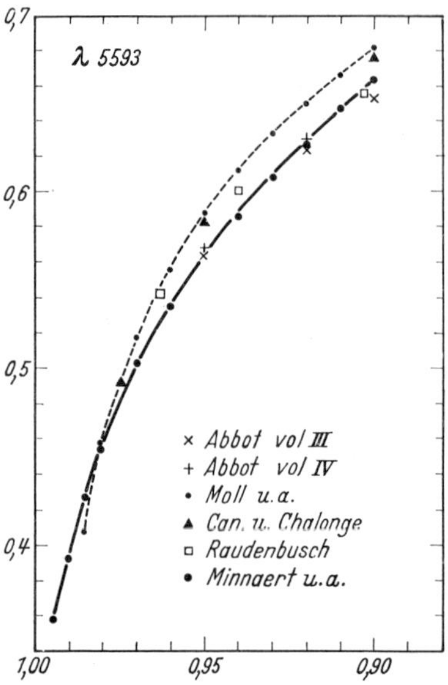

Abb. 22. Intensitätsverteilung am Sonnenrand. •—•— Aufnahmen von M. MINNAERT [259] am 40″-Yerkes-Refraktor Dazu andere Beobachtungsreihen, die den Anschluß an ⊙-Mitte herstellen.

Hierbei ist am Rand die *Scintillations*-Korrektion schon recht erheblich. Nach WANDERS, MINNAERT u. a. [259] wird normalerweise durch die Scintillation eine Punktlichtquelle in ein Scheibchen ausgebreitet, dessen Helligkeit in etwa 3″.2 $\approx 0{,}003_3$ Sonnenradien Abstand von seiner Mitte auf $1/e$-tel abnimmt. Um diese Scintillationsbreite – welche örtlich und zeitlich ziemlichen Schwankungen unterworfen ist – genauer zu bestimmen, haben P. TEN BRUGGENCATE, H. GOLLNOW und F. W. JÄGER [220] bei der *partiellen* Sonnenfinsternis vom 28. 4. 1949 am Göttinger Sonnenturm direkte Aufnahmen mit einem Sonnenbild von 26,5 cm Durchmesser bei λ 6400 Å gemacht. Der im allgemeinen als scharf anzusehende *Mondrand* liefert die „Apparatefunktion“ (vgl. auch Kap. IX) zur Photometrie des eigentlichen *Sonnen*randes.

Um der Verfälschung der Randverdunkelungsmessungen durch Streulicht aus der Erdatmosphäre und Apparatur völlig zu entgehen, hat schon 1905 K. SCHWARZSCHILD [273] folgenden Gedanken benutzt: Bei einer Sonnenfinsternis werden vor Eintritt der Totalität die Randpartien der Sonne Stück für Stück durch den Mond verdeckt. Nimmt man mit einem spaltlosen Spektrographen nun das Spektrum der Sonnensichel auf (die also selbst als „Spalt“ fungiert), so läßt sich aus der zeitlichen Intensitätsänderung (da ja die Geschwindigkeit der scheinbaren Relativbewegung Mond gegen Sonne nach den Ephemeriden berechnet werden kann) die Helligkeitsänderung einer bestimmten Stelle der Sichel für eine bestimmte Wellenlänge entnehmen. Durch Differentiation gewinnt man leicht vollends die Helligkeit der Sonnenscheibe im Licht einer bestimmten Wellenlänge in Abhängigkeit vom Abstand vom Sonnenrand. Als Nebenprodukt erhält man das Profil des Mondrandes. Es liegt auf der Hand, daß diese Meßmethode für die Nähe des Sonnenrandes ($r \approx R$; $\vartheta \sim 90°$) große Vorteile bietet.

Mit modernen Hilfsmitteln, einer *Objektivprismen-Kinokamera*, die etwa 25 Aufnahmen pro sec lieferte (deren Zeitpunkte exakt festgelegt werden konnten) haben bei der totalen Finsternis vom 9. 7. 1945 B. LINDBLAD und H. KRISTENSON [247] den Helligkeitsabfall am äußersten Sonnenrand über etwa eine Zehnerpotenz

[1] Die „ganzen“ Halbwertbreiten der Empfindlichkeitskurven entsprechen 360 Å bzw. 160 Å.

der Intensität verfolgt[1]. Ausgehend von einer Maximalintensität[2], die noch nicht genau festgelegt werden konnte, finden diese Autoren einen exponentiellen Helligkeitsabfall $\sim e^{-h/h_0}$, wo h die von irgendeinem Nullniveau aus gemessene Höhe bedeutet.

Für die Helligkeits-Äquivalenthöhe h_0 findet

B. LINDBLAD bei λ 4800 Å $0\overset{''}{.}191 = 138$ km
und H. KRISTENSON bei λ 4100 Å $0\overset{''}{.}223 = 162$ km.

Die beiden Wellenlängenbereiche sind auf möglichste Linienfreiheit hin ausgesucht. Da ein Grund für den Unterschied der beiden Werte nicht zu sehen ist, rechnen wir später mit dem Mittelwert $h_0 = 150$ km. Diese Messungen beziehen sich offenbar schon auf Höhen, in denen die Sonnenatmosphäre auch bei tangentialer Betrachtung durchsichtig wird. Der photometrische Anschluß an die inneren Teile der Sonnenscheibe ist eine der wichtigsten Aufgaben der Zukunft.

Ungefähr gleichzeitig mit K. SCHWARZSCHILD hat W. H. JULIUS [241, 242] ähnliche Messungen — zunächst ohne spektrale Zerlegung — unter Verwendung der *gesamten* Sonnensichel versucht. Eine zusammenfassende Bearbeitung gab 1929 M. MINNAERT [256]. 1936 haben A. J. WESSELINK und Mitarbeiter [277] neue Messungen gemacht, an die sich theoretische Erörterungen von Z. KOPAL [245] und D. S. EVANS [233] anschlossen. Zunächst sind — wie vor allem EVANS betont — bei der JULIUSschen Methode die Entzerrungsschwierigkeiten viel größer als bei der SCHWARZSCHILDschen. Was aber die JULIUSsche Methode praktisch illusorisch macht, ist das *Profil des Mondrandes.* Nach B. LINDBLAD und H. KRISTENSON [247] ebenso wie nach den älteren Arbeiten von K. SCHWARZSCHILD, F. HAYN u. a. variiert die Höhe der Mondberge innerhalb weniger Grad Positionswinkel oft um $\sim 1'' \approx 0{,}001$ Sonnenradien, über größere Strecken um mehr als das Doppelte. Auf die letzten paar Bogensekunden des Sonnenrandes aber kommt es gerade an!

Aus den ABBOTschen Messungen über den Mitte-Rand-Kontrast für einzelne Wellenlängen haben E. A. MILNE [254] und M. MINNAERT [257] (der außerdem die Messungen von MOLL, BURGER und V. D. BILT [261] heranzog) unter Benutzung

Tabelle 5. Mitte-Rand-Kontrast für die Gesamtstrahlung der Sonne.
a) mit, b) ohne FRAUNHOFER-Linien. Nach M. MINNAERT [257].

$\varrho = \sin\vartheta$	0,00	0,20	0,40	0,55	0,65	0,75	0,825	0,875	0,92	0,95		0,975	$0{,}98_{75}$
$\cos\vartheta$	1,000	0,980	0,916	0,835	0,760	0,661	0,565	0,484	0,392	0,312		0,222	$0{,}157_6$
a	100	98,9	95,7	92,0	88,5	83,0	77,8	73,6	68,2	62,3	64,1	55,0	41,4
b	100	98,7	95,3	91,3	87,2	81,4	75,9	71,2	65,6	60,2	62,0	51,8	38,9
	Randverdunkelungsmessungen von ABBOT u. a. [208]										MOLL u. a. [261]		

der spektralen Energieverteilungskurve die Abnahme der *Gesamtstrahlung* von der Sonnenmitte nach dem Rand zu abgeleitet. Eine *direkte* Messung — etwa mit dem Bolometer — ist nicht möglich, da wegen der Wellenlängenabhängigkeit der Extinktion in der Erdatmosphäre die verschiedenen Spektralgebiete nicht mit den richtigen „Gewichtsfaktoren" zur Geltung kämen. Die Ergebnisse, deren grundlegende Bedeutung für die Theorie des Strahlungsgleichgewichtes wir noch eingehend würdigen werden, zeigt die vorstehende Tab. 5. Zeile a) bezieht sich auf das Kontinuum *einschließlich* der (verschmierten) Linien; b) auf das „*wahre*" Kontinuum *zwischen* den Linien.

[1] Auf die große Bedeutung dieser Messungen für die höhere Geodäsie können wir hier leider nur hinweisen.

[2] Nach frdl. brieflicher Mitteilung von Herrn Prof. B. LINDBLAD etwa ein Fünftel der durchschnittlichen Intensität der Sonnenscheibe.

Um weiterhin auch die $I_\lambda(\vartheta)$ für verschiedene Wellenlängen in absolutem Maß ausdrücken zu können, hat MINNAERT [255] — in Verbesserung älterer Rechnungen von ABBOT — aus dessen Randverdunkelungsmessungen mit Hilfe von (13, 2) das Verhältnis $I_\lambda(0)/F_\lambda$ = Intensität in der Mitte der Sonnenscheibe/mittlere Intensität der Sonnenscheibe in Abhängigkeit von λ berechnet. Das Ergebnis ist in Tab. 3a mit aufgenommen und in Abb. 23 graphisch dargestellt. Mit diesen Werten wurden nach Tab. 1 und 3 die schon in Tab. 2 wiedergegebenen Intensitäten $I_\lambda(0)$ im Spektrum der ⊙-Mitte berechnet. MINNAERT hat sich außerdem noch die Frage vorgelegt: In welcher Entfernung $\varrho^* = r/R$ von der Mitte der Sonnenscheibe ist die Intensität $I_\lambda(\varrho)$ gleich der mittleren Intensität der Sonnenscheibe F_λ?

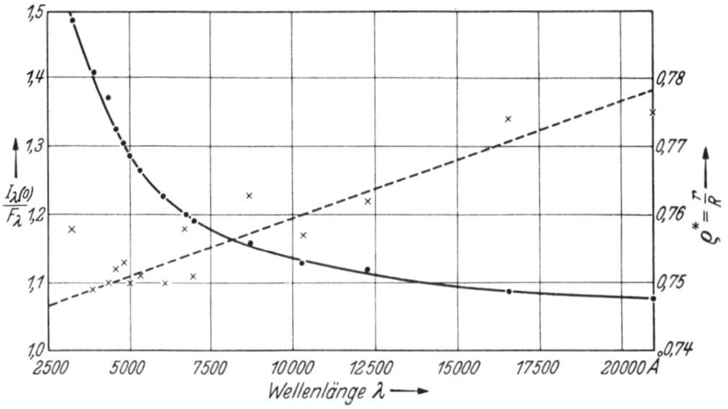

Abb. 23. a) Verhältnis der Intensität in der Mitte der Sonnenscheibe $I_\lambda(0)$ zur mittleren Strahlungsintensität F_λ (—— und linke Ordinatenskala). b) In der Entfernung ϱ^* (----- und rechte Ordinatenskala) von der ⊙-Mitte ist $I_\lambda(\varrho) = F_\lambda$.

Das Ergebnis zeigt die letzte Spalte von Tab. 3a und Abb. 23: In dem ganzen Bereich λ 3230—20970 liegen die ϱ^* innerhalb der engen Grenzen 0.749 und 0.775. Auf die Deutung dieses merkwürdigen Befundes werden wir im Zusammenhang mit der Theorie des Strahlungsgleichgewichtes noch zurückkommen.

14. Verzerrung des „wahren" kontinuierlichen Sonnenspektrums durch die FRAUNHOFER-Linien. Intensitätsverteilung im „wahren" kontinuierlichen Spektrum; F_λ und $I_\lambda(0)$ in erg/cm² · sec. Vergleich mit dem schwarzen Körper von $T_e = 5780°$ K.

Um das *wahre* Sonnenkontinuum, d. h. dessen Verlauf in den linienfreien Gebieten, zu ermitteln, fragen wir: Welcher Bruchteil η_λ der Gesamtintensität eines bestimmten Bereiches (in praxi ≈ 100 Å) bei der Wellenlänge $\bar{\lambda}$ wird durch die FRAUNHOFER-Linien absorbiert? Offenbar muß man dann die F_λ bzw. $I_\lambda(\vartheta)$ der Meßreihen von ABBOT und WILSING mit $1 - \eta_\lambda$ dividieren, um die *wahre* Intensität des kontinuierlichen Spektrums zwischen den Linien zu erhalten.

Die erste eingehende Untersuchung hierüber verdanken wir der Utrechter Dissertation von G. F. W. MULDERS [263, 264]. Er hat zunächst — für Wellenlängengebiete von meist 100 Å, im langwelligen Gebiet einigen hundert Å — den von FRAUNHOFER-Linien verschluckten Prozentsatz η_λ des kontinuierlichen Spektrums der Sonnenmitte bestimmt, indem er die Schätzungsskala der Linienintensitäten R der ROWLANDschen Wellenlängentafeln in Abhängigkeit von λ kalibrierte (hierauf kommen wir später ausführlich zurück) und dann die Häufigkeit der Linien jeder ROWLAND-Intensität abzählte, wobei noch zu berücksichtigen war, daß zusammenfließende Linien ("blends") zunächst zu stark geschätzt

Tabelle 6. Gesamtabsorption der FRAUNHOFER-Linien in Wellenlängenbereichen mit dem Schwerpunkt $\bar{\lambda}$ (Grenzen etwa halbwegs zum nächsten $\bar{\lambda}$) in Prozent des wahren Kontinuums nach:

a) G. F. W. MULDERS [264]; Kalibrierung der Rowlandschen Schätzungsskala R.
$\eta_{\lambda,T}$: Alle Linien.
$\eta_{\lambda,W}$: Schwache Linien (R < 20).
$\eta_{\lambda,A}$: Zur Korrektion von ABBOTs Messungen.
b) J. WEMPE [276]. Planimetrierung des Utrechter Sonnenatlas'.
c) R. MICHARD [253]. Im Gebiet λ 3100—4100 neue Messungen. Berücksichtigung der „Fenster“.

$\bar{\lambda}$	MULDERS [264]			WEMPE [276] (Atlas)	MICHARD [253]	$\bar{\lambda}$	MULDERS [264]			WEMPE [276] (Atlas)
	$\eta_{\lambda,T}$	$\eta_{\lambda,W}$	$\eta_{\lambda,A}$	η_{λ}	η_{λ}		$\eta_{\lambda,T}$	$\eta_{\lambda,W}$	$\eta_{\lambda,A}$	η_{λ}
3000[1]	14	13	13,5			6000	2,1	2,1	2,1	1,7
3100	25	23	24		44[2]	6100	2,4	2,4	2,4	2,8
3200	19	19	19		41	6200	3,7	3,7	3,7	2,8
3300	24	24	24		34	6300				2,4
3400	25	24	24,5	34	40	6400	2,0	2,0	2,0	2,3
3500	25	24	24,5	31	41	6500				1,7
3600	35	30	33	—	43	6600				1,5
3700	38	30	35	{30	32	6700	2,7	1,5	1,6	1,3
				42	59	6800				1,1
3800	37	33	35	48	60	6900				0,8
3900	46	27	40	48	58	7000	1,1	1,1	1,1	1,6
4000	35	20	30	32	35	7100				1,6
4100	24	18	22	25	27	7200	0,6	0,6	0,6	1,6
4200	19	18	18,5	25	27	7300				1,3
4300	23,5	19	22	31,5	32	7400				3,1
4400	14	14	14	21	21	7500				1,7
4500	12	12	12	13,2		7600				1,0
4600	11	11	11	9,9		7700	0,9	0,9	0,9	1,5
4700	11	11	11	9,8		7800				1,3
4800	6	6	6	7,6		7900				1,2
4900	13	8	10	13,5		8000				0,6
5000	9	9	9	10,1		8100				0,8
5100	9	9	9	9,0		8200	1,2	1,2	1,2	1,4
5200	12	9	11	13,8		8300				1,2
5300	8	8	8	8,9		8400				0,9
5400	7	7	7	7,1		8500				5,5
5500	8	8	8	5,0		8600	2,8	1,6	1,7	1,0
5600	6	6	6	4,5		8700				4,6
5700	4	4	4	4,0		9500	1,5	1,5	1,5	—
5800	2,5	2,5	2,5	1,8						
5900	3	2	2,2	2,8						

[1] λ 2975 bis λ 3050 Å. [2] λ 3100 bis λ 3150 Å.

werden. Das Ergebnis zeigen die ersten Spalten der vorstehenden Tab. 6: $\eta_{\lambda,T}$ bezieht sich dabei auf *alle* Linien, $\eta_{\lambda,W}$ auf die schwächeren Linien mit $R < 20$ und $\eta_{\lambda,A}$ auf die bei ABBOT nicht schon explizit berücksichtigten Linien.

Die letzteren Zahlen benutzt G. F. W. MULDERS sogleich zur Umrechnung der von MINNAERT auf Absolutwerte reduzierten ABBOTschen F_λ[1] bzw. $I_\lambda(0)$ auf „wahres Kontinuum“.

Im Spektralbereich λ 4000—6687 Å ergänzt er seine Energieverteilungskurve durch Messungen von H. H. PLASKETT [270], der 1923 die *relative* Energieverteilung in diesem Bereich durch photographischen Anschluß an eine geeichte Wolframbandlampe bzw. einen Kodak-Normal-Azetylenbrenner bestimmt hatte.

[1] Dabei wird angenommen, daß η_λ von der Sonnenmitte zum Sonnenrand sich nicht erheblich ändert.

Im Gebiet λ 2922—3940 Å stand ein entsprechender Anschluß von CH. FABRY und H. BUISSON [235] an den Kohlelichtbogen zur Verfügung, dessen Farbtemperatur zu 3750° K angenommen wurde.

Da bei diesen Messungen eine größere Reinheit des Spektrums erreicht werden konnte, als bei bolometrischen Messungen, so beschränkten sich die genannten Autoren von vornherein auf die Messung *solcher* ausgewählter Stellen im Sonnenspektrum, die von Linien möglichst frei sind. Dementsprechend hatte hier G. F. W. MULDERS [263, 264] nur noch einzelne Details zu korrigieren.

Das Ergebnis der Untersuchung[1] von MULDERS [264; Tab. 3] zeigen Tab. 7 und Abb. 24 für $I_\lambda(0)$, d. h. Sonnenmitte. Wir haben dabei — wegen der Skalenkorrektion der ABBOTschen Messungen — die Zahlen von MULDERS ebenso wie seinerzeit die von MINNAERT [255] um 2,4% *verkleinert*.

Tabelle 7. Energieverteilung im wahren kontinuierlichen Spektrum der Sonnenmitte $I_\lambda(0)$ in 10^{13} erg pro cm², sec und $\Delta\lambda = 1$ cm mit Skalenkorrektion von −2,4%.

A. Nach G. F. W. MULDERS [264].

λ	$I_\lambda(0)$	λ	$I_\lambda(0)$	λ (in μ)	$I_\lambda(0)$	λ (in μ)	$I_\lambda(0)$
3000	16,6	5600	35,4	0,85	16,3	1,7	3,4
3500	28,3	5800	33,9	0,90	13,9	1,8	2,9
4000	42,9	6000	32,3	0,95	12,5	1,9	2,5
4200	44,9	6200	30,8	1,0	11,4	2,0	2,1
4400	45,0	6400	29,3	1,1	9,5	2,1	1,6
4600	44,1	6600	27,8	1,2	8,0	2,2	1,2
4800	42,4	6800	26,4	1,3	6,6	2,3	1,0
5000	40,6	7000	25,0	1,4	5,4		
5200	38,8	7500	21,5	1,5	4,5		
5400	37,1	8000	18,5	1,6	3,9		

B. Nach D. CHALONGE u. Mitarbeitern [223].

λ	$I_\lambda(0)$	λ	$I_\lambda(0)$
3200	24,6	4000	44,9
3400	28,3	4200	44,8
3600	31,6	4400	44,2
3700 −	33,1	4600	43,2
3700 +	44,1	4800	42,2
3800	44,5	5000	40,6

Der Vergleich der Kurven nach ABBOT (verschmiertes Spektrum) und MULDERS (vorläufiges „wahres" Kontinuum) in Abb. 24 zeigt, welche bedeutende Rolle die dicht gedrängten Linien im kurzwelligen und insbesondere ultravioletten Spektralbereich spielen.

Es bedeutete daher einen entscheidenden Fortschritt, als 1940 D. CHALONGE und G. DÉJARDIN [224—226] erkannten, daß zwischen dem dichten Gedränge der Linien noch einige schmale „Fenster" — zum Teil weniger als 1 Å breit — übrigbleiben, in denen das *wahre Kontinuum* (fast wie eine Emissionslinie) hervortritt. Ihre Wellenlängen sind nach R. CANAVAGGIA und D. CHALONGE [222, 223] bzw. für $\lambda < 3300$ nach R. MICHARD [253] im Ultraviolett: $\lambda\lambda$ 3108, 3125, 3190, 3300, 3326, 3540, 3659, 3665 und im Sichtbaren: $\lambda\lambda$ 4000, 4020, 4043, 4117, 4136, 4163, 4193, 4257, 4365, 4413, 4420, 4445, 4477, 4510, 4537, 4563, 4677, 4696, 4725, 4795, 4880, 4896, 4929, 4945. Zwischen λ 3700 und λ 4000 Å tritt das wahre Kontinuum zwischen den zahllosen Linien überhaupt nicht in Erscheinung.

Um die Höhe der „Pseudo-Emissionslinien" relativ zu ihrer Umgebung genau zu messen, braucht man schon ziemlich hohes Auflösungsvermögen. Die neueren Arbeiten machen daher alle irgendwie Gebrauch von dem Utrechter "*Photometric Atlas of the Solar Spectrum*" [258]. Wir werden auf dieses Standardwerk noch eingehend zurückkommen. Hier genüge es zu sagen, daß es mit großem Auflösungsvermögen die Energieverteilung im *Spektrum der Sonnenmitte* von λ 3332 bis λ 8771 Å darstellt, bezogen auf das *wahre Kontinuum* (soweit es bei dieser Technik erfaßt wird) als *Einheit*.

[1] In einer neueren Note hat MULDERS [265] seine Zahlen noch ein wenig abgeändert, ohne die Unterlagen im einzelnen mitzuteilen.

R. CANAVAGGIA und D. CHALONGE haben — zum Teil mit M. EGGER-MOREAU und H. OZIOL-PELTEY [222, 223] — die *Sonnenmitte* photographisch direkt an eine geeichte Wolframbandlampe angeschlossen. Die in den „Fenstern" gemessenen Intensitäten wurden mit Hilfe des *Utrechter* Atlas für endliches Trennungsvermögen des Spektrographen korrigiert. Die relative Energieverteilung läßt sich folgendermaßen darstellen (auf die „absoluten Gradienten" werden wir erst in Kap. 3 eingehen):

	Farbtemperatur	abs. Gradient	
$4950 > \lambda > 3700$ Å:	$T_1 = 7130°$	$\Phi_1 = 2{,}029$	(14, 1)
$3700 > \lambda > 3300$ Å:	$T_2 = 5900°$	$\Phi_2 = 2{,}429$	

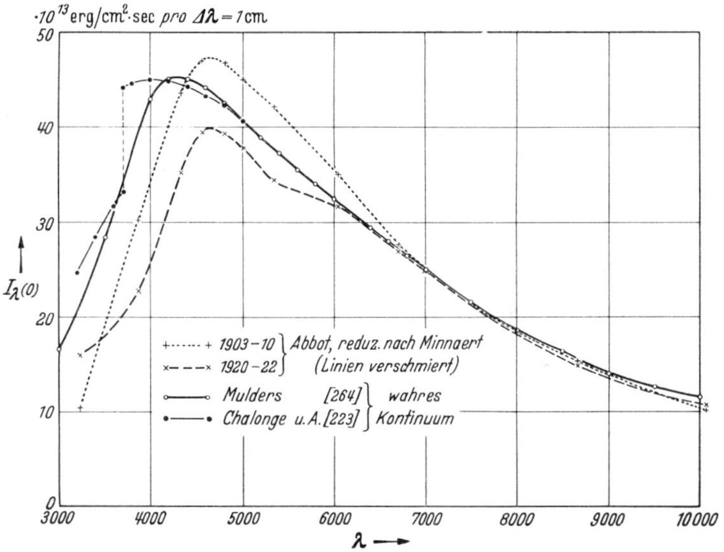

Abb. 24. $I_\lambda(0)$ = Intensität des kontinuierlichen Spektrums der Sonnenmitte. (Mit Skalenkorrektion —2,4%.)

An der Grenze der BALMER-Serie des Wasserstoffs bei $\lambda \sim 3700$ Å erfolgt ein Intensitätsprung $\Delta \log_{10} I = D = 0.125$.

Schließt man bei $\lambda_0 = 4900$ Å an MULDERS' absolute Skala an, so erhält man die Energieverteilungskurve $I_\lambda(0)$ von Tab. 7 (B) bzw. Abb. 24. Auch hier haben wir die Werte der Originalarbeit [223] um 2,4% *verkleinert*.

Statt die „Fenster" im Sonnenspektrum direkt zu vermessen, hat 1947 J. WEMPE [276] im *Utrechter* Sonnenatlas — dessen Kontinuum (= 1) er als richtig annimmt — Bezirke von je 100 Å ausplanimetriert und so den Prozentsatz η_λ der in den Linien verschluckten Energie bestimmt[1, 2]. Seine Ergebnisse sind in Tab. 6 mit aufgenommen. Sie liegen im UV erheblich, bei $\lambda > 4500$ Å nur wenig über denen von MULDERS. R. MICHARD [253] hat dann bemerkt, daß im *Utrechter* Atlas die Kontinua („100%") an den Enden aufeinanderfolgender Tafeln im Ultraviolett sich nicht genau aneinanderschließen und aus diesen und anderen Argumenten geschlossen, daß das wahre Kontinuum noch ein Stück

[1] In derselben Arbeit hat J. WEMPE anhand der Linienintensitätsmessungen von C. W. ALLEN auch eine neue Kalibrierung der ROWLANDschen Intensitätskala abgeleitet und die η_λ so nach dem Vorgang von MULDERS bestimmt.

[2] Auf diese Weise hat schon 1934 G. SHAJN [274] mit kleiner Dispersion die η_λ im Bereich λ 3750—6500 Å gemessen. Bei $\lambda > 4000$ Å stimmen seine Werte mit denen der anderen Autoren (Tab. 6) ganz gut überein.

höher liegen müsse. Setzt man das „Utrechter Kontinuum" = 100, so findet er in den Wellenlängenbereichen

	λ 3697	3713	3794	3892	3926	3960	3986	4000 Å	(14, 2)
das „wahre" Kontinuum	136	132	125	114	124	111	100		

Dementsprechend liegen auch seine η_λ — Tab. 6, letzte Spalte — nochmals ein Stück höher.

Er hat sie angewandt, um die $I_\lambda(0)$ von E. PETTIT (Abb. 20b) auf wahres Kontinuum zu reduzieren und findet für

$$7000 > \lambda > 3700 \text{ Å eine Farbtemperatur } T_1 = 7270° \text{K}$$

und für

$$3700 > \lambda > 3150 \text{ Å eine Farbtemperatur } T_2 = 5550° \text{K}, \qquad (14, 3)$$

sowie bei

$$\lambda\, 3700 \text{ Å einen Balmersprung } D = \Delta \log I = 0{,}14$$

in guter Übereinstimmung mit D. CHALONGE und Mitarbeitern [223] bzw. (14, 1).

Eine Messung von H. KIENLE [244], der zwischen den Fenstern λ 3300,5 und λ 4316,5 Å eine Farbtemperatur von $T = 7540 \pm 200°$ K findet, stimmt mit den französischen Messungen nicht überein. Man darf beim Vergleich von CHALONGEs T_1 mit dem nur wenig höheren T KIENLEs nicht übersehen, daß KIENLEs Wellenlängenbasis den Balmersprung bei λ 3700 Å *ein*schließt!

Für die Theorie des *Strahlungsgleichgewichtes* in der Sonnenatmosphäre wird es noch wichtig sein, den Bruchteil der *Gesamtstrahlung* der Sonne $I = \int I_\lambda \, d\lambda$ zu kennen, der in den Linien absorbiert wird. Es ist offenbar

$$\eta = \int_0^\infty \eta_\lambda \cdot \frac{I_\lambda}{I} \, d\lambda. \qquad (14, 4)$$

Für das Spektrum der Sonnenmitte finden nach Tab. 6

G. F. W. MULDERS [264] $\eta = 8{,}3\%$
J. WEMPE [276] $\eta = 9{,}1\%$ (14, 5)
R. MICHARD [253] $\eta = 12{,}4\%$,

wobei der letzte Wert der Wirklichkeit wohl am nächsten kommen dürfte.

Beim Übergang von der Sonnenmitte zum Sonnenrand werden manche Linien stärker, andere schwächer, so daß im Durchschnitt das Spektrum sich wenig ändert. Man wird daher unsere η_λ und η auch auf die $I_\lambda(\vartheta)$ oder auf den Strahlungsstrom πF_λ anwenden dürfen, ohne einen merklichen Fehler zu begehen.

15. Kritische Bemerkungen über die Methodik der Sonnenstrahlungsmessungen.

Zum Schluß möge noch kurz erörtert werden, welche Anregungen unsere Diskussion der wichtigsten Untersuchungen über das kontinuierliche Sonnenspektrum für künftige Messungen gibt:

Es kann kaum einem Zweifel unterliegen, daß *heute* der direkte Anschluß der Sonnenstrahlung an einen schwarzen Körper bekannter Temperatur — relativ *und* absolut — das günstigste Meßverfahren darstellt. Über die Notwendigkeit solcher Messungen dürfte unsere Abb. 24 keinen Zweifel lassen. Die Schwierigkeiten des Verfahrens sind durch die rapide Entwicklung der Experimentiertechnik der letzten Jahre bedeutend verringert worden. Es genüge, auf die einfachen und bequemen Neukonstruktionen von Hohlraumstrahlern und sekundären Strahlungsnormalen hinzuweisen, auf die glänzende Entwicklung der photographischen Photometrie, die neuen Infrarotplatten u. a. m. Weiterhin kann bei dieser Methode auch im Ultravioletten die Dispersion so groß gemacht werden, daß man den Einfluß der FRAUNHOFER-Linien eliminieren oder — wenn erwünscht — gesondert messen kann.

Eine gewisse Unsicherheit wird in derartige Messungen natürlich durch die des Goldschmelzpunktes bzw. der Strahlungskonstanten hereingetragen. Aber analoge Schwierigkeiten tauchen ja bei anderen Meßverfahren nur an anderen Stellen auf. Zudem darf man wohl hoffen, daß es den Physikern in absehbarer Zeit gelingen wird, die Strahlungskonstanten und die Strahlungstemperaturskala mit der nötigen Genauigkeit festzulegen.

III. Kapitel.

Die Strahlung der Sterne.

16. Einführung in die Klassifikation der Sternspektren.

Schon die ersten Beobachter der Sternspektren bemerkten, daß man diese in der Hauptsache zu einer *einparametrigen Sequenz* ordnen kann. Zunächst richtete man sich hierbei lediglich nach dem „Aussehen" der Spektren. Später versuchte man, sich über die verwandten Klassifikationskriterien Rechenschaft zu geben und sie genauer zu definieren. In diesem Abschnitt wollen wir uns nur einen vorläufigen Überblick verschaffen und dafür später auf die ganzen Klassifikations*probleme* noch einmal zurückkommen.

Die heute allgemein angenommene Klassifikation der Sternspektren wurde — im Anschluß an die grundlegenden Arbeiten von FRAUNHOFER, SECCHI, VOGEL u. a. — am *Harvard Observatorium* von PICKERING, Miss CANNON und vielen Mitarbeitern geschaffen. Der HENRY-DRAPER-*Katalog*, der neben Position und Helligkeit den Spektraltypus von rund einer Viertelmillion Sternen enthält, ist der sichtbare Niederschlag dieses nicht zuletzt in organisatorischer Hinsicht bewundernswerten Werkes.

Die Abb. 25—28 geben zunächst eine Reihe typischer Sternspektren, die W. S. RUFUS und R. H. CURTISS [367] mit einem Einprismenspektrographen aufgenommen und nachträglich verbreitert haben[1]. Rechts steht der Name des Sternes, links sein Spektraltypus.

Die Reihenfolge der Spektralklassen

```
                          S
                        /
O — B — A — F — G — K — M
                        \
                          R — N
```

entstand aus älteren Schemata durch Umstellungen und Vereinfachungen, die durch die Verbesserung und Vergrößerung des Beobachtungsmaterials nötig wurden. Zwischen zwei Buchstaben wird die feinere Unterteilung durch nachgestellte Zahlen gekennzeichnet. Ein A5-Stern z. B. steht zwischen A0 und F0 und hat mit beiden Typen etwa ebensoviel Gemeinsames. Ein A7-Stern dagegen gleicht dem F0-Typus erheblich mehr als dem A0.

Ohne auf einzelne Klassifikationskriterien[2] und -probleme einzugehen, wollen wir die Harvardsequenz der Sternspektren nur kurz beschreiben:

[1] Der visuelle *Eindruck* unverbreiterter Spektren ist ein wesentlich anderer, aber direkte Reproduktionen von Sternspektren lassen meist zu wenig Details erkennen. Das Betrachten von Sternspektren ist eine *Kunst*, die nur durch praktische Übung erlernt wird.

[2] Man vergleiche besonders den ausgezeichneten Handbuchartikel von R. H. CURTISS [334 b].

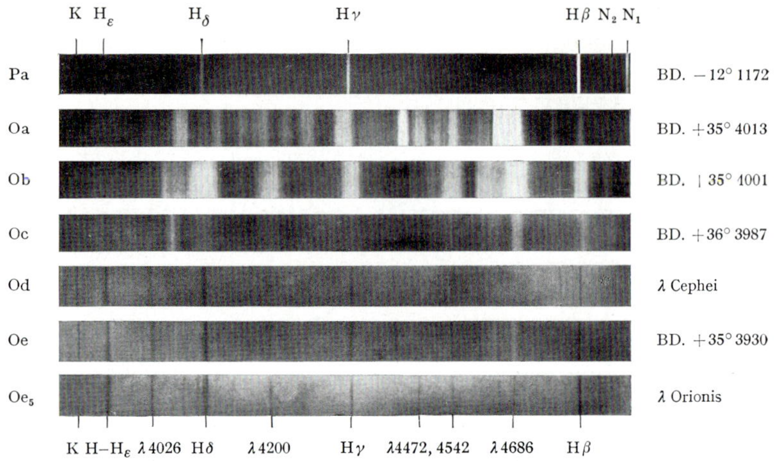

Abb. 25. Typische Sternspektren: Planetarischer Nebel (Pa) und O-Sterne. Nach W. C. Rufus [367].

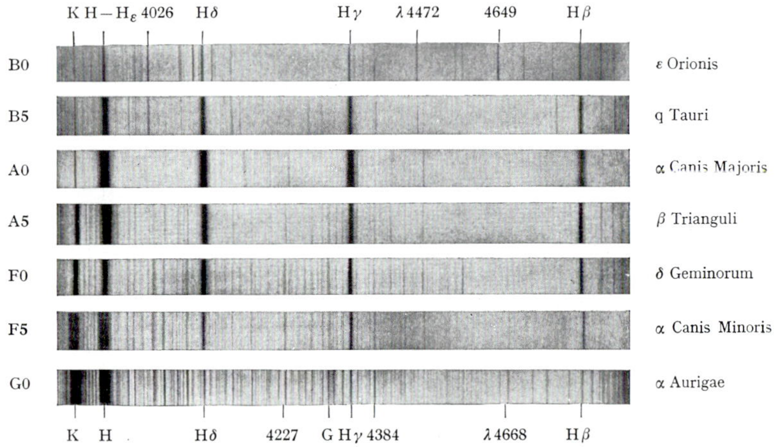

Abb. 26. Sternspektren der Typen B0 bis G0. Nach W. C. Rufus [367].

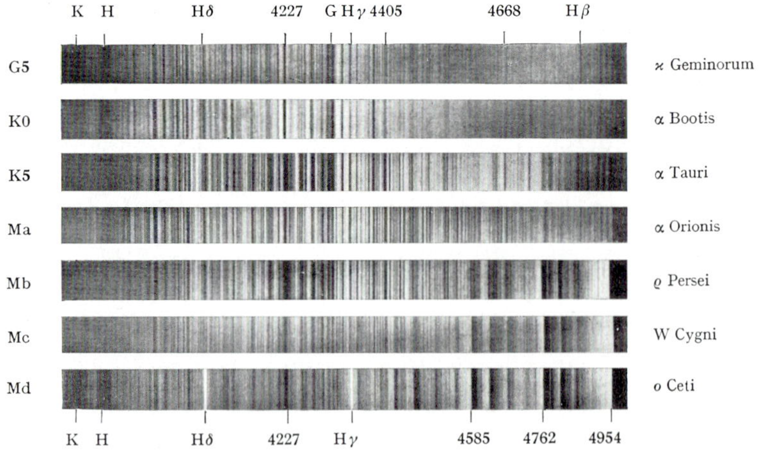

Abb. 27. Sternspektren der Typen G5 bis Md. Nach W. C. Rufus [367].

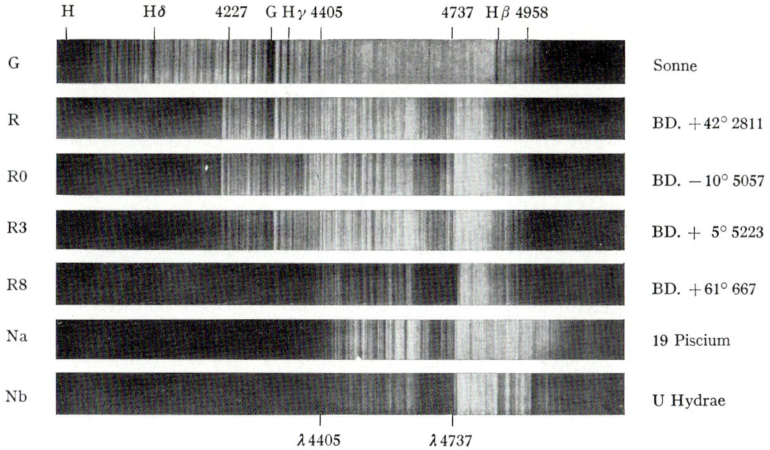

Abb. 28. Sternspektren der Typen G, R und N. Nach W. C. Rufus [367].

Am Anfang stehen die planetarischen Nebel P und die O-Sterne. Ihre Spektren sind vielfach durch *Emissions*linien charakterisiert. Neben Wasserstoff (Balmer-Serie) und Helium beobachtet man erlaubte und „verbotene“ Übergänge mehrfach ionisierter leichter Atome (Sauerstoff, Stickstoff, Kohlenstoff usw.).

Beim Übergang von den O- zu den B-Sternen werden die *Emissionslinien* immer mehr durch die für die überwiegende Mehrzahl der Sterne charakteristischen *Absorptionslinien* verdrängt. Die Absorptionslinien des Wasserstoffes nehmen von B0 bis ungefähr A2 an Intensität zu, um dann wieder schwächer zu werden. Bis ~ B5 herrschen daneben Helium, Sauerstoff und Stickstoff; erst in zweifach dann in einfach ionisiertem Zustande.

Die A-Sterne kennzeichnet neben der enormen Stärke der Balmer-Linien das Auftreten einfach ionisierter Metalle (Ca^+, Mg^+, Fe^+ ...), die dann bei der Spektralklasse F allmählich durch die entsprechenden neutralen Atome abgelöst werden.

Von K5 ab treten Bandenspektren auf, und zwar scheint sich die Spektralsequenz in drei Zweige aufzuspalten: Die M-Sterne mit Titanmonoxydbanden, die R- und N-Sterne mit Kohlenstoff- und Cyanbanden und die S-Sterne mit Zirkonoxydbanden.

Einige Besonderheiten mancher Sternspektren, die im Rahmen einer einparametrigen Klassifikation nicht untergebracht werden können, kennzeichnet man durch folgende Abkürzungen:

Das Präfix c bezeichnet Spektra, die sich durch besonders scharfe Linien und damit parallelgehende Abweichungen der Intensitätsverhältnisse gewisser Linien von der Normalsequenz unterscheiden (Miss Maurys c-Sterne).

n (nebulous) bzw. s (sharp) — wie alle folgenden Bezeichnungen als *Suffix* gebraucht, z. B. A2n — kennzeichnen besonders diffuses bzw. scharfes Aussehen der Linien (letzteres ohne die übrigen c-Kriterien).

e bedeutet Auftreten von Emissionslinien bei Spektraltypen, die sonst keine aufweisen.

v heißt variables Spektrum (meist mit Lichtwechsel verknüpft).

p (peculiar) charakterisiert irgendwelche Besonderheiten, z. B. anomale Stärke der Linien eines bestimmten Elementes.

Schon frühzeitig erkannte man, daß entlang der Spektralsequenz die *Farben* der Sterne sich stetig von bläulichweiß (Sirius A0) über gelb (Capella und *Sonne* G0) nach rot (Beteigeuze cM0) ändern.

Da die Färbung der Sterne mit Absorptionsspektren im wesentlichen durch die Intensitätsverteilung in ihren kontinuierlichen Spektren bedingt sein muß, so legte der Vergleich mit einem glühenden Körper den Schluß nahe, daß die Harvardsequenz im wesentlichen eine *Temperatursequenz* ist. Die Sterntemperaturen nehmen offenbar von den „früheren" Spektraltypen[1] O, B, ... nach den „späteren" Typen ... K, M hin ab.

Die Frage nach dem *physikalischen* Zusammenhang zwischen den Sterntemperaturen einerseits und den im vorhergehenden kurz geschilderten Klassifikationskriterien andererseits blieb lange Zeit dunkel. Nachdem N. LOCKYER in jahrelangem spektroskopischem Beobachten der Lösung des Rätsels schon ziemlich nahegekommen war (enhanced lines; Proto-Elemente), gelang unter Zuhilfenahme der inzwischen entstandenen Quantentheorie des Atombaues im Jahre 1920 MEGH NAD SAHA der entscheidende Schritt. Seine *Theorie der thermischen Ionisation* soll im nächsten Kapitel eingehend behandelt werden. Hier wollen wir nur ihr Grundprinzip auseinandersetzen:

Die Ionisation einer bestimmten Atomart, d. h. die Abtrennung eines Elektrons, wird begünstigt durch hohe *Temperatur* (große Strahlungsdichte)[2]. Andererseits wird die Wiedervereinigung von Ion und Elektron bei niedrigem *Druck* langsamer erfolgen, als bei hohem Druck. Der Prozentsatz ionisierter Atome wird also mit wachsender Temperatur und abnehmendem Druck ansteigen und mit ihm die Stärke der Spektrallinien des Ions (Funkenspektren), während umgekehrt der Prozentsatz neutraler Atome und damit die Stärke der Bogenlinien zurückgeht. Die Rechnung zeigt, daß Änderung des Druckes den Ionisationsgrad viel weniger beeinflußt, als Änderung der Temperatur.

Die Sterne werden demnach in der Harvardsequenz hauptsächlich geordnet nach abnehmendem *Ionisationsgrad* (und entsprechend abnehmendem Anregungsgrad). Das Auftreten immer höherer Ionisationsstufen bei den frühen Spektraltypen wird so leicht verständlich.

Weiterhin läßt sich z. B. das Intensitätsmaximum der BALMER-Linien bei A2 wenigstens in qualitativer Hinsicht erklären: Diese entstehen bekanntlich durch Absorption vom 2. Quantenzustand des neutralen H-Atoms aus. Bei sehr hohen Temperaturen ist nun aber der Wasserstoff größtenteils ionisiert, bei tiefen Temperaturen fehlt dem neutralen Atom die Energie zur Anregung des 2. Quantenzustandes. Dazwischen muß also — in Übereinstimmung mit der Beobachtung — ein für neutrale H-Atome im 2. Quantenzustand „günstiger" Temperaturbereich liegen.

Auf neuere Probleme und Methoden der Spektralklassifikation werden wir in Kap. XIX zu sprechen kommen.

17. Messung der Energieverteilung in den kontinuierlichen Spektren der Sterne. Farbtemperaturen und Gradienten. Abweichung vom PLANCKschen Strahlungsgesetz.

Um die „Temperaturen" der Sterne zu bestimmen, lag es nahe, die bei der Sonne als näherungsweise anwendbar erprobten Gesetze der thermischen Gleichgewichtsstrahlung auch auf die Energieverteilung in Sternspektren anzuwenden. Da wir — von ganz wenigen Ausnahmen abgesehen — die Durchmesser der Sterne und damit ihre strahlende Oberfläche zunächst nicht kennen, so können wir nur

[1] Diese Bezeichnung hat ihren Ursprung in der — längst überholten — Vorstellung, daß die Sterne sich im Laufe ihrer Entwicklung abkühlen.

[2] Wir beschränken uns vorerst auf so niedrige Drucke, daß die Ionisation durch Stöße neben der durch Strahlung (Photoeffekt) vernachlässigt werden darf.

die Energie*verteilung* im Spektrum untersuchen, während der Absolutwert der Strahlungsintensität (Solarkonstantenmessung!) unzugänglich ist. Wir sprechen daher von *Farbtemperaturen.*

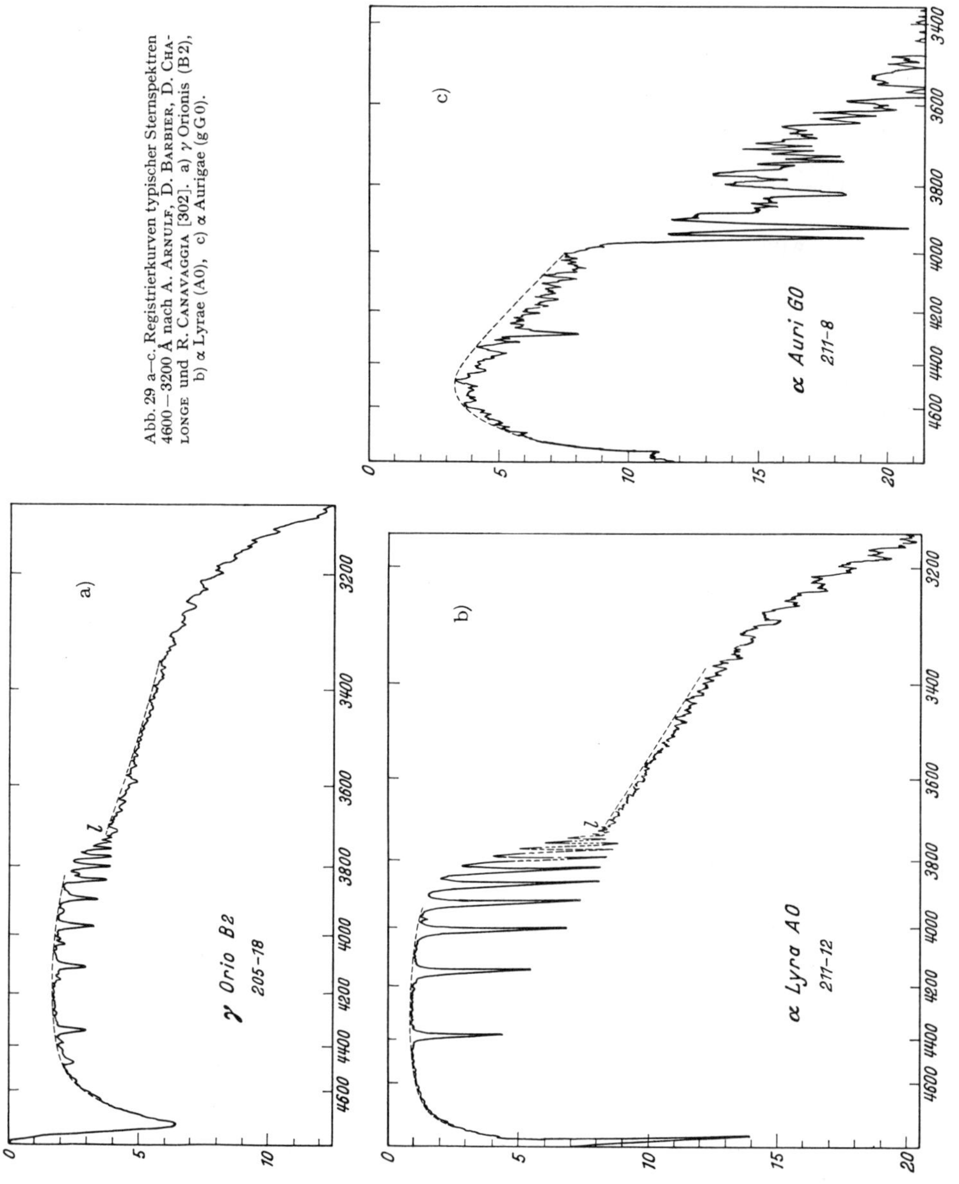

Abb. 29 a–c. Registrierkurven typischer Sternspektren 4600–3200 Å nach A. Arnulf, D. Barbier, D. Chalonge und R. Canavaggia [302]. a) γ Orionis (B2), b) α Lyrae (A0), c) α Aurigae (gG0).

Um ein vorläufiges Bild zu bekommen, was wir von solchen Messungen mit nicht allzu großer Dispersion erwarten können, betrachten wir in Abb. 29 zunächst die Registrierkurven einiger typischer Spektren:

a) γ-Orionis (B2) als Beispiel für die Gruppe der O- und B-Sterne zeigt die Balmer-*Serie des Wasserstoffs* in mäßiger Stärke. Schon oberflächliche Betrachtung läßt jedoch deutlich den durch ihr Seriengrenzkontinuum verursachten

Intensitätssprung bei $\lambda \sim 3700$ Å und die Depression des Kontinuums bei $\lambda < 3700$ Å erkennen. Neben den Wasserstofflinien treten die des *Heliums* stark hervor. Dessen stärkstes Grenzkontinuum ($2\,^3P$-Term) bei λ 3420 Å ist nicht mehr zu sehen. Dagegen geben im Violetten einige Gruppen von OII, NII... Linien insgesamt eine merkliche Depression.

b) α-Lyrae (A0) als typischer A-Stern zeigt die BALMER-*Serie* und ihr Kontinuum in maximaler Stärke. Nach C. T. ELVEY und O. STRUVE [322] fließen bei Hauptsequenzsternen (s. unten) schon die Flügel von $H\gamma$ und $H\delta$ (λ 4340 bzw. 4102) zusammen. Bei weißen Zwergen (z. B. o^2 Eridani) sind die Wasserstofflinien *noch* breiter!

c) Vom Spektraltyp F0—F5 ab erfolgt rasch der Übergang zum Typ des Sonnenspektrums (G2). Als stellares Analogon zeigen wir α-Aurigae (G0). Wie wir schon wissen und aufs neue bestätigt sehen, nimmt ab $\lambda \sim 4800$ Å die Dichte der FRAUNHOFER-Linien nach dem Violetten hin so rasch zu, daß bei der üblichen Dispersion der Sternspektren von einer Erfassung des wahren Kontinuums keine Rede sein kann. Hier wird man sich also sorgfältig klarmachen müssen, was eigentlich gemessen wird.

Bei den M-Sternen endlich ist das Kontinuum — auch bei mäßigen Ansprüchen an seine Reinheit — erst im Infrarot zugänglich.

Obgleich also die Energieverteilung der meisten Sternspektren sich von der des schwarzen Körpers erheblich unterscheidet, ist es nicht unzweckmäßig, sie innerhalb begrenzter Wellenlängenbereiche – deren Angabe sehr wesentlich ist – durch Angleichung eines schwarzen Körpers, d. h. eine *Farbtemperatur* formal darzustellen:

Die *Strahlungsintensität* an der Oberfläche eines Sternes der Temperatur T ist bei der Wellenlänge λ nach der PLANCKschen Formel — deren Anwendbarkeit wir im folgenden also voraussetzen —

$$I_\lambda = \frac{2C_1}{\lambda^5} \cdot \frac{1}{e^{\frac{c_2}{\lambda T}} - 1} = \frac{2C_1}{\lambda^5}\, e^{-\frac{c_2}{\lambda T}} \left(1 - e^{-\frac{c_2}{\lambda T}}\right)^{-1}. \tag{17,1}$$

Die letztere Schreibweise ist vielfach bequem, weil in praxi meist $e^{-\frac{c_2}{\lambda T}} \ll 1$ ist (WIENsches Gesetz).

Die ganze Ausstrahlung eines Sternes vom Radius R (pro Wellenlängenbereich 1 cm) wird dann

$$4\pi R^2 \cdot \pi I_\lambda \text{ erg/sec und } \Delta\lambda = 1 \text{ cm}. \tag{17,2}$$

In der Astronomie ist es vielfach üblich, Helligkeitsverhältnisse in *Größenklassen* m auszudrücken gemäß der Definitionsgleichung

$$\Delta m = -2{,}5\, \Delta \log_{10} I, \tag{17,3}$$

so daß

	$-\Delta m =$	1	2	2,5	5	10	Größenklassen
ein	$\Delta \log_{10} I =$	0,4	0,8	1	2	4	
bzw. ein							
Helligkeitsverhältnis:		2,51	6,31	10	100	10000	

entspricht. Die Wahl dieser höchst unrationellen Definition ist nur aus historischen und physiologischen Erwägungen (WEBER-FECHNERsches Gesetz) verständlich. Aus der neueren Entwicklung der Astrophysik wird man sie möglichst fernhalten[1].

[1] Wenn man schon die Intensitätsverteilung in Linienkonturen u. dgl. Dinge in Größenklassen angibt, müßte man auch die Lichtgeschwindigkeit in babylonischen Schuh pro Mondtag oder ähnlichen Einheiten notieren!

Der spektralphotometrische Vergleich zweier Sterne 1 und 2 gibt zunächst die Größe

$$\ln \frac{I_{1\lambda}}{I_{2\lambda}} = \ln \frac{e^{\frac{c_2}{\lambda T_2}} - 1}{e^{\frac{c_2}{\lambda T_1}} - 1} \tag{17, 4}$$

in Abhängigkeit von der Wellenlänge λ.

$$\Delta m_\lambda = 2{,}5 \log_{10} \frac{I_{1\lambda}}{I_{2\lambda}} = 1{,}086 \ln \frac{I_{1\lambda}}{I_{2\lambda}} \tag{17, 5}$$

ist der entsprechende Helligkeitsunterschied in Größenklassen. Unter den praktisch gegebenen Verhältnissen ist nun meist $e^{\frac{c_2}{\lambda T}} \gg 1$ (WIENsches Strahlungsgesetz) und $\ln I_{1\lambda}/I_{2\lambda}$ nahezu eine lineare Funktion der Wellenzahl $1/\lambda$. Wir schreiben deshalb

$$-\frac{d \ln (I_{1\lambda}/I_{2\lambda})}{d(1/\lambda)} = \Phi_1 - \Phi_2 = \Delta\Phi, \tag{17, 6}$$

wo allgemein

$$\Phi = 5\lambda - \frac{d \ln I_\lambda}{d(1/\lambda)} = \frac{c_2}{T} \Big/ \left(1 - e^{-\frac{c_2}{\lambda T}}\right) \tag{17, 7}$$

ist. Die Größe $\Delta\Phi$, die wir nach (17, 5) auch als

$$\Delta\Phi = -0{,}921 \frac{d\Delta m}{d(1/\lambda)} \tag{17, 8}$$

schreiben können, bezeichnen wir als den „Relativen Gradienten“ zweier Sternspektra bei der Wellenlänge λ.

In praxi wird man es stets mit einem endlichen — natürlich nicht *zu* großen — Wellenlängenintervall zu tun haben und dann für λ eine *mittlere* Wellenlänge einsetzen.

Im Bereiche des WIENschen Strahlungsgesetzes hat der relative Gradient die einfache Bedeutung

$$\Delta\Phi = \frac{c_2}{T_1} - \frac{c_2}{T_2}, \tag{17, 9}$$

d. h. er gibt — unabhängig von der betrachteten Wellenlänge — die Differenz der reziproken Farbtemperaturen beider Sterne. Man erkennt so, daß *Relativmessungen* der Energieverteilung in Sternspektren in der Hauptsache[1] die c_2/T-Skala bis auf eine additive *Konstante* festlegen.

Die Größe Φ in (17, 7) selbst — bei der λ die Mitte des gemessenen Wellenlängengebietes bedeutet — bezeichnen wir [324] als den „*absoluten Gradienten*“.

Seine Messung für *einen* Bezugsstern erfordert dessen Anschluß an den schwarzen Körper und eine genaue Extinktionsbestimmung. Dieser Wert $\Phi = \Phi_0$ legt dann die Skala der Farbtemperaturen vollständig fest.

Um einen Überblick über die nach dem PLANCKschen Strahlungsgesetz zu erwartende Temperatur- und Wellenlängenabhängigkeit des *absoluten* Gradienten zu geben, seien in Tab. 8 die von H. JENSEN [341] mit $c_2 = 1{,}435$ cm · grad für λ 4000, 5000 und 6000 berechneten Werte wiedergegeben[2]. Die Wellenlängen sind dabei — wie üblich — in μ gerechnet; die Zahlen also um einen Faktor 10^4 vergrößert. Ausführliche Tabellen und eine graphische Darstellung (mit $c_2 = 1.432$ cm · grad) hat H. KIENLE [347] veröffentlicht.

---

[1] Das heißt bis auf die Korrektionsgröße $1 - e^{-\frac{c_2}{\lambda T}}$ und was damit zusammenhängt.

[2] Will man mit dem neueren Zahlenwert $c_2 = 1{,}438$ cm · grad rechnen, so muß man die T in der Eingangsspalte von Tab. 8 um $2^0/_{00}$ vergrößern.

Nachdem wir die grundlegenden Begriffe bereitgestellt haben, besprechen wir die wichtigsten Meßreihen, wobei wir zweckmäßig erst die Bestimmung *relativer Gradienten* — bezogen auf irgendeinen Normalstern oder eine Gruppe von Normalsternen — und dann die Festlegung des *absoluten Gradienten* für diesen Bezugspunkt ins Auge fassen.

Tabelle 8. Temperatur T, c_2/T-Wert und absoluter Gradient $\Phi = \frac{c_2}{T} \Big/ \left(1 - e^{-\frac{c_2}{\lambda T}}\right)$. Nach H. JENSEN [341].

T	c_2/T	Absoluter Gradient			T	c_2/T	Absoluter Gradient		
		λ 4000	λ 5000	λ 6000			λ 4000	λ 5000	λ 6000
3000	4,78	4,78	4,78	4,78	9500	1,51	1,55	1,59	1,64
3200	4,50	4,50	4,50	4,50	10000	1,435	1,48	1,52	1,58
3400	4,23	4,23	4,23	4,23	11000	1,30	1,36	1,41	1,47
3600	3,99	3,99	3,99	3,99	12000	1,20	1,26	1,32	1,38
3800	3,78	3,78	3,78	3,78	13000	1,10	1,18	1,24	1,31
4000	3,60	3,60	3,60	3,60	14000	1,02	1,11	1,18	1,26
4200	3,42	3,42	3,42	3,42	15000	0,96	1,05	1,12	1,20
4400	3,26	3,26	3,26	3,26	16000	0,90	1,01	1,08	1,16
4600	3,12	3,13	3,13	3,13	17000	0,84	0,97	1,04	1,12
4800	3,00	3,01	3,01	3,01	18000	0,80	0,92	1,00	1,09
5000	2,87	2,88	2,88	2,89	19000	0,76	0,89	0,97	1,06
5500	2,61	2,62	2,62	2,63	20000	0,72	0,86	0,94	1,03
6000	2,39	2,40	2,41	2,43	25000	0,58	0,76	0,84	0,93
6500	2,20	2,22	2,23	2,25	30000	0,48	0,70	0,78	0,87
7000	2,05	2,07	2,09	2,12	40000	0,36	0,61	0,70	0,79
7500	1,91	1,93	1,95	1,98	50000	0,29	0,56	0,66	0,75
8000	1,79	1,82	1,85	1,89	100000	0,14	0,48	0,58	0,67
8500	1,69	1,72	1,75	1,79					
9000	1,59	1,62	1,66	1,71	∞	0,00	0,40	0,50	0,60

Im Anschluß an die grundlegende Arbeit von H. C. VOGEL und G. MÜLLER (1880) haben WILSING, SCHEINER und MÜNCH in Potsdam 1909 die erste brauchbare Untersuchung über die Energieverteilung in Sternspektren veröffentlicht [380—382]. Mit Hilfe eines visuellen Spektralphotometers am 80-cm-Refraktor wurden mehrere — von Absorptionslinien möglichst freie — Stellen der Sternspektren zwischen λ 4510 und 6420 an eine Kohlenfadenlampe angeschlossen. Diese wiederum konnte im Laboratorium mit einem Hohlraumstrahler LUMMERscher Bauart von bekannter Temperatur verglichen werden.

Nachdem SCHWARZSCHILD und HARTMANN die photographische Photometrie auf eine sichere Grundlage gestellt hatten, unternahm H. ROSENBERG [366] (1914) die ersten photographischen Messungen der Energieverteilung zwischen λ 3400 und λ 5750 in Sternspektren. Zur Aufnahme der Spektren diente eine UV-Prismenkamera (11 cm Öffnung, F:10, 45°-Prisma). Die Schwärzungskurven konnten aus Aufnahmen mit verschiedenen Belichtungs*zeiten* abgeleitet werden. Die Sternspektren wurden zunächst untereinander verglichen; statt an einen Hohlraumstrahler wurde dann — mit Hilfe eines Kollimators — an das Sonnenspektrum angeschlossen.

H. JENSEN [341] hat 1933 an einem Cassegrainspiegel von 20 cm Durchmesser mit 16°-Objektivprisma eine größere Anzahl von Sternen in dem Wellenlängenbereich λ ~ 3700—6410 Å an den Polarstern angeschlossen. Eine Ergänzung bis λ 10000 Å für einige Sterne geben W. W. MORGAN und B. A. WOOTEN [354].

Die bis jetzt erwähnten Arbeiten treten heute etwas in den Hintergrund gegenüber den neueren großangelegten Untersuchungen am *Greenwicher Observatorium* (GREAVES, DAVIDSON und MARTIN), am *Institut d'Astrophysique* Paris

(CHALONGE, BARBIER u. a.), an der *Sternwarte Göttingen* (KIENLE, WEMPE u. a.) und in *Ann Arbor* (R. C. WILLIAMS). Alle diese Arbeiten bedienen sich der photographischen Photometrie. Mit Hilfe moderner Kunstschicht-Photozellen sind dann S. HALL (1941) und J. STEBBINS und A. E. WHITFORD (1943), wenn auch mit relativ kleinem spektralem Auflösungsvermögen, bis λ 10300 Å vorgedrungen.

Wir wollen nun diese Meßreihen kurz besprechen:

a) *Greenwicher Spektralphotometrie.* W. H. M. GREAVES, C. DAVIDSON und E. MARTIN [321 und 323—327] benutzten einen Cassegrain-Reflektor zunächst von 30″, später von 36″ Öffnung. Das Sternlicht wird durch Haupt- und Cassegrainspiegel parallel gemacht und fällt dann auf ein 40°-Prisma. Als geeignetste Kameraoptik erwies sich nach längeren Versuchen ein Konkavspiegel von 19 cm Durchmesser und Öffnungsverhältnis 1:5.

Die Schwärzungskurven wurden teilweise — nach einem Vorschlage von HERTZSPRUNG — aus Aufnahmen abgeleitet, bei denen ein grobes Objektivgitter (Dispersionsrichtung $\perp$ zu der des Prismas) gleichzeitig mehrere nebeneinanderliegende Spektren erzeugte, deren Intensitätsverhältnis nach der Beugungstheorie berechnet oder direkt gemessen werden konnte. Teilweise wurde auch ein besonderer Skalenspektrograph benutzt, der auf dem Prinzip der Spaltbreitenvariation beruhte. Nach einigem Probieren entschieden sich die Beobachter dafür, die Sterne untereinander in zwei je etwa 400 Å umfassenden Wellenlängenbereichen mit den (harmonisch gebildeten) Schwerpunkten λ 4284 und 6320 Å zu vergleichen. Die so gebildeten *Gradienten* Φ beziehen sich also auf eine mittlere Wellenlänge $\lambda_0 = 5100$ Å; ihren Nullpunkt Φ_0 bildet das Mittel aus 9 A0-Sternen; auf dessen Festlegung kommen wir noch zurück.

Die Ergebnisse der Greenwicher Messungen sind in den Katalogen [321] mit 25 Standard-Sternen und [326] mit 250 Sternen niedergelegt. Die Meßgenauigkeit der relativen Gradienten wird für die Standard-Sterne mit ± 0.013 und für die Katalogsterne mit ± 0.02 angegeben.

b) D. CHALONGE, D. BARBIER und ihre Mitarbeiter [302—305, 309, 310] am Institut d'Astrophysique in Paris untersuchten ab 1935 unter den ausgezeichneten atmosphärischen Verhältnissen des Jungfraujochs (3457 m) und später der benachbarten Sphinx (3675 m) den Spektralbereich λ 3100—4600 Å. Sie benutzten eine kleine, aber sehr durchdachte *Objektivprismen*anordnung: Eine einfache Quarzlinse von 9 cm Durchmesser und 60 cm Brennweite mit 2 CORNUschen Quarzprismen. Da Prismen und Linse dieselben Brechungsverhältnisse haben, wird — wie seinerzeit HARTMANN bemerkte — ein großes Spektralgebiet auf einer *ebenen* geneigten Platte abgebildet. Die Verbreiterung der Spektren erfolgt — nach einem Vorschlag von COUDER — durch Kippen der Linse um eine Achse parallel zur Kante des Prismas, und zwar so, daß im UV, wo man zu wenig Licht hat, weniger verbreitert wird, als bei längeren Wellen.

Ab 1942 wurde [310] auch ein analog gebautes Cassegrain-Spiegelsystem von 25 cm Durchmesser benutzt.

Die *Absolut-Standardisierung* erfolgte über zwei Wolframbandlampen, die an die ehemalige Physikalisch-Technische Reichsanstalt Berlin angeschlossen waren. Als *Sekundärnormal* diente vielfach eine Wasserstofflampe nach CHALONGE-LAMBREY, welche das bekannte Wasserstoffmolekülkontinuum von λ 4600 bis 3000 Å in gut reproduzierbarer Weise und mit geeigneter Intensität ausstrahlt.

Die gesamte Länge der Spektren von Hβ (λ 4861) bis 3100 Å betrug 28 mm. Da bei späten Spektraltypen also das Kontinuum in diesem Spektralgebiet doch nicht erfaßt werden kann, beschränken sich die Beobachtungen in der Hauptsache auf Spektraltypen früher als G0 (etwa entsprechend der Sonne).

Der hervorstechendste Zug der Spektren früher Spektraltypen (vgl. Abb. 29) in dem betrachteten Wellenlängengebiet ist das seinerzeit von W. HUGGINS entdeckte und dann von C. S. YÜ [383] am Lick Observatory genauer studierte BALMER-*Kontinuum*, welches die Intensität für $\lambda < 3700$ Å z. B. bei den A0-Sternen um einen Faktor 3 herunterdrückt. Der Haupt-Helligkeitsabfall erfolgt — wie wir sehen werden — in Zwergsternen bei einer etwas größeren Wellenlänge als bei Riesen und Übergiganten, da durch den größeren Druck in den Atmosphären der Zwergsterne die BALMER-Linien stärker verbreitert werden, so daß durch Zusammenfließen der hohen Serienglieder der Übergang ins Kontinuum schon auf der langwelligen Seite der „theoretischen" Seriengrenze λ 3647 Å erfolgt.

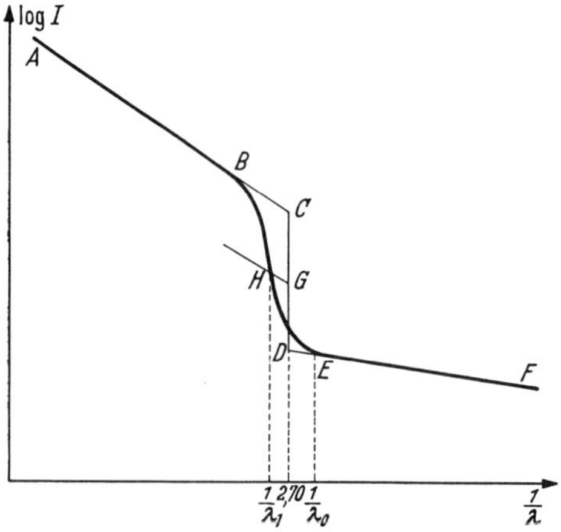

Abb. 30. Definition des lang- und kurzwelligen Gradienten Φ_1 bzw. Φ_2 sowie der Größe D und Wellenlänge λ_1 des BALMER-Sprunges nach D. BARBIER und D. CHALONGE [308].

Zur kurzen Beschreibung der Spektren führen nun D. BARBIER und D. CHALONGE [308] folgende Begriffe und Definitionen ein: In der schematischen Abb. 30 ist die *Intensität* des Sterns relativ zu der einer Wasserstofflampe[1] logarithmisch aufgetragen als Funktion der Wellenzahl $1/\lambda$ (in $\mu^{-1} = 10^4$ cm^{-1}). Der langwellige und der kurzwellige Teil des Spektrums werden nun (unter Ausschaltung der Linien) durch die Geraden AB und EF dargestellt, *denen die absoluten Gradienten* Φ_1 *und* Φ_2 entsprechen (l. c. mit φ_1 und φ_2 bezeichnet). Diese gehören also zu den *mittleren Wellenlängen* $\bar{\lambda} = 4250$ und 3500 Å bzw. $1/\bar{\lambda} = 2{,}36$ und 2,86. Die Differenz der kurz- und langwelligen Gradienten — nach Reduktion *beider* auf λ 3700 Å — wird mit $\Delta\Phi$ bezeichnet. Der Abstand der beiden Graden bei der *festen* Wellenlänge $\lambda = 3700$ Å ($1/\lambda = 2{,}70$) definiert die *Größe des* BALMER-*Sprunges*.

$$D = \log_{10} \frac{I_C}{I_D}.$$

Eine Linie parallel AB durch die Mitte G der Sprunghöhe CD trifft die Intensitätskurve in dem Punkt H, dessen Wellenzahl $1/\lambda_1$ die *Lage des* BALMER-*Sprunges* charakterisiert. Man könnte dazu auch den Punkt E mit der Wellenzahl $1/\lambda_0$ benutzen, der den eigentlichen *Beginn des* BALMER-*Kontinuums* anzeigt. In praxi ist aber λ_0 sehr viel schlechter definiert als λ_1.

Die Ergebnisse der Messungen (1935—1939) an 204 Sternen sind zusammengefaßt und einheitlich reduziert in [309, Tab. IV]. Tab. II (l. c.) enthält die systematischen Korrektionen für die *Gradienten* der älteren Arbeiten. Die wahrscheinlichen Fehler der Φ_1 und Φ_2 sind $\approx 0{,}08$, die der D etwa 0,01. Die Unsicherheit von λ_1 beträgt bei den A0-Sternen nur ~ 1 Å, bei früheren und späteren Spektraltypen mit kleinerem D etwa 4 Å. Die λ_0 dagegen sind auf 5—10 Å unsicher.

Wir geben hier wenigstens die *Mittelwerte* von D, Φ_1 und Φ_2 sowie den entsprechenden Farbtemperaturen (mit $c_2 = 1{,}432$ cm grad) T_1 und T_2 sowie $\Delta\Phi$ in

[1] Diese hat nach Laboratoriums-Messungen im Gebiet 3100—4600 Å einen praktisch *konstanten absoluten Gradienten*. Dieser liegt jedoch (es handelt sich ja *nicht* um einen schwarzen Körper!) unterhalb des theoretischen Grenzwertes für $T = \infty$ (Tab. 8).

Abhängigkeit vom Spektraltyp (der selbst wohl das Unsicherste an der Tabelle ist!) nach dem HENRY-DRAPER-Katalog.

Tabelle 9. BALMER-Sprung $D = \log \frac{I_+}{I_-}$ bei λ 3700 Å sowie absolute Gradienten und Farbtemperaturen Φ_1 bzw. T_1 für $\overline{\lambda}$ 4250 Å; Φ_2 bzw. T_2 für $\overline{\lambda}$ 3500 Å. Nach D. BARBIER u. D. CHALONGE [309].

Sp	D	Φ_1	T_1	Φ_2	T_2	$\Delta\Phi$
Oe5	0,03	0,57	52000	0,62	29000	0,16
B0	0,04	0,74	28000	0,78	20000	0,12
B1	0,07	0,74	28000	0,78	20000	0,09
B2	0,11	0,73	29000	0,78	20000	0,16
B3	0,17	0,79	25000	0,86	18000	0,16
B5	0,25	0,93	18000	1,02	15000	0,17
B8	0,33	0,86	21000	1,10	13500	0,32
B9	0,36	0,94	18000	1,11	13000	0,24
A0	0,47	1,00	16500	1,39	10500	0,45
A2	0,44	1,19	13000	1,44	10000	0,31
A3	0,42	1,31	11500	1,43	10000	0,17
A5	0,39	1,36	11000	1,53	9500	0,22
F0	0,28	1,70	8600	1,74	8300	0,06
F2	0,22	1,74	8400	1,52	9500	—0,29
dF5	0,17	2,01	7200	1,81	8000	—0,24
dF8	0,11	2,21	6500	1,97	7300	—0,22
dG0	0,06	2,56	5750	2,36	6100	—0,18
gF5	0,24	2,01	7200	1,84	7800	—0,16
gG0	0,02	3,08	4650	2,82	5050	—0,25
gG5	—	3,20	4500	—	—	—
gK0	—	3,86	3750	3,26	4400	—0,64
gK5	—	5,40	2650	3,73	3800	—1,67
gMa	—	5,72	2500	—	—	—

In Abb. 31 sind — nach einer früheren Arbeit von D. BARBIER und D. CHALONGE [308] — noch einmal in Abhängigkeit vom Spektraltyp die Mittelwerte der D für die Hauptsequenzsterne und die individuellen Werte für die Übergiganten dargestellt. Während das Maximum der ersteren bei A0 liegt, verschiebt es sich für die Übergiganten nach A5 bis F0 und wird wahrscheinlich etwas höher[1].

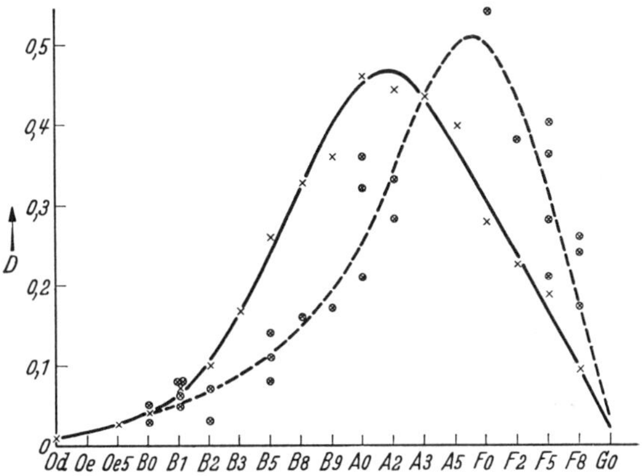

Abb. 31. BALMER-Sprung D als Funktion des Spektraltyps (Harvard) nach D. BARBIER und D. CHALONGE [308]. × Mittelwerte für die Hauptsequenzsterne. ⊗ Individuelle Werte für Übergiganten.

c) Das *Göttinger Temperaturprogramm*, welches in den Jahren 1930—1940 H. KIENLE zusammen mit J. WEMPE, H. STRASSL u. a. durchgeführt hat, beruht auf Aufnahmen mit a) einer *Triplett-Prismenkamera*, d. h. einem UV-Triplett von 15 cm Öffnung und 150 cm Brennweite mit einem 50°-Prisma und b) einer *Spiegelprismenkamera* von 16 cm Öffnung und 142 cm Brennweite mit je einem Prisma von 12° und 8°.

[1] Neuere Untersuchungen von D. CHALONGE und Mitarbeitern vgl. [320a]; auch Kap. XIX.

Es entsprach bei a) $H\beta - H\varepsilon$: 19,1 mm, bei b) $H\beta$ – 3647: 16 mm. Die photometrischen Skalen wurden nach der HERTZSPRUNG*schen* Methode mit Objektivgittern hergestellt. Beobachtet wurde für 36 Fundamentalsterne das Wellenlängengebiet λ 6550—4020. 1938 veröffentlichten H. KIENLE, H. STRASSL und J. WEMPE [344][1] die relativen Energieverteilungen dieser Sterne, bezogen auf das Mittel der A0-Sterne, einmal direkt in Form von Helligkeitsdifferenzen für eine große Anzahl von Wellenlängen und daneben in Form von *Gradienten* für die Bereiche bzw. mittleren Wellenzahlen:

	Triplettkamera (Φ'_T):	$1{,}994 \leqq 1/\lambda \leqq 2{,}491;\ 1/\lambda_0 = 2{,}249;\ \lambda_0 = 4445$ Å
Spiegelkamera	kurzwell., $\Phi'_{S,b}$:	$2{,}022 \leqq 1/\lambda \leqq 2{,}486;\ 1/\lambda_0 = 2{,}267;\ \lambda_0 = 4410$ Å
	langwell., $\Phi'_{S,r}$:	$1{,}526 \leqq 1/\lambda \leqq 1{,}974;\ 1/\lambda_0 = 1{,}759;\ \lambda_0 = 5680$ Å.

Die „Reste“, welche bei der Gradientendarstellung bleiben, werden graphisch dargestellt. Der mittlere Fehler der Blau-Gradienten wird zu $\pm 0{,}025$ angegeben.

Für 18 Fundamentalsterne hat H. v. HOFF [340] das obige Programm auf das Spektralgebiet λ 6000—8500 ausgedehnt. Gradienten wurden schließlich gebildet für den Bereich $6320 \leqq \lambda \leqq 8360$ Å mit einer mittleren Wellenlänge $\lambda_0 = 7140$ Å.

Die weiteren Arbeiten von H. KIENLE, J. WEMPE und F. BEILEKE [346] sowie H. KIENLE [345a] befassen sich mit der Messung der *absoluten Intensitätsverteilung* im kontinuierlichen Spektrum des mittleren A0-Sternes bzw. dem entsprechenden absoluten Gradienten Φ_0. Die Sterne wurden mit Hilfe der Triplettkamera an mehrere von der Physikalisch-Technischen Reichsanstalt Berlin geeichte Wolframbandlampen angeschlossen, deren Farbtemperaturen in der Gegend von 2700° K lagen. Auf die Ergebnisse kommen wir im Zusammenhang mit den anderen Meßreihen zurück.

d) R. C. WILLIAMS [379, I—IV] in Ann Arbor hat sich 1936—1940 besonders um die Festlegung der *absoluten Gradienten* Φ_0 bemüht. Die Aufnahmen sind am 37,5″-Cassegrain-Reflektor gemacht; der Spalt des Einprismenspektrographen (26,7 Å/mm bei λ 4000) wurde auf 0,25 mm geöffnet, um einen Einfluß der atmosphärischen Dispersion auszuschließen. Über eine Hilfsoptik, die lokale Unterschiede im Reflexionsvermögen des großen Spiegels möglichst unschädlich machte, wurde an eine im General-Electric-Laboratory Nela Park geeichte Wolframbandlampe mit der Farbtemperatur 2814° K angeschlossen, und zwar jeweils für 11 Wellenlängen im Bereich λ 4040—6370 Å. Zunächst ergab sich für α-Lyr $\Phi_0 = 1{,}16 \pm 0{,}04$, in der 2. Arbeit findet R. C. WILLIAMS für 7 Fundamentalsterne der Typen B8 bis A0 (bzw. A3 revid. Typ) $\Phi_0 = 1{,}19 \pm 0{,}02$ bzw. $T = 14000° \pm 300°$ K. Eine insgesamt siebenmalige Eichung der verwendeten Bandlampe an fünf verschiedenen Instituten läßt es möglich erscheinen, daß durch Eichfehler der Bandlampe in das Schlußresultat ein Fehler von etwa $\pm 600°$ hereingetragen wird.

Anhand der Meßreihen a) bis d) versuchen wir nun die absolute Skala der Farbtemperaturen zu ermitteln.

Am leichtesten zu vergleichen sind *Greenwich* und *Ann Arbor*. Beide haben praktisch dasselbe Spektralgebiet mit dem Schwerpunkt bei 5100 bzw. 5000 Å.

Die *Greenwicher* Beobachter fanden [324] im Mittel für neun A0-Sterne

1931 mit Normal-Azetylenbrenner;
nach Berichtigung des Standards $\Phi_0 = 1{,}07 \pm 0{,}05$,
1933 mit Wolframbandlampe als Normal $\Phi_0 = 0{,}91 \pm 0{,}05$

und betrachten als wahrscheinlichsten Wert

$$\Phi_{0,G} = 0{,}99 \text{ bzw. } T_G = 18000°,$$

[1] Ebenda auch nähere Angaben über die ganzen methodischen Vorarbeiten.

während R. C. Williams, Ann Arbor, wie schon bemerkt im Mittel für sieben Fundamentalsterne

$$\Phi_{0,A} = 1{,}19 \text{ bzw. } T_A = 14000^\circ$$

findet. Für *dieselben* Sterne würden die Greenwicher Beobachtungen 0,96 ergeben.

D. Barbier und D. Chalonge [309] finden für das Mittel der A0-Sterne einen langwelligen Gradienten (λ_0 4250)

$$\Phi_P = 1{,}00$$

bzw. reduziert — unter Annahme schwarzer Strahlung — auf 5000 Å:

$$\Phi'_P = 1{,}06 \text{ bzw. } T_P = 16500^\circ .$$

Im kurzwelligen Gebiet liegen nur die Messungen vom Jungfraujoch vor; ein Vergleich ist hier also nicht möglich. H. Kienle [345a] endlich vergleicht

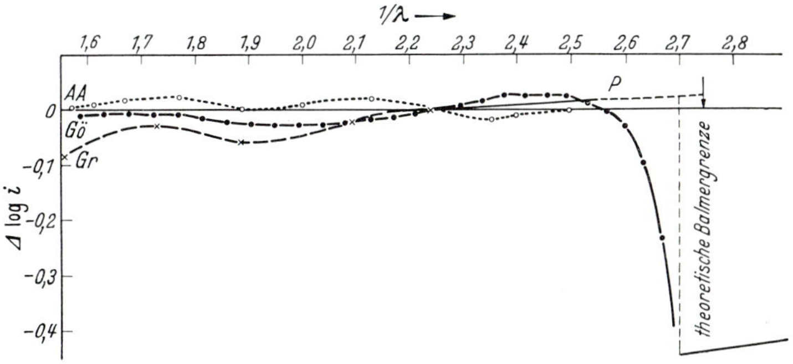

Abb. 32. Intensitätsverteilung im Spektrum des mittleren A0-Sternes, bezogen auf den schwarzen Körper der Temperatur $T = 14320^\circ$. Nach [345a]. AA = Ann Arbor (R. C. Williams), Gö = Göttingen (Kienle, Wempe und Beileke), Gr = Greenwich (Greaves, Davidson und Martin), P = Paris-Jungfraujoch (Barbier, Chalonge).

(Abb. 32) einfach direkt die Intensitätsverteilung im Spektrum des mittleren A0-Sternes — aufgezeichnet relativ zu einem schwarzen Körper von 14320° K — der vier Meßreihen. Wie man sieht, liegt die Göttinger Kurve etwa zwischen denen von Greenwich und Ann Arbor. Ob man den schwachen Wellungen der Kurven wesentliche Bedeutung beimessen soll, erscheint fraglich. Man kann natürlich die Beobachtungen mit mehreren Gradienten für kleinere Wellenlängenbereiche formal immer genauer darstellen, aber kleine Störungen durch unaufgelöste Liniengruppen gewinnen dann auch immer mehr Bedeutung, so daß ein solches Vorgehen bald sinnlos wird.

Als Mittelwert der besprochenen vier Absolutanschlüsse dürfen wir für den Bereich $6300 > \lambda > 4000$ Å mit H. Kienle [345a] für den mittleren A0-Stern ansetzen:

$$\boxed{\Phi_0 = 1{,}08_6 \quad \text{oder} \quad T = 15500^\circ \text{K} .}$$

Dagegen hat der von H. Kienle angegebene mittlere Fehler $\delta\Phi_0 = \pm 0{,}016$ bzw. $\delta T = \pm 325^\circ$ höchstens formale Bedeutung; nach Abwägung aller Fehlerquellen dürfte es angemessen sein, etwa mit einer viermal so großen Unsicherheit, d. h. $\delta\Phi_0 = \pm 0{,}06$ bzw. $\delta T \approx \pm 1300^\circ$ zu rechnen.

Dies hat zunächst zur Folge, daß die höheren Temperaturen schon sehr unsicher werden, ganz abgesehen von den Schwierigkeiten, welche hier[1] die interstellare Verfärbung macht.

[1] Die frühen Spektraltypen zeigen bekanntlich eine besonders starke Konzentration zur Milchstraßenebene. Außerdem handelt es sich meist um relativ weit entfernte Objekte.

Endlich müssen wir noch einmal daran erinnern, daß die hier referierten Reduktionen alle auf dem „amtlichen" Au-Punkt 1336° K und $c_2 = 1{,}432$ cm · grad beruhen. Die Korrektionen, welche Änderungen dieser Größen mit sich bringen, haben wir bereits in Kap. I, Abschnitt 8 berechnet. Bei der Farbtemperatur der A0-Sterne können sie allein schon mehrere hundert Grad betragen!

Mit dem Vergleich der verschiedenen *Skalen der Gradienten bzw. Farbtemperaturen* haben sich die Arbeiten von D. BARBIER und D. CHALONGE [309], H. KIENLE [345a] und R. C. WILLIAMS [379, III] befaßt. Es genügt hier wohl, die im einzelnen ziemlich komplizierten Diskussionen dahingehend zusammenzufassen, daß die Skalendifferenzen so klein sind, daß sie im wesentlichen mit der jeweils etwas verschiedenen Art der Berechnung der Gradienten und der Ausgleichung zusammenhängen.

In neuerer Zeit ist es dank den Fortschritten der photoelektrischen Meßtechnik möglich geworden, die Spektralphotometrie der Sterne ins *Infrarot* auszudehnen. In prinzipieller Hinsicht locken dabei folgende Erwägungen: a) Die Zahl und Stärke der FRAUNHOFER-Linien nimmt nach größeren Wellenlängen hin rasch ab. b) In frühen Spektraltypen ist bei λ 8205 ein „PASCHEN-Sprung" analog dem BALMER-Sprung λ 3647 zu erwarten. c) Die direkte photoelektrische Photometrie vermeidet die ganzen Tücken der photographischen Platte.

Nach diesen Vorbemerkungen besprechen wir zuerst die *Spektralphotometrie 67 heller Sterne* von J. S. HALL [329—332]. Er benutzte 1936—1938 am 24″-Sproul-Refraktor ein Objektivgitter, das Spektren von 483,5 Å/mm Dispersion erzeugte. 1938—1941 hatte er am 18″-Amherst-Refraktor eine WOODsche Gitterkopie, die 498,8 Å/mm gab. In der Fokalebene befanden sich nun Spalte von je 1 mm, die also Spektralbereiche von 483,5 bzw. 498,8 Å scharf ausschnitten. Hinter den Spalten kam dann als eigentliches Meßgerät eine Cs-O-Ag-Photozelle und LINDEMANN-Elektrometer.

Gemessen wurden am Sproul-Observatory 13 Bereiche, deren mittlere Wellenlängen von 4560—10320 Å gingen; am Amherst College 10 Bereiche von 4500 bis 8810 Å. Die wahrscheinlichen Fehler lagen im allgemeinen bei $0^m_{\cdot}02$—$0^m_{\cdot}03$; nur in den äußersten Spektralbereichen der älteren Reihe stiegen sie etwa auf den doppelten Wert.

Die Übereinstimmung mit den Göttinger Messungen von H. KIENLE, H. STRASSL und J. WEMPE [344] sowie H. v. HOFF [340] in dem gemeinsamen Spektralgebiet ist eine sehr gute und liegt — auch bei späten Spektraltypen — im wesentlichen innerhalb der Fehlergrenzen. Dies ist insofern fast erstaunlich, als ja bei den Göttinger Messungen die erkennbaren Linien bewußt eliminiert sind, während J. S. HALL jeweils über fast 500 Å mittelt. J. S. HALL hat dann [332, Tab. 1] für die Sterne früher als G0 im Spektralgebiet 4500—8200 Å *Gradienten* relativ zu A0 berechnet. Gegenüber Greenwich sind die Amherst-Gradienten systematisch um $+0{,}01$ größer, die Sproul-Gradienten um 0,02 kleiner, was praktisch belanglos ist. Die Skalen stimmen in dem ganzen Bereich von $-0{,}3$ bis $+1{,}5$ völlig überein. Die älteren Göttinger Gradienten für λ_0 5685 [344] sind demgegenüber etwa 0,06 kleiner.

Um die *Energieverteilung* der Sterne auch im Infrarot absolut festzulegen, haben J. S. HALL und R. C. WILLIAMS die Vega (α-Lyr; A0) an die Standardlampe von Ann Arbor angeschlossen[1]. In dem Bereich λ 5390—8200 Å, d. h. vom kurzwelligen Ende der Messungen bis zur PASCHEN-Grenze, lassen sich die Ergebnisse innerhalb ihrer Fehlergrenze durch eine *Farbtemperatur* von 15000° K darstellen.

[1] Die einzelnen Wellenlängenbereiche wurden dabei auf 263 Å Breite eingeengt.

Kleine Unstimmigkeiten in der Messung der Transmission eines Filters lassen dem Verf. eine Verringerung um 1000° möglich erscheinen. Im Sichtbaren hatte R. C. WILLIAMS seinerzeit für die Vega 14500° bekommen. Die Übereinstimmung — auch mit dem Gesamtergebnis der photographischen Messungen (Abb. 32) — ist also sehr gut.

Bei $\lambda > 8200$ Å zeigen die Intensitätskurven aller frühen Spektraltypen einen Anstieg, der dem Intensitätssprung D an der BALMER-Grenze parallel geht. Es handelt sich offenbar um den analogen Sprung an der Grenze der PASCHEN-Serie des Wasserstoffs bei λ 8205 Å. Während $D = \log \frac{I_{3700+}}{I_{3700-}}$ bei den A0-Sternen der Hauptsequenz seinen Maximalwert 0,47 erreicht, beträgt für denselben Spektraltyp der Anstieg von λ 8206—10000 Å ($1/\lambda = 1,22$—$1,00$) etwa $0^m.25$ oder $D_P = 0,10$.

Tabelle 10. Sechsfarbenphotometrie von J. STEBBINS u. A. E. WHITFORD [373, III]. Helligkeiten (Größenklassen) und Farbindex V—I für den schwarzen Körper der Temperatur T bezogen auf $T = 5500°$ K als Standard.

	Bereich	U	V	B	G	R	I	V—I
	λ in Å	3530	4220	4880	5700	7190	10300	—
	$1/\lambda$	2,83	2,37	2,05	1,75	1,39	0,97	$\Delta \frac{1}{\lambda} = 1,40$
$T \cdot 10^{-3}$	$\frac{c_2}{T} \cdot 10^4$ [1]							
∞	0,000	—2,59	—1,47	—0,71	—0,04	+0,75	+1,61	—3,08
100	0,143	—2,50	—1,42	— ,69	— ,04	+ ,73	+1,55	—2,97
50	0,287	—2,40	—1,36	— ,66	— ,04	+ ,70	+1,49	—2,85
30	0,478	—2,24	—1,28	— ,62	— ,04	+ ,65	+1,40	—2,68
20	0,717	—2,04	—1,16	— ,56	— ,03	+ ,59	+1,27	—2,43
15	0,956	—1,82	—1,04	— ,50	— ,03	+ ,53	+1,13	—2,17
12	1,196	—1,58	—0,90	— ,44	— ,03	+ ,46	+0,99	—1,89
10	1,435	—1,34	— ,76	— ,37	— ,02	+ ,39	+ ,83	—1,60
9	1,594	—1,16	— ,66	— ,32	— ,02	+ ,34	+ ,73	—1,39
8	1,793	—0,93	— ,54	— ,26	— ,02	+ ,28	+ ,59	—1,13
7	2,050	—0,64	— ,38	— ,18	— ,01	+ ,19	+ ,41	—0,79
6,5	2,207	—0,47	— ,27	— ,13	— ,01	+ 14	+ ,30	—0,57
6,0	2,390	—0,26	— ,15	— ,07	— ,00	+ ,08	+ ,16	—0,31
5,5	2,608	0,00	,00	,00	,00	,00	,00	0,00
5,0	2,869	+0,30	+ ,18	+ ,09	+ ,01	— ,09	— ,20	+0,38
4,5	3,188	+0,69	+ ,39	+ ,19	+ ,01	— ,21	— ,45	+0,84
4,0	3,587	+1,16	+0,67	+ ,33	+ ,02	— ,35	—0,76	+1,43
3,5	4,097	+1,77	+1,02	+ ,51	+ ,03	— ,54	—1,17	+2,19
3,0	4,780	+2,57	+1,50	+0,74	+ ,05	—0,79	—1,73	+3,23
2,5	5,740	+3,71	+2,16	+1,07	+ ,07	—1,14	—2,51	+4,67
2,0	7,175	+5,45	+3,15	+1,57	+0,11	—1,67	—3,70	+6,85

[1]) Mit $c_2 = 1,435$ cm · grad

Daß dieser Anstieg der Intensität von der „theoretischen" PASCHEN-Grenze aus ganz stetig über einen erheblichen Frequenzbereich erfolgt, liegt am Zusammenfließen der höheren Glieder der PASCHEN-Serie. Photographische Aufnahmen von P. W. MERRILL und O. C. WILSON [352] bestätigen diese Erklärung.

Wenden wir uns nun der zweiten Spektralphotometrie mit großer Δ $1/\lambda$-Basis zu, der „*Sechsfarbenphotometrie*" von J. STEBBINS und A. E. WHITFORD [373]! Diese verwenden am 60"- und 100"-Mt.-Wilson-Spiegel 6 Filterkombinationen, welche Spektralbereiche von 400 Å im Ultraviolett bis 1900 Å Halbwertsbreite aussondern. Als Meßgerät dient eine Western Electric *Cäsiumphotozelle,* die — zur Verringerung des Dunkelstromes mit Kohlensäureschnee (dry ice) gekühlt wird — in Verbindung mit einem Verstärker. Die Schwerpunkte der 6 Bereiche, nach Angaben des Verf. bezogen auf einen Strahler „konstanter Energieverteilung", stehen oben in Tab. 10. Die mittleren Fehler liegen im allgemeinen bis $\pm 0^m.01$

und steigen in den äußersten Spektralbereichen auf etwa $\pm 0^{m}\!.02$. Als *Nullpunkt* wählen STEBBINS und WHITFORD das Mittel aus 10 Hauptsequenzsternen vom mittleren Spektraltyp d G6 (G0 bis K2), dem sie provisorisch eine Farbtemperatur von 5500° zuordnen. Es ist lehrreich, in Tab. 10 (nach S. und W.) zunächst zu sehen, welche Helligkeitsdifferenzen in den 6 Spektralbereichen man für schwarze Strahler verschiedener Temperaturen T erwarten müßte.

Die 1940—1944 ausgeführten Beobachtungen von 238 Sternen aller Spektraltypen lassen sich im Bereich V–I wieder gut durch lineare Gradienten darstellen. Soweit ein Vergleich möglich ist, besteht gute Übereinstimmung mit den *Greenwicher* relativen Gradienten ebenso wie mit den Messungen von J. S. HALL.

Tabelle 11. Mittlere Farbenindizes V—I nach STEBBINS u. WHITFORD [373, III] in Abhängigkeit vom Spektraltyp*. Umrechnung auf Farbtemperaturen für A0 = 15000° K.

Spektrum	V—I Haupt-sequenz	V—I Riesen	Farbtemperatur Haupt-sequenz	Farbtemperatur Riesen
O	—2,52	..	(71000)	..
B0	—2,47	..	55000	..
B5	—2,24	..	28000	..
A0	—1,76	..	15000	..
A5	—1,30	..	10600	..
F0	—0,92	..	8700	..
F5	—0,52	..	7300	..
G0	—0,28	+0,30	6700	5600
G5	—0,05	+1,00	6300	4700
K0	+0,16	+1,68	5900	4100
K5	+0,80	+2,30	5000	3700
M0	+2,04	+2,86	3850	3400
M5	—	+4,00		2850

* O bis B5 Victoria-Klassifikation.
A0 bis M5 Mt. Wilson-Klassifikation.

Bei der *Mittelbildung nach Spektraltypen,* die sich wegen der Linearität der Gradienten auf die Differenz V–I beschränken kann, weisen STEBBINS und WHITFORD nachdrücklichst darauf hin, wie wichtig es ist, auf die *interstellare Verfärbung* zu achten. *Verf.* möchte meinen, daß dieser Punkt bei früheren Arbeiten zu wenig beachtet wurde. Im Bereich O bis B5 benutzen STEBBINS und WHITFORD nur die zwei blauesten Sterne für jeden Spektraltyp. Bei den späteren Typen ist die Angelegenheit nicht mehr *so* kritisch, dafür muß ab G0 nach *Hauptsequenzsternen* und *Riesen* unterteilt werden (s. unten). Das Ergebnis zeigen die ersten drei Spalten von Tab. 11. Die Umrechnung auf Farbtemperaturen führen nun STEBBINS und WHITFORD unter Annahmen durch, welche darauf hinauslaufen, daß im Bereich λ 4220—10300 Å der mittlere A0-Stern eine Farbtemperatur von 11000° bzw. 16000° erhält. Der erste Fall entspricht direkt der letzten Spalte von Tab. 10, d. h. 5500° für den mittleren d G6-Stern. Wir ziehen es vor, entsprechend den schon besprochenen Messungen von J. S. HALL und R. C. WILLIAMS und anderen Autoren mit 15000° für den A0-Stern zu rechnen und addieren dementsprechend zu den V–I von Tab. 11 noch –0,40, ehe wir in die letzte Spalte von Tab. 10 eingehen. Aus den c_2/T haben wir dann — im Interesse der Vergleichbarkeit mit den früher besprochenen Messungen — die T selbst mit $c_2 = 1{,}432$ cm · grad berechnet. Das Ergebnis zeigen die beiden letzten Spalten von Tab. 11.

Auffällig sind zunächst die außerordentlich hohen Farbtemperaturen der O- und B-Sterne. Wir möchten annehmen, daß diese früher einfach deshalb nicht bemerkt wurden, weil bei unbesehener Mittelbildung unter den frühen Spektraltypen natürlich die interstellar verfärbten Sterne den Ausschlag geben[1].

Bei den späteren Spektraltypen liegen diese Farbtemperaturen wesentlich *über* den von D. BARBIER und D. CHALONGE (Tab. 9) für den Bereich 4600—4000

[1] Anm. b. d. Korr.: Eine neuere Untersuchung von G. TRAVING [852] hat es sehr wahrscheinlich gemacht, daß sogar *alle* B-Sterne merklich verfärbt sind.

abgeleiteten. Offenbar wird die Depression des wahren Kontinuums durch die Anhäufung der FRAUNHOFER-Linien um so geringer, je langwelligere Spektralgebiete man benutzt. Außerdem wird ihr Einfluß auf die Berechnung von T natürlich um so geringer, je größer der zur Verfügung stehende $1/\lambda$-Bereich ist.

Die Frage, welchen Anteil die FRAUNHOFER-Linien am Zustandekommen der mit kleiner Dispersion bzw. Farbfiltern gemessenen spektralen Energieverteilungskurven haben, hat zuerst 1934 G. SHAJN [372] zu beantworten versucht, indem er in einer Reihe von Sternspektren für Bereiche von je 25 bzw. 50 Å Breite zwischen 3750—6500 Å den Bruchteil η_λ des „wahren“ Kontinuums bestimmte, das in den Linien verschluckt wird. Da sein Spektrograph aber nur 36 Å/mm bei Hγ gab, dürfte insbesondere im Violetten und bei späteren Spektraltypen das wahre Kontinuum noch kaum erfaßt sein.

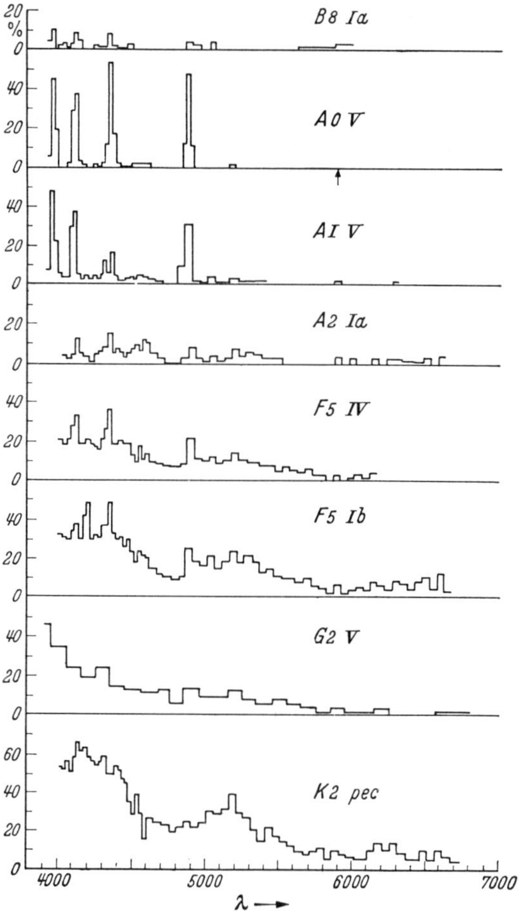

Abb. 33. Bruchteil η_λ der in den FRAUNHOFER-Linien von Sternspektren absorbierten Energie. Nach N. MILFORD [353, II]. β Ori α Lyr α C Ma α Cyg α C Mi α Per Sonne (nach MULDERS) α Boo.

1950 hat dann N. MILFORD [353, II] die Registrierkurven des HILTNER-WILLIAMS-*Atlas* [933], welche auf McDONALD-COUDÉ-Spektren mit 3 Å/mm bei Hγ beruhen, in ganz analoger Weise ausgewertet. Seine Ergebnisse zeigt Abb. 33, in der für die *Sonne* noch die bei $\lambda < 4400$ Å zu kleinen η_λ nach MULDERS mit aufgetragen sind. N. MILFORD hat dann weiter versucht, den *Strahlungsstrom* πF_λ für eine Reihe von Spektraltypen *absolut* auszuwerten. Wir können auf diese Reduktionen (die naturgemäß noch ziemlich viele schwache Stellen enthalten) hier nicht näher eingehen und verweisen auf seine Tab. 7 (l. c. S. 271), welche deren Ergebnisse zusammenfaßt.

Hier möchten wir nur noch kurz den Zusammenhang der Messungen von STEBBINS und WHITFORD mit den in Kap. II diskutierten Untersuchungen über das kontinuierliche *Sonnenspektrum* herstellen. Betrachten wir die Sonne als dG2-Stern, so hätten wir nach Tab. 11 in dem System von STEBBINS und WHITFORD (mit dem dort angenommenen Nullpunkt) im Gebiet 4220—10300 Å eine Farbtemperatur von 6500° zu erwarten. Um auf *wahres* Kontinuum zu korrigieren, müssen wir berücksichtigen, daß im V-Bereich bei 4220 $\pm$ 200 Å nach R. MICHARD (Tab. 6) das Sonnenspektrum im Mittel um $\eta_{\bar{\lambda}} = 27\%$ herabgedrückt ist. Bei λ 10300 Å dürfte dagegen η_λ praktisch Null sein. Für das wahre Kontinuum wäre also zum V—I nach Tab. 11 $-0^{\mathrm{m}}\!.34$ zu addieren, so daß man als Farbtemperatur des wahren Kontinuums 7400° erhält. Dies paßt aber ausgezeichnet zu dem von R. Michard aus E. Pettits Beobachtungen im Bereich $3700 < \lambda < 7000$ Å abgeleiteten (14, 3) $T = 7270$.

Fassen wir zum Schluß noch kurz *die* Punkte zusammen, welche bei *zukünftigen Beobachtungen* besondere Beachtung verdienen dürften:

1. Möglichst großer $1/\lambda$-Bereich. Nur dadurch kann man kleine Schwankungen der Intensitätskurve infolge unaufgelöster Linien unwirksam machen.

2. Sicherung der *absoluten* Farbtemperaturskala (auch bezüglich der Sonne sei dies nochmals betont) durch weitere Anschlüsse an den schwarzen Körper. Beachtung der atmosphärischen Bandenabsorptionen (Ungültigkeit des Bouguerschen Gesetzes) im UV und Infrarot.

3. Messung der η_λ mit großer Dispersion.

18. Visuelle, photographische und bolometrische Helligkeit der Sterne. Farbenindizes und bolometrische Korrektionen[1].

Die gesamte Ausstrahlung eines Sternes vom Radius R im Wellenlängenbereich $\Delta\lambda = 1$ bei der Wellenlänge λ ist nach (17, 1) und (17, 2):

$$4\pi R^2 \cdot \frac{2\pi C_1}{\lambda^5}\, e^{-\frac{c_2}{\lambda T}} \left(1 - e^{-\frac{c_2}{\lambda T}}\right)^{-1}. \tag{18, 1}$$

Dabei haben wir *vorausgesetzt* — und wir werden diese Annahme auch vorerst beibehalten —, daß die Oberfläche des Sternes wie ein *schwarzer Körper* strahlt. Da diese Annahme, wie wir schon wissen, nur eine grobe Annäherung an die Wirklichkeit darstellt, so möchten wir die folgenden Rechnungen mehr im Sinne einer ersten Orientierung betrachtet wissen; zur Interpretation der Beobachtungen reichen sie bei einigen Ansprüchen an Genauigkeit heute nicht mehr aus.

Nach (18, 1) können wir nun das Größenklassensystem für die Wellenlänge λ festlegen durch:

$$\left.\begin{aligned} m_\lambda &= c_\lambda - 5\log R + 2{,}5\log e\cdot\frac{c_2}{\lambda T} + 2{,}5\log\left(1 - e^{-\frac{c_2}{\lambda T}}\right) \\ m_\lambda &= c_\lambda - 5\log R + \frac{1.56_0}{\lambda T} + x\,. \end{aligned}\right\} \tag{18, 2}$$

Die Korrektionsgröße x als Funktion von $\frac{1.56_0}{\lambda T}$ hat folgende Werte:

$\frac{1{,}56}{\lambda T}$:	5,0	4,0	3,0	2,0	1,0
x	−0,01	−0,03	−0,07	−0,19	−0,55

(18, 3)

Benutzt man ein Meßgerät, das nicht nur auf *eine* scharf definierte Wellenlänge λ anspricht, sondern durch eine *Empfindlichkeitsfunktion*[2] gekennzeichnet ist, die sich über einen größeren Bereich erstreckt, so können wir Gl. (18, 1) trotzdem weiter benutzen, wenn wir für λ die sog. „*isophote Wellenlänge*" einsetzen, die eben so *definiert* ist, daß die Mittelung über (18, 1) unter Berücksichtigung der Empfindlichkeitsfunktion dasselbe Ergebnis liefert, wie direktes

[1] In diesem und dem folgenden Abschnitt schließen wir uns ziemlich eng an die — kaum zu übertreffende — Darstellung des Russellschen Buches an. Im Interesse der Geschlossenheit des vorliegenden Buches konnten wir uns nicht mit einem bloßen Hinweis auf Russell begnügen.

[2] In dieser denken wir uns die Wellenlängenabhängigkeit der Durchlässigkeit der Erdatmosphäre und der Optik gleich mit berücksichtigt.

Einsetzen der *isophoten Wellenlänge* in (18, 1). Da die spektrale Energieverteilungskurve in dem vom Instrument erfaßten Wellenlängenbereich mit wachsender Temperatur T des Sterns nach kurzen Wellenlängen immer steiler ansteigt, so werden die isophoten Wellenlängen beim Übergang von kühlen zu heißen Sternen etwas abnehmen.

Für unsere Zwecke genügt es vorerst, mit konstanten Mittelwerten zu rechnen; z. B. ist für das *visuelle bzw. photographische System der Harvard-Photometrie*

$$\lambda_{vis} = 5290\ \text{Å} \quad \text{und} \quad \lambda_{phot} = 4250\ \text{Å}\,, \tag{18, 4}$$

entsprechend den verschiedenen Empfindlichkeitskurven des Auges und der gewöhnlichen Blauplatte.

Die gegenseitigen Beziehungen von m_v und m_p werden (für alle photometrischen Systeme) durch die Übereinkunft festgelegt, daß für A0-Sterne die visuelle und photographische Helligkeit übereinstimmen sollen. Wenn wir die Temperatur eines A0-Sternes $T = 15000°$ K setzen, so ergibt sich mit den isophoten Wellenlängen (18, 4) nach (18, 2) $c_{vis} - c_{phot} = 0{,}55$. Setzen wir noch die gemeinsame Konstante beider Helligkeitssysteme (welche von der Entfernung des Sternes abhängt) gleich m_0, so erhalten wir schließlich:

$$\left.\begin{aligned} m_v &= m_0 + 0{,}55 - 5\log R + \frac{29500}{T} + x_v \\ m_p &= m_0 \qquad\quad\; - 5\log R + \frac{36700}{T} + x_p\,. \end{aligned}\right\} \tag{18, 5}$$

Neben der visuellen und photographischen Helligkeit gewinnt immer größere Bedeutung die von A. S. Eddington [2] und E. Hertzsprung [335] eingeführte „*bolometrische Helligkeit*", welche die *Gesamtstrahlung* des Sternes charakterisiert. Nach dem Stefan-Boltzmannschen Gesetz ist diese

$$4\pi R^2 \cdot \sigma T^4\,.$$

Wir können also schreiben

$$m_{bol} = c_b - 5\log R - 10\log T\,. \tag{18, 6}$$

Die Beziehung zwischen c_b und c_v wird per definitionem so festgelegt, daß die Differenz m_v—m_b bei ihrem Minimum [nach Gl. (18, 5) und (18, 6) $T \approx 6800°$] verschwindet. Man erhält dementsprechend:

$$m_b = m_0 + 43{,}18 - 5\log R - 10\log T\,. \tag{18, 7}$$

Die Differenz zwischen photographischer und visueller Helligkeit eines Sternes bezeichnet man als seinen *Farbenindex C*. Wenn man die effektiven Wellenlängen (genauer gesagt die spektralen Empfindlichkeitskurven) der verwendeten photometrischen Systeme kennt, kann man — wie K. Schwarzschild zuerst bemerkt hat — von C ohne weiteres auf die Sterntemperatur zurückschließen.

Für die Harvardsysteme ist in der hier betrachteten Näherung — die Korrektion $x_p - x_v$ kann vernachlässigt werden — nach (18, 5):

$$C = m_p - m_v = 7400/T - 0{,}55\,. \tag{18, 8}$$

Eine eingehende Diskussion der modernen Helligkeitssysteme und ihrer *Farbenindices* hinsichtlich der entsprechenden Empfindlichkeitskurven, isophoten Wellenlängen, Einfluß der interstellaren Verfärbung und Reduktion auf Farbtemperaturen haben 1943 F. H. Seares und M. C. Joyner [370, 371] veröffentlicht. Aus den „internationalen" photographischen und photovisuellen Helligkeiten P_g bzw. P_v, deren isophote Wellenlängen für mittlere Temperaturen (d G0-Stern) bei 4300 bzw. 5440 Å liegen, erhalten sie die Farbtemperaturen von

Tab. 12. Bei einem so kleinen $\Delta\, 1/\lambda$-Intervall ist von vornherein zu erwarten, daß diese bei den späteren Spektraltypen stark durch Linien und Banden beeinflußt sein werden.

Die isophoten Wellenlängen λ_i der meisten photometrischen Systeme sind durch mehr oder weniger zufällige historische und instrumentelle Gegebenheiten bedingt. W. BECKER [313] hat nun vorgeschlagen, im Hinblick auf die heute bekannten Strahlungsenergiekurven der Sterne (vgl. Abb. 29) einige λ_i möglichst rationell *so* zu wählen, daß sie zusammen ein möglichst vollständiges Bild der Energieverteilung im Sternspektrum geben. Mit Rücksicht auf die frühen Spektraltypen sollte ein erstes λ_i *im* BALMER-Kontinuum liegen. Bei den späteren Spektraltypen (etwa ab K0) läßt sich die relative Intensitätsverteilung bei größeren Wellenlängen am günstigsten durch einen „langwelligen Gradienten" etwa von λ 6400—4800 Å und einen „mittleren Gradienten" von λ 4800—3900 Å darstellen. Damit sind die drei weiteren isophoten Wellenlängen praktisch festgelegt. Im Hinblick auf möglichste Einfachheit und Empfindlichkeit wählt W. BEKKER schließlich folgende Platten- und Filterkombinationen, denen wir gleich die isophote Wellenlänge für A0-Sterne — bei Verwendung aluminisierter Spiegel — beigeschrieben haben:

Tabelle 12. Farbtemperaturen aus internationalen Farbindizes nach F. H. SEARES u. M. C. JOYNER [370].

H. D. Spektrum	Farbtemperatur	
	Haupt-sequenz	Riesen
B5	27500	..
A0	14300	..
A2	11800	..
A5	11000	..
F0	9300	..
F5	7900	..
G0	6750	5610
G5	5610	5030
G8	5030	4580
K0	4690	4150
K2	4340	3700
K5	3790	3310

Platte	Schott-Filter	Isophote Wellenlänge, (A-Stern; Aluminiumspiegel) λ_i	$1/\lambda_i$
1. Isopanplatte	2 mm RG 1	6380	1,57
2. Astroplatte (blau)	2 mm GG 5	4810	2,08
3. Astroplatte (blau)	1 mm BG 3 +4 mm GG 13	4240	2,36
4. Astroplatte (blau)	2 mm UG 2	3730	2,68

Die hieraus zu bildenden „*Standard-Farbenindizes*" sind rechts durch Klammern angedeutet. Wegen ihrer Anwendung auf die Erforschung der interstellaren Absorption, der Farben-Helligkeits-Diagramme von Sternhaufen usw. sei auf die zahlreichen anschließenden Arbeiten von W. BECKER in Z. Astrophysik hingewiesen.

Im Zusammenhang mit theoretisch-astrophysikalischen Problemen ist noch von besonderem Interesse die sog. *bolometrische* Korrektion[1]:

$$\Delta m_b = m_v - m_b = -\,42{,}63 + 10 \log T + \frac{29\,500}{T} + x_v \qquad (18,9)$$

in unserer Näherung. Sie gestattet, aus der visuell beobachteten Helligkeit auf die Gesamtstrahlung eines Sternes zu schließen. (Daß die Annahme schwarzer Strahlung hier besonders gefährlich ist, braucht kaum betont zu werden!) Abb. 34 gibt die nach (18, 9) berechneten sowie die erheblich genaueren Werte, die

[1] Über die Festlegung des Vorzeichens scheint in der Literatur keine Einigkeit zu bestehen.

Hertzsprung [335] und Eddington [2] unter Benutzung der genauen Empfindlichkeitsfunktion des Auges durch numerische Integration erhalten haben[1].

Die Verhältnisse bei extrem hohen Temperaturen hat S. R. Pike [362] untersucht, sie sind wichtig für die Theorie der Novae, der planetarischen Nebel und verwandte Probleme. Im Gebiet des Rayleigh-Jeansschen Strahlungsgesetzes $\left(\frac{c_2}{\lambda T} \ll 1\right)$ wird nach (17, 1—3):

$$m_v = m_0 + 11{,}63 - 5 \log R - 2{,}5 \log T \qquad (18,\ 10)$$

und mit (18, 7)

$$\Delta m_b \approx -31{,}55 + 7{,}5 \cdot \log T. \qquad (18,\ 11)$$

Die von S. R. Pike berechneten Δm_b sind in der folgenden Tab. 13 zusammen mit den nach der — natürlich nicht so genauen — asymptotischen Formel (18, 11) für $T > 50000°$ berechneten Werten angegeben.

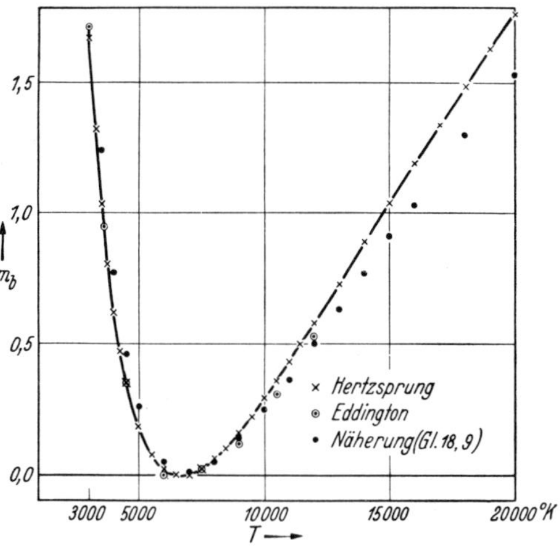

Abb. 34. Bolometrische Korrektion $\Delta m_b = m_v - m_b$.

Tabelle 13. *Bolometrische Korrektion für hohe Temperaturen.*

$T \cdot 10^{-4}$	1,2	2,0	2,5	3,0	3,5	4,0	5	6	7	8	10	12
Nach Pike [362]	0,54	1,60	2,16	2,63	3,10	3,45	4,10	4,64	5,2	5,6	6,35	6,7
Gl. (18, 11)	—	—	—	—	—	—	3,69	4,28	4,79	5,22	5,95	6,54

G. P. Kuiper [348] hat versucht, bei der Berechnung der bolometrischen Korrektionen die Abweichungen der Sterne vom Planckschen Strahlungsgesetz zu berücksichtigen. Für die späteren Spektraltypen F0 bis M5 stützt er sich auf die radiometrischen Messungen (Thermoelement) von E. Pettit und S. B. Nicholson [361] an Mt. Wilson. Bei den früheren Spektraltypen ist man auf die Theorie der kontinuierlichen Spektren angewiesen. Hierzu vgl. die Untersuchungen von G. Traving [852] über τ Sco B0 und von K. Hunger [1761b] über α-Lyr A0.

19. Absolute Helligkeiten. Sterndurchmesser. Riesen- und Zwergsterne. Hertzsprung-Russell-Diagramm. Die zwei Sternpopulationen.

Bis jetzt haben wir den Nullpunkt unserer Helligkeitssysteme und damit die Konstante m_0 der Gl. (18, 5) in ziemlich unrationeller Weise festgelegt. Um zu Größen zu gelangen, die *nur* noch mit dem betrachteten Stern selbst zusammenhängen, führen wir den Begriff der *absoluten* Helligkeit M ein. Er gibt in Größenklassen (visuell oder photographisch; bei A0 sollen beide Systeme übereinstimmen) *die* Helligkeit an, die der betreffende Stern bekäme, wenn er in eine Entfernung von 10 parsec (= 32,6 Lichtjahre; Sternparallaxe von 0,″1) vom Beobachter gestellt würde. Es ist also wegen der Abnahme der Helligkeit mit dem Quadrat der Entfernung (außerdem muß für $p = 0{,}''1$ $M = m$ werden):

$$M - m = 5 + 5 \log p\,, \qquad (19,\ 1)$$

[1] Ihre Zahlenwerte liegen für große T etwas höher als die nach (18, 9) berechneten, entsprechend der Violettverschiebung der effektiven Wellenlänge. Weshalb sie bei niedrigen T tiefer liegen, ist nicht ohne weiteres zu ersehen.

wo p die Parallaxe des Sternes in Bogensekunden bedeutet (seine Entfernung ist $1/p$ parsec). Schreiben wir nun nach (18, 5)

$$M_v = \text{const} - 5\log R + 29500/T + x_v \qquad (19, 2)$$

und setzen rechts die für die Sonne geltenden Zahlenwerte $R = 1$ Sonnenradius (wir rechnen im folgenden alle Sterndurchmesser am einfachsten in dieser Einheit), $T = 6000°$ und $M = 4^{\text{m}}_{\cdot}83$ ein[1], so ergibt sich für die Konstante der Wert 0,08 und wir erhalten schließlich

$$\left.\begin{aligned} M_v &= -0{,}08 - 5\log R + \frac{29500}{T} + x_v \\ M_p &= -0{,}63 - 5\log R + \frac{36700}{T} + x_p\,. \end{aligned}\right\} \qquad (19, 3)$$

Sind für einen Stern die scheinbare Helligkeit (wir schreiben die folgenden Gleichungen für visuelle Helligkeiten; die beim Übergang zu photographischen Helligkeiten nötigen Änderungen sind trivial) m_v und die Parallaxe p bekannt, so kann man aus (19, 1) seine *absolute* visuelle Helligkeit M_v und weiterhin aus (19, 3) seinen *Radius* R (Sonnenradius $= 1$) berechnen, wenn die Temperatur T bekannt ist. Während wir es aber bisher nur mit *Farbtemperaturen* zu tun hatten, müßten wir hier eigentlich die *Strahlungstemperatur* einsetzen. Die Beziehung zwischen den beiden Temperaturen können wir erst in Abschnitt 20 erörtern. Hier wollen wir noch provisorisch die Schwarze-Körper-Hypothese beibehalten.

Ist die Parallaxe p nicht bekannt, so muß man sich mit der Ermittlung des *scheinbaren Sterndurchmessers* d (in Bogensekunden) begnügen: Aus der Entfernung $1/p$ parsec (entsprechend einer Sternparallaxe von p'') erscheint der Erdbahn*radius* $= 107$ Sonnen*durchmesser* unter dem Winkel p''. Ein Stern vom R-fachen Durchmesser der Sonne erscheint also unter dem Winkel

$$d'' = \frac{p \cdot R}{107} \text{ Bogensekunden.} \qquad (19, 4)$$

Mit (19, 1) und (19, 3) erhält man daraus ohne weiteres

$$\log d'' = -0{,}20 \cdot m_v + 5900/T - 3{,}05 + 0{,}20\, x_v\,. \qquad (19, 5)$$

Die so berechenbaren Winkeldurchmesser erreichen im günstigsten Fall (α-Orionis) die Größe $d = 0''_{\cdot}048$.

Auf die am *Mt. Wilson*-Observatorium mit dem MICHELSON-*Interferometer* von PEASE [359, dort eingehende Literaturangaben] ausgeführten direkten Messungen von d'' braucht hier wohl nur hingewiesen zu werden.

Neuerdings gelang es A. E. WHITFORD [377], scheinbare Sterndurchmesser zu bestimmen durch photoelektrische Beobachtung der FRESNELschen Beugungserscheinungen, welche bei Sternbedeckungen durch den Mond entstehen. Ein endlicher Sterndurchmesser bewirkt, wie man qualitativ sofort sieht, eine Abflachung der Beugungsmaxima und -minima. Zur Theorie vgl. J. D. WILLIAMS [378]. Die Übereinstimmung der gemessenen und der nach (19, 5) berechneten Winkeldurchmesser kann als Bestätigung der Annahme gebucht werden, daß die betreffenden Sterne einigermaßen wie schwarze Körper strahlen.

Man darf jedoch einerseits auf die genauen Zahlenwerte der interferometrisch gemessenen d'' kein *zu* großes Gewicht legen, da bei der *Auswertung* der Interferometer*beobachtungen* eine — zur Zeit noch ziemlich unsichere — *Annahme* über den Mitte-Rand-Kontrast des betreffenden Sternes gemacht werden muß (resultierende Unsicherheit von d: $\sim \pm 10\%$). Andererseits sind auch die in (19, 5) eingehenden *Temperaturen* gerade bei den K- und M-Sternen (um die es sich

[1] Unter Berücksichtigung der Entfernung nach (19, 1) berechnet aus der im System der visuellen Sternhelligkeiten gemessenen Helligkeit der Sonne.

durchweg handelt) wegen der starken Verzerrung des kontinuierlichen Spektrums durch Linien- und Bandenabsorption nicht sehr genau. (Nimmt man als Unsicherheit der Temperatur $\sim \pm 150°$ an, so führt dies in d'' zu einer solchen von $\sim \pm 20\%$.)

Eine *direkte* Bestimmung von wahren Sternradien R ist weiterhin noch möglich bei Verfinsterungsveränderlichen, deren Bewegung auch spektroskopisch beobachtet ist.

Bis jetzt liegen nur für ganz wenige Objekte ausreichende Daten vor. Vgl. G. P. Kuiper [349], N. Milford [353] und K. Pilowski [363, 364].

In Abb. 35 ist zunächst noch einmal der durch Gl. (19, 3) gegebene Zusammenhang zwischen visueller absoluter Helligkeit M_v, Temperatur T und Sternradius R dargestellt. Wie wir schon mehrfach bemerkt haben, sind bei *einem* bestimmten Spektraltyp die Temperaturen der Riesen und Zwerge verschieden. Ganz allgemein ist bei festgehaltenem Spektraltypus die Temperatur eine Funktion der absoluten Helligkeit. Die in Abb. 35 eingezeichneten Linien konstanten Spektraltyps sind einer statistischen Untersuchung von B. Stikker [374] entnommen, die sich auf das 1930 vorhandene Beobachtungsmaterial stützt. — Auf die Frage nach der Deutung solcher Kurven kommen wir später zurück; einstweilen können wir sie ebensogut als *Definition* der Spektraltypen betrachten.

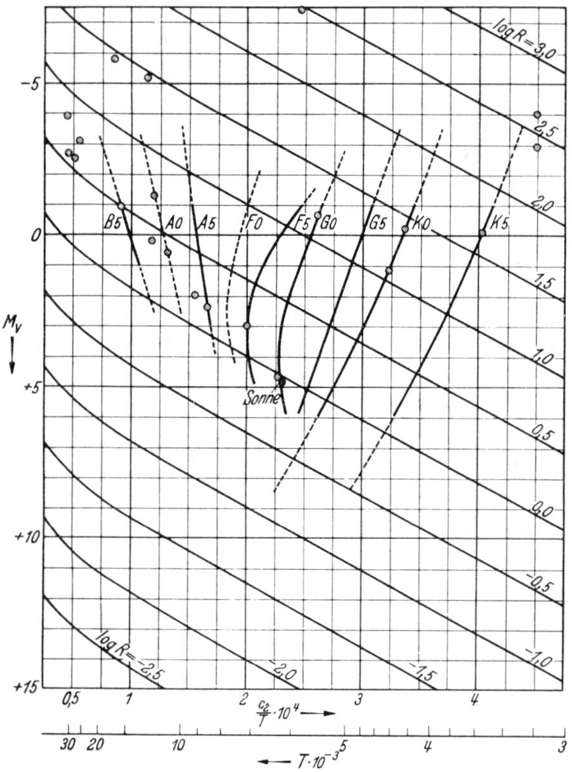

Abb. 35. Verknüpfung von visueller absoluter Helligkeit M_v, Sternradius R (Sonnenradius = 1), Temperatur T (bzw. c_2/T) und Spektraltypus. Hertzsprung-Russell-*Diagramm* der Sterne mit m_v heller als 1,6.

In ein solches M_v, T (bzw. Spektraltyp)-Diagramm haben nun E. Hertzsprung und H. N. Russell die wirklichen Sterne eingetragen (in Abb. 35 sind als ● die Sterne heller als $m_v = 1^m\!.6$ eingezeichnet). Dabei zeigte sich, daß sie sich in diesem Hertzsprung-Russell-Diagramm in der Hauptsache nach zwei Gruppen sondern: Die *Riesensterne* (Durchmesser bis zu 300 Sonnenradien!), deren absolute Helligkeiten längs der ganzen Spektralreihe sich um $M_v \approx 0$ gruppieren, und die *Zwergsterne*, deren M_v in gesetzmäßiger Weise von $\sim -3^m$ bei B0 über $+4^m\!.8$ bei G0 (Sonne) auf $\sim +10^m$ bei M0 abnehmen. Neuerdings bezeichnet man die 2. Gruppe — der die Mehrzahl der Sterne angehört — auch als *Hauptsequenz*.

Untersuchungen an galaktischen Sternhaufen (z. B. [338]) über die Beziehung zwischen Farbenindex und scheinbarer Helligkeit (da alle Haufensterne praktisch

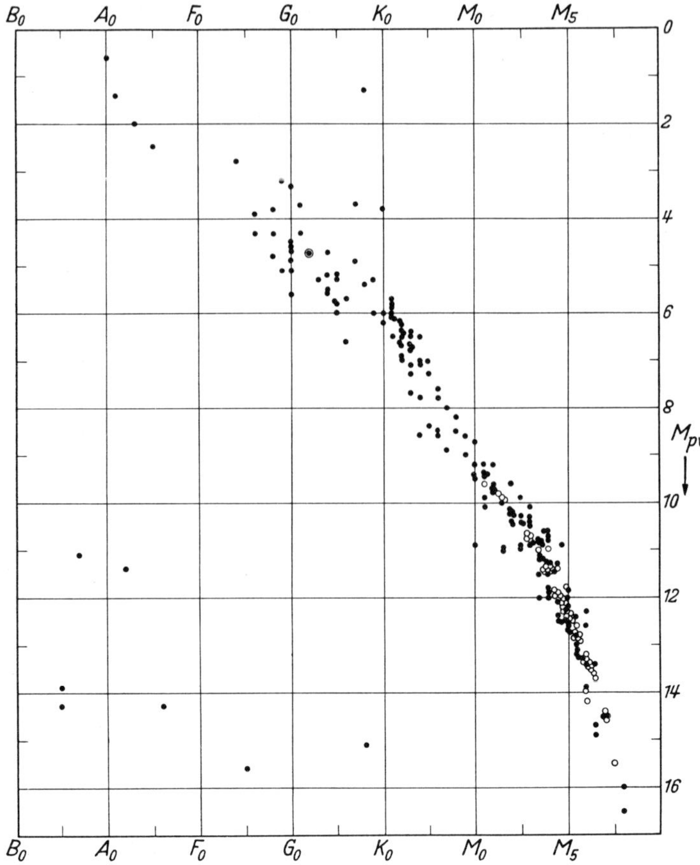

Abb. 36. Hertzsprung-Russell-Diagramm der Sterne innerhalb 10,5 parsec (absolute visuelle Helligkeit und Yerkes-Spektraltyp) nach G. P. Kuiper [350].

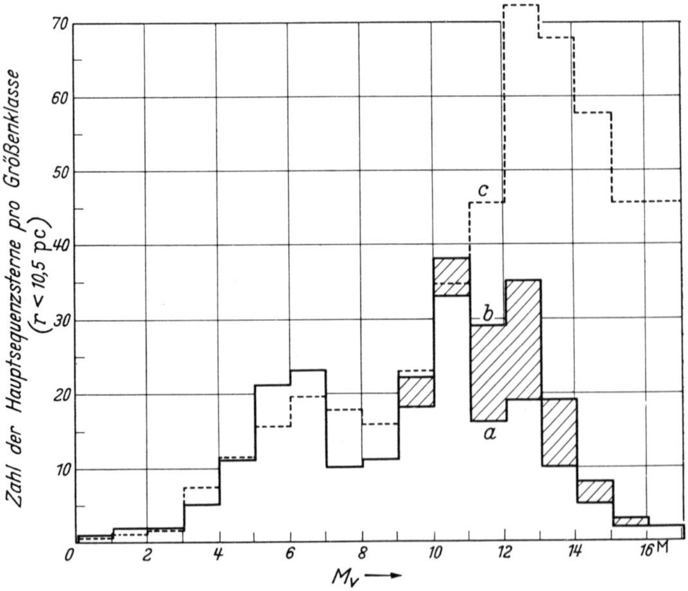

Abb. 37. Leuchtkraftfunktion für die Hauptsequenzsterne innerhalb 10,5 parsec Entfernung nach G. P. Kuiper [350].

gleich weit entfernt sind, vermeidet man so die Fehler der Parallaxenbestimmung!) zeigen, daß die *Hauptsequenz* ziemlich scharf definiert ist. Die Streuung in m_v dürfte bei festgehaltenem Farbenindex $< 0^{\rm m}.5$ sein. Die Gruppe der Riesensterne ist nicht so scharf definiert. Links unten liegen die Sterne mit hoher Temperatur und kleiner absoluter Helligkeit, die sog. *weißen Zwergsterne* (Siriusbegleiter u. a.), welche sich durch enorme Dichten auszeichnen.

Die in Abb. 35 eingezeichneten Sterne (heller als 1,6 m_v) geben natürlich noch kein Bild der *wahren statistischen Verteilung* der Sterne im HERTZSPRUNG-RUSSELL-Diagramm, da wir — infolge der Auswahl nach scheinbarer Helligkeit — die Sterne mit großer Absoluthelligkeit stark bevorzugt haben. Ein statistisch richtigeres Bild wird man z. B. für die „Bevölkerung" unserer Umgebung bekommen, wenn man das HERTZSPRUNG-RUSSELL-Diagramm aller Sterne innerhalb einer bestimmten (nicht zu großen) Entfernung von der Sonne aufträgt. In Abb. 36 nach G. P. KUIPER [350] sind z. B. für alle Sterne näher als 10.5 parsec, d. h. $p \sim 0''.095$ die absoluten internat. photovisuellen Helligkeiten als Funktion des Spektraltyps (Nordhimmel: Yerkes; Südhimmel: Harvard) aufgetragen[1]. Sterne mit unbekanntem Spektrum sind als O auf die Hauptsequenz gesetzt. ⊙ ist die Sonne: dG2 mit $4^{\rm M}.73$.

Unter den 254 Sternen plus Sonne ist nur 1 Riesenstern βGem G8. αBoo (gK0) liegt mit $p = 0''.08$ eben „außerhalb des Zaunes". Dann kommen 2 Unterriesen (δEri K0 und μHer A ... G7). Die Streuung der Hauptsequenz liegt bei $\pm 0^{\rm m}.3$. Man beachte, wie ihre Besetzung nach kühleren Sternen zu rasch dichter wird, bis sich ab $\sim 11^{\rm M}$ die Unvollständigkeit der Beobachtungen bemerkbar macht. Links unten liegen 7 weiße Zwerge!

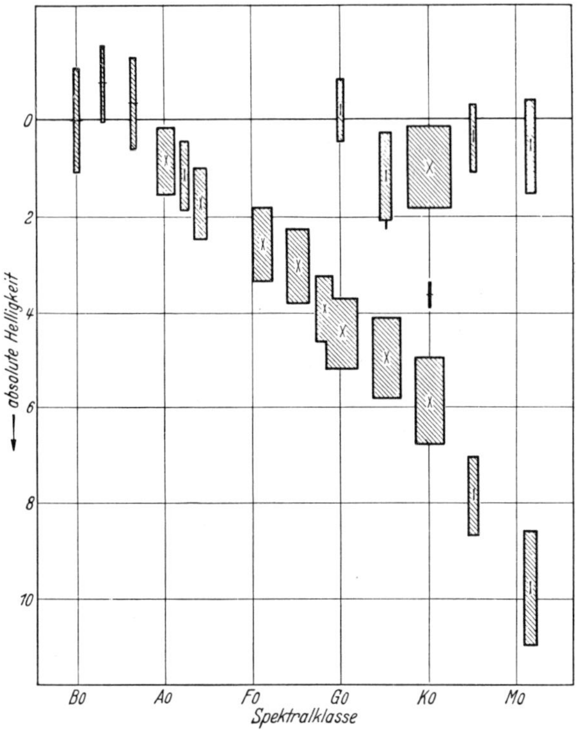

Abb. 38. HERTZSPRUNG-RUSSELL-Diagramm nach trigonometrischen Parallaxenmessungen [358]. Die Streuung in M_v wird dargestellt durch die Höhe der Rechtecke. Deren Breite entspricht der Anzahl der Meßwerte pro Gruppe.

Auffällig ist der hohe Bruchteil von Doppelsternen und mehrfachen Systemen unter den Sternen unserer Nachbarschaft.

Abb. 37 zeigt — wieder nach G. P. KUIPER [350] — die zugehörige *Leuchtkraftfunktion der Hauptsequenz,* d. h. die Zahl der Hauptsequenzsterne pro $\varDelta M = 1$ für die betrachtete Kugel von $4{,}85 \cdot 10^3$ parsec³. Kurve a) gibt alle Sterne mit bekannter trigonometrischer Parallaxe, b) alle bekannten Sterne und c) die

[1] Für $p > 0''.2$ vgl. P. VAN DE KAMP [342].

rechnerisch nach Eigenbewegungsdaten von KUIPER vervollständigten Sternzahlen. Man sieht, daß die Anzahl c − b der noch zu entdeckenden Sterne oberhalb $M = 11$ noch erheblich ist. Bis 11^M ist übrigens die Gesamt*masse* pro Größenklasse fast konstant.

Um auch die Stellung der *Riesensterne* im HERTZSPRUNG-RUSSELL-Diagramm durch ein größeres Beobachtungsmaterial zu belegen, geben wir noch in Abb. 38 ein von J. J. NASSAU und MCCUSKEY [358] aus etwa 4000 trigonometrischen Parallaxenmessungen konstruiertes Diagramm wieder.

Neuere Arbeiten von TRÜMPLER, HERTZSPRUNG, HECKMANN, EGGEN u. a. haben in den HERTZSPRUNG-RUSSELL-Diagrammen der galaktischen Sternhaufen eine Menge kosmogonisch hochinteressanter Strukturen aufgezeigt. Wir können darauf hier leider nicht eingehen.

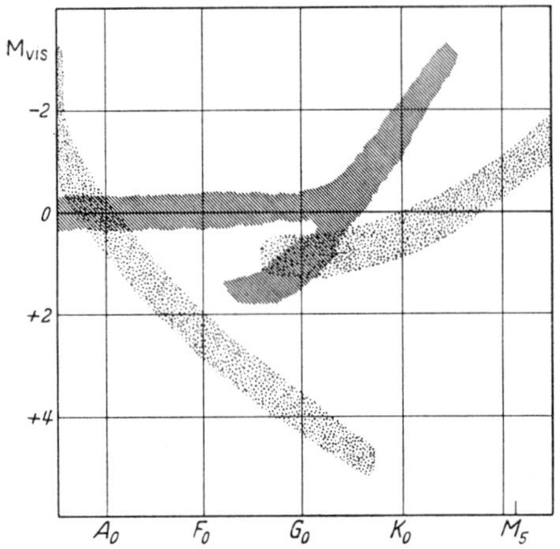

Abb. 39. Getönte Fläche: Population I („gewöhnliches" H.-R.-Diagramm). Gestrichelte Fläche: Population II (z. B. Kugelsternhaufen). Nach W. BAADE [306].

Dagegen müssen wir noch kurz W. BAADEs grundlegende Entdeckung besprechen: Er erkannte, daß die elliptischen- und Kugelnebel, ferner die Kerne der eigentlichen Spiralnebel und die Kugelsternhaufen ein HERTZSPRUNG-RUSSELL-Diagramm haben, das sich von dem bisher dargestellten grundsätzlich unterscheidet. W. BAADE unterscheidet demgemäß eine „Sternpopulation II" von der seither bekannten „Population I", aus welcher unsere Umgebung, die Arme der Spiralnebel, und Gebilde vom Typ der Magellanischen Wolken in der Hauptsache bestehen. In Abb. 39 sind nach W. BAADE [306] die beiden Diagramme schematisch übereinander gezeichnet. Der untere Ast der Population II setzt sich nach rechts unten wahrscheinlich längs der Hauptsequenz fort.

W. BAADEs Entdeckung läßt die umfangreichen Theorien, welche die Entstehung des damals allein bekannten H.-R.-Diagramms I „mit Notwendigkeit" erklärten, in einem sehr bedenklichen Licht erscheinen. Über das Zustandekommen der beiden so verschiedenen Diagramme in verschiedenen kosmischen Gebilden haben wir nur Vermutungen.

20. Empirische Verknüpfung von Farbtemperatur T_F, Strahlungstemperatur T_S und effektiver Temperatur T_e.

Im Vorhergehenden benutzten wir bald die Farbtemperatur, bald die Strahlungstemperatur als Hilfsbegriffe. Wir fragen nun: Wie hängen sie untereinander zusammen? Kann ihre Verknüpfung empirisch ermittelt werden?

Beschreiben wir die Ausstrahlung eines Sternes bei der Wellenlänge λ per definitionem durch eine *Strahlungstemperatur* $T_S(\lambda)$, so ist nach (18, 2) die entsprechende Helligkeit in Größenklassen:

$$m_\lambda = c_\lambda - 5 \log R + \frac{1{,}56}{\lambda T_S(\lambda)} + x\,(T_S \cdot \lambda)\,. \qquad (20,\,1)$$

Im Bereich des WIENschen Strahlungsgesetzes wird dann der *Farbindex* zwischen zwei Wellenlängen λ_1 und λ_2

$$m_{\lambda_1} - m_{\lambda_2} = \text{const} + 1{,}56\left(\frac{1}{\lambda_1 T_S(\lambda_1)} - \frac{1}{\lambda_2 T_S(\lambda_2)}\right). \qquad (20,\,2)$$

Dafür würden wir mit Einführung einer *Farbtemperatur* $T_F(\lambda_1, \lambda_2)$ für den Bereich $\lambda_1 \ldots \lambda_2$ aber schreiben:

$$m_{\lambda_1} - m_{\lambda_2} = \text{const} + 1{,}56\left(\frac{1}{\lambda_1} - \frac{1}{\lambda_2}\right)\frac{1}{T_F(\lambda_1, \lambda_2)}\,. \tag{20, 3}$$

Da $T_S(\lambda)$ — wie später die Theorie zeigen wird — als Funktion von λ innerhalb relativ enger Grenzen bleiben muß, andererseits aber — infolge Anhäufungen von Linien — innerhalb kleiner Wellenlängenbereiche ziemlich plötzlich schwanken kann, so folgt aus dem Vergleich von (20, 2) und (20, 3), daß T_F sich um so mehr einem Mittelwert der $T_S(\lambda)$ annähern wird, je größer das bei der Ableitung der Farbtemperatur verwendete $\Delta\, 1/\lambda$ war.

Zur empirischen Ermittelung des Zusammenhanges von T_S für ein bestimmtes λ bzw. Meßgerät mit dem T_F für einen bestimmten Wellenlängenbereich bestehen nun folgende Möglichkeiten:

a) Man kann T_S *direkt* bekommen für die wenigen roten Riesensterne, deren Durchmesser *interferometrisch* bestimmt ist.

In entsprechender Weise kann man die paar *Bedeckungsveränderlichen* benutzen, deren Bahn photometrisch *und* spektroskopisch bestimmt werden kann. Diesen Weg haben K. Pilowski [363, 364] und G. P. Kuiper [348] beschritten.

b) W. Becker [314] benutzt *Bedeckungsveränderliche* mit totaler Verfinsterung in anderer Weise: Die Helligkeitsamplitude $\Delta\, m$ und das Radienverhältnis $k = \frac{r_1}{r_2}$ geben das Verhältnis der Flächenhelligkeiten, d. h. im Bereich des Wienschen Gesetzes $\Delta\, \frac{c_2}{T_S}$ der beiden Komponenten. Kennt man andererseits ihr $\Delta\, \frac{c_2}{T_F}$ aus spektralphotometrischen Messungen oder (so macht es Becker l. c.) aus dem Spektrum, so kann man $\Delta\left(\frac{c_2}{T_S}\right)\Big/\Delta\left(\frac{c_2}{T_F}\right)$ als Funktion von $\frac{c_2}{T_F}$ auftragen und integrieren. Den Nullpunkt der $\frac{c_2}{T_S}$-Skala liefert dann die Sonne.

c) Schon früher hatte W. Becker [312] bemerkt, daß man in ähnlicher Weise auch die *Cepheiden* unter Voraussetzung der Pulsationstheorie benutzen kann: Die Integration der Radialgeschwindigkeitskurven zeigt, daß bei den „klassischen" Cepheiden wie δ Cep oder η Aqu der Radius im Helligkeitsmaximum und -minimum praktisch gleich ist. Die Helligkeitsamplitude rührt also ganz von dem $\Delta\, \frac{c_2}{T_S}$ her. Das entsprechende $\Delta\, \frac{c_2}{T_F}$ hat Becker spektralphotometrisch gemessen. Er bekommt so wie unter a) die Strahlungstemperatur für λ 4100 und 5570 als Funktion der Gradienten in den Bereichen λ 6350—4900 und λ 4900—4000 Å, wobei letzterer durch das wechselnde Linienspektrum ziemlich gestört wird.

Auf die im einzelnen sehr diffizile Diskussion des Beobachtungsmaterials zu a) bis c) können wir hier nicht eingehen, sondern verweisen auf die Originalarbeiten und eine neuere Bearbeitung durch K. Pilowski [364], der wir die Tab. 14 entnehmen. Für Riesensterne ist der Zusammenhang zwischen Farbtemperatur und Strahlungstemperatur offenbar derselbe wie in der Hauptsequenz.

Schwieriger liegt die Sache mit den *effektiven* Temperaturen T_e, definiert durch Anwendung des Stefan-Boltzmannschen Gesetzes auf die Gesamtstrahlung. Bei der *Sonne* (dG2) konnten wir von der *Solarkonstanten* ausgehen. Bei den kühleren Sternen bilden die radiometrischen Messungen (Thermoelement + 100″) von S. B. Nicholson und E. Pettit [361] einen Anhaltspunkt. Dagegen ist bei den heißeren Sternen rein empirisch nichts zu wollen: Nach den Formeln von Abschnitt 7 berechnet man z. B. leicht, daß bei einem schwarzen Strahler von 10000° (A-Stern) schon $\sim 35\%$ der Gesamtstrahlung jenseits

λ 3200 Å liegen, d. h. praktisch gar nicht gemessen werden können. Der obere Teil der beiden letzten Spalten in Tab. 14 ist also mit einiger Vorsicht zu betrachten. Immerhin dürfte soviel daran wahr sein, daß die effektive Temperatur der Sterne um A0 erheblich niedriger ist als ihre Farbtemperatur.

Tabelle 14. Strahlungs- und effektive Temperaturen der Hauptsequenz-Sterne (Mittelwerte). Nach K. PILOWSKI [364].

Spektrum (Mt. W.)	M_{pv}	Visuell		Photographisch		Radiometrisch		Effektiv	
		c_2/T	T	c_2/T	T	c_2/T	T	c_2/T	T
B3	—1,40	0,91	15800	0,90	16000	0,90	16000	(0,92)	(15600)
B5	—0,70	1,04	13800	1,02	14100	1,05	13700	(1,08)	(13300)
A0	+0,90	1,37	10500	1,32	10900	1,42	10100	(1,49)	(9630)
A5	+2,18	1,63	8800	1,64	8750	1,72	8340	1,80	7970
F0	+3,17	1,90	7550	1,89	7590	1,96	7320	2,05	7000
F5	+3,80	2,09	6860	2,09	6860	2,14	6700	2,20	6520
G0	+4,50	2,31	6210	2,34	6610	2,41	5960	2,41	5960
G5	+5,31	2,58	5560	2,63	5460	2,74	5240	2,74	5240
K0	+5,80	2,74	5240	2,80	5120	2,95	4860	2,95	4860
K5	+6,89	3,15	4550	3,22	4460	3,36	4270	3,36	4270
K6	+7,49	3,40	4220	3,46	4150	3,53	4060	3,53	4060
M0	+8,18	3,64	3940	3,75	3830	3,71	3870	3,71	3870
M1	+8,88	3,92	3520	4,11	3490	3,89	3690	3,89	3690
M2	+9,58	4,17	3440	4,39	3270	4,07	3530	4,07	3520

21. Die Massen der Sterne. EDDINGTONs Masse-Leuchtkraft-Beziehung. Schwerebeschleunigung an den Sternoberflächen.

Eine direkte Bestimmung der *Masse* μ eines Sternes ist nur möglich bei visuellen und spektroskopischen Doppelsternen sowie Verfinsterungsveränderlichen. Wir müssen also vorläufig die *Arbeitshypothese* benutzen, daß derartige Sterne, trotzdem sie möglicherweise einen anderen Entwicklungsgang hatten als einfache Sterne, sonst dieselben physikalischen Eigenschaften besitzen wie diese. Die Gesamtheit der spektroskopischen Beobachtungen spricht durchaus für die — zum mindesten weitgehende — Richtigkeit dieser Annahme.

Die Beziehungen der Masse μ zu den anderen Charakteristiken eines Sternes blieben lange Zeit dunkel, bis A. S. EDDINGTON (1924) auf Grund der Theorie des inneren Aufbaues der Sterne seine — auch von der Beobachtung bestätigte[1] — Beziehung zwischen Masse μ, Leuchtkraft L (= gesamte Ausstrahlung in erg/sec) und effektiver Temperatur T_e entdeckte.

Der — später leider verschiedentlich mißverstandene — Grundgedanke EDDINGTONs kann in qualitativer Hinsicht wohl am einfachsten folgendermaßen formuliert werden:

Die geologischen Beobachtungen über das Alter der *Erde* im Verein mit der bekannten Abschätzung der Abkühlungsgeschwindigkeit der *Sonne* nach LORD KELVIN weisen darauf hin, daß die Strahlungsenergie der Sonne und der Sterne subatomaren Quellen entstammt. Im *stationären* Zustand muß also die Leuchtkraft eines Sternes — aus der absoluten bolometrischen Helligkeit M_b leicht zu berechnen — gleich sein der im Sterninneren pro sec *erzeugten* Energie.

Denken wir uns nun eine Masse μ mit bestimmten Energiequellen L erg/sec zunächst irgendwie im Raum verteilt, so wird sie einer Konfiguration zustreben, in welcher Gas- und Strahlungsdruck und die gegenseitige Anziehung der Materie

[1] Eine zunächst noch übrige Unstimmigkeit konnte 1932 von B. STRÖMGREN: Z. Astrophysik **4**, 118 (1932); EDDINGTON: Monthly Notices **92**, 471 (1932) u. a. behoben werden mit Hilfe der — auch durch spektroskopische Beobachtungen gestützten — Annahme, daß die Sterne zum großen Teil aus Wasserstoff bestehen.

einander das Gleichgewicht halten. Mit anderen Worten: Es bildet sich ein Stern, dessen Radius R durch L und μ eindeutig festgelegt ist. Da weiterhin $L = 4\pi R^2 \cdot \sigma T_e^4$, so ist auch seine effektive Temperatur T_e bestimmt.

Ganz unabhängig von irgendwelchen speziellen Annahmen über das Sterninnere kommen wir also auf eine Relation der Form

$$\varphi(M_b, \mu, T_e) = 0. \quad (21,1)$$

Um die Funktion φ näher festzulegen, hat nun EDDINGTON [2] im einzelnen den Aufbau solcher Sterne berechnet, in deren Innerem durchweg die *Zustandsgleichung des idealen Gases* gilt. Daneben muß noch — faute de mieux — eine Annahme über die räumliche Verteilung der Energiequellen gemacht werden; aber nachträgliche Kontrollrechnungen zeigen, daß das Schlußresultat von dieser nur wenig beeinflußt wird. Alle übrigen Größen sind — wenn wir die Zusammensetzung der Sterne (vgl. die letzte Anmerkung) als homogen und bekannt ansehen — durch *rein physikalische* Betrachtungen festgelegt. Unter diesen Voraussetzungen findet EDDINGTON, daß die Temperatur T_e, solange man in dem praktisch vorkommenden Bereich von 3000° bis ~ 30000° K bleibt, in (21, 1) nur die Rolle einer Korrektionsgröße spielt und spricht deshalb kurz von der *Masse-Leuchtkraft-Beziehung*. Sie nimmt die Form an

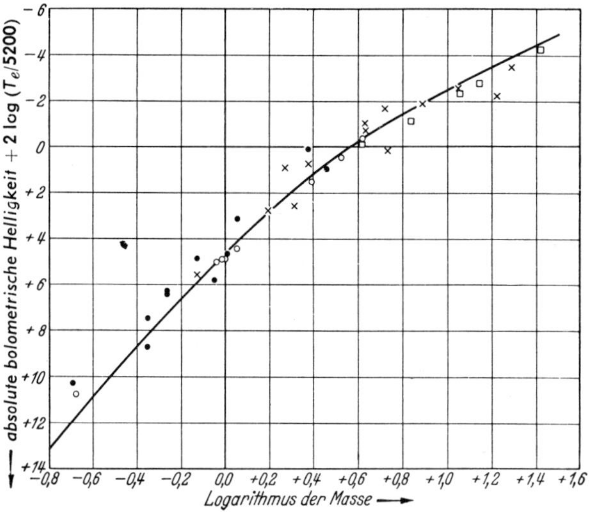

Abb. 40. Die Massenhelligkeitskurve (nach A. S. EDDINGTON [2]). ○ Erstklassige Bestimmungen. ● Bestimmungen zweiter Klasse (weniger zuverlässig). × Verfinsterungsveränderliche. □ Cepheiden.

$$M_b + 2\log(T_e/5200) = f(\log\mu)\,. \quad (21,2)$$

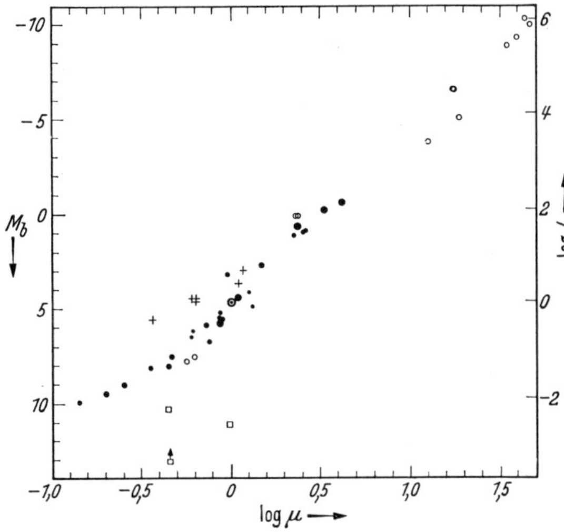

Abb. 41. Empirische Masse-Leuchtkraft-Beziehung nach G. P. KUIPER [349]. ● Visuelle Doppelsterne. ○ Spektroskopische Doppelsterne. + Hyaden-Doppelsterne. □ Weiße Zwerge.

Bezüglich der Funktion $f(\log\mu)$ führt EDDINGTONs Theorie des gasförmigen Sterninneren zu guter Übereinstimmung mit den Beobachtungen. In Abb. 40 ist die von EDDINGTON berechnete Kurve zusammen mit den entsprechenden Beobachtungswerten wiedergegeben. Wegen der Diskussion des Beobachtungsmaterials im einzelnen sei auf EDDINGTONs Buch verwiesen.

1938 hat G. P. KUIPER [349] das inzwischen angewachsene und verbesserte Beobachtungsmaterial noch einmal sorgfältig diskutiert. Sein Ergebnis zeigt Abb. 41, in der jedoch als Ordinate die absoluten bolometrischen Helligkeiten M_b *ohne* die Korrektion $2 \log (T_e/5200)$ aufgetragen sind. Die rechte Skala gibt die *Leuchtkraft* L (Sonne = 1).

Sodann sei nachdrücklich hingewiesen auf H. N. RUSSELL und CH. E. MOOREs Monographie: The Masses of the Stars [368], deren Abb. 1 (l. c. S. 109) mit A. S. EDDINGTON und G. P. KUIPER gut übereinstimmt.

Auf ganz anderem Wege hat — nach einem Vorschlag von LUNDMARK und LUYTEN — neuerdings R. M. PETRIE [360] die empirische *Masse-Leuchtkraft-Beziehung* abgeleitet. Für Doppelsterne mit bekanntem *Massenverhältnis* bzw. $\Delta \log \mu$ bestimmt er das Helligkeitsverhältnis bzw. — mit einer kleinen Korrektion — $\Delta(M_b + 2 \log (T_e/5200))$. Durch Aneinanderschieben der so gewonnenen Stücke — die jeweils zu bestimmten $M_b + 2 \log (T_e/5200)$ gehören — der Masse-Leuchtkraft-Kurve parallel zur $\log \mu$-Achse erhält er — nach Fixierung des Nullpunktes der $\log \mu$-Skala mit Hilfe des Sirius — die ganze Masse-Leuchtkraft-Beziehung im Bereich von 1 bis ~ 40 Sonnenmassen. Die Übereinstimmung mit den bereits besprochenen Bestimmungen ist im allgemeinen recht gut. Nicht auf die allgemeine Masse-Leuchtkraft-Kurve passen — wie schon O. STRUVE [6] bemerkte — die engen W-Ursae-Majoris-Sterne und einige Paare, bei denen die Bahnbestimmung durch Gasströme beeinflußt wird.

Aus Masse μ und Radius R eines Sternes (die entsprechenden Werte für die Sonne = 1 gesetzt) können wir leicht die Schwerebeschleunigung g an seiner Oberfläche berechnen. Sie ist für die Sonne (vgl. Abschnitt 9) $2{,}74 \cdot 10^4\,\mathrm{cm \cdot sec^{-2}}$ und allgemein:

$$g = 2{,}74 \cdot 10^4\, \mu/R^2\ \mathrm{cm \cdot sec^{-2}}\,. \tag{21, 3}$$

Die Zahlenwerte von g und T_e bestimmen — physikalisch gesehen — den Aufbau einer Sternatmosphäre. Wenn wir darangehen werden, eine genauere Theorie der Spektralklassifikation und der spektroskopischen Parallaxenmethoden zu entwickeln, müssen wir stets auf diese Parameter zurückgreifen (aber auch mit O. STRUVE erörtern, ob sie ausreichen). Andererseits benutzt man in praxi meist eine andere Beschreibung: Nämlich durch die absolute Helligkeit M_v (oder M_p) und die Temperatur T oder den Spektraltyp.

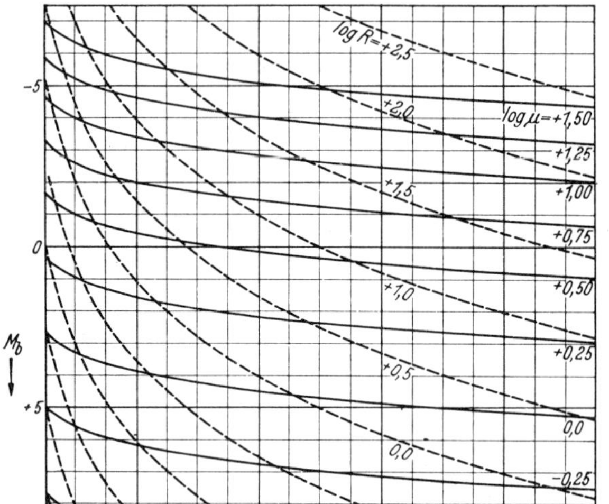

Abb. 42. $\log R$ und $\log \mu$ in Abhängigkeit von M_b und c_2/T bzw. T.

Um den Übergang vom einen System zum anderen zu erleichtern, geben wir noch die folgenden Diagramme[1] (Abb. 42 und 43): Als Abszisse ist wie in Abb. 35 c_2/T bzw. T (vgl. Tab. 8) gewählt, als Ordinate die *bolometrische absolute Helligkeit* M_b (Umrechnung auf visuelle Helligkeit $M_v = M_b + \Delta m_b$ mit Hilfe von Abb. 34 oder der oberen Hilfskurve der Abb. 43). Zunächst sind in Abb. 42 nach (18, 7) die Linien $R = \text{const}$ nochmals eingezeichnet. Da für die Sonne $M = +4{,}^{\mathrm{m}}85$, $R = 1$ und $T \approx 6000°$ ist, erhalten wir

$$M_b = +42{,}63 - 5 \times \log R - 10 \log T\,. \qquad (21,4)$$

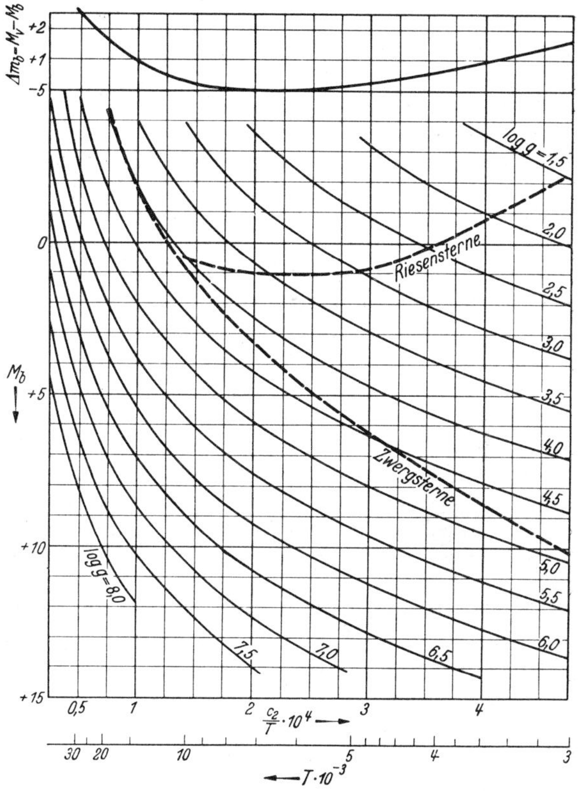

Abb. 43. Schwerebeschleunigung g an der Sternoberfläche in Abhängigkeit von M_b und c_2/T. Schematisiertes HERTZSPRUNG-RUSSELL-Diagramm. Oben Hilfskurve $\Delta m_b = M_v - M_b$ zur Umrechnung von visuellen auf bolometrische Helligkeiten.

Die nahezu horizontal verlaufenden Kurven geben die nach (21, 2) und Abb. 40 berechneten Sternmassen. Mit Hilfe dieser beiden Kurvenscharen $R = \text{const}$ und $\mu = \text{const}$ sind in Abb. 43 nach Gl. (21, 3) die Kurven konstanter Schwerebeschleunigung g gezeichnet (alles in logarithmischem Maßstab). Der Zusammenhang zwischen Spektraltyp einerseits und T und M_v andererseits ist schon aus Abb. 35 zu entnehmen. Der besseren Übersicht wegen ist in Abb. 43 nochmals (gestrichelt) die Mittellinie des Riesen- und Zwergastes eingetragen. Während der letztere — wie schon bemerkt — ziemlich gut definiert ist, sollte die Kurve für die Riesensterne mehr als qualitative Andeutung aufgefaßt werden.

IV. Kapitel.

Thermische Ionisation und Anregung.

22. Anregung und Ionisation der Atome bei thermischem Gleichgewicht. BOLTZMANNsche und SAHAsche Formel.

Schon in Abschnitt 16 des vorhergehenden Kapitels wiesen wir darauf hin, daß die moderne Deutung der Sternspektren wesentlich auf der von MEGH NAD

[1] Eine ähnliche Darstellung in Tabellenform gibt C. H. PAYNE: The Stars of High Luminosity [Harvard Monograph 3, 113 (1930)]. (Die log g-Werte unserer Abb. 43 unterscheiden sich von den dortigen selten um mehr als $\pm 0{,}15$, was etwa der Unsicherheit der Masse-Leuchtkraft-Beziehung entspricht.) Der Maßstab unserer Diagramme ist so gewählt, daß alle Größen (R, μ, g usw.) mit der zur Zeit *überhaupt* erreichbaren Genauigkeit daraus abgelesen werden können. Wir konnten daher von der Aufnahme ausführlicher Tabellen absehen.

SAHA [428—432] 1920 begründeten *Theorie der thermischen Anregung und Ionisation* beruht.

Erhitzt man ein Gas, z. B. Natriumdampf, so wird durch Absorption von Lichtquanten (im thermischen Gleichgewicht ist ja immer die *der* Temperatur T entsprechende Hohlraumstrahlung vorhanden) oder Stöße (bei nicht zu niedrigen Drucken) ein Atom zeitweilig in einen angeregten Quantenzustand befördert. Aus diesem wird es in den Grundzustand zurückkehren oder weitere Übergänge machen können. Man sieht aber — zunächst qualitativ — leicht ein, daß der *Bruchteil angeregter Atome mit der Temperatur ansteigt.* Öfters wird das Atom in entsprechender Weise auch ein Elektron durch Photoeffekt oder Stoßionisation ganz verlieren. Nun aber ist seine Rückgewinnung, d. h. die Häufigkeit der Rekombinationen auch eine Frage des Druckes, und zwar des Partialdruckes der freien Elektronen P_e. Ist dieser hoch, so fängt das ionisierte Atom leicht wieder ein Elektron ein; der Ionisationsgrad, d. h. das Verhältnis ionisierte:neutrale Atome wird relativ niedrig. Umgekehrt wird bei niedrigem Elektronendruck P_e der Ionisationsgrad relativ hoch.

Zusammenfassend können wir also sagen: *Hohes T und kleines P_e führen zu hohem Ionisationsgrad; niedriges T und hohes P_e zu schwacher Ionisation.*

M. N. SAHA konnte so zunächst die *Harvardsequenz* unter der Annahme ungefähr gleichartiger chemischer Zusammensetzung aller Sterne erklären. Zum Beispiel werden — wie wir schon bemerkten — die BALMER-Serie und ihr Grenzkontinuum bei λ 3700 Å vom 2. Quantenzustand des Wasserstoffs aus absorbiert. Gehen wir längs der Harvardsequenz von M nach O zu, so wird steigende Anregung den 2. Quantenzustand zunächst begünstigen. Von etwa 10000° an wird aber die Ionisation des Wasserstoffs wesentlich und alle Zustände des neutralen Atoms werden seltener, d. h. die BALMER-Linien werden schwächer.

Auf der Sonne repräsentiert — im Vergleich zur normalen Atmosphäre — der *Fleck* mit tieferer Temperatur schwächere Ionisation und Anregung; *die Chromosphäre* mit relativ niedrigem Druck dagegen begünstigt die Ionisation.

Vergleicht man die Spektren von *Riesen- und Zwergsternen* etwa derselben Temperatur, so werden in ersteren (kleiner Druck) die „Funkenspektren" der ionisierten Atome, in letzteren (großer Druck) dagegen die „Bogenspektren" der neutralen Atome bevorzugt sein. Durch Vergleich benachbarter Bogen- und Funkenlinien sollte man also Riesen und Zwerge unterscheiden und — mit empirischen Eichkurven — sogar ihre absolute Helligkeit ermitteln können. Darauf beruht die — nach Vorarbeiten von E. HERTZSPRUNG — 1914 empirisch von W. S. ADAMS und A. KOHLSCHÜTTER [301] entwickelte *Methode der spektroskopischen Parallaxen.* Hat man die absolute Helligkeit M eines Sternes aus spektroskopischen Kriterien bestimmt und kennt seine scheinbaren Helligkeiten, so kann man — von interstellarer Absorption abgesehen — sofort seine Parallaxe p nach Gl. (19, 1) berechnen.

Im Kap. III war uns aufgefallen, daß bei den späteren Spektraltypen die *Riesen durchweg kühler sind als die Zwergsterne* desselben Spektraltyps. Letzterer ist in diesem Teil der Spektralsequenz im wesentlichen ein qualitatives Maß für den Ionisationsgrad. Um aber einen bestimmten Ionisationsgrad zu erreichen, genügt bei den Riesen mit kleinem Druck schon eine etwas niedrigere Temperatur als bei den Zwergen mit höherem Druck.

Damit wollen wir diese qualitative Übersicht vorerst abschließen und wenden uns der quantitativen Entwicklung der SAHA*schen Theorie* zu.

Betrachten wir zunächst einmal die *thermische Anregung* der Atome: Bei der Temperatur T sei im Mittel die Anzahl der Atome (oder eventuell Ionen) einer bestimmten Art im s-ten Quantenzustand n_s, im Grundzustand (= 0-ten Zustand) dagegen n_0. Beide Zahlen wollen wir vorerst pro Quantenzelle[1] h^3 rechnen, d. h. wir betrachten alle Quantenzustände als *einfach* bzw. eine Mehrfachkeit (sog. *Entartung*) derselben als durch ein schwaches magnetisches Hilfsfeld aufgehoben. Dann ist nach der Grundformel (7, 18) der Statistik:

$$\frac{n_s}{n_0} = e^{-\frac{\chi_s}{kT}} . \tag{22, 1}$$

χ_s bedeutet dabei die zur Anregung des s-ten Zustandes vom Grundzustand aus erforderliche Anregungsenergie (erg), k wie früher die BOLTZMANNsche Konstante. Wollen wir explizit zum Ausdruck bringen, daß es sich um Quantenzustände eines r-fach ionisierten Atoms (neutrales Atom $r = 0$) handelt, so schreiben wir deutlicher

$$\frac{n_{r,s}}{n_{r,0}} = e^{-\frac{\chi_{r,s}}{kT}} . \tag{22, 2}$$

Da wir die zugrunde liegenden Prinzipien der Statistik (Abschnitt 7) LUDWIG BOLTZMANN verdanken, so bezeichnen wir diese Formel und ihre Verallgemeinerung für entartete Quantenzustände (vgl. Ende dieses Abschnittes) kurz als BOLTZMANN*sche Formel.*

Die *Ionisation*, d. h. die Abtrennung eines Elektrons von einem neutralen Atom oder einem Ion, können wir auffassen als die Anregung eines Zustandes mit *positiver* Energie = der kinetischen Energie des Photoelektrons bzw. — bei Stoßionisation — Sekundärelektrons. Der einzige Unterschied gegenüber der thermischen *Anregung* besteht darin, daß wir im Gebiet positiver Energie keine diskreten Quantenzustände mehr haben, sondern die Quantenzellen der Größe h^3, auf die sich ja die n_s und n_0 beziehen, aus dem Kontinuum des Phasenraumes (vgl. Abschnitt 7 und die vorhergehende Anmerkung) „herausschneiden" müssen.

Um ein Elektron aus dem Grundzustand des neutralen Atoms zu befreien, müssen wir erstens die Ionisierungsenergie χ_0 und zweitens die dem Elektron (Masse m) mitgegebene kinetische Energie aufwenden. Bezeichnen wir wieder die Lagekoordinaten des Elektrons relativ zum Atomkern — den wir in Anbetracht seiner großen Masse als ruhend betrachten dürfen — mit x, y, z und die entsprechenden Impulskoordinaten mit $m\dot{x} = p_x \cdots$, so ist zunächst die Gesamtenergie des freien Elektrons:

$$\chi_0 + \frac{m}{2}(\dot{x}^2 + \dot{y}^2 + \dot{z}^2) = \chi_0 + \frac{1}{2m}(p_x^2 + p_y^2 + p_z^2) . \tag{22, 3}$$

Befinden sich dn_e-Elektronen in einem Volumenelement $dx\,dy\,dz = dV$ und liegen ihre Impulskomponenten in den Bereichen p_x bis $p_x + dp_x$, p_y bis $p_y + dp_y \cdots$, so „bewohnen" sie im Phasenraum ein Volumen $d\Omega = dx\,dy\,dz \times dp_x\,dp_y\,dp_z$ oder $d\Omega/h^3$ Quantenzellen. Die Zahl der Elektronen pro Quantenzelle ist also:

$$dn_e \cdot h^3/d\Omega .$$

Die diesen freien Elektronen entsprechende Anzahl der neutralen, im Grundzustande (= 1 Quantenzelle per def.) befindlichen Atome bezeichnen wir mit n_0.

Dann gilt entsprechend (22, 1)

$$\frac{dn_e}{n_0} = e^{-\frac{1}{kT}\left\{\chi_0 + \frac{1}{2m}(p_x^2 + p_y^2 + p_z^2)\right\}} \cdot \frac{dp_x\,dp_y\,dp_z \cdot dV}{h^3} , \tag{22, 4}$$

[1] Der Phasenraum wird hier gebildet von den Koordinaten x, y, z des Elektrons relativ zu „seinem" Atomkern und den entsprechenden Impulskoordinaten $p_x = m\dot{x}$, $p_y = m\dot{y}$, $p_z = m\dot{z}$.

oder, wenn wir über den ganzen Bereich der Impulskoordinaten und das Volumen ΔV der Lagekoordinaten integrieren[1]:

$$\frac{n_e}{n_0} = \frac{(2\pi m k T)^{3/2}}{h^3} \cdot e^{-\frac{\chi_0}{kT}} \cdot \Delta V. \qquad (22, 5)$$

Da die Koordinaten x, y, z des Elektrons auf ein bestimmtes Ion bezogen waren, so ist offenbar das Volumen ΔV, dessen Größe wir bis jetzt noch nicht festgelegt haben, so zu wählen, daß auf ΔV gerade dieses *eine* Ion entfällt — entsprechend der Zuordnung eines gebundenen Elektrons zu *einem* Atom. Bezeichnen wir mit n_1 die Zahl der Ionen *pro cm*³ (NB.!), so ist also $n_1 \cdot \Delta V = 1$ und es wird

$$\frac{n_1 \cdot n_e}{n_0} = \frac{(2\pi m k T)^{3/2}}{h^3} \cdot e^{-\frac{\chi_0}{kT}}. \qquad (22, 6)$$

Nun können wir — alle Quantenzustände als einfach vorausgesetzt — n_e und n_0 auch pro cm³ rechnen und die linke Seite von Gl. (22, 6) auffassen als:

$$\frac{\text{Zahl der Ionen pro cm}^3}{\text{Zahl der Atome pro cm}^3} \cdot \text{Zahl der Elektronen pro cm}^3.$$

Entsprechendes gilt sinngemäß für die BOLTZMANNsche Gleichung (22, 2). Im folgenden werden wir — bis auf weiteres — die Bezeichnungen n_1, n_0 und n_e in *diesem* Sinne gebrauchen. Da weiterhin nach der kinetischen Gastheorie n_e mit dem Partialdruck der freien Elektronen P_e (dyn/cm²) durch die bekannte Beziehung

$$P_e = n_e \cdot kT \qquad (22, 7)$$

verknüpft ist, so erhalten wir:

$$\frac{n_1}{n_0} P_e = \frac{(2\pi m)^{3/2} (kT)^{5/2}}{h^3} \cdot e^{-\frac{\chi_0}{kT}}. \qquad (22, 8)$$

Genau dieselbe Betrachtung können wir offensichtlich auf höhere Ionisationsstufen übertragen: Ebenso wie wir in (22, 8) beim neutralen Atom die Häufigkeit der Zustände positiver Energie mit der Häufigkeit des tiefsten Zustandes negativer Energie verglichen, so können wir dies beim r-fach ionisierten Atom tun und erhalten:

$$\frac{n_{r+1}}{n_r} \cdot P_e = \frac{(2\pi m)^{3/2} (kT)^{5/2}}{h^3} \cdot e^{-\frac{\chi_r}{kT}}, \qquad (22, 9)$$

wo χ_r die Ionisierungsenergie des r-fach geladenen Ions bedeutet.

Nunmehr müssen wir noch die BOLTZMANNsche Formel (22, 2) und die SAHAsche Formel (22, 9) in einem Punkte verallgemeinern: Die Quantenzustände der Atome sind meist nicht einfach, sondern bestehen aus einer Anzahl praktisch zusammenfallender Quantenzustände, die z. B. durch ein Magnetfeld voneinander getrennt werden können. Die Zahl der einfachen Quantenzustände (je entsprechend *einer* Quantenzelle) eines Atomzustandes (Termes) bezeichnet man als sein *statistisches Gewicht*. Das statistische Gewicht des s-ten Quantenzustandes im r-fach ionisierten Atom nennen wir $g_{r,s}$.

Die Zahlenwerte der $g_{r,s}$ liefert die Theorie der Spektren; insbesondere ist für das freie Elektron — wegen der 2 Einstellungsmöglichkeiten seines Spins in einem äußeren Feld — $g_e = 2$.

---

[1] Mit $\int_{-\infty}^{+\infty} e^{-x^2}\, dx = \sqrt{\pi}$.

Wenn wir nunmehr die $n_{r,s}$, n_r, $n_e \cdots$ in (22, 2) und (22, 7) auf den ganzen g-fach entarteten Quantenzustand beziehen wollen[1], so müssen wir ihre Zahlenwerte erst durch die entsprechenden statistischen Gewichte teilen, da ja unsere ursprünglichen Formeln sich auf Anzahlen pro einfacher Quantenzustand bezogen. Das Verhältnis der Anzahl der Atome im s-ten *Zustand* des r-fach ionisierten Atoms zur Anzahl der Atome im *Grundzustand desselben Ions* wird also endgültig[2]:

$$\boxed{\frac{n_{r,s}}{n_{r,0}} = \frac{g_{r,s}}{g_{r,0}} e^{-\frac{\chi_{r,s}}{kT}}} \quad \text{(BOLTZMANN-Formel).} \qquad (22, 10)$$

Entsprechend gilt für das Verhältnis der Atomzahlen in den *Grundzuständen der $r+1$-, bzw. r-fach ionisierten Atome*:

$$\boxed{\frac{n_{r+1,0}}{n_{r,0}} P_e = \frac{g_{r+1,0}}{g_{r,0}} \cdot 2 \cdot \frac{(2\pi m)^{3/2} (kT)^{5/2}}{h^3} e^{-\frac{\chi_r}{kT}}} \quad \text{(SAHAsche Formel).} \qquad (22, 11)$$

Auf eine andere Schreibweise der Formeln von BOLTZMANN und SAHA werden wir geführt, wenn wir an Stelle der Zahl der r-fach ionisierten Atome im Grundzustand $n_{r,0}$ die Gesamtheit aller r-fach ionisierten, aber *irgendwie* angeregten Atome n_r (ohne zweiten Index!) betrachten:

Aus (22, 10) erhält man sofort — analog (7, 18) —

$$\boxed{\frac{n_{r,s}}{n_r} = \frac{g_{r,s}}{u_r} \cdot e^{-\frac{\chi_{r,s}}{kT}}} \qquad (22, 12)$$

wo

$$u_r(T) = \sum_{s=0}^{\infty} g_{r,s} e^{-\frac{\chi_{r,s}}{kT}} = g_{r,0} + g_{r,1} e^{-\frac{\chi_{r,1}}{kT}} + g_{r,2} e^{-\frac{\chi_{r,2}}{kT}} + \cdots \qquad (22, 13)$$

die sog. *Zustandssumme* (partition function oder sum over states) des r-fach ionisierten Atoms bedeutet.

Schreibt man auch die SAHAsche Formel für die *Gesamtzahl* der $r+1$- bzw. r-fach ionisierten Atome, so wird nach (22, 11) und (22, 12):

$$\boxed{\frac{n_{r+1}}{n_r} \cdot P_e = \frac{u_{r+1}}{u_r} \cdot 2 \cdot \frac{(2\pi m)^{3/2} (kT)^{5/2}}{h^3} \cdot e^{-\frac{\chi_r}{kT}}} . \qquad (22, 14)$$

Die Gleichungspaare (22, 10) und (22, 11) bzw. (22, 12) und (22, 14) sind selbstverständlich vollkommen gleichwertig, je nach Umständen wird das eine oder andere bequemer zu handhaben sein.

Die BOLTZMANNsche wie die SAHAsche Gleichung gelten in den hier angegebenen Formen — ihrer Herleitung gemäß — ganz unabhängig vom Vorhandensein anderer Ionisationsstufen oder anderer Elemente. Man kann natürlich leicht die Ionisierung von Gemischen oder die Aufeinanderfolge mehrerer Ionisationsstufen auch in analytischen Formeln zum Ausdruck bringen, aber in praxi ist es meist einfacher und übersichtlicher, direkt auf die Grundgleichungen zurückzugreifen.

[1] Diese Bedeutung der $n_{r,s}$, $n_e \cdots$ werden wir im folgenden durchweg festhalten.

[2] Zur Vermeidung von Irrtümern sei bemerkt, daß bei R. H. FOWLER [403] die $(\chi_r)_s$ unserem $\chi_r - \chi_{r,s}$ entsprechen.

Bei der Berechnung der Zustandssummen (22, 13) kann man sich häufig auf das erste Glied beschränken, d. h. $u_r \approx g_{r,0}$ setzen, wo $g_{r,0}$ das statistische Gewicht des Grundterms bzw. — wenn mehrere Terme eines Multipletts eng beisammen liegen —, das Gesamtgewicht des Grundmultipletts bedeutet. Bei Komplexspektren wie Ti, Fe, Zr, ... und deren Funkenspektren dagegen ist die Berücksichtigung der höheren Glieder von u_r wesentlich; sie kann hier z. B. bei Sonnentemperatur größenordnungsmäßig einen Faktor 2 ausmachen. Die ganzen u_r erreichen dabei die Größenordnung ≈ 50. Dann kann auch ihre *Temperaturabhängigkeit* bei genaueren Rechnungen wesentlich werden.

Viel Kopfzerbrechen hat seinerzeit die Frage der *Konvergenz* der Reihe (22, 13) verursacht: Die Terme der Atome häufen sich bekanntlich beim Energiewert Null, d. h. bei $\chi_{r,s} \to \chi_r$. Demnach müßten in (22, 13) die $e^{-\frac{\chi_{r,s}}{kT}}$ für große s einem konstanten Wert zustreben und da die $g_{r,s}$ mit s anwachsen, so müßte die Reihe divergieren. Dies tritt aber aus folgendem Grunde nicht ein: Eine unendliche Serie diskreter Terme kann sich nur ausbilden, wenn *einem* Atom ein unendlich großes Volumen zur Verfügung steht; in einem endlichen Raum bildet sich nur eine *endliche* Anzahl diskreter Terme aus[1]. Physikalisch äußert sich dies darin, daß man in einer Spektralserie nicht unendlich viele scharfe Linien beobachtet, sondern daß diese schon vor der Seriengrenze zusammenfließen. Da in Sternatmosphären stets ein merklicher Bruchteil der Materie ionisiert ist, so wird hier die Begrenzung der Spektralserien durch den mit der Hauptquantenzahl rasch anwachsenden STARK-Effekt der geladenen Teilchen erfolgen. Oder man kann auch so sagen: Bei einem einzelnen Atom ist dessen Leuchtelektron in dem „Potentialtopf" von Kern + Atomrumpf wohl behütet. Nähert sich nun ein geladenes Teilchen, so bekommt der Potentialtopf eine „Schnauze", durch die das Elektron entweichen kann — wegen des quantenmechanischen „Tunneleffekts" sogar schon etwas unter deren Potentialniveau. Nachdem schon M. PLANCK [423] die prinzipiellen Fragen geklärt hatte, hat *Verf.* [436] diesen Effekt im einzelnen durchgerechnet. Es zeigt sich, daß die Beiträge von Termen mit Hauptquantenzahlen $n > 6$ im allgemeinen nur wesentlich sind unter Verhältnissen, bei denen die betreffende Ionisationsstufe längst durch eine höhere verdrängt ist. (Dies ist im Grunde ziemlich selbstverständlich, da ja der Übergang von den hohen diskreten Termen zu den freien, ungequantelten Elektronen völlig stetig ist.) Tabellen der Zustandssummen für Temperaturen von 5140—7370° K hat W. J. CLAAS [410] publiziert, und zwar getrennt den druckunabhängigen Teil bis $n = 6$ sowie die (davon praktisch kaum unterscheidbare) vollständige Summe für $P_e = 30$ Bar.

Zum Schluß mögen noch einige historische und methodische Bemerkungen Platz finden (vgl. auch A. PANNEKOEK [404]):

Die grundlegende Formel für die thermische Ionisation von Atomen ist zuerst 1919 von J. EGGERT [412] im Zusammenhang mit EDDINGTONs Untersuchungen über den inneren Aufbau der Sterne aufgestellt worden. M. N. SAHA [428—432] erkannte kurz darauf ihre enorme Bedeutung für die Theorie der Stern*spektren* und es erscheint daher vollkommen gerechtfertigt, daß sie seinen Namen trägt. Die Ableitungen von EGGERT und SAHA machen weitgehenden Gebrauch von thermodynamischen Methoden: Das chemische Gleichgewicht der Reaktion

$$\text{Atom} \rightleftarrows \text{Ion} + \text{Elektron}$$

wird nach den von VAN T'HOFF entwickelten Methoden behandelt, dann wird der NERNSTsche Wärmesatz angewandt und erst zur Festlegung der sog. chemischen Konstante des Elektronengases werden — in ziemlich indirekter Weise — Statistik und Quantentheorie herangezogen.

[1] Wellenmechanisch gesprochen: In einem endlichen Volumen gibt es nur endlich viele Eigenfunktionen.

(Die statistischen Gewichte bzw. Zustandssummen fehlen noch.) Diese Methodik ist infolge ihrer Uneinheitlichkeit noch wenig befriedigend.

1923 untersuchten dann R. H. FOWLER und E. A. MILNE [414] das Ionisationsgleichgewicht auf rein statistischer Grundlage mit Hilfe einer kurz zuvor von C. G. DARWIN und R. H. FOWLER [411] entwickelten Methode: Die Zustandssumme, die — vgl. Abschnitt 7 — in einfacher Weise mit der Entropie und den thermodynamischen Potentialen zusammenhängt, wird dabei in eleganter Weise mit Hilfe einer komplexen Integration nach der Sattelpunktsmethode gewonnen. Abgesehen von einem kleinen Versehen (die Zustandssumme des ionisierten Atoms war in den ersten Arbeiten vergessen worden), führten diese Untersuchungen schon auf die hier gegebene endgültige Form der Gl. (22, 12) und (22, 14). Andererseits ist es klar, daß die Anwendung der DARWIN-FOWLERschen Methode auf ein so elementares Problem[1] darauf herausläuft, daß man mit Kanonen nach Spatzen schießt.

Die hier gegebene ebenso elementare wie durchsichtige Darstellung schließt sich eng an eine 1932 erschienene Note von D. H. MENZEL [421] an. Hinsichtlich mathematischer Exaktheit ist sie der FOWLER-MILNEschen gleichwertig. Der näherungsweisen Auswertung des komplexen Integrals nach der Sattelpunktmethode bei FOWLER-MILNE entspricht die Anwendung der STIRLINGschen Formel (7, 5) bei der Ableitung des BOLTZMANNschen Gleichverteilungssatzes. In der Tat kann man die genauere Form der STIRLINGschen Formel (mit Fehlerabschätzung) wohl am einfachsten mit Hilfe funktionentheoretischer Methoden ableiten. Vgl. COURANT-HILBERT [501, S. 431].

23. Zahlenmäßige Auswertung der SAHAschen Formel. Ionisations- und Anregungsspannungen. Statistische Gewichte.

Ehe wir die SAHAsche Formel einer experimentellen Prüfung unterziehen und sie auf astrophysikalische Probleme anwenden, wollen wir sie auf eine handlichere Form bringen.

Die Ionisierungsarbeiten χ_r messen wir nicht mehr in erg, sondern in eVolt[2]:

$$1\ \text{eV} = 1{,}6020 \cdot 10^{-12}\ \text{erg}\,. \tag{23, 1}$$

Rechnet man mit Termwerten in cm^{-1}, so entspricht bekanntlich

$$1\ \text{eV} \sim 8068\ \text{cm}^{-1}\,. \tag{23, 2}$$

Alle im folgenden angegebenen *Ionisierungs- und Anregungsspannungen* χ_r bzw. $\chi_{r,s}$ sind — soweit nichts anderes bemerkt ist — *stets in eVolt ausgedrückt.*

Den Elektronendruck P_e rechnen wir in diesem Buch stets in der CGS-Einheit 1 dyn/cm^2 = 1 Bar. In der älteren Literatur wird er meist in Atmosphären gemessen, wobei

$$1\ \text{at} = 1\,013\,000\ \text{Bar}\,. \tag{23, 3}$$

Diese Einheit ist jedoch hinsichtlich ihrer Größe und Definition (Bezugnahme auf die Erdbeschleunigung) den astrophysikalischen Verhältnissen — die Elektronendrucke in den Sternatmosphären sind von der Größenordnung 10^{-4} at = 101 Bar — so wenig angemessen, daß sie endlich verschwinden sollte.

Gehen wir nunmehr in Gl. (22, 12) und (22, 14) zu dekadischen Logarithmen über und führen gleichzeitig die Zahlenwerte der universellen Konstanten[3] ein, so erhalten wir die BOLTZMANNsche Formel:

$$\log \frac{n_{r,s}}{n_r} = -\,\chi_{r,s}\frac{5040}{T} + \log \frac{g_{r,s}}{u_r} \tag{23, 4}$$

---

[1] Die Leistungsfähigkeit der DARWIN-FOWLERschen Methode wird erst bei der Behandlung komplizierterer Probleme (Schwankungen höherer Ordnung, Elektrolyte u. dgl.) ins rechte Licht gestellt.

[2] 1 eVolt oder kurz 1 eV ist die von einem Elektron beim Durchlaufen der Potentialdifferenz 1 V gewonnene Energie.

[3] Vgl. Anhang A. Rechnet man P_e in at, so ist an Stelle von $-0{,}48$ in (23, 5) zu schreiben $-6{,}48$.

und die SAHAsche Formel (P_e in Bar, χ_r in eVolt):

$$\log \frac{n_{r+1}}{n_r} \cdot P_e = -\chi_r \cdot \frac{5040}{T} + \frac{5}{2} \log T - 0{,}48 + \log \frac{u_{r+1} \cdot 2}{u_r}. \qquad (23, 5)$$

Da wir später sehr viel mit der SAHAschen Formel zu rechnen haben werden, wollen wir sie durch ein *Nomogramm*[1] darstellen (A. UNSÖLD [435]). Die dafür aufgewandte Mühe wird sich reichlich lohnen.

Haben wir — allgemein — eine Gleichung der Form

$$\varphi(x) + \psi(y) \cdot \chi_1(z) + \chi_2(z) = 0\,, \qquad (23, 6)$$

so läßt sich diese folgendermaßen nomographisch (Abb. 44) darstellen: Auf der Basis $A\,A'$, deren Länge $= 1$ sei, errichtet man zwei Senkrechte, auf denen die $\varphi(x)$ bzw. $\psi(y)$ abgetragen werden (x- bzw. y-Skala). Zeichnet man nun einen dritten Skalenträger für die z, dessen Abszissen und Ordinaten (von A aus gerechnet) gleich

$$\frac{\chi_1(z)}{1 + \chi_1(z)} \quad \text{bzw.} \quad -\frac{\chi_2(z)}{1 + \chi_1(z)}$$

sind, so verbindet eine *Ablesegerade* $P\,P'$ stets je drei zusammengehörige Werte von x, y und z. Aus der Ähnlichkeit der beiden in Abb. 44 schraffierten Dreiecke folgt nämlich

$$\frac{\psi(y) - \varphi(x)}{1} = \frac{-\dfrac{\chi_2(z)}{1 + \chi_1(z)} - \varphi(x)}{\dfrac{\chi_1(z)}{1 + \chi_1(z)}} \qquad (23, 7)$$

oder — nach Ausmultiplizieren — die Gl. (23, 6).

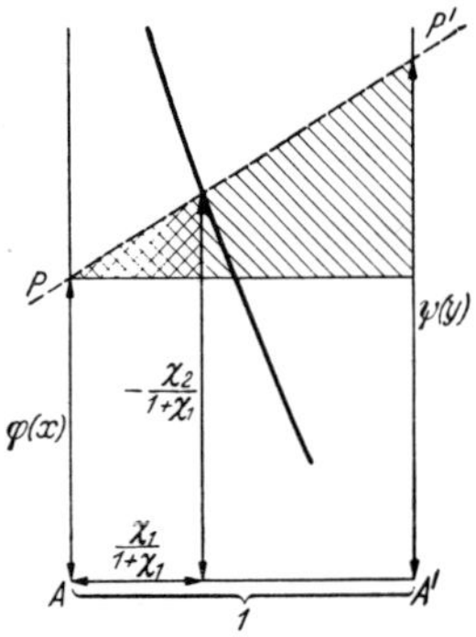

Abb. 44. Nomographische Darstellung der Gleichung $\varphi(x) + \psi(y)\,\chi_1(z) + \chi_2(z) = 0$.

Um die SAHAsche Formel in die durch (23, 6) vorgezeichnete Gestalt bringen zu können, setzen wir noch

$$\log \frac{n_{r+1}}{n_r} \cdot P_e - \log \frac{u_{r+1} \cdot 2}{u_r} = \log K^* \qquad (23, 8)$$

und haben dann:

$$\underbrace{C \cdot \log K^*}_{\varphi(x)} + \underbrace{C \cdot \frac{\chi_r - \chi'}{a}}_{\psi(y)} \cdot \underbrace{a \cdot \frac{5040}{T}}_{\chi_1(T)} + \underbrace{C \cdot \left(0{,}48 - \frac{5}{2} \log T + \chi' \cdot \frac{5040}{T}\right)}_{\chi_2(T)} = 0. \qquad (23,9)$$

Die Konstanten C, a und χ' sind noch frei verfügbar. Man wird sie so wählen, daß einerseits das Nomogramm günstige Dimensionen erhält, andererseits die Ablesegenauigkeit in dem meist benutzten Bereich möglichst gut wird.

In Abb. 45, die für Temperaturen von 3000—10000° (M- bis A-Sterne) gedacht ist, haben wir gesetzt:

$$C = 1/8; \quad a = 1 \quad \text{und} \quad \chi' = 8\,\text{V}\,.$$

Entsprechend haben wir in Abb. 46, die für hohe Temperaturen (B- und O-Sterne) berechnet ist,

$$C = 1/8; \quad a = 4 \quad \text{und} \quad \chi' = 28\,\text{V}$$

gewählt. An der mittleren Skala sind in beiden Tafeln außer den Temperaturen T noch die Zahlenwerte von $\Theta = 5040/T$ aufgetragen. Bei umfangreichen Rechnungen über thermische Ionisation und Anregung empfiehlt es sich (RUSSELL [427]) vielfach, diese Größe statt T als unabhängige Variable zu benutzen.

[1] Bezüglich der hier angewandten Prinzipien der Nomographie vgl. P. WERKMEISTER [437], S. 77f.

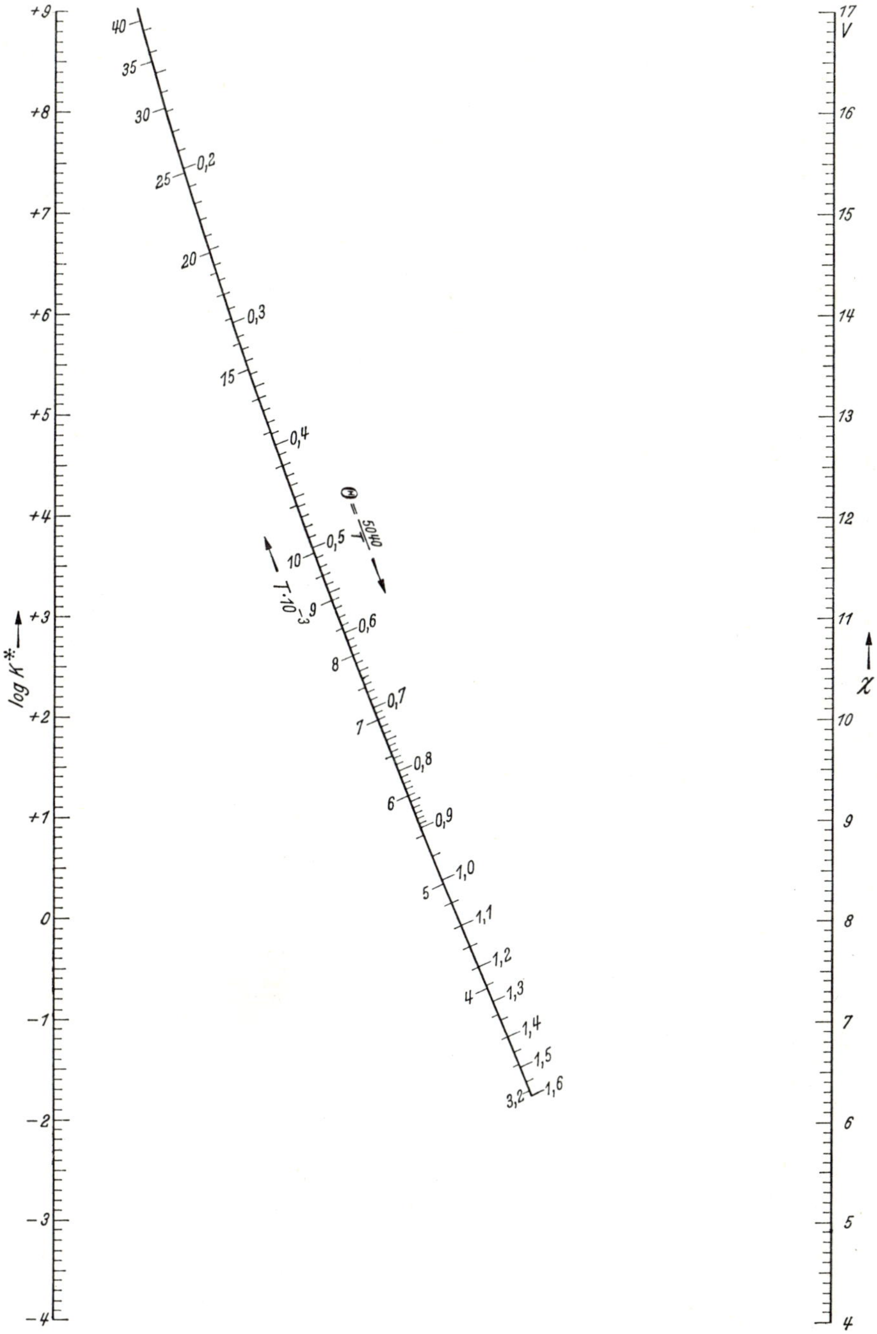

Abb. 45. Nomogramm der SAHAschen Gleichung ($4 < \chi < 17$ V).

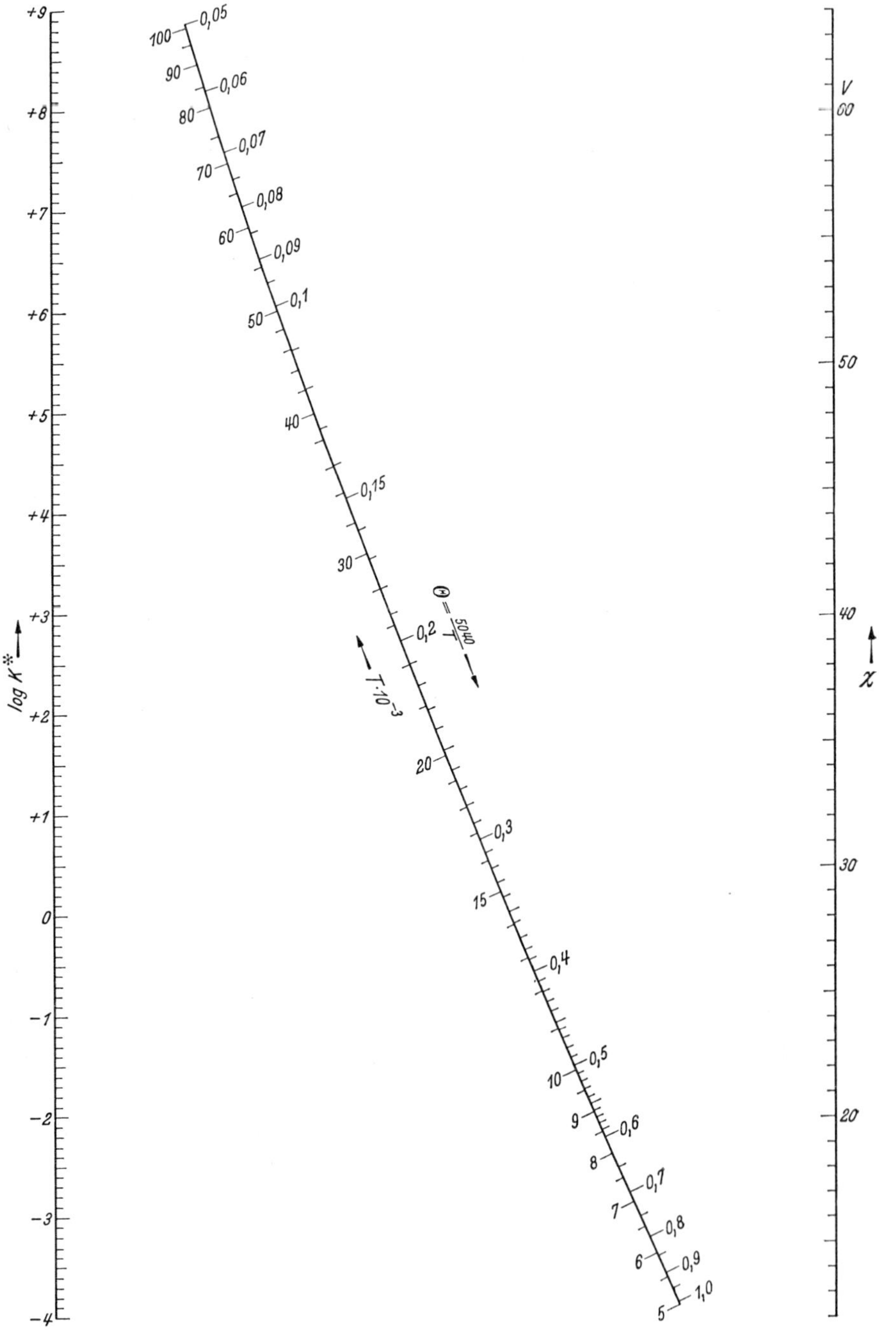

Abb. 46. Nomogramm der SAHAschen Gleichung ($12 < \chi < 64$ V).

Hat man zu den vorgegebenen Werten der Temperatur T und Ionisierungsspannung χ_r aus Abb. 45 oder 46 den $\log K^*$ abgelesen, so erhält man auch sofort[1] — bei bekanntem P_e — nach (23, 8) die gesuchte Größe $\log \frac{n_{r+1}}{n_r}$.

In praxi sind nun vielfach die aufeinanderfolgenden Ionisationsstufen so weit voneinander getrennt, daß gleichzeitig nur r- und $r+1$-fach ionisierte Atome in merklicher Menge vorhanden sind. Bezeichnen wir dann mit x den *Bruchteil* $(r+1)$-fach ionisierter Atome, so ist der Anteil r-fach ionisierter Atome $1-x$ und also

$$\log \frac{n_{r+1}}{n_r} = \log \frac{x}{1-x}. \tag{23, 10}$$

Meist möchte man von der Hilfsgröße $\log \frac{x}{1-x} = C$ direkt zu $\log x$, $\log(1-x)$ oder — seltener — zu x und $1-x$ selbst übergehen. Dies bewerkstelligt man am einfachsten unter Zuhilfenahme von Additionslogarithmen (MILNE-THOMSON und COMRIE [8]; Tafel III) nach folgendem Schema:

	$C > 0$	$C < 0$
$-\log x =$	addlog C	$C +$ addlog $(-C)$
$-\log(1-x) =$	$C +$ addlog C	addlog $(-C)$

Tabelle 15. Hilfstafel für Ionisationsberechnungen.

$\log \frac{x}{1-x}$	$-\log x$	$100 \cdot x$		$\log \frac{x}{1-x}$	$-\log x$	$100 \cdot x$	
—2,00	2,004	0,99	+2,00	—0,60	0,697	20,1	+0,60
—1,95	1,955	1,11	+1,95	,55	,658	22,0	,55
,90	,905	1,25	,90	—0,50	0,619	24,0	+0,50
,85	,856	1,39	,85	,45	,582	26,2	,45
,80	,807	1,56	,80	,40	,546	28,5	,40
,75	,758	1,75	,75	,35	,510	30,9	,35
,70	,709	1,95	,70	,30	,476	33,4	,30
,65	,660	2,19	,65	,25	,444	36,0	,25
,60	,611	2,45	,60	,20	,412	38,7	,20
,55	,562	2,74	,55	,15	,383	41,4	,15
—1,50	1,513	3,07	+1,50	,10	,354	44,3	,10
,45	,465	3,43	,45	—0,05	,327	47,1	+0,05
,40	,417	3,83	,40	**∓0,00**	**0,301**	**50,0**	**±0,00**
,35	,369	4,28	,35	+0,10	,254	55,8	—0,10
,30	,321	4,78	,30	,20	,212	61,4	,20
,25	,274	5,32	,25	,30	,176	66,7	,30
,20	,227	5,94	,20	,40	,146	71,5	,40
,15	,180	6,61	,15	,50	,119	76,0	,50
,10	,133	7,36	,10	,60	,097	80,0	,60
,05	,087	8,19	,05	,70	,079	83,4	,70
—1,00	1,041	9,10	+1,00	,80	,064	86,4	,80
—0,95	0,996	10,1	+0,95	,90	,051	89,0	,90
,90	,951	11,2	,90	+1,00	0,041	91,0	—1,00
,85	,907	12,4	,85	,20	,027	94,0	,20
,80	,864	13,7	,80	,40	,017	96,2	,40
,75	,821	15,1	,75	,60	,011	97,6	,60
,70	,779	16,6	,70	,80	,007	98,4	,80
,65	,738	18,3	,65	+2,00	0,004	99,1	—2,00
	$-\log(1-x)$	$100\,(1-x)$	$\log \frac{x}{1-x}$		$-\log(1-x)$	$100\,(1-x)$	$\log \frac{x}{1-x}$

[1] Man kann die linke — logarithmische — Skala der Nomogramme gleich zur graphischen Division benutzen, indem man $\log P_e$ auf derselben Skala mit dem Zirkel abgreift und von $\log K^*$ abzieht.

Tabelle 16. Statistische Gewichte

Z	El.	Atomgew. μ	g_0	χ_0	g_1	χ_1	g_2	χ_2	g_3	χ_3	g_4	χ_4	g_5	χ_5	g_6	χ_6
1	H	1,008	2	13,59												
2	He	4,003	1	24,58	2	54,40										
3	Li	6,94	2*	5,39	1	75,62	2	122,42								
4	Be	9,02	1	9,32	2	18,21	1	153,85	2	217,66						
5	B	10,82	6	8,30	1	25,15	2	37,92	1	259,30	2	340,13				
6	C	12,01	9*	11,26	6	24,38	1	47,86	2	64,48	1	391,99	2	489,84		
7	N	14,01	4	14,54	9*	29,60	6	47,43	1	77,45	2	97,86	1	551,92	2	666,83
8	O	16,00	9*	13,61	4	35,15	9	54,93	6	77,39	1	113,87	2	138,08	1	739,11
9	F	19,00	6	17,42	9	34,98	4	62,65	9	87,23	6	114,21	1	157,12	2	185,14
10	Ne	20,18	1	21,56	6	41,07	9	63,5	4	97,16	9	126,4	6	157,91	1	_207,3_
11	Na	23,00	2	5,14	1	47,29	6	71,65	9	98,88	4	138,60	9	172,36	6	208,44
12	Mg	24,32	1	7,64	2	15,03	1	80,12	6	109,29	9	141,23	4	186,86	9	225,31
13	Al	26,97	6	5,98	1	18,82	2	28,44	1	119,96	6	153,77	9	190,42	4	241,93
14	Si	28,06	9**	8,15	6	16,34	1	33,46	2	45,13	1	166,73	6	205,11	9	246,41
15	P	30,98	4	10,55	9*	19,65	6	30,16	1	51,35	2	65,01	1	220,41	6	263,31
16	S	32,07	9*	10,36	4*	23,4	9*	35,0	6	47,29	1	72,5	2	88,03	1	280,99
17	Cl	35,46	6	13,01	9*	23,80	4	39,90	9*	53,5	6	67,80	1	96,7	2	114,27
18	A	39,94	1	15,75	6	27,62	9*	40,90	4	59,79	9	75,0	6	91,3	1	124,0
19	K	39,10	2*	4,34	1	31,81	6	46	9	60,90	4	_82,5_	9	99,7	6	118
20	Ca	40,08	1*	6,11	2*	11,87	1	51,21	6	67	9	84,39	4	_109_	9	128
21	Sc	45,10	10*	6,56	15**	12,89	10	24,75	1	73,9	6	92	9	111,1	4	_138_
22	Ti	47,90	21**	6,83	28**	13,57	21*	27,47	10	43,24	1	99,8	6	120	9	140,8
23	V	50,95	28**	6,74	25**	14,2	28*	29,31	21*	48	10	65,2	1	128,9	6	151
24	Cr	52,01	7**	6,76	6*	16,49	25	30,95	28*	49,6	21*	73	10	90,6	1	161,1
25	Mn	54,93	6	7,43	7*	15,64	6	33,69	25	_53_	28	76	21*	_101_	10	119,24
26	Fe	55,85	25**	7,90	30**	16,18	25	30,64	6	56	25	_79_	28	_105_	21	_133_
27	Co	58,94	28**	7,86	21**	17,05	28*	33,49	25	_53_	6	_82_	25	_109_	28	_138_
28	Ni	58,69	21**	7,63	10*	18,15	21	35,16		_56_	25	_79_	6	_113_	25	_143_
29	Cu	63,54	2*	7,72	1	20,29	10	36,83								
30	Zn	65,38	1	9,39	2	17,96	1	39,70								
31	Ga	69,72	6	6,00	1	20,51	2	30,70								
32	Ge	72,60	9**	7,88	6	15,93	1	34,21								
33	As	74,91	4*	9,81	9*	20,2	6	28,3								
34	Se	78,96	9*	9,75	4*	21,5	9*	32,0								
35	Br	79,92	6	11,84	9*	21,6	4*	35,9								
36	Kr	83,7	1	14,00	6	24,56	9*	36,9								
37	Rb	85,48	2*	4,18	1	27,5	6	40								
38	Sr	87,63	1*	5,69	2*	11,03	1	_43_								
39	Y	88,92	10*	6,38	1**	12,4	10**	20,5								
40	Zr	91,22	21**	6,83	28**	14,03	21**	24,8								
41	Nb	92,91	30**	6,88	25**	14	28	28,1								
42	Mo	95,95	7	7,13		_15,7_		_29,6_								
43	Tc	99		7,23		_14,9_		_31,9_								
44	Ru	101,7	35**	7,36		_16,6_		_30,3_								
45	Rh	102,9	28**	7,46		_15,9_		_32,8_								
46	Pd	106,7	1**	8,33	10	19,4										
47	Ag	107,88	2	7,57	1	21,5		_36,1_								
48	Cd	112,4	1	8,99	2	16,9		_44,5_								
49	In	114,8	6	5,78	1	18,9		28,0								
50	Sn	118,7	9*	7,33	6	14,6		30,7								
51	Sb	121,8	4*	8,64		_16,7_		24,8								
52	Te	127,6	9*	9,01		_18,8_		31								
53	J	126,9	6	10,44		19,0		33								
54	X	131,3	1	12,13		21,2		32,1								
55	Cs	132,9	2*	3,89	1	_25,1_		_34,6_								
56	Ba	137,3	1*	5,21	2**	9,96		_37_								
57	La	138,9	10**	5,61	21**	_11,4_		19,2								
58	Ce	140,1	33	(6,91)		_12,3_		19,5								

Z	El.	μ	g_0	χ_0	g_1	χ_1
59	Pr	140,9		(5,76)		
60	Nd	144,3	65	6,31		
61	Pm	147				
62	Sm	150,4	49	(5,6)		_11,4_
63	Eu	152,0	8	5,67		_11,2_
64	Gd	156,9	45	6,16		(12)
65	Tb	159,2	(66)	(6,74)		
66	Dy	162,5		(6,82)		
67	Ho	164,9				
68	Er	167,2				
69	Tm	169,4				
70	Yb	173,0	1	6,2		_12_
71	Lu	175,0	10	6,1		14,7
72	Hf	178,6	21	5,5		14,8
73	Ta	180,9	28	7,7		_16,2_
74	W	183,9	25	7,98		_17,7_
75	Re	186,3	6	7,87		_16,6_
76	Os	190,2	25	8,7		_17_
77	Ir	193,1	28	9,2		_17_
78	Pt	195,2	15	8,96		_18,5_
79	Au	197,2	2	9,22		20,0
80	Hg	200,6	1	10,43	2	18,7
81	Tl	204,4	6	6,11	1	20,3
82	Pb	207,2	9	7,41	6	15,0
83	Bi	209,0	4	7,29		_19,3_
90	Th	232,1	21			_11,5_
92	U	238,1	85	4		

und Ionisierungsspannungen.

g_7	χ_7	g_8	χ_8	g_9	χ_9	g_{10}	χ_{10}	g_{11}	χ_{11}	g_{12}	χ_{12}	g_{13}	χ_{13}	g_{14}	χ_{14}
2	871,12														
1	953,60	2	*1102*												
2	*239,0*	1	*1196*	2	*1360*										
1	264,15	2	299,78	1	*1465*	2	*1646*								
6	265,96	1	327,90	2	367,36	1	1761,2	2	*2085*						
9	285,13	6	330,1	1	398,5	2	441,9	1	2085,5	2	*2299*				
4	303,87	9	351,83	6	401,3	1	476,0	2	523,2	1	*2436*	2	*2666*		
9	309,26	4	372,62	9	425,46	6	479,4	1	560,3	2	611,45	1	*2815*	2	*3061*
6	328,80	9	378,95	4	448,2	9	*506,4*	6	*564,6*	1	*651,7*	2	*706,4*	1	*3220*
1	348,3	6	400,7	9	455,3	4	*531,4*	9	*594,0*	6	*656,6*	1	*749,6*	2	*808,2*
2	143,46	1	421	6	*480,0*	9	*539,5*	4	*621,1*	9	*688,5*	6	*755,5*	1	*854,4*
1	155	2	175,94	1	503,8	6	*566,2*	9	*630,2*	4	*717,7*	9	*789,9*	6	*861,4*
6	147	1	188	2	211,29	1	591,8	6	655	9	*727,8*	4	*821,2*	9	*898,3*
9	159	6	180	1	225,5	2	249,76	1	686,6	6	*759,5*	9	*832,3*	4	*931,7*
4	*171*	9	193	6	*217,2*	1	266	2	291,47	1	788,4	6	*866,5*	9	*943,8*
9	173,7	4	*206*	9	*231,0*	6	*256,3*	1	309	2	336,29	1	897,1	6	*980,6*
6	185	9	209,6	4	*255*					1	355	2	384,2	1	1013,0
1	196	6	222	9	248							1	404	2	435
10	151	1	235	6	262	9	290			9	355	6	390	1	457
21	*170*	10	*202*	1	*295*	6	305								
28	*176*	21	*210*	10	*246*			6	350					9	455

Per definitionem ist nämlich für $C > 0$:

$$\text{addlog}\; C = \log\left(1 + \frac{1-x}{x}\right) = -\log x$$

und für $C < 0$:

$$\text{addlog}\,(-C) = \log\left(1 + \frac{x}{1-x}\right) = -\log\,(1-x)\,,$$

woraus die Richtigkeit obiger Beziehungen ersichtlich ist. Noch bequemer ist die Tab. 15; die linke und obere Beschriftung und in entsprechender Weise die rechte und untere gehören darin zusammen, wie in den bekannten sin- und cos-Tafeln.

In Tab. 16 geben wir weiterhin eine Zusammenstellung der Ionisierungsspannungen χ_0 (Ionisierung des neutralen Atoms) bis χ_{14} nach CH. E. MOOREs "Atomic Energy Levels" [B 12] bzw. — wo keine Messungen existieren — extrapolierte Werte nach W. FINKELNBURG [413] in Schrägdruck. Vor den Ionisierungsspannungen χ_r ist jeweils das statistische Gewicht $g_{r,0}$ desjenigen Multipletts angeschrieben, das den Grundzustand der betreffenden Ionisationsstufe enthält[1]. Die Terme des tiefsten Multipletts liegen meist so nahe beisammen, daß wir sie hier als zusammenfallend behandeln dürfen.

Hat der tiefste Multiplett-Term die Quantenzahlen L (= resultierendes *Bahn*impulsmoment in Einheiten von $\frac{h}{2\pi}$) und S (= resultierendes *Spin*moment in Einheiten von $\frac{h}{2\pi}$), so gibt es in einem äußeren Feld $2L+1$ Einstellmöglichkeiten

[1] Die Grundzüge der Termklassifikation und -nomenklatur müssen jedem Astrophysiker geläufig sein. Wir bringen in *Anhang B* eine kurze Übersicht mit weiteren Literaturangaben.

von L und $2\,S+1$ Möglichkeiten für S (die „Multiplizität" ist $r = 2\,S + 1$). Das statistische Gewicht des gesamten Termes ist also (Tab. 17)

$$g_{r,0} = (2\,S + 1)\,(2\,L + 1)\,. \tag{23, 11}$$

Sind hinter dem $g_{r,0}$ in Tab. 16 zwei Sterne (**) angebracht, so heißt dies, daß auf den Grundterm schon in weniger als 1 V (= 8068 cm^{-1}) Abstand (mindestens) ein weiterer Term folgt. *Ein* Stern (*) grenzt in entsprechender Weise den Bezirk von 2 V (= 16136 cm^{-1}) ab.

Tabelle 17. Statistische Gewichte $g = (2S+1)\,(2L+1)$ der ganzen Multipletts.

Term		S	P	D	F	G
		L = 0	1	2	3	4
	S =					
Singulett . . .	0	1	3	5	7	9
Dublett . . .	1/2	2	6	10	14	18
Triplett . . .	1	3	9	15	21	27
Quartett . . .	1 1/2	4	12	20	28	36
Quintett . . .	2	5	15	25	35	45
Sextett . . .	2 1/2	6	18	30	42	54
Septett	3	7	21	35	49	63

Im ersten Fall muß man stets, im zweiten nur bei hohen Temperaturen ($T > 10000°$) diese Terme bei der Berechnung[1] der Zustandssumme u_r berücksichtigen. Ihre Lage und ihre statistischen Gewichte entnimmt man den spektroskopischen Tabellenwerken (Ch. E. Moore [B 12]). $g_{r,0}$-Werte ohne Stern entsprechen Termen, die vom nächsthöheren mindestens 2 V entfernt sind; in solchen Fällen kann man meist $u_r \approx g_{r,0}$ setzen.

Insgesamt wird der Faktor $\frac{2 \cdot u_{r+1}}{u_r}$ bzw. $\frac{2\,g_{r+1,0}}{g_{r,0}}$ stets von der Größenordnung 1 sein.

Zum Schluß wollen wir noch einige numerische Beispiele zur Sahaschen und Boltzmannschen Formel durchrechnen[2], die das Vorhergehende weiter erläutern mögen:

1. *Welcher Prozentsatz des Natriums ist*[3] *bei* $T = 5700°$ und $P_e = 100$ Bar $\approx 10^{-4}$ at *noch neutral?*

Nach Tab. 16 ist $\chi_0 = 5{,}12$ V; $g_0 = 2$ und $g_1 = 1$.

Die Berücksichtigung höherer Glieder der Zustandssummen ist nicht nötig (kein *). Ebenso kann doppelte Ionisation ($\chi_1 = 47$ V!) unberücksichtigt bleiben.

Aus unserem Nomogramm (Abb. 45) liest man sofort ab $\log K^* = 4{,}40$ und erhält

$$\log \frac{n_1}{n_0} = \log \frac{x}{1-x} = +\,4{,}40 - \log P_e + \log \frac{1 \cdot 2}{2} = 2{,}40\,,$$

d. h.

$$-\log(1-x) = 2{,}40\,; \quad 1 - x = 0{,}40\%\,.$$

2. *Welcher Bruchteil der neutralen Natriumatome befindet sich bei* $T = 5700°$ *im zweittiefsten Anregungszustand, dem* $3\,^2P_{\frac{1}{2},\frac{3}{2}}$*-Term?*

---

[1] Gemeint ist natürlich bei den für astrophysikalischen Rechnungen angemessenen Ansprüchen an Genauigkeit.

[2] Bei diesen und den folgenden Rechnungen sind vielfach Ionisierungsspannungen usw. aus der 1. Auflage übernommen, welche um einige hundertstel eVolt von den neuesten Werten in Tab. 16 abweichen. Die Unterschiede in den Ergebnissen sind so geringfügig, daß es nicht lohnend erschien, die ganzen Zahlenrechnungen zu wiederholen.

[3] Die Zahlenwerte von T und P_e entsprechen etwa der Sonnenatmosphäre.

Es ist $g_{0,0} = 2$; $g_{0,1} = 6$ (Tab. 17) und $\chi_{r,1} = 2{,}09$ V (entsprechend der Frequenz der D-Linien $3\,^2S - 3\,^2P = 16965$ cm^{-1}).
Nach der BOLTZMANNschen Formel (23, 4) wird

$$\log n_{0,1}/n_0 = -\,2{,}09 \cdot 5040/5700 + \log 6/2 = -\,1{,}37\,.$$

Man hat also 4,3% angeregte Atome.

3. *Wie verteilen sich die Silizium-Atome bei $T = 12000°$ ($\Theta = 0{,}420$) und $\log P_e = 2{,}5$ auf die verschiedenen Ionisationsstufen?*

Nach Tab. 16 müssen beim neutralen Atom mehrere Glieder der Zustandssumme berücksichtigt werden. Es ist (vgl. CH. E. MOORE [B 12]) mit $\Theta = 5040/T$:

$$u_0 = 9 + 5 \cdot 10^{-0{,}76\Theta} + 1 \cdot 10^{-1{,}90\Theta} \approx 11{,}6\,. \tag{23, 12}$$

Für die folgenden Ionisationsstufen ist $u_r = g_{r,0}$. Mit Hilfe unserer Nomogramme (Abb. 45) findet man weiterhin für die

1. Ionisation: $\log K^* = +\,6{,}32$, $\log n_1/n_0 = 3{,}85$, $n_1/n_0 = 7{,}08 \cdot 10^3$.
2. Ionisation: $\log K^* = +\,2{,}92$, $\log n_2/n_1 = -\,0{,}06$, $n_2/n_1 = 0{,}87$.
3. Ionisation: $\log K^*$ negativ, groß.

Setzt man $\frac{n_2}{n_1} = \frac{x}{1-x}$, so ist nach Tab. 15 $x = 0{,}465$ und (wegen $n_0 \ll n_1$):

$$n_0 : n_1 : n_2 = \frac{n_0}{n_1}(1-x) : (1-x) : x = 7{,}6 \cdot 10^{-3} : 53{,}5 : 46{,}5.$$

Durch das Einsetzen der 2. Ionisation wird nicht nur der Prozentsatz einfach ionisierter Atome, sondern auch der der *neutralen Atome* — um den Faktor $1-x$ — verringert.

24. Experimentelle Prüfung der SAHAschen Formel. Anwendung auf Sternatmosphären nach SAHA, FOWLER und MILNE.

Eine experimentelle Prüfung der Theorie der thermischen Anregung und Ionisation führte bald nach SAHAs Entdeckung A. S. KING [420] mit Hilfe seines elektrischen Ofens — dessen Konstruktion wohl als bekannt betrachtet werden kann — aus. Geht man von niedrigen zu höheren Temperaturen über, so treten im Absorptionsspektrum eines bestimmten Elementes immer mehr Linien auf, und zwar in der Reihenfolge der Anregungsspannung $\chi_{0,s}$ des unteren Termes der betreffenden Linie, wie man nach der BOLTZMANNschen Formel erwarten muß. Die thermische *Ionisation* studierte KING hauptsächlich an den Spektren der Erdalkalien. Deren Ionisierungsspannungen liegen so niedrig, daß man schon bei den erreichbaren Ofentemperaturen merkliche Ionisation erhält. Außerdem liegen die Resonanzlinien von Bogen- und Funkenspektrum (neutrales bzw. ionisiertes Atom) im bequem zugänglichen Spektralgebiet. Beim Ca z. B. dient als Maß für den Prozentsatz neutraler Atome die Stärke (in Absorption) der Linie $4\,^1S - 4\,^1P$ λ 4226,73 (FRAUNHOFERs g-Linie). Die Resonanzlinien des Ions bilden das bekannte H-K = Dublett $4\,^2S - 4\,^2P_{\frac{1}{2},\frac{3}{2}}$ λ 3968,46 und 3933,66. KING beobachtet zunächst, daß das Intensitätsverhältnis 3933 + 3968/4227 mit steigender *Temperatur* anwächst — entsprechend dem nach der SAHAschen Formel erwarteten Ansteigen des Ionisationsgrades $n_1/n_0 = \frac{x}{1-x}$. Den *Elektronendruck* P_e kann man im elektrischen Ofen — bei sonst gleichbleibenden Verhältnissen — vergrößern durch Einführen eines noch leichter als Ca ionisierbaren Elementes wie K ($\chi_0 = 4{,}32$ V) oder Cs ($\chi_0 = 3{,}87$ V). Tatsächlich beobachtete KING eine Abnahme des Intensitätsverhältnisses 3933 + 68/4227 beim Einbringen dieser Alkalien in den Ofen — entsprechend der Forderung der SAHAschen Formel, daß $n_1/n_0 \sim 1/P_e$ sein muß. Zu einer *quantitativen* Prüfung der SAHAschen Formel ist der KINGsche Ofen bis jetzt noch nicht benützt worden. Dagegen ließ sich eine solche für die Alkalien weitgehend durchführen mit Hilfe von Untersuchungen über die *Leitfähigkeit* von *Flammen*. Weiterhin spielt die SAHAsche Formel eine erhebliche Rolle in der *Theorie des elektrischen Lichtbogens*. Nach heutiger Auffassung ist die Ionisation — jedenfalls im Kohlebogen — thermischen Ursprungs und kann nach der SAHAschen Formel berechnet werden. Auf diese Fragen können wir leider hier nicht näher eingehen und begnügen uns mit einem Hinweis auf die Gasentladungsliteratur[1]. Ein engerer Kontakt zwischen diesen Forschungszweigen und der Astrophysik dürfte für beide Teile mancherlei Anregungen ergeben.

Nun zu den astrophysikalischen Anwendungen der Theorie der thermischen Ionisation und Anregung! Wir befinden uns hier in einer noch schlimmeren Lage als bei dem Versuch einer Anwendung der PLANCKschen Strahlungsformel auf die Sternatmosphären.

Wir müssen zunächst die Annahme machen, daß Ionisation und Anregung der Atome in der Atmosphäre eines Sternes den — streng genommen — nur für thermisches Gleichgewicht (d. h. in einem Hohlraum konstanter Temperatur!) gültigen Formeln von SAHA und BOLTZMANN folgen.

Weiterhin ist vorerst über den Elektronendruck P_e wenig bekannt. Da nach der kinetischen Gastheorie der Druck = Zahl der Partikel pro $\text{cm}^3 \cdot kT$ ist, so verhält sich

$$\frac{\text{Elektronendruck } P_e}{\text{Gesamter Gasdruck } P_g} = \frac{\text{Zahl der Elektronen pro cm}^3\ n_e}{\text{Gesamtzahl der Partikel pro cm}^3\ n_e + n_0 + n_1 + \cdots}. \tag{24, 1}$$

In einem großenteils einfach ionisierten Gas z. B. ist $P_e \approx P_g/2$. Der Elektronendruck wird in einer Sternatmosphäre also im allgemeinen einen mäßigen Bruchteil des Gesamtdruckes ausmachen.

Endlich ist vorläufig die Verknüpfung zwischen der Häufigkeit eines bestimmten Atomzustandes und der Stärke einer von diesem Zustand aus absorbierten[2] Linie noch unbekannt, ja wir besitzen noch nicht einmal ein quantitatives Maß für den zunächst noch recht unklaren Begriff der „Linienintensität".

Die Aufklärung der damit angeschnittenen Probleme wird eine der wichtigsten Aufgaben der folgenden Kapitel dieses Buches bilden. Um aber die Bedeutung der *Ionisationstheorie* für die Astrophysik in das rechte Licht zu stellen, wollen wir vorerst die SAHAsche Theorie in der Weise anwenden, wie dies zunächst SAHA selbst und anschließend daran — in wesentlich besserer Weise — R. H. FOWLER und E. A. MILNE getan haben:

Vergleicht man mit SAHA [429] und RUSSELL [425] z. B. die Intensität[3] der Hauptlinien der Alkalien im Spektrum der normalen Sonnenoberfläche einerseits und der Sonnenflecke andererseits, so zeigt sich, daß der Unterschied ohne weiteres auf die Abnahme des Ionisationsgrades in den Flecken zurückgeführt werden kann (vgl. Tab. 18).

Aus der Abnahme der Helligkeit des *kontinuierlichen* Spektrums im Fleck erhält man eine effektive Temperatur der Flecke $T_F \approx 4500°\text{K}$ gegenüber $T_\odot = 5740°$ für die normale Sonnenoberfläche. Die *relative* Abnahme des Bruchteiles neutraler Atome $1 - x$ kann man damit auch ohne genauere Kenntnis des Elektronendruckes P_e berechnen, da man aus dem Stärkeverhältnis der Bogen- und Funkenlinien der Erdalkalien schließen muß, daß diese und damit a fortiori die Alkalien in der Sonnenatmosphäre größtenteils ionisiert ($x \approx 1$) sind. Es

---

[1] ENGEL, A. v., u. M. STEENBECK [402] oder J. J. u. G. P. THOMSON [409].

[2] Wir beschränken uns im folgenden auf die „normalen" Sternspektren mit Absorptionslinien. Ein Teil unserer Überlegungen läßt sich in qualitativer Hinsicht auch — mutatis mutandis — auf Emissionsspektren anwenden.

[3] Nach den Schätzungen in der ROWLANDschen Skala.

wird also nach (23, 5) und (23, 8) — wenn wir von evtl. Druckunterschieden Fleck-Umgebung absehen —:

$$\frac{(1-x)_{\odot}}{(1-x)_F} = \frac{K^*_{T=4500}}{K^*_{T=5740}}. \tag{24,2}$$

Tabelle 18. Ionisation der Alkalien in den Sonnenflecken. (Nach RUSSELL [425].)

Element	χ_0 V	λ der Resonanzlinien Internat. A.	Beobachtete Intensität Sonne	Beobachtete Intensität Fleck	$\frac{1-x_{\odot}}{1-x_{Fl}}$
Li	5,37	6707,82	fehlt	5	1:40
Na	5,12	5895,94 5889,97	20 30	60 90	1:35
K	4,32	7699,00 7664,92	5 6	13 15	1:22
Rb	4,16	7947,64 7800,29	fehlt fehlt	0 1	1:20

Die danach mit Hilfe von Abb. 45 berechneten Verhältnisse sind in der letzten Spalte unserer Tabelle vermerkt. In entsprechender Weise könnten wir noch das Verhalten von Linien verschiedener Anregungsspannungen oder die Intensitätsabnahme der Funkenlinien im Fleckenspektrum diskutieren.

Um jedoch einen Einblick in die Mannigfaltigkeit der von der SAHAschen Theorie erfaßten Erscheinungen zu geben, wenden wir uns sogleich dem *Emissionsspektrum der Sonnenchromosphäre* zu: Wenn bei einer totalen Sonnenfinsternis

Tabelle 19. Ionisation in der Sonnenchromosphäre.

	Neutrales Atom			Ionisiertes Atom		
	λ I. A.	Sonne (ROWLAND)	Flash (MITCHELL)	I. A.	Sonne (ROWLAND)	Flash (MITCHELL)
Ca	4226,73	20	25	3933,66 3968,46	1000 700	100 80
Sr	4607,34	1	2	4077,71 4215,52	8 5	40 40
Ba	5535,53	(2)	(1)	4554,04 4934,10	8 7	20 12
Fe	22 Linien	9,2	6,1	8 Linien	3,3	10,6
Ti	18 Linien	2,6	2,4	16 Linien	3,8	14,0
Si	14 Linien	0,9	1,0	14 Linien	2,4	8,0

der Mond sich immer weiter vor die Sonnenscheibe legt, so beobachtet man bekanntlich kurz vor Eintritt der Totalität das Aufblitzen des Emissionsspektrums der hohen Schichten der Sonnenatmosphäre, der sog. Chromosphäre ("Flash"-Spektrum; zuerst beobachtet von YOUNG 1870). In der folgenden Tab. 19 vergleichen wir — mit M. N. SAHA [428] und A. PANNEKOEK [422 und 404] — die Intensität einiger ausgewählter Linien im Spektrum der Sonnenscheibe einerseits und der Chromosphäre andererseits. Die ersteren Angaben beziehen sich auf die ROWLANDsche Schätzungsskala für die FRAUNHOFERschen *Absorptionslinien*, die letzteren auf eine von S. A. MITCHELL aufgestellte Intensitätsskala der Emissionslinien des Flash-Spektrums. Obgleich also die Intensitätsangaben für „Sonne" und „Chromosphäre" nicht direkt vergleichbar sind, erkennt man deutlich, daß für die Bogenlinien (neutrales Atom) die Zahlenangaben beider Spalten etwa übereinstimmen, während bei den Funkenlinien (ionisiertes Atom) die „Intensität" in der Chromosphäre erheblich größer ist. Dieses Verhalten kann nach SAHA ohne weiteres auf die Abnahme des Druckes in den hohen Atmosphärenschichten zurückgeführt werden.

Bei weitem die eindrucksvollste Leistung der SAHAschen *Theorie* — auf die wir schon in Abschnitt 22 hinwiesen — bildet die Erklärung der *Harvardsequenz der Sternspektren*:

Schon die Möglichkeit der Einordnung fast aller Sternspektren in ein so einfaches Klassifikationsschema; sodann das Fehlen terrestrisch seltener Elemente in den Sternspektren und das Vorherrschen terrestrisch häufiger Elemente[1] legen den Schluß nahe, daß die Atmosphären verschiedener Sterne sich im allgemeinen *nicht* — oder jedenfalls nur wenig — hinsichtlich ihrer *Zusammensetzung*, sondern nur hinsichtlich der Stärke der *thermischen Ionisation und Anregung* unterscheiden.

Um überhaupt einmal einen Ausgangspunkt für weitere Untersuchungen zu gewinnen — man kann ja die ganze Entwicklung der Astrophysik als eine Art sukzessiver Approximation auffassen — nahm SAHA [430 u. a.] an, daß der Druck in allen Sternatmosphären von der Größenordnung 0,1—1 at sei[2]. Unter dieser Voraussetzung berechnete er, bei welchen Temperaturwerten T eine bestimmte Ionisationsstufe auftritt bzw. verschwindet und konnte zeigen, daß die auf solche Weise für das Auftreten bzw. Verschwinden der entsprechenden Spektrallinien berechneten Temperaturen mit den aus der Harvardsequenz in Verbindung mit den spektralphotometrischen Messungen von WILSING, ROSENBERG u. a. erschlossenen Werten gute Übereinstimmung zeigten. Für die „frühen" Spektraltypen B und O, wo die spektralphotometrische Temperaturbestimmung sehr unsicher wird ($T > 20000°$), versuchte schon SAHA mit Hilfe der Ionisationstheorie die Temperatur zu bestimmen.

Der SAHAschen Methode hafteten noch zwei wesentliche Mängel an: Erstens war die Annahme über den *Druck* in den Sternatmosphären nur sehr schlecht begründet, und zweitens hatte man für das *Auftreten* bzw. *Verschwinden einer Spektrallinie* weder in theoretischer noch in experimenteller Hinsicht ein eindeutiges Kriterium.

R. H. FOWLER und E. A. MILNE [415—417] richteten daher ihre Aufmerksamkeit nicht mehr auf das Auftreten und Verschwinden einer Spektrallinie in der Harvardsequenz, sondern auf ihr *Intensitätsmaximum*.

Nimmt man an, daß die wirksame Schichtdicke der Sternatmosphären und ihr Elektronendruck P_e für alle Spektraltypen etwa dieselben sind, so kann man mit Hilfe der SAHAschen und BOLTZMANNschen Formel die Lage des Maximums eines bestimmten angeregten Atomzustandes leicht in Abhängigkeit von T und P_e berechnen. Aus der Lage (T_{max}) einiger im spektralphotometrisch gut zugänglichen Temperaturbereich liegender Maxima erhalten FOWLER und MILNE einen Mittelwert des Elektronendruckes $P_e \approx 1{,}3 \cdot 10^{-4}$ at $= 132$ Bar. Durch extrapolatorische Anwendung dieses Zahlenwertes auf weitere Linienmaxima kann man die Temperaturskala der Sterne nach oben hin ausdehnen.

Den umfangreichen von FOWLER und MILNE zur Berechnung der Maxima[3] entwickelten Formelapparat wollen wir hier nicht wiedergeben, sondern direkt

[1] Die evidenten Ausnahmefälle von H und He wird man mit ihrem niedrigen Atomgewicht in Zusammenhang bringen.

[2] Dieser aus ziemlich zweifelhaften Beobachtungen über Druckverbreiterung und Druckverschiebung von Spektrallinien abgeleitete Wert galt damals als der wahrscheinlichste, trotzdem manche Astrophysiker schon darauf hingewiesen hatten, daß er viel zu hoch sein müsse.

[3] FOWLER und MILNE l. c.; zusammenfassende Darstellungen geben R. H. FOWLER [403] und C. H. PAYNE [407], letztere zugleich eine Zusammenfassung des hauptsächlich am Harvard-Observatorium von Miss PAYNE, MENZEL, HOGG u. a. gewonnenen Beobachtungsmaterials (mit ausgedehnten Literaturangaben bis 1925).

— unter fortwährender Anwendung der im letzten Abschnitt gegebenen rechnerischen Hilfsmittel — als Beispiel die Änderung einiger Linien aus den Spektren des Siliziums in Abhängigkeit von T bei einem Elektronendruck $P_e = 132$ Bar studieren. Dieses Verfahren ist kaum umständlicher als die analytischen Methoden von FOWLER und MILNE und gibt überdies einen besseren Einblick in die physikalischen Verhältnisse. Sollte man einwenden, daß die graphische Bestimmung der Maxima unbefriedigend sei, so wäre hierauf zu erwidern, daß man bei der Bearbeitung des *Beobachtungsmaterials* ja doch nicht anders verfahren kann.

Die folgende Tab. 20 gibt zunächst die Wellenlängen und Termbezeichnungen der betrachteten Linien. Dann folgt die Zustandssumme u_r für die betreffende

Tabelle 20. Ausgangsdaten zur Berechnung der Intensitätsmaxima von Si-Linien.

Spektrum	λ in I. A.	Termbezeichnung	$u_r \sim g_{r,0}$	χ_r	$g_{r,s}$	$\chi_{r,s}$	Beob. Maximum bei Spektraltyp
Si I	3905,53	$3\,^1S_0 - 4\,^1P_1^\circ$	10,2	8,12	1	1,90	~G0
Si II	4128,04 4130,88	$3^2D_{1\frac{1}{2},2\frac{1}{2}} - 4\,^2F^\circ_{2\frac{1}{2},3\frac{1}{2}}$	6	16,27	10	9,80	A0
Si III	4552,65 4567,87 4574,78	$4\,^3S - 4\,^3P^\circ_{0,1,2}$	1	33,35	3	18,94	B1—2
Si IV	4088,86 4116,10	$4\,^2S - 4\,^2P^\circ_{\frac{1}{2},1\frac{1}{2}}$	2	44,93	2	23,93	O9
Si V	—	—	1	(169)	—	—	—

Ionisationsstufe: Beim neutralen Atom verwenden wir durchweg einen nach (23, 12) für $T \sim 6000°$ berechneten Mittelwert; für die höheren Ionisationsstufen ist $u_r \approx g_{r,0}$.

Spalte 5 gibt die zugehörige Ionisierungsspannung χ_r. Weiterhin folgen statistisches Gewicht $g_{r,s}$ und Anregungsspannung $\chi_{r,s}$ desjenigen Termes, von

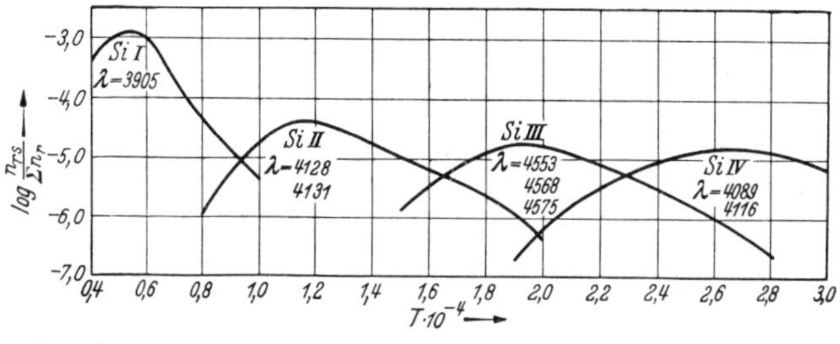

Abb. 47. Intensitätsverlauf einiger Si-Linien. Berechnet nach FOWLER und MILNE für $P_e = 132$ bar.

dem die Bildung der Absorptionslinie ausgeht (z. B. bei Si III = Si^{++} der $4\,^3S$-Term). Die letzte Spalte endlich gibt die *beobachtete Lage des Intensitätsmaximums* in der Harvardsequenz an (vgl. C. H. PAYNE [407] und R. H. FOWLER [403]).

In Tab. 21 sind für jede Ionisationsstufe zunächst nach der SAHAschen Formel (23, 5) mit Hilfe unserer Nomogramme (Abb. 45 und 46) die Verhältnisse $\frac{n_{r+1}}{n_r}$ (alles logarithmisch!) berechnet. Daraus erhält man (Tab. 15!) unter Berücksichtigung des Übereinandergreifens der verschiedenen Ionisationsstufen (analog zum letzten Beispiel aus Abschnitt 23) den neutralen, einfach ionisierten, ... Bruchteil *aller* Si-Atome: $\frac{n_0}{\Sigma n_r}, \frac{n_1}{\Sigma n_r}, \ldots$. Hierauf berechnet man nach der

Tabelle 21. Berechnung des Intensitätsverlaufes und der Intensitätsmaxima

$T \cdot 10^{-4}$	0,4	0,5	0,6	0,7	0,8	0,9	1,0	1,1	1,2	1,3
$\log \frac{n_1}{n_0}$	—3,72	—1,48	+0,11	+1,26	+2,15	+2,82	+3,36			
$\log \frac{n_0}{\Sigma n_r}$	0,00	0,01	0,36	1,29	2,15	2,82	3,38			
$-\log \frac{n_{0,s}}{n_0}$	3,40	2,92	2,61	2,38	2,21	2,07	1,97			
$-\log \frac{n_{0,s}}{\Sigma n_r}$	3,40	**2,93**	2,97	3,67	4,36	4,89	5,35			
$\log \frac{n_2}{n_1}$					—3,65	—2,28	—1,30	—0,40	+0,33	+0,91
$-\log \frac{n_1}{\Sigma n_r}$					0,00	0,00	0,02	0,15	0,49	0,96
$-\log \frac{n_{1,s}}{n_1}$					5,96	5,27	4,72	4,27	3,90	3,58
$-\log \frac{n_{1,s}}{\Sigma n_r}$					5,96	5,27	4,74	4,42	**4,39**	4,54
$\log \frac{n_3}{n_2}$										
$-\log \frac{n_2}{\Sigma n_r}$										
$-\log \frac{n_{2,s}}{n_2}$										
$-\log \frac{n_{2,s}}{\Sigma n_r}$										
$\log \frac{n_4}{n_3}$										
$-\log \frac{n_3}{\Sigma n_r}$										
$-\log \frac{n_{3,s}}{n_3}$										
$-\log \frac{n_{3,s}}{\Sigma n_r}$										

Boltzmann-Formel (23, 4) den Bruchteil $\frac{n_{0,s}}{n_0}, \frac{n_{1,s}}{n_1} \ldots$ der neutralen, einfach ionisierten Atome, die sich in den gerade interessierenden Anregungszuständen befinden. Multiplikation der beiden letzten Größen gibt den Bruchteil $\frac{n_{0,s}}{\Sigma n_r} \cdots$ aller Atome, der sich in dem betreffenden Anregungszustand befindet (Abb. 47). Beim genaueren Betrachten[1] der Tab. 21 erkennt man, wie die Maxima durch das „Gegeneinanderarbeiten" von Ionisation und Anregung zustande kommen. Man beachte ferner die Bedeutung des *gleichzeitigen* Vorkommens mehrerer Ionisationsstufen (vgl. besonders Abschnitt 23, Beispiel 3) für die Intensitätsabnahme vom

[1] Für den Anfänger ist es unerläßlich, einige analoge Probleme in allen Einzelheiten selbst numerisch durchzurechnen. Man vergleiche z. B. die Ionisation und Anregung des Wasserstoffes mit der des Siliziums (Fowler l. c.). Oder man berechne das Verhalten der Natrium-D-Linien (1. Ionisierungsspannung sehr niedrig; 2. sehr hoch).

von Linien der SiI—SiIV-Spektren nach FOWLER und MILNE ($P_e = 132$ Bar).

1,4	1,5	1,6	1,7	1,8	1,9	2,0	2,2	2,4	2,6	2,8	3,0
+1,47	+1,92	+2,31	+2,70	+3,02	+3,32	+3,60					
1,48	1,92	2,32	2,72	3,10	3,55	4,11					
3,31	3,07	2,87	2,68	2,52	2,38	2,25					
4,79	4,99	5,19	5,40	5,62	5,93	6,36					
	—2,72	—1,97	—1,30	—0,71	—0,15	+0,35	+1,26	+1,97	+2,60	+3,10	
	0,00	0,01	0,02	0,08	0,23	0,51	1,28	2,01	2,79	3,67	
	5,88	5,49	5,14	4,82	4,54	4,29	3,86	3,50	3,19	2,93	
	5,88	5,50	5,16	4,90	**4,77**	4,80	5,14	5,51	5,98	6,60	
				—4,54	—3,80	—3,14	—2,07	—1,06	—0,25	+0,44	+1,08
				0,79	0,38	0,16	0,02	0,04	0,19	0,57	1,11
				6,70	6,35	6,03	5,48	5,02	4,64	4,31	4,02
				7,49	6,73	6,19	5,50	5,06	**4,83**	4,88	5,13

Maximum aus; z. B. bei SiII auf der Seite der hohen Temperaturen, bei SiIV auf der der niedrigen Temperaturen. Auf die Wichtigkeit dieses Umstandes hat zuerst R. H. FOWLER [417] hingewiesen; vgl. auch das letzte Beispiel des vorhergehenden Abschnittes. Die maximale Konzentration $\left(\frac{n_{r,s}}{\Sigma n_r}\right)_{max}$ angeregter Zustände liegt im allgemeinen zwischen 10^{-3} und 10^{-5}; das Verhältnis $\frac{n_{r+1}}{n_r}$ ist dabei von der Größenordnung 1.

Als Abschluß unserer Darstellung dieses Entwicklungsstadiums der Theorie der Sternspektren geben wir nach C. H. PAYNE [407, Abb. 8] eine Zusammenstellung der — großenteils von ihr selbst — an Objektivprismenaufnahmen des Harvard-Observatoriums *geschätzten* Linienintensitäten in Abhängigkeit vom Spektraltyp (oberer Teil der Abb. 48). Der untere Teil der Abbildung enthält

— als Funktion der Temperatur T für $P_e = 132$ Bar berechnet[1] — die $\log_{10}$ der Konzentration der betreffenden Atomzustände (analog Abb. 47). Die Abszissenskala des oberen Teiles der Abbildung ist so gezeichnet, daß die beobachteten und berechneten Maxima möglichst gut zusammenfallen. Man erhält so also eine provisorische *Ionisations-Temperaturskala.* Sind die Grundannahmen der Rechnung — konstanter Elektronendruck und konstante effektive Schichtdicke der Sternatmosphären innerhalb der *ganzen* Spektralsequenz — verbesserungsbedürftig, so würde dies zu einer Verzerrung der Temperaturskala der Abb. 48 führen. Diese ist also nur als eine vorläufige zu betrachten.

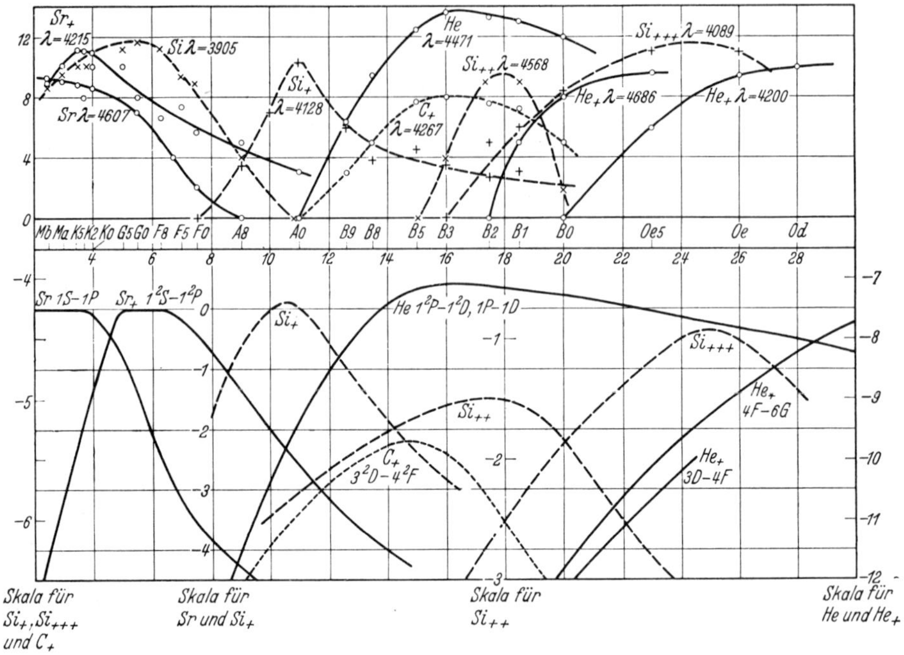

Abb. 48. [Nach C. H. PAYNE [407] und Harvard Circ. 256, (1924).] Oberer Teil der Abbildung: Beobachtete Linienintensitäten. Unterer Teil der Abbildung: Nach FOWLER und MILNE für $P_e = 132$ bar berechnete Konzentrationen (in logarithmischem Maßstab). Die Skala der Spektraltypen ist der Temperaturskala (Abszissen $= T \cdot 10^{-3}$) so angepaßt, daß die beobachteten und berechneten Maxima zusammenfallen: Vorläufige Ionisations-Temperaturskala.

Miss PAYNE (ebd.) hat im Anschluß an die FOWLER-MILNEschen Untersuchungen einen ersten Versuch gemacht, die *quantitative Zusammensetzung der Sternatmosphären* zu bestimmen: Sie geht von der Annahme aus, daß eine Spektrallinie bei ihrem Erscheinen bzw. Verschwinden in der Harvardsequenz (beurteilt nach Spektren, welche unter etwa gleichen Bedingungen aufgenommen sind) eine ganz bestimmte *Intensität* haben muß, der wiederum — wenn man von der Verschiedenheit der noch eingehenden atomtheoretischen Größen absieht — eine bestimmte *Konzentration des betreffenden Atomzustandes* entspricht. Von dieser ausgehend, kann man umgekehrt — mit Hilfe der SAHA- und BOLTZMANN-Formel — die relative Häufigkeit des betreffenden Elementes bestimmen.

Das höchst bemerkenswerte Ergebnis dieser Untersuchung war, daß im großen und ganzen die kosmische Häufigkeit der Elemente der für den gesamten

[1] Die statistischen Gewichte usw. waren bei den Rechnungen noch nicht ganz richtig angesetzt. Ein Vergleich der Si-Kurven mit der neu berechneten Abb. 48 läßt die Bedeutung dieser Faktoren erkennen.

Erdkörper und die Meteoriten gefundenen weitgehend parallel geht bis auf zwei Ausnahmen: Wasserstoff und Helium, die ja auch leicht erklärbar sind.

Das damit angeschnittene Problem der kosmischen Häufigkeit der Elemente ist eines der grundlegendsten der neueren Astrophysik. Die Übereinstimmung der Spektren der fernsten Spiralnebel mit dem unserer Milchstraße zeigt, daß die Häufigkeitsverteilung der Elemente im ganzen Kosmos gleichartiger ist, als man irdendwie erwarten konnte — für alle kosmologischen Hypothesen eine entscheidende Feststellung. Weiterhin hängt das Verteilungsgesetz der Elemente zusammen mit dem Problem der Energieerzeugung im Inneren der Sterne: Die Strahlungsenergie der Sterne entstammt letzten Endes den Atomkernen. In diesem Zusammenhang erscheint es höchst interessant, nachzuforschen, ob in der Zusammensetzung zwischen den Sternen verschiedener Spektraltypen und absoluter Helligkeiten nicht doch wenigstens kleine Unterschiede bestehen. Endlich wird der Unterschied in der Zusammensetzung von Erde und Sonne (Wasserstoff, Edelgase!) bedeutsame Anhaltspunkte für die Erklärung der Entstehung unseres Planetensystems liefern.

25. Ionisation von Gemischen mehrerer Elemente. Verhältnis von Elektronendruck P_e zu Gasdruck P_g. Effektives Molekulargewicht.

Im Hinblick auf unsere späteren Untersuchungen über den Aufbau der Sternatmosphären und die quantitative Deutung ihrer Spektren wollen wir uns noch einen Einblick verschaffen in die Abhängigkeit des mittleren Ionisationsgrades einer Sternatmosphäre von Temperatur und Druck und einige damit zusammenhängende Fragen.

Wir müssen dabei — wohl oder übel — ausgehen von einer bestimmten Arbeitshypothese bezüglich der chemischen Zusammensetzung der Sterne, die wir später gegebenenfalls in einer Art sukzessivem Approximationsverfahren verbessern können.

B. STRÖMGREN [433] hat die Häufigkeitsverhältnisse nach Atomzahlen der wichtigsten *Metalle* den Meteoriten-Untersuchungen von V. M. GOLDSCHMIDT [419] entnommen, und zwar setzt er an:

Mg	Si	Fe	Ca	Al	Na
0,30	0,33	0,30	0,02	0,03	0,02 (Summe = 1).

Dazu kommt *Wasserstoff* in einem Verhältnis Wasserstoff/Metalle $= A$, für das er versuchsweise die Zahlenwerte $\log A = 3{,}0$, 3,4, 3,8 und 4,2 ansetzt. Helium und die leichten Nichtmetalle sind nicht berücksichtigt.

Die Kieler Rechnungen von A. ROSA [424] stützen sich auf die von A. UNSÖLD ausgeführten quantitativen Spektralanalysen des B0-Sternes τ Scorpii und der Sonne (vgl. Kap. XVII). Soweit die Elemente in beiden Sternen erfaßbar sind, besteht Übereinstimmung der Elementhäufigkeiten innerhalb der Fehlergrenzen der Analysen von etwa $\log N = \pm\, 0{,}3$. Es erscheint daher berechtigt — und weitere Untersuchungen haben dies bestätigt — von einer *kosmischen Häufigkeitsverteilung der Elemente* zu sprechen, von der Abweichungen nur selten vorkommen. Das Ergebnis der erwähnten Analysen und damit gleichzeitig die Grundlage unserer weiteren Rechnungen zeigt Tab. 22[1]. Angegeben sind nur die häufigsten Elemente und das Kalium, das bei tiefen Temperaturen als Elektronen-Lieferant wesentlich ist. Die übrigen Elemente sind für das Verhalten der Sternmaterie

[1] Bezüglich der Ionisierungsspannungen vgl. Anm. 2, S. 92.

belanglos. Das Verhältnis Wasserstoff/Metalle entspricht bei uns $\log A = 3{,}63$; neben dem Wasserstoff spielt aber hier das Helium eine wesentliche Rolle.

Tabelle 22. Zusammensetzung der Sternatmosphären. Nach [424].

Z.	El.	Ionisierungs-spannung χ	g_0	g_1	Häufigkeit nach Atomzahlen ε_i	Häufigkeit nach Masse $\varepsilon_i \mu_i$
1	H	13,54	2		25100	25100
2	He	24,46	1	2	4570	18200
6	C	11,22	9	6	6,31	75,9
7	N	14,48	4	9	13,5	190
8	O	13,55	9	4	24,5	389
10	Ne	21,47	1	6	28,8	575
11	Na	5,12	2	1	0,0575	1,32
12	Mg	7,61	1	2	1,55	38,0
13	Al	5,96	6	1	0,0955	2,57
14	Si	8,12	9	6	1,41	39,8
16	S	10,3	9	4	0,371	12,0
19	K	4,32	2	1	0,00794	0,31
20	Ca	6,09	1	2	0,0759	3,02
26	Fe	7,83	25	30	2,34	132,0
					$\Sigma \varepsilon_i = 29750$	$\Sigma \varepsilon_i \mu_i = 44760$

Zunächst wurde die Ionisation der einzelnen Elemente unter sorgfältiger Berücksichtigung der Zustandssummen nach der SAHAschen Formel berechnet. Sei ε_i die Häufigkeit einer Atomart, x_i der Ionisationsgrad für die erste und x_i' für die zweite Ionisation, so wird die *Anzahl der freien Elektronen pro Atomkern*

$$E = \frac{\Sigma\, \varepsilon_i\,(x_i + x_i')}{\Sigma\, \varepsilon_i}\,. \tag{25, 1}$$

Dabei haben wir die — leicht zu verifizierende — Annahme gemacht, daß die zweite Ionisation erst nach Beendigung der ersten einsetzt. Höhere Ionisationsstufen können außer Betracht bleiben, denn wenn die 3-te Ionisation der schwereren Elemente beginnt, liefern bereits H und He die weitaus überwiegende Menge der freien Elektronen.

Das zu einer bestimmten Temperatur T und einem Elektronendruck P_e [Bar] gehörende *Verhältnis von Gasdruck P_g : Elektronendruck P_e* ist nun

$$\frac{P_g}{P_e} = \frac{1+E}{E}\,. \tag{25, 2}$$

Das effektive Molekulargewicht beträgt im nichtionisierten Zustand

$$\mu_0 = \frac{\Sigma\, \varepsilon_i\, \mu_i}{\Sigma\, \varepsilon_i} = 1{,}505\,. \tag{25, 3}$$

Allgemein wird

$$\mu = \frac{\mu_0}{1+E}\,. \tag{25, 4}$$

Die nach (25, 1—4) berechneten Werte von $-\log E$, $\log P_g$ und μ sind in Tab. 23 in Abhängigkeit von T bzw. $\Theta = \frac{5040}{T}$ und $\log P_e$ (P_e in Bar) angegeben. Wie man sieht, vereinfacht die Benutzung dieser Variablen das ganze Rechenverfahren entscheidend. Links sind die Grenzwerte für hohe Temperaturen angeschrieben. Rechts unten würde die Bildung von Molekülen und negativen Ionen wichtig[1],

[1] Hierauf machte Frl. Dr. E. VITENSE mich freundlichst aufmerksam.

Tabelle 23. Anzahl E der freien Elektronen pro Kern, Gasdruck P_g und effektives Molekulargewicht μ in Abhängigkeit von Temperatur T und Elektronendruck P_e. Nach [424].

	$\frac{5040}{T}=\Theta$	0,07	0,1	0,15	0,2	0,3	0,4	0,5	0,6	0,7	0,8	0,9	1,0	1,1	1,2	1,3	1,4
	T	72000	50400	33600	25200	16800	12600	10080	8400	7200	6300	5600	5040	4582	4200	3877	3600
	$\log T$	4,857	4,702	4,526	4,401	4,225	4,100	4,003	3,924	3,857	3,799	3,748	3,702	3,661	3,623	3,588	3,556
$-\log E$	$\log P_e = -2$	-0,06				0,00	0,00	0,04	0,07	0,08	0,29	1,38	2,78	3,61	3,76	3,82	4,06
	-1				-0,05	0,00	0,00	0,07	0,08	0,16	0,95	2,34	3,47	3,74	3,85	4,12	4,62
	0				-0,02	0,00	0,01	0,07	0,10	0,57	1,89	3,20	3,72	3,87	4,20	4,72	5,16
	1				0,00	0,00	0,05	0,08	0,29	1,42	2,83	3,66	3,89	4,27	4,82	5,27	5,62
	2			-0,05	0,00	0,00	0,07	0,14	0,94	2,40	3,52	3,91	4,35	4,93	5,40	5,81	
	3			-0,02	0,00	0,02	0,09	0,52	1,88	3,25	3,91	4,42	5,04	5,56			
	4			0,00	0,00	0,06	0,23	1,34	2,83	3,85	4,50						
	5		-0,05	0,00	0,01	0,11	0,81	2,31	3,65								
$\log P_g$	-2	-1,73				-1,70	-1,70	-1,68	-1,66	-1,66	-1,53	-0,60	0,78	1,61	1,76	1,82	2,06
	-1	-0,73			-0,72	-0,70	-0,70	-0,66	-0,66	-0,61	0,00	1,34	2,47	2,74	2,85	3,12	3,62
	0	0,27			0,29	0,30	0,31	0,34	0,35	0,67	1,90	3,20	3,72	3,87	4,20	4,72	5,16
	1	1,27			1,30	1,30	1,33	1,34	1,47	2,44	3,83	4,66	4,89	5,27	5,82	6,27	6,62
	2	2,27		2,28	2,30	2,30	2,34	2,38	2,99	4,40	5,52	5,91	6,35	6,93	7,40	7,81	
	3	3,27		3,29	3,30	3,31	3,35	3,63	4,88	6,25	6,91	7,42	8,04	8,56			
	4	4,27		4,30	4,30	4,33	4,43	5,36	6,83	7,85	8,50						
	5	5,27		5,30	5,30	5,36	5,87	7,31	8,65								
μ	-2	0,699			0,700	0,753	0,753	0,786	0,816	0,823	0,997	1,444	1,502	1,505			
	-1				0,708	0,753	0,755	0,811	0,818	0,887	1,354	1,498	1,505				
	0				0,734	0,753	0,765	0,816	0,839	1,186	1,485	1,505					
	1			0,700	0,750	0,753	0,797	0,823	0,992	1,450	1,503						
	2			0,708	0,753	0,756	0,815	0,876	1,350	1,499	1,505						
	3			0,734	0,753	0,772	0,832	1,154	1,486	1,505							
	4		0,700	0,750	0,754	0,807	0,949	1,440	1,503								
	5		0,706	0,753	0,757	0,849	1,301	1,497	1,505								1,505

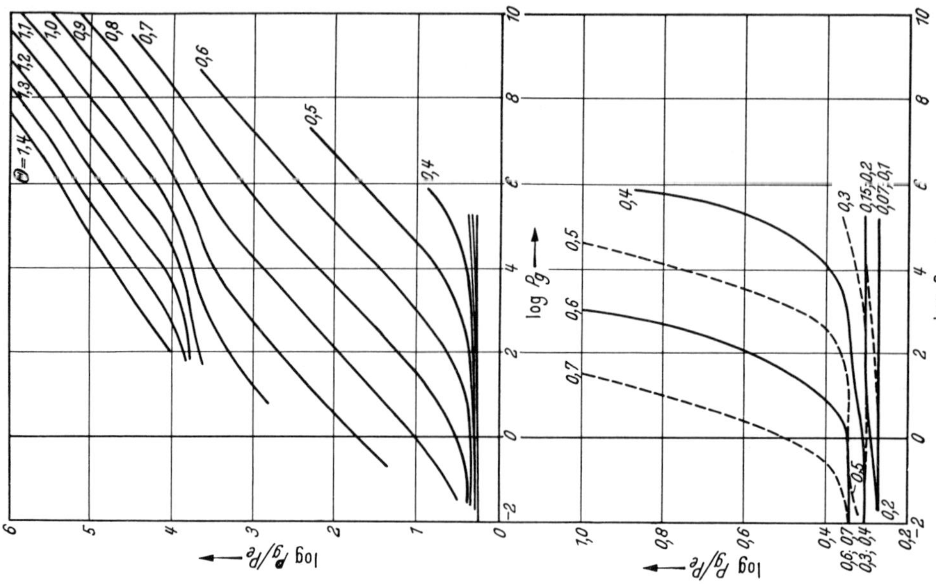

Abb. 50. log P_g/P_e als Funktion von $\Theta = 5040/T$ und log P_g. Nach [424]. →

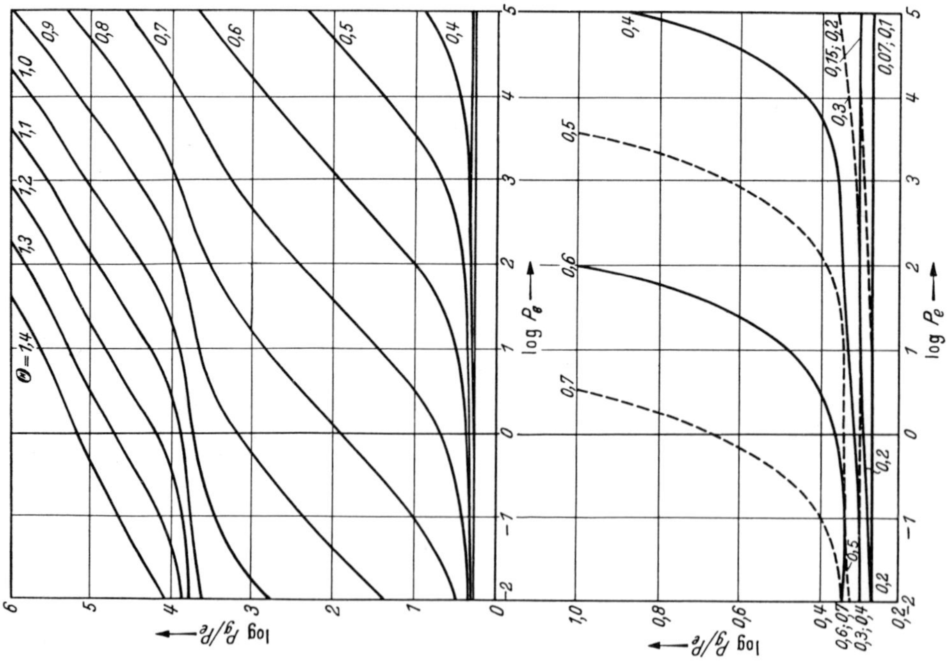

Abb. 49. log P_g/P_e als Funktion von $\Theta = 5040/T$ und log P_e. Nach [424]. ↓

worauf wir hier nicht eingehen wollen. Graphische Darstellungen von log P_g/P_e als Funktion von Θ und log P_e bzw. log P_g geben die Abb. 49 und 50. An den Krümmungen der Kurven erkennt man jeweils das Einsetzen einer neuen Ionisation.

Das schwierige Problem der Abweichungen von der SAHAschen Formel in Nicht-Gleichgewichtszuständen wollen wir noch zurückstellen. Das Studium des Strahlungsfeldes *in* Sternatmosphären in den folgenden Kapiteln wird uns zeigen, daß dieses — abgesehen von den alleräußersten Schichten — nur relativ wenig von dem eines Hohlraumes abweicht. Wir dürfen also im allgemeinen die SAHAsche und die BOLTZMANNsche Formel unbedenklich anwenden. Erhebliche Abweichungen davon haben wir erst z. B. in der Sonnenkorona, in ausgedehnten Hüllen, in Nebeln oder gar der interstellaren Materie zu erwarten.

Zweiter Teil.

Kontinuierliches Spektrum und Aufbau einer Sternatmosphäre.

V. Kapitel.

Strahlungsaustausch.

26. Die Strömungsgleichung der Strahlung.

Um das kontinuierliche und später das Linienspektrum einer Sternatmosphäre verstehen zu können, verfolgen wir den *Austausch der Strahlung*. Wir beschreiben ihn mit Hilfe der sog. *Strömungsgleichung* der Strahlung (equation of transfer). Dabei brauchen wir uns noch keine Gedanken darüber zu machen, ob der *Energietransport* durch die Atmosphäre *nur* durch Strahlung bewerkstelligt wird — dann sprechen wir von *Strahlungsgleichgewicht* — oder ob noch *Konvektion* und evtl. Wärmeleitung beteiligt sind.

Die Grundzüge der Theorie des Strahlungsaustausches *und* des Strahlungsgleichgewichtes in Sternatmosphären sind zusammen in zwei grundlegenden Arbeiten 1906 und 1914 von K. SCHWARZSCHILD [533, 534] entwickelt worden. Heute erscheint es zweckmäßig, zu unterscheiden, welche Aussagen aus der *Strömungsgleichung* allein gewonnen werden können und welche die vollständige Theorie des Strahlungsgleichgewichtes, d. h. auch die *Kontinuitätsgleichung* der Strahlung voraussetzen.

Da die Dicke der Sternatmosphären im allgemeinen wesentlich kleiner ist als der Radius des Sternes, so können wir uns zunächst darauf beschränken, sie als eben, d. h. planparallel geschichtet, zu betrachten.

Um das *Strahlungsfeld* (hierzu Kap. I) einer Sternatmosphäre beschreiben zu können, denken wir uns (Abb. 51) in der Tiefe t — gerechnet von einem beliebig festgelegten Nullniveau aus — ein Flächenelement von 1 cm², dessen Normale mit derjenigen der Sternoberfläche den Winkel ϑ bilde $(0 \leq \vartheta \leq \pi)$.

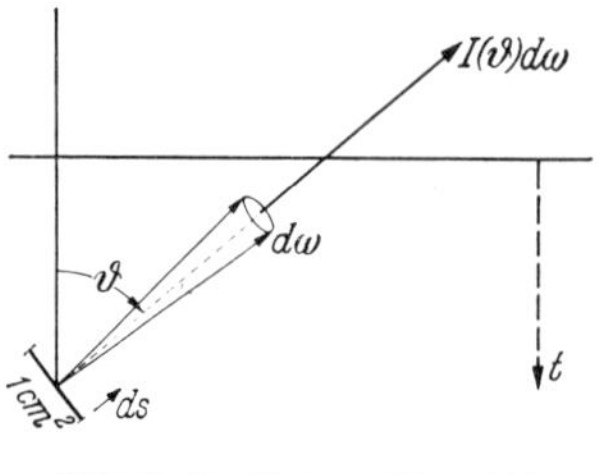

Abb. 51. Strahlungsgleichgewicht.

Innerhalb eines Raumwinkelelementes $d\omega$ strömt durch dieses Flächenelement in Richtung seiner Normalen und in dem Frequenzintervall ν bis $\nu + d\nu$ pro sec die Strahlungsenergie $I_\nu(t, \vartheta)\, d\nu\, d\omega$.

Längs eines Wegelementes $ds = -dt/\cos\vartheta = -dt \cdot \sec\vartheta$ verliert nun das betrachtete Strahlenbündel durch *Absorption* den Betrag $\varkappa \cdot I_\nu(t, \vartheta)\, ds$ an Intensität, wo $\varkappa$ den kontinuierlichen Absorptionskoeffizienten pro cm für die Frequenz ν bedeutet[1]. Andererseits wird aber innerhalb des kleinen Zylinders von der Grundfläche 1 und der Höhe ds auch Strahlung *emittiert*, und zwar erhält $I_\nu(t, \vartheta)$ den

[1] Den Index ν lassen wir beim kontinuierlichen Absorptionskoeffizienten meist weg, um später den stark frequenzabhängigen Linienabsorptionskoeffizienten mit $\varkappa_\nu$ bezeichnen zu können.

Zuwachs $\varepsilon_\nu(t)\, ds \cdot 1$, wo ε_ν der *Emissionskoeffizient* an der betrachteten Stelle der Sternatmosphäre ist. Dieser könnte — im Prinzip — noch von ϑ abhängen, aber alle denkbaren Reemissionsmechanismen führen auf so geringe Abweichungen von der Isotropie, daß wir von vornherein ε_ν als unabhängig von ϑ betrachten dürfen. Insgesamt erhalten wir also:

$$d I_\nu(\vartheta) = \underbrace{-\varkappa I_\nu(\vartheta)\, ds}_{\text{Absorption}} + \underbrace{\varepsilon_\nu \cdot ds \cdot 1}_{\text{Reemission}}. \tag{26, 1}$$

Im Zustande vollständigen thermischen Gleichgewichtes *wäre* nach dem KIRCHHOFF*schen* Satz $\varepsilon_\nu = \varkappa I_\nu$. Entsprechend definieren wir im folgenden, *ohne* damit thermisches Gleichgewicht vorauszusetzen, eine der KIRCHHOFF-PLANCKschen Funktion *analoge* Größe S_ν durch die Gleichung:

$$\varepsilon_\nu = \varkappa S_\nu . \tag{26, 2}$$

Die von ϑ unabhängige Größe

$$\int \varepsilon_\nu\, d\omega = 4\pi\varkappa \cdot S_\nu \tag{26, 3}$$

gibt die Emission pro cm³ und sec innerhalb eines Frequenzintervalles 1 an: In Anlehnung an K. SCHWARZSCHILD[1] nennen wir $S_\nu(t)$ die *Ergiebigkeit* in der Tiefe t. Um Gl. (26, 1) vollends auf ihre endgültige Form zu bringen, führen wir noch den Begriff der *optischen Tiefe* τ ein:

$$d\tau = \varkappa\, dt; \quad \tau = \int_{-\infty}^{t} \varkappa\, dt . \tag{26, 4}$$

Seine anschauliche Bedeutung ist leicht zu erkennen: Durchsetzt ein Strahlenbündel der Intensität I_ν senkrecht eine — selbst nicht emittierende — Platte (z. B. ein Lichtfilter) der Dicke t, so ist

$$dI_\nu/dt = -\varkappa I_\nu \quad \text{oder} \quad dI_\nu/d\tau = -I_\nu . \tag{26, 5}$$

Die auffallende Intensität $I_{\nu,0}$ wird also beim Durchgang geschwächt im Verhältnis

$$I_\nu : I_{\nu,0} = e^{-\tau} . \tag{26, 6}$$

Das heißt eine Platte der optischen Dicke 1 reduziert die Intensität eines durchgehenden Lichtstrahles auf $1/e = 0.37$. Unter Verwendung dieses außerordentlich nützlichen Hilfsbegriffes erhalten wir nun aus (26, 1) mit $\varkappa\, ds = -d\tau/\cos\vartheta$ die endgültige Form für die *Strömungsgleichung* der Strahlung:

$$\boxed{\cos\vartheta \frac{dI_\nu(\varepsilon, \vartheta)}{d\tau} = I_\nu(\tau, \vartheta) - S_\nu(\tau) .} \tag{26, 7}$$

27. Die Ergiebigkeit S_ν.

Um die *Ergiebigkeit* $S_\nu(t)$ als Funktion der Frequenz ν und der Tiefe t berechnen zu können, müssen wir den physikalischen Mechanismus der Strahlungsemission genauer ins Auge fassen. In voller Allgemeinheit ist dieses Problem völlig unlösbar, wie man sofort sieht, wenn man sich klar macht, welch mannigfaltige Übergänge z. B. das Leuchtelektron eines Eisenatoms machen kann, oder durch wieviel verschiedenartige Prozesse ein freies Elektron Energie gewinnen oder verlieren

[1] Ursprünglich bezeichnete K. SCHWARZSCHILD die Emission pro cm³, d. h. $4\pi\varkappa \cdot S_\nu$ als Ergiebigkeit. In neuerer Zeit ist man mehr und mehr dazu übergegangen, S_ν selbst so zu nennen. Unsere Bezeichnung S_ν entspricht dem englischen "source function".

kann. Wir müssen also so schematisieren, daß wir einerseits mit Hilfe einfacher Begriffe den wirklichen Erscheinungen einigermaßen gerecht werden können, andererseits uns nicht in einem undurchdringlichen Formelgestrüpp festfahren. In diesem Sinne haben K. SCHWARZSCHILD [534], B. LINDBLAD [520, 521] und E. A. MILNE [523—525] folgende Emissionsmechanismen herausgestellt:

a) *„Wahre Absorption“* (SCHWARZSCHILD) oder *lokales thermodynamisches Gleichgewicht* (MILNE).

Im thermodynamischen Gleichgewicht sind Emission und Absorption durch den KIRCHHOFF*schen Satz* (3, 3) miteinander gekoppelt. Dann ist also die Ergiebigkeit $S_\nu(t)$ gleich der universellen KIRCHHOFF-PLANCK-Funktion:

$$B_\nu(t) = \frac{2h\nu^3}{c^2} \cdot \frac{1}{e^{\frac{h\nu}{kT}} - 1}, \qquad (27, 1)$$

wo $T(t)$ die lokale Temperatur in der Tiefe t bedeutet. In den Sternatmosphären ist nun schon in geringen Tiefen die Rückstrahlung recht erheblich. Weiterhin begünstigt die oben erwähnte große Mannigfaltigkeit der Energie-Austausch-Prozesse eine Annäherung an das Maximum der Entropie, das ja gerade durch (27, 1) dargestellt wird. Besonders günstig ist dabei, wenn neben den Strahlungsprozessen viele Stöße stattfinden. Unter den genannten Verhältnissen haben wir also zwar kein vollständiges thermodynamisches Gleichgewicht, aber wir können doch in guter Annäherung jedem Volumelement eine lokale Temperatur $T(t)$ zuordnen und im Sinne *„lokalen thermodynamischen Gleichgewichtes“*

$$S_\nu(t) = B_\nu(T(t)) = \frac{2h\nu^3}{c^2} \cdot \frac{1}{e^{\frac{h\nu}{kT}} - 1} \qquad (27, 2)$$

setzen. Ob die *Temperaturverteilung* $T(t)$ in der Atmosphäre durch den Strahlungsaustausch allein, oder auch durch Konvektion, Wärmeleitung usw. bedingt ist, spielt dabei keine Rolle.

b) *Streuung* (SCHWARZSCHILD) *oder monochromatisches Strahlungsgleichgewicht* (MILNE).

Betrachten wir z. B. den Strahlungsaustausch einer Atmosphäre, in der — wie in der Erdatmosphäre — RAYLEIGH-*Streuung* an Molekülen oder — in Übergiganten früher Spektraltypen bzw. der Sonnenkorona — THOMSON-*Streuung* an freien Elektronen überwiegt, so entspricht[1] jedem absorbierten Lichtquant $h\nu$ ein genau gleichartiges emittiertes. Die pro Volumeinheit und sec absorbierte Energie berechnen wir leicht analog zu Abb. 5 und Gl. (1, 12) zu

$$\sigma \int I_\nu(t, \vartheta)\, d\omega\,, \qquad (27, 3)$$

wobei σ den *Streukoeffizienten* bei der Frequenz ν bezeichnet. Ist die Reemission isotrop verteilt, so ist dieser Ausdruck gleich $4\pi\sigma \cdot S_\nu(t)$ und es wird also die *Ergiebigkeit*

$$S_\nu(t) = \int I_\nu(t, \vartheta) \frac{d\omega}{4\pi} = \frac{1}{2} \int I_\nu(t, \vartheta) \cdot \sin\vartheta\, d\vartheta\,, \qquad (27,4)$$

d. h. gleich der mittleren Strahlungsintensität bzw. $\frac{c}{4\pi}$ mal der Strahlungsdichte u_ν. In einer Sternatmosphäre, wo die Winkelverteilung der Strahlungsintensität $I_\nu(t, \vartheta)$ ziemlich gleichmäßig ist, wird man diesen Ausdruck für die Ergiebigkeit auch noch ganz gut anwenden können, wenn die Streuung winkelabhängig ist. Die Indicatrix der RAYLEIGH- und THOMSON-*Streuung* z. B. ist

[1] Von den Geschwindigkeiten der streuenden Teilchen (Dopplereffekt!) sehen wir hier noch ab.

$\sim 1 + \cos^2\varphi$ (φ = Streuwinkel). Man sieht leicht, daß diese Anisotropie fast verwischt wird, wenn die gestreute Strahlung z. B. eine Winkelabhängigkeit $\sim 1 + \frac{3}{2}\cos\vartheta$ hat (etwa entsprechend der Gesamtstrahlung der Sonne). Im übrigen kann man die Ergiebigkeit für anisotrope Streuung, nötigenfalls sogar unter Berücksichtigung der Polarisation der Streustrahlung ganz allgemein anschreiben. Da wir hiervon nur wenig Gebrauch machen werden, verweisen wir auf die eingehende Darstellung in S. CHANDRASEKHARs "Radiative Transfer" [500].

Bei der Behandlung des Strahlungsaustausches in FRAUNHOFER-*Linien* wird uns neben den $\varkappa$ bzw. σ analogen Koeffizienten der Linienabsorption $\varkappa_\nu$ und Linienstreuung σ_ν noch

c) die sog. *inkohärente Streuung* ι_ν begegnen, bei der die in *einer* Linie absorbierte Energie bei der Reemission über den Frequenzbereich dieser Linien verteilt wird (man spricht daher auch von „Verteilung") und

d) *Extinktion* λ_ν, welcher überhaupt keine Emission in derselben Frequenz entspricht.

Haben wir nebeneinander *wahre Absorption und Streuung*, so lautet zunächst die *Strömungsgleichung* der Strahlung

$$\cos\vartheta \frac{dI_\nu(t,\vartheta)}{dt} = (\varkappa + \sigma)\, I_\nu(t,\vartheta) - \varkappa\, B_\nu(t) - \sigma \int I_\nu(t,\vartheta) \frac{d\omega}{4\pi}. \tag{27,5}$$

Führen wir die *gesamte optische Tiefe* bei der Frequenz ν

$$dx = (\varkappa + \sigma)\, dt \quad \text{bzw.} \quad x = \int_{-\infty}^{t} (\varkappa + \sigma)\, dt \tag{27, 6}$$

und die *Ergiebigkeit*

$$\boxed{S_\nu(t) = \frac{\varkappa}{\varkappa + \sigma} B_\nu(t) + \frac{\sigma}{\varkappa + \sigma} \int I_\nu(t,\vartheta) \frac{d\omega}{4\pi}} \tag{27, 7}$$

ein, so erhält die *Strömungsgleichung* (26, 12) wieder die alte Form:

$$\cos\vartheta \frac{dI_\nu(x,\vartheta)}{dx} = I_\nu(x,\vartheta) - S_\nu(x)\,. \tag{27, 8}$$

28. Zusammenhang von Strahlungsintensität $I(x,\vartheta)$ und Ergiebigkeit $S(x)$.

Es leuchtet ohne weiteres ein, daß es möglich sein muß, die Strahlungsintensität und ihre Mittelwerte zu berechnen, wenn die *Ergiebigkeit* für die ganze Sternatmosphäre bekannt ist. Die Beschreibung des ganzen Strahlungsfeldes ist damit zurückgeführt auf die Kenntnis dieser einen Funktion *einer* Variablen[1]. Da die Strömungsgleichung (27, 8) für jede Frequenz in derselben Weise gilt, so können wir in diesem Abschnitt die Indices überall weglassen und schreiben die *Strömungsgleichung* ganz allgemein

$$\frac{dI}{dx \cdot \sec\vartheta} - I = -S\,, \tag{28, 1}$$

wobei selbstverständlich I von x *und* ϑ, alle anderen Größen nur von x abhängen.

Wir berechnen zunächst das *Strahlungsfeld* $I(x,\vartheta)$ einer Sternatmosphäre aus ihrer als Funktion der optischen Tiefe x vorgegebenen *Ergiebigkeit* $S(x)$:

[1] Genauer gesagt gilt dies, solange wir von Anisotropie und Polarisation eventueller *Streustrahlung* absehen.

Multiplikation von (28, 1) mit $e^{-x \sec \vartheta}$ ergibt

$$\frac{d(I e^{-x \sec \vartheta})}{d(x \sec \vartheta)} = - S \cdot e^{-x \sec \vartheta} \tag{28, 2}$$

oder, wenn wir integrieren und dabei die der optischen Gesamttiefe x entsprechende Integrationsvariable mit z bezeichnen:

$$I(x, \vartheta)\, e^{-x \sec \vartheta} = - \int^{z=x} S(z)\, e^{-z \sec \vartheta}\, dz \sec \vartheta\,. \tag{28, 3}$$

Die untere Grenze des Integrals bzw. die Integrationskonstante müssen wir noch mit Hilfe der Grenzbedingungen des Problems festlegen.

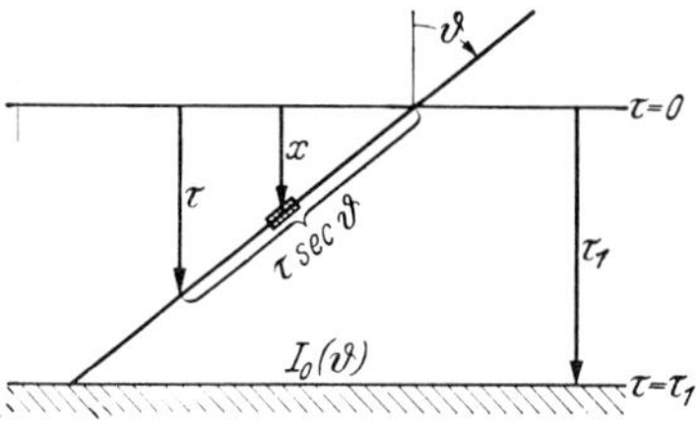

Abb. 52. Züsammenhang von Strahlungsintensität und Ergiebigkeit.

Mit Rücksicht auf spätere Anwendungen betrachten wir sogleich den gegenüber Abschnitt 26 etwas allgemeineren Fall, daß eine Atmosphäre der optischen Dicke x_1 am ,,Boden" begrenzt wird durch eine Ebene, die Strahlung der vorgegebenen Intensität $I_0(\vartheta)$ aussendet (Abb. 52). Für $x = 0$ soll selbstverständlich die Einstrahlung $\left(\frac{\pi}{2} \leqq \vartheta \leqq \pi\right)$ verschwinden.

Unter Berücksichtigung dieser Grenzbedingungen für $x = x_1$ und $x = 0$ wird nunmehr (28, 3):

Ausstrahlung:

$$\underset{\sec \vartheta \geqq 0}{0 \leqq \vartheta \leqq \pi/2} \quad I(x, \vartheta) = I_0(\vartheta)\, e^{-(x_1 - x) \sec \vartheta} + \int_x^{x_1} S(z)\, e^{-(z-x) \sec \vartheta}\, dz \sec \vartheta\,, \tag{28, 4}$$

Einstrahlung:

$$\underset{\sec \vartheta \leqq 0}{\pi/2 \leqq \vartheta \leqq \pi} \quad I(x, \vartheta) = - \int_0^x S(z)\, e^{-(z-x) \sec \vartheta}\, dz \sec \vartheta\,. \tag{28, 5}$$

Die Bedeutung der einzelnen Ausdrücke ist anhand der Abb. 52 sofort zu erkennen: In (28, 4) gibt das 1. Glied die direkt vom Boden unter dem Winkel ϑ bis zur optischen Tiefe x empordringende Strahlung. Das Integral entsteht durch Summation über die Emission aller auf diesem Weg liegenden Volumelemente unter Berücksichtigung der Absorption auf dem optischen Weg $(z - x) \sec \vartheta$. Gl. (28, 5) kommt in entsprechender Weise durch Integration über die oberhalb von x liegenden Volumelemente zustande.

Für den praktisch besonders wichtigen Spezialfall einer unendlich tiefen Atmosphäre ($\lim x_1 \to \infty$) nehmen die Gl. (28, 4) und (28, 5) die einfache Form an[1]:

$$\text{Ausstrahlung:} \quad I(x, \vartheta) = \int_x^{\infty} S(z)\, e^{-(z-x) \sec \vartheta}\, dz \sec \vartheta\,, \tag{28, 6}$$

$$\text{Einstrahlung:} \quad I(x, \vartheta) = - \int_0^x S(z)\, e^{-(z-x) \sec \vartheta}\, dz \sec \vartheta\,. \tag{28. 7}$$

[1] In der Literatur ist es teilweise üblich, ϑ nicht von 0 bis π durchzuzählen, sondern für Aus- und Einstrahlung in entgegengesetztem Sinne von 0 bis $\pi/2$ laufen zu lassen. Man gewinnt dadurch etwas an Anschaulichkeit, zerstört aber die mathematische Symmetrie der Formeln.

Insbesondere wird die an der Sternoberfläche austretende Strahlung:

$$I(0, \vartheta) = \int_0^\infty S(z)\, e^{-z \sec\vartheta}\, dz \sec\vartheta\,, \tag{28, 8}$$

wie man auch ohne Rechnung aus Abb. 52 ablesen kann. Diese Gleichung stellt — und darin liegt ihre große Wichtigkeit begründet — den Zusammenhang her zwischen der direkt beobachtbaren Mitte-Rand-Verdunkelung, d. h. $I(0, \vartheta)$ einerseits und der Tiefenabhängigkeit der Ergiebigkeit $S(z)$ bzw. $S(x)$ andererseits. Je rascher S mit x anwächst, desto mehr Strahlung wird aus großen Tiefen an die Sternoberfläche empordringen und desto größer wird der Mitte-Rand-Kontrast, da ja am Sternrand ($\vartheta = \pi/2$; $\sec\vartheta \to \infty$) $I(0, \pi/2)$ den festen Wert $S(0)$ hat. Messung der Strahlungsintensität $I(0, \vartheta)$ in Abhängigkeit von ϑ gibt also eine Möglichkeit zur Erforschung der „Schichtung" der Ergiebigkeit an die Hand, gleichgültig, ob es sich um spektral zerlegte oder um die Gesamtstrahlung handelt.

Die besondere Wichtigkeit der Sonnenphysik liegt nicht zuletzt darin begründet, daß es nur bei der Sonne möglich ist, $I(0, \vartheta)$ mit einiger Genauigkeit zu messen (evtl. Bedeckungsveränderliche!).

Den Zusammenhang zwischen $I(0, \vartheta)$ und $S(x)$ können wir mit Hilfe passend gewählter analytischer Ausdrücke leicht anschreiben und diskutieren. Da die Verknüpfung der beiden Funktionen *linear* ist, lassen sich die verschiedenen Möglichkeiten ohne weiteres miteinander kombinieren.

a) R. Lundblad [522] entwickelt $S(x)$ in eine Potenzreihe

$$S(x) = \sum_0^\infty a_k x^k = a_0 + a_1 x + a_2 x^2 \cdots. \tag{28, 9}$$

Damit wird nach (28, 8)

$$I(0, \vartheta) = \int_0^\infty \sum_0^\infty a_k x^k e^{-x \sec\vartheta}\, dx \sec\vartheta \tag{28, 10}$$

oder mit $x \sec\vartheta = y$

$$I(0, \vartheta) = \sum_0^\infty a_k \cos^k\vartheta \int_0^\infty y^k e^{-y}\, dy\,. \tag{28, 11}$$

Die Integration ergibt

$$I(0, \vartheta) = \sum_0^\infty a_k\, k!\, \cos^k\vartheta = a_0 + a_1 \cos\vartheta + 2\, a_2 \cos^2\vartheta + \cdots. \tag{28, 12}$$

Die Reihenentwicklungen für $S(x)$ und $I(0, \cos\vartheta)$ entsprechen also einander Glied für Glied. Sollte $S(x)$ bei $x = 0$ eine Singularität haben, welche die Entwicklung nach Potenzen von x unmöglich macht, so kann man — ohne an den physikalischen Verhältnissen etwas zu ändern — die äußerste Schicht ($0 \leqq x \leqq \varepsilon \ll 1$) der Atmosphäre bei der Integration nach (28, 8) weglassen und $S(x)$ von $x = \varepsilon$ aus entwickeln.

Wir wollen uns sodann noch darüber orientieren, in welchem Maße die in verschiedenen optischen Tiefen τ liegenden Schichten der Sonnenatmosphäre zur Gesamtausstrahlung $I(0, \vartheta)$ einer bestimmten Stelle der Sonnenscheibe beitragen.

Wie wir in Kap. 6 sehen werden, ist die Ergiebigkeit $S(\tau)$ für die Gesamtstrahlung als Funktion der optischen Tiefe τ — bezogen auf den kontinuierlichen

Absorptionskoeffizienten $\varkappa$ einer grauen Atmosphäre bzw. des Opazitätskoeffizienten $\bar{\varkappa}$ einer nicht ganz grauen Atmosphäre — näherungsweise gegeben durch

$$S(\tau) = \frac{1}{2} F \left(1 + \frac{3}{2} \tau\right), \tag{28, 13}$$

wo πF den Gesamtstrahlungsstrom der Atmosphäre bedeutet. Die Schicht $d\tau$ in der Tiefe τ liefert also zu $I(0, \vartheta)$ den Beitrag

$$\frac{1}{2} F \left(1 + \frac{3}{2} \tau\right) e^{-\tau \sec \vartheta} d\tau \sec \vartheta. \tag{28, 14}$$

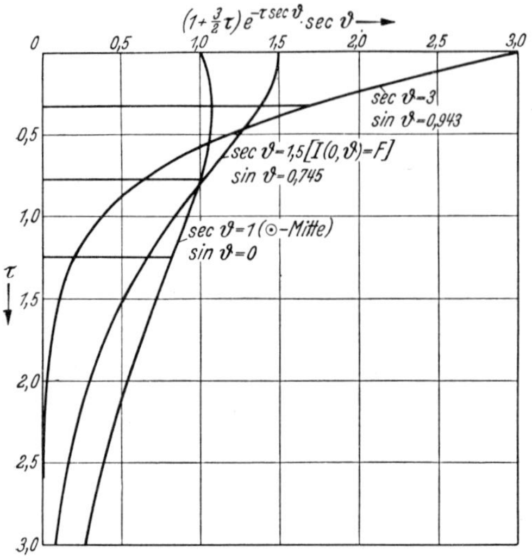

Abb. 53. Aus welchen optischen Tiefen τ stammt die Gesamtstrahlung verschiedener Teile der Sonnenscheibe?

Die Abb. 53 gibt graphische Darstellungen dieser Funktion für die Sonnenmitte ($\vartheta = 0$), sodann für diejenige Zone der Sonnenscheibe, für welche $I(0, \vartheta)$ gleich der *mittleren* Strahlungsintensität F ist und endlich für eine nur noch 5,7% des ⊙-Radius vom Sonnenrand entfernte Stelle, die etwa dem äußersten von ABBOT gemessenen Punkt entspricht. Die Kurven illustrieren in schöner Weise unsere frühere Bemerkung, daß die Strahlung des Sonnenrandes aus den höchsten Schichten stammt, während sie in der Mitte der Sonnenscheibe aus größeren Tiefen empordringt. Durch horizontale Linien sind noch *die* optischen Tiefen markiert, oberhalb deren jeweils die *Hälfte* der Gesamtstrahlung entspringt; letztere ist ja nach (28, 8) einfach gegeben durch die Fläche zwischen der betreffenden Kurve und der τ-Achse. Man kann also sagen, daß z. B. die Gesamtstrahlung der Sonnenmitte im Durchschnitt in einer optischen Tiefe $\tau = 1{,}25$ entspringt, während wir am Sonnenrand (bei $\sin\vartheta = 0{,}943$) nur bis $\tau = 0{,}32$ vordringen können. Damit soll selbstverständlich nicht gesagt sein, daß die *Energie* in dieser Tiefe irgendwie entsteht, sondern in dieser Tiefe findet im allgemeinen der letzte Prozeß der Absorption und Reemission statt — ganz im Einklang mit der anschaulichen Bedeutung des Begriffes der optischen Tiefe (Abschnitt 26).

b) In Abb. 54 stellen wir zunächst noch als Funktion von[1] $\cos\vartheta$ den Beitrag zu $I(0, \vartheta)$ dar, den eine *dünne Schicht* dx in der optischen Tiefe x liefert. Um die Größen vergleichbar zu machen, sind sie durch Multiplikation mit e^x/dx für $\cos\vartheta = 1$ auf Eins normiert. Man erkennt sehr anschaulich, wie eine Änderung der Ergiebigkeit in hohen Schichten sich hauptsächlich am Sonnen*rand* auswirkt, während die Ergiebigkeit tieferer Schichten in erster Linie die Helligkeit in der Sonnen*mitte* beeinflußt.

Ganz anders als die eben besprochene *Schichtquelle* wirkt sich eine *Punktquelle* der Ergiebigkeit in der Tiefe x aus: Ihre Helligkeit bei einem bestimmten $\cos\vartheta$, d. h. in der Entfernung $\sin\vartheta$ vom Mittelpunkt der Sonnenscheibe, ist einfach $\sim e^{-x \sec \vartheta}$ oder für Sonnenmitte wieder auf Eins normiert $\sim e^{-x(\sec\vartheta - 1)}$. Diese Kurven sind in Abb. 55 dargestellt. Sie dürften für die Beurteilung der Sichtbarkeit kleiner Konvektionselemente, Granula usw. von Interesse sein.

[1] Dies ist für alle derartigen Überlegungen das rationelle Argument.

c) Auch der Beitrag zu $I(0, \vartheta)$, den eine *endliche Schicht* $x_1 \leqq x \leqq x_2$ mit der konstanten Ergiebigkeit bzw. Ergiebigkeitsänderung C liefert, läßt sich nach (28, 8) leicht anschreiben als

$$I(0, \vartheta) = C\,(e^{-x_1 \sec\vartheta} - e^{-x_2 \sec\vartheta})\,. \tag{28, 15}$$

Da man jede Ergiebigkeitsfunktion $S(x)$ durch eine Treppenkurve approximieren kann, ist auch hiermit eine Umkehrung der Integralgleichung (28, 8) leicht möglich.

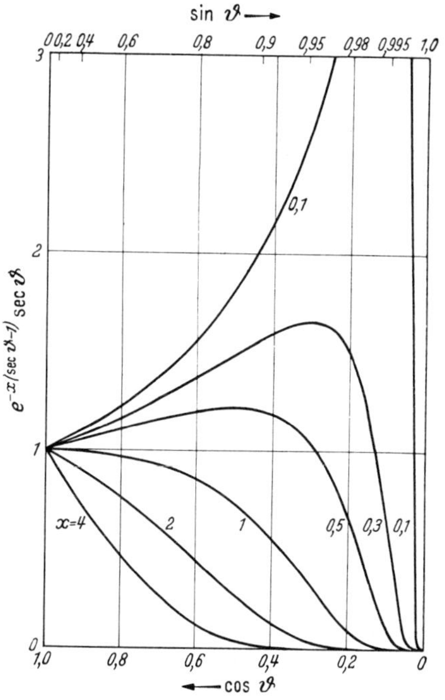

Abb. 54. Beitrag einer dünnen strahlenden Schicht in der optischen Tiefe x zu $I(0, \cos\vartheta)$.

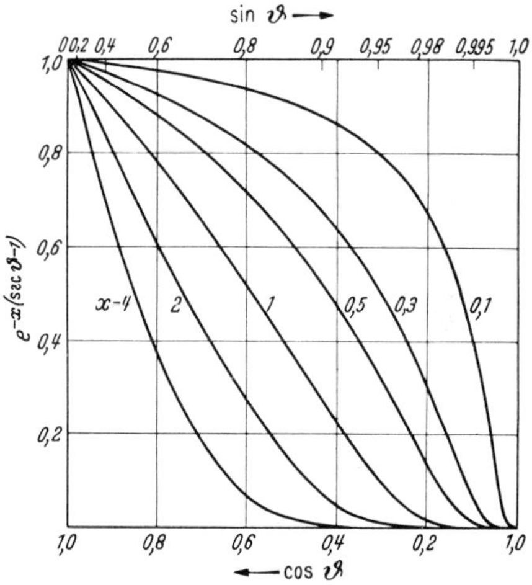

Abb. 55. Strahlung einer Punktquelle in der optischen Tiefe x.

d) Enthält die Ergiebigkeitsfunktion Glieder der Form

$$S(x) = A\, e^{-\alpha x} \; (\alpha > 0;\; A \text{ beliebig})\,, \tag{28, 16}$$

so erhält die Intensität einen Beitrag:

$$I(0, \vartheta) = \int\limits_0^\infty A\, e^{-\alpha x}\, e^{-x \sec\vartheta}\, dx \sec\vartheta = \frac{A}{1 + \alpha \cos\vartheta}\,. \tag{28, 17}$$

Diese Darstellung ist sehr zweckmäßig, um den in praxi oft auftretenden raschen Änderungen von $S(x)$ bei kleinen x Rechnung zu tragen.

e) Ein von I. W. Busbridge [512] angegebenes Verfahren zur Umkehrung von (28, 8) mittels unvollständiger Γ-Funktionen setzt voraus, daß die Randhelligkeit $I(0, 0) = 0$ ist. Auch rechnerisch dürften die angegebenen Methoden einfacher und zweckmäßiger sein.

f) Dagegen ist noch sehr nützlich und interessant ein von A. S. Eddington [502] angegebenes und dann von D. Barbier [507] besser begründetes Näherungsverfahren. Denkt man sich $S(x)$ in eine Potenzreihe nicht wie unter a) um $x = 0$, sondern um eine noch festzulegende Tiefe $x = x^*$ herum entwickelt, so wird

$$I(0, \vartheta) = \int \left[S(x^*) + (x - x^*)\left(\frac{dS}{dx}\right)_{x^*} + \frac{(x - x^*)^2}{2}\left(\frac{d^2S}{dx^2}\right)_{x^*} + \cdots\right] e^{-x \sec\vartheta}\, dx \sec\vartheta \tag{28, 18}$$

oder

$$I(0,\vartheta) = S(x^*) + \{\cos\vartheta - x^*\}\left(\frac{dS}{dx}\right)_{x^*} + \\ + \frac{1}{2}\{\cos^2\vartheta + (\cos\vartheta - x^*)^2\}\left(\frac{d^2S}{dx^2}\right)_{x^*} + \cdots. \tag{28, 19}$$

Setzt man nun $x^* = \cos\vartheta$, so ergibt sich in 1. Näherung

$$I(0,\vartheta) = S(x^* = \cos\vartheta)\,, \tag{28, 20}$$

und man erkennt weiter, daß das 3. Glied in (8, 19) an dieser Stelle ein Minimum hat, so daß sein Einfluß relativ gering sein wird, wenn die Kurve $S(x)$ nicht allzu stark gekrümmt ist. Das heißt, näherungsweise ergibt *die gemessene Intensität* $I(0, \cos\vartheta)$ *unmittelbar die Ergiebigkeit in der Tiefe* $x = \cos\vartheta$.

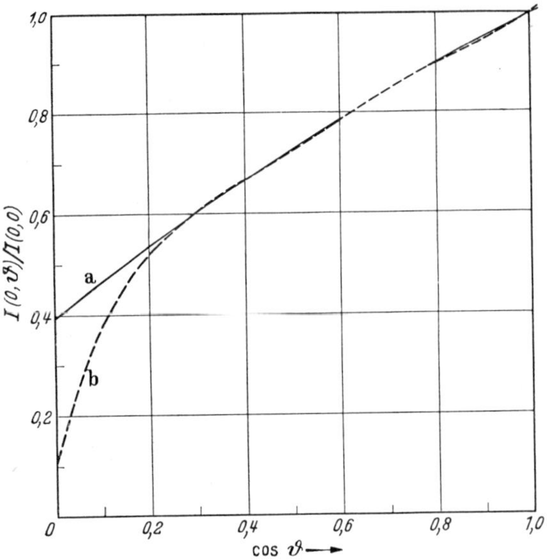

Abb. 56a. Darstellung derselben Mitte-Rand-Verdunkelung im Bereich $0{,}3 < \cos\vartheta \leq 1$ durch ein Polynom 2. bzw. 5. Grades (*a* bzw. *b*). Nach D. S. Evans [516].

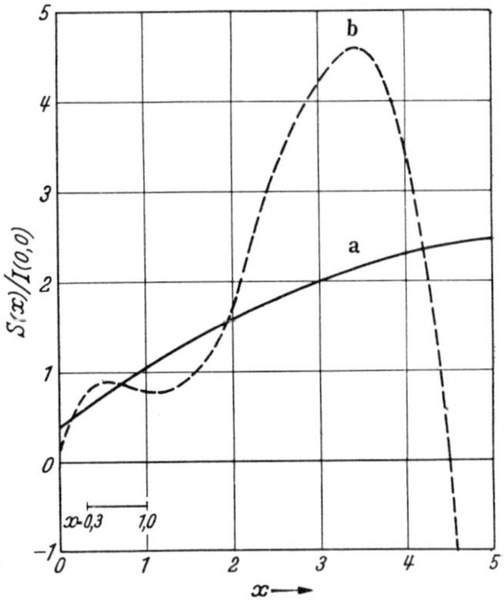

Abb. 56b. Ergiebigkeit $S(x)$ zu den Randverdunkelungs-Polynomen (28, 21a und b) von Abb. 56a nach D. S. Evans und Chr. Jentzsch.

Die „$x = \cos\vartheta$-Methode" nach Eddington und Barbier zeigt uns zugleich, was wir von einer Auswertung der gemessenen Mitte-Rand-Variation $I(0,\vartheta)$ erwarten können: Da man praktisch von $\cos\vartheta \approx 0.2$ bis $\cos\vartheta = 1$ (⊙-Mitte) messen kann, wird $S(x)$ etwa in dem Bereich $0.15 < x < 1.5$ mit einiger Zuverlässigkeit bestimmt sein; alles übrige ist formale Extrapolation.

Ein numerisches Beispiel [536] möge die Behauptung für den Sonnenrand weiter veranschaulichen:

Ändern wir die Ergiebigkeit von $x = 0$ bis 0.05 um den Betrag $\Delta S = -0.95$ und von $x = 0.05$ bis 0.10 um $\Delta S = +1$ (in irgendwelchen Einheiten), so erhalten wir nach Gl. (28, 15) folgende Änderung der an der Oberfläche austretenden Strahlungsintensität (in denselben Einheiten):

	⊙-Mitte					⊙-Rand
$\cos\vartheta =$	1	0.5	0.2	0.1	0.05	0.00
$-\Delta I(0, \cos\vartheta) =$	0.000	0.004	0.038	0.135	0.366	0.950

Das heißt, die Ergiebigkeit für $x < 0.1$ ist fast ganz bestimmt durch die Strahlungsintensität in den bis jetzt nicht erfaßbaren Randzonen $\cos\vartheta < 0.1$.

Man macht sich weiter klar, daß man z. B. bei Anwendung der Potenzreihenentwicklung (28, 9) nach R. LUNDBLAD unter Umständen an Genauigkeit *verliert*, wenn man mehr Glieder mitnimmt. In Abb. 56a haben wir z. B. nach D. S. EVANS [516] *dieselbe* Mitte-Rand-Verdunkelung für den Bereich $0.3 < \cos\vartheta \leqq 1$ innerhalb der Meßgenauigkeit einmal durch eine dreigliedrige und dann durch eine sechsgliedrige Reihe dargestellt, so daß wesentliche Unterschiede also nur bei $\cos\vartheta < 0.3$ bestehen:

$$\frac{I(0,\vartheta)}{I(0,0)} = \begin{cases} 0.3959 + 0.7271\cos\vartheta - 0.1244\cos^2\vartheta & (28,21\,\mathrm{a}) \\ 0.1000 + 3.7485\cos\vartheta - 11.7175\cos^2\vartheta + 20.9729\cos^3\vartheta - & (28,21\,\mathrm{b}) \\ \qquad - 17.9896\cos^4\vartheta + 5.8854\cos^5\vartheta\,. \end{cases}$$

Die entsprechenden $S(x)$ nach Gl. (28, 9) und (28, 12) zeigt Abb. 56b. Selbst in dem „vernünftigen" Bereich $0.3 < x < 1.0$ ist die Übereinstimmung der beiden Kurven[1] höchst mäßig!

Solche „Instabilitätserscheinungen" bei der Umkehrung von Integralgleichungen des Typs (28, 8) werden uns später beim Problem der Entzerrung von Linienkonturen wieder begegnen. Auch in der Stellarstatistik spielen sie eine Rolle. Unsere Rechen-Beispiele dürfen ihre Gefährlichkeit eindringlich vor Augen führen.

29. Analyse des kontinuierlichen Sonnenspektrums nach LUNDBLAD, CHALONGE-KOURGANOFF und BARBIER.

Der im vorhergehenden Abschnitt entwickelte Zusammenhang zwischen Randverdunkelung und Ergiebigkeit ermöglicht es, die *Temperaturschichtung der Sonnenatmosphäre* empirisch zu bestimmen, wenn man noch die — hier völlig unbedenkliche — Annahme *lokalen thermodynamischen Gleichgewichts* hinzunimmt, d. h. $S(x)$ gleich der KIRCHHOFF-PLANCK-*Funktion* $B_\lambda(T(x))$ setzt. Von *Streuung* können wir in den betrachteten Schichten der Sonne absehen. Die schon 1923 entstandene Arbeit von R. LUNDBLAD [522] war seinerzeit weitgehend der Vergessenheit anheim gefallen. 1946 haben dann D. CHALONGE und V. KOURGANOFF [513] das Problem mit inzwischen verbessertem Beobachtungsmaterial wieder aufgenommen:

Sie stellen zunächst die Messungen der Mitte-Rand-Variation von ABBOT (Tab. 3a und b) und RAUDENBUSCH (Tab. 4) durch dreigliedrige Formeln vom Typ (28, 12) dar und schreiben für alle erreichbaren Wellenlängen λ

$$\frac{I_\lambda(0,\vartheta)}{I_\lambda(0,0)} = a_0(\lambda) + a_1(\lambda)\cos\vartheta + 2\,a_2(\lambda)\cos^2\vartheta \qquad (29,1)$$

mit den in Tab. 24 angegebenen Koeffizienten. Damit erhält man nach Gl. (28, 9) die KIRCHHOFF-PLANCK-*Funktion* B_λ für dieselbe Wellenlänge, zunächst noch bezogen auf $I_\lambda(0, 0)$, d. h.

$$\frac{B_\lambda(T)}{I_\lambda(0,0)} = a_0(\lambda) + a_1(\lambda)\,\tau + a_2(\lambda)\,\tau^2\,. \qquad (29,2)$$

Dabei bedeutet T die *Temperatur* in der für die kontinuierliche Absorption bei der Wellenlänge λ gültigen optischen Tiefe $\tau(\lambda) = \int_{-\infty}^{t} \varkappa(\lambda, t)\,dt$. Die Intensität $I_\lambda(0, 0)$ in der Mitte der Sonnenscheibe entnehmen CHALONGE und KOURGANOFF der

[1] Die Zeichnung in der Originalarbeit von D. S. EVANS ist unrichtig, wie man schon anhand des GAUSSschen Fundamentalsatzes sieht. Die obigen Rechnungen und Zeichnungen verdanke ich Frl. CHR. JENTZSCH.

Bearbeitung von G. F. W. MULDERS [264]. Greift man auf den bekannten Ausdruck für die KIRCHHOFF-PLANCK-*Funktion* (7, 30)

$$B_\lambda(T) = \frac{2hc^2}{\lambda^5} \cdot \frac{1}{e^{c_2/\lambda T} - 1} \left(\text{mit } c_2 = \frac{hc}{k}\right) \tag{29, 3}$$

zurück, so ist damit *die optische Tiefe* $\tau(\lambda)$ *für jede Wellenlänge als Funktion der Temperatur* T *gegeben und umgekehrt.*

Tabelle 24. Randverdunkelungskoeffizienten zu Gl. (29, 1) nach D. CHALONGE und V. KOURGANOFF [513].

a) Messungen von C. G. ABBOT 1906—1908 (Tab. 3a),
b) Messungen von C. G. ABBOT 1913 (Tab. 3b),
c) Messungen von H. RAUDENBUSCH 1938 (Tab. 4).

λ	a_0	a_1	$2a_2$	Lit.	λ	a_0	a_1	$2a_2$	Lit.
3230	0,1216	0,8273	+ 0,0361	a	5960	0,3959	0,7271	—0,1244	c
3737	0,1435	0,9481	—0,0920	b	6040	0,3668	0,7743	—0,1422	a
3860	0,1610	0,8106	+ 0,0267	a	6700	0,4088	0,7633	—0,1736	a
4260	0,1754	0,9740	—0,1525	c	6702	0,4511	0,6873	—0,1398	c
4265	0,1752	0,8788	—0,0534	b	6702	0,4215	0,7603	—0,1816	b
4330	0,2006	0,7900	+ 0,0064	a	6990	0,4218	0,7525	—0,1761	a
4560	0,1837	0,6938	—0,1482	a	8580	0,5289	0,6353	—0,1648	b
4810	0,2277	0,9178	—0,1465	a	8660	0,5141	0,6497	—0,1657	a
5010	0,2593	0,8724	—0,1336	a	10080	0,5630	0,5995	—0,1634	b
5060	0,2615	0,8895	—0,1530	c	10310	0,5534	0,6254	—0,1777	a
5062	0,2671	0,8870	—0,1538	b	12250	0,5969	0,5667	0,1646	a
5340	0,3018	0,8275	—0,1302	a	16550	0,6894	0,4563	—0,1472	a
5955	0,3591	0,8115	—0,1712	b	20970	0,7249	0,4100	—0,1360	a

Abb. 57 zeigt $\log_{10}\tau(\lambda)$ für verschiedene Temperaturen als Funktion von λ. Da die Kurven nahezu parallel zueinander verlaufen, müssen wir schließen, daß die *Wellenlängenabhängigkeit des kontinuierlichen Absorptionskoeffizienten* $\varkappa(\lambda)$ in den zugänglichen Tiefen nahezu dieselbe ist. Schiebt man die Kurven der Abb. 57 in vertikaler Richtung z. B. bei $\lambda_0 = 5010$ Å zusammen, so kann man daraus ohne weiteres die *Wellenlängenabhängigkeit* $\varkappa(\lambda)/\varkappa_0$ des kontinuierlichen Absorptionskoeffizienten ablesen. Wie wir in Kap. VII sehen werden, weist sie eindeutig auf das *negative Wasserstoffion* H^- als Hauptquelle der kontinuierlichen Absorption in der Sonnenphotosphäre hin. Durch Extrapolation der Temperaturverteilungskurven $T(\tau(\lambda))$ für $\tau(\lambda) \to 0$ erhalten D. CHALONGE und V. KOURGANOFF eine Grenztemperatur der Sonnenatmosphäre

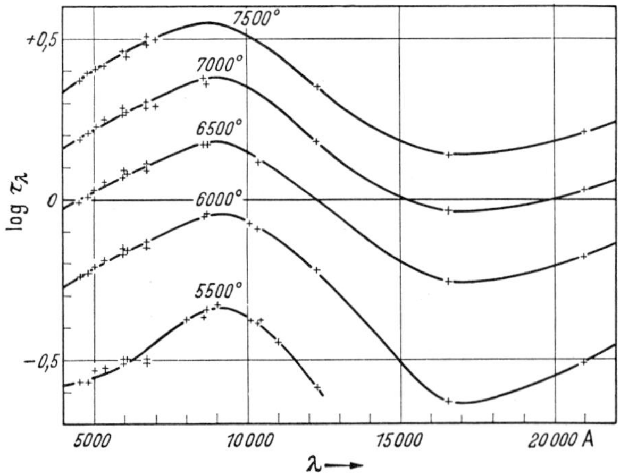

Abb. 57. log τ_λ für verschiedene Tiefen bzw. Temperaturen T nach D. CHALONGE und V. KOURGANOFF [513].

$$T_0 = 4900^\circ\,\mathrm{K}\,. \tag{29, 4}$$

Zunächst muß man sich klar darüber sein, daß diesem Wert *nur* die Bedeutung einer *Extrapolation* von $\tau(\lambda)$ etwa gleich 0,2 bis 1,5 her zukommt. Sie stimmt übrigens gut mit einer früheren graphischen Extrapolation von M. MINNAERT und W. J. CLAAS [526] überein, die $T_0 = 4920°$ K als wahrscheinlichsten Wert erhalten hatten[1].

Bei der Bestimmung von T_0 erkennt man nun, daß unser Problem — genau genommen — überbestimmt ist. Nach (29, 2) und (29, 3) muß $a_0(\lambda) \cdot I_\lambda(0, 0)$ für *alle* Wellenlängen der KIRCHHOFF-PLANCK-Funktion für die Grenztemperatur T_0 entsprechen oder, mit anderen Worten, der Sonnenrand muß wie ein schwarzer Körper der Grenztemperatur T_0 strahlen. Diesen Umstand machte sich in einer weiteren Arbeit D. BARBIER [508] zunutze. Er verwendet zunächst statt (29, 1) eine viergliedrige Formel. Nach den Erörterungen von D. S. EVANS (Abb. 56a und b) ist davon allerdings kein erheblicher Fortschritt zu erhoffen. Sodann verwendet D. BARBIER die theoretische Beziehung $a_0(\lambda) \cdot I_\lambda(0, 0) = B_\lambda(T_0)$, um die empirischen $I_\lambda(0, 0)$ zu korrigieren. Dabei rücken aber seine ganzen Temperaturen $\sim 100°$ höher. Berücksichtigt man weiter die Skalenkorrektion der $I_\lambda(0, 0)$ von $-2,4\%$ und die „neuen" Strahlungskonstanten, so dürften die Temperaturwerte von D. BARBIER, welche auch den anschließenden Modellrechnungen (1948) von C. DE JAGER [519] zugrunde liegen, um ~ 100—$120°$ zu *erniedrigen sein.*

Tabelle 25. Temperatur T und $\Theta = \frac{5040}{T}$ in der Sonnenatmosphäre als Funktion der optischen Tiefe τ_0 für die Wellenlänge $\lambda_0 = 5010$ Å. „Modell II" nach E. BÖHM-VITENSE [509a].

τ_0	T	Θ	$\log P_g$	$\log P_e$
0	4006	1,258	$-\infty$	$-\infty$
0,001	4164	1,211	3,29	0,38—1
0,005	4520	1,116	3,77	0,88—1
0,010	4700	1,073	3,95	0,10
0,03	4868	1,036	4,23	0,41
0,05	4930	1,023	4,36	0,53
0,1	5066	0,995	4,53	0,71
0,2	5310	0,950	4,68	0,90
0,3	5510	0,914	4,78	1,05
0,4	5680	0,888	4,86	1,17
0,5	5830	0,865	4,91	1,31
0,6	5965	0,845	4,94	1,43
0,7	6080	0,829	4,97	1,55
0,8	6200	0,813	4,99	1,65
0,9	6305	0,800	5,01	1,70
1,0	6405	0,787	5,02	1,78
1,2	6585	0,766	5,05	1,93
1,4	6755	0,746	5,07	2,06
1,5	6835	0,738	5,09	2,11
1,8	7047	0,716	5,10	2,27
2,0	7180	0,702	—	—

Die so gewonnene Temperaturschichtung $T(\tau)$, welche zunächst ja nur in dem Bereich $0.2 \leqq \tau_{5010} \leqq 1,5$ einigermaßen zuverlässig ist und hier übrigens mit den ursprünglichen Werten von CHALONGE und KOURGANOFF weitgehend übereinstimmt[2], hat nun E. BÖHM-VITENSE [509a] nach kleinen τ hin ergänzt, indem sie für $\tau = 0$ die aus Messungen der *Restintensitäten starker* FRAUNHOFER-*Linien* (vgl. Abschnitt 120) abgeleitete *Grenztemperatur* $T_0 = 3800°$ K heranzieht. Stellt man den Abfall des $T^4(\tau)$ von $\tau = 0,2$ an durch eine ziemlich steile e-Funktion dar, welche auf den angegebenen Grenzwert für $\tau \to 0$ hinzielt, so erhält man das in Tab. 25 angegebene Sonnenmodell „*Böhm-Vitense II*". Setzt man dagegen zwischen $\tau = 0$ und 0,2 eine etwas flacher verlaufende e-Funktion an, so bekommt man das von seiner Autorin dagegen zur Wahl gestellte Modell „*Böhm-Vitense I*". Eine weitere Verfeinerung der Sonnenmodelle dürfte erst durch Berücksichtigung der Temperatur*schwankungen* in der Granulation möglich sein.

Schreibt man noch die *hydrostatische Gleichung* (51, 1) an — P_g bedeute wieder den Gasdruck und g die Schwerebeschleunigung an der Sonnenoberfläche —

$$d P_g = g \varrho \, dt \qquad (29, 5)$$

[1] Wegen der Skalenkorrektion der Smithsonian-Strahlungsmessungen und der Änderung der Strahlungskonstanten müßten alle diese Temperaturen um $\sim 30°$ erniedrigt werden.

[2] Die neuen $T(\tau)$ liegen um $\sim 30°$ niedriger.

und rechnet sogleich von der geometrischen Tiefe t auf die *optische Tiefe* τ für λ 5010 Å, d. h. $\tau = \int_{-\infty}^{t} \varkappa \varrho \, dt$ um, so erhält man

$$d P_g = \frac{g}{\varkappa(P_g, T)} d\tau . \tag{29, 6}$$

Unter Heranziehung der in Kap. VII ausführlich zu besprechenden Theorie des kontinuierlichen Absorptionskoeffizienten $\varkappa(P_g, T)$ und der in Kap. IV schon dargestellten Theorie der Ionisation stellarer Materie hat E. Böhm-Vitense [509a] zu ihrem Sonnenmodell noch die Verteilung des *Gasdruckes* P_g und des *Elektronendruckes* P_e durch numerische Integration von Gl. (29, 6) berechnet. Wir geben auch diese Zahlenwerte in Tab. 25 auszugsweise wieder.

In ähnlicher Weise hat im Jahre 1952 C. de Jager [1766] sein ursprüngliches Sonnenmodell weiter entwickelt zu einem ,,*Modell V*'', welches — im Unterschied von anderen in der zitierten Abhandlung diskutierten Modellen — ausschließlich auf den Mitte-Rand-Variationsmessungen im Kontinuum beruht. Die Temperaturen von ,,*Modell V*'' sind immer noch rund 70° höher als die von ,,*Böhm-Vitense II*''. Etwa ein Drittel dieser Differenz beruht darauf, daß C. de Jager die älteren, E. Böhm-Vitense die neueren Zahlenwerte der Strahlungskonstanten benützt. Die restliche Differenz von $\sim 50°$ dürfte etwa die Genauigkeit kennzeichnen, welche man bei derartigen Rechnungen überhaupt erwarten kann.

In größerer Ausführlichkeit werden wir auf die ganzen Probleme der Sternatmosphären-Modelle in Kap. VIII noch einmal zurückkommen.

30. Zusammenhang von mittlerer Strahlungsintensität $J(x) = \int I(x,\vartheta) \frac{d\omega}{4\pi}$, Strahlungsstrom $\pi F(x)$ und Ergiebigkeit $S(x)$.

Aus den Formeln (28, 6) und (28, 7) für die Strahlungsintensität

$$I(x,\vartheta) = \begin{cases} \int\limits_x^\infty S(z)\, e^{-(z-x)\sec\vartheta}\, dz \sec\vartheta & \text{für } 0 \leqq \vartheta \leqq \pi/2 \\ -\int\limits_0^x S(z)\, e^{-(z-x)\sec\vartheta}\, dz \sec\vartheta & \text{für } \pi/2 \leqq \vartheta \leqq \pi \end{cases} \tag{30, 1}$$

erhält man leicht die mittlere *Strahlungsintensität* $\left(= \frac{c}{4\pi} \times \text{Strahlungsdichte}\right)$

$$J(x) = \frac{1}{2} \int\limits_0^\pi I(x,\vartheta) \sin\vartheta \, d\vartheta \tag{30, 2}$$

und den *Strahlungsstrom* ($F(0)$ ist die mittlere Intensität der Sonnenscheibe)

$$\pi F(x) = 2\pi \int\limits_0^\pi I(x,\vartheta) \cos\vartheta \sin\vartheta \, d\vartheta , \tag{30, 3}$$

indem man die Integrationen über ϑ und z vertauscht. Erstere läßt sich dabei mit Hilfe der *Integralexponentialfunktionen* $K_n(z)$ (vgl. Anhang C) vorweg ausführen.

Es wird zunächst

$$\begin{aligned} J(x) = \frac{1}{2} \int\limits_0^{\pi/2} \int\limits_x^\infty S(z)\, e^{-(z-x)\sec\vartheta}\, dz \sec\vartheta \sin\vartheta \, d\vartheta \, - \\ - \frac{1}{2} \int\limits_{\pi/2}^{\pi} \int\limits_0^x S(z)\, e^{-(z-x)\sec\vartheta}\, dz \sec\vartheta \sin\vartheta \, d\vartheta . \end{aligned} \tag{30, 4}$$

Setzen wir im ersten Integral $\sec\vartheta = w$, im zweiten gleich $-w$, so wird zunächst $\sec\vartheta \sin\vartheta \, d\vartheta = dw/w$ und

$$J(x) = \frac{1}{2} \int_x^\infty S(z)\, dz \int_{w=1}^\infty e^{-(z-x)w} \cdot \frac{dw}{w} + \frac{1}{2} \int_0^x S(z)\, dz \int_{w=1}^\infty e^{-(x-z)w} \frac{dw}{w}. \tag{30, 5}$$

Die zweiten Integrationen führen nach Anhang C auf die Integralexponentialfunktion $K(u) = K_1(u) = \int\limits_1^\infty e^{-uw} \frac{dw}{w}$, und man erhält

$$J(x) = \frac{1}{2} \int_x^\infty S(z)\, K(z-x)\, dz + \frac{1}{2} \int_0^x S(z)\, K(x-z)\, dz. \tag{30, 6a}$$

Für die praktische Rechnung ist es vielfach zweckmäßig, in den beiden Integralen von Gl. (30, 6) $z - x = u$ bzw. $-u$ zu setzen:

$$J(x) = \frac{1}{2} \int_0^\infty S(x+u)\, K(u)\, du + \frac{1}{2} \int_0^x S(x-u)\, K(u)\, du. \tag{30, 6b}$$

Für (30, 6a) können wir auch formal kürzer schreiben:

$$J(x) = \frac{1}{2} \int_0^\infty S(z)\, K(|x-z|)\, dz = \Lambda\{S(z)\}, \tag{30, 7}$$

womit wir schon den E. HOPF*schen* Λ-*Integraloperator* [504] definiert haben, der sich später vielfach als nützlich erweisen wird.

Ganz analog zu $J(x)$ kann man $F(x)$ nach (30, 3) berechnen und erhält — entsprechend zu (30, 5) — zunächst

$$F(x) = 2 \int_x^\infty S(z)\, dz \int_{w=1}^\infty e^{-(z-x)w} \frac{dw}{w^2} - 2 \int_0^x S(z)\, dz \int_{w=1}^\infty e^{-(x-z)w} \frac{dw}{w^2}. \tag{30, 8}$$

Diesmal führen die zweiten Integrationen nach Anhang C auf die zweite Integralexponentialfunktion $K_2(u) = \int\limits_1^\infty e^{-uw} \cdot \frac{dw}{w^2}$ und man erhält

$$F(x) = 2 \int_x^\infty S(z)\, K_2(z-x)\, dz - 2 \int_0^x S(z)\, K_2(x-z)\, dz \tag{30, 9a}$$

oder — analog zu (30, 6b) —

$$F(x) = 2 \int_0^\infty S(x+u)\, K_2(u)\, du - 2 \int_0^x S(x-u)\, K_2(u)\, du. \tag{30, 9b}$$

Nach V. KOURGANOFF [505] können wir dafür unter Einführung eines zweiten Integraloperators auch kurz schreiben $F(x) = \Phi\{S(z)\}$.

In ganz entsprechender Weise erhält man leicht auch Mittelwerte über $I(x, \vartheta)$ mit irgendwelchen Gewichtsfaktoren $\cos^n\vartheta$.

Praktisch wichtiger ist die Berechnung des *Strahlungsstromes* $\pi F(0)$ *an der Sternoberfläche,* welcher ja das ist, was man bei den meisten Sternen allein beobachten kann. Nach (30, 9) wird

$$\boxed{F(0) = 2\int_0^\infty S(z)\,K_2(z)\,dz\,.} \tag{30, 10}$$

Wir berechnen insbesondere die Beiträge zu $F(0)$, welche die in Abschnitt 28a) bis f) benützten Ausdrücke für die Ergiebigkeit $S(x)$ liefern:

a) $S(x) = a_0 + a_1\,x + a_2\,x^2 + \cdots$ ergibt nach Gl. (C, 21)

$$F(0) = a_0 + \frac{2}{3}\,a_1 + a_2 + \cdots. \tag{30, 11}$$

b) Der Beitrag einer strahlenden Schicht dx in der optischen Tiefe x zum Strahlungsstrom ist nach (30, 10) natürlich proportional $K_2(x)$, das im Sinne von Gl. (C, 15) die Rolle einer „gemittelten Exponentialfunktion" spielt [vgl. weiter unter f)].

c) $S(x) = C$ für $x_1 \leqq x \leqq x_2$ ergibt nach (C, 18)

$$F(0) = 2\,(K_3(x_1) - K_3(x_2))\,. \tag{30, 12}$$

d) $S(x) = A\,e^{-\alpha x}$ mit $\alpha > 0$ liefert nach (C, 32)

$$F(0) = \frac{2A}{\alpha^2}\,(\alpha - \ln(1+\alpha))\,. \tag{30, 13}$$

f) Im Sinne des Näherungsverfahrens nach Eddington und Barbier erhält man analog zu Gl. (28, 19) mit Hilfe der Ausdrücke unter a) sofort bei Entwicklung der Ergiebigkeit um $x = x^*$:

$$F(0) = S(x^*) + \left\{\frac{2}{3} - x^*\right\}\left(\frac{dS}{dx}\right)_{x^*} + \frac{1}{2}\left\{\frac{5}{9} + \left(\frac{2}{3} - x^*\right)^2\right\}\left(\frac{d^2S}{dx^2}\right)_{x^*} + \cdots. \tag{30, 14}$$

Setzt man hierin $x^* = \frac{2}{3}$, so erhält man die (28, 20) entsprechende Näherung:

$$F(0) = S\left(x^* = \frac{2}{3}\right) = I\left(0, \cos\vartheta = \frac{2}{3}\right). \tag{30, 15}$$

Die letztere Aussage können wir bei der Sonne gleich nachprüfen: Es müßte also $F(0) = I(0)$ sein für $\cos\vartheta = \frac{2}{3}$, d. h. in einer Entfernung $\varrho^* = \sin\vartheta = \frac{\sqrt{5}}{3} = 0.745$ von der Mitte der Sonnenscheibe. Nach Tab. 3a bzw. Abb. 23 liegen die beobachteten ϱ^* tatsächlich zwischen 0.749 und 0.775.

31. Zahlenmäßige Berechnung der mittleren Strahlungsintensität, des Strahlungsstromes und ähnlicher Quadraturen.

a) *Graphisches Verfahren.* In praxi hat man häufig die im vorhergehenden Abschnitt auftretenden Integrale mit dem Planimeter graphisch auszuwerten. Es ist dann zweckmäßig, sich vorher Gedanken über die passende Wahl der Abszissen zu machen: Die *mittlere Strahlungsintensität* wird man z. B. meist schreiben

$$J = \frac{1}{2}\int_0^\pi I(\vartheta)\,\sin\vartheta\,d\vartheta = \frac{1}{2}\int_{-1}^{+1} I(\vartheta)\,d(\cos\vartheta) \tag{31, 1}$$

und als Abszisse den $\cos\vartheta$ auftragen.

Handelt es sich darum, zu einer numerisch gegebenen Ergiebigkeitsfunktion $S(z)$ die an der Sternoberfläche austretende *Strahlungsintensität* $I(0, \vartheta)$ oder den Strahlungsstrom $\pi F(0)$ auszurechnen, so schreibt man

$$I(0, \vartheta) = \int_0^\infty S(z)\, e^{-z \sec\vartheta}\, dz \sec\vartheta = \int_0^1 S(z)\, d\,(e^{-z\sec\vartheta}) \tag{31, 2}$$

bzw.

$$F(0) = 2\int_0^\infty S(z)\, K_2(z)\, dz = \int_0^1 S(z)\, d\,(2\, K_3(z))\,. \tag{31, 3}$$

Durch Wahl von $e^{-z\sec\vartheta}$ bzw. $2K_3(z)$ als Abszisse hat man den Integrationsbereich auf die Strecke 0 bis 1 zusammengezogen und kann viel leichter und genauer planimetrieren als über den für $z \to \infty$ gegen Null gehenden Integranden der ursprünglichen Ausdrücke.

b) *Numerische Quadratur.* Wir kehren zunächst noch einmal zu Integralen vom Typus (31, 1) zurück, die wir mit $\cos\vartheta = x$ nun allgemein schreiben

$$\int_{-1}^{+1} f(x)\, dx\,. \tag{31, 4}$$

Sie spielen in der ganzen Theorie des Strahlungsgleichgewichtes eine große Rolle. G. C. Wick [538] und S. Chandrasekhar [514] haben nun bemerkt, daß man zu ihrer Berechnung die 1816 von C. F. Gauss gefundene „Methodus nova integralium valores per approximationem inveniendi“ [501] nützlich verwenden kann.

Zunächst sei $f(x)$ ein *Polynom* vom mindestens m-ten, aber höchstens $2m-1$-ten Grad. Ist es dies nicht, so können wir es durch ein solches Polynom approximieren und die weiteren Rechnungen gelten entsprechend der Genauigkeit, mit der dies möglich ist. C. F. Gauss konnte in der zitierten Abhandlung nun zeigen, daß man *für die Integration* (31, 4) $f(x)$ *immer durch ein Polynom* $h(x)$ *von höchstens* $m-1$*-tem Grade ersetzen kann.*

Wir schreiben

$$f(x) = P_m(x) \cdot g(x) + h(x) \tag{31, 5}$$

wobei P_m die m-te Kugelfunktion (Legendresches Polynom von m-ten Grad), $g(x)$ und $h(x)$ vom $m-1$-ten Grad sind. Die Legendreschen Polynome bilden nun bekanntlich ein orthogonales Funktionensystem für das Intervall $-1 \leqq x \leqq +1$ mit der Gewichtsfunktion 1, d. h. es gilt

$$\int_{-1}^{+1} 1 \cdot P_n(x)\, P_m(x)\, dx = 0 \qquad \text{für } n \neq m\,. \tag{31, 6}$$

Da man weiter jedes Polynom m-ten Grades in der Form $\sum_0^m a_k\, P_k(x)$ durch geeignete Koeffizienten a_k mit Hilfe der Kugelfunktionen $P_0 \ldots$ bis P_m darstellen kann, so ist auch für jedes Polynom $g(x)$ von höchstens $m-1$-tem Grad

$$\int_{-1}^{+1} P_m(x)\, g(x)\, dx = 0, \tag{31, 7}$$

und es gilt also nach (31, 5)

$$\int_{-1}^{+1} f(x)\, dx = \int_{-1}^{+1} h(x)\, dx\,. \tag{31, 8}$$

Andererseits ist nach (31, 5) $h(x)$ *das* Polynom höchstens $m-1$-ten Grades, das mit $f(x)$ in den m Nullstellen von $P_m(x)$ übereinstimmt. Das Polynom $h(x)$ können wir nun leicht vollends mit Hilfe der LAGRANGE*schen Interpolationsformel* berechnen:

Es seien — zunächst ganz allgemein — für die m Punkte $x_1, x_2 \cdots x_k \cdots x_m$ die Werte der Funktion $f(x) = f(x_k)$ gegeben. Weiterhin ist $\varphi(x) = (x - x_1)(x - x_2) \cdots (x - x_m)$ ein Polynom m-ten Grades, das an diesen Stellen verschwindet.

Damit nimmt offensichtlich

$$f(x) = \varphi(x) \cdot \psi(x) + \sum_1^m \frac{f(x_k)}{\varphi'(x_k)} \cdot \frac{\varphi(x)}{x - x_k} \tag{31, 9}$$

($\psi(x)$ sei ein Polynom höchstens $m-1$-ten Grades) in den Punkten x_k die vorgegebenen Werte $f(x_k)$ an. Denn die Ableitung $\varphi'(x)$ erhält man ja durch Summation über die Produkte der $x - x_k$, nachdem man jeweils *eine* Klammer weggelassen hat.

Wählt man im Sinne unserer obigen Überlegungen $\varphi(x) = P_m(x)$, so entspricht $\psi(x)$ dem $g(x)$ in (31, 5) und man erhält nach (31, 8):

$$\int_{-1}^{+1} f(x)\,dx = \sum_{k=1}^{m} a_k f(x_k)\,, \tag{31, 10}$$

wobei die „Gewichte" a_k für die Abszissen x_k ein für allemal ausgerechnet werden können nach der Formel

$$a_k = \frac{1}{P_m'(x_k)} \int_{-1}^{+1} \frac{P_m(x)}{x - x_k}\,dx\,. \tag{31, 11}$$

Die Genauigkeit ist dabei ebenso gut, wie wenn man $f(x)$ vorher durch ein beliebiges Polynom $2m-1$-ten Grades approximiert hätte.

Da in der Anwendung auf Integrale der Art $\frac{1}{2}\int_{-1}^{+1} I(x)\,dx$ mit $x = \cos\vartheta$ der Wert $x = 0$ einem horizontalen Lichtstrahl, also einem ganz singulären Fall, entsprechen würde, so vermeidet man am besten diese Nullstelle, indem man nur *gerade* Kugelfunktionen $P_{2n}(x)$ verwendet, deren Nullstellen wir nun symmetrisch mit $\pm 1, \pm 2 \cdots \pm n$ numerieren.

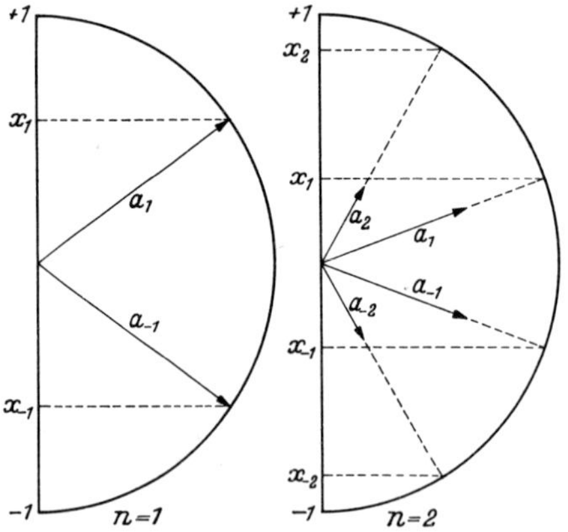

Abb. 58. „Repräsentative Strahlen" zur Auswertung von Integralen $\int_{-1}^{+1} f(\cos\vartheta)\; d\;\cos\vartheta$, d. h. Nullstellen der LEGENDREschen Polynome $P_{2n}(\cos\vartheta)$ und (radial aufgetragen) zugehörige Gewichte a_k.

Es ist dann z. B. für

$$n = 1: \qquad x_{\pm 1} = \pm \frac{1}{\sqrt{3}} = \pm\, 0.5774; \qquad a_{\pm 1} = 1 \tag{31, 12}$$

$$n = 2: \quad \begin{cases} x_{\pm 1} = & \pm\, 0{,}3400; \quad a_{\pm 1} = 0{,}6521 \\ x_{\pm 2} = & \pm\, 0{,}8611; \quad a_{\pm 2} = 0{,}3479\,. \end{cases} \tag{31, 13}$$

...

Eine anschauliche Vorstellung von der Richtungsverteilung dieser „repräsentativen Strahlen" und von ihren Gewichtsfaktoren a_k gibt Abb. 58.

Handelt es sich um die Auswertung von Integralen der Art

$$\int_0^\infty e^{-x} f(x)\, dx\,, \tag{31, 14}$$

so muß man nach A. REIZ [527, 528] in (31, 5) statt der LEGENDREschen Polynome $P_m(x)$ offenbar solche nehmen, die im Intervall $0 \leqq x \leqq \infty$ mit der Gewichtsfunktion e^{-x} ein orthogonales Funktionensystem bilden. Dies sind bekanntlich die LAGUERRE-Polynome $L_m(x)$ [vgl. z. B. 501, S. 77]. Sind x_k mit $k = 1,2 \cdots m$ die m Nullstellen von $L_m(x)$, so ist also

$$\int_0^\infty e^{-x} f(x)\, dx = \sum_{k=1}^{m} a_k\, f(x_k) \tag{31, 15}$$

mit der Genauigkeit, wie $f(x)$ durch ein beliebiges Polynom vom Grade $2\,m - 1$ approximiert werden kann. Dabei sind analog Gl. (31, 11) die Gewichtsfaktoren:

$$a_k = \frac{1}{L_m'(x_k)} \int_0^\infty \frac{e^{-x} L_m(x)}{x - x_k}\, dx\,. \tag{31, 16}$$

Die folgende Zusammenstellung gibt nach A. REIZ [vgl. 500] die Nullstellen x_k der drei ersten LAGUERRE-Polynome $L_m(x)$ und die zugehörigen Gewichtsfaktoren a_k:

$$m = 1 \qquad x_1 = 1 \qquad a_1 = 1 \tag{31, 17}$$

$$m = 2 \left\{ \begin{array}{ll} x_1 = 0{,}5858 & a_1 = 0{,}8535 \\ x_2 = 3{,}4142 & a_2 = 0{,}1465 \end{array} \right. \tag{31, 18}$$

$$m = 3 \left\{ \begin{array}{ll} x_1 = 0{,}4158 & a_1 = 0{,}7111 \\ x_2 = 2{,}2943 & a_2 = 0{,}2785 \\ x_3 = 6{,}2899 & a_3 = 0{,}0104 \end{array} \right. \tag{31, 19}$$

Der Fall $m = 1$ führt übrigens bei der Berechnung der Strahlungsintensität nach Gl. (28, 8) wieder auf die EDDINGTON-BARBIERsche Näherung $I(0, \vartheta) \approx S_{z=\cos\vartheta}$ zurück.

A. REIZ ist es sodann gelungen, auch die bei der Berechnung der mittleren Strahlungsintensität $J(x)$ nach Gl. (30, 6) bzw. des Strahlungsstromes $\pi F(x)$ nach Gl. (30, 9) aus der Ergiebigkeit $S(z)$ auftretenden Integrale in ähnlicher Weise zu berechnen. Die hier ziemlich lästige explizite Konstruktion passender orthogonaler Polynome vermeidet er in sehr geistreicher Weise. Tabellen der „repräsentativen Punkte" und ihrer Gewichte sind in S. CHANDRASEKHARs "Radiative Transfer" [500, S. 67f.] zusammengestellt.

32. Die Strömungsgleichung der Gesamtstrahlung $I = \int_0^\infty I_\nu\, d\nu$. Der ROSSELANDsche Mittelwert $\bar{\varkappa}$ (Opazitätskoeffizient) des Absorptionskoeffizienten $\varkappa_\nu$.

Es liegt nahe zu fragen, ob man nicht für die *Gesamtstrahlung* $I = \int I_\nu\, d\nu$ eine ähnliche *Strömungsgleichung* wie Gl. (27, 8) für die ν-Strahlung formulieren kann, wobei an die Stelle des frequenzabhängigen Absorptionskoeffizienten $\varkappa_\nu$ ein passender Mittelwert zu treten hätte, den wir nach A. S. EDDINGTON als *Opazitätskoeffizienten* $\bar{\varkappa}$ bezeichnen wollen. Eine Integration der Gl. (27, 8) über das ganze Spektrum von 0 bis ∞ führt offenbar nur zum Ziel, wenn $\varkappa_\nu$ frequenzunabhängig ist, d. h. für eine sog. „*graue Atmosphäre*". Im allgemeinen stellt die Differentialgleichung für die Gesamtstrahlung nur eine *Näherung* dar, wobei man versuchen muß, wie dies S. ROSSELAND [529] zuerst getan hat, sie durch eine geeignete Vorschrift zur Berechnung von $\bar{\varkappa}$ möglichst günstig zu gestalten.

Wir vergleichen daher den Austausch der spektral zerlegten Strahlung mit dem der Gesamtstrahlung. Dabei bezeichnen wir — wie früher — alle spektral zerlegten Größen mit einem Index ν; alle auf die Gesamtstrahlung bezogenen bleiben ohne Index. Der Absorptionskoeffizient $\varkappa_\nu$ kann außer der kontinuierlichen Absorption auch Linienabsorption und — vorerst — auch Streuung irgendwelcher Art mit umfassen.

So schreiben wir für die

ν-Strahlung:	Gesamtstrahlung:	
$\cos\vartheta \dfrac{dI_\nu}{\varkappa_\nu\, dt} = I_\nu - S_\nu$	$\cos\vartheta \dfrac{dI}{\bar{\varkappa}\, dt} = I - S$	(32, 1a und b)

worin wir auch die optischen Tiefen

$$\tau_\nu = \int_{-\infty}^{t} \varkappa_\nu\, dt \qquad\qquad \bar{\tau} = \int_{-\infty}^{t} \bar{\varkappa}\, dt \qquad (32,\ 2\text{a und b})$$

einführen könnten.

Nach dem Vorgang von A. S. EDDINGTON [502] führen wir nun die Mittelwerte über alle Richtungen

$$\left.\begin{array}{ll} J_\nu = \int I_\nu \dfrac{d\omega}{4\pi} & J = \int I \dfrac{d\omega}{4\pi} \\ H_\nu = \dfrac{F_\nu}{4} = \int I_\nu \cos\vartheta \dfrac{d\omega}{4\pi} & H = \dfrac{F}{4} = \int I \cos\vartheta \dfrac{d\omega}{4\pi} \\ K_\nu = \int I_\nu \cos^2\vartheta \dfrac{d\omega}{4\pi} & K = \int I \cos^2\vartheta \dfrac{d\omega}{4\pi} \end{array}\right\} \quad (32,\ 3\text{a u. b})$$

ein und erhalten für diese aus (32, 1) durch Integration über $\frac{d\omega}{4\pi}$ bzw. $\cos\vartheta \cdot \frac{d\omega}{4\pi}$ die Gleichungen:

$$\frac{dH_\nu}{\varkappa_\nu dt} = J_\nu - S_\nu \qquad\qquad \frac{dH}{\bar{\varkappa}\, dt} = J - S \qquad (32,\ 4\text{a und b})$$

$$\frac{dK_\nu}{\varkappa_\nu\, dt} = H_\nu \qquad\qquad \frac{dK}{\bar{\varkappa}\, dt} = H\,. \qquad (32,\ 5\text{a und b})$$

Wir werden nun $\bar{\varkappa}$ am günstigsten so „einrichten", daß das linke und rechte Gleichungssystem denselben *Gesamt*strahlungsstrom geben, d. h. wir fordern[1]:

$$\int H_\nu\, d\nu = H\,. \qquad (32,\ 6)$$

Nach (32, 5) folgt daraus

$$\boxed{\frac{1}{\bar{\varkappa}} \int \frac{dK_\nu}{dt}\, d\nu = \int \frac{1}{\varkappa_\nu} \frac{dK_\nu}{dt}\, d\nu\,,} \qquad (32,7)$$

wobei wir noch von der offensichtlich wenig einschneidenden Forderung $K = \int K_\nu\, d\nu$ Gebrauch gemacht haben. Mittels derselben Beziehung kann man nach Gl. (32, 5a und b) — indem man das $\bar{\varkappa}$ zunächst nach rechts schafft — ebensogut schreiben

[1] Alle Integrale über ν oder $\alpha = h\nu/kT$ in diesem Abschnitt sind für die Grenzen 0 bis ∞ gemeint.

(mit $F_\nu = 4\,H_\nu$)

$$\bar{\varkappa} \int F_\nu \, d\nu = \int \varkappa_\nu F_\nu \, d\nu \,, \tag{32, 8}$$

wie L. BIERMANN [509] schon 1933 bemerkt hat.

Es erscheint zunächst merkwürdig, daß man $\bar{\varkappa}$ sowohl als harmonischen Mittelwert nach (32, 7), wie als arithmetischen Mittelwert nach (32, 8) darstellen kann. Aus der Herleitung beider Gleichungen ersieht man zunächst, daß sie — selbstverständlich — miteinander identisch sind. Ihr gegenseitiger Zusammenhang ist, anschaulich gesprochen, der, daß in einem Frequenzbereich, wo $\varkappa_\nu$ groß ist, der Strahlungsstrom $4\pi H_\nu$ so stark beschnitten wird, daß *auch* nach (32, 8) tatsächlich *die* Spektralbereiche für $\bar{\varkappa}$ bestimmend sind, in denen $\varkappa_\nu$ seine kleinsten Werte hat.

Um die *Strömungsgleichung der Gesamtstrahlung* (32, 1b) lösen zu können, muß man offenbar $\bar{\varkappa}$ vorweg berechnen und also für die Gewichtsfaktoren in (32, 7) *oder* (32, 8) eine geeignete *Approximation* benützen.

S. ROSSELAND [529] geht zu diesem Zweck von folgender anschaulicher Überlegung aus:

In nicht allzu kleinen optischen Tiefen wird sich das Strahlungsfeld $I_\nu(\vartheta)$ in einer Sternatmosphäre weitgehend dem der Hohlraumstrahlung $B_\nu(T)$ für die lokale Temperatur T annähern. Gleichzeitig wird es praktisch isotrop. Man kann also in der untersten Zeile von (32, 3) den $\cos^2\vartheta$ durch seinen Mittelwert 1/3 über die Einheitskugel ersetzen und erhält die EDDINGTON*sche Näherung*

$$K_\nu \approx \frac{1}{3} J_\nu \qquad\qquad K \approx \frac{1}{3} J \,. \tag{32, 9}$$

Weiterhin aber ist es für die Berechnung der Gewichtsfaktoren in (32, 7) schon eine ganz gute Näherung, das J_ν durch die KIRCHHOFF-PLANCK-*Funktion* $B_\nu(T)$ zu ersetzen. [In (32, 8) hätte ein solches Vorgehen offenbar keinen Sinn, da der Strahlungs*strom* ja gerade auf den *Abweichungen* vom Hohlraum-Strahlungsfeld beruht!] Statt nach der Tiefe t können wir dann noch in (32, 7) rechts und links ebensogut nach der Temperatur T differenzieren und erhalten nach den Strahlungsgesetzen von PLANCK (7, 29) bzw. STEFAN und BOLTZMANN (7, 32) und (7, 33):

$$J_\nu = \frac{2h\nu^3}{c^2} \cdot \frac{1}{e^{\frac{h\nu}{kT}} - 1} \qquad\qquad J = \frac{2\pi^4 k^4}{15\,c^2 h^3} \cdot T^4 \tag{32, 10}$$

und

$$\frac{dJ_\nu}{dT} = \frac{2h\nu^3}{c^2} \cdot \frac{\frac{h\nu}{kT^2} \cdot e^{\frac{h\nu}{kT}}}{\left(e^{\frac{h\nu}{kT}} - 1\right)^2} \qquad\qquad \frac{dJ}{dT} = \frac{8\pi^4 k^4}{15\,c^2 h^3} \cdot T^3 \,. \tag{32, 11}$$

Setzt man $\frac{h\nu}{kT} = \alpha$ und schreibt (32, 7) kurz in der Form

$$\frac{1}{\bar{\varkappa}} = \int \frac{1}{\varkappa_\nu} G(\alpha)\, d\alpha \,, \tag{32, 12}$$

so wird die ROSSELAND*sche Gewichtsfunktion*:

$$G(\alpha) = \frac{kT}{h} \cdot \frac{dJ_\nu/dT}{dJ/dT} = \frac{15}{4\pi^4} \cdot \frac{\alpha^4 e^\alpha}{(e^\alpha - 1)^2} \,. \tag{32, 13}$$

Zahlenwerte — ihre Berechnung verdanke ich Frau Dr. E. Böhm-Vitense — gibt die Tab. 26.

Die Grundgleichung der Theorie des Strahlungsaustausches gilt in der im vorhergehenden stets benützten Form nur dann, wenn die Richtungsverteilung der reemittierten Strahlung unabhängig ist von der der absorbierten Strahlung.

Wie A. Einstein 1917 in seiner grundlegenden Arbeit[1] „Zur Quantentheorie der Strahlung" zeigte, muß man — um auf die Plancksche Formel zu kommen — zwei Arten von Emissionsprozessen annehmen: 1. Die „spontanen Emissionsprozesse", bei denen z. B. ein Atom von selbst unter Emission eines Lichtquantes $h\nu$ aus einem höheren in einen tieferen Quantenzustand übergeht, und 2. die entsprechenden „erzwungenen Emissionsprozesse", deren Häufigkeit cet. par. der Strahlungsdichte bei der Frequenz ν proportional ist[2]. Weiterhin zeigt sich, daß das bei einem erzwungenen Emissionsprozeß ausgesandte Lichtquant genau die Richtung des „stimulierenden" Quantes bekommt. Das heißt, der „erzwungene" Anteil der Emission hat genau die Richtungsverteilung der ankommenden Strahlung und ist daher für die Ausgleichung der Richtungsverteilung im Sinne der Theorie des Strahlungsaustausches unwirksam.

Tabelle 26. Rosselandsche Gewichtsfunktion $G(\alpha)$ und $1-e^{-\alpha}$ als Funktion von $\alpha = \frac{h\nu}{kT}$.

α	$\log \alpha$	$\log G(\alpha)$	$\log(1-e^{-\alpha})$
0,05	0,699—2	0,983—5	0,688—2
0,1	0,000—1	0,584—4	0,979—2
0,2	0,301—1	0,186—3	0,258—1
0,3	0,477—1	0,535—3	0,414—1
0,5	0,699—1	0,975—3	0,595—1
0,9	0,954—1	0,465—2	0,773—1
1,0	0,000	0,549—2	0,801—1
1,5	0,176	0,857—2	0,890—1
2,0	0,301	0,046—1	0,937—1
2,5	0,398	0,166—1	0,963—1
3,0	0,477	0,235—1	0,978—1
3,5	0,544	0,266—1	0,987—1
4	0,602	0,273—1	0,992—1
5	0,699	0,216—1	0,997—1
6	0,778	0,094—1	0,999—1
7	0,845	0,926—2	—
8	0,903	0,723—2	—
9	0,954	0,492—2	—
10	1,000	0,242—2	—
15	1,176	0,775—4	—
20	1,301	0,104—5	—

Diesem Umstand können wir in einfacher Weise dadurch Rechnung tragen, daß wir von vornherein mit einem um den Bruchteil $\frac{\text{Erzwungene Emission}}{\text{Gesamtemission}}$ verkleinerten Absorptionskoeffizienten $\varkappa'_\nu$ in der altgewohnten Weise rechnen. Da nach Einstein das obige Verhältnis im thermischen Gleichgewicht $= e^{-\alpha}$ ist, so wird mit hinreichender Genauigkeit:

$$\varkappa'_\nu = \varkappa_\nu (1 - e^{-\alpha}) . \tag{32, 14}$$

Diese Korrektion ist nur von Bedeutung im Rayleigh-Jeansschen Gebiet $\alpha < 1$, also z. B. auf der Sonne für $\lambda > 20000$ Å. In vielen Fällen kann man sie daher im visuellen und photographischen Spektralgebiet vernachlässigen.

Hat man neben der *wahren Absorption* (Linien oder Kontinuum) auch kohärente Streuung, bei der also das gestreute Lichtquant genau die Frequenz des ankommenden hat, so muß man nach M. Rudkjøbing [530] bedenken, daß in diesem Fall wegen der vollständigen Gleichberechtigung der beiden miteinander in Aktion tretenden Strahlenbündel die induzierte Emission nicht besonders zu berücksichtigen ist, d. h. der Faktor $1 - e^{-\alpha}$ wegfällt. Es ist also zu schreiben:

$$\frac{1}{\bar{\varkappa}} = \int \frac{G(\alpha)\, d\alpha}{\varkappa_\nu (1 - e^{-\alpha}) + \sigma_\nu} . \tag{32, 15}$$

[1] Wir werden in Kap. X, Abschnitt 70 auf diese Fragen noch ausführlicher zurückkommen.

[2] In der klassischen Theorie (Rayleigh-Jeans-Formel!) gibt es nur die zu 2. analogen Prozesse. Sie kommen zustande durch die Ausstrahlung der vom elektromagnetischen Feld der Hohlraumstrahlung zum Mitschwingen angeregten Elektronenresonatoren der Frequenz ν.

33. S. CHANDRASEKHARs Verfahren zur Berechnung von $\bar{\varkappa}$.

Im Jahre 1945 hat S. CHANDRASEKHAR [514a] — in Verbindung mit einem neuen Verfahren zur Behandlung des Strahlungsgleichgewichtes nicht-grauer Atmosphären — gefordert, man solle zur Berechnung des *Opazitätskoeffizienten* $\bar{\varkappa}$ statt der ROSSELANDschen Vorschrift besser eine andere benützen, die aus Gl. (32, 8) dadurch entsteht, daß man F_ν *durch den Strahlungsstrom der grauen Atmosphäre* $F_\nu^{(g)}$ *approximiert.*

Dieses Verfahren ist von A. UNSÖLD [537] und P. TEN BRUGGENCATE [511] kritisiert worden; wir schließen uns im folgenden ihren Darstellungen an. Zunächst sei nochmals daran erinnert, daß die beiden Gl. (32, 7) und (32, 8), in denen $\bar{\varkappa}$ das eine Mal als harmonischer, das andere Mal als arithmetischer Mittelwert über $\varkappa_\nu$ erscheint, völlig gleichwertig sind. Es kann sich also nur um die Frage handeln, ob es zweckmäßiger ist, mit ROSSELAND in Gl. (32, 7) K_ν durch $\frac{1}{3}$ B_ν zu *approximieren* oder mit CHANDRASEKHAR in Gl. (32, 8) F_ν durch die entsprechende Größe für die graue Atmosphäre $F_\nu^{(g)}$.

Um ihrer Beantwortung näher zu kommen, berechnen wir zunächst den Strahlungsstrom πF_ν als Funktion der optischen Tiefe τ_ν. Nach Gl. (30, 9b) ist — wenn wir uns gleich auf lokales thermodynamisches Gleichgewicht beschränken und also $S_\nu = B_\nu(T)$ setzen —:

$$\tfrac{1}{2}F_\nu(\tau_\nu) = \int\limits_0^\infty B_\nu(\tau_\nu + u)\,K_2(u)\,du - \int\limits_0^\infty B_\nu(\tau_\nu - u)\,K_2(u)\,du + \int\limits_{\tau_\nu}^\infty B_\nu(\tau_\nu - u)\,K_2(u)\,du. \quad (33,1)$$

Die Integrationsvariable u hat eine einfache anschauliche Bedeutung: $|u|$ ist der „optische Abstand" des Integrationselements von der betrachteten optischen Tiefe τ_ν. Da der Strahlungsstrom in der Tiefe τ_ν in erster Linie bestimmt sein wird durch die KIRCHHOFF-PLANCK-Funktion in der Umgebung von τ_ν, so liegt es nahe, B_ν nach u zu entwickeln und mit dem linearen Gliede abzubrechen. Wir schreiben also

$$B_\nu(\tau_\nu + u) = B_\nu(\tau_\nu) + u\left(\frac{dB_\nu}{d\tau_\nu}\right)_{\tau_\nu} \quad (33,2)$$

und erhalten mit (33, 1)

$$\tfrac{1}{2}F_\nu(\tau_\nu) = 2\frac{dB_\nu}{d\tau_\nu}\int\limits_0^\infty u\,K_2(u)\,du + \int\limits_{\tau_\nu}^\infty \left\{B_\nu(\tau_\nu) - \left(\frac{dB_\nu}{d\tau_\nu}\right)_{\tau_\nu}\cdot u\right\} K_2(u)\,du\,. \quad (33,3)$$

Dies gibt mit Hilfe der bekannten Formeln aus Anhang C, wenn wir mit $d\tau_\nu/d\bar{\tau} = \varkappa_\nu/\bar{\varkappa}$ noch — zunächst ganz formal — eine allgemeine optische Tiefe $\bar{\tau}$ einführen:

$$\tfrac{1}{2}F_\nu = \frac{\bar{\varkappa}}{\varkappa_\nu}\cdot\frac{dB_\nu}{d\bar{\tau}}\left\{\tfrac{2}{3}(1 - \tau_\nu K_3(\tau_\nu)) - \tfrac{1}{3}e^{-\tau_\nu}\right\} + B_\nu\cdot K_3(\tau_\nu)\,. \quad (33,4)$$

Als Funktion von τ_ν betrachtet, variiert nun die geschweifte Klammer, die wir kurz mit

$$\Gamma(\tau_\nu) = \tfrac{2}{3}(1 - \tau_\nu K_3(\tau_\nu)) - \tfrac{1}{3}e^{-\tau_\nu} \quad (33,5)$$

bezeichnen wollen, nur von $\Gamma(0) = \frac{1}{3}$ bis $\Gamma(\infty) = \frac{2}{3}$, während $K_3(\tau_\nu)$ von $K_3(0) = \frac{1}{2}$ aus rascher als die Exponentialfunktion gegen Null geht.

Führen wir (33, 4) in (32, 8) ein, so ergibt sich nach Division mit $\bar{\varkappa}^2$

$$\frac{1}{\bar{\varkappa}}\int\left\{\frac{dB_\nu}{d\bar{\tau}}\Gamma(\tau_\nu) + \frac{\varkappa_\nu}{\bar{\varkappa}}B_\nu\cdot K_3(\tau_\nu)\right\}d\nu = \int\frac{1}{\varkappa_\nu}\left\{\frac{dB_\nu}{d\bar{\tau}}\Gamma(\tau_\nu) + \frac{\varkappa_\nu}{\bar{\varkappa}}B_\nu\cdot K_3(\tau_\nu)\right\}d\nu\,. \quad (33,6)$$

Schon in ganz geringen optischen Tiefen überwiegt in der $\{\cdots\}$ das erste Glied erheblich. Abgesehen von der — praktisch belanglosen — Frequenzabhängigkeit des Faktors $\Gamma(\tau_\nu)$ kommen wir dann auf die ROSSELANDsche Vorschrift zur Berechnung des Opazitätskoeffizienten $\bar{\varkappa}$ zurück. Das zweite Glied könnte als kleine Korrektion für geringe optische Tiefen aufgefaßt werden. Wie *Verf.* [537] gezeigt hat, bringt seine Einführung in praxi wenig Nutzen.

Nach S. CHANDRASEKHARs Mittelungsvorschrift hätten wir das F_ν für die *graue Atmosphäre* zu nehmen, d. h. wir müßten schreiben:

$$\tfrac{1}{2} F_\nu^{(g)} = \frac{d B_\nu}{d\bar{\tau}} \Gamma(\bar{\tau}) + B_\nu \cdot K_3(\bar{\tau}) \,. \tag{33, 7}$$

Damit würde nach (32, 8):

$$\bar{\varkappa} \int \left\{ \frac{d B_\nu}{d\bar{\tau}} \Gamma(\bar{\tau}) + B_\nu \cdot K_3(\bar{\tau}) \right\} d\nu = \int \varkappa_\nu(\bar{\tau}) \left\{ \frac{d B_\nu}{d\bar{\tau}} \Gamma(\bar{\tau}) + B_\nu \cdot K_3(\bar{\tau}) \right\} d\nu \,. \tag{33, 8}$$

Schon in mäßigen Tiefen geht das 2. Glied der $\{\cdots\}$ wieder rasch gegen Null. Das erste aber führt *nicht* auf die richtige Mittelungsvorschrift (33, 6): Sieht man von dem unwesentlichen Γ-Faktor ab, so repräsentiert vielmehr (33, 8) gerade den arithmetischen Mittelwert, welcher dem harmonischen Mittelwert (33, 6) entspricht. Während also bei der (richtigen) ROSSELANDschen Mittelung die Spektralbereiche mit sehr großem $\varkappa_\nu$ (Linien), in denen praktisch *kein* Strahlungsstrom nach außen fließt, einfach unterdrückt werden, erhalten sie bei der CHANDRASEKHARschen Mittelung gerade das größte Gewicht, was offensichtlich widersinnig ist.

VI. Kapitel.

Strahlungsgleichgewicht.

34. Die Kontinuitätsgleichung der Strahlung.

Während wir in Kap. V den Energietransport durch Strahlung in einer Sternatmosphäre ganz allgemein betrachteten, d. h. die Möglichkeit offen ließen, daß daneben auch noch Energie durch Konvektion, Wärmeleitung usw. transportiert wird, wollen wir uns nun der eigentlichen *Theorie des Strahlungsgleichgewichtes zuwenden*, d. h. annehmen, daß der *gesamte* Energietransport durch Strahlung bewerkstelligt wird.

Daß in Sternatmosphären die *Wärmeleitung* keine wesentliche Rolle spielen kann, bedarf angesichts der Kleinheit der Wärmeleitungskoeffizienten der Gase wohl keiner Erörterung. Ein Kriterium für das Auftreten von *Konvektion* werden wir später aufstellen. Auf jeden Fall aber wird mit abnehmendem Druck der Energietransport durch Konvektionsströme gegenüber dem durch Strahlung zurücktreten. In den direkter Beobachtung zugänglichen Schichten der Sonne z. B. müssen wir zwar Konvektionsströme zur Erklärung der Granulation sowie der Sonnenflecke und -fackeln heranziehen, der Energietransport findet aber — wie wir sehen werden — trotzdem zum überwiegenden Teil durch Strahlung statt.

Integrieren wir die *Strömungsgleichung der Strahlung* (27, 5) zunächst über $\frac{d\omega}{4\pi}$ so erhalten wir für die Tiefenabhängigkeit des Stromes πF_ν der ν-Strahlung die Gleichung

$$\frac{d}{dt} \frac{F_\nu}{4} = (\varkappa + \sigma) \left(J_\nu(t) - S_\nu(t) \right) , \tag{34, 1}$$

wo J_ν wieder die mittlere Strahlungsintensität, S_ν nach (27, 7) die Ergiebigkeit und t die Tiefe bedeutet. Soll nun der gesamte Energietransport durch Strahlung erfolgen, so muß $F = \int F_\nu \, d\nu$ von der Tiefe t unabhängig, d. h.

$$\int (\varkappa + \sigma) \, J_\nu(t) \, d\nu = \int (\varkappa + \sigma) \, S_\nu(t) \, d\nu \tag{34, 2}$$

sein. Wegen Gl. (27, 7) heißt dies:

$$\int \varkappa J_\nu(t)\, d\nu = \int \varkappa B_\nu(t)\, d\nu\,. \tag{34, 3}$$

Die mathematische Schwierigkeit des allgemeinen Problems des Strahlungsgleichgewichtes beruht darauf, daß für jede Frequenz eine besondere Strömungsgleichung gilt, während die *Kontinuitätsgleichung* (34, 3) nur Integrale über das ganze Spektrum enthält. Eine wesentliche Vereinfachung bringt erst die einschneidende Annahme, daß $\varkappa$ und σ frequenzunabhängig sind. Wir sprechen dann von einer „*grauen Atmosphäre*“. Daß diese in der Literatur so sehr bevorzugt wird, beruht weniger darauf, daß die erwähnte Annahme im allgemeinen erfüllt wäre, als auf den großen mathematischen Schwierigkeiten „nicht-grauer“ Probleme.

35. Anwendung der Theorie des Strahlungsgleichgewichtes auf die Gesamtstrahlung der grauen Atmosphäre. Randverdunkelung der Sonne. Einführung des Temperaturbegriffes.

Zur Einführung in die Theorie des Strahlungsgleichgewichtes betrachten wir zunächst die Gesamtstrahlung der „grauen“ Atmosphäre. Wie wir sehen werden, können wir damit für die *Sonne* sogar schon einen vorläufigen Anschluß an die Beobachtung gewinnen.

Nach (34, 2) oder (34, 3) ist die *Ergiebigkeit* für die Gesamtstrahlung $I = \int I_\nu\, d\nu$ der grauen Atmosphäre:

$$S(\tau) = J(\tau) = \int I\, \frac{d\omega}{4\pi}\,. \tag{35, 1}$$

Ihre *Strömungsgleichung* lautet daher

$$\cos\vartheta\, \frac{dI(\tau,\vartheta)}{d\tau} = I(\tau,\vartheta) - J(\tau)\,, \tag{35, 2}$$

wo τ die optische Tiefe bedeutet.

Wir haben diese Integrodifferentialgleichung nun zu lösen mit der Grenzbedingung, daß an der Sternoberfläche die einfallende Strahlung verschwindet, d. h.

$$\text{bei } \tau = 0 \text{ soll für } \pi/2 \leqq \vartheta \leqq \pi \cdots I(0,\vartheta) = 0 \text{ sein.} \tag{35, 3}$$

Die Gleichungen (35, 1—3) der *Theorie des Strahlungsgleichgewichtes* sind zuerst 1905 von K. Schwarzschild [533] in seiner bahnbrechenden Arbeit „Über das Gleichgewicht der Sonnenatmosphäre“ aufgestellt worden. Während die ältere Strahlungstheorie sich auf die Behandlung des Strahlungsfeldes im Zustande thermischen Gleichgewichtes beschränkte, hat Schwarzschild zum erstenmal einen konsequenten Vorstoß in das Gebiet der *stationären* Strahlungszustände[1] unternommen und damit eine der wichtigsten Grundlagen der theoretischen Astrophysik geschaffen. Um die Weiterentwicklung der von Schwarzschild geschaffenen Ansätze haben sich besonders A. S. Eddington und E. A. Milne große Verdienste erworben.

Nach A. S. Eddington [2] bekommt man in sehr eleganter Weise eine Näherungslösung von (35, 2), indem man zunächst folgende Mittelwerte von $I(\tau,\vartheta)$

[1] Als Vorgänger wären zu nennen R. A. Sampson und A. Schuster [531 und 532]. In diesem Zusammenhang sei noch auf die Arbeiten von D. Hilbert: Begründung der elementaren Strahlungstheorie [517] nachdrücklich hingewiesen.

einführt:

$$J = \int I \frac{d\omega}{4\pi}; \quad H = \frac{F}{4} = \int I \cos\vartheta \frac{d\omega}{4\pi} \quad \text{und} \quad K = \int I \cos^2\vartheta \frac{d\omega}{4\pi}. \tag{35, 4}$$

Multipliziert man die Differentialgleichung des Strahlungsgleichgewichtes (35, 2) mit $\frac{d\omega}{4\pi}$ bzw. $\cos\vartheta \frac{d\omega}{4\pi}$ und integriert über alle Raumwinkelelemente $d\omega$, so erhält man

$$\frac{dH}{d\tau} = \frac{1}{4} \frac{dF}{d\tau} = 0 \quad \text{(Konstanz des Strahlungsstromes)} \tag{35, 5}$$

und

$$\frac{dK}{d\tau} = H. \tag{35, 6}$$

Da $J(\tau)$ und $K(\tau)$ sich nur durch den Faktor $\cos^2\vartheta$ unter dem Integralzeichen unterscheiden und die Richtungsverteilung des Strahlungsfeldes sich *in der* Tiefe rasch der Isotropie annähern muß, so wird $\left(\text{wegen } \overline{\cos^2\vartheta} = \frac{1}{3}\right)$ näherungsweise $K = \frac{1}{3} J$ und

$$\frac{dJ}{d\tau} = 3H = \frac{3}{4} F. \tag{35, 7}$$

Diese Gleichung gilt offenbar mit wachsendem τ immer genauer; es muß daher

$$\lim_{\tau=\infty} J(\tau) = \frac{3}{4} F\tau \tag{35, 8}$$

sein. Es liegt nun weiter nahe, die vollständige Lösung in der Form

$$J(\tau) = \frac{3}{4} F(\tau + q(\tau)) \tag{35, 9}$$

zu schreiben, wo — wie wir noch sehen werden — die Funktion $q(\tau)$ im Intervall $0 \leqq \tau \leqq \infty$ monoton einen endlichen Wertebereich $q(0)$ bis $q(\infty)$ durchläuft.

Eine Näherungslösung bekommen wir nun leicht, wenn wir q entsprechend Gl. (35, 7) als konstant betrachten und weiterhin an der Sternoberfläche für die austretende Strahlung wieder den Mittelwert des $\cos\vartheta$ für isotrope Strahlung verwenden. Nach (35, 4) wird dann

$$J(0) = 2H = \frac{1}{2} F, \tag{35, 10}$$

und wir erhalten schließlich mit (35, 9) $q = {}^2/_3$ und

$$\boxed{J(\tau) = \frac{3}{4} F\left(\tau + \frac{2}{3}\right).} \tag{35, 11}$$

Damit berechnen wir nach (28, 6) und (28, 7) leicht die Tiefen- und Richtungsabhängigkeit der *Strahlungsintensität*[1]

$$I(\tau, \vartheta) = \frac{3}{4} F\left(\cos\vartheta + \tau + \frac{2}{3}\right). \tag{35, 12}$$

Für $\tau = 0$ entnehmen wir (35, 12) mit K. SCHWARZSCHILD das Gesetz der *Randverdunkelung* für die Gesamtstrahlung der Sonne (wobei wir von der Annahme ausgehen, daß der Absorptionskoeffizient der Sonnenatmosphäre nicht allzu

[1] Ein exponentiell nach innen abklingendes Glied in der Einstrahlung haben wir dabei vernachlässigt.

stark von der Frequenz abhängt):

$$\frac{I(0,\vartheta)}{I(0,0)} = \frac{2}{5}\left(1 + \frac{3}{2}\cos\vartheta\right). \tag{35, 13}$$

In Abb. 59 vergleichen wir den so berechneten Mitte-Rand-Kontrast[1] der Sonne mit dem von ABBOT gemessenen (in der Reduktion nach M. MINNAERT, Tab. 5a). Die Übereinstimmung von Messung und Rechnung ist so, daß man sie als eine Stütze der Anschauung betrachten darf, daß die Sonne eine einigermaßen „graue Atmosphäre" im Strahlungsgleichgewicht besitzt.

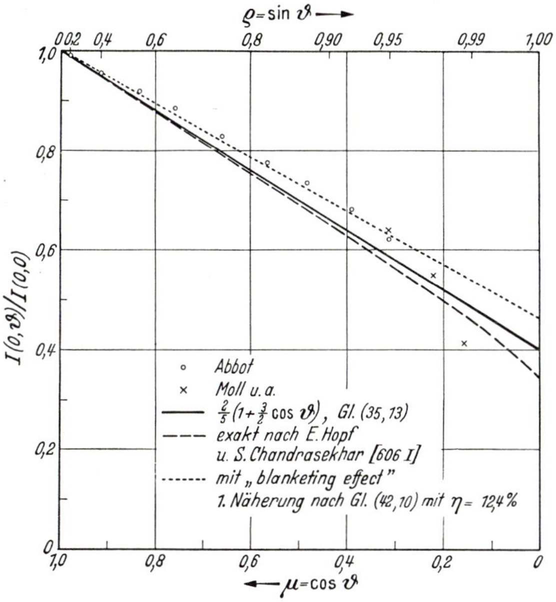

Abb. 59. Mitte-Rand-Kontrast für die Gesamtstrahlung der Sonne.

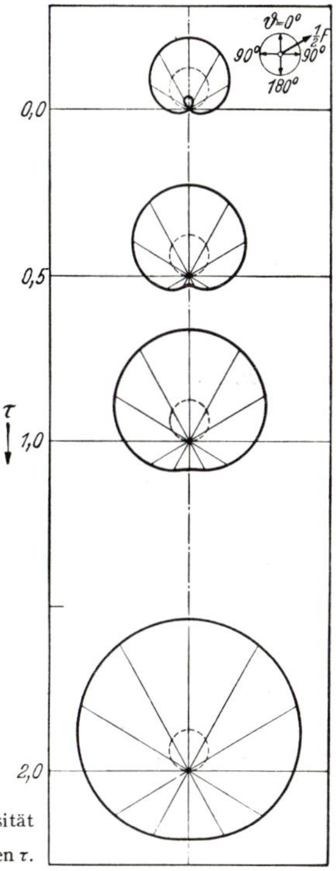

Abb. 60. Winkelverteilung der Gesamtstrahlungsintensität $I(\tau,\vartheta) = \frac{3}{4}F\left(\cos\vartheta + \tau + \frac{2}{3}\right)$ für verschiedene optische Tiefen τ.

In Abb. 60 geben wir noch — alle in demselben Maßstab gezeichnet — *Richtungsdiagramme der Gesamtstrahlung* nach (35, 12) für einige Werte der optischen Tiefe τ. Die gestrichelten Kreise geben den von τ unabhängigen anisotropen Anteil $\frac{3}{4}F\cdot\cos\vartheta$ der Strahlung allein. Man kann in sehr instruktiver Weise verfolgen, wie mit wachsendem τ der isotrope Anteil von $I(\vartheta)$ immer mehr überwiegt. Die Strahlung nimmt um so mehr den Charakter einer Hohlraumstrahlung an, je weiter wir in das Innere des Sternes vordringen. Daß Gl. (35, 12) an der Oberfläche des Sternes ($\tau = 0$) für $\frac{\pi}{2} \leqq \vartheta \leqq \pi$ eine kleine, teils positive, teils negative Einstrahlung liefert, rührt natürlich nur von der Unvollkommenheit unserer Approximation her.

Bis jetzt haben wir in unsere Strahlungsgleichgewichtsbetrachtungen den Begriff der *Temperatur* noch gar nicht eingeführt. In der Tat ist es auch gar nicht *möglich*, einem anisotropen Strahlungsfeld in eindeutiger Weise *eine* Temperatur

[1] Die anderen Kurven der Abb. 59 werden später erklärt werden.

zuzuordnen. Der Temperaturbegriff ist — streng genommen — nur sinnvoll im Falle thermischen Gleichgewichtes. Da wir aber bis jetzt Berechnungen des Ionisationsgrades, der Anregung höherer Quantenzustände usw. fast nur für thermische Gleichgewichtszustände ausführen können, wollen wir eine Temperatur T definieren, die unseren Anforderungen möglichst weitgehend gerecht wird: T soll — zusammen mit dem STEFAN-BOLTZMANNschen Gesetz (4, 3) — die richtige Gesamtstrahlungsdichte ergeben. Es ist also in unserer Näherung:

$$\frac{4\pi J}{c} = \frac{4\pi}{c} \cdot \frac{3}{4} F\left(\tau + \frac{2}{3}\right) = \frac{4\sigma}{c} T^4 . \qquad (35, 14)$$

Die Temperatur T nähert sich demnach an der Sternoberfläche ($\tau \to 0$) einem bestimmten Grenzwert, der durch

$$\sigma T_0^4 = \frac{\pi}{2} F \qquad (35, 15)$$

bestimmten *Grenztemperatur* T_0.

Auf der anderen Seite haben wir in Kap. II, Gl. (12, 9) die *effektive Temperatur* T_e eines Sternes definiert durch

$$\sigma T_e^4 = \pi F , \qquad (35, 16)$$

d. h. T_e ergibt — in das STEFAN-BOLTZMANNsche Gesetz eingeführt — die richtige Gesamt*ausstrahlung* πF bzw. mittlere Strahlungsintensität F an der Oberfläche.

Allgemein gilt nach (35, 14) und (35, 16):

$$\boxed{T^4 = \frac{3}{4} T_e^4\left(\tau + \frac{2}{3}\right).} \qquad (35, 17)$$

Durch Vergleich von (35, 15) und (35, 16) erkennt man ferner, daß in derselben Näherung

$$T_0^4 = \frac{1}{2} T_e^4 \quad \text{oder} \quad T_e = T_0 \sqrt[4]{2} = 1.19\, T_0 \qquad (35, 18)$$

ist. Für die Sonne finden wir z. B.

$$T_e = 5780^\circ \quad \text{und} \quad T_0 = 4860^\circ . \qquad (35, 19)$$

36. Weitere Näherungsmethoden zur Lösung der Integrodifferentialgleichung des Strahlungsgleichgewichtes der grauen Atmosphäre.

a) Entwicklung nach LEGENDREschen Polynomen. Die Näherungslösung (35, 12) unseres Problems kann man als Anfang einer *Entwicklung nach* LEGENDRE*schen Polynomen* $P_n(\cos\vartheta)$ (Kugelfunktionen) auffassen.

Diesen Gedanken hat dann S. CHANDRASEKHAR [606, I] konsequent weiterentwickelt. Wesentlich ist dafür, daß die P_n ein orthogonales Funktionssystem bilden. Mit der Abkürzung $\mu = \cos\vartheta$ gilt

$$\int_{-1}^{+1} P_l(\mu)\, P_m(\mu)\, d\mu = \begin{cases} 0 & \text{für } l \neq m \\ \frac{1}{l+\frac{1}{2}} & \text{für } l = m . \end{cases} \qquad (36, 1)$$

Die vier ersten Polynome sind

$$P_0 = 1, \; P_1 = \mu, \; P_2 = \tfrac{3}{2}\mu^2 - \tfrac{1}{2}, \; P_3 = \tfrac{5}{2}\mu^3 - \tfrac{3}{2}\mu, \; P_4 = \tfrac{35}{8}\mu^4 - \tfrac{15}{4}\mu^2 + \tfrac{3}{8} . \qquad (36, 2)$$

Nach diesen entwickeln wir die Strahlungsintensität in der optischen Tiefe τ

$$I(\tau, \mu) = \sum_{l=0}^{\infty} I_l(\tau)\, P_l(\mu) . \qquad (36, 3)$$

Die Differentialgleichung des Strahlungsgleichgewichtes lautet nun, da [nach (36, 1) mit $m = 0$]

$$J(\tau) = \frac{1}{2}\int_{-1}^{+1} I(\tau, \mu)\, d\mu = I_0(\tau)\ , \tag{36, 4}$$

wenn wir die selbstverständlichen Argumente τ nicht mehr besonders anschreiben:

$$\mu \frac{dI}{d\tau} = I - I_0\,. \tag{36, 5}$$

Mit (36, 3) und der bekannten Formel

$$\mu\, P_l = \frac{1}{2l+1}\,[(l+1)\, P_{l+1} + l\, P_{l-1}] \tag{36, 6}$$

erhält man daraus die Gleichung

$$\sum_0^\infty \frac{1}{2l+1}\,[(l+1)\, P_{l+1} + l\, P_{l-1}]\,\frac{dI_l}{d\tau} = \sum_0^\infty I_l\, P_l - I_0\,. \tag{36, 7}$$

Vergleicht man links und rechts die Koeffizienten derselben Kugelfunktion P_m, so ergeben sich der Reihe nach folgende Differentialgleichungen für die I_l:

$$m = 0:\qquad \frac{1}{3}\frac{dI_1}{d\tau} = 0 \tag{36, 8}$$

$$m = 1:\qquad \frac{dI_0}{d\tau} + \frac{2}{5}\frac{dI_2}{d\tau} = I_1 \tag{36, 9}$$

$$m = 2:\qquad \frac{2}{3}\frac{dI_1}{d\tau} + \frac{3}{7}\frac{dI_3}{d\tau} = I_2 \cdots. \tag{36, 10}$$

Dazu kommen die Grenzbedingungen:

Für $\tau = \infty$ geht nach Gl. (35, 8)

$$I_0 \to \frac{3}{4} F \cdot \tau \tag{36, 11}$$

und die $I_l(\tau)$ für $l > 0$ müssen beschränkt sein.

Für $\tau = 0$ andererseits muß die einfallende Strahlung verschwinden, d. h. im Bereich

$$-1 < \mu < 0 \quad \text{soll} \quad I(0, \mu) = 0 \tag{36, 12}$$

sein. Multipliziert man Gl. (36, 3) mit $P_l(\mu)$ und integriert von -1 bis $+1$, so erhält man wegen (36, 1) zunächst die ganz allgemeine Darstellung der Entwicklungskoeffizienten:

$$I_l(\tau) = (l + \tfrac{1}{2}) \int_{-1}^{+1} I(\tau, \mu)\, P_l(\mu)\, d\mu\,. \tag{36, 13}$$

Bei $\tau = 0$ verschwindet nun der Integrand im Bereich $-1 < \mu < 0$. Macht man davon Gebrauch, nachdem man vorher $I(0, \mu)$ wieder durch seine Reihenentwicklung (36, 3) ersetzt hat, so ergibt sich

$$\frac{1}{l+\frac{1}{2}}\, I_l(0) = \sum_{m=0}^\infty I_m(0) \cdot \int_0^1 P_l(\mu)\, P_m(\mu)\, d\mu\,. \tag{36, 14}$$

Die Integrale rechts, welche natürlich *nicht* mit den Orthogonalitäts- bzw. Normierungsintegralen (36, 1) verwechselt werden dürfen, kann man leicht ausrechnen und erhält für

$$l = 0:\quad 2\, I_0(0) = I_0(0) \quad + \frac{1}{2} I_1(0) - \frac{1}{8} I_3(0) + \frac{1}{16} I_5(0) \cdots \tag{36, 15}$$

$$l = 1:\quad \frac{2}{3} I_1(0) = \frac{1}{2} I_0(0) + \frac{1}{3} I_1(0) + \frac{1}{8} I_2(0) - \frac{1}{48} I_4(0) + \frac{1}{128} I_6(0) \cdots \tag{36, 16}$$

$$l = 2:\quad \frac{2}{5} I_2(0) = \frac{1}{8} I_1(0) + \frac{1}{5} I_2(0) + \frac{1}{8} I_3(0) - \frac{5}{128} I_5(0) \cdots. \tag{36, 17}$$

Nach diesen Vorbereitungen beginnen wir mit der eigentlichen Berechnung der Entwicklungskoeffizienten $I_l(\tau)$:

Aus (36, 8) folgt zunächst $I_1 = \text{const}$. Aus Abschnitt 30 wissen wir schon, daß dieses Integral die Konstanz des Strahlungsstromes ausdrückt und daß

$$I_1 = \frac{3}{4} F = \text{const} \tag{36, 18}$$

ist. Damit können wir die nächste Gl. (36, 9) für $m = 1$ integrieren:

$$I_0 + \frac{2}{5} I_2 = \frac{3}{4} F \cdot \tau + a \,, \tag{36, 19}$$

wo a eine neue Integrationskonstante bedeutet. Diese Gleichung entspricht unserer früheren Gl. (35, 6). Bei der Auswertung der weiteren Gleichungen müssen wir nun jeweils soviele der I_l's mitnehmen, daß wir die Näherungsgleichungen mit 1, 2, 3 ... verfügbaren Integrationskonstanten befriedigen können. In diesem Sinne sprechen wir dann von einer 1., 2., ... Näherung (dies ist der wesentliche Punkt in CHANDRASEKHARs Arbeit).

1. Näherung. In (36, 10) vernachlässigen wir I_3 und erhalten damit

$$I_2 = 0 \,.$$

Dies entspricht nach (36, 13) der Aussage

$$\int_{-1}^{+1} I(\tau, \mu) \left\{\frac{3}{2}\mu^2 - \frac{1}{2}\right\} d\mu = 0 \,, \tag{36, 20}$$

was mit EDDINGTONs bekanntem Ansatz $K = \frac{1}{3} J$ [Gl. (35, 6—7)] identisch ist. Zusammenfassend haben wir also jetzt

$$I_0 = \frac{3}{4} F\tau + a \,, \quad I_1 = \frac{3}{4} F \,, \quad I_2 = 0 \,. \tag{36, 21}$$

Die Konstante a bestimmt CHANDRASEKHAR nun aus (36, 16) zu $a = \frac{1}{2} F$ und erreicht damit, daß der Strahlungsstrom bei $\tau = 0$ und ∞ schon in dieser Näherung derselbe ist. Nach (36, 21) lautet also die 1. Näherung für

die *Strahlungsintensität*: $$I(\tau, \vartheta) = \frac{3}{4} F \left(\tau + \frac{2}{3} + \cos\vartheta\right) \tag{36, 22}$$

bzw. die *Ergiebigkeit*: $$J(\tau) = I_0(\tau) = \frac{3}{4} F \left(\tau + \frac{2}{3}\right). \tag{36, 23}$$

Wie zu erwarten war, stimmt sie mit der EDDINGTON-MILNEschen überein.

2. Näherung. Neben den schon bekannten Integralen (36, 18) und (36, 19) sind nun (36, 10) und die folgenden Differentialgleichungen für $m = 3$ und 4 zu befriedigen. Außer a tritt dabei *eine* neue Integrationskonstante auf. Diese kann aus (36, 15) und (36, 16) unter Vernachlässigung von I_5, I_6 ..... berechnet werden. So erhält man schließlich die *Ergiebigkeit*

$$J(\tau) = I_0(\tau) = \frac{3}{4} F(\tau + 0{,}7517 - 0{,}1654\, e^{-1{,}399\, \tau}) \,. \tag{36, 24}$$

In den höheren Näherungen treten hierzu weitere Exponentialglieder. Zahlenwerte zu dieser und den folgenden Näherungen werden wir im Zusammenhang in Abschnitt 40 diskutieren.

Das *Mitte-Rand-Verdunkelungsgesetz* der bei $\tau = 0$ austretenden Strahlung ist durch $J(\tau)$ in Verbindung mit Abschnitt 28, a) und d) ganz festgelegt.

b) Approximation der Integrodifferentialgleichung der grauen Atmosphäre durch ein lineares Gleichungssystem. A. SCHUSTER [532] und K. SCHWARZSCHILD [533] gingen ursprünglich so vor, daß sie in jeder Tiefe mit einer richtungsunabhängigen

$$\text{Ausstrahlung} \quad I(\vartheta) = I_1 = \text{const} \qquad \text{für } 0 \leqq \vartheta \leqq \frac{\pi}{2} \tag{36, 25}$$

und einer — davon verschiedenen —

$$\text{Einstrahlung} \quad I(\vartheta) = I_2 = \text{const}' \qquad \text{für } \frac{\pi}{2} \leqq \vartheta \leqq \pi \tag{36, 26}$$

rechneten. Dieses noch etwas rohe Verfahren haben G. C. WICK [538] im Zusammenhang mit Problemen der Neutronendiffusion und vor allem S. CHANDRASEKHAR [606, II] für astrophysikalische Zwecke wesentlich verfeinert und zu mathematischer Konsequenz entwickelt, indem sie die Funktion $I(\mu)$ durch ihre Werte an den „GAUSSschen Punkten" des Intervalles $-1 \leqq \mu = \cos\vartheta \leqq +1$ repräsentieren oder — anders ausgedrückt — das Integral $\int_{-1}^{+1} I(\mu)\, d\mu$ nach C. F. GAUSS' „Methodus nova integralium valores per approximationem inveniendi" approximieren (vgl. Abschnitt 31, Abb. 58).

Es seien μ_j die *Nullstellen* der geraden Kugelfunktion $P_{2n}(\mu)$ und a_j die entsprechenden „*Gewichte*" nach Gl. (31, 11 f.), dann gilt — wenn wir statt $I(\tau, \mu_j)$ noch kurz $I_j(\tau)$ schreiben —

$$J(\tau) = \frac{1}{2} \int_{-1}^{+1} I(\tau, \mu)\, d\mu = \frac{1}{2} \sum_{-n}^{+n} a_j\, I_j(\tau)\,. \tag{36, 27}$$

Nach Abschnitt 31 ist diese Darstellung *so* gut, wie wenn man $I(\tau, \mu)$ vor der Integration durch ein beliebiges Polynom $4\,n-1$-ten Grades approximiert hätte, d. h. fast doppelt so genau, wie man sie durch $2\,n$ beliebige Punkte im Intervall $-1 \leqq \mu \leqq +1$ erreichen würde.

In n-ter Näherung (d. h. mit $2\,n$ repräsentativen Punkten) geht nun die Integrodifferentialgleichung des Strahlungsgleichgewichtes über in das lineare Gleichungssystem der Ordnung $2n$

$$\mu_i \frac{dI_i}{d\tau} = I_i - \frac{1}{2} \sum_{-n}^{+n} a_j\, I_j \quad (i = \pm 1\,,\ \pm 2 \cdots \pm n)\,. \tag{36, 28}$$

Zu seiner Lösung macht CHANDRASEKHAR zunächst den Ansatz

$$I_i = g_i\, e^{-k\tau} \tag{36, 29}$$

mit den Konstanten g_i und k. Einsetzen in (36, 28) ergibt dann

$$g_i(1 + \mu_i\, k) = \frac{1}{2} \sum_{-n}^{+n} a_j\, g_j \tag{36, 30}$$

oder

$$g_i = \frac{\text{const}}{1 + \mu_i k}\,, \tag{36, 31}$$

wobei die Konstante unabhängig von i ist. Setzt man dies wieder in (36, 30), so erhält man (es ist $a_{-j} = a_j$ und $\mu_{-j} = -\mu_j$)

$$1 = \frac{1}{2} \sum_{-n}^{+n} \frac{a_j}{1 + \mu_j k} = \frac{1}{2} \sum_{1}^{n} a_j \left\{ \frac{1}{1 + \mu_j k} + \frac{1}{1 - \mu_j k} \right\} = \sum_{1}^{n} \frac{a_j}{1 - \mu_j^2 k^2}\,, \tag{36, 32}$$

d. h. eine algebraische Gleichung n-ter Ordnung für k^2.

Eine spezielle Wurzel derselben ist $k^2 = 0$, da

$$\sum_{1}^{n} a_j = 1\,. \tag{36, 33}$$

Es gilt nämlich allgemein

$$\int_0^1 \mu^{2m}\, d\mu = \sum_1^n a_j\, \mu_j^{2m} = \frac{1}{2m+1} \qquad (m = 0, 1, \ldots, 2n-1)\,, \tag{36, 34}$$

da die n-te Näherung der GAUSSschen Integralformel für Polynome bis zum $4n-1$-ten Grad einschließlich exakt gilt. Somit bleiben noch $2n-2$ Wurzeln

$$\pm k_\alpha \qquad (\alpha = 1, 2, \ldots, n-1) \tag{36, 35}$$

von (36, 32) und gleich viele unabhängige Lösungen der Gl. (36, 28) zu ermitteln.

Deren Auffindung gelingt CHANDRASEKHAR, indem er bemerkt, daß man für die Lösung von (36, 28) neben (36, 29) auch den zweiten Ansatz

$$I_i = b(\tau + \mu_i + Q) \qquad (i = \pm 1, \pm 2, \ldots, \pm n) \tag{36, 36}$$

mit zwei verfügbaren Konstanten b und Q machen kann. [Die Richtigkeit von (36, 36) verifiziert man leicht durch Einsetzen in (36, 28).]

Faßt man die Lösungen der Form (36, 29 + 31) und (36, 36) zusammen, so erhält man ganz allgemein

$$I_i = b\left\{\sum_{\alpha=1}^{n-1}\left[\frac{L_\alpha e^{-k_\alpha \tau}}{1+\mu_i k_\alpha} + \frac{L_{-\alpha} e^{+k_\alpha \tau}}{1-\mu_i k_\alpha}\right] + \tau + \mu_i + Q\right\} \tag{36, 37}$$

mit den $2n$ Konstanten b, $L_{\pm\alpha}$ und Q.

Hierzu kommen wieder die bekannten Grenzbedingungen:

Für $\tau \to \infty$ dürfen die I_l nicht exponentiell anwachsen, d. h. es müssen alle $L_{-\alpha} = 0$ sein.

An der Sternoberfläche muß die *einfallende* Strahlung verschwinden, d. h.

$$\text{bei } \tau = 0 \text{ sind die } I_{-i} = 0 \quad \text{für } i = 1, 2, \ldots, n\,. \tag{36, 38}$$

Nach (36, 37) führt dies auf

$$\sum_{\alpha=1}^{n-1} \frac{L_\alpha}{1-\mu_i k_\alpha} - \mu_i + Q = 0\,. \tag{36, 39}$$

Diese n-Gleichungen fixieren die Integrationskonstanten Q, L_1, L_2, ..., L_n. Die Konstante b dagegen muß — was nach dem früheren evident ist — dem Strahlungsstrom πF proportional sein. Wir berechnen daher

$$F = 2\int_{-1}^{+1} I\mu\, d\mu = 2\sum_{-n}^{+n} a_i I_i \mu_i \tag{36, 40}$$

nach (36, 37):

$$F = 2b\left\{\sum_{\alpha=1}^{n-1} L_\alpha e^{-k_\alpha\tau} \sum_{i=-n}^{+n} \frac{a_i\mu_i}{1+\mu_i k_\alpha} + \sum_{-n}^{+n} a_i\, \mu_i^2 + (\tau + Q)\sum_{-n}^{+n} a_i\, \mu_i\right\}. \tag{36, 41}$$

Die letzte Summe ist gleich Null, die vorletzte nach (36, 34) gleich 2/3. Weiterhin ist die vordere Summe

$$\sum_i \frac{a_i\mu_i}{1+\mu_i k_\alpha} = \frac{1}{k_\alpha}\sum_i a_i\left(1 - \frac{1}{1+\mu_i k_\alpha}\right) = \frac{1}{k_\alpha}\left(2 - \sum_i \frac{a_i}{1+\mu_i k_\alpha}\right). \tag{36, 42}$$

Diese Klammer verschwindet aber wegen der linken Gl. (36, 32) und es bleibt — wie zu erwarten —

$$b = \frac{3}{4} F = \text{const}\,. \tag{36, 43}$$

Damit berechnen wir endlich die *Ergiebigkeit* $J(\tau)$, mit der wir ja das ganze

Problem beherrschen. Nach (36, 37) wird

$$J(\tau) = \frac{1}{2}\sum_{-n}^{+n} a_i I_i$$

$$= \underbrace{\frac{1}{2}\, b}_{\frac{3}{4}F} \left\{ \sum_{\alpha=1}^{n-1} L_\alpha e^{-k_\alpha \tau} \underbrace{\sum_{-n}^{+n} \frac{a_i}{1+\mu_i k_\alpha}}_{2} + \underbrace{\sum_{-n}^{+n} a_i \mu_i}_{0} + (Q+\tau) \underbrace{\sum_{-n}^{+n} a_i}_{2} \right\}. \qquad (36, 44)$$

Setzt man für die Summen ihre angemerkten Werte ein, so erhält man schließlich

$$J(\tau) = \frac{3}{4}\, F \left\{ \tau + Q + \sum_{\alpha=1}^{n-1} L_\alpha e^{-k_\alpha \tau} \right\} \qquad (36, 45)$$

bzw. — in der Schreibweise von (35, 9) —

$$q(\tau) = Q + \sum_{\alpha=1}^{n-1} L_\alpha e^{-k_\alpha \tau}. \qquad (36, 46)$$

Die L_α, k_α und Q sind dabei aus den Gl. (36, 39) zu berechnen. Wir beginnen mit der

1. *Näherung* ($n = 1$):

Die μ_i sind die Nullstellen von $P_2(\mu) = \frac{3}{2}\mu^2 - \frac{1}{2} = 0$ oder

$$\mu_1 = -\mu_{-1} = \frac{1}{\sqrt{3}} \qquad (36, 47)$$

wozu nach (31, 12)

$$a_1 = a_{-1} = 1 \qquad (36, 48)$$

gehört. Damit geht Gl. (36, 32) für die k_α über in

$$1 = \frac{1}{1 - \frac{k^2}{3}}, \qquad (36, 49)$$

d. h. es gibt nur das schon bekannte $k = 0$; die L_α sind ebenfalls gleich Null. (36, 39) liefert noch

$$Q = \mu_1 = \frac{1}{\sqrt{3}}, \qquad (36, 50)$$

so daß insgesamt (36, 45) in 1. Näherung

$$J(\tau) = \frac{3}{4} F \left(\tau + \frac{1}{\sqrt{3}} \right) \quad \text{bzw.} \quad q(\tau) = \frac{1}{\sqrt{3}} = 0{,}5774 \qquad (36, 51)$$

lautet.

Das eingangs erwähnte Näherungsverfahren von A. SCHUSTER und K. SCHWARZSCHILD geht aus CHANDRASEKHARs 1. Näherung hervor, wenn man für μ_1 anstelle des GAUSSschen $1/\sqrt{3}$ den Mittelwert von $\cos\vartheta$ über die Halbkugel, d. h. $\overline{\mu} = \frac{1}{2}$ benützt.

In der EDDINGTON-MILNEschen Näherung war bekanntlich $q(\tau) = \frac{2}{3} = 0{,}6667$.

2. *Näherung* ($n = 2$). Nach (31, 13) ist hier

$$\begin{aligned} \mu_{\pm 1} &= \pm 0{,}3400, & a_{\pm 1} &= 0{,}6521 \\ \mu_{\pm 2} &= \pm 0{,}8611, & a_{\pm 2} &= 0{,}3479\,. \end{aligned} \qquad (36, 52)$$

Damit wird (36, 32)

$$1 = \frac{a_1}{1 - \mu_1^2 k^2} + \frac{a_2}{1 - \mu_2^2 k^2} \qquad (36, 53)$$

oder wegen $a_1 + a_2 = 1$ und (36, 34) für $m = 1$

$$\mu_1^2 \mu_2^2 k^2 = a_1^2 \mu_1^2 + a_2^2 \mu_2^2 = \frac{1}{3}. \tag{36, 54}$$

So berechnet man leicht

$$k_1 = 1{,}9720 \quad \text{sowie} \quad Q = 0{,}6940 \quad \text{und} \quad L_1 = -0{,}1167. \tag{36, 55}$$

Insgesamt erhält man jetzt

$$q(\tau) = 0{,}6940 - 0{,}1167\, e^{-1{\cdot}9720\,\tau}. \tag{36, 56}$$

CHANDRASEKHAR hat weiterhin auch die 3. und 4. Näherung ausgerechnet, in denen je noch ein Exponentialglied hinzukommt. Die *Mitte-Rand-Verdunkelung* kann man zu allen Näherungen ohne weiteres wieder nach Abschnitt 28a) und d) anschreiben. Viel interessanter ist noch folgende Bemerkung von CHANDRASEKHAR (s.S., Abschnitt 6): In allen 4 Näherungen, d. h. (36, 51), (36, 56), ... ergibt sich $q(0) = 1/\sqrt{3}$. Durch eine geistreiche algebraische Überlegung (die wir im einzelnen nicht wiedergeben wollen) ließ sich nun zeigen, daß dies auch im limes $_{n\to\infty}$ so bleibt. Damit ist ein relativ sehr einfacher Beweis des ursprünglich auf ganz anderem Wege von E. HOPF [504] und M. BRONSTEIN [510] bewiesenen Theorems erbracht, daß an der Sternoberfläche *exakt*

$$q(0) = \frac{1}{\sqrt{3}} = 0{,}5774 \tag{36, 57}$$

ist.

Weitere Arbeiten von CHANDRASEKHAR und seinen Schülern — auf die wir zum Teil zurückkommen werden — zeigen, daß das soeben dargestellte Verfahren vielseitiger Verallgemeinerungen und Anwendungen fähig ist. Zunächst aber werden wir an dem Paradigma der grauen Atmosphäre einige andere Methoden erläutern.

37. Die SCHWARZSCHILD-MILNEsche Integralgleichung des Strahlungsgleichgewichtes. Untersuchungen von E. HOPF über deren strenge Lösung. Zweite Näherung.

Schon in Abschnitt 30 hatten wir den Zusammenhang zwischen der *mittleren Strahlungsintensität* $J(\tau) = \int I(\tau,\vartheta)\frac{d\omega}{4\pi}$ und der *Ergiebigkeit* $S(\tau)$ aufgezeigt. Für die Gesamtstrahlung der grauen Atmosphäre sind nun diese beiden Größen identisch. Die Gl. (30, 7) wird dann zu einer linearen homogenen *Integralgleichung* für J:

$$\boxed{J(\tau) = \frac{1}{2}\int_0^\infty J(x)\, K(|\tau - x|)\, dx} \tag{37, 1}$$

oder in Operatorform geschrieben

$$J(\tau) = \Lambda\{J(x)\}. \tag{37, 2}$$

Der Kern $K(|\tau - x|)$ hat bei $x = \tau$ eine logarithmische Singularität und geht für $|\tau - x| \to \infty$ wie e^{-x}/x gegen Null.

Wir wollen nunmehr mit E. HOPF[1] [518, 504] ein konsequentes Verfahren zur Gewinnung der Lösung unserer Integralgleichung entwickeln:

[1] Diese Überlegungen E. HOPFs knüpfen an an entsprechende Rechnungen K. SCHWARZSCHILDs [534] zur inhomogenen Integralgleichung für die „Atmosphäre mit Boden". Da HOPF selbst eine ausgezeichnete zusammenfassende Darstellung seiner Untersuchungen gegeben hat, so beschränken wir uns darauf, die astrophysikalisch wichtigsten Punkte in möglichst einfacher Form herauszustellen, teilweise unter Verzicht auf größtmögliche mathematische Strenge.

Unsere früheren Rechnungen legen den Ansatz (35, 9) nahe

$$J(\tau) = \frac{3}{4} F \cdot f(\tau) = \frac{3}{4} F(\tau + q(\tau)) \cdots \qquad 0 \leqq \tau \leqq \infty . \tag{37,3}$$

E. Hopf konnte nun zeigen, daß (37, 2) *eine* und *nur eine* Lösung hat, für die weiterhin

$$\frac{1}{2} < q(\tau) < 1 \tag{37, 4}$$

gilt.

Wir schließen zunächst die Integralgleichung (37, 2) ein zwischen zwei Integral*un*gleichungen. Nach Gl. (30, 6b) und den Formeln von Anhang C ist zunächst

$$\Lambda(1) = \frac{1}{2} \int_0^\infty K(u)\, du + \frac{1}{2} \int_0^\tau K(u)\, du = 1 - \frac{1}{2} K_2(\tau) \tag{37, 5}$$

$$\Lambda(x) = \frac{1}{2} \int_0^\infty (\tau + u)\, K(u)\, du + \frac{1}{2} \int_0^\tau (\tau - u)\, K(u)\, du = \tau - \frac{1}{2} K_3(\tau) \tag{37, 6}$$

und somit

$$\Lambda(x + c) = \tau + c - \frac{1}{2} \{ c\, K_2(\tau) - K_3(\tau) \} . \tag{37, 7}$$

Setzen wir hierin $c = \frac{1}{2}$ und führen die Abkürzung

$$f_1 = \tau + \frac{1}{2} \tag{37, 8}$$

ein, so wird nach Gl. (C, 11) $K_2(\tau) - 2K_3(\tau) \leqq 0$ und folglich

$$f_1(\tau) < \Lambda f_1(x) \cdots \qquad 0 \leqq \tau \leqq \infty . \tag{37, 9}$$

Setzen wir noch allgemein

$$f_{n+1} = \Lambda f_n , \tag{37, 10}$$

so lautet (37, 9)

$$f_1 < f_2 . \tag{37, 11}$$

Durch wiederholte Anwendung des Λ-Operators auf diese Ungleichung erhalten wir, da dessen Kern überall positiv ist

$$f_2 < f_3 \tag{37, 12}$$

$$\cdot\ \cdot \quad \cdot\ \cdot$$

$$f_n < f_{n+1} , \tag{37, 13}$$

d. h. die f_n bilden eine *aufsteigende* Folge

$$f_1 < f_2 < f_3 \cdots < f_n < f_{n+1} \cdots . \tag{37, 14}$$

In ähnlicher Weise bilden wir eine *absteigende* Funktionenfolge ausgehend von

$$\bar{f} = \tau + 1 . \tag{37, 15}$$

Nach (37, 7) und (C, 10) ist

$$\Lambda \bar{f}(x) < \bar{f}(\tau) . \tag{37, 16}$$

Außerdem gilt wegen (37, 8)

$$f_1 < \bar{f} . \tag{37, 17}$$

Durch Anwenden des Operators auf diese Ungleichung erhält man mit (37, 16)

$$f_2 < \Lambda \bar{f} < \bar{f} \tag{37, 18}$$

und durch weitere Anwendung des Λ-Operators

$$\begin{aligned} f_3 &= \Lambda f_2 < \Lambda \bar{f} < \bar{f} \\ &\cdots\cdots\cdots\cdots \\ f_n &= \Lambda f_{n-1} < \Lambda \bar{f} < \bar{f} . \end{aligned} \tag{37, 19}$$

Die f_n liegen also alle unterhalb der Schranke $\bar{f} = \tau + 1$. Verbinden wir dieses Ergebnis mit (37, 14), so ist damit gezeigt, daß die Grenzfunktion

$$f(\tau) = \lim_{n=\infty} f_n(\tau) \tag{37, 20}$$

existiert und zwischen den Grenzen

$$\tau + \frac{1}{2} < f(\tau) < \tau + 1 \tag{37, 21}$$

liegt. Aus (37, 10) folgt durch Grenzübergang $n \to \infty$ sofort, daß $f(\tau)$ tatsächlich eine Lösung von (37, 2) ist. Wie HOPF gezeigt hat, kann man von hier aus auch leicht vollends den Eindeutigkeitsbeweis führen, doch möchten wir hierauf nicht näher eingehen.

Viel wichtiger ist für uns folgende Bemerkung HOPFs:

Wenn man von einer *Näherungslösung* $f^*(\tau)$ der SCHWARZSCHILD-MILNEschen Integralgleichung ausgeht, die der Bedingung

$$f_1 = \tau + \frac{1}{2} \leqq f^*(\tau) \leqq \tau + 1 = \bar{f} \tag{37, 22}$$

genügt, so erhält man nach (37, 14), (37, 19) und (37, 20) durch wiederholte Anwendung des Λ-Operators auf f^* eine immer bessere Annäherung an die Lösung f, d. h.

$$f(\tau) = \lim_{n=\infty} f_n^*(\tau)\,. \tag{37, 23}$$

Das Verfahren[1] wird selbstverständlich um so rascher zum Ziele führen, je näher die Ausgangsfunktion f^* an f liegt.

Wir wollen in dieser Weise — ausgehend von unserer Näherungslösung (35, 11) —

$$J_1 = \frac{3}{4} F\left(\tau + \frac{2}{3}\right); \quad f_1^* = \tau + \frac{2}{3} \tag{37, 24}$$

durch Anwendung des Λ-Operators eine 2. Näherung

$$J_2 = \Lambda J_1 \quad \text{bzw.} \quad f_2^* = \Lambda f_1^* \tag{37, 25}$$

ableiten und erhalten nach (37, 7):

$$J_2 = \frac{3}{4} F\left\{\tau + \frac{2}{3} - \frac{1}{2}\left(\frac{2}{3} K_2(\tau) - K_3(\tau)\right)\right\}. \tag{37, 26}$$

oder mit Hilfe der Formeln des Anhanges C:

$$J_2 = \frac{3}{4} F\left\{\tau + \frac{2}{3} - \frac{1}{4}\left(\tau + \frac{1}{3}\right) e^{-\tau} + \frac{\tau}{4}\left(\tau + \frac{4}{3}\right) K(\tau)\right\}. \tag{37, 27}$$

Diese Lösung ist — wie man anhand von Gl. (35, 8) erkennt — schon so normiert, daß sie in großer Tiefe den richtigen Strahlungsstrom πF liefert. Bei $\tau = 0$ kommt nach einer numerischen Berechnung von A. W. MAUE [625a] ein um 0,85% zu kleiner Wert heraus.

Das (37, 27) entsprechende, verbesserte Gesetz des Mitte-Rand-Kontrastes erhält man mit Hilfe elementarer, aber ziemlich umständlicher Integration unter fortwährender Benützung der Formeln des Anhanges C zu

$$I_2(0, \vartheta) = \frac{1}{2} F\left\{\left(1 + \frac{3}{2}\cos\vartheta\right)\left(1 + \frac{\cos\vartheta}{2}\ln\,(1 + \sec\vartheta)\right) - \frac{1}{8}(1 + 6\cos\vartheta)\right\}. \tag{37, 28}$$

A. S. EDDINGTON [2] hat die 2. Näherung (37, 26) noch etwas zu verbessern versucht, indem er zunächst aus J_1 seine Mittelwerte $H = F/4$ und K nach (35, 4)

[1] Ohne strenge Begründung zuerst angedeutet von K. SCHWARZSCHILD [534].

berechnet. Dann greift er auf die *exakt* gültige Gl. (35, 6)

$$K = H \cdot \tau + \text{const} \qquad (37, 29)$$

zurück und bestimmt die „Konstante" so, daß diese Gleichung bei $\tau = 0$ erfüllt ist. Es ergibt sich const $= \frac{17}{24} H$. Mit den soeben benutzten Funktionen schreibt er anstelle der früheren Näherung $K = \frac{1}{3} J$ sodann $K = \frac{1}{3 f(\tau)} J$ und erhält durch Verknüpfung mit (37, 29) die verbesserte 2. Näherung:

$$J(\tau) = 3 H f \left(\tau + \frac{17}{24}\right) = \frac{3}{4} F \left(\tau + \frac{17}{24}\right) \frac{2 + 3\tau - K_2(\tau) + \frac{3}{2} K_3(\tau)}{2 + 3\tau - 3 K_4(\tau) + \frac{9}{2} K_5(\tau)} \,. \qquad (37, 30)$$

Bei kleinen τ ist für beide Approximationen (37, 26) und (37, 30) die große Verbesserung gegenüber der Ausgangsfunktion $q(\tau) = \frac{2}{3}$ evident; hier wird man sie als befriedigend betrachten dürfen. Nicht so bei großen τ:

Daß hier auch wiederholte Anwendung des Λ-Operators zwar prinzipiell nach ∞-vielen Schritten, aber praktisch *nicht* zum Ziel führt, sieht man leicht, wenn man sich seine Wirkungsweise anschaulich klarmacht:

Die Λ-Operation heißt ja: Aus der vorgegebenen Ergiebigkeit berechne man zunächst die Strahlungsintensität $I(\tau, \vartheta)$. Dann sammle man in einem Volumelement die von allen Seiten ankommende Strahlung, d. h. bilde $\int I \frac{d\omega}{4\pi}$. Diese muß wieder emittiert werden und gibt also eine *neue* Ergiebigkeitsfunktion. Daß diese gegenüber der Ausgangsfunktion verbessert ist, ersieht man folgendermaßen: Hat letztere an einer Stelle ein Defizit bzw. einen Überschuß (gegenüber der exakten Lösung), so werden diese durch die Λ-Operation auf ein Gebiet, das etwa einer freien Weglänge der Lichtquanten entspricht, verteilt bzw. ausgeglichen. Der Λ-Operator wirkt wie ein Bügeleisen. In Abb. 61 erläutern wir dies durch Anwendung auf eine ⎍-Funktion, welche zwischen z_1 und z_2 die Höhe A hat und sonst Null ist. Fehler bei kleinen τ werden nun bei $\tau = 0$ sozusagen „ausgestoßen"; in größeren Tiefen ist dies nicht mehr möglich.

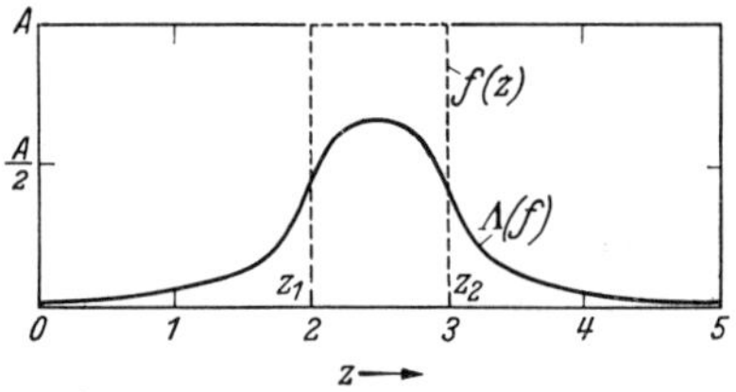

Abb. 61. Anwendung des Hopfschen Λ-Operators auf eine ⎍-Funktion.

Die Eddingtonsche Überlegung, welche zu der verbesserten Gl. (37, 30) führte, dürfte andererseits kaum die nötige mathematische Konsequenz haben, um eine Verallgemeinerung auf kompliziertere Probleme zuzulassen. Nachdem das „graue" Problem aber (s. unten) heute exakt gelöst ist, hat die ausführliche Behandlung seiner Näherungslösungen eigentlich nur noch *den* Sinn, mathematisch möglichst wirkungsvolle Verfahren zur Behandlung schwierigerer Probleme bereitzustellen.

38. Das „Strom-Iterationsverfahren".

Das Λ-Iterationsverfahren konvergiert, wie wir sahen, zwar bei kleinen τ sehr rasch, bei großen τ dagegen praktisch viel zu langsam. Diesen Nachteil vermeidet ein von A. Unsöld [629] angegebenes neues Verfahren, das wir zunächst wieder für das einfache Problem der grauen Atmosphäre darstellen.

Ausgehend von einer *Näherung* $J(\tau)$, etwa (35, 11), berechnen wir zunächst nach der exakten Gl. (30, 9b) den — natürlich *nicht* ganz konstanten —

Strahlungsstrom. Es ist

$$\frac{1}{2}F(\tau)=\int_0^\infty J(\tau+u)\,K_2(u)\,du-\int_0^\tau J(\tau-u)\,K_2(u)\,du\,. \tag{38, 1}$$

Dessen Differenz gegenüber dem wahren — *konstanten* — Strahlungsstrom πF_0 entspreche

$$\varDelta F(\tau)=F(\tau)-F_0\,. \tag{38, 2}$$

Welche *Korrektion* $\varDelta J(\tau)$ haben wir nun zu $J(\tau)$ hinzuzufügen, um den „Fehler" $\varDelta F(\tau)$ zum Verschwinden zu bringen?

Im Hinblick auf diese Frage untersuchen wir zunächst das folgende — in anderem Zusammenhang zuerst von R. v. D. R. WOOLLEY [630] und R. CAYREL [604] behandelte — Problem: Gegeben sei ein tiefenabhängiger Strahlungsstrom $\pi F(\tau)$; welche Ergiebigkeitsfunktion $S(\tau)$ erzeugt diesen? [Da *kein* Strahlungsgleichgewicht herrscht, ist diese *nicht* gleich $J(\tau)$.] Die Antwort ist im Rahmen der EDDINGTONschen Näherungsmethode (Abschnitt 35) leicht zu geben:

Aus der *Strömungsgleichung*

$$\cos\vartheta\,\frac{dI}{d\tau}=I-S \tag{38, 3}$$

erhält man für die EDDINGTONschen Mittelwerte J, $H=\frac{F}{4}$ und K nach (35,4) die bekannten Beziehungen

$$\frac{dH}{d\tau}=J-S \tag{38, 4}$$

$$\frac{dK}{d\tau}=H \tag{38, 5}$$

wobei aber nun auch H von τ abhängt. Macht man wieder die Näherung $K=\frac{1}{3}J$ und benutzt bei $\tau=0$ die Grenzbedingung $J_{\tau=0}=2\,H(0)$, so ergibt die Integration von (38, 5)

$$J=2\,H(0)+3\int_0^\tau H(\tau)\,d\tau. \tag{38, 6}$$

Nach (38, 4) erhält man weiterhin

$$S(\tau)=2\,H(0)+3\int_0^\tau H(\tau)\,d\tau-\frac{d\,H(\tau)}{d\tau} \tag{38, 7}$$

oder — in gewohnter Weise mit $F=4H$ geschrieben —:

$$\boxed{S(\tau)=\frac{1}{2}F(0)+\frac{3}{4}\int_0^\tau F(\tau)\,d\tau-\frac{1}{4}\,\frac{dF(\tau)}{d\tau}\,.} \tag{38, 8}$$

Diese auch sonst vielfach nützliche Gleichung liefert uns nun sofort die gewünschte Korrektion $\varDelta J(\tau)$. Es ist

$$-\varDelta J(\tau)=\frac{\varDelta F(0)}{2}+\frac{3}{4}\int_0^\tau \varDelta F(\tau)\,d\tau-\frac{1}{4}\,\frac{d\varDelta F(\tau)}{d\tau}\,. \tag{38, 9}$$

Beginnen wir z. B. mit der bekannten Näherung (35, 11)

$$J=\frac{3}{4}F_0\left(\tau+\frac{2}{3}\right), \tag{38, 10}$$

so erhält man aus (38, 1) mit Hilfe der Formeln des Anhanges C leicht

$$\Delta F = F_0\left(K_3 - \frac{3}{2} K_4\right), \tag{38, 11}$$

wobei wir das Argument τ der Integralexponentialfunktionen K_n nicht besonders anschreiben. Man sieht zunächst — darauf beruht die Güte von (38, 10) — daß ΔF sowohl bei $\tau = 0$ als auch im Unendlichen verschwindet. Das ΔJ oder — einfacher — das Δq, welches zu dem 2/3 in Gl. (38, 10) hinzuzufügen ist, erhält man in einfachster Weise aus (38, 9) nach (C, 18)

$$\Delta q = \frac{1}{24} - \frac{1}{3} K_2 + \frac{1}{2} K_3 + K_4 - \frac{3}{2} K_5 . \tag{38, 12}$$

Das Ergebnis der numerischen Ausrechnung mit Hilfe der Tabellen von G. Placzek [C, 8] werden wir in Abschnitt 40 besprechen. Der Vergleich mit anderen Näherungsverfahren und vor allem der exakten Lösung wird zeigen, daß unser einfaches und durchsichtiges Verfahren auch bezüglich Schnelligkeit der Konvergenz kaum zu übertreffen sein dürfte.

Eine Iteration des ganzen Verfahrens ist natürlich wie beim Λ-Verfahren möglich. Da die Fehler der zur Ableitung von (38, 8) verwendeten Eddington*schen* Näherung nur in die *Korrektion* eingehen, sind sie nicht gefährlich. Sollten sie je bei kleinen τ (wo sie ja am größten sind) einmal Schwierigkeiten machen, so würde man am besten das Strom-Iterationsverfahren durch nachträgliche Ausführung einer Λ-Iteration ergänzen.

39. Näherungsverfahren mit vorgegebener Form der Lösung.

a) Direkter Ansatz zur Lösung der Schwarzschild-Milneschen Integralgleichung. Um die Integralgleichung

$$J(\tau) = \Lambda\,\{J(x)\} \tag{39, 1}$$

zu lösen, machen wir den *Ansatz* (die Normierungskonstante $\frac{3}{4} F$ haben wir weggelassen)

$$J(x) = x + c - A\,e^{-\alpha x} . \tag{39, 2}$$

Nach Gl. (37, 7) sowie den Formeln von Anhang C wird hiermit zunächst

$$\begin{aligned} \Lambda\,\{J(x)\} = \tau + \frac{1}{2} K_3(\tau) + c\left(1 - \frac{1}{2} K_2(\tau)\right) \\ - \frac{A}{2\alpha} e^{-\alpha\tau}\left\{\ln \frac{\alpha+1}{|\alpha-1|} - K((1-\alpha)\,\tau) + e^{\alpha\tau} K(\tau)\right\}. \end{aligned} \tag{39, 3}$$

Für $\tau = 0$ wird speziell nach (C, 9):

$$\Lambda\,\{J(x)\}\Big|_{\tau=0} = \frac{1}{4} + \frac{c}{2} - \frac{A}{2\alpha} \ln\,(1+\alpha) . \tag{39, 4}$$

Die Gl. (39, 1) ist nun durch unseren Ansatz bei $\tau = \infty$ automatisch erfüllt (d. h. dieser hat die richtige asymptotische Form). Durch passende Wahl der Konstanten c, A und α können wir sie an 3 weiteren Stellen befriedigen. Wir wählen dafür — dies bedeutet natürlich eine gewisse Willkür —

$$\tau = 0\,,\ 0{,}3 \text{ und } 1\,. \tag{39, 5}$$

Eliminiert man aus den 3 sich ergebenden Gleichungen zunächst c und A, so erhält man für α eine transzendente Gleichung, die numerisch gelöst werden muß.

c und A ergeben sich dann ohne weiteres. Schreibt man gleich wieder das $q(\tau)$ an, so liefert (39, 2)

$$q(\tau) = c - A\,e^{-\alpha x} = 0{,}688 - 0{,}117\,e^{-4{,}24\tau}\,. \qquad (39,6)$$

Die 1. Iteration hierzu ist nach (39, 3)

$$\begin{aligned} q_1(\tau) &= \frac{1}{2} K_3(\tau) + 0{,}688\left(1 - \frac{1}{2} K_2(\tau)\right) \\ &\quad - 0{,}0138\,e^{-4{,}24\tau}\{0{,}481 - K(-3{,}24\,\tau) + e^{4{,}24\tau} K(\tau)\}. \end{aligned} \qquad (39,7)$$

Das *Randverdunkelungsgesetz* zu (39, 2) lautet nach Gl. (28, 12) und (28, 17):

$$I(0,\vartheta) = \frac{3}{4} F\left\{c + \cos\vartheta - \frac{A}{1 + \alpha\cos\vartheta}\right\}. \qquad (39,8)$$

Zahlenwerte der Funktionen (39, 6) und (39, 7) werden wir zusammen mit den anderen Näherungen in Abschnitt 40 betrachten.

b) Anwendung von Variationsmethoden auf das Problem der grauen Atmosphäre.

J. Le Caine [613] und — in viel weiter gehender Weise — V. Kourganoff [610] haben verschiedene *Funktionale* betrachtet, die so eingerichtet sind, daß ihr Minimum eine „möglichst gute" Konstanz des Strahlungsstromes sichert. Damit vermeidet man zwar die Auszeichnung bestimmter Tiefen, wie in (39, 5), aber es bleibt dafür eine — in gewissen Grenzen — verfügbare Funktion, die ausdrückt, welches *Gewicht* man einem „Fehler" $\Delta F(\tau)$ in der optischen Tiefe τ beizulegen gedenkt.

Bei geschickter Wahl der *Form* der konkurrierenden Funktionen kann man rasch eine gute Näherung bekommen. J. Le Caine [613] setzt z. B. den exakten Grenzwert $q(\infty)$ als bekannt voraus und erhält damit weiter

$$q(\tau) = 0{,}71044\,(1 - 0{,}34289\,K_2(\tau) + 0{,}31587\,K_3(\tau))\,. \qquad (39,9)$$

Wegen numerischer Ausrechnung verweisen wir wieder auf Abschnitt 40. Im allgemeinen dürften die Variationsmethoden besonders für große optische Tiefen günstig sein; bei kleinen τ können sie evtl. durch das Λ-Iterationsverfahren ergänzt werden. Im einzelnen müssen wir auf die ausführliche Darstellung in V. Kourganoffs Buch [505] hinweisen.

40. Exakte Lösung der Schwarzschild-Milneschen Integralgleichung. Numerischer Vergleich der verschiedenen Näherungsverfahren. Analytische Approximation nach D. Labs.

a) Die Ergiebigkeit $J(\tau) = \frac{3}{4} F(\tau + q(\tau))$ bzw. $q(\tau)$. Wie wir in Abschnitt 36 schon erwähnten, konnten 1929 E. Hopf [504] und M. Bronstein [510] zeigen, daß an der Sternoberfläche $q(\tau)$ den *exakten* Wert

$$q(0) = \frac{1}{\sqrt{3}} = 0{,}5774 \qquad (40,1)$$

annimmt. Einen viel einfacheren Beweis gab dann S. Chandrasekhar [606, II]. Später berechnete E. Hopf [504] auch den exakten Grenzwert

$$q(\infty) = \frac{1}{\pi}\int_0^{\pi/2}\left(\frac{3}{\sin^2\Phi} - \frac{tg\,\Phi}{\Phi - tg\,\Phi}\right) d\Phi = 0.7104 \qquad (40,2)$$

und zusammen mit N. WIENER (vgl. auch [622 und 623]) einen exakten Ausdruck für die Mitte-Rand-Verdunkelung, d. h. $I(0, \vartheta)$. 1944 gelang es dann[1] von hier aus C. MARK [614], auch $q(\tau)$ exakt zu berechnen. Die Randverdunkelungsfunktion $I(0, \vartheta)$ ist (bis auf einen Zahlenfaktor) die LAPLACE-*Transformierte* der Ergiebigkeit $J(\tau)$. Es kam also darauf an, auf funktionentheoretischem Wege die Umkehrung dieser LAPLACE-Transformation zu bewerkstelligen. Wegen dieser ziemlich schwierigen Rechnungen müssen wir auf die Originalarbeit verweisen. Wir bringen hier sogleich ihre numerischen Ergebnisse und vergleichen sie mit denen der im Vorhergehenden dargestellten Näherungsverfahren. Unser Interesse gilt dabei — wie schon bemerkt — heute eigentlich weniger dem Problem der grauen Atmosphäre selbst, als der Frage, wie gut die verschiedenen Näherungsverfahren sind, und was wir von ihrer Anwendung auf kompliziertere Probleme, die man nicht mehr exakt lösen kann, zu erwarten haben[2].

Für praktische Anwendungen ist es oft angenehm, eine *einfache* analytische Darstellung von $J(\tau)$ bzw. $q(\tau)$ zu haben, welche sich der exakten Lösung möglichst genau anschließt. D. LABS [611] wählt analog (39, 2) den Ansatz

$$q(\tau) = c - A\, e^{-\alpha\tau} \tag{40, 3}$$

und fordert zunächst, daß die Grenzwerte

$$q(0) = \frac{1}{\sqrt{3}} = 0{,}5773 \quad \text{und} \quad q(\infty) = 0{,}7104 \tag{40, 4}$$

exakt wiedergegeben werden. Dies gibt

$$c = 0{,}7104 \quad \text{und} \quad A = 0{,}1331\,. \tag{40, 5}$$

Die Konstante α bestimmt er durch die Forderung, daß bei $\tau = 0$ derselbe Strahlungsstrom fließen soll, wie bei $\tau \to \infty$, d. h.

$$F = 2\int_0^\infty \frac{3}{4} F\,\{\tau + c - A\, e^{-\alpha\tau}\}\, K_2(\tau)\, d\tau\,. \tag{40, 6}$$

Nach den Formeln (30, 11) und (30, 13) ergibt dies die transzendente Gleichung

$$-\frac{1}{3} + \frac{c}{2} - \frac{A}{\alpha^2}(\alpha - \ln(1+\alpha)) = 0\,, \tag{40, 7}$$

deren Wurzel $\alpha = 3{,}4488$ man numerisch leicht findet. Die Zahlenwerte der letzten Zeile von Tab. 27 zeigen, daß die einfache Formel

$$J(\tau) = \frac{3}{4} F\,(\tau + 0{,}7104 - 0{,}1331\, e^{-3{,}4488\,\tau}) \tag{40, 8}$$

der exakten Lösung für alle praktischen Zwecke gleichwertig ist.

---

[1] Diese und eine ganze Gruppe damit zusammenhängender Arbeiten über die SCHWARZSCHILD-MILNEsche Integralgleichung wurden während des Krieges unter Leitung von G. PLACZEK in Montreal (Canada) zum Studium der *Neutronendiffusion* durchgeführt. Dabei ist vorausgesetzt, daß letztere isotrop erfolgt. Allgemein zugänglich wurden die Arbeiten erst 1947.

[2] Aus dem großen Kreis der CHANDRASEKHARschen Arbeiten [606] haben wir aus ähnlichen Überlegungen heraus die ganze — an AMBARZUMIAN anschließende — Methodik der Invarianzprinzipien bzw. Funktionalgleichungen (No. XIV und folgende) hier beiseite gelassen. Es genüge der Hinweis auf CHANDRASEKHARs Buch [500] und die etwa gleichzeitigen Arbeiten russischer Autoren.

Tabelle 27. SCHWARZSCHILD-MILNEsche Integralgleichung für $J(\tau) = {}^3/_4 F[\tau + q(\tau)]$.
Vergleich verschiedener Näherungen für $q(\tau)$ mit der exakten Lösung.

$\tau =$		0	0,1	0,3	0,5	1,0	2,0	∞	Autor
Exakte Lösung		0,5774	0,6279	0,6633	0,6803	0,6985	0,7079	0,7104	C. MARK [614]
Entwicklung nach Kugelfunktionen[1]	2. Näherung (36,24)	0,5862	0,6078	0,6429	0,6695	0,7108	0,7416	0,7517	S. CHANDRASEKHAR [606, I]
	3. Näherung	0,5920	0,6172	0,6537	0,6768	0,7030	0,7106	0,7077	
Approx. durch lineares Gleichungssystem[2] (GAUSSsche Intervallteilung)	2. Näherung (36,56)	0,5774	0,5982	0,6295	0,6505	0,6778	0,6918	0,6940	S. CHANDRASEKHAR [606, II]
	4. Näherung	0,5774	0,6139	0,6557	0,6761	0,6954	0,7044	0,7069	
Λ-Iterationsverfahren 2. Näherung von $q = {}^2/_3$	Gl. (37,26)	0,5833	0,6340	0,6603	0,6686	0,6720	0,6693	0,6667	A. UNSÖLD u. A. W. MAUE [625, a]
	Gl. (37,30)	0,5833	0,6347	0,6652	0,6787	0,6938	0,7038	0,7083	A. S. EDDINGTON [2]
Stromiterations-Verfahren 2. Näherung von $q = {}^2/_3$; Gl. (38,12)		0,5834	0,6349	0,6655	0,6790	0,6941	0,7040	0,7084	A. UNSÖLD [629]
Direkte Lösung mit $q(\tau) = c - A\,e^{-\alpha\tau}$	q nach Gl. (39,6)	0,571	0,612	0,656	0,674	0,686	0,688	0,688	A. UNSÖLD [628]
	q_1 nach Gl. (39,7)	0,571	0,620	0,656	0,672	0,687	0,688	0,688	
Variationsmethode; Gl. (39,9)		0,5790	0,6278	0,6634	0,6806	0,6988	0,7080	0,7104	J. LE CAINE [613]
Analyt. Approximation mit exakten Grenzwerten für $\tau = 0$ und ∞; Gl. (40,8)		0,5773	0,6161	0,6631	0,6867	0,7062	0,7103	0,7104	D. LABS [611]

[1] Die 1. Näherung liefert — ebenso wie die MILNE-EDDINGTONsche — $q = {}^2/_3 = 0{,}6667$.
[2] Die 1. Näherung liefert $q = 1/\sqrt{3} = 0{,}5774$.

Einige graphische Darstellungen zu Tab. 27 gibt die Abb. 62. Die *Temperaturschichtung* der grauen Atmosphäre ist entsprechend (35, 17) allgemein gegeben durch

$$T^4 = T_e^4 \cdot \frac{3}{4} (\tau + q(\tau)) \,. \tag{40, 9}$$

Insbesondere führen die MILNE-EDDINGTON-Näherung $q = 2/3$ und die exakte Lösung mit $q(0) = 1/\sqrt{3}$ zusammen mit der *effektiven Temperatur der Sonne* $T_e = 5780°$ K zu folgenden Werten für deren *Grenztemperatur* T_0 bei $\tau = 0$:

	$q(0)$	T_0/T_e	T_0
I. Näherung (35, 11)	2/3	0,841	4860°
Exakte Lösung (40, 1)	$1/\sqrt{3}$	0,811	4690°

Ein direkter Vergleich mit dem „empirischen" Wert (29, 4) $T_0 = 4900°$ K erscheint wenig sinnvoll, da letzterer ja in Wirklichkeit eine Extrapolation von $\tau > 0{,}2$ nach $\tau = 0$ bedeutet. In diesem Bereich hat aber z. B. schon die exakte Lösung einen Temperaturabfall von 5163° auf 4686° K!

b) Das Mitte-Rand-Verdunkelungsgesetz für die Gesamtstrahlung der grauen Atmosphäre. Vergleich der exakten Lösung mit verschiedenen Näherungen. Da die Randverdunkelung $I(0, \mu)/I(0, 1)$ — wieder mit $\mu = \cos\vartheta$ — aus der Ergiebigkeit durch einfache Quadratur folgt, können wir uns hier kurz fassen. In Tab. 28 vergleichen wir die exakte Lösung nach E. HOPF [504] (Zahlenwerte nach S. CHANDRASEKHAR [606, I]) mit der MILNE-EDDINGTONschen Formel (Zeile 2)

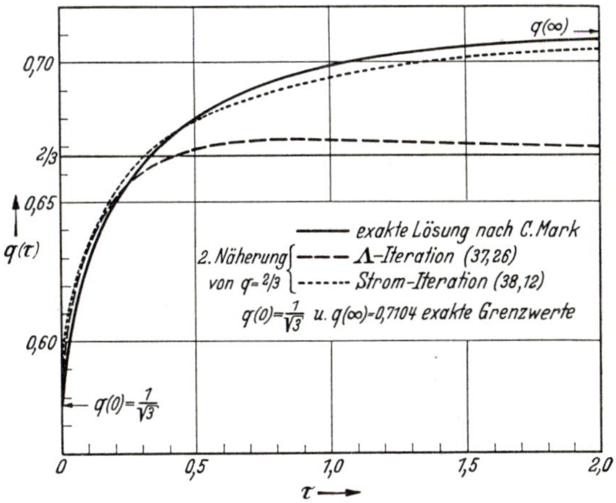

Abb. 62. $q(\tau)$: Näherungen und exakte Lösung.

$$\frac{I(0,\mu)}{I(0,1)} = \frac{2}{5}\left(1 + \frac{3}{2}\mu\right), \tag{40, 10}$$

der 4. Näherung der „GAUSS-Teilungsmethode" nach S. CHANDRASEKHAR [606, II] und D. LABS' Approximation, welche analog (39, 8) liefert

$$\frac{I(0,\mu)}{I(0,1)} = \frac{c + \mu - A/(1 + \alpha\mu)}{c + 1 - A/(1 + \alpha)} \,. \tag{40, 11}$$

In Abb. 59 haben wir zum Vergleich mit den Messungen an der *Sonne* (Kontinuum *mit* FRAUNHOFER-Linien) nach Tab. 5a außer der schon in Abschnitt 35 erörterten MILNE-EDDINGTON-Näherung (35, 13) bzw. (40, 10) noch die exakte Lösung nach Tab. 28 eingezeichnet. Die anderen „guten" Näherungen aus Tab. 28 könnte man im Maßstab der Abbildung von der exakten Lösung gar nicht unterscheiden. Die Übereinstimmung mit den Messungen ist für die exakte Lösung schlechter, als für die einfache Näherung $\sim (1 + \frac{3}{2}\cos\vartheta)$. Über die Ursachen dieser Differenz werden wir uns noch Gedanken machen müssen.

Tabelle 28. Mitte-Rand-Variation der Gesamtstrahlung $I(0, \mu)/I(0, 1)$. Vergleich verschiedener Näherungen mit der exakten Lösung.

$\mu = \cos\vartheta$	1,0	0,9	0,8	0,7	0,6	0,5	0,4	0,3	0,2	0,1	0,0	Autor
$\varrho = \sin\vartheta$	0,000	0,436	0,600	0,714	0,800	0,866	0,916	0,954	0,980	0,995	1,000	
Exakte Lösung:	1,000	0,939	0,878	0,816	0,754	0,692	0,629	0,565	0,499	0,429	0,344	S. Chandrasekhar [606, I] nach E. Hopf
Milne-Eddington: Gl. (40, 10)	1,000	0,940	0,880	0,820	0,760	0,700	0,640	0,580	0,520	0,460	0,400	—
Approx. durch lin. Gleichungssystem (Gauss-Intervallteilung) 4. Näherung	1,000	0,939	0,878	0,816	0,754	0,690	0,626	0,562	0,495	0,424	0,345	S. Chandrasekhar [606, II]
D. Labs: Gl. (40, 11)	1,000	0,939	0,878	0,816	0,754	0,691	0,627	0,562	0,495	0,426	0,343	D. Labs [611]

41. Mitte-Rand-Kontrast in Abhängigkeit von λ und Energieverteilung im kontinuierlichen Sonnenspektrum.

(Rechnungen mit der Temperaturschichtung der grauen Atmosphäre.)

Um die an der Sternoberfläche austretende Strahlung in Abhängigkeit vom Austrittswinkel ϑ und der Wellenlänge λ berechnen zu können, müssen wir zunächst die *Ergiebigkeit* für jede *Wellenlänge* λ (bzw. Frequenz ν) als Funktion der *Tiefe* kennen.

Der Opazität $\bar{\varkappa}$, d. h. dem Absorptionskoeffizienten der Gesamtstrahlung, entspreche die optische Tiefe $\bar{\tau}$ so, daß

$$d\bar{\tau} = \bar{\varkappa}(t)\,dt \quad \text{und} \quad \bar{\tau} = \int_{-\infty}^{t} \bar{\varkappa}(t)\,dt\,, \tag{41, 1}$$

während dem kontinuierlichen Absorptionskoeffizienten $\varkappa(\nu, t)$ bei der Wellenlänge λ wieder die optische Tiefe τ zugeordnet sei mit

$$d\tau = \varkappa(\lambda, t)\,dt \quad \text{und} \quad \tau = \int_{-\infty}^{t} \varkappa(\lambda, t)\,dt. \tag{41, 2}$$

Nach (41, 1) und (41, 2) sind ferner die beiden optischen Tiefen *miteinander* verknüpft durch die Gleichungen

$$\bar{\tau} = \int_{0}^{\tau} \frac{\bar{\varkappa}}{\varkappa}\,d\tau \quad \text{und} \quad \tau = \int_{0}^{\bar{\tau}} \frac{\varkappa}{\bar{\varkappa}}\,d\bar{\tau}\,. \tag{41, 3}$$

Der Berechnung der *Ergiebigkeit* als Funktion der Frequenz legen wir nun (wie in Abschnitt 29) wieder die zuerst in diesem Zusammenhang von B. Lindblad [520, 521] und E. A. Milne [524, 525] formulierte Vorstellung des *lokalen thermodynamischen Gleichgewichtes* zugrunde, d. h. wir nehmen an, daß die einzelnen Volumelemente einer Sternatmosphäre ihre kontinuierliche Strahlung gemäß dem Kirchhoff*schen Satz* emittieren. Ist die *lokale Temperatur T*, so wird also die *Ergiebigkeit gleich der* Kirchhoff-Planck-*Funktion*

$$B_\lambda(T) = \frac{2hc^2}{\lambda^5} \cdot \frac{1}{e^{c_2/\lambda T} - 1} \quad \text{mit} \quad c_2 = \frac{hc}{k}. \tag{41, 4}$$

Wie wir schon bemerkten, wird die Annahme lokalen thermodynamischen Gleichgewichtes berechtigt sein, solange *die* Elementarprozesse, welche eine Annäherung an den thermischen Gleichgewichtszustand befördern, häufig genug sind, d. h. insbesondere bei hohem Druck.

Auf Abweichungen vom lokalen Wärmegleichgewicht müssen wir besonders in den äußersten, stark verdünnten Schichten der Sternatmosphären und hier wieder besonders bei Riesensternen gefaßt sein. Da die theoretische Behandlung von Nicht-Gleichgewichtszuständen jedoch äußerst schwierig ist, so wird man häufig zweckmäßigerweise — mit der nötigen Vorsicht — erst versuchen, wie weit man mit der Theorie lokalen thermodynamischen Gleichgewichtes kommt.

Zur Ermittelung der *Temperaturschichtung* rechnen wir zunächst mit der *Theorie der grauen Atmosphäre*, wobei wir im Sinne von Abschnitt 32 als effektiven Absorptionskoeffizienten für die Gesamtstrahlung den ROSSELAND*schen Opazitätskoeffizienten* $\bar{\varkappa}$ verwenden. Diese Approximation kann aber nur dann einigermaßen funktionieren, wenn in jeder geometrischen Tiefe t die Wellenlängenabhängigkeit des Absorptionskoeffizienten $\varkappa(\lambda, t)$ nicht zu stark ist. Denn die zur Erfüllung der *Strömungsgleichung* der Gesamtstrahlung notwendige Bedingung (32, 7)

$$\frac{1}{\bar{\varkappa}} \int \frac{d K_\nu}{d t} d\nu = \int \frac{1}{\varkappa} \frac{d K_\nu}{d t} d\nu \tag{41, 5}$$

führt in Verbindung mit Gl. (40, 9) im allgemeinen zu einer anderen Temperaturschichtung als die strenge Forderung des *Strahlungsgleichgewichtes* (34, 3)

$$\int \varkappa J_\nu(t)\, d\nu = \int \varkappa B_\nu(t)\, d\nu . \tag{41, 6}$$

Die Anwendung der „grauen" Näherung z. B. auf dic Sonne hat also mehr den Charakter einer ersten Orientierung. Später müssen wir das Studium *nichtgrauer Atmosphären* mit allem Nachdruck aufnehmen.

Nach (40, 9) schreiben wir wieder

$$T^4 = T_e^4 \cdot \frac{3}{4} (\bar{\tau} + q(\bar{\tau})) \tag{41, 7}$$

und erhalten nach Gl. (28, 8) und (41, 4) die an der Sternoberfläche austretende *Strahlungsintensität*

$$I_\lambda(0, \vartheta) = \frac{2 h c^2}{\lambda^5} \int_0^\infty \frac{e^{-\tau \sec\vartheta}\, d\tau \sec\vartheta}{\exp\left\{\frac{c_2}{\lambda T_e}\left[\frac{3}{4}(\bar{\tau} + q(\bar{\tau}))\right]^{-1/4}\right\} - 1} . \tag{41, 8}$$

Dabei wird die Verknüpfung zwischen den optischen Tiefen τ (für die Wellenlänge λ) und $\bar{\tau}$ (für die Opazität) durch (41, 3) hergestellt. Im folgenden nehmen wir noch an, daß das Verhältnis $\varkappa/\bar{\varkappa}$ von der Tiefe unabhängig ist (hierzu vgl. Abb. 57). Dann gilt einfach

$$\frac{\tau}{\bar{\tau}} = \frac{\varkappa}{\bar{\varkappa}} , \tag{41, 9}$$

und wir erhalten mit

$$\alpha = \frac{c_2}{\lambda T_e} \quad \text{und} \quad z = \frac{\varkappa}{\bar{\varkappa}} \sec\vartheta \tag{41, 10}$$

$$I_\lambda(0, \vartheta) = \frac{2 c k}{c_2^4} \cdot T_e^5\, \alpha^5 \int_0^\infty \frac{e^{-z \cdot \bar{\tau}}\, z\, d\bar{\tau}}{\exp.\left\{\alpha\left[\frac{3}{4}(\bar{\tau} + q(\bar{\tau}))\right]^{-1/4}\right\} - 1} \tag{41, 11}$$

Unter den oben gemachten Annahmen läßt sich also das Gesetz der Randverdunkelung auf die 2 Parameter α und z zurückführen. Daß die Temperatur nur in der Verbindung λT_e auftritt, hängt natürlich mit dem WIENschen Verschiebungsgesetz zusammen. Die Kombination $\frac{\varkappa}{\bar{\varkappa}} \sec\vartheta$ andererseits zeigt, daß es gleichgültig ist, ob große optische Wege durch hohen Absorptionskoeffizienten $\varkappa$ oder durch streifenden Austritt der Strahlung aus der Atmosphäre bedingt sind.

Am Sonnenrand ($\sec\vartheta \to \infty$) geht $I_\lambda(0, \vartheta)$, unabhängig von dem Verhältnis $\varkappa/\bar{\varkappa}$, über in die Intensität der Hohlraumstrahlung für die Grenztemperatur T_0: Man bekommt ja am Sonnenrand immer nur Strahlung aus der obersten Schicht

$$\lim_{\vartheta=\pi/2} I_\lambda(0, \vartheta) = \frac{2\,c\,k}{c_2^4} \cdot \frac{\alpha^5 T_e^5}{\exp\left\{\alpha\left(\frac{3}{4}\,q(0)\right)^{-1/4}\right\} - 1}\,. \tag{41, 12}$$

Ist $\varkappa \gg \bar{\varkappa}$, so kann auch in der Mitte der Scheibe die Strahlung nicht aus großer Tiefe empordringen. Man hat dann schwache Randverdunkelung und die Strahlungsintensität entspricht nahezu obigem Wert. Wird dagegen $\varkappa \ll \bar{\varkappa}$, so erhält man in der Mitte der Scheibe Strahlung aus immer größerer Tiefe, also starke Randverdunkelung *und* große Strahlungsintensität. (Vgl. auch Kap. V.)

Die Funktion (41, 11) haben B. Lindblad [521] und E. A. Milne[1] [525] mit der Näherung $q = 2/3$, später A. Unsöld und A. W. Maue [625a] mit der 2. Näherung (37, 26) numerisch berechnet, und zwar für die Zahlenwerte $c_2 = 1{,}438_5$ cm grad und $T_e = 5765°$ K. In Tab. 29 geben wir die berechnete Randverdunkelung für $\varkappa/\bar{\varkappa} = 1$ nach A. Unsöld und A. W. Maue wieder; in Spalte 3 dazu die Funktion

$$\varphi(\alpha) = 2\alpha^5 \int\limits_0^\infty \frac{e^{-\tau}\,d\tau}{\exp\left\{\alpha\left[\frac{3}{4}\left(\tau + q(\tau)\right)\right]^{-1/4}\right\} - 1}\,, \tag{41, 13}$$

welche der absoluten Intensität in der Mitte der Sonnenscheibe für $\varkappa/\bar{\varkappa} = 1$, d. h. $z = 1$ proportional ist.

Tabelle 29. Mitte-Rand-Verdunkelung der Sonne $100 \cdot \dfrac{I_\lambda(0,\vartheta)}{I_\lambda(0,0)}$ mit $T_e = 5765°$ K und $c_2 = 1{,}438_5$ cm · grad für $\varkappa/\bar{\varkappa} = 1$ berechnet nach (41, 11) mit (37, 26).

		sin ϑ cos ϑ	0,0 1,000	0,2 0,980	0,4 0,916	0,55 0,835	0,65 0,760	0,75 0,662	0,825 0,565	0,875 0,484	0,92 0,392	0,95 0,312	1,0 0,000
λ in Å	α	$\varphi(\alpha)$											
3230	7,720	42,3	100	97,6	90,9	82,4	74,4	64,2	54,9	47,4	39,3	32,4	9,8
3737	6,670	51,2	100	98,1	92,1	84,5	77,4	68,4	59,9	53,0	45,6	39,0	14,1
4265	5,845	55,4	100	98,3	93,0	86,5	80,4	72,4	64,5	58,0	50,6	44,4	18,6
5062	4,923	54,5	100	98,6	94,1	88,4	83,0	76,1	69,3	63,8	57,0	51,2	25,0
5955	4,190	—	100	98,9	95,1	90,1	85,6	79,6	73,5	68,4	62,4	57,1	—
6702	3,720	41,5	100	99,0	95,7	91,3	87,2	81,8	76,3	71,6	66,0	60,8	35,7
8580	2,906	—	100	99,2	96,6	93,3	89,9	85,5	80,7	76,8	72,0	67,6	—
10080	2,474	18,7	100	99,3	97,0	94,3	91,4	87,1	83,2	79,4	75,0	71,0	49,7

Den Vergleich mit den Messungen von C. G. Abbot (Tab. 3b und a) zeigt Abb. 63. Die Zunahme der Randverdunkelung von langen nach kurzen Wellenlängen wird zwar qualitativ richtig wiedergegeben, im übrigen aber ist der berechnete Intensitätsabfall zum Sonnenrand für alle Wellenlängen zu stark. Ehe wir der Ursache dieser Unstimmigkeit weiter nachgehen, wollen wir die Theorie noch ein Stück weiter entwickeln.

In ganz entsprechender Weise wie die *Strahlungsintensität* $I_\lambda(0, \vartheta)$ kann man den *Strahlungsstrom* $\pi F_\lambda(0)$ unter den angegebenen Bedingungen berechnen,

[1] Sie bezeichnen mit p unser $\dfrac{3}{2\,z} = \dfrac{\bar{\varkappa}}{\varkappa} \cdot \dfrac{3}{2} \cos\vartheta$ und mit α unser $\alpha \cdot 2^{1/4}$

indem man im Zähler von Gl. (41, 11) nach (30, 10) das $e^{-z\cdot\bar{\tau}}$ durch $2\pi K_2(z\cdot\bar{\tau})$ ersetzt. Diese Integrationen hat G. BURKHARDT [603] durchgeführt und G. MÜNCH [615] in dem Diagramm Abb. 64 graphisch dargestellt. Vergleicht man die Theorie für $\varkappa/\bar{\varkappa}=1$ mit den Beobachtungen, so findet man, daß letztere — abgesehen von den kürzesten Wellenlängen — höher liegen.

Man versuchte nun zunächst, die Übereinstimmung zwischen Beobachtung und Theorie sowohl hinsichtlich der *Randverdunkelung* als auch hinsichtlich der *Absolutwerte von* $F_\lambda(0)$ oder — was praktisch auf dasselbe herauskommt — $I_\lambda(0, 0)$ durch passende Wahl der $\varkappa/\bar{\varkappa}$ herzustellen. Die Ergebnisse für das Wellenlängengebiet 4260—6700 Å (wo die Messungen am genauesten sein dürften) sind in der oberen Hälfte von Tab. 30 zusammengestellt. Wie man sieht, liegen die einen $\varkappa/\bar{\varkappa}$ im allgemeinen *über*, die anderen *unter* Eins. Ein Anschluß der Theorie an die Beobachtungen ist also nicht durch passende Wahl von $\varkappa/\bar{\varkappa}$, sondern nur — dies ist die einzige andere Möglichkeit — durch Änderung der bisher angenommenen „grauen" Temperaturschichtung (41, 7) zu erreichen.

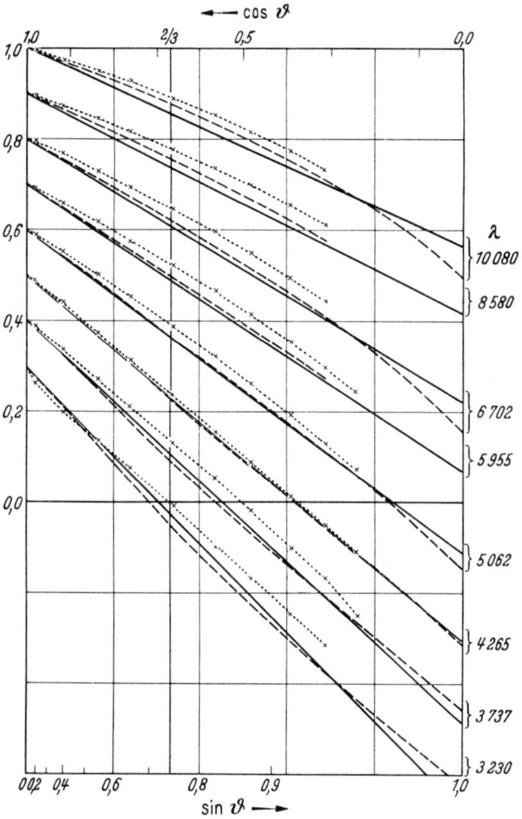

Abb. 63. Mitte-Rand-Kontrast der Sonne.
× · · · × · · · × Beobachtungen von ABBOT (Tab. 3a und b),
— — — — — Exakte Theorie (Tab. 29) } mit $\varkappa/\bar{\varkappa} = 1$.
———————— Genäherte Theorie (Tab. 31)
Die Ordinatenskala ist zwischen je zwei λ-Werten um 0,1 gesenkt. Die untere Abszissenskala gibt die Abstände von der Mitte der Sonnenscheibe (mit Sonnenradius = 1).

Tabelle 30. Mittelwerte von $\varkappa/\bar{\varkappa}$ für die Sonnenatmosphäre aus Randverdunkelung und Absolutintensität.

λ	4260	5060	5960	6700	Literatur u. Bemerkungen
					A. Temperaturverteilung *ohne* "blanketing effect".
$I(\vartheta)/I(0)$	0,96	1,14	1,11	1,29	A. UNSÖLD und A. W. MAUE [625a] $q(\bar{\tau})$ zweite Näherung
$I(0)$	0,67	0,76	0,81	0,85	A. UNSÖLD; lin. Näherung
	0,65	0,72	0,77	0,83	G. MÜNCH [615]; $q(\bar{\tau}) = 2/3$; sonst exakt
F	0,65	0,67	0,75	0,80	G. MÜNCH [615] $q(\bar{\tau})$ zweite Näherung
					B. Temperaturverteilung *mit* "blanketing effect"; $\eta = 0{,}083$.
$I(\vartheta)/I(0)$	0,94	0,81	0,98	1,06	H. RAUDENBUSCH: Astr. Nachr. **270**, 39 (1939) (Mittel der beiden Auswertungen)
$I(0)$	0,80	0,84	0,91	0,97	G. F. W. MULDERS [264]; $q(\bar{\tau}) = 2/3$
	0,72	0,83	0,90	0,97	H. RAUDENBUSCH, s. oben; $q(\bar{\tau}) = 2/3$

Ehe wir diesen Gedanken weiter verfolgen, sollen — zunächst im Rahmen unserer seitherigen Voraussetzungen — noch einige *Näherungsmethoden* kurz

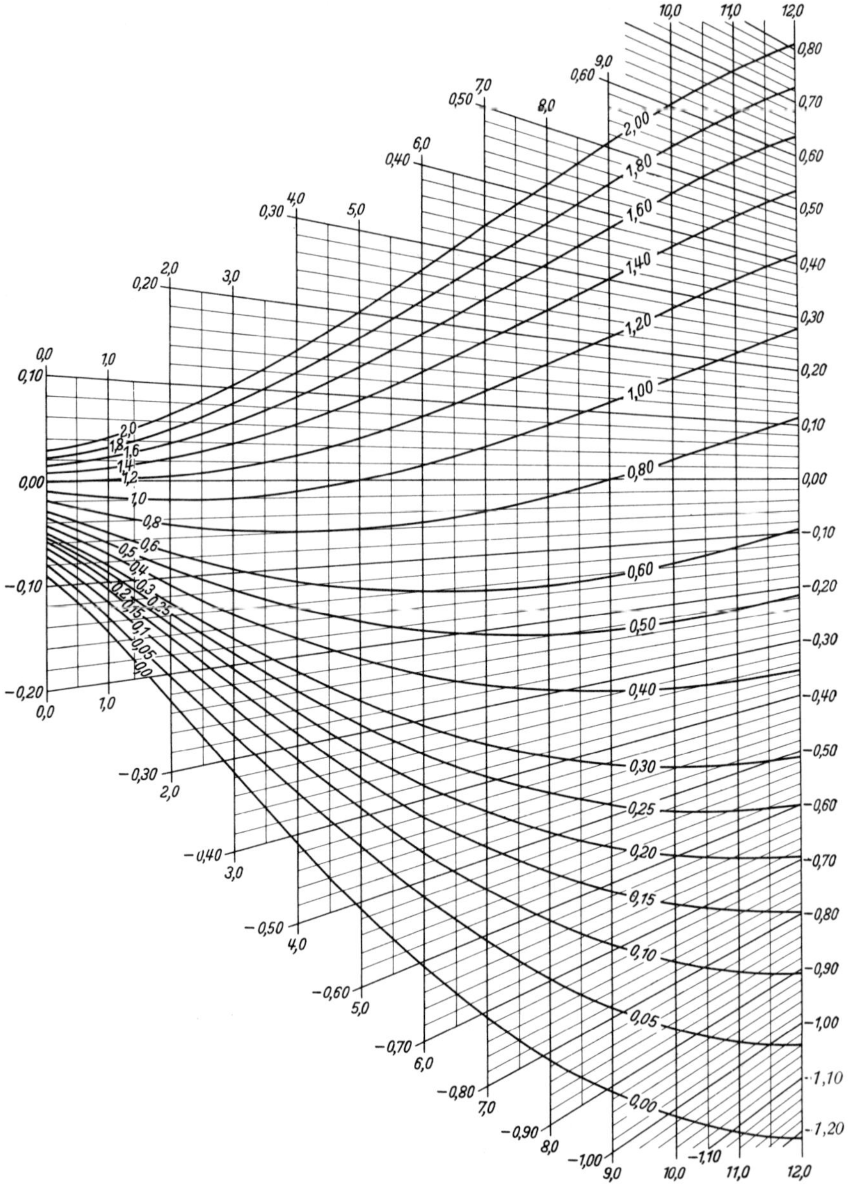

Abb. 64. Graphische Darstellung von G. Burkhardts [603] Berechnungen von $F_\lambda(0)/B_\lambda(T_e)$ nach G. Münch [615]. Die vertikalen Geraden sind die Örter für konstantes $\alpha = c_2/\lambda T_e$; die Kurven geben die $\bar{\varkappa}/\varkappa$ und die diagonalen Geraden $\log_{10} F_\lambda(0)/B_\lambda(T_e)$.

besprochen werden, die zwar nicht ganz so genau sind wie unsere direkten Integrationen, dafür aber viel einfacher, übersichtlicher und leichter zu verallgemeinern.

Insbesondere im Hinblick auf die Theorie der Fraunhofer-Linien ist es vielfach zweckmäßig, die Ergiebigkeit bzw. Kirchhoff-Planck-Funktion $B(\tau)$

in eine TAYLORsche Reihe zu entwickeln. Früher wählte man als Ausgangspunkt meist unbesehen $\tau = 0$. B. STRÖMGREN [624] hat dann darauf hingewiesen, daß es im allgemeinen zweckmäßiger ist, um einen tiefer gelegenen Punkt $\bar{\tau}^*$ bzw. τ^* herum zu entwickeln. In Anlehnung an Abb. 53 wird man im allgemeinen $\bar{\tau}^*$ entsprechend einem $\tau^* = \int_0^{\bar{\tau}^*} \frac{\varkappa}{\bar{\varkappa}} d\bar{\tau} = \frac{2}{3}$ wählen.

Wir schreiben also

$$B_\nu(\tau) = B_\nu(\bar{\tau}^*)\left\{1 + \left(\frac{1}{B_\nu}\frac{dB_\nu}{d\bar{\tau}}\right)_{\bar{\tau}^*} \cdot \frac{\bar{\varkappa}}{\varkappa}(\tau - \tau^*) + \cdots\right\}, \tag{41, 14}$$

wobei angenommen ist, daß $\bar{\varkappa}/\varkappa$ um τ^* bzw. das entsprechende $\bar{\tau}^*$ herum[1] nicht allzu stark variiert und erhalten mit

$$B_\nu(T) = \frac{2h\nu^3}{c^2} \cdot \frac{1}{e^\alpha - 1} \quad \text{und} \quad \alpha = \frac{h\nu}{kT} = \frac{c_2}{\lambda T} \tag{41, 15a}$$

sowie

$$T^4 = \frac{3}{4} T_e^4 (\bar{\tau} + q(\bar{\tau})) \tag{41, 15b}$$

durch logarithmische Differentiation

$$\frac{1}{B_\nu}\frac{dB_\nu}{dT} = \frac{1}{T} \cdot \frac{\alpha}{1 - e^{-\alpha}} \tag{41, 16}$$

und

$$\frac{4}{T}\frac{dT}{d\bar{\tau}} = \frac{1 + q'(\bar{\tau})}{\tau + q(\bar{\tau})}. \tag{41, 17}$$

Setzen wir noch zur Abkürzung

$$\varphi(\alpha, \bar{\tau}^*) = \left(\frac{1}{B_\nu}\frac{dB_\nu}{d\bar{\tau}}\right)_{\bar{\tau}^*} = \left[\frac{\alpha}{4(1 - e^{-\alpha})} \cdot \frac{1 + q'(\bar{\tau})}{\tau + q(\bar{\tau})}\right]_{\bar{\tau}^*}, \tag{41, 18}$$

so ergibt sich

$$B_\nu(\tau) = B_\nu(\bar{\tau}^*)\left\{1 - \varphi(\alpha, \bar{\tau}^*) \cdot \frac{\bar{\varkappa}}{\varkappa} \cdot \tau^*\right\}\left\{1 + \frac{\varphi(\alpha, \bar{\tau}^*) \cdot \frac{\bar{\varkappa}}{\varkappa}}{1 - \varphi(\alpha, \bar{\tau}^*) \cdot \frac{\bar{\varkappa}}{\varkappa} \cdot \tau^*} \cdot \tau\right\}. \tag{41, 19}$$

Die rechte Klammer schreibt man gewöhnlich in der Form

$$B_\nu(\tau) \sim \{1 + \beta_0 \tau\} \quad \text{mit} \quad \beta_0 = \frac{\varphi(\alpha, \bar{\tau}^*) \cdot \frac{\bar{\varkappa}}{\varkappa}}{1 - \varphi(\alpha, \bar{\tau}^*) \cdot \frac{\bar{\varkappa}}{\varkappa} \cdot \tau^*}. \tag{41, 20}$$

Um einen Eindruck von der Brauchbarkeit des Verfahrens zu gewinnen, berechnen wir noch einmal die in Tab. 29 und Abb. 63 schon exakt angegebene Mitte-Rand-Verdunkelung für die spektral zerlegte Strahlung der grauen Atmosphäre. Es genügt hier die Näherung $q = 2/3$; ferner ist $\bar{\varkappa}/\varkappa = 1$ und wir setzen $\tau^* = \bar{\tau}^* = 2/3$. Damit wird

$$\varphi(\alpha, \bar{\tau}^*) = \frac{3\alpha}{16} \cdot \frac{1}{1 - e^{-\alpha}}, \tag{41, 21}$$

und man erhält aus (41, 20) leicht das *Randverdunkelungsgesetz*

$$\frac{I_\nu(0, \vartheta)}{I_\nu(0, 0)} = \frac{1 + \beta_0 \cos\vartheta}{1 + \beta_0}. \tag{41, 22}$$

---

[1] Es braucht aber nicht genau $\bar{\tau}^* = \frac{\bar{\varkappa}}{\varkappa} \cdot \tau^*$ zu sein.

Zahlenwerte gibt Tab. 31. Die entsprechenden Geraden haben wir in Abb. 63 mit eingezeichnet. Die Übereinstimmung mit den entsprechenden exakten Rechnungen ist recht befriedigend. [Abgesehen von der kürzesten Wellenlänge, wo die höheren Ableitungen in (41, 14) erheblich sind.]

Tabelle 31. Mitte-Rand-Verdunkelung der Sonne. Genäherte Theorie nach (41, 20—22) mit $\varkappa/\bar{\varkappa} = 1$.

λ in Å	$\alpha = \frac{h\nu}{kT_e}$	β_0	$\frac{I_\nu\left(0,\frac{\pi}{2}\right)}{I_\nu(0,0)} = \frac{1}{1+\beta_0}$
3230	7,72	43,5	$0{,}02_3$
3737	6,68	7,63	0,12
4265	5,85	4,13	0,19
5062	4,93	2,46	0,29
5955	4,19	1,71	0,37
6702	3,72	1,36	0,42
8580	2,91	0,939	0,52
10080	2,47	0,766	0,57

Neben der „linearen Näherung" (41, 19) wird man bei nicht allzu hohen Ansprüchen an Genauigkeit oft mit Vorteil die EDDINGTON-BARBIERsche „$\tau = \cos\vartheta$-Approximation" Gl. (28, 20) und (30, 15)

$$I_\nu(0,\vartheta) \approx B_\nu(\tau = \cos\vartheta)$$
bzw. (41, 23)
$$F_\nu(0) = B_\nu(\tau = 2/3)$$

benützen. Nach ihrer — in Abschnitt 28 und 30 entwickelten — Begründung dürfte sie im allgemeinen etwas genauer sein, als die lineare Näherung, deren Stärke in erster Linie auf ihrer leichten mathematischen Anwendbarkeit als Hilfsmittel bei komplizierteren Problemen beruht. In Abb. 65 — nach D. BARBIER [601] — ist die Berechnung des *Strahlungsstromes* F_ν bzw. $\log_{10} F_\nu/B_\nu(T_e)$ in Abhängigkeit von $\alpha = \frac{h\nu}{kT_e}$ und $\bar{\varkappa}/\varkappa$ einmal exakt nach G. BURKHARDT [603] – entsprechend Abb. 64 — und darüber nach der $\tau = 2/3$-Methode von D. BARBIER [601] durchgeführt. (Die früher viel verwendete lineare Entwicklung bei $\tau = 0$ schneidet demgegenüber sehr schlecht ab; Entwicklung um $\tau = 2/3$ dagegen leistet etwa dasselbe.)

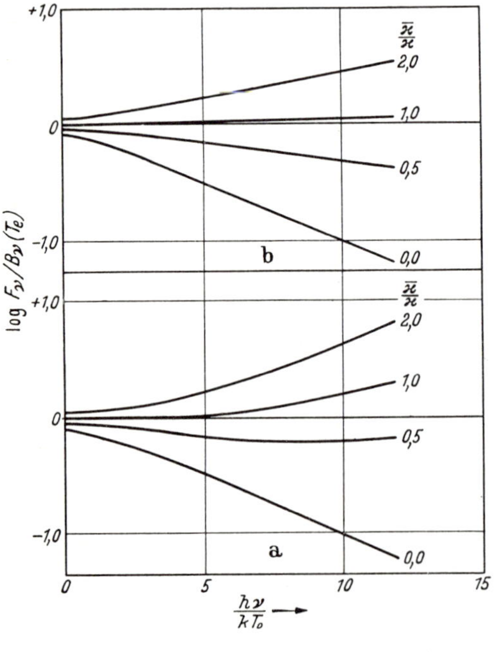

Abb. 65. Berechnung des *Strahlungsstromes*. „Graue" Temperaturschichtung (37, 26), $\bar{\varkappa}/\varkappa$ unabhängig von τ. a) Exakte Integration nach G. BURKHARDT [603]. b) $\tau = 2/3$-Näherung nach D. BARBIER [601].

42. Einfluß der Absorptionslinien auf die Temperaturschichtung der Sonnenatmosphäre[1].

In Abschnitt 41 erkannten wir, daß es *nicht* möglich ist, die beobachteten Werte der Randverdunkelung *und* der Absolutintensitäten für die Sonne durch

[1] Wir müssen in diesem Abschnitt einige „Anleihen" aus späteren Entwicklungen über die Theorie der FRAUNHOFER-Linien machen. Der Anfänger möge sich daher mit einzelnen Schwierigkeiten nicht aufhalten und besser später nochmals auf diesen Gegenstand zurückkommen.

irgendwelche $\bar{\varkappa}/\varkappa$ darzustellen, solange man an der Temperaturschichtung $T(\bar{\tau})$ der *„grauen"* Atmosphäre festhält. Erst in neuester Zeit hat sich allmählich die Einsicht durchgesetzt, wie wichtig es ist, sich von der einseitigen Bevorzugung der „grauen" Atmosphäre freizumachen und mathematische Methoden zur Bewältigung der viel schwierigeren nicht-grauen (oder sollte man sagen „bunten"?) Atmosphären zu entwickeln. Während uns bei den späteren Spektraltypen (etwa ab F) die mit abnehmender Temperatur immer dichter gepackten FRAUNHOFER-Linien dazu zwingen, ist — wie wir sehen werden — bei den frühen Spektraltypen die Wellenlängenabhängigkeit des kontinuierlichen Absorptionskoeffizienten selbst so stark, daß sie von vornherein berücksichtigt werden muß.

Wir beginnen — der historischen Entwicklung entsprechend — mit einigen geschlossen integrierbaren, aber dafür ziemlich speziellen Modellen und versuchen dann, durch allgemeinere Näherungsmethoden die Theorie des Strahlungsgleichgewichtes in dem angedeuteten Sinn weiter zu bilden. In Kap. VIII kommen wir dann nochmals auf solche Probleme zurück.

Um den Einfluß der FRAUNHOFER-Linien auf den Mitte-Rand-Kontrast und auf die Energieverteilung im kontinuierlichen Spektrum der Sonne zu berechnen, griff E. A. MILNE [525] 1922 auf die alte KIRCHHOFFsche Vorstellung zurück, daß das kontinuierliche Spektrum in den tieferen Schichten, der *Photosphäre*, entstehe, während die Bildung der Absorptionslinien in der darüberliegenden *umkehrenden Schicht* erfolge.

Wenn wir auch heute diese Vorstellung nicht mehr wörtlich nehmen, so erscheint es doch sinnvoll, einmal den *Grenzfall* zu betrachten, daß die Linien in den höchsten Schichten der Sonnenatmosphäre entstehen.

Im Sinne der Theorie des Strahlungsgleichgewichtes müssen wir dann annehmen, daß der in den Linien „verschluckte" Bruchteil η (Abschnitt 14) der Strahlungsenergie des kontinuierlichen Spektrums in die Photosphäre *zurückgesandt* wird. Die umkehrende Schicht wirkt wie eine Decke ("blanketing effect") oder — besser gesagt — wie ein Glashaus, das der obersten Schicht der Photosphäre eine zusätzliche Erwärmung gibt. Dadurch wird — wie es die Beobachtungen fordern — der Mitte-Rand-Kontrast verringert [s. Gl. (28, 9) und (28, 12)] und die Intensität des wahren kontinuierlichen Spektrums (zwischen den Linien) erhöht.

Eine — in den tieferen Schichten graue — Atmosphäre der geschilderten Bauart unterscheidet sich in mathematischer Hinsicht von der früher untersuchten nur dadurch, daß die Grenzbedingung:

$$\text{Einfallende Strahlung} \Big|_{\tau=0} = 0 \tag{42, 1}$$

ersetzt werden muß durch:

$$\text{Einwärtsstrom der Gesamtstrahlung} \Big|_{\tau=0} = \eta \cdot \pi F^+ . \tag{42, 2}$$

Dieselbe Änderung können wir aber offensichtlich auch dadurch hervorbringen, daß wir die *früher* untersuchte Atmosphäre mit der Grenzbedingung (42, 1) bei einer *solchen* optischen Tiefe τ_0 „köpfen", daß an der Schnittstelle die Bedingung (42, 2) gerade erfüllt ist.

Die *Aus*strahlung in der Tiefe $\tau = \tau_0$ ist nach (28, 6)

$$I(\tau_0, \vartheta) = \int_{\tau_0}^{\infty} J(x)\, e^{-(x-\tau_0)\sec\vartheta}\, dx \sec\vartheta \tag{42, 3}$$

oder mit $(x - \tau_0) \sec\vartheta = v$

$$I(\tau_0, \vartheta) = \int_0^{\infty} J(\tau_0 + v \cos\vartheta)\, e^{-v}\, dv . \tag{42, 4}$$

Mit $J(\tau) = \frac{3}{4} F \left(\tau + \frac{2}{3}\right)$ ergibt dies

$$I(\tau_0, \vartheta) = \frac{3}{4} F \left(\frac{2}{3} + \tau_0 + \cos\vartheta\right). \tag{42, 5}$$

Der entsprechende Auswärtsstrom der Strahlung ist

$$\pi F^+ = 2\pi \int_0^{\pi/2} I(\tau_0, \vartheta) \cos\vartheta \sin\vartheta \, d\vartheta = \pi \cdot \frac{3}{4} F \left(\frac{4}{3} + \tau_0\right) \tag{42, 6}$$

und der Einwärtsstrom:

$$\pi F^- = \pi(F - F^+) = \pi \cdot \frac{3}{4} F \tau_0 . \tag{42, 7}$$

Zwischen η und τ_0 besteht also die Beziehung:

$$\eta = \frac{\pi F^-}{\pi F^+} = \frac{\tau_0}{\frac{4}{3} + \tau_0} \qquad \text{oder} \qquad \tau_0 = \frac{4}{3} \frac{\eta}{1 - \eta} . \tag{42, 8}$$

Gl. (42, 5) ergibt nun zusammen mit diesem Wert von τ_0 sofort die an der Sonnenoberfläche austretende Strahlungsintensität

$$I(\tau_0, \vartheta) = \frac{3}{4} F \left\{\frac{2}{3} \cdot \frac{1 + \eta}{1 - \eta} + \cos\vartheta\right\}, \tag{42, 9}$$

und das Gesetz der Mitte-Rand-Verdunkelung wird

$$\frac{I(\tau_0, \vartheta)}{I(\tau_0, 0)} = \frac{1 + \frac{3}{2} \frac{1 - \eta}{1 + \eta} \cos\vartheta}{1 + \frac{3}{2} \frac{1 - \eta}{1 + \eta}} . \tag{42, 10}$$

Rechnet man die optische Tiefe $\tau' = \tau - \tau_0$ von der „Schnittstelle" aus, so folgt für die *Ergiebigkeit* $J(\tau')$ sofort

$$J(\tau') = \frac{3}{4} F \left(\tau' + \tau_0 + \frac{2}{3}\right), \tag{42, 11}$$

woraus man mit (42, 8) natürlich wieder (42, 9) erhält.

Die entsprechende *Temperaturschichtung* wird nach (41, 7) mit $q = \frac{2}{3} + \tau_0$

$$T^4 = \frac{3}{4} T_e^4 \left(\bar{\tau} + \tau_0 + \frac{2}{3}\right) = \frac{3}{4} T_e^4 \left(\bar{\tau} + \frac{2}{3} \frac{1 + \eta}{1 - \eta}\right), \tag{42, 12}$$

und die *Grenztemperatur* bzw. T_0^4 ist in dieser Näherung von $\frac{1}{2} T_e^4$ auf

$$T_0^4 = \frac{1}{2} T_e^4 \frac{1 + \eta}{1 - \eta} \tag{42, 13}$$

angestiegen.

Mit R. MICHARDs Wert $\eta = 0.124$ [vgl. (14, 5)] erhält man das in Abb. 59 punktiert eingezeichnete *Randverdunkelungsgesetz*, welches sich den Beobachtungen jedenfalls besser anpaßt, als das „graue". Die *Grenztemperatur* T_0 wird statt 4860° K in unserer Näherung $T_0 = 5170°$ K.

J. ASHKIN, J. E. NAFE und J. ROTHSTEIN [600] haben auf die vorhergehenden Formeln das Λ-Iterationsverfahren angewandt. Wie bei der grauen Atmosphäre geht dann die Grenztemperatur herunter. Mit $\eta = 12{,}4\%$ erhält man nach ihren Formeln a) $T_0' = 5040°$ K. Dies paßt zu den „extrapolierten" Grenztemperaturen von Abschnitt 29, $T_0 \approx 4950°$ K ganz leidlich.

Den Einfluß des Blanketing-Effekts auf *Randverdunkelung und Absolutbetrag der spektral zerlegten Strahlung* erhält man mit der Näherung (42, 12) sofort, indem man das $q = \frac{2}{3}\frac{1+\eta}{1-\eta}$ in (41, 11) einsetzt und wieder die entsprechenden numerischen Integrationen ausführt. Statt dessen kann man aber auch — fast ebensogut und viel einfacher — die gegen Ende des Abschnitts 41 besprochenen Näherungsverfahren in analoger Weise verwenden. Das Ergebnis solcher Rechnungen — die allerdings mit dem etwas zu kleinen $\eta = 0.083$ ausgeführt sind — zeigt Teil B unserer Tab. 30, in dem gleich wieder die aus der Randverdunkelung bzw. den Absolutintensitäten bestimmten $\varkappa/\bar{\varkappa}$ angegeben sind. Ihre Übereinstimmung ist wesentlich besser geworden, aber die Zahlenwerte von $\bar{\varkappa}/\varkappa$ sind erheblich größer, als die Theorie des kontinuierlichen Absorptionskoeffizienten (Kap. VII) erwarten läßt. Daß der Fehler nicht bei letzterer liegt, ersieht man schon daraus, daß der ROSSELANDsche Mittelwert der empirischen $\bar{\varkappa}/\varkappa$ nicht — wie es sein müßte — gleich 1, sondern erheblich größer ist. Offenbar liefern auch in größeren Tiefen die Linien noch einen erheblichen Beitrag zum $\bar{\varkappa}$.

Wir können ihn sofort auf zwei ganz verschiedenen Wegen abschätzen:

a) Bilden wir mit der in Tab. 25, Abschnitt 29 gewonnenen „empirischen" Temperaturschichtung nach CHALONGE, KOURGANOFF und BARBIER den Ergiebigkeits*gradienten,* so muß nach (35, 8) in nicht zu kleinen Tiefen

$$\frac{d}{d\bar{\tau}^*}\left(\frac{T^4}{T_e^4}\right) = \frac{3}{4} \quad \text{bzw.} \quad \frac{d}{d\tau_0}\left(\frac{T^4}{T_e^4}\right) = \frac{3}{4}\cdot\frac{\bar{\varkappa}^*}{\varkappa_0} \tag{42, 14}$$

sein, wo $\bar{\varkappa}^*$ den Opazitätskoeffizienten unter Mitberücksichtigung der Linienabsorption und $\bar{\tau}^*$ die zugehörige optische Tiefe bedeuten. Die praktische Durchführung ergibt $\frac{\bar{\varkappa}^*}{\varkappa_0} = 1{,}22$ in guter Übereinstimmung mit dem in Tab. 30B gefundenen Wert $\frac{\bar{\varkappa}}{\varkappa_0} = 1{,}20$, den wir also offenbar im wesentlichen als $\frac{\bar{\varkappa}^*}{\varkappa_0}$ anzusehen hätten.

b) Andererseits können wir das Verhältnis des Opazitätskoeffizienten $\bar{\varkappa}$ zum kontinuierlichen Absorptionskoeffizienten $\varkappa_0$ bei $\lambda_0 = 5010$ Å auch direkt aus den *beobachteten Gesamtstärken der* FRAUNHOFER-*Linien* (Abschnitt 14) bekommen:

Solange man die Linien nicht berücksichtigt, führt die Theorie des kontinuierlichen Absorptionskoeffizienten (Kap. VII) für die Sonne nach E. VITENSE [747] auf $\frac{\bar{\varkappa}}{\varkappa_0} = 1.05$; die Wellenlängenabhängigkeit von $\varkappa$ ist in dem für die Bildung von $\bar{\varkappa}$ wesentlichen Spektralgebiet ziemlich gering. Mit der „empirischen" Wellenlängenabhängigkeit des kontinuierlichen Absorptionskoeffizienten nach Abb. 57 erhält man praktisch dasselbe Ergebnis.

Haben wir nun neben dem kontinuierlichen Absorptionskoeffizienten $\varkappa$ noch einen Linienabsorptionskoeffizienten $\varkappa_\nu$ (und nehmen wir deren Verhältnis als unabhängig von der Tiefe an), so wird — nach unserer linearen Näherung — die *Ergiebigkeit*

im Kontinuum: $$B_\nu(\bar{\tau}^*)\,(1 + \beta_0\,\tau) \tag{42, 15}$$

und in den Linien: $$B_\nu(\bar{\tau}^*)\left(1 + \beta_0\frac{\varkappa}{\varkappa+\varkappa_\nu}\cdot\tau_\nu\right), \tag{42, 16}$$

wobei die optische Tiefe τ_ν sich auf $\varkappa + \varkappa_\nu$ bezieht[1]. Die entsprechenden Intensitäten I_0 im Kontinuum und I in einer Linie desselben Spektralgebietes werden unter der Annahme lokalen thermodynamischen Gleichgewichtes in bekannter Weise

$$I_0 = B_\nu(\bar{\tau}^*)\,(1 + \beta_0\cos\vartheta) \quad \text{und} \quad I = B_\nu(\bar{\tau}^*)\left(1 + \beta_0\frac{\varkappa}{\varkappa+\varkappa_\nu}\cos\vartheta\right). \tag{42, 17}$$

[1] Wir entwickeln beide Male von derselben Stelle $\bar{\tau}^*$ aus.

Die relative Einsenkung R in der Linie wird also für Sonnenmitte ($\cos\vartheta = 1$) — wo fast alle Messungen gemacht sind —

$$R_{\cos\vartheta=1} = \left(\frac{I_0 - I}{I_0}\right)_{\cos\vartheta=1} = 1 - \frac{1 + \beta_0 \dfrac{\varkappa + \varkappa_\nu}{\varkappa}}{1 + \beta_0}. \tag{42, 18}$$

Daraus erhält man

$$\frac{\varkappa}{\varkappa + \varkappa_\nu} = 1 - \frac{1 + \beta_0}{\beta_0} R. \tag{42, 19}$$

Mittelt man rechts zunächst über einen kleinen Bereich des Sonnenspektrums (etwa 100 Å), in dem β_0 praktisch konstant ist, so geht R in das aus Abschnitt 14 schon bekannte η_λ über.

Multipliziert man *nun* rechts mit dem ROSSELANDschen Gewichtsfaktor $G(\alpha)$ nach (32, 13) und mittelt dann über das ganze Spektrum, so erhält man links das Verhältnis $\bar{\varkappa}/\bar{\varkappa}^*$, wobei $\bar{\varkappa}$ den ROSSELANDschen Mittelwert des kontinuierlichen Absorptionskoeffizienten $\varkappa$ *allein*, $\bar{\varkappa}^*$ den analogen Mittelwert unter Mitnahme der Linienabsorption bedeutet. Die graphische Durchführung der Integration mit R. MICHARDs η_λ (Tab. 6) ergibt nach Rechnungen von E. VITENSE

$$\frac{\bar{\varkappa}^*}{\bar{\varkappa}} = 1.22 \quad \text{und} \quad \frac{\bar{\varkappa}^*}{\varkappa_0} = 1{,}27. \tag{42, 20}$$

Der Strahlungsaustausch wird also offenbar auch in tieferen Schichten wesentlich durch die Linienabsorption beeinflußt.

Wir wenden uns daher nunmehr der Untersuchung von Sternatmosphären zu, in denen das Verhältnis von kontinuierlicher – zu Linienabsorption von der Tiefe *unabhängig* ist.

Im Anschluß an eine grundlegende Arbeit von S. CHANDRASEKHAR [605] beginnen wir mit folgendem — im Interesse der Integrierbarkeit stark schematisierten — Modell:

Die Linien seien über das ganze Spektrum gleichmäßig verteilt nach folgendem Schema (Abb. 66)

	Bruchteil der Frequenzskala	Absorptions-koeffizient	Streukoeffizient
Kontinuum:	a_1	$\varkappa_1$	σ_1 (meist gleich Null gesetzt)
Linien:	$a_2 = 1 - a_1$	$\varkappa_2$	σ_2

Die *Strömungsgleichung* lautet nun nach (27, 5) für den gesamten im linienfreien bzw. linienbesetzten Teil des Spektrums (Index $i = 1$ bzw. 2) fließenden Teil der Strahlungsenergie

$$\cos\vartheta \frac{dI_i}{dt} = (\varkappa_i + \sigma_i)\, I_i - \sigma_i\, J_i - \varkappa_i\, a_i\, B(t)\,, \tag{42, 21}$$

wo wieder $J_i = \int I_i \frac{d\omega}{4\pi}$, B die KIRCHHOFF-PLANCK-Funktion und t die geometrische Tiefe (von irgendeinem Nullniveau aus) bedeuten.

Die Kontinuitätsgleichung der Strahlung müssen wir entsprechend Gl. (34, 3) schreiben:

$$\varkappa_1 J_1 + \varkappa_2 J_2 = (\varkappa_1 a_1 + \varkappa_2 a_2)\, B\,. \tag{42, 22}$$

Führt man wieder die EDDINGTONschen Mittelwerte über alle Richtungen

$$J_i = \int I_i \frac{d\omega}{4\pi}\,; \quad H_i = \frac{F_i}{4} = \int I_i \cos\vartheta \frac{d\omega}{4\pi}\,, \quad K_i = \int I_i \cos^2\vartheta \frac{d\omega}{4\pi} \tag{42, 23}$$

ein, so erhält man aus (42, 21)

$$\frac{dH_i}{dt} = \frac{1}{4}\frac{dF_i}{dt} = \varkappa_i(J_i - a_i B) \tag{42, 24}$$

und

$$\frac{dK_i}{dt} = (\varkappa_i + \sigma_i)\, H_i\,. \tag{42, 25}$$

Aus den Gl. (42, 25) erhält man wegen der Konstanz des Strahlungsstromes

$$H_1 + H_2 = H = \frac{F}{4} \tag{42, 26}$$

sofort das „K-Integral“[1]:

$$\frac{1}{\varkappa_1 + \sigma_1} K_1 + \frac{1}{\varkappa_2 + \sigma_2} K_2 = H \cdot t + c\,. \tag{42, 27}$$

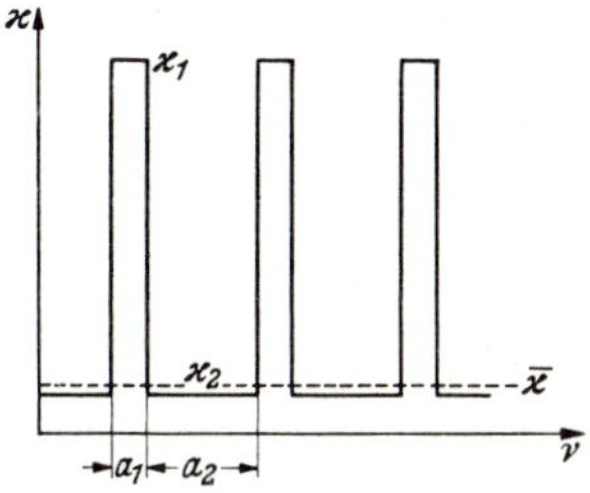

Abb. 66. Absorptionskoeffizient einer schematisierten nicht-grauen Atmosphäre nach S. CHANDRASEKHAR [605].

Andererseits führt nochmalige Differentiation von (42, 25) und Einsetzen in (42, 24) zu den Differentialgleichungen

$$\frac{d^2K_i}{dt^2} = \varkappa_i(\varkappa_i + \sigma_i)\,(J_i - a_i B)\;. \tag{42, 28}$$

Macht man hierzu und in (42, 22) den EDDINGTONschen Näherungsansatz

$$J_i = 3K_i\,, \tag{42, 29}$$

so erhält man nach Elimination von B zwei Differentialgleichungen für K_1 und K_2, die man mit (42, 27) in solche für K_1 bzw. K_2 allein überführen kann.

Erfüllt man nun noch die *Grenzbedingungen*, daß

a) bei $\tau \to \infty$ die Lösung nicht exponentiell anwachsen darf und

b) bei $\tau = 0$

$$2H(0) = J(0)$$

oder

$$F(0) = 6K(0) \tag{42, 30}$$

sein soll, so führt eine elementare, aber etwas umständliche Rechnung auf die *Ergebnisse* (mit $\sigma_1 = 0$):

$$B(t) = \frac{\frac{3}{4}F}{\frac{a_1}{\varkappa_1} + \frac{a_2}{\varkappa_2 + \sigma_2}}\left[t + \frac{2}{\varkappa_1(\varkappa_2 + \sigma_2)} \times \frac{a_1(\varkappa_2+\sigma_2)^2 + a_2\varkappa_1^2 + \frac{2}{3}\left(a_1(\varkappa_2+\sigma_2) + a_2\varkappa_1\right)\varkappa_1 q - \frac{a_1\,a_2}{a_1\varkappa_1 + a_2\varkappa_2}\left(\varkappa_2(\varkappa_2+\sigma_2) - \varkappa_1^2\right)(\varkappa_2+\sigma_2-\varkappa_1)\,e^{-\varkappa_1 q t}}{3\,(a_1(\varkappa_2+\sigma_2) + a_2\,\varkappa_1) + 2\,\varkappa_1\,q}\right] \tag{42, 31}$$

und

$$F_1(t) = \frac{a_1(\varkappa_2 + \sigma_2)}{a_1(\varkappa_2 + \sigma_2) + a_2\,\varkappa_1}\left[1 - \frac{2\,a_2(\varkappa_2 + \sigma_2 - \varkappa_1)\,\varkappa_1\,q\,e^{-\varkappa_1 q t}}{(\varkappa_2 + \sigma_2)\,[3(a_1(\varkappa_2 + \sigma_2) + a_2\,\varkappa_1) + 2\,\varkappa_1\,q]}\right]\cdot F \tag{42, 32}$$

$$F_2(t) = \frac{a_2\,\varkappa_1}{a_1(\varkappa_2 + \sigma_2) + a_2\,\varkappa_1}\left[1 + \frac{2\,a_1(\varkappa_2 + \sigma_2 - \varkappa_1)\,\varkappa_1\,q\cdot e^{-\varkappa_1 q t}}{\varkappa_1\,[3(a_1(\varkappa_2 + \sigma_2) + a_2\,\varkappa_1) + 2\,\varkappa_1\,q]}\right]\cdot F \tag{42, 33}$$

mit der Abkürzung

$$\varkappa_1^2\,q^2 = 3\,\varkappa_1\,\varkappa_2\,\frac{a_1(\varkappa_2 + \sigma_2) + a_2\,\varkappa_1}{a_1\,\varkappa_1 + a_2\,\varkappa_2}\,. \tag{42, 34}$$

Das erste Glied in (42, 31) ist das bekannte $\frac{3}{4}F \cdot \bar{\varkappa} t$, da nach der ROSSELANDschen

[1] Die Integrationskonstante c ist bei CHANDRASEKHAR ein wenig anders definiert.

Definition

$$\frac{1}{\bar{\varkappa}} = \frac{a_1}{\varkappa_1} + \frac{a_2}{\varkappa_2 + \sigma_2} \tag{42, 35}$$

gilt. In Abb. 67 haben wir nun ein derartiges Modell mit eingezeichnet, dessen Daten (s. Unterschrift) so gewählt wurden, daß das beobachtete $\eta = 0{,}124$ und die „empirische" Temperaturschichtung möglichst gut wiedergegeben werden. Daß sich so überhaupt eine leidliche Darstellung der Messungen ergibt, ist keineswegs selbstverständlich. Man betrachte z. B. das in Abb. 67 mit eingezeichnete "Blanketing"-Modell: Auch hier haben wir $\eta = 0{,}124$ gesetzt. Selbst wenn man aber — um die richtige Neigung der Geraden bei größeren τ_0 zu erhalten — ein $\bar{\varkappa}^* = 1{,}22\ \varkappa_0$ wählt, was der ursprünglichen Voraussetzung widerspricht, daß in der Tiefe *keine* Linienabsorption vorhanden sein soll, so liegt die berechnete Kurve trotzdem weit über der empirisch ermittelten.

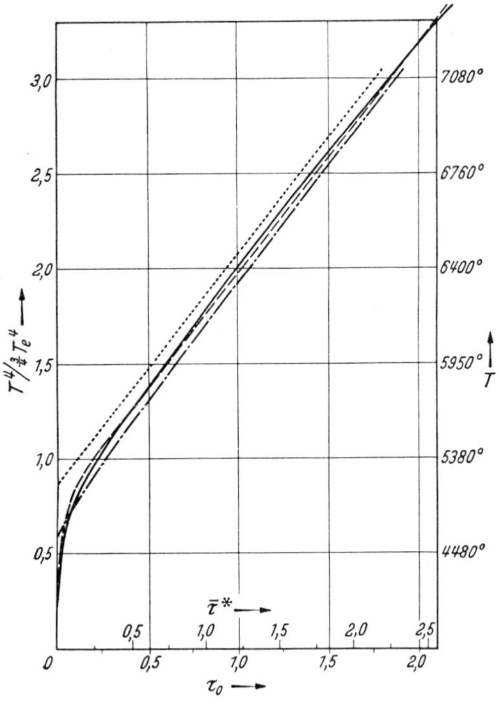

Abb. 67. Temperaturschichtung der Sonnenatmosphäre ($T_e = 5780°$ K). Aufgetragen ist $T^4/\frac{3}{4}\,T_e^4$ bzw. T über τ_0 ($\varkappa$ für λ 5010 Å) bzw. $\bar{\tau}^*$ ($\bar{\varkappa}^*$ = Opazität nach ROSSELAND einschließlich Linien). ———— Beobachtet; nach Tab. 25. („Böhm-Vitense II".) —·—· „Graue" Atmosphäre. Exakte Lösung nach MARK; mit $\bar{\tau}^*/\tau_0 = 1{,}22$, um die Neigung der theoretischen Kurve der Beobachtung anzupassen. - - - - - - "Blanketing"-Modell (42, 12) mit $\eta = 0{,}124$. Hier ist wieder — inkonsequenterweise — $\bar{\tau}^*/\tau_0 = 1{,}22$ gesetzt. Auch dadurch ist kein vernünftiger Anschluß an die Beobachtung möglich. — — — CHANDRASEKHAR-Modell nach Gl. (42, 31); ber. von Frl. Dr. VITENSE. $a_1 = 0{,}82$, $a_2 = 0{,}18$, d. h. 18% des Spektrums mit Linien besetzt. $\frac{\varkappa_2 + \sigma_2}{\varkappa_1} = 32$; $\frac{\text{Linienstreuung}}{\text{Linienabsorption}} = \frac{\sigma_2}{\varkappa_2 - \varkappa_1} = 0{,}135$, woraus folgt (wenn wir hier $\varkappa_0$ und $\varkappa_1$ als gleich betrachten): $\bar{\tau}^*/\tau_0 = 1{,}21$ und mit Gl. (42, 32) und (42, 33) $\eta = 0{,}124$.

43. Einfluß der Linien auf die Temperaturschichtung in Sternatmosphären. Näherungsverfahren zur Behandlung nichtgrauer Strahlungsgleichgewichtsprobleme.

Im Anschluß an die noch sehr schematischen Rechnungen von Abschnitt 42 wollen wir nun versuchen, biegsamere *Näherungsverfahren* zu entwickeln, welche uns (in Abschnitt 53) erlauben, die wirkliche Verteilung der FRAUNHOFER-*Linien im Sonnenspektrum* und die wirkliche Intensitätsverteilung in den Linien besser zu berücksichtigen sowie überhaupt *nichtgraue Strahlungsgleichgewichtsprobleme* zu lösen, in denen der Absorptionskoeffizient als Funktion der Tiefe *und* der Frequenz vorgegeben ist. Wir schließen uns dabei weitgehend an die Kieler Dissertation von K. H. BÖHM [602] an.

Den Ausgangspunkt bildet selbstverständlich wieder die *Strömungsgleichung der Strahlung* (26, 7), welche wir für jede einzelne Frequenz ν schreiben (τ_ν ist die entsprechende optische Tiefe):

$$\cos\vartheta\,\frac{d I_\nu(\tau_\nu, \vartheta)}{d\tau_\nu} = I_\nu(\tau_\nu, \vartheta) - S_\nu(\tau_\nu)\,. \tag{43, 1}$$

Die *Kontinuitätsgleichung* der Strahlung können wir zum Ausdruck bringen entweder mit Hilfe der *Strahlungsdichte* bzw. der mittleren Strahlungsintensität $J_\nu = \int I_\nu \frac{d\omega}{4\pi}$. So kommen wir in Verallgemeinerung der Ansätze von Abschnitt 37 zu dem von A. UNSÖLD [628] und unabhängig von B. STRÖMGREN (vgl. J. C. PECKER [620, I]) angegebenen *Λ-Iterationsverfahren* (hierzu weiterhin D. LABS [612]). Oder wir können die Kontinuitätsgleichung formulieren mit Hilfe des *Strahlungsstromes* πF_ν. Dann gelangen wir in Verallgemeinerung von Abschnitt 38 zu dem auch von A. UNSÖLD [629] angegebenen *Stromiterationsverfahren.*

Da im allgemeinen das Λ-Iterationsverfahren nur für kleine optische Tiefen und das Stromiterationsverfahren nur für große optische Tiefen ausreichend konvergiert, hat K. H. BÖHM (vgl. C) eine Kombination der beiden entwickelt, die ihre Vorteile vereinigt und ihre Nachteile in der Hauptsache vermeidet.

A) Das Λ-Iterationsverfahren für nicht-graue Atmosphären. Analog zu Gl. (30, 7) können wir für jede Frequenz ν die mittlere Strahlungsintensität $J_\nu(\tau_\nu)$ in der optischen Tiefe τ_ν darstellen mit Hilfe des HOPFschen Λ-Operators

$$J_\nu(\tau_\nu) = \frac{1}{2} \int_0^\infty S_\nu(t_\nu)\, K(|\tau_\nu - t_\nu|)\, dt_\nu = \Lambda_{\tau_\nu}(S_\nu)\,. \tag{43, 2}$$

Daneben muß in jeder *geometrischen* Tiefe t der Energiesatz (34, 3) gelten:

$$\int_0^\infty \varkappa_\nu\, S_\nu\, d\nu = \int_0^\infty \varkappa_\nu\, J_\nu\, d\nu\,. \tag{43, 3}$$

Die Ergiebigkeit S_ν ist bekanntlich im lokalen thermodynamischen Gleichgewicht — das wir hier voraussetzen — gleich der KIRCHHOFF-PLANCK-Funktion $B_\nu(T)$ für die lokale Temperatur $T(t)$.

Jeder einzelne Schritt des *Λ-Iterationsverfahrens* (das im wesentlichen wieder auf der am Ende von Abschnitt 37 erklärten „bügelnden" Eigenschaft des Λ-Operators beruht) verläuft nun folgendermaßen: Zu einer null-ten Näherung der Temperaturschichtung[1] $B^{(0)} = B^{(0)}(\tau_0) = \sigma(T^{(0)}(\tau_0))^4$ berechnet man die KIRCHHOFF-PLANCK-Funktion für jede Frequenz $B_\nu^{(0)}(\tau_\nu^{(0)})$ bzw. $S_\nu^{(0)}(\tau_\nu^{(0)})$. Für jede optische Tiefe τ_0 ergibt dann die Anwendung des Λ-Operators nach (43, 2) das J_ν. Aus dem Energiesatz (43, 3) bestimmt man hieraus für jede Tiefe τ_0 die erste Näherung $B_\nu^{(1)}(\tau_0)$

$$\int_0^\infty \varkappa_\nu\, J_\nu^{(0)}\, d\nu = \int_0^\infty \varkappa_\nu\, B_\nu^{(1)}\, d\nu \tag{43, 4}$$

und daraus nach der PLANCKschen Strahlungsformel die verbesserte *Temperatur* $T^{(1)}(\tau_0)$, worauf der ganze Prozeß evtl. wiederholt werden kann. Die Konvergenz des Verfahrens konnte V. WEIDEMANN (unpubl. Diplomarbeit Kiel) unter der Voraussetzung beweisen, daß $\varkappa_\nu$ während der einzelnen Iterationsschritte sich nicht ändert.

Die entscheidende *Begrenzung der Anwendbarkeit des Λ-Iterationsverfahrens* beruht darauf, daß nach Abb. 61 der Λ-Operator nie weiter „greifen" kann, als über ein Intervall $\Delta\tau_\nu \lesssim 1$. In den Kernen starker FRAUNHOFER-Linien, wo der Absorptionskoeffizient auf das 10^3—10^6-fache des kontinuierlichen ansteigt, wird also der Λ-Operator sehr wenig ausrichten. Andererseits geben gerade diese Frequenzen einen sehr großen Beitrag zu den Integralen in (43, 4). Eine wirksame

[1] Die optische Tiefenskala τ_0 bezieht sich auf eine ein für allemal gewählte Frequenz und werde während der ganzen folgenden Rechnungen festgehalten.

Verbesserung der Temperaturschichtung durch Λ-Iterationen ist also z. B. bei der Sonne nur für $\tau_0 \leqq 10^{-3}$ zu erwarten. Bei den Rechnungen von D. LABS [612] war seinerzeit dieser Punkt noch nicht bekannt.

B) Das Stromiterationsverfahren für nichtgraue Atmosphären. Die angegebenen Schwierigkeiten vermeiden wir hier, indem wir unser Augenmerk statt auf die Strahlungsdichte auf den *Strahlungsstrom* richten. Nach Gl. (30, 9a) können wir den Strahlungsstrom πF_ν für eine Frequenz ν aus der Ergiebigkeit S_ν berechnen; wir führen dabei sogleich den KOURGANOFFschen Operator Φ_{τ_ν} ein:

$$F_\nu(\tau_\nu) = 2\int_{\tau_\nu}^{\infty} S_\nu(t_\nu)\, K_2(t_\nu - \tau_\nu)\, dt_\nu - 2\int_0^{\tau_\nu} S_\nu(t_\nu)\, K_2(\tau_\nu - t_\nu)\, dt_\nu = \Phi_{\tau_\nu}(S_\nu)\,. \quad (43, 5)$$

Der *Energiesatz* — Konstanz des Gesamtstrahlungsstromes πF_0 — lautet jetzt für eine bestimmte Tiefe t bzw. τ_0:

$$F_0 = \int_0^\infty F_\nu(\tau_0)\, d\nu = \int_0^\infty \Phi_{\tau_\nu}(S_\nu)\, d\nu\,. \quad (43, 6)$$

Ein Schritt des *Stromiterationsverfahrens* verläuft nun folgendermaßen: Zu einer geeignet gewählten Ausgangsnäherung berechnet man nach (43, 5) die $F_\nu(\tau_\nu)$ und damit durch Integration über alle Frequenzen formal nach (43, 6) den *Gesamtstrahlungsstrom*, der nun aber noch von τ_0 abhängt. Wir nennen ihn $\pi F(\tau_0)$. Die Differenz von F gegen den richtigen *konstanten* Wert F_0, aufgefaßt als Funktion der optischen Tiefe $\bar{\tau}$ für den ROSSELANDschen Opazitätskoeffizienten, bezeichnen wir mit $\Delta F(\bar{\tau})$. Um dieses ΔF zum Verschwinden zu bringen, muß nach Gl. (38, 9) an der KIRCHHOFF-PLANCK-Funktion für die Gesamtstrahlung eine *Korrektion* angebracht werden:

$$-\Delta B(\bar{\tau}) = \frac{1}{2}\Delta F_{\bar{\tau}=0} + \frac{3}{4}\int_0^{\bar{\tau}} \Delta F(\bar{\tau})\, d\bar{\tau} - \frac{1}{4}\frac{dF(\bar{\tau})}{d\bar{\tau}}\,. \quad (43,7)$$

Bei der Ableitung dieser Formel wurde vorausgesetzt, daß 1. die Strahlung als grau betrachtet werden darf, und 2. die üblichen Voraussetzungen des EDDINGTONschen Approximationsverfahrens erfüllt sind.

Beide Voraussetzungen sind in *größeren Tiefen* sehr gut erfüllt. Anhand schematischer Modelle macht man sich leicht klar (vgl. auch Abschnitt 38), daß hier die Güte der durch *einen* Iterationsschritt erhaltenen Lösung nur wenig von der Güte der Ausgangsnäherung abhängt. In der Nähe der Sternoberfläche (etwa $\bar{\tau} < 0{,}1$) dagegen treffen die Voraussetzungen des Stromiterationsverfahrens nur noch sehr mangelhaft zu.

Die Vorteile beider Iterationsverfahren vereinigt schließlich — unter weitgehender Ausschaltung ihrer Begrenzungen —

C) das kombinierte Iterationsverfahren von K. H. BÖHM [602]. Integriert man die Strömungsgleichung (43, 1) über alle Raumwinkel und ersetzt dann nach (43, 2) J_ν durch ΛB_ν, so ergibt sich, wenn man sogleich zu Differenzen übergeht[1] (was infolge der Linearität erlaubt ist):

$$\Delta B = \Lambda(\Delta B) + \frac{1}{4}\frac{d(\Delta F)}{d\tau}\,. \quad (43, 8)$$

Diese Gleichung gilt — entsprechend ihrer Herleitung — sowohl für quasi graue Gesamtstrahlung als auch (exakt) für die Strahlung jeder einzelnen Frequenz.

[1] Da wir wie in (38, 2) $\Delta F = F - F_0$, aber $-\Delta B = B - B_0$ definieren, wobei der Index 0 den richtigen bzw. richtigeren Wert bezeichnet, so müssen wir bei der Differenzenbildung *ein* Vorzeichen umkehren.

Man kann Gl. (43, 8) nun als inhomogene Integralgleichung für ΔB auffassen und nach dem NEUMANNschen Iterationsverfahren lösen, indem man für ΔF die *exakt* berechnete Korrektion des Strahlungsstromes und rechts unter dem Λ-Operator für ΔB die nach dem Stromiterationsverfahren näherungsweise berechnete Korrektion der KIRCHHOFF-PLANCK-Funktion einsetzt. Die durch Iteration gefundene Lösung von Gl. (43, 8) muß schließlich noch nach (43, 5) *normiert* werden, so daß

$$\text{bei } \tau = 0 \cdots \quad -\Delta F = \Phi(\Delta B) \qquad (43, 9)$$

erfüllt ist.

Die Anwendung des Λ-Operators in (43, 8) ist nach K. H. BÖHM längst nicht mehr so gefährlich wie beim ursprünglichen Λ-Iterationsverfahren: Wie V. KOURGANOFF [505] bemerkt hat, wirkt der Λ-Operator auf eine Funktion um so weniger bzw. langsamer, je mehr diese der Lösung der homogenen MILNEschen Integralgleichung (37, 2) gleicht. Letzteres wird aber auf die *Korrektion* ΔB im allgemeinen nicht zutreffen. Dies ist der eine Vorteil von Gl. (43, 8). Darüber hinaus wurden bei der Ableitung dieser Gleichung gerade die kritischen Voraussetzungen des EDDINGTONschen Näherungsverfahrens *nicht* benutzt.

Hat der Absorptionskoeffizient eine sehr starke Frequenzabhängigkeit (wie z. B. in der Sonnenatmosphäre), so ist die „graue" Berechnung der Korrektion ΔB unter dem Λ-Operator in (43, 8) recht ungenau. Man kann dann mit K. H. BÖHM versuchen, nur für die Berechnung dieser kleinen Korrektion z. B. das Kontinuum durch einen mittleren Absorptionskoeffizienten $\varkappa_1$ und die FRAUNHOFER-Linien durch einen zweiten Mittelwert $\varkappa_2$ zu charakterisieren. $\varkappa_1$ und $\varkappa_2$ mögen die Bruchteile a_1 und a_2 des Spektrums überdecken. Für die Berechnung von ΔB gelten jetzt die Gleichungen

$$\left.\begin{aligned} \Delta B(\tau_1) &= \Lambda\{\Delta B(\tau_1)\} + \frac{1}{4}\frac{d\{\Delta F_1(\tau_1)\}}{d\tau_1} \\ \Delta B(\tau_2) &= \Lambda\{\Delta B(\tau_2)\} + \frac{1}{4}\frac{d\{\Delta F_2(\tau_2)\}}{d\tau_2} \end{aligned}\right\} \qquad (43, 10)$$

mit der Normierungsbedingung

$$\Delta F = a_1 \Delta F_1 + a_2 \Delta F_2 = -\{a_1 \Phi_{\tau_1}(\Delta B) + a_2 \Phi_{\tau_2}(\Delta B)\}\,. \qquad (43, 11)$$

Bezüglich Einzelheiten des Rechenverfahrens sei auf die Originalarbeit verwiesen. Genügt die Approximation bei sehr kleinen τ noch nicht, so kann man ohne weiteres zum Schluß noch eine Λ-Iteration nach A) ausführen.

VII. Kapitel.

Kontinuierliche Absorption und Streuung.

44. Qualitativer Überblick: Der kontinuierliche Absorptionskoeffizient in Sternatmosphären. Historische Bemerkungen.

Ehe wir die heutige Theorie des kontinuierlichen Absorptions- und Streukoeffizienten in extenso entwickeln, erscheint es angebracht, in einem kurzen genetischen Überblick ihre Zusammenhänge mit den vor 15 Jahren noch allgemein angenommenen älteren Vorstellungen und damit gleichzeitig die Bedeutung verschiedener atomistischer Mechanismen für das Zustandekommen der kontinuierlichen Sternspektren darzulegen.

Nachdem H. A. KRAMERS [721] 1923 seine korrespondenzmäßige Theorie des kontinuierlichen Absorptionskoeffizienten entwickelt hatte, wurde diese alsbald von A. S. EDDINGTON [711] und E. A. MILNE [727] auf das Innere und die

Atmosphären der Sterne angewandt. Die mit der Anwendung des BOHRschen Korrespondenzprinzipes zunächst noch verknüpfte Unbestimmtheit wurde in den Jahren 1927—1932 durch die Anwendung der SCHRÖDINGERschen Wellenmechanik behoben. Nach den Arbeiten von Y. SUGIURA [740], J. A. GAUNT [713], A. W. MAUE [725], B. STRÖMGREN [737] u. a. stehen hinsichtlich der astrophysikalisch wichtigen Aussagen die KRAMERSsche Formel und die wellenmechanischen Rechnungen für Wasserstoff und wasserstoffähnliche Spektren in guter Übereinstimmung miteinander. Für kompliziertere Atome, insbesondere für die Hauptserienkontinua der Metalle dagegen führten neuere quantentheoretische Rechnungen auf teilweise sehr erhebliche Unterschiede gegenüber der KRAMERSschen Formel. Im allgemeinen sind die exakt berechneten Metall-Absorptionskoeffizienten kleiner, als die „wasserstoffähnlich" geschätzten.

Einen wesentlichen Fortschritt in astrophysikalischer Hinsicht brachte die 1931 erschienene Arbeit von W. H. MCCREA: "Model Stellar Atmospheres" [710]. Hier ist die Bedeutung der chemischen Zusammensetzung der Sternatmosphären, insbesondere der Häufigkeit des Wasserstoffs, für die Theorie des kontinuierlichen Absorptionskoeffizienten klar erkannt. Weiterhin hat MCCREA zum erstenmal den Intensitätssprung bei λ 3647 Å, die Beziehung zwischen effektiver und Farbtemperatur und die Theorie der Absorptionslinien unter einheitlichen Gesichtspunkten behandelt.

Diese Ideen wurden dann aufgegriffen in den umfangreichen Rechnungen von H. N. RUSSELL [734, 735], L. BIERMANN [708], A. UNSÖLD [741, 742] und A. PANNEKOEK [731]. In diesen sind berücksichtigt: Die Übergänge zwischen „gebundenen" Atomzuständen (Zustände negativer Energie = Ellipsenbahnen der BOHRschen Theorie) und „freien" Zuständen des Elektrons (Zustände positiver Energie = BOHRsche Hyperbelbahnen = Photoelektronen) sowie zwischen zwei „freien" Zuständen des Elektrons für *Wasserstoff* (H) und die *Metalle* (M), wobei letztere mehr oder weniger wasserstoffähnlich gerechnet wurden.

Den Haupt-Streitpunkt bildete die Annahme über das Häufigkeitsverhältnis H:M (nach Atomzahlen):

H. N. RUSSELL [734] bestimmte dieses aus der Lage der Maxima einiger Metall-Funkenlinien in der Spektralsequenz (ein wohl nicht ganz zwingendes Argument) und aus der beobachteten Stärke verschiedener *Hydridbanden* im Sonnenspektrum. Er kam so auf H:M $\approx$ 1000 (bis 2000). A. PANNEKOEK [731] übernahm für seine Rechnungen das Verhältnis 1000:1.

A. UNSÖLD [742] dagegen betrachtete die Temperaturabhängigkeit des *Intensitätssprunges* $D = \Delta \log I$ *an der* BALMER-*Grenze* λ 3700 (vgl. Abschnitt 17), insbesondere im Bereich der Spektraltypen A bis G. Beständen die Sterne *nur* aus Wasserstoff, so müßte mit abnehmender Temperatur D ständig *anwachsen*, weil dabei die Absorption vom 2-ten Quantenzustand aus weniger abnimmt, als die den „Untergrund" bildende Absorption vom 3., 4., ... Quantenzustand aus. Die beobachtete Abnahme von D unterhalb $T \approx 9000°$ K wurde nun in dem Sinne erklärt, daß bei niedrigeren Temperaturen die kontinuierliche Absorption der Metalle gegenüber der des Wasserstoffs mehr und mehr die Oberhand gewinne. Die quantitative Durchrechnung dieser Vorstellung führte auf ein Verhältnis H:M = 14 bis höchstens 50. (Diese Spanne entspricht der Unsicherheit in der quantentheoretischen Berechnung der Metall-Absorptionskoeffizienten.)

Bei dieser Häufigkeit der Metalle müßten sich z. B. im Spektrum der Sonne wenigstens einige Metallabsorptionskanten bemerkbar machen, insbesondere Mg $3\,^1P°$ bei λ 3755, $4\,^3S$ bei λ 4883 und $3\,^3D$ bei λ 7290. Messungen von M. MINNAERT und J. K. v. D. BRIEL [729] im Sonnenspektrum ließen keinerlei Intensitätssprünge > 5% erkennen. Aus den gemessenen Intensitäten entsprechender hoher

Serienglieder berechnete dann A. UNSÖLD [743] durch Extrapolation für die angegebenen Kanten Intensitätssprünge von nur 0,75%, 0,003% und 0,04%.

Die Aufklärung der ganzen Widersprüche gelang 1938 R. WILDT [749, 750], indem er den Hauptanteil der kontinuierlichen Absorption in den Atmosphären der kühleren Sterne dem — bis dahin nur den Physikochemikern und Kanalstrahlphysikern bekannten — *negativen Wasserstoffion* H^- zuschrieb und *gleichzeitig* ein noch größeres Verhältnis H:M forderte. Quantentheoretische Rechnungen von H. BETHE [700] und E. HYLLERAAS [715] hatten gezeigt, daß die Bindungsenergie des zweiten Elektrons, durch dessen Anlagerung an ein Wasserstoffatom das H^--Ion entsteht, 0,7 eVolt entsprechen müsse. Die Bildung von H^- z. B. in der Sonne wird nun offenbar begünstigt durch die große Konzentration der neutralen H-Atome *und* die von den Metallen abionisierten freien Elektronen. Der Absorptionskoeffizient pro H^--Ion im zugänglichen Spektralgebiet muß hoch sein, da sozusagen dessen „Hauptserienkontinuum" gerade dorthin fällt. Quantentheoretische Berechnungen der H^--Absorption sowie der entsprechenden frei-frei-Übergänge (Streuung eines freien Elektrons an einem H-Atom unter Absorption bzw. Emission eines Lichtquants) wurden dann in immer genauerer Weise von C. K. JEN [719], H. S. W. MASSEY und D. R. BATES [724] und schließlich S. CHANDRASEKHAR und F. H. BREEN [709] durchgeführt, deren ausführliche Tabellen eine der wesentlichen Grundlagen der heutigen Theorie der kühleren Sterne bilden.

Wie schon angedeutet, bedeutete die Arbeit von R. WILDT einen völligen Umsturz nicht nur unserer Vorstellungen über den Mechanismus der Entstehung z. B. des Sonnenspektrums, sondern auch über den Gasdruck z. B. in der Sonnenatmosphäre, der gegenüber älteren Modellen um einen Faktor ~ 30 heraufgesetzt werden mußte im Zusammenhang mit dem hohen Verhältnis Wasserstoff:Metalle, für das B. STRÖMGREN [738] zunächst auf den Wert 8000:1 kam.

Das detaillierte Studium des B0-Sternes τ Scorpii mit einer Temperatur von 28150° durch A. UNSÖLD [744] ließ dann erkennen, daß bei der Berechnung des kontinuierlichen Absorptionskoeffizienten für hohe Temperaturen neben dem Wasserstoff das Helium nicht ganz vernachlässigt werden darf, und daß insbesondere bei den Giganten der frühen Spektraltypen, d. h. bei hohen Temperaturen *und* niedrigen Drucken, die THOMSON-Streuung der freien Elektronen eine wesentliche Rolle spielt.

Schließlich zeigte sich, daß im violetten Spektralgebiet der kühleren Sterne auch die RAYLEIGH-*Streuung* der Wasserstoffatome nicht ganz zu vernachlässigen ist.

Als terra incognita müssen wir heute noch das ganze Gebiet der *Molekülkontinua* bezeichnen, die etwa vom Spektraltypus M0 ab nach tieferen Temperaturen zu immer größere Bedeutung gewinnen dürften.

Zum Schluß dieses Überblickes möchten wir sodann noch einmal darauf hinweisen, daß der Fortschritt im Verständnis der Sternatmosphären und ihrer Spektren nicht *nur* auf einer verbesserten Kenntnis der atomaren Mechanismen beruhen wird, sondern auch auf einer korrekteren Berücksichtigung der Frequenzabhängigkeit des Absorptionskoeffizienten in der Theorie des Strahlungsgleichgewichtes. Wie sich z. B. schon beim Studium des τ Scorpii zeigte, muß die ursprünglich aus mathematischen Gründen bevorzugte „graue" Atmosphäre vielfach allgemeineren Modellen weichen, die der Wirklichkeit besser angepaßt sind.

45. Kontinuierliche Absorption der Wasserstoffatome.

Die kontinuierlichen Spektren der Atome entstehen — vom Standpunkt der BOHRschen Theorie aus gesehen — einerseits durch Übergänge zwischen zwei hyperbolischen Bahnen des Elektrons im Feld des Atomkerns bzw. Atomrumpfes und andererseits durch Übergänge zwischen einer hyperbolischen und einer elliptischen Bahn. Die mit diesen Prozessen verbundene Absorption und Emission von Strahlung ist zuerst mit Hilfe des BOHRschen Korrespondenzprinzipes von H. A. KRAMERS [721] berechnet worden.

Wie es in der Natur des Korrespondenzprinzipes begründet liegt, konnte man so keine wirklich zwingende Behandlung des Problems durchführen, und es bedeutete daher einen großen Fortschritt, als es möglich wurde, die Quantenmechanik auf die Theorie der kontinuierlichen Spektren anzuwenden. Im Sinne der Quantenmechanik entsprechen den BOHRschen *Hyperbel*bahnen Eigenfunktionen mit positiver Energie ($E > 0$), deren Betrag alle Werte $0 < E < \infty$ annehmen kann. Man spricht daher von *kontinuierlichen Eigenfunktionen.* E ist — anschaulich betrachtet — nichts anderes, als die kinetische Energie des freien Elektrons. Den *elliptischen* Bahnen der BOHRschen Theorie entsprechen solche Eigenfunktionen, deren *negative* Energie nur diskreter, gequantelter Werte fähig ist. Wir bezeichnen sie kurz als *diskrete* Eigenfunktionen.

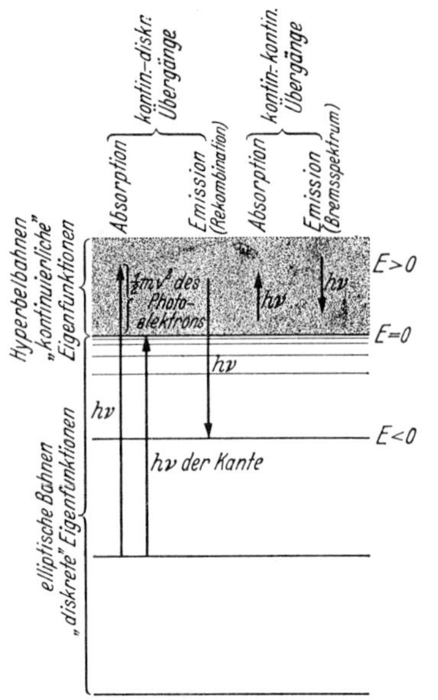

Abb. 68. Kontinuierliche Atomspektren.

Die *hyperbolisch-hyperbolischen Übergänge* nennen wir dementsprechend auch kontinuierlich-kontinuierliche oder kurzweg „*kontinuierliche*" Übergänge.

In entsprechender Weise sind die hyperbolisch-elliptischen Übergänge als kontinuierlich-diskrete oder kurz „*diskrete*" Übergänge zu bezeichnen.

Beide Prozesse sind aus dem *Röntgengebiet* seit langem bekannt. Die ersteren geben in Emission das sog. *Röntgen-Brems*-Spektrum. Seine Intensität steigt von der *kurzwelligen Grenze* (vollständige Umsetzung der kinetischen Energie $\frac{1}{2} m v^2$ des gebremsten Elektrons in *ein* Quant; EINSTEINs photoelektrische Gleichung!) zu einem Maximum an, um nach langen Wellen wieder abzunehmen.

Die Übergänge von diskreten in kontinuierliche Zustände geben im Röntgengebiet die bekannten *Absorptionskanten.* Die Absorption setzt plötzlich ein bei Frequenzen, deren $h\nu$ ausreicht, um das Elektron aus seiner stabilen Bahn loszulösen, d. h. in eine (Parabel-)Bahn mit $E = 0$ zu heben. Von dieser Grenze aus nimmt der Absorptionskoeffizient gewöhnlich nach kurzen Wellen zu ab. Bei jedem Absorptionsprozeß entsteht ein Photoelektron der kinetischen Energie $h\nu$ – Ablösungsarbeit.

Der inverse Emissionsprozeß besteht im Einfangen (Rekombination) eines Elektrons mit $E > 0$ in einen diskreten Zustand ($E < 0$) unter Ausstrahlung der Energiedifferenz $h\nu$. Im Röntgengebiet sind diese Emissionsprozesse, da der untere Quantenzustand schon besetzt ist, durch das PAULI-Prinzip verboten. Im Gebiet längerer Wellen, wo die entsprechenden Zustände nur selten besetzt sind, spielen diese „*Seriengrenzkontinua*" eine wichtige Rolle.

Eine quantentheoretische Berechnung der Absorptionskoeffizienten ist nur möglich, wenn man bestimmte Annahmen über das Feld des Atomkernes bzw. Atomrumpfes macht. Bis jetzt ist nur der einfachste Fall eines COULOMB-Feldes vollständig durchgerechnet. Beschränkt man sich — was für alle astrophysikalischen

Zwecke vollkommen ausreicht — auf Übergänge, die nach kontinuierlichen Zuständen hinreichend kleiner Energie führen, so kommt man, wie die quantenmechanischen Berechnungen von GAUNT [713], SUGIURA [740], MAUE [725], MENZEL und PEKERIS [726] u. a. gezeigt haben, auf die einfachen Formeln der KRAMERSschen Korrespondenzbetrachtungen zurück. Diese Formeln gelten — mit einem maximalen Fehler von ~ 15% — für Wasserstoff (der ja ohnedies in der Astrophysik von besonderer Bedeutung ist) und wasserstoffartige Atomzustände (Kernladungszahl Z), also insbesondere für die Absorption genügend hoch angeregter Quantenzustände.

Zunächst wollen wir nun die Theorie für *Wasserstoff* ($Z = 1$) und wasserstoffartige Ionen (HeII; $Z = 2, \ldots$) so genau durchrechnen, wie dies für unsere Zwecke sinnvoll erscheint[1]:

Der „kontinuierlich-kontinuierliche“ Absorptionskoeffizient ist, bezogen auf 1 Wasserstoffkern und 1 absorbierendes Elektron der Geschwindigkeit v pro cm³:

$$a = \frac{4\pi Z^2 \cdot e^6}{3\sqrt{3} \cdot hc \cdot m^2 v} \cdot \frac{1}{\nu^3}, \tag{45, 1}$$

wobei e und m die Ladung und Masse des Elektrons, h und c die bekannten Konstanten und ν die Frequenz (sec⁻¹) des absorbierten Quantes bedeuten.

In entsprechender Weise wird der „diskret-kontinuierliche“ Absorptionskoeffizient pro Atom im n-ten Quantenzustand der Energie

$$E_n = h\nu_n = R\,h\,c \cdot \frac{Z^2}{n^2} \tag{45, 2}$$

($R = 109678$ cm⁻¹):

$$a_n = \frac{1}{n^2} \cdot \frac{64\,\pi^4}{3\sqrt{3}} \cdot \frac{Z^4\, m\, e^{10}}{c\,h^6 \cdot n^3} \cdot \frac{1}{\nu^3} \tag{45, 3}$$

oder

$$a_n = \frac{1}{n^2} \cdot \frac{16\pi^2 Z^2 \cdot e^6}{3\sqrt{3} \cdot h^3 c} \cdot \frac{1}{\nu^3}\,\Delta\nu, \tag{45, 4}$$

wo

$$\Delta\nu = \frac{4\pi^2\, m\, e^4 Z^2}{h^3 \cdot n^3} = 2Rc \cdot \frac{Z^2}{n^3} \tag{45, 5}$$

den Frequenzabstand zweier benachbarter Quantenzustände n und $n \pm 1$ für große n darstellt.

Der Zusammenhang zwischen den — scheinbar ganz verschiedenen — Gl. (45, 1) und (45, 4) wird sofort klar, wenn wir zur Beschreibung der Quantenzustände beidemal den *Phasenraum* zu Hilfe nehmen. $h\,\Delta\nu$ ist ja nach den Grundprinzipien der Quantentheorie (Abschnitt 7 und 22) die Energiedifferenz zweier Quantenzellen.

Andererseits ist der Geschwindigkeitsbereich Δv für ein freies Elektron pro cm³, der *einer* Quantenzelle h^3 entspricht, bestimmt durch[2]

$$4\pi(m\,v)^2\,\Delta\,m\,v = h^3\,. \tag{45, 6}$$

Nach der EINSTEINschen lichtelektrischen Gleichung ist $h\nu = \frac{m}{2} v^2 + \text{const}$,

[1] Mehrere Autoren haben sich große Mühe damit gemacht, z. B. die kleinen Korrektionen, welche die Quantenmechanik zu den sogleich anzuschreibenden Formeln von KRAMERS gibt, noch mit zu berücksichtigen. Eine solche Rechengenauigkeit ist jedoch meist überflüssig, da es sicher noch lange dauern wird, bis die übrigen astrophysikalischen Daten, die in die weiteren Rechnungen eingehen, mit entsprechender Genauigkeit gemessen sein werden.

[2] Volum im Lageraum (1 cm³) × Volum im Impulsraum: Kugelschale vom Radius mv und der Dicke $\Delta(m\,v)$ = (PLANCKsches Wirkungsquantum h)³.

also $h \Delta \nu = mv \cdot \Delta v$. Mit (45, 6) ergibt sich so

$$\Delta \nu = \frac{h^2}{4 \pi m^2 v} . \tag{45, 7}$$

Setzt man diesen Ausdruck in (45, 4) ein[1], so ergibt sich gerade (45, 1), d. h. für Übergänge zwischen Zuständen kleiner Energie gehen diese beiden Ausdrücke stetig ineinander über. Im Bilde des BOHRschen Korrespondenzprinzipes erscheint dies fast selbstverständlich, da ja die Folge: Langgestreckte Ellipse → → Parabel → Hyperbel durchaus stetig ist.

In gleicher Weise führt — worauf nur kurz hingewiesen werden soll — eine stetige Verbindung von den diskreten Übergängen zwischen einem tieferen Term und höheren Termen kleiner negativer Energie (hohe Serienglieder) nach den entsprechenden Übergängen zu Zuständen kleiner positiver Energie (Seriengrenzkontinuum!). Sind die Linien in der Nähe der Seriengrenze z. B. durch Druckeffekt hinreichend verbreitert, so geht ihre „verschmierte" Intensität pro cm^{-1} stetig über in die des Kontinuums, wie Theorie und Beobachtung übereinstimmend zeigen.

Um den Absorptionskoeffizienten $\varkappa_\nu$ pro Atom für die Frequenz ν zu erhalten, müssen wir zunächst die Beiträge (45, 3) aller Absorptionskanten aufsummieren, deren Kantenfrequenz ν_n kleiner als ν ist (vgl. Abb. 68). Die Zahl der Atome im n-ten Quantenzustand wird, pro Atom im Grundzustand (praktisch genommen pro Atom) gerechnet, bei der Temperatur T nach der BOLTZMANNschen Formel:

$$n^2 e^{-(u_1 - u_n)}, \text{ wo } u_n = \frac{R h c Z^2/n^2}{kT}, \tag{45, 8}$$

da das statistische Gewicht des n-ten Zustandes gleich $2 n^2$, relativ zum Grundzustand also n^2 ist. Man erhält so den kontinuierlich-diskreten Anteil von $\varkappa_\nu$ pro Atom:

$$\varkappa_\nu = \frac{64 \pi^4}{3 \sqrt{3}} \cdot \frac{m e^{10} Z^4}{c h^6} \cdot \frac{1}{\nu^3} \sum_{\frac{h\nu}{kT} > u_n} \frac{1}{n^3} e^{-(u_1 - u_n)}. \tag{45, 9}$$

Unter den in Sternatmosphären herrschenden Verhältnissen rührt der wesentliche Teil des Absorptionskoeffizienten $\varkappa_\nu$ her von den Seriengrenzkontinua der untersten Wasserstoffterme $n = 1$ bis 4, d. h. LYMAN-, BALMER-, PASCHEN-, BRACKETT-Kontinuum. (Im sichtbaren Spektralgebiet kommen natürlich nur die beiden letztgenannten Kontinua in Frage.) Wir werden dementsprechend die Summe bis $n = 4$ Glied für Glied ausrechnen und den Rest durch ein Integral approximieren, indem wir das Summationsintervall $\Delta n = 1$ als $\ll n$ betrachten:

$$\sum_{n=5} \frac{\Delta n}{n^3} e^{-(u_1 - u_n)} \to -\frac{1}{2} \int_{n=5} e^{-(u_1 - u_n)} d\left(\frac{1}{n^2}\right) = -\frac{e^{-u_1}}{2 u_1} \int_{u_n = u_5} e^{u_n} d u_n . \tag{45, 10}$$

Wir haben dabei von dem Umstand Gebrauch gemacht, daß nach (45, 8) $u_n = u_1/n^2$ ist. Um über alle diskret-kontinuierlichen Übergänge zu summieren, muß die Integration von u_5 bis 0 erstreckt werden.

Nach unseren vorhergehenden Untersuchungen über den stetigen Zusammenhang von kontinuierlich-diskreten und kontinuierlich-kontinuierlichen Übergängen können wir den Beitrag der letzteren zu $\varkappa_\nu$ nun leicht berücksichtigen, indem wir die Integration in (45, 10) auch auf die Zustände positiver Energie bis $u_n \to -\infty$ ausdehnen. Die Summe (45, 10) geht damit über in

$$\frac{e^{-(u_1 - u_5)}}{2 u_1} . \tag{45, 11}$$

[1] In (45, 4) ist der Absorptionskoeffizient pro Quantenzelle $= a_n \cdot n^2$!

Führen wir noch der Symmetrie wegen und im Hinblick auf die folgenden Rechnungen die Variable $u = \frac{h\nu}{kT}$ ein, so wird der gesamte Absorptionskoeffizient pro Atom[1]

$$\varkappa_\nu = \frac{64\,\pi^4}{3\sqrt{3}} \cdot \frac{m\,e^{10}\,Z^4}{c\,h^3\,k^3} \cdot \frac{e^{-u_1}}{T^3} \cdot \frac{1}{u^3} \left\{ \sum_{u_n < u}^{u_4} \frac{e^{u_n}}{n^3} + \frac{e^{u_5}}{2\,u_1} \right\}. \qquad (45,\ 12)$$

Will man den Rosselandschen Opazitätskoeffizienten $\bar{\varkappa}$ nach Gl. (33, 13—15) zunächst für die Absorption des Wasserstoffs allein berechnen, so kann man die numerischen Rechnungen nach B. Strömgren [737] folgendermaßen vereinfachen:

Da $\varkappa_\nu$ zwischen je zwei Absorptionskanten $\sim 1/u^3$ ist, kommen in dem Ausdruck für

$$\frac{1}{\bar{\varkappa}} = \int\limits_{u=0}^{\infty} \frac{G(u)\,du}{\varkappa_\nu(1 - e^{-u})}, \qquad (45,\ 13)$$

wo $G(u)$ wieder den Rosselandschen Gewichtsfaktor (32, 13) bedeutet, lauter Integrale mit den Grenzen u_{n-1} bis u_n, ... über $u^3\,G(u)/(1 - e^{-u})$ vor. B. Strömgren hat daher das Integral über diese Funktion mit den Grenzen 0 und u ein für allemal als Funktion von u tabuliert.

Am langwelligen Ende des Spektrums, d. h. für $u < u_4$ hätten wir gemäß (45, 10) die $\{\cdots\}$ in (45, 12) gleich $e^u/2\,u_1$ zu setzen. Da dieser Beitrag sehr klein ist, genügt es aber meist, bei der Berechnung des Rosseland-Mittels mit dem unteren Grenzwert $e^{u_5}/2\,u_1$ von $n = 5$ bis ∞ zu integrieren.

In Tab. 32 — nach A. Unsöld [741] — berechnen wir nun den Absorptionskoeffizienten $\varkappa_\nu$, jetzt aber auf 1 Gramm neutralen Wasserstoff[2] bezogen[3]. Als Argument wählen wir mit Rücksicht auf spätere Ionisationsrechnungen die Größe $\Theta = 5040/T$. Die nächsten Zeilen geben die entsprechende Temperatur T selbst und für $Z = 1$ den $\log_{10}$ des in Gl. (45, 12) vor $1/u^3$ stehenden Faktors dividiert durch m_H; nennen wir ihn kurz F. Dann folgen die Beiträge e^{u_n}/n^3 $(n = 1, \ldots, 4)$ der wichtigsten Absorptionskanten zu der $\{\ \}$ in Gl. (45, 12) für $\varkappa_\nu$, sowie der entsprechende Anteil der Kanten $n > 4$ und der kontinuierlich- kontinuierlichen Übergänge. Unter den zuerst genannten Zahlen sind noch die Werte der $\{\cdots\}$ selbst angegeben. (Die bei $n = 3$ angeschriebene Zahl z. B. bezieht sich auf den Bereich $u_2 \geqq u \geqq u_3$ bzw. das Wellenlängengebiet λ 3647—8206.)

Die folgenden Zeilen geben für einige Wellenlängen die $\log_{10}$ der „wirksamen Absorptionskoeffizienten" pro Gramm Wasserstoff

$$\varkappa'_\nu = \varkappa_\nu(1 - e^{-u}) = F \cdot \{\cdots\} \frac{1 - e^{-u}}{u^3}. \qquad (45,\ 14)$$

Für die Balmer-Grenze λ 3647 und die Paschen-Grenze λ 8206 sind die $\varkappa'_\nu$-Werte für die kurz- und langwellige Seite angegeben. Wir werden sie später benutzen, um den Intensitätssprung in den Spektren früher Spektraltypen bei diesen Wellenlängen zu berechnen.

Der untere Teil unserer Tabelle gibt die Berechnung von $\bar{\varkappa}$. Zuerst sind die Beiträge der Wellenlängengebiete zwischen je zwei Kanten zu $1/\bar{\varkappa}$ und dann ihre Summe angegeben — beide noch ohne den Faktor $1/F$. Die letzte Zeile endlich gibt den Opazitätskoeffizienten $\bar{\varkappa}$ selbst. An Hand der einzelnen Teilbeträge kann man leicht übersehen, welchen Anteil die links angeschriebenen Wellenlängen-

[1] Der Faktor $T^3 \cdot u^3$ im Nenner ist (NB!) temperatur*un*abhängig und stellt nur die Frequenzabhängigkeit $\sim \nu^{-3}$ dar.

[2] Genauer gesagt: Wasserstoff im Grundzustand $n = 1$.

[3] Im Sinne der seitherigen Bezeichnungsweise also $\varkappa_\nu/m_H$.

Tabelle 32. Berechnung von $\varkappa_\nu'$ und $\bar{\varkappa}$ pro Gramm neutralen Wasserstoffes.

		0,1	0,2	0,3	0,4	0,5	0,6	0,7	0,8
$\Theta = \frac{5040}{T}$:		0,1	0,2	0,3	0,4	0,5	0,6	0,7	0,8
T:		50400	25200	16800	12600	10080	8400	7200	6300
$\log_{10} F$:		6,81	6,35	5,53	4,55	3,49	2,37	1,22	0,04
$\frac{1}{n^3} e^{u_n}$ und $\sum_n^4 \frac{1}{n^3} e^{u_n} + \frac{1}{2u_1} e^{u_5}$	$n = 1$	$2{,}24 \cdot 10^{1}$	$5{,}13 \cdot 10^{2}$	$1{,}15 \cdot 10^{4}$	$2{,}63 \cdot 10^{5}$	$5{,}89 \cdot 10^{6}$	$1{,}32 \cdot 10^{8}$	$3{,}02 \cdot 10^{9}$	$6{,}76 \cdot 10^{10}$
		$2{,}29 \cdot 10^{1}$	$5{,}14 \cdot 10^{2}$	$1{,}15 \cdot 10^{4}$	$2{,}63 \cdot 10^{5}$	$5{,}89 \cdot 10^{6}$	$1{,}32 \cdot 10^{8}$	$3{,}02 \cdot 10^{9}$	$6{,}76 \cdot 10^{10}$
	$n = 2$	$2{,}74 \cdot 10^{-1}$	$5{,}99 \cdot 10^{-1}$	1,27	2,80	6,12	$1{,}34 \cdot 10^{1}$	$2{,}92 \cdot 10^{1}$	$6{,}26 \cdot 10^{1}$
		$5{,}26 \cdot 10^{-1}$	$7{,}99 \cdot 10^{-1}$	1,48	3,05	6,43	$1{,}38 \cdot 10^{1}$	$2{,}97 \cdot 10^{1}$	$6{,}33 \cdot 10^{1}$
	$n = 3$	$5{,}22 \cdot 10^{-2}$	$7{,}40 \cdot 10^{-2}$	$1{,}04 \cdot 10^{-1}$	$1{,}47 \cdot 10^{-1}$	$2{,}08 \cdot 10^{-1}$	$2{,}94 \cdot 10^{-1}$	$4{,}14 \cdot 10^{-1}$	$5{,}85 \cdot 10^{-1}$
		$2{,}52 \cdot 10^{-1}$	$2{,}00 \cdot 10^{-1}$	$2{,}09 \cdot 10^{-1}$	$2{,}48 \cdot 10^{-1}$	$3{,}09 \cdot 10^{-1}$	$4{,}00 \cdot 10^{-1}$	$5{,}31 \cdot 10^{-1}$	$7{,}13 \cdot 10^{-1}$
	$n = 4$	$1{,}90 \cdot 10^{-2}$	$2{,}31 \cdot 10^{-2}$	$2{,}78 \cdot 10^{-2}$	$3{,}42 \cdot 10^{-2}$	$4{,}10 \cdot 10^{-2}$	$5{,}05 \cdot 10^{-2}$	$6{,}21 \cdot 10^{-2}$	$7{,}47 \cdot 10^{-2}$
		$2{,}00 \cdot 10^{-1}$	$1{,}26 \cdot 10^{-1}$	$1{,}05 \cdot 10^{-1}$	$1{,}01 \cdot 10^{-1}$	$1{,}01 \cdot 10^{-1}$	$1{,}06 \cdot 10^{-1}$	$1{,}17 \cdot 10^{-1}$	$1{,}28 \cdot 10^{-1}$
	$\frac{1}{2u_1} \cdot e^{u_5}$	$1{,}81 \cdot 10^{-1}$	$1{,}03 \cdot 10^{-1}$	$7{,}47 \cdot 10^{-2}$	$6{,}65 \cdot 10^{-2}$	$5{,}96 \cdot 10^{-2}$	$5{,}58 \cdot 10^{-2}$	$5{,}50 \cdot 10^{-2}$	$5{,}38 \cdot 10^{-2}$
Absorptionskoeffizient	$\lambda = 3000$	6,39	5,35	4,31	3,29	2,27	1,24	0,23	—0,80
	3647	6,59	5,57	4,55	3,53	2,51	1,50	0,48	—0,54
		6,27	4,97	3,70	2,44	1,19	—0,04	—1,27	—2,49
	4000	6,36	5,07	3,81	2,55	1,31	0,08	—1,15	—2,37
$\log \varkappa_\nu' = \log \varkappa_\nu (1 - e^{-u})$	5000	6,58	5,32	4,07	2,82	1,59	0,36	—0,87	—2,09
	6500	6,84	5,59	4,36	3,13	1,90	0,68	—0,54	—1,75
	8206	7,06	5,83	4,61	3,39	2,17	0,96	—0,26	—1,47
		6,96	5,63	4,31	3,00	1,68	0,38	—0,92	—2,25
	10000	7,14	5,82	4,50	3,22	1,91	0,61	—0,67	—1,83
Absorptionskante bei	$\lambda = 0$ ↕ $n = 1$ $\lambda = 912$ Å	8,42	0,3	—	—	—	—	—	—
$\frac{\varphi(u_{n-1}) - \varphi(u_n)}{\sum_n^4 \frac{1}{n^3} e^{u_n} + \frac{1}{2u_1} e^{u_5}}$	↕ $n = 2$ 3647	7,02	73,1	94,9	58,8	28,6	12,7	5,3	2,2
	↕ $n = 3$ 8206	—	0,5	4,3	14,6	32,4	52,9	69,7	79,0
	↕ $n = 4$ 14588	—	—	0,1	0,6	1,8	4,3	8,8	15,6
	↕ $n > 4$ ∞	—	—	—	—	0,2	0,5	0,9	2,0
	Σ	$15{,}4_4$	73,9	99,3	74,0	63,0	70,4	84,7	98,8
Opazitätskoeffizient $\log \bar{\varkappa}$		5,62	4,48	3,52	2,68	1,69	0,52	—0,71	—1,95

bereiche zur „Gesamtdurchlässigkeit" $1/\bar{\varkappa}$ einer Wasserstoff-Sternatmosphäre liefern: Bei 50400° fließt der Hauptanteil des Strahlungsstromes im LYMAN-Gebiet; $1/\bar{\varkappa}$ wird also bestimmt durch die Durchlässigkeit in diesem Spektralgebiet. Bei 16800° ist $\bar{\varkappa}$ fast ganz bedingt durch die Durchlässigkeit zwischen BALMER- und LYMAN-Grenze (vor der letzteren ist $\varkappa_\nu$ ja besonders klein!); usw. Allgemein gesprochen: Maßgebend für $\bar{\varkappa}$ ist stets das *kleinste* $\varkappa_\nu'$ in dem noch von einem merklichen Strahlungsstrom durchsetzten Frequenzbereich.

Wollte man mit Hilfe der Tab. 32 den Absorptionskoeffizienten pro g einer reinen Wasserstoffatmosphäre berechnen, so müßten die $\varkappa_\nu'$ und $\bar{\varkappa}$ noch mit der nach der SAHAschen Gleichung berechneten Verhältniszahl:

$$\frac{\text{neutrale Atome}}{\text{Atome} + \text{Ionen}} = 1 - x$$

multipliziert werden. Wir wollen diese Rechnung aber noch aufsparen und wenden uns zunächst der kontinuierlichen Absorption der übrigen Elemente zu.

46. Der kontinuierliche Absorptionskoeffizient von HeI und HeII.

Zunächst eine allgemeine Bemerkung: Zur übersichtlicheren Darstellung von quantenmechanischen Berechnungen oder Messungen kontinuierlicher Absorptionskoeffizienten $\varkappa_\nu$ (pro Atom) benutzt man vielfach den Begriff der „differentiellen Oszillatorenstärke". Wir schreiben:

$$\varkappa_\nu = \frac{\pi e^2}{m c} \frac{d f}{d \nu} = \frac{\pi e^2}{m c^2 \cdot R} \cdot \frac{d f}{d E} \,. \tag{46, 1}$$

Dabei bedeutet $d\nu$ ein Inkrement der Frequenz ν [sec^{-1}], dE ein solches der Wellenzahl [cm^{-1}] des absorbierten Lichtquants in Einheiten der RYDBERG-Frequenz R. Die Einführung der dimensionslosen Variablen $E = \nu/R\,c$ (= Energie des ausgeworfenen Photoelektrons in Einheiten der Ionisierungsenergie des Wasserstoffatoms) erweist sich für die quantenmechanischen Rechnungen als zweckmäßig. Zahlenmäßig ist noch:

$$\frac{\pi e^2}{m c^2 R} = 8{,}06_4 \cdot 10^{-18}\,\text{cm}^2 \,. \tag{46, 2}$$

Das über das ganze Kontinuum erstreckte Integral

$$\int \varkappa_\nu \, d\nu = \frac{\pi e^2}{m c} \int \frac{d f}{d E} dE = \frac{\pi e^2}{m c} \cdot f \tag{46, 3}$$

gibt ein Maß für dessen gesamte Absorptionswirkung (hierzu Abschnitt 70). f bezeichnet man als die *Oszillatorenstärke* des betreffenden Kontinuums. Für die Absorption eines elastisch gebundenen Elektrons, wie es in der klassischen Elektronentheorie benutzt wird, ist nämlich $f = 1$. Auf das quantentheoretische Analogon dieser Aussage, den sog. *f-Summen-Satz* werden wir in Abschnitt 88 zurückkommen.

Quantentheoretische Berechnungen der Absorption vom Heliumgrundzustand $1\,^1S$ aus bei $\lambda < 504$ Å sind nach verschiedenen Verfahren von J. A. WHEELER [748], J. P. VINTI [745], H. KÖRWIEN [720] und SU-SHU HUANG [718] durchgeführt worden. Für die Gesamt-Oszillatorenstärke f erhält WHEELER 1,58, VINTI 1,55 und HUANG 1,50. Für den Wasserstoff-Grundzustand wäre vergleichsweise $f = 0{,}437$.

Tab. 33 gibt nach J. P. VINTI [745] die df/dE und $\varkappa_\nu$ [cm^2] als Funktion der Wellenlänge. Neben letzterer ist noch die Energie des ausgeworfenen Photoelektrons in eVolt angeschrieben. Die Rechnungen der anderen Autoren stimmen mit denen VINTIs sehr gut überein. Die Abnahme der $\varkappa_\nu$ nach kurzen Wellen erfolgt beim He $1\,^1S$-Kontinuum etwa $\sim 1/\nu^2$, also viel langsamer, als der KRAMERSschen Formel für wasserstoffähnliche Atome entspricht.

Die Kontinua der scharfen und diffusen Singulett- und Triplettnebenserien sind zuerst von L. GOLDBERG [714] berechnet worden. Abb. 69 zeigt seine Absorptionskoeffizienten $\log \alpha_\nu$ als Funktion von $\log \nu/R = \log 912 - \log \lambda_A$. Den Grenzkontinuis der Serien 2 P – n D überlagern sich noch die von 2 P – n S. Anhand der für Wasserstoff vorliegenden Werte kann man abschätzen, daß letztere nur 4—5% der 2 P – n D-Kontinua ausmachen. Die 2 S – n P-Kontinua sind neuerdings noch einmal in etwas anderer Weise von SU-SHU HUANG [718] berechnet worden. In dem praktisch wichtigen Bereich der Abb. 69 stimmen seine Werte mit GOLDBERGs sehr gut überein. Bezüglich der Gesamt-Oszillatorenstärken dagegen bestehen ziemliche Differenzen. Für das $2\,^3S - n\,^3P$-Kontinuum findet GOLDBERG $f = 0{,}16$, HUANG $f = 0{,}25$; für das $2\,^1S - n\,^1P$-Kontinuum entsprechend 0,30 und 0,40.

Tabelle 33. Absorptionskoeffizient des Helium-Grundzustandes $1\,^1S$ nach J. P. VINTI [745]. U = Energie des ausgeworfenen Photoelektrons.

λ	U [eVolt]	$\frac{df}{dE}$	$\varkappa_\nu$ pro Atom [cm²]
504,3	0,00	1,047	$8{,}45 \cdot 10^{-18}$
454,1	2,71	0,816	6,58
412,9	5,42	0,656	5,30
349,6	10,83	0,455	3,67
303,1	16,25	0,337	2,72
267,5	21,67	0,261	2,10
239,4	27,1	0,208	1,68
133,9	67,7	0,0620	$5{,}00 \cdot 10^{-19}$
77,2	135,4	0,0171	1,38
34,0	338,5	0,00186	0,15

Die Kontinua der höheren He-Terme mit $n > 2$ und die frei-frei-Übergänge kann man wasserstoffähnlich rechnen. Nur die S-Bahnen dringen ja (in der Sprache der BOHRschen Theorie) in den Atomrumpf ein. Ihr statistisches Gewicht verschwindet bei größeren n aber mehr und mehr gegenüber dem der Bahnen mit großen Azimutalquantenzahlen $L = n - 1$, $n - 2, \ldots$.

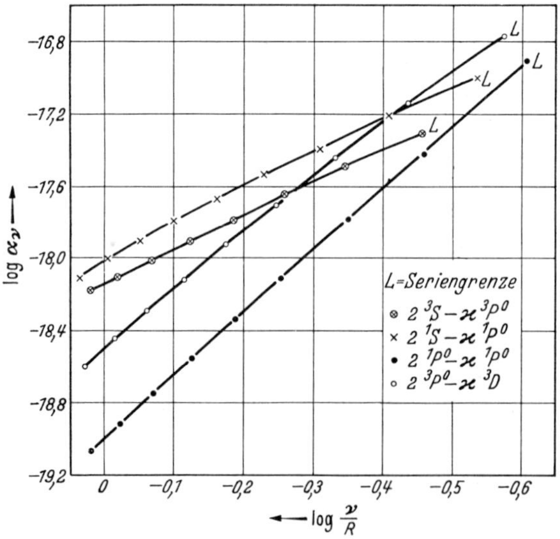

Abb. 69. Absorptionskoeffizienten der Grenzkontinua der Helium-Serien $2\,S - n\,P$ und $2\,P - n\,D$. Nach L. GOLDBERG [714].

Wenn man den Absorptionskoeffizienten pro *neutrales* Heliumatom berechnet, so muß man noch bedenken, daß das statistische Gewicht der Zustände mit der Hauptquantenzahl n nicht wie beim Wasserstoff $2\,n^2$ (*zwei* Einstellmöglichkeiten des Elektronenspins), sondern — abgesehen vom Grundterm — gleich $4\,n^2$ (zwei Elektronen bzw. Singulett + Triplett) ist. Andererseits ist — wegen des PAULI-Prinzips — das statistische Gewicht des He-Grundzustandes $g_{0,0} = 1$ statt 2 beim Wasserstoff. Pro neutrales Atom ist also die Absorption der höheren Quantenzustände beim Helium 4 mal größer als beim Wasserstoff. Berechnet man dagegen dieselbe Absorption pro Helium-*Ion*, so tritt in der SAHA-Formel derselbe Extra-Faktor 4 auf, und man erhält *dasselbe* Ergebnis wie beim Wasserstoff. Betrachtet man die Emission statt der Absorption, so erscheint letzteres Ergebnis selbstverständlich. In einem kleinen Temperatur- und Druckbereich muß man übrigens (genau genommen) das Übereinandergreifen der 1. und 2. Ionisation des Heliums berücksichtigen; vgl. Kap. IV und E. VITENSE [747].

Den He II-Absorptionskoeffizienten kann man völlig wasserstoffähnlich nach Abschnitt 45 mit $Z = 2$ rechnen. Praktisch wesentlich ist — abgesehen von Temperaturen über 50000° — nur das Kontinuum des Grundzustandes bei $\lambda < 228$ Å. Nach (45, 3) ist pro He^+-Ion

$$\varkappa_\nu = \frac{64\pi^4}{3\sqrt{3}} \cdot \frac{m e^{10}}{c^4 h^6} \cdot \lambda^3 Z^4 . \tag{46, 4}$$

47. Der kontinuierliche Absorptionskoeffizient der übrigen Atome bzw. positiven Ionen, insbesondere der Metalle.

Die Absorption der höheren Quantenzustände der Metalle — wie wir kurz sagen wollen — berechnen wir in Ermangelung eines Besseren wasserstoffähnlich, wobei wir die störende Wirkung der inneren Elektronen schematisch durch Einführung einer effektiven Kernladungszahl $Z + s$ (Bogenspektrum $Z = 1$; erstes Funkenspektrum $Z = 2, \ldots$) Rechnung tragen. Eine anschauliche Betrachtung der Gestalt der Bahnen läßt erwarten, daß bei sehr großen Hauptquantenzahlen n für das Gros der Bahnen das s gegen Null geht. Für kleinere n schätzen wir durch Vergleich der Termwerte der wichtigsten Elemente Mg, Si und Fe (vgl. Tab. 22) mit denen des Wasserstoffs etwa $s = 1$ bis 1,25. Zum mindesten das $\varkappa_\nu$ des Grundzustandes müßte wie beim He numerisch berechnet werden. Gerade für die genannten drei wichtigsten Elemente bietet eine solche Rechnung aber besondere Schwierigkeiten und ist bis jetzt nicht durchgeführt worden. Wir müssen uns daher mit der erwähnten rohen Abschätzung bis zur Hauptseriengrenze (Mg 1620 Å, Si 1520 Å, Fe 1580 Å) begnügen. Von dort nimmt $\varkappa_\nu$ nach kurzen Wellen rasch ab. Auf die detaillierte Berechnung der Absorptionskoeffizienten anderer Elemente, insbesondere der Alkalien — die immerhin einen gewissen Einblick in die vorliegenden Möglichkeiten geben — werden wir erst in Kap. XII und XIV im Zusammenhang mit der quantentheoretischen Berechnung von *Linien*intensitäten eingehen.

Indem wir in Gl. (45, 9) die Summation über n durch eine Integration (jede der Wasserstoffabsorptionskanten ist ja bei den Metallen in viele aufgespalten) über alle $u_n < u = \frac{h\nu}{kT}$ (nur diese Zustände tragen zur Absorption bei der Frequenz ν bei) bis $u_n \to -\infty$ (zur Berücksichtigung der frei-frei-Übergänge) ersetzen, erhalten wir mit $u_n = R h c (Z + s)^2/n^2 kT$, zunächst noch pro „Wasserstoff-Atom im Grundzustand“,

$$\varkappa_{\nu, at} = \frac{16\pi^2}{3\sqrt{3}} \cdot \frac{e^6 (Z + s)^2}{c h k^2} \cdot \frac{e^{-u_1}}{T^2} \cdot \frac{e^u}{u^3} . \tag{47, 1}$$

Verbindet man diesen Ausdruck mit der SAHAschen Formel ($g_0 = 2$, $g_1 = 1$)

$$\frac{n_1}{n_0} P_e = \frac{(2\pi m)^{3/2} (kT)^{5/2}}{h^3} \cdot e^{-u_1} , \tag{47, 2}$$

so erhält man — sofern nur diese Ionisation im Gang ist — durch Division den Absorptionskoeffizienten *pro Ion*:

$$\varkappa_{\nu, Ion} = \frac{16\pi^2}{3\sqrt{3}} \cdot \frac{e^6 (Z + s)^2}{c h (2\pi m k)^{3/2}} \cdot \frac{P_e}{T^{3/2}} \cdot \frac{e^{h\nu/kT}}{\nu^3} . \tag{47, 3}$$

Diese Formel hat gegenüber (47, 1) den Vorteil, daß die Energiewerte und statistischen Gewichte der tiefen Terme — die ja alles andere als wasserstoffähnlich sind — explizit überhaupt nicht mehr auftreten. Dementsprechend dürfte Gl. (47, 3) im langwelligen Gebiet mit $s \approx 0$ ziemlich genau sein, von da aus wird man z. B. für Mg, Si und Fe in der Sonnenatmosphäre s nach dem UV hin auf etwa 1—1,25 anwachsen lassen. Im UV selbst gibt die Gleichung nur noch eine dürftige Abschätzung des Metall-Absorptionskoeffizienten, der dann bei $\lambda \leqq 1600$ Å rasch abnehmen muß.

Man kann sodann noch fragen, ob nicht bei Temperaturen über $\sim 50000°$ evtl. die hohen Ionisationsstufen der relativ häufigen Nichtmetalle N, O, Ne und evtl. C relativ zum Wasserstoff eine gewisse Bedeutung erlangen können? Ihre Gesamthäufigkeit entspricht $\sim 3 \cdot 10^{-3}$ Atome pro H-Atom. Rechnen wir nun mit einem durchschnittlichen $Z = 5$, so verhält sich also bei einer bestimmten Wellenlänge, z. B. λ 4000 Å, nach (47, 3) der Absorptionskoeffizient der genannten Elemente zu dem des Wasserstoffs etwa wie $3 \cdot 10^{-3} \cdot 25 = 0{,}075$, d. h. er ist ziemlich unwichtig. Im Lyman-Gebiet dagegen werden die Hauptserienkontinua der Nichtmetalle gegenüber den nach kürzeren Wellen zu rasch abfallenden Kontinua von H, He I und He II bei hohen Temperaturen die Oberhand gewinnen. Die Approximation (47, 3) ist hier selbstverständlich nicht mehr zuständig.

Über die experimentelle Prüfung der Gl. (47, 3) durch H. Maecker [723] vgl. Abschnitt 96, 3.

48. Das negative Wasserstoffion H⁻.

Nachdem wir die grundlegenden Arbeiten von R. Wildt und die älteren quantenmechanischen Berechnungen des H⁻-Absorptionskoeffizienten von C. K. Jen, D. R. Bates und H. S. W. Massey schon in Abschnitt 44 besprochen haben, wenden wir uns sogleich den Untersuchungen von S. Chandrasekhar und F. H. Breen [709, I—III] zu, welche die Absorption des H⁻-Ions durch gebunden-frei und frei-frei-Übergänge mit äußerster Gründlichkeit und Sorgfalt berechnet und damit eines der wichtigsten Fundamente der neueren Theorie der Sternspektren geschaffen haben.

Zunächst ergibt sich die *Ionisierungsspannung* des H⁻-Ions im Grundzustand $(1\,s)^2\,{}^1S$ zu

$$\chi = 0{,}7496 \text{ eV}\,. \tag{48, 1}$$

Infolgedessen erstreckt sich die *gebunden-frei-Absorption* von der entsprechenden Wellenlänge $\lambda = 16550$ Å nach Violett. Wir werden sehen, daß sie an dieser Grenze mit Null beginnt, bei $\lambda \sim 8500$ Å ein Maximum erreicht und dann nach kurzen Wellen wieder abnimmt.

Außer dem Grundzustand $(1\,s)^2\,{}^1S$, welcher dem des He-Atoms entspricht, besitzt das H⁻-Ion unterhalb der Ionisierungsgrenze *keine* diskreten Zustände und also auch keine Linien und keine weiteren Grenzkontinua. Erst der Zustand $(2\,s)\,(2\,p)\,{}^3P$ ist nach E. Hylleraas [717] möglich, aber seine Bildung aus einem H-Atom erfordert 6,2 Volt Anregungsenergie (außerdem zerfällt er durch Autoionisation). Er ist daher astrophysikalisch bedeutungslos.

Die *frei-frei-Absorption* nimmt — wie sich zeigen wird — von kurzen nach langen Wellen auch über die Grenze des gebunden-frei-Kontinuums bei λ 16550 Å hinaus stetig zu.

Zur Berechnung des Absorptionskoeffizienten bzw. der Übergangswahrscheinlichkeiten berechnet man gewöhnlich die Matrixelemente der *Amplitude* (für eine bestimmte Schwingungsrichtung) $z_1 + z_2$ der beiden Elektronen (Verfahren I). Wie S. Chandrasekhar [709, I] bemerkt, ist es zum Teil zweckmäßiger, durch eine Umformung zu denen des *Impulsoperators* $\frac{\partial}{\partial z_1} + \frac{\partial}{\partial z_2}$ (Verfahren II) oder der

Beschleunigung bzw. des Potentialgradienten $\frac{z_1}{r_1^3} + \frac{z_2}{r_2^3}$ (Verfahren III) überzugehen. Man sieht sofort, daß es bei (I) auf die Genauigkeit der Eigenfunktionen in großer Entfernung vom Kern ankommt, bei (III) dagegen gerade auf die kernnahen Teile der Eigenfunktionen, während (II) in der Mitte steht. Für die Berechnung des Absorptionskoeffizienten im Infrarot (kleine Energien) sind nun — wie man korrespondenzmäßig leicht einsieht — die äußeren Teile der Wellenfunktionen wichtig, hier wird also das Verfahren I schlecht sein, II besser und III am besten. Im Ultraviolett muß es gerade umgekehrt sein. Abb. 70 zeigt nun das Ergebnis einer Berechnung der gebunden-frei-Absorption nach den drei Verfahren, wobei für den H^--Grundzustand eine sehr genaue Variations-Eigenfunktion, für das freie Elektron dagegen die Approximation durch eine ebene Welle benutzt wurde. Die mit der *Impulsmatrix* berechnete Kurve II schließt sich an beiden Seiten jeweils der „besten" Näherung an. Weitere Rechnungen zeigten, daß beim Verfahren II auch die Auswirkung von Ungenauigkeiten in der Eigenfunktion des H^--Grundzustandes auf den Absorptionskoeffizienten am geringsten ist. Das Impulsmatrix-Verfahren II verdient also in jeder Hinsicht den Vorzug. Die endgültigen gebunden-frei-Absorptionskoeffizienten (Tab. 34) hat dann S. CHANDRASEKHAR [709, II] nach diesem Verfahren berechnet, wobei für den H^--Grundzustand die schon erwähnte Eigenfunktion verwendet wurde. Für das freie Elektron wurden dagegen nun genauere Eigenfunktionen benutzt, wobei seiner Wechselwirkung mit dem H-Atom durch dessen Potential-(HARTREE-)Feld Rechnung getragen wurde.

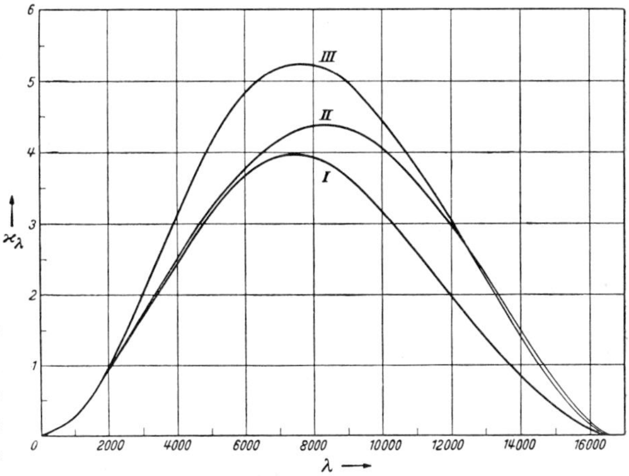

Abb. 70. Absorptionskoeffizient (in 10^{-17} cm²) pro H^--Ion berechnet mit der Amplitudenmatrix (I), der Impulsmatrix (II) und der Beschleunigungsmatrix (III). Nach S. CHANDRASEKHAR [709, I].

Tabelle 34. Gebunden-freier Absorptionskoeffizient des negativen Wasserstoffions. Nach S. CHANDRASEKHAR [709, II].

λ(Å)	$\varkappa_\nu \cdot 10^{17}$ [cm²]	λ(Å)	$\varkappa_\nu \cdot 10^{17}$ [cm²]
505	0,0657	5875	3,87
1066	0,333	6280	4,06
1642	0,740	7283	4,41
2249	1,231	8275	4,52
2987	1,84	8669	4,50
3572	2,32	9102	4,44
3960	2,62	10111	4,13
4443	2,97	12131	2,96
5059	3,39	13994	1,50

Um die H^--*Absorption pro neutrales Wasserstoffatom*[1] (im Grundzustand) auszurechnen, müssen wir die SAHAsche Formel für die Reaktion $H + e^- \leftrightarrows H^-$ anschreiben. Die Ionisierungsspannung des negativen Wasserstoffions ist $\chi = 0{,}75$ eV, das statistische Gewicht für seinen ^1S-Grundzustand gleich 1, während für das H-Atom wie für das freie Elektron je $g = 2$ gilt. Bezeichnen wir

[1] Sollte bei höheren Temperaturen ein merklicher Teil des Wasserstoffes angeregt oder ionisiert sein, so läßt sich dies leicht nach den Formeln von BOLTZMANN und SAHA berücksichtigen. Analog auch eine evtl. Bildung von H_2-Molekülen bei tiefen Temperaturen.

noch die Zahl der Wasserstoffatome (z. B. pro cm³) mit n_0, die der negativen Wasserstoffionen mit n_-, so wird nach (23, 5) mit $\Theta = 5040/T$:

$$\log \frac{n_0}{n_-} \cdot P_e = -\,\chi \cdot \Theta + \frac{5}{2} \log T - 0{,}48 + \log 4 \qquad (48, 2)$$

oder

$$\begin{aligned} \log \frac{n_-}{n_0} &= 0{,}75\,\Theta - \frac{5}{2} \log T - 0{,}12 + \log P_e \\ &= 0{,}75\,\Theta + \frac{5}{2} \log \Theta - 9{,}38 + \log P_e . \end{aligned} \qquad (48, 3)$$

Die Berechnung der frei-frei-Übergänge ist außerordentlich mühsam. S. Chandrasekhar und F. H. Breen [709, III] berechnen zunächst für jeden Energiewert des freien Elektrons die Eigenfunktion im Hartree-Feld des H-Atoms. Dann wird nach Verfahren III (da es sich um Zustände kleiner Energie handelt) für jeden Energiewert (*a*) die Übergangswahrscheinlichkeit nach jedem anderen Energiewert (*b*) ausintegriert, und schließlich muß noch über alle (*a*) entsprechend der Maxwell-Boltzmannschen Energieverteilung für die betreffende Temperatur T gemittelt werden.

In Tab. 35 geben wir gleich das Schlußresultat der ganzen Untersuchung wieder, nämlich den gesamten H^--Absorptionskoeffizienten (frei-gebunden- *und* frei-frei-Übergänge) pro neutrales H-Atom (im Grundzustand) und für $P_e = 1$ Bar [nach (48, 3) ist ja $\varkappa_\nu \sim P_e$], schon multipliziert mit dem Faktor $1 - e^{-h\nu/kT}$ zur Berücksichtigung der erzwungenen Emissionen nach Gl. (32, 14).

Vernachlässigt ist bei der Berechnung (um sie nicht ins Uferlose anwachsen zu lassen) der „freien" Eigenfunktionen noch der Austausch der beiden Elektronen und die Polarisation des H-Atoms durch das zweite Elektron. Mit diesen

Tabelle 35. Kontinuierliche Absorption des negativen Wasserstoffions durch frei-freie und gebunden-freie Übergänge mit Berücksichtigung der erzwungenen Emissionen durch den

Faktor $1 - e^{-\alpha}$, wo $\alpha = \dfrac{h\nu}{kT}$.

Tabuliert ist $-\log(\varkappa_\lambda(1 - e^{-\alpha})/P_e)$, wobei $\varkappa_\lambda$ pro *neutrales Wasserstoffatom* und der Elektronendruck P_e in dyn/cm² gerechnet ist, in Abhängigkeit von $\Theta = 5040/T$.

Δk^2	λ(Å)	$\Theta = 0{,}5$	0,6	0,7	0,8	0,9	1,0	1,2	1,4	1,6	1,8	2,0
†	—	28,454	28,338	28,242	28,160	28,089	28,026	27,920	27,831	27,756	27,690	27,633
0,005	182300	23,932	23,816	23,720	23,638	23,567	23,504	23,397	23,308	23,233	23,168	23,110
0,010	91130	24,533	24,416	24,319	24,237	24,166	24,102	23,995	23,906	23,829	23,763	23,705
0,015	60750	24,882	24,364	24,667	24,585	24,513	24,449	24,341	24,251	24,175	24,108	24,050
0,020	45560	25,128	25,010	24,913	24,829	24,757	24,693	24,584	24,494	24,417	24,350	24,292
0,025	36450	25,318	25,199	25,101	25,017	24,945	24,880	24,771	24,680	24,603	24,537	24,479
0,030	30380	25,472	25,353	25,254	25,170	25,096	25,032	24,922	24,832	24,755	24,688	24,630
0,040	22780	25,712	25,592	25,492	25,407	25,334	25,269	25,159	25,068	24,992	24,926	24,868
0,050	18230	25,896	25,775	25,675	25,590	25,516	25,451	25,341	25,251	25,174	25,108	25,051
0,060	15190	26,012	25,872	25,749	25,634	25,523	25,415	25,196	24,970	24,737	24,500	24,261
0,070	13020	26,026	25,841	25,667	25,500	25,337	25,178	24,871	24,576	24,294	24,024	23,764
0,080	11390	26,018	25,801	25,599	25,408	25 225	25,051	24,721	24,413	24,124	23,849	23,587
0,090	10130	26,013	25,779	25,562	25,360	25,169	24,989	24,652	24,341	24,049	23,774	23,511
0,100	9113	26,016	25,771	25,547	25,340	25,146	24,963	24,623	24,310	24,018	23,742	23,479
0,120	7594	26,040	25,785	25,555	25,344	25,147	24,963	24,622	24,308	24,016	23,740	23,477
0,140	6509	26,079	25,820	25,588	25,376	25,179	24,995	24,655	24,340	24,048	23,772	23,508
0,160	5695	26,123	25,864	25,631	25,419	25,222	25,038	24,696	24,383	24,091	23,815	23,551
0,180	5063	26,169	25,910	25,678	25,465	25,269	25,084	24,743	24,430	24,137	23,860	23,597
0,200	4556	26,215	25,956	25,724	25,512	25,315	25,131	24,789	24,476	24,183	23,906	23,643
0,225	4050	26,272	26,013	25,782	25,569	25,372	25,187	24,845	24,531	24,239	23,962	23,698

† Diese Zeile plus $2 \cdot \log(\lambda(\text{Å})/1000)$ gibt die Werte für $\lambda > 180000$ Å und das jeweilige Θ.

Effekten hat sich T. B. STAVER [736] beschäftigt. Es erscheint nicht ausgeschlossen, daß sie im Ultrarot Fehler der Größenordnung 20% hervorrufen, während die Berechnung der gebunden-freien Absorptionskoeffizienten auf etwa 5% genau sein dürfte.

Über den Nachweis des H^--Kontinuums im Laboratorium vgl. Abschnitt 96, 4.

49. THOMSON-Streuung an freien Elektronen und RAYLEIGH-Streuung an Wasserstoff- und Heliumatomen.

Neben den eigentlichen Absorptionsprozessen spielt in den größtenteils ionisierten Atmosphären der heißen Sterne (etwa $T > 10000°$) und in der Sonnenkorona die THOMSON-Streuung an freien Elektronen eine erhebliche Rolle. Bei niedrigeren Temperaturen, d. h. wenn der Wasserstoff praktisch neutral ist, darf im kurzwelligen Spektralbereich auch die RAYLEIGH-Streuung an den neutralen Atomen nicht ganz vernachlässigt werden.

Wir behandeln beide Streuprozesse zunächst im Rahmen der *klassischen Elektronentheorie* [732] (H. A. LORENTZ), wobei wir auf Abschnitt 6 zurückgreifen können. Erst nachträglich besprechen wir die — praktisch nicht erheblichen — Änderungen, welche die Quantentheorie mit sich bringt.

Wenn Elektronen durch ein Strahlungsfeld zum Mitschwingen gebracht werden, so strahlen sie selbst wieder als HERTZsche Oszillatoren. Da ihre Schwingungen im Takt der einfallenden Lichtwelle erfolgen, so hat das *Streulicht genau dieselbe Frequenzverteilung wie die einfallende Strahlung.*

Ist $\ddot{x}$ die Beschleunigung eines streuenden Elektrons, ϑ der Winkel zwischen der Schwingungsrichtung des Elektrons und der Verbindungslinie Elektron — Beobachter, sowie r deren Abstand, so ist nach H. HERTZ der Strahlungsstrom (Energiestrom pro cm²) am Orte des Beobachters

$$S = \frac{e^2 \ddot{x}^2}{4\pi c^3 \cdot r^2} \cdot \sin^2\vartheta \,. \qquad (49, 1)$$

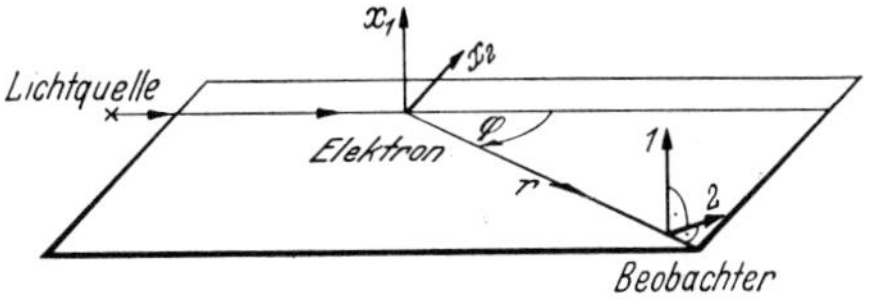

Abb. 71. Streuung unpolarisierter Strahlung an einem Elektron.

Der elektrische Vektor $\mathfrak{E}$ der Streulichtwelle schwingt dabei $\perp r$ in der durch r und die Schwingungsrichtung des Elektrons gehenden Ebene.

Wird das Elektron E (Abb. 71) mit unpolarisiertem Licht bestrahlt, so zerlegen wir gedanklich seine Bewegung am einfachsten in die beiden Komponenten x_1 ($\perp$ zur Ebene LEB) und x_2 (*in* dieser Ebene $\perp$ LE). Die entsprechenden Anteile am Strahlungsstrom S in B sind dann:

$$S_1 = \frac{e^2 \ddot{x}_1^2}{4\pi c^3 \cdot r^2} \cdot 1 \quad \text{und} \quad S_2 = \frac{e^2 \ddot{x}_2^2}{4\pi c^3 \cdot r^2} \cdot \cos^2\varphi \,, \qquad (49,2)$$

wo φ (s. Abb. 71) den Streuwinkel bedeutet.

Schreiben wir — wie in (6, 2) — die Schwingung des Elektrons in der Form $x = x_0\, e^{i\omega t}$, wo $\omega = 2\pi\nu$ die Kreisfrequenz des erregenden Lichtes bedeutet, so ist zunächst $\ddot{x} = -\,\omega^2\, x$, und es wird

$$S_{1,0} = \frac{\omega^4 \cdot \frac{1}{2}\,(e\, x_{1,\,0})^2}{4\pi c^3 \cdot r^2} \quad \text{und} \quad S_{2,0} = \frac{\omega^4 \cdot \frac{1}{2}\,(e\, x_{2,\,0})^2}{4\pi c^3 \cdot r^2} \cos^2\varphi \,, \qquad (49,3)$$

wobei der Index $_0$ jeweils die Amplituden bezeichnet. Die elektrischen Momente $e\,x_0$ setzen wir $= \alpha F_0$, wo α die *Polarisierbarkeit* und F_0 die Amplitude des elektrischen Feldes der einfallenden Lichtwelle bedeutet. F_0 ist andererseits mit dem entsprechenden Energiestrom S_0' pro cm² (POYNTINGscher Vektor) am Ort des

Elektrons verknüpft durch die bekannte Beziehung:

$$S_0' = \frac{c}{4\pi} \cdot \frac{1}{2} F_0^2 \quad \text{(für Richtung 1 \textit{oder} 2)} . \tag{49, 4}$$

Es ist also schließlich:

$$S_{1,0} = \frac{\omega^4 \cdot \alpha^2}{c^4 \cdot r^2} \cdot S_{1,0}' \quad \text{und} \quad S_{2,0} = \frac{\omega^4 \cdot \alpha^2}{c^4 \cdot r^2} \cos^2\varphi \cdot S_{2,0}' . \tag{49, 5}$$

Das Verhältnis von gestreuter[1] Intensität $(S_{1,0} + S_{2,0})$ zu einfallender Intensität $S_{1,0}' + S_{2,0}' = 2\,S_{1,0}' = 2\,S_{2,0}'$ ist aber per definitionem nichts anderes als der Streukoeffizient pro Teilchen. Dieser wird daher $2\pi(\omega/c)^4 \cdot \alpha^2(1 + \cos^2\varphi)$. Diese Formel gilt nicht nur für ein einzelnes Elektron, sondern auch für Atome und Moleküle (α ist dann die Polarisierbarkeit des Atoms bzw. Moleküls) mit mehreren Elektronen, *sofern* deren gegenseitige Abstände $\ll$ die Wellenlänge λ der einfallenden Strahlung sind, so daß sie völlig kohärent streuen.

Die Atome oder Moleküle eines Gases sind dagegen bei nicht zu hohen Drucken voneinander durchschnittlich so weit entfernt, daß sich in einem festen Punkt die Streuwellen verschiedener Teilchen nur mit statistisch verteilten Phasen überlagern. Wir dürfen dann also einfach die Intensitäten addieren und erhalten bei $\mathfrak{N}$ Partikeln/cm³ den Streukoeffizienten σ pro cm

$$\sigma(\varphi) = 2\pi\,\mathfrak{N}(\omega/c)^4 \cdot \alpha^2(1 + \cos^2\varphi) . \tag{49, 6}$$

Die *Polarisation der Streustrahlung* ist nach dem Vorhergehenden leicht zu übersehen: Bei Streuung um $\varphi = 0°$ oder 180° sind S_1 und S_2 gleich groß, die Streustrahlung also unpolarisiert. Streuung um $\varphi = 90°$ dagegen gibt nur den Anteil S_1, d. h. die Streustrahlung ist dann linear polarisiert; ihr elektrischer Vektor schwingt senkrecht zum Primärstrahl, die Polarisationsebene geht also durch diesen.

Mittelt man $\sigma(\varphi)$ über alle Streurichtungen, so erhält man den Mittelwert

$$\sigma = \frac{8\pi}{3} \cdot \mathfrak{N} \left(\frac{\omega}{c}\right)^4 \cdot \alpha^2 . \tag{49, 7}$$

Die weitere Entwicklung der Theorie des Streukoeffizienten beschäftigt sich mit der Berechnung der Polarisierbarkeit $\alpha = \Sigma$ Ladung $\times$ Ausschlag der Elektronen/Feldstärke.

Nach Gl. (6, 17) ist allgemein für ein gebundenes Elektron mit der Eigen-(kreis-)frequenz $\omega_0 = 2\pi\nu_0$ und der Dämpfungskonstanten γ das Quadrat der Polarisierbarkeit[2]

$$\alpha^2 = \frac{e^4}{m^2} \cdot \frac{1}{(\omega_0^2 - \omega^2)^2 + \omega^2\gamma^2} , \tag{49, 8}$$

wobei $\omega = 2\pi\nu$ wieder die Kreisfrequenz der erregenden Lichtwelle bedeutet.

Am einfachsten liegen die Dinge bei der *Streuung an freien Elektronen* (THOMSON-*Streuung*): Hier ist $\omega_0 = 0$, die Dämpfung kann vernachlässigt werden, und es ist also nach (49, 8)

$$\alpha^2 = \left(\frac{e^2}{m\,\omega^2}\right)^2 . \tag{49, 9}$$

Einsetzen in (49, 7) ergibt[3]

$$\sigma_{el} = \frac{8\pi}{3} \left(\frac{e^2}{m\,c^2}\right)^2 \cdot \mathfrak{N} = 0{,}66_5 \cdot 10^{-24}\,\mathfrak{N}\ [\mathrm{cm}^{-1}] . \tag{49, 10}$$

---

[1] Die Fläche 1 bei B entspricht, von E aus gesehen, einem Raumwinkel $\frac{1}{4\pi r^2}$.

[2] In der Bezeichnungsweise von Gl. (6, 17) ist $\alpha^2 = \frac{e^2|A|^2}{|F|^2}$; in der jetzigen $\alpha^2 = \frac{e^2|x_0|^2}{|F_0|^2}$.

[3] $\sigma(\varphi)$ brauchen wir hier und im folgenden nicht besonders anzuschreiben, da das Verhältnis $\sigma(\varphi)/\sigma$ unabhängig von α gleich $\frac{3}{4}(1 + \cos^2\varphi)$ ist.

Der Streukoeffizient freier Elektronen ist also von der Wellenlänge unabhängig. Weiterhin wird jedes Lichtquant genau mit seiner ursprünglichen Frequenz gestreut.

Letztere Aussage gilt aber nur, solange wir die große thermische Geschwindigkeit der Elektronen und den dadurch hervorgerufenen *Dopplereffekt* ignorieren. Dessen Einfluß werden wir in Abschnitt 74 eingehender studieren. Er verteilt ursprünglich monochromatische Strahlung der Wellenlänge λ über einen Bereich der Größenordnung $\Delta\lambda_D = \frac{\lambda}{c}\sqrt{\frac{2kT}{m}}$, wo k die BOLTZMANN-Konstante, m die Elektronenmasse und T die Temperatur bedeutet. Bei λ 4000 Å und $T = 25000°$ wäre z. B. $\Delta\lambda_D = 11{,}6$ Å! Die durch THOMSON-Streuung bedingte Ergiebigkeit im Bereich einer — nicht *zu* breiten — FRAUNHOFER-Linie wird also von deren eigener Absorption kaum beeinflußt, sondern entspricht tatsächlich der Intensität des *benachbarten* Kontinuums. Das heißt, in der Theorie der FRAUNHOFER-Linien werden wir die THOMSON-Streuung wegen der großen Dopplereffekte der freien Elektronen doch in vieler Hinsicht wie wahre Absorption mitberücksichtigen müssen.

Die THOMSONsche Streuformel (49, 10) hat seinerzeit in der Entwicklung der Atomphysik eine wichtige Rolle gespielt: Sie gestattete nämlich, aus Messungen von BARKLA und SADLER über die Streuung von Röntgenstrahlen[1] die Zahl Z der Elektronen pro Atom zu bestimmen, deren Gleichheit mit der Ordnungszahl im periodischen System ja einen der Grundsteine der neueren Atomphysik darstellt. Vom Standpunkt der Quantentheorie aus betrachtet, bildet die THOMSON-Streuung den Grenzfall des COMPTON-Effektes für große Wellenlängen. Allgemein bedingt die Erhaltung von Energie *und* Impuls (Rückstoß-Elektron) für das gestreute Lichtquant die bekannte Rotverschiebung (A. COMPTON, 1923)

$$\Delta\lambda = 2\Lambda \sin^2\frac{\varphi}{2}, \tag{49, 11}$$

wo φ wieder den Streuwinkel und $\Lambda = \frac{h}{m\,c} = 0{,}024$ Å die sog. COMPTON-Wellenlänge bedeutet. In der Astrophysik ist diese kleine Wellenlängen*verschiebung* gegenüber den großen *Verbreiterungs*effekten infolge der thermischen Geschwindigkeiten der Elektronen praktisch belanglos. Auf die Modifikation der Streuformel (49, 10) im Röntgengebiet brauchen wir hier nicht einzugehen.

Betrachten wir nun die *Lichtstreuung an Atomen oder Molekülen,* denen wir zunächst pro Teilchen einen klassischen Oszillator der Eigenfrequenz $\omega_0 = 2\pi\nu_0$ zuordnen, so gilt für $\omega_0 \gg \omega$ nach (49, 8) zunächst

$$\alpha^2 = \left(\frac{e^2}{m\,\omega_0^2}\right)^2 \tag{49, 12}$$

und weiterhin (pro Teilchen)

$$\sigma_{at} = \sigma_{el}\left(\frac{\omega}{\omega_0}\right)^4 = \sigma_{el}\left(\frac{\lambda_0}{\lambda}\right)^4. \tag{49, 13}$$

Die Streuung der Atome und Moleküle auf der langwelligen Seite ihrer Eigenfrequenz ist also $\sim \lambda^{-4}$.

Nach der Quantentheorie muß man jeder Spektrallinie $\omega_r = 2\pi\nu_r$, die vom Grundzustand des betreffenden Atoms oder Moleküls aus absorbiert werden kann[2],

[1] Da die Wellenlänge der benutzten Röntgenstrahlung $\ll$ der Atomdurchmesser ist, so wird die Streuintensität proportional Z.

[2] Im Kontinuum ist in analoger Weise nach (46, 1) jedem Frequenzbereich $d\nu$ ein $\frac{df}{d\nu}\,d\nu$ zuzuordnen.

eine sog. Oszillatorenstärke f_r zuordnen, die dem klassischen Ausdruck für die Polarisierbarkeit des betreffenden Teil-Oszillators als Faktor zuzufügen ist. Analog (49, 8) gilt also (unter Vernachlässigung der Dämpfung, die nur in unmittelbarer Nähe der Eigenfrequenzen Bedeutung gewinnt):

$$\alpha_r = \frac{e^2}{m} \cdot f_r \frac{1}{\omega_r^2 - \omega^2} \quad \text{und} \quad \alpha = \Sigma\, \alpha_r\,. \tag{49, 14}$$

Somit erhält man nun

$$\sigma_{at} = \sigma_{el} \left[\Sigma f_r \frac{\omega^2}{\omega_r^2 - \omega^2} \right]^2. \tag{49, 15}$$

Ist die gestreute Wellenlänge $\lambda = 2\pi\, c/\omega$ erheblich größer als die $\lambda_r = 2\pi\, c/\omega_r$, so kann man letztere auf einen Schwerpunkt $\bar{\lambda}_r$ zusammenziehen und erhält in guter Näherung

$$\sigma_{at} = \sigma_{el} \left(\frac{\bar{\lambda}_r}{\lambda} \right)^4 \cdot \Sigma f_r\,. \tag{49, 16}$$

Nach dem f-Summensatz von KUHN, THOMAS und REICHE (Abschnitt 88) ist aber Σf_r gleich der Zahl der (äußeren) Elektronen des betreffenden Atoms oder Moleküls; also für Wasserstoffatome gleich 1, für Helium gleich 2. Dadurch wird die Korrespondenz mit der klassischen Formel (49, 13) hergestellt.

Beim Wasserstoff entspricht $\bar{\lambda}_r$ dem Schwerpunkt der LYMAN-Serie, also 1026 Å[1]; z. B. für λ 4000 Å ist also

$$\frac{\sigma_{\mathrm{H}}}{\sigma_{el}} = \left(\frac{1026}{4000} \right)^4 = \frac{1}{231}\,. \tag{49, 17}$$

Die Streuung der H-Atome wird also gegenüber der der Elektronen die Oberhand gewinnen, sobald $P_g/P_e > 231$. Diese Bedingung ist längst erfüllt, sobald der Wasserstoff nicht mehr ionisiert ist.

Beim Helium ist $\Sigma f_r = 2$, dafür dürfte $\bar{\lambda}_r \approx 500$ Å sein. Der Streukoeffizient pro He-Atom ist cet. par. also rund $^1/_4$ von dem pro H-Atom. Da He in den Sternatmosphären fünfmal seltener ist als Wasserstoff, spielt er also praktisch keine Rolle. Die Streuung anderer Atome ist vollends bedeutungslos.

Will man die Lichtstreuung komplizierterer Moleküle oder Atome berechnen, so ist es zweckmäßig, die Polarisierbarkeit mit dem — experimentell ja direkt bestimmbaren — Brechungsindex n zu verknüpfen. Es ist also

$$n^2 - 1 = 4\pi\, \mathfrak{N} \cdot \alpha\,, \tag{49, 18}$$

wo $\mathfrak{N}$ jetzt die *Zahl der Moleküle* pro cm^3 bedeutet. Nach (49, 7) erhalten wir damit für den Streukoeffizienten die RAYLEIGH*sche Formel*:

$$\sigma = \frac{1}{6\pi} \left(\frac{\omega}{c} \right)^4 \frac{(n^2 - 1)^2}{\mathfrak{N}} = \frac{8\pi^3}{3\,\mathfrak{N}} \cdot \frac{(n^2 - 1)^2}{\lambda^4}\,. \tag{49, 19}$$

Diese Formel gibt bekanntlich eine Erklärung für die blaue Farbe des Himmels und die rote der untergehenden Sonne. Der Brechungsindex n der Luft ändert sich nämlich im Sichtbaren nur wenig, so daß praktisch $\sigma \sim \lambda^{-4}$ geht. Die Beobachtungen bestätigen die entsprechende Wellenlängenabhängigkeit der Intensität des Himmelsstreulichtes und der atmosphärischen Extinktion (vgl. Kap. II, Abschnitt 9) im ultravioletten Spektralgebiet.

Da die streuende Luftmasse bekannt ist, und in der RAYLEIGHschen Streuformel keine weiteren universellen Konstanten vorkommen, so kann man mit Hilfe derartiger Messungen — vgl. z. B. H. DEMBER — direkt $\mathfrak{N}$ oder die

[1] Die Seriengrenze ist 912 Å; Ly α 1215 Å. Wegen der genauen Berechnung des angegebenen Mittelwertes vgl. H. BETHE [700, S. 438].

LOSCHMIDT*sche Zahl L* bestimmen. Im Sichtbaren und Infraroten dagegen macht sich die Streuung an gröberen Staub- usw. Partikelchen bemerkbar, die meist schwächer von der Wellenlänge abhängig ist. Die Theorie der Streuung an Partikeln, deren Umfang in die Größenordnung der Wellenlänge fällt[1], ist sehr kompliziert; wir begnügen uns mit einem Hinweis auf das Optik-Lehrbuch von M. BORN ([1000]; dort weitere Literatur: SCHWARZSCHILD, DEBYE, MIE, GANS u. a.). Das Problem der Streuung an feinen Staubteilchen tritt zwar in der Physik der Sternatmosphären selbst nicht auf, es ist aber von Bedeutung für das Verständnis der Absorption der dunklen Milchstraßenwolken und der interstellaren Materie (M. WOLF, TRÜMPLER, SCHALÉN; vgl. W. BECKER [1]).

50. Der kontinuierliche Absorptions- und Streukoeffizient $\varkappa + \sigma$ und der ROSSELANDsche Opazitätskoeffizient $\bar{\varkappa}$ stellarer Materie als Funktion von Temperatur und Druck.

Auf Grund der in den vorhergehenden Abschnitten wiedergegebenen Vorstellungen und Formeln hat nun 1950 E. VITENSE [747] die gesamte kontinuierliche Absorption und Streuung stellarer Materie der in Tab. 22 angegebenen Zusammensetzung berechnet. Hinsichtlich der Ionisation usw. gilt also die Tab. 23. Als Parameter empfehlen sich wieder $\Theta = \frac{5040}{T}$ und $\log P_e$. Erfaßt wird der Temperaturbereich $T = 3877°$ bis $100800°$ K, d. h. $\Theta = 1{,}3$ bis $0{,}05$. Bei tieferen Temperaturen wird die hier *nicht* berücksichtigte Molekülbildung wesentlich. Bei höheren Temperaturen überwiegt die THOMSON-Streuung; außerdem sind sie in Sternatmosphären kaum zu erwarten. Tabellen wären wegen der vielen Absorptionskanten zur Wiedergabe der Berechnungen wenig geeignet. E. VITENSE zeichnete daher für alle Θ-Werte — von 1,3 bis 0,1 in Abständen von 0,1; dann noch 0,07 und 0,05 — graphische Darstellungen (Abb. 72—86) mit $\log P_e$ als Parameter. Zu den Abbildungen (die der Leser eingehend studieren möge) noch folgende Erläuterungen:

Aufgetragen ist (mit —— und $\log P_e$ als Parameter) $\log \varkappa_\nu / P_e$, wo $\varkappa_\nu = \Sigma\, \varkappa_\nu (1 - e^{-\frac{h\nu}{kT}}) + \sigma$ den gesamten effektiven Absorptions- und Streukoeffizienten darstellt. Skala I gibt die $\varkappa_\nu / P_e$ pro schweres Teilchen (d. h. pro durchschnittlichen Atomkern), Skala II gibt die Werte pro Gramm Sternmaterie.

Berücksichtigt wurden — wie gesagt —:

1. Die Absorption der Wasserstoffatome (Abschnitt 45). Ihr $\log \varkappa_\nu$ ist *ohne* den Faktor $1 - e^{-\frac{h\nu}{kT}}$ als ·········· eingezeichnet. Der Übersichtlichkeit wegen wurden diese Kurven nach unten verschoben. Um den Zahlenwert von $\log \varkappa_\nu / P_e$ für Wasserstoff allein pro schweres Teilchen bzw. pro Gramm Sternmaterie zu erhalten, lese man an Skala I bzw. II (links) ab und *addiere* zu der Ablesung den $\log F$ (der wegen der Ionisation von $\log P_e$ abhängt) nach folgender Tab. 36.

2. Die Absorptionskoeffizienten von He I und He II (Abschnitt 46) sind nicht besonders aufgetragen. In den $\log \varkappa_\nu / P_e$-Kurven sind aber ihre wichtigeren Absorptionskanten bezeichnet.

3. Dasselbe gilt für die kontinuierlichen Absorptionskoeffizienten der übrigen Atome, insbesondere der Metalle (Abschnitt 47). Es sei noch einmal betont, daß ihre Zahlenwerte eigentlich nur Schätzungen sind.

4. Die H^--Absorptionskoeffizienten (Abschnitt 48) konnten direkt von S. CHANDRASEKHAR und F. H. BREEN (Tab. 35) übernommen werden.

---

[1] Etwa 10 mal größere Partikel streuen im wesentlichen schon wie das massive Material.

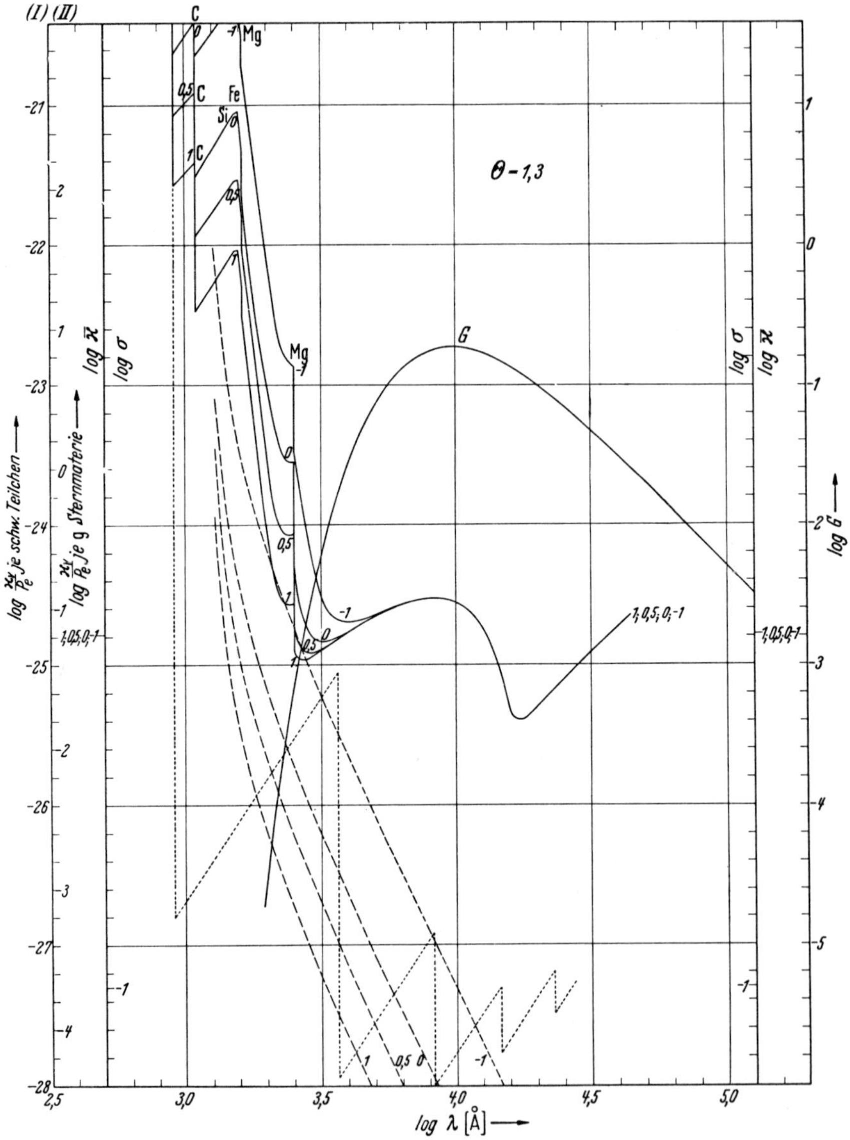

Abb. 72. $\log \varkappa_\nu / P_e$ mit $\log P_e$ als Parameter.

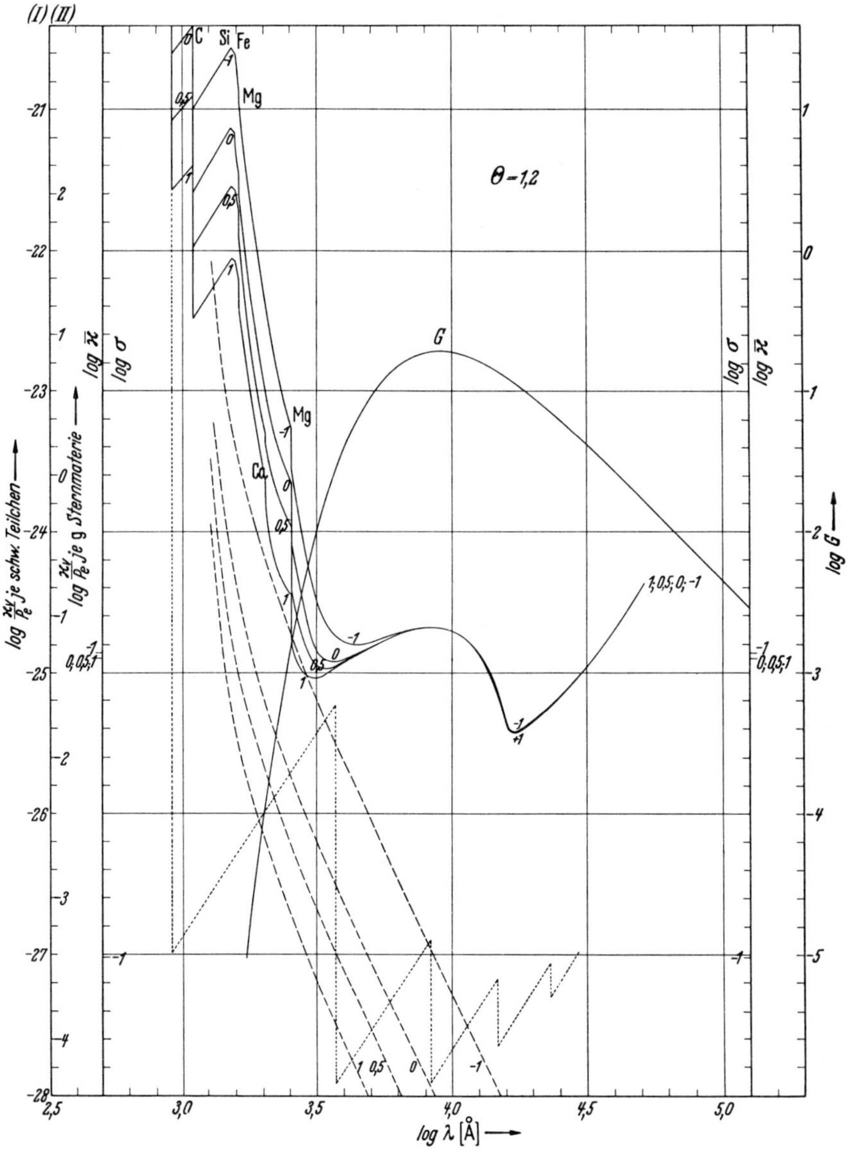

Abb. 73. $\log \varkappa_\nu / P_e$ mit $\log P_e$ als Parameter.

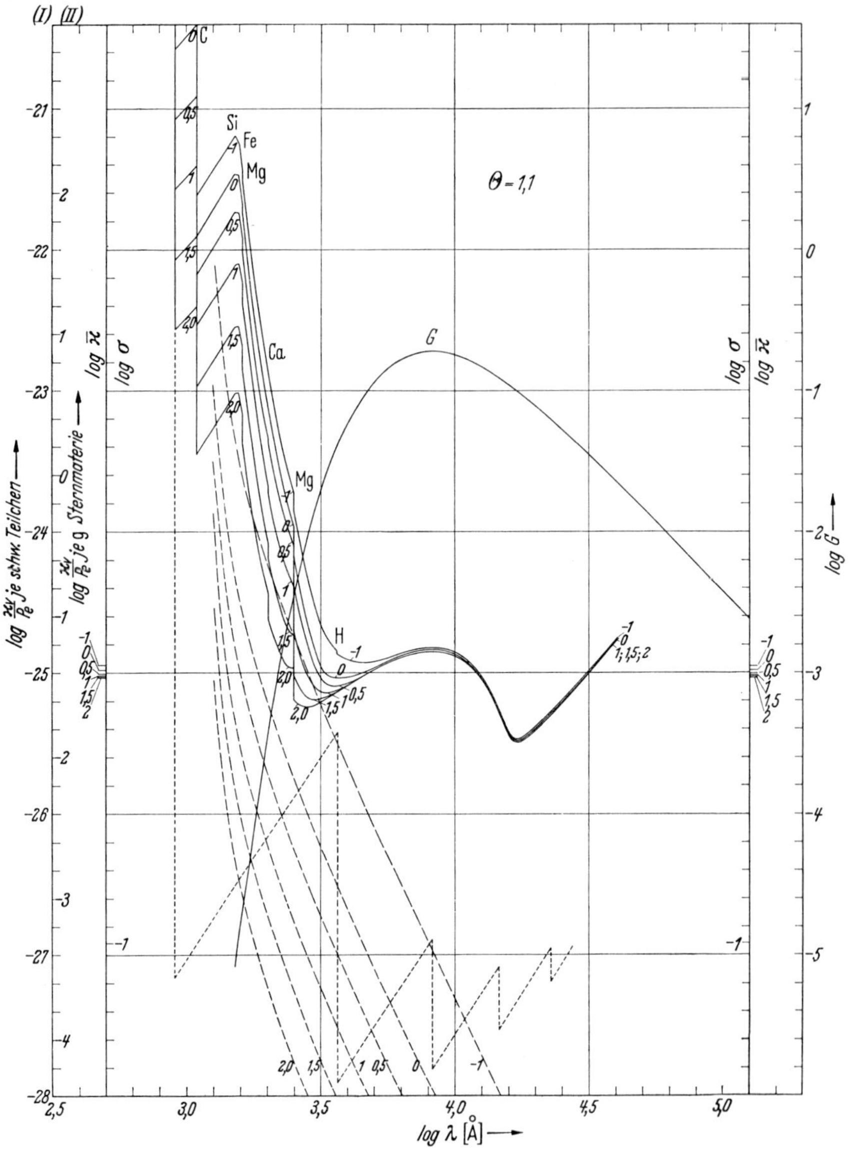

Abb. 74. $\log \varkappa_\nu / P_e$ mit $\log P_e$ als Parameter.

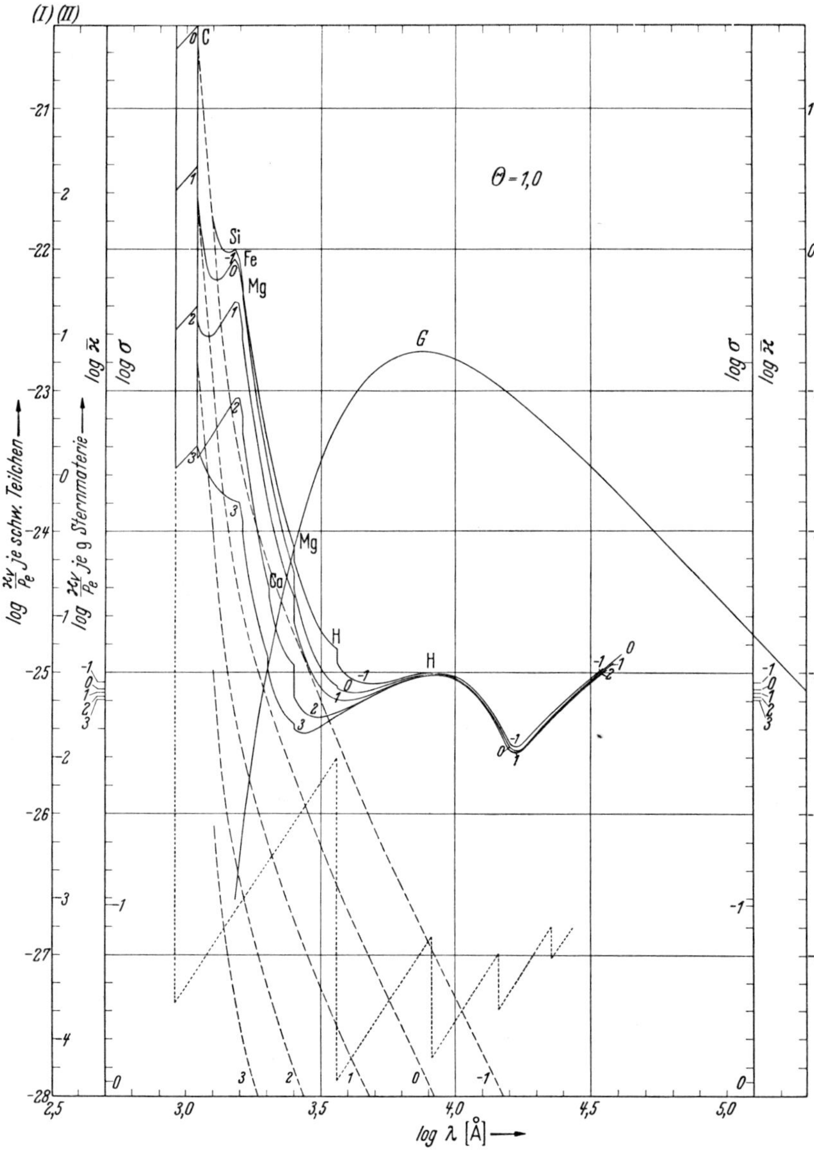

Abb. 75. $\log \varkappa_\nu / P_e$ mit $\log P_e$ als Parameter.

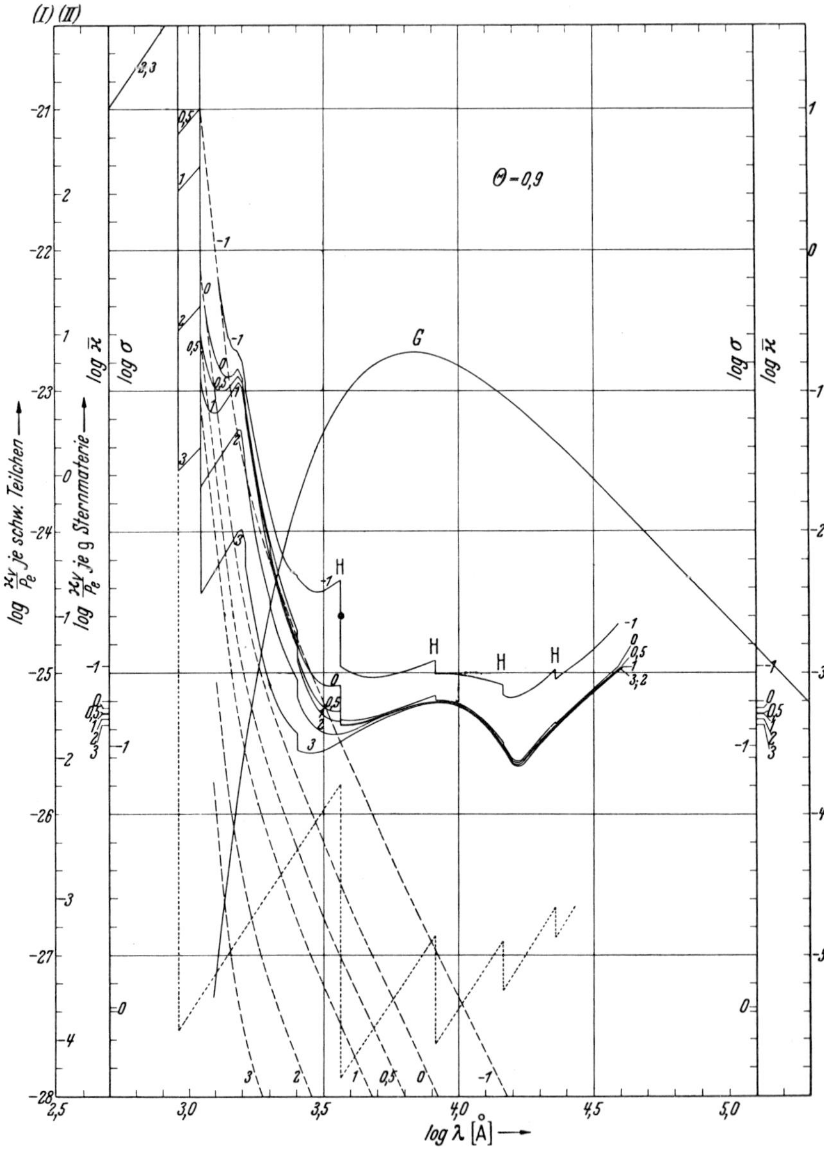

Abb. 76. $\log \varkappa_\nu / P_e$ mit $\log P_e$ als Parameter.

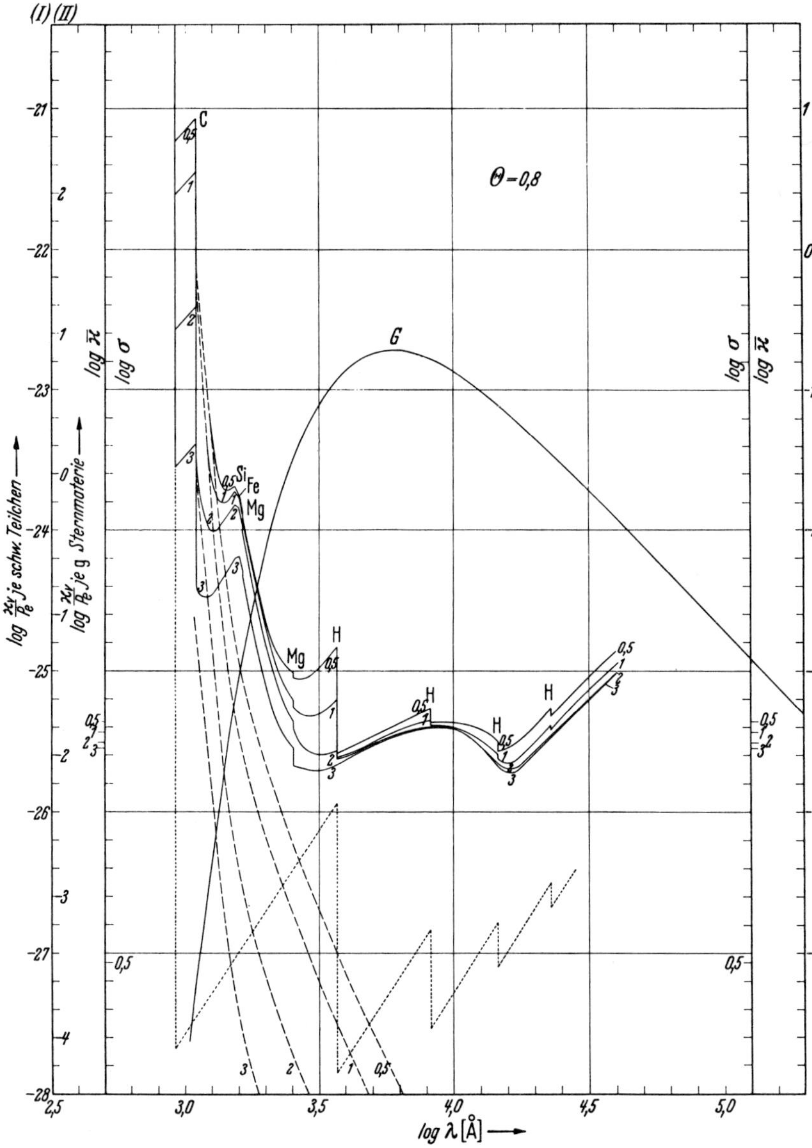

Abb. 77. $\log \varkappa_\nu / P_e$ mit $\log P_e$ als Parameter.

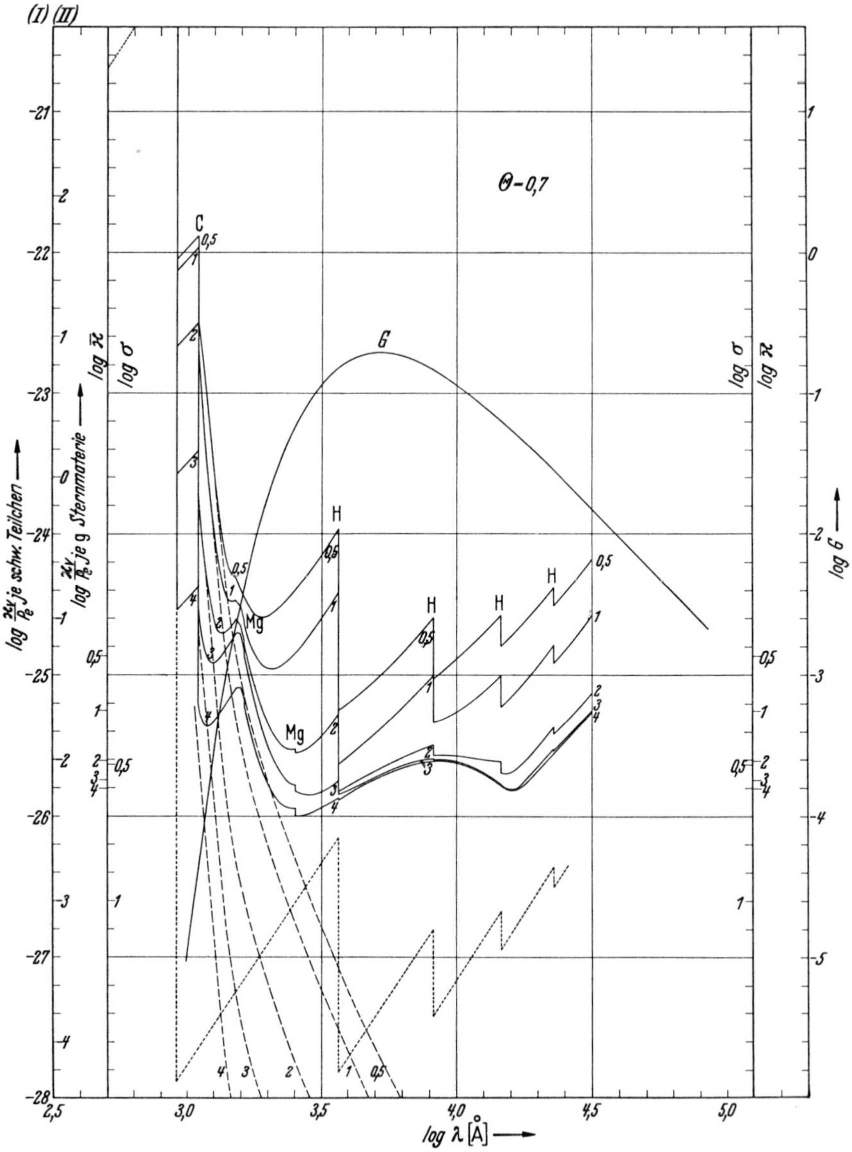

Abb. 78. $\log \varkappa_\nu / P_e$ mit $\log P_e$ als Parameter.

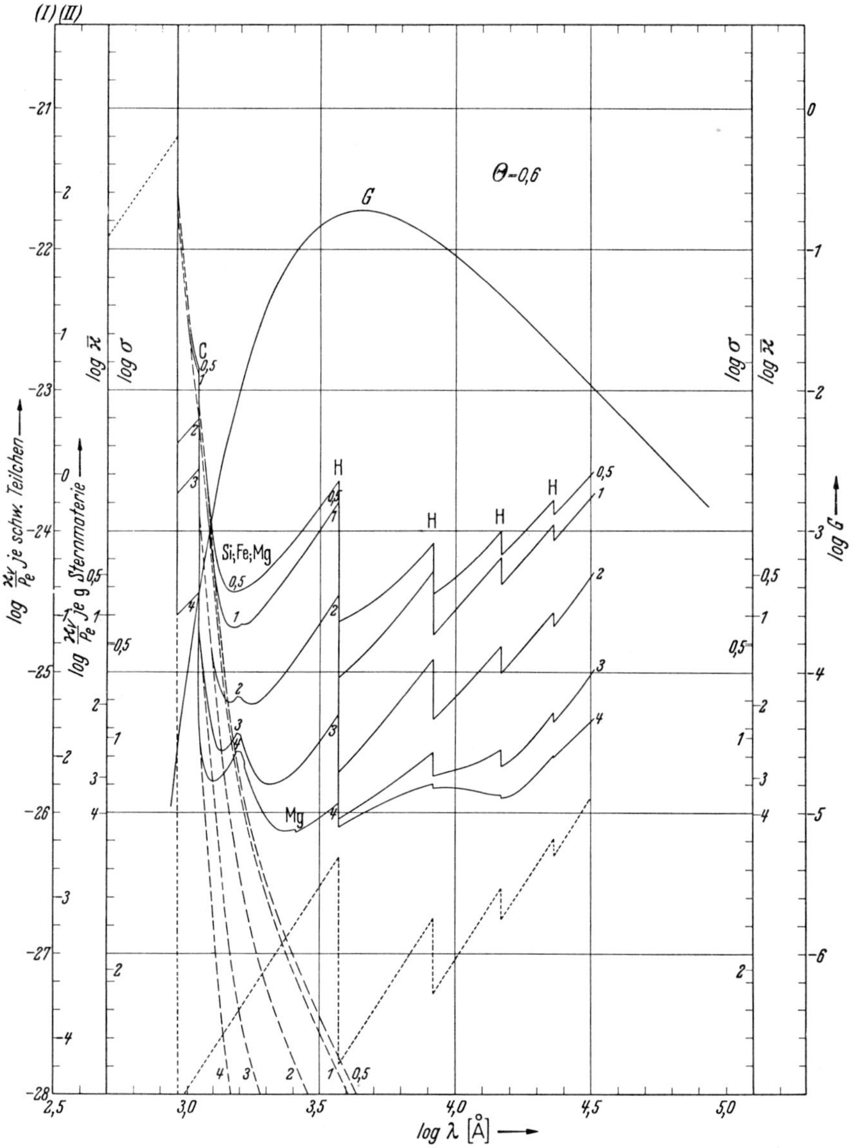

Abb. 79. $\log \varkappa_\nu / P_e$ mit $\log P_e$ als Parameter.

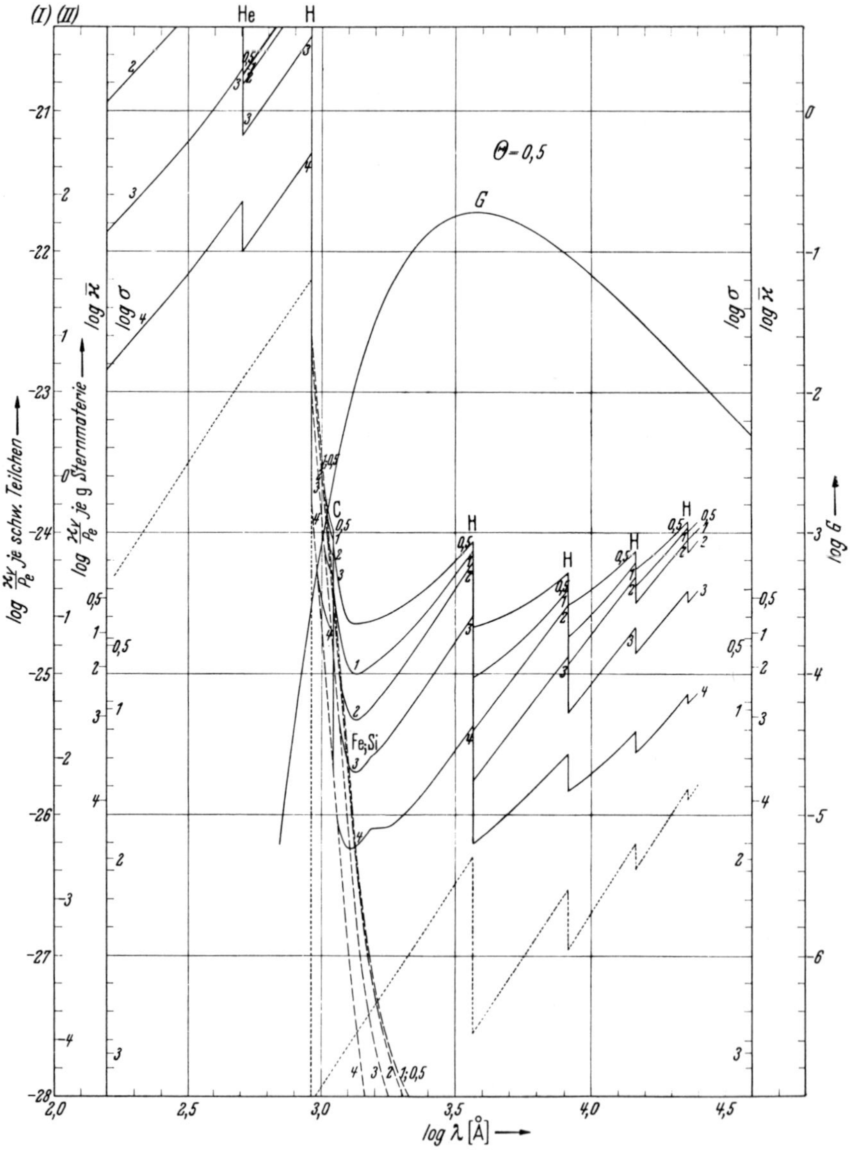

Abb. 80. $\log \varkappa_\nu / P_e$ mit $\log P_e$ als Parameter.

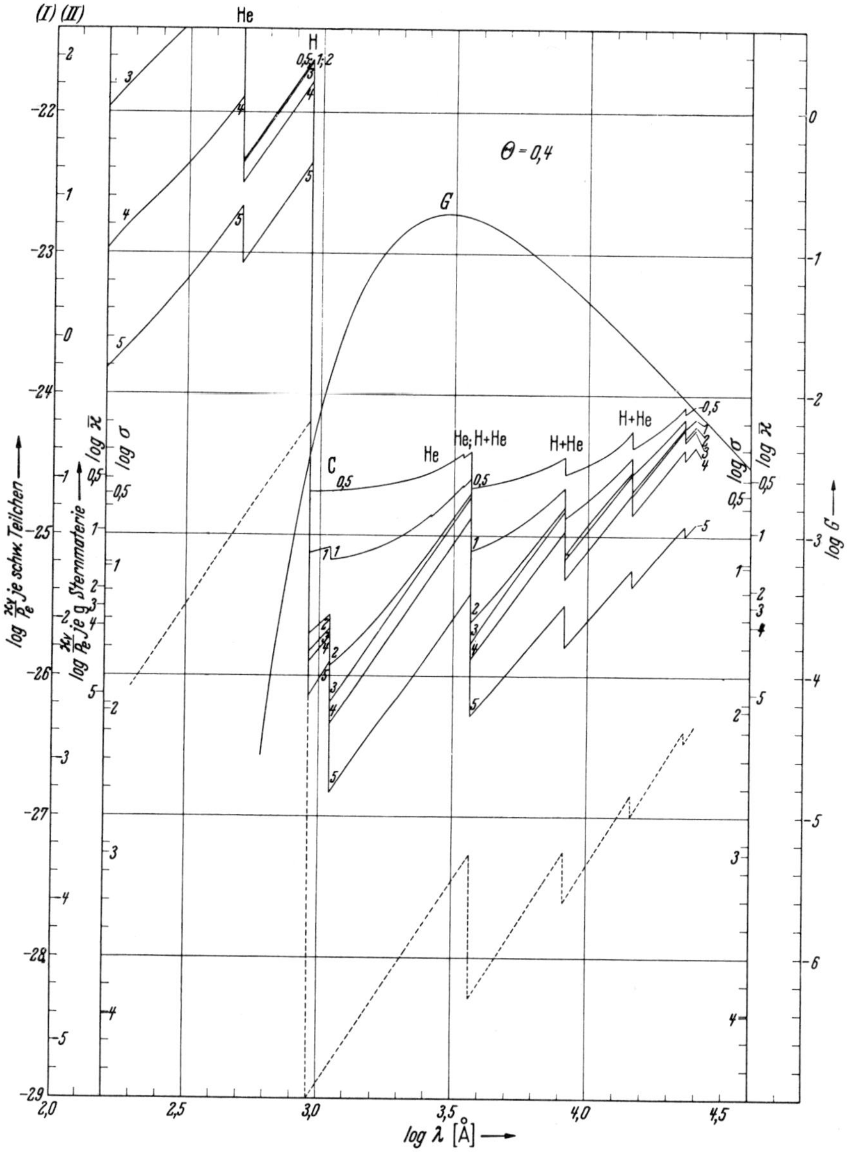

Abb. 81. $\log \varkappa_\nu / P_e$ mit $\log P_e$ als Parameter.

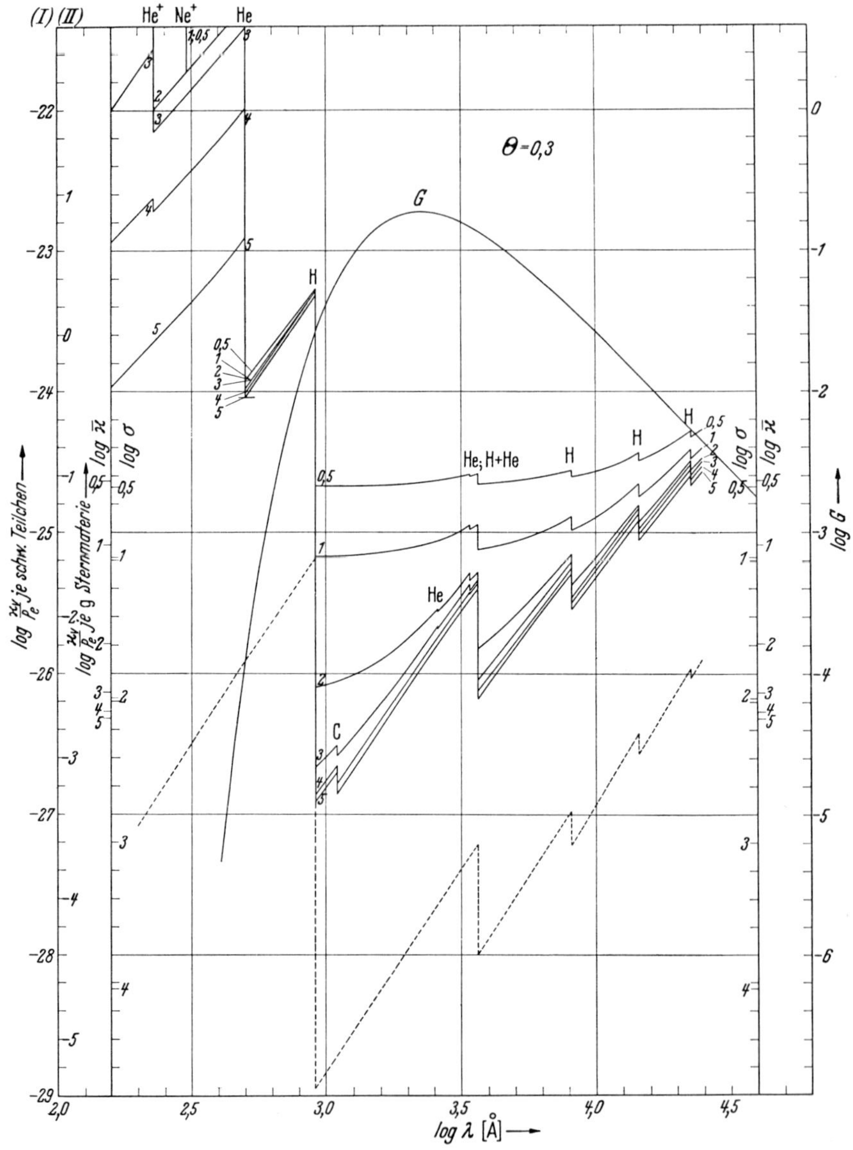

Abb. 82. $\log \varkappa_\nu / P_e$ mit $\log P_e$ als Parameter.

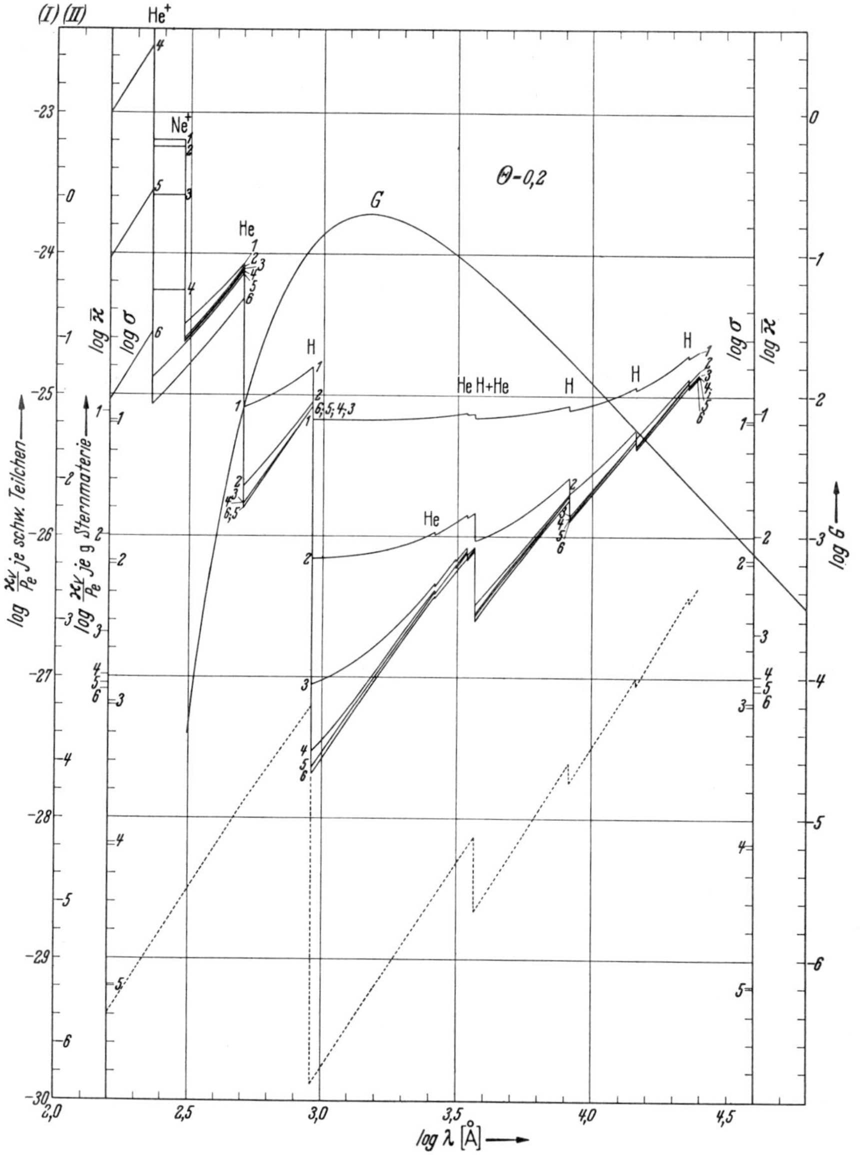

Abb. 83. $\log \varkappa_\nu / P_e$ mit $\log P_e$ als Parameter.

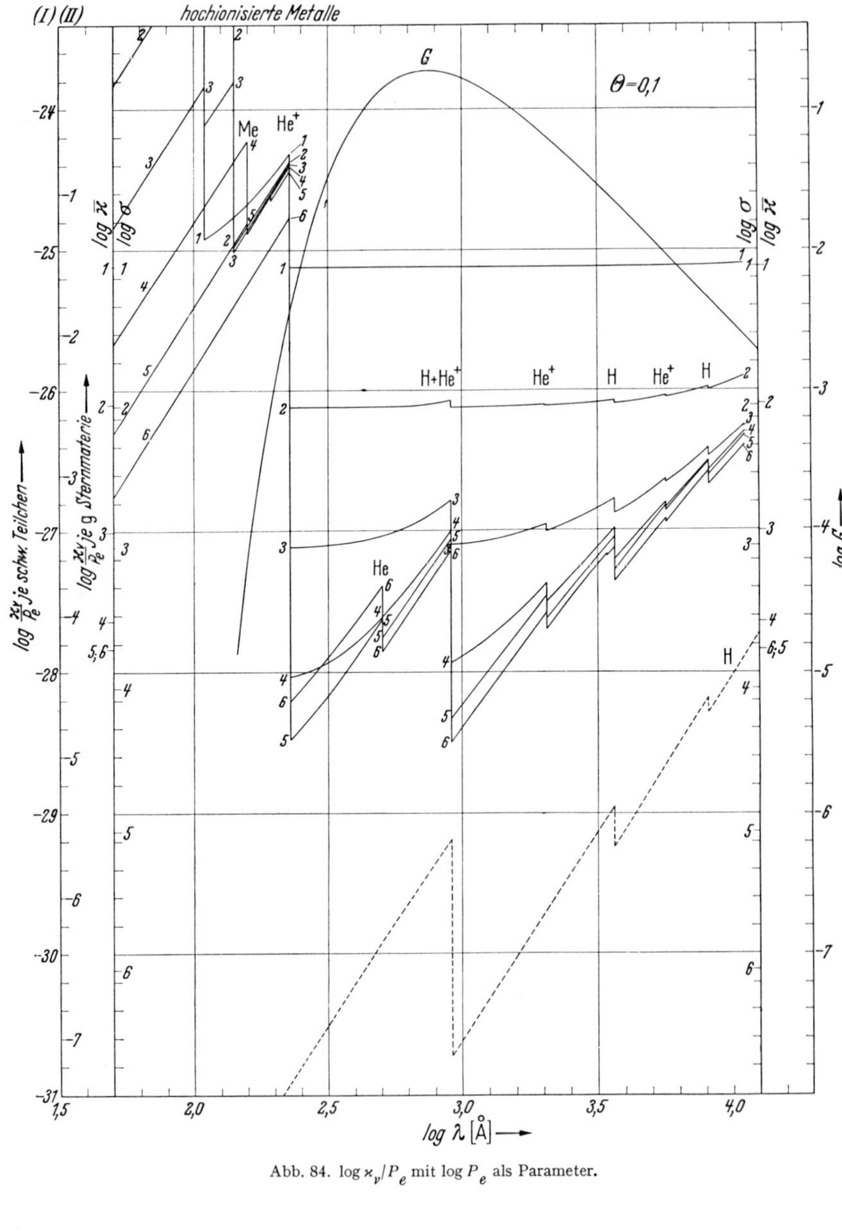

Abb. 84. $\log \varkappa_\nu / P_e$ mit $\log P_e$ als Parameter.

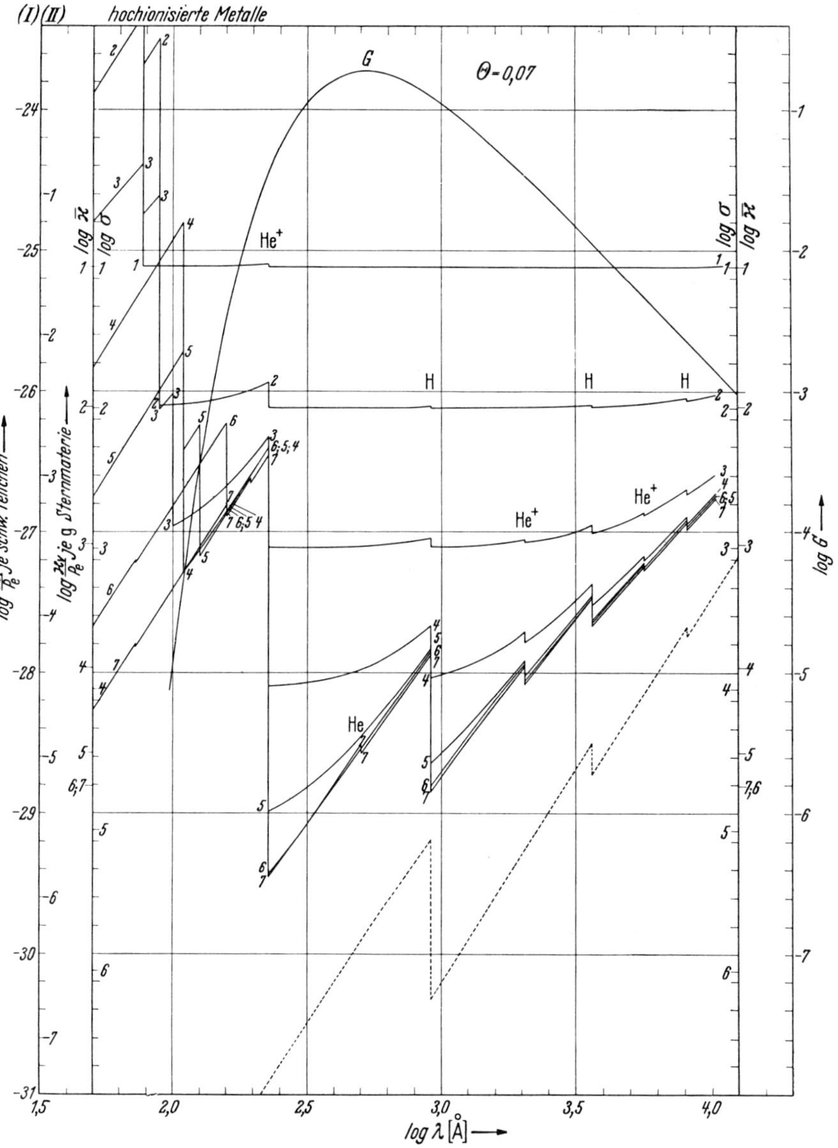

Abb. 85. $\log \varkappa_\nu / P_e$ mit $\log P_e$ als Parameter.

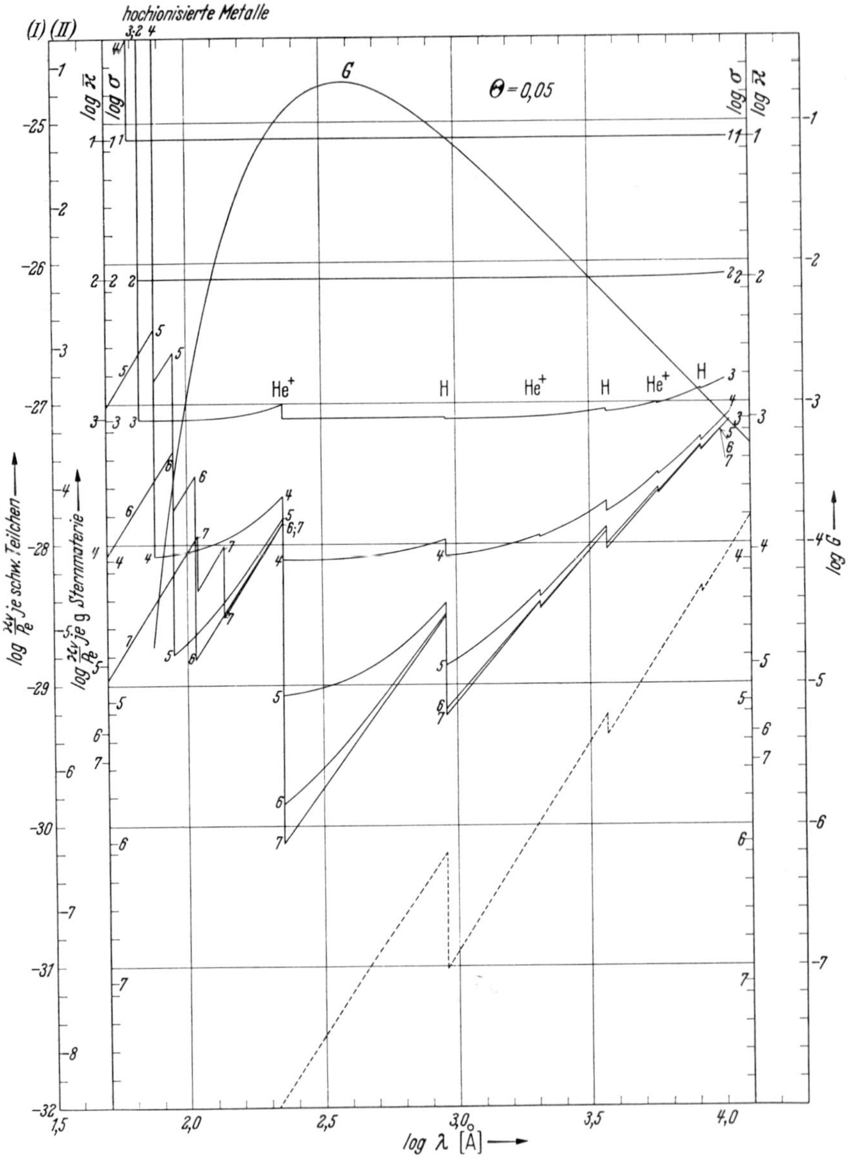

Abb. 86. $\log \varkappa_\nu / P_e$ mit $\log P_e$ als Parameter.

5. Der THOMSON-Streukoeffizient (Abschnitt 49), bzw. $\log \sigma/P_e$ ist — mit $\log P_e$ als Parameter — an der innersten Skala rechts und links[1] durch je einen kurzen Strich angezeichnet. Die Zahlenwerte von $\log \sigma/P_e$ pro schweres Teilchen bzw. pro Gramm Sternmaterie sind wieder an Skala I bzw. II abzulesen.

Tabelle 36. Skalendifferenz $\log F$ (vgl. Text) zur Berechnung der Absorption der Wasserstoffatome nach Abb. 72—86. Zwischenwerte nach $\log P_e$ linear interpolieren!

$\log P_e =$	−1	0	+0,5	1	2	3	4	5
$\Theta = 1{,}3$	−3,47	−4,47	−4,97	−5,47				
1,2	−2,27	−3,27	−3,77	−4,27				
1,1	−1,07	−2,07	−2,57	−3,07	−4,07			
1,0	+0,33	−0,67	−1,17	−1,67	−2,67	−3,67		
0,9	1,33	0,33	−0,17	−0,67	−1,67	−2,67		
0,8			1,07	0,53	−0,47	−1,47		
0,7			2,17	1,71	0,73	−0,27	−1,27	
0,6			2,64	2,51	1,86	0,92	−0,07	
0,5			2,16	2,16	2,10	1,73	0,90	
0,4			2,57	2,57	2,57	2,55	2,41	1,84
0,3			1,90	1,90	1,90	1,90	1,90	1,87
0,2				2,11	2,11	2,11	2,11	2,11
0,1				2,01	2,01	2,01	2,01	2,01
0,07				1,21	1,21	1,21	1,21	1,21
0,05				1,58	1,58	1,58	1,58	1,58

6. Der RAYLEIGH-*Streukoeffizient* (Abschnitt 49) bzw. sein $\log \sigma/P_e$ wurde, soweit er einigermaßen in Betracht kommt, als – – – mit $\log P_e$ als Parameter und bezogen auf Skala I bzw. II angezeichnet.

Es ist sehr lehrreich, sich anhand der Abbildungen klar zu machen, welche Mechanismen insbesondere in dem zugänglichen Spektralbereich, d. h. etwa von λ 3160—10000 Å, entsprechend $\log \lambda = 3{,}5$—$4{,}0$ bei verschiedenen Temperaturen und Drucken vorherrschen.

Schon jetzt können wir die Aussagen der Theorie provisorisch vergleichen mit dem von D. CHALONGE und V. KOURGANOFF [513] empirisch für verschiedene Temperaturen in der Sonnenatmosphäre bestimmten Verlauf von $\tau_\lambda = \int \varkappa_\lambda(t)\, dt$. Die in Abb. 57 gezeichneten Kurven entsprechen (s. Kap. XVII) etwa *mittleren* Zustandsgrößen von $\Theta = 1{,}0$ und $\log P_e = 0{,}65$ bis $\Theta = 0{,}9$ und $\log P_e = 1{,}2$. Die Übereinstimmung mit den entsprechenden Kurven der Abb. 75 und 76, die in dem betrachteten Spektralbereich ganz durch das H^--Ion bestimmt sind, ist sehr befriedigend.

Nun zur Berechnung des ROSSELANDschen Opazitätskoeffizienten $\bar{\varkappa}$! Um zu zeigen, welchen Beitrag verschiedene Wellenlängengebiete zu dem Mittelwert $1/\bar{\varkappa} = \int_0^\infty 1/\varkappa_\nu \cdot G(u)\, du$ nach Gl. (32, 12) und (32, 13) mit u bzw. $\alpha = \frac{h\nu}{kT}$ liefern, ist in den Abb. 72—86 noch jeweils der $\log G$ nach Tab. 26 aufgetragen. Dazu gehört die Skala ganz rechts. Man beachte jedoch, daß in dem ROSSELANDschen Integral die Abszisse α ist, während in unseren Abbildungen alles über $\log \lambda$ aufgetragen wurde.

Durch graphische Integration berechnete E. VITENSE zunächst $\log \bar{\varkappa}/P_e$. Diese Größen sind durch kurze Striche — mit $\log P_e$ als Parameter — an den mit $\log \bar{\varkappa}$ bezeichneten Skalen (es müßte richtiger heißen $\log \bar{\varkappa}/P_e$) angezeichnet. Die Zahlenwerte pro schweres Teilchen bzw. pro Gramm Sternmaterie liest man wieder an den Skalen I bzw. II ab.

[1] Diese sollte besser mit $\log \sigma/P_e$ (statt $\log \sigma$) bezeichnet werden.

Eine Gesamtübersicht, die für die Berechnung von Atmosphärenmodellen sehr wichtig ist, gibt schließlich die Abb. 87. Hier ist $\log\bar{\varkappa}$ (NB! *ohne* P_e!) mit $\Theta = 5040/T$ als *Parameter* unter Benutzung der Tab. 23 aufgetragen als Funktion

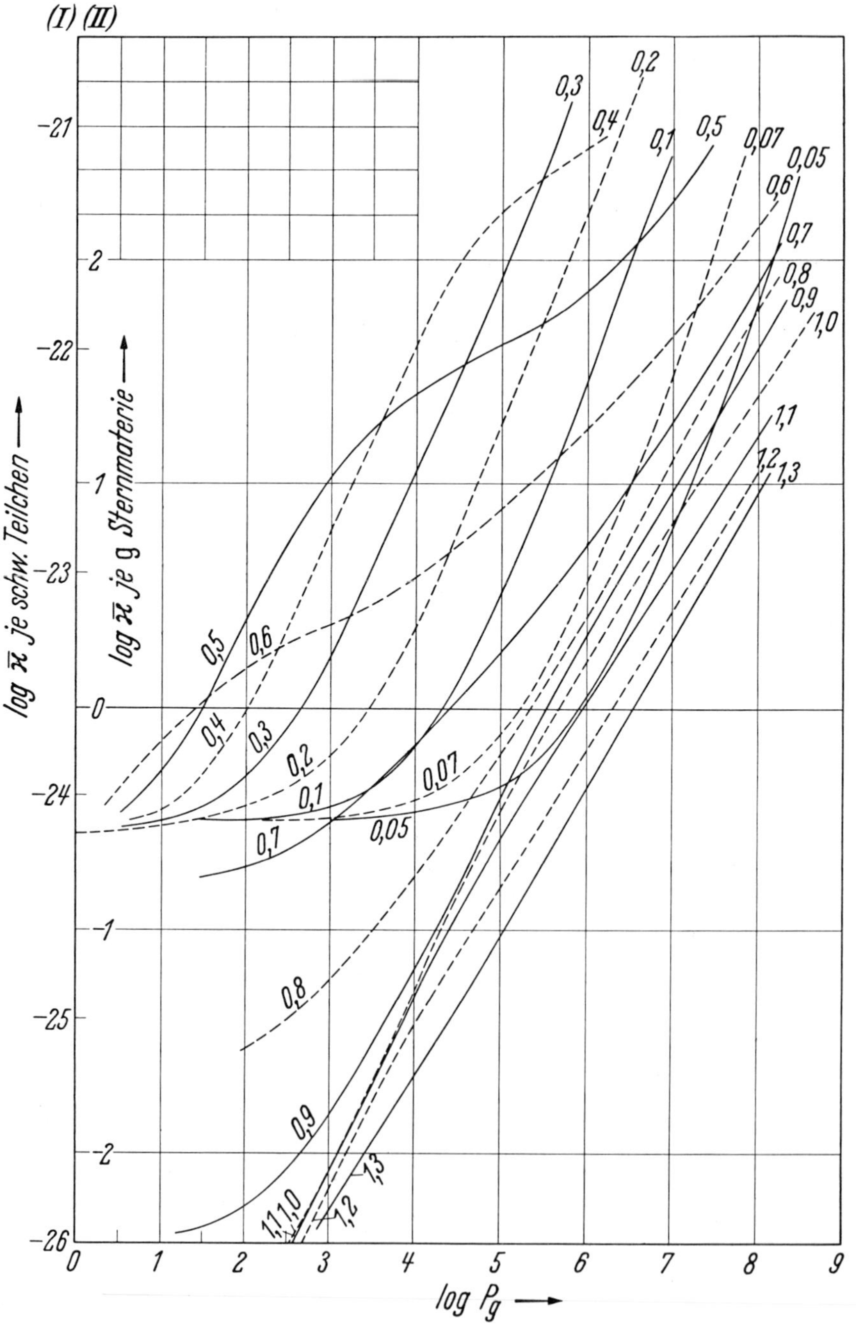

Abb. 87. $\log\bar{\varkappa}$ als Funktion von $\log P_g$ und $\Theta = \frac{5040}{T}$ nach E. Vitense [747].

des Gasdruckes P_g [dyn/cm²] bzw. des log P_g. Zur besseren Unterscheidung sind die Kurven abwechselnd gestrichelt und ausgezogen gezeichnet. Bei hohen Temperaturen und kleinen Drucken strebt log $\bar{\varkappa}$ dem Grenzwert für reine THOMSON-Streuung $-24{,}12$ (pro schweres Teilchen) zu. Der Verlauf der Kurven ist einigermaßen übersichtlich bei hohen Temperaturen, wo die Absorption der H-Atome (hoher Druck) und die THOMSON-Streuung (kleiner Druck) überwiegen sowie bei tiefen Temperaturen, wo die Absorption des negativen Wasserstoffions den Ausschlag gibt. Das Übergangsgebiet bei $\sim 6500°$ (F-Sterne) ist relativ kompliziert.

Schließlich sei noch einmal daran erinnert, daß bei diesen ganzen Rechnungen die Beteiligung der FRAUNHOFER-*Linien* am $\bar{\varkappa}$ noch gar nicht berücksichtigt ist. Schon bei der Sonne ($\Theta \approx 0{,}89$) vergrößert diese das $\bar{\varkappa}$ des reinen Kontinuums nach (42, 20) um einen Faktor $\bar{\varkappa}^*/\bar{\varkappa} \approx 1{,}22$; bei den späten Spektraltypen nimmt ihre Bedeutung rasch zu.

VIII. Kapitel.

Der Aufbau der Sternatmosphären.

51. Druck- und Temperaturschichtung einer Atmosphäre im Strahlungsgleichgewicht. Gasdruck, Strahlungsdruck und Turbulenzdruck.

Wir wollen nun die *Zustandsgrößen* einer Sternatmosphäre, d. h. Elektronendruck P_e, Gasdruck P_g, Temperatur T usw. in Abhängigkeit der geometrischen Tiefe t (gerechnet von einem willkürlich festgelegten Nullniveau aus) oder einer geeigneten optischen Tiefe, z. B. $\bar{\tau}$ (bezogen auf den ROSSELANDschen Opazitätskoeffizienten $\bar{\varkappa}$) berechnen. Dabei ergibt sich von selbst der Zusammenhang zwischen Druck und Temperatur. Weiterhin werden wir erfahren, wie dick die Schichten der Sternatmosphären sind, welche einen erheblichen Beitrag zu ihrer Ausstrahlung liefern.

Als Parameter betrachten wir

1. *Die effektive Temperatur* T_e, definiert nach Gl. (12, 9) durch die gesamte Ausstrahlung pro cm² und sec $\pi F = \sigma T_e^4$ und

2. *Die Schwerebeschleunigung* g [cm · sec^{-2}] an der Sternoberfläche; s. Gl. (21, 3) und Abb. 43.

Wie wir schon in Kap. III sahen, besteht für die „normalen" Sterne ein eindeutiger Zusammenhang zwischen T_e und g einerseits, Spektraltyp und absoluter Helligkeit andererseits. Es wird eine wichtige Aufgabe sein, den Zusammenhang dieser beiden „Koordinatensysteme" möglichst genau zu fixieren, wobei es wiederum darauf ankommt, ob man die Masse-Leuchtkraft-Beziehung als vorgegeben betrachtet oder nicht.

Schon eine verhältnismäßig oberflächliche Durchmusterung der Sternspektren, insbesondere die Existenz mannigfaltiger "peculiar spectra", zeigt, daß mit den beiden Parametern T_e und g nicht immer auszukommen sein wird. Da aber das theoretische Verständnis weiterer Parameter — mit Ausnahme der Rotation der Sterne (O. STRUVE, vgl. Kap. XVIII) — noch in den ersten Anfängen steckt (Unterschiede der chemischen Zusammensetzung, Magnetfelder, ausgedehnte Hüllen usw.), so beschränken wir uns hier zunächst auf T_e und g.

Das *mechanische Gleichgewicht* einer Sternatmosphäre (wir betrachten vorerst nur *statische* Gebilde) kommt zustande durch das Wechselspiel der Gravitation — Schwerebeschleunigung g — einerseits mit Gasdruck P_g, Strahlungsdruck P_r und Turbulenzdruck P_t andererseits.

a) Gasdruck. Nehmen wir zunächst an, daß von den letzteren nur der Gasdruck P_g wesentlich sei! Fassen wir ein Volumelement von der Grundfläche 1 cm² und der Dicke dt ins Auge, so ist dessen Schwere $g\varrho\, dt$, wo ϱ die Dichte der Materie bedeutet. Herrscht zwischen Deck- und Grundfläche des betreffenden Volumelementes die Druckdifferenz dP_g, so gilt die hydrostatische Gleichung:

$$dP_g = g\varrho\, dt\,. \tag{51, 1}$$

Führen wir die optische Tiefe $\bar{\tau} = \int\limits_{-\infty}^{t} \bar{\varkappa}\varrho\, dt$ ein, wo $\bar{\varkappa}$ den Opazitätskoeffizienten pro Gramm bedeutet, so wird daraus

$$\boxed{\frac{dP_g}{d\bar{\tau}} = \frac{g}{\bar{\varkappa}}\,.} \tag{51, 2}$$

Diese Gleichung — in der $\bar{\varkappa}$ nach Abb. 87 als Funktion von P_g und T aufzufassen ist — kombinieren wir im Falle des *Strahlungsgleichgewichtes*[1] mit der schon bekannten Beziehung (40, 9) zwischen T und $\bar{\tau}$, die wir z. B. für das einfache Problem der nahezu grauen Atmosphäre schreiben konnten (in 1. Näherung ist $q = 2/3$)

$$T^4 = \frac{3}{4}\, T_e^4(\bar{\tau} + q(\bar{\tau}))\,. \tag{51, 3}$$

Ehe wir uns mit der Lösung des Gleichungssystems (51, 2) und (51, 3) im einzelnen befassen, betrachten wir den

b) Strahlungsdruck. Ein Strahlenbündel der Intensität $I_\nu(\vartheta)$ transportiert in einem Frequenzintervall $\nu \cdots \nu + d\nu$ und einem Raumwinkelbereich $d\omega$ unter dem Winkel ϑ zur Normalen der Atmosphäre durch ein horizontales Flächenelement von 1 cm² pro sec die *Energie* $I_\nu(\vartheta)\, d\nu \cdot \cos\vartheta\, d\omega$. In einer Schicht der Dicke dt wird — auf dem Weg $dt/\cos\vartheta$ — davon absorbiert der Teil

$$(\varkappa_\nu + \sigma_\nu)\, \varrho\, I_\nu(\vartheta)\, d\nu\, d\omega\, dt\,, \tag{51, 4}$$

wo $\varkappa_\nu$ bzw. σ_ν den Absorptions- bzw. Streukoeffizienten pro Gramm bedeuten. Nun hat bekanntlich jedes Lichtquant der Energie $h\nu$ einen Impuls $h\nu/c$ in seiner Flugrichtung. Der Energie (51, 4) entspricht also eine Impuls*komponente* in Richtung der Normalen unserer Atmosphäre

$$\frac{1}{c}\,(\varkappa_\nu + \sigma_\nu)\, \varrho\, I_\nu(\vartheta)\, d\nu\, d\omega\, dt \cdot \cos\vartheta\,. \tag{51, 5}$$

Durch Integration über ν und ω erhält man leicht den gesamten, auf die Schicht dt mit der Masse $\varrho\, dt$ pro cm² in 1 sec übertragenen Impuls, d. h. die *Strahlungsbeschleunigung* g_r

$$g_r = \frac{1}{c} \int\limits_{\omega} \int\limits_{\nu} (\varkappa_\nu + \sigma_\nu)\, \varrho \cdot I_\nu(\vartheta) \cos\vartheta\, d\omega \cdot d\nu\,. \tag{51, 6}$$

Die Integration über alle Raumwinkelelemente $d\omega$ liefert zunächst nach (1, 5) den Strahlungsstrom πF_ν. Die Integration über alle Frequenzen kann man nach (32, 8) durch Einführung des Opazitätskoeffizienten $\bar{\varkappa}$ leicht erledigen, indem $\bar{\varkappa} \int F_\nu\, d\nu = \int (\varkappa_\nu + \sigma_\nu)\, F_\nu\, d\nu$ ist. Insgesamt erhält man:

$$\boxed{g_r = \bar{\varkappa}\, \frac{\pi F}{c} = \bar{\varkappa} \cdot \frac{\sigma T_e^4}{c}\,.} \tag{51, 7}$$

---

[1] Auf Atmosphären im konvektiven oder teilweise konvektiven Gleichgewicht werden wir in Abschnitt 54 f. eingehen.

Diese Strahlungsbeschleunigung g_r ist nun also von der Schwerebeschleunigung g abzuziehen, so daß man allgemeiner in (51, 2) mit einer *effektiven* Schwerebeschleunigung

$$g_{eff} = g - g_r \tag{51, 8}$$

an Stelle von g zu rechnen hätte.

Wir hätten den Ausdruck (51, 7) auch durch eine einfache Betrachtung des Strahlungs*druckes* P_r ableiten können: Nach Gl. (4, 9) wird letzterer — wenn die Anisotropie des Strahlungsfeldes nicht allzu groß ist[1] —

$$P_r = \frac{4\pi}{c} \cdot \frac{J}{3}, \quad \text{wo} \quad J = \int I \frac{d\omega}{4\pi} \tag{51, 9}$$

bis auf den Faktor $\frac{4\pi}{c}$ die Strahlungs*dichte* darstellt. Nach (32, 5b) gilt weiterhin (unter derselben Voraussetzung)

$$\frac{1}{3} \frac{dJ}{dt} \approx \frac{dK}{dt} = \bar{\varkappa}\, \varrho \cdot \frac{F}{4}. \tag{51, 10}$$

Aus den beiden letzten Gleichungen erhält man wieder die Strahlungsbeschleunigung

$$g_r = \frac{1}{\varrho} \frac{dP_r}{dt} = \bar{\varkappa} \cdot \frac{\pi F}{c}; \qquad \text{q. e. d.} \tag{51, 11}$$

Versuchen wir zunächst, uns im Umriß ein Bild zu machen von der Bedeutung des *Strahlungsdruckes* P_r bzw. der *Strahlungsbeschleunigung* g_r in verschiedenen Sternatmosphären!

Gehen wir in einer Atmosphäre von innen nach außen, so nimmt der Gasdruck P_g immer mehr ab, während der Strahlungsdruck nach (51, 9) und (35, 14) dem festen Grenzwert $P_r = \frac{4\sigma}{3c} T_0^4$ zustrebt, wo T_0 wieder die Grenztemperatur bedeutet. Daß demnach das Verhältnis P_r/P_g nach außen immer mehr zunimmt, hat aber keinerlei dynamische Konsequenzen; für den Aufbau der Atmosphäre ist nicht P_r selbst, sondern sein Gradient bzw. $g_r = \frac{1}{\varrho} \frac{dP_r}{dt}$ maßgebend. Nach (51, 7) oder (51, 11) kommt es also wesentlich auf die Opazität an. Wie Abb. 87 zeigt, nimmt in den kühleren Sternen $\bar{\varkappa}$ nach innen zu; auch g_r und damit die dynamische Bedeutung des Strahlungsdruckes wächst gerade mit der Tiefe an. Eine zahlenmäßige Abschätzung zeigt, daß aber meistens $g_r \ll g$ bleibt.

Bei den heißen Übergiganten (etwa $\Theta_e < 0{,}25$), wo $\bar{\varkappa}$ wesentlich durch die THOMSON-Streuung der völlig ionisierten Materie bestimmt ist, erhalten wir leicht eine bestimmte Existenzgrenze für statische Atmosphären [860]. Nach Abb. 87 ist hier stets $\bar{\varkappa} \geqq 0{,}32$. Wegen (51, 7) und (51, 8) muß stets

$$g > g_r = \bar{\varkappa} \cdot \frac{\sigma T_e^4}{c} \tag{51, 12}$$

sein, d. h. etwa für

	Oe 5	B0	B1	B2	B3	
mit $T_e \approx$	3,1	2,7	2,3	2,0	$1{,}8_5 \cdot 10^4$ °K	(51, 13)
$\log g >$	2,7	2,5	2,2	2,0	1,8	

Da $\bar{\varkappa}$ mit der Tiefe zunimmt, müssen die g in Wirklichkeit noch etwas höher sein, damit die Atmosphären zusammenhalten. Wie wir sehen werden, nähern sich die empirisch bestimmten g_e früher Übergiganten ziemlich weitgehend den berechneten Grenzwerten, so daß in ihnen offenbar die Strahlungsbeschleunigung g_r eine erhebliche Rolle spielt.

[1] Bei der ersten Ableitung ist diese Voraussetzung implizite natürlich ebenso benutzt; anderenfalls könnte der ROSSELANDsche Mittelwert gar nicht sinnvoll definiert werden.

c) Turbulenzdruck. Wie wir sehen werden, herrschen in manchen Atmosphären — ausgehend von einer Konvektionszone — heftige *turbulente Strömungen*. Bezeichnen wir deren Geschwindigkeitskomponente in Richtung des Sternradius mit ξ und die Dichte wieder mit ϱ, so wird durch ein horizontales Flächenelement von 1 cm² pro sec der Impuls $\varrho\,\overline{\xi^2}$ transportiert (vgl. S. CHANDRASEKHAR [800]). Dies ist also gleichzeitig der *Turbulenzdruck* P_t. Ihm entspricht die *Turbulenzbeschleunigung*

$$g_t = \frac{1}{\varrho}\frac{d}{dt}(\varrho\,\overline{\xi^2}), \tag{51, 14}$$

welche der Schwerebeschleunigung g entgegen wirkt.

In praxi erfaßt man — durch den *Doppler*effekt — gewöhnlich nur die Komponente der Turbulenzgeschwindigkeit in der Sehrichtung. Da aber die ausgebildete Turbulenz meist nahezu isotrop ist, so kann man diese Komponente näherungsweise mit ξ identifizieren. Hat sie weiterhin eine Wahrscheinlichkeits-Verteilung (analog dem MAXWELL-BOLTZMANNschen Verteilungsgesetz der Molekülgeschwindigkeiten)

$$W(\xi)\,d\xi = \frac{1}{\sqrt{\pi}}\,e^{-(\xi/\xi_t)^2}\,\frac{d\xi}{\xi_t}, \tag{51, 15}$$

so ist

$$\overline{\xi^2} = \frac{1}{\sqrt{\pi}}\int\limits_{-\infty}^{+\infty}\xi^2\,e^{-\left(\frac{\xi}{\xi_t}\right)^2}\frac{d\xi}{\xi_t} = \frac{1}{2}\,\xi_t^2\,. \tag{51, 16}$$

Wollen wir nebeneinander den Gasdruck und den Turbulenzdruck berücksichtigen, so gilt nach (51, 1) und (51, 14) zunächst

$$\frac{1}{\varrho}\frac{dP_g}{dt} = g_{eff} = g - g_t = g - \frac{1}{\varrho}\frac{d}{dt}\left(\frac{\varrho}{2}\,\xi_t^2\right) \tag{51, 17}$$

Ziehen wir die Zustandsgleichung $P_g = \varrho\cdot\frac{RT}{\mu}$ heran (R = Gaskonstante, μ = effektives Molekulargewicht), so wird

$$g = \frac{1}{\varrho}\frac{d}{dt}\left[\varrho\left(\frac{RT}{\mu}+\frac{\xi_t^2}{2}\right)\right]. \tag{51, 18}$$

Die Turbulenzgeschwindigkeit ξ_t [definiert im Sinne von Gl. (51, 15)] steht hier gleichberechtigt neben der analog definierten Geschwindigkeit der thermischen Bewegungen $\xi_0 = \sqrt{\frac{2RT}{\mu}}$. Letztere ist andererseits von derselben Größenordnung wie die LAPLACEsche Schallgeschwindigkeit $c_s = \sqrt{\frac{c_p}{c_v}\cdot\frac{RT}{\mu}}$. Für einatomige Gase mit $c_p/c_v = 5/3$ gilt z. B. $\xi_0 = 1{,}1\,c_s$. Der Turbulenzdruck wird also dynamisch wichtig, wenn die Turbulenzgeschwindigkeit sich der Schallgeschwindigkeit nähert oder sie überschreitet, d. h. bei *Mach*zahlen der Größenordnung 1 oder mehr. Auf seine astrophysikalische Bedeutung hat zuerst — im Zusammenhang mit dem Aufbau der Sonnenchromosphäre (Abschnitt 142) — W. H. MCCREA [829] hingewiesen.

52. Mittlere Zustandsgrößen der Sternatmosphären als Funktion der effektiven Temperatur T_e und der Schwerebeschleunigung g.

Ehe man den Aufbau einzelner Sternatmosphären durch numerische Integrationen im einzelnen studiert, lohnt es sich, mit Hilfe relativ grober Näherungsmethoden einen Überblick zu gewinnen über die Abhängigkeit der *Mittelwerte* des Gasdruckes P_g, des Elektronendruckes P_e, der (Strahlungs-)Temperatur T

usw. von der *effektiven Temperatur* T_e bzw. $\Theta_e = 5040/T_e$ und der *Schwerebeschleunigung*[1] g, durch die eine „normale" Sternatmosphäre vollständig charakterisiert ist.

Wir schließen uns dabei weitgehend den Rechnungen von E. VITENSE [862] an. Hinsichtlich der chemischen Zusammensetzung, Ionisation, kontinuierlichen Absorption usw. der stellaren Materie können wir auf Kap. IV und VII zurückgreifen. Weiterhin setzen wir vorerst voraus, daß die Atmosphären sich im Strahlungsgleichgewicht befinden, für dessen Behandlung hier die „graue" Näherung (51, 3) genügen dürfte. Auf die Theorie von Konvektionszonen werden wir in Abschnitt 54ff. zurückkommen.

Wir berechnen die genannten Mittelwerte für *die* optische Tiefe, aus welcher bei einer gerade betrachteten Wellenlänge der Hauptteil des Strahlungsstromes an die Oberfläche gelangt, d. h. $\tau = \tau_0 = 2/3$. Unsere mittleren Zustandsgrößen werden also selbstverständlich auch etwas von der Wellenlänge λ abhängen. Hinsichtlich der Opazität $\bar{\varkappa}$ gehört zu τ_0 die optische Tiefe

$$\bar{\tau}_0 = \frac{\bar{\varkappa}}{\varkappa}\,\tau_0\,, \tag{52, 1}$$

wobei — wie besprochen — das Verhältnis $\bar{\varkappa}/\varkappa$ als tiefen-unabhängig betrachtet ist. Die zugehörige Temperatur T bzw. $\Theta = 5040/T$ erhalten wir sofort aus (51, 3) zu

$$\Theta^4 = \Theta_e^4/\tfrac{3}{4}\,(\bar{\tau}_0 + q(\bar{\tau}_0))\,. \tag{52, 2}$$

Die Zahlenrechnungen führt man nun am einfachsten in einem Verfahren successiver Approximationen (meist genügen 2 Schritte) nach folgendem Schema aus:

Zu den vorgegebenen $\tau_0 = 2/3$ und $\Theta_e = 5040/T_e$ schätzt man für die betreffende Wellenlänge λ anhand der Abb. 72—86 das $\bar{\varkappa}/\varkappa$ (es genügt dabei meist eine ganz ungefähre Kenntnis von $\Theta = 5040/T$ und $\log P_e$). Damit berechnet man $\bar{\tau}_0 = \frac{\bar{\varkappa}}{\varkappa}\,\tau_0$ und nach (52, 2) die Temperatur T bzw. Θ. Den zugehörigen Gasdruck P_g erhält man nun aus der hydrostatischen Gl. (51, 2). Betrachtet man nämlich $\bar{\varkappa}$ als unabhängig von τ, so kann man diese ohne weiteres integrieren; es gilt

$$\bar{\varkappa}\,P_g = g\cdot\bar{\tau}_0 \quad \text{oder} \quad \log\bar{\varkappa} + \log P_g = \log(g\cdot\bar{\tau}_0)\,. \tag{52, 3}$$

Da die rechte Seite bekannt ist, kann man die letztere Beziehung ohne weiteres in Abb. 87 einzeichnen: Es ist eine Gerade, die unter 45° von links oben nach rechts unten verläuft. Deren Schnitt mit der Kurve für das schon erwähnte Θ gibt den Gasdruck P_g und die Opazität $\bar{\varkappa}$. Zu Θ und P_g liest man aus Tab. 23 bzw. Abb. 50 leicht den Elektronendruck P_e ab.

Damit kann nun nötigenfalls ein zweiter Schritt des Iterationsverfahrens beginnen: Mit Θ und $\log P_e$ erhält man aus den Abb. 72—86 ein genaueres $\bar{\varkappa}/\varkappa$ und führt damit die Rechnungen da capo durch, womit fast immer die überhaupt sinnvolle Genauigkeit erreicht ist.

In gewissen Bereichen der Zustandsgrößen Θ_e und g erweist sich die Annahme $\bar{\varkappa} = \text{const}$ als etwas zu roh. Dort ist es zweckmäßig, mit einem anhand von Abb. 87 geschätzten Ansatz für $\bar{\varkappa}$ als Funktion der Tiefe zu beginnen. E. VITENSE setzt z. B. im Gebiet $0{,}5 \leqq \Theta_e \leqq 1$, wo die kontinuierliche Absorption von H und H^- übereinander greifen, für $0 \leqq \bar{\tau} \leqq 0{,}1$ das $\bar{\varkappa} = \text{const}$ und daran anschließend für $\bar{\tau} \geqq 0{,}1$ das $\bar{\varkappa} = \alpha\,\bar{\tau}$. Bei $\Theta_e \leqq 0{,}1$ und größeren g empfiehlt sich andererseits der ebenfalls leicht integrierbare Ansatz $\bar{\varkappa} = a\,P_g^b$ mit passend

[1] Von Strahlungs- und Turbulenzdruck sehen wir zunächst ab. Sind sie wesentlich, so ist g durch $g_{eff} = g - g_r - g_t$ zu ersetzen. Meistens genügt aber für derartige Probleme unser einfaches Näherungsverfahren nicht mehr.

gewählten Konstanten a und b. Wir wollen uns mit diesen rechnerischen Details nicht zu lange aufhalten (vgl. E. VITENSE, l. c. Abb. 1) und stellen sogleich die wichtigsten Ergebnisse von E. VITENSE [862] anhand ihrer Abbildungen zusammen:

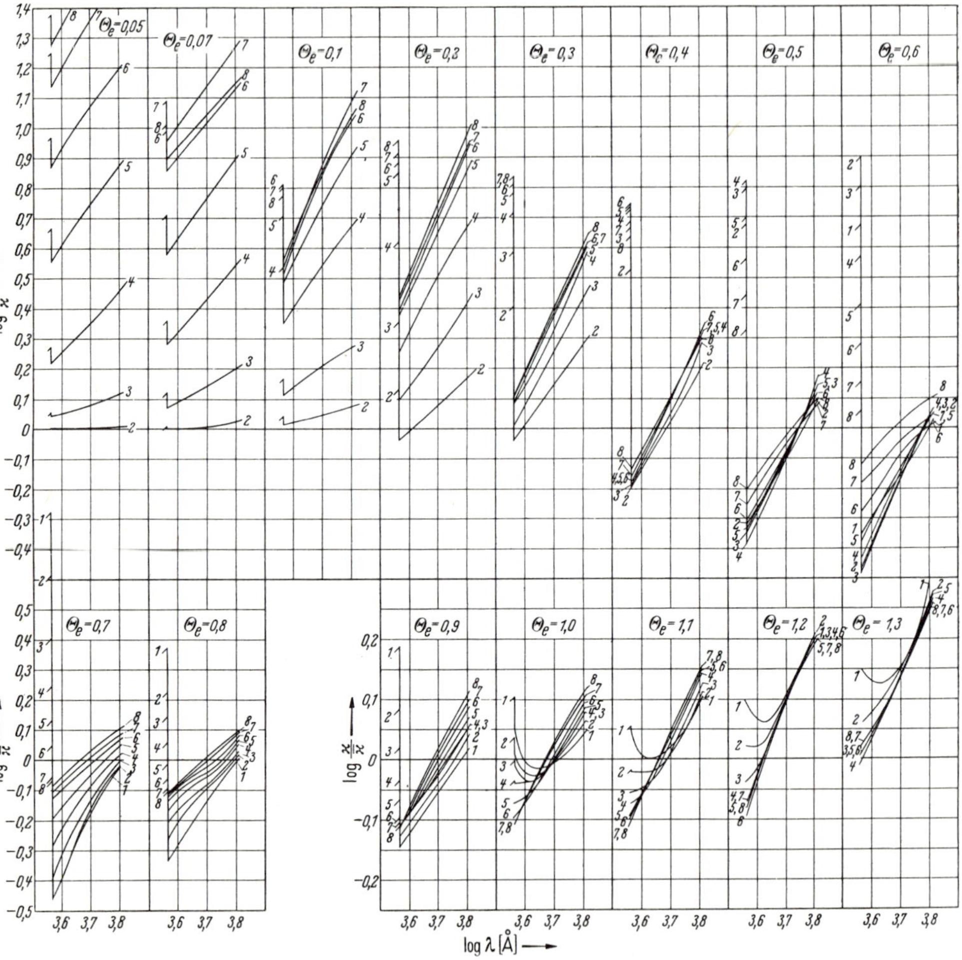

Abb. 88. $\log \varkappa/\bar{\varkappa}$ als Funktion von $\log \lambda$ für verschiedene $\Theta_e = \frac{5040}{T_e}$ mit $\log g_e$ als Parameter.

Abb. 88 zeigt zunächst das später auch für die Theorie der FRAUNHOFER-Linien wichtige Verhältnis $\varkappa/\bar{\varkappa}$ als Funktion der Parameter Θ_e und $\log g_e$ für den üblichen Wellenlängenbereich λ 3650—6500 Å.

Damit ist in Abb. 89 für die langwellige Seite der BALMER-Grenze $\lambda\, 3650_+$ sowie die Schwerpunkte des photographischen und roten Gebietes bei λ 4250 und 6380 das Verhältnis von Strahlungstemperatur[1] T zu effektiver Temperatur T_e logarithmisch aufgetragen. Die beiden Temperaturen unterscheiden sich — in dem betrachteten Wellenlängenbereich — nie um mehr als $\pm 20\%$.

[1] Nach Gl. (41, 23) ist die dem πF_ν entsprechende Strahlungstemperatur ja gerade gleich der Temperatur der Atmosphäre in der optischen Tiefe — für die betreffende Wellenlänge — $\tau_0 = 2/3$!

Abb. 90 zeigt den berechneten Sprung des Strahlungsstromes $D = \Delta \log F_\lambda = \Delta \log B_\lambda(\tau_0 = 2/3)$ an der BALMER-Grenze. Zum Vergleich sind (gestrichelt)

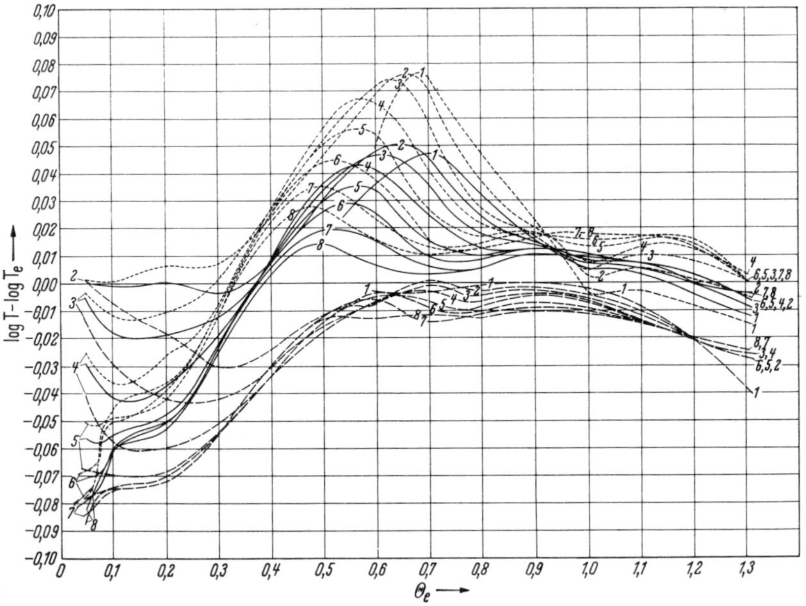

Abb. 89. $\log T_{Strahlung} - \log T_e$ als Funktion von $\Theta_e = \frac{5040}{T_e}$ für die Wellenlängen $\lambda = 3647^+$Å (- - - -), 4250 Å (——) und $\lambda = 6380$ Å (— — —). $\log g_e$ ist Parameter.

die Mittelwerte der Messungen von CHALONGE und BARBIER (vgl. Abb. 31) für Zwergsterne Z und Übergiganten G als Funktion des Spektraltyps (oben) eingezeichnet, der in provisorischer Weise mit Θ_e in Beziehung gesetzt wurde. Während die *Lage* der Maxima mit den $\log g$ nach Abb. 43 etwa richtig herauskommt, sind die berechneten Maximalwerte von D erheblich zu groß. Gerade bei den Spektraltypen A0 bis F0 ist — wegen der Überlagerung von H- und H^--Absorption — die Annahme $\varkappa/\bar{\varkappa} = \text{const}$ besonders bedenklich. Unsere Rechnungen dürfen daher nur als ein erster, noch recht grober Anhaltspunkt zur Deutung der Beobachtungen betrachtet werden.

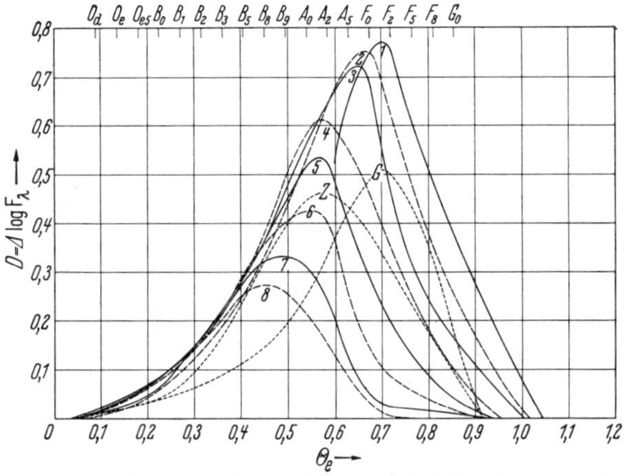

Abb. 90. Der berechnete BALMER-Sprung $D = \Delta \log F_\lambda$ als Funktion von $\Theta_e = \frac{5040}{T_e}$ mit $\log g_e$ als Parameter. [Die Kurven sind zur besseren Unterscheidung abwechselnd gestrichelt und ausgezogen gezeichnet. Außerdem ist der von CHALONGE und BARBIER gemessene BALMER-Sprung als Funktion des Spektraltyps eingezeichnet (· · · · · ·), (G = Überriesen, Z = Zwerge).]

Von entscheidender Bedeutung für die Interpretation der Sternspektren ist nun die folgende Abb. 91, in der $\log P_g$ und $\log P_e$ als Funktion von Θ_e und g für das photographische Gebiet λ 4250 Å dargestellt sind. Bei den heißen Sternen ist wegen der vollständigen Ionisation der Materie $P_e = 2\,P_e$; sobald bei tieferen Temperaturen der Wasserstoff in den neutralen Zustand übergeht, streben die beiden rasch auseinander. Längs der Hauptsequenz liegt für $T_e > 8400°$ der Elektronendruck P_e zwischen 10^4 und 10^3 [dyn · cm^{-2}], dann nimmt er nach

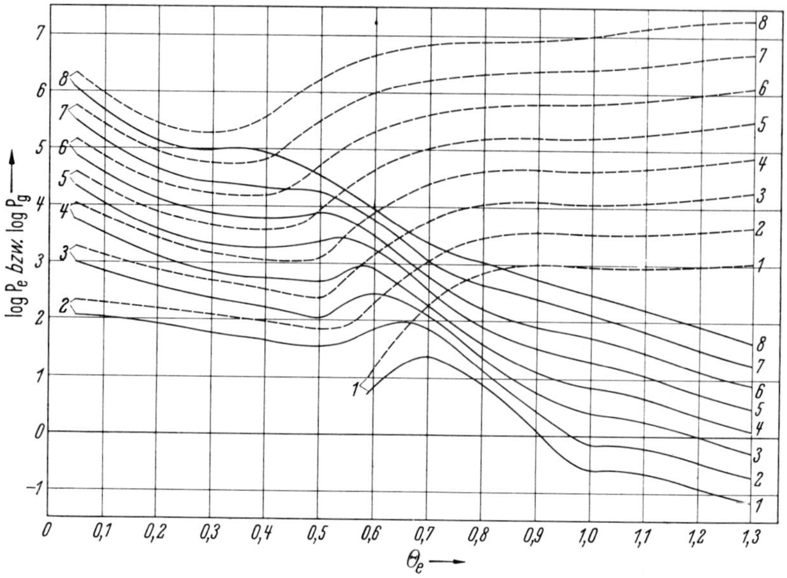

Abb. 91. $\log P_g$ (— — —) und $\log P_e$ (———) als Funktion von $\Theta_e = \frac{5040}{T_e}$ mit $\log g_e$ als Parameter. $\lambda = 4250$ Å.

tieferen Temperaturen hin rasch ab, während der Gasdruck P_g gleichzeitig ansteigt. Die g-Abhängigkeit von P_e und P_g ist — entsprechend der Vielzahl der Ionisations- und Absorptionsprozesse — ziemlich kompliziert. Als grobe Faustregel kann man sich merken: P_e bzw. $P_g \sim \sqrt{g}$ (man mache sich ihr Zustandekommen anhand der Abb. 49/50 und 87 klar!).

Zum Schluß wollen wir noch — mit einer Anleihe an die Theorie der FRAUNHOFER-Linien — die *wirksame Schichtdicke* der Sternatmosphären als Funktion von Θ_e und $\log g$ berechnen. Sie werde charakterisiert durch die „Gesamtzahl aller Atome über 1 cm² der Sternoberfläche" $\overline{NH}$, welche für die Erzeugung der Linien maßgeblich sind. Aus $\overline{NH}$ sollen dann später durch Anwendung der Theorie der thermischen Anregung und Ionisation die analogen Atomzahlen für einzelne Zustände bestimmter Elemente, Ionisationsstufen, . . . berechnet werden. In unserer Näherung kann man schreiben:

$$\overline{NH} = \left(\frac{d \ln B_\nu}{d\tau}\right)_{\tau=\tau_0} \cdot \frac{\tau_0}{\varkappa_{at}} \qquad (52,\,4)$$

(s. Abschnitt 101). Dabei bedeutet wieder $B_\nu(\tau)$ die KIRCHHOFF-PLANCK-Funktion, τ die optische Tiefe für kontinuierliche Absorption und $\varkappa_{at}$ den kontinuierlichen Absorptionskoeffizienten pro Atom nach Abb. 72—86 bei der betrachteten Frequenz ν sowie $\tau_0 = 2/3$ die wirksame optische Tiefe für die Entstehung des Strahlungsstroms. $\tau_0/\varkappa_{at}$ ist also die wirkliche Anzahl aller Atome pro cm² bis zu dieser Tiefe. Der logarithmische Gradient der Ergiebigkeit $\left(\frac{d \ln B_\nu}{d\tau}\right)_{\tau=\tau_0}$

bestimmt ihre „Wirksamkeit“ hinsichtlich der Erzeugung von Linien. Da B_ν normalerweise als Funktion von $\bar{\tau}$ gegeben ist, schreiben wir (52, 4) zweckmäßiger in der Form:

$$\overline{NH} = \left(\frac{d \ln B_\nu}{d\bar{\tau}}\right)_{\bar{\tau}_0} \cdot \frac{\bar{\varkappa}}{\varkappa} \cdot \frac{\tau_0}{\varkappa}. \tag{52, 5}$$

Den Ausdruck $\left(\frac{d \ln B_\nu}{d\bar{\tau}}\right)_{\bar{\tau}_0}$ haben wir (für die graue Atmosphäre) schon in Gl. (41, 18) berechnet (das dortige τ^* entspricht unserem jetzigen τ_0).

Das Ergebnis der numerischen Berechnung von $\log \overline{NH}$ für die Wellenlängen λ 4250 und 6380 Å zeigt Abb. 92. Im großen und ganzen wächst $\overline{NH}$ nach den kühleren Sternen zu (dies ist eine der Ursachen für die große Dichte der Linien in den späten Spektraltypen). Weiterhin ist durchweg $\overline{NH}$ für die Riesensterne größer als für die Zwergsterne (auch diese Tendenz ist in den Beobachtungen ohne weiteres zu verifizieren); als Faustregel kann man etwa $\overline{NH} \sim g^{-1/2}$ setzen.

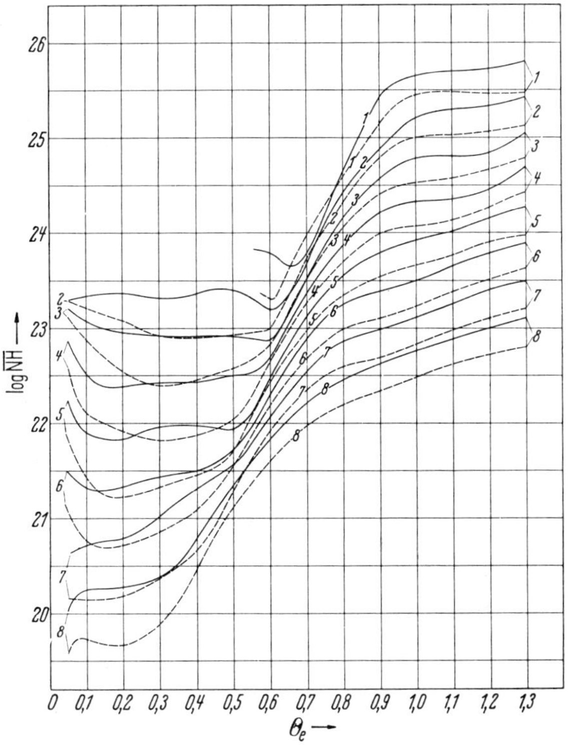

Abb. 92. Die wirksame Anzahl absorbierender Atome $\overline{NH}$ als Funktion von $\Theta_e = \frac{5040}{T_e}$ für $\lambda = 4250$ Å (———) und $\lambda = 6380$ Å (– – –) mit $\log g_e$ als Parameter.

Nachdem $\log \overline{NH}$ (Abb. 92), $\log P_e$ (Abb. 91) und T (Abb. 89) als Funktion von T_e und g berechnet sind, haben wir eine der Grundlagen für eine genäherte Theorie der *Spektralklassifikation* und der Methode der *spektroskopischen Parallaxen* in der Hand. Es bleibt noch die zweite Grundfrage zu behandeln: Wie stark ist eine FRAUNHOFER-Linie, welche durch die dem $\overline{NH}$ entsprechende „*Anzahl wirksamer Atome*“ NH im richtigen Anregungs- und Ionisationszustand unter den angegebenen Bedingungen erzeugt wird? Wir werden die Theorie der FRAUNHOFER-Linien erst nach ziemlich umfangreichen Vorbereitungen in Angriff nehmen können und müssen daher unsere Entwicklungen an dieser Stelle unterbrechen.

Der Leser hat vielleicht an dieser Stelle auch schon eine Berechnung der *Farbtemperaturen der Sterne* als Funktion von T_e und g erwartet und damit eine Deutung des in Kap. III bereitgestellten Beobachtungsmaterials. Solche Rechnungen sind in der Tat von verschiedenen Autoren versucht worden. Man macht sich jedoch leicht klar, daß eine Berechnung von Farbtemperaturen, die den Vergleich mit modernen Beobachtungen aushalten soll, eine solche Genauigkeit der Berechnung des Strahlungsstromes (bzw. der Strahlungstemperatur) als

Funktion der Wellenlänge voraussetzt, daß die Berücksichtigung der Nicht-Grauheit der Atmosphären, der Tiefenabhängigkeit des $\bar{\varkappa}/\varkappa$ und in vielen Fällen auch der Konvektion unerläßlich ist. Wir müssen daher dieses wichtige Problem ebenfalls noch zurückstellen, bis uns genauere Modelle der Sternatmosphären zur Verfügung stehen.

53. Genauere Berechnung der Temperatur- und Druckschichtung „nicht-grauer" Atmosphären im Strahlungsgleichgewicht.

Nachdem wir die *mittleren Zustandsgrößen* der Sternatmosphären als Funktion von T_e und g untersucht haben, wenden wir uns deren genaueren Durchrechnung zu, d. h. wir fragen, wie — wieder bei vorgegebenem T_e und g — die *Temperatur* T, der *Elektronendruck* P_e und der *Gasdruck* P_g von der *Tiefe* in der Atmosphäre abhängen. Letztere kennzeichnen wir zweckmäßig entweder durch die *optische Tiefe* τ_0 für eine bestimmte Wellenlänge λ_0, $\bar{\tau}$ für den ROSSELANDschen Opazitätskoeffizienten oder dergleichen. Solche „*Modellatmosphären*" — wie man gewöhnlich sagt[1] — sollen später die Grundlage bilden zu einer genauen *Analyse der Sternspektren.* Hierbei wird es sich umgekehrt darum handeln, ein „Modell" zu finden, d. h. T_e, g *und die chemische Zusammensetzung* einer „theoretischen" Atmosphäre *so* zu fixieren, daß das beobachtete Spektrum eines bestimmten Sternes hinsichtlich seiner Linienprofile, Farbtemperatur usw. richtig wiedergegeben wird (vgl. hierzu Abschnitt 111—114).

Die Grundlagen für unsere *Modellrechnungen* haben wir in den vorhergehenden Kapiteln bereitgestellt, jedenfalls soweit es sich um *normale Stellarmaterie* (Tab. 22) handelt:

Deren *Ionisation, Molekulargewicht* usw. hatten wir in Kap. IV, Abschnitt 25, ihren *kontinuierlichen Absorptionskoeffizienten* in Kap. VII, Abschnitt 50 berechnet. Sodann behandelt Kap. VI die nötigen Grundlagen *zur Theorie des Strahlungsgleichgewichtes,* insbesondere Abschnitt 43 die wichtige Theorie *nicht-grauer Atmosphären.* Dagegen werden wir auf *Konvektionsphänomene* erst in den Abschnitten 54—58 dieses Kapitels eingehen.

Als Paradigmata für die *Theorie nicht-grauer Sternatmosphären-Modelle* betrachten wir in folgendem zuerst die *Sonnenatmosphäre* (dG2, $T_e = 5780°$ K, $\log g = 4{,}44$) im Anschluß an K. H. BÖHM [602] und dann *τ Scorpii* (dB0, $T_e = 32800°$ K, $\log g = 4{,}45$) nach G. TRAVING [852]. Wünschenswert wären analoge Untersuchungen über Giganten und Übergiganten sowie die kühleren Sterne, in denen die Bildung von Molekülen ganz neuartige Probleme aufwirft, mit denen wir uns hier nicht beschäftigen können.

A) Nicht-graues Strahlungsgleichgewichtsmodell der Sonnenatmosphäre. Da die in Abschnitt 43 entwickelten Näherungsmethoden nicht besonders rasch konvergieren, ist es für ihre Anwendung wichtig, eine möglichst günstige Ausgangsnäherung zu wählen. Als solche bietet sich für die *Sonne* von selbst ein „*empirisches Modell*" nach Abschnitt 29 an. Tatsächlich verwendet K. H. BÖHM [602] das Modell „Böhm-Vitense I", welches sich — was nicht wesentlich ist — von dem in Tab. 25 wiedergegebenen „Modell II" nur durch einen etwas flacheren Temperaturabfall von $\tau_0 \approx 0{,}1$ bis zu derselben Grenztemperatur bei $\tau_0 = 0$ unterscheidet. Die empirische Temperaturverteilung ist bis $\tau_0 \approx 2$ bestimmt; für größere Tiefen wird eine nach dem asymptotischen Ausdruck (35, 8) und (35, 9) berechnete Strahlungsgleichgewichtsverteilung $T^4 = 3/4\, T_e^4(\bar{\tau}^* + \text{const})$ angesetzt, wo $\bar{\tau}^*$ die optische Tiefe für den ROSSELANDschen Opazitätskoeffizienten unter Mitberücksichtigung der Linien (s. unten) bedeutet.

[1] Über die Zweckmäßigkeit der Bezeichnungsweise ließe sich streiten.

Für die weitere Rechnung ist es nun wesentlich, eine zweckmäßige *Tiefeneinteilung* der Atmosphäre und eine Einteilung des Spektrums in *Wellenlängenbereiche* zu treffen, so, daß einerseits eine ausreichende Anpassung an die Wirklichkeit erzielt wird, andererseits aber auch die Rechenarbeit in vernünftigen Grenzen bleibt.

K. H. BÖHM wählt, wieder bezogen auf die optische Tiefe für $\lambda_0 = 5010$ Å, die *Tiefeneinteilung* $\tau_0 = 0$ — 0,001—0,005 — 0,01—0,03 — 0,05 — 0,1 — 0,2 — 0,3 — 0,5 — 0,7 — 1,0 — 1,5 — 2,0 — 3,5 — 5,0, ähnlich wie in Tab. 25.

Die Unterteilung des Spektrums in *Wellenlängenbereiche* soll vor allem eine hinreichend genaue Berechnung des *Opazitätskoeffizienten*, in praxi auf $\sim 1\%$ für $\tau_0 \leqq 1{,}5$, sicherstellen. BÖHM wählt die Grenzen $\lambda \cdot 10^{-2}$ [Å] = 15 — 19 — 25 — 30 — 39 — 44 — 49 — 55 — 59 — 62 — 66 — 70 — 81 — 100 — 130 — 150 — 170 — 200 — 300 — 400—∞.

Für jeden dieser 20 Bereiche wird zunächst den Diagrammen von E. VITENSE (Abb. 72—87) der *kontinuierliche Absorptionskoeffizient* $\varkappa_\nu(T, P_e)$ für jede Tiefe entnommen. Durch numerische Integration ergibt sich dann der Zusammenhang zwischen der optischen Tiefe $\bar{\tau}$ für den ROSSELANDschen Mittelwert des kontinuierlichen Absorptionskoeffizienten $\bar{\varkappa}$ und den τ_ν für die verschiedenen Spektralbereiche.

Die Berücksichtigung der *Linienabsorptionskoeffizienten* schließt sich an die vorhergehende Arbeit von D. LABS [612] an. Es kommt darauf an, halbempirisch zu ermitteln, *in welchem Bruchteil* $\Delta\lambda$ *eines bestimmten Wellenlängenbereiches für eine bestimmte Tiefenzone das Verhältnis des Linienabsorptionskoeffizienten* $\varkappa_\nu$ *zu* $\bar{\varkappa}$ *größer ist, als ein vorgegebener Wert* $\varkappa_\nu/\bar{\varkappa}$. Man unterteilt und zählt zu diesem Zweck — bezüglich Einzelheiten sei auf die Arbeit von D. LABS [612] verwiesen — die FRAUNHOFER-*Linien* nach folgenden Gesichtspunkten: a) Neutrale bzw. ionisierte Atome, b) Ionisationsspannung χ_r, c) Anregungsspannung $\chi_{r,s}$ und vor allem d) Äquivalentbreite W_λ bzw. ROWLAND-Intensität. Für jeden Linientypus kann man nun die Tiefenabhängigkeit der Konzentration des erzeugenden Atomzustandes und — für die starken Linien — der Stoßdämpfungskonstanten γ (nach Kap. XI und Kap. XVII, Abschnitt 117) in dem gewählten Ausgangsmodell berechnen. Auf dem Umweg über die Theorie der Wachstumskurve (Kap. XVI) kann man weiter für jede Linie die fehlende Konstante der bisherigen Rechnung, nämlich Elementhäufigkeit × Oszillatorenstärke erhalten. Dann ergibt die Theorie der Linienverbreiterung durch Dopplereffekt *und* Dämpfung, d. h. die Theorie der „VOIGT-*Profile*" (Kap. X, Abschnitt 73; insbesondere Abb. 107) vollends die Frequenzverteilung und Größe des Linienabsorptionskoeffizienten für den betreffenden Linientypus in jeder Tiefe $\bar{\tau}$.

Die *Wasserstofflinien*, welche in der Hauptsache durch statistischen STARK-Effekt verbreitert werden, erfordern eine besondere Behandlung (hierzu Abschnitt 118).

Das Ergebnis der ganzen — wie man sieht, ziemlich komplizierten — *Statistik der Linienabsorptionskoeffizienten* z. B. im Spektralbereich λ 4400—4900 Å für verschiedene optische Tiefen $\bar{\tau}$ zeigt Abb. 92a. Der Bereich sehr großer Linienabsorptionskoeffizienten (links), welcher von den insgesamt 500 Å des Intervalls etwa 1—2 Å erfüllt, entspricht der Summe der Dopplerkerne der Linien. Dann folgt ein Bereich von ~ 25 Å Ausdehnung, welcher von den Dämpfungsflügeln der relativ wenigen starken Linien des Intervalls herrührt. In großen Tiefen dominieren die sich hier rasch ausbreitenden Flügel von Hβ λ 4861.

Die gesamte Verteilung von $\varkappa_\nu/\bar{\varkappa}$ z. B. in Abb. 92a kann man — bildlich gesprochen — einer *„fetten Linie"* zuordnen, welche dann die gesamte Linienabsorption in dem Bereich 4400—4900 Å repräsentiert. K. H. BÖHM hat verifiziert, daß die Summe aller dieser „fetten

Linien" einen Prozentsatz von $\eta = 10{,}9\%$ des kontinuierlichen Sonnenspektrums verschluckt, was mit den von R. MICHARD gemessenen 12,4% — s. Gl. (14, 5) — befriedigend übereinstimmt.

Für die weitere Rechnung wird dann innerhalb jedes Wellenlängenbereiches die Verteilung der Linienabsorptionskoeffizienten durch eine Stufenfunktion von 4—7 Stufen approximiert.

Nun kann man zunächst leicht für jede Tiefe den ROSSELANDschen Mittelwert *mit* Berücksichtigung der Linien $\overline{\varkappa^*}$ zu dem früheren Mittelwert des kontinuier-

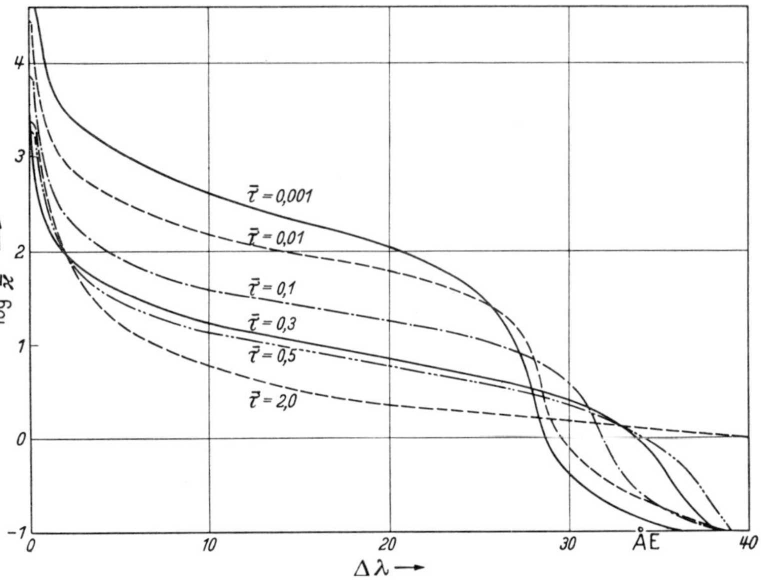

Abb. 92a. Statistik der Linienabsorptionskoeffizienten im Spektralbereich λ 4400—4900 Å für verschiedene optische Tiefen $\bar\tau$ in der Sonnenatmosphäre. Nach K. H. BÖHM [602].

lichen Absorptionskoeffizienten allein $\bar\varkappa$ als Funktion von $\bar\tau$ berechnen: Das Verhältnis $\overline{\varkappa^*}/\bar\varkappa$ steigt von 1,03 bei $\bar\tau = 0$ rasch an; von $\bar\tau \approx 0{,}15$ bis 1,5 ist fast gleichbleibend $\overline{\varkappa^*}/\bar\varkappa = 1{,}084$[1].

Nach diesen Vorbereitungen wird numerisch (vgl. hierzu auch Abschnitt 31) der Strahlungsstrom πF_ν für alle 20 Frequenzbereiche und durch Summation hierüber der *Gesamtstrahlungsstrom* $\pi F(\overline{\tau^*})$ des Ausgangsmodells als Funktion der optischen Tiefe $\overline{\tau^*}$ für den Opazitätskoeffizienten (einschließlich Linien) berechnet. Sein Verhältnis zu dem „richtigen" πF_0 ist für das gewählte Ausgangsmodell bei $\overline{\tau^*} = 0$ gleich Eins, steigt dann bis $\overline{\tau^*} = 0{,}13$ auf 1,02 an, um weiterhin bis $\overline{\tau^*} = 1{,}5$ auf 0,90 abzusinken.

Zu dem so bestimmten $\Delta F(\overline{\tau^*}) = F(\overline{\tau^*}) - F_0$ wird nun schließlich nach dem *kombinierten Iterationsverfahren* von Abschnitt 43, C mit anschließender Λ-Iteration (für die höchsten Schichten) die Korrektion der Gesamtergiebigkeit $\Delta B(\overline{\tau^*})$ und damit die *Temperaturkorrektion* ermittelt. Die Berechnung verbesserter Werte für $\log P_g$ und $\log P_e$ läuft dann einfach auf eine numerische Integration der für optische Tiefen umgeschriebenen hydrostatischen Gl. (51, 2) heraus und bietet also keine besondere Schwierigkeit. Der *Strahlungsdruck* und

[1] In (42, 20) hatten wir den nicht unerheblich größeren Wert $\overline{\varkappa^*}/\bar\varkappa = 1{,}22$ erhalten. Der Unterschied beruht wohl auf dem ziemlich schematischen Charakter des dort benutzten M. E.-Modelles.

der *Turbulenzdruck* (für $\xi_t \approx 2$ km/sec) können in den hier betrachteten photosphärischen Schichten nach Abschnitt 51, b) und c) außer Betracht bleiben.

Tabelle 36a. Nichtgraues Strahlungsgleichgewichtsmodell der Sonnenatmosphäre. Nach K. H. Böhm [602].

τ_0	$\bar{\tau}^*$	$\bar{\tau}$	T	$\log P_g$	$\log P_e$
0	0	0	≈3400°	— ∞	— ∞
0,001	0,0008	0,0008	3810	3,51	—0,69
0,005	0,0042	0,0041	4104	3,87	—0,25
0,01	0,008	0,0077	4303	4,01	—0,01
0,03	0,027	0,026	4700	4,26	0,31
0,05	0,046	0,043	4853	4,41	0,47
0,1	0,095	0,090	5028	4,56	0,70
0,2	0,203	0,189	5273	4,73	0,92
0,3	0,316	0,292	5473	4,84	1,09
0,4	0,432	0,398	5647	4,90	1,23
0,5	0,550	0,504	5804	4,95	1,35
0,6	0,670	0,612	5953	4,98	1,46
0,7	0,791	0,725	6088	5,01	1,55
0,8	0,910	0,836	6214	5,04	1,63
0,9	1,026	0,942	6318	5,06	1,70
1,0	1,144	1,050	6414	5,08	1,77
1,2	1,380	1,267	6606	5,10	1,91
1,4	1,619	1,486	6773	5,12	2,04
1,5	1,745	1,602	6865	5,13	2,10
1,7	1,981	1,818	7025	5,14	2,20
2,0	2,331	2,137	7255	5,15	2,32

Das Ergebnis der — im einzelnen sehr mühsamen — Durchrechnung des *nichtgrauen Strahlungsgleichgewichtsmodelles der Sonnenatmosphäre* enthält die

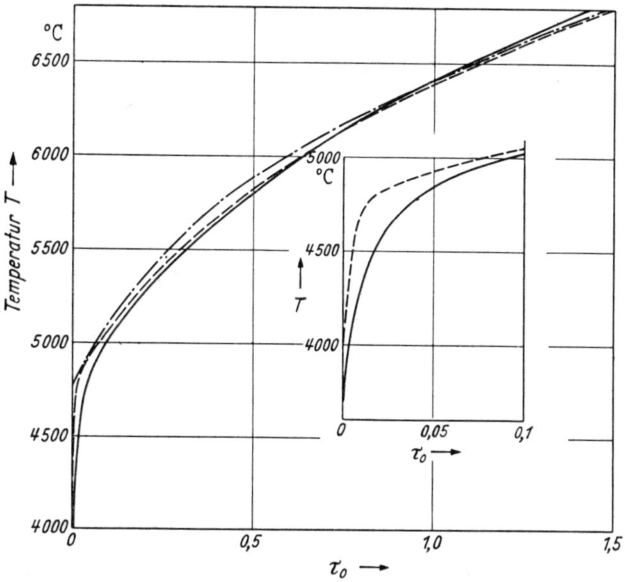

Abb. 92b. Temperaturschichtung der Sonnenphotosphäre: Berechnet für nichtgraues Strahlungsgleichgewicht nach K. H. Böhm [602]: ———
Empirische Modelle: { E. Böhm-Vitense II [509a und Tab. 25] — — — ; C. de Jagers Modell V [1766] — · — · } Die optische Tiefe τ_0 bezieht sich auf λ 5010 Å.

vorstehende Tab. 36a. Den Vergleich mit den schon bekannten empirischen Modellen zeigt Abb. 92b.

Sodann noch einige Bemerkungen bezüglich der berechneten *Grenztemperatur* $T_0 \approx 3400°$, welche erheblich unter der (exakten) „grauen" Grenztemperatur von 4860° und sogar unter der aus den Restintensitäten starker FRAUNHOFER-Linien abgelesenen Grenztemperatur von $\sim 3800°$ liegt. Wie wir später sehen werden (Abschnitt 141), beginnt die *Chromosphäre* (d. h. *die* Schicht, wo am Sonnenrand die Linien in Emission erscheinen) etwa bei $\tau_0 \approx 0{,}003$. Dort aber sollte entsprechend dem nichtgrauen Strahlungsgleichgewichtsmodell $T \approx 3950°$ sein. Diese Temperatur stimmt nun ausreichend überein mit der empirisch ermittelten „Grenztemperatur", die man eigentlich besser als Temperatur der Chromosphäre bezeichnen würde. In den noch höheren Schichten wird die Voraussetzung lokalen thermodynamischen Gleichgewichtes und damit auch die Berechnung einer Grenztemperatur $T_0 = \lim_{\tau \to 0} T$ immer problematischer. Insgesamt dürfte jedoch kaum ein Zweifel darüber bestehen, daß die Temperatur in der Sonnenatmosphäre bis auf $\sim 3800°$ absinkt, ehe sie dann zur Korona hin plötzlich wieder ansteigt.

Die Probleme der *Konvektion* (Granulation) und — was damit zusammenhängt — der *Temperatur-Inhomogenitäten* in der Sonnenatmosphäre werden wir erst in den folgenden Abschnitten 54—58 behandeln. Auf die Anwendung und Prüfung der Sonnenmodelle im Zusammenhang mit der *quantitativen Analyse der Sonnenatmosphäre* und der *Mitte-Rand-Variation der* FRAUNHOFER-*Linien* kommen wir in den Abschnitten 111 bzw. 113 zurück.

B) Nichtgraues Strahlungsgleichgewichtsmodell von τ Scorpii. Ganz anders liegen die Verhältnisse im Bereich der *frühen Spektraltypen*: Hier spielt die Absorption in den *Linien* nur eine untergeordnete Rolle, dagegen wird jetzt wesentlich der Sprung des kontinuierlichen Absorptionskoeffizienten (vgl. Abb. 83) um rund zwei Zehnerpotenzen an der LYMAN-Grenze des Wasserstoffs bei λ 912 Å, also in *dem* Spektralgebiet, wo gerade der Hauptteil des Strahlungsstromes transportiert wird.

Im Hinblick auf die Analyse des B0-Sternes τ Scorpii hat G. TRAVING [852] eine Modellatmosphäre durchgerechnet mit[1] $T_e = 32800°$ und $\log g_{eff} = 4{,}8$.

Die *nullte* (Ausgangs-)*Näherung* der Temperaturschichtung $T^{(0)}$ wird — um die Nichtgrauheit schon einigermaßen zu berücksichtigen — im Anschluß an frühere Rechnungen des *Verf.* [744] gewonnen, indem man den Strahlungsstrom schematisch in Teil 1 für $0 < \lambda < 912$ Å und Teil 2 für 912 Å $< \lambda < \infty$ zerlegt. Auf diese wird dann das von S. CHANDRASEKHAR [605] entwickelte Zweistrom-Rechenverfahren (Abschnitt 42) angewandt. Das Verhältnis der effektiven Frequenzbereiche wird zu $a_1 : a_2 = \int_{\lambda=0}^{912\,\text{Å}} B_\lambda \, d\lambda : \int_{\lambda=912\,\text{Å}}^{\infty} B_\lambda \, d\lambda = 0{,}25 : 0{,}75$ angesetzt; die effektiven Absorptionskoeffizienten für die beiden Bereiche werden für geschätzte mittlere Zustandsgrößen berechnet. Die effektive Temperatur ist zunächst noch zu 33040° angenommen. Die Berechnung dieser nullten Näherung ist natürlich prinzipiell in vieler Hinsicht anfechtbar; ihre Berechtigung erhält sie erst durch ihre Prüfung und Verbesserung in dem darauffolgenden Näherungsverfahren.

Zu $T^{(0)}(\bar{\tau})$ berechnet nun G. TRAVING zunächst in der üblichen Weise die Druckverteilung unter der *vorläufigen* Annahme, daß der Strahlungsdruck höchstens eine von $\bar{\tau}$ unabhängige Änderung der Schwerebeschleunigung hervorruft. Der Gasdruck P_g ist stets praktisch das Doppelte des Elektronendruckes P_e.

---

[1] Diese Zahlenwerte wurden gewählt im Anschluß an die Grobanalyse des Spektrums von τ Sco (Abschnitt 110). Der Vergleich mit den spektralphotometrischen Messungen in Abschnitt 111 wird zeigen, daß die effektive Temperatur T_e richtig getroffen ist, während die Schwerebeschleunigung auf $\log g_{eff} = 4{,}45$ verkleinert werden sollte.

Im Hinblick auf die Ermittelung des Strahlungsstromes $F(\bar{\tau})$ als Funktion von $\bar{\tau}$ wird das Spektrum — auch für die höheren Näherungen — bei folgenden Wellenlängen bzw. Absorptionskanten unterteilt:

λ [Å] = 6050 — 3650(HI) — 2143 — 1500 — 1154 — 912(HI) — 714 — 506(HeI) — 380,2 — 301,8(NeII) — 227,8(HeII).

Bei der Berechnung der einzelnen Teil-Strahlungsströme πF_ν muß man jetzt aber beachten, daß in den höheren Schichten (etwa $\tau_\nu < 0{,}2$) auf der langwelligen Seite der LYMAN-Kante λ 912 Å die THOMSON-*Streuung* σ der freien Elektronen gegenüber der wahren Absorption $\varkappa'_\nu$ der Wasserstoffatome die Oberhand gewinnt. Die Ergiebigkeit S_ν z. B. in Gl. (43, 5) ist hier daher nach Gl. (27, 7) vollständig anzuschreiben als

$$S_\nu = \frac{\varkappa'_\nu}{\varkappa'_\nu + \sigma} B_\nu + \frac{\sigma}{\varkappa'_\nu + \sigma} J_\nu \,. \qquad (53, 1)$$

Streng genommen müßte man nun zunächst die mittlere Strahlungsintensität J_ν durch Integration des ganzen Strahlungsgleichgewichtsproblems schon ermittelt haben, dies wäre aber praktisch kaum durchzuführen. Glücklicherweise ist in praxi das Verhältnis $\sigma/\varkappa'_\nu$ nur mäßig groß, so daß es genügt, mit *Einfachstreuung* zu rechnen, d. h. in Gl. (43,2) zunächst $S_\nu \approx B_\nu$ zu setzen und mit dem so gewonnenen J_ν dann in (53, 1) und von hier aus weiter in (43, 5) einzugehen.

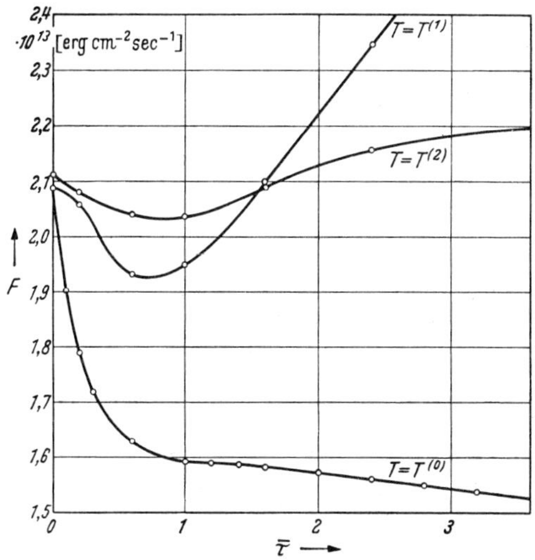

Abb. 92c. $F(\bar{\tau})$ für eine Modellatmosphäre mit $T_e = 32800°$ und $\log g = 4{,}8$, etwa entsprechend τ Scorpii (B 0); nullte, erste und zweite Näherung der Temperaturverteilung. Nach G. TRAVING [852].

Den durch Summation über die F_ν schließlich ermittelten Gesamtstrahlungsstrom $F(\bar{\tau})$ zeigt die mit $T^{(0)}$ bezeichnete Kurve in Abb. 92c. Der steile Anstieg des Strahlungsstromes bei $\bar{\tau} \to 0$ zeigt, daß die angenommene Grenztemperatur $T^{(0)}(0)$ zu hoch ist; weiter innen ist der Strahlungsstrom und also auch der Temperaturgradient $dT^{(0)}/d\bar{\tau}$ zu klein.

Nach Korrektur der Temperaturverteilung $T^{(0)}$ mittels des Stromiterationsverfahrens erwies es sich als notwendig, zwischendurch auch wieder eine neue *Druck*schichtung, und zwar nun unter Berücksichtigung des Strahlungsdruckes nach Gl. (51, 7) zu integrieren.

Die neue — *erste* — *Näherung* der Temperaturverteilung $T^{(1)}$ führt nun auf den in Abb. 92c mit $T^{(1)}$ bezeichneten Verlauf des Strahlungsstromes $F(\bar{\tau})$. Die Grenztemperatur $T^{(1)}(0)$ ist offenbar immer noch zu hoch. Nach *größeren Tiefen* zu aber steigt der Strahlungsstrom jetzt an! Infolge der Erhöhung der Temperatur beim Übergang zur 1. Näherung wird dort nämlich im Bereich $\lambda \approx 500$ bis 300 Å die Bremsung der Strahlung durch die HeI- und HeII-Absorption geringer.

Aus $T^{(1)}$ gewinnt G. TRAVING schließlich die *zweite Näherung* $T^{(2)}$ (Tab. 36b), indem er (im wesentlichen) in den tieferen Schichten das Stromiterationsverfahren und in den höheren das Λ-Iterationsverfahren anwendet. Eine neue Integration der Druckverteilung erweist sich als überflüssig. Abb. 92c (Kurve: $T^{(2)}$) zeigt,

Tabelle 36b. Temperatur $T^{(2)}$ (zweite Näherung) und Gasdruck $P_g = 2P_e$ einer Atmosphäre mit $T_e = 32800°$ und $\log g = 4{,}8$, nahezu entsprechend τ Scorpii (B0). Nach G. TRAVING [852].

$\bar{\tau}$	$T^{(2)} \cdot 10^{-4}$	$\log P_g$
0,00	2,12	—
0,01	2,32	3,05
0,02	2,39	3,28
0,05	2,58	3,57
0,1	2,83	3,80
0,2	3,06	4,03
0,4	3,30	4,25
0,6	3,51	4,38
0,8	3,67	4,47
1,0	3,80	4,53
1,5	4,06	4,65
2,0	4,27	4,74
3,0	4,59	4,86
4,0	4,83	4,95
5,0	5,01	5,03
10,0	5,70	5,27

daß in dem praktisch wesentlichen Bereich $0 < \bar{\tau} < 2$ der *Strahlungsstrom* nun innerhalb $\pm 2{,}5\%$ konstant ist, was man wohl als ausreichend betrachten darf. Sein Mittelwert entspricht der — also endgültigen — effektiven Temperatur $T_e = 32800°$.

Lehrreich ist noch die folgende Abb. 92d, welche die *Frequenzverteilung des Strahlungsstromes* F_ν an der Sternoberfläche $\bar{\tau} = 0$ und in der Tiefe $\bar{\tau} = 2{,}4$ zeigt. Zum Vergleich mit der spektralen Energieverteilung der austretenden Strahlung (der winzige Bereich des sichtbaren Spektrums ist links angezeichnet!) ist noch die flächengleiche PLANCKsche Kurve für $T_e = 32800°$ eingezeichnet. Charakterisiert man die *Intensität* des Strahlungsstromes durch eine „*Strahlungstemperatur*“, so wird diese bei

λ [Å]	6050	3650_+	912_-	714	506	< 506
T [°K] ~	27000	30900	23630	24830	28900	21200 ($\approx T_0$) .

In dem für die *Anregung der Gasnebel* (H. ZANSTRA) wichtigen Spektralgebiet strahlen die früheren B-Sterne also entsprechend einer Temperatur, die erheblich unter ihrer *effektiven* Temperatur T_e liegt und sich mehr der (nichtgrauen!) Grenztemperatur nähert.

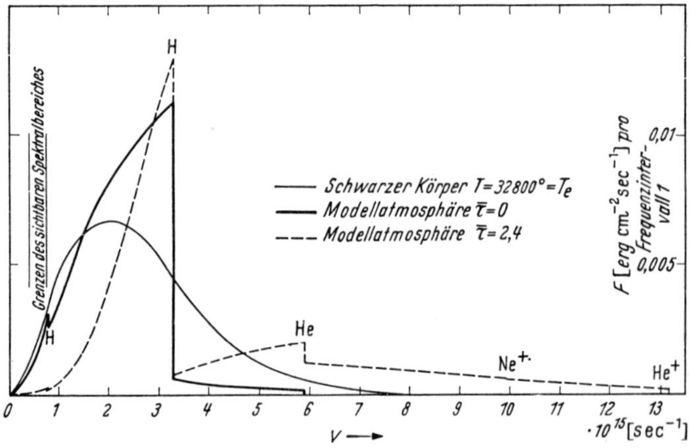

Abb. 92d. Frequenzabhängigkeit des Strahlungsstromes F_ν für die Modellatmosphäre mit $T_e = 32800°$ und $\log g = 4{,}8$ an der Sternoberfläche $\bar{\tau} = 0$ (———) und in $\bar{\tau} = 2{,}4$ (— — —). Zum Vergleich: PLANCKsche Strahlungskurve für die Effektivtemperatur T_e (———). Links ist der sichtbare Spektralbereich markiert. Nach G. TRAVING [852].

Zusammenfassend dürfen wir wohl aus den Rechnungen für die *Sonne* (G2) und τ *Scorpii* (B0) den Schluß ziehen, daß die Berücksichtigung der *Nichtgrauheit des Strahlungstransportes* für alle genaueren Modellrechnungen durchaus *wesentlich* ist. Will man sich andererseits mit den grauen Näherungen des Strahlungsproblems begnügen, dann dürfte es gerade angemessen sein, einfach mit konstanten Mittelwerten von Druck und Temperatur usw. für die ganze Atmosphäre zu rechnen (s. unter „*Grobanalyse*“, Abschnitt 110).

54. Konvektion und Strahlungsgleichgewicht. Stabilitätskriterium von K. SCHWARZSCHILD.

Man kann die Beobachtungen der Granulation, der Flecke usw. auf der Sonne (Abschnitt 133f), der „Turbulenz“ (Abschnitt 115) und vieler anderer Phänomene in den Sternatmosphären nur deuten durch die Annahme mächtiger Strömungen, von *Konvektion.*

Untersuchen wir daher — wie dies K. SCHWARZSCHILD [846] schon 1905 in seiner grundlegenden Arbeit getan hat — zunächst die Frage, unter welchen Bedingungen das *Strahlungsgleichgewicht* in den uns von den tieferen Schichten der Erdatmosphäre vertrauten Zustand des *konvektiven* oder *adiabatischen Gleichgewichtes* überzugehen beginnt:

Wenn eine von $\left\{\begin{matrix}\text{unten aufsteigende}\\ \text{oben herabsinkende}\end{matrix}\right\}$ Gasmasse vermöge der adiabatischen $\left\{\begin{matrix}\text{Expansion}\\ \text{Kompression}\end{matrix}\right\}$ $\left\{\begin{matrix}\text{wärmer}\\ \text{kühler}\end{matrix}\right\}$ wird, als ihre im Strahlungsgleichgewicht gedachte Umgebung, so wird ihre Bewegung immer neuen Antrieb erhalten. Konvektionsströme sind dann thermodynamisch stabil (und umgekehrt). Mit anderen Worten: In einer Atmosphäre können sich nur dann *Konvektionsströme bilden, wenn der adiabatische Temperaturgradient seinem Betrage nach kleiner ist, als der dem Zustand des Strahlungsgleichgewichtes entsprechende,* d. h.

$$\left|\frac{dT}{dh}\right|_{ad} < \left|\frac{dT}{dh}\right|_{Str}. \tag{54,1}$$

Nach der Barometerformel ist

$$\frac{1}{P}\frac{dP}{dh} = -\frac{g\mu}{RT} \tag{54,2}$$

(P = Gasdruck, g = Schwerebeschleunigung, μ = Molekulargewicht; den Strahlungsdruck vernachlässigen wir) und damit

$$\frac{dT}{dh} = -\frac{g\mu}{R}\cdot\frac{d\ln T}{d\ln P}, \tag{54,3}$$

womit die *Konvektionsbedingung* die handlichere Form annimmt:

$$\boxed{\left(\frac{d\ln T}{d\ln P}\right)_{ad.} < \left(\frac{d\ln T}{d\ln P}\right)_{Str.}.} \tag{54,4}$$

Berechnen wir zuerst den zweiten Ausdruck!

Gehen wir aus von der Temperaturschichtung der grauen Atmosphäre, so ist mit genügender Genauigkeit

$$T^4 = \frac{3}{4}T_e^4\left(\bar{\tau}+\frac{2}{3}\right), \tag{54,5}$$

wo T_e wieder die effektive Temperatur bedeutet.

Die Tiefenabhängigkeit des Opazitätskoeffizienten $\bar{\varkappa}$ [cm²/gr] stellen wir dar durch eine Interpolationsformel

$$\bar{\varkappa} = \varkappa_0 P^n, \tag{54,6}$$

in der also auch die Temperaturabhängigkeit von $\bar{\varkappa}$ implizite berücksichtigt sein soll. Die optische Tiefe für die Gesamtstrahlung wird dann

$$\bar{\tau} = -\int \bar{\varkappa}\,\varrho\,dh = \frac{\varkappa_0}{g}\int_0^P P^n\,dP = \frac{\varkappa_0}{(n+1)\,g}\cdot P^{n+1}, \tag{54,7}$$

da ja $dP = -g\varrho\, dh$ ist. So erhalten wir:

$$\left(\frac{d\ln T}{d\ln P}\right)_{Str} = \left(\frac{d\ln T}{d\ln \bar{\tau}}\right)\left(\frac{d\ln \bar{\tau}}{d\ln P}\right) = \frac{(n+1)\,\bar{\tau}}{4\,(\bar{\tau}+\frac{2}{3})}\,. \tag{54,8}$$

Der *adiabatische Temperaturgradient* andererseits ist — solange wir die Ionisations- und Dissoziationsprozesse noch beiseite lassen — in bekannter Weise bestimmt durch das Verhältnis der spezifischen Wärmen bei konstantem Druck bzw. Volumen $\gamma = c_p/c_v$:

$$\left(\frac{d\ln T}{d\ln P}\right)_{ad} = \frac{\gamma - 1}{\gamma}\,. \tag{54,9}$$

Für einatomige Gase ist $\gamma = 5/3$ und also $\left(\frac{d\ln T}{d\ln P}\right)_{ad} = 0{,}40$.

Diesen Wert vergleichen wir nun in Tab. 37 mit dem für $n = 0$ (konstanten Opazitätskoeffizienten) und $n = 1{,}8$ (*etwa* entsprechend den oberflächennahen Schichten der Sonnenatmosphäre) nach (54, 8) für Strahlungsgleichgewicht

Tabelle 37. $\left(\frac{d\ln T}{d\ln P}\right)_{Str}$ als Funktion der optischen Tiefe $\bar{\tau}$.

$\bar{\tau}$	0	0,5	1	3	5
$n = 0$	0,00	0,11	0,15	0,20	0,22
$n = 1{,}8$	0,00	0,30	*0,42*	*0,57*	*0,62*

berechneten. Wie man sieht, überwiegt an der *Sternoberfläche* wegen des Faktors $\bar{\tau}$ in Gl. (54, 8) die Tendenz zum *Strahlungsgleichgewicht.* Eine Atmosphäre aus einatomigen Gasen sollte sich auch in den tieferen Schichten mit $n = 0$ durchweg im Strahlungsgleichgewicht befinden, während mit $n = 1{,}8$ unterhalb von etwa $\bar{\tau} = 1$ die Druckabhängigkeit der Opazität die Bildung von *Konvektionsströmen* ermöglicht.

Neben der Druckabhängigkeit der Opazität müssen wir nach R. H. Fowler und E. A. Guggenheim [820] noch einen zweiten, wichtigen Effekt berücksichtigen: In einer z. B. in der Sonnenatmosphäre herabsinkenden Gasmasse ändern sich nicht nur Druck und Temperatur, sondern auch der *Ionisationsgrad.* Bei Temperaturerhöhung wächst nicht nur die Translationsenergie, sondern es muß noch Ionisationsarbeit geleistet werden, und die abgespaltenen Elektronen müssen ihr $3/2\, kT$ bekommen. Ein Gas, dessen Ionisationsgrad sich ändert, nähert sich also in seinem Verhalten einem mehratomigen Gas. Sein effektives γ, das wir nun durch (54, 9) *definieren,* wird daher $< 5/3$. Nachdem die verschiedensten Beobachtungen auf eine sehr große kosmische Häufigkeit des Wasserstoffes hingewiesen hatten, konnte A. Unsöld [858] zeigen, daß in *der* Zone der Sternatmosphären, wo der Wasserstoff *teilweise* ionisiert ist (γ also klein wird), auf jeden Fall Konvektionsströme entstehen müssen.

55. Energietransport durch Konvektion und Strahlung. Aerodynamik stellarer Konvektionszonen. Turbulenz, Mischungsweg, Austauschgröße.

Wir befassen uns nun zunächst mit den aerodynamischen Problemen stellarer Konvektionszonen. Zu einer exakten Behandlung reichen — wie wir sehen werden — die von den Aerodynamikern und Meteorologen bis jetzt entwickelten Methoden noch lange nicht aus. Immerhin läßt sich mit Dimensionsbetrachtungen und größenordnungsmäßigen Abschätzungen schon viel erreichen. Zur Einführung sei auf L. PRANDTLs „Strömungslehre" [803] und die zusammenfassende Darstellung von L. BIERMANN [814] nachdrücklich hingewiesen.

Beginnen wir mit einer Abschätzung der in der Strömung auftretenden Kräfte pro Volumeinheit:

1. *Trägheitskräfte.* Die *Masse* pro Volumeinheit sei $\sim \varrho$. Weiterhin seien die auftretenden Geschwindigkeiten von der Größenordnung v. Die charakteristische *Länge* in der Strömung sei l. Unter letzterer wird man z. B. bei der Strömung in einem Rohr dessen Durchmesser, bei der Konvektion in einer flachen Schale die Dicke der Flüssigkeitsschicht und in einer Sternatmosphäre deren Äquivalenthöhe $H = \frac{R\,T}{\mu g}$ (R = Gaskonstante, μ = Molekulargewicht, g = Schwerebeschleunigung) verstehen. Die Strömung wird nun jeweils eine wesentliche Änderung erfahren in einer charakteristischen *Zeit* der Größenordnung l/v. Die Beschleunigungen sind daher $\sim v^2/l$ und die

$$\text{Trägheitskräfte } K_t = C_1 \cdot \varrho \frac{v^2}{l}, \tag{55,1}$$

wobei C_1 eine Konstante der Größenordnung 1 bedeutet, die den Besonderheiten der Anordnung Rechnung tragen soll.

2. *Reibungskräfte.* Unter der *Viskosität* η eines Mediums versteht man bekanntlich die an einer Fläche 1 beim Geschwindigkeitsgefälle (senkrecht zur Fläche) $\frac{\partial v}{\partial z} = 1$ angreifende Scherungskraft. Die Dimension von η ist daher $\frac{\text{Kraft}}{\text{Fläche}} \times \frac{\text{Länge}}{\text{Geschwindigkeit}}$. Pro Volumeinheit werden also (mit einer neuen Konstanten der Größenordnung 1) die

$$\text{Reibungskräfte } K_r = C_2 \cdot \frac{\eta v}{l^2}; \tag{55,2a}$$

entsprechend dem Glied $\eta\,\Delta v$ in der NAVIER-STOKESschen Gleichung. Neben η führt man zweckmäßig noch die sog. *kinematische Viskosität* $\nu = \eta/\varrho$ ein. Damit wird dann

$$K_r = C_2 \cdot \frac{\nu\,\varrho\,v}{l^2}. \tag{55,2b}$$

3. *Auftrieb.* Wir berechnen nun den Auftrieb, welchen ein im Sinne von Abschnitt 54 adiabatisch aufsteigendes Volumelement erfährt. Es sei der *durchschnittliche Temperaturgradient* der Atmosphäre $\frac{dT}{dh}$. Nehmen wir zunächst an, daß ein auf- oder absteigendes Volumelement genau einer Adiabate folgt, d. h. keinen nennenswerten Wärmeaustausch mit seiner Umgebung hat, so ändert sich seine Temperatur entsprechend dem *adiabatischen Temperaturgradienten* $\left(\frac{dT}{dh}\right)_{ad}$. Beim Aufsteigen um l wird sich das Volumelement also relativ zu seiner neuen Umgebung erwärmt haben um

$$l\left[\left(\frac{dT}{dh}\right)_{ad} - \left(\frac{dT}{dh}\right)\right] = l\,\Delta \text{grad}\, T, \tag{55,3}$$

wie wir kurz schreiben wollen. Der Ausdehnungskoeffizient des Mediums (bei konstantem Druck) sei nun $\alpha = \frac{1}{V}\left(\frac{\partial V}{\partial T}\right)_P$ — für ideale Gase ist also $\alpha = 1/T$ —; dann ist der Dichteunterschied des versetzten Volumelements gegenüber seiner Umgebung $\sim \alpha\,\varrho\,l\,\Delta \text{grad}\, T$ und sein Auftrieb pro Volumeinheit (mit einer dritten Konstanten der Größenordnung 1):

$$K_a = C_3 \cdot \alpha\,\varrho\,l\,g\,\Delta\, \text{grad}\, T. \tag{55,4}$$

Solange die Konvektion noch schwach ist, wird nun ihre Geschwindigkeit v bestimmt sein durch die Balance von Auftrieb- und Reibungskräften, d. h. $K_a = K_r$. Daraus folgt nach (55, 2b) und (55, 4) sofort

$$v = \frac{C_3}{C_2} \cdot \alpha \varDelta \,\text{grad}\, T \cdot \frac{l^3 g}{\nu}. \tag{55, 5}$$

Ob die Konvektion[1] aber überhaupt anläuft, hängt nach LORD RAYLEIGH [838] und H. JEFFREYS [823] davon ab, ob während der Zeitdauer eines konvektiven Umlaufs $\approx l/v$ die dabei entstehenden Temperaturunterschiede $\sim l \varDelta\,\text{grad}\, T$ nicht längst durch Wärme*leitung* ausgeglichen werden. Ist die Wärmeleitfähigkeit unseres Mediums $\varkappa$ (wie die kinetische Theorie zeigt, ist für Gase $\varkappa$ nicht nur dimensions-, sondern auch größenordnungsmäßig gleich der kinematischen Viskosität ν), so braucht der Ausgleich eines Temperaturunterschiedes über eine Strecke l nach der Wärmeleitungsgleichung eine Zeit der Größenordnung $l^2/\varkappa$. Für das Einsetzen thermischer Konvektion ist also entscheidend das Verhältnis der Zeiten $\frac{l^2}{\varkappa} : \frac{l}{v}$. Unter Heranziehung von Gl. (55, 5) führen wir nach RAYLEIGH die (dimensionslose) kritische Zahl

$$\varLambda = \frac{C_2}{C_3} \cdot \frac{v\, l}{\varkappa} = \alpha \varDelta \,\text{grad}\, T \cdot \frac{l^4 g}{\nu \varkappa} \tag{55, 6}$$

ein. Experimente von A. R. LOW [828], D. AVSEC [806], R. J. SCHMIDT und O. A. SAUNDERS [844] zeigen in Übereinstimmung mit den Rechnungen von H. JEFFREYS [823], daß Konvektion bei $\varLambda = 1700$ einsetzt. Dann bilden sich — wie man an einer von unten gleichmäßig erhitzten flachen Schale mit Öl, Wachs oder dergleichen schön beobachten kann — zunächst die besonders von H. BÉNARD [806a] u. a. eingehend studierten regelmäßigen 4—7eckigen *Konvektionszellen*, deren Durchmesser etwa das 3fache der Schichtdicke beträgt. Diese „zellulare Konvektion" gehört — aerodynamisch betrachtet — zu den „schleichenden" Strömungen, in denen die Antriebskraft (hier K_a) in erster Linie durch die Reibungskräfte K_r kompensiert wird.

Wird die Strömung heftiger, so treten neben den *Reibungskräften* K_r die *Trägheitskräfte* K_t in Erscheinung. Das Verhältnis der beiden gibt die — üblicherweise unter Weglassung der Konstanten C_1 und C_2 definierte —

$$\boxed{\text{REYNOLDSsche Zahl } Re = \frac{K_t/C_1}{K_r/C_2} = \frac{v\, l}{\nu}} \tag{55, 7}$$

nach (55, 1) und (55, 2).

Für unser spezielles Konvektionsproblem ergibt sich nach (55, 6) ein interessanter Zusammenhang mit $\varLambda$. Es ist nämlich

$$\varLambda = \frac{C_2}{C_3} \cdot \frac{\nu}{\varkappa} \cdot Re. \tag{55, 8}$$

$\nu/\varkappa$ ist von der Größenordnung 1; C_2/C_3 kann im Anschluß an (55, 5) experimentell bestimmt werden. Man erhält so $\varLambda \approx 100\, Re$.

Für *Gase* kann man der REYNOLDSschen Zahl noch eine andere sehr anschauliche Schreibweise geben. Hier ist nämlich $\nu = \frac{1}{3} \lambda\, v_{th}$, wo λ die freie Weglänge und v_{th} die thermische Geschwindigkeit der Moleküle (Größenordnung[2] der

[1] Zum Folgenden vgl. L. BIERMANN [812].

[2] $\overline{v}_{th}^2 = \frac{8\,RT}{\pi\,\mu}$ und $c_s^2 = \gamma \frac{RT}{\mu}$; für einatomige Gase ist also z. B. $\overline{v}_{th} = 1{,}24\, c_s$.

Schallgeschwindigkeit c_s) bedeutet. Es wird also

$$Re \approx \frac{v\,l}{c_s\,\lambda}\,. \tag{55,9}$$

In der Astrophysik werden die Strömungsgeschwindigkeiten v meist nicht allzuweit von der Schallgeschwindigkeit c_s entfernt sein. Dagegen ist z. B. in der Sonnenatmosphäre $l \approx 100$ km $= 10^7$ cm, während die freie Weglänge in der Größenordnung $\lambda \approx 2 \cdot 10^{-2}$ cm liegt. Ganz allgemein bewegen wir uns in der Astrophysik also im Bereich *sehr großer* REYNOLDS*scher Zahlen.*

Hier fällt nun die „zähmende" Wirkung der Viskosität weg; die Strömung macht sozusagen von ihren vielen Freiheitsgraden [863] ungehemmten Gebrauch: Sie wird *turbulent.*

Bei der schon von O. REYNOLDS selbst untersuchten Rohrströmung erfolgt der Umschlag von der schleichenden (laminaren) zur turbulenten Strömungsform frühestens bei $Re = 2320$. Bei der thermischen Konvektion erfolgt der Übergang zur nichtstationären Konvektion = Turbulenz nach den Versuchen von R. J. SCHMIDT und O. A. SAUNDERS [844] in Wasser bei $\Lambda = 47000$, was etwa $Re = 100$ entsprechen dürfte[1].

Nachdem so klargestellt ist, daß wir es in Sternatmosphären meist mit turbulenter Konvektion zu tun haben werden, müssen wir uns kurz mit der allgemeinen Theorie turbulenter Strömungen und dann mit dem Energietransport durch turbulente Konvektion befassen.

Während sich früher die Bemühungen der Theoretiker in erster Linie auf das außerordentlich schwierige Problem der *Entstehung der Turbulenz* bei der kritischen REYNOLDSschen Zahl für bestimmte Strömungsformen konzentrierten, ist neuerdings das für die Astrophysik viel wichtigere Problem der *ausgebildeten Turbulenz* in den Vordergrund getreten. Das noch etwas engere Problem der *isotropen* Turbulenz *inkompressibler Medien* ist in den Jahren 1942—1946 von KOLMOGOROFF [826], ONSAGER [834], HEISENBERG [821], v. WEIZSÄCKER [864] u. a. gelöst worden. Wir knüpfen daher zweckmäßig an diese Arbeiten an, wobei wir im großen und ganzen die besonders anschauliche Darstellung C. F. v. WEIZSÄCKERs bevorzugen.

Die Turbulenz nimmt ihren Anfang in einer noch „ziemlich geordneten" Strömung, deren Dimensionen L_0 z. B. durch die Wände eines Gefäßes vorgegeben seien. Die Berechnung dieser Strömung fällt also aus dem Rahmen einer *statistischen Theorie* der Turbulenz heraus. Die Strömung, oder sagen wir besser der Wirbel mit der Größe L_0 und der Geschwindigkeit v_0 unterteilt sich nun bei hinreichend großem Re (das wir im folgenden stets voraussetzen) in kleinere und immer kleinere „Wirbel" oder „Turbulenzelemente" der Größe $L_1, L_2, \ldots, L_n, \ldots$ mit kleineren und kleineren Geschwindigkeiten $v_1, v_2, \ldots, v_n, \ldots$, bis schließlich in den *kleinsten* Turbulenzelementen die kinetische Energie durch die innere Reibung aufgezehrt, d. h. in Wärme verwandelt wird. (Daß nur die kleinsten Turbulenzelemente wesentlich zur Energiedissipation beitragen, werden wir sogleich noch begründen.)

Wir untersuchen zunächst, in welcher Weise die mittlere Turbulenzgeschwindigkeit v_n der Elemente der Größe L_n — bezogen jeweils auf eine „Umgebung" der Größenordnung L_{n-1} — von L_n abhängt. Mit anderen Worten: Welches ist der mittlere Geschwindigkeitsunterschied v_n zweier um den Abstand L_n voneinander entfernter Stellen? In den Turbulenzelementen der Größe L_n sei die

[1] Ein Vergleich der kritischen REYNOLDSschen Zahlen verschiedener Strömungsformen hat insofern nur eine ziemlich begrenzte Bedeutung, als es wesentlich auf die Definition der charakteristischen Längen usw. ankommt.

Energieabgabe pro cm³ und sec (an die nächst kleinere Klasse) $\frac{dE}{dt}$; also für 1 Turbulenzelement

$$L_n^3 \frac{dE}{dt} = -W \cdot v_n, \tag{55, 10}$$

wo W den *Widerstand* dieses Elementes bedeutet. W können wir auch betrachten als pro sec übertragenen Impuls = aufgefegte Masse $\varrho L_n^2 \cdot v_n \times$ Geschwindigkeit v_n. Setzt man mit NEWTON $W = \text{const}\ \varrho L_n^2 \cdot v_n^2$ in (55, 10) ein, so wird

$$\frac{dE}{dt} = -\text{const}\ \frac{\varrho v_n^3}{L_n}. \tag{55, 11}$$

Da nun jede Ordnung n von Turbulenzelementen ihre Energie an die nächste $n+1$ weitergibt, muß der Ausdruck (55, 11) von n *unabhängig* sein. Es gilt also

$$\frac{v_n}{v_0} = \left(\frac{L_n}{L_0}\right)^{\frac{1}{3}}. \tag{55, 12}$$

Dies ist das wichtige „*Spektralgesetz*" der isotropen Turbulenz inkompressibler Medien: „Die mittlere Relativgeschwindigkeit eines Turbulenzelementes gegen seine Umgebung variiert wie die dritte Wurzel aus seinem Durchmesser."

Von einem Spektralgesetz sprechen wir aus folgendem Grund: Wenn man im Anschluß an W. HEISENBERG eine FOURIER-Analyse der turbulenten Geschwindigkeitsverteilung vornimmt, d. h. die Turbulenz als eine Überlagerung von Wellen verschiedener Amplituden und Wellenzahlen $k = \frac{2\pi}{\lambda}$ bzw. Wellenlängen λ auffaßt, so wird man fragen: Welche Energie $F(k)\,dk$ steckt pro cm³ in den Wellen des Wellenzahl-Intervalles $k, \ldots, k+dk$? Der Energieinhalt eines Turbulenzelementes der n-ten Ordnung ist $\sim v_n^2$ oder $\sim L_n^{2/3}$. Das Integral über alle kleineren Turbulenzelemente konvergiert und wird also ebenfalls

$$\int_k^\infty F(k)\,dk \sim L_n^{2/3} \sim k^{-2/3}, \tag{55, 13}$$

da $L_n \sim \lambda \sim k^{-1}$ ist. Hieraus folgt durch Differentiation sofort

$$F(k) \sim k^{-5/3}. \tag{55, 14}$$

Dieses Gesetz und ebenso Gl. (55, 12) gilt natürlich nur für $k > k_0 = \frac{2\pi}{L_0}$. Die andere Grenze seines Gültigkeitsbereiches erkennt man sofort, wenn man den Turbulenzelementen der n-ten Ordnung eine REYNOLDSsche Zahl

$$Re_n = \frac{v_n L_n}{\nu} = Re_0 \left(\frac{L_n}{L_0}\right)^{\frac{4}{3}} \tag{55, 15}$$

zuordnet. Der Übergang zur schleichenden Strömung und damit die Umsetzung von kinetischer Energie durch innere Reibung in Wärme (s. oben) erfolgt erst bei hinreichend kleinen Re_n. W. HEISENBERG [821] findet $Re_{krit} \approx 15$; für $k > \frac{2\pi}{L_{krit}}$ wird schließlich $F(k) \sim k^{-7}$.

Der *Austausch* oder *Transport* von Wärmeenergie, Impuls, Materie usw. in einer turbulenten Strömung läßt sich nun nach W. SCHMIDT [845] und insbesondere L. PRANDTL [803] — in der Physik der Sternatmosphären haben diesen Gedankengängen L. BIERMANN [807 ff.] und H. SIEDENTOPF [848] das Bürgerrecht verschafft — beschreiben, indem man dem in der kinetischen Theorie der Viskosität, Wärmeleitung usw. überall auftretenden

„molekularen Austausch“ A_m

$$= \text{Dichte } \varrho \cdot \text{Molekulargeschwindigkeit } v_{th} \cdot \text{freie Weglänge } \lambda \qquad (55,16)$$

den makroskopischen sog.

$$\text{„turbulenten Austausch“ } A = \varrho \cdot v \cdot l \qquad (55,17)$$

gegenüberstellt. Dabei bedeutet v die Geschwindigkeit der Turbulenzelemente und l die Strecke, nach der sie sich in dem umgebenden Medium aufgelöst haben, den sog. *Mischungsweg*. Aus Gl. (55, 17) erkennt man sofort, daß der Austausch ganz überwiegend von den *größten* Turbulenzelementen besorgt wird. Man kann also mit hinreichender Genauigkeit

$$A = \varrho\, v_0\, L_0 \qquad (55,18)$$

schreiben und kommt damit zurück auf die ursprünglichen Ansätze von W. Schmidt und L. Prandtl, welche ganz analog den elementaren Darstellungen der kinetischen Gastheorie mit einheitlichen Turbulenzelementen („Molekülen“) und einem Mischungsweg („freie Weglänge“) von *etwa derselben* Größe rechneten.

Ehe wir diese Theorie anwenden, müssen wir uns noch kurz über die voraussichtliche Bedeutung der *Kompressibilität* der Gase in der Astrophysik Rechenschaft geben: Diese wird wesentlich

1. In *Gravitationsfeldern*, sofern es sich um Gebiete $> H_0 = \frac{RT}{\mu g}$ handelt, in denen die Schwerkraft erhebliche Dichteunterschiede bedingt. Die Theorie solcher turbulenter Strömungen ist bis jetzt noch nicht durchgeführt. Man wird aber erwarten dürfen, daß z. B. bei der Konvektion in einer Atmosphäre die für den Austausch wichtigsten Turbulenzelemente im allgemeinen von der Größenordnung $l \approx H_0$ sein werden.

2. Sobald die Strömungsgeschwindigkeiten v sich der Schall*geschwindigkeit* c_s nähern oder sie überschreiten, d. h. bei Mach-Zahlen $M = \frac{v}{c_s} \geqq 1$. In einer *Schallwelle* kleiner Amplitude bestehen nämlich zwischen Geschwindigkeitsamplitude v, Druckamplitude ΔP und Temperaturamplitude ΔT die Beziehungen (mit $\gamma = c_p/c_v$)

$$\frac{v}{c_s} = \frac{1}{\gamma} \frac{\Delta P}{P} = \frac{1}{\gamma - 1} \frac{\Delta T}{T}. \qquad (55,19)$$

Kommt also die Mach-Zahl v/c_s in die Größenordnung 1, so werden die relativen Druck- und Dichteschwankungen diese ebenfalls erreichen. Was geschieht dann? Die Temperaturerhöhung in den Druckmaximis bedingt dort eine Erhöhung der Schallgeschwindigkeit, eine anfänglich harmlose Wellenfront steilt sich also rasch auf zu einer *Stoßwelle*. In einer turbulenten Strömung werden nun einzelne Gebiete starker Kompression („Wolken“) durch relativ leere Zwischenräume voneinander getrennt sein. Ansätze zu einer mathematischen Behandlung derartiger „kompressibler Turbulenz“ haben neuerdings C. F. v. Weizsäcker [864] und seine Schüler vorgeschlagen.

Wir verlassen nun diese allgemeinen Erörterungen und wenden uns der *Berechnung des Energietransportes in konvektiven Atmosphären bzw. Konvektionszonen* zu. Im Anschluß an die Arbeiten von L. Biermann [vgl. insbesondere 814 und 812] und H. Siedentopf [848] stützen wir uns dabei auf die Prandtlsche *Mischungsweg-Theorie*. Prinzipiell unbefriedigend bleibt beim heutigen Stande der Theorie noch die genaue Festlegung des Mischungsweges l. Wir werden annehmen, daß l stets von der Größenordnung der Äquivalenthöhe $H = \frac{RT}{\mu g}$ der Atmosphäre sei; dies ist ja die einzige ausgezeichnete Länge unseres Problems.

Die etwas schwierige Frage des *Ineinandergreifens von Strahlungs- und konvektivem Energietransport* dürfte durch neuere Überlegungen und Rechnungen von E. VITENSE [863] und *Verf.* im wesentlichen geklärt sein.

In einer bestimmten Tiefe unserer Atmosphäre müssen wir offenbar die folgenden Temperaturgradienten bzw. — vgl. etwa Gl. (54, 4) — $\frac{d \ln T}{d \ln P}$ unterscheiden, die wir kurz durch ∇ evtl. mit entsprechendem Index bezeichnen:

a) Im *Strahlungsgleichgewicht* wäre $\nabla_{Str} = \left(\frac{d \ln T}{d \ln P}\right)_{Str}$.

b) Für die *mittlere (wirkliche) Schichtung*, wie sie sich unter dem Einfluß von Konvektion *und* Strahlungsaustausch einstellt, sei $\nabla = \frac{d \ln T}{d \ln P}$.

c) Für ein *mittleres Turbulenzelement* (d. h. ein Element, dessen Zustandsgrößen den Durchschnittswerten für seine Höhe entsprechen), sei $\nabla' = \left(\frac{d \ln T}{d \ln P}\right)'$.

d) Für streng *adiabatische Zustandsänderungen* (d. h. ohne Austausch von Wärmeenergie) gelte $\nabla_{ad} = \left(\frac{d \ln T}{d \ln P}\right)_{ad}$; hierzu auch Abschnitt 56.

Wenn tatsächlich Konvektion stattfindet, so gilt — im Sinne von Abschnitt 54 — offensichtlich

$$\nabla_{Str} > \nabla > \nabla' > \nabla_{ad} . \tag{55, 20}$$

Den *konvektiven Energiestrom* πF_k können wir nun folgendermaßen anschreiben: Beim Aufsteigen um eine Strecke h erwärmt sich ein Turbulenzelement relativ zu seiner Umgebung um

$$\Delta T = h \left\{ \left(\frac{dT}{dh}\right)' - \left(\frac{dT}{dh}\right) \right\} . \tag{55, 21}$$

Die pro cm² und sec konvektiv transportierte Energie ist also

$$\pi F_k = c_p \, \varrho \, \overline{\Delta T} \cdot \bar{v} , \tag{55, 22}$$

wobei c_p die spezifische Wärme bei konstantem Druck[1] pro Gramm, ϱ die Dichte und v die Geschwindigkeit eines aufsteigenden Turbulenzelementes kennzeichnet. Die Querstriche bedeuten Mittelung innerhalb einer bestimmten Schicht. Benutzt man noch die (differenzierte) Barometerformel (54, 2)

$$d \ln P = - \frac{g\mu}{RT} dh = - \frac{dh}{H} , \tag{55, 23}$$

so wird aus (55, 22)

$$\boxed{\pi F_k = c_p \, T \cdot \varrho \, \bar{v} \, \frac{l}{2H} \, (\nabla - \nabla') .} \tag{55, 24}$$

Dabei haben wir die mittlere Höhendifferenz h, um welche ein irgendwie herausgegriffenes Turbulenzelement schon aufgestiegen ist, gleich dem halben Mischungsweg $l/2$ gesetzt. Im Sinne von PRANDTL nehmen wir ja an, daß jeweils nach einer Strecke l ein auf- oder absteigendes Turbulenzelement sich völlig auflöst.

Der Vorschlag von E. ÖPIK [835], auch den seitlichen turbulenten Austausch während des Aufsteigens eines Turbulenzelementes zu berücksichtigen, scheint dem *Verf.* im Rahmen einer Mischungswegtheorie nicht viel weiter zu führen, da er im wesentlichen auf eine

[1] Wir müssen hier c_p benutzen, da der Wärmeausgleich eines Turbulenzelementes mit seiner Umgebung ja praktisch bei konstantem Druck erfolgt. Oder anders betrachtet: Das Turbulenzelement führt pro Gramm zwar die Wärmeenergiemenge c_v mit sich, es gewinnt aber beim Aufsteigen — wie man leicht nachrechnet — den Betrag $c_p - c_v$ an mechanischer Energie, die dann beim Vermischen wieder in Wärme zurückverwandelt wird (hierzu z. B. L. BIERMANN [813]).

Verkürzung des Mischungsweges hinausläuft, über den man doch nur größenordnungsmäßige Aussagen machen kann.

Die nach Gl. (55, 24) für den konvektiven Energietransport maßgebende Größe

$$\varrho \bar{v} l = A , \tag{55, 25}$$

welche der molekularen Viskosität μ analog gebildet ist, bezeichnet man nach W. SCHMIDT [845] als den *Austausch*. Das Verhältnis von Austausch A : Viskosität μ ist für Gase im wesentlichen wieder die REYNOLDSsche Zahl Re.

Wie können wir nun die durchschnittliche *Geschwindigkeit* $\bar{v}$ der auf- und absteigenden Turbulenzelemente berechnen? Offenbar setzt sich die Auftriebskraft ins Gleichgewicht mit dem Widerstand W, den wir im Gebiet der Turbulenz nach dem NEWTONschen Widerstandsgesetz (vgl. L. PRANDTL [803]) abschätzen können:

Ein Turbulenzelement vom Querschnitt F durchstreicht pro sec ein Volumen $F \cdot v$ und teilt einer Masse $\varrho F v$ eine Geschwindigkeit der Größenordnung v mit. Der pro sec übertragene Impuls, mit anderen Worten der *Widerstand* W des bewegten Elementes wird also

$$W \approx F \cdot \varrho v^2 . \tag{55, 26}$$

Andererseits erfährt — analog Gl. (55, 4) — ein Turbulenzelement vom Volumen $F \cdot l$, dessen Dichte sich von der seiner Umgebung um $\Delta \varrho$ unterscheidet, einen Auftrieb $K = -F l \cdot g \Delta \varrho = -F \varrho \cdot g l \cdot \frac{\Delta \varrho}{\varrho}$. Ist die Temperaturdifferenz des Turbulenzelementes gegenüber seiner Umgebung ΔT, so gilt noch $\frac{\Delta \varrho}{\varrho} = -\frac{\Delta T}{T}$. Durch Gleichsetzen von W und K ergibt sich die Aufstiegsgeschwindigkeit $v^2 = g l \frac{\Delta T}{T}$. Bringen wir die Mittelbildung zwischen Start ($v = 0$) und Auflösung der Turbulenzelemente größenordnungsmäßig durch einen Faktor 1/2 zum Ausdruck und schreiben wieder $\frac{\Delta T}{T} = \frac{l}{2H} (\nabla - \nabla')$, so wird schließlich[1]

$$\boxed{\bar{v}^2 = \frac{g l^2}{4H} (\nabla - \nabla') .} \tag{55, 27}$$

Aus den Gl. (55, 24) und (55, 27) erhält man noch durch Elimination von $\nabla - \nabla'$ unter Benutzung der Zustandsgleichung $P = \varrho \cdot RT/\mu$

$$\boxed{\bar{v}^3 = \frac{R}{2\mu c_p} \cdot \frac{g l}{P} \cdot \pi F_k .} \tag{55, 28}$$

Für ein gewöhnliches einatomiges Gas ist nach der kinetischen Theorie der vordere Faktor $\frac{R}{2\mu c_p} = \frac{1}{5}$. Die ganze Rechnung hat natürlich nur Sinn, solange v unterhalb der Schallgeschwindigkeit c_s bleibt.

Neben dem konvektiven Energiestrom πF_k wird selbst in einer nahezu adiabatisch aufgebauten Atmosphäre der *Strahlungsenergiestrom* πF_{Str} keineswegs zu vernachlässigen sein. Zu seiner Berechnung genügt hier im allgemeinen die „graue" Näherung unter Benutzung des ROSSELANDschen Opazitätskoeffizienten $\bar{\varkappa}$

[1] Eine etwas andere Ableitung der Gl. (55, 24) und (55, 27) gibt E. VITENSE l. c. S. 139 bis 141; ebenda noch eine interessante Bemerkung über die — zunächst nur größenordnungsmäßig begründeten — Zahlenfaktoren.

(pro Gramm) und der entsprechenden optischen Tiefe. Die Gesamtstrahlungs-Ergiebigkeit ist $B(\bar{\tau}) = \frac{\sigma}{\pi} T^4(\bar{\tau})$. Wir approximieren ihre Tiefenabhängigkeit in der Umgebung von $\bar{\tau}$ durch den linearen Ansatz $B(\bar{\tau} + \Delta\bar{\tau}) = B(\bar{\tau}) + \left(\frac{dB}{d\bar{\tau}}\right)_{\bar{\tau}} \cdot \Delta\bar{\tau}$ und erhalten damit nach Gl. (33, 24)

$$\frac{1}{2} F_{Str} = \frac{dB}{d\bar{\tau}} \left\{ \frac{2}{3} \left(1 - \bar{\tau}\, K_3(\bar{\tau})\right) - \frac{1}{3} e^{-\bar{\tau}} \right\} + B \cdot K_3(\bar{\tau}) \,. \tag{55, 29}$$

Für nicht allzu kleine $\bar{\tau}$ genügt meist die Näherung

$$\pi F_{Str} = \frac{4\pi}{3} \frac{dB}{d\bar{\tau}} = \frac{4\,\sigma}{3} \frac{dT^4}{d\bar{\tau}} \,. \tag{55, 30}$$

Mit $d\bar{\tau} = -\bar{\varkappa}\,\varrho\, dh = \bar{\varkappa}\,\varrho\, H\, d \ln P$ [nach Gl. (55, 23)] und der gewohnten Abkürzung $\nabla = d \ln T / d \ln P$ erhält man hieraus

$$\boxed{\pi F_{Str} = \frac{16}{3} \frac{\sigma T^4}{\bar{\varkappa}\,\varrho H} \cdot \nabla \,.} \tag{55, 31}$$

Durch die *ganze* Atmosphäre hindurch muß nun allgemein der *gesamte Energiestrom*

$$\boxed{\pi F = \sigma T_e^4 = \pi F_k + \pi F_{Str}} \tag{55, 32}$$

konstant bleiben. T_e bezeichnet, wie gewöhnlich, die durch die erste Relation definierte effektive Temperatur.

Wird in einer Zone der Atmosphäre der gesamte Energiestrom durch die Strahlung transportiert, d. h. herrscht *Strahlungsgleichgewicht*, so ist $F = F_{Str}$ und $\nabla = \nabla_{Str}$; es ergibt sich aus (55, 31) und (55, 32)

$$\pi F = \sigma T_e^4 = \frac{16}{3} \frac{\sigma T^4}{\bar{\varkappa}\,\varrho H} \cdot \nabla_{Str} \,. \tag{55, 33}$$

Diese Gleichung kann man verwenden, um ∇_{Str} für eine Strahlungsgleichgewichtszone *direkt* zu berechnen.

Fassen wir unsere bisherigen Überlegungen nochmals kurz zusammen, so haben wir die vier Gl. (55, 24), (55, 31), (55, 27) und (55, 32) für die vier Unbekannten πF_k, πF_{Str}, $\bar{v}$ und ∇.

Wie steht es aber mit ∇', d. h. dem Temperaturgradienten für ein aufsteigendes Turbulenzelement? In der Literatur wird meist angenommen, daß er gleich ∇_{ad} sei. Diese Hypothese ist aber offensichtlich unzureichend, denn gerade der (z. B. auf der Sonne) besonders interessante *Übergang von konvektivem- zu Strahlungsenergietransport* kann *nur* vernünftig beschrieben werden, wenn man die Energieabgabe der Turbulenzelemente durch Strahlung explizit in Rechnung stellt.

Wir berechnen also für ein Turbulenzelement wenigstens größenordnungsmäßig das Verhältnis

$$\Gamma = \frac{\text{Überschüssiger Energieinhalt}}{\text{Abstrahlung während der Lebensdauer}} \,. \tag{55, 34}$$

Der überschüssige *Energieinhalt* unseres Turbulenzelementes vom Volumen l^3 gegenüber einem gleich großen mittleren Turbulenzelement der Umgebung ist

$$c_p\, \varrho\, \Delta T \cdot l^3 \,. \tag{55, 35}$$

Den *Strahlungsaustausch* berechnen wir zweckmäßig getrennt für optisch dünne bzw. dicke Turbulenzelemente, d. h. $\bar{\varkappa}\,\varrho\, l < 1$ bzw. > 1.

a) *Optisch dünne Turbulenzelemente.* Der Strahlungsaustausch eines Turbulenzelementes l^3 mit seiner Umgebung während der Zeit $l/\bar{v}$ ist

$$4\pi\,\Delta B \cdot \varkappa\,\varrho \cdot l^3 \cdot \frac{l}{\bar{v}}\,, \tag{55, 36}$$

wobei $B(T) = \frac{\sigma}{\pi}\,T^4$ die KIRCHHOFF-PLANCK-Funktion bedeutet. Mit (55, 34) und (55, 35) erhält man also — wobei wir die Faktoren gleich ihrer physikalischen Bedeutung nach gruppieren —:

$$\Gamma_a = \frac{c_p\,\varrho\,T \cdot \bar{v}}{16\,\sigma\,T^4} \cdot \frac{1}{\varkappa\,\varrho\,l} \qquad \text{für } \varkappa\,\varrho\,l \ll 1\,. \tag{55, 37}$$

b) *Optisch dicke Turbulenzelemente.* Analog zu Gl. (55, 30) können wir den Strahlungsenergieverlust pro cm² Oberfläche unseres Turbulenzelementes nun in der Form $\frac{4\,\sigma}{3}\,\frac{\Delta T^4}{\varkappa\,\varrho\,l}$ abschätzen. Setzen wir die Oberfläche $\approx 3\,l^2$, so ergibt sich mit (55, 34) und (55, 35)

$$\Gamma_b = \frac{c_p\,\varrho\,T \cdot \bar{v}}{16\,\sigma\,T^4} \cdot \varkappa\,\varrho\,l \qquad \text{für } \varkappa\,\varrho\,l \gg 1\,. \tag{55, 38}$$

In der Sonnenatmosphäre ist — wie wir sehen werden — in der Hauptsache der Fall b) realisiert.

Das Verhältnis Γ benutzen wir nun als Ausgangspunkt zur Berechnung des Zusammenhanges zwischen ∇' und den übrigen Temperaturgradienten, insbesondere den primär gegebenen ∇_{Str} und ∇_{ad}:

Der Temperatur- bzw. *Energieüberschuß* unseres Turbulenzelementes gegenüber seiner Umgebung wird proportional sein dem Überschuß *seines* Gradienten gegenüber dem mittleren, d. h. $\nabla' - \nabla$.

Andererseits wird der *Strahlungsaustausch* mit der Umgebung proportional sein (mit derselben Konstanten) zu $\nabla_{ad} - \nabla'$. Bei völliger Adiabasie *muß* ja per def. der Strahlungsaustausch auf Null zurückgehen. Es gilt also

$$\Gamma = \frac{\nabla' - \nabla}{\nabla_{ad} - \nabla'}\,. \tag{55, 39}$$

Weiterhin erhalten wir aus (55, 32) mit (55, 33), (55, 31) und (55, 24)

$$\left.\begin{aligned} \pi F \quad &= \quad \pi F_{Str} \quad + \quad \pi F_k \\ \frac{16}{3}\,\frac{\sigma\,T^4}{\varkappa\,\varrho\,H}\,\nabla_{Str} &= \frac{16}{3}\,\frac{\sigma\,T^4}{\varkappa\,\varrho\,H}\,\nabla + c_p\,T \cdot \varrho\,\bar{v}\,\frac{l}{2H}\,(\nabla - \nabla') \end{aligned}\right\} \tag{55, 40}$$

unter Benutzung von (55, 38) die Relation

$$\nabla_{Str} = \nabla + \frac{3}{2}\,\Gamma_b\,(\nabla - \nabla') \quad \text{oder} \quad \nabla = \frac{\nabla_{Str} + \frac{3}{2}\,\Gamma_b\,\nabla'}{1 + \frac{3}{2}\,\Gamma_b}\,. \tag{55, 41}$$

Durch Elimination von ∇ aus (55, 39) und (55, 41) ergibt sich schließlich

$$\boxed{\nabla' = \frac{\nabla_{Str} + \Gamma_b\,(1 + \frac{3}{2}\,\Gamma_b)\,\nabla_{ad}}{1 + \Gamma_b\,(1 + \frac{3}{2}\,\Gamma_b)}\,.} \tag{55, 42}$$

Damit haben wir nun die insgesamt 5 Gleichungen zur Berechnung der 5 Unbekannten unseres Problems.

Ehe wir in Abschnitt 58 die von E. VITENSE [863] für die Sonne explizit durchgeführten Modellrechnungen darstellen, müssen wir noch in Abschnitt 56 und 57 die *Adiabaten*, die *spezifische Wärme* c_p und andere Eigenschaften der *Stellarmaterie* unter Berücksichtigung ihrer Ionisation berechnen.

Schon hier wollen wir uns aber noch — zum Teil im Anschluß an L. BIERMANN [807ff.] und T. G. COWLING [816] — ein Bild von der *Leistungsfähigkeit des konvektiven Energietransportes* in den direkter Beobachtung zugänglichen Teilen der Sternatmosphären machen. Das Verhältnis des konvektiven Energietransportes zum gesamten ist nach Gl. (55, 24) und (55, 33) zunächst allgemein

$$\frac{\pi F_k}{\pi F} = \frac{c_p T \varrho \bar{v} \frac{l}{2H} (\nabla - \nabla')}{\sigma T_0^4} \,. \tag{55, 43}$$

Wir fragen nun: „Unter welchen Verhältnissen wird $F_k \ll F$ sein?" Damit ist gleichzeitig die Entscheidung darüber getroffen, wann die auf- und absteigenden Turbulenzelemente nicht mehr als adiabatisch behandelt werden dürfen. Denn Adiabasie heißt ja einfach: Kein Wärmeverlust, z. B. durch Abstrahlung.

Wir versuchen nun — von rechts beginnend — die einzelnen Faktoren in (55, 43) zu majorisieren: $\nabla - \nabla'$ wird nach Abschnitt 54 usw. < 1 sein. Die Geschwindigkeit $\bar{v}$ der Turbulenzelemente kann die Schallgeschwindigkeit mit $c_s^2 = \gamma \cdot RT/\mu = \gamma \cdot gH$ nicht wesentlich überschreiten. γ selbst nehmen wir ≈ 1. l wird von der Größenordnung der Äquivalenthöhe H sein. Weiterhin ist $\varrho T = \frac{\mu}{R} \cdot P$. $\frac{c_p \mu}{R}$ wird für einatomige (unionisierte) Gase gleich 5/2; in anderen Fällen ist es meist größer. Schließlich dürfen wir noch $T \approx T_e$ setzen. Nach Einsetzen dieser Daten geht unsere Nichtadiabasie-Bedingung $F_k \ll F$ über in

$$P < \frac{4}{5} \sigma T^4 \sqrt{\frac{\mu}{RT}} \,. \tag{55, 44}$$

Das mittlere Molekulargewicht μ können wir für $T_e <$ bzw. $> 8000°$ etwa gleich 1,5 bzw. 0,7 nehmen. Dann ergeben sich die in der folgenden Tab. 38 zusammengestellten Drucke P [dyn cm^{-2}], unterhalb deren also der konvektive Energietransport bald bedeutungslos wird.

Tabelle 38. Unterhalb des Gasdruckes P nach Gl. (55,44) wird bei der Temperatur T der konvektive erheblich kleiner als der Strahlungsenergietransport, d. h. es stellt sich Strahlungsgleichgewicht ein.

$T \cdot 10^{-3}$	50	20	10	5	3
P [dyn/cm^2]	$1 \cdot 10^8$	$5 \cdot 10^6$	$4 \cdot 10^5$	$5 \cdot 10^4$	$9 \cdot 10^3$

Wir hätten das Kriterium (55, 44) größenordnungsmäßig auch — wesentlich direkter — erhalten können aus der Forderung

$$\frac{\text{Thermische Energiedichte } \frac{3}{2} P \times \text{Schallgeschwindigkeit } c_s}{\text{Strahlungsdichte der Atmosphäre } \frac{4\sigma}{c} T^4 \times \text{Lichtgeschwindigkeit } c} \approx 1 \,. \tag{55, 45}$$

In Abb. 91 hatten wir die mittleren Gasdrucke der Sternatmosphären schon berechnet und fanden für Hauptsequenzsterne mit $T_e < 8000°$ Werte von $\log P \approx 5$, bei höheren Temperaturen ≈ 3–4. *Die Temperaturschichtung in den der Beobachtung zugänglichen Zonen der frühen Spektraltypen der Hauptsequenz sollte also völlig der Theorie des Strahlungsgleichgewichtes entsprechen, während sich etwa ab $T_e < 6000°$ der konvektive Energietransport mehr und mehr bemerkbar machen dürfte.* Die Tendenz der späten Spektraltypen zur Ausbildung veränderlicher „chromosphärischer" Züge in ihren Spektren dürfte damit zusammenhängen. Andererseits ist auch bei frühen Spektraltypen die Erregung „dynamischer" Turbulenz durch eine *tiefer* gelegene Konvektionszone möglich. Hierher dürfte die spektroskopisch beobachtete „Turbulenz" der frühen Übergiganten gehören.

56. Die Adiabate ionisierbarer Gase. Die Wasserstoff-Konvektionszone. Entropiediagramm der stellaren Materie. Einfluß der Strahlung.

Nach Abschnitt 54 wird die Ausbildung einer Konvektionszone begünstigt einerseits durch einen *großen* Temperaturgradienten für Strahlungsgleichgewicht $\left|\frac{dT}{dh}\right|_{Str}$, andererseits durch einen *kleinen* adiabatischen Temperaturgradienten $\left|\frac{dT}{dh}\right|_{ad}$. Beide stellen sich ein, wo ein häufiges Element *ionisiert* wird. Das wichtigste ist natürlich der *Wasserstoff*; bei höheren Temperaturen spielt daneben die 1. und 2. Ionisation des Heliums noch eine bescheidenere Rolle.

Die — ohne weiteres verständliche — plötzliche Zunahme der Temperaturabhängigkeit des Opazitätskoeffizienten $\bar{\varkappa}$ im Bereiche der Wasserstoffionisation ersieht man z. B. sehr schön in Abb. 87.

Um einen Überblick über das Verhalten des adiabatischen Temperaturgradienten $\left(\frac{d \ln T}{d \ln P}\right)_{ad}$ zu bekommen [858], nehmen wir zunächst an, daß der Bruchteil ν_1 der Atome der stellaren Materie in der Ionisation begriffen sei; sein Ionisationsgrad sei x_1. Nachher werden wir die „Atomart 1" selbstverständlich mit Wasserstoff gleichsetzen. Daneben sei ein Bruchteil ν_2 solcher Elemente vorhanden, die in dem betrachteten Druck- und Temperaturbereich entweder gar nicht oder schon vollständig (evtl. auch mehrfach) ionisiert sind. Die Anzahl x_2 der freien Elektronen pro Atom bzw. Ion der Sorte 2 ist demnach unabhängig von Druck und Temperatur.

Der *mittlere Ionisationsgrad* des ganzen Gemisches $\bar{x}$ = Anzahl der freien Elektronen/Anzahl der Atome + Ionen wird dann

$$\bar{x} = \nu_1 x_1 + \nu_2 x_2 \,. \tag{56, 1}$$

Bezeichnen wir mit N die Anzahl der Atome + Ionen im Volumen V und mit $n = N/V$ ihre Anzahl pro cm³, so lautet die *Zustandsgleichung* (P = Gesamtdruck):

$$P = (1 + \bar{x}) \cdot N\,kT/V \,. \tag{56, 2}$$

Für kleine Änderungen der Zustandsgrößen erhält man durch logarithmische Differentiation:

$$\frac{dP}{P} = \frac{d\bar{x}}{1+\bar{x}} + \frac{dT}{T} - \frac{dV}{V} \,. \tag{56, 3}$$

Die in dem Volumen V enthaltene Translations- + Ionisationsenergie E ist

$$E = \left\{\left(1 + \bar{x}\right) \cdot \frac{3}{2} kT + \sum \nu_i\, x_i\, \chi_i\right\} N \,, \tag{56, 4}$$

wo χ_i die Ionisierungsarbeit für die Elemente 1 bzw. 2 bedeutet. (χ_2, das in unsere weiteren Rechnungen nicht eingeht, ist als Mittelwert über die Elemente der Gruppe 2 zu betrachten.) Die Bedingung der *Adiabasie* (Konstanz der Entropie) lautet nun

$$dE + P\,dV = 0 \,. \tag{56, 5}$$

Berechnet man hieraus zunächst $-\frac{dV}{V} = \frac{dE}{PV}$ mit (56, 2) und (56, 3) und eliminiert $\frac{dV}{V}$ mit (56, 3), so erhält man leicht

$$\frac{dP}{P} = \frac{5}{2}\frac{dT}{T} + \frac{\Sigma\left(\frac{5}{2} + \frac{\chi_i}{kT}\right)\nu_i\, dx_i}{1+\bar{x}} \,. \tag{56, 6}$$

Nach Voraussetzung ist nur dx_1 von Null verschieden; wir berechnen es aus der

SAHAschen Gleichung

$$\frac{x_1}{1-x_1} \cdot \frac{\bar{x}}{1+\bar{x}} \cdot P = \text{const} \cdot T^{5/2} \cdot e^{-\frac{\chi_1}{kT}}, \tag{56, 7}$$

wobei zu berücksichtigen ist, daß nach (56, 1) $d\bar{x} = \nu_1\, d x_1$ ist:

$$d x_1 \left\{\frac{1}{x_1(1-x_1)} + \frac{\nu_1}{\bar{x}(1+\bar{x})}\right\} + \frac{dP}{P} = \frac{dT}{T}\left(\frac{5}{2} + \frac{\chi_1}{kT}\right). \tag{56, 8}$$

Setzt man $d x_1$ in die Σ der Gl. (56, 6) ein, die sich auf dieses eine Glied beschränkt, so erhält man nach gehöriger Ordnung die *Adiabatengleichung*:

$$\left(\frac{d \ln T}{d \ln P}\right)_{ad} = \frac{\left(\frac{1+\bar{x}}{x_1(1-x_1)} + \frac{\nu_1}{\bar{x}}\right) + \nu_1\left(\frac{5}{2} + \frac{\chi_1}{kT}\right)}{\frac{5}{2}\left(\frac{1+\bar{x}}{x_1(1-x_1)} + \frac{\nu_1}{\bar{x}}\right) + \nu_1\left(\frac{5}{2} + \frac{\chi_1}{kT}\right)^2}. \tag{56, 9}$$

Für *ein* Element ($\nu_1 = 1$; $x_1 = \bar{x}$) reduziert sich dieser Ausdruck auf

$$\left(\frac{d \ln T}{d \ln P}\right)_{ad} = \frac{2 + x(1-x)\left(\frac{5}{2} + \frac{\chi}{kT}\right)}{5 + x(1-x)\left(\frac{5}{2} + \frac{\chi}{kT}\right)^2}. \tag{56, 10}$$

Schon eine Abweichung des Wasserstoff-Ionisationsgrades x_1 um 1% von 0 bzw. 1 bewirkt eine erhebliche Verkleinerung des $\left(\frac{d \ln T}{d \ln P}\right)_{ad}$ gegenüber dem für das neutrale bzw. vollständig ionisierte Gas gültigen Wert von 2/5.

Wenn — bei höheren Temperaturen — die Ionisationsprozesse von H, He I und He II übereinandergreifen, so wird die im Vorhergehenden befolgte Rechenmethode äußerst schwerfällig. Es erweist sich dann als wesentlich zweckmäßiger, die Entropie S *direkt* zu berechnen und in einem *Entropiediagramm* [859 und besonders 861] als Funktion von P und T darzustellen. Die Adiabaten sind dann einfach die Linien $S = \text{const}$.

Der adiabatische Temperaturgradient kann — soweit die einfache Formel für *ein* ionisierendes Element nicht ausreicht — leicht durch numerische *Differentiation* längs der Adiabaten $S = \text{const}$ erhalten werden.

Befinden sich in der Volumeinheit N_k Teilchen eines idealen Gases k, so ist deren Beitrag zur Entropie[1]

$$S_k = k\, N_k \left\{\frac{5}{2} - \ln N_k + \ln \frac{(2\pi M_k \cdot kT)^{3/2}}{h^3} + \ln u_k + \frac{\Sigma\, g_{r,k}\, \chi_{r,k}\, e^{-\frac{\chi_{r,k}}{kT}}}{\Sigma\, g_{r,k}\, e^{-\frac{\chi_{r,k}}{kT}}}\right\}. \tag{56, 11}$$

Dabei bedeuten wieder k die BOLTZMANN-Konstante, h das Wirkungsquantum und M_k die Masse der Teilchen. $\chi_{r,k}$ sind die Energiestufen des k-Teilchens (vom Grundzustand aus gerechnet) mit den statistischen Gewichten $g_{r,k}$. $u_k = \Sigma\, g_{r,k} \cdot e^{-\frac{\chi_{r,k}}{kT}}$ ist die Zustandssumme des k-Teilchens.

Für *die* Ionisationszustände, die jeweils noch in wesentlicher Anzahl vertreten sind, darf man praktisch $u_k \approx$ dem statistischen Gewicht des Grundzustandes g_0 setzen und das letzte Glied in (56, 11), welches die mittlere Anregungsenergie pro Teilchen$/kT$ vorstellt, ganz vernachlässigen.

Zur Berechnung der gesamten Entropie S haben wir nun die S_k zu *summieren* über H, H^+, He, He^+, He^{++} und *sämtliche* freie Elektronen. Es sei N die Anzahl

[1] Vgl. z. B. TOLMAN, R. C. [409a; S. 579, Gl. (136, 17) und (136, 18)].

Tabelle 39. S/kN und $\log P$ als Funktion von $\log P_e$ und $\log T$. Nach A. Unsöld [861].

$\log T$	3,7	3,8	3,9	4,0	4,1	4,2	4,3	4,4	4,5	4,6	4,7	4,8	4,9	5,0	
$\log P_e = -3$	−1,06 38,14	−2,65 66,95	−2,66 69,37	−2,69 74,86	−2,70 76,62	−2,70 77,77	−2,71 80,44	−2,73 85,28	. . .						$-3 = \log P_e$
−2	+0,93 33,20	−1,54 55,06	−1,66 65,09	−1,68 68,19	−1,70 72,01	−1,70 73,16	−1,70 74,54	−1,73 80,25	. . .						−2
−1		−0,03 39,47	−0,66 60,46	−0,66 62,18	−0,70 67,36	−0,70 68,56	−0,70 69,82	−0,72 74,66	. . .				$\log P_g$ S/kN		−1
0		1,88 31,90	0,38 53,32	0,34 57,63	0,31 62,08	0,30 63,95	0,30 65,10	0,29 67,71	0,27 71,65	. . .					0
1		3,86 27,03	1,66 39,50	1,34 53,06	1,33 55,54	1,30 59,36	1,30 60,50	1,30 61,90	1,27 66,44	. . .					1
2			3,42 29,55	2,38 46,52	2,34 50,31	2,30 54,38	2,30 55,90	2,30 57,13	2,28 60,34	2,27 62,97	. . .				2
3			5,38 24,16	3,66 34,33	3,35 45,39	3,32 48,35	3,30 51,23	3,30 52,44	3,30 54,03	3,27 57,84	3,27 59,26				3
4				5,41 25,40	4,43 37,68	4,34 42,77	4,31 46,24	4,30 47,84	4,30 49,05	4,28 52,02	4,27 54,29	. . .			4
5				7,37 20,14	5,87 26,72	5,38 36,78	5,33 40,37	5,30 43,13	5,30 44,38	5,30 45,95	5,27 49,09	5,27 50,60	. . .		5
6					7,74 20,10	6,64 27,16	6,37 34,30	6,32 37,77	6,30 39,75	6,30 40,97	6,29 43,29	6,27 45,59	6,27 46,89	. . .	6
7					9,72 15,25	8,39 19,48	7,58 25,74	7,36 31,40	7,31 34,65	7,30 36,28	7,30 37,51	7,28 40,03	7,27 41,90	7,27 43,18	7
8						10,35 14,40	9,27 18,09	8,60 23,13	8,38 28,07	8 ,32 31,14	8,30 32,79	8,30 34,28	8,28 36,33	8,27 38,17	8
9	$\log T =$ 5,2	5,4					11,22 12,99	10,31 16,13	9,70 19,99	9,42 24,29	9,33 27,42	9,31 29,26	9,30 30,80	9,28 32,82	9
10	10,28 30,67	10,27 33,28	5,6	5,8				12,26 11,15	11,49 13,75	10,89 16,67	10,54 20,07	10,38 23,26	10,33 25,47	10,30 27,18	10
11	11,30 25,07	11,28 28,20	11,27 30,79	11,27 33,28	6,0	6,2			13,46 8,94	12,77 11,23	12,20 13,49	11,78 15,96	11,55 18,34	11,39 21,22	11
12	12,43 18,74	12,32 22,59	12,28 25,67	12,27 28,31	12,27 30,81	12,27 33,28	6,4	6,6		14,76 6,50	14,14 8,55	13,61 10,47	13,24 12,12	12,81 14,41	12
13	13,97 12,45	13,54 16,07	13,36 19,78	13,30 23,03	13,28 25,77	13,27 28,30	13,27 30,80	13,27 33,28	6,8	7,0					13
14	15,88 7,45	15,23 10,36	14,74 13,40	14,46 16,77	14,33 20,17	14,29 23,14	14,28 25,78	14,27 28,29	14,27 30,80	14,27 33,28					14
15	17,86 2,81	17,17 5,58	16,57 8,22	16,04 10,93	15,66 13,81	15,43 17,10	15,32 20,29	15,29 23,16	15,28 25,79	15,27 28,30					15
16		19,17 2,94	18,54 3,55	17,97 6,06	17,44 8,55	16,98 11,13	16,63 13,98	16,42 17,17	16,33 20,21	16,29 23,13					16

der H- *und* He-Teilchen pro cm³. Das Verhältnis H:He nehmen wir wieder zu 0,85:0,15 an.

Für die numerischen Rechnungen benutzt man als unabhängige Argumente zweckmäßig T und den Elektronendruck P_e. Nach der SAHAschen Gleichung berechnet man hiermit (vgl. Abschnitt 25) leicht die Ionisationsverhältnisse und den Gasdruck $P(T, P_e)$. Dann bildet man die $\Sigma S_k = S$ über die einzelnen Beiträge nach (56, 11) und geht (nach einigen algebraischen Vereinfachungen) über

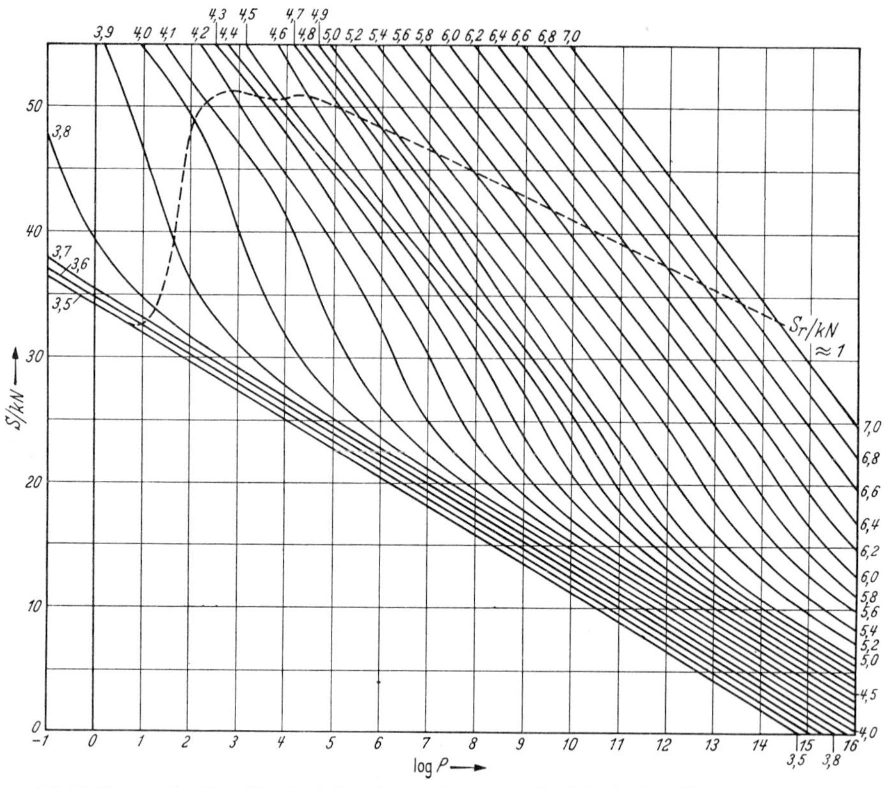

Abb. 93. Entropie S stellarer Materie als Funktion von Temperatur T und Gasdruck P. Nach A. UNSÖLD [861].

zu der dimensionslosen Größe $\frac{S}{kN}$ (also $\frac{1}{k} \times$ der Entropie pro ursprünglich unionisiertes Teilchen). Im Grenzfall des neutralen Gases bzw. vollständiger Ionisation ($P_e = 0{,}535\ P$) erhält man die einfachen Ausdrücke

$$\frac{S}{kN} = \begin{cases} 2{,}3026\ [6{,}080 + 2{,}5 \log T - \log P] \ldots\ldots \text{ neutral} \\ 2{,}3026\ [7{,}508 + 5{,}375 \log T - 2{,}150\ P] \ldots \text{ vollständig ionisiert.} \end{cases} \quad (56, 12)$$

Für die „kritischen" Bereiche geben wir die Zahlenwerte in Tab. 39, die auch gleich noch die $\log P$ enthält.

Schließlich haben wir in Abb. 93 — und das ist nun die Hauptsache — S/kN als Funktion des Gasdruckes bzw. $\log P$ mit $\log T$ als Parameter aufgetragen. Durchläuft man das Diagramm von tieferen zu höheren Temperaturen, so trifft man zuerst auf die an der „Verbiegung" der Isothermen sofort erkennbare Wasserstoff-Ionisationszone; darüber erkennt man — weniger deutlich — die 1. und dann die 2. Ionisation des Heliums. Der Einfluß der Ionisation auf die Adiabaten nimmt nach höheren Drucken zu ab: Die Ionisation setzt dort jeweils erst bei so hohen Temperaturen ein, daß schließlich die Ionisationsenergien $\chi < \frac{5}{2}\, kT$ werden.

Den adiabatischen Temperaturgradienten $\left(\frac{d \ln T}{d \ln P}\right)_{ad}$ der stellaren Materie bekommt man nun — soweit Gl. (56, 9) oder (56, 10) nicht ausreichen — leicht durch numerische Differentiation längs einer Adiabaten $S = \text{const}$, d. h. einer

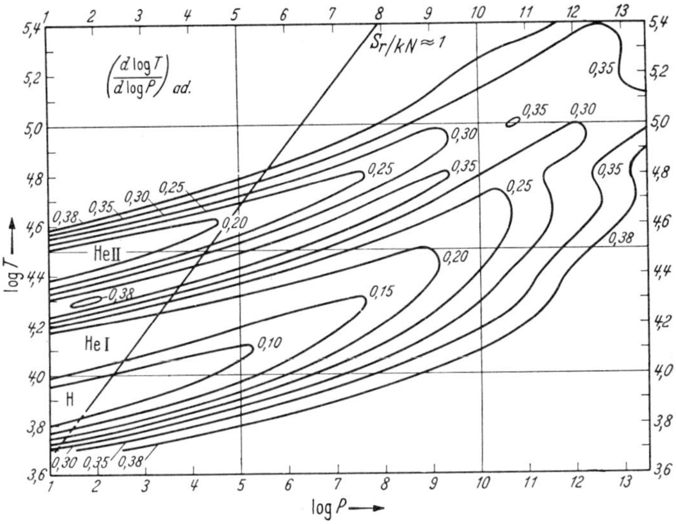

Abb. 94. Adiabatischer Temperaturgradient der Materie $\left(\frac{d \ln T}{d \ln P}\right)_{ad}$ als Funktion von Temperatur T und Gasdruck P. Nach A. Unsöld [861].

horizontalen Geraden in Abb. 93. Das Ergebnis dieser Rechnungen zeigt Abb. 94, in der man noch deutlicher die H-, HeI- und HeII-Zone erkennt. Bei hohen Drucken gehen die drei Zonen mehr und mehr ineinander über und verlieren gleichzeitig — wie schon erörtert — an Bedeutung.

A. B. Underhill [853, 854] hat nun in mehreren Arbeiten darauf hingewiesen, daß man bei hohen Temperaturen neben der bis jetzt ausschließlich betrachteten Entropie der Materie auch die der *Strahlung* berücksichtigen müsse. Wir können dies nachträglich leicht tun, indem wir zu unserer $\Sigma\, S_k$ ein Strahlungsglied S_r hinzufügen.

Nach Gl. (4, 19) ist die Entropie von 1 cm³ Hohlraumstrahlung der Temperatur T

$$S_r = \frac{4}{3}\, a T^3\,, \tag{56, 13}$$

wo $a = \frac{4\,\sigma}{c}$ die bekannte Strahlungskonstante bedeutet. Andererseits ist $P_r = \frac{a}{3}\, T^4$ der Strahlungsdruck und $P - P_e = N \cdot kT$. Wir erhalten also

$$\frac{S_r}{kN} = \frac{\frac{4}{3}\, a\, T^4}{P - P_e} = \frac{4\, P_r}{P - P_e} \tag{56, 14}$$

und sollten — nach A. B. Underhill — dies zu den aus Abb. 93 abgelesenen S/kN hinzu addieren.

Zunächst können wir leicht in unseren Abb. 93 und 94 näherungsweise den Ort einzeichnen, wo z. B. $S_r/kN = 1$ ist, d. h. praktisch eine Korrektion von

$\approx 2\%$ ausmacht. $P - P_e$ ist für die ionisierte Materie $\approx \frac{1}{2} P$. Man erhält also nach (56, 14): $2 \cdot 10^{-14}\, T^4/P \approx 1$, d. h. die in Abb. 94 eingezeichnete Gerade. In Abb. 93 entspricht letzterer die eingezeichnete Kurve[1]. Links davon gehen die Isothermen *mit* Berücksichtigung der Strahlung bald steil in die Höhe.

Eine einfache Überlegung zeigt aber, daß diese ganzen Erörterungen rein akademischer Natur sind: Schon bei $S_r/kN = 1$ und erst recht bei niedrigeren Drucken und höheren Temperaturen ist weder ein annähernd adiabatisches Aufsteigen von Turbulenzelementen noch ein merklicher konvektiver Energietransport möglich.

Die Adiabasiebedingung können wir nämlich im Anschluß an (55, 43) schreiben

$$\frac{c_p\, \varrho\, T}{u} \cdot \frac{v}{c} \gg 1\,, \tag{56, 15}$$

wo $u = 4\sigma T^4/c$ die Strahlungsdichte bedeutet. Der erste Bruch ist aber größenordnungsmäßig gleich P/P_r, d. h. dem Reziproken von (56, 14). Adiabatisches Aufsteigen von Turbulenzelementen ist also nur möglich, wenn $\frac{S_r}{kN} < \frac{v}{c}$ d. h. $< 10^{-4}$ ist. Ganz analog zeigt (55, 35), daß ein einigermaßen wirksamer konvektiver Energietransport nur unter etwa derselben Bedingung stattfinden kann. Das heißt, wir dürfen *die Strahlung bei der Berechnung der Adiabaten praktisch stets beiseite lassen.* In positiver Hinsicht haben wir gelernt, daß links von den in Abb. 93 und 94 eingezeichneten Grenzkurven $S_r/kN \approx 1$ die Konvektion höchstens noch den 10^4—10^5-ten Teil des Strahlungsaustausches „schafft", d. h. energetisch ganz bedeutungslos ist.

57. Die spezifische Wärme $c_p(P, T)$ stellarer Materie. Schallgeschwindigkeit.

In der ganzen Theorie des konvektiven Energietransportes spielt die spezifische Wärme c_p eine wichtige Rolle. Wir haben sie bisher — in der üblichen Weise — auf 1 Gramm Materie bezogen. Für unsere beabsichtigten thermodynamischen und gaskinetischen Rechnungen erscheint es zweckmäßiger, sie pro Atom der — ursprünglich unionisierten — Sternmaterie vom Molekulargewicht $\mu_0 = 1{,}505$ zu rechnen. Wir schreiben dann $c_{p,a} = c_p \cdot \mu_0\, m_{\mathrm{H}}$.

Zur Berechnung von $c_{p,a}$ gehen wir aus von der bekannten thermodynamischen Beziehung

$$c_{p,a} = \left(\frac{\partial W_a}{\partial T}\right)_P, \tag{57, 1}$$

wo $W_a = E_a + PV_a = E_a + kT$ die *Enthalpie* (auch Wärmefunktion bei konstantem Druck oder Gesamtwärme genannt) — bezogen auf dieselbe Menge — bedeutet.

Wir bezeichnen mit ν_i die Konzentration des i-ten Elementes und $x_{i,1}$, $x_{i,2}$, ... den einfach, zweifach, ... ionisierten Bruchteil dieses Elementes. Ferner seien $\chi_{i,0}$, $\chi_{i,1}$, ... seine aufeinanderfolgenden Ionisierungsspannungen. Dann ist der mittlere Ionisationsgrad

$$x = \Sigma\, \nu_i (x_{i,1} + 2\, x_{i,2} + \cdots)\,, \tag{57, 2}$$

und die Enthalpie wird — wenn wir die Temperaturabhängigkeit der Anregungsenergie, d. h. der Zustandssummen, vernachlässigen —

$$W_a = \frac{5}{2} kT(1 + \bar{x}) + \Sigma\, \nu_i \{\, x_{i,1}\, \chi_{i,0} + x_{i,2}\, (\chi_{i,0} + \chi_{i,1}) + \cdots \}\,. \tag{57, 3}$$

[1] Zum Teil haben wir die etwas genaueren Zahlenwerte nach [854] eingetragen.

Für die numerische Rechnung schreibt man zweckmäßiger

$$\frac{W_a}{kT} = \frac{5}{2} + \Sigma\,\nu_i \left\{x_{i,1}\left(\frac{5}{2} + \frac{\chi_{i,0}}{kT}\right) + x_{i,2}\left(\frac{5}{2} + \frac{\chi_{i,0}}{kT} + \frac{5}{2} + \frac{\chi_{i,1}}{kT}\right) + \cdots\right\}. \qquad (57,4)$$

Wenn mehrere Ionisationsprozesse nebeneinander in Gang sind, ist es am besten, W_a/kT direkt auszurechnen und $c_{p,a}$ durch numerische Differentiation daraus zu bilden, indem man schreibt

$$\frac{c_{p,a}}{k} = 0{,}4343\left(\frac{\partial\left(\frac{W_a}{kT}\right)}{\partial \log T}\right)_P + \frac{W_a}{kT}. \qquad (57,5)$$

Ist nur *eine* Ionisation des Elementes 1 mit der Ionisierungsspannung χ und dem Ionisationsgrad x in Gang, während die übrigen Ionisationsgrade bei den betreffenden Werten von P und T sich nicht wesentlich ändern, so können wir die Berechnung von $c_{p,a}$ leicht geschlossen ausführen.

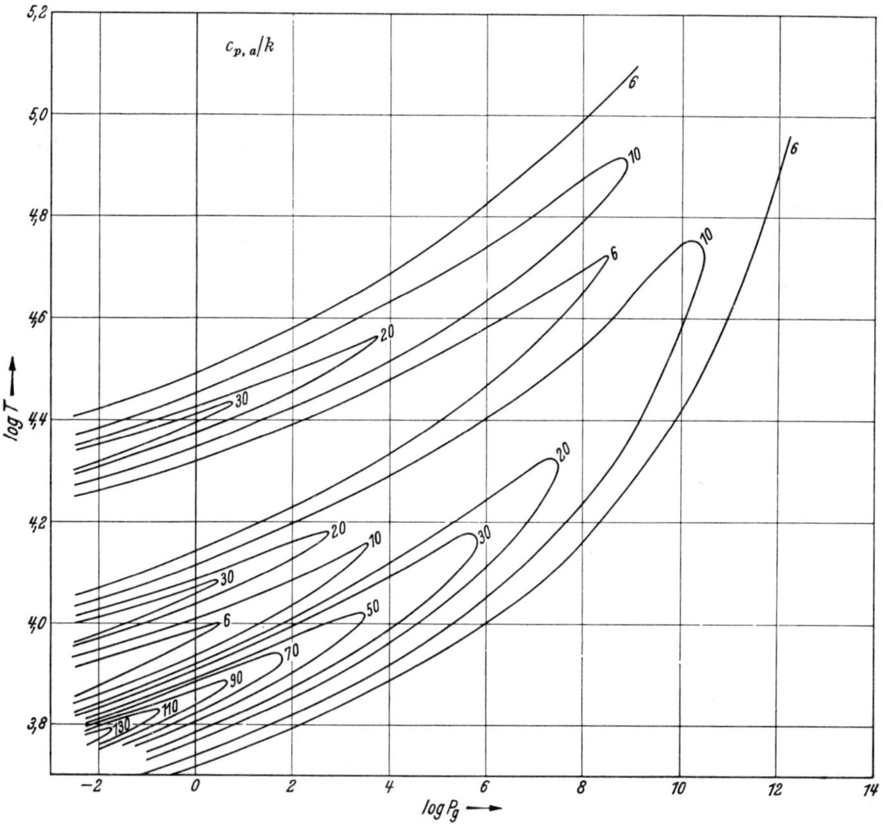

Abb. 95. Spezifische Wärme $c_{p,a}$ pro Atom, geteilt durch k, d. h. $\frac{c_{p,a}}{k} = \frac{c_p \cdot \mu_0}{R}$ als Funktion von $\log T$ und $\log P_g$. Nach A. Rosa und A. Unsöld [840].

Nach (57, 2) und (57, 3) wird

$$c_{p,a} = \left(\frac{\partial W_a}{\partial T}\right)_P = \frac{5}{2}\,k(1+\bar{x}) + \nu_1\,kT\left\{\frac{5}{2} + \frac{\chi}{kT}\right\}\left(\frac{\partial x}{\partial T}\right)_P. \qquad (57,6)$$

Andererseits ist nach (56, 8)

$$\left\{\frac{1}{x(1-x)} + \frac{\nu_1}{\bar{x}\,(1+\bar{x})}\right\}\left(\frac{\partial x}{\partial T}\right)_P = \frac{1}{T}\left\{\frac{5}{2} + \frac{\chi}{kT}\right\}, \qquad (57,7)$$

so daß man schließlich erhält:

$$\frac{c_{p,a}}{k} = \frac{c_p \cdot \mu_0}{R} = \frac{5}{2}(1 + \bar{x}) + \frac{\nu_1 \left\{\frac{5}{2} + \frac{\chi}{kT}\right\}^2}{\frac{1}{x(1-x)} + \frac{\nu_1}{\bar{x}(1+\bar{x})}}. \tag{57, 8}$$

Für das unionisierte Gas kommt man selbstverständlich auf $\frac{c_p \cdot \mu_0}{R} = \frac{5}{2}$ zurück. Im Gebiet schwacher Ionisation des Wasserstoffs kann man Gl. (57, 8) gut anwenden. Sobald die 1. und 2. Ionisation des Heliums hinzukommt, wird man besser numerisch nach (57, 5) weiterrechnen. In den eigentlichen „Ionisationszonen" steigt c_p rapide an. Für die vollständig ionisierte Stellarmaterie würden wir wieder 5/2 erhalten, *wenn* wir statt μ_0 deren mittleres Molekulargewicht $\mu = 0{,}699$ setzen würden; es ist also $\frac{c_p \cdot \mu_0}{R} = \frac{5}{2} \cdot \frac{1{,}505}{0{,}699} = 5{,}4$.

Das Ergebnis der ganzen numerischen Rechnungen von A. Rosa und A. Unsöld [840], die an eine (zum Teil nicht ganz richtige) ältere Arbeit von F. Möglich, K. H. Riewe und R. Rompe [832] anknüpften, zeigt Abb. 95. In der ersteren Arbeit ist auch der hier vernachlässigte Einfluß der Temperaturabhängigkeit der Zustandssummen auf die spezifischen Wärmen eingehend diskutiert.

Den Einfluß der Strahlung auf c_p könnten wir nach A. B. Underhill [853] wieder leicht berücksichtigen. Solange der konvektive Energietransport wesentlich ist, verhält sich aber größenordnungsmäßig $c_{p,\,Strahlung} : c_{p,Materie} \approx$ Schallgeschwindigkeit : Lichtgeschwindigkeit, wie man analog Abschnitt 56 leicht verifiziert.

Gelegentlich interessieren wir uns noch für die Schallgeschwindigkeit c_s in ionisierbarer Materie. Verlaufen die Schwingungen so rasch, daß die Einstellung des Ionisationsgleichgewichtes ihnen nicht folgen kann, so erhält man einfach den bekannten Laplaceschen Wert mit $\gamma = 5/3$. In der Turbulenz müssen wir aber normalerweise die mit der adiabatischen Kompression und Dilatation verbundene Änderung des Ionisationsgrades berücksichtigen. Es ist zunächst allgemein

$$c_s^2 = \left(\frac{dP}{d\varrho}\right)_{ad} = \frac{P}{\varrho}\left(\frac{d \ln P}{d \ln \varrho}\right)_{ad}. \tag{57, 9}$$

Den zweiten Faktor berechnen wir mit Hilfe der Zustandsgleichung $\varrho = \frac{\mu P}{RT}$. Es ist:

$$\left(\frac{d \ln \varrho}{d \ln P}\right)_{ad} = 1 - \left(\frac{d \ln T}{d \ln P}\right)_{ad} + \left(\frac{d \ln \mu}{d \ln P}\right)_{ad}. \tag{57, 10}$$

Das zweite Glied rechts entnimmt man aus Abb. 94, das dritte aus Tab. 23, wobei der adiabatische Zusammenhang von P und T nach Abb. 93 zu berücksichtigen ist.

Wie man auch anschaulich leicht versteht, bewirkt die Ionisation eine Annäherung der Schallgeschwindigkeit an den Newtonschen Wert $c_s = \sqrt{P/\varrho}$, der das $\sqrt{3/5} = 0{,}775$-fache des Laplaceschen für das unionisierte Gas beträgt.

58. Die Wasserstoffkonvektionszone der Sonne.

Die in Abschnitt 55 entwickelten Grundgleichungen für Energietransport durch Strahlung *und* Konvektion in Verbindung mit den schon mitgeteilten Berechnungen von $\bar{\varkappa}$ (Abb. 87 nach [747]), μ (Tab. 23 nach [424]), ∇_{ad} (Abb. 94 nach [861]) und c_p (Abb. 95 nach [840]) hat nun E. Vitense [863] benutzt, um ein Modell der *Konvektionszone auf der Sonne* zahlenmäßig durchzurechnen.

Zur Berechnung der in (55, 20) eingeführten *Temperaturgradienten* ∇_{Str}, ∇, ∇' und ∇_{ad} verwendet man die Gl. (55, 27), (55, 33), (55, 41) und (55, 42). Das

Geschwindigkeitsquadrat $\bar{v}^2$ der turbulenten Strömung ist nach (55, 27) proportional $\nabla - \nabla'$. Für die numerische Rechnung ist es zweckmäßig, diese Größe zu approximieren für die Grenzfälle $\Gamma_b \ll$ bzw. $\gg 1$. Setzen wir in Gl. (55, 38) — wie man nachträglich verifizieren kann, ist stets $\bar{\varkappa}\,\varrho\, l \gg 1$ — noch zur Abkürzung

$$\Gamma_b = \Gamma_0 \cdot \bar{v} \text{ mit } \Gamma_0 = \frac{c_p\,\varrho\, T}{16\,\sigma\, T^4} \cdot \bar{\varkappa}\,\varrho\, l\,, \qquad (58,1)$$

so wird nach (55, 41) und (55, 42) für

$$\Gamma_b \ll 1 \begin{cases} \nabla = \nabla_{Str} \\ \nabla' = \nabla_{Str} + \Gamma_b(\nabla_{ad} - \nabla_{Str}) \end{cases} \qquad (58,2)$$

$$\Gamma_b \ll 1 \begin{cases} \nabla = \nabla' \left(1 - \frac{2}{3\Gamma_b}\right) + \frac{2}{3\Gamma_b} \nabla_{Str} \\ \nabla' = \nabla_{ad}\,. \end{cases}$$

Damit erhält man aus Gl. (55, 27) — bekanntlich ist $H = RT/g\mu$ — für

$$\Gamma_b \ll 1: \quad \bar{v} = \frac{RT}{4\mu}\,\Gamma_0\,(\nabla_{Str} - \nabla_{ad})\left(\frac{l}{H}\right)^2$$

und für

$$\Gamma_b \gg 1: \quad \bar{v}^3 = \frac{RT}{6\mu} \cdot \frac{1}{\Gamma_0}\,(\nabla_{Str} - \nabla_{ad})\left(\frac{l}{H}\right)^2. \qquad (58,3)$$

Die weiteren Integrationen mußten rein numerisch durchgeführt werden. Um den Einfluß der — zur Zeit noch nicht ganz eindeutigen — Wahl des *Mischungsweges* l übersehen zu können, wurden meist die *beiden* Ansätze $l = H$ bzw. $= 2\,H$ durchgerechnet. Von vornherein erschien der erstere wesentlich plausibler. Auch die Beobachtungen der *Granulation*, die wir in Abschnitt 133 mit der Theorie verknüpfen werden, sprechen für die Annahme $l \approx H$.

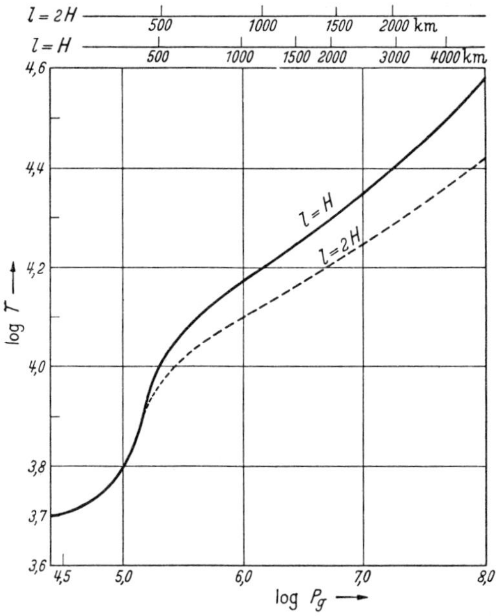

Abb. 95a. log T als Funktion von log P_g in der Sonnenatmosphäre berechnet unter der Annahme, daß der Mischungsweg der Turbulenzelemente gleich der Äquivalenthöhe H ist (———), oder daß er doppelt so groß ist (· · · · ·). Über der Abbildung die Skala der geometrischen Tiefen in Kilometern für die Schichtung mit $l = H$ bzw. $l = 2H$. Nach Böhm-Vitense [863].

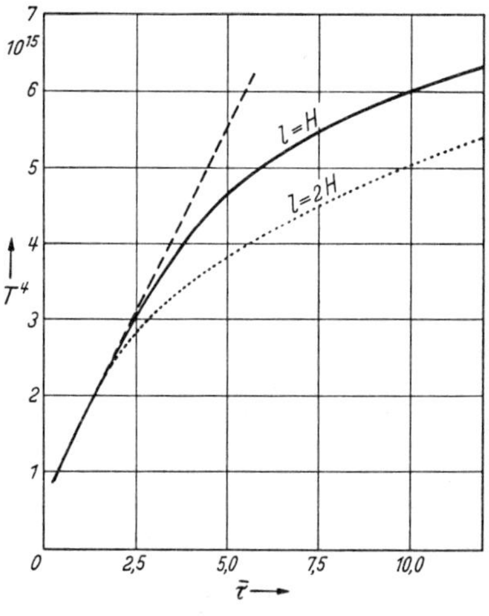

Abb. 95b. T^4 als Funktion von $\bar{\tau}$ für das Modell mit Mischungsweg $l = H$ (———) bzw. $l = 2H$ (· · · · ·). Außerdem ist das Strahlungsgleichgewichtsmodell eingezeichnet (— — —). Nach Böhm-Vitense [863]

Abb. 95a und b zeigen zunächst die *Temperatur* als Funktion des Gasdruckes P_g bzw. der optischen Tiefe $\bar{\tau}$. Die Abweichungen vom Strahlungsgleichgewicht werden danach für $l \approx H$ erst wesentlich *unterhalb* $\bar{\tau} \approx 3$ in Einklang mit unserer Abschätzung von Tab. 38 und der allgemeinen Tendenz der spektroskopischen Erfahrung (Kap. XVII).

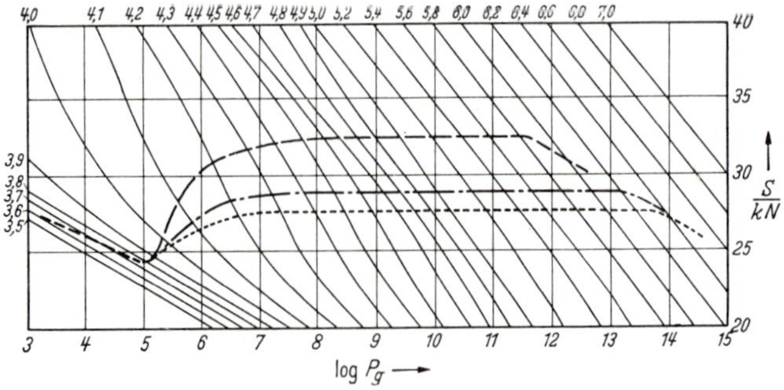

Abb. 95c. Die Schichtung der Sonnenatmosphäre im Entropiediagramm. Links Strahlungsgleichgewichtsteil, in der Mitte die Übergangszone, anschließend der adiabatische Teil, ganz rechts Beginn der neuen Strahlungsgleichgewichtszone. — — — — Modell mit $l = H$, · · · · · · · · Modell mit $l = 2H$, — · — · — · Modell mit $l = 2H$, aber doppelt so großer Abstrahlung der Elemente unterwegs. Nach Böhm-Vitense [863].

Die eigentlich sinngemäße Darstellung des Modelles im *Entropiediagramm* zeigt Abb. 95c. Die Kurve (z. B. für $l = H$) beginnt links mit der *äußeren Strahlungsgleichgewichtszone*. Im Minimum der Entropie, bei $\log P_g = 5{,}0$ setzt die Konvektion ein. Trotzdem steigt die Kurve, wie im Strahlungsgleichgewicht, nach rechts noch an, bis sie sich bei $\log P_g = 7$ bis 8 allmählich einer *Adiabaten* $S = \text{const}$ anschließt. Rechts hört die Konvektion bei $\nabla_{Str} = \Delta_{ad}$ auf. In den fraglichen Bereichen ist $\nabla_{ad} = 0{,}40$. Der Übergang von der Adiabate in den fallenden Kurvenast der *inneren Strahlungsgleichgewichtszone* erfolgt (für $l = H$) plötzlich bei $\log P_g = 11{,}44$ in einer geometrischen Tiefe (von $\bar{\tau} = 0{,}001$, etwa dem „Sonnenrand" aus gerechnet) von 66000 km $\approx 1/10$ Sonnenradius in Übereinstimmung mit älteren Rechnungen von L. Biermann [815].

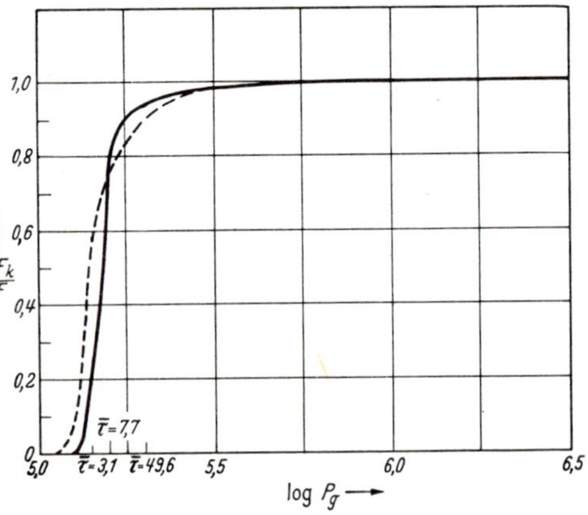

Abb. 95d. Der Bruchteil des konvektiven Energietransportes πF_k vom gesamten Energiestrom πF als Funktion von $\log P_g$. —— für $l = H$, - - - für $l = 2H$. Nach Böhm-Vitense [863].

Abb. 95d gibt an, welcher Bruchteil des Gesamtenergiestromes durch *Konvektion* transportiert wird. Ab $\log P_g = 5{,}5$ bzw. $\bar{\tau} = 450$ überwiegt der konvektive Energietransport bei weitem. Trotzdem stellt sich Adiabasie erst bei erheblich höheren Drucken ein. Die *mittlere Geschwindigkeit* $\bar{v}$ der Turbulenzelemente zeigt Abb. 95e; sie erreicht ihr Maximum bereits bei $\log P_g = 5{,}09$, also in einer Tiefe, wo der konvektive Energietransport erst $\sim 2\,{}^0\!/_{00}$ des gesamten ausmacht. In größeren Tiefen brauchen die Turbulenzelemente wegen der größeren Dichte sich sozusagen nicht mehr zu beeilen. Dasselbe kommt zum Ausdruck in Abb. 95f, wo $\nabla - \nabla'$ als Funktion von $\log P_g$ dargestellt ist. Damit schließen wir unseren Überblick der *Konvektionszone auf der Sonne* vorläufig ab. Die höchst interessante

Diskussion des Verhaltens einzelner Turbulenz — oder sagen wir gleich *Granulationselemente* — in den direkt zugänglichen Schichten werden wir im Abschnitt 133 in Verbindung mit den Beobachtungen aufnehmen.

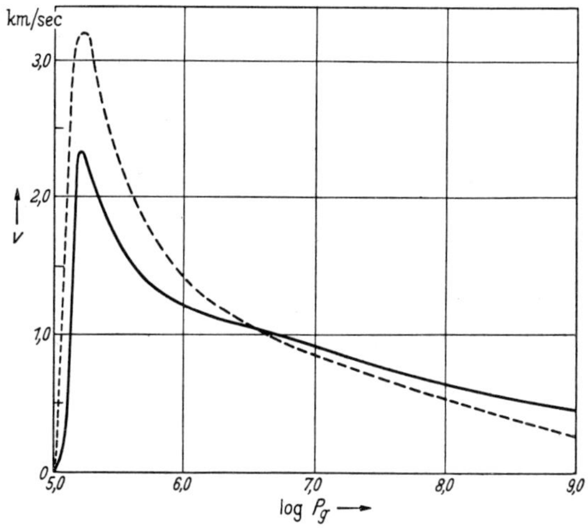

Abb. 95e. Die mittlere Aufstiegsgeschwindigkeit der Turbulenzelemente $\bar{v}$ als Funktion von log P_g. ——— für $l = H$, — — — — für $l = 2H$. Nach Böhm-Vitense [863].

Über Konvektionszonen anderer *Sterne* liegen noch keine eingehenderen Berechnungen vor. Da die Sonne nach Tab. 38 gerade in dem Übergangsgebiet

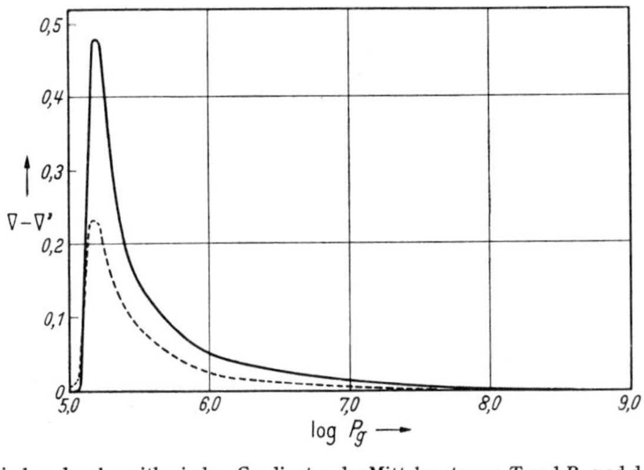

Abb. 95f. Differenz zwischen dem logarithmischen Gradienten der Mittelwerte von T und P_g und dem mittleren logarithmischen Gradienten der auf- oder absteigenden Turbulenzelemente, d. h. $\nabla - \nabla'$ als Funktion von log P_g. ——— $l = H$, — — — — $l = 2H$. Nach Böhm-Vitense [863].

liegt, wo der Energietransport durch Konvektion in den direkt beobachtbaren Schichten wesentlich wird, so möchten wir annehmen, daß im Vorhergehenden alle prinzipiell wichtigen Punkte zur Sprache gekommen sind, abgesehen von der Theorie der äußersten Schichten der *Chromosphäre* und der *Korona*, auf die wir in Kap. XXI zurückkommen werden.

Dritter Teil.

Messung der Intensitätsverteilung in den Fraunhofer-Linien.

IX. Kapitel.

Messung der Profile und Äquivalentbreiten von Fraunhofer-Linien.

59. Grundbegriffe. Historisches.

Um ein quantitatives Maß für die Stärke der Absorptionslinien in den Spektren von Sonne und Sternen zu gewinnen, muß man diese zunächst *photometrieren*. Dabei setzt man im allgemeinen die Intensität des Kontinuums = 1. Die entstehenden Linienkonturen oder — wie man heute meist sagt — *Linienprofile* entsprechen infolge der Endlichkeit des spektralen Trennungsvermögens der Apparatur usw. nur bei sehr breiten Linien der Wirklichkeit. Bei schwächeren Linien bzw. kleinerem Trennungsvermögen kann man durch Ermittelung des „*Apparateprofils*", das einer unendlich scharfen Linie entsprechen würde, und mathematische *Entzerrung* etwas nachhelfen. Zur genauen Messung der „*Zentralintensität*" oder Restintensität in der Mitte der Linien erwies sich die sorgfältige Elimination allen Streulichtes durch Vorzerlegung mit einem Monochromator notwendig. Während die in der Sonnenphysik nach dem Vorgang G. E. Hales üblichen großen Gitterspektrographen in der I. Ordnung ein Auflösungsvermögen von ~ 80000 erreichen, sind C. D. Shane, P. ten Bruggencate u. a. neuerdings durch Anwendung von Interferometern erheblich weiter gekommen.

Bei schwächeren Linien bzw. kleinerem Trennungsvermögen der Apparatur kann man die wahren Linienprofile nicht mehr bestimmen. Man benutzt dann als Maß für die Intensität einer Spektrallinie nach dem Vorgang von M. G. J. Minnaert die (vom Trennungsvermögen unabhängige) gesamte in der Linie absorbierte Energie. Sie wird in Abb. 96 (links) durch die schraffierte Fläche dargestellt. Denkt man sich im Spektrum einen dieser gleichen, scharf begrenzten und völlig dunklen Streifen, so ist dessen Breite W_λ in Ångström- oder Milli-Ångström-Einheiten ein Maß für die genannte Energie (Abb. 96, rechts). W_λ nennt man die Gesamtabsorption oder *Äquivalentbreite der Linie*. Statt in Ångström-, kann man sie auch in Frequenz- oder Kreisfrequenz-Einheiten (W_ν bzw. W_ω) messen. Noch zweckmäßiger ist vielfach die dimensionslose und in der Größenordnung bequeme Größe $F = 10^6 \cdot \frac{W_\lambda}{\lambda}$, deren Einheit man neuerdings als „*Fraunhofer*" bezeichnet. Auf das Beobachtungsmaterial selbst werden wir im Zusammenhang mit der Theorie von Fall zu Fall zurückkommen. Es sei jedoch schon hier

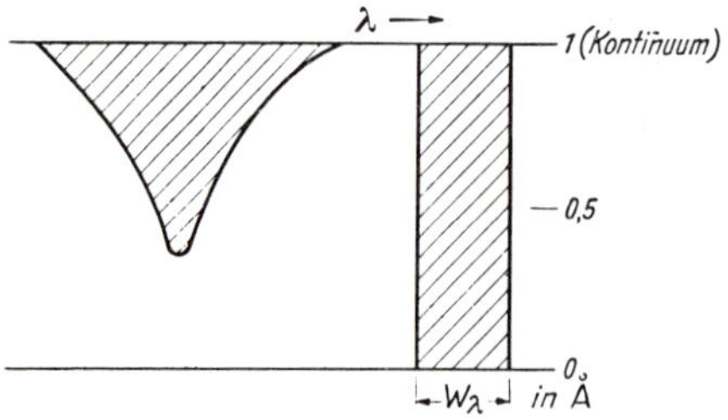

Abb. 96. Linienprofil(-kontur) und Äquivalentbreite W_λ (Gesamtabsorption).

auf drei *Standardwerke* hingewiesen, die ein ganz neues Niveau in der Darstellung und Präzision der Beobachtungen repräsentieren:

1. Der *Utrechter* „Photometrische Atlas des Sonnenspektrums" (λ 3332 bis 8771 Å) von M. G. J. MINNAERT, G. F. W. MULDERS und J. HOUTGAST [962].

2. Der mit einer PbS-Zelle direkt aufgenommene „Photometrische Atlas des infraroten Sonnenspektrums" (λ 8465—25242 Å) von O. C. MOHLER, A. K. PIERCE, R. R. MCMATH und L. GOLDBERG [966].

3. Der ebenfalls in Ann Arbor publizierte „Photometrische Atlas von Sternspektren" von W. A. HILTNER und R. C. WILLIAMS [933], welcher quantitative Photometerkurven nach MCDONALD-COUDÉ-Spektren von α Boo (K 2 pec), α Cyg (A2 Ia), β Ori (B8 Ia), α Lyr (A0 V), α CMa (A1 V), α CMi (F5 IV), α Per (F5 Ib) und α Ori (M2 Ib) enthält.

60. Die photographische Platte.

Da spektralphotometrische Messungen an den Linien von Sonnen- und Sternspektren in erster Linie auf photographischem Wege ausgeführt werden, befassen wir uns kurz mit den hierfür wichtigsten Eigenschaften und Fehlern der photographischen Platten.

Zur Einführung in die Technik und Methodik sei hingewiesen auf E. W. H. SELWYNs "Photography in Astronomy" [905] und das von W. E. FORSYTHE herausgegebene Sammelwerk: "Measurement of Radiant Energy" [902].

Im Speziellen ist zu berücksichtigen, daß infolge der *Ausdehnung der Plattenkörner und der Diffusion* des Lichtes in der Schicht — der Lichthof ist bei geeigneten Platten zu vernachlässigen — die Platte nur ein endliches Auflösungsvermögen hat. Dieser Effekt wird bei den später zu besprechenden Entzerrungsverfahren großenteils automatisch mitkorrigiert. Trotzdem wollen wir ihn genauer betrachten und eine für den Bau von Sonnenteleskopen interessante Konsequenz ziehen:

Auf den üblichen Platten werden Linien von $> 1/20$ mm Breite schon ziemlich richtig wiedergegeben (Genaueres vgl. F. ROSS [904]). Will man nun das Auflösungsvermögen eines Spektrographen voll ausnutzen, so muß also der Abstand Δy_0 des ersten Beugungsminimums von der Linienmitte $\approx 1/20$ mm sein. Nun ist aber

$$\Delta y_0 = \lambda \cdot \frac{f}{a} \approx 5 \cdot 10^{-3}\,\mathrm{cm}\,, \tag{60, 1}$$

wo f die Brennweite und a die Öffnung der Spektrographenkamera bezeichnet (vgl. Abschnitt 63). Für $\lambda \sim 5000$ Å kommt man so auf ein Öffnungsverhältnis

$$a/f \leqq 1/100\,. \tag{60, 2}$$

Bei dem 150'-Turmteleskop an *Mt. Wilson* wird diese Grenze sogar überschritten. Eventuell kann man zur Vergrößerung der Lineardispersion auch eine Vergrößerungskamera oder Negativlinse benutzen; vgl. z. B. L. S. ORNSTEIN und M. MINNAERT [972].

In der spektralphotometrischen Literatur spielt sodann eine wichtige Rolle der sog. EBERHARD-Effekt [927/8, 985, 996]:

Grenzen auf der Platte eine stark und eine schwach belichtete Fläche scharf aneinander, so bekommt die $\left\{\begin{matrix}\text{stark}\\\text{schwach}\end{matrix}\right\}$ geschwärzte Zone an der Grenze einen $\left\{\begin{matrix}\text{dunklen}\\\text{hellen}\end{matrix}\right\}$ Saum, analog dem bekannten Kontrastphänomen des menschlichen Auges. Die Ursache des Effektes liegt wohl — vgl. besonders H. SEEMANN [985] — hauptsächlich darin, daß bei der Entwicklung irgendwelche Reaktionsprodukte vom stark zum schwach geschwärzten Teil der Platte diffundieren und umgekehrt.

Man wird also erwarten, daß bei den geringen *Schwärzungsgradienten*, wie man sie in der Spektralphotometrie ohnedies benutzen muß, und bei *ausreichender Bewegung des Entwicklers* (Schaukeln oder, besser, geeignete Planschapparate!) der EBERHARD-*Effekt verschwindet*. Dies bestätigt eine Arbeit von N. WALENKOW [996]. Von der Verwendung angeblich EBERHARD-Effekt-freier Spezialentwickler möchte Verf. abraten. Am sichersten ist in jeder Hinsicht die Anwendung erprobter Markenerzeugnisse. Hat man *große* Helligkeitsintervalle zu überbrücken (z. B. Messung von Restintensitäten tiefer Linien), so wird man „weich" entwickeln. Genaue Messung *kleiner* Helligkeitsunterschiede (z. B. Gesamtabsorption schwacher Linien) dagegen erfordert härtere Entwicklung, aber auch genau richtige Wahl der Belichtungsdauer.

Besonders zu beachten ist nach G. EBERHARD [928] u. a. weiterhin, daß auch nach gleichmäßiger Belichtung und Entwicklung einer Platte deren Schwärzung hauptsächlich infolge von Schwankungen der Schichtdicke usw. variiert. Fehler von $\sim 10\%$ in der Messung von Intensitäten scheinen bei größeren Platten nicht selten zu sein.

Man sollte also das zu photometrierende Spektrum und die Intensitätsmarken nahe beisammen anordnen (Vorsicht wegen Streulicht der intensiven Marken s. unten!) und den Rand der Platte nach Möglichkeit nicht benutzen. Alle weiteren störenden Einflüsse, wie Temperatur- und Feuchtigkeitsunterschiede, vermeidet man am besten, indem man Spektrum und Intensitätsmarken unter denselben Bedingungen aufnimmt, wie überhaupt die Grundregel der photographischen Photometrie ist: „*Möglichst differentiell arbeiten*!"

61. Standardisierung der Platten. Schwärzungskurve.

Da die *Schwärzung*[1] einer Platte in fast unübersehbarer Weise von der Belichtungszeit, Wellenlänge, Art der Entwicklung usw. abhängt, so muß man — wie besonders J. HARTMANN und P. P. KOCH klargestellt haben — *differentiell* arbeiten. Man nimmt also neben dem zu photometrierenden Spektrum auf derselben Platte (oder mindestens einer Platte derselben Packung) eine Reihe von *Intensitätsmarken* auf, die bekannten Intensitätsverhältnissen entsprechen. Diese müssen mit Licht *derselben Wellenlänge*, mit derselben Belichtungszeit und auch sonst unter denselben Verhältnissen hergestellt werden, wie das zu messende Spektrum. In praxi dürfte *eine* Schwärzungskurve meist für ein Wellenlängenintervall von ~ 100 Å genügen. In Gegenden, wo die *Plattenempfindlichkeit* stark variiert, tut dies im allgemeinen auch die Schwärzungskurve. Die Abhängigkeit der Steilheit der Schwärzungskurve von der *Belichtungszeit* ist ziemlich gering, auf einen Faktor 5 dürfte es meist nicht ankommen.

Mit Hilfe der Schwärzungsmarken gewinnt man sodann die *Schwärzungskurve*, indem man die „Schwärzung" oder einfacher den Photometerausschlag (Abschnitt 62) als Funktion des $\log_{10}$ der Intensität aufträgt. Man kann dann umgekehrt für die betrachtete Wellenlänge beliebige Photometerausschläge in Intensitäten umrechnen.

Das Hauptproblem der photographischen Spektralphotometrie liegt also *offenbar* darin, Methoden zu finden, die es gestatten, eine Reihe von Spektren bekannter Intensitätsverhältnisse herzustellen. Wir nennen nur die wichtigsten:

---

[1] Man definiert in quantitativer Hinsicht die *Schwärzung* oder *Dichte* als

$$\log_{10} \frac{\text{Auffallendes Licht}}{\text{Durchgelassenes Licht}} .$$

Sie hängt aber noch ab von der spektralen Intensitätsverteilung und dem Öffnungswinkel des im Photometer benutzten Strahlenbündels. Man darf daher zunächst nur die Messungen mit *einem* Photometer untereinander vergleichen.

1. *Spaltbreitenvariation.* Da die Intensität eines *kontinuierlichen* Spektrums der Spaltbreite proportional ist, *solange* die Beugung noch keine Rolle spielt, so kann man durch Verändern der Spaltbreite Spektren von bekannten Intensitätsverhältnissen erzeugen. Die Festlegung der Spaltbreiten auf $\pm 3\%$ ist allerdings bei kleinen Spaltbreiten nicht ganz einfach. Man muß weiterhin darauf achten, daß in dem benutzten Spektralgebiet die Schwärzung des Spektrums nicht stark von der Wellenlänge abhängt, da sonst die „Verschmierung" des Spektrums bei großer Spaltbreite Fehler verursacht.

Wohl die sicherste Methode der Intensitätsänderung ist

2. *Die* KOCH*sche Sektorblende.* In dem parallelen Strahlenbündel zwischen Kollimatorlinse und Prisma (bzw. Gitter) werden Blenden der in Abb. 97 dargestellten Form angebracht, die — entsprechend dem Verhältnis der offenen Sektoren: 360° — eine wellenlängenunabhängige Abschwächung erzeugen. Um kleine Ungleichheiten in der Absorption usw. der Optik auszuschalten, läßt man die Blende um ihren Mittelpunkt rotieren.

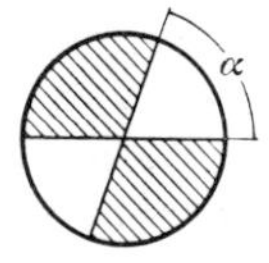

Abb. 97. KOCHsche Sektorblende. Abschwächungsverhältnis α: 180.

3. *Anwendung des* $1/r^2$*-Gesetzes.* Man beleuchtet z. B. einen vor dem Spalt fest aufgestellten Magnesiaschirm aus verschiedenen Entfernungen. Bei Verwendung von Glühlampen ist auf die Linseneigenschaft der Glaswände zu achten.

Da es — besonders bei langen Belichtungszeiten — recht mühsam ist, etwa 10 Intensitätsmarken hintereinander herzustellen, so wird man versuchen, alle Schwärzungsmarken *gleichzeitig* zu erzeugen, indem man vor dem Spalt eine Abschwächungsvorrichtung anbringt. Man muß dann jedoch auf *Konstanz von Spaltbreite und -beleuchtung*[1] achten (Kontrollaufnahme *ohne* Abschwächungsvorrichtung!) und besonders das *Streulicht* im Spektrographen sehr niedrig halten. Sollte z. B. das Intensitätsverhältnis der stärksten zur schwächsten Stufe 20:1 sein und gibt erstere auch nur 1% Streulicht, so wird das Intensitätsverhältnis 20:1,2; man erhält also einen Fehler von 20%. Diese einfache Überlegung scheint nicht immer beachtet zu werden. Die gleichzeitige Herstellung mehrerer Intensitätsmarken erlauben folgende Anordnungen:

4. *Absorptionskeile und Stufenabschwächer.* Da es hinreichend neutrale Rauchgläser nicht gibt, und auch die auf Glas oder Quarz aufgestäubten oder aufgedampften Platinschichten nicht völlig neutral absorbieren, so muß die Durchlässigkeit von Keilen und Stufenabschwächern in spektral zerlegtem Licht gemessen werden; sei es mit Monochromator und Thermosäule oder photographisch unter Zuhilfenahme eines der folgenden Abschwächungsverfahren. Den in Deckplatten usw. entstehenden Interferenzen ist besonderes Augenmerk zu schenken!

5. *Treppenspalt.* Ein treppenförmig gestufter Spalt gibt eine Serie von Spektren, deren Intensität der Breite der Stufen proportional ist. Im übrigen vgl. unter Spaltbreitenvariation (1.).

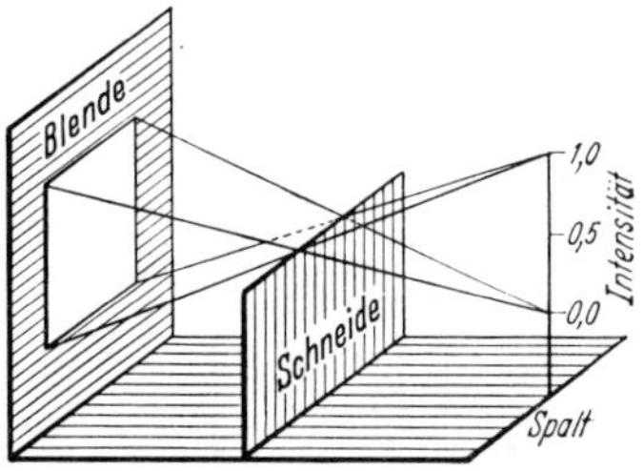

Abb. 98. Methode von R. v. HIRSCH und M. SCHÖN [935].

6. *Die Methode von* R. v. HIRSCH *und* M. SCHÖN [935]. Im Strahlengang des Spektrographen (vor dem Spalt oder im Kollimator) befindet sich eine rechteckige Blende und eine horizontale Schneide (Abb. 98), die senkrecht zur Richtung des Spaltes steht. So entsteht bei gleichmäßiger Ausleuchtung ein linearer Helligkeitsabfall senkrecht zur Dispersionsrichtung. Hierzu ferner D. BARBIER [912].

[1] Da Milchglasscheiben oft nicht gleichmäßig sind, lasse man sie — nach KOCH — rotieren.

7. *Bei der* HANSEN*schen Stufenblende* [931] wird ein Treppenspalt, von dem diffuses Licht ausgehen soll, durch eine Zylinderlinse abgebildet, so daß quer zum Spektrographenspalt Streifen entstehen, deren Intensität der Breite dieser Stufen proportional ist. Durch die Hilfsoptik wird zwar die unter 1. erwähnte Verschmierung des Spektrums beseitigt, dafür nimmt man aber viele andere *Nachteile* in Kauf: Das Instrument ist lichtschwach und hinsichtlich der Justierung ziemlich anspruchsvoll; vgl. K. SCHACHTSCHABEL [984]. Außerdem können nach v. CITTERT [922] die Beugung am Spalt und die Absorption im Prisma grobe Fehler verursachen.

Eine besondere Erörterung erfordert noch

8. *der rotierende Sektor.* Eine rasch rotierende Scheibe, aus der ein Sektor vom Zentriwinkel α ausgeschnitten ist, gibt eine Abschwächung im Verhältnis $\alpha:360°$. Diese Behauptung erscheint zunächst keineswegs selbstverständlich, da für die photographische Wirkung bekanntlich *nicht* das Produkt aus Intensität $I \times$ Belichtungszeit t maßgeblich ist, sondern — nach K. SCHWARZSCHILD — ein Ausdruck der Art $I \cdot t^p$, wobei der „SCHWARZSCHILD-*Exponent*“ p von der Wellenlänge, der Belichtungsdauer und anderen Faktoren abhängt und meist < 1 ist. Diesem Effekt wirkt entgegen der sog. *Intermittenzeffekt,* wonach intermittierende Beleuchtung im allgemeinen schwächer wirkt als kontinuierliche mit demselben $\int I\, dt$.

Arbeitet man im Bereich normaler Schwärzungen, und ist die Umdrehungszahl so hoch, daß während der gesamten Belichtung *sehr* viele Umdrehungen ($>$ 100 bis 1000) erfolgen, so heben sich beide Effekte auf. Dies ist zwar gelegentlich bezweifelt worden, aber ausgedehnte neuere Meßreihen von J. H. WEBB [997], A. W. J. COUSINS und R. H. STOY [923], D. A. MCRAE [951] führen ebenso wie die älteren von A. WEBER [997a] übereinstimmend zu dem Ergebnis, daß die Anwendung des rotierenden Sektors in der photographischen Photometrie bei genügend hohen Drehzahlen völlig einwandfrei ist.

Diese Aussage erscheint fast trivial, wenn man nach L. SILBERSTEIN und J. H. WEBB [990] den Strom der *Lichtquanten* $h\nu$ betrachtet, die auf *ein* bestimmtes Bromsilberkorn zueilen: Ist die Zeit zwischen zwei Unterbrechungen durch den rotierenden Sektor erheblich kleiner als der mittlere Zeit-Abstand der aufeinander folgenden Lichtquanten, so ist die Wirkung des Sektors offenbar in keiner Weise von einer andersartigen Abschwächung des Lichtes zu unterscheiden. Da andererseits ungefähr *ein* Quant genügt, um ein Plattenkorn entwickelbar zu machen, so folgt, das es nur darauf ankommt, daß während der zur Erzielung einer mittleren Schwärzung notwendigen Belichtungsdauer *viele* Unterbrechungen erfolgen.

Erwähnt sei schließlich noch, daß man nach W. BAADE, F. GOOS, P. P. KOCH und R. MINKOWSKI [910] mit Hilfe des rotierenden Sektors ein Intensitätsmarkengerät konstruieren kann, das *gleichzeitig* mehrere Spektren gibt *und* die erwähnte Streulichtschwierigkeit vermeidet. Man braucht nämlich nur einen Stufensektor mit großem Radius dicht vor der Platte laufen zu lassen, so daß er ein breites Spektrum in Streifen abgestufter Intensität zerlegt.

Bei nicht allzu hohen Genauigkeitsansprüchen wird man für Wellenlängenbereiche von je einigen hundert Ångström bei der Standardisierung der Platten den Spektrographen durch passende Filter ersetzen können. (Vorsicht jedoch an den Empfindlichkeitsgrenzen der Emulsion!) Es sei in diesem Zusammenhang auch auf die Mehrschichten-Interferenzfilter aufmerksam gemacht. Standardisiergeräte mit Filtern und einem rotierenden Sektor oder Röhrenphotometer haben den Vorzug großer Einfachheit und vermeiden von vornherein viele Fehlermöglichkeiten der anspruchsvolleren Apparaturen.

62. Mikrophotometer. Reduktion der Photometerkurven.

Nachdem wir die Methoden der Herstellung von Intensitätsmarken kennengelernt haben, sollen noch einige Bemerkungen über die *Prinzipien* der wichtigsten *Mikrophotometer* Platz finden.

Da das Auge in der Beurteilung breiter Linien — besonders wenn diese von schmalen Fremdlinien ("blends") gestört sind — starken Täuschungen unterworfen ist, so benutzt man zur Messung der Intensitätsverteilung in FRAUNHOFER-Linien am besten ein *Registrierphotometer:* Auf der Registrierkurve wird man die zur Messung geeigneten Stellen besser erkennen, als bei direkter Betrachtung der Platte. In mechanischer Hinsicht erscheint es wünschenswert, das Übersetzungsverhältnis Spektrum: Registrierkurve von 1:1 bis etwa 1:50 variieren zu können. Die Breite des Photometerspaltes wählt man so, daß das Plattenkorn in der Registrierkurve eben noch schwach erkennbar ist. Arbeitet man mit sehr engem Spalt, so wird man also nach Möglichkeit seine Länge vergrößern: man muß dann jedoch peinlich darauf achten, daß Photometerspalt und Spektrallinien parallel sind. Bei Sternspektren soll die Schwärzung des Kontinuums über die Länge des Photometerspaltes hinweg konstant sein. Es muß daher bei der Aufnahme auf ausreichende und gleichmäßige Verbreiterung der Spektren geachtet werden.

Bezüglich der Wahl des lichtempfindlichen Organs und der elektrischen Einrichtung wurden zunächst folgende Möglichkeiten praktisch erprobt:

A. Photozelle + Elektrometer.

a) Mit Kompensation der Lampenschwankungen durch eine zweite Photozelle nach P. P. KOCH [947], F. GOOS und P. P. KOCH [929] u. a.

b) Ohne Kompensation. Zeiss-Photometer (G. HANSEN); H. KULENKAMPFF [949] u. a.

B. Photozelle mit Verstärker und Galvanometer. Zum Beispiel C. S. BEALS [913] (dort noch ohne Registrierung).

C. Sperrschichtphotozelle + Galvanometer. Zum Beispiel B. LANGE.

D. Thermoelement + Galvanometer. W. J. H. MOLL (Kipp und Zonen-Delft) [967]; H. H. PLASKETT [976].

Diese Instrumente dürften heute überboten sein durch die Kombination[1]: *Photozelle* (ohne Kompensation) mit *Verstärker* und einem Potentiometerschreibgerät, z. B. dem BROWN-*Recorder*. Der Verstärker erlaubt — einfach durch Drehen zweier Knöpfe — den Nullpunkt und den Maßstab der Intensitätsskala zweckmäßig festzusetzen. Da Platte und BROWN-Recorder durch je einen Synchronmotor angetrieben werden, kann man durch passende Zahnrad-Getriebe leicht eine große Anzahl von Übersetzungsverhältnissen in einem weiten Bereich erhalten. Endlich ist es sehr angenehm, die Entstehung der Registrierkurve direkt verfolgen zu können. Die sonstigen Annehmlichkeiten der großen und deutlichen Tinten-Registrierung gegenüber der photographischen brauchen wohl nicht hervorgehoben zu werden. Man kann solche Instrumente unbedenklich sogar einem Theoretiker anvertrauen!

Die *Reduktion der Photometerkurven* vollzieht sich folgendermaßen: Mit Hilfe der Intensitätsmarken konstruiert man für das betrachtete Spektralgebiet die *Schwärzungskurve:* $\log_{10}$ Intensität als Funktion des Photometerausschlages. Hiermit führt man die Photometerausschläge in $\log_{10} I$ über, zeichnet das ungestörte kontinuierliche Spektrum ein und reduziert dann auf $I_{const} = 1$.

Um die langweilige Arbeit der Umrechnung von Photometerausschlägen in Intensitäten abzukürzen, hat man Apparate konstruiert, die diese Reduktion auf mehr oder weniger mechanischem Wege ausführen. Vgl. TH. DUNHAM JR.

[1] Ein Instrument dieser Art ist z. B. an Yerkes Observatory in Gebrauch.

[925], K. HABERL [930], dessen Apparat sogar direktes Planimetrieren von Äquivalentbreiten erlaubt, C. S. BEALS [914] u. a.

Noch bequemer sind Instrumente, welche direkt die *Intensität* aufzeichnen: M. MINNAERT und J. HOUTGAST [961] haben — im Hinblick auf ihren spektralphotometrischen Atlas des Sonnenspektrums — ein MOLLsches Mikrophotometer in der Weise ausgestaltet, daß der Lichtzeiger des Galvanometers in Verbindung mit einer geeignet ausgeschnittenen *Schablone* eine Sperrschicht-Photozelle so beleuchtet, daß deren Strom (bzw. der Ausschlag eines zweiten, registrierenden Galvanometers) *der* Intensität proportional wird, welche ursprünglich das Spektrum erzeugte. Die ziemlich mühsame Herstellung der Schablonen lohnt natürlich nur, wenn die Schwärzungskurve über einen größeren Wellenlängenbereich gleich bleibt.

Auf einem ganz anderen Prinzip beruht die Konstruktion von R. C. WILLIAMS und W. A. HILTNER [999 und 999a]: Mit demselben Spektrographen wie das auszuwertende Spektrum nimmt man das eines Neutral-Keiles auf, der längs des Spaltes einen linearen Intensitätsverlauf herstellt. Beide Spektren werden nun in Dispersions-Richtung miteinander unter je einem Photozellen-Mikrophotometer hindurchgeführt. Ein Motor verschiebt dabei die „Keilplatte" senkrecht zur Dispersionsrichtung, aber bei der „richtigen" Wellenlänge, fortlaufend so, daß die Schwärzung beider Platten jeweils gleich ist. Die der Intensität proportionale Verschiebung der „Keilplatte" wird fortlaufend auf Papier registriert.

An diesem Instrument haben HILTNER und WILLIAMS mit Spektren vom COUDÉ-Spektrographen des McDonald-Observatory den schon erwähnten "Photometric Atlas of Stellar Spectra" hergestellt.

Im Vergleich zu dem Utrechter Gerät hat das von WILLIAMS und HILTNER konstruierte den Vorteil, daß Änderungen der Schwärzungskurve mit der Wellenlänge automatisch berücksichtigt werden. Dem steht der Nachteil gegenüber, daß es die Plattenkorn-Schwankungen vergrößert und evtl. bei Plattendefekten „ausreißt". Auch werden an die Streulichtfreiheit des Spektrographen hohe Anforderungen gestellt (s. oben).

Verf. möchte denken, daß ein Gerät, das eine gezeichnete Schwärzungskurve verwerten kann, im großen und ganzen den Vorzug verdient. Die Berücksichtigung einer aufgezeichneten Kurve z. B. durch Abtastung mit einer automatisch nachgeführten Photozelle ist heute nur noch ein finanzielles Problem. Erfahrungen liegen z. B. vor vom Bau eines analogen Gerätes für den Differential-Analyzer des Darmstädter Institutes von Prof. WALTER.

Direkte Registrierungen im Sonnenspektrum — unter Umgehung der ganzen photographischen Schwierigkeiten — haben mit Photozelle und Verstärker TH. DUNHAM JR. [926] und H. BRÜCK [915] ausgeführt. Auf den mit Hilfe einer PbS-Zelle ebenfalls direkt aufgenommenen photometrischen Atlas des infraroten Sonnenspektrums (λ 8465—25242 Å) von MOHLER, PIERCE, MCMATH und GOLDBERG [966] haben wir schon nachdrücklich hingewiesen. Neuerdings hat sich W. A. HILTNER [934] sogar an das schwierige Problem gewagt, COUDÉ-Spektren von Sternen photoelektrisch direkt auszumessen, wobei die atmosphärischen Helligkeitsschwankungen des ganzen Spektrums in genialer Weise wegkompensiert werden.

Die Hauptschwierigkeit und die wichtigste Fehlerquelle bei der Messung von Linienprofilen und Äquivalentbreiten liegt in der Festlegung des „*ungestörten kontinuierlichen Spektrums*", die bis zu einem gewissen Grade Sache des Gefühls oder theoretischer Überlegungen ist.

R. MICHARDs [253] Korrektionen zum Kontinuum („100%") des *Utrechter Atlas* haben wir in (14, 2) schon angemerkt und besprochen.

Bei den breiten *Metallinien* — wie z. B. H und K im Sonnenspektrum, die sich über ein Gebiet von ~ 100 Å ausdehnen — kann man nach M. MINNAERT [960] und J. HOUTGAST [937] die Lage des kontinuierlichen Untergrundes am besten ermitteln bzw. korrigieren[1], indem man eine unter sehr allgemeinen Voraussetzungen gültige Aussage der Theorie der FRAUNHOFER-Linien zu Hilfe nimmt: In den Flügeln der starken dämpfungsverbreiterten Linien ist der Linienabsorptionskoeffizient $\sim 1/\Delta\lambda^2$, wo $\Delta\lambda$ den Abstand von der Linienmitte bedeutet. Es sei nun — zunächst in irgendeinem Maßstab — I_0 die Intensität des *wahren* Kontinuums, $I(\Delta\lambda)$ die in der Linie gemessene Intensität. In den Flügeln wird dann bei hinreichend großen $\Delta\lambda$ die relative Einsenkung in der Linie $R = \frac{I_0 - I}{I_0} \approx \frac{c}{\Delta\lambda^2}$ sein, wobei die sehr wichtige Konstante c sich später in Verbindung mit der Theorie als ein Maß für die „wirksame Anzahl absorbierender Atome" erweisen wird. Andererseits geht auf der Sonne in der Linienmitte, d. h. bei sehr großen Absorptionskoeffizienten, R etwa gegen Eins. MINNAERT und HOUTGAST benutzen daher die Interpolationsformel

$$\frac{1}{R} = 1 + \frac{1}{c/\Delta\lambda^2} \qquad (62,1)$$

(die uns später in etwas verallgemeinerter Form noch vielfach nützlich sein wird) und schreiben sie um in die Form

$$I_0 - I = \frac{c\,I}{\Delta\lambda^2}. \qquad (62,2)$$

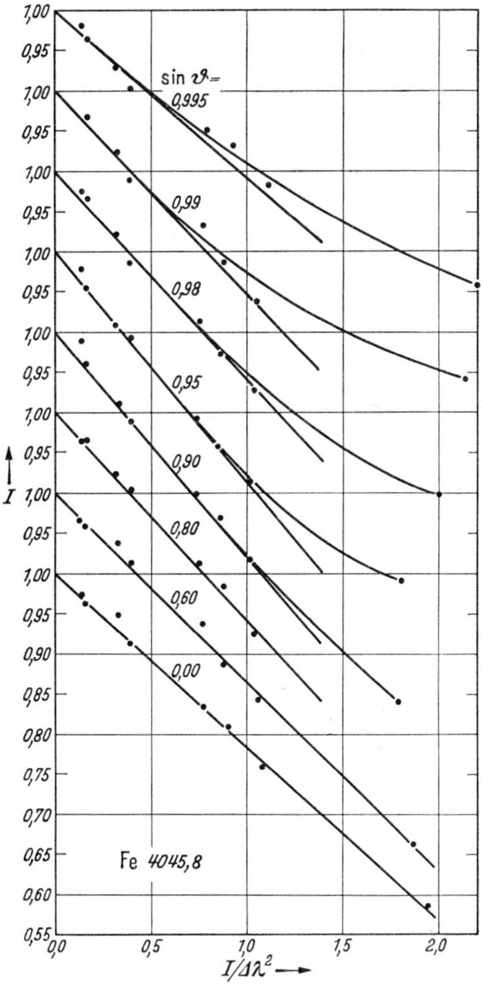

Abb. 99. Bestimmung der c für die Linie Fe 4045,8 in verschiedenen Abständen von der Mitte der Sonnenscheibe. Aufgetragen ist die Intensität I gegen $I/\Delta\lambda^2$ ($\Delta\lambda$ in Å). Nach J. HOUTGAST [937].

Trägt man nun mit einem vorläufigen Kontinuum I_0 (das aber so gewählt ist, daß die Linie symmetrisch erscheint), $I_0 - I$ als Ordinate gegen $I/\Delta\lambda^2$ als Abszisse auf, so liefert der Schnittpunkt der bis $I/\Delta\lambda^2 \to 0$ weitergeführten Kurve mit der Ordinatenachse das wahre Kontinuum, das wir nun gleich 1 setzen. Die Tangente bei $I/\Delta\lambda^2 \to 0$ ergibt sofort die Konstante c. Als Beispiel zeigt Abb. 99 J. HOUTGASTs Auswertung [937] der Linie Fe 4045,8 für verschiedene $\sin\vartheta$ von ⊙-Mitte bis ⊙-Rand.

[1] Es ist zweckmäßig, *vor* Anwendung des Verfahrens nötigenfalls die erst in Abschnitt 63 besprochenen Korrektionen für Gittergeister und Streulicht anzubringen.

63. Der Spektrograph: Gittergeister, Streulicht. Trennungsvermögen.

Wenn man die Intensitätsverteilung in Absorptionslinien mißt, so ist zu berücksichtigen, daß diese zunächst noch durch den Spektrographen beeinflußt ist. Bei Gitterspektrographen spielen eine Rolle

1. Die *Gittergeister.*

Dazu kommt bei allen Instrumenten

2. *Streulicht.*

Beide Effekte *überdecken* eine Spektrallinie mit Licht *anderer* Wellenlängen. Sodann werden die Linienprofile *verzerrt* durch

3. Beugungserscheinungen an der Austrittsblende, die das „*theoretische Auflösungsvermögen*“ festlegen.

4. Endliche *Spaltbreite.*

5. Geometrisch-optische *Bildfehler.*

3.—5. *zusammen* bedingen das analog dem „theoretischen Auflösungsvermögen“ definierte endliche *Trennungsvermögen* des Spektrographen.

Nach diesem kurzen Überblick betrachten wir die Effekte der Reihe nach.

1. Die Gittergeister. Auf einem hinreichend exponierten Spektrum mit *Emissionslinien* erkennt man die sog. „Geister“[1]. Die wichtigsten sog. ROWLAND-*Geister* rühren her von einem periodischen Fehler des Gitters entsprechend der Ganghöhe der Schraube in der Gitterteilmaschine. Sie liegen symmetrisch zur Linie und einige Ångström von dieser entfernt.

In einem *Absorptionsspektrum* wird das Zentrum einer Linie aufgehellt durch die von benachbarten Stellen des kontinuierlichen Spektrums herrührenden Geister. Ist die Breite der zu messenden Linie kleiner als die Ausdehnung der zu einer Linie gehörigen Gruppe von Geistern — so daß alle in das Zentrum der Absorptionslinie fallenden Geister vom ungestörten Kontinuum herrühren —, so kann man nach M. MINNAERT ihren Einfluß folgendermaßen korrigieren:

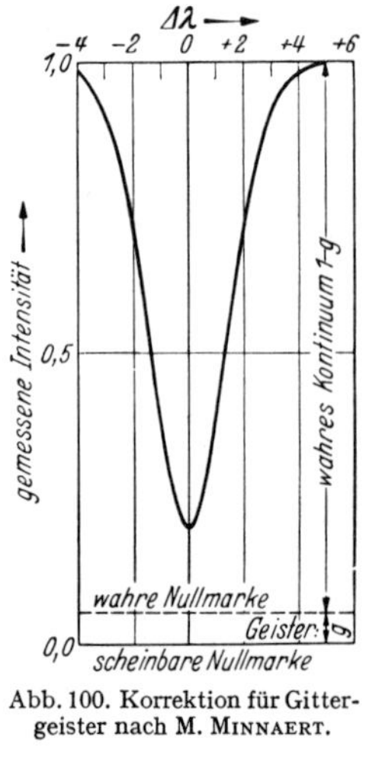

Abb. 100. Korrektion für Gittergeister nach M. MINNAERT.

Man mißt in einem Linienspektrum (z. B. Hg-Bogen) das Verhältnis der Intensitätssumme aller Geister zur Intensität der Hauptlinie $\frac{g}{1-g}$. Dann rührt in einem kontinuierlichen Spektrum der Bruchteil g von Geistern her, und nur der Anteil $1-g$ gehört „wirklich“ an die betrachtete Stelle. Die *gemessenen* Linientiefen und Gesamtabsorptionen sind also auf die wahre Nullmarke (s. Abb. 100) umzurechnen, d. h. durch $1-g$ zu dividieren.

Ist bei sehr breiten Absorptionslinien, wie z. B. H und K im Sonnenspektrum, die Linienbreite von derselben Größenordnung wie die Ausdehnung der Geisterzone einer Emissionslinie, so muß selbstverständlich die Geisterkorrektion sinngemäß abgeändert werden.

Außer den ROWLAND-Geistern gibt es die der Periode des Treibriemens der Teilmaschine entsprechenden LYMAN-Geister in größerer Entfernung von der Linie. Man wird sie praktisch mit dem Streulicht zusammenfassen. Und endlich verursacht die wechselnde Reibung in der Teilmaschine unperiodische Gitterfehler, welche die ganz nahe an der Linie liegenden WOOD-Geister hervorbringen. Diese werden praktisch am besten bei der Berücksichtigung des endlichen *Trennungsvermögens* (nach 3.—5.) mit berücksichtigt.

[1] Zur Einführung vgl. R. W. WOOD: Physical Optics [906].

2. Streulicht. Das allgemeine Streulicht kommt zustande durch Zerstreuung und Reflexion von Licht aller Wellenlängen an den Oberflächen der Optik, an den Wänden des Spektrographen usw. Ist in dem betrachteten Spektralbezirk das Intensitätsverhältnis von Streulicht: Streulicht + Spektrum gleich g', so sind wie unter 1. die direkt gemessenen Linientiefen R und Gesamtabsorptionen durch $1-g'$ zu dividieren. Man kann g' — wenigstens näherungsweise — messen, indem man die auf der Platte dicht *neben* dem Spektrum herrschende Intensität mit der des Spektrums selbst vergleicht. (Vorsicht wegen chemischen Schleiers, der daran zu erkennen ist, daß er sich auf vorher abgedeckten Teilen der Platte fortsetzt.)

Neben der allgemeinen Streuung bekommt man bei *Gitter*spektrographen noch eine *Lichtstreuung in der Dispersionsrichtung des Spektrums.* Diese rührt offenbar davon her, daß der eigentlichen, streng periodischen Teilung des Gitters noch ein paralleles *un*periodisches Strichsystem überlagert ist[1]. (Ungleiche Breite und Tiefe der Gitterstriche und dergleichen!) Eine direkte *Messung* dieses Beitrages zum Streulicht ist meines Wissens nur möglich mit Hilfe künstlicher Absorptionslinien (Na-Rohr; seltene Erden).

Es ist wichtig, sich klar zu machen, wie stark die Restintensitäten tiefer Absorptionslinien durch Streulicht (und evtl. Geister) beeinflußt werden. Ist z. B. $g+g'=5\%$ und mißt man zunächst eine Restintensität $1-R=20\%$, so erhält man $R_{korr}=\frac{80}{1-0{,}05}=84{,}2\%$, also eine korrigierte Restintensität $1-R_{korr}=15{,}8\%$.

Ebenso wie Streulicht wirken im wesentlichen beim Gitter überlagerte Spektren anderer Ordnung und (wie schon bemerkt) evtl. LYMAN-Geister.

Wenn man einigermaßen zuverlässige Werte von Zentral-(Rest-)Intensitäten bekommen will, so muß man das Streulicht usw. möglichst herabsetzen. Hierzu gibt es folgende Mittel:

a) Man wähle die *Breite* des Spektrums nur so groß, wie dies eben für eine sichere Photometrierung nötig ist (~ 3 mm). Man überlagere schwachen Sternspektren möglichst *nicht* das Streulicht zum Teil sehr starker Standardisierungsspektren.

b) Besonders im Ultraviolett und Infrarot müssen die anderen Wellenlängengebiete ausgeschaltet werden. Neben den bekannten *Filtern* (Vorsicht mit Interferenzstreifen!) kann man dazu die *Mehrschichten-Interferenzfilter* (z. B. von Schott u. Gen.) verwenden. Besser ist die Vorschaltung eines *Monochromators* nach A. D. THACKERAY [992], R. O. REDMAN [978/9] und besonders P. TEN BRUGGENCATE, J. HOUTGAST und H. v. KLÜBER [916] sowie J. HOUTGAST [937]. Die letzteren Autoren kombinierten sehr zweckmäßig Aufnahmen, bei denen der Monochromatorspalt so eng war, daß sogar die ROWLAND-Geister schon ausgeschlossen wurden mit solchen, bei denen zur genauen Festlegung des Kontinuums der Monochromatorspalt weiter geöffnet und die Geisterkorrektion nach MINNAERT angebracht wurde. Auf die Ergebnisse der Zentralintensität-Messungen der genannten Autoren werden wir im Zusammenhang mit der Theorie der Zentralintensitäten zu sprechen kommen.

Ganz allgemein möchten wir auch hier nochmals betonen, daß die *Hauptschwierigkeit* aller Messungen an Absorptionslinien in der Festlegung des ungestörten kontinuierlichen Spektrums liegt; die Linien sind meist viel breiter, als der Anfänger schätzt!

---

[1] Man kann diesen Effekt leicht beobachten, wenn man eine entfernte Straßenlaterne durch eine Brille betrachtet, über die man mit fettigen Fingern gewischt hat. Auch das Streulicht von Zölostaten hat großenteils eine ähnliche Ursache.

Im kurzwelligen Spektralgebiet der späteren Spektraltypen gibt es überhaupt kein eigentliches Kontinuum. Hier ist guter Rat ziemlich teuer.

3. Theoretisches Auflösungsvermögen von Prismen- und Gitterspektrograph. Beugung. Ist die *Austrittsblende* des Spektrographen ein Rechteck der Breite[1] a, d. h. ist a die Breite des auf der Kameraseite austretenden Strahlenbündels, so erhält man für monochromatisches Licht neben dem Beugungs-Hauptmaximum (der Spektrallinie) das erste Minimum unter einem solchen Winkel $\Delta\delta$, daß der Gangunterschied der Randstrahlen gerade gleich λ wird[2]. Es ist also

$$a\cdot\Delta\delta=\lambda\,. \tag{63, 1}$$

Zwei Spektrallinien können nun eben noch getrennt werden, wenn das Hauptmaximum der einen Linie mit dem 1. Minimum der anderen zusammenfällt (Lord Rayleigh), d. h., wenn ihre Wellenlängendifferenz $\Delta\lambda_0$ dieser Winkeldifferenz $\Delta\delta$ entspricht. Das *Auflösungsvermögen* erhält man also durch Division der obigen Gleichung mit $\Delta\lambda_0$:

$$\lambda/\Delta\lambda_0=a\cdot d\delta/d\lambda\,. \tag{63, 2}$$

Die „*Winkeldispersion*" $d\delta/d\lambda$ führt man zweckmäßig auf die lineare Dispersion des Spektrums zurück.

Ist f die Kamerabrennweite und x die Koordinate in Richtung des Spektrums auf der Platte, so wird

$$d\delta=\frac{dx}{f}\cdot\cos\alpha\,, \tag{63, 3}$$

wo α den Winkel zwischen Plattennormale und Kameraachse bedeutet. Man erhält so mit (63, 2)

$$\boxed{\frac{\lambda}{\Delta\lambda_0}=\frac{a}{f}\cdot\frac{dx}{d\lambda}\cdot\cos\alpha\,.} \tag{63, 4}$$

In dieser für Prismen- und Gitterspektrographen in gleicher Weise gültigen Formel kommen nur leicht meßbare Größen vor:

a/f ist das Öffnungsverhältnis der Kamera, $d\lambda/dx$ die lineare Dispersion (Å/mm $\cdot\,10^{-7}$) und α die Plattenneigung.

Die in den Optiklehrbüchern meist angegebenen Formeln für $\lambda/\Delta\lambda_0$ erhält man leicht durch direkte Berechnung der Winkeldispersion $d\delta/d\lambda$ für das Prisma bzw. Gitter:

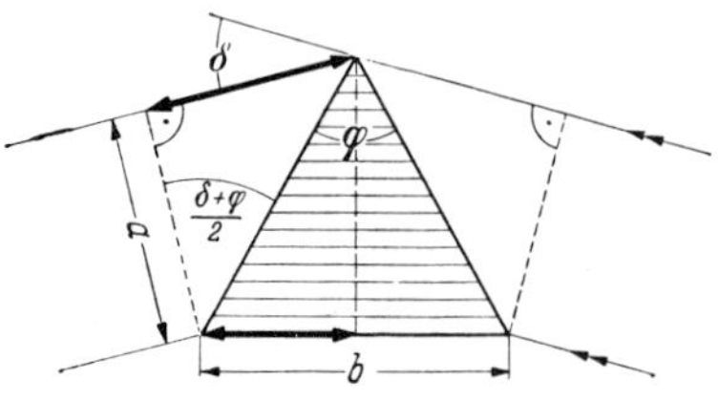

Abb. 101.
Berechnung der Winkeldispersion $\frac{d\delta}{dn}$ des Prismas.

Beim *Prismenspektrographen* — der von vornherein auf Minimum der Ablenkung eingestellt sei — sind nach dem Fermat*schen Prinzip* die beiden in Abb. 101 ausgezogenen „*optischen Weglängen*" (Brechungsindex $n\times$ Weg) zwischen zwei Wellenflächen einander gleich. Ändert sich nun beim Übergang von λ zu $\lambda+d\lambda$ der Brechungsindex von n auf $n+dn$ und der Ablenkungswinkel von δ auf $\delta+d\delta$, so müssen die Änderungen der Lichtwege beider Randstrahlen einander gleich sein. Das heißt, es gilt

$$b\cdot dn=2\,a\,d\left(\frac{\delta+\varphi}{2}\right)=a\,d\delta\,, \tag{63, 5}$$

---

[1] Auf dessen Ausdehnung || zur Richtung der Spektrallinien kommt es nicht an. Hat die Blende Kreis- oder Ellipsenform, so kann man sie mit genügender Genauigkeit durch ein sinngemäß gewähltes Rechteck approximieren.

[2] Je zwei im Abstand $a/2$ stehende Zonen des Bündels haben dann den Gangunterschied $\lambda/2$; es entsteht also völlige Dunkelheit.

und wir erhalten mit (63, 2) für das Auflösungsvermögen die RAYLEIGHsche Formel:

$$\frac{\lambda}{\Delta\lambda_0} = a \cdot \frac{d\delta}{dn} \cdot \frac{dn}{d\lambda} = b \cdot \frac{dn}{d\lambda}. \qquad (63, 6)$$

Das Auflösungsvermögen eines Prismenspektrographen ist gleich dem Produkt aus Prismenbasis[1] × Dispersion des Prismenmaterials.

Beim *Gitterspektrographen* sind die Winkel des ein- bzw. ausfallenden Strahlenbündels mit der Gitternormalen ψ bzw. φ verknüpft durch die bekannte Gleichung

$$s(\sin\varphi - \sin\psi) = n\lambda, \qquad (63, 7)$$

wo s die Gitterkonstante (Abstand zweier benachbarter Gitterstriche) und n die *Ordnung* des Spektrums bedeutet. Hält man ψ fest, so ist also $d\varphi = d\delta$ und daher

$$s \cdot \cos\varphi \cdot d\delta = n\, d\lambda. \qquad (63, 8)$$

Berücksichtigt man, daß $s \times$ der Anzahl der Gitterstriche N gleich der Breite des Gitters und daher $s \cdot N \cdot \cos\varphi =$ dem Durchmesser a des austretenden Strahlenbündels ist, so erhält man nach (63, 2)

$$\frac{\lambda}{\Delta\lambda_0} = a \frac{d\delta}{d\lambda} = nN, \qquad (63, 9)$$

d. h. das Auflösungsvermögen eines Gitterspektrographen ist gleich dem Produkt aus Ordnung des Spektrums × Zahl der Gitterstriche.

Die — bei Prisma und Gitter gleiche — Intensitätsverteilung für eine monochromatische Spektrallinie kann man nun leicht vollends berechnen[2]. Sie entsteht durch die FRAUNHOFERsche Beugung an der Blende der Breite a. Setzt man zur Abkürzung

$$v = \pi \cdot \frac{a}{\lambda} \cdot \frac{\Delta y}{f}, \qquad (63, 10)$$

wo $\Delta y = \Delta x \cdot \cos\alpha$ den Abstand von der Mitte der Linie, projiziert auf eine Ebene $\perp$ zur Achse der Kamera und f die Brennweite bedeutet, so ist nach einer bekannten Formel der Beugungstheorie

$$I(v) = \frac{1}{\pi}\left(\frac{\sin v}{v}\right)^2. \qquad (63, 11)$$

Der π-Faktor ist so gewählt, daß $\int_{-\infty}^{+\infty} I(v)\, dv = 1$ wird. Das erste Beugungsminimum erhält man für $v = \pi$ oder nach (63, 10) $a \cdot \frac{\Delta y_0}{f} = \lambda$ in Übereinstimmung mit (63, 1). Da dieses Δy_0 dem kleinsten noch auflösbaren Wellenlängenunterschied $\Delta\lambda_0 = \lambda/$Auflösungsvermögen entspricht, so kann man (63, 10) auch anschaulicher schreiben als

$$v = \pi \frac{\Delta y}{\Delta y_0} = \pi \frac{\Delta\lambda}{\Delta\lambda_0}. \qquad (63, 12)$$

4. Spaltbreite. Hat das Bild des Spektrographenspaltes die Breite s (senkrecht zur Achse der Kamera gemessen), so können wir im Falle inkohärenter Spaltbeleuchtung[3] die Intensitätsverteilung in einer monochromatischen Spektrallinie berechnen, indem wir die Beugungsverteilung (63, 11) überlagern mit einer Rechteckverteilung der Breite

$$\sigma = \pi \frac{a}{\lambda} \cdot \frac{s}{f}, \qquad (63, 13)$$

---

[1] Im Sinne von Abb. 101 kommt es natürlich nur auf den durchstrahlten Teil des Prismas an!

[2] Die Spaltbreite und die geometrisch-optischen Bildfehler sollen zunächst noch nicht berücksichtigt werden.

[3] Über andere Fälle vgl. P. H. v. CITTERT [921]. Für unsere Zwecke können die obigen Formeln *immer* mit hinreichender Genauigkeit angewandt werden.

entsprechend (63, 10). Die gesuchte Intensitätsverteilung wird also

$$I(w) = \frac{1}{\pi} \int\limits_{v=w-\frac{\sigma}{2}}^{v=w+\frac{\sigma}{2}} \frac{\sin^2 v}{v^2}\, dv\,. \tag{63, 14}$$

Durch partielle Integration mit $dv/v^2 = -\,d(1/v)$ erhält man

$$I(w) = \frac{1}{\pi}\left[-\frac{\sin^2 v}{v} + Si\,(2v)\right]_{v=w-\frac{\sigma}{2}}^{v=w+\frac{\sigma}{2}}, \tag{63, 15}$$

wo $Si(z) = -\,Si(-z) = \int\limits_0^z \frac{\sin t}{t}\,dt$ die bekannte Integralsinusfunktion bedeutet (vgl. JAHNKE-EMDE). Graphische Darstellungen für eine Reihe von σ-Werten gibt die folgende Abb. 102 nach P. H. v. CITTERT [921]. Die anschauliche Bedeutung der angeschriebenen σ ist nach (63, 12) und (63, 13) klar: Es ist $\sigma = \pi \cdot \frac{\text{Spaltbreite}}{\Delta y_0} = \pi \cdot \frac{\text{Spaltbreite} \times \text{Dispersion}}{\Delta \lambda_0}$. In praxi wird man meist einen Kompromiß schließen zwischen der Forderung großer Lichtstärke einerseits und möglichst großen Trennungsvermögens andererseits. Nach Abb. 102 dürfte die günstigste Wahl bei $\sigma \approx \pi$ liegen. Das heißt nach (63, 13):

$$\frac{s}{\lambda} \approx \frac{f}{a}\,. \tag{63, 16}$$

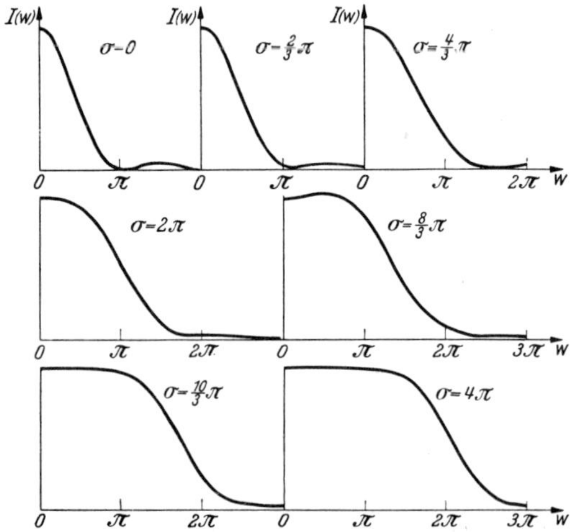

Abb. 102. Einfluß der Spaltbreite auf die Intensitätsverteilung in einer monochromatischen Spektrallinie nach Gl. (63, 13 bis 15). Nach P. H. v. CITTERT.

Betrachtet man mit NEWALL das Beugungsbild des Spaltes in der Ebene der Kollimatorlinse, so ist nach dieser Gleichung der Abstand des 1. Minimums von der optischen Achse etwa gleich dem Durchmesser der Linse. Man kann diese Bemerkung benutzen, um leicht die günstigste Spaltbreite zu finden.

5. Geometrisch-optische Bildfehler. Leider wird — was nicht immer genügend beachtet worden ist — die praktische Anwendbarkeit der Formeln (63, 11) und (63, 15) beträchtlich vermindert durch das Hinzutreten von Linsenfehlern, die eine erhebliche Änderung der Apparatefunktion hervorrufen können. Die unter 1. und 2. angegebenen Formeln sind daher nur als größenordnungsmäßig richtig zu betrachten. Sie geben aber auf jeden Fall eine untere Grenze für die Breite der Apparatefunktion. Besonders wichtig ist noch die Bemerkung, daß diese nach (63, 11) bzw. (63, 15) für große $|w|$ nur mit $1/w^2$, also ziemlich langsam, abfällt.

64. Empirische Bestimmung des Apparateprofils.

In praxi muß man — um eine Grundlage für die Entzerrung von Photometerkurven zu bekommen — das vom Spektralapparat gelieferte Profil einer ideal scharfen Linie, das sog. *Apparateprofil* oder die Apparatekontur empirisch bestimmen.

Solche Messungen hat zuerst R. O. REDMAN [978] am großen Prismenspektrographen in Cambridge mit Hilfe von Neon- und Argon-Entladungsröhren durchgeführt. Für die I. und II. Ordnung des Potsdamer Gitterspektrographen haben P. TEN BRUGGENCATE, J. HOUTGAST und H. v. KLÜBER [916] die Apparateprofile mittels der Krypton-Linien λ 5570,3, 5562,2, 4319,6 und 4218,6 gemessen. Die wahre Breite dieser Emissionslinien ist — wie ein Vergleich mit anderen Lichtquellen bestätigte — sehr viel kleiner als die des Apparateprofils. Sie dürfte

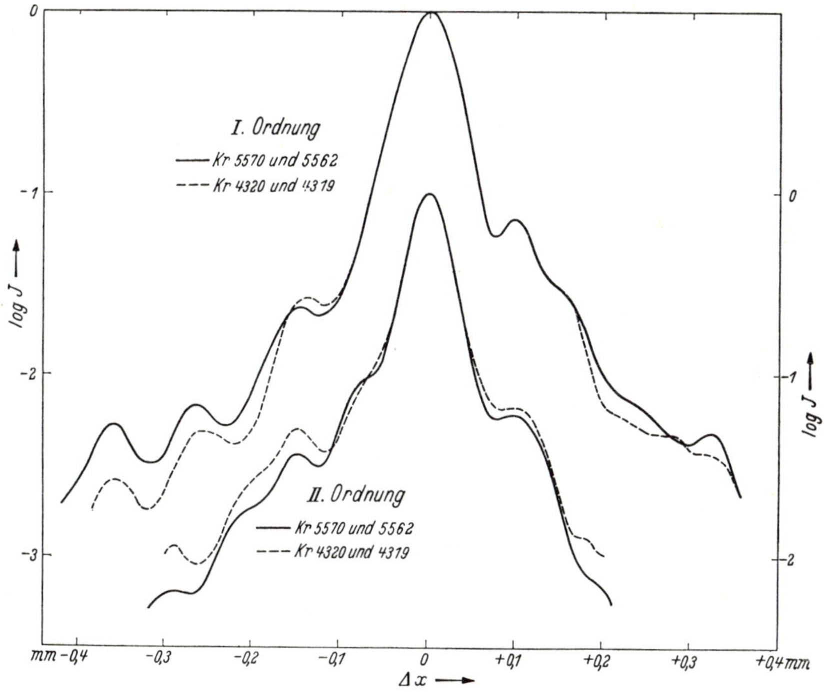

Abb. 103. Empirische Apparateprofile des Potsdamer Gitterspektrographen in je einer I. und II. Ordnung, bestimmt von P. TEN BRUGGENCATE, J. HOUTGAST und H. v. KLÜBER [916] mit Hilfe von Kryptonlinien. Die Reduktion der grünen Linien auf die blauen erfolgte durch den Beugungsfaktor $\frac{4320}{5570}$.

im wesentlichen durch den thermischen Dopplereffekt bestimmt sein und etwa 0,01 Å entsprechen.

Das Ergebnis zeigt Abb. 103. Der Verlauf der Flügel — die man bis zu sehr kleinen Intensitäten kennen muß — folgt im großen und ganzen der Beugungsfunktion $\sim 1/w^2$. Die Intensität der Flügel ist aber etwas größer, als man nach (63, 15) bzw. Abb. 102 für $\sigma \approx \pi$ (entsprechend der zweckmäßig so gewählten Spaltbreite) erwarten sollte. Dieser Unterschied sowie die Maxima und Minima (besonders in der I. Ordnung links) dürften teils von geometrisch-optischen Bildfehlern, teils von geisterartigen Gitterfehlern herrühren.

Das für den *Utrechter Photometrischen Atlas* [962] darin angegebene Apparateprofil ist 1946 von H. C. v. D. HULST [942] verbessert worden. Über eine höchstwahrscheinlich auf Gitterfehlern beruhende Asymmetrie vgl. F. W. C. A. BUIJS und F. E. M. ONGERING [918].

Bei Sternspektren kleinerer Dispersion kann man sich vielfach schon mit Hilfe der Fe-*Vergleichslinien* ein Bild über den Verlauf des Apparateprofils machen. Um sicher zu gehen, wird man mehrere nicht zu starke Emissionslinien photometrieren.

65. Ver- und Entzerrungsprobleme.

Nachdem wir uns klar gemacht haben, wie man das *Apparateprofil*, d. h. das vom Spektrographen und Mikrophotometer erzeugte Profil einer monochromatischen Linie, ermitteln kann, wenden wir uns nun dem praktisch sehr wichtigen Problem der *Entzerrung gemessener Linienprofile* zu.

Bezeichnen wir mit y bzw. x die Koordinate längs des Spektrums (in cm oder Å), jeweils gemessen vom Maximum der betreffenden Kurve aus, so sei das *beobachtete*, d. h. durch die Apparatur verzerrte *Linienprofil* $f(x)$, das Apparateprofil $f'(y)$ und endlich die *wahre Intensitätsverteilung* der Linie — wie sie ein idealer Spektrograph zeigen würde — gleich $f''(y)$. Mit diesen Bezeichnungen schließen wir uns im wesentlichen der Arbeit von H. C. v. d. Hulst und J. J. M. Reesinck [943] an. Einen Vergleich mit den früher gebrauchten gibt die folgende Zusammenstellung:

	Frühere Bezeichnungen:		Jetzige Bezeichnungen:		
	„Sternatmosphären" 1. Auflage	v. de Hulst [940]	Funktion	Fourier-Transformierte:	Operator
Apparateprofil	A	A	f'	φ'	F'
Wahres Linienprofil	W	T	f''	φ''	F''
Beobachtetes Profil	S	O	f	φ	F
Entzerrungsfunktion	$\mathfrak{A}$	B	$\overline{f}$	$\overline{\varphi}$	$\overline{F}$

Da nun sozusagen jeder senkrechte schmale Streifen der $f''(y)$-Kurve durch die Apparatur in eine flächengleiche Kurve der Form $f'(y)$ auseinandergezogen wird, so gilt die Beziehung

$$f(x) = \int_{-\infty}^{+\infty} f''(x-y)\, f'(y)\, dy = \int_{-\infty}^{+\infty} f'(x-y)\, f''(y)\, dy\,. \tag{65, 1}$$

Eine derartige Überlagerung zweier Funktionen f' und f'' (die formal ganz gleichberechtigt sind) nennt man eine *Faltung*. Solche *Faltungsprozesse* spielen auch sonst in der Astrophysik eine wichtige Rolle: Sie werden uns wieder begegnen im Zusammenhang mit der Verbreiterung der Linien durch Dopplereffekt *und* Dämpfung sowie bei der Berechnung der Linienprofile rotierender Sterne. Von demselben Bau sind sodann die grundlegenden Gleichungen der Stellarstatistik. Es dürfte sich also lohnen, auch die mathematische Seite des Problems etwas eingehender zu betrachten. Wir schließen uns dabei im wesentlichen den schönen Arbeiten von H. C. van de Hulst [940—943] an.

Zur Vereinfachung normieren wir zunächst noch unsere Funktionen auf Eins, d. h. sei

$$\int_{-\infty}^{+\infty} f'(x)\, dx = 1\,, \quad \int_{-\infty}^{+\infty} f''(x)\, dx = 1 \quad \text{und folglich} \quad \int_{-\infty}^{+\infty} f(x)\, dx = 1\,. \tag{65, 2}$$

Unsere Hauptaufgabe wird nun sein, bei *bekanntem f' aus der scheinbaren Intensitätsverteilung f die wahre Intensitätsverteilung f'' durch Auflösung der Integralgleichung* (65, 1) *zu berechnen.*

Um unserem Ziel näher zu kommen, ordnen wir zunächst den *Funktionen* f', f'' und f die *Operatoren* F', F'' und F zu, indem wir die Verschmierung von f''

durch f' (oder umgekehrt) als symbolische *Multiplikation* darstellen. Die Gl. (65, 1) lauten also nunmehr

$$F = F' \cdot F'' = F'' \cdot F' . \qquad (65, 3)$$

Neben der damit bewiesenen *Kommutativität* unserer Operatoren beweist man ebenso leicht ihre *Assoziativität* und *Distributivität*; z. B. gilt

$$F' \cdot (F'' \cdot F''') = (F' \cdot F'') \cdot F''' \qquad (65, 4)$$

und

$$F' \cdot (F'' + F''') = F' \cdot F'' + F' \cdot F''' \text{ usw.} \qquad (65, 5)$$

Zur Auflösung von (65, 3) müssen wir nun eine *Entzerrungsfunktion* $\bar{f}$ mit zugeordnetem Operator $\bar{F}$ suchen, so daß ihre Anwendung auf das beobachtete Profil f das wahre Linienprofil f'' zu berechnen gestattet. Symbolisch geschrieben ist wegen (65, 3):

$$F \cdot \bar{F} = (F'' \cdot F') \cdot \bar{F} = F'' \cdot (F' \cdot \bar{F}) = F'' . \qquad (65, 6)$$

Der Entzerrungsoperator $\bar{F}$ zu dem Apparateoperator F' ist also bestimmt durch die Beziehung

$$F' \cdot \bar{F} = 1 , \qquad (65, 7)$$

wobei der *Einheitsoperator* dadurch definiert sein soll, daß er jede Funktion wieder in sich selbst überführt. Die ihm zugeordnete Funktion ist also die sog. δ-Funktion, d. h. eine unendlich schmale und hohe Zacke der Fläche Eins.

Wir werden sehen, daß in praxi bei beliebig vorgegebenem f' eine eigentliche Lösung der Gl. (65, 7) im allgemeinen nicht möglich ist. Wir können aber jedenfalls eine möglichst weitgehende Annäherung ihrer rechten Seite an den Einheitsoperator anstreben, d. h. die δ-Funktion durch eine möglichst schmale und hohe Zacke approximieren.

Ehe wir dieses Ziel weiter verfolgen, sei eine Bemerkung über die den $f \cdots$ zugeordneten sog. *Integralfunktionen* $f^* \cdots$ eingeschaltet. Wir definieren, wieder nach H. C. v. DE HULST [941]:

$$f^*(x) = \int_{-\infty}^{x} f(y)\, dy \text{ mit dem Operator } F^* . \qquad (65, 8)$$

Zu der „Einheitszacke“ $\delta(y)$ gehört die Funktion

$$\delta^*(x) = \int_{-\infty}^{x} \delta(y)\, dy \quad \text{mit dem Operator } 1^* . \qquad (65, 9)$$

Ist $f(y)$ — wie üblich — positiv, nur in der Umgebung von $y = 0$ von Null verschieden und auf Eins normiert, so ist $f^*(x)$ bei $x = -\infty$ Null, steigt bei $x \approx 0$ an und nähert sich für $x = +\infty$ dem Grenzwert 1. Die Funktion $\delta^*(x)$ springt bei $x = 0$ von 0 auf 1. Es ist nun offensichtlich

$$F^* = F \cdot 1^* , \qquad (65, 10)$$

woraus mit (65, 3) folgt

$$F^* = (F'' \cdot F') \cdot 1^* = F''^* \cdot F' = F'' \cdot F'^* . \qquad (65, 11)$$

Von diesen Formeln wird man z. B. Gebrauch machen können, wenn es sich darum handelt, bei der Messung des Helligkeitsabfalles am äußersten Sonnenrand die Szintillation usw. zu berücksichtigen.

Ist $f^*(x)$ eine Treppen-Funktion, so hat $f(x)$ an der Stelle jeder Stufe eine scharfe Zacke, deren *Fläche* der Höhe der Treppenstufe entspricht. Diesen Zusammenhang kann man verwenden, um die Theorie auch für solche Funktionen, die aus einer Reihe von Zacken bestehen — wir nennen sie kurz *Zackenfunktionen* —, exakt hinzuschreiben. Man braucht nämlich nur die im Vorhergehenden aufgetretenen Integrale im STIELTJESschen Sinne aufzufassen.

Nach dieser Zwischenbemerkung kehren wir zurück zur Berechnung des *Entzerrungsoperators* $\overline{F}$ bzw. der *Entzerrungsfunktion* $\overline{f}$ zu dem Apparate-Operator F' bzw. seiner Funktion f'. Im Anschluß an H. C. BURGER und P. H. v. CITTERT [919] schreiben wir nach (65, 7) $\overline{F} = 1/F'$ und approximieren es für die Umgebung von $F' \approx 1$ durch die Reihenentwicklung

$$\overline{F} = \frac{1}{1-(1-F')} = 1 + (1-F') + (1-F')^2 + \cdots + (1-F')^n + \cdots. \tag{65, 12}$$

Brechen wir mit der n-ten Potenz ab, so erhalten wir der Reihe nach:

$$\left.\begin{aligned} \overline{F}^{(0)} &= 1 \\ \overline{F}^{(1)} &= 2 - F' \\ \overline{F}^{(2)} &= 3 - 3F' + F'^2 \\ &\ldots\ldots\ldots\ldots \end{aligned}\right\} \tag{65, 13}$$

Die zugehörigen Funktionen $\overline{f}^{(n)}$ kann man leicht konstruieren: Zu F' gehört wieder f', zu F'^2 die iterierte Apparatefunktion

$$\int_{-\infty}^{+\infty} f'(y-x)\, f'(x)\, dx \quad \text{usw.} \tag{65, 14}$$

Die dem $\overline{F}^{(n)}$ zugeordnete Entzerrungsfunktion $\overline{f}^{(n)}$ besteht also aus einer scharfen Zacke der Fläche n plus einer Funktion, die innen negativ ist und weiter außen im allgemeinen alterniert. Die „Faltung" des $\overline{f}^{(n)}$ mit dem beobachteten Linienprofil f liefert schließlich das *entzerrte Linienprofil* $f''^{(n)}$. Zur mechanischen Berechnung von Integralen des Typs (65, 14) oder (65, 1) haben H. C. BURGER und P. H. v. CITTERT [919] sowie G. RIGHINI [982/3] ein optisches Gerät angegeben.

Im $\lim_{n\to\infty}$ konvergiert zwar entsprechend (65, 7) $F' \cdot \overline{F}^{(n)} \to 1$, dagegen streben die $\overline{f}^{(n)}$ *nicht* gegen eine bestimmte Grenzfunktion. Sind also das vorgegebene Apparateprofil f' und das beobachtete Linienprofil f empirisch vorgegebene und mit Meßfehlern behaftete Funktionen, so kann man daraus das wahre Linienprofil f'' *nicht* beliebig genau berechnen. Die Meßfehler von f werden vielmehr durch $\overline{F}^{(n)}$ vergrößert, und zwar *im wesentlichen mit n multipliziert.*

Es ist ein wesentliches Charakteristikum aller Entzerrungsprobleme, daß bei ihrer Lösung für willkürlich vorgegebene Funktionen sog. „*Instabilitätserscheinungen*" auftreten. Die Kunst des Rechnens besteht darin, durch geeignete „*Stabilisierung*" der Lösung die Entzerrung gerade so weit zu treiben, daß die damit verbundene Multiplikation der Meßfehler noch in erträglichen Grenzen bleibt.

Hat man nur wenige Operationen auszuführen, so kann man nach C. D. SHANE [987] die Gl. (65, 1) leicht durch ein "trial and error"-Verfahren lösen. Ist f_1'' eine geschätzte erste Näherung für das wahre Linienprofil f'', so berechne man durch Einsetzen in (65, 1)

$$f_1(x) = \int_{-\infty}^{+\infty} f_1''(y)\, f'(x-y)\, dy\,. \tag{65, 15}$$

Dann gilt

$$f(x) - f_1(x) = \int_{-\infty}^{+\infty} (f''(y) - f_1''(y))\, f'(x-y)\, dy\,. \tag{65, 16}$$

Nun wird $f''(y) - f_1''(y)$ geschätzt und durch Ausintegrieren nachgeprüft usw. Nach Angabe des Verf. erreicht man mit zwei Schritten im allgemeinen eine ausreichende Approximation.

Die bei größeren Unternehmungen außerordentlich lästige Berechnung der vielen Faltungsintegrale kann man nach H. C. VAN DE HULST [940] wesentlich abkürzen, indem man die betreffenden Funktionen durch eine Reihe *äquidistanter Spitzen* approximiert. Abb. 104 erläutert das Verfahren an dem ursprünglichen[1] Apparateprofil der II. Ordnung des Mt. Wilson-75'-Spektrographen bei λ 6000 aus dem Utrechter Photometrischen Atlas. Links ist das gemessene Apparateprofil f' in Streifen der Breite $d = 30$ mÅ (entsprechend 6 mm auf der Registrierkurve) zerlegt, deren Fläche auf ihre mittleren Ordinaten $\pm \frac{1}{2} d$, $\pm 1\frac{1}{2} d$, $\pm 2\frac{1}{2} d, \ldots$ zusammengezogen sind. Die Summe der aufgezeichneten Spitzen f'_k beträgt 1700. Die Entzerrungsfunktion $\bar{f}$ soll nun so bestimmt werden, daß $F' \cdot \bar{F}$ möglichst nahe an 1 kommt. Van de Hulst stellt die — möglichst weitgehende — Forderung, daß die zu $F' \cdot \bar{F}$ gehörige Funktion sich reduzieren soll auf zwei Spitzen der

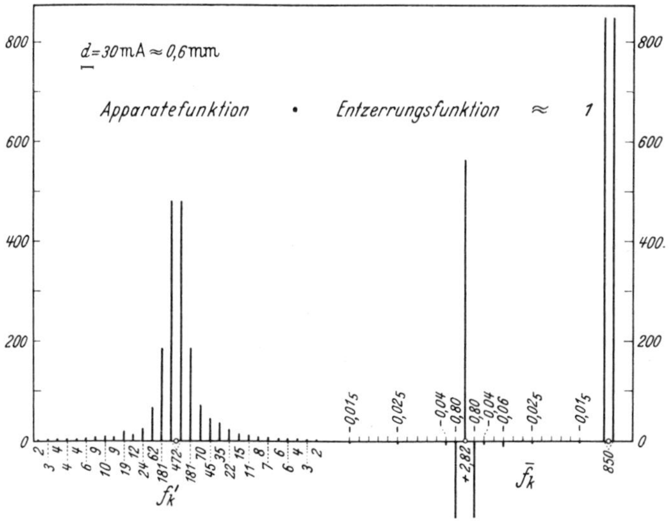

Abb. 104. (Links) *Apparatefunktion* (Utrechter Atlas II. Ordnung, λ 6000) und (Mitte) zugehörige *Entzerrungsfunktion*, nach v. d. Hulst [940] approximiert durch Spitzen von Abstand $d = 30$ mA. Die *Faltung* der beiden „Funktionen" liefert (rechts) zwei Spitzen bei $\pm d/2$.

Höhe 850 bei den Ordinaten $\pm \frac{1}{2} d$ (rechts). Damit erhält man ein System linearer Gleichungen für die bei 0, $\pm d$, $\pm 2d, \ldots$ angenommenen Spitzen $\bar{f}_0$, $\bar{f}_{\pm 1}, \ldots$ der Entzerrungsfunktion (Mitte von Abb. 104), das gerade aufgelöst werden kann. Die $\Sigma \bar{f}_k$ ist auf 1 normiert.

Die bei der *Entzerrung* nach dem Spitzen-Verfahren auftretenden Summen $f''_k = \sum_j f_{k-j} \bar{f}_j$ kann man nach P. Kremer [948] rasch auswerten mit einer Art *Torsionswaage*, wobei die festen $\bar{f}_j$ durch (ein für allemal angefertigte) Gewichte dargestellt werden, die an je einem Hebelarm der Länge f_{k-j} hängen. Um eine gemeinsame Achse entsteht dann ein Torsionsmoment f''_k, das abgelesen werden kann.

Man macht sich nun leicht klar, daß bei der getroffenen Wahl des Spitzenabstandes d die ursprünglichen Meßfehler um einen Faktor $\beta = \sqrt{\Sigma \bar{f}_k^2} = 3{,}1$ vergrößert werden. Van de Hulst zeigt weiter, daß für ein Verhältnis von

d/ganze Halbwertsbreite des Apparateprofils	$= 1$	0,7	0,5	0,4	0,3
der Fehler-Vergrößerungsfaktor etwa	$\beta = 1{,}5$	2	3	5	12

[1] Inzwischen ist dieses von H. C. v. de Hulst [942] korrigiert worden. Zur Illustration des Verfahrens dürfen wir die früheren Zahlen wohl beibehalten.

wird. Die Wahl des d in Abb. 104 ist also — unter Berücksichtigung der erreichbaren Photometriergenauigkeit — ungefähr optimal getroffen, d. h. man kann in praxi durch Anwendung eines Entzerrungsverfahrens das Trennungsvermögen etwa um einen Faktor 2 verbessern.

Bei etwas bescheideneren Ansprüchen genügt es vielfach, die Entzerrungsfunktion $\bar{f}(y)$ durch eine positive Mittelspitze $\bar{f}_0$, und zwei negative Spitzen $\bar{f}_1$ bei $y = \pm d$ darzustellen. Die $\bar{f}_k$ sind nun schon festgelegt durch die beiden Forderungen, daß das Normierungsintegral $\bar{f}_0 + 2\bar{f}_1 = 1$ sei, und daß der Fehler-Vergrößerungsfaktor $\beta = \sqrt{\bar{f}_0^2 + 2\bar{f}_1^2}$ einen vernünftigen Wert haben soll. B. v. ALBADA [907] hat schon früher unter der Bezeichnung *"contracting method"* dieses Verfahren mit $\bar{f}_0 = 3$ und $\bar{f}_1 = -1$, also $\beta = 3{,}3$ auf ganze Spektren angewandt. Man liest dabei die Mikrophotometerkurven zweckmäßig gleich in Schritten der Größe d (oder evtl. $d/2, \ldots$) ab, das nach VAN DE HULST etwa der halben Halbwertsbreite der Apparatefunktion entsprechen sollte. Kennt man letztere nicht explizit, so kann man auch d einfach durch Probieren *so* bestimmen, daß die Entzerrung möglichst günstig wird und insbesondere keine wesentlichen „Intensitäten" > 1 entstehen.

Die bis jetzt besprochenen Methoden zur Behandlung von Ver- und Entzerrungsproblemen sind in der Anwendung auf jeden Fall ziemlich mühsam. Es liegt daher nahe, *analytische Verfahren* mit geeigneten Funktionen zu versuchen. Wir beschränken uns dabei von vornherein auf symmetrische Funktionen, die wir wieder auf 1 normieren.

Schon lange war bekannt, daß die Faltung zweier

$$\text{„Dispersions-Funktionen"}\quad f_1(x) = \frac{\beta_1}{\pi(x^2 + \beta_1^2)} \tag{65,17}$$

bzw. zweier

$$\text{„GAUSS-Funktionen"}\quad f_2(x) = \frac{1}{\sqrt{\pi}\,\beta_2}\, e^{-\left(\frac{x}{\beta_2}\right)^2} \tag{65,18}$$

wieder eine Dispersions- bzw. GAUSS-Funktion gibt.

Nach H. C. VAN DE HULST [941] erkennt man das dahinter stehende Prinzip und die Möglichkeiten seiner Verallgemeinerung leicht mit Hilfe des bekannten Satzes, daß *der Faltung* (65, 1) *zweier Funktionen* $f'(x)$ *und* $f''(x)$ *die Multiplikation ihrer* FOURIER-*Transformierten(-spektren)* $\varphi'(t)$ *und* $\varphi''(t)$ *entspricht.*

Wir beweisen diese Behauptung für symmetrische (gerade) Funktionen; ein allgemeiner Beweis kann leicht in ganz analoger Weise geführt werden:

Es sei die FOURIER-*Darstellung* einer geraden Funktion $f(x)$

$$f(x) = \frac{1}{2\pi}\int_{-\infty}^{+\infty} \varphi(t)\cos xt\,dt = \frac{1}{\pi}\int_0^{\infty} \varphi(t)\cos xt\,dt\,, \tag{65,19}$$

dann ist ihre FOURIER-Transformierte („Spektrum")[1]:

$$\varphi(t) = \int_{-\infty}^{+\infty} f(x)\cos xt\,dx = 2\int_0^{\infty} f(x)\cos xt\,dx\,. \tag{65,20}$$

[1] Gewöhnlich schreibt man symmetrischer die Integrale in (65, 19) *und* (65, 20) mit einem Faktor $\frac{1}{\sqrt{2\pi}}$ bzw. $\sqrt{2/\pi}$. Dann treten in Gl. (65, 24) entsprechende Faktoren auf, die wir lieber vermeiden.

Entsprechend (65, 1) entstehe nun $f(x)$ durch Faltung zweier gerader Funktionen $f'(x)$ und $f''(x)$, d. h.

$$f(x) = \int_{-\infty}^{+\infty} f'(y)\, f''(x-y)\, dy\,. \tag{65,21}$$

Setzen wir dies in (65, 20) ein und schreiben gleichzeitig

$$\cos xt = \cos\{y-(y-x)\}\,t\,, \tag{65,22}$$

so wird

$$\varphi(t) = \int_{-\infty}^{+\infty}\int_{-\infty}^{+\infty} f'(y)\, f''(x-y)\,\{\cos yt \cos(y-x)\,t + \sin yt \sin(y-x)\,t\}\, dy\, dx\,. \tag{65,23}$$

Integriert man nun einerseits über dy und andererseits über $d(x-y) = du$, so verschwinden *die* Integrale, welche die ungeraden sin-Glieder enthalten und es bleibt

$$\varphi(t) = \int_{-\infty}^{+\infty} f'(y) \cos yt \cdot dy \cdot \int_{-\infty}^{+\infty} f''(u) \cos ut \cdot du = \varphi'(t) \cdot \varphi''(t)\,. \quad \text{q. e. d.} \tag{65,24}$$

Es interessieren uns nun vor allem *solche* Funktionen $\varphi(t)$, aus denen durch Multiplikation mit einer Funktion derselben Art wieder eine Funktion der betreffenden Art hervorgeht, d. h. die einer *Funktionalgleichung* $\varphi(t) = \varphi'(t) \cdot \varphi''(t) = \cdots$ gehorchen. Deren Lösung ist bekanntlich

$$\varphi(t) = e^{-\left\{\beta_0 + \beta_1 t + \frac{\beta_2^2}{4} t^2 + \cdots\right\}}. \tag{65,25}$$

Bei Multiplikation zweier solcher Funktionen φ' und φ'' mit den Konstanten β_0', β_1', β_2', ... und β_0'', β_1'', β_2'', ... entsteht eben eine Funktion φ nach (65, 25) mit den Konstanten (von dem trivialen β_0 können wir absehen)

$$\beta_1 = \beta_1' + \beta_1'' \tag{65,26}$$

und

$$\beta_2^2 = \beta_2'^{\,2} + \beta_2''^{\,2}\,. \tag{65,27}$$

Wir berechnen zunächst die Funktionen $f_1(x)$ und $f_2(x)$, welche zu

$$\varphi_1(t) = e^{-\beta_1 t} \quad \text{bzw.} \quad \varphi_2(t) = e^{-\frac{\beta_2^2}{4} t^2} \tag{65,28 a und b}$$

gehören. [Die höheren Glieder in (65, 25) haben bis jetzt kaum praktische Anwendung gefunden.] Es ist nach (65, 19):

$$f_1(x) = \frac{1}{\pi} \int_0^{\infty} e^{-\beta_1 t} \cos xt \cdot dt = \frac{1}{2\pi} \int_0^{\infty} \left\{e^{-\beta_1 t + ixt} + e^{-\beta_1 t - ixt}\right\} dt\,, \tag{65,29}$$

$$f_1(x) = \frac{1}{2\pi} \left\{\frac{1}{\beta_1 - ix} + \frac{1}{\beta_1 + ix}\right\} = \frac{\beta_1}{\pi} \cdot \frac{1}{x^2 + \beta_1^2}\,. \tag{65,30}$$

Die FOURIER-Transformierte (65, 28a) führt also gerade auf die *Dispersionsfunktion* (65, 17) zurück. Dieser Sachverhalt ist uns in Abschnitt 6 schon einmal in physikalischem Gewande begegnet: Nach Gl. (6, 12) und (6, 19) liefert ein *harmonischer Oszillator*, dessen Amplitude nach (65, 28a) exponentiell abklingt (β_1 entspricht dem $\gamma/2$ in Abschnitt 6), gerade eine Spektrallinie mit der Intensitätsverteilung (65, 30).

Die (ganze) Halbwertsbreite der Funktion (65, 30) ist $h = 2\,\beta_1$. Nach (65, 26) *entsteht also durch Überlagerung zweier Dispersionsverteilungen mit den Halbwertsbreiten* β_1' *und* β_1'' *wieder eine solche, deren Halbwertsbreite einfach der Summe* $\beta_1' + \beta_1''$ *entspricht.* Dieser Satz wird sich in der Theorie der Linienabsorptionskoeffizienten als sehr wichtig erweisen. Hinsichtlich unserer Entzerrungsprobleme liefert er schon einen gewissen Anhaltspunkt, da — wie wir noch sehen werden — die *starken* FRAUNHOFER-*Linien* (mit Ausnahme der Wasserstofflinien), näherungsweise die Form (65, 30) haben und das Apparateprofil vielfach in seinen äußeren Teilen etwa $\approx 1/\Delta\lambda^2$ geht.

Untersuchen wir nun die aus $\varphi_2(t)$ nach (65, 19) hervorgehende Funktion

$$f_2(x) = \frac{1}{2\pi}\int\limits_{-\infty}^{+\infty} e^{-\frac{\beta_2^2}{4}t^2}\cos xt\cdot dt$$

$$= \frac{1}{4\pi}\, e^{-\left(\frac{x}{\beta_2}\right)^2}\int\limits_{-\infty}^{+\infty}\left\{e^{-\left[\left(\frac{\beta_2}{2}t\right)^2 + ixt - \left(\frac{x}{\beta_2}\right)^2\right]} + e^{-\left[\left(\frac{\beta_2}{2}t\right)^2 - ixt - \left(\frac{x}{\beta_2}\right)^2\right]}\right\}dt. \quad (65,31)$$

Mit $\frac{\beta_2}{2}t \pm \frac{x}{\beta_2} = u$ geben die Integrale rechts je $\int\limits_{-\infty}^{+\infty} e^{-u^2}\,du = \sqrt{\pi}$, und man erhält

$$f_2(x) = \frac{1}{\sqrt{\pi}\,\beta_2}\, e^{-\left(\frac{x}{\beta_2}\right)^2}, \quad (65,32)$$

also gerade die GAUSS-*Funktion* (65, 18). Ihre Halbbreite ist, bei $1/e$-tel $= 36{,}8\%$ der Maximalintensität gemessen, gleich β_2. Ihre (ganze) Halbwertsbreite ist

$$h = \beta_2\, 2\sqrt{\ln 2} = 1{,}665\cdot\beta_2\,. \quad (65, 33)$$

Nun aber addieren sich nach (65, 27) nicht mehr die Breiten selbst (z. B. von wahrem Linienprofil und Apparateprofil), sondern — wie in der Fehlerrechnung — deren *Quadrate*.

Aus dem Vergleich von (65, 26) und (65, 27) ersieht man schon, daß es bei der Zusammensetzung der Breite eines gemessenen Linienprofils aus wahrem und Apparateprofil ganz wesentlich auf deren *Form* ankommt. Dies ist in der Literatur verschiedentlich nicht genügend beachtet worden. Überlagert man einander z. B. zwei gleich breite Rechteckprofile, so entsteht ein Dreieckprofil, dessen Halbbreite genau *gleich* der *eines* Rechtecks ist!

Praktisch kann man reine GAUSS-Profile gelegentlich zur Entzerrung schwacher Linien gebrauchen.

Seine ganze Reichweite aber zeigt der im Vorhergehenden entwickelte mathematische Apparat erst, wenn wir mit VAN DE HULST [942] bzw. VAN DE HULST und J. J. M. REESINCK [943] im Sinne von Gl. (65, 25) Funktionen zulassen, die durch *Überlagerung eines Dispersionsprofils* (65, 30) *mit einem* GAUSS-*Profil* (65, 32) entstehen. Man nennt sie nach dem Göttinger Theoretiker WOLDEMAR VOIGT (1850—1919), der sie zuerst im Rahmen der Dispersionstheorie — wo sie ebenfalls sehr wichtig sind — verwendet hat (vgl. Abschnitt 73), VOIGT-*Funktionen.*

Ihre Bedeutung für unsere Ver- und Entzerrungsprobleme beruht darauf, daß sie von den 2 Parametern β_1 und β_2 abhängen (also viel anpassungsfähiger sind, als reine Dispersions- oder GAUSS-Profile) und daß nach (65, 25) *die Überlagerung zweier* VOIGT-*Profile wieder ein* VOIGT-*Profil ergibt,* dessen Parameter nach (65, 26) und (65, 27) zu ermitteln sind.

Offenbar genügt es, ein für allemal *eine* Serie von VOIGT-Profilen zu berechnen, die z. B. nach β_1/β_2 geordnet sind. Wir stellen diese — auch für die Theorie des Linienabsorptionskoeffizienten sehr wichtige — Aufgabe noch zurück und benutzen zunächst mit VAN DE HULST und REESINCK das Ergebnis zur Lösung unseres Entzerrungsproblems:

Sind β_1 und β_2 vorgegeben, so kann man für die berechneten VOIGT-Funktionen zunächst die Zentral-Ordinate c und die (ganze) Halbwertsbreite h ablesen (Abb. 105). In Tab. 40 sind rechts zu jeder Ordinate, bezogen auf $c = 1$, die ganzen Linienbreiten b, bezogen auf $h = 1$, tabuliert. Links stehen außer β_1/β_2 (Spalte 2) noch β_1/h und β_2/h. Die Fläche (Äquivalentbreite) des Profils schreiben wir allgemein

$$A = p \cdot hc\,, \qquad (65, 34)$$

wo für GAUSS-Profile (oben in Tab. 40) $p = 1{,}06$, für *Dispersions*profile (unten in Tab. 40) $p = 1{,}57$ ist[1]. Auch die übrigen p sind als Funktion von β_1/β_2 (z. B.) in Tab. 40 angegeben.

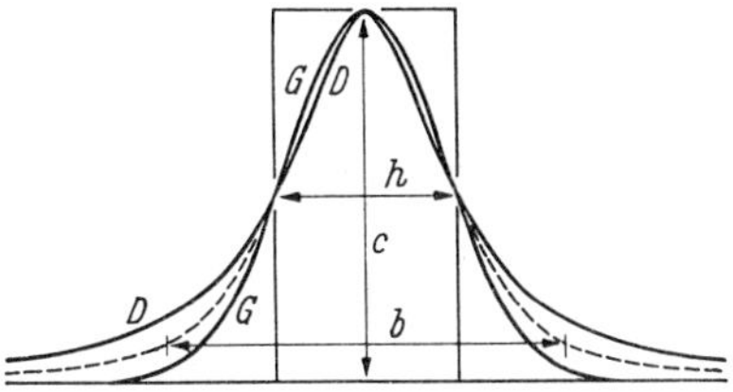

Abb. 105.

VOIGT-*Profile.* G=GAUSS-Profil, D=Dispersionsprofil und mittlerer Typ mit $\beta_1/h = 0{,}25$ (gestrichelt).

Tabelle 40. VOIGT-Profile [943].

Parameter					Ordinate (bezogen auf Zentralordinate = 1)										
β_1/h	β_1/β_2	β_2/h	β_2^2/h^2	p	0,8	0,7	0,6	0,5	0,4	0,3	0,2	0,1	0,05	0,02	0,01
					Ganze Breite b/Ganze Halbwertsbreite h										
Gauß-profil															
0,000	0,00	0,60	0,36	1,06	0,57	0,72	0,86	1,00	1,15	1,32	1,52	1,82	2,08	2,38	2,58
,025	0,04	,59	,34	1,08	,56	,72	,86	1,00	1,15	1,33	1,53	1,84	2,12	2,49	2,82
,050	0,09	,57	,32	1,11	,56	,71	,86	1,00	1,15	1,33	1,54	1,87	2,19	2,63	3,13
,075	0,14	,55	,31	1,13	,56	,71	,86	1,00	1,16	1,33	1,56	1,90	2,25	2,79	3,56
,100	0,19	,54	,29	1,16	,56	,71	,86	1,00	1,16	1,34	1,57	1,94	2,34	3,00	4,08
,125	0,24	,52	,27	1,18	,56	,71	,86	1,00	1,17	1,34	1,59	1,98	2,42	3,24	4,58
,150	0,30	,50	,25	1,20	,55	,71	,85	1,00	1,17	1,35	1,60	2,02	2,54	3,52	5,05
,175	0,36	,48	,23	1,23	,55	,70	,85	1,00	1,17	1,36	1,62	2,06	2,64	3,80	5,50
,200	0,43	,46	,21	1,25	,55	,70	,85	1,00	1,18	1,37	1,64	2,10	2,75	4,14	5,96
,225	0,51	,44	,20	1,28	,54	,70	,85	1,00	1,18	1,38	1,66	2,15	2,87	4,44	6,40
,250	0,59	,42	,18	1,30	,54	,70	,84	1,00	1,18	1,39	1,68	2,19	2,98	4,73	6,78
,275	0,69	,40	,16	1,33	,53	,69	,84	1,00	1,19	1,40	1,71	2,24	3,12	5,03	7,15
,300	0,79	,38	,14	1,35	,53	,69	,84	1,00	1,19	1,41	1,74	2,29	3,26	5,32	7,52
,325	0,92	,35	,12	1,38	,53	,68	,84	1,00	1,19	1,42	1,77	2,34	3,39	5,57	7,86
,350	1,07	,33	,11	1,40	,52	,68	,84	1,00	1,20	1,44	1,81	2,40	3,54	5,83	8,21
,375	1,26	,30	,09	1,43	,52	,68	,83	1,00	1,20	1,45	1,85	2,46	3,70	6,07	8,55
,400	1,50	,27	,07	1,45	,52	,67	,83	1,00	1,21	1,47	1,88	2,54	3,85	6,30	8,86
,425	1,83	,23	,05	1,48	,51	,67	,83	1,00	1,21	1,48	1,92	2,64	4,00	6,55	9,18
,450	2,38	,19	,04	1,51	,51	,66	,82	1,00	1,22	1,50	1,96	2,74	4,13	6,76	9,50
,475	3,54	,13	,02	1,54	,51	,66	,82	1,00	1,22	1,52	1,98	2,87	4,25	6,92	9,77
0,500	∞	0,00	0,00	1,57	0,50	0,66	0,82	1,00	1,22	1,53	2,00	3,00	4,36	7,00	9,95
Dispersions-profil															

Der Tab. 40 entspricht die graphische Darstellung Abb. 106, in der außerdem die reduzierte Profilbreite $b_{0,1}/h$ bei der reduzierten Ordinate 0,1 (4. Spalte v. r.,

[1] p hängt eng zusammen mit der von C. W. ALLEN [909] eingeführten „relativen Linienschärfe".

Tab. 40) aufgetragen ist. Zu einem graphisch gegebenen Profil bestimmt man nun die Parameter folgendermaßen:

Man lese die Zentral-Ordinate c und die (ganzen) Linienbreiten bei 0,5 c bzw. 0,1 c, d. h. h bzw. $b_{0,1}$ ab. Aus Abb. 106 entnehme man zu dem $b_{0,1}/h$ die zugehörigen Werte von β_1/h, β_2^2/h^2 und p. Mit dem gemessenen h erhält man daraus β_1 und β_2. Zur Nachprüfung bzw. um die Genauigkeit zu verbessern, kann man statt der Ordinate 0,1 c auch andere Ordinaten nach Tab. 40 auswerten. Weiterhin kann

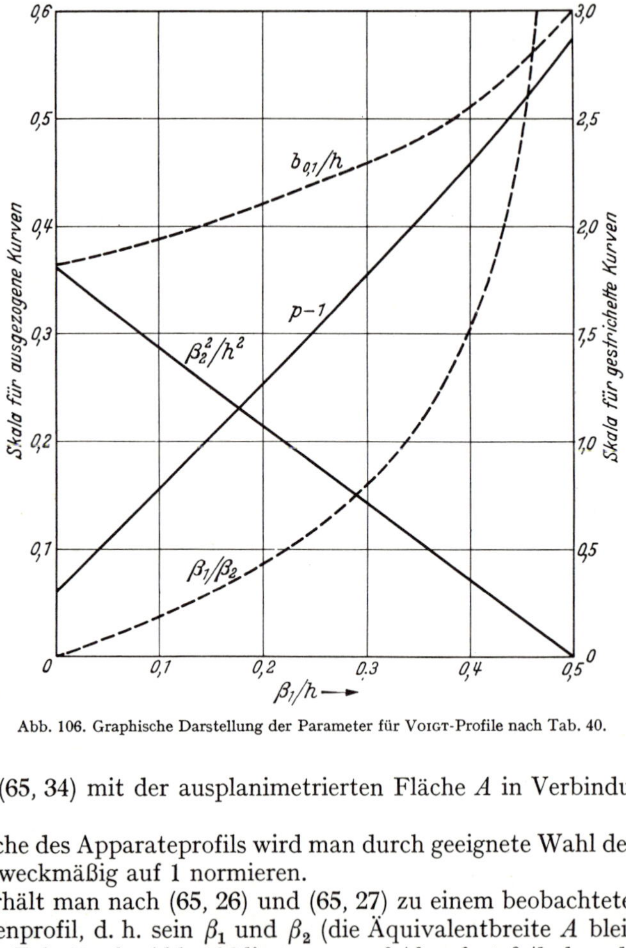

Abb. 106. Graphische Darstellung der Parameter für VOIGT-Profile nach Tab. 40.

p über Gl. (65, 34) mit der ausplanimetrierten Fläche A in Verbindung gebracht werden.

Die Fläche des Apparateprofils wird man durch geeignete Wahl des Ordinatenmaßstabs zweckmäßig auf 1 normieren.

Dann erhält man nach (65, 26) und (65, 27) zu einem beobachteten sofort das wahre Linienprofil, d. h. sein β_1 und β_2 (die Äquivalentbreite A bleibt ja unverändert). Aus Tab. 40 oder Abb. 106 liest man zu β_1/β_2 sofort β_1/h ab und hat damit h. Mit dem entsprechend abgelesenen p ergibt Gl. (65, 34) die Zentral-Ordinate c.

VAN DE HULST [942] hat die Methode der VOIGT-Profile zur Entzerrung der II. Ordnung des *Utrechter Atlas'* bei $\lambda \sim 6000$ Å angewandt. Die Apparatefunktion ist dort gegenüber den ursprünglichen Angaben im Atlas revidiert und wird nun beschrieben durch $\beta_1 = 2{,}19$ und $\beta_2 = 3{,}48$ Mikrowellenlängen ($10^6 \cdot \frac{\Delta\lambda}{\lambda}$; entsprechend dem „Fraunhofer").

Zum Vergleich mit den *theoretischen Apparatefunktionen* nach Abschnitt 63 wollen wir mit VAN DE HULST und REESINCK noch die letzteren ebenfalls durch VOIGT-*Profile* approximieren.

a) *Zu der Beugungsfigur* eines idealen Spektrographen (63, 11)

$$I(x) = \left(\frac{\sin \pi x}{\pi x}\right)^2 \tag{65, 35}$$

— wo x den Abstand von der Linienmitte, gemessen in Einheiten des $\Delta\lambda_0 = \lambda/$theoretisches Auflösungsvermögen, bedeutet — gehört als FOURIER-Transformierte die „Dreiecks-Funktion"

$$\varphi(t) = \text{const}\left(1 - \frac{t}{2\pi}\right) \qquad \text{für } t < 2\pi \tag{65, 36}$$

und 0 für $t > 2\pi$. Nach (65, 25) haben wir dies zu vergleichen mit dem Ansatz

$$\varphi(t) = \text{const}\, e^{-\beta_1 t - \frac{\beta_2^2}{4} t^2 \cdots} \approx \text{const}\left\{1 - \beta_1 t + \left(\frac{\beta_1^2}{2} - \frac{\beta_2^2}{4}\right) t^2 \cdots\right\} \tag{65, 37}$$

und erhalten $\beta_1 = \frac{1}{2\pi}$ und $\beta_2 = \frac{\sqrt{2}}{2\pi}$, wieder mit $\Delta\lambda_0$ als Einheit gemessen.

b) *Spaltbreite.* Ist das geometrisch-optische Abbild des Spaltes auf der Platte ein Rechteck der Breite s, so wird die FOURIER-Transformierte dieser Rechtecksfunktion

$$\varphi(t) = \text{const}\,\frac{\sin\frac{s\,t}{2}}{\frac{s\,t}{2}}. \tag{65, 38}$$

Da $\sin z = z - \frac{1}{6} z^3 \ldots$ ist, erhält man durch Vergleich mit (65, 37) sofort $\beta_1 = 0$ und $\beta_2 = \frac{s}{\sqrt{6}} = 0{,}408\, s$.

In beiden Fällen ist — wie man beim Aufzeichnen der Kurven ersieht — die Approximation durch eine VOIGT-Funktion ziemlich schlecht.

66. Berechnung der VOIGT-Funktionen.

Wir untersuchen nun die Faltung der *Dispersionsfunktion*

$$f_1(x) = \frac{\beta_1}{\pi(x^2 + \beta_1^2)} \tag{66, 1}$$

mit der GAUSS-Funktion

$$f_2(x') = \frac{1}{\sqrt{\pi}\,\beta_2}\, e^{-\left(\frac{x'}{\beta_2}\right)^2}. \tag{66, 2}$$

Beide sind so normiert, daß ihre Fläche gleich Eins ist. Es entsteht so die (ebenfalls auf $\int_{-\infty}^{+\infty} V\,dx = 1$ normierte) VOIGT-*Funktion*

$$V(x) = \int_{-\infty}^{+\infty} \frac{\beta_1 \cdot \frac{1}{\sqrt{\pi}\,\beta_2}\, e^{-\left(\frac{x'}{\beta_2}\right)^2}}{\pi\,[\beta_1^2 + (x - x')^2]}\, dx'. \tag{66, 3}$$

Da diese Funktionen — wie schon bemerkt — auch für die Theorie des Linienabsorptionskoeffizienten von großer Bedeutung sind, müssen wir sie im einzelnen studieren.

Zunächst führen wir zweckmäßig die dimensionslosen Größen[1]

$$\frac{\beta_1}{\beta_2} = \alpha\,, \quad \frac{x'}{\beta_2} = y\,, \quad \frac{x}{\beta_2} = v \tag{66, 4}$$

ein. Statt $V(x)$ gebraucht man vielfach die entsprechende Funktion $H(\alpha, v)$, deren Maximum bei $v = 0$ für $\alpha \ll 1$ gleich 1 ist. Wir schreiben also

$$V(\alpha, v) = \frac{1}{\sqrt{\pi}\,\beta_2} H(\alpha, v) = \frac{1}{\sqrt{\pi}\,\beta_2} \cdot \frac{\alpha}{\pi} \int_{-\infty}^{+\infty} \frac{e^{-y^2}\,d\,y}{\alpha^2 + (v - y)^2}\,. \tag{66, 5}$$

a) *Berechnung von $H(\alpha, v)$ für $\alpha \ll 1$ (Dämpfungsbreite $\ll$ Dopplerbreite).* In diesem Fall empfiehlt es sich, von der FOURIER-*Darstellung* (65, 19) mit dem „Spektrum"

$$\varphi(t) = e^{-\beta_1 t - \frac{\beta_2^2}{4} t^2} \tag{66, 6}$$

auszugehen:

$$H(\alpha, v) = \sqrt{\pi}\,\beta_2 \cdot V(\alpha, v) = \frac{\beta_2}{\sqrt{\pi}} \int_0^\infty e^{-\beta_1 t - \frac{\beta_2^2}{4} t^2} \cos x t \cdot d t\,. \tag{66, 7}$$

Setzen wir wieder $\frac{x}{\beta_2} = v$ und $t \cdot \beta_2 = z$, so wird also

$$H(\alpha, v) = \frac{1}{\sqrt{\pi}} \int_0^\infty e^{-\alpha z} \cdot e^{-\frac{z^2}{4}} \cos v z \cdot d z\,. \tag{66, 8}$$

Für $\alpha \ll 1$ entwickeln wir unter dem Integralzeichen $e^{-\alpha z} = 1 - \alpha\,z, \ldots$ und erhalten wegen (65, 31) und (65, 32)

$$H(\alpha, v) = e^{-v^2} - \frac{\alpha}{\sqrt{\pi}} \int_0^\infty z\, e^{-\frac{z^2}{4}} \cos v z \cdot d z\,. \tag{66, 9}$$

In dem Integral (welches die Mitwirkung der Dispersionsfunktion zum Ausdruck bringt) schreiben wir $d\left(e^{-\frac{z^2}{4}}\right) = -\frac{z}{2} e^{-\frac{z^2}{4}} d z$ und integrieren partiell. Es ergibt sich

$$H(\alpha, v) = e^{-v^2} - \frac{2\,\alpha}{\sqrt{\pi}} \left[- e^{-\frac{z^2}{4}} \cos v z \Big|_0^\infty - v \int_0^\infty e^{-\frac{z^2}{4}} \sin v z\, d z \right]. \tag{66, 10}$$

In dem rechts stehenden Integral schreiben wir $\sin v z = \frac{1}{2 i} (e^{i v z} - e^{-i v z})$. Dann ergänzen wir die Exponenten der e-Funktionen quadratisch und erhalten mit $u = i \cdot \frac{z}{2} \pm v$

$$H(\alpha, v) = e^{-v^2} - \frac{2\,\alpha}{\sqrt{\pi}} \left[1 + v\, e^{-v^2} \left\{ \int_{u=+v}^{i\,\infty} e^{u^2} d u - \int_{u=-v}^{i\,\infty} e^{u^2} d u \right\} \right]. \tag{66, 11}$$

---

[1] Der Parameter $\alpha = \beta_1/\beta_2$ wird in der älteren Literatur und ebenso der 1. Auflage dieses Buches mit $\frac{a}{2}$, in der neueren Literatur [z. B. 936, 932] mit a bezeichnet. Um Verwechslungen zu vermeiden, erscheint es dem Verf. gerechtfertigt, eine dritte Bezeichnungsweise vorzuschlagen.

Zeichnet man den Integrationsweg in der komplexen u-Ebene auf, so erkennt man sofort, daß man dafür schreiben darf

$$H(\alpha,v)=e^{-v^2}-\frac{2\alpha}{\sqrt{\pi}}\left[1-2vF(v)\right], \qquad (66,12)$$

wobei die Transzendente[1]

$$F(v)=e^{-v^2}\int_0^v e^{u^2}du \qquad (66,13)$$

im wesentlichen die *Fehlerfunktion imaginären Argumentes* ist. Sie ist von W. L. MILLER und A. R. GORDON [954] berechnet worden.

Für *kleine* v entwickelt man die beiden Exponentialfunktionen und erhält:

$$F(v)=\left\{1-\frac{v^2}{1}+\frac{v^4}{1\cdot 2}-\frac{v^6}{1\cdot 2\cdot 3}+\cdots\right\}\times$$

$$\times\int_0^v\left(1+\frac{u^2}{1}+\frac{u^4}{1\cdot 2}+\frac{u^6}{1\cdot 2\cdot 3}+\cdots\right)du$$

$$F(v)=v-\frac{2v^3}{1\cdot 3}+\frac{2^2v^5}{1\cdot 3\cdot 5}-\frac{2^3v^7}{1\cdot 3\cdot 5\cdot 7}+\cdots \qquad (66,14)$$

bzw.

$$1-2vF(v)=1-\frac{2v^2}{1}+\frac{(2v^2)^2}{1\cdot 3}-$$

$$-\frac{(2v^2)^3}{1\cdot 3\cdot 5}+\frac{(2v^2)^4}{1\cdot 3\cdot 5\cdot 7}-\cdots. \qquad (66,15)$$

Bei $\alpha \ll 1$ nähert sich also $H(\alpha,v)$ im $\lim\limits_{v=0}$ immer mehr der reinen GAUSS-Verteilung e^{-v^2} an.

Für *große* v gibt es eine semikonvergente, asymptotische Entwicklung des $\int_0^v e^{u^2}du$. Da hier e^{-v^2} äußerst klein wird, erhält man schließlich

$$H(\alpha,v)=-\frac{2\alpha}{\sqrt{\pi}}\left[1-2vF(v)\right]=$$

$$=\frac{\alpha}{\sqrt{\pi}\,v^2}\left[1+\frac{1\cdot 3}{2v^2}+\frac{1\cdot 3\cdot 5}{(2v^2)^2}+\cdots\right]. \qquad (66,16)$$

Wir halten uns mit dem angedeuteten Beweis dieser Formel nicht lange auf, sondern bringen in Tab. 41 gleich noch die Hilfsfunktionen zur Berechnung von $H(\alpha,v)$ für $\alpha \ll 1$ nach D. L. HARRIS III. [932]. Dieser hat übrigens die Entwicklung

Tabelle 41. Hilfsfunktionen zur Berechnung der VOIGT-Funktionen (66,12) $H(\alpha,v)=e^{-v^2}-\frac{2\alpha}{\sqrt{\pi}}[1-2vF(v)]$ für $\alpha \ll 1$ nach D. L. HARRIS III [932].

v	e^{-v^2}	$-\frac{2}{\sqrt{\pi}}[1-2vF(v)]$
0,0	+1,000000	−1,12838
0,1	+0,990050	−1,10596
0,2	+0,960789	−1,04048
0,3	+0,913931	−0,93703
0,4	+0,852144	−0,80346
0,5	+0,778801	−0,64945
0,6	+0,697676	−0,48552
0,7	+0,612626	−0,32192
0,8	+0,527292	−0,16772
0,9	+0,444858	−0,03012
1,0	+0,367879	+0,08594
1,1	+0,298197	+0,17789
1,2	+0,236928	+0,24537
1,3	+0,184520	+0,28981
1,4	+0,140858	+0,31394
1,5	+0,105399	+0,32130
1,6	+0,077305	+0,31573
1,7	+0,055576	+0,30094
1,8	+0,039164	+0,28027
1,9	+0,027052	+0,25648
2,0	+0,0183156	+0,231726
2,1	+0,0121552	+0,207528
2,2	+0,0079071	+0,184882
2,3	+0,0050418	+0,164341
2,4	+0,0031511	+0,146128
2,5	+0,0019305	+0,130236
2,6	+0,0011592	+0,116515
2,7	+0,0006823	+0,104739
2,8	+0,0003937	+0,094653
2,9	+0,0002226	+0,086005
3,0	+0,0001234	+0,078565
3,1	+0,0000671	+0,072129
3,2	+0,0000357	+0,066526
3,3	+0,0000186	+0,061615
3,4	+0,0000095	+0,057281
3,5	+0,0000048	+0,053430
3,6	+0,0000024	+0,049988
3,7	+0,0000011	+0,046894
3,8	+0,0000005	+0,044098
3,9	+0,0000002	+0,041561
4,0	+0,0000001	+0,039250
4,2	—	+ ,035195
4,4	—	+ ,031762
4,6	—	+ ,028824
4,8	—	+ ,026288
5,0	—	+ ,024081

[1] Der Faktor e^{-v^2} ist in die Definitionsgleichung einbezogen, um eine gut interpolierbare Funktion zu erhalten.

von (66,8) nach α bis zur 4. Potenz ausgerechnet und die betreffenden Koeffizienten ebenfalls tabuliert.

b) *Berechnung von $H(\alpha, v)$ für den Fall, daß die Dispersionsfunktion $f_1(x - x')$ im Bereich der bei $|x'| > \beta_2$ steil abfallenden* GAUSS-*Funktion $f_2(x')$ sich nicht sehr stark ändert.* Diese Formeln werden also bei $\alpha \gg 1$ für alle $0 \leqq v \leqq \infty$ gelten, dagegen bei $\alpha \ll 1$ nur für $v \gg 1$.

Wir entwickeln $f_1(x - x')$ in der Umgebung von x in eine Potenzreihe nach x':

$$f_1(x - x') = f_1(x) - \frac{x'}{1!}\left(\frac{d f_1}{d x}\right)_x + \frac{x'^2}{2!}\left(\frac{d^2 f_1}{d x^2}\right)_x - \cdots. \tag{66, 17}$$

Da $f_1(x)$ und $f_2(x')$ gerade und auf Eins normiert sind, geht dann das Faltungsintegral

$$V(x) = \int_{-\infty}^{+\infty} f_1(x - x')\, f_2(x')\, d x' \tag{66, 18}$$

über in

$$V(x) = f_1(x) + \frac{1}{2!}\left(\frac{d^2 f_1}{d x^2}\right)_x \cdot \int_{-\infty}^{+\infty} x'^2 f_2(x')\, d x' + \frac{1}{4!}\left(\frac{d^{(4)} f_1}{d x^4}\right)_x \int_{-\infty}^{+\infty} x'^4 \cdot f_2(x')\, d x' + \cdots. \tag{66, 19}$$

Mit (66, 1) und (66, 2) sowie den gewohnten dimensionslosen Variablen (66, 4) wird nun

$$f_1(v) = \frac{1}{\pi \beta_2} \frac{\alpha}{v^2 + \alpha^2} \quad \text{und} \quad f_2(y) = \frac{1}{\sqrt{\pi}\, \beta_2} e^{-y^2} \tag{66, 20}$$

sowie

$$V(x) = \frac{1}{\pi \beta_2} \frac{\alpha}{v^2 + \alpha^2} + \frac{\beta_2}{2!}\left(\frac{d^2 f_1}{d v^2}\right)_v \int_{-\infty}^{+\infty} y^2 f_2(y)\, d y + \cdots. \tag{66, 21}$$

Da $\int_{-\infty}^{+\infty} y^2 e^{-y^2}\, d y = \frac{\sqrt{\pi}}{2}$ ist, erhält man vollends leicht:

$$H(\alpha, v) = \sqrt{\pi}\, \beta_2\, V(\alpha, v) = \frac{\alpha}{\sqrt{\pi}} \cdot \frac{1}{v^2 + \alpha^2}\left[1 + \frac{3 v^2 - \alpha^2}{2 (v^2 + \alpha^2)^2} + \cdots\right]. \tag{66, 22}$$

Für $\alpha^2 \ll v^2$ geht diese Formel in die schon länger bekannte Gl. (66, 16) über. Ist $\alpha < 0{,}05$, so gibt letztere eine Genauigkeit von mindestens 1% für $v > 5$ mit 2 Gliedern in der $[\cdots]$; für $v > 12$ genügt bei denselben Genauigkeitsansprüchen schon $H(\alpha, v) = \frac{\alpha}{\sqrt{\pi}\, v^2}$. Es ist sehr wichtig, daß nach (66, 22) die VOIGT-Funktion für große v, d. h. in ihren Flügeln, sich unter allen Umständen der *Dispersions*funktion anschmiegt. Dies rührt natürlich daher, daß bei großen v die GAUSS-Funktion sehr viel rascher gegen Null geht als die *Dispersions*funktion.

Eine andere Methode zur Berechnung der VOIGT-*Funktionen* hat F. HJERTING [936] angegeben. Er ergänzt[1] die *Näherungs*darstellung (66, 9) bzw. (66, 12) von $H(\alpha, v)$ wieder zu einer *exakten*, indem er — wie man anhand von (66, 9) leicht verifiziert — die Funktion

$$\psi(\alpha, v) = \frac{1}{\sqrt{\pi}} \int_0^{\infty} [e^{-\alpha z} - 1 + \alpha z]\, e^{-\frac{z^2}{4}} \cos v z \cdot d z \tag{66, 23}$$

[1] Bezüglich der Bezeichnungen: Unser α heißt bei HJERTING a; unser $H(\alpha, v)$ wird mit $\varkappa_\nu/\varkappa_0$ bezeichnet.

hinzuaddiert. Diese Funktion hat er dann numerisch berechnet. Da sie klein ist, kann man gut mit der nötigen Genauigkeit interpolieren. F. HJERTINGs Arbeit enthält ausführliche Tabellen von $H(\alpha, v)$ für $\alpha = 0{,}01$—$0{,}2$, dann 0,3, 0,4 und 0,5; sein v geht von 0—10.

Daneben seien noch die Rechnungen und Tabellen bei M. BORN [901] erwähnt. In der Umgebung von $\alpha \approx 1$ und $0 \leq v < 4$ bleibt — so und so — wohl nichts anderes übrig, als nach Gl. (66, 5) numerisch zu integrieren. Für $\alpha \gg 1$ möchten wir unsere Gl. (66, 22) empfehlen[1].

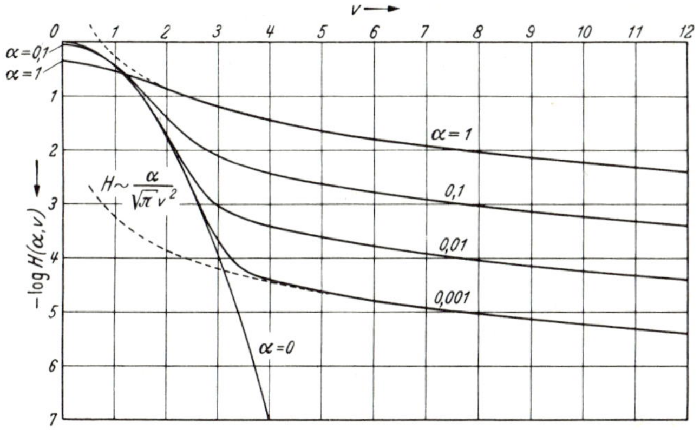

Abb. 107. Logarithmische Darstellung der VOIGT-*Funktionen* $H(\alpha, v)$ mit $\alpha = \frac{\beta_1}{\beta_2}$ als Parameter. Bei den Kurven für $\alpha = 1$ und 0,001 ist gestrichelt die reine Dispersions-(Dämpfungs-)verteilung $H(\alpha, v) = \frac{\alpha}{\sqrt{\pi}\, v^2}$ eingezeichnet; für große v ist sie von der exakten Kurve nicht zu unterscheiden. $\alpha = 0$ entspricht der reinen GAUSS-(Doppler-)Verteilung.

In Abb. 107 geben wir zum Schluß noch eine graphische Darstellung von $\log H(\alpha, v)$ als Funktion von v für verschiedene α. Man ersieht daraus, daß bei $\alpha \ll 1$ der Übergang von dem inneren GAUSS-(*Doppler*-)Kern zu den „Flügeln" mit *Dispersions*verteilung sehr rasch erfolgt, so daß man — wie schon A. PANNEKOEK [1521] bemerkt hat — eine ganz brauchbare Kurve erhält, wenn man die beiden einfach aneinandersetzt bzw. im Übergangsgebiet addiert.

67. Messung der Äquivalentbreite. Abgekürzte Methoden zur Messung schwacher Linien. Schätzungsskalen. Systematische Fehler.

Da die Messung der wahren Intensitätsverteilung in FRAUNHOFER-Linien an das Trennungsvermögen des Spektrographen sehr hohe Anforderungen stellt, so muß man sich bei schwachen Linien auf die Beobachtung der *Äquivalentbreite* oder *Gesamtabsorption* W_λ beschränken. Diese gibt — wie wir sahen — die in der Linie absorbierte Energie an im Vergleich zu einem vollständig dunklen Streifen des Spektrums von 1 Å Breite[2] (vgl. Abb. 96). Sie ist daher *unabhängig* vom Trennungsvermögen des Spektrographen. Dagegen sind Gittergeister, Streulicht und photographische Effekte von Bedeutung.

Die *Messung der Äquivalentbreite von* FRAUNHOFER-*Linien* erfolgt einfach durch *Planimetrieren* der Intensitätskurve. Es ist notwendig, sich klarzumachen,

[1] Anm. b. d. Korr.: Die Darstellung (66, 22) hat auch M. BORN [901; S. 483] schon auf andere Weise hergeleitet. — Weitere Tabellen vgl. G. ELSTE, Z. Astrophys. **33**, 39 (1954).

[2] Gelegentlich rechnen wir auch in Frequenz- bzw. Kreisfrequenzeinheiten oder Mikrowellenlängen $10^6 \frac{\Delta\lambda}{\lambda}$.

wie wichtig auch hier die Berücksichtigung der ausgedehnten Flügel starker Linien ist. Betrachten wir z. B. mit M. MINNAERT [960] das etwas schematisierte, aber der Wirklichkeit gut angepaßte Linienprofil (62, 1), so ist zunächst dessen Gesamtabsorption

$$W_\lambda = \int_{-\infty}^{+\infty} \left(1 - \frac{1}{1 + \frac{c}{\Delta\lambda^2}}\right) d\lambda = \int_{-\infty}^{+\infty} \frac{d(\Delta\lambda)}{1 + \frac{\Delta\lambda^2}{c}} = \pi \sqrt{c}\,. \qquad (67,1)$$

Die Fläche unter *einem* Flügel von $\Delta\lambda$ bis ∞ ist dagegen

$$\int_{\Delta\lambda}^{\infty} \frac{d(\Delta\lambda)}{1 + \frac{\Delta\lambda^2}{c}} = \sqrt{c} \left(\frac{\pi}{2} - \operatorname{arc\,tg} \frac{\Delta\lambda}{\sqrt{c}}\right). \qquad (67,2)$$

Mit Hilfe dieser Formel kann man leicht ausrechnen, welchen Fehler man in der Messung von W_λ macht, wenn man nur bis zu dem Abstand $\Delta\lambda$, entsprechend der wahren Intensität $\frac{I}{I_0} = \frac{1}{1 + \frac{c}{\Delta\lambda^2}}$, von der Linienmitte geht und die Intensität an dieser Stelle als kontinuierlichen Untergrund betrachtet. Das Ergebnis zeigt — nach MINNAERT (s. oben) — die folgende kleine Tabelle:

$\frac{\Delta\lambda}{\text{halbe Halbwertsbreite } \sqrt{c}}$	: 1	5	10	50	100
Wahre Intensität i/i_0	: 0,50	0,96	0,99	1,000	1,000
$\frac{\text{Scheinbare Äquivalentbreite}}{\text{Wahre Äquivalentbreite } \pi\sqrt{c}}$	: 0,370	0,782	0,872	0,975	0,987

Um eine Genauigkeit von 2,5% zu erzielen, muß man also bis zur 50fachen Halbbreite bzw. 16fachen Äquivalentbreite photometrieren. Für die K-Linie im Sonnenspektrum ist $c \sim 30$ Å², man müßte also bis $\Delta\lambda \sim \pm 270$ Å gehen, was praktisch kaum durchführbar ist. In solchen Fällen dürfte es daher das beste sein, die Form der Flügel nach dem MINNAERTschen Verfahren (Abschnitt 62; z. B. Abb. 99) zu ermitteln und nach (67, 2) zu integrieren. Bei den Wasserstofflinien ist — wie wir schon bemerkten — diese Methodik leider nicht anwendbar. Ihre Gesamtabsorptionen bleiben daher vorerst mit einer beträchtlichen Unsicherheit behaftet, was auch in der augenfälligen Diskrepanz zwischen den Fehlerangaben der einzelnen Beobachter einerseits und den Differenzen unabhängiger Meßreihen andererseits zum Ausdruck kommt.

Bei hinreichend *schwachen* Linien, deren gemessene Intensitätsverteilung ganz durch den Spektrographen bedingt ist, gibt schon die *Tiefe* der Linienmitte R_c (bzw. die scheinbare Restintensität) ein Maß der Gesamtabsorption W_λ. Den Zusammenhang von W_λ und R_c bestimmt man am besten empirisch durch Ausmessen und Planimetrieren einiger Linien. Vgl. z. B. M. MINNAERT und v. ASSENBERGH [957].

Muß man mit sehr kleiner Dispersion arbeiten, so macht die photometrische Messung des Intensitätsverlaufes oder der maximalen Tiefe der Linien erhebliche Schwierigkeiten. Y. ÖHMAN [969] hat daher — besonders für Durchmusterungszwecke — folgendes Verfahren benutzt: Der Photometerspalt wird soweit geöffnet, daß er die *ganze* Linie nebst einiger Umgebung erfaßt. Die so gemessene Pseudointensität ist im Bereich mittlerer Dichte des kontinuierlichen Spektrums (~0,5 bis 1) von dieser praktisch unabhängig und gibt ein Maß der Gesamtabsorption, solange man Linien von etwa derselben scheinbaren Intensitätsverteilung vergleicht. Wie man leicht sieht, ist das Verfahren jedoch gegen Fokusänderungen, Luftunruhe (bei Aufnahmen mit Objektivprisma) usw. ziemlich empfindlich.

Hierzu weiterhin D. BARBIER, D. CHALONGE und N. MORGULEFF [911]. F. W. JÄGER [944] findet es vorteilhafter, analog dem SIEDENTOPFschen Verfahren zur Messung von Sternhelligkeiten, den *Photometerspalt* so zu verändern, daß jeweils ein konstanter Ausschlag entsteht. Die so ermittelte „*effektive Linienbreite*" wird wieder empirisch mit dem W_λ verknüpft.

Wenn es nicht auf hohe Genauigkeit ankommt, so kann man auch „Linienintensitäten", die nach irgendeiner *Gedächtnisskala* oder künstlichen *Vergleichsskala* geschätzt sind, als Maß der Gesamtabsorption W_λ heranziehen. Die Verknüpfung der geschätzten Intensität mit W_λ wird natürlich von der Schwärzung und Gradation der benutzten Platte abhängen. Für eine vorgegebene Aufnahme wird sie also eine Funktion der Wellenlängen sein.

Die bekannteste Schätzungsskala ist die ROWLAND*sche Skala* für die FRAUNHOFER-Linien des *Sonnenspektrums*. Ihre Kalibrierung auf Gesamtabsorptionen hat G. F. W. MULDERS [968] durchgeführt; das Ergebnis zeigt die seiner Dissertation entnommene Abb. 108. Die mittleren Fehler der aus den „ROWLAND-Intensitäten" mit Hilfe der MULDERSschen Eichkurven ermittelten Gesamtabsorptionen bewegen sich zwischen 17% für ROWLAND-Intensität 7 und 55%

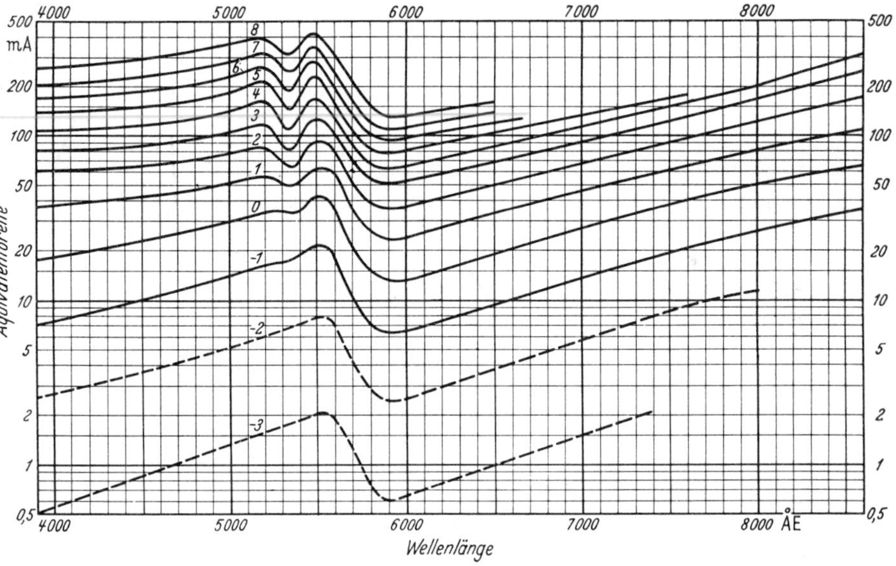

Abb. 108. Gesamtabsorption als Funktion der ROWLAND-Intensität und Wellenlänge nach G. F. W. MULDERS [264].

für ROWLAND-Intensität —2 (—3-Linien sind schon mit einem Unsicherheitsfaktor ~ 2 behaftet). Diese Fehler erscheinen erstaunlich niedrig, wenn man zum Vergleich die *Meßfehler* der Gesamtabsorption danebenhält: G. F. W. MULDERS gibt als mittleren zufälligen Fehler seiner Messungen, die zur Zeit wohl zu den genauesten gehören, ±8% an und meint, daß inklusive Unsicherheit des kontinuierlichen Untergrundes usw. Fehler von mehr als 20% kaum vorkommen dürften.

Neuerdings hat J. WEMPE [998] noch eine hinsichtlich der Wellenlängenabhängigkeit etwas verfeinerte Kalibrierung der ROWLAND-Skala durchgeführt. Vgl. auch D. H. MENZEL, L. GOLDBERG und E. M. COOK [952].

Diese Bemühungen dürften in absehbarer Zeit mehr oder weniger überholt sein durch die umfangreichen Meßreihen von C. W. ALLEN [908 und weitere, auf die wir noch zurückkommen] sowie besonders die am *Utrechter* Institut [974] in Angriff genommene systematische Vermessung der Äquivalentbreiten sämtlicher Linien des Sonnenspektrums $\left(\text{im mÅ und „Fraunhofer" } 10^6 \frac{W_\lambda}{\lambda}\right)$.

Andererseits läßt es der günstige Ausfall der MULDERSschen *Kalibrierung* als aussichtsreich erscheinen, zur Durchmusterung eines größeren Beobachtungsmaterials (man denke an spektroskopische Parallaxen und das Problem einer quantitativen Spektralklassifikation!) *Intensitätsschätzungen mit Vergleichsskalen* — evtl. unter dem Komparator — heranzuziehen. Einen vielversprechenden Ansatz in dieser Richtung zeigt eine am Harvard Observatory entstandene Arbeit von E. ÖPIK und M. OLMSTED [970] mit interessanten Angaben über Herstellung von Vergleichsskalen, Berücksichtigung der Schwärzungsunterschiede der Spektren usw. Im Interesse einer erfolgreichen Zusammenarbeit von Beobachtung und Theorie ist es jedoch unbedingt notwendig, daß für alle derartigen Skalen die zur Umrechnung in Gesamtabsorptionen notwendigen Daten angegeben werden.

Vergleicht man Äquivalentbreiten — insbesondere in Sternspektren —, die mit verschiedener Dispersion gemessen sind, so zeigt sich, daß häufig kleine Dispersion *größere* W_λ liefert als große Dispersion, und zwar ist dieser „*Dispersionseffekt*" ausgeprägter bei schwachen Linien (wo er fast einen Faktor 2 ausmachen kann!) als bei starken Linien. Vgl. hierzu P. TH. SHAJN [986] und P. GATHIER (vgl. J. HOUTGAST [939]). Es kommt also offensichtlich auf die Äquivalentbreite in Millimeter auf der Platte an. Modellversuche von G. TRAVING [993] mit einfachen künstlichen Linien ergaben überraschenderweise zunächst *keinen* Dispersionseffekt. Dieser trat aber auf, sobald er seine künstlichen Linien mit schwachen, unregelmäßig verteilten Störlinien *("blends")* überlagerte. Offenbar werden letztere beim Messen mit großer Dispersion erkannt und berücksichtigt, während sie bei kleiner Dispersion einfach — unbewußterweise — mit zur Hauptlinie gerechnet werden. Einen ähnlichen Effekt wie die vielen schwachen Störlinien im Sonnenspektrum mögen bei kleiner Dispersion und grobkörnigen Platten auch die „Kornschwankungen" der Mikrophotometerkurve hervorrufen.

Vierter Teil.

Physikalische Grundlagen der Theorie der FRAUNHOFER-Linien.

X. Kapitel.

Dämpfung (insbesondere Strahlungsdämpfung) und Dopplereffekt.

68. Einige historische Bemerkungen. Klassische Elektronentheorie (H. A. LORENTZ). Dispersion, Absorption und Emission des harmonischen Oszillators.

Um den Überblick zu erleichtern und eine Reihe altüberkommener Vorurteile von vornherein auszuschalten, beginnen wir die *Theorie der* FRAUNHOFER-*Linien* mit einigen historischen Erinnerungen (die natürlich keineswegs Anspruch auf Vollständigkeit erheben):

Den ersten Versuch einer quantitativen Messung und Deutung der dunklen Linien im Sonnenspektrum unternahm 1914 in Potsdam KARL SCHWARZSCHILD. Mit unglaublicher Genialität sind hier schon viele der Probleme angeschnitten, die heute noch die Physik der FRAUNHOFER-Linien beherrschen: Neben Fragen der Meßtechnik steht die Theorie des *Strahlungsaustausches*, der durch „Streuung" und „wahre Absorption" charakterisiert wird. Die Änderung der Linien von der *Mitte* zum *Rand* der Sonnenscheibe ist schon in ihrer Wichtigkeit erkannt. Am Schluß ist sogar schon die Rede von einer späteren Verknüpfung der Theorie des Strahlungsgleichgewichtes mit der *Dispersionstheorie*, d. h. einer atomistischen Theorie des Linienabsorptionskoeffizienten.

Erst die *Quantentheorie des Atombaues* — die K. SCHWARZSCHILD selbst in seinen letzten Arbeiten noch wesentlich gefördert hatte — und SAHAs Theorie der thermischen Ionisation schufen dann die weiteren Voraussetzungen für eine quantitative Erforschung der Spektren von Sonne und Sternen. Sie begann 1927 fast gleichzeitig und unabhängig an mehreren Instituten: In Potsdam, wo nach dem Kriege dank der Initiative E. F. FREUNDLICHs der EINSTEIN-Turm entstanden war, photometrierte H. v. KLÜBER Linienprofile im Sonnenspektrum und *Verf.* entwickelte die ersten Ansätze zu deren quantitativer Deutung. In diesem Zusammenhang sollte auch die Arbeit von H. N. RUSSELL und J. Q. STEWART ([1023], auch [1028]) erwähnt werden. In Utrecht, wo schon JULIUS sich mit Sonnenphysik beschäftigt hatte und ORNSTEIN mit seinen Mitarbeitern der Spektralphotometrie einen neuen Aufschwung gegeben hatte, begann M. G. J. MINNAERT mit der Untersuchung der FRAUNHOFER-Linien. In Cambridge kamen A. S. EDDINGTON und E. M. MILNE von der Theorie des inneren Aufbaues der Sterne her, während am Mt. Wilson Observatory H. N. RUSSELL und CH. E. MOORE wohl zum erstenmal versuchten, die Spektren der Sonne und einiger heller Sterne von A bis Z zu analysieren. Die sonst damals ganz in der Messung von Radialgeschwindigkeiten erstarrte Sternspektroskopie mit modernem Geist erfüllt zu haben, ist im wesentlichen das Verdienst von O. STRUVE.

In den folgenden vier Kapiteln werden wir uns zunächst mit der Physik des *Linienabsorptionskoeffizienten* beschäftigen. Wir beginnen dabei mit der *klassischen Elektronentheorie,* die auch heute noch den leichtesten Zugang zu diesem Gebiet eröffnet. Dann gehen wir zur *quantentheoretischen Betrachtungsweise* über und entwickeln die WEISSKOPF-WIGNER*sche* Theorie der *Strahlungsdämpfung* in engem Anschluß an deren klassisches Vorbild. Neben der Strahlungsdämpfung ist für die Verbreiterung der Spektrallinien schon bei kleinsten Drucken wesentlich der *Dopplereffekt* der thermischen Bewegung, der sich in den Sternatmosphären evtl. noch Turbulenz hinzugesellt. Die *Überlagerung von Dopplereffekt und Dämpfung* (die allein eine „GAUSS"- bzw. „Dispersions"-Verteilung des Absorptionskoeffizienten geben) bietet keinerlei Schwierigkeiten mehr: Da die beiden voneinander unabhängig sind, können wir einfach den „Faltungs"-Formalismus von Abschnitt 65 und 66 anwenden. Nun läßt sich berechnen, wie — zunächst in einem Absorptionsrohr — die *Äquivalentbreite* W_λ einer Linie von gegebener Dopplerbreite und Dämpfungskonstante anwächst, wenn man die *Anzahl absorbierender Atome* (etwa in einer Säule von 1 cm^2 Querschnitt durch das Rohr gemessen) Stück für Stück vergrößert. Die Verknüpfung beider Größen ergibt die sog. *Wachstumskurve* (MINNAERT, SCHÜTZ u. v. a.), die sich als eines der nützlichsten Hilfsmittel der neueren Spektroskopie erwiesen hat. Während im Absorptionsrohr die in einer Linie absorbierte Energie praktisch als „verloren" betrachtet werden darf, müssen wir in einer Sternatmosphäre ihr Schicksal genauer verfolgen. Das heißt wir müssen untersuchen, wie die in einem bestimmten $h\nu$ absorbierte Energie wieder *reemittiert* wird. Als makroskopisches Gegenstück zu dieser atomtheoretischen Untersuchung werden wir dann in Kap. XVf. die *Theorie des Strahlungsaustausches* in den Linien entwickeln, wobei wir an Kap. V und VI anknüpfen können. Vorher müssen wir aber die Theorie des Linienabsorptionskoeffizienten noch in wichtigen Punkten weiterführen: 1927 glaubte man zunächst, daß die Verbreiterung der starken Metallinien, wie z. B. der Na D-Linien im Sonnenspektrum, durch Strahlungsdämpfung erfolge. Bei Drucken von $\sim 10^{-4}$ Atm., wie man sie damals annahm, war ja kaum ein anderer Verbreiterungsmechanismus zu erwarten. Erst in den Jahren 1936—1938 wurde allmählich klar, daß auch in den Sternatmosphären die *Druckverbreiterung* eine wichtige Rolle spielt. Messungen von MINNAERT und v. D. BRIEL gaben den Anlaß zu einer theoretischen Untersuchung des *Verf.* 1938 zeigte sich dann in Verbindung mit WILDTs H^--Theorie des kontinuierlichen Spektrums der Sonne, daß deren Gasdruck in Wirklichkeit etwa 3 Zehnerpotenzen höher ist, als man früher angenommen hatte. Damit war kein Zweifel mehr, daß die Dämpfung der Metallinien im Sonnenspektrum zum größten Teil als *Stoßdämpfung* zu deuten sei.

Für die *Wasserstoff-* und *Heliumlinien* der Sternspektren hatten schon 1929 O. STRUVE und C. T. ELVEY Verbreiterung durch den *Starkeffekt* der Felder von Ionen und evtl. Elektronen nachgewiesen. In Anbetracht der großen astrophysikalischen Wichtigkeit der ganzen Probleme der Druckverbreiterung der Spektrallinien können wir nicht umhin, ihnen das ganze Kap. XI zu widmen. Auch hier müssen wir wieder der *Reemission* besondere Aufmerksamkeit schenken.

Die quantitative Auswertung der FRAUNHOFER-Linien von Sonne und Sternen steht und fällt sodann mit der Kenntnis ihrer *Übergangswahrscheinlichkeiten* bzw. *Oszillatorenstärken.* Während der Laboratoriumsphysiker in der glücklichen Lage ist, sich mit der Verifikation seiner Theorien an einigen besonders geeigneten Linien zufrieden zu geben, braucht der Astrophysiker als tägliches Handwerkszeug die Übergangswahrscheinlichkeiten all der vielen Linien, welche man in dem kleinen, der Beobachtung zugänglichen Wellenlängenbereich der Sternspektren messen kann. Wir befassen uns daher in Kap. XII mit den Methoden zur quantenmechanischen Berechnung und in Kap. XIII mit der experimentellen Bestimmung von Übergangswahrscheinlichkeiten usw. In Kap. XIV wollen wir dann die — noch längst nicht ausreichenden — Ergebnisse derartiger Bemühungen zusammenstellen.

Nach diesen einleitenden Bemerkungen wollen wir zunächst die Wechselwirkung von Strahlung und Materie mit Hilfe der H. A. LORENTZschen Elektronentheorie untersuchen.

Wir beschreiben also wie in Kap. I, Abschnitt 6, auf den wir zum Teil zurückgreifen können, die Materie durch *gedämpfte harmonische Oszillatoren.* In Abschnitt 71 wird sich zeigen, daß wir die so erhaltenen Formeln mit geringfügigen Änderungen in die Quantentheorie herübernehmen können. Es ist daher wohl der Mühe wert, das durch seine Einfachheit und Anschaulichkeit ausgezeichnete klassische Modell genauer durchzurechnen.

Die Lichtfortpflanzung in einem absorbierenden und dispergierenden Medium, also insbesondere auch die Absorption und Dispersion innerhalb einer Spektrallinie, können wir am einfachsten beschreiben unter Zuhilfenahme eines komplexen Brechungsindex'

$$\mathfrak{n} = n\,(1 - i\,\varkappa)\,. \tag{68, 1}$$

n bedeutet dabei den gewöhnlichen Brechungsindex, $\varkappa$ bezeichnen wir als Absorptionsindex, i ist die imaginäre Einheit. Eine in der z-Richtung fortschreitende Lichtwelle der Kreisfrequenz $\omega = 2\pi\,\nu = 2\pi\,c/\lambda$ wird nun beschrieben durch

$$A = A_0\, e^{i\omega\left(t - \frac{\mathfrak{n}}{c} z\right)} = A_0\, e^{-\frac{\omega n \varkappa}{c}\cdot z} \cdot e^{i\omega\left(t - \frac{n}{c} z\right)}, \tag{68, 2}$$

wo A bzw. A_0 den elektrischen oder magnetischen Vektor charakterisieren. Der Ausdruck (68, 2) unterscheidet sich von dem gewohnten für nichtabsorbierende Medien formal nur dadurch, daß n durch $\mathfrak{n}$ ersetzt ist. Physikalisch äußert sich dies darin, daß die Intensität ($\sim$ Amplitude²) in der z-Richtung mit $e^{-\frac{2\omega n\varkappa}{c}\cdot z}$ abnimmt.

Es ist also der Absorptionskoeffizient pro cm:

$$k = \frac{2\omega n \varkappa}{c} = \frac{4\pi n \varkappa}{\lambda}\,. \tag{68, 3}$$

Nach der elektromagnetischen Lichttheorie ist andererseits der komplexe Brechungsindex $\mathfrak{n}$ in einfacher Weise verknüpft mit der

$$\text{Polarisierbarkeit } \alpha = \frac{\text{Dipolmoment}}{\text{Feldstärke}}$$

(unter Berücksichtigung der Phase; α ist also hier auch komplex!) der Partikel des betrachteten Mediums. Es ist

$$\mathfrak{n}^2 - 1 = 4\pi\,\mathfrak{N}\cdot\alpha\,, \tag{68, 4}$$

wo $\mathfrak{N}$ die Zahl der Partikel — in unserem Falle also der harmonischen Oszillatoren der betrachteten Eigenfrequenz — pro cm³ bedeutet. Wir rechnen im folgenden mit nur *einer* Oszillatorenart, deren Eigenfrequenz $\omega_0 = 2\pi\,\nu_0$ sei, die Verallgemeinerung für mehrere Eigenfrequenzen bietet keine Schwierigkeit. Dann ist

$$\alpha = \frac{e\,x}{E}\,, \tag{68, 5}$$

wo e = Ladung des Oszillators (Elektronenladung),
x = Ausschlag des Oszillators,
$E = E_0\, e^{i\omega t}$ = elektrische Feldstärke der Lichtwelle am Ort des Oszillators.

Um das Mitschwingen des Oszillators im Feld der Lichtwelle beschreiben zu können, greifen wir auf unseren Ansatz von Abschnitt 6 zurück: Nennen wir wieder γ die Dämpfungskonstante[1] des Oszillators, so gilt für dessen Schwingung die bekannte Differentialgleichung

$$\ddot{x} + \omega_0^2\, x + \gamma\, \dot{x} = \frac{e}{m} E\,. \tag{68, 6}$$

Machen wir den üblichen Ansatz $x = x_0\, e^{i\omega t}$, so wird

$$(-\omega^2 + \omega_0^2 + i\,\omega\,\gamma)\, x = \frac{e}{m} E \tag{68, 7}$$

und damit

$$\mathfrak{n}^2 - 1 = 4\pi\,\mathfrak{N} \cdot \frac{e\,x}{E} = \frac{4\pi\,\mathfrak{N}\,e^2}{m} \cdot \frac{1}{\omega_0^2 - \omega^2 + i \cdot \gamma\,\omega}\,. \tag{68, 8}$$

Den gewöhnlichen Brechungsindex und den Absorptionskoeffizienten erhalten wir leicht vollends durch Trennung von reellem und imaginärem Teil. Nach (68, 1) ist

$$\mathfrak{n}^2 - 1 = n^2(1 - \varkappa^2) - 1 - i \cdot 2\, n^2 \varkappa\,. \tag{68, 9}$$

Die rechte Seite von (68, 8) multiplizieren wir oben und unten mit $\omega_0^2 - \omega^2 - i \cdot \gamma\omega$ und finden so:

$$n^2(1 - \varkappa^2) - 1 = \frac{4\pi\,\mathfrak{N}\,e^2}{m} \cdot \frac{\omega_0^2 - \omega^2}{(\omega_0^2 - \omega^2)^2 + \gamma^2\omega^2} \tag{68, 10}$$

$$2\, n^2\, \varkappa = \frac{4\pi\,\mathfrak{N}\,e^2}{m} \cdot \frac{\gamma\,\omega}{(\omega_0^2 - \omega^2)^2 + \gamma^2\omega^2}\,. \tag{68, 11}$$

Beschränken wir uns auf die Umgebung der Eigenfrequenz (Spektrallinie) des Oszillators $\omega \approx \omega_0$ und schreiben

$$\varDelta\,\omega = \omega - \omega_0 \ll \omega \quad \text{oder} \quad \omega_0 \tag{68, 12}$$

(in Wellenlängen ist $\varDelta\,\omega = -\,2\pi\,c\,\varDelta\,\lambda/\lambda^2$), so nehmen (68, 10) und (68, 11) nach Division durch $4\,\omega^2$ die einfachere Form an:

$$n^2(1 - \varkappa^2) - 1 = -\,\frac{\pi\,e^2\,\mathfrak{N}}{m\,\omega_0} \cdot \frac{2\,\varDelta\,\omega}{(\varDelta\,\omega)^2 + (\gamma/2)^2} \tag{68, 13}$$

$$2 n^2\, \varkappa = \frac{\pi\,e^2\,\mathfrak{N}}{m\,\omega_0} \cdot \frac{\gamma}{(\varDelta\,\omega)^2 + (\gamma/2)^2}\,. \tag{68, 14}$$

In einem hinreichend verdünnten Gas (praktisch weitaus der wichtigste Fall!) ist $\varkappa \ll 1$ und $n \approx 1$. Man kann dann aus (68, 13) und (68, 14) den Brechungsindex n und den Absorptionskoeffizienten $2\omega\, n\, \varkappa/c$ direkt entnehmen[2]:

$$n - 1 \approx -\,\frac{\pi\,e^2\,\mathfrak{N}}{2 m\,\omega_0} \cdot \frac{2\,\varDelta\,\omega}{(\varDelta\,\omega)^2 + (\gamma/2)^2} \tag{68, 15}$$

$$\boxed{k = \frac{2\,\omega\, n\,\varkappa}{c} \approx \frac{\pi\,e^2\,\mathfrak{N}}{m\,c} \cdot \frac{\gamma}{(\varDelta\,\omega)^2 + (\gamma/2)^2}\,.} \tag{68, 16}$$

Die Frequenzabhängigkeit von Absorptionskoeffizient und Brechungsindex läßt sich innerhalb des Gültigkeitsbereiches dieser Gleichungen sofort übersehen (Abb. 109):

k nimmt von seinem steilen Maximum $k = k_{max}$ in der Linienmitte ($\varDelta\,\omega = 0$) symmetrisch nach beiden Seiten ab. Bei $\varDelta\,\omega = \pm\,\gamma/2$ ist $k = \frac{1}{2}\,k_{max}$, d. h. die

[1] Nach (6, 12) und (6, 13) ist γ zugleich die Abklingungskonstante oder reziproke Abklingzeit des Oszillators.

[2] Bei größeren Dichten hätte man die beiden Gleichungen streng nach n und $\varkappa$ aufzulösen, was etwas umständlich ist.

(ganze) Halbwertsbreite des Absorptionskoeffizienten $|2\Delta\omega|$ ist gleich der Dämpfungskonstanten γ des Oszillators.

In großem Abstand von der Linienmitte ($\gamma \ll \Delta\omega \ll \omega_0$) *nimmt der Absorptionskoeffizient* $\sim 1/(\Delta\omega)^2$ *oder* $\sim 1/(\Delta\lambda)^2$ *ab. Die Stärke der Absorption ist bestimmt durch* $\mathfrak{N}\gamma$ = *Zahl der Oszillatoren pro Volumeinheit* $\times$ *deren Dämpfungskonstante.* Beides wird von grundlegender Bedeutung für die Theorie der FRAUNHOFER-Linien sein.

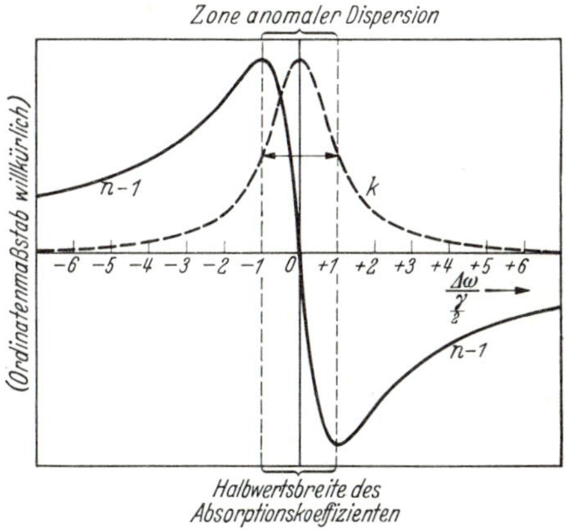

Abb. 109. Frequenzabhängigkeit von Absorptionskoeffizient k und Brechungsindex n in der Nähe einer Spektrallinie.

Der Brechungsindex hat, wie man leicht verifiziert, bei $\Delta\omega = \pm\,\gamma/2$ sein Maximum bzw. Minimum. Dazwischen liegt der Streifen anomaler Dispersion (n nimmt mit wachsender Frequenz ab). Außerhalb dieser Zone der Breite γ ist die Wellenlängenabhängigkeit von n normal (s. Abb. 109).

Für $\gamma \ll \Delta\omega \ll \omega_0$ ist $n - 1$ proportional $1/\Delta\omega$; als Faktor tritt hier $\mathfrak{N}$ *allein* auf. Durch Kombination von Absorptions- und Dispersionsmessungen[1] kann man also $\mathfrak{N}$ *und* γ bestimmen. Auf diese Bemerkung werden wir im Kap. XIII zurückgreifen.

Wir hätten natürlich die Frequenzabhängigkeit (68, 16) des Absorptionskoeffizienten k auch durch Betrachtung des *Emissions*vorganges gewinnen können. Nach Gl. (6, 12) emittiert unser Oszillator, nachdem er irgendwie angestoßen worden ist, einen *gedämpften Wellenzug*, dessen Amplitude $\sim e^{-\frac{\gamma}{2}t}$ abklingt. Dessen FOURIER-*Analyse* liefert aber nach Gl. (65, 29) und (65, 30) gerade wieder die Frequenzabhängigkeit gemäß (68, 16).

Zum Schluß betrachten wir die Absorption der Strahlung in einer optisch dünnen Schicht der Dicke l. Die im Bereich der Linie konstante Intensität der einfallenden Strahlung sei $I_{\nu,0}$, nach Durchlaufen der Schicht ist sie

$$I_\nu = I_{\nu,0} \cdot e^{-kl} \approx I_{\nu,0}(1 - kl)\,. \tag{68, 17}$$

Die gesamte absorbierte Energie, bezogen auf die einfallende Intensität pro Frequenzeinheit, wird also

$$A_\nu = \int \frac{I_{\nu,0} - I_\nu}{I_{\nu,0}}\,d\nu = l \cdot \int k\,d\nu\,. \tag{68, 18}$$

Diese Größe bezeichnen wir als die[2] „Gesamtabsorption" (im engeren Sinne)

$$A_\nu = l \int \frac{2\omega n \varkappa}{c} \cdot \frac{d\omega}{2\pi}\,, \tag{68, 19}$$

wobei die Integration über die ganze Linie hinweg zu erstrecken ist. Mit Hilfe von (68, 16) finden wir nun

$$A_\nu = \frac{e^2 \mathfrak{N} \cdot l}{2mc} \int \frac{\gamma\, d(\Delta\omega)}{(\Delta\omega)^2 + (\gamma/2)^2}\,. \tag{68, 20}$$

Da der Integrand (Abb. 56) bei $\Delta\omega = 0$ ein steiles Maximum hat und dann rapide auf Null abfällt, so können wir die Integration ohne merklichen Fehler von $-\infty$

[1] Man kann auch magnetooptische Effekte benutzen.

[2] Vielfach wird auch der Faktor l *nicht* mit in die Definition einbezogen. Diese Definition hat den Vorzug, eine reine atomare Größe zu geben.

bis $+\infty$ erstrecken. Mit $x = \frac{2\Delta\omega}{\gamma}$ wird dann

$$A_\nu = \frac{e^2 \cdot \mathfrak{N}\, l}{m\, c} \int\limits_{-\infty}^{+\infty} \frac{d\,x}{x^2+1} = \frac{\pi\, e^2}{m\, c} \cdot \mathfrak{N}\, l\,. \tag{68, 21}$$

Führt man dieselbe Überlegung unter Zugrundelegung der Wellenlängen- statt der Frequenzskala aus, so wird wegen $d\lambda = \frac{\lambda_0^2}{c}\, d\nu$ (λ_0 sei die Wellenlänge der Linie)

$$A_\lambda = \frac{\pi\, e^2\, \lambda_0^2}{m\, c^2} \cdot \mathfrak{N}\, l\,. \tag{68, 22}$$

Es ist sehr bemerkenswert, daß die Gesamtabsorption von der Größe der Dämpfungskonstanten γ *unabhängig* ist. Ihre Messung (Kap. XIII) ergibt also die Zahl $\mathfrak{N}$ der Oszillatoren pro cm³. Statt der Absorption kann man, was praktisch sehr wichtig ist, auch die *Emission* heranziehen, sofern diese in hinreichendem Maße den Voraussetzungen des Kirchhoffschen Satzes entspricht. Dann ist ja die Gesamtemission (wieder dünne Schicht!) gleich der Gesamtabsorption $\times$ der im Bereich der Linie konstanten Kirchhoff-Planck-Funktion für die Wellenlänge der Linie und die Temperatur des leuchtenden Gases. Die Gesamtintensitäten benachbarter Emissionslinien verhalten sich unter diesen Umständen also wie ihre Gesamtabsorptionen.

69. Klassische Theorie der Strahlungsdämpfung und Resonanzfluoreszenz.

Um den Absorptionskoeffizienten berechnen zu können, wenden wir uns zunächst der Theorie der Dämpfungskonstanten γ zu. Während die Formeln des letzten Abschnittes fast unverändert in die Quantentheorie übernommen werden können, müssen wir allerdings in Abschnitt 71 die klassische Theorie von γ einer Revision unterziehen. Trotzdem dürfte die klassische Theorie auch heute noch den natürlichsten Ausgangspunkt für die exaktere Behandlung des Problems geben.

Haben wir es mit einem so stark verdünnten Gas zu tun, daß die Störungen der absorbierenden bzw. emittierenden Atome durch Zusammenstöße vernachlässigt werden dürfen, so wird nach Abschnitt 6 das γ bestimmt durch *Strahlungsdämpfung*, d. h. durch die Ausstrahlung der schwingenden Oszillatoren. Nach (6, 9) ist dann

$$\gamma_{kl} = \frac{2\, e^2}{3\, m\, c^3} \cdot \omega_0^2 \tag{69, 1}$$

die (ganze) Halbwertsbreite des Absorptionskoeffizienten, die sog. *natürliche Linienbreite* in Kreisfrequenzeinheiten. Messen wir in Wellenlängeneinheiten, so wird

$$\Delta\lambda_N = \frac{2\pi\, c}{\omega_0^2} \cdot \gamma_{kl} = \frac{4\pi\, e^2}{3\, m\, c^2}\,. \tag{69, 2}$$

Setzt man für e und m die Elektronenladung bzw. -masse ein, so erhält man

$$\Delta\lambda_N = 1{,}18 \cdot 10^{-4}\ \text{Å} \tag{69, 3}$$

unabhängig von der Wellenlänge der Linie. Im optischen Gebiet liegt diese Linienbreite an der Grenze des interferometrisch erreichbaren, außerdem wird eine direkte Messung meist schon durch andere Verbreiterungseffekte vereitelt. Auf die schon im vorigen Abschnitt gestreifte Möglichkeit einer indirekten Messung werden wir, wie gesagt, zurückkommen.

Neben seiner Bedeutung als natürliche Linienbreite hat γ_{kl} noch die der reziproken Abklingzeit T eines Oszillators der Frequenz ω_0 bzw. einer Spektrallinie der Wellenlänge $\lambda_0 = 2\pi\, c/\omega_0$. Nach (69, 1) wird

$$\gamma_{kl} = \frac{1}{T} = \frac{8\pi^2}{3} \cdot \frac{e^2}{mc} \cdot \frac{1}{\lambda_0^2} \tag{69, 4}$$

oder, nach Einführung der numerischen Konstanten,

$$1/T = 0{,}22_0/\lambda_0^2\,. \tag{69, 5}$$

Für die Wellenlänge der Na D-Linien $\lambda = 5893$ Å ergibt sich z. B. $\gamma_{kl} = 0{,}63 \cdot 10^{+8}$ sec^{-1} bzw. $T = 1{,}58 \cdot 10^{-8}$ sec in größenordnungsmäßiger Übereinstimmung mit den bekannten Kanalstrahl-Abklingungsmessungen von W. Wien.

Führen wir endlich — im Hinblick auf die spätere Anwendung — den aus der Lorentzschen Theorie der Strahlungsdämpfung berechneten γ_{kl}-Wert von Gl. (69, 1) in unseren Ausdruck (68, 16) ein und beschränken uns auf solche Abstände von der Linienmitte, daß $\Delta\omega \gg \gamma_{kl}$ ist, so erhalten wir $\left(\text{mit } \frac{\Delta\omega}{\omega} = -\frac{\Delta\lambda}{\lambda}\right)$:

$$k = \frac{2\pi}{3} \cdot \left(\frac{e^2}{mc^2}\right)^2 \cdot \frac{\lambda_0^2\, \mathfrak{N}}{(\Delta\lambda)^2} = 16{,}6 \cdot 10^{-26} \cdot \frac{\lambda_0^2\, \mathfrak{N}}{(\Delta\lambda)^2}\,. \tag{69, 6}$$

Die Größe $\pi\left(\frac{e^2}{mc^2}\right)^2$ könnte man als den „klassischen Querschnitt des Elektrons" bezeichnen. Hätten wir statt der klassischen Strahlungsdämpfungs-Konstanten γ_{kl} irgend eine andere (s. unten), die wir wieder γ nennen wollen, so wäre das k nach Gl. (69, 6) noch sinngemäß zu multiplizieren mit γ/γ_{kl}.

Die Reemission, welche dem hier behandelten Absorptionskoeffizienten k entspricht, haben wir im wesentlichen schon in Abschnitt 49 untersucht. Da das Elektron *genau* im Rhythmus der erregenden Lichtwelle mitschwingt, so ist die Streustrahlung völlig *kohärent.* Das heißt, strahlt man mit einer ideal scharfen Spektrallinie ein, deren (Kreis-)Frequenz ω in der Nähe von ω_0 liegt, so enthält das Streulicht des klassischen Oszillators *nur* die Frequenz ω. Seine Richtungsverteilung und Polarisation ist durch Gl. (49, 5) und (49, 6) beschrieben. Den *Streukoeffizienten* können wir leicht wieder aus Gl. (49, 7) erhalten, indem wir dort für α die Polarisierbarkeit in der Nähe von ω_0 nach Gl. (49, 8) einsetzen. Wir kommen dann selbstverständlich genau auf unsere Gl. (69, 6) zurück. Was wir damit beschrieben haben, ist das wohlbekannte, von R. W. Wood [906] am Natriumdampf untersuchte Phänomen der *Resonanzstreuung* oder *Resonanzfluoreszenz.*

Bei etwas höheren Gasdrucken macht sich neben der Strahlungsdämpfung die ebenfalls zuerst von H. A. Lorentz [1018] genauer untersuchte Stoßdämpfung bemerkbar. Wenn das strahlende Atom Zusammenstöße mit anderen Partikeln erfährt, so werden diese — makroskopisch betrachtet — wie eine Reibungskraft wirken. Deren Größe können wir folgendermaßen abschätzen:

Wie wir sahen, ist die Abklingzeit der *Amplitude* eines gedämpften Oszillators gleich $2/\gamma$. An Stelle dieser Zeit haben wir nunmehr offenbar diejenige einzusetzen, während deren der Oszillator jeweils ungestört schwingen kann, d. h. die mittlere Zeit τ zwischen zwei Stößen. Das heißt, wir müssen im Falle reiner *Stoßdämpfung* in den Gleichungen des Abschnittes 68 lediglich

$$\gamma' = 2/\tau \tag{69, 7}$$

setzen. Im einzelnen werden wir auf die Theorie der Stoßdämpfung wie auch auf die ganzen Probleme der *Druckverbreiterung und -verschiebung* der Spektrallinien erst in Kap. XI eingehen. Zunächst wenden wir uns der *quantentheoretischen* Untermauerung bzw. Verfeinerung unserer bisherigen Entwicklungen zu.

70. Quantentheorie: Die EINSTEINschen Übergangswahrscheinlichkeiten A_{nm}, B_{mn} und B_{nm}. Lebensdauer angeregter Zustände. Oszillatorenstärken.

Im Rahmen der extremen Quantentheorie der Strahlung läßt sich deren Wechselwirkung mit der Materie nach A. EINSTEIN [1010] durch folgende *Übergangsprozesse* (Quantensprünge) *und Übergangswahrscheinlichkeiten* beschreiben:

1. *Spontane Emission.* Befindet sich das Atom in dem angeregten Zustand m (wir schreiben kurz *ein* Symbol für sämtliche Quantenzahlen), so zeigt es die Tendenz, unter Emission eines Lichtquantes der Energie[1]

$$h\nu_{nm} = |E_m - E_n| \qquad (70,1)$$

spontan in den „tieferen" (energieärmeren) Zustand n überzugehen. Haben wir zu einem bestimmten Zeitpunkt N_m Atome im Zustand m, so machen wir mit EINSTEIN für die *Anzahl dieser Übergänge pro sec* in Analogie zum RUTHERFORDschen Zerfallgesetz der Radioaktivität den Ansatz[2]:

$$A_{nm} \cdot N_m\,. \qquad (70,2)$$

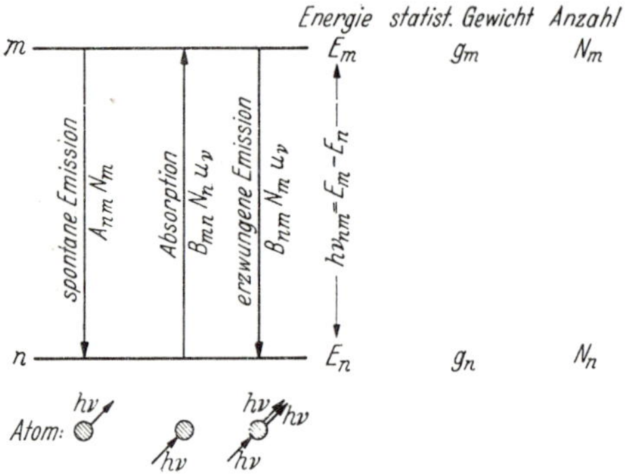

Abb. 110. Übergänge und Übergangswahrscheinlichkeiten.

Die pro sec emittierte Energie erhält man durch Multiplikation mit der Energie pro Quant, also $h\nu_{nm}$.

2. *Absorption.* Die Zahl der Absorptionsprozesse $n \to m$ pro sec ist sicher proportional der Zahl N_n der Atome im Ausgangszustand n und der Dichte u_ν der absorbierten Strahlung der Frequenz ν_{mn}. Wir müssen dabei fordern, daß u_ν in dem Frequenzbereich der Linie nicht merklich variiert, sonst verliert das Rechnen mit den EINSTEINschen Übergangswahrscheinlichkeiten — wie wir sehen werden — überhaupt seinen Sinn. Wir setzen also die Zahl der Absorptionsübergänge $n \to m$ pro sec gleich

$$B_{mn} \cdot N_n \cdot u_\nu\,. \qquad (70,3)$$

3. *Induzierte oder erzwungene Emission.* Nach der klassischen Theorie entzieht ein Atom bzw. Oszillator dem Strahlungsfeld nicht nur Energie, sondern wird selbst zum Mitschwingen angeregt und strahlt daher in der Absorptionsfrequenz. Als quantentheoretisches Analogon zu diesem Vorgang betrachtet EINSTEIN die sog. *erzwungene* Emission. Durch ein Lichtquant der Frequenz $\nu = \nu_{nm}$ wird ein Atom in dem *angeregten* Zustand m veranlaßt, ein dem ankommenden hinsichtlich Frequenz und Richtung[3] genau gleiches Lichtquant zu emittieren. Die Zahl *dieser* Prozesse pro sec schreiben wir

$$B_{nm} \cdot N_m \cdot u_\nu\,. \qquad (70,4)$$

Nach MILNE beziehen manche Autoren die Übergangswahrscheinlichkeiten B_{mn} und B_{nm} auf die Strahlungs*intensität* I_ν statt auf die Strahlungs*dichte* u_ν. Im isotropen Strahlungsfeld ist nach (3, 7) $u_\nu = \frac{4\pi}{c} I_\nu$, also $B_{Milne} = \frac{4\pi}{c} \cdot B_{Einstein}$. Wir gebrauchen durchweg die ursprünglichen Definitionen.

---

[1] Um Vorzeichenschwierigkeiten zu vermeiden, rechnen wir absorbierte *und* emittierte Frequenzen als *positive* Größen.

[2] Hier und im folgenden schreiben wir die *Indizes stets in der* Folge: *Endzustand, Anfangszustand* in Übereinstimmung mit dem Handbuchartikel von H. BETHE [1002b], auf den wir verschiedentlich zurückgreifen werden.

[3] Letzteres begründet EINSTEIN durch Betrachtung der Impulsübertragung (pro Quant $h\nu/c$) zwischen Strahlung und Materie.

Wir betrachten nun mit EINSTEIN [1010] den Zustand *thermodynamischen* Gleichgewichtes:

Dann ist die Zahl der Übergänge $m \to n$ pro sec offenbar gleich der der Quantensprünge $n \to m$, also

$$(A_{nm} + B_{nm} \cdot u_\nu) N_m = B_{mn} \cdot u_\nu \cdot N_n \,. \tag{70, 5}$$

Das Verhältnis der Atomzahlen N_m und N_n ist im thermischen Gleichgewicht bei der Temperatur T nach der BOLTZMANNschen Formel (22, 10)

$$\frac{N_m}{N_n} = \frac{g_m}{g_n} e^{-\frac{E_m - E_n}{kT}} = \frac{g_m}{g_n} \cdot e^{-\frac{h\nu}{kT}} \,. \tag{70, 6}$$

Dabei sind g_m und g_n die statistischen Gewichte (Vielfachheit) der betreffenden Zustände und $E_m - E_n = h\nu$ ihre Energiedifferenz (in Abschnitt 22 als $\chi_{r,s}$ bezeichnet).

Durch Einsetzen in (70, 5) erhält man für die Dichte u_ν der Hohlraumstrahlung bei der Temperatur T

$$u_\nu = \frac{A_{nm}}{\frac{g_n}{g_m} B_{mn} \cdot e^{\frac{h\nu}{kT}} - B_{nm}} \,. \tag{70,7}$$

Dieser Ausdruck muß — um den Anschluß an die klassische Theorie zu ermöglichen — für $\frac{h\nu}{kT} \ll 1$ in die RAYLEIGH-JEANSsche Strahlungsformel (6, 24) übergehen; d. h. es ist:

$$u_\nu = \frac{A_{nm}}{\left(\frac{g_n}{g_m} B_{mn} - B_{nm}\right) + \frac{g_n}{g_m} B_{mn} \cdot \frac{h\nu}{kT}} \to \frac{8\pi\nu^2}{c^3} \cdot kT \,. \tag{70,8}$$

Durch Vergleich der beiden Ausdrücke erhalten wir die wichtigen Beziehungen zwischen den drei Übergangswahrscheinlichkeiten

$$\boxed{g_m B_{nm} = g_n B_{mn}} \tag{70,9}$$

und

$$\boxed{A_{nm} = \frac{8\pi h\nu^3}{c^3} \cdot B_{nm} = \frac{8\pi h\nu^3}{c^3} \cdot \frac{g_n}{g_m} \cdot B_{mn} \,.} \tag{70, 10}$$

Würde man — rationeller — die B auf die Zahl der Atome pro Quantenzelle N_n/g_n bzw. N_m/g_m beziehen, so wäre stets $B_{nm} = B_{mn}$. Die Unsymmetrie der Formeln ist also nur formaler Natur.

Setzt man (70, 9) und (70, 10) in (70, 7) ein, so erhält man wieder — nun mit strengerer Begründung — die PLANCKsche Strahlungsformel (7, 28)

$$u_\nu = \frac{8\pi h\nu^3}{c^3} \cdot \frac{1}{e^{\frac{h\nu}{kT}} - 1} \,.$$

Wir benutzen die EINSTEINschen Ansätze zunächst, um die zeitliche Änderung der Anzahl N_m der Atome in einem angeregten Zustand m zu berechnen. Da nach (70, 2) die Emission pro sec N_m proportional ist, erhalten wir so das *zeitliche Abklingen des Leuchtens angeregter Atome* (idealisierter WIENscher Kanalstrahlversuch!). Beim Fehlen eines äußeren Strahlungsfeldes gilt nach (70, 2) das „Zerfallsgesetz“:

$$\frac{dN_m}{dt} = -N_m \cdot \sum_n A_{nm} \,, \tag{70, 11}$$

wobei die Summation über alle „unter" m liegenden Zustände zu erstrecken ist. Die Integration ergibt für die zeitliche Abnahme der N_m und damit der Intensität aller von m aus emittierten Spektrallinien

$$N_m = N_{m,0}\, e^{-\gamma_m t}, \qquad (70, 12)$$

wo

$$\boxed{\gamma_m = \sum_n A_{nm} = \frac{1}{T_m}} \qquad (70, 13)$$

die reziproke *Abklingzeit* ($t = T_m$ gibt Abnahme der N_m auf den e-ten Teil) bedeutet. Gleichzeitig ist T_m gleich der *mittleren Lebensdauer* $\bar{t}$ des Zustandes m: Die Wahrscheinlichkeit einer Lebensdauer zwischen t und $t + dt$ ist nach (70, 12) gleich $e^{-\gamma_m t} \cdot \gamma_m\, dt$, also

$$\bar{t} = \int_0^\infty t\, e^{-\gamma_m t}\, \gamma_m\, dt = T_m \quad \text{q. e.d.} \qquad (70, 14)$$

Ist ein hinreichend starkes Strahlungsfeld der Frequenz ν vorhanden, so müssen[1] selbstverständlich auch die B-Prozesse bei der Berechnung der Abklingkonstanten γ_m berücksichtigt werden. Bezeichnen wir die unterhalb m liegenden Atomzustände (Terme) mit Indizes n, die oberhalb liegenden mit n', so geht nach (70, 2—5) die Gl. (70, 13) über in

$$\gamma_m = \underbrace{\sum_n A_{nm}}_{\substack{\text{Spontane}\\ \text{Emission}\\ m \to n}} + \underbrace{\sum_n B_{nm} \cdot u(\nu_{nm})}_{\substack{\text{Erzwungene}\\ \text{Emission } m \to n}} + \underbrace{\sum_{n'} B_{n'm} \cdot u(\nu_{n'm})}_{\substack{\text{Absorption}\\ m \to n'}}\,. \qquad (70, 15)$$

Befindet sich das angeregte Atom in einem Hohlraumstrahlungsfeld der Temperatur T, so kann man u_ν nach der PLANCKschen Formel berechnen und erhält mit Hilfe der Beziehungen (70, 9) und (70, 10) zwischen den Übergangswahrscheinlichkeiten (die 3 Glieder in der obigen Reihenfolge geschrieben)

$$\gamma_m = \sum_n A_{nm}\left(1 + \frac{1}{e^{\frac{h\nu}{kT}} - 1}\right) + \sum_{n'} A_{mn'} \cdot \frac{g_{n'}}{g_m} \cdot \frac{1}{e^{\frac{h\nu}{kT}} - 1} \qquad (70, 16)$$

oder

$$\gamma_m = \sum \frac{A_{nm}}{1 - e^{-\frac{h\nu}{kT}}} + \sum \frac{\frac{g_{n'}}{g_m} \cdot A_{mn'}}{e^{\frac{h\nu}{kT}} - 1}, \qquad (70, 17)$$

wobei in der vorderen Summe unter ν das jeweilige $|\nu_{nm}|$, in der hinteren das $|\nu_{n'm}|$ zu verstehen ist. Die durch das Strahlungsfeld verursachten Zusatzglieder sind nur wesentlich, wenn für hinreichend starke Übergänge $m \to n$ bzw. $n' \to m$ das $\frac{h\nu}{kT} = \frac{1{,}43}{\lambda T} < 1$ ist, d. h. wenn diese im RAYLEIGH-JEANSschen Bereich der Energieverteilungskurve liegen (vgl. Abschnitt 7).

Nunmehr wollen wir für den *Absorptionsprozeß* die Verbindung herstellen zwischen der quantentheoretischen Beschreibung mit Hilfe der Übergangswahrscheinlichkeiten und der gewohnten Beschreibung mit Hilfe des Absorptionskoeffizienten k_ν (cm^{-1}):

Nach Gl. (3, 2) wird pro sec und cm^3 aus einem Strahlenbüschel mit der Intensität I_ν und dem Öffnungswinkel $d\omega$ die Energie $k_\nu \cdot I_\nu\, d\nu\, d\omega$ absorbiert.

[1] M. MINNAERT und G. F. W. MULDERS [1020].

Integriert man über $d\omega$ — die Strahlung sei wieder isotrop — und berücksichtigt, daß $4\pi I_\nu = c \cdot u_\nu$ ist, so erhält man für die in der betreffenden Spektrallinie absorbierte Energie pro sec und cm³

$$c \cdot u_\nu \int k_\nu \, d\nu \,. \tag{70, 18}$$

Andererseits gibt die Quantentheorie, wenn wir die erzwungenen Übergänge vorerst vernachlässigen, nach (70, 3) für dieselbe Größe den Ausdruck

$$B_{mn} \cdot h\nu \cdot N_n \cdot u_\nu \,, \tag{70, 19}$$

wo N_n wieder die Anzahl der Atome im Ausgangszustand des Absorptionsprozesses $n \to m$ pro cm³ bedeutet.

Durch Vergleich von (70, 18) und (70, 19) findet man die von Chr. Füchtbauer und R. Ladenburg [1016] entdeckte Relation:

$$\boxed{\int k_\nu \, d\nu = \frac{h\nu}{c} \cdot B_{mn} \cdot N_n \,.} \tag{70, 20}$$

Ist die Anzahl (pro cm³) der Atome im Zustand m von derselben Größenordnung wie die im Zustand n (starke Anregung; große Strahlungsdichte), so muß man die erzwungene Emission berücksichtigen[1]. Jeder solche Prozeß erzeugt ein Extraquant in der Richtung des einfallenden und ist daher als *negative Absorption* zu buchen. Das heißt, das $B_{mn} \cdot N_n$ in (70, 19) und (70, 20) ist zu verringern um $B_{nm} \cdot N_m$, und wir erhalten nach (70, 9):

$$\int k'_\nu \, d\nu = \frac{h\nu}{c} \cdot B_{mn} \cdot N_n \left(1 - \frac{g_n N_m}{g_m N_n}\right). \tag{70, 21}$$

Im Falle thermischen Gleichgewichtes wird nach der Boltzmannschen Formel vollends

$$\int k'_\nu \, d\nu = \frac{h\nu}{c} \cdot B_{mn} \cdot N_n \cdot \left(1 - e^{-\frac{h\nu}{kT}}\right). \tag{70, 22}$$

Die erzwungene Emission ist — wie zu erwarten — nur im Rayleigh-Jeans-Gebiet von Bedeutung. Immerhin beträgt z. B. bei λ 4000 Å bei einem O-Stern mit 30000° K der Faktor $1 - e^{-\frac{h\nu}{kT}}$ schon 0,70 und darf also nicht vergessen werden. Die ganz gleichartigen Verhältnisse in der Theorie des kontinuierlichen Absorptionskoeffizienten haben wir schon im Abschnitt 32 besprochen.

Um die Verbindung zwischen den klassischen Rechnungen des vorhergehenden Kapitels und der Quantentheorie anzubahnen, vergleichen wir nach R. Ladenburg [1016] die „quantentheoretische" Gesamtabsorption (70, 20) mit dem entsprechenden klassischen Ausdruck (68, 21)

$$\int k_\nu \, d\nu = \left\{ \begin{array}{ll} \dfrac{h\nu}{c} \cdot B_{mn} N_n & \text{(Quantentheorie)} \\[2ex] \dfrac{\pi e^2}{m c} \cdot \mathfrak{N} & \text{(klassische Elektronentheorie)}\,. \end{array} \right\} \tag{70, 23}$$

Die Anzahl klassischer Oszillatoren, die die Absorptionswirkung *eines* Atoms im Zustand n ersetzen, bezeichnen wir als die *Oszillatorenstärke* f_{mn} für den Übergang $n \to m$. Es ist also per definitionem

$$\mathfrak{N} = \mathfrak{N}_{mn} = N_n \cdot f_{mn} \tag{70, 24}$$

und nach (70, 23)

$$f_{mn} = \frac{m \cdot h\nu}{\pi e^2} \cdot B_{mn} \,. \tag{70, 25}$$

---

[1] Den so definierten Absorptionskoeffizienten bezeichnen wir analog Abschnitt 32 mit k'.

Mit Hilfe von (70, 10) wird entsprechend

$$\boxed{f_{mn} = \frac{g_m}{g_n} A_{nm} \cdot \frac{m\,c^3}{8\pi^2 e^2 \nu^2} = \frac{g_m}{g_n} \cdot \frac{A_{nm}}{3\gamma_{kl}}}, \tag{70, 26}$$

wo $\gamma_{kl} = \frac{8\pi^2 e^2 \nu^2}{3m\,c^3}$ die *klassische* Dämpfungskonstante (reziproke Abklingzeit) eines Oszillators der Frequenz ν bedeutet. Entsprechend der *Absorptions-Oszillatorenstärke* f_{mn} definieren wir zweckmäßig in Analogie zu der bekannten Relation $B_{nm} = \frac{g_n}{g_m} \cdot B_{mn}$ noch die *Emissions-Oszillatorenstärke*

$$f_{nm} = -\frac{g_n}{g_m} \cdot f_{mn} = -\frac{A_{nm}}{3\,\gamma_{kl}}. \tag{70, 27}$$

Wie wir sehen werden, kann man die ganzen in Abschnitt 68 und 69 entwickelten Formeln der klassischen Theorie in die Quantentheorie übernehmen, indem man einfach nach (70, 24) $\mathfrak{N}$ durch die Zahl der „Ersatzoszillatoren" $\mathfrak{N}_{mn} = N_n \cdot f_{mn}$ ersetzt und für die Dämpfungskonstante γ den im nächsten Abschnitt zu berechnenden quantentheoretischen Wert einsetzt.

Ehe wir uns jedoch der Quantentheorie der Strahlungsdämpfung zuwenden, sollen noch einige ergänzende Bemerkungen über Ursprung und Begründung der Ansätze dieses Abschnittes Platz finden: A. EINSTEIN hat 1916/17 [1010] seine Formeln für die Wechselwirkung von Strahlung und Materie begründet durch *Analogie* zum *Zerfallsgesetz* der radioaktiven Elemente für die A_{nm} und zur *klassischen Theorie* für die B_{nm}. Die Forderung, daß im Falle thermischen Gleichgewichtes das PLANCKsche *Strahlungsgesetz* gelten soll, führte auf die Verknüpfungsgleichungen zwischen den drei Übergangswahrscheinlichkeiten (auch die Möglichkeiten für die Wahrscheinlichkeitsansätze selbst werden dadurch wesentlich eingeschränkt). Die Betrachtung des Energie- und *Impuls*austausches von Strahlung und Materie (MAXWELLsche Geschwindigkeitsverteilung) und weiterhin der Schwankungserscheinungen des Strahlungsfeldes zwingt dann zu der Annahme, daß jedes Quant den Impuls $h\nu/c$ besitzt und daß die erzwungenen Emissionsprozesse in der schon besprochenen Weise erfolgen.

Eine in sich geschlossene *Quantentheorie des Strahlungsfeldes* hat nach Entdeckung der Quantenmechanik P. A. M. DIRAC 1927 entwickelt. Sie führt in völlig zwangsläufiger Weise auf die EINSTEINschen Ansätze und gibt überdies die Grundlage für eine *vollständige*[1] Theorie der Wechselwirkung von Strahlung und Materie, insbesondere auch der *Strahlungsdämpfung* (V. WEISSKOPF und E. WIGNER, vgl. Abschnitt 71). Wie W. HEISENBERG [1011] 1931 gezeigt hat, nimmt die mathematisch ziemlich diffizile Strahlungstheorie DIRACs eine einfachere und den anschaulichen Vorstellungen der klassischen Theorie viel besser angepaßte Form an, wenn man nicht von der SCHRÖDINGER-*Gleichung* im Konfigurationsraum ausgeht, sondern von der entsprechenden *Wellengleichung* (gequantelte Wellen).

71. Quantentheorie der Strahlungsdämpfung. Kohärente und inkohärente Streuung. Wahre Absorption.

Wie wir im vorhergehenden Abschnitt sahen, hat nach (70, 13) ein angeregtes Energieniveau m mit der Energie E_m eine mittlere Lebensdauer

$$T_m = \frac{1}{\gamma_m} = \frac{1}{\Sigma A_{nm}} \tag{71, 1}$$

[1] Auf die prinzipiellen Schwierigkeiten dieser Theorie einzugehen, ist hier noch weniger am Platze, als eine detaillierte Auseinandersetzung ihrer Grundlagen und Methoden.

[Falls ein intensives Strahlungsfeld vorhanden ist, wäre statt dieser Formel (70, 17) zu benutzen.]

Will man die *Energie* des Quantenzustandes m bestimmen, so steht also nur eine *Zeit* der Größenordnung $\Delta t = T_m$ zur Verfügung. Nach der HEISENBERG*schen Ungenauigkeitsrelation* kann daher E_m im *günstigsten* Falle mit einem mittleren Fehler ΔE gemessen werden, der durch

$$\Delta E \cdot \Delta t \sim \hbar \tag{71, 2}$$

bestimmt ist[1].

Wir bezeichnen dabei (wie sich dies in der Quantenmechanik weitgehend eingebürgert hat) mit $\hbar$ die Größe $h/2\pi$. Es ist ja — vom Standpunkt des Theoretikers aus gesehen — viel zweckmäßiger, das PLANCKsche $h\nu$ als $\hbar\omega$ zu schreiben. Messen wir also die Ungenauigkeit des Termwertes im Kreisfrequenzmaß und setzen

$$\Delta E = \hbar \cdot \Delta \omega, \tag{71, 3}$$

so wird

$$\Delta \omega \sim 1/T_m = \gamma_m. \tag{71, 4}$$

Während in der klassischen Elektronentheorie die Unschärfe, d. h. die natürliche Breite einer *Linie* durch *deren* Abklingzeit bestimmt war, ist in der Quantentheorie zunächst die Unschärfe eines *Energieniveaus* durch *dessen* Abklingzeit festgelegt.

Wie V. WEISSKOPF und E. WIGNER [1031] auf Grund der DIRACschen Strahlungstheorie gezeigt haben, ist die Wahrscheinlichkeit, daß das Atom im Zustand m mit einer Energie zwischen E und $E + dE$ angetroffen wird, in Übereinstimmung mit unseren qualitativen Überlegungen gegeben durch[2]

$$W_m(E)\, dE = \frac{\gamma_m}{2\pi\hbar} \cdot \frac{dE}{\left(\frac{E - E_m}{\hbar}\right)^2 + \left(\frac{\gamma_m}{2}\right)^2}. \tag{71, 5}$$

Dabei haben wir angenommen, daß die Anregung des Ausgangszustandes durch Licht erfolgt, dessen Intensität im Frequenzbereich der anregenden Linien konstant ist, oder durch Stöße von Elektronen usw. aller möglichen Geschwindigkeiten, so daß $W_m(E)$ die Wahrscheinlichkeit eines bestimmten Ausgangszustandes[3] gibt. Wir sprechen in diesem Falle von „*natürlicher* Anregung". Die Normierung in (71, 5) ist so gewählt, daß das $\int W_m(E)\, dE = 1$ wird.

Betrachten wir nun den Übergang des Elektrons von der Energie E in der Nähe des Niveaus E_m mit der Unschärfe γ_m nach der Energie E' in der Nähe des Niveaus n mit der Unschärfe γ_n unter Emission eines Lichtquantes $h\nu = E - E' \sim \sim E_m - E_n$! Da die Unschärfen von Anfangs- und Endzustand beide direkt

[1] In einfacher Weise kann man sich das Zustandekommen der HEISENBERGschen Ungenauigkeitsrelation für E und t z. B. klar machen für den Fall eines geradlinig-gleichförmig bewegten Partikels. Diesem entspricht nach DE BROGLIE eine *ebene Welle* der Frequenz E/h. Wird aus diesem Wellenzug nun — da für die Beobachtung ja nur die Zeit Δt zur Verfügung stehen soll — ein Stück der „zeitlichen" Länge Δt herausgeschnitten, so ergibt die FOURIER-*Analyse* dieses abgeschnittenen Wellenzuges eine Frequenzbreite der Größenordnung $\frac{1}{2\pi \cdot \Delta t}$ (ganz analog zur klassischen Theorie der Stoßdämpfung). Das heißt, es ist $\Delta\left(\frac{E}{h}\right) \sim \frac{1}{2\pi} \cdot \frac{1}{\Delta t}$ oder $\Delta E \cdot \Delta t \sim \hbar$.

[2] Diese „Dispersions"-Verteilung kommt letzten Endes natürlich wieder zustande durch FOURIER-Zerlegung eines exponentiell abklingenden Wellenzuges im Sinne der Gl. (65, 28a) und (65, 30).

[3] Falls diese Voraussetzung nicht erfüllt ist, hat es, wie V. WEISSKOPF [1033] gezeigt hat, überhaupt keinen Sinn mehr, von angeregten Zuständen in dem üblichen Sinne zu sprechen. Über die quantentheoretische Behandlung solcher Verhältnisse vgl. die angegebene Arbeit.

beobachtet werden können, so sind die entsprechenden Wahrscheinlichkeitsverteilungen voneinander unabhängig. Man kann also gemäß den allgemeinen Prinzipien der Quantenmechanik die Übergangswahrscheinlichkeit durch Anwendung der Produktregel der klassischen Wahrscheinlichkeitsrechnung[1] erhalten. Die Wahrscheinlichkeit der Emission eines Lichtquantes $\hbar\omega = E - E'$ beim Übergang zwischen E bis $E + dE$ und E' bis $E' + dE'$ ist also

$$W_m(E)\, dE \cdot W_n(E')\, dE' . \tag{71, 6}$$

Die *Gesamtwahrscheinlichkeit* $J(\omega)$ für die Emission bzw. Absorption eines Quantes pro (Kreis-)Frequenzbereich $\Delta\omega = 1$ [d. h. mit der Normierung $\int J(\omega)\, d\omega = 1$] erhalten wir vollends durch Integration über dE (dE' ist vorher gleich $\hbar\, d\omega$ zu setzen):

$$J(\omega) = \hbar \int W_m(E) \cdot W_n(E - \hbar\omega)\, dE . \tag{71, 7}$$

Diese „*Faltung*" zweier *Dispersionsfunktionen* mit den (ganzen) Halbwertsbreiten γ_m und γ_n haben wir schon in Abschnitt 65 mit Hilfe ihrer FOURIER-Transformierten $e^{-\frac{\gamma_m + \gamma_n}{2} \cdot t}$ berechnet. Wir erhalten *wieder* eine Dispersionsfunktion mit der Halbwertsbreite $\gamma_m + \gamma_n$, d. h.

$$\boxed{J(\omega) = \frac{\gamma_m + \gamma_n}{2\pi} \cdot \frac{1}{(\omega - \omega_{nm})^2 + \left(\frac{\gamma_m + \gamma_n}{2}\right)^2},} \tag{71,8}$$

wo ω_{nm} die Kreisfrequenz der Linienmitte bedeutet.

Die DIRACsche Strahlungstheorie führt also — dies ist das grundlegende Ergebnis von WEISSKOPF und WIGNER — auf genau dieselbe Linien*form* wie die klassische Elektronentheorie, nur ist die *klassische* Dämpfungskonstante γ_{kl} zu ersetzen durch die *Summe* $\gamma_m + \gamma_n$ der *quantentheoretischen Dämpfungskonstanten* (70, 13) bzw. (70, 17) *des oberen und unteren Termes.*

Weiterhin hatten wir schon im vorhergehenden Abschnitt gezeigt, daß bezüglich der *Gesamtabsorption* die klassische und die Quantentheorie in Übereinstimmung kommen, wenn man die *Zahl der Oszillatoren* $\mathfrak{N}$ in den klassischen Formeln *ersetzt* durch die *Zahl der Atome im unteren Quantenzustand* N_n *mal der Oszillatorenstärke* f_{mn} nach (70, 25) und (70, 26).

Das heißt, wir dürfen *sämtliche Formeln* der klassischen Theorie (Abschnitt 68) ohne weiteres beibehalten, wenn wir einführen:

$$\boxed{\begin{aligned} \mathfrak{N} &\to N_m \cdot f_{mn} \\ \gamma &\to \gamma_m + \gamma_n . \end{aligned}} \tag{71,9}$$

Bei der Entstehung der FRAUNHOFERschen Linien spielt — im Gegensatz zu Absorptionsversuchen im Laboratorium — die *Reemission*[2] eine wesentliche Rolle. Ihre Theorie ist gleichfalls von V. WEISSKOPF [1031 und besonders 1008] mit Hilfe der im Vorhergehenden dargestellten Ansätze entwickelt worden. Wir möchten die entscheidenden Punkte anhand einiger astrophysikalisch wichtiger Beispiele darlegen, bezüglich der ziemlich komplizierten allgemeinen Ausdrücke dagegen auf WEISSKOPFs Originalarbeit verweisen.

[1] Vgl. W. HEISENBERG [1011], S. 45—47. Diese Tatsache erspart uns, in jedem Einzelfall auf den schwerfälligen Apparat der DIRACschen Theorie zurückgreifen zu müssen.

[2] In dem Spezialfall, daß die reemittierte Frequenz in der Nähe der eingestrahlten liegt, spricht man meist von Streuung.

1. *Resonanzlinie* (z. B. Na D-Linien), d. h. Übergänge zwischen den beiden tiefsten Termen (Abb. 111) eines Atoms:

Falls die Strahlungsdichte nicht zu hoch ist, ist der Grundterm völlig scharf, d. h. $\gamma_n = 0$. Monochromatische Strahlung[1] der Frequenz $\omega \approx \omega_{nm}$ muß also — da das Leuchtelektron in das scharfe Niveau E_n zurückfällt — mit *genau derselben* Frequenz reemittiert werden[2]. Der Absorptions- und Emissionskoeffizient ist proportional (71, 5). Die Aussagen der Quantentheorie stimmen also hier — wie wir später sehen werden, auch zahlenmäßig — mit denen der klassischen Theorie der Resonanzfluoreszenz überein (Abschnitt 69).

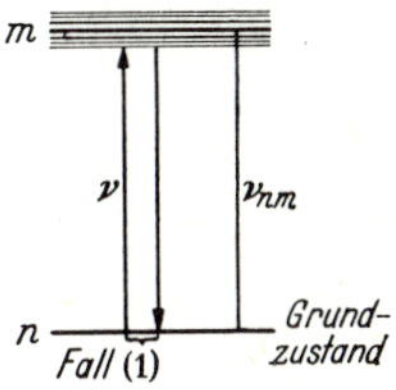

Abb. 111. Quantentheorie der Resonanzstreuung.

2. *Anregung vom Grundterm aus.* Außer dem scharfen Grundterm a mit $\gamma_a = 0$ seien noch *zwei* höhere Terme n und m mit den Abklingkonstanten γ_n und γ_m vorhanden (Abb. 112). Liegt die eingestrahlte Frequenz ω in der Nähe von ω_{an}, so kommen wir genau auf Fall 1 zurück. Strahlt man dagegen mit monochromatischem Licht einer Frequenz $\omega \sim \omega_{am}$ ein, so wird ein Teil der Elektronen (Fall a) aus dem angeregten Niveau direkt in den Grundzustand zurückfallen und dabei genau die eingestrahlte Frequenz ω reemittieren. In den übrigen Fällen (b) wird das Elektron zunächst einen Übergang nach n ausführen. Wie man aus Abb. 112 mit Gl. (71, 5) abliest, ist die Frequenzverteilung $\omega' \approx \omega_{nm}$ dieser Emissionsprozesse (auf Eins normiert) gegeben durch

$$\frac{\gamma_n}{2\pi} \cdot \frac{d\omega'}{(\omega_{am} - \omega_{nm} - \omega + \omega')^2 + (\gamma_n/2)^2}, \tag{71, 10}$$

wobei z. B. $\hbar\,\omega_{am} = |E_m - E_a|$ ist. Die Linien*mitte* liegt also *nicht* genau bei $\omega' = \omega_{nm}$, sondern etwas verschoben bei $\omega - \omega_{an}$. Die Linien*breite* ist durch das Niveau n allein bestimmt. An diesen Übergang schließt sich zwangsläufig ein solcher mit der Frequenz $\omega - \omega' \approx \omega_{an}$ an, der zum Grundzustand führt. Die *Häufigkeiten* der Prozesse a und b verhalten sich wie die Übergangswahrscheinlichkeiten A_{am} zu A_{nm}.

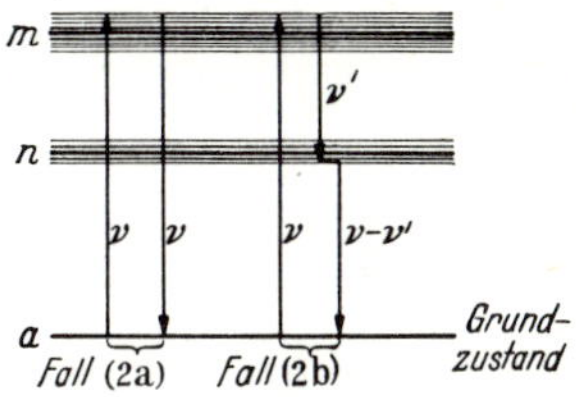

Abb. 112. Natürliche Linienbreite. Drei Quantenzustände.

Bis jetzt haben wir unter 2. nur die Anregung des Atoms durch *monochromatische* Strahlung der Frequenz ν betrachtet. Nunmehr wollen wir statt dessen ein kontinuierliches Spektrum benutzen, so daß die Strahlungsdichte u_ν bei $\nu \approx \nu_{ma}$ konstant ist.

Dann ist die Gesamtzahl der Übergänge $a \to m$ pro sec und pro Atom im Grundzustand

$$B_{ma} \cdot u_\nu \,. \tag{71, 11}$$

Die Zahl der Reemissionsprozesse $m \to a$ bzw. $m \to n$ wird also

$$\left.\begin{aligned} &B_{ma} \cdot u_\nu \cdot \frac{A_{am}}{A_{am} + A_{nm}} \\ \text{bzw.}\quad &B_{ma} \cdot u_\nu \cdot \frac{A_{nm}}{A_{am} + A_{nm}} \end{aligned}\right\} \tag{71, 12}$$

Die Intensitätsverteilung der Emissionslinie $m \to a$ ist — nach (71, 5) — durch die Dämpfungskonstante γ_m bestimmt. Die Wahrscheinlichkeitsverteilung für

---

[1] Bekanntlich kann eine endliche Energie nur durch ein Strahlenbündel *endlicher* Frequenzbreite $\Delta\omega$ transportiert werden. Wenn wir hier und im folgenden von monochromatischer Strahlung sprechen, so soll stets $\Delta\omega \ll$ die natürliche Breite der in Frage kommenden Terme sein.

[2] Daß z. B. bei Na der *obere* Term doppelt ist, macht offensichtlich nichts aus. Die Streuung in den beiden Linien erfolgt unabhängig voneinander.

die Emission einer Frequenz $\omega' \sim \omega_{nm}$ im Anschluß an die Absorption eines Quants $\omega \sim \omega_{ma}$ entsteht dagegen durch Faltung der Wahrscheinlichkeitsverteilungen W_m und W_n. Ihre Dämpfungskonstante bzw. Halbwertsbreite ist daher entsprechend Gl. (71, 8) durch $\gamma_m + \gamma_n$ bestimmt.

3. *„Natürlich" angeregte Atome. Kohärente und inkohärente Streuung.* Als nächstes Problem betrachten wir nun im Sinne der WEISSKOPF-WIGNERschen Theorie ein Atom (Abb. 113), in dem der Term n vom Grundzustand a aus z. B. durch Einstrahlen eines Kontinuums „natürlich" angeregt sei. Die Wahrscheinlichkeitsverteilung der Elektronen beim Term n entspricht also einer Funktion W_n analog Gl. (71, 5). Dieses *angeregte Atom* bestrahlen wir nun mit einer Frequenz ω, die sich von der Linie um ein Frequenzintervall $\Delta = \omega_{nm} - \omega$ unterscheide, das einerseits $\ll \omega_{mn}$, andererseits $\gg \gamma_n + \gamma_m$ sein soll. Die Wahrscheinlichkeit eines Absorptions- + Reemissionsprozesses (wir nehmen zunächst an, daß von m aus *nur* der Übergang nach n erlaubt sei) ist dann wieder durch die Wahrscheinlichkeitsverteilungen W_n und W_m bestimmt. Es überwiegen — wie man auch ohne detailliertere Rechnung sofort sieht — bei weitem *die* Prozesse, bei denen entweder der Quantensprung ω von dem Niveau[1] n ausgeht (Fall 3a) oder auf dem Niveau m endigt (Fall 3b). Im ersteren Fall (3a) erfolgt die Reemission ω' mit der Frequenz der Einstrahlung ω, d. h. man erhält *kohärente Streustrahlung*. Im zweiten Fall (3b) dagegen ist die Frequenz der Streustrahlung einfach ω_{nm}, unabhängig von der Größe von Δ; man spricht dann von *inkohärenter Streuung* oder auch „*Verteilung*". Die Frequenzverteilung der reemittierten Strahlung ist in beiden Fällen dieselbe, wie wenn der Term m „natürlich" angeregt würde, d. h. sie entspricht einer Dispersions*verteilung* mit der Halbwertsbreite $\gamma_n + \gamma_m$. Im Fall 3a wie 3b entspricht jedem eingestrahlten Lichtquant *ein* reemittiertes Quant; deshalb spricht man von Streuung. Das Intensitätsverhältnis von kohärenter zu inkohärenter Streuung ist nach (71, 5) (wo im Nenner von W_m und W_n beidemale $\Delta \gg \gamma_m$ bzw. γ_n steht):

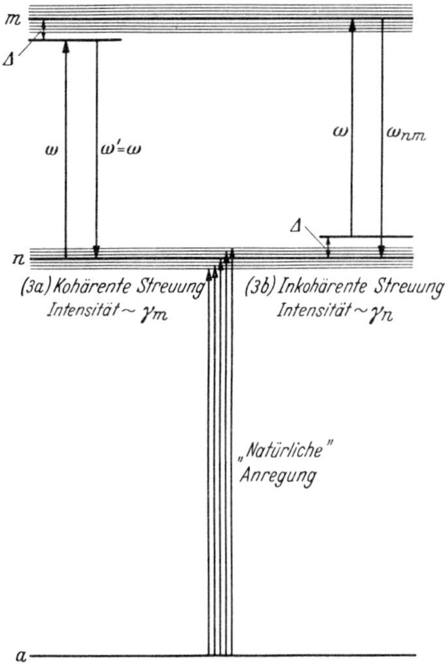

Abb. 113. Kohärente und inkohärente Streuung an angeregten Atomen.

$$\frac{\text{Kohärente Streuung } \omega' \approx \omega}{\text{Inkohärente Streuung } \omega' \approx \omega_{nm}} = \frac{\gamma_m}{\gamma_n}. \tag{71, 13}$$

Der unter 3. behandelte Fall, daß bei einer "subordinate line" nur der untere Term „natürlich" angeregt wird (z. B. vom Grundterm aus), während der obere nur durch ein Lichtquant der Frequenz $\sim \omega_{mn}$ erreicht wird (von seiner Auffüllung durch Rekombination sehen wir im Moment noch ab), ist verhältnismäßig selten realisiert. Das ultraviolette Mg-Triplett $3\,^3\text{P} - 3\,^3\text{D}$ λ 3829, 3832, 3838 z. B. dürfte einigermaßen so zustande kommen. Bei der ganz überwiegenden Mehrzahl der Linien ist der Strahlungsaustausch viel komplizierter.

[1] Genauer gesagt innerhalb eines Bereiches der Breite $\sim \gamma_n$ um den Schwerpunkt des Terms.

4. *Wahre Absorption und thermische Emission.* In komplizierteren Atomen und vollends in Molekülen wird ein Elektron, das durch *Absorption* eines Quants $\hbar\omega$ in einen Term m gelangt ist, so gut wie nie unmittelbar darauf in seinen Ausgangsterm zurückkehren, sondern es wird in irgendeinen anderen tieferen Term springen. Umgekehrt wird auch die zur *Emission* eines Quants $\hbar\omega$ nötige Anregung des oberen Terms häufig durch andere Lichtquanten — von Stößen werden wir erst in Kap. XI sprechen — besorgt. Zwischen Absorption und Emission besteht hier offenbar nur noch eine ganz lose, globale Bindung. Es erscheint in den allermeisten Fällen aussichtslos, das komplizierte Zusammenwirken sämtlicher Übergangs-Möglichkeiten in einem Atom direkt zu beschreiben.

Wenn wir uns dem *thermodynamischen Gleichgewicht* nähern, gibt aber der KIRCHHOFF*sche Satz* eine Verknüpfung von Emission und Absorption. Wir sprechen dann von „wahrer Absorption" und „thermischer Emission" bzw. von „lokalem thermodynamischem Gleichgewicht". Ist der Absorptionskoeffizient $\varkappa_\nu$, so beträgt bei derselben Frequenz die thermische Emission pro Volumeinheit $\varkappa_\nu B_\nu(T)$, wo $B_\nu(T)$ wieder die bekannte KIRCHHOFF-PLANCK-Funktion bei der lokalen Temperatur T bedeutet. Die Annäherung an den Zustand lokalen thermischen Gleichgewichtes wird — wenn wir von Stößen wieder zunächst absehen — um so besser sein, je genauer die „kinetische Temperatur", welche die Geschwindigkeitsverteilung der Materie (insbesondere der Elektronen) regelt, mit der „Strahlungstemperatur" übereinstimmt, welche die Strahlungsdichte bei den in Frage kommenden Frequenzen beschreibt. Da in den inneren Teilen der Linien der Absorptionskoeffizient $\varkappa_\nu$ sehr groß ist, so wird gerade für die wesentlichen Frequenzen schon in relativ geringen Tiefen das Strahlungsfeld weitgehend Hohlraumcharakter haben. Das heißt, wir dürfen erwarten, daß für weitaus *die meisten* FRAUNHOFER-*Linien normaler Sternatmosphären* (ohne ausgedehnte Hüllen) *die Beschreibung ihres Strahlungsaustausches durch das Schema: „Wahre Absorption"* ↔ *„Thermische Emission" eine gute Approximation darstellt.*

Diese Auffassung steht im Gegensatz zu der von K. SCHWARZSCHILD begründeten und dann vom Verf. u. a. seinerzeit übernommenen Anschauung, wonach die FRAUNHOFER-Linien in der Hauptsache durch Streuung entstehen sollten. In Kap. XV werden wir zeigen, daß die letztere Ansicht im wesentlichen auf einer unzureichenden Behandlung der Theorie des Strahlungsaustausches in den Linien *und* im Kontinuum basierte: Ursprünglich schienen a) die geringe *Mitte-Rand-Variation* der Sonnenlinien und b) ihre geringen *Restintensitäten* beide für *Streuung* zu sprechen. Heute erklären wir — um das Ergebnis der folgenden Untersuchungen schon vorwegzunehmen — a) durch genauere Berücksichtigung der Tiefenabhängigkeit der Absorptionskoeffizienten und der KIRCHHOFF-PLANCK-Funktion und führen b) auf die Depression der Grenztemperatur T_0 infolge Nicht-Grauheit der Atmosphäre (Abschnitt 42 und 43) zurück; *beides* in Verbindung mit *wahrer Absorption* bei fast allen Linien (mit Ausnahme einiger Resonanzlinien).

72. Thermischer Dopplereffekt und Turbulenz.

Bis jetzt haben wir die absorbierenden und emittierenden Teilchen als ruhend betrachtet. In Wirklichkeit besitzen sie vielfach beträchtliche Geschwindigkeiten: Zunächst auf jeden Fall die thermische Bewegung (MAXWELLsche Geschwindigkeitsverteilung). Daneben aber zeigen, wie wir sehen werden, z. B. die Gase der Sonnenchromosphäre und die Atmosphären mancher Sterne eine Art *Brodeln* — gewöhnlich als *„Turbulenz"*[1] bezeichnet —, das gleichfalls zu Geschwindigkeiten von der Größenordnung einiger km/sec führt.

[1] Inwieweit diese Erscheinung mit der aus der Aerodynamik bekannten Turbulenz zusammenhängt, werden wir später erörtern.

Die Bewegungen der Atome führen wegen des *Dopplereffektes* für jedes einzelne Partikel zu einer Linienverschiebung; im Mittel geben sie also einen *Beitrag zur Linienbreite.* In diesem Abschnitt wollen wir noch voraussetzen, daß andere Verbreiterungsursachen gegenüber dem Dopplereffekt vernachlässigt werden können; im nächsten werden wir dann das Zusammenwirken von Dopplereffekt *und* Dämpfung untersuchen.

Bezeichnen wir die Geschwindigkeitskomponente eines Atoms in der Sehlinie mit ξ, so schreiben wir den Bruchteil dN/N der Atome, deren „Radialgeschwindigkeit" zwischen ξ und $\xi + d\xi$ liegt, in der Form

$$\frac{dN}{N} = \frac{1}{\sqrt{\pi}} e^{-\left(\frac{\xi}{\xi_0}\right)^2} \frac{d\xi}{\xi_0}. \qquad (72, 1)$$

Der Mittelwert von ξ^2 ist:

$$\overline{\xi^2} = \frac{1}{\sqrt{\pi}} \int_{-\infty}^{+\infty} \xi^2 e^{-\left(\frac{\xi}{\xi_0}\right)^2} \frac{d\xi}{\xi_0} = \frac{1}{2} \xi_0^2. \qquad (72, 2)$$

Der Mittelwert des Quadrates der *Gesamt*geschwindigkeit wird also

$$\overline{v^2} = \overline{\xi^2} + \overline{\eta^2} + \overline{\zeta^2} = \frac{3}{2} \xi_0^2. \qquad (72, 3)$$

Weiterhin zeigt man leicht, daß die *wahrscheinlichste* Geschwindigkeit

$$v_w = \xi_0 \qquad (72, 4)$$

und die *mittlere* Geschwindigkeit der Teilchen

$$\bar{v} = \frac{2}{\sqrt{\pi}} \xi_0 \qquad (72, 5)$$

ist.

Hat man es nur mit thermischer Bewegung zu tun, so gilt die Form (72, 1) der Geschwindigkeitsverteilung genau, und da nach dem Gleichverteilungssatz die mittlere kinetische Energie der Translationsbewegung pro Mol $\frac{1}{2} \mu \overline{v^2} = \frac{3}{2} RT$ ist (μ = Atomgewicht; R = Gaskonstante), so wird

$$\xi_0^2 = \frac{2RT}{\mu}. \qquad (72, 6)$$

Tritt zu der thermischen Geschwindigkeit noch die einer „Turbulenz"-Bewegung hinzu, so ist (72, 1) natürlich nur als ein empirischer Ansatz zu betrachten. Nehmen wir an, daß die Geschwindigkeitsverteilung der durcheinanderwirbelnden Gasmassen, makroskopisch betrachtet, durch (72, 1) mit $\xi_0 = \xi_t$ dargestellt werden kann, so erhalten wir — entsprechend dem bekannten Faltungsgesetz der Gauss-Verteilung (65, 27) und (65, 32) — insgesamt

$$\xi_0^2 = \frac{2RT}{\mu} + \xi_t^2. \qquad (72, 7)$$

Die Radialgeschwindigkeit ξ gibt eine Verschiebung[1] $\Delta\omega$ der Kreisfrequenz $\omega = 2\pi c/\lambda$ bzw. $\Delta\lambda$ der Wellenlänge λ um

$$\frac{\Delta\omega}{\omega} = \frac{\Delta\lambda}{\lambda} = \frac{\xi}{c}. \qquad (72, 8)$$

Insbesondere setzen wir

$$\frac{\Delta\omega_D}{\omega} = \frac{\Delta\lambda_D}{\lambda} = \frac{\xi_0}{c} \qquad (72, 9)$$

---

[1] Ohne Berücksichtigung des Vorzeichens.

und erhalten damit die relative Intensitätsverteilung in der Linie:

$$\frac{dI}{I} = \frac{1}{\sqrt{\pi}} e^{-\left(\frac{\Delta\omega}{\Delta\omega_D}\right)^2} \frac{d\omega}{\Delta\omega_D} \quad \text{bzw.} \quad \frac{dI}{I} = \frac{1}{\sqrt{\pi}} e^{-\left(\frac{\Delta\lambda}{\Delta\lambda_D}\right)^2} \frac{d\lambda}{\Delta\lambda_D}. \tag{72, 10}$$

$\frac{dI}{I}$ ist auf die Hälfte seines Maximalwertes gesunken bei

$$e^{-\left(\frac{\Delta'\omega}{\Delta\omega_D}\right)^2} = \frac{1}{2}; \tag{72, 11}$$

die *ganze* Halbwertsbreite der Linie ist daher

$$2\,\Delta'\omega = \Delta\omega_D \cdot 2\sqrt{\ln 2} \quad \text{bzw.} \quad 2\,\Delta'\lambda = \Delta\lambda_D \cdot 2\sqrt{\ln 2}, \tag{72, 12}$$

wo $2\sqrt{\ln 2} = 1{,}665$.
Bei Sonnentemperatur ($\sim 5700°$ K) erhalten wir nach (72, 6) bzw. (72, 12) z. B. für die Wasserstofflinie

$$\text{H}\beta\ (\lambda\,4861\ \text{Å}):\ \xi_0 = 9{,}73\ \text{km/sec},\ \Delta\lambda_D = 0{,}158\ \text{Å und } 2\,\Delta'\lambda = 0{,}263\ \text{Å}$$

bzw. die Eisenlinie (72 13)

$$\lambda\,3859{,}9\ \text{Å}:\ \xi_0 = 1{,}30\ \text{km/sec},\ \Delta\lambda_D = 0{,}017\ \text{Å und } 2\,\Delta'\lambda = 0{,}028\ \text{Å}.$$

Die Verbreiterung des *Absorptionskoeffizienten* durch Dopplereffekt ist also im allgemeinen wesentlich stärker, als die durch Dämpfung. Solange wir uns auf die *Absorption optisch dünner Schichten* beschränken, wird daher (72, 10) zur Berechnung des Absorptionskoeffizienten genau genug sein. Da nach (68, 19—22)

$$\int k\,d\omega = \frac{2\pi^2 e^2}{m c}\mathfrak{N} \quad \text{bzw.} \quad \int k\,d\lambda = \frac{\pi e^2 \lambda_0^2}{m c^2} \cdot \mathfrak{N} \tag{72, 14}$$

ist, so erhalten wir in Verbindung mit (72, 10) für den Absorptionskoeffizienten die von der Dämpfungskonstanten unabhängigen Ausdrücke:

$$k = \frac{2\pi^{3/2} e^2}{m c} \cdot \frac{\mathfrak{N}}{\Delta\omega_D} \cdot e^{-\left(\frac{\Delta\omega}{\Delta\omega_D}\right)^2} \tag{72, 15}$$

bzw.

$$\boxed{k = \frac{\sqrt{\pi} \cdot e^2}{m c^2} \cdot \frac{\lambda_0^2 \mathfrak{N}}{\Delta\lambda_D} \cdot e^{-\left(\frac{\Delta\lambda}{\Delta\lambda_D}\right)^2}.} \tag{72, 16}$$

Betrachtet man dagegen die Absorption *optisch dicker Schichten* (d. h. $k \times$ Schichtdicke soll für die *Linienmitte* $\gg 1$ sein), so muß man, wie R. Minkowski und W. Schütz zuerst bemerkt haben, die Dämpfungsverbreiterung auf jeden Fall mit berücksichtigen. Da nämlich in großem Abstand von der Linienmitte die Dämpfungsverbreiterung wie $1/(\Delta\lambda)^2$ abnimmt, während der Dopplereffekt nach obiger Formel exponentiell absinkt, so wird in den äußeren Teilen der Linie der Dämpfungseffekt die Oberhand gewinnen. Bei *sehr* großen Schichtdicken werden also — abgesehen von dem ohnedies totale Absorption zeigenden innersten Teil der Linie — trotz des Dopplereffektes die alten Formeln von Abschnitt 68 gültig bleiben. Die quantitativen Verhältnisse beim allmählichen Übergang von Doppler- zu Dämpfungsverbreiterung und die exakten Bedingungen für die Anwendbarkeit der verschiedenen Formelgruppen untersuchen wir im folgenden Abschnitt.

73. Dopplereffekt und Dämpfung. Wachstumskurve für exponentielle Absorption.

Wenn Dopplereffekt *und* Dämpfung[1] an der Verbreiterung einer Spektrallinie ω_0 gleichzeitig beteiligt sind, so können wir den Absorptionskoeffizienten durch Überlagerung (Faltung) der

$$\text{Dopplerverteilung (Gauss-Verteilung) (72, 10)}: \frac{1}{\sqrt{\pi}\,\Delta\omega_D}\, e^{-\left(\frac{\Delta\omega}{\Delta\omega_D}\right)^2} \qquad (73, 1)$$

mit der

$$\text{Dämpfungsverteilung (Dispersionsverteilung) (68, 16)}: \frac{\gamma}{2\pi}\cdot\frac{1}{(\omega-\omega_0)^2+\left(\frac{\gamma}{2}\right)^2} \qquad (73, 2)$$

berechnen. Wir haben beide Funktionen (73, 1) und (73, 2) so normiert, daß ihr $\int\limits_{-\infty}^{+\infty}\cdots d\omega = 1$ wird. Nach (72, 14) erhalten wir daraus vollends den *Absorptionskoeffizienten* $k(\omega)$ durch Multiplikation mit $\frac{2\pi^2 e^2}{m c}\cdot\mathfrak{N}$, wobei wir für $\mathfrak{N}$ auch Atomzahl/cm³ $N \times$ Oszillatorenstärke f schreiben könnten.

Die Faltung von *Doppler- und Dämpfungsverteilung* (dort als Gauss- und *Dispersions*funktion bezeichnet) haben wir schon ausführlich in Abschnitt 66 untersucht. Sie ergibt eine Voigt-Funktion (66, 5)

$$V(\alpha, v) = \frac{1}{\sqrt{\pi}\,\Delta\omega_D} H(\alpha, v)\,, \qquad (73, 3)$$

wobei — in den dortigen Bezeichnungen — β_1 unserem $\frac{\gamma}{2}$, β_2 dem $\Delta\omega_D$ und x dem $\omega-\omega_0$ entspricht. Es ist also[2]

$$v = \frac{\omega-\omega_0}{\Delta\omega_D} \quad \text{und} \quad \alpha = \frac{\gamma}{2\,\Delta\omega_D}\,. \qquad (73, 4)$$

Rechnet man mit Wellenlängen, so wird entsprechend

$$v = \frac{\lambda-\lambda_0}{\Delta\lambda_D} \quad \text{und} \quad \alpha = \frac{\Delta\lambda_N}{2\,\Delta\lambda_D}\,. \qquad (73, 5)$$

Die Funktion $H(\alpha, v)$ ist nach Abschnitt 66 so eingerichtet, daß in der Linienmitte $v = 0$ für $\alpha \ll 1$, d. h. Dämpfung $\frac{\gamma}{2} \ll$ Dopplereffekt[3] $\Delta\omega_D$, $H(\alpha, 0) = 1$ wird. Die anschauliche Bedeutung von $H(\alpha, v)$ ist also einfach die des Verhältnisses von Absorptionskoeffizient k_ω zu Absorptionskoeffizient in der Linienmitte k_0

$$\frac{k_\omega}{k_0} = H(\alpha, v) \quad \ldots \quad (\alpha \ll 1)\,, \qquad (73, 6)$$

wobei nach (73, 3) und (72, 14) — analog zu (72, 15) —

$$k_0 = \frac{2\pi^{3/2} e^2}{m c}\cdot\frac{N f}{\Delta\omega_D} \qquad (73, 7)$$

ist. Multipliziert man noch mit der wirksamen Dicke der absorbierenden Schicht l,

---

[1] Ob es sich um Strahlungs- oder Stoßdämpfung handelt, ist für das Folgende belanglos. Wir lassen den Zahlenwert der Dämpfungskonstanten γ zunächst offen.

[2] $\gamma/2\,\Delta\omega_D$ haben wir (wie schon bemerkt) in der 1. Auflage im Anschluß an die ältere Literatur mit $a/2$ bezeichnet. In der neueren amerikanischen Literatur wird es meist mit a bezeichnet. Um Irrtümern vorzubeugen, schreiben wir daher α.

[3] Bei klassischer Strahlungsdämpfung ist α von der Größenordnung 10^{-3}. Selbst erhebliche Stoßdämpfung bringt es höchst selten in die Größenordnung 1.

so erhält man deren *optische Dicke in der Linienmitte* (wieder für $\alpha \ll 1$), die man nach R. LADENBURG [1017] mit C oder nach D. H. MENZEL [1019, Gl. (7)] vielfach mit X_0 bezeichnet, d. h.

$$C \text{ bzw. } X_0 = k_0 l = \frac{2\pi^{3/2} e^2}{m c} \cdot \frac{N l f}{\Delta \omega_D} = 9{,}40 \cdot 10^{-2} \cdot \frac{N l f}{\Delta \omega_D}. \qquad (73, 8)$$

($\log 9{,}40 \cdot 10^{-2} = -1{,}027$).

Die weitere Berechnung von $H(\alpha, v)$ können wir ohne weiteres aus Abschnitt 66 und den dort zitierten Abhandlungen entnehmen. Abb. 107 (die man genau studieren sollte!) vermittelt eine lebhafte Vorstellung davon, wie rasch bei $\alpha < 1$ jeweils der *Dopplerkern* $H(\alpha, v) \approx e^{-v^2}$ in die *Dämpfungsflügel* $H(\alpha, v) = \frac{\alpha}{\sqrt{\pi}\, v^2}$ übergeht. Der Schnittpunkt dieser beiden asymptotischen Kurven liegt für

	$\alpha =$	0,1	0,01	0,001	(73, 9)
bei	$v^* =$	2,1	2,7	3,1	

$v^* \Delta \omega_D$ ist also etwa die Halbbreite des *Dopplerkerns*. Wird eine Linie — infolge großer Anzahl der absorbierenden Atome — breiter, so bilden sich an den Seiten die *Dämpfungsflügel*.

Nunmehr wenden wir uns der schon am Ende von Abschnitt 68 angeschnittenen Frage zu, welche Energie insgesamt durch eine Spektrallinie aus einem kontinuierlichen Spektrum heraus absorbiert oder gestreut wird. Solange man sich auf den Grenzfall „unendlich dünner Schichten" beschränkt, d. h. auf Schichten, deren *optische Dicke für alle Frequenzen* $\ll 1$ ist, bleiben die Gl. (68, 21) und (68, 22) unverändert gültig. Denn hierbei absorbiert sozusagen jeder Oszillator für sich; die Verschiebung seiner Frequenz durch Dopplereffekt usw. ist ohne Einfluß.

Wesentlich komplizierter werden die Verhältnisse, wenn wir zu Schichten übergehen, die nicht mehr für alle Frequenzen als optisch dünn betrachtet werden dürfen. Dieser Fall ist zuerst von R. LADENBURG und F. REICHE [1015] für reine Dämpfungsverbreiterung, dann von R. LADENBURG [1017] für reine Dopplerverbreiterung und endlich von W. SCHÜTZ [1025] und V. D. HELD [1012] auch für das Übergangsgebiet behandelt worden. Wir beschränken uns hier wieder auf den astrophysikalisch allein interessierenden Fall $\alpha = \frac{\gamma}{2 \Delta \omega_D} \ll 1$ (Dämpfungsbreite $\ll$ Dopplerbreite).

Es sei N die Anzahl der absorbierenden Atome pro cm^3, f ihre Oszillatorenstärke und l die Länge der absorbierenden Schicht, dann ist nach (73, 6—8)

$$C = \frac{2\pi^{3/2} e^2}{m c} \cdot \frac{N l f}{\Delta \omega_D} \qquad (73, 10)$$

und

$$\tau = C \cdot H(\alpha, v) \qquad (73, 11)$$

die *optische Dicke* des Absorptionsrohres im Abstand $\omega - \omega_0 = v \Delta \omega_D$ von der Linienmitte. In der Linienmitte selbst ist (für $\alpha \ll 1$) $\tau = C$. Wir bezeichnen wieder die im Bereich der Linie konstante Intensität des einfallenden Lichtes mit $I_{\omega,0}$; nach Verlassen des Absorptionsrohres sei sie I_ω. Dann definieren wir die *Äquivalentbreite* oder Gesamtabsorption W_ω (in Kreisfrequenz-Einheiten) durch die Beziehung (das Integral ist über die Linie zu erstrecken):

$$W_\omega = \int \frac{I_{\omega,0} - I_\omega}{I_{\omega,0}} d\omega = \int_{-\infty}^{+\infty} \{1 - e^{-C \cdot H(\alpha, v)}\} d\omega. \qquad (73, 12)$$

Wegen $d\omega = \Delta\omega_D \cdot dv$ ist also

$$\frac{W_\omega}{2\,\Delta\omega_D} = \frac{W_\lambda}{2\,\Delta\lambda_D} = \int_0^\infty \{1 - e^{-C \cdot H(\alpha, v)}\}\, dv\,. \tag{73, 13}$$

Die links stehenden Größen sind dimensionslos und proportional der Äquivalentbreite in FRAUNHOFER-Einheiten (Abschnitt 59). Die Funktion $H(\alpha, v)$ haben wir in Abschnitt 66 ausführlich erklärt und berechnet.

Die Berechnung von $W_\omega/2\,\Delta\omega_D$ ist relativ leicht durchführbar für *reine Dopplerverbreiterung* ($\alpha = 0$) und für *reine Dämpfungsverbreiterung*. Wir behandeln diese Grenzfälle nacheinander; das Zwischengebiet muß durch numerische Integrationen ausgefüllt werden.

a) *Reine Dopplerverbreiterung* $\left(\alpha = \frac{\gamma}{2\,\Delta\omega_D} \to 0\right)$.

Nach (66, 9ff.) ist in diesem Falle $H(\alpha, v) = e^{-v^2}$ und also

$$\frac{W_\omega}{2\,\Delta\omega_D} = \int_0^\infty \{1 - \exp(-C\,e^{-v^2})\}\, dv\,. \tag{73, 14}$$

Entwickelt man die exp-Funktion, so erhält man

$$\frac{W_\omega}{2\,\Delta\omega_D} = \int_0^\infty \left\{C\,e^{-v^2} - \frac{1}{2!}\,C^2\,e^{-2v^2} + \frac{1}{3!}\,C^3\,e^{-3v^2} - \cdots\right\} dv\,. \tag{73, 15}$$

Durch gliedweise Integration ergibt sich die für $C < 3$ brauchbare Reihenentwicklung

$$\frac{W_\omega}{2\,\Delta\omega_D} = \frac{\sqrt{\pi}}{2}\,C\left\{1 - \frac{C}{2!\sqrt{2}} + \frac{C^2}{3!\sqrt{3}} - \frac{C^3}{4!\sqrt{4}} + \cdots\right\}. \tag{73, 16}$$

Für kleine optische Dicken, d. h. $C \ll 1$, führt das 1. Glied auf das alte Grenzgesetz (68, 21) zurück.

Hat man optisch *dicke* Schichten, also $C \gg 1$, so setzt man in (73, 14) $\ln C = v_0^2$ und schreibt die Gleichung in der Form

$$\frac{W_\omega}{2\,\Delta\omega_D} = \int_0^\infty \{1 - \exp(-e^{v_0^2 - v^2})\}\, dv\,. \tag{73, 17}$$

Der Integrand ist für $0 < v < v_0$ praktisch gleich 1 und sinkt dann sehr rasch auf Null. Das Integral ist also in 1. Näherung gleich $\int_0^{v_0} 1 \cdot dv = v_0$. Entwickelt man in der Umgebung von $v = v_0$, so erhält man eine von W. BARTKY (angegeben bei O. STRUVE und C. T. ELVEY [1029], Gl. 6) gefundene asymptotische Darstellung:

$$\frac{W_\omega}{2\,\Delta\omega_D} = \sqrt{\ln C}\left\{1 + \frac{0{,}2886}{\ln C} - \frac{0{,}1355}{(\ln C)^2} + \cdots\right\}. \tag{73, 18}$$

Für mittlere C integriert man numerisch; vgl. R. LADENBURG [1017].

b) *Reine Dämpfungsverbreiterung.* Dieses Problem ist allgemein bei R. LADENBURG und F. REICHE [1015] behandelt. Wir begnügen uns hier mit dem praktisch wichtigsten Fall *großer* optischer Dicke der absorbierenden Schicht. Genauer gesagt: Die optische Dicke τ soll für $v < v^*$ nach (73, 9) $\gg 1$ sein; dann ist dort die Intensität praktisch Null, es kommt also auf den genauen Wert des Absorptionskoeffizienten gar nicht mehr an. Wir dürfen also *durchweg* mit der asymptotischen Darstellung (66, 16)

$$H(\alpha, v) = \frac{\alpha}{\sqrt{\pi}\, v^2} \qquad (73, 19)$$

rechnen und erhalten

$$\frac{W_\omega}{2\,\Delta\,\omega_D} = \int_0^\infty \left\{1 - e^{-\frac{\alpha C}{\sqrt{\pi}\, v^2}}\right\} dv\,. \qquad (73, 20)$$

Mit $z = \frac{\alpha\, C}{\sqrt{\pi}\, v^2}$ wird daraus[1]

$$\frac{W_\omega}{2\,\Delta\,\omega_D} = \sqrt{\frac{\alpha\, C}{\sqrt{\pi}}} \int_{z=\infty}^{0} \left\{1 - e^{-z}\right\} d\left(\frac{1}{\sqrt{z}}\right) = \sqrt{\sqrt{\pi} \cdot \alpha C}\,. \qquad (73, 21)$$

Dieses *Wurzel-Gesetz* bewirkt z. B., daß bei großer optischer Dicke der absorbierenden Schicht die Äquivalentbreiten der beiden Na D-Linien (mit $f = \frac{1}{3}$ und $\frac{2}{3}$) sich wie $1 : \sqrt{2}$ verhalten. Man kann dies anschaulich leicht verstehen: Nach (73, 19) erhält man in den beiden Linien dieselbe optische Dicke und also auch dieselbe Intensität bei v-Werten, die $\sim \sqrt{C}$ sind und sich also wie $1 : \sqrt{2}$ verhalten. Das Linienprofil von D_2 kann man also aus dem von D_1 einfach durch Dehnung der Frequenzskala im Verhältnis $\sqrt{2}$ erhalten.

Die folgende Abb. 114 gibt nach E. F. M. v. d. Held [1012] eine graphische Darstellung von $\frac{W_\omega}{2\,\Delta\,\omega_D} = \frac{W_\lambda}{2\,\Delta\,\lambda_D}$ als Funktion von $\log \frac{\mathfrak{N}\, l}{\Delta\,\omega_D} = 1{,}027 + \log C$ [nach (73, 8)], die sog. *Wachstumskurven*. Als Parameter ist an die Kurven $2\alpha = \gamma/\Delta\,\omega_D$ angeschrieben. Der linke Teil der Kurven ist nach (73, 16), der rechte nach (73, 21) bzw. für $2\alpha = 0$ nach (73, 18) berechnet. Die Zwischenwerte sind auf numerischem Wege gewonnen.

Um diese wichtigen Zusammenhänge noch deutlicher zu machen, betrachten wir als Beispiel die Absorption der Na D-Linien λ 5893 Å bei $T = 5700°$ K (etwa Sonnentemperatur) und so niedrigen Drucken, daß gegenüber der Strahlungsdämpfung (die wir hier klassisch rechnen dürfen) die Stoßdämpfung noch nicht in Frage kommt.

Nach (69, 4) und (69, 5) ist die Strahlungs-Dämpfungskonstante $\gamma = 0{,}635 \times \times 10^8\,\mathrm{sec}^{-1}$. Die thermische Geschwindigkeit der Atome ist nach (72, 6) $\xi_0 = \sqrt{2\,RT/\mu} = 2{,}03$ km/sec; damit findet man nach (72, 9)

$$\Delta\,\lambda_D = \lambda \cdot \frac{\xi_0}{c} = 3{,}98 \cdot 10^{-2}\,\text{Å} \quad \text{und} \quad \Delta\,\omega_D = \frac{2\pi}{\lambda} \cdot \xi_0 = 2{,}17 \cdot 10^{10}\,\mathrm{sec}^{-1}\,. \qquad (73, 22)$$

Weiterhin ist $2\,\alpha = \gamma/\Delta\,\omega_D = 2{,}93 \cdot 10^{-3}$.

Aus der v. d. Heldschen Wachstumskurve für diesen Wert von 2α liest man ab, daß zunächst bei kleinen $\mathfrak{N}\, l$ (Anzahl der absorbierenden Oszillatoren Nf in einer Säule von 1 cm² Querschnitt) $W_\lambda \sim \mathfrak{N}\, l$ ist, bis etwa $\log \frac{\mathfrak{N}\, l}{\Delta\,\omega_D} = 1$ oder $\mathfrak{N}\, l = 2 \cdot 10^{11}$ wird. Die entsprechende Äquivalentbreite erhält man aus $\frac{W_\lambda}{2\,\Delta\,\lambda_D} = 0{,}6$ zu $W_\lambda = 0{,}048$ Å oder 8,1 Fraunhofer. In dem betrachteten *„linearen" Teil*

[1] $$\int_{z=\infty}^{0} \{1 - e^{-z}\}\, d\left(\frac{1}{\sqrt{z}}\right) = \frac{1 - e^{-z}}{\sqrt{z}}\Bigg|_{\infty}^{0} + \int_0^\infty z^{-\frac{1}{2}}\, e^{-z}\, dz = \sqrt{\pi}\,.$$

der Wachstumskurve ($\mathfrak{N}\,l < 2\cdot 10^{11}$) hat die Linie praktisch ein *Doppler*-(Gauss-) Profil, dessen Mitte sich mehr und mehr einsenkt. Nähert sich nun die Zentralintensität der Null, so kann W_λ mit zunehmendem $\mathfrak{N}\,l$ nur noch sehr langsam wachsen: Die Linienmitte ist „schwarz", und die Linienbreite nimmt wenig zu, da der Absorptionskoeffizient im *Dopplerkern* mit wachsendem v steil abfällt (Abb. 107). Dies ändert sich erst, wenn sich die *Dämpfungsflügel* zu bilden beginnen, d. h. wenn die optische Dicke bei v^* nach Gl. (73, 9) > 1 wird. $\frac{W_\omega}{2\,\Delta\,\omega_D}$ ist

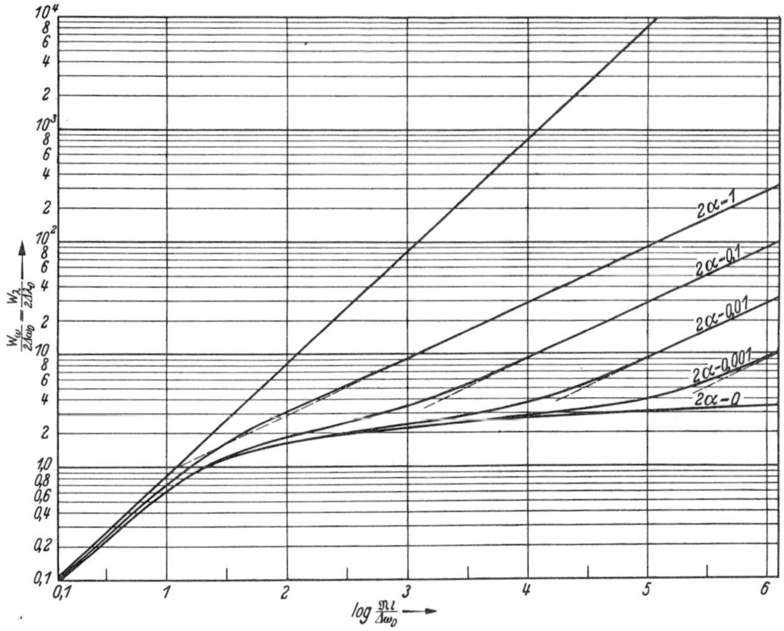

Abb. 114. Wachstumskurve (für exponentielle Absorption): Äquivalentbreite W_λ als Funktion der Anzahl $\mathfrak{N}\,l$ absorbierender Oszillatoren pro 1 cm²-Säule nach v. d. Held [1012]. Ordinaten: $\frac{W_\omega}{2\,\Delta\,\omega_D} = \frac{W_\lambda}{2\,\Delta\,\lambda_D}$ (logarithmisch). Abszissen: $\log\frac{\mathfrak{N}\,l}{\Delta\,\omega_D} = 1{,}027 + \log C \quad 2\,\alpha = \frac{\text{Dämpfungskonstante } \gamma}{\text{Dopplerbreite } \Delta\,\omega_D}$.

dann größenordnungsmäßig gleich v^*. In der Tat geht in Abb. 114 der *flache Teil* der Wachstumskurve bei $\frac{W_\omega}{2\,\Delta\,\omega_D} \approx 3$ oder $\mathfrak{N}\,l \approx 2\cdot 10^{14}$ in den *Wurzel-Teil* über, in dem nun die Breite der Dämpfungsflügel und damit auch W_λ nach (73, 21) $\sim \sqrt{\mathfrak{N}\,l}$ anwachsen. Man beachte noch, daß auf dem flachen Teil der Wachstumskurve eine Zunahme der Atomzahlen um 2 Zehnerpotenzen (!) die Äquivalentbreite erst um einen Faktor 2,1 anwachsen läßt! In diesem Bereich hängt W_λ viel mehr von der Dopplerbreite $\Delta\,\lambda_D$ ab, als von $\mathfrak{N}\,l$.

Die im Vorhergehenden entwickelte Theorie der *Wachstumskurve* läßt sich ohne weiteres auch auf die Emission einer isothermen Schicht mit $\mathfrak{N}\,l$ Oszillatoren in einer Säule von 1 cm² Querschnitt übertragen. Wir schreiben nach dem Kirchhoffschen Satz: *Emission* = *Absorption* × Kirchhoff-Planck-*Funktion* $B_\lambda(T)$. Vergleichen wir also die Emission in einer Linie cet. par. mit der Ausstrahlung eines schwarzen Körpers der Temperatur T pro Ångström-Einheit, so entspricht diese Verhältniszahl in jeder Hinsicht dem früheren W_λ. Zum Beispiel emittiert auf dem flachen Teil der Wachstumskurve unsere Gassäule eben eine Linie, deren Intensität in der Mitte gleich $B_\lambda(T)$ ist und im Abstand $v^* \Delta\omega_D$ davon steil abfällt, so daß $W_\omega \approx 4\,\Delta\omega_D$ wird usw.

74. Streuung thermisch bewegter Teilchen.

Wir untersuchen nun den Einfluß des Dopplereffektes auf die *Reemission*. Dieses Problem ist zwar unwesentlich, wenn der Strahlungsaustausch dem Schema: Wahre Absorption ↔ Thermische Emission folgt; es wird aber von großer Bedeutung bei 1. der THOMSON-Streuung freier Elektronen, die entsprechend ihrem Molekulargewicht $\mu = 1/1837$ sehr große thermische Geschwindigkeiten haben und 2. bei der Streuung an Atomen.

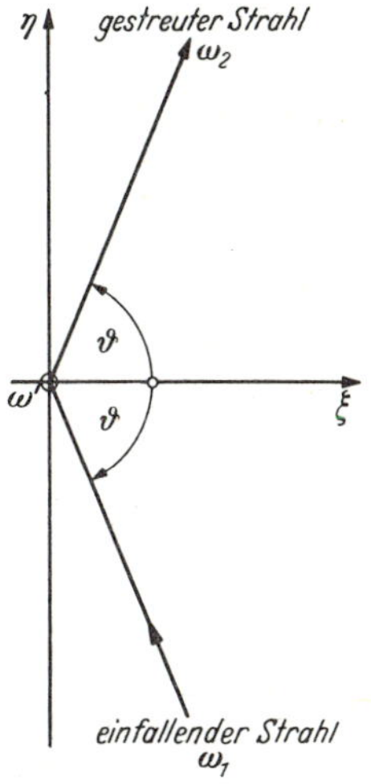

Abb. 115. Streuung an bewegtem Teilchen.

Das erstere Problem ist schon 1925 von P. A. M. DIRAC [1009] — sogar in relativistischer Allgemeinheit — behandelt worden; an diese Arbeit schließt sich eine neuere von G. MÜNCH [1021] an, die sich mit dem zugehörigen Strahlungsgleichgewichts-Problem befaßt. Die zweite Aufgabe ist von L. G. HENYEY [1013] behandelt worden.

Im Hinblick auf beide Probleme beschreiben wir den *Streuprozeß* am einfachsten in einer Ebene durch das streuende Teilchen sowie den einfallenden und ausfallenden Strahl (Abb. 115). Letztere sollen miteinander den Winkel 2ϑ bilden[1]. Wir legen nun die eine Achse eines rechtwinkligen Koordinatensystems in die Halbierende des Winkels zwischen einfallendem und gestreutem Strahl und bezeichnen die entsprechenden Geschwindigkeitskomponenten des Teilchens mit ξ und η. Dann ist die Geschwindigkeitskomponente

$$\left.\begin{aligned} &\text{Teilchen} \rightarrow \text{Lichtquelle:} && \xi\cos\vartheta - \eta\sin\vartheta \\ \text{und}\quad &\text{Teilchen} \rightarrow \text{Empfänger:} && \xi\cos\vartheta + \eta\sin\vartheta\,. \end{aligned}\right\} \tag{74, 1}$$

Es sei nun ω_1 die (Kreis-)Frequenz des einfallenden Lichtes; dann „empfindet" das Teilchen — von seinem Ruhsystem aus — eine infolge des Dopplereffektes etwas verschobene Frequenz ω', die dem Empfänger, nochmals durch Dopplereffekt beeinflußt, als ω_2 erscheint. Nach (74, 1) ist[2]

$$\omega' = \omega_1 + \frac{\omega}{c}\,(\xi\cos\vartheta - \eta\sin\vartheta) \tag{74,2}$$

$$\omega_2 = \omega' + \frac{\omega}{c}\,(\xi\cos\vartheta + \eta\sin\vartheta)\,, \tag{74,3}$$

wobei wir — da nur der lineare *Doppler*effekt wesentlich ist — in den betreffenden Gliedern einfach ω statt ω_1, ω_2 oder ω', ... schreiben. Die Frequenzdifferenz: Gestreute minus einfallende Strahlung ist nun

$$\omega_2 - \omega_1 = \frac{\omega}{c} \cdot \xi \cdot 2\cos\vartheta\,. \tag{74,4}$$

Andererseits ist das MAXWELLsche Verteilungsgesetz für die Geschwindigkeitskomponente ξ nach (72, 1) und (72, 6) — die Verallgemeinerung beim Hinzu-

[1] HENYEY bezeichnet unser ϑ mit $\alpha/2$; MÜNCH setzt $180 - 2\vartheta$ gleich Θ.

[2] Bei HENYEY [1013] ist das Vorzeichen des Dopplereffektes in (74, 2) verkehrt. Dieses Versehen zieht sich dann durch seine ganzen weiteren Formeln.

kommen von Turbulenz ist wohl selbstverständlich —:

$$\frac{dN}{N} = \frac{1}{\sqrt{\pi}} e^{-\left(\frac{\xi}{\xi_0}\right)^2} \frac{d\xi}{\xi_0} \quad \text{mit} \quad \xi_0 = \sqrt{\frac{2RT}{\mu}}. \tag{74,5}$$

Die — wieder auf Eins normierte — Wahrscheinlichkeit einer Frequenzänderung $\omega_2 - \omega_1$ ist also, wenn wir noch mit $\Delta\omega_D$ die ξ_0 entsprechende Dopplerverschiebung bezeichnen, d. h.

$$\frac{\Delta\omega_D}{\omega} = \frac{\xi_0}{c} \quad \text{und also} \quad \frac{\omega_2 - \omega_1}{\Delta\omega_D} = \frac{\xi}{\xi_0} \cdot 2\cos\vartheta \tag{74,6}$$

schreiben, nach (74, 5)

$$\frac{1}{\sqrt{\pi}} \cdot e^{-\left(\frac{\omega_2 - \omega_1}{\Delta\omega_D \cdot 2\cos\vartheta}\right)^2} \frac{d\omega}{\Delta\omega_D \cdot 2\cos\vartheta}. \tag{74,7}$$

1. Thomson-Streuung an thermisch bewegten Elektronen. Mit Hilfe von (74, 7) können wir nun sofort die Wahrscheinlichkeit dafür hinschreiben, daß ein Lichtquant der Kreisfrequenz ω_1 pro freies Elektron unter einem Winkel 2ϑ gestreut wird und dabei durch Dopplereffekt in den Frequenzbereich $\omega_2 \cdots \omega_2 + d\omega_2$ gelangt. Wir brauchen nur (74, 7) zu multiplizieren mit dem Streukoeffizienten nach (49, 10) $\sigma = \frac{8\pi}{3}\left(\frac{e^2}{mc^2}\right)^2$ und seiner Winkelverteilung [Anm. zu (49, 10)] — bezogen auf „Bruchteil der Einheitskugel", d. h. $\frac{\text{Raumwinkelelement}}{4\pi}$: $\frac{3}{4}(1 + \cos^2 2\vartheta)$. So ergibt sich[1]:

$$\sigma(2\vartheta, \omega_1 \to \omega_2)\, d\omega = \frac{8\pi}{3}\left(\frac{e^2}{mc^2}\right)^2 \cdot \frac{3}{4}(1 + \cos^2 2\vartheta) \cdot \frac{1}{\sqrt{\pi}} e^{-\left(\frac{\omega_2 - \omega_1}{\Delta\omega_D \cdot 2\cos\vartheta}\right)^2} \frac{d\omega}{\Delta\omega_D \cdot 2\cos\vartheta}. \tag{74,8}$$

Ursprünglich monochromatische Strahlung wird also nach *vorn* ($\vartheta = 90°$) *monochromatisch* gestreut (die Dopplerverschiebungen $\omega_1 \to \omega'$ und $\omega' \to \omega_2$ kompensieren sich gerade). Bei Streuung unter 90° $\left(\vartheta = 45°;\ 2\cos\vartheta = \sqrt{2}\right)$ erhält man ein Dopplerprofil der Breite $\Delta\omega_D \cdot \sqrt{2}$ und bei *Rückstreuung* ($\vartheta = 0$) ein solches der Breite $2\,\Delta\omega_D$ (Analogie zur Reflexion am bewegten Spiegel!).

Bei z. B. 30000° K und λ 5000 Å ist $\xi_0 = 960$ km/sec und $\Delta\lambda_D = 16{,}0$ Å.

Diese große Dopplerbreite hat wichtige astrophysikalische Konsequenzen: Wenn im kontinuierlichen Spektrum eines heißen Übergiganten die Thomson-Streuung der freien Elektronen gegenüber der Absorption der Wasserstoffatome usw. überwiegt, dann wird in den Frequenzbereich einer *schmalen Linie* aus benachbarten Frequenzbereichen kontinuierliche Strahlung genau so hineingestreut, wie wenn die Linie gar nicht vorhanden wäre. Hinsichtlich des Strahlungsaustausches in einer solchen Linie verhält sich also die Thomson-*Streuung* wegen des Dopplereffektes der freien Elektronen praktisch wie *wahre Absorption*.

2. Resonanzstreuung an thermisch bewegten Atomen. Nunmehr wollen wir die Wahrscheinlichkeit berechnen, daß bei Streuung unter dem Winkel 2ϑ an einem bewegten Atom ein Lichtquant der (Kreis-)Frequenz ω_1 in den Frequenzbereich $\omega_2 \cdots \omega_2 + d\omega_2$ gelangt. Das Atom selbst hat es — von seinem Ruhsystem aus betrachtet — mit Strahlung der Frequenz ω' zu tun. Seine Streuwahrscheinlichkeit — auf Eins normiert — ist also

$$\frac{\gamma}{2\pi} \cdot \frac{\frac{3}{4}(1 + \cos^2 2\vartheta)}{(\omega' - \omega_0)^2 + (\gamma/2)^2}, \tag{74,9}$$

[1] G. Münch [1021], Gl. (4). Dort ist statt unserem $\cos^2\vartheta, \ldots \frac{1}{2}(1 - \cos\Theta)$ geschrieben.

wo ω_0 seine Eigenfrequenz und γ seine Dämpfungskonstante bezeichnet. Den Streukoeffizienten selbst erhält man aus (74, 9) in bekannter Weise durch Multiplikation mit $\frac{2\pi^2 e^2}{m c} \cdot N f$.

Insgesamt wird nun wegen (74, 5) die Wahrscheinlichkeit des beschriebenen Streuprozesses (wenn wir der Symmetrie wegen noch $\eta_0 = \xi_0$ schreiben):

$$\frac{\gamma}{2\pi} \cdot \frac{\frac{3}{4}(1+\cos^2 2\vartheta)}{(\omega'-\omega_0)^2+(\gamma/2)^2} \cdot \frac{1}{\sqrt{\pi}} e^{-\left(\frac{\xi}{\xi_0}\right)^2} \frac{d\xi}{\xi_0} \cdot \frac{1}{\sqrt{\pi}} e^{-\left(\frac{\eta}{\eta_0}\right)^2} \frac{d\eta}{\eta_0}, \tag{74, 10}$$

wobei noch über die Geschwindigkeit *so* zu integrieren ist, daß aus ω_1 der Frequenzbereich $\omega_2 \cdots \omega_2 + d\omega_2$ entsteht.

Wir führen nun folgende dimensionslosen Größen ein (analog Abschnitt 66)

$$v_1 = \frac{\omega_1 - \omega_0}{\Delta\omega_D}, \quad v_2 = \frac{\omega_2 - \omega_0}{\Delta\omega_D} \quad \text{mit} \quad \Delta\omega_D = \frac{\omega}{c}\sqrt{\frac{2RT}{\mu}} = \frac{\omega}{c}\xi_0 \tag{74, 11}$$

sowie

$$\alpha = \frac{\gamma}{2\Delta\omega_D}. \tag{74, 12}$$

Durch Addition bzw. Subtraktion von (74, 2) und (74, 3) erhält man nun

$$\frac{v_2 - v_1}{2} = \frac{\omega \cdot \xi}{\Delta\omega_D \cdot c}\cos\vartheta = \frac{\xi}{\xi_0}\cos\vartheta \tag{74, 13}$$

$$\frac{v_2 + v_1}{2} = \frac{\omega' - \omega_0}{\Delta\omega_D} + \frac{\omega \cdot \eta}{\Delta\omega_D \cdot c}\sin\vartheta = \frac{\omega' - \omega_0}{\Delta\omega_D} + \frac{\eta}{\eta_0}\sin\vartheta. \tag{74, 14}$$

Setzen wir die rechts stehenden Ausdrücke für ξ/ξ_0 und η/η_0 in (74, 10) ein, so erhalten wir aus (74, 10) — das vordere Glied ist selbstverständlich wieder (74, 7) —

$$\frac{\alpha}{\pi} \cdot \frac{1}{\left(\frac{v_2+v_1}{2} - \frac{\eta}{\eta_0}\sin\vartheta\right)^2 + \alpha^2} \cdot \frac{1}{\sqrt{\pi}} e^{-\left(\frac{v_2-v_1}{2\cos\vartheta}\right)^2} \frac{dv_2}{2\cos\vartheta} \cdot \frac{1}{\sqrt{\pi}} e^{-\left(\frac{\eta}{\eta_0}\right)^2} \frac{d\eta}{\eta_0}. \tag{74, 15}$$

Setzen wir noch zur Abkürzung $\frac{\eta}{\eta_0} = y$ und führen die im Anschluß an (74, 10) vorgesehene Integration nun also über y aus, so ergibt sich die auf 1 normierte *Wahrscheinlichkeitsverteilung* [analog der VOIGT-Funktion (66, 5)]:

$$\frac{1}{\sqrt{\pi}\,\Delta\omega_D} \cdot \frac{\frac{3}{4}(1+\cos^2 2\vartheta)}{\sqrt{\pi}} e^{-\left(\frac{v_2-v_1}{2\cos\vartheta}\right)^2} \times \frac{\alpha}{\pi\sin\vartheta} \int\limits_{-\infty}^{+\infty} \frac{e^{-y^2}\,dy}{\left(\frac{v_2+v_1}{2\sin\vartheta} - y\right)^2 + \left(\frac{\alpha}{\sin\vartheta}\right)^2} \cdot \frac{dv_2}{\sin 2\vartheta}. \tag{74, 16}$$

Den Streukoeffizienten $\sigma(\omega_1, \omega_2; \vartheta)\,dv_2$ für die Streuung von der Frequenz ω_1 in den Frequenzbereich $\omega_2 \cdots \omega_2 + d\omega_2$ (mit $d\omega_2 = dv_2 \cdot \Delta\omega_D$) unter dem Winkel 2ϑ pro *Raumwinkelbereich* $d\Omega$ erhält man aus (74, 16) vollends durch Multiplikation mit dem bekannten Faktor $\frac{2\pi^2 e^2}{m c} \cdot N f$ und mit $d\Omega/4\pi$. Setzen wir wie in (73, 7) wieder den Absorptionskoeffizienten in der Linienmitte (für $\alpha \ll 1$)

$$k_0 = \frac{2\pi^2 e^2}{m c} \cdot \frac{N f}{\sqrt{\pi}\,\Delta\omega_D}, \tag{74, 17}$$

so wird schließlich:

$$\sigma(\omega_1, \omega_2; \vartheta)\, d v_2 = k_0 \cdot \frac{3}{4} (1 + \cos^2 2\vartheta) \cdot \frac{1}{\sqrt{\pi}}\, e^{-\left(\frac{v_2 - v_1}{2\cos\vartheta}\right)^2} \frac{d v_2}{\sin 2\vartheta} \times$$

$$\times \frac{\alpha}{\pi \sin\vartheta} \int\limits_{-\infty}^{+\infty} \frac{e^{-y^2}\, dy}{\left(\frac{v_2 + v_1}{2\sin\vartheta} - y\right)^2 + \left(\frac{\alpha}{\sin\vartheta}\right)^2}. \qquad (74, 18)$$

Der hinter dem $\times$ stehende Teil dieses Ausdruckes zeigt große Ähnlichkeit mit der aus der Theorie der VOIGT-Profile bekannten Funktion $H(\alpha, v)$ nach Gl. (66, 5). Um uns den physikalischen Inhalt von (74, 18) deutlich zu machen, unterscheiden wir — wie in Abschnitt 66 — am besten wieder die beiden typischen Grenzfälle: a) Streuung im *Dopplerkern* und b) Streuung in den *Dämpfungsflügeln*. Beide Male setzen wir $\frac{\alpha}{\sin\vartheta} \ll 1$ voraus.

a) *Dopplerkern.* Das eben erwähnte Analogen der $H(\alpha, v)$-Funktion kann nach (66, 12) geschrieben werden als $\exp\left\{-\left(\frac{v_2 + v_1}{2\sin\vartheta}\right)^2\right\}$.

Setzen wir noch zur Abkürzung

$$\sigma(\omega_1, \omega_2; \vartheta)\, d v_2 = k_0 \cdot \frac{3}{4} (1 + \cos^2 2\vartheta) \cdot \frac{d v_2}{\sqrt{\pi} \cdot \sin 2\vartheta} \cdot e^{-\mathcal{E}}, \qquad (74, 19)$$

so ist der Exponent $\mathcal{E}$, der den Charakter der Streuung im wesentlichen bestimmt, nun

$$\mathcal{E} = \left(\frac{v_2 - v_1}{2\cos\vartheta}\right)^2 + \left(\frac{v_2 + v_1}{2\sin\vartheta}\right)^2. \qquad (74, 20)$$

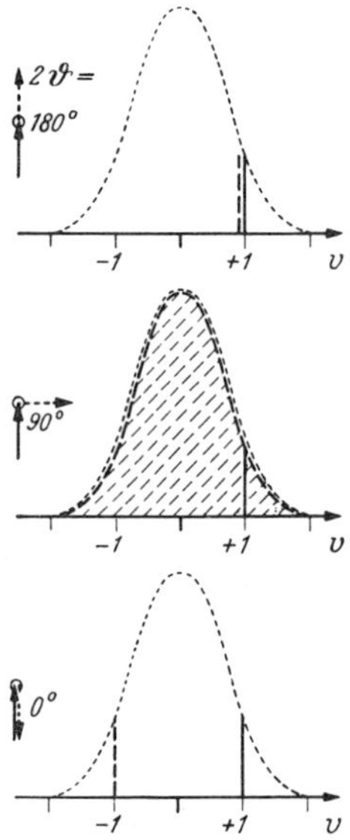

Abb. 116. Streuung im Dopplerkern an thermisch bewegten Teilchen.

Die Frequenzverteilung der Streustrahlung — bei vorgegebenem v_1 — erkennt man besser, wenn man folgendermaßen umformt:

$$\mathcal{E} = \left(\frac{v_2 + v_1 \cos 2\vartheta}{\sin 2\vartheta}\right)^2 + v_1^2 = \left(\frac{v_1 + v_2 \cos 2\vartheta}{\sin 2\vartheta}\right) + v_2^2. \qquad (74, 21\text{a und b})$$

Gemäß (74, 21a) erhält man nun (Abb. 116) nach Einstrahlung einer monochromatischen Linie bei v_1: 1. Bei *Vorwärts*-Streuung ($2\vartheta = 180°$) $v_2 = v_1$, d. h. kohärente Streuung. 2. Bei Streuung unter $2\vartheta = 90°$ eine Intensitätsverteilung $\sim e^{-v_2^2}$; d. h. ein Dopplerprofil der Breite $\Delta\omega_D$. Die Streuung ist also inkohärent. 3. Bei *Rückstreuung* ($2\vartheta = 0$) erhält man eine scharfe Linie (genauer gesagt mit Dämpfungsbreite) bei $v_2 = -v_1$, d. h. primäre und Streufrequenz liegen symmetrisch zur Linienmitte. Bei einer symmetrischen Linie wird dies im Effekt auf dasselbe herauskommen wie 1. Betrachtet man die Richtung Beobachter—Atom und zwei dazu senkrechte Richtungen als gleichberechtigt, so kann man also — mit L. SPITZER — ganz grob sagen, daß $^1/_3$ der Streuprozesse kohärent, $^2/_3$ inkohärent erfolgen.

Insgesamt ist die Wahrscheinlichkeit *irgendeines* Streuprozesses (die man durch Integration über $d v_2$ erhält) stets $\sim e^{-v_1^2}$.

b) *Dämpfungsflügel.* Liegt v_1 in den Dämpfungsflügeln des Linienprofils, so können wir die Funktion hinter dem $\times$ in (74, 18) nach (66, 16) approximieren durch $\dfrac{\alpha \sin\vartheta}{\sqrt{\pi}\left(\frac{v_2 + v_1}{2}\right)^2}$.

Da ihre Frequenzabhängigkeit wesentlich schwächer ist, als die der Exponentialfunktion in (74, 18), so brauchen wir nur diese zu diskutieren und schreiben $\sigma \sim e^{-\mathcal{E}'}$ mit

$$\mathcal{E}' = \left(\frac{v_2 - v_1}{2\cos\vartheta}\right)^2. \qquad (74, 22)$$

Danach erhalten wir: 1. Bei *Vorwärts*-Streuung ($\cos\vartheta = 0$) $v_2 = v_1$, d. h. wieder Kohärenz. 2. Bei Streuung unter 90° $(2\cos\vartheta = \sqrt{2})$ eine Dopplerverteilung um die eingestrahlte Frequenz v_1 herum mit der Breite $\sqrt{2}\,\Delta\omega_D$. 3. Bei Rückstreuung ($\cos\vartheta = 1$) dasselbe mit der Breite $2\,\Delta\omega_D$. Alles ist hier ganz analog wie bei der Streuung an freien Elektronen.

Die *Grenze* zwischen *Dopplerkern* (a) und *Dämpfungsflügel* (b) ist aus (73, 9) sofort zu finden, wenn wir das dortige α jetzt durch $\alpha/\sin\vartheta$ und das dortige $v = v^*$ durch $\frac{v_2 + v_1}{2\sin\vartheta}$ ersetzen. Im Übergangsgebiet müßte das Integral von (74, 18) nach den in Abschnitt 66 entwickelten Methoden ausgerechnet werden. Einige Zahlenwerte gibt L. G. HENYEY [1013] an[1].

XI. Kapitel.

Druckverbreiterung und Druckverschiebung von Spektrallinien.

75. Einleitung.

Schon im Abschnitt 67 wiesen wir kurz auf die Bedeutung der *Druckeffekte* für die Physik der Sternatmosphären hin. Da es nicht ohne weiteres möglich ist, die physikalischen Zustände der Sternatmosphären im Laboratorium zu reproduzieren, so müssen wir uns eingehend mit der *Theorie der Druckeffekte* beschäftigen[2]. Auf experimentelle Untersuchungen werden wir in Kap. XIII zurückkommen, soweit sie zur Prüfung unserer theoretischen Ansätze und zur Bestimmung schwer berechenbarer Zahlenkonstanten dienlich sind.

Die Theoretiker versuchten, das verwickelte Problem der Druckeffekte zunächst auf zwei ganz verschiedenen Wegen anzugreifen:

1. *Die Stoßdämpfungstheorie* (H. A. LORENTZ [1018], W. LENZ [1132], V. WEISSKOPF [1166], E. LINDHOLM [1136] u. v. a.) betrachtet als das Wesentliche die plötzliche Störung des strahlenden Atoms beim hinreichend nahen Vorübergang, dem „*Stoß*" eines anderen Teilchens. Der ausgestrahlte Wellenzug wird — klassisch gesprochen — durch diese Stöße in einzelne voneinander unabhängige Stücke zerlegt, deren FOURIER-*Analyse* dann die Verbreiterung der Spektrallinien ergibt.

2. Die *statistische Theorie* (J. STARK [1158], P. DEBYE [1103], J. HOLTSMARK [1118], M. MARGENAU [1139] u. a.) dagegen fragt: welchen Bruchteil der Zeit ist die betrachtete Spektrallinie durch die — *quasistatisch* berechnete — Einwirkung von einem oder mehreren Störteilchen so und so weit verschoben bzw. aufgespalten? Die *Statistik* dieser Störungen liefert dann die Frequenzabhängigkeit des Absorptionskoeffizienten und damit die Linienbreite und -verschiebung.

---

[1] Wegen des oben bemerkten Versehens ist das α seiner Tab. 1 in Wirklichkeit $180° - \alpha$ oder in unserer Bezeichnungsweise $180° - 2\vartheta$.

[2] Wir schließen uns dabei weitgehend dem Bericht des *Verf.* [1163] an.

Offenbar sind in Wirklichkeit Stoßdämpfung und statistische Verbreiterung anzusehen als *Grenzfälle* einer allgemeineren Theorie der Druckeffekte. Deren Grundgleichungen wären zwar verhältnismäßig leicht anzuschreiben. Aber ihre mathematische Behandlung ist so kompliziert, daß es fast aussichtslos erscheint, auf diesem Wege zu astrophysikalisch nützlichen Aussagen zu gelangen. Es hat sich vielmehr als fruchtbarer erwiesen, gleich auf die Frage der

3. *Abgrenzung bzw. Verschmelzung von Stoßdämpfungs- und statistischer Theorie* loszusteuern. Diese ist im Anschluß an W. Lenz [1133—1134] von G. Burkhardt [1101], L. Spitzer [1156], E. Lindholm [1136—1137], T. Holstein [1117] u. a. weitgehend geklärt worden. Im Zusammenhang damit ist auch klar geworden, an welchen Stellen die ursprünglich auf dem Boden der klassischen Physik entstandenen Ansätze im Sinne der Quantentheorie ergänzt bzw. berichtigt werden müssen. Über die Anforderungen der Laboratoriumsphysik hinausgehend, müssen wir sodann im Hinblick auf die Theorie der Fraunhofer-*Linien* besondere Aufmerksamkeit der Berechnung der *Reemission* widmen. L. Spitzers [1157] Arbeiten über inkohärente Streuung haben hier wesentlich zur Klärung beigetragen.

Schwierigkeiten macht immer noch die tatsächliche Berechnung der Wechselwirkungskonstanten, Stoßquerschnitte usw. für *bestimmte Linien.* Der Astrophysiker kann sich ja seine Linien nur in sehr beschränktem Maße aussuchen! Immerhin sind auch auf diesem Gebiet in den letzten Jahren erfreuliche Fortschritte erzielt worden.

76. Theorie der Stoßdämpfung.

Die Grundlagen der ursprünglichen Theorie von H. A. Lorentz [1018] sind zunächst folgende: Durch „Stöße" werde das strahlende Atom von Zeit zu Zeit plötzlich so stark gestört, daß seine ursprüngliche Schwingung mit der Kreisfrequenz $\omega_0 = 2\pi\,\nu_0$ völlig ausgelöscht oder außer Phase geworfen wird. Ist die Zeitdauer der ungestörten Schwingungen zwischen zwei Stößen gleich t_0, so liefert die Fourier-*Analyse* eines solchen *abgeschnittenen Wellenzuges* die Intensitätsverteilung:

$$\text{const}\left|\int\limits_{-t_0/2}^{+t_0/2} e^{i(\omega-\omega_0)t}\,dt\right|^2 = \text{const}\left\{\frac{\sin\dfrac{\omega-\omega_0}{2}\,t_0}{\dfrac{\omega-\omega_0}{2}}\right\}^2. \tag{76, 1}$$

Die Wahrscheinlichkeit einer ungestörten „Flugzeit" des Atoms zwischen t_0 und $t_0 + d\,t_0$ ist nun bekanntlich

$$e^{-\frac{t_0}{\tau}}\,\frac{d\,t_0}{\tau}, \tag{76, 2}$$

wo τ die *mittlere Zeit zwischen zwei Stößen* bedeutet. Durch Mittelung über alle t_0 erhalten wir aus (76, 1) die *Intensitätsverteilung* $I(\omega)$ unserer Spektrallinie, die wir sogleich wieder auf $\int\limits_{-\infty}^{+\infty} I(\omega)\,d\omega = 1$ normieren:

$$I(\omega) = \text{const}\int\limits_0^\infty \left\{\frac{\sin\dfrac{\omega-\omega_0}{2}\,t_0}{\dfrac{\omega-\omega_0}{2}}\right\}^2 e^{-\frac{t_0}{\tau}}\,d\,t_0 = \frac{1}{\pi\,\tau}\cdot\frac{1}{(\omega-\omega_0)^2+(1/\tau)^2}. \tag{76, 3}$$

Wir erhalten also eine *Dispersionsverteilung* mit der *Stoßdämpfungskonstanten*

$$\gamma_{Stoß} = \frac{2}{\tau}, \tag{76, 4}$$

welche zugleich wieder die ganze Halbwertsbreite des Absorptionskoeffizienten in Kreisfrequenzeinheiten angibt. Den *Absorptionskoeffizienten* selbst erhält man aus (76, 3) in bekannter Weise durch Multiplikation mit $\frac{2\pi^2 e^2}{m\,c} \cdot Nf$.

Die mittlere Zeit τ zwischen zwei Stößen oder die Zahl der Stöße pro sec $z = 1/\tau$ können wir sofort berechnen, *wenn* wir den „wirksamen Stoßquerschnitt" $\pi\,\varrho_0^2$ als bekannt betrachten. Es sei N die Anzahl störender Teilchen pro cm^3 bzw. $p = N \cdot kT$ ihr Partialdruck (k = Boltzmann-Konstante, T = Temperatur) und v die mittlere Relativgeschwindigkeit von leuchtenden und störenden Teilchen mit den Molekulargewichten μ_1 bzw. μ_2, dann ist[1]

$$Z = \frac{1}{\tau} = \pi\,\varrho_0^2 \cdot N v \tag{76, 5}$$

mit (R = Gaskonstante)

$$v = \sqrt{\frac{8}{\pi} R T \left(\frac{1}{\mu_1} + \frac{1}{\mu_2}\right)}\,. \tag{76, 6}$$

Wir haben dabei vorausgesetzt, daß der mittlere Abstand r_0 zweier Störteilchen, der gegeben ist durch

$$\frac{4\pi}{3} r_0^3 N = 1\,, \tag{76, 7}$$

sehr viel größer als ϱ_0 sein soll. Die gleichzeitige Wirkung mehrerer Störteilchen spielt in Sternatmosphären keine wesentliche Rolle und wird uns nur am Rande begegnen.

Hier erheben sich nun zwei Fragen: a) Wie soll die auf dem Boden der klassischen Elektronentheorie entstandene Theorie der Stoßdämpfung auf das Atom der *Quantentheorie* übertragen werden? und b) was ist eigentlich unter einem „Stoß" im Sinne der Lorentzschen Theorie zu verstehen? Wir gehen zunächst kurz auf a) ein, um später ausführlich darauf zurückzukommen; dann soll uns vor allem die Frage b) beschäftigen.

Stellen wir uns im Sinne der Quantentheorie vor, daß unsere Spektrallinie ω_0 durch Übergang zwischen zwei Energieniveaus m und n zustande kommt, so wird zunächst bei reiner *Strahlungs*dämpfung (kleiner Druck) ihre Breite γ gleich der Summe der Breiten der beiden Niveaus sein, d. h.

$$\gamma = \gamma_n + \gamma_m\,. \tag{76, 8}$$

Bei *Stoßdämpfung* (größerer Druck) trifft dies nach den Rechnungen von V. Weisskopf (vgl. Abschnitt 79) nicht mehr zu; hier wird sich vielmehr die *Differenz* der Störungen von oberem und unterem Term als maßgebend erweisen.

Wo Strahlungs- und Stoßdämpfung übereinandergreifen, kann man wohl mit genügender Genauigkeit

$$\gamma = \gamma_{Str} + \gamma_{Stoß} \tag{76, 9}$$

schreiben.

Damit verlassen wir zunächst diesen Fragenkomplex und wenden uns der Frage b) zu, *was eigentlich unter einem „Stoß" im Sinne der* Lorentz*schen Theorie zu verstehen sei?*

Zunächst betrachten wir — wie dies wohl zuerst O. Stern und M. Volmer taten — die *„Stöße 2. Art"*, bei denen das angeregte Atom seine Anregungsenergie *ohne* Strahlungsemission auf das stoßende Teilchen in Form von Anregungsenergie, kinetischer Energie und dergleichen überträgt. Die Möglichkeit solcher *„Stöße 2. Art"* haben zuerst O. Klein und S. Rosseland gefordert auf Grund

[1] Pro sec durchfegt ein leuchtendes Teilchen das Volumen $\pi\,\varrho_0^2 \cdot v$, in dem $\pi\,\varrho_0^2 \cdot Nv$ Störteilchen enthalten sind.

der Überlegung, daß im Zustande thermodynamischen Gleichgewichtes ein zu den gewöhnlichen Anregungsstößen (1. Art) inverser Prozeß wirksam sein muß. Die Stöße 2. Art treten am auffälligsten in Erscheinung bei den bekannten Versuchen von R. W. Wood, H. Stuart, R. Mannkopff u. a. über die *Auslöschung der Resonanzfluoreszenz* von Hg oder Na-Dampf durch *Fremdgaszusatz*: Jeder Stoß 2. Art „kostet" ein angeregtes Atom; aus der Schwächung der Resonanzfluoreszenz kann man daher den Wirkungsquerschnitt für diese Prozesse abschätzen. Eine Komplikation tritt bei der Auswertung solcher Versuche jedoch dadurch ein, daß durch die Stöße ja auch die Frequenzverteilung des Absorptionskoeffizienten verändert wird. Ältere Arbeiten sind daher mit Vorsicht zu gebrauchen. Das Problem der Diffusion der Resonanzstrahlung zeigt — wie zu erwarten — große Ähnlichkeit mit dem des Strahlungsaustausches in Sternatmosphären. Wir können darauf nicht weiter eingehen, sondern verweisen auf A. C. Mitchell und M. W. Zemansky [1142].

Theorie und Experiment zeigen nun übereinstimmend, daß Energieübertragungsprozesse, bei denen viel *Translations*energie „übrigbleibt", sehr selten sind. Anregungsenergien von einigen eVolt können daher von stoßenden *Molekülen* mit ihren zahllosen Schwingungs- und Rotationsniveaus leicht „verdaut" werden, während z. B. ein Wasserstoff*atom* erst eine Anregungsenergie < 10 Volt aufnehmen kann. Dementsprechend ist die *Auslöschung* der Resonanzfluoreszenz durch Molekülgase, wie N_2, O_2, H_2 sehr viel stärker, als z. B. durch die Edelgase, deren angeregte Niveaus ja auch vom Grundzustand durch einen großen Sprung getrennt sind.

W. Lenz [1132] hat nun aber 1924 bemerkt, daß auch nichtauslöschende Gase zur Stoß-Verbreiterung der Spektrallinien beitragen können durch sog. *„Phasenstörungsstöße"*. Bei diesen wird nicht die ganze Anregungsenergie des strahlenden Atoms übertragen, sondern es werden nur während der Begegnung seine Frequenzen oder — in der Sprache der Quantentheorie — seine Terme[1] *verstimmt.* Bezeichnen wir die Änderung der ungestörten Kreisfrequenz durch Annäherung eines Stör-Teilchens auf die Entfernung r mit $\Delta\,\omega$, so ist die Phasenänderung durch einen Stoß

$$\eta = \int_{-\infty}^{+\infty} \Delta\,\omega \cdot dt\,. \tag{76, 10}$$

W. Lenz [1133] und V. Weisskopf [1166] haben nun — was anschaulich ohne weiteres einleuchtet — gezeigt, daß man *in der Stoßdämpfungstheorie neben den evtl. Stößen 2. Art die Phasenstörungsstöße zählen müsse, bei denen etwa* $\eta \geqq 1$ *ist.*

In Wirklichkeit hat man natürlich alle möglichen Stöße, deren η von sehr kleinen bis zu sehr großen Werten variieren (erstere sind selbstverständlich viel häufiger). Die Berücksichtigung dieser Wahrscheinlichkeitsverteilung der η ist 1940/41 auf verschiedenen — aber praktisch äquivalenten — Wegen G. Burkhardt [1101] und E. Lindholm [1135—1137] gelungen. Wir folgen hier in der Hauptsache der Darstellungsweise E. Lindholms. In neuester Zeit ist die Theorie im Hinblick auf die Verbreiterung von Molekül-Linien im Mikrowellengebiet (cm-Wellen) von D. M. Dennison und H. M. Foley [1107], J. H. van Vleck, P. W. Anderson u. a. noch weitergebildet worden. Wir wollen auch auf dem Gebiet der Druckeffekte möglichst „astrophysikalische Brauchbarkeit" unserer Darstellung anstreben und daher auf allzu langwierige theoretische Entwicklungen

[1] Da meist ein Term erheblich störungsempfindlicher ist als der andere, so ist der Unterschied der beiden Formulierungen praktisch nicht sehr wesentlich; wir werden daher beide nebeneinander gebrauchen.

verzichten, selbst wenn dies da und dort eine kleine Einbuße an Genauigkeit nach sich ziehen sollte.

Wir machen nun folgenden hinreichend biegsamen *Ansatz*: Befindet sich ein störendes Teilchen im Abstand r von dem leuchtenden Atom, so sei die entsprechende Verstimmung der Kreisfrequenz der Linie (bzw. des Termes)

$$\Delta\omega = \frac{2\pi C}{r^n}, \tag{76, 11}$$

wobei der Exponent n von der Art der Wechselwirkung bzw. der störenden Teilchen abhängt, während die Konstante C durch eine quantentheoretische Behandlung der — zunächst quasistatisch gedachten — Wechselwirkung von leuchtendem Atom und Störteilchen zu erhalten wäre.

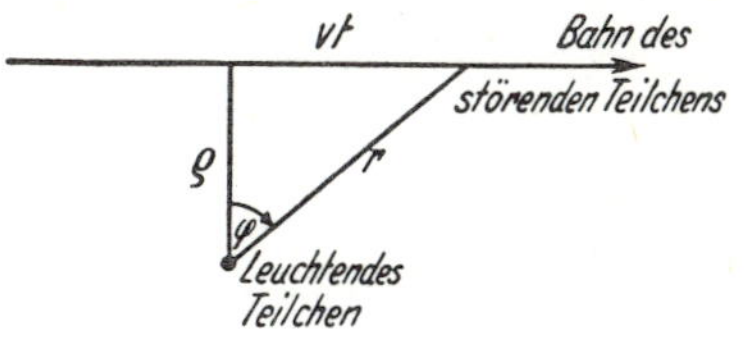

Abb. 117. Zeitabhängigkeit der Störung des leuchtenden durch ein vorbeifliegendes Teilchen.

Wird die (Relativ-)bewegung des Störteilchens als geradlinig angenommen[1] und sein kürzester Abstand vom leuchtenden Teilchen, der sog. Stoßparameter, mit $r_{min} = \varrho$ bezeichnet, so ist die Zeitabhängigkeit der Störung (Abb. 117) zunächst bestimmt durch $r^2 = \varrho^2 + v^2 t^2$.

Die Phasenänderung η bei einem Vorübergang mit dem kürzesten Abstand ϱ wird dann

$$\eta = \int_{-\infty}^{+\infty} \Delta\omega \cdot dt = \int_{-\infty}^{+\infty} \frac{2\pi C \cdot dt}{(\varrho^2 + v^2 t^2)^{n/2}}. \tag{76, 12}$$

Führt man (Abb. 117) den Winkel φ als Integrationsvariable ein, so erhält man:

$$\eta = \frac{2\pi C}{v \cdot \varrho^{n-1}} \cdot c_n, \quad \text{wo} \quad c_n = \int_{-\pi/2}^{+\pi/2} \cos^{n-2}\varphi \, d\varphi = \sqrt{\pi}\, \frac{\Gamma\left(\frac{n-1}{2}\right)}{\Gamma\left(\frac{n}{2}\right)}. \tag{76, 13}$$

Die Zahlenwerte der Konstanten c_n sind für

$$\begin{array}{cccccc} n = & 2 & 3 & 4 & 5 & 6 \\ c_n = & \pi & 2 & \frac{\pi}{2} & \frac{4}{3} & \frac{3\pi}{8}. \end{array} \tag{76, 14}$$

Nach W. Lenz [1132—1133] und V. Weisskopf [1166] sind nun alle *die* Begegnungen mit Stoßparametern $\varrho \ll \varrho_0$ als „*Stöße*" zu zählen, für welche die Phasenverschiebung η einen bestimmten kritischen Wert $\eta_0 \approx 1$ überschreitet. Aus (76, 13) ergibt sich so der Stoßradius

$$\varrho_0 = \left(\frac{2\pi C c_n}{v \eta_0}\right)^{\frac{1}{n-1}} \tag{76, 15}$$

und mit (76, 3—6) die *Stoßdämpfungskonstante* (= Ganze Halbwertsbreite in Kreisfrequenzeinheiten)

$$\gamma = \frac{2}{\tau} = 2\pi \left(\frac{2\pi C c_n}{v \eta_0}\right)^{\frac{2}{n-1}} v N = \left\{(2\pi)^{n+1} c_n^2 \eta_0^{-2} \cdot C^2 v^{n-3}\right\}^{\frac{1}{n-1}} \cdot N. \tag{76, 16}$$

[1] Wesentliche Ablenkungen treten offenbar nur auf bei der Störung von *Ionen* durch andere *geladene Teilchen*, wenn (wir rechnen mit je 1 Elementarladung) $e^2/\varrho_0 > \frac{3}{2} kT$ wird. Bei $T = 5000°$ K heißt dies $\varrho_0 < 22$ Å. Einem solchen Wirkungsradius würden aber in Sternatmosphären meist schon ziemlich kleine Stoßdämpfungskonstanten γ entsprechen, so daß der ganzen Angelegenheit keine größere Bedeutung zukommen dürfte.

Die Annahmen der älteren Theorie, daß zwischen den Schwingungsphasen vor und nach jedem Stoß keinerlei Beziehungen bestehen und — damit zusammenhängend — die Festsetzung einer bestimmten Grenze $\eta_0 \approx 1$ stellen offensichtlich eine relativ grobe Näherung dar.

Erst 1941 ist es E. LINDHOLM [1135—1137] (und in etwas anderer Weise G. BURKHARDT [1101]) gelungen, diese Schwierigkeiten der älteren Theorie zu überwinden, ohne die Rechnungen allzusehr zu komplizieren: Ein Wellenzug der Kreisfrequenz ω_0 erleide von Zeit zu Zeit Phasenstörungen, deren Zeitdauer weiterhin als sehr kurz betrachtet werde, während ihr Betrag beliebig sei (Abb. 118). Sein Verlauf wird beschrieben durch die Funktion

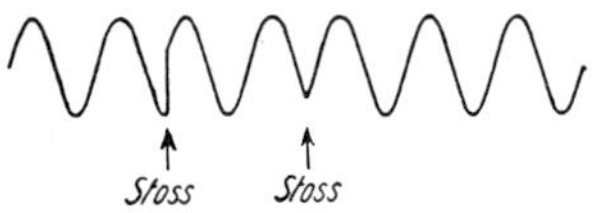

Abb. 118. Phasenstörungs-Stöße.

$$e^{i\omega_0 t - i\Delta(t)} \tag{76, 17}$$

wo $\Delta(t) = \sum_0^t \eta$ die Summe aller Phasenstörungen bedeutet, die bis zur Zeit t eingetreten sind. Die FOURIER-*Analyse* liefert das Spektrum von (76, 17)

$$I(\omega) = \left| \int e^{i(\omega-\omega_0)t + i\Delta(t)}\, dt \right|^2 = \int_{-\infty}^{\infty} \int_{-\infty}^{\infty} e^{i(\omega-\omega_0)(t''-t') + i[\Delta(t'')-\Delta(t')]}\, dt'\, dt'', \tag{76, 18}$$

wobei nun also $\Delta(t'') - \Delta(t') = \sum_{t'}^{t''} \eta$ ist. Mit $t'' - t' = t$ erhalten wir

$$I(\omega) = \int_{-\infty}^{+\infty} e^{i(\omega-\omega_0)t}\, dt \cdot \int_{-\infty}^{+\infty} e^{i[\Delta(t+t')-\Delta(t')]}\, dt'. \tag{76, 19}$$

In diesem Ausdruck fassen wir das zweite Integral als statistischen Mittelwert über die Exponentialfunktion auf.

Um seine Berechnung übersichtlich zu gestalten, nehmen wir mit E. LINDHOLM vorübergehend an, es gäbe nur dreierlei verschiedene Phasenstörungen η_a, η_b, η_c mit den differentiellen Stoßquerschnitten σ_a, σ_b, σ_c. Die mittlere Zeit zwischen zwei Stößen sei weiterhin τ. Die Wahrscheinlichkeit für Z Stöße während der Zeit t ist

$$\frac{1}{Z!}\left(\frac{t}{\tau}\right)^Z e^{-\frac{t}{\tau}}. \tag{76, 20}$$

Die Wahrscheinlichkeit dafür, daß unter diesen Z Stößen n a-Stöße, m b-Stöße und l c-Stöße sind, ist weiterhin

$$\left(\frac{\sigma_a}{\sigma}\right)^n \left(\frac{\sigma_b}{\sigma}\right)^m \left(\frac{\sigma_c}{\sigma}\right)^l \frac{Z!}{n!\,m!\,l!}, \tag{76, 21}$$

wobei

$$Z = n + m + l, \quad \sigma = \sigma_a + \sigma_b + \sigma_c \quad \text{und} \quad \Delta(t+t') - \Delta(t') = n\,\eta_a + m\,\eta_b + l\,\eta_c. \tag{76, 22}$$

So erhält man zunächst für dieses stark schematisierte Modell den in (76, 18) entscheidenden Mittelwert

$$\overline{e^{i[\Delta(t+t')-\Delta(t')]}} = \sum_n \sum_m \sum_l \left(\frac{\sigma_a}{\sigma}\right)^n \left(\frac{\sigma_b}{\sigma}\right)^m \left(\frac{\sigma_c}{\sigma}\right)^l \cdot \frac{1}{n!\,m!\,l!} \cdot \left(\frac{t}{\tau}\right)^{n+m+l} \cdot e^{-\frac{t}{\tau}} e^{i[n\eta_a + m\eta_b + l\eta_c]}. \tag{76, 23}$$

Erstreckt man die Summationen bis ∞, so kann man sie — entsprechend der bekannten Reihenentwicklung $e^x = \sum_0^\infty x^n/n!$ — leicht ausrechnen und erhält für obigen Ausdruck

$$e^{\frac{t}{\tau\sigma}\left[\sigma_a e^{i\eta_a}+\sigma_b e^{i\eta_b}+\sigma_c e^{i\eta_c}-\sigma\right]}. \tag{76, 24}$$

Nun bietet die Verallgemeinerung auf beliebig viele Arten (Index a) von Stößen mit den Phasenverschiebungen η_a und den Stoßquerschnitten σ_a keine Schwierigkeit mehr.

Wir können nach LINDHOLM offenbar schreiben:

$$\overline{e^{i[\Delta(t+t')-\Delta(t')]}} = e^{t[-\alpha+i\beta]}, \tag{76, 25}$$

wobei (mit $\sigma = \Sigma\,\sigma_a$) gilt:

$$\frac{1}{\tau\sigma}\left[\sum_a (\sigma_a e^{i\eta_a}) - \sum \sigma_a\right] = -\alpha + i\beta. \tag{76, 26}$$

Nunmehr ist die Integration in (76, 19) vollends leicht auszuführen. Analog der aus Gl. (65, 29) und (65, 30) schon bekannten FOURIER-Analyse der gedämpften Schwingung erhalten wir (wieder auf Eins normiert):

$$I(\omega) = \frac{\alpha}{\pi}\cdot\frac{1}{(\omega-\omega_0+\beta)^2+\alpha^2}. \tag{76, 27}$$

Die Spektrallinie zeigt also wieder eine *Dämpfungs-Verteilung*. Deren — ganze — Halbwertsbreite (in Kreisfrequenzeinheiten) wird wegen $1/\tau = \sigma\cdot v\,N$ nach Gl. (76, 26)

$$\gamma = 2\,\alpha = 2\,v\,N\sum_a \sigma_a(1-\cos\eta_a) \tag{76, 28}$$

oder

$$\gamma = 2\,v\,N\sum_a 2\,\sigma_a\sin^2\frac{\eta_a}{2}. \tag{76, 29}$$

Außerdem aber wird die Linie verschoben um den Betrag (wieder in Kreisfrequenzeinheiten)

$$\omega_0-\omega_m = \beta = v\,N\cdot\sum_a \sigma_a\sin\eta_a. \tag{76, 30}$$

Hätten wir — wie sich das bei tiefergehenderer quantentheoretischer Betrachtung zum Teil als notwendig erweist — bei den einzelnen Störungen auch noch *Amplitudenänderungen* um Faktoren λ_a (je zu dem entsprechenden η_a gehörig) angenommen, so könnten wir diese formal als imaginäre Phasenänderungen ansehen. Gl. (76, 28) und (76, 30) wären dann also je durch Einfügen von λ_a vor dem $\cos\eta_a$ bzw. $\sin\eta_a$ zu verallgemeinern.

Doch wenden wir uns der weiteren Auswertung der Gl. (76, 28—30) zu: Verbinden wir sie mit Gl. (76, 13), die man auch als Verknüpfung zwischen Wirkungsquerschnitt und Phasenverschiebung auffassen kann, so ergibt sich — indem wir von der Summation über a wieder zur Integration über ϱ zurückkehren —:

$$\gamma = 2vN\int_0^\infty 4\pi\varrho\,d\varrho\cdot\sin^2\frac{\pi C c_n}{v\,\varrho^{n-1}} = 8\,N\{\pi^{n+1}c_n^2\cdot C^2 v^{n-3}\}^{\frac{1}{n-1}}\cdot\int_0^\infty \sin^2\frac{1}{x^{n-1}}\cdot x\,dx \tag{76, 31}$$

$$\omega_0-\omega_m = vN\int_0^\infty 2\pi\varrho\,d\varrho\cdot\sin\frac{2\pi C c_n}{v\,\varrho^{n-1}} = 2\,N\{\pi^{n+1}c_n^2\,C^2 v^{n-3}\}^{\frac{1}{n-1}}\cdot\int_0^\infty \sin\frac{2}{x^{n-1}}\cdot x\,dx, \tag{76, 32}$$

wobei wir $\frac{\eta}{2} = \frac{1}{x^{n-1}}$ gesetzt haben.

Die Auswertung der rechts stehenden Integrale und die weitere Diskussion der Formeln führen wir besser für die verschiedenen n getrennt durch. Wir können dabei gleichzeitig deren physikalische Bedeutung schon kurz zur Sprache bringen.

$n = 2$: Entspricht der Störung von Atomen mit *linearem Starkeffekt* (Wasserstoff und — in gewisser Näherung — D-, F-, . . . Terme des Heliums) durch die elektrischen Felder von Ionen und Elektronen. Streng genommen divergiert in diesem Falle das Integral (76, 31). In Wirklichkeit jedoch kompensieren sich die elektrischen Felder der weiter entfernten Teilchen weitgehend; wir dürfen also die Integration bei einem $\varrho = \varrho_m$ abbrechen, das entsprechend (76, 7) durch $\frac{4\pi}{3}\varrho_m^3 N = 1$ (auf den genauen Zahlenwert kommt es nicht an) definiert ist. Die entsprechende kleinste Phasenverschiebung ist nach (76, 13): $\eta_m = \frac{2\pi^2 C}{v\,\varrho_m}$. So erhält man nach mehrmaliger partieller Integration:

$$\int\limits_0^{x=2/\eta_m} \sin^2\frac{1}{x}\cdot x\,dx = \frac{1-\cos\eta_m}{\eta_m^2} + \frac{\sin\eta_m}{\eta_m} - Ci(\eta_m)\,. \tag{76, 33}$$

Entwickeln wir den Integralcosinus

$$Ci(\eta_m) = -\int\limits_{\eta_m}^{\infty} \frac{\cos u}{u}\,du = 0{,}577 + \ln\eta_m - \frac{\eta_m^2}{4} + \cdots \tag{76, 34}$$

und die übrigen Funktionen nach η_m, so ergibt sich $\int\cdots = 0{,}923 - \ln\eta_m + \frac{\eta_m^2}{24}\cdots$ und damit

$$\gamma_2 = 8\pi^5\frac{C^2 N}{v}\left\{0{,}923 - \ln\eta_m + \frac{\eta_m^2}{24} - \cdots\right\}. \tag{76, 35}$$

Die weitere Diskussion dieser Formel stellen wir noch zurück und bemerken vorerst nur, daß die $\{\cdots\}$ dem η_0^{-2} der WEISSKOPFschen Theorie in Gl. (76, 16) entspricht.

$n = 3$: Entspricht der *Wechselwirkung gleichartiger Teilchen* und — mit gewissen Einschränkungen — der Beeinflussung von Atomzuständen mit einem *Quadrupolmoment* durch die elektrischen Felder geladener Teilchen. Das Verbreiterungsintegral läßt sich hier geschlossen integrieren und ergibt nach E. LINDHOLM [1136]:

$$\gamma_3 = 4\pi^3 C\cdot N\,. \tag{76, 36}$$

Die Geschwindigkeit v ist dabei bemerkenswerterweise ganz *herausgefallen*. Vergleichen wir mit Gl. (76, 16), so läßt sich Übereinstimmung herstellen, indem man dort alle Vorübergänge mit $\eta > \eta_0 = \frac{2}{\pi} = 0{,}64$ (Phasenverschiebung 36°) im LORENTZschen Sinne als Stöße zählt.

Die Berechnung der Linienverschiebung nach (76, 32) bietet für $n = 2$ *und* 3 kein Interesse, da im linearen Starkeffekt wie bei der Wechselwirkung gleichartiger Teilchen stets symmetrische Aufspaltungen auftreten.

$n = 4$: Für diesen Fall der Störung des leuchtenden Atoms durch den *quadratischen Starkeffekt* geladener Teilchen haben wir die Integranden der beiden Integrale in (76, 31) und (76, 32) in Abb. 119 aufgetragen. Am bequemsten wertet man den „linken“ und „rechten“ Teil der Integrale analytisch, das Hauptstück graphisch aus und erhält so

$$\gamma_4 = 38{,}8 \cdot C^{2/3}\, v^{1/3} \cdot N \tag{76, 37}$$

$$(\omega_0 - \omega_m)_4 = 33{,}4 \cdot C^{2/3}\, v^{1/3} \cdot N\,. \tag{75, 38}$$

Um Weisskopfs Gl. (76, 16) in Übereinstimmung mit (76, 37) zu bringen, müßte auch diesmal wieder sein $\eta_0 = 0{,}64$ gesetzt werden. Im Sinne des ursprünglichen

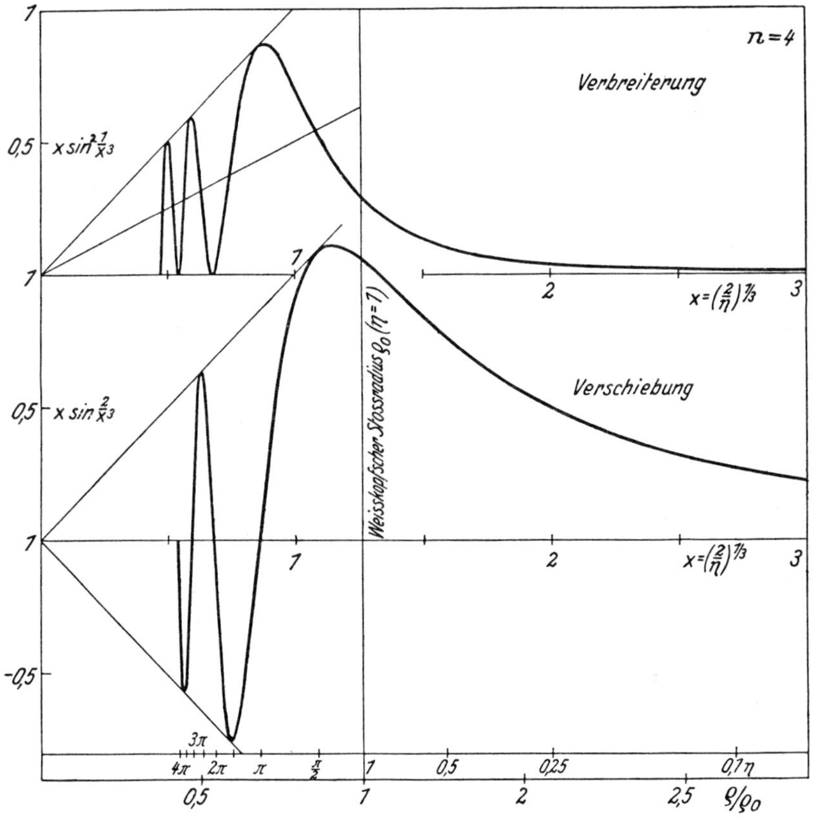

Abb. 119. Berechnung der Linienbreite γ und -verschiebung $\omega_0 - \omega_m$ für $n = 4$ (quadratischen Stark-Effekt) nach Gl. (76, 31) und (76, 32). Die horizontalen Skalen geben: $\frac{\varrho}{\varrho_0} = \frac{\text{Stoßparameter}}{\text{Weißkopf-Radius}}$, η = Phasenverschiebung und $x = \left(\frac{2}{\eta}\right)^{\frac{1}{2}}$.

Ansatzes von Weisskopf ($\eta_0 = 1$) würde das Integral in Abb. 119 oben durch das dort eingezeichnete Dreieck approximiert.

Anhand unserer Abbildung wollen wir uns sodann noch klar machen, *welche Vorübergänge* in erster Linie zur *Verbreiterung* (oben) bzw. *Verschiebung* (unten) beitragen. Wir haben deshalb längs der Abszissenachse noch die den verschiedenen x entsprechenden *Phasenverschiebungen* $\eta = 2\,x^{-3}$ aufgetragen.

Man übersieht sofort: Den Hauptteil der *Verbreiterung* liefern Vorübergänge mit $\eta \geqq 1$. Alle Zonen des für $\eta = 1$ berechneten Stoßquerschnittes $\pi\,\varrho_0^2$ tragen — da wir hier den $\sin^2$ in (76, 31) durch seinen Mittelwert $\frac{1}{2}$ ersetzen dürfen — proportional ihrer Fläche zur Linienbreite bei.

Anders steht es mit der *Linienverschiebung*. Hier liefern *nur* die Vorübergänge mit $\eta < \pi$ einen wesentlichen Beitrag, wo der Integrand von (76, 32) nicht mehr oszilliert. Der Hauptteil des Integrals rührt sogar von Begegnungen mit $\eta < 1$ her. Diese Einsicht ermöglicht es nach E. LINDHOLM, der Formel (76, 30) eine einfache anschauliche Deutung zu geben: Für $\eta < 1$ dürfen wir den sin näherungsweise durch sein Argument ersetzen und erhalten so

$$\omega_0 - \omega_m \approx v\, N \sum_{\eta_a < 1} \sigma_a\, \eta_a\,, \tag{76, 39}$$

wobei die Summation über alle *die* Begegnungen zu erstrecken ist, die *außerhalb* (NB!) des WEISSKOPFschen Radius ϱ_0 vorbeigehen. Bei der Kreisfrequenz ω_0 schreitet per def. pro sec die Phase um ω_0 fort. Die rechte Seite von (76, 39) ist aber nichts anderes, als die pro sec durch die Störungen insgesamt hinzukommende Phasenänderung (man könnte dafür auch schreiben: Stoßzahl $\times\ \Sigma \frac{\sigma_a}{\sigma} \cdot \eta_a$) und damit eben gleich der mittleren Änderung der Kreisfrequenz.

Faßt man $\Sigma \frac{\sigma_a}{\sigma}\, \eta_a$ als mittlere Phasenstörung auf und schreibt dafür Kreisfrequenzstörung $\Delta\omega \times$ Störzeit[1] τ_s; berücksichtigt man ferner, daß $v\, N \cdot \sigma = \frac{1}{\tau}$, wo τ die mittlere Flugzeit zwischen zwei Störungen ist, so wird

$$\omega_0 - \omega_m \approx \overline{\Delta\omega \cdot \frac{\tau_s}{\tau}}\,, \tag{76, 40}$$

d. h. man kann $\omega_0 - \omega_m$ auch auffassen als Mittelwert der Frequenzstörung $\Delta\omega$ über alle Störungen, die *außerhalb* des WEISSKOPFschen Radius an dem leuchtenden Teilchen vorbei führen. In dieser Art war die Linienverschiebung schon früher von G. BURKHARDT [1101] berechnet worden.

Wir wollen uns auch noch anschaulich klar machen, weshalb die *Linienverschiebung* praktisch nur durch die vielen kleinen Phasenstörungen mit $\eta < 1$ bedingt ist, während die relativ selteneren großen Störungen mit $\eta > 1$ (die für die *Verbreiterung* entscheidend sind) hier ohne Einfluß bleiben: Wir betrachten einen Wellenzug mit großen und kleinen Phasenstörungen ($\eta > 1$ bzw. < 1). Analysiert man diesen nach FOURIER, so wird man mit H. A. LORENTZ in guter Annäherung die durch große Störungen getrennten Stücke als unabhängig voneinander betrachten dürfen. Die gesamte Phasenänderung in einem solchen Stück der zeitlichen Länge T wird sich zusammensetzen aus $\omega_0 T$ und der Summe aller kleinen Phasenstörungen $T \cdot v\, N \sum_{\eta_a < 1} \sigma_a\, \eta_a$, die in diesem Zeitraum eingetreten sind. Als Grundfrequenz eines solchen Teilwellenzuges erscheint daher bei der FOURIER-Analyse im Mittel

$$\omega_m = \frac{1}{T} \left\{ \omega_0 T + T \cdot v\, N \sum_{\eta_a < 1} \sigma_a\, \eta_a \right\}, \tag{76, 41}$$

was wieder mit (76, 39) übereinstimmt.

Das *Verhältnis von Linienbreite zu Linienverschiebung* ist für $n = 4$ unabhängig von allem Anderen nach (76, 37) und (76, 38)

$$\gamma\ :\ \omega_0 - \omega_m = 1{,}16\,. \tag{76, 42}$$

$n = 6$: Da $n = 5$ praktisch nicht vorkommt, wenden wir uns sogleich der von E. LINDHOLM eingehend untersuchten Beeinflussung der Spektrallinien durch VAN DER WAALS-*Kräfte* von neutralen Atomen (insbesondere H-Atomen) zu. Die

[1] Sinngemäß $\approx \frac{1{,}5\,\varrho}{v}$ zu setzen.

Integrale (76, 31) und (76, 32) sind (s. [1136]) in derselben Weise diskutiert, wie wir dies für den dort noch nicht untersuchten Fall $n = 4$ getan haben. Es ergibt sich

$$\gamma_6 = 17{,}0 \cdot C^{2/5} v^{3/5} N \tag{76, 43}$$

$$(\omega_0 - \omega_m)_6 = 6{,}16 \cdot C^{2/5} v^{3/5} N\,. \tag{76, 44}$$

Die kritische Phasenänderung η_0 in Gl. (76, 16) wäre jetzt gleich 0,61 (35°) zu setzen, um Übereinstimmung mit (76, 43) herzustellen.

Das *Verhältnis von Linienbreite zu Linienverschiebung* wird

$$\gamma : \omega_0 - \omega_m = 2{,}80\,. \tag{76, 45}$$

77. Statistische Theorie der Druckeffekte.

Schon 1914 hat J. STARK [1158] gezeigt, daß man die Verbreiterung der BALMER-Linien des Wasserstoffes in kondensierten Entladungen auf den Starkeffekt der statistisch verteilten elektrischen Felder geladener Teilchen zurückführen könne. In quantitativer Hinsicht ist dieser Ansatz dann von P. DEBYE [1103], J. HOLTSMARK [1118—1119] und S. VERWEY [1165] eingehend durchgerechnet worden. Ganz allgemein haben endlich H. KUHN [1127], H. MARGENAU [1139] u. a. eine „statistische" Theorie der Druckverbreiterung und -verschiebung von Spektrallinien entwickelt. Hier wird der — in der Stoßdämpfungstheorie gerade entscheidende — zeitliche Verlauf der Störungen völlig ignoriert und statt dessen gefragt: *„Mit welcher Wahrscheinlichkeit tritt eine Frequenzstörung im Bereich $\Delta\omega$ bis $\Delta\omega + d(\Delta\omega)$ auf?"* Ist — wie beim linearen Starkeffekt — der Elementarprozeß eine symmetrische Aufspaltung der Linie, so wird auch die *statistische Verbreiterung* symmetrisch sein. Hat dagegen — wie beim quadratischen Starkeffekt ($n = 4$) oder den VAN DER WAALS-Kräften ($n = 6$) $\Delta\omega$ stets dasselbe Vorzeichen, so wird auch die *Verbreiterung unsymmetrisch* und mit einer *Verschiebung* verbunden sein.

Wir stellen die naheliegende Frage nach dem Geltungsbereich und wechselseitigen Verhältnis von Stoßdämpfungstheorie und statistischer Theorie noch auf Abschnitt 78 zurück und entwickeln vorerst die letztere.

Dabei fassen wir zunächst die Störung des leuchtenden Teilchens *nur* durch *das nächste Störteilchen* ins Auge. Wir werden damit die Linienflügel — große Störungen durch *das* nächste Teilchen — schon richtig erhalten, während in den inneren Zonen der Linien das Zusammenwirken der *vielen* entfernteren Teilchen genauer berücksichtigt werden muß.

Die *Wahrscheinlichkeit*, daß das *nächste* Störteilchen sich im Abstand r vom leuchtenden Atom befindet, ist das *Produkt* der Wahrscheinlichkeit, daß 1 Teilchen im Abstand r angetroffen wird *mal* der Wahrscheinlichkeit $\overline{W}(r)$, daß *keines* sich innerhalb r befindet. Weiter ist nach dem Produktsatz der Wahrscheinlichkeitsrechnung

$$\overline{W}(r + dr) = \overline{W}(r) \cdot \overline{w}(r, dr)\,, \tag{77, 1}$$

wo $\overline{w}(r, dr)$ die Wahrscheinlichkeit bezeichnet, daß *kein* Teilchen sich in der Kugelschale r bis $r + dr$ befindet. Die Wahrscheinlichkeit, *daß* 1 Teilchen sich in dieser Kugelschale aufhält, ist aber einfach $4\pi r^2 \cdot N\,dr$, wo N wieder die Anzahl der Störteilchen pro cm^3 bedeutet. Damit wird

$$\overline{w}(r, dr) = 1 - 4\pi r^2 N\,dr \tag{77, 2}$$

und nach (77, 1)

$$\overline{W}(r) + \frac{d\overline{W}}{dr}\,dr = \overline{W}(r)\,(1 - 4\pi r^2 \cdot N\,dr)\,. \tag{77, 3}$$

Die Integration ergibt sofort

$$\overline{W}(r) = e^{-\frac{4\pi}{3} r^3 N}. \qquad (77,4)$$

Die Wahrscheinlichkeit $W(r)\,dr$, daß das *nächste* Teilchen sich in der Kugelschale r bis $r + dr$ befindet, ist nun nach der eingangs angestellten Überlegung

$$W(r)\,dr = 4\pi r^2 \cdot N\,dr \cdot e^{-\frac{4\pi}{3} r^3 N} = e^{-\left(\frac{r}{r_0}\right)^3} d\left(\frac{r}{r_0}\right)^3, \qquad (77,5)$$

wenn wir entsprechend (76, 7) durch

$$\frac{4\pi}{3} r_0^3 N = 1 \qquad (77,6)$$

wieder den *mittleren Abstand* r_0 zweier Störteilchen definieren. Die Annäherung eines Störteilchens auf den Abstand r bringe nun im Elementarprozeß nach (76, 11) wieder eine Verschiebung der Kreisfrequenz

$$\Delta\omega = \frac{2\pi C}{r^n} \qquad (77,7)$$

hervor. Die dem mittleren Abstand r_0 zweier Teilchen entsprechende „*Normalverschiebung*" bezeichnen wir mit

$$\Delta\omega_0 = \frac{2\pi C}{r_0^n} = 2\pi C\left(\frac{4\pi}{3} N\right)^{\frac{n}{3}}, \qquad (77,8)$$

so daß $\frac{\Delta\omega}{\Delta\omega_0} = \left(\frac{r_0}{r}\right)^n$ wird.

Damit können wir nun die Wahrscheinlichkeitsverteilung $W(r)$ überführen in die der Frequenzen, die gleichbedeutend ist mit der *Intensitätsverteilung* $I(\omega)$ der Linie:

$$I(\omega)\,d\omega = e^{-\left(\frac{\Delta\omega_0}{\Delta\omega}\right)^{3/n}} d\left(\frac{\Delta\omega_0}{\Delta\omega}\right)^{3/n} = \frac{3}{n}\left(\frac{\Delta\omega_0}{\Delta\omega}\right)^{\frac{3}{n}+1} e^{-\left(\frac{\Delta\omega_0}{\Delta\omega}\right)^{3/n}} \frac{d\omega}{\Delta\omega_0}. \qquad (77,9)$$

Die *Normierung* ist so getroffen, daß $\int\limits_0^\infty I(\omega)\,d\omega = 1$ wird. Falls (wie beim linearen Starkeffekt) im Elementarprozeß eine symmetrische Aufspaltung erfolgt, ist dies zu beachten.

Die bis jetzt gemachte Annahme, daß wir nur die Störung des *nächsten Teilchens* zu berücksichtigen brauchten, wird merkliche Fehler verursachen, sobald in (77, 9) die Exponentialfunktion wesentlich unter Eins absinkt.

Will man die gleichzeitige *Störung durch mehrere Teilchen* berechnen, so muß zunächst darüber Klarheit geschaffen werden, wie sich deren Störungen *überlagern*. Beim linearen oder quadratischen Starkeffekt ($n = 2$ bzw. 4) z. B. müssen wir die Feld*vektoren* superponieren, wie dies zuerst J. HOLTSMARK [1118—1119] getan hat, dessen Rechnungen dann von S. VERWEY [1165] und P. SCHMALJOHANN [1151] weitergeführt wurden. Wir beschränken uns hier in der Hauptsache auf eine kurze Darstellung dieser Untersuchungen. Zur mathematischen Seite des Problems vgl. weiterhin S. CHANDRASEKHAR [1102]. Andere n-Werte — die wir in der Astrophysik kaum benötigen werden — sind von H. MARGENAU durchgerechnet worden.

$n = 2$: J. HOLTSMARKs *Theorie der statistischen Felder in teilweise ionisierten Gasen. Verbreiterung durch linearen Starkeffekt.*

In einem Volumen V (das wir später $= 1$ setzen werden) seien N störende Teilchen mit der elektrischen Ladung e. Wir wollen mit J. HOLTSMARK die

Wahrscheinlichkeit $W(F)\,dF$ dafür berechnen, daß am Ort des leuchtenden Teilchens (z. B. H-Atome) eine Feldstärke zwischen F und $F + dF$ herrsche.

Wir legen durch das leuchtende Teilchen ein rechtwinkliges Koordinatensystem. Die Koordinaten des k-ten Störteilchens seien x_k, y_k, z_k; sein Beitrag zur Feldstärke im Koordinatenursprung sei durch die Komponenten X_k, Y_k, Z_k charakterisiert. Dann hat die resultierende Feldstärke $\vec{F}$ die Komponenten:

$$X_0 = \sum_1^N X_k\,; \quad Y_0 = \sum_1^N Y_k\,; \quad Z_0 = \sum_1^N Z_k\,. \qquad (77,\,10\text{a—c})$$

Die Wahrscheinlichkeit, daß das $k$te-Teilchen sich in dem Volumelement $d\,x_k\,d\,y_k\,d\,z_k$ befindet, ist $\frac{d\,x_k\,d\,y_k\,d\,z_k}{V}$. Infolgedessen erhalten wir die Wahrscheinlichkeit eines Feldvektors $\vec{F}$, dessen Komponenten in den Bereichen X_0 bis $X_0 + d\,X_0, \ldots$ liegen:

$$W(X_0, Y_0, Z_0)\,d\,X_0\,d\,Y_0\,d\,Z_0 = \frac{1}{V^N} \int \cdots \int \prod_k d\,x_k\,d\,y_k\,d\,z_k\,, \qquad (77,\,11)$$

wobei die Integration über alle die Volumelemente zu erstrecken ist, welche gemäß (77, 10) Feldstärke-Komponenten X_0, Y_0, Z_0 in den gewünschten Bereichen liefern. Dies erreicht man, indem man die rechte Seite von (77, 11) zunächst mit den „*Zackenfunktionen*"

$$H(X) = \frac{d\,X_0}{2\pi} \int_{-\infty}^{+\infty} e^{i\xi\left(\sum_1^N X_k\,(x_k, y_k, z_k) - X_0\right)}\,d\,\xi \qquad (77,\,12)$$

und entsprechend für Y und Z multipliziert. Diese Funktion $H(X)$ ist bekanntlich nur $\neq 0$, sofern (77, 10a) erfüllt ist; ihr Wert an dieser Stelle beträgt $d\,X_0$ (man kann sie also auch als Zacke der Höhe 1 und der Breite $d\,X_0$ auffassen).

Nun kann man über *alle* $x_k, \ldots$ integrieren und damit $W(X_0, Y_0, Z_0) \times \times\, d\,X_0\,d\,Y_0\,d\,Z_0$ und weiterhin $W(F)\,dF$ berechnen.

Zweckmäßig führt man noch die Normalfeldstärke

$$F_0 = 2{,}61\; e \cdot N^{2/3} \qquad (77,\,13)$$

ein, wo N wieder die Anzahl der Störteilchen pro cm³ bezeichnet. [F_0 ist übrigens nahezu gleich der Feldstärke F_0', die dem *mittleren Abstand* r_0 zweier Teilchen nach (77, 6) entspricht: $F_0' = e \cdot r_0^{-2} = 2{,}60\; e\,N^{2/3}$.] Setzt man noch

$$\frac{F}{F_0} = \beta\,, \qquad (77,\,14)$$

so führt die skizzierte Rechnung zu der Wahrscheinlichkeitsverteilung (hierzu auch S. VERWEY)

$$W(\beta) = \frac{2}{\pi\beta} \int_0^\infty v \sin v\, e^{-\left(\frac{v}{\beta}\right)^{3/2}}\, d\,v = \begin{cases} \dfrac{1{,}496}{\beta^{5/2}}\left(1 + \dfrac{5{,}107}{\beta^{3/2}} + \dfrac{14{,}43}{\beta^3} \cdots\right) \\[2ex] \dfrac{4}{3\pi}\,\beta^2\,(1 - 0{,}463\,\beta^2 + 0{,}1227\,\beta^4 \cdots) \end{cases}$$

(77, 15a und b)

In der Gegend $\beta = 3$ bis 3,5, wo beide Reihenentwicklungen schlecht konvergieren, hat P. SCHMALJOHANN [1151] das Integral (77, 15) graphisch ausgewertet[1]. Das

[1] P. SCHMALJOHANNs Werte $W(3) = 0{,}175$ und $W(3{,}5) = 0{,}122$ liegen etwas über den mit Hilfe der Reihenentwicklungen berechneten Zahlen von S. VERWEY [1165] 0,166 bzw. 0,115.

Ergebnis der ganzen Rechnungen zeigt Abb. 120 (rechts oben). Die Normierung von $W(\beta)$ ist per def. so getroffen, daß $\int_0^\infty W(\beta)\,d\beta = 1$. Für $\beta > 7$ geht (77, 15) rasch in die zuerst entwickelte Näherung über, welche nur das nächste Störteilchen berücksichtigte: Setzen wir nämlich in (77, 5) $\beta = \left(\frac{r_0}{r}\right)^2$, so ergibt sich sofort

$$W(\beta) = \frac{3}{2}\,\beta^{-\frac{5}{2}}\,e^{-\beta^{-\frac{3}{2}}} \approx 1{,}50/\beta^{5/2}\,, \tag{77, 16}$$

was mit dem 1. Glied der Reihenentwicklung (77, 15) für große β praktisch übereinstimmt.

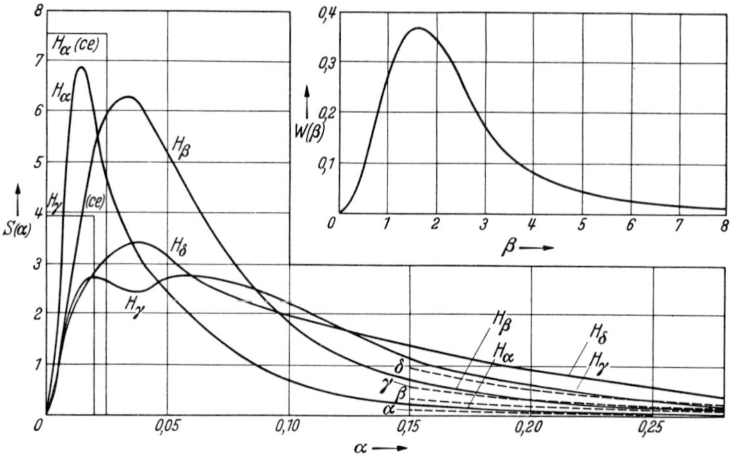

Abb. 120. Oben: Wahrscheinlichkeitsverteilung der zwischenmolekularen Felder. Nach J. HOLTSMARK und S. VERWEY. Unten: Relative Intensitätsverteilung (dünne Schicht) $S(\alpha)$ der BALMER-Linien. Nach S. VERWEY und P. SCHMALJOHANN.

Die Berechnung der *Intensitätsverteilung* $I(\omega)$ der Linie verläuft wieder in gewohnter Weise: Wir betrachten vorerst *eine* Komponente. Deren Verschiebungsgesetz sei

$$\Delta\omega = \frac{2\pi C}{r^2} = \frac{2\pi C}{e}\cdot F = \frac{2\pi C F_0}{e}\cdot\beta\,. \tag{77, 17}$$

Schreiben wir dafür kurz

$$\Delta\omega = \Delta\omega_0\cdot\beta\,, \tag{77, 18}$$

wo also $\Delta\omega_0$ die Verschiebung bei der Normalfeldstärke F_0 bedeutet, so wird analog (77, 9)

$$I(\omega)\,d\omega = W\left(\frac{\Delta\omega}{\Delta\omega_0}\right)\cdot\frac{d\omega}{\Delta\omega_0}\,, \tag{77, 19}$$

normiert auf $\int_0^\infty I(\omega)\,d\omega = 1$.

$n = 4$: *Quadratischer Starkeffekt.*

Ist das Verschiebungsgesetz unserer Linie (wir fassen zunächst wieder nur *eine* Komponente ins Auge)

$$\Delta\omega = \frac{2\pi C}{r^4}\,, \tag{77, 20}$$

so schreiben wir dafür

$$\Delta\omega = \frac{2\pi C}{e^2} \cdot F^2 = \frac{2\pi C \cdot F_0^2}{e^2} \cdot \beta^2 = \Delta\omega_0 \cdot \beta^2 , \tag{77, 21}$$

wo $\Delta\omega_0$ die dem Normalfeld F_0 entsprechende Verschiebung bedeutet. Setzen wir noch $\beta^2 = \alpha$, so ist

$$\Delta\omega = \alpha\,\Delta\omega_0 , \tag{77, 22}$$

und die Intensitätsverteilung der Linie wird

$$I(\omega)\,d\omega = \frac{W(\sqrt{\alpha})}{2\sqrt{\alpha}}\,\frac{d\omega}{\Delta\omega_0} . \tag{77, 23}$$

Das Maximum dieser Kurve liegt bei $\alpha = 1{,}05$. Die entsprechende *Ein-Teilchen-Näherung* nach (77, 16): $\frac{3}{4}\alpha^{-\frac{7}{4}}$ schließt sich etwa ab $\alpha > 20$ der exakten Funktion gut an.

78. Abgrenzung und Verschmelzung von Stoßdämpfungstheorie und statistischer Theorie.

Nachdem das Verhältnis von *Stoßdämpfungstheorie* und *statistischer Theorie* lange Zeit unklar war, gelang es 1940 im Anschluß an eine Note von W. Lenz [1134] fast gleichzeitig G. Burkhardt [1101] und L. Spitzer [1156] (vgl. weiterhin T. Holstein [1117]), die Angelegenheit zu klären.

Wir wollen uns hier nicht mit der notwendigerweise sehr komplizierten und astrophysikalisch wenig ergiebigen Behandlung des Übergangsgebietes beschäftigen, sondern vor allem die Kompetenzbereiche der beiden Ansätze gegeneinander abgrenzen.

Um das Wesentliche zu erörtern, dürfen wir wieder auf unsere Annahme zurückgreifen, daß die Linie bei Annäherung eines störenden Teilchens auf die Entfernung r lediglich eine Verschiebung

$$\Delta\omega = \frac{2\pi C}{r^n} \tag{78, 1}$$

erfahre.

Verfolgen wir nun mit G. Burkhardt [1101] die Bewegung eines *leuchtenden Teilchens* (mit der Relativgeschwindigkeit v) durch den Schwarm der Störteilchen hindurch (Abb. 121)! Während der „*Flugzeit*“ τ_f wird es praktisch unbeeinflußt bleiben. Streicht es an einem Störteilchen mit dem kleinsten Abstand ϱ vorbei, so dürfen wir bei hinreichend raschem Abklingen der Störkräfte (der Fall $n = 2$ erfordert eine besondere Bemerkung) diesen Vorgang dahingehend schematisieren, daß während einer

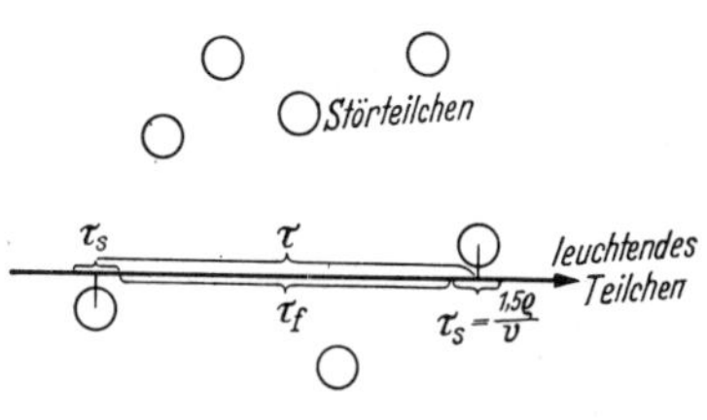

Abb. 121. Flugzeit τ_f und Störzeit τ_s.

$$\text{„Störzeit“}\ \tau_s \approx \frac{1{,}5\,\varrho}{v} \tag{78, 2}$$

eine Verschiebung $\Delta\omega_s$ eintrete, so daß $\tau_s\,\Delta\omega_s = \int \Delta\omega\,dt = \eta$ die richtige Phasenverschiebung gibt.

Berücksichtigen wir bei der Fourier-*Analyse nur* die während der ungestörten *Flugzeiten* τ_f ausgesandte Strahlung der Frequenz ω_0 und die *Tatsache* ihrer Phasenstörung bei Vorübergängen mit $\varrho < \varrho_0$, so kommen wir auf die Lorentz-Lenz-Weisskopf*sche Theorie* der Stoßdämpfung zurück.

Die Ausstrahlung *während* der *Störzeiten* τ_s ergibt zusätzlich (der entsprechende Energiebetrag fehlt natürlich im „Flugspektrum") ein „Störspektrum", das man wieder durch FOURIER-Analyse erhält. Der Beitrag, den der — im obigen Sinn schematisierte — Vorübergang im Abstand ϱ hierzu liefert, ist eine „Linie" mit der mittleren *Verschiebung* $\Delta\,\omega_s(\varrho)$ und einer (halben) *Halbwertsbreite* der Größenordnung $1/\tau_s$. Diese Beiträge zum *Störspektrum* werden sich nun einfach ihrer *Häufigkeit* entsprechend aneinander lagern, sobald die Breite

$$\frac{1}{\tau_s} \ll \Delta\,\omega_s \tag{78, 3}$$

oder — mit anderen Worten —, sobald bei dem Vorübergang die *Phasenverschiebung*

$$\eta = \tau_s\,\Delta\,\omega_s \gg 1 \tag{78, 4}$$

ist. Alle innerhalb des WEISSKOPF-Radius ϱ_0 (für $\eta_0 = 1$) verlaufenden Stöße geben also Beiträge zum Störspektrum; dieses aber wird in der Hauptsache nichts anderes sein, als die vom Linien*flügel* her aufgebaute „*statistische*" Intensitätsverteilung!

Genau genommen setzt sich also *die Linie zusammen aus einem inneren Teil (Kern), welcher der Stoßdämpfungstheorie folgt.* (Bei größeren Dichten wäre zu berücksichtigen, daß τ_f gegenüber früher um τ_s zu verkürzen ist.) *An diesen schließt sich auf der Seite, nach welcher die Verschiebung* (78, 1) *geht, ein Linienflügel an, welcher der statistischen Theorie folgt.*

Die *Grenze* beider liegt ungefähr bei *dem* $\Delta\,\omega_g$, das der Verstimmung $\Delta\,\omega = 2\pi\,C\cdot r^{-n}$ beim WEISSKOPF-*Radius* $r = \varrho_0$ nach Gl. (76, 15) mit $\eta_0 \approx 1$ oder — so könnte man ebensogut sagen — beim *Wirkungsradius* für Stoßdämpfung entspricht. Man findet so

$$\boxed{\Delta\,\omega_g = \left(\frac{v^n}{2\pi\,C\cdot c_n^n}\right)^{\frac{1}{n-1}}} \tag{78, 5}$$

Auf die schwierige Theorie des *Übergangsgebietes von Stoßdämpfung zu statistischer Verbreiterung* brauchen wir hier — wie schon gesagt — nicht einzugehen. In praxi kann man meist die beiden Kurvenäste mit genügender Genauigkeit einfach graphisch zusammensetzen. Die Frequenzabhängigkeit der Intensität ist — in einigem Abstand von der Linienmitte — für die *Dämpfung* $\sim 1/\Delta\,\omega^2$, für die *statistische Verbreiterung* nach (77, 9) $\sim 1/\Delta\,\omega^{\frac{3}{n}+1}$. Solange $n > 3$ ist fällt also die Intensität in den „statistischen" Flügeln und wachsendem Abstand von der Linienmitte langsamer ab, als bei Dämpfung. Bei $n = 3$ liefern statistische und Dämpfungstheorie praktisch dasselbe Linienprofil. Für $n = 2$ ist in den statistischen (HOLTSMARK-)Flügeln $I(\omega) \sim \Delta\,\omega^{-5/2}$. Daß diese von den Ausläufern des Dämpfungskernes, für die man elementar einen Verlauf $\sim \Delta\,\omega^{-2}$ erwarten sollte, nicht überdeckt werden, wird erst durch genauere Rechnungen von L. SPITZER [1154—1155] u. a. verständlich, nach denen der Dämpfungskern außen ziemlich scharf begrenzt ist. Dies hängt offenbar mit dem besonders „sanften" Verlauf der Frequenzstörungen $\Delta\,\omega \sim 1/r^2$ im COULOMB-Feld zusammen.

79. Quantentheoretische Begründung und Verfeinerung der Theorie der Druckeffekte.

Bis jetzt haben wir von der Quantenmechanik nur implizit Gebrauch gemacht zur Berechnung der *Wechselwirkungsgesetze* $\Delta\,\omega = 2\pi\,C\cdot r^{-n}$ und evtl. ihrer Gültigkeitsgrenzen. Dabei wurde stets die *Voraussetzung* gemacht, daß diese

Wechselwirkung zwischen leuchtendem und störendem Teilchen *quasistatisch* behandelt werden darf. Alles Übrige haben wir klassisch gerechnet[1]. Soweit wir die *statistische Theorie* anwenden dürfen, ist damit auch alles in Ordnung. Einer eingehenden Klärung dagegen bedarf die *Theorie der Stoßdämpfung*.

1932 hat V. WEISSKOPF [1166] zunächst gezeigt, wie man — unter Beibehaltung des *quasistatischen* Wechselwirkungsansatzes — zu einer Rechtfertigung des LORENTZ-LENZschen Ansatzes gelangen kann. Betrachtet werden zunächst nur die *nichtauslöschenden* Stöße; die Einbeziehung der Stöße II. Art versteht sich am Schluß von selbst. Die Rechnung schließt sich dem Vorbild von E. U. CONDONs wellenmechanischer Behandlung der *Schwingungsbanden zweiatomiger Moleküle* an. (Schon die Intensitätskurven verbreiterter Linien zeigen ja bei höheren Drucken einen ganz stetigen Übergang in die Banden locker gebundener Moleküle.) Zur Veranschaulichung betrachten wir die FRANCK-CONDON*schen Potentialkurven* der stoßenden Teilchen für den oberen und unteren Term der ausgestrahlten Linie (Abb. 122). Aufgetragen sind die beiden Termwerte als Funktion der Entfernung r des leuchtenden Atoms vom nächsten störenden Teilchen. Die Differenz der beiden Potentialkurven bestimmt die *Eigenfrequenz* ω_0 des leuchtenden Teilchens als Funktion von r.

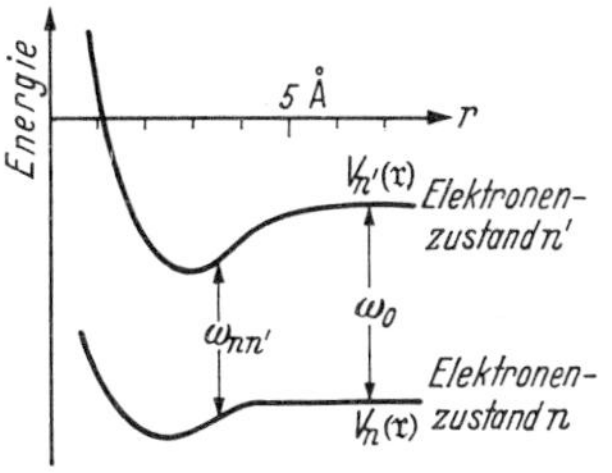

Abb. 122. Zur Quantentheorie der Stoßdämpfung. FRANCK-CONDONsche Potentialkurven zweier Zustände n und n'.

Die SCHRÖDINGER-*Gleichung* der Translationsbewegung des leuchtenden Atoms, das sich zwischen den raumfest gedachten Störatomen hindurchbewegt, lautet

$$\Delta \psi_n(\mathfrak{r}) + \frac{2M}{\hbar^2}(E - V_n(\mathfrak{r}))\,\psi_n(\mathfrak{r}) = 0\,. \tag{79, 1}$$

M ist die Masse des Atoms, $\mathfrak{r}$ die Koordinaten seines Schwerpunktes. $V_n(\mathfrak{r})$ bedeutet das Wechselwirkungspotential, das in großer Entfernung Null ist und bei kleinerem Abstand zwischen leuchtendem Atom und Störteilchen sich entsprechend der betreffenden FRANCK-CONDON-Kurve (Abb. 122) ändert. Größe und Art der Veränderung hängt noch von dem Elektronenzustand n ab, in dem sich das Atom befindet. E ist die Translationsenergie.

Weiterhin repräsentiere q die Koordinaten der *Elektronen* relativ zum Atomschwerpunkt und $\varphi_n(q)$ die *Eigenfunktion* des Elektronenzustandes n.

Dann ist die Gesamt-Eigenfunktion $\varphi_n(q)\,\psi_n(\mathfrak{r}, E)$, und die *Intensitätsverteilung* der Linie wird bestimmt durch das Amplitudenquadrat ($^-$ = konjugiert komplex):

$$I(\omega) = \left| \int q\, \varphi_n(q)\, \psi_n(\mathfrak{r}, E) \cdot \overline{\varphi}_{n'}(q)\, \overline{\psi}_{n'}(\mathfrak{r}, E')\, dq\, d\mathfrak{r} \right|^2. \tag{79, 2}$$

Die Integration über q läßt sich ausführen und gibt die Elektronenübergangswahrscheinlichkeit $A_{nn'}$, die — im Sinne des FRANCK-CONDONschen Prinzips — von $\mathfrak{r}$ unabhängig sein soll. Es bleibt daher

$$I(\omega) = A_{nn'} \left| \int \psi_n(\mathfrak{r}, E)\, \overline{\psi}_{n'}(\mathfrak{r}, E')\, d\mathfrak{r} \right|^2. \tag{79, 3}$$

[1] Auch nachdem man viele unserer Probleme *direkt* quantenmechanisch durchrechnen kann, erscheint es dem Verf. angebracht, die klassische Theorie voranzustellen, da die benutzten Näherungsverfahren nur von dieser Seite her wirklich *verstanden* werden können.

Zur Vereinfachung betrachten wir weiterhin die SCHRÖDINGER-Gleichung (79, 1) als eindimensional[1].

Wäre V_n konstant, so wäre ihre Lösung eine ebene DE BROGLIE-Welle mit der Wellenlänge $\lambda = h/p$, wo

$$p = \sqrt{2\,M(E - V_n)} \tag{79, 4}$$

den *Impuls* des Atoms bezeichnet. Bezeichnen wir noch mit x die Koordinate des Atomschwerpunktes, so wäre also

$$\psi_n(x, E) = \frac{\text{const}}{\sqrt{p}} \cdot e^{-i\cdot\frac{2\pi}{\lambda}\cdot x} = \frac{\text{const}}{\sqrt{p}} \cdot e^{-\frac{i}{\hbar}px}. \tag{79, 5}$$

Ist $V_n(\mathfrak{r})$ veränderlich, jedoch so, daß im Bereich *einer* DE BROGLIE-Wellenlänge seine Änderungen nicht zu erheblich sind, so können wir nach WENTZEL-KRAMERS-BRILLOUIN (WKB-Verfahren) die Lösung von (79, 1) als inhomogene Welle schreiben

$$\psi_n(x, E) = \frac{\text{const}}{\sqrt{p}}\, e^{-\frac{i}{\hbar}\int\limits_0^x p\,dx}, \tag{79, 6}$$

wo nun p durch (79, 4) gegeben ist.

Die relative Wahrscheinlichkeit eines Überganges $n, E \to n', E'$, wobei also mit dem *Quantensprung* $n \to n'$ infolge des mit r veränderlichen Abstandes der Potentialkurven (Abb. 122) die Änderung der Translationsenergie $E \to E'$ verknüpft ist, wird nun nach (79, 3)

$$\sim \left| \int \frac{1}{\sqrt{p\,p'}}\, e^{\frac{i}{\hbar}\int (p'-p)\,dx}\, dx \right|^2, \tag{79, 7}$$

wo $p' = \sqrt{2\,M(E' - V_{n'})}$. Wir zeigen nun mit WEISSKOPF, daß (79, 7) nichts anderes ist, als der bekannte LORENTZsche Ansatz. Da $p - p' \ll p$, können wir schreiben $(p' - p)\,v = T' - T$, wo v die Geschwindigkeit und T die kinetische Energie bedeutet. Außerdem ist $d\,x = v\,dt$, also $(p' - p)\,d\,x = (T' - T)\,dt$. Nun gilt aber

$$T' - T = (E' - E) - (V'_n - V)\,. \tag{79, 8}$$

Die *emittierte* Frequenz ist

$$\omega = \omega_0 + \frac{E' - E}{\hbar}, \tag{79, 9}$$

wobei ω_0 die Frequenz des *un*gestörten Atoms bedeutet.

Andererseits entspricht dem Abstand der Potentialkurven an der Stelle, wo sich das Atom zur Zeit t befindet, die *Eigen*frequenz

$$\omega_{n n'}(t) = \omega_0 + \frac{V_{n'}(x) - V_n(x)}{\hbar}. \tag{79, 10}$$

Setzen wir in (79, 7) noch $\sqrt{p\,p'} \approx m\,v$, so erhalten wir schließlich mit (79, 8—10):

$$I(\omega) = \left| \int e^{i\omega t - i\int\limits_0^t \omega_{nn'}(t)\,dt}\, dt \right|^2. \tag{79, 11}$$

Entspricht einem *Stoß* die Phasenverschiebung η, so können wir dafür auch schreiben

$$I(\omega) = \left| \int e^{i(\omega-\omega_0)t + i\Sigma\eta}\, dt \right|^2 \tag{79, 12}$$

[1] Hierzu: E. LINDHOLM [1136, S. 54].

und kommen genau auf Gl. (76, 18) zurück. Durch diese Rechnung von V. WEISSKOPF ist nun also zunächst geklärt, wie beim Stoß *Anregungsenergie* in *kinetische Energie der Translation* umgesetzt wird.

E. LINDHOLM [1135] hat dann — zunächst unter Beibehaltung des Wechselwirkungsansatzes $\sim r^{-n}$ — die Phasenänderungen $\eta = \eta_n - \eta_{n'}$ *direkt* mit Hilfe der *Stoßtheorie* von H. FAXÉN und J. HOLTSMARK berechnet. Die Ergebnisse unterscheiden sich nicht merklich von denen der klassischen Theorie [Gl. (76, 13)], wie man von vornherein erwarten muß. Der *Drehimpuls* des störenden Teilchens (bezogen auf das leuchtende als Fixpunkt) $M\,v \cdot \varrho$ ist nämlich stets[1] $\gg \hbar$ (in den Beispielen von LINDHOLM ~ 100 bis $150\,\hbar$). Ebensogut könnten wir auch sagen: Die DE BROGLIE-Wellenlänge $\frac{h}{M\,v}$ ist stets $\ll \varrho$. Das heißt, der Wellencharakter der Teilchen tritt noch nicht in Erscheinung; wir dürfen die Translationsbewegung klassisch behandeln.

Wichtiger und wesentlich schwieriger ist die von L. SPITZER [1156] und von E. LINDHOLM [1136] in seiner Dissertation in Angriff genommene Frage, wieweit es erlaubt ist, in der *Stoßdämpfungstheorie* einen *quasistatischen Wechselwirkungsansatz* $\sim r^{-n}$ anzuwenden.

E. LINDHOLM [1136] greift das Problem frontal an. Er charakterisiert die Begegnung der beiden Teilchen durch ein *Vektorgerüst* (Abb. 123). Ähnlich wie in der Theorie der Spektren werden zunächst die Drehimpulse (alles in Einheiten von $\hbar$) der beiden Teilchen j_a und j_b zu einer Resultante j_R vereinigt. Hinzufügen des Translations-Drehimpulses i (mit dem wir uns eben schon beschäftigt haben) gibt den Gesamtdrehimpuls j. Dessen gequantelte Komponente in einer ausgezeichneten Richtung (z. B. äußeres Feld) sei m. Eine *Eigenfunktion* ist also neben den Elektronenquantenzahlen zu kennzeichnen durch j_a, j_b, j_R, i, j, m.

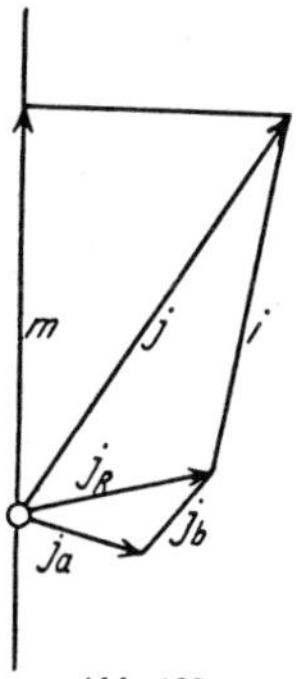

Abb. 123. Vektorgerüst zweier stoßender Teilchen (nach E. LINDHOLM).

Sei $\mathfrak{r}_a$ der Lagevektor des einen, $\mathfrak{r}_b$ des anderen Elektrons (je von „seinem" Kern aus gemessen) und $\mathfrak{R}$ der Abstand der beiden Atomkerne, so erhält man ihr *Wechselwirkungspotential* durch Entwicklung nach Potenzen von R^{-1} zu

$$V = \frac{e^2}{R^3}\left[(\mathfrak{r}_a \cdot \mathfrak{r}_b) - \frac{3}{R^2}(\mathfrak{r}_a \cdot \mathfrak{R})(\mathfrak{r}_b \cdot \mathfrak{R})\right] + \cdots \tag{79, 13}$$

Auf dieser Basis können nun die in (79, 12) eingehenden *Phasen* η *direkt berechnet* werden. Vielfach sind mit den Phasenänderungen auch *Amplitudenfaktoren* λ verknüpft; wir haben schon darauf hingewiesen, daß dann die $\cos\eta_a$ bzw. $\sin\eta_a$ in Gl. (76, 28) und (76, 30) mit diesen zu multiplizieren sind.

Wir wollen hier diese ebenso grundlegenden wie langwierigen Rechnungen E. LINDHOLMs nicht im einzelnen referieren, sondern versuchen, im Anschluß an die 3. Arbeit von L. SPITZER [1156] die wesentlichen *physikalischen Gesichtspunkte* anschaulich zu erläutern, wobei wir jedoch häufig auf die Ergebnisse von E. LINDHOLM zurückgreifen werden.

A) Adiabasie. Es handelt sich um die schon mehrfach erwähnte Frage, unter welchen Bedingungen das leuchtende Teilchen sich auf das ändernde Störfeld so rasch einstellt, daß man letzteres als statisch behandeln kann. Betrachten wir z. B. ein Hg-Atom im $^3P_1$-Zustand, an dem ein Argonatom in dem (kugelsymmetrischen) $^1S_0$-Zustand vorbeifliegt (Abb. 124). Bewegt sich das A-Atom hinreichend langsam, so wird sich das Hg-Atom mit seinem Drehimpuls $j = 1 \cdot \hbar$ in seinem

[1] Eine Ausnahme könnte allenfalls entstehen bei Störung durch *Elektronen*. Wir werden hierauf noch zurückkommen.

Feld richtungsquanteln, und zwar entweder parallel mit $m = \pm 1$ (statistisches Gewicht 2) oder senkrecht $m = 0$ (statistisches Gewicht 1). Diesen Einstellungen entsprechen, wie H. MARGENAU [1139] gezeigt hat, in der VAN DER WAALS-Wechselwirkung $C\,\hbar/r^6$ verschiedene Konstanten $C_{||}$ bzw. $C_\perp$. Wir müssen also im quasistatischen oder — wie man sagt — *adiabatischen* Fall so rechnen, wie wenn $^2/_3$ der Vorübergänge mit der Wechselwirkungskonstanten $C_{||}$ und $^1/_3$ mit $C_\perp$ erfolgten. Man darf daher in unserem Beispiel für den „statistischen" Flügel der durch VAN DER WAALS-Kräfte verbreiterten Linie[1] nicht einfach einen Mittelwert $\overline{C} = \frac{2}{3} C_{||} + \frac{1}{3} C_\perp$ benutzen, sondern muß im Sinne von Gl. (77, 9) $\overline{C^{1/2}} = \frac{2}{3} C_{||}^{\frac{1}{2}} + \frac{1}{3} C_\perp^{\frac{1}{2}}$ setzen.

Wie die Verhältnisse allgemein liegen, wird sofort klar, wenn wir uns an den bekannten Molekularstrahlversuch von R. FRISCH und E. SEGRÈ [1111] sowie dessen theoretische Bearbeitung durch P. GÜTTINGER [1116] erinnern, bei dem es sich um die Frage handelte: Ein richtungsgequanteltes Atom wird durch ein magnetisches Drehfeld der Kreisfrequenz ω geschickt. Bis zu welcher Frequenz ω folgt es diesem äußeren Feld? Was geschieht, wenn es nicht mehr folgen kann? Die Antwort ist folgende: Das Atom folgt adiabatisch, bis ω die LARMOR-Frequenz (ZEEMAN-Effektaufspaltung) erreicht. Bei höheren Frequenzen erfolgen Übergänge in die benachbarten Quantenzustände mit anderer Einstellung; die Quantenzustände werden sozusagen „durcheinandergeschüttelt".

Diese Erkenntnisse können wir sofort auf unser Problem anwenden: Der LARMOR-Frequenz entspricht die Verstimmung (jetzt nicht auf die Linie, sondern auf einen *Term* k bezogen[2]). Der Kreisfrequenz des Drehfeldes entspricht die des vorbeifliegenden Teilchens v/ϱ; sie ist $\approx 1/\tau_s$, wo τ_s wieder die bekannte Störzeit bezeichnet.

Die, wie die quantenmechanische Rechnung zeigt, ziemlich scharf definierte *Grenze* Adiabasie—Nichtadiabasie ist also bestimmt durch

$$\frac{2\pi C}{\varrho^n} \approx \frac{v}{\varrho} \quad \text{oder} \quad \frac{2\pi C_n}{v\,\varrho^{n-1}} \approx 1\,, \tag{79, 14}$$

wofür wir nach (76, 13) schreiben können

$$\eta_k \approx c_n\,. \tag{79, 15}$$

Im allgemeinen wird nun die dem Übergang $k \to k'$ entsprechende Phasenverschiebung $\eta = \eta_k - \eta_{k'}$ dem Betrag nach von derselben Größenordnung sein, wie die größere der η_k. Die Grenze Adiabasie—Nichtadiabasie ist also fast ebenso gut festgelegt durch

$$\eta \approx c_n \approx 1\,. \tag{79, 16}$$

Das heißt: *Die Stöße innerhalb des* WEISSKOPF*schen Radius* $\varrho_0(\eta_0 = 1)$ *verlaufen adiabatisch.*

Wir haben damit zunächst verifiziert, daß im Bereich der *statistischen Theorie* die *adiabatische Rechnung* tatsächlich erlaubt ist.

Wie steht es aber mit der *Berechnung des Stoßradius* ϱ_0 selbst? Hier ist — streng genommen — der adiabatische Ansatz nach dem Vorgange von WEISSKOPF u. a. meist *nicht* mehr erlaubt. Welche praktischen Konsequenzen hat diese Erkenntnis? Wenn die betrachtete Linie, bzw. ein Term derselben, unter dem

[1] Die Verbreiterung des unteren Termes haben wir dabei als vernachlässigbar klein betrachtet.

[2] In vielen Fällen überwiegt das C des einen Termes so stark, daß wir das des anderen dagegen vernachlässigen können. Dann brauchen wir den erwähnten Unterschied gar nicht zu beachten.

Einfluß der Störkräfte *aufspaltet,* wie wir das im Falle Hg [$^3P_1$]—A [$^1S_0$] kennen gelernt haben, so werden zwischen den nahe benachbarten Quantenzuständen bei Stößen mit Parametern $\gg \varrho_0$ *Übergänge* stattfinden; die Terme werden „durcheinandergeschüttelt". Es wird daher im Bereich der *Stoßdämpfungstheorie* richtiger sein, durchweg *mit einem mittleren C zu rechnen,* als die verschiedenen Einstellmöglichkeiten (bei Hg [$^3P_1$] z. B. $C_{||}$ und $C_{\perp}$) gesondert zu berücksichtigen.

Ganz in diesem Sinne bemerkt E. LINDHOLM [1136, S. 82], daß die VAN DER WAALS-Potentiale Hg [$^3P_1$]—A [$^1S_0$] für ||- bzw. $\perp$-Orientierung (Abb. 124), welche in seinen *exakten* Differentialgleichungen vorkommen, sich nur wie 1 : 1,2 verhalten, während H. MARGENAU [1139] für statische Wechselwirkung ein Verhältnis $\sim$ 1 : 2 berechnet hatte. Abgesehen von diesen verhältnismäßig feinen Effekten wird jedoch auch im Bereich der Stoßdämpfungstheorie der Unterschied zwischen „adiabatischer" und „nichtadiabatischer" Phasenverschiebung *gering* sein, da Übergänge zwischen *entfernteren* Quantenzuständen durch Vorübergänge mit der Frequenz $1/\tau_s$ ja *nicht* hervorgerufen werden können.

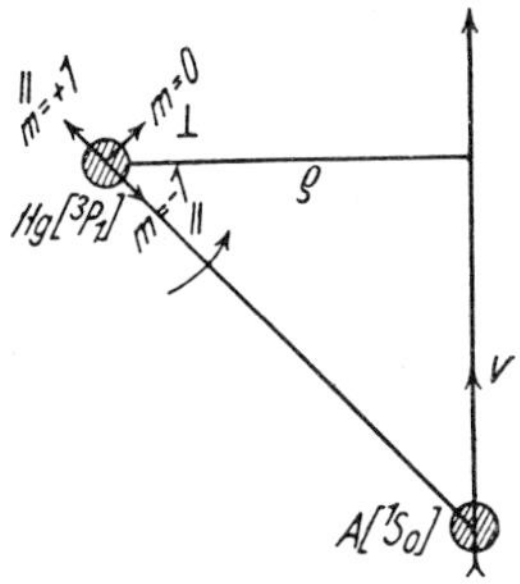

Abb. 124. Richtungsquantelung eines Hg [$^3P_1$]-Atoms im (quasistatisch betrachteten) Feld eines vorbeifliegenden A [$^1S_0$]-Atoms nach H. MARGENAU. || - und $\perp$-Einstellung geben verschiedene VAN DER WAALS-Kräfte.

B) Drehung des leuchtenden Atoms. Ehe wir die im Vorhergehenden gegebene Darstellung als gerechtfertigt betrachten dürfen, müssen wir nach L. SPITZER [1156] und E. LINDHOLM [1136] noch einen zweiten Punkt genauer ins Auge fassen:

Bei einem „adiabatischen" Vorübergang (Abb. 124) wird das leuchtende Atom von dem störenden Teilchen infolge der Richtungsquantelung um 180° gedreht, und zwar *unabhängig* von der Stärke der Wechselwirkung. Die mit dieser *Drehung* — ganz abgesehen von jeder Frequenzverstimmung — verbundene Phasenstörung (man denke an die Ausstrahlung eines harmonischen Oszillators!) sollte bewirken, daß schon beliebig entfernte Vorübergänge als „Stoß" zählen. Daß dieser „Unsinn" tatsächlich nicht passiert, rührt offensichtlich daher, daß Vorübergänge mit $\varrho > \varrho_0$ (ϱ_0 = WEISSKOPF-Radius) *nichtadiabatisch* verlaufen, so daß das Atom gar keine Zeit hat, sich gequantelt auszurichten.

Die — wie man von vornherein erwarten muß — nicht sehr erheblichen Unterschiede zwischen der korrekten Rechnung (Nichtadiabasie *und* Dreheffekt) und der elementaren Darstellung von Abschnitt 76 (Adiabasie *ohne* Dreheffekt) werden am größten sein, wenn es sich um richtungsabhängige Störungen 1. Ordnung handelt, also linearen Starkeffekt ($n = 2$) oder Resonanzkräfte zwischen gleichartigen Atomen ($n = 3$). In diesem Fall wird das „Durcheinanderschütteln" der nach beiden Seiten auseinanderstrebenden Komponenten eine effektive *Verkleinerung* der Wechselwirkung hervorrufen. Die Rechnungen von L. SPITZER und E. LINDHOLM zeigen übereinstimmend, daß bei *Eigendruckverbreiterung* ($\Delta\omega = 2\pi C \cdot r^{-3}$) die Konstante C um einen Faktor ~ 2 verkleinert wird[1,2].

Bei Wechselwirkungen II. Ordnung, die weniger richtungsabhängig sind ($n = 4$ und $n = 6$), ist der Unterschied zwischen exakter Rechnung und der

[1] Dessen genauer Zahlenwert hängt natürlich von der Art der betreffenden Atomzustände ab.

[2] Wie W. FURSSOW und A. WLASSOW [1114] bemerkt haben, ist es bei *Eigendruckverbreiterung* nicht ganz richtig, nur von „*Phasenstörungen*" zu sprechen, da tatsächlich eine Übertragung von Anregungsenergie stattfindet. Dieser Umstand ist in den quantenmechanischen Rechnungen von E. LINDHOLM und L. SPITZER implizit berücksichtigt. Wie wir schon andeuteten, werden dort neben den Phasenänderungen η_a auch Amplitudenänderungen λ_a in Betracht gezogen.

üblichen Darstellung (Adiabasie; ohne Dreheffekt) belanglos — wie die ausführlichen Rechnungen von E. LINDHOLM auf das Schönste bestätigen —, sofern man das „Durcheinanderschütteln" evtl. Aufspaltungen (s. oben) berücksichtigt.

80. Gleichzeitige Störung durch mehrere Teilchen.

Bis jetzt haben wir die *gleichzeitige Einwirkung mehrerer Störteilchen* auf das leuchtende Atom nur im Bereich der *statistischen Theorie* ins Auge gefaßt.

Im Bereich der *Stoßdämpfungstheorie* wird sie erst in Erscheinung treten, sobald der mittlere Abstand zweier Teilchen r_0 $\left(\frac{4\pi}{3} r_0^3 N = 1\right)$ *kleiner* wird als etwa das Doppelte des WEISSKOPFschen Stoßradius ϱ_0. Derartige Dichten sind in den Sternatmosphären *nicht* zu erwarten.

Eine ganz andere Art „kooperativer" Effekte ist von E. FERMI [1105] und CHR. FÜCHTBAUER (Literatur in [1153]) mit ihren Mitarbeitern eingehend untersucht worden: Wenn das Leuchtelektron z. B. eines Alkaliatomes sich in einer Bahn mit der Hauptquantenzahl $n = 15$ bis 25 bewegt, so befinden sich bei Drucken $\gg 1$ Atm. in deren Bereich schon *viele* Störatome. Die Beobachtung zeigt, daß dann *Verschiebungen* und *Verbreiterungen* der Linien auftreten, welche mit wachsender Hauptquantenzahl n festen *Grenzwerten* zustreben, die unabhängig von der Wahl des absorbierenden Alkalis nur noch vom Fremdgas und seinen Zustandsgrößen abhängen.

Eine Abschätzung zeigt, daß in Sternatmosphären auch dieser Effekt nicht auftreten kann: In den Hauptsequenzsternen der späteren Spektraltypen haben wir Gasdrucke von $\sim 10^5$ dyn cm^{-2}. Bei $T = 5700°$ K (etwa Sonnentemperatur) z. B. befinden sich also im Kubikzentimeter $N = 1{,}27 \cdot 10^{17}$ Atome. Deren mittlerer Abstand ist nach (76, 7) $r_0 = 1{,}23 \cdot 10^{-6}$ cm. Andererseits ist der Radius einer BOHRschen Bahn mit der Hauptquantenzahl n gleich $a_n = a_0\, n^2$, wo $a_0 = 0{,}529$ Å. Im Bereich einer Bahn befinden sich also viele Störteilchen erst, wenn $r_0 < a_0\, n^2$, d. h. $n > 15$ ist. So hohe Quantenzustände[1] kommen aber im *Sonnen*spektrum nicht vor[2]; in Sternspektren sind sie natürlich noch viel weniger erfaßbar.

81. Reemission druckverbreiterter Linien.

Im Hinblick auf astrophysikalische Anwendungen müssen wir uns nun mit der *Reemission* druckverbreiterter Linien befassen. Wir sehen dabei von dem trivialen Effekt ab, daß im allgemeinen ein Elektron, das unter Absorption eines Lichtquants $h\nu_{nm}$ den Übergang $n \to m$ gemacht hat, nicht immer im Anschluß daran auch eine Emission $m \to n$ machen muß. Die „Seitensprünge" des Elektrons führen zu „wahrer" Absorption und (näherungsweise) thermischer Emission. Wir behandeln diese Dinge, die ja nicht für die Druckverbreiterung charakteristisch sind, später gemeinsam. Hier wollen wir zunächst nur die Fälle ins Auge fassen, bei denen sich an die Absorption $n \to m$ in einer druckverbreiterten Linie sofort die Emission $m \to n$ anschließt und überlegen mit L. SPITZER [1157], in welcher Weise die genauen Frequenzen des absorbierten und emittierten Lichtquants miteinander gekoppelt sind.

Ganz leicht zu übersehen ist der Fall *statistischer Verbreiterung*: Damit z. B. die Starkeffekt-Komponenten der BALMER-Linie Hγ in einem A-Stern von $\sim 10000°$ etwa auf 10 Å oder $\Delta\omega = 1{,}0 \cdot 10^{13}$ sec^{-1} gespreizt werden, muß sich

[1] Die Wasserstofflinien kommen in diesem Zusammenhang nicht in Frage, da sie vorwiegend durch den Starkeffekt der Ionenfelder verbreitert werden.

[2] Siehe L. SPITZER [1157a].

ein Proton dem leuchtenden Atom — wie wir noch nachrechnen werden — auf $\varrho \approx 1{,}4 \cdot 10^{-6}$ cm nähern. Da die Relativgeschwindigkeit der beiden nach (76, 6) $v = 20{,}6 \cdot 10^5$ cm/sec ist, dauert der ganze Vorbeigang etwa $\frac{1{,}5\,\varrho}{v} = 10^{-12}$ sec, also wesentlich kürzer als die Lebensdauer des 5. Quantenzustandes von $8{,}8 \cdot 10^{-8}$ sec. Bei Absorption und Emission wird also die „Verstimmung" der Linienfrequenz völlig verschieden sein. Absorption und Emission sind also nur statistisch miteinander gekoppelt in dem Sinn, daß die Häufigkeitsverteilung beider als Funktion von $\Delta\omega$ durch die Frequenzabhängigkeit des Absorptionskoeffizienten gegeben ist. Soweit es sich also um die Übergangsfolge $n \to m \to n$ handelt, haben wir *inkohärente Streuung*.

Im Falle von *Stoßdämpfungsverbreiterung* betrachten wir als Einfachstes zunächst den Übergang zwischen einem scharfen tieferen Term n und einem verbreiterten höheren Term m. Was geschieht bei der Absorption einer Frequenz $\nu_{mn} + \Delta\nu$ mit der Überschuß-Energie $h\,\Delta\nu$, die sozusagen nicht ins Termschema paßt? Die Zeitdauer der Störung des leuchtenden Atoms ist im allgemeinen wieder viel kürzer als die Lebensdauer des angeregten Zustandes. Die Energiedifferenz $h\,\Delta\nu$ kassiert jeweils das störende Teilchen als kinetische Energie ein. Absorption und Emission sind also wieder nur statistisch gekoppelt, d. h. man erhält *inkohärente Streuung*. Es leuchtet ohne weiteres ein, daß in komplizierteren Fällen — Verbreiterung beider Terme; Übergang von statistischer zu Dämpfungsverbreiterung — sich daran nichts ändert.

Erst wenn bei höheren Dichten die Bildung von *Quasi-Molekülen* zwischen leuchtendem und störendem Teilchen einsetzt, dann hat dieses Gesamt-Gebilde verbreiterte Terme (die man sich durch Verbreiterung der Elektronen-Terme des Moleküls um die Rotations- und Schwingungsenergien entstanden denken kann) und man kann z. B. in den Flügeln einer Resonanzlinie wieder fast kohärente Streuung bekommen. Astrophysikalisch dürfte dieser Fall nur eine untergeordnete Rolle spielen.

Auf experimentelle Untersuchungen zum Problem der Reemission werden wir in Kap. XIII zurückkommen.

82. Berechnung astrophysikalisch wichtiger Wechselwirkungskonstanten, Wirkungsquerschnitte, Absorptionskoeffizienten usw.

Ehe wir die in den vorangehenden Abschnitten entwickelten Ansätze weiter durchrechnen, um sie für die Astrophysik nutzbar zu machen, dürfte es zweckmäßig sein, einige *größenordnungsmäßige* Angaben über die Konzentrationen N [cm^{-3}] und Relativgeschwindigkeiten v der wichtigsten Teilchensorten in Sternatmosphären einzuschalten.

Mit den in Abb. 91 berechneten mittleren Drucken erhält man ($N = P/kT$) für *Hauptsequenzsterne* ($\log g = 4$ bis 5) *Elektronenkonzentrationen*, die von $N_e \approx 7 \cdot 10^{14}$ im Bereich der Spektraltypen O—F bis auf $\sim 10^{12}$ bei M abnehmen. Die *Gesamtkonzentration aller Teilchen* in den größtenteils ionisierten Atmosphären der O—F-Sterne ist $N \approx 2\,N_e$; bei den kühleren Hauptsequenzsternen der Typen G—M ist der Wasserstoff neutral und stellt den Hauptanteil der $N \approx 2 \cdot 10^{17}$ Atome pro cm^3. Die Zahlen für *Giganten* und *Übergiganten* liegen größenordnungsmäßig um einen Faktor $\sqrt{g/g_\odot}$ tiefer.

Über die Relativgeschwindigkeiten von *Elektronen* ($\mu = 1/1836$), *Wasserstoffatomen* oder -ionen ($\mu = 1$) und *Metallen* bzw. schweren Elementen, für welche man praktisch $\mu = \infty$ nehmen darf, gibt die folgende, nach Gl. (76, 6) berechnete Tab. 42 Auskunft.

Tabelle 42. Relativgeschwindigkeit v [cm · sec^{-1}].

	$\frac{1}{\mu}=\frac{1}{\mu_1}+\frac{1}{\mu_2}$	25000°	10000°	5000°	3000°
Elektronen	1836	$9{,}85 \cdot 10^7$	$6{,}23 \cdot 10^7$	$4{,}40 \cdot 10^7$	$3{,}41 \cdot 10^7$
H^+ — H	2	$32{,}5 \cdot 10^5$	$20{,}6 \cdot 10^5$	$14{,}5 \cdot 10^5$	$11{,}3 \cdot 10^5$
H — Metalle	1	$23{,}0 \cdot 10^5$	$14{,}5 \cdot 10^5$	$10{,}3 \cdot 10^5$	$7{,}96 \cdot 10^5$

Nach diesen allgemeinen Vorbereitungen untersuchen wir zunächst:

a) Die Verbreiterung der Wasserstofflinien[1] durch linearen Starkeffekt (n = 2). Nach der bekannten Formel von K. SCHWARZSCHILD und P. S. EPSTEIN zeigen die Wasserstoff- und HeII-Linien in einem homogenen elektrischen Feld F symmetrische Aufspaltung in mehrere Komponenten, deren Abstand $\Delta\lambda$ von der Linienmitte

$$\Delta\lambda = \frac{3h}{8\pi^2 c\, m\, e \cdot Z} \cdot \lambda^2 n_k F = 0{,}0192 \frac{\lambda^2}{Z} \cdot n_k F \qquad (82,1)$$

ist. Dabei bedeuten h, c, m und e die bekannten elementaren Konstanten. Die Kernladungszahl Z ist für Wasserstoff 1, für HeII gleich 2, ... n_k soll eine ganze Zahl sein, die mit den Quantenzahlen von Anfangs- und Endterm zusammenhängt. λ und $\Delta\lambda$ sind in cm, die Feldstärke F in elst. CGS-Einheiten zu rechnen. $F \cdot 0{,}3$ ist also die Feldstärke in Kilovolt/cm.

In Abb. 125 haben wir für Hα, ... Hδ die zu den betreffenden n_k gehörigen Linienintensitäten I_k nach den wellenmechanischen Rechnungen von E. SCHRÖDINGER [1152] aufgetragen. Da in unseren statistischen Feldern alle Feldrichtungen

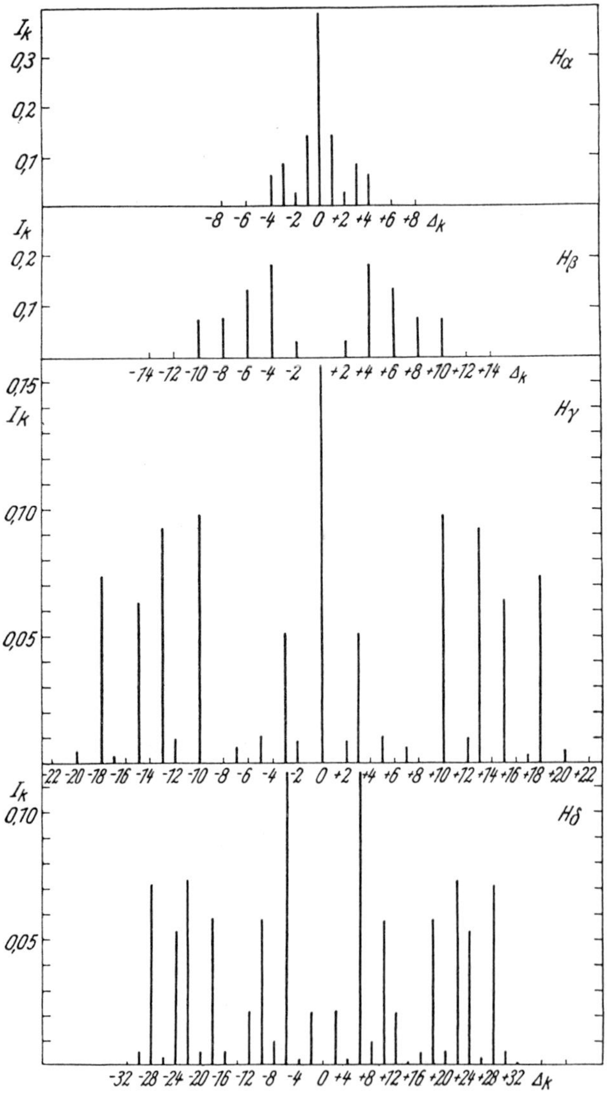

Abb. 125. STARK-Effekt-Aufspaltung der Linien Hα bis Hδ. σ-Komponenten mit verdoppelter Intensität (räumliche Mitteilung). Normierung auf $\Sigma I_k = 1$.

[1] In analoger Weise lassen sich auch die HeII-Linien und einige Übergänge des HeI-Spektrums behandeln.

oder — anders ausgedrückt — alle Ausstrahlungsrichtungen gleichberechtigt sind, so erhalten die σ-Komponenten *doppeltes* Gewicht gegenüber den π-Komponenten. Die Normierung ist so getroffen, daß $\Sigma I_k = 1$.

Für Überschlagsrechnungen ist es noch zweckmäßig, den Mittelwert

$$\bar{n}_k = \frac{\Sigma n_k I_k}{\Sigma I_k} \tag{82,2}$$

(unter Weglassung einer evtl. unverschobenen Komponente) zu berechnen. Man erhält für

$$\left.\begin{array}{lcccc} & \mathrm{H}\alpha & \mathrm{H}\beta & \mathrm{H}\gamma & \mathrm{H}\delta \\ \bar{n}_k = & 2{,}24 & 5{,}96 & 11{,}8 & 15{,}9\,. \end{array}\right\} \tag{82,3}$$

Die naheliegende Frage, ob man das Feld eines störenden Ions oder Elektrons überhaupt mit genügender Genauigkeit als *homogen* betrachten dürfe, können wir nun leicht beantworten:

Die der Aufspaltung $\Delta\lambda$ nach (82, 1) entsprechende Energieänderung ΔE schreiben wir (vgl. Anhang A)

$$\Delta E = \frac{e\,a_0}{Z} \cdot \frac{3}{2} n_k \cdot F\,, \tag{82,4}$$

was sich anschaulich deuten läßt als Energie eines Dipols mit der Ladung e und der Länge $\frac{a_0}{Z} \cdot \frac{3}{2} n_k$ (a_0 = BOHRscher Wasserstoffradius) im Feld F. Da nach (82, 3) $\frac{3}{2}\bar{n}_k$ von der Größenordnung $\sim n^2/2$ ist, wo n die Hauptquantenzahl des oberen Terms bedeutet, so entspricht die Länge des Dipols etwa der halben Ausdehnung der n-ten BOHRschen Bahn. Fordern wir nun, daß die Starkeffektaufspaltung ΔE *kleiner* sein soll, als der halbe Abstand der Energieniveaus n und $n \pm 1$, d. h. daß die Linien nicht zusammenfließen sollen, so heißt dies — wenn wir noch $F = \frac{e}{r^2}$ setzen —:

$$\frac{e\,a_0}{Z} \cdot \frac{n^2}{2} \cdot \frac{e}{r^2} < \frac{1}{2} \cdot \frac{e^2 Z^2}{a_0\, n^3} \quad \text{oder} \quad \frac{r}{a_0 n^2/Z} > \sqrt{\frac{n}{Z}}\,, \tag{82,5}$$

d. h. selbst bei extremen Verbreiterungen ist der Abstand des störenden Teilchens immer noch das $\sqrt{n/Z}$-fache des Bahnradius.

Bei den üblichen Verbreiterungen darf man also das Störfeld unbedenklich als *homogen* betrachten.

Nunmehr untersuchen wir — zunächst für $\mathrm{H}\alpha, \ldots \mathrm{H}\delta$ — die *Grenze von statistischer und Dämpfungsverbreiterung*, wobei wir noch zwischen Wechselwirkung mit Ionen (Protonen) und Elektronen unterscheiden müssen. Schreiben wir wieder das Störfeld $F = e/r^2$ und die mittlere Komponentenverschiebung in Kreisfrequenzeinheiten

$$\Delta\omega = \frac{2\pi C}{r^2}\,, \tag{82,6}$$

so ist nach (82, 1) mit $Z = 1$

$$2\pi C = \frac{3h}{4\pi m} \cdot \bar{n}_k = 1{,}738\,\bar{n}_k\,. \tag{82,7}$$

Damit berechnen wir nach (78, 5) die Grenze

$$\Delta\omega_g = \frac{v^2}{2\pi C \cdot \pi^2} \quad \text{bzw.} \quad \Delta\lambda_g = \frac{v^2 \lambda^2}{1{,}738\,\bar{n}_k \cdot 2\pi^3 c}\,. \tag{82,8}$$

Entnimmt man die Relativgeschwindigkeiten v der Tab. 42, so erhält man die in Tab. 43 zusammengestellten Grenzen von Stoßdämpfung und statistischer Verbreiterung für die BALMER-Linien. Für die Verbreiterung durch *Ionen* gilt also die *statistische Theorie* bis in den Dopplerkern hinein. Andererseits wird die statistische Verbreiterung durch Elektronen erst in so großen Abständen von der Linienmitte wesentlich, daß wir sie praktisch vernachlässigen können. Die Stoßverbreiterung durch Elektronen andererseits ist neben der statistischen Verbreiterung durch Ionen in den inneren Teilen der Linien bedeutungslos. Insgesamt können wir also auf Hα, ... Hδ in Sternatmosphären unbedenklich[1] die statistische Theorie nach J. HOLTSMARK, S. VERWEY u. a. anwenden, sofern wir einfach die Elektronen ignorieren.

Tabelle 43. Grenze $\Delta\lambda_g$ (in Ångström) von Stoßdämpfung und statistischer Verbreiterung für die BALMER-Linien.

		25000°	10000°	5000°	3000°
Hα	Elektronen	580	230	110	70
	H-Ionen	0,63	0,25	0,12	0,08
Hβ	Elektronen	120	48	24	14
	H-Ionen	0,13	0,05	0,03	0,02
Hγ	Elektronen	48	19	9	6
	H-Ionen	0,05	0,02	0,01	0,006
Hδ	Elektronen	32	13	6	4
	H-Ionen	0,03	0,01	0,007	0,004

Diese Rechnungen wollen wir nun im einzelnen darstellen. Mit J. HOLTSMARK führen wir zunächst die „*Normalfeldstärke*" (77, 13)

$$F_0 = 2{,}61\, e\, N^{2/3} \tag{82, 9}$$

ein, wo N die Anzahl der Ionen pro cm³ bedeutet. Wenn mehrfache Ionisation keine Rolle spielt, können wir dafür auch schreiben

$$F_0 = 2{,}61 \cdot e \left(\frac{P_e}{kT}\right)^{2/3} = 46{,}8 \left(\frac{P_e}{T}\right)^{2/3}. \tag{82, 10}$$

Setzen wir dann wieder $F/F_0 = \beta$, so gibt die Funktion $W(\beta)$ nach (77, 15) mit der asymptotischen Darstellung $W(\beta) \approx \frac{1{,}50}{\beta^{5/2}}$ für große β die *Wahrscheinlichkeitsverteilung* der statistischen Ionenfelder.

Für die Starkeffektkomponente k schreiben wir nun (82, 1)

$$\Delta\lambda = c_k \cdot F\,. \tag{82, 11}$$

c_k bedeutet also die Verschiebung der Komponente k bei der Feldstärke 1. Bezeichnen wir die Intensität dieser Komponente, bezogen auf Gesamtintensität der Linie = 1, mit I_k, so gibt sie in dem Wellenlängenbereich $\Delta\lambda$ bis $\Delta\lambda + d\lambda$ den Beitrag $I_k \cdot W(\beta)\, d\beta$, wo nach (82, 11)

$$\beta = \frac{F}{F_0} = \frac{\Delta\lambda}{c_k \cdot F_0} \tag{82, 12}$$

ist. Führen wir noch die Variable

$$\alpha = \frac{\Delta\lambda}{F_0} \tag{82, 13}$$

(Abstand von der Linienmitte, bezogen auf Normalfeldstärke 1) ein, so ist die relative Intensitätsverteilung (für dünne Schicht) in der Linie gegeben durch

$$S(\alpha)\, d\alpha = \sum_k I_k \cdot W\left(\frac{\alpha}{c_k}\right) \frac{d\alpha}{c_k}\,, \tag{82, 14}$$

wobei also

$$\int_{-\infty}^{+\infty} S(\alpha)\, d\alpha = 1 \tag{82, 15}$$

[1] Abgesehen von einer kleinen Korrektion für den Dopplereffekt im innersten Teil der Linien.

ist. Die Berechnung von $S(\alpha)$ mit Hilfe der SCHRÖDINGERschen Intensitäten (Abb. 120) hat zuerst S. VERWEY [1165] ausgeführt[1].

Um vollends den Absorptionskoeffizienten $k(\Delta\lambda)$ pro absorbierendes Atom zu erhalten, bedenken wir, daß dieser einerseits proportional zu $S(\alpha)$ ist, daß aber andererseits

$$\int k\,d\lambda = \frac{\pi e^2}{m c^2}\cdot\lambda^2\cdot f \tag{82, 16}$$

sein muß, wo f die Oszillatorenstärke der betreffenden Linie bedeutet. Es wird also

$$k(\alpha) = \frac{\pi e^2}{m c^2}\cdot\lambda^2 f\frac{S(\alpha)}{F_0} = \frac{\pi e^2}{m c^2}\lambda^2 f\cdot\Sigma\frac{I_k}{c_k\cdot F_0}\cdot W\left(\frac{\alpha}{c_k}\right). \tag{82, 17}$$

Besonders einfach und praktisch bedeutsam ist die Berechnung des Absorptionskoeffizienten in den *Flügeln* der Linien ($\beta \gg 1$), wo wir nach (77, 15)

$$W(\beta) \approx 1{,}496\cdot\beta^{-5/2} = 1{,}496\left(\frac{c_k\cdot F_0}{\Delta\lambda}\right)^{5/2} \tag{82, 18}$$

setzen können. Damit wird

$$k(\Delta\lambda) = \frac{\pi e^2}{m c^2}\lambda^2 f\cdot 1{,}496\cdot F_0^{3/2}\sum_k\frac{I_k c_k^{3/2}}{\Delta\lambda^{5/2}}. \tag{82, 19}$$

Benutzen wir für c_k wieder die quantentheoretische Gl. (82, 1), so wird

$$k(\Delta\lambda) = \frac{\pi e^2}{m c^2}\cdot\lambda^2 f\cdot(0{,}0193\,\lambda^2)^{3/2}\cdot F_0^{3/2}\cdot 1{,}496\,\Sigma I_k n_k^{3/2}\cdot\frac{1}{\Delta\lambda^{5/2}} \tag{82, 20}$$

oder nach Einsetzen der Zahlenkonstanten:

$$k(\Delta\lambda) = 3{,}54\cdot 10^{-15}\cdot\lambda^5 f\cdot F_0^{3/2}\frac{\Sigma I_k n_k^{3/2}}{\Delta\lambda^{5/2}}. \tag{82, 21}$$

Berechnen wir die $\Sigma I_k n_k^{3/2}$ nach SCHRÖDINGER, entnehmen die f-Werte der Quantenmechanik (vgl. Tab. 52) und schreiben kurz

$$k(\Delta\lambda) = C\cdot\frac{F_0^{3/2}}{\Delta\lambda^{5/2}}, \tag{82, 22}$$

wobei $\Delta\lambda$ in Ångström gerechnet werden soll, so erhalten wir für die vier ersten Linien der BALMER-Serie:

(82, 23)

	H α	H β	H γ	H δ
λ =	6562,79	4861,33	4340,47	4101,74
f =	0,637	0,119	0,0443	0,0212
$\Sigma I_k\cdot n_k^{3/2}$ =	1,140	7,74	18,3	35,4
$C\cdot 10^{16}$ =	3,13	0,885	0,442	0,309

Für die höheren Glieder der BALMER-Serie (die Verallgemeinerung auf die höheren Serien und evtl. das HeII ist vollends trivial), bei denen die exakte Berechnung der Starkeffekt-Aufspaltungsbilder allzu langwierig würde, kann man nach einem Vorschlag von E. v. DIEN [1104] und C. DE JAGER [1766] den Absorptionskoeffizienten $k(\Delta\lambda)$ folgendermaßen näherungsweise berechnen:

Die Aufspaltung $\Delta\lambda^*$ der äußersten Komponenten des Überganges $2\to n$ erhält man in Gl. (82, 1) für $n_k = n(n-1)+2$, da das maximale Dipolmoment der n-ten Quantenbahn im äußeren Feld gleich $e\,a_0\cdot\frac{3}{2}n(n-1)$ ist.

[1] Die schon erwähnte Zuteilung doppelter Gewichte an die σ-Komponenten hat dann Herr P. SCHMALJOHANN berücksichtigt. In seiner Kurve für Hβ (I. Aufl., Abb. 65) bemerkte Herr Dr. JÜRGENS noch einen kleinen Rechenfehler, den wir in Abb. 120 ebenfalls berichtigt haben.

Schreibt man also

so wird
$$\left.\begin{aligned} \Delta\lambda^* &= s_n \cdot F\,, \\ s_n &= 0{,}0192\,\lambda^2\,\{n(n-1)+2\}\,. \end{aligned}\right\} \qquad (82,23\text{a})$$

Schematisiert man nun — vgl. hierzu Abb. 125 — das Aufspaltungsbild der Linie einfach durch ein Rechteck der Halb-Breite $\Delta\lambda^*$, so erhält man ganz analog den Überlegungen, welche zu Gl. (82, 17) führten,

$$k(\Delta\lambda) = \frac{\pi e^2}{m c^2}\,\lambda^2 f \cdot \frac{1}{s_n F_0}\, U\left(\frac{\Delta\lambda}{s_n F_0}\right); \qquad (82,23\text{b})$$

die Funktion

$$U(\beta) = \int\limits_{\beta}^{\infty} \frac{W(\beta)}{2\beta}\, d\beta \qquad (82,23\text{c})$$

ist von E. v. DIEN [1104] und C. DE JAGER [1766] numerisch berechnet worden. Ihr Argument in $k(\Delta\lambda)$ entspricht *dem* β, welches die äußersten Stark-Komponenten zu dem betreffenden $\Delta\lambda$ auseinander spreizt.

Für die äußeren Flügel erhält man nach (82, 18)[1]

$$U(\beta) \approx 0{,}2992 \cdot \beta^{-5/2} \qquad (82,23\text{d})$$

(für $\beta = 10$ z. B. ergibt diese Näherung $U(\beta) = 0{,}000946$, während die numerische Integration auf 0,0011 führt). Der Linienabsorptionskoeffizient wird also

$$k(\Delta\lambda) = \frac{\pi e^2}{m c^2}\,\lambda^2 f \cdot 0{,}299\,\frac{(s_n F_0)^{3/2}}{\Delta\lambda^{5/2}}\,. \qquad (82,23\text{e})$$

Für die Konstante $C \cdot 10^{16}$ von $H\delta$ — in Gl. (82, 22) — erhält man nach dieser Formel 0,316, während die exakte Rechnung in (82, 36) auf 0,309 geführt hatte.

In (82, 23) überrascht es zunächst, daß — abgesehen von $H\alpha$ — die Absorptionskoeffizienten in den Flügeln der BALMER-Linien bei gleichem $\Delta\lambda$ so wenig von der Gliednummer in der Serie abhängen. Der Grund ist jedoch leicht zu verstehen: Für große Quantenzahlen geht $f \sim 1/n^3$. Der Mittelwert von n_k bzw. das s_n dagegen wächst etwa $\sim n^2$, entsprechend der Energieänderung eines Dipols von den Dimensionen der BOHRschen Bahn (große Halbachse $\sim n^2$) im Feld 1. Der Faktor $f \cdot \Sigma I_k\, n_k^{3/2}$ in (82,21) bzw. $f \cdot s_n^{3/2}$ in (82, 23c) wird also für große Quantenzahlen — wie *Verf.* zuerst gezeigt hat — nahezu konstant.

Im HeII-Spektrum hat A. B. UNDERHILL [1160] die Linie λ 4541 ($4 \to 9$) durchgerechnet, nachdem schon A. UNSÖLD [1164] die Linie λ 4686 ($3 \to 4$) unter Verwendung der Starkeffekt-Intensitäten nach B. KULLENBERG [1129] behandelt hatte. Dort auch Näheres über statistische Verbreiterung einiger HeI-Linien.

Um die Anwendung der HOLTSMARKschen Theorie noch deutlicher zu machen, betrachten wir etwa $H\gamma$ 4340,47 in einem A-Stern der Hauptsequenz mit (etwa) $T = 10000°$ und $\log P_e = 2{,}8$: Die Konzentration der Ionen ist $N = 4{,}57 \cdot 10^{14}$ pro cm^3 und die Normalfeldstärke nach (82, 9) oder (82, 10)

$$F_0 = 7{,}43 \text{ elst. CGS-Einheiten} = 2{,}23 \text{ kV/cm}\,. \qquad (82,24)$$

In einem Abstand $\Delta\lambda = 5$ Å von der Linienmitte (wo etwa die Flügel beginnen) ist also nach (82, 13) $\alpha = 0{,}65$. Das heißt, man darf durchweg mit der Näherung $W(\beta) = 1{,}496\,\beta^{-5/2}$ bzw. mit Gl. (82, 22) rechnen. Die unaufgespaltene Mittelkomponente und das „Loch“ der $S(\alpha)$-Funktion gehen vollständig unter in dem *Dopplerkern*, dessen $\Delta\lambda_D = 0{,}187$ Å (entsprechend $\alpha = 0{,}025$) ist. Genau

[1] DE JAGER [1766; S. 39, Gl. (VI, 4)] gibt statt 0,299 als Zahlenwert der Konstante 0,330 an, was offenbar nicht ganz richtig ist.

genommen wäre die HOLTSMARK-Funktion noch mit der entsprechenden GAUSS-Funktion zu überlagern (falten).

In Kap. XIII werden wir die HOLTSMARKsche Theorie noch mit neueren Messungen im Laboratorium vergleichen. An die Sternspektren werden wir erst herangehen, wenn wir auch dem Strahlungsaustausch und der Zunahme des Druckes mit der Tiefe in der Atmosphäre Rechnung tragen können.

Besonderes Interesse verdient noch die *Starkeffekt-Verbreiterung der hohen Serienglieder.* Da diese im wesentlichen durch den oberen Quantenzustand bestimmt wird, können wir hier die BALMER-Serie, die PASCHEN-Serie ... und sogar die hohen Glieder *beliebiger Spektralserien* in gleicher Weise behandeln.

Zu dem letzteren Punkt könnte man zunächst einwenden, daß z. B. in der Na-Hauptserie $3\,{}^2S$—$m\,{}^2P^\circ$ die hohen P-Terme doch nicht wasserstoffähnlich seien. Tatsächlich werden aber durch die Ionen-Störfelder auch die ganzen „verbotenen" Übergänge von $3\,{}^2S$ nach den hohen D-, F-, G-, ... Termen hervorgelockt. Die Eigenfunktionen dieser Terme (für jeweils ein bestimmtes n) mischen sich unter dem Einfluß der Störfelder, sobald diese gegenüber dem nicht-COULOMBschen Anteil des Atomrumpf-Feldes überwiegen. Andererseits wachsen die statistischen Gewichte ja mit der Drehimpuls-Quantenzahl L rasch an. Das gesamte Verhalten der hohen Alkaliterme wird also unter dem Einfluß der Störfelder sich sehr rasch dem der Wasserstoffterme mit derselben Hauptquantenzahl annähern.

Die Verbreiterung der Terme wächst nun mit der Hauptquantenzahl n bei gegebener Dichte der störenden Teilchen N [cm^{-3}] rasch an. Von einem bestimmten $n = n_m$ an werden also die Flügel benachbarter Linien sich so überlagern, daß die Serie dort *abbricht* und schon vor Erreichung ihrer „theoretischen" Grenze ($n = \infty$; bei verschwindend kleinem Druck) stetig in ihr *Grenzkontinuum* übergeht.

Diese Hauptquantenzahl n_m des letzten getrennt erkennbaren Seriengliedes können wir, wie D. R. INGLIS und E. TELLER [1121] im Anschluß an A. PANNEKOEK [1146] gezeigt haben, in einfacher Weise abschätzen:

Nach N. BOHR ist die große Halbachse der Bahnen mit der Hauptquantenzahl n

$$a = a_0\, n^2 \quad \text{mit} \quad a_0 = 0{,}53 \cdot 10^{-8}\ \text{cm}\,. \tag{82, 25}$$

Ihre Energie im COULOMB-Feld des Kernes bzw. Atomrumpfes mit $Z = 1$ ist

$$E = \frac{e^2}{2\, a_0\, n^2} \tag{82, 26}$$

und die Energiedifferenz zweier aufeinanderfolgender Terme bei großen n

$$\Delta E = \frac{e^2}{a_0\, n^3}\,. \tag{82, 27}$$

Die Termaufspaltung im linearen Starkeffekt ist von der Größenordnung $a\,e\,F$; etwas genauer für die äußersten Komponenten gleich $\frac{3}{2}\,a\,e\,F$. Benachbarte Linien werden nun etwa zusammenfließen, wenn diese Aufspaltung $\approx \frac{\Delta E}{2}$ ist, d. h.

$$\frac{3}{2}\, a_0\, n_m^2 \cdot e\,F = \frac{e^2}{2\, a_0\, n_m^3}\,. \tag{82, 28}$$

Für die Feldstärke F benutzen INGLIS und TELLER den Mittelwert[1] $F = 3{,}7\, e\, N^{2/3}$

[1] Genau genommen ist die wahrscheinliche Feldstärke nach der HOLTSMARK-Verteilung $F = 1{,}6\, F_0 = 4{,}2\, e\, N^{2/3}$, die entsprechende mittlere Feldstärke $F = 3{,}38\, F_0 = 8{,}8_2 \cdot e\, N^{2/3}$. Im Rahmen unserer Abschätzungs-Genauigkeit hat es keinen Sinn, über solche feineren Unterschiede zu diskutieren. Eine etwas genauere Berechnung der Intensitätsverteilung in den hohen Seriengliedern haben A. PANNEKOEK [1146] und E. v. DIEN [1104] versucht. Man sollte jedoch die Genauigkeit dieser Rechnungen nicht überschätzen, da die Intensitätsverteilung in den Starkeffekt-Aufspaltungsbildern nur ganz grob abgeschätzt werden konnte.

und erhalten damit — wenn wir zur Bequemlichkeit gleich logarithmieren —

$$\boxed{\log N = 23{,}26 - 7{,}5 \log n_m\,.} \tag{82, 29}$$

Auch hier müssen wir wieder fragen, wann unter N die Ionen allein und wann die Ionen + Elektronen zu rechnen sind: In Gl. (82, 8) setzen wir — indem wir die mittlere Aufspaltung etwa gleich der Halfte der maximalen nehmen — $2\pi C \cdot \hbar = 0{,}5 \cdot \frac{3}{2}\, a\, e^2$, $\Delta\omega_g \cdot \hbar = \frac{1}{2} \Delta E = \frac{e^2}{2\, a\, n_m}$ und nach (76, 6) die mittlere Elektronengeschwindigkeit $v^2 = \frac{8\, k T}{\pi\, m}$. Dann ergibt sich als Bedingung für die *Mitwirkung der Elektronen* beim Abbrechen der Spektralserie

$$T < \frac{3\,\pi^3\, e^2}{64\, a_0\, k} \cdot \frac{1}{n_m} = \frac{4{,}6 \cdot 10^5}{n_m}\,. \tag{82, 30}$$

Bei Inglis und Teller — welche die Abschätzung ein wenig anders rechnen — ergab sich der Zahlenfaktor zu 10^5; der Unterschied ist im Rahmen unserer ganzen Rechengenauigkeit natürlich belanglos. In den Sternatmosphären werden also vielfach in Gl. (82, 29) außer den Ionen auch die Elektronen zu berücksichtigen sein.

Obwohl die aus der „*Hauptquantenzahl n_m der letzten* Balmer- *oder* Paschen-*Linie*" ermittelten Ionenkonzentrationen im allgemeinen mit einer Unsicherheit $\log N$ bis $\pm 0{,}3$ behaftet sein dürften, ist doch die Gl. (82, 29) ein außerordentlich nützliches Hilfsmittel der Astrophysik und Gasentladungsphysik.

Wir überlegen noch kurz, welche *Dopplereffekte* — thermischer Dopplereffekt + Turbulenz oder Rotation der Sterne — ihrer Anwendbarkeit auf die Balmer-Linien gefährlich werden: Der *halbe* Abstand der Linien n und $n+1$ entspricht bei

n	= 10	15	20	25	30	(82, 31)
einer Geschwindigkeit						
$v\left[\frac{\text{km}}{\text{sec}}\right]$	= 1080	330	140	73	42	

Da die thermischen und im allgemeinen auch die Turbulenzgeschwindigkeiten kleiner sind als die angegebenen kritischen Werte, so kommt als Konkurrent der Starkeffekt-Verschmierung hoher Serienglieder in erster Linie die *Rotation* der Sterne in Frage. Wie wir sehen werden, sind Äquatorgeschwindigkeiten von ~ 200 km/sec bei frühen Spektraltypen nicht allzu selten.

b) Quadratischer Starkeffekt von Elektronen und Ionen (n = 4). Beim Wasserstoffatom mit seinem Coulomb-*Feld* fallen bekanntlich die Terme mit derselben Hauptquantenzahl n und verschiedenen l fast zusammen (Entartung). Dies ist der tiefere Grund dafür, daß das Atom im elektrischen Feld ein konstantes Dipolmoment bekommt und *linearen Starkeffekt* zeigt.

Bei den komplizierteren Atomen beschreibt das Elektron — anschaulich gesprochen — in dem nicht-Coulombschen Feld des Atomrumpfes eine Rosettenbahn. Diese führt in einem äußeren elektrischen Feld eine Präzessionsbewegung aus und wird dabei deformiert. Man erhält jetzt also ein feld-proportionales Dipolmoment und *quadratischen Starkeffekt*. In den meisten Fällen genügt es dabei, die Verschiebung des — sehr viel empfindlicheren — höheren Termes zu berücksichtigen.

Bezeichnen wir wieder mit r den zeitlich veränderlichen Abstand zwischen strahlendem Atom und störendem Elektron oder Ion (einfach geladen), so ist die

Feldstärke am Ort des ersteren $F = e/r^2$. Die Verstimmung der Linienfrequenz (bzw. des oberen Termes) können wir also schreiben

$$\Delta\omega = 2\pi c\,\Delta\nu = \frac{2\pi C}{r^4}\,. \tag{82, 32}$$

Die Konstante C entnehmen wir Laboratoriumsmessungen oder evtl. quantentheoretischen Berechnungen (s. unten). Hat man bei einer Feldstärke F_{kV} = Kilovolt/cm bzw. $F = \frac{F_{kV}}{0{,}3}$ elst. CGS-Einheiten eine Linienverschiebung (Schwerpunkt aller π und σ Komponenten) von $\Delta\nu$ [cm^{-1}], so ist nach (82, 32)

$$c\,\Delta\nu = \frac{C}{r^4} = \frac{C}{e^2}\left(\frac{F_{kV}}{0{,}3}\right)^2. \tag{82, 33}$$

Eine (schon ziemlich empfindliche) Metallinie bei λ 4000 Å gebe etwa bei 100 kV/cm eine Verschiebung $\Delta\nu = 5$ [cm^{-1}] oder 0,8 Å. Dann ist $C = 31{,}1 \cdot 10^{-14}$ CGS-Einheiten. Wo ist nun die Grenze zwischen statistischer Theorie und Stoßdämpfung bei Störung durch Elektronen bzw. Ionen zu erwarten? Nach Gl. (78, 5) liegt sie bei

$$\Delta\omega_g = \left(\frac{8\,v^4}{\pi^5\,C}\right)^{1/3}. \tag{82, 34}$$

Mit den Geschwindigkeiten v nach Tab. 42 berechnet man daraus für unser Beispiel die Grenz-$\Delta\lambda_g$ von Tab. 44. Bei Störung durch *Elektronen* muß man also

Tabelle 44. Grenze $\Delta\lambda_g$ (in Å) von Stoßdämpfung und statistischer Theorie bei quadratischem Starkeffekt ($n = 4$) einer Metallinie bei 4000 Å mit $C = 31{,}1 \cdot 10^{-14}$ CGS-Einheiten bzw. 0,8 Å Starkeffektverschiebung bei 100 kV/cm.

Verbreiterung durch	$T = 25000°$	10000°	5000°	3000°
Elektronen	170	92	58	41
Protonen	1,1	0,6	0,4	0,27

mit *Stoßdämpfung* rechnen. Nach (76, 37) ist die *Dämpfungskonstante*

$$\gamma = 38{,}8 \cdot C^{2/3} v^{1/3} N\,. \tag{82, 35}$$

Wegen des Faktors $v^{1/3}$ überwiegt die Verbreiterung durch die *Elektronen* diejenige durch Ionen (wir rechnen hier 1 Metallion mit $\mu \approx 30$ pro Elektron) etwa um einen Faktor $(1836 \cdot 30)^{1/6} = 6{,}2$. Die *Ionen*, bei denen wir uns in dem gewählten Beispiel an der Grenze der beiden Theorien befinden, geben also zum Effekt der Elektronen nur eine kleine Korrektion, für welche eine grobe Abschätzung genügt. Die *Dämpfungskonstante* selbst wird z. B. bei 5000° und $N = 3 \cdot 10^{13}$ Elektronen ($\log P_e = 1{,}32$, etwa entsprechend der Sonnenatmosphäre)

$$\gamma = 22 \cdot 10^8\ [\text{sec}^{-1}]\,. \tag{82, 36}$$

Bei einer solchen einigermaßen feldempfindlichen Linie kann also die Stoßdämpfung durch Elektronen + Ionen neben der Strahlungsdämpfung durchaus bemerkbar werden.

Ehe wir weitergehen, müssen wir noch einige Schwierigkeiten unserer halbklassischen Theorie erörtern:

1. Nach Gl. (76, 15) mit $\varrho_0 = 0{,}64$ ist in unserem Beispiel der Stoßradius für Elektronen $\varrho_0 = 48$ Å. Andererseits haben die Elektronen eine DE BROGLIE-Wellenlänge $\lambda = \frac{h}{m\,v} \approx 16$ Å; diese ist also zwar noch $< \varrho_0$, so daß wir das

Elektron noch leidlich als klassisches Partikel behandeln dürfen, aber große Genauigkeit können wir dabei nicht erwarten.

2. Sodann ist nach Abschnitt 79 die Verwendung des adiabatischen (quasistatischen) Ansatzes (82, 32) und (82, 33) zur Berechnung der Frequenzverschiebung in der Nähe von $r \approx \varrho_0$ nur noch näherungsweise zulässig. Da jedoch im quadratischen Starkeffekt die Hauptkomponenten meist ziemlich nahe beisammen liegen, dürfte dadurch kein großer Fehler entstehen.

3. Eine dritte Schwierigkeit tritt auf, wenn man die Verbreiterung von *Funkenlinien* durch Elektronenstoß berechnen will. Das Elektron mit der kinetischen Energie $\sim \frac{3}{2} kT$ gewinnt dann beim Stoß vorübergehend die potentielle Energie e^2/ϱ_0. In unserem Beispiel wäre der erstere Betrag $1{,}0 \cdot 10^{-12}$ erg, der letztere $0{,}5 \cdot 10^{-12}$ erg, d. h. man müßte eine erhebliche Ablenkung des Elektrons durch das Ion erwarten, so daß unsere Rechnung mit gradlinigen Elektronenbahnen nicht mehr sehr genau sein dürfte.

Aus ähnlichen Überlegungen heraus hat M. RUDKJÖBING [1150] versucht, die Stoßdämpfung durch Elektronen direkt quantenmechanisch zu berechnen. Auch dabei sind aber — zum Teil wieder an anderen Stellen — so viele Vereinfachungen des Problems kaum zu vermeiden, daß es sehr fraglich erscheint, ob man durch diese komplizierten Rechnungen wirklich an Genauigkeit gewinnt.

Um die Elektronen-Stoßdämpfung γ in Sternatmosphären berechnen zu können, ist es wichtig, gute *Messungen* quadratischer Starkeffekte zu haben. Zuverlässige Zusammenfassungen geben G. JOOS und A. SAUER [1131a] und H. KOPFERMANN [1106a]. Einen großen Fortschritt gerade in der Messung der kleinen quadratischen Starkeffekte astrophysikalisch wichtiger *Resonanzlinien* (deren Dämpfungskonstante besonders interessiert!) brachte die ab 1941 von H. KOPFERMANN und Mitarbeitern [1106a] entwickelte Anordnung, bei der ein *Atomstrahl* durch das elektrische Feld eines Kondensators geschickt wird. Die Absorption quer zum Atomstrahl kann interferometrisch mit hoher Auflösung untersucht werden. Die von H. KOPFERMANN und Mitarbeitern bei 250 kV/cm gemessenen Verschiebungen der Resonanzlinien von Na, Ca, Sr, Ba und Cr gehen fast durchweg nach Rot und sind sämtlich $< 0{,}07\,\text{cm}^{-1}$. Dem entsprechen wieder bei 5000° und $\log P_e = 1{,}3$ Dämpfungskonstanten $\gamma < 0{,}4 \cdot 10^8\,\text{sec}^{-1}$. Diese liegen zwar noch in der Größenordnung der *Strahlungs*dämpfung, sind aber — wie wir später sehen werden — erheblich kleiner als die auf der Sonne beobachteten Werte, welche wir auf andere Ursachen zurückführen werden. Eingehende neuere Starkeffektmessungen (auch höherer Terme) nach der klassischen Kanalstrahlmethode liegen vor von H. ECKARTH [1104a] für Mg I und Mg II λ 4481 sowie von R. GEBAUER und H. STEUL [1115] für Ca I. Vgl. weiterhin die Lunder Dissertation von M. MINNHAGEN [1141a]. Im Fe I-Spektrum haben S. F. PANTER und J. S. FOSTER [1147] im Gebiet λ 4933—5463 eine größere Anzahl von Linien gemessen. Die größeren Effekte entsprechen etwa $\Delta\nu = 1$ bis $2\,\text{cm}^{-1}$ bei 100 kV/cm; sie könnten also evtl. noch astrophysikalisch wichtig sein.

Die Theorie der quadratischen Starkeffekte von Multipletts mit LS-Kopplung hat W. LOCHTE-HOLTGREVEN [1138] entwickelt. Man kann daraus entnehmen, daß sämtliche Linien eines solchen Multipletts dieselbe Dämpfungskonstante γ haben. Die quantenmechanische Berechnung der *Absolutwerte* von Starkeffekten scheitert praktisch meist daran, daß man keine genügend genauen Übergangswahrscheinlichkeiten hat. Zum Beispiel erwies sich die vom Verf. in der 1. Auflage für Ca I λ 4227 berechnete Aufspaltung gegenüber den Messungen von L. JENCKEL und H. KOPFERMANN [vgl. 1106a] um einen Faktor 370 zu groß!

c) Das He I-Spektrum. Übergang vom quadratischen zum linearen Starkeffekt. Eine Reihe von Sonderproblemen stellt die Verbreiterung der He I-Linien in den

O- und B-Sternen. Da beim Helium die L-Aufspaltungen sehr klein sind, so wird der bei kleinen Feldstärken quadratisch beginnende Starkeffekt der D-, F-, ... Terme schon bei mäßigen Feldern praktisch linear. Diese Dinge sind von J. S. FOSTER [1108] theoretisch und experimentell in vorbildlicher Weise untersucht worden. Im Anschluß an diese Arbeit hat *Verf.* die schon ziemlich komplizierte *Verbreiterung* der wichtigsten He-Linien durch Ionen und Elektronen durchgerechnet. Ohne ziemlich weitgehende Schematisierungen ist dabei nicht durchzukommen, im einzelnen müssen wir auf die Originalarbeit [1164] verweisen.

Unter dem Einfluß der Störfelder geladener Teilchen erhält man sodann wie im Starkeffekt-Rohr z. B. im kurzwelligen Flügel der „erlaubten" Linie $2\,^3P^\circ$—$4\,^3D$ λ 4471,6 die „verbotene" Linie $2\,^3P^\circ$—$4\,^3F^\circ$ λ 4469,9. Ihr Auftreten in B-Sternen sahen 1929 O. STRUVE und C. T. ELVEY [17127 bzw. 1734ff.] mit Recht als handgreiflichen Beweis für die Wirksamkeit elektrischer Störfelder in Sternatmosphären an. Später machten dann J. S. FOSTER und A. V. DOUGLAS [1110] auf folgende Schwierigkeit aufmerksam: Wenn das elektrische Feld den Übergang $\Delta L = 2$ mit der beobachteten *Intensität* hervorlockt, müßte dann die verbotene Komponente nicht auch durch dasselbe Feld erheblich verschoben werden? Das Dilemma — auf Einzelheiten werden wir bei der Analyse der Sternspektren zu sprechen kommen — klärt sich folgendermaßen auf: Zur Erzeugung der „verbotenen" Komponente tragen — genau wie zur Linienverschiebung — wesentlich nur *die* Vorübergänge bei, die außerhalb des WEISSKOPFschen Stoßradius ϱ_0 (für $\eta_0 \approx 1$) vorbeigehen. Das Intensitätsverhältnis $\frac{\text{verbotene}}{\text{erlaubte}}$ Komponente ist proportional dem *Quadrat* der entsprechend gemittelten Feldstärke, die in Hauptsequenzsternen einigen kV/cm entspricht (über die ganze HOLTSMARK-Verteilung konvergiert $\overline{F^2}$ überhaupt nicht). Damit erhält man in *optisch dünner Schicht* zwar erst eine verbotene Komponente von einigen % der Hauptkomponente (*ohne* wesentliche Verschiebung!). In der ganzen Atmosphäre wird λ 4471,6 aber in optisch *dicker Schicht* gebildet und das Intensitätsverhältnis verbotene/erlaubte Komponente nähert sich erheblich der Eins.

Auf das ganze Problem der Heliumlinien werden wir in Verbindung mit der Diskussion der Sternspektren noch in Abschnitt 119 zurückkommen.

d) Quadrupol-Wechselwirkung mit geladenen Teilchen. Ganz allgemein ist die Energie des Leuchtelektrons eines Atoms (Koordinaten r_e, ϑ) im Felde eines einfach geladenen Ions (Abb. 126)

$$\frac{e^2}{r_{12}} = e^2 \times$$
$$\times \left\{\frac{1}{r} + \frac{r_e \cos\vartheta}{r^2} + \frac{r_e^2}{r^3}\left(\frac{3}{2}\cos^2\vartheta - \frac{1}{2}\right)\cdots\right\}. \qquad (82, 37)$$

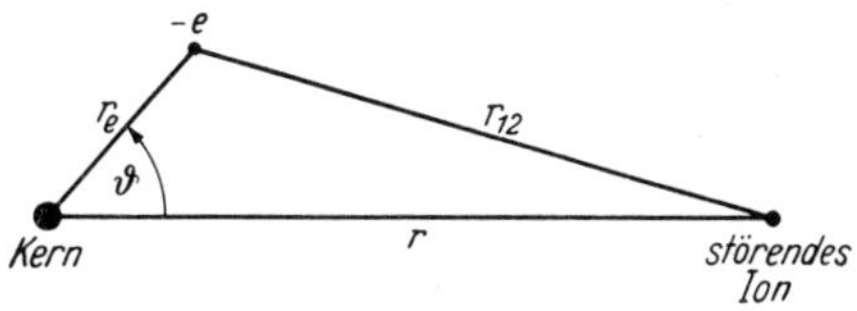

Abb. 126. Störung eines Atoms durch ein Ion.

Das Dipolglied $r_e \cos\vartheta$ lieferte in 1. Näherung den linearen und — wo dieser verschwindet — in 2. Näherung den quadratischen *Stark*effekt. Sind diese Störungen zufällig klein, so müssen wir die *Quadrupol-Wechselwirkung*

$$\Delta E = \hbar\,\Delta\omega = \hbar \cdot \frac{2\pi C}{r^3} = \frac{e^2}{r^3}\,\overline{r_e^2\left(\frac{3}{2}\cos^2\vartheta - \frac{1}{2}\right)} \qquad (82, 38)$$

genauer studieren. Die Mittelung in (82, 38) rechts ist dabei über die ganze „Bahn" im Sinne der *Quantenmechanik* auszuführen. Aus der Wechselwirkungskonstanten

$$C = \frac{e^2}{h} \cdot \overline{r_e^2} \cdot \overline{\left(\frac{3}{2}\cos^2\vartheta - \frac{1}{2}\right)} \qquad (82, 39)$$

erhält man nach (76, 36) sofort die *Dämpfungskonstante*

$$\gamma = 4\pi^3\, C \cdot N\,. \tag{82, 40}$$

Den Mittelwert des (Bahnradius)² $\overline{r_e^2}$ kann man leicht für Wasserstoff-Eigenfunktionen berechnen. Für andere Atomzustände darf man — nach D. R. BATES und A. DAMGAARD [1100] — dieselbe Formel näherungsweise benutzen, wenn man die Hauptquantenzahl n durch die effektive Hauptquantenzahl n^* ersetzt, welche die richtige Energie $-\frac{e^2}{2a_0}\cdot\frac{Z^2}{n^{*2}}$ liefert ($a_0 = 0{,}529\cdot 10^{-8}$ cm; $Z = 1, 2, \ldots$ für Bogenspektrum, 1. Funkenspektrum, ...). Für ein Elektron mit den Quantenzahlen n^* und l ist dann

$$\overline{r_e^2} = a_0^2\cdot\frac{n^{*2}}{2Z^2}\{5\,n^{*2} + 1 - 3\,l(l+1)\}\,. \tag{82, 41}$$

Daß diese Näherungsformel ganz brauchbar sein muß, ersieht man vielleicht noch etwas deutlicher aus folgender quasi-klassischer Abschätzung: Die Energie des Leuchtelektrons im Felde einer Kernladung $+Z\,e$ ist

$$-\frac{e^2 Z^2}{2\,a_0\,n^{*2}} = -\frac{e^2 Z}{r_e} + E_{kin}\,. \tag{82, 42}$$

Da nun $E_{kin} > 0$ und im „Aphel" relativ klein ist, können wir jedenfalls schreiben

$$\overline{r_e^2} < a_0^2\cdot\frac{4\,n^{*2}}{Z^2}\,, \tag{82, 43}$$

was von der genaueren Gl. (82, 41) gar nicht so sehr abweicht.

In den meisten Fällen dürfte der Fehler von (82, 41) einen Faktor 2 kaum überschreiten.

Für den Mittelwert des 2. LEGENDREschen Polynoms in (82, 39) erhält man (Tab. 45) nach der Quantenmechanik[1] zunächst *ohne* Berücksichtigung des Elektronenspins

$$Q_{l,m} = \overline{\left(\frac{3}{2}\cos^2\vartheta - \frac{1}{2}\right)}_{l,m} = \frac{l(l+1) - 3\,m^2}{(2\,l+3)\,(2\,l-1)}\,, \tag{82, 44}$$

Tabelle 45. Quadrupolmomente $Q_{l,m}$ für Bahnen ohne Spin.

$m =$	0	±1	±2	Mittelwert $\lvert Q_{l,m}\rvert$
$l = 0$	0			0
1	$\frac{2}{5}$	$-\frac{1}{5}$		$\frac{4}{15} = 0{,}27$
2	$\frac{6}{21}$	$\frac{3}{21}$	$-\frac{6}{21}$	$\frac{24}{105} = 0{,}23$
...				...
∞				$\frac{1}{3\sqrt{3}} = 0{,}19$

wobei m der Projektion des Impulsmomentes l (alles in Einheiten von $\hbar$) auf die Richtung $\vartheta = 0$ entspricht.

Mit Berücksichtigung des Elektronenspins gehen aus l und m zunächst die Quantenzahlen $j = l \pm \frac{1}{2}$ und $m = -j, \ldots + j$ hervor. Mit Hilfe der PAULI-Eigenfunktionen erhält man[2] dazu die Quadrupolmomente für

$$\left.\begin{aligned} j = l + \frac{1}{2}:\quad Q &= \frac{l+m+\frac{1}{2}}{2l+1}\,Q_{l,m-\frac{1}{2}} + \frac{l-m+\frac{1}{2}}{2\,l+1}\,Q_{l,m+\frac{1}{2}} \\ j = l - \frac{1}{2}:\quad Q &= \frac{l-m+\frac{1}{2}}{2l+1}\,Q_{l,m-\frac{1}{2}} + \frac{l+m+\frac{1}{2}}{2\,l+1}\,Q_{l,m+\frac{1}{2}} \end{aligned}\right\} \tag{82, 45}$$

Zum Beispiel findet man für ${}^2\mathrm{P}_{\frac{3}{2}}\left(m = \pm\frac{3}{2}\text{ und } \pm\frac{1}{2}\right)$: $Q = -\frac{1}{5}$ und $+\frac{1}{5}$ und für ${}^2\mathrm{P}_{\frac{1}{2}}\left(m = \pm\frac{1}{2}\right)$: $Q = 0$. Aus dieser Rechnung ersieht man übrigens, daß die

[1] Vgl. z. B. H. BETHE [1002b]; S. 556, Gl. (65, 34).
[2] H. BETHE [1002b]; S. 309.

Linien eines Multipletts keineswegs *immer* dieselbe Wechselwirkungskonstante C bzw. Dämpfungskonstante γ haben müssen, wie dies in der Literatur meist ohne jede Begründung angenommen wird (dies gilt auch für andere Mechanismen!). Um uns über die Größenordnung des Effektes zu orientieren, setzen wir etwa $\overline{r_e^2} = 25\, a_0^2$, $\overline{\frac{3}{2}\cos^2\vartheta - \frac{1}{2}} = 0{,}25$ und nehmen eine Temperatur von $T = 25000°$ an. Nach (78, 5) überzeugt man sich dann leicht, daß Protonen *und* Elektronen Stoßdämpfung geben. Dabei ist jedoch noch eine wesentliche Schwierigkeit zu bedenken: Wir haben bis jetzt die Störungen als adiabatisch betrachtet; dies ist aber schon beim Lorentz-Weisskopfschen Stoßradius eine ziemlich schlechte Näherung: Da bei festem l die $\sum_m Q = 0$ ist, so wird man erwarten, daß die „Mischung" der Eigenfunktionen mit verschiedenen m und demselben l auf eine Verkleinerung der wirksamen Q hinwirkt. Die — nicht ganz einfache — Durchrechnung dieses Effektes steht noch aus. Rechnen wir einfach mit den angegebenen Mittelwerten, so erhalten wir für $N = 2 \times 7 \cdot 10^{14}$ Protonen + Elektronen — etwa entsprechend einem frühen Hauptsequenzstern — $\gamma = 1{,}0 \cdot 10^9\,\mathrm{sec}^{-1}$. Die Quadrupolwechselwirkung könnte also in H. S.-Sternen der frühen Spektraltypen unter Umständen gerade noch einen merklichen Beitrag zur Dämpfungskonstanten γ liefern. In späteren Spektraltypen mit ihren wesentlich kleineren Elektronendrucken ist der Effekt dagegen sicher belanglos.

e) Eigendruckverbreiterung. Eine ganz andere Art von Wechselwirkung, die aber auch $\sim r^{-3}$ geht, erhält man bei gegenseitiger Störung je *zweier gleichartiger Teilchen.* Naturgemäß kann die „Eigendruckverbreiterung" wesentlich werden *nur* für Übergänge vom Grundzustand aus. Nennt man x_1, y_1, z_1 und x_2, y_2, z_2 die Koordinaten der Elektronen in beiden Atomen (je von ihrem Kern aus gerechnet; z-Achsen in der Verbindungslinie der Kerne), so ist deren Wechselwirkungspotential zunächst $e^2 \frac{x_1 x_2 + y_1 y_2 - 2 z_1 z_2}{r}$. Seinen Mittelwert kann man nach V. Weisskopf [1167] halbklassisch abschätzen und erhält

$$C \approx \frac{e^2}{4\pi\, m\, \omega_0} \cdot f\,, \tag{82, 46}$$

wo ω_0 die Kreisfrequenz und f die Oszillatorenstärke der betreffenden Linie bedeutet. Genauere quantentheoretische Berechnungen und Berücksichtigung der Nicht-Adiabasie sowie des Elektronen-Austausches zwischen den beiden Atomen geben nach L. Spitzer [1156] u. a. hierzu noch Faktoren der Größenordnung 1, mit denen wir uns hier aber nicht beschäftigen wollen. Die zugehörige Dämpfungskonstante wird — wie in (82, 40) — wieder $\gamma = 4\pi^3\, C \cdot N$. Betrachten wir nun etwa die Resonanzlinie eines Metalls mit $f = 1$ bei λ 5000 Å in einem späten Hauptsequenzstern (wo die Verhältnisse noch am günstigsten liegen), so haben wir dort zunächst etwa $2 \cdot 10^{17}$ H-Atome/cm^3. Die Häufigkeit der Metalle liegt aber unter 10^{-4} von der des Wasserstoffs. Rechnen wir mit $N = 2 \cdot 10^{13}$, so ergibt sich $\gamma = 0{,}1 \cdot 10^8\,\mathrm{sec}^{-1}$. Die Eigendruckverbreiterung ist also astrophysikalisch ziemlich belanglos. Allenfalls könnte sie bei den Lyman-Linien des Wasserstoffs in späteren Spektraltypen neben der Starkeffektverbreiterung eine Rolle spielen.

f) Verbreiterung durch van der Waals-Kräfte, insbesondere der Wasserstoffatome. Wird ein angeregtes Atom (z. B. Na im 3 ^{2}P-Zustand) von einem *andersartigen* Teilchen — in praxi denken wir dabei an ein *Wasserstoffatom* im Grundzustand — gestört, so verschwindet der unter e) besprochene Wechselwirkungsterm $\sim r^{-3}$ und man erhält erst ein Wechselwirkungsglied II. Ordnung, also $\sim r^{-6}$. Analoge Kräfte spielen in der Theorie der Zustandsgleichung realer Gase eine wichtige Rolle; man nennt sie daher nach dem großen holländischen Thermodynamiker VAN DER WAALS-*Kräfte.*

Schreiben wir die Linien- bzw. Termverstimmung in Kreisfrequenzeinheiten

$$\Delta\omega = \frac{2\pi C}{r^6}, \tag{82, 47}$$

so gilt nach (76, 43)

$$\gamma = 17{,}0\, C^{2/5} \cdot v^{3/5} N, \tag{82, 48}$$

wobei wieder N die Anzahl der störenden Atome pro cm³ und v ihre Relativgeschwindigkeit nach (76, 6) bzw. Tab. 42 bedeutet.

Das Hauptproblem ist nun die *Berechnung*[1] der Wechselwirkungskonstanten C, die ja bei Verbreiterung mit atomarem Wasserstoff nicht direkt gemessen werden kann: Die Wechselwirkungsenergie zweier neutraler Atome ist nach der Quantenmechanik[2] — alles zunächst in den HARTREEschen atomaren Einheiten (BETHE, S. 273) geschrieben —

$$E_2 = \frac{6}{r^6} \sum_{k', e'} \frac{z^2_{kk'}\, z^2_{ee'}}{E_k - E_{k'} + E_e - E_{e'}}. \tag{82, 49}$$

Dabei bedeutet

r den Abstand der beiden Atome,
z die Koordinate in der Verbindungslinie der Kerne,
k die Quantenzahlen des Zustandes mit der Energie E_k, in dem sich das angeregte Atom befindet,
k' die Quantenzahlen irgendwelcher damit kombinierender Terme,
e die Quantenzahlen des Grundzustandes im H-Atom,
e' die Quantenzahlen angeregter Zustände im H-Atom,
$z_{kk'}$ bzw. $z_{ee'}$ sind die zugehörigen Matrixelemente von z.

Nun ist in unserem Problem stets $E_e - E_{e'} \gg E_k - E_{k'}$, da ja die unterste Anregungsstufe des H-Atoms etwa 10 eV beträgt, während z. B. der Na $3\,^2P$-Term von seinen Nachbartermen nur ~ 1 eV entfernt ist. Wir können also mit einem Fehler von höchstens $\sim 20\%$ den Nenner durch $E_e - E_{e'}$ ersetzen. Nun ist aber

$$\sum_{e'} \frac{z^2_{ee'}}{E_e - E_{e'}} = -\frac{\alpha}{2} \tag{82, 50}$$

die halbe *Polarisierbarkeit* des H-Atoms. Wir erhalten also

$$E_2 = -\frac{3\alpha}{r^6} \sum_{k'} z^2_{kk'}.$$

Die letztere Summe läßt sich nach Mittelung über alle Richtungen gleichfalls auswerten und ergibt $\frac{\overline{r_e^2}}{3}$, wo $\overline{r_e^2}$ der Mittelwert des (Bahnradius)² für den Quantenzustand k bedeutet. Damit wird[3]

$$E_2 = -\frac{\alpha \cdot \overline{r_e^2}}{r^6}. \tag{82, 51}$$

Gehen wir unter Beibehaltung der alten Symbole zu den gewöhnlichen CGS-Einheiten über, so wird

$$E_2 = -e^2 \cdot \frac{\alpha\, \overline{r_e^2}}{r^6}, \tag{82, 52}$$

---

[1] Die folgende Rechnung dürfte nur für Kenner der Quantenmechanik verständlich sein. Andere mögen sogleich sich dem Schlußresultat Gl. (82, 54) zuwenden.

[2] Vgl. H. BETHE [1002b]; S. 547f., Gl. (63, 8). Dort weitere Literatur. Diese Formel ist identisch mit der bei V. WEISSKOPF [1167] angegebenen Formel von LONDON (ebenda S. 13, unten). Unsere weitere Umformung scheint dem Verf. jedoch übersichtlicher und genauer zu sein, als die von WEISSKOPF vorgeschlagene.

[3] In BETHEs analoger Berechnung der Wechselwirkung *zweier* H-Atome tritt noch ein Faktor 1/2 auf, was daher rührt, daß dort $E_e - E_{e'} \sim E_k - E_{k'}$ ist.

wo e die Elektronenladung bedeutet. Die $\overline{r_e^2}$ kann man genau ausrechnen, wenn die Eigenfunktionen des gestörten Termes k etwa mit Hilfe des HARTREE-Feldes berechnet sind. Für unsere Zwecke wird meist schon die Näherung (82, 41) genügen.

Die Polarisierbarkeit α des H-Atomes ist nach der Quantenmechanik (näheres s. BETHE)

$$\alpha = 0{,}663 \cdot 10^{-24}\ [\mathrm{cm}^3]\,. \qquad (82, 53)$$

Es wird also

$$C = 64{,}4 \cdot 10^{-35} \cdot \frac{n^{*2}}{2\,Z^2}\{5\,n^{*2} + 1 - 3\,l(l+1)\}\,. \qquad (82, 54)$$

Vernachlässigt man das Glied mit $l(l+1)$, so kann man statt der effektiven Quantenzahl n^* auch die Termgröße $\chi_r - \chi_{r,s}$ in eVolt einführen und erhält

$$C = 1{,}61 \cdot 10^{-33}\left(\frac{13{,}5 \cdot Z}{\chi_r - \chi_{r,s}}\right)^2. \qquad (82, 55)$$

Neben dem Druckeffekt der H-Atome wollen wir noch den der nächsthäufigen He-Atome abschätzen: Die Polarisierbarkeit des Heliums ist $\alpha_{\mathrm{He}} = 0{,}22 \cdot 10^{-24}\ [\mathrm{cm}^3]$, also 1/3 des H-Atoms. Da nun die Anzahl der He-Atome pro cm³ nur $\sim 1/5$ von der der Wasserstoffatome beträgt, wird der ganze Effekt des Heliums nur 8,5% von dem des Wasserstoffs und kann meist vernachlässigt werden.

Rechnen wir — um erst einmal eine Vorstellung von der Größenordnung der Dämpfung durch Stöße von Wasserstoffatomen z. B. in der *Sonnenatmosphäre* zu bekommen — dort mit $N \approx 10^{17}$ und $v = 10^6\ [\mathrm{cm} \cdot \mathrm{sec}^{-1}]$, so ergibt sich nach (82, 48) und (82, 55) für

$$\left.\begin{aligned} \chi_r - \chi_{r,s} &= 6 \quad \text{bzw.} \quad 3\ \mathrm{eV} \\ \gamma &= 9{,}9 \cdot 10^8 \quad \text{bzw.} \quad 17 \cdot 10^8\ \mathrm{sec}^{-1} \end{aligned}\right\} \qquad (82, 56)$$

Diese Werte entsprechen etwa dem 15fachen der klassischen Strahlungsdämpfung im optischen Gebiet. Wir werden später sehen, daß Werte gerade in dieser Größenordnung z. B. von den Beobachtungen im Sonnenspektrum gefordert werden. Hier wollen wir aber zunächst noch einige prinzipielle Fragen klären:

Die Grenze zwischen Stoßdämpfung und statistischer Verbreiterung liegt nach (78, 5) bei $\Delta\lambda_g$ der Größenordnung 20 Å, so daß wir praktisch stets mit der *Stoßdämpfungstheorie* rechnen können.

Da die Termverschiebung durch VAN DER WAALS-Kräfte stets einseitig ist (im allgemeinen nach Rot), so müssen wir nach Gl. (76, 45) neben der Linienverbreiterung eine *Verschiebung* $\omega_0 - \omega_m = \gamma/2{,}80$ erwarten. Mit $\gamma = 12 \cdot 10^8\,\mathrm{sec}^{-1}$ entspricht dies z. B. bei 4000 Å etwa $3{,}6 \cdot 10^{-4}$ Å; der Effekt könnte also evtl. noch als Korrektion bei der Messung der *relativistischen Rotverschiebung* in Frage kommen.

Zum Schluß fassen wir die Ergebnisse dieses Abschnittes — die wir später in verschiedenen Richtungen vertiefen werden — noch einmal kurz zusammen: Wir erwarten bei den Wasserstofflinien mit ihrem linearen Starkeffekt statistische (HOLTSMARK-)Verbreiterung; bei den Heliumlinien je nach ihren Starkeffekt-Aufspaltungen im Linien*kern* Dämpfung durch Elektronenstöße bzw. in den Linien*flügeln* statistische Verbreiterung durch fast linearen Starkeffekt. Die übrigen Linien werden in den größtenteils ionisierten Atmosphären der frühen Spektraltypen durch Strahlungsdämpfung, daneben zum Teil durch Elektronenstöße (quadratischer Starkeffekt) und vielleicht Quadrupolwechselwirkung bei Stößen mit Protonen und Elektronen verbreitert. In den Atmosphären der späteren Spektraltypen werden voraussichtlich die Linien mit großem quadratischem Starkeffekt vorwiegend durch Elektronenstoß, der Hauptteil der Metalllinien dagegen durch VAN DER WAALS-Wechselwirkung bei Zusammenstößen mit H-Atomen verbreitert. Daneben wird auch hier die Strahlungsdämpfung vielfach nicht ganz zu vernachlässigen sein. Und endlich überlagert sich selbstverständlich *allen* anderen Verbreiterungseffekten der Dopplereffekt der thermischen Geschwindigkeiten und evtl. der Turbulenz.

XII. Kapitel.

Quantenmechanische Berechnung von Linienstärken, Übergangswahrscheinlichkeiten und Oszillatorenstärken.

83. Grundbegriffe.

Eine der entscheidenden Voraussetzungen jeder quantitativen Auswertung der Spektren von Sonne und Sternen ist die Kenntnis der *Übergangswahrscheinlichkeiten* bzw. *Oszillatorenstärken* möglichst vieler Linien. Wir behandeln in diesem Kapitel die Methoden zu ihrer *quantenmechanischen Berechnung* und im folgenden Kap. XIII die Verfahren zu ihrer Messung im *Laboratorium*. In Kap. XIV geben wir dann eine Zusammenstellung der auf beiden Wegen erhaltenen *Zahlenwerte* bzw. — wo dies zu weit führen würde — der betreffenden *Literatur*.

In unserer Darstellung der *quantenmechanischen Berechnung* von Übergangswahrscheinlichkeiten usw. (vgl. auch Abschnitt 70) schließen wir uns dem Standardwerk von E. U. Condon und G. H. Shortley: "The Theory of Atomic Spectra" [1201] an, dessen sehr durchdachte Bezeichnungsweise sich (hoffentlich!) international einführen dürfte. Für die Quantenmechanik der Ein- und Zweielektronensysteme sei wieder auf den ebenfalls ausgezeichneten Handbuchartikel (Bd. 24, 2) von H. Bethe [1200] hingewiesen. Daß unsere kurze „Gebrauchsanweisung ad usum delphini" die Lektüre dieser Werke nicht ersetzen kann, braucht wohl kaum bemerkt zu werden.

Wie zuerst H. Hertz auf Grund der Maxwell*schen Theorie* berechnet hat, ist die mittlere Ausstrahlung (erg/sec) eines harmonischen Oszillators der Frequenz ν, dessen elektrisches Moment durch den Vektor $\mathfrak{P} = e\,\mathfrak{r}$ (Ladung $\times$ Elongation) dargestellt wird [s. Gl. (6, 6)]:

$$I = \frac{2}{3\,c^3}\overline{\left(\frac{d^2\,\mathfrak{P}}{d t^2}\right)^2} = \frac{(2\,\pi\,\nu)^4}{3\,c^3}\left|\mathfrak{P}\right|^2, \tag{83, 1}$$

wobei rechts $|\mathfrak{P}|$ die Amplitude des elektrischen Momentes bedeutet.

Nach der *Quantenmechanik* kann die Energie, welche ein Atom in dem — zunächst einfach gedachten — „*Zustand*" a durchschnittlich pro sec durch Übergänge in den tieferen Zustand b abstrahlt[1], in analoger Weise berechnet werden, wenn man $|\mathfrak{P}|^2$ ersetzt durch[2]

$$4\,|(a\,|\mathfrak{P}|\,b)|^2\,, \tag{83, 2}$$

wobei $(a\,|\mathfrak{P}|\,b)$ eine Art Dipolmoment bedeutet, das dem Übergang $a \to b$ zugeordnet ist. Der Faktor 2^2 in (83, 2) rührt daher, daß es ein $(a\,|\mathfrak{P}|\,b)$ und $(b\,|\mathfrak{P}|\,a)$ gibt, die einander gleich sind.

Korrespondenzmäßig haben die $(a\,|\mathfrak{P}|\,b)$ folgende Bedeutung: Wenn man eine Bohrsche Bahn nach Fourier in ihre harmonischen Komponenten zerlegt, so können deren Frequenzen den quantentheoretischen Frequenzen $\nu(a, b)$ in eindeutiger Weise zugeordnet werden, so daß im Limes großer Quantenzahlen

---

[1] Die in Abschnitt 70 verwendeten Indizes m und n müssen wir hier durch a und b ersetzen, da in der allgemein angenommenen spektroskopischen Nomenklatur m und n für die magnetische bzw. Hauptquantenzahl vorbehalten sind.

[2] Die auf P. A. M. Dirac [1202] zurückgehende Schreibweise: $(a|\mathfrak{P}|b)$ anstelle des früher üblichen $\mathfrak{P}_{a,\,b}$ hat den Vorzug größerer Übersichtlichkeit — insbesondere, wenn a und b kompliziertere Ausdrücke werden, die selbst wieder Indizes tragen.

beide zusammenfallen. In entsprechender Weise kann man im Limes großer Quantenzahlen die Ausstrahlung für eine bestimmte Frequenz (bzw. FOURIER-Komponente) erhalten, indem man in (83, 1) deren Amplitude einsetzt. *Allgemein* muß man ihr quantenmechanisches Analogon einsetzen, nämlich $(a\,|\mathfrak{P}|\,b) + (b\,|\mathfrak{P}|\,a) = 2\,(a\,|\mathfrak{P}|\,b)$.

Die Gesamtheit der $(a\,|\mathfrak{P}|\,b)$ bildet eine *Matrix* (wobei wir die a und b einfach numerieren)

$$\begin{matrix} (1\,|\mathfrak{P}|\,1) & (1\,|\mathfrak{P}|\,2) & (1\,|\mathfrak{P}|\,3) & \dots \\ (2\,|\mathfrak{P}|\,1) & (2\,|\mathfrak{P}|\,2) & \dots & \dots \\ (3\,|\mathfrak{P}|\,1) & \dots & \dots & \dots, \end{matrix}$$

welche in der Quantenmechanik die klassische Bahn — beschrieben durch die Gesamtheit ihrer FOURIER-Koeffizienten — vertritt. Die einzelnen $(a\,|\mathfrak{P}|\,b)$ bezeichnen wir als ihre *Matrixelemente*.

Wir untersuchen zunächst deren Zusammenhang mit den EINSTEINschen Übergangswahrscheinlichkeiten und den Oszillatorenstärken, um uns dann ihrer expliziten Berechnung zuzuwenden.

Nach unseren bisherigen Erörterungen strahlt ein Atom in dem (einfachen) Zustand a in der Frequenz $\nu(a, b) = \nu$ pro sec durchschnittlich die Energie aus

$$I(a, b) = \frac{64\,\pi^4\,\nu^4}{3\,c^3}\,|(a\,|\mathfrak{P}|\,b)|^2. \tag{83, 3}$$

Diese ist andererseits nach (70, 2) gleich $\mathrm{A}(a, b) \cdot h\nu$. Wir erhalten also die *Wahrscheinlichkeit für spontane Emission*

$$\mathrm{A}(a, b) = \frac{64\,\pi^4\,\nu^3}{3\,h\,c^3}\,|(a\,|\mathfrak{P}|\,b)|^2. \tag{83, 4}$$

Die Übergangswahrscheinlichkeiten für *Absorption* und *induzierte Emission* können daraus nach Gl. (70, 10) leicht berechnet werden. Besonders anmerken wollen wir dagegen noch die *Oszillatorenstärke* (70, 26) und (70, 27):

$$f(a, b) = \frac{8\,\pi^2\,m}{3\,h\,e^2}\,\nu\,|(a\,|\mathfrak{P}|\,b)|^2, \tag{83, 5}$$

wobei die Frequenz ν bei Absorption positiv, bei Emission negativ gerechnet werden soll.

Nunmehr wollen wir den allgemeineren Fall zulassen, daß unsere Emission ausgeht von einer Gruppe unendlich benachbarter einfacher „*Zustände*“ a, welche wir in ein sog. „*Niveau*“ A zusammenfassen. Dessen statistisches Gewicht ist dann g_A; es ist — wie man sagt — g_A-fach entartet. Entsprechend bestehe das untere Niveau B aus g_B Zuständen. Wie[1] hat man zunächst das $\mathrm{A}(A, B)$ aus den $\mathrm{A}(a, b)$ zu berechnen?

Hat man im oberen Niveau A insgesamt N_A-Atome und daher in jedem einzelnen Zustand a N_A/g_A-Atome, so ist in dem bekannten Abklingversuch die Änderung von N_A durch spontane Emissionen:

$$-\frac{dN_A}{dt} = N_A \cdot \mathrm{A}(A, B) = \sum_{a,b} \frac{N_A}{g_A}\,\mathrm{A}(a, b)\,. \tag{83, 6}$$

---

[1] Unsere jetzigen Bezeichnungen hängen mit den in Abschnitt 70 gebrauchten folgendermaßen zusammen:

Abschnitt 70 (nach BETHE):	m	n	m'	n'	— A_{nm}	f_{mn}	B_{mn}	B_{nm}	...
Abschnitt 83ff. (CONDON-SHORTLEY):	A	B	a	b	— $\mathrm{A}(A,B)$	$f(B,A)$	$B(B,A)$	$B(A,B)$	...

Der frdl. Leser möge über diese Inkonsistenz nicht böse sein, sondern sich freuen, daß die Spektroskopiker noch nicht auf das chinesische Alphabet verfallen sind.

Wir erhalten daher (für I gilt Entsprechendes) mit (83,.4):

$$\mathrm{A}(A, B) = \frac{1}{g_A} \sum_{a,b} \mathrm{A}(a, b) = \frac{64\,\pi^4\,\nu^3}{3\,h\,c^3} \cdot \frac{1}{g_A} \sum_{a,b} |(a\,|\mathfrak{P}|\,b)|^2 \qquad (83, 7)$$

und die entsprechende Absorptions-Oszillatorenstärke

$$f(B, A) = \frac{8\,\pi^2\,m}{3\,h\,e^2}\,\nu \cdot \frac{1}{g_B} \sum_{a,b} |(a\,|\mathfrak{P}|\,b)|^2. \qquad (83, 8)$$

(Bei der Emissions-Oszillatorenstärke $f(A, B)$ wäre das g_B durch g_A zu ersetzen.) Statt mit den wegen der Gewichtsfaktoren g_A bzw. g_B hinsichtlich A und B *un*symmetrischen Übergangswahrscheinlichkeiten und Oszillatorenstärken rechnet man nun nach E. U. Condon und G. H. Shortley [1201] viel zweckmäßiger mit der sog.

$$\text{„}\textit{Linienstärke}\text{“ (Line Strength) } \mathrm{S}(A, B) = \mathrm{S}(B, A) = \sum_{a,b} |(a\,|\mathfrak{P}|\,b)|^2 \quad , \qquad (83, 9)$$

welche hinsichtlich oberem und unterem Niveau völlig *symmetrisch* ist. Die einzelnen $|(a\,|\mathfrak{P}|\,b)|^2$ bezeichnen wir entsprechend (83, 9) auch kurz mit $\mathrm{S}(a, b)$. Nach (83, 7) und (83, 8) schreibt man die *Übergangswahrscheinlichkeit* und die *Oszillatorenstärke* mit Hilfe der *Linienstärke* als

$$\mathrm{A}(A, B) = \frac{64\,\pi^4\,\nu^3}{3\,h\,c^3} \cdot \frac{1}{g_A}\,\mathrm{S}(A, B) = \frac{2{,}026 \cdot 10^{-6}}{\lambda^3 \cdot g_A} \cdot \frac{\mathrm{S}(A, B)}{e^2\,a_0^2} \qquad (83, 10)$$

und

$$f(B, A) = \frac{8\,\pi^2\,m}{3\,h\,e^2} \cdot \nu \cdot \frac{1}{g_B}\,\mathrm{S}(A, B) = \frac{1}{3\,R\,\lambda \cdot g_B} \cdot \frac{\mathrm{S}(A, B)}{e^2\,a_0^2} = \frac{3{,}037 \cdot 10^{-6}}{\lambda\,g_B} \cdot \frac{\mathrm{S}(A, B)}{e^2\,a_0^2} \qquad (83, 11)$$

Rechts steht in beiden Formeln die *Linienstärke* in (atomaren) Hartree-*Einheiten* $e^2\,a_0^2 = 6{,}457 \cdot 10^{-36}$ CGS-Einheiten. $R = 109737\ \mathrm{cm}^{-1}$ bedeutet die Rydberg-Konstante; die Wellenlänge ist in cm zu rechnen.

Die (absoluten) *Linienstärken* können nun mit Hilfe der Schrödinger*schen Wellenmechanik* berechnet werden. Wir beschränken uns zunächst auf Atome oder Ionen mit 1 Elektron in einem Coulomb-Potentialfeld $U = -\frac{Z\,e^2}{r}$ (HI, HeII, ...) oder jedenfalls einem zentralsymmetrischen Potentialfeld $U(r)$, das auch der Störung des „Leuchtelektrons“ durch die übrigen Elektronen einigermaßen Rechnung trägt. Jedem *Zustand* mit der Energie E_a entspricht eine *Eigenfunktion* $\psi_a(x, y, z)$, die sich ergibt als überall eindeutige und endliche Lösung der Schrödinger-*Gleichung*

$$\frac{\hbar^2}{2\,m}\,\Delta\,\psi_a + (E_a - U_{(x,y,z)})\,\psi_a = 0\,. \qquad (83, 12)$$

Die E_a sind ihrerseits dadurch festgelegt, daß es nur für diese bestimmten Werte, die sog. *Eigenwerte* der Energie, eindeutige und endliche Lösungen der partiellen Differentialgleichung (83, 12) gibt. Bei Atomen und Ionen z. B. bilden normalerweise die E_a für $E < 0$ eine diskrete Folge (gequantelte Bahnen, Linienspektren), an deren Häufungsstelle bei $E = 0$ sich für $E > 0$ eine kontinuierliche Folge (freie Elektronen, kontinuierliche Spektren; vgl. Kap. VII) anschließt.

Die *physikalische Bedeutung* der ψ-Funktionen ist die, daß $\psi_a(x, y, z) \times \times \tilde{\psi}_a(x, y, z)\,dV$ ($\sim$ bedeutet konjungiert komplex) die *Wahrscheinlichkeit* dafür angibt, im Zustand a mit der Energie E_a das Elektron bei der Stelle x, y, z in dem Volumelement dV anzutreffen. Die bekannte Normierungsbedingung $\int \psi_a\,\tilde{\psi}_a\,dV = 1$

erscheint so leicht verständlich. Weiterhin wird man erwarten — und die Rechnung bestätigt es —, daß ψ_a nur im Bereich der Elektronenbahn a der älteren BOHRschen Theorie erhebliche Werte annimmt.

Zur Berechnung der *Matrixelemente*[1] $(a|\mathfrak{P}|b)$ des elektrischen Momentes $\mathfrak{P} = e\,\mathfrak{r}$ gibt nun die Quantenmechanik folgende Regel:

$$(a|\mathfrak{P}|b) = \int \tilde{\psi}_a \cdot \mathfrak{P} \cdot \psi_b \, dV\,. \tag{83, 13}$$

Für die Berechnung von $(a|\mathfrak{P}|b)$ ist also die Kenntnis der ψ-Funktionen in *den* Bereichen wesentlich, wo *beide* merkliche Werte annehmen. Durch Übergang von den Matrixelementen des elektrischen Momentes bzw. der *Koordinaten* zu denen des *Impulses* oder gar der *Beschleunigung* kann man diesen Bereich in gewissen Grenzen verschieben (vgl. z. B. Abschnitt 48).

In den für uns zunächst wichtigen *Zentralkraftfeldern*[2] kann man nun nach Einführung von räumlichen Polarkoordinaten r, ϑ, φ die ψ-Funktion *separieren* in einen Faktor $\frac{1}{r} R_{n,l}(r)$, der nur von der Hauptquantenzahl n und der Azimutal- (Bahndrehimpuls-) Quantenzahl l abhängt, *mal* einer Kugelflächenfunktion $Y_{l,m_l}(\vartheta, \varphi)$, die nur von l und der magnetischen Quantenzahl m_l abhängt[3]. In (83, 13) lassen sich nun die Integrationen über die Raumwinkel ϑ und φ vorwegnehmen. Dabei zeigt sich, daß unter den Matrixelementen von $\mathfrak{P}_z$ (elektrisches Moment $\|$ der Polachse $\vartheta = 0$) nur diejenigen nicht verschwinden, für welche $l' = l \pm 1$ und $m_l' = m_l$ ist; $\mathfrak{P}_x$ und $\mathfrak{P}_y$ (elektrisches Moment in der Äquatorebene $\vartheta = \pi/2$) sind nur $\neq 0$ für $l' = l \pm 1$ und $m_l' = m_l \pm 1$. Da die Matrixelemente und Linienstärken symmetrisch in Anfangs- und Endzustand sind, genügt es weiterhin, die Formeln für $l' = l - 1$ anzuschreiben; diejenigen für $l' = l + 1$ erhält man daraus durch Vergrößerung des l um 1 Einheit.

Wir beginnen nun zweckmäßig mit der Berechnung der Matrixelemente von $\mathfrak{P}_z$, für welche man erhält (vgl. z. B. H. BETHE [1200], S. 432f.):

$$(n\,l\,m_l|\mathfrak{P}_z|\,n'\,l-1\,m_l) = \sqrt{l^2 - m_l^2} \cdot \frac{-e}{\sqrt{(2l-1)(2l+1)}} \int_0^\infty r\,R_{nl}\,R_{n'l-1}\,dr\,. \tag{83, 14}$$

Der 2. Faktor rechts ist nun von m_l und also auch von der Orientierung des Atoms unabhängig; wir können ihn daher als eine Art von Mittelwert über alle Ausstrahlungsrichtungen interpretieren und führen dafür mit CONDON und SHORTLEY die Bezeichnung[4] ein:

$$(n\,l\,\vdots P \vdots\,n'\,l-1) \quad \text{oder} \quad s(n\,l, n'\,l-1) = \frac{-e}{\sqrt{4\,l^2 - 1}} \int_0^r r\,R_{nl}\,R_{n'l-1}\,dr\,. \tag{83, 15}$$

Die für die gesamte Ausstrahlung bzw. die Übergangswahrscheinlichkeiten usw. wesentliche Linienstärke $S(n\,l, n'\,l-1) = \sum_{m\,m'} |(n\,l\,m|\mathfrak{P}|\,n'\,l-1\,m')|^2$ erhalten wir nun aus (83, 14), indem wir zunächst quadrieren, dann — wegen der Gleichberechtigung von x, y und z — mit 3 multiplizieren und schließlich über alle m_l

---

[1] Vielfach schreibt man dafür auch $P_{a,b}$; wir betonten aber schon die Vorzüge der DIRACschen Schreibweise.

[2] Vom Elektronenspin sehen wir zunächst noch ab.

[3] $\sqrt{l(l+1)}$ bzw. m_l sind — in Einheiten von $\hbar$ gemessen — der Bahndrehimpuls bzw. seine Komponente in der ausgezeichneten Richtung $\vartheta = 0$.

[4] In den Arbeiten von D. H. MENZEL und L. GOLDBERG wird diese Größe σ genannt.

von $-(l-1)$ bis $+(l-1)$ summieren. Dabei wird also der Faktor l^2 einfach mit $2(l-1)+1$ multipliziert, ferner ist die $\sum_{-(l-1)}^{+l-1} m^2 = (l-1)\,l\,(2l-1)$. So erhält man die *Linienstärke*

$$S(n\,l,\,n'\,l-1) = l\cdot\left[e\int_0^\infty r\,R_{nl}\,R_{n'l-1}\,dr\right]^2 = l(4\,l^2-1)\;s(n\,l,\,n'\,l-1)^2\,. \tag{83,16}$$

[Würden wir den Elektronenspin schon hier mit berücksichtigen, so wären wegen dessen 2 Einstellungsmöglichkeiten die rechten Ausdrücke noch je mit einem Faktor 2 zu multiplizieren. Physikalisch ändert sich dabei nichts, da gleichzeitig die statistischen Gewichte im Nenner von (83, 10) und (83, 11) verdoppelt werden.]

Wir stellen die Berechnung der $s(n\,l,\,n'\,l-1) = (n\,l\,\vdots P\vdots\,n'\,l-1)$ noch auf Abschnitt 86—88 zurück und befassen uns zunächst mit den relativen Linienstärken in *Multipletts, Supermultipletts* und *Übergangsschemata.*

84. Linienstärken in Multipletts mit RUSSELL-SAUNDERS-Kopplung. BURGER-DORGELOsche Summenregel.

Zunächst eine Vorbemerkung: Wir müssen in diesem Buch die Elemente der *Theorie der Spektren* als bekannt voraussetzen. Eine ganz kurze Zusammenfassung geben wir in Anhang B mit Angaben über Lehrbücher, Literatur usw. Auch in diesem Abschnitt versuchen wir, einerseits die Grundvorstellungen und andererseits die Handhabung der astrophysikalisch wichtigen Ergebnisse der Theorie deutlich zu machen. Vgl. hierzu CONDON-SHORTLEY, Kap. IX.

Die im Utrechter physikalischen Institut von 1924 an entwickelten Methoden zur Messung der *Intensität* von Spektrallinien ergaben für die Komponenten von *Multipletts*[1] besonders einfache Verhältnisse.

Zunächst zeigte sich, daß die *relativen Intensitäten der* S—P-*Kombinationen direkt proportional den statistischen Gewichten* $2J+1$ (= *Zahl der Zustände, d. h. Einstellmöglichkeiten der Bahn in einem äußeren Feld*) *der* P-*Terme sind.* Zum Beispiel verhalten sich die beiden Linien der bekannten Dubletts Na $3\,^2S_{\frac{1}{2}} - 3\,^2P_{\frac{1}{2},\frac{3}{2}}$ λ 5896, 5890 oder Al $3\,^2P_{\frac{1}{2},\frac{3}{2}} - 4\,^2S_{\frac{1}{2}}$ λ 3944, 3961 wie 1:2. Es kommt also nicht darauf an, ob der P-Term höher oder tiefer liegt als der S-Term. Dies legt die von H. C. BURGER und H. B. DORGELO [1210] gefundene und experimentell auf das beste bestätigte *Summenregel* für die Kombination zweier Terme nahe:

Läßt man in Gedanken die einzelnen Niveaus des Anfangs- oder Endterms zusammenrücken, so verhalten sich die entstehenden Intensitätssummen wie die statistischen Gewichte $2J+1$ *der nicht zusammengerückten Niveaus.*

Tab. 46 zeigt als Beispiel das Multiplett Mn I $3\,d^6\,(^5D)\,4\,s\,^4D$—$3\,d^6\,(^5D)\,4\,p\,^4P^\circ$ oder kurz a ^4D—y $^4P^\circ$.

Bei komplizierteren Multipletts reicht die Summenregel nicht aus, um alle Intensitäten zu berechnen. Eine korrespondenzmäßige Formel für sämtliche Linien entwickelten 1922 A. SOMMERFELD und W. HEISENBERG [1231]. Sie setzten dabei — wie wir es auch im folgenden beibehalten müssen — RUSSELL-SAUNDERS-*Kopplung* voraus und analysierten nach FOURIER die Bahnbewegung anhand der Vorstellung, daß die Vektoren des gesamten Spinimpulses S und des gesamten Bahnimpulses L (alles in Einheiten von $\hbar$) sich zu dem Drehimpulsvektor J addieren und um diesen eine Präzessionsbewegung ausführen. J selbst präzediert um die Richtung eines evtl. vorhandenen äußeren Feldes. Die so

---

[1] Wegen der Nomenklatur vgl. Anhang B.

erhaltenen Formeln für die Relativintensitäten (~ den Quadraten der entsprechenden FOURIER-Komponenten des elektrischen Momentes) in RUSSELL-SAUNDERS-*Multipletts* konnten dann fast gleichzeitig (1925) von R. DE L. KRONIG [1221],

Tabelle 46. Relative Intensitäten in dem Multiplett Mn I a ^{4}D — y ^{4}P°.

	J		3d^6 (^{5}D) 4 s ^{4}D: $3^1/_2$	$2^1/_2$	$1^1/_2$	$^1/_2$	
3d^6 (^{5}D) 4p ^{4}P°	$2^1/_2$	λ	4235,30	4281,10	4312,55		
		I_{exp}	120	41,5	8		168,5
		I_{theor}	*120*	*27*	*3*		*150*
	$1^1/_2$			4235,15	4265,92	4284,08	
				63	39	8,5	110,5
				63	*32*	*5*	*100*
	$^1/_2$				4239,73	4257,66	
					25	28	53
					25	*25*	*50*
			120	104,5	72	36,5	ΣI_{exp}
			120	*90*	*60*	*30*	ΣI_{theor}

Gemessene (nach R. FRERICHS [1311]) und berechnete Intensitäten und Intensitätssummen. Letztere sind proportional den statistischen Gewichten $2J+1$.

A. SOMMERFELD und H. HÖNL [1232] und H. N. RUSSELL [1227] so verschärft werden, daß sie den Summenregeln genügen. Die Quantenmechanik hat die so gewonnenen Formeln — eine der Grundlagen der heutigen Astrophysik — vollauf bestätigt.

In Tab. 47 stellen wir diese Formeln für die Linienstärken des Überganges $\gamma\, S\, L\, J \rightarrow \gamma'\, S\, L'\, J'$ (γ bzw. γ' bezeichnen summarisch die Quantenzahlen des „Eltern"-Ions) zusammen. S, bzw. die Multiplizität $2S+1$ darf sich bei RUSSELL-SAUNDERS-Kopplung nicht ändern; weiterhin gelten die bekannten Auswahlregeln $\Delta L = \pm 1$ und $\Delta J = \pm 1$ und 0 außer $0 \rightarrow 0$. Zu den in Spalte 1 und 2 angegebenen Übergängen gibt dann Spalte 4 die *Linienstärke* S, bezogen auf die Linienstärke „ohne Multiplettaufspaltung" $|(\gamma\, L \,\vdots P\vdots\, \gamma'\, L')|^2$; diese Verhältniszahl bezeichnen wir mit[1] $f(S\,L\,J,\, S\,L'\,J')$.

Zum Beispiel erhält man für die Na D-Linien $^2S_{\frac{1}{2}}$ — $^2P_{\frac{1}{2},\frac{3}{2}}$ die Werte $f = 2$ bzw. 4, die in diesem einfachsten Fall selbstverständlich gleich den statistischen Gewichten der Niveaus $^2P_{\frac{1}{2}}$ bzw. $^2P_{\frac{3}{2}}$ sind.

Summieren wir die relativen Linienstärken aus Spalte 4 über alle J' (Spalte 2) des Endtermes, so erhalten wir für die *Summe* aller Übergänge von einem bestimmten Niveau aus die Ausdrücke in Spalte 5. Diese sind sämtlich proportional $2J+1$. Da weiterhin die Linienstärken symmetrisch in Anfangs- und Endniveau sind, haben wir damit gerade die BURGER-DORGELO*sche Summenregel* wiedergefunden.

Summieren wir die Ausdrücke aus Spalte 5 auch noch über J von $-L$ bis $+L$, so erhalten wir die Stärken der ganzen *Multipletts*, die — wie zu erwarten — alle der Multiplizität $r = 2S+1$ proportional sind.

Um die Anwendung der Formeln von Spalte 4 zu erleichtern, hat H. N. RUSSELL [1228] Tabellen berechnet, die bis zur Multiplizität $r = 2S+1 = 11$ und $L = 6$ (I-Terme) reichen. Für die in Tab. 47, Spalte 3, charakterisierte

[1] Eine Verwechslung mit den Oszillatorenstärken ist wohl nicht zu befürchten.

Tabelle 47. Linienstärken in Multipletts mit Russell-Saunders-Kopplung.

1	2	3	4	5	6
L′	J′	Russell	Linien eines Multipletts $f(\mathrm{SLJ}, \mathrm{SL'J'}) = S(\gamma\,\mathrm{SLJ}, \gamma'\,\mathrm{SL'J'})/\lvert(\gamma\,\mathrm{L} \vdots \mathrm{P} \vdots \gamma'\,\mathrm{L'})\rvert^2$	Alle Übergänge von einem Niveau γ S L J aus $\sum_{J'} \cdots$	Ganzes Multiplett $\sum_{J',J} \cdots = \frac{S(\gamma SL, \gamma' SL')}{\lvert(\gamma L \vdots P \vdots \gamma' L')\rvert^2}$
		b			
L − 1	J + 1	z	$(-1)^2 \frac{(J+S-L+1)(L+S-J)(J+S-L+2)(L+S-J-1)}{4(J+1)}$	$(2J+1)\,L\,(2L-1)$	$(2S+1)(2L+1) \times L(2L-1)$
	J	y	$(2J+1)\frac{(J+L-S)(J+S-L+1)(S+L+1+J)(S+L-J)}{4J(J+1)}$		
	J − 1	x	$\frac{(J+L-S-1)(J+L-S)(S+L+J+1)(S+L+J)}{4J}$		
		a			
L	J + 1	y	$(-1)^2 \frac{(J-S+L+1)(J+S-L+1)(S+L+J+2)(S+L-J)}{4(J+1)}$	$(2J+1)\,L\,(L+1)$	$(2S+1)(2L+1) \times L(L+1)$
	J	x	$(2J+1)\frac{[J(J+1)-S(S+1)+L(L+1)]^2}{4J(J+1)}$		
	J − 1	y	$(-1)^2 \frac{(J-S+L)(J+S-L)(S+L+J+1)(S+L+1-J)}{4J}$		
		b			
L + 1	J + 1	x	In den Formeln für L′ = L − 1 vertausche gestrichene und ungestrichene Quantenzahlen und wende die Formel der oberen Spalte L′ = L − 1 an.	$(2J+1)(L+1)(2L+3)$	$(2S+1)(2L+1) \times (L+1)(2L+3)$
	J	y			
	J − 1	z			

Spalte 3: Bezeichnungsweise der Tabellen von H. N. Russell [1228]:

a $\Delta L = 0$; symmetrisches Multiplett. x = Hauptdiagonale, y = symmetrische Nebendiagonalen des Multiplettschemas.

b $\Delta L = \pm 1$; gewöhnliches Multiplett. x = Hauptdiagonale(-linien); L und J ändern sich gleichsinnig.
y = Satelliten I. Ordnung; $\Delta J = 0$.
z = Satelliten II. Ordnung; L und J ändern sich gegensinnig.

Die Numerierung $x_1, x_2, x_3, \ldots; z_1, z_2, \ldots$ geht vom größten zu kleinen J.

Anordnung der Linien (vgl. z. B. auch Tab. 46) tabuliert er zunächst den $-\log_{10}\frac{\text{Intensität}}{\text{Intensität der stärksten Linie}}$, für jedes Multiplett außerdem noch die Größe $s=\log_{10}\frac{\Sigma \text{ des Multipletts}}{\text{Intensität der stärksten Linie}}$, so daß man bequem auch jede Linie auf das ganze Multiplett beziehen kann. Mittels Spalte 6 unserer Tab. 47 kann man von da aus auch auf die später noch eingehender zu besprechenden $|(\gamma L \vdots P \vdots \gamma' L')|$ zurückgehen.

Analoge Tabellen relativer Linienstärken in Russell-Saunders-Multipletts, nur mit Numeri statt Logarithmen, hatten schon früher H. E. White und A. Y. Eliason [1234] berechnet; diese sind auch im Condon-Shortley wiedergegeben.

85. Linienstärken in Supermultipletts und Übergangsschemata, insbesondere mit Russell-Saunders-Kopplung.

Addieren wir zu einem „Eltern"-Ion, das sich in einem bestimmten Term γ^I S^I L^I befinde, *ein n l*-Elektron (n = Haupt- und l = Bahndrehimpulsquantenzahl), so entsteht (im allgemeinen) eine *Konfiguration,* die aus mehreren *Polyaden* besteht. Letztere setzen sich jeweils aus mehreren *Termen derselben Multiplizität* zusammen. Nach Tab. 106 im Anhang B entstehen z. B. im CIII-Spektrum durch Addition eines *n d*-Elcktrons ($l=2$) zu einem CIV-Ion im Term $2\,s^2\,2\,p\,(^2P^\circ)$ die beiden Polyaden $^3P^\circ\,^3D^\circ\,^3F^\circ$ und $^1P^\circ\,^1D^\circ\,^1F^\circ$. Kombinieren 2 Polyaden miteinander, so bilden die entstehenden Multipletts zusammen ein *Supermultiplett.*

Die relativen Stärken der Multipletts eines Supermultipletts können wir nun nach R. de L. Kronig [1221] leicht berechnen, wenn wir bedenken, daß bei der Addition eines Elektrons das neue L genau so durch Vektoraddition aus L^I und l entsteht wie in Abschnitt 84 das J aus S und L. Wir können also die Relativintensitäten der *Multipletts eines Supermultipletts* nach den Formeln für die der *Linien eines Multipletts* (Tab. 47, Spalte 4 bzw. die Tabellen von Russell) berechnen, indem wir das dortige

	S	L	J (Multiplett)
bzw. durch	L^I	l	L (Supermultiplett)

ersetzen. Formelmäßig werden — die Schreibweise nach Condon-Shortley (Kap. IX) dürfte wieder ohne weiteres verständlich sein — die *Linienstärken* der Multipletts in den erlaubten Supermultipletts (die auf die beschriebene Weise entstehen):

$$S(\gamma^I\,S^I\,L^I\,n\,l\,S\,L,\ \gamma^I\,S^I\,L^I\,n'\,l'\,S\,L') = (2\,S+1)\,f(L^I\,l\,L,\ L^I\,l'\,L')\,|(n\,l \vdots P \vdots n'l')|^2 \tag{85, 1}$$

Wie schon aus (85, 1) ersichtlich ist, dürfen sich der Term des Eltern-Ions und S *nicht* ändern; ferner ist $\Delta L = 0, \pm 1$ und $\Delta l = \pm 1$. Wegen letzterer Auswahlregel genügt es, den Übergang $l \to l-1$ durchzurechnen; das Matrixelement $|(n\,l \vdots P \vdots n'\,l-1)|$ ist dann identisch mit dem in Gl. (83,15) angegebenen Einelektronen-Element $S(n\,l, n'\,l-1)$. Der in (85, 1) hinzugekommene Faktor $2\,S+1$ trägt einfach der Vergrößerung der statistischen Gewichte durch den Elektronenspin — entsprechend der Multiplizität — Rechnung.

Als Beispiel zur Anwendung von Gl. (85, 1) geben wir in Tab. 48 die Intensitäten aller Multipletts des Überganges CIII $1\,s^2\,2\,p\,(^2P^\circ)\,n\,p - 1\,s^2\,2\,p\,(^2P^\circ)\,n\,d$ (vgl. Tab. 106 in Anhang B).

Ein Analogon der BURGER-DORGELOschen Summenregel erhalten wir nun nach dem DE KRONIGschen Übertragungsprinzip ($L^I\, l\, L$ analog S L J), indem wir die Stärken aller Linien eines Übergangsschemas aufsummieren, die von einem Term $\gamma^I\, L^I\, S^I\, n\, l\, S\, L$ ausgehen. Ausgehend von (85, 1) brauchen wir nur — nach Durchführung der angegebenen Buchstabenvertauschung — in Tab. 47 von Spalte ④ zu ⑤ übergehen und erhalten für die Summe über alle L':

$$\left.\begin{aligned}&(2\,S+1)\,(2\,L+1)\cdot l(2\,l-1)\,|(n\,l\,|P|\,n'\,l-1)|^2 && \text{wenn } l'=l-1\\ &(2\,S+1)\,(2\,L+1)\cdot (l+1)\,(2\,l+3)\,|(n\,l\,|P|\,n'\,l+1)|^2 && \text{wenn } l'=l+1\,.\end{aligned}\right\}\quad (85,2)$$

Tabelle 48. Relative Stärken der Multipletts $2p(^2P^\circ)\,np$—$2p(^2P^\circ)\,nd$. Um absolute Stärken zu erhalten, multipliziere man mit $\frac{1}{2}\cdot|(n\,2, n'\,1)|^2$.

		2 p ($^2P^\circ$) n d				
	$^3F^\circ$	$^3D^\circ$	$^3P^\circ$	$^1F^\circ$	$^1D^\circ$	$^1P^\circ$
2p ($^2P^0$) n'p ^3D	252	45	3			
^3P		135	45			
^3S			60			
^1D				84	15	1
^1P					45	15
^1S						20

In beide Ausdrücke gehen die Quantenzahlen S und L des Ausgangstermes nur in Gestalt seines statistischen Gewichtes $(2\,S+1)\times\times(2\,L+1)$ ein. Daher ist weiterhin die *Summe der Stärken aller Linien des Übergangsschemas, die von einem bestimmten Niveau ausgehen (bzw. darin enden) proportional dessen statistischem Gewicht* $2\,J+1$.

Diese J-*Reihen-Summenregel* (J-file sum rule) gilt übrigens nicht nur bei RUSSELL-SAUNDERS-Kopplung, sondern auch bei ganz *beliebiger* Kopplung der Bahn- und Spindrehimpulsvektoren.

Um — in der Hierarchie der Atomzustände weiter aufsteigend — die *Gesamtstärken der Supermultipletts in einem Übergangsschema* (vgl. auch Anhang B) zu berechnen, müssen wir die Ausdrücke (85, 2) über alle möglichen L summieren. Dies entspricht im Sinne des DE KRONIGschen Übertragungsprinzips in Tab. 47 dem Übergang von Spalte ⑤ zu ⑥. So erhält man:

$$S(\gamma^I\, S^I\, L^I\, n\, l,\, \gamma^I\, S^I\, L^I\, n'\, l-1) = (2\,S+1)\,(2\,L^I+1)\times \\ \times\, l(2\,l-1)\,(2\,l+1)\cdot|(n\,l\,|P|\,n'\,l-1)|^2 \quad (85,3)$$

oder mit (83, 16)

$$S(\gamma^I\, S^I\, L^I\, n\, l,\, \gamma^I\, S^I\, L^I\, n'\, l-1) = (2\,S+1)\,(2\,L^I+1)\,S(n\,l,\, n'\,l-1)\,. \quad (85,4)$$

Rechts stehen nun die Matrixelemente bzw. Linienstärken des *Ein*elektronenproblems. *Die Stärken der verschiedenen Supermultipletts in einem Übergangsschema sind also proportional* $(2\,S+1)\,(2\,L^I+1)$.

Summiert man (85, 4) noch weiter über alle vorkommenden Multiplizitäten $2\,S+1$, so gibt die $\Sigma\,(2\,S+1)\,(2\,L^I+1)$ an, wieviel Einstellungsmöglichkeiten die Spin- und Bahndrehimpulse des Eltern-Ions insgesamt mit dem Spin $\frac{1}{2}$ des hinzukommenden Elektrons haben. Diese Summe repräsentiert also das doppelte statistische Gewicht des Eltern-Ions $2\,g_\gamma$. Das heißt die *Gesamtstärke des Übergangsschemas* ist

$$\Sigma\, S(\gamma^I\, n\, l,\, \gamma^I\, n'\, l-1) = 2\,g_\gamma\cdot S(n\,l,\, n'\,l-1)\,. \quad (85,5)$$

Diese einfache Aussage (und eine ganze Reihe analoger) hätten wir auch leicht direkt mit Hilfe des sog. „*Prinzips der spektroskopischen Stabilität*“ erhalten können, das besagt, daß bei Aufhebung einer Entartung die Übergangswahrscheinlichkeiten sich nicht unstetig ändern dürfen[1].

[1] A. SOMMERFELD pflegte daher zutreffender vom „Prinzip des gesunden Menschenverstandes“ zu sprechen!

Unsere bisherigen Erörterungen und Formeln für Supermultipletts und Übergangsschemata gelten — dies müssen wir zunächst noch nachtragen — *nur unter der Voraussetzung, daß das springende Elektron keinem anderen Elektron in der Anfangs- oder Endkonfiguration äquivalent ist, d. h. dieselben Quantenzahlen n l hat.*

Haben wir in der einen Konfiguration *k äquivalente Elektronen* und betrachten also ein Übergangsschema $(n\,l)^k \rightarrow (n\,l)^{k-1}\,n'\,l'$, so sind nach L. GOLDBERG [1215, 1216 und 1223] die Summen (85, 2) über die Stärken aller Multipletts, die von *einem* Term aus $(n\,l)^k$ ausgehen, mit einem *Faktor k zu multiplizieren.* Über weitere noch allgemeinere Summenregeln für Konfigurationen mit äquivalenten Elektronen vgl. D. H. MENZEL [1225].

Die Berechnung der Stärken von Multipletts und Supermultipletts für Übergangsschemata mit äquivalenten Elektronen verlangt wegen der Entartung der betreffenden Eigenfunktionen eingehendere quantenmechanische Untersuchungen, die über den Rahmen dieses Buches hinausgehen. Wir verweisen auf die ausgezeichnete Darstellung bei E. U. CONDON und G. H. SHORTLEY [1201] und die soeben erwähnten Arbeiten von L. GOLDBERG.

Zur praktischen Berechnung der Stärken von Multipletts und Supermultipletts nach Gl. (85, 1) (*Voraussetzung*: *Keine* äquivalenten Elektronen; RUSSELL-SAUNDERS-Kopplung; nur ein springendes Elektron) kann man gemäß dem DE KRONIGschen Übertragungsprinzip wieder die bequemen Tabellen von H. N. RUSSELL [1228] oder H. E. WHITE und A. Y. ELIASON [1234] benutzen.

Spezielle Tabellen für die Stärken der *Multipletts in Übergangsschemata* auch *mit* äquivalenten Elektronen[1] hat L. GOLDBERG [1215, 1216, 1223] berechnet. Die letztgenannte Arbeit enthält die Faktoren, welche man braucht, um den Anschluß an die $|(n\,l\,\vdots P\vdots\,n'\,l-1)|^2$ (dort mit σ^2 bezeichnet) im Sinne von (85, 1) zu gewinnen.

Ob es zweckmäßiger ist, jeweils diesen ganzen „Apparat" in Gang zu setzen, oder von Fall zu Fall für jeweils passend begrenzte Termgruppen das Prinzip der spektroskopischen Stabilität zu benutzen (z. B. A. UNSÖLD [B 16]), bleibe der Neigung des einzelnen Rechners überlassen.

Wichtiger ist die Erkenntnis einer zweiten Schranke der ganzen bisherigen Rechnungen und ihre Überwindung: Wir haben bis hierher *stets* RUSSELL-SAUNDERS-*Kopplung* (LS-Kopplung) vorausgesetzt. Prüft man mit Hilfe der LANDÉschen Intervallregel (Anhang B) oder der LANDÉschen *g*-Formel für die anomalen ZEEMAN-Effekte [B 17, 1201], wieweit diese Annahme tatsächlich zutrifft, so findet man bei den hochangeregten Termen der leichten Elemente (z. B. OII, OIII, ...) und in vielen Komplexspektren, insbesondere schwererer Elemente (FeI und FeII, ...), vielfach Übergänge zur *jj*-Kopplung. Diese selbst kann relativ leicht behandelt werden, ist aber in „Reinkultur" selten realisiert. Die Berechnung der Multiplettstärken im *Übergangsgebiet* von LS- zu *jj*-Kopplung ist sehr umständlich, ebenso wie die entsprechende Berechnung der Linienintensitäten in Multipletts. Die allgemeine Theorie ist bei E. U. CONDON und G. H. SHORTLEY [1201] dargestellt. Neuerdings hat W. M. GOTTSCHALK [1217] die astrophysikalisch wichtigen Übergänge FeI $3d^7\,(^4P)\,4s$—$3d^7\,(^4P)\,4p$ und $3d^7\,(^4F)\,4s$—$3d^7\,(^4F)\,4p$ im einzelnen durchgerechnet und tabuliert. Da man — selbst bei großem Rechenaufwand — nur die wichtigsten „Störungen" der Terme berücksichtigen kann, muß man mit Fehlern von der Größenordnung eines Faktors 2 in den Intensitäten durchaus rechnen.

Gelegentlich kann man die von den Kopplungsverhältnissen unabhängig gültige J-*Reihen-Summenregel* in dem Sinne verwerten, daß man sein Augenmerk auf die Haupt-Beiträge zu den einzelnen J-Summen richtet.

[1] Hierzu weiterhin: G. RACAH und F. ROHRLICH [1225a—c] sowie T. YAMANOUCHI [1236], T. ISHIDZU und S. OBI [1219b und c], H. HORIE [1219a] u. a.

Im großen und ganzen aber wird der Astrophysiker zur Ermittlung der Linienstärken in den „sehr komplizierten" Spektren am besten den Experimentalphysiker um seine Mitwirkung bitten.

86. Absolute Linienstärken, Übergangswahrscheinlichkeiten und Oszillatorenstärken für Wasserstoff.

Die wellenmechanische Berechnung der *Eigenfunktionen* $R_{nl}(r)$, der Matrixelemente (83, 15) für[1] $l' = l \pm 1$

$$|(n\, l \,\vdots\, P \,\vdots\, n'\, l')| = s(n\, l, n'\, l') = \frac{-e}{\sqrt{(2\,l+1)\,(2\,l'+1)}} \int\limits_0^\infty r\, R_{nl}\, R_{n'l'}\, dr \qquad (86,\,1)$$

Tabelle 49. Quadrate der radialen Integrale $[\int r R_{nl} R_{n'l'} dr]^2$ für Wasserstoff. Nach H. Bethe [1200].

Ausgangszustand	1s	2s	2p		3s	3p		3d	
Endzustand	np	np	ns	nd	np	ns	nd	np	nf
$n = 1$	—	—	1,67	—	—	0,3	—	—	—
2	1,666	27,00	27,00	—	0,9	9,2	—	22,5	—
3	0,267	9,18	0,88	22,52	162,0	162,0	101,2	101,2	—
4	0,093	1,64	0,15	2,92	29,9	6,0	57,2	1,7	104,6
5	0,044	0,60	0,052	0,95	5,1	0,9	8,8	0,23	11,0
6	0,024	0,29	0,025	0,44	1,9	0,33	3,0	0,08	3,2
7	0,015	0,17	0,014	0,24	0,9	0,16	1,4	0,03	1,4
8	0,010	0,10	0,009	0,15	0,5	0,09	0,8	0,02	0,8
$n = 9$ bis ∞ zusammen	0,032	0,31	0,025	0,42	1,4	0,22	2,0	0,05	1,8
Asympt. Formel . . .	$4{,}7\,n^{-3}$	$44{,}0\,n^{-3}$	$3{,}7\,n^{-3}$	$58{,}6\,n^{-3}$	$169\,n^{-3}$	$28\,n^{-3}$	$248\,n^{-3}$	$5\,n^{-3}$	$198\,n^{-3}$
Diskretes Spektrum zus.	2,151	39,30	29,820	27,62	202,56	179,18	174,54	125,88	122,85
Kontinuierliches Spektrum	0,849	2,70	0,180	2,38	4,44	0,82	5,46	0,12	3,15
Insgesamt	3,000	42,00	30,00	30,00	207,00	180,00	180,00	126,00	126,00

Anfangszustand	4s	4p		4d		4f	
Endzustand	np	ns	nd	np	nf	nd	ng
$n = 1$	—	0,09	—	—	—	—	—
2	0,15	1,66	—	2,9	—	—	—
3	6,0	29,8	1,7	57,0	—	104,7	—
4	540,0	540,0	432,0	432,0	252,0	252,0	—
5	72,6	21,2	121,9	9,3	197,8	2,75	314,0
6	11,9	3,2	19,3	1,3	26,9	0,32	27,6
7	4,2	1,1	6,7	0,4	8,6	0,09	7,3
8	2,1	0,5	3,2	0,2	3,9	0,04	3,0
$n = 9$ bis ∞ zusammen	4,3	1,0	5,9	0,3	6,9	0,07	4,5
Asympt. Formel . . .	$445\,n^{-3}$	$102\,n^{-3}$	$655\,n^{-3}$	$33\,n^{-3}$	$687\,n^{-3}$	$6\,n^{-3}$	$393\,n^{-3}$
Diskretes Spektrum zus.	642,7	598,7	591,7	503,50	496,0	359,95	356,4
Kontinuierliches Spektrum	5,3	1,3	8,3	0,50	8,0	0,05	3,6
Insgesamt	648,0	600,0	600,0	504,0	504,0	360,00	360,0

[1] Der Zusammenhang der hier gewählten, in l und l' symmetrischen Schreibweise mit der früheren für $l' = l - 1$ ist wegen der Gleichberechtigung von Anfangs- und Endniveau in diesen Ausdrücken wohl selbstverständlich.

bzw. der *Linienstärken* (83, 16) — $\hat{l}$ bezeichne die *größere* der beiden Quantenzahlen l und l' —

$$S(n\,l,n'\,l') = l(2\,\hat{l}+1)\,(2\,l'+1)\,s(n\,l,n'\,l')^2 \qquad (86,2)$$

oder der *Übergangswahrscheinlichkeiten* A und *Oszillatorenstärken* f nach (83, 10) und (83, 11) ist bis jetzt nur für das *Wasserstoffatom* vollständig durchgeführt. Die grundlegenden Arbeiten von E. SCHRÖDINGER, W. GORDON, Y. SUGIURA, A. KUPPER, F. G. SLACK und L. R. MAXWELL sind mit Literaturangaben zusammengefaßt in dem Handbuchartikel von H. BETHE [1200] und bei E. U. CONDON und G. H. SHORTLEY [1201]. Neuerdings haben auch für sehr hohe Quantenzahlen und die Kontinua D. H. MENZEL und C. L. PEKERIS [1222] ausführliche Formeln und Tabellen gerechnet. Da der Astrophysiker diese Dinge ständig braucht, so geben wir nach H. BETHE[1] [1200] Tab. 49 zunächst die *Quadrate der*

Tabelle 50. Oszillatorstärken für Wasserstoff. Nach H. BETHE [1200].

Ausgangszustand	1s	2s	2p		3s	3p		3d	
Endzustand	np	np	ns	nd	np	ns	nd	np	nf
= 1	—	—	—0,139	—	—	—0,026	—	—	—
2	0,4162	—	—	—	—0,041	—0,142	—	—0,417	—
3	0,0791	0,425	0,014	0,694	—	—	—	—	—
4	0,0290	0,102	0,0031	0,122	0,484	0,032	0,619	0,011	1,016
5	0,0139	0,042	0,0012	0,044	0,121	0,007	0,139	0,0022	0,156
6	0,0078	0,022	0,0006	0,022	0,052	0,003	0,056	0,0009	0,053
7	0,0048	0,013	0,0003	0,012	0,027	0,002	0,028	0,0004	0,025
8	0,0032	0,008	0,0002	0,008	0,016	0,001	0,017	0,0002	0,015
= 9 bis ∞ zus. . .	0,0101	0,026	0,0007	0,023	0,048	0,002	0,045	0,0007	0,037
sympt. Formel . .	$1{,}6\,n^{-3}$	$3{,}7\,n^{-3}$	$0{,}1\,n^{-3}$	$3{,}3\,n^{-3}$	$6{,}2\,n^{-3}$	$0{,}3\,n^{-3}$	$6{,}1\,n^{-3}$	$0{,}07\,n^{-3}$	$4{,}4\,n^{-3}$
iskretes Spektrum .	0,5641	0,638	—0,119	0,923	0,707	—0,121	0,904	—0,402	1,302
ontinuierliches Spektrum . . .	0,4359	0,362	0,008	0,188	0,293	0,010	0,207	0,002	0,098
nsgesamt	1,000	1,000	—0,111	1,111	1,000	—0,111	1,111	—0,400	1,400
nergie des kont. Spektrums . . .	0,54	0,61	0,6	0,42	0,78	0,47		0,39	

Anfangszustand	4s	4p		4d		4f	
Endzustand	np	ns	nd	np	nf	nd	ng
= 1	—	—0,010	—	—	—	—	—
2	—0,009	—0,034	—	—0,073	—	—	—
3	—0,097	—0,161	—0,018	—0,371	—	—0,727	—
4	—	—	—	—	—	—	—
5	0,545	0,053	0,610	0,028	0,890	0,009	1,345
6	0,138	0,012	0,149	0,006	0,187	0,0016	0,183
7	0,060	0,005	0,063	0,002	0,072	0,0006	0,058
8	0,033	0,003	0,033	0,001	0,037	0,0003	0,027
= 9 bis ∞ zus. . .	0,082	0,006	0,075	0,002	0,071	0,0006	0,045
sympt. Formel . .	$9{,}3\,n^{-3}$	$0{,}7\,n^{-3}$	$9{,}1\,n^{-3}$	$0{,}3\,n^{-3}$	$8{,}6\,n^{-3}$	$0{,}05\,n^{-3}$	$3{,}5\,n^{-3}$
iskretes Spektrum	0,752	—0,126	0,912	—0,406	1,257	—0,715	1,658
ontinuierliches Spektrum	0,248	0,015	0,199	0,006	0,143	0,001	0,056
sgesamt	1,000	—0,111	1,111	—0,400	1,400	—0,714	1,714
nergie im kontinuierlichen Spektrum	1,25	0,72		0,45		0,32	

[1] Die Berichtigungen von P. RUDNICK [1226] wurden berücksichtigt.

radialen Integrale $[\int r\, R_{nl}\, R_{n'l'}\, dr]^2$. Daraus erhält man (Tab. 50) nach (83, 11) die *Absorptions-Oszillatorenstärken* f (Tab. 50) der einzelnen Teilübergänge, aus denen sich die Wasserstofflinien zusammensetzen. Darunter stehen die *Summen* der Oszillatorenstärken für die Linien und dann für die entsprechenden Seriengrenzkontinua (vgl. Abschnitt 46). Dann folgt die gesamte *Summe* der Oszillatorenstärken *aller* Übergänge, die von einem bestimmten Niveau aus möglich sind. Addiert man noch die Zahlen für $l \to l-1$ und $l \to l+1$, so erhält man stets $\Sigma f = 1$ in Einklang mit dem f-Summensatz von KUHN-THOMAS-REICHE (vgl. Abschnitt 88).

Die nächste Tab. 51 gibt die Oszillatorenstärken der Linien und Grenzkontinua der LYMAN-, BALMER- *und* PASCHEN-*Serie des Wasserstoffes.* Die Teilniveaus mit derselben Hauptquantenzahl n und verschiedenen Azimutalquantenzahlen l, deren statistische Gewichte (ohne Spin!) gleich $2l+1$ sind, fallen nun

Tabelle 51. Oszillatorenstärken der Linien und Grenzkontinua des Wasserstoffs. Nach [1222, 1200, 1233].

Serie und Ausgangszustand	LYMAN $n' = 1$	BALMER $n' = 2$	PASCHEN $n' = 3$
Endzustand			
$n = 1$	—	—0,1040	$-8{,}789 \cdot 10^{-3}$
2	$4{,}162 \cdot 10^{-1}$	—	$-2{,}848 \cdot 10^{-1}$
3	$7{,}910 \cdot 10^{-2}$	$6{,}408 \cdot 10^{-1}$	—
4	$2{,}899 \cdot 10^{-2}$	$1{,}193 \cdot 10^{-1}$	$8{,}420 \cdot 10^{-1}$
5	$1{,}394 \cdot 10^{-2}$	$4{,}467 \cdot 10^{-2}$	$1{,}506 \cdot 10^{-1}$
6	$7{,}800 \cdot 10^{-3}$	$2{,}209 \cdot 10^{-2}$	$5{,}585 \cdot 10^{-2}$
7	$4{,}814 \cdot 10^{-3}$	$1{,}271 \cdot 10^{-2}$	$2{,}768 \cdot 10^{-2}$
8	$3{,}184 \cdot 10^{-3}$	$8{,}037 \cdot 10^{-3}$	$1{,}604 \cdot 10^{-2}$
9	$2{,}216 \cdot 10^{-3}$	$5{,}429 \cdot 10^{-3}$	$1{,}023 \cdot 10^{-2}$
10	$1{,}605 \cdot 10^{-3}$	$3{,}851 \cdot 10^{-3}$	$6{,}981 \cdot 10^{-3}$
11	$1{,}201 \cdot 10^{-3}$	$2{,}836 \cdot 10^{-3}$	$4{,}996 \cdot 10^{-3}$
12	$9{,}215 \cdot 10^{-4}$	$2{,}150 \cdot 10^{-3}$	$3{,}711 \cdot 10^{-3}$
13	$7{,}226 \cdot 10^{-4}$	$1{,}672 \cdot 10^{-3}$	$2{,}839 \cdot 10^{-3}$
14	$5{,}774 \cdot 10^{-4}$	$1{,}326 \cdot 10^{-3}$	$2{,}223 \cdot 10^{-3}$
15	$4{,}687 \cdot 10^{-4}$	$1{,}070 \cdot 10^{-3}$	$1{,}776 \cdot 10^{-3}$
16	$3{,}855 \cdot 10^{-4}$	$8{,}770 \cdot 10^{-4}$	$1{,}443 \cdot 10^{-3}$
17	$3{,}211 \cdot 10^{-4}$	$7{,}273 \cdot 10^{-4}$	$1{,}189 \cdot 10^{-3}$
18	$2{,}703 \cdot 10^{-4}$	$6{,}098 \cdot 10^{-4}$	$9{,}914 \cdot 10^{-4}$
19	$2{,}295 \cdot 10^{-4}$	$5{,}167 \cdot 10^{-4}$	$8{,}364 \cdot 10^{-4}$
20	$1{,}966 \cdot 10^{-4}$	$4{,}418 \cdot 10^{-4}$	$7{,}117 \cdot 10^{-4}$
21	$1{,}698 \cdot 10^{-4}$	$3{,}803 \cdot 10^{-4}$	$6{,}111 \cdot 10^{-4}$
22	$1{,}476 \cdot 10^{-4}$	$3{,}302 \cdot 10^{-4}$	$5{,}286 \cdot 10^{-4}$
23	$1{,}276 \cdot 10^{-4}$	$2{,}885 \cdot 10^{-4}$	$4{,}608 \cdot 10^{-4}$
24	$1{,}137 \cdot 10^{-4}$	$2{,}534 \cdot 10^{-4}$	$4{,}040 \cdot 10^{-4}$
25	$1{,}005 \cdot 10^{-4}$	$2{,}240 \cdot 10^{-4}$	$3{,}558 \cdot 10^{-4}$
26	$8{,}931 \cdot 10^{-5}$	$1{,}987 \cdot 10^{-4}$	$3{,}155 \cdot 10^{-4}$
27	$7{,}963 \cdot 10^{-5}$	$1{,}772 \cdot 10^{-4}$	$2{,}809 \cdot 10^{-4}$
28	$7{,}138 \cdot 10^{-5}$	$1{,}587 \cdot 10^{-4}$	$2{,}513 \cdot 10^{-4}$
29	$6{,}431 \cdot 10^{-5}$	$1{,}427 \cdot 10^{-4}$	$2{,}243 \cdot 10^{-4}$
30	$5{,}809 \cdot 10^{-5}$	$1{,}288 \cdot 10^{-4}$	$2{,}034 \cdot 10^{-4}$
31	$5{,}260 \cdot 10^{-5}$	$1{,}167 \cdot 10^{-4}$	$1{,}840 \cdot 10^{-4}$
32	$4{,}784 \cdot 10^{-5}$	$1{,}060 \cdot 10^{-4}$	$1{,}670 \cdot 10^{-4}$
33	$4{,}359 \cdot 10^{-5}$	$9{,}654 \cdot 10^{-5}$	$1{,}521 \cdot 10^{-4}$
34	$3{,}982 \cdot 10^{-5}$	$8{,}829 \cdot 10^{-5}$	$1{,}389 \cdot 10^{-4}$
35	$3{,}656 \cdot 10^{-5}$	$8{,}084 \cdot 10^{-5}$	$1{,}272 \cdot 10^{-4}$
Asymptotische Formel	$1{,}6 \cdot n^{-3}$	$3{,}5 \cdot n^{-3}$	$5{,}4 \cdot n^{-3}$
Diskretes Spektrum	0,564	0,762	0,839
Kontinuierliches Spektrum	0,436	0,238	0,161
$\Sigma f =$	1,000	1,000	1,000

zusammen; das Gesamtgewicht des n-ten Niveaus wird also $\sum_{0}^{n-1} (2\,l+1) = n^2$ (ohne Spin). Mit (83, 9) und (83, 11) erhält man z. B. für die Oszillatorenstärken der BALMER-Linien (Übergang $2 \rightarrow n$):

$$f(n, 2) = \frac{1}{4}\,\{\, f(2\,s, n\,p) + 3\,f(2\,p, n\,s) + 3\,f(2\,p, n\,d)\,\}\,. \qquad (86, 3)$$

Die Zahlenwerte der $f(n, n')$ bis $n = 35$ entnehmen wir der Arbeit von D. H. MENZEL und C. L. PEKERIS [1222].

Schließlich tabulieren wir nach H. BETHE [1200] noch die Übergangswahrscheinlichkeiten $\mathrm{A}(A, B)$ in Einheiten von $10^8\,\mathrm{sec}^{-1}$. In Tab. 52 sind zunächst die Werte für die einzelnen Teilübergänge angegeben. Sodann rechts die *Summe* der Wahrscheinlichkeiten aller von einem Teilniveau aus möglichen Übergänge $\gamma_m = \sum_n \mathrm{A}_{nm}$, die nach Abschnitt 71 die *natürliche Breite* dieses Niveaus bestimmt.

Tabelle 52. Übergangswahrscheinlichkeiten für Wasserstoff in $10^8\,\mathrm{sec}^{-1}$. Nach H. BETHE [1200].

Ausgangs-zustand	End-zustand	$n = 1$	2	3	4	5	Summe	Lebensdauer in 10^{-8} sec
2 s	n p	—	—	—	—	—	0	∞
2 p	n s	6,25	—	—	—	—	6,25	0,16
2	Mittel	4,69	—	—	—	—	4,69	0,21
3 s	n p	—	0,063	—	—	—	0,063	16
3 p	n s	1,64	0,22	—	—	—	1,86	0,54
3 d	n p	—	0,64	—	—	—	0,64	1,56
3	Mittel	0,55	0,43	—	—	—	0,98	1,02
4 s	n p	—	0,025	0,018	—	—	0,043	23
4 p	n s	0,68	0,095	0,030	—	—	0,81	1,24
	n d	—	—	0,003	—	—		
4 d	n p	—	0,204	0,070	—	—	0,274	3,65
4 f	n d	—	—	0,137	—	—	0,137	7,3
4	Mittel	0,12$_8$	0,083	0,089	—	—	0,299	3,35
5 s	n p	—	0,012$_7$	0,008$_5$	0,006$_5$	—	0,027$_7$	36
5 p	n s	0,34	0,049	0,016	0,007$_5$	—	0,415	2,40
	n d	—	—	0,001$_5$	0,002	—		
5 d	n p	—	0,094	0,034	0,014	—	0,142	7,0
	n f	—	—	—	0,000$_5$	—		
5 f	n d	—	—	0,045	0,026	—	0,071	14,0
5 g	n f	—	—	—	0,042$_5$	—	0,042$_5$	23,5
5	Mittel	0,040	0,025	0,022	0,027	—	0,114	8,8
6 s	n p	—	0,007$_3$	0,0051	0,0035	0,0027	0,0176	57
6 p	n s	0,195	0,029	0,0096	0,0045	0,0024	0,243	4,1
	n d	—	—	0,0007	0,0009	0,0010		
6 d	n p	—	0,051	0,0187	0,0086	0,0045	0,080	12,6
	n f	—	—	—	0,0002	0,0004		
6 f	n d	—	—	0,0210	0,0129	0,0072	0,0412	24,3
	n g	—	—	—	—	0,0001		
6 g	n f	—	—	—	0,0137	0,0110	0,0247	40,5
6 h	n g	—	—	—	—	0,0164	0,0164	61
6		0,0162	0,0092	0,0077	0,0077	0,0101	0,0510	19,6

$1/\gamma_m = T_m$ (letzte Spalte) ist die Abklingzeit. In den mit „Mittel" bezeichneten Zeilen sind jeweils die mittleren Übergangswahrscheinlichkeiten usw. des ganzen Wasserstoffniveaus angegeben. Bei ihrer Berechnung wurde angenommen, daß die Besetzung der einzelnen Teilniveaus ihren statistischen Gewichten entspricht.

Wie ändern sich weiterhin die Oszillatorenstärken usw., wenn man vom Wasserstoff mit der Kernladungszahl $Z = 1$ übergeht zu beliebigem Z (z. B. He II-Spektrum mit $Z = 2$ oder wasserstoffähnliche Terme anderer Ionen)? Da die Amplituden $r_{nm} \sim Z^{-1}$ gehen, die $\nu_{nm} \sim Z^2$, so ändern sich die Oszillatorenstärken $f \sim \nu_{nm} |\mathfrak{r}_{nm}|^2$ gar nicht. Die $A_{nm} \sim \nu_{nm}^3 \cdot |\mathfrak{r}_{nm}|^2$ dagegen gehen $\sim Z^4$.

87. Quantenmechanische Berechnung absoluter Linienstärken in komplizierteren Atomen.

Um die Übergangswahrscheinlichkeiten komplizierterer Atome — wasserstoff-*un*ähnliche Terme — wenigstens näherungsweise berechnen zu können, muß man das entsprechende quantenmechanische Problem weitgehend *vereinfachen*: Man ersetzt die Einwirkung der anderen Elektronen auf das gerade interessierende Leuchtelektron durch ein geeignetes zentralsymmetrisches Potentialfeld $U(r)$. Die SCHRÖDINGER-Gleichung (83, 12) wird dann auf numerischem Wege integriert, worauf man durch nochmalige Integration über die Eigenfunktionen nach (83, 15) bzw. (86, 1) die Übergangswahrscheinlichkeiten usw. erhält. Zur Ermittlung des Feldes $U(r)$ gibt es mehrere Möglichkeiten:

A) $U(r)$ muß in Verbindung mit der SCHRÖDINGER-Gleichung — näherungsweise — die richtigen Energieniveaus E_n liefern. Umgekehrt kann mit Hilfe der spektroskopisch bestimmten E_n das Zentralfeld $U(r)$ weitgehend festgelegt werden. Dieses Verfahren ist im Rahmen der älteren Quantenmechanik von E. FUES entwickelt worden. In der Quantenmechanik hat sich in diesem Zusammenhang das WENTZEL-KRAMERS-BRILLOUINsche Verfahren zur Lösung der Wellengleichung als sehr geeignet erwiesen.

In praxi geht man bei derartigen Rechnungen von einem genäherten Ansatz für das Potential $U(r)$ aus und korrigiert durch ein halb-empirisches *Polarisations*glied, das für große r mit $\frac{\alpha e^2}{2 r^4}$ geht (α entspricht der Polarisierbarkeit des Atomrumpfes), und evtl. ein *Austausch*glied so, daß die beobachteten Energiewerte möglichst gut wiedergegeben werden.

B) D. R. HARTREEs *Methode des selfconsistent field* [1219, 1203] gestattet im Prinzip eine rein theoretische Behandlung komplizierterer Atome. Sie beruht auf folgender Überlegung:

Jedes Elektron bewegt sich im Felde des Atomkernes und aller übrigen Elektronen. Deren mittlere Aufenthaltswahrscheinlichkeit in Abhängigkeit von den Koordinaten ist aber wiederum durch ihre SCHRÖDINGER-Funktionen als $\psi_n \tilde{\psi}_n$ bestimmt. Alle ψ müssen also „zusammenpassen" und können durch ein Verfahren sukzessiver Näherung berechnet werden.

Diese Methode wäre im Sinne der klassischen Mechanik *völlig* korrekt. Vom Standpunkt der Quantenmechanik aus ist sie es noch nicht ganz. Hier müssen vielmehr, wie das V. FOCK [1214] zuerst getan hat, die sog. *Austausch*-(Resonanz-) Effekte berücksichtigt werden, die z. B. bei den Erdalkalien die Aufspaltung Singulett—Triplett-Term verursachen. Bei Atomen mit zwei oder mehr Außenelektronen erhält man weiterhin vielfach hinreichend genaue Eigenfunktionen erst durch „*Mischung*", d. h. lineare Superposition mehrerer benachbarter Eigenfunktionen des Einelektronenproblems. Derartige Rechnungen haben L. BIERMANN und E. TREFFTZ [1209] für Mg I durchgeführt. Einen großen Fortschritt bedeutet es, daß es D. R. HARTREE und L. GREEN [z. B. 1218] mit ihren Mitarbeitern gelungen ist, die sehr umfangreichen Rechnungen weitgehend zu mechanisieren. Trotzdem bedeutet die Berechnung von Linienstärken usw. nach den Methoden A) und B) (zwischen denen vielerlei Übergänge möglich sind) immer noch eine immense Arbeit: Da der Integrand von (83, 13) meist oszilliert, können schon kleine Fehler der ψ-Funktionen das Endresultat stark beeinflussen. Fehler von $\pm 20\%$ muß man auch bei den besten Rechnungen in Kauf nehmen.

C) Die „COULOMB-*Approximation*" nach D. R. BATES und A. DAMGAARD [1206] kommt vor allem dem Wunsch der Astrophysiker entgegen, bei mäßigem Rechen-Aufwand die Stärken vieler Linien verschiedener Spektren mit passabler Genauigkeit zu berechnen. Sie geht von der — ebenda im einzelnen begründeten — Überlegung aus, daß in *dem* Bereich der Koordinate r, der den wesentlichen Beitrag zu dem $\int \overline{\psi}_a\, r\, \psi_b\, dV$ liefert, das Potentialfeld $U(r)$ auch bei komplizierteren Atomen sich von dem COULOMB-Feld $-Z\,e^2/r$ (Bogenspektrum $Z = 1$; 1. Funkenspektrum $Z = 2, \ldots$) nicht mehr wesentlich unterscheidet. Die Eigenfunktionen werden also in diesem Bereich vom Wasserstoff*typus* sein. Sie unterscheiden sich aber von denen des Wasserstoffs (wegen der Verschiedenheit der Grenzbedingung für $r \to 0$) dadurch, daß deren ganzzahlige Hauptquantenzahl n („Eigenwert") durch eine *effektive Hauptquantenzahl* n^* ersetzt wird, die mit dem *empirischen Termwert* $\tilde{\nu} = E/hc$ [cm^{-1}] durch die RYDBERG-Formel $\tilde{\nu} = RZ^2/n^{*2}$ verknüpft ist.

Die *Matrixelemente* (83, 15), deren Quadrat sofort zu den *Linienstärken* führt, schreiben nun D. R. BATES und A. DAMGAARD[1] in der Form:

$$(n_l^*\, l \,\vdots P \vdots\, n_{l-1}^*\, l-1) = s(n_l^*\, l,\, n_{l-1}^*\, l-1) = \frac{1}{Z}\, F(n_l^*, l)\; \mathrm{F}(n_{l-1}^*, n_l^*, l) \qquad (87, 1)$$

— in HARTREE-Einheiten $e\,a_0$ —.

Die beiden ganz rechts stehenden Funktionen sind nun ebd. ausführlich tabuliert, so daß die Berechnung irgendeiner gesuchten *Linienstärke* vollends ganz bequem durchzuführen ist.

Die Genauigkeit der COULOMB-*Approximation* dürfte am größten sein bei relativ leichten, einfachen Atomsystemen. Bei komplizierteren schweren Atomen, wo die „Bahn" des Leuchtelektrons weitgehend im Bereich der Rumpfelektronen verläuft, wird sie geringer sein. Man muß jedoch bedenken, daß im letzteren Falle auch die Methoden A) und B) auf besondere Schwierigkeiten stoßen. Im großen und ganzen scheint, nach dem von BATES und DAMGAARD gegebenen Vergleich mit anderen Rechenverfahren und mit den Messungen das neue Verfahren trotz seiner Einfachheit den viel komplizierteren Methoden A) und B) etwa gleichwertig zu sein. Es bedeutet also für die Astrophysik einen ungeheueren Fortschritt.

In den Funkenspektren der leichteren Elemente (frühe Spektraltypen!) findet man zahlreiche Übergänge, deren Anfangs- und Endterm so wasserstoffähnlich ist, daß man mit guter Genauigkeit einfach die Wasserstoffmatrizen übernehmen kann. Zum Beispiel entspricht Mg II 3 ^{2}D—4 ^{2}F° λ 4481 der bekannten He II-Linie λ 4686; man wird also den „Wasserstoffwert" $f = 1{,}02$ benutzen können. L. BIERMANN [1208] berechnet nach Methode A) $f = 0{,}95$; D. R. BATES und A. DAMGAARD [1206] mit der COULOMB-Approximation $f = 0{,}98$.

Auf die Ergebnisse (mit Literaturangaben) der in vorliegendem Abschnitt dargestellten Methoden werden wir in Kap. XIV zu sprechen kommen.

---

[1] Unser $s(n_l^*\, l,\, n_{l-1}^*\, l-1)$ ist dort mit $\sigma(n_{l-1}^*, l-1, n_l^*, l, C)$ bezeichnet; das C ist unser Z (also für Bogenspektrum $= 1$; 1. Funkenspektrum $= 2, \ldots$).

88. Der f-Summensatz von KUHN-THOMAS-REICHE; seine Verallgemeinerungen und seine Gültigkeitsgrenzen.

Die Quantenmechanik gestattet eine Reihe von Aussagen zu machen über die Summe der *Oszillatorenstärken* für alle Übergänge, die von einem bestimmten Niveau ausgehen (in Absorption *und* Emission). Da diese Summensätze vielfach zur Berechnung von Übergangswahrscheinlichkeiten usw. herangezogen werden können, so wollen wir sie hier zusammenstellen. Wegen der Beweise müssen wir wieder auf den Handbuchartikel von H. BETHE und andere Werke über Quantenmechanik verweisen, wo auch die Original-Literatur zu finden ist.

Für ein beliebiges System mit z Elektronen im Zustand n gilt in völliger Allgemeinheit der KUHN-THOMAS-REICHE*sche Summensatz*

$$\boxed{\sum_m f_{mn} = z\,.} \tag{88, 1}$$

Dabei bedeutet f_{mn} die Absorptionsoszillatorenstärke für den Übergang $n \to m$ (diese Buchstaben sollen wieder die Gesamtheit der betreffenden Quantenzahlen repräsentieren). Schreiben wir die Absorptions- und Emissionsübergänge getrennt und drücken die Emissions-Oszillatorenstärken nach (70, 27) durch die Absorptions-Oszillatorenstärken aus, so nimmt (88, 1) die Form an:

$$\underbrace{\sum_m f_{mn}}_{\text{Absorption}} - \underbrace{\sum_m \frac{g_m}{g_n} f_{nm}}_{\text{Emission}} = z\,. \tag{88, 2}$$

Unter Benutzung der spontanen Übergangswahrscheinlichkeiten wird nach (70, 27)

$$\frac{1}{3}\sum_{m>n} \frac{g_m}{g_n} \cdot \frac{A_{nm}}{\gamma_{kl}} - \frac{1}{3}\sum_{m<n} \frac{A_{mn}}{\gamma_{kl}} = z\,, \tag{88, 3}$$

wobei sich die $\left\{\begin{matrix}\text{erste}\\ \text{zweite}\end{matrix}\right\}$ Summe auf alle $\left\{\begin{matrix}\text{oberhalb}\\ \text{unterhalb}\end{matrix}\right\}$ von n gelegenen Niveaus m bezieht. Spezielle Beispiele gaben schon die Tab. 51 und 52 für das Einelektronensystem ($z = 1$) des Wasserstoffes. Diese Tabellen zeigen, daß die negativen *Emissions*oszillatorenstärken vielfach einen beträchtlichen Bruchteil der Gesamtsumme ausmachen.

Die direkte Anwendung der allgemeinsten Form (88, 1—3) des f-Summensatzes auf *Mehr*elektronensysteme hat praktisch wenig Bedeutung, da bei der Summierung *sämtliche* Übergangsmöglichkeiten *aller* Elektronen zu berücksichtigen sind, also z. B. bei Na auch die Röntgenabsorption der K- und L-Schale.

In praxi interessieren wir uns aber nur für die Übergänge des äußersten — sog. Leuchtelektrons. Um *nur* diese mitzubekommen, müssen wir das Na-Atom offenbar als Einelektronenproblem auffassen. Dann ist — wie aus der quantenmechanischen Herleitung sofort hervorgeht — der f-Summensatz mit $z = 1$ gültig, *wenn man auch die durch das* PAULI-*Prinzip verbotenen Übergänge nach besetzten Elektronenschalen mitrechnet.* Der Grund dafür, daß hier in der Theorie Frequenzen auftreten, die in Wirklichkeit gar nicht existieren, liegt — wie schon angedeutet wurde — darin, daß wir das Atom als *Ein*elektronenproblem behandeln. Dort aber besteht keine Möglichkeit, das PAULI-Prinzip in einer konsequenten Weise einzubauen.

Beim Na-Grundterm $3\,{}^2S_{\frac{1}{2}}$ z. B. handelt es sich um die Übergänge nach $2\,{}^2P_{\frac{1}{2},\frac{3}{2}}$. Glücklicherweise sind die berechneten Wahrscheinlichkeiten solcher Übergänge meist verhältnismäßig klein. Vernachlässigt man weiter die Oszillatorenstärken der höheren Glieder der Hauptserie gegenüber dem f der Resonanzlinie, so wird für diese $f \approx 1$. Das heißt die beiden Na D-Linien verhalten sich zusammen nahezu wie *ein* klassischer Oszillator. Daß dies so ist, hatten die Dispersionsmessungen schon lange gezeigt; solche Beobachtungen gaben dann den Anstoß zur Entdeckung des f-Summensatzes, der wiederum bei der Entstehung der Quantenmechanik eine grundlegende Rolle spielte.

Beim *Ein*elektronensystem kann man nach E. WIGNER [1235] und J. G. KIRKWOOD [1220] die Oszillatorensummen für die Übergänge mit $\Delta l = +1$ bzw. -1 getrennt angeben: Es ist für

$$\left.\begin{aligned} n, l \to n'\, l-1:\quad \Sigma f &= -\frac{1}{3}\cdot\frac{l(2l-1)}{2l+1}, \\ n, l \to n', l+1:\quad \Sigma f &= \frac{1}{3}\cdot\frac{(l+1)(2l+3)}{2l+1}. \end{aligned}\right\} \tag{88, 4}$$

Einige Beispiele gibt die folgende Tab. 53.

Bei den Übergängen nach kleinerem l überwiegt also die Emission ($f < 0$); bei $l \to l+1$ die Absorption ($f > 0$). Bildet man nach (88, 4) die Gesamtsumme der f, so kommt man selbstverständlich wieder zum THOMAS-KUHNschen Summensatz zurück. Einige Beispiele zeigen z. B. die f-Werte für Wasserstoff in Tab. 50.

Tabelle 53. Partieller f-Summensatz von WIGNER und KIRKWOOD.

Übergang		$l \to l-1$	$l \to l+1$
Σf	$l = 0$	—	1 (S — n P)
	1	— 1/9 (P — n S)	+ 10/9 (P — n D)
	2	— 2/5 (D — n P)	+ 7/5 (D — n F)
	3	— 5/7 (F — n D)	+ 12/7 (F — n G)

Die Gültigkeit des f-Summensatzes für $z = 1$ ist *nicht* an das Vorhandensein eines COULOMB-Feldes gebunden. Er gilt also ganz automatisch für *jedes* Zentralfeld-Atom. Umgekehrt ist das Erfülltsein des f-Summensatzes für irgendwelche Linienstärken, die nach den Methoden von Abschnitt 87 berechnet sind, *keinerlei* Argument für deren zu erwartende Übereinstimmung mit der Wirklichkeit; es bietet vielmehr *nur* einen gewissen Schutz gegen gewöhnliche Rechenfehler. Vgl. hierzu weiterhin die Untersuchung von L. C. GREEN, N. E. WEBER und E. KRAWITZ [1218] am Ca II.

Da innerhalb einer *Serie* die Oszillatorenstärken mit wachsender Gliednummer meist rasch abnehmen, so kann man entsprechend der rechten Spalte von Tab. 53 *den f-Wert für den stärksten Übergang $l \to l+1$ von einem tiefliegenden Term aus meist gleich der Anzahl der Elektronen setzen, die im tieferen Term dem springenden äquivalent sind.* Die Fehler, die man bei Anwendung dieser ebenso einfachen wie nützlichen Regel begeht, bleiben meist unter $\pm 50\%$ und liegen also gar nicht so weit über denen wesentlich anspruchsvollerer und komplizierterer Rechen- und Meßmethoden.

XIII. Kapitel.

Experimentelle Bestimmung von Oszillatorenstärken. Laboratoriums-Untersuchungen über Strahlungsdämpfung sowie Druckverbreiterung und -verschiebung von Spektrallinien.

89. Astrophysik und Laboratoriumsphysik.

Wir besprechen in diesem Kapitel die *Methoden zur Messung von Oszillatorenstärken* (bzw. den damit äquivalenten Übergangswahrscheinlichkeiten, Linienstärken, ...) im Laboratorium. Die *Ergebnisse* solcher Untersuchungen stellen wir erst im folgenden Kap. XIV zusammen mit denen der Theorie dar. In der astrophysikalischen Praxis wird man häufig nur mit einem gewissen Fingerspitzengefühl entscheiden können, wo man sich besser auf die Messung oder auf die Rechnung verläßt. Die Oszillatorenstärken in komplizierten Spektren mit Mehrelektronensprüngen, intermediärer Kopplung usw. sind fast nur experimentell zugänglich.

Anschließend beschäftigen wir uns mit allerlei experimentellen Untersuchungen über *Strahlungsdämpfung, Stoßdämpfung, Druckeffekt* usw. mit dem Ziel, einerseits die Theorie zu prüfen, andererseits theoretisch schlecht bestimmbare Atomkonstanten usw. im Laboratorium zu ermitteln.

Hierzu seien noch einige prinzipielle Bemerkungen über das Verhältnis von Astrophysik und Laboratoriumsphysik gestattet: Der Generation der großen Pioniere der Astrophysik, Huggins, Lockyer, Hale, Deslandres, Scheiner u.a. war das ständige Hand-in-Hand-Arbeiten von astronomischer und terrestrischer Spektroskopie noch selbstverständlich. Ihre spektroskopischen Arbeiten lieferten gleichzeitig wichtige Bausteine zum Gebäude der modernen Atomphysik, insbesondere der Bohrschen Theorie. Im Laufe der Entwicklung zeigte sich aber mehr und mehr, daß es meist nicht möglich ist, die Spektren der Himmelskörper im Laboratorium direkt zu duplizieren. Es dauerte verhältnismäßig lange, bis man einsah, daß dies einfach an den enormen Dimensionen und den sehr kleinen Drucken der kosmischen Gebilde liegt. So machte sich eine gewisse Resignation bemerkbar, die dazu führte, daß an mehreren der großen Sternwarten die physikalischen Laboratorien verödeten. Erst im letzten Jahrzehnt ist da und dort wieder eine Zusammenarbeit von Astrophysik und Experimentalphysik zustande gekommen auf Grund der modernen Erkenntnis, daß die Verbindung zwischen astrophysikalischer und terrestrischer Beobachtung zwar nicht direkt, aber auf dem Umwege über die *Theorie* hergestellt werden könne. Diese schafft zwar vielfach den Rahmen zur Deutung der astrophysikalischen Beobachtungen, aber sie kann die nötigen Atomkonstanten nicht berechnen, da die betreffenden quantenmechanischen Aufgaben für eine genaue numerische Behandlung zu kompliziert sind. Hier schaltet sich nun das terrestrische Experiment ein, indem es vielfach gerade die gewünschten Größen unter anderen Bedingungen bestimmen kann.

Neuerdings zeichnet sich ein weiteres gemeinsames Interessengebiet der Astrophysiker und ihrer „terrestrischen" Kollegen ab, die *Plasmaphysik*: Die Kinetik teilweise ionisierter Gase ist sehr viel schwieriger als die gewöhnliche kinetische Gastheorie wegen der großen Reichweite der Coulomb-Kräfte. Dementsprechend ist der Stand der Plasma-Theorie noch recht unbefriedigend. Andererseits spielen in der Astrophysik typische Plasma-Probleme eine immer größere Rolle. Es handelt sich nicht nur um Druckverbreiterung von Spektrallinien, Wirkungsquerschnitte usw. in heißen Sternen, sondern vor allem auch um die Probleme kosmischer Magnetfelder, Plasmaschwingungen (z. B. gestörte Radiofrequenzstrahlung der Sonne), die Entstehung der kosmischen Ultrastrahlung usw. Insbesondere die neueren Arbeiten von W. Lochte-Holtgreven, H. Maecker und ihren Mitarbeitern am Kieler Institut für Experimentalphysik lassen in dieser Forschungsrichtung noch viele interessante Aufschlüsse erwarten.

90. Messung von Oszillatorenstärken mit Hilfe der Dispersion in der Nähe der Linien.

In Kap. X [Gl. (68, 10)] haben wir den Verlauf des Brechungsindex n in der Umgebung einer Spektrallinie nach der klassischen Elektronentheorie berechnet. Nach der Quantentheorie müssen — wie wir sahen — die $\mathfrak{N}$ durch Atomzahl N $\times$ Oszillatorenstärke f ersetzt werden; die γ durch die Summe der Dämpfungskonstanten $\gamma_m + \gamma_n$ des oberen *und* unteren Energieniveaus. Durch Addition der Beiträge aller Eigenfrequenzen des Atoms erhält man so die KRAMERS-HEISENBERG*sche Dispersionsformel*: Sie setzt sich zusammen aus positiven Gliedern, welche den Frequenzen von *Absorptions*übergängen entsprechen, und *negativen* Gliedern, die den *Emissions*übergängen zugeordnet sind.

Jede Linie gibt also in ihrer Umgebung (es muß aber $\Delta\omega >$ Dopplerbreite sein; bei kleineren $\Delta\omega$ kann man auch praktisch nicht arbeiten) zum $n - 1$ nach Gl. (68, 15) — deren Bezeichnungen wir beibehalten — einen Beitrag

$$\Delta(n-1) = -\frac{\pi e^2 N f}{m\,\omega_0} \cdot \frac{1}{\omega - \omega_0} = \frac{e^2 N f}{4\pi m c^2} \cdot \frac{\lambda_0^3}{\lambda - \lambda_0}, \tag{90, 1}$$

der *nur* von Nf abhängt. Umgekehrt kann man aus Messungen des Brechungsindex bei bekannter Dampfdichte (d. h. bekanntem N) die *Oszillatorenstärke* f *ermitteln*. Ist N nicht bekannt, so kann man wenigstens die relativen f-Werte verschiedener Linien bestimmen.

Zur Messung[1] von $n - 1$ bildet man nach dem Vorgange von L. PUCCIANTI das Streifensystem eines JAMINschen Interferometers auf den Spalt eines Spektralapparates ab (Streifen $\perp$ Spalt). Die Interferenzstreifen zeigen dann in der Umgebung der Absorptionslinien Abweichungen vom geradlinigen Verlauf. Deren Ausmessung läßt sich noch besser durchführen, wenn man in *einem* Strahlengang des Interferometers durch eine Glasplatte einen größeren Gangunterschied erzeugt. Die „Hakenmethode" von D. ROSCHDESTWENSKY — so genannt nach der Form der Interferenzstreifen — ist später besonders von R. LADENBURG und seinen Mitarbeitern weitergebildet worden.

Außer der Dispersion kann man in ähnlicher Weise auch die *Magnetorotation* (FARADAY-Effekt) in der Nähe der Linien zur Bestimmung der f bzw. Nf heranziehen. Eine genauere Darlegung würde weit über den Rahmen dieses Buches hinausgehen. Bezüglich Literatur vgl. die vorhergehende Anmerkung.

Wesentlich für uns ist noch die Feststellung, daß Dispersion und Magnetorotation *nur* die Oszillatorenstärke f, *nicht* aber die Dämpfungskonstante γ festzulegen gestatten.

91. Bestimmung der Oszillatorenstärke *f* aus der Absorption optisch dünner Schichten.

In Abschnitt 68, Gl. (68, 17—22), haben wir uns klar gemacht, daß die sog. *Gesamtabsorption*, d. h. im wesentlichen das Integral über den Absorptionskoeffizienten, unabhängig von der Dämpfungskonstanten und proportional dem f ist.

Schicken wir also Licht der Intensität $I_{\nu,0}$ durch ein Absorptionsrohr der Länge l mit N absorbierenden Atomen pro cm³, so ist zunächst die herauskommende Intensität $I_\nu = I_{\nu,0} \cdot e^{-k_\nu l}$ und nach Abschnitt 68 und 70:

$$\int k_\nu\, d\nu = \frac{1}{l} \int \ln \frac{I_{\nu,0}}{I_\nu}\, d\nu = \frac{\pi e^2}{m c} \cdot N f\,. \tag{91, 1}$$

Das zweite Integral hat folgende anschauliche Bedeutung: Zeichnet man den $\ln I_\nu/I_{\nu,0}$ als Funktion der Frequenz ν auf, so ist das Integral gleich der *Fläche* zwischen dieser „Linienkontur" und der Abszissenachse. Es kann also durch Planimetrieren einer entsprechend reduzierten Photometerkurve experimentell bestimmt werden, sofern — und dies ist das Entscheidende! — $I_\nu/I_{\nu,0}$ in der Linienmitte keine zu kleinen Werte (praktisch $\sim 10\%$) annimmt. Mit anderen

[1] Bezüglich experimenteller Details und Literaturangaben vgl. z. B. MÜLLER-POUILLET [1005] und MITCHELL-ZEMANSKY [1004].

Worten: Man muß dafür sorgen, daß für alle Frequenzen die *optische Dicke* des Absorptionsrohres nicht wesentlich größer als Eins wird, da sonst der $\ln I_\nu/I_{\nu,0}$ durch kleine Meßfehler zu stark beeinflußt wird. Dies haben CHR. FÜCHTBAUER und seine Mitarbeiter [1313—1315] dadurch erreicht, daß sie durch Fremdgaszusatz bis zu einigen atü Druck (Stoßdämpfung, Druckverbreiterung) die Linien soweit verbreiterten, daß einerseits die obige Bedingung erfüllt war, andererseits aber die Linienabsorption noch eine gut meßbare Größe hatte. Da die Oszillatorenstärke selbst durch hohe Drucke auch schon ein wenig beeinflußt wird, so ist es zweckmäßig, bei verschiedenen Fremdgasdrucken p zu messen und dann auf $p = 0$ zu extrapolieren.

Wenn die optische Dicke des Absorptionsrohres über die ganze Linie $\ll 1$ ist — „dünne Schicht“, schwache Absorption —, so kann man den $\ln \frac{I_{\nu,0}}{I_\nu}$ durch $\frac{I_{\nu,0} - I_\nu}{I_{\nu,0}}$ ersetzen. Die *Gesamtabsorption* oder *Äquivalentbreite* (68, 18), auf deren Messung man dann zurückkommt, hat den Vorteil, vom *Trennungsvermögen* des benutzten Spektrographen *unabhängig* zu sein. Solche Messungen haben R. B. und A. S. KING [1323] im elektrischen Ofen zuerst an Fe-Linien und dann an den Spektren zahlreicher weiterer Metalle ausgeführt. Sie konnten dabei Äquivalentbreiten bis $A_\lambda \approx 0{,}002$ Å herunter messen (d. h. die absorbierte Energie entspricht der Energie des kontinuierlichen Spektrums in einem Streifen dieser Breite). Die Voraussetzung der „Absorption in optisch dünner Schicht“ wurde durch Vergleich von Aufnahmen mit verschieden starker Beschickung des Ofens kontrolliert.

Da bei solchen Versuchen die Anzahl der absorbierenden Atome (in einer Säule von 1 cm² Querschnitt) Nl nicht bekannt ist, kann man zunächst nur *relative* f-Werte bestimmen. Auch diese sind in Spektren mit erheblichen Kopplungsanomalien, wie Fe, V, ... schon sehr nützlich. In den Tabellen gibt man statt f selbst meist die gf an — wo g das statistische Gewicht des Ausgangsniveaus der Linie bedeutet —, da die in optisch dünner Schicht emittierte oder absorbierte Linienintensität dieser Größe proportional ist.

Es bedeutete einen großen Fortschritt, als es R. B. KING und D. C. STOCKBARGER [1324—1325] gelang, für einige Übergänge von den Grundtermen der Atome CdI, CuI und besonders FeI aus auch *Absolutmessungen* durchzuführen. In die sorgfältig auf gleichförmige und zeitlich konstante Temperatur T°K erhitzte Mitte des KINGschen Ofens wird dabei eine evakuierte Absorptionszelle von 25 mm Durchmesser und 38 mm Länge aus Quarz oder Pyrex gebracht, in der sich über einem Bodenkörper der der Temperatur T entsprechende *Dampfdruck* des eingebrachten Metalls einstellt. Die Haupt-Schwierigkeiten liegen einerseits in der Messung von T (bei den Fe-Versuchen z. B. 1494—1581°K) auf $\pm 0°.5$, andererseits in der genügend genauen Kenntnis der *Dampfdruckkurve*.

Die *gleichzeitige* Messung der Gesamtabsorption A_λ *und* der Anzahl absorbierender Atome Nl — unter Umgehung der Dampfdruckkurve und der genauen Temperaturmessung — gestattet die geistreiche Atomstrahlmethode von H. KOPFERMANN und G. WESSEL [1328, 1365]. Als Absorber dient hier ein ziemlich breiter Atomstrahl. Dieser wird auf der Waagschale einer empfindlichen, in die Hochvakuumapparatur eingebauten elektrischen Waage kondensiert und die *Teilchendichte* N aus der pro sec aufgedampften Masse und der mittleren Teilchengeschwindigkeit im Strahl bestimmt. Da letztere proportional der $\sqrt{\text{Ofentemperatur}}$ ist, werden an die Temperaturmessungen keine wesentlichen Anforderungen gestellt. Durch Kontrollversuche vergewisserten sich die Autoren, daß die Kondensation des Atomstrahls auf der Waagschale vollständig, und zwar in atomarer Form erfolgt (chemische Verbindung mit Restgasatomen, etwa Sauerstoff, würde ja die Masse des Atomstrahls vergrößern). Die *Gesamtabsorption* A_λ der sehr feinen Linien wurde nach Auflösung mit einem Fabry-Perot-Interferometer photographisch-photometrisch, zum Teil auch mit einer Photozelle direkt gemessen. Während die Messung der Ba I-Resonanzlinie λ 5536 [1365, Berichtigung in 1328, S. 106] $f = 1{,}8 \pm 0{,}25$ ergab in guter Übereinstimmung mit dem, was man nach dem f-Summensatz erwarten sollte, führte die Messung der Fe I-Linien λ 3720 und 3737 auf eine unerwartete Diskrepanz mit den schon besprochenen Messungen von R. B. King: Die Absolutwerte der Oszillatorenstärken f für beide Linien ergeben sich nach der Atomstrahlmethode um einen Faktor 3,3 größer als nach der Ofenmethode. Die naheliegende Vermutung eines Fehlers der Dampfdruckkurve des Eisens erwiesen eingehende Kontrollmessungen von G. Wessel [1366] als unbegründet. Die ganze Angelegenheit bleibt unbefriedigend, solange die Ursache der Differenz zwischen R. B. King und G. Wessel nicht aufgeklärt ist. Während R. B. und A. S. King [1323] für ihre *Relativ*messungen an Fe I einen mittleren wahrscheinlichen Fehler von nur 8% finden, muß man bezüglich aller *Absolut*werte heute wohl noch auf Fehler von einem Faktor 2—3 gefaßt sein.

Die entscheidende *Beschränkung* der Messung von Oszillatorenstärken in Absorption beruht darauf, daß man auch bei den höchsten zur Zeit erreichbaren Ofentemperaturen nur Übergänge aus Termen mit Anregungsspannungen unter 1,5—2 eV erhalten kann. Absolutmessungen sind von vornherein auf die tiefsten Terme beschränkt. Höhere Ionisationsstufen kommen gar nicht in Frage.

92. Thermische Emission optisch dünner Schichten. Selbstabsorption.

Die Emission einer homogen leuchtenden Schicht der Dicke l mit dem Absorptionskoeffizienten k_ν ist bei thermischem Gleichgewicht mit der Temperatur T gegeben durch

$$I_\nu = \int_0^l k_\nu\, B_\nu(T)\, e^{-k_\nu x}\, dx = B_\nu(T)\,(1 - e^{-k_\nu l})\,, \tag{92, 1}$$

wobei $B_\nu(T)$ die Kirchhoff-Planck-Funktion bedeutet. Man verifiziert dies leicht auch direkt durch Anwendung des Kirchhoffschen Satzes auf die ganze Schicht. Die Emission verhält sich völlig analog der Absorption, wenn man die Intensität $B_\nu(T)$ eines Hohlraumstrahlers der Temperatur T im ersten Fall und die Intensität des Kontinuums im zweiten als Einheit wählt. Die „Gesamtemission" $\int \frac{I_\nu}{B_\nu(T)}\, d\nu$ in optisch dünner Schicht ($k_\nu\, l \ll 1$) führt wieder auf die *Oszillatorenstärke* f gemäß der (91, 1) analogen Formel

$$\frac{1}{B_\nu(T)} \int I_\nu\, d\nu = \frac{\pi e^2}{m c} \cdot N f\, l\,, \tag{92, 2}$$

wobei die Anzahl N der Atome im *unteren* Energieniveau nach der Boltzmannschen und evtl. Sahaschen Formel zu berechnen ist.

Wir hätten natürlich auch davon ausgehen können, daß die in optisch dünner Schicht pro cm^3 und sec emittierte Energie gleich ist der Anzahl der Atome im *oberen* Energieniveau des Überganges mal der Einsteinschen Übergangswahrscheinlichkeit A_{mn} mal $h\nu_{mn}$. Diese Formulierung deckt sich — wie man leicht verifiziert — genau mit der früheren, wenn man noch berücksichtigt, daß in einem absorbierenden Gas der Temperatur T zur Berücksichtigung der erzwungenen Emissionen die rechten Seiten von (91, 1) und (92, 2) streng genommen noch mit $1 - e^{-h\nu/kT}$ multipliziert werden müßten [vgl. auch (70, 22)].

Ist die optische Dicke $k_\nu\, l$ der emittierenden Schicht nicht mehr $\ll 1$, so kann man analog Abb. 114 eine Wachstumskurve konstruieren. Abweichungen von der Linearität, d. h. „*Selbstabsorption*" erhält man, sobald die *Gesamtemission* in Einheiten der KIRCHHOFF-PLANCK-Funktion $\int I_\nu / B_\nu(T) \cdot d\nu$ wesentlich größer wird als die *Dopplerbreite* $\Delta \nu_D$ bzw. — wenn man Druckverbreiterung hat — die *Halbwertsbreite des Absorptionskoeffizienten.* Bei niedrigen Drucken sind also selbstabsorptionsfreie Linien insbesondere im kurzwelligen Spektralgebiet, wo $B_\nu(T)$ klein ist, notwendigerweise sehr schwach. Unter Benutzung plausibler Daten für die Plattenempfindlichkeit, Lichtstarke des Spektrographen usw. findet so R. MINKOWSKI [1345], daß man in der Bunsenflamme mit $T \approx 2000°$ K selbstumkehrfreie Linien nur für $\lambda > 5900$ Å, im Knallgasbrenner mit $T \approx 2500°$ K für $\lambda > 5000$ Å bekommen kann. Auch mit elektrischen Entladungen muß man vorsichtig sein.

Auf die klassischen Arbeiten von S. L. GOUY, R. LADENBURG und F. REICHE, R. MINKOWSKI u. a. an Natriumflammen brauchen wir hier wohl nicht mehr zurückzugreifen.

Eine neue Epoche leiteten dann — wie schon erwähnt — 1924 die Utrechter Messungen von ORNSTEIN, BURGER und DORGELO [1210—1212] an *Emissions-Intensitäten* in Flammen und vor allem im Lichtbogen ein. Die Selbstabsorptionsfreiheit wurde durch Variation der Konzentration der leuchtenden Atome geprüft (wobei sich zeigte, *wie* vorsichtig man dabei sein muß). Da die Temperaturen der Lichtquellen nur größenordnungsmäßig bekannt waren, konnten zunächst nur Relativ-Intensitäten in engen Liniengruppen, d. h. in Multipletts und evtl. Supermultipletts gemessen werden. Auf die große prinzipielle Bedeutung dieser Messungen, die von R. FRERICHS [1310—1311], G. R. HARRISON [1317] u. a. weitergeführt wurden, haben wir schon hingewiesen.

Vergleichbare Linienintensitäten oder f-Werte über ein größeres Frequenzintervall kann man nur mit einer Lichtquelle bekommen, deren Temperatur T räumlich und zeitlich hinreichend konstant und genau bekannt ist.

Im KING*schen Ofen* sind relative f-Werte zuerst von W. W. CARTER [1304] für 47 Fe I-Linien mit Anregungsspannungen bis 3,5 eV im Spektralbereich λ 4219 bis 5341 Å mit einem 1 P 21-Photomultiplier gemessen worden. Gegenüber den älteren Absorptionsmessungen R. B. KINGs bietet das Emissions-Verfahren den Vorteil, daß man keinen kontinuierlichen Untergrund hoher Strahlungstemperatur braucht. Die photoelektrische Meßtechnik (für die ein künstliches Kontinuum zu inkonstant wäre!) ermöglicht es, zu schwächeren Linien bzw. höheren Anregungsspannungen vorzudringen. Die Meßgenauigkeit dürfte in Emission und Absorption etwa die gleiche sein.

Übergänge von höheren Niveaus aus bekommt man erst mit genügender Intensität, wenn man von der für astrophysikalische Verhältnisse immer noch ziemlich niedrigen Temperatur des KINGschen Ofens (bis $\sim 3000°$ K) übergeht zum *elektrischen Lichtbogen.*

Der frei brennende Niederstrom-Kohlebogen ist (etwa ab 1930) von L. S. ORNSTEIN und seinen Schülern im Utrechter Laboratorium als Lichtquelle für quantitative spektroskopische Untersuchungen ausgebildet worden. Die Literatur — zahlreiche Utrechter Dissertationen und Arbeiten in der „Physica" — werden wir zum Teil im folgenden Kapitel referieren. Daneben verweisen wir vor allem auf den zusammenfassenden Bericht von H. MAECKER [1339]. Die *eine* wesentliche Schwierigkeit solcher Arbeiten liegt in der *gleichmäßigen Zufuhr* des zu untersuchenden Elementes in die Lichtbogensäule. Man muß sie so dosieren, daß einerseits die Linien noch genügend über den kontinuierlichen Untergrund „herausragen", andererseits aber noch keine Selbstabsorption zeigen (d. h. ihre Zentralintensität muß $\ll$ die KIRCHHOFF-PLANCK-Funktion bleiben). Dies kann erreicht werden, indem man die eine Kohle ausbohrt und mit einem „Docht" versieht, aus dem das gewünschte Element langsam und gleichmäßig herausdiffundiert. Die *zweite* Schwierigkeit liegt in der genauen Messung der *Temperatur* T und ihres radialen Verlaufes in der Bogensäule (es braucht kaum gesagt zu werden, daß sie von der des positiven Kraters völlig verschieden ist!). Man kann T erhalten durch Messung der Intensitätsverteilung in einer *Rotationsbande,* insbesondere $CN\ \lambda$ 3883. Auch hier ist größte Vorsicht vor Selbstabsorption geboten; vgl. W. LOCHTE-HOLTGREVEN und H. MAECKER [1333]. Eine unabhängige T-Messung erlaubt z. B. die Absolut-Intensität in der Mitte sehr starker Linien, die der KIRCHHOFF-PLANCK-Funktion für die Temperatur der emittierenden Schicht entspricht. Über weitere Möglichkeiten vgl. H. MAECKER [1339].

Die naheliegende Frage, ob man in der Bogensäule auch sicher mit thermischem Gleichgewicht (BOLTZMANN-Verteilung, KIRCHHOFFscher Satz) rechnen könne, haben R. MANNKOPFF und seine Mitarbeiter [1319] eingehend untersucht. Es zeigte sich, daß bei Atmosphärendruck die Abweichungen vom thermischen Gleichgewicht unter der Meßfehler-Grenze bleiben.

Da die Anzahl der leuchtenden Atome im frei brennenden Bogen praktisch nicht fixiert werden kann, erhält man nur *relative* Übergangswahrscheinlichkeiten bzw. f-Werte. Die Genauigkeit der *Utrechter* Messungen im Lichtbogen dürfte im großen und ganzen die der Messungen im KINGschen Ofen nicht erreichen. In einzelnen Fällen liegt der Verdacht erheblicher Selbstabsorptionsfehler nahe.

Im Kieler Institut hat H. MAECKER [1337—1339] seit 1939 für quantitative spektroskopische Untersuchungen Lichtbögen entwickelt, die durch einen Gaswirbel oder Wasserwirbel (Abb. 127) *stabilisiert* sind. Diese Bögen können entweder längs der Säule (durch die durchbohrten Kohlen) oder quer zur Säule beobachtet werden. So kann jede Selbstabsorption sicher erkannt und eliminiert werden. Temperatur und Elektronendruck kann man genau bestimmen (wegen Einzelheiten vgl. den Bericht von H. MAECKER [1339]; auch R. W. LARENZ [1331—1332]). Durch Erhöhung der Stromstärke und starke Einschnürung des Bogens lassen sich mit dieser Technik Temperaturen von 10000—50000° K (!) unter stationären und genau kontrollierbaren Bedingungen erzeugen. Im wasserstabilisierten Bogen z. B. erhält man neben den durch Ionenfelder enorm verbreiterten BALMER-Linien auch OII- und OIII-Linien. Die quantitativ dosierte Einführung beliebiger Elemente in solche Bögen ist neuerdings H. MOTSCHMANN [1348] gelungen, so daß die Messung relativer und absoluter f-Werte für Spektren auch höherer Ionisationsstufen keine prinzipiellen Schwierigkeiten mehr bieten dürfte. Auf andere interessante Anwendungen der wirbelstabilisierten Bögen werden wir noch zurückkommen.

93. Experimentelle Untersuchungen über Strahlungsdämpfung.

Wie wir im Abschnitt 73 gesehen haben, ist der Absorptionskoeffizient in den „*Flügeln*" einer Spektrallinie, *unabhängig* vom Vorhandensein des *Dopplereffektes,* einzig und allein bestimmt durch das *Produkt* aus Oszillatorenstärke $f \times$ Dämpfungskonstante γ. Erst wenn der Abstand von der Linienmitte in die Größenordnung der Dopplerbreite kommt, macht sich nach Abb. 107 deren Einfluß bemerkbar.

Die Dämpfungskonstante wird bei *kleinem Druck* im Absorptionsrohr nur durch die *Strahlungsdämpfung* (Abschnitt 69 und 71) bestimmt sein, d. h. $\gamma = \gamma_n + \gamma_m$. Wenn dagegen bei größeren Drucken die Zeit zwischen zwei Stößen in die Größenordnung der Abklingzeit kommt, macht sich daneben die Stoßdämpfung bemerkbar, um schließlich die Oberhand zu gewinnen. Von statistischer Verbreiterung (z. B. der Wasserstofflinien durch Ionenfelder) wollen wir zunächst absehen.

Auf diesen Überlegungen beruht die Messung der Strahlungsdämpfungskonstanten der Na D-Linien von R. MINKOWSKI [1343]. Um bei niedrigem Druck große Schichtdicke zu bekommen, benutzt er ein 1 m langes Absorptionsrohr. Die Messung des Absorptionskoeffizienten in den Linienflügeln (dessen Proportionalität mit $1/\Delta\lambda^2$ geprüft wurde) gibt dann die $f\cdot\gamma$. Die f andererseits bestimmte MINKOWSKI durch Magnetorotationsmessungen an demselben Absorptionsrohr, so daß f und γ selbst berechnet werden konnten. Die Untersuchungen der Druckabhängigkeit von γ zeigte, daß dieses unterhalb 0,0087 mm Na-Dampfdruck ($T = 560{,}5°$ K; $n = 1{,}5\cdot 10^{14}$ Na-Atome pro cm^3) einen konstanten Grenzwert annimmt, der also die *Strahlungsdämpfungskonstante* sein muß. Die gemessenen f-Werte 1/3 und 2/3 zeigten beste Übereinstimmung mit der BURGER-DORGELOschen Regel und den Aussagen der Quantentheorie (KUHN-THOMAS-Summensatz). Für γ ergab sich, wie das bei $f_1 + f_2 = 1$ in Anbetracht der völligen Schärfe des Grundtermes zu erwarten ist, genau der klassische Wert von $0{,}6_2 \times \times 10^8\,\mathrm{sec}^{-1}$.

Entsprechende Messungen von W. SCHÜTZ [1358] und M. WEINGEROFF [1364] mit anderen magnetooptischen Methoden ergaben praktisch übereinstimmende Resultate. Die natürliche Breite der *Kalium*resonanzlinien λ 7665 und 7699 hat später J. F. HEARD [1318] gemessen. Seine Ergebnisse decken sich mutatis mutandis ganz mit denen MINKOWSKIs. Die Stoßdämpfung wird im K-Dampf unmerklich bei $n = 0{,}8\cdot 10^{14}$ K-Atomen pro cm^3.

Auch verschiedene Aussagen der in Abschnitt 73 entwickelten *Theorie der Wachstumskurve* (für exponentielle Absorption) sind von R. MINKOWSKI [1343] und W. SCHÜTZ [1359, 1025] experimentell verifiziert worden.

Da die Beobachtungen an den Resonanzlinien des Natriums und anderer Elemente durch die klassische Theorie ebensogut erklärt werden können, wie durch die Quantentheorie (was durchaus in Ordnung ist), so hat W. SCHÜTZ eine Reihe von Untersuchungen ausgeführt, bei denen die charakteristischen Züge der Quantentheorie der natürlichen Linienbreite (Abschnitt 71) besser zur Geltung kommen:

Nach WEISSKOPF und WIGNER soll die natürliche Linienbreite durch die *Summe* der Abklingkonstanten $\gamma_n + \gamma_m$ des oberen *und* unteren Termes bedingt sein und nicht nur, wie man zunächst in falscher Analogie zur klassischen Theorie annahm, durch die des oberen Termes allein.

Das *Neonspektrum* enthält nun im Sichtbaren einige Übergänge, die von *denselben* oberen Termen teils zu metastabilen, teils aber auch zu instabilen Niveaus führen, von denen aus das Elektron mit sehr großer Wahrscheinlichkeit nach dem Grundzustand springt. Die natürliche Breite der zweiten Gruppe muß größer sein als die der ersten, und zwar um einen Betrag, der der natürlichen Breite oder reziproken Abklingzeit des unteren Termes entspricht.

W. SCHÜTZ und H. SCHILLBACH [1360—1361] bestimmten zunächst mit Hilfe der Magnetorotation die Oszillatorenstärke f der verwendeten Neonlinien. Das f wurde — da es sich ja um Übergänge zwischen *angeregten* Termen handelt — aus Messungen an den *Emissions*linien[1] der positiven Säule gewonnen: Die Emission pro Volumeinheit und Raumwinkel 1 ist — diese Teilaussage des KIRCHHOFFschen Satzes können wir ohne weiteres als gültig betrachten — proportional dem Absorptionskoeffizienten k_ν [cm^{-1}], sagen wir $= I_0\cdot k_\nu$. Eine Säule der Länge l emittiert daher unter Berücksichtigung der Selbstabsorption die Intensität:

$$I_\nu = \int_0^l I_0\cdot k_\nu\, e^{-k_\nu l}\, dl = I_0(1 - e^{-k_\nu l})\,. \tag{93,1}$$

[1] Da deren Breite sehr klein ist, wurde mit Interferometer gearbeitet.

In der Linienmitte wird also bei einer hinreichend langen Säule ($k_k\, l \gg 1$) $I_\nu = I_0$; in einigem Abstand von der Linienmitte dagegen ist $k_\nu\, l \ll 1$ und $I_\nu = I_0 \cdot k_\nu\, l$. Man kann also den Absorptionskoeffizienten k_ν ermitteln und im übrigen genau so verfahren wie bei den Absorptionsmessungen.

Die Untersuchungen von W. SCHÜTZ und H. SCHILLBACH ergaben, daß die Halbwertsbreite *der* Neonlinien, welche von Übergängen nach dem *in*stabilen s_2-Term (PASCHENsche Bezeichnung) herrühren, um $0{,}8 \pm 0{,}4 \cdot 10^9\ \text{sec}^{-1}$ größer ist, als die der anderen Linien, welche nach den *stabileren* Termen s_3, s_4 und s_5 führen. Man kann hieraus sogar die Oszillatorenstärke der Ne-Resonanzlinie p_0—s_2, λ 736 Å zu $f \sim 0{,}2$ abschätzen, was etwa der erwarteten Größenordnung entspricht.

Die im vorhergehenden kurz beschriebenen Methoden zur experimentellen Bestimmung der Dämpfungskonstanten γ verlangen alle eine weitgehende spektrale Auflösung der betreffenden Linie. Dabei werden an das Trennungsvermögen des Spektralapparates Anforderungen gestellt, die hart an der Grenze des Erreichbaren liegen.

94. Verbreiterung und Verschiebung von Spektrallinien durch Stöße.

Ähnlich wie im Absorptionsrohr nach Gl. (73, 21) wird auch in Sternatmosphären die *Äquivalentbreite* W_λ der starken Absorptionslinien cet. par. der Quadratwurzel aus der *Dämpfungskonstanten* γ [sec^{-1}] proportional sein. Wie wir nach Kap. X und XI erwarten müssen, ist γ nur zum kleinen Teil durch Strahlungsdämpfung, in der Hauptsache aber durch *Stoßdämpfung* bestimmt. Es ist daher wichtig, die in Kap. XI entwickelte Theorie der *Verbreiterung und Verschiebung von Spektrallinien durch Stöße* zunächst im Laboratorium zu prüfen. Auf statistische Verbreiterungseffekte werden wir anschließend zurückkommen.

Zur Messung von Stoßdämpfungskonstanten γ (= 2/mittlere Zeit zwischen 2 Stößen) bzw. Wirkungsradien ϱ_0 für „verbreiternde Stöße" stehen im wesentlichen zwei Methoden zur Verfügung:

1. Direkte photometrische Messung von Linienbreiten in optisch dünner Schicht bei hohen Drucken (einige Atm.). Derartige Untersuchungen sind besonders von CHR. FÜCHTBAUER und seinen Mitarbeitern [1313—1315] und in den USA von H. MARGENAU und seinen Schülern [1341—1342; 1305—1307; 1350 u. a.] ausgeführt worden.

2. Messung des Absorptionskoeffizienten in den Linienflügeln ($\Delta\lambda \gg$ Dopplerbreite bzw. Apparate-Breite) bei großer Schichtdicke. Solche Untersuchungen hat z. B. R. MINKOWSKI im Anschluß an seine bekannte Messung der Strahlungsdämpfungskonstanten der Na D-Linien ausgeführt.

Beide Typen von Messungen wird man am besten in Absorption unter genau festlegbaren Bedingungen ausführen. Mit der Verbreiterung durch die VAN DER WAALS-Kräfte des atomaren Wasserstoffes in den Sternatmosphären einigermaßen vergleichbar sind Experimente über die Verbreiterung und Verschiebung der Linien von Alkalien, Hg, ... durch Edelgase, insbesondere He, die ja auch fast nur Phasenstörungsstöße, aber keine merkliche Auslöschung geben. Wir wollen hier das weitläufige Beobachtungsmaterial nicht im einzelnen referieren, sondern geben im Anhang die diesbezügliche Literatur an. Der quantitative Vergleich von Experiment und Theorie ist schwierig wegen unserer mangelhaften Kenntnis der nötigen Atomkonstanten. Im großen und ganzen darf man wohl sagen, daß die Übereinstimmung so gut ist, wie sich erwarten läßt. Auch das von der Theorie für $n = 6$ geforderte Verhältnis von Linienbreite zu Linienverschiebung (76, 45) $\gamma : \omega_0 - \omega_m = 2{,}80$ wird von den Messungen im wesentlichen bestätigt.

Die *Verbreiterung durch Phasenstörungsstöße freier Elektronen* ($n = 4$) haben R. ROMPE und P. SCHULZ [1356—1357, 1362] sowie O. KOCH und H. DUNSTÄDTER [1327] an einigen Quecksilberlinien der Hg-Hochdruckentladung studiert. Zur Zeit kann die Situation noch kaum als geklärt angesehen werden.

In der älteren astrophysikalischen Literatur spielen eine große Rolle Untersuchungen über Druckverbreiterung und Verschiebung von Spektrallinien in *Lichtbögen*, die in einem Gehäuse unter Drucke bis zu mehreren Atmosphären gesetzt wurden. Diese Experimente können aber im heutigen Sinne kaum ausgewertet werden, da gar nicht zu übersehen ist, wie sich Elektronendichte, Temperatur, wirkliche Schichtdicke und andere Größen, die auf die Linienbreite wesentlichen Einfluß haben können, mit wachsendem Gasdruck in der Kammer ändern.

Weitere Möglichkeiten zur Erfassung der Wechselwirkung zwischen leuchtendem Atom und Fremdgas bietet die zuerst von R. W. WOOD [906] eingehend untersuchte *Resonanzfluoreszenz.* Wie wir schon bemerkten, muß man unterscheiden zwischen den „*auslöschenden Stößen*" oder Stößen II. Art, welche das Leuchtelektron aus dem angeregten Zustand ohne Strahlungsemission in den Grundzustand zurückbefördern, und den „*Phasenstörungsstößen*", die *nur* zur Verbreiterung und Verschiebung der Spektrallinie beitragen.

Die Druckabhängigkeit der Auslöschung der Resonanzfluoreszenz — z. B. an Na- oder Hg-Dampf — erlaubt zunächst eine größenordnungsmäßige Prüfung der quantentheoretisch berechneten Lebensdauer des angeregten Zustandes. Man muß dabei allerdings voraussetzen, daß der Auslöschungsquerschnitt $\approx$ dem gaskinetischen sei.

Sodann haben W. ORTHMANN und P. PRINGSHEIM [1351] durch Reabsorptions-Versuche an der durch Edelgase verbreiterten Hg-Linie λ 2537 nachgewiesen, daß die *Reemission stoßverbreiterter Linien* unabhängig vom Primärprozeß der Absorption in einem Frequenzband der Breite $\sim \gamma/2\pi$ erfolgt, d. h. dem Schema „*inkohärente Streuung*" oder „*Verteilung*" folgt.

Den *Übergang von Stoßdämpfung zu statistischer Verbreiterung durch* VAN DER WAALS-Wechselwirkung ($n = 6$) hat wohl zuerst H. KUHN [1128] an der Verbreiterung von Hg λ 2537 durch Argon studiert. Die Verbreiterung der Na D-Linie durch verschiedene Gase und ihre Unsymmetrie haben R. MINKOWSKI [1344 und 1346] sowie B. KLEMAN und E. LINDHOLM [1326] untersucht. In der letzteren Arbeit ist ein detaillierter Vergleich mit den eingehenden quantenmechanischen Rechnungen von E. LINDHOLM [1136—1137] durchgeführt.

95. Statistische Druckeffekte. Die Verbreiterung der Wasserstoff- und Heliumlinien.

Hinsichtlich „statistischer" Druckeffekte ist der Astrophysiker in erster Linie interessiert an der Beeinflussung der *Wasserstoff- und Heliumlinien* durch die Ionen und evtl. Elektronen in ionisierten Gasen (Plasmen). Experimentelle Untersuchungen auf diesem Gebiet setzen voraus, daß man zunächst eine Lichtquelle entwickelt, in der die Temperatur T und der Elektronendruck P_e (da das Plasma praktisch neutral ist, muß er gleich dem Partialdruck der Ionen sein) hinreichend gleichförmig und genau bekannt sind. Außerdem muß die wirksame Schichtdicke bekannt und variierbar sein, um evtl. Selbstabsorption erkennen und vermeiden zu können.

Diese Anforderungen erfüllt in ausgezeichneter Weise der schon in Abschnitt 92 beschriebene wirbelstabilisierte Lichtbogen nach W. LOCHTE-HOLTGREVEN und H. MAECKER.

Die HOLTSMARK-Verbreiterung der BALMER-Linien Hα, Hβ und Hγ untersuchte G. JÜRGENS [1322] in einem durch einen Wasserwirbel stabilisierten Bogen (Abb. 127). Zwischen Graphitstäben von 13—14 mm Durchmesser (einer hatte eine Bohrung von 5,2 mm Durchmesser) brannte mit ~ 50 Amp. ein Bogen, dessen Säule etwa 8 mm Durchmesser und 5 cm Länge hatte. Durch die Verdampfung im Wasserwirbel werden die Luft und Verbrennungsprodukte der Kohlen weggeblasen; die Bogensäule besteht aus Wasserstoff- und Sauerstoff*atomen*, deren Ionisationsgrad durch T und P_e nach der SAHA-schen Gleichung bestimmt ist.

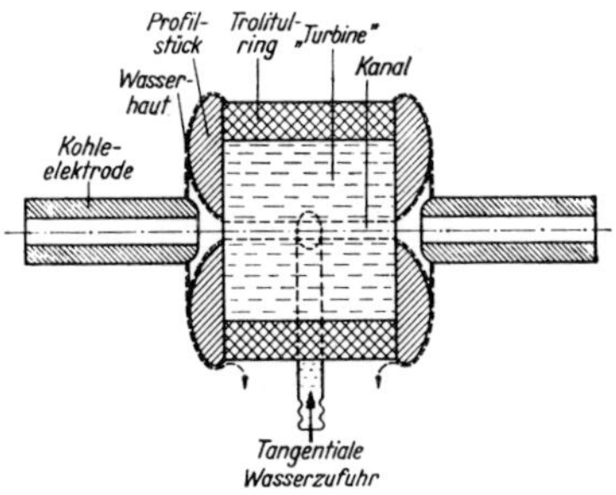

Abb. 127. Wasserstabilisierter Hochleistungsbogen. Das um die Achse rasch rotierende Wasser erzeugt einen Kanal, dessen Durchmesser von den Löchern in den Endplatten bestimmt wird. In diesem Kanal brennt der Bogen. Nach H. MAECKER [118].

Die Temperatur T der Bogenmitte (und ihr Abfall nach außen) kann nach verschiedenen Prinzipien bestimmt werden:

1. Die Emission in der Mitte von Hα erfolgt bei Längsbeobachtung — wie der Vergleich mit Queraufnahmen lehrt — in optisch dicker Schicht. Ihre Intensität entspricht also der KIRCHHOFF-PLANCK-Funktion $I_\nu = B_\nu(T)$ für die Bogentemperatur. I_ν wird absolut gemessen durch Anschluß an ein Strahlungsnormal[1]. Man erhält so $T = 12500 \pm 600°$ K.

2. Man kann die Absolut-Intensität des *Kontinuums* der H-Atome nach Abschnitt 45 oder — in ganz analoger Weise — die der Linien (in optisch dünner Schicht) messen und erhält $T = 12615 \pm 280°$ K.

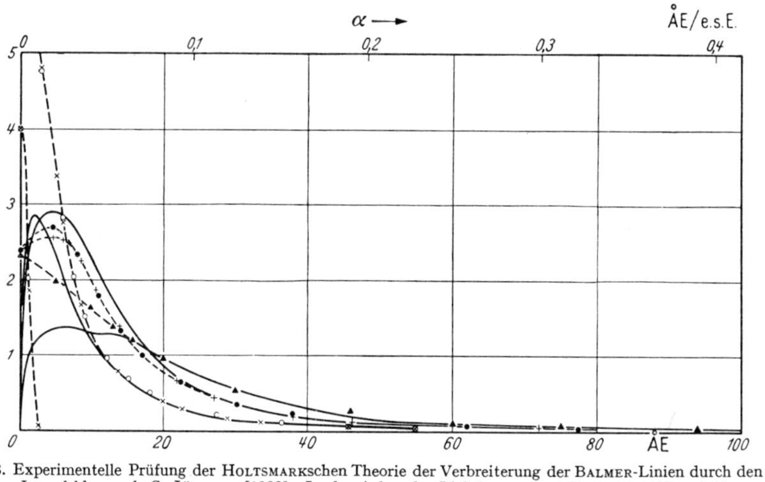

Abb. 128. Experimentelle Prüfung der HOLTSMARKschen Theorie der Verbreiterung der BALMER-Linien durch den STARK-Effekt der Ionenfelder nach G. JÜRGENS [1322]. In der Achse des Lichtbogens war $T = 12650°$K und $N_e = 8{,}4 \cdot 10^{16}$ Elektronen bzw. Protonen pro cm³, entsprechend einem Feld $F_0 = 246$ elst. C.G.S.-Einheiten. Die ausgezogenen Kurven stellen die berechneten Kurven (*ohne* Mitwirkung der Elektronen) mit Berücksichtigung der Variation der Zustandsgrößen im Bogen von innen nach außen dar. Meßwerte:

	kurz- bzw. langwelliger Flügel	
Hα	○	×
Hβ	●	+
Hγ	gestört durch Hδ	▲

Bei Hα ist der innere Teil um 5 Ordinaten-Einheiten verschoben. Alle Kurven normiert auf $\int_{-\infty}^{+\infty} I_\lambda \, d\lambda_{\text{Å}} = 100$. Bei H$\alpha$ und Hγ entsprechen die Differenzen der theoretischen-experimentellen Flächen ziemlich genau der „unverschobenen" Komponente.

3. Die relative Intensitätsverteilung des Kontinuums (analog der Farbtemperatur-Messung bei Sternen) liefert $T = 13300 \pm 550°$ K.

[1] Positiver Krater eines Bogens zwischen zwei Graphitstäben (Anode 8 mm, Kathode 4 mm) mit 11—15 Amp. Vgl. H. G. MCPHERSON [1354], F. PATZELT und K. BALDEWEIN [1352], J. EULER [1309].

Als Mittelwert gibt G. JÜRGENS $T = 12730 \pm 200°$ K an.

Die *Anzahl der freien Elektronen* pro cm³ n_e wird nun zunächst durch Vergleich des Intensitätsverlaufes in den Linienflügeln von $H\alpha$, $H\beta$ und $H\gamma$ mit der HOLTSMARKschen Theorie bestimmt. Unter den gegebenen Verhältnissen beteiligen sich nur die positiven Ionen wesentlich an der Verbreiterung. In Abb. 128 sind die gemessenen Linienprofile von $H\alpha \ldots \gamma$ (ausgezogen), normiert auf $\int_{-\infty}^{+\infty} I_\lambda \, d\lambda_\Delta = 100$, verglichen mit den theoretischen, wobei (als kleine Korrektion) die Variation von n_e mit dem Abstand vom Bogenzentrum schon rechnerisch berücksichtigt wurde. Im Mittel ergab sich $n_e = 8{,}4 \pm 0{,}3 \cdot 10^{16}$ Elektronen/cm³, d. h. ein Ionisationsgrad von $\sim 15\%$. Rechnet man andererseits mit diesem n_e die thermische Ionisation des Gemisches $2\,H + O$ durch, so erhält man aus der SAHAschen Formel $T = 12580 \pm 100°$ K. Die ausgezeichnete Übereinstimmung mit dem oben auf ganz andere Weise erhaltenen T bestätigt die HOLTSMARKsche Theorie zunächst für die Linienflügel auch hinsichtlich der Absolutwerte auf das beste.

Während bei $H\beta$ die Übereinstimmung zwischen Beobachtung und Rechnung bis in den Linienkern hinein recht gut ist, erfordern bei $H\alpha$ und $H\gamma$ die nach der streng statistischen Theorie unaufgespaltenen *Zentralkomponenten* (Abb. 120 und 128) eine besondere Bemerkung: Ihre beobachtete, recht erhebliche Verbreiterung ist offenbar nur zu verstehen, wenn man die als Folge der Abweichungen von der Adiabasie auftretende „Vermischung" unter den Eigenfunktionen der Komponenten einer Linie berücksichtigt. Eine quantitative Durchrechnung dieses Effektes dürfte äußerst schwierig sein, zumal bei den im Experiment herrschenden großen Elektronendrucken. Man überzeugt sich nämlich leicht, daß die in Gl. (76, 33—35) auftretende maximale Phasenverschiebung $\eta_m > 1$ ist, so daß man gar nicht mit einer Zweierstoß-Theorie rechnen darf. Schätzt man die Stoßverbreiterung ab mit einem Wirkungsradius etwa gleich dem mittleren Abstand zweier Ionen (bei größeren r kompensieren sich die COULOMB-Felder bald gegenseitig), so kann man die beobachtete Verbreiterung der Zentralkomponenten damit wenigstens größenordnungsmäßig verständlich machen.

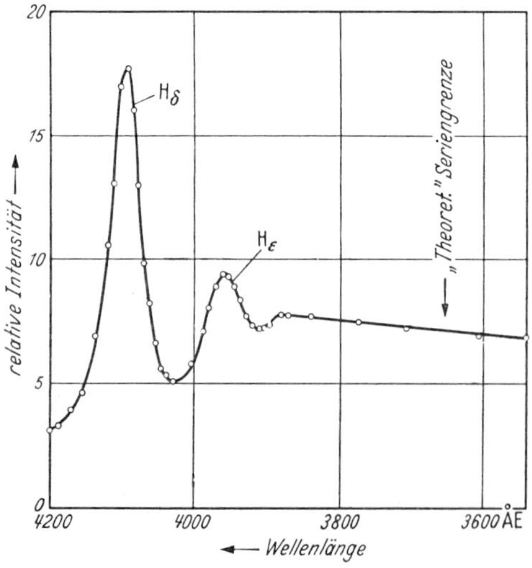

Abb. 129. Intensitätsverteilung an der Grenze der BALMER-Serie. Bei denselben Zustandsgrößen wie Abb. 128 gemessen von G. JÜRGENS [1322].

Dieselbe Lichtquelle kann man auch verwenden, um die Formel von D. R. INGLIS und E. TELLER [1121] — vgl. (82, 29—30) — über die Hauptquantenzahl n_m der letzten getrennt beobachtbaren Linie wenigstens größenordnungsmäßig zu prüfen. Abb. 129 zeigt die von G. JÜRGENS gemessene Intensitätsverteilung in der Nähe der Grenze der BALMER-Serie. Nehmen wir $n_m = 7 (H\varepsilon)$, so sollte die Mitwirkung der Elektronen an der Verbreiterung der letzten Serienglieder nach Gl. (82, 30) bei $T < 70000°$ oder mit dem ursprünglichen Zahlenfaktor von INGLIS und TELLER bei $T < 14000°$ beginnen. Rechnen wir mit $N = 2\,n_e = 2 \times 8{,}4 \cdot 10^{16}$ verbreiternden Ladungen pro cm³, so wäre nach INGLIS und TELLER Gl. (82, 29) $n_m = 8{,}0$ zu erwarten, was mit dem beobachteten $n_m = 7$ (man kann ja die Nummer der „letzten" Linie praktisch nur auf ± 1 bekommen) hinreichend übereinstimmt.

Später hat W. NISSEN [1349] Messungen von n_m an einem Wasserstoffbogen zwischen Wolframelektroden, der durch einen Wasserstoffwirbel stabilisiert war, ausgeführt. Da bei seinen Versuchen T 10000—12000° K und $n_m \approx 8$—9 beträgt, sollte man nach Gl. (82, 30) f. erwarten, daß die Elektronen gerade „mitzumachen" beginnen. Setzen wir — etwas schematisch — die wirksame Anzahl der Ladungen pro cm³ $N = n_{Ionen} + 0{,}5\, n_{Elektr}$, so sollte nach (82, 29) $\log n_e = 23{,}08 - 7{,}5 \log n_m$ sein. Empirisch findet W. NISSEN in dem angegebenen Bereich (der etwa der Atmosphäre eines weißen Zwergsternes entsprechen dürfte) für die Konstante 23,46 statt 23,08, d. h. zu einem bestimmten n_m eine 2,4mal größere Elektronendichte als man nach INGLIS und TELLER erwarten sollte. Anders ausgedrückt: Bei einem bestimmten n_e kann man etwa *eine* Linie mehr erkennen als Gl. (82, 29) erwarten läßt. Da letztere ja mehr oder weniger nur auf einer Abschätzung beruht, erscheint eine Differenz dieser Größenordnung keineswegs erstaunlich.

Messungen von F. L. MOHLER [1347] an einer Cs-Entladung von bekannter Elektronenkonzentration im Bereich $n_m \approx 8$ bis 16 ergaben für die Konstante 23, 06. Da auch diese Versuche sich gerade an der durch (82, 30) gezogenen Grenze bewegen, ist die Übereinstimmung mit der Theorie besser, als man erwarten konnte.

Die *Verbreiterung der Heliumlinien* und insbesondere das Hervortreten des *verbotenen Überganges* $2\,^3P^\circ$—$4\,^3F^\circ$ λ 4469,9 neben der Linie $2\,^3P^\circ$—$4\,^3D$ λ 4471,6 (Abschnitt 82) untersuchte K. KROMPHARDT [1329] in einer kondensierten Entladung durch eine Quarzkapillare mit Helium, dem etwas Wasserstoff beigemischt war. Aus der Verbreiterung der gleichzeitig mit den Heliumlinien auftretenden BALMER-Linien konnte so nach der HOLTSMARKschen Theorie die Anzahl der Elektronen pro cm³ bestimmt werden. Die optische Schichtdicke wurde wieder durch Vergleich von Längs- und Queraufnahmen kontrolliert. Die theoretische Diskussion der Messungen ist zur Zeit noch nicht durchgeführt.

Wir brauchen wohl kaum zu betonen, daß die Untersuchung quantitativ definierter Plasmen im Laboratorium noch viele Ergebnisse von großem astrophysikalischem Interesse verspricht. Erwähnt sei nur die Messung der Oszillatorenstärken und der Linienverbreiterung in höheren Funkenspektren.

96. Experimentelle Untersuchungen über kontinuierliche Spektren.

Zum Abschluß dieses Kapitels über die „Astrophysik im Laboratorium" berichten wir über einige experimentelle Untersuchungen astrophysikalisch interessanter Kontinua, ohne dabei irgendwelchen Anspruch auf Vollständigkeit zu erheben. Einen Bericht über die gesamte Literatur bis 1938 gibt das Buch von W. FINKELNBURG [701].

1. Die Kontinua des *Wasserstoffatoms*, d. h. in der Hauptsache die Grenzkontinua der PASCHEN- und BALMER-Serie treten — wie wir bereits ausführten — in dem wasserstabilisierten Hochleistungsbogen unter bestens definierten Bedingungen auf. Die gute wechselseitige Übereinstimmung der von G. JÜRGENS (Abschnitt 95) mit ihrer Hilfe durchgeführten Temperaturbestimmungen kann umgekehrt auch als eine experimentelle Bestätigung der in Abschnitt 45 dargestellten Theorie der Wasserstoffkontinua aufgefaßt werden.

2. Im Absorptionsrohr bei relativ niedrigen Temperaturen sind von vielen Spektroskopikern die *Hauptserien-Grenzkontinua der Alkalien* gemessen worden. Man erhält ziemlich leicht den relativen Verlauf der $\varkappa_\nu$. Die Messung der Absolutwerte setzt genaue Kenntnis des Dampfdruckes voraus. Bei den schwereren

Alkalien bereiten die chemischen Reaktionen des Alkalidampfes mit den Gefäßwänden erhebliche Schwierigkeiten. Die Literatur stellen wir im folgenden Kap. XIV zusammen.

Beim K und Cs fällt $\varkappa_\nu$ hinter der Seriengrenze viel steiler ab, als der KRAMERSschen Formel für Wasserstoff entspricht, um bei noch kürzeren Wellenlängen sogar wieder anzusteigen. Quantenmechanische Rechnungen von D. R. BATES (s. Kap. XIV, K) machen dieses Verhalten verständlich, nachdem auch das Experiment die ältere Vermutung, daß es sich um Molekülkontinua handeln könnte, *nicht* bestätigt hat.

3. Die *Grenzkontinua angeregter Atomzustände* — auf welche man bis 1939 das kontinuierliche Spektrum z. B. der Sonne zurückführte — sind im Laboratorium von H. MAECKER [1337] untersucht worden. Als Lichtquelle benutzte er die Säule eines durch einen Luft- oder Stickstoffwirbel stabilisierten Lichtbogens. Es handelt sich dabei um Gastemperaturen von 10000—13000° K; durch Ionisation der eingeblasenen Luft ($\psi = 12$ Volt) bzw. des Stickstoffes ($\psi = 15{,}5$ Volt) entstehen — entsprechend einem Ionisationsgrad von 5—10% — Elektronendrucke von $5{,}2 \cdot 10^4$ bis $9{,}1 \cdot 10^4$ dyn/cm². In dem untersuchten Wellenlängengebiet von 3500—6443 Å stimmen die gemessenen Absorptionskoeffizienten (= Emissionskoeffizient/KIRCHHOFF-PLANCK-Funktion) mit unserer Gl. (47, 3) — für $Z + s = 1$ — innerhalb eines Faktors 2—3 überein. In Anbetracht des Abschätzungscharakters der Theorie und der Schwierigkeit der Messungen muß man diese Übereinstimmung als befriedigend betrachten.

In qualitativer Hinsicht wäre hier noch an das umfangreiche experimentelle Material über die Spektren „*explodierender Drähte*" und ähnlicher kondensierter Entladungen durch *Kapillaren* mit verschiedenen Gasen, über den *Unterwasserfunken* und *Hochdruckbögen* in Quecksilberdampf oder Edelgasen zu erinnern.

In diesem Zusammenhang sollten wir auch quantitative Messungen von *Rekombinationskoeffizienten* erwähnen, die neuerdings in höchst eleganter Weise von den großen Möglichkeiten der cm-Wellen-Technik Gebrauch machen. Leider handelt es sich dabei aber — soweit sich überblicken läßt — fast nie um gewöhnliche Zweier-Rekombination unter Emission eines Lichtquants, sondern um viel kompliziertere Prozesse, deren Kinetik noch wenig geklärt ist.

Wir möchten auf diese Dinge nicht näher eingehen und befassen uns lieber noch kurz mit dem astrophysikalisch besonders reizvollen Nachweis des H^--Kontinuums im Laboratorium.

4. *Das* H^-*-Kontinuum.* Nachdem R. WILDT die kontinuierliche Absorption in den Atmosphären der Sonne und der kühleren Sterne auf das *negative Wasserstoffion* zurückgeführt hatte, war es zunächst überraschend, daß diese im Laboratorium nie beobachtet worden war. Den tieferen Grund klärte eine Note von E. VITENSE [1363] auf. Will man das H^--Kontinuum bei thermischer Anregung in einer Lichtquelle beobachten, so muß man folgende Forderungen stellen:

a) Der H^--Absorptionskoeffizient muß wesentlich größer sein als die Summe der (frei-frei und frei-gebunden) Absorptionskoeffizienten der Wasserstoff*atome* und evtl. vorhandener anderer Atome.

b) Die optische Schichtdicke $\varkappa_\nu(H^-) \cdot l$ der Lichtquelle muß etwa $> \frac{1}{10}$ sein, damit man noch vernünftige Intensitäten erhält.

c) Andererseits darf $\varkappa_\nu(H^-) \cdot l$ nicht größer als Eins sein, da sich sonst die ausgestrahlte Intensität rasch der des schwarzen Körpers annähert unabhängig von $\varkappa_\nu(H^-)$. Nimmt man noch die SAHAsche Gleichung für die Ionisation der Wasserstoffatome und die Bildung der H^--Ionen hinzu, so zeigt sich, daß bei vernünftigen Dimensionen l der Lichtquelle die 3 Bedingungen nur in einem relativ kleinen Bereich von Druck und Temperatur erfüllt sind. Am besten wären bei 10000° etwa 100 Atm. Druck. Beschränkt man sich aus technischen Gründen auf niedrigere Drucke, so muß man neben dem H^--Kontinuum unvermeidlich noch einen erheblichen Beitrag der H-Atome in Kauf nehmen. Man könnte zunächst hoffen, durch Beimischung leicht ionisierbarer Elemente zum Wasserstoff mehr Elektronen und damit mehr H^- zu bekommen. Eingehende Rechnungen von E. VITENSE — man muß die gleichzeitige Änderung der Ionisation berücksichtigen! — zeigten, daß auf diesem Weg im Laboratorium nichts zu erreichen ist.

W. LOCHTE-HOLTGREVEN [1334] und R. FUCHS [1312] bedienten sich zur Herstellung geeigneter Bedingungen einer kondensierten Entladung durch eine Kapillare mit H_2. Durch geeignete Dimensionierung des Kreises (0,06 μF, 150 Ω bei 30 kV) wird eine aperiodische Entladung erzeugt, deren Dauer von ~ 0,03 sec die Einstellung thermischen Gleichgewichtes erlaubt. Während der Entladung — die zeitlich durch einen Drehspiegel analysiert wird — erhält man nun Verhältnisse, die von 15600° und 62 Atm. bis 12500° und 18 Atm. (besser!) reichen. Der genaue Wert der Elektronendichte n_e wird aus der HOLTSMARK-Verbreiterung von Hα bestimmt. Die Ionisationstheorie ergibt dann — da die gesamte Teilchendichte (entsprechend 1 Atm. bei Zimmertemperatur) bei der Aufheizung konstant bleibt — im wesentlichen die Temperatur. Nach Kap. VII kann man (auf die Korrekturen wegen Inhomogenität des Entladungskanals sei hier nicht eingegangen) die Emission der Wasserstoffatome *und* der negativen Wasserstoffionen absolut berechnen. Übereinstimmung mit den Messungen ergibt sich nur, wenn man den erheblichen Beitrag der H^--Ionen zum Kontinuum berücksichtigt.

Bei ~ 11500° K und 1 Atm. haben später W. LOCHTE-HOLTGREVEN und W. NISSEN [1334, 1349] auch in einem Wasserstoffbogen zwischen Wolfram-Elektroden das H^--Kontinuum neben dem der H-Atome nachgewiesen.

5. Im Hinblick auf die Spektren der späten Spektraltypen wären quantitative Untersuchungen über Molekülkontinua sehr wünschenswert. Besonders sei erinnert an das von B. LINDBLAD [1332] gefundene Kontinuum, welches in M-Zwergen die Linie Ca 4227 begleitet. Sein Ursprung (Ca_2, CaH, ...?) ist auch durch die Arbeiten von R. HAMADA [1316] sowie K. WURM und H. J. MEISTER [1367] noch nicht geklärt. — Das von D. R. BATES (M. N. **112**,40, 1952) neuerdings in die Erörterung gezogene Kontinuum des Wasserstoffmolekülions H_2^+ ist im Laboratorium überhaupt noch nicht beobachtet worden.

XIV. Kapitel.

Literatur über astrophysikalisch wichtige Linienstärken, Übergangswahrscheinlichkeiten und Oszillatorenstärken einzelner Elemente.

97. Einleitung. Neuere Zusammenfassungen.

Nachdem wir in Kap. XII die quantenmechanische Berechnung von Linienstärken usw. und in Kap. XIII ihre experimentelle Bestimmung in prinzipieller Hinsicht erörtert haben, bringen wir nunmehr eine Bibliographie der theoretisch oder experimentell ermittelten Werte (soweit sie astrophysikalisch wichtig sind), nach *Elementen* geordnet.

Eine Wiedergabe der Zahlenwerte selbst und auch der Titel würde zu weit führen, statt dessen bringen wir zum Teil stichwortartige Inhaltsangaben, die jedoch keineswegs vollständig sind.

Vorweg sei *generell* noch einmal erinnert an folgende nützliche Rechenverfahren:

a) Die Berechnung *relativer Linienstärken* in Multipletts, Supermultipletts und Übergangsschemata (Abschnitt 84 und 85).

b) Die Berechnung von Linienstärken für *wasserstoffähnliche Terme* (Abschnitt 86).

c) Die COULOMB-*Approximation* von BATES und DAMGAARD: Phil. Trans. Roy. Soc. (A) **242**, 101 (1949) (Abschnitt 87).

d) Die *f-Summensätze* (Abschnitt 88), *deren Anwendbarkeit im folgenden jeweils nicht mehr besonders vermerkt ist.*

Ziemlich allgemein anwendbare Methoden zur Berechnung der *kontinuierlichen Absorptionskoeffizienten* für leichtere Atome und Ionen nebst vielen Zahlenangaben enthalten eine Reihe neuerer Arbeiten von BATES: Monthly Notices **100**, 25 (1940) [B bis Ne] sowie BATES u. SEATON: Monthly Notices **109**, 698 (1949) [O, N, C]. Ferner BATES: Monthly Notices **106**, 423 u. 432 (1946); Proc. Roy. Soc. (London) A **188**, 350 (1947) [K].

Neuere Zusammenstellungen von Zahlenwerten bzw. Literatur geben:

MITCHELL and ZEMANSKY: Resonance Radiation and Excited Atoms. Cambridge 1934.

BIERMANN: In LANDOLT-BÖRNSTEIN: Zahlenwerte und Funktionen ... 6. Aufl., I. Bd., 1. Teil, S. 260. Springer-Verlag 1950.

MINNAERT: In Trans. Int. Astr. Union. Vol. VII, S. 388. Cambridge 1950.

Speziell für das *Sonnenspektrum*:

UNSÖLD: Z. Astrophysik **24**, 314 (1947), und CLAAS: Rech. Astr. Obs. Utrecht **12**, Part 1 (1951).

Verbotene Übergänge (Nebellinien, Korona, ...) und Molekülspektren werden wir hier nicht berücksichtigen.

98. Literaturverzeichnis.

Zur kurzen Andeutung des Inhaltes der Arbeiten bedienen wir uns folgenden Schlüssels:

Q: *Quantentheoretische Berechnung* mit selfconsistent field usw. (vgl. auch Abschnitt 87).

A: *Absorptionsrohr*; Messung mit Absorption, anomaler Dispersion, Magnetorotation usw.

S: Absorption im *Atomstrahl.*

K: KING*scher Ofen*, Messung in Absorption; *e* bezeichnet Messung in Emission.

E: *Emission* im elektrischen Lichtbogen oder Flammen. (Vorsicht wegen evtl. Selbstabsorption!)

α: bezeichnet weiterhin selbständige *Absolutmessungen.*

c: besagt, daß auch *Continua* behandelt werden.

H. S.: Hauptserie.

R: Resonanzlinie(n).

H
SUGIURA: Sci. Pap. Inst. Phys. Chem. Res. Tokyo **11**, 1 (1929). *Qc.*
BETHE: Handbuch der Physik **24**, 1, Kap. 3. Berlin 1933. *Qc.*
RUDNICK: Physik. Rev. **48**, 807 (1935). *Q.*
MENZEL and PEKERIS: Monthly Notices **96**, 77 (1936). *Qc.*

He
LEVY: Z. Physik **72**, 578 (1931). *A.*
VINTI: Physic. Rev. **42**, 632 (1932); **44**, 524 (1933). *Qc H.S.*
WHEELER: Physic. Rev. **43**, 258 (1933). *Qc H.S.*
KÖRWIEN: Z. Physik **91**, 1 (1934). *Qc H.S.*
HYLLERAAS: Z. Physik **106**, 395 (1937). *Q*, anger. Zustd.
GOLDBERG: Astrophysic. J. **90**, 414 (1939); **93**, 244 (1941). *Qc*, anger. Zustd.
HUANG: Astrophysic. J. **108**, 354 (1948). *Qc*, anger. Zustd.

Li TRUMPY: Z. Physik **44**, 575 (1927), *A*; **50**, 228 (1928), *Q*; **54**, 372 (1929), *Qc*; **57**, 787 (1929), *Q*; **61**, 54 (1930), *Q*; **71**, 720 (1931). *Ac H.S.*
HARGREAVES: Proc. Cambridge Philosophic. Soc. **25**, 75 (1929). *Q*.
FILIPPOV: Z. Physik **69**, 526 (1931). *A*, *H.S.*
FOCK u. PETRASHEN: Z. Sov. Phys. **8**, 547 (1935). *Q* 2 s—2 p bis 5 p.
KEY: Diss. Utrecht 1937. *E*.
TUNSTEAD: Proc. Roy. Soc. (London) A **66**, 304 (1953). *Cα*.
STEWART: Proc. Phys. Soc. London (A) **67**, 917 (1954). *Qc*.

Be HARTREE and HARTREE: Proc. Roy. Soc. (London) A **150**, 9 (1935); **154**, 588 (1936). Hierzu BIERMANN u. TREFFTZ: Z. Astrophysik **26**, 234 (1949). *QR*.

C I MAECKER: Z. Physik **135**, 13 (1953). *Eα*.

C II BIERMANN u. LÜBECK: Z. Astrophysik **25**, 325 (1948). *Q* 3 s—3 p, 4 p; 4 s—4 p; 3 p—4 s.

O YAMANOUCHI and KOTANI: Proc. Math. Phys. Soc. Japan **22**, 60 u. 569 (1940); **24**, 351 (1942). *Q*.
JÜRGENS: Z. Physik **138**, 613 (1954). *Eα*.

O II HARTREE, HARTREE and SWIRLES: Phil. Trans. Roy. Soc. A **238**, 299 (1939). *Q*.
BATES and DAMGAARD: Astrophysic. J. **107**, 383 (1948). *Q* 3 s—3 p u. 3 p—3 d.
GARSTANG: Monthly Notices **114**, 118 (1954) *Q* 3 s—3 p und 3 p—3 d intermed. Kopplung und Coulomb-Approx.

Ne LADENBURG, zum Teil mit KOPFERMANN u. LEVY: Z. Physik **48**, 15, 26, 51 (1928); **65**, 167, 189 (1930). *A*.
SHORTLEY: Physic. Rev. **47**, 295 (1935). *Q* 2 p^5 3 p—2 p^5 3 s; intermed. Kopplung.
UFFORD: Astrophysic. J. **85**, 249 (1937). *Q* 2 p^5 4 p—2 p^5 4 s; intermed. Kopplung.
SEATON: Proc. Phys. Soc. London (A) **67**, 927 (1954). *Qc*.

Ne II GARSTANG: Monthly Notices **114**, 118 (1954) *Q* 3 s—3 p und 3 p—3 d intermed. Kopplung und Coulomb-Approx.

Na MINKOWSKI: Z. Physik **36**, 839 (1926). *Aα*.
SCHÜTZ: Z. Physik **38**, 864 (1926). *A*, D-Linien.
SUGIURA: Philosophic. Mag. **4**, 495 (1927). *Q*, *H.S.*
FILIPPOV u. PROKOFJEW: Z. Physik **56**, 458 (1929). *A*.
PROKOFJEW: Z. Physik **58**, 255 (1929). *Q* 3 s—3, 4, 5, 6 p; 3 p—4 s, 3 d; 4 s—4 p.
TRUMPY: Z. Physik **47**, 804 (1928), *Ac*; **61**, 54 (1930), *Q*, *H.S.* u. **71**, 720 (1931). *Ac*.
LADENBURG u. THIELE: Z. Physik **72**, 697 (1931). *Aα*.
v. D. HELD: Diss. Utrecht 1932. *E*.
ORNSTEIN u. KEY: Physica **1**, 945 (1934). *E*.
FOCK u. PETRASHEN: Z. Sov. Phys. **8**, 547 (1935). *Q* 3 s—3 p, 4 p.
RIGHINI: Z. Astrophysik **10**, 344 (1935). *Q*.
RUDKJØBING: Publ. Kopenhagen Obs. No. **124** (1940). *Qc* 3 s, 4 s, 3 p, 4 p.
DEMPSTER: Astrophysic. J. **96**, 295 (1942). *Q*.
BIERMANN: Z. Astrophysik **22**, 157 (1943). *Q* 3 s—3 p, 4 p.
PAUL: Z. Physik **124**, 121 (1944). *f*-Werte aus Starkeffekt: 3 p—3 d, 4 s.
KVARTER: Bull. Acad. USSR **9**, 236 (1945).
DUPUY: C. r. Acad. Sci. (Paris) **222**, 654 (1946).
BIERMANN: Veröff. Gött. No. 86 (1947). *Q* 3 s—3 p, 4 p.
— u. LÜBECK: Z. Astrophysik **25**, 325 (1948). *Q* 3 s—3 p, 4 p.
DITCHBURN u. JUTSUM: Nature (London) **165**, 723 (1950). *Cα*.
— JUTSUM u. MARR: Proc. Roy. Soc. (London) A **219**, 89 (1953). *Cα*.

Mg MITCHELL and ZEMANSKY: Resonance Radiation (1934), pg. 151. *Q*; Interkomb. λ 2852 : λ 4571.
RUBENSTEIN: Physic. Rev. **58**, 1007 (1940).
KERSTEN u. ORNSTEIN: Physica **8**, 1124 (1941). *E*.
— Diss. Utrecht 1941. *E*.
BIERMANN u. TREFFTZ: Z. Astrophysik **26**, 213 (1949) sowie
TREFFTZ: Z. Astrophysik **26**, 240 (1949); **28**, 67 (1950). *Q* 3 ^{1}S—3 ^{1}P; 3 ^{1}P—4 ^{1}S, 3 bis 5 ^{1}D; 4 ^{3}P—4 ^{3}S, 3 ^{3}D, (3 p)^2 3 ^{3}P; 4 ^{3}S—4 ^{3}P; 5 ^{3}P; 3 ^{3}D—4, 5, 6 ^{3}F; 3 ^{1}D—4, 5 ^{1}F.
DITCHBURN u. MARR: Proc. Phys. Soc. London (A) **66**, 655 (1953). *Cα*.

Mg II BIERMANN: Z. Astrophysik **22**, 157 (1943). *Q* 3 s—3 p, 3 d—4 f.
— Veröff. Gött. No. 86 u. 87 (1947). *Q* 3 s—3 p, 3 p—3 d, 3 d—4 f; *c* 3 s, 3 p, 3 d, 4 f.
— u. LÜBECK: Z. Astrophysik **25**, 325 (1948). *Q* 3 s—3 p, 3 p—3 d, 3 d—4 f.
— — Z. Astrophysik **26**, 43 (1948). *Qc* 3 s, 3 p, 3 d, 4 f.

Al VOORHOEVE: Diss. Utrecht 1946. *E*.

BIERMANN: Veröff. Gött. No. 86 (1947). *Q* 4 s—3 p bis 5 p; 3 p—4 s, 3 d; 3 d—4 p, 5 p.
— u. LÜBECK: Z. Astrophysik **25**, 325 (1948). *Q* 4 s—3 p bis 6 p; 3 p—4 s, 3 d; 3 d—6 p.

Si II — Veröff. Gött. No. 86 u. 87 (1947). *Q* 4 s—3 p, 4 p; 3 p—4 s, 3 d; 3 d—4 p, 4 f; *c* 4 s, 3 p, 4 p, 3 d, 4 f.
— u. LÜBECK: Z. Astrophysik **25**, 325 (1948). *Q* 4 s—3 p, 4 p; 3 p—4 s, 3 d; 3 d—4 f.
— — Z. Astrophysik **26**, 43 (1948). *Qc* 4 s, 3 p, 4 p, 3 d, 4 f.
BATES and DAMGAARD: Astrophysic. J. **107**, 383 (1948) *Q* 4 s—4 p.

Si IV RUDKJØBING: Publ. Kopenhagen Obs. No. **145** (1947). *Q* 3 p—4 s, 3 s—4 p, 4 s—4 p, 3 d—4 p, 4 p—4 d.

S II, A II GARSTANG: Monthly Notices **114**, 118 (1954) *Q* 4 s—4 p intermed. Kopplung und Coulomb-Approx.

K PROKOFJEW u. GAMOW: Z. Physik **44**, 887 (1927). *A* 4 s—4, 5 p.
DITCHBURN: Proc. Roy. Soc. (London) A **117**, 486 (1927). *A c*.
LAWRENCE and EDLEFSEN: Physic. Rev. **34**, 1056 (1929). Photoionisation. *c*.
WEILER: Ann. Physik **1**, 361 (1929). *A* α 4 s—4, 5 p.
FILIPPOV: Z. Sov. Phys. **5**, 1 (1933). *A* 4 s—4 p bis 7 p.
HEARD: Monthly Notices **94**, 458 (1934). *A* α*R*.
ORNSTEIN u. KEY: Physica **1**, 945 (1934). *E*.
v. D. HELD u. HEIERMANN: Physica **3**, 31 (1936). *E* α.
COENEN u. KRAMERS: Physica **3**, 341 (1936). *Q* 4 p—3 d bis 8 d.
SCHWARZ: Physica **7**, 361 (1940). *E* α.
DITCHBURN, TUNSTEAD and YATES: Proc. Roy. Soc. (London) A **181**, 386 (1943). *C* α.
BATES: Proc. Roy. Soc. (London) A **188**, 359 (1946). *Qc*.
BIERMANN: Z. Astrophysik **22**, 157 (1943). *Q* 4 s—4 p bis 7 p.
— Veröff. Gött. No. 86 (1947). *Q* 4 s—4 p bis 7 p.
— u. LÜBECK: Z. Astrophysik **25**, 325 (1948). *Q* 4 s—4 p bis 7 p.
MISRA: Diss. London 1948. *Q*.

Ca PROKOFJEW: Z. Physik **50**, 701 (1928). *A*. Interkomb. λ 4227 : λ 6573.
FILIPPOV u. KREMENEVSKI: Z. Sov. Phys. **1**, 299 (1932). *A* 4 s—4 p bis 8 p.
CHAMALAUN: Diss. Utrecht 1934. *E*.
STEINHÄUSER: Z. Physik **95**, 669 (1935); **99**, 300 (1936). Resonanzfluoreszenz.
HARTREE and HARTREE: Proc. Roy. Soc. (London) A **164**, 167 (1938). *Q* 4 s—4 p.
KATZ u. ORNSTEIN: Physica **4**, 757 (1939). *E*.
BATES and MASSEY: Proc. Roy. Soc. (London) A **177**, 329 (1941). *Q*.
SCHUTTEVAER, BONT u. v. D. BROEK: Physica **10**, 544 (1943). *E*.
TREFFTZ: Z. Astrophysik **29**, 287 (1951). *Q* 4 s—4 p, 4 p—3 d.

Ca II ZWAAN: Naturwiss. **17**, 121 (1928); 4 s—4 p, 3 d—4 p.
HARTREE and HARTREE: Proc. Roy. Soc. (London) A **164**, 167 (1938). *Q* 4 s—4 p, 3 d—4 p.
BATES and MASSEY: Proc. Roy. Soc. (London) A **177**, 329 (1941). *Qc*.
GREEN: Astrophysic. J. **109**, 289 (1949). *Qc* 4 s, 4 p, 3 d.
— and WEBER: Astrophysic. J. **111**, 582, 587 (1950). *Q* 4 s—4 p bzw. *c* 4 s, 3 d—f.
— — and KRAWITZ: Astrophysic. J. **113**, 690 (1951). *Q*-Serien 3 d—n p, n f und *c*.
TREFFTZ u. BIERMANN: Z. Astrophysik **30**, 275 (1952). *Q* 3 s—4 p, 3 d—4 p.

Ti FRERICHS: Ann. Physik **81**, 807 (1926). *E*.
HARRISON: J. Opt. Soc. Amer. **17**, 389 (1928); **19**, 109 (1929). *E*.
— and ENGWICHT: J. Opt. Soc. Amer. **18**, 287 (1929). *E*.
KING and KING: Astrophysic. J. **87**, 24 (1938). *K* λ 3123—6743.
VAN STEKELENBURG: Diss. Utrecht 1943. *E*.
— u. SMIT: Physica **14**, 189 (1948). *E*.

Ti II KING: Astrophysic. J. **94**, 27 (1941). *K* λ 3143—3761.
VAN STEKELENBURG: Diss. Utrecht 1943. *E*.
— u. SMIT: Physica **14**, 189 (1948). *E*.
HARRISON: J. Opt. Soc. Amer. **17**, 389 (1928). *E*.

V FRERICHS: Ann. Physik **81**, 807 (1926). *E*.
KING: Astrophysic. J. **105**, 376 (1947). *K* λ 3043—6812.

Cr FRERICHS: Z. Physik **31**, 305 (1925); Ann. Phys. **81**, 807 (1926). *E*.
ALLEN and HESTHAL: Physic. Rev. **47**, 926 (1935). *E*.
HILL and KING: J. Opt. Soc. Amer. **41**, 315 (1951). *K*.
ESTABROOK: Astrophysic. J. **113**, 684 (1950); **115**, 571 (1952). (Korrektur.) *K* α, λ 4290, **4275**, **4254**.

Huldt u. Lagerquist: Ark. f. Fys. **5**, 91 (1951). *E*.

Cr II Allen and Hesthal: Physic. Rev. **47**, 926 (1935). *E*.

Mn Frerichs: Ann. Physik **81**, 807 (1926). *E*.
Seward: Physic. Rev. **37**, 344 (1931). *E*.
Huldt u. Lagerquist: Ark. f. Fys. **5**, 91 (1951). *E*.

Mn II Seward: Physic. Rev. **37**, 344 (1931). *E*.

Fe v. Milaan: Z. Physik **34**, 921 (1925); **38**, 427 (1926). *E*.
Frerichs: Ann. Physik **81**, 807 (1926). *E*.
Allen: Monthly Notices **96**, 145 (1935). *E* λ 4896—5706.
King u. King: Astrophysic. J. **82**, 377 (1935); **87**, 24 (1938). *K* λ 2912—5455.
— Astrophysic. J. **95**, 78 (1942). $K\alpha$: a ^{5}D—z ^{5}F° und z ^{5}D°.
Carter: Physic. Rev. **76**, 962 (1949). *Ke* λ 4219—5341.
Kopfermann u. Wessel: Z. Physik **130**, 100 (1951). $S\alpha$ λ 3720, 3737.
Gottschalk: Astrophysic. J. **108**, 326 (1948). *Q* 3 d^7 (^{4}P bzw. ^{4}F) 4 s—4 p. Relativwerte mit intermed. Kopplung.

Fe II Clarkson: Philosophic. Mag. **7**, 98 (1929). *E* λ 4472—4629.

Co Ornstein and Bouma: Physic. Rev. **36**, 679 (1930). *E* λ 2477—4868.
Bouma: Diss. Utrecht 1930.

Ni Ornstein and Bouma: Physic. Rev. **36**, 679 (1930). *E* λ 2799—4202.
Bouma: Diss. Utrecht 1930. *E*.
van Driel: Diss. Utrecht 1935. *E*.
King: Astrophysic. J. **108**, 87 (1948). *K* λ 3012—3912.
Estabrook: Astrophysic. J. **113**, 684 (1951). $K\alpha$, λ 3462, 3524, 3415.

Ni II Ornstein and Bouma: Physic. Rev. **36**, 679 (1930). *E* λ 2416—3858.

Cu van Lingen: Physica **3**, 977 (1936). *E* λ 3248—8093.
— Diss. Utrecht 1936. *E*.
King and Stockbarger: Astrophysic. J. **91**, 488 (1940). $K\alpha$ 4 s—4 p, λ 3247, 3274.
Schuttevaer: Diss. Utrecht 1942. *E*.
— de Bont u. v. d. Broek: Physica **10**, 544 (1943). *E*.
v. d. Bold: Diss. Utrecht 1945. *E*.

Zn Filippov: Z. Sov. Phys. **1**, 189 (1932). *A*. Interkomb. λ 2139:λ 3076.
Wolfe: Physic. Rev. **41**, 443 (1932). *Q*, Interkomb.
Billeter: Helvet. phys. Acta **7**, 505 (1934). *A*, λ 3076.
Ausländer: Helvet. phys. Acta **11**, 562 (1938). $A\alpha$, λ 2139.
King u. van Vleck: Physic. Rev. **56**, 464 (1939). *Q*, Interkomb.
Bruck: Ec. Norm. Supér. Paris, Lab. Phys. **1942**, No. 1.
Schuttevaer: Diss. Utrecht 1942. *E*.
— u. Smit: Physica **10**, 502 (1943). *E* λ 2480—6362.

Rb Mohler u. Boeckner: Bur. Stand. J. Res. Wash. **3**, 303 (1929). $C\alpha$.

Sr Prokofjew: Z. Physik **50**, 701 (1928). *A*, Interkomb. λ 4607:λ 6893.
Kast: Z. Physik **79**, 731 (1932). *E*, λ 4742—4972.
Chamalaun: Diss. Utrecht 1934. *E*.
Schuttevaer: Diss. Utrecht 1942. *E*.
— de Bont u. v. d. Broek: Physica **10**, 544 (1943). *E*.

Cd Kuhn: Danske Vidnsk. Selsk. Medd. **7**, No. 12 (1926); Naturwiss. **14**, 48 (1926). $A\alpha$, λ 2288, 3261.
Ladenburg: Z. Elektrochem. **36**, 631 (1930).
Zemansky: Z. Physik **72**, 587 (1931). α, λ 2288.
Koenig and Ellet: Physic. Rev. **39**, 576 (1932). Lebensdauer 5 $^3P_1$.
Filippov: Z. Sov. Phys. **1**, 289 (1932). *A*, Interkomb. λ 2288:λ 3261.
Ornstein, v. Hengstrum u. Brinkmann: Physica **5**, 145 (1938). *E*, λ 2836—6438.
King and Stockbarger: Astrophysic. J. **91**, 488 (1940). $K\alpha$ $^1S_0$—$^3P_1^\circ$, λ 3261.
Schuttevaer, de Bont u. v. d. Broek: Physica **10**, 544 (1943). *E* λ 3780—7070.
Webb and Messenger: Physic. Rev. **66**, 77 (1944).

Cs Füchtbauer u. Hofmann: Ann. Physik **43**, 96 (1914). *A*.
Waibel: Z. Physik **53**, 459 (1929). *A*, *H. S.*
Mohler and Boeckner: Bur. Stand. J. Res. Wash. **3**, 303 (1929). $c\alpha$.
Minkowski u. Mühlenbruch: Z. Physik **63**, 198 (1930). $A\alpha$ 6 s—6, 7 p.
Schütz: Z. Physik **64**, 682 (1930). *A*.
Braddick and Ditchburn: Proc. Roy. Soc. (London) A **143**, 472 (1934); **150**, 478 (1935). $Ac\alpha$.

Ba PROKOFJEW: Z. Physik **50**, 701 (1928). *A*, Interkomb. λ 5535 : λ 7911.
CHAMALAUN: Diss. Utrecht 1934.
KRUITHOF: Physica **10**, 493 (1943); Diss. Utrecht 1943. *E* λ 3910—6111.
WESSEL: Z. Physik **126**, 440 (1949); Berichtigung **130**, 100 (1951). *S* α *R*.

Ba II KRUITHOF: Physica **10**, 493 (1943). *E*.
REINDL: Diss. Utrecht 1946. *E*.

Au SAMBURSKY: Proc. Amsterdam Acad. **34**, 339 (1941). *E*.

Hg KOPFERMANN u. TIETZE: Z. Physik **56**, 604 (1929). *A* α λ 2537.
LADENBURG: Z. Elektrochem. **36**, 631 (1930).
— u. WOLFSOHN: Z. Physik **63**, 616, 634 (1930); **65**, 207 (1930); **83**, 234 (1933). Dispersion. λ 1850, 2537.
ZEHDEN u. ZEMANSKY: Z. Physik **72**, 442 (1931). *A* λ 2537.
GARRET: Physic. Rev. **40**, 779 (1932). λ 2537, 1849.
MITCHELL and MURPHYS: Physic. Rev. **46**, 53 (1934). Lebensdauer 7 $^3S_1$.
SCHOUTEN: Diss. Utrecht 1941; Physica **10**, 672 (1943). *E*.

Tl KUHN: Danske Vidnsk. Selsk. Medd. **7**, No. 12 (1925); Naturwiss. **13**, 724 (1925). *A* α λ 2768, 3776.
PROKOFJEW u. SOLOVIEW: Z. Physik **48**, 276 (1928). *A*, λ 3776, 5350.
FILIPPOV u. PROKOFJEW: Z. Physik **85**, 647 (1933). *A*, $6\,^2P_{\frac{1}{2}}$—$6\,^2D_{\frac{3}{2}}$ bis $11\,^2D_{\frac{3}{2}}$ bzw. —$7\,^2S_{\frac{1}{2}}$ bis $12\,^2S_{\frac{1}{2}}$.
MARR: Proc. Roy. Soc. (London) A **224**, 83 (1954). *C* α.

Fünfter Teil.

Die Entstehung der FRAUNHOFER-Linien.

XV. Kapitel.

Strahlungsaustausch und FRAUNHOFER-Linien.

99. Atomtheoretische Grundlagen: Kohärente und inkohärente Streuung, wahre Absorption, Extinktion.

Nachdem wir in Kap. X—XIV die *physikalischen Grundlagen zur Theorie der* FRAUNHOFER-*Linien* bereitgestellt haben, wenden wir uns nunmehr der *Theorie des Strahlungsaustausches in den* FRAUNHOFER-*Linien* zu. Es handelt sich also um eine Weiterbildung der in Kap. V und VI zunächst für die Theorie des Kontinuums entwickelten Ansätze.

Während für ein Absorptionsrohr im Laboratorium die Beziehung zwischen ein- und austretender Strahlungsintensität durch das bekannte Gesetz $I_\nu = I_{\nu,0}\, e^{-\varkappa_\nu l}$ gegeben ist, muß in den Sternatmosphären die *Reemission der absorbierten Strahlungsenergie* berücksichtigt werden.

Wir fassen zunächst die Ergebnisse der Kap. X und XI über die *Reemission in den Linien* noch einmal kurz zusammen, um dann — im Anschluß an die klassischen Arbeiten von K. SCHWARZSCHILD [1528], A. S. EDDINGTON [502] und E. A. MILNE [1515, 1516, 503] — *schematisierte Ansätze* für die *Theorie des Strahlungsaustausches* zu entwickeln, die einerseits der (leider sehr komplizierten!) Wirklichkeit hinreichend angepaßt werden können, andererseits aber nicht die Anwendung auf ein ausgedehnteres Beobachtungsmaterial durch allzugroße Langwierigkeit der Rechnungen unmöglich machen.

A) Streuung oder monochromatisches Strahlungsgleichgewicht. Den einfachsten Typus des Strahlungsaustausches haben wir z. B. bei der *Resonanzfluoreszenz* in Natriumdampf von sehr niedrigem Druck. Ein in der Nähe der D-Linien oder ähnlicher „Resonanzlinien" absorbiertes Lichtquant wird — wenn wir vom Dopplereffekt der thermischen Bewegung vorerst absehen —, ohne *Frequenzänderung gestreut.* (Analoges gilt für die RAYLEIGH-Streuung an Atomen oder Molekülen sowie die THOMSON-Streuung an freien Elektronen.)

Um den mathematischen Apparat nicht zu schwerfällig werden zu lassen, nehmen wir im folgenden meist an, daß die Streustrahlung isotrop und unpolarisiert sei. In Wirklichkeit befolgt ihre Richtungsverteilung im einfachsten Falle nach Abschnitt 49 das $1 + \cos^2\vartheta$-Gesetz. Da wir es aber in den Sternatmosphären mit nahezu isotroper Strahlung zu tun haben, dürfen wir im allgemeinen[1] ruhig mit einem richtungsunabhängigen Mittelwert des *Streukoeffizienten* σ_ν [cm^{-1}] rechnen. Dann können wir die Größe der Reemission sofort angeben, indem wir den in Gl. (35, 1) abgeleiteten Ausdruck für die Ergiebigkeit an Gesamtstrahlung auf die Strahlung einer bestimmten Frequenz ν übertragen. Die Emission pro cm³, sec, Frequenzintervall 1 und Raumwinkel 1 ist also ganz analog zu Abschnitt 27, b):

$$\sigma_\nu \int I_\nu(t, \vartheta)\, \frac{d\,\omega}{4\pi} = \sigma_\nu\, J_\nu(t)\,, \tag{99,1}$$

[1] Über Polarisation der Strahlung in Sternatmosphären s. Abschnitt 105.

wobei die Bedeutung der geometrischen Größen aus Abb. 51 hervorgeht. Die Differentialgleichung des Strahlungsgleichgewichtes nimmt *für jede Frequenz* die aus der Theorie der Gesamtstrahlung schon geläufige Form an:

$$\cos\vartheta \frac{d I_\nu(t, \vartheta)}{d t} = \sigma_\nu I_\nu(t, \vartheta) - \sigma_\nu J_\nu(t) . \tag{99, 2}$$

Der Mechanismus der *Streuung* — wie K. SCHWARZSCHILD sagt — oder des *monochromatischen Strahlungsgleichgewichtes* — nach E. A. MILNE — entspricht einer denkbar starken Verkettung der Elementarprozesse von Absorption und Emission.

B) Inkohärente Streuung oder Verteilung. Praktisch können wir auch bei einer *Resonanzlinie* Streuung ohne Frequenzänderung oder *kohärente Streuung* nur erwarten, wenn der *Dopplereffekt* der thermischen (und evtl. turbulenten) Bewegungen unwesentlich ist, nach Abschnitt 74 also in den *Flügeln* außerhalb des Dopplerkernes. Auch in den Linienflügeln ist ferner wesentlich, daß die *Dämpfung* durch Strahlung und nicht durch Stöße erfolgt.

Wir dürfen uns also durch die theoretische Übersichtlichkeit des Streuungs-Schemas nicht darüber hinwegtäuschen lassen, daß der Bereich seiner Anwendbarkeit sehr viel kleiner ist, als man ursprünglich annahm: Da in den Hauptsequenz-Sternen sicher Stoßdämpfung überwiegt und starke Linien mit *Dämpfungs*flügeln fast nur in den späteren Spektraltypen vorkommen, so bleiben als einziger Anwendungsbereich des *Streuungs*-Schemas nur evtl. (!) die wenigen starken Metalllinien in Übergiganten der Typen F bis M. Genauere Untersuchungen hierüber gibt es zur Zeit noch nicht.

Überwiegt — wie z. B. auf der Sonne — die Stoßdämpfung gegenüber der Strahlungsdämpfung, so erfolgt nach Abschnitt 81 auf einen Absorptionsprozeß z. B. im Linienflügel hin eine Reemission, die über den ganzen Bereich der Linie statistisch verteilt ist. Dasselbe gilt für statistische Druckverbreiterung. Im Dopplerkern der Linien sorgt nach Abschnitt 74 die thermische Bewegung der Atome für eine weitgehende Verteilung der reemittierten Energie entsprechend der Frequenzabhängigkeit des Absorptionskoeffizienten.

In allen diesen Fällen sprechen wir nach L. SPITZER [1530], J. HOUTGAST [1509] u. a. von „*inkohärenter Streuung*“ oder „*Verteilung*“. Wir charakterisieren sie durch einen Beitrag zum Absorptionskoeffizienten (Verteilungskoeffizient) ι_ν, dem dann analog (99, 1) die Reemission

$$\iota_\nu \frac{\int \iota_\nu J_\nu d\nu}{\int \iota_\nu d\nu} \tag{99, 3}$$

entspricht, wobei die Integrale über den Bereich der ganzen Linie zu erstrecken sind. Auf die weitere Behandlung derartiger Strahlungsaustausch-Probleme können wir erst in Abschnitt 104 zurückkommen.

C) Wahre Absorption oder lokales thermodynamisches Gleichgewicht. Vorher wollen wir uns zunächst noch klar machen, daß die unter B. erörterte Art des Strahlungsaustausches *nur* für einige wenige *Resonanz*linien zutrifft, für die überwältigende Mehrzahl der übrigen Linien dagegen nicht: Wird z. B. in einem Eisenatom oder irgendeinem anderen Atom oder Molekül mit komplizierterem Termschema ein Elektron durch Absorption eines Lichtquantes $h\nu$ auf ein höheres Energieniveau gehoben, so ist offensichtlich die Wahrscheinlichkeit verschwindend klein, daß es anschließend wieder in denselben Bereich desselben Niveaus zurückfällt, von welchem es ausging. Es wird vielmehr meist ein anderes $h\nu'$ emittieren, während andererseits der Reemission von Quanten der Größe $h\nu$ meist ganz andere Absorptionsprozesse vorangegangen sind. (Bei größeren Drucken könnte auch Anregung durch Elektronenstoß in Betracht kommen.) Absorption und

Emission sind also nur ganz lose miteinander gekoppelt. Es wäre nun offensichtlich ganz aussichtslos, die Koppelung des Strahlungsaustausches in den verschiedenen Bereichen sämtlicher Linien und Kontinua selbst der einfachsten Atome, d. h. deren *Fluoreszenz* mit Berücksichtigung ihrer eigenen Absorption direkt durchrechnen zu wollen. Statt dessen berechnen wir die Reemission (wie in Abschnitt 27a für das kontinuierliche Spektrum) durch näherungsweise Anwendung des KIRCHHOFFschen Satzes als

$$\text{Linienabsorptionskoeffizient } \varkappa_\nu \times \text{KIRCHHOFF-PLANCK-Funktion } B_\nu(t) \qquad (99,4)$$

und sprechen dann nach K. SCHWARZSCHILD von (wahrer) *Absorption* oder mit E. A. MILNE von *lokalem thermodynamischem Gleichgewicht.* Die Anwendung des — streng genommen — ja nur bei thermodynamischem Gleichgewicht gültigen KIRCHHOFFschen Satzes in diesem Zusammenhang könnte zunächst bedenklich erscheinen, denn das Hervortreten der Absorptionslinien z. B. im Sonnenspektrum beruht ja eben darauf, daß die Sonnenatmosphäre sich in einem *stationären Zustand* mit einem *Temperaturgefälle* von innen nach außen befindet. *Thermisches Gleichgewicht* hätten wir erst in einem isothermen Hohlraum, der unabhängig vom $\varkappa_\nu$ seines Inhaltes nur ein PLANCKsches Kontinuum ohne Linien emittieren kann.

Trotzdem muß die Annäherung an den Zustand lokalen thermodynamischen Gleichgewichtes, d. h. atomistisch gesprochen, die Einstellung einer BOLTZMANN-*Verteilung* unter den Atomzuständen jedes einzelnen kleinen Volumelementes, sehr rasch und vollständig erfolgen. Gerade in den Linien ist nämlich der Absorptionskoeffizient sehr groß. Selbst oberflächennahe Schichten, deren optische Tiefe für die kontinuierliche Absorption nur von der Größenordnung $\tau = 0{,}1$ bis 0,01 ist, sind also für Strahlung in den Mitten der stärkeren Linien schon „optisch tief". Das hat — wie wir später auch explizit nachrechnen werden — zur Folge, daß die für die Einstellung der BOLTZMANN-Verteilung wesentlichen Lichtquanten so gut wie eingesperrt sind, so daß das Strahlungsfeld für die Linien-Frequenzen und damit die Besetzungszahlen der betreffenden Energieniveaus sich auf thermisches Gleichgewicht für die lokale Temperatur T einstellen werden. *In den Schichten, z. B. der Sonne, in welchen das* FRAUNHOFER-*Spektrum in der Hauptsache entsteht, ist also die Anwendung des* KIRCHHOFF*schen Satzes durchaus berechtigt.*

Ernstliche Bedenken könnte man erst bezüglich *der* Schichten erheben, deren optische Tiefe auch für die Mitten der starken Linien < 1 ist. Es handelt sich also (wie wir noch eingehend erörtern werden) um *die* Schichten der Chromosphäre, in denen sich die *„Restintensität"* in der Mitte dieser Linien auf ihren schließlichen Wert einstellt.

Bei der Berechnung von *Restintensitäten* dürfte daher die Hypothese lokalen thermodynamischen Gleichgewichtes wohl nur dann mit einiger Genauigkeit anwendbar sein, wenn die sonstigen Bedingungen für die Einstellung thermischen Gleichgewichtes günstig sind, d. h. wenn ein reger Energieaustausch zwischen verschiedenen Frequenzbereichen besteht. In dieser Hinsicht sind günstig: Hoher Druck (Stöße), kompliziertes Termschema, Übergänge zwischen angeregten Termen (subordinate lines).

In ausgedehnten dünnen Hüllen — z. B. der Pleione —, deren Erforschung neuerdings O. STRUVE durch eine Reihe bedeutender Arbeiten in Gang gebracht hat, wird die Anwendung des KIRCHHOFFschen Satzes im allgemeinen nicht mehr erlaubt sein. Die *atomistische* Theorie der Lichtanregung auf der anderen Seite wird erst einfach, wenn die Dichten der Materie wie des Strahlungsfeldes extrem klein sind, z. B. in den planetarischen Nebeln oder der interstellaren Materie.

D) Extinktion. Um in jedem Falle die Auswirkungen evtl. Abweichungen vom lokalen thermodynamischen Gleichgewicht überblicken zu können, werden wir vielfach formal die KIRCHHOFF-PLANCK-Funktion $B_\nu(T)$ in Gl. (99, 4) noch mit einem Faktor $1-\delta$ multiplizieren. $\delta = 0$ führt dann wieder auf lokales thermodynamisches Gleichgewicht zurück. Für $\delta = 1$ bekäme man in der Linie überhaupt keine Reemission, man spricht dann nach J. HOUTGAST [1509] von *Extinktion.* Fast wichtiger als dieser praktisch kaum vorkommende Extremfall dürften positive *und* negative $|\delta| < 1$ sein, deren Studium zeigt, welche Abweichungen von der Gültigkeit der Gl. (99, 4) wesentlich bzw. unwesentlich sind.

100. Die SCHWARZSCHILDsche Integrodifferentialgleichung des Strahlungsaustausches.

Im Anschluß an Abschnitt 27 und 99 formulieren wir nun die *SCHWARZSCHILDsche Strömungsgleichung der Strahlung*:

$$\begin{aligned}&\cos\vartheta\,\frac{d\,I_\nu(t,\vartheta)}{d\,t}\\&=(\varkappa+\varkappa_\nu+\sigma_\nu+\iota_\nu)\,I_\nu(t,\vartheta)-(\varkappa+(1-\delta)\,\varkappa_\nu)\,B_\nu(t)-\sigma_\nu J_\nu(t)-\iota_\nu\,\frac{\int\iota_\nu J_\nu\,d\nu}{\int\iota_\nu\,d\nu}\end{aligned}\tag{100, 1}$$

mit folgenden Bezeichnungen, die wir der Übersichtlichkeit wegen nochmals zusammenstellen:

t = Tiefe in der Atmosphäre, gemessen von einem beliebig festgelegten Nullniveau aus.

ϑ = Winkel zwischen Strahlrichtung und Normale der Sternatmosphäre.
$\vartheta = 0$: Mitte, $\vartheta = \pi/2$: Rand der „Sternscheibe".
$0 \leqq \vartheta \leqq \pi/2$: Ausstrahlung, $\pi/2 \leqq \vartheta \leqq \pi$ Einstrahlung.

$I_\nu(t,\vartheta)$ = Intensität der in der Tiefe t unter dem Winkel ϑ verlaufenden Strahlung der Frequenz ν.

$B_\nu(t)$ $= \dfrac{2\,h\,\nu^3}{c^2}\left(e^{\frac{h\nu}{kT}}-1\right)^{-1}$ = KIRCHHOFF-PLANCK-Funktion für die Frequenz ν und die in der Tiefe t herrschende lokale Temperatur $T(t)$. Hierzu Kap. V, VI und VIII.

$J_\nu(t)$ $= \displaystyle\int I_\nu\,\frac{d\omega}{4\pi}$, d. h. der Mittelwert der ν-Strahlungsintensität über alle Raumwinkelelemente $d\omega = 2\pi\sin\vartheta\,d\vartheta$; ist bis auf einen Faktor $4\pi/c$ gleich der Strahlungsdichte u_ν.

$\varkappa$ = Kontinuierlicher Absorptionskoeffizient (Kap. VII) im Bereich der Linie. (Ändert sich im allgemeinen langsam mit ν[1].)

$\varkappa_\nu$ = Linienabsorptionskoeffizient.

σ_ν = Linienstreukoeffizient.

ι_ν = Verteilungskoeffizient (inkohärente Streuung).

$\bar{\varkappa}$ = ROSSELANDscher Mittelwert von $\varkappa + \varkappa_\nu + \sigma_\nu + \iota_\nu$.

Alle diese Koeffizienten rechnen wir vorerst pro cm. Entsprechend den Änderungen von Druck, Temperatur, Ionisationsgrad usw. mit der Tiefe hängen sie alle, und zwar in *verschiedener* Weise, von t ab.

Um Mißverständnisse zu vermeiden, sei nochmals betont, daß die Unterscheidung von „wahrer Absorption", „Streuung" und „Verteilung" sich nur auf

[1] Von kontinuierlicher Streuung sehen wir hier ab; sie wäre im Prinzip leicht zu berücksichtigen.

die Art der *Reemission* bezieht. Die in Kap. X—XIII berechneten Absorptionskoeffizienten sind also im Sinne der Gl. (100, 1) mit $\varkappa_\nu + \sigma_\nu + \iota_\nu$ zu bezeichnen[1].

Da in Gl. (100, 1) für die ebene Sternatmosphäre die Tiefe t nur in Verbindung mit den Absorptions- usw. -Koeffizienten auftritt, so werden wir wie in Kap. V zweckmäßig wieder *optische Tiefen* einführen. Wir definieren also (die Integrale sind sämtlich von außen herein, d. h. $t = -\infty$ bis zur betrachteten Tiefe t zu erstrecken) die optische Tiefe für

$$\begin{aligned} &\text{kontinuierliche Absorption:} && d\tau = \varkappa\, dt\,; && \tau = \int \varkappa\, dt \\ &\text{Linienabsorption:} && d\tau_\nu = \varkappa_\nu\, dt\,; && \tau_\nu = \int \varkappa_\nu\, dt \\ &\text{Streuung:} && ds_\nu = \sigma_\nu\, dt\,; && s_\nu = \int \sigma_\nu\, dt \\ &\text{inkohärente Streuung:} && di_\nu = \iota_\nu\, dt\,; && i_\nu = \int \iota_\nu\, dt \end{aligned} \tag{100, 2}$$

sowie für die

gesamte Absorption, Streuung, . . .:

$$dx = (\varkappa + \varkappa_\nu + \sigma + \iota_\nu)\, dt\,; \quad x = \int (\varkappa + \varkappa_\nu + \sigma_\nu + \iota_\nu)\, dt$$

und Absorption der Gesamtstrahlung:

$$d\bar{\tau} = \bar{\varkappa}\, dt\,; \quad \bar{\tau} = \int \bar{\varkappa}\, dt\,.$$

Schreiben wir noch die gesamte Emission pro cm³, sec, Raumwinkel- und Frequenzintervall 1 bei der Frequenz ν in der Form

$$\boxed{(\varkappa + (1-\delta)\,\varkappa_\nu)\, B_\nu(t) + \sigma_\nu J_\nu(t) + \iota_\nu \frac{\int \iota_\nu J_\nu\, d\nu}{\int \iota_\nu\, d\nu} = (\varkappa + \varkappa_\nu + \sigma_\nu + \iota_\nu)\, S_\nu(t)} \tag{100, 3}$$

und definieren damit analog Gl. (27, 7) die *Ergiebigkeit* $S_\nu(t)$, so nimmt die Differentialgleichung (100, 1) für die ν-Strahlung die schon aus Kap. V [vgl. z. B. (26, 7) oder (27, 8) usw.] bekannte Form — aber mit verallgemeinerter *Bedeutung* der Zeichen — an:

$$\boxed{\frac{dI_\nu}{dx \cdot \sec\vartheta} - I_\nu = -S_\nu\,.} \tag{100, 4}$$

Im folgenden werden wir bei I_ν, J_ν, B_ν und S_ν vielfach die Indices ν weglassen und bequemer I, J, B und S schreiben. Eine Verwechslung mit der Gesamtstrahlung usw. ist ja nicht mehr zu befürchten.

Die in Abschnitt 28, 30 und 31 gefundenen Beziehungen zwischen Strahlungsintensität $I(x, \vartheta)$, Strahlungsstrom $\pi F(x)$ und Ergiebigkeit bleiben auch für unser allgemeineres Problem unverändert gültig.

---

[1] An diese Bemerkung knüpft die Bezeichnungsweise an, welche im Anschluß an A. S. EDDINGTON [502] von B. STRÖMGREN [1532] u. a. gebraucht wird:

	„Sternatmosphären"	B. STRÖMGREN u. a.
Kontinuierliche Absorption im Bereich der Linie	$\varkappa$	k_ν
Linienabsorption	$\varkappa_\nu$	$l_\nu \cdot \varepsilon$
Linienstreuung	σ_ν	$l_\nu(1-\varepsilon)$
Reemissionsfaktor.	$1-\delta$	ϱ

Die I.A.U. hat sich 1938 für die hier gebrauchte Notation entschieden [vgl. Trans. I.A.U VI, 352 (1938)].

Insbesondere gelten an der Oberfläche $x = 0$ einer sehr tiefen Atmosphäre wieder die bekannten Gl. (28, 8) und (30, 10)

$$I(0, \vartheta) = \int_0^\infty S(x)\, e^{-x \sec\vartheta}\, dx \sec\vartheta \tag{100, 5}$$

und

$$\frac{1}{2} F(0) = \int_0^\infty S(x) \cdot K_2(x)\, dx\,. \tag{100, 6}$$

Unsere weiteren Entwicklungen werden nun auf folgendem Plan basieren: In Kap. VIII haben wir gelernt, *Druck, Temperatur, den kontinuierlichen Absorptionskoeffizienten* $\varkappa$ usw. in einer Sternatmosphäre als Funktion von $\bar{\tau}$, τ oder t zu berechnen. Damit ist also zunächst einmal die in $S(x)$ eingehende KIRCHHOFF-PLANCK-Funktion B als Funktion der Tiefe *bekannt*. Weiterhin aber können nach Kap. X—XIV wenigstens im Prinzip (im einzelnen soll dies noch ausgeführt werden) die Koeffizienten für Linienabsorption, -streuung usw. $\varkappa_\nu$, σ_ν, ... als Funktion des Frequenzabstandes von der Linienmitte *und* der Tiefe in der Atmosphäre berechnet werden, sofern wir die Zusammensetzung des Sterns als bekannt annehmen. In manchen Fällen wird sogar die Frequenzabhängigkeit von $\varkappa_\nu$, σ_ν, ... von der Tiefe abhängen. Um also die Intensitätsverteilung in einer Linie — ihr „*Profil*" — zu berechnen, müßte die SCHWARZSCHILDsche Differentialgleichung (100, 1) für eine beliebig vorgegebene Tiefenabhängigkeit von $\bar{\varkappa}$, $\varkappa$, $\varkappa_\nu$, σ_ν, ... und B gelöst werden. In solcher Allgemeinheit läßt dieses mathematische Problem aber keine praktisch brauchbare Lösung zu. Wir werden es daher zunächst unter bestimmten vereinfachenden Annahmen über die Tiefenabhängigkeit der erwähnten Größen oder — wie wir kurz sagen wollen — die „*Schichtung*" durchrechnen, wobei wir gleichzeitig unsere Annahmen über die *Art des Strahlungsaustausches* in dieser oder jener Weise spezialisieren.

Anhand des Studiums verschiedener solcher „*Modelle*" von Sternatmosphären wollen wir dann in Abschnitt 103 untersuchen, in welcher Hinsicht die *Linienprofile* einerseits von der *Schichtung* (wie wir kurz sagen wollen) und andererseits von der *Art des Strahlungsaustausches* (wahre Absorption, Streuung, ...) abhängen.

Unsere Stellungnahme zu diesen Problemen hat sich — um schon etwas vom Ergebnis vorwegzunehmen — im Laufe des letzten Jahrzehnts gründlich gewandelt: Früher legte man — unter dem Eindruck der ersten Untersuchungen über Resonanzlinien im Sonnenspektrum und unter der Annahme relativ niedriger Drucke — dem Prozeß der Streuung die größte Bedeutung bei. In Abschnitt 99 haben wir uns dagegen klargemacht, daß er einen ganz seltenen Ausnahmefall darstellt und daß weitaus die meisten Linien dem Schema „wahre Absorption" folgen. Bezüglich der ebenfalls wichtigen inkohärenten Streuung werden wir in Abschnitt 104 zeigen, daß sie sich *praktisch* von der wahren Absorption im allgemeinen kaum unterscheidet. Auf der anderen Seite begnügte man sich früher fast durchweg — zunächst aus Gründen der mathematischen Einfachheit — mit einem *linearen* Ansatz für die KIRCHHOFF-PLANCK-Funktion $B(\tau)$ in Abhängigkeit von der optischen Tiefe τ für kontinuierliche Absorption $\varkappa$ in der Umgebung der Linie. Neuere Studien haben aber gezeigt, daß 1. die wirkliche Tiefenabhängigkeit des $B(\tau)$ von einer linearen, gerade in den oberflächennahen Schichten oft erheblich abweicht, insbesondere wenn man den Einfluß der Linien auf das Strahlungsgleichgewicht berücksichtigt (Kap. VIII) und 2. der Einfluß der Tiefenabhängigkeit von $B(\tau)$ auf die Linienprofile und insbesondere ihre Variation von Sonnenmitte zum Sonnenrand meist wichtiger ist, als der von Feinheiten in der Art des Strahlungsaustausches (z. B. „wahre Absorption" oder „Streuung").

101. FRAUNHOFER-Linien mit wahrer Absorption (und evtl. Extinktion).

In dem praktisch wichtigsten Fall von Linien, die durch *wahre Absorption* $\varkappa_\nu$ gebildet werden, haben wir den großen Vorteil, in Gl. (100, 5) und (100, 6) (und ihren in Abschnitt 28 und 30 schon angeschriebenen Verallgemeinerungen für beliebige Tiefen x) schon eine *exakte Lösung* der SCHWARZSCHILDschen Differentialgleichung (100, 1) in der Hand zu haben. Den etwas allgemeineren Fall $\delta \neq 0$, der mit dem speziellen Wert $\delta = 1$ zur *Extinktion* führt, können wir ohne weiteres hier gleich subsumieren.

Es bleibt also zu erörtern, wie man das *Linienprofil* und seine *Mitte-Rand-Variation* — z. B. auf der Sonne — zweckmäßig berechnet und wie es anspricht 1. auf die *Tiefenabhängigkeit von* $\varkappa_\nu/\varkappa$ und 2. auf die *Tiefenabhängigkeit der* KIRCHHOFF-PLANCK-*Funktion* $B(\tau)$. Daneben interessiert — eigentlich mehr als der Spezialfall der *Extinktion* ($\delta = 1$) — die Frage, wie das Linienprofil reagiert 3. auf kleine *Abweichungen vom lokalen thermodynamischen Gleichgewicht* $\delta \neq 0$. Wir greifen diese Probleme nun mit verschiedenen mathematischen Methoden an.

A) Numerische Integration. Vorweg erinnern wir noch einmal daran, daß auch beliebig komplizierte Probleme der beschriebenen Art relativ leicht durch numerische Quadratur exakt gelöst werden können. Die mathematischen Methoden haben wir bereits in Abschnitt 31 dargestellt und möchten insbesondere nochmals auf die für die Zahlenrechnung sehr bequeme Form (31, 2) und (31, 3) unserer Gl. (100, 5) und (100, 6) hinweisen. Im Falle einer analytisch unbequemen Tiefenabhängigkeit von $\varkappa_\nu/\varkappa$ oder $B(\tau)$ oder bei den neuerdings immer wichtiger werdenden Problemen, in denen die Frequenzabhängigkeit des $\varkappa_\nu$ mit der Tiefe variiert, ist die direkte Auswertung der Gl. (31, 2) und (31, 3) jedem anderen Verfahren vorzuziehen. Sie wurde zum ersten Male in dieser Weise von A. ROSA [1525] auf die BALMER-*Linien* des Sonnenspektrums angewandt.

Nachdem (Kap. VIII) $B(\tau)$ als Funktion von τ bekannt ist, berechnet man zunächst die Beziehung zwischen x und τ aus

$$x = \int_0^\tau \frac{\varkappa + \varkappa_\nu}{\varkappa} \cdot d\tau \tag{101, 1}$$

und erhält z. B. die an der Sternoberfläche austretende Strahlungsintensität einerseits in der Linie $I(0, \vartheta)$, andererseits im benachbarten Kontinuum:

$$I(0, \vartheta) = \int_0^1 B(x)\, d(e^{-x \sec\vartheta}) \quad \text{bzw.} \quad I_0(0, \vartheta) = \int_0^1 B(\tau)\, d(e^{-\tau \sec\vartheta}). \tag{101, 2}$$

Die *Linientiefe* $r(0, \vartheta)$ in Bruchteilen der Intensität des Kontinuums wird dementsprechend

$$r(0, \vartheta) = \frac{I_0(0, \vartheta) - I(0, \vartheta)}{I_0(0, \vartheta)}. \tag{101, 3}$$

Zur Erhöhung der Rechengenauigkeit insbesondere bei kleinen $r(0, \vartheta)$ bildet man im Zähler zweckmäßig schon *vor* der Integration die *Differenz* der Integranden und trägt sie über einer gemeinsamen Abszisse $e^{-x \sec\vartheta}$ bzw. $e^{-\tau \sec\vartheta}$ auf.

In ganz entsprechender Weise schreibt man für den *Strahlungsstrom* (Sternspektren!):

$$F(0) = \int_0^1 B(x)\, d(2\, K_3(x)) \quad \text{bzw.} \quad F_0(0) = \int_0^1 B(\tau)\, d(2\, K_3(\tau)) \tag{101, 4}$$

und erhält die zugehörige Linientiefe

$$R(0) = \frac{F_0(0) - F(0)}{F_0(0)} \tag{101, 5}$$

durch Integration über einer Abszissenskala $2K_3$.

B) Schichtmodell mit linearer Tiefenabhängigkeit von B(τ). SCHUSTER-SCHWARZSCHILD-Modell und MILNE-EDDINGTON-Modell als Spezialfälle des Schichtmodells. Als Beitrag zur Klärung der eingangs besprochenen allgemeinen Fragen betrachten wir nun das folgende *Schichtmodell*:

Der *Linienabsorptionskoeffizient* $\varkappa_\nu$ stehe in der Schicht von $\tau = 0$ bis τ_1 zum kontinuierlichen Absorptionskoeffizienten $\varkappa$ in einem konstanten Verhältnis; in größeren Tiefen sei er gleich Null. Wir schreiben dementsprechend

$$\gamma = \frac{\varkappa}{\varkappa + \varkappa_\nu} = \begin{cases} \text{const} & \text{für } 0 \leqq \tau \leqq \tau_1 \\ 1 & \text{für } \tau_1 < \tau . \end{cases} \tag{101, 6}$$

Die gesamte optische Dicke der „Deckschicht" im Bereich der Linie wird also

$$\frac{\varkappa + \varkappa_\nu}{\varkappa} \cdot \tau_1 = \tau_1/\gamma = x_1 . \tag{101, 7}$$

Ferner werde die KIRCHHOFF-PLANCK-*Funktion* in Abhängigkeit von der optischen Tiefe τ in der Atmosphäre beschrieben durch die lineare *Approximation*

$$B(\tau) = B_0(1 + \beta_0 \tau) . \tag{101, 8}$$

Die Konstanten B_0 und — was wichtiger ist — β_0 bestimmte man früher gewöhnlich durch eine Reihenentwicklung von $B(\tau)$ in der Umgebung von $\tau = 0$. Besser entwickelt man nach B. STRÖMGREN [624] um einen geeigneten Schwerpunkt τ^* (für die Berechnung der Linienflügel oder der Äquivalentbreiten wählt man zweckmäßig $\tau^* = \cos\vartheta$ bzw. für den Strahlungsstrom $= 2/3$) und benutzt also die Formeln (41, 14—21).

Die *Ergiebigkeit*

$$S = \frac{\varkappa + (1 - \delta)\varkappa_\nu}{\varkappa + \varkappa_\nu} B \tag{101, 9}$$

ist nun als Funktion der optischen Tiefe $x = \int \frac{\varkappa + \varkappa_\nu}{\varkappa} d\tau$ nach (101, 8) beschrieben durch:

$$\frac{S(x)}{B_0} = \begin{cases} [1 - \delta(1 - \gamma)] \cdot [1 + \beta_0 \gamma x] & \text{für } x < x_1 \\ \left[1 + \beta_0(x - \frac{\varkappa_\nu}{\varkappa} \tau_1)\right] = [1 - \beta_0(1 - \gamma)\, x_1 + \beta_0 x] & \text{für } x > x_1 . \end{cases} \tag{101, 10}$$

Damit erhalten wir die an der Sternoberfläche austretende *Strahlungsintensität* $I(0, \vartheta)$ nach (100, 5):

$$\frac{I(0,\vartheta)}{B_0} = \int_0^{x_1} [1 - \delta(1 - \gamma)]\,[1 + \beta_0 \gamma x]\, e^{-x \sec\vartheta}\, dx \sec\vartheta + \\ + \int_{x_1}^{\infty} [1 - \beta_0(1 - \gamma)\, x_1 + \beta_0 x]\, e^{-x\sec\vartheta}\, dx \sec\vartheta \tag{101, 11}$$

oder nach Ausführung der elementaren Integrationen:

$$\boxed{\frac{I(0,\vartheta)}{B_0} = [1 - \delta(1 - \gamma)] \cdot [1 + \beta_0 \gamma \cos\vartheta - (1 + \beta_0 \gamma(x_1 + \cos\vartheta)\, e^{-x_1 \sec\vartheta})] + (1 + \beta_0(\gamma\, x_1 + \cos\vartheta))\, e^{-x_1 \sec\vartheta} .} \tag{101, 12}$$

Diesen Ausdruck spezialisieren wir nun für einige übersichtliche Grenzfälle:

1. *Das* SCHUSTER-SCHWARZSCHILD-*Modell (S.-S.-Modell)*. In Anlehnung an die klassischen Abhandlungen von A. SCHUSTER [532] und K. SCHWARZSCHILD [1528] — die ihrerseits wieder an G. KIRCHHOFF anknüpfen — nehmen wir jetzt an, daß die FRAUNHOFER-Linien in einer ganz dünnen „umkehrenden Schicht" entstehen, deren optische Dicke für das Kontinuum verschwindend klein sei. Dafür soll in dieser Schicht das Verhältnis $\varkappa_\nu/\varkappa$ so groß sein, daß ihre optische Dicke für die Linienabsorption doch endlich bleibt. Wir machen also in (101, 12) den Grenzübergang

$$\left.\begin{array}{l} \tau_1 \to 0 \\ \gamma = \dfrac{\varkappa}{\varkappa + \varkappa_\nu} \to 0 \end{array}\right\} \quad \text{so, daß } \frac{\tau_1}{\gamma} = x_1 \text{ endlich bleibt.}$$

Damit ergibt sich:

$$\frac{I(0,\vartheta)}{B_0} = 1 + \beta_0 \cos\vartheta \cdot e^{-x_1 \sec\vartheta} - \delta(1 - e^{-x_1 \sec\vartheta}) \qquad (101, 13)$$

und nach (101, 3) für die *Linientiefe* [im Kontinuum $x_1 = 0$ ist natürlich wieder $I_0(0, \vartheta) = B_0(1 + \beta_0 \cos\vartheta)$] in Abhängigkeit von x_1 und ϑ:

$$r(0, \vartheta) = \frac{\beta_0 \cos\vartheta + \delta}{1 + \beta_0 \cos\vartheta} (1 - e^{-x_1 \sec\vartheta}) \,. \qquad (101, 14)$$

Für *schwache Linien* und die *Flügel* starker Linien, d. h. $x_1 \ll 1$, erhält man daraus die Näherungsformel:

$$r(0, \vartheta) \approx x_1 \frac{\beta_0 + \delta \sec\vartheta}{1 + \beta_0 \cos\vartheta} = \frac{\varkappa_\nu}{\varkappa} \cdot \tau_1 \frac{\beta_0 + \delta \sec\vartheta}{1 + \beta_0 \cos\vartheta} \cdots (x_1 \ll 1)\,. \qquad (101, 15)$$

Für wahre Absorption ($\delta = 0$) und erst recht für Extinktion ($\delta = 1$) nimmt also im S.S.-Modell die Intensität der schwachen Linien und der Flügel starker Linien von der Mitte ($\cos\vartheta = 1$) zum Rand ($\cos\vartheta \to 0$) der Sonnen- bzw. Sternscheibe hin zunächst *zu*. Erst am Rande selbst, wo die Entwicklung (101, 15) versagt, sinkt nach (101, 14) $r(0, \vartheta)$ von $\cos\vartheta \approx x_1$ an rasch ab und nähert sich dem Grenzwert δ. Am Sonnenrand verschwinden also die Linien bei wahrer Absorption ($\delta = 0$). Abweichungen vom thermischen Gleichgewicht führen hier je nach dem Vorzeichen von δ zu Emissions- oder Absorptionslinien.

In der *Mitte sehr starker Linien*, d. h. für $x_1 \to \infty$, ist nach (101, 13) stets $I(0, \vartheta) = B_0(1 - \delta)$, d. h. der *Absolutwert der Restintensität* liegt stets bei der KIRCHHOFF-PLANCK-*Funktion der Sternoberfläche*. Dies ist eigentlich selbstverständlich: Da die Oberflächenschicht sehr stark absorbiert, muß sie im thermischen Gleichgewicht wie ein schwarzer Körper der Grenztemperatur T_0 strahlen.

2. *Das* MILNE-EDDINGTON-*Modell (M.-E.-Modell)*. Als zweiten Grenzfall betrachten wir nun im Anschluß an die grundlegenden Arbeiten von A. S. EDDINGTON [1505] und E. A. MILNE [1515] ein Modell, in dem für jede Frequenz innerhalb der Linie das Verhältnis $\varkappa_\nu/\varkappa$ bzw. $\gamma = \varkappa/\varkappa + \varkappa_\nu$ von der optischen Tiefe τ *unabhängig* ist. Wir brauchen also in Gl. (101, 12) nur bei festgehaltenem γ den Grenzübergang $x_1 \to \infty$ auszuführen und erhalten für die *Strahlungsintensität*

$$\frac{I(0,\vartheta)}{B_0} = [1 - \delta(1 - \gamma)] \cdot [1 + \beta_0 \gamma \cos\vartheta] \qquad (101, 16)$$

und damit die *Linientiefe*

$$r(0, \vartheta) = (1 - \gamma) \frac{\beta_0 \cos\vartheta + \delta(1 + \beta_0 \gamma \cos\vartheta)}{1 + \beta_0 \cos\vartheta} \,. \qquad (101, 17)$$

Für *schwache Linien* und die *Flügel* starker Linien, d. h. im Grenzfall $\frac{\varkappa_\nu}{\varkappa + \varkappa_\nu} = 1 - \gamma \ll 1$, erhält man daraus

$$r(0, \vartheta) \approx \frac{\varkappa_\nu}{\varkappa} \left(\frac{\beta_0 \cos\vartheta}{1 + \beta_0 \cos\vartheta} + \delta \right). \tag{101, 18}$$

Ihre Tiefe nimmt also von der Mitte ($\cos\vartheta = 1$) zum Rand ($\cos\vartheta = 0$) monoton *ab* und nähert sich am Rande dem Grenzwert $\frac{\varkappa_\nu}{\varkappa} \cdot \delta$, der für wahre Absorption ($\delta = 0$) wieder verschwindet, während Abweichungen vom thermischen Gleichgewicht ($\delta \neq 0$) auch hier wieder zu Emissions- oder Absorptionslinien führen können.

Hinsichtlich der Restintensität starker Linien führt das M.-E.-Modell selbstverständlich zu denselben Aussagen wie das S.-S.-Modell.

Schließlich ergänzen wir unsere Formeln für das Schichtmodell und seine Grenzfälle noch durch die Berechnung des *Strahlungsstromes* πF und der entsprechenden Linientiefe $R(0)$ nach Gl. (100, 6). Mit Hilfe von (101, 10) findet man:

$$\frac{F(0)}{2\,B_0} = \int\limits_0^{x_1} [1 - \delta(1-\gamma)]\,[1 + \beta_0\,\gamma\,x] \cdot K_2(x)\,d\,x + \int\limits_{x_1}^{\infty} [1 - \beta_0(1-\gamma)\,x_1 + \beta_0\,x] \cdot K_2(x)\,d\,x \tag{101, 19}$$

und nach Anhang C, Gl. (C, 18), (C, 19) und (C, 9):

$$\begin{aligned} \frac{F(0)}{2\,B_0} = {} & [1 - \delta(1-\gamma)] \cdot \left[\frac{1}{2} + \frac{\beta_0\,\gamma}{3} - K_3(x_1) - \beta_0\,\gamma\,(x_1\,K_3(x_1) + K_4(x_1))\right] + \\ & + (1 + \beta_0\,\gamma\,x_1)\,K_3(x_1) + \beta_0\,K_4(x_1)\,. \end{aligned} \tag{101, 20}$$

Durch Spezialisierung erhält man daraus wieder für

1. Das Schuster-Schwarzschild-*Modell* (x_1 endlich; $\gamma \to 0$):

$$\frac{F(0)}{2\,B_0} = \frac{1}{2} + \beta_0\,K_4(x_1) - \delta\left(\frac{1}{2} - K_3(x_1)\right) \tag{101, 21}$$

und die zugehörige *Linientiefe* $\left(\text{mit } \frac{F_0}{2\,B_0} = \frac{1}{2} + \frac{\beta_0}{3}\right)$

$$R(0) = \frac{\beta_0\left(\frac{1}{3} - K_4(x_1)\right) + \delta\left(\frac{1}{2} - K_3(x_1)\right)}{\frac{1}{2} + \frac{\beta_0}{3}} \to \frac{\varkappa_\nu}{\varkappa} \cdot \tau_1 \frac{\frac{\beta_0}{2} + \delta}{\frac{1}{2} + \frac{\beta_0}{3}} \tag{101, 22}$$

für $x_1 \ll 1$ nach (C, 9) und (C, 18).

2. Das Milne-Eddington-*Modell* ($x_1 \to \infty$; $\gamma = \text{const}$):

$$\frac{F(0)}{2\,B_0} = [1 - \delta(1-\gamma)] \cdot \left[\frac{1}{2} + \frac{\beta_0\,\gamma}{3}\right] \tag{101, 23}$$

sowie die zugehörige *Linientiefe*

$$R(0) = (1-\gamma)\,\frac{\frac{\beta_0}{3} + \delta\left(\frac{1}{2} + \frac{\beta_0\,\gamma}{3}\right)}{\frac{1}{2} + \frac{\beta_0}{3}} \to \frac{\varkappa_\nu}{\varkappa}\left(\frac{\frac{\beta_0}{3}}{\frac{1}{2} + \frac{\beta_0}{3}} + \delta\right) \tag{101, 24}$$

für $\frac{\varkappa_\nu}{\varkappa} \ll 1$. Wie zu erwarten, stimmen die rechts stehenden Ausdrücke in Gl. (101, 22) bzw. (101, 24) im wesentlichen überein mit den $r(0, \vartheta)$ der Gl. (101,15) bzw. (101, 18) für $\cos\vartheta = 2/3$.

Wir stellen den eingehenderen Vergleich unserer Formeln für verschiedene Modelle sowie verschiedene Werte von β_0, ϑ usw. noch zurück, um zunächst

— wieder für wahre Absorption — einige Methoden zur Berechnung der $r(0, \vartheta)$ bzw. $R(0)$ für allgemeinere Modelle zu betrachten.

C) B. STRÖMGRENs Methode der Mittelwerte. Wenn das Verhältnis von Linien- und kontinuierlichen Absorptionskoeffizienten bzw. $\gamma = \frac{\varkappa}{\varkappa + \varkappa_\nu}$ in irgendwelcher — z. B. numerisch vorgegebener — Weise von τ abhängt, so kann man sich mit B. STRÖMGREN [1532] die Frage vorlegen: „*Welchen Mittelwert* $\overline{\gamma}$ *müßte man in die bekannten Formeln für das* MILNE-EDDINGTON-*Modell* ($\gamma =$ const) *einsetzen, damit die richtige Intensität in der Linie herauskommt?*"

Wir beantworten diese Frage sogleich unter der Voraussetzung *wahrer Absorption* ($\delta = 0$) für den *Strahlungsstrom*, d. h. Sternspektren [die noch elementarere Rechnung für $I(0, \vartheta)$ bleibe dem Leser überlassen]. Nach Gl. (100, 6) schreiben wir wieder:

$$\frac{1}{2} F(0) = \int_0^\infty B(\tau) \cdot K_2(x)\, dx\,, \tag{101, 25}$$

wobei wir uns die KIRCHHOFF-PLANCK-Funktion als Funktion der optischen Tiefe τ für das Kontinuum gegeben denken, während die Integration über x zu erstrecken ist, wobei

$$\frac{d\tau}{dx} = \frac{\varkappa}{\varkappa + \varkappa_\nu} = \gamma(x)\,. \tag{101, 26}$$

Wir integrieren (101, 25) partiell ($d\, K_3(x) = -\, K_2(x)\, dx$) und erhalten:

$$\frac{1}{2} F(0) = -\, B(\tau) \cdot K_3(x) \Big|_0^\infty + \int_0^\infty K_3(x) \cdot \frac{dB}{d\tau} \cdot \gamma\, dx\,. \tag{101, 27}$$

Der erste Ausdruck rechts ist gleich $\frac{1}{2} B(0)$. Vergleichen wir nun mit dem *M.-E.-Modell* $\gamma = \overline{\gamma} =$ const, so folgt

$$\boxed{\overline{\gamma} \int_0^\infty \frac{dB}{d\tau} \cdot K_3(x)\, dx = \int_0^\infty \gamma \frac{dB}{d\tau} \cdot K_3(x)\, dx\,.} \tag{101, 28}$$

Ist speziell — entsprechend dem linearen Ansatz (101, 8) — $\frac{dB}{d\tau} =$ const, so nimmt unsere Gleichung die sehr übersichtliche Form an:

$$\overline{\gamma} = \int_{3 K_4(x) = 0}^{1} \gamma\, d(3\, K_4(x))\,. \tag{101, 29}$$

Der „Schwerpunkt" der Mittelbildung liegt also (vgl. Abb. 130) bei $3\, K_4(x) = 0{,}5$ oder $x = 0{,}483$, was anschaulich ganz plausibel erscheint. Die allgemeinere Gl. (101, 28) lehrt darüber hinausgehend, daß z. B. ein steiler Temperaturgradient in der Nähe der Sternoberfläche die Wirksamkeit der dort befindlichen Atome beträchtlich erhöht. Es ist offenbar sinnlos — wie dies vielfach in der Literatur geschehen ist — die Tiefenabhängigkeit des γ in alle Feinheiten zu verfolgen, während man für $B(\tau)$ eine ganz rohe lineare Schematisierung beibehält.

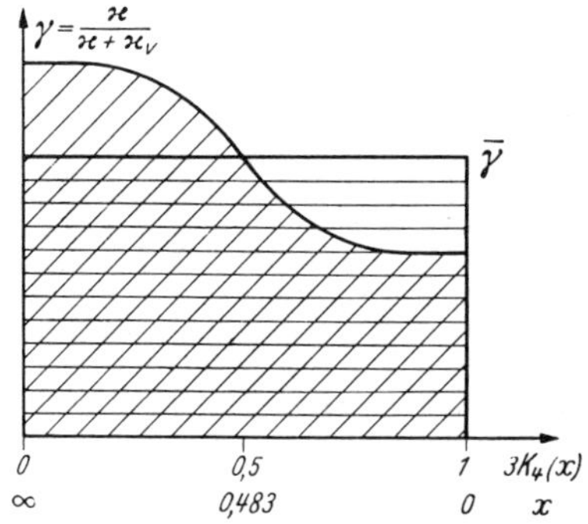

Abb. 130. Mittelbildung über $\gamma = \frac{\varkappa}{\varkappa + \varkappa_\nu}$ nach B. STRÖMGREN [1532] zur Berechnung des Strahlungsstromes bei wahrer Absorption.

Für die praktische Berechnung von Linienkonturen dürfte die „Methode der Mittelwerte" heute überholt sein: Im Falle wahrer Absorption ist es ebenso einfach, nach a) die Intensitätsverteilung in der Linie direkt durch numerische Integration zu berechnen. Auf „Streuung" werden wir in Abschnitt 102 eingehen.

D) Näherungsverfahren nach EDDINGTON-BARBIER. Wenn es darauf ankommt, mit einfachsten mathematischen Hilfsmitteln auch bei komplizierteren Problemen einen Überblick (ohne allzu hohe Ansprüche an die Genauigkeit) zu gewinnen, dann erweist sich nach A. UNSÖLD [1543] auch in der Theorie der FRAUNHOFER-Linien die Näherungsmethode von EDDINGTON und BARBIER [Abschnitt 28, f] als sehr nützlich. Nach Gl. (28, 20) gilt in guter Näherung bei wahrer Absorption

$$I(0,\vartheta) = B(x = \cos\vartheta)\,. \tag{101, 30}$$

Die mittlere Strahlungsintensität F erhalten wir analog nach Gl. (30, 15) für $x = 2/3$; wir können sie also nachträglich aus den Formeln für $I(0,\vartheta)$ bekommen, indem wir dort einfach $\cos\vartheta = 2/3$ setzen.

Zwischen den optischen Tiefen x innerhalb und τ außerhalb der Linie besteht nun die Beziehung

$$x = \int_0^\tau \left(1 + \frac{\varkappa_\nu}{\varkappa}\right) d\tau = \tau + \Delta\tau_\nu \quad \text{mit} \quad \Delta\tau_\nu = \int_0^\tau \frac{\varkappa_\nu}{\varkappa}\, d\tau\,. \tag{101, 31}$$

Um $I(0,\vartheta)$ zu erhalten, müssen wir nun in $B(\tau)$ das Argument τ so einrichten, daß

$$\begin{aligned} &\text{im Kontinuum} && \tau = \cos\vartheta \\ \text{und}\quad &\text{in der Linie} && \tau + \Delta\tau_\nu = \cos\vartheta \end{aligned} \tag{101, 32}$$

ist. Die Linientiefe $r(0,\vartheta)$ wird also

$$r(0,\vartheta) = \frac{B(\tau = \cos\vartheta) - B(\tau = \cos\vartheta - \Delta\tau_\nu)}{B(\tau = \cos\vartheta)}\,. \tag{101, 33}$$

Beschränken wir uns nun weiterhin auf „schwache Absorption", d. h. $r(0,\vartheta) \ll 1$, so wird auch

$$\Delta\tau_\nu = \int_0^{\cos\vartheta} \frac{\varkappa_\nu}{\varkappa}\, d\tau \ll 1\,, \tag{101, 34}$$

und wir dürfen im Zähler von (101, 33) entwickeln, wobei sich ergibt

$$\boxed{r(0,\vartheta) = \frac{1}{B(\cos\vartheta)} \left(\frac{dB}{d\tau}\right)_{\cos\vartheta} \cdot \Delta\tau_\nu(\cos\vartheta) = \left(\frac{d\ln B}{d\tau}\right)_{\cos\vartheta} \cdot \Delta\tau_\nu(\cos\vartheta)}\,. \tag{101, 35}$$

Um die Anwendung dieses überraschend wendigen Verfahrens zu illustrieren, greifen wir etwa auf unseren linearen Ansatz für die KIRCHHOFF-PLANCK-Funktion $B(\tau) = B_0(1 + \beta_0\,\tau)$ zurück und erhalten zunächst

$$\left(\frac{d\ln B}{d\tau}\right)_{\cos\vartheta} = \frac{\beta_0}{1 + \beta_0\cos\vartheta}\,. \tag{101, 36}$$

Sind nun die in der Linie absorbierenden Atome in den äußersten Schichten der Atmosphäre zusammengedrängt, so wird bei allen nicht gar zu kleinen $\cos\vartheta$ das Integral $\Delta\tau_\nu = \int_0^{\cos\vartheta} \frac{\varkappa_\nu}{\varkappa}\, d\tau$ einen festen Wert $\overline{\Delta\tau_\nu}$ haben, und wir erhalten

$$r(0,\vartheta) = \frac{\beta_0}{1 + \beta_0\cos\vartheta} \cdot \overline{\Delta\tau_\nu}\,, \tag{101, 37}$$

was mit den Formeln (101, 15) bzw. (101, 22) für das *S.-S.-Modell* ($\delta = 0$ gesetzt) exakt übereinstimmt.

Nehmen wir andererseits an, daß $\varkappa_\nu/\varkappa$ von τ unabhängig sei, so wird $\Delta\tau_\nu = \frac{\varkappa_\nu}{\varkappa} \cdot \cos\vartheta$, und wir erhalten

$$r(0, \vartheta) = \frac{\varkappa_\nu}{\varkappa} \cdot \frac{\beta_0 \cos\vartheta}{1 + \beta_0 \cos\vartheta}, \qquad (101, 38)$$

was mit Gl. (101, 18) bzw. (101, 24) für das *M.-E.-Modell* ($\delta = 0$) genau übereinstimmt.

Auch das Verhalten des allgemeineren *Schichtmodells* nach (101, 7) läßt sich anhand unserer Gl. (101, 35) fast ohne Rechnung übersehen: Es ist jetzt für

$$\left.\begin{aligned} &0 \leqq \cos\vartheta \leqq \tau_1: \quad \Delta\tau_\nu = \frac{\varkappa_\nu}{\varkappa} \cos\vartheta \\ \text{und für} \quad &\tau_1 \leqq \cos\vartheta: \quad \Delta\tau_\nu = \int_0^{\tau_1} \frac{\varkappa_\nu}{\varkappa}\, d\tau = \frac{\varkappa_\nu}{\varkappa} \cdot \tau_1 . \end{aligned}\right\} \qquad (101, 39)$$

Mit (101, 36) erhält man also für

$$\left.\begin{aligned} &0 \leqq \cos\vartheta \leqq \tau_1: \quad r(0, \vartheta) = \frac{\varkappa_\nu}{\varkappa} \cdot \frac{\beta_0 \cos\vartheta}{1 + \beta_0 \cos\vartheta} \\ \text{und} \quad &\tau_1 \leqq \cos\vartheta: \quad r(0, \vartheta) = \frac{\varkappa_\nu}{\varkappa} \cdot \frac{\beta_0 \tau_1}{1 + \beta_0 \cos\vartheta}, \end{aligned}\right\} \qquad (101, 40)$$

d. h. die *Mitte-Rand-Variation* von $r(0, \vartheta)$ folgt in unserer Näherung bis $\cos\vartheta = \tau_1$ (sofern dieses < 1 ist) dem S.-S.-Modell, um dann weiter zum Rand hin wie beim

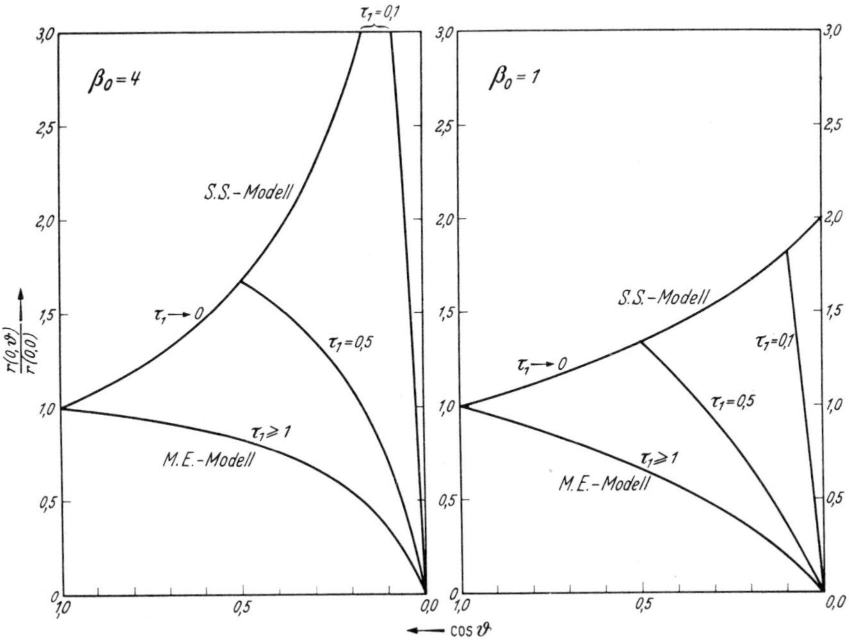

Abb. 131. *Mitte-Rand-Variation* bei schwacher Absorption ($r(0, \vartheta) \ll 1$, d. h. schwache Linien oder Flügel starker Linien) für das *Schichtmodell* nach der Näherung von EDDINGTON-BARBIER (101, 40) berechnet für $\beta = 4$ und 1. Auf der Sonne würde dies dem blauen und roten Spektralbereich entsprechen. Die Modelle von SCHUSTER-SCHWARZSCHILD bzw. MILNE-EDDINGTON erscheinen als Grenzfälle. Die Darstellung ist sehr instruktiv, aber für praktische Anwendungen zu ungenau.

M.-E.-Modell abzunehmen. Wird $\tau_1 > 1$, so ist sein genauer Wert praktisch belanglos. Einige Beispiele zeigt Abb. 131. Es ist lehrreich, sie mit der nach den Formeln des Schichtmodells durchgerechneten Abb. 41 von J. HOUTGASTs

Dissertation [1509] zu vergleichen, deren Tendenzen damit völlig durchsichtig werden. Wir hätten natürlich auch Abweichungen vom lokalen thermischen Gleichgewicht mit $\delta \neq 0$ leicht berücksichtigen können.

Schließlich können wir mit Gl. (101, 35) noch ganz leicht überblicken, wie die *Mitte-Rand-Variation* der Linien bei schwacher Absorption beeinflußt wird a) von der Tiefenabhängigkeit der Kirchhoff-Planck-*Funktion* $B(\tau)$ und b) von der des *Verhältnisses* $\varkappa_\nu/\varkappa$. Es ist nämlich

$$\frac{r(0,\vartheta)}{r(0,0)} = \frac{\left(\frac{d\ln B}{d\tau}\right)_{\cos\vartheta}}{\left(\frac{d\ln B}{d\tau}\right)_1} \cdot \frac{\Delta\tau_\nu(\cos\vartheta)}{\Delta\tau_\nu(1)}. \tag{101, 41}$$

In dieser Formel hängt der erste Faktor rechts *nur* mit a), der zweite nur mit b) zusammen. Man erkennt sofort, daß *beide* gleich wichtig sind; es hat also praktisch wenig Sinn, sich so einseitig z. B. auf Modelle mit linearer Kirchhoff-Planck-Funktion zu verlegen, wie dies in der Literatur weithin üblich ist. Die Anwendung von (101, 41) auf die Sonne werden wir in Abschnitt 113 behandeln.

E) Methode der Gewichtsfunktionen. Anschauliche Betrachtungen wie auch die Rechnungen der vorhergehenden Abschnitte legen die Vermutung nahe, daß bei *schwacher Absorption*, d. h. in schwachen Linien oder in den Flügeln starker Linien die selektiv absorbierenden oder streuenden Atome in der optischen Tiefe τ (für kontinuierliche Absorption in dem betreffenden Wellenlängengebiet) einen Beitrag zur Linientiefe geben, der durch eine Art *Gewichtsfunktion* dargestellt wird, die von einem endlichen Wert der Größenordnung Eins bei $\tau = 0$ aus für $\tau > 1$ rasch gegen Null geht.

Diese Gewichtsfunktionen werden natürlich verschieden sein, je nachdem wir es mit *wahrer Absorption* oder mit *Streuung* zu tun haben. Wir unterscheiden die beiden Arten des Strahlungsaustausches durch Indizes 1 (Absorption) und 2 (Streuung). Betrachten wir den *Strahlungsstrom* (Sternspektren), so werden die Gewichtsfunktionen nur von τ abhängen; wir nennen sie dann $G_1(\tau)$ und $G_2(\tau)$. Untersucht man dagegen die *Strahlungsintensität*, d. h. verschiedene Stellen der Sonnenscheibe, so wird noch der Austrittswinkel ϑ eingehen; wir sprechen dann von $g_1(\tau, \vartheta)$ und $g_2(\tau, \vartheta)$. In allen diesen Fällen wird es noch erheblich auf die Tiefenabhängigkeit der Kirchhoff-Planck-Funktion ankommen, die wir uns für das betreffende Spektralgebiet in der Form $B(\tau)$ vorgegeben denken.

Die Bedeutung unserer *Methode der Gewichtsfunktionen* beruht darauf, daß man wenigstens bei schwacher Absorption $r(0, \vartheta)$ bzw. $R(0)$ (die also $\ll 1$ sein müssen) relativ leicht exakt berechnen kann für *beliebig* geschichtete Atmosphären, d. h. für beliebige Tiefenabhängigkeiten von $\varkappa_\nu/\varkappa$, $\sigma_\nu/\varkappa$ und $B(\tau)$. Die allgemeinen Ansätze entwickelte 1932 *Verf.* [1541] mit Hilfe der K. Schwarzschildschen Integralgleichung. Im einzelnen wurden aber damals nur die Rechnungen für eine lineare Kirchhoff-Planck-Funktion $B(\tau) \sim 1 + \beta_0\tau$ durchgeführt. Den Fall einer nichtlinearen Kirchhoff-Planck-Funktion, die durch eine Potenzreihe nach τ dargestellt wird, behandelte dann 1936 M. Minnaert [1517, 1518] näherungsweise anhand der Schwarzschildschen Differentialgleichung. Eine — ebenso einfache — exakte Berechnung der betreffenden Gewichtsfunktionen gaben dann A. Unsöld und W. Kurz [1544]. Auch exponentielle Glieder in der Kirchhoff-Planck-Funktion lassen sich nach K. Hunger [1510] leicht exakt berücksichtigen.

Wir behandeln hier zunächst den praktisch wichtigsten Fall der *wahren Absorption* (lokales thermodynamisches Gleichgewicht), wobei wir mögliche Abweichungen vom thermischen Gleichgewicht in der Reemission der Linien berücksichtigen, indem wir letztere wieder in der Form $(\varkappa + (1 - \delta)\varkappa_\nu) \cdot B(\tau)$ darstellen.

Schreiben wir wie in Abschnitt 100

$$d\tau = \varkappa\, dt\ ; \quad d\tau_\nu = \varkappa_\nu\, dt\ ; \quad dx = (\varkappa + \varkappa_\nu)\, dt\,, \tag{101, 42}$$

so ist zunächst die *Strahlungsintensität* $I(0, \vartheta)$ in bekannter Weise gegeben durch:

$$I(0, \vartheta) = \int\limits_0^\infty \frac{\varkappa + (1-\delta)\,\varkappa_\nu}{\varkappa + \varkappa_\nu} \cdot B(x)\, e^{-x \sec\vartheta} \cdot dx \sec\vartheta\,. \tag{101, 43}$$

Berücksichtigen wir nun, daß einerseits $x = \tau + \tau_\nu$ und andererseits für alle wesentlichen Distanzen $\tau_\nu \ll \tau$ und $\ll 1$ ist, so können wir folgendermaßen entwickeln:

$$I(0, \vartheta) \approx \int\limits_0^\infty B(\tau)\, e^{-\tau \sec\vartheta} (1 - \tau_\nu \sec\vartheta)\, (d\tau + (1-\delta)\, d\tau_\nu) \sec\vartheta \tag{101, 44}$$

oder

$$\left.\begin{aligned} I(0, \vartheta) \approx \int\limits_0^\infty B(\tau)\, e^{-\tau \sec\vartheta}\, d\tau \sec\vartheta - \int\limits_0^\infty \tau_\nu \sec\vartheta \cdot B(\tau) e^{-\tau \sec\vartheta}\, d\tau \sec\vartheta \\ + \int\limits_0^\infty (1-\delta) \cdot B(\tau)\, e^{-\tau\sec\vartheta}\, d\tau_\nu \sec\vartheta\,. \end{aligned}\right\} \tag{101, 45}$$

Das erste Integral stellt einfach die Intensität $I_0(0, \vartheta)$ des Kontinuums dar. Das zweite Glied rechts integrieren wir partiell unter Verwendung der Hilfsfunktion

$$\Phi^*(\tau) = \int\limits_\tau^\infty B(\tau)\, e^{-\tau \sec\vartheta}\, d\tau \sec\vartheta\,. \tag{101, 46}$$

[Speziell ist $\Phi^*(0) = I_0(0, \vartheta)$.] Es wird so

$$\int\limits_0^\infty \tau_\nu \sec\vartheta \cdot B(\tau) e^{-\tau\sec\vartheta}\, d\tau \sec\vartheta = -\,\tau_\nu \sec\vartheta \cdot \Phi^* \Big|_0^\infty + \int\limits_0^\infty \Phi^*(\tau) \cdot d\tau_\nu \sec\vartheta\,. \tag{101, 47}$$

Da das erste Glied rechts verschwindet, ergibt sich sogleich $I(0, \vartheta)$ oder besser

$$r(0, \vartheta) = \frac{I_0(0, \vartheta) - I(0, \vartheta)}{I_0(0, \vartheta)} = \frac{1}{\Phi^*(0)} \left\{ \int\limits_0^\infty \Phi^*(\tau) \cdot d\tau_\nu \sec\vartheta - \int\limits_0^\infty (1-\delta)\, B(\tau)\, e^{-\tau\sec\vartheta} d\tau_\nu \sec\vartheta \right\}. \tag{101, 48}$$

Diese Gleichung hat schon die gewünschte Form

$$\boxed{r(0, \vartheta) = \int\limits_0^\infty g_1(\tau, \vartheta)\, d\tau_\nu \quad \text{bzw.} \quad = \int\limits_0^\infty \frac{\varkappa_\nu}{\varkappa} \cdot g_1(\tau, \vartheta)\, d\tau\,,} \tag{101, 49}$$

wobei also die *Gewichtsfunktion*

$$\boxed{g_1(\tau, \vartheta) = \frac{1}{\Phi^*(0)} \left\{ \Phi^*(\tau) - (1-\delta)\, B(\tau)\, e^{-\tau \sec\vartheta} \right\} \cdot \sec\vartheta} \tag{101, 50}$$

ein Maß gibt für die „Wirksamkeit“ selektiv absorbierender Atome in der Tiefe τ bei der Bildung einer schwachen Einsenkung $r(0, \vartheta) \ll 1$ in dem betrachteten Spektralgebiet und bei dem gewählten ϑ.

Die Größe und der Verlauf der Gewichtsfunktion $g_1(\tau, \vartheta)$ sind nun offenbar wesentlich bedingt durch die *Tiefenabhängigkeit der* KIRCHHOFF-PLANCK-*Funktion* $B(\tau)$. Wäre diese z. B. konstant, so würde man überhaupt keine Linien, sondern nur das kontinuierliche Spektrum eines schwarzen Körpers bekommen. Wie schon KIRCHHOFF erkannte, ist die Bildung der FRAUNHOFER-Linien bei wahrer Absorption wesentlich an den Gradienten der Temperatur bzw. der KIRCHHOFF-PLANCK-Funktion gebunden.

Wir stellen letztere zunächst durch eine *Potenzreihe* dar [1544]:

$$B(\tau) = \sum_0^n \frac{\tau^n}{n!} B_0^{(n)}, \qquad (101, 51)$$

wo $B^{(n)}$ die n-te Ableitung von $B(\tau)$ und $B_0^{(n)}$ ihren Wert bei $\tau = 0$ bedeutet. Andererseits berechnen wir nach (101, 46) die Hilfsfunktion $\Phi^*(\tau)$ durch wiederholte partielle Integration nach dem Schema:

$$\Phi^*(\tau) = -\int_\tau^\infty B(\tau)\, d(e^{-\tau \sec\vartheta}) = B(\tau)\, e^{-\tau\sec\vartheta} + \int_\tau^\infty B^{(1)}(\tau) \cos\vartheta \cdot e^{-\tau\sec\vartheta}\, d\tau \sec\vartheta \ldots \text{usw.} \qquad (101, 52)$$

$$\Phi^*(\tau) = B(\tau)\, e^{-\tau\sec\vartheta} + \sum_1^n B^{(n)}(\tau) \cos^n\vartheta \cdot e^{-\tau\sec\vartheta}. \qquad (101, 53)$$

Die Ableitungen $B^{(n)}(\tau)$ an der Stelle τ lassen sich dabei nach (101, 51) leicht auf die $B_0^{(n)}$ zurückführen.

Aus Gl. (101, 50) erhält man nun

$$g_1(\tau, \vartheta) = \left\{\sum_0^n B_0^{(n)} \cos^n\vartheta\right\}^{-1} \cdot \left\{\delta \cdot B(\tau) + \sum_1^n B^{(n)}(\tau) \cos^n\vartheta\right\} e^{-\tau\sec\vartheta} \cdot \sec\vartheta. \qquad (101, 54)$$

Für eine lineare KIRCHHOFF-PLANCK-Funktion $B(\tau) = B_0(1 + \beta_0\tau)$ ergibt sich speziell die besonders einfache Gewichtsfunktion

$$g_1(\tau, \vartheta) = \frac{\beta_0 + \delta(1 + \beta_0\tau) \cdot \sec\vartheta}{1 + \beta_0 \cos\vartheta} \cdot e^{-\tau\sec\vartheta}, \qquad (101, 55)$$

deren Tiefenabhängigkeit bei lokalem thermodynamischem Gleichgewicht ($\delta = 0$) unabhängig ist von der der KIRCHHOFF-PLANCK-Funktion, d. h. von β_0. Dies gilt aber *nur* für eine lineare KIRCHHOFF-PLANCK-Funktion, wie sich sofort zeigt, wenn wir mit K. HUNGER [1510] den auch für die praktische Anwendung oft sehr nützlichen Ansatz

$$B(\tau) = B_0(1 + \beta_0\tau - A\, e^{-\alpha\tau}) \qquad (101, 56)$$

mit einem Exponentialglied durchrechnen. (Weitere Potenz- oder Exponentialglieder kann man dann ohne weiteres hinzuaddieren.) Man findet zunächst

$$\frac{\Phi^*(\tau)}{B_0} = (1 + \beta_0\tau + \beta_0\cos\vartheta)\, e^{-\tau\sec\vartheta} - \frac{A}{1 + \alpha\cos\vartheta} e^{-\tau(\alpha + \sec\vartheta)} \qquad (101, 57)$$

und weiterhin nach ganz elementarer Rechnung:

$$g_1(\tau, \vartheta) = \left\{1 + \beta_0\cos\vartheta - \frac{A}{1 + \alpha\cos\vartheta}\right\}^{-1} \times \left\{\beta_0 + \frac{A\,\alpha\, e^{-\alpha\tau}}{1 + \alpha\cos\vartheta} + \delta(1 + \beta\tau - A\, e^{-\alpha\tau}) \sec\vartheta\right\} e^{-\tau\sec\vartheta} \qquad (101, 58)$$

Abb. 132 nach K. HUNGER [1510] zeigt in ihrer linken Hälfte die Gewichtsfunktionen $g_1(\tau, \vartheta)$ für Sonnenmitte ($\cos\vartheta = 1$) und -rand ($\cos\vartheta = 0{,}25$) bei $\beta_0 = 1{,}75$ — was im Sonnenspektrum etwa λ 5500 Å entspricht — zunächst mit $A = 0$ und dann mit $A = 0{,}5$ und $\alpha = 4$ bzw. 10. Ein durch das Exponentialglied dargestellter steiler Abfall der KIRCHHOFF-PLANCK-Funktion etwa ab $\tau < 1/\alpha$, d. h. 0,25 bzw. 0,1 beeinflußt zwar die Linienstärken im Spektrum der Sonnenmitte nur wenig; am *Rand* dagegen werden dadurch Linien, die in höheren

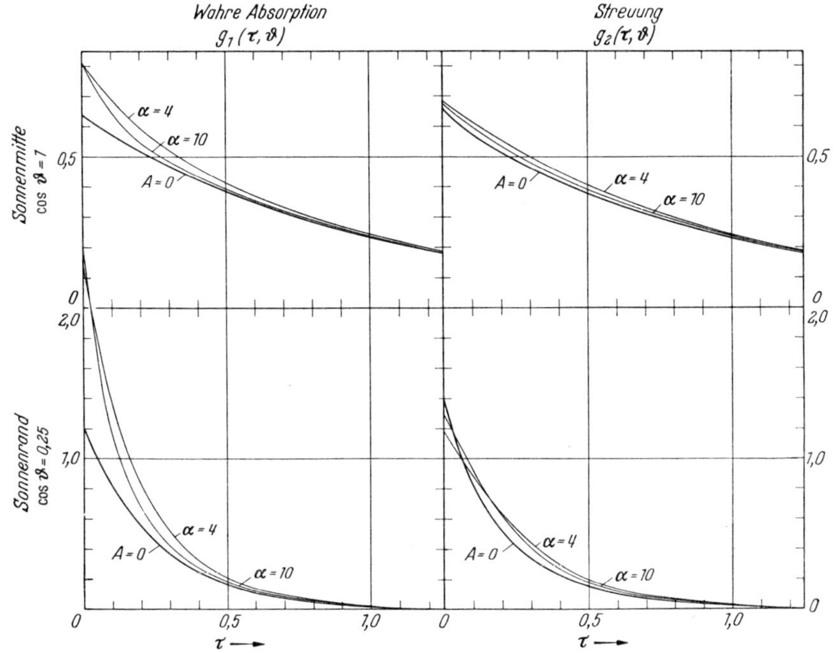

Abb. 132. *Gewichtsfunktionen* zur Berechnung von $r(0, \vartheta)$ (das $\ll 1$ sein muß) in Abhängigkeit von $\cos\vartheta$ für eine KIRCHHOFF-PLANCK-Funktion $B(\tau) = B_0(1 + \beta_0 \tau - A\, e^{-\alpha\tau})$ nach Gl. (101, 58) und (102, 52). Es ist $\beta_0 = 1{,}75$ gesetzt, entsprechend $\lambda \approx 5500$ Å auf der Sonne. A = 0 entspricht einer linearen K. P.-Funktion; die anderen Kurven mit $A = 0{,}5$ und $\alpha = 4$ bzw. 10 repräsentieren einen immer steileren Temperaturabfall in den äußersten Schichten, wie wir ihn etwa in nichtgrauen Atmosphären erwarten. Nach K. HUNGER [1510], wo auch die entsprechenden Mitte-Rand-Verdunkelungskurven für das Kontinuum aufgezeichnet sind.

Schichten entstehen, ungefähr um einen Faktor zwei verstärkt! Es bestätigt sich damit unsere schon früher ausgesprochene Erkenntnis, daß man die *Mitte-Rand-Variation* der Linien (mit wahrer Absorption) auf der Sonne nur dann zu verstehen hoffen kann, wenn man sich vorher eine sehr eingehende Kenntnis des Temperaturverlaufes in den höheren Schichten der Atmosphäre verschafft hat.

Ehe wir unsere Ansätze weiter verallgemeinern, wollen wir sie noch zur Illustration auf die schon unter b) durchgerechneten Modelle nach SCHUSTER-SCHWARZSCHILD bzw. MILNE-EDDINGTON anwenden, wobei wir uns jedoch auf eine *lineare* KIRCHHOFF-PLANCK-*Funktion* $B(\tau) \sim 1 + \beta_0 \tau$ beschränken.

1. Im SCHUSTER-SCHWARZSCHILD-*Modell* bezeichnen wir wie unter b), 1. die optische Dicke der „umkehrenden Schicht" für Linienabsorption mit x_1. Die Integration (101, 49) ist dann *nur* über diese Schicht zu erstrecken, wobei $g_1 = g_1(0, \vartheta) = \text{const}$ und $\int_0^\infty d\tau_\nu = x_1$ wird. Es ergibt sich also

$$\text{S.-S.-Modell mit wahrer Absorption:} \quad r(0, \vartheta) = g_1(0, \vartheta) \cdot x_1 \qquad (101, 59)$$

und nach (101, 55)

$$r(0, \vartheta) = \frac{\beta_0 + \delta \sec\vartheta}{1 + \beta_0 \cos\vartheta} \cdot x_1 \qquad (101, 60)$$

in Übereinstimmung mit Gl. (101, 15).

2. Im MILNE-EDDINGTON-*Modell* sollte andererseits $\varkappa_\nu/\varkappa = \text{const}$ sein. Wir konnen es daher in (101, 49) vor das Integralzeichen ziehen und erhalten:

M.-E.-Modell mit wahrer Absorption:

$$r(0, \vartheta) = \frac{\varkappa_\nu}{\varkappa} \int_0^\infty g_1(\tau, \vartheta)\, d\tau \qquad (101, 61)$$

oder mit (101, 55)

$$r(0, \vartheta) = \frac{\varkappa_\nu}{\varkappa} \left(\frac{\beta_0 \cos\vartheta}{1 + \beta_0 \cos\vartheta} + \delta \right) \qquad (101, 62)$$

in Übereinstimmung mit (101, 18).

Die Berechnung der *Gewichtsfunktionen für die Linien im Strahlungsstrom* (Sternspektren; integriertes Sonnenlicht) bietet nun keine Schwierigkeiten mehr. Statt Gl. (101, 43) ist jetzt unser Ausgangspunkt die bekannte Formel:

$$\frac{1}{2} F(0) = \int_0^\infty \frac{\varkappa + (1 - \delta)\,\varkappa_\nu}{\varkappa + \varkappa_\nu} B(x) \cdot K_2(x)\, dx\,. \qquad (101, 63)$$

Entwickelt man für $\tau_\nu \ll \tau$ die Funktion $K_2(\tau + \tau_\nu) = K_2(\tau) - \tau_\nu K(\tau) \cdots$, so ergibt sich

$$\frac{1}{2} F(0) = \int_0^\infty B(\tau) \cdot (K_2(\tau) - \tau_\nu K(\tau))\, (d\tau + (1 - \delta)\, d\tau_\nu) \qquad (101, 64)$$

oder

$$\frac{1}{2} F(0) = \int_0^\infty B(\tau) \cdot K_2(\tau)\, d\tau - \int_0^\infty \tau_\nu \cdot B(\tau)\, K(\tau)\, d\tau + \int_0^\infty (1 - \delta)\, B(\tau)\, K_2(\tau)\, d\tau_\nu\,. \qquad (101, 65)$$

Das zweite Integral rechts integrieren wir wieder partiell unter Verwendung der Hilfsfunktion

$$\Phi(\tau) = \int_\tau^\infty B(\tau) \cdot K(\tau)\, d\tau\,. \qquad (101, 66)$$

Das erste Integral rechts, das dem Strahlungsstrom im Kontinuum entspricht, schreiben wir kurz

$$X = \frac{1}{2} F_0(0) = \int_0^\infty B(\tau)\, K_2(\tau)\, d\tau\,. \qquad (101, 67)$$

Ganz analog zu den Gl. (101, 47—50) erhalten wir so schließlich die Linientiefe

$$\boxed{R(0) = \frac{F_0(0) - F(0)}{F_0(0)} = \int_0^\infty G_1(\tau)\, d\tau_\nu \quad \text{bzw.} \quad = \int_0^\infty \frac{\varkappa_\nu}{\varkappa} G_1(\tau)\, d\tau} \qquad (101, 68)$$

mit der *Gewichtsfunktion*

$$G_1(\tau) = \frac{1}{X}\{\Phi(\tau) - (1-\delta)\, B(\tau)\, K_2(\tau)\}\,. \tag{101, 69}$$

Mit dem Potenzreihen-Ansatz (101, 51) für die KIRCHHOFF-PLANCK-Funktion erhält man unter Verwendung der Formeln des Anhangs C nach A. UNSÖLD und W. KURZ [1544] zunächst

$$\Phi(\tau) = \sum_0^n B^{(n)}(\tau)\, K_{n+2}(\tau)\,, \tag{101, 70}$$

$$X = \sum_0^n B_0^{(n)} \frac{1}{n+2} \tag{101, 71}$$

und damit

$$G_1(\tau) = \left\{\sum_0^n B_0^{(n)} \frac{1}{n+2}\right\}^{-1} \cdot \left\{\delta \cdot B(\tau)\, K_2(\tau) + \sum_1^n B^{(n)}(\tau)\, K_{n+2}(\tau)\right\}. \tag{101, 72}$$

Für die lineare KIRCHHOFF-PLANCK-Funktion ergibt sich daraus analog (101, 55) die Gewichtsfunktion

$$G_1(\tau) = \left\{\frac{1}{2} + \frac{\beta_0}{3}\right\}^{-1} \times$$
$$\times \{\beta_0 K_3(\tau) + \delta(1+\beta_0\tau)\, K_2(\tau)\}, \tag{101, 73}$$

deren Tiefenabhängigkeit für $\delta = 0$, d. h. lokales thermisches Gleichgewicht, wieder von β_0 unabhängig ist.

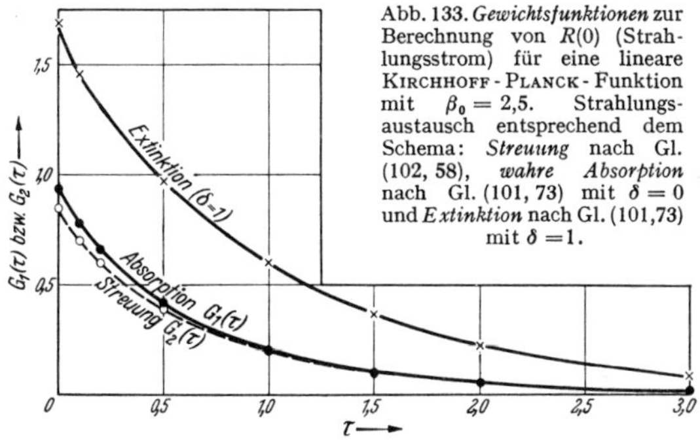

Abb. 133. *Gewichtsfunktionen* zur Berechnung von $R(0)$ (Strahlungsstrom) für eine lineare KIRCHHOFF-PLANCK-Funktion mit $\beta_0 = 2{,}5$. Strahlungsaustausch entsprechend dem Schema: *Streuung* nach Gl. (102, 58), *wahre Absorption* nach Gl. (101, 73) mit $\delta = 0$ und *Extinktion* nach Gl. (101,73) mit $\delta = 1$.

Nimmt man nach (101, 56) noch ein Exponentialglied in $B(\tau)$ hinzu, so erhält man nach K. HUNGER [1510] mit Hilfe von Anhang C ohne Schwierigkeit:

$$G_1(\tau) = \left\{\frac{1}{2} + \frac{\beta_0}{3} - \frac{A}{\alpha}\left(1 - \frac{1}{\alpha}\ln(1+\alpha)\right)\right\}^{-1} \cdot \left\{\beta_0 K_3(\tau) - \frac{A}{\alpha} e^{-\alpha\tau} \times \right. \tag{101, 74}$$
$$\left. \times [K(\tau) - e^{\alpha\tau} K((1+\alpha)\,\tau) - \alpha K_2(\tau)] + \delta(1 + \beta_0\tau - A\, e^{-\alpha\tau}) \cdot K_2(\tau)\right\}.$$

Nach diesen allgemeinen Deduktionen kehren wir noch einmal zu unseren früheren Rechnungen zurück und bemerken zunächst zu B. STRÖMGRENs *Methode der Mittelwerte*, daß der Gewichtsfaktor $K_3(x)$ der dortigen Gl. (101, 28) in dem $G_1(\tau)$ nach Gl. (101, 73) als $K_3(\tau)$ wiederkehrt. Eine analoge Betrachtung könnte man natürlich auch für die Strahlungsintensität ausführen.

Sodann ist es lehrreich, die Hauptgleichung (101, 37) der EDDINGTON-BARBIER*schen Näherung* noch einmal von der Theorie der Gewichtsfunktionen her zu beleuchten. Es sei Verf. erlaubt, sich dabei auf die Betrachtung der Strahlungs*intensität* sowie eine lineare KIRCHHOFF-PLANCK-Funktion zu beschränken:

Durch partielle Integration erhalten wir aus Gl. (101, 49)

$$r(0,\vartheta) = g_1(\tau,\vartheta)\cdot\tau_\nu\Big|_0^\infty - \int_0^\infty \tau_\nu \frac{d g_1(\tau,\vartheta)}{d\tau}\cdot d\tau\,. \tag{101, 75}$$

Das erste Glied rechts verschwindet; das zweite berechnen wir mit (101, 55) (für $\delta = 0$) und erhalten

$$r(0, \vartheta) = \frac{\beta_0}{1 + \beta_0 \cos\vartheta} \cdot \int_0^\infty \tau_\nu \cdot e^{-\tau \sec\vartheta} \, d\tau \sec\vartheta \,. \tag{101, 76}$$

Dieses Integral ist nach Gl. (28, 18—20) näherungsweise gleich der optischen Tiefe für Linienabsorption bis herunter zu $\tau = \cos\vartheta$, d. h. $\Delta\tau_\nu(\cos\vartheta)$. Wir kommen damit genau auf unsere frühere Gl. (101, 37) zurück.

Bei der Analyse der Spektren von Sternatmosphären, über deren Aufbau noch wenig bekannt ist, sieht man sich oft genötigt, für die ganze Atmosphäre mit *einem Mittelwert* von $\varkappa_\nu/\varkappa$ auszukommen. Wir fragen: „*Auf welche optische Tiefe $\tau = \tau^*$ bezieht sich dieser Mittelwert, wenn wir von $r(0, \vartheta)$ bzw. $R(0)$ ausgehen?*"

Da eine solche Rechnung ohnedies keine große Genauigkeit erwarten läßt, können wir uns wieder mit den Gewichtsfunktionen für eine lineare Kirchhoff-Planck-Funktion und $\delta = 0$ nach (101, 55) bzw. (101, 73) begnügen.

Wir entwickeln $\varkappa_\nu/\varkappa = f(\tau)$ in der Umgebung von τ^*

$$f(\tau) = f(\tau^*) + (\tau - \tau^*)\, f'(\tau^*) + \cdots \tag{101, 77}$$

und fordern nun

$$\int_0^\infty f(\tau) \cdot g_1(\tau, \vartheta)\, d\tau \approx \int_0^\infty f(\tau^*)\, g_1(\tau, \vartheta)\, d\tau \tag{101, 78}$$

oder

$$\int_0^\infty (\tau - \tau^*)\, g_1(\tau, \vartheta)\, d\tau = 0 \,. \tag{101, 79}$$

Mit $g_1(\tau, \vartheta) \sim e^{-\tau \sec\vartheta}$ ergibt dies

$$\tau^* = \cos\vartheta \,; \tag{101, 80}$$

d. h. $\varkappa_\nu/\varkappa$ bezieht sich — sofern sein Wert mit der Tiefe nicht allzu stark variiert — in der Hauptsache auf die nähere Umgebung dieser Schicht. Analysiert man das Spektrum eines ganzen Sternes, so muß man an Stelle von $g_1(\tau, \vartheta)$ das $G_1(\tau) \sim K_3(\tau)$ nehmen, und es wird

$$\int_0^\infty (\tau - \tau^*)\, K_3(\tau)\, d\tau = K_5(0) - \tau^* K_4(0) = 0 \,, \tag{101, 81}$$

d. h.

$$\tau^* = 3/4 \,. \tag{101, 82}$$

Beide Schwerpunkte τ^* nach (101, 80) und (101, 82) sind interessanterweise unabhängig von β_0, d. h. vom Temperaturgradienten der Atmosphäre.

Schließlich untersuchen wir noch kurz den Einfluß von *Abweichungen vom lokalen thermodynamischen Gleichgewicht*, d. h. eines $\delta \neq 0$, auf die Gewichtsfunktionen. Es genüge dabei, daß wir uns auf $G_1(\tau)$ für die lineare Kirchhoff-Planck-Funktion beschränken. Nach Gl. (101, 73) ändert sich $G_1(\tau)$ bei Berücksichtigung des δ-Gliedes im Verhältnis

$$1 + \delta \cdot \frac{(1 + \beta_0 \tau)\, K_2(\tau)}{\beta_0\, K_3(\tau)} \,. \tag{101, 83}$$

Bei $\tau = \tau^* = 3/4$ (für andere sinnvolle τ ergeben sich ganz ähnliche Werte) ist der Faktor von δ für

$$\left.\begin{array}{lccc} & \beta_0 = 1 & 3 & 6 \\ \left(\frac{3}{4} + \frac{1}{\beta_0}\right) \frac{K_2(0{,}75)}{K_3(0{,}75)} = & 2{,}46 & 1{,}52 & 1{,}29 \end{array}\right\} \tag{101, 84}$$

Auf der Sonne würden die drei Werte dem roten, grünen und blauen Spektralbereich entsprechen. Selbst wenn die Abweichungen der Reemission vom thermischen Gleichgewicht, d. h. δ, etwa $\pm$ 10% erreichen, liegen die entsprechenden Änderungen der $R(0)$ noch innerhalb der bei Sternspektren üblichen Meßfehler. Beim Übergang zu *Extinktion* im Sinne J. HOUTGASTs, d. h. $\delta = +1$, würde die Einsenkung der Linien bei $R(0) \ll 1$ etwas mehr als verdoppelt.

102. FRAUNHOFER-Linien mit kohärenter Streuung.

Schon im Abschnitt 99 haben wir ausgeführt, daß dem Strahlungsaustausch durch *kohärente Streuung* in den Sternatmosphären bei weitem nicht die Bedeutung zukommen dürfte, die man ihm früher zuzuschreiben geneigt war. Trotzdem lohnt es sich, wenigstens einige Probleme auch für (kohärente) Streuung durchzurechnen, um durch Vergleich mit den analogen Formeln des vorhergehenden Abschnittes den Einfluß der *Art des Strahlungsaustausches* auf die FRAUNHOFER-Linien zu studieren.

Da wir neben der *Linienstreuung* σ_ν auf jeden Fall *kontinuierliche Absorption* $\varkappa$ und häufig auch wahre *Linienabsorption* $\varkappa_\nu$ haben werden, so müssen wir ausgehen von der *Integrodifferentialgleichung* (100, 1), in der wir δ und ι_ν gleich Null setzen (die Indizes ν lassen wir wieder weg):

$$\cos\vartheta \frac{d\,I(t,\vartheta)}{dt} = (\varkappa + \varkappa_\nu + \sigma_\nu)\,I(t,\vartheta) - (\varkappa + \varkappa_\nu)\,B(t) - \sigma_\nu\,J(t)\,. \qquad (102,1)$$

Dabei ist $J(t) = \int I(t,\vartheta)\frac{d\omega}{4\pi}$; die KIRCHHOFF-PLANCK-Funktion $B(t)$ soll als Funktion der Tiefe bekannt sein. Wegen des $J(t)$-Gliedes können wir nun die Lösung nicht mehr unmittelbar hinschreiben, sondern müssen sie durch Integration der *Differentialgleichung* (102, 1) oder der äquivalenten *Integralgleichung* unter Beachtung der bekannten Grenzbedingungen für $\tau = 0$ bzw. ∞ von Fall zu Fall berechnen. Dabei stehen uns zunächst die in Kap. VI dargestellten Methoden zur Verfügung. Wir behandeln im folgenden zunächst wieder die speziellen Modelle nach SCHUSTER-SCHWARZSCHILD bzw. MILNE-EDDINGTON, um uns dann von einschränkenden Voraussetzungen mehr und mehr frei zu machen.

A) Das SCHUSTER-SCHWARZSCHILD-Modell einer Sternatmosphäre mit reiner Streuung σ_ν. Das von A. SCHUSTER und K. SCHWARZSCHILD in ihren grundlegenden Arbeiten zur Theorie der FRAUNHOFER-Linien benutzte *S.-S.-Modell* (wie wir es kurz nennen wollen) schließt sich — historisch gesehen — an die ursprünglichen Vorstellungen KIRCHHOFFs über den Bau der Sonnenatmosphäre an:

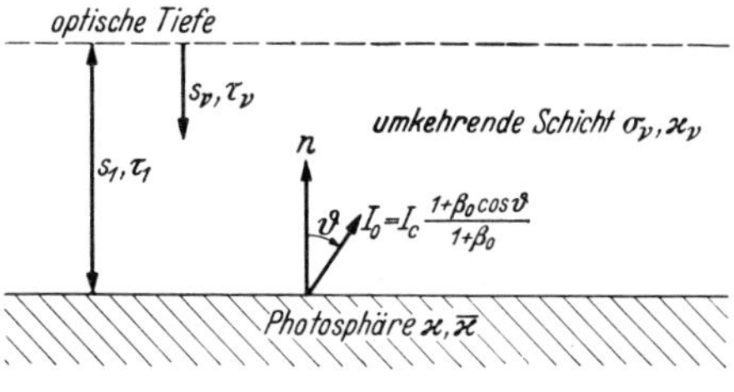

Abb. 134. SCHUSTER-SCHWARZSCHILD-Modell.

Den „Boden" der Atmosphäre (Abb. 134) bildet die *Photosphäre.* In ihr soll es nur kontinuierliche Absorption geben. Sie emittiert also ein *kontinuierliches Spektrum,* dessen Richtungsverteilung wir näherungsweise in der Form

$$I_0(\vartheta) = I_c \frac{1 + \beta_0 \cos\vartheta}{1 + \beta_0} \qquad (102,2)$$

darstellen können. I_c ist die Intensität in der Mitte der Sonnen- bzw. Sternscheibe ($\cos\vartheta = 1$).

Über dieser Photosphäre liegt nun die „*umkehrende Schicht*", welche die FRAUNHOFER-*Linien* erzeugt. Hier soll nun $\varkappa = 0$ sein, dafür aber in der Nähe der Linien selektive Streuung σ_ν stattfinden.

Bezüglich der Art des Strahlungsaustausches in der umkehrenden Schicht machen wir also zunächst — wie dies SCHUSTER und SCHWARZSCHILD ausschließlich taten — die Annahme reiner *Streuung* σ_ν. Die gesamte optische Dicke der umkehrenden Schicht sei $s_\nu = x_1$.

Da die Differentialgleichung des Strahlungsgleichgewichtes bei reiner Streuung ($\varkappa + \varkappa_\nu = 0$) für Strahlung einer bestimmten Frequenz dieselbe Form hat, wie die Differentialgleichung für die Gesamtstrahlung, so können wir deren Lösung (35, 11) einfach übernehmen. Es ist also[1]

$$J(s_\nu) = \frac{1}{2} F\left(1 + \frac{3}{2} s_\nu\right). \tag{102, 3}$$

Die Integrationskonstante F ist $= 1/\pi \times$ dem *Strahlungsstrom* für die Frequenz ν. Sie muß nun festgelegt werden durch Bezugnahme auf die vorgegebene *Einstrahlung* I_0 an der Grenze von umkehrender Schicht und Photosphäre ($s_\nu = x_1$).

Wir berechnen also mit Hilfe der Gl. (28, 4) und (28, 5) zunächst die Intensitäten der Aus- und Einstrahlung in der optischen Tiefe s_ν:

$$\left.\begin{aligned} 0 \leqq \vartheta < \frac{\pi}{2}: \; I(s_\nu, \vartheta) &= I_0(\vartheta)\, e^{-(x_1 - s_\nu)\sec\vartheta} + \int\limits_{s_\nu}^{x_1} J(x)\, e^{-(x - s_\nu)\sec\vartheta} d\,x \sec\vartheta \\ \frac{\pi}{2} \leqq \vartheta \leqq \pi: \; I(s_\nu, \vartheta) &= \qquad - \int\limits_{0}^{s_\nu} J(x)\, e^{-(x - s_\nu)\sec\vartheta} d\,x \sec\vartheta \end{aligned}\right\} \tag{102, 4}$$

oder ausgerechnet:

$$\left.\begin{aligned} 0 \leqq \vartheta \leqq \frac{\pi}{2}: I(s_\nu, \vartheta) &= \frac{1}{2} F\left(1 + \frac{3}{2} s_\nu + \frac{3}{2}\cos\vartheta\right) \\ &\quad + e^{-(x_1 - s_\nu)\sec\vartheta}\left[I_0(\vartheta) - \frac{1}{2} F\left(1 + \frac{3}{2} x_1 + \frac{3}{2}\cos\vartheta\right)\right] \\ \frac{\pi}{2} \leqq \vartheta \leqq \pi: I(s_\nu, \vartheta) &= \frac{1}{2} F\left(1 + \frac{3}{2} s_\nu + \frac{3}{2}\cos\vartheta\right) - e^{s_\nu \sec\vartheta} \cdot \frac{1}{2} F\left(1 + \frac{3}{2}\cos\vartheta\right). \end{aligned}\right\} \tag{102, 5}$$

Damit wird weiterhin der Strahlungsstrom in der Tiefe x_1

$$\left.\begin{aligned} \pi F &= \int\limits_0^\pi I_{s_\nu = x_1} \cos\vartheta \cdot 2\pi \sin\vartheta\, d\vartheta \\ &= \pi \int\limits_0^{\pi/2} \left[2 I_0 - F\left(1 + \frac{3}{2} x_1 - \frac{3}{2}\cos\vartheta\right) + e^{-x_1 \sec\vartheta} \cdot F\left(1 - \frac{3}{2}\cos\vartheta\right)\right] \times \\ &\qquad \times \cos\vartheta \sin\vartheta\, d\vartheta, \end{aligned}\right\} \tag{102, 6}$$

oder ausintegriert nach einfacher Rechnung [I_0 aus (102, 2) einsetzen; als Variable im 1. Glied $\cos\vartheta$ und im 2. Glied $\sec\vartheta$ benutzen!]:

$$F = I_c \frac{1 + \frac{2}{3}\beta_0}{1 + \beta_0} - F \cdot \frac{3}{4} x_1 - F \int\limits_1^\infty \left(1 - \frac{3}{2\,x}\right) e^{-x_1 \cdot x} \frac{d\,x}{x^3}. \tag{102, 7}$$

---

[1] Diese Näherung ist für unsere Zwecke genau genug.

Bezeichnen wir noch den Strahlungsstrom des ungestörten kontinuierlichen Spektrums mit

$$F_0 = I_c \frac{1+\frac{2}{3}\beta_0}{1+\beta_0}, \tag{102, 8}$$

so erhalten wir für den Strahlungsstrom durch eine streuende Schicht der optischen Dicke x_1 aus (102, 7)

$$\frac{F}{F_0} = \frac{1}{1+x_1 \cdot \varphi(x_1)}, \tag{102, 9}$$

wo nach den Formeln von Anhang C

$$\varphi(x_1) = \frac{1}{4}\{3 + (1+x_1)\,e^{-x_1} - (2\,x_1 + x_1^2)\,K(x_1)\} \tag{102, 10}$$

wird. Für $x_1 \ll 1$ ist $\varphi \approx 1$; für große x_1 strebt es gegen 3/4 (Tab. 54). Es genügt also vielfach, mit einem konstanten Näherungswert $\overline{\varphi}$ zu rechnen. Während (102, 9) die *mittlere Ausstrahlung* der ganzen „Scheibe" eines Sternes bestimmt, können wir die Strahlungsintensität an der Sternoberfläche ($s_\nu = 0$) in Abhängigkeit vom Austrittswinkel ϑ leicht vollends aus (102,5) berechnen und erhalten für das Intensitätsverhältnis von Linie : Kontinuum die Formel:

Tabelle 54. Die Funktion $\varphi(x_1)$ nach Gl. (102, 10).

x_1	$\varphi(x_1)$	x_1	$\varphi(x_1)$
0,00	1,000	0,50	0,803
0,03	0,955	0,75	0,781
0,10	0,904	1,00	0,770
0,20	0,862	1,50	0,758
0,30	0,834	2,00	0,754

$$\frac{I(0,\vartheta)}{I_0(\vartheta)} = e^{-x_1 \sec\vartheta} + \frac{\frac{1}{2}+\frac{\beta_0}{3}}{1+\beta_0\cos\vartheta} \cdot \frac{\left(1+\frac{3}{2}\cos\vartheta\right)(1-e^{-x_1\sec\vartheta}) - \frac{3}{2}\,x_1 \cdot e^{-x_1\sec\vartheta}}{1+x_1\cdot\varphi(x_1)}. \tag{102, 11}$$

Das 1. Glied entspricht der Photosphärenstrahlung, welche von der umkehrenden Schicht direkt durchgelassen wird; das 2. Glied beschreibt die Reemission der streuenden Schicht der optischen Dicke x_1. Die Wellenlängenabhängigkeit der Intensität in der Linie steckt ganz in x_1; β_0 kann, wie wir schon bemerkten, für Spektralbereiche von einigen 100 Å als konstant betrachtet werden.

Im Grenzfall schwacher Einsenkungen erhält man durch Reihenentwicklung bei $x_1 \ll 1$ für die richtungsabhängige Strahlungsintensität $I(0,\vartheta)$ nach (102, 11)

$$r(0,\vartheta) = \frac{I_0(\vartheta) - I(0,\vartheta)}{I_0(\vartheta)} \approx x_1 \cdot \frac{\beta_0 + \left(\frac{1}{2} - \frac{\beta_0}{3}\right)\sec\vartheta}{1+\beta_0\cos\vartheta} \tag{102, 12}$$

bzw. für den Strahlungsstrom nach (102, 9)

$$R(0) = \frac{F_0 - F}{F_0} \approx x_1\,. \tag{102, 13}$$

Wir stellen die Diskussion dieser Formeln noch zurück und untersuchen vorher

B) Das Milne-Eddington-Modell einer Sternatmosphäre mit Linienstreuung σ_ν und -absorption $\varkappa_\nu$. Nun sollen also die Verhältnisse $\sigma_\nu/\varkappa$ und $\varkappa_\nu/\varkappa$, welche die Intensität in der Linie bedingen, von der Tiefe t *un*abhängig sein. Um die Rechnungen nicht allzu sehr zu komplizieren, werde ferner die Kirchhoff-Planck-*Funktion* von vornherein durch ihre lineare Näherung

$$B(\tau) = B_0(1+\beta_0\,\tau) \tag{102, 14}$$

dargestellt, wofür wir mit $\tau + \tau_\nu = \int(\varkappa + \varkappa_\nu)\,dt = \frac{\varkappa+\varkappa_\nu}{\varkappa}\cdot\tau$ auch schreiben werden

$$B(\tau) = B_0(1+\beta(\tau+\tau_\nu)) \quad \text{mit} \quad \beta = \frac{\varkappa}{\varkappa+\varkappa_\nu}\,\beta_0\,. \tag{102, 15}$$

Zur Lösung der Integrodifferentialgleichung (102, 1) bedienen wir uns am besten des schon in Abschnitt 35 benutzten Näherungsverfahrens von A. S. EDDINGTON:

Für die Mittelwerte (35, 4)

$$J = \int I \frac{d\omega}{4\pi}, \quad H = \int I \cos\vartheta \frac{d\omega}{4\pi} \quad \text{und} \quad K = \int I \cos^2\vartheta \frac{d\omega}{4\pi} \tag{102, 16}$$

erhält man durch Multiplikation von (102, 1) mit $\frac{d\omega}{4\pi}$ bzw. $\cos\vartheta \frac{d\omega}{4\pi}$ die Differentialgleichungen

$$\frac{dH}{dt} = (\varkappa + \varkappa_\nu)(J - B) \tag{102, 17}$$

und

$$\frac{dK}{dt} = (\varkappa + \varkappa_\nu + \sigma_\nu) H . \tag{102, 18}$$

In der letzten Gleichung setzen wir nun wie in Abschnitt 35 — da $\overline{\cos^2\vartheta} = 1/3$ ist — näherungsweise

$$K = \frac{1}{3} J \tag{102, 19}$$

und erhalten durch nochmaliges Differenzieren zunächst

$$\frac{d^2 J}{dt^2} = 3(\varkappa + \varkappa_\nu + \sigma_\nu) \cdot \frac{dH}{dt} = 3(\varkappa + \varkappa_\nu + \sigma_\nu)(\varkappa + \varkappa_\nu)(J - B) . \tag{102, 20}$$

Führen wir noch eine optische Tiefe u durch die Definitionsgleichung

$$du = \sqrt{3(\varkappa + \varkappa_\nu + \sigma_\nu)(\varkappa + \varkappa_\nu)}\, dt \tag{102, 21}$$

ein, so ergibt sich wegen $\frac{d^2 B}{du^2} = 0$ die einfache[1] Differentialgleichung 2. Ordnung:

$$\frac{d^2(J - B)}{du^2} = J - B . \tag{102, 22}$$

Da für $u \to \infty$ die Lösung J nicht stärker anwachsen kann als B, so muß sie die Form haben

$$J = B + A \cdot e^{-u} . \tag{102, 23}$$

Ein Glied mit e^{+u} kann nicht vorkommen.

Schreiben wir zunächst auch B als Funktion von u, so wird

$$B = B_0 \left\{1 + \beta \frac{\varkappa + \varkappa_\nu}{\sqrt{3(\varkappa + \varkappa_\nu + \sigma_\nu)(\varkappa + \varkappa_\nu)}} \cdot u\right\} = B_0 \{1 + \beta \cdot \alpha u\} , \tag{102, 24}$$

wobei wir zur Abkürzung

$$\alpha = \sqrt{\frac{\varkappa + \varkappa_\nu}{3(\varkappa + \varkappa_\nu + \sigma_\nu)}} \tag{102, 25}$$

gesetzt haben. Damit erhalten wir nach (102, 18—21) und (102, 25)

$$H = \frac{1}{3(\varkappa + \varkappa_\nu + \sigma_\nu)} \cdot \frac{dJ}{dt} = \alpha \cdot \frac{dJ}{du} \tag{102, 26}$$

oder mit (102, 23) und (102, 24)

$$H = B_0 \cdot \beta \alpha^2 - \alpha A \cdot e^{-u} . \tag{102, 27}$$

---

[1] Das allgemeinere Problem mit einer *beliebig* von t abhängigen KIRCHHOFF-PLANCK-Funktion ist leicht auf Quadraturen zurückzuführen.

Um nun die Integrationskonstante A vollends festzulegen, benutzen wir wie in (35, 10) die *Grenzbedingung*, daß für

$$u = 0, \ldots J = 2H \tag{102, 28}$$

sein soll. Dies gibt mit (102, 23), (102, 24) und (102, 27)

$$2(B_0 \cdot \beta\,\alpha^2 - \alpha A) = B_0 + A \quad \text{oder} \quad A = B_0 \frac{2\beta\alpha^2 - 1}{1 + 2\alpha}. \tag{102, 29}$$

Durch Einsetzen in (102, 27) berechnen wir den Strahlungsstrom $\pi F = 4\pi H(0)$ an der Sternoberfläche

$$H(0) = \frac{F}{4} = B_0 \cdot \alpha \frac{1 + \beta\alpha}{1 + 2\alpha}. \tag{102, 30}$$

Außerhalb einer Spektrallinie wird $\sigma_\nu = \varkappa_\nu = 0$, also

$$\alpha = 1/\sqrt{3} \quad \text{und} \quad \beta = \beta_0 \tag{102, 31}$$

und

$$H_0(0) = \frac{F_0}{4} = B_0 \frac{1 + \beta_0/\sqrt{3}}{2 + \sqrt{3}}. \tag{102, 32}$$

Das Verhältnis von Linie:Kontinuum wird also für den *Strahlungsstrom* (ganze Sternoberfläche) schließlich

$$\frac{F}{F_0} = \frac{\alpha(2 + \sqrt{3})}{1 + 2\alpha} \cdot \frac{1 + \beta\alpha}{1 + \beta_0/\sqrt{3}}, \tag{102, 33}$$

wo — um daran nochmals zu erinnern — für eine bestimmte Linie β_0 eine Konstante ist, während die Frequenzabhängigkeit von β und α durch (102, 15) und (102, 25) definiert wird.

Die *Strahlungsintensität* $I(0, \vartheta)$ in der Linie erhält man nun, indem man die bekannte Integration (28, 8) durchführt mit der *Ergiebigkeitsfunktion* (27, 7)

$$S(x) = \frac{(\varkappa + \varkappa_\nu)\,B(x) + \sigma_\nu\,J(x)}{\varkappa + \varkappa_\nu + \sigma_\nu}, \tag{102, 34}$$

die man aus (102, 14) und (102 23) vollends leicht zusammensetzt. Es ergibt sich:

$$\frac{I(0,\vartheta)}{I_0(\vartheta)} = (1 + \beta_0 \cos\vartheta)^{-1} \left\{1 + 3\,\alpha^2 \beta \cdot \cos\vartheta + \frac{1 - 3\alpha^2}{1 + 2\alpha} \cdot \frac{2\alpha^2\beta - 1}{1 + 3\alpha\cos\vartheta}\right\}. \tag{102, 35}$$

Wir diskutieren zunächst den Grenzfall *schwacher Absorption*, und zwar für Linien mit reiner Streuung σ_ν. Ein entsprechender Anteil wahrer Linienabsorption $\varkappa_\nu$ würde — da die beiden Effekte sich in 1. Näherung überlagern — selbstverständlich wieder zu Gliedern der Form (102, 12) und (102, 13) führen.

Wegen $\varkappa_\nu = 0$ wird zunächst $\beta = \beta_0$. Weiterhin erhält man aus der Definitionsgleichung (102, 25) durch Reihenentwicklung für $\sigma_\nu/\varkappa \ll 1$:

$$\frac{1}{\alpha} = \sqrt{3\left(1 + \frac{\sigma_\nu}{\varkappa}\right)} \approx \sqrt{3}\left(1 + \frac{\sigma_\nu}{2\varkappa} \cdots\right) \tag{102, 36}$$

und

$$\alpha \approx \frac{1}{\sqrt{3}}\left(1 - \frac{\sigma_\nu}{2\varkappa} \cdots\right). \tag{102, 37}$$

Damit ergibt sich aus (102, 33) für den Strahlungs*strom*

$$R(0) = \frac{F_0 - F}{F_0} \approx \frac{\sigma_\nu}{\varkappa} \cdot \frac{1}{2} \left\{\frac{1}{1 + \frac{2}{\sqrt{3}}} + \frac{1}{1 + \frac{\sqrt{3}}{\beta_0}}\right\} \tag{102, 38}$$

und aus (102, 35) für die Strahlungs*intensität* nach einigen Umformungen:

$$r(0,\vartheta)=\frac{I_0(\vartheta)-I(0,\vartheta)}{I_0(\vartheta)}\approx\frac{\sigma_\nu}{\varkappa}\cdot\frac{\beta_0\cos\vartheta+\dfrac{1-\frac{2}{3}\beta_0}{\left(1+\frac{2}{\sqrt{3}}\right)(1+\sqrt{3}\cos\vartheta)}}{1+\beta_0\cos\vartheta}. \quad (102, 39)$$

Schließlich wollen wir uns noch kurz — ausgehend von dem rein phänomenologischen Standpunkt der Gl. (102, 33) und (102, 35) — mit der *Intensität in der Mitte der starken* FRAUNHOFER-*Linien* [1540] beschäftigen. Hier gehen $\varkappa_\nu/\varkappa$ und $\sigma_\nu/\varkappa$ gegen unendlich, während $\varkappa_\nu/\sigma_\nu$ einem endlichen Grenzwert zustrebt, der im Bereich der Linie als konstant betrachtet werden darf. Nehmen wir noch an, daß er von der Tiefe in der Atmosphäre unabhängig ist, so können wir die Formeln für das M.-E.-Modell anwenden und erhalten zunächst

$$\beta=0 \quad \text{sowie} \quad \frac{1}{3\alpha^2}=1+\frac{\sigma_\nu}{\varkappa_\nu} \quad (102, 40)$$

und damit für den *Strahlungsstrom* πF_c der Linienmitte nach (102, 33)

$$\frac{F_c}{F_0}=\frac{2+\sqrt{3}}{2+\frac{1}{\alpha}}\cdot\frac{1}{1+\frac{\beta_0}{\sqrt{3}}}. \quad (102, 41)$$

Für kleine Restintensitäten, d. h. $\varkappa_\nu/\sigma_\nu \ll 1$, erhält man durch Reihenentwicklung

$$\frac{F_c}{F_0}\approx\frac{1+\frac{2}{\sqrt{3}}}{1+\frac{\beta_0}{\sqrt{3}}}\cdot\sqrt{\frac{\varkappa_\nu}{\sigma_\nu}}. \quad (102, 42)$$

Entsprechend findet man für die *Strahlungsintensität* I_c in Abhängigkeit von ϑ nach (102, 35)

$$\frac{I_c(\vartheta)}{I_0(\vartheta)}=(1+\beta_0\cos\vartheta)^{-1}\cdot\left\{1-\frac{1-3\alpha^2}{(1+2\alpha)(1+3\alpha\cos\vartheta)}\right\} \quad (102, 43)$$

und als Näherung für $\varkappa_\nu/\sigma_\nu \ll 1$:

$$\frac{I_c(\vartheta)}{I_0(\vartheta)}\approx\frac{\frac{2}{\sqrt{3}}\left(1+\frac{3}{2}\cos\vartheta\right)}{1+\beta_0\cos\vartheta}\sqrt{\frac{\varkappa_\nu}{\sigma_\nu}}+\cdots. \quad (102, 44)$$

Bei der Anwendung dieser Formeln ist zu bedenken, daß die Zentralintensität der Linien erst in sehr hohen Schichten ausgebildet wird, nämlich dort, wo die optische Tiefe $s_\nu+\tau_\nu=\int(\sigma_\nu+\varkappa_\nu)\,dt\approx 1$ bzw. $\cos\vartheta$ ist. In diesen Höhen wird aber die übliche lineare Näherung der KIRCHHOFF-PLANCK-Funktion oft nicht mehr ausreichen. Wir werden auf diese Probleme später noch ausführlich zurückkommen.

Die im Vorhergehenden dargestellte EDDINGTONsche Lösung für das M.-E.-Modell ist — insbesondere bezüglich der oberflächennahen Schichten — noch mit merklichen *Fehlern* behaftet, da wir ja in Gl. (102, 19) eine Mittelung über alle Richtungen vorweggenommen hatten.

Eine mathematisch konsequente Lösung durch Zurückführung der Integrodifferentialgleichung (mit linearer KIRCHHOFF-PLANCK-Funktion) auf ein lineares Gleichungssystem nach dem in Abschnitt 36, B) dargestellten Verfahren haben S. CHANDRASEKHAR und seine Mitarbeiter entwickelt und numerisch in den ersten 3 Näherungen durchgerechnet [606; II, IV, VI]. Kurz darauf hat

S. CHANDRASEKHAR [606, XX; Hilfsfunktionen in XIX] eine exakte Lösung des M.-E.-Problems gefunden.

C) Allgemeinere Modelle mit Streuung, welche analytisch behandelt werden können. Mit geeigneten Ansätzen für die Tiefenabhängigkeit von $\sigma_\nu/\varkappa$, $\varkappa_\nu/\varkappa$ und $B(\tau)$ kann man die SCHWARZSCHILDsche Integrodifferentialgleichung (102, 1) — etwa nach dem EDDINGTONschen Verfahren — in geschlossener Form mit Hilfe bekannter Funktionen lösen. Derartige Rechnungen haben heute nur noch ziemlich beschränktes Interesse, da wir einerseits den wichtigsten Fall „schwacher Absorption" mittels der Methode der Gewichtsfunktionen (vgl. unter E) ganz allgemein und streng behandeln können, andererseits Streuungs-Probleme in der praktischen Anwendung überhaupt eine untergeordnete Rolle spielen.

1. Das *Schichtmodell* [analog Abschnitt 101, B)] ist schon von A. S. EDDINGTON [502, 1505] behandelt und dann von J. HOUTGAST [1509] in extenso durchgerechnet und diskutiert worden. Ein Modell mit vielen Schichten, in denen jeweils die Verhältnisse $\sigma_\nu/\varkappa$ und $\varkappa_\nu/\varkappa$ konstant sind, hat P. TEN BRUGGENCATE [1501] behandelt.

2. Über einige Modelle, deren Differentialgleichung auf *Zylinderfunktionen* führt, vgl. A. S. EDDINGTON [1505], R. V. D. R. WOOLLEY [1546], P. SWINGS und L. DOR [1534] u. a.

3. A. PANNEKOEK [1521] hat eine Reihe von „Normalmodellen" mittels numerischer Integration durchgerechnet.

D) B. STRÖMGRENs Methode der Mittelwerte [1532, 850]. Falls $\sigma_\nu/\varkappa$ und $\varkappa_\nu/\varkappa$ mit der Tiefe relativ schwach variieren, kann man die Lösung von (102, 1) durch ein Störungsverfahren an die für das M.-E.-Modell gefundene ausschließen, wobei nun über die tiefenabhängigen Größen — im wesentlichen $\sigma_\nu/\varkappa$ und $\varkappa_\nu/\varkappa$ — analog zu Gl. (101, 28) *Mittelwerte* mit geeigneten Gewichtsfunktionen gebildet werden[1]. Wie wir schon bemerkten, hat das Verfahren natürlich mancherlei Berührungspunkte mit unserer „Methode der Gewichtsfunktionen", die in der praktischen Handhabung vielleicht übersichtlicher ist. Für die inneren Teile der Linien gibt auch die Methode der Mittelwerte nur eine sehr bescheidene Approximation.

E) Methode der Gewichtsfunktionen. Trotz des recht erheblichen mathematischen Aufwandes reichen die unter A) bis D) besprochenen Untersuchungen nicht aus, um die Beeinflussung der Linienprofile durch die *Tiefenabhängigkeit* von $\sigma_\nu/\varkappa$ und $B(t)$ deutlich überblicken zu lassen. Eine leicht übersehbare und dabei mathematisch exakte Lösung dieses Problems liefert, jedenfalls für den Grenzfall *schwacher Absorption* [d. h. $r(0, \vartheta)$ bzw. $R(0) \ll 1$], wieder die *Methode der Gewichtsfunktionen* [1541, 1544, 1510]. Da bei schwacher Absorption sich die Auswirkungen der wahren Absorption $\varkappa_\nu$ und der Streuung σ_ν in den Linien *linear superponieren*, so brauchen wir unter Hinweis auf Abschnitt 101, E) nur noch den letzteren Effekt zu behandeln[2].

Nach (100, 3) können wir also die *Ergiebigkeit* schreiben:

$$S(x) = \frac{\varkappa B(x) + \sigma_\nu J(x)}{\varkappa + \sigma_\nu}. \tag{102, 40'}$$

Als Ausgangspunkt unserer Entwicklungen wählen wir nun — dies ist der wesentliche mathematische Gedanke — die der Gl. (100, 4) bzw. (28, 1) äquivalente inhomogene *Integralgleichung* (30, 7), in der wir sogleich $J(x)$ mittels

[1] M. TUBERG [1537] hat dasselbe Problem nach der „Methode der GAUSSschen Punkte" [Abschnitt 36, b)] bis zur 3. Näherung durchgerechnet.

[2] Im übrigen könnte man sich eine beliebig große und vorgegebene Linienabsorption $\varkappa_\nu$ in $\varkappa$ einbezogen denken. Ihre Berücksichtigung würde nur geringe und mathematisch triviale Änderungen unserer Rechnungen erfordern.

(102, 40′) durch $S(x)$ ausdrücken:

$$(\varkappa + \sigma_\nu)\, S(z) = \varkappa\, B(z) + \frac{\sigma_\nu}{2} \int_0^\infty S(x)\, K(|z - x|)\, dx\,. \qquad (102, 41')$$

Diese Gleichung lösen wir für schwache Streuung ($\sigma_\nu \ll \varkappa$ bzw. $s_\nu \ll \tau$) in 1. Näherung, indem wir unter dem Integralzeichen die „nullte“ Näherung der Ergiebigkeit

$$S(x) = B(x) + \frac{\sigma_\nu}{\varkappa} \cdot /. \qquad (102, 42')$$

einsetzen[1]. So erhalten wir bis auf Glieder in $\sigma_\nu^2, \ldots$ die NEUMANN*sche Reihenentwicklung*:

$$(\varkappa + \sigma_\nu)\, S(z) = \varkappa\, B(z) + \frac{\sigma_\nu}{2} \int_0^\infty B(x)\, K(|z - x|)\, dx + \cdots. \qquad (102, 43')$$

Der physikalische Sinn dieser Näherung ist, daß wir nur die *Einfachstreuung* berücksichtigen, Mehrfachstreuung dagegen vernachlässigen und dementsprechend bei der Berechnung der Streustrahlung nur die vorher thermische emittierte Strahlung berücksichtigen.

Mit Hilfe der *Ergiebigkeit* $S(z)$ nach (102, 43′) berechnen wir zuerst die *Strahlungsintensität* $I(0, \vartheta)$ an der Sternoberfläche. Nach Gl. (100, 5) wird — wieder bis auf Glieder in $\sigma_\nu^2, \ldots$ —

$$I(0,\vartheta) = \int_0^\infty \frac{\varkappa}{\varkappa + \sigma_\nu} B(z)\, e^{-z \sec\vartheta}\, dz \sec\vartheta + \int_0^\infty \frac{\sigma_\nu}{2\varkappa} e^{-z\sec\vartheta}\, dz \sec\vartheta \int_0^\infty B(x)\, K(|z - x|)\, dx\,. \qquad (102, 44')$$

Führen wir noch die Abkürzung

$$\Psi(\tau) = \int_0^\infty B(x)\, K(|\tau - x|)\, dx = \int_0^\tau B(\tau - u)\, K(u)\, du + \int_0^\infty B(\tau + u)\, K(u)\, du \qquad (102, 45)$$

ein, berücksichtigen, daß $\frac{dz}{\varkappa + \sigma_\nu} = \frac{d\tau}{\varkappa} = \frac{ds_\nu}{\sigma_\nu} = dt$ ist, und entwickeln die Exponentialfunktionen, so ergibt sich

$$\left.\begin{aligned} I(0,\vartheta) = \int_0^\infty B(\tau)\, e^{-\tau\sec\vartheta}\, d\tau \sec\vartheta - \int_0^\infty s_\nu \sec\vartheta \cdot B(\tau)\, e^{-\tau\sec\vartheta}\, d\tau \sec\vartheta \\ + \frac{1}{2}\int_0^\infty \Psi(\tau) \cdot e^{-\tau\sec\vartheta}\, ds_\nu \sec\vartheta\,. \end{aligned}\right\} \qquad (102, 46)$$

Das erste Integral rechts stellt wieder die Intensität $I_0(0, \vartheta)$ des Kontinuums dar. Das zweite Glied integrieren wir partiell mittels der Hilfsfunktion $\Phi^*(\tau)$ nach (101, 46) und erhalten analog Gl. (101, 46—50) die *Linientiefe* in der gewünschten Form:

$$\boxed{r(0,\vartheta) = \frac{I_0(0,\vartheta) - I(0,\vartheta)}{I_0(0,\vartheta)} = \int_0^\infty g_2(\tau,\vartheta)\, ds_\nu \quad \text{bzw.} \quad \int_0^\infty \frac{\sigma_\nu}{\varkappa} g_2(\tau,\vartheta)\, d\tau} \qquad (102, 47)$$

[1] Dieses Näherungsverfahren kann durch Iteration konsequent weitergeführt werden; vgl. COURANT-HILBERT [1504], S. 122f. Da die höheren Näherungen aber numerisch kaum ausgewertet werden können, verzichten wir von vornherein darauf, sie anzuschreiben.

mit der *Gewichtsfunktion* für Streuung

$$g_2(\tau, \vartheta) = \frac{1}{\Phi^*(0)} \left\{ \Phi^*(\tau) - \frac{1}{2} e^{-\tau \sec\vartheta} \Psi(\tau) \right\} \cdot \sec\vartheta\,. \qquad (102, 48)$$

Im einzelnen brauchen wir nur noch die Hilfsfunktion $\Psi(\tau)$ neu auszurechnen. Mit dem *Potenzreihenansatz* (101, 51) für die KIRCHHOFF-PLANCK-Funktion erhält man durch wiederholte partielle Integration mittels der Formeln von Anhang C nach A. UNSÖLD und W. KURZ [1544]

$$\Psi(\tau) = 2 \sum_{k=0}^{n/2} B^{(2k)}(\tau) \cdot \frac{1}{2k+1} - \sum_{1}^{n} (-1)^n B_0^{(n)} \cdot K_{n+2}(\tau)\,. \qquad (102, 49)$$

(Der Index 0 kennzeichnet wieder das Argument $\tau = 0$.) Damit wird die Gewichtsfunktion selbst

$$g_2(\tau, \vartheta) = \left\{ \sum_0^n B_0^{(n)} \cos^n\vartheta \right\}^{-1} \times$$
$$\times \left\{ \sum_0^n B^{(n)}(\tau) \cos^n\vartheta - \sum_{k=0}^{n/2} B^{(2k)}(\tau) \frac{1}{2k+1} + \frac{1}{2} \sum_0^n (-1)^n B_0^{(n)} K_{n+2}(\tau) \right\} e^{-\tau \sec\vartheta} \cdot \sec\vartheta\,. \qquad (102,50)$$

Speziell für eine lineare KIRCHHOFF-PLANCK-Funktion $\sim 1 + \beta_0 \tau$ findet man

$$g_2(\tau, \vartheta) = \{1 + \beta_0 \cos\vartheta\}^{-1} \cdot \left\{ \frac{K_2(\tau)}{2} + \beta_0 \left(\cos\vartheta - \frac{K_3(\tau)}{2} \right) \right\} e^{-\tau \sec\vartheta} \cdot \sec\vartheta\,. \qquad (102, 51)$$

Nimmt man nach Gl. (101, 63) noch ein Exponentialglied $- A\, e^{-\alpha\tau}$ hinzu, so erhält man nach K. HUNGER [1510] analog (101, 58)

$$g_2(\tau, \vartheta) = \left[1 + \beta_0 \cos\vartheta - \frac{A}{1 + \alpha \cos\vartheta} \right]^{-1} \cdot e^{-\tau \sec\vartheta} \sec\vartheta \times$$
$$\times \left[\beta_0 \left(\cos\vartheta - \frac{1}{2} K_3(\tau) \right) + \frac{1}{2} K_2(\tau) - \right. \qquad (102, 52)$$
$$\left. - \frac{A}{2\alpha} e^{-\alpha\tau} \left\{ K((1-\alpha)\tau) - \ln \frac{1+\alpha}{|1-\alpha|} - e^{\alpha\tau} K(\tau) + \frac{2\alpha}{1 + \alpha\cos\vartheta} \right\} \right].$$

Graphische Darstellungen gibt die rechte Hälfte von Abb. 132 für die schon früher gewählten Zahlenwerte.

Die Grenzübergänge zum S.-S.- bzw. M.-E.-Modell, d. h. die genauen Analoga unserer Gl. (102, 12) und (102, 39), wollen wir hier nicht im einzelnen durchführen. Vielmehr berechnen wir sogleich noch die *Streuungs-Gewichtsfunktionen* $G_2(\tau)$ für den *Strahlungsstrom* bzw. $R(0)$.

Mittels der Ergiebigkeitsfunktion $S(z)$ nach Gl. (102, 43) erhalten wir zunächst

$$\frac{1}{2} F(0) = \int_0^\infty \frac{\varkappa}{\varkappa + \sigma_\nu} B(z)\, K_2(z)\, dz + \int_0^\infty \frac{\sigma_\nu}{2\varkappa} K_2(z)\, dz \int_0^\infty B(x)\, K(|z - x|)\, dx \qquad (102, 53)$$

oder analog Gl. (101, 65)

$$\frac{1}{2} F(0) = \int_0^\infty B(\tau)\, K_2(\tau)\, d\tau - \int_0^\infty s_\nu\, B(\tau)\, K(\tau)\, d\tau + \frac{1}{2} \int_0^\infty \frac{1}{2} K_2(\tau)\, d s_\nu \int_0^\infty B(x)\, K(|\tau - x|)\, dx\,. \qquad (102, 54)$$

Integrieren wir das zweite Glied wieder partiell mittels der Hilfsfunktion $\Phi(\tau)$ nach (101, 66) und führen auch wieder die Hilfsgrößen X nach (101, 67) und $\Psi(\tau)$

nach (102, 45) ein, so ergibt sich entsprechend Gl. (101, 68):

$$R(0) = \frac{F_0(0) - F(0)}{F_0(0)} = \int_0^\infty G_2(\tau)\, d s_\nu \quad \text{bzw.} \quad = \int_0^\infty \frac{\sigma_\nu}{\varkappa} G_2(\tau)\, d\tau \qquad (102, 55)$$

mit der *Gewichtsfunktion*

$$G_2(\tau) = \frac{1}{X}\left\{\Phi(\tau) - \frac{1}{2} K_2(\tau)\, \Psi(\tau)\right\}. \qquad (102, 56)$$

Für den *Potenzreihen*-Ansatz der KIRCHHOFF-PLANCK-Funktion[1] (101, 51) erhält man danach mit (101, 70) und (101, 71) sowie (102, 49) nach A. UNSÖLD und W. KURZ [1544]:

$$G_2(\tau) = \left\{\Sigma\, B_0^{(n)} \frac{1}{n+2}\right\}^{-1} \times$$
$$\times \left\{\sum_0^n B^{(n)}(\tau)\, K_{n+2}(\tau) - K_2(\tau) \sum_0^{n/2} B^{(2k)}(\tau) \frac{1}{2k+1} + \frac{1}{2} K_2(\tau) \sum_0^n (-1)^n B_0^{(n)} K_{n+2}(\tau)\right\} \qquad (102, 57)$$

und daraus durch Spezialisierung für die lineare KIRCHHOFF-PLANCK-Funktion

$$G_2(\tau) = \left\{\frac{1}{2} + \frac{\beta_0}{3}\right\}^{-1} \cdot \left\{\frac{1}{2} K_2^2(\tau) + \beta_0\, K_3(\tau)\left(1 - \frac{1}{2} K_2(\tau)\right)\right\}. \qquad (102, 58)$$

Die allgemeineren Gewichtsfunktionen $G_2(\tau)$ unter Berücksichtigung eines exponentiellen Gliedes in $B(\tau)$ hat wieder K. HUNGER [1510, Gl. (17)] berechnet.

Schließlich bemerken wir noch, daß man die von M. MINNAERT [1517] ursprünglich mittels der Differentialgleichung des Strahlungsgleichgewichtes berechneten approximativen Gewichtsfunktionen aus unseren exakten Formeln im wesentlichen dadurch erhalten kann, daß man nach Gl. (C, 15) die Integralexponentialfunktionen $K_n(x) \approx 3^{-\frac{n-2}{2}} e^{-x\sqrt{3}}$ setzt.

103. Abhängigkeit der FRAUNHOFER-Linien von der Art des Strahlungsaustausches (wahre Absorption, kohärente Streuung ...) sowie der Variation von $\varkappa_\nu/\varkappa$ bzw. $\sigma_\nu/\varkappa$ ... und $B(\tau)$ als Funktionen der Tiefe. Berechnung von Linienprofilen.

Wir wenden uns nun der für die Deutung der FRAUNHOFER-Linien grundlegenden Frage zu, wie ihre Einsenkung $r(0, \vartheta)$ bzw. $R(0)$ cet. par. abhängt a) von der Art des Strahlungsaustausches, b) von der Tiefenabhängigkeit des Verhältnisses $\varkappa_\nu/\varkappa$, $\sigma_\nu/\varkappa$, ... und c) von der Tiefenabhängigkeit der KIRCHHOFF-PLANCK-Funktion $B(\tau)$. Selbstverständlich hängen die drei Probleme in mannigfacher Weise miteinander zusammen.

Beginnen wir mit dem — wie sich zeigen wird — praktisch besonders wichtigen Grenzfall *schwacher Absorption*, d. h. — praktisch gesprochen — etwa $r(0, \vartheta)$ bzw. $R(0) \leqq 0{,}1$, wobei wir uns zweckmäßig wieder der Methode der *Gewichtsfunktionen* bedienen! Um die Diskussion zu vereinfachen, schreiben wir anstelle von

$$r(0, \vartheta) \text{ und } g_{1,2}(\tau, \vartheta) \text{ bzw. } R(0) \text{ und } G_{1,2}(\tau) \text{ allgemein } \mathfrak{R}_{1,2} \text{ und } \mathfrak{G}_{1,2}. \qquad (103, 1)$$

[1] S. HUANG [1509a] schlägt vor, auch $\sigma_\nu/\varkappa$, ... in Potenzreihen zu entwickeln, worauf man auch die Integrationen (102, 55) sofort ausführen kann. In praxi dürften damit mehr Umständlichkeiten als Vorteile verbunden sein.

Soweit die Formeln für Absorption *und* Streuung gelten, lassen wir die entsprechenden Indizes 1 und 2 weg. Hat man Absorption + Streuung, so könnte man formal $\varkappa_\nu$ bzw. σ_ν durch $\varkappa_\nu + \sigma_\nu$ ersetzen und $\mathfrak{G} = \frac{\varkappa_\nu G_1 + \sigma_\nu G_2}{\varkappa_\nu + \sigma_\nu}$ schreiben. In den allgemeinen Ausdrücken schreiben wir ferner statt $\varkappa_\nu$, σ_ν oder $\varkappa_\nu + \sigma_\nu$ stets einfach $\varkappa_\nu$, das dann die *gesamte* Linienabsorption, ohne Rücksicht auf die Art der Reemission, repräsentieren soll.

In diesem Sinne kann nun also die Einsenkung in einer Linie allgemein dargestellt werden durch das Integral

$$\mathfrak{R} = \int_0^\infty \frac{\varkappa_\nu}{\varkappa} \mathfrak{G}(\tau)\, d\tau\,. \tag{103, 2}$$

Die Absorptionskoeffizienten $\varkappa_\nu$ für die Linienabsorption und für das Kontinuum im Bereich der Linie können beide z. B. pro cm gerechnet werden.

Der Korrektionsfaktor $1 - e^{-\alpha}$ mit $\alpha = \frac{h\nu}{kT}$ nach Gl. (32, 14) muß selbstverständlich bei $\varkappa_\nu$ und $\varkappa$ in gleicher Weise angebracht werden, soweit es sich um wahre Absorption handelt; nur bei Streuungsanteilen wäre er wegzulassen. Im allgemeinen heben sich in dem Verhältnis $\varkappa_\nu/\varkappa$ die Faktoren von Zähler und Nenner weg.

In praxi ist uns aus Kap. VII der *kontinuierliche Absorptionskoeffizient* pro Gramm Sternmaterie als $\varkappa_g$ und aus Kap. X—XIV der *Linienabsorptionskoeffizient* pro Atom des betrachteten Elementes in dem betreffenden Ionisations- und Anregungszustand als $\varkappa_{\nu,a}$ vorgegeben. Beide Koeffizienten hängen im allgemeinen noch in verschiedener Weise von Temperatur T und Druck P_e bzw. P_g ab. Um sie zueinander ins Verhältnis setzen zu können, rechnen wir am einfachsten beide *pro Atom(kern)* überhaupt und versehen sie dann mit einem †:

Ist μ_0 das mittlere Molekulargewicht der unionisierten Sternmaterie (für unsere „Sternmischung" nach Tab. 22 also $\mu_0 = 1{,}505$) und die Masse der Atomgewichtseinheit $m_H = 1{,}66 \cdot 10^{-24}$ g, so gilt also

$$\varkappa^\dagger = \varkappa_g \cdot \mu_0\, m_H\,. \tag{103, 3}$$

Weiterhin sei ε_i die Häufigkeit des betrachteten Elements (nach Atom*zahlen*), sowie die Anzahl seiner Atome (pro cm³ oder dergleichen) im r-ten Ionisationszustand n_r und im Ausgangsniveau bzw. -term der interessierenden Linie $n_{r,s}$. Dann können wir schreiben

$$\varkappa_\nu^\dagger = \varkappa_{\nu,a} \cdot \frac{\varepsilon_i}{\Sigma\, \varepsilon_i} \cdot \frac{n_{r,s}}{\Sigma\, n_r}\,. \tag{103, 4}$$

Da das Häufigkeitsverhältnis $\varepsilon_i/\Sigma\,\varepsilon_i$ innerhalb einer Sternatmosphäre wohl überall dasselbe sein dürfte, gilt (hierzu auch M. MINNAERT [1518]) nun also:

$$\boxed{\mathfrak{R} = \frac{\varepsilon_i}{\Sigma\, \varepsilon_i} \int_0^\infty \frac{n_{r,s}}{\Sigma\, n_r} \cdot \frac{\varkappa_{\nu,a}}{\varkappa_g \cdot \mu_0\, m_H} \cdot \mathfrak{G}(\tau)\, d\tau\,.} \tag{103, 5}$$

Das Studium der FRAUNHOFER-Linien — zunächst bei schwacher Absorption — vermag uns also Auskunft zu geben über die relative Häufigkeit $\varepsilon_i/\Sigma\,\varepsilon_i$ der Elemente.

In Gl. (103, 5) ist implizit vorausgesetzt, daß wir bereits ein brauchbares „*Modell*" unserer Sternatmosphäre besitzen, d. h. über eine ausreichende Kenntnis von Temperatur T, Elektronendruck P_e, ... als Funktion der optischen Tiefe τ (oder evtl. $\bar{\tau}$) verfügen, um die Variation von Anregung und Ionisation, d. h.

$n_{r,s}/\Sigma\, n_r$ sowie von $\varkappa_{\nu,a}$ (variable Druckverbreiterung und evtl. Dopplerbreite) und $\varkappa_g$ (Kap. VII) als Funktionen der optischen Tiefe τ berechnen zu können.

Beginnt man mit der Analyse eines Sternspektrums [1542], so wird man sich meist begnügen müssen, mit konstanten *Mittelwerten* von T und P_e bzw. $n_{r,s}/\Sigma\, n_r$ $\varkappa_{\nu,a}/\varkappa_g$ über die ganze Tiefe der ausstrahlenden Schicht zu rechnen. Aus Gl. (101, 80) bzw. (101, 82) wissen wir schon, daß diese sich auf eine optische Tiefe $\tau^* \approx \cos\vartheta$ bzw. $\approx 3/4$ beziehen, sofern die Tiefenabhängigkeit der betrachteten Faktoren nicht allzu stark ist. In diesem Sinne können wir dann für unsere orientierende sog. „*Grobanalyse*" — an welche sich später eine „*Feinanalyse*" nach (103, 5) mit Berücksichtigung *aller* Tiefenabhängigkeiten anzuschließen hätte — schreiben

$$\Re = \frac{\varepsilon_i}{\Sigma\, \varepsilon_i} \cdot \frac{n_{r,s}}{\Sigma\, n_r} \cdot \frac{\varkappa_{\nu,a}}{\varkappa_g \cdot \mu_0\, m_H} \int_0^\infty \mathfrak{G}(\tau)\, d\tau\,. \tag{103, 6}$$

Nun können wir die Ausbildung der Absorptionslinie in unserer Sternatmosphäre mit der im *Absorptionsrohr* vergleichen: Enthält letzteres $N_{r,s}$ absorbierende Atome pro cm³ und ist seine Länge H, so wäre

$$\Re = 1 - e^{-\varkappa_{\nu,a} \cdot N_{r,s} H} \approx \varkappa_{\nu,a} \cdot N_{r,s}\, H\,. \tag{103, 7}$$

Unsere Sternatmosphäre absorbiert also nach (103, 6), *wie wenn* die „*Anzahl wirksamer Atome über* 1 *cm*² *der Sternoberfläche*" gleich

$$N_{r,s}\, H = \frac{\varepsilon_i}{\Sigma\, \varepsilon_i} \cdot \frac{n_{r,s}}{\Sigma\, n_r} \cdot \frac{1}{\varkappa_g \cdot \mu_0\, m_H} \int_0^\infty \mathfrak{G}(\tau)\, d\tau \tag{103, 8}$$

wäre. Die entsprechende „*Gesamtzahl aller Atome über* 1 *cm*² *der Sternoberfläche*" wäre einfach:

$$\overline{NH} = \frac{1}{\varkappa_g \cdot \mu_0\, m_H} \int_0^\infty \mathfrak{G}(\tau)\, d\tau\,. \tag{103, 9}$$

In Anlehnung an die wichtigen Arbeiten von E. A. MILNE [1515—1516] können wir unsere Atmosphäre ebenso gut charakterisieren durch ihre „*wirksame optische Tiefe* τ_0" (für kontinuierliche Absorption $\varkappa$), indem wir schreiben

$$\Re \approx \frac{\varkappa_\nu}{\varkappa} \cdot \tau_0\,, \qquad (\Re \ll 1) \tag{103, 10}$$

was nach (103, 6) und (103, 9) heißt

$$\tau_0 = \varkappa_g\, \mu_0\, m_H\, \overline{NH} = \int_0^\infty \mathfrak{G}(\tau)\, d\tau\,. \tag{103, 11}$$

Die soeben eingeführten Hilfsbegriffe $N_{r,0}\, H$, NH und τ_0 haben in der historischen Entwicklung (wobei sich ihre tiefere Bedeutung erst allmählich herausstellte) eine wichtige Rolle gespielt. In dem Maße, wie unsere Kenntnis der Sternatmosphären sich erweitert, wird an ihre Stelle mehr und mehr die direkte Anwendung von Gl. (103, 5) treten.

Wir kehren von hier zu unserer anfänglichen Fragestellung zurück und untersuchen den Unterschied von *wahrer Absorption* und *Streuung* zunächst für den Strahlungsstrom [$\Re = R(0)$] im MILNE-EDDINGTON-Modell mit linearer KIRCHHOFF-PLANCK-Funktion $B(\tau)$ und $\delta = 0$.

Aus (103, 11) ergibt sich nach (101, 73) bzw. (102, 58)

Wahre Absorption: $$\tau_0 = \int_0^\infty G_1(\tau)\, d\tau = \frac{\frac{\beta_0}{3}}{\frac{1}{2} + \frac{\beta_0}{3}} \tag{103, 12}$$

Streuung: $$\tau_0 = \int_0^\infty G_2(\tau)\, d\tau = \frac{0{,}1023 + 0{,}2708\, \beta_0}{\frac{1}{2} + \frac{\beta_0}{3}}, \tag{103, 13}$$

d. h. für

	$\beta_0 =$	1	3	6	
τ_0	Absorption:	0,400	0,667	0,800	(103, 14)
	Streuung:	0,448	0,610	0,691	

Die Unterschiede zwischen Absorption und Streuung betragen hier also nur etwa 10%. Übrigens liegen — wie man leicht nachrechnet — für Streuung schon die rein mathematischen Fehler der EDDINGTONschen Näherung (102, 38) [unsere Gl. (103, 13) ist exakt] in derselben Größenordnung!

Sind die selektiv absorbierenden Atome an der Sternoberfläche angehäuft, so nähern wir uns dem SCHUSTER-SCHWARZSCHILD-*Modell.* Bezeichnen wir die optische Dicke der „umkehrenden Schicht" in diesem Modell, bezogen auf den kontinuierlichen Absorptionskoeffizienten $\varkappa$, mit τ_1, so ist

$$\mathfrak{R} = \frac{\varepsilon_i}{\Sigma \varepsilon_i} \cdot \frac{n_{r,s}}{\Sigma n_r} \cdot \frac{\varkappa_{\nu,a}}{\varkappa_g \cdot \mu_0 m_H} \times \mathfrak{G}(0) \cdot \tau_1 , \tag{103, 15}$$

wobei die vor dem $\times$ stehenden Zahlen als Mittelwerte über die Deckschicht aufzufassen sind. Man könnte auch wieder $\mathfrak{G}(0) \cdot \tau_1 = \tau_0$ als „wirksame optische Dicke der Deckschicht" bezeichnen usw. Analog (103, 14) vergleichen wir nun die $\mathfrak{G}(0)$ für *Absorption* und *Streuung* nach (101, 73) bzw. (102, 58) und erhalten

Absorption: $$G_1(0) = \frac{\frac{\beta_0}{2}}{\frac{1}{2} + \frac{\beta_0}{3}} \tag{103, 16}$$

Streuung: $$G_2(0) = \frac{\frac{1}{2} + \frac{\beta_0}{4}}{\frac{1}{2} + \frac{\beta_0}{3}}, \tag{103, 17}$$

d. h. für

	$\beta_0 =$	1	3	6	
$\mathfrak{G}(0)$	Absorption:	0,600	1,000	1,200	(103, 18)
	Streuung:	0,900	0,833	0,800	

Die Unterschiede zwischen Absorption und Streuung sind hier im allgemeinen größer als beim M.-E.-Modell. Beiläufig bemerken wir, daß die lange Zeit fast ausschließlich gebrauchte Näherung (102, 13) anstelle der untersten Zeile von (103, 18) durchweg 1,00 geben würde; sie ist also — mathematisch betrachtet — ziemlich schlecht!

Unsere Aussagen über das M.-E.-Modell lassen sich leicht für beliebige Modelle verallgemeinern anhand der Gewichtsfunktionen $G_1(\tau)$ und $G_2(\tau)$, vgl. Abb. 133. Behält man zunächst die lineare KIRCHHOFF-PLANCK-Funktion bei, so sind für mittlere β_0 die Unterschiede der beiden Funktionen ziemlich gering, abgesehen von den ganz oberflächennahen Schichten. K. HUNGER [1510] hat weiterhin auch Beispiele von KIRCHHOFF-PLANCK-Funktionen mit exponentiellem Abfall bei kleinen τ durchgerechnet und findet, daß dieser[1] zwar die Gewichtsfunktion $G_1(\tau)$

[1] Es kommt dabei fast nur auf A, nicht aber auf α an.

für Absorption bei kleinen τ erheblich vergrößert, die für Streuung gültige $G_2(\tau)$ dagegen fast nicht beeinflußt.

Ganz allgemein können wir also sagen:

„*Die Linien der integrierten Strahlung (d. h. des Strahlungsstromes) erhalten — solange $R(0) < 0{,}1$ — bei wahrer Absorption und Streuung fast dieselbe Stärke, sofern sie nicht in den alleroberSten Schichten der Atmosphäre entstehen.*“

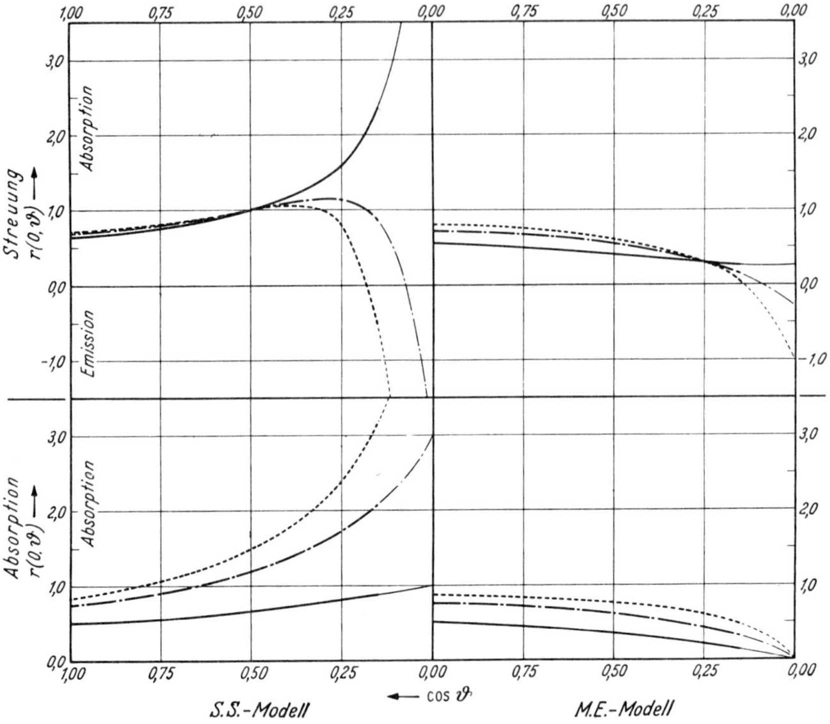

Abb. 135. *Mitte-Rand-Variation der Linienflügel.* $r(0, \vartheta)$ berechnet nach der Methode der Gewichtsfunktionen. Links: S. S.-Modell; $r(0, \vartheta)$ bezogen auf optische Dicke der Deckschicht $x_1 = 1$. Rechts: M. E.-Modell; $r(0, \vartheta)$ bezogen auf $\sigma_\nu/\varkappa$ bzw. $\varkappa_\nu/\varkappa = 1$. Tiefenabhängigkeit der Kirchhoff-Planck-Funktion: $\beta_0 = \begin{cases} 1 \text{ ———} \\ 3 \text{ —·—·} \\ 6 \text{ ······} \end{cases}$
Oben: Kohärente Streuung (monochromatisches Strahlungsgleichgewicht). Unten: Wahre Absorption (lokales thermodynamisches Gleichgewicht). (Bei $\cos\vartheta \to 0$ wird die Konvergenz des Verfahrens immer schlechter.)

Bei *Extinktion,* d. h. fehlender Reemission würden — wie wir schon gelegentlich bemerkten — die Linien etwa um einen Faktor 2 verstärkt, entsprechend der anschaulichen Überlegung, daß die Reemission etwa zur Hälfte nach innen bzw. außen geht.

Wir ergänzen diesen Teil unserer Diskussion durch einige Rechnungen zur *Mitte-Rand-Variation* der Fraunhofer-*Linien* nach dem M.-E.- bzw. S.-S.-Modell wieder für schwache Absorption $[r(0, \vartheta) < 0{,}1]$ und — zunächst — lineare Kirchhoff-Planck-Funktion. Die Formeln für wahre Absorption hatten wir schon in (101, 15) und (101, 18) angeschrieben. Für Streuung erhält man entsprechende exakte Formeln leicht anhand der Gewichtsfunktion $g_2(\tau, \vartheta)$ nach (102, 51); man vergleiche sie beiläufig mit den entsprechenden Näherungsformeln (102, 12) und (102, 39).

Das Ergebnis zeigt Abb. 135, der man entnimmt, daß die *Mitte–Rand-Variation* der Linien z. B. auf der Sonne in erster Linie durch die Tiefenabhängigkeit von $\varkappa_\nu/\varkappa$ und $\sigma_\nu/\varkappa$ sowie $B(\tau)$ bedingt ist. Die Unterschiede zwischen Absorption und Streuung sind im allgemeinen ziemlich gering und werden erst am äußersten Sonnenrand ($\cos\vartheta < 0{,}25$) erheblich.

Ein exponentieller Abfall der KIRCHHOFF-PLANCK-Funktion bei kleinen τ vergrößert nach K. HUNGER [1510] — vgl. Abb. 132 — nur die Gewichtsfunktion $g_1(\tau, \vartheta)$ für *Absorption* bei kleinen τ, und zwar besonders stark für kleine $\cos\vartheta$, während $g_2(\tau, \vartheta)$ für Streuung fast nicht beeinflußt wird. Ein solcher Verlauf von $B(\tau)$ verstärkt also die Linien mit wahrer Absorption in S.-S.-artigen Modellen, und zwar besonders stark am ⊙-Rand.

Bis hierher haben wir uns in diesem Abschnitt ausschließlich mit schwacher Absorption beschäftigt, d. h. mit Linien, deren $\mathfrak{R}$ überhaupt kleiner als etwa 0,1 ist oder mit den Flügeln stärkerer Linien. Welche allgemeinen Aussagen können wir nun über die inneren Teile und die Zentralintensität der starken Linien machen?

Betrachten wir zunächst den — praktisch weitaus wichtigsten — Fall *wahrer Absorption*: Dann erhalten wir eine besonders übersichtliche Darstellung der Strahlungsintensität $I(0, \vartheta)$ in der Linie mittels der Näherung von EDDINGTON-BARBIER, Gl. (28, 20) oder (101, 30)

$$I(0, \vartheta) \approx B(x = \cos\vartheta) \quad \text{bzw.} \quad \frac{I(0, \vartheta)}{I_0(0, \vartheta)} \approx \frac{B(x = \cos\vartheta)}{B(\tau = \cos\vartheta)}, \qquad (103, 19)$$

wobei wieder τ die optische Tiefe für kontinuierliche Absorption im Bereich der Linie und x diejenige für kontinuierliche – plus Linienabsorption bedeutet, d. h.

$$\tau = \int \varkappa \, dt \quad \text{und} \quad x = \int (\varkappa + \varkappa_\nu) \, dt. \qquad (103, 20)$$

B, $\varkappa$ und $\varkappa_\nu$ sind uns ursprünglich als Funktionen von τ vorgegeben. Nehmen wir nun — der Einfachheit wegen — zunächst einmal an, daß die Abhängigkeit des Linienabsorptionskoeffizienten $\varkappa_\nu$ vom Abstand von der Linienmitte $\Delta\lambda$ in allen Tiefen dieselbe sei (z. B. eine bestimmte Doppler- oder Dämpfungsverteilung), so übersieht man anhand von Gl. (103, 19) sofort, wie die relative Intensität in der Linie $\frac{I(0, \vartheta)}{I_0(0, \vartheta)} = 1 - r(0, \vartheta)$ von $\Delta\lambda$ abhängt: Aus Abschnitt 101, D) wissen wir schon, daß für kleine $r(0, \vartheta)$ dessen Verlauf einfach dem des Linienabsorptionskoeffizienten entspricht. *Bei größeren $r(0, \vartheta)$ (etwa $> 0{,}1$) kommt es ersichtlich ganz im einzelnen auf die explizite Tiefenabhängigkeit von B und von $\varkappa_\nu/\varkappa$ als Funktionen von τ an.* Je steiler z. B. die Temperatur der Atmosphäre gegen $\tau = 0$ hin abnimmt, desto steiler wird das Linienprofil nach innen absinken. Sind die absorbierenden Atome nach der Oberfläche zu konzentriert, so fällt $\frac{I(0, \vartheta)}{I_0(0, \vartheta)}$ nach der Linienmitte steiler ab, als z. B. im M.-E.-Modell usw. Beispiele hierzu findet der Leser z. B. im Abschnitt 101, B). Will man ein numerisch gegebenes Problem wirklich durchrechnen, so bleibt evtl. nach Anwendung der Methode der Gewichtsfunktionen auf die Linienflügel nichts anderes übrig, als nach Abschnitt 101, A) numerisch zu integrieren, wie dies meines Wissens zuerst A. ROSA [1525] für die BALMER-Linien[1] im Sonnenspektrum getan hat.

Erst für das *Zentrum sehr starker Linien* kann man wieder eine allgemeine Aussage machen: Ist in allen Schichten $\varkappa_\nu/\varkappa \gg 1$, so wird die Zentralintensität gleich der KIRCHHOFF-PLANCK-Funktion für $\tau = 0$, entsprechend der Grenztemperatur T_0 des Sterns. Die Zentralintensität $I_c(0, \vartheta)$ sollte dann — absolut

[1] In diesem speziellen Problem nimmt $\varkappa_\nu/\varkappa$ nach großen τ hin so rasch zu, daß die Methode der Gewichtsfunktionen nicht mehr konvergiert. Man muß dann auch die Flügel nach Abschnitt 101, A) berechnen.

gerechnet — unabhängig von ϑ, d. h. über die ganze Scheibe hinweg, gleich der Intensität des Sonnen- bzw. Sternrandes sein, und am Rand müßte die Linie verschwinden. Diese Folgerung aus der Theorie kann man aber nur dann praktisch anwenden, wenn $B(\tau)$, ausgehend von $B(0)$, bei kleinen τ sich relativ langsam ändert. Hat die Atmosphäre dagegen — z. B. infolge Beteiligung der Linien am Strahlungsgleichgewicht — einen sehr raschen Temperaturabfall bei $\tau \to 0$, so wird auch bei ziemlich starken Linien die Schicht $x \approx \cos\vartheta$ vielfach noch im Bereich abnehmender $B(\tau)$ liegen, d. h. die Zentralintensität $I_c(0, \vartheta)$ nimmt nach dem Sonnenrande hin so ab, daß der Grenzwert $B(0)$ praktisch nicht zu erfassen ist.

Die Übertragung unserer ganzen Überlegungen auf den *Strahlungsstrom* $F(0)$ brauchen wir nicht in allen Einzelheiten darzustellen. Soweit es sich um Anwendung der EDDINGTON-BARBIERschen Methode handelt, braucht man nur den $\cos\vartheta$ durch seinen Mittelwert 2/3 zu ersetzen. Über die numerische Berechnung von $F(0)$ bzw. $R(0)$ unterrichtet Abschnitt 101, A).

Hat man es anstelle von wahrer Absorption teilweise oder ganz mit *Streuung* zu tun, so dürften die qualitativen Verhältnisse — abgesehen vom Einfluß der äußersten Schichten — ähnlich sein wie bei wahrer Absorption. Quantitative Aussagen über die inneren Teile starker Linien sind für allgemeine Modelle sehr schwierig; wir müssen uns hier mit dem Hinweis auf die explizit durchgerechneten *speziellen Modelle* begnügen. Falls $B(\tau)$ bei kleinen τ von $B(0)$ aus nicht allzu rasch ansteigt, kann man die *Zentralintensitäten* nach Gl. (102, 40—44) berechnen; sie sind $< B(0)$ in einem Verhältnis, das von $\varkappa_\nu/\sigma_\nu$ abhängt.

Um verschiedene Modelle und verschiedene Arten des Strahlungsaustausches — wir beschränken uns dabei auf den Strahlungsstrom — hinsichtlich der ganzen Linienprofile quantitativ miteinander zu vergleichen, knüpfen wir nochmals an die Gewichtsfunktionentheorie für schwache Absorption an. Nehmen wir zunächst — im Interesse der Übersichtlichkeit — noch an, daß der Linienabsorptionskoeffizient $\varkappa_{\nu,a}$ (oder allgemein $\varkappa_{\nu,a} + \sigma_{\nu,a}$) pro Atom von der Tiefe unabhängig sei, so können wir nach (103, 7) die Einsenkung in der Linie sehr anschaulich einer selektiv absorbierenden Schicht mit der „*wirksamen optischen Dicke* x_ν" bzw. der „*wirksamen Anzahl* $N_{r,s} H$ *absorbierender Atome über* 1 cm^2 *der Sternoberfläche*" zuschreiben, wobei

$$R(0) = x_\nu \quad \text{bzw.} \quad = \varkappa_{\nu,a} \cdot N_{r,s} H \quad (\text{für } x_\nu \ll 1)\,. \tag{103, 21}$$

Tatsächlich können wir uns mit der Voraussetzung begnügen, daß nur die Wellenlängen*abhängigkeit* von $\varkappa_{\nu,a}$ (bzw. $\varkappa_{\nu,a} + \sigma_{\nu,a}$) von τ unabhängig ist und haben dann nach Gl. (103, 5)

$$x_\nu = \frac{\varepsilon_i}{\Sigma\,\varepsilon_i} \int\limits_0^\infty \frac{n_{r,s}}{\Sigma\, n_r} \cdot \frac{\varkappa_{\nu,a}}{\varkappa_g \cdot \mu_0\, m_H} \cdot \mathfrak{G}(\tau)\, d\tau\,. \tag{103, 22}$$

Die Frage ist nun: „Wie verhält sich $R(0)$ oder F/F_0, ausgehend von (103, 21), für größere x_ν?"

In Abb. 136 haben wir als Beispiel für das M.-E.- und S.-S.-Modell, je mit wahrer Absorption und Streuung, nach den bekannten Formeln F/F_0 als Funktion von $\log x_\nu$ aufgetragen. Man kann sich an diesen „F-Kurven" — wie C. W. ALLEN [908] sie genannt hat — zunächst sehr schön nochmals unsere allgemeinen Erörterungen deutlich machen. Sodann aber schließen wir gleich eine praktisch sehr wichtige Überlegung an:

Wenn man mit der Analyse des Spektrums einer Sternatmosphäre beginnt, deren Aufbau noch wenig bekannt ist, so wird man nicht für jede einzelne Linie ihre F-Kurve durch langwierige numerische Integration berechnen wollen. Es ist dann vielmehr zweckmäßig, R durch eine *Interpolationsformel* darzustellen, die bei

$$x_\nu \ll 1 \cdots R \approx x_\nu \tag{103, 23}$$

und in der Mitte starker Linien (mit wahrer Absorption) einen evtl. noch von Spektralgebiet zu Spektralgebiet veränderlichen Grenzwert

$$x_\nu \gg 1 \cdots R \approx R_c \tag{103, 24}$$

liefert. In Verallgemeinerung eines Ansatzes von M. MINNAERT [960, 1509] — s. Gl. (62, 1) — empfiehlt sich die Formel

$$\boxed{R = \left\{\frac{1}{x_\nu} + \frac{1}{R_c}\right\}^{-1}.} \tag{103, 25}$$

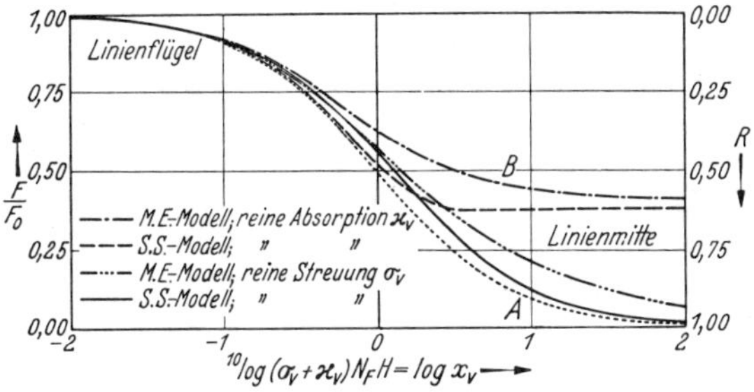

Abb. 136. Vergleich von M. E.- und S. S.-Modell für reine Streuung und Absorption. $\beta_0 = 2{,}5$ entsprechend z. B. $\lambda\,5000$ im Sonnenspektrum. Kurve A : $R = \left\{\frac{1}{x_\nu} + \frac{1}{1}\right\}^{-1}$; Kurve B : $R = \left\{\frac{1}{x_\nu} + \frac{1}{0{,}59}\right\}^{-1}$ — zugleich M. E.-Modell für reine Absorption.

Wie man leicht verifiziert, liefern das M.-E.-Modell mit wahrer Absorption (für $\delta = 0$ und lineare KIRCHHOFF-PLANCK-Funktion) nach (101, 24) und das S.-S.-Modell mit Streuung in der Näherung (102, 9) — mit $\varphi(x_1) = 1$ — sogar genau den in Gl. (103, 25) geforderten funktionellen Zusammenhang. Auch andere „F-Kurven" entfernen sich, wie z. B. Abb. 136 zeigt, nicht allzu weit von der „Schablone" (103, 25).

Wir brauchen kaum zu bemerken, daß unsere auf den Strahlungsstrom $F(0)$ bzw. $R(0)$ zugeschnittene Darstellung sich fast wörtlich auf die Intensität $I(0, \vartheta)$ bzw. $r(0, \vartheta)$ übertragen läßt. Es dürfte wohl überflüssig sein, die ganzen Formeln nochmals anzuschreiben.

104. Inkohärente Streuung ι_ν.

Nachdem wir die wahre Absorption $\varkappa_\nu$ einschließlich ihres δ-Gliedes und die kohärente Streuung σ_ν ausführlich diskutiert haben, müssen wir noch auf die *„inkohärente Streuung"* oder *„Verteilung"* ι_ν nach Gl. (99, 3) bzw. (100, 1) zurückkommen. Eingehende Untersuchungen darüber haben L. SPITZER [1530], J. HOUTGAST [1509], M. MÜNCH [1520], Z. SUEMOTO [1533], D. LABS [1512] und M. SAVEDOFF [1526] angestellt.

Anschaulich macht man sich zunächst leicht klar, daß für *schwache Absorption* wesentliche Unterschiede gegenüber wahrer Absorption und Streuung nicht zu erwarten sind. Bei stärkeren Linien unterscheiden wir in Anlehnung an Abb. 107 zweckmäßig den *Dopplerkern*, in welchem $\varkappa_\nu$ bzw. ι_ν sehr groß ist und relativ wenig variiert und der den ganz überwiegenden Beitrag zum $\int \iota_\nu \, d\nu$ liefert, von den *Dämpfungsflügeln*, in denen ι_ν sehr viel kleiner ist und $\sim 1/\Delta\lambda^2$ abnimmt. Die an der Sternoberfläche beobachteten Linienflügel entstehen nun in Schichten, welche für den Frequenzbereich des Linienkernes bereits optisch sehr tief liegen. Man wird daher nach J. HOUTGAST erwarten, daß die Strahlungsdichte im Linienkern für diese Schichten sich schon weitgehend auf den thermischen Gleichgewichtswert, d. h. Hohlraumstrahlung der lokalen Temperatur, eingestellt hat, so daß die Reemission in den Flügeln praktisch dem Schema „wahre Absorption" folgt.

Die Rechnungen von D. LABS [1512] mit einem „treppenförmigen“ Absorptionskoeffizienten zeigen, daß diese Vermutung bei *reiner* inkohärenter Strahlung nicht unbedingt zutrifft, da der Kern durch die Zustrahlung aus dem sehr viel breiteren Frequenzband der Flügel doch merklich beeinflußt werden kann. Unsere Überlegung *wird* aber richtig, sobald im Kern die Möglichkeit einer Annäherung an lokales thermodynamisches Gleichgewicht dadurch verbessert wird, daß neben der inkohärenten Streuung noch etwas *wahre Absorption* vorhanden ist. Schon ein sehr kleines Verhältnis $\varkappa_\nu/\iota_\nu$ genügt, um im Kern für die fraglichen Tiefen ein Hohlraumstrahlungsfeld und damit in den Flügeln praktisch thermische Emission zu erhalten.

Erst wenn die Flügel relativ zum Kern extrem breit werden, wie z. B. bei den H- und K-Linien der Sonne, nähert sich der Strahlungsaustausch der Flügel wieder mehr dem Fall kohärenter Streuung an.

Bezüglich der im einzelnen recht langwierigen Rechnungen sei auf die eingangs erwähnten Arbeiten von LABS, SAVEDOFF und SUEMOTO verwiesen.

Einige der genannten Autoren haben versucht, anhand von Messungen im Sonnenspektrum eine *empirische* Entscheidung zwischen inkohärenter Streuung, kohärenter Streuung, wahrer Absorption und evtl. Extinktion zu treffen. Dabei ist durchweg übersehen worden, daß die Profile und die Mitte-Rand-Variation der Linien viel stärker von der *Tiefenabhängigkeit* des $\frac{\varkappa_\nu + \sigma_\nu + \iota_\nu}{\varkappa}$ und des $B(\tau)$ beeinflußt werden, als von den Verhältnissen $\sigma_\nu/\varkappa_\nu$ oder $\iota_\nu/\varkappa_\nu$, d. h. von der *Art des Strahlungsaustausches*. Die in den genannten Arbeiten benutzten *Modelle* sind — aus mathematischen Gründen — viel zu sehr schematisiert und entfernen sich von der Wirklichkeit viel zu weit, als daß ein Vergleich mit Beobachtungen hinsichtlich der fraglichen Feinheiten irgendwelche Rückschlüsse erlauben könnte.

105. Polarisation und Dopplereffekt der Streustrahlung in Sternatmosphären.

Zum Abschluß dieses Kapitels besprechen wir noch kurz die astrophysikalischen Auswirkungen zweier Effekte, die bei der *Streuung* von Lichtquanten auftreten können, nämlich a) die *Polarisation* der Streustrahlung und b) *Linienverbreiterung und -verschiebung* bei der Streuung. Wir möchten versuchen, hier eine Vorstellung von den wesentlichen Gedanken und Aussagen der Theorie zu geben, ohne ihren äußerst langwierigen Kalkul zu reproduzieren, den der Leser gegebenenfalls besser anhand der Originalliteratur studiert.

A) Polarisation der Streustrahlung in Sternatmosphären. Bis jetzt haben wir in der Theorie des Strahlungsaustausches bei der Behandlung von *Streuungsproblemen* die Streustrahlung stets als isotrop und unpolarisiert betrachtet. Aus Abschnitt 49 wissen wir aber schon, daß bei der kontinuierlichen Streuung an *freien Elektronen* (THOMSON) und *Atomen oder Molekülen* (RAYLEIGH) die Streustrahlung eine *Richtungsverteilung* $\sim 1 + \cos^2\varphi$ erhält und in der dort beschriebenen Weise *polarisiert* ist. Genau dieselben Gesetze gelten nach Abschnitt 68—71 für die *Resonanzstreuung* an Atomen, sofern wir sie als strahlungsgedämpften klassischen Oszillator behandeln dürfen. Dies trifft nach der Quantentheorie für gewisse Übergänge, z. B. Ca I $4\,^1S$—$4\,^1P$ $\lambda\,4227$ zu, solange die Strahlungsdämpfung $\gg$ Stoßdämpfung ist. Für viele andere Übergänge liefert nach der Quantentheorie schon das völlig ungestörte Atom einen geringeren Polarisationsgrad. Eine zusammenfassende Darstellung der Theorie geben z. B. A. C. G. MITCHELL und M. W. ZEMANSKY [1004] und D. R. HAMILTON [1506—1507]. Vielfach muß man auch den Einfluß der Hyperfeinstruktur der Linien und evtl. vorhandener (schon sehr schwacher) Magnetfelder berücksichtigen.

Die relativ elementare Theorie der *Einfach*streuung in einer Sternatmosphäre ist schon 1879 von A. SCHUSTER [1527] auf die *Sonnenkorona* angewandt worden. Wir werden auf diese Arbeit und neuere Untersuchungen über die Polarisation des Koronalichtes in Kap. XXI zurückkommen.

Die mathematisch sehr schwierige Behandlung der *Mehrfach*streuung (unter Berücksichtigung ihrer Anisotropie) ist erst 1946 S. CHANDRASEKHAR im Anschluß an eine längst vergessene Untersuchung von G. G. STOKES [1531] (aus dem Jahre 1852!) gelungen. Die grundlegenden Arbeiten CHANDRASEKHARs sind [606, X, XI und XV]; eine kürzere und leichter lesbare Übersicht gibt [607]; eine abschließende Gesamtdarstellung enthält [500].

Für eine Atmosphäre, die *nur* THOMSON- oder RAYLEIGH-Streuung hat, konnte S. CHANDRASEKHAR [500] sogar eine exakte Lösung der Transportgleichung der Strahlung berechnen. In Tab. 55 geben wir in Abhängigkeit von $\cos\vartheta$ den *Polarisationsgrad* δ in %, welcher durch

$$\delta = \frac{I_r - I_l}{I_r + I_l} \tag{105, 1}$$

definiert ist. Dabei bedeuten I_r bzw. I_l *die* Teilintensitäten, deren Polarisationsebene (magnetischer Vektor) parallel zum *R*adius bzw. Rand (*L*imb) der Sonnen- bzw. Sternscheibe ist, deren elektrischer Vektor also $\perp$ bzw. $\parallel$ zum Radius der $\odot$-Scheibe schwingt. Abgesehen vom äußersten Rand sind die berechneten Polarisationsgrade sehr klein, obwohl im Elementarprozeß eine Streuung unter 90° ja vollständige lineare Polarisation liefert. Dies rührt selbstverständlich daher, daß die Richtungsverteilung der Strahlung schon vor *dem* Streuprozeß, der sie schließlich aus der Sternatmosphäre endgültig entläßt, von der Isotropie nicht sehr stark abweicht.

CHANDRASEKHARs Theorie ist in sehr guter Näherung von J. C. PECKER [620, II] und A. D. CODE [1503] verallgemeinert worden für eine Atmosphäre,

Tabelle 55. Polarisationsgrad δ (in %) einer Atmosphäre mit reiner Streuung.

a) 1. Näherung, Ergiebigkeit $\sim 1 + \frac{3}{2}\tau$ } Nach H. H. VOIGT [1545]
b) 1. Näherung, Ergiebigkeit mit Exponentialglied nach Gl. (40, 8) } Nach H. H. VOIGT [1545]
c) 2. Näherung, lineare Ergiebigkeit und Vorpolarisation } Nach H. H. VOIGT [1545]
d) Exakte Ergebnisse nach S. CHANDRASEKHAR [500].

$\cos\vartheta$		1. Näherung (linear) (a)	1. Näherung (mit Exp. Glied) (b)	2. Näherung (linear) (c)	exakt n. CHANDRASEKHAR (d)
Mitte	1,0	0,00	0,00	0,00	0,00
	0,8	0,32	0,27	0,49	0,68
	0,6	0,78	0,84	1,17	1,63
	0,4	1,41	1,64	2,26	3,03
	0,2	2,87	3,22	4,11	5,41
Rand	0,0	8,27	9,05	9,07	11,71

in welcher neben der Streuung σ auch wahre Absorption $\varkappa$ eine Rolle spielt. Aus mathematischen Rücksichten muß dabei $\sigma/\varkappa =$ const und eine lineare Tiefenabhängigkeit der KIRCHHOFF-PLANCK-Funktion vorausgesetzt werden, entsprechend den üblichen Schematisierungen des M.-E.-Modelles.

Derartige Einschränkungen können ohne ungebührliche Komplikation der Rechnungen vermieden werden bei einem anderen Verfahren, das zuerst von H. ZANSTRA [1548] angegeben und dann von H. H. VOIGT [1545] wesentlich weitergebildet worden ist:

Als maßgebend für die Polarisation betrachten diese Autoren in *erster Näherung* nur den *letzten* Streuprozeß; die vorhergehenden Schicksale der Lichtquanten werden ohne Berücksichtigung der Polarisation durchgerechnet. Diese Methode liefert sehr gute Resultate, solange $\sigma \ll \varkappa$, also z. B. für die Flügel von Spektrallinien oder die kontinuierliche Strahlung der Sterne später Spektraltypen (s. unten). Überwiegt die Streuung, so gibt die 1. Näherung den Polarisationsgrad δ in ungünstigen Fällen nur bis auf einen Faktor der Größenordnung 2. Für größere Genauigkeitsansprüche kann man dann aber in *zweiter Näherung* die Vorpolarisation durch eine Art Iterationsverfahren berücksichtigen. Wir vergleichen zunächst die von H. H. VOIGT [1545] nach dieser Näherungsmethode für die Atmosphäre mit reiner Streuung durchgeführten Rechnungen mit den exakten Ergebnissen S. CHANDRASEKHARs [500]. Die Abweichungen erreichen bei diesem — für die Iterationsmethode besonders ungünstigen — Beispiel maximal einen Faktor 2; Berücksichtigung der Vorpolarisation durch *einen* Iterationsschritt führt schon zu einer wesentlichen Verbesserung der Übereinstimmung. Sobald $\varkappa > \sigma$ ist, dürfte also die 1. Näherung des dann sehr einfachen und übersichlichen Verfahrens von ZANSTRA und VOIGT völlig ausreichen.

Nach diesen Vorbemerkungen zur Theorie wenden wir uns den diesbezüglichen Beobachtungen zu, wobei wir zur Zeit das Empfinden eines gewissen Mißverhältnisses zwischen beiden nicht unterdrücken können. Nach der Theorie (vgl. z. B. E. VITENSEs Abb. 72—86 und 91) sollte man erwarten, daß im photographischen Bereich des kontinuierlichen Spektrums heißer Übergiganten die THOMSON-Streuung freier Elektronen neben der Absorption von H und He eine erhebliche Rolle spielt. Die Polarisationseffekte, die bei entsprechenden Bedeckungsveränderlichen zu erwarten sind, hat — allerdings unter Annahme *reiner* Elektronenstreuung — W. A. HILTNER [1508] z. B. für RY Persei (B4 + F5) berechnet. Seine und E. M. JANSSENs [1511] Beobachtungen lassen den auf jeden Fall sehr kleinen Effekt ($\sim 0^{\mathrm{m}}.01$) nicht mit Sicherheit erkennen.

Am Rande der *Sonne* (etwa bei $\cos\vartheta = 0{,}5$) hat im blauen Bereich des kontinuierlichen Spektrums B. LYOT [1514] mit einer äußerst empfindlichen Apparatur eine radiale Polarisation mit δ zwischen 2,1 und $39 \cdot 10^{-5}$ gemessen. Nachdem J. C. PECKER [620, II] zuerst versucht hatte, den Effekt auf Streuung freier Elektronen zurückzuführen, zeigten die Rechnungen des Kieler Instituts, daß hier die RAYLEIGH-*Streuung der Wasserstoffatome* weitaus überwiegt. Damit erhielt dann H. H. VOIGT [1545] einen berechneten Polarisationsgrad von $\sim 5 \cdot 10^{-5}$, der also im Bereich der beobachteten Werte liegt.

Die Polarisation der Ca I-Resonanzlinie $4\,{}^1S$—$4\,{}^1P$, $\lambda\,4227$ am Sonnenrand bei $\cos\vartheta = 0{,}17$ hat R. O. REDMAN [1524] photographisch-photometrisch untersucht[1]. In den *Linienflügeln* findet er keinen Effekt, der die Fehlergrenze von $\sim 1\%$ übersteigt. Nach H. ZANSTRA [1548] sollte man hier unter Annahme von Strahlungsdämpfung einen mehrmals größeren Polarisationsgrad erwarten. Daß dieser *nicht* auftritt, führte H. ZANSTRA [1549] dann richtig darauf zurück, daß $\lambda\,4227$ in erster Linie durch *Stoßdämpfung* verbreitert wird (als Stoßpartner wirken — nach unseren heutigen Vorstellungen — allerdings in erster Linie die H-Atome, nicht die freien Elektronen). Ob die — noch schwieriger zu messenden — kleinen Effekte in den Flanken und der Mitte der Linie reell sind, dürfte wohl zu bezweifeln sein.

Den Einfluß eines evtl. solaren *Magnetfeldes* auf die *Polarisation* bei Einfachstreuung in den äußeren Bezirken der Sonnenatmosphäre hat G. THIESSEN [1535] durchgerechnet. Er fand so eine Erklärung der lange Zeit unverstandenen

[1] Anm. b. d. Korr.: Neuere Messungen vgl. F. W. JÄGER: Z. Astrophysik **34**, 237 (1954).

Beobachtungen von B. LYOT [1513] über die Polarisation der Linien Hα und He D_3 in Protuberanzen. LYOT hatte bei diesen Linien Polarisationsgrade der Größenordnung 1% entdeckt, wobei die Polarisationsebene von der Vertikalen auf der Nordhalbkugel der Sonne nach Norden, auf der Südhalbkugel nach Süden um Winkel bis zu 30° abwich. Nach THIESSEN sollte für Winkel von 0—35° zwischen Magnetfeld $\mathfrak{H}$ und Sonnenoberfläche die Polarisationsebene $\perp \mathfrak{H}$, für Winkel $> 35°$ aber $\parallel \mathfrak{H}$ zeigen. (Die älteren Rechnungen von H. ZANSTRA [1550] ohne Magnetfeld hatten zwar die Größenordnung des Polarisationsgrades, aber stets nur radiale Polarisation ergeben.) Es wäre ein sehr interessantes Beobachtungsprogramm, nach Einflüssen lokaler Magnetfelder (z. B. von Flecken) auf die Polarisation der Protuberanzenlinien zu suchen.

Auf die weiteren magnetooptischen Rechnungen von G. THIESSEN [1536] können wir hier nur kurz hinweisen.

B) Linienverbreiterung und -verschiebung bei der Streuung des Lichtes an freien Elektronen. In Abschnitt 74 haben wir schon untersucht, wie eine ursprünglich monochromatische Linie bei der Einfachstreuung an *thermisch bewegten freien Elektronen* durch den Dopplereffekt in ein Frequenzband von mehreren Ångström Breite auseinandergezogen wird. Neben dieser großen Verbreiterung ist theoretisch — wie im Röntgengebiet — eine kleine Rotverschiebung von der Größenordnung der COMPTON-Wellenlänge $\Lambda = 0{,}024$ Å zu erwarten.

Im Hinblick auf die Spektren der heißen Sterne, insbesondere der Übergiganten [vgl. unter A)], hat G. MÜNCH [1519] (weiterhin F. N. EDMONDS [1505a]) ein Atmosphärenmodell durchgerechnet, in dem die Linien in einer tieferen Schicht gebildet (dieses ursprüngliche Profil wird also als gegeben betrachtet) und dann in einer höheren Schicht „verschmiert" werden, deren optische Dicke für Elektronenstreuung gleich τ_1 sein soll (explizite Angaben für $\tau_1 = 0{,}1$ bis 0,8 und eine Temperatur von 30000° K, sowie λ 5000 Å). Aus einem ursprünglich schmalen Frequenzbereich entsteht in der streuenden Schicht eine Frequenzverteilung, die — infolge des Überwiegens der Vorwärtsstreuung — ein ziemlich scharfes Maximum hat. Ihre breiten Flügel vermögen schon ab $\tau_1 = 0{,}2$ Linienprofile mit Äquivalentbreiten unter ~ 10 Å in der Mitte merklich „aufzufüllen", während die Flügel natürlich entsprechend breiter werden (als Beispiel vgl. MÜNCHs Abb. 2 und 3). Ein Vergleich dieser Rechnungen mit der Beobachtung dürfte kaum angängig sein, da in Wirklichkeit die selektive Absorption und die entsprechende thermische Linienemission auch in den höheren Schichten sehr erheblich sein muß (wo im Kontinuum die THOMSON-Streuung $\gg$ H-Absorption ist). Es ist gelegentlich vermutet worden, daß die Linienverbreiterung durch THOMSON-Streuung an freien Elektronen in WOLF-RAYET-Sternen von Bedeutung sein könnte.

Eine wichtige Rolle spielt sicher der Dopplereffekt der freien Elektronen in der *Sonnenkorona* mit ihrer enormen Temperatur von $\sim 10^6$° K. Hierauf werden wir im Kapitel „Sonnenphysik" zurückkommen.

Die Verschiebung bzw. unsymmetrische Verbreiterung einer ursprünglich monochromatischen Strahlung durch den COMPTON-Effekt bei Mehrfachstreuung an freien Elektronen hat S. CHANDRASEKHAR [1502] berechnet.

Bei der *Resonanzstreuung an Atomen* sind nach Abschnitt 74, 2. Linienverbreiterungen durch thermischen Dopplereffekt zu erwarten, deren Größenordnung aber nur wenige hundertstel Ångström beträgt. Astrophysikalische Anwendungen sind zur Zeit nicht bekannt.

Die COMPTON-*Verschiebung* bei der Streuung an *Atomen* ist gegenüber der an freien Elektronen im Verhältnis der Massen kleiner und damit praktisch belanglos.

XVI. Kapitel.

Theorie der Wachstumskurven.

106. Grundlagen der Theorie.

Das Grundproblem der Theorie der FRAUNHOFER-Linien besteht bekanntlich darin, den Übergang von der „Intensität" der Linien zur „Anzahl" bzw. „Häufigkeit" der erzeugenden Atome zu finden.

Dieses Ziel versuchten 1928 H. N. RUSSELL, W. S. ADAMS und C. E. MOORE [1608] unter Umgehung weitläufiger theoretischer Betrachtungen folgendermaßen direkt zu erreichen: In den *Multipletts* sind uns von der Natur Liniengruppen gegeben, deren relative Übergangswahrscheinlichkeiten bekannt sind (Abschnitt 84). Nimmt man nun an (wir werden nachher sehen, daß dies nur für die schwächeren Linien mit ROWLAND-Intensität $< \sim 3$ streng richtig ist), daß Vergrößerung der Anzahl absorbierender Atome oder Vergrößerung der Übergangswahrscheinlichkeit die Stärke der Linien in gleicher Weise beeinflußt, so gibt jedes Multiplett in seinem Bereich den Zusammenhang zwischen der in irgendeinem Maß gemessenen oder geschätzten Linienintensität und der wirksamen Atomzahl $\mathfrak{N}$. Nimmt man weiterhin an, daß dieser Zusammenhang für *alle* Multipletts derselbe ist (wie sich zeigen wird, trifft auch dies nur unter der angegebenen Voraussetzung zu), so kann man die von verschiedenen Multipletts (Fe, Ti, Cr, Ni usw.) bestimmten Kurvenstücke durch Verschieben längs der log $\mathfrak{N}$-Skala zusammenstücken. Auf diese Weise erhielten RUSSELL, ADAMS und MOORE Eichkurven, die gestatteten, für jedes Wellenlängengebiet im Sonnenspektrum die ROWLAND-Intensitäten in „Atomzahlen" überzuführen.

Die Bedeutung dieser Eichkurven und zugleich die Grenzen des Verfahrens wurden erkennbar, als M. MINNAERT mit G. F. W. MULDERS und C. SLOB [1605, 1606] den Übergang von der willkürlichen ROWLANDschen Intensitätsskala zu den „*Gesamtabsorptionen*" oder „*äquivalenten Linienbreiten*" vollzogen:

Die sog. „*Wachstumskurven*", welche die Äquivalentbreiten W_λ oder W_ω als Funktion der Anzahl absorbierender Atome $NH \times$ der Oszillatorenstärke f darstellen, sind nach MINNAERT und MULDERS das Gegenstück der von R. LADENBURG und F. REICHE, W. SCHÜTZ, v. D. HELD u. a. gefundenen Zusammenhänge, die wir im Abschnitt 73 (insbesondere Abb. 114) ausführlich dargestellt haben. Der Unterschied zwischen der in Abschnitt 73 entwickelten Theorie der Gesamtabsorption von Linien, welche in einem Absorptionsrohr entstehen und ihrem astrophysikalischen Gegenstück besteht nur darin, daß wir an Stelle des exponentiellen Absorptionsgesetzes $I_\nu = I_{\nu,0}\, e^{-k\cdot\mathfrak{N}l}$ die im vorhergehenden Kapitel entwickelten Vorstellungen der Theorie des Strahlungsaustausches anwenden müssen.

Wir fassen daher deren wichtigste Ergebnisse nocheinmal kurz zusammen. Dabei beschränken wir uns der Einfachheit wegen auf die integrierte Sonnen- bzw. Sternstrahlung, d. h. die Linien im Strahlungsstrom $F(0)$. Die Übertragung auf die Linien einer bestimmten Stelle der Sonnenscheibe, d. h. in der Strahlungsintensität $I(0, \vartheta)$, ist nach den Erörterungen des vorhergehenden Kapitels völlig trivial.

Wir gehen aus von dem in den schwachen Linien und den Flügeln starker Linien realisierten Grenzfall *schwacher Absorption*: Solange die Einsenkung in der Linie

$$R = \frac{F_0(0) - F(0)}{F_0(0)} \tag{106, 1}$$

nicht zu groß (etwa $R < 15\%$) ist, können wir sie mit Hilfe der Methode der

Gewichtsfunktionen in einfacher Weise exakt berechnen und anschaulich deuten. Die Atmosphäre wirkt nämlich wie ein Absorptionsrohr mit der „wirksamen optischen Dicke“ x_ν, d. h. es ist

$$R \approx x_\nu \quad \text{für} \quad x_\nu < \text{etwa } 0{,}15\,, \tag{106, 2}$$

wobei nach Gl. (103, 5)

$$x_\nu = \frac{\varepsilon_i}{\Sigma\,\varepsilon_i} \int\limits_0^\infty \frac{n_{r,s}}{\Sigma\,n_r} \cdot \frac{\varkappa_{\nu,a}}{\varkappa_g \cdot \mu_0\, m_H}\, G(\tau)\, d\tau \tag{106, 3}$$

ist. Dabei bedeuten — um daran nur noch einmal zu erinnern —

ε_i die Häufigkeit des betreffenden Elements (nach Atomzahlen),
$\frac{n_{r,s}}{\Sigma\,n_r}$ den Bruchteil der Atome, welche die betreffende Linie absorbieren können,
$\varkappa_{\nu,a}$ den Linienabsorptionskoeffizienten pro solches Atom,
$\varkappa_g$ den kontinuierlichen Absorptionskoeffizienten im Bereich der Linie, pro Gramm Sternmaterie,
μ_0 das mittlere Molekulargewicht der unionisierten Sternmaterie,
m_H die Masse der Atomgewichtseinheit,
τ die optische Tiefe für die kontinuierliche Absorption $\varkappa_g$.
$n_{r,s}/\Sigma\,n_r$, $\varkappa_{\nu,a}$, und $\varkappa_g$ sind als Funktionen von τ vorgegeben.

Die *Gewichtsfunktionen* $G(\tau)$ wird man in praxi so gut wie immer nach Gl. (101, 69) bzw. (101, 72—74) für *wahre Absorption* berechnen. Die Berücksichtigung von Streuung und Abweichungen vom lokalen thermodynamischen Gleichgewicht würde jedoch nötigenfalls keinerlei Schwierigkeiten machen. Begnügt man sich mit *Mittelwerten* der unter dem Integralzeichen in Gl. (106, 3) vorn stehenden Größen im Sinne unserer Gl. (103, 8—11), so beziehen diese sich — sofern die Variation der genannten Größen in mäßigen Grenzen bleibt — nach (101, 82) bzw. (101, 80) auf eine *effektive optische Tiefe*

$$\tau^* = 3/4 \quad \text{bzw.} \quad \cos\vartheta\,. \tag{106, 4}$$

Gehen wir nun in einer stärkeren Linie von den Flügeln ($R < 15\%$) nach innen, so nimmt der Linienabsorptionskoeffizient $\varkappa_{\nu,a}$ und damit x_ν zu, wir nähern uns dem Fall *starker Absorption*.

Nach Kap. XV können wir dann keinen übersichtlichen und allgemein gültigen Zusammenhang zwischen R und x_ν mehr erwarten. Erst für $x_\nu \to \infty$ strebt im allgemeinen R einem einheitlichen Grenzwert R_c zu; die Zentralintensität der starken Linien nähert sich der KIRCHHOFF-PLANCK-Funktion für die Grenztemperatur T_0 des Sternes an. Die Grenzfälle „*schwacher*“ und „*starker*“ *Absorption* (106, 2) bzw. (103, 23) und (103, 24) verbindet die *Interpolationsformel*[1] (103, 25)

$$R = \left\{\frac{1}{x_\nu} + \frac{1}{R_c}\right\}^{-1}. \tag{106, 5}$$

Die Abweichungen der F-Kurven (F/F_0 aufgetragen als Funktion von $\log x_\nu$) von diesem Schema haben wir für einige Modellatmosphären schon in Abb. 136 diskutiert und gezeigt, daß sie sich in mäßigen Grenzen halten.

---

[1] Die Anwendung der Gl. (106, 5) zur Berechnung einer universellen Wachstumskurve haben seinerzeit unabhängig voneinander D. H. MENZEL [1604] (mit $R_c = 1$) und *Verf.* (in der I. Auflage dieses Buches; mit beliebigem R_c) vorgeschlagen.

107. Berechnung der Äquivalentbreiten von FRAUNHOFER-Linien mit Dopplereffekt und Dämpfung.

Anknüpfend an Abschnitt 73 berechnen wir nun die *Äquivalentbreiten* W_λ bzw. W_ω für FRAUNHOFER-*Linien* beliebiger Stärke, welche durch *Dopplereffekt* (evtl. einschließlich Turbulenz) und *Dämpfung* (Strahlungs- und Stoßdämpfung) verbreitert werden. Dabei nehmen wir *zunächst* an, daß die *Dopplerbreite* $\Delta\lambda_D$ und die *Dämpfungskonstante* γ bzw. das $\alpha = \gamma/2\,\Delta\omega_D$ von der optischen Tiefe τ in der Atmosphäre *unabhängig* sein sollen. Weiterhin schreiben wir nach Gl. (73, 7) den *Linienabsorptionskoeffizienten* (pro absorbierendes Atom) in der Form

$$\varkappa_{\nu,a} = \varkappa_{0,a} \cdot H(\alpha, v)\,, \tag{107, 1}$$

wobei nach (73, 7)

$$\varkappa_{0,a} = \frac{2\pi^{3/2} e^2}{m\,c} \cdot \frac{f}{\Delta\omega_D} \tag{107, 2}$$

für $\alpha \ll 1$ den Absorptionskoeffizienten in der Linienmitte bedeutet. Die Funktion $H(\alpha, v)$ — mit $v = \Delta\lambda/\Delta\lambda_D$ — kennen wir schon aus Abschnitt 73 bzw. 66 und Abb. 107. In unserem Zusammenhang ist wesentlich, daß in dem Ausdruck (106, 3) für die wirksame optische Dicke x_ν der Faktor $H(\alpha, v)$ *nur* vom Abstand von der Linienmitte $\Delta\lambda$ bzw. v abhängt, während die übrigen Faktoren *nur* von der Tiefe τ in der Atmosphäre abhängen. Infolgedessen können wir in Gl. (106, 3) $H(\alpha, v)$ vor das Integralzeichen ziehen und schreiben

$$x_\nu = X_0 \cdot H(\alpha, v)\,, \tag{107, 3}$$

wobei also

$$X_0 = \frac{\varepsilon_i}{\Sigma\,\varepsilon_i} \cdot \frac{2\pi^{3/2} e^2 f}{m\,c\,\Delta\omega_D} \int\limits_0^\infty \frac{n_{r,s}}{\Sigma\,n_r} \cdot \frac{G(\tau)\,d\tau}{\varkappa_g \cdot \mu_0\, m_H} \tag{107, 4}$$

bei $\alpha \ll 1$ die wirksame optische Tiefe für die Linienmitte $v = 0$ bedeutet.

Rechnet man auch für $n_{r,s}/\Sigma\,n_r$ und $\varkappa_g$ mit *Mittelwerten* über die in Frage kommenden Schichten der Atmosphäre (also etwa entsprechend $\tau^* = 3/4$ bzw. $\cos\vartheta$), so kann man nach Gl. (103, 8) und (73, 8) schreiben

$$X_0 = \frac{2\pi^{3/2} e^2}{m\,c} \cdot \frac{N_{r,s}\,H\,f}{\Delta\omega_D} = 9{,}40 \cdot 10^{-2} \cdot \frac{N_{r,s}\,H\,f}{\Delta\omega_D}\,, \tag{107, 5}$$

wobei dann $N_{r,s}\,H$ wieder die „*Anzahl wirksamer Atome über* 1 cm^2 *der Sternoberfläche*" bedeutet.

Mit (106, 5) berechnen wir nun die *Äquivalentbreite*

$$W_\lambda = \int\limits_{-\infty}^{+\infty} R\,d\lambda = \int\limits_{-\infty}^{+\infty} \frac{\Delta\lambda_D \cdot dv}{\frac{1}{x_\nu} + \frac{1}{R_c}} \tag{107, 6}$$

und erhalten nach (107, 3)

$$\frac{1}{R_c}\,\frac{W_\lambda}{2\,\Delta\lambda_D} = \frac{1}{R_c} \cdot \frac{W_\omega}{2\,\Delta\omega_D} = \int\limits_0^\infty \frac{dv}{\frac{R_c}{X_0} \cdot \frac{1}{H(\alpha, v)} + 1} = \int\limits_0^{+\infty} \frac{dv}{\frac{1}{C \cdot H(\alpha, v)} + 1}\,, \tag{107, 7}$$

wobei wir in Anlehnung an Abschnitt 73 noch die Bezeichnung eingeführt haben:

$$C = \frac{X_0}{R_c} \quad \text{bzw.} \quad C = 9{,}40 \cdot 10^{-2} \cdot \frac{N_{r,s}\,H\,f}{R_c \cdot \Delta\omega_D}\,. \tag{107, 8}$$

Die Kurven, welche nach Gl. (107, 7) $\frac{1}{R_c} \cdot \frac{W_\lambda}{2\,\Delta\lambda_D}$ als Funktion von C (mit α als Parameter) darstellen, bezeichnen wir wieder als *Wachstumskurven*, weil sie direkt das Anwachsen der Äquivalentbreite insbesondere als Funktion der Oszillatorenstärke f zu überblicken gestatten. Wie in Abschnitt 73 kann die Berechnung des Integrals (107, 7) analytisch durchgeführt werden für *reine Dopplerverbreiterung* ($\alpha = 0$), womit auch gleichzeitig der Grenzfall $C \ll 1$ (wo die Dämpfungsflügel noch nicht hervortreten) erledigt ist, und für reine *Dämpfungsverbreiterung*, insbesondere im Grenzfall $C \gg 1$. Das Zwischengebiet muß mit numerischen Quadraturen ausgefüllt werden.

a) *Reine Dopplerverbreiterung* $\left(\alpha = \frac{\gamma}{2\Delta\omega_D} \to 0;\ H(\alpha, v) \approx e^{-v^2}\right)$. Hat man es mit relativ schwacher Absorption, genauer gesagt $C < 1$, zu tun, so bringt man zweckmäßig (107, 7) in die Form

$$\frac{1}{R_c}\,\frac{W_\lambda}{2\Delta\lambda_D} = \int\limits_0^{+\infty} \frac{C e^{-v^2}\,dv}{1 + C e^{-v^2}} = \int\limits_0^{+\infty} C e^{-v^2}\{1 - C e^{-v^2} + C^2 e^{-2v^2} - \cdots\}\,dv \qquad (107, 9)$$

und erhält durch gliedweises Integrieren die etwa bis $C \leqq 0{,}5$ praktisch brauchbare Reihe

$$\frac{1}{R_c}\cdot\frac{W_\lambda}{2\Delta\lambda_D} = \frac{\sqrt{\pi}}{2}\,C\left\{1 - \frac{C}{\sqrt{2}} + \frac{C^2}{\sqrt{3}} - \frac{C^3}{\sqrt{4}} + \cdots\right\}. \qquad (107, 10)$$

[Für $C \ll 1$ stimmt diese selbstverständlich mit (73, 16) überein.]

Ist die wirksame optische Dicke in der Linienmitte $C \gg 1$, so setzt man

$$C = e^a\ ;\quad a = \ln C \qquad (107, 11)$$

und

$$v^2 = u\,.$$

Dann geht (107, 7) über in

$$\frac{1}{R_c}\cdot\frac{W_\lambda}{2\Delta\lambda_D} = \frac{1}{2}\int\limits_0^{\infty} \frac{u^{-\frac{1}{2}}\,du}{e^{u-a} + 1}\,. \qquad (107, 12)$$

Integrale dieses Typs spielen eine große Rolle in der Elektronentheorie der Metalle. Wir können ihre asymptotische Darstellung für $a \gg 1$ direkt der grundlegenden Arbeit von A. SOMMERFELD [1610] entnehmen[1] und erhalten

$$\frac{1}{R_c}\cdot\frac{W_\lambda}{2\Delta\lambda_D} = \sqrt{a}\left\{1 - \frac{c_2}{2a^2} - \frac{1\cdot3\cdot5}{2^3}\cdot\frac{c_4}{a^4} - \frac{1\cdot3\cdot5\cdot7\cdot9}{2^5}\cdot\frac{c_6}{a^6} - \frac{1\cdot3\cdot5\cdot7\cdot9\cdot11\cdot13}{2^7}\cdot\frac{c_8}{a^8} - \cdots\right\},$$

wobei die c_n definiert sind durch (107, 13)

$$c_n = 1 - \frac{1}{2^n} + \frac{1}{3^n} - \frac{1}{4^n} + \cdots. \qquad (107, 14)$$

Diese Summen können auf funktionentheoretischem Wege berechnet werden[2]. Es wird für

$n =$	2	4	6	8
$\frac{c_n}{\pi^n} =$	$\frac{1}{12}$	$\frac{7}{720}$	$\frac{31}{30240}$	$\frac{127}{1209600}$

und damit

$$\frac{1}{R_c}\,\frac{W_\lambda}{2\Delta\lambda_D} = \sqrt{\ln C}\left\{1 - \frac{0{,}4112}{(\ln C)^2} - \frac{1{,}776}{(\ln C)^4} - \frac{29{,}11}{(\ln C)^6} - \frac{1052}{(\ln C)^8} - \cdots\right\} \qquad (107, 15)$$

[1] Dessen Gl. (28); das Integral in (107,12) ist in SOMMERFELDs Bezeichnungsweise gleich $\Gamma(\frac{1}{2})\cdot U_{-\frac{1}{2}}$.

[2] Vgl. z. B. L. BIEBERBACH [1601], S. 182.

Diese Reihe — das Analogon zu (73, 18) — ist anwendbar für $a \geqq 4$, d. h. $C \geqq 55$. Für $0{,}5 < C < 55$ muß man das Integral graphisch auswerten.

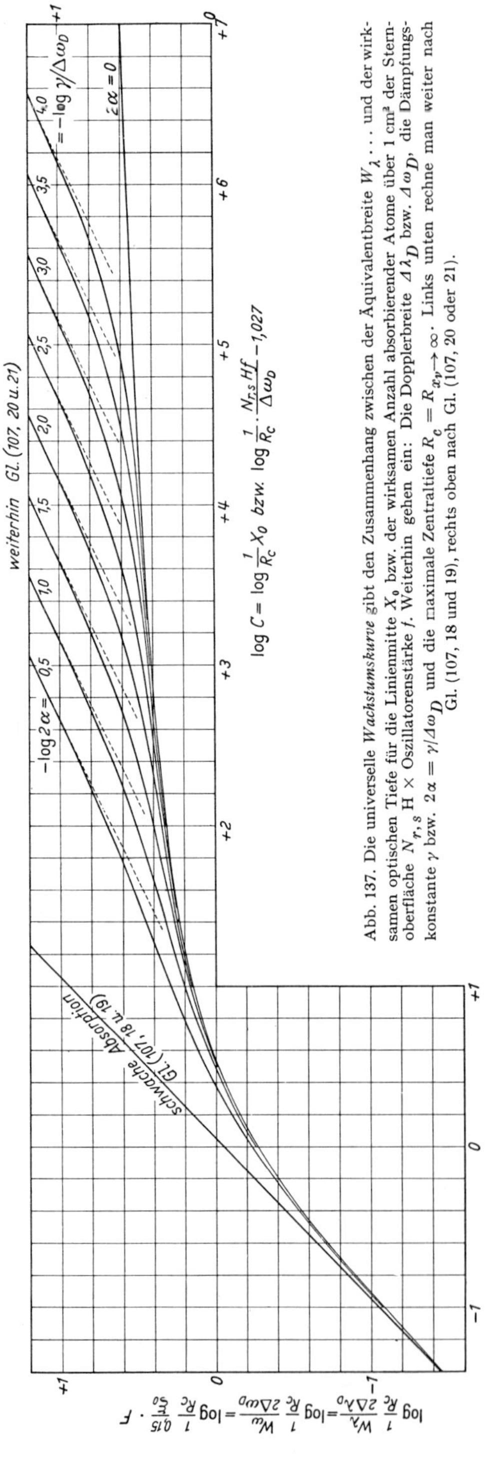

Abb. 137. Die universelle *Wachstumskurve* gibt den Zusammenhang zwischen der Äquivalentbreite W_λ ... und der wirksamen optischen Tiefe für die Linienmitte X_0 bzw. der wirksamen Anzahl absorbierender Atome über 1 cm² der Sternoberfläche $N_{r,s}$ H × Oszillatorenstärke *f*. Weiterhin gehen ein: Die Dopplerbreite $\Delta\lambda_D$ bzw. $\Delta\omega_D$, die Dämpfungskonstante γ bzw. $2\alpha = \gamma/\Delta\omega_D$ und die maximale Zentraltiefe $R_c = R_{x_\nu \to \infty}$. Links unten rechne man weiter nach Gl. (107, 18 und 19), rechts oben nach Gl. (107, 20 oder 21).

b) *Reine Dämpfungsverbreiterung.* Wir beschränken uns hier auf starke Absorption, d. h. $C \gg 1$. Nach (66, 16) begnügen wir uns mit der asymptotischen Darstellung $H(\alpha, v) = \alpha/\sqrt{\pi}\, v^2$ und erhalten

$$\frac{1}{R_c}\,\frac{W_\lambda}{2\,\Delta\lambda_D} = \int\limits_0^\infty \frac{dv}{\frac{\sqrt{\pi}}{\alpha C}\cdot v^2 + 1} = \frac{\pi}{2}\sqrt{\frac{\alpha C}{\sqrt{\pi}}}\,. \qquad (107,\,16)$$

Diese Formel unterscheidet sich von der entsprechenden Gl. (73, 21) für das Absorptionsrohr nur durch einen Faktor $\frac{\sqrt{\pi}}{2} = 0{,}885$ in dem Sinne, daß W_λ durch die Reemission etwas verkleinert wird.

Einige numerische Integrationen, die den Anschluß zwischen dem „Dopplergebiet" (106, 15) und dem „Dämpfungsgebiet" (106, 21) herstellen, haben *Verf.* sowie P. TEN BRUGGENCATE und J. HOUTGAST [1602] ausgeführt. Man integriert am besten von $v = 0$ bis 12 mit Tab. 41 graphisch, von 12 bis ∞ analytisch (arc tg-Funktion!) unter Anwendung der obigen Näherungsformel für $H(\alpha, v)$, die hier auf $\sim 1\%$ genau ist. Eine graphische Darstellung von $\frac{1}{R_c}\,\frac{W_\lambda}{2\,\Delta\lambda_D}$ als Funktion von $C = X_0/R_c$ bzw. $9{,}40 \cdot 10^{-2} \cdot \frac{1}{R_c} \times \times \frac{N_{r,s} H f}{\Delta\omega_D}$ gibt unsere Abb. 137.

Ist die Äquivalentbreite in den dimensionslosen FRAUNHOFER-Einheiten (Abschnitt 59) $F = 10^6 \cdot \frac{W_\lambda}{\lambda}$ gegeben, so kann man die Ordinate unserer *universellen Wachstumskurven* nach (72, 9) auch schreiben als $\frac{1}{R_c} \cdot \frac{0{,}15}{\xi_0} \cdot F$, wobei ξ_0 die wahrscheinlichste Geschwindigkeit der thermischen- plus Turbulenzbewegung nach Gl. (72, 7) in km/sec bedeutet. Der Vorteil dieser Schreibweise liegt darin, daß der Faktor von F nahezu unabhängig von der Wellenlänge ist; der λ-Faktor unserer ursprünglichen Darstellung erschwert etwas den unmittelbaren Vergleich verschiedener Spektralgebiete.

In den gröberen Zügen unterscheidet sich unsere *Wachstumskurve für* FRAUNHOFER-*Linien* kaum von der schon in Abschnitt 73 diskutierten Wachstumskurve für exponentielle Absorption nach V. D. HELD. Es bleibt uns nur noch die Aufgabe, die Grenzgesetze für schwache bzw. starke Linien in eine bequemere und übersichtlichere Form zu bringen und den Einfluß von R_c zu erörtern.

a) *Linearer- oder Dopplerbereich* $\left(\frac{1}{R_c}\,\frac{W_\lambda}{2\Delta\lambda_D} < 0{,}1\right)$: In diesem Grenzfall „schwacher Absorption" gilt nach (107, 10) zunächst

$$\frac{1}{R_c}\cdot\frac{W_\lambda}{2\Delta\lambda_D} = \frac{\sqrt{\pi}}{2}\,C\,. \tag{107, 17}$$

Greift man auf die Definition von C nach (107, 8) und (107, 4) zurück, so zeigt sich, daß hier $\Delta\lambda_D$ *und* R_c belanglos sind. Bezieht man alles auf 5000 Å und rechnet die Äquivalentbreiten entweder in *Milliangström* oder in *Fraunhofer*, so erhält man nach Einsetzen der Zahlenwerte die von M. MINNAERT [1518, I] in dieser Form angeschriebenen Gleichungen:

$$W_\lambda\,[\text{mÅ}] = 2{,}21\cdot 10^{-10}\left(\frac{\lambda}{\lambda_{5000}}\right)^2\cdot f\cdot\frac{\varepsilon_i}{\Sigma\,\varepsilon_i}\int\limits_0^\infty \frac{n_{r,s}}{\Sigma\, n_r}\cdot\frac{G(\tau)\,d\tau}{\varkappa_g\cdot\mu_0\, m_H}\,, \tag{107, 18}$$

$$F = 10^6\,\frac{W_\lambda}{\lambda} = 4{,}42\cdot 10^{-11}\,\frac{\lambda}{\lambda_{5000}}\cdot f\cdot\frac{\varepsilon_i}{\Sigma\,\varepsilon_i}\int\limits_0^\infty \frac{n_{r,s}}{\Sigma\, n_r}\cdot\frac{G(\tau)\,d\tau}{\varkappa_g\cdot\mu_0\, m_H}\,. \tag{107, 19}$$

b) *Flacher Bereich der Wachstumskurve* $\left(\frac{1}{R_c}\cdot\frac{W_\lambda}{2\Delta\lambda_D}\approx 2\right)$. Hier hängt W_λ von der Konzentration der die Linie erzeugenden Atome nur noch wenig ab, sondern ist in der Hauptsache bestimmt durch die *Dopplerbreite* $\Delta\lambda_D\cdot R_c$. Letzteres ist oft übersehen worden. Weiterhin muß man sich vergegenwärtigen, daß hier die Schematisierung der F-Kurve nicht mehr ganz unwesentlich ist!

c) *Dämpfungs- oder Wurzelbereich der Wachstumskurve* $\left(\frac{1}{R_c}\cdot\frac{W_\lambda}{2\Delta\lambda_D} > 8\right)$. Aus der hier gültigen Gl. (107, 16) erhält man wieder mit (107, 8) und (107, 4) sowie $\alpha = \gamma/2\,\Delta\omega_D$ nach Einsetzen der Zahlenwerte

$$W_\lambda\,[\text{mÅ}] = 6{,}78_5\cdot 10^{-10}\left(\frac{\lambda}{\lambda_{5000}}\right)^2\sqrt{f\,R_c\cdot\frac{\varepsilon_i}{\Sigma\,\varepsilon_i}\int\limits_0^\infty \gamma\,\frac{n_{r,s}}{\Sigma\, n_r}\cdot\frac{G(\tau)\,d\tau}{\varkappa_g\cdot\mu_0\, m_H}}\,, \tag{107, 20}$$

$$F = 10^6\,\frac{W_\lambda}{\lambda} = 1{,}357\cdot 10^{-10}\,\frac{\lambda}{\lambda_{5000}}\sqrt{f\,R_c\cdot\frac{\varepsilon_i}{\Sigma\,\varepsilon_i}\int\limits_0^\infty \gamma\,\frac{n_{r,s}}{\Sigma\, n_r}\cdot\frac{G(\tau)\,d\tau}{\varkappa_g\cdot\mu_0\, m_H}}\,. \tag{107, 21}$$

Es zeigt sich zunächst, daß im Dämpfungsbereich die Grenztiefe als $\sqrt{R_c}$ in W_λ usw. eingeht.

Nachdem wir ursprünglich von der Voraussetzung ausgegangen waren, daß die *Dopplerbreite* $\Delta\lambda_D$ und die *Dämpfungskonstante* γ von der Tiefe τ *un*abhängig sein sollten, wenden wir uns nunmehr eben der Berücksichtigung ihrer evtl. *Tiefenabhängigkeit* zu: Zunächst sieht man ohne weiteres, daß im *linearen* Bereich der Wachstumskurve (d. h. bei Absorption in optisch dünner Schicht) die

Äquivalentbreite $W_\lambda = \int R\, d\lambda$ im wesentlichen gleich dem Integral über den Absorptions*koeffizienten* ist, so daß hier $\Delta\lambda_D$ und γ überhaupt nicht eingehen.

Von Bedeutung wird die Tiefenabhängigkeit von $\Delta\lambda_D$ und γ dagegen im *flachen* Bereich der Wachstumskurve und den anschließenden Übergangszonen. Physikalisch gesehen beruht die τ-Abhängigkeit von $\Delta\lambda_D$ darauf, daß einerseits der thermische Anteil der Bewegungen der Atome mit wachsender *Temperatur* nach dem Inneren des Sternes zunimmt, andererseits aber die mittlere *Turbulenzgeschwindigkeit* im allgemeinen nach der Oberfläche des Sternes hin zunimmt. Die Dämpfungskonstante γ wird mit der Tiefe in der Atmosphäre anwachsen, sobald zu der Strahlungsdämpfung die *Stoßdämpfung* hinzukommt. Wir haben daher in den Formeln (107, 20) und (107, 21) die bisher als konstant betrachtete Dämpfungskonstante γ schon mit unter das Integralzeichen gezogen. Da γ ursprünglich als Faktor im Absorptionskoeffizienten für die Linienflügel auftritt, so ersieht man ohne weiteres, daß seine *Tiefenabhängigkeit* in der angegebenen Weise zu berücksichtigen ist.

Es erscheint völlig aussichtlos, der im Einzelfall numerisch oder graphisch anzugebenden Tiefenabhängigkeit der Dopplerbreite $\Delta\lambda_D$ und der Dämpfungskonstanten γ in einer Theorie der Wachstumskurve allgemein Rechnung zu tragen. Sind die Variationen nicht zu groß, so kann man *Mittelwerte* bilden, die sich nach Gl. (101, 82) bzw. (101, 80) auf eine optische Tiefe $\tau^* \approx 3/4$ für den Strahlungsstrom bzw. $\tau^* \approx \cos\vartheta$ für $r(0, \vartheta)$ beziehen.

Darüber hinaus bleibt nichts anderes übrig, als nach Abschnitt 101, A) unter Berücksichtigung der vorgegebenen Abhängigkeit des Linienabsorptionskoeffizienten vom Abstand von der Linienmitte $\Delta\lambda$ *und* von der optischen Tiefe τ für jedes $\Delta\lambda$ zunächst die optische Gesamttiefe x als Funktion von τ nach (101, 1) numerisch zu berechnen und dann nach (101, 2—5) die Linienkontur und schließlich deren Äquivalentbreite durch numerische Quadratur zu ermitteln. Dieses ganz allgemeine Rechenverfahren ist zwar etwas mühsam, aber andererseits so übersichtlich, daß es auch leicht von Hilfskräften gehandhabt werden kann.

Unseren bisherigen Sorgen gesellt sich noch eine weitere hinzu: „In welchem Maß hängt unsere Wachstumskurve von der Form der ihr zugrunde liegenden schematisierten F-Kurve (106, 5) ab?" Wir versuchen, diese Frage zu beantworten anhand einiger Rechenbeispiele. Wir gehen aus von der F-Kurve (Abb. 136) für $R_c = 1$ (die Übertragung auf andere R_c versteht sich dann von selbst). Diese F-Kurve ändern wir nun in drastischer Weise so, daß sie bei einem bestimmten $R = R^*$ entweder a) nach rechts plötzlich auf $R = 1$ absinkt oder b) horizontal mit $R = R^*$ weiterläuft. Die hierdurch eintretenden Änderungen der Äquivalentbreiten werden am größten sein im Dämpfungsbereich; wir beschränken unsere Rechnungen daher auf diesen (Abb. 138).

Die nötigen Formeln haben wir schon mit Gl. (67, 1) und (67, 2) in anderem Zusammenhang bereitgestellt. Normieren wir die ursprüngliche Äquivalentbreite auf 100, so erhalten wir für

	$R^* =$	50 %	20 %	
W_λ	(a)	114	157	(107, 22)
	(b)	82	55 .	

Würden wir die Linienkontur von R^* aus geradlinig zur Mitte ($\Delta\lambda = 0, R = 1$) weiterführen, so erhielten wir das arithmetische Mittel der obigen Zahlen, also $W_\lambda = 98$ bzw. 106.

Die Änderungen der F-Kurve in unserem schematisierten Problem darf man wohl als ziemlich drastisch bezeichnen. Im allgemeinen dürften die Änderungen der W_λ, die durch Abweichungen der wahren F-Kurve [welche von der Tiefenabhängigkeit des $\varkappa_\nu/\varkappa$ und $B(\tau)$ beeinflußt wird] von unserem schematisierten

Ansatz (106, 5) verursacht werden, höchstens etwa $\pm 30\%$ erreichen [vgl. auch die an (107, 16) anschließende Erörterung]. Vergleicht man diesen Unsicherheitsfaktor mit dem der meisten Absolutwerte von Oszillatorenstärken f und Dämpfungskonstanten γ, sowie den Meßfehlern der Äquivalentbreiten W_λ selbst, so sieht man, daß bei vernünftiger Handhabung unsere schematisierte Wachstumskurve für die meisten Probleme zur Zeit ausreichen dürfte. Es muß dabei jedoch daran erinnert werden, daß im flachen Bereich der Wachstumskurve und den anschließenden Übergangszonen die Voraussetzung ganz wesentlich ist, daß die Wellenlängenabhängigkeit des Absorptionskoeffizienten in allen Tiefen der Atmosphäre dieselbe

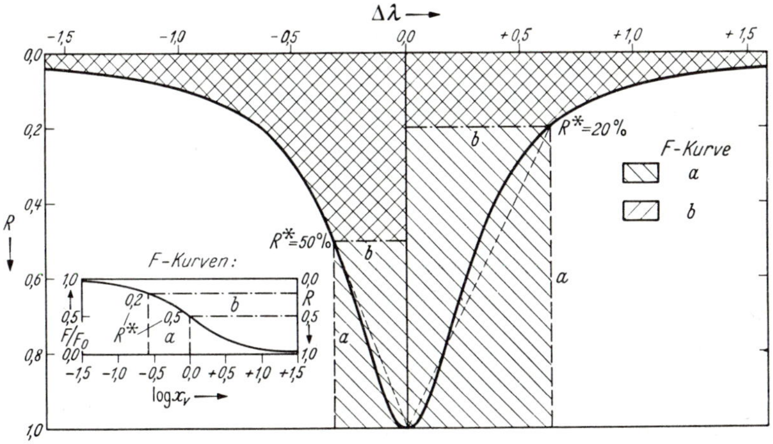

Abb. 138. Änderung der *Äquivalentbreite* im Dämpfungsbereich bei Änderung der F-Kurve für $R > R^* = 0{,}50$ (links) bzw. 0,20 (rechts). Siehe Gl. (107, 22).

ist. Stellt man an die Rechengenauigkeit größere Ansprüche, so können diese mit entsprechendem Aufwand an numerischen Quadraturen jederzeit befriedigt werden.

Die umfangreichen Rechnungen von M. H. WRUBEL [1547] bestätigen unsere allgemeinen Überlegungen. Im übrigen ist damit nicht viel anzufangen, da die sehr speziellen Voraussetzungen dieser Arbeiten in praxi bei weitem nicht mit der nötigen Genauigkeit erfüllt sein werden.

108. Verallgemeinerung und Umkehrung des Wachstumskurven-Problems.

Nachdem wir die Abhängigkeit unserer Wachstumskurven von der Art der „*F-Kurve*", d. h. dem Zusammenhang zwischen F/F_0 bzw. R und x_ν, eingehend diskutiert haben, wenden wir uns ihrer — mindestens ebenso wichtigen — Verknüpfung und der *Wellenlängenabhängigkeit des Absorptionskoeffizienten* bzw., genauer gesagt, des x_ν zu.

Die Verbreiterung der Linien durch *Dopplereffekt*, entsprechend einer MAXWELLschen Geschwindigkeitsverteilung plus *Dämpfung*, ist ja nur ein *besonders wichtiger Spezialfall.*

Die Wachstumskurven für eine Wellenlängenabhängigkeit des Absorptionskoeffizienten, die durch Überlagerung einer MAXWELL-Verteilung $\sim e^{-\left(\frac{\Delta\lambda}{\Delta\lambda_D}\right)^2}$ mit einer *Rechtecks*verteilung der Halbbreite $\Delta\lambda_R$ entsteht, haben CHR. JENTZSCH und A. UNSÖLD [1603] im Hinblick auf die Deutung der interstellaren Ca II- und Na-Linien berechnet und diskutiert.

In den Flügeln der Wasserstofflinien führt weiterhin die HOLTSMARKsche Theorie (Abschnitt 82) auf $x_\nu \sim \Delta\lambda^{-5/2}$. Schreiben wir gleich etwas allgemeiner

$$x_\nu = \frac{c_n}{\Delta\lambda^n}, \tag{108, 1}$$

so erhält man sofort nach Gl. (106, 5)

$$W_\lambda = \int\limits_{-\infty}^{+\infty} \frac{d(\Delta\lambda)}{\frac{(\Delta\lambda)^n}{c_n} + \frac{1}{R_c}} \tag{108, 2}$$

oder mit $u^n = \frac{R_c}{c_n}(\Delta\lambda)^n$

$$W_\lambda = R_c^{1-\frac{1}{n}} c_n^{\frac{1}{n}} \int\limits_{-\infty}^{+\infty} \frac{du}{u^n+1} = \frac{2\pi R_c^{1-\frac{1}{n}} c_n^{\frac{1}{n}}}{n \sin\frac{\pi}{n}}. \tag{108, 3}$$ [1]

Für $n = 2$ kommt man auf Gl. (107, 16) zurück; für $n = 5/2$ (Wasserstofflinien!) ist der Zahlenwert des Integrals gleich 2,642. Die Wachstumskurve steigt mit der $\sqrt[n]{}$ ihrer Abszisse, wenn $x_\nu \sim \Delta\lambda^{-n}$ variiert. Dies rührt — anschaulich gesprochen — einfach daher, daß mit wachsendem c_n die Linienbreite bei *jedem* festgehaltenen R proportional $c_n^{1/n}$ zunimmt.

Neuere Untersuchungen haben gezeigt, daß in manchen Sternatmosphären sehr komplizierte Strömungsverhältnisse herrschen (z. B. ε Aur mit zum Teil treppenförmigen Linienprofilen; rote Übergiganten mit doppelten Linien; ...), so daß die Darstellung der Geschwindigkeitsverteilung durch eine Art MAXWELL-Verbreiterung unmöglich wird.

Im Hinblick auf solche Verhältnisse approximieren wir nun die Wellenlängenabhängigkeit von $x_\nu(\lambda) = \varkappa_\nu(\lambda)\,NH$ durch Aneinandersetzen von *Rechtsecksverteilungen* (mit denen man ja schließlich jede Kurve bekommen kann) und fragen nach der Gestalt der zugehörigen Wachstumskurve.

Hat zunächst in *einem* Bereich $\Delta\lambda_0$ die wirksame optische Tiefe x_ν den konstanten Wert x_0, so ist nach Gl. (106, 5)[2] die Äquivalentbreite der entstehenden Rechteckslinie

$$W_{\lambda,0} = \left(\frac{1}{R_c} + \frac{1}{x_0}\right)^{-1} \Delta\lambda_0. \tag{108, 4}$$

Fügen wir der x_ν-Kurve ein zweites Rechteck der Höhe x_1 und der Breite $\Delta\lambda_1$ an, so wächst die Linienkontur um ein entsprechendes Rechteck und die Äquivalentbreite um den Betrag

$$W_{\lambda,1} = \left(\frac{1}{R_c} + \frac{1}{x_1}\right)^{-1} \Delta\lambda_1. \tag{108, 5}$$

Für das *Anwachsen* des $W_\lambda = W_{\lambda,1} + W_{\lambda,2} \cdots$ mit der wirksamen Atomzahl NH kommt es also offenbar wesentlich auf *die* $\Delta\lambda$-Bereiche an, deren $x_\nu = \varkappa_\nu \cdot NH$ (mit bekannter Schreibweise) in der Größenordnung 1 liegt. Die Wachstumskurve spiegelt in gewisser Hinsicht die Wellenlängenabhängigkeit des $\varkappa_\nu$ wieder.

Besteht beispielsweise eine Atmosphäre aus einer Schicht mit der Dopplerbreite $\Delta\lambda_{D,1}$ und einer erheblich dünneren Schicht mit der etwa doppelt so großen Dopplerbreite $\Delta\lambda_{D,2}$ (z. B. einer Art Chromosphäre), so kann der ursprüngliche Übergang vom flachen zum

[1] Vgl. [8], S. 223, Gl. 133.

[2] Die analogen Formeln z. B. für exponentielle Absorption kann man ebenso leicht anschreiben. Vgl. A. UNSÖLD [1611].

Dämpfungsbereich der Wachstumskurve durch einen erneuten Doppler-Anstieg ganz überdeckt werden, der leicht ganz unsinnige Dämpfungskonstanten vortäuschen könnte.

Das Studium einer Aneinanderreihung von Rechteckskonturen ermöglicht nun weiter die Beantwortung der umgekehrten Frage: „*Welche Aussagen über die Wellenlängenabhängigkeit von x_ν bzw. $\varkappa_\nu$ kann man einer beobachteten Wachstumskurve entnehmen?*"

Gehen wir wieder aus von einer x_ν- bzw. $\varkappa_\nu$-Kurve, d. h. Wellenlängenabhängigkeit des Absorptionskoeffizienten, die durch Aneinanderfügen mehrerer Rechtecke entsteht (Abb. 139a), so ersieht man sofort, daß man diese Rechtecke beliebig

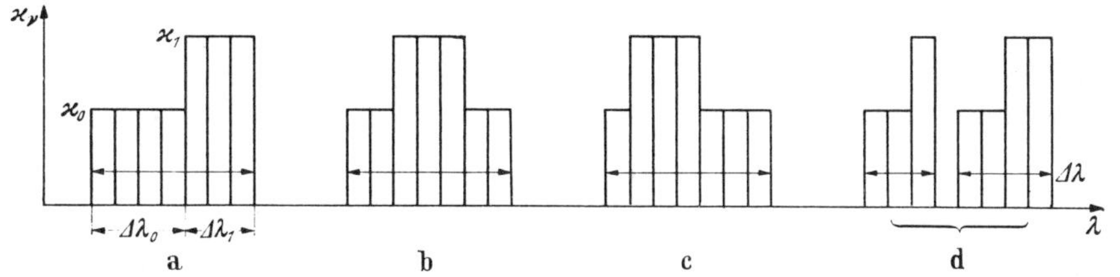

Abb. 139. Mehrere Verteilungen des Absorptionskoeffizienten $\varkappa_\nu(\lambda)$, welche auf dieselbe Äquivalentbreite W_λ und dieselbe Wachstumskurve führen.

umstellen kann (Abb. 139b—d), ohne daß die Äquivalentbreite der Linien bzw. ihre Wachstumskurve sich irgendwie ändert. Approximiert man nötigenfalls eine stetige $\varkappa_\nu$-Kurve durch einen Treppenzug, so erkennt man, daß *die Wachstumskurve einer Linie oder unaufgelösten Liniengruppe bestimmt ist einzig und allein durch die Gesamtbreite $\Delta\lambda$ der Wellenlängenbereiche, in denen $\varkappa_\nu$ größer ist als ein jeweils vorgegebener Wert.*

Diese Einsicht dürfte auch nützlich sein bei der Interpretation unaufgelöster *Bandenspektren.* Greifen wir hier einen festen Wellenlängenbereich λ_1 bis λ_2 heraus und definieren dessen Gesamtabsorption durch

$$W_{\lambda_1,\lambda_2} = \int_{\lambda_1}^{\lambda_2} R(\lambda)\, d\lambda\,, \tag{108, 6}$$

so ist die Wachstumskurve $W_{\lambda_1,\lambda_2}(NH)$ wieder bestimmt durch die Angabe *der* Wellenlängenbereiche $\Delta\lambda$, innerhalb deren $\varkappa_\nu$ größer ist, als ein jeweils vorgegebener Wert. Die Wachstumskurve hängt also sozusagen nur ab von der *Häufigkeitsverteilung* des Absorptionskoeffizienten.

109. J. C. Peckers Verallgemeinerung der Gewichtsfunktionen-Methode.

Unter der Voraussetzung, daß die Wellenlängenabhängigkeit des Linienabsorptionskoeffizienten in allen Tiefen einer Atmosphäre dieselbe ist, d. h. z. B. daß die Dopplerbreite $\Delta\lambda_D$ und die Dämpfungskonstante γ von τ unabhängig sind, konnte J. C. Pecker [620, IV und 1607] die Methode der Gewichtsfunktionen *so* verallgemeinern, daß sie auch bei starker Absorption die Äquivalentbreite der Linien direkt zu berechnen erlaubt[1].

Wir beschränken uns hier darauf, den Grundgedanken Peckers in möglichst einfacher Weise darzustellen für die Linien einer bestimmten Stelle, z. B. der Sonnenscheibe («cas solaire»), soweit sie durch *wahre Absorption* entstehen. (Bezüglich des Strahlungsfeldes in größeren Tiefen, des Strahlungsstromes und der Streuung verweisen wir auf die Originalarbeiten.)

[1] Ein anderes Verfahren, um die „Reichweite" der Methode der Gewichtsfunktionen noch ein Stück weit nach dem Linienkern hin auszudehnen, ohne den Rechenaufwand ungebührlich zu vergrößern, hat neuerdings V. Weidemann [17168a] angegeben.

Wir knüpfen an unsere Rechnungen von Abschnitt 101, E) — deren Bezeichnungsweise wir beibehalten — an und schreiben entsprechend den dortigen Gl. (101, 42) und (101, 43) für die an der Sternoberfläche austretende *Strahlungsintensität* (mit $\delta = 0$) ohne jede Vernachlässigung:

$$\begin{aligned} I(0,\vartheta) &= \int_0^\infty B(\tau)\, e^{-(\tau+\tau_\nu)\sec\vartheta}\, d(\tau+\tau_\nu)\sec\vartheta \\ &= \int_0^\infty B(\tau)\, e^{-\tau\sec\vartheta}\cdot e^{-\tau_\nu\sec\vartheta}\, d\tau_\nu \sec\vartheta + \int_0^\infty B(\tau)\, e^{-\tau\sec\vartheta}\cdot e^{-\tau_\nu\sec\vartheta}\, d\tau \sec\vartheta\,. \end{aligned} \tag{109, 1}$$

Das letzte Glied rechts integrieren wir wieder partiell unter Anwendung der Hilfsfunktion (101, 46), d. h.

$$\Phi^*(\tau) = \int_\tau^\infty B(\tau)\, e^{-\tau\sec\vartheta}\, d\tau \sec\vartheta \tag{109, 2}$$

und erhalten nach Einführen der Intensität des *Kontinuums*

$$I_0(0,\vartheta) = \Phi^*(0) \tag{109, 3}$$

für die *Linientiefe* den exakten Ausdruck

$$r(0,\vartheta) = \frac{I_0(0,\vartheta) - I(0,\vartheta)}{I_0(0,\vartheta)} = \int_0^\infty g_1(\tau,\vartheta)\, e^{-\tau_\nu\sec\vartheta}\, d\tau_\nu\,. \tag{109, 4}$$

Dabei bedeutet $g_1(\tau, \vartheta)$ wieder genau die schon vom Grenzfall schwacher Absorption her bekannte *Gewichtsfunktion* (101, 50), deren weitere Berechnung wir daher als bekannt betrachten dürfen.

Wie in Abschnitt 103 drücken wir nun die optische Tiefe für Linienabsorption τ_ν aus durch die optische Tiefe im benachbarten Kontinuum τ, indem wir wie in Gl. (107, 1) mit $\varkappa_{\nu,a} = \varkappa_{0,a}\cdot H(\alpha, v)$ zunächst schreiben

$$\frac{d\tau_\nu}{d\tau} = \frac{\varkappa_\nu}{\varkappa} = \frac{\varepsilon_i}{\Sigma\varepsilon_i}\cdot\frac{n_{r,s}}{\Sigma n_r}\cdot\frac{\varkappa_{0,a}}{\varkappa g\cdot\mu_0 m_H}\cdot H(\alpha, v)\,. \tag{109, 5}$$

Rechts hängt das $H(\alpha, v)$ *nur* vom Abstand von der Linienmitte $\Delta\lambda$ ab; den davorstehenden Faktor, welcher *nur* von τ abhängt, nennen wir $b\cdot\varkappa_{0,a}$. Damit können wir schreiben[1]

$$\tau_\nu = H(\alpha, v)\cdot\int_0^\tau b\,\varkappa_{0,a}\, d\tau = H(\alpha, v)\cdot\tau_c\,, \tag{109, 6}$$

wobei (für $\alpha \ll 1$) τ_c die optische Tiefe für den Absorptionskoeffizienten $\varkappa_{0,a}$ der Linien*mitte* bedeutet. Mit Gl. (109, 4) berechnen wir nun die *Äquivalentbreite* $w_\lambda(0, \vartheta)$ der Linie

$$w_\lambda = \int_{-\infty}^{+\infty} r(0,\vartheta)\, d\lambda = \int_0^\infty g_1(\tau,\vartheta)\cdot b(\tau)\,\varkappa_{0,a}(\tau)\left[\int_{-\infty}^{+\infty} H(\alpha, v)\, e^{-H(\alpha,v)\cdot\tau_c\sec\vartheta}\, d\lambda\right] d\tau\,. \tag{109, 7}$$

[1] Im *Dämpfungs*bereich der Wachstumskurve könnte man die Tiefenabhängigkeit von α wieder berücksichtigen, indem man schreibt: $\tau_\nu = \frac{H(\alpha, v)}{\alpha}\int_0^\tau \alpha\, b\,\varkappa_{0,a}\cdot d\tau$; hier ist nach Gl. (66, 16) $H(\alpha, v)/\alpha$ *un*abhängig von α.

Wegen $d\lambda = \Delta\lambda_D \cdot dv$ können wir dafür auch schreiben:

$$\frac{w_\lambda}{2\Delta\lambda_D} = \int_{\tau=0}^{\infty} g_1(\tau, \vartheta) \cdot b(\tau)\, \varkappa_{0,a}(\tau) \cdot \Psi(\tau_c \sec\vartheta, \alpha)\, d\tau\,, \tag{109, 8}$$

wobei die „*Sättigungsfunktion*"

$$\Psi(\tau_c \sec\vartheta, \alpha) = \int_0^{\infty} H(\alpha, v)\, e^{-H(\alpha,v)\cdot\tau_c \sec\vartheta}\, dv \tag{109, 9}$$

ein für allemal in Abhängigkeit von $\tau_c \sec\vartheta$ und $\alpha = \gamma/2\,\Delta\omega_D$ berechnet werden kann (eine graphische Darstellung mit $x = \tau_c \sec\vartheta$ als Abszisse und a — entsprechend unserem α — als Parameter gibt J. C. PECKER [620, IV, App. 3]).

Um die *Äquivalentbreite* einer beliebig starken Linie nach dem PECKERschen Verfahren zu berechnen, muß man also — um noch einmal kurz zusammenzufassen — zuerst nach (109, 6) den Zusammenhang zwischen τ und $\tau_c = \int_0^{\tau} b \cdot \varkappa_{0,a}\, d\tau$ ermitteln und dann die Quadratur (109, 8) ausführen.

In praxi scheint *Verf.* der Anwendungsbereich der durch ihre mathematische Eleganz zunächst bestechenden Methode J. C. PECKERs doch nicht allzu groß zu sein:

Im Rahmen *der* Genauigkeit, mit welcher man praktisch die Unabhängigkeit der Wellenlängenabhängigkeit des Linienabsorptionskoeffizienten von τ voraussetzen darf, wird fast immer die viel einfachere Methode der universellen Wachstumskurve nach Abschnitt 107 genügen. Will man wirklich genauer rechnen, so muß man in den meisten Fällen auch die *Tiefenabhängigkeit der Dopplerbreite* $\Delta\lambda_D$ (Turbulenz!) *und der Dämpfungskonstanten* γ (Stoßdämpfung!) berücksichtigen. Dann bleibt meines Erachtens nichts anderes übrig, als nach Abschnitt 101, A) das Linienprofil durch numerische Integration und die Äquivalentbreite durch eine weitere numerische Quadratur zu berechnen. An Rechenarbeit dürfte dieses *völlig allgemeine Verfahren* etwa das Doppelte der PECKERschen Methode erfordern.

XVII. Kapitel.

Quantitative Deutung der FRAUNHOFER-Linien in den Spektren der Sonne und „normaler" Sterne.

110. „Grobanalyse" der Sternatmosphären unter Annahme konstanter Mittelwerte von Druck, Temperatur, wirksamer Schichtdicke usw. Häufigkeitsverteilung der chemischen Elemente.

Nachdem wir in Kap. X—XIV den Absorptionskoeffizienten und in Kap. XV bis XVI den Strahlungsaustausch in den FRAUNHOFER-Linien behandelt haben, wenden wir uns nunmehr der eigentlichen Deutung der gemessenen Linienkonturen und Äquivalentbreiten (Kap. IX) zu. Wir beschränken uns dabei in der Hauptsache auf „normale" Sternatmosphären, die also durch ein Modell mit planparalleler Schichtung hinreichend genau dargestellt werden können. Unser Ziel wird sein die quantitative Bestimmung der *Häufigkeit der chemischen Elemente* sowie der *effektiven Temperatur* T_e, der *Schwerebeschleunigung* g und evtl. weiterer Parameter, die den Stern kennzeichnen, aus den Beobachtungen.

In dem vorliegenden Abschnitt bedienen wir uns zunächst eines sehr groben Ansatzes — wir sprechen demgemäß von einer „*Grobanalyse*“ der Sternspektren –, indem wir für die ganze Atmosphäre mit konstanten Mittelwerten für die Temperatur T, den Elektronendruck P_e usw. sowie (innerhalb nicht zu großer Spektralbereiche) mit derselben „Gesamtzahl der Atome $\overline{NH}$ über 1 cm² der Sternoberfläche“ rechnen.

Da die Äquivalentbreiten aller Linien im wesentlichen durch den Bereich mit $r(0,\vartheta)$ bzw. $R \ll 1$, d. h. „optisch dünner Schicht“, bestimmt sind, so beziehen sich nach Gl. (101, 80) bzw. (101, 82) unsere Mittelwerte von T, P_e, ... auf eine optische Tiefe (für kontinuierliche Absorption in der Umgebung der Linie)

$$\tau^* \approx \cos\vartheta \quad \text{bzw.} \quad \approx 3/4\,, \tag{110, 1}$$

je nachdem wir die Sonnenscheibe unter dem Winkel ϑ bzw. die integrierte Strahlung, d. h. den Strahlungsstrom, betrachten. Die Tiefe des Schwerpunktes τ^* wird von der Tiefenabhängigkeit der KIRCHHOFF-PLANCK-Funktion nicht beeinflußt, solange diese nur linear ist. Dagegen wird die Anwendung der nur für eine *lineare* Tiefenabhängigkeit von $\varkappa_\nu/\varkappa$ begründeten Gl. (110, 1) recht problematisch für solche Linien, bei denen $\varkappa_\nu/\varkappa$ als Funktion von τ rasch und nicht linear variiert.

Die Einsenkung $r(0,\vartheta)$ bzw. R in einer Linie läßt sich nun unter den hier gemachten Voraussetzungen nach Gl. (106, 3) mit den dort nochmals zusammengestellten Bezeichnungen schreiben:

$$r(0,\vartheta) \quad \text{bzw.} \quad R = \varkappa_{\nu,a} \cdot \frac{\varepsilon_i}{\Sigma\,\varepsilon_i} \cdot \frac{n_{r,s}}{\Sigma\,n_r} \cdot \frac{1}{\varkappa_g \cdot \mu_0\, m_H} \int\limits_0^\infty G(\tau)\, d\tau\,. \tag{110, 2}$$

Hier können wir das rechts stehende Integral als die „*wirksame optische Tiefe der Atmosphäre*“ (bezogen auf den kontinuierlichen Absorptionskoeffizienten $\varkappa_g$)

$$\tau_0 = \int\limits_0^\infty G(\tau)\, d\tau \tag{110, 3}$$

und

$$\overline{NH} = \frac{1}{\varkappa_g \cdot \mu_0\, m_H} \int\limits_0^\infty G(\tau)\, d\tau \tag{110, 4}$$

als die „*Gesamtzahl der Atome über* 1 *cm*² *der Sternoberfläche*“ anschaulich interpretieren.

Nach Gl. (101, 62) bzw. (101, 24) gilt nun für eine bestimmte Stelle „$\cos\vartheta$“ auf der Sonnenscheibe bzw. für die integrierte Strahlung

$$\tau_0 = \frac{\beta_0 \cos\vartheta}{1 + \beta_0 \cos\vartheta} \quad \text{bzw.} \quad \frac{\frac{2}{3}\,\beta_0}{1 + \frac{2}{3}\,\beta_0}\,. \tag{110, 5a und b}$$

Man ersieht daraus, daß die Wellenlängenabhängigkeit von τ_0 und $\overline{NH}$ im allgemeinen so gering ist, daß sie im Rahmen einer Grobanalyse wenig ins Gewicht fällt. Die numerischen Berechnungen von E. VITENSE [862] haben wir schon in Abschnitt 52, Abb. 92, wiedergegeben.

Das Verfahren der Grobanalyse wird gut funktionieren, solange in Gl. (106, 3) der Faktor $\frac{n_{r,s}}{\Sigma\,n_r} \cdot \frac{\varkappa_{\nu,a}}{\varkappa_g}$ in dem wesentlichen Bereich $0 \leqq \tau \leqq 2$ nur wenig von der Tiefe in der Atmosphäre abhängt. In praxi wird man vor allem auf die Variation der Ionisations- und Anregungsverhältnisse, d. h. das $n_{r,s}/\Sigma\,n_r$ zu achten haben.

Nimmt dieser Faktor dagegen mit der Tiefe sehr rasch zu, wie z. B. bei den Wasserstofflinien der Sonne und späterer Spektraltypen, so verliert schon die Integration (106, 3) und damit auch das Verfahren der Grobanalyse seinen Sinn. Hier hilft nur numerische Rechnung nach Abschnitt 101, A) weiter (hierzu Abschnitt 118). Wächst endlich $n_{r,s}/\Sigma n_r$ nach der Sternoberfläche $\tau \to 0$ zu rasch an, so nähern wir uns den Verhältnissen des S.-S.-Modelles. Im Sinne von Gl. (101, 22) wäre dann z. B. das τ_0 nach (110, 5b) mit $\frac{3}{4}\tau_1$ zu multiplizieren, wo τ_1 die optische Tiefe der SCHUSTER-SCHWARZSCHILDschen Deckschicht (für kontinuierliche Absorption) bedeutet, und die Mittelwerte von $n_{r,s}/\Sigma n_r$, $\varkappa_g$ usw. über diese oberflächennahe Zone zu erstrecken. Jedoch ist offenbar der Fehler, den man begeht, indem man die *dickere* Schicht τ_0 und gleichzeitig den *kleineren* Mittelwert von $n_{r,s}/\Sigma n_r$ usw. nimmt, nicht sehr schlimm, solange nicht ganz extreme Verhältnisse vorliegen.

Nach diesen grundsätzlichen Bemerkungen wenden wir uns der quantitativen *Grobanalyse einzelner Sterne* zu mit dem Ziel, die Mittelwerte ihrer *Zustandsgrößen T und P_e bzw. g* sowie die *Häufigkeitsverteilung der Elemente* in ihren Atmosphären in 1. Näherung zu bestimmen. Dabei wird es vor allem darauf ankommen, die erreichbaren Beobachtungen *so* zu kombinieren, daß die gewünschten Größen mit möglichster Sicherheit ermittelt werden.

Auch bezüglich einer späteren „Feinanalyse" mit genauer Berücksichtigung aller Tiefenabhängigkeiten muß man sich von vornherein klar machen, daß ein gut bestimmter Mittelwert besser ist, als ein schlecht bestimmter Funktionsverlauf. In der Sonnenatmosphäre z. B. nimmt in dem wesentlichen Bereich $0{,}1 < \tau < 1$ die Temperatur um etwa 1400° und $\log P_e$ um 1,2 zu. Sind also die Absolutwerte ihres funktionellen Verlaufes um mehr als etwa $\Delta T \approx 500°$ und $\Delta \log P_e \approx 0{,}4$ unsicher, so wird man im allgemeinen schon besser mit direkt aus den Beobachtungen bestimmten *Mittelwerten* arbeiten.

A) Frühe Spektraltypen. Ältere Arbeiten insbesondere von O. STRUVE zeigten, daß die Sterne der frühen Spektraltypen hinsichtlich der quantitativen Analysierbarkeit ihrer Spektren gegenüber den späteren Typen durch eine Reihe glücklicher Umstände begünstigt sind. Dem Beobachter bietet zunächst die Festlegung des Kontinuums keine Schwierigkeit, blends spielen keine wichtige Rolle. Man muß nur Sterne mit kleiner Rotation (d. h. Äquatorgeschwindigkeit; vgl. Kap. XVIII) und ohne Hüllen usw. (O. STRUVEs shell-stars) auswählen. In den Spektren sind gerade die relativ häufigen — auf der Sonne nur schwer bestimmbaren — leichten Elemente, oft sogar in mehreren Ionisationsstufen, vertreten, und zwar mit Übergängen zwischen verhältnismäßig hoch liegenden Termen. Hat man die „Anzahl der Atome" für einen solchen Term der r-ten Ionisationsstufe aus den Linienstärken ermittelt, so kann man die Gesamtzahl der Atome in der $r+1$-ten Ionisationsstufe berechnen mit Hilfe des chemischen Gleichgewichtes

$$r\text{-fach ionisierte Atome im Anregungszustand } s \rightleftarrows \text{ alle } r+1\text{-fach ionisierten Atome} + \text{Elektronen.} \tag{110, 6}$$

Dabei geht nur die ziemlich kleine Differenz von Ionisierungs- minus Anregungsspannung/kT ein, d. h. es kommt auf den Zahlenwert der angenommenen Temperatur gar nicht so genau an. In den meisten Fällen läßt sich weiterhin r so wählen, daß die Zahl der Atome in der $r+1$-ten Ionisationsstufe praktisch gleich deren *Gesamtzahl* wird. Letztere erscheint wegen (110, 6) bei *allen* Elementen multipliziert mit dem Elektronendruck P_e, der also bei der Ermittelung der *relativen* Häufigkeiten der Elemente nur eine untergeordnete Rolle spielen wird. Dazu kommt, daß man für viele Übergänge die Oszillatorenstärken günstig berechnen kann: Teilweise nach dem partiellen f-Summensatz (Abschnitt 88) und teilweise mit Wasserstoffmatrizen oder der COULOMB-Approximation (Abschnitt 87).

In dieser Weise hat A. UNSÖLD [17162] in den Jahren 1939—1943 den dB0-Stern τ Scorpii (H. D. 149438) mittels Spektren vom McDonald Observatory eingehend analysiert. Wir erörtern hier nur einige prinzipielle Punkte, auf Probleme der Turbulenz, der Verbreiterung der Wasserstofflinien usw. kommen wir in späteren Abschnitten dieses Kapitels zurück.

Der mittlere Elektronendruck P_e bzw. die Anzahl freier Elektronen $N_e = P_e/kT$ pro cm³ in der Atmosphäre von τ Sco läßt sich auf zwei Wegen bestimmen:

1. An der Grenze der BALMER-Serie kann man die Linie $n = 14$ stets noch gut erkennen, $n = 15$ dagegen nicht mehr oder höchstens noch als unbestimmten Hauch. Geht man mit $n_m = 14{,}5$ in die Formel (82, 29) nach INGLIS und TELLER ein und berücksichtigt, daß nach (82, 30) die Elektronen nur etwa mit halbem Gewicht bei der Verschmelzung der hohen Serienglieder mitwirken dürften, so erhält man

$$\log N_e = 14{,}55 \pm 0{,}15 . \qquad (110, 7)$$

2. Die höheren Glieder der BALMER-Serie sind durch *Starkeffekt* so sehr verbreitert, daß ihre Absorption ebenso wie die des BALMER-Kontinuums (CHALONGEs $D = \Delta \log I$ ist gleich 0,045) in optisch *dünner* Schicht erfolgt. Mit Hilfe der bekannten Übergangswahrscheinlichkeiten der Linien bzw. der Absorptionskoeffizienten im BALMER-Kontinuum (auf Einzelheiten kommen wir in Abschnitt 118, E zurück) erhält man für die „Anzahl der Wasserstoffatome im 2. Quantenzustand über 1 cm² der Sternoberfläche":

$$\log N_{0,2} H = 15{,}90 \pm 0{,}10 . \qquad (110, 8)$$

Andererseits erfolgt die Absorption der Linien Hα, Hβ, ... Hδ in optisch *dicker* Schicht. Für die Bildung ihrer Flügel und damit für ihre Äquivalentbreite ausschlaggebend ist also der Absorptionskoeffizient in den äußeren Teilen ihres HOLTSMARK-Profiles, der nach Gl. (82, 22) und (82, 9) proportional $\frac{N_e \cdot N_{0,2}}{\Delta\lambda^{5/2}}$ ist. Man kann aus den Äquivalentbreiten von Hα ... Hδ also $\log N_{0,2} H \cdot N_e$ bekommen (wegen Einzelheiten vgl. Abschnitt 118, C) und findet durch Kombination mit (110, 8)

$$\log N_e = 14{,}40 \pm 0{,}25 \qquad (110, 9)$$

in guter Übereinstimmung mit (110, 7).

Als wahrscheinlichste Mittelwerte wählte Verf. schließlich:

$$\log N_e = 14{,}48 \pm 0{,}25 \quad \text{und} \quad \log N_{0,2} H = 15{,}90 . \qquad (110, 10)$$

Die $\log N_{r,s} H$ für alle möglichen angeregten Zustände anderer Atome bzw. Ionen wurden sodann mit Hilfe der *Wachstumskurve* (Abschnitt 106 und 107) bestimmt[1]. Die *Grenztiefe* R_c starker Linien [im Sinne von Gl. (106, 5)] wurde aus den Messungen an starken Wasserstoff- und Heliumlinien zu $R_c = 0{,}45$ bestimmt (ursprünglich für den Wellenlängenbereich λ 3800—4900 Å; darüber hinaus etwas extrapoliert). Die *Turbulenz* (Abschnitt 72 und 107) erwies sich nach Messungen an dem ausgedehnten Übergangsschema O II 3 s—3 p als klein gegenüber dem thermischen Dopplereffekt und wurde daher vernachlässigt.

Die *Dämpfungskonstante* γ konnte empirisch nur für die angegebenen O II-Linien bestimmt werden. Glücklicherweise ist sie sonst nur für wenige Multipletts wichtig. Dort wurde sie geschätzt. Auf das schwierige und auch heute noch nicht befriedigend geklärte Problem der Dämpfungskonstanten in den vollständig ionisierten Atmosphären heißer Sterne werden wir später noch einmal zurückkommen.

[1] Die sehr genäherte Berücksichtigung der Wellenlängenabhängigkeit der wirksamen Dicke der Atmosphäre wollen wir hier — als nicht sehr wichtig — beiseite lassen.

Zur weiteren Auswertung der mit Hilfe der *Wachstumskurve* erhaltenen $\log N_{r,s} H$ — die sich meist auf hoch angeregte Terme beziehen — geht man nun zweckmäßig folgendermaßen vor:

Entsprechend (110, 6) erhält man durch Division der SAHAschen und der BOLTZMANNschen Gleichung (22, 14)/(22, 12):

$$\frac{N_{r+1} \cdot P_e}{N_{r,s}} = \frac{u_{r+1} \cdot 2}{g_{r,s}} \cdot \frac{(2\pi m)^{3/2} (kT)^{5/2}}{h^3} e^{-\frac{\chi_r - \chi_{r,s}}{kT}} . \qquad (110, 11)$$

Da — wie gesagt — die $\chi_r - \chi_{r,s}/kT$ klein sind, so kann man zunächst mit einer geschätzten Temperatur T von den $N_{r,s} H$ *einer* Ionisationsstufe r zu *dem* $N_{r+1} H \cdot P_e$ der nächst höheren übergehen. Bei einer Reihe von Elementen stand diese Größe nun für *zwei* aufeinanderfolgende Ionisationsstufen zur Verfügung, und zwar: $He^{++}:He^{+}$, $C^{+++}:C^{++}$, $N^{+++}:N^{++}$, $O^{+++}:O^{++}$ und $Si^{++++}:Si^{+++}$. Die Anwendung der SAHA-Gleichung auf diese Ionisationen in Verbindung mit dem N_e nach (110, 10) lieferte nun die *Temperatur* T (die eben erwähnten Näherungsrechnungen konnten damit leicht iteriert werden). So ergaben sich die *Mittelwerte* über die zugänglichen Schichten der Atmosphäre von τ Sco:

$$\log P_e = 3{,}07 \pm 0{,}25 \text{ und } T = 28150° \pm 750° \text{K}$$
$$\text{bzw. } \Theta = \frac{5040}{T} = 0{,}179 \pm 0{,}005 . \qquad (110, 12)$$

Die in Verbindung mit diesen mittleren Zustandsgrößen berechneten Atomzahlen × Elektronendruck, d. h. $\log NH \cdot P_e$ bzw. die relativen *Häufigkeiten der Elemente*, bringen wir in Tab. 56.

Tabelle 56. Kosmische Häufigkeitsverteilung der Elemente.
Angegeben ist $\log NH \cdot P_e + \alpha$ auf Grund der Grobanalysen von vier Sternen. Rechts: Wahrscheinlichster Mittelwert. Bei der Bestimmung der Konstanten α (Zeile 3) und der Ausgleichung (rechts) wurde versucht, die verschiedene Genauigkeit der einzelnen Zahlen zu berücksichtigen.

Stern Spektraltyp	τ Sco d Bo	10 Lacertae d O 8,5		55 Cyg c B 2	Sonne d G 2		Wahrscheinlichster Wert
Autor	UNSÖLD	TRAVING	ALLER	VOIGT	UNSÖLD	RUSSELL	
α	0,00	0,10	0,27	1,09	0,52	13,6	
1 H	25,34	25,49	25,60	25,39	25,65[1]	24,1	25,42
2 He	24,59	24,79	24,53	24,76		22,6 ?	24,70
6 C	21,58	21,65	21,61	21,53	21,94	21,1	21,60
7 N	21,92	21,61	21,65	21,93	22,26	21,6:	21,80
8 O	22,33	22,28	22,29	22,57	22,38	22,6	22,33
10 Ne	22,39	22,25	22,24				22,30
11 Na					19,93	20,8	19,93
12 Mg	21,10	21,21:	21,22	21,07	21,16	20,9	21,12
13 Al	19,90	20,44:		20,18	19,98	20,0	20,02
14 Si	21,14	21,02	21,11	20,94	20,94	21,1	21,04
16 S					20,57	19,3:	20,57
20 Ca					19,88	20,3	19,88
26 Fe					21,37	20,8	21,37

Interessant ist sodann noch, daß wir auf rein spektroskopischem Wege die *Schwerebeschleunigung* an der Sternoberfläche abschätzen können:

[1] Nach W. J. CLAAS [1732].

Der Gasdruck P_g am Grunde der für die Erzeugung der FRAUNHOFER-Linien wesentlichen Schicht ist einfach gleich dem Gewicht (Masse $\times$ Beschleunigung) einer cm²-Säule, d. h.

$$P_g = g \sum NH \cdot \mu\, m_H \,. \tag{110, 13}$$

Der mittlere Gasdruck der Atmosphäre ist einerseits $\overline{P_g} \approx \frac{1}{2} P_g$ und andererseits (da gleich viele Elektronen und Ionen vorhanden sind) $= 2\, P_e$. Multipliziert man (110, 13) auf beiden Seiten noch mit P_e, so folgt

$$4\, P_e^2 = g \cdot m_H \sum NH \cdot P_e \cdot \mu \,. \tag{110, 14}$$

Nach Tab. 56 berechnet man leicht $\log \sum NH \cdot P_e \cdot \mu = 25{,}59$ und erhält also mit $\log P_e = 3{,}07$ den

$$\log g = 4{,}93 \pm 0{,}40 \,, \tag{110, 15}$$

während die *Masse-Leuchtkraft-Beziehung* nach Abb. 43 mit $M_{vis} = -2{,}4$ in guter Übereinstimmung etwa $\log g = 4{,}4 \pm 0{,}25$ liefert.

Schließlich ist es noch wichtig, als zweiten grundlegenden Parameter einer Sternatmosphäre die *effektive Temperatur* T_e zu kennen. Deren Zusammenhang mit der mittleren Temperatur T ist offenbar nur über die Theorie des kontinuierlichen Absorptionskoeffizienten und eingehende Modellrechnungen zu bekommen. Eine mehr oder weniger provisorische Untersuchung des Verf. [744] führte für τ Sco auf $T_e = 32730°$ K.

Wir vergleichen unsere Ergebnisse noch mit den in Abschnitt 52 referierten Rechnungen von E. VITENSE [862]: Danach würde zu unserem $\Theta = 0{,}179$ und $\log g = 4{,}93$ eine etwas niedrigere effektive Temperatur $T_e = 31\,600°$ bzw. $\Theta_e = 0{,}16$ gehören. Hiermit erhielte man rückwärts nach den graphischen Darstellungen von E. VITENSE $\log P_e = 3{,}7$ (beob. 3,07), $D = 0{,}04$ (beob. 0,045), $n_m = 12$ (beob. 14), $\log \overline{NH} = 22{,}0$ (beob. 22,3). Die Übereinstimmung ist so gut, wie man es bei dem approximativen Charakter der Theorie sowie der Auswertung der Beobachtungen nur erwarten konnte.

In ähnlicher Weise wie τ Sco ist der dO 8,5-Stern 10 *Lacertae* von L. H. ALLER [1709] und später noch einmal mit erweitertem Beobachtungsmaterial vom McDonald- und Lick-Observatory durch G. TRAVING [noch unpubl.] untersucht worden.

Die Ermittelung der Anzahl freier Elektronen pro cm³ N_e erfolgte wieder mit Hilfe der BALMER-Serie; die Temperatur wurde aus den Ionisationsgleichgewichten $He^{++}:He^{+}$, $O^{+++}:O^{++}$, $Si^{++++}:Si^{+++}$ und — mit wesentlich geringerem Gewicht — $C^{+++}:C^{++}$ sowie $N^{+++}:N^{++}$ bestimmt. G. TRAVING erhält schließlich folgende mittlere Zustandsgrößen dieses Sternes:

$$\log P_e = 3{,}05 \quad \text{und} \quad T = 31\,500° \quad \text{bzw.} \quad \Theta = 0{,}16 \quad \text{sowie} \quad \log g = 4{,}80 \,. \tag{110, 16}$$

L. H. ALLER hatte — die Übereinstimmung bzw. die Differenzen dürften innerhalb der Fehlergrenzen liegen — als wahrscheinlichste Werte angegeben:

$$\log P_e = 2{,}80 \;; \quad T = 29\,600° \;; \quad \log g = 4{,}44 \,. \tag{110, 17}$$

Die $\log NH \cdot P_e$ der spektroskopisch erfaßbaren Elemente sind in Tab. 56 mit aufgenommen. Auch hierin stimmen die beiden Untersuchungen gut überein. Beim *Helium* dürfte die sehr eingehende Bearbeitung TRAVINGs nach zum Teil neuen Prinzipien wohl den Vorzug verdienen.

Später hat dann L. H. ALLER [1710] auch den dB 2,5-Stern γ Pegasi zu analysieren versucht. Die Bestimmung von T macht hier große Schwierigkeiten, da eigentlich kein Element mehr in zwei Ionisationsstufen befriedigend erfaßbar ist. Wir wollen daher die zahlenmäßigen Ergebnisse dieser Arbeit nicht im einzelnen wiedergeben.

Aus der Hauptsequenz des HERTZSPRUNG-RUSSELL-Diagrammes heraus führt die Analyse des cB2-Übergiganten ($-5^{M}_{\cdot}5$), welche H. H. VOIGT [17168] mit Aufnahmen vom McDonald- und Mt. Wilson-Observatory ausgeführt hat. Auch hier ist das Mißliche, daß nur das Ionisationsgleichgewicht $Si^{+++}:Si^{++}$ erfaßbar ist. Als wahrscheinlichste Zustandsgrößen findet H. H. VOIGT

$$\log P_e = 1{,}55 \pm 0{,}30 \; ; \quad T = 16250° \pm 1100° \; ; \quad \log g_{eff} = 2{,}87 \, . \qquad (110, 18)$$

und eine Turbulenzgeschwindigkeit $\xi_T = 36$ km/sec.

Nach der Masse-Leuchtkraft-Beziehung würde man $\log g = 3{,}1$ erwarten. Die Atomzahlen bzw. $\log NH \cdot P_e$ für 55 Cyg haben wir in Tab. 56 wiedergegeben und werden sie später zusammen mit den anderen Element-Häufigkeiten diskutieren.

Schon 1944 hatte A. UNSÖLD [17162a] Beobachtungen der BALMER-Serie und der Heliumlinien in einer großen Anzahl von O- *bis* B3-*Sternen* von E. G. WILLIAMS, S. GÜNTHER, D. BARBIER und D. CHALONGE sowie O. STRUVE und A. UNSÖLD benutzt, um für diese Sterne $\log P_e$, $\log g$, sowie das Häufigkeitsverhältnis H/He abzuleiten. Bei den Hauptsequenz-Sternen zeigte sich nichts wesentlich Neues. Für die Übergiganten ergaben sich unerwartet kleine Schwerebeschleunigungen g. Auch andere Beobachtungen deuten darauf hin, daß deren Atmosphären kaum den üblichen, planparallel geschichteten Modellen im hydrostatischen Gleichgewicht entsprechen dürften. Ob man es als reell auffassen soll, daß das Häufigkeitsverhältnis H/He für die Übergiganten etwa 1,6mal größer herauskommt, als für die Hauptsequenzsterne, oder ob hier noch unbekannte spektroskopische Fehlerquellen hereinspielen, möchten wir offen lassen. Bezüglich Angaben über einzelne Sterne usw. müssen wir auf die Originalarbeit verweisen.

Damit schließen wir zunächst unseren Bericht über die Grobanalyse der frühen Spektraltypen. Auf die A- *und* F-*Sterne* wollen wir an dieser Stelle nicht eingehen, da aus leicht ersichtlichen Gründen hier die Grobanalyse höchstens als vorbereitende Orientierung für die unumgängliche Feinanalyse dienen kann: Die Absorption des BALMER-Kontinuums und daher auch der hohen Glieder der BALMER-Serie erfolgt bei diesen Spektraltypen in optisch *dicker* Schicht, so daß die z. B. bei τ Sco angewandte elementare Behandlung nicht mehr möglich ist. Sodann variiert hier der kontinuierliche Absorptionskoeffizient, an dem die Wasserstoffatome *und* die negativen Wasserstoffionen beteiligt sind, sehr stark als Funktion der Wellenlänge *und* der Tiefe in der Atmosphäre, so daß die Vorstellung einer einheitlichen wirksamen Schichtdicke NH höchst bedenklich erscheint. Wir betrachten lieber sogleich

B) Die Sonne und ähnliche Sterne. Auf die klassische Arbeit H. N. RUSSELLs [1608—1609], der mit Hilfe seiner Kalibrierung der ROWLAND-Intensitäten 1928 zum ersten Male die chemische Zusammensetzung der Sonnenatmosphäre quantitativ bestimmte, brauchen wir im einzelnen kaum mehr hinzuweisen. Die wesentlichen Ideen RUSSELLs finden sich in quantitativ verschärfter Form in der *Spektralanalyse der Sonnenatmosphäre* (1946) von A. UNSÖLD [17163] wieder und sollen nunmehr mit dieser zusammen besprochen werden.

Hinsichtlich des umfangreichen *Beobachtungsmaterials* an Äquivalentbreiten im Spektrum der ⊙-Mitte von C. W. ALLEN, M. MINNAERT, G. F. W. MULDERS, J. H. BANNIER, P. TEN BRUGGENCATE, J. HOUTGAST u. a. sei es erlaubt, auf die Zusammenfassung bei A. UNSÖLD [17163] zu verweisen, zumal in Kürze eine quantitative Ausgestaltung der ROWLAND-Tables anhand des *Utrechter* Sonnenatlas' durch M. MINNAERT und seine Mitarbeiter alles Bisherige in den Schatten stellen dürfte.

Bei der Anwendung der Theorie der allgemeinen *Wachstumskurve* nach Abschnitt 107 muß zuvor wieder die Frage der dort eingehenden *Turbulenzgeschwindigkeiten* ξ_T sowie der *Dämpfungskonstanten* γ bzw. der $2\alpha = \gamma/\Delta\omega_D$ erörtert werden. Erstere sind wichtig im flachen Teil der Wachstumskurve, d. h. bei den mittelstarken Linien; letztere gehen im $\sqrt{\ }$-Teil bei den starken Linien ein. In der zu besprechenden Arbeit wurde die in die Wachstumskurve eingehende Mikroturbulenz gleich Null gesetzt. In Abschnitt 115 werden wir sehen, daß es richtiger wäre, eine Turbulenzgeschwindigkeit von 1—2 km/sec in Rechnung zu stellen. Hinsichtlich der Dämpfungskonstanten der starken Linien wurde — anhand empirisch konstruierter Wachstumskurven — durchweg mit einem Mittelwert $2\alpha = \gamma/\Delta\omega_D = 0{,}10$ gerechnet. Wie wir im Abschnitt 82, f) gelernt haben und in Abschnitt 117 weiter verfolgen werden, kann man heute die Dämpfungskonstanten für einzelne Linien schon mit recht befriedigender Genauigkeit berechnen.

Die genannten Ungenauigkeiten sind für unsere praktische Analyse der Sonnenatmosphäre nur von untergeordneter Bedeutung, da hierbei nach Möglichkeit nur schwache Linien auf dem *linearen Teil der Wachstumskurve* verwendet wurden. Der Nachteil etwas größerer Meßfehler bei den schwachen Linien wird praktisch kompensiert durch die günstige Steilheit der Wachstumskurve in diesem Bereich.

Zur Ermittelung der Oszillatorenstärken können wir auf Kap. XII—XIV zurückgreifen. Bei den Komplexspektren der Metalle, wie Fe, Ti, V, ... wird man nach Möglichkeit Laboratoriumsmessungen benutzen; in anderen Fällen erweist sich der partielle f-Summensatz (Abschnitt 88) als sehr nützlich.

Wesentlich ist nun die empirische Bestimmung geeigneter Mittelwerte der Temperatur T und des Elektronendruckes P_e, mit deren Hilfe dann die Atomzahlen $\log N_{r,s} H$ in *Häufigkeiten der Elemente,* d. h. $\log NH$ übergeführt werden sollen. Da die Temperatur T in die BOLTZMANNsche und die SAHAsche Formel wesentlich in der Form $e^{-\chi/kT}$ eingeht, so erscheint es zweckmäßig, ihren Mittelwert *so* zu bestimmen, daß er für die größeren Ionisations- und Anregungsstufen zutrifft. Der Fehler, den man dann evtl. bei den kleinen χ begeht, wird nicht erheblich sein. Würde man dagegen umgekehrt vorgehen und *die* Temperatur z. B. aus der Anregung der tiefen Terme in Fe, Ti, ... bestimmen, so müßte man bei ihrer Anwendung auf große Energiestufen fast mit Sicherheit beträchtliche Fehler erwarten.

Diese elementare Überlegung ist oft übersehen worden. Man hat sogar mit den sehr niedrigen Anregungstemperaturen von ~ 4000—$5000°$, die man z. B. für die tiefen Terme der Metalle erhält, aus den gemessenen Äquivalentbreiten der FRAUNHOFER-Linien sog. *"solar transition probabilities"* berechnet, die weitverbreitete Anwendung gefunden haben. Sie enthalten naturgemäß bei größeren Anregungs- und Ionisierungsspannungen große systematische Fehler, so daß die damit durchgeführten Rechnungen mit Vorsicht zu gebrauchen sind.

Wir betrachten sogleich (vgl. das Termschema in Abb. 140 rechts oben) das chemische Gleichgewicht zwischen den neutralen Atomen im Anregungszustand s (Anregungsenergie $\chi_{0,s}$; statistisches Gewicht $g_{0,s}$) und den ionisierten Atomen in einem Anregungszustand t. Durch Kombination der SAHAschen Formel

$$\frac{N_1}{N_0} \cdot P_e = \frac{u_1}{u_0} \cdot \frac{(2\pi m)^{3/2} (kT)^{5/2}}{h^3} e^{-\frac{\chi_0}{kT}} \qquad (110, 19)$$

mit den BOLTZMANN-Formeln

$$\frac{N_{1,t}}{N_1} = \frac{g_{1,t}}{u_1} e^{-\frac{\chi_{1,t}}{kT}} \quad \text{und} \quad \frac{N_{0,s}}{N_0} = \frac{g_{0,s}}{u_0} e^{-\frac{\chi_{0,s}}{kT}} \qquad (110, 20)$$

und Logarithmieren erhält man $\left(\text{mit } \Theta = \frac{5040}{T}\right)$:

$$\log \frac{N_{1,t}/g_{1,t}}{N_{0,s}/g_{0,s}} = -(\chi_0 + \chi_{1,t} - \chi_{0,s})\,\Theta + \frac{5}{2}\log T - 0{,}18 - \log P_e\,. \qquad (110, 21)$$

Diese Formel wird noch übersichtlicher, wenn wir nach H. N. RUSSELL [17118a] das sog. „*Ionisationsniveau*" der Sonnenatmosphäre einführen, d. h. diejenige Ionisationsspannung $\bar{\chi}$, für welche — wenn man alle statistischen Gewichte gleich Eins gesetzt denkt — die Anzahl der ionisierten und neutralen Atome gleich wird.

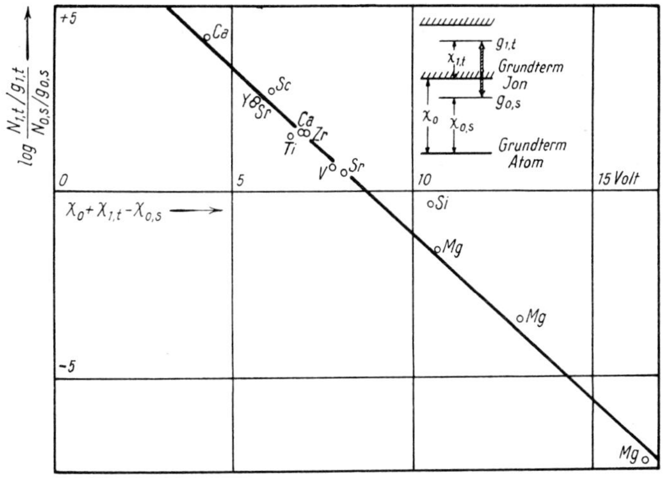

Abb. 140. Ionisation und Anregung in der Sonnenatmosphäre.

Nach (110, 19) gilt also

$$\bar{\chi} \cdot \Theta = \frac{5}{2}\log T - 0{,}48 - \log P_e\,, \qquad (110, 22)$$

und Gl. (110, 21) nimmt die einfache Form an:

$$\log \frac{N_{1,t}/g_{1,t}}{N_{0,s}/g_{0,s}} = \{\bar{\chi} - (\chi_0 + \chi_{1,t} - \chi_{0,s})\}\,\Theta + \log 2\,. \qquad (110, 23)$$

Die Kombination vieler Beobachtungen an neun Elementen, die auf der Sonne durch Bogen- und Funkenspektren vertreten sind, in Abb. 140 ergibt als mittlere Zustandsgrößen:

$$\begin{aligned} \Theta &= 0{,}888 \quad \text{bzw.} \quad T = 5675^\circ \\ \log P_e &= 1{,}51 \quad \text{und} \quad \bar{\chi} = 8{,}33\ \text{eV}. \end{aligned} \qquad (110, 24)$$

In dem Modell von Abschnitt 29 (Tab. 25) ist z. B. für $\tau_0 = 0{,}5$ die Temperatur $T = 5830^\circ$ und $\log P_e = 1{,}31$.

Die entsprechenden Atomzahlen und *relativen Häufigkeiten* sind in Tab. 56 und 57 zusammengestellt. Den Wasserstoff haben wir dabei weggelassen, weil infolge der hohen Anregungsspannung $\chi_{0,s} = 10{,}16$ eV seines 2. Quantenzustandes hier die Voraussetzungen der Grobanalyse nur noch schlecht erfüllt sind. Eine Bemerkung erfordert noch die besonders wichtige Häufigkeit des Eisens: Wir haben (hierzu vgl. Abschnitt 91 und Kap. XIV) die Absolutwerte der Oszillatorenstärken f nach R. B. KING benutzt, während G. WESSEL 3,3mal größere Werte findet. Mit letzteren würde also die Häufigkeit des Eisens 3,3mal *kleiner*. Eine Entscheidung in dieser Frage ist zur Zeit noch nicht möglich.

Tabelle 57. Häufigkeitsverteilung der Elemente in der Sonnenatmosphäre nach H. N. RUSSELL [17118a] und A. UNSÖLD [17163] (Normierung wie in Tab. 56) sowie den Meteoriten nach V. M. GOLDSCHMIDT [419] sowie I. u. W. NODDACK [1795] (zu deren Zahlen 19,20 bzw. 21,60 addiert wurde).

El.	Sonne		Meteoriten		El.	Sonne		Meteoriten	
	RUSSELL	UNSÖLD	GOLDSCHMIDT	NODDACK		RUSSELL	UNSÖLD	GOLDSCHMIDT	NODDACK
1 H	24,1				44 Ru	15,3		15,76	16,38
2 He	22,6 ?				45 Rh	14,1		15,31	15,71
3 Li	15,6:		17,20	17,03	46 Pd	14,7		15,60	16,26
4 Be	15,4		16,50	17,22	47 Ag	14,6		15,71	15,78
5 B	18,6		16,58		48 Cd	15,8:		Spur	16,06
6 C	21,1	21,94	18,72	18,88	49 In	13,6:		14,56	14,03
7 N	21,6	22,26		16,88	50 Sn	14,8:		16,66	17,46
8 O	22,6	22,38	21,74	21,60	51 Sb	14,4:		Spur	15,46
9 F	19,6:		17,52		52 Te			?	15,30
10 Ne					53 J			15,33	
11 Na	20,8	19,93	19,85	19,68	54 X				
12 Mg	20,9	21,16	21,14	21,00	55 Cs	?		14,20	14,06
13 Al	20,0	19,98	20,14	19,98	56 Ba	16,9	16,60	16,12	16,35
14 Si	21,1	20,94	21,20	21,08	57 La	15,4		15,52	
15 P	17,6:		18,96	18,94	58 Ce	16,0		15,57 ?	15,64
16 S	19,3:	20,57	20,26	20,20	59 Pr	14,2:		15,18	
17 Cl			18,9 ?	18,60	60 Nd	15,6		15,72	15,50
18 Ar					61 Il				
19 K	20,4:	18,85	19,04	19,01	62 Sm	15,1		15,26	15,49
20 Ca	20,3	19,88	19,96	19,88	63 Eu	15,0:		14,65	
21 Sc	17,2	16,98	16,38	17,58	64 Gd	14,7:		15,42	
22 Ti	18,8	18,61	18,87	18,83	65 Tb			14,92	
23 V	18,6	17,70	17,31	17,96	66 Dy	15,2:		15,51	
24 Cr	19,3	19,23	19,25	19,20	67 Ho			14,96	
25 Mn	19,5	19,11	19,02	18,80	68 Er	13,7:		15,41	
26 Fe	20,8	21,37	21,15	21,37	69 Tu	14,1:		14,66	
27 Co	19,2	18,68	18,74	19,03	70 Yb	14,6:		15,38	
28 Ni	19,6	19,60	19,86	20,22	71 Cp	14,6:		14,88	
29 Cu	18,6	17,88	17,86	18,19	72 Hf	14,0		15,38	14,92
30 Zn	18,5	18,43	17,76	17,71	73 Ta	13,6:			15,08
31 Ga	15,6:		16,12	16,30	74 W	13,8		16,36	16,27
32 Ge	16,6		17,47	17,83	75 Re			12,46	12,71
33 As			Spur	17,88	76 Os	14,1:		15,44	15,75
34 Se			16,38	17,22	77 Ir	13,4 ?		14,96	15,10
35 Br			16,83	15,30	78 Pt	15,2		15,66	15,96
36 Kr					79 Au			14,96	14,88
37 Rb	15,3:		16,03	15,90	80 Hg				
38 Sr	16,9	16,00	16,80	17,10	81 Tl			Spur	13,35
39 Y	16,2	16,86	16,19	16,78	82 Pb	14,8	16,2	16,16	16,92
40 Zr	16,1	16,02	17,34	17,22	83 Bi			Spur	14,60
41 Nb	14,6:			15,64	90 Th			14,97	15,12
42 Mo	15,0	15,43	16,18	16,38	92 U			14,56	
43 —									

Unsere Analyse der Sonnenatmosphäre stimmt aufs beste überein mit der 17 Jahre älteren Untersuchung H. N. RUSSELLs [17118a]; ein Zeichen für dessen unvergleichliches „spektroskopisches Fingerspitzengefühl"! Auch mit B. STRÖMGRENs [738] Zahlen für die von ihm bestimmten Elemente ergibt sich beste Übereinstimmung.

1947 hat K. O. WRIGHT [17179] sehr umfangreiche und sorgfältige Messungen von Äquivalentbreiten im Spektralgebiet λ 3700—6750 Å für die Sonne[1] und

[1] In dem Buch von L. GOLDBERG und L. H. ALLER: Atoms, Stars and Nebulae (Harvard 1946) ist auf S. 114 eine Analyse der Sonnenatmosphäre von D. H. MENZEL mitgeteilt. Über ihre Unterlagen sind meines Wissens keine näheren Angaben veröffentlicht.

— dies ist das Neue — die im HERTZSPRUNG-RUSSELL-Diagramm benachbarten Sterne γCyg (cF7), αPer (cF4) und αCMi (dF3) ausgeführt. Leider basiert die Auswertung wesentlich auf der Verwendung von "*solar f-values*", die also aus den Messungen im Sonnenspektrum, und zwar mit einer Temperatur von 4700° K, deduziert sind. Diese ist aber für den Durchschnitt der Linien *viel* zu niedrig, wie nicht nur der Vergleich mit (110, 24), sondern auch unsere späteren Erörterungen zeigen. Die von K. O. WRIGHT bestimmten mittleren Zustandsgrößen der Sterne und insbesondere seine Elementhäufigkeiten dürften daher mit erheblichen Fehlern behaftet sein. Eine Neureduktion des ausgezeichneten Beobachtungsmaterials (möglichst gleich mit „Feinanalyse"; vgl. Abschnitt 111) dürfte sich lohnen.

Bei den späten Spektraltypen — etwa ab K5 — wachsen die beobachtungstechnischen und theoretischen Schwierigkeiten rapide an. Die Festlegung des Kontinuums bietet — insbesondere im kurzwelligen Spektralgebiet — größte Schwierigkeiten, die meisten Linien sind Blends und weite Gebiete werden durch Banden gestört. In theoretischer Hinsicht ist die Beteiligung der Moleküle an der kontinuierlichen Absorption noch weitgehend ungeklärt. Ferner muß die Konvektion eine erhebliche Rolle spielen. Die Atmosphären der roten Übergiganten endlich dürften (vgl. L. SPITZER [17124]) nur wenig Ähnlichkeit mit dem haben, was die Theoretiker zur Zeit üblicherweise als eine Sternatmosphäre bezeichnen!!

C) Die kosmische Häufigkeitsverteilung der Elemente und mögliche Abweichungen auf einigen Sternen. Schon ein oberflächlicher Vergleich der chemischen Zusammensetzungen der unter A) und B) genauer analysierten Sterne zeigt, daß deren Unterschiede erstaunlich gering und sicher kleiner sind, als die teils in den Messungen, teils in der Theorie begründeten Fehler des Verfahrens. Es erscheint daher berechtigt, mit aller Vorsicht von einer „*kosmischen Häufigkeitsverteilung der Elemente*" zu sprechen. Dementsprechend haben wir in Tab. 56 die verschiedenen Meßreihen mit solchen additiven Konstanten versehen, daß sie sich im ganzen (unter Berücksichtigung der verschiedenen Genauigkeit der einzelnen Zahlenwerte) möglichst gut aneinander anschließen. Die *wahrscheinlichsten Häufigkeiten* — bei deren Bildung in entsprechender Weise[1] verfahren wurde — unterscheiden sich von den in Tab. 22 durchschnittlich nur um $\Delta \log NH = \pm 0{,}1$. Gegenüber einer neuen Zusammenstellung von G. P. KUIPER [1775] betragen die Unterschiede ebenfalls nur etwa $\pm 0{,}15$ (für Fe zieht KUIPER die Oszillatorenstärke nach WESSEL vor und erhält daher eine fast 4mal kleinere Häufigkeit). Für die Elemente mit $Z > 10$ ist auch die Übereinstimmung unserer Häufigkeitsdaten mit den *Meteoriten*-Untersuchungen von V. M. GOLDSCHMIDT [419], I. und W. NODDACK [1795] sowie H. BROWN [1721] ausgezeichnet. Man vgl. z. B. die Zusammenstellung von G. P. KUIPER[2]. (Ziemlich unbefriedigend erscheint Verf. die Bearbeitung und relative Bewertung der *astronomischen* Daten bei H. BROWN [1721]. Man fühlt sich an H. N. RUSSELLs bekannten Scherz erinnert, daß schon *ein* faules Ei einen ganzen Pfannkuchenteig verderbe!)

Hinsichtlich der *Genauigkeit der Elementhäufigkeiten* in Tab. 56 geben die Zahlen der Tabelle selbst kein ganz zutreffendes Bild, da die prinzipiellen Mängel des Verfahrens der Grobanalyse sowie die Ungenauigkeiten der Oszillatorenstärken nicht überall auffallen. Nach den Erfahrungen des Kieler Institutes dürfte die *Fehlergrenze der* $\log NH$ meist bei $\pm 0{,}3$ liegen und nur in besonders ungünstigen Fällen $\pm 0{,}5$ überschreiten. H. E. SUESS [17140] hat den interessanten Versuch

[1] Es erschien Verf. berechtigt, hierbei die mehr ihrer historischen Bedeutung wegen mitgeführte RUSSELLsche Analyse wegzulassen.

[2] KUIPER, G. P.: The Atmospheres of the Earth and Planets. Chicago 1952; Seite 329.

gemacht, die in Sternen und Meteoriten gemessenen Häufigkeiten durch eine *Ausgleichung* mit Hilfe halb-empirischer Gesetzmäßigkeiten weiter zu verbessern. Vgl. auch die zusammenfassende Darstellung von H. E. SUESS und J. H. D. JENSEN [17141] mit umfangreichen Literaturangaben.

Im Anschluß an unsere Tab. 56 erheben sich eine ganze Reihe tiefgreifender Fragen, deren detaillierte Behandlung freilich zum Teil über den Rahmen dieses Buches hinausgeht:

Die Energieerzeugung im Inneren beruht nach H. BETHE und C. F. v. WEIZSÄCKER, jedenfalls bei den Hauptsequenz-Sternen früher als G0, auf dem Kernreaktions-Zyklus:

$$\begin{array}{ll} C^{12} + H = N^{13} + \gamma & \\ C^{13} + H = N^{14} + \gamma & N^{13} = C^{13} + e^+ \\ N^{14} + H = O^{15} + \gamma & O^{15} = N^{15} + e^+ \\ N^{15} + H = C^{12} + He^4 & \end{array} \left.\vphantom{\begin{array}{l}a\\b\\c\\d\end{array}}\right\} e^+ + e^- = \gamma \qquad (110, 25)$$

bei dem also im Schlußeffekt Wasserstoff in Helium übergeführt wird. In dem „Atomofen" im Innern der Sterne müßte sich ferner das Häufigkeitsverhältnis der stabilen Kerne C^{12}, C^{13} und N^{14} entsprechend den Geschwindigkeiten einstellen, mit denen die Reaktionen (110, 25) bei der Zentraltemperatur des betreffenden Sternes ablaufen.

Da die *Sonne* (und alle Hauptsequenzsterne unterhalb $\sim$A 5) entsprechend ihrer Leuchtkraft und ihrem Alter von $\sim 4 \cdot 10^9$ Jahren nur wenige Prozent ihres Wasserstoffes „verbrannt" haben kann, so muß ihre Zusammensetzung im wesentlichen der *Urmaterie* entsprechen. Da diese offenbar — wie auch das Studium der Gasnebel und der interstellaren Materie nahelegt — überall im Kosmos aus derselben Mischung der Elemente besteht, so liegt es nahe, ihre *Entstehung* mit dem „*Anfang der Welt*" vor $\sim 4 \cdot 10^9$ Jahren in Verbindung zu bringen. Mit dieser Vorstellung läßt sich auch die heutige Häufigkeit der „elternlosen" radioaktiven Elemente, insbesondere des U^{235} und des K^{40}, gut vereinbaren.

Zu den interessanten Spekulationen über die Protomaterie unter extrem hohen Temperaturen und Drucken, aus der heraus sich die heutige Häufigkeitsverteilung der Elemente gebildet haben könnte, vgl. z. B. [1733].

In den O- und B-Sternen der Hauptsequenz (z. B. 10 Lac und τ Sco) und vollends in frühen Übergiganten wie 55 Cyg geht die Umsetzung von H in He sehr rasch vor sich. Aus der großen Häufigkeit des Wasserstoffes in ihren Atmosphären[1] müssen wir daher den wichtigen Schluß ziehen, daß diese Sterne vor relativ kurzer Zeit fast an ihrem jetzigen Platz im Milchstraßensystem entstanden sind (vgl. A. UNSÖLD [17162b, S. 293] und neuere Untersuchungen von AMBARZUMIAN, BLAAUW u. a.). Sollten auch zukünftige Beobachtungen bestätigen, daß Abweichungen von der „normalen" Zusammensetzung der Atmosphären bei diesen Spektraltypen sehr selten vorkommen, so würde dies dafür sprechen, daß bei diesen Sternen die Materie *nicht* durcheinandergemischt ist, d. h. daß die heute in den Atmosphären strahlende Materie noch nie den Atomofen im Sterninneren durchlaufen hat.

Während früher die meisten Astrophysiker zu der Annahme hinneigten, daß die Sterne völlig durchgemischt seien, hat neuerdings insbesondere M. SCHWARZSCHILD [I.A.U. 1952] darauf hingewiesen, daß bei der überwiegenden Mehrzahl der Sterne keine hierfür ausreichenden Konvektionsströme vorhanden sein dürften. Die Stern*atmosphären* beständen danach in der Hauptsache wirklich aus Urmaterie.

---

[1] Wie wir später sehen werden, ist die Häufigkeit von H und He in der *Sonne* relativ zu den schweren Elementen innerhalb der Analysengenauigkeit ($\Delta \log NH \sim \pm 0{,}3$) dieselbe wie in den frühen Spektraltypen der Tab. 56.

Um so interessanter ist es, nach einzelnen Objekten zu suchen, deren Spektren auf eine anomale Häufigkeitsverteilung der Elemente hindeuten.

a) *Wasserstoffarme Sterne*: J. L. GREENSTEIN [1741] hat darauf hingewiesen, daß in dem Übergiganten v Sagittarii die BALMER-Linien im Verhältnis zu denen des Heliums und der Metalle außerordentlich schwach sind, nachdem schon früher C. H. PAYNE-GAPOSCHKIN [17104] bemerkt hatte, daß in α Cyg und ähnlichen Sternen die He-Linien unerwartet stark seien. Es erscheint noch nicht sicher, ob es sich hier — wie *Verf.* vorschlug — um ein Anregungsphänomen ähnlich wie in den Sonnenprotuberanzen oder — wie J. L. GREENSTEIN [1741] und O. STRUVE [1762] meinen — um ein wirkliches Wasserstoffdefizit handelt, was ja bei Sternen so extremer Leuchtkraft schon zu verstehen wäre. Für die letztere Deutung spricht D. M. POPPERs Entdeckung [17109a—c] des Sternes HD 124 448, der praktisch gar keine Wasserstofflinien hat und dafür das Heliumspektrum in größter Vollständigkeit zeigt. Man hat hier wirklich den Eindruck, einen B2-Stern vor sich zu haben (POPPER schätzt $M_{vis} = -2{,}5$ bis $-4{,}0$), der seinen Wasserstoff großenteils verbraucht hat. Über weitere „wasserstoffarme" Sterne, von dem heißen HD 160 641 [1717b] über HD 124 448 und v Sgr zu dem kühlen HD 30 353 [1717a] und R Coronae Borealis [1716] vgl. die hochinteressante Studie von W. P. BIDELMAN [1717c], auf deren weitere Gesichtspunkte wir noch unter b) zurückkommen werden.

b) *Die Kohlenstoffisotope* C^{12} *und* C^{13}. 1929 entdeckte R. F. SANFORD [17120a] in N-Sternen bei λ 4740 die Banden der isotopen Moleküle $C^{12}C^{13}$ und $C^{13}C^{13}$. Während auf der Erde das Häufigkeitsverhältnis $C^{12}:C^{13}$ gleich 90 ist, weisen weitere Beobachtungen an N- und R-Sternen von MENZEL, SANFORD, WURM, SHAJN, FEHRENBACH u. a. (Literatur s. [1770a]) darauf hin, daß in manchen dieser Objekte das C^{13}-Isotop wesentlich häufiger sei. Da die beiden isotopen Moleküle sich physikalisch — bis auf die kleinen Wellenlängenunterschiede ihrer Banden — völlig gleichartig verhalten, so muß man hier Intensitätsunterschiede eindeutig auf Häufigkeitsunterschiede zurückführen.

A. McKELLAR [1770a] hat dann einundzwanzig R-Sterne genauer untersucht. Scheidet man zunächst 6 Sterne aus, deren C_2-Banden für eine quantitative Auswertung zu stark sind, so zerfallen die übrigen 15 in

Gruppe I: 3 Sterne mit einem Isotopenverhältnis $C^{12}:C^{13} > 50$,

Gruppe II: 12 Sterne mit einem Isotopenverhältnis $C^{12}:C^{13} = 3{,}4 \pm 0{,}16$.

Fünfundzwanzig von A. McKELLAR [1770c] gleichfalls untersuchte N-Sterne schließen sich durchweg der Gruppe II an. Beobachtungen der isotopen CN-Banden bestätigen diese Befunde und ihre Deutung. Gruppe I entspricht offenbar der terrestrischen Materie ($C^{12}:C^{13} = 90$) und der Sonnenatmosphäre, für welche J. L. GREENSTEIN, R. S. RICHARDSON und M. SCHWARZSCHILD [1745] aus der (0,0) CN-Bande bei λ 3883 den unteren Grenzwert $C^{12}:C^{13} > 36$ ableiteten.

Unsere früheren Überlegungen sowie nach A. McKELLAR [1770d] auch neuere Messungen der Wirkungsquerschnitte[1] für die Kernreaktionen des BETHE-v. WEIZSÄCKER-Zyklus' von R. N. HALL und W. A. FOWLER [1750] weisen darauf hin, daß die Atmosphären der Gruppe I (einschließlich Sonne) noch aus unberührter Urmaterie bestehen, während die Sterne der Gruppe II *durchmischt* sind, so daß die Materie ihrer Atmosphären schon den Atomofen im Sterninnern passiert hat, wobei sich das Verhältnis $C^{12}:C^{13}$ entsprechend den Reaktionsgeschwindigkeiten in (110, 25) einstellte.

[1] Dabei ist allerdings *angenommen*, daß der C^{13}-Kern keine unbekannten Resonanz-Niveaus besitzt.

W. P. BIDELMAN [1717c] hat jedoch neuerdings bemerkt, daß in „wasserstoffarmen“ Sternen mit starken C_2-Banden das C^{13}-Isotop *nicht* nachweisbar ist, so daß diese der Gruppe I zuzuordnen wären. Diese überraschende Beobachtung läßt den obigen Deutungsversuch wieder ziemlich problematisch erscheinen.

c) *Lithium.* Im Innern der Sterne wird das Lithium durch die Kernreaktionen $Li^7 + H^1 = 2\,He^4$ und $Li^6 + H^1 = He^3 + He^4$ rapide abgebaut. Die interessante Frage nach seiner *Häufigkeit* und nach dem *Häufigkeitsverhältnis* $Li^6 : Li^7$ in der *Sonnenatmosphäre* haben J. L. GREENSTEIN und R. S. RICHARDSON [1746] genauer untersucht.

Für die Resonanzlinie $2\,^2S$—$2\,^2P^\circ$ λ 6708 messen sie auf der Mitte der Sonnenscheibe die Äquivalentbreite $W_\lambda = 3{,}7$ mÅ und in der Penumbra eines Sonnenflecks, wo die Ionisationsverhältnisse nicht mehr gar so ungünstig sind, $W_\lambda^* = 7{,}6$ mÅ. Aus der Form der Linie (die natürlich bei so kleinen Linientiefen schwer zu messen ist) finden sie den oberen Grenzwert $Li^6 : Li^7 < 0{,}25$, während auf der Erde bekanntlich $Li^6 : Li^7 = 0{,}08$ ist.

Um bei der Auswertung der Messungen möglichst wenig weitere Unsicherheiten in die Untersuchung hereinzutragen, wird man die Linie Li λ 6708 zweckmäßig mit einer anderen vergleichen, welche folgende Bedingungen erfüllt:

1. Die Ionisations- und Anregungsverhältnisse sollen denen der Li-Linie möglichst ähnlich sein. 2. Die Vergleichslinie soll ebenfalls auf dem linearen Teil der Wachstumskurve liegen. 3. Sie soll λ 6708 möglichst benachbart sein und 4. Wegen des Vergleiches mit den Häufigkeiten auf der Erde und in Meteoriten soll das Vergleichselement dem Li chemisch ähnlich sein.

GREENSTEIN und RICHARDSON benutzen — offenbar mit Betonung von 3. — die Linie Ca I $4\,^1S_0$—$4\,^3P_1^0$ λ 6573, welche auf der Sonnenscheibe $W_\lambda = 32$ mÅ hat. Sie liegt also schon auf dem Übergangsteil der Wachstumskurve. Außerdem ist der wichtige Punkt 4. nicht erfüllt.

Wir nehmen daher lieber die bis auf Punkt 3. günstigere Vergleichslinie K $5\,^2S_{\frac{1}{2}}$—$5\,^2P^0_{\frac{3}{2}}$ λ 4044,147, für welche auf der Sonnenscheibe nach C. W. ALLEN [908] $W_\lambda = 16$ mÅ ist (die andere Dublettkomponente ist verdeckt). Für das Verhältnis der neutralen Li- und K-Atome im Grundzustand (alle auf K bezüglichen Größen mit Akzent) gilt nun, wenn wir deren Schichtung in der Sonnenatmosphäre zunächst als gleich betrachten und die geringe Wellenlängenabhängigkeit der Gewichtsfunktionen vernachlässigen, nach Gl. (107, 18):

$$\frac{N_{0,0}\,H}{N'_{0,0}\,H} = \frac{W_\lambda}{W'_\lambda} \cdot \frac{\lambda'^2 f'}{\lambda^2 f}, \tag{110, 26}$$

wobei nach Abschnitt 98 die Oszillatorenstärken für Li $f = 0{,}75$ und für die Kaliumlinie $f' = \frac{2}{3} \cdot 0{,}01$ sind.

Da weiterhin fast alles Li und K einfach ionisiert ist, so erhält man durch Division der SAHA-Gleichungen für die beiden Elemente

$$\frac{N}{N'} = \frac{N_{0,0}}{N'_{0,0}}\, e^{-\frac{\chi - \chi'}{kT}} \tag{110, 27}$$

mit $\chi = 5{,}37$ eV und $\chi' = 4{,}32$ eV. Der Logarithmus der e-Funktion ist also $1{,}05 \cdot \frac{5040}{T}$ oder mit unserem Mittelwert von 5675° gleich $-0{,}93_2$. (Hätten wir mit der sicher zu niedrigen Temperatur 4000° gerechnet, so erhielten wir $-1{,}32$, d. h. die relative Li-Häufigkeit würde nur um einen Faktor 2,5 kleiner.) Insgesamt ergibt sich nach (110, 26) und (110, 27) vollends

$$\text{Li} : \text{K} = 8{,}8 \cdot 10^{-5}\,. \tag{110, 28}$$

Nach den später zu besprechenden Rechnungen von M. MINNAERT [1518] zur Feinanalyse müßte dieses Verhältnis noch etwa mit 2 multipliziert werden, um den Unterschied der wirksamen Dicke der Sonnenatmosphäre für die beiden Linien zu berücksichtigen.

Wir vergleichen nun das in der Sonnenatmosphäre bestimmte Verhältnis Li:K mit dem der terrestrischen *Eruptivgesteine*, welches nach H. BROWN [vgl. 1746, Anm. 10] $2{,}5 \cdot 10^{-3}$, nach der Zusammenstellung von H. E. SUESS und J. H. D. JENSEN [17141] $14 \cdot 10^{-3}$ ist. Weiterhin geben diese Autoren (ebenfalls umgerechnet auf Atomzahlen) für *Steinmeteoriten* ein Verhältnis Li:K $= 8{,}5 \cdot 10^{-3}$ und für *Tektite* $5{,}6 \cdot 10^{-3}$ an.

Wir gelangen so mit GREENSTEIN und RICHARDSON zu dem Schluß, *daß das Lithium in der Sonnenatmosphäre etwa* 100*mal seltener ist als auf der Erde und in den Meteoriten.*

Mit Hilfe der im Laboratorium gemessenen Wirkungsquerschnitte der eingangs erwähnten Kernreaktionen berechnet nun GREENSTEIN weiterhin, daß eine Lebensdauer des Lithiums von $7 \cdot 10^7$ Jahren (entsprechend seiner Schätzung der Zirkulationsdauer in den äußeren Teilen der Sonne) erreicht wird bei einer Temperatur von $3{,}2 \cdot 10^6$ Grad. Das entspricht aber nach den Rechnungen von E. VITENSE [863] gerade etwa der inneren Grenze der Wasserstoff-Konvektionszone. Es erscheint also ganz plausibel, daß dort der größere Teil des Lithiums aus den äußeren Schichten der Sonne im Laufe der Zeit in Helium umgewandelt wurde.

A. McKELLAR [1769] hat in dem langperiodischen Veränderlichen WZ Cas vom Spektraltyp N 1 p die Linie Li λ 6708 mit einer Äquivalentbreite von 8,1 Å gefunden. Weitere Beobachtungen von R. F. SANFORD [17120b] ergaben für WX Cyg (N 3 e) ein $W_\lambda = 10$ Å und ließen bei einer größeren Anzahl weiterer R- und N-Sterne die Li-Linie deutlich erkennen.

Die relativen Intensitäten der Resonanzlinien von Li, Na und K scheinen nach SANFORD in den untersuchten R- und N-Sternen erheblich zu schwanken. Ob dies auf Unterschiede in den Häufigkeiten der Elemente oder auf solche der wirksamen Schichtdicken (blends, Molekülkontinua, ...) zurückzuführen ist, dürfte noch kaum zu entscheiden sein. Die qualitativ anscheinend gesicherte Beobachtung, daß in Sternen mit großer C^{13}-Häufigkeit *auch* Li vorkommt, muß wohl dahingehend interpretiert werden, daß auch in Sternen von McKELLARs Gruppe II [vgl. unter b)] die Atmosphären noch einen erheblichen Bruchteil unveränderter Urmaterie enthalten.

d) Gibt es weitere spektroskopische Beobachtungen, die man möglicherweise mit Unterschieden in den Element-Häufigkeiten oder gar bestimmten Kernprozessen in Verbindung bringen könnte?

Zunächst denkt man an C. S. BEALS' bekannte Aufteilung der WOLF-RAYET-*Sterne* in eine *Kohlenstoff*- und eine *Stickstoff*sequenz (WC- und WN-Sterne). Da aber die Deutung der WOLF-RAYET-Spektren selbst in ihren Grundzügen noch ganz problematisch ist, so können wir damit im Augenblick noch nicht viel anfangen.

Wie steht es sodann mit der Aufspaltung am anderen Ende der *Harvard*-Sequenz in die Spektraltypen M, R + N und S, die bzw. durch die Banden von Titanoxyd, Kohlenstoff und Zirkonoxyd ausgezeichnet sind? Y. CHAMBRESIER und L. ROSENFELD [1730] und besonders H. N. RUSSELL [17118c] haben die Beobachtungen in dem Sinne zu deuten versucht, daß in den M-Sternen — wie in Tab. 56 — der *Sauerstoff* häufiger als *Kohlenstoff* sein sollte, während bei den „Kohlenstoff-Sternen" R und N dieses Verhältnis umgekehrt wäre. Aber was sollten wir zu einer größeren Häufigkeit von Zr in den S-Sternen sagen, die kernphysikalisch ganz unverständlich wäre? So wird man mit P. SWINGS [Hynek,

S. 167] doch andere Erklärungsmöglichkeiten ernstlich in Erwägung ziehen müssen. Eine wirkliche Klärung der Verhältnisse wird erst möglich sein, wenn wir — auf breiter Basis — einmal über eingehendere quantitative Kenntnisse der Atmosphären kühler Sterne verfügen.

In neuerer Zeit ist sodann mit großem Eifer nach spektralen Unterscheidungsmerkmalen zwischen den Sternen der BAADEschen Populationen I und II gesucht worden. Wir verweisen auf den Bericht von P. C. KEENAN und W. W. MORGAN [Hynek, S. 24—25], nach dem es sich um Häufigkeitsunterschiede von C und H handeln könnte.

Auch bezüglich anderer Sternspektren, die nicht in ein zweidimensionales, d. h. letzten Endes (T_e, g)-Klassifikationsschema passen, sei auf dieses ausgezeichnete Referat hingewiesen. Auf diesem Gebiet wird noch viel Arbeit seitens der Beobachter wie der Theoretiker notwendig sein.

111. „Feinanalyse" der Sonnenatmosphäre unter Berücksichtigung der Tiefenabhängigkeit von Temperatur, Elektronendruck usw.

Wir fassen nun die Verfeinerung unserer Analysen durch Berücksichtigung der Tiefenabhängigkeit von Anregung, Ionisation usw. ins Auge. Beschränken wir uns zunächst weiterhin auf schwache Absorption ($R \ll 1$), d. h. *schwache Linien* auf dem linearen Ast der Wachstumskurve oder auf die *Flügel starker Linien*, so bietet sich als naturgemäßes Hilfsmittel zur exakten Behandlung aller Strahlungsgleichgewichtsprobleme die *Methode der Gewichtsfunktionen* nach Abschnitt 101, E) bzw. 102, E) bzw. Gl. (107, 18) und (107, 19) dar. Wie schon am Ende der Einleitung von Abschnitt 110 betont wurde, können wir von der Anwendung der „*Feinanalyse*" nur dann einen wesentlichen Fortschritt erwarten, wenn das zugrunde gelegte *Modell der Sternatmosphäre* recht erheblichen Genauigkeitsansprüchen genügt. Bei der Sonne sind wenigstens die grundlegenden „Integrationskonstanten" T_e und g mit der nötigen Genauigkeit bekannt; außerdem kann etwa für den Bereich von $0{,}15 < \bar{\tau} < 1{,}5$ die Temperaturschichtung auch empirisch bestimmt bzw. kontrolliert werden (Abschnitt 29).

Tatsächlich durchgeführt sind solche Rechnungen nach der Methode der Gewichtsfunktionen von M. MINNAERT [1518] unter Anwendung des *Sonnenmodells* von BARBIER u. DE JAGER [822].

Die auf diesen Berechnungen beruhende *Feinanalyse der Sonnenatmosphäre* (unter ausschließlicher Verwendung schwacher Linien) von W. J. CLAAS [1732] bedeutet gegenüber unserer Grobanalyse prinzipiell einen wichtigen Fortschritt. Da die Linienabsorptionskoeffizienten sozusagen mit denen des Kontinuums verglichen werden, erhält man insbesondere die Häufigkeiten der *Metalle* usw. direkt relativ zu der des *Wasserstoffs*. Nach W. J. CLAAS hätten wir in Tab. 56, Spalte 6, oben einzufügen H:25,65, was gut zu den anderen Werten paßt. Bei den schwereren Elementen weichen im übrigen CLAAS' Häufigkeitslogarithmen selten um mehr als $\pm 0{,}2$ von unseren ab, soweit nicht — in wenigen Fällen — Meinungsverschiedenheiten bezüglich der Übergangswahrscheinlichkeiten bestehen. Ob CLAAS' Feinanalyse hinsichtlich der *Genauigkeit* der Elementhäufigkeiten schon einen wesentlichen Fortschritt gegenüber der Grobanalyse bedeutet, erscheint dem *Verf.* allerdings fraglich. Es hat sich nämlich gezeigt, daß die Temperatur in dem von M. MINNAERT und seinen Mitarbeitern damals verwendeten Sonnenmodell bei $\tau = 0$ um volle 1000° und im Bereich $0{,}3 < \tau_{5000} < 1{,}5$ um etwa 100° zu hoch ist.

So wollen wir im einzelnen mehr die prinzipiell wichtigen Punkte der MINNAERTschen Rechnungen herausstellen. Für die praktische Anwendung sollten sie wohl mit einem verbesserten Modell wiederholt werden.

Als Ausgangspunkt schreiben wir die wohlbekannte Gl. (107, 18) nochmals an, wobei man im allgemeinen nicht zwischen Streuung und der praktisch ungleich wichtigeren wahren Absorption zu unterscheiden braucht:

$$W_\lambda[\text{mÅ}] = 2{,}21 \cdot 10^{-10} \left(\frac{\lambda}{\lambda_{5000}}\right)^2 \cdot f \cdot \frac{\varepsilon_i}{\Sigma \varepsilon_i} \int\limits_0^\infty \frac{n_{r,s}}{\Sigma n_r} \cdot \frac{G(\tau)\, d\tau}{\varkappa_g \cdot \mu_0 m_H}. \qquad (111,\,1)$$

Da die *Metalle* auf der Sonne ganz überwiegend einfach ionisiert sind, so können wir für die *neutralen Atome in einem Zustand s* (Anregungsenergie $\chi_{0,s}$, Ionisationsenergie χ_0) durch Kombination von BOLTZMANN- und SAHA-Formel schreiben

$$\frac{n_{r,s}}{\Sigma n_r} \approx \frac{n_{0,s}}{n_1} = \frac{g_{0,s}}{2\,u_1} \cdot \frac{h^3 \cdot P_e}{(2\pi m)^{3/2}\,(kT)^{5/2}}\, e^{\frac{\chi_0 - \chi_{0,s}}{kT}}. \qquad (111,\,2)$$

Da weiterhin der kontinuierliche Absorptionskoeffizient pro Masseneinheit $\varkappa_g$ bei den in Frage kommenden Zustandsgrößen fast proportional P_e ist, so kann man das Integral in Gl. (111, 1) verhältnismäßig leicht ein für allemal als Funktion der Wellenlänge und der Termgröße $\chi_0 - \chi_{0,s}$ ausrechnen und tabulieren. Um bequemer interpolieren zu können, macht MINNAERT davon Gebrauch, daß das mittlere $\Theta = \frac{5040}{T}$ der Sonnenatmosphäre nahe bei Eins liegt. Weiterhin wird (auch im folgenden) die Temperaturabhängigkeit der Zustandssummen u vernachlässigt. Schließlich bezieht MINNAERT die Häufigkeiten noch auf Wasserstoff $\left(\frac{\varepsilon_i}{\varepsilon_H} = \frac{\varepsilon_i}{\Sigma \varepsilon_i} \cdot \frac{\Sigma \varepsilon_i}{\varepsilon_H}\right)$ und schreibt nach Einsetzen der Zahlenwerte

$$W_\lambda[\text{mÅ}] = 3{,}33 \cdot 10^{5+\chi_0-\chi_{0,s}} \left(\frac{\lambda}{\lambda_{5000}}\right)^2 \cdot f \cdot \frac{\varepsilon_i}{\varepsilon_H} \cdot \frac{g_{0,s}}{u_1} \cdot l_{0,s}\,. \qquad (111,\,3)$$

Für die *Metallionen in einem Zustand s* mit der Anregungsenergie $\chi_{1,s}$ wird nach der BOLTZMANN-Formel noch einfacher

$$\frac{n_{r,s}}{\Sigma n_r} \approx \frac{n_{1,s}}{n_1} = \frac{g_{1,s}}{u_1}\, e^{-\frac{\chi_{1,s}}{kT}}. \qquad (111,\,4)$$

Die Gl. (111, 1) schreibt MINNAERT in diesem Falle schließlich

$$W_\lambda[\text{mÅ}] = 2{,}21 \cdot 10^{14-\chi_{1,s}} \left(\frac{\lambda}{\lambda_{5000}}\right)^2 \times f \cdot \frac{\varepsilon_i}{\varepsilon_H} \cdot \frac{g_{1,s}}{u_1} \cdot m_{1,s}\,, \qquad (111,\,5)$$

wobei $m_{1,s}$ als Funktion von λ und $\chi_{1,s}$ [eV] tabuliert und bequem interpoliert werden kann. Dieselbe Formel läßt sich selbstverständlich auf solche *neutrale* Atome anwenden, die praktisch nicht ionisiert sind, z. B. N und O.

Tabelle 58. Hilfsgrößen $l_{0,s}$ und $m_{1,s}$ nach M. MINNAERT [1518, I; Tab. 3, dort mit l_1 und m_1 bezeichnet] zur Anwendung der Methode der Gewichtsfunktionen auf die Sonne (Modell nach BARBIER u. DE JAGER). Siehe Gl. (111, 3 und 5).

a) $\log l_{0,s}$

$\chi_0 - \chi_{0,s}$	λ 4260	λ 5000	λ 6700	λ 8580
2 eV	0,543	0,401	0,176	0,037
4	0,274	0,173	—0,004	—0,143
6	0,104	0,013	—0,119	—0,237
8	—0,009	—0,092	—0,222	—0,310

b) $\log m_{1,s}$

$\chi_{1,s}$	λ 4260	λ 5000	λ 8580
6 eV	1,021	0,801	—
4	0,612	0,444	0,121
2	0,307	0,179	—0,137
0	0,124	—0,018	—0,301

Das Ergebnis der ganzen Rechnungen, denen die Gewichtsfunktionen $G(\tau)$ für die *Mitte der Sonnenscheibe* und *wahre Absorption*[1] zugrunde liegen, zeigt Tab. 58.

[1] Die bei MINNAERT ebenfalls berechneten $l_{0,s}$ und $m_{1,s}$ für *Streuung* unterscheiden sich davon nur wenig.

Anhand dieser Zahlen wollen wir uns nun mit M. MINNAERT weiterhin klar machen, wieweit es berechtigt oder nicht berechtigt ist, im Sinne der *Grobanalyse* einfach so zu tun, *als ob* die Sonnenatmosphäre eine wohldefinierte Schicht mit konstanten Werten von Temperatur, Elektronendruck usw. wäre. Als erstes betrachten wir die

Anregungstemperatur der neutralen (Metall-)Atome: Wir vergleichen in einem neutralen Atom mit der Ionisierungsspannung χ_0 die „wirksamen Atomzahlen" in zwei Niveaus mit den Anregungsspannungen $\chi_{0,s}$ und $\chi_{0,s'}$. Stellen wir — ganz formal — das Verhältnis der beiden Atomzahlen durch eine *Anregungstemperatur* T_E bzw. $\Theta_E = \frac{5040}{T_E}$ dar, so gilt nach (111, 3)

$$\frac{l_{0,s}}{l_{0,s'}} = 10^{-(\Theta_E - 1)(\chi_{0,s} - \chi_{0,s'})}. \qquad (111, 6)$$

Nehmen wir z. B. s' um 2 eV höher[1] als s, d. h. $\chi_{0,s'} - \chi_{0,s} = 2$ eV, so ergeben sich nach Tab. 58 z. B. für λ 5000 Å die in Tab. 59a zusammengestellten Anregungstemperaturen T_E. Da die Ionisationsspannungen der Metalle $\chi_0 \approx 8$ eV nicht wesentlich übersteigen und das höhere Niveau mindestens 2 eV unterhalb der Ionisationsgrenze bleiben muß[2], so dürfte Tab. 59a ziemlich allen praktisch vorkommenden Fällen gerecht werden.

Tabelle 59. Anregungstemperaturen T_E; für Linien bei λ 5000 Å nach dem Modell von BARBIER u. DE JAGER mittels der Methode der Gewichtsfunktionen, berechnet von M. MINNAERT [1518, II]. Das Niveau s' liege 2 eV *über* s.

a) Neutrale Metallatome.

$\chi_0 - \chi_{0,s}$	T_E
4 eV	5700°
6	5400°
8	5300°

b) Ionisierte Metallatome.

	$\chi_{1,s}$	T_E
Hohe Terme	4 eV	6200°
↕	2	5900°
Tiefe Terme	0	5700°

Anregungstemperatur der ionisierten Metalle: Vergleichen wir in einem ionisierten Atom die „Anzahl der wirksamen Atome" in einem Niveau s und einem — z. B. 2 eV höheren — Niveau s', so ist die *Anregungstemperatur* T_E nach (111, 5) definiert durch

$$\frac{m_{1,s}}{m_{1,s'}} = 10^{-(\Theta_E - 1)(\chi_{1,s} - \chi_{1,s'})}. \qquad (111, 7)$$

Einige Zahlenwerte für die praktisch etwa vorkommenden Anregungsspannungen gibt (wieder bei 5000 Å) Tab. 59b.

Effektiver Elektronendruck: Vergleicht man die Resonanzlinien des neutralen Atoms und des Ions für dasselbe Element, so kann man auch einen effektiven Elektronendruck definieren, wenn man die mittlere Temperatur dazu vorgibt. Durch Kombination der Gl. (111, 3) und (111, 5) erhält MINNAERT z. B. mit $T = 5600°$ K und λ 5000 Å für eine

$$\left.\begin{array}{llcccc} \text{Ionisierungsspannung} & \chi_0 & = & 4 & 6 & 8\ \text{eV} \\ \text{einen effektiven Elektronendruck} & P_e & = & 9 & 10 & 12\ \text{dyn cm}^{-2}. \end{array}\right\} \qquad (111, 8)$$

Vergleich analoger Linien bei verschiedenen Wellenlängen. Für Terme mit einer bestimmten Anregungs- und Ionisierungsspannung ist die *wirksame Dicke der Atmosphäre* in Abhängigkeit von der Wellenlänge nach Gl. (111, 3) und (111, 5) direkt proportional den $l_{0,s}$ bzw. $m_{1,s}$. Sie kann also im Prinzip aus Tab. 58 abgelesen werden.

---

[1] MINNAERT [1518] nennt bei den neutralen Atomen das tiefere Niveau s', bei den ionisierten dagegen — wie wir im folgenden — s.

[2] Auch die Besetzungszahl von s' muß aus Absorptionslinien bestimmt werden. Es entsprechen z. B. 3500 Å . . . 3,55 eV, 7000 Å . . . 1,77 eV.

M. MINNAERT führt in [1518, II] den Vergleich verschiedenartiger Linien auch noch sehr anschaulich in anderer Weise durch: Er ersetzt in Gedanken die Gewichtsfunktion $G(\bar{\tau})$ (welche mit zunehmender optischer Tiefe $\bar{\tau}$ — bezogen auf $\bar{\varkappa}$ — etwa wie eine Exponentialfunktion abnimmt) durch eine Treppenstufe, die bei kleinen $\bar{\tau}$ mit Eins beginnt und dann bei einem $\bar{\tau}_{ph}$ plötzlich auf Null abfallen soll. Wie muß man diese *effektive optische Dicke* $\bar{\tau}_{ph}$ für verschiedene Linien nun wählen, damit deren Stärke den von Gl. (101, 3) bzw. (101, 5) geforderten Wert erhält? Das Ergebnis der numerischen Rechnungen für den praktisch wichtigsten Bereich der Wellenlängen und Anregungsspannungen zeigt Tab. 60.

Tabelle 60. Effektive optische Dicke $\bar{\tau}_{ph}$ der Sonnenatmosphäre nach M. MINNAERT [1518 II, S. 403].

$\chi_0 - \chi_{0,s}$ eV	Atome λ 4260	λ 5000	λ 6700	$\chi_{1,s}$ eV	Ionen λ 4260	λ 5000
4	0,79	0,48	0,28	4	1,15	0,83
6	0,50	0,31	0,22	2	0,92	0,61
8	0,36	0,25	0,14	0	0,60	0,38

Versuchen wir nun, aus den Tab. 58—60 das Fazit zu ziehen! Läßt man in Tab. 58a und b noch die praktisch fast nie zur Anwendung gelangenden obersten Zeilen weg, so sieht man, daß innerhalb einer Fehlergrenze von $\Delta \log NH \sim \pm 0{,}3$ bzw. $\Delta\,\Theta \sim \pm 0{,}06$ oder $\Delta\,T \sim \pm 400°$ die *Grobanalyse* im allgemeinen ganz vernünftig angewandt werden kann. Die Originalarbeiten M. MINNAERTs — dessen Rechnungen wir einfach übernommen haben — scheinen zunächst gerade das Gegenteil zu zeigen. Der Grund für diese Verschiedenheit der Auffassungen ist leicht aufzuzeigen: MINNAERT hat seine Rechnungen noch auf solche Ionisierungs- und Anregungsspannungen ausgedehnt, die auf der Sonne praktisch nicht vorkommen und zum Teil auch gar nicht vorkommen können. Schneidet man aus seinen Tabellen — wie wir es getan haben — die astrophysikalisch sinnvollen Teile heraus, so bestätigen sie unsere obige Aussage im Einklang mit elementaren anschaulichen Überlegungen. In *numerischer* Hinsicht wird man, wie wir nochmals betonen möchten, die Tab. 58—60 anhand eines verbesserten Sonnenmodells im Laufe der Zeit revidieren müssen.

Damit verlassen wir zunächst diese allgemeinen theoretischen Erörterungen und wenden uns den entsprechenden empirischen Studien zu:

Geht man wieder von der Hilfsvorstellung aus, daß z. B. die Sonnenatmosphäre wie eine wohldefinierte homogene Schicht H absorbiere, so kann man aus der Äquivalentbreite W_λ schwacher Linien sofort die „Anzahl absorbierender Atome in einer Säule von 1 cm² Querschnitt" bekommen. Es ist bekanntlich nach Gl. (107, 18):

$$W_\lambda[\text{mÅ}] = 2{,}21 \cdot 10^{-10} \left(\frac{\lambda}{\lambda_{5000}}\right)^2 N_{r,s}\,H\,f\,. \tag{111, 9}$$

Kombiniert man die $N_{r,s}\,H$ für verschiedene Terme desselben Atoms, so kann man nach der BOLTZMANN-Formel eine Anregungstemperatur T_E (bzw. $\Theta_E = 5040/T_E$) im Sinne von Gl. (111, 6) bekommen. Es wird

$$\log \frac{N_{r,s}\,H}{N_{r,s'}\,H} = -\,(\chi_{r,s} - \chi_{r,s'})\,\Theta_E\,, \tag{111, 10}$$

wo $\chi_{r,s} - \chi_{r,s'}$ die Differenz der beiden Terme in eV bedeutet. Wichtig ist dabei natürlich, daß die Oszillatorenstärken f entweder theoretisch oder experimentell (Kap. XII—XIV) genau bekannt sind.

Kann man nicht die ganze Untersuchung mit schwachen Linien durchführen, so wird man die größeren W_λ mit Hilfe der *Wachstumskurve* (z. B. Abb. 137) auf optisch dünne Schicht reduzieren. Für ein bestimmtes $W_\lambda/R_c \cdot 2\,\Delta\lambda_D$ gibt in Abb. 137 der horizontale Abstand zwischen der 45°-Geraden und der Wachstumskurve die erforderliche Reduktion. Solange $W_\lambda/R_c \cdot 2\,\Delta\lambda_D < 1$ ist, kommt es auf die Genauigkeit der Hilfsgrößen R_c und $\Delta\lambda_D$ nicht an. Äquivalentbreiten oberhalb der angegebenen Schranke sollen vorerst außer Betracht bleiben. Auf die Technik und Problematik der Wachstumskurve wollen wir in den folgenden Abschnitten ausführlich eingehen.

Die Arbeiten von D. H. MENZEL, J. G. BAKER und L. GOLDBERG [1781], R. B. KING [1772], P. TEN BRUGGENCATE und H. v. KLÜBER [1722], K. O. WRIGHT [17176—17181] u. a.[1] verwenden in der Hauptsache Linien von Ti I und Fe I und Anregungsspannungsbereiche $\chi_{0,s} - \chi_{0,s'}$ von ungefähr 2 eV. Damit ergeben sich *Anregungstemperaturen* um $T_E = 4400°$ K[2].

R. BIRGE, R. S. RICHARDSON, ROACH, L. BLITZER, Miss ADAM, J. HUNAERTS [1761a, dort vollständige Literaturangaben] haben weiterhin aus den Intensitätsverhältnissen der *Rotationslinien der Bandenspektren* von CN, CH, C_2, NH und OH sog. „*Rotationstemperaturen*" abgeleitet und finden ebenfalls Werte um $T_R = 4500°$ K. Man überlegt sich leicht anhand der Dissoziations- und Anregungsspannungen der Moleküle, daß T_R ungefähr gleich der Anregungstemperatur für die tiefen Terme der neutralen Atome sein müßte. Dies ist auch der Fall. Aber T_E liegt um etwa 900° tiefer, als man nach Tab. 59a erwartet hätte. Und T_R liegt ebenfalls um $\sim 800°$ unter den von M. MINNAERT [1793a] ganz analog (111, 6) und unter denselben Voraussetzungen *berechneten* Rotationstemperaturen von 5250—5400°.

Da die *Grenztemperatur* $T_{\tau=0}$ des von M. MINNAERT bei allen hier besprochenen Berechnungen verwendeten *Sonnenmodells* von BARBIER-DE JAGER nach unseren heutigen Vorstellungen — wie gesagt — um etwa 1000° zu hoch ist, so dürfte ein verbessertes Modell die Diskrepanzen zwischen Beobachtung und Theorie erheblich verringern.

Neuerdings hat K. H. BÖHM [1718] gezeigt, daß sein Strahlungsgleichgewichtsmodell der Sonnenatmosphäre (Tab. 36a) die niedrige *Anregungstemperatur* der tiefen Terme der neutralen Metallatome befriedigend wiedergibt.

Sodann hat V. WEIDEMANN [17168a] unter Verwendung desselben Modells auch die *Feinanalyse* der Sonnenatmosphäre weitergeführt. Relativ zum Wasserstoff erscheint — gegenüber CLAAS — die Häufigkeit von Fe um einen Faktor 4, die einiger anderer Metalle um einen Faktor 2 verringert. Infolge der Vergrößerung des Verhältnisses H : ΣMetalle auf ~ 20000 wird der Elektronendruck herab-, der Gasdruck dagegen heraufgesetzt. Bei der Beurteilung dieses Ergebnisses darf man jedoch nicht vergessen, daß die *nun* zur Diskussion stehenden Effekte von derselben Größenordnung sind, wie die Unsicherheit in der absoluten Fixierung der Oszillatorenstärken.

P. TEN BRUGGENCATE [1725] hat versucht, durch Vergleich von Multipletts, die von demselben unteren Term zu verschiedenen oberen Termen führen, die *Wellenlängenabhängigkeit der wirksamen Schichtdicke der Sonnenatmosphäre H* (nach MINNAERT proportional $l_{0,s}$) empirisch zu ermitteln. Er findet in dem Bereich von $\lambda \sim 4300-6000$ Å eine Abnahme $\Delta \log H = 0{,}35$. Nach Tab. 58a sollte der $\log l_{0,s}$ für $\chi_0 - \chi_{0,s} \approx 6$ eV (Ti-Linien mit $\chi_0 = 6{,}8$ eV und $\chi_{0,s} \approx 0{,}8$ eV) in diesem Wellenlängenbereich um 0,18 abnehmen. Ob ein besseres Sonnenmodell die Differenz zwischen Beobachtung und Theorie verringern würde, oder ob die Messungen doch nicht so genau sind, läßt sich zur Zeit noch nicht sagen.

---

[1] Weitere Literatur bei K. O. WRIGHT [17179, S. 92] und B. BELL [1715, S. 175].

[2] Die einigermaßen vertrauenerweckenden Werte reichen etwa von 4200—5000°. Nur die V I-Linien liefern nach R. B. KING und K. O. WRIGHT [1773] den — ohne erkennbaren Grund — ganz herausfallenden Wert $T_E = 5400 \pm 200°$ K.

112. Empirische Wachstumskurven. Auswertung der stärkeren FRAUNHOFER-Linien.

Um auch die *stärkeren* FRAUNHOFER-*Linien* (etwa $W_\lambda > 0{,}5\,\Delta\lambda_D$) zur quantitativen Analyse der Spektren heranziehen zu können — was bei den Sternen schon aus praktischen Gründen gar nicht zu umgehen ist — greifen wir auf die allgemeine *Theorie der Wachstumskurve* nach Abschnitt 106 und 107 zurück.

Wie wir noch im einzelnen sehen werden, ist die *Dopplerbreite* $\Delta\lambda_D = \lambda\frac{\xi_0}{c}$ der Linien bzw. die entsprechende (wahrscheinlichste) Geschwindigkeit ξ_0 der Atome meist durch *thermischen Dopplereffekt und* die — zunächst noch unbekannte — (wahrscheinlichste) Geschwindigkeit der *Turbulenz* ξ_t bestimmt, wobei nach Gl. (72, 7) gilt

$$\xi_0^2 = \frac{2\,R\,T}{\mu} + \xi_t^2 \qquad (112,\,1)$$

(R = Gaskonstante, T = Temperatur, μ = Atomgewicht). ξ_0 muß daher *empirisch* bestimmt werden.

Dasselbe gilt für die bei den ganz starken Linien wesentliche *Dämpfungskonstante* γ bzw. den Parameter $2\,\alpha = \gamma/\Delta\,\omega_D$ der Wachstumskurven. Selbst wenn wir die Theorie der Dämpfung als bekannt und gesichert betrachten wollen, setzt die Berechnung von γ die Kenntnis des Druckes in der Atmosphäre voraus.

Aus den angegebenen Gründen wird man vielfach — evtl. schon in Anlehnung an das theoretische Schema von Abb. 137 — *empirische Wachstumskurven* konstruieren.

Der Grundgedanke des Verfahrens geht zum Teil auf die *Kalibrierung der* ROWLAND-*Skala für die Intensitäten der Sonnenlinien* von H. N. RUSSELL, W. S. ADAMS und CH. E. MOORE [1608] zurück. Den quantitativen Zusammenhang der Wachstumskurven mit Dopplereffekt und Dämpfung haben dann im Laboratorium W. SCHÜTZ [1359], für die interstellaren Ca-Linien A. UNSÖLD, O. STRUVE und C. T. ELVEY [17157] und — als Wichtigstes — für die Sonne M. MINNAERT und G. F. W. MULDERS [1605] klargestellt.

Man geht (im einfachsten Falle) folgendermaßen vor:

Für eine Gruppe von Linien, deren relative Oszillatorenstärken f_{rel} man kennt, trägt man $\log W_\lambda/\lambda$ (der sich von $\log W_\lambda/2\,\Delta\lambda_D$ für ein bestimmtes Element nur um eine Konstante unterscheidet) als Funktion von $\log g\,f_{rel}\cdot\lambda$ auf (g = statistisches Gewicht des unteren Termes der Linie). Aus Gl. (107, 4) bzw. (107, 8) ersieht man, daß $g\,f_{rel}\cdot\lambda$ der „wirksamen optischen Tiefe für die Linienmitte“ X_0 bzw. unserem $C = X_0/R_c$ proportional ist. Dabei haben wir noch vorausgesetzt, daß die Anregungsspannungen $\chi_{r,s}$ der verwendeten Linien sehr nahe beisammen liegen. Ist diese Voraussetzung nicht ganz erfüllt, so wird man die $\log g\,f_{rel}\cdot\lambda$ nach der BOLTZMANN-Formel mit einer provisorisch geschätzten und evtl. durch successive Approximation verbesserten Temperatur durch Subtraktion von $\chi_{r,s}\cdot\frac{5040}{T}$ auf ein gemeinsames Anregungsniveau reduzieren.

Der entscheidende Punkt liegt natürlich in der Ermittelung der (relativen) *f-Werte.* Wenn die Koppelungsverhältnisse im Atom übersichtlich sind, kann man innerhalb von Multipletts, Supermultipletts und Übergangsschemata nach Abschnitt 83—85 relative f-Werte berechnen. In neuerer Zeit gewinnen daneben gemessene Werte (Kap. XIII) immer größere Bedeutung.

Kann man mit *einer* Liniengruppe — z. B. einem Supermultiplett — keinen genügend umfangreichen Bereich der Abszissenskala überdecken, so wird man versuchen, mehrere derartige Kurvenstücke durch horizontale Verschiebung aneinanderzusetzen.

Indem man schließlich die so gewonnene empirische Wachstumskurve durch horizontale und vertikale Verschiebung mit einer der theoretischen Wachstumskurven in Abb. 137 zur Deckung bringt, erhält man die *Geschwindigkeit* ξ_0 [entsprechend Gl. (112, 1)] und evtl. die *Dämpfungskonstante* γ. Man muß sich dabei freilich im klaren sein, daß tatsächlich dieses ξ_0 sich *nur* auf die Linien bezieht, welche den *flachen* Teil der Wachstumskurve bevölkern, während γ sich nur auf die noch stärkeren Linien im $\sqrt{\ }$-Teil der Wachstumskurve bezieht. Verwendet man — was in Ermangelung eines Besseren oftmals kaum zu vermeiden ist — immer heterogenere Liniengruppen zur empirischen Konstruktion einer Wachstumskurve, so wird natürlich auch die Bedeutung der ξ_0 bzw. γ immer nebelhafter.

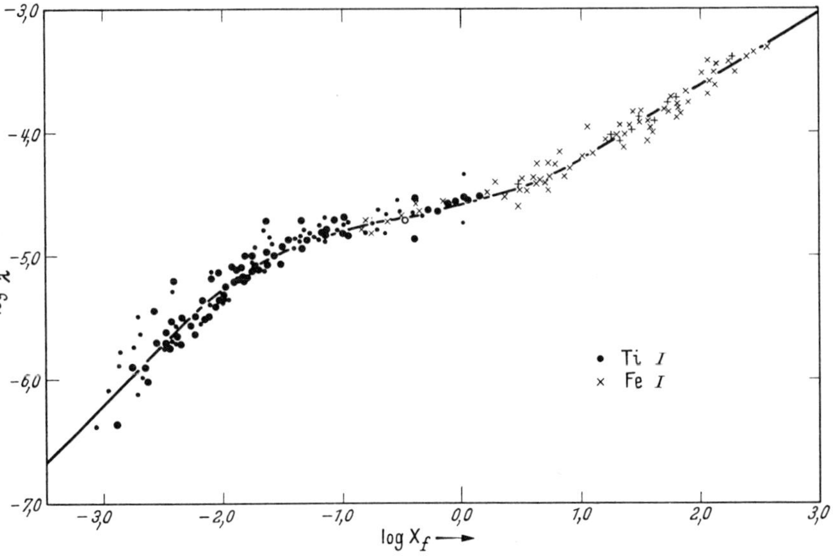

Abb. 141. Wachstumskurve für Ti I und Fe I-Linien im Sonnenspektrum nach K. O. WRIGHT [17179; S. 78]. Oszillatorenstärken nach den Messungen von R. B. u. A. S. KING (s. Kap. XIV) im elektrischen Ofen. Der Ursprung der X_f-Skala entspricht R. B. KINGs Absolutmessung der f-Werte für Fe I. Die relative Horizontalverschiebung jedes Multipletts wurde berechnet mit einer Anregungstemperatur von 4550° K für Ti I und 4850° für Fe I.

Als Beispiel sei hier eine *Wachstumskurve* (Abb. 141) vorgeführt, die K. O. WRIGHT [17179] für die *Sonne* konstruiert hat. Die Äquivalentbreiten W_λ wurden den Messungen von C. W. ALLEN [908] oder dem *Utrechter Photometrischen Atlas des Sonnenspektrums* [962] entnommen. Die $\log W_\lambda/\lambda$ wurden nun aufgetragen für 75 Linien von Fe I ($\chi_{0,s} = 0{,}0$ bis 1,6 eV) und 137 Linien von Ti I ($\chi_{0,s} = 0{,}0$ bis 2,5 eV), deren relative $g\,f_{rel}$ R. B. und A. S. KING [1323] im Laboratorium gemessen hatten. Für Fe I ist der Übergang zu absoluten Oszillatorenstärken nach R. B. KING [1325] gegeben durch

$$\log f_{abs} = \log f_{rel} - 3{,}73\,. \tag{112, 2}$$

Als Abszisse wählt nun K. O. WRIGHT

$$\log X_f = \log g\,f_{rel}\,\lambda - 3{,}73 + 8 - \chi_{0,s} \cdot \frac{5040}{T}\,, \tag{112, 3}$$

wobei — nach einigem Probieren — die Anregungstemperatur für Ti I $T = 4550 \pm 125°$ K und für Fe I $T = 4850 \pm 125°$ K gesetzt wird. Die Anpassung an die Schar der theoretischen Wachstumskurven in Abb. 137 (wobei $R_c = 1$ angenommen wurde) ergab nun die *Geschwindigkeit der Atome*

$$\xi_0 = 1{,}6 \text{ km/sec}\,. \tag{112, 4}$$

Da für $T = 4700°$ und ein mittleres Atomgewicht $\mu = 51{,}8$ die thermische Geschwindigkeit $\sqrt{2RT/\mu} = 1{,}23$ km/sec ist, so erhält man nach (112, 1) eine Turbulenzgeschwindigkeit

$$\xi_t = 1{,}0 \text{ km/sec}. \qquad (112,5)$$

Für die *Dämpfungskonstante* γ der starken Linien findet K. O. WRIGHT aus dem 2α zunächst $\gamma/\nu = 2{,}61 \cdot 10^{-6}$ oder — wenn wir eine mittlere Wellenlänge von 4500 Å bzw. eine mittlere Frequenz von $6{,}67 \cdot 10^{-14}$ sec^{-1} nehmen —

$$\gamma = 1{,}74 \cdot 10^9 \text{ sec}^{-1}. \qquad (112,6)$$

Sie ist — wie schon MINNAERT und MULDERS seinerzeit entdeckten — wesentlich größer als die klassische Strahlungsdämpfung, welche nach (69, 5) $\gamma_{kl} = 0{,}11 \times \times 10^9$ sec^{-1} geben würde. Sie paßt dagegen gut zu unserer Abschätzung (82, 56), welche für die *Stoßdämpfung durch neutrale* H-*Atome* in der Sonnenatmosphäre bei $\chi_0 - \chi_{0,s} = 6$ eV, d. h. einer mittleren Anregungsspannung von 0,8 eV für TiI bzw. 1,8 eV für FeI (auf die es übrigens nicht genau ankommt), $\gamma_{Stoss} \approx 1 \cdot 10^9$ sec^{-1} erwarten läßt.

Die Horizontalverschiebung der empirischen Wachstumskurve für FeI (bei TiI fehlt ja zunächst die absolute Normierung der Oszillatorenstärken) ist nach K. O. WRIGHT

$$\log X_0 = \log X_f + 1{,}86, \qquad (112,7)$$

woraus man mit Gl. (112, 2) und (112, 3) sowie Gl. (107, 4) bzw. (107, 5) die *Anzahl neutraler, unangeregter* Fe-*Atome pro statistisches Gewicht* 1 (*Quantenzelle*) *über* 1 *cm*^{2} *der Sonnenoberfläche* findet zu

$$\log \frac{N_{0,0} H}{g_{0,0}} = 16{,}89. \qquad (112,8)$$

Zum Vergleich sei bemerkt, daß *Verf.* seinerzeit für dieselbe Größe [17163, S. 316; ebenfalls reduziert mit 4700°] den Wert 17,04 fand. Zur Reduktion auf die *Gesamtzahl der neutralen* Fe-*Atome* müßte man $N_{0,0}\,H/g_{0,0}$ noch mit der *Zustandssumme* u_0 multiplizieren; nach W. J. CLAAS [1732, S. 49] ist bei 4700° für FeI $\log u_0 = 1{,}43$.

Wir wollen hier nicht auf weitere empirische Untersuchungen eingehen, sondern zunächst noch einige prinzipielle Ausführungen bezüglich der Verwendung stärkerer Linien bei der Analyse der Sternatmosphären anschließen.

Wie wir schon bemerkt haben, ist die in Abschnitt 107 entwickelte allgemeine *Theorie der Wachstumskurve* in Verbindung mit Gl. (107, 4) zwar in ihrem linearen Zweig exakt, sonst aber sind die zugrunde gelegten Linienkonturen — wenigstens wenn wir für starke Linien Gl. (107, 20) und (107, 21) benutzen — zwar für kleine Einsenkungen ($R \ll R_c$) genau, für größere aber gemäß Gl. (106, 5) extrapoliert. Nach unserer Abschätzung (107, 22) sind die durch diese Extrapolation entstehenden Fehler im allgemeinen nicht größer als andere, die man zur Zeit bei solchen Untersuchungen in Kauf nehmen muß. Evtl. kann man einige Linienkonturen bzw. Äquivalentbreiten z. B. nach Abschnitt 101, A) numerisch berechnen und damit eine verbesserte theoretische Wachstumskurve für die betreffende Liniengruppe konstruieren. Oder man kann J. C. PECKERs Methode nach Abschnitt 109 anwenden.

Bei solchen — etwas formalen — Betrachtungen wird man aber nicht ihre ziemlich einschränkenden *astrophysikalischen Voraussetzungen* vergessen dürfen: Es wird meist angenommen, daß sowohl die Dämpfungskonstante γ als auch die Dopplerbreite $\Delta\lambda_D$ bzw. die thermische + Turbulenzgeschwindigkeit ξ_0 von der Tiefe in der Atmosphäre *un*abhängig sind. Beide Voraussetzungen sind im allgemeinen nur in verhältnismäßig grober Näherung erfüllt. Mit der Druck- und

Temperaturabhängigkeit der *Stoßdämpfung* haben wir uns schon in Kap. XI befaßt. Was die Tiefenabhängigkeit der *Dopplerbreite* betrifft, so ist zwar die Zunahme ihres *thermischen* Anteils mit der Temperatur gering und leicht übersehbar; im Abschnitt 115 werden wir aber empirisch feststellen, daß in vielen Sternen der *Turbulenzanteil* ξ_0 überwiegt und erheblich mit der Tiefe in der Atmosphäre variiert.

Wenn aber $\gamma \left\{\begin{matrix}\text{und}\\ \text{oder}\end{matrix}\right\} \Delta\lambda_D$, welche die Wellenlängenabhängigkeit des Linienabsorptionskoeffizienten bestimmen, in verschiedenen Schichten *nicht* dieselben sind, so wird nach Abschnitt 108 auch die Form der Wachstumskurven geändert[1]. Derartige allgemeine Probleme — die in Zukunft immer größere Bedeutung erlangen dürften — können bei einigen Ansprüchen an Genauigkeit nur mit rein numerischen Methoden behandelt werden. Für den Anfang wird man sich vielfach im Anschluß an die vorliegenden Rechnungen mit Mittelwertsbildungen relativ bescheidener Genauigkeit behelfen können.

113. Mitte-Rand-Variation der FRAUNHOFER-Linien auf der Sonnenscheibe.

G. E. HALE und W. S. ADAMS [1749] beobachteten schon 1907, daß sich das Spektrum des Randes der Sonnenscheibe von dem ihrer Mitte qualitativ in ähnlicher Weise unterschiede, wie das der Sonnenflecke.

1914 hat dann K. SCHWARZSCHILD [1528] die ersten spektralphotometrischen Messungen über die Mitte-Rand-Variation der CaII H- und K-Linien ausgeführt und vor allem ihren Zusammenhang mit der Theorie des Strahlungsaustausches erkannt. Seitdem sind Messungen über die Mitte-Rand-Variation von FRAUNHOFER-Linien einer der wichtigsten Prüfsteine der Theorie der FRAUNHOFER-Linien und — wie sich immer mehr gezeigt hat — eines der wichtigsten Hilfsmittel zur Erforschung der Sonnenatmosphäre.

Auf die weiteren Beobachtungen von H. H. PLASKETT, G. RIGHINI, E. CHERRINGTON, T. ROYDS und A. L. NARAYAN und *Verf.* von 1927—1936 brauchen wir im einzelnen nicht mehr einzugehen. Einen entscheidenden Fortschritt brachten dann die Untersuchungen von J. HOUTGAST [1792 (mit MINNAERT), 1724 (mit TEN BRUGGENCATE), 1754, 1756]; insbesondere dessen *Dissertation* [1755] sei jedem Astrophysiker ans Herz gelegt. Das beobachtungstechnisch schwierige Problem der Mitte-Rand-Variation *schwacher* FRAUNHOFER-Linien hat zuerst M. G. ADAM [1701—1702] energisch in Angriff genommen. Für den äußersten Rand der Sonnenscheibe sind — wegen der Luftunruhe — die Finsternisbeobachtungen von M. MINNAERT [1790] und R. O. REDMAN [21141, III] von unschätzbarem Wert.

Wir entwickeln unser Problem am besten sogleich anhand der *Theorie*. Auf eine Reihe wichtiger neuerer Arbeiten[2] verschiedener Autoren werden wir dann in diesem Zusammenhang eingehen.

Beginnen wir mit dem Fall *schwacher Absorption*, d. h. $r(0,\vartheta) = \frac{I_0(\vartheta) - I(\vartheta)}{I_0(\vartheta)} \ll 1$, so können wir für *wahre Absorption* $(\varkappa_\nu)$ wie für *Streuung* (σ_ν), *Extinktion* $(\delta \cdot \varkappa_\nu)$ und in gewissem Umfange auch für *inkohärente Streuung* (ι_ν) alle *Strahlungsaustausch-Probleme* exakt behandeln mit Hilfe der *Methode der Gewichtsfunktionen* nach Abschnitt 101, E) bzw. 102, E) und 104.

[1] Auf die ganz andersartige Theorie der Wasserstoff- und Heliumlinien mit Starkeffekt-Verbreiterung werden wir in Abschnitt 118 eingehen.

[2] Die *Wasserstofflinien*, welche in jeder Hinsicht eine besondere Behandlung erfordern, werden wir erst in Abschnitt 118 betrachten.

Entstehen die Linien durch *wahre Absorption* und variiert das Verhältnis von Linien- und kontinuierlichem Absorptionskoeffizient als Funktion der Tiefe nicht allzu plötzlich, so erhält man eine besonders übersichtliche Darstellung mittels des Näherungsverfahrens nach EDDINGTON-BARBIER (Abschnitt 101, D; A. UNSÖLD [1543]); dieses ergibt nach Gl. (101, 35) bzw. (101, 41):

$$r(0,\vartheta) = \left(\frac{d\ln B}{d\tau}\right)_{\cos\vartheta} \cdot \Delta\tau_\nu(\cos\vartheta)\,. \tag{113, 1}$$

Dabei bedeutet — wie in Abschnitt 101, D) — $B(\tau)$ die KIRCHHOFF-PLANCK-Funktion für die Wellenlänge der Linie. Ist ferner $\varkappa$ der kontinuierliche Absorptionskoeffizient im Bereich der Linie und $\varkappa_\nu$ der Linienabsorptionskoeffizient an der betreffenden Stelle der Linie, so bedeuten τ und $\Delta\tau_\nu = \int\limits_0^\tau \frac{\varkappa_\nu}{\varkappa}\,d\tau$ die zugehörigen optischen Tiefen. Die Argumente $\cos\vartheta$ sollen anzeigen, daß $\tau = \cos\vartheta$ zu setzen ist.

Anhand der sehr übersichtlichen Gl. (113, 1) oder der exakten Gl. (101, 49ff.) bzw. (102, 47f.) der Gewichtsfunktionentheorie können wir zunächst behandeln a) die schwachen FRAUNHOFER-Linien auf dem linearen Zweig der Wachstumskurve und b) die Dämpfungsflügel der starken Linien.

A) Schwache Linien. Bezeichnen wir als „*schwach*" Linien mit einer zentralen Einsenkung $r(0,\vartheta) \approx C < 15\%$, so ist die entsprechende Grenze der Äquivalentbreiten W_λ — wenn wir nach (112, 4) etwa $\xi_0 = 1{,}6$ km/sec nehmen — nach Gl. (107, 10) $W_\lambda = \sqrt{\pi}\,\Delta\lambda_D \cdot C$ und z. B. bei λ 4000 Å also $W_\lambda < 5{,}7$ mÅ. Dies sind also die schwächsten, eben noch meßbaren FRAUNHOFER-Linien. Mit der nötigen Vorsicht wird man allenfalls noch bis $\sim$ 15 mÅ gehen können. Für solche Linien gilt im Sinne der Theorie der Gewichtsfunktionen die Gl. (107, 18) mit $G(\tau) = g_1(\tau,\vartheta)$ nach (101, 50ff.) bei wahrer Absorption oder $= g_2(\tau,\vartheta)$ nach (102, 48ff.) bei Streuung, während wir die Gl. (113, 1) sinngemäß — analog zu (107, 18) — schreiben können

$$W_\lambda(\vartheta)\,[\text{mÅ}] = \left(\frac{d\ln B}{d\tau}\right)_{\tau=\cos\vartheta} \times 2{,}21\cdot 10^{-10}\left(\frac{\lambda}{\lambda_{5000}}\right)^2 \cdot f \cdot \frac{\varepsilon_i}{\Sigma\varepsilon_i}\int\limits_0^{\tau=\cos\vartheta} \frac{n_{r,s}}{\Sigma n_r}\cdot\frac{d\tau}{\varkappa_g\cdot\mu_0\, m_H}\,. \tag{113, 2}$$

Benutzen wir zunächst diese Approximation, so zeigt uns (wie schon in Abschnitt 101 D bemerkt) der erste Faktor den Einfluß der Tiefenabhängigkeit der KIRCHHOFF-PLANK-*Funktion*, der zweite den der *Anzahl der absorbierenden Atome* $n_{r,s}$ pro cm³. Beide Faktoren reagieren in vielen Fällen empfindlich auf die Art der Zunahme der Temperatur T mit τ.

Als Beispiel — nach A. UNSÖLD [1543] — betrachten wir in Abb. 142 die *Mitte-Rand-Variation* bei λ 4560. $\frac{d\ln B}{d\tau}$ ist berechnet mittels Gl. (29, 2) und den zugehörigen Koeffizienten nach CHALONGE und KOURGANOFF (Tab. 24). Die Grenzfälle des S.-S.-Modelles (eben diese Kurve) und des M.-E.-Modelles haben wir schon in Abschnitt 101, D) besprochen.

Das rechts in (113, 2) stehende Integral haben wir (damals nach dem STRÖMGRENschen Sonnenmodell; es kommt *hier* nicht sehr genau darauf an) z. B. für Fe I-Terme mit einer Anregungsspannung von $\chi_{0,s} = 2$ eV ausgerechnet. Der Integrand geht von $\tau = 0$ aus ziemlich rasch gegen Null. So erhält man die Kurve S in Abb. 142, die besagt, daß schwache Fe I-Linien mit kleiner Anregungsspannung von ⊙-Mitte bis etwa $\cos\vartheta = 0{,}27$, d. h. $\varrho = 0{,}97$ Sonnenradien, um einen Faktor von $\sim 1{,}5$ stärker werden und noch weiter zum Rand hin wieder an Intensität verlieren sollen. Die eingetragenen Kreise bezeichnen die Messungen von M. G. ADAM [1701] sowie die Finsternisbeobachtungen von M. MINNAERT

[1790] und R. O. REDMAN [21141 III] an zahlreichen Linien, die einigermaßen unseren Voraussetzungen entsprechen. Daß man hier mit „wahrer Absorption" rechnen muß, ist atomphysikalisch wohl selbstverständlich.

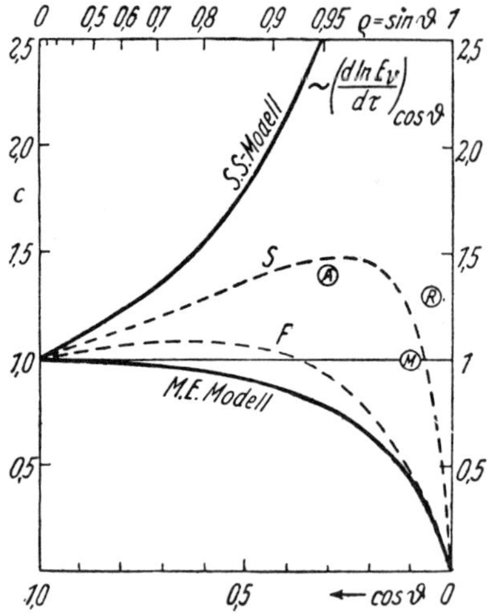

Abb. 142. Mitte-Rand-Variation der FRAUNHOFER-Linien bei λ 4560 Å auf der Sonne. $\varrho = \sin\vartheta$ ist der Abstand von der Mitte der Sonnenscheibe (Radius = 1). Neben den ausgezogenen Kurven für das SCHUSTER-SCHWARZSCHILD- bzw. MILNE-EDDINGTON-Modell sind gestrichelt eingezeichnet die Kurven für Fe-Linien mit 2 Volt Anregungsspannung. S ist berechnet für schwache Linien. Die Kreise bezeichnen die Messungen schwacher Linien von Miss ADAM, MINNAERT und REDMAN. F ist berechnet für die Flügel entsprechender starker Linien, die durch die Stöße von H-Atomen verbreitert werden.

Ähnliche Rechnungen hat J. HOUTGAST [1756] für verschiedene neuere Sonnenmodelle durchgeführt und mit eigenen neuen Beobachtungen sowie ebenfalls neueren Messungen von C. W. ALLEN [1707] nebst den schon erwähnten verglichen. Dabei ergibt sich im wesentlichen dasselbe Bild wie oben. Es erweist sich, daß die Feinheiten des Sonnenmodelles hier nicht sehr empfindlich eingehen. (Hingegen würden natürlich die früher unbedenklich bei allen möglichen Gelegenheiten benutzten S.-S.- und M.-E.-Modelle zu völlig unrichtigen Ergebnissen führen.) J. HOUTGAST untersucht noch theoretisch die interessante Frage, ob die Mitte-Rand-Variation irgendwelcher Linien etwas über den heute im Mittelpunkt des Interesses stehenden steilen Temperaturabfall bei ganz kleinen τ aussagen könnte. Er bemerkt — was nach (113, 2) sofort einleuchtet —, daß ein solcher Temperaturabfall die metallischen Funkenlinien mit hoher Anregungsspannung am Sonnenrand besonders stark abnehmen ließe.

B) Die Dämpfungsflügel starker FRAUNHOFER-Linien. J. HOUTGAST [1755] hat die Mitte-Rand-Variation von 23 der stärksten Linien von Na, Mg, Ca I und II, Fe mit äußerster Sorgfalt gemessen und die Stärke der Flügel jeweils nach Gl. (61, 1) und (61, 2) durch das MINNAERTsche $c(\cos\vartheta)$ charakterisiert. Abb. 143 zeigt das Ergebnis z. B. für die Ca II-Linien H und K, die — wie man leicht einsieht — sich von dem

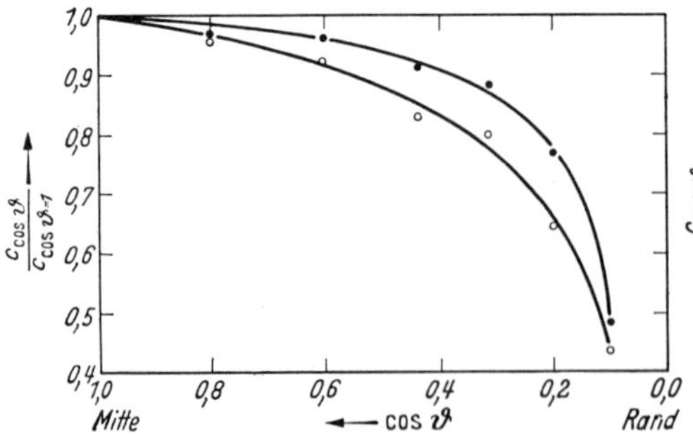

Abb. 143. Mitte-Rand-Variation der Flügelstärken c für die Linien Ca II K (●) und H (○). Nach J. HOUTGAST [1755].

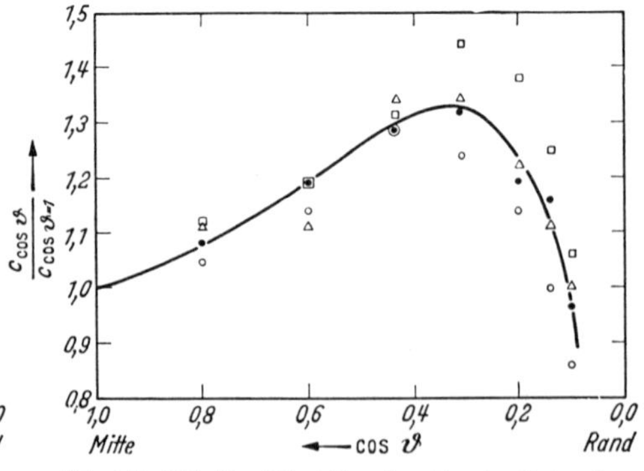

Abb. 144. Mitte-Rand-Variation der c für vier Linien des Multipletts. Fe I $a^3F - y^3F^0$. ● 4045,8; ○ 4063,6; □ 4071,8, △ 4143,9 Å.

klassischen M.-E.-Modell (s. Abb. 142) nicht allzuweit entfernen. Abb. 144 gibt HOUTGASTs entsprechende Darstellung für das Multiplett Fe I a ^3F—y $^3F^\circ$ mit $\sim$ 1,55 eV Anregungsspannung. Wollen wir hier die Theorie anwenden, so müssen wir bedenken, daß der Absorptionskoeffizient in den Flügeln solcher starken Linien cet. par. proportional der *Dämpfungskonstanten* ist, die wiederum — da es sich in der Hauptsache um Stoßdämpfung durch neutrale Wasserstoffatome handelt — proportional dem Gasdruck P_g [nach (82, 48) genauer $P_g \cdot T^{-7/10}$] ist. Dementsprechend soll nach der Theorie das $c(\cos\vartheta)$ zum Sonnenrand hin rascher abnehmen, als die Äquivalentbreite schwacher Linien mit derselben Anregungsspannung usw. Entsprechende Rechnungen nach (113, 2) für FeI-Linien mit $\chi_{0,s} = 2$ eV sind in Abb. 142 als Kurve F(lügel) eingezeichnet.

H. H. VOIGT [17167] hat anhand von Göttinger Messungen die Flügelstärken $c(\cos\vartheta)$ in der MgI-Serie $3\,^1P$—$n\,^1D$ (n = 3, 4, 5, 7 und 9 von λ 8806,8 bis 3986,8) eingehend diskutiert. Seine atomtheoretischen Rechnungen zeigen zunächst in Übereinstimmung mit der Beobachtung, daß die *Dämpfung* γ bei den ersten Linien der Serie wieder vorwiegend durch Stöße von H-Atomen bewirkt wird, während bei den hohen Seriengliedern die Stöße der freien Elektronen (nach Abschnitt 82, 6) den Ausschlag geben. Hierauf werden wir in Abschnitt 117 nochmals zurückkommen. Die Übereinstimmung zwischen Beobachtung und Theorie wird im ganzen noch etwas besser, wenn H. H. VOIGT in dem ursprünglich benutzten Modell nach C. DE JAGER [822] ab $\tau = 2$ die Temperaturen und damit auch die Elektronendrucke — im Sinne beginnender Konvektion — etwas herabsetzt. Nach unseren heutigen Vorstellungen sollte die Temperatur des verwendeten Modells insbesondere bei kleinen τ durchweg noch herabgesetzt werden. Welchen Einfluß dies auf die Mg-Linien hat, könnten nur ziemlich umfangreiche Rechnungen entscheiden.

Anschließend hat am Göttinger Sonnenturm W. PRIESTER [17110] die NaD-Linien mit einer Lummerplatte nochmals auf das sorgfältigste studiert. Seine Messungen der Flügelstärken $c(\cos\vartheta)$ von $\cos\vartheta = 1$ bis 0,14 stimmen mit denen von C. D. SHANE [988] und J. HOUTGAST [1755] gut überein. W. PRIESTER vergleicht die Beobachtungen nun mit Rechnungen für zwei Sonnenmodelle, die sich an das von E. VITENSE verbesserte DE JAGER-Modell anschließen. In Modell I setzt der steile Temperaturabfall gegen $T = 3800°$ bei $\tau_{5000} \approx 0{,}05$ ein, während in Modell II (Tab. 25) der etwas steilere Abfall gegen $T_0 = 4000°$ erst bei $\tau_{5000} \approx 0{,}02$ einsetzt. Modell II ergibt in bester Übereinstimmung mit den Beobachtungen eine kleine Zunahme der c von $\cos\vartheta = 1$ bis $\approx 0{,}5$ und dann eine immer raschere Abnahme bis $\cos\vartheta \approx 0{,}14$. Modell I dagegen würde eine stetige und steile Zunahme der c fast um einen Faktor 2 zwischen $\cos\vartheta = 1$ und 0,14 fordern. Es verhält sich qualitativ wie ein S.-S.-Modell, weil sowohl die Gewichtsfunktion $g(\tau, \vartheta)$ für den ⊙-Rand als auch die Konzentration der neutralen Na-Atome für $\tau \to 0$ stark anwächst. Die geringe Änderung der Temperaturschichtung II gegenüber I genügt schon, um das Verhalten der D-Linien weitgehend der vom M.-E.-Modell her bekannten anzunähern. Dieses Beispiel zeigt, *wie* empfindlich unter Umständen die Mitte-Rand-Variation der FRAUNHOFER-Linien schon auf kleine Änderungen des Sonnenmodells anspricht.

Neuerdings hat K. H. BÖHM [1718] anhand der schon besprochenen Messungen der Deutung der *Mitte-Rand-Variation* der Sonnenlinien eine eingehende theoretische Studie gewidmet. Nach mancherlei Versuchen — die wir hier nicht im einzelnen referieren wollen — zeigte sich, daß eine Darstellung der Beobachtungen *aller* Metallinien mit verschiedenen Anregungs- und Ionisationsspannungen mit Hilfe eines einheitlichen *homogenen Modells* bei Annahme lokalen thermodynamischen Gleichgewichtes *nicht* möglich ist.

Es erwies sich vielmehr als notwendig, die *lokalen Temperaturschwankungen* von größenordnungsmäßig 1000° in der *Granulation* durch das in Abschnitt 133, Tab. 76a genauer dargestellte *inhomogene Modell* der Sonnenatmosphäre zu berücksichtigen, ähnlich wie dies auch C. DE JAGER [1766a] zur Deutung der solaren BALMER-Linien getan hatte.

Da die Linien der neutralen Metalle nach den neuen Modellen in sehr hohen Schichten der Sonnenatmosphäre entstehen, so muß man (etwa bei $\tau_0 \leqq 0{,}05$) — wie K. H. BÖHM zeigt — weiterhin berücksichtigen, daß dort bezüglich der *Ionisation* beträchtliche *Abweichungen vom lokalen thermodynamischen Gleichgewicht* auftreten: Die mittlere Strahlungsintensität J_ν bei *den* Frequenzen, welche die Ionisation der Metalle bewirken, ist nämlich (wie man durch sukzessive Approximation unschwer berechnet) erheblich größer als die KIRCHHOFF-PLANCK-Funktion B_ν für die lokale Temperatur. Dementsprechend wird z. B. die *Ionisationstemperatur* des Eisens bei $\tau_0 = 0{,}01$ etwa 250° höher als die lokale Temperatur $T_{\tau_0=0{,}01}$. Für die *Anregung* der Metalle dagegen bleibt — wie man sich leicht klarmacht — das Rechnen mit lokalem thermodynamischem Gleichgewicht auch weiterhin im allgemeinen hinreichend genau.

Die Berücksichtigung der *beiden* besprochenen Effekte zusammen ergibt eine im ganzen recht befriedigende Darstellung der *gesamten* Randverdunkelungsbeobachtungen. Nur bei den Na D-Linien bleibt am ⊙-Rand noch eine Differenz von 15—20% übrig.

C) Linien im flachen Bereich der Wachstumskurve und die Kerne starker Linien. Betrachten wir nun die Mitte-Rand-Variation von Linien im *flachen Teil der Wachstumskurve*, d. h. z. B. bei λ 4000 etwa $W_\lambda \approx 30$ bis 100 mÅ, so ist neben der *Tiefenabhängigkeit* der *Atomzahlen* $n_{r,s}$ wesentlich die der *Dämpfungskonstanten* γ *und* — nach neueren Untersuchungen, auf die wir in Abschnitt 115 ausführlich zu sprechen kommen — die der Turbulenzgeschwindigkeit ξ_t bzw. der *Dopplerbreite* $\Delta\omega_D$. Zieht man gar noch verschiedene Arten des Strahlungsaustausches (Absorption, Streuung, ...) in Betracht, so wird das Problem äußerst kompliziert.

Integrationen mit mancherlei *Schichtmodellen* (wegen der Frage des Strahlungsaustausches; für Streuung dürfte anders kaum durchzukommen sein) hat neuerdings J. HOUTGAST [1756] ausgeführt. Die Abnahme des Verhältnisses $\frac{W_\lambda(\cos\vartheta \approx 0{,}31)}{W_\lambda(\cos\vartheta = 1)}$ mit wachsendem W_λ ist natürlich im wesentlichen eine Folge der dabei abnehmenden Steilheit der Wachstumskurve[1]. Wieweit die sonstigen Vergleiche zwischen Beobachtung und Theorie zu einigermaßen zwingenden Aussagen über das Sonnenmodell oder gar die *Art des Strahlungsaustausches* berechtigen, erscheint dem Referenten fraglich.

Will man die Mitte-Rand-Variation der Profile mittelstarker Linien oder der inneren Teile von Profilen starker Linien berechnen, so dürfte — wenn man wahre Absorption voraussetzt — direkte numerische Integration nach Gl. (101, 2) und (101, 3) allen mathematischen Finessen vorzuziehen sein. W. PRIESTER [17110] hat in dieser Weise die Na D-Linien für die schon unter B) erwähnten zwei Sonnenmodelle durchgerechnet und mit seinen Interferometer-Messungen verglichen. Für *das* Modell, in welchem der rasche Temperaturabfall zur ⊙-Oberfläche hin bei $\tau \sim 0{,}02$ einsetzt, ergibt sich recht gute Übereinstimmung zwischen Beobachtung und Theorie. Vom Standpunkt der letzteren aus dürfte das Rechnen mit wahrer Absorption in den Linienflügeln wohl berechtigt sein. In den inneren Teilen der D-Linien könnte sich immerhin bemerkbar machen, daß diese ja

[1] In dem Bereich von $10^6\, W_\lambda/\lambda = 4$ bis 15 z. B. nimmt die Steilheit der Wachstumskurve von 1 auf 0,3 ab. Etwa entsprechend müßte sich die Mitte-Rand-Variation der W_λ verhalten, sofern sie einer bestimmten prozentuellen Änderung der wirksamen Atomzahlen NH entspricht. Der beobachtete Effekt scheint nach ALLENS Abb. 3 in [1707] und HOUTGASTS Abb. 13 in [1756] von dieser Größenordnung zu sein.

— genauer gesagt — dem Schema der inkohärenten Streuung folgen sollten. Deren Berücksichtigung bei einem rein numerisch vorgegebenen Modell dürfte aber recht schwierig sein. Vielleicht wäre es einfacher, zunächst einmal noch solche Linien zu studieren, bei denen man mit Sicherheit durchweg wahre Absorption voraussetzen kann.

D) Äquivalentbreiten starker Linien. Die *Äquivalentbreiten* W_λ der starken Linien im $\sqrt{\ }$-Teil der Wachstumskurve sind im wesentlichen durch die Stärke ihrer Flügel, d. h. das MINNAERTsche c bestimmt. Vgl. hierzu die Abschätzungen um (107,22). In diesem Sinne können wir also auf B) zurückgreifen. Reicht diese Genauigkeit nicht aus, so muß man auf numerische Rechnung im Anschluß an C) zurückgreifen.

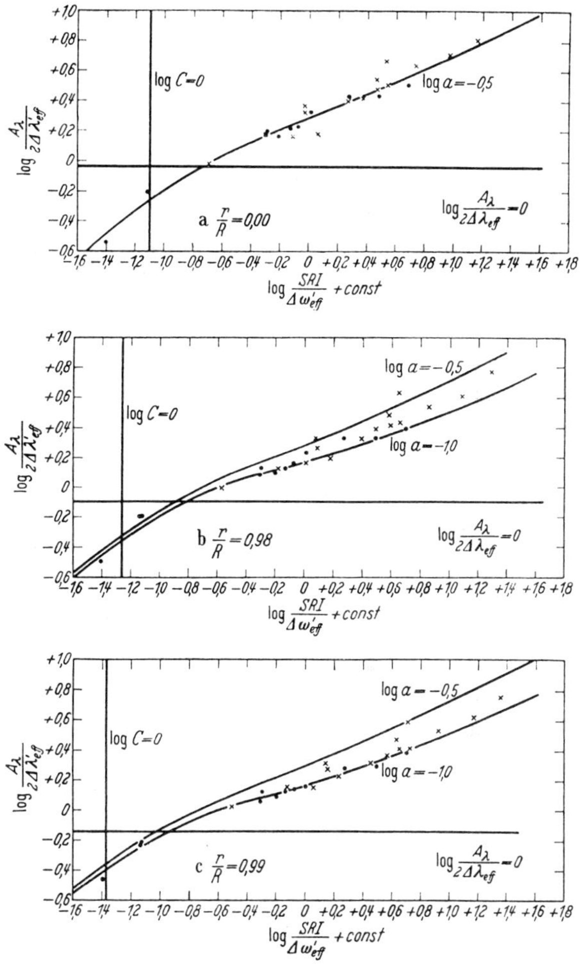

Abb. 145. Wachstumskurven der Fe I-Multipletts $z^7F^0 - e^7D$ (×) und $z^5F^0 - e^5D$ (●) für Sonnenmitte ($r/R = 0$) und Sonnenrand ($r/R = 0{,}98$ u. 0,99) nach P. TEN BRUGGENCATE und J. HOUTGAST [1724]. (a bedeutet hier $\gamma/\Delta\omega_D$.)

E) Mitte-Rand-Variation der Wachstumskurve. Sehr viel größere Sicherheit aller Schlüsse muß man erwarten, wenn man die *Mitte-Rand-Variation* zusammengehöriger schwacher *und* starker Linien, d. h. der *Wachstumskurve* untersucht. Einen interessanten Versuch in dieser Richtung bedeutet die Arbeit von P. TEN BRUGGENCATE und J. HOUTGAST [1724] über die Multipletts

Fe I $z\,^7F^\circ$—$e\,^7D$ ($\bar{\chi}_{0,s} = 2{,}85$ eV; λ 4859,7—5044,2 Å) und $z\,^5F^\circ$—$e\,^5D$ ($\bar{\chi}_{0,s} = 3{,}38$ eV; λ 5569,6 bis 5784,7 Å) bei $\cos\vartheta = 1{,}00$, 0,20 und 0,14. Die hiermit konstruierten Wachstumskurven („theoretische" Intensitäten; die beiden Multipletts zusammengeschoben mit Anregungstemperaturen von 5800°, 4600° und 4200° für die drei Stellen der ⊙-Scheibe) zeigt Abb. 145. In diesen Darstellungen sind gleich theoretische Wachstumskurven aus Abb. 137 durch horizontale *und* vertikale Verschiebung den Meßpunkten möglichst gut angepaßt. Die aus diesen Verschiebungen in bekannter Weise abgeleiteten wirksamen Atomzahlen $N_{0,s}\,H$, wahrscheinlichsten Geschwindigkeiten der Atome bzw. der Turbulenz ξ_0 bzw. ξ_t nach (72, 7) und (72, 9) oder (112, 1) und Dämpfungskonstanten γ als Funktion von $\cos\vartheta$ zeigt Tab. 61.

Die Zunahme der wirksamen Atomzahlen $N_{0,s}H$ zum ⊙-Rand hin um einen Faktor ~ 1,5 entspricht ganz dem, was wir sonst über die Mitte-Rand-Variation der schwachen Metallinien wissen [vgl. unter A)]. Die Übereinstimmung der Geschwindigkeiten ξ_0 und ξ_t z. B. mit K. O. WRIGHTs Angaben (112, 4) und (112, 5) muß man wohl noch als ganz befriedigend bezeichnen. Man bedenke, daß *eine* Wachstumskurve ja *drei* Parameter hat, so daß die Anforderungen an das Beobachtungsmaterial und die f-Werte sehr hoch sind. Ob man die Abnahme der ξ_t zum ⊙-Rand, d. h. besser gesagt nach höheren Schichten zu, als reell ansehen will, mag offenbleiben. Die Dämpfungskonstanten γ kommen für ⊙-Mitte etwa 5mal größer heraus als bei WRIGHT (112, 6). Auf den Unterschied der mittleren Termgrößen $\chi_0 - \chi_{0,s}$ in den beiden Meßreihen kann man die Differenz nach (82, 56) nur zum kleinsten Teil zurückführen. Vielmehr muß man sich klarmachen, daß gerade in die Bestimmung von γ erhebliche Fehler beim Auseinandersetzen der schwachen und starken Multipletts hereinkommen müssen. Wir dürfen daher wohl beiden Meßwerten keine allzugroße Genauigkeit zuschreiben. Dagegen dürfte die besonders interessante, von P. TEN BRUGGENCATE und J. HOUTGAST gefundene Abnahme der γ von ⊙-Mitte zum ⊙-Rand reell sein. Da bekanntlich der „Schwerpunkt" der ausstrahlenden Schichten für eine Stelle $\cos\vartheta$ auf der Sonnenscheibe bei $\tau \approx \cos\vartheta$ liegt und weiterhin bei Stoßdämpfung durch H-Atome γ ungefähr ~ P_g ist, so haben wir in der letzten Zeile von Tab. 61 noch das Verhältnis der Gasdrucke P_g für $\tau = \cos\vartheta$ und $\tau = 1$ angeschrieben. Seine Abnahme entspricht ungefähr der von γ. Eine Neubearbeitung des Problems mit verbessertem Sonnenmodell [die Tiefenabhängigkeit von γ könnte für die Flügel nach Gl. (107, 20) leicht berücksichtigt werden] und Berücksichtigung der inzwischen verfügbaren Messungen der Oszillatorenstärken dürfte sich vielleicht lohnen.

Tabelle 61. Mitte-Rand-Variation der Wachstumskurven für die Fe I-Multipletts $z\,^7F^\circ - e\,^7D$ und $z\,^5F^\circ - e\,^5D$ nach P. TEN BRUGGENCATE und J. HOUTGAST [1724].

	Mitte	→	Rand
r/R	0,00	0,98	0,99
$\cos\vartheta$	1,00	0,20	0,14
$\log \dfrac{N_{0,s}\,H(\cos\vartheta)}{N_{0,s}\,H(1{,}00)}$	0,00	+0,10	+0,17
ξ_0 [km/sec]	2,1	1,8	1,6
ξ_t [km/sec]	1,7	1,4	1,2
$\gamma \cdot 10^{-9}$ [sec^{-1}]	8,3	3,6	2,6
$P_g(\tau = \cos\vartheta)/P_g(\tau = 1)$	1,0	0,5	$0{,}4_5$

114. „Feinanalyse" von Sternspektren. Bestimmung von T_e und g.

Von der ausschließlichen Betrachtung der Sonne kehren wir nun zu der größeren Mannigfaltigkeit der Sternspektren zurück, um im Anschluß an Abschnitt 111 ihre „Feinanalyse" unter Berücksichtigung der Tiefenabhängigkeit von Temperatur, Druck, . . . zu diskutieren. Wir haben diesen Punkt soweit zurückgestellt, da bei den Sternen das ausschließliche Arbeiten mit schwachen Linien auf dem linearen Teil der Wachstumskurve aus praktischen Gründen nicht möglich ist. Dazu kommt aber eine zweite — wie sich zeigen wird viel ernsthaftere — Schwierigkeit: Bei der *Sonne* kennen wir die effektive Temperatur T_e und die Schwerebeschleunigung g, sozusagen die beiden Integrationskonstanten der Theorie der Sternatmosphären, von vornherein. *Bei den Sternen müssen wir dagegen* (von wenigen Ausnahmen abgesehen) *aus den zu analysierenden Spektren* *selbst die „Integrationskonstanten" T_e und g und gleichzeitig die chemische Zusammensetzung der Atmosphäre ermitteln.*

Dies würde prinzipiell am besten geschehen, indem man eine ganze Schar von Modellen mit verschiedenen T_e und g und evtl. Zusammensetzungen durchrechnet und dann nachsieht, welche Gruppe dieser Parameter das zu analysierende konkrete Spektrum am besten darstellt. Da aber — wie wir schon mehrfach betont haben — dies alles nur dann Sinn hat, wenn man den *nichtgrauen* Charakter des *Strahlungsgleichgewichtes* berücksichtigt, so bedingt das Verfahren einen ungeheuren Rechenaufwand. In praxi wird man daher besser versuchen, von vornherein im Anschluß an eine *Grobanalyse* die Parameter schon weitgehend richtig zu schätzen, und dann ihre *Korrektionen* ΔT_e, $\Delta g, \ldots$ bestimmen, indem man auf die Differenzen zwischen Beobachtung und exakter Rechnung für das gewählte Modell hinsichtlich Linienintensitäten, BALMER-Sprung, Farbtemperatur usw. die einfachen und raschen Methoden der Grobanalyse (Abschnitt 110) *differentiell* anwendet. In manchen Bereichen des HERTZSPRUNG-RUSSELL-*Diagrammes* wird auch ein Kompromiß zwischen den betrachteten Möglichkeiten zu erwägen sein; man rechnet z. B. eine eindimensionale Folge von Modellen exakt und begnügt sich für die übrigen, weniger „heiklen" Parameter mit einer Rechnung à la Grobanalyse.

Die ganze Methodik der Feinanalyse erfordert — dies wollen wir nicht verhehlen — viel theoretisches Fingerspitzengefühl und eingehende Kenntnis der *gesamten* Physik der Sternatmosphären!

Die bis 1953 in der Literatur publizierten Feinanalysen darf man — im Sinne der hier gestellten Anforderungen — wohl mehr als eine vorläufige Rekognoszierung betrachten. Dies dürfte auch für die Untersuchung von L. NEVEN und C. DE JAGER [1794] über B-Sterne gelten. Die dort — auf Grund nicht sehr zweckmäßiger Kriterien — gewählten effektiven Temperaturen sind offensichtlich erheblich zu niedrig; eine — leider nicht durchgeführte — Diskussion der höheren Ionisationsstufen hätte dies gezeigt. Ähnliches gilt bezüglich der analogenen Arbeiten von A. B. UNDERHILL [17155a und b]. Wir können daher insbesondere auch das von den genannten Autoren behauptete verhältnismäßig kleine *Häufigkeitsverhältnis* von He:H nicht als begründet anerkennen. Bezüglich Einzelheiten vgl. die Dissertation von G. TRAVING [852].

Im Laufe der letzten Jahre haben wir im Kieler Institut versucht, zunächst befriedigende Methoden zur Behandlung *nichtgrauer Strahlungsgleichgewichtsprobleme* zu entwickeln; vgl. Abschnitt 53. Bei den späteren Spektraltypen dürften auch *Temperaturinhomogenitäten* (Granulation) und *Abweichungen vom thermodynamischen Gleichgewicht* (bei niederen Temperaturen reagiert die KIRCHHOFF-PLANCK-Funktion auf kleine Temperaturunterschiede immer empfindlicher!) eine Rolle spielen; hierzu vgl. die Abschnitte 113 und 133.

Die weitere *Auswertung der Spektren* anhand solcher Modelle ist zur Zeit noch in erster Linie behindert durch die *Ungenauigkeit* vieler *Oszillatorenstärken, Druckverbreiterungskonstanten* und ähnlicher *atomarer Konstanten.* Auf die Wichtigkeit besserer und ausgedehnterer quantenmechanischer Berechnungen und besonders auch Laboratoriumsmessungen (Kap. XII und XIII) sei nochmals mit Nachdruck hingewiesen.

Nach diesen allgemeinen Vorbemerkungen besprechen wir kurz die wichtigsten Punkte der Ende 1954 vorliegenden Analysen:

A) τ Scorpii (B0) nach G. TRAVING [852]. Die Berechnung eines *nichtgrauen Strahlungsgleichgewichtsmodelles* (die Konvektion spielt bei so hohen Temperaturen auf jeden Fall *keine* wesentliche Rolle) für die aus der Grobanalyse[1] geschätzten

[1] *Verf.* hatte seinerzeit angegeben $T_e \approx 32730°$ und $\log g \approx 4{,}9$.

Parameter $T_e = 32800°$ und $\log g = 4{,}8$ haben wir schon in Abschnitt 53, insbesondere Tab. 36b, dargestellt.

Dieses Modell ergab zunächst für das sichtbare Spektralgebiet eine *Farbtemperatur* $T_F \approx 50000°$ in überraschend guter Übereinstimmung mit den älteren, sehr approximativen Rechnungen des *Verf.* [744]. Die Messungen (vgl. Kap. III) dagegen lieferten selbst für die „blauesten" B-Sterne nur Farbtemperaturen von 20000—30000°. Auf dem Umweg über die bekannte statistische Beziehung zwischen interstellarer Linienabsorption und Verfärbung sowie die beobachtete Stärke der interstellaren Linien konnte aber G. TRAVING zeigen, daß die Differenz zwischen berechneter und gemessener Farbtemperatur entsprechend einem Farbexzeß von $\sim 0^m_{\cdot}1$ in der internationalen Skala, offenbar ein interstellarer Effekt ist. Das heißt aber: es gibt überhaupt keine unverfärbten B-Sterne!

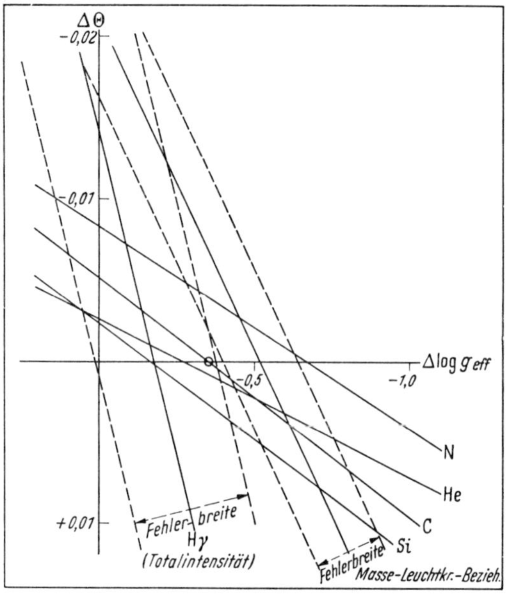

Abb. 145a. ($\Delta\Theta$, $\Delta \log g_{eff}$)-Diagramm zur Bestimmung der Korrektionen der Ausgangswerte von effektiver Temperatur ($T_e = 32800°$, $\Theta = 0{,}154$) und Schwerebeschleunigung $\log g = 4{,}8$ für τ Scorpii. ○ = günstigste Kombination. Nach G. TRAVING [852].

Sodann berechnete G. TRAVING die *Äquivalentbreiten aller* FRAUNHOFER-*Linien* bekannter Oszillatorenstärke mittels der bekannten Kombination der *Gewichtsfunktionenmethode* und der universellen *Wachstumskurve*. Nur für die Starkeffekt-empfindlichen BALMER-*Linien* Hγ und Hδ und einige Heliumlinien wurden die Profile — dies erweist sich als das Einfachste — durch numerische Integration exakt berechnet.

Die weitere Aufgabe ist nun, die zwischen Beobachtung und Rechnung hinsichtlich der Äquivalentbreiten W_λ *aller* Linien noch verbleibenden Differenzen durch geeignete Abänderung von T_e oder $\Theta_e = 5040/T_e$, g und der ursprünglich angenommenen Häufigkeitsverteilung der Elemente zu einem Minimum zu machen.

Es wurde daher zunächst die Abhängigkeit der W_λ von T_e und g_{eff} in der Umgebung der eingangs gewählten Werte berechnet. Nahezu unabhängig von den Annahmen über die chemische Zusammensetzung fixiert jedes der gemessenen Ionisationsverhältnisse HeII/HeI, CIII/CII, NIII/NII und SiIV/SiIII eine (näherungsweise) lineare Relation zwischen den Korrektionen ΔT_e bzw. $\Delta\Theta_e$ und $\Delta \log g$. Leider ergibt sich, daß in einem ($\Delta\Theta_e$, $\Delta \log g_{eff}$)-Diagramm (Abb. 145a) die vier Geraden fast parallel verlaufen. Dies hätten wir im voraus wissen können, denn die vier Ionisationskriterien klassifizieren alle den „Spektraltyp" (hierzu und zum folgenden vgl. auch Kap. XIX). Was wir brauchen sind Kriterien, deren Geraden in Abb. 145a die „Ionisations-Linien" möglichst senkrecht schneiden, d. h. — astronomisch ausgedrückt — absolute Helligkeits-Kriterien. G. TRAVING benutzt im Anschluß an Abb. 151 den Absolutwert der Äquivalentbreite von Hγ und daneben die Masse-Leuchtkraft-Beziehung mit einer — aus verschiedenartigen Daten kompilierten — absoluten Helligkeit des τ Sco von $-3^M_{\cdot}1$.

So ergibt sich Abb. 145a, aus der hervorgeht, daß das wirkliche T_e des τ Sco mit dem gewählten Modell innerhalb einer Fehlergrenze von etwa $\Delta\Theta = \pm 0{,}005$ oder $\Delta T_e = \pm\ 1000°$ übereinstimmt, während die Schwerebeschleunigung auf $\log g = 4{,}45 \pm 0{,}2$ verkleinert werden sollte. Mit den endgültigen Werten von T_e und g können nun die Elementhäufigkeiten leicht korrigiert werden; diese Resultate sind in Tab. 62 mit aufgenommen. Insgesamt bleiben wohl an keiner Stelle irgendwelche Differenzen zwischen Beobachtung und Rechnung, welche über die im voraus erwartete Größenordnung hinausgehen.

B) α Lyrae (Vega, A0) nach K. Hunger [1761b]. Als Ausgangswerte für seine Modellrechnungen wählte Hunger zunächst im Anschluß an die Masse-Leuchtkraft-Beziehung $\log g = 4{,}3$ und rechnete sodann — da die Temperaturbestimmung

Tabelle 62. Häufigkeitsverteilung der Elemente.

Abgeleitet aus der Feinanalyse der Atmosphären von τ Sco (B0) nach G. Traving [852], α Lyr (A0) nach K. Hunger [1761b] und Sonne (G2) nach V. Weidemann [17168a]. Um die drei Spalten besser vergleichen zu können, ist $-(\log \frac{\varepsilon_i}{\Sigma \varepsilon_i} + k)$ angegeben, wobei die „Ordinatenverschiebung" k für die drei Sterne bzw. gleich —0,25, —0,10, +0,15 gesetzt wurde, um ihre Häufigkeitsverteilungen einander möglichst weitgehend anzugleichen. Die Einführung der Korrektion k erscheint nur berechtigt, *wenn es eine universelle Häufigkeitsverteilung gibt*. Möglicherweise nimmt auch das Verhältnis Wasserstoff : schwere Elemente von τ Sco über α Lyr zur Sonne um einen Faktor $\sim 2{,}5$ zu. Eine Entscheidung dieser Frage kann zur Zeit noch nicht gegeben werden.

Die angegebenen Fehlergrenzen versuchen abschätzungsweise Rechnung zu tragen der Unsicherheit a) der Messungen, b) der Oszillatorenstärken und c) der Atmosphärenmodelle bzw. der Methodik.

Z. El.	τ Sco $k = -0{,}25$	α Lyr $k = -0{,}17$	Sonne $k = +0{,}15$
1 H*	0,32	−0.14	—0,07
2 He	1,09 ± 0,15	1,02 ± 0,5	
6 C	3,95 ± 0,3		
7 N	3,75 ± 0,2		
8 O	3,20 ± 0,2	2,99 ± 0,5	
10 Ne	3,60 ± 0,4		
11 Na		4,31 [1]	5,80 ± 0,15
12 Mg	4,59 ± 0,4	4,33 ± 0,3	4,70 ± 0,3
13 Al	5,74 ± 0,4	6,15 ± 0,4	5,80 ± 0,15
14 Si	4,37 ± 0,2	4,62 ± 0,4	
20 Ca		5,66 ± 0,3	5,76 ± 0,3
21 Sc		8,08 ± 0,4	
22 Ti		7,07 ± 0,4	
23 V		7,54 ± 0,5 [2]	
24 Cr		6,30 ± 0,4	
25 Mn		7,71 ± 0,5	
26 Fe		4,81 ± 0,2 [3]	4,95 ± 0,1 [3]
28 Ni		4,50 ± 0,5 [4]	
38 Sr		8,74 ± 0,4	
39 Y		9,77 ± 0,5	
40 Zr		9,02 ± 0,5	

* Da der Wasserstoff bei der Feinanalyse eine Sonderstellung einnimmt und sozusagen als Bezugselement dient, wurden hier keine Fehlergrenzen angegeben.

[1] Unsicher.

[2] Blend (nur eine Linie).

[3] f-Wert nach King (in den Fehlergrenzen ist die Unsicherheit des f-Wertes nicht berücksichtigt).

[4] f-Wert wahrscheinlich um eine Zehnerpotenz zu klein.

in der Grobanalyse[1] hier nicht sehr genau ist — mit vier Werten von $T_e = 8160°$, 8660°, 9000° und 9500° weiter. Es gelang hier – mit etwas Glück – schon durch Probieren ausreichende Konstanz des — wieder nichtgrau berechneten — Strahlungsstromes zu erreichen. Bezüglich der Tabellen sei auf die Originalarbeit verwiesen.

Der Vergleich zwischen *Beobachtung und Theorie* wird sodann durchgeführt bezüglich der *Intensitätssprünge an der* BALMER- *und* PASCHEN-*Grenze*, der *Farbtemperaturen* bzw. *Gradienten*, der *Mitte-Rand-Variation* im Kontinuum (für ähnliche Bedeckungsveränderliche), der BALMER-*Linien* $H\gamma$ und $H\delta$ sowie nicht zuletzt etwa 80 *Metallinien* (der Mangel an brauchbaren Oszillatorenstärken für die meisten Metall-Funkenspektren macht sich sehr störend bemerkbar). Um ein Resultat vorwegzunehmen, ergibt sich beste Anpassung zwischen Theorie und Beobachtung mit

$$T_e = 9500° \pm 200° \mathrm{K} \quad \text{und} \quad \log g = 4{,}4 \pm 0{,}2 .$$

Es werden so zunächst die gemessenen *Farbtemperaturen* T_F der A0-Sterne (Kap. III), welche mit 14000—16000° K für das photographische und sichtbare Spektralgebiet erheblich *über* der effektiven Temperatur T_e liegen, auch quantitativ sehr befriedigend dargestellt. Qualitativ versteht man leicht, daß $T_F > T_e$ sein muß, da ja der kontinuierliche Absorptionskoeffizient von längeren Wellen her bis λ 3647 erheblich abnimmt. Auch für die $D = \Delta \log I_\nu$ an den *Wasserstoff-Absorptionskanten* ergibt sich sehr erfreuliche Übereinstimmung:

Berechnet für $T_e = 9500°$:		Beobachtet:
$D_{\mathrm{BALMER}} =$	0,49	0,52 (CHALONGE-DIVAN)
$D_{\mathrm{PASCHEN}} =$	0,08	0,09 (HALL-WILLIAMS).

Die aus dem Spektrum der *Vega* ermittelten *Häufigkeiten* der *Elemente* enthält die vorstehende Tab. 62 zusammen mit G. TRAVINGs schon besprochenen Werten für *τ Sco* und der in Abschnitt 111 erwähnten neuen (partiellen) Feinanalyse des *Sonnenspektrums* nach V. WEIDEMANN [17168a].

115. Thermischer Dopplereffekt und Turbulenz.

Nachdem wir uns in Abschnitt 110—114 einen ersten Überblick über die quantitative Analyse der Spektren von Sonne und Sternen verschafft haben, beginnen wir nun mit der detaillierten Besprechung der verschiedenen Effekte, welche die Profile und Äquivalentbreiten ihrer FRAUNHOFER-Linien bestimmen. Wir greifen dabei — auch hinsichtlich der Anordnung unserer Darstellung — vielfach auf die „physikalischen" Kap. X und XI zurück. Die eigentliche Kunst des Astrophysikers besteht gerade darin, in der bunten Mannigfaltigkeit der Beobachtungen die einfachen Gesetze der elementaren physikalischen Vorgänge wiederzuerkennen.

Wir beginnen mit der Untersuchung des Anteils an der Verbreiterung der FRAUNHOFER-Linien, der durch die *Dopplereffekte* irgendwelcher Bewegungen der absorbierenden und reemittierenden Atome hervorgerufen wird. Wie schon in Abschnitt 72 erwähnt, handelt es sich dabei um die aus der kinetischen Gastheorie wohl bekannten *thermischen Geschwindigkeiten* der Atome und in vielen Sternen außerdem um makroskopische Strömungen, die man in der Astrophysik etwas summarisch als „Turbulenz" bezeichnet. In methodischer Hinsicht stehen uns zur Verfügung:

A) Die *Methode der Wachstumskurven* (Abschnitt 73, 106—109 und 112) und B) die *Analyse wirklicher Linienprofile*. Es ist von vornherein klar, daß Methode B)

[1] Es lassen sich nur die Ionisationsgleichgewichte von Mg und Ca einigermaßen auswerten; auch hier sind teils die atomaren, teils die beobachtungsmäßigen Unterlagen wenig befriedigend. Bei den übrigen Metall-Funkenspektren fehlt jede Kenntnis der absoluten Oszillatorenstärken.

im Prinzip weiter führt, aber auch ungleich höhere apparative Anforderungen stellt als Methode A), die zwar nicht so detaillierte Aussagen erlaubt, aber praktisch ein weiteres Anwendungsgebiet ermöglicht.

A) Thermische und Turbulenzgeschwindigkeiten aus Wachstumskurven. Nachdem 1931 M. MINNAERT und G. F. W. MULDERS [1605] die Methode der Wachstumskurve in die Sonnenphysik eingeführt hatten, konstruierten 1932/34 O. STRUVE und C. T. ELVEY [17132—17133] *Wachstumskurven* für eine Reihe von *Sternspektren*, indem sie jeweils für mehrere Multipletts die Äquivalentbreiten W_λ als Funktion der Linienstärken auftrugen und diese Kurvenstücke horizontal aneinander schoben. Bringt man eine solche empirische Wachstumskurve wieder mit einer aus dem Netz der theoretischen (z. B. Abb. 137) durch horizontale und vertikale Verschiebung zur Deckung, so liefert ihr flacher Teil bei $W_\lambda \approx 3{,}7\, \Delta\lambda_D$ (vgl. Abschnitt 72) ohne weiteres die (wahrscheinlichste) Geschwindigkeit ξ_0 der Atome. Welche physikalische Ursache diese hat, spielt dabei zunächst keine Rolle; an der — provisorischen Voraussetzung — einer MAXWELLschen Geschwindigkeitsverteilung brauchen wir hier keinen Anstoß zu nehmen. O. STRUVE und C. T. ELVEY entdeckten nun, daß bei einer Reihe von Sternen, z. B. 17 Lep (A0 p), ε Aur (F5 p), α Per (gF5), ... die Geschwindigkeiten ξ_0 weit über dem thermischen Wert $\sqrt{2\,RT/\mu}$ lagen, der für $T = 10000°$ und ein Atomgewicht $\mu = 50$ (Mittel von Fe, Cr, Ti) $\sim 1{,}8$ km/sec ist. Sie schlossen daher, indem sie nach (72, 7) $\xi_0^2 = \frac{2RT}{\mu} + \xi_t^2$ setzten, auf erhebliche *Turbulenzgeschwindigkeiten*, für die genannten drei Sterne z. B. $\xi_t = 67$, 20 und 7 km/sec. Im allgemeinen ergab sich für Riesensterne große, für Hauptsequenzsterne dagegen kleine Turbulenz. Bei manchen Sternen liegt die Turbulenzgeschwindigkeit jedenfalls unter der Meßbarkeitsgrenze von ~ 1 km/sec.

Neuere Untersuchungen, insbesondere von K. O. WRIGHT [17176—17181] haben dieses Bild in seinen wesentlichen Zügen bestätigt und sodann noch weiter verfeinert. Er konstruierte für eine größere Anzahl von Sternen der Spektraltypen F0—K5 besondere Wachstumskurven aus den Linien der neutralen und ionisierten Atome. In Tab. 62a geben wir die von ihm gefundenen mittleren

Tabelle 62a. Turbulenzgeschwindigkeit ξ_t, Dämpfungskonstante γ und Anregungstemperatur T aus Wachstumskurven für Bogen- und Funkenlinien von Sternen mittlerer Spektraltypen.

Stern Spektrum		α Persei F5 Ib	γ Cygni F8 Ib	α Can. Min. F5 IV	Sonne G2 IV
ξ_t [km/sec]	Neutr. Atome	3,7	5,0	1,2	1,5
	Ionis. Atome	5,7	5,6	3,0	1,5
$\gamma \cdot 10^{-9}$ [sec^{-1}]	Neutr. Atome	1,1	0,9	0,6	1,1
	Ionis. Atome	$0{,}1_3$	0,1	0,7	1,1
Anregungstemperatur T °K		5100	4825	5000	4875

Turbulenzgeschwindigkeiten ξ_t zusammen mit den später zu besprechenden *Dämpfungskonstanten* γ [sec^{-1}] (bezogen auf λ 5000 Å) und den *Anregungstemperaturen* T (für Energiedifferenzen von wenigen eV). α Per und γ Cyg sind *Riesen*sterne, während α CMi und die Sonne zur *Hauptsequenz* gehören. K. O. WRIGHT [17178 und 17180] unterteilte weiterhin die Linien der neutralen Atome in Gruppen mit verschiedenen Anregungsspannungen $\chi_{0,s}$ und fand, daß im Bereich $\chi_{0,s} = 0$ eV bis 4 eV die aus der betreffenden Wachstumskurve ermittelte Turbulenzgeschwindigkeit ξ_t im allgemeinen etwa um einen Faktor 2 abnimmt.

Tab. 62a lehrte uns schon, daß sie im allgemeinen für die ionisierten Atome etwas größer ist als für die neutralen. Ältere und neuere Ergebnisse anderer Forscher bestätigen im wesentlichen dieses Bild: Für die *Sonne* sollten wir nochmals auf die schönen Arbeiten von C. W. ALLEN [908] und P. TEN BRUGGENCATE und J. HOUTGAST [1724—1725] sowie der *Harvard*-Schule [1715] hinweisen. Weshalb die sorgfältige Auswertung der VI-Linien durch R. B. KING und K. O. WRIGHT [1773] in jeder Hinsicht zu anomalen Ergebnissen führte, ist zur Zeit noch nicht geklärt. Über α Persei vgl. weiterhin O. STRUVE und C. T. ELVEY [17133], TH. DUNHAM und H. R. STEEL [17125a]; über γ Cygni BAILEY sowie J. SAHADE und C. U. CESCO [17119]; über α Carinae J. L. GREENSTEIN [1742][1]. Besonders interessante Ergebnisse lieferte die Untersuchung des in jeder Hinsicht merkwürdigen ε Aurigae. Das Spektrum der sichtbaren Komponente, eines F2-Übergiganten, zeigt außerhalb der Verfinsterung ungewöhnlich starke Turbulenz. O. STRUVE und C. T. ELVEY [17133] fanden schon in ihrer grundlegenden Arbeit $\xi_t = 20$ km/sec. Unterteilung der Linien neutraler Atome nach ihren Anregungsspannungen ergibt nach K. O. WRIGHT und E. v. DIEN [17180] bei $\chi_{0,s} = 0$—1 eV etwa 20 km/sec, bei 2 eV rund 6 km/sec und bei 4 eV nur noch 1—2 km/sec, d. h. die Turbulenzgeschwindigkeit wächst erst für die ganz niedrigen Anregungsspannungen zu ihrer ungewöhnlichen Höhe an.

Die Unterschiede der Turbulenzgeschwindigkeiten ξ_t für Linien ionisierter und neutraler Atome sowie verschiedener Anregungsspannungen kann man nach O. STRUVE und A. UNSÖLD [17165] und SU SHU HUANG [1759—1760] zurückführen auf eine *Zunahme von ξ_t mit der Höhe in der Atmosphäre.*

Betrachten wir zunächst das Spektrum eines ganzen Sternes, d. h. des Strahlungsstromes πF_ν, so ist — zunächst für *schwache* Linien — der Beitrag der $n_{r,s}$ Atome/cm³ in der optischen Tiefe τ (für das benachbarte Kontinuum) zur Bildung der Linie nach Gl. (101, 68) und (101, 73) bzw. (106, 3) proportional

$$\frac{n_{r,s} \cdot \varkappa_{\nu,a}}{\varkappa_g} \cdot K_3(\tau)\, d\tau \qquad (115,1)$$

(wir haben uns dabei mit einem *linearen* Ansatz für die KIRCHHOFF-PLANCK-Funktion begnügt). Für stärkere Linien können wir entweder die verallgemeinerte Theorie der Wachstumskurve nach J. C. PECKER (vgl. Abschnitt 109 sowie [1764—1765]) heranziehen oder einfacher STRÖMGRENs Methode der Mittelwerte nach Abschnitt 101, C). Die dortige Gl. (101, 28) zeigt, daß man in (115, 1) im wesentlichen τ durch $x = \tau/\gamma$ ersetzen muß, wobei $\frac{1}{\gamma} = \frac{\varkappa + \varkappa_\nu}{\varkappa}$ das Verhältnis des gesamten zum kontinuierlichen Absorptionskoeffizienten bedeutet. Bestimmt man in praxi die Turbulenz aus Linien im flachen Teil der Wachstumskurve, so kommt es — da ihre Profile sehr steil sind — im wesentlichen auf deren Halbwertsbreite an. Für $R \approx \frac{1}{2}$ ist aber $\gamma \approx \frac{1}{3}$, d. h. wir müssen schließlich einfach in Gl. (115, 1) das τ etwa durch $3\,\tau$ ersetzen.

Hängt also die Turbulenzgeschwindigkeit ξ_t von τ ab, so wird die Wachstumskurve für Atome der Ionisations- und Anregungsstufen r und s z. B. einen *Mittelwert* von

$$\overline{\xi_t^2} \approx \frac{\int\limits_0^\infty \xi_t^2(\tau)\, \frac{n_{r,s}}{\varkappa_g} \cdot K_3(\tau/\gamma)\, d\tau}{\int\limits_0^\infty \frac{n_{r,s}}{\varkappa_g} \cdot K_3(\tau/\gamma)\, d\tau} \qquad (115,2)$$

[1] Weitere Literatur s. z. B. bei K. O. WRIGHT [17179].

ergeben. Da die Genauigkeit der empirisch bestimmten ξ_t ohnedies nicht sehr groß ist, so mag diese grobe Mittelbildung als Ersatz für die mühsame numerische Berechnung vollständiger Linienkonturen vorerst genügen. SU-SHU HUANG [1760][1] hat weiterhin mit einem Ansatz·

$$\xi_t = \xi_{t,0}\, e^{-\alpha\tau} \tag{115, 3}$$

die von WRIGHT u. a. gefundene Abhängigkeit der ξ_t von der Anregungsspannung gut darstellen können. Die dabei erhaltenen α liegen zwischen 1,5 und 4; nur bei ε Aur ergibt sich — wie zu erwarten — der viel größere Wert $\alpha \approx 50$.

Auf der *Sonne* kann man noch — wie wir schon sahen — die *Mitte-Rand-Variation* der Linien bzw. Wachstumskurven heranziehen, um die Tiefenabhängigkeit von ξ_t zu ermitteln. P. TEN BRUGGENCATE und J. HOUTGAST [1724] finden (Tab. 61) eine schwache Abnahme mit der Höhe, während SU SHU HUANG [1759, Abb. 2] nach seiner Methode noch eine kleine Zunahme zu erkennen meint. Offenbar reichen die derzeitigen Beobachtungen nicht aus, um die — jedenfalls geringe — Tiefenabhängigkeit des ξ_t auf der Sonne sicher zu bestimmen.

B) Bestimmung der thermischen und Turbulenzgeschwindigkeiten aus Linienkonturen. Mikro- und Makroturbulenz. Für einige schwache Ti-Linien bei λ 5900 Å, deren Einsenkung $R(0)$ bzw. $r(0, \vartheta)$ dem Linienabsorptionskoeffizienten $\varkappa_\nu$ proportional ist, hat H. C. VAN DE HULST [942] im *Utrechter Photometrischen Atlas des Sonnenspektrums* mittels Entzerrung nach der Methode der VOIGT-Profile (Abschnitt 65 und 66) die Dopplerbreite $\Delta\lambda_D$ und damit nach Gl. (72, 7) und (72, 9) die Turbulenzgeschwindigkeit $\xi_t = 1{,}74$ km/sec bestimmt. Genauer gesagt handelt es sich um einen Mittelwert analog (115, 2), wobei jedoch die Gewichtsfunktion für ⊙-Mitte ($\cos\vartheta = 1$) $g_1(\tau, \vartheta)$ nach (101, 15) und $\gamma = 1$ einzusetzen wären, also etwa

$$\overline{\xi_t^2} = \frac{\int\limits_0^\infty \xi_t^2(\tau)\,\frac{n_{r,s}}{\varkappa g}\,e^{-\tau\sec\vartheta}\,d\tau}{\int\limits_0^\infty \frac{n_{r,s}}{\varkappa g}\,e^{-\tau\sec\vartheta}\,d\tau}\,. \tag{115, 4}$$

Der Zahlenwert VAN DE HULSTs stimmt innerhalb der Meßfehlergrenze mit den aus Wachstumskurven für ⊙-Mitte erhaltenen Turbulenzgeschwindigkeiten überein. Es ist noch wichtig, sich wieder klar zu machen, *wie* schwach die Linien sein müssen, damit die Messung ihrer Konturen die Verteilung der thermischen plus Turbulenzgeschwindigkeiten liefert. Fordern wir, daß die wirksame optische Tiefe in der Linienmitte $X_0 \leqq 0{,}15$ sei, dann zeigt die Wachstumskurve (Abb. 137), daß $\log W_\lambda/2\,\Delta\lambda_D \leqq -0{,}92$ sein muß. Rechnen wir weiter etwa mit $\xi_0 = 2$ km/sec und λ 5000 Å, so wird $\Delta\lambda_D = 33$ mÅ und damit $W_\lambda \leqq 8$ mÅ. Dies sind die schwächsten Linien, die man noch einigermaßen messen kann!

Nach dieser kritischen Vorbemerkung wenden wir uns dem interessanten Versuch von C. W. ALLEN [1707] zu, die *Mitte-Rand-Variation* von ξ_t mittels schwacher Linien direkt zu messen. Er glaubt eine Zunahme von $\xi_{t,\cos\vartheta=1} = 2{,}2$ km/sec bis etwa $\xi_{t,\cos\vartheta=0.2} = 3{,}1$ km/sec zu finden, was man entweder auf eine Zunahme von ξ_t im Bereich von etwa $1 < \tau < 0{,}2$ oder auf eine Bevorzugung der horizontalen Strömungskomponente in der solaren Turbulenz zurückführen könnte.

[1] S. S. HUANG benutzt ein Näherungsverfahren, das man als eine Art Kreuzung aus EDDINGTON-BARBIERscher und Gewichtsfunktionenmethode bezeichnen könnte. Seine Gl. (26) entspricht unserer Gl. (115, 2). Die Kompliziertheit des Rechenverfahrens darf nicht darüber hinwegtäuschen, daß die Berechnung solcher Mittelwerte in der zugrunde gelegten Definition ein gewisses Maß von Willkür enthält.

In Wirklichkeit muß man ALLENs Messungen wohl anders interpretieren: Die Äquivalentbreiten seiner 20 Linien (λ 4159—4593 Å) liegen (wenn wir die stärkste und die schwächste beiseite lassen) für ⊙-Mitte in dem Bereich $W_\lambda = 13$ bis 104 mÅ; ihre Breiten sind also durch *Schichtdickeneffekt* schon beträchtlich vergrößert. Es ist daher nicht verwunderlich, daß sein $\xi_{t,\cos\vartheta=1}$ wesentlich größer als das der anderen Beobachter ist. Die Zunahme der Linienbreiten zum ⊙-Rand hin ist, zum mindesten teilweise, durch die bekannte Zunahme der $N_{r,s} H$ bedingt, die wir schon in Abschnitt 113, A) untersucht haben[1]. Es wäre natürlich sehr interessant, die *Mitte-Rand-Variation* der *Profile wirklich* schwacher Sonnenlinien mit $W_\lambda \leqq 8$ mÅ zu messen!

1946 entdeckte O. STRUVE [17135], daß bei dem F8-Übergiganten δ Canis Majoris die mit großer Dispersion gemessenen *Linienprofile* (insbesondere der schwachen Linien) viel breiter sind, als die von H. R. STEEL [17125b] aus der *Wachstumskurve* ermittelte Turbulenzgeschwindigkeit $\xi_t = 5$ km/sec erwarten ließ. Linien, die auf dem flachen „Sättigungs"-Teil der Wachstumskurve liegen und also eigentlich tief sein sollten, sind in Wirklichkeit ganz flach. Die Breite und Flachheit dieser Linien kann nur erklärt werden durch großräumige Bewegungen, wobei die wesentlichen Geschwindigkeitsdifferenzen zwischen Volumen- bzw. Oberflächenelementen bestehen, deren „optischer Durchmesser" > 1 ist. Es kann sich also handeln um a) *Rotation* des Sternes oder (evtl. auch in Verbindung mit) b) *Turbulenz* mit PRANDTLschen Turbulenzelementen, deren optischer Durchmesser > 1 ist; wir nennen sie *Makroturbulenz* im Gegensatz zu der aus den Wachstumskurven erschlossenen *Mikroturbulenz*[2]. Da bei einem extremen Übergiganten rasche Rotation sehr unwahrscheinlich ist, verfolgen wir weiter die Idee der *Makroturbulenz*. Beschreibt man ihre Geschwindigkeitsverteilung versuchsweise durch die bekannte MAXWELL-Kurve mit einer wahrscheinlichsten Geschwindigkeit Ξ, so führen[3] die Beobachtungen an δCMa nach STRUVE auf $\Xi = 22$ km sec.

O. STRUVE bemerkte weiterhin, daß die *starken* Linien im Spektrum von δCMa gar nicht die zunächst erwarteten breiten (Dämpfungs-)*flügel* haben. Dies kann nach A. UNSÖLD und O. STRUVE [17165] auf folgenden Ursachen beruhen:

a) Das „wahre Kontinuum" könnte beträchtlich höher liegen, als das bei der Photometrie der Linienprofile zunächst eingezeichnete; d. h. die Linienflügel wären einfach „abgeschnitten". Vgl. hierzu die Photometerkurve [17135, Plate I] sowie die „theoretischen" Profile in [17165, Abb. 1].

---

[1] Analoge Überlegungen dürften auch auf erhebliche Teile der Dissertation von B. BELL [1715] zutreffen.

[2] In der amerikanischen Literatur spricht man vielfach von "Large-scale turbulence", bzw. "small-scale turbulence".

[3] In einer neueren Arbeit haben SU-SHU HUANG und O. STRUVE [1760a] versucht, die Geschwindigkeiten ξ_t bzw. Ξ der Mikro- bzw. Makroturbulenz folgendermaßen zu bestimmen: In Verbindung mit der Konstruktion der Wachstumskurve (Abb. 137) wird zu jeder Linie ihre (ganze) Halbwertsbreite D_λ (bei der halben *wahren* Tiefe) berechnet. $\log W_\lambda/2\,\Delta\lambda_D$ aufgetragen über $\log D_\lambda/2\,\Delta\lambda_D$ — mit $2\alpha = \gamma/\Delta\omega_D$ als nebensächlichem Parameter — ergibt die sog. "Curve of line-width correlation". Deren Anpassung an eine entsprechende empirische Kurve ($\log W_\lambda/\lambda$ über $\log D_\lambda/\lambda$) soll aus der *Vertikal*verschiebung die *Mikro*turbulenz ergeben — welche allein W_λ beeinflußt — und aus der *Horizontal*verschiebung die *Mikro-* plus *Makro*turbulenz, welche zusammen das Linienprofil beeinflussen. Dabei sind meines Erachtens zwei Dinge übersehen: Die Verschmierung eines Linienprofils durch die Makroturbulenz (die wirkt wie die Apparatefunktion eines Spektrographen) beeinflußt die Linie ganz anders, als die Verbreitung des Absorptions*koeffizienten* durch Mikroturbulenz. Weiterhin ist gerade die Halbwertsbreite D_λ bei den stärkeren Linien ein sehr *un*empfindliches Reagens auf eine zusätzliche (Makroturbulenz-)Verbreiterung [vgl. 17165, Abb. 1]. In praxi wird man besser — wie dies O. STRUVE [17135] ursprünglich getan hat — auf die Breiten der ganz schwachen Linien und auf die Zentraltiefen der starken Linien (sofern man keine anomale Reemission befürchten muß) zurückgreifen.

b) Liegt in der Sternatmosphäre über dem Hauptteil mit mäßiger Turbulenz (Dopplerbreite $\Delta\lambda_D$) z. B. noch eine dünne Schicht mit großer Turbulenz (Dopplerbreite $\Delta\lambda'_D$), so erkennt man aus unseren allgemeinen Überlegungen von Abschnitt 108, daß auf das Sättigungsgebiet der Hauptschicht bei $W_\lambda \approx 3\,\Delta\lambda_D$ noch ein zweites bei $3\,\Delta\lambda'_D$ folgt, in dem man relativ scharf begrenzte, tiefe Linien der Breite $\sim 3\,\Delta\lambda'_D$ bekommt usw.

Welcher der beiden Effekte a) oder b) bei δCMa ausschlaggebend ist, dürfte erst durch eine Untersuchung des langwelligen Spektralgebietes mit großer Dispersion zu entscheiden sein. Ein Vergleich der Linienstärken mit αPer dürfte [17165, S. 459] eher für b) sprechen, ebenso die Analogie zu εAur.

Ganz ähnliche Ergebnisse, wie O. STRUVE bei δCMa, erhielten M. und B. SCHWARZSCHILD und W. S. ADAMS [17121] für den Cepheiden ηAquilae. Die Wachstumskurve liefert hier eine *Mikroturbulenz* $\xi_t = 4$ km/sec, während die Linienprofile auf eine *Makroturbulenz* von $\Xi = 12{,}2$ km/sec führen.

Die Beschreibung der makroturbulenten Geschwindigkeitsverteilung durch eine MAXWELL-(bzw. GAUSS-)Kurve bei den Übergiganten — von denen zunächst die Rede sein soll — ist nur eine ganz rohe Approximation. Schon die Betrachtung der Spektren von εAurigae oder roten Übergiganten wie αOrionis (vgl. L. SPITZER [17124]) zeigt, daß ihre Linienprofile die reinsten „Treppenstufen" enthalten. Man hat es wohl mit räumlich getrennten Gasschichten oder -ballen zu tun, die ganz verschiedene Geschwindigkeiten besitzen. Auch der Vergleich von Linien mit verschiedenen Anregungsverhältnissen (metastabile Niveaus!) spricht nach O. STRUVE [17137] für eine solche Auffassung. Weitere Argumente werden wir sogleich noch kennen lernen. Zuvor aber machen wir noch einige

C) Prinzipielle Bemerkungen zur Mikro- und Makroturbulenz. Wir knüpfen an Abschnitt 55 und 58 über *Konvektion und Turbulenz* in Sternatmosphären sowie R. S. RICHARDSON und M. SCHWARZSCHILDs [17113] Untersuchung über die *Sonnengranulation* an; auf letztere werden wir im Rahmen der Sonnenphysik ausführlich zurückkommen.

Da die einzige charakteristische Länge einer Atmosphäre im hydrostatischen Gleichgewicht ihre Äquivalenthöhe ("scale hight") $H = \frac{RT}{\mu g}$ ist, so erwarten wir, daß die ursprünglich bei der Konvektion entstehenden *Turbulenzelemente* oder Wirbel einen Durchmesser von der Größenordnung $L_0 \approx H$ haben. Allgemeine aerodynamische Erwägungen lassen weiterhin erwarten, daß ihre charakteristische Geschwindigkeit v_0 jedenfalls kleiner als die Schallgeschwindigkeit c_s (Abschnitt 57) sein, aber bei heftiger Konvektion wohl einen mäßigen Bruchteil derselben erreichen wird (MACH-Zahl v_0/c_s). Im Laufe ihrer Bewegungen teilen sich die Turbulenzelemente der Größenordnung L_0 in kleinere auf, die entsprechende Geschwindigkeit nimmt dabei nach Gl. (55, 12) etwa proportional der Kubikwurzel aus dem Durchmesser ab. (Genau genommen gilt dies nur für homogene isotrope und inkompressible Turbulenz, solange die molekulare Zähigkeit noch nicht eingreift. Uns kommt es vorerst nur auf das Qualitative an.) Die mittlere Geschwindigkeit der Materie ist also in der Hauptsache durch die *großen Turbulenzelemente* $\approx H$ bestimmt. Hinsichtlich ihrer optischen Auswirkung sind nun im wesentlichen zwei Fälle möglich:

a) Der optische Durchmesser der großen Turbulenzelemente $\varkappa H$ ist < 1. Dann superponieren sich die Turbulenzgeschwindigkeiten einfach den thermischen, und man erwartet *nur* Mikroturbulenz.

b) Der optische Durchmesser eines großen Turbulenzelementes sei $\varkappa H > 1$. Dann werden offenbar nur die kleinen Turbulenzelemente bis zur optischen Größe $\varkappa L \approx 1$ mit ihren entsprechend kleineren Geschwindigkeiten zur *Mikro*turbulenz beitragen.

Die größeren Elemente mit $1 < \varkappa L < \varkappa H$ dagegen werden sozusagen die ganze Linie im Spektrum hin- und herschieben, d. h. sie geben eine *Makroturbulenz*, die notwendig größer als die Mikroturbulenz sein muß. Aber auch die Strömungsgeschwindigkeiten in der *Makroturbulenz* sollten aerodynamisch unter der Schall-„Mauer" c_s bleiben.

Einige Abschätzungen zu diesen Überlegungen (immer noch im Rahmen hydrostatischer Sternatmosphären-Modelle) enthält die folgende Tab. 63 (deren Berechnung im Anschluß an [862] Herr Dr. Böhm frdl. durchgeführt hat). Für einige Sterne der Spektraltypen B bis K und Schwerebeschleunigungen g etwa entsprechend der Hauptsequenz bzw. den Übergiganten sind — für *die* Tiefen, in welchen das Spektrum im wesentlichen entsteht — angegeben die Äquivalenthöhe H und ihre optische Dicke $\varkappa_{5000} H$ für die kontinuierliche Strahlung bei λ 5000 Å. Dann folgt die Schallgeschwindigkeit c_s.

Tabelle 63. Geometrische und optische (λ 5000) Dimensionen der Äquivalenthöhe $H = RT/\mu g$ sowie Schallgeschwindigkeit c_s für Hauptsequenzsterne und Übergiganten der Spektraltypen B bis K.

T_e	25000°		10000°		5000°		4000°	
	Hauptsequenz	Übergigant	Hauptsequenz	Übergigant	Hauptsequenz	Übergigant	Hauptsequenz	Übergigant
$\log g$	4,5	3,0	4,5	3,0	4,5	3,0	4,5	2,5
H [km]	840	27400	260	9400	90	2800	70	2200
$\varkappa_{5000} \cdot H$	0,6	0,8	1,4	0,9	0,6	0,8	0,8	0,6
c_s [km/sec]	21		12		7		6	

Mit einiger Überraschung erkennt man, daß bei *allen* Sternen $\varkappa_{5000} H$ in der Größenordnung *Eins* liegt, fast unabhängig von T_e und g! Man sollte also *nur* Mikroturbulenz erwarten. In der Tat ist auch bei den einigermaßen normalen Sternen (z. B. Tab. 62) von Makroturbulenz nichts zu bemerken; die beobachteten Mikroturbulenzgeschwindigkeiten ξ_t entsprechen ganz plausiblen Mach-Zahlen $\xi_t/c_s \approx 0{,}2$ bis 0,5.

Eine besondere Diskussion erfordern noch die *Dopplerkerne* der sehr *starken* Fraunhofer-*Linien* z. B. auf der Sonne. Hier kann man wegen des großen Linienabsorptionskoeffizienten nur bis zu einer optischen Tiefe der Größenordnung $\tau_{5000} \approx 0{,}0002$ in die Sonnenatmosphäre hereinschauen und erfaßt also an einer scharf bestimmten Stelle und zu einem bestimmten Zeitmoment nur Turbulenzelemente der Größenordnung $H/5000 \approx 30$ m mit Geschwindigkeiten von ungefähr 0,1 km/sec. Da aber Teleskop und Spektrograph stets über eine Fläche auf der Sonne mitteln, deren Durchmesser mindestens $1'' = 725$ km beträgt, so werden die fast nur thermisch verbreiterten momentanen Linienkerne durch die nun wie eine Makroturbulenz wirkenden Geschwindigkeiten der größeren Turbulenzelemente verschmiert, so daß schließlich doch wieder die Breite des Linienkernes durch ξ_0 bestimmt ist. Wieweit dabei außerdem die Zunahme von ξ_t mit der Höhe in der Chromosphäre (s. Abschnitt 115) eine Rolle spielt, kann zur Zeit noch nicht ganz geklärt werden. Schon R. O. Redman [979], C. W. Allen [909] und P. ten Bruggencate [1723] haben seinerzeit den Standpunkt vertreten, daß die *Zentralintensitäten* der stärkeren Linien durch eine Art Makroturbulenz gebildet werden könnten. Vielleicht sollte man einmal die Theorie der starken Fraunhofer-Linien in der Weise durchrechnen, daß man die Undurchsichtigkeit der größeren Turbulenzelemente für die Strahlung im Linienkern berücksichtigt. Die nötigen turbulenz-statistischen Ansätze sind in einer Arbeit von S. v. Hoerner [1753] im wesentlichen bereitgestellt.

Bei den schwächeren Sonnenlinien wird man am besten einfach mit *Mikroturbulenz* rechnen. Die früher vom *Verf.* [17163, S. 308] vertretene Ansicht, daß es in der Sonnenatmosphäre *nur* Makro- und keine Mikroturbulenz gebe, ist heute empirisch und theoretisch nicht mehr zu halten.

Völlig anders steht es mit der *Makroturbulenz* in δCMa oder εAur, ... Es handelt sich hier um Geschwindigkeiten erheblich *über* der Schallgeschwindigkeit und Volumelemente, die viel größer sind, als die Äquivalenthöhe der normalen Atmosphäre. Wie O. STRUVE [17137 und 17138] auch aus spektroskopischen Gründen wiederholt betont hat, haben wir es hier offensichtlich mit einem Durcheinander riesiger *Protuberanzen* zu tun. Während die *Sonnen*protuberanzen im allgemeinen nur für die stärksten Linien Ca II H und K sowie H α optisch dick sind, müssen die von δCMa auch in den ganzen Metallinien und sogar im Kontinuum undurchsichtig sein. Beobachtungen an Bedeckungsveränderlichen wie ζ Aurigae, VVCephei, 31 und 32Cygni [1771] und anderen Sternen (vgl. P. W. MERRILL [1785]) bestätigen diese Auffassung. Auf die physikalische Seite der Phänomene werden wir im Zusammenhang mit Chromosphäre und Protuberanzen der Sonne zurückkommen.

116. Hyperfeinstruktur und ZEEMAN-Effekt.

Ganz ähnlich wie die Vergrößerung der thermischen Breite durch die Turbulenz beeinflußt die FRAUNHOFER-Linien eine *Aufspaltung* derselben in viele Komponenten, welche entweder von Natur aus als *Hyperfeinstruktur* vorgegeben oder durch den ZEEMAN-*Effekt* eines äußeren *Magnetfeldes H* hervorgerufen sein kann.

A) Die Hyperfeinstruktur der Spektrallinien wird in erster Linie hervorgerufen durch die Wechselwirkung des magnetischen und mechanischen *Moments des Atomkernes* mit dem der Elektronenhülle. Daneben spielt eine geringere Rolle der *Isotopie-Effekt,* der im Bereich der leichteren Elemente auf dem Massenunterschied isotoper Kerne, bei den schwereren Elementen auf der nicht-COULOMBschen Wechselwirkung ihrer Kerne (Quadrupolmoment; Kernvolumen) mit der Elektronenhülle beruht.

Große Hyperfeinstruktur-Aufspaltungen kommen im allgemeinen nur vor bei Elementen mit *un*gerader Massenzahl (gerade Elemente haben meist kein Kernmoment) und bei fest gebundenen, insbesondere *s*-Elektronen, die häufig nahe an den Kern herankommen. Die *Gesamtbreite der Hyperfeinstruktur-Aufspaltungen* erreicht öfters 0,1 Å, in Ausnahmefällen sogar 0,2 Å. Vergleicht man dies mit der *Dopplerbreite* der FRAUNHOFER-Linien, die z. B. bei λ 5000 Å mit $\xi_0 = 2$ km/sec auf der Sonne $2\,\Delta\lambda_D = 0{,}067$ Å beträgt, so sieht man, daß der Einfluß solcher Hyperfeinstrukturen auf die *Breite* der schwächeren Linien und auf die *Wachstumskurve* nicht zu vernachlässigen ist.

In praxi dürfte es meist genügen, die Hyperfeinstruktur durch eine formale Vergrößerung der Dopplerbreite zu berücksichtigen, d. h. indem man $\Delta\lambda_D$ durch $\sqrt{\Delta\lambda_D^2 + \Delta\lambda_H^2}$ ersetzt. Die „Hyperfeinstrukturbreite" $\Delta\lambda_H$ wird man dabei so definieren, daß das quadratische Moment der Verteilung $\frac{1}{\sqrt{\pi}\,\Delta\lambda_H}\, e^{-\left(\frac{\Delta\lambda}{\Delta\lambda_H}\right)^2}$ (d. h. $\overline{\Delta\lambda^2} = \frac{1}{2}\Delta\lambda_H^2$) dem der wirklichen Hyperfeinstruktur gleich wird. Nennen wir I_K die Intensitäten (normiert auf $\sum I_K = 1$) der einzelnen Hyperfeinstruktur-Komponenten und Δ_K ihre Abstände vom Schwerpunkt, so wird $\overline{\Delta\lambda^2} = \sum \Delta_K^2 \cdot I_K$ und also

$$\Delta\lambda_H^2 = 2\,\Sigma\,\Delta_K^2\, I_K \tag{116, 1}$$

(vgl. hierzu auch den Schluß von Abschnitt 65).

Im Sonnenspektrum hat A. ABT [1700] die Linien mit großen Hyperfeinstrukturen, insbesondere Mn I, V I, Co I und Cu I studiert und gezeigt, daß sie wirklich in der erwarteten Weise verbreitert und — da die Hyperfeinstruktur oft unsymmetrisch ist — auch ein wenig verschoben sind. Besonders im flachen Bereich der Wachstumskurve wird man auf Hyperfeinstruktur-Verbreiterung der

Linien besser achten müssen, als dies bisher der Fall war! Zur allgemeinen Orientierung sei auf H. KOPFERMANNs [1774] Monographie hingewiesen. Literatur über einzelne Spektren bringen W. F. MEGGERS [1779], P. BRIX und H. KOPFERMANN [1720] sowie selbstverständlich CH. E. MOORE [B 12].

B) ZEEMAN-Effekt. In den Sonnenflecken entdeckte bekanntlich 1908 G. E. HALE Magnetfelder bis zu ~ 4000 Gauß. 1946 machte H. W. BABCOCK [1713] die fast noch erstaunlichere Beobachtung, daß die Spektren ganzer Sterne (meist als Ap klassifiziert) ZEEMAN-Effekte von mehreren tausend Gauß zeigen. Es ist hier nicht der Ort, auf die große prinzipielle Bedeutung dieser Entdeckung einzugehen. Auch typisch magnetooptische Probleme werden wir beiseite lassen. Detailliertere Rechnungen über die effektiven ZEEMAN-*Effekte* von magnetisierten Dipol- oder Quadrupolsternen erscheinen heute schon wieder sehr problematisch, nachdem Beobachtungen von A. DEUTSCH [I.A.U. 1952] es wahrscheinlich gemacht haben, daß auch die Felder der „magnetischen Sterne" ihren Sitz in einer Art riesiger Flecken haben, und daß ihr scheinbarer Wechsel durch die Rotation der Sterne vorgetäuscht wird. Auch energetische Betrachtungen lassen ein wirkliches Fluktuieren der riesigen magnetischen Feldenergien ($H^2/8\pi$ pro cm^3) so gut wie ausgeschlossen erscheinen.

Die Aufspaltung der Spektrallinien in einem Magnetfeld H [Gauß] ist bekanntlich

$$\Delta\lambda = g \cdot \frac{e\,\lambda^2}{4\pi\, m\, c^2} \cdot H \qquad (116,2)$$

oder in Ångström-Einheiten

$$\Delta\lambda = g \cdot 1{,}17 \cdot 10^{-5} \left(\frac{\lambda}{\lambda_{5000}}\right)^2 \cdot H\,. \qquad (116,3)$$

Beim „normalen" ZEEMAN-Effekt der Singulettlinien, der *nur* durch das magnetische Moment der Elektronen*bahnen* hervorgerufen wird, ist — wie in der klassischen Theorie von H. A. LORENTZ — $g = 1$. Im allgemeinen muß man die Mitwirkung des Elektronenspins[1] berücksichtigen, indem man die „g-Faktoren" der LANDÉschen g-Formel bzw. ihren Verallgemeinerungen entnimmt. So gibt es Linien, die überhaupt nicht aufspalten ($g = 0$), z. B. Cr I a $^5D_0$—z $^5F_1^\circ$ λ 4339,718 und andererseits g-Faktoren bis 3, z. B. Fe I z $^7D_1^\circ$—e $^7D_1$ λ 4210,352. Die relativen *Intensitäten* der ZEEMAN-Komponenten kann man nach der Quantenmechanik berechnen; vgl. z. B. E. U. CONDON und G. N. SHORTLEY [B 4].

Die normale ZEEMAN-Aufspaltung ($g = 1$) erreicht z. B. für λ 5000 Å die Größe der Dopplerbreite mit $\xi_0 = 2$ km/sec, d. h. $\Delta\lambda_D = 0{,}033$ Å bei einer Feldstärke von $H = 2800$ Gauß, die in Sonnenflecken und auf Sternen oft überschritten wird.

Wir fragen daher mit H. HUBENET [1761]: „Wie werden die Profile und die Äquivalentbreiten W_λ der FRAUNHOFER-Linien durch ein Magnetfeld beeinflußt?" Betrachten wir zuerst den

1. *Longitudinalen* ZEEMAN-*Effekt,* wie wir ihn z. B. im Zentrum eines Flecks auf der Mitte der Sonnenscheibe haben, wo wir ja in Richtung der magnetischen Kraftlinien beobachten.

Nehmen wir zur Vereinfachung weiterhin zunächst an, wir haben es mit einem *homogenen Feld* und mit *normalem* ZEEMAN-*Effekt* (LORENTZ-Triplett mit $g = 1$) zu tun. Das Aufspaltungsbild besteht dann nur aus je einer rechts- bzw. linkszirkular polarisierten Komponente („r" bzw. „l") im Abstand $\pm\Delta\lambda$ von der feldfreien Linie („o").

[1] Das Verhältnis von magnetischem zu mechanischem Moment ist für den Spin der Elektronen *doppelt* so groß wie für ihre Bahnbewegung.

Lassen wir nun in Gedanken das Feld H — in Richtung des Visionsradius' — von Null aus langsam anwachsen, so dürfen sich nach dem Prinzip der „*spektroskopischen Stabilität*" oder — einfacher ausgedrückt — dem *Stetigkeitsprinzip der Quantentheorie* die Übergangswahrscheinlichkeiten *nicht* ändern[1]. Betrachten wir nun das Spektrum (durch eine passende Polarisationsoptik) in rechts- bzw. linkszirkular polarisiertem Licht, so bekommen wir je eine Komponente, welche genau dasselbe Profil hat wie die ursprüngliche Linie, nur um $\pm \Delta\lambda$ verschoben. Der Absorptionskoeffizient in r und l muß also nach Größe und Verteilung genau derselbe sein wie in o, nur um $\pm \Delta\lambda$ verschoben. Das heißt aber, daß auch die *Äquivalentbreiten* W_λ von r und l genau *gleich* der von o sind, unabhängig davon, wie die Linie sonst verbreitert wird, und wo sie auf der Wachstumskurve liegt.

Lassen wir die Polarisationsoptik weg, so überlagern sich je ein rechts- und linkszirkular polarisiertes Spektrum, in denen je — bezogen auf das betreffende Kontinuum — eine Linie der ursprünglichen Äquivalentbreite von o enthalten ist. Nun aber wird bei der Messung jede Komponente bezogen auf das rechts- *plus* linkszirkular polarisierte Kontinuum (die gleich intensiv sind). So erhält *jetzt* die *Summe* der beiden Komponenten r und l stets wieder genau die Äquivalentbreite der feldfreien Linie o. Zusammenfassend können wir also sagen, daß *im longitudinalen* ZEEMAN-*Effekt eines normalen* LORENTZ-*Tripletts die Äquivalentbreite der Linie durch ein homogenes Magnetfeld nicht beeinflußt wird.*

Zeigt unsere Linie nun *anomalen* ZEEMAN-*Effekt,* so tritt rechts und links von der feldfreien Lage je eine Gruppe von mehreren rechts- bzw. linkszirkular polarisierten Komponenten auf. Die Aufspaltungen je innerhalb der rechts- bzw. linkszirkularen Gruppe beeinflussen *nun* die *Äquivalentbreite* W_λ genau wie eine Hyperfeinstruktur und können näherungsweise nach (116, 1) oder exakt durch numerische Rechnung in der *Theorie der Wachstumskurve* berücksichtigt werden.

Ist das Magnetfeld *inhomogen*[2], so wird jede r- bzw. l-Komponente je eine zusätzliche Verbreiterung und Asymmetrie bekommen entsprechend dem Variations*bereich* ΔH des Magnetfeldes in der linienerzeugenden Schicht. Dadurch wird — mit und ohne Polarisationsoptik — die Äquivalentbreite einer Linie mit normalem oder anomalem ZEEMAN-Effekt wieder in leicht übersehbarer Weise *vergrößert.*

Sodann betrachten wir als zweiten interessanten Grenzfall den

2. *Transversalen* ZEEMAN-*Effekt,* d. h. wir beobachten senkrecht zu den Kraftlinien. Im *normalen* ZEEMAN-*Effekt* eines *homogenen Feldes* — den wir wieder als erstes ins Auge fassen — erhalten wir *eine* unverschobene π-Komponente und symmetrisch dazu *zwei* σ-Komponenten mit je der halben Übergangswahrscheinlichkeit. Eine der obigen analoge Betrachtung der spektroskopischen Stabilität beim Einschalten des Magnetfeldes zeigt zunächst, daß die π-Komponente sich in jeder Hinsicht genau wie die feldfreie Linie verhält. In der σ-Polarisation dagegen verteilt sich die ursprüngliche Übergangswahrscheinlichkeit nun auf *zwei* Komponenten. In optisch dünner Schicht ändert sich daher beim Einschalten des Feldes die σ-Äquivalentbreite *nicht;* auf dem flachen Teil der Wachstumskurve dagegen wächst sie fast um einen *Faktor* 2. Allgemein gehe man — in der üblichen Darstellung (Abb. 137) — auf der Wachstumskurve um $\log 2 = 0{,}30$ nach links und dann von ihr weg um denselben Betrag aufwärts. Eine Linie, die in optisch dicker Schicht erzeugt wird, erscheint also partiell σ-polarisiert. Dieser Effekt ist schon früh an der Emission einer Na-Flamme beobachtet worden; vgl. R. W. WOOD [906, Aufl. 1924, S. 521].

---

[1] H. HUBENET knüpft statt dessen an die klassische (Elektronen-)Theorie von H. A. LORENTZ (Rapp. Congrès Int. des Phys. Paris 1900) an.

[2] Daß dadurch wegen $\operatorname{div}\mathfrak{B} = 0$ auch ein *transversaler* ZEEMAN-Effekt auftreten *muß,* wollen wir hier ignorieren.

Hat man es mit *anomalem* ZEEMAN-*Effekt* zu tun, so tragen — dies brauchen wir nicht mehr besonders zu erklären — je die Aufspaltungen der π- bzw. σ-Komponenten zur Vergrößerung der Äquivalentbreite bei. Im Falle der σ-Polarisation wird man für die Rechnung nach (116, 1) zweckmäßig zunächst die lang- bzw. kurzwelligen Komponenten unter sich zusammenfassen. Für ein *inhomogenes Feld* gilt genau wieder das unter 1. gesagte.

Hat man *nicht* den reinen longitudinalen oder transversalen ZEEMAN-Effekt, sondern bilden die Kraftlinien mit dem Visionsradius einen beliebigen Winkel, so werden die Verhältnisse ziemlich kompliziert; vgl. hierzu F. H. SEARES [17122].

Mit der empirischen Seite unseres Problems beschäftigen sich die Arbeiten von P. TEN BRUGGENCATE und H. v. KLÜBER [1722] über die Sonnenflecke und von H. W. BABCOCK [1714] über magnetische Sterne. Bei beiden bedarf die theoretische Deutung der Beobachtungen im Lichte der Arbeit von H. HUBENET einer Berichtigung.

117. Stoßdämpfung und Strahlungsdämpfung.

Wenn an der Verbreiterung einer Linie neben dem *Dopplereffekt* (evtl. einschließlich Turbulenz, Hyperfeinstruktur und ZEEMAN-Effekt) die *Dämpfung* mitwirkt — ob es sich um Strahlungs- oder Stoßdämpfung handelt, kann dabei zunächst noch offenbleiben — so ist der *Absorptionskoeffizient* in einigem Abstand $\omega - \omega_0$ von der Linienmitte gegeben durch (73, 6) und (73, 7) mit (66, 16):

$$k_\nu = \frac{\pi e^2}{m c} \cdot \frac{N f \gamma}{(\omega - \omega_0)^2} \left\{1 + \frac{3}{2} \left(\frac{\Delta \omega_D}{\omega - \omega_0}\right)^2 + \cdots\right\}. \tag{117, 1}$$

Nach MINKOWSKI und SCHÜTZ (Abschnitt 93) kann man also in einem Abstand von der Linienmitte, der etwa die 7fache Dopplerbreite $\Delta \omega_D$ übertrifft, den Dopplereffekt vernachlässigen und findet

$$k_\nu \sim \frac{N f \gamma}{\Delta \lambda^2}. \tag{117, 2}$$

Hieraus ergeben sich folgende Konsequenzen, an die wir nochmals kurz erinnern:

1. Die Tiefe R bzw. $r(\vartheta)$ in den „*Dämpfungsflügeln*" der starken Linien (natürlich mit Ausnahme der Wasserstoff- und Heliumlinien) soll mit $1/\Delta \lambda^2$ gehen; unabhängig von der Schichtung der Atmosphäre usw. Dies wird angewandt und bestätigt bei M. MINNAERTs hübscher Methode zur Messung der „Flügelstärken" c bei gleichzeitiger Festlegung des kontinuierlichen Untergrundes nach (62, 1) und (62, 2).

2. Die bei einer bestimmten Tiefe R bzw. $r(\vartheta)$, d. h. bei einem bestimmten Wert von k_ν, gemessenen Breiten $\Delta \lambda$ der *Linien eines Multipletts* sind nach (117, 2) $\sim \sqrt{N f \gamma}$. Da die Dämpfungskonstante γ innerhalb eines Multipletts im allgemeinen denselben Wert behält, so gehen die *Linienbreiten* proportional der Quadratwurzel aus den in Kap. XII behandelten „theoretischen" Intensitäten. Dieses Wurzel-Gesetz ist nachgeprüft z. B. an den Dubletts von Ca II und Na sowie dem grünen Mg-Triplet im Sonnenspektrum. Das hieraus folgende ganz analoge Wurzelgesetz der Äquivalentbreiten W_λ starker Linien haben wir schon beim Studium der Wachstumskurven kennengelernt.

Da nach Gl. (107, 18) bzw. (107, 20) die Äquivalentbreite der starken Linien $\sim \sqrt{N H f \cdot \gamma}$, die der schwachen dagegen $\sim N H f$ ist[1], so kann man durch

[1] Wir bedienen uns hier zunächst der anschaulichen Ausdrucksweise mit „wirksamen Atomzahlen pro cm²" NH. Aus den angegebenen Gleichungen ist klar, was damit im einzelnen gemeint ist. Man sieht auch sofort, wie Gl. (107, 20) bei noch höheren Genauigkeits-Ansprüchen durch numerische Rechnung zu verfeinern wäre.

Vergleich der Äquivalentbreiten W_λ zweier solcher Linien, deren NHf relativ zueinander bekannt sind, die Dämpfungskonstante γ der starken Linie(n) bestimmen.

Diese Überlegung ist zuerst von M. MINNAERT [1605] und in neuerer Zeit vor allem von K. O. WRIGHT [17179] beim Studium der *Wachstumskurven* verwendet worden (Abschnitt 112). Die hierbei erhaltenen „mittleren Dämpfungskonstanten" (Tab. 62) beziehen sich tatsächlich nur auf die starken Linien im $\sqrt{\ }$-Teil der Wachstumskurve. Sie sind nicht sehr genau, da in praxi die Beziehung der NHf-Werte zwischen den „starken" und „schwachen" Multipletts meist durch horizontales Aneinanderschieben hergestellt wird. Da der Anschluß im flachen Teil der Wachstumskurve erfolgt, gehen die meist auch noch mehr oder weniger offenen Werte für Anregungstemperatur, Turbulenz, Hyperfeinstruktur usw. stark in das Endresultat ein. Die Größenordnung der in Tab. 62a zusammengestellten Werte paßt zu unserer theoretischen Abschätzung für *Stoßdämpfung durch* H-*Atome* in (82, 56). Auf die Prüfung dieser Vorstellung anhand der *Mitte-Rand-Variation* der Linienflügel auf der Sonne sprachen wir schon in Abschnitt 113, B).

Größere Genauigkeit in der empirischen Bestimmung der γ dürfte nur zu erreichen sein durch das Studium eng begrenzter Liniengruppen, die sorgfältig so ausgewählt sind, daß bei ihrer Auswertung andere Unbekannte, wie Anregungstemperatur, Turbulenz, Hyperfeinstruktur usw. möglichst wenig eingehen.

Mit einzelnen Multipletts ist z. B. auf der Sonne relativ wenig zu machen, da sie meist kein sehr großes Intervall von NHf-Werten überdecken und gerade die besonders wichtigen relativen f-Werte der schwächsten Linien sowohl theoretisch wie experimentell besonders unsicher sind. Aussichtsreicher dürfte die Verwendung einzelner Paare oder Gruppen schwacher und starker Linien sein, deren relative f-Werte theoretisch oder experimentell bekannt ist. Kleine Differenzen in den Anregungsspannungen wird man dabei nötigenfalls in Kauf nehmen können.

Als Beispiel bestimmen wir die Dämpfungskonstante γ der Ca I-*Resonanzlinie* λ 4227 auf der Sonne durch Vergleich mit der schwachen Interkombinationslinie λ 6573. Die Äquivalentbreiten W_λ im Spektrum der ⊙-Mitte sind von C. W. ALLEN [908], G. F. W. MULDERS [968] und R. O. REDMAN [978] gemessen. Das Verhältnis der Oszillatorenstärken f ist durch Dispersionsmessungen von W. PROKOFJEW (Kap. XIV) zu 33000 bestimmt. Die wirksamen Atomzahlen NH für beide Linien dürfen wir in 1. Näherung als gleich betrachten. Auf den angenommenen Wert der wahrscheinlichsten Atomgeschwindigkeit ξ_0 kommt es kaum an. Die weitere Rechnung in der folgenden Tab. 64 dürfte ohne weiteres verständlich sein. Geht man damit in die allgemeine Wachstumskurve (Abb. 137) ein, so liest man für λ 4227 sofort ab $\log 2\alpha = -1{,}14$ und damit

$$\gamma_{beob} = 1{,}6 \cdot 10^9\ [\mathrm{sec}^{-1}]\,. \qquad (117,3)$$

Tabelle 64. Bestimmung der Dämpfungskonstanten γ der Ca-Resonanzlinie λ 4227 aus Gesamtabsorptionsmessungen.

1	2	3[1]	4	5	6	7	8	9
λ	Klassifikation	$\log \frac{NHf}{\Delta\omega_D}$	Messungen von $A_\lambda \cdot 10^2$: ALLEN	REDMAN bzw. MULDERS	Mittel	$2\Delta\lambda_D \cdot 10^3$	$\log \frac{A_\lambda}{2\Delta\lambda_D}$	Wahrer $\log \frac{NHf}{\Delta\omega_D}$
4226,742	$4\,^1S - 4\,^1P^\circ$	4,327	1185	1320	1250	42,9	1,465	5,257
6572,804	$4\,^1S - 4\,^3P^\circ$	0,000	33	30	32	66,7	0,681—1	0,930

[1] Enthält noch eine verfügbare additive Konstante.

Genau genommen müßten wir noch die Abhängigkeit des NH von λ berücksichtigen. Für schwache Linien wäre diese nach M. MINNAERTs Rechnungen (Tab. 58a) proportional seinem $l_{0,s}$ für $\chi_0 - \chi_{0,s} = 6$ eV und würde also γ_{beob} um einen Faktor $\sim 1{,}6$ vergrößern. Sodann aber müßte man auf diesem Genauigkeits-Niveau nach Gl. (107, 20) (oder einer exakteren numerischen Berechnung) auch die Tiefenabhängigkeit von γ explizit berücksichtigen. Dies bietet heute keine wesentliche Schwierigkeit mehr; es lohnt sich daher nicht, über die genauere Definition z. B. des Mittelwertes (117, 3) viel Worte zu machen. Innerhalb eines Unsicherheitsfaktors ~ 2 können wir einstweilen ruhig mit dem Mittelwert $\gamma_{beob} \approx 1$ bis $2 \cdot 10^9$ [sec^{-1}] für die Kalziumresonanzlinie weiter rechnen.

Für die *Strahlungsdämpfung* findet man mit der von E. TREFFTZ (s. S. 433) berechneten Oszillatorenstärke $f = 1{,}46$

$$\gamma_{Str} = \frac{3\, g_n}{g_m} \cdot \gamma_{kl} \cdot f_{mn} = 0{,}18 \cdot 10^9 \text{ [sec}^{-1}\text{]} . \qquad (117,4)$$

Die Strahlungsdämpfung allein könnte also das γ_{beob} bei weitem nicht erklären.

Die *Stoßdämpfung durch Wasserstoffatome* in der Sonnenatmosphäre haben wir schon in Abschnitt 82 berechnet. Da die Ionisierungsspannung des Kalziums $\chi_0 = 6{,}09$ eV und die Anregungsspannung des oberen Termes $\chi_{0,s} = 2{,}93$ eV beträgt, so wird die mittlere Dämpfungskonstante nach (82, 56) (die Wirkung des unteren, unempfindlicheren Termes können wir vernachlässigen) mit $\chi_0 - \chi_{0,s} = 3{,}16$ eV

$$\gamma_H = 1{,}6 \cdot 10^9 \text{ [sec}^{-1}\text{]} . \qquad (117,5)$$

Die *Stoßdämpfung durch Elektronen und Ionen* γ_E haben wir anhand der neueren Messungen des quadratischen Starkeffektes[1] von H. KOPFERMANN und seinen Schülern [1106a] in Abschnitt 82, b) abgeschätzt und gezeigt, daß sie für derartige Linien völlig vernachlässigbar ist.

Die berechnete Summe $\gamma = \gamma_{Str} + \gamma_N + \gamma_E \approx 1{,}8 \cdot 10^9$ [sec^{-1}] stimmt mit dem gemessenen Mittelwert so gut überein, als man dies erwarten kann.

Genauere Untersuchungen über *Dämpfung in der Sonnenatmosphäre* im Sinne einer *Feinanalyse* unter Berücksichtigung aller Tiefenabhängigkeiten[2] hat wohl zuerst H. H. VOIGT [17167] an der interessanten MgI-Serie $3\,{}^1P^\circ$—$n\,{}^1D$ ausgeführt.

M. MINNAERT und P. GENARD [1791] hatten 1935 bemerkt, daß in dieser Serie die Äquivalentbreiten W_λ von $n = 3$ (λ 8806,8) bis $n = 9$ (λ 3986,8) nur ganz wenig abnehmen; $n = 10$—12 sind durch Fremdlinien stark gestört, $n = 13$ erscheint im Sonnenspektrum nicht mehr. Die $\log W_\lambda/2\,\Delta\lambda_D$ fallen für $n = 3$ bis 9 alle in den kleinen Bereich 0,6—0,8; d. h. aber nach Abb. 137: diese Linien liegen auf dem *Dämpfungsteil* der Wachstumskurve. Da die Oszillatorenstärken f nach höheren Seriengliedern zu erheblich abnehmen (etwa $\sim 1/n^3$), so müssen wir schließen, daß ihre Abnahme gerade etwa kompensiert wird durch eine entsprechende Zunahme der Dämpfungskonstanten γ. Diese versuchte *Verf.* [1162] ursprünglich ganz durch Stöße von Elektronen und Ionen im Sinne wachsender Starkeffektempfindlichkeit der höheren Serienglieder zu erklären. Nach unseren heutigen Vorstellungen muß man jedoch daneben, insbesondere für die niederen Serienglieder, auch die Stoßdämpfung durch H-Atome berücksichtigen.

H. H. VOIGT [17167] benutzt im einzelnen zur Berechnung der Dämpfung durch Elektronen und Ionen nach Gl. (82, 32—35) für $n = 4{,}5$ und 6 die Messungen

---

[1] Es zeigt sich dabei, daß die theoretische Abschätzung des quadratischen Starkeffektes von λ 4227 nach einer Formel von J. G. KIRKWOOD in der 1. Auflage dieses Buches ganz verkehrt war. Die Wirkungen verschiedener Nachbarterme kompensieren sich in Wirklichkeit — man möchte sagen zufällig — fast vollständig.

[2] Nach Abschluß dieses Teiles erschien die wichtige Arbeit von V. WEIDEMANN [17168a].

des quadratischen Starkeffektes von H. ECKARTH [1104a] und extrapoliert für die anderen Serienglieder nach einer quantenmechanischen Abschätzung die Starkeffektaufspaltungen $\sim n^7$. Die Tiefenabhängigkeit von γ_E ist nach (82, 35) mit $N_e \sim P_e/T$ proportional $P_e \cdot T^{-5/6}$.

Die Stoßdämpfung durch neutrale Wasserstoffatome berechnet er nach Abschnitt 82, f). Hier ist nach (82, 48) mit $N \sim P_g/T$ die Tiefenabhängigkeit gegeben durch $\gamma_H \sim P_g \cdot T^{-7/10}$.

Für den kleinen Beitrag des $3\,^1$P-Termes zur Strahlungsdämpfung erhält man analog (117, 4) mit E. TREFFTZ' (s. S. 367) Oszillatorenstärke $f = 1{,}67$ für die Mg I-Resonanzlinie λ 2852

$$\gamma_{Str} = 0{,}35 \cdot 10^9 \text{ sec}^{-1} . \tag{117, 6}$$

Das Ergebnis der VOIGTschen Rechnungen (über die wir zum Teil schon in Abschnitt 113 B berichtet haben) für *die* optischen Tiefen τ^*, in welchen jeweils

Tabelle 65. Theoretische Dämpfungskonstanten der Serie Mg I $3\,^1$P° — n ^{1}D im Sonnenspektrum.

Der Schwerpunkt für die Bildung der Linienflügel liegt in der optischen Tiefe τ^* (bezogen auf die Wellenlänge der Linie). Die Tiefenabhängigkeit ist für $\gamma_H \sim P_g \cdot T^{-7/10}$, für $\gamma_e \sim P_e \cdot T^{-5/6}$; γ_{str} ist konstant.

n	λ	τ^*	$\gamma \cdot 10^{-9}$ [sec^{-1}]		
			H-Atome	Elektronen + Ionen	Strahlung
3	8806,776	0,33	2,0	0,1	0,35
4	5528,420	0,36	4,1	0,6	
5	4703,005	0,46	7,1	2,2	
7	4167,279	0,55	14,3	13,2	
9	3986,761	0,57	23	50	

die Bildung der betreffenden Linie erfolgt (τ^* bezieht sich auch auf diese Wellenlänge), gibt Tab. 65. Man sieht daraus, daß bei den ersten Seriengliedern, wie bei den meisten FRAUNHOFER-Linien, die Stoßdämpfung durch Wasserstoffatome überwiegt, während bei den höheren Seriengliedern die Elektronen + Ionen in dieselbe Größenordnung kommen. Zum Vergleich mit diesen Rechnungen zieht H. H. VOIGT gemessene Flügelstärken c und deren Mitte-Rand-Variation heran. Die Übereinstimmung ist wohl so gut, wie man es bei dem noch etwas provisorischen Charakter des benutzten Sonnenmodells erwarten kann. Eine definitive Festlegung der besonders interessanten Dämpfungskonstanten der höheren Serienglieder würde eine genaue *Messung* ihrer Oszillatorenstärken erfordern, da in diesem Falle die quantenmechanische Berechnung kaum die nötige numerische Sicherheit besitzt.

Zur Klärung der Frage: „Stoßdämpfung durch Wasserstoffatome oder Elektronen + Ionen in der Sonnenatmosphäre" kann weiterhin eine Arbeit von C. W. ALLEN [1706] herangezogen werden, der die aus Wachstumskurven bestimmten Dämpfungskonstanten von Fe I-Linien mit ihren von S. F. PANTER und J. S. FOSTER [1147] gemessenen quadratischen Stark-Effekten in Beziehung setzt. Für die Linien mit *kleinen* Stark-Effektaufspaltungen ergeben sich wieder Dämpfungskonstanten $\gamma \approx 1{,}1 \cdot 10^9$ [sec^{-1}] (mit einer Streuung um einen Faktor 2 nach oben und unten), die offensichtlich auf der Stoßdämpfung durch Wasserstoffatome beruhen. Bei den besonders Starkeffekt-empfindlichen Linien zeigt sich — in Übereinstimmung mit Tab. 65 —, daß hierzu noch ein Beitrag derselben Größenordnung von der Stoßdämpfung durch Elektronen und Ionen hinzukommen dürfte. Der weitere Fortschritt auf diesem Gebiet leidet sehr unter dem Mangel an zuverlässigen Stark-Effekt-Messungen in den Spektren der Metalle.

Nachdem wir bis jetzt fast ausschließlich das Sonnenspektrum studiert haben, wenden wir uns nun den anderen Sternen zu: Bei effektiven Temperaturen unter $\sim 9000°$ K, wo der Wasserstoff in der Hauptsache *neutral* ist, liegen die Verhältnisse wie bei der Sonne: Der vorherrschende Effekt ist die Stoßdämpfung durch H-Atome; die Stöße der freien Elektronen + Ionen und die Strahlungsdämpfung geben hierzu in einzelnen Fällen noch kleinere Beiträge.

Bei den frühen Spektraltypen mit effektiven Temperaturen über $\sim 9000°$ K, wo die Sternmaterie zum größten Teil ionisiert ist, wissen wir über die Dämpfung noch sehr wenig. Einmal sind nur wenige starke Linien auf dem $\sqrt{}$-Zweig der Wachstumskurve vorhanden. Sodann wissen wir über die Starkeffekte der Funkenspektren fast nichts, so daß wir die Stoßdämpfung durch freie Elektronen und Ionen nicht berechnen können.

Bis jetzt hat *Verf.* [1164] die Verbreiterung einiger He I-Linien in τ Sco untersucht; genauere Messungen der Übergänge 2 P—3 D im Singulett- und Triplettsystem wären sehr zu wünschen.

Sonst ließ sich in τ Scorpii nur für einige starke Linien aus dem Übergangsschema O II 3 s—3 p mittels der Wachstumskurve eine Dämpfungskonstante $\gamma \approx 2{,}3 \cdot 10^9\ \mathrm{sec}^{-1}$ bestimmen.

Abschätzung des Effektes der Quadrupol-Wechselwirkung mit geladenen Teilchen nach Abschnitt 82,d ergab eine zehnmal zu kleine Dämpfungskonstante.

Von den beteiligten Termen aus führen sodann zahlreiche Übergänge zum O II-Grundterm; ihre Wellenlängen liegen etwa bei λ 550 Å. Rechnet man insgesamt mit einer Oszillatorenstärke von ~ 1, so ergibt sich nach Abschnitt 71 eine *Strahlungsdämpfungskonstante*

$$\gamma_{Str} \approx \frac{0.22}{\lambda^2} \approx 7 \cdot 10^9\ \mathrm{sec}^{-1}, \tag{117, 7}$$

die mit dem beobachteten Wert innerhalb der beiderseitigen Fehlergrenzen — je entsprechend einem Faktor 2—3! — übereinstimmt. Hierzu weiterhin G. TRAVING [852].

Ganz neuartige Erscheinungen zeigen sich bei den *späten Spektraltypen*, wo mit sinkenden Temperaturen die *Molekülbildung* beginnt. Aus Beobachtungen an terrestrischen Lichtquellen weiß man seit langem, daß ein ganz stetiger Übergang von der Stoßverbreiterung der Spektrallinien über die vorübergehende Bildung lockerer Quasimoleküle zur festen Vereinigung zweier Atome in einem Molekül mit ausgeprägtem Bandenspektrum führt. In diesen Zusammenhang gehört vielleicht folgende interessante Beobachtung von B. LINDBLAD [1777]: Beim spektralphotometrischen Vergleich eines dM 2-Zwergsternes (Boss 2935; absolute Helligkeit $+ 10^{\mathrm{M}}\!.7$) mit einem entsprechenden gM 2-Riesenstern (Boss 3584; absolute Helligkeit $\sim -0^{\mathrm{M}}\!.5$) zeigte sich, daß in dem Zwergstern die Ca-Resonanzlinie λ 4227 von einem ausgedehnten *Absorptionskontinuum* umgeben ist, das von λ 4120 einerseits bis λ 4650 andererseits reicht (Abb. 146). Im Anschluß an Laboratoriumsbeobachtungen von H. HAMADA [1751] schreibt LINDBLAD dieses Kontinuum einem *Quasimolekül* Ca_2 zu; hierzu auch Y. ÖHMAN [17100]. K. WURM und H. J. MEISTER [17183] finden bei weiteren Experimenten, daß diese Erklärung nicht ohne Schwierigkeiten ist. Vom Standpunkt des Theoretikers aus läßt sich dazu vielleicht folgendes sagen: Nach Abb. 91 möchten wir in der Atmosphäre eines M-Zwerges einen *Gasdruck* von höchstens $2 \cdot 10^5$ dyn/cm^2 erwarten. Rechnen wir die Häufigkeit des Kalziums relativ zu den anderen Elementen nach Tab. 22, so ergibt sich damit eine mittlere Konzentration von $\sim 1{,}2 \cdot 10^{12}$ Ca-Atomen/cm^3. Fassen wir die Bildung von Ca_2-Quasimolekülen als eine Art Steigerung der *Eigendruckverbreiterung* auf, so erscheint es vernünftig, zum Vergleich Versuche von R. MINKOWSKI [1343] an Na-Dampf und J. F. HEARD [1318] an K-Dampf heranzuziehen, nach denen die Stoßverbreiterung durch gleichartige Atome den Betrag der Strahlungsdämpfung erst bei $N \approx 6 \cdot 10^{14}$ Na- bzw. $1{,}5 \cdot 10^{14}$ K-Atomen/cm³ erreicht. Es erscheint daher äußerst unwahrscheinlich, daß bei $\sim 10^{12}$ Ca-Atomen/cm³ schon Ca_2-Quasimoleküle eine Rolle spielen, und man wird eher geneigt sein, an die Bildung lockerer Moleküle mit

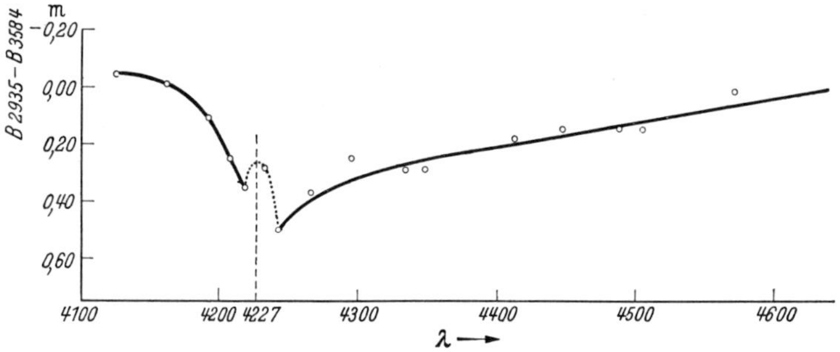

Abb. 146. Absorptionskontinuum in der Umgebung von Ca I λ 4227 in einem dM 2-Zwergstern. Nach B. LINDBLAD [1777].

Wasserstoff und evtl. anderen Elementen zu denken. Zum Vergleich sollte man vielleicht die sehr breiten NaD-Linien einiger kühler Zwergsterne einmal genauer studieren.

118. Verbreiterung der Wasserstofflinien durch den Starkeffekt von Ionen und evtl. Elektronen.

Die Theorie der *Verbreiterung der Wasserstofflinien* durch den linearen Starkeffekt geladener Teilchen haben wir — um daran noch einmal zu erinnern — zunächst in Abschnitt 77 in ihren allgemeinen Zügen, dann in Abschnitt 82a) im einzelnen behandelt und in Abschnitt 95 mit terrestrischen Experimenten verglichen.

Die Anwendung dieser Vorstellungen zur Deutung von Sternspektren geht hauptsächlich[1] auf O. STRUVE und C. T. ELVEY [17127 und 1737], A. PANNEKOEK und S. VERWEIJ [1144, 1145 und 1165] und *Verf.* [17156] zurück. In der Atmosphäre eines typischen A-Sternes der Hauptsequenz mit $T \approx 10000°$ K und $\log P_e \approx 2{,}8$ haben wir nach (82, 24) eine Normalfeldstärke im Sinne der HOLTSMARK*schen Theorie* nach (82, 9) und (82, 10) bzw. (82, 24) von

$$F_0 = 7{,}43 \text{ elst. CGS-Einheiten oder } 2{,}23 \text{ kV/cm}\,. \qquad (118, 1)$$

Vergleichen wir zuerst — ganz naiv — das Aussehen der BALMER-Serie im Spektrum z. B. des Sirius einerseits und einer Starkeffektaufnahme bei 2,2 kV/cm andererseits, so fallen zwei Unterschiede auf, die zunächst auch als schwerwiegende Einwände gegen die Theorie angesehen wurden:

1. Die Linien des Sternspektrums sind größenordnungsmäßig breiter als die der Starkeffektaufnahme.

2. Die Größe der Starkeffektaufspaltungen wächst mit der Gliednummer in der Serie stark an, während in den Sternspektren $H\beta \ldots H\delta$ nahezu die gleiche Breite aufweisen.

---

[1] Vgl. Literaturverzeichnis. Qualitative und halbqualitative Ansätze gehen natürlich weiter zurück; vgl. insbesondere die mehrfach erwähnte Arbeit von H. N. RUSSELL und J. Q. STEWART [1023].

Beide Schwierigkeiten verschwinden mit einem Schlage, wenn wir uns klarmachen, daß *die Absorption der ersten Glieder der* BALMER-*Serie in optisch dicker Schicht erfolgt.* Wir benutzen also zur Berechnung der Konturen und evtl. Äquivalentbreiten von $H\alpha \ldots H\delta$ den in (82, 22) und (82, 23) für $\beta \gg 1$ berechneten Absorptionskoeffizienten (pro Atom; F_0 in elst. CGS-Einheiten; $\Delta\lambda$ in Ångström). Hätten wir es einfach mit einem *Absorptionsrohr* zu tun, so würden die Breiten der Linien, bei gleicher Tiefe gemessen, $\sim C^{2/5}$ sein, d. h. von $H\beta$ bis $H\delta$ um einen Faktor 1,5 *abnehmen.* Die Zunahme der Starkeffektaufspaltungen wird also noch ein wenig überkompensiert durch die Abnahme der Oszillatorenstärken und der Wellenlängen. Wollen wir die Profile und Äquivalentbreiten der *Wasserstofflinien* in *Sternspektren* verstehen, so müssen wir zuerst die Art des Strahlungsaustausches und die wirksame Schichtdicke der Sternatmosphären genauer untersuchen.

A) Strahlungsaustausch in den BALMER-Linien. Würde auf den Absorptionsprozeß $n \to m$ in einer druckverbreiterten Wasserstofflinie notwendig der umgekehrte Emissionsprozeß $m \to n$ folgen, so *würde* nach Abschnitt 81 der Strahlungsaustausch durch *inkohärente Streuung* oder *Verteilung* ι_ν erfolgen. Tatsächlich wird aber das Elektron von m aus öfters auch nach irgendeinem anderen tieferen Energieniveau n' springen oder einen Absorptionsübergang zu einem höheren Niveau n'' ausführen. In den letzteren Fällen wird keinerlei individuelle Beziehung zwischen den Elementarprozessen der Absorption und Reemission mehr zu erkennen sein, bzw. sie wird — solange das Strahlungsfeld von dem eines isothermen Hohlraumes nicht allzu verschieden ist — weitgehend durch den KIRCHHOFFschen Satz geregelt. Das Verhältnis von inkohärenter Streuung ι_ν zu wahrer Absorption $\varkappa_\nu$ wird also nach den bekannten Ansätzen von A. EINSTEIN (Abschnitt 70) bestimmt durch

$$\frac{\iota_\nu}{\iota_\nu + \varkappa_\nu} = \frac{A_{nm}}{A_{nm} + \sum\limits_{n'<m} A_{n'm} + \sum\limits_{m'>m} B_{m'n} \cdot u_\nu}\,. \tag{118, 2}$$

Von den erzwungenen Emissionen wollen wir der Einfachheit halber absehen und dementsprechend für die Strahlungsdichte die WIENsche Näherung $u_\nu \approx \frac{8\pi h \nu^3}{c^3}\, e^{-\frac{h\nu}{kT}}$ benutzen. Die A-Glieder und ihre Summen entnehmen wir aus Tab. 52 oder [1222]; sie allein geben das Verhältnis $\iota_\nu/\iota_\nu + \varkappa_\nu$ bei fehlendem Strahlungsfeld, d. h. $T \to 0$. Die B-Glieder schätzt man am einfachsten mittels des f-Summensatzes ab, wobei man die Frequenzen auf die der jeweiligen Seriengrenzen $\bar{\nu}$ zusammenschiebt. Dann erhält man

$$\sum B_{m'n} \cdot u_\nu \approx \left\{1 + \sum_{k<m'} \left(\frac{k}{n}\right)^2 f_{nk}\right\} \cdot \frac{\pi e^2}{m h\bar{\nu}} \cdot \frac{8\pi h \bar{\nu}^3}{c^3}\, e^{-\frac{h\bar{\nu}}{kT}}\,. \tag{118, 3}$$

Tabelle 66. Verhältnis $\frac{\iota_\nu}{\iota_\nu + \varkappa_\nu}$ in Prozent für die BALMER-Linien $H\alpha$ — $H\gamma$ nach Gl. (118, 2).

T	0°	5600°	10000°
$\Theta = \frac{5040}{T}$	∞	0,9	0,5
$H\alpha$	44	29	14
$H\beta$	28	5	2
$H\gamma$	22	1,3	0,8

Das Ergebnis der Rechnung zeigt Tab. 66; man ersieht daraus, daß der einfache Ansatz *wahrer Absorption* für unsere Linien (evtl. mit Ausnahme von $H\alpha$) und erst recht für die höheren Serienglieder und Serien eine sehr gute Näherung darstellt[1].

[1] In einer Rechnung DE JAGERS [1766, Tab. 55], welche dasselbe Ziel verfolgt wie unsere Tab. 66, sind die Emissionsübergänge $\Sigma A_{n'm}$ — meines Erachtens zu Unrecht — weggelassen. Die Bedeutung der inkohärenten Streuung erscheint dadurch stark übertrieben.

B) Hα, ... Hδ im Sonnenspektrum. Auf die älteren Beobachtungen von M. MINNAERT [956ff.], A. UNSÖLD [17158], C. W. ALLEN [908], D. S. EVANS u. a. brauchen wir wohl nicht mehr im einzelnen zurückzugreifen, nachdem zwei ausgezeichnete moderne Meßreihen über die *Profile von* Hα ... Hδ im Sonnen-

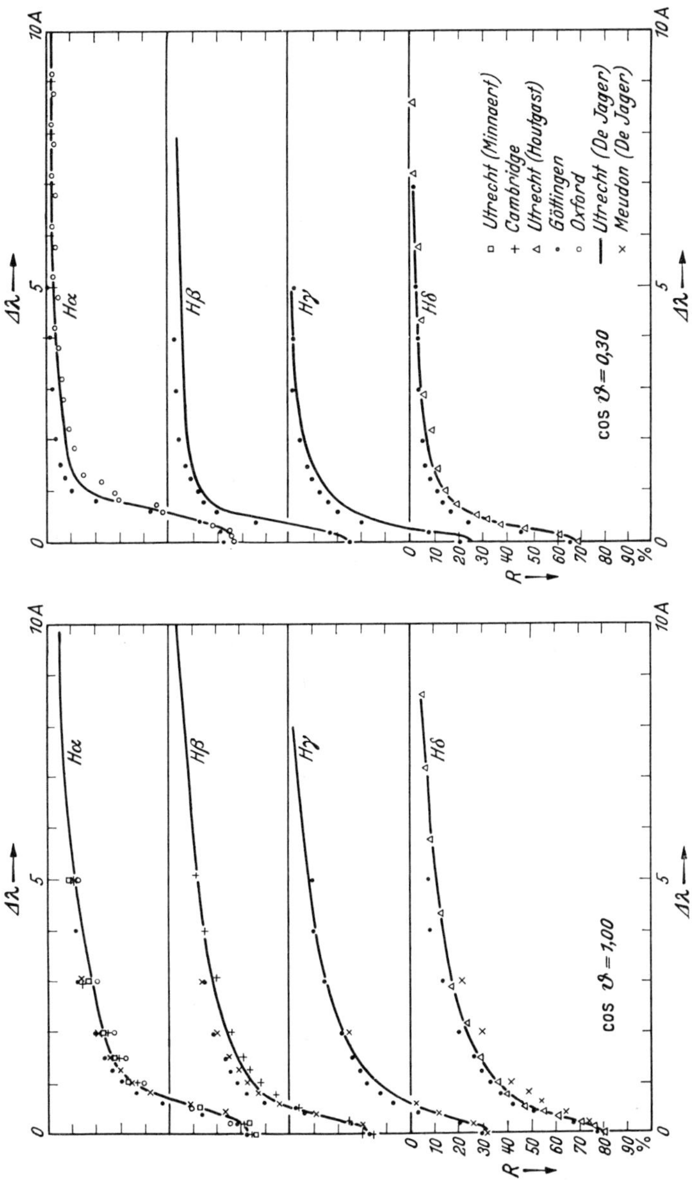

Abb. 147. Die BALMER-Linien Hα bis Hδ und ihre Mitte-Rand-Variation auf der Sonne. Messungen an verschiedenen Sternwarten, zusammengestellt von C. DE JAGER [1766].

spektrum vorliegen. Die eine wurde 1947/48 von P. TEN BRUGGENCATE, H. GOLLNOW, S. GÜNTHER und W. STROHMEIER [1726] am Göttinger Turmteleskop, die andere um dieselbe Zeit von C. DE JAGER [1766] am Utrechter Observatorium ausgeführt. Beide untersuchen auch die *Mitte-Rand-Variation* der Linien bis $r/R = \sin\vartheta = 0{,}99$ bzw. $\cos\vartheta = 0{,}14$ heraus. Abb. 147 — nach DE JAGER — zeigt für $\cos\vartheta = 1$ (⊙-Mitte) und $\cos\vartheta = 0{,}30$ diese Messungen und zum Vergleich auch einige der älteren. Die Übereinstimmung ist im ganzen recht erfreulich; wegen der Diskussion der verbleibenden Differenzen, die bei $\cos\vartheta = 0{,}14$ natürlich noch etwas größer sind, verweisen wir auf die Originalarbeiten. C. DE JAGERs gemessene Äquivalentbreiten W_λ und Zentraltiefen R_0 (über die weiteren Linien s. unten) enthält Tab. 67.

Die Grundzüge einer modernen Theorie gehen — anknüpfend an eine Bemerkung von B. STRÖMGREN [850] — auf eine schon 1944 entstandene Arbeit von A. ROSA [17115] zurück. Wesentlich ist neben der Rechnung mit „wahrer Absorption" (s. unter A) die Einsicht, daß hier die sonst so bequeme Methode der Gewichtsfunktionen auch auf die Linienflügel wegen der außerordentlich raschen

Tabelle 67. Äquivalentbreiten W_λ (in Ångström-Einheiten) und Zentraltiefen R_0 (in %) der Wasserstofflinien im Spektrum der ⊙-Mitte. Nach C. DE JAGER [1766].

Serie / unteres Niveau	BALMER $n = 2$		PASCHEN $n = 3$		BRACKETT $n = 4$	
Oberes Niveau	W_λ	R_0	W_λ	R_0	W_λ	R_0
3	4,03	83				
4	3,80	82				
5	2,76	81	4,39	37		
6	3,37	77	2,43	26		
7			1,60	21	7,37	21
8	2,46	74				
9			0,75	4,4		
10	3,59	65	0,74	3,9	3,18	7,5
11	2,42	54	0,56	3,1	2,53	6,0
12	1,44	42	0,49	3,1	1,85	4,2
13					1,33	3,7
14					0,83	2,8
15	0,62	29				
16	0,48	(22)				

Zunahme des BOLTZMANNschen Anregungsfaktors $e^{-\chi_{0,2}/kT} = 10^{-10{,}15\cdot\Theta}$ mit der Temperatur bzw. Tiefe *nicht* angewandt werden kann. Man berechnet daher die *Linienprofile* am besten punktweise durch numerische Integration nach dem bereits in Abschnitt 101, A) angegebenen Verfahren. Für die Linienabsorptionskoeffizienten genügt weitgehend[1] die $\Delta\lambda^{-\frac{5}{2}}$-Näherung (82, 22) und (82, 23). Nach Tab. 43 müssen wir erwarten, daß die freien Elektronen wegen ihrer hohen Geschwindigkeiten an der Verbreiterung der Linien *nicht* mehr wesentlich mitwirken. Im Linienkern müßte natürlich noch der Dopplereffekt berücksichtigt werden; in praxi genügt es, die Doppler- und HOLTSMARK-Kurven einfach aneinanderzusetzen bzw. in der Schnittzone zu addieren.

Die eigentlichen Schwierigkeiten unseres Problems beginnen mit der Frage des *Sonnenmodells*, d. h. dem Ansatz für T bzw. Θ und $\log P_e$ als Funktion z. B. der optischen Tiefe τ_0 für λ 5000 Å. A. ROSA übernahm im wesentlichen das ursprüngliche Modell von B. STRÖMGREN [850] und M. RUDKJÖBING [841]; P. TEN BRUGGENCATE und Mitarbeiter das ältere DE JAGERsche Modell [822] (mit Berücksichtigung des Heliums) mit etwas höheren Temperaturen (bezogen auf gleiches τ_0). Die Übereinstimmung zwischen Theorie und Beobachtung ist in

[1] Das Korrektionsglied $5{,}107/\beta^{\frac{3}{2}}$ in Gl. (77, 15a), auf dessen Verhältnis zu 1 es ganz entsprechend auch in (82, 22) ankommt, ist am wichtigsten bei den höheren Seriengliedern, kleinen $\Delta\lambda$ und in größeren Tiefen der Atmosphäre. Bei kleinen $\Delta\lambda$, d. h. großen Linienabsorptionskoeffizienten, tragen aber die tiefen Schichten nicht mehr viel zum Linienprofil bei. Das Korrektionsglied erlangt daher nie große Bedeutung. Im übrigen bietet die Rechnung mit den genaueren $S(\alpha)$ nach Gl. (82, 14) und (82, 17) keine erheblichen Schwierigkeiten.

beiden Fällen für die *Mitte der Sonnenscheibe* ($\cos\vartheta = 1$) ganz befriedigend; am *Sonnenrand* aber sind die berechneten Linientiefen wesentlich zu klein. Es ist ohne umfangreiche numerische Rechnungen nicht zu sehen, wie man evtl. das Sonnenmodell verändern könnte, um Übereinstimmung der berechneten und beobachteten Mitte-Rand-Variation zu bekommen. Erniedrigt man z. B. die Temperatur in den höheren Schichten, so wird einerseits die Konzentration der Wasserstoffatome im Zustand $n = 2$ verringert, andererseits aber infolge der Vergrößerung des Temperaturgradienten der Beitrag pro Atom zur Linientiefe vergrößert. Gleichzeitig ändert sich P_e und damit der Absorptionskoeffizient für Linien und Kontinuum; kurzum mit einfachen qualitativen Überlegungen dürfte nicht weiterzukommen sein.

C. DE JAGER [1766] korrigiert zunächst sein ursprüngliches Modell durch nochmalige Diskussion der $I_\lambda(0, \vartheta)$ im Kontinuum in ähnlicher Weise, wie dies um dieselbe Zeit unabhängig davon E. VITENSE [509a] getan hat. Die Temperaturen in dem so abgeleiteten „Modell V" werden dabei im Vergleich zu dem älteren Modell um durchschnittlich 100° niedriger. Um die Anpassung an die Beobachtungen weiter zu verbessern, korrigiert er sodann das Modell V noch anhand der Messungen der Wasserstofflinien; der ganz richtige Grundgedanke ist dabei, daß die Intensitäten in den inneren Teilen der starken Linien — wo der Linienabsorptionskoeffizient groß ist gegenüber dem kontinuierlichen Absorptionskoeffizienten — Auskunft geben über die KIRCHHOFF-PLANCK-Funktion der höheren Schichten der Sonnenatmosphäre. Entsprechend den relativ kleinen Zentralintensitäten der BALMER-Linien beginnt das neue „Modell VII" DE JAGERs bei $\tau_0 = 0{,}01$ mit $T = 4270°$ K, die Temperaturerniedrigung der höchsten Schichten wird dann kompensiert durch eine Erhöhung um $\sim 280°$ bei $\tau_0 \approx 0{,}4$.

Nun aber korrigiert DE JAGER nicht nur am Sonnenmodell, sondern auch an der HOLTSMARKschen Theorie der Verbreiterung der Wasserstofflinien, wie wir sie bisher entwickelt haben, indem er die *Flügel*-Absorptionskoeffizienten, d. h. die C-Faktoren in Gl. (82, 22) vergrößert um Faktoren der Größenordnung 1,3 für die BALMER-Linien und später 2,3 bzw. 3,1 für die PASCHEN- bzw. BRACKETT-Linien. Im Hinblick auf die letzteren und die Mitte-Rand-Kontrastmessungen im Infrarot [269, 268] werden dann auch noch die infraroten H^--Absorptionskoeffizienten nach S. CHANDRASEKHAR und F. H. BREEN [709, III] empirisch korrigiert. Wir können uns des Eindruckes nicht erwehren, daß insgesamt reichlich viele „empirische Freiheitsgrade" in die Theorie eingeführt sind, so daß der schließliche Vergleich von Theorie und Beobachtung einigermaßen problematisch wird. Auf jeden Fall dürften aber die vorliegenden Ansätze eine gute Basis und vielfache Anregungen für weitere theoretische Untersuchungen bilden. Es wäre wohl interessant, die Wasserstofflinien einmal mit anderen, z. B. den O I-Linien zu vergleichen, die ebenfalls in tiefen Schichten entstehen.

C) Die BALMER-Linien Hα, ... Hδ in Sternspektren. Da die BALMER-Linien, insbesondere Hβ, Hγ und Hδ, die Spektren der frühen Typen geradezu beherrschen und wichtige Kriterien zu ihrer Klassifikation und zur Bestimmung spektroskopischer Parallaxen liefern, so sind ihre Profile und Äquivalentbreiten von vielen Beobachtern gemessen worden.

Wir werfen zunächst einen Blick auf diese Arbeiten, die etwa 1929 einsetzten und auch heute noch keinen Abschluß erreicht haben. Am *Yerkes Observatory* begannen seinerzeit O. STRUVE [17127—17129] mit der Untersuchung der starkeffektverbreiterten Wasserstoff- und Heliumlinien in Sternspektren und stellte — wie wir schon sahen — die Grundzüge ihrer Deutung klar. Mit dem Dreiprismenspektrographen haben dann C. T. ELVEY [1736] sowie C. T. ELVEY und P. C. KEENAN [1738] größere Meßreihen ausgeführt.

Die Meßreihen an *Harvard Observatory* sind größtenteils mit Objektivprismen ausgeführt. Ihr Ziel ist in erster Linie die Bestimmung *spektroskopischer Parallaxen*: Da im Bereich der Spektraltypen etwa B8—A3 die Äquivalentbreite W_λ der Linien Hβ ... Hδ nur wenig vom Spektraltyp (bzw. der effektiven Temperatur T_e), dagegen stark von der absoluten Helligkeit (bzw. der Schwerebeschleunigung g an der Sternoberfläche) abhängt, so geben Messungen der W_λ in Verbindung mit einer ein für allemal zu beschaffenden Eichkurve eine ausgezeichnete Methode zur Bestimmung *absoluter Helligkeiten*. Hierauf beruhten im wesentlichen schon die älteren halb-quantitativen Verfahren von W. S. ADAMS und A. H. JOY an Mt. Wilson und von B. LINDBLAD und Mitarbeitern in Stockholm. Der Fortschritt des photometrischen Verfahrens liegt einmal in der absoluten Festlegung der Kriterien bzw. ihrer Übertragbarkeit von einem Institut zum anderen und sodann — wie wir sehen werden — auf der Elimination des Einflusses der Rotation der Sterne auf die Linienprofile.

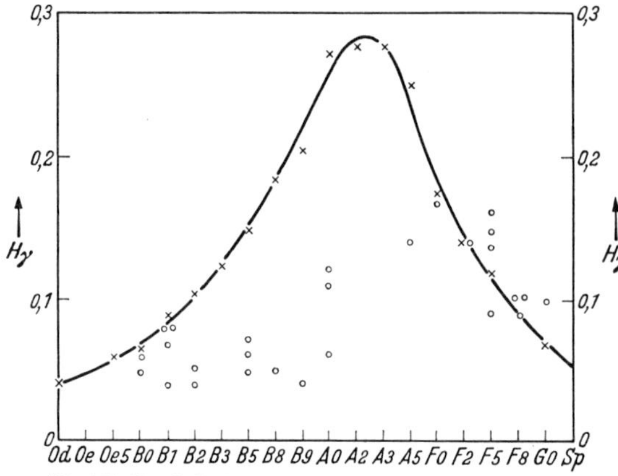

Abb. 148. Hγ als Funktion des *Spektraltyps*. Linke Ordinatenskala „Intensitäten" nach D. BARBIER, D. CHALONGE und N. MORGULEFF [911]. x—x—x Mittelwerte für die Hauptsequenz. o o o Individuelle Übergiganten (ohne Emissionslinien).

Als wichtigste Arbeiten des *Harvard*-Kreises um H. SHAPLEY und C. H. PAYNE-GAPOSCHKIN erwähnen wir die von E. T. R. WILLIAMS [17169], C. J. ANGER [1712] und E. M. LINDSAY [1778]. Das hier aufgetauchte, kosmogonisch höchst interessante Problem, ob verschiedene galaktische Sternhaufen genau dieselbe Relation zwischen absoluter Helligkeit und Äquivalentbreite von Hγ oder Hδ befolgen oder nicht, könnte wohl erst mit größerer photometrischer Genauigkeit entschieden werden.

Sodann sollten wir die sorgfältigen Messungen von E. G. WILLIAMS mit Spaltspektrographen in *Cambridge* [17170] und auf *Mt. Wilson* [17171] erwähnen.

In *Göttingen* hat S. GÜNTHER [1747 und 1748] mit einer Objektivprismenkamera 95 Sterne der Typen O—F8 beobachtet.

Ein Programm spektroskopischer Parallaxen mit 169 Sternen der Typen B8—A3 aus Messungen der Äquivalentbreite von Hγ (mit 2- oder 1-Prismen-Spaltspektrograph) haben R. M. PETRIE und C. D. MAUNSELL [17108] in *Victoria* durchgeführt.

Vergleiche der verschiedenen Meßreihen von W_λ — im Hinblick auf systematische Fehler — sind z. B. bei S. GÜNTHER sowie R. M. PETRIE und C. D. MAUNSELL durchgeführt. E. G. WILLIAMS, S. GÜNTHER und R. M. PETRIE stimmen untereinander innerhalb etwa $\pm 15\%$ überein; Yerkes und Harvard messen die großen W_λ systematisch um $\sim 25\%$ größer.

Auf die praktisch sehr nützlichen Schnellverfahren von Y. ÖHMAN [969] sowie D. BARBIER, D. CHALONGE und N. MORGULEFF [911] zur Messung der Intensität der Wasserstofflinien in Spektren kleiner Dispersion haben wir in Abschnitt 67 schon hingewiesen.

Im Anschluß an letztere Arbeit bringen wir in Abb. 148 die Äquivalentbreite von Hγ als Funktion des Spektraltyps. Die Ordinaten geben die instrumentell bedingten Einheiten nach BARBIER u. a. Deren Beziehung zur Skala der Äquivalentbreiten ist bis 0,23 — entsprechend $W_\lambda = 10$ Å — linear, dann wächst W_2 langsamer.

Die Abhängigkeit der Hγ-Äquivalentbreite (in Ångström) von der absoluten Helligkeit M_v im Bereich B8—A3 nach den Messungen von R. M. PETRIE und C. D. MAUNSELL [17108] zeigt Abb. 149. Die gestrichelt eingezeichnete mittlere

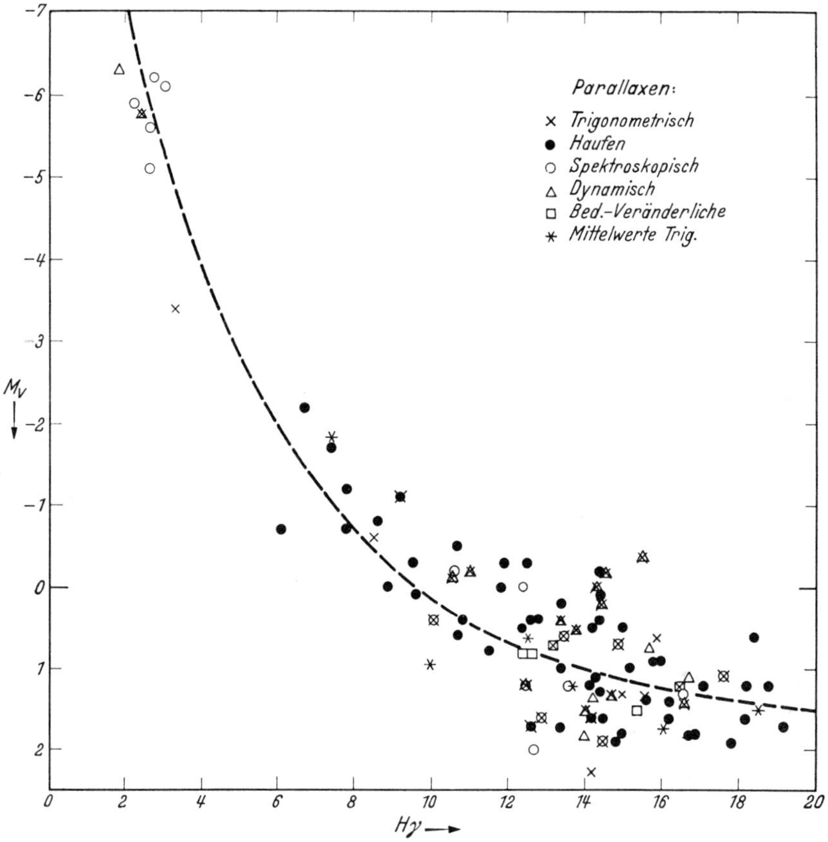

Abb. 149. Gemessene Äquivalentbreite von Hγ (in Ångström) als Funktion der *absoluten Helligkeit* M_v; nach [17108]. Die verschiedenen Symbole zeigen den Ursprung der verwendeten Parallaxen an; es handelt sich um individuelle Sterne mit Ausnahme der Mittelwerte * für kleine trigonometrische Parallaxen. Für verschiedene Spektraltypen sind zu den Magnitudines der Ordinatenskala folgende Korrektionen zu addieren

B8	B9	A0	A1	A2	A3
0.6	0.4	0.0	0.0	0.4	0.6

Die gestrichelte Kurve gibt die mittlere Eichkurve.

Eichkurve dürfte spektroskopische M_v etwa mit einer Genauigkeit von $\pm 0^{\mathrm{M}}.5$ liefern.

Nun zur theoretischen Deutung des ganzen Beobachtungsmaterials! Da einigermaßen brauchbare Modelle für Sternatmosphären früher Spektraltypen noch nicht berechnet sind, so müssen wir uns vorerst auf den Standpunkt der Grobanalyse stellen, d. h. mit Mittelwerten von P_e, T, ... rechnen und dementsprechend mit mäßiger Genauigkeit zufrieden sein.

In Abb. 92 hatten wir die wirksame *Gesamtzahl* aller Atome $\overline{NH}$ über 1 cm² als Funktion der *effektiven Temperatur* T_e bzw. $\Theta_e = 5040/T_e$ der Sternatmosphäre und ihrer *Schwerebeschleunigung* g berechnet. Der Zusammenhang zwischen T_e und der *mittleren Temperatur* T wird durch Abb. 89 hergestellt. Die zugehörigen $\log P_e$ liest man aus Abb. 91 ab. Die dort gewählte Wellenlänge von 4250 Å liegt hinreichend nahe bei Hγ 4340. Das Mischungsverhältnis Wasserstoff: übrige Elemente entnehmen wir Tab. 22; danach ist der Bruchteil der H-Atome gleich 0,84. Von diesen wiederum ist der Bruchteil $1-x$ neutral. Dessen Berechnung erfolgt nach der SAHAschen Gleichung mit Hilfe der Temperatur T nach Abb. 89 und dem Elektronendruck P_e nach Abb. 91. Schließlich ist von den neutralen Atomen nach der BOLTZMANN-Formel der Bruchteil $4\cdot 10^{-10{,}15\,\Theta}$ angeregt. Man erhält also schließlich

$$N_{0,2}\,H = \overline{NH}\cdot 0{,}84\,(1-x)\cdot 4\cdot 10^{-10{,}15\,\Theta}. \qquad (118,4)$$

Das Ergebnis[1] zeigt die folgende Abb. 150. Für $\Theta_e < 0{,}45$ und $\log g \geqq 3$ ist $N_{0,2}\,H$ von g — d. h. grob gesagt von der absoluten Helligkeit — fast unabhängig, da die Druckabhängigkeit von $1-x$ fast kompensiert wird durch die des $\overline{NH}$. Erst bei $\log g \leqq 2$ (Übergiganten) wird die Druckabhängigkeit des kontinuierlichen Absorptionskoeffizienten durch das Hinzukommen der THOMSON-Streuung an freien Elektronen verändert, mit anderen Worten die verringerte „Durchsichtigkeit" der Atmosphäre verkleinert die $N_{0,2}\,H$. Für $\Theta > 0{,}6$ ist der Wasserstoff vorwiegend neutral. Hier folgt die g-Abhängigkeit von $N_{0,2}\,H$ der von $\overline{NH}$; letzteres geht etwa umgekehrt proportional zum Absorptionskoeffizienten $\varkappa$ und daher auch umgekehrt proportional P_e. Die Hauptsequenz haben wir stark gestrichelt eingezeichnet.

Mit Hilfe der $N_{0,2}\,H$ berechnen wir nun in einem zweiten Arbeitsgang die *Äquivalentbreite* W_λ der Linie Hγ. Wir setzen dabei voraus, daß die Absorption in der Linienmitte stets in optisch dicker Schicht erfolgt, so daß sich dort die Grenztiefe R_c — entsprechend der KIRCHHOFF-PLANCK-Funktion des Sternrandes — einstellt. Es wird sich zeigen, daß diese Annahme nur bei den frühen O-Sternen nicht mehr ganz zutrifft. Für den *Linienabsorptionskoeffizienten* pro 2-quantiges H-Atom genügt die Näherung (82, 22)

$$k(\Delta\lambda) = C\cdot\frac{F_0^{3/2}}{\Delta\lambda^{5/2}}, \qquad (118,5)$$

wo für Hγ das $C = 0{,}442\cdot 10^{-16}$, wenn $\Delta\lambda$ in Ångström gerechnet wird. Die wirksame optische Dicke der Atmosphäre für Hγ ist dann $x_\nu = k(\Delta\lambda)\cdot N_{0,2}\,H$. Schreiben wir, wie in Kap. XVI, die Tiefe in der Linie $R = \left\{\frac{1}{x_\nu}+\frac{1}{R_c}\right\}^{-1}$ und die Äquivalentbreite $W_\lambda = \int R\,d\lambda$, so erhalten wir nach Gl. (108, 3) mit $n = 5/2$:

$$W_\lambda = 2{,}642\cdot R_c^{3/5}\cdot C^{2/5}\cdot F_0^{3/5}\,(N_{0,2}\,H)^{2/5}. \qquad (118,6)$$

Für die HOLTSMARKsche Normalfeldstärke endlich gilt nach Gl. (82, 9) (wenn *nur* die Ionen verbreitern)

$$F_0 = 46{,}8\left(\frac{P_e}{T}\right)^{2/3} \quad\text{oder}\quad F_0^{3/5} = 10{,}06\left(\frac{P_e}{T}\right)^{2/5}. \qquad (118,7)$$

So wird dann (in Ångström):

$$W_\lambda = 7{,}63\cdot 10^{-6}\cdot R_c^{3/5}\left(\frac{N_{0,2}\,H\cdot P_e}{T}\right)^{2/5}. \qquad (118,8)$$

Für die *Zentraltiefen* R_c, auf die es hier nicht sehr genau ankommt und deren

[1] Die Abb. 150 und 151 hat Herr Dr. K. H. BÖHM angefertigt; Verf. möchte ihm dafür herzlich danken.

Theorie wir erst in Abschnitt 120 erörtern werden, entnehmen wir den Beobachtungen von S. GÜNTHER [1747] und E. G. WILLIAMS [17171, 17172] folgende Mittelwerte für die verschiedenen Spektraltypen, deren provisorische Θ_e wir gleich beigefügt haben:

Spektrum:		O8	B0	B5	A0	F0	G0
Θ_e	$\approx$	0,145	0,155	0,25	0,50	0,72	0,87
beob. R_c	$=$	40	45	55	65	75	80%

(118, 9)

Nach Gl. (118, 8) berechnet man nun vollends aus den in Abb. 150 aufgetragenen Atomzahlen $N_{0,2}H$ mit obigen R_c die in der nächsten Abb. 151 dargestellten *Äquivalentbreiten* W_λ für Hγ als Funktion von Θ_e und g. Die Übereinstimmung der für die *Hauptsequenz* (stark gestrichelt) berechneten Äquivalentbreiten mit den Beobachtungen z. B. nach Abb. 148 ist bei den höheren Temperaturen (etwa $\Theta_e < 0{,}7$) besser als wir erwarten konnten. Erst bei Annäherung an die Sonnentemperatur ($\Theta_e = 0{,}88$) macht sich unsere vorläufige Vernachlässigung der Temperaturzunahme mit der Tiefe durch zu kleine berechnete W_λ bemerkbar.

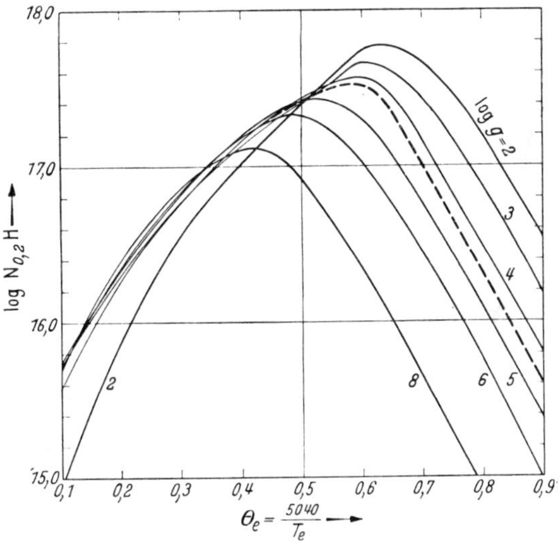

Abb. 150. Anzahl zweiquantiger Wasserstoffatome $N_{0,2}$H über 1 cm² der Sternoberfläche. Für λ 4250 Å berechnet als Funktion von $\Theta_e = 5040/T_e$ und g.

Um so überraschender ist, daß die g-Abhängigkeit von Hγ beim Übergang von der Hauptsequenz zu den *Übergiganten* von der Theorie zwar qualitativ richtig, quantitativ aber recht schlecht wiedergegeben wird. Das beobachtete Maximum, nach Abb. 148 ungefähr bei cF0 (d. h. $\Theta_e \approx 0{,}7$) mit $\log W_\lambda \approx 0{,}85$, würde unwahrscheinlich kleinen g-Werten entsprechen. Vergleicht man unter Zuhilfenahme von Abb. 43 die theoretische Abhängigkeit der W_λ von der absoluten Helligkeit mit den Beobachtungen im Bereich B8—A3 nach Abb. 149, so ergibt sich zwar — wie gesagt — Übereinstimmung bei den Sternen der Hauptsequenz; im Bereich der Übergiganten dagegen sind die berechneten W_λ erheblich zu groß oder die aus der *Masse-Leuchtkraft-Beziehung* ermittelten g-Werte zu groß. Eine ganz entsprechende Bemerkung hätten wir schon an den Vergleich von Theorie und Beobachtung bezüglich des BALMER-Sprunges D in Abb. 90 anknüpfen können. Eine eingehendere theoretische Untersuchung über die Mitwirkung von *Strahlungsdruck* und *Turbulenz* (vgl. Abschnitt 51) am Aufbau der Übergigantenatmosphären, vielleicht aber auch eine kritische Überprüfung der *Masse-Leuchtkraft-Beziehung* in diesem Bereich dürften an der Zeit sein[1].

D) Die PASCHEN- und BRACKETT-Serie. Die Serien $3 \to n$ bzw. $4 \to n$ des Wasserstoffs, deren Grenzen $n \to \infty$ bekanntlich bei λ 8206 bzw. 14588 Å liegen, sind im Sonnenspektrum neuerdings von C. DE JAGER und L. NEVEN [1763 und 1766] eingehend untersucht worden. Die PASCHEN-Linien können ab $n \geqq 6$ (λ 10938 Å) photographisch photometriert werden. Schon von $\lambda \geqq 8400$ Å an

[1] Auf dieses Problem hat — zum Teil auch in anderem Zusammenhang — A. PANNEKOEK schon verschiedentlich mit Nachdruck hingewiesen.

ist aber heute die Bleisulfidzelle mit Verstärker und Registriergalvanometer das ideale Meßgerät.

Auf die älteren Arbeiten über die PASCHEN-Linien von ROSENTHAL und ALLEN (photographisch) sowie DAHME (Bolometer) brauchen wir nicht mehr im einzelnen zurückzukommen. DE JAGER hat in Utrecht die Profile der Linien 3—6 und 3—7 einschließlich ihrer Mitte-Rand-Variation bis $\cos\vartheta = 0{,}200$ mit Kodak Z Platten gemessen und dann zusammen mit L. NEVEN [1763] auf dem Jungfraujoch die übrigen Linien — soweit sie durch Fremdlinien, insbesondere Wasserdampfbanden, nicht zu stark gestört sind — mit der PbS-Zelle für ⊙-Mitte gemessen. Bezüglich der Profile selbst verweisen wir auf die angegebenen Abhandlungen. Die Äquivalentbreiten und Zentraltiefen aller gemessenen Linien sind in Tab. 67 mit angegeben. Schon bei oberflächlicher Betrachtung der Tabelle fällt auf, daß die PASCHEN-Linien schwächer sind als die BALMER- und BRACKETT-Linien. Dies hängt offenbar damit zusammen, daß der kontinuierliche Absorptionskoeffizient der H^--Ionen in der Sonnenatmosphäre ($\Theta \approx 0{,}9$) nach Abb. 76 gerade im Bereich der PASCHEN-Serie (deren Grenze man in der Figur erkennt) sein *Maximum* hat, so daß hier die Sonnenatmosphäre besonders undurchsichtig ist. DE JAGER hat weiter versucht, die Messungen im Rahmen seiner unter B) schon besprochenen Modelle zu deuten. Um Übereinstimmung zwischen Beobachtung und Theorie herzustellen, sieht er sich genötigt, die Verteilung der nach Abschnitt 82 berechneten Linienabsorptionskoeffizienten als Funktion von $\Delta\lambda$ für die BALMER-, PASCHEN- und BRACKETT-Serie um Faktoren von ungefähr 1,3, 2,3 und 3,1 zu verbreitern. Es ist aber atomphysikalisch kaum denkbar, daß dieser Korrektionsfaktor — selbst wenn die HOLTSMARKsche Theorie noch verbesserungsbedürftig wäre — für die drei Serien *verschieden* wäre. Die Verbreiterung der BALMER-, PASCHEN- und BRACKETT-Linien mit demselben *oberen* Term rührt ja fast ausschließlich von *diesem* her [da die Verbreiterung des Termes n in cm^{-1} bekanntlich $\sim n(n-1)$ ist], während der untere Term nur einen kleinen Beitrag zur Linienbreite liefert. Wir möchten also doch noch hoffen, daß die Unstimmigkeiten sich durch Verfeinerung unserer Vorstellungen vom Aufbau der Sonnenatmosphäre beheben lassen werden.

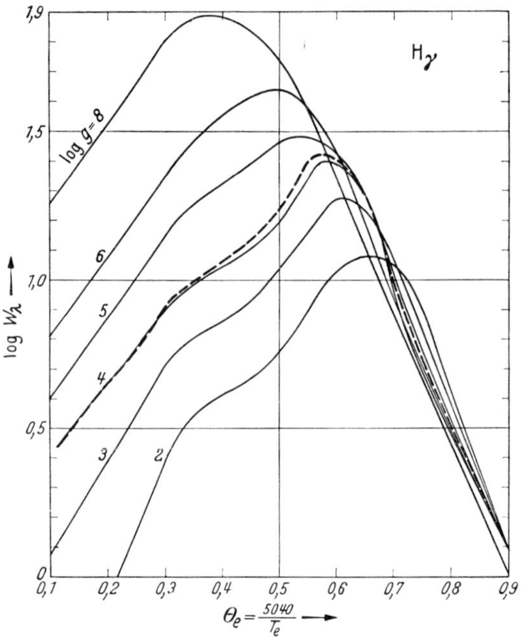

Abb. 151. Äquivalentbreite W_λ von $H\gamma$ in Ångström, als Funktion von Θ_e und g berechnet im Anschluß an Abb. 150.

Die höheren Glieder aller drei Wasserstoffserien — die der BALMER- und PASCHEN-Serie sind auch in Sternen eingehend untersucht — werden wir im folgenden Teil zusammen behandeln.

E) Die höheren Glieder der Wasserstoffserien. Auch hier schematisieren wir — aus den angegebenen Gründen — zunächst wieder die Sternatmosphäre durch eine homogene Schicht und diskutieren später die Verfeinerung dieser Vorstellung durch Modellrechnungen.

Zu Anfang werden wir weiterhin voraussetzen, daß die absorbierende Schicht optisch nicht zu dick ist, d. h. wir beschränken uns auf die schwache Wasserstoffabsorption der Spektraltypen in hinreichendem Abstand von ihrem Maximum bei A0—A2.

Betrachten wir zunächst die Äquivalentbreiten der höheren Glieder der BALMER-Serie und ihren Zusammenhang mit dem Intensitätssprung $D = \Delta \log I$ bei λ 3700 Å! Geht man entlang der Serie — bei nicht zu großen $N_{0,2} H$ — zu immer größeren Hauptquantenzahlen, so werden die Linien durch Starkeffekt immer mehr verbreitert; d. h. die Absorption erfolgt schließlich auch für die Linienmitte in optisch dünner Schicht. Dann ist ganz unabhängig von der Art der Verbreiterung die Äquivalentbreite W_λ gegeben durch

$$W_\lambda = \int x_\nu \, d\lambda = \frac{\pi e^2 \lambda^2}{m c^2} \cdot N_{0,2} H f. \qquad (118, 10)$$

Kommt x_ν in die Größenordnung von Eins, so wird man — bei nicht allzu hohen Genauigkeitsansprüchen — statt $x_\nu \approx R$ besser die bekannte Verknüpfung

$$\frac{1}{R} = \frac{1}{x_\nu} + \frac{1}{R_c} \qquad (118, 11)$$

benutzen und die Grenztiefe R_c aus den Zentralintensitäten der starken Linien extrapolieren. Es wird dann also

$$\int \left(\frac{1}{R} - \frac{1}{R_c}\right)^{-1} d\lambda \approx \frac{\pi e^2 \lambda^2}{m c^2} \cdot N_{0,2} H f. \qquad (118, 12)$$

Wendet man Gl. (118, 10) oder (118, 12) auf die Folge der BALMER-Linien zunächst ganz formal an, so wird die Extrapolation der so berechneten $N_{0,2} H$ für $n \to \infty$ die wahre Anzahl 2-quantiger Atome über 1 cm² geben.

Dieses Verfahren ist 1929 auf die BALMER-*Linien des Sonnenspektrums* von A. UNSÖLD [17156] angewandt worden. Infolge ihrer Flachheit und zahlreicher störender Fremdlinien waren die höheren Serienglieder früheren Beobachtern völlig entgangen; erst Mikrophotometerkurven mit großer Dispersion ließen sie erkennen. Von $n = 10$ bis 16 erwiesen sich die berechneten $N_{0,2} H$ als ziemlich konstant; ihr Maximalwert entspricht $\log N_{0,2} H = 15{,}7$.

Für zahlreiche Sterne der Spektraltypen Od—F5 hat dann S. GÜNTHER [1747] die W_λ der BALMER-Linien gemessen und die $N_{0,2} H$ berechnet. Weitere Messungen verdanken wir H. JENSEN [1767], P. W. MERRILL und O. C. WILSON [1782] u. a. Die Beobachtungen von E. G. WILLIAMS [17171] zusammen mit denen von S. GÜNTHER hat A. UNSÖLD [17162a, Tab. 1] bearbeitet.

Dabei sind auch die Messungen von D. BARBIER und D. CHALONGE [308—310] über den *Intensitätssprung an der* BALMER-*Grenze* $D = \Delta \log I$ in entsprechender Weise ausgewertet. Dem D entspricht zunächst — bezogen auf das Kontinuum der langwelligen Seite — eine Einsenkung

$$R = 1 - 10^{-D}. \qquad (118, 13)$$

Die zugehörige optische Dicke x_ν erhält man wieder aus der bekannten Gl. (118, 11). Endlich ist der Absorptionskoeffizient pro zweiquantiges Wasserstoffatom für das BALMER-Kontinuum an der Seriengrenze $1{,}38 \cdot 10^{-17}$ CGS-Einheiten und daher

$$x_\nu = 1{,}38 \cdot 10^{-17} \cdot N_{0,2} H. \qquad (118, 14)$$

Im allgemeinen schließen sich die aus den D berechneten $N_{0,2} H$ gut als Grenzwert für $n \to \infty$ den aus den BALMER-Linien ermittelten Zahlen an.

Zur weiteren Illustration zeigen wir noch in Abb. 152a und b Einzelheiten für den B0-*Zwergstern* τ Sco und den B2-*Übergiganten* 55 Cyg. Die $\log N_{0,2} H$ wachsen bis zu einem bestimmten n an; dann nehmen sie — formal genommen — wieder ab, da die Überlappung der Flügel benachbarter Serienglieder das Kontinuum herabdrückt und so die gemessenen W_λ verkleinert. Bei dem Zwergstern mit hohem Druck beginnen die Linien früher zu verschmelzen, als bei dem Übergiganten mit kleinem Druck. Der Anschluß an die D-Messungen (rechts) ergibt

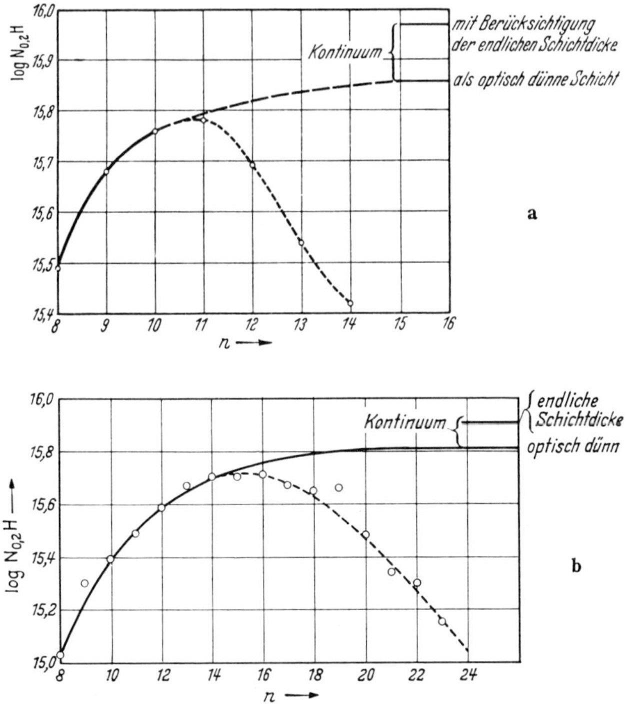

Abb. 152. Bestimmung der Anzahl $N_{0,2}H$ zweiquantiger Wasserstoffatome pro cm²-Säule aus den Äquivalentbreiten W_λ der BALMER-Linien und dem Intensitätssprung D an der Seriengrenze. a) τ Scorpii (dB0) nach A. UNSÖLD [17162]; b) 55 Cygni (cB2) nach H. H. VOIGT [17167].

sich ganz zwanglos. Eine Zusammenstellung der $\log N_{0,2} H$ gibt Abb. 153. Die Übereinstimmung mit unserer theoretischen Abb. 150 ist bei den B-Sternen und wieder bei den späteren Spektraltypen ganz befriedigend; in der Nähe des Maximums bei A0 bleiben verständlicherweise die unteren Grenzwerte nach Abb. 153 erheblich hinter den berechneten $N_{0,2} H$ zurück.

In einer Anzahl hellerer B- und A-Sterne haben 1934 P. W. MERRILL und O. C. WILSON [1782] auch die PASCHEN-Linien $n \geqq 11$ oder 12 photographisch-photometrisch gemessen. $n = 9$ und 10 sind durch H_2O-Banden schon ziemlich gestört. Leider reichen die höchsten noch getrennt erscheinenden Serienglieder bei den *Übergiganten* ($n = 24$ bei β Ori cB8; evtl. bis 26 bei α Cyg cA2) schon wieder in den Bereich der nächsten Wasserdampfbande, so daß hier schlecht festzustellen ist, wo die Serie aufhört. Aus den gemessenen W_λ kann man durch Extrapolation das $N_{0,3} H$ ermitteln. J. S. HALLs entsprechende Messung des Intensitätssprunges an der PASCHEN-Grenze λ 8205 Å haben wir schon auf S. 456 erwähnt.

Besonders interessant und aufschlußreich ist an den Seriengrenzen der Übergang von der diskreten Folge der Linien in das anschließende Grenzkontinuum, dessen Theorie wir in Abschnitt 45 ausführlich entwickelt haben. In dem dB0-Stern τ Sco z. B. ist die BALMER-Linie $n = 14$ noch gut zu erkennen, während $n = 15$ gar nicht oder höchstens als unbestimmter Hauch hervortritt. Bei dem cB2-Stern 55 Cyg dagegen ist $n = 24$ noch eindeutig erkennbar, und erst die höheren Serienglieder verschmelzen. Daß das Verschwinden der Serienglieder von einem bestimmten n_m ab kein instrumenteller Effekt ist, erkennt man leicht durch Vergleich mit engen Paaren scharfer Linien der Sternspektren oder der Fe-Vergleichsspektren z. B. auf Aufnahmen mit dem großen MCDONALD-Quarzspektrographen oder auf *Mt. Wilson*-COUDÉ-Platten. Es handelt sich vielmehr um das von A. PANNEKOEK [1146] und dann besonders von D. R. INGLIS und E. TELLER [1121] (s. Abschnitt 82a) berechnete Zusammenfließen der Linien infolge des mit der Hauptquantenzahl rasch zunehmenden Starkeffektes. Rechnen wir zunächst wieder mit einer homogenen Atmosphäre, so gibt also die *Hauptquantenzahl* n_m der letzten noch getrennt erkennbaren Linie nach Gl. (82, 29) direkt die mittlere Anzahl der verbreiternden Ladungsträger und damit der Elektronen pro cm³.

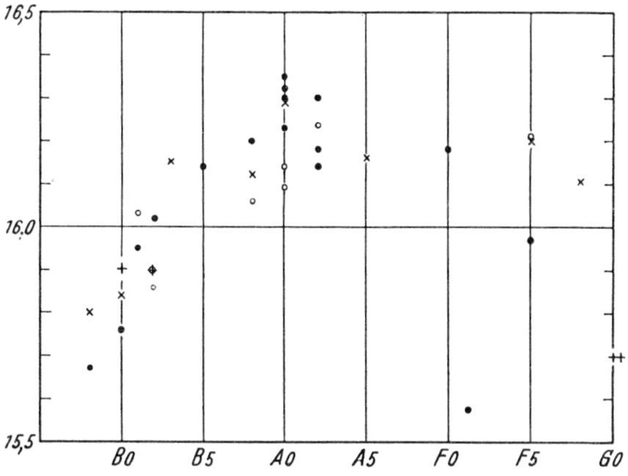

Abb. 153. log $N_{0,2}H$ aus den hohen Gliedern der BALMER-Serie. In der Nähe des Maximums bei A0 sind die Zahlen nur als *untere Grenzwerte* zu betrachten. ● Sterne der Hauptsequenz nach S. GÜNTHER [1747]; ○ c-Sterne nach S. GÜNTHER [1747]; × nach H. JENSEN [1767] (Mittel aus G. und J.); + und ⊕ einige weitere Messungen.

Da bei einer bestimmten Temperatur oder — wie wir für diesen Zweck ebensogut sagen können — einem bestimmten Spektraltyp die Elektronendichte $N_e = P_e/kT$ nach Abb. 91 von der Schwerebeschleunigung g bzw. der absoluten Helligkeit M_v abhängt, so gibt die mit einem größeren UV-Spektrographen leicht und genau feststellbare Hauptquantenzahl n_m der letzten getrennt erkennbaren BALMER-Linie ein empfindliches *Kriterium für absolute Helligkeiten.* Dies zeigt z. B. Abb. 154 nach Beobachtungen von O. STRUVE und A. UNSÖLD [17161]; entgegen der ursprünglichen Erwartung zeigte sich übrigens, daß die visuelle Feststellung der n_m von der Schwärzung der Platte kaum abhängt. Weitere Beobachtungen hat G. MICZAIKA [1786] mitgeteilt.

Da die Starkeffekt-Verbreiterung der Wasserstofflinien mit hohem n im wesentlichen durch den *oberen* Term bestimmt ist, so sollte man erwarten, daß in ein und demselben Stern die BALMER- und die PASCHEN-Serie bei demselben n_m abbrechen. Dies wird durch die Beobachtungen von P. W. MERRILL und O. C. WILSON [1782, Tab. III] bestätigt.

Bei den späteren Spektraltypen (etwa ab F5) wird die Beobachtung des Abbrechens der BALMER-Serie durch die dichtgedrängten Metallinien immer schwieriger. Im Sonnenspektrum kann man mit großer Dispersion die BALMER-Serie bis $n_m = 16$ bekommen. Für die *mittleren* Zustandsgrößen nach (100, 24), d. h. $\log P_e = 1{,}51$ und $T = 5675°$ K würde man nach der INGLIS-TELLER-Formel (82, 29) — die Elektronen machen hier mit — $n_m = 17{,}5$ erwarten. In ähnlicher Weise haben wir von der INGLIS-TELLER-Formel schon in Abschnitt 110a bei der

Analyse von τ Sco, 55 Cyg und anderen Sternen früher Spektraltypen Gebrauch gemacht.

Andererseits hat E. VITENSE [862] die Abhängigkeit der „größten“ Hauptquantenzahl n_m von T_e und g, d. h. ihre Variation im HERTZSPRUNG-RUSSELL-Diagramm, im Sinne der Grobanalyse mit den in Abb. 91 schon dargestellten Elektronendrucken nach Gl. (82, 29) und (82, 30) berechnet. Bei den heißen Sternen bis $\sim$ A2 hängt n_m, wie sich zeigt, fast ausschließlich von g, dagegen nur

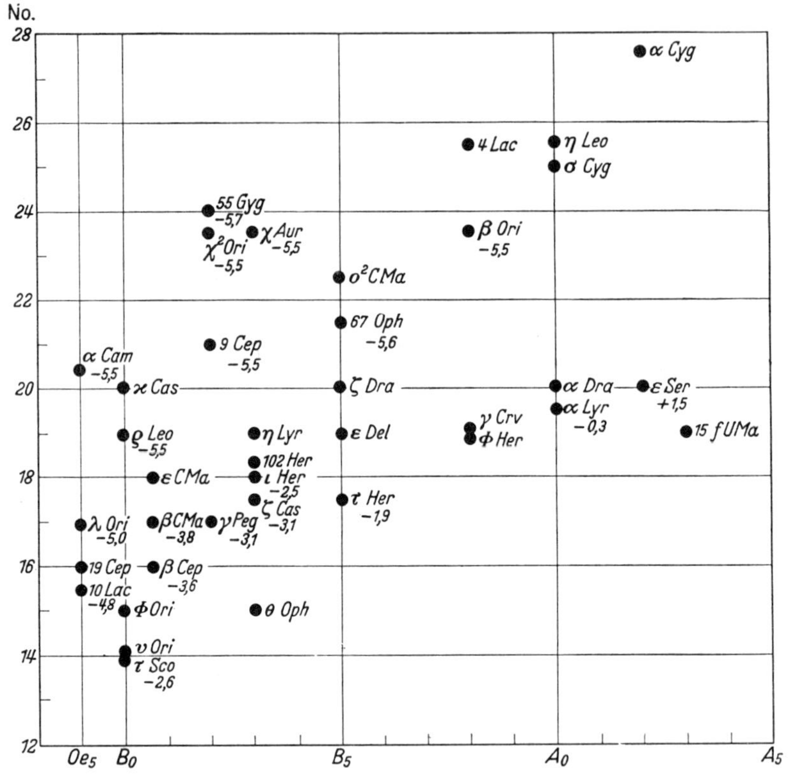

Abb. 154. Hauptquantenzahl n_m der letzten BALMER-Linien als Funktion von Spektraltyp und absoluter Helligkeit. Nach [17161].

wenig von T_e ab. Die Theorie bekräftigt also die praktische Erfahrung, daß n_m ein ausgezeichnetes Kriterium der absoluten Helligkeit darstellt.

Vergleicht man die graphische Darstellung Abb. 155 mit den Beobachtungen in Abb. 144 (für die Hauptsequenz ist $\log g \approx 4$, für die Übergiganten wahrscheinlich ≈ 3 bis 2,5), so zeigt sich, daß die berechneten n_m durchweg um etwa 2—4 zu *klein* sind.

Es lohnt wohl nicht, über diese Differenz längere Betrachtungen anzustellen; wir sehen vielmehr darin lieber einen Hinweis darauf, daß auch die Theorie der hohen Serienglieder des Wasserstoffes im Sinne einer Berücksichtigung der Temperatur- und Druck*schichtung* der Sternatmosphären weitergebildet werden muß. Einen Versuch in dieser Richtung hat E. v. DIEN [1104] gemacht. Ihre näherungsweise Berechnung der Absorptionskoeffizienten für die starkeffektverbreiterten höheren Serienglieder haben wir schon in Abschnitt 82a dargestellt. Hat man ein Modell der betreffenden Sternatmosphäre, so kann man ohne weiteres für jede Frequenz den Absorptionskoeffizienten für das Kontinuum *und* die sich zum Teil überlagernden Linien als Funktion der Tiefe berechnen und z. B. den Strahlungsstrom — da es sich durchweg um wahre Absorption handelt — durch numerische Integration ermitteln. Die Frage ist dann, bei welchem n_m die Einsenkung der Linien gegenüber ihren Zwischenräumen einen gewissen Schwellenwert (auf dessen Größe es nicht genau ankommt) unterschreitet.

Im einzelnen hat E. v. DIEN ihre Rechnungen für M.-E.-Modelle (Linien-Streuung!) mit effektiven Temperaturen von 12000—20000°, entsprechend $\Theta_e = 0{,}42$ bis 0,25 ausgeführt. Ihre n_m liegen durchweg um $\Delta n_m \approx 1{,}5$ höher als die von Abb. 155; gegenüber den Beobachtungen sind sie immer noch um ~ 1 bis 3 zu niedrig. Da die Modell-Voraussetzungen E. v. DIENs heute nicht mehr befriedigen können, so wären im obigen Sinne verbesserte Rechnungen wünschenswert.

Auf die von D. BARBIER und D. CHALONGE [308] für viele Sterne gemessene „*Wellenlänge des* BALMER-*Sprunges* λ_1" haben wir schon auf S. 58 hingewiesen; sie bildet im Prinzip ein Äquivalent von n_m, ist aber wohl in praxi nur für eine bestimmte Apparatur und Meßtechnik hinreichend genau definiert. Im Zusammenhang mit Problemen der Spektralklassifikation und der spektroskopischen Parallaxen werden wir darauf später zurückkommen.

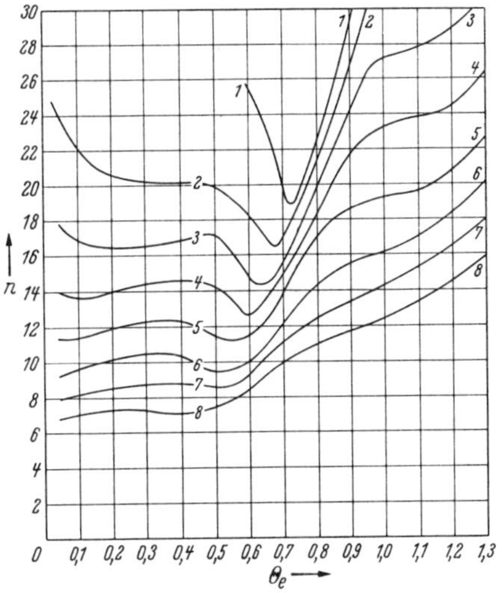

Abb. 155. Hauptquantenzahl n_m der letzten getrennt beobachtbaren BALMER-Linie als Funktion von $\Theta_e = 5040/T_e$ und log g mit den Elektronendrucken nach Abb. 91, berechnet von E. VITENSE [862].

119. Druckverbreiterung und verbotene Linien im Heliumspektrum.

Die handgreiflichsten Beweise für den „statistischen Starkeffekt" in Sternatmosphären sahen schon O. STRUVE und C. T. ELVEY [17127—17131, 1734 bis 1735] im Verhalten der *Heliumlinien* in den B-Sternen. Die im Laboratorium „diffuse" Nebenserie erscheint auch in den Sternspektren stark verbreitert. Vor allem aber erscheint in Sternen wie 88 γ Pegasi (B2) ganz ähnlich wie in einer *Starkeffekt*-Röhre im kurzwelligen Flügel der „erlaubten" Linie

$$\left.\begin{array}{ll} 2\,{}^3\mathrm{P}^\circ - 4\,{}^3\mathrm{D}, \ldots & \lambda\, 4471,^{48(8)}_{69(1)} \\ \text{die „verbotene" Linie} & \\ 2\,{}^3\mathrm{P}^\circ - 4\,{}^3\mathrm{F}^\circ, \ldots & \lambda\, 4469{,}92\,. \end{array}\right\} \quad (119,1)$$

Im einzelnen ist die Theorie der Druckeffekte der He I-Linien ziemlich kompliziert. Wir versuchen hier, die Grundzüge im Anschluß an eine Arbeit von A. UNSÖLD [1164] darzustellen.

Bei den Serienspektren wächst, wie die Quantentheorie in Übereinstimmung mit Messungen im Kanalstrahl- oder Lo Surdo-Rohr zeigt, die Starkeffektverschiebung bzw. -aufspaltung eines Termes mit dem *Quadrat* der Feldstärke, solange sie *klein* ist gegenüber dem feldfreien („natürlichen") Abstand des Termes vom nächst-benachbarten mit ihm kombinierenden Term. In der Sprache der BOHRschen Theorie entspricht der Starkeffekt-Verschiebung die Frequenz der

Präzession der Bahn um das äußere Feld F, während der „natürlichen" Termdifferenz die Präzession der Ellipsenbahn in ihrer Ebene zugeordnet ist. Die *quadratische* Termverschiebung kommt dadurch zustande, daß das äußere Feld im Atom ein *feldproportionales* Dipolmoment hervorruft.

Steigert man nun die elektrische Feldstärke F immer weiter, so ändert sich der Bahntypus grundlegend, wenn die Starkeffektpräzessionsfrequenz die natürliche erreicht und überschreitet. Das Dipolmoment der Bahn erhält dann einen konstanten, feld*un*abhängigen Anteil, und die Termverschiebung wird weiterhin

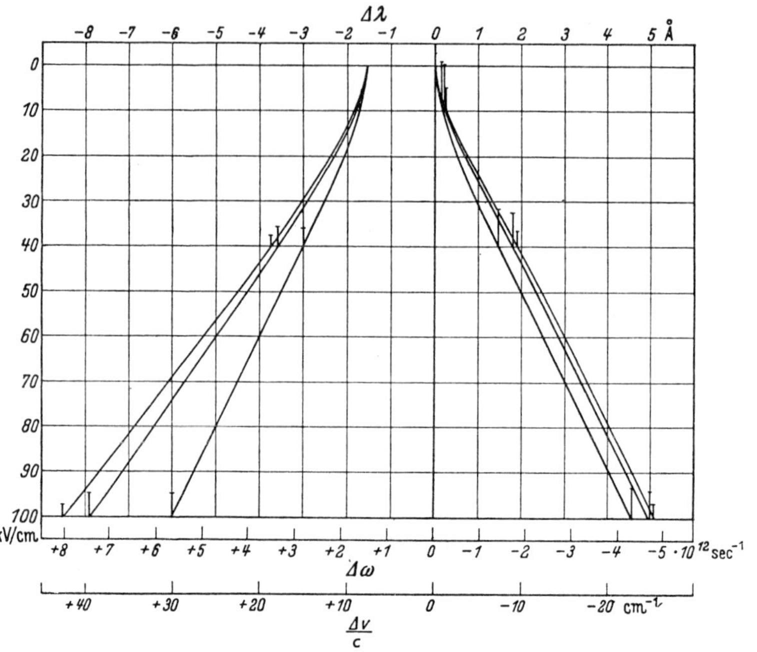

Abb. 156. Starkeffekt der HeI-Linie 2^3P°—4^3D λ 4471 nach J. S. FOSTER [1108]. Bei den Feldstärken 10, 40 und 100 kV/cm sind die Intensitäten der Linien eingezeichnet. Die kurzwelligen (linken) Komponenten entwickeln sich aus der verbotenen Linie 2^3P°—4^3F°.

linear mit F anwachsen. Das heißt, der Starkeffekt nähert sich in seinem ganzen Verhalten dem des Wasserstoffes, bei dem die natürlichen l-Aufspaltungen von vornherein vernachlässigt werden können.

In der Sprache der Quantenmechanik können wir auch sagen: Beim Wasserstoff sind die Eigenwerte bzw. -funktionen $l = n - 1$, $n - 2$, . . ., 0 von vornherein entartet; bei den komplizierteren Atomen setzt die Überlagerung der Eigenfunktionen erst ein, wenn der Starkeffekt sich der Größenordnung der natürlichen Aufspaltung nähert.

Mit der feldabhängigen Änderung des Bahntyps bzw. der Eigenfunktionen treten sog. „*verbotene*" (d. h. im feldfreien Raum fehlende) Linien hervor. Da die neu hinzukommenden Glieder der Eigenfunktionen $\sim F$ sind, wächst das Intensitätsverhältnis verbotene:erlaubte Linien anfangs $\sim F^2$; bei großen Feldstärken nähern sich auch die Intensitätsverhältnisse der Komponenten schließlich denen des Wasserstoffs.

Eine ausgezeichnete theoretische und experimentelle Untersuchung über den Starkeffekt in HeI verdanken wir J. S. FOSTER [1108]; vgl. auch H. BETHE [1200]. Weitere Detail-Literatur in [1164, S. 78/79]. Als Beispiel bringen wir in Abb. 156 den Starkeffekt der auch astrophysikalisch besonders interessanten

Linie $2\,^3P^\circ$—$4\,^3D$ nach J. S. Foster. Die Linie selbst verschiebt sich mit zunehmendem Feld nach Rot (rechts). Die „verbotene“ *Linie* $2\,^3P^\circ$—$4\,^3F^\circ$ erscheint (im $\lim F \to 0$) $+7{,}8\ \text{cm}^{-1}$ oder $-1{,}55$ Å von der Hauptlinie entfernt und verschiebt sich dann nach Violett (links). Gleichzeitig wächst die *Intensität* der kurzwelligen verbotenen Komponente zunächst $\sim F^2$, um sich bei höheren Feldern der — nach der langwelligen Seite verschobenen — Hauptlinie anzugleichen. Entsprechend der kleinen „natürlichen“ Aufspaltung $4\,^3D$—$4\,^3F^\circ = 7{,}8\ \text{cm}^{-1}$ erfolgt der Übergang vom quadratischen Starkeffekt in den linearen (ähnlich dem des Wasserstoffs) schon bei ~ 15 kV/cm.

Nun zur Berechnung der Verbreiterung der Heliumlinien durch die elektrischen Felder $F = e/r^2$ von Ionen und evtl. Elektronen:

Bei *den* Linien, die bis zu höheren Feldstärken quadratischen Starkeffekt zeigen, also den Übergängen zu s- oder p-Termen nicht allzu hoher Hauptquantenzahl sowie zu $3\,^2D$ und $3\,^1D$, kann man einfach die Theorie der Stoßdämpfung durch Elektronen und Ionen nach Abschnitt 82, b) anwenden, wobei man die Starkeffekt-Verschiebung (in erster Linie des höheren Termes) entweder quantenmechanisch berechnet oder den Laboratoriumsmessungen entnimmt. Einige Beispiele hierzu gibt A. Unsöld [1164]. Genauere Messungen insbesondere von $2\,^3P^\circ$—$3\,^3D$ λ 5875,8 und einigen anderen derartigen Linien im Dämpfungsbereich der Wachstumskurve wären wünschenswert. Innerhalb der derzeitigen Meß- und Rechengenauigkeit scheint die Theorie in Ordnung zu sein.

Im Bereich der Stoßdämpfungstheorie müßte man nach Gl. (76, 42) neben der Verbreiterung der He-Linien *Verschiebungen* der Größenordnung 0,86 γ in Richtung der wichtigeren Starkeffekt-Komponenten erwarten. Qualitativ scheinen die Messungen von W. S. Adams und P. W. Merrill [1704, 1784] dem nicht zu widersprechen. Im einzelnen kann man Theorie und Beobachtung kaum vergleichen, da man nicht sagen kann, wie *die* Lage einer unsymmetrischen Linie auf der Platte eigentlich definiert ist.

Sehr viel schwieriger wird die Rechnung bei Linien wie λ 4471, wo der anfänglich *quadratische* Starkeffekt bei höheren Feldstärken in einen *linearen* übergeht. Zweckmäßig faßt man die kurz- bzw. langwelligen Komponenten je zusammen in der Form

$$\left.\begin{aligned} -\Delta\nu &= \frac{C}{r^4} && \text{für} \quad r > r_0 \\ -\Delta\nu &= \frac{A}{r^2} - B && \text{für} \quad r < r_0\,, \end{aligned}\right\} \qquad (119,2)$$

wobei man die Konstanten z. B. für λ 4471 aus Abb. 156 abliest. Mit diesem Ansatz berechnet man nach Abschnitt 76 und 77 die Stoßdämpfung und die statistische Verbreiterung und fixiert sodann nach Abschnitt 78 ihre Grenze. Es ergibt sich, daß man es in den *äußeren Teilen* von λ 4471 und ähnlichen Linien mit statistischer Verbreiterung durch Protonen zu tun hat. Man kann diese durch elementare Verallgemeinerung der Holtsmarkschen Theorie berechnen, wobei die Zunahme des Intensitätsverhältnisses von kurz- zu langwelliger Komponente mit der Feldstärke zu berücksichtigen ist. Im *Kern* der Linie wirkt — wie sich zeigt — die *Stoßdämpfung* durch Ionen. Dieser überlagert sich jedoch — ungefähr in derselben Größenordnung — der thermische *Dopplereffekt* (und evtl. Turbulenz), so daß sie kaum zu sichtbarer Auswirkung kommt.

Eine besondere Überlegung verlangt noch die interessante Frage der *Intensität* und *Lage der „verbotenen“ Komponente*, die nach den Beobachtungen praktisch mit ihrer feldfreien Wellenlänge λ 4469,9 Å erscheint. J. S. Foster und A. V. Douglas [1110] sahen darin sogar eine ernstliche Schwierigkeit für die *Starkeffekt*-Theorie überhaupt. Das Dilemma läßt sich aber — wie wir schon in Abschnitt 82, c) bemerkten — unschwer auflösen:

Nach G. BURKHARDT [1101] und E. LINDHOLM [1136] geben *die* Störungen des Heliumatoms, die sich außerhalb des WEISSKOPFschen Stoßradius ϱ_0 abspielen, in der Hauptsache Beiträge zum Dämpfungsteil der Linie („Flugspektrum"), während die innerhalb ϱ_0 hervorgerufenen Störungen den statistischen Flügel („Störspektrum") bewirken. Nach Abschnitt 76 gibt der Mittelwert über alle Frequenzstörungen durch Teilchen außerhalb ϱ_0 die Druck*verschiebung* des Dämpfungskernes der Linie. Dasselbe mittlere Feld wird auch maßgebend sein für die relative *Intensität* des Dämpfungskernes der verbotenen Komponente. (Dieser ist ja das, was man gewöhnlich als „verbotene Linie" bezeichnet. Den zugehörigen kurzwelligen statistischen Flügel — den wir schon berechnet haben — zählt man im üblichen Sprachgebrauch einfach „der Linie" zu.)

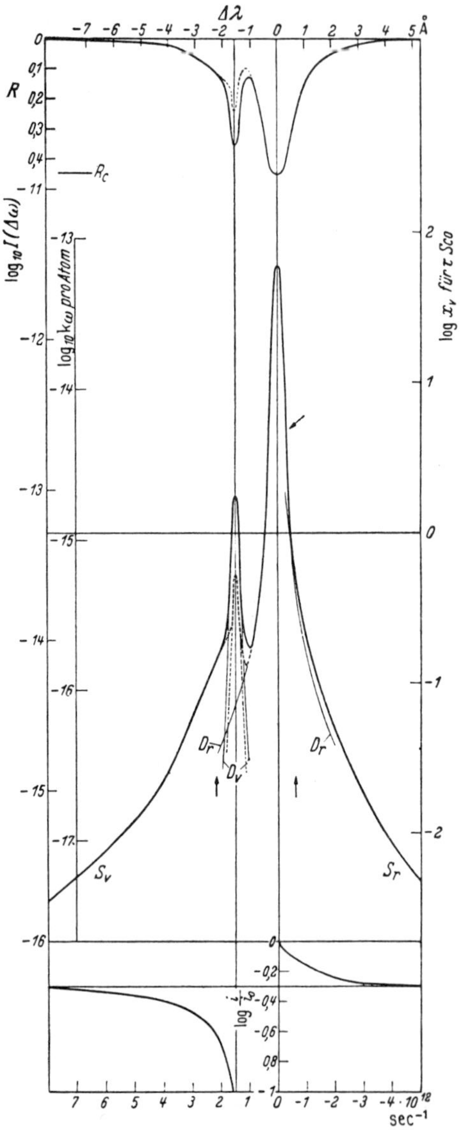

Abb. 157. Verbreiterung der Heliumlinie λ 4471 Å durch elektrische Felder von Ionen in τ Scorpii.
Mittlerer Teil: Der Linienabsorptionskoeffizient. D_r bzw. $_v$ bezeichnet die Dämpfungs- plus Dopplerkerne der erlaubten bzw. verbotenen Komponente; S_r bzw. S_v den roten bzw. violetten statistischen Flügel. Die Pfeile markieren die Nahtstellen.
Unten: Intensität der lang- und kurzwelligen Starkeffektkomponenten als Funktion ihrer Verschiebung.
Oben: Linienprofil berechnet für τ Scorpii. Gestrichelte Kurven mit $\beta_0 = 2{,}53$.

Für λ 4471 ergibt sich der WEISSKOPF-Radius zu $\varrho_0 = 2{,}91 \cdot 10^{-6}$ cm; die entsprechende Feldstärke ist 17 kV/cm, entsprechend einem HOLTSMARKschen $\beta_0 = 10{,}1$.

Nach J. S. FOSTER [1108] ist die relative Intensität der verbotenen Komponente von λ 4471 bei kleinen Feldstärken

$$\frac{i}{i_0} = 1{,}1 \cdot 10^{-3} \cdot F^2 . \qquad (119, 3)$$

Der quadratische Mittelwert der Feldstärke $F = \beta \cdot F_0$ über alle $r > \varrho_0$ ergibt sich aus der HOLTSMARKschen Theorie zu

$$\overline{F^2} = F_0^2 \frac{\int\limits_0^{\beta_0} \beta^2 W(\beta)\, d\beta}{\int\limits_0^{\beta_0} W(\beta)\, d\beta} . \qquad (119, 4)$$

Durch graphische Integration bis $\beta_0 = 10{,}1$ findet man

$$\sqrt{\overline{F^2}} = 2{,}95\, F_0 = 4{,}97 \text{ kV/cm} \qquad (119, 5)$$

und damit

$$i/i_0 = 0{,}03 . \qquad (119, 6)$$

Zunächst ist nach Abb. 156 ohne weiteres klar, daß bei einer so kleinen Feldstärke noch keine erkennbare Verschiebung der verbotenen Komponente zu erwarten ist.

In Abb. 157 haben wir vollends — nach unseren bisherigen Rechnungen —

den ganzen Verlauf des Linienabsorptionskoeffizienten für λ 4471 aufgezeichnet, und dann — mit $\log NH$ [2 ^{3}P] = 14,95 und $R_c = 0{,}45$, entsprechend τ Sco — nach Gl. (106, 5) das Linienprofil (oben) berechnet. Die Übereinstimmung der planimetrierten Äquivalentbreite $W_\lambda = 1{,}1_5$ Å mit der gemessenen 0,95 Å ist sehr gut. Zu ihrer Berechnung hätte im wesentlichen schon die rein statistische Theorie genügt. Die berechnete Einsenkung der verbotenen Komponente dagegen ist merklich zu groß. Dies dürfte damit zusammenhängen, daß wir bis jetzt das Hervortreten der verbotenen Komponente unter dem Einfluß der Ionenstörfelder als *statischen* Effekt behandelt haben. Eine einfache Abschätzung dagegen zeigt, daß wir uns nahe an der Grenze der *Nichtadiabasie* befinden (hierzu Abschnitt 79): Die Störung durch ein im Abstand $\varrho_0 = 2{,}91 \cdot 10^{-6}$ cm vorbeifliegendes Ion gibt bei FOURIER-Zerlegung als Hauptfrequenz

$$\Delta\omega_1 \sim \frac{v}{1{,}5\,\varrho_0} = 0{,}6 \cdot 10^{12}\,\mathrm{sec}^{-1}\,. \tag{119, 7}$$

Diese müssen wir hier vergleichen mit dem Abstand zwischen erlaubter und verbotener Komponente (Abb. 156)

$$\Delta\omega_2 = 1{,}5 \cdot 10^{12}\,\mathrm{sec}^{-1}\,. \tag{119, 8}$$

Bei $\Delta\omega_1 \gg \Delta\omega_2$ würde unser Rechenverfahren völlig unzulässig. In Wirklichkeit befinden wir uns nahe an dieser Grenze (man bedenke auch die Streuung der Geschwindigkeiten). Es erscheint daher plausibel, die Integration (119, 4) schon bei einem etwas größeren ϱ_0 bzw. kleineren β_0 abzuschneiden. Verdoppelt man z. B. ϱ_0 gegenüber unserer ursprünglichen Rechnung, so wird also $\beta_0 = 2{,}53$ und $i/i_0 = 0{,}009$. Man erhält damit in Abb. 157 die gestrichelte Kurve für den Absorptionskoeffizient bzw. das Profil der Linie, die mit der Photometerkurve von W. S. ADAMS und P. W. MERRILL [1704] (Abb. 158) einigermaßen übereinstimmen dürfte.

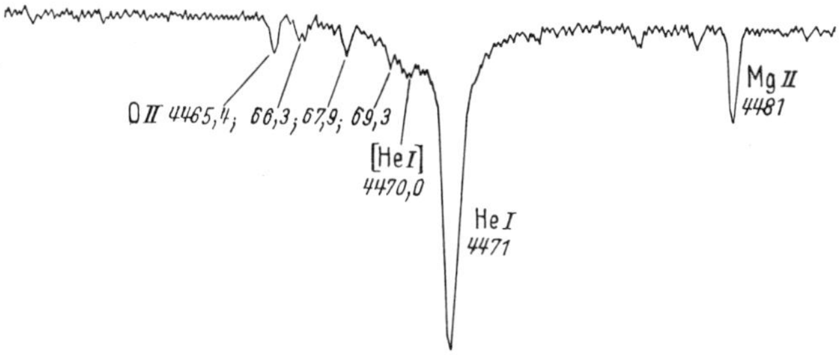

Abb. 158. He I λ 4471 mit verbotener Komponente im Spektrum von τ Scorpii. Mikrophotometerkurve eines Mt. WILSON COUDÉ-Spektrums nach W. S. ADAMS und P. W. MERRILL [1704].

Ganz ähnlich wie die Heliumlinie λ 4471 kann man auch das nächste Serienglied 2 ^{3}P°—5 ^{3}D λ 4026 anhand der Starkeffektmessungen und -rechnungen von J. S. FOSTER durchrechnen. In den B-Sternen, wo die Linie ziemlich stark ist, werden ihre Flügel durch die elektrischen Felder der Wasserstoffionen statistisch verbreitert, während der Linienkern durch den Dopplereffekt beherrscht wird.

Den Umstand, daß die Verbreiterung der He I-Linien λ 4471 und λ 4026 weitgehend analog der der BALMER-Linien Hγ λ 4340 und Hδ λ 4102 erfolgt, hat A. UNSÖLD [17162a] zu einer Bestimmung des *Häufigkeitsverhältnisses* H : He benutzt, die den Vorteil besitzt, daß Temperatur und Druck in der Atmosphäre sowie die Abhängigkeit ihrer wirksamen Tiefe von der Wellenlänge nur noch als unbedeutende Korrektionen eingehen. Für die Hauptsequenzsterne der Spektraltypen O8 bis B3 ergab sich aus den Linienpaaren Hγ und λ 4471 bzw. Hδ und

λ 4026 nach den Messungen von E. G. Williams [17171] u. a. log H/He = 0,76 bzw. 0,75 in ausgezeichneter Übereinstimmung mit dem in Tab. 56 angegebenen „wahrscheinlichsten“ Wert log H/He = 0,72. Für die Übergiganten derselben Spektraltypen fand *Verf.* nach demselben Verfahren im Mittel log H/He = 0,23 bzw. 0,38. Wir hatten schon bemerkt, daß die Balmer-Linien der frühen Übergiganten erheblich schwächer sind, als wir theoretisch erwartet hatten. Es erscheint daher fraglich, ob wirklich das Verhältnis H:He der Übergiganten kleiner ist als das der Hauptsequenzsterne. Vielleicht handelt es sich vielmehr nur um eine weitere Auswirkung des „nichtstatischen“ Aufbaues der c-Stern-Atmosphären.

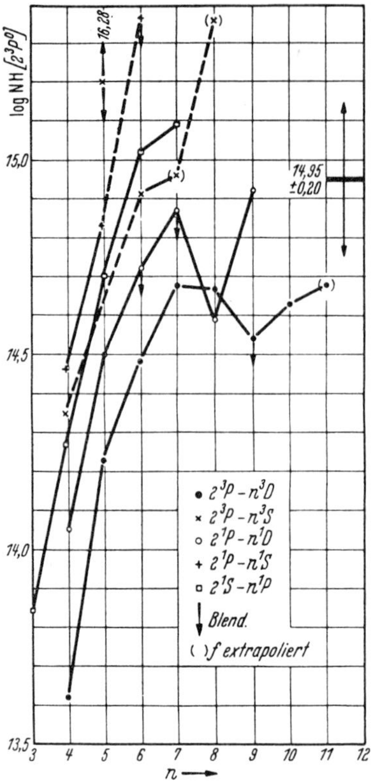

Abb. 159. Bestimmung der Anzahl der *Heliumatome* im 2^3P°-Zustand über 1 cm² der Oberfläche von τ Scorpii aus den Äquivalentbreiten der stark druckverbreiterten und in optisch dünner Schicht absorbierten höheren Glieder mehrerer Serien.

Eine unabhängige Bestimmung des log NH für angeregte He I-Zustände und damit des Verhältnisses H/He erhält man nach Gl. (118, 10) aus den Äquivalentbreiten W_λ der stark druckverbreiterten *hohen Glieder* aller beobachtbaren *Heliumserien*, die schließlich in optisch dünner Schicht absorbiert werden. Zweckmäßig reduziert man die Atomzahlen durch kleine Anregungskorrektionen z. B. auf den $2\,^3P^\circ$-Term. Das Ergebnis einer solchen Auswertung z. B. für τ Sco zeigt Abb. 159. Das resultierende Verhältnis log H/He = 0,75 hatten wir schon in Tab. 56, Spalte 2 vermerkt; es wird durch den Vergleich von λ 4471/Hγ und λ 4026/Hδ in optisch dicker Schicht (log H/He = 0,68) bestens bestätigt. Die erheblichen Differenzen der log NH [$2\,^3P^\circ$] aus verschiedenen Serien wiederholen sich in fast derselben Weise nach H. H. Voigt [17168] in 55 Cygni und nach G. Traving [unpubl.] in 10 Lacertae.

Die *hohen Glieder der Heliumserien* müßten — genügend großes NH vorausgesetzt — nach D. R. Inglis und E. Teller [1121] bis zu derselben Hauptquantenzahl n_m beobachtbar sein, wie die Balmer-Serie desselben Sternes. Selbst bei der stärksten Serie $2\,^3P^\circ$—n ^3D ist jedoch der an die Seriengrenze anschließende Intensitätssprung auch in der Nähe des He I-Maximums kaum noch erkennbar; man wird sich daher nicht wundern, daß die He-Serie jeweils ein paar Glieder vor der Balmer-Serie abbricht. Zum Beispiel reicht in τ Sco (dB0) die Heliumserie bis $n_m = 11$, die Wasserstoffserie bis $n_m = 14$. In dem cB2-Stern 55 Cygni finden O. Struve und H. Chun [17136] für die He-Serie $n_m = 21$, während die Balmer-Serie bis $n_m = 24$ geht. Beobachtungen an γ Peg oder gar einem der „Heliumsterne“ mit großer Dispersion wären sicher interessant.

Zum Abschluß unseres Studiums der He I-Linien müssen wir uns noch mit einigen Arbeiten von M. K. Krogdahl [1122—1125] kritisch auseinandersetzen. Sie berechnet zunächst nach der Quantenmechanik die statische Wechselwirkung eines angeregten He-Atoms mit einem Proton. Dabei betrachtet sie in vielen Fällen die *Inhomogenität* des Feldes als wesentlich. Diese liefert immer dann einen Beitrag zur Wechselwirkungsenergie, wenn das angeregte He-Atom ein Quadrupolmoment besitzt. Es handelt sich also im wesentlichen um die in Abschnitt 82, d) behandelte Art der Wechselwirkung. Man macht sich aber leicht klar, daß bei den praktisch wesentlichen Abständen He—H^+ immer der *Stark*effekt überwiegt, der — wie J. S. FOSTER im einzelnen ausführlich erörtert hat — mit wachsender Feldstärke vom quadratischen zum linearen Typus übergeht. Diesen Übergang durch eine Reihenentwicklung nach $1/R$ darzustellen, dürfte nicht besonders zweckmäßig sein! Tatsächlich fehlen [1122—1125] manchmal gerade die wichtigen Glieder: Es kommt nicht nur (wie man nach der zitierten Darstellung leicht meinen könnte) auf die Wechselwirkung beim mittleren Abstand He—H an; in der Theorie der statistischen Linienflügel *und* der Stoßdämpfungskonstanten spielen vielmehr gerade erheblich „nähere" Begegnungen die wesentliche Rolle. Eine *genauere* Durchrechnung des Übergangsgebietes von der „statistischen" zur „Stoß"-Verbreiterung wäre natürlich sehr erwünscht. Es hat wenig Sinn, sie auf einem quasi*statischen* Wechselwirkungsansatz zu basieren. Gerade an der Grenze der beiden Approximationsmethoden wird vielmehr die *Nicht-Adiabasie*, d. h. die Mischung der Eigenfunktionen benachbarter Terme mit derselben Hauptquantenzahl, wesentlich. Deren Behandlung für so komplizierte partiell entartete Systeme, wie sie hier zur Debatte stehen, dürfte an der unabsehbaren Länge der Rechnungen scheitern. Zum Prinzipiellen vgl. noch die wichtige Note von L. SPITZER [1156].

120. Die Intensität in der Mitte der FRAUNHOFER-Linien. (Zentralintensität oder Restintensität.)

Bei den „*schwachen*" FRAUNHOFER-Linien, in denen für alle Wellenlängen der Fall optisch dünner Schicht realisiert ist, bietet die Erklärung einer endlichen „*Zentralintensität*" oder „*Restintensität*" in der Linienmitte keine Schwierigkeit. Es ist allerdings zu bemerken, daß die wahren Zentralintensitäten der schwachen Metallinien ($W_\lambda < 0{,}3\,\Delta\lambda_D$) nur im Sonnenspektrum bei größtem Trennungsvermögen des Spektrographen und sorgfältiger Beachtung der in Kap. IX dargestellten Vorsichtsmaßnahmen erfaßt werden können. Leichter meßbar ist die Restintensität für den Fall optisch dünner Schicht bei den stark druckverbreiterten höheren Gliedern der BALMER-Serie (Tab. 67) — abgesehen von der dort wiederum sehr unangenehmen Schwierigkeit der Festlegung des wahren Kontinuums.

Bei den „*starken*" FRAUNHOFER-Linien, in deren Mitte die wirksame Schichtdicke für selektive Absorption + Streuung $\gg 1$ wird, ist die Deutung der gemessenen Restintensitäten nicht ganz so einfach.

Beschränken wir uns zunächst auf solche Linien, in denen der Elementarprozeß der Reemission weitgehend *unabhängig* ist von dem der Absorption! Hat das Leuchtelektron einen Übergang $n \rightarrow m$ unter Absorption des entsprechenden Lichtquants $h\nu$ ausgeführt, so wird es dann also viele andere Emissions- und Absorptionsprozesse, evtl. auch Ionisations- und Rekombinationsprozesse machen, ehe es einmal wieder von m nach n springt. Bei größeren Drucken mögen für hochangeregte Terme auch Elektronenstöße eine Rolle spielen. Weicht das Strahlungsfeld der Umgebung nicht allzu stark von dem eines Hohlraumes ab (die großen Absorptionskoeffizienten in den Linien begünstigen gerade die „Einschließung" der Strahlung), so sorgen die zahlreichen „Kreuz- und Quersprünge" der Elektronen für weitgehende Annäherung an den Zustand *lokalen thermodynamischen Gleichgewichtes* oder *wahrer Absorption* im Sinne K. SCHWARZSCHILDs. Wir können dann die Reemission in bekannter Weise nach dem KIRCHHOFF*schen Satz* berechnen.

Dieser Ansatz ist aber natürlich *nicht* statthaft für die sehr ausgedehnten Atmosphären der Hüllensterne und vielleicht schon mancher Übergiganten. Die *Emissionslinien* in den Spektren mancher früher Spektraltypen — welche in unserer jetzigen Theorie noch keinen Platz haben — scheinen auch meist von irgendwelchen ausgedehnten *Nebelhüllen* herzurühren.

Die interessantesten Beispiele für die Deutung der *Restintensitäten* starker Linien mit Hilfe der Idee lokalen thermodynamischen Gleichgewichtes geben nach Tab. 66 die *Wasserstofflinien* (mit Ausnahme der LYMAN-Serie und evtl. $H\alpha$).

Betrachten wir zunächst den Absorptionskoeffizienten in der Linienmitte als *sehr groß* im Vergleich zu dem des Kontinuums, so wird die Intensität der Linienmitte (in absolutem Maß; noch *nicht* bezogen auf Kontinuum = 1) für alle

Austrittswinkel gleich der KIRCHHOFF-PLANCK-Funktion für die *Grenztemperatur* $B_\nu(T_0)$. Andererseits ist die Intensität des *Kontinuums* — wenn wir zunächst den Strahlungsstrom (also Sternspektren) betrachten — in guter Näherung gleich der KIRCHHOFF-PLANCK-Funktion B_ν für die *mittlere Temperatur* T in der optischen Tiefe (für das benachbarte Kontinuum) $\tau = 2/3$. Diese mittleren Temperaturen T haben wir schon in Abb. 89 als Funktion der *effektiven Temperatur* T_e dargestellt. Begnügen wir uns für eine erste Überschlagsrechnung mit der Annahme „grauer" Temperaturschichtung, so ist nach Gl. (40, 9) $T_0 = 0{,}811\ T_e$. Die so berechneten maximalen Linientiefen

$$R_c = 1 - \frac{B_\nu(T_0)}{B_\nu(T)} \tag{120, 1}$$

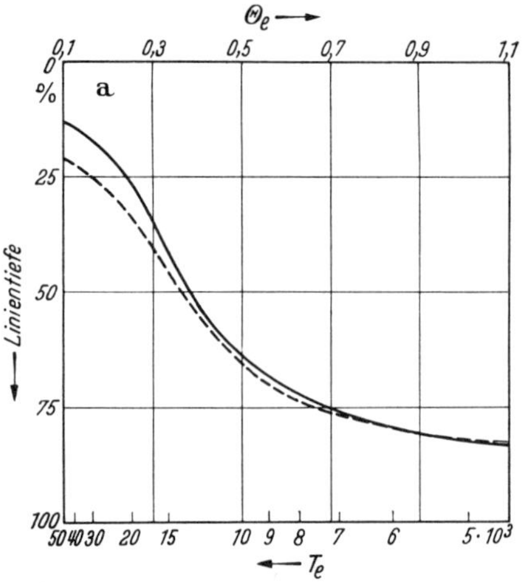

Abb. 160a. Maximale Linientiefe R_c für wahre Absorption. Nach Gl. (120, 1) berechnet für λ 4250 Å. ——— Hauptsequenz ($\log g \approx 4{,}5$); - - - - - Übergiganten ($\log g \approx 3$).

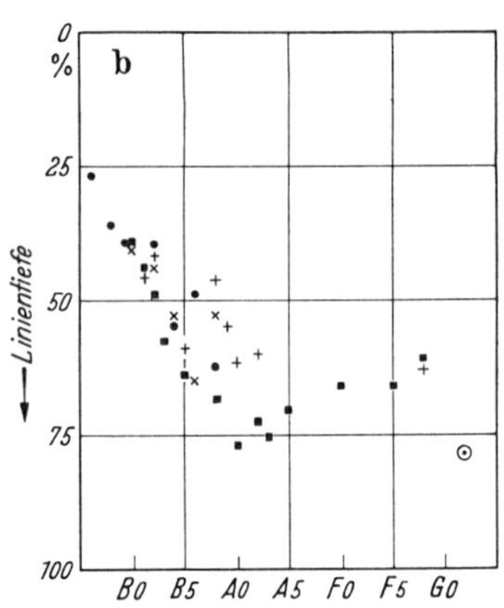

Abb. 160b. Beobachtete Linientiefe $^1/_2(H\gamma + H\delta)$. ■ Hauptsequenz; + Übergiganten. Nach S. GÜNTHER [1747]. ● Hauptsequenz; × Übergiganten. Nach E. G. WILLIAMS [1770—72]. ⊙ Sonne. Nach C. DE JAGER (Tab. 67).

sind für λ 4250 Å (was man für Hγ und Hδ als repräsentativ betrachten kann) als Funktion von T_e bzw. $\Theta_e = 5040/T_e$ für Hauptsequenzsterne ($\log g \approx 4{,}5$) und Übergiganten ($\log g \approx 3$) — es kommt auf die Schwerebeschleunigung g hier nicht genau an — in Abb. 160a aufgetragen. Die beobachteten Linientiefen (Abb. 160b) stimmen mit unserer Abschätzung im Gang mit T_e und der Größenordnung ganz gut überein. Zahlenmäßig sind die beobachteten R_c etwas größer, was offensichtlich dadurch zu erklären ist, daß infolge erheblicher Abweichungen von der „Grauheit" die Grenztemperatur in Wirklichkeit niedriger liegt, als der hier benutzte „graue" Grenzwert nach HOPF und BRONSTEIN.

Für die prinzipielle Richtigkeit unserer Theorie sprechen noch weitere Beobachtungen: Nach E. G. WILLIAMS [17171—17172], S. GÜNTHER [1747], P. W. MERRILL und O. C. WILSON [1782] u. a. sind die Zentraltiefen der starken BALMER-Linien (etwa Hγ bis Hϑ) fast unabhängig (Abb. 161) von der Oszillatorenstärke f, die in dem angegebenen Bereich nach Tab. 51 um einen Faktor 16 abnimmt. Weiterhin fügen sich z. B. in τ Scorpii [17162] und unerwarteterweise sogar in dem c-Stern 55 Cygni [17168] die Zentraltiefen der starken He I-Linien λ 3820, 4026 und 4471 Å glatt zwischen die der benachbarten Wasserstofflinien ein.

Nach unserer Auffassung sollten die *Mitten* der BALMER-Linien Hβ, Hγ, Hδ, ... im Spektrum eines Sternes zusammen die KIRCHHOFF-PLANCK-Funktion für die Grenztemperatur T_0 festlegen. D. CHALONGE und L. DIVAN [1729—1730] haben zunächst an den Bedeckungsveränderlichen β Per (B8V) und β Aur (A2 IV), für welche alle nötigen Daten bekannt sind, verifiziert, daß die drei Linien Hβ, Hγ und Hδ auf praktisch dasselbe T_0 führen, im Mittel 8480° bzw. 7290° für die beiden Sterne. Für andere Sterne kann man T_0 wenigstens als „*Farbtemperatur*" der Verbindungslinie der Linienzentren bestimmen. Die genannten Autoren finden so für τ Sco (B0 V) $T_0 = 21\,000°$ (der Verf. hatte auf ganz anderem Wege 22900° abgeleitet) und für α Lyr (A0 V) sowie α CMa (A1 V) je 7100° K. Bei den Spektraltypen B bis F können wir — vorbehaltlich genauerer Berechnungen der nichtgrauen Temperaturschichtung — unsere Deutung der R_c als ganz befriedigend ansehen.

Wenden wir uns nun den BALMER-*Linien der Sonne zu*! Die Beobachtungen im Spektrum der ⊙-Mitte von C. DE JAGER [1766] haben wir schon in Tab. 67 zusammengestellt. Die Messungen von P. TEN BRUGGENCATE, D. H. GOLLNOW, S. GÜNTHER und W. STROHMEIER [1726] stimmen damit gut überein. Entnimmt

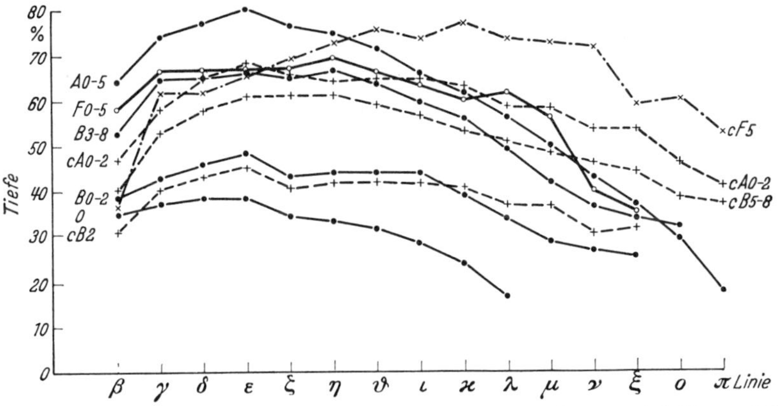

Abb. 161. Verlauf der Linientiefen der BALMER-Serie in den einzelnen Spektralklassen nach S. GÜNTHER [1747].

man nun aber den Messungen derselben Autoren die *Mitte-Rand-Variation der Zentralintensitäten* und reduziert sie mit Hilfe der bekannten Mitte-Rand-Variation des benachbarten Kontinuums (Tab. 3 und 4) auf absolutes Maß, so zeigt sich, daß die Absolutwerte der Zentralintensitäten keineswegs — wie man ursprünglich erwartet hatte — von dem Austrittswinkel ϑ *un*abhängig sind, sondern nach dem Sonnenrand hin erheblich *abnehmen*. Diese wichtige Feststellung kann man wohl nur in dem Sinne interpretieren, daß auch in den (für kontinuierliche Absorption) *sehr* kleinen optischen Tiefen τ, in denen die Zentralintensitäten der BALMER-Linien (Hα), Hβ, Hγ, ... gebildet werden, die Temperatur $T(\tau)$ der Sonnenatmosphäre nach außen hin noch merklich abnimmt. Den Verlauf dieses Temperaturabfalles (den wir nach der Theorie des nichtgrauen Strahlungsgleichgewichtes qualitativ erwarten mußten) hat E. BÖHM-VITENSE [2123] folgendermaßen genauer zu ermitteln versucht (ähnliche Überlegungen hat etwa gleichzeitig auch C. DE JAGER [1766] angestellt): Die optische Tiefe τ_c in der Mitte der BALMER-Linien dürfte im wesentlichen durch deren dopplerverbreiterten Kern bestimmt sein. In Abhängigkeit von der über der betreffenden Schicht liegenden Anzahl $N_{0,2}H$ zweiquantiger H-Atome pro cm² wird also nach (72, 16)

$$\tau_c = \frac{\sqrt{\pi}\, e^2}{m\, c^2} \cdot \frac{\lambda^2 f}{\Delta \lambda_D} \cdot N_{0,2} H\,. \tag{120, 2}$$

Die Oszillatorenstärken f stehen in Tab. 51. Bei der Berechnung der Dopplerbreite $\Delta \lambda_D$ spielt die in den hohen Schichten nicht sehr genau bekannte Turbulenz gegenüber den großen thermischen Geschwindigkeiten der H-Atome eine mäßige Rolle. Die Zentralintensität einer BALMER-Linie (bei Hα könnte man hinsichtlich des Strahlungsaustausches nach Tab. 66 wie gesagt Bedenken haben) in absolutem Maß entspricht nun — im Sinne der Approximation nach EDDINGTON und BARBIER [Abschnitt 28, F) und 101, D)] — der KIRCHHOFF-PLANCK-Funktion

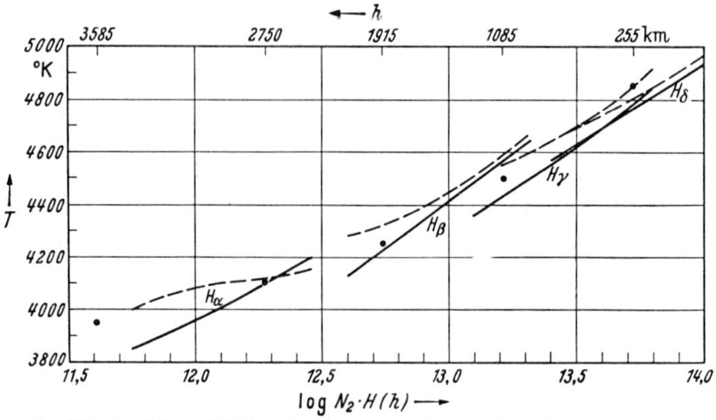

Abb. 162. Temperatur T in den äußeren Schichten der Sonnenatmosphäre als Funktion der Anzahl 2-quantiger Wasserstoffatome $N_{0,2}H$ über 1 cm². Aus den Zentraltiefen der BALMER-Linien ermittelt, nach E. BÖHM-VITENSE [2123]. Die ● bezeichnen die „chromosphärischen Meßpunkte" für die am oberen Rand der Abbildung angezeichneten Höhen nach CILLIÉ-MENZEL $h = h_0 - 830$ km; vgl. Abschn. 142, D.

für die Temperatur in der optischen Tiefe $\tau_c = \cos\vartheta$. Jede BALMER-Linie liefert so ein Stück der Kurve $T = T(N_{0,2}H)$. Die Beziehung zwischen $N_{0,2}H$ (10 eV Anregungsspannung!) und τ scheint in diesen höchsten Schichten nicht mehr dem Schema thermischer Anregung zu folgen; wir können daher die Verbindung mit unseren nichtgrauen Modellrechnungen im einzelnen noch nicht herstellen. Auf jeden Fall aber führt die Kurve Abb. 162 nach E. BÖHM-VITENSE weit unter die „graue" Grenztemperatur der Sonne von 4690° K herunter bis zu $T_0 \approx 3800°$ K in der unteren Chromosphäre. Es erscheint sehr befriedigend, daß neuere *nicht*-graue Berechnungen des Strahlungsgleichgewichtes der Sonnenatmosphäre ebenfalls auf eine derartig niedrige Grenztemperatur hinführen.

Tabelle 68. Restintensität $1-R_c$ im Spektrum der ⊙-Mitte. Als Funktion der Wellenlänge berechnet für die Grenztemperaturen $T_0 = 4690°$ (graue Atmosphäre) bzw. 3800° K (empirisch; nicht-grau) nach Gl. (120, 3). $I_\nu(0,0)$ nach [227].

λ (Å)	$1 - R_c$	
	$T_0 = 4690°$	$T_0 = 3800°$
3800	10,5	1,6
4200	13,7	2,5
4600	17,0	3,6
5000	20,0	4,9
5800	26,8	7,9
6600	32,4	11,0
7500	39,2	14,9
8500	45,9	19,4
9500	49,9	23,0
11000	50,1	25,3
13000	49,8	27,2

In Tab. 68 haben wir nun für den Bereich λ 3800—13000 Å im Spektrum der ⊙-Mitte die Restintensitäten

$$1 - R_c = \frac{B_\nu(T_0)}{I_\nu(0,0)} \qquad (120, 3)$$

für solche starken Linien mit wahrer Absorption berechnet, deren Kerne praktisch bei $\tau = 0$ entstehen. Als Grenztemperatur T_0 wurde dabei einmal der „graue" Wert von 4690° K und sodann der nach den neueren empirischen und theoretischen Erfahrungen wahrscheinlichere Wert von 3800° K benutzt.

Kehren wir noch einmal zu den Wasserstofflinien Hγ und δ im Spektrum der Sonnenmitte zurück, deren gemessene Restintensitäten dort nach Tab. 67 gleich 19 bzw. 23% sind. Daß diese Werte noch einigermaßen zu der theoretischen Kurve in Abb. 160a bzw. der Spalte „$T_0 = 4690°$" in Tab. 68 passen, erweist sich jetzt als reiner Zufall: In der Mitte dieser Linien schauen wir eben gerade in eine Schicht ($\tau_\nu \approx 1$) mit $T \approx 4700°$ herein; dieses T liegt aber offensichtlich noch inmitten des steilen Temperaturabfalles, der schließlich zu der viel niedrigeren wahren Grenztemperatur T_0 führt!

Ehe wir die Theorie weiter entwickeln, stellen wir in Tab. 69 die neueren, mit den nötigen photometrischen Vorsichtsmaßnahmen (Kap. IX) gemachten Messungen der Restintensitäten I_c von Metallinien im Spektrum der ⊙-Mitte zusammen. Die Linien von Fe I passen beobachtungsmäßig und — in Anbetracht des komplizierten Termschemas — auch theoretisch gut zu der Vorstellung, daß

Tabelle 69. Gemessene Restintensitäten im Spektrum der ⊙-Mitte.

	λ	I_c(%)	Lit.		λ	I_c(%)	Lit.
Na	5890,0	5,2	VII	Ca II	8542,1	26	II
		2,5	IV			24,8	IV
		3,9	V		8662,2	28	II
	5895,9	5,8	VII			26,2	IV
		5,0	IV				
		5,4	V	Fe	4005,3	4,8	IV
					4045,8	3	I
						5,3	VIII
Mg	5172,7	6	IV			2,1	VI
		10	III			2,5	IV
	5183,6	6	IV		4063,6	3	I
		9	III			1,9	VI
Ca	4226,7	3,6	VIII			4,9	IV
		2	VI		4071,8	3	I
		3,3	IV			2,2	VI
						4,4	IV
Ca II	3933,7	7,7	VIII		4132,1	5,6	IV
		7,4	IV		4143,9	5,7	IV
	3968,5	7,5	IV				
	8498,1	35	II	Sr II	4077,7	2,0	VI
		33,9	IV				

I. Allen, C. W.: Mem. Canberra No. 5 (1934).
II. Allen, C. W.: Monthly Notices **100**, 10 (1939).
III. * Cherrington, E.: Lick Obs. Bull. **477**, (1935).
IV. * Houtgast, J.: Diss.-Utrecht 1942.
V. * Priester, W.: Z. Astrophysik **32**, 200 (1953).
VI. Redman, R. O.: Monthly Notices **95**, 742 (1935); **97**, 552 (1937).
VII. * Shane, C. D.: Lick Obs. Bull. **507**, (1941).
VIII. Thackeray, A. D.: Monthly Notices **95**, 293 (1935).

ihre Restintensitäten im wesentlichen nach dem Schema „wahre Absorption" in den kühlsten Schichten einer Sonnenatmosphäre mit $T_0 \approx 3800°$ gebildet werden.

Bei den typischen *Resonanzlinien*, wie Na D und Ca 4227 . . ., die durch Stoßdämpfung und Dopplereffekt verbreitert werden, sollte man zunächst erwarten, daß ihr Strahlungsaustausch durch inkohärente Streuung erfolge. Das würde aber heißen, daß ihr *Kern* wie bei kohärenter Strahlung im $\lim \sigma_\nu/\varkappa \to \infty$ dem Grenzwert $I_c \to 0$ zustreben müßte.

Die beobachtete endliche Restintensität muß also mit Absorptions- und Reemissionsprozessen zusammenhängen, deren Verknüpfung sich dem Schema lokalen thermodynamischen Gleichgewichtes bzw. wahrer Absorption annähert. Hat man in der Linienmitte neben dem Linien*streu*koeffizienten σ_ν einen Linien*absorptions*koeffizienten $\varkappa_\nu$, die beide gegen *Unendlich* gehen, so bleibt nach Abschnitt 102, B) die Restintensität I_c doch endlich, sofern nur das *Verhältnis* $\varkappa_\nu/\sigma_\nu$ einem *endlichen Grenzwert* zustrebt.

* Messungen der Mitte-Rand-Variation von I_c.

Einen Beitrag der geforderten Art zum Strahlungsaustausch könnte man prinzipiell z. B. erhalten über Absorption durch Stöße II. Art, bei welchen das angeregte Atom seine Energie auf das stoßende Teilchen überträgt, und Stoßanregung als entsprechenden Emissionsprozeß. Gerade in den sehr hohen Schichten (optische Tiefe für die Linien*mitte* ≈ 1), wo die Restintensität ausgebildet wird, ist aber — wie man mit A. PANNEKOEK [17102] leicht abschätzt — die Wahrscheinlichkeit von Stößen viel zu klein im Verhältnis zu der der Strahlungsübergänge. Die ursprünglich von A. UNSÖLD [1540] und R. v. D. R. WOLLEY [17173] vorgeschlagene „Stoßtheorie der Restintensitäten" läßt sich also in ihrer ursprünglichen Form nicht halten.

Man muß vielmehr, wie S. ROSSELAND [17117] zuerst bemerkt hat, die Wechselwirkung des absorbierenden Atoms mit dem *Strahlungsfeld* (dessen Intensität mit $\tau \to 0$ ja einem *endlichen* Wert zustrebt) berücksichtigen. Die Restintensität wird damit auf eine Art *Fluoreszenz- oder Rekombinationsleuchten* zurückgeführt. Das phänomenologische Gerüst der älteren Theorie bleibt dabei im wesentlichen erhalten; eine atomistische Abschätzung des Verhältnisses $\varkappa_\nu/\sigma_\nu$ im Rahmen einer reinen „Strahlungstheorie der Restintensitäten" haben A. UNSÖLD [17161] und B. STRÖMGREN [17126] entwickelt.

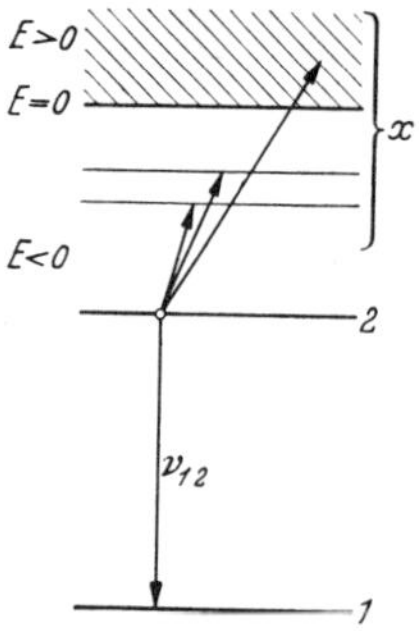

Abb. 163. Entstehung der Restintensität einer Resonanzlinie.

Betrachten wir eine *Resonanzlinie*, die (Abb. 163) durch Übergänge zwischen dem Grundterm 1 und dem nächst höheren Term 2 (statistische Gewichte g_1 und g_2) zustande komme. Die Wahrscheinlichkeit[1] des Überganges $2 \to 1$ mit der Frequenz ν_{12} ist — pro Atom im Zustand 2 — gleich A_{12}.

Nun kann aber das Leuchtelektron vom Zustand 2 aus, anstatt direkt nach 1 zurückzukehren, auch unter Absorption eines weiteren Lichtquantes ν_{x2} auf ein *höheres Niveau* x gehoben werden oder — falls x im Bereich positiver Energie liegt — als *Photoelektron* ausgeworfen werden. Die Wahrscheinlichkeit solcher Vorgänge ist (wieder pro Atom im Zustand 2) gleich $\sum B_{x2} \cdot \varrho_{x2}$, wo B_{x2} die bekannte EINSTEINsche Übergangswahrscheinlichkeit und ϱ_{x2} die Strahlungsdichte bei ν_{x2} bedeutet. Die Summe ist zu erstrecken über *alle* von 2 aus nach „oben" führenden Übergänge nach $E >$ und < 0.

Entspricht nun die diesen Absorptionsprozessen zugehörige Reemission dem SCHWARZSCHILDschen Schema: „Absorption"?

Für die Übergänge nach $E > 0$, die STRÖMGREN allein betrachtet, ist diese Frage ohne Zweifel zu bejahen, denn bis die ausgeworfenen Photoelektronen von irgendwelchen *Ionen* wieder eingefangen werden (Rekombination), hat sich ihre Geschwindigkeitsverteilung längst der MAXWELL-Kurve für die Temperatur ihrer Umgebung angepaßt. Ebensogut wie wir die Ionisation in Sternatmosphären nach der SAHAschen Formel berechnen, dürfen wir also jedenfalls auf den *kontinuierlichen* Teil der Absorptionsvorgänge $2 \to x$ den KIRCHHOFFschen Satz anwenden[2].

Wie steht es aber mit den diskreten Niveaus $x (E < 0)$, die Verf. seinerzeit allein in Betracht zog? Gegen ihre Berücksichtigung hat A. PANNEKOEK einen Einwand erhoben, der — nach Abstreifung mathematischen Beiwerks — auf folgendes herausläuft:

[1] Die erzwungene Emission können wir hier und im folgenden vernachlässigen. Dementsprechend rechnen wir auch mit dem WIENschen Strahlungsgesetz.

[2] B. STRÖMGREN beschreibt die Vorgänge zunächst durch Übergangswahrscheinlichkeiten und wendet dann die SAHAsche Formel an. Es ist einfacher und hat genau denselben Grad von Zuverlässigkeit, wenn wir *direkt* den KIRCHHOFFschen Satz anwenden.

Nehmen wir — der Einfachheit wegen — an, es sei nur *ein* Niveau x vorhanden und schematisieren die Wellenlängenabhängigkeit des Absorptionskoeffizienten in ν_{12} und ν_{x2} durch ein Rechteck $\sqcap$ der Frequenzbreite $\Delta\nu$ (was für den Dopplerkern eine ganz passable Annäherung ist), so muß jedem Übergang $2 \to x$ ein solcher von $x \to 2$ folgen. Ein gelegentlicher „Ausflug" des Leuchtelektrons n nach x ändert an der Reemission in der Frequenz ν_{12} also *nichts*. Die Verhältnisse ändern sich aber — was PANNEKOEK (s. oben) nicht berücksichtigt hat — grundlegend, wenn man den „Verkehr" von x nach den anderen hochgelegenen *Niveaus* in Betracht zieht. Wenn x nicht zu weit (~ 2 V) von der Grenze $E = 0$ entfernt ist, so wird nämlich[1] das Leuchtelektron von x aus nahezu ebenso häufig nach anderen hochgelegenen Niveaus oder in das Kontinuum $E > 0$ springen, wie es direkt nach 2 zurückkehrt. Durch diese Kreuz- und Quersprünge werden die Besetzungsverhältnisse der hochgelegenen Niveaus rasch dem BOLTZMANNschen Gesetz angepaßt. Wir dürfen also auch auf diskrete Niveaus x den KIRCHHOFFschen Satz anwenden, sofern sie nicht zu weit von der Masse der übrigen hochgelegenen Niveaus entfernt sind. Wie ein Blick auf die Niveauschemata zeigt, dürfte die Einschränkung z. B. bei den NaD-Linien ziemlich gegenstandslos sein, während sie bei den H- und K-Linien wohl von Bedeutung werden kann.

Damit können wir das gewünschte Verhältnis $\varkappa_\nu/\sigma_\nu$ sofort anschreiben. Es ist nach dem obigen

$$\frac{\varkappa_\nu}{\sigma_\nu} = \frac{\sum\limits_x B_{x2}\,\varrho_{x2}}{A_{12}}\,, \tag{120, 4}$$

wobei es keiner Erläuterung bedarf, daß dieses Verhältnis über die ganze Linie hinweg konstant bleibt. Führen wir statt der B_{x2} bzw. A_{12} die entsprechenden Absorptionsoszillatorenstärken f_{x2} bzw. f_{21} nach (70, 25) und (70, 26) ein und berechnen die Strahlungsdichten ϱ_{2x} nach dem WIENschen Gesetz, so geht (120, 4) über in

$$\frac{\varkappa_\nu}{\sigma_\nu} = \frac{\sum\limits_x f_{x2}\cdot \nu_{x2}^2\, e^{-\frac{h\nu_{x2}}{kT}}}{\frac{g_1}{g_2} f_{21}\cdot \nu_{12}^2}\,. \tag{120, 5}$$

Diesen Ausdruck kann man — wie es STRÖMGREN für den kontinuierlichen Teil[2] der $\sum\limits_x \cdots$ getan hat — z. B. unter Benutzung der Wasserstoff-Übergangswahrscheinlichkeiten (Tab. 49—52) ausrechnen. Einfacher und für die Metallatome sicherlich nicht ungenauer ist es, die Summe auf einen Schwerpunkt $\bar\nu$ zusammenzuziehen und dann — wie dies *Verf.* getan hat — den KUHNschen *f-Summensatz* anzuwenden. Wir schreiben also zunächst

$$\frac{\varkappa_\nu}{\sigma_\nu} = \frac{\sum f_{x2}}{\frac{g_1}{g_2} f_{21}} \cdot \left(\frac{\bar\nu}{\nu_{12}}\right)^2 e^{-\frac{h\bar\nu}{kT}}\,. \tag{120, 6}$$

Weiterhin ist nach dem Summensatz (88, 2), angewandt auf das Niveau 2,

$$\sum_x f_{x2} - \frac{g_1}{g_2} f_{21} = 1\,. \tag{120, 7}$$

Daß wir dabei die durch das PAULI-Prinzip verbotenen Übergänge nach den abgeschlossenen Schalen nicht berücksichtigen, dürfte nach Abschnitt 88 kaum

[1] Wie unsere folgende Abschätzungsformel zeigt.

[2] (120, 5) ist dann identisch mit STRÖMGRENs Gl. (18) für verschwindende Anzahl der Stöße 2. Art ($c_{k1} = 0$).

viel ausmachen. Da weiterhin für eine Resonanzlinie $f_{21} \approx 1$ ist, so wird

$$\sum f_{x2} : \frac{g_1}{g_2} f_{21} \approx 1 + \frac{g_2}{g_1}.$$

Falls der Term 2 oder 1 aufgespalten ist, so daß man statt *einer* Resonanzlinie ein *Multiplett* erhält, macht man sich anhand der BURGER-DORGELOschen Summenregeln (Abschnitt 84) leicht klar, daß dann für jede Komponente des Multipletts *derselbe* Ausdruck herauskommt. Es gilt also allgemein:

$$\boxed{\frac{\varkappa_\nu}{\sigma_\nu} = \left(1 + \frac{g_2}{g_1}\right)\left(\frac{\bar\nu}{\nu_{12}}\right)^2 e^{-\frac{h\bar\nu}{kT}},} \tag{120, 8}$$

oder, wenn man $\bar\nu$ in cm^{-1} rechnet:

$$\frac{\varkappa_\nu}{\sigma_\nu} = \left(1 + \frac{g_2}{g_1}\right)\left(\frac{\bar\nu}{\nu_{12}}\right)^2 e^{-\frac{1{,}43\bar\nu}{T}}. \tag{120, 9}$$

Den Schwerpunkt $\bar\nu$ wird man zwischen dem kleinsten ν_{2x} und dem Übergang nach $E \approx 0$, d. h. $\nu_{2\infty}$ zu suchen haben.

Zur weiteren Illustration schätzen wir $\varkappa_\nu/\sigma_\nu$ z. B. für die NaD-*Linien* $3\,{}^2S_{\frac{1}{2}}$ — $3\,{}^2P_{\frac{1}{2},\frac{3}{2}}$ im Sonnenspektrum ab: Der langwelligste starke Übergang vom $3\,{}^2P$-Term aus nach „oben" führt zum $3\,{}^2D$-Term (der Übergang nach $4\,{}^2S$ ist viel schwächer). Es ist also $\bar\nu_{min} \approx 12208\ \mathrm{cm}^{-1}$. Andererseits ist der Frequenzabstand bis zur Ionisationsgrenze gleich der Termgröße von $3\,{}^2P$. Diesen Wert dürfen wir als oberen Grenzwert $\bar\nu_{max} = 24484\ \mathrm{cm}^{-1}$ ansetzen. Weiterhin ist bekanntlich $\nu_{12} = 16965\ \mathrm{cm}^{-1}$, $g_2/g_1 = 3$ und die Temperatur T der äußersten Schichten der Sonnenatmosphäre $T \approx 4000°$. Damit wird

$$0{,}0013 < \frac{\varkappa_\nu}{\sigma_\nu} < 0{,}026. \tag{120, 10}$$

Nach Gl. (102, 44) berechnen wir vollends leicht — indem wir uns unter Vermeidung der linearen Approximation für die KIRCHHOFF-PLANCK-Funktion sogleich auf deren Grenzwert für $T = T_0$ beziehen — für Sonnenmitte ($\cos\vartheta = 1$): $I_c \approx B_\nu(T_0) \cdot \frac{5}{\sqrt{3}} \sqrt{\varkappa_\nu/\sigma_\nu}$ oder

$$0{,}10 < \frac{I_c}{B_\nu(T_0)} < 0{,}46. \tag{120, 11}$$

Man kann also jedenfalls größenordnungsmäßig verstehen, daß die beobachteten Restintensitäten einen mäßigen Bruchteil der in Tab. 68 schon berechneten $I_c = B_\nu(T_0)$ ausmachen.

Für andere Metallinien liegen die Verhältnisse vielfach ähnlich. Nur die unerwartet großen Restintensitäten der CaII-Linien H + K λ 3933/68, die ja im Innern sogar eine schwache Emission – die bekannten H_2- und K_2-Komponenten – besitzen, fallen ersichtlich aus dem Rahmen unserer bisherigen Theorie heraus. Wahrscheinlich dürfen wir annehmen, daß die Restintensität dieser Linien in *den* Höhen der Chromosphäre entsteht, wo schon der Temperaturanstieg zur Korona hin beginnt. Die auf einem großen Teil der Sonnenoberfläche zu beobachtende H_3- bzw. K_3-Absorption, welche sich der H_2- bzw. K_2-Emission überlagert, müßte man im Sinne unseres Deutungsversuches wohl den vielen kleinen Protuberanzen (Spicules) in der höheren Chromosphäre zuschreiben.

Nach dem Gesagten ist wohl klar, daß eine Weiterentwicklung der Theorie der Restintensitäten nur möglich sein wird in Verbindung mit detaillierten Untersuchungen der Temperaturschichtung in den höchsten Atmosphärenschichten. Die Theorie des nicht-grauen Strahlungsgleichgewichtes bedeutet einen großen Fortschritt in dieser Richtung. Daneben wird man aber auch sein Augenmerk auf die ganzen veränderlichen Phänomene der Sonnenoberfläche wie Granulation, Fackeln, Protuberanzen, ... richten müssen, auf die wir im Zusammenhang mit der Theorie der Spektroheliogramme noch zurückkommen werden.

Daneben wäre eine ganz *quantenkinetische Durchrechnung des Strahlungsaustausches* in den Kernen der Linien zu fordern. Den Ausgangspunkt hätte wohl die von S. Rosseland [17117] schon 1926 entwickelte Theorie der *zyklischen Quantenübergänge* zu bilden:

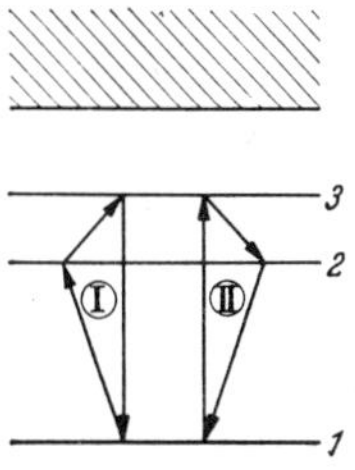

Abb. 163a. Zyklische Quantenübergänge (Rosseland).

Betrachten wir der Einfachheit wegen Übergänge zwischen nur drei Termen 1, 2 und 3, die miteinander kombinieren sollen (Abb. 163), so werden im *thermischen Gleichgewicht* die Zyklen I $= 1 \rightarrow 2 \rightarrow 3 \rightarrow 1$ und II $= 1 \rightarrow 3 \rightarrow 2 \rightarrow 1$ gleich oft durchlaufen. Setzen wir dagegen das Atom nicht der vollen Intensität der Hohlraumstrahlung aus, sondern erregen es durch Hohlraumstrahlung, die im Verhältnis δ „verdünnt" ist, so wird der Zyklus II mit nur *einem* Absorptionsvorgang gegenüber Zyklus I mit *zwei* Absorptionsvorgängen bevorzugt. Die langwelligeren Linien ν_{12} und ν_{23} werden also auf Kosten von ν_{13} zur Fluoreszenz erregt. Auf dieser Basis hat R. v. d. R. Woolley [17175] versucht, die Restintensität von Hα und Hβ auf der Sonne *ohne* Zuhilfenahme des Kirchhoffschen Satzes zu berechnen. Über die NaD-Linien vgl. R. R. Dempster [1733a]. Neuerdings haben G. R. und E. M. Burbridge [1728] eine langwierige Untersuchung mit ähnlichen Zielen veröffentlicht. Die Kompliziertheit des Ansatzes zwingt leider bei derartigen Rechnungen zu einschneidenden Schematisierungen, so daß schließlich der Gewinn gegenüber unseren einfachen Überschlagsrechnungen etwas fragwürdig erscheint. Auch das im Grunde hierher gehörende Problem der Emissionslinien früher Spektraltypen verlangt — wie meines Erachtens aus den Arbeiten von O. Struve eindeutig hervorgeht — in erster Linie eine Verfeinerung bzw. Erweiterung unserer Vorstellungen von der Struktur der Sternatmosphären; erst im Zusammenhang damit kann eine detailliertere Nichtgleichgewichts-Theorie des Strahlungstransportes zu wirklichen Erkenntnissen führen.

121. Verkettung mehrerer Linien (Interlocking). Selektive Energieübertragung (sensibilisierte Fluoreszenz).

Bis jetzt haben wir uns ausschließlich mit dem *Strahlungsaustausch* jeweils einer *einzelnen Linie* beschäftigt. Diese Idealisierung ist offensichtlich berechtigt, wenn die *Reemission* nach dem Kirchhoff*schen Satz* berechnet werden darf oder wenn es sich um *Streuung* in einer *Resonanzlinie* handelt. Mit den Phänomenen der *inkohärenten Streuung* in einer einzelnen Linie haben wir uns schon früher in den Abschnitten 74, 99 und 104 befaßt.

Als einfachstes Problem der *Verkettung zweier Linien* betrachten wir — zum Teil im Anschluß an Arbeiten von R. v. d. R. Woolley [17174a und b] den Strahlungsaustausch eines Dubletts vom Typus der Al-Resonanzlinien $3\,{}^2P^{\circ}_{\frac{3}{2},\frac{1}{2}}$ — $4\,{}^2S_{\frac{1}{2}}$, λ 3944 und 3961, wobei wir von möglichen Übergängen nach höheren

Termen absehen (Abb. 164). Ein entsprechender Fall mit drei Linien wäre das Mg-Triplett $3\,^3P^\circ_{2,1,0} - 4\,^3S$. Die Absorption im Abstand $\Delta\nu$ von der Mitte der *einen* Linie wird hier stets im Verhältnis der Übergangswahrscheinlichkeiten auf die Reemission in $\nu_1 + \Delta\nu$ und $\nu_2 + \Delta\nu$ verteilt.

In den *Flügeln* können wir in 1. Näherung die Reemission mit Hilfe der unveränderten Intensität des Kontinuums berechnen. Man sieht so ohne weiteres, daß die Reemission beider Linien im selben Verhältnis steht wie die Absorption und daß ihre Verkettung (Interlocking) den Strahlungsaustausch jedenfalls in 1. Näherung *nicht* beeinflußt.

Die Verhältnisse in den *Linienmitten* übersieht man am einfachsten folgendermaßen: Berücksichtigt man die vom oberen Niveau weiter führenden Übergänge, vernachlässigt aber vorerst das „Interlocking", so bekommen beide Linien *dieselbe* Restintensität. (Für die Quantensprünge gilt hier ja nach WEISSKOPF-WIGNER das gewöhnliche Multiplikationsgesetz der Wahrscheinlichkeiten.)

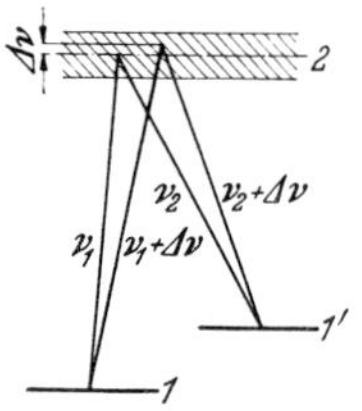

Abb. 164. Einfachster Fall der Verkettung zweier Linien (Interlocking).

„Eröffnet" man nachträglich den Herüber-Hinüber-Verkehr, so bemerkt man, daß gleichviel Übergänge $1 \to 2 \to 1'$ wie $1' \to 2 \to 1$ erfolgen. Die Verkettung beider Linien beeinflußt also auch die Restintensitäten *nicht*.

Ob in den mittleren Teilen der Linien eine Beeinflussung ihrer Konturen durch die Verkettung stattfindet, kann ohne komplizierte Rechnungen wohl nicht entschieden werden. Von praktischer Bedeutung können sie wegen des stetigen Zusammenhanges von Flügeln und Linienmitte jedenfalls nicht sein. Die Messungen der grünen Mg-Linien zeigen innerhalb der Meßgenauigkeit eine völlige Ähnlichkeit der drei Linien, d. h. durch Änderung der $\Delta\lambda$-Maßstäbe können die drei Konturen zur Deckung gebracht werden.

Unsere Vermutung, daß die in Kap. XV entwickelten Vorstellungen und Formeln einen viel weiteren Gültigkeitsbereich haben, als man zunächst dachte, bestätigt sich also durchaus. Eine wesentliche Erweiterung unserer Ansätze — im Anschluß an ROSSELANDs Theorie der Zyklen (Abb. 163) — wird erst nötig für Sterne mit ausgedehnten Hüllen und selbstverständlich für die Gasnebel.

In den *planetarischen Nebeln* hat I. S. BOWEN [1719] zuerst typische *Fluoreszenz* entdeckt. Die Linie He II $1\,^2S_{\frac{1}{2}} - 2\,^2P_{\frac{1}{2},\frac{3}{2}}$ $\lambda\,303{,}780$ Å regt den O III-Übergang $2s^2\,2p^2\,^3P_2 - 2s^2\,2p(^2P^\circ)\,3d\,^3P^\circ_2$ $\lambda\,303{,}799$ (dessen unterer Term nur $306{,}8\ \mathrm{cm}^{-1}$ über dem Grundterm liegt) an. Von dem angeregten O III-Term $2s^2\,2p\,3d\,^3P^\circ_2$ aus werden nun direkt oder in Kaskaden-Übergängen eine Reihe von O III-Linien im nahen UV emittiert. Schließlich wird auch die Linie $2s^2\,2p^2\,^3P_2 - 2s^2\,2p(^2P^\circ)\,3s\,^2P^\circ_1$ $\lambda\,374{,}436$ ausgestrahlt, welche ihrerseits wiederum von dem N III-Dublett $2p\,^2P^\circ_{\frac{1}{2},\frac{3}{2}} - 3d\,^2D_{\frac{3}{2},\frac{5}{2}}$ $\lambda\,374{,}434$ und $374{,}442$ absorbiert wird und so zur Emission mehrerer N III-Linien im Sichtbaren führt.

Selektive Anregung eines *einzelnen Termes* durch Absorption einer starken Linie eines anderen Elementes und anschließende *Emission „partieller"* Multipletts durch Übergänge nach tieferen Energieniveaus ist auch in anderen Objekten beobachtet, insbesondere in langperiodischen Veränderlichen, T Tauri-Sternen und frühen Spektraltypen mit Emissionslinien. Auch die Verstärkung einer *Absorptions*linie durch selektive Entvölkerung ihres unteren Termes scheint vorzukommen. Eine Zusammenstellung der wichtigsten Daten mit Literaturangaben enthält unsere Tab. 70.

Die mögliche Bedeutung derartiger Fluoreszenzprozesse im Spektrum der Sonne und anderer „normaler" Sterne hat — im Hinblick auf ihre Wichtigkeit für die Theorie des Strahlungsaustausches in den Linien — neuerdings W. PRIESTER [17110a] untersucht.

Tabelle 70. Selektive Anregung durch Linienkoinzidenz.

Anregende Linie	Angeregter Term	Literatur
H I 1—2 (Ly α); λ 1215,67	He II $n = 4$	9 Sagittae. P. SWINGS u. O. STRUVE [17144]
H I 1 — 3 (Ly β); λ 1025,717	O I $2p^3(^4S)\,3d\,^3D$	Frühe Typen. I. S. BOWEN [1719b]
H I 2 — 5 (H δ); λ 4101,75	In $6\,^2S_{\frac{1}{2}}$	Me u. Se Veränderliche. A. D. THACKERAY [17147]
He II $1\,^2S_{\frac{1}{2}} - 2\,^2P^{\circ}_{\frac{1}{2},1\frac{1}{2}}$; λ 303,780	O III $2s^2\,2p(^2P^{\circ})\,3d\,^3P^{\circ}_2$	Planetarische Nebel I. S. BOWEN [1719a]
O III $2s^2\,2p^2\,^3P_2 - 2s^2\,2p(^2P^{\circ}_1)\,3s\,^3P^{\circ}_1$; λ 374,436	N III $2s^2(^1S)\,3d\,^2D_{1\frac{1}{2},2\frac{1}{2}}$	
Mg II $3s\,^2S_{\frac{1}{2}} - 3p\,^2P_{1\frac{1}{2}}$; λ 2795,523	Zr I $x\,^1G_4$	χ Cygni I. S. BOWEN [1719b]
Mg II $3s\,^2S_{\frac{1}{2}} - 3p\,^2P^{\circ}_{1\frac{1}{2}}$; λ 2795,523	Fe I $w\,^5D^{\circ}_4$ u. $z\,^3G^{\circ}_4$	Me u. Se Veränderliche. P. W. MERRILL u. A. D. THACKERAY [17148, 1783] A. D. THACKERAY [17150]
Mg II $3s\,^2S_{\frac{1}{2}} - 3p\,^2P^{\circ}_{\frac{1}{2}}$; λ 2802,70	Ti I $v\,^1P^{\circ}_1$	
Ca II $4\,^2S_{\frac{1}{2}} - 4\,^2P^{\circ}_{\frac{1}{2}}$; λ 3968,47 (H)	Fe I $y\,^3F^{\circ}_3$	RW Aur. G. H. HERBIG [1752]; T Tauri-Sterne. A. D. THACKERAY [17151]
H I 1 — 2 (Ly α) λ 1215,67	„Ab"-geregter Term: Ca II $3d\,^2D_{1\frac{1}{2},2\frac{1}{2}}$	Me Veränderliche A. B. WYSE [17184]

122. Gegenseitige Störung zweier Linien (Blends).

Wenn eine FRAUNHOFER-Linie l zufällig im Bereich einer zweiten Linie L liegt[1], so wollen wir — um erst einmal klare Begriffe zu schaffen — folgende Bezeichnungen einführen (Abb. 165):

Intensität des kontinuierlichen Spektrums	I_0 (evtl. = 1)
Direkt gemessene Intensität $(L + l)$	I_{Ll}
Durch Interpolation bestimmte Intensität in L	I_L
Intensität, welche l hätte, wenn L *nicht* vorhanden wäre	I_l
KIRCHHOFF-PLANCK-*Funktion* in der Sternoberfläche (zugleich kleinste Restintensität[2] für wahre Absorption)	B_0

Am einfachsten liegen die Verhältnisse, wenn eine der Linien *tellurischen* oder *interstellaren* Ursprungs ist. Dann gilt selbstverständlich die „*Produktregel*":

$$I_{Ll} = I_L \cdot I_l\,. \qquad (122,1)$$

Handelt es sich um zwei *solare* bzw. *stellare* Linien, so liegen die Verhältnisse nicht mehr so einfach. Das Verhältnis der Einsenkungen an einer bestimmten Stelle von l „mit" und „ohne" L nennen wir nach M. MINNAERT [1793b] den „*monochromatischen Blend-Faktor*"

$$V = \frac{I_L - I_{Ll}}{I_0 - I_l}\,. \qquad (122,2)$$

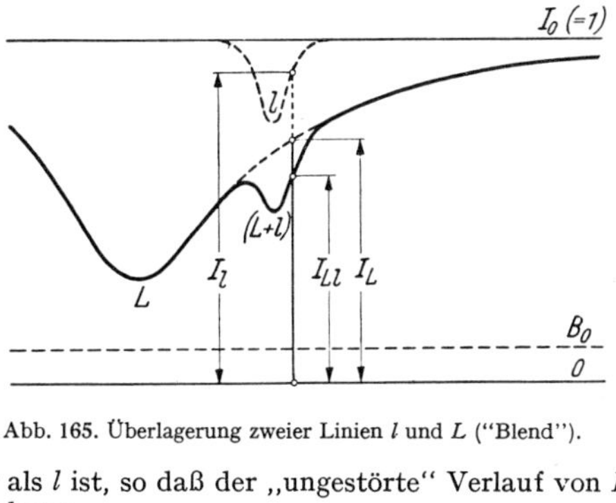

Abb. 165. Überlagerung zweier Linien l und L ("Blend").

[1] Wir nehmen an, daß L sehr viel breiter als l ist, so daß der „ungestörte" Verlauf von L an der Stelle von l sicher interpoliert werden kann.

[2] Es ist $R_c = \dfrac{I_0 - B_0}{I_0}$.

Er wird für zwei bestimmte Linien im allgemeinen eine Funktion von I_L/I_0 und I_l/I_0 sein. In praxi mißt man meist die Einsenkung in l bezogen auf die Kontur von L als „Kontinuum". Nennen wir sie r_{Ll}, so gilt also

$$r_{Ll} = \frac{I_L - I_{Ll}}{I_L}. \tag{122, 3}$$

Wäre L *nicht* vorhanden, so würde die Einsenkung in l, nun bezogen auf I_0 als Kontinuum

$$r_l = \frac{I_0 - I_l}{I_0}. \tag{122, 4}$$

Es gilt offenbar:

$$\frac{r_{Ll}}{r_l} = \frac{I_0}{I_L} \cdot V. \tag{122, 5}$$

Das Verhältnis der entsprechenden *Äquivalentbreiten* (den Index λ dürfen wir wohl weglassen)

$$W_{Ll} = \int r_{Ll}\, d\lambda \quad \text{bzw.} \quad W_l = \int r_l\, d\lambda \tag{122, 6}$$

schreiben wir[1]

$$\frac{W_{Ll}}{W_l} = \frac{I_0}{I_L} \cdot \overline{V}. \tag{122, 7}$$

Die ursprünglich auf der Photometerkurve gemessenen *Flächen*, für beide Linien, bezogen auf $I_0 = 1$, stehen dann in dem Verhältnis

$$\frac{I_L \int r_{Ll}\, d\lambda}{I_0 \int r_l\, d\lambda} = \overline{V}. \tag{122, 8}$$

Der „*Blend-Faktor für die ganze Linie*" $\overline{V}$ ist dabei durch die Gleichung

$$\overline{V} = \int V \cdot r_l\, d\lambda \Big/ \int r_l\, d\lambda \tag{122, 9}$$

definiert. Für schwache Linien ($r_l \ll 1$) hängt $\overline{V}$ schließlich nicht mehr von r_l, sondern nur noch von r_L ab; dann wird $\overline{V} = V$.

In praktischer Hinsicht interessiert vor allem die Frage: „Welche Kontur I_l bzw. Äquivalentbreite W_l hätte l, wenn L nicht vorhanden wäre?"

Daneben aber — und dies erscheint fast noch wichtiger — gibt uns die Störung zweier Linien eine Möglichkeit zur Erforschung der *Schichtung* der betreffenden Atomzustände.

Um einen ersten Überblick zu bekommen, studieren wir zunächst Linien l bzw. L, die durch *wahre Absorption* in einem SCHUSTER-SCHWARZSCHILD-Modell (S.-S.) bzw. MILNE-EDDINGTON-Modell (M.-E.) entstehen. Die KIRCHHOFF-PLANCK-Funktion im Bereich der Linien soll in Abhängigkeit von der optischen Tiefe τ für kontinuierliche Absorption $\varkappa$ durch den linearen Ansatz

$$B(\tau) = B_0(1 + \beta_0 \tau) \tag{122, 10}$$

dargestellt werden.

Es seien nun — zunächst noch ganz allgemein — in der *ganzen* Atmosphäre die Absorptionskoeffizienten $\varkappa$ für kontinuierliche Absorption, $\varkappa_L$ für die Linie L und $\varkappa_l$ für l. Ferner sei der Atmosphäre evtl. bei $\tau = 0$ eine SCHUSTER-SCHWARZSCHILDsche Deckschicht mit den optischen Dicken τ_L bzw. τ_l für die Linien L

[1] Die Intensität I_L betrachten wir dabei im Bereich von l als hinreichend *konstant*.

bzw. l aufgesetzt. Dann gilt entsprechend Gl. (101, 13) für die unter dem Winkel ϑ austretende *Strahlungsintensität*:

$$I(\vartheta) = B_0\left(1 + \beta_0 \cos\vartheta \frac{\varkappa}{\varkappa + \varkappa_L + \varkappa_l}\, e^{-(\tau_L + \tau_l)\sec\vartheta}\right). \qquad (122,\,11)$$

Die analoge Formel für den *Strahlungsstrom* πF würde entsprechend Gl. (101, 21) lauten:

$$F = B_0\left(1 + \frac{2}{3}\beta_0 \frac{\varkappa}{\varkappa + \varkappa_L + \varkappa_l}\, 3K_4(\tau_L + \tau_l)\right). \qquad (122,\,12)$$

Nach der Näherungsformel (C, 15) können wir $3K_4(\tau_L + \tau_l) \approx e^{-(\tau_L+\tau_l)\sqrt{3}}$ setzen, so daß (122, 12) praktisch mit (122, 11) für $\cos\vartheta \approx 2/3 \approx 1/\sqrt{3}$ übereinstimmt. Wir beschränken uns daher auf die Diskussion der *Strahlungsintensität* $I(\vartheta)$. Für die verschiedenen in Tab. 71 zusammengestellten „Modell-Kreuzungen" ergeben sich nun aus (122, 11) die in der Tabelle aufgeführten Ausdrücke für die Intensitäten, wobei neben den ebenda angegebenen Abkürzungen noch

$$\beta_0 \cos\vartheta = b \qquad (122,\,13)$$

gesetzt wurde. Die Intensität des *Kontinuums* ist bekanntlich unter unseren Annahmen

$$I_0 = B_0(1 + \beta_0 \cos\vartheta) = B_0(1 + b)\,. \qquad (122,\,14)$$

Für die in unserer Tabelle links und oben stehenden Modellkombinationen (zwei S.-S.-Modelle oder S.-S.- und M.-E.-Modell) gilt nun allgemein (wir lassen die Indizes S und M daher weg):

$$V = \frac{I_L - I_{Ll}}{I_0 - I_l} = A\,, \qquad (122,\,15)$$

wobei wir — um den direkten Anschluß an beobachtbare Größen herzustellen — noch in derselben Allgemeinheit schreiben können:

$$A = \frac{I_L - B_0}{I_0 - B_0}\,. \qquad (122,\,16)$$

A bedeutet sozusagen eine „reduzierte Intensität" in der Linie L, bei der zwar, wie gewöhnlich die Intensität I_0 des Kontinuums als Einheit, aber die kleinste im Rahmen des Modelles überhaupt mögliche Intensität B_0 als Nullmarke dient.

Tabelle 71. Überlagerung zweier Linien L und l, welche entsprechend einem S. S.- bzw. M. E.-Modell mit wahrer Absorption entstehen.

	Entstehungsort Abkürzung	Linie L Deckschicht der opt. Dicke τ_L. (S. S.-Modell) $A_s = e^{-\tau_L \sec\vartheta}$	Linie L Ganze Atmosphäre (M. E.-Modell) $A_M = \frac{\varkappa}{\varkappa + \varkappa_L}$
Linie l	Deckschicht der opt. Dicke τ_l (S.S. Modell) $a_s = e^{-\tau_l \sec\vartheta}$	$I_L = B_0(1 + b \cdot A_s)$ $I_l = B_0(1 + b \cdot a_s)$ $I_{Ll} = B_0(1 + b \cdot A_s a_s)$	$I_L = B_0(1 + b \cdot A_M)$ $I_l = B_0(1 + b \cdot a_s)$ $I_{Ll} = B_0(1 + b \cdot A_M a_s)$
Linie l	Ganze Atmosphäre (M.E.-Modell) $a_M = \frac{\varkappa}{\varkappa + \varkappa_l}$	$I_L = B_0(1 + b \cdot A_s)$ $I_l = B_0(1 + b \cdot a_M)$ $I_{Ll} = B_0(1 + b \cdot A_s a_M)$	$I_L = B_0(1 + b \cdot A_M)$ $I_l = B_0(1 + b \cdot a_M)$ $I_{Ll} = B_0\left(1 + b \frac{\varkappa}{\varkappa + \varkappa_L + \varkappa_l}\right)$ $= B_0\left(1 + b \frac{A_M a_m}{A_M + a_M - A_M a_M}\right)$

Der Blendfaktor (122, 15) ist unabhängig von a und daher von r_l. Er ist daher nach (122, 9) auch gleich $\overline{V}$ und gibt, noch mit I_0/I_L multipliziert, nach (122, 7) ohne weiteres auch die Änderung der Äquivalentbreite[1] von l durch die Anwesenheit von L.

Nach einer in der Literatur häufig wiederkehrenden „anschaulichen" Betrachtung hätte man erwarten mögen, daß der Einfluß von L auf l viel geringer sei, wenn l in einer S.-S.-Deckschicht und L in der ganzen Atmosphäre entsteht, als wenn L *über* l erzeugt wird. Diese Vermutung erweist sich als falsch!

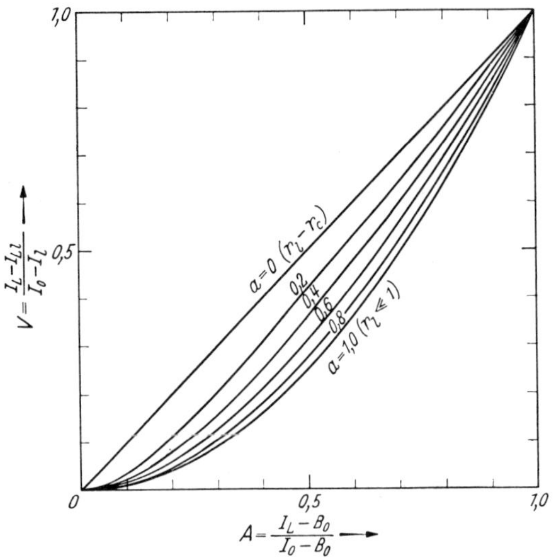

Abb. 166. *Blendfaktor* V für zwei Linien, die im *M.E.-Modell* entstehen, in Abhängigkeit von der Intensität I_L bzw. der „reduzierten Intensität" A in der starken Linie L und I_l bzw. $a = \frac{I_l - B_0}{I_0 - B_0}$ in der ungestörten schwachen Linie l. $a \to 1$ entspricht schwachen Einsenkungen $r_l \ll 1$. Die 45°-Gerade $a = 0$ repräsentiert für unsere Modell-Kombination den Grenzfall starker Einsenkungen; für die *übrigen* Modellkombinationen der Tab. 71 gilt sie nach Gl. (122, 15) für *alle a*.

Ebenso überraschende Ergebnisse liefert der vierte, bisher noch beiseitegelassene Fall: L und l entstehen in einem M.-E.-Modell. Nach den Formeln rechts unten in Tab. 71 erhält man jetzt (die Indizes M lassen wir wieder weg):

$$V = \frac{I_L - I_{Ll}}{I_0 - I_l} = \frac{A^2}{A + a - A\,a}\,,$$

wobei (122, 17)

$$A = \frac{\varkappa}{\varkappa + \varkappa_L} = \frac{I_L - B_0}{I_0 - B_0}$$

und (122, 18)

$$a = \frac{\varkappa}{\varkappa + \varkappa_l} = \frac{I_l - B_0}{I_0 - B_0}$$

ist. Abb. 166 illustriert das Verhalten des neuen Blendfaktors[2] als Funktion von A und a: Für $a \to 0$, d. h. große Einsenkungen von l, erhält man wie in den bisher diskutierten Fällen $V \approx A$. Für den praktisch wichtigeren Grenzfall schwacher Einsenkungen $r_l \ll 1$, d. h. $a \to 1$ dagegen wird $V = A^2$. Die Äquivalentbreiten schwacher Linien bzw. die entsprechenden wirksamen Atomzahlen $N_{r,s}H$ werden also nunmehr durch die Anwesenheit von L viel stärker reduziert, entsprechend dem Gesetz

$$\frac{W_{Ll}}{W_l} = \frac{I_0}{I_L} \cdot A^2 = \frac{I_0}{I_L}\left(\frac{I_L - B_0}{I_0 - B_0}\right)^2. \qquad (122, 19)$$

Die gegenseitige Beeinflussung von l und L ist offenbar besonders stark, wenn beide Linien in demselben Bereich der Atmosphäre entstehen. Weitere Modell-Kombinationen, insbesondere auch mit Streuung, haben P. Swings und O. Struve

[1] Es erscheint auf den ersten Blick überraschend, daß die Äquivalentbreiten schwacher *und* starker Linien l durch L in *demselben* Verhältnis $\frac{I_0}{I_L} \cdot A$ geändert werden. Im Sinne der allgemeinen Theorie der Wachstumskurve erwartet man, daß starke (Dämpfungs-)Linien sich um den Faktor $\sqrt{\frac{I_0}{I_L} A \cdot \frac{R_c'}{R_c}}$ ändern, wo R_c bzw. R_c' die Grenztiefen ohne bzw. mit L bedeuten. Setzt man die Werte für R_c und R_c' ein, so geht die Wurzel genau in den zuerst angegebenen Wert über; q. e. d.

[2] Eine gleichartige Darstellung für *Streuung* gibt M. Minnaert in [1793b, Abb. 3].

[17143], P. SWINGS und S. CHANDRASEKHAR [17142], A. D. THACKERAY [17149] und W. RAUER [unveröffentlicht] durchgerechnet. Auf die empirische Seite dieser Arbeiten werden wir sogleich zu sprechen kommen.

Für *schwache Linien* ($r_l \ll 1$) gestattet wieder die *Methode der Gewichtsfunktionen* einen allgemeineren Einblick. Wir beschränken uns hier wieder auf die Betrachtung der Strahlungs*intensität* $I(0, \vartheta)$ und setzen voraus, daß beide Linien durch *wahre Absorption* entstehen. (Die Behandlung des Strahlungs*stromes* [Sternspektren] bzw. der Streuung bietet keine besonderen Schwierigkeiten.) Für die KIRCHHOFF-PLANCK-Funktion genüge vorerst wieder der lineare Ansatz (122, 10).

Die *Gewichtsfunktion* $g_1(\tau, \vartheta)$ nach Gl. (101, 50) mit $\delta = 0$ können wir schreiben

$$g_1(\tau, \vartheta) = \frac{1}{\Phi^*(0)} \left\{ \Phi^*(0) - \int_0^\tau B(\tau)\, e^{-\tau \sec\vartheta}\, d\tau \sec\vartheta - B(\tau)\, e^{-\tau \sec\vartheta} \right\} \sec\vartheta\,, \qquad (122, 20)$$

wobei nach (101, 46) $\Phi^*(0)$ die Intensität des Kontinuums im Bereich der Linie bedeutet.

Für die *ungestörte* Linie l (ohne L) z. B. erhält man mit der KIRCHHOFF-PLANCK-Funktion (122, 10) wie in (101, 55)

$$r_l = \int_0^\infty \frac{\varkappa_l}{\varkappa}\, g_1(\tau, \vartheta)\, d\tau \quad \text{mit} \quad g_1(\tau, \vartheta) = \frac{\beta_0}{1 + \beta_0 \cos\vartheta} \cdot e^{-\tau \sec\vartheta}\,. \qquad (122, 21)$$

Wir überlegen uns nun, wie diese Gewichtsfunktion $g_1(\tau, \vartheta)$ durch das Hinzukommen der Linie L (die wir *nicht* als schwach voraussetzen können) modifiziert wird. Wir bezeichnen alle auf die im Kontinuum *plus* L entstehende "blend" l bezüglichen Größen mit einem . . . '. Für die weitere Rechnung verabreden wir zweckmäßig einige weitere Spezialisierungen:

a) Die Linie L entstehe gemäß einem M.-E.-Modell (was z. B. für die CaII-Linien H und K der Sonne weitgehend zutrifft)[1], *l in beliebiger Schichtung.* Nun gilt offensichtlich

$$r_{Ll} = \int_0^\infty \frac{\varkappa_l}{\varkappa + \varkappa_L}\, g_1'(\tau', \vartheta)\, d\tau' \quad \text{mit} \quad g_1'(\tau', \vartheta) = \frac{\beta_0'}{1 + \beta_0' \cos\vartheta}\, e^{-\tau' \sec\vartheta}\,, \qquad (122, 22)$$

wobei

$$\tau' = \frac{\varkappa + \varkappa_L}{\varkappa}\, \tau \quad \text{und} \quad \beta_0' = \beta_0 \frac{\varkappa}{\varkappa + \varkappa_L}\,. \qquad (122, 23)$$

Um die Integration in (122, 22) besser mit (122, 21) vergleichen zu können, führen wir auch die erstere über τ aus und schreiben gleichbedeutend

$$r_{Ll} = \int_0^\infty \frac{\varkappa_l}{\varkappa}\, g_1'(\tau, \vartheta)\, d\tau \quad \text{mit} \quad g_1'(\tau, \vartheta) = \frac{\dfrac{\varkappa}{\varkappa + \varkappa_L} \cdot \beta_0}{1 + \dfrac{\varkappa}{\varkappa + \varkappa_L}\, \beta_0 \cos\vartheta}\, e^{-\frac{\varkappa + \varkappa_L}{\varkappa} \tau \sec\vartheta}\,. \qquad (122, 24)$$

Der Zusammenhang zwischen $\dfrac{\varkappa}{\varkappa + \varkappa_L}$ und I_L wird wieder hergestellt durch die Gl. (122, 18):

$$\frac{\varkappa}{\varkappa + \varkappa_L} = \frac{I_L - B_0}{I_0 - B_0}\,. \qquad (122, 25)$$

[1] Die schon oben gemachte Annahme *wahrer Absorption* dagegen dürfte für H und K nicht ganz zutreffen.

Läßt man die Linie l speziell in einem S.-S.- oder M.-E.-Modell entstehen, so verifiziert man leicht die Übereinstimmung mit unseren früheren Formeln.

Die Abhängigkeit des $\frac{r_{Ll}}{r_l} = \frac{I_0}{I_L} \cdot V$ von der optischen Tiefe τ, in welcher l entsteht, zeigt uns am besten ein Beispiel: Etwa entsprechend den H- und K-Linien in ⊙-Mitte wählen wir $\beta_0 = 5$ und $\cos\vartheta = 1$. Ferner sei $\frac{\varkappa}{\varkappa + \varkappa_L} = \frac{1}{2}$, entsprechend $I_L/I_0 = 0{,}58_4$. Dann wird nach (122, 21) und (122, 24)

$$g_1(\tau, 0) = \frac{5}{6} e^{-\tau} \quad \text{und} \quad g_1'(\tau, 0) = \frac{5}{7} e^{-2\tau}. \tag{122, 26}$$

Man erkennt auf das deutlichste, wie die Schwächung von l durch L sehr gering ist, wenn die l-Atome an der Sternoberfläche konzentriert sind, während sie erhebliche Werte annimmt, sobald sie sich in etwas größerer Tiefe τ befinden.

b) Die Linie L entsteht ganz unterhalb der Schichten $0 \leqq \tau \leqq \tau_0$, *in welchen l gebildet wird.* (Diesem Bild dürften die Blends der Balmer-Linien im Sonnenspektrum einigermaßen nahekommen.)

Schreiben wir

$$r_l = \int_0^{\tau_0} \frac{\varkappa_l}{\varkappa} g_1(\tau, \vartheta)\, d\tau \quad \text{und} \quad r_{Ll} = \int_0^{\tau_0} \frac{\varkappa_l}{\varkappa} g_1'(\tau, \vartheta)\, d\tau\,, \tag{122, 27}$$

so ist zunächst nach (122, 20) die Gewichtsfunktion für die ungestörte Linie l wegen $\Phi^*(0) = I_0$

$$g_1(\tau, \vartheta) = \frac{1}{I_0} \left\{ I_0 - \int_0^{\tau} B(\tau)\, e^{-\tau \sec\vartheta}\, d\tau \sec\vartheta - B(\tau)\, e^{-\tau \sec\vartheta} \right\} \sec\vartheta\,. \tag{122, 28}$$

Schalten wir nun die Linie L ein, so wird sich $B(\tau')$ von dem früheren $B(\tau)$ *nur* in dem Bereich $\tau > \tau_0$ unterscheiden, der in den Integralen (122, 27) keine Rolle mehr spielt. In (122, 28) ist das Verhalten von B bei $\tau > \tau_0$ nur für die Berechnung von $I_0 = \Phi^*(0)$ wesentlich, indem in $g_1'(\tau, \vartheta)$ das frühere I_0 durch I_L zu ersetzen ist. Wir erhalten also

$$\begin{aligned} g_1'(\tau, \vartheta) &= \frac{1}{I_L} \left\{ I_L - \int_0^{\tau} B(\tau)\, e^{-\tau \sec\vartheta}\, d\tau \sec\vartheta - B(\tau)\, e^{-\tau \sec\vartheta} \right\} \sec\vartheta \\ &= \frac{1}{I_L} \left\{ I_0\, g_1(\tau, \vartheta) - I_0 + I_L \right\} \sec\vartheta\,. \end{aligned} \tag{122, 29}$$

Um ein numerisches Beispiel zu geben, wählen wir wieder eine Linie l im Spektrum der ⊙-Mitte, d. h. $\cos\vartheta = 1$. Legen wir weiterhin eine lineare Kirchhoff-Planck-Funktion mit $\beta_0 = 5$ zugrunde, so erhalten wir wie in (122, 26) zunächst wieder

$$g_1(\tau, 0) = \frac{5}{6} e^{-\tau}\,. \tag{122, 30}$$

Die Intensität der Linie L am Ort von l sei nun $I_L/I_0 = 0{,}8$. Dann wird nach (122, 30)

$$g_1'(\tau, 0) = \frac{1}{0{,}8} \left\{ \frac{5}{6} e^{-\tau} - 0{,}2 \right\}. \tag{122, 31}$$

Bei der Anwendung von Gl. (122, 29) bzw. (122, 31) muß man selbstverständlich bedenken, daß eine vorgegebene Einsenkung $\frac{I_0 - I_L}{I_0}$ in der Linie L nur erzeugt werden kann durch Atome, die mindestens bis zu einer bestimmten Höhe τ_0 heraufreichen. Selbst wenn man nämlich für $\tau > \tau_0$ das $\varkappa_L \to \infty$ gehen läßt, erhält man — mit einer linearen KIRCHHOFF-PLANCK-Funktion — nur eine maximale Einsenkung

$$\frac{I_0 - I_L}{I_0} \leqq \frac{\beta_0 \cos\vartheta}{1 + \beta_0 \cos\vartheta} \, e^{-\tau_0 \sec\vartheta} . \qquad (122, 32)$$

Für $\tau \geqq \tau_0$ ist aber, wie man leicht verifiziert, auch $g_1' \geqq 0$. Der Vergleich von (122, 31) und (122, 30) zeigt wieder, daß der Einfluß der Linie L am kleinsten ist für eine Linie l, die bei $\tau = 0$ entsteht und erheblich zunimmt, wenn die l-Atome sich in tieferen Schichten befinden.

Empirische Untersuchungen über die gegenseitige Störung von FRAUNHOFER-Linien werden stets von Multipletts oder anderen Liniengruppen mit bekannten (relativen) Oszillatorenstärken ausgehen, in denen ein Teil der Linien ungestört ist, während ein anderer durch den Flügel einer starken Linie L geschwächt wird. Zeichnet man für ein solches Multiplett die Wachstumskurve zunächst mit Hilfe der ungestörten Linien, so liefert der *vertikale Abstand* der "blends" von dieser Kurve sofort das Verhältnis $W_{Ll}/W_l = \frac{I_0}{I_L} \cdot \overline{V}$ und der *horizontale Abstand* der "blend"-Punkte von der Wachstumskurve das Verhältnis der „wirksamen Atomzahlen", das wir näherungsweise mit $\frac{r_{Ll}}{r_l} = \frac{I_0}{I_L} \cdot V$ für r_l bzw. $r_{Ll} \ll 1$ identifizieren dürfen.

In diesem Sinne haben A. UNSÖLD, O. STRUVE und C. T. ELVEY [17157] sowie P. SWINGS und O. STRUVE [17143] die H-Linie von Ca II λ 3968,46 im Flügel der starken He-Linie λ 3970,06 von A-Sternen untersucht. Die letzteren haben sodann in frühen B-Sternen das O II-Multiplett y ^{4}P—e ^{4}P° gemessen, von dem zwei Linien in die Nähe von Hγ fallen; weitere Beobachtungen hierzu vgl. auch [17162] und [17168]. Im Sonnenspektrum hat A. D. THACKERAY [17149] die zahlreichen Metallinien in den breiten Flügeln von Ca II H + K studiert.

Diesen Gegenstand hat 1953/55 W. RAUER [17111] in seiner Kieler Dissertation hinsichtlich der Messungen wie der Theorie noch einmal aufgegriffen und erheblich weitergeführt. Bezüglich der ziemlich komplizierten Einzelheiten müssen wir auf seine Arbeit verweisen; schon auf den ersten Blick ersieht man daraus jedenfalls, daß alle Verallgemeinerungen gerade auf diesem Gebiet höchst gefährlich sind!

Im Zusammenhang mit "blend"-Problemen sei noch auf die Beobachtung von JEWELL und J. EVERSHED aufmerksam gemacht, daß am *Sonnenrand* in unmittelbarer Nähe der H- und K-Linien einige schwache *Emissionslinien* zu erkennen sind, die ziemlich weit in die Sonnenscheibe herein noch als solche bestehen bleiben. Im Spektrum der ⊙-*Mitte* dagegen sind die beiden stärksten Linien gar nicht, die anderen unsicher als Absorption zu erkennen.

Nach A. D. THACKERAY [17146, dort übrige Literatur], dessen Arbeit wir die folgende Tab. 72 entnehmen, gehören diese Linien den Spektren der *seltenen*

Tabelle 72. Emissionslinien der seltenen Erden in H und K am ⊙-Rand. Nach A. D. THACKERAY [17146].

Emission am ⊙-Rand (EVERSHED)		Absorption (ROWLAND Rev.)		Chromosphäre (MENZEL)		Identifikation (THACKERAY)	
λ	Int.	λ	Int.	λ	Element	λ	Element
3931,54	0	?3931,59	1	{3931,28	V ? Ce ?	3931,533	Dy II
				,74	?		
34,80	2	...	.	3934,89	Nd+	34,813	Nd II
67,04	0	3967,057	0d. ?	...	...	67,048	Ce II
3969,40	3	...	.	3969,27	Fe, Eu+	{3969,23	Eu II
					(c to red)	,27	Fe

Erden an. Die Identifikation der 2. und 3. Linie ist ziemlich sicher, die der 1. und 4. erheblich weniger. Nd^+ λ 3934,80 ist nach THACKERAY noch 1′ innerhalb des Sonnenrandes, also bei $\cos\vartheta = 0{,}37$ als Emission zu erkennen; auf der Sonnenscheibe verschwindet sie vollständig.

Schon D. H. MENZEL [B, 9] hat beobachtet, daß bei Sonnenfinsternissen die Linien der seltenen Erden als erste den Umschlag von Absorption in Emission vollziehen. Dies dürfte irgendwie mit der ungewöhnlichen Struktur ihrer Termschemata zusammenhängen, wenn auch eine genaue Deutung noch fehlt. Die quantitative Deutung der merkwürdigen Mitte-Rand-Variation der THACKERAYschen Linien dürfte wegen der Kompliziertheit des Strahlungsaustausches durch inkohärente Streuung im Kern der H- und K-Linien nicht ganz einfach sein. Genaue Konturen der Emissionslinien von Tab. 72 am Sonnenrand könnten vielleicht Aufschluß über die Turbulenz der hohen Photosphärenschichten geben.

XVIII. Kapitel.

Beeinflussung der Linienprofile durch Rotation und Expansion der Sterne.

123. Berechnung der Linienprofile rotierender Sterne.

Bis jetzt haben wir in der Theorie der Linienprofile nur solche Verbreiterungsursachen berücksichtigt, die in den Sternatmosphären selbst ihren Sitz haben und also direkt den Absorptions- bzw. Streukoeffizienten beeinflussen.

Wenn nun ein Stern *rotiert* (oder — man denke an Cepheiden, Novae usw. — Expansions- bzw. Kontraktionsbewegungen ausführt), so verbreitern die entstehenden Dopplereffekte *alle Linien* des Spektrums in ähnlicher Weise.

Trotzdem diese Erkenntnis schon alt ist, war eine eigentliche *Erforschung der Rotation der Sterne* erst möglich, nachdem die physikalischen Ursachen der Linienverbreiterung wenigstens in groben Zügen klargestellt waren. Wir verdanken sie in erster Linie O. STRUVE und seinen Mitarbeitern C. T. ELVEY und G. SHAJN (s. Literaturverzeichnis). Bezüglich der Vorgeschichte des Problems genüge ein Hinweis auf deren erste Arbeit [1814].

Am deutlichsten wird sich die Rotation bei solchen Linien zeigen, deren „wahre“ Breite (für einen ruhenden Stern) sehr viel kleiner ist, als die Rotationsverbreiterung. Wir berechnen daher zuerst die „Rotationskontur“ derartiger Linien:

Die Winkelgeschwindigkeit w des Sternes tragen wir als Vektor $\mathfrak{w}$ in Richtung der Drehachse auf. Ferner legen wir durch den Mittelpunkt des Sternes ein Koordinatensystem, dessen ζ-Achse nach dem Beobachter zeigt. Die η-Achse liege in der Ebene durch ζ und $\mathfrak{w}$; die ξ-Achse stehe senkrecht auf der η, ζ-Ebene (Abb. 167). Dann sind die Komponenten des *Drehvektors*

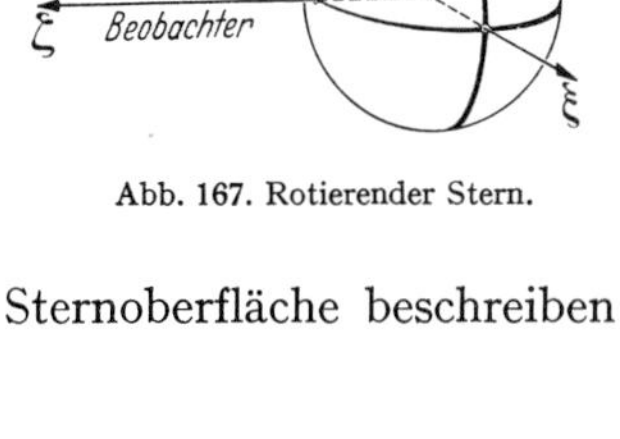

Abb. 167. Rotierender Stern.

$$\mathfrak{w} = \{\, 0,\; w \sin i,\; w \cos i \,\}\,, \tag{123, 1}$$

wo i den Winkel zwischen Drehachse und Visierlinie bedeutet. Die *Lage* eines Punktes auf der Sternoberfläche beschreiben wir durch den Vektor

$$\mathfrak{r} = \{\, \xi,\, \eta,\, \zeta \,\}\,. \tag{123, 2}$$

Die *Geschwindigkeit* $\mathfrak{v}$ dieses Punktes ist nun bekanntlich gegeben durch das

Vektorprodukt

$$\mathfrak{v} = [\mathfrak{w}, \mathfrak{r}]\,. \tag{123, 3}$$

Insbesondere ist ihre Komponente in der Sehrichtung

$$\mathfrak{v}_\zeta = \mathfrak{w}_\xi \cdot \eta - \mathfrak{w}_\eta \cdot \xi = -\,\xi \cdot w \sin i\,. \tag{123, 4}$$

Die entsprechende Dopplerverschiebung für eine Linie der Wellenlänge λ wird

$$\Delta\lambda = \frac{\lambda}{c} \cdot \xi \cdot w \sin i\,. \tag{123, 5}$$

Insbesondere erhalten wir die maximale Verschiebung und damit die *Halbbreite* b unserer Linie, wenn wir $\xi =$ dem Sternradius R setzen (wR ist dann die volle Geschwindigkeit, $w \cdot R \cdot \sin i = v \sin i$ die Radialgeschwindigkeit am Äquator). Wir schreiben also

$$b = \frac{\lambda}{c} R \cdot w \sin i \tag{123, 6}$$

und weiterhin zur Abkürzung

$$\frac{\Delta\lambda}{b} = \frac{\xi}{R} = x \quad \text{sowie} \quad \frac{\eta}{R} = y\,. \tag{123, 7}$$

Die *Stärke der Linie* — einerlei ob es sich um Absorption oder Emission handelt — in dem Bereich x bis $x + dx$ wird nun proportional sein der *Gesamthelligkeit des entsprechenden Streifens der Sternscheibe zwischen* ξ und $\xi + d\xi$. Dabei nehmen wir an, daß die Linienkontur auf der ganzen Sternscheibe dieselbe ist, was in 1. Näherung immerhin erlaubt sein dürfte[1]. Die Helligkeitsverteilung auf der Sternscheibe stellen wir wieder dar durch die gewohnte Näherungsformel

$$I = \text{const}\,(1 + \beta \cos\vartheta)\,, \tag{123, 8}$$

wo in unseren jetzigen Bezeichnungen

$$\sin\vartheta = \frac{\sqrt{\xi^2 + \eta^2}}{R} = \sqrt{x^2 + y^2} \tag{123, 9}$$

ist. Es wird also

$$I = \text{const}\left(1 + \beta\sqrt{1 - (x^2 + y^2)}\right), \tag{123, 10}$$

und wir erhalten die Intensitätsverteilung $A(x)$ unserer Linie — gleich auf $\int\limits_{-1}^{+1} I\,dx = 1$ normiert —

$$A(x) = \frac{\int\limits_0^{\sqrt{1-x^2}} I(x, y)\,dy}{\int\limits_{x=-1}^{+1}\int\limits_{y=0}^{\sqrt{1-x^2}} I(x, y)\,dy\,dx} = \frac{\frac{2}{\pi}\sqrt{1 - x^2} + \frac{\beta}{2}(1 - x^2)}{1 + \frac{2}{3}\beta}. \tag{123, 11}$$

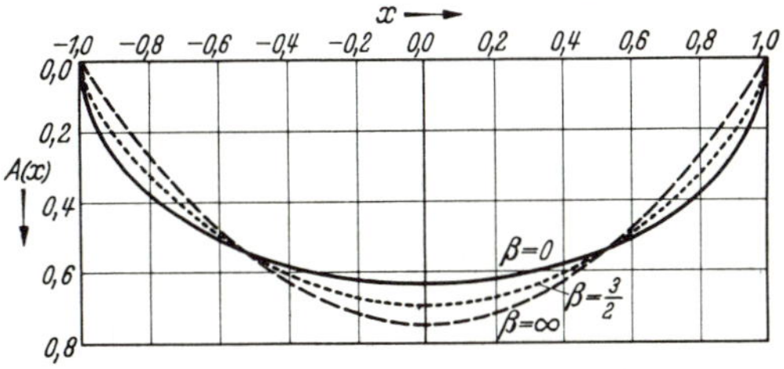

Abb. 168. „Rotationsprofil" $A(x) = \dfrac{\frac{2}{\pi}\sqrt{1 - x^2} + \frac{\beta}{2}(1 - x^2)}{1 + \frac{2}{3}\beta}$ für verschiedene Werte des Randverdunkelungskoeffizienten β.

Für $\beta = 0$, d. h. keine Randverdunkelung, wird die Linienkontur eine Ellipse. Man erkennt dies auch ohne Rechnung daraus, daß $A(x)$ dann einfach der Höhe η der kreisförmigen Sternscheibe

[1] Neuerdings hat O. Struve [1822] Anzeichen dafür entdeckt, daß z. B. auf *Algol* die Linienintensitäten von der „siderographischen Breite" abhängen.

bei dem entsprechenden ξ proportional ist. Graphische Darstellungen des Rotationsprofils für $\beta = 0$, 3/2 und ∞ gibt die vorstehende Abb. 168.

Ist die Breite des „wahren“ Linienprofils W (das wir bei einem analogen nichtrotierenden Stern beobachten würden) *nicht* vernachlässigbar gegenüber der „Rotationsbreite“ b — nach Gl. (123, 6) entspricht diese $x = \pm 1$ —, so erhalten wir das Linienprofil S des rotierenden Sternes durch *Überlagerung* von W mit dem reinen Rotationsprofil A. Das mathematische Problem ist völlig gleichartig dem in Abschnitt 65 und 66 behandelten Problem der Verzerrung durch den Spektrographen. Es gilt also, wenn wir der Einfachheit wegen alle Wellenlängendifferenzen auf den maximalen Rotations-Dopplereffekt als Einheit beziehen, analog (65, 1)

$$S(y) = \int_{-\infty}^{+\infty} W(y - x)\, A(x)\, dx\,. \tag{123, 12}$$

Die Ausrechnung dieser Integrale kann ohne weiteres numerisch ausgeführt werden. Einige Beispiele gibt nach J. A. CARROLL [1803] die Abb. 169.

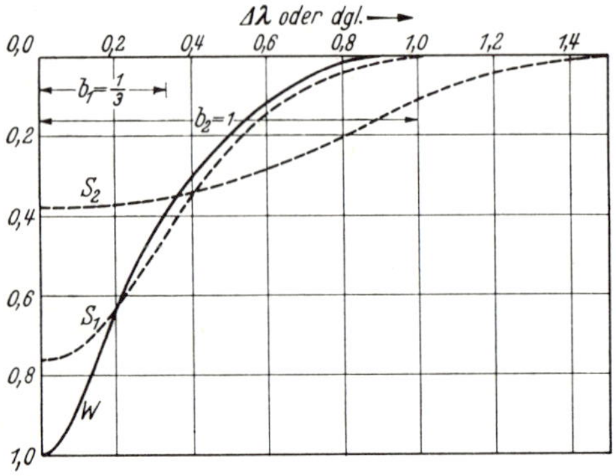

Abb. 169. Verzerrung des Linienprofils W durch Rotation. Nach J. A. CARROLL. Die mit b_1 bzw. b_2 bezeichneten Strecken geben die Halbbreiten der reinen Rotationsprofile. Deren Überlagerung mit W gibt S_1 bzw. S_2. (Der Randverdunkelungskoeffizient β ist gleich Null gesetzt.)

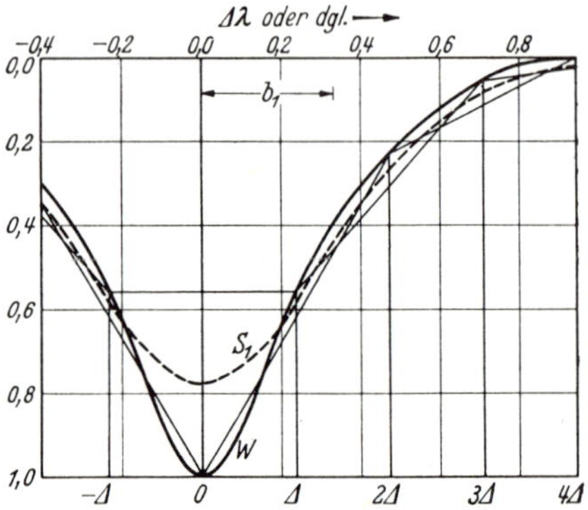

Abb. 170. Graphische Konstruktion des Linienprofils S_1 (vgl. Abb. 169) nach (123, 18). Es ist $\Delta = 0{,}707\, b_1 = 0{,}263$ und $C = 0{,}5$. Die Übereinstimmung mit der exakt berechneten Kurve von Abb. 169 ist ausgezeichnet. Für Kurven, die so stark verzerrt sind wie S_2 dagegen reicht unser einfaches graphisches Verfahren nicht aus.

Ist W breiter als A, die Verzerrung des ursprünglichen Linienprofils durch die Rotation also nicht zu groß, so läßt sich diese mühsame Rechenarbeit fast auf Null reduzieren durch folgendes *graphisches Verfahren*, dessen Grundgedanke auf Lord RAYLEIGH zurückgehen dürfte:

Wir entwickeln in (123, 12) . . . $W(y - x)$ in eine Potenzreihe nach x, wobei wir Glieder bis x^5 inklusive mitnehmen:

$$W(y-x) = W(y) - \frac{x}{1!} W^{\mathrm{I}}(y) + \frac{x^2}{2!} W^{\mathrm{II}}(y) - \frac{x^3}{3!} W^{\mathrm{III}}(y) + \frac{x^4}{4!} W^{\mathrm{IV}}(y) - \frac{x^5}{5!} W^{\mathrm{V}}(y)\,. \tag{123, 13}$$

Damit erhalten wir, da $A(x)$ eine gerade Funktion und $\int_{-\infty}^{+\infty} A(x)\, dx = 1$ ist, durch gliedweise Integration:

$$S(y) = W(y) + \frac{W^{\mathrm{II}}(y)}{2!} \int x^2 A(x)\, dx + \frac{W^{\mathrm{IV}}(y)}{4!} \int x^4 A(x)\, dx\,. \tag{123, 14}$$

Die beiden rechts stehenden Korrektionsglieder lassen sich nun leicht ausrechnen mit Hilfe des 2. *Differenzenquotienten*. Gehen wir von y ein — hinsichtlich seiner

Größe noch festzulegendes — Stück Δ nach rechts und links, so gilt:

$$W(y \pm \Delta) = W(y) \pm \frac{\Delta}{1!} W^{\mathrm{I}}(y) + \frac{\Delta^2}{2!} W^{\mathrm{II}}(y) \pm \frac{\Delta^3}{3!} W^{\mathrm{III}}(y) + \frac{\Delta^4}{4!} W^{\mathrm{IV}}(y) \pm \cdot \tag{123, 15}$$

und damit

$$\Delta^{\mathrm{II}}(y) = \frac{W(y+\Delta) + W(y-\Delta)}{2} - W(y) = \frac{\Delta^2}{2!} W^{\mathrm{II}}(y) + \frac{\Delta^4}{4!} W^{\mathrm{IV}}(y)\,. \tag{123, 16}$$

Vergleicht man diesen Ausdruck mit (123, 14), so sieht man, daß man den letzteren schreiben kann als

$$S(y) = W(y) + C \cdot \Delta^{\mathrm{II}}(y)\,, \tag{123, 17}$$

wenn man

$$\Delta^2 = \frac{\int x^4 A(x)\,dx}{\int x^2 A(x)\,dx} \quad \text{und} \quad C = \frac{\left[\int x^2 A(x)\,dx\right]^2}{\int x^4 A(x)\,dx} \tag{123, 18}$$

setzt. Beide Integrale kann man mit (123, 11) leicht ein für allemal berechnen und erhält

$$\Delta^2 = \frac{1}{2} \cdot \frac{1 + \frac{16}{35}\beta}{1 + \frac{16}{30}\beta} \quad \text{und} \quad C = \frac{1}{2} \cdot \frac{\left(1 + \frac{8}{15}\beta\right)^2}{\left(1 + \frac{2}{3}\beta\right)\left(1 + \frac{16}{35}\beta\right)}\,. \tag{123, 19}$$

Ihre Abhängigkeit von β ist nur geringfügig, wie auch die folgende kleine Tabelle zeigt:

$\beta =$	0 (keine Randverd.)	1	2	5	∞
$\Delta =$	0,707	0,689	0,680	0,669	0,655
$C =$	0,500	0,484	0,478	0,472	0,467

Die graphische Konstruktion des Linienprofils $S(y)$ für den rotierenden Stern geht nun also folgendermaßen vor sich:

Man führt als Abszisseneinheit die Rotationsbreite b ein. In diesen Einheiten geht man von dem Ausgangspunkt y um Δ nach rechts und links. Die Differenz zwischen der Mitte der Verbindungslinie beider Punkte und $W(y)$ gibt $\Delta^{\mathrm{II}}(y)$. Dieses $\times\ C$ liefert schon die gewünschte Differenz $S(y) - W(y)$.

In Abb. 170 haben wir die von CARROLL (s. Abb. 169) exakt durchgerechneten Beispiele nach unserer Näherungsmethode behandelt. Wie der Vergleich beider Abbildungen zeigt, reicht das Verfahren vollständig aus, solange die Reduktion der Restintensität (dies ist als praktisches Kriterium am geeignetsten) einen Faktor 1,5 nicht überschreitet.

Für stark rotationsverbreiterte Linien (die Halbwertsbreite von W kann bis zu acht unserer Einheiten gehen) hat P. WELLMANN [1823] eine Verallgemeinerung unserer graphischen Konstruktion entwickelt, die *neben* dem 2. Differenzenquotienten $\Delta''(y)$ für das Intervall $\Delta \approx 0{,}883$ [ähnlich wie nach (123, 19)] noch weitere 2. Differenzenquotienten mit feineren Intervallteilungen benutzt.

Falls das „wahre" Linienprofil W *keine* erheblichen Dämpfungsflügel hat, für welche die Momente $\int x^2 W(x)\,dx, \ldots$ ja nicht existieren, kann man bei *starker* Rotationsverbreiterung auch die Rollen von $W(y)$ und $A(x)$ in unserer bisherigen Rechnung vertauschen und so wieder rasch zum Ziel kommen.

124. Spektroskopische Bestimmung der Rotationsgeschwindigkeit $v \sin i$ von Sternen.

Nunmehr betrachten wir — zunächst ebenfalls vom theoretischen Standpunkt aus — die Umkehrung des in Abschnitt 123 gelösten Problems:

„*Wie kann man aus beobachteten Linienprofilen die Rotationsgeschwindigkeit* $v \sin i$ *eines Sternes ermitteln?*" [Daß man nur die in die Sehlinie fallende Komponente $v \cdot \sin i$ der Äquatorialgeschwindigkeit bestimmen kann, nicht aber v und i getrennt, bedarf nach Gl. (123, 4) keiner Erläuterung.]

1. Einen *oberen Grenzwert* der Rotationsgeschwindigkeit erhalten wir zunächst, wenn wir den Beitrag von W zur Linienbreite vernachlässigen:

Dann können wir aus der maximalen Breite der Linie nach der Dopplerformel (123, 6) $v \sin i$ abschätzen. Besser wird man aber nicht die unsicheren Ränder der Linie benutzen, sondern von der Äquivalentbreite W_λ und der Tiefe R_c in der Linienmitte ausgehen. Nach (123, 11) ist die Tiefe in der Mitte einer Linie der Äquivalentbreite 1 (in Einheiten der Dopplerbreite b) gleich $A_{x=0}$ oder

$$\frac{\frac{2}{\pi} + \frac{\beta}{2}}{1 + \frac{2}{3}\beta}. \qquad (124,\ 1)$$

Es gilt also in den gewöhnlichen Einheiten

$$W_\lambda = b \cdot R_c \frac{1 + \frac{2}{3}\beta}{\frac{2}{\pi} + \frac{\beta}{2}} \qquad (124,\ 2)$$

für die reine Rotationskontur und daher allgemein

$$b < \frac{W_\lambda}{R_c} \cdot \frac{2}{\pi} \cdot \frac{1 + \frac{\pi}{4}\beta}{1 + \frac{2}{3}\beta}. \qquad (124,\ 3)$$

2. Da die Äquivalentbreite W_λ durch die Rotation selbstverständlich nicht verändert wird, so kann man zu einem vorgegebenen Rotationsprofil S sich das entsprechende rotationsfreie Profil beschaffen, indem man einen Stern mit scharfen Linien aufsucht, welche dieselben Äquivalentbreiten haben wie die des rotierenden Sternes. Ausgehend von diesem wahren Profil W kann man dann die Rotationsprofile für eine Reihe von $v \sin i$-Werten berechnen. Durch Vergleich eines *gemessenen* Profils mit dieser *berechneten* Kurvenschar läßt sich dann nach C. T. Elvey [1809] umgekehrt $v \sin i$ ermitteln.

Die Verzerrung der Linienprofile durch den Spektrographen fällt heraus, wenn man für W *und* S nur Profile benutzt, die mit *demselben* Instrument gemessen wurden. Die Veränderung von W durch die Rotation wie auch durch die Apparatefunktion können wir nämlich im mathematischen Sinne als *Faltungen* auffassen, die nach Abschnitt 65 *kommutativ* und *assoziativ* sind.

3. J. A. Carroll [1803—1805] hat sodann die überraschende Bemerkung gemacht, daß man aus einem gemessenen Linienprofil S die Rotationsgeschwindigkeit $v \sin i$ und die wahre Kontur W bestimmen kann[1], ohne irgendwelche Zusatzannahmen machen zu müssen. (Das heißt, in praxi muß man wegen der beschränkten Meßgenauigkeit den Randverdunkelungskoeffizienten β als bekannt annehmen, was aber auf $v \sin i$ wenig Einfluß hat.)

[1] Enthält S noch den Einfluß des Spektrographen, so kehrt dieser selbstverständlich auch in W wieder.

Der Beweis beruht auf dem schon mit Gl. (65, 24) bewiesenen Theorem, wonach die FOURIER-*Transformierte* („Spektrum") $\widetilde{S}$ von S sich multiplikativ aus den FOURIER-Transformierten $\widetilde{W}$ von W und $\widetilde{A}$ von A zusammensetzt. Die FOURIER-Transformierte (65, 20) des — geraden — Rotationsprofils $A(x)$ nach (123, 11) ist nun

$$\widetilde{A} = \int_{-1}^{+1} A(x) \cdot \cos u\, b\, x \cdot dx = \frac{1}{\frac{1}{2} + \frac{\beta}{3}} \left\{ \frac{J_1(u\,b)}{u\,b} - \beta \left(\frac{\cos u\,b}{(u\,b)^2} - \frac{\sin u\,b}{(u\,b)^3} \right) \right\}, \quad (124, 4)$$

wo J_1 die 1. BESSEL-Funktion bedeutet. Die *Nullstellen* dieses Spektrums in der $u\,b$-Skala, welche z. B. für $\beta = \frac{3}{2}$ bei

$$u\,b = 4{,}147; \quad 7{,}303; \quad 10{,}437; \quad 13{,}569 \quad (124, 5)$$

liegen, müssen nun — selbstverständlich neben denen von $\widetilde{W}$ — auch Nullstellen der FOURIER-Transformierten $\widetilde{S}$ des gemessenen Linienprofils S sein. Findet man also umgekehrt unter den Nullstellen der numerisch berechneten Funktion $\widetilde{S}$ eine Folge wie (124, 5) mit passend gewähltem b, so gibt dieses die Rotationsgeschwindigkeit $v \sin i$ des Sternes. Division von $\widetilde{S}$ durch $\widetilde{A}$ ergibt schließlich $\widetilde{W}$ und damit das Profil der unverbreiterten Linie selbst.

In praxi kann man die Rotationsgeschwindigkeit eines Sternes nur dann mit einiger Zuverlässigkeit bestimmen, *wenn* $b = \lambda \cdot \frac{v}{c} \sin i$ *nicht wesentlich kleiner ist als die Halbbreite des durch die Apparatefunktion des Spektrographen schon deformierten wahren Linienprofils* W. Im Rahmen der Methode (2) nach ELVEY ist dies ohne weiteres klar. Bei Anwendung der CAROLLschen Methode (3) kommt es darauf an, daß andernfalls $\widetilde{S}$ im Bereich der Nullstellen (124, 5) entweder durch $\widetilde{W}$ schon unter die Grenze seiner empirischen Schwankungen heruntergedrückt wird, oder daß die Nullstellen von $\widetilde{A}$ und $\widetilde{W}$ nicht mehr unterschieden werden können. Beides kommt wieder genau auf die angegebene Bedingung heraus. Einige instruktive Beispiele hierzu hat K. H. BÖHM [1800] durchgerechnet.

125. Beobachtung von Rotationseffekten bei spektroskopischen Doppelsternen und Bedeckungsveränderlichen.

Es ist — in qualitativer Hinsicht — eine alte Erfahrung (Literatur bei SHAJN und STRUVE [1814]), daß Systeme mit großer Radialgeschwindigkeitsamplitude meist breite Linien haben, und daß in Bedeckungsveränderlichen während der Verfinsterung des Hauptsternes merkwürdige Linienverschiebungen auftreten. Beide Beobachtungen lassen sich zwanglos durch die — vom hydrodynamischen Standpunkt aus fast selbstverständliche — Annahme deuten, daß enge Doppelsternsysteme nahezu wie *ein* starrer Körper rotieren oder — genauer gesagt —, daß ähnlich wie beim Mond *Revolutions- und Rotationsdauer gleich sind.*

Quantitative spektroskopische Untersuchungen der Linienprofile solcher Systeme hat zuerst O. STRUVE [1817] durchgeführt. Als Beispiel geben wir seine Beobachtungen an dem spektroskopischen Doppelstern 67 αVirginis (Periode 4 Tage), dessen Komponenten nahezu demselben Spektraltyp (B2) angehören. Abb. 171a zeigt einen Ausschnitt aus der Mikrophotometerkurve des Spektrums bei maximaler Trennung der Linien beider Komponenten. Die violetten Komponenten I sowohl von He 4472 als auch MgII 4481 sind wesentlich breiter als die roten Komponenten II. Die auf Intensitäten reduzierten Kurven (b) bestätigen dieses Bild. Abb. 171c gibt zum Vergleich dieselben Linien in dem offensichtlich nicht rotierenden B2-Stern γ Pegasi. „Verzerrt" man diese versuchsweise mit verschiedenen Rotationsgeschwindigkeiten, so ergibt sich gute Übereinstimmung mit den Konturen in αVirg, wenn man für Komponente I $v_1 \sin i = 200$ km/sec, für Komponente II $v_2 \sin i \approx 50$ km/sec annimmt, wobei der letztere Wert ziemlich unsicher ist und mehr eine obere Grenze darstellt. Da beide Komponenten mit

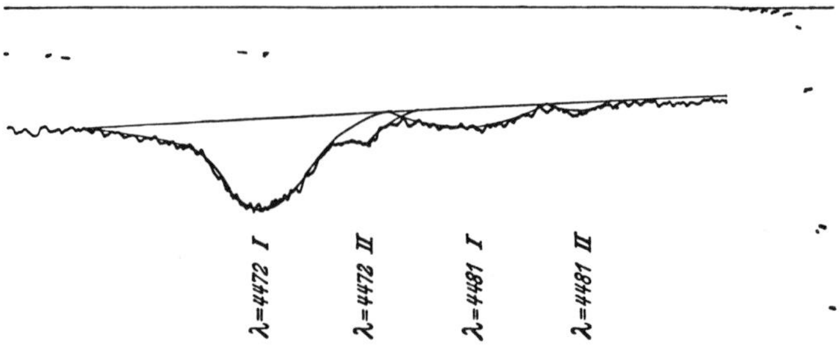

Abb. 171a. Mikrophotometerkurve von α Virginis. (1930, April 24; 5 h 35 min U. T.) Rechts Intensitätsmarken.

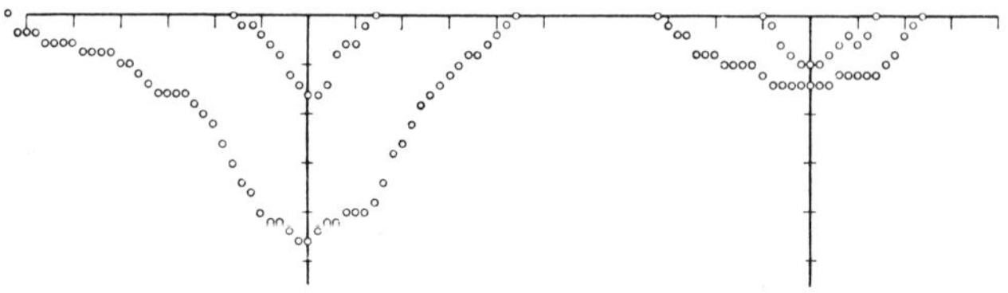

Abb. 171b. Profile von He λ 4472 (links) und MgII 4481 (rechts) beider Komponenten von α Virginis auf Intensitäten umgerechnet. Einheiten der Abszissenskala 1,28 Å, der Ordinatenskala 5% Absorption.

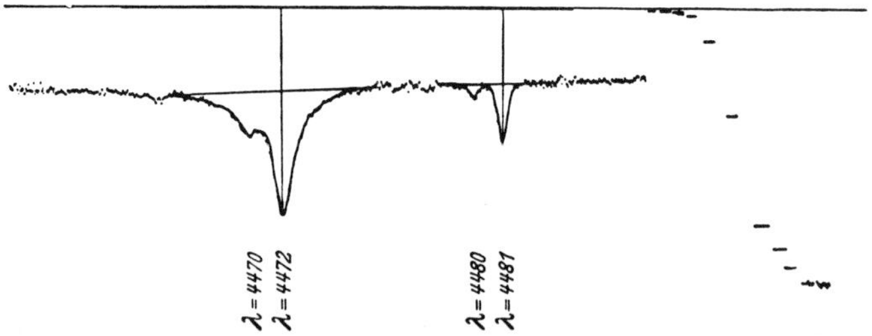

Abb. 171c. Mikrophotometerkurve des nicht rotierenden B2-Sternes γ Pegasi. Links neben He 4472 die verbotene Heliumlinie λ 4470. Die Linie 4480 rührt von Al III her. Abb. 105a — c nach O. STRUVE [1817].

derselben Winkelgeschwindigkeit w rotieren, so sind die Randgeschwindigkeiten v proportional den Sternradien r. Es ist also

$$\frac{r_1}{r_2} = \frac{v_1 \sin i}{v_2 \sin i} \approx 4\,. \qquad (125,1)$$

Dieses Verhältnis läßt sich anhand der Äquivalentbreiten der Linien folgendermaßen nachprüfen:

Da beide Komponenten vom selben Spektraltyp sind, so ist die *wirkliche* Äquivalentbreite W_λ einer bestimmten Linie, z. B. He 4472, in beiden Sternen dieselbe. Die in Abb. 171b gemessenen Äquivalentbreiten $W_{\lambda,1}$ und $W_{\lambda,2}$ für die Komponenten I und II *erscheinen* nur deshalb verschieden, weil jede Linie vom kontinuierlichen Spektrum der anderen Komponente überlagert wird. Bezeichnen wir die Intensitäten der beiden Kontinua mit i_1 und i_2, so gilt offensichtlich

$$\left.\begin{aligned} W_{\lambda,1} &= \frac{i_1}{i_1+i_2} W_\lambda \\ W_{\lambda,2} &= \frac{i_2}{i_1+i_2} W_\lambda \end{aligned}\right\} \frac{i_1}{i_2} = \frac{W_{\lambda,1}}{W_{\lambda,2}}. \tag{125, 2}$$

Nach Abb. 171 ist das Verhältnis $W_{\lambda,1}/W_{\lambda,2} \approx 8{,}8$. Da beide Sterne dieselbe Temperatur haben und also pro Flächeneinheit gleichviel Strahlung emittieren, so gilt

$$\frac{i_1}{i_2} = \frac{r_1^2}{r_2^2} \tag{125, 3}$$

und wir erhalten auf diesem Wege in hinreichender Übereinstimmung mit (125, 1)

$$\frac{r_1}{r_2} = \sqrt{\frac{W_{\lambda,1}}{W_{\lambda,2}}} \approx 3\,. \tag{125, 4}$$

Der Helligkeitsunterschied beider Komponenten in Größenklassen ergibt sich entsprechend zu

$$M_2 - M_1 = 2{,}5 \log \frac{i_1}{i_2} = 2^{\mathrm{m}}_{\cdot}4\,. \tag{125, 5}$$

Als Beispiel eines *Bedeckungsveränderlichen* haben O. Struve und C. T. Elvey [1819] den *Algol* (B8) eingehend untersucht. Außerhalb der Verfinsterung zeigt z. B. die MgII-Linie λ 4481 das typische „tellerförmige" Rotationsprofil. Durch Vergleich mit derselben Linie in Vega (A0) erhält man $v \sin i = 60 \pm 15$ km/sec. Während der Verfinsterung ergeben sich — wie Beobachtung und Theorie in quantitativer Übereinstimmung zeigen — unsymmetrische Deformationen der Linien. Bei gewöhnlichen Radialgeschwindigkeitsmessungen machen sich diese als Zacken in der Geschwindigkeitskurve bemerkbar. Eine sehr eingehende Untersuchung dieses Rotationseffektes bei Algol und anderen Systemen gibt D. B. McLaughlin [1812, mit eingehenden Literaturangaben].

Aus dem vorhergehenden dürfte mit genügender Deutlichkeit hervorgehen, daß die spektralphotometrische Untersuchung von Linienprofilen der Erforschung spektroskopischer Doppelsterne und Bedeckungsveränderlicher ganz neue Möglichkeiten eröffnet. Im einzelnen verweisen wir auf O. Struves ausgezeichnete Darstellung [1821].

126. Beobachtung der Rotation einzelner Sterne.

Ausgehend von den Untersuchungen an Doppelsternen entdeckten O. Struve und C. T. Elvey, daß es auch rasch *rotierende Einzelsterne* gibt. Abb. 172 zeigt

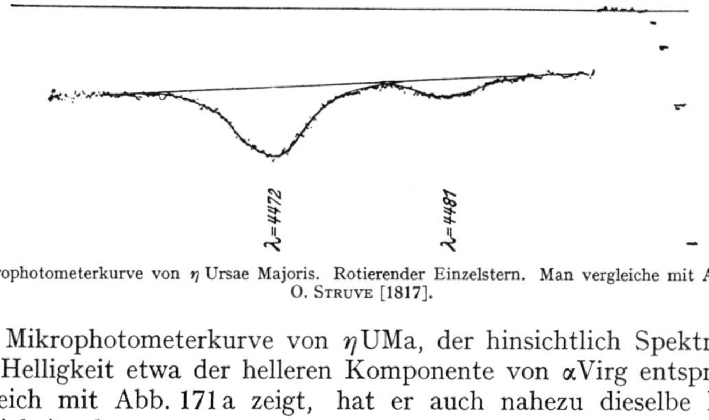

Abb. 172. Mikrophotometerkurve von η Ursae Majoris. Rotierender Einzelstern. Man vergleiche mit Abb. 171. Nach O. Struve [1817].

z. B. eine Mikrophotometerkurve von η UMa, der hinsichtlich Spektraltyp und absoluter Helligkeit etwa der helleren Komponente von α Virg entspricht. Wie der Vergleich mit Abb. 171a zeigt, hat er auch nahezu dieselbe Rotationsgeschwindigkeit, also

$$v \sin i \approx 200 \text{ km/sec}\,. \tag{126, 1}$$

Es liegt nahe, an das Vorkommen so enormer Rotationsgeschwindigkeiten Betrachtungen über die Stabilität solcher Sterne und die Entstehung von Doppelsternen anzuknüpfen. Doch wollen wir hier dieser Versuchung nicht nachgeben, sondern uns lieber an die Beobachtungen halten.

Daß die breiten und flachen Linien solcher Spektren tatsächlich durch *Rotation* und nicht durch irgendeinen *in* den Sternatmosphären selbst wirkenden Mechanismus hervorgerufen werden, läßt sich nach O. STRUVE und C. T. ELVEY durch folgende Beobachtungen stützen:

1. *Alle* Linien (natürlich mit Ausnahme der interstellaren!) sind in *gleicher* Weise verbreitert.

2. Die *Linienbreiten* wachsen $\sim \lambda$ an, entsprechend der bekannten Dopplerformel $\Delta\lambda = \frac{v}{c}\lambda$.

3. Die Verhältnisse der Äquivalentbreiten der Linien sind *unabhängig* von der Verbreiterung. Dies haben O. STRUVE und C. T. ELVEY [1818] an dem SiIII-Triplett λ 4553, 4568, 4575 nachgeprüft, dessen Äquivalentbreiten sich — entsprechend den nach der BURGER-DORGELOschen Regel berechneten Übergangswahrscheinlichkeiten — wie

$$\sqrt{5} : \sqrt{3} : 1 = 2{,}24 : 1{,}73 : 1 \tag{126, 2}$$

verhalten sollen. Abgesehen von gelegentlichen kleinen Abweichungen, die sich zwanglos auf *Turbulenz* zurückführen lassen, bestätigen die Beobachtungen durchaus das erwartete Verhältnis.

In größerem Umfange sind Bestimmungen der Rotationsgeschwindigkeit $v \sin i$ von C. T. ELVEY [1809] mit Hilfe der Linie λ 4481 ausgeführt worden. Die Verteilung der *Rotationsgeschwindigkeiten* in Abhängigkeit vom Spektraltyp[1] hat dann CHR. WESTGATE [1824—1826] genauer untersucht. Bei den O- und B-Sternen mißt sie unter dem Komparator die Breite von MgII 4481 und He 4472, bei den A-Sternen ebenfalls λ 4481 und bei den F-Sternen SrII 4215. Die Spektraltypen O bis B5 unter besonderer Berücksichtigung der Be-Sterne hat neuerdings A. SLETTEBAK [1816] genauer untersucht. Den helleren Plejadensternen hat E. v. DIEN [1807] eine besondere Studie gewidmet.

Die Ergebnisse dieser Messungen lassen sich nun statistisch in folgender Weise weiterverarbeiten: Bezeichnet $F(V)\cdot dV$ die Wahrscheinlichkeit dafür, daß die *scheinbare* Äquatorialgeschwindigkeit $V = v \sin i$ eines Sternes zwischen V und $V + dV$ liegt, so zeigt die Verteilungsfunktion $F(V)$ für die *frühen Spektraltypen* O—F2 bei kleinen V einen steilen Anstieg, ein Maximum bei $V \approx 60$ km/sec und dann wieder eine Abnahme, so daß Rotationsgeschwindigkeiten > 250 km/sec kaum vorkommen dürften. Bei den *späteren Spektraltypen* F5—M werden die durchschnittlichen Rotationsgeschwindigkeiten rasch kleiner. Die kleine Rotationsgeschwindigkeit der Sonne ($v \sim 2$ km/sec) dürfte also kein Ausnahmefall sein[2].

Aus der für eine bestimmte Gruppe von Sternen beobachteten *Verteilungsfunktion $F(V)$ der scheinbaren Rotationsgeschwindigkeiten* $V = v \sin i$ kann man die *Verteilungsfunktion $f(v)$ der wahren Äquatorgeschwindigkeiten v* leicht berechnen, wenn man die ziemlich selbstverständliche Annahme hinzunimmt, daß die *Richtungen* der Rotationsachsen gleichmäßig über die Kugel verteilt sind.

---

[1] Eine Unterteilung des Beobachtungsmaterials nach absoluten Helligkeiten — etwa anhand der von der Rotation ja unabhängigen Gesamtabsorption der Wasserstofflinien — wäre natürlich sehr zu wünschen.

[2] Nach P. W. MERRILL [1813] hat der G-Stern HD 117 555 breite Linien, die auf $v \sin i \approx 75$ km/sec hinweisen könnten. Eine Deutung durch Turbulenz scheint jedoch nicht ausgeschlossen zu sein.

Wir stellen die Rotationsgeschwindigkeiten v der betrachteten Gruppe von Sternen in einem räumlichen Polardiagramm (Abb. 173) dar. Jeder Stern wird dabei durch einen Vektor charakterisiert, dessen Richtung der Drehachse des Sternes parallel ist und dessen Betrag der Rotationsgeschwindigkeit v entspricht. Die Zahl der Sterne mit Rotationsgeschwindigkeiten zwischen v und $v + dv$ ist einerseits $f(v)\,dv$ und andererseits — wenn wir die Dichte der Bildpunkte in Abb. 173 mit $\varrho(v)$ bezeichnen — gleich $4\pi v^2 \cdot \varrho\, dv$, d. h.

$$f(v)\,dv = 4\pi v^2 \cdot \varrho(v)\,dv\,. \tag{126, 3}$$

Andererseits sind alle Sterne mit scheinbaren Rotationsgeschwindigkeiten zwischen V und $V + dV$ in einem Hohlzylinder mit den Radien V und $V + dV$ enthalten. Ihre Anzahl ist daher

$$F(V)\,dV = 2\int\limits_{v=V}^{\infty} \varrho(v) \cdot 2\pi V \cdot \frac{dv}{\cos i}\,. \tag{126, 4}$$

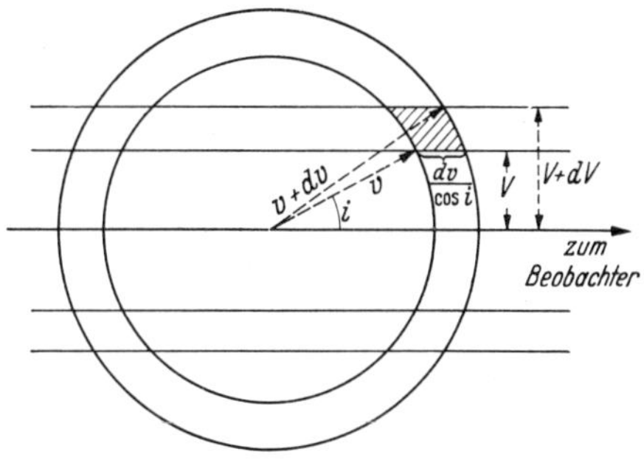

Abb. 173. Infinitesimale Kugel- und Zylinderschale im Polardiagramm der Rotationsgeschwindigkeiten.

Wegen $V = v \sin i$ bzw. $\cos i = \frac{1}{v}\sqrt{v^2 - V^2}$ folgt daraus mit (126, 3)

$$F(V) = V \int\limits_{v=V}^{\infty} \frac{f(v)\,dv}{v\sqrt{v^2 - V^2}}\,. \tag{126, 5}$$

Diese Integralgleichung läßt sich nach S. Chandrasekhar und G. Münch [1806] leicht auf die bekannte Abelsche Form zurückführen und damit lösen. Da die Funktion $F(V)$ mit mehr oder weniger großen *Beobachtungsfehlern* behaftet ist, treten aber bei der numerischen Auflösung unserer Gl. (126, 5) wieder die schon von den analogen linearen Integralgleichungen (28, 8) für den Strahlungstransport und (65, 1) für die Entzerrung von Spektrallinien bekannten *Instabilitätserscheinungen* auf.

Die genannten Autoren und ebenso A. Brown [1801] begegnen dieser Schwierigkeit, indem sie die Form von $f(v)$ von vornherein vorgeben[1] und die freien Parameter (deren Anzahl nicht zu groß und nicht zu klein sein darf!) dann durch Vergleich der berechneten Funktion $F(V)$ mit den Beobachtungen ermitteln.

Biegsamer und der jeweiligen Genauigkeit des Beobachtungsmaterials leichter anzupassen sowie numerisch einfacher dürfte das Verfahren von K. H. Böhm [1800] sein. Zeichnet man in Abb. 173 eine Reihe äquidistanter Kugeln mit ihren tangierenden Zylindern, so kann man von A bis Z mit den *diskreten* Klassenhäufigkeiten $\int_{V_n}^{V_{n+1}} F(V)\,dV$ bzw. $\int_{v_n}^{v_{n+1}} f(v)\,dv$ operieren. Diese Größen sind durch ein *lineares Gleichungssystem* miteinander verknüpft, dessen Koeffizientenschema K. H. Böhm [1800] für die Klassenzahl 10 ein für allemal berechnet hat. Die *Auflösung* des Gleichungssystems kann exakt oder noch bequemer mittels eines Approximationsverfahrens ohne weiteres bewerkstelligt werden. Die Einteilung der v- bzw. V-Skala in 10 Geschwindigkeitsbereiche dürfte für alle praktischen Bedürfnisse ausreichen. Sollte die Genauigkeit der Beobachtungen oder die Anzahl der beobachteten Sterne eine so feine Unterteilung nicht rechtfertigen, so kann man ohne weitere Rechnungen zu einer angemessenen Klassenzahl < 10

---

[1] Zum Beispiel: $f(v) = \frac{j}{\sqrt{\pi}} \{e^{-j^2(v-v_1)^2} + e^{-j^2(v+v_1)^2}\}$.

übergehen, damit die Beobachtungen rationell ausgewertet, aber nicht überdiskutiert werden. Abb. 174 zeigt die von S. CHANDRASEKHAR und G. MÜNCH und von K. H. BÖHM aus den Beobachtungen von A. SLETTEBAK und CHR. WESTGATE berechneten Häufigkeitsverteilungen $f(v)$ für die frühen Spektraltypen. Das

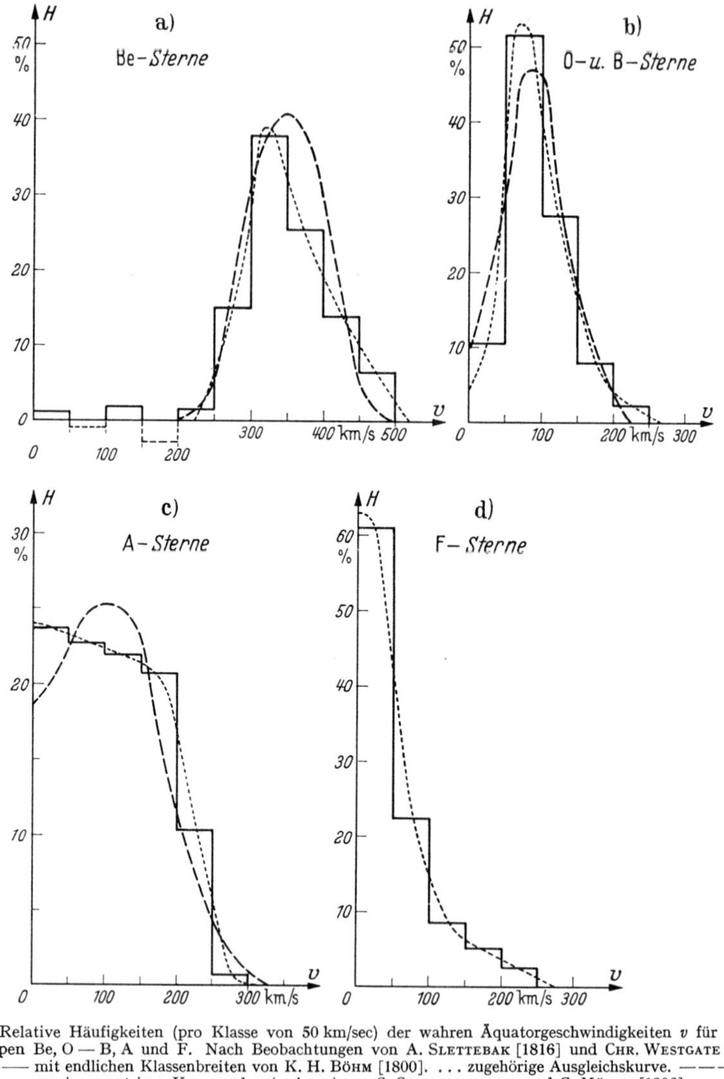

Abb. 174. Relative Häufigkeiten (pro Klasse von 50 km/sec) der wahren Äquatorgeschwindigkeiten v für Sterne der Spektraltypen Be, O — B, A und F. Nach Beobachtungen von A. SLETTEBAK [1816] und CHR. WESTGATE [1824—26] berechnet. —— mit endlichen Klassenbreiten von K. H. BÖHM [1800]. . . . zugehörige Ausgleichskurve. — — — mit einer zweiparametrigen Kurvenschar (s. Anm.) von S. CHANDRASEKHAR und G. MÜNCH [1806].

Fehlen von Be-Sternen mit kleinen Rotationsgeschwindigkeiten dürfte für O. STRUVEs [1820] Vorstellung sprechen, daß die Be-Emission in einer Hülle oder einem Ring entsteht, der erst bei hinreichend rascher Rotation gebildet wird.

127. Linienprofile pulsierender Sterne.

Im Hinblick auf die *Pulsationstheorie der Cepheiden* und verwandter Veränderlicher untersuchen wir mit H. SHAPLEY und S. B. NICHOLSON [1815] die Beeinflussung der Linienprofile durch Expansion oder Kontraktion des ganzen

Sternes. Wir nehmen dabei an, daß die Höhe der Atmosphäre klein ist im Vergleich zum Radius des Sternes.

Bezeichnen wir die Geschwindigkeit eines Punktes der Sternatmosphäre mit v, so ist deren Komponente in der Sehlinie

$$V = -\,v\cos\vartheta\,, \tag{127, 1}$$

wo der Winkel ϑ die übliche Bedeutung hat. Die entsprechende Dopplerverschiebung ist

$$\Delta\lambda = -\,\lambda\frac{v}{c}\cos\vartheta\,. \tag{127, 2}$$

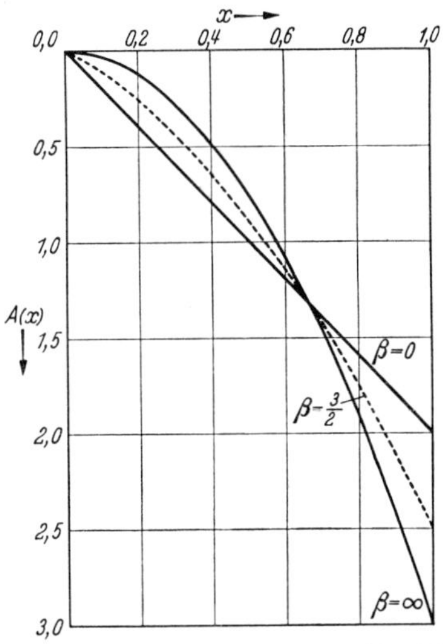

Abb. 175. „Expansionsprofil“ $A(x) = \dfrac{(1+\beta x)\,x}{\frac{1}{2}+\frac{\beta}{3}}$ für verschiedene Werte des Randverdunkelungskoeffizienten β.

Die Helligkeitsverteilung auf der Sternscheibe sei für die betrachtete Wellenlänge wieder gegeben durch

$$I_\nu = \text{const}\,(1+\beta\cos\vartheta)\,. \tag{127, 3}$$

Dann ist die von einer Zone $d\vartheta$ in Richtung auf den Beobachter emittierte Strahlung proportional

$$I_\nu\cdot\cos\vartheta\,\sin\vartheta\,d\vartheta\,. \tag{127, 4}$$

Drücken wir hier $d\vartheta$ durch (127, 2) aus, und setzen noch

$$\cos\vartheta = -\frac{\Delta\lambda}{\lambda}\cdot\frac{c}{v} = x\,, \tag{127, 5}$$

so wird die Intensitätsverteilung in einer ursprünglich sehr schmalen Linie

$$A(x) = \frac{(1+\beta x)\,x}{\frac{1}{2}+\frac{\beta}{3}}\,. \tag{127, 6}$$

Die Normierung ist dabei so gewählt, daß das $\int\limits_0^1 A(x)\,dx = 1$ wird. Graphische Darstellungen für die Werte $\beta = 0$, $3/2$ und ∞ des Randverdunkelungskoeffizienten gibt unsere Abb. 175. Die Verschiebung des *Schwerpunktes* der Linie, gemessen in Einheiten *der* Verschiebung, die man in der Mitte der Sternscheibe beobachten *würde*, ist

$$\bar{x} = \int\limits_0^1 x\,A(x)\,dx = \frac{2}{3}\cdot\frac{1+\frac{3}{4}\beta}{1+\frac{2}{3}\beta}\,, \tag{127, 7}$$

also für $\beta = 0$, $3/2$ und ∞ bzw. $\bar{x} = 0{,}667$, $0{,}708$ und $0{,}750$.

Eine eingehende Studie des Einflusses der Pulsation auf die Profile schwacher Linien (bei den breiten ist natürlich nichts zu erwarten) haben neuerdings A. VAN HOOF und R. DEURINCK [1811] an η Aquilae mit Mt. Wilson-COUDÉ-Spektren von $\sim 2{,}9$ Å/mm im Bereich λ 4370—4650 Å durchgeführt.

Die „pulsationsfreien“ Profile nicht zu starker Linien lassen sich — wie man bei $v = 0$ direkt verifizieren kann — gut durch eine GAUSS-*Funktion*

$$A'(x) = \sqrt{\frac{C}{\pi}}\,e^{-C x^2} \tag{127, 8}$$

darstellen, deren Dispersion $v/\sqrt{C}$ [km/sec] sich dann *quadratisch* zusammensetzt aus der Breite der Apparatefunktion des Spektrographen ($\sim 3{,}5$ km/sec) sowie der thermischen und der gesamten Turbulenzgeschwindigkeit in der Sternatmosphäre. Die Überlagerung („Faltung") $S(x)$ von $A'(x)$ nach (127, 8) mit $A(x)$ nach (127, 6) kann man mit Hilfe des Fehlerintegrals leicht ausrechnen[1]; einige charakteristische Beispiele zeigt Abb. 176. Die Lage des Schwerpunktes $\bar{x}$ von $A(x)$ wird durch die Überlagerung mit $A'(x)$ nicht verändert.

Der Vergleich der beobachteten Linienprofile mit den berechneten ergibt gute Übereinstimmung für einen — auch sonst plausiblen — *Randverdunkelungs-*

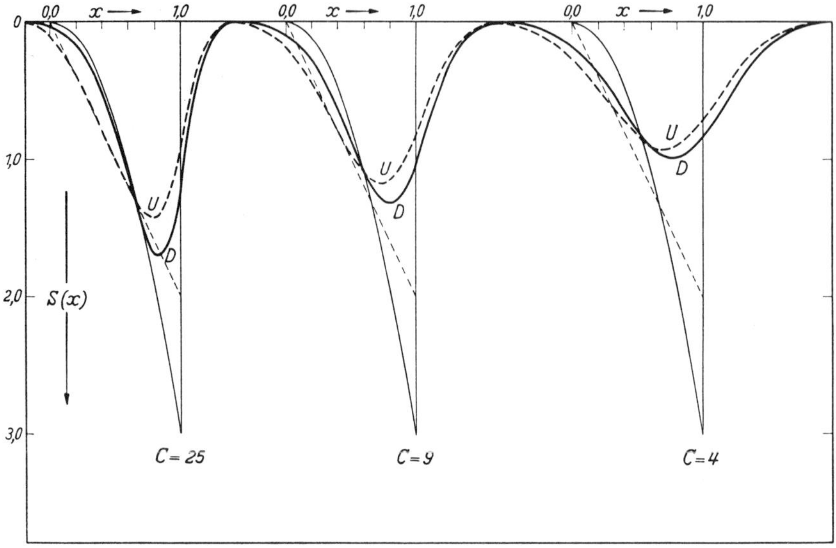

Abb. 176. Überlagerung („Faltung") der *Pulsationsfunktion* (127,6) mit einer GAUSS-*Funktion* (127,8) nach A. v. HOOF und R. DEURINCK [1811]. Die oberen Kurven U(ndarkened) bzw. D(arkened) entsprechen $\beta = 0$ bzw. ∞ für $C = 25$, 9 und 4. Die unteren spitzen Kurven geben nochmals $A(x)$ allein für $\beta = 0$ bzw. ∞. Alle Flächen sind auf eins normiert. Für *beliebige* β hat man nach (127,6) in allen Fällen zu bilden $\dfrac{\frac{1}{2}U + \frac{\beta}{3}D}{\frac{1}{2} + \frac{\beta}{3}}$, insbesondere also für $\beta = {}^3/_2$ das Mittel aus U und D.

koeffizienten $\beta \approx 3/2$. Die aus den $v/\sqrt{C}$ nach Abzug der Apparate-Breite und der thermischen Bewegungen ermittelten *Geschwindigkeiten der gesamten Turbulenz* variieren bei η Aquilae — je nach Phase — zwischen $\xi_t = 7{,}1$ und $10{,}4$ km/sec. Mit Hilfe von Wachstumskurven können sie noch in Makro- und Mikroturbulenz aufgeteilt werden. Insgesamt dürfen wir in der Untersuchung von A. VAN HOOF und R. DEURINCK eine denkbar hübsche und direkte Bestätigung der Pulsationstheorie der Cepheiden erblicken.

XIX. Kapitel.

Klassifikation der Sternspektren.

128. Spektralklassifikation und spektroskopische Parallaxenbestimmung; ältere Systeme bis ~ 1932.

Wie jede Naturwissenschaft begann auch die *Astrophysik* notwendigerweise mit der Sammlung und empirischen Klassifikation ihres Beobachtungsmaterials. Nachdem 1815 J. FRAUNHOFER mit ganz behelfsmäßigen Einrichtungen die

[1] Dabei wird vorausgesetzt, daß das Linienprofil von ϑ unabhängig ist. Allgemeinere Möglichkeiten werden in der genannten Arbeit diskutiert.

Spektren einiger Sterne beobachtet und ihre Unterschiede bemerkt hatte, klassifizierte A. SECCHI fast 4000 Sterne nach vier *Spektraltypen*. Sodann sollten wir die wichtigen Arbeiten von W. HUGGINS, N. LOCKYER und H. C. VOGEL erwähnen.

Auf diese Vorarbeiten folgt das gewaltige Werk der *Harvard-Klassifikation*. Der von E. C. PICKERING und später H. SHAPLEY mit ihren unermüdlichen Mitarbeiterinnen W. P. FLEMING, A. C. MAURY, A. J. CANNON, M. W. MAYALL u. a. im Laufe mehrerer Jahrzehnte geschaffene HENRY DRAPER-*Katalog* [1909] enthält — wie wir schon in Abschnitt 16 kurz berichteten — Position, Helligkeit und vor allem den *Spektraltyp* von rund einer Viertelmillion Sternen. Dem ganzen Unternehmen liegt der Gedanke zugrunde, die Gesamtheit der Sternspektren soweit wie möglich nach einem rein empirischen *eindimensionalen Schema* zu klassifizieren. Erst später zeigte sich dann, daß in der *Harvardsequenz* die Sterne im wesentlichen nach ihren Temperaturen angeordnet sind.

Im Anschluß an frühere Entdeckungen von Miss MAURY und E. HERTZSPRUNG haben dann 1913 W. S. ADAMS und A. KOHLSCHÜTTER [1901 ff.] spektrale Kriterien entdeckt, die für Sterne jeweils eines bestimmten Spektraltyps auch die *absolute Helligkeit* erkennen lassen und darauf die *Methode der spektroskopischen Parallaxen* begründet. Im Hinblick auf die Erreichung möglichst großer Genauigkeit wird noch gefordert, daß die Kriterien für absolute Helligkeit sich mit dem Spektraltyp nur langsam verschieben. Die Schätzung des „Intensitätsverhältnisses" benachbarter Bogen- und Funkenlinien von ähnlicher Stärke erfüllt diese Bedingungen weitgehend.

M. N. SAHAs Deutung (1920) der *Harvardklassifikation* und der spektroskopischen Parallaxenmethode haben wir schon in Abschnitt 22 kurz besprochen. Bleiben wir zunächst auf der an Harvard und Mt. Wilson geschaffenen Basis, so können wir zusammenfassend feststellen:

Zwei voneinander unabhängige spektrale Kriterien bestimmten *Spektraltyp* und *absolute Helligkeit*. Es ist dabei durchaus nicht notwendig, daß das eine Kriterium annähernd die Sterntemperatur, das andere die absolute Helligkeit gibt. Vielmehr kommt unserem *zweidimensionalen Schema* (HERTZSPRUNG-RUSSELL-Diagramm) folgender Sinn zu:

Das Spektrum einer ruhenden Sternatmosphäre gegebener chemischer Zusammensetzung ist — wie wir sahen — *bestimmt* durch die *effektive Temperatur* T_e (σT_e^4 ist die gesamte Ausstrahlung pro cm² · sec) und die *Schwerebeschleunigung* g an der Sternoberfläche. Den Zusammenhang anderer Zustandsgrößen der Sternatmosphären, z. B. der mittleren Temperatur, des Elektronendruckes, der wirksamen Schichtdicke usw. mit T_e und g haben wir in Abschnitt 52 hinsichtlich ihrer Mittelwerte berechnet und genauere Untersuchungen hierzu teils durchgeführt, teils skizziert.

Jedem der beiden Kriterien einer zweidimensionalen Spektralklassifikation entspricht also eine Kurvenschar in der T_e, g-Ebene. Der Schnitt zweier Kurven verschiedener Scharen fixiert (im Prinzip) die *beiden* Parameter T_e und g.

Wollen wir von hieraus den Übergang zur Bestimmung *absoluter Helligkeiten* bekommen, so müssen wir voraussetzen, daß die ganzen Sterne (und nicht nur ihre Atmosphären) dieselbe chemische Zusammensetzung haben und daß ihre Energiebilanz — unabhängig von ihrer Entwicklungsgeschichte — *nur* von ihrem momentanen Zustand bestimmt wird. Dann besteht nämlich nach A. S. EDDINGTON (Abschnitt 20) eine Beziehung zwischen Masse μ, absoluter Helligkeit M und effektiver Temperatur T_e bzw. Radius R eines Sternes. Mit T_e und $g \sim \mu/R^2$ ist also auch M gegeben, und man kann — was vom praktischen Standpunkt aus wünschenswert ist — anstelle der „Koordinaten" g und T_e auch die absolute Helligkeit M und die effektive Temperatur T_e oder auch eine Farbtemperatur T_F benutzen.

Umgekehrt müßte sich anomale chemische Zusammensetzung eines Sternes oder eine Abweichung seines inneren Aufbaues von der Norm im allgemeinen *gleichzeitig* in einem Herausfallen aus der *Masse-Leuchtkraft-Beziehung* $\varphi(M, \mu, T_e) = 0$ und in einem Unterschied zwischen „*spektroskopischer*“ und „*geometrischer*“ Parallaxe zeigen.

129. Die Yerkes-Klassifikation von W. W. MORGAN, P. C. KEENAN und E. KELLMAN (MKK-System).

Die *Harvard-Klassifikation* der Sternspektren ist das Ergebnis einer langen Entwicklung, die zu verschiedenen Zeiten von verschiedenen Wünschen und Ideen getragen wurde. Dasselbe gilt weitgehend von dem umfangreichen Programmen zur Gewinnung *spektroskopischer Parallaxen* an Mt. Wilson sowie später an Victoria und anderen Sternwarten. In den dreißiger Jahren tauchte nun an verschiedenen Stellen der Gedanke auf, durch *rationellere Gestaltung eines zweidimensionalen Klassifikationsschemas* die Mängel und Unstimmigkeiten der früheren Klassifikationen zu beheben und damit insbesondere der *Milchstraßenforschung* ein schlagkräftiges Werkzeug in die Hand zu geben.

Am Yerkes Observatory, das O. STRUVE zu einem Zentrum der Sternspektroskopie entwickelt hatte, begann W. W. MORGAN [1915—1921] in den genannten Jahren mit der Schaffung einer an das Harvardsystem anknüpfenden zweidimensionalen Spektralklassifikation, die dann 1943 in "*An Atlas of Stellar Spectra. With an Outline of Spectral Classification*" von W. W. MORGAN, P. C. KEENAN und E. KELLMAN [1920] ihre Formulierung fand. Neben diesem Standardwerk sei noch auf den Artikel von P. C. KEENAN und W. W. MORGAN: "Classification of Stellar Spectra" in [1913] und eine ausgezeichnete kurze Zusammenfassung von O. STRUVE [1931] hingewiesen.

Die Grundprinzipien des „MKK-Systems“ können wir etwa folgendermaßen charakterisieren:

1. Die Klassifikation ist anwendbar auf Sterne in *allen Gebieten* des HERTZSPRUNG-RUSSELL-*Diagramms*. Nach Angabe von P. C. KEENAN und W. W. MORGAN [1913, S. 18] können von 146 Sternen visuell heller als $3^{m}\!.51$ und nördlich -20° Deklination 130 ohne weiteres in ihre Klassifikation eingeordnet werden. Unter den übrigen 16 sind 5 "composite spectra" (unaufgelöste Doppelsterne) und nur 11 eigentlich anomale Spektren.

2. *Das Beobachtungsmaterial ist einheitlich.* Um einerseits noch genügend feine Kriterien für die Klassifikation feststellen zu können, andererseits aber weit genug in das Milchstraßensystem vordringen zu können, entschied sich W. W. MORGAN für eine feste Dispersion von ~ 125 Å/mm bei Hγ. (Mit geeigneter photographischer Technik kann man Details von $\sim 0{,}04$ mm auf den Platten noch erkennen.)

3. Der Klassifikation liegen *nur empirische Kriterien*, d. h. direkt beobachtete Absorptions- bzw. Emissionsphänomene zugrunde.

Am *Harvard-Observatory* waren vielfach helle Sterne mit großer, schwache Sterne dagegen mit kleiner Dispersion aufgenommen worden. Dadurch entstehen leicht systematische Unterschiede zwischen der Klassifikation heller und schwacher bzw. naher und ferner Sterne, die sich in stellarstatistischen Untersuchungen verhängnisvoll auswirken müssen. Die *Beschreibungen* der Harvard-Typen beziehen sich vielfach auf Spektren relativ großer Dispersion, so daß die betreffenden Züge mit kleiner Dispersion, wie sie für die tatsächliche Klassifikationsarbeit benutzt wird, gar nicht mehr erkennbar sind.

4. *Die Übertragbarkeit des Klassifikationssystems* von einem Instrument auf ein anderes wird sichergestellt durch eine Liste geeigneter *Standard-Sterne* [1920, 1913]. Frühere Erfahrungen hatten gezeigt, daß Übertragung durch verbale Beschreibung der Klassifikationskriterien allein nicht zum Ziel führt.

5. In den älteren „zweidimensionalen" Klassifikationen z. B. von Mt. Wilson und Victoria Observatory wird als zweite Dimension stets die *absolute* Helligkeit M_v verwendet. In den Ergebnissen überlagern sich daher die Fehler in der Anwendung der *spektralen Kriterien* mit denen ihrer *„Eichung auf absolute Helligkeiten"* (mittels Sternen bekannter Parallaxe) in unübersichtlicher Weise. In praxi hat sich gezeigt, daß die systematischen Fehler der verwendeten geometrischen Parallaxen oft größer sind, als die der spektralen Kriterien. W. W. MORGAN führt daher neben den *Spektraltypen S* die *Leuchtkraftklassen LC* (Luminosity Class) ein. Die Überführung der Klassifikation nach S und LC in eine solche z. B. nach effektiver Temperatur T_e und absoluter Helligkeit M_v ist dann eine Aufgabe, die später ganz getrennt vom Geschäft der eigentlichen Klassifikation bearbeitet werden kann.

MORGANs Leuchtkraftklassen sind:

Ia	Most luminous supergiants	Hellste Übergiganten
Ib	Less luminous supergiants	Schwächere Übergiganten
II	Bright giants	Helle Riesen
III	Normal giants	Normale Riesen
IV	Subgiants	Unterriesen
V	Main sequence	Hauptsequenz.

6. Hinsichtlich der ausführlichen *Beschreibung der Klassifikationskriterien* selbst, die man im wesentlichen als eine konsequente Auswahl und Vereinfachung der älteren Ansätze bezeichnen kann, müssen wir auf den *"Atlas of Stellar Spectra"* [1920] selbst verweisen, da sie ohne die dort reproduzierten Spektren eine halbe Sache bleiben würde.

P. C. KEENAN und W. W. MORGAN [1913] haben sodann ihre S, LC-Klassifikation in eine T_e, M_v-Klassifikation übergeführt.

Hinsichtlich der Skala der *effektiven Temperaturen* (Tab. 73) kombinieren sie die in Kap. III schon erwähnte Arbeit von G. P. KUIPER [348] mit der Sechsfarbenphotometrie von J. STEBBINS und A. E. WHITFORD [373] (vgl. auch Tab. 11), reduziert auf A0 ≈ 11300°. Die so bestimmten effektiven Temperaturen T_e haben

Tabelle 73. Effektive Temperatur T_e der Sterne als Funktion von Spektraltyp S und Leuchtkraftklasse LC im MKK-System nach P. C. KEENAN u. W. W. MORGAN [1913].

Spektraltyp	V bis I	Spektraltyp	Hauptsequenz V	Unterriesen IV	Riesen III	Riesen II	Übergiganten Ib u. Ia
B0	25000	F5	6600	6540	6470	6340	6200
B1	22500	F6	6390	6210	6020	5910	5800
B2	20300	F8	6150	5890	5620	5460	5300
B3	18000	G0	6000	5750	5300	5150	5000
B5	15600	G2	5730	5350	4990	4770	4600
B6,5	14000	G5	5520	5080	4650	4470	4290
B8	12800	G8	5320	4870	4440	4220	4000
B9	11800	K0	5120	4650	4200	4010	3820
A0	11000	K1	4920	4450	4000	3850	3700
A1	10300	K2	4760	4280	3810	3700	3590
A2	9700	K3	4610	....	3660	3540	3430
A3	9100	K5	4400	....	3550	3430	3320
A5	8700	K6	4000				
A7	8100	M0	3600	....	3340	3270	3210
F0	7600	M1	3400:	....	3200	3150	3100
F2	7000	M2	3200:	....	3090	3070:	3050:
		M3	....	....	2980		
		M4	....	....	2850		
		M5	....	....	2710		
		M6	....	....	2600:		

natürlich noch ziemlich *provisorischen* Charakter (hierzu auch Abschnitt 131). Vielleicht wäre es dem augenblicklichen Stand der Forschung mehr angemessen, anstelle von T_e noch ein direkt gegebenes System geeigneter *Farbenindices* zu benutzen; hierzu vgl. H. L. JOHNSON und W. W. MORGAN [1912 sowie 1919].

Tabelle 74. Visuelle absolute Helligkeit M_v der Sterne als Funktion von Spektraltyp S und Leuchtkraftklasse LC im MKK-System nach P. C. KEENAN u. W. W. MORGAN [1913].

Spektraltyp	Hauptsequenz	Unterriesen	Riesen		Übergiganten	
	V	IV	III	II	Ib	Ia
B0	—3,9	—4,2	—4,5	—5,2	—6,0	—6,7
B1	—3,2	—3,8	—4,3	—5,1	—6,0	—7,0
B2	—2,6	—3,3	—4,1	—5,0	—5,7	—7,0
B3	—2,0	—2,8	—3,7	—4,5	—5,7	—7,0
B5	—1,3	—2,2	—3,2	—4,5	—5,7	—7,0
B6,5	—1,0	—2,0	—3,1	—4,3	—5,6	—7,0
B8	—0,5	—1,7	—3,0	—4,3	—5,5	—7,0
B9	0,0	—1,0	—2,0	—3,8	—5,5	—7,0
A0	+0,3	—0,4:	—1,1	—3,0:	—4,8	—7,0
A2	1,2	+0,2:	—0,7	—2,7:	—4,7	—7,0
A3	1,8	1,0:	—0,3	—2,5:	—4,6	—7,0
A5	2,2	1,4:	0,0	—2	—4,5	—7,0
A7	2,6	1,7:	+0,3	—2	—4,5	—7,0
F0	3,0	2,0:	0,6	—2	—4,5	—7,0
F2	3,2	2,5	0,8	—2	—4,5	—7,0
F5	3,5	2,7	1,0	—2	—4,5	—7,0
F6	3,8	2,9	1,0	—2	—4,5	—7,0
F8	4,1	3,1	1,0	—2	—4,5	—7,0
G0	4,4	3,2	0,7	—2	—4,5	—7,0
G2	4,7	3,3	0,4	—2	—4,5	—7,0
G5	5,1	3,4	0,2	—2,0	—4,5	—7,0
G8	5,6	3,4	0,4	—2,1	—4,5	—7,0
K0	6,0	+3,4	+0,2	—2,1	—4,5	—7,0
K2	6,4	...	0,0	—2,2	—4,5	—7,0
K3	6,9	...	—0,1	—2,3	—4,5	—7,0
K5	7,8	...	—0,3	—2,4	—4,5	—7,0
M0	9,2	...	—0,4	—2,4	—4,5	—7,0
M1	9,7	...	—0,4	—2,4	1,5	—7,0
M2	10,1	...	—0,4	—2,4	—4,5	—7,0
M3	10,6	...	—0,5	—2,4:		
M4	11,3	...	—0,5			
M5	12,3					
M6	+13,4					

Die *absoluten Helligkeiten* M_v (Tab. 74) für die Leuchtkraftklassen V bis II und Spektraltypen später als A0 beruhen auf trigonometrischen Parallaxen. Für die absolut hellen Sterne der früheren Spektraltypen ist man auf Haufenparallaxen, Eigenbewegungen und galaktische Rotation angewiesen.

Sodann noch einige Bemerkungen über die relativ wenigen (einige Prozent), aber desto interessanteren Sterne, die *nicht* in die zweidimensionale MKK-Klassifikation passen: Einen Überblick gibt Tab. 75 (mit einigen Literaturhinweisen) nach P. C. KEENAN und W. W. MORGAN [1913]. Die *Deutung* ist klar bei Gruppe 3: *Rotation*. Bei den Gruppen 2: *ausgedehnte Hüllen* und 4: *Magnetfeld* können wir einen Schritt weitersehen; die *Entstehung* der Hüllen bzw. Magnetfelder selbst aber ist noch weitgehend ungeklärt. Die übrigen Gruppen 1, 6, 7, 8

Tabelle 75. Sternspektren, die nicht in die zweidimensionale MKK-Klassifikation passen. Nach P. C. KEENAN und W. W. MORGAN [1913].

Gruppe Nr.	Name der Gruppe	Ungefährer Typus	Spektrale Kennzeichen	Typische Sterne	Mögliche Ursachen der Unterschiede	Literatur
1	Zwei Sequenzen von Wolf-Rayet-Sternen (1) Kohlenstoff-Sequ. (2) Stickstoff-Sequenz	 WC5—WC8 WN5—WN8	Breite Emissionslinien von C bzw. N	HD 192103 HD 192163	Relative Häufigkeit von C und N	C. S. BEALS: Publ. Dom. Astrophys. Obs. Victoria **4**, 271 (1930); **6**, 95 (1934). — C. H. PAYNE: Monthly Notices **92**, 368 (1932) u. Z. Astrophysik **7**, 1 (1933)
2	Emissions-Sterne früher Spektraltypen	Be—Ae	Wasserstoff-Emissionslinien	105 Tau $\varkappa$ Dra	Ausgedehnte Gashülle um Stern	P. W. MERRILL u. C. BURWELL: Astrophysic. J. **78**, 87 (1933); **98**, 153 (1943) u. folg. O. STRUVE u. P. SWINGS: Astrophysic. J. **75**, 161 (1932)
3	Sterne mit breiten, flachen Absorptionslinien	A—F	Alle Linien haben breite, flache Profile	η U Ma α Aql	Rasche Rotation	Vgl. Abschnitt 18
4	„Peculiäre" A-Sterne; z. B. Eu-, Mn-Sterne usw.	A	Anomale u. veränderliche Intensität der Linien von einem oder mehreren der Ionen Mn II, Si II, Eu II, Cr II, Sr II	α And τ^9 Eri	Verstärkung bestimmter Linien durch ZEEMAN-Effekt des stellaren Magnetfeldes	Vgl. Abschn. 116, b u. [1713—14]
5	Metallinien-Sterne	A—F	K-Linie von Ca II anomal schwach im Vergleich zu Metallinien	τ U Ma 63 Tau	?	N. ROMAN, W. W. MORGAN u. O. EGGEN: Astrophysic. J. **107**, 107 (1948)
6	Sterne der Population II (Schnelläufer, Haufenveränderliche usw.)	F—M R	Schwächung der CN-Banden gegenüber normalen G- u. K-Sternen Große Verstärkung der CH-Banden	δ Lep 31 Aql	Relative Häufigkeit von C und H wahrscheinlich beteiligt	W. BAADE: Astrophysic. J. **100**, 137 (1944). P. C. KEENAN u. W. W. MORGAN: Astrophysic. J. **94**, 501 (1941) u. **96**, 101 (1942); D. M. POPPER: Astrophysic. J. **105**, 204 (1947)
7	Kohlenstoffsterne	C oder R, N	Starke Absorptionsbanden von C_2 und CN Häufigkeit von TiO	U Hya UX Dra	Häufigkeit von C	C. D. SHANE: Lick Obs. Bull. **13**, 123 (1928), P. C. KEENAN u. W. W. MORGAN: Astrophysic. J. **94**, 501 (1941), R. F. SANFORD: Astrophysic. J. **99**, 1 (1944), P. W. MERRILL: Spectra of Long Period Var. Stars.
8	S-Sterne	S	Absorptionsbanden von ZrO, YO, LaO; TiO meist auch vorhanden	HR 1105 R And	Häufigkeit von Zr usw.	P. W. MERRILL: Astrophysic. J. **105**, 360 (1947); K. WURM: Astrophysic. J. **91**, 103 (1940)

kann man versuchen, auf *Häufigkeitsunterschiede* der Elemente zurückzuführen (vgl. auch Abschnitt 110, c). Im Bereich der leichten Elemente, die an dem BETHE-v. WEIZSÄCKERschen Zyklus der Energieerzeugung beteiligt sind, mag dies einigermaßen plausibel sein. Was man sich darunter vorstellen soll, daß z. B. in den S-Sternen die Linien von Zr, Y, La, Ba relativ zu Ti, V, Sc verstärkt sind, ist noch ziemlich rätselhaft. (Hierzu die interessanten Bemerkungen von O. STRUVE [1930].)

Die Betrachtung der Tab. 75 legt die Frage nahe, welche bzw. wie viele Parameter man schließlich brauchen wird, um *alle* Sternspektren charakterisieren zu können? Wird die Anwendung größerer Dispersion noch weitere Parameter enthüllen? Oder wird am Ende nahezu jedes Sternspektrum seine Besonderheiten aufweisen?

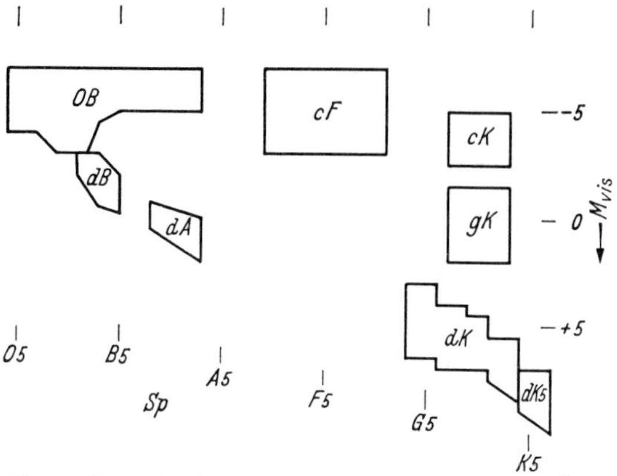

Abb. 177. Natürliche Gruppen für eine Dispersion von ~ 230 Å/mm bei Hδ, entsprechend Objektivprismenaufnahmen mit den SCHMIDT-Teleskopen in Cleveland und Tonantzintla. Nach W. W. MORGAN [1921].

Es soll hier nochmals betont werden, daß die Aufgabe *jeder* Spektralklassifikation zunächst ist, die Spektren nach den bei einer bestimmten Dispersion beobachtbaren Kriterien zu ordnen.

Will man andererseits — im Interesse z. B. der *Milchstraßenforschung* — *noch* schwächere Magnitudines erreichen, so muß man sich mit kleinerer Dispersion begnügen. In Anlehnung an die grundlegenden Arbeiten von B. LINDBLAD und seinen Schülern bildet dann W. W. MORGAN [1921] im (*LC*, *S*)-Diagramm „*natürliche Gruppen*". Diese sollen mit Hilfe der noch erkennbaren Kriterien einerseits möglichst eng und scharf umgrenzt werden; andererseits soll keine Verwechslungsmöglichkeit zweier Gruppen bestehen. Abb. 177 zeigt z. B. eine für Objektivprismenaufnahmen mit den gleichartigen SCHMIDT-Spiegeln der Observatorien *Cleveland* und *Tonantzintla* bei ~ 230 Å/mm (gegenüber ~ 100 Å/mm beim Yerkes 40") geeignete Gruppenbildung nach W. W. MORGAN [1921, dort auch Tabellen von Standardsternen].

130. Die Pariser Klassifikation von D. CHALONGE und L. DIVAN.

Im Kap. III, Abschnitt 17 (S. 57ff.) haben wir schon die spektralphotometrischen Messungen (bis 1941) von D. CHALONGE und seinen Mitarbeitern im Gebiet λ 3100—4600 Å besprochen, die zur Festlegung der *blauen* bzw. *ultravioletten Gradienten* Φ_1 und Φ_2 sowie der *Größe D* und Lage λ_1 des BALMER-*Sprunges* (vgl. Abb. 30) führten.

1948 haben D. CHALONGE und Mitarbeiter diese Untersuchungen auf dem Jungfraujoch mit einem neuen Spektrographen weitergeführt, der ~ 250 Å/mm bei Hγ liefert und schon mit einem 10"-Teleskop bei Belichtungszeiten von ~ 10 min bis etwa 6^m reicht. Es zeigte sich zunächst, daß für die schwächeren Sterne die älteren Werte (1941) des ultravioletten Gradienten Φ_2 und des BALMER-Sprunges *D* etwas zu klein sind. Wir wollen über diese Korrektionen sowie die geringfügigen Änderungen der übrigen Größen nicht ausführlich berichten, sondern wenden uns sogleich dem Hauptanliegen der Arbeit zu, nämlich der

Schaffung einer *zweidimensionalen Spektralklassifikation* mittels der *gemessenen Größen D* und $\lambda_1 - 3700$.

In Abb. 178a und b haben D. CHALONGE und L. DIVAN [1907] für die Sterne vor bzw. nach dem Maximum des BALMER-Sprunges D diesen als Ordinate über

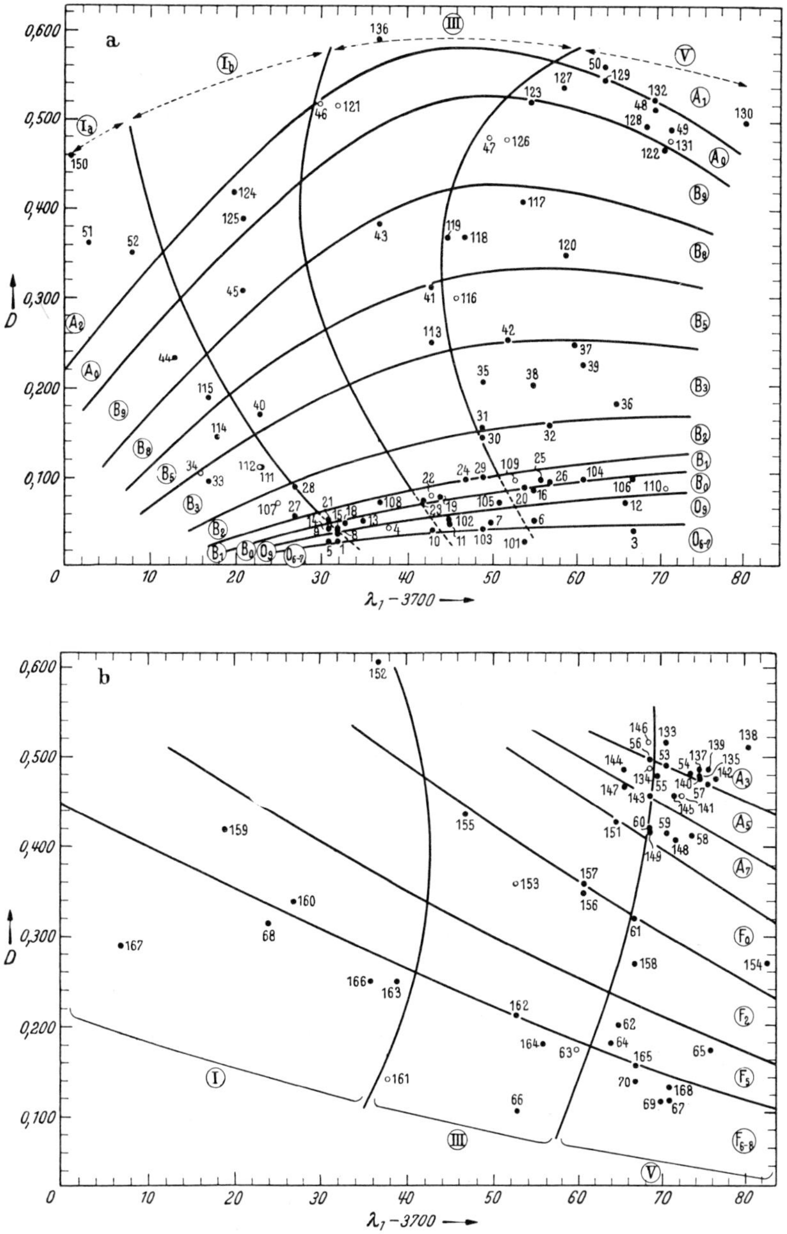

Abb. 178. (λ_1, D)-Diagramme nach D. CHALONGE und L. DIVAN [1907]. Die *Abszissen* λ_1 bzw. $\lambda_1 - 3700$ charakterisieren die *Lage des* BALMER-*Sprunges*. Die *Ordinaten* $D = \Delta \log I$ geben die *Größe des* BALMER-*Sprunges*. (a) Sterne *vor*, (b) Sterne *nach* dem Maximum von D (A0—1 V bis F0 I). Die Kurven umgrenzen die Spektraltypen S und Leuchtkraftklassen LC der *MKK*-Klassifikation. Für die ● stimmen die (λ_1, D)- und (LC, S)-Klassifikation überein, die ○ kennzeichnen die Ausnahmen. Die *Nummern* der Sterne verweisen auf den Katalog l. c.

$\lambda_1 - 3700$ als Abszisse aufgetragen. Die Unterscheidung der beiden Bereiche von D macht höchstens im Gebiet der Yerkes-Spektraltypen A0—A3 und der Leuchtklassen IV—V Schwierigkeiten; durch Hinzunahme einer Intensitätsschätzung der K-Linie lassen sich diese leicht beheben. Man erhält so eine *neue zweidimensionale* (λ_1, D)*-Klassifikation*, deren Zusammenhang mit der (LC, S)-Klassifikation anhand der gemeinsamen Sterne in der Abb. 178 dargestellt ist.

Die Einteilung nach *Leuchtkraftklassen* ist gegenüber dem ursprünglichen MKK-System etwas gröber; man berücksichtige jedoch, daß die verwendete Dispersion nur etwa die Hälfte von der des Yerkes-Spektrographen beträgt. Andererseits ist die Feinheit der S-Stufen im (λ_1, D)-System trotz der kleineren Dispersion der im MKK-System mindestens gleichwertig.

Als Vorteil des (λ_1, D)-Systems könnte man ferner anführen, daß es sich nicht geschätzter, sondern quantitativ meßbarer Größen bediene, so daß die Übertragung auf andere Beobachter und Instrumente ohne weiteres möglich sein sollte. (In Anbetracht der unerwarteten Schwierigkeiten, die z. B. beim Vergleich der Messungen der Äquivalentbreiten von FRAUNHOFER-Linien an verschiedenen Instituten zutage getreten sind, möchte man in dieser Hinsicht vielleicht eine weitere praktische Erprobung abwarten.)

Neuerdings hat J. BERGER [1906] in das (λ_1, D)-Diagramm eine Reihe von *Metallinienstemen* eingetragen; diese erfüllen ein ganz schmales Band. Ähnliches fand er für eine Gruppe von *Unterzwergen*. Für letztere geben jedoch die Leuchtkraftklassen nach Abb. 178b sicher eine zu große Leuchtkraft; die Tab. 73 und 74 gelten — wie zu erwarten ist — *nur* für Sterne normaler Zusammensetzung.

Die theoretische Deutung der Pariser (λ_1, D)-Klassifikation ist im Prinzip denkbar einfach und übersichtlich: Unter der vereinfachenden Annahme konstanter Mittelwerte von T, P_e, . . . für jede Sternatmosphäre (Grobanalyse) haben wir schon nach E. VITENSE [1934 = 862] in Abb. 90 das D und in Abb. 155 die Hauptquantenzahl n_m der letzten BALMER-Linie als Funktionen von T_e und g aufgetragen. n_m und D bestimmen aber auch (im wesentlichen) das λ_1. Man könnte also in das (λ_1, D)-Diagramm die Linien $T_e = \text{const}$ bzw. $g = \text{const}$ einzeichnen. Die praktische Durchführung solcher Rechnungen hätte jedoch wohl erst Sinn, wenn sie sich auf ziemlich genaue *Atmosphären-Modelle* stützen könnten, deren Konstruktion zur Zeit noch nicht weit genug fortgeschritten ist.

131. Klassifikation und Theorie der Sternspektren. Spektralanalyse individueller Sterne mit großer Dispersion. Messung oder Schätzung spektraler Kriterien?

Die Überlegungen zur Theorie der Pariser Klassifikation lenken unseren Blick auf das allgemeinere Problem der *theoretischen Deutung der zweidimensionalen Klassifikationsschemata*[1].

In Abschnitt 52 haben wir mit E. VITENSE [1934] die mittleren Zustandsgrößen T, P_e, . . . und die „Gesamtzahl absorbierender Atome über 1 cm²" $\overline{NH}$ als Funktion von T_e bzw. $\Theta_e = 5040/T_e$ und g im Sinne der Grobanalyse berechnet. Die folgenden Ausführungen zeigen im Prinzip, wie solche Rechnungen unter Benutzung detaillierter Modelle zu verfeinern wären. Damit kann man also — die chemische Zusammensetzung der Sternatmosphären als einheitlich und bekannt

[1] Wir verzichten hier auf eine Beschreibung weiterer in der Literatur beschriebener Klassifikationen. Hierzu vgl. R. H. CURTISS [1908] sowie andere Hinweise in unserem Literaturverzeichnis; außerdem die neueren Bände der Trans. IAU (Commission 29).

vorausgesetzt — im Prinzip die Äquivalentbreite jeder Spektrallinie in Abhängigkeit von T_e und g berechnen. Als Beispiel mögen z. B. Abb. 150 und 151 die Theorie von Hγ — noch im Stil der Grobanalyse — veranschaulichen. Solche Rechnungen müßten schließlich erlauben, z. B. die (LC, S)-Klassifikation auf theoretischem Wege in eine solche nach den „Urparametern" T_e und g überzuführen.

Leider sind wir von der tatsächlichen Durchführung dieses Programmes noch weit entfernt. Auch hier fehlen noch befriedigende Modellberechnungen, ganz abgesehen von unserer ungenügenden Kenntnis vieler Übergangswahrscheinlichkeiten, Dämpfungskonstanten usw.

In prinzipieller Hinsicht läßt jedoch schon unser Programm zwei wichtige Dinge erkennen: 1. Die Bestimmung *effektiver Temperaturen* T_e als Funktion z. B. von LC und S oder λ_1 und D ist *nur* möglich auf dem Umweg über die *Theorie*, da wichtige Spektralgebiete, die erhebliche Beiträge zum Gesamtstrahlungsstrom liefern, nicht direkt beobachtet werden können. 2. Neuere Beobachtungen an Doppelsternen haben — nach frdl. mündlicher Mitteilung von Herrn P. VAN DE KAMP — erhebliche Zweifel daran aufkommen lassen, ob deren Komponenten (die einzigen Sterne, deren Massen wir *direkt* bestimmen können) *überhaupt* eine einheitliche Masse-Leuchtkraft-Beziehung befolgen. Sollte sich dies bestätigen, so könnte auf jeden Fall die genaue Analyse der Sternspektren zunächst das g bzw. g_{eff} und bei bekannter Parallaxe — z. B. in Verbindung mit der visuellen Strahlungstemperatur — auch Radius und *Masse* einzelner Sterne ergeben.

Aus unseren vorangegangenen Ausführungen dürfte schon klar geworden sein, daß die Überführung einer der zunächst empirisch gegebenen zweidimensionalen Klassifikationen in eine solche nach T_e und g (das Ideal des Theoretikers!) *nicht* mit Hilfe der üblichen Klassifikationsspektren kleiner Dispersion bewerkstelligt werden kann. Man muß vielmehr eine Reihe heller Standardsterne *einerseits* mit der gewählten kleinen Dispersion klassifizieren und sie *andererseits* mit möglichst großer Dispersion bis in alle Feinheiten analysieren, wie wir es in Kap. XVII beschrieben haben. Diese Analyse muß u. a. auch T_e und g liefern.

Es ist wichtig, sich klarzumachen, daß die *Klassifikation vieler Sterne* mit kleiner Dispersion einerseits und die *detaillierte Spektralanalyse weniger heller Standardsterne* mit großer Dispersion andererseits beide wichtige und komplementäre Funktionen in der Astrophysik haben: Die Klassifikation dient — wie wir sahen — zunächst zur Auffindung interessanter Objekte für detailliertere Untersuchungen; fast noch wichtiger ist sie aber als Hilfsmittel der Stellarstatistik und -dynamik bzw. der *Milchstraßenforschung*. Hier ist die Beschränkung auf Kriterien, die man schon mit kleiner Dispersion feststellen kann, durchaus notwendig und sinnvoll. Daß der Zustand eines Sternes durch diese Kriterien unter Umständen noch nicht *vollständig*[1] beschrieben wird, wird man demgegenüber in Kauf nehmen. Auf der anderen Seite muß man sich fragen, ob bei größter Dispersion nicht der Begriff der Klassifikation seinen Sinn verliert, indem so ziemlich jedes Sternspektrum irgendwelche Besonderheiten aufweist, die nur ihm zukommen.

Von hier aus gewinnen wir auch leicht eine klare Einstellung zu der vieldiskutierten Frage, ob man die Klassifikationskriterien nicht lieber *messen* statt schätzen sollte. Die spektroskopische Erfahrung zeigt, daß das Auge eines einigermaßen geübten Beobachters in der Beurteilung von Intensitätsunterschieden ähnlicher Linien mindestens so empfindlich ist, wie irgendein Photometer. An *Genauigkeit* dürfte also die Messung (man bedenke auch die ganzen Schwierigkeiten der photographisch-photometrischen Technik) von Linienintensitäten für

[1] Bei so kleiner Dispersion ist z. B. die Rotation der Sterne nicht erkennbar.

Klassifikationszwecke vor der üblichen Schätzungsmethode wenig voraus haben. Aber sollte die Messung nicht wenigstens die Übertragung des Klassifikationsschemas von einem Observatorium an ein anderes erleichtern? Leider muß man auch darin zur Zeit noch vor übertriebenem Optimismus warnen: Der systematische Vergleich von Äquivalentbreiten W_λ, die an verschiedenen Instituten mit größter Sorgfalt gemessen wurden, hat (vgl. Kap. IX, insbesondere Abschnitt 67) vielfach erhebliche systematische Fehler zu Tage gefördert, deren Ursprung erst teilweise geklärt ist. So stehen sich zur Zeit schätzende und messende Klassifikationen (hierzu z. B. C. ANGER [1712], Y. ÖHMAN [1796—1797] u. a.) wohl etwa gleichwertig gegenüber. Die Verdrängung der photographischen durch direkte Photomultiplierphotometrie dürfte jedoch die Chancen der letzteren erheblich vergrößern.

Sechster Teil.

Physik der Sonne.

XX. Kapitel.

Die Struktur der äußeren Schichten der Sonne.

132. Übersicht über die beobachteten Erscheinungen: Beobachtungsmethoden und Apparate. Zyklus der Sonnenaktivität. Rotation der Sonne.

Wir wenden uns nunmehr dem Studium der veränderlichen Erscheinungen der Sonnenoberfläche zu. Die „*Meteorologie der Sonnenatmosphäre*" ist einmal für die Astrophysik von großer Bedeutung, da wir keinen anderen Stern so eingehend beobachten können. Sodann bilden solche Untersuchungen das Fundament für die Deutung der ganzen „*solar-terrestrischen Beziehungen*" im Bereich der *Ionosphäre*, der *erdmagnetischen Störungen* und *Stürme*, der *Polarlichter* (Aurora) und der *Ultrastrahlung* (Höhenstrahlung, cosmic rays).

Während wir uns in den vorhergehenden Kapiteln vorwiegend mit Problemen des Strahlungsaustausches und *Strahlungsgleichgewichtes* beschäftigt haben, wird im folgenden die *Konvektion* (Kap. VIII, Abschnitt 54—58) eine wesentliche Rolle spielen. Während bisher *Strahlungstheorie und Atomphysik* eine sichere Grundlage unserer Rechnungen bildeten, müssen wir nun die *Hydrodynamik turbulenter Strömungsvorgänge* zu Hilfe nehmen, die — trotz großer Fortschritte in den letzten 10 Jahren — noch lange nicht die Sicherheit der erstgenannten Disziplinen erreicht hat. In den Sonnenflecken treten uns weiterhin *Magnetfelder* von mehreren tausend Gauß entgegen, deren Energiedichte der thermischen kaum nachsteht. Da die ionisierte Materie der Sonnenatmosphäre ein ausgezeichneter elektrischer Leiter ist, müssen bei ihrer Bewegung im Magnetfeld erhebliche Kräfte auftreten. Man erinnere sich an einen bekannten Versuch (FOUCAULT; WALTENHOFEN): Im Felde eines kräftigen Magneten kann man ein Stück Kupfer ganz leicht *in* Richtung der Kraftlinien bewegen; versucht man es jedoch *quer* zu diesen zu bewegen, so werden *Wirbelströme* induziert, deren Wechselwirkung mit dem Magnetfeld die Bewegung stark behindert. Ebenso findet auch in Sternatmosphären eine starke Koppelung zwischen *magnetischen* und *hydrodynamischen* Kräften statt. Offenbar sind *Strömungen ionisierter Materie* im Kosmos sogar in den meisten Fällen mit *Magnetfeldern* verknüpft. Auf dem damit ganz vorläufig umrissenen neuen Forschungsgebiet der *Magneto-Hydrodynamik* haben in den letzten Jahren H. ALFVÉN [2003], T. G. COWLING, L. BIERMANN und A. SCHLÜTER beachtliche Fortschritte erzielt. Die für die Astrophysik besonders wichtige *Magneto-Hydrodynamik turbulenter Strömungen* ist uns freilich im ganzen noch ein Buch mit sieben Siegeln.

So wird der Astrophysiker meist genötigt sein, ähnlich wie der Meteorologe, sich anhand der Beobachtungen vorsichtig vorwärts zu tasten. Immerhin ermöglichen die heute verfügbaren Hilfsmittel der Theorie schon eine wesentliche Klärung der Lage und damit eine rationelle Gestaltung zukünftiger Beobachtungsprogramme.

Wir dürfen wohl annehmen, daß der Leser mit der historischen Entwicklung und den wichtigsten Beobachtungsmethoden und -ergebnissen der Sonnenphysik schon einigermaßen bekannt ist. Der Anfänger sei auf die ausgezeichneten Darstellungen von G. ABETTI [2002], G. BRUHAT und L. D'AZAMBUJA [2004] und M. WALDMEIER [2011] nebst den bekannten allgemeinen Lehrbüchern hingewiesen. Wir beschränken uns hier auf eine kurze Übersicht der Beobachtungsmethoden. Dann betrachten wir in diesem Abschnitt — wieder ohne jeden Anspruch auf Vollständigkeit, insbesondere in historischer Hinsicht — die *Granulation*, die *Sonnenflecken* und *-fackeln*, die *Protuberanzen* sowie die *Korona* und ihre gegenseitige Verknüpfung im Rahmen des 11,5jährigen Zyklus der Sonnenaktivität. Schließlich werfen wir noch einen Blick auf das Problem der *Rotation der Sonne.*

In den folgenden Abschnitten werden wir dann die erwähnten Phänomene eingehender unter physikalischen Gesichtspunkten diskutieren, wobei — entsprechend dem heutigen Stande der Forschung — spektroskopische Probleme noch im Vordergrund stehen werden.

A) Beobachtungsmethoden und Apparate.

1. *Visuelle Beobachtung* der Sonne unter Anwendung des helioskopischen Okulars dürfte auch heute noch der Photographie überlegen sein in der Erforschung der feinen Strukturen und raschen Veränderungen in Granulation, Flecken, Fackeln usw. Diese lange vernachlässigte Methodik hat 1950 G. THIESSEN [20227] am Bergedorfer 60-cm-Refraktor wieder aufgenommen. Um Durchmesser und Helligkeitsschwankungen der Granula zu bestimmen, projiziert er in das Gesichtsfeld neben der Sonnenoberfläche eine photographisch hergestellte künstliche Modellgranulation. Durch Vergleich mit einer Reihe solcher Modelle mit verschiedenen Durchmessern und Helligkeitsschwankungen der „Granula" kann er dann die Durchmesser der solaren Granula und den Helligkeitsunterschied zwischen Granulum und Zwischengebiet bestimmen. Die Ergebnisse dieser Beobachtungen besprechen wir in Abschnitt 133.

2. *Direkte Photographie.* Da die feinen Details der Sonnenoberfläche in der Größenordnung von 1″ und vermutlich noch weniger liegen, so ist hohes optisches und photographisches Trennungsvermögen notwendig. J. JANSSENs [20130] Aufnahmen auf den fast kornlosen feuchten Platten gehören heute noch zu den besten! Bei Zölostaten stört die Verzerrung der Spiegel infolge der Sonnenwärme. Man muß sie bis kurz vor der Aufnahme schützen. In vieler Hinsicht empfiehlt sich die Anwendung großer Refraktoren. Für photometrische Untersuchungen ist wichtig ein gleichmäßig und reproduzierbar arbeitender *Verschluß*. Rotierende Anordnungen [z. B. 2045 und 2048] dürften solchen mit Gleitbahnen vorzuziehen sein. Durch Farbfilter muß man den Scheitel der *Farbkurve* des Objektivs isolieren. Im übrigen erhält man im Violetten wegen der raschen Variation der KIRCHHOFF-PLANCK-Funktion mit der Temperatur relativ großen Kontrast, aber auch — wegen des großen Brechungsindex' der Luft — starke Szintillation; im langwelligen Spektralgebiet ist es umgekehrt. Im Violetten wird man auch auf *Streulicht* [20249] achten müssen. Auf die Bedeutung des *Plattenkorns* haben wir schon hingewiesen; die Auflösungsgrenze feinkörniger Platten von $\sim 0{,}04$ mm entspricht bei 10 m Brennweite 0″,8. Luftschlieren — zum Teil wohl im Teleskop — erzeugen das von JANSSEN noch für eine solare Erscheinung gehaltene „photosphärische Netz". Über die *atmosphärische Szintillation* haben schon 1935 M. MINNAERT und J. HOUTGAST [20180] und dann 1949—1952 E. GAVIOLA [20101], C. G. LITTLE [20150], M. A. ELLISON und H. SEDDON [2090], H. E. BUTLER [2059] u. a. höchst interessante Beobachtungen und theoretische Erörterungen

angestellt. Der Hauptteil rührt danach normalerweise her von Luftschlieren mit etwa 10 cm Durchmesser in einigen Kilometern Höhe. Damit stimmt — vgl. P. TEN BRUGGENCATE [2048] und P. C. KEENAN [20134] — die Erfahrung überein, daß es offenbar wenig Zweck hat, mit der Öffnung des Objektives über 10—20 cm heraufzugehen. Für niedrig gelegene Sternwarten dürften daher Objekte von 1—2″ Durchmesser die Grenze des Erreichbaren darstellen[1]; auf hohen Bergstationen ist vielleicht noch ein wenig weiterzukommen.

3. *Spektroheliograph und Spektrohelioskop.* Die direkte Beobachtung verwendet hauptsächlich das kontinuierliche Spektrum der Sonne. Viel mannigfaltigere, aber auch schwerer deutbare Erscheinungen werden durch Heranziehen der Linien erschlossen. Das Grundprinzip des aus dem *Protuberanzenspektroskop* (J. JANSSEN und N. LOCKYER, 1868) hervorgegangenen *Spektroheliographen* ist zu bekannt, als daß wir es hier nochmals auseinanderzusetzen brauchten. Über

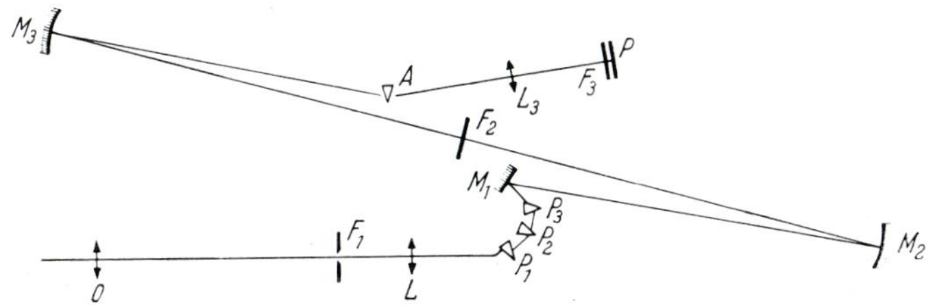

Abb. 179. Aufbau des großen *Spektroheliographen* mit doppelter Zerlegung in Meudon. Nach L. D'AZAMBUJA [2004 u. 2028].

Einzelheiten der Konstruktion und Handhabung orientieren die grundlegenden Arbeiten (1891) von G. E. HALE [20116; sowie die ersten Bände der Contr. Mt. Wilson Obs.] und H. DESLANDRES [2074]. Abb. 179 zeigt den Aufbau des großen Spektroheliographen mit doppelter Zerlegung (Herabminderung des Streulichtes) von H. DESLANDRES und L. D'AZAMBUJA [2028] in Meudon:

Ein Objektiv O mit 25 cm Öffnung und 4 m Brennweite entwirft ein Sonnenbild von 3,6 cm Durchmesser auf dem Spalt F_1 von $\sim 0{,}015$ mm Breite.

Der 1. Spektrograph hat ein Kollimatorobjektiv L von 12,5 cm Öffnung und 1,25 m Brennweite. Dann folgen 3 Prismen $P_{1,\,2,\,3}$ oder ein Plangitter. (L bildet gleichzeitig O in letztere ab, so daß man mit nicht zu großen Prismen bzw. Gittern auskommt.)

Der Kamera-Hohlspiegel M_2 mit 40 cm Öffnung und 7 m Brennweite erzeugt nun ein Spektrum auf dem 22 cm hohen Monochromator-Spalt F_2 von $\sim 0{,}03$—$0{,}05$ mm Breite.

Man reduziert den Durchmesser von 20,5 cm des monochromatischen Sonnenbildes bei F_2 und erhöht seine Lichtstärke wieder durch den zweiten (Reduktions-)Spektrographen. Dessen Kollimatorspiegel M_3 entspricht M_2, dann folgt ein Prisma A und eine Kameralinse L_3 mit z. B. 2 m Brennweite.

Der 3. Spalt F_3 von ~ 1 mm Breite beseitigt das Streulicht und — beim Gitter — evtl. andere Ordnungen.

Das monochromatische Sonnenbild — Durchmesser in unserem Falle ~ 6 cm — entsteht durch entsprechende Verschiebung des Objektivs O und der Platte P (hinter F_3) mit Synchronmotoren und Getrieben. Die spektrale Reinheit entspricht bei H und K $\sim 0{,}07$ Å, das teleskopische Trennungsvermögen insgesamt ~ 2 bis 3″.

1928 hat G. E. HALE [20123] zur Beobachtung rasch *veränderlicher Eruptionen, Protuberanzen* usw. ein analoges Instrument für visuelle Beobachtung im Lichte von Hα konstruiert, das *Spektrohelioskop*. Durch Anbringen eines kippbaren Glasplättchens, des sog. line-shifter's, vor dem zweiten (Monochromator-)Spalt ist es möglich, fortlaufend die *Radialgeschwindigkeit* des betrachteten Objektes zu verfolgen, eine Aufgabe, die in anderer Weise schon H. DESLANDRES (s. oben) mit dem «enrégistreur des vitesses» in Angriff genommen hatte.

[1] Bei 10 cm Öffnung beträgt der Radius des ersten dunklen Beugungsringes 1″,4.

R. R. McMATH und seine Mitarbeiter [20169—20170] haben den Spektroheliographen zu einem automatisch arbeitenden *Spektroheliokinematographen* weiter entwickelt, der die Veränderungen von Protuberanzen, Eruptionen usw. am Sonnenrand *und* auf der Sonnenscheibe bis in feinste Details zu beobachten gestattet. Durch Weiterentwicklung und Automatisierung des DESLANDRESschen enrégistreur des vitesses hat McMATH [20171] sodann noch den sog. STONE-*Spektroheliographen* geschaffen, der auch die *Radialgeschwindigkeiten* fortlaufend registriert, so daß man insgesamt alle drei Geschwindigkeitskomponenten z. B. eines Protuberanzenknotens verfolgen kann.

Zur *Deutung der Spektroheliogramme* können wir — im Einklang mit den Beobachtungen — vorläufig folgendes sagen: Da einerseits der Absorptionskoeffizient in einer Linie von den Flügeln zum Kern rapide anwächst und andererseits die uns erreichende Strahlung aus einer optischen Tiefe ≈ 1 — gemessen längs des Sehstrahles — stammt, so repräsentieren Spektroheliogramme im Licht der Linienmitte jeweils die höchsten Schichten. Verschiebt man den 2. Spalt nach den Linienflügeln zu, so nähert sich das Aussehen der Bilder immer mehr dem gewöhnlicher Sonnenaufnahmen. Damit sind jedoch die höchst mannigfaltigen Details der Spektroheliogramme in verschiedenen Bereichen der Linien des Wasserstoffes sowie Ca II H + K und anderen Metallinien noch lange nicht gedeutet. Erst in Abschnitt 145 werden wir die Beobachtungen im einzelnen darstellen und die Grundzüge einer *Theorie der Spektroheliogramme* zu entwickeln versuchen.

Für Überwachungszwecke hat Y. ÖHMAN [20191] mit einem UG 2 Schott-Filter von 1 mm Dicke bei H + K ein Spektralgebiet von ~ 200 Å isoliert. Da hier die Linien sich dicht zusammendrängen, so erhält man in einfachster Weise Bilder, die etwa Spektroheliogrammen mit den Flügeln von H + K oder den schwächeren Metallinien entsprechen und z. B. die Fackeln auf der ganzen Scheibe zeigen.

4. B. LYOTs *Koronograph.* Die Strahlung der äußersten Zonen der Sonnenatmosphäre, der *Chromosphäre,* der *Protuberanzen* und der *Korona* wird normalerweise überdeckt von dem *Streulicht* der Erdatmosphäre und der Apparatur. Ursprünglich konnte man die Objekte daher nur bei totalen Sonnenfinsternissen beobachten; für viele feinere *photometrische* Untersuchungen ist deren Zuhilfenahme auch heute noch unentbehrlich.

Spektroheliograph und Spektrohelioskop gestatten die Beobachtung der Chromosphäre und der Protuberanzen usw., indem sie deren *Linien*emission vom kontinuierlichen Untergrund des Streulichtes durch spektrale Zerlegung trennen.

B. LYOT erkannte nun (1930), daß auf günstigen Bergstationen, wie z. B. dem *Pic du Midi* (2870 m) in den Pyrenäen, das *atmosphärische* Streulicht bedeutend schwächer ist, als das instrumentelle Streulicht eines gewöhnlichen Teleskops. Letzteres rührt — wie er zeigte — in der Hauptsache her von der *Beugung* des Lichtes am Rand des Objektivs, an Kratzern, Bläschen und Schlieren des Glases sowie von mehrfachen Reflexionen.

Diese Streulicht-Quellen eliminiert B. LYOTs geniale Konstruktion des *Koronographen,* d. h. eines streulichtfreien Teleskops (Abb. 180).

Eine *einfache Plankonvexlinse A* aus besonders schlieren- und blasenfreiem Glas mit erstklassig polierten und staubfrei gehaltenen Flächen (beim ersten Instrument 8 cm Durchmesser und 2 m Brennweite) entwirft ein Sonnenbild bei *B* auf einer Scheibe, die 15″ bis 20″ über den Sonnenrand herausragt. Die Scheibe ist entweder geschwärzt oder als Spiegel ausgebildet, so daß das Licht der Sonnenscheibe beseitigt wird. Die *Feldlinse C* erzeugt nun ein Bild des Objektivs *A* bei *D*; eine *ringförmige Blende* nimmt hier das am Rand von *A* abgebeugte Licht weg. Ein kleines Scheibchen nahe dem Mittelpunkt des Diaphragmas D fängt das durch Reflexion an den Flächen der Linse A entstehende Sonnenbildchen ab. Das sorgfältig korrigierte Objekt E erzeugt schließlich ein achromatisches Bild der Korona, Protuberanzen usw. auf der Platte oder dem Spalt eines Spektrographen. Das Rohr des Koronographen wird nur während der Beobachtungen geöffnet; um Staubteilchen zu binden, ist es innen mit dickem Öl bestrichen.

Mit seinem Koronographen gelang es nun B. LYOT, die *Korona* auf dem Pic du Midi und dann auch im Flachland außerhalb von Finsternissen zu beobachten. Er benutzte zunächst ein ebenfalls von ihm erfundenes *Polarimeter* — eine Verfeinerung der bekannten SAVARTschen Anordnung —, das noch Polarisationsgrade von $\sim 1\,‰$ zu messen gestattet. Da das kontinuierliche Licht der inneren Korona mit $\sim 10\%$ radial polarisiert ist, das Streulicht dagegen nicht, so ließ sich durch Messung des Polarisationsgrades die Helligkeitsverteilung der Korona um

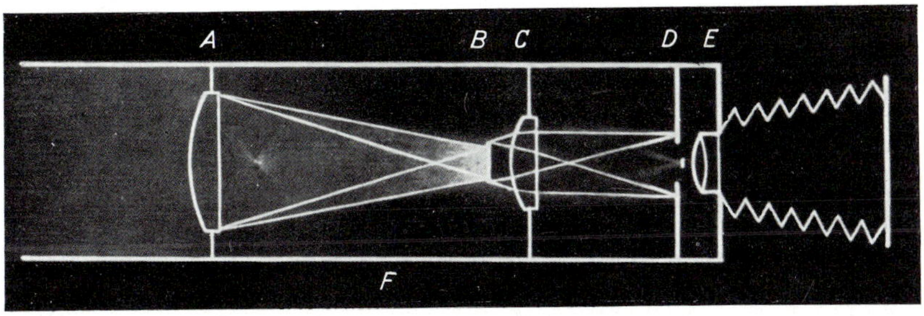

Abb. 180. Prinzip des Koronographen nach B. LYOT [20162].

den ganzen Sonnenrand herum und damit zum erstenmal auch die zeitliche Veränderlichkeit der Korona beobachten. Bald darauf gelang es LYOT auch, die innere Korona an günstigen Tagen *direkt zu photographieren.* Weiterhin verband er mit dem Koronographen einen großen Gitterspektrographen und konnte so das *Linienspektrum der Korona* hinsichtlich Wellenlängen und sogar Linienprofilen von λ 3350—12000 Å mit großer Dispersion vermessen. Auf die Ergebnisse dieser Beobachtungen und analoge Arbeiten anderer Autoren werden wir in Abschnitt 143 zurückkommen.

Die *Protuberanzen* kann man im Koronographen an günstigen Tagen ohne weiteres sehen. Auch bei mäßigem Luftzustand bekommt man klare Bilder mittels eines Filters, das einen engen Spektralbereich um Hα λ 6563 aussondert. B. LYOT [20160] empfiehlt die Kombination: 0,5 cm *Schott*sches Rotglas RG 2 + 5 cm leicht saure gesättigte Neodymnitratlösung, welche einen Bereich von ~ 80 Å um Hα aussondert; gegebenenfalls in Verbindung mit Platten geeigneter Sensibilisierung. Hiermit konnte er auch in *Meudon* leicht gute Protuberanzenaufnahmen erhalten. Die kurzen Belichtungszeiten ($\sim$ einige Zehntel Sekunden) ermöglichen nun ohne weiteres *kinematographische Aufnahmen der Protuberanzen.* Macht man einige Bilder pro Minute und projiziert sie dann mit ~ 600facher Beschleunigung, so erhält man ein außerordentlich lebhaftes Bild von der Struktur und den Bewegungsverhältnissen der Protuberanzen. In der Bildqualität wie in der zeitlichen Auflösung sind diese *Protuberanzenfilme* den älteren Reihenaufnahmen am Spektroheliographen so überlegen, daß man wohl sagen darf, daß erst sie uns eigentlich gezeigt haben, wie Protuberanzen aussehen und „sich benehmen". J. W. EVANS [20176] hat den Koronographen des *High Altitude Observatory* in *Climax,* Colorado (3500 m) mit einer photoelektrischen Nachführ-Automatik versehen und dadurch die Stetigkeit der Bilder erheblich verbessert.

Weitere Koronographen-Stationen in *Arosa*, auf *Schauinsland* (Freiburg/Br.), *Wendelstein* und *Kanzelhöhe* führen regelmäßige Beobachtungen durch. Ein sehr viel größeres Instrument in Verbindung mit einem COUDÉ-Gitterspektrographen großer Dispersion baut *Harvard* zur Zeit auf dem *Mt. Sacramento* in New Mexico.

5. *Das* LYOT*sche Polarisationsfilter* («filtre monochromatique polarisant»). Seit 1920 verfolgte B. LYOT das Ziel, *flächenhafte Objekte* mit Hilfe eines *Filters* zu beobachten, das nur einen ganz engen Spektralbereich durchläßt. So könnte man z. B. Protuberanzen in Hα, die Korona in ihren Hauptlinien λ 5303 und 6374 studieren usw. Ein solches Filter müßte bei einer vorgegebenen Wellenlänge ein

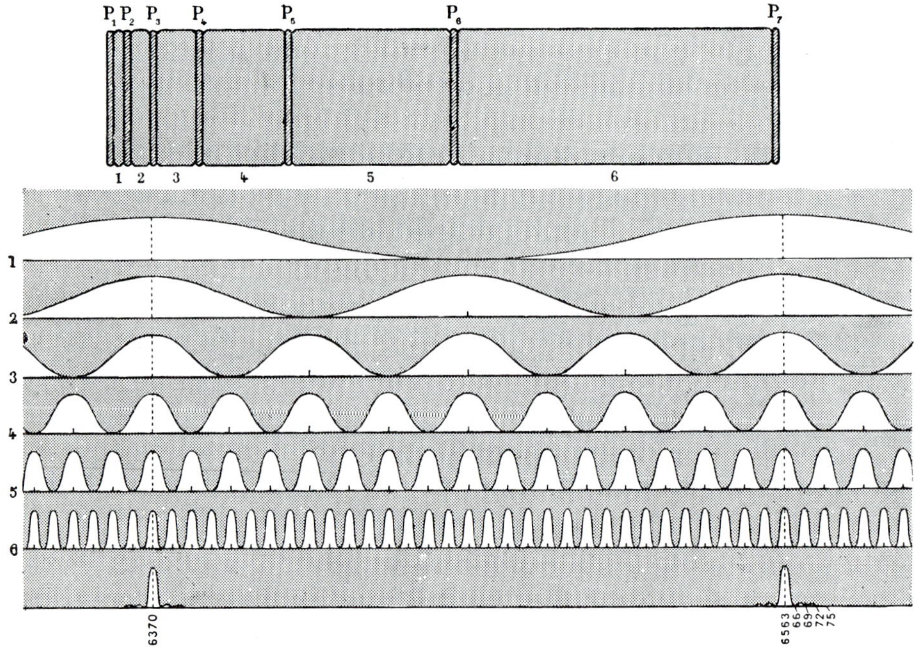

Abb. 181. Anordnung und Prinzip des Polarisationsfilters nach B. LYOT [20163].

möglichst hohes und schmales Durchlässigkeitsmaximum haben; das Gesichtsfeld sollte nicht zu klein sein. Gegenüber einem Spektroheliographen z. B. erzielt ein Filter mit gleicher Durchlässigkeitskurve eine Verkürzung der Aufnahmedauer im Verhältnis von Durchmesser des Sonnenbildes zur Breite des 1. Spaltes, was bei dem großen Pariser Instrument einem Faktor $36:0{,}015 = 2400$ entspricht!

1933 teilte B. LYOT [20161] in einer kurzen Note das Prinzip seines *Polarisationsfilters* mit. Äußere Schwierigkeiten haben seine Fertigstellung bis 1938 verzögert. Inzwischen hatte 1937 Y. ÖHMAN [20190] die LYOTsche Anordnung unabhängig noch einmal entdeckt.

Anordnung und Prinzip des Polarisationsfilters (noch ohne spätere Finessen) erläutert Abb. 181: Das Licht geht nacheinander durch eine Reihe von Polarisatoren P_1, P_2, ..., deren Polarisationsebenen *parallel* sind. Zwischen je zwei Polarisatoren befindet sich eine Platte 1, 2, ..., die aus einem optisch einachsigen Kristall, z. B. Quarz oder Kalkspat, parallel zur optischen Achse geschnitten ist. Die Endflächen dieser Kristallplatten bzw. -säulen stehen senkrecht auf den Lichtstrahlen; ihre optischen Achsen sind einander parallel und bilden mit den Polarisationsebenen von P_1, P_2, ... Winkel von 45°. Die Dicken der n Kristallplatten (hier $n = 6$) verhalten sich wie $1:2:2^2: \ldots 2^{n-1}$.

Betrachten wir zunächst den Durchgang von Licht einer Wellenlänge λ durch *ein* ,,Element`` aus vorderem Polarisator, Kristallplatte der Dicke d und hinterem Polarisator: Die Lichtschwingung[1] mit der Amplitude A in Richtung der Polarisationsebene des vorderen Polarisators zerlegen wir zunächst in die beiden zueinander senkrechten Komponenten $A/\sqrt{2}$ nach den Richtungen des größten und kleinsten Brechungsindex der Kristallplatte, welche ja mit der genannten Polarisationsebene je einen Winkel von 45° bilden. Sei μ die *Differenz* der beiden (ordentlichen und außerordentlichen) Brechungsindices, so entsteht in der Kristallplatte zwischen den beiden Komponenten eine *Phasendifferenz* δ

$$\delta = \frac{2\pi d \cdot \mu}{\lambda}. \tag{132, 1}$$

Nach Durchgang durch die Kristallplatte sind also die beiden Komponenten, wenn wir Amplitude *und* Phase in der bekannten komplexen Schreibweise zum Ausdruck bringen, $\frac{A}{\sqrt{2}} \cdot 1$ und $\frac{A}{\sqrt{2}} e^{i\delta}$. Durch den zweiten (hinteren) Polarisator gehen hiervon jeweils die Projektionen auf dessen Schwingungsrichtung, wegen $\cos 45° = 1/\sqrt{2}$ also

$$\frac{A}{2} \cdot 1 \quad \text{und} \quad \frac{A}{2} e^{i\delta}. \tag{132, 2}$$

Die *Amplitude des durchgehenden Lichtes* ist also: $\frac{A}{2}\left|1 + e^{i\delta}\right| = A \cos\frac{\delta}{2}$; seine *Intensität* $A^2 \cos^2\frac{\delta}{2}$.

Für einen Satz von n Elementen $k = 1, \ldots n$ (Abb. 181) mit Kristallplatten der Dicken $d_k = d_1 \cdot 2^{k-1}$ ist also — abgesehen von Reflexions- und Absorptionsverlusten — die durchgehende *Intensität*

$$A'^2 = A^2 \prod_{k=1}^{n} \cos^2\frac{\delta_k}{2} = A^2 \prod_{k=1}^{n} \cos^2\left(\frac{\pi d_1 \mu}{\lambda} \cdot 2^{k-1}\right). \tag{132, 3}$$

Der untere Teil von Abb. 181 zeigt, wie durch Überlagerung der einzelnen Faktoren in (132, 3) einzelne scharfe und weit getrennte Durchlässigkeitsmaxima entstehen. Will man z. B. Hα (rechts) isolieren, so wird man die übrigen Maxima durch geeignete Farbfilter unschädlich machen. Das *Auflösungsvermögen* (definiert wie beim Spektrographen nach Abschnitt 63) entspricht, wie man aus Abb. 181 und Gl. (132, 3) sofort abliest, einer Differenz $\Delta\left(\frac{\pi d_1 \mu}{\lambda} 2^{n-1}\right) = \frac{\pi}{2}$ oder $\Delta(\mu/\lambda) = 1/d_1 \cdot 2^n$, was man leicht auswerten kann, da die Wellenlängenabhängigkeit der Differenz der Brechungsindices μ bekannt ist.

Noch übersichtlicher kann man die Theorie des Polarisationsfilters nach B. Lyot [20163] auch so darstellen, daß sich ein hübscher Zusammenhang mit der Theorie des Beugungsgitters ergibt:

Beim Durchgang des Lichtes durch das ,,Element 1`` entstehen nach (132, 3) zwei sich überlagernde Schwingungen, die in derselben Richtung linear polarisiert sind mit den Amplituden

$$\frac{A}{2} \cdot 1 \quad \text{und} \quad \frac{A}{2} \cdot e^{i\delta_1}. \tag{132, 4}$$

Beim Durchgang durch ,,Element 2`` entsteht aus *jeder* dieser Schwingungen wieder je eine (in derselben Richtung) durch Multiplikation mit $\frac{1}{2}$ bzw. $\frac{1}{2} e^{i\delta_2}$,

[1] Es ist offensichtlich gleichgültig, ob wir den elektrischen oder den magnetischen Vektor betrachten.

also

$$\frac{A}{4}, \frac{A}{4} e^{i \cdot 2 \delta_1} \quad \text{und} \quad \frac{A}{4} e^{i \delta_1}, \frac{A}{4} e^{i \cdot 3 \delta_1}. \tag{132, 5}$$

Allgemein ergibt ein Filter aus n Elementen 2^n parallele Schwingungen mit den Amplituden $A/2^n$ und Phasenverschiebungen $0, \delta_1, 2\,\delta_1, \ldots (2^n - 1)\,\delta_1$, d. h.

$$A' = \frac{A}{2^n} \left| \sum_{m=0}^{2^n-1} e^{i m \delta_1} \right| = \frac{A}{2^n} \left| \frac{1 - e^{i \cdot 2^n \delta_1}}{1 - e^{i \delta_1}} \right| = \frac{A}{2^n} \cdot \frac{\sin 2^n \cdot \frac{\delta_1}{2}}{\sin \frac{\delta_1}{2}}. \tag{132, 6}$$

Dieser Ausdruck für die Amplitude A' oder die Intensität A'^2 entspricht genau dem bekannten für ein Beugungsgitter mit 2^n Strichen. Ebenso wie dort kann man nun leicht sehen (vgl. z. B. M. BORN [901]), daß das Auflösungsvermögen dem 2^n-ten Teil des Abstandes zweier Hauptbanden entspricht; man kann sofort die Intensitäten der Nebenmaxima anschreiben usw.

Die *Temperaturabhängigkeit* von μ und damit δ_1 kann man benutzen, um die Wellenlänge des Filters zu ändern. Verwendet man z. B. *Quarz*platten, so ergeben Rechnung und Messung übereinstimmend

$$\frac{\Delta\lambda}{\lambda} = -1{,}04 \cdot 10^{-4} \text{ pro } {}^\circ\text{C Temperaturerhöhung}, \tag{132, 7}$$

entsprechend einer Radialgeschwindigkeit von 31 km/sec. Das Instrument muß selbstverständlich von einem genau einstellbaren *Thermostaten* umgeben sein; vgl. [20163].

Wir haben uns hier zunächst auf die Darstellung der Grundprinzipien des Polarisationsfilters beschränkt. Weitere Verfeinerungen betreffen die Vergrößerung des Gesichtsfeldes ($\approx$ Sonnendurchmesser) und die Einstellbarkeit beliebiger Wellenlängen[1]. Als Polarisatoren benutzte LYOT zunächst Polaroid-Folien; später konnte er Prismen aus Kalkspat + Glas verwenden, die bessere Bilder geben.

Sodann bemerkte B. LYOT, daß man die wichtigsten FRAUNHOFER-Linien Hα 6562,8, He D_3 5875,6, Mg b_1 5183,6, Hβ 4861,3 sowie die rote und grüne Koronalinie 6374,5 und 5302,8 mehr oder weniger zufälligerweise mit *einem* 6-komponentigen Filter isolieren kann, wenn man die dünnsten Quarzplatten $d_1 = 2{,}22$ mm dick wählt. Durch einige weitere geniale Tricks konnte LYOT schließlich *gleichzeitige* kinematographische Sonnenaufnahmen in Hα (Protuberanzen), λ 6374,6 und λ 5302,8 (rote und grüne Korona) herstellen. Auf die wichtigen Ergebnisse dieser Unternehmungen werden wir noch zurückkommen.

Schließlich gelang es B. LYOT noch, durch eine kleine Änderung die *Äquivalentbreite*[2] seines Filters für Hα von 3 Å auf 1,5 Å herunterzudrücken und gleichzeitig eine Drehknopf-*Einstellung der Wellenlänge* zu erfinden, so daß man — wie am line-shifter des Spektrohelioskops — Radialgeschwindigkeiten von Protuberanzen usw. leicht ablesen kann. Sowohl hinsichtlich der Größe des Gesichtsfeldes, als auch hinsichtlich der Qualität der Bilder ist dieses Instrument dem Spektrohelioskop eindeutig überlegen. Die Anordnung besteht darin, daß dem schon beschriebenen Filter zunächst eine *Kalkspatplatte* von 8,3 mm Dicke (entsprechend 150 mm Quarz) angefügt wird. Auf diese folgt ein Kompensator für elliptische Polarisation, bestehend aus einem $\lambda/4$-Glimmerplättchen (Achsen unter 45° zu denen des Kalkspats) und einer Polaroidfolie. Letztere kann man drehen und so die Lage der zuletzt entstehenden feinen Kannelierung des Spektrums ändern,

---

[1] Hierzu auch J. W. EVANS [2092].

[2] LYOT definiert diese so: Ersetzt man die Durchlässigkeitskurve durch ein Rechteck gleicher Fläche und Maximalhöhe, so ist dessen Breite die Äquivalentbreite.

was eben die gewünschte Verschärfung und Verschiebbarkeit des Durchlässigkeitsmaximums bedeutet.

6. *Interferenzfilter.* Für gröbere Monochromasierung (~ 50 Å) dürften auch die von *Schott u. Gen.*, Jena, und anderen Firmen durch Aufdampfen mehrerer dünner Schichten aus verschiedenen Materalien auf Glas hergestellten *Interferenzfilter* in Frage kommen. Ihr Prinzip entspricht weitgehend dem bekannten Multiplex-Perot-Fabry-Interferometer; die Durchlässigkeitskurve ist stark richtungsabhängig. Die technische Entwicklung auf diesem Gebiet dürfte noch nicht abgeschlossen sein.

7. *Die im vorhergehenden dargestellten Hilfsmittel des Beobachters erhalten erst ihre volle Leistungsfähigkeit in Verbindung mit photometrischen Methoden.* Ohne Übertreibung könnte man in der Sonnenforschung von einer Ära des Mikrophotometers sprechen. Insbesondere kann die Verbindung zwischen Beobachtung und Theorie in den meisten Fällen nur hergestellt werden, wenn auf beiden Seiten quantitative Aussagen vorliegen.

Neben der Photometrie spielt die *Polarimetrie* eine wichtige Rolle. Bezüglich ihrer Technik genüge ein Hinweis auf die bekannten Lehrbücher der Optik, z. B. R. W. Wood [906], M. Born [901] u. a. G. E. Hales Beobachtung des Zeeman-*Effektes in Sonnenflecken* [20117—20122] (Abschnitt 134) haben den inneren Zusammenhang der Flecke einer Gruppe klargestellt (bipolare Flecke!) und weiterhin gezeigt, daß die wahre Periode der Sonnenaktivität $2 \times 11{,}5 = 23$ Jahre ist, indem nach je 11,5 Jahren die Polarität entsprechend liegender Flecken sich umkehrt.

Sodann erwähnen wir das Problem des *allgemeinen Magnetfeldes* (Abschnitt 136) der Sonne, zu dem nach den klassischen Arbeiten von G. E. Hale und seinen Mitarbeitern neuerdings G. Thiessen, H. W. und H. D. Babcock, H. v. Klüber u. a. wichtige Beobachtungen geliefert haben.

Die *Polarisation* des kontinuierlichen Spektrums der inneren *Korona* (Abschnitt 143) zeigt, daß dieses durch Streuung des Sonnenlichtes entsteht. Mit der (möglichen) Polarisation in Fraunhofer-*Linien* und der schwachen Polarisation der kontinuierlichen Strahlung des *Sonnenrandes* haben wir uns schon in Abschnitt 105 befaßt.

B) Der Zyklus der Sonnenaktivität. Nunmehr betrachten wir die „Witterungserscheinungen" der Sonnenoberfläche — noch ohne auf ihre physikalischen Ursachen einzugehen — und ihre wichtigsten statistischen Zusammenhänge im Rahmen des 11 jährigen Zyklus.

1. *Granulation.* Nach den Beobachtungen von S. Chevalier [2065] u. a., auf die wir in Abschnitt 133 noch zurückkommen, zeigt die Beschaffenheit der photosphärischen *Granulation* keinerlei Abhängigkeit von der *heliographischen Breite* oder der *Phase* im 11 jährigen Zyklus. Dies deutet darauf hin, daß die *Granulation mit dem Zyklus der Sonnenaktivität nichts zu tun hat.*

2. *Sonnenflecken.* Um die *Fleckenaktivität* der Sonne kurz zu kennzeichnen, hat R. Wolf in Zürich die sog. *Relativzahlen R* eingeführt: Ist g die Anzahl der auf der Sonnenscheibe sichtbaren Fleckengruppen plus einzelstehenden Flecke und f die Anzahl aller Flecke (ohne Rücksicht darauf, ob einzeln oder in Gruppen stehend), so definiert er

$$R = k\,(10\,g + f)\,. \qquad (132,8)$$

Die Konstante k hängt von der Wahl des Beobachtungsinstrumentes ab; für das in Zürich stets benutzte Fernrohr mit 10 cm Öffnung und Vergrößerung 64 wird sie $= 1$ gesetzt. Neuerdings gibt das Bureau of Standards in Washington auf Grund amerikanischer Beobachtungen eigene Relativzahlen heraus. Die amerikanischen Relativzahlen sind, insbesondere bei großem R, systematisch größer als die Züricher. (Man sollte daraus aber nicht schließen, daß die Sonnenaktivität in Amerika größer sei.)

An der *Greenwicher Sternwarte* wird seit CARRINGTON täglich (soweit möglich) eine photographische Aufnahme der Sonne gemacht. Auf dieser mißt man die *Flächen* der *Umbrae*, der *ganzen Flecke* und der *Fackeln* (s. unten), und zwar a) direkt in der Projektion, in Einheiten von 1 Millionstel der Sonnen*scheibe*, sowie b) korrigiert auf perspektivische Verkürzung, in Einheiten von 1 Millionstel der Sonnen*halbkugel*. Zwischen den *Flächen F der ganzen Flecke* (korrigiert für Verkürzung und bezogen auf 1 Millionstel Sonnenhalbkugel) und den Züricher *Relativzahlen R* besteht im Mittel die Beziehung $F = 16{,}7\,R$.

Die zeitliche Abhängigkeit der Fleckenbedeckung der Sonne zeigt, wie SCHWABE (~ 1843) entdeckte, einen etwa 11jährigen Rhythmus. Der *Abstand zweier aufeinanderfolgender Fleckenmaxima* schwankt zwischen 7,3 und 17,1 Jahren, im langjährigen Mittel beträgt die Dauer des Fleckenzyklus 11,2 Jahre. Die *maximalen Relativzahlen* liegen etwa zwischen 50 und 150, im Mittel bei 100. Der Anstieg vom Minimum zum Maximum erfolgt meist rascher, als die darauf folgende Abnahme der Fleckenaktivität (vgl. Abb. 186 oben).

Nach R. WOLF und neuerdings W. GLEISSBERG [20109] scheint in der Fleckenkurve noch eine $\sim$ 80jährige Periode angedeutet zu sein.

Es sind viele Versuche gemacht worden, die Fleckenkurve durch Überlagerung mehrerer (strenger) Perioden darzustellen. Andere Autoren ließen sich durch die größenordnungsmäßige Übereinstimmung der Fleckenperiode mit der Umlaufszeit des Jupiter verleiten, nach planetarischen Einflüssen und Perioden zu suchen. Diese Ansätze können von vornherein als verfehlt betrachtet werden: Sowohl der Wechsel der magnetischen Polarität in alternierenden Zyklen wie auch insbesondere das sogleich zu besprechende SPÖRER*sche* Gesetz der Wanderung der Fleckenzone zeigen, daß zwei aufeinanderfolgende Zyklen — ob länger oder kürzer — ein in sich geschlossenes Ganzes bilden, das von Nebenperioden keine Spur erkennen läßt.

In diesem Sinne haben H. LUDENDORFF [20153] und M. WALDMEIER [20230] untersucht, inwieweit die Länge und der sonstige Verlauf eines Zyklus durch die Höhe seines Maximums und evtl. der vorhergehenden *Maxima* bestimmt sind. Dabei ergaben sich folgende Gesetzmäßigkeiten (in der Formulierung schließen wir uns hauptsächlich an die letztere Arbeit an):

a) Die Anstiegszeit T (Jahre) vom Minimum zum Maximum nimmt mit der Höhe des Maximums R_M (Relativzahl) ab[1], und zwar für alternierende Zyklen in etwas verschiedener Weise. Bezeichnet man den Zyklus 1755—1766 als Nr. 1 usw., so findet WALDMEIER[2] für

$$\left.\begin{array}{ll} \text{Ungerade Zyklen:} & \log R_M = 2{,}48 - 0{,}10\,T \\ & \qquad\quad \pm\,0{,}10 \pm 0{,}02 \\ \text{Gerade Zyklen:} & \log R_M = 2{,}69 - 0{,}17\,T \\ & \qquad\quad \pm\,0{,}09 \pm 0{,}02 \end{array}\right\} \tag{132, 9}$$

b) Die Abstiegszeit Θ, gemessen in Jahren vom Maximum bis zu einer Abnahme der Relativzahl auf $R_0 = 7{,}5$ (das Minimum ist vielfach schlecht definiert), wächst mit R_M. Für ungerade *und* gerade Zyklen findet WALDMEIER

$$\left.\begin{array}{l} \Theta = 3{,}0 + 0{,}030\,R_M \\ \quad\;\; \pm\,0{,}6 \pm 0{,}006. \end{array}\right\} \tag{132, 10}$$

[1] Schon von R. WOLF 1861 vermutet.

[2] LUDENDORFF gleicht T als lineare Funktion von $R_{Max} - R_{Min}$ aus, was nahezu auf dasselbe herausläuft, aber ein wenig größere Reste gibt.

c) Zum Teil eine Konsequenz der vorhergehenden sind die folgenden Gesetzmäßigkeiten: α) Die Fläche der Fleckenkurve von Minimum bis zum folgenden Maximum (Anstieg) ist konstant. β) Die entsprechende Fläche vom Maximum bis zum Minimum (Abstieg) ist proportional R_M.

d) Eine Folge von 1 und 2 ist weiterhin, daß das Verhältnis $Q = T/\Theta$ von Anstiegszeit T zu Abstiegszeit Θ mit abnehmendem R_m anwächst, und zwar für ungerade Zyklen rascher als für gerade. Q schwankt so zwischen den Grenzen 0,37 und 1,72 um einen Mittelwert $\sim 0{,}7$. Die Behauptung, daß der Anstieg der Fleckenkurve rascher erfolge, als der Abstieg, ist daher nur im Mittel richtig.

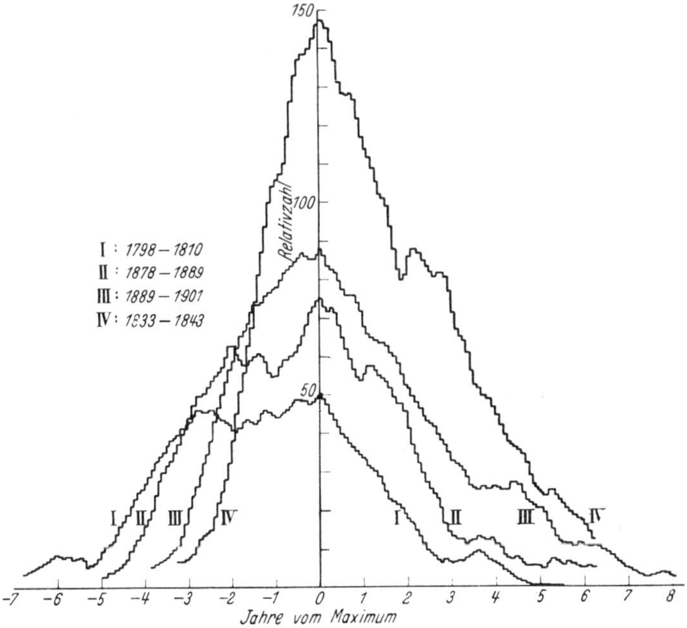

Abb. 182. Charakteristische Fleckenkurven. Nach M. WALDMEIER [20230]. Ordinaten: Ausgeglichene monatliche Relativzahlen. Abszissen: Abstand vom Maximum in Jahren.

e) Aus dem Gesagten geht hervor, daß der ganze Verlauf der Fleckenkurve während eines geradzahligen bzw. ungeradzahligen Zyklus im wesentlichen durch die Höhe des Maximums R_M bestimmt ist. Einige charakteristische Kurven zeigt die aus M. WALDMEIERs Arbeit entnommene Abb. 182. Aufgetragen sind ausgeglichene monatliche Relativzahlen als Funktion des zeitlichen Abstandes vom Fleckenmaximum in Jahren.

f) Richtet man mit H. LUDENDORFF den Blick mehr auf die *ganze* Fleckenkurve, so kann man auch sagen: *Über* dem Durchschnitt liegende Werte von R_M bewirken eine *Verfrühung* des betreffenden Maximums selbst und umgekehrt. Darüber hinausgehend findet LUDENDORFF noch eine entsprechende — nur nicht so starke — Auswirkung auch auf das folgende Minimum und Maximum. Nach Korrektion der Maximum- und Minimum-Zeiten wegen der Verschiedenheiten von R_M[1] tritt der Unterschied „gerader“ und „ungerader“ Zyklen auch in dieser Darstellungsweise deutlich in Erscheinung.

J. Q. STEWART und H. A. A. PANOFSKY [20222] versuchten, für jeden einzelnen Zyklus oder „Ausbruch“ den Verlauf der Züricher Relativzahlen R dar-

[1] LUDENDORFF berücksichtigt außerdem noch eine Art säkularen Gang der Fleckenperiode.

zustellen durch eine Formel des Typs

$$R = F \cdot \Phi^{a} \cdot e^{-b\Phi}. \qquad (132, 11)$$

Dabei bedeutet Φ — ebd. mit Θ bezeichnet — die Zeit seit dem Beginn s des Ausbruchs in Jahren. F, a, b und s sind Parameter, die für jeden Zyklus einen festen Wert haben, aber von Zyklus zu Zyklus verschieden sein sollen. Offensichtlich beschreibt a die Steilheit des Anstiegs, b die des Abfalles. Weiterhin kommt es kaum darauf an, ob man als Maß der Sonnenaktivität R oder eine verwandte Größe benutzt; bildet man z. B. R^{γ}, so gilt dafür nach (132, 11) eine Formel genau *desselben* Typs mit den Konstanten F^{γ}, γa, γb und s. Zwischen b und a sowie F und a bestehen ziemlich enge Korrelationen. Daß z. B. b mit a anwächst, heißt einfach, daß auf einen steilen Anstieg ein steiler Abfall folgt. Betrachtet man die erwähnten zwei Korrelationen als feste Bindungen, so kommt man im wesentlichen wieder auf die WALDMEIERsche Kurvenschar Abb. 182 zurück.

Mit demselben Problem hat sich auch W. GLEISSBERG [20109] in zahlreichen Abhandlungen befaßt. Hinter allen diesen Ansätzen steht natürlich der Wunsch nach einer *Vorhersage der Relativzahlen*, die wegen der solarterrestrischen Beziehungen (Ionosphäre, Radioverkehr) auch erhebliches praktisches Interesse hätte.

In den *kurzperiodischen Schwankungen* der Sonnenfleckenkurve ist besonders die 27tägige Periode der Rotation der Fleckenzone sehr ausgeprägt. Auch terrestrische Phänomene (magnetische Störungen usw.) lassen diese Periodizität oft über ein Jahr und länger verfolgen. Dies erscheint zunächst erstaunlich, da die *Lebensdauer* einer bestimmten Fleckengruppe (s. unten) selten über ein Vierteljahr hinausgeht. Es bestehen auf der Sonne offenbar *Aktivitätszentren* oder *-herde*, d. h. Stellen, an denen sich bevorzugt immer wieder Flecken usw. bilden und die eine sehr viel längere Lebensdauer haben, als die einzelnen an der Sonnenoberfläche in Erscheinung tretenden Gebilde.

Bei der Feststellung der *Relativzahlen* werden offensichtlich Flecke auf dem inneren Teil der Sonnenscheibe stark bevorzugt. Auch bei der Messung der *Flächen* erscheint es fraglich, ob nicht trotz Anbringung des geometrischen Verkürzungsfaktors die Randflecke noch zu kurz kommen.

G. H. A. ARCHENHOLD [2022] und M. ROGGENHAUSEN [20208] haben daher auf statistischem Wege empirische *Sichtbarkeitsfunktionen* in Abhängigkeit von der heliographischen Länge oder dem Winkelabstand ϑ von der Sonnenmitte (was fast auf dasselbe herauskommt) hergeleitet. In beiden Arbeiten zeigt sich, daß die Sichtbarkeit zum Sonnenrand hin erheblich rascher abnimmt, als es der rein geometrischen Verkürzung entsprechen würde. K. O. KIEPENHEUER [20138] hat im Anschluß daran versucht, ein Aktivitätsmaß zu definieren, das *nur* auf die *Sonne* Bezug nimmt und also die 27tägige Periode aus der Aktivitätskurve verschwinden läßt.

Untersucht man die *Verteilung der Sonnenflecke in heliographischer Breite*, so zeigt sich, daß diese auf beiden Hemisphären je eine bestimmte Zone — in Frankreich nennt man sie «zone royale» — stark bevorzugen. Wie R. C. CARRINGTON [2061] und G. SPÖRER [20221] fanden, entstehen Flecken eines beginnenden Zyklus' (Minimum) in den heliographischen Breiten $\varphi \approx \pm 30°$. Im Laufe von 11 Jahren verschiebt sich die Zone maximaler Fleckenzahl dann erst rasch, später langsamer äquatorwärts bis $\varphi \approx \pm 8°$, worauf sich das Spiel wiederholt (vgl. Abb. 186). Einen noch deutlicheren Eindruck gibt E. W. MAUNDERs sog. „*Schmetterlingsdiagramm*" (Abb. 183 nach [20175]). Jeder Fleck ist hier entsprechend seiner heliographischen Breite durch einen kurzen Strich angezeichnet.

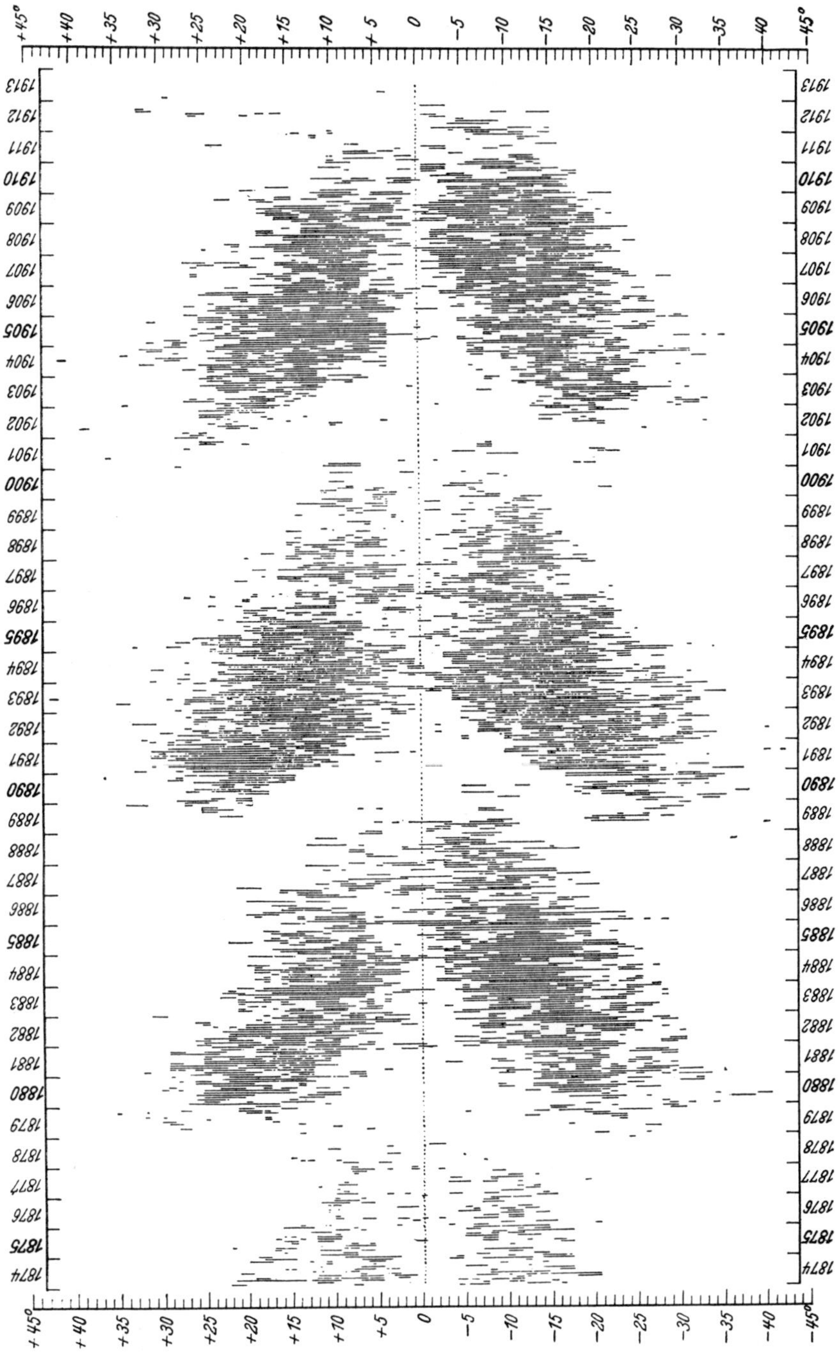

Abb. 183. „Schmetterlingsdiagramm“ nach E. W. Maunder [20175]. Jeder Sonnenfleck ist entsprechend seiner heliographischen Breite durch einen kurzen Strich angezeichnet.

In der Nähe der Fleckenminima kann man die zum „alten" Zyklus gehörenden Flecken in niederen Breiten von denen des „neuen" Zyklus in höheren Breiten leicht unterscheiden.

G. E. HALEs Entdeckung des *Magnetfeldes der Sonnenflecke* hat neben anderen bemerkenswerten Folgerungen zu dem Beweis geführt, daß diese Unterscheidung eine tiefere Bedeutung hat: Wir werden die Struktur usw. des einzelnen Fleckes und der einzelnen Fleckengruppe erst in Abschnitt 134 genauer betrachten und beschränken uns hier auf die sog. *bipolaren Flecke*, d. h. Fleckenpaare, die ent-

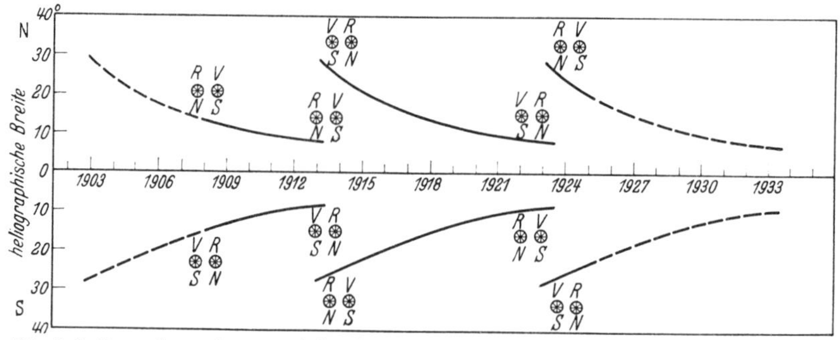

Abb. 184. G. E. HALES Gesetz der magnetischen Polarität der Sonnenflecke [20122]. Die Kurven zeigen die Verschiebungen der mittleren Breite (näherungsweise) und die entsprechenden magnetischen Polaritäten der Fleckengruppen. „Vorderer" Fleck jeweils rechts. *N* bezeichnet einen Nordpol (d. h. entsprechend dem nach Norden weisenden Pol der Magnetnadel); *S* einen Südpol. *R*(ot) und *V*(iolett) charakterisieren die entsprechenden Linienverschiebungen bei der an Mt. WILSON benutzten Anordnung des Polarisationsapparates.

gegengesetzte *magnetische Polarität* haben. ZEEMAN-*Effekt*-Beobachtungen an *Mt. Wilson* [20124], die seit 1915 täglich mit Hilfe der Fe-Linie λ 6173,5 visuell ausgeführt werden, ließen folgende *Gesetze* erkennen:

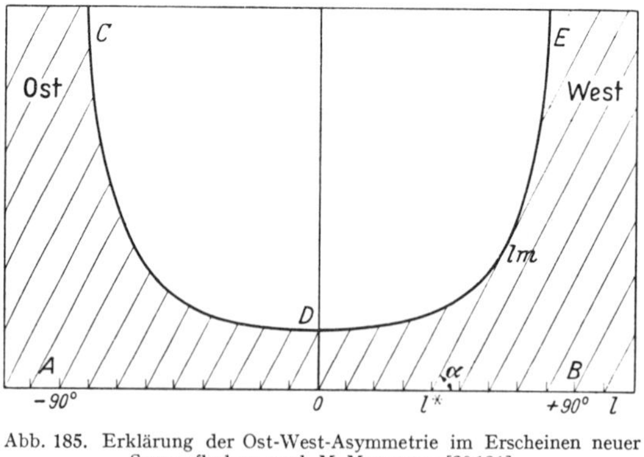

Abb. 185. Erklärung der Ost-West-Asymmetrie im Erscheinen neuer Sonnenflecken, nach M. MINNAERT [20181].

Die bei Beginn eines 11jährigen Zyklus in Breiten von etwa $\pm$ 30° entstehenden Flecke haben auf der nördlichen bzw. südlichen Hemisphäre entgegengesetzte Polarität. Das heißt, zeigen z. B. auf der einen Hemisphäre die (im Sinne der Rotation der Sonne) vorausgehenden Flecke *N*-Polarität und die folgenden *S*-Polarität, so gilt für die andere Hemisphäre das Entgegengesetzte.

Im Laufe des Zyklus nimmt die heliographische Breite der Fleckenzone ab, die Polarität bleibt dieselbe.

Die beim Fleckenminimum zuerst wieder in hohen Breiten auftretenden Flecken des *neuen* Zyklus dagegen zeigen diesen *ganzen* Zyklus hindurch *entgegengesetzte* Polarität gegenüber dem vorhergehenden Zyklus (Abb. 184). Die wahre Periode der Sonnenaktivität ist also $2 \times 11{,}5 = 23$ Jahre.

Im Jahre 1907 machte A. S. D. MAUNDER [20173] die überraschende Entdeckung, daß mehr Fleckengruppen auf der östlichen als auf der westlichen Hälfte der Sonnenscheibe zu entstehen scheinen. Umgekehrt scheinen mehr Fleckengruppen auf der westlichen Hälfte der Sonnenscheibe zu verschwinden. Weitere

Beobachtungen und Statistiken von W. BRUNNER, M. WALDMEIER und A. LIEPERT [20233] und L. RODÉS [20207] haben dies bestätigt. Da man kaum an einen Einfluß der Erde auf die Sonne glauben kann, handelt es sich offenbar um ein Spiel der Statistik. Dessen Aufklärung haben A. SCHUSTER [20217], W. GLEISSBERG [20106], M. MINNAERT [20181] und M. WALDMEIER und A. LIEPERT [20233] gegeben. Das Wesen der Sache zeigt vielleicht am anschaulichsten M. MINNAERTs Abb. 185.

Zur Vereinfachung denken wir uns einen Sonnenfleck am Äquator und nehmen an, die Rotationsachse stehe senkrecht zur Ekliptik. Die Abszissen A B stellen die heliographischen Längendifferenzen gegen den Zentralmeridian dar. Als Ordinaten werden die Flächen der Fleckengruppen aufgetragen. Es entstehen nun Fleckengruppen entlang AB mit statistisch gleichen Zwischenräumen. Wir nehmen weiterhin zur Vereinfachung zunächst an, daß ihre Flächen *linear* mit der Zeit anwachsen; allgemeinere „Entwicklungskurven" lassen sich leicht in analoger Weise behandeln.

Eine Gruppe wird nun *sichtbar*, sobald sie eine bestimmte *Grenzgröße* erreicht hat, die am Rand größer sein wird, als in ⊙-Mitte. (Bei ausschließlicher Berücksichtigung der perspektivischen Verkürzung wäre die Grenzgröße $\sim \sec l$). Wo also in Abb. 185 eine der geneigten Geraden die Kurve CDE kreuzt, wird eine Gruppe sichtbar. Man sieht nun sofort, daß auf der Osthälfte CD *mehr* Gruppen sichtbar werden, als auf der Westhälfte DE; jenseits l_m werden in unserem Modell überhaupt keine Gruppen mehr sichtbar.

Auch die Gesetzmäßigkeiten des Verschwindens der Fleckengruppen kann man leicht deuten, wenn man eine der Wirklichkeit für längere Zeiträume besser angepaßte „Entwicklungskurve" benutzt.

Neben der im Vorhergehenden diskutierten Aussage, daß auf der Osthälfte der Sonnenseite mehr Flecke *entstehen*, als auf der Westhälfte, hat Mrs. MAUNDER in ihrer schon herangezogenen Arbeit behauptet, daß auch in jedem Zeitpunkt auf der Osthälfte der Sonne mehr Flecke *vorhanden* seien, als auf der Westhälfte. Dies könnte man nach W. GLEISSBERG [20107] und M. MINNAERT [20182] darauf zurückführen, daß die *Achsen der Flecke* auf der Sonnenoberfläche nicht senkrecht stehen, sondern eine kleine Neigung i nach W haben. Für den Durchschnitt *aller* Flecke fanden zunächst GLEISSBERG $i = 0{,}^\circ 6$ und MINNAERT $i = 0{,}^\circ 44$. Eine neuere Arbeit von A. ROMAÑA und J. M. T. MENENDEZ [20210] ergibt Werte zwischen $+0{,}^\circ 2$ und $-0{,}^\circ 4$ und läßt damit die Realität des Ost-Überschusses höchst zweifelhaft erscheinen. Für langlebige Sonnenflecke (über 13 Tage) fand M. MINNAERT zunächst viel größere Neigungswinkel von $4{,}^\circ 3$—$7{,}^\circ 6$. A. BRUZEK [2058] hat jedoch neuerdings darauf aufmerksam gemacht, daß der große Ost-Überschuß der langlebigen Flecken einfach durch einen statistischen Auswahleffekt vorgetäuscht wird: per def. wird ein langlebiger Fleck auf der Osthälfte der Sonnenscheibe noch stärker sein, als später auf der Westhälfte. Auch in quantitativer Hinsicht bringt die korrekte Berücksichtigung der *Entwicklungskurve* der Sonnenflecke deren „Neigung" praktisch zum Verschwinden.

Mit einzelnen Flecken bzw. -gruppen, ihrer Entwicklung und ihren Bewegungen werden wir uns in Abschnitt 134 befassen.

3. *Fackeln.* Diese ausgedehnten hellen Gebiete, die nur nach dem Sonnenrande zu deutlich erkennbar sind, stehen gleichfalls in engster Beziehung zum Zyklus der Sonnenaktivität. Die größeren Fackeln treten fast nur in der Umgebung von Flecken auf und befolgen hinsichtlich Periodizität, Verteilung in heliographischer Breite usw. genau dieselben Gesetze. Daneben beobachtet man aber auch in höheren Breiten, wo keine Flecke mehr vorkommen, kleinere Fackelgruppen. Deren Breitenverteilung haben A. MASCARI [20166] und J. KORN [20145] sowie neuerdings (AG 1954) M. WALDMEIER und R. MÜLLER untersucht.

4. *Chromosphärische Sonneneruptionen (Flares)*[1]. Abgesehen von vereinzelten älteren Wahrnehmungen hat erst G. E. HALE [20123] mit der Erfindung des Spektrohelioskops diese rasch veränderlichen Phänomene der Beobachtung wirklich zugänglich gemacht: Im Lichte von $H\alpha$ (oder $H + K$) erscheint in der Umgebung einer Fleckengruppe innerhalb weniger Minuten eine helle Fläche, nimmt rasch an Helligkeit und Ausdehnung zu und dann langsamer wieder ab. Nach M. WALDMEIER [20239] beträgt die mittlere Lebensdauer einer Eruption der Intensität 1 (in der üblichen Schätzungsskala) 20 min, bei Intensität 2 bzw. 3 ist sie 33 bzw. 62 min. Die enge — offenbar physikalisch begründete — Verknüpfung von Eruptionen und Fleckengruppen läßt es verständlich erscheinen, daß die *Häufigkeit der Eruptionen* der Sonnenfleckenrelativzahl proportional ist. Die Mitte-Rand-Variation der Häufigkeit entspricht — ebenfalls nach M. WALDMEIER [20239] — für große Eruptionen einfach der perspektivischen Verkürzung ihrer Flächen; für kleine Eruptionen ist sie geringer, hauptsächlich weil diese nicht mehr als flächenhafte Gebilde wahrgenommen werden. Da größere Eruptionen auf der Erde die MÖGEL-DELLINGER-Fadings im Kurzwellenverkehr, magnetische Stürme, Ultrastrahlungs-Spitzen (= cosmic ray bursts) usw. hervorrufen, so bietet ihre fortlaufende Überwachung auch großes Interesse vom Standpunkt der solar-terrestrischen Beziehungen aus.

5. *Protuberanzen und Filamente.* Die Protuberanzentätigkeit der Sonne wird seit $\sim$1869 (RESPIGHI) fortlaufend überwacht. Die *Fläche* der am Sonnenrand beobachteten Protuberanzen — in Einheiten von 1° (heliozentrisch) des Sonnenumfanges $\times$ 1″ Höhe — bildet ein auch für statistische Untersuchungen günstiges Maß. Später hat man dann auch die mit dem Spektroheliographen oder Spektrohelioskop auf der Sonnenscheibe beobachteten *Filamente* mit in die Diskussion einbezogen. Wir sprechen im folgenden von Protuberanzen bzw. Filamenten, wenn wir Beobachtungen (meist desselben Gebildes) am Rand in Emission bzw. auf der Sonnenscheibe in Absorption meinen.

Statistisch folgt die *Häufigkeit* bzw. *Gesamtfläche* der Protuberanzen dem 11jährigen Zyklus. Dagegen enthüllte die Untersuchung ihrer *Verteilung in heliographischer Breite* durch A. RICCÓ [20198], J. und M. A. EVERSHED [2094], W. J. S. LOCKYER [20151], G. BOCCHINO [2043], V. BAROCAS [2032], G. GODOLI [20110] u. a. einen neuen Zug des Sonnenzyklus (Abb. 186): Das eine Maximum der Protuberanzenhäufigkeit in niederen Breiten verschiebt sich im Laufe des 11jährigen Zyklus' (Min—Min) von $\sim \pm 35°$ bis $\pm 20°$, d. h. es bewegt sich stets in etwa 10° Abstand neben der Fleckenzone her. Das zweite Protuberanzenmaximum wandert alternierend zum ersten (Abb. 186) von $\sim \pm 40°$ polwärts bis $\sim \pm 80°$. Die Aktivität dieser Zone der polaren Protuberanzen ist im allgemeinen geringer, als die der äquatorialen; z. B. bevorzugen die eruptiven Protuberanzen die niedrigen Breiten. Die Sichtbarkeitsfunktion der Protuberanzen hat A. v. SPEYR [20219] diskutiert. Berücksichtigt man die Sichtbarkeitsfaktoren auch bei den *Filamenten*, so paßt deren Statistik nach J. und M. A. EVERSHED, G. GODOLI u. a. mit der der Protuberanzen gut zusammen. Eine sehr detaillierte Studie einzelner Filamente von L. und M. D'AZAMBUJA [2029], auf die wir noch ausführlich zurückkommen werden, zeigt weiterhin, daß man *nicht* die Wanderung der *Häufigkeitsmaxima* mit der der *einzelnen Protuberanzen* verwechseln darf.

[1] Die Bezeichnung „*Eruptionen*" ist sehr unglücklich, einmal wegen der Möglichkeit einer sprachlichen Verwechslung mit eruptiven Protuberanzen, zum andern weil es sich — wie wir sehen werden — meist um *ruhende* Gebilde handelt. Die englische Bezeichnung *flare* trifft viel besser zu, läßt sich in dieser Prägnanz aber leider weder ins Deutsche noch ins Französische übertragen.

6. *Korona.* Die Form der Sonnenkorona zeigt, wie W. J. S. LOCKYER [20151], H. LUDENDORFF [20154] und Ö. BERGSTRAND [2037] anhand photographischer

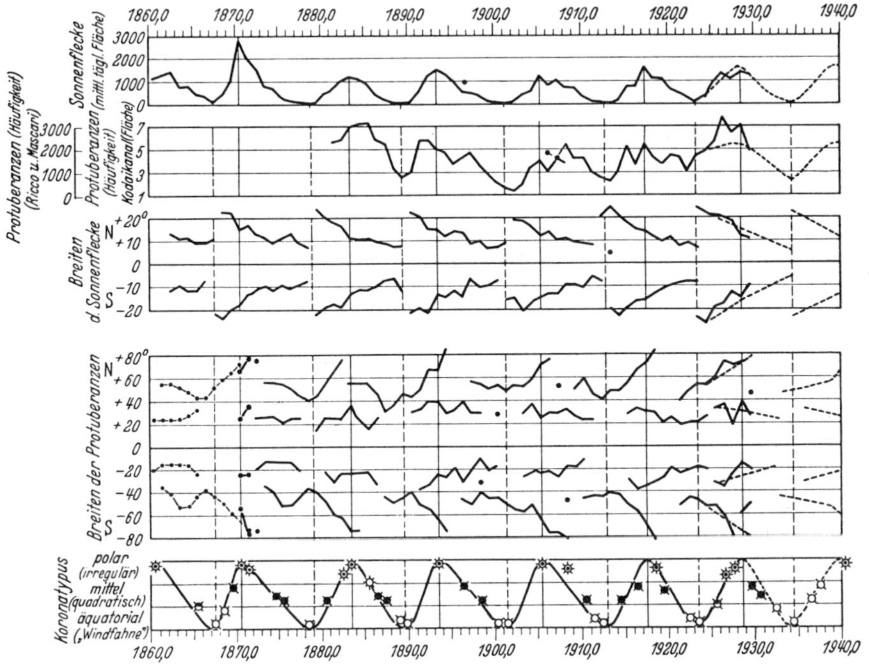

Abb. 186. Der 11 jährige Zyklus der Sonnenaktivität. Nach W. J. S. LOCKYER [20151].

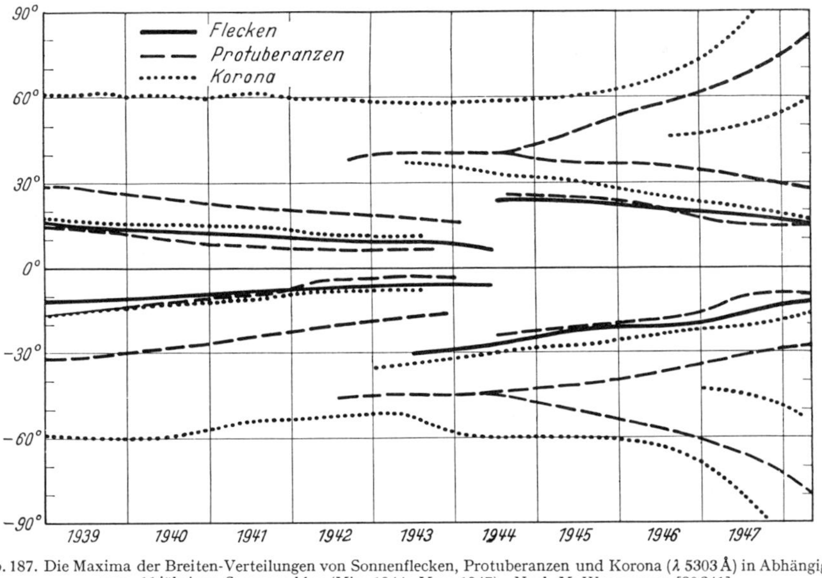

Abb. 187. Die Maxima der Breiten-Verteilungen von Sonnenflecken, Protuberanzen und Korona (λ 5303 Å) in Abhängigkeit vom 11 jährigen Sonnenzyklus (Min. 1944; Max. 1947). Nach M. WALDMEIER [20241].

Finsternisaufnahmen feststellten, eine enge Korrelation zur Phase des Sonnenzyklus (Abb. 186). In der Nähe des Fleckenminimums ist die Korona stark abgeplattet; zu beiden Seiten des Äquators erkennt man die charakteristische „Windfahnen-Struktur". Man spricht von einer *äquatorialen* oder *Minimumskorona*. Beim Fleckenmaximum dagegen strahlen auch von den Polen Koronabüschel aus. Die Korona gewinnt dadurch ein mehr rundes Aussehen, man hat die sog. *polare* oder *Maximumskorona*. Zwischen beiden Extremen gibt es natürlich einen stetigen Übergang. Eine anschauliche Darstellung dieser Gesetzmäßigkeiten im Zusammenhang mit den schon erwähnten Phänomenen des Sonnenzyklus zeigt Abb. 186. W. J. S. Lockyer, dessen Arbeit wir diese Abbildung entnehmen, hat nun darauf aufmerksam gemacht, daß man die Formänderungen der Korona verstehen kann, wenn man annimmt, daß die „Koronaaktivität" in ähnlicher Weise mit der Breite variiert, wie die in Abb. 186 gleichfalls aufgezeichnete „Protuberanzenaktivität". Zur *quantitativen* Charakterisierung der Koronaformen mißt H. Ludendorff im wesentlichen die Abplattung der Isophoten, während Ö. Bergstrand eine — etwas hypothetische — Trennung in polaren und äquatorialen Anteil anstrebt.

In ein ganz neues Stadium ist — wie wir sahen — die Erforschung der Korona mit B. Lyots Erfindung des *Koronographen* eingetreten. Für statistische Zwecke am geeignetsten sind wohl Beobachtungen von dem Typus, wie sie M. Waldmeier [2011] seit 1939 am Observatorium *Arosa-Tschuggen* mit einem Koronographen von 12 cm Öffnung

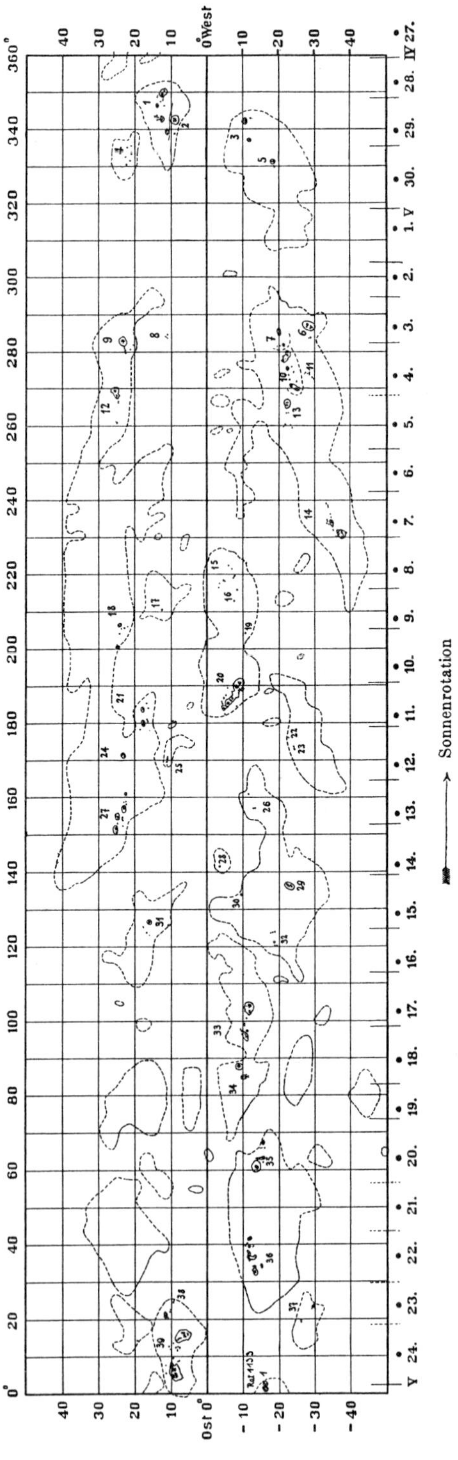

Abb. 188a. *Heliographische Übersichtskarte* — *Zürich. Flecken* und *Fleckengruppen* in maximaler Entwicklung. Numerierung verweist auf Tabelle. *Photosphärische Fackelgebiete* gestrichelt. Abszissen: Oben heliographische Länge. Unten markiert ein ● die Länge, welche um 0h Weltzeit des beigeschriebenen Datums dem Zentralmeridian der Sonne entspricht. Striche geben die Beobachtungszeiten an. Ordinaten: Heliographische Breite.

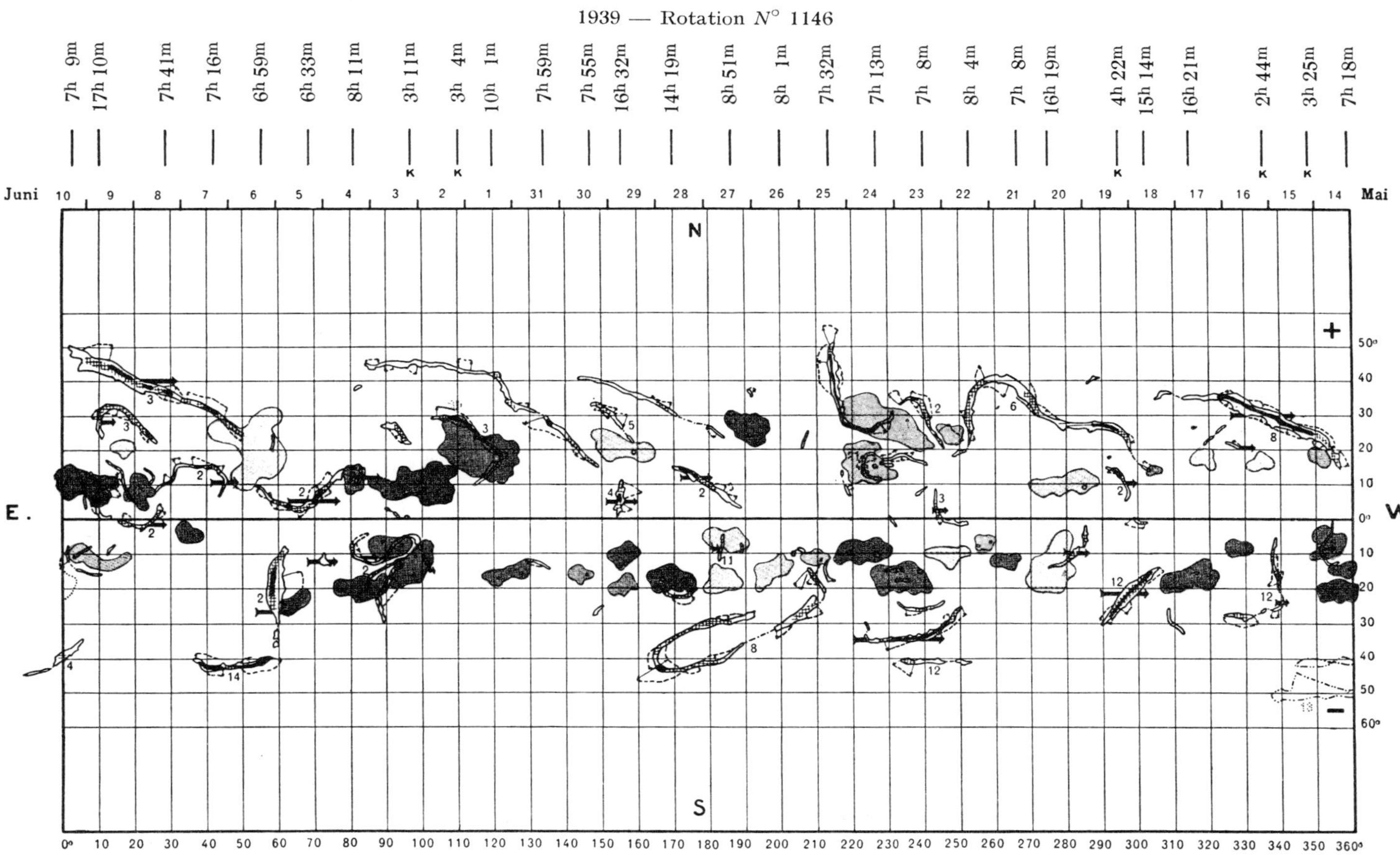

Abb. 188b. *Carte synoptique de la chromosphère solaire — Paris-Meudon. Flecke* und *Fleckengruppen* (< 3° Durchmesser) dargestellt durch Kreise. *Fackelflächen* (plages faculaires; Spektroheliogramme) in 5 Schattierungen entsprechend ihrer Helligkeit und Dichte. *Filamente:* Die schwarzen bzw. schraffierten bzw. weißen Flächen entsprechen den Teilen des Filamentes, die während 1—$^2/_3$ bzw. $^2/_3$—$^1/_3$ bzw. < $^1/_3$ seiner gesamten Lebensdauer bestanden. Dünne Pfeile kennzeichnen lokale Veränderungen; dicke Pfeile geben die allgemeine West-Wanderung an.

und 150 cm Brennweite + einem geradsichtigen Zeiss-Spektroskop ausführt. Die Intensität der grünen Koronalinie 5303 wird in 40″ Abstand vom Sonnenrand, die der roten Linie λ 6374 in 25″ bis 30″ Abstand vom Sonnenrand als Funktion des Positionswinkels (0° = Nord, 90° = Ost, ...) nach einer 50stufigen Gedächtnisskala zunächst geschätzt. Die Intensitätsskala selbst wird mit Hilfe eines visuellen Photometers absolut geeicht und häufig überprüft.

Die wichtigsten *Ergebnisse*[1] dieser Beobachtungen, die inzwischen einen ganzen 11 jährigen Zyklus überdecken und die auch von den anderen Koronographenstationen weitgehend bestätigt sind, können wir etwa folgendermaßen zusammenfassen: Die *Gesamtemission* der Korona in λ 5303 ([20243], auch A. BEHR [2034]), d. h. das Integral über die Randintensitäten in einer bestimmten Höhe rund um die Sonnenscheibe, folgt dem 11 jährigen Zyklus. Die Werte im Fleckenmaximum (1947) und Minimum (1944) verhielten sich wie ~ 5:1. In Abhängigkeit von der *heliographischen Breite* [20236 und 20241] lassen sich zwei Aktivitätszonen der „grünen" Korona unterscheiden: Die *Hauptzone* fällt nahe mit der Flecken- und Fackelzone zusammen und verschiebt sich wie diese von Beginn bis Ende des Zyklus gegen den Äquator. Die *Nebenzone* erscheint kurz nach dem Fleckenmaximum in ~ 45°, verschiebt sich nach 60° und bleibt bis zum Minimum stationär, worauf sie weiter polwärts wandert, etwa zur Zeit des Fleckenmaximums den Pol erreicht und erlöscht. Zu ganz analogen Schlüssen führen Beobachtungen der *Höhe der Korona* [20247] und eine Häufigkeitsstatistik der grünen Koronastrahlen [20246]. Die Stellen, wo die Korona große Helligkeit und Aktivität zeigt, erweisen sich — anhand heliographischer Karten der Sonnenkorona, wie sie in Zürich und neuerdings auch Freiburg gezeichnet werden — in den niederen Breiten identisch mit den bekannten Aktivitätszentren, d. h. Fackel- und Fleckengebieten [20237]. In höheren Breiten erkennt man „*koronale Filamente*" [20245], die ähnliche Wanderungsgesetze und auch ähnliches Aussehen haben wie die bekannten Filamente, aber *nicht* mit diesen identisch sind. Es zeigt sich vielmehr, daß in *den* Zonen, wo die *Protuberanzen* (Filamente) besonders häufig sind, die *Koronaintensität* [20241 und 20246] jeweils ein *Minimum* aufweist. Auch individuelle Beobachtungen bestätigen diesen Antagonismus von Protuberanzen und Korona.

7. *Publikationen über Ergebnisse der Sonnenüberwachung.* Zum Schluß geben wir noch eine kurze Zusammenstellung der wichtigsten Publikationen, die *Ergebnisse der Sonnenüberwachung* laufend veröffentlichen:

Quarterly Bulletin on Solar Activity (früher Bull. for Character Figures of Solar Phenomena) — IAU und Sternwarte Zürich; ab 1917.

Publikationen der Eidg. Sternwarte Zürich; ab 1887.

Astronomische Mitteilungen der Eidg. Sternwarte Zürich; 1910—1939.

Cartes Synoptiques de la Chromosphère Solaire et Catalogue des Filaments de la Couche Supérieure, — Observ. Paris-Meudon; ab 1919.

Sonnenzirkular. — Fraunhofer-Inst. Freiburg/Br.; ab 1949.

Greenwich Photoheliographic Results. (Laufend in Monthly Notices) Obs. Greenwich; ab 1874.

Bulletin of Solar Phenomena. — Obs. Tokyo; ab 1949.

Publ. of the Astron. Society of the Pacific.

In Abb. 188a und b vergleichen wir die *Heliographische Übersichtskarte-Zürich* mit der *Carte synoptique de la chromosphère solaire-Meudon* für die Rotation No. 1146 der CARRINGTONschen Zählung (2 Jahre nach dem Fleckenmaximum). Ein Vergleich der letzteren mit dem *Sonnenzirkular-Freiburg* ist zur Zeit leider noch nicht möglich.

[1] Vollständige Literaturangaben in [2011].

C) Die Rotation der Sonne. Zum Abschluß unserer Darstellung der statistischen Zusammenhänge solarer Erscheinungen werfen wir einen Blick auf die Rotation der Sonnenoberfläche. Auch hier wollen wir keinerlei Vollständigkeit anstreben, sondern uns nur die wichtigsten Dinge ins Gedächtnis zurückrufen:

Schon CHR. SCHEINER hat aus der Bewegung der Sonnenflecke die räumliche Lage der Rotationsachse und die Rotationsdauer der Sonne abgeleitet.

Weitere Beobachtungen von CARRINGTON (~ 1860) und SPÖRER zeigen dann — was SCHEINER schon vermutet hatte —, daß die Sonne nicht wie ein starrer Körper rotiert, sondern daß die höheren Breiten gegenüber dem Äquator zurückbleiben.

In Abb. 189 ist die *tägliche siderische Drehung* ξ in Abhängigkeit von der heliographischen Breite φ aufgetragen. Benutzt sind dabei die *Greenwicher* Beobachtungen von *Flecken* und *Fackeln*, ferner zwei spektroheliographische Beobachtungsreihen der *Kalziumflocculi* und D'AZAMBUJAs hervorragende Bearbeitung der Meudon-Spektroheliogramme von *Filamenten*. Letztere erreichen die höchsten Breiten. Dort sind Bestimmungen aus dem Umlauf ganzer Filamente bzw. aus der Bewegung einzelner markanter Elemente, wie Knoten, . . . getrennt aufgetragen. Die tägliche Bewegung ξ scheint ein wenig anzuwachsen in der Folge: Flecke → Fackeln und Flocculi → Filamente. Ob man diese kleinen Unterschiede als reell betrachten darf, erscheint aber doch höchst fraglich.

Die in Abb. 189 dargestellten Kurven kann man selbstverständlich — da Nord- und Südhalbkugel dasselbe Gesetz befolgen — durch Reihenentwicklungen nach $\sin^2\varphi$ oder nach φ^2 selbst darstellen. Solche „Rotationsgesetze" brauchen also gar keine tiefere Bedeutung zu haben. Wir haben deshalb auch wenigstens in Abb. 189 unmittelbar die Beobachtungen ohne weitere Ausgleichung aufgetragen und entgehen damit der Gefahr, irgendwelche Interpolationsformeln über ihre Gültigkeitsgrenze hinaus anzuwenden.

Für die *Greenwicher* Beobachtungen langlebiger Flecke von 1878—1923 ⊗—⊗—⊗ gilt z. B. innerhalb der Meßgenauigkeit

$$\xi = 14^\circ\!.37 - 2^\circ\!.60 \cdot \sin^2\varphi\,. \qquad (132, 12)$$

Eine zweite Methode zur Messung der Rotationsgeschwindigkeit der Sonne gibt der *Dopplereffekt* (DUNÉR); er ermöglicht bis zu heliographischen Breiten von 75° vorzudringen. Die eingehendste Untersuchung dieser Art hat W. S. ADAMS [2018] durchgeführt. Vergleicht man in Abb. 190 seine Messungen für eine große Anzahl von *Metallinien*, die in verhältnismäßig tiefen Schichten entstehen, mit denen von Ca λ 4227, sodann von der Hα-*Absorptionslinie* innerhalb der Sonnenscheibe und endlich der chromosphärischen Hα-*Emission* am Sonnenrand, so erhält man den Eindruck, daß in höheren Schichten die Rotation *rascher* erfolgt und nach hohen Breiten *weniger* abnimmt. Neuerdings haben nun aber G. ABETTI und B. NOVÁKOVÁ [2012] wiederum Messungen an zahlreichen *Metallinien* und an der Hα-*Emission* des Sonnenrandes sowie ihrer Selbstumkehr (Hα_3) gemacht. Diese Messungen liefern wesentlich kleinere Rotationsgeschwindigkeiten als die älteren, und die Breitenabhängigkeit kommt gerade für die tiefen Schichten am kleinsten heraus.

Vergleicht man vorurteilslos die Kurven der Abb. 190 untereinander und mit denen der Abb. 189[1], so dürfte nichts gegen die von L. D'AZAMBUJA [2029] ausgesprochene Auffassung sprechen, daß (innerhalb der heutigen Meßgenauigkeit)

[1] Wenn man in Abb. 189 den kleinen Unterschied zwischen *Flecken* einerseits, *Fackeln, Flocculi* und *Filamenten* andererseits als reell ansehen will, so wird man doch sinnvoller von Eigenbewegungen usw. der betreffenden Objekte als von Unterschieden in der Rotation ganzer Schichten sprechen.

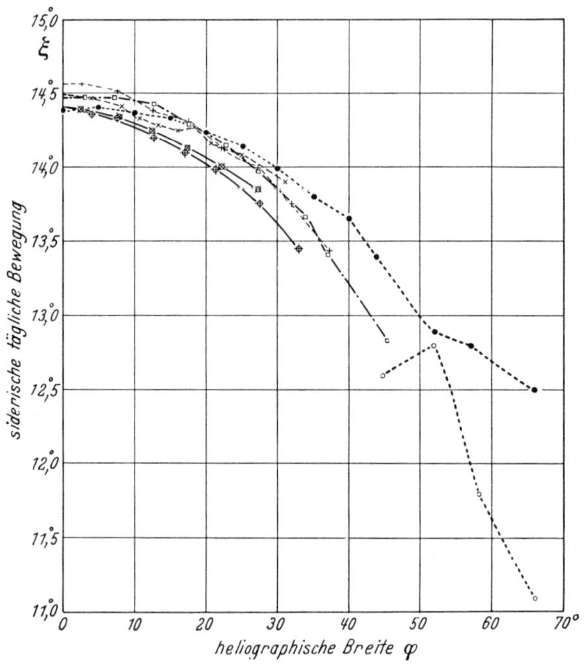

Abb. 189. *Rotation der Sonne*; Positionsmessungen. ⊗——⊗ Sonnenflecken Greenwich 1878—1923. Monthly Notices **85**, 548 (1925). ⊕——⊕ Sonnenflecken Greenwich 1924—1933. H. W. NEWTON: Monthly Notices **95**, 60 (1934). □– – □ Fackeln Greenwich 1888—1923. Monthly Notices **84**, 431 (1924). ×····× Kalziumflocculi 1906. P. KEMPF: Publ. Astr. Obs. Potsdam 23, No. 71 (1916). |····| Kalziumflocculi 1903—1908. P. FOX: Publ. Yerkes Obs. 3, 67 (1921). ●····● Filamente 1919—1930 (z. T. 1937). ○····○ Einzelne stabile Elemente (Knoten usw.) polarer Filamente; Beobachtungsdauer 3—9 Tage. L. u. M. D'AZAMBUJA: Ann. Obs. Paris-Meudon, **6**, Fasc. 7 (1948).

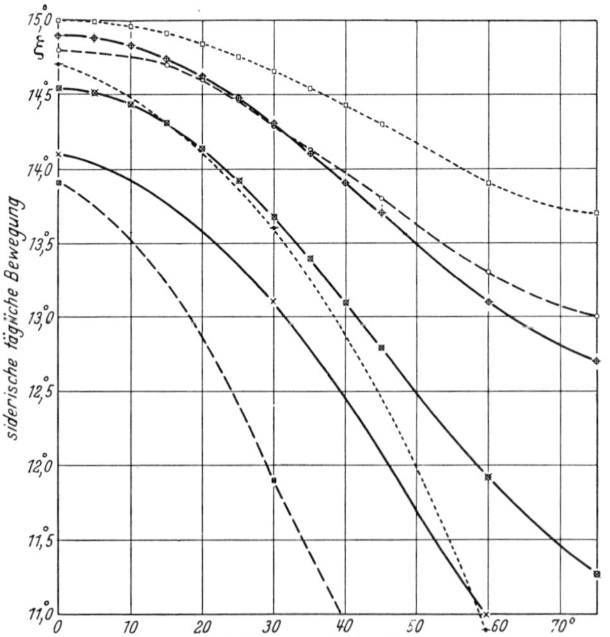

Abb. 190. *Rotation der Sonne*. Spektroskopische Messungen. ⊗——⊗ Umkehrende Schicht. ⊕——⊕ Ca 4227; ○- - -○ Hα innerhalb der Scheibe; □- - -□ Hα am Sonnenrand (Chromosphäre) nach W. S. ADAMS: Publ. Carnegie Inst. Wash. **138** (1911). ×——× Umkehrende Schicht Hα am Sonnenrand (Chromosphäre); ⊠- -⊠ $H\alpha_2$-Emission; ●- - -● $H\alpha_3$-Selbstumkehr (Absorption) nach G. ABETTI u. B. NOVÁKOVÁ: Osserv. e Mem. Arcetri No. **46**, 27 (1929).

alle Schichten der Sonnenatmosphäre dasselbe Rotationsgesetz befolgen.

Um die großen Unterschiede zwischen den verschiedenen spektroskopischen Meßreihen zu würdigen, muß man bedenken, daß die Äquatorgeschwindigkeit der Sonne nur 2 km/sec beträgt. Fehler von ± 5% — um die es sich nach Abb. 190 etwa handeln würde — entsprechen also ± 0,1 km pro sec oder z. B. bei 5000 Å Wellenlängendifferenzen von nur ± 0,0017 Å! Möglicherweise könnten Unterschiede in der Ausleuchtung des Spektrographen solche Linienverschiebungen hervorrufen. Zeitliche Änderungen in der spektroskopisch bestimmten Rotationsgeschwindigkeit der Sonne, die man seinerzeit zu konstatieren glaubte, ließen sich auf *Streulicht im Turmteleskop* zurückführen: Wird dem Licht des Sonnenrandes etwas Streulicht von der Mitte der Scheibe beigemischt, so mißt man offensichtlich zu *kleine* Dopplereffekte und damit eine zu kleine Rotationsgeschwindigkeit.

133. Die Granulation.

A) Durchmesser der Granulationselemente. Schon die Klassiker der Sonnenphysik, wie HUGGINS, LANGLEY u. a. schätzten nach ihren *visuellen* Beobachtungen die Durchmesser der hellen Granula der Photosphäre zu 1″—2″. Die auch heute noch kaum übertroffenen *photographischen* Aufnahmen (1896) von J. JANSSEN [20130] sowie Arbeiten von A. HANSKY [20125 und 20126] und S. CHEVALIER [2065] bestätigten diese Angabe.

Als dann — nach einer fast zwanzigjährigen Pause — in den dreißiger Jahren die *photometrische* Erforschung der Granulation in Angriff genommen wurde, konnten z. B. H. STREBEL und B. THÜRING [20223], H. H. PLASKETT [20195], P. TEN BRUGGENCATE, W. GROTRIAN und E. V. D. PAHLEN [2047] nur Granulationselemente von $\sim 5''$ Durchmesser finden, so daß gegenüber den älteren Beobachtungen vielfach eine skeptische Einstellung Platz griff.

In den Jahren 1938—1940 gelang es dann P. C. KEENAN [20134—20135], P. TEN BRUGGENCATE zum Teil mit H. MÜLLER [2048 und 2052] und M. WALDMEIER [20234], mit verbesserter Beobachtungstechnik die Granulationselemente von 1″—2″ wiederzuentdecken und nun auch photometrisch zu untersuchen. Visuelle Beobachtungen von G. THIESSEN [20227] bestätigten und ergänzten diese Messungen auf das beste.

Die 5″-Granulation entsteht offenbar durch Verwischung der feineren Unterteilung infolge der Luftunruhe usw. und entspricht also zufälligen Anhäufungen mehrerer kleinerer Granula. Ob auch die 1″-Granula aus noch kleineren Elementen bestehen, läßt sich vom rein empirischen Standpunkt aus wohl nicht entscheiden. Man kann zwar bei Doppelsternbeobachtungen noch rund zehnmal kleinere Distanzen trennen; am Tage gestattet aber die vergrößerte Luftunruhe offenbar nicht, das volle teleskopische Auflösungsvermögen zu erreichen.

B) Helligkeitsschwankungen und Mitte-Rand-Variation der Granulation. Photometriert man eine Granulationsaufnahme (mit sehr kleinem Photometerfleck) längs einer Strecke von l Bogensekunden auf der Sonnenoberfläche, so wird die Helligkeit I um einen längs l evtl. langsam veränderlichen Mittelwert $\bar{I}$ schwanken. Hat nun $I - \bar{I}$ auf der Strecke l'' insgesamt N Maxima, so kann man mit H. H. PLASKETT [20195] $d = l/2\,N$ als „mittleren Durchmesser der Granulationselemente" definieren. Um die durch das Plattenkorn usw. verursachten kleinen Maxima und Minima auszuschließen, wird man noch festsetzen, daß nur solche Maxima gezählt werden sollen, die von dem Mittelwert des vorhergehenden und folgenden Minimums um mehr als einen geeignet gewählten Grenzwert ΔI_0 differieren.

Für die gröbere 5″-Granulation fanden die erwähnten Beobachter im photographischen Gebiet Helligkeitsschwankungen von durchschnittlich $\sim 3\%$, maximal 10% zwischen Granulum und Zwischengebiet. Die Ergebnisse der neueren Beobachtungen, welche bis $\sim 1''$ vordringen, stellen wir in der folgenden Tab. 76 zusammen. Einige Beobachter haben noch den Versuch gemacht, den Einfluß von Luftunruhe, teleskopischem Trennungsvermögen usw. rechnerisch zu korrigieren. Ganz abgesehen davon, daß die Kenntnis der „Apparatefunktion" unsicher ist, stößt man dabei auf die bekannten prinzipiellen Schwierigkeiten aller Entzerrungsprobleme (Kap. IX). Die angegebenen Korrektionen sollen also nur deren Größenordnung und gleichzeitig die Unsicherheit der Zahlenwerte andeuten. Die Ergebnisse von Tab. 76 dürfen wir wohl dahingehend zusammenfassen, daß die *kleinsten beobachtbaren Granulationselemente von* $\sim 1\overset{''}{.}5 = 1100$ *km Durchmesser gegenüber ihrer Umgebung bei* λ 5650 *um einen Faktor* $\sim 1{,}25$ *heller sind, was nach*

Tabelle 76. Die Sonnengranulation.

Beobachter	Effektive Wellenlänge in Ångström	Mittlerer Durchmesser der Granula	Mittleres Helligkeitsverhältnis Granulum zu Zwischenraum	
			Direkte Messung	Korrigiert
P. C. KEENAN [20134—35] . . .	5550	1,″0—1,″2	1.08	1.15—1.20
P. TEN BRUGGENCATE u. H. MÜLLER [2052]	4350	2″	1.10	1.18
M. WALDMEIER [20234]	∼4300	1,″7	1.3 bis 1.4	
R. S. RICHARDSON und M. SCHWARZSCHILD [20204] .	5800	2″	1.10	—
G. THIESSEN [20227]	5650	1,″3	1.25	—

dem PLANCK*schen Strahlungsgesetz*[1] *einem Temperaturunterschied von* $\Delta T = 320°$ *entspricht.*

Die *Mitte-Rand-Variation* der Helligkeitsschwankungen in der Granulation ist schwer zu messen, da deren Sichtbarkeit schon wegen der perspektivischen Verkürzung der Granula am Sonnenrand schlechter werden muß. H. H. PLASKETT [20195] fand seinerzeit, daß die 5″-Granulation noch bei $\cos\vartheta = 0{,}12$ *mindestens* ebenso große $\Delta I/I$ zeige, wie in ⊙-Mitte. M. WALDMEIER [20234] hingegen behauptet, daß der Kontrast der Granula mit 1,″7 Durchmesser von ⊙-Mitte zum ⊙-Rand abnehme und daß diese Granulation bei $\cos\vartheta = 0{,}34$ verschwinde. Der Widerspruch könnte vielleicht darauf beruhen, daß H. H. PLASKETT am ⊙-Rande in Wirklichkeit ein Fackelgebiet (s. unten) beobachtet hätte; auf jeden Fall sind weitere Beobachtungen hierzu sehr erwünscht.

C) Lebensdauer der Granulation. Schon die älteren Beobachter haben bemerkt, daß ein bestimmtes Granulationselement nur während einiger Minuten verfolgt werden kann. Um nun die *Lebensdauer* der Granulation genauer zu messen, gingen P. TEN BRUGGENCATE und W. GROTRIAN [2045] von folgender Überlegung aus:

Bringt man zwei *identische* Aufnahmen zunächst zur Deckung und verdreht sie sodann um einige Grad gegeneinander, so wird jedes helle bzw. dunkle Gebilde auf der einen Platte durch seinen „Bruder" auf der anderen Platte fortgesetzt. Es entsteht infolgedessen in der Durchsicht ein *Moiré-artiges Muster* mit dem Drehpunkt in der Mitte. Zwei *völlig verschiedene* Platten dagegen zeigen — wie zu erwarten — *keinen* solchen *Moiré*-Effekt. Schätzt man dessen Stärke in einer *Gedächtnisskala*, so hat man also ein Maß der „Verschiedenheit" zweier in bestimmtem Zeitabstand aufgenommener Granulationsplatten. TEN BRUGGENCATE und GROTRIAN gelang es, die erwähnte Gedächtnisskala mit Hilfe einer „künstlichen Granulation" zu kalibrieren[2].

Bezeichnet man den Bruchteil der nach t min noch erkennbaren Elemente der Sonnengranulation mit N/N_0, so konnten die genannten Autoren ihre Beobachtungen gut darstellen in der Form

$$\frac{N}{N_0} = e^{-\frac{t}{3,2}}. \tag{133, 1}$$

Das heißt, nach 3,2 min ist nur noch der e-te Teil der Granulationselemente vorhanden. Die *Halbwertszeit* ($N = N_0/2$) der 5″-Granulation beträgt 2,2 min.

[1] Es ist mit genügender Genauigkeit $\frac{\Delta T}{T} = \frac{\lambda T}{c_2} \cdot \frac{\Delta I}{I}$.

[2] Diese wurde erzeugt durch photographische Aufnahmen von *Kampferpulver* bestimmter Korngröße. Der durchschnittliche Schwund eines Kornes konnte durch Wägung festgestellt werden.

D) Strömungsgeschwindigkeiten und turbulentes Geschwindigkeitsspektrum der Granulation. R. S. RICHARDSON und M. SCHWARZSCHILD [20204] gelang es 1949, am 150'-Turmteleskop auf Mt. Wilson ein Sonnenspektrum (λ 6292—6307) mit 0,532 Å/mm Dispersion zu erhalten, welches die Helligkeits- *und* Geschwindigkeitsschwankungen der Granulationselemente bis $\sim 2''$ herunter zeigt. Ausmessung der Dopplerverschiebungen von drei Sonnenlinien (FeI λ 6297,80, 6301,52, 6302,51) relativ zu vier atmosphärischen Linien ergab eine *wahrscheinlichste Geschwindigkeit*[1] von $\pm$ 0,37 km/sec. Wie wir sehen werden, bestätigt die genauere Diskussion der von L. und M. D'AZAMBUJA mit Metallinien aufgenommenen Spektroheliogramme das Ergebnis von RICHARDSON und SCHWARZSCHILD auf das beste. Die Beobachtungen zeigen weiterhin, daß die *hellen* Granulationselemente in der Sonnenatmosphäre *auf*steigen.

Auf der anderen Seite hatten wir in Abschnitt 115 aus *Wachstumskurven* eine Mikroturbulenz der Sonnenatmosphäre von $\sim 1{,}4 \pm 0{,}3$ km/sec erschlossen, während die *Profile* schwacher Linien nach H. C. VAN DE HULST auf eine Mikro- plus Makroturbulenz von 1,74 km/sec führten. Der erstere Wert dürfte Turbulenzelementen entsprechen, deren Durchmesser etwa der Dicke der „umkehrenden Schicht" für Linien neutraler Metalle gleichkommt. Der letztere dagegen gehört zu den größten und daher schnellsten Turbulenzelementen. Benutzt man näherungsweise das $\sqrt[3]{l}$-Spektralgesetz der isotropen Turbulenz (s. S. 220), so erhält man für deren Durchmesser — wie zu erwarten — etwa die Größenordnung der *Äquivalenthöhe* $H = 100$ km.

Die gemessene Geschwindigkeit der 2''-Granulation mit 0,37 km/sec kann man nun nach R. S. RICHARDSON und M. SCHWARZSCHILD folgendermaßen verstehen: Nehmen wir an, die „eigentliche" Granulation bestände in der Tat aus Elementen von $\sim 100\,\text{km} = 0\rlap{.}''14$ Durchmesser mit Geschwindigkeiten von $\xi = 1{,}74$ km/sec. Ein beobachtetes Gebilde von d'' Durchmesser besteht dann aus $N = (d''/0\rlap{.}''14)^2$ Elementen mit $\xi = 1{,}74$ km/sec. Nach einem bekannten Satz der *Statistik* sollte dann die resultierende Geschwindigkeit des größeren Gebildes $\sim 1{,}74/\sqrt{N} = 1{,}74 \cdot \frac{0\rlap{.}''14}{d''} \frac{\text{km}}{\text{sec}}$ betragen. Für $d = 2''$ berechnet man danach Geschwindigkeiten von $\sim 0{,}12$ km/sec, was mit den beobachteten 0,37 km/sec ausreichend übereinstimmt[2].

Wendet man eine ganz analoge Betrachtungsweise auf die *Temperaturschwankungen* in der Granulation an, so müßten diese ebenfalls etwa proportional zum (Durchmesser)$^{-1}$ oder der mittleren Geschwindigkeit der beobachteten Gebilde ($> H \approx 100$ km) anwachsen. Für die schnellsten Granulationselemente von ~ 100 km Durchmesser findet man so, ausgehend von den Daten am Schluß von Teil (B), Temperaturunterschiede gegenüber ihrer Umgebung von $\Delta T \approx 1000°$. R. S. RICHARDSON und M. SCHWARZSCHILD [20204] schätzen die entsprechenden mittleren Temperaturschwankungen auf $\pm 400°$, was praktisch auf dasselbe herauskommt. *Die Temperaturdifferenzen in der Granulation sind so groß, daß sie offenbar bei genaueren Untersuchungen über Sonnenmodelle, chemische Zusammensetzung der Sonne, Mitte-Rand-Variation von* FRAUNHOFER-*Linien usw. nicht außer acht gelassen werden dürfen.* Dies bedeutet leider für solche Arbeiten Komplikationen, die wir erst zum kleinsten Teile übersehen.

---

[1] Definiert entsprechend dem ξ_0 bzw. ξ_t in Abschnitt 72 und 115.

[2] Unsere Abschätzung der Größe der „eigentlichen" Turbulenzelemente und die Anwendung des $\sqrt{N}$-Gesetzes dürften schon einzeln mit einem Unsicherheitsfaktor 2—3 behaftet sein. M. SCHWARZSCHILD rechnet (s. oben) mit $\xi = 2{,}8$ km/sec (anstelle von 1,74 km/sec); dieser Wert beruht aber auf den meines Erachtens unrichtig interpretierten Messungen von C. W. ALLEN (vgl. Abschnitt 115, b).

E) Theorie der Granulation. Von den älteren Ansätzen zur Deutung der Granulation ist — abgesehen von der allgemeinen Theorie der *Wasserstoffkonvektionszone* — nicht viel übriggeblieben:

1. Die *Größe* der beobachteten Granulation versuchte man größenordnungsmäßig mit der Dicke der Konvektionsschicht zu verknüpfen. Inzwischen hat sich gezeigt, daß die beobachtete Ausdehnung der Granula von 1—2″ offenbar nur instrumentell bedingt ist. Andererseits wissen wir heute durch die Arbeiten von L. Biermann und E. Vitense, daß der konvektive Energietransport selbst die

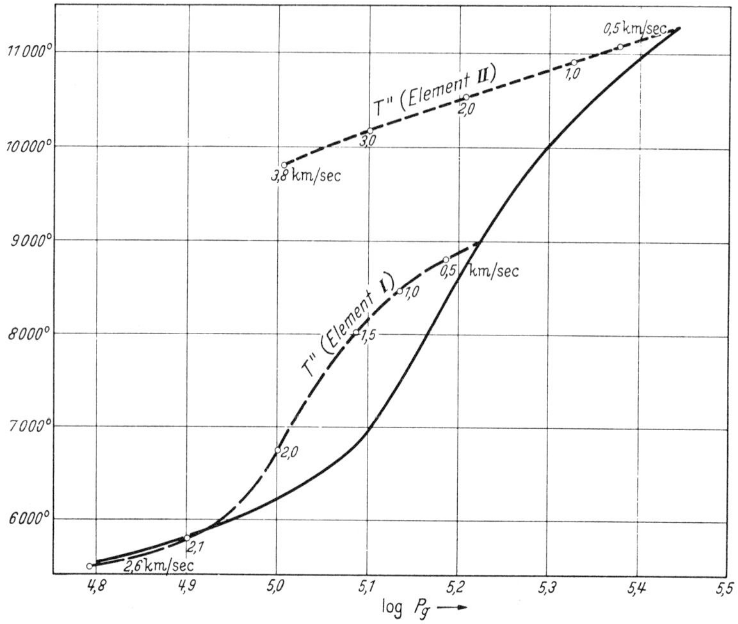

Abb. 191. In Abhängigkeit von log P_g zeigt die ausgezogene Kurve die *mittlere Temperatur T* der Sonnenatmosphäre, berechnet mit $l = H$. Die gestrichelten Kurven verfolgen die mittleren Temperaturen T'' zweier *Granulationselemente* vom Start bis zur Auflösung. Die Aufstiegsgeschwindigkeiten sind beigeschrieben (links unten lies 2.06 statt 2.6 km/sec). Nach E. Vitense [863].

Konvektionszone der Sonne bis zu einer Tiefe von $\sim$60000 km ausdehnt. Durch die Konvektion werden nun primär Turbulenzelemente mit Durchmessern l von der Größenordnung der *Äquivalenthöhe* $H \approx 100$ km, Geschwindigkeiten von $\xi \approx 1{,}7$ km/sec und Temperaturdifferenzen (relativ zu ihrer Umgebung) von $\Delta T \approx 1000°$ gebildet. Diese unterteilen sich dann — etwa entsprechend der Theorie der isotropen Turbulenz — in zahlreiche kleinere und langsamere Turbulenzelemente. Was wir schließlich zu *sehen* bekommen, sind nur zufällige Anhäufungen der eigentlichen Turbulenzelemente.

2. Ältere und neuere Modelle führten übereinstimmend zu der Auffassung, daß die Sonnenatmosphäre bis $\tau \approx 0{,}8$ sich im Strahlungsgleichgewicht befinde. Dann aber sollte man zunächst erwarten, daß im Bereich $0 < \tau < 0{,}8$ *aufsteigende* Materie kälter wäre, als ihre Umgebung (entsprechend der früheren Konvektionstheorie der Sonnenflecke). In Wirklichkeit beobachten wir mindestens bis $\tau \approx 0{,}3$ herauf das *Aufsteigen heller Granula.*

Die Auflösung dieses (scheinbaren) Paradoxons und damit eine brauchbare *Theorie der Granulation* hat im Anschluß an das in Abschnitt 55 und 58 schon dargestellte Modell der Wasserstoffkonvektionszone der Sonne E. Vitense [863] durchgerechnet. Sie verfolgt zwei Turbulenzelemente I und II, die bei $\log P_g = 5{,}22$ bzw. 5,44 starten, um schließlich nach Zurücklegen *eines* Mischungsweges[1] $l = H$ sich bei $\log P_g = 4{,}79$ bzw. 5,01 aufzulösen. Dabei wird die optische Tiefe $\bar{\tau} = 0{,}3$ (bis zu der die Granulation sicher noch aufsteigt) von Element I mit seinem Mittelpunkt, von Element II mit seinem „oberen Rand" erreicht. Die entsprechenden Temperaturänderungen und Geschwindigkeiten hat E. VITENSE im wesentlichen nach den Vorstellungen von Abschnitt 58 berechnet und in Abb. 191 aufgetragen.

Die berechneten *Geschwindigkeiten der aufsteigenden Turbulenzelemente* stimmen recht gut mit dem beobachteten Mittelwert von $\xi_t = 1{,}74$ km/sec überein.

Geht man aus von $l \approx 100$ km und $v \approx 1{,}74$ km/sec, so berechnet man eine *Lebensdauer* dieser Turbulenzelemente von ~ 1 min. Dies dürfte ganz gut zu dem für die 5″-Granulation gemessenen etwas größeren Intervall von 2—3 min passen.

Die berechneten *Temperaturdifferenzen* von maximal $\Delta T \approx 1200°$ bei $\log P_g = 5{,}1$ und $T = 6800°$ bzw. $\bar{\tau} \approx 2$ für Element I oder gar von $\Delta T \approx 3500°$ in noch etwas höheren Schichten für Element II dagegen dürfen so noch nicht ohne weiteres mit den Beobachtungen verglichen werden. Die *berechneten* Differenzen beziehen sich nämlich auf gleichen Druck P_g, die *beobachteten* dagegen auf gleiche optische Tiefe $\bar{\tau}$. Berücksichtigt man das Anwachsen des Absorptionskoeffizienten mit der Temperatur, so findet man z. B. für das Element II bei seiner Auflösung eine Temperaturdifferenz von nur noch 940°, verglichen mit seiner Umgebung in der vorgegebenen optischen Tiefe $\bar{\tau} = 2/3$. Für das Element I erhält man in derselben Höhe analog 310°. Die Theorie erklärt also richtig auch die Größenordnung der beobachteten *Temperaturdifferenzen* in der Granulation, die — wie wir sahen — sicher $> 320°$, wahrscheinlich $\approx 1000°$ sind.

Das Wesentliche unserer Überlegungen tritt noch deutlicher hervor, wenn man sich die gestrichelten Kurven aus Abb. 191 in das *Entropiediagramm* Abb. 95c übertragen denkt. Die Turbulenzelemente starten dann in dem nach rechts steil ansteigenden *Übergangsbereich* zwischen Strahlungsgleichgewicht (außen) und nahezu adiabatischer Schichtung (innen). Aufstieg auf einer *Adiabaten*, d. h. einer horizontalen Geraden, würde von hier aus zu Temperaturen weit über denen der Umgebung (d. h. der gestrichelten Kurven in Abb. 95c) führen. *Trotz* der hinzukommenden *Abstrahlung* bleiben noch Temperaturdifferenzen bis $\sim 1000°$ übrig.

Nachdem sich in den Jahren 1953/54 immer deutlicher zeigte, daß eine Reihe von Problemen aus der Theorie der FRAUNHOFER-Linien — z. B. die Stärke und Mitte-Rand-Variation der sehr temperaturempfindlichen BALMER-Linien oder die Mitte-Rand-Variation der neutralen Metallinien, welche vorzugsweise in den hohen Schichten der Sonne gebildet werden — mittels *homogener Modelle* überhaupt *nicht* geklärt werden können, haben C. DE JAGER [1766a] und K. H. BÖHM [1718] versucht, sog. „*inhomogene Modelle*" der Sonnenatmosphäre zu konstruieren, welche die *Temperaturschwankungen* in der Granulation berücksichtigen.

Dabei sind ziemlich weitgehende Schematisierungen zur Zeit noch kaum zu vermeiden. Auf jeden Fall wird in einer bestimmten *geometrischen* Tiefe der *Gasdruck* P_g noch nahezu konstant bleiben, da der hydrodynamische Druck für Geschwindigkeiten $\ll$ Schallgeschwindigkeit c_s stets $\ll P_g$ ist. Infolge der angenommenen Temperaturschwankungen werden nun in einer bestimmten geometrischen Tiefe auch der *Ionisationsgrad* und damit der *Elektronendruck* P_e und der *Absorptionskoeffizient* variieren. Wir müssen daher sorgfältig die Schwankungen irgendeiner Größe in einer bestimmten *geometrischen* Tiefe bzw. in einer bestimmten *optischen* Tiefe unterscheiden.

[1] Zum Vergleich hat E. VITENSE (s. S. 235f.) die ganzen Rechnungen auch für $l = 2H$ durchgeführt.

Des weiteren schematisiert nun K. H. BÖHM [1718] sein „*Dreistrommodell*“ so, daß er 50% der Sonnenoberfläche entsprechend seinem Strahlungsgleichgewichtsmodell (Tab. 36a) annimmt, während für je 25% der Fläche die Gesamtstrahlungsergiebigkeit σT^4 in jeder Tiefe um einen Faktor 0,4 verkleinert bzw. um einen Faktor 1,6 vergrößert wird. Die Schichtung des Gasdruckes P_g ist — wie gesagt — für alle drei Säulen dieselbe und wie in Tab. 36a. Elektronendrucke, Absorptionskoeffizienten und optische Tiefen werden dann für die „heiße“ und „kalte“ Säule — wie sonst — neu berechnet, so daß man schließlich auch Niveaus z. B. mit gleichen τ_ν für λ 4045 Å[1] vergleichen kann. Das Ergebnis der Rechnungen zeigt die folgende Tab. 76a.

Tabelle 76a. Inhomogenes Sonnenmodell (Dreistrommodell) nach K. H. BÖHM [1718].

Temperaturen $T^{(0)}$ bezogen auf gleiche optische Tiefen τ_ν für λ 4045 Å.				Temperaturen T bezogen auf gleiche geometrische Tiefen (charakterisiert durch $\tau_{\nu 0}$, die opt. Tiefe für die mittlere Säule T_0).			
τ_ν	$T_1^{(0)}$ (25%)	$T_0^{(0)}$ (50%)	$T_2^{(0)}$ (25%)	$\tau_{\nu 0}$	T_1 (25%)	T_0 (50%)	T_2 (25%)
0,001	3098	3895	4280	0,001	3078	3895	4382
0,005	3370	4123	4520	0,005	3286	4123	4649
0,01	3655	4375	4738	0,01	3479	4375	4922
0,05	4112	4897	5441	0,05	3895	4897	5509
0,1	4307	5077	5660	0,1	4038	5077	5712
0,2	4560	5343	5953	0,2	4249	5343	6011
0,3	4763	5562	6138	0,3	4423	5562	6257
0,5	5110	5920	6415	0,5	4708	5920	6660
0,7	5488	6217	6623	0,7	4944	6217	6994
1,0	6080	6572	6865	1,0	5227	6572	7393
1,5	6950	7081	7203	1,5	5632	7081	7966

Schon in Kap. XVII (insbesondere Abschnitt 113) hatten wir vorweggenommen, daß ein derartiges *inhomogenes* Modell der Sonnenatmosphäre tatsächlich eine wesentliche Verbesserung in der Darstellung der spektroskopischen Beobachtungen gibt.

134. Die Sonnenflecke.

Von einem eigentlichen theoretischen Verständnis der Sonnenflecke sind wir heute weiter entfernt als je. Die klassische Vorstellung — vgl. H. N. RUSSELL [20214] — daß die Sonnenflecke riesige *Wirbel* darstellen, in denen die Gase der Sonnenatmosphäre *hochgepumpt* und dabei durch *Expansion* abgekühlt werden, kann heute *nicht* mehr aufrechterhalten werden. Wie unser *Entropiediagramm* Abb. 95c zeigt und die Beobachtung der Granulation bestätigt, würden vielmehr die aus der Wasserstoffkonvektionszone aufsteigenden Gase in der Photosphäre bei $\log P_g \approx 5$ mit einem *Temperaturüberschuß* ankommen.

Für eine zukünftige Theorie haben wir im wesentlichen zwei Hinweise:

1. Die *Durchmesser der größeren Fleckengruppen* sind von derselben Größenordnung wie die *Dicke der gesamten Konvektionszone.*

2. Die *Energiedichte des Magnetfeldes* $H^2/8\pi$ — für 3000 Gauß gleich $3{,}6 \cdot 10^5$ erg/cm³ — ist von derselben Größenordnung wie die *Dichte der thermischen Energie* $\frac{3}{2} P_g$ — für $P_g = 10^5$ bis 10^6 dyn/cm² im lebhaftesten Bereich der Konvektionszone also 1,5 bis $15 \cdot 10^5$ erg/cm³ —.

[1] Im Hinblick auf weitere Rechnungen hat BÖHM hier diese Wellenlänge gewählt, während in Tab. 36a das τ_0 sich auf 5010 Å bezieht.

Theorie der Sonnenflecke heißt also offenbar *Magnetohydrodynamik* (H. ALFVÉN [2003]) *der Wasserstoffkonvektionszone*. Von einer Durchführung dieses Programms sind wir zur Zeit noch weit entfernt. Wir stellen daher diese Dinge ebenso wie die Theorie des 11 jährigen Zyklus noch zurück und gehen zunächst lieber deduktiv vor.

Gegenüber dem Zustand unseres Forschungsgebietes vor zwanzig Jahren bedeuten insbesondere die Beobachtungen von P. TEN BRUGGENCATE und H. v. KLÜBER [2049—2050] im Linienspektrum und von R. MICHARD [20177] im Kontinuum der Flecke einen großen Fortschritt. Weiterhin sind wir heute in der Lage, nicht mehr von „dem Sonnenfleck" sprechen zu müssen, sondern wir können viele Zustandsgrößen als Funktion der *Fläche* des Flecks angeben.

A) Helligkeit und spektrale Energieverteilung der Flecke relativ zu ihrer Umgebung. Betrachtet man einen Sonnenfleck im Teleskop oder auf einer direkten Aufnahme, so erkennt man zwei Zonen: Innen den dunkleren Kern, die *Umbra*; anschließend bildet den Übergang zur Photosphäre ein hellerer Hof, die *Penumbra*[1].

Photometrische Messungen der Helligkeitsverteilung in Sonnenflecken werden sehr erschwert durch das *Streulicht* der Erdatmosphäre und der Optik. E. PETTIT und S. B. NICHOLSON [20194] sowie insbesondere A. J. M. WANDERS [20249 bis 20250] und R. MICHARD [20177] haben daher diese Fehlerquelle eingehend untersucht. Neben dem in nicht zu großer Sonnennähe und daher wohl auch über die Sonnenscheibe nahezu konstanten *Himmelshintergrund* ($\sim 2\%$ der Intensität in $\odot$-Mitte) erhält man — durch Streuung an gröberen Partikeln usw. — im Fleck noch eine *Einstrahlung von Photosphärenlicht aus der unmittelbaren Umgebung*. A. J. M. WANDERS nimmt nun an, daß durch diese Zerstreuung ein leuchtender Punkt der Sonnenscheibe, dessen Intensität $\times$ Fläche $= 1$ sei, in ein Scheibchen auseinandergezogen wird, dessen Intensitätsverteilung durch die *Zerstreuungsfunktion*

$$U(x, y) = \frac{a}{\pi} e^{-a(x^2+y^2)} \tag{134, 1}$$

beschrieben ist, wo x und y von der Mitte des Scheibchens aus in Bogensekunden gemessen werden. Die Konstante a kann ermittelt werden durch Messung der *scheinbaren* Helligkeitsabnahme am äußersten Sonnenrand, da die Beobachtungen totaler Finsternisse in Einklang mit der Theorie des Strahlungsgleichgewichtes zeigen, daß der *wahre* Helligkeitsabfall am äußersten Sonnenrand — praktisch gesprochen — völlig abrupt erfolgt. Hat man so die Größe a ermittelt (der Radius des Zerstreuungsscheibchens ging bei WANDERS an günstigen Tagen auf $1/\sqrt{a} \approx 3''$ herunter), so kann man aus der gemessenen *scheinbaren* Intensitätsverteilung in einem Fleck dessen *wahre* Intensitätsverteilung berechnen mit Hilfe der schon besprochenen *Entzerrungsverfahren*.

Direkte Messungen der *Gesamtstrahlung* in der Umbra sind schon 1894 von W. E. WILSON mit dem Radiometer ausgeführt. In neuerer Zeit haben dann E. PETTIT und S. B. NICHOLSON [20194], sowie T. W. WORMELL [20251] die Veränderung der Gesamtstrahlung beim Überqueren eines Sonnenfleckes mit dem

---

[1] A. WILSON bemerkte 1774, daß die Sonnenflecken bei ihrer Bewegung nach dem Sonnenrande hin häufig den Eindruck erwecken, daß es sich um *trichterartige Eintiefungen* handle. Neuere Beobachtungen mit besseren Hilfsmitteln haben für die Tiefe der Flecke immer geringere Werte ergeben (Literatur vgl. ABETTI [2001—2002]). Höchstwahrscheinlich ist das sog. „Wilson-Phänomen" größtenteils *physiologisch-psychologischen Ursprungs* (man erinnere sich an die Historie von den Marskanälen!!). Man ist auf Grund der Erfahrung des täglichen Lebens leicht geneigt, eine dunkle Stelle auf einer gleichmäßig hellen Fläche für ein Loch zu halten. Vielleicht läßt sich die Frage durch Modellversuche weiter klären.

Thermoelement gemessen. Nach 20 Messungen an 6 verschiedenen Flecken finden erstere für das Verhältnis *Umbra: Photosphäre* im Mittel $0{,}47_1$ (Einzelwerte zwischen 0,428 und 0,521). WORMELL erhält — nach Korrektion für Streulicht — im Mittel $0{,}46_5$ (Einzelwerte zwischen 0,27 und 0,77).

Da — wie wir sehen werden — die spektrale Energieverteilung in Fleck und Photosphäre nicht genau gleich ist, so werden beide Messungen durch die Extinktion in der Erdatmosphäre und im Instrument in etwas verschiedener Weise beeinflußt. WORMELL berechnet (s. oben), daß das gemessene Gesamtstrahlungsverhältnis Umbra: Photosphäre bei 2 Silberreflexionen + 5 cm Glas in der Apparatur und Luftmasse 1 bzw. 2 um 7% bzw. 12% zu *verkleinern* ist.

Wir können also (im Mittel) das *wahre* Intensitätsverhältnis der Gesamtstrahlung von

$$\frac{\text{Umbra}}{\text{Photosphäre}} = 0{,}42 \qquad (134, 2)$$

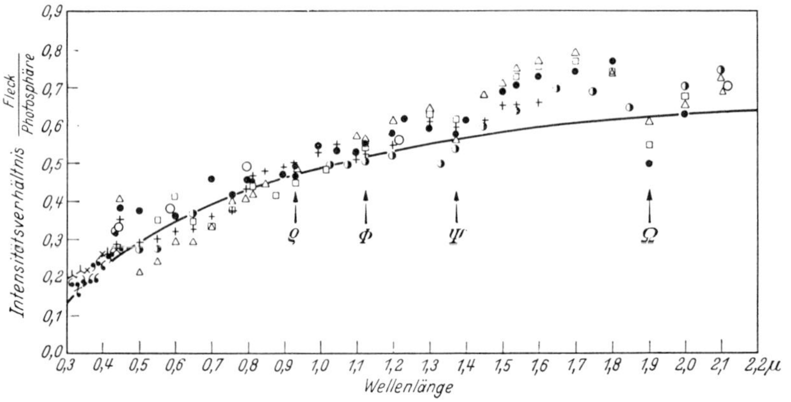

Abb. 192. *Wellenlängenabhängigkeit des Intensitätsverhältnisses Fleck/Photosphäre* nach E. PETTIT und S. B. NICHOLSON [20194]. (Ursprüngliche Werte nach WANDERS um eine Streulichtkorrektion von 0,04 Einheiten verringert.) —— berechnet unter der Annahme von *Strahlungsgleichgewicht* mit $\varkappa_\nu$ = const für $T_e^* = 4480°$ K gegenüber $T_e = 5740°$ K.

nehmen. Berechnen wir daraus nach dem STEFAN-BOLTZMANNschen Gesetz die *effektive Temperatur der Sonnenflecke*[1], so erhalten wir — ausgehend von dem bekannten Wert $T_e = 5780°$ für die normale Sonnenoberfläche —

$$T_e^* = 5780 \cdot \sqrt[4]{0{,}42} = 4650° \text{K}\,. \qquad (134, 3)$$

Leider ist die Größe der Flecke nicht bekannt, auf welche sich diese Beobachtungen beziehen.

Sehr viel weitergehende Aussagen werden (nach Abschnitt 29) Beobachtungen der Intensität im kontinuierlichen Spektrum eines Fleckes relativ zur benachbarten Photosphäre als Funktion der Wellenlänge λ und des Winkels ϑ ($\cos\vartheta = 1$ entspricht bekanntlich ⊙-Mitte, $\cos\vartheta = 0$ dem ⊙-Rand) erlauben.

Die *spektrale Energieverteilung der Sonnenflecke* (es handelte sich wohl um mittelgroße Flecke) für die mittleren Teile der Sonnenscheibe, d. h. $I_\lambda^*(0)/I_\lambda(0)$, ist zuerst wohl von C. G. ABBOT [207] mit dem Bolometer untersucht worden. 1930 haben dann E. PETTIT und S. B. NICHOLSON [20194] die Spektren mehrerer Flecke von λ 4000—22000 mit Monochromator und Thermoelement, von λ 3000

[1] Wir bezeichnen in diesem Abschnitt *alle* auf einen Fleck bezüglichen Größen mit einem $*$; die entsprechenden Symbole ohne Stern sollen die analogen Größen für die normale Sonnenatmosphäre kennzeichnen.

bis 4000 photographisch ausgemessen. Im Anschluß an A. J. M. WANDERS haben wir die ursprünglichen Ordinaten um eine Streulichtkorrektion von 0,04 Einheiten verringert. Daß die atmosphärischen Wasserdampfbanden Ψ und Ω auch in der *relativen* Energieverteilung Fleck/Photosphäre noch kleine Einsenkungen hinterlassen, hängt wohl damit zusammen, daß die geringen Intensitäten, die in diesen Wellenlängenbereichen von der Erdatmosphäre noch durchgelassen werden, mit verhältnismäßig großen Meßfehlern behaftet sind.

Neuerdings hat R. MICHARD [20177] etwa 30 Flecke von verschiedener und vor allem bekannter Fläche bei einem Sonnenbild von 6 cm Durchmesser mit einem Quarzspektrographen von 12 Å/mm bei λ 4000 im Spektralbereich λ 3200 bis 6700 Å photographisch-photometrisch untersucht. Systematische Fehler, die dadurch entstehen könnten, daß nicht immer die Mitte des Flecks auf dem Spalt

Tabelle 77. $I_\lambda^*(\cos\vartheta)/I_\lambda(\cos\vartheta)$ für Sonnenflecke >50 und im Mittel $=76$ millionstel Hemisphäre nach R. MICHARD [20177].

$\cos\vartheta$	0,955	0,87	0,795	0,63	0,485	0,27
λ3300	0,125	0,06	0,12	0,055	0,055	0,03
3659	0,145	0,065	0,135	0,12	0,08	0,095
4043	0,16	0,145	0,14	0,155	0,15	0,15
4795	0,22	0,19	0,205	0,255	0,255	0,24
5452	0,255	0,235	0,245	0,29	0,285	0,295
6040	0,305	0,30	0,305	0,36	0,33	0,34

abgebildet ist, wurden dadurch eliminiert, daß aus einer Reihe gleichartiger Messungen immer die *kleinsten* $I_\lambda^*(\vartheta)/I_\lambda(\vartheta)$ *ausgewählt* wurden. Auf photosphärisches Streulicht wurde korrigiert mit einer Streufunktion nach WANDERS, die aus Beobachtungen am Sonnenrand abgeleitet war. Mittelwerte für neun Flecke mit Flächen >50 und im Mittel 80 millionstel Sonnenhemisphäre für sechs von FRAUNHOFER-Linien möglichst freie Wellenlängen („Fenster") gibt Tab. 77. Ältere Messungen von R. S. RICHARDSON [20201 und 20203] u. a. mit Farbfiltern lassen sich damit gut vereinbaren (hierzu vgl. Tab. 78!).

Aus der Spalte für $\cos\vartheta = 0{,}955$, oder sagen wir praktisch $= 1$, berechnen wir sogleich nach dem WIENschen Strahlungsgesetz die Differenz der $\Theta = \frac{5040}{T}$ zwischen Fleck und Photosphäre. T bedeutet dabei zunächst die Strahlungstemperatur für die betreffende Wellenlänge; wie wir gesehen haben, ist diese aber auch näherungsweise gleich der wirklichen Temperatur in einer optischen Tiefe $\tau_\lambda \approx \cos\vartheta$, d. h. $= 1$. Da die Wellenlängenabhängigkeit des kontinuierlichen Absorptionskoeffizienten für Fleck und Photosphäre fast dieselbe sein wird, können wir sie bei dieser Abschätzung vernachlässigen. Es gilt nun:

$$\ln \frac{I_\lambda^*}{I_\lambda} = \frac{c_2}{\lambda \cdot 5040} \Delta\Theta . \tag{134, 4}$$

Die Zahlenwerte für $\cos\vartheta = 0{,}955$ führen — mit geringer Streuung — auf

$$\Delta\Theta = 0{,}25 . \tag{134, 5}$$

Die geringe *Mitte-Rand-Variation* der I_λ^*/I_λ zeigt weiterhin, daß die Abhängigkeit des $\Delta\Theta$ von τ ziemlich unbedeutend ist.

Als *Farbtemperatur* T_F im Wellenlängenbereich λ 4043—6040 Å erhält R. MICHARD für den Fleck $T_F^* = 4850°$, während eine gleichartige Messung von D. CHALONGE *und Mitarbeitern* [222 und 223] für $\odot$-Mitte $T_F = 7130°$ ergeben hatte. Damit bekäme man $\Delta\Theta_F = 0{,}33$. Dieser Zahlenwert läßt aber leider keine so einfache Interpretation zu, wie obiges $\Delta\Theta$.

Um die Abhängigkeit der Dunkelheit bzw. Abkühlung der Flecke von ihrer Fläche A zu ermitteln, faßt R. MICHARD seine Messungen für λ 4043, 4795, 5452 Å zu einem Schwerpunkt λ 4750 zusammen und bildet dann Gruppen für $A = 10-20$, 21—30, ... 51—70, 70—100 und > 100 milliontel ⊙-Hemisphäre. Die Abhängigkeit von $\cos\vartheta$ kann man dabei ignorieren, wenn man sich auf die größeren $\cos\vartheta$ beschränkt. Man erhält so die folgende Tab. 78. Für den riesigen Fleck Mt. Wilson No. 6192 mit $A = 530$ milliontel ⊙-Hemisphäre und Feldstärke $H_m = 4000$ Gauß (s. unten) haben G. ABETTI und A. COLACEVICH [2016] bei λ 4227 Å ein $I_\lambda^*/I_\lambda = 0{,}037$ und bei λ 6568 Å ein $I_\lambda^*/I_\lambda = 0{,}12$ mit großer Präzision gemessen, woraus sich nach (134, 4) ergibt $\Delta\Theta = 0{,}488$. $\Delta\Theta$ wächst bei größeren und größeren Flecken immer langsamer an; ob es schließlich einem Grenzwert zustrebt, kann man nicht sagen.

Tabelle 78. Abhängigkeit der I_{4750}^*/I_{4750} und der $\Delta\Theta = 5040\left(\frac{1}{T^*} - \frac{1}{T}\right)$ von der Fläche A (milliontel Hemisphären) der Sonnenflecke. Rechts Angaben für Mt. Wilson No. 6192 nach G. ABETTI und A. COLACEVICH [2016].

Mittlere Fläche A	17	26	35	46	58	83	133	530
I_{4750}^*/I_{4750} .	0,505	0,495	0,42	0,35	0,25	0,26	0,15	0,053
$\Delta\Theta$	0,11$_3$	0,11$_7$	0,14$_5$	0,17$_5$	0,23$_1$	0,22$_4$	0,31$_6$	0,488

Wir bemerken sogleich, wie vorsichtig man sein muß, wenn man z. B. Beobachtungen des kontinuierlichen Spektrums in *einem* Fleck mit Messungen der FRAUNHOFER-Linien in einem *anderen* Fleck kombinieren will. Es wäre offensichtlich höchst wünschenswert, endlich einmal *alle* Größen, mit denen wir uns hier und im folgenden beschäftigen, für *einen* bestimmten Fleck als Funktion von $\cos\vartheta$ gleichlaufend zu verfolgen.

Ausgehend von seiner Tab. 77 hat nun R. MICHARD den interessanten Versuch gemacht, den Aufbau eines „*typischen Sonnenflecks*" (tache-type) zu ermitteln. Ein solcher Fleck hätte also per def. eine *Umbra* von $80 \cdot 10^{-6}$ Hemisphären bzw. einen Durchmesser von 17600 km. Da das Flächenverhältnis ganzer Fleck (d. h. Umbra + Penumbra) zu Umbra nach M. WALDMEIER [2010] im Mittel $4{,}35 \pm 0{,}19$ ist, so erhält unser typischer Fleck eine Gesamtfläche von $350 \cdot 10^{-6}$ Hemisphären und einen Durchmesser der *Penumbra* von 36800 km. Wie wir später sehen werden, wäre sein *Magnetfeld H* in ⊙-Mitte 3100 Gauß und bei $\cos\vartheta = 0{,}22$ gleich 2400 Gauß. Der EVERSHED-Effekt, d. h. die Ausströmungsgeschwindigkeit, wäre für dieselben Stellen der Sonnenscheibe (s. unten) 2,9 bzw. 0,64 km/sec.

Unter Zuhilfenahme der uns aus Kap. III schon bekannten Daten für die normale Photosphäre berechnet R. MICHARD zunächst nach dem Verfahren von CHALONGE und KOURGANOFF (Abschnitt 29) die *Temperatur* T bzw. $\Theta = 5040/T$ als Funktion der *optischen Tiefe* τ_{5000} für λ 5000 Å. Wie wir schon früher sahen, kann man einigermaßen sichere Aussagen nur etwa in dem Bereich $0{,}15 < \tau_{5000} < 2$ erwarten; wir beschränken uns daher auf die Wiedergabe dieses Ausschnittes (Tab. 79) von MICHARDs Rechnungen. (Die Zahlen für die „Photosphäre" weisen gegenüber unserer Tab. 25 kleine Unterschiede auf, die wir des Vergleiches wegen ohne nochmalige Diskussion stehen lassen.) Die Differenz $\Delta\Theta = \Theta^* - \Theta$ ist, wie wir erwarteten, fast unabhängig von der optischen Tiefe und gleich unserem schon in Gl. (134, 5) angegebenen Zahlenwert.

Ein Vergleich der *Tiefenabhängigkeit der Temperaturen* in *Photosphäre* (d. h. also normaler Sonnenatmosphäre) und *Fleck* gestattet, wie M. MINNAERT und A. J. M. WANDERS [20179] seinerzeit in einer aufsehenerregenden Arbeit bemerkten, die Beantwortung der Frage, ob der Energietransport in den direkt zugänglichen Schichten der *Sonnenflecke* (etwa $\tau < 2$) ebenso wie in der *Photosphäre* im wesentlichen durch *Strahlung* erfolge, oder ob daneben *Konvektion* und evtl. noch unbekannte Mechanismen eine Rolle spielen.

Bei *Strahlungsgleichgewicht* erwarten wir, daß — unabhängig von der *Größe* des Strahlungsstromes — die Gesamtstrahlungsergiebigkeit $\frac{\sigma}{\pi} T^4$ als Funktion von $\bar{\tau}$ stets einen ganz bestimmten Verlauf zeigt. Trägt man nun nach Tab. 79 das T^4 und T^{*4} als Funktion von τ_{5000} bzw. τ^*_{5000} auf, so zeigt sich, daß $T^{*4}(\tau^*_{5000})$ um einen Faktor $\sim 1{,}2_4$ *langsamer* ansteigt. Um dies zu verstehen, müssen wir von τ_{5000} bzw. τ^*_{5000} zu $\bar{\tau}$ als Abszisse übergehen und bedenken, daß das Verhältnis $\varkappa_{5000}/\bar{\varkappa}$ für Fleck und Photosphäre verschieden ist. Rechnet man mit den mittleren Zustandsgrößen (die wir in folgendem noch näher begründen werden und auf deren Zahlenwerte es hier nicht sehr genau ankommt) für die Photosphäre: $\Theta = 0{,}85$, $\log P_e = 1{,}17$ und den Fleck: $\Theta^* = 1{,}1$, $\log P_e^* = -0{,}26$, so liest man aus den graphischen Darstellungen von E. VITENSE (Abb. 72—86) ab: $\left(\frac{\varkappa_\nu}{\bar{\varkappa}}\right)^* : \left(\frac{\varkappa_\nu}{\bar{\varkappa}}\right) = 1{,}26$. Das heißt, als Funktion von $\bar{\tau}$ aufgetragen, würde T^4 für Photosphäre und Fleck *denselben* Verlauf zeigen. Es befinden sich also auch *im Fleck die Schichten $\bar{\tau} < 2$ praktisch im Strahlungsgleichgewicht.*

Tabelle 79. Temperaturschichtung in Photosphäre und Sonnenfleck als Funktion der optischen Tiefe τ_{5000}. Nach R. MICHARD [20177].

τ_{5000}	Photosphäre $\Theta = \frac{5040}{T}$	Fleck $\Theta^* = \frac{5040}{T^*}$	$\Delta\Theta$
0,15	0,97	1,20	0,23
0,25	0,918	1,160	0,24
0,50	0,851	1,098	0,25
1,00	0,782	1,035	0,25
2,00	0,71	0,96	0,25

B) Das Linienspektrum der Sonnenflecke. Vergleich der mittleren Zustandsgrößen Θ, P_e, P_g, ... und der Modelle von Fleck und Photosphäre. Nachdem wir uns schon in Kap. IV überzeugt haben, daß die Theorie der *thermischen Ionisation und Anregung* in qualitativer Hinsicht allen Erscheinungen gerecht wird, wenden wir uns sogleich der quantitativen Deutung der FRAUNHOFER-Linien des Fleckenspektrums zu. Wir vergleichen zunächst die Spektren von *Sonnenfleck* und *Photosphäre*, indem wir zur ersten Orientierung wieder jeweils mit konstanten *Mittelwerten* der Temperatur T^* bzw. T, des Elektronendruckes P_e^* bzw. P_e, der wirksamen Dicke der Atmosphäre H^* bzw. H usw. rechnen. Es seien[1] $N^*_{r,s}$ bzw. $N_{r,s}$ für Fleck bzw. Photosphäre die Anzahlen pro cm³ der r-fach ionisierten Atome eines bestimmten Elementes im Anregungszustand s mit der Anregungsspannung $\chi_{r,s}$. Die entsprechenden Anzahlen der Atome im Grundzustand seien $N^*_{r,0}$ bzw. $N_{r,0}$. Die wirksamen Höhen für Fleck bzw. Photosphäre seien H^* bzw. H.

Nach der BOLTZMANN*schen Formel* gilt nun im Fleck:

$$\log \frac{N^*_{r,s}}{N^*_{r,0}} = \log \frac{g_{r,s}}{g_{r,0}} - \chi_{r,s} \cdot \Theta^*$$

und in der Photosphäre

$$\log \frac{N_{r,s}}{N_{r,0}} = \log \frac{g_{r,s}}{g_{r,0}} - \chi_{r,s} \cdot \Theta \,. \tag{134, 6}$$

Durch Vergleich erhält man also für die „*Anzahlen wirksamer Atome über* 1 *cm²*" die Beziehung:

$$\log \frac{N^*_{r,s} H^*}{N_{r,s} H} = \log \frac{N_{r,0} H^*}{N_{r,0} H} - \chi_{r,s}(\Theta^* - \Theta) \,. \tag{134, 7}$$

[1] Wir gebrauchen durchweg die Bezeichnungsweise von Kap. IV.

Trägt man also den aus den Beobachtungen für verschiedene Linien *derselben* Ionisationsstufe r bestimmten $\log \frac{N^*_{r,s} H^*}{N_{r,s} H}$ als Funktion der Anregungsspannung $\chi_{r,s}$ auf, so muß man eine Gerade erhalten, deren Neigung den Wert von

$$\Delta\Theta = \Theta^* - \Theta = 5040\left(\frac{1}{T^*} - \frac{1}{T}\right) \tag{134, 8}$$

ergibt.

Ähnlich wie in (134, 6) und (134, 7) schreiben wir nun auch die SAHA*sche Gleichung* für die Ionisation $r \rightleftarrows r + 1$ mit der Ionisierungsspannung χ_r an, und zwar jeweils für die Anzahl der Atome im Grundzustand. Es gilt im Fleck:

$$\left.\begin{aligned} &\log \frac{N^*_{r+1,0}}{N^*_{r,0}} = \log \frac{2\, g_{r+1,0}}{g_{r,0}} - \chi_r \cdot \Theta^* + \frac{5}{2} \log T^* - 0{,}48 - \log P^*_e \\ &\text{und in der Photosphäre:} \\ &\log \frac{N_{r+1,0}}{N_{r,0}} = \log \frac{2\, g_{r+1,0}}{g_{r,0}} - \chi_r \cdot \Theta + \frac{5}{2} \log T - 0{,}48 - \log P_e\,. \end{aligned}\right\} \tag{134, 9}$$

Durch Subtraktion erhält man daraus:

$$\log \frac{N^*_{r+1,0}\, H^*}{N_{r+1,0}\, H} - \log \frac{N^*_{r,0} H^*}{N_{r,0} H} = -\chi_r(\Theta^* - \Theta) + \frac{5}{2} \log \frac{T^*}{T} - \log \frac{P^*_e}{P_e}\,. \tag{134, 10}$$

Die links stehenden Verhältnisse $N^*_{r+1,0} H^*/N_{r+1,0} H$ und $N^*_{r,0} H^*/N_{r,0} H$ können entweder direkt oder mit Hilfe von (134, 6) durch Extrapolation auf $\chi_{r,\,\text{bzw.}\, r+1,s} \to 0$ bestimmt werden. Aus Gl. (134, 10) kann man daher das Verhältnis der Elektronendrucke P^*_e/P_e von Fleck zu Photosphäre bestimmen.

Durch Zusammenfassen aller Ionisationsstufen sämtlicher Elemente kann man endlich die *Gesamtzahlen aller Atome* über 1 cm² des Sonnenfleckes bzw. der Photosphäre berechnen und vergleichen, d. h. man erhält das Verhältnis

$$\overline{NH}^*/\overline{NH}\,. \tag{134, 11}$$

Das hiermit umrissene Programm hat zuerst CH. E. MOORE [20183] an *Mt. Wilson* zu realisieren versucht, indem sie die Stärke aller Linien atomaren Ursprunges in der ROWLAND*schen Skala* schätzte und mit Hilfe der *Kalibrierungskurven* von RUSSELL, ADAMS und MOORE (vgl. Abschnitt 106) „in wirksame Atomzahlen" NHf überführte. Dabei ist — wie wir heute wissen — nicht berücksichtigt, daß man bei den starken Linien in Wirklichkeit $NHf \cdot \frac{\gamma}{\bar\gamma}$ erhält, wobei γ die Dämpfungskonstante der betreffenden Linie und $\bar\gamma$ einen Mittelwert derselben für alle Linien bedeutet. Weiterhin wird im Fleck der Dopplerkern der Linien durch den ZEEMAN-Effekt aufgespalten bzw. verbreitert, so daß die Linien im flachen Teil der Wachstumskurve cet. par. verstärkt werden. Andererseits wird durch die an Mt. Wilson stets gebrauchte Polarisationsapparatur ein Teil der Linie entfernt. CH. E. MOORE hat versucht, den letztgenannten Einflüssen durch eine entsprechende Korrektion Rechnung zu tragen.

So erhält sie schließlich (das Beobachtungsmaterial beruht für verschiedene Wellenlängengebiete auf Flecken verschiedener Größe)

$$\left.\begin{aligned} &\Delta\Theta = 0{,}19 \pm 0{,}01 \quad \text{oder mit} \quad T_e = 5740^\circ \quad \text{ein} \quad T^*_e = 4720^\circ \\ &\text{sowie} \\ &\log \frac{P^*_e}{P_e} = -\,0{,}22 \pm 0{,}07 \quad \text{und} \quad \log \frac{\overline{NH}^*}{\overline{NH}} = 0{,}23 \pm 0{,}03\,. \end{aligned}\right\} \tag{134, 12}$$

In den Jahren 1938—1944 haben dann — wie wir schon bemerkten — P. TEN BRUGGENCATE und H. v. KLÜBER [2049—2050] für zahlreiche Linien neutraler und ionisierter Metalle in den Spektren mehrerer Flecke unter sorgfältiger Berücksichtigung aller photometrischen Fehlerquellen genaue Messungen der *Äquivalentbreiten* durchgeführt. Daß die erste und dritte Arbeit ein etwas verschiedenes $\Delta\Theta$ ergeben, rührt einfach daher, daß es sich um verschiedene Flecke handelt. Wir wollen uns hier — um möglichst eindeutige Aussagen zu bekommen — im wesentlichen an die letzte Arbeit [2050] anschließen. Diese enthält zunächst Messungen von 49 Ti I- und 28 Ti II-Linien im Spektralbereich λ 4276—5419 Å für die Flecke Mt. Wilson No. 6517 und 6572 sowie für ⊙-Mitte.

P. TEN BRUGGENCATE und H. V. KLÜBER konstruierten nun für die Ti I-Linien in Fleck bzw. Photosphäre *Wachstumskurven* mit Hilfe teils berechneter (Übergangsschema $3d^3\,4s$—$3d^3\,4p$ mit guter *LS*-Kopplung), teils von R. B. und

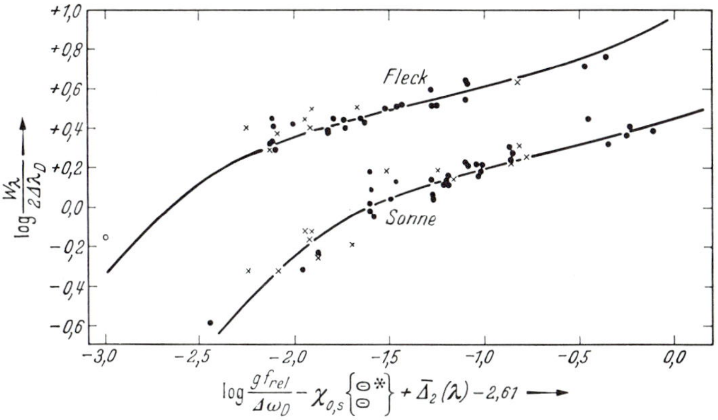

Abb. 193. Wachstumskurven für Ti I-Linien in Sonnenfleck und Sonnenmitte ($T^* = 3900°$, $T = 5040°$).
● Linien des Übergangsschemas $3d^34s$—$3d^34p$.; × sonstige Ti I-Linien. $\Delta\lambda_D$ und $\Delta\omega_D$ sind für 5000° gerechnet.

A. S. KING gemessener relativer Oszillatorenstärken f. Um für Fleck bzw. Photosphäre („Sonne") die Multipletts mit verschiedenen Anregungsspannungen $\chi_{0,s}$ auf je *eine* Wachstumskurve zu bringen, muß man sie horizontal verschieben, entsprechend einer *Anregungs*-Korrektion $\chi_{0,s}\cdot\Theta^*$ bzw. $\chi_{0,s}\cdot\Theta$ nach Gl. (134, 6). Außerdem bringen TEN BRUGGENCATE und V. KLÜBER noch eine kleine Korrektion $\bar{\Delta}_2(\lambda)$ an, welche die Abhängigkeit der wirksamen Schichtdicke von λ berücksichtigen soll (hierzu Abschnitt 111). Das Ergebnis sind die beiden *Wachstumskurven* in Abb. 193. Die $\Delta\lambda_D$ und $\Delta\omega_D$ sind dabei zunächst durchweg mit $T = 5000°$ berechnet.

Die *Temperaturen* in Fleck und Photosphäre bestimmt man zunächst durch das beschriebene Aufschiebungsverfahren und verbessert die Zahlenwerte nachträglich durch eine Art sukzessiver Näherung. Wir rechnen sogleich mit den auch in Abb. 193 schon benutzten endgültigen Werten:

$$\left.\begin{aligned} T^* &= 3900°\,\mathrm{K} \quad \text{und} \quad T = 5040°\,\mathrm{K} \\ \text{bzw.}\qquad \Theta^* &= 1{,}29 \quad\quad \text{und} \quad \Theta = 1{,}00\,. \end{aligned}\right\} \tag{134, 13}$$

Um weiterhin beide Wachstumskurven in Abb. 193 aufeinander zu beziehen, muß man noch folgendes berücksichtigen: Für die *Photosphäre* stimmt zwar $T = 5040°$ hinreichend mit den für die Berechnung des Dopplereffektes[1] angenommenen 5000° überein. Im *Fleck* dagegen muß man zunächst $\Delta\lambda_D$ für 3900°

[1] Genau genommen müßte man noch die Turbulenz berücksichtigen. Dies würde aber die folgenden Ergebnisse nicht merklich ändern.

statt für 5000° berechnen und sodann den ZEEMAN-Effekt berücksichtigen. Nach Abschnitt 116 kann man *beiden* Änderungen zusammen Rechnung tragen, indem man für die Flecken-Wachstumskurve das bisherige $\Delta\lambda_D$ durch ein geeignet vergrößertes $\Delta\lambda_{eff}$ ersetzt. TEN BRUGGENCATE und v. KLÜBER erhielten empirisch durch Aufeinanderschieben der beiden Kurven in Abb. 193 (genauer gesagt: aus der dabei nötigen Ordinatenverschiebung)

$$\log\frac{\Delta\lambda_{eff}^*}{\Delta\lambda_D} = +\,0{,}26\cdots(\mathrm{Ti\,I})\,. \tag{134, 14}$$

Nunmehr kann man die Atomzahlen für TiI in Fleck und Photosphäre wirklich miteinander vergleichen. Die Auftragung von $\log\frac{N_{0,s}^* H^*}{N_{0,0} H}$ als Funktion von $\chi_{0,s}$ im Sinne von Gl. (134, 7) bestätigt die Aussagen (134, 13) und ergibt definitiv

$$\Delta\Theta = 0{,}29 \pm 0{,}04 \tag{134, 15}$$

und weiterhin

$$\log\frac{N_{0,0}^* H^*}{N_{0,0} H} = 0{,}64 \pm 0{,}05\,. \tag{134, 16}$$

Für die TiII-Linien sind zunächst — mehr oder weniger zufällig — die ZEEMAN-*Effekte* im Durchschnitt kleiner, als für die TiI-Linien. Durch Messung der Aufspaltungen auf dem Mt. Wilson-Atlas des Fleckenspektrums und übereinstimmend aus ihren gemessenen Linienprofilen finden TEN BRUGGENCATE und v. KLÜBER

$$\log\frac{\Delta\lambda_{eff}^*}{\Delta\lambda_D} = +\,0{,}16\cdots(\mathrm{Ti\,II})\,. \tag{134, 17}$$

Zur direkten Bestimmung einer Anregungstemperatur aus den Ti-Funkenlinien reichen die Beobachtungen nicht aus. Mit den bisherigen Temperaturen (134, 13) ergibt sich mit Hilfe von Gl. (134, 7)

$$\log\frac{N_{1,0}^* H^*}{N_{1,0} H} = -\,0{,}17 \pm 0{,}03\,. \tag{134, 18}$$

Setzt man diesen Zahlenwert sowie (134, 16) in die *Ionisations*gleichung (134, 10) ein, so erhält man

$$\log\frac{P_e^*}{P_e} = -\,1{,}43\,. \tag{134, 19}$$

Macht man über den Betrag von P_e^* bzw. P_e selbst eine ungefähre Annahme, so kann man mit Hilfe unserer *Ionisationstabellen* 23 auch das Verhältnis der *Gasdrucke* P_g berechnen. Mit $\log P_e = 1{,}51$ [nach Gl. (110, 24)] erhält man

$$\log\frac{P_g^*}{P_g} = -\,0{,}84\,. \tag{134, 20}$$

TEN BRUGGENCATE und v. KLÜBER gehen von $\log P_e = 1{,}17$ aus, womit man nach unseren Tabellen noch fast denselben Wert $-0{,}87$ erhält. Dazu ist jedoch zu bemerken, daß es bei dem in Frage stehenden Bereich von T und P_e sehr auf die bei der Berechnung der Ionisationstabellen angenommene chemische Zusammensetzung der Stellarmaterie ankommt. TEN BRUGGENCATE und v. KLÜBER z. B. finden im Anschluß an die älteren Annahmen von B. STRÖMGREN [850—851] $\log P_g^*/P_g = -\,0{,}13$.

Die *Gesamtzahlen* $\overline{NH}^*$ bzw. $\overline{NH}$ *aller* Atome über 1 cm² sollten, da auch im Fleck das Ti noch größtenteils ionisiert ist, im selben Verhältnis stehen wie die Gesamtzahlen der Ti^+-Ionen. Letztere berechnet man aus den $N_{1,0}\,H$ durch

Multiplikation mit dem Verhältnis $u_1/g_{1,0}$ von Zustandssumme zu statistischem Gewicht des Grundzustandes und erhält so mit (134, 18)

$$\log \frac{\overline{NH}^*}{\overline{NH}} \approx -0{,}25\,. \tag{134, 21}$$

Direkter könnte man dieses Verhältnis bekommen durch Vergleich der Anzahlen einfach ionisierter Atome im Grundzustand für ein Element mit niedriger erster Ionisierungsspannung χ_0, z. B. Sr II oder Ba II. Die Betrachtung dieser Linien auf dem *Mt. Wilson*-Atlas des Fleckenspektrums legt den Verdacht nahe, daß der Zahlenwert von (134, 21) eher bei Null oder sogar bei kleinen positiven Werten liegen sollte.

Wenn die Gase im Sonnenfleck sich einigermaßen im hydrostatischen Gleichgewicht befinden, so sollte man erwarten, daß der Gasdruck durch das *Gewicht* = Masse $\times$ Schwerebeschleunigung der gesamten Atome $\overline{NH}$ bestimmt sei. Das heißt $\log P_g^*/P_g$ und $\log \overline{NH}^*/\overline{NH}$ müßten übereinstimmen. Ob man den beim Vergleich von (134, 20) und (134, 21) übrigbleibenden Faktor ≈ 4 als reell betrachten und daraus den Schluß ziehen soll, daß die Gase im Fleck großenteils durch *nicht-hydrodynamische Kräfte* getragen werden, diese Frage wollen wir zunächst offenlassen, und später im Anschluß an R. Michards Rechnungen darauf nochmals zurückkommen.

Vorher wollen wir die Ergebnisse der Beobachtungen von ten Bruggencate und v. Klüber noch mit den älteren von Ch. E. Moore in (134, 12) und neueren Rechnungen von R. Michard [20177] vergleichen. Daß Ch. E. Moore kleinere Unterschiede von T und P_e zwischen Fleck und Photosphäre bekommt, als die zuerst genannten Autoren, dürfte zum Teil wohl einfach auf der verschiedenen Größe der beobachteten Flecke beruhen. Bezüglich des meines Erachtens noch nicht geklärten Vorzeichens von $\log \overline{NH}^*/\overline{NH}$ können nur neue Beobachtungen eine Entscheidung herbeiführen.

Im Anschluß an seine in Teil A bzw. Tab. 79 zusammengefaßte Untersuchung über das kontinuierliche Spektrum der Flecke hat R. Michard [20177] weiter versucht, die Beobachtungen von ten Bruggencate und v. Klüber durch Berücksichtigung der Temperatur- und Druck*schichtung* (im Sinne unserer „Feinanalyse") nach der Methode der Gewichtsfunktionen *genauer* zu interpretieren. Die Ergebnisse seiner Modellrechnungen decken sich im wesentlichen mit denen der Grobanalyse. Er glaubt definitiv schließen zu können, daß im Fleck die *Skalenhöhe der Atmosphäre*[1] *etwa* 8*mal größer sei, als in der normalen Sonnenatmosphäre.* Unsere Grobanalyse hatte — genauere Übereinstimmung ist gar nicht zu erwarten — auf einen Faktor 4 geführt.

Obgleich wir selbstverständlich die Berücksichtigung der *Temperatur- und Druckschichtung* prinzipiell für einen wichtigen Fortschritt halten, möchten wir doch andererseits zu bedenken geben, daß die verwendeten *Messungen* von *verschiedenen Flecken* stammen. Ob ihre innere Konsistenz ausreicht, um eine derartige Verfeinerung der Theorie zu rechtfertigen, sollte wohl durch weitere Messungen geprüft werden. Nach Abschnitt 116 — vgl. H. Hubenet [1761] und J. Warwick [Z. Astrophysik **35**, 245 (1954)] — dürfte außerdem die Konstruktion und Deutung der *Wachstumskurven* für die Fleckenlinien einer Revision zu unterziehen sein.

In ähnlicher Weise wie die Atomspektren kann man auch die *Bandenspektren* heranziehen, um die Temperatur- und Druckunterschiede zwischen den Flecken und ihrer Umgebung zu bestimmen. Bezüglich der Wachstumskurven ist dabei

[1] Im hydrostatischen Gleichgewicht ist bekanntlich $H = RT/\mu g$.

zu beachten, daß Molekülspektren im allgemeinen *keinen* merklichen ZEEMAN-Effekt haben.

Da wir — aus den schon auseinandergesetzten Gründen — in diesem Buch auf Probleme der Molekülspektren im allgemeinen *nicht* eingehen wollen, so geben wir an dieser Stelle wenigstens eine tabellarische Übersicht (Tab. 80) der auf der Sonne (mehr oder weniger sicher) identifizierten Banden.

Tabelle 80. Banden in den Spektren der Sonnenflecke und der normalen Sonnenoberfläche nach R. S. RICHARDSON [20199—200]. (Dort weitere Literatur.)

. . sicher; . wahrscheinlich vorhanden; ? unsicher; — nicht vorhanden; freier Platz: keine Beobachtungen.

Moleküle	Abschattung R = Rot V = Violett	Wichtige Bandenköpfe λ in Å	Vorkommen in Fleck	Vorkommen in Sonne
AlH	R	4546	.	—
		4671		
		4752		
CaH	V	6902,62	. .	—
CH	V	3443	. .	. .
		3900		
		4314,1(G)		
MgH	V	5210,95	. .	. .
NH	R	3360,04		. .
OH	R	3063,71		. .
SiH	R	4143,89	. .	.
AlO	R	4647,96	. .	—
		4842,26		
		5079,34		
BO	R	4363,4	. .	—
		4612,7		
		5040,1		
TiO	R	4954,55	. .	—
		5166,86		
ZrO	R	6473,66	.	—
C_2	V	5165,22	. .	. .
CN	V	3590,33	. .	. .
		3883,40		
		4215,96		
H_2	R	6018,29	?	—
		6327,07		
		5760,37		
SiF	R	4368,22	. .	.
		4400,50		

Die *Temperatur* kann nun aus Beobachtungen des Intensitätsverlaufes in einer Bande auf Grund folgender Überlegung ermittelt werden: Die relativen *Übergangswahrscheinlichkeiten* wachsen mit der Rotationsquantenzahl des Ausgangszustandes in einer nach der Quantenmechanik berechenbaren Weise an. Andererseits nimmt die *Besetzungszahl* dieser Zustände nach der BOLTZMANN-Formel in bekannter Weise mit wachsender Anregungsenergie$/kT$ ab. Sowohl der *Verlauf von NH f mit der Rotationsquantenzahl* wie auch die Lage des *Intensitätsmaximums* einer Bande gestatten daher direkt eine Bestimmung der Temperatur.

R. BIRGE [2042], der (1922) dieses Verfahren zuerst auf die CN-Banden anwandte, erhielt für die Sonne die überraschend niedrige Temperatur $T \approx 4000°$ K. Wie M. MINNAERT später zeigte, erhöht sich dieser Wert auf mindestens 5000°, wenn man den inzwischen gemachten Fortschritten der Theorie der Bandenspektren und der FRAUNHOFER-Linien Rechnung trägt.

1931 hat R. S. RICHARDSON [20199] mit Hilfe der C_2(Swan-)Bande λ 5165 die Temperaturen der Sonnenflecke und der normalen Sonnenatmosphäre („Sonne") bestimmt. Da nur *geschätzte* Intensitäten vorliegen, so wendet er, um die Verbindung mit der Theorie herzustellen, folgende Kunstgriffe an:

I. Methode: Die „*theoretischen*" Intensitäten wurden für verschiedene Temperaturen zwischen 3800° und 6400° berechnet und als Funktion der *geschätzten* Beobachtungswerte aufgetragen. Nur für die „richtige" Temperatur stimmen die beiden Kurvenzweige, die den Linien vor bzw. hinter dem Maximum entsprechen, miteinander überein.

II. Methode: Bestimmung des *Maximums*.

III. Methode: Umrechnung der geschätzten Intensitäten auf $NH\,f$ mit Hilfe der *Kalibrierungskurve* von RUSSELL, ADAMS und MOORE und direkter Vergleich mit der Theorie.

Offensichtlich gibt Methode III, bei der alle Beobachtungen mit gleichem Gewicht eingehen, die genauesten Ergebnisse, II aus analogen Gründen die ungenauesten. Wir stellen sie kurz zusammen:

	T^* (Sonnenfleck)	T (Sonne)
I	4900 ± 600° K	6000 ± 700° K
Methode II	4900 ± 750	5700 ± 1600
III	**4500 ± 400**	**5300 ± 400**

Die Diskussion von *Dissoziationsgleichgewichten*, wie $C + H \leftrightarrows CH$ dürfte interessante Aussagen über die Verhältnisse von P_g und $\overline{NH}$ in Fleck bzw. Photosphäre erlauben. Hierzu R. S. RICHARDSON [20200]. Eine moderne quantitative Analyse der Molekülspektren in Sonnenflecken liegt leider zur Zeit noch nicht vor.

C) Die Strömungsvorgänge im Sonnenfleck. EVERSHED-Effekt. Wir wenden uns nunmehr der *hydrodynamischen* Seite des Fleckenproblems zu:

J. EVERSHED [2093] entdeckte 1909 bei der spektroskopischen Beobachtung von Flecken am Sonnenrand Linienverschiebungen, welche sich in einfachster Weise auf *Strömungen* zurückführen ließen, die *tangential zur Sonnenoberfläche* und nahezu *radial zur Achse des Sonnenflecks* verliefen. 1913 hat dann C. E. ST. JOHN [20131] insbesondere die schon von EVERSHED bemerkte *Abhängigkeit* der Dopplerverschiebung bzw. Strömungsgeschwindigkeit und -richtung *von der Intensität* der benutzten FRAUNHOFER-Linien genauer studiert. Während die *schwachen Metalllinien* (ROWLAND-Intensität −1, −2) eine *Auswärts*strömung mit ~2 km/sec anzeigen, lassen viele der *starken Metallinien* (ROWLAND-Intensität ~20) nahezu *keinen* Dopplereffekt erkennen. Die *stärksten Linien* endlich (wie Na D, H und K, BALMER-Linien) ergeben eine *Einwärts*strömung mit bis zu 3 km/sec. Diese Unterschiede lassen sich nach ST. JOHN dahingehend deuten, daß die schwachen Linien tieferen Niveaus, die starken Linien höheren Niveaus angehören. *In tieferen Schichten strömt also die Materie aus dem Fleck heraus, in den höchsten Schichten dagegen in den Fleck hinein.*

In Analogie zu den Zyklonen und Antizyklonen der Erdatmosphäre könnte man erwarten, daß auch die Sonnenflecke eine *Wirbelbewegung* erkennen ließen. Die Beobachtungen von EVERSHED und ST. JOHN zeigten zunächst nichts Derartiges. Dagegen hat G. E. HALE [20117] schon früh auf *Spektroheliogrammen*, welche mit der Hα-Linie aufgenommen waren, eine Wirbelstruktur erkannt, seine berühmten "*solar vortices*".

Langjährige Beobachtungsreihen zeigten [20121], daß der Umlaufsinn dieser Wirbel in 82% aller Fälle[1] dem Gesetz der terrestrischen Zyklone (Einströmung!) folgt. Das heißt auf der N-Halbkugel geht die Drehung *entgegen*, auf der S-Halbkugel *mit* dem Sinn des Uhrzeigers. Eine Beziehung zwischen der magnetischen Polarität eines Fleckes und der Umlaufrichtung dieses Wirbels in den höheren Schichten besteht nicht. Spektroheliographische und insbesondere die neueren *spektrohelioskopischen* Beobachtungen von G. E. HALE [20123] und seinen Mitarbeitern legen den Gedanken nahe, daß das Einströmen der Materie in den höheren Schichten der Flecke derselben Natur ist, wie die Anziehung von *Protuberanzen* (Filamenten) durch die Flecke. (Wir werden sehen, daß man in vieler Hinsicht die höheren Schichten der Sonnenatmosphäre bzw. Chromosphäre als einen „Wald" kleiner Protuberanzen auffassen kann.) Zusammenfassend dürfen wir wohl feststellen, daß *die mit Hilfe der* BALMER-*Linien, der Ca*II-*Linien H*

[1] Da in Fleckengruppen usw. das Erkennen des Drehsinnes oft schwierig ist, so kann man dieses Ergebnis als praktisch eindeutig betrachten.

und K usw. beobachteten Strömungen in den höchsten Schichten der Sonnenflecke nur eine sekundäre Erscheinung darstellen.

Wie wir schon bemerkten, konnten seinerzeit EVERSHED und ST. JOHN anhand der Dopplereffekte der schwächeren Metallinien in den *tieferen Schichten* der Sonnenflecke keine Anzeichen einer Wirbelbewegung, sondern nur eine radiale Auswärtsströmung entdecken. Auch die Spektroheliogramme ließen nichts erkennen. 1926—1930 hat nun G. ABETTI [2013] den EVERSHED-Effekt der Metallinien nochmals an 26 Fleckengruppen mit radial und tangential zum Sonnenrand gestelltem Spalt untersucht und G. CALAMAI [2060] hat seine Messungen genauer analysiert. Ihr Mittelwert von 1,5 km/sec stimmt befriedigend mit den älteren Messungen überein. Daneben aber findet ABETTI im Gegensatz zu ST. JOHN und EVERSHED auch eine *Tangential*komponente der Geschwindigkeit von 0—3 km/sec, im Mittel ~ 1 km/sec. Der *Umlaufsinn* dieser tiefer liegenden Wirbel war während des angegebenen Zeitraumes dem der „Wasserstoff"- bzw. „Kalzium"-Wirbel stets *entgegengesetzt*, also *antizyklonisch*. Dies paßt ausgezeichnet dazu, daß wir es hier mit *Ausströmung* zu tun haben: das Vorzeichen der *Corioliskraft* wird infolgedessen gegenüber dem zuerst diskutierten Fall umgekehrt! Um sicher entscheiden zu können, ob nun *diese* Wirbel irgendwie mit dem Magnetfeld der Flecke zusammenhängen, müßte man untersuchen, ob ihr Umlaufsinn cet. par. in zwei aufeinanderfolgenden 11,5jährigen Zyklen sich umkehrt. Die angeführten dynamischen Überlegungen lassen erwarten, daß dies nicht zutrifft. Wir müssen also annehmen, daß der *Ursprung der Magnetfelder* der Sonnenflecke wie auch deren eigentlicher „*Antrieb*" in Schichten zu suchen sind, die mit optischen Beobachtungsmethoden nicht mehr erfaßt werden können.

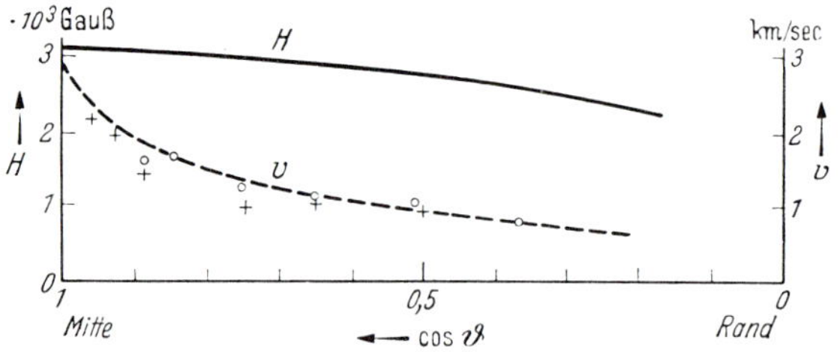

Abb. 194. Mitte-Rand-Variation des EVERSHED-Effektes v und der magnetischen Feldstärke H für einen „typischen" Fleck der Gesamtfläche $A = 350$ milliontel Hemisphäre.

Die *Mitte-Rand-Variation* des EVERSHED-Effektes und seine Abhängigkeit von der Fläche A der Sonnenflecken ist anhand der Messungen von G. ABETTI [2013] von R. MICHARD [20178 und 20177] diskutiert worden. Für einen „typischen" Fleck mit $A = 350$ millionstel Hemisphäre zeigt Abb. 194 die Abhängigkeit der horizontalen Geschwindigkeitskomponente v von $\cos\vartheta$. Man darf daraus wohl wieder schließen, daß v in den höheren Schichten *abnimmt*. Die Abhängigkeit der auf ⊙-Mitte reduzierten Geschwindigkeiten von der Fleckenfläche A gibt die folgende Tab. 81.

Tabelle 81. Abhängigkeit des EVERSHED-Effektes von der Fläche der Flecke.

A	34	70	140	230	340	millionstel Hemisphäre
v	1,0	1,8	2,7	3,7	2,8	km/sec; reduz. auf ⊙-Mitte

Im Vorhergehenden handelt es sich stets um die maximalen Ausströmungsgeschwindigkeiten in der Umgebung eines bestimmten Fleckes.

Eine genauere Analyse des *Strömungsfeldes* hat für den Fleck Mt. Wilson No. 9987 T. D. KINMAN [20140] durchgeführt. Er findet, daß die vertikale und die tangentiale Geschwindigkeitskomponente die Meßfehlergrenze von etwa $\pm$ 0,25 km/sec nicht überschreiten. Die *radiale Geschwindigkeitskomponente* scheint in erster Linie eine Funktion des Abstandes von der Grenze Umbra—Penumbra zu sein. Sie erreicht in dem beobachteten Fleck ein Maximum von 1,9 km/sec inmitten der Penumbra. Auch außerhalb der Penumbra jedoch findet T. D. KINMAN noch merkliche Ausströmungsgeschwindigkeiten.

Die in der Literatur dargestellten Theorien des EVERSHED-Effektes halten einer Prüfung nicht stand. Wir können auf das schwierige Problem der *Dynamik der Sonnenflecke* erst in Abschnitt 137 näher eingehen.

D) Das Magnetfeld der Sonnenflecke. Bau und Entwicklung der Flecke und Fleckengruppen.

1. *Meßmethoden.* Im Jahre 1908 entdeckte G. E. HALE [20117], daß in den Sonnenflecken mächtige *Magnetfelder* herrschen, deren Stärke oft einige Tausend Gauß erreicht. Die klassische Mt. Wilson-Beobachtungsreihe von G. E. HALE und S. B. NICHOLSON [20124] reicht vom Sonnenfleckenmaximum 1917 bis zum Minimum 1924. Beobachtet wird die Fe I-Linie λ 6173, und zwar meist der *longitudinale* ZEEMAN-*Effekt*: Über dem Spektrographenspalt liegen streifenweise $\pm\lambda/4$-Plättchen und ein Polarisator, so daß man — bei Beobachtung längs der Kraftlinien — abwechselnd die rechts- bzw. linkszirkular polarisierten ZEEMAN-Komponenten erhält, welche bei Beobachtung senkrecht zum Feld als σ-Komponenten in Erscheinung treten würden.

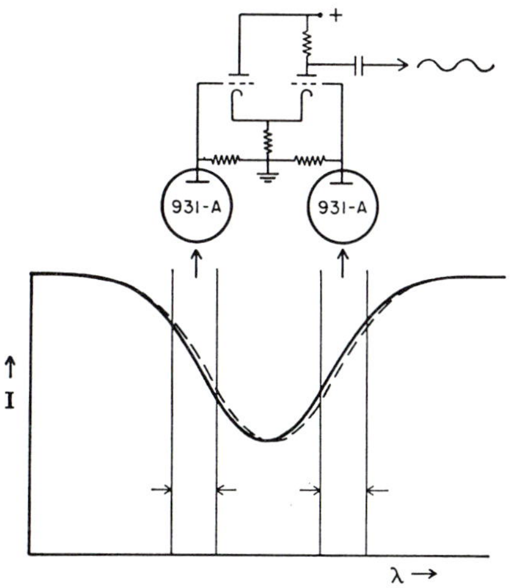

Abb. 195. *Messung schwacher Magnetfelder* auf der Sonne nach H. W. u. H. D. BABCOCK [2030]. *Profil* (unten) einer ~ 0,1 *A* breiten Linie für rechts- und linkszirkulare Polarisation im (longitudinalen) ZEEMAN-Effekt. Die Linie wackelt zwischen den beiden angezeichneten Lagen, entsprechend der Einstellung einer elektrooptischen $\pm\lambda/4$-Verzögerungsplatte, 120 mal pro sec hin und her. Die zwei Spalte auf den steilsten Bereichen des Linienprofils führen (oben) zu zwei Photomultiplier-Röhren. Diese sind mit einem *Differenz*-Verstärker verbunden, welcher auf die „richtigen" Signale mit 120 Hz anspricht.

Eine Zusammenstellung von Sonnenlinien mit besonders großen bzw. kleinen LANDÉschen g-Faktoren (vgl. Abschnitt 116, b) hat kürzlich H. v. KLÜBER [20142] gegeben.

Neuere Entwicklungen der *Meßtechnik* versuchen, zu immer schwächeren Feldstärken vorzudringen, um einerseits die *Streufelder der Flecke* möglichst weit verfolgen zu können, andererseits nach einem *allgemeinen Magnetfeld der Sonne* zu suchen.

Zur Vergrößerung des spektralen Auflösungsvermögens ziehen H. v. KLÜBER [20141—20144], G. THIESSEN [20226 und 20228] und K. O. KIEPENHEUER [20137] Interferometer heran. Letztere messen weiterhin photoelektrisch.

Neuerdings haben H. W. und H. D. BABCOCK [2030] am *Hale Solar Laboratory* in Pasadena eine hervorragend empfindliche und stabile Anordnung gebaut, die gestattet, innerhalb einer Viertelstunde die ganze Sonne auf Felder $\gtrsim 1$ Gauß abzutasten! Sie verwenden einen 75′ *Littrow*-Spektrographen mit einem Gitter von 120000 Strichen (20 cm Breite), das in der V. Ordnung 11 mm/Å und ein — photographisch geprüftes — Auflösungsvermögen von 600000 leistet. Vor dem Spalt befindet sich eine elektro-optische $\frac{\lambda}{4}$-Verzögerungsplatte und ein NICOLsches Prisma. Beim Wechsel zwischen $\pm\frac{\lambda}{4}$ verschiebt sich die verwendete Fe I-Linie λ 5250,216 [$g = (0), 3$] z. B. für ein Feld von 10 Gauß um $\sim 0{,}0008$ Å hin und her ($\ll$ Dopplerbreite!). Zwei Spalte (Abb. 195), welche die steilsten

Stellen des Linienprofils herausgreifen, bekommen also einen *Helligkeitsunterschied* im Rhythmus der elektro-optischen Verzögerungsplatte (120 Hz). Dieser Helligkeitsunterschied wird durch zwei gleiche *Photomultiplier* abgegriffen und nur sein mit 120 Hz wechselnder Anteil weiter verstärkt. Dopplereffekte und allgemeine Helligkeitsschwankungen solaren oder terrestrischen Ursprungs werden so unschädlich gemacht. Schließlich wird die Verteilung der Feldstärke über die ganze Sonnenscheibe mittels einer BRAUNschen Röhre aufgezeichnet; vgl. Abb. 196, dort weitere Erläuterungen. Auf die Ergebnisse der ersten Beobachtungen mit

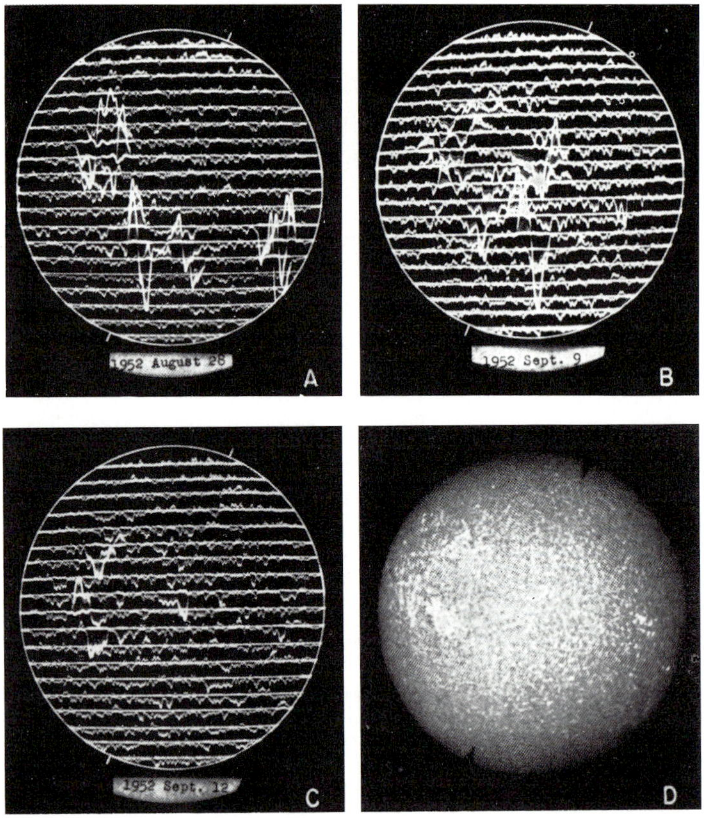

Abb. 196. *Messung schwacher Magnetfelder* auf der Sonne nach H. W. u. H. D. BABCOCK [2030]. *A*, *B* und *C* zeigen die Verteilung der Feldstärke auf der Sonnenscheibe, Nord ist oben, Ost rechts; die heliographischen Pole sind angezeichnet. Für jede (horizontale) Registrierung wird eine Bezugslinie mitgezeichnet. Der Abstand zweier solcher Linien entspricht $\sim$ 10 Gauss. Ausschläge nach oben bedeuten einen magnetischen Vektor, der auf den Beobachter zu zeigt. 1952 September 12 (*C*) waren keine sichtbaren Flecken vorhanden. Der Vergleich mit dem Ca II-Spektroheliogramm (*D*) desselben Tages zeigt, daß insbesondere die Fackelflächen der Sitz ausgedehnter Magnetfelder bis zu $\sim$ 20 Gauss sind.

dieser höchst bemerkenswerten Apparatur werden wir sogleich noch zurückkommen.

2. *Das Magnetfeld einzelner Flecke bzw. Fleckengruppen.* Die von S. B. NICHOLSON [20124, Part I, p. 28] aus den charakteristischen Polarisationsverhältnissen der ZEEMAN-Aufspaltungen erschlossene durchschnittliche *Richtungsverteilung der Kraftlinien* zeigt folgende kleine Übersicht:

Abstand ϱ von der Fleckenmitte (Fleckenradius = 1 gesetzt)	0,0	0,3	0,6	0,9	(134, 22)
Winkel α zwischen Kraftlinien und Sonnenradius	0°	18°	49°	73°	

Als Interpolationsformel könnte man schreiben $\alpha = \varrho \cdot 80°$; S. CHAPMAN [2063] nimmt (der Unterschied ist ziemlich belanglos) lieber

$$\alpha = \varrho \cdot 90° . \qquad (134, 23)$$

Die mittlere Abhängigkeit der *Feldstärke H* von ϱ hat J. W. BROXON [2044] durch die Beziehung

$$H = H_m(1 - \varrho^2) \qquad (134, 24)$$

dargestellt. Dabei bedeutet H_m die maximale Feldstärke im Fleck und ϱ wieder den Abstand von seiner Mitte in Einheiten des Radius des Fleckes, d. h. des äußeren Randes der Penumbra. H. v. KLÜBER [20142] hat neuerdings für eine größere Anzahl von Flecken die Verteilung von H mit der photographischen Helligkeitsverteilung verglichen. Als Maximalwert der Feldstärke ergab sich in einem Falle (1942 März 3) $H_m = 4300$ Gauß! Die Feldverteilung kann einigermaßen durch Gl. (134, 24) dargestellt werden; am Rand geht sie natürlich langsamer gegen Null. Im Anschluß an diese Messungen schlägt W. MATTIG [20172] anstelle von (134, 23) die Darstellung vor

$$H = H_m(1 - \varrho^4)\, e^{-2\varrho^2} . \qquad (134, 25)$$

H. W. und H. D. BABCOCK [2030] geben an, daß in der Umgebung von Flecken öfters bis zu Abständen von mehreren Bogenminuten Streufelder der Größenordnung ~ 10 Gauß beobachtet würden.

Der gesamte *magnetische Fluß* $\Phi = \int \mathfrak{H}_n \, d\sigma$ ($\mathfrak{H}_n$ bedeutet dabei die Normalkomponente der Feldstärke, $d\sigma$ ein Flächenelement) durch einen Fleck der Fläche A (hier in cm² gemessen) ist nun nach (134, 23) und (134, 24)

$$\Phi = H_m \cdot A \cdot \int\limits_0^1 (1 - \varrho^2) \cos\left(\frac{\pi}{2}\varrho\right) \cdot 2\,\varrho\, d\varrho = 0{,}315\, H_m A . \qquad (134, 26)$$

Für den ziemlich großen unipolaren (s. unten) Fleck Mt. Wilson No. 6618 mit $H_m = 3600$ Gauß und $A = 1939$ millionstel Sonnenscheibe ergibt sich z. B. $\Phi = 4 \cdot 10^{22}$ Gauß $\cdot$ cm².

Die naheliegende Frage, wo und wie die in einem Fleck aus der Sonnenoberfläche z. B. austretenden Kraftlinien wieder in diese zurückkehren ($\mathrm{div}\,\mathfrak{H} = 0$), ist zur Zeit noch nicht befriedigend geklärt. Hierzu W. GROTRIAN und H. KÜNZEL [20113—20114]. Wahrscheinlich spielen hier die BABCOCKschen Streufelder von nur ~ 10 Gauß eine entscheidende Rolle. Schon G. E. HALE hat öfters auf der Sonne Magnetfelder ohne eigentlichen Fleck, sog. „unsichtbare Flecke", beobachtet. Meist handelt es sich (s. unten) um Fackelflächen, dort wo ein Fleck vor kurzem verschwunden ist oder aufzutauchen beabsichtigt. Auf Abb. 196 C und D erkennt man ausgedehnte Felder von 10—20 Gauß in den größeren Fackelgebieten. Besonderes Interesse dürften solche „magnetischen Gebiete" beanspruchen, die BABCOCKs in hohen heliographischen Breiten beobachten konnten.

S. CHAPMAN [2063] hat versuchsweise das durch Gl. (134, 23) und (134, 24) dargestellte Magnetfeld an der Sonnenoberfläche auf eine zylindersymmetrische und in allen Tiefen gleiche Stromverteilung, d. h. also ein langes Solenoid, zurückgeführt. Die berechnete Stromdichte hat ein Maximum bei $\varrho = 0{,}6$ und geht für $\varrho = 0$ und 1 auf Null herunter. Nimmt man an, daß oberhalb der Schicht $h = 0$, in welcher das Feld gemessen wird, *keine* Kreisströme mehr fließen, so kann man die Feldverteilung im ganzen oberen Halbraum schon aus der Verteilung der Vertikal- *oder* der Horizontalkomponente des Magnetfeldes in der Ebene $h = 0$ nach den Methoden der *Potentialtheorie* berechnen. Derartige Berechnungen sind im einzelnen von S. CHAPMAN [2064] und E. G. v. ROKA [20209] durchgeführt worden. Die Aussagen der Theorie sind wegen unserer mangelhaften empirischen Kenntnis des Feldes in einigem Abstand vom Fleck noch nicht sehr weitreichend. In einer Höhe von ~ 3 Fleckenradien über der Photosphäre dürfte die Feldstärke in der Fleckenachse schon auf $\sim 1\%$ abgesunken sein.

Verfolgt man einen Sonnenfleck bei seiner Wanderung über die Scheibe, so zeigt seine Feldstärke H_m eine Abnahme nach dem ⊙-Rand hin. T. G. COWLING [2070] fand für größere Flecke $H_m = 2000 + 900 \cos\vartheta$ [Gauß]. Eine Unterteilung des *Mt. Wilson*-Materials nach der gemessenen Fleckenfläche A (in Milliontel Hemisphäre; korrigiert auf Verkürzung) nach J. HOUTGAST und A. VAN SLUITERS [20129] zeigt Abb. 197. Würde man mit G. H. A. ARCHENHOLD [2022] berücksichtigen, daß auch nach Berücksichtigung des Perspektive-Faktors $\sec\vartheta$ die Flächen A zum Sonnenrand hin abnehmen, so erhielte man für einen bestimmten und konstanten Fleck eine noch etwas raschere Abnahme vom H_m am ⊙-Rand.

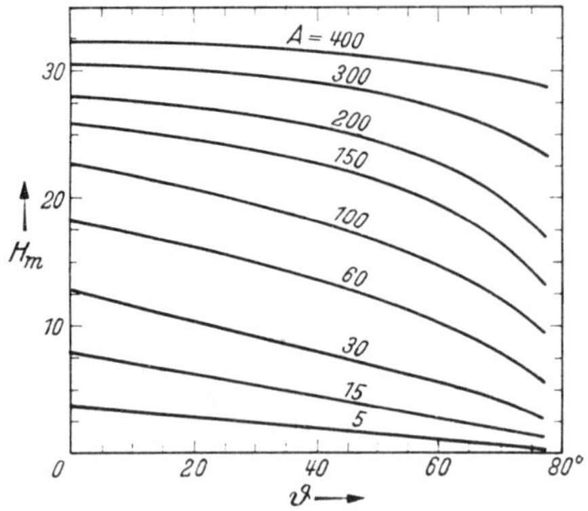

Abb. 197. Mitte-Rand-Variation der gemessenen Feldstärke H_m für Flecke verschiedener Größe A (in milliontel Hemisphäre; korrigiert für perspektivische Verkürzung). Nach J. HOUTGAST und A. VAN SLUITERS [20129].

Zur *Deutung* der Abb. 197 kann man wohl sagen, daß bei den *kleinen* Flecken die Rand-Abnahme von H_m infolge photosphärischen Streulichtes überwiegt, während bei den *großen* Flecken eine wirkliche *Abnahme von H_m mit der Höhe* zugrunde liegt. R. MICHARD [20177] schließt in Verbindung mit seinem Fleckenmodell (Tab. 79) aus der Mitte-Rand-Variation von H_m für seinen „typischen" Fleck ($A \approx 80$) auf eine Abnahme von $\sim 1{,}5$ Gauß/km mit der Höhe. Aus der Divergenz der Kraftlinien nach JOY und NICHOLSON (134, 22) kamen HOUTGAST und VAN SLUITERS auf $\sim 0{,}5$ Gauß/km. R. B. KING [20139] hatte 1934 für verschiedenartige Linien den Zusammenhang von ZEEMAN-Aufspaltung und Linienintensität genauer untersucht. HOUTGAST und VAN SLUITERS glauben, aus seinen Angaben auf einen Feldgradienten von $\sim 2{,}5$ Gauß/km schließen zu können, doch sind alle diese Zahlen wohl noch ziemlich unsicher.

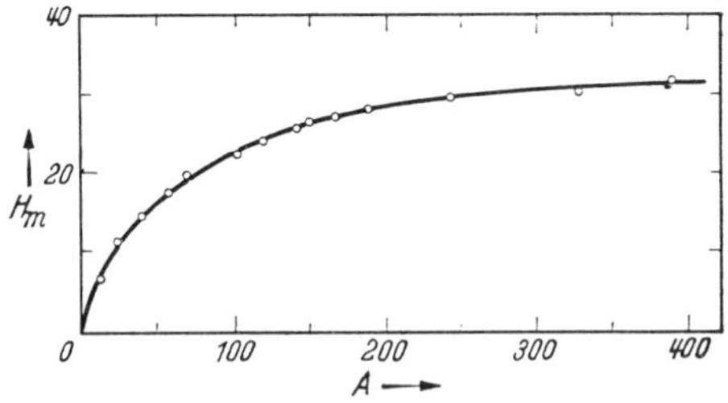

Abb. 198. Maximale Feldstärke H_m (Einheit 100 Gauss) als Funktion der Gesamtfläche A (milliontel Hemisphäre), reduziert auf ⊙-Mitte. Aus Beobachtungen von Einzelflecken (α). Nach J. HOUTGAST und A. VAN SLUITERS [20129].

Mit Hilfe von Abb. 197 kann man *alle* Messungen der Feldstärke H_m auf ⊙-Mitte reduzieren und hierfür nun weiterhin den Zusammenhang zwischen H_m und der Fläche A der Flecke ermitteln. Das Ergebnis zeigt Abb. 198, die mit einer älteren Untersuchung von S. B. NICHOLSON [20188] gut übereinstimmt. Formelmäßig kann man nach HOUTGAST und VAN SLUITERS mit guter Genauigkeit schreiben:

$$H_m = 3700 \frac{A}{A + 66} \text{ [Gauß]}. \qquad (134, 27)$$

Als Einheit von A ist wieder 10^{-6} Sonnenhemisphäre $= 3{,}03 \cdot 10^{16}\,\text{cm}^2$ gewählt.

Ob man aus Gl. (134, 27) schließen darf, daß mit wachsender Ausdehnung eines Fleckes seine Feldstärke sich einem bestimmten *Grenzwert* von ~ 3700 Gauß annähert, ist noch keineswegs klar. H. v. KLÜBER [20142] hat jedenfalls in einem Falle 4300 Gauß gemessen. Anhand von Gl. (134, 27) und Tab. 78 könnte man leicht vollends den Zusammenhang zwischen H_m und der Helligkeits- bzw. Temperaturabnahme im Fleck auftragen.

Einen unmittelbaren Einblick in die Natur der Flecke und insbesondere die Zusammenhänge innerhalb einer Fleckengruppe gewährt die gleichfalls von G. E. HALE und seinen Mitarbeitern [20124] begründete *Magnetische Klassifikation der Sonnenflecke.* Sie betrachtet als „Urphänomen" die sog. *bipolare Fleckengruppe,* zwei benachbarte Flecke entgegengesetzter Polarität (deren Gesetz wir schon besprachen), deren Verbindungslinie nahezu parallel dem Äquator verläuft. Andere Erscheinungsformen lassen sich an diesen Urtyp anschließen, wenn man die *Flocculi* von Kalziumspektroheliogrammen (H und K) zu Hilfe nimmt: Vielfach wird der eine Fleck nur durch das zugehörige Feld der Flocculi vertreten. Oder man beobachtet nur ein lokales Magnetfeld ohne erkennbare Verdunkelung. In solchen Fällen reicht offenbar die Störung nicht bis zur Sonnenoberfläche; HALE spricht daher von *„unsichtbaren Flecken"*.

Nach diesen Vorbemerkungen dürfte der Sinn der folgenden *Klassifikationsvorschriften* [20120 und 20122][1] leicht verständlich sein. Die Beobachtungsergebnisse von *Mt. Wilson* werden in dieser abgekürzten Form fortlaufend in den *Publications of the Astronomical Society of the Pacific* veröffentlicht.

Unipolare Flecke. Einzelflecke oder Gruppen derselben magnetischen Polarität.

(α) Verteilung der Kalziumflocculi vor und hinter[2] der Gruppe einigermaßen symmetrisch.

(αp) Die Fleckengruppe geht der Hauptmasse der umgebenden Flocculi voraus ("*p*receding").

(αf) Die Fleckengruppe folgt der Hauptmasse der umgebenden Flocculi.

Bipolare Flecke. Einfachste Form: Zwei Flecke entgegengesetzter Polarität, deren Verbindungslinie nahezu parallel zum Äquator liegt. Gewöhnlich jedoch ein Strom von Flecken, dessen vordere bzw. hintere Glieder entgegengesetzte Polarität haben. Der Wechsel der Polarität findet meist (aber nicht notwendig) nahe der Mitte des Stromes statt.

(β) Vordere und hintere Gruppe (bzw. Flecke) etwa flächengleich.

(βp) Vordere Gruppe bildet die Hauptkomponente } (Häufig begleitet von
(βf) Hintere Gruppe bildet die Hauptkomponente } „unsichtbaren" Flecken.)

($\beta \gamma$) Bipolar; ohne deutliche Trennungslinie zwischen den Gruppen beider Polaritäten. Vordere oder hintere Gruppe evtl. begleitet von kleinen Flecken entgegengesetzter Polarität.

Multipolare Flecke (γ). Gruppen, in denen die Verteilung beider Polaritäten keine Gesetzmäßigkeit erkennen läßt.

Den *Prozentsatz der Fleckengruppen,* welche auf die verschiedenen Klassen entfallen, gibt die folgende Tabelle nach G. E. HALE und S. B. NICHOLSON [20122], die auf den Beobachtungen von 1915—1924 inkl. basiert (2174 Gruppen). Nur 7% aller Gruppen konnten nicht klassifiziert werden.

Klasse	α	αp	αf	β	βp	βf	$\beta \gamma$	γ
Prozentsatz	14	20	4	21	29	8	3	1

Im Laufe des 11,5jährigen Zyklus erfährt dieses Verteilungsgesetz *keine* merkliche Änderung.

[1] Bezüglich Abbildungen verweisen wir auf diese beiden Abhandlungen sowie den Handbuchartikel von G. ABETTI.

[2] Die Bezeichnungen „vor" und „hinter" sind hier bezogen auf den Sinn der Sonnenrotation. Leider gibt es keinen prägnanten Ersatz für das englische "preceding" und "following".

Aus dieser Statistik geht wiederum hervor, daß die *bipolaren Gruppen*, denen ja vom physikalischen Standpunkt aus betrachtet auch die Mehrzahl der αp und αf zuzurechnen wäre, den eigentlichen Grundtyp bilden. Es überrascht daher nicht, daß sie auch sonst eine Reihe augenfälliger Gesetzmäßigkeiten aufweisen.

Betrachten wir mit S. B. Nicholson [20187] u. a. zunächst die Entwicklung einer typischen bipolaren Gruppe!

Bei ihrem *Erscheinen* besteht diese aus zwei kleinen Flecken oder Gruppen entgegengesetzter Polarität, die bei nahezu gleicher heliographischer Breite etwa 3—4° in Länge voneinander entfernt sind. Der „vordere" (westliche) Fleck entsteht oft schon kurz *vor* dem „hinteren". Während der folgenden Tage *wachsen* die Hauptflecke der Gruppe rasch, und es bilden sich häufig kleinere Flecke in der Umgebung und zwischen den Hauptflecken. Währenddessen bewegen sich die beiden Hauptkomponenten auseinander, bis ihr Abstand in Länge etwa 10° beträgt.

Nun beginnt der *Zerfall* der Fleckengruppe. Zunächst verschwindet der schwächere „hintere" Fleck, oft indem er in eine Reihe kleinerer Flecke zerfällt, die sich dann auflösen. Erst viel später erleidet der „vordere" Fleck ein ähnliches Schicksal. Die oben erwähnten Bewegungen der Flecke werden während des 2. Stadiums weitgehend rückgängig gemacht.

Die *Kalziumflocculi* bilden — wie aus dem früheren hervorgeht — ein sehr empfindliches Reagens auf die Aktivität der Sonne. Sie erscheinen dementsprechend häufig schon 1—2 Tage vor den zugehörigen Flecken und bleiben auch nach dem Verschwinden des Fleckes noch einige Zeit bestehen, so daß z. B. eine β-Gruppe im Laufe ihrer Entwicklung vielfach in die αp-Klasse übertritt.

Wir ergänzen diese qualitative Schilderung zunächst durch einige zahlenmäßige Angaben:

A. H. Joy [20120] und später W. Brunner [2054] haben die *Neigung der Achsen* (Richtung größter Ausdehnung) *der Fleckengruppen gegen die Breitenkreise* in Abhängigkeit von der *heliographischen Breite* untersucht. Ersterer benutzte hierzu die Beobachtungen von Carrington (1856—1861) und Spörer (1861 bis 1893), letzterer das Züricher Material von 1894—1928. Es zeigte sich, daß in der Regel der „vordere" (westliche) Hauptfleck dem Äquator *näher* steht als der „hintere" (östliche) Fleck. Die folgende Übersicht gibt die Mittelwerte beider Untersuchungen. Ein Unterschied zwischen dem an- und absteigenden Teil des Fleckzyklus war nicht zu erkennen.

Heliographische Breite		0—4°	5—9°	10—14°	15—19°	20—24°	25—29°	30—34°
Neigung in Grad	nach Joy	3,7	2,4	5,6	5,8	8,7	9,3	10,8
	nach Brunner	0,6	3,6	5,4	7,2	9,9	14,4	19,0

W. Brunner (s. oben) hat weiterhin gezeigt, daß im Laufe der Entwicklung einer Fleckengruppe ihr Neigungswinkel von durchschnittlich 7,°6 auf 4,°6 *abnimmt*. Dies ist offensichtlich eine Folge der sogleich zu besprechenden Eigenbewegungen.

Diese *Eigenbewegungen* der Flecke sowie ihr *Flächenwachstum* sind besonders in *Greenwich* [2025—2027] eingehend verfolgt worden.

Die folgende Abb. 199 gibt die *mittlere Verschiebung* in Grad heliographischer Länge, gerechnet von der mittleren Lage aus[1] und die *Fläche* der Flecke (auf perspektivische Verkürzung korrigiert; in Millionstel der sichtbaren Sonnenhemisphäre) einmal für die „vorderen" (Haupt-)Flecke von $\sim$ 60 Tagen Lebensdauer[2], die also 3 Umdrehungen der Sonne überdauern, und sodann für die „hinteren" Flecke, die infolge ihrer kürzeren Lebensdauer nur während *einer* Umdrehung der Sonne beobachtet werden können. Diese graphischen Darstellungen geben eine schöne Illustration der obigen qualitativen Schilderung.

[1] Das bei der Reduktion benutzte Rotationsgesetz war $\xi = 14{,}^\circ37 - 2{,}^\circ60 \sin^2\varphi$.

[2] „Vordere" Flecke von kürzerer Lebensdauer zeigen praktisch dasselbe Verhalten.

Die Eigenbewegungen in heliographischer Breite sind im allgemeinen sehr klein ($\leqq 0{,}^\circ 01$ pro Tag). Interessante Untersuchungen hierüber an Hand der langjährigen Greenwicher Beobachtungsreihen verdanken wir J. TUOMINEN [20229], R. S. RICHARDSON und M. SCHWARZSCHILD [2102] sowie neuestens U. BECKER [2033a]. Letzterer findet, daß die jeweilige Fleckenzone selbst eine Grenzlinie bildet in dem Sinne, daß die äquatornäheren Flecke zum Äquator, die Flecke höherer Breiten polwärts wandern. Einige bipolare Gruppen mit ungewöhnlichen Eigenbewegungen, zum Teil auch in Breite, hat M. WALDMEIER [20232] beschrieben.

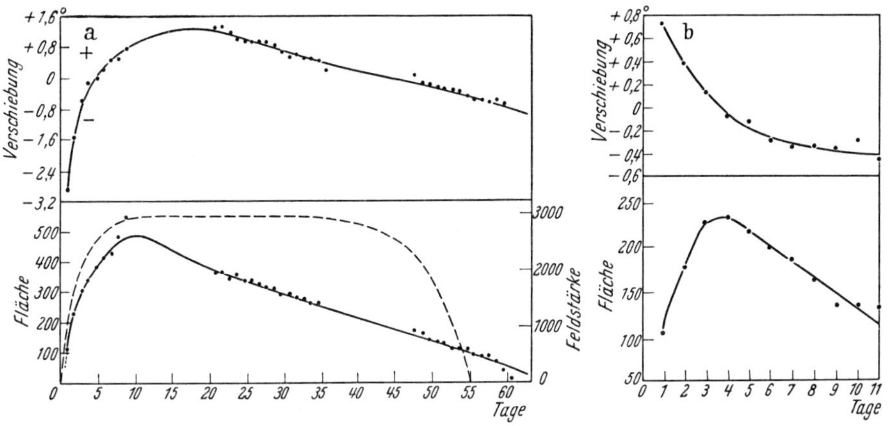

Abb. 199. Verschiebung der Sonnenflecke in heliographischer Länge und Veränderung ihrer Fläche; nach [2027]. a) „Vordere" Flecke mit etwa 60 Tagen Lebensdauer. b) „Hintere" Flecke. Nullpunkt der Ordinaten ist die mittlere Lage des Fleckes. Abszissen: Tage von der Entstehung der Flecke an. Zeitliche Änderung des (zentralen) Magnetfeldes H_m, reduziert auf ⊙-Mitte (unten: gestrichelte Kurve; rechte Skala). Nach T. G. COWLING [2070].

Es sei noch beiläufig bemerkt, daß diese Eigenbewegungen der Flecke auf *die Bestimmung der Rotationsgeschwindigkeit* der Sonne einen erheblichen Einfluß ausüben. In einer heliographischen Breite von 15° ist z. B. die siderische tägliche Bewegung eines „durchschnittlichen" Flecks $14{,}^\circ 2$, während die eines „jungen" Fleckes $15{,}^\circ 2$ beträgt (selbst Hα gibt nach ADAMS nur $14{,}^\circ 9$).

Unten ist in Abb. 199a und b die magnetische Feldstärke H_m, reduziert auf ⊙-Mitte, nach T. G. COWLING [2070] mit eingetragen (rechte Skala). Der zeitliche Verlauf von H_m entspricht etwa dem, was man auf Grund der Änderung der Fläche in Verbindung mit Abb. 198 erwarten würde. Während der „Blütezeit" des Flecks, wo seine *Aktivität* (Eruptionen, Protuberanzen, ...) am größten ist, ändert sich also seine Feldstärke im Durchschnitt gerade sehr *wenig*. W. GROTRIAN, K. BRUNNKOW und H. KÜNZEL [2055 und 20112] haben darüber hinaus nach raschen, kurzzeitigen Änderungen von H_m gesucht und finden öfters Schwankungen von 20—30 Gauß/Std. Auf die theoretische Bedeutung solcher Messungen werden wir noch zurückkommen.

Die naheliegende Frage nach dem inneren Zusammenhang und der tieferen *Ursache* der beschriebenen Phänomene wollen wir, wie gesagt, auf Abschnitt 137 zurückstellen und vorher noch die mit den Sonnenflecken eng verknüpften Sonnen*fackeln* besprechen.

135. Die Sonnenfackeln.

Nachdem wir bisher hauptsächlich die Verhältnisse im *Zentrum* der Sonnenflecke studiert haben, untersuchen wir nunmehr Stück für Stück den Übergang zur ungestörten Sonnenatmosphäre.

Der Übergang von der *Umbra* zur *Penumbra* des Flecks scheint nach den Photometerkurven z. B. H. v. KLÜBERs [20142] im allgemeinen ziemlich stetig zu sein. Gelegentlich aber erscheint nach SECCHI u. a. [2073] an der Grenze Umbra—Penumbra ein *heller Ring*.

Außerhalb der Penumbra beobachtete M. WALDMEIER [20231] auf Photoheliogrammen (effektive Wellenlänge ~ 4300 Å) noch einen schwach ausgeprägten *hellen Ring*, dessen Kontrast relativ zur normalen Sonnenoberfläche in $\odot$-Mitte etwa 3% beträgt, bei $\sin\vartheta \approx 0{,}87$ bzw. $\cos\vartheta = 0{,}50$ auf die Hälfte abnimmt und am Rand nicht mehr zu erkennen ist. Ähnliche Beobachtungen haben A. K. DAS und A. S. RAMANATHAN [2073] in spektral zerlegtem Licht bei λ 3842,5 Å gemacht.

Anhand unserer Abb. 54 könnte man aus den vorliegenden Beobachtungen auf eine *Erwärmung* in verhältnismäßig tiefen Schichten, etwa $\tau \approx 1$, schließen. Beobachtungen bei längeren Wellen, wo die Mitwirkung unaufgelöster Linien von vornherein ausgeschlossen ist, liegen leider noch nicht vor.

Die Verhältnisse der *Durchmesser von Umbra, Penumbra und hellem Ring* sind nach einer Statistik von M. WALDMEIER [20231] durch die folgenden Beziehungen gegeben, wobei P den Durchmesser der Penumbra in Einheiten des Sonnendurchmessers bezeichnet:

$$\frac{\text{Penumbra}}{\text{Umbra}} = 3{,}2_6 - 36{,}_3 \cdot P \quad \text{für} \quad 0{,}01_0 < P < 0{,}03_5 \tag{135, 1}$$

$$\frac{\text{Penumbra}}{\text{Heller Ring}} = 0{,}62_5 + 3{,}5_9 \cdot P \quad \text{für} \quad 0{,}01_0 < P < 0{,}04_3\,. \tag{135, 2}$$

Die „Übergangszonen" von Penumbra und hellem Ring wachsen also bei großen Flecken *nicht* entsprechend ihrem Gesamtdurchmesser mit. In den Penumbren der Flecke zeigt die *Granulation* nach den Aufnahmen von JANSSEN, CHEVALIER, STREBEL u. a. eine langgezogene, fädige Struktur in radialer Richtung. Diese Veränderung der Granulation wird offenbar hervorgerufen durch die Scherungsspannungen der radialen Ausströmung, des EVERSHED-Effektes. Vom Rand her ragen in den Fleck und sogar über ihn hinweg häufig sog. „Lichtbrücken", anscheinend Gebilde relativ hoher Schichten, deren Physik aber noch ganz unklar ist.

Für die weitere Umgebung der Flecke und Fleckengruppen charakteristisch sind die *Sonnenfackeln*. Oft ist der verschwundene f-Fleck einer früheren bipolaren Gruppe nur noch durch eine Fackelfläche „vertreten". Auf die Magnetfelder solcher „unsichtbaren Flecke" (HALE) und vieler größerer Fackelflächen überhaupt haben wir schon hingewiesen.

Auf der Mitte der Sonnenscheibe kann man die Fackeln im kontinuierlichen Licht nicht erkennen; hier treten sie erst auf den Spektroheliogrammen in Erscheinung (s. Abschnitt 145). Im Kontinuum werden die Fackeln erkennbar etwa bei $\sin\vartheta = 0{,}8_7$ und erreichen nach M. WALDMEIER [20240] den *maximalen Kontrast* relativ zu ihrer Umgebung bei $\sin\vartheta = 0{,}94_5$ bzw. $\cos\vartheta = 0{,}32_6$. Wieweit ihr Verschwinden am Sonnenrand auf Abnahme des Kontrastes oder nur auf der perspektivischen Verkürzung beruht, können photoheliographische Beobachtungen allein offenbar nicht entscheiden.

Die *Morphologie der Fackeln* ist merkwürdigerweise erst 1938/1939 von M. WALDMEIER [20234] und P. TEN BRUGGENCATE [2051—2052] geklärt worden. Auf guten Aufnahmen erscheinen die Fackeln aufgeteilt in ein Netz etwa 10″ breiter und bis $>1'$ langer heller „*Fackeladern*". Dieses Netz hängt offenbar zusammen mit dem der Kalziumflocculi auf Spektroheliogrammen. Die Fackeladern ihrerseits bestehen aus perlschnurartig aufgereihten *Knoten* von 6″—8″, selten $>10''$ Durchmesser, die wiederum in *Fackelgranulen* von 1″—2″ Durchmesser aufgelöst werden können (entsprechend dem Trennungsvermögen des

Teleskopes). Diese *Fackelgranulen* haben nach ten Bruggencate (s. oben) eine *Lebensdauer* von ~ 1 Std. Die mittleren Intensitätsschwankungen in dieser Fackelgranulation mißt er bei λ 4350 Å direkt zu $\pm 5{,}3\%$ bzw. korrigiert auf atmosphärische Szintillation zu $\pm 10\%$. Einzelne Fackelgranulen übertreffen die Helligkeit der benachbarten Photosphäre um 40—45%. Ein Teil der Fackelgranulen geht offenbar nicht von dem normalen photosphärischen Helligkeitsniveau aus, sondern von einer $\sim 11\%$ erhöhten Basis. Ob es sich dabei um wirkliche helle „Wolken" oder um unaufgelöste Strukturen handelt, kann man nicht ohne weiteres entscheiden.

Die *Mitte-Rand-Variation* des Helligkeitskontrastes der (unaufgelösten!) Fackeln ist für die Gesamtstrahlung von T. W. Wormell [20251] und für zwei Wellenlängenbereiche photographisch von R. S. Richardson [20201] bis $\cos\vartheta \approx 0{,}31$ gemessen worden (Tab. 82). Nach M. Waldmeier [20240] erreicht das Verhältnis Fackeln / Photosphäre für $\lambda \sim 4300$ seinen Maximalwert bei $\cos\vartheta \approx 0{,}32_6$, um dann wieder abzunehmen[1]. Vergleicht man dieses Verhalten mit den Kurven von Abb. 54, welche die Winkelabhängigkeit der Ausstrahlung einer „Schichtquelle" darstellen, so erkennt man, daß in den Fackelgebieten relativ zur ungestörten Sonnenatmosphäre offenbar eine Erwärmung in den höheren Schichten und eine Abkühlung in tieferen Schichten statthaben muß. Um aus den beobachteten $I(\vartheta)_{Fackel}/I(\vartheta)_{Phot}$ die *Tiefenabhängigkeit der Ergiebigkeit bzw. Temperatur* einigermaßen berechnen zu können, muß man die Temperaturerhöhung der Fackeln für $\tau \to 0$ kennen. Auf Grund des Studiums von *Spektroheliogrammen* — auf welche wir später zurückkommen werden — hat M. Reichel [21143] $\Delta T \approx 100°$ für $\tau \to 0$ abgeschätzt und berechnet dann aus den Beobachtungen Richardsons für λ 5780 Å ziemlich zwangläufig in bekannter Weise das in Tab. 83 dargestellte Modell. Danach erreicht die Temperaturerhöhung in den Fackeln bei $\tau_{4100} = 0{,}2$ ein Maximum von 350° und geht dann bei $\tau_{4100} = 0{,}9$ durch Null; die tieferen Schichten sind in den Fackeln *kühler*. Unterhalb $\tau \approx 1{,}5$ wird die Berechnung der Ergiebigkeit aus der Mitte-Rand-Variation bekanntlich ganz unsicher. Die Beobachtungen R. C. Richardsons für λ 4330 stimmen in ihren Aussagen über die Temperaturschichtung mit denen für λ 5780 nicht ganz überein. M. Reichel vermutet, daß λ 4330 durch die dicht gepackten Fraunhofer-Linien beeinflußt ist. Beobachtungen in den kurzwelligen „*Fenstern*" nach D. Chalonge wären sehr erwünscht.

Tabelle 82. Intensitätsverhältnis von Fackeln zur Photosphäre. Photographische Beobachtungen von R. S. Richardson. Gesamtstrahlungsmessungen von T. W. Wormell. ($\sin\vartheta$ = Abstand von ⊙-Mitte in Einheiten des Sonnenradius.)

$\sin\vartheta$	$\cos\vartheta$	λ 4330	λ 5780	Gesamtstrahlung
0,60	0,800	1,04	1,02	—
0,70	0,714	1,06	1,03	1,02
0,80	0,600	1,10	1,04	$1{,}02_5$
0,90	0,436	1,14	1,10	1,04
0,95	0,312	1,17	1,16	1,06

Über das Verhalten der *Fraunhofer-Linien im Spektrum der Fackeln* ist leider noch sehr wenig bekannt. C. E. St. John [20133] findet generell eine Verstärkung der Funkenlinien und eine Schwächung der Bogenlinien. Ein photometrischer Vergleich der Konturen der H- und K-Linien von Ca II in Fackeln und ihrer Umgebung durch P. Kremer [20146] ergab dagegen überraschenderweise eine *Abnahme* der Anzahl wirksamer Atome um $\sim 15\%$. Auf spektroheliographische Beobachtungen und ihre Deutung werden wir in Abschnitt 145 zu

[1] Die Mitte-Rand-Variation und damit auch die Temperaturschichtung der *Fackeln* ist also von der des Waldmeierschen „hellen Ringes" ganz verschieden.

Tabelle 83. Temperatur- und Druckschichtung in den Fackeln.
Zum Vergleich ist auch das für die Photosphäre benutzte Ausgangsmodell angegeben. Der Gasdruck P_g ist in Fackeln und Photosphäre bei jedem τ_{4100} praktisch derselbe. Nach M. REICHEL [21143].

1	2	3	4	5	6	7	8
τ	Photosphäre			Photosphäre und Fackeln	Fackeln		
	$B_{(\tau)}$	Θ	$\log P_e$	$\log P_g$	$B_{(\tau)}$	Θ	$\log P_e$
0,00001	3,6	1,290			5	1,250	
0,005	10,0	1,095	—0,30	3,55	11,5	1,065	—0,27
0,01	13,5	1,060	0,11	3,98	14,7	1,042	0,16
0,05	19,8	1,007	0,54	4,40	21,9	0,984	0,61
0,1	25,0	0,975	0,78	4,58	31,8	0,930	0,87
0,2	34,0	0,920	1,02	4,74	50,5	0,863	1,21
0,3	43,0	0,886	1,20	4,83	56,0	0,849	1,33
0,4	51,1	0,860	1,34	4,90	60,5	0,840	1,41
0,6	67,3	0,820	1,53	4,98	71,8	0,813	1,57
0,8	84,0	0,788	1,71	5,03	84,8	0,786	1,73
1,0	100,0	0,764	1,88	5,07	98,3	0,768	1,87
2,0	181,3	0,680	2,50	5,15	162,2	0,711	2,44
3,0	262,6	0,627	2,90	5,19	220,0	0,656	2,72

sprechen kommen. Bezüglich des Fackel-Modells von Tab. 83 wird man jedenfalls im Auge behalten müssen, daß es nur eine Art Mittelwert zwischen den Fackelgranulen und ihren Zwischenräumen darstellt.

136. Das Problem eines allgemeinen Magnetfeldes der Sonne.

Im Anschluß an die Entdeckung des Magnetfeldes der Sonnenflecke haben G. E. HALE und seine Mitarbeiter an *Mt. Wilson* [20118—20119] nach einem *allgemeinen Magnetfeld der Sonne* gesucht. Es lag nahe, sich dieses in Analogie zu dem der Erde mindestens in erster Näherung als *Dipolfeld* vorzustellen.

Dieses beschreibt man am einfachsten durch das magnetische Potential

$$\Omega = -\frac{M}{r^2}\cos\vartheta\,, \tag{136, 1}$$

wo r den Radiusvektor vom Sonnenmittelpunkt aus, ϑ die Poldistanz und M das *magnetische Moment der Sonne* bedeutet. Die Vertikal- und Horizontalkomponenten des Magnetfeldes sind dann (nach innen bzw. dem Pol $\vartheta = 0$ zu gerechnet)

$$H_r = \frac{\partial\Omega}{\partial r} = \frac{2M}{r^3}\cos\vartheta \quad \text{bzw.} \quad H_\vartheta = \frac{\partial\Omega}{r\,\partial\vartheta} = \frac{M}{r^3}\sin\vartheta \tag{136, 2}$$

und die gesamte Feldstärke

$$H = \sqrt{H_r^2 + H_\vartheta^2} = \frac{M}{r^3}\sqrt{1+3\cos^2\vartheta}\,. \tag{136, 3}$$

Beobachtet man senkrecht zur magnetischen Achse, so hat man die longitudinale Feldstärke

$$H_{long} = H_r\sin\vartheta - H_\vartheta\cos\vartheta = \frac{M}{2r^3}\sin 2\vartheta\,, \tag{136, 4}$$

die also ein *Maximum* bei $\vartheta = 45°$ aufweist.

Anstelle von M gibt man vielfach die *Feldstärke am Pol* H_p an. Nach (136, 2) oder (136, 3) gilt zwischen den beiden Größen die Beziehung

$$H_p = \frac{2M}{r_\odot^3}\,. \tag{136, 5}$$

Die älteren *Mt. Wilson-Messungen* schienen — wenn auch mit einigen Vorbehalten — auf ein allgemeines Magnetfeld der Sonne mit einer Polfeldstärke $H_p \approx 50$ Gauß, entsprechend einem magnetischen Moment der Sonne $M = 8{,}40 \times \times 10^{33}$ Gauß · cm³ hinzuweisen.

Neuere Messungen von G. THIESSEN [20226 und 20228], H. v. KLÜBER [20144], H. W. und H. D. BABCOCK [2030] und K. O. KIEPENHEUER [20137] führen sämtlich nur auf einen *oberen Grenzwert* $H_p < 1$ bis höchstens 2 Gauß. Sie lassen allerdings — wie schon bemerkt — über größere Gebiete unregelmäßige Streufelder der Größenordnung 10 Gauß erkennen.

Auf der anderen Seite läßt sich die strahlige *Struktur der Sonnenkorona*, insbesondere der sog. *Polarbüschel* im Minimum des 11jährigen Zyklus, kaum ohne die Annahme eines mehr oder weniger geordneten allgemeinen Magnetfeldes deuten; vgl. H. C. VAN DE HULST [2171]. Die Lage der *Magnetpole* hat G. ABETTI [2017] auf zahlreichen Finsternisaufnahmen untersucht. Über die Feldstärke lassen sich leider keine Aussagen machen.

Ein allgemeines Magnetfeld der Sonne wäre auch von großer Bedeutung für die Physik der *kosmischen Ultrastrahlung*, da es die Bahnen der energieärmeren geladenen Ultrastrahlungsteilchen daran hindern würde, die Erde zu erreichen. Die vorliegenden Messungen erlauben nach S. B. TREIMAN [2325] die Aussage, daß ein magnetisches Dipolmoment der Sonne jedenfalls kleiner als $5 \cdot 10^{32}$ Gauß $\times \times$ cm³ sein muß.

137. Bemerkungen zur Theorie der Konvektion und der Magnetfelder auf der Sonne. Magneto-Hydrodynamik.

A) Klassifikation der Konvektionserscheinungen auf der Sonne. Wir unterscheiden drei wesentlich voneinander verschiedene Konvektionsphänomene auf der Sonne, die wir sogleich durch die charakteristische Länge l (Ausdehnung) und Zeit T (Lebensdauer) der größeren Gebilde sowie durch ihre evtl. Abhängigkeit von der heliographischen Breite und der Phase im 11jährigen Zyklus kennzeichnen:

1. *Die Granulation.* $l \sim 100$ km; $T \sim 60$ sec. *Unabhängig* von der heliographischen Breite und dem 11jährigen Zyklus.

2. *Flecke* bzw. Fleckengruppen (einschließlich zugehöriger Fackelfelder usw.): $l \sim 100000$ km; $T \sim 30$ Tage $\approx 2{,}6 \cdot 10^6$ sec. *Starke* Abhängigkeit von der heliographischen Breite und dem Fleckenzyklus.

Sodann zeigen die bekannten K_2- und H_2-*Spektroheliogramme* das

3. *Netz der Kalziumflocculi.* Dessen „Maschenweite" entspricht etwa $l \sim 30000$ km. Die Lebensdauer der Flocculi beträgt ~ 1 Tag $= 9 \cdot 10^4$ sec. Eine Abhängigkeit von der heliographischen Breite und dem 11jährigen Zyklus ist — wenn man die offenbar zu den Flecken gehörenden «plages faculaires» abtrennt — *nicht* zu erkennen.

Wie ist es nun möglich, daß in der Sonnenatmosphäre gleichzeitig diese drei voneinander völlig verschiedene Phänomene auftreten?

Die Theorie der *Granulation* haben wir schon in Abschnitt 58 entwickelt und dort die Ausdehnung $l \sim 100$ km ihrer aktivsten Elemente (die gleichzeitig dem PRANDTLschen Mischungsweg entspricht) mit der *Äquivalenthöhe* $H_0 = RT/\mu g$ der Sonnenatmosphäre in Verbindung gebracht. Die Größenordnung der Zeit T wird dann aus der Theorie der Konvektion heraus ohne weiteres verständlich.

Die Dimensionen der größeren *Sonnenflecke und Fleckengruppen* können wir größenordnungsmäßig am ehesten mit der *Dicke der Wasserstoffkonvektionszone* in Beziehung setzen, die ~ 60000 km beträgt. Dies würde also heißen, daß die *Flecke* usw. durch eine Strömung der Wasserstoffkonvektionszone als Ganzes zustande kämen. Die Geschwindigkeit von $l/T \sim 0{,}04$ km/sec erscheint so vielleicht nicht unplausibel. Auch die Stärke der *Magnetfelder* in den Flecken wird — wie wir sehen werden — auf dieser Basis wenigstens größenordnungsmäßig verständlich.

Die *Kalziumflocculi* gehören nach Ausweis der K_2-Spektroheliogramme, auf denen man sie am besten erkennen kann, der höheren Chromosphäre an. Die einzige charakteristische Höhendifferenz, die hier für die Erzeugung von Turbulenzkörpern mit ~ 30000 km horizontaler Ausdehnung in Frage kommt, dürfte die Differenz eben von der unteren Chromosphäre bis zu dem steilen Temperaturanstieg sein, der in die Korona führt. Diese Niveaudifferenz ist also etwas größer als die „Höhe von H oder K und auch Hα“, wie man sie im Flashspektrum beobachtet, d. h. rund 10000 km. Die charakteristische Geschwindigkeit von ~ 30000 km/1 Tag $\approx 0{,}3$ km/sec paßt größenordnungsmäßig gut zu dem, was man aus direkten Messungen mit dem *enregistreur des vitesses* weiß. Weiterhin dürfte klar sein, daß das von F. N. Frenkiel und M. Schwarzschild [20100] gefundene *sekundäre Maximum des Turbulenzspektrums* der Sonne bei der großen Wellenlänge von ~ 15000 km nichts anderem entspricht, als der Konvektion im *Niveau der Kalziumflocculi*, deren Ausdehnung ja gerade von dieser Größenordnung ist. Schwieriger ist die Frage nach der *Dynamik* der Konvektion in den höheren Chromosphärenschichten. Die in Abschnitt 54—58 entwickelte Theorie der Konvektion reicht hier offenbar nicht aus; man muß vielmehr wohl in Betracht ziehen, daß die höheren Chromosphärenschichten in Wirklichkeit eher als ein Haufwerk kleinerer Protuberanzen, der “spicules”, anzusehen sind. Wir verschieben die weitere Diskussion daher besser auf Kap. XXI.

Ganz leicht können wir die Frage beantworten, weshalb die *Granulation* und das Netz der *Kalziumflocculi* im Gegensatz zu den *Sonnenflecken* selbst keinerlei *Abhängigkeit* von der heliographischen Breite und von der Phase im 11 jährigen Zyklus erkennen lassen. Der ganze Fleckenzyklus mit seiner charakteristischen Breitenabhängigkeit kann offenbar — auf detailliertere Vorstellungen brauchen wir uns dabei noch gar nicht einzulassen — nur zustande kommen unter Mitwirkung der *Corioliskraft* $\mathfrak{C}$ der Sonnenrotation. Für ein Volumelement 1 mit Materie der Dichte ϱ und der Geschwindigkeit $\mathfrak{v}$ relativ zur Sonne ist diese

$$\mathfrak{C} = 2\,\varrho\,[\mathfrak{v}, \mathfrak{w}]\,, \tag{137, 1}$$

wo $\mathfrak{w}$ den Vektor der Winkelgeschwindigkeit der Sonne, aufgetragen in Richtung ihrer Drehachse, bedeutet. Bezeichnen wir mit τ die *Rotationsdauer* der Sonne, so ist $|\mathfrak{w}| = \frac{2\pi}{\tau}$ und daher größenordnungsmäßig

$$|\mathfrak{C}| \sim \varrho \cdot \frac{2\,\pi\,v}{\tau}\,. \tag{137, 2}$$

Bei den Strömungen der Turbulenzelemente tritt nun die *Corioliskraft* $\mathfrak{C}$ in Konkurrenz zu den *Trägheitskräften* $\mathfrak{F}$ oder — so können wir ebensogut sagen — der *Zentrifugalkraft* der Bewegung relativ zur Sonnenatmosphäre. Bezeichnen wir wieder mit v die Geschwindigkeit der Strömung und mit T ihre charakteristische Dauer, so wird größenordnungsmäßig

$$|\mathfrak{F}| \approx \varrho \times \text{Geschwindigkeitsänderung/sec} \approx \varrho \cdot \frac{2\,\pi\,v}{T}\,. \tag{137, 3}$$

Die *Corioliskraft* wird den Bewegungstypus *dann* wesentlich beeinflussen, wenn $|\mathfrak{C}| > |\mathfrak{F}|$ ist oder nach (137, 2) und (137, 3)

$$\boxed{T > \tau \approx 27 \text{ Tage}\,.} \tag{137, 4}$$

Die „*rasch*" verlaufenden Bewegungen der *Granulation* und der *Flocculi* werden daher von der Sonnenrotation *nicht* beeinflußt, während der 11*jährige Zyklus* im hydrodynamischen Sinne als *langdauernd* zu betrachten ist, und deshalb eine ausgesprochene Breitenabhängigkeit bekommt[1]. Unter diesen Gesichtspunkten ist eine Einwirkung des 11 jährigen Zyklus' auf die wesentlich rascher verlaufenden Konvektionserscheinungen von vornherein gar nicht zu erwarten.

B) Dynamische Bedeutung der Magnetfelder. Magneto-Hydrodynamik. Nach Abb. 199 erreicht das *Magnetfeld* eines Sonnenfleckes bei dessen Entstehung in wenigen Tagen seine volle Stärke. T. G. COWLING [2070] hat sich nun die Frage gestellt, ob das Magnetfeld so rasch überhaupt *entstehen* könne. Das teilweise ionisierte Gas, oder, wie man heute sagt, das *Plasma* der Sonnenatmosphäre ist nämlich ein ausgezeichneter elektrischer *Leiter*. Jede Änderung des Magnetfeldes ruft daher Induktionsströme hervor, die ihr — entsprechend der LENZschen Regel — entgegenwirken.

Wir behandeln das Problem im Anschluß an T. G. COWLING direkt mit Hilfe der MAXWELLschen Gleichungen[2]. Es bedeuten in üblicher Weise $\mathfrak{E}$ und $\mathfrak{H}$ die Vektoren der elektrischen bzw. magnetischen Feldstärke, $\mathfrak{i}$ sei der Vektor der Stromdichte, σ die Leitfähigkeit. Die Permeabilität μ und die Dielektrizitätskonstante ε werden wir meist gleich Eins setzen. Die Vektoren der elektrischen Verschiebung $\mathfrak{D} = \varepsilon\,\mathfrak{E}$ und der magnetischen Induktion $\mathfrak{B} = \mu\,\mathfrak{H}$ brauchen wir dann von $\mathfrak{E}$ und $\mathfrak{H}$ nicht zu unterscheiden. Da es sich weiterhin um relativ langsame Vorgänge handelt, können wir den Verschiebungsstrom $\frac{1}{4\pi}\dot{\mathfrak{D}}$ gegenüber dem Leitungsstrom $\mathfrak{i} = \sigma\,\mathfrak{E}$ vernachlässigen. Unter diesen Voraussetzungen lauten nun die MAXWELLschen Gleichungen:

$$\begin{aligned} \operatorname{rot}\mathfrak{E} &= -\frac{1}{c}\frac{\partial\mathfrak{B}}{\partial t} & \qquad & \operatorname{div}\mathfrak{D} = 4\pi\varrho_e \\ & & \text{nebst} \qquad & \qquad\qquad \text{und} \quad \mathfrak{i} = \sigma\,\mathfrak{E} \\ \operatorname{rot}\mathfrak{H} &= \frac{4\pi}{c}\mathfrak{i} & & \operatorname{div}\mathfrak{B} = 0\,. \end{aligned} \tag{137, 5}$$

Die Leitfähigkeit σ kann dabei noch *orts*abhängig sein; wir betrachten sie aber vorerst als *skalare* Größe und lassen damit z. B. den HALL-Effekt außerhalb unserer Betrachtungen. Die Raumladungsdichte ϱ_e wird wegen der guten Leitfähigkeit des Plasmas stets sehr klein sein.

Das Magnetfeld $\mathfrak{H}$ können wir nun (wir setzen im folgenden $\varepsilon = 1$ und $\mu = 1$) wegen $\operatorname{div}\mathfrak{H} = 0$ durch ein *Vektorpotential* $\mathfrak{A}$ darstellen, indem wir schreiben

$$\mathfrak{H} = \operatorname{rot}\mathfrak{A} \quad \text{mit der Nebenbedingung} \quad \operatorname{div}\mathfrak{A} = 0\,. \tag{137, 6}$$

Aus den MAXWELLschen Gleichungen [links in (137, 5)] erhält man damit

$$\operatorname{rot}\operatorname{rot}\mathfrak{A} = \operatorname{grad}\operatorname{div}\mathfrak{A} - \Delta\mathfrak{A} = \frac{4\pi}{c}\mathfrak{i} \quad \text{oder} \quad \Delta\mathfrak{A} = -\frac{4\pi}{c}\mathfrak{i} \tag{137, 7}$$

und

$$\operatorname{rot}\mathfrak{E} = \frac{1}{c}\frac{\partial}{\partial t}\operatorname{rot}\mathfrak{A} \tag{137, 8}$$

oder — wieder wegen $\operatorname{div}\mathfrak{A} = 0$ —

$$\mathfrak{i} = \sigma\,\mathfrak{E} = -\frac{\sigma}{c}\frac{\partial\mathfrak{A}}{\partial t}\,. \tag{137, 9}$$

[1] In der terrestrischen *Meteorologie* wären z. B. *Schauer* als „rasch verlaufend", die großen *Hoch- und Tiefdruckgebiete* dagegen als „lange dauernd" anzusehen. Da die Strömungen hier vorwiegend horizontal verlaufen, läßt sich (137, 4) noch etwas verschärfen. Vgl. L. PRANDTL [2009, S. 329f.].

[2] Wir schreiben diese stets in dem (altmodischen) GAUSSschen Maßsystem.

Gl. (137, 7) und (137, 9) zusammen führen nun für die Ausbreitung von $\mathfrak{A}$ auf die partielle Differentialgleichung

$$\Delta \mathfrak{A} = \frac{4\pi\sigma}{c^2} \frac{\partial \mathfrak{A}}{\partial t}\,. \tag{137, 10}$$

Diese ist ihrem Charakter nach eine *Diffusionsgleichung* mit dem *Diffusionskoeffizienten* $D \doteq \frac{c^2}{4\pi\sigma}$.

Ihre eindimensionale Lösung, welche die Ausbreitung einer *schicht*artigen Quelle bzw. eines Magnetfeldes von der Ebene $x = 0$ aus darstellt, ist bekanntlich (wie man leicht verifiziert)

$$\mathfrak{A} = \frac{\mathfrak{A}_0}{\sqrt{4\pi D t}}\, e^{-\frac{x^2}{4Dt}}\,. \tag{137, 11}$$

Die entsprechende dreidimensionale Lösung für eine *Punkt*quelle bei $r = 0$ erhält man wegen der Separierbarkeit von Gl. (137, 10) durch Multiplikation dreier Funktionen der Art (137, 11) in x, y, z:

$$\mathfrak{A} = \frac{\mathfrak{A}_0}{(4\pi D t)^{3/2}}\, e^{-\frac{r^2}{4Dt}}\,. \tag{137, 12}$$

Allgemeinere Ausgangsverteilungen des Magnetfeldes kann man leicht durch Integration über die Lösungen für Schicht-, Linien- oder Punktquellen behandeln.

Aus (137, 11) oder (137, 12) oder auch schon aus der Differentialgleichung (137, 10) selbst liest man ab, daß die Ausbreitung des Magnetfeldes über eine Distanz x eine Zeit τ der Größenordnung

$$\tau \approx \frac{x^2}{4D} = \frac{\pi\sigma}{c^2} \cdot x^2 \tag{137, 13}$$

in Anspruch nimmt. Die Leitfähigkeit der Konvektionszone[1] ist [nach Gl. (137, 54)] etwa $\sigma \approx 10^{13}$ elst. CGS-Einheiten oder [sec^{-1}] bzw. $10^{13}/c^2 \approx 10^{-8}$ elmagn. CGS-Einheiten. Setzen wir x gleich dem Radius eines durchschnittlichen Sonnenfleckes, d. h. ~ 10000 km, so ergibt sich[2]

$$\tau \approx 3 \cdot 10^{10}\,\text{sec} = 1000\ \text{Jahre}\,. \tag{137, 14}$$

Es ist danach zunächst klar, daß das Magnetfeld eines Fleckes unmöglich an Ort und Stelle entstehen oder vergehen kann. Bis jetzt haben wir — dies ist wohl zu beachten! — die Materie sozusagen künstlich festgehalten und als *ruhend* betrachtet.

Bewegt sie sich mit einer Geschwindigkeit v, so wird das Magnetfeld über eine Strecke x durch *konvektive* Mitnahme in einer Zeit

$$\tau' \approx \frac{x}{v} \tag{137, 15}$$

transportiert, während die „*Diffusion*" über dieselbe Entfernung die Zeit τ nach Gl. (137, 13) in Anspruch nimmt.

[1] Genauer gesagt, setzen wir voraus, daß der Wasserstoff schon zum größten Teil ionisiert ist. In der photosphärischen Schicht, wo nur die Metalle ionisiert, der Wasserstoff aber neutral sind, beträgt nach (137, 55) die Leitfähigkeit nur $\sim 3{,}7 \cdot 10^{11}$ elst. CGS-Einheiten. Die Zeitdauer wird dann cet. par. 27mal kürzer; sie ist aber immer noch erheblich länger als der ganze Fleckenzyklus.

[2] Im wesentlichen dasselbe Ergebnis hätten wir auch durch eine Abschätzung von *Selbstinduktion* und *Widerstand* des Stromsystems erhalten, welches das Magnetfeld des Sonnenfleckes hervorruft.

Das Magnetfeld muß also praktisch der Bewegung der Materie folgen, oder — wie man sagt — die *Kraftlinien sind in der Materie eingefroren,* sobald $\tau > \tau'$ oder

$$v > \frac{c^2}{\pi \sigma \cdot x} \tag{137, 16}$$

ist. Bei Geschwindigkeiten von $v \approx 1$ km/sec, wie man sie in der Photosphäre gewöhnlich hat, und $\sigma \approx 10^{13}\,\text{sec}^{-1}$ heißt dies, daß schon in Dimensionen von $x > 3$ Meter — d. h. praktisch gesprochen immer — *das Magnetfeld nur mit der Materie zusammen verändert werden kann.*

Sobald dies der Fall ist, müssen wir also berücksichtigen, daß jede Bewegung der leitenden Materie Induktionsströme erzeugt, auf die wiederum das Magnetfeld mechanische Kräfte ausübt. Das heißt, wir müssen mit H. ALFVÉN [2019 und 2003] die Grundgleichungen der Elektrodynamik und der Hydrodynamik zusammenfassen zu denen der *Magneto-Hydrodynamik.*

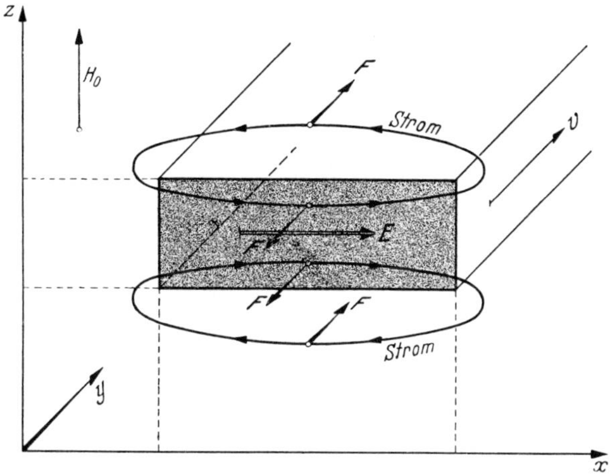

Abb. 200. Entstehung einer magneto-hydrodynamischen Welle. Nach H. ALFVÉN [2003].

Im Anschluß an H. ALFVÉN betrachten wir zunächst die Ausbreitung einer Störung des Strömungsfeldes *und* des Magnetfeldes in einem leitenden Medium, das sich in einem äußeren Magnetfeld H_0 befinde. Diese anschauliche Überlegung und im Anschluß daran eine exakte Durchrechnung des Problems werden uns auf einen neuartigen Bewegungstypus führen, nämlich die 1942 von H. ALFVÉN [2019] entdeckten *magneto-hydrodynamischen Wellen.*

Wir legen (Abb. 200) das Magnetfeld H_0 in die z-Richtung. Sodann grenzen wir — in Gedanken — aus der kontinuierlich verteilten Materie ein rechteckiges, in der y-Richtung unendlich langes Volumelement ab. Bewegen wir es in der $+y$-Richtung mit einer *Geschwindigkeit* v, so wird darin ein *elektrisches Feld* E in der $+x$-Richtung induziert. Dieses wiederum erzeugt *elektrische Ströme,* die etwa den angezeichneten geschlossenen Bahnen folgen. Endlich übt das Magnetfeld auf diese Ströme *mechanische Kräfte* F (s. Abb. 200) aus, die unserem Volumelement Bewegungsgröße entziehen und sie dafür auf die darüber- und darunterliegende Materie übertragen. Nach einiger Zeit wird also unser Volumelement zur Ruhe kommen, während seine Umgebung sich in der $+y$-Richtung bewegt. Nun kehrt sich das Spiel um; es entsteht eine *magneto-hydrodynamische Welle,* welche den anfänglichen Bewegungszustand in Richtung des Magnetfeldes H_0 fortpflanzt.

Wir schreiben nun die *Grundgleichungen der Magneto-Hydrodynamik* (hierzu S. LUNDQUIST [20158]) an, wobei wir unser Medium zunächst als reibungslos betrachten. Elektromagnetische Größen messen wir wieder im GAUSSschen Maßsystem. Endlich dürfen wir weiterhin annehmen, daß der Verschiebungsstrom gegenüber dem Leitungsstrom vernachlässigbar ist.

Die EULER*sche Gleichung* der Hydrodynamik lautet $\left(\frac{D}{Dt}\right.$ bedeutet „substanzielle" Differentiation, d. h. Änderungsgeschwindigkeit für ein materielles Volumelement, $\frac{\partial}{\partial t}$ dagegen Änderungsgeschwindigkeit an einem festen $\left.\text{Ort}\right)$:

$$\left.\begin{aligned}\frac{D\mathfrak{v}}{Dt} &= \frac{\partial\mathfrak{v}}{\partial t} + (\mathfrak{v}, \operatorname{grad})\,\mathfrak{v} = \frac{\partial\mathfrak{v}}{\partial t} + \frac{1}{2}\operatorname{grad}\mathfrak{v}^2 - [\mathfrak{v}, \operatorname{rot}\mathfrak{v}]\\ &= \frac{1}{\varrho}\left\{\mathfrak{F} + \frac{1}{c}[\mathfrak{i}, \mathfrak{B}] - \operatorname{grad}p\right\}.\end{aligned}\right\} \tag{137, 17}$$

Hier bedeutet $\mathfrak{v}$ die Geschwindigkeit, ϱ die Dichte und p den Druck. $\mathfrak{F}$ stelle die Gesamtheit der nicht-hydrodynamischen oder elektromagnetischen Kräfte (also z. B. die Schwerkraft) dar. $\frac{1}{c}[\mathfrak{i}, \mathfrak{B}]$ ist die Kraft des Feldes $\mathfrak{B} = \mu\,\mathfrak{H}$ (μ = Permeabilität) auf ein Einheitsvolumelement mit der Stromdichte $\mathfrak{i}$. Neben (137, 17) gilt die *Kontinuitätsgleichung*

$$\frac{\partial\varrho}{\partial t} + \operatorname{div}(\varrho\,\mathfrak{v}) = 0\,. \tag{137, 18}$$

Ist das Medium kompressibel, so kommt hierzu noch eine Beziehung zwischen p und ϱ (z. B. die Adiabatengleichung).

Die MAXWELLschen Gleichungen haben wir schon in (137, 5) angeschrieben. Für ein bewegtes Medium müssen wir nur das OHMsche Gesetz (rechts) durch Berücksichtigung der LORENTZ-Kraft noch verallgemeinern zu

$$\mathfrak{i} = \sigma\left(\mathfrak{E} + \frac{1}{c}[\mathfrak{v}, \mathfrak{B}]\right). \tag{137, 19}$$

Einsetzen dieser Beziehung in die 1. MAXWELLsche Gleichung ergibt zunächst

$$-\frac{1}{c}\frac{\partial\mathfrak{B}}{\partial t} = \operatorname{rot}\left(\frac{\mathfrak{i}}{\sigma} - \frac{1}{c}[\mathfrak{v}, \mathfrak{B}]\right). \tag{137, 20}$$

Drückt man $\mathfrak{i}$ mit Hilfe der 2. MAXWELLschen Gleichung aus, so erhält man[1] mit der bekannten Umformung $\operatorname{rot}\operatorname{rot}\mathfrak{B} = \operatorname{grad}\operatorname{div}\mathfrak{B} - \Delta\mathfrak{B}$ und $\operatorname{div}\mathfrak{B} = 0$ schließlich die Differentialgleichung

$$\boxed{\frac{\partial\mathfrak{B}}{\partial t} = \operatorname{rot}[\mathfrak{v}, \mathfrak{B}] + \frac{c^2}{4\pi\mu\sigma}\Delta\mathfrak{B}.} \tag{137, 21}$$

Verknüpft man auch in der EULERschen Gleichung (137, 17) den Strom $\mathfrak{i}$ nach der 2. MAXWELLschen Gleichung mit $\mathfrak{B}$, so erhält man die andere Grundgleichung der *Magneto-Hydrodynamik*

$$\boxed{\frac{\partial\mathfrak{v}}{\partial t} + (\mathfrak{v}, \operatorname{grad})\,\mathfrak{v} = \frac{1}{\varrho}\left\{\mathfrak{F} + \frac{1}{4\pi\mu}[\operatorname{rot}\mathfrak{B}, \mathfrak{B}] - \operatorname{grad}p\right\}.} \tag{137, 22}$$

Für ein zähes Medium wären rechts noch die bekannten NAVIER-STOKESschen Glieder $\nu(\Delta\mathfrak{v} + \frac{1}{3}\operatorname{grad}\operatorname{div}\mathfrak{v})$ hinzuzufügen, wobei ν die kinematische Viskosität bedeutet.

Kehren wir nun zu dem in Abb. 200 schon skizzierten Problem einer ebenen *magneto-hydrodynamischen Welle* in der z-Richtung zurück, wobei wir unser Medium der Einfachheit wegen als *inkompressibel* (ϱ = const) betrachten wollen,

[1] Dabei ist μ = const vorausgesetzt.

so reduzieren sich unsere Feldvektoren — wie wir im Hinblick auf Abb. 200 wohl nicht nochmals auseinanderzusetzen brauchen — auf folgende x, y, z-Komponenten:

$$\left.\begin{array}{llll} \text{Äußeres Magnetfeld:} & 0, & 0, & \mathfrak{H}_z = H_0 \\ \textit{Variables}\ \text{Magnetfeld der Welle:} & 0, & \mathfrak{h}_y, & 0 \\ \text{Geschwindigkeit}\ \mathfrak{v}: & 0, & \mathfrak{v}_y, & 0 \\ \text{Strom}\ \mathfrak{i}: & \mathfrak{i}_x, & 0, & 0 \\ \text{Druckgradient grad}\ p: & 0, & 0, & \dfrac{\partial p}{\partial z} \end{array}\right\} \quad (137, 23)$$

Die x-Komponente der 2. MAXWELLschen Gleichung (137, 5) besagt nun

$$\mathfrak{i}_x = -\frac{c}{4\pi}\frac{\partial \mathfrak{h}_y}{\partial z}. \quad (137, 24)$$

Damit ergibt dann die y-Komponente der EULERschen Gleichung (137, 17)

$$\varrho \frac{\partial \mathfrak{v}_y}{\partial t} = -\frac{1}{c}\mathfrak{i}_x \mathfrak{B}_z = \frac{\mu H_0}{4\pi}\frac{\partial \mathfrak{h}_y}{\partial z} \quad (137, 25)$$

und deren z-Komponente

$$\frac{\partial p}{\partial z} = \frac{1}{c}\mathfrak{i}_x \mathfrak{B}_y = \frac{\partial}{\partial z}\left(\frac{\mu \mathfrak{h}_y^2}{8\pi}\right). \quad (137, 26)$$

Diese Beziehung hätten wir auch — ohne weitere Rechnung — aus dem MAXWELL*schen Spannungstensor* (4, 10) ablesen können; $\frac{\mu \mathfrak{h}_y^2}{8\pi}$ ist der später noch oft zu erwähnende *magnetische Druck*. Um schließlich eine Differentialgleichung für $\mathfrak{h}_y$ allein zu erhalten, ziehen wir noch die 1. MAXWELLsche Gleichung (137, 5) heran. Deren y-Komponente ergibt in Verbindung mit (137, 19)

$$-\frac{\mu}{c}\frac{\partial \mathfrak{h}_y}{\partial t} = \frac{\partial \mathfrak{E}_x}{\partial z} = \frac{\partial}{\partial z}\left(\frac{i_x}{\sigma} - \frac{\mu}{c}H_0 \mathfrak{v}_y\right). \quad (137, 27)$$

Differenzieren wir die äußeren Glieder nochmals nach t und eliminieren $\mathfrak{i}_x$ und $\frac{\partial \mathfrak{v}_y}{\partial t}$ bzw. nach (137, 24) und (137, 25), so bekommen wir die *Schwingungsgleichung*

$$\boxed{\frac{\partial^2 \mathfrak{h}_y}{\partial t^2} = \frac{\mu H_0^2}{4\pi\varrho}\cdot\frac{\partial^2 \mathfrak{h}_y}{\partial z^2} + \frac{c^2}{4\pi\mu\sigma}\frac{\partial^3 \mathfrak{h}_y}{\partial z^2\,\partial t}}\,. \quad (137, 28)$$

Im Grenzfall unendlicher Leitfähigkeit ($\sigma = \infty$), dem viele astrophysikalische Anwendungen ziemlich nahekommen, verschwindet das letzte Glied und man erhält ungedämpfte Wellen in Richtung des äußeren Feldes H_0 mit der Geschwindigkeit

$$V = \pm H_0 \sqrt{\frac{\mu}{4\pi\varrho}}. \quad (137, 29)$$

Nennen wir die — beliebig wählbare — Kreisfrequenz der Schwingung ω und setzen noch zur Abkürzung

$$\Phi = \omega\left(t - \frac{z}{V}\right), \quad (137, 30)$$

so führen unsere Gleichungen leicht vollends auf die von H. ALFVÉN [2003 und 2019] gefundene Darstellung aller Feldgrößen (wobei wir von $\mathfrak{h}_y$ ausgehen):

$$\left.\begin{array}{ll} \text{a)}\ \mathfrak{h}_y = A\sin\Phi & \text{d)}\ \mathfrak{E}_x = A\dfrac{H_0\,\mu^{3/2}}{c\sqrt{4\pi\varrho}}\sin\Phi \\ \text{b)}\ \mathfrak{v}_y = -A\sqrt{\dfrac{\mu}{4\pi\varrho}}\sin\Phi & \text{e)}\ p - p_0 = -\dfrac{\mu A^2}{8\pi}\sin^2\Phi \\ \text{c)}\ \mathfrak{i}_x = A\dfrac{c\,\omega}{H_0}\sqrt{\dfrac{\varrho}{4\pi\mu}}\cos\Phi & \end{array}\right\} \quad (137, 31)$$

Dieselben Formeln konnte ALFVÉN auch direkt aus der FARADAY-MAXWELLschen Vorstellung herleiten, daß die magnetischen Kraftlinien *senkrecht* zu ihrer Richtung einen *Druck* (Kraft/cm²) $\frac{\mu H^2}{8\pi}$ und *in* der Feldrichtung einen ebensogroßen *Zug* pro cm² oder also pro Feldlinie eine Kraft $\frac{\mu H^2}{8\pi}$ ausüben. Mathematisch findet diese Auffassung ihren einfachsten Ausdruck in dem MAXWELLschen Spannungstensor (4, 10), der für unser Ausgangsfeld $\{\mathfrak{H} = 0, 0, \mathfrak{H}_z\}$ die höchst einfache Gestalt annimmt

$$T_{ik} = \frac{\mu \mathfrak{H}_z^2}{8\pi} \cdot \begin{vmatrix} -1 & 0 & 0 \\ 0 & -1 & 0 \\ 0 & 0 & +1 \end{vmatrix}. \tag{137, 32}$$

Aus den Gl. (137, 31 a und b) ersieht man, daß in unserer magneto-hydrodynamischen Welle die Amplituden von magnetischer und kinetischer Energiedichte stets einander gleich sind:

$$\frac{\mu \mathfrak{h}_y^2}{8\pi} = \frac{\varrho \mathfrak{v}_y^2}{2}. \tag{137, 33}$$

Die Fortpflanzung beliebiger Störungen kann man durch eine Überlagerung vieler Wellen darstellen. Auch dann spielt die Fortpflanzungsgeschwindigkeit (137, 29) die entscheidende Rolle.

Berücksichtigt man die *endliche* Leitfähigkeit σ, d. h. das letzte Glied in Gl. (137, 28) näherungsweise, d. h. indem man von der nullten Näherung (137, 31) ausgeht, so erhält man in der üblichen Weise ein *Dämpfungsglied* e^{-z/z_0} mit der charakteristischen Eindringtiefe

$$z_0 = \left(\frac{\mu}{\pi}\right)^{3/2} \frac{\sigma H_0 \lambda^2}{c^2 \sqrt{\varrho}}. \tag{137, 34}$$

Die Approximation ist brauchbar, solange die Wellenlänge $\lambda = \frac{2\pi V}{\omega} \ll z_0$ bleibt.

Damit können wir nach H. ALFVÉN [804] nun auch die Bedingung anschreiben, unter der die *Kopplung von magnetischem und Strömungsfeld* wesentlich wird: Eigentliche magneto-hydrodynamische Wellen kommen offenbar nur zustande, wenn $z_0/\lambda > 1$ ist und wenn die Dimensionen des betreffenden Gebildes $l > \lambda$ sind. Nach (137, 34) — mit $\mu = 1$ — muß also sein

$$\text{Magneto-Hydrodynamik, wenn } \frac{\sigma H_0 l}{c^2 \sqrt{\varrho}} > 1. \tag{137, 35}$$

Dieselbe Bedingung erhält man, vielleicht anschaulicher, folgendermaßen: Eine magneto-hydrodynamische Welle durchläuft unser betrachtetes Gebilde der Ausdehnung l nach (137, 29) in der Zeit $t = \frac{l}{V} = \frac{l\sqrt{4\pi\varrho}}{H_0}$. Andererseits würde das Magnetfeld, um dieselbe Strecke durch „Diffusion" zurückzulegen, nach Gl. (137, 3) die Zeit $\tau = \frac{\pi\sigma}{c^2} l^2$ brauchen. Wir befinden uns im Bereich der Magneto-Hydrodynamik, wenn $t < \tau$ ist, was sofort wieder auf (137, 35) führt[1].

Für einen mittleren *Sonnenfleck* z. B. ist die links stehende Zahl $\approx 5 \cdot 10^7$.

Die möglichen Schwingungsformen eines kompressiblen Plasmas im Magnetfeld und ihre Zusammenhänge mit den *magneto-hydrodynamischen Wellen* H. ALFVÉNs, den gewöhnlichen *Schallwellen*, den LANGMUIRschen *Plasma-*

[1] Hierzu auch S. LUNDQUIST [20158].

schwingungen und den Elektronen- bzw. Ionenschwingungen der *Ionosphärentheorie* haben A. ÅSTRÖM [2023], N. HERLOFSON [20128], H. C. VAN DE HULST [804], A. SCHLÜTER [20216] u. a. untersucht. Wir müssen uns leider versagen, auf diese ebenso interessanten wie komplizierten Probleme näher einzugehen.

Im Laboratorium kann man mit einem kräftigen Elektromagneten für *Quecksilber* die Bedingung (137, 35) eben noch einigermaßen approximieren. Auf die hübschen Versuche von J. HARTMANN [20127] und besonders S. LUNDQUIST [20155—20158] sowie B. LEHNERT [20148—20149] sei nachdrücklich hingewiesen. Besser als das relativ schlecht leitende Hg wäre flüssiges *Natrium*, das z. B. in der hübschen magneto-hydrodynamischen Pumpe eines amerikanischen Uran-Piles verwendet wird.

Ehe wir die im Vorangehenden dargestellten allgemeinen Ansätze auf die Sonnenflecke weiter erörtern, stellen wir sogleich noch die weitergehende und noch schwierigere Frage nach dem *Ursprung des Magnetfeldes* der Flecke und anderer kosmischer Magnetfelder.

C) Entstehung kosmischer Magnetfelder. In einem turbulenten Plasma entstehen sicher da und dort lokale Unterschiede der Elektronendichte und Temperatur. Diese wirken wie eine Lötstelle zweier verschiedener Metalle bzw. wie eine Berührungsstelle zweier verschieden heißer Stücke desselben Metalls[1], d. h. es entstehen elektrische Spannungen und Ströme von der Art der bekannten Thermo- und THOMSON-Ströme. Diese wiederum müssen *lokale Magnetfelder* erzeugen. Man schätzt aber leicht ab, daß diese sehr schwach sind und als solche noch keine kosmische Bedeutung bekommen könnten.

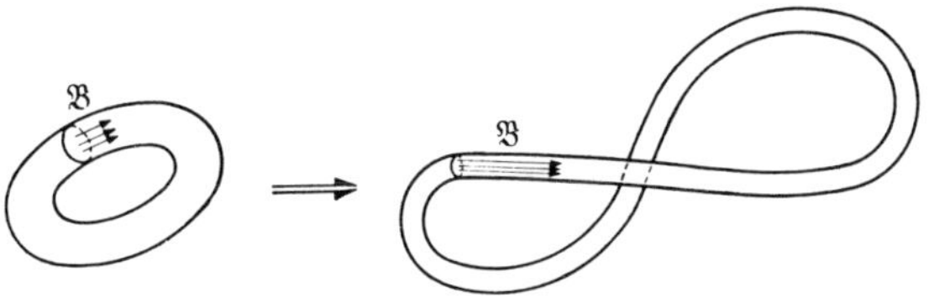

Abb. 201. Verstärkung des Magnetfeldes in einem turbulenten Plasma.

Wie in der SIEMENSschen Dynamomaschine können aber derartige Initialfelder *verstärkt* werden, wenn ein geeigneter Mechanismus mechanische Energie $\varrho\, v^2/2$ in magnetische Energie $H^2/8\pi$ überführt. Nach G. K. BATCHELOR [2033] sowie L. BIERMANN und A. SCHLÜTER [2038—2039], J. W. DUNGEY [2078] u. a. wird dies in einem turbulenten Gas bewerkstelligt durch den sog. „*Spaghetti-Prozeß*“: Da das Magnetfeld wegen $\operatorname{div}\mathfrak{B} = 0$ solenoidal ist, d. h. nur aus in sich geschlossenen Kraftlinien besteht, so können wir in einem bestimmten Zeitpunkt eine geschlossene *Kraftröhre* herausgreifen (Abb. 201). Deren Kraftlinien sind aber — wie wir sahen — in der leitenden Materie eingefroren, d. h. wir dürfen diese Kraftröhre zugleich als ein materielles Gebilde betrachten. Im Laufe der turbulenten Bewegung wird eine solche „*materialisierte Kraftröhre*“ nun immer weiter verzerrt und verwickelt und dabei länger; ihr Querschnitt verkleinert sich dabei entsprechend. Die Zahl der Kraftlinien pro cm², d. h. die Feldstärke $\mathfrak{B}$ wird also im selben Verhältnis vergrößert. Die mechanische Arbeit, welche den Längszug der Kraftlinien überwindet, bewirkt (energetisch betrachtet) die Vergrößerung der magnetischen Energiedichte.

Welchem *Grenzwert* wird nun (im Laufe hinreichend langer Zeiten) das Magnetfeld in einer turbulenten Plasmaströmung zustreben? G. K. BATCHELOR [2033] kam auf Grund einer theoretischen Plausibilitätsbetrachtung zu der Auffassung, daß schließlich die Energiedichte des *Magnetfeldes* gleich der der *kleinsten turbulenten Wirbel* mit Geschwindigkeiten $\approx v_s$ werde (in denen also die *Trägheits*kräfte

[1] Die Analogie wird noch besser, wenn wir statt des „modernen“ Metalls mit entarteten Elektronen das klassische Elektronengas-Modell von DRUDE und LORENTZ heranziehen.

zur Größenordnung der *Viskositäts*kräfte herabgesunken sind), d. h.

$$\frac{1}{8\pi}\overline{H^2} \approx \frac{\varrho}{2} v_s^2 . \tag{137, 36}$$

Diese Gleichung kann man anschaulich auch so interpretieren, daß der magnetische Druck bzw. Zug [vgl. (137, 32)] die Größenordnung des hydrodynamischen Druckes erreicht, so daß also von der Grenze (137, 36) an die Dynamik der kleinsten Turbulenzelemente durch das Magnetfeld wesentlich beeinflußt wird. Auch Untersuchungen von S. CHANDRASEKHAR [2062] scheinen für diesen Standpunkt zu sprechen.

L. BIERMANN und A. SCHLÜTER [2038—2039, 20215] haben im Unterschied zu G. K. BATCHELOR die Auffassung vertreten, daß das Anwachsen wohl über die Grenze (137, 36) hinaus anhalten könne. Mit wachsendem H würde dann der Bewegungstypus der Turbulenzelemente „unterhalb" der Grenze $\frac{1}{8\pi}\overline{H^2} = \frac{\varrho}{2}\overline{v^2}$ selbstverständlich erheblich modifiziert, und zwar im Sinne einer Regularisierung ihrer Strömungen. Der ganze Vorgang könnte wohl andauern, bis etwa

$$\frac{1}{8\pi}\overline{H^2} = \frac{\varrho}{2}\overline{v^2} \tag{137, 37}$$

wäre, wo nun rechts das *mittlere* Geschwindigkeitsquadrat steht, das im wesentlichen durch die *großen* Turbulenzelemente bestimmt wird. Man könnte mit W. HEISENBERG [804, p. 218f.] gegen die Auffassung von BIERMANN und SCHLÜTER einwenden, daß die Verstärkung des Magnetfeldes über die BATCHELORsche Grenze (137, 36) hinaus eine Verringerung der Unordnung des Strömungstypus mit sich bringe, was man (in Analogie zum II. Hauptsatz der Thermodynamik) als *unwahrscheinlich* ansehen sollte.

Wirklich zwingend sind, wie insbesondere T. G. COWLING [2072] bemerkt hat, die ganzen Argumente wohl *nicht*. Die Theorie magnetischer Plasmen ist sehr schwierig und steckt noch in den ersten Anfängen. Vom empirischen Standpunkt aus gesehen dürfte — wie wir sehen werden — dem Standpunkt von BIERMANN und SCHLÜTER die größere Wahrscheinlichkeit zukommen.

Wenden wir versuchsweise (137, 37) auf die *Wasserstoffkonvektionszone der Sonne an!* Nach E. VITENSE [863] können wir in deren Mitte etwa mit einem Gasdruck $P_g \approx 10^9$ dyn cm^{-2} und $T \approx 80000°$, also einer Dichte $\varrho \approx 10^{-4}$ sowie Turbulenzgeschwindigkeiten von $v \approx 0{,}5$ km/sec rechnen. Hiermit erhält man aus (137, 37) $H \approx 1700$ Gauß, was größenordnungsmäßig einigermaßen zu den beobachteten Feldstärken der Sonnenflecke paßt. In größeren Höhen erhielte man etwas kleinere, in der Tiefe größere Feldstärken.

Im *interstellaren Gas* andererseits ist $\varrho \approx 10^{-23}$ gr/cm^3 und die Turbulenzgeschwindigkeit $v \approx 5$ bis 10 km/sec. Damit berechnet man wieder nach (137, 37) ein mittleres *galaktisches Magnetfeld*[1] von $H \approx 5 \cdot 10^{-6}$ bis 10^{-5} Gauß. Ein solches Feld hat nach L. BIERMANN [2038, 20215] u. a. gerade die richtige Stärke, um dem aus der beobachteten Intensität berechneten Druck der kosmischen Ultrastrahlung standzuhalten, d. h. diese zu *speichern*. Eine solche Speicherung wird aber durch die sonst ganz unverständlich große Energiedichte der Ultrastrahlung geradezu *gefordert*.

G. K. BATCHELORs Ansatz (137, 36) würde für die Sonnenflecke wie für das interstellare Gas erheblich niedrigere und meines Erachtens zu niedrige Feldstärken ergeben.

[1] Die Idee eines galaktischen Magnetfeldes ist wohl zuerst 1937 von H. ALFVÉN geäußert worden. Obige Abschätzung seiner Feldstärke geht auf E. FERMI zurück.

Schließlich sei noch erwähnt, daß E. C. BULLARD und H. ELSASSER auch das permanente *Magnetfeld der Erde* durch eine Art selbsterregenden Dynamo-Mechanismus der Magmaströmungen erklären wollen.

Im Laboratorium haben neuerdings W. LOCHTE-HOLTGREVEN und seine Mitarbeiter[1] die Erzeugung eines Magnetfeldes im *Plasma einer turbulenten Flamme* und (hier sieht die Theorie etwas anders aus) in umgerührtem *Quecksilber* untersucht. Die beobachteten Feldstärken passen größenordnungsmäßig gut zu den theoretischen Abschätzungen.

D) Ansätze zu einer Theorie der Sonnenflecke. Wir haben schon darauf hingewiesen, daß die naheliegende Annahme einer *Entstehung der Sonnenflecke* in den Tiefen der *Wasserstoffkonvektionszone* die Größenordnung ihrer *Dimensionen* und ihrer magnetischen *Feldstärken* einigermaßen verständlich erscheinen läßt. Alles weitere hat noch mehr oder weniger hypothetischen Charakter. Wir geben die folgenden Überlegungen mit allen Vorbehalten wieder; von einer eigentlichen *Theorie der Sonnenflecke* dürften wir heute weiter entfernt sein, als wir es 1937 zu sein glaubten!

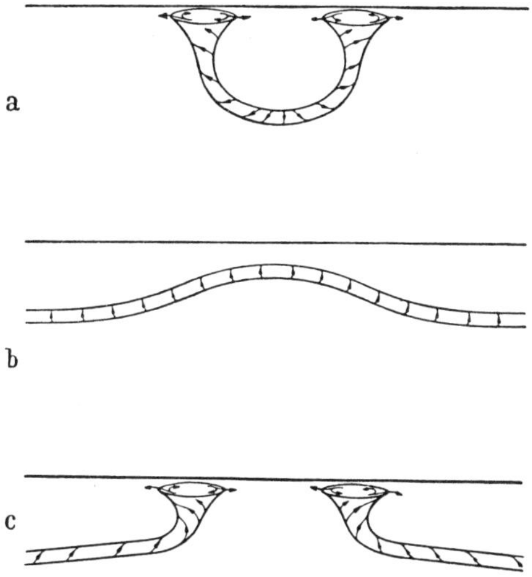

Abb. 202a—c. Sonnenflecke als Wirbel. a) Nach HALE; b) und c) nach BJERKNES; aus [5].

Der Grundtypus einer *Fleckengruppe* (Einzelflecke sind im allgemeinen der Anfang oder der Überrest einer Gruppe) ist der *bipolare*. Es liegt daher nahe, ihre Struktur nach G. E. HALE auf einen *Hufeisen-Wirbel* (Abb. 202a) zurückzuführen, dessen Dimensionen — wie gesagt — etwa der Dicke der Konvektionsschicht entsprechen würden. Nach V. BJERKNES [2040] könnte man sich aber auch vorstellen, daß unter der Sonnenoberfläche etwa längs der Breitenkreise *Wirbelschläuche* (Abb. 202b) herumführen, die beim Auftauchen an die Oberfläche (Abb. 202c) eine bipolare Gruppe bilden. Im Rahmen dieser Vorstellung erscheint es jedoch nicht recht verständlich, weshalb der Abstand der beiden Flecke einer bipolaren Gruppe nie viel größer wird, als der Durchmesser des größeren Flecks. Auch vom hydrodynamischen Standpunkt aus (Turbulenz!) erscheint die BJERKNESsche „Seeschlangen-Theorie" nicht sehr einleuchtend.

Das CARRINGTON-SPÖRERsche Gesetz der Wanderung der Fleckenzone in heliographischer Breite und HALEs Gesetz des Wechsels der magnetischen Polarität in alternierenden Zyklen (Abb. 184) versuchte man früher durch die Annahme von Wirbeln mit alternierendem Drehsinn zu deuten, die in der Konvektionszone umeinander umliefen. Dieses Bild läßt sich jedenfalls bezüglich der polaren Bereiche nicht mehr aufrechterhalten, nachdem L. und M. D'AZAMBUJA [2029] klargestellt haben, daß die Wanderung der *Häufigkeitsmaxima* der Protuberanzen nicht mit der der *einzelnen Protuberanzen* identisch ist. Die bescheidenere Frage, ob es vielleicht möglich sei, ein empirisches Schema für die Breitenwanderung (magnetisch) besonders „aktiver" Stellen der Sonnenoberfläche anzugeben,

[1] LOCHTE-HOLTGREVEN W. mit P. SCHILLING bzw. F. BURHORN u. H. GRIEM: Naturwiss. **40**, 387 (1953) sowie Z. Naturforsch. **9a**, 520 (1954) und Z. Physik **137**, 175 (1954).

untersuchen wir besser in Verbindung mit den *Filamenten*, die außerhalb der Fleckenzone das empfindlichste Reagens auf den magnetischen Zustand der Sonnenatmosphäre sein dürften.

Nun zu den ebenso schwierigen Problemen der *Dynamik und Thermodynamik der einzelnen Sonnenflecke.* Wir wissen schon, daß ein Fleck bzw. eine Gruppe lange vor dem Auftauchen in der *Tiefe* der Konvektionsschicht vorgebildet sein mußte. Dort dürfen wir ihn uns wohl als einen Wirbelschlauch vorstellen, der zugleich von magnetischen Kraftlinien erfüllt ist. Ob es sich um kleinere Wirbelringe handelt, aus denen sich dann an der Oberfläche ein HALEscher Hufeisenwirbel nach Abb. 202a bildet, oder um BJERKNESsche Seeschlangenwirbel nach Abb. 202b, sei dabei eine cura posterior. *Warum* die Proto-Fleckenwirbel und ihr Magnetfeld im Querschnitt so scharf begrenzt sind, wissen wir zur Zeit noch nicht. Betrachten wir die Tatsache als gegeben, so können wir folgendermaßen weiter argumentieren: Das Magnetfeld des Wirbelschlauches übt auf seine „Wand" einen Druck $H^2/8\pi \approx 10^5$ bis 10^6 dyn/cm² aus, der in der Tiefe leicht durch einen relativ geringen Unterdruck im Inneren des Schlauches kompensiert werden kann. In der Photosphäre sinkt jedoch der gesamte Gasdruck auf $\sim 10^5$ dyn/cm² ab; die Kraftlinien werden dann mitsamt der daranhängenden Materie nach außen umgebogen (Abb. 203). Auf diese Weise dürfte das radiale Ausströmen der Materie, der EVERSHED-*Effekt*, zu verstehen sein. Dagegen können wir in der Theorie keinen Anhaltspunkt für die Deutung so großer Unterschiede zwischen der Druckschichtung von Fleck und Photosphäre finden, wie sie die Beobachtungen (s. S. 567) zu fordern schienen. Vielmehr möchte man a priori erwarten, daß sich Fleck (mit *) und Photosphäre spektroskopisch (abgesehen vom ZEEMAN-Effekt) nur in derselben Weise unterscheiden wie zwei Hauptsequenzsterne mit $\Theta_e = 0{,}88$ und $\Theta_e^* = 0{,}88 + 0{,}29 = 1{,}17$ [wenn wir von P. TEN BRUGGENCATEs Messungen nach (134, 15) ausgehen] sowie *demselben* $\log g = 4{,}44$. Für den *Vergleich* von Fleck und Photosphäre dürfte die Methodik der Grobanalyse genau genug sein. Wir lesen daher die gewünschten Angaben aus Abb. 91 und 92 nach E. VITENSE ab und vergleichen sie mit den empirischen Ergebnissen TEN BRUGGENCATEs aus (134, 19—21):

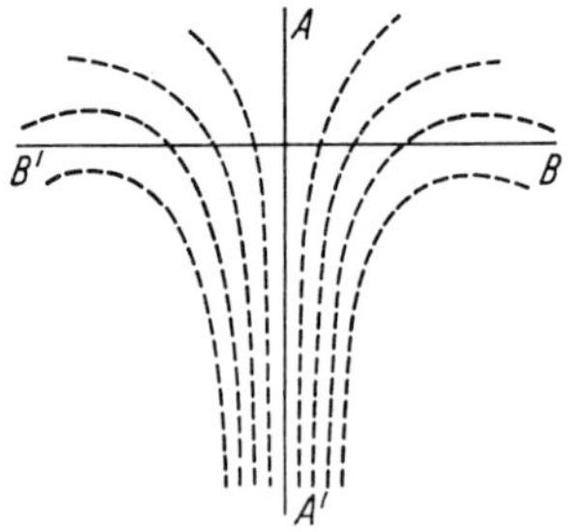

Abb. 203. Vermutlicher Verlauf der magnetischen Kraftlinien in einer Vertikalebene durch die Achse AA' eines Sonnenflecks. BB' ist die Sonnenoberfläche. Nach T. G. COWLING [2070].

$$\left.\begin{array}{lcccc} & & \text{Berechnet:} & & \text{Beobachtet:} \\ \log \dfrac{P_e^*}{P_e} & = & -0{,}70 & \text{statt} & -1{,}43 \\ \log \dfrac{P_g^*}{P_g} & = & +0{,}1_2 & \text{statt} & -0{,}84 \\ \log \dfrac{\overline{NH}^*}{\overline{NH}} & = & +0{,}32 & \text{statt} & -0{,}25 \end{array}\right\} \quad (137, 38)$$

Die Übereinstimmung ist sehr schlecht. Um so wichtiger wäre es, einerseits den Einfluß des Magnetfeldes auf die Dynamik der Flecke genauer zu untersuchen und andererseits die empirischen Angaben für jeweils einen bestimmten Fleck durch ein erweitertes Beobachtungsprogramm nochmals kritisch zu prüfen.

Wie kommt nun die *Abkühlung* im Fleck zustande?

Offenbar können wir sie heute *nicht* mehr als adiabatische Abkühlung aufsteigender Gase auffassen. In den oberen Schichten der Photosphäre erfolgt der Energietransport wegen des niedrigen Druckes — wie Theorie und Beobachtung übereinstimmend zeigen — vorwiegend durch Strahlung. In größerer Tiefe, d. h. in der Konvektionsgrenze, aber *erwärmt* sich ein aufsteigendes Volumelement relativ zu seiner Umgebung, wie wir es ja in der Granulation direkt beobachten. Wir müssen uns daher in anderen Richtungen umsehen.

Schon in einer Tiefe von $\sim$ 500 km, entsprechend log $P_g \approx 5{,}3$ wird fast der gesamte Energiestrom der Sonne durch *Konvektion* transportiert. Stellt man sich nun vor, daß die Konvektionsströmungen im wesentlichen an die magnetischen Kraftlinien gebunden sind, diese aber an der Oberfläche divergieren, so muß im Innern des Flecks eine Reduktion des Energiestromes — der ganz oben wieder abgestrahlt wird — erfolgen. Da in den größten Flecken der Strahlungsstrom auf $\sim {}^1/_6$ des normalen Wertes reduziert ist, müßte man im Sinne dieses Mechanimus eine recht erhebliche Divergenz der Kraftlinien und damit in der Tiefe Feldstärken bis $\sim$ 23000 Gauß fordern. Dies erscheint etwas reichlich. Vielleicht kommt uns ein zweiter Mechanismus zu Hilfe! Man kann *vermuten*, daß das Magnetfeld im Fleck den konvektiven Energietransport behindert, indem es die Bewegungsfreiheit der Turbulenzelemente einschränkt. Leider haben bis jetzt weder die Theorie (vgl. S. LUNDQUIST [20158], P. A. SWEET [20224] u. a.) noch die Experimente (vgl. J. HARTMANN [20127], S. LUNDQUIST [s. S. 589] u. a.) die Beeinflussung der turbulenten Konvektion durch ein Magnetfeld befriedigend geklärt.

Der im Fleck — den wir formal als einen schlechten Wärmeleiter betrachten könnten — fehlende *Energiestrom* bzw. Strahlungsstrom muß irgendwie in dessen Umgebung zur Sonnenoberfläche empordringen. Hierin dürfen wir wohl eine Erklärung des „hellen Ringes" (WALDMEIER) und vor allem der hellen *Fackelfelder* sehen, die jede Fleckengruppe umgeben. Eine Abschätzung anhand der Beobachtungen scheint unserer Vorstellung nicht zu widersprechen: Die Fläche der Fackeln in der Umgebung eines Fleckens ist etwa das 20—40fache seiner Umbra. Ein Überschuß der Fackelhelligkeit in der beobachteten Größenordnung von 1—2% genügt daher in der Tat, um das Strahlungsdefizit des Flecks gerade zu kompensieren. So wird es auch verständlich, daß die physikalisch unhaltbare Vorstellung von G. J. ODGERS [20189], der den Fleck primär als eine Stelle mit erhöhtem Absorptionskoeffizienten auffaßt, einige Züge der Beobachtungen ziemlich richtig wiedergibt.

Wir haben uns im Vorhergehenden bemüht, durch vorsichtiges Zusammenfügen empirischer und theoretischer Elemente zu einem Verständnis des Flecken-Phänomens zu gelangen. Eine ganze Anzahl grundlegender Fragen mußten dabei — wie wir betont haben — wohl oder übel noch offen bleiben.

Auf der anderen Seite haben H. ALFVÉN [2003] und C. WALÉN [20248] eine weitgehend deduktive *Theorie der Sonnenflecke* und ihres 11jährigen Zyklus auf *magneto-hydrodynamischer* Basis entwickelt. Danach entstehen im Inneren der Sonne, wo die thermonukleäre Energieerzeugung eine zweite Konvektionszone hervorruft, *magneto-hydrodynamische Wirbelringe*, die dann (im Laufe von etwa 40 Jahren) längs der Kraftlinien des allgemeinen Magnetfeldes der Sonne (das als vorhanden angenommen wird) nach außen wandern, dort zu einem „Hufeisen" aufgebogen werden und als bipolare Fleckengruppe in Erscheinung treten. Diese Theorie ist, wie T. G. COWLING [2071] mit Recht betont hat, vielen gewichtigen Einwänden ausgesetzt. Wir möchten diese Kontroverse hier nicht im einzelnen wiedergeben, sondern nur noch bemerken, daß die Theorie von ALFVÉN und WALÉN die in diesem Zusammenhang auf keinen Fall irrelevante Existenz der Wasserstoffkonvektionszone einfach ignoriert.

Zum Schluß noch eine Bemerkung über die *Magnetfelder der Sterne*: H. W. BABCOCKs Entdeckung [1713] veränderlicher Magnetfelder auf gewissen Sternen hat seinerzeit eine Flut theoretischer Spekulationen hervorgerufen, die zum größten Teil schon deshalb unhaltbar sind, weil sie die dynamischen Effekte der gemessenen Feldstärken von mehreren tausend Gauß einfach übersehen. Neuere Beobachtungen von DEUTSCH an Mt. Wilson (Mitt. IAU Rom) haben gezeigt, daß die Veränderlichkeit der stellaren Magnetfelder einfach der *Rotationsperiode* des betreffenden Sternes folgt. Die Magnetfelder sind also offenbar in *Flecken* lokalisiert und dürften daher auch in ähnlicher Weise zustande kommen wie die der Sonnenflecke.

E) Magnetfeld der Granulation? Die vorangehenden Erörterungen dieses Abschnittes legen die zuerst von H. ALFVÉN [2003, S. 145] gestellte Frage nahe, ob auch die *Granulation* ein eigenes turbulentes *Magnetfeld* mit sich führe?

Rechnen wir nach Gl. (137, 37) mit einer Dichte $\varrho \approx 3 \cdot 10^{-7}$ und Turbulenzgeschwindigkeiten $v \approx 1{,}7$ km/sec, so bekommen wir eine mittlere Feldstärke von $H \approx 300$ Gauß. Wenn diese sich tatsächlich einstellt, so ist bekanntlich die Geschwindigkeit der magnetohydrodynamischen Wellen V nach (137, 29) gerade gleich v, d. h. wir können dann die Granulation auch auffassen als ein Gewirr durcheinanderlaufender magneto-hydrodynamischer Wellen. Die ALFVÉNsche *Koppelungsbedingung* (137, 35) ist in der Granulation schon für Magnetfelder $H > 0{,}01$ Gauß erfüllt. An unseren früheren Ansätzen über den Austausch und konvektiven Energietransport würden keine erheblichen Änderungen nötig, solange die „Äquipartition" zwischen turbulenter und magnetischer Energie einigermaßen gewahrt bleibt. Empirisch wäre ein solches turbulentes Magnetfeld von ~ 300 Gauß nur sehr schwer zu erfassen. Beobachtungen des ZEEMAN-*Effektes* in einzelnen Granula dürften außerordentlich schwierig sein. Im statistischen Mittel aber erzeugt das Feld nur eine geringe *Verbreiterung* der Spcktrallinien, die nach den Formeln von Abschnitt **116** und **115** einer zusätzlichen Turbulenzgeschwindigkeit von $\sim 0{,}3$ km/sec entsprechen würde. Ein direkter Nachweis erscheint auch von dieser Seite aus wenig aussichtsreich. Vielleicht könnte eine genauere Diskussion irgendwelcher Polarisationseffekte in FRAUNHOFER-Linien weiter führen?

F) Anhang: Die elektrische Leitfähigkeit stellarer Materie. Wir müssen nunmehr noch die im vorangehenden schon mehrfach benutzte Theorie der *elektrischen Leitfähigkeit* ganz oder teilweise ionisierter Stellarmaterie nachtragen. Wir setzen dabei zunächst voraus, daß ein Magnetfeld *nicht* vorhanden sei. (Den Einfluß eines evtl. Magnetfeldes werden wir am Schluß qualitativ diskutieren.) Wir werden die Theorie zuerst mit verhältnismäßig einfachen Mitteln *näherungsweise* entwickeln[1] und dann — ohne vollständige Begründung, die sehr langwierig wäre — die *Verbesserungen* angeben, die nach neueren Spezialuntersuchungen an diesen Formeln anzubringen sind.

Wie eine einfache anschauliche Überlegung zeigt, und wir auch ausdrücklich verifizieren wollen, wird die Leitung des elektrischen Stromes in ionisierten Gasen fast ausschließlich durch die *Elektronen* besorgt. Ein Elektron (Ladung e, Masse m) mit der Geschwindigkeit v erhält im Verlauf einer freien Weglänge l [cm], die in $\tau = l/v$ [sec] durchlaufen wird, durch ein elektrisches Feld E in dessen Richtung eine zusätzliche Geschwindigkeitskomponente ξ

$$\xi = \text{Beschleunigung} \times \text{Flugzeit} = \frac{e\,E}{m} \cdot \frac{l}{v}. \qquad (137, 39)$$

Die mittlere Vorzugsgeschwindigkeit $\bar{\xi}$ für eine bestimmte freie Weglänge ist gleich $\xi/2$. Mittelt man jedoch über die MAXWELLsche Geschwindigkeitsverteilung der v und die verschieden großen freien Weglängen l, so erhält man gerade wieder

[1] Vgl. z. B. H. ALFVÉN [2003, S. 53ff.].

unsere Gl. (137, 39), wobei aber nunmehr (und ebenso im folgenden) ξ, l und v die *Mittelwerte* dieser Größen bedeuten sollen. Hat man n_e Elektronen pro cm³, so entspricht deren Vorzugsgeschwindigkeit ξ in der Feldrichtung eine Stromstärke pro cm² $i = n_e \cdot e\,\xi$ und eine Leitfähigkeit

$$\sigma = \frac{i}{E} = \frac{n_e e^2}{m v} \cdot l\,. \qquad (137, 40)$$

Der quadratische Mittelwert der thermischen *Geschwindigkeit* der Elektronen ist

$$v = \sqrt{\frac{3\,kT}{m}}\,; \qquad (137, 41)$$

ihre *freie Weglänge* l können wir nach dem bekannten Ansatz der kinetischen Gastheorie bekommen aus

$$\frac{1}{l} = \Sigma\, n_i\, Q_i\,. \qquad (137, 42)$$

Dabei bedeutet n_0 die Zahl der neutralen, n_1 die der einfach ionisierten Atome usw. pro cm³. Q_0, Q_1 ... seien deren Wirkungsquerschnitte für Elektronen der Geschwindigkeit v.

Nach (137,40—42) wird also insgesamt

$$\boxed{\sigma = \frac{e^2}{\sqrt{3\,m\,kT}} \cdot \frac{n_e}{(n_0\,Q_0 + n_1\,Q_1 + \cdots)}\,.} \qquad (137, 43)$$

Besteht unser Gas aus mehreren chemischen Elementen, so sind die $n_i\,Q_i$ im Nenner sinngemäß durch entsprechende Summen zu ersetzen.

Sodann wenden wir uns zuerst den — wegen der weitreichenden COULOMB-Kräfte oft ausschlaggebenden — *Wirkungsquerschnitten geladener Teilchen* Q_i zu. Deren positive Ladung sei $e\,Z_i$, wo $Z_i = i$ ist. Fliegt nun ein Elektron an einem solchen Ion auf einer Hyperbel mit dem *Stoßparameter* ϱ vorbei, so erfährt das Elektron eine *erhebliche Ablenkung*, wenn die potentielle Energie $e^2 Z_i/\varrho$ von der Größenordnung seiner mittleren kinetischen Energie wird, d. h.

$$\frac{Z_i\, e^2}{\varrho_i} \approx \frac{3}{2}\, kT. \qquad (137, 44)$$

Der Wirkungsquerschnitt $Q_i = \pi\,\varrho_i^2$ wird also

$$Q_i = \frac{1}{\gamma_i} \cdot \frac{4\pi}{9}\, \frac{Z_i^2\, e^4}{k^2 T^2}\,, \qquad (137, 45)$$

wobei wir noch einen Faktor $1/\gamma_i$ von der Größenordnung Eins[1] hinzugefügt haben, um deutlich zu machen, daß Gl. (137,45) nur den Charakter einer *Abschätzung* hat.

Hat man *nur* Z_i-fach ionisierte Atome, so ist $n_e = Z_i\, n_i$ und die Gl. (137,43 und 137, 45) gehen über in

$$\sigma_i = \gamma_i \frac{3\sqrt{3}}{4\pi} \cdot \frac{(kT)^{3/2}}{\sqrt{m} \cdot e^2 Z_i}\,. \qquad (137, 46)$$

Enthält das Plasma zwar *keine* neutralen Teilchen ($n_0 = 0$), aber Ionen verschiedener Ladungszahl Z_i, so kann man nach (137, 43) etwas allgemeiner schreiben

$$\sigma = \gamma \cdot \frac{3\sqrt{3}}{4\pi} \cdot \frac{(kT)^{3/2}}{\sqrt{m}\, e^2\, \overline{Z}} \quad \text{mit} \quad \overline{Z} = \frac{\Sigma\, n_i\, Z_i^2}{n_e} = \frac{\Sigma\, n_i\, Z_i^2}{\Sigma\, n_i\, Z_i}\,. \qquad (137, 47)$$

---

[1] H. ALFVÉN [2003] nennt ihn $1/\gamma'^2$.

Aus unseren Formeln entnimmt man die zunächst überraschende Aussage, daß die *Leitfähigkeit eines vollständig ionisierten Gases von seiner Dichte nahezu unabhängig* ist. Sodann verifiziert man leicht, daß die Ionenleitung gegenüber der Elektronenleitung vernachlässigt werden darf: Selbst für Wasserstoffionen wäre die $\sqrt{m}$ im Nenner schon 43mal größer als für Elektronen.

Die *genauere Theorie der Leitfähigkeit* ionisierter Gase σ_i bzw. der *Wirkungsquerschnitte* Q_i oder der Korrektionsfaktoren γ_i (unter korrekter Durchführung der im vorhergehenden etwas großzügig gehandhabten Mittelungen usw.)[1] verdanken wir S. CHAPMAN und T. G. COWLING [2005, 2069], S. D. GVOSDOVER [20115], L. SPITZER und seinen Mitarbeitern [2066 und 20220]. Die — wohl genauesten — Rechnungen von L. SPITZER und R. HÄRM [20220] ergeben (wobei wir die Schreibweise unserer Gl. (137, 45) anpassen):

$$Q_i = \frac{4\pi}{9} \frac{Z_i^2 e^4}{k^2 T^2} \cdot \frac{3}{16} \sqrt{\frac{3\pi}{2}} \frac{\ln A_i}{\gamma_{E,i}} \quad \text{oder} \quad \frac{1}{\gamma_i} = \frac{3}{16} \sqrt{\frac{3\pi}{2}} \frac{\ln A_i}{\gamma_{E,i}}. \tag{137, 48}$$

Der sog. Transportkoeffizient $\gamma_{E,i}$ muß numerisch berechnet werden, und zwar erhalten die genannten Autoren für

$$\left.\begin{array}{lcccccc} Z_i \text{ bzw. } i & = & 1 & 2 & 4 & 16 & \infty \\ \gamma_{E,i} & = & 0{,}5816 & 0{,}6833 & 0{,}7849 & 0{,}9225 & 1{,}000 \end{array}\right\} \tag{137, 49}$$

Die dimensionslose Größe A_i ist nach SPITZER und HÄRM das Verhältnis der sog. DEBYE-Länge h, d. h. *der* Distanz, außerhalb welcher das COULOMB-Feld eines Ions durch seine Elektronenwolke im wesentlichen abgeschirmt wird, zur Größe *des* Stoßparameters $\varrho_\perp$, bei dem das stoßende Elektron um $\pi/2$ abgelenkt wird. Mit

$$h^2 = \frac{kT}{4\pi n_e \cdot e^2(1+Z_i)} \tag{137, 50}$$

und — nach einer elementaren Rechnung —

$$\varrho_\perp = \frac{e^2 Z_i}{m v^2} = \frac{e^2 Z_i}{3kT} \tag{137, 51}$$

erhält man also

$$A_i = \frac{h}{\varrho_\perp} = \frac{3}{2\sqrt{\pi}} \cdot \frac{(kT)^{3/2}}{\sqrt{n_e} \cdot e^3 Z_i \sqrt{1+Z_i}}. \tag{137, 52}$$

In den älteren Rechnungen von T. G. COWLING wird die wegen der großen Reichweite der COULOMB-Kräfte notwendige Abgrenzung der Stoßparameter ϱ_i nach oben, die für das $\ln A_i$-Glied in Gl. (137, 48) verantwortlich ist, statt durch die DEBYE-*Länge* h durch den *mittleren Abstand* $d \approx n_e^{-1/3}$ zweier Teilchen bestimmt. An die Stelle des bisherigen A_i tritt dann im wesentlichen das Verhältnis der thermischen Energie zur potentiellen Energie zwischen Elektron und Ion im Abstand d, genauer gesagt, erhält man ein

$$A_i' = \frac{4kT}{n_e^{1/3} e^2 Z_i}. \tag{137, 53}$$

Der Zusammenhang mit (137, 52) wird sofort deutlich, wenn wir $\ln A_i'$ folgendermaßen umschreiben:

$$\ln A_i' = \frac{2}{3} \ln \frac{8(kT)^{3/2}}{\sqrt{n_e}\, e^3 Z_i^{3/2}}. \tag{137, 53a}$$

Auch der Zahlenfaktor von Q_i ist bei COWLING ein wenig von (137, 48) verschieden; die neueren Rechnungen von L. SPITZER u. a. ergeben ein wenig größere Leitfähigkeiten. L. SPITZER meint, daß bei großen Dichten (die in *Sternatmosphären* nicht mehr in Frage kommen) dies Abschneiden der ϱ_i nach COWLING wohl richtiger sein dürfte.

[1] Im Rahmen dieser genaueren Rechnungen hat es *keinen* Sinn mehr zu fragen, welche Korrektionsfaktoren wir z. B. an Gl. (137, 40) oder (137, 45), ... *einzeln* anbringen müßten. Vielmehr stecken wir per definitionem *sämtliche* Korrektionen, die auf das richtige σ_i führen, in den Wirkungsquerschnitt Q_i bzw. dessen Faktor $1/\gamma_i$.

Im übrigen spielt bei größeren Dichten vielleicht auch die Bremsung der Elektronen durch *kumulative Effekte*, wie die Anfachung von *Plasmaschwingungen*, eine Rolle. Unter „astrophysikalischen Verhältnissen“ schätzt L. SPITZER die Genauigkeit seiner Formeln (137,48) und (137, 52) auf 5—10%. Sie dürfen unbedenklich auf alle Arten von *Ionen* angewandt werden. Tab. 84 gibt den ln A_i nach (137, 52) für $\overline{Z}=1$ und einige Werte von n_e und T.

Tabelle 84. ln A_i für $\overline{Z}=1$ nach [20220].
Striche deuten an, daß unter den betreffenden Bedingungen die Theorie nicht mehr anwendbar sein dürfte.

T (° K)	Elektronendichte n_e [cm^{-3}]			
	1	10^6	10^{12}	10^{18}
10^2	16,3	9,36	—	—
10^4	23,2	16,3	9,36	—
10^6	30,1	23,2	16,3	9,36
10^8	37,0	30,1	23,2	16,3

Die *Wirkungsquerschnitte neutraler Atome* Q_0 gegenüber den thermischen Elektronen sind erheblich *kleiner* als die der Ionen ($Q_1, \ldots$). Man braucht sie daher nur zu berücksichtigen, wenn der Ionisationsgrad niedrig ist.

Die Wirkungsquerschnitte neutraler *Wasserstoffatome* für langsame Elektronen haben H. S. W. MASSEY und B. L. MOISEIWITSCH [20167] berechnet. (Generell ist zu bemerken, daß für die in Frage kommenden Elektronengeschwindigkeiten die BORNsche Stoßtheorie nicht mehr anwendbar ist, vielmehr *müssen* der *Austausch* von stoßendem und Atom-Elektron sowie die *Polarisation* des Atoms durch das stoßende Elektron berücksichtigt werden.) Tab. 85a gibt[1] die Wirkungsquerschnitte in cm^2 als Funktion der Elektronenenergie V [eVolt] bzw. der Temperatur $T = 11606 \cdot V$. Für eine genauere Rechnung muß man die MAXWELLsche Geschwindigkeitsverteilung der Elektronen und die Richtungsabhängigkeit der Streuprozesse berücksichtigen. D. E. OSTERBROCK [20192] hat zunächst die Wirkungsquerschnitte von Tab. 85a durch die Interpolationsformel $Q_0/a_0^2 = 244\, e^{-3{,}76\, k a_0}$ dargestellt und damit durch exakte Mittelung die in Tab. 85b angegebenen Wirkungsquerschnitte Q_0 im Sinne unserer Gl. (137, 43) berechnet. Die Abweichungen von der gröberen Berechnungsweise in Tab. 85a sind kaum größer als die Unsicherheit der quantenmechanischen Rechnung.

Tabelle 85a. Wirkungsquerschnitt Q_0 für elastische Streuung langsamer Elektronen der Energie V [eVolt] an neutralen Wasserstoffatomen. Nach H. S. W. MASSEY und B. L. MOISEIWITSCH [20167].

V [eVolt]	T [° K]	$Q_0 \cdot 10^{16}$ [cm^2]
0,139	1620	47,1
0,313	3630	38,7
0,558	6460	31,4
1,25	14500	21,7
2,41	27900	15,4
3,48	40400	11,6
5,01	58100	8,46
8,91	103300	4,90

Tabelle 85b. Wirkungsquerschnitt Q_0 für Streuung von Elektronen an neutralen Wasserstoffatomen; als Funktion der Temperatur T durch exakte Mittelung berechnet von D. E. OSTERBROCK [20192].

$T =$	4000	5000	6000	7000° K
$Q_0 \cdot 10^{16}$ [cm^2] $=$	31,4	28,4	26,3	24,0

Neben Wasserstoff kann unter stellaren Verhältnissen im neutralen Zustand höchstens das *Helium* eine Rolle spielen. Seine nach Messungen des RAMSAUER-Effektes, der Druckverschiebung hoher Serienglieder usw. kompilierten Wirkungsquerschnitte gibt Tab. 86.

[1] Bei MASSEY u. MOISEIWITSCH sind die Wirkungsquerschnitte in Einheiten von $a_0^2 = 2{,}803 \times 10^{-17}$ cm^2 als Funktion der Wellenzahl (in atomaren Einheiten) $k a_0 = \frac{2\pi}{\lambda} a_0 = 0{,}268 \cdot \sqrt{V}$ in Tab. 3, Spalte 4, angegeben.

Nach den gemachten Angaben bietet es keine Schwierigkeit, für bestimmte Zustandsgrößen die Leitfähigkeit des stellaren Plasmas zu berechnen. Berücksichtigt man — für hinreichend stark ionisierte Materie — zunächst nur die Wirkungsquerschnitte Q_1 der Ionen, so genügt es als Abschätzung vielfach, das langsam veränderliche logarithmische Glied etwa für die Zustandsgrößen der Sonnenatmosphäre ($P_e \approx 25$ dyn/cm², $T \approx 5740°$) und $Z = 1$ zu nehmen. Es wird dann $\ln \Lambda_1 = 6{,}17$ und weiterhin

$$\sigma_1 \approx 2{,}24 \cdot 10^7 \cdot T^{3/2} \text{ elst. CGS-Einh.} \quad (137, 54)$$

Für die hinreichend ionisierten Schichten der Sonnenatmosphäre erhält man daraus — wie schon bemerkt — $\sigma \approx 10^{13}$ elst. CGS-Einh. Sind nur die Metalle ionisiert, der Wasserstoff aber neutral, so ist das Verhältnis n_1 bzw. n_1/n_0 (d. h. Elektronen zu neutrale Atome) rund $2 \cdot 10^{-4}$. Damit berechnet D. E. OSTERBROCK [20192] zunächst unter Berücksichtigung der Wirkungsquerschnitte Q_0 der neutralen Atome *allein* für

Tabelle 86. Wirkungsquerschnitt Q_0 für elastische Streuung langsamer Elektronen in neutralem Helium. Zusammengestellt nach H. S. W. MASSEY und E. H. S. BURHOP [20168].

V [eVolt]	T [° K]	$Q_0 \cdot 10^{16}$ [cm²]
0,03	350	4,3
1,0	11600	5,6
2,0	23200	5,7

$$\left.\begin{array}{lcllll} & T = & 4000° & 5000° & 6000° & 7000° \\ \text{die Leitfähigkeit } \sigma_H & = & 3{,}78 & 3{,}73 & 3{,}68 & 3{,}74 \cdot 10^{11} \text{ elst. CGS-Einheiten} \end{array}\right\} \quad (137, 55)$$

Um schließlich Q_0 *und* Q_1 zu berücksichtigen, muß man nach Gl. (137, 43) die reziproken Leitfähigkeiten, d. h. die spezifischen Widerstände addieren.

Im Laboratorium konnte die Leitfähigkeit teilweise ionisierter Gase unter Bedingungen, die weitgehend den Atmosphären der Sterne entsprechen, erst in neuester Zeit von H. MAECKER, T. PETERS und H. SCHENK [20165] mittels eines stabilisierten Kohlebogens hoher Leistung gemessen werden. Die Übereinstimmung ihrer Ergebnisse mit der Theorie ist hinsichtlich der Wirkungsquerschnitte der *Ionen* Q_1 wie auch der dort zum Teil noch wesentlichen neutralen[1] *Atome* Q_0 recht befriedigend.

138. Chromosphärische Sonneneruptionen (Flares).

Wir knüpfen an Abschnitt 132; B, 4 (S. 546) an und stellen in Tab. 87 nach den Beobachtungen und Statistiken von M. WALDMEIER [20235 und 20239] und M. A. ELLISON [2084] zunächst die mittleren Flächen und Lebensdauern von Eruptionen der üblichen 3 bzw. 4 Intensitäts*klassen* zusammen. Die *Häufigkeit der Eruptionen* geht nach WALDMEIER (ebd.) im Durchschnitt der Sonnenflecken-Relativzahl R parallel. In den Jahren 1939 und 1940 fanden insgesamt auf der sichtbaren Halbkugel der Sonne in der

$$\left.\begin{array}{cccl} 1 & 2 & 3 & \text{Klasse} \\ 1{,}31\,R & 0{,}45\,R & 0{,}07\,R & \text{Eruptionen/Monat} \end{array}\right\} \quad (138, 1)$$

statt. Die Angaben für die schwächeren Eruptionen mögen noch merklich unvollständig sein. B. LYOT [20163, S. 78] beobachtete mit seinem Hα-Polarisationsfilter auf dem Pic du Midi in der Umgebung einer kleinen Fleckengruppe, die sich

[1] In Frage kommen Wasserstoff (Tab. 85) und *Sauerstoff*, dessen Q_0 noch nicht genauer berechnet worden ist und zur Zeit daher nur geschätzt werden kann.

im Zentralmeridian bildete, in einer Stunde bis zu 17 kleine Eruptionen, deren Durchmesser zum Teil unter 1″ blieb. Ihre Lebensdauer betrug 5—15 min; gelegentlich länger. Die Flächenhelligkeit dieser winzigen Eruptionen in Hα war etwa dieselbe wie die der großen.

Tabelle 87.
Mittlere Eigenschaften von Sonneneruptionen der Intensitätsklassen 1 bis 3^+.

Intensitätsklasse	Mittlere Fläche der Eruption		Mittlere Lebensdauer in Minuten		Hα-Emission nach Ellison [2089]	
	10^{-6} ⊙-Scheibe (proj.) n. Waldmeier [20235]	10^{-6} ⊙-Hemisphäre nach Ellison [2084]	Waldmeier [20239] 1935—1944	Ellison [2084]	Ganze Breite in Å	Zentralintensität (bez. auf normales Kontinuum = 1,0)
1	120	217	20	17	3,0	1,5
2	380	570	33	29	5,1	2,1
3	1020	1266	62	62	~7,5	~2,4
3^+	—	2350	—	~180	~16	~3,0

Ablauf und Struktur der größeren Eruptionen können wir nach den spektroheliokopischen Beobachtungen von M. Waldmeier [20235], M. A. Ellison [2084 und 2087], H. Dodson u. a. [2075—77] etwa folgendermaßen beschreiben:

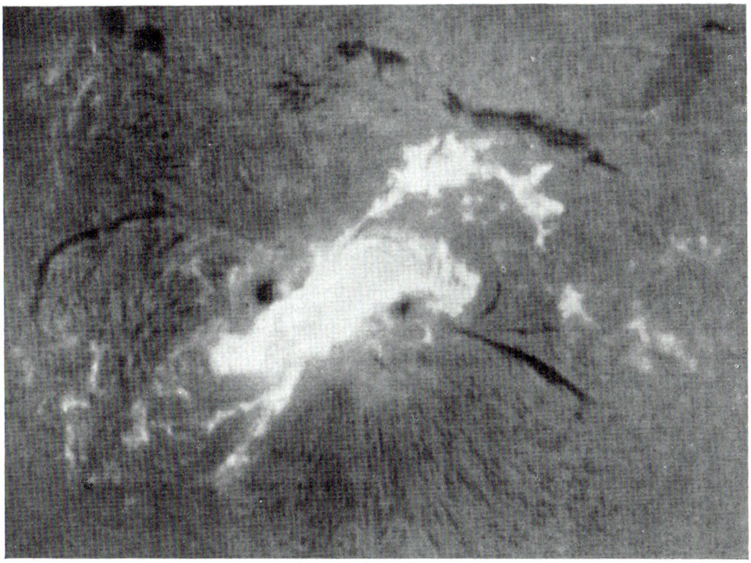

Abb. 204. Die große Eruption 1946 Juli 25, 17.32 Uhr WZ; Hα-Spektroheliogramm von Meudon [2087].

Die Eruptionen, d. h. das Anwachsen der Intensität in Hα, erfolgen fast ausschließlich in der unmittelbaren Umgebung einer *Fleckengruppe*. Die großen 3 und 3^+-Eruptionen treten nur in sehr großen bipolaren oder multipolaren Fleckengruppen während eines Zeitraumes von etwa 20 Tagen um das Maximum ihrer Entwicklung herum auf. Große und mittlere Fleckengruppen sind sogar nur 10 oder 5 Tage aktiv. Im Anfangsstadium einer Eruption lassen sich noch einzelne helle Elemente von ~10″ Durchmesser erkennen; oft werden schon vorhandene helle Hα-Flocculi rasch heller; manchmal scheint sich die Eruption auch irgendwie an ein vorhandenes Filament anzuschließen. Die größten Eruptionen (Abb. 204) bevorzugen die Form von ein oder zwei *hellen Bändern*, die sich zwischen den beiden Hauptflecken der Gruppe hindurchziehen. Oft besteht eine Eruption aber auch aus einzelnen hellen Stellen in der Umgebung der Sonnenflecke; deren Umbra wird meist gemieden. Die Beobachtung zeigt eine gewisse *Wiederholungstendenz,* d. h. am früheren Ort einer Eruption tritt bevorzugt eine neue auf (vgl. H. Dodson [2075—76]). Die Eruptionen erreichen ihre *maximale Helligkeit* meist in der erstaunlich kurzen Zeit von kaum 5 min; das etwa exponentielle Abklingen dauert (Tab. 87) wesentlich länger. M. A. Ellison spricht mit Recht von einem „*Strahlungs-Blitz*".

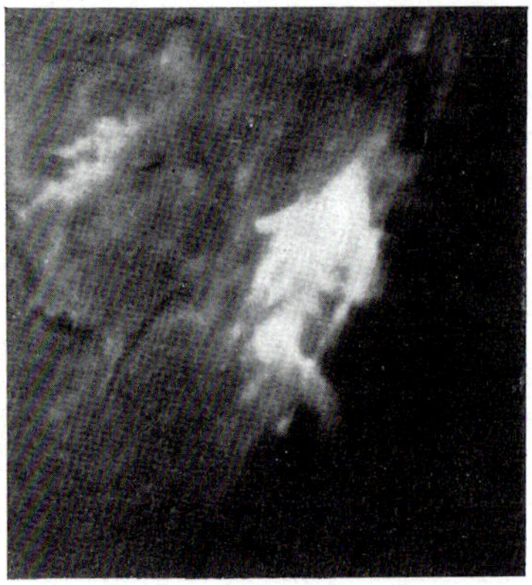
Abb. 205. Eruption am Sonnenrand 1949, Februar 11, 11.12 Uhr WZ; Hα-Spektroheliogramm von Meudon [2087].

Ungefähr gleichzeitig mit diesem werden im Bereich einer Eruption meist die sog. „*Spritzprotuberanzen*", die “*surges*” mit Geschwindigkeiten von 50 bis 500 km/sec emporgeschleudert. Der größte Teil ihrer Materie fällt zum Teil springbrunnenartig, zum Teil, indem sie auf der Aufstiegbahn einfach „umkehrt", wieder in die Photosphäre zurück. Besonders rasche Materieballen werden in den Weltraum hinausgeschleudert. Wir besprechen diese sekundären Phänomene, die auf der Sonnenscheibe in *Absorption* (man sprach früher auch von “dark markings”) wie auch am Sonnenrande in *Emission* („Fleckenprotuberanzen") vielfach beobachtet sind, besser in Verbindung mit den *Protuberanzen.*

In einigen wenigen Fällen (Abb. 205) ist es gelungen, *Eruptionen am Sonnenrand* (Limb-Flares) zu beobachten. Von den gewöhnlichen Protuberanzen sind sie durch ihre viel größere Helligkeit zu unterscheiden. Nach H. Dodson und R. R. McMath [2077] erreichen sie Höhen von 8000—80000 km; gelegentlich erscheinen sie von der Sonnenoberfläche fast getrennt. Ob dies wirklich so ist, oder ob absorbierende Materie die Trennung vortäuscht, dürfte noch zu prüfen sein.

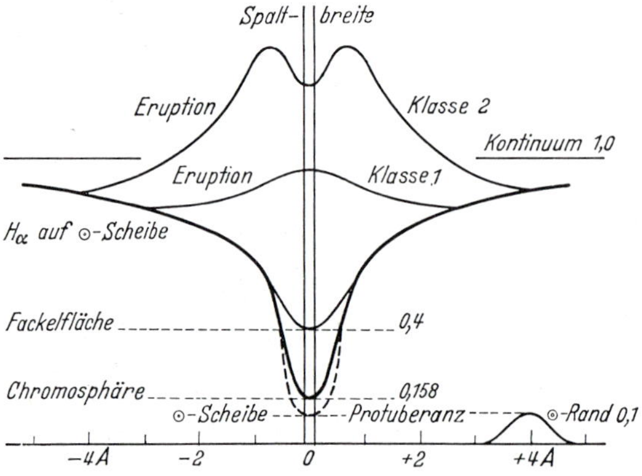

Abb. 206. *Profile von Hα* (etwas schematisiert) in Eruptionen, Fackelflächen sowie Protuberanzen auf der Sonnenscheibe und am Sonnenrand. Nach M. A. Ellison [2089].

Eingehenderen Aufschluß über die Sonneneruptionen versprechen *spektroskopische Beobachtungen.* Wegen der kurzen Dauer der Hauptphase stellen sie an die Geschicklichkeit und Ausdauer des Beobachters besonders hohe Anforderungen. Über geeignete Hilfseinrichtungen und Weiterbildungen des Haleschen Spektrohelioskops, vgl. insbesondere M. A. Ellison [2089].

Die Profile von Hα in *Eruptionen* der Klassen 2 und 1 (auf der Sonnenscheibe) sowie — zum Vergleich — in einer hellen *Fackelfläche* (plage faculaire) und einer ruhenden *Protuberanz* in Absorption (Filament) und Emission (rechts heraus gezeichnet) zeigt M. A. Ellisons etwas schematisierte Abb. 206. Mittelwerte der ganzen *Breite* von Hα (gemessen zwischen den Stellen, wo die Eruption im Spektroheliokop nicht mehr zu sehen ist) und ihrer *Zentralintensität* (in Einheiten des normalen Kontinuums neben Hα für die betreffende Stelle der Sonnenscheibe) sind in Tab. 87 zusammengestellt. Der *Kern* von Hα zeigt in den eigentlichen Eruptionen keine erheblichen Dopplereffekte (meist < 5 km/sec). Auch im spektroheliokopischen Bild sind keine systematischen Bewegungen, sondern nur eine Ausbreitung bzw. ein Zusammenschrumpfen zu sehen. Die *Eruption ist also ein plötzliches Aufleuchten* schon vorher vorhandener Materie, die dabei im wesentlichen an ihrem Ort verbleibt. Die englische Bezeichnung "flare" trifft das Wesen der Sache besser, als das im Deutschen übliche „Eruption". In den Linien*flügeln* ist Hα in großen Eruptionen etwas unsymmetrisch in *dem* Sinne, daß der *blaue Flügel* $\sim 10\%$ *schwächer ist,* als der rote.

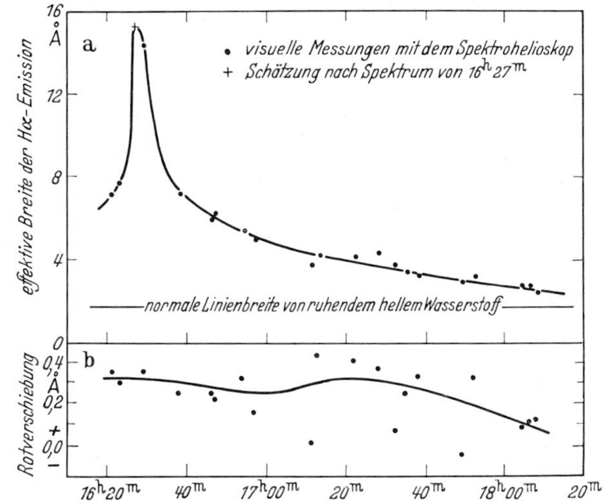

Abb. 207. *Sonneneruption* 1946 Juli 25, nach M. A. Ellison [2082]. a. *Breite* von Hα, gemessen zwischen den äußersten Stellen, an denen die Emission noch zu erkennen ist. b. Der rote Flügel der Hα-Emission kann von der Mitte der Absorption (λ 6562.8) aus weiter verfolgt werden, als der blaue. Die Rotverschiebung des Mittelwertes der beiden Enden der Hα-Emission gegen die „ruhende" Hα-Absorption ist unten aufgetragen.

Im Gegensatz zu der eigentlichen Eruption zeigen die "surges" (Spritzprotuberanzen) große positive oder negative Dopplereffekte, meist ~ 50 bis 100 km/sec, gelegentlich bis 700 km/sec und vielleicht mehr. Es liegt daher nahe, nach M. A. Ellison [2084—89] die Unsymmetrie von Hα auf die *Absorption* von relativ dünnen Gasmassen zurückzuführen, die durch die Eruption in einem großen Geschwindigkeitsbereich ausgeschleudert werden.

Den *zeitlichen Verlauf* der (im obigen Sinne definierten) Breite von Hα und ihrer Unsymmetrie bei der 3^+-Eruption von 1946 Juli 25 (Abb. 204) zeigt Abb. 207.

In den 3^+-Eruptionen zeigt die Mitte von Hα wieder eine Einsenkung, d. h. Selbstumkehr. Es müssen also *über* der Eruption noch erhebliche Massen schwächer angeregten Wasserstoffes vorhanden sein. Von diesem Phänomen führt — wie M. A. Ellison [2084] bemerkt — ein stetiger Übergang zu den von F. Ellerman [2079] beobachteten, noch selteneren "bombs", bei denen die gewöhnliche Hα-Absorption ebenso wie andere Fraunhofer-Linien kaum verändert sind, während auf beiden Seiten von Hα sich ein mehrere Ångström breites Emissions-Band zeigt. Es handelt sich hier also offensichtlich um Eruptionen in ziemlich *tiefen* Schichten (unterhalb des Hauptteils der Photosphäre).

Das übrige *Spektrum der Eruption* (d. h. außer Hα) haben R. S. Richardson und R. Minkowski [20202], C. W. Allen [2020], M. A. Ellison [2082 und 2084] und M. Waldmeier [20244] untersucht. Das Emissionsspektrum eines "limbflare's" hat R. S. Richardson [20205] beschrieben. Wir können die Ergebnisse dieser Beobachtungen folgendermaßen zusammenfassen:

In den eigentlichen *Eruptionen* sind *alle* Balmer-*Linien* mehrere Ångström breit (vgl. Hε in [2084]; Plate 3, Spektrum 6). Die übrigen Emissionslinien sind wesentlich *schärfer*. Neben Wasserstoff treten auf He I, Ca II und weitere Linien neutraler und einfach ionisierter Metalle mit Intensitäten, die denen der *Protuberanzenspektren* ähnlich sind. Wir müssen daher schließen, daß die *Wasserstofflinien* durch den *Starkeffekt* der Ionen und evtl. Elektronen, die übrigen Linien dagegen in der Hauptsache nur durch Dopplereffekte verbreitert werden. Die Anregungsverhältnisse lassen sich wie in den Protuberanzen (vgl. Abschnitt 144) *nicht* durch eine einheitliche Temperatur darstellen. Vielmehr werden große Energiestufen relativ sehr viel stärker angeregt als kleine. Da quantitative Untersuchungen (außer Hα) an Eruptionen noch ganz fehlen, werden wir das Anregungs-Problem besser an den Protuberanzen untersuchen.

Die Breiten bzw. Profile der Wasserstofflinien erlauben uns — in Anlehnung an M. A. Ellison und F. Hoyle [2083] — wenigstens größenordnungsmäßige Rückschlüsse auf die Zahl der Elektronen pro cm³ n_e in Eruptionen und damit auf die Tiefen, in welchen sie entstehen.

Beginnen wir mit der Auswertung der typischen 3^+-Eruptionen, deren Hα-Profile M. A. Ellison [2089, Abb. 9] sorgfältig gemessen hat! In der *Linienmitte* erreicht die Intensität (wenn wir die Selbstumkehr graphisch überbrücken) etwa die *doppelte* Intensität des Kontinuums. Die Emission erfolgt hier — sonst müßte der Anstieg viel steiler sein — in optisch dicker Schicht. Stellen wir die Strahlungsintensität (ausgehend von der Strahlungstemperatur des ungestörten Kontinuums bei Hα gleich 6150° K) provisorisch durch eine Temperatur dar, so ergibt sich nach dem Planckschen Gesetz $T = 7630°$ K. In den *Linienflügeln* andererseits muß die Ausstrahlung der Eruption schließlich in optisch *dünner* Schicht erfolgen. Der Absorptionskoeffizient pro 2quantiges Wasserstoffatom ist nach Gl. (82, 22; 82, 23 und 82, 9)

$$k = 13{,}9 \cdot 10^{-30} \cdot \frac{n_e}{\Delta\lambda^{5/2}}, \tag{138,2}$$

wobei $\Delta\lambda$ in Ångström zu rechnen ist. Ist $n_{0,2}$ die Zahl 2-quantiger H-Atome pro cm³ und H die emittierende Schichtdicke der Eruption, so wird deren optische Dicke

$$\tau = k \cdot n_{0,2} H\,. \tag{138,3}$$

Ist — was wir wohl annehmen dürfen — der Wasserstoff in der Eruption zu einem erheblichen Teil ionisiert, so erhält man durch Kombination der Saha- und Boltzmann-Gleichung leicht die Beziehung zwischen $n_{0,2}$ und n_e

$$n_e^2 = \frac{n_{0,2}}{4} \frac{(2\pi m k T)^{3/2}}{h^3} e^{-\frac{\chi_0 - \chi_{0,2}}{kT}}, \tag{138, 4}$$

wobei $\chi - \chi_{0,2} = 3{,}38$ eV die Ionisationsenergie des zweiten Quantenzustandes ist. Endlich wird[1] die Intensitätszunahme ΔI im Hα-Flügel, bezogen auf das ungestörte Kontinuum I_0

$$\frac{\Delta I}{I_0} = \tau \cdot \frac{B_\nu(T)}{B_\nu(T_\odot)}, \tag{138, 5}$$

wobei rechts das Verhältnis der Kirchhoff-Planck-Funktionen bei Hα für Eruption und Photosphäre steht; nach Ellisons Beobachtung ist es ≈ 2. Insgesamt erhalten wir also

$$\frac{\Delta I}{I_0} = 13{,}9 \cdot 10^{-30} \frac{n_e^3}{\Delta\lambda^{5/2}} \cdot \frac{4\,h^3}{(2\pi m k T)^{3/2}} e^{-\frac{\chi_0 - \chi_{0,2}}{kT}} \cdot 2 \cdot H\,. \tag{138, 6}$$

[1] Daß wir hier mit thermischer Anregung für $T = 7630°$ K rechnen, ist sicher eine sehr rohe Näherung. Man macht sich aber leicht klar, daß es darauf gar nicht wesentlich ankommt.

Nach ELLISONs Messungen ist bei $\Delta\lambda = 5$ Å etwa $\Delta I/I_0 = 0{,}2$ (also $\tau \approx 0{,}1$). H wird sicher größer sein als die Äquivalenthöhe ≈ 150 km und kaum viel größer als die Höhe der Chromosphäre ≈ 8000 km. Schätzen wir $H = 2000$ km, so dürfte damit in n_e eine Unsicherheit von kaum mehr als einen Faktor 2—3 hereingetragen werden. Die Ausrechnung von (138, 6) mit den angegebenen Zahlenwerten ergibt

$$n_e = 1{,}7 \cdot 10^{13}\ \text{cm}^{-3} \qquad (138,7)$$

bzw. $\log P_e = 1{,}2$ und nach unseren Ionisationstabellen (Tab. 23) $\log P_g \approx 2{,}5$ (letzeres mit großer Unsicherheit!). Die angegebene Elektronendichte weist auf die *untere Chromosphäre* als Ursprung der diskutierten Eruption in bester Übereinstimmung mit dem direkten Eindruck von Abb. 203.

In einer — offenbar schwächeren — Eruption konnten R. S. RICHARDSON und R. MINKOWSKI [20202] die BALMER-Serie bis H_{11} beobachten. Nach der Formel von INGLIS und TELLER (82, 29) gilt also in diesem Falle

$$n_e \leqq 3 \cdot 10^{11}\ \text{cm}^{-3}\,. \qquad (138,8)$$

Für den "limb flare", in dem R. S. RICHARDSON [20205] die BALMER-Serie *mindestens* bis H_{21} beobachten konnte, ergeben sich noch kleinere Elektronenkonzentrationen. Stellen wir auf die andere Seite noch F. ELLERMANs "bombs", so besteht kein Zweifel, daß das flare-Phänomen in einem ziemlich großen Druckbereich vorkommen kann.

Vielleicht sollte man aber doch beachten, daß nach H. DODSON und R. R. MCMATH [2077] in hohen "limb flares" gelegentlich sehr hohe Geschwindigkeiten bis zu mehreren hundert km/sec auftreten, was bei den größeren Eruptionen auf der ⊙-Scheibe nie der Fall ist. In B. LYOTs [20163] "Microflares" auf der anderen Seite scheinen wieder größere Geschwindigkeiten vorzukommen. Offenbar müßte man beobachtungsmäßig ruhende und bewegte helle Hα-Gebilde auch klassifikationsmäßig voneinander sondern, um hier deutlicher zu sehen.

Schon G. E. HALE [20123] und in neuerer Zeit z. B. M. A. ELLISON [2087] beobachteten, daß in großen Eruptionen auf der Sonnenscheibe auch das *kontinuierliche Spektrum* etwas verstärkt wird, so daß man solche Gebilde auf der Sonnenscheibe schon ohne spektrale Zerlegung sehen kann. Unter Verwendung der im Vorhergehenden verwendeten Zahlenangaben und E. VITENSEs [747] Tafeln des kontinuierlichen Absorptionskoeffizienten der stellaren Materie (Abb. 72—86) schätzt man in der Tat leicht ab, daß eine Eruption im *Kontinuum bei λ 6500* eine optische Dicke von $\sim 0{,}05$ haben kann, welche zum Teil von H-Atomen und zum Teil von den H^--Ionen herrührt. Die Beobachtungen werden damit zwanglos gedeutet[1]. Genauere Messungen der spektralen Energieverteilung des Kontinuums dürften eine bessere Trennung der H- bzw. H^--Anteile ermöglichen und würden weitere Anhaltspunkte zur Ermittlung der Zustandsgrößen in Eruptionen geben.

Auf die naheliegende Frage: „Was ist nun eigentlich eine Sonneneruption?" versucht R. G. GIOVANELLI [20103—20104] die Antwort zu geben: „Die Eruption ist ein solarer *Blitz.*" Das heißt, in dem Magnetfeld einer Fleckengruppe sollen durch *Induktion elektrische Spannungen* entstehen, die gelegentlich zu einem elektrischen *Durchschlag* führen.

Wir möchten uns gegenüber den zum Teil wohl allzu detaillierten Rechnungen GIOVANELLIs etwas Zurückhaltung auferlegen und diskutieren lieber die wesentlichen Punkte seiner Theorie in größenordnungsmäßigen Abschätzungen und in unmittelbarem Zusammenhang mit den Beobachtungen.

[1] M. WALDMEIERs [20235] Hypothese der Streuung an freien Elektronen würde *auf* der Sonnenscheibe stets nur zu einer *Schwächung* des Kontinuums führen. Außerdem ist bei den Zustandsgrößen normaler Eruptionen die THOMSON-Streuung erheblich kleiner als die $H + H^-$-Absorption. In sehr hohen "limb-flares" mag es anders sein.

Die Stärke des elektrischen Feldes $\mathfrak{E}$, das bei Änderung des Magnetfeldes in einem bestimmten materiellen Volumelement entsteht, ist bekanntlich bestimmt durch die MAXWELLsche Gleichung bzw. das FARADAYsche Induktionsgesetz (137,5)

$$\mathrm{rot}\ \mathfrak{E} = -\frac{1}{c}\frac{\partial \mathfrak{H}}{\partial t}. \qquad (138, 9)$$

Daraus entnimmt man *größenordnungsmäßig* (wir gebrauchen dann lateinische Symbole)

$$E \approx \frac{v}{c} H \text{ elst. Einh.} = v \cdot H \cdot 10^{-8} \text{ Volt/cm}. \qquad (138, 10)$$

Schätzen wir das Streufeld einer Fleckengruppe zu ~ 50 Gauß und die Geschwindigkeit für einigermaßen großräumige, mehr oder weniger turbulente Strömungen zu $\sim 0{,}1$ bis 1 km/sec, so wird

$$E \approx 5 \cdot 10^{-3} \text{ bis } 5 \cdot 10^{-2} \text{ Volt/cm}. \qquad (138, 11)$$

Durch ein Magnetfeld werden nun aber die Bahnen der Leitungselektronen „aufgespult", d. h. die Elektronen können sich nur auf engen Spiralen um die magnetischen Kraftlinien herum bewegen. Eine wirksame Beschleunigung der Elektronen ist also nur möglich, wo $\mathfrak{E} \parallel \mathfrak{H}$ $\genfrac{}{}{0pt}{}{\text{und}}{\text{oder}}$ $|\mathfrak{H}|$ sehr klein ist, während $\frac{\partial \mathfrak{H}}{\partial t}$ trotzdem einen erheblichen Wert behält. Das — als veränderlich betrachtete — Magnetfeld einer bipolaren Gruppe *allein* z. B. würde diese Anforderungen nicht erfüllen. Dagegen erhält man — wie R. G. GIOVANELLI bemerkt — einen „*neutralen Punkt*", in welchem $\mathfrak{H}$, aber nicht $\frac{\partial \mathfrak{H}}{\partial t}$ verschwindet, wenn man diesem veränderlichen Fleckenfeld z. B. ein konstantes homogenes Magnetfeld vergleichbarer Stärke überlagert (Abb. 208). GIOVANELLI denkt dabei in erster Linie an ein allgemeines Magnetfeld der Sonne, dessen Existenz aber neuerdings ja fraglich geworden ist. Eher dürften einfach irgendwelche Streufelder der vielen kleinen Fleckchen im Inneren der großen Gruppen in Frage kommen. Dies und überhaupt das hochgradig „turbulente" Aussehen der Fleckengruppen im Höhepunkt ihrer Entwicklung machen vielleicht ihre große Aktivität verständlich. Das Magnetfeld der Flecke selbst ist bekanntlich in diesem Stadium ihrer Entwicklung nach Abb. 199 besonders *konstant*! Da von $\mathfrak{E}$ nur *die* Komponente zur Auswirkung kommt, welche in der „richtigen" Richtung zeigt, so dürfte als „*Durchschlagsfeldstärke*" kaum mehr als etwa 10^{-2} Volt/cm zur Verfügung stehen.

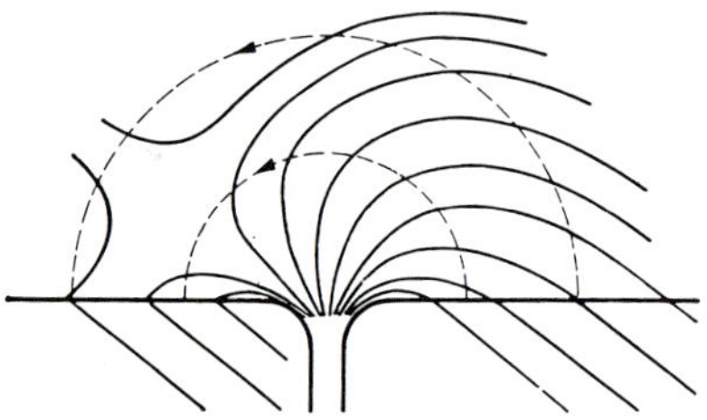

Abb. 208. Überlagerung des Magnetfeldes einer bipolaren Fleckengruppe mit einem homogenen Feld (z. B. allgemeinen Magnetfeld der Sonne) ergibt (links) einen *neutralen Punkt*. Die Abbildung zeigt den Verlauf der magnetischen Kraftlinien in einer Ebene senkrecht zur Achse der Fleckengruppe durch einen der beiden Flecke und den ihm zugeordneten neutralen Punkt. Nach R. G. GIOVANELLI [20103].

Die theoretische Berechnung der für das Zustandekommen einer Eruption erforderlichen Feldstärke hat R. G. GIOVANELLI [20105] in einer besonderen Arbeit in Angriff genommen; die hauptsächlichen Punkte sind bei F. HOYLE [2006, S. 93] vielleicht deutlicher herausgehoben.

Für die Entstehung eines elektrischen Durchschlags im Laboratorium bzw. eines Blitzes in der Erdatmosphäre ist wesentlich, daß z. B. die *Luft* ursprünglich ein sehr *schlechter Leiter* ist. Erst wenn die Feldstärke soweit gesteigert wird, daß die wenigen von der Ultrastrahlung, radioaktiven Stoffe usw. her stets vorhandenen Ionen lawinenartig weitere Ionen + Elektronen erzeugen, dann bildet sich ein Kanal ionisierten Gases. Diesen bevorzugen nun die Strombahnen; auch spätere weitere Entladungen werden ihm häufig noch folgen. Bei Gewittern sind diese Vorgänge von WALTER, SIMPSON, SCHONLAND u. a. eingehend studiert worden. Die letzteren Züge kehren bei den Sonneneruptionen wieder: Auch sie zeigen häufig langgestreckte, unregelmäßig gekrümmte Formen und die Tendenz zur Wiederholung.

Die Einleitung einer Entladung dagegen muß in der schon vorionisierten, gut leitenden Materie der Sternatmosphären offenbar an ganz andere Bedingungen geknüpft sein, als z. B. in der schlechtleitenden Erdatmosphäre.

R. G. GIOVANELLI meint, ein "flare" entstehe dann, wenn ein Elektron auf *einer* freien Weglänge l im elektrischen Feld E eine zusätzliche Energie der Größenordnung kT, sagen wir $\alpha \cdot kT$, gewinne[1]. Es ist also dann

$$e E l = \frac{e E}{n_1 Q_1} = \alpha \cdot kT . \qquad (138, 12)$$

Dabei bedeutet n_1 wieder die Anzahl der Elektronen bzw. Ionen pro cm^3. Deren Wirkungsquerschnitt (wir beschränken uns auf einfache Ionisation, d.h. $Z = 1$) können wir nach Gl. (137, 45ff) mit genügender Genauigkeit schreiben

$$Q_1 = \frac{6\, e^4}{(kT)^2} . \qquad (138, 13)$$

Für die *kritische Feldstärke* E_c erhält man aus den beiden letzten Gleichungen die Bedingung[2]

$$\frac{E_c}{n_1} = \frac{6\, \alpha\, e^3}{kT} \qquad (138, 14)$$

und speziell für $\alpha = 0{,}5$ und $T = 5740°$

$$\frac{E_c}{n_1} = 0{,}4 \cdot 10^{-15} \text{ elst. Einh.} \cdot \text{cm}^3 = 1{,}2 \cdot 10^{-13} \frac{\text{Volt}}{\text{cm}} \cdot \text{cm}^3 . \qquad (138, 15)$$

Mit $E = 10^{-2}$ Volt/cm könnte also ein Durchschlag für $n_1 < 10^{11}$ Elektronen/cm^3 stattfinden. Selbst wenn wir diese Abschätzung noch mit einer erheblichen Unsicherheitsgrenze versehen, ist so das Zustandekommen gerade der großen Eruptionen mit $n_1 > 10^{13}\, cm^{-3}$ *nicht* zu verstehen.

Tatsächlich trifft die vorhergehende Überlegung auch nicht das Wesentliche des Eruptionsphänomens. Wenn die Elektronen schon auf *einer* freien Weglänge ihre kinetische Energie um einen erheblichen Bruchteil vergrößern, so müßte diese als JOULEsche Wärme in Erscheinung treten (die mittlere Energie der Ionen ist ja gerade gleich der der Elektronen). Das heißt, innerhalb von Bruchteilen einer Sekunde müßte die *Temperatur* des Gases ganz erheblich ansteigen.

Offenbar genügt zur Erzeugung eines Entladungskanals (lange *ehe* der GIOVANELLIsche Mechanismus in Aktion tritt!), daß die JOULEsche Wärme die Temperatur merklich erhöht: Gerade in den wichtigsten Schichten der Photosphäre und der unteren Chromosphäre (wo die großen Eruptionen stattfinden), wird schon bei mäßiger Temperaturerhöhung der *Wasserstoff* ionisiert. Der Beitrag der neutralen Wasserstoffatome zum spezifischen Widerstand $1/\sigma$ nach Gl. (137,43) fällt dann weg, wodurch die Leitfähigkeit σ anwächst. Auch bei vollständiger Ionisation steigt nach Gl. (137, 54) die Leitfähigkeit noch $\sim T^{3/2}$ weiter an.

In quantitativer Hinsicht wird in den höheren Schichten der Sonnenatmosphäre eine wesentliche Temperaturerhöhung dann eintreten, wenn die pro cm^3 sec entwickelte *JOULEsche Wärme* σE^2 etwa gleich der *Abstrahlung* pro $cm^3 \cdot$ sec,

[1] GIOVANELLI findet — die Einzelheiten der Begründung wollen wir übergehen — $\alpha = 0{,}5$.

[2] Wir schließen uns damit der Darstellung von HOYLE an. Bei GIOVANELLI sind die Details etwas verschieden; die kritische Feldstärke E_c kommt ~ 8 mal kleiner heraus, was aber an den weiteren Schlüssen nichts ändert.

d. h. $4\,\sigma_{Str}\,T^4 \cdot \bar{\varkappa}\,\varrho$ ist. σ_{Str} bedeutet dabei die Konstante des STEFAN-BOLTZMANNschen Gesetzes; $\bar{\varkappa}$ ist der Opazitätskoeffizient pro Gramm (Abb. 87). Im Temperatur- und Druckbereich der Sonnenatmosphäre kann man diesen abschätzungsweise durch $\bar{\varkappa} = 1{,}7 \cdot 10^{-4}\,P_g^{2/3}$ darstellen. Geht man damit in die Bedingungsgleichung

$$4\,\sigma_{Str}\,T^4 \cdot \bar{\varkappa}\,\varrho \approx \sigma E^2 \tag{138, 16}$$

ein, so zeigt sich, daß bei Sonnentemperatur eine Feldstärke von 10^{-2} Volt/cm noch bei einem Gasdruck $P_g \leqq 6 \cdot 10^4$ dyn cm^{-2} eine erhebliche Aufheizung bewirkt. Man versteht nun also, daß elektrische Felder der abgeschätzten Größenordnung eine leitende Bahn hervorrufen können. Diese wird sich gerne an Wege anschließen, die schon vorher — z. B. infolge von Konvektionsströmungen — etwas heißer sind als ihre Umgebung. Tatsächlich zeigt ja auch die Beobachtung, daß die Eruptionen sich gerne an vorhandene helle Flocculi usw. anlehnen. Hat die Entladung einmal begonnen, so bevorzugt der Strom die gut leitende Bahn und vergrößert dadurch deren Leitfähigkeit noch mehr. Wie in jeder Gasentladung fließt daher auch im Flare der Strom durch einen relativ dünnen Schlauch. Da die Leitfähigkeit mit der Temperatur rasch anwächst, so wird nach einiger Zeit das elektrische Feld zusammenbrechen, worauf die Materie sich durch Ausstrahlung wieder allmählich abkühlt. Auch der zeitliche Ablauf der Eruptionen dürfte durch unsere Auffassung — zum mindesten qualitativ — richtig wiedergegeben werden[1].

Die Besprechung der terrestrischen Auswirkungen der Sonneneruptionen stellen wir noch zurück; wir müssen vorher die äußersten Schichten der Sonnenatmosphäre genauer studieren.

139. Anhang: „Aktivität" der Sterne. Flecke, Fackeln und Eruptionen auf Sternen.

Mit fortschreitender Verfeinerung der Beobachtungstechnik haben sich immer deutlichere Hinweise dafür ergeben, daß die für die „*Aktivität*" der Sonne charakteristischen Phänomene der *Flecke, Fackeln, Eruptionen* und *Protuberanzen* auch auf anderen *Sternen* — vorzugsweise später Spektraltypen — ganz alltägliche Erscheinungen sind. Daß man sie erst so spät bemerkt hat, rührt lediglich von der Schwierigkeit der Beobachtung her: Das integrierte Spektrum der Sonne allein würde uns wenig davon verraten. Die wesentlich „aktiveren" kühlen Zwergsterne andererseits sind fast durchweg sehr lichtschwache Objekte.

A) Stellare Fackelflächen. Doppelte Umkehr der H- und K-Linien in späten Spektraltypen. G. EBERHARD und K. SCHWARZSCHILD [A 2001] entdeckten 1913 bei α Boo, α Tau und σ Gem in der Mitte der starken Ca II-Absorptionslinie helle Emissionen. Weitere Beobachtungen von ADAMS und JOY, DESLANDRES und BURSON, WELLMANN [A 2026, dort übrige Literatur] und O. STRUVE [A 2024] ließen in den $H_2 + K_2$-Emissionen vielfach wieder $H_3 + K_3$-Absorptionen erkennen und bestätigen die vollständige Analogie der stellaren und solaren Erscheinungen. Die $H_2 + K_2$-Emissionslinien entstehen — nach Ausweis der Spektralheliogramme — in den *Fackelflächen* (plages faculaires), während ihre zentralen $H_3 + K_3$-Absorptionen in den *Filamenten* (Protuberanzen) sowie den protube-

[1] Zusatz b. d. Korr.: Ungeklärt bleibt dabei die insbesondere von T. G. COWLING [2007 S. 583 ff.] hervorgehobene Schwierigkeit, nämlich wie die rasche Herbeischaffung der elektromagnetischen Energie zur Bildung einer Eruption mit Gl. (137, 10) vereinbar sein soll. Auch die enge Kopplung zwischen elektromagnetischen und hydrodynamischen Kräften weist darauf hin, daß eine rein elektromagnetische Flare-Theorie kaum möglich sein dürfte, sondern daß auch die Energie hydrodynamischer Strömungen eine wichtige Rolle spielt. Wie wir uns diese vorstellen sollen, erscheint noch reichlich dunkel; die Beobachtungen deuten auf turbulente Strömungen hin, welche von den Hauptflecken aus unterhalten werden.

ranzenartigen Elementen (spicules) der *höheren Chromosphäre* gebildet werden. Spektroskopische Beobachtungen über Turbulenz (Abschnitt 115) und über die Verfinsterungen von Sternen wie ζ Aurigae legten schon lange den Gedanken nahe, daß jedenfalls die Atmosphären der *Übergiganten* wohl generell als ein Haufwerk gewaltiger Probuberanzen aufzufassen sind. Aber auch die Zwergsterne dürften jedenfalls bei kühleren Temperaturen erhebliche Protuberanzentätigkeit haben.

Im großen und ganzen nimmt die Intensität der $H_2 + K_2$-Emissionen relativ zum Kontinuum nach späteren Spektraltypen hin *zu*. Besser würde man wohl sagen, die absolute Intensität der Emissionen bleibt in derselben Größenordnung, während die Intensität des Kontinuums mit abnehmender Temperatur im Violetten rasch zurückgeht.

Man möchte erwarten, daß — analog zur Sonne — die Stärke dieser $H_2 + K_2$-Emissionen a) mit der Rotationsperiode des Sternes und b) mit einer Periode analog zum 11 jährigen Zyklus variiert. Beobachtungen zu a) sind bis jetzt nur an *Bedeckungsveränderlichen* bekannt geworden; vgl. G. E. KRON [A 2011 und A 2013]. Hier ist jedoch auch mit der gegenseitigen Beeinflussung der beiden Sterne und mit zirkumstellaren Gasmassen zu rechnen. Zu b) kann man nur sagen, daß langfristige Intensitätsvariationen der $H_2 + K_2$-Emissionen in späten Spektraltypen sicher vorkommen. Eine wirkliche Analyse der Erscheinungen würde sehr ausgedehnte und mühevolle Beobachtungsreihen erfordern.

B) Flecke auf Sternen. Zunächst ein triviales Rechenexempel: Selbst ein völlig dunkler Riesenfleck, der 5% der Scheibe eines Sternes bedeckt, würde dessen Helligkeit nur um $0^m.05$ verringern, also einen Betrag, der nur mit photoelektrischer Präzisionsphotometrie sicher zu erfassen ist!

G. E. KRON [A 2010] entdeckte 1947 in der Lichtkurve von AR Lacertae Schwankungen, die sich zwanglos durch die Annahme deuten ließen, daß die schwächere dG5-Komponente zeitweise dunkle *Flecke* trägt, die insgesamt $\sim 20\%$ der Hemisphäre bedecken, während einzelne Flecke schätzungsweise 3—5% der Hemisphäre entsprechen. Ganz entsprechende Erscheinungen beobachtete G. E. KRON [A 2013] auch bei YY Gem (Castor C) dM1e. Hier ergaben sich sogar Anzeichen dafür, daß — wie auf der Sonne — dunkle Flecke und Fackelflächen mit $H_2 + K_2$-Emission vorwiegend *zusammen* vorkommen. Auch RT Andromedae und die dG8-Komponente vom RS Canum Venaticorum [A 2013 und A 2023] scheinen dunkle Flecke zu haben.

Schließlich entdeckte G. E. KRON [A 2012] bei dem Unterzwerg Ross 248 Helligkeitsschwankungen mit $\sim 120^d$ Periode und einer Amplitude von $0^m.06$. Offenbar verfolgen wir die Rotation eines ungleichmäßig mit Flecken bedeckten Sternes. Wir brauchen wohl kaum auf die große kosmogonische Bedeutung einer Bestimmung der Rotationsperioden später Spektraltypen hinzuweisen.

Der von A. DEUTSCH an *Mt. Wilson* gefundene Zusammenhang zwischen der Rotationsverbreiterung der Spektrallinien und der Periode der „magnetischen" Spektrum-Veränderlichen und ebenso die von G. MICZAIKA gemessenen parallelgehenden Lichtschwankungen (z. B. ι Cas, Y Ser) dieser Sterne von $\sim 0^m.03$ [Vorträge IAU 1952] weisen darauf hin, daß die von H. W. BABCOCK gemessenen stellaren Magnetfelder ihren Sitz in riesigen *Flecken*, analog den Sonnenflecken, haben. Eine detaillierte Interpretation der Spektren in diesem Sinne steht noch aus.

C) Eruptionen auf Sternen. Flare-Stars. Eine der aufregendsten neueren Entdeckungen ist die des plötzlichen Aufleuchtens kühler roter *Zwergsterne*. Innerhalb von größenordnungsmäßig einer Minute wächst die Helligkeit bis zu mehreren Magnitudines, um dann im Laufe einer oder weniger Minuten langsamer etwa auf ihren Ausgangswert zurückzukehren. Tab. 88 gibt ein Verzeichnis der Ende 1951 bekannten „*Flare-Sterne*" [A 2015]. Fünf derselben liegen innerhalb unserer Umgebung von 5 parsec (insgesamt enthält diese 38 Systeme). Es sind also relativ häufige Objekte, die nur wegen ihrer Lichtschwäche schlecht zu beobachten sind.

Tabelle 88. Eruptions-(Flare-)Sterne [A 2015].

Stern	1900 α	1900 δ	Spektrum	m_v	M_v	Literatur
L 726-8 B .	$1^h 34^m\!.0$	$-18°28'$	dM 5,5	13,5	16,6	[A 2007, 17, 18, 21]
Ross 882 .	7 39.4	+ 3 48	dM 4,5e	11,6	12,4	[A 2020]
BD + 20° 2465. . .	10 14.2	+20 22	dM 4e	9,4	11,1	[A 2002, 14]
Lal. 21258 B	11 0.5	+44 2	dM 5,5e	14,8	16,0	[A 2019]
Proxima Centauri .	14 22.8	−62 15	dM—e	11,3	15,4	[A 2025, 22]
Krüger 60 B	22 24.4	+57 12	dM 4,5e	11,3	13,3	[A 2008, 16]

Die *Häufigkeit* der Eruptionen scheint von Stern zu Stern verschieden zu sein. S. L. LIPPINCOTT [A 2015] fand auf den Sproul-Observatory-Parallaxenplatten von 44 dM-Sternen (fast alle mit H + K-Emission) mit insgesamt 37^d Belichtungsdauer nur die *eine* Eruption von KRÜGER 60 B. Proxima Centauri dagegen war nach H. SHAPLEY [A 2022] während 6% der Gesamtbelichtungsdauer von mehreren hundert Platten um $> 0^m\!.6$ heller als normal. L 726-8 hat nach P. E. ROQUES [A 2021] 1952 in 2 Monaten 4 große Eruptionen gezeigt. Insgesamt sind seit 1900 von diesem Stern 14 Eruptionen $> 1^m$ beobachtet worden. Nach W. J. LUYTEN [A 2018] ist er während ~4% der Zeit „merklich heller" als normal.

Bei der Eruption des L 726-8 am 17. September 1952 [A 2021] nahm die Helligkeit bei λ 5100 innerhalb von ~ 15 sec (!!) um $3^m\!.4$ zu. Berücksichtigt man, daß L 726-8 ein Doppelstern ist, und daß nach W. J. LUYTEN [A 2017] die schwächere Komponente die Flares zeigt, so muß diese um ~ $4^m\!.4$, d. h. einen Faktor 57 heller geworden sein!!

Der typische Verlauf der *Lichtkurven*, sehr rascher Anstieg, dann langsameres Abklingen innerhalb eines Zeitraumes von einer Minute bis etwa einer Stunde, entspricht ganz dem der Sonneneruptionen. Eine Schwierigkeit *scheint* zunächst die enorme Größe der Helligkeitsschwankungen zu bieten. Man macht sich aber leicht klar, daß diese einfach auf der Temperaturempfindlichkeit der PLANCK-Funktion bei großen $h\nu/kT$ beruhen:

Auf einer Sternscheibe der Temperatur T entstehe eine Eruption der Fläche F (gemessen in Bruchteilen der Sternscheibe) mit der Temperatur T_F. (Für unsere Abschätzung genüge die rohe Annahme, daß Stern *und* Eruption nach dem PLANCKschen Gesetz strahlen.) Dann entspricht die Helligkeitszunahme des *ganzen* Sternes bei der Wellenlänge λ einem Faktor

$$F \frac{e^{\frac{c_2}{\lambda T}} - 1}{e^{\frac{c_2}{\lambda T_F}} - 1} + 1 - F. \qquad (139,1)$$

Gehen wir aus von einer Temperatur dieser roten Zwergsterne $T = 2900°$ K, so muß demnach für eine Helligkeitszunahme von insgesamt, z. B. $3^m\!.0$ bei λ 4250 Å durch eine Eruption der Größe

$$\left.\begin{array}{llllll} F = & 1 & 10^{-1} & 10^{-2} & 10^{-3} & \text{der Scheibe} \\ T_F = & 3800 & 5100 & 7700 & 15600° \text{K} & \end{array}\right\} \qquad (139,2)$$

angenommen werden. Unter der plausiblen Annahme, daß ebenso wie Flecke auch die Eruption auf den kühlen Zwergsternen relativ etwas größer sind als auf der Sonne, kommt man also mit Temperaturen aus, die gerade etwa denen solarer Eruption entsprechen. Im Sinne unseres theoretischen Deutungsversuches von Abschnitt 138 möchte man gerade erwarten, daß in einer Eruption der Wasserstoff zu einem erheblichen Teil ionisiert sei[1]. Die Temperaturen der Eruptionen sollten also auf allen Sternen in derselben Größenordnung liegen.

Spektroskopische Beobachtungen des Flare-Sterns L 726-8 sind A. H. JOY und M. L. HUMASON [A 2007] gelungen. Gewöhnlich zeigt der Stern ein normales dM 5,5 e-Spektrum mit sehr hellen Wasserstoff- und H + K-Emissionslinien. Während der Eruption vom 25. September 1948 waren die Absorptionslinien und -banden fast ausgelöscht durch ein starkes kontinuierliches Spektrum, in dem die relative Intensität auf der kurzwelligen Seite von $H\delta$ viel größer war, als in dem M5,5-Spektrum. Die hellen Wasserstofflinien waren relativ zu den Kalziumlinien verstärkt. Die Linien $\lambda\lambda$ 4026 und 4471 He I und λ 4685 He II erschienen ebenfalls in Emission, dagegen waren keine verbotenen Linien zu erkennen. Der Luftzustand war nicht gut genug, um den Doppelstern aufzulösen, aber die Gesamthelligkeit, wie sie auf dem Spalt erschien, nahm während der Belichtung von 144 min um etwa 1^m zu. Die Beschreibung entspricht weitgehend den Spektren stärkerer *Sonnen*eruptionen. Nur die optische Dicke ist bei den stellaren Eruptionen offenbar größer, so daß das — auf der Sonne noch schwache — Kontinuum der Eruption sich weitgehend der Strahlung eines schwarzen Körpers annähert. Unsere Abschätzung (139, 1) dürfte daher besser sein, als wir ursprünglich erwartet hatten.

Ob eine Beziehung zwischen den Flare-Sternen und den in mancher Hinsicht ähnlichen T-Tauri-Sternen oder den *„raschen Veränderlichen"* im Orion (vgl. G. HARO und W. W. MORGAN [A 2004]) sowie evtl. dem W-Ursae-Majoris-Stern U Pegasi mit seinem von M. HURUHATA [A 2005] beobachteten Ausbruch besteht, ist zur Zeit noch ungewiß.

Beobachtungen von Flecken und Eruptionen gibt es bis jetzt nur von Zwergsternen. Da die *kühleren Giganten und Übergiganten* Anzeichen starker Fackelflächen und Protuberanzen zeigen, dürften auch andere Züge der Sonnenaktivität — wenn auch in abgewandelter Form — nicht fehlen.

In diesem Zusammenhang gewinnt die Beobachtung von A. H. JOY [A 2006] an Interesse, daß den ~ 1 Å breiten Wasserstoff-Emissionslinien der *Mira Ceti* sich zahlreiche Metall-Absorptionslinien überlagern. Erstere können daher nicht in einer Hülle entstehen, die den ganzen Stern umgibt. Vielmehr liegt die Deutung nahe, daß erhebliche Teile der Sternoberfläche den Charakter starker Fackelflächen bis Eruptionen haben. Ob diese *neben* — oder wie die ELLERMANschen "bombs" — *unter* dem Niveau der Metallinien liegen, könnte erst eine spektralphotometrische Untersuchung lehren.

XXI. Kapitel.

Der Sonnenrand. Chromosphäre, Korona und Protuberanzen. Spektroheliogramme.

140. Finsternisbeobachtungen.

Wir ergänzen zunächst den einleitenden Abschnitt 132 des vorhergehenden Kapitels durch einige allgemeine Bemerkungen über Art und Technik der *Beobachtung totaler Sonnenfinsternisse*:

[1] Reiner Wasserstoff ist zur Hälfte ionisiert bei einem Gasdruck

	$P_g =$	1	10^2	10^4 dyn/cm²
für	$T =$	7100	8700	11100° K.

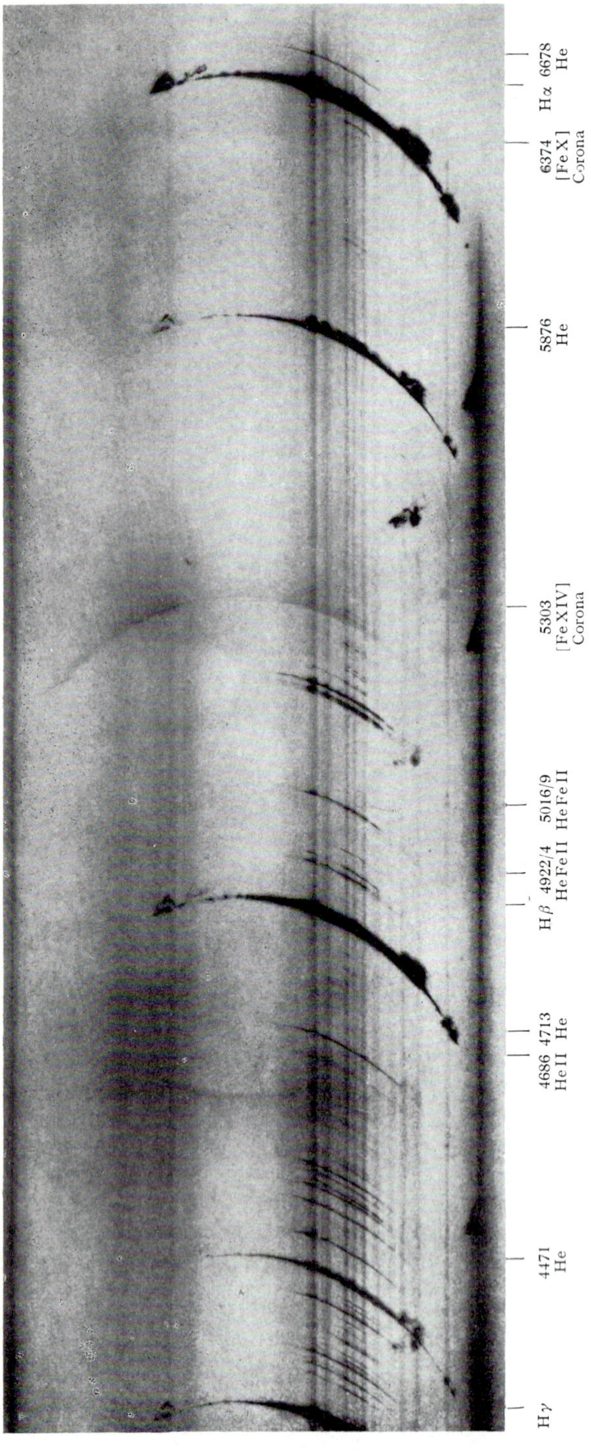

Abb. 209. *Flashspektrum* (1926 Januar 14) nach C. R. DAVIDSON und F. J. M. STRATTON [2133]. Die Protuberanzen zeigen auf *gleichstarken* Linien verschiedener Elemente (z. B. Hγ und He 5876) nahezu dasselbe Aussehen. Man beachte das *kontinuierliche* Spektrum der starken Protuberanzen. Oben und unten kontinuierliches Spektrum der *Korona*. Die ,,Ringe" der *Koronalinien* λ 5303 und λ 6374 sind deutlich zu erkennen. Ihre Verstärkung am Ort der Protuberanzen scheint in erster Linie durch Überlagerung des kontinuierlichen Protuberanzenspektrums verursacht zu sein.

Kurz vor Beginn der Totalität strahlt die äußerste Zone der Photosphäre stellenweise durch die Täler des Mondes. Dessen Rand erscheint daher wie von einer Kette leuchtender Perlen umgeben, den sog. *Baily-Beads*.

Nachdem dieses Phänomen vergangen ist, tritt kurze Zeit — "flash" — das *gesamte* FRAUNHOFER-*Spektrum in Emission* auf. Gleich darauf verschwinden die schwächeren Metallinien und es bleiben in der Hauptsache die BALMER-Linien des Wasserstoffs, die Heliumlinien und H + K von Ca II. Wir bezeichnen die *ganze* Schicht, welche die Emissionslinien des Flashspektrums liefert, als *Chromosphäre*. Früher nahm man an, daß deren unterer Teil auch für die Enstehung der FRAUNHOFERschen Absorptionslinien verantwortlich sei und nannte sie daher *umkehrende Schicht*. Die Theorie der FRAUNHOFER-Linien hat aber gezeigt, daß diese zum überwiegenden Teil (nämlich mit Ausnahme der Mitten der starken Linien) in etwa denselben Schichten entstehen wie das kontinuierliche Spektrum. Wir wollen daher den Terminus „umkehrende Schicht" gänzlich fallen lassen.

Aus der Chromosphäre erheben sich da und dort die *Protuberanzen*. Während deren Form und Bewegung jederzeit beobachtet werden kann, ist zum genaueren Studium ihres Spektrums — das in vieler Hinsicht dem der Chromosphäre ähnelt — die Finsternisbeobachtung nicht zu entbehren. Auf die äußerste Hülle der Sonne, die *Korona*, werden wir in Abschnitt 143 zurückkommen.

Das zur Beobachtung von Chromosphäre und Protuberanzen bei Finsternissen meist gebrauchte Instrument ist die *Objektivprismenkamera*. Abb. 209 zeigt ein von der Cambridger Expedition in Benkoelen aufgenommenes Flashspektrum. Mit dem *Konkavgitter* kann man ohne jede Hilfsoptik arbeiten, da Parallelstrahlenbündel, die in Richtung der Achse einfallen, bekanntlich stigmatisch abgebildet werden. Diese Anordnung, die sich durch hohe Dispersion und Lichtstärke auszeichnet, ist namentlich von S. A. MITCHELL [2199—21100] mit Erfolg angewandt worden. Um die Größe der „Monde" unabhängig von der Brennweite des Gitters wählen zu können, erzeugt J. A. ANDERSON [2110] zunächst durch einen Konkavspiegel ($f \sim 1$ m) ein reelles Sonnenbild, macht durch einen 2. Konkavspiegel, dessen Krümmungsradius gleich dem des Gitters ist ($R \approx 6{,}6$ m), die Strahlenbündel wieder parallel und läßt sie dann senkrecht auf das Konkavgitter auftreffen. Man sieht leicht, daß dieses Instrument durch Luftunruhe, thermische Verzerrung der Zölostatenspiegel usw. (unabhängig von der Dispersion) nur in dem Maß beeinflußt wird, wie eine direkt arbeitende Kamera mit der Brennweite des 1. Spiegels, der die Größe der „Monde" bestimmt. Bei der Festlegung des Verhältnisses der Skala der monochromatischen Bilder zur Dispersion ist zu beachten, daß mit dessen Abnahme die kontinuierlichen Spektra z. B. von Protuberanzen und Korona gegenüber deren Linienspektren zurücktreten.

Da der Mond bei einer Finsternis sich mit genau bekannter Geschwindigkeit über die Sonne hinwegbewegt[1], so geben *Reihenaufnahmen mit bekannten zeitlichen Abständen* die wertvollsten Aufschlüsse über *Schichtung und Aufbau der Chromosphäre*. Obgleich K. SCHWARZSCHILD [21157] schon 1905 — die Publikation ist leider viel zu wenig bekannt geworden — diesen einfachen Gedanken angewandt hat, ist er erst 1932 von D. H. MENZEL [2131] in seinem "*Jumping-Film*"-*Spektrograph* weiter entwickelt worden (Expositionsdauer = Zwischenraum zweier Aufnahmen = 1,2 sec). Eine zeitlich stetige Registrierung des Spektrums einer bestimmten Stelle der Chromosphäre gestattet der (ältere) "*Moving-Plate*"-*Spektrograph* von W. W. CAMPBELL und D. H. MENZEL [2193]. Aus dem Spektrum wird hier in der Dispersionsrichtung ein schmaler Streifen durch einen Spalt ausgeschnitten, hinter dem sich senkrecht dazu mit bekannter Geschwindigkeit die Platte bewegt. Da bei dieser Anordnung die Auswahl einer ungestörten (d. h. von Protuberanzen freien) Stelle der Chromosphäre Schwierigkeiten bereitet, und eine gewisse zeitliche „Verwaschung" doch nicht zu vermeiden ist, so wird man aber im allgemeinen der "Jumping-Film"-Methode den Vorzug geben, die auf einer Aufnahmeserie *alles* überhaupt Beobachtbare gibt.

Bei der Finsternis vom 9. Juli 1945 haben B. LINDBLAD und H. KRISTENSON [2181, 247] mit einer *Objektivprismen-Kinokamera* pro sec etwa 25 Spektren mit einer Belichtungszeit von je 0,01 sec aufgenommen. Damit erhält man — abgesehen von der geodätischen Bedeutung dieser Beobachtungen — höchst präzise Aussagen über die Schichtung der Sonnenatmosphäre auch in unmittelbarer Nähe des Sonnenrandes (vgl. S. 42).

[1] Projiziert auf die Sonne entspricht sie — der genaue Wert variiert natürlich von Finsternis zu Finsternis — etwa 300 km/sec.

Zahlenmäßige Angaben über einige charakteristische Flash-Beobachtungen haben wir in Tab. 89 zusammengestellt. Hierzu noch einige Bemerkungen über die wichtige Wahl der Belichtungszeiten: Nimmt man an, daß die monochromatischen Bilder der Chromosphäre auf der Platte geometrisch voll aufgelöst werden, so wird die Belichtungszeit cet. par. umgekehrt proportional dem Quadrat des Öffnungsverhältnisses, d. h. $\sim (f/d)^2$. Sind die — sehr schmalen — „Monde" nur in ihrer Längsrichtung aufgelost, d. h. als strahlende Linien zu betrachten, so wäre die Belichtung eher $\sim f/d^2$ zu nehmen. Sodann ist vor allem zu bedenken, daß die Intensität der „Monde" schon über Höhenunterschiede von $\sim$150 km in Nähe des Sonnenrandes bis $\sim$500—1000 km in größeren Höhen auf den *e*-ten Teil abnimmt. Diese Höhendifferenzen werden aber in $\sim$0,5 bzw. 1,5—3 sec

Tabelle 89. Beobachtung des Flashspektrums mit Objektivprismenkamera.

Beobachter	Finsternis	Brennweite f [cm]	Öffnung d [cm]	$f:d$	Prismenwinkel	Belichtung [sec]
Davidson u. Stratton .	14. Jan. 1926	1160	10	116	45°	10
Houtgast	25. Febr. 1952	270	15	18		0,7
Lindblad u. Kristenson	9. Juli 1945	{ 100	7	14	14°	0,01
		64	5	12	26°	0,01

durch den Mond abgedeckt. Belichtungszeiten >1 sec ergeben also keinen wesentlichen Intensitätsgewinn, sondern nur eine unerwünschte „Verschmierung" der Schichtung. Um diese auch in der unteren Chromosphäre sauber zu bekommen, müssen die Belichtungszeiten $<0,2$ sec sein! Da weiterhin die Intensitäten der Chromosphärenlinien während einer Finsternis einen Bereich von gut 3 Zehnerpotenzen überdecken, so dürfte in Zukunft die Anwendung simultan arbeitender Kammern von erheblich verschiedenen Öffnungsverhältnissen, aber sonst identischem Bau, oder von alternierenden Belichtungen entsprechend verschiedener Wirksamkeit (Dauer, Öffnung, Filter) zu erwägen sein.

Bei der Auswertung derartiger Aufnahmen ist zu bedenken, daß der *Mondrand* nicht glatt, sondern mit *Gebirgen* besetzt ist, deren Höhe in der Projektion nahezu von denselben Dimensionen ist, wie die der Chromosphäre. K. Schwarzschild [21157] und G. G. Cillié und D. H. Menzel [2131] haben 1905 bzw. 1932 gefunden, daß die Helligkeit der feinen Photosphärensichel kurz vor Eintritt der Totalität an jeder Stelle *linear* mit der Zeit abnimmt. Man muß hieraus zunächst schließen, daß die *Helligkeit am äußersten Sonnenrand nahezu konstant* ist. Weiterhin kann man nun aber durch photometrischen Vergleich verschiedener Stellen der „Sichel" ein sehr detailreiches *Profil des Mondrandes* ableiten. Über die Durchführung vgl. K. Schwarzschild [21157] und H. Kristenson [247]. Die Variation der bei einer bestimmten Aufnahme erfaßten *Höhen über dem Sonnenrand* mit der Phase (Abstand vom Eintritt der Totalität in sec) zeigt für die Finsternis von 1905 die von D. H. Menzel [2193] berechnete Abb. 210. Für eine im Abstand y_0/a (in Einheiten des Sonnenradius) von der Verbindungslinie Sonne—Mondmitte liegenden Stelle, die sich h km über dem Sonnenrand erhebt, liest man daraus leicht den Zeitpunkt ihrer Berührung mit dem Mondrand ab. Die glatten Kurven sind für einen „sphärischen" Mond berechnet, während für Phase 0 sec auch das auf Photographien großen Maßstabes ausgemessene „Mondprofil" eingezeichnet ist. Da dessen „Höhen" durchaus in derselben Größenordnung liegen, wie die der Chromosphäre, so ist seine sorgfältige Berücksichtigung unerläßlich. Hat man am Mondrand mehrere hinreichend ausgedehnte „Ebenen" mit *passenden Höhendifferenzen*, so kann man diese evtl. heranziehen, um die *zeitliche Folge* der Aufnahmen sozusagen zu verdichten.

Bei den bisher betrachteten Apparaten dient durchweg die Chromosphäre selbst als Spektrographenspalt. Es bleibt noch kurz zu erörtern, was bei Benutzung eines *Spaltspektrographen* zu beachten ist: Ein *weiter* Spalt, der das Bild der *gesamten* Chromosphäre faßt, kann mit Nutzen angewandt werden, um das kontinuierliche Spektrum von Korona und Himmelsstreulicht zu reduzieren. Außerdem beseitigt er störende Spektren, die evtl. von der „anderen" Seite des Sonnenrandes herrühren. Wählt man dagegen einen *engen* Spalt, so wird vielfach das Bild der Chromosphäre in der Größenordnung der Spaltbreite liegen. Die Intensitäten der Linien werden dann durch kleinste Veränderungen am Instrument stark beeinflußt. Eine solche Anordnung ist also für allgemeine photometrische Untersuchungen nicht zu empfehlen; man wird sie nur anwenden, wenn bei großer Dispersion Präzisionswellenlängen oder die Profile einzelner Linien gemessen werden sollen.

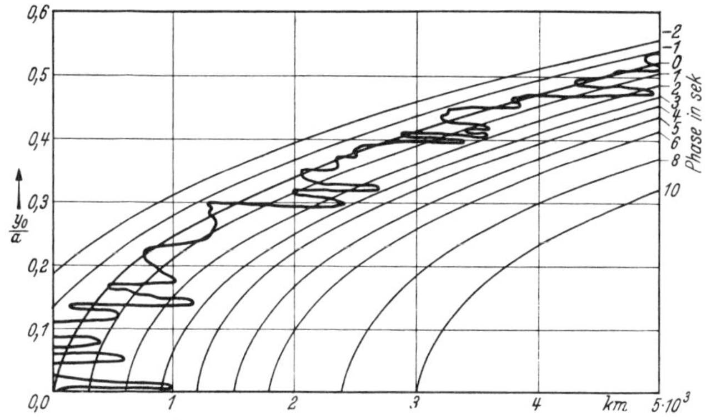

Abb. 210. Die Kurven zeigen die Stellungen des Mondrandes in Intervallen von 1 sec. Für Phase 0 ist das wahre Mondprofil eingezeichnet. *Abszissen:* Höhe über dem Sonnenrand. *Ordinaten:* Abstand von der Verbindungslinie der Zentren von Sonne und Mond in Einheiten des Sonnenradius. Für die Finsternis von 1905 berechnet von D. H. Menzel [2193].

Außerhalb von Finsternissen erhält man mit den großen Gitterspektrographen der Turmteleskope in Chromosphäre und Protuberanzen meist nur die starken Balmer- und Paschen-Linien des Wasserstoffes, H und K sowie die infrarote Gruppe von Ca II, die D_3-Linie von Helium und das infrarote Sauerstofftriplett. Unter besonders günstigen Umständen haben W. S. Adams und C. Burwell [2106] an Mt. Wilson seinerzeit ein ziemlich vollständiges Spektrum der Chromosphäre mit zahlreichen Metallinien ohne Finsternis aufgenommen.

Obgleich die Aufnahme von Chromosphärenspektren ohne Finsternis und ihre Auswertung durch Szintillation und Streulicht sehr erschwert sind, möchte man doch die Fortführung derartiger Untersuchungen sehr wünschen, da sie eine genaue Messung von *Linienprofilen* gestatten. Die Verbindung des Lyotschen Koronographen mit einem großen Gitterspektrographen (*Mt. Sacramento* Observatory) berechtigt zu den schönsten Hoffnungen.

141. Der Helligkeitsabfall am äußersten Sonnenrand.

Die altbekannte Tatsache, daß der Sonnenrand uns scharf begrenzt erscheint, hat früher zu den merkwürdigsten Hypothesen Anlaß gegeben. Mochte die Vorstellung einer *flüssigen Photosphäre* zu ihrer Zeit noch ganz vernünftig erscheinen, so kann man die Schmidt*sche Theorie*, welche mit Strahlenbrechungen von der Art einer Fata Morgana in der Sonne operierte, nur unter die zahlreichen Curiosa der Astrophysik einreihen, die ihre Entstehung einem gelegentlichen Überwuchern der Spekulation verdanken.

Die fast selbstverständlichen Grundlagen der richtigen Erklärung hat K. Schwarzschild (1905) in seiner schon oft erwähnten Arbeit gegeben. Wir entwickeln sie hier sogleich in etwas vervollständigter Fassung.

Die Temperatur der äußersten Schichten der Sonnenatmosphäre ist nahezu konstant; wir können $T \approx 4000^\circ$ K setzen. Da der Ionisationsgrad der Stellarmaterie (Tab. 22) bei dieser Temperatur und allen in Betracht kommenden Drucken sehr klein ist, so dürfen wir nach Tab. 23 auch mit einem konstanten Mittelwert für das Molekulargewicht $\mu = 1{,}50$ rechnen. Hätten wir für das Häufigkeitsverhältnis Helium:Wasserstoff einen wesentlich kleineren Wert angenommen, als in Tab. 22 (d. h. 20% nach Atomzahlen), so würde μ gegen 1,0 gehen. Da weiterhin in der Sonnenatmosphäre der Gradient des Strahlungsdruckes gegenüber dem des Gasdruckes stets vernachlässigbar ist, so wird der *Schwerkraft* das Gleichgewicht gehalten durch den Gradienten des *Gasdruckes* P_g und evtl. (vgl. S. 202) des *Turbulenzdruckes* $\varrho\,\overline{\xi^2}$. In dem letzteren Ausdruck bedeutet — wie in Gl. (51, 14) — ξ die Geschwindigkeitskomponente der turbulenten Strömungen senkrecht zur Sonnenoberfläche. Ist die Turbulenz isotrop und hat sie eine MAXWELLsche Geschwindigkeitsverteilung[1], z. B. für die ξ-Komponente $\sim e^{-(\xi/\xi_t)^2}$, so gilt analog Gl. (72, 2) und (72, 7)

$$\overline{\xi^2} = \frac{1}{2}\,\xi_t^2\,. \qquad (141,1)$$

Die Abnahme der Dichte ϱ bzw. des Gasdruckes $P_g = \varrho \cdot \frac{RT}{\mu}$ mit der Höhe h (gemessen von einem Ausgangsniveau mit dem Index 0 aus) folgt nun der bekannten Gleichung ($g = 2{,}74 \cdot 10^4$ cm sec^{-2} bedeutet die Schwerebeschleunigung an der Sonnenoberfläche):

$$-\frac{d}{dh}\left\{P_g + \varrho\,\overline{\xi^2}\right\} = g\,\varrho \qquad (141,2)$$

oder

$$-\frac{d}{dh}\left\{\varrho\left(\frac{RT}{\mu} + \frac{\xi_t^2}{2}\right)\right\} = g\,\varrho\,. \qquad (141,3)$$

Sind sowohl die Temperatur T und das Molekulargewicht μ, als auch die „Turbulenzgeschwindigkeit“ ξ_t *konstant*, so erhält man aus (141, 3) sofort die *Barometerformel* in differentieller und integraler Gestalt

$$-\frac{d\ln\varrho}{dh} = \alpha \quad \text{bzw.} \quad \varrho = \varrho_0\,e^{-\alpha h} \quad \text{oder} \quad P = P_0\,e^{-\alpha h}\,. \qquad (141,\,4\text{a—c})$$

Dabei ist

$$\frac{1}{\alpha} = H = \frac{1}{g}\left\{\frac{RT}{\mu} + \frac{\xi_t^2}{2}\right\} \qquad (141,5)$$

die sog. „*Höhe der homogenen Atmosphäre*“ oder „*Äquivalenthöhe*“ (scale height). In einer Schicht der Dicke H nehmen Dichte und Druck jeweils um einen Faktor $e = 2{,}72$ ab. Eine homogene Schicht der Dichte ϱ_0 und der Höhe H würde am Boden denselben Druck P_0 ergeben, wie die Atmosphäre nach (141, 4).

Für eine ruhige Atmosphäre (d. h. ohne Turbulenz) mit $T = 4000^\circ$ aus Stellarmaterie mit $\mu = 1{,}50$ erhält man nach (141, 5)

$$\alpha = 12{,}3 \cdot 10^{-8}\ [\text{cm}^{-1}] \quad \text{bzw.} \quad H = 81{,}0\ \text{km}\,. \qquad (141,6)$$

Für eine ebenso heiße Atmosphäre aus reinem *Wasserstoff* ($\mu = 1$) wäre entsprechend

$$\alpha = 8{,}2 \cdot 10^{-8}\ [\text{cm}^{-1}] \quad \text{bzw.} \quad H = 121{,}5\ \text{km}\,. \qquad (141,7)$$

Um die Schichtung unserer ersten Atmosphäre ebenso stark aufzulockern, müßte — wie man nach (141, 5) leicht nachrechnet — deren *Turbulenz* eine Geschwindigkeit $\xi_t = 4{,}70$ km/sec haben.

---

[1] Wenn die Geschwindigkeitsverteilung isotrop ist *und* die Geschwindigkeitskomponenten nach drei aufeinander senkrechten Richtungen voneinander statistisch unabhängig sind, so *muß* — wie schon MAXWELL gezeigt hat — die Häufigkeitsverteilung z. B. von ξ proportional $e^{-(\xi/\xi_t)^2}$, d. h. MAXWELLisch sein.

Nach diesen Vorbemerkungen wenden wir uns den für die *Deutung des Flash-spektrums* wichtigen Fragen zu:

1. *Wie* der Helligkeitsabfall des kontinuierlichen Spektrums am äußersten Sonnenrand in quantitativer Hinsicht erfolgt, und

2. welcher optischen Tiefe (in Richtung des Sonnenradius gemessen) der scheinbare Sonnenrand entspricht.

Der *kontinuierliche Absorptionskoeffizient* (pro Gramm) $\varkappa$ im sichtbaren Spektralgebiet ist bei den in Frage kommenden Temperaturen ($T \approx 4000°$) und Drucken (wie sich zeigen wird, $\log P_g \approx 3{,}8$ bzw. $\log P_e \approx -0{,}5$) nach den Berechnungen von E. VITENSE (Abb. 72—86) proportional P_e, was nach den Ionisationsrechnungen von A. ROSA (Abb. 49 und 50) in dem angegebenen Gebiet einer Proportionalität $\varkappa \sim P_g^{0{,}66}$ entspricht[1].

Den kontinuierlichen Absorptionskoeffizienten pro cm $\varkappa\varrho$ können wir daher in den betrachteten Schichten näherungsweise darstellen in der Form

$$\varkappa\varrho = \varkappa_0\varrho_0\left(\frac{P}{P_0}\right)^m, \tag{141, 8}$$

wobei nach unseren derzeitigen Kenntnissen $m \approx 1{,}66$. Der Index 0 kennzeichne wieder das Niveau $h = 0$.

Der Höhe h entspricht nun die von außen herein *in Richtung des Sonnenradius* gemessene *optische Tiefe*

$$\tau = \int_h^\infty \varkappa\varrho\, dh = \varkappa_0\varrho_0 \int_h^\infty \left(\frac{P}{P_0}\right)^m dh \tag{141, 9}$$

oder nach (141, 4c)

$$\tau = \varkappa_0\varrho_0 \int_h^\infty e^{-m\alpha h}\, dh = \frac{\varkappa_0\varrho_0}{m\alpha}\, e^{-m\alpha h}. \tag{141, 10}$$

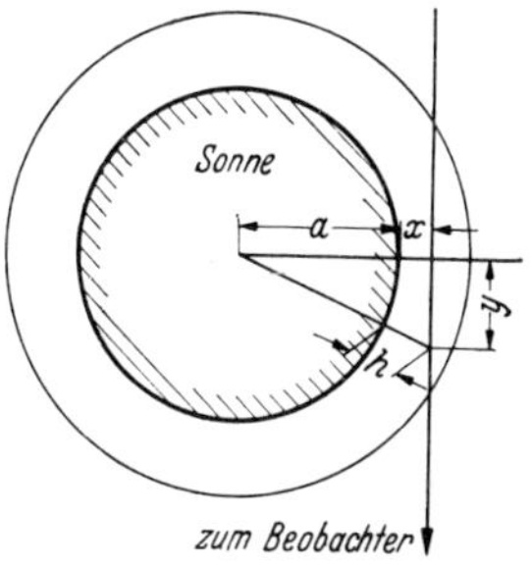

Abb. 211. Beobachtung am Sonnenrand.

Betrachtet man andererseits den Sonnenrand, so erhält man im scheinbaren Abstand x (zum folgenden vgl. Abb. 211) vom Niveau $h = 0$ Strahlung aus einer Schicht der optischen Dicke

$$\tau' = \int_{-\infty}^{+\infty} \varkappa\varrho\, dy = \varkappa_0\varrho_0 \int_{-\infty}^{+\infty} e^{-m\alpha h}\, dy. \tag{141, 11}$$

Nun ist nach Abb. 211 für x und $h \ll$ Sonnenradius $a = 6{,}95 \cdot 10^{10}$ cm

$$y^2 = (a + h)^2 - (a + x)^2 \approx 2a(h - x) \tag{141, 12}$$

und damit

$$\tau' = \varkappa_0\varrho_0\, e^{-m\alpha x} \int_{-\infty}^{+\infty} e^{-\frac{m\alpha}{2a} y^2}\, dy = \varkappa_0\varrho_0 \sqrt{\frac{2\pi a}{m\alpha}}\, e^{-m\alpha x}. \tag{141, 13}$$

Die optischen Tiefen τ' und τ sind also verknüpft durch die einfache Beziehung

$$\frac{\tau'}{\tau} = \sqrt{2\pi m a \alpha}. \tag{141, 14}$$

---

[1] Die Art dieser Abhängigkeit hängt ziemlich empfindlich von den Annahmen über die chemische Zusammensetzung der Stellarmaterie ab. Würde man z. B. — wie dies sonst oft geschieht — einfach die Metalle als völlig ionisiert, die anderen Elemente dagegen als neutral betrachten, so wäre $\varkappa \sim P_g$.

Die Strahlungsintensität, die wir von einer Schicht der optischen Dicke τ' im lokalen thermodynamischen Gleichgewicht bei der Temperatur T bekommen, ist

$$I = B_0(1 - e^{-\tau'}) , \qquad (141, 15)$$

wo B_0 die KIRCHHOFF-PLANCK-Funktion für T oder die im Sinne des *ebenen* Problems verstandene Helligkeit des Sonnenrandes mit dieser Grenztemperatur bedeutet. Die nebenstehende Abb. 212 gibt eine graphische Darstellung von I/B_0 in Abhängigkeit von $\log\tau'$. Die lineare Höhenskala (vom Niveau $\tau' = 1$ aus gerechnet) ist nach (141, 13) unmittelbar gegeben durch

$$-x = \frac{2{,}30}{m\,\alpha} \log\tau' . \qquad (141, 16)$$

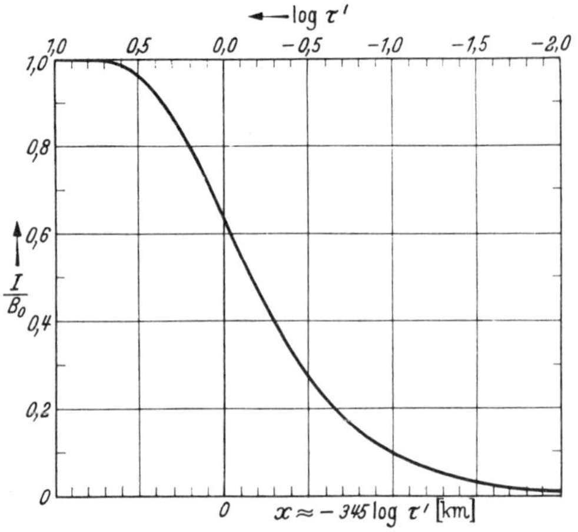

Abb. 212. Helligkeitsabfall am äußersten Sonnenrand.

Direkte *Beobachtungen* über den Helligkeitsabfall im kontinuierlichen Spektrum am äußersten Sonnenrand sind — vgl. S. 42 — bei der totalen Finsternis vom 9. Juli 1945 von B. LINDBLAD und H. KRISTENSON [247] mit einer Objektivprismen-Kinokamera ausgeführt worden. Sie ergaben (im Mittel für 4800 und 4100 Å) in dem ganzen untersuchten Höhenbereich — der also in Abb. 212 rechts liegen müßte — eine *exponentielle* Abnahme der Intensität $\sim e^{-x/x_0}$ mit $x_0 = 150 \pm 12$ km, entsprechend 0,″21. Da für $I \ll B_0$ (dies dürfte bei den Messungen wohl realisiert sein) $I \sim \tau'$ ist, so hätten wir nach Gl. (141, 13) das x_0 mit $1/m\,\alpha = H/m$ zu identifizieren und erhalten in Verbindung mit dem theoretischen Exponenten $m = 1{,}66$ die *Äquivalenthöhe* (der Index c bedeute „kontinuierliches Spektrum")

$$H_c = 250 \text{ km} \quad \text{bzw.} \quad \alpha_c = 4{,}0 \cdot 10^{-8} \text{ cm}^{-1} . \qquad (141, 17)$$

Halten wir an unseren Annahmen fest, daß die betreffenden Schichten aus fast neutraler Stellarmaterie (nach Tab. 22) mit $\mu = 1{,}50$ und $T = 4000°$ bestehen, so müssen wir nach Gl. (141, 5) zur Erklärung der großen Äquivalenthöhe von 250 km *Turbulenz* mit einer wahrscheinlichsten Geschwindigkeit

$$\xi_t = 9{,}6 \text{ km/sec} \qquad (141, 18)$$

heranziehen. Wie eine Änderung unserer Ausgangswerte diese Größe beeinflussen würde, ist nach den oben gerechneten Beispielen leicht zu überblicken.

Wie wir im folgenden Abschnitt 142 sehen werden, deuten die Untersuchungen des *Linien-(Flash) Spektrums der unteren Chromosphäre* eher auf eine kleinere Äquivalenthöhe (l bedeute „Linienspektrum")

$$H_l \approx 125 \text{ km} \quad \text{bzw.} \quad \alpha_l = 8 \cdot 10^{-8} \text{ cm}^{-1} , \qquad (141, 19)$$

die nach (141, 7) schon mit $\xi_t \doteq 4{,}7$ km/sec zu verstehen wäre.

Der Ursprung der Differenz zwischen (141, 17) und (141, 19) ist zur Zeit noch nicht geklärt. Am ehesten könnte man vermuten, daß der Exponent $m = 1{,}66$ in unserem Ansatz (141, 8) für den kontinuierlichen Absorptionskoeffizienten infolge Abweichungen vom thermodynamischen Gleichgewicht zu hoch sei.

Legen wir unseren weiteren Rechnungen den empirischen Zahlenwert nach B. LINDBLAD und H. KRISTENSON, d. h. $m\alpha = 1/x_0 = 6{,}7 \cdot 10^{-8}$ cm^{-1} zugrunde, so ist nach Gl. (141, 16) in Abb. 212

$$-x = 345 \cdot \log\tau' \text{ [km]}$$

zu schreiben, d. h. jeder Einheit unserer Abszissenachse entsprechen 345 km. Weiterhin erhält man nach (141, 14)

$$\frac{\tau'}{\tau} = \sqrt{2\pi \frac{695000}{150}} = 170\,. \qquad (141, 20)$$

Das heißt, der Stelle mit einer tangentialen optischen Dicke $\tau' = 1$ (wo nach Abb. 212 die Intensität auf 63% der „Randintensität" B_0 abgesunken ist) entspricht eine optische Tiefe — senkrecht zur Sonnenoberfläche gemessen — von $\tau = 0{,}006$. Die Linien im Flashspektrum — deren Zentralintensität bei der Umkehr zunächst von der Größenordnung B_0 sein wird — treten aus dem kontinuierlichen Untergrund deutlich hervor, wenn I hinreichend weit unter B_0 abgesunken ist. In praxi wird man als *Basis der Chromosphäre* etwa $\tau \approx 0{,}003$ ansetzen dürfen. Nach den zur Zeit wohl genauesten Modellen von K. H. Böhm [602] und E. Böhm-Vitense [509a] ist in dieser Schicht[1]

$$\tau_{5000} = 0{,}003\colon \quad T = 3980^\circ\,\text{K}, \quad \log P_g = 3{,}70 \quad \text{und} \quad \log P_e = -0{,}47\,. \qquad (141, 21)$$

Zum Vergleich geben wir nochmals die entsprechenden Daten für die Photosphäre

$$\tau_{5000} = 0{,}67\colon \quad T = 6045^\circ\,\text{K}, \quad \log P_g = 5{,}00 \quad \text{und} \quad \log P_e = 1{,}52\,. \qquad (141, 22)$$

142. Chromosphäre.

A) Der Dichtegradient der Chromosphäre. „Höhen". Gemessene Intensitäten chromosphärischer Emissionslinien. Auf *Flashspektren* (Abb. 209), welche mit einer gewöhnlichen Objektivprismen- oder Gitterkamera aufgenommen sind, erscheinen die intensiven Linien — wie Ca II H und K, H α oder He D_3 — als lange Bögen, die schwachen Linien dagegen nur als kurze Striche. Man pflegt kurz zu sagen: Die H- und K-Linien z. B. reichen bis zu einer „Höhe" von ~12000 km über der Basis der Chromosphäre, die schwachen Metallinien dagegen nur bis zu einigen 100 km usw.

Die Dichte einer isothermen Atmosphäre müßte auf 12000 km nach (141, 4) bei einer Äquivalenthöhe von $H = 100$ km um e^{-120}, d. h. 52 Zehnerpotenzen, bei $H = 200$ km immer noch um 26 Zehnerpotenzen abnehmen. Man sieht also von vornherein, daß die wirkliche Chromosphäre von dem Idealbild einer isothermen, ruhigen Atmosphäre weit entfernt sein muß. In spektroskopischer Hinsicht fiel schon frühzeitig auf, daß im Flashspektrum — wie in dem der Protuberanzen — neben den bekannten Linien der neutralen und einfach ionisierten Metalle die Spektren von H, He I und sogar He II (Abb. 209) mit unerwarteter Intensität auftreten. Dies weist auf große Abweichungen in der Anregung und Ionisation der Atome vom thermodynamischen Gleichgewicht zum mindesten in den höheren Schichten hin. Da die theoretische Behandlung von Nicht-Gleichgewichtsproblemen sehr schwierig ist (den Ausschlag geben natürlich immer die häufigsten Prozesse und es ist meist im voraus gar nicht zu übersehen, welche dies sind) und sich zur Zeit noch in einem völlig unbefriedigenden Zustand befindet, so dürfte es am besten sein, sich anhand der Beobachtungen vorsichtig voranzutasten.

Bei Aufnahmen mit *stationärer* Platte (z. B. Abb. 209) wird — wie wir in Abschnitt 140 schon bemerkten — die Messung der „Höhen" stark beeinträchtigt durch Unebenheiten des Mondrandes und durch Protuberanzen. Besser definierte

[1] Hierzu vgl. weiterhin S. 211 und E. Böhm-Vitense [2123].

Werte gibt die zeitliche Verfolgung einer bestimmten Stelle des Sonnen- bzw. Mondrandes mit dem "Moving-Plate" — oder "Jumping-Film" — Spektrograph nach CAMPBELL und MENZEL.

Die „Höhe" x, bis zu welcher eine Linie beobachtet wird, ist nun — wie D. H. MENZEL [2193] zuerst klar erkannte — dadurch bestimmt, daß die von allen *oberhalb des projizierten Abstandes x vom Sonnenrand (s. Abb.* 211*) liegenden Schichten emittierte Intensität einen bestimmten Grenzwert unterschreitet, der von* der Empfindlichkeitsschwelle der Apparatur, also insbesondere auch von der Wellenlänge abhängt.

Im Hinblick auf die folgenden quantitativen Untersuchungen definieren wir ein rationelles Maß für die Intensität der Chromosphärenlinien[1]: *Ein Volumelement der Chromosphäre werde begrenzt durch eine Ebene, welche vom Beobachter tangential an den Mondrand in der Höhe x über der Basis der Chromosphäre gelegt ist, sowie durch zwei Ebenen parallel zur Sehlinie, welche in* 1 *cm Abstand voneinander senkrecht zur Sonnenoberfläche stehen. Die von einer solchen „Schneise" in einer Spektrallinie pro Raumwinkelelement* $d\omega$ *emittierte Energie in erg/sec bezeichnen wir als deren gemessene Intensität* $I\,d\omega$.

G. G. CILLIÉ und D. H. MENZEL [2131] beziehen ihre Intensitätsmessungen auf den Raumwinkel 4π statt 1. (Die physikalische *Deutung* dieser Einheit als „Ausstrahlung nach allen Richtungen" wird hinfällig, sobald Selbstabsorption einsetzt.)

A. PANNEKOEK und M. MINNAERT [21115] nehmen den Abstand der parallelen Ebenen gleich 1′ (geozentrisch) oder $4{,}34 \cdot 10^9$ cm statt 1 cm und messen die Ausstrahlung in Einheiten von 10^{20} erg/sec.

Hätte man es durchweg mit Emission in *optisch dünner Schicht* (längs der *Sehlinie*) zu tun, so wäre die *gemessene Linienintensität* innerhalb eines nicht zu großen Wellenlängenbereiches einfach proportional der Übergangswahrscheinlichkeit *ÜW* bzw. der Oszillatorenstärke f der Linie $\times$ der Zahl $N(x)$ der leuchtenden *Atome in dem beschriebenen Volumelement.*

Dieses $N(x)$ hängt nun mit der Dichteverteilung der Chromosphäre in einfacher Weise zusammen: Es sei $n(h)$ die Anzahl der Atome der betreffenden Art in einem bestimmten Ionisations- und Anregungszustand pro cm^3 in der Höhe h über der Basis der Chromosphäre. Nehmen wir z. B. Schichtung nach Art einer Barometerformel an, so können wir schreiben

$$n(h) = n_0\, e^{-\alpha h}\,. \tag{142, 1}$$

Daraus erhalten wir zunächst die Anzahl $n'(x)$ der Atome in einer 1 cm^2-Säule längs der Sehlinie in Höhe x ($\ll$ Sonnenradius a) über dem Sonnenrand nach Abb. 211 analog zu Gl. (141, 11—13)

$$n'(x) = \int_{-\infty}^{+\infty} n(h)\, d\,y = n_0\, e^{-\alpha x} \int_{-\infty}^{+\infty} e^{-\frac{\alpha}{2a} y^2}\, d\,y = \sqrt{2\pi\, a\, \alpha^{-1}} \cdot n_0\, e^{-\alpha x}\,. \tag{142, 2}$$

Aus $n'(x)$ geht vollends $N(x)$ hervor, indem man von x bis ∞ integriert, also

$$N(x) = \int_x^\infty n'(x)\, d\,x = \sqrt{2\pi\, a\, \alpha^{-3}} \cdot n_0\, e^{-\alpha x}\,. \tag{142, 3}$$

Der Vergleich von (142, 1—3) ergibt das meines Wissens zuerst von W. H. McCREA [2187] bemerkte Ergebnis, daß bei exponentieller Dichteabnahme $n(h)$, $n'(x)$ und $N(x)$ *dieselbe* relative Verteilung $\sim e^{-\alpha x}$ aufweisen.

[1] Diese Wahl ist bedingt dadurch, daß die meisten Apparaturen keine geometrische Auflösung der nur einige Bogensekunden breiten Chromosphärenbögen erlauben.

Allgemeinere Dichteverteilungen kann man z. B. durch Superposition mehrerer e-Funktionen beschreiben, muß dann aber auf die Faktoren $\alpha^{-1/2}$ bzw. $\alpha^{-3/2}$ in Gl. (142, 2) bzw. (142, 3) achten. Oder man kann $\alpha(h)$ als langsam veränderliche Funktion von h betrachten. Dann ist es praktisch wichtig, sich klar zu machen, auf welche Höhen h über der Basis der Chromosphäre sich die α bzw. $H = 1/\alpha$ beziehen, welche man formal aus dem Verlauf von $n'(x)$ bzw. $N(x)$ in Abhängigkeit von dem projizierten Abstand x (Abb. 211) durch logarithmische Differentiation erhält. Vielleicht genügt folgende Abschätzung für hinreichend langsam veränderliche $\alpha(h)$: In (142, 2) kommt die Hälfte des $\int\limits_{-\infty}^{+\infty} e^{-\frac{\alpha y^2}{2a}} dy$ zustande in dem Bereich von $\Phi\left(\frac{\alpha y^2}{2a}\right) = \pm 0{,}5$ oder $\frac{\alpha y^2}{2a} = \pm 0{,}48$. Nach Gl. (141, 12) kann man also die Höhe $h = x + 0{,}48\,H$ als „Schwerpunkt“ der Integration auffassen, welche von n auf n' führt. In analoger Weise liegt der Schwerpunkt der Integration (142, 3), welche von n' auf N führt, bei $h = x + H \cdot \ln 2 = x + 0{,}69\,H$. Man kann also zusammenfassend schreiben

$$\alpha\,\{N(x)\} \approx \alpha\,\{n'(x + 0{,}69\,H)\} \approx \alpha\,\{n(h = x + 1{,}17\,H)\}\,. \qquad (142, 4)$$

Anhand numerischer Proberechnungen findet H. C. VAN DE HULST [2103, S. 229] statt dessen

$$\alpha\,\{N(x)\} \approx \alpha\,\{n'(x + H)\} \approx \alpha\,\{n(h = x + 1{,}5\,H)\}\,. \qquad (142, 5)$$

Die Unterschiede zwischen (142, 4) und (142, 5) sind wohl kaum größer, als man sie bei einer derartig summarischen Abschätzung eben in Kauf nehmen muß.

Hätten wir es durchweg mit Emission in optisch dünner Schicht zu tun, so wäre — wie gesagt — die Intensität der Flashlinien (Abb. 209) einfach proportional der Übergangswahrscheinlichkeit $\times$ der Anzahl der Atome $N(x)$ nach Gl. (142, 3).

In Wirklichkeit müssen wir — wie sich zeigen wird — besonders bei den stärkeren Linien und in tieferen Schichten mit *Selbstabsorption* rechnen. Die wirklichen Intensitäten sind also mit den durch Reduktion auf dünne Schicht erhaltenen „*theoretischen Intensitäten*“ (d. h. Ausstrahlung *ohne* Selbstabsorption) durch eine Art Wachstumskurve verknüpft. Wir wollen zunächst *annehmen*, daß alle Linien in allen Schichten in derselben Weise entstehen und verbreitert werden; dann erhalten wir *eine* einheitliche Wachstumskurve, d. h. die *wirklichen* Intensitäten werden *eine eindeutige Funktion* der *theoretischen* sein.

Die Bedingung für das Verschwinden verschiedener Linien in einer Höhe x können wir dann auch dahingehend formulieren, daß die theoretische Intensität, d. h. das Produkt

$$N(x) \times \text{Übergangswahrscheinlichkeit}\ (\ddot{U}W)$$

einen für *alle* Linien innerhalb eines nicht zu großen Wellenlängenbereiches gleichen Grenzwert unterschreitet.

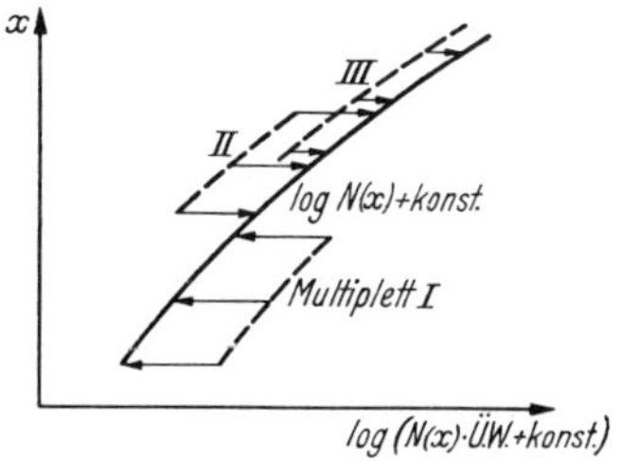

Abb. 213. (Schematisch.) Bestimmung der Anzahl N (bzw. $\log N$ + const) der Atome in einer 1 cm breiten „Schneise“ durch die Chromosphäre oberhalb des Niveaus x mit Hilfe der „Höhen“ von Multiplettlinien nach D. H. MENZEL [2193] u. a.

Innerhalb eines *Multipletts*, Supermultipletts usw. sind nun die Relativwerte der $\ddot{U}W$ nach den Intensitätsformeln von Abschnitt 83—85 bekannt. Indem man (Abb. 213) die von den Linien z. B. eines Multipletts erreichten Höhen x als Funktion der $\log_{10}(\ddot{U}W)$ aufträgt und sodann die von zahlreichen Multipletts usw. herrührenden Kurvenstücke durch Aufschieben parallel zur $\log_{10}(\ddot{U}W)$-Skala aneinandersetzt, erhält man $\log(N(x) \times \ddot{U}W)$ als Funktion von x. Diese Kurve kann man auch direkt als *Schichtungskurve* lesen, denn sie gibt

$$\log N(x) + \text{const} \tag{142, 6}$$

als Funktion von x.

Aus $N(x)$ läßt sich nun die wahre *Dichteverteilung* $n(h)$ der betrachteten Atome nach Gl. (142, 3), evtl. unter Zuhilfenahme von (142, 4) oder (142, 5) leicht berechnen.

Die Genauigkeit des Verfahrens ist nicht allzu groß, da

a) in die Bestimmung der „*Höhen*" aus der Länge der mondförmigen Spektrallinien das von Finsternis zu Finsternis wechselnde Profil des Mondrandes wesentlich eingeht (Abb. 209 und 210), und

b) die Voraussetzung einer *gleichartigen* Entstehung und Verbreiterung der Linien in allen Höhen — wie wir sehen werden — nur ziemlich mangelhaft erfüllt ist. — Beobachtungen mit dem *Moving-Plate-Spectrograph*, wie sie D. H. MENZEL zum Teil verwendet, vermeiden die erstere Schwierigkeit, dafür ist es hier nicht immer einfach, eine „normale" Stelle der Chromosphäre zu erwischen.

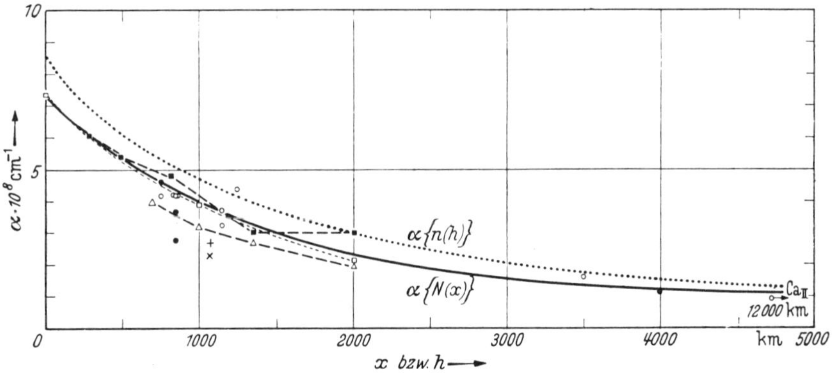

Abb. 214. ——— Gradient $\alpha\{N(x)\} = -\frac{d\ln N(x)}{dx}$ der integrierten Atomzahlen in Abhängigkeit von der Höhe x

Beobachtungen:

■ bzw. □ D. H. MENZEL [2193], (142,7 bzw. 8).

△ S. A. MITCHELL und E. T. R. WILLIAMS [21101], (142,9);

● bzw. ○ R. WILDT [21188, Tab. 6]; neutrale bzw. ionisierte Metalle.

+ bzw. × G. G. CILLIÉ und D. H. MENZEL [2131]; neutrale bzw. ionisierte Metalle im Bereich $x = 650$—1500 km.

- - - Gradient der Atomzahlen $\alpha\{n(h)\} = -\frac{d\ln n(h)}{dh}$ als Funktion der Höhe h über dem Sonnenrand.

1. *Metallinien.* Nach den im vorhergehenden besprochenen Prinzipien — durch die also das schwierige Problem der Selbstabsorption (s. unter C) weitgehend eliminiert wird — haben mehrere Astrophysiker zunächst die *Dichteverteilung* verschiedener *Metall*atome im neutralen und ionisierten Zustand sowie zum Teil mehreren Anregungsstufen untersucht. Die Ergebnisse dieser Arbeiten sind — zum Teil im Anschluß an den Handbuchartikel von H. C. VAN DE HULST [2103, S. 228] — in Abb. 214 dargestellt.

D. H. MENZEL [2193] hat 1931 die von W. W. CAMPBELL bei den Finsternissen von 1900, 1905 und 1908 teils mit bewegter, teils mit fester Platte aufgenommenen Flashspektren bearbeitet. Er erhält (ebd. Abb. 35) im Mittel aus vielen Linien teils neutraler, teils ionisierter Metalle für

$$\left.\begin{array}{llllll} x = & 280 & 490 & 815 & 1350 & 2000\ \text{km} \\ \alpha = -\dfrac{d\ln N}{dx} = & 6{,}1 & 5{,}4 & 4{,}8 & 3{,}0 & 3{,}0\cdot 10^{-8}\ \text{cm}^{-1} \end{array}\right\} \tag{142, 7}$$

bzw. in etwas anderer Kombination der Beobachtung (ebd. Abb. 24) — auf Details brauchen wir nicht einzugehen — für

$$\left.\begin{array}{lllll} x = & 0 & 1000 & 2000\ \text{km} \\ \alpha = -\dfrac{d\ln N}{dx} = & 7{,}3 & 3{,}8 & 2{,}1 \cdot 10^{-8}\ \text{cm}^{-1}\,. \end{array}\right\} \qquad (142,7\text{a})$$

S. A. MITCHELL und E. T. R. WILLIAMS [21101] haben das von ersterem 1905 mit einem Konkavgitter ohne Spalt aufgenommene Flashspektrum ausgewertet. H. C. VAN DE HULST [2103, S. 227] bildet aus ihrer Tab. II für die Gesamtheit der Linien von Fe I, Ti II, Cr II, Sc II und Fe II die Mittelwerte:

$$\left.\begin{array}{llllll} x = & 700 & 1000 & 1350 & 2000\ \text{km} \\ \alpha = -\dfrac{d\ln N}{dx} = & 4{,}0 & 3{,}2 & 2{,}7 & 2{,}0 \cdot 10^{-8}\ \text{cm}^{-1}\,. \end{array}\right\} \qquad (142,8)$$

1947 hat R. WILDT [21188] die Messungen S. A. MITCHELLs [21102] von den Finsternissen der Jahre 1905, 1925, 1930 und 1937 noch einmal sorgfältig diskutiert und für eine Reihe neutraler und ionisierter Atome die „Gradienten" α bestimmt. Auch diese Werte sind zusammen mit (142, 7—8) in Abb. 214 eingezeichnet.

Schließlich haben G. G. CILLIÉ und D. H. MENZEL [2131] im Bereich $x = 670$ bis 1500 km für verschiedene Elemente und Anregungsstufen genauere α-Werte (unter Benutzung einer eingliedrigen Formel) bestimmt: Auf zwei Aufnahmen, die durch ein genau bestimmtes Zeitintervall (1,2 sec) getrennt sind, werden Linien gleicher (gemessener) Intensität aufgesucht. Ist die eine Linie mit der Übergangswahrscheinlichkeit $(\ddot{U}W)_1$ bei der Höhe x_1 des Mondrandes über der Basis der Chromosphäre *gleich* intensiv wie die andere Linie desselben Multipletts mit $(\ddot{U}W)_2$ bei der Höhe x_2, so ist

$$(\ddot{U}W)_1\, e^{-\alpha x_1} = (\ddot{U}W)_2\, e^{-\alpha x_2}\,, \qquad (142,9)$$

woraus α leicht berechnet werden kann.

So ergab sich im Mittel für die neutralen Atome $\alpha_0 = 2{,}7 \cdot 10^{-8}\ \text{cm}^{-1}$ (im einzelnen 2,50—2,95) und für die ionisierten Atome $\alpha_1 = 2{,}2 \cdot 10^{-8}\ \text{cm}^{-1}$ bzw. — wenn man die am stärksten streuenden Werte $\alpha_1 = 1{,}51$ und 4,20 ausschließt — $\alpha_1 = 2{,}0 \cdot 10^{-8}\ \text{cm}^{-1}$.

Diese Messungen — wie auch schon die von MITCHELL und WILLIAMS — deuten darauf hin, daß die *„Gradienten" α der ionisierten Atome durchschnittlich um $\sim 0{,}7 \cdot 10^{-8}\ \text{cm}^{-1}$ kleiner sind als die der neutralen,* was man wohl auf das Anwachsen des mittleren Ionisationsgrades mit der Höhe zurückführen darf.

Da die Gradienten $\alpha\,\{N(x)\}$ der „integrierten" Atomzahlen $N(x)$ mit wachsender Höhe über dem Sonnenrand *abnehmen,* so erhält man die eigentlichen Dichtegradienten $\alpha\,\{n(h)\}$ und die hierzu reziproken Äquivalenthöhen $H(h)$ daraus erst nach Anbringen einer Korrektion nach Gl. (142, 4) bzw. (142, 5).

Die Mittelwerte im Sinne unserer Abb. 214 — im wesentlichen nach H. C. VAN DE HULST [2103] — sind in Tab. 90 nochmals zusammengestellt.

Tabelle 90. Gradienten α und Äquivalenthöhen H für die Metalle in der Chromosphäre (Abb. 214).

Höhe x bzw h [km]	0	500	1000	1500	2000	4000
Gradient $\alpha\,\{N(x)\} = -\dfrac{d\ln N}{dx}$ $[10^{-8}\,\text{cm}^{-1}]$ der integrierten Atomzahlen	(7,3)	5,4	3,9	3,0	2,3	1,2
Gradient $\alpha\,\{n(h)\} = -\dfrac{d\ln n(h)}{dh}$ $[10^{-8}\ \text{cm}^{-1}]$.	(8,5)	6,1	4,7	3,7	3,0	1,5
Äquivalenthöhe $H(h) = 1/\alpha\,\{n(h)\}$ [km] . .	(120)	160	210	270	330	670

2. *Wasserstofflinien.* Nach den Linien der Metalle diskutieren wir die des Wasserstoffes, wobei wir von den quantenmechanisch für die BALMER- und PASCHEN-Serie berechneten Oszillatorenstärken bzw. Übergangswahrscheinlichkeiten Gebrauch machen.

Weiterhin dürfen wir voraussetzen, daß die Verteilung der Wasserstoffatome auf die höheren Quantenzustände *und* den ionisierten Zustand, d. h. kleine negative und positive Energien, mit vorerst genügender Genauigkeit durch die Formeln von BOLTZMANN und SAHA für *eine* bestimmte Temperatur T festgelegt ist, auf deren Zahlenwert es übrigens nicht sehr genau ankommt. Wie bisher, gebrauchen wir folgende Bezeichnungen für die Anzahl der Teilchen pro cm³ [wenn nötig mit einem hinzugefügten (H) zur Kennzeichnung des Elementes]:

Gesamtzahl der neutralen Atome	$n_0, \ldots (u_0 \approx g_{0,0} = 2)$
Gesamtzahl der ionisierten Atome	$n_1, \ldots (u_1 = 1)$
neutrale Atome im n-ten Quantenzustand	$n_{0,n} \cdot\cdot (g_{0,n} = 2\,n^2)$
Elektronen	$n_e, \ldots (g_e = 2)$

Die zugehörigen Zustandssummen bzw. statistischen Gewichte sind rechts angefügt. Dann gilt nach BOLTZMANN und SAHA [vgl. z. B. (110, 11)]:

$$\frac{n_1 \cdot n_e}{n_{0,n}} = \frac{1}{n^2} \frac{(2\pi\, m\, k T)^{3/2}}{h^3} e^{-(\chi_0 - \chi_{0,s})/kT}. \qquad (142, 10)$$

Die Emission pro cm³ und sec in dem Übergang $n \rightarrow n'$ in *optisch dünner Schicht* (bzw. nach Korrektion auf Selbstabsorption) beträgt nun

$$S_{n'n} = A_{n'n} \cdot h\nu_{n'n} \cdot n_{0,n}, \qquad (142, 11)$$

wo $A_{n'n}$ die EINSTEINsche Übergangswahrscheinlichkeit für spontane Emission (Tab. 52) und $h\nu_{n'n}$ die Energie des Lichtquants bezeichnet. Aus (142, 10) und (142, 11) erhält man, wenn man zur Bequemlichkeit gleich logarithmiert

$$\log S_{n'n} = \log(A_{n'n}\, h\nu_{n'n}) + \log n^2 + (13{,}54 - \chi_{0,s})\,\Theta + \log n_1\, n_e - 20{,}91. \qquad (142, 12)$$

R. WILDT [21188, Tab. 1] hat diese Größe[1] für die BALMER- und PASCHEN-Serie mit $T = 4830°\,\mathrm{K}$ bzw. $\Theta = \frac{5040}{T} = 1{,}043$ tabuliert. Eine Variation der Temperatur innerhalb vernünftiger Grenzen würde die $S_{n'n}$ nur unwesentlich ändern; schon für H_ζ $(n = 8)$ z. B. beträgt ja $13{,}54 - \chi_{0,s}$ nur noch 0,21 eV.

Trägt man nun mit R. WILDT [21188, Abb. 5 und 6] die im Flashspektrum gemessenen „*Höhen*" der BALMER- und PASCHEN-Linien über $\log S_{n'n}$ (evtl. unter Einfügung einer Korrektion für die Wellenlängenabhängigkeit der Empfindlichkeit der Apparatur) auf, so erhält man — da die erreichte Höhe im wesentlichen einem konstanten Grenzwert von $S_{n'n}$ entspricht — sofort *das Produkt* $n_1 \cdot n_2$ *als Funktion der Höhe* x.

Wir hätten ebensogut $S_{n'n}$ als *Gesamtabsorption* (Abschnitt 70) mal KIRCHHOFF-PLANCK-*Funktion* schreiben können und dann $n_{0,2}$ als Funktion von x erhalten. Die beiden Darstellungen sind selbstverständlich einander völlig äquivalent.

R. WILDT findet so für die integrierten Anzahlen — im Sinne von (142, 3) —

$$N_1\, N_e = \mathrm{const}\; e^{-0{,}92 \cdot 10^{-8} \cdot x} \qquad (142, 13)$$

im Bereich $0 < x < 3000$ km bzw. für die Anzahlen pro cm³ mit Gl. (142, 1) und (142, 3)

$$n_1\, n_e = \mathrm{const}\; e^{-0{,}92 \cdot 10^{-8} \cdot h} \qquad (142, 14)$$

im Bereich $0 < h < 4500$ km. Wir können also schreiben

$$\alpha\,\{n_1\, n_e\} = 0{,}92 \cdot 10^{-8}\ \mathrm{cm}^{-1}\ (\text{WILDT})\,. \qquad (142, 15\mathrm{a})$$

[1] Dort mit $\log E_{n'n}$ bezeichnet.

In größeren Höhen scheint die Abnahme von $n_1 n_e$ — soweit man bei der großen Streuung der Messungen zu erkennen vermag — eher noch etwas langsamer zu erfolgen.

Dasselbe Problem wollen wir nun mit Hilfe *gemessener Linienintensitäten* angreifen, wobei es — wie man sofort sieht — weder auf die absolute Festlegung der Einheiten noch auf die Richtigkeit der Intensitätsskala ankommt. Wir tragen z. B. die Logarithmen der von G. G. Cillié und D. H. Menzel [2131] bei der Finsternis vom 31. August 1932 gemessenen Intensitäten für die Höhen $x = 670$, 1500, 2330 und 3170 km als Funktion von $\log S_{n'n}$ auf. Die Abstände dieser Kurven (es sind praktisch Gerade) voneinander in Richtung der $\log S_{n'n}$-Skala sind schon die $\log N_1 N_e + \text{const}$ für die betreffenden Höhen x. In dem ganzen Bereich nehmen sie sehr genau linear mit x ab. Man erhält aus den Beobachtungen der Linien $n = 5$ bis 9 mit der Gitter-Kamera $\alpha = 2{,}06 \cdot 10^{-8}\ \text{cm}^{-1}$ und mit der UV-Prismen-Kamera ($n > 10$) $\alpha = 1{,}86 \cdot 10^{-8}\ \text{cm}^{-1}$, im Mittel also

$$\alpha\,\{n_1 n_e\} = 1{,}96 \cdot 10^{-8}\ \text{cm}^{-1}\ (\text{Cillié-Menzel}) \qquad (142,\ 15\text{b})$$

für den ganzen Bereich $670 < x < 3170$ km bzw. $1400 < h < 3900$ km. Die Diskrepanz der von Wildt einerseits, nach Cillié und Menzel andererseits gemessener Gradienten α — die $\{\cdots\}$ lassen wir kurz weg — um einen Faktor 2 veranlaßt uns, weitere Informationsmöglichkeiten heranzuziehen: Trägt man die für verschiedene Höhen x gemessene Intensität einer Wasserstofflinie als Funktion von x auf, so wird der Gradient dieser Kurve für die stärkeren Linien infolge der Selbstabsorption *kleiner* sein, als der wahre. Geht man aber zu schwächeren und immer schwächeren Linien über, so müssen die gemessenen $-\frac{d \ln I(x)}{dx}$ schließlich dem wahren α zustreben. Cillié und Menzel erhielten so aus ihren Messungen an den Balmer-Linien bis $n = 31$ und dem Balmer-Kontinuum $\alpha = 1{,}54 \cdot 10^{-8}$ cm^{-1}. Dieser Wert ist jedenfalls erheblich größer als Wildts $0{,}92 \cdot 10^{-8}\ \text{cm}^{-1}$. B. Lindblad und H. Kristenson [2181] haben bei der Finsternis vom 9. Juli 1945 die Gradienten der Balmer-Linien bis $n = 16$ gemessen. Der Grenzwert für hohe n ist sicher $\alpha \geqq 2 \cdot 10^{-8}\ \text{cm}^{-1}$. Wenigstens für $n = 8$ bis 11 kann man zum Vergleich noch J. Houtgasts [2166] Beobachtungen vom 25. Februar 1952 heranziehen; er findet im Mittel für diese Linien $\alpha = 1{,}27 \cdot 10^{-8}$, während für *dieselben* Linien nach Cillié-Menzel $\alpha = 1{,}22 \cdot 10^{-8}$ und nach Lindblad-Kristenson $\alpha = 1{,}51 \cdot 10^{-8}$ wäre. Als wahrscheinlichsten Wert für optisch dünne Schicht dürfen wir also wohl ansehen

$$\boxed{\alpha\,\{n_1 n_e\} \approx 1{,}8 \cdot 10^{-8}\ \text{cm}^{-1}} \quad \ldots \text{ für Wasserstoff bei } h < 4500\ \text{km}\,. \qquad (142,\ 16)$$

Ob die Abweichung des Wildtschen α in der Schwierigkeit der Bestimmung des Mondprofils oder in wirklichen Schwankungen der Höhe der Chromosphäre begründet ist (s. unten), müssen wir offenlassen.

3. *Heliumlinien.* Die Gradienten der He I-*Linien* dürften noch kleiner sein als die der Wasserstofflinien. Die direkten Messungen der Intensitätsabnahme mit der Höhe (also noch *ohne* Elimination evtl. Selbstabsorption!) von Cillié-Menzel ergeben im Bereich $670 < x < 3200$ km als wahrscheinlichsten Wert (alles in $10^{-8}\ \text{cm}^{-1}$) $\alpha \approx 0{,}55$; die Autoren selbst geben als Mittelwert $\alpha = 0{,}78$ an. Die Messungen von Lindblad und Kristenson an den ziemlich starken Linien λ 5876 und 4472 im Bereich $500 < x < 5000$ km führen auf $\alpha \approx 1{,}0$ in naher Übereinstimmung mit Houtgasts neuesten Messungen. Die Frage nach der Selbstabsorption dieser vorwiegend in hohen Schichten gebildeten Linien ist eine sehr schwierige. Mit einiger Sicherheit können wir vorerst nur feststellen, daß

im Bereich $500 < x < 5000$ km bzw. etwa $2000 < h < 6000$ km für *Helium*

$$0{,}5 \cdot 10^{-8}\,\mathrm{cm}^{-1} < \alpha\,\{n_1\,n_e\} < 1{,}0 \cdot 10^{-8}\,\mathrm{cm}^{-1} \tag{142, 17}$$

gilt.

Der Gradient der HeII-*Linie* λ 4686 ist nach CILLIÉ und MENZEL sowie HOUTGAST noch kleiner und sein Absolutwert zur Zeit wohl noch unsicherer.

Zusammenfassend betonen wir noch einmal, daß durch die im Vorhergehenden benutzte Methodik *die Selbstabsorption von vornherein eliminiert ist, wenn auch unter der Annahme, daß der Verbreiterungs- und Emissionsmechanismus der Linien in allen Schichten derselbe ist. Die in Abb.* 214 *und Tab.* 90 *dargestellten Gradienten für die Metalle, sowie* (142, 16) *für Wasserstoff und* (142, 17) *für Helium beziehen sich wirklich auf die betreffenden Atomzahlen.*

Auf die Probleme einer theoretischen Deutung der chromosphärischen Gradienten kommen wir unter D) und E) zurück. Vorher wenden wir uns noch dem direkten Studium der Profile und der Selbstabsorption chromosphärischer Emissionslinien zu.

B) Profile chromosphärischer Emissionslinien. Die Messung wahrer *Profile* der *schwächeren* Metallinien in der Chromosphäre ist nur bei totalen Finsternissen möglich und gehört ohne Zweifel zu den schwierigsten Aufgaben der Finsternisbeobachtung. Einen ersten bedeutsamen Versuch hat R. O. REDMAN [21141, II] bei der Finsternis vom 1. Oktober 1940 gemacht. Nachdem über diese Messungen wohl genügend diskutiert worden ist — vgl. [21142, 21171] — wenden wir uns sogleich den neuerdings[1] von R. O. REDMAN [21142] bei der Finsternis vom 25. Februar 1952 gewonnenen Ergebnissen zu.

Die Aufnahmen wurden mit 15 cm-Konkavgitter in der WADSWORTHschen Aufstellung gemacht. Die Belichtungszeiten betrugen 1,4 bzw. 1,7 sec, die Dispersion 2,2—2,4 Å/mm. Um das Apparateprofil zu eliminieren, wurde eine Lampe mit dem Hg-Isotop 198 verwendet.

Da wir die Verbreiterung der chromosphärischen Linien in der Hauptsache[2] auf *Dopplereffekt* zurückführen müssen, so geben wir alle Linienbreiten usw. gleich in km/sec an.

Für die Linie ZrII 3674,73 (Atomgewicht $\mu = 91{,}22$) findet R. O. REDMAN eine wahrscheinlichste[3] Geschwindigkeit ξ_0-definiert durch Gl. (72, 1) und (72, 7)-

$$\text{ohne Korrektion für Apparateprofil} \quad 6{,}3_8\ \text{km/sec} \tag{142, 18}$$

$$\text{nach Korrektion mittels Hg-Linien} \quad 4{,}8_7\ \text{km/sec.} \tag{142, 19}$$

Zerlegen wir versuchsweise den letzteren Wert nach Gl. (72, 7)

$$\xi_0^2 = \frac{2\,R\,T}{\mu} + \xi_t^2 \tag{142, 20}$$

in einen thermischen Anteil für $T = 4000°$ ($\xi_{therm} = 0{,}85$ km/sec) und einen turbulenten Anteil ξ_t, so bleibt für letzteren

$$\xi_t = 4{,}8_0\ \text{km/sec.} \tag{142, 21}$$

Nach REDMAN soll sich diese Angabe auf eine „geschätzte Höhe" von 4000 km beziehen. Da aber nach den Angaben von MITCHELL und MENZEL die Linie

[1] Auf den interessanten Versuch einer interferometrischen Messung von H. A. BRÜCK und D. A. JACKSON [2125] möchten wir wenigstens kurz hinweisen.

[2] Nur die stärksten Metallinien, wie H und K, bekommen in der *unteren* Chromosphäre Dämpfungsflügel.

[3] Die Verteilung der Geschwindigkeitskomponente in der Sehlinie ist also $\sim e^{-(\xi/\xi_0)^2}$. R. O. REDMAN [21141 II, S. 149] gibt in seinen Arbeiten als "average velocity in the line of sight" stets die Größe $\bar{v} = \xi_0/\sqrt{\pi}$ an.

λ 3674,73 (bei ähnlichen äquivalenten Belichtungen) nur eine „Höhe" von 7—800 km erreicht, so darf man wohl vermuten, daß REDMANs Messung sich in Wirklichkeit auf die *untere* Chromosphäre bezieht.

Die BALMER-Serie des Wasserstoffes konnte R. O. REDMAN auf seinen Aufnahmen bis $n = 34$ verfolgen. Die Linien sind am schmalsten bei $n = 22$ (3676,36). Für diese ergab sich eine (ganze) Halbwertsbreite von 0,34 Å, woraus man — unter Annahme einer MAXWELLschen Verteilung — eine wahrscheinlichste Geschwindigkeit $\xi_0 = 16{,}7$ km/sec bekäme (die instrumentellen Korrektionen sind hier vernachlässigbar). Tatsächlich muß die Breite der Linie $n = 22$ zu einem erheblichen Teil durch *Starkeffekt* bedingt sein. Da die Linien $n = 34$ und 35, deren Abstand 0,7 Å beträgt, zusammenfließen, so muß *deren* ganze Halbwertsbreite $\sim 0{,}7$ Å sein. Weiterhin ist die Starkeffekt-Verbreiterung etwa $\sim n\ (n-1)$; man würde dann (quadratische Überlagerung der *Doppler*- und *Stark*effektbreiten vorausgesetzt) auf $\xi_0 = 11$ km/sec kommen. Bringt man nach Gl. (142, 20) die thermische Geschwindigkeit der Wasserstoffatome bei $T = 4000°$ ($\xi_{therm} = 8{,}16$ km/sec) in Abrechnung, so bleibt — allerdings mit großer Unsicherheit behaftet — als turbulenter Anteil ξ_t der Bewegungen der Wasserstoffatome

$$\xi_t = 7{,}3 \text{ km/sec.} \tag{142, 22}$$

Wohlgemerkt darf man die Zahlenwerte von ξ_t nach (142, 21) und (142, 22) nur dann als Turbulenzgeschwindigkeiten interpretieren, *wenn* die Linien in optisch *dünner* Schicht gebildet werden; anderenfalls wären die wirklichen Geschwindigkeiten jedenfalls *kleiner*.

Die Profile der *starken* Chromosphärenlinien, insbesondere der BALMER-Linien Hα, Hβ . . . und der Ca II H- und K-Linien, sind bis jetzt bei Finsternissen nie gemessen worden, da sie auf den üblichen Flash-Aufnahmen stets überbelichtet sind. Dafür kann man sie ohne Finsternis am Turmteleskop beobachten. Hier erreicht man leicht *großes spektrales Auflösungsvermögen*; anstatt über alle Höhen $> x$ bis ∞ zu integrieren, kann man *in einer bestimmten Höhe x beobachten* und endlich die *Intensitätsskala* durch Anschluß an das Kontinuum der $\odot$-Mitte *absolut* fixieren. Dafür ist die Festlegung und Definition der Höhen über dem Sonnenrand infolge der *Szintillation* ziemlich schlecht und das atmosphärische + instrumentelle Streulicht macht erhebliche Korrektionen erforderlich (hierzu auch S. 532).

Verfasser hat 1929 am 75′-Turmteleskop auf Mt. Wilson zunächst die *Ca II H-* und *K-Linien* untersucht [21167]. Für deren (ganze) Halbwertsbreiten ergaben sich — ohne Streulichtkorrektion, die aber nicht sehr erheblich sein dürfte — in

	H	K
$\sim$2500 km Höhe	0,82	0,87 Å
$\sim$5600 km Höhe	0,73	0,82 Å

Für *H*α ergab sich in einer Höhe, die man nur ganz grob auf $\sim$4000 km schätzen kann, ein Linienprofil [21168, Abb. 15] mit der (ganzen) Halbwertsbreite von 2,0 Å und einer Zentralintensität (korrigiert für Streulicht) von 0,08—0,10 der Intensität des Kontinuums der $\odot$-Mitte neben Hα, entsprechend einer *Strahlungstemperatur* von 3600—3730° K. Die Profile von H und K, wie auch Hα sind an den Flanken sehr steil. In der Mitte zeigen sie eine schwache Einsenkung (wie eine Selbstumkehr), die aber durch Streulicht vorgetäuscht sein kann; auf jeden Fall aber ist das Maximum der Linien sehr flach, d. h. deren Kontur fast rechteckig.

Die Beobachtungen der BALMER-Linien hat dann P. C. KEENAN [2172] am 40″-Yerkes-Refraktor weitergeführt. Die Schwierigkeiten mit Streulicht (das gemessen und berücksichtigt wurde) und Nachführung sind hier wohl etwas geringer als am Turmteleskop. Die Halbwertsbreite von Hα nimmt nach KEENANs Messungen im Bereich $x = 0$ bis 3500 km von 1,9 auf 1,4 Å ab; H bleibt fast konstant auf 1,0 Å. Die Zentralintensität von Hβ (bei Hα leider nicht gemessen) bleibt in dem ganzen Bereich innerhalb ± 15% konstant[1]. Ein Anschluß an ⊙-Mitte fehlt leider, doch sind die Zentralintensitäten jedenfalls von der Größenordnung des Kontinuums am ⊙-Rand.

Hinsichtlich der Abnahme der Gesamtintensität von Hβ mit der Höhe x ergibt sich — wie VAN DE HULST [2103] bemerkt hat — ein merkwürdiger Widerspruch zwischen KEENANs Messungen und den Finsternisbeobachtungen. Für die direkt gemessene *Intensität* von Hβ ergeben diese nach CILLIÉ und MENZEL einen Gradienten (in Einheiten von 10^{-8} cm^{-1}) $\alpha = 1{,}16$, nach LINDBLAD und KRISTENSON $\alpha = 1{,}33$. Nehmen wir selbst das kleinere der beiden α, so müßte Hβ über eine Höhendifferenz von 3000 km um einen Faktor $e^{-1{,}16 \cdot 3} = 0{,}03$ abnehmen, während nach KEENAN praktisch *keine* Änderung erfolgen sollte.

1949 hat C. DE JAGER [1766, Kap. III] in *Meudon* noch einmal Hα in der Chromosphäre untersucht, wobei er die Wirkung der Szintillation usw. folgendermaßen auszuschalten versucht: Er mißt zunächst den Intensitätsabfall am Sonnenrand im Kontinuum neben Hα. Da dieser in Wirklichkeit fast plötzlich erfolgt, erhält man so eine „*Apparatefunktion*", mit der nun der gemessene Verlauf der Intensität als Funktion der Höhe für *alle* Wellenlängen, also insbesondere auch in der Hα-Emission, *entzerrt* werden kann.

Das Linienprofil zeigt ein ganz flaches Maximum (also keine Selbst*umkehr*). Die (ganze) Halbwertsbreite ist bis 7500 km — soviel sich erkennen läßt — unabhängig von der Höhe. Am genauesten ist ihre Bestimmung wohl in 5100 und 5720 km Höhe; sie beträgt dort 2,1 Å.

Die Höhe des Maximums, d. h. die Zentralintensität I_λ ist von 700—3500 km praktisch gleich $15{,}8 \cdot 10^{12}$ CGS-Einheiten, entsprechend einer Strahlungstemperatur von 3400° K. In 7000 km hat I_λ erst auf $4{,}2 \cdot 10^{12}$ CGS-Einheiten abgenommen, d. h. um einen Faktor 0,27.

DE JAGERs Messungen stimmen mit den ebenfalls *ohne* Finsternis ausgeführten Beobachtungen von UNSÖLD und KEENAN ganz gut überein. Wenn auch Finsternisbeobachtungen über die Abnahme der Gesamtintensität mit der Höhe für Hα selbst nicht vorliegen, so dürften andererseits doch die neuen Messungen von DE JAGER den obenbemerkten Widerspruch zwischen den Beobachtungen mit bzw. ohne Finsternis eher verschärfen als aufklären.

Für die HeD_3-*Linie* λ 5876 erhielt *Verf.* [21169] am Einsteinturm 1931 ein Profil $\sim e^{-(\Delta\lambda/\Delta\lambda_D)^2}$ mit $\Delta\lambda_D = 0{,}316$ Å entsprechend einem $\xi_0 = 16{,}1$ km/sec. Als Zentralintensität ergaben zwei Anschlüsse an ⊙-Mitte mit großer Unsicherheit 3,1 bzw. 0,7% von deren Kontinuum. Schließt man daraus auf Emission in optisch dünner Schicht, so führt die Elimination der thermischen Bewegungen (mit $T = 4000°$; auf den genauen Zahlenwert kommt es nicht an) auf eine Turbulenzgeschwindigkeit $\xi_t = 15{,}6$ km/sec.

C) Selbstabsorption in der Chromosphäre. Deutung gemessener Absolutintensitäten. Nachdem wir im Teil A) die *Selbstabsorption der Chromosphärenlinien* unter der *Annahme* eliminiert hatten, daß sie in allen Höhen in *derselben* Weise zustande kommt, wenden wir uns nun ihrer expliziten Berechnung zu. Über die Notwendigkeit einer solchen Untersuchung dürften die unter B) zusammengestellten Beobachtungen keinen Zweifel bestehen lassen.

[1] Eine geringe Zunahme von 0—1500 km und anschließende Abnahme bei 3500 km Höhe übersteigt kaum die Meßfehler.

Wir nehmen an, daß die Emission der Chromosphäre *thermischen* Charakter trage. Dann beträgt sie pro cm^3 und sec für den Wellenlängenbereich 1 in den Raumwinkel 1

$$k \cdot B_\lambda \tag{142, 23}$$

Dabei bedeutet

$$B_\lambda = \frac{2 h c^2}{\lambda^5} \left(e^{\frac{c_2}{\lambda T}} - 1 \right)^{-1} \tag{142, 24}$$

die KIRCHHOFF-PLANCK-Funktion für die Temperatur T der Chromosphäre, welche wir vorerst als *konstant* betrachten. k ist der *Absorptionskoeffizient* pro cm. Da die Verbreiterung der Linien (abgesehen von den höchsten Gliedern der Wasserstoffserien) durch den *Dopplereffekt* von thermischer Geschwindigkeit plus Turbulenz und evtl. *Strahlungsdämpfung* erfolgt, so können wir einfach auf Abschnitt 73 zurückgreifen. Analog (73, 6) und (73, 7) schreiben wir zunächst

$$k = k_0 \cdot H(\alpha', v)\,, \tag{142, 25}$$

wo bekanntlich

$$k_0 = \frac{2 \pi^{3/2} e^2}{m c} \cdot \frac{n(h) \cdot f}{\Delta \omega_D} = 9{,}40 \cdot 10^{-2} \frac{n f}{\Delta \omega_D} \tag{142, 26}$$

den Absorptionskoeffizienten in der Linienmitte und $H(\alpha', v)$ die in Abschnitt 66 und 73 erklärte und in Abb. 107 graphisch dargestellte Funktion der dimensionslosen Variablen

$$v = \frac{\Delta \lambda}{\Delta \lambda_D} = \frac{\Delta \omega}{\Delta \omega_D} \quad \text{und} \quad \alpha' = \frac{\gamma}{2 \Delta \omega_D} \tag{142, 27}$$

bedeutet[1]. ($\Delta \lambda$ bzw. $\Delta \omega$ = Abstand von der Linienmitte; $\Delta \lambda_D$ bzw. $\Delta \omega_D$ = Dopplerbreite einschl. Turbulenz; γ = Dämpfungskonstante). Beobachtet man nun eine Spektrallinie an einer ganz bestimmten Stelle der Chromosphäre im Abstand x vom Sonnenrand (wie dies bei den Beobachtungen *ohne* Finsternis stets geschieht), so wollen wir von der „*lokalen Intensität*" $I'_\lambda(x, v)$ sprechen.

Nehmen wir nun wieder an, daß die Schichtung der emittierenden Atome entsprechend Gl. (142, 1) durch eine Formel vom Typus

$$n(h) = n_0 \, e^{-\alpha h} \tag{142, 28}$$

dargestellt werde, so erfolgt die Emission von $I'_\lambda(x, v)$ durch eine Schicht, welche pro cm^2-Säule nach (142, 2) n'-Atome enthält. Deren optische Dicke in Abstand $\Delta \lambda = v \, \Delta \lambda_D$ von der Linienmitte beträgt

$$\tau'(x, v) = \frac{2 \pi^{3/2} e^2}{m c} \cdot \frac{f}{\Delta \omega_D} \cdot n_0 \sqrt{\frac{2 \pi a}{\alpha}} \, e^{-\alpha x} \cdot H(\alpha', v) = C(x) \cdot H(\alpha', v)\,, \tag{142, 29}$$

wobei — wie in Gl. (73, 11ff.) — $C(x)$ die *optische Dicke der emittierenden Schicht für die Linienmitte* bedeutet.

Die *Intensitätsverteilung* in der Linie ist nun gegeben durch

$$I'_\lambda(x, v) = \int_0^{\tau'} B_\lambda \, e^{-\tau'} \, d\tau' = B_\lambda \{1 - e^{-\tau'}\}\,, \tag{142, 30}$$

d. h.

$$\boxed{I'_\lambda(x, v) = B_\lambda(T) \, \{1 - e^{-C(x) \cdot H(\alpha', v)}\}\,.} \tag{142, 31}$$

Für die *Äquivalentbreite* der Linie, bezogen z. B. auf 1 Ångström im Spektrum des

[1] Um eine Verwechslung mit dem Dichtegradienten α zu vermeiden, bezeichnen wir *nur* in diesem Abschnitt das Verhältnis $\gamma/2 \, \Delta \omega_D$ mit α'.

schwarzen Körpers der Chromosphärentemperatur T, d. h. $A'_\lambda = \int I'_\lambda / B_\lambda(T)\, d\lambda$, erhält man daraus

$$\boxed{\frac{W'_\lambda}{2\Delta\lambda_D} = \frac{W'_\omega}{2\Delta\omega_D} = \int_0^\infty \{1 - e^{-C(x)\cdot H(\alpha',v)}\}\, dv\,.} \tag{142, 32}$$

Dies ist — vom Standpunkt des KIRCHHOFFschen Satzes (3, 6) aus selbstverständlich — wieder die altbekannte Gl. (73, 13), deren weitere Diskussion wir also ohne weiteres aus Abschnitt 73 und insbesondere Abb. 114 übernehmen können.

Den praktisch wichtigsten Grenzfall reiner Dopplerverbreiterung, wo also $H(\alpha', v) = e^{-v^2}$ wird, hat A. PANNEKOEK [21117] schon 1928 in einer wichtigen Arbeit untersucht.

Wir gehen mit ihm sogleich noch einen Schritt[1] weiter und berechnen die — wieder auf $B_\lambda(T)$ bezogenen — „*Integrierten Äquivalentbreiten*"

$$\overline{W}_\lambda(x) = \int_x^\infty W'_\lambda(x)\, dx \quad \text{oder} \quad \overline{W}_\omega(x) = \int_x^\infty W'_\omega(x)\, dx\,, \tag{142, 33}$$

wie man sie gewöhnlich bei Finsternissen beobachtet.

Es ist zunächst nach Gl. (142, 29 rechts)

$$-\alpha\, dx = \frac{d\,C(x)}{C(x)}\,. \tag{142, 34}$$

Bezeichnen wir weiter nach A. PANNEKOEK [21117][2] das Integral (142, 32) mit

$$\int_0^\infty \{1 - e^{-C(x)\cdot H(\alpha',v)}\}\, dv = \frac{\sqrt{\pi}}{2} f(C), \tag{142, 35}$$

so wird

$$\frac{\overline{W}_\lambda}{2\Delta\lambda_D} = \frac{\overline{W}_\omega}{2\Delta\omega_D} = \frac{\sqrt{\pi}}{2}\int_x^\infty f(C)\, dx = \frac{\sqrt{\pi}}{2\alpha}\int_0^C f(C)\,\frac{dC}{C}\,. \tag{142, 36}$$

Das C der Integrationsgrenze bedeutet offensichtlich die optische Dicke an der *Basis* der beobachteten Schicht und für die Linien*mitte*. Für reine Dopplerverbreiterung, d. h. $H(\alpha', v) = e^{-v^2}$, hat A. PANNEKOEK das rechts stehende Integral

$$F_2(C) = \int_0^C f(C)\,\frac{dC}{C} \tag{142, 37}$$

im Bereich $0 < C < 200$ numerisch berechnet.

Im Falle optisch dünner Schicht ($\lim C \to 0$) geht nach (142, 35) $f(C) \to C$ und nach (142, 37) zugleich $F_2(C) \to C$. Die Funktion $F_2(C)/C$ gibt also an, in welchem *Verhältnis* eine Linie im Flashspektrum durch Selbstabsorption geschwächt wird. In Abb. 215 haben wir doppellogarithmisch

$$\frac{\overline{W}_\lambda\cdot\alpha}{2\Delta\lambda_D} = \frac{\sqrt{\pi}}{2} F_2(C) \tag{142, 37a}$$

[1] Analog dem Übergang (142, 2) → (142, 3).

[2] Unser C ist bei PANNEKOEK mit y bzw. für die Basis der beobachteten Schicht mit y_0, in unserer 1. Auflage mit η bezeichnet.

als Funktion von C aufgetragen. Die Linienemission der Chromosphäre wird links in (142, 37a) sozusagen verglichen mit der Emission eines schwarzen Körpers der Temperatur T, dessen Breite dem beobachteten Ausschnitt der Chromosphäre und dessen Höhe der Äquivalenthöhe α^{-1} entspricht, und zwar in einem Spektralstreifen der Breite $2\,\Delta\lambda_D$. Vergleicht man die „*Wachstumskurve für Flashlinien*“ in Abb. 215 mit der analogen Kurve $2\alpha = 0$ in Abb. 114, so fällt auf, daß bei den Flashlinien die Selbstabsorption längst nicht so plötzlich einsetzt, da eben ein Teil der Emission immer noch in relativ dünner Schicht erfolgt.

Anstatt die Theorie der „*integrierten Äquivalentbreiten*“ durchzurechnen, könnte man auch davon Gebrauch machen, daß nach (142, 32)

$$W'_\lambda(x) = -\frac{d\,\overline{W}_\lambda(x)}{d\,x} \qquad (142,\,38)$$

ist, d. h. die $W'_\lambda(x)$ durch numerische Differentiation der gemessenen $\overline{W}_\lambda(x)$ nach der Höhe x ermitteln.

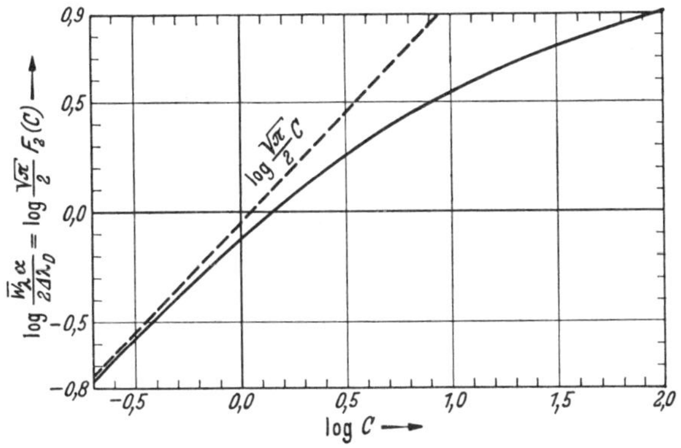

Abb. 215. Wachstumskurve für die Emissionslinien des Flashspektrums nach A. PANNEKOEK [21 117]. C bedeutet die optische Dicke längs der Sehlinie an der Basis der beobachteten Schicht für die Linienmitte.

Im Hinblick auf Abb. 214 müssen wir unsere Überlegungen schließlich noch — wenigstens halbquantitativ — verallgemeinern für den Fall, daß die Äquivalenthöhe $H = 1/\alpha$ und evtl. auch die Dopplerbreite $\Delta\lambda_D$ mit der Höhe h langsam zunehmen.

Erfolgt die Emission in optisch *dünner Schicht*, d. h. ist $C \ll 1$, so darf man im wesentlichen die Relationen (142, 4) bzw. (142, 5) anwenden. Hat man es mit optisch *dicker Schicht* (d. h. $C \gg 1$) zu tun, so ist die Halbwertsbreite der Linie bzw. das $v_{1/2}$ in einer vorgegebenen Höhe x („lokale Intensität“) nach Gl. (142, 31) bestimmt durch $I'_\lambda/B_\lambda = \frac{1}{2}$, d. h. die optische Dicke bei $v_{1/2}$ längs des ganzen Sehstrahles muß $\tau' = \ln 2 = 0{,}693$ betragen. Die relativen Beiträge der verschiedenen Zonen werden sich also vom Fall dünner Schicht *nicht* erheblich unterscheiden; bezüglich der Mittelwertbildungen kann alles beim alten bleiben. Sollte die Geschwindigkeitsverteilung nicht genau $\sim e^{-(\xi/\xi_0)^2}$ bzw. der Absorptionskoeffizient (abgesehen von der Dämpfung) $\sim e^{-v^2}$ sein, so wird man — im Sinne von (142, 31) — den Nachdruck auf *den* Bereich von v legen müssen, in welchem $C(x) \cdot e^{-v^2} \approx \ln 2$ ist. Die entsprechende Verallgemeinerung der Theorie der „lokalen“ und der „integrierten“ Äquivalentbreiten kann man von hier aus leicht übersehen.

Nach diesen Vorbereitungen wenden wir uns zunächst der Deutung der direkt gemessenen *Linienprofile* (Teil B) zu.

Als erstes vergleichen wir die Wichtigkeit von *Dopplerverbreiterung* und *Strahlungsdämpfung*. Für die Ca II H- und K-Linien z. B. ist die Dämpfungskonstante nach Gl. (69, 5) $\gamma = 1{,}41 \cdot 10^8\ \text{sec}^{-1}$. Rechnen wir mit einer wahrscheinlichsten Geschwindigkeit (thermisch *und* turbulent) von $\xi_0 \approx 10$ km/sec, so wird $\Delta\omega_D = 2\pi\xi_0/\lambda = 1{,}59 \cdot 10^{11}$ und infolgedessen das

$$\alpha'_{\text{Ca II}} = \frac{\gamma}{2\,\Delta\omega_D} = 0{,}44 \cdot 10^{-3}\,. \qquad (142,\,39)$$

Aus unseren graphischen Darstellungen der Absorptionskoeffizienten in Abb. 107 oder der Wachstumskurven in Abb. 114 liest man damit ohne weiteres ab, daß der Ansatz von Dämpfungsflügeln erst beginnt, wenn die optische Dicke (längs der Sehlinie) für die Linienmitte die Größenordnung $C \approx 10^4$ erreicht. Tatsächlich werden auch *Dämpfungsflügel* im Flashspektrum nach Angaben von D. H. MENZEL und R. O. REDMAN *nur* an den außerordentlich starken H- *und* K-*Linien der untersten Chromosphärenschichten* beobachtet. Sonst dürfen wir überall mit reiner *Dopplerverbreiterung*[1] rechnen.

Die in Teil B) beschriebenen breiten und fast rechteckigen *Profile der starken Chromosphärenlinien* H + K, Hα und Hβ werden nun ohne Zweifel in optisch dicker Schicht emittiert. Die *Anregungstemperatur* von Hα (die also das Verhältnis der Atomzahlen im 2. und 3. Quantenzustand im Sinne der BOLTZMANN-Formel darstellt) beträgt nach dem wohl genauesten Anschluß an ⊙-Mitte $T \approx 3700°$ K in ausgezeichneter Übereinstimmung mit den Aussagen der Zentralintensitäten der Wasserstoff-Absorptionslinien auf der Sonnenscheibe. Aus Abb. 114 entnehmen wir weiter, daß für Linien mit so starker Selbstabsorption in einem großen Bereich der optischen Dicke C die Äquivalentbreite W_λ, die bei diesen Rechteckprofilen nahezu mit der ganzen Halbwertsbreite $\Delta\lambda_{1/2}$ übereinstimmt, gleich 4 bis $5 \times \Delta\lambda_D$ ist, wo $\Delta\lambda_D$ die im üblichen Sinne definierte Dopplerbreite (einschl. Turbulenz), entsprechend der Geschwindigkeit ξ_0, bedeutet.

In der mittleren Chromosphäre (~4000 km) ist nach S. 625 für die H + K-Linien im Mittel $\Delta\lambda_{1/2} = 0{,}81$ Å. Daraus erhält man mit

$$\left.\begin{array}{rll} \Delta\lambda_{1/2}/\Delta\lambda_D = & 4 & 5 \\ \Delta\lambda_D = & 0{,}2 & 0{,}16\ \text{Å} \\ \xi_0 = & 15 & 12\ \text{km/sec} \end{array}\right\}\ \text{Ca II}\,. \qquad (142,40)$$

Da die thermischen Geschwindigkeiten für $\mu = 40$ sehr viel kleiner sein müssen, können wir diese Geschwindigkeiten nur auf *Turbulenz* mit $\xi_t \approx \xi_0$ zurückführen.

Die Beobachtung, daß einer Zunahme der Oszillatorenstärke f von $^1/_3$ auf $^2/_3$ nur eine Verbreiterung der Linien um ~ 10% entspricht, paßt ausgezeichnet zu dem flachen Verlauf der Kurve $2\alpha' = 0$ in Abb. 114. Auch bei den BALMER-Linien Hα und Hβ können wir zunächst nach den Messungen von P. C. KEENAN den äußerst flachen Verlauf der Wachstumskurve verifizieren. Das Verhältnis der Halbwertsbreiten $\Delta\lambda_{1/2}$ von Hα und Hβ variiert in dem ganzen Bereich $0 < x < 3500$ km nur zwischen 1,34 und 1,18. Die Differenz der *Ordinaten* in der Wachstumskurve Abb. 114 entspricht also im Durchschnitt $\log\left(\frac{\Delta\lambda_{1/2}}{\lambda}\right)_{H\alpha} : \left(\frac{\Delta\lambda_{1/2}}{\lambda}\right)_{H\beta} \approx 0{,}10$. Die zugehörige Differenz der *Abszissen* beträgt $\log(f\lambda)_{H\alpha} : (f\lambda)_{H\beta} = 0{,}86$. Ein Verlauf der Wachstumskurve mit der sehr kleinen Steigung von 0,12:1 ist offensichtlich nur bei ziemlich großen C möglich, wie es auch die Gestalt der Linienprofile allein schon nahelegt.

Reduzieren wir Hα mit $\Delta\lambda_{1/2} : \Delta\lambda_D \approx 5$, so ergibt sich aus der von UNSÖLD und DE JAGER gemessenen Halbwertsbreite $2{,}0_5$ Å ein $\xi_0 = 18{,}7$ km/sec oder nach (quadratischem) Abzug der thermischen Geschwindigkeiten für $T \sim 4000°$, d. h. 8,1 km/sec, eine *Turbulenz* von $\xi_t \approx 17$ km/sec. Geht man aus von KEENANs Halbwertsbreite für Hβ, $\Delta\lambda_{1/2} \approx 1{,}0$ Å, und rechnet — entsprechend der kleineren Oszillatorenstärke — mit $\Delta\lambda_{1/2} : \Delta\lambda_D \approx 4$, so erhält man $\xi_0 = 15{,}4$ km/sec bzw. eine *Turbulenzgeschwindigkeit* $\xi_t \approx 13$ km/sec.

Nehmen wir zu diesen Ergebnissen noch das vom *Verf.* gemessene Profil von He D_3 — die wohl in optisch dünner Schicht[2] emittiert wird — so können wir dem Schluß nicht entgehen, daß *die mittlere Chromosphäre ($x \approx 4000$ km) sich in heftiger turbulenter Bewegung mit $\xi_t \approx 15$ km/sec befindet.* R. O. REDMANs Beobachtungen, insbesondere an der Linie Zr II λ 3674,73 wird man am vernünftigsten dahingehend interpretieren, daß in *tieferen Chromosphärenschichten*

[1] Auf die eine Ausnahme der Starkeffektverbreiterung bei den höchsten Gliedern der Wasserstoffserien haben wir schon hingewiesen.

[2] Dafür spricht die geringe Intensität der Linienmitte und die GAUSSsche Verteilung des Profils selbst.

($\sim$500—700 km) die Turbulenzgeschwindigkeit auf seinen Wert $\xi_t \approx 4{,}8$ km/sec absinkt. Für die *Photosphäre* hatten wir seinerzeit schon $\xi_t \approx 1{,}5$ km/sec gefunden.

In dieses Bild paßt nicht ganz das aus den Beobachtungen von LINDBLAD und KRISTENSON für den Übergang von der Photosphäre zur Chromosphäre abgeleitete $\xi_t \approx 9{,}6$ km/sec nach Gl. (141, 18). Wie dort schon bemerkt, möchten wir vermuten, daß der bei der Reduktion von uns verwendete Exponent $m = 1{,}66$ zu groß ist.

D) Der Aufbau der Sonnenchromosphäre. Nachdem wir bisher das Problem der Chromosphäre von verschiedenen Seiten her noch in ziemlich inkohärenter Weise beleuchtet haben, wenden wir uns nun der Konstruktion eines der Wirklichkeit möglichst weitgehend angepaßten *Chromosphärenmodelles* zu. Dabei müssen berücksichtigt werden:

1. Die Linienintensitäten im *Flashspektrum.* Der inneren Konsistenz wegen verwenden wir nur die Messungen von G. G. CILLIÉ und D. H. MENZEL [2131].

2. Die *Zentralintensitäten der starken* FRAUNHOFER-*Linien* und ihre Mitte-Rand-Variation auf der Sonnenscheibe (vgl. auch Abschnitt 120). Da der Absorptionskoeffizient in der Linienmitte dem 10^5—10^6fachen des kontinuierlichen entspricht, und die optische Dicke der Chromosphäre im Kontinuum $\tau_{5000} \approx 0{,}003$ beträgt, so ist die Chromosphäre für die Mitte starker Linien *optisch dick,* d. h. deren Restintensitäten entstehen in der Chromosphäre, wie dies ein Blick auf jedes Spektroheliogramm bestätigt.

Schon in Abb. 162 hatten wir nach E. BÖHM-VITENSE [509a, 2123] aus den Zentralintensitäten der BALMER-Linien den Zusammenhang zwischen der Anzahl 2quantiger H-Atome über einem bestimmten Niveau N_2H und der Temperatur T ermittelt. Eine entsprechende Beschreibung der FeI- und TiII-Zentralintensitäten durch dieselbe Autorin zeigte zunächst, daß die *drei* so gewonnenen Aussagen über den Zusammenhang zwischen Temperatur und Tiefe in der Chromosphäre *nicht* zusammenpassen, d. h. es bestehen erhebliche *Abweichungen* vom *thermischen Gleichgewicht.* Wir werden diesen — etwas schematisch — Rechnung tragen, indem wir mehrere Anregungs- bzw. Ionisationstemperaturen unterscheiden, welche für Prozesse mit verschieden großen Quanten gelten.

3. *Die Dynamik der Chromosphäre.* Die Summe von Gasdruck P_g und (hydrodynamischem) Turbulenzdruck muß gerade der Schwerkraft das Gleichgewicht halten (sofern man nicht einen Impulsstrom ganz unbekannter Art postulieren will). Weiterhin sollte man erwarten daß der Gasdruck in der höheren Chromosphäre jedenfalls *größer* ist als der der inneren Korona, für den wir in Abschnitt 142 (mit einer Unsicherheit von höchstens $\sim$50%) $P_g = 0{,}17$ dyn cm^{-2} finden werden.

Gerade das neueste Chromosphärenmodell von H. C. VAN DE HULST [2103, S. 238] läßt die Forderung 3. völlig beiseite. Schon ab $\sim$2500 km Höhe sind seine Drucke $<0{,}17$ dyn cm^{-2}; in 6000 km gibt er Drucke von der Größenordnung 0,01 dyn cm^{-2} an. In dieser Hinsicht ist das ältere Modell von R. v. D. R. WOOLLEY und C. W. ALLEN [21191] eigentlich besser; es stellt im wesentlichen eine Interpolation zwischen Photosphäre und Korona dar. In Anbetracht dieser Situation hat neuestens E. BÖHM-VITENSE [2123] den Versuch gemacht, das ganze zur Zeit (1954) zugängliche Beobachtungsmaterial zu verwerten. Es zeigte sich bald, daß dieses noch in vieler Hinsicht recht unbefriedigend ist. Hierzu kommt als weiteres großes Hindernis (wie bei der Analyse der A-Sterne), daß unsere derzeitige Kenntnis der *Übergangswahrscheinlichkeiten* in den Funkenspektren der Metalle ganz unzureichend ist. So möchten wir unsere Darstellung nicht mit allen durch die Unvollkommenheit des Materials erzwungenen Umständlichkeiten belasten, sondern nur die wesentlichen Gesichtspunkte und bisherigen Ergebnisse herausstellen und hoffen, daß die Auswertung neuerer Finsternisse in diesem Sinn bald erhebliche Fortschritte bringen wird.

Bei der Bearbeitung der *Flash-Intensitäten* — im wesentlichen nach CILLIÉ und MENZEL — kann man *entweder* ausgehen von den direkt gemessenen „*integrierten Äquivalentbreiten*" $\overline{W}_\lambda(x)$ als Funktion des Abstandes x vom Sonnenrand nach (142, 33) und zu ihrer Auswertung die „*chromosphärische Wachstumskurve*" nach A. PANNEKOEK (142, 36—37) bzw. Abb. 215 benutzen, *oder* man kann durch numerische Differentiation nach (142, 38) die für einen Sehstrahl im Abstand x vom Sonnenrand geltenden *gewöhnlichen Äquivalentbreiten* W'_λ gewinnen und diese mittels der v. D. HELD*schen Wachstumskurve* (142, 32) bzw. Abb. 114 auswerten.

In beiden Fällen braucht man stets noch den *logarithmischen Dichtegradienten* des betreffenden Atomzustandes $\alpha = - d \ln n/dh$ bzw. die entsprechende Äquivalenthöhe $H = 1/\alpha$ sowie im flachen Bereich der Wachstumskurven, d. h. bei Emission in optisch nicht mehr dünner Schicht, die *Geschwindigkeit der Atome* ξ_0, welche wir nach (142, 20) in bekannter Weise in die thermische Geschwindigkeit und eine Turbulenzgeschwindigkeit ξ_t zerlegen.

Beginnen wir mit den BALMER-*Linien*, so haben wir den Vorteil, daß hier die Turbulenzgeschwindigkeit jedenfalls nicht viel größer ist als die thermische Geschwindigkeit ($\mu = 1$), so daß es auf ihren genauen Zahlenwert nicht ankommt. E. BÖHM-VITENSE nimmt — frei nach (*B*) — $\xi_0 = 16$ km/sec bzw. $\xi_t = 13{,}5$ km/sec im Bereich -160 km $< h <$ 4000 km der Höhenskala von CILLIÉ und MENZEL. Kombiniert man nun die aus den Linienintensitäten abgeleiteten $N_2\mathrm{H}(h)$ mit den Strahlungstemperaturen T_s aus den Zentralintensitäten (welche die *relative* Anregung der höheren Wasserstoffterme beherrschen), so kann man einerseits die $\log N_2\mathrm{H}$-Skala der Temperaturkurve Abb. 162 mit der Höhenskala h von CILLIÉ-MENZEL in Verbindung bringen, wie es die ● und die obere Skala dieser Figur darstellen; andererseits findet man für die 2quantigen H-Atome einen logarithmischen Dichtegradienten $\alpha(N_2\mathrm{H}) = 1 \cdot 10^{-8}\,\mathrm{cm}^{-1}$ für $h < 3500$ km; in größeren Höhen nimmt er — wohl infolge Ionisation des Wasserstoffs — auf $\sim 2{,}5$ bis $3 \cdot 10^{-8}\,\mathrm{cm}^{-1}$ zu. Wie unter (A) kann man aus den $N_2\mathrm{H}$ mittels der bekannten Kombination von BOLTZMANN- und SAHA-*Formel* auch die Produkte aus *Protonen- und Elektronendichte* $n_1\, n_e$ erhalten. Wie wir später verifizieren werden, stammen in der Chromosphäre die meisten Elektronen von der beginnenden Ionisation des Wasserstoffes; dementsprechend setzen wir schon jetzt provisorisch $n_i \sim n_e$.

Im Bereich der *neutralen Metalle* liegen Messungen von 41 brauchbaren FeI-Linien für $670 < h < 1500$ km vor. Da die meisten in optisch dünner Schicht strahlen, kann man direkt ihr $\alpha \approx 2 \cdot 10^{-8}\,\mathrm{cm}^{-1}$ bestimmen. Durch Probieren im Schema der Wachstumskurven erhält man weiter die *Anregungstemperatur* der niederen FeI-Terme zu $T \approx 3700$—$3800°$ K; eine wahrscheinlichste Geschwindigkeit der Atome (praktisch gleich der Turbulenzgeschwindigkeit) $\xi_0 = 5$—7 km/sec *und* die Anzahl der *neutralen Eisenatome* $N_{FeI}\mathrm{H}$ über 1 cm² als Funktion der Höhe. Es zeigt sich, daß die Flash-Beobachtungen sich auf Schichten beziehen, welche erheblich *über* denen liegen, welche für die Restintensitäten auf der ⊙-Scheibe verantwortlich sind.

Wie steht es aber mit der Ionisation der Metalle? Schon die qualitative Beobachtung, daß FeII-Linien mit relativ hohem Anregungspotential von ähnlicher Stärke sind wie die FeI-Linien, spricht für eine überwiegende Ionisation des Eisens und ähnlicher Metalle. Leider kennt man die Oszillatorenstärken der FeII-Linien nicht und kann also mit ihnen nichts anfangen. Besser steht es mit den TiII-*Linien*. Aus deren Wachstumskurven kann man zunächst mit einiger Sicherheit die Kombination $\alpha/\xi_0 = 1/H \cdot \xi_0$ bestimmen, d. h. das reziproke Produkt aus der Skalenhöhe der emittierenden Schicht *mal* der Dopplerbreite, also sozusagen (abgesehen von bekannten Faktoren) ein rationelles Maß für die Äquivalentbreiten. Das Produkt $H\xi_0$ läßt sich dann unter Heranziehung anderer Beobachtungen wenigstens approximativ aufspalten: Für die Höhen $h = -160$, 670, 1500 km der CILLIÉ-MENZEL-Skala erhält man bzw. $\xi_0 = 3{,}8$; 5,5; 8,6 km/sec in guter Übereinstimmung mit den sonstigen Erfahrungen. Der logarithmische Dichtegradient von Ti II ist etwa gleich dem der 2quantigen H-Atome $\alpha \approx 1 \cdot 10^{-8}$ cm^{-1}. Da nun praktisch *alles* Titan in der Chromosphäre einfach ionisiert ist, so kann man mit den aus der Analyse des FRAUNHOFER-Spektrums der Sonne bekannten Häufigkeitsverhältnissen $\log \mathrm{H/Ti} = 7{,}38$ und $\log \mathrm{Fe/Ti} = 2{,}35$ (nach V. WEIDEMANN) indirekt den *Ionisationsgrad* des Eisens Fe^+/Fe und die *Gesamtdichte des Wasserstoffes* als Funktion der Höhe bekommen. Ersterer bestimmt in Verbindung mit den bekannten n_e die *Ionisationstemperatur* des Eisens T_i (Fe). Die Anzahl aller H-Atome ist einerseits $\gg n_e$; andererseits ist — wie man leicht abschätzt — n_e erheblich größer, als die Gesamtzahl aller Metallatome. Damit haben wir verifiziert, daß die freien Elektronen zum überwiegenden Teil dem Wasserstoff entstammen, daß dieser aber doch nur zum kleineren Teil ionisiert ist. Formal ist es nun ein leichtes, eine *Anregungstemperatur* $T_A(N_2)$ des 2. Quantenzustandes ($\chi_{0,2} = 10{,}15$ eV) und eine *Ionisationstemperatur* T_i(H) für den Wasserstoff ($\chi_0 = 13{,}5$ eV) zu berechnen. Schon früher hatten wir die *Strahlungstemperatur* T_S(H) der BALMER-Linien Hα, Hβ bestimmt, welche bekanntlich die relative Anregung der Wasserstoffterme $n = 2, 3 \ldots$ regelt. Sinngemäß muß $\chi_{0,2} \cdot \frac{5040}{T_A} + (\chi_0 - \chi_{0,s}) \cdot \frac{5040}{T_s} \approx \chi_0 \cdot \frac{5040}{T_i}$ sein; tatsächlich ist diese Relation auch ganz gut erfüllt.

Ehe wir die zahlenmäßigen Ergebnisse zusammenstellen, wollen wir noch ihre Ausweitung nach größeren und kleineren Höhen hin ins Auge fassen und einige Kleinigkeiten nachtragen.

Im Anschluß an Abb. 214 rechnet E. BÖHM-VITENSE in *großen Höhen* etwas schematisch mit $\alpha = 1 \cdot 10^{-8}$ cm^{-1} weiter und erhält so den Anschluß an die Dichte der *innersten Korona* $\log n_e = 8{,}6$ in etwa 11000 km Höhe, was größenordnungsmäßig vernünftig erscheint. Wir werden später die interessante Übergangszone Chromosphäre—Korona vom optischen und radioastronomischen Standpunkt aus noch genauer betrachten.

Nach der Photosphäre zu ist in den Messungen von CILLIÉ-MENZEL der Bereich unserer Abb. 214 gar nicht mehr erfaßt, in welchem die α von $1 \cdot 10^{-8}$ bis etwa $8 \cdot 10^{-8}$ cm^{-1} anwachsen. CILLIÉ und MENZEL fixieren ihr Niveau $h = 0$ durch die Forderung, daß dort die linear in der Zeit extrapolierte Helligkeit der „Sonnensichel" für $\lambda = 3100$ Å verschwinde. Sonst rechnet man die *„Höhen über dem Sonnenrand"* h_0 (wie wir sie jetzt zur Unterscheidung nennen wollen) von *dem* Niveau aus, wo die Helligkeit am $\odot$-Rand am raschesten abfällt. In Anlehnung an Abb. 214 setzt nun E. BÖHM-VITENSE zwischen $h = 0$ und 1500 km einen *linearen* Abfall des α von 8 auf $1 \cdot 10^{-8}$ cm^{-1} an und kann dann die Beziehung zwischen der üblichen Höhenskala h_0 und der von CILLIÉ-MENZEL gewählten herstellen in der Form

$$h_0 = h_{\text{Cillié-Menzel}} + 830 \text{ km}. \tag{142, 41}$$

Das *kontinuierliche Spektrum* ist nun im Bereich $0 < h_0 < 1000$ km durch das H^--Ion bestimmt. $h_0 = 0$ entspricht — wie ungefähr zu erwarten — einem $\tau_{5010} = 0{,}0023$. Der logarithmische Intensitätsgradient des Kontinuums in geringen Höhen über dem Sonnenrand kommt in leidlicher Übereinstimmung mit den schon zitierten Messungen von B. LINDBLAD und H. KRISTENSON heraus; die berechnete Abnahme des Intensitätsgradienten nach größeren Höhen zu wird anscheinend von den Beobachtungen nicht bestätigt. Wahrscheinlich könnte

Tabelle 91. Druck- und Temperaturschichtung der Sonnenchromosphäre nach E. BÖHM-VITENSE [2123; Tab. 4].

Ausdehnung:

1. Höhe h_0 [km] über dem Sonnenrand $= h_{\text{CILLIÉ-MENZEL}} + 830\,\text{km}$
2. Radiale optische Tiefe τ_0 bei λ 5000 Å.

Anzahl der Teilchen pro cm³:

3. N : Schwere Teilchen.
4. N_{H}: Neutrale plus ionisierte H-Atome.
5. N_2 : 2-quantige H-Atome.
6. $N_{\text{H}^+} \cdot n_e$, wo N_{H^+} = Zahl der Protonen und
7. n_e: Zahl der Elektronen pro cm³.
8. $N_{\text{H}^+} \cdot n_e / N_{\text{H}}$ (SAHA-Formel!)

Konzentrationsgefälle:

9. Logarithmischer Dichtegradient α
10. Effektives α nach Gl. (142, 4—5)

Temperaturen:

11. $T_A(N_2)$: Anregung des 2qu. Wasserstoffes.
12. $T_s(\text{H})$: Relative Anregung der höheren Wasserstoffterme.
13. $T_i(\text{H})$: Ionisation des Wasserstoffes.
14. $T_i(\text{Fe})$: Ionisation des Eisens.

Extrapolierte Zahlenwerte in Klammern.

1	2	3	4	5	6	7	8	9	10	11	12	13	14
h_0 [km]	τ_0	$\log N$	$\log N_{\text{H}}$	$\log N_2$	$\log N_{\text{H}^+} \cdot n_e$	$\log n_e$	$\log \frac{N_{\text{H}^+} \cdot n_e}{N_{\text{H}}}$	$\alpha \cdot 10^8$	$\alpha_{eff} \cdot 10^8$	$T_A(N_2)$	$T_S(\text{H})$	$T_i(\text{H})$	$T_i(\text{Fe})$
0	$7{,}0 \cdot 10^{-3}$	(15,93)	(15,86)	(7,19)	(24,45)	(12,22)	(8,59)	(8)	(7,3)	(5510)	(5450)	(5500)	(4900)
100	$2{,}6 \cdot 10^{-3}$	(15,60)	(15,53)	(6,91)	(24,10)	(12,05)	(8,57)	(7,5)	(6,9)	(5550)	(5250)	(5480)	
200	$8{,}3 \cdot 10^{-4}$	(15,28)	(15,21)	(6,68)	(23,73)	(11,87)	(8,52)	(7,1)	(6,4)	(5610)	(5150)	(5470)	
400	$2{,}4 \cdot 10^{-4}$	(14,70)	(14,63)	(6,33)	(23,29)	(11,65)	(8,66)	(6,2)	(4,9)	(5750)	(5050)	(5530)	
600	$9{,}8 \cdot 10^{-5}$	(14,21)	(14,14)	(6,11)	(23,03)	(11,52)	(8,89)	(5,2)	(3,5)	(5930)	(5000)	(5620)	
800	$5{,}7 \cdot 10^{-5}$	(13,79)	(13,72)	(5,97)	(22,85)	(11,43)	(9,13)	(4,3)	(2,4)	(6120)	(4950)	(5740)	
1000	$3{,}8 \cdot 10^{-5}$	(13,46)	(13,39)	(5,87)	(22,71)	(11,35)	(9,32)	(3,4)	(1,7)	(6310)	(4900)	(5820)	
1200	$2{,}7 \cdot 10^{-5}$	(13,20)	(13,13)	(5,77)	(22,57)	(11,28)	(9,44)	(2,5)	(1,2)	(6410)	(4850)	(5880)	
1500	$1{,}7 \cdot 10^{-5}$	12,97	12,90	5,63	22,29	11,15	9,39	1,1	1	6500	4700	5850	4890
2330	$5{,}8 \cdot 10^{-6}$	12,63	12,56	5,11	21,49	10,74	8,93	1	1	6360	4400	5650	4860
3170	$2{,}0 \cdot 10^{-6}$	(12,27)	(12,20)	4,64	20,76	10,38	8,56	1	1	(6250)	4200	5500	
4000	$9{,}2 \cdot 10^{-7}$	(11,91)	(11,84)	4,25	20,17	10,08	8,33	1	1	(6250)	4000	5400	
4830		(11,55)	(11,26)	3,67	19,47	9,73	8,21	1	1	(6250)	3900	5350	
6000		(11,04)										(5500)	
8000		(10,18)											
10000		(9,32)											
12000		(8,45)											

schon eine relativ kleine Abwandlung des Modells den Einklang herstellen. In Höhen $h_0 > 1000$ km überwiegt die THOMSON-*Streuung* der freien Elektronen gegenüber dem H^--Kontinuum. Im UV muß man stets das BALMER-*Kontinuum* der Wasserstoffatome berücksichtigen und erhält dann auch eine mit den noch sehr rohen Beobachtungen verträgliche Theorie des BALMER-Sprunges. Wegen dieser und vieler anderer Einzelheiten müssen wir auf die Originalarbeit von E. BÖHM-VITENSE [2123] verweisen. Hier möchten wir als Zusammenfassung in Tab. 91 noch ihr Chromosphärenmodell wiedergeben.

Bezüglich der physikalischen Deutung der verschiedenen „Temperaturen" sind noch weitere Untersuchungen nötig. Die Anregungs- und Ionisationstemperaturen für kleinere Energiedifferenzen dürften etwa der Dichte des lokalen Strahlungsfeldes entsprechen. Bei großen Energiedifferenzen, insbesondere also der Anregung und Ionisation des Wasserstoffes vom Grundzustand aus, dürfte die kurzwellige Rückstrahlung aus der Korona eine wesentliche Rolle spielen. Wir werden auf ähnliche Phänomene im Zusammenhang mit den Spektren der Protuberanzen noch zurückkommen.

Zum Schluß diskutieren wir noch den Zusammenhang der empirisch bestimmten *logarithmischen Dichtegradienten* α mit den *Turbulenzgeschwindigkeiten* ξ_t; wir kommen damit auf unseren Punkt (3), die *Dynamik der Chromosphäre* zurück.

Das $\alpha \approx 8 \cdot 10^{-8}\,\text{cm}^{-1}$ der *inneren Chromosphäre* entspricht, wie wir schon auf S. 616 ausgerechnet haben, einer Turbulenzgeschwindigkeit $\xi_t = 4{,}7$ km/sec, die mit O. REDMANs Wert nach (142, 21) gut übereinstimmt, *sofern* wir letzteren der inneren Chromosphäre zuschreiben, wofür auch sonst gewichtige Argumente sprechen.

Für die *höheren Schichten* der Chromosphäre mit $\alpha \approx 1 \cdot 10^{-8}\,\text{cm}^{-1}$ berechnet man nach Gl. (142, 20), solange der Wasserstoff vorwiegend neutral ist, eine „Turbulenzgeschwindigkeit" $\xi_t \approx 22$ km/sec; diese bezieht sich gemäß ihrer Herleitung auf die vertikale Geschwindigkeitskomponente. Die Beobachtungen der Linien Ca II H + K und He D_3 am ⊙-Rand (s. oben) ergaben in der Sehlinie, d. h. tangential zur Sonnenoberfläche, eine ebenfalls erheblich angewachsene Turbulenzgeschwindigkeit $\xi_t \approx 15$ km/sec. Die (wohl reelle) Differenz zwischen dem „dynamischen" Wert von 22 km/sec und dem „optischen" von 15 km/sec dürfen wir wohl auf eine mäßige Anisotropie der Geschwindigkeitsverteilung zurückführen.

Die direkte Beobachtung zeigt bekanntlich, daß die *höhere Chromosphäre* aus Tausenden kleiner *„Flämmchen"*, *„Protuberanzen"* oder *"Spicules"* besteht. Soweit man sie getrennt erkennen kann, sind größenordnungsmäßig ihre Durchmesser ~ 2000 km, ihre Höhen ~ 5000—10000 km und ihre Vertikalgeschwindigkeiten etwa 10—30 km/sec, im Mittel ~ 20 km/sec. Ganz offensichtlich ist die „Turbulenz der höheren Chromosphäre" identisch mit den Bewegungen dieser — und möglicherweise kleinerer unaufgelöster — Spicules bzw. die höhere Chromosphäre besteht überhaupt aus solchen, wie dies schon die klassischen Beobachter des vorigen Jahrhunderts angenommen haben. Vgl. [21105, 146—148, 151].

Die Zunahme der Turbulenzgeschwindigkeiten ξ_t von relativ kleinen Werten für die untere Chromosphäre bis in die Größenordnung der Schallgeschwindigkeit für die höhere Chromosphäre ist ein astrophysikalisch höchst bedeutsames Phänomen. Auf dessen hydrodynamische Deutung werden wir im Zusammenhang mit dem Problem der Aufheizung der *Korona* in Abschnitt 143, H) zurückkommen.

143. Korona.

A) Einleitung. Historische Bemerkungen. Kein Gebiet der Astrophysik hat in den letzten zwanzig Jahren eine so glänzende Entwicklung genommen, wie die Erforschung der *Sonnenkorona.* Anknüpfend an wichtige Vorarbeiten von

W. GROTRIAN [2158—2159] gelang 1941 B. EDLÉN [2143—2144] die *Identifikation der Koronalinien* als verbotene Übergänge in hochionisierten Atomen sowie 1946/47 C. W. ALLEN [2108—2109] und H. C. VAN DE HULST [2169—2170] die Erkenntnis, daß der Teil der äußeren Korona, dessen Spektrum die FRAUNHOFER-Linien des gewöhnlichen Sonnenspektrums zeigt, die sog. „*F-Korona*", nichts anderes ist, als eine Fortsetzung des *Zodiakallichtes*.

EDLÉNs Entdeckung führte zwangsläufig zu der Vorstellung, daß die eigentliche *Sonnen*korona, die sog. „*K-Korona*" eine Temperatur von rund 1 Million Grad hat. Ihr kontinuierliches Spektrum entsteht, wie K. SCHWARZSCHILD schon 1905 annahm, durch Streuung an freien Elektronen, deren enorme thermische Geschwindigkeiten ($\xi_0 \approx 5500$ km/sec) zu völliger Verwaschung der FRAUNHOFER-Linien führt.

Während im Spektrum der *inneren* Korona die FRAUNHOFER-Linien gar nicht oder kaum zu erkennen sind, treten sie mit wachsendem Abstand von der Sonne immer deutlicher hervor. Schon W. GROTRIAN hatte die Deutung vorgeschlagen, daß der eigentlichen sog. *K(ontinuierlichen)-Korona* sich Sonnenlicht überlagere, das an kosmischen Staubteilchen in der Umgebung der Sonne gestreut würde. Da die Geschwindigkeiten dieser schweren Teilchen klein sind, bleiben die FRAUNHOFER-Linien bei der Streuung erhalten, man spricht daher von der „F(RAUNHOFER)-*Korona*". GROTRIAN konnte zeigen, daß die Intensitäten der *F-Korona* und des *Zodiakallichtes* nach beiderseitiger Extrapolation sich gut aneinander anschließen. Gegen die ursprüngliche Formulierung dieser Hypothese mußte man den schwerwiegenden Einwand erheben, daß diese Staubteilchen in der Umgebung der Sonne doch sofort verdampfen müßten. Diese Schwierigkeit überwanden — unabhängig voneinander — ALLEN und VAN DE HULST durch die Bemerkung, daß die TYNDALL-Streuung an feinen Staubteilchen ganz überwiegend unter kleinen Winkeln nach *vorn* erfolgt. Das Licht der *F-Korona* wird also gar nicht in unmittelbarer Nähe der Sonne, sondern erst in Entfernungen gestreut, wo die Teilchen noch vor dem Verdampfen geschützt sind.

Neben diesen prinzipiellen Erkenntnissen verdankt die moderne Koronaforschung entscheidende Förderung dem konstruktiven Genie B. LYOTs, dessen *Koronographen* und *Polarisationsfilter* wir bereits in Abschnitt 132 besprochen haben. Dazu kam seit 1945 die *Radioastronomie*. Wer hätte vor 10 Jahren auch nur daran zu denken gewagt, daß man einmal die äußeren Schichten der Korona ungestört vom Licht der Photosphäre am hellen Tage und sogar durch Wolken hindurch im Gebiet der Meterwellen studieren könne?! Diesem neuesten Zweig der Astronomie soll das folgende Kap. XXII gewidmet sein.

Hier betrachten wir zunächst das *kontinuierliche und das* FRAUNHOFER-*Spektrum der Korona* und versuchen, die K- und F-Korona zu trennen. Im Anschluß daran studieren wir *Helligkeitsverteilung* und *Polarisation* der K-Korona, d. h. der „eigentlichen" Sonnenkorona und berechnen deren *Elektronendichten*. Dann wenden wir uns D) dem *Linienspektrum* der Korona und der genaueren Untersuchung von *Temperatur, Ionisation, Anregung* usw. zu.

Soweit schematisieren wir — notgedrungen — die Korona meist als ein ziemlich regelmäßiges Gebilde, dem wir in gröbster Näherung Kugelsymmetrie oder — etwas genauer — Rotationssymmetrie zuschreiben. Erst unter E) werden wir die charakteristischen *Strukturen* und die *Dynamik* der *Korona* genauer betrachten und geraten damit nolentes volentes wieder in das dornige Gestrüpp der *Magnetohydrodynamik* und der kosmischen Magnetfelder.

B) Kontinuierliches und FRAUNHOFER-Spektrum der Korona. Energieverteilung im kontinuierlichen Spektrum der Korona. Bis zu Höhen von einigen Bogenminuten über dem Sonnenrand zeigt die Korona ein *völlig kontinuierliches*

Spektrum, dem sich die bekannten Korona-*Emissionslinien* überlagern. In größeren Höhen treten erst undeutlich, dann immer klarer, die FRAUNHOFER*schen Absorptionslinien* des gewöhnlichen Sonnenspektrums auf. Nach qualitativen Beobachtungen von H. LUDENDORFF [2182] und den Messungen von J. H. MOORE [21109] sind die *Halbwertsbreiten der* FRAUNHOFER-*Linien* (gemessen bei der halben Maximaltiefe) in der äußeren Korona ($h \sim 6' - 27'$) praktisch *gleich denen im Sonnenspektrum.*

Das allmähliche Verschwinden der FRAUNHOFER-Linien bei Annäherung an den Sonnenrand beruht also nicht auf einem Breiterwerden, sondern auf einer Abnahme der Linientiefe und der Äquivalentbreite.

Nach W. GROTRIAN [2158], C. W. ALLEN [2108—2109] und H. C. VAN DE HULST [2169—2170] kann man die Beobachtungen durch die Annahme deuten, daß das Gesamtlicht der Korona I sich aus zwei ganz verschiedenen Komponenten zusammensetzt:

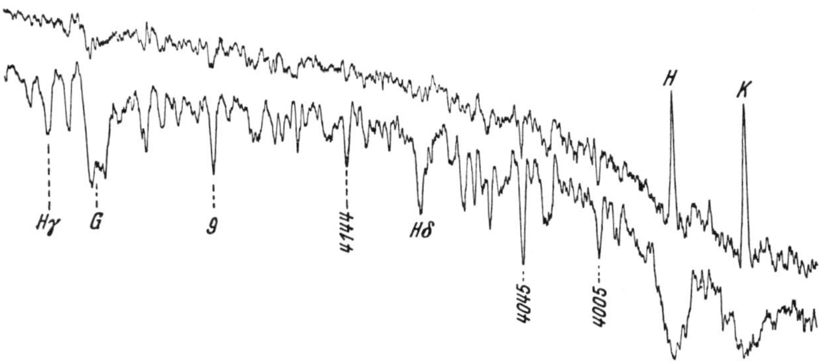

Abb. 216. Obere Kurve: Koronaspektrum bei $\varrho = 1{,}94$ Sonnenradien. Untere Kurve: Integriertes Sonnenspektrum. Nach W. GROTRIAN [2158].

I_K, das völlig *kontinuierliche* Spektrum der eigentlichen oder *K-Korona,* entsteht durch *Streuung des Sonnenlichtes* an *freien Elektronen.* Es ist infolgedessen, wie schon 1851 EDLUND [21114] und dann wieder 1860 mehrere Astrophysiker beobachtet haben, partiell linear *polarisiert,* und zwar bevorzugt der $\left\{\begin{matrix}\text{magnetische}\\ \text{elektrische}\end{matrix}\right\}$ Vektor die $\left\{\begin{matrix}\text{radiale}\\ \text{tangentiale}\end{matrix}\right\}$ Schwingungsrichtung (vgl. unter C). Die FRAUNHOFER-*Linien* werden durch den *Dopplereffekt* der Elektronen völlig verwischt. $T = 10^{6}\,{}^\circ\mathrm{K}$ z. B. entspricht $\xi_0 = 5500$ km/sec oder bei 4500 Å ein $\Delta\lambda_D = 82$ Å; vgl. hierzu die Abschnitte 49 und 74.

I_F, das unveränderte FRAUNHOFER-*Spektrum* der Korona, entsteht — wie gesagt — durch Streuung des Sonnenlichtes, vorzugsweise unter kleinen Winkeln, an interplanetaren Staubteilchen, die in größerem Abstand von der Sonne das *Zodiakallicht* hervorrufen. Diese Komponente dürfte daher gar nicht oder nur schwach polarisiert sein.

Quantitativ können die beiden Anteile I_K und I_F nach GROTRIAN nun folgendermaßen getrennt werden: Es sei R^* die Tiefe und W_λ^* die Äquivalentbreite einer FRAUNHOFER-Linie im *Koronaspektrum* (letztere also bezogen auf 1 Å des Koronaspektrums). Die mit demselben Instrument usw. für dieselbe Linie im *Sonnenspektrum* gemessenen Werte seien R und W_λ. Dann gilt offensichtlich

$$R \cdot I_F = R^*(I_K + I_F) \qquad (143,1)$$

oder

$$k = \frac{I_K}{I_K + I_F} = \frac{R - R^*}{R} \quad \text{und entsprechend} \quad = \frac{W_\lambda - W_\lambda^*}{W_\lambda}. \qquad (143,2)$$

Aus den von H. LUDENDORFF bei der Finsternis vom 10. September 1923 (Fleckenminimum) gewonnenen Spektren (Abb. 216) hat W. GROTRIAN [2158] zuerst den rein kontinuierlichen, d. h. der eigentlichen Korona zuzuordnenden Anteil am Koronaspektrum ermittelt. Analoge Messungen hat dann C. W. ALLEN [2108—2109] bei der Finsternis vom 1. Oktober 1940 (absteigende Phase des Fleckenzyklus) ausgeführt. Ihre Ergebnisse, die sich beide im wesentlichen auf die Äquatorebene der Korona beziehen, sind in Abb. 217 zusammengestellt.

Die *spektrale Energieverteilung* der Korona (d. h. $I_K + I_F$) ist von H. LUDENDORFF [2182] für das Spektralgebiet λ 3820—4840 Å und Höhen von $x = 1'\!,7$ bis $22'\!,6$ über dem Sonnenrand sowie von W. GROTRIAN [2156] für das Gebiet λ 3400—6500 Å und $x = 1'\!,4$ bis $5'\!,6$ mit der des integrierten Sonnenlichtes (Strahlungsstrom!) verglichen worden. In dem ganzen untersuchten Bereich von Wellenlängen bzw. Höhen ergaben sich nirgends Differenzen über $\pm\, 0^{m}\!.1 \approx 10\%$.

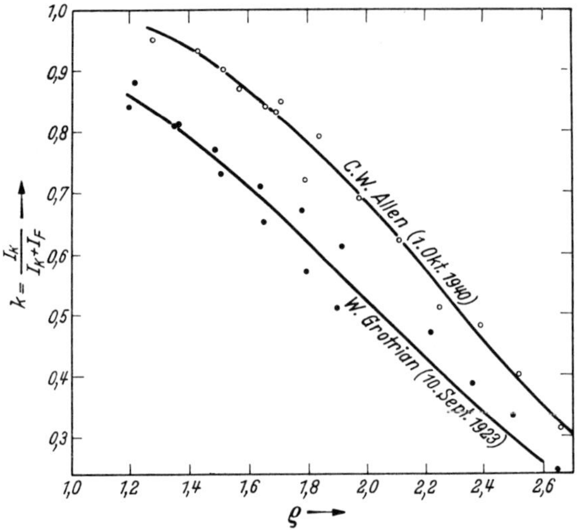

Abb. 217. Kontinuierlicher Anteil des Koronaspektrums $k = \frac{I_K}{I_K + I_F}$ nach W. GROTRIAN [2158] und C. W. ALLEN [2108].

C. W. ALLENs [2108] Messungen von $\varrho = 1{,}2$ bis 2,4 Sonnenradien im Wellenlängenbereich λ 4000—6500 Å gestatten zwar keinen sicheren Vergleich der spektralen Energieverteilung zwischen Korona und Sonne, sie dürften aber mit ziemlicher Sicherheit zeigen, daß die äußere Korona *relativ* zur inneren *gerötet* ist, und zwar wächst das Intensitätsverhältnis I (λ 6500): I (λ 4000) von $\varrho = 1{,}2$ bis 2,4 um einen Faktor $1{,}5_1$. Daß die früheren Messungen diesen Unterschied nicht erkennen ließen, ist nicht erstaunlich, da bei LUDENDORFF der Wellenlängenbereich und bei GROTRIAN der Höhenbereich erheblich kleiner ist als bei ALLEN. Infrarotmessungen von D. E. BLACKWELL [2122] bei der Finsternis vom 25. Februar 1952 ergeben für das Intensitätsverhältnis $I(1{,}9\,\mu)$: $I(0{,}43\,\mu)$ zwischen $\varrho = 1{,}5$ bis 2,5 Sonnenradien eine Zunahme um einen Faktor 2,17. Es soll allerdings nicht verschwiegen werden, daß die älteren Infrarotbeobachtungen ein völlig uneinheitliches Bild bieten.

In summa dürfen wir die Ergebnisse der referierten Arbeiten wohl in dem Sinne zusammenfassen, daß die spektrale Energieverteilung der K-Korona praktisch der des integrierten Sonnenlichtes entspricht — wie man es bei THOMSON-Streuung an freien Elektronen erwarten muß[1] —, während andererseits die durch Streuung an kosmischem Staub entstehende F-Korona deutlich rotverfärbt ist. Eine solche Rotverfärbung kann man durch geeignete plausible Annahmen über die Größenverteilung der interplanetarischen Staubteilchen deuten; vgl. z. B. D. E. BLACKWELL [2122], sowie H. C. VAN DE HULST [2169].

W. GROTRIANs Untersuchung (ebenda) der *inneren* Korona (genauer $h = 3'\!,8-5'$) im Ultraviolett ergab noch folgendes bemerkenswertes Ergebnis: Bei $\lambda \sim 3800$ Å

[1] Abgesehen von einem ganz kleinen Einfluß der wellenlängenabhängigen Mitte-Rand-Verdunkelung der Sonne (s. unten).

wird die spektrale Energieverteilungskurve der Sonne durch eine zufällige Anhäufung starker FRAUNHOFER-Linien erheblich herabgedrückt. Diese Depression wird vom Spektrum der inneren Korona — obgleich von den Linien nichts zu erkennen ist — genau dupliziert; nur erscheinen ihre Ränder dort etwas verwaschener. Eine genauere Analyse der Photometerkurven ergibt nach W. GROTRIAN eine „Verwaschungsbreite" (Definition analog der Dopplerbreite $\Delta\lambda_D$) von größenordnungsmäßig 60 Å! Eine derartige Verwaschung des Sonnenspektrums reicht längst aus, um alle FRAUNHOFER-Linien „auszuglätten". Wir haben sie schon in Verbindung gebracht mit der thermischen Geschwindigkeit der streuenden Elektronen bei der enormen Temperatur von $\sim 10^{6}$° K.

C) Helligkeitsverteilung, Polarisation und Elektronendichte der Korona. Die Helligkeit der Korona $I = I_K + I_F$ als Funktion des *Abstandes vom Sonnen-*

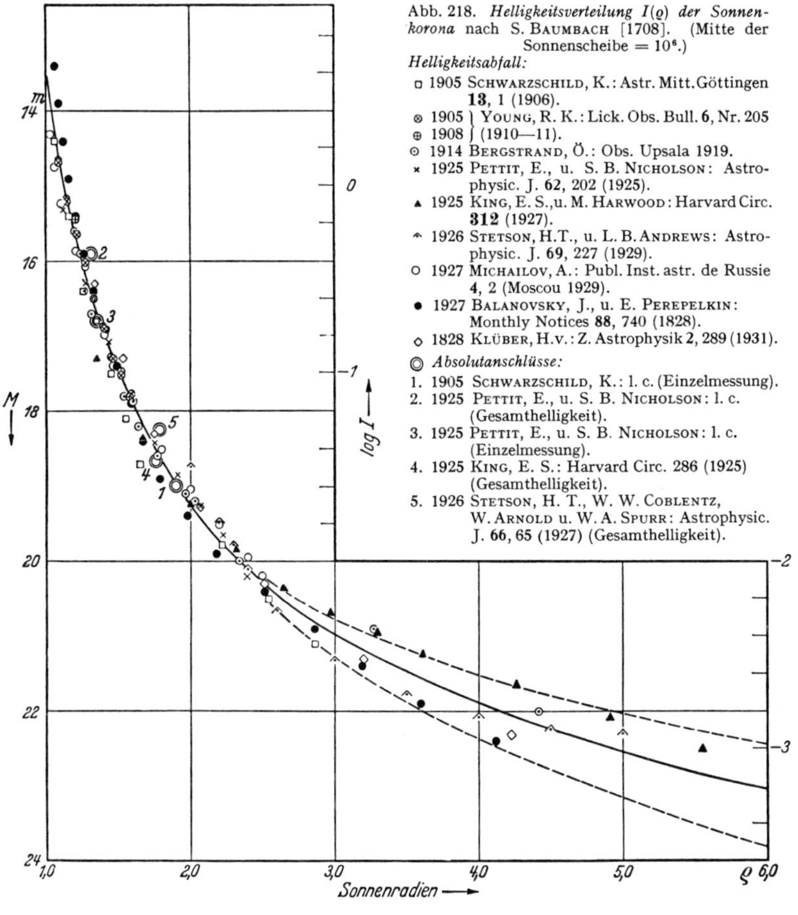

Abb. 218. *Helligkeitsverteilung $I(\varrho)$ der Sonnenkorona* nach S. BAUMBACH [1708]. (Mitte der Sonnenscheibe = 10^6.)

Helligkeitsabfall:

□ 1905 SCHWARZSCHILD, K.: Astr. Mitt. Göttingen **13**, 1 (1906).
⊗ 1905 } YOUNG, R. K.: Lick. Obs. Bull. **6**, Nr. 205
⊕ 1908 } (1910—11).
⊙ 1914 BERGSTRAND, Ö.: Obs. Upsala 1919.
× 1925 PETTIT, E., u. S. B. NICHOLSON: Astrophysic. J. **62**, 202 (1925).
▲ 1925 KING, E. S., u. M. HARWOOD: Harvard Circ. **312** (1927).
^ 1926 STETSON, H. T., u. L. B. ANDREWS: Astrophysic. J. **69**, 227 (1929).
○ 1927 MICHAILOV, A.: Publ. Inst. astr. de Russie **4**, 2 (Moscou 1929).
● 1927 BALANOVSKY, J., u. E. PEREPELKIN: Monthly Notices **88**, 740 (1828).
◇ 1828 KLÜBER, H. v.: Z. Astrophysik **2**, 289 (1931).

◎ *Absolutanschlüsse:*

1. 1905 SCHWARZSCHILD, K.: l. c. (Einzelmessung).
2. 1925 PETTIT, E., u. S. B. NICHOLSON: l. c. (Gesamthelligkeit).
3. 1925 PETTIT, E., u. S. B. NICHOLSON: l. c. (Einzelmessung).
4. 1925 KING, E. S.: Harvard Circ. 286 (1925) (Gesamthelligkeit).
5. 1926 STETSON, H. T., W. W. COBLENTZ, W. ARNOLD u. W. A. SPURR: Astrophysic. J. **66**, 65 (1927) (Gesamthelligkeit).

mittelpunkt ϱ (in Einheiten des Sonnenradius) ist seit der Erfindung der photographischen Photometrie bei zahlreichen Finsternissen gemessen worden. Da die meisten Meßreihen nur ein verhältnismäßig kleines Helligkeitsintervall überdecken, so muß man sie zusammensetzen, indem man für jede einzelne Reihe $\log I + \text{const}$ in Abhängigkeit von ϱ aufträgt und diese Kurvenstücke dann parallel zur $\log I$-Achse aufschiebt. In dieser Weise hat 1937 S. BAUMBACH [2116] das damals verfügbare Beobachtungsmaterial kritisch bearbeitet (Abb. 218) und zunächst die *mittlere Koronahelligkeit* I (gemittelt über alle Positionswinkel) in willkürlichen Einheiten als Funktion von ϱ bestimmt. Die bei Abb. 218 angegebenen *Absolutanschlüsse* erlaubten dann weiterhin, $I(\varrho)$ auf die Helligkeit in der *Mitte der Sonnenscheibe* (= 10^6 gesetzt) zu beziehen.

Durch Probieren fand nun S. Baumbach (s. Abb. 218), daß sich das gesamte Beobachtungsmaterial innerhalb der Meßgenauigkeit darstellen läßt durch die *Interpolationsformel* ($1 < \varrho < 10$)

$$I(\varrho) = \frac{2{,}565}{\varrho^{17}} + \frac{1{,}425}{\varrho^{7}} + \frac{0{,}0532}{\varrho^{2,5}} \tag{143,3}$$

(bezogen auf Helligkeit der ⊙-Mitte gleich 10^6).

Die 2,5-te Potenz ist dabei erforderlich zur Darstellung des Helligkeitsabfalls der äußersten Korona ($\varrho > 4$). Die 17-te oder jedenfalls eine sehr hohe Potenz braucht man für die innerste Korona. Es ist *nicht* möglich, die ganze Korona mit *einem* Exponenten darzustellen.

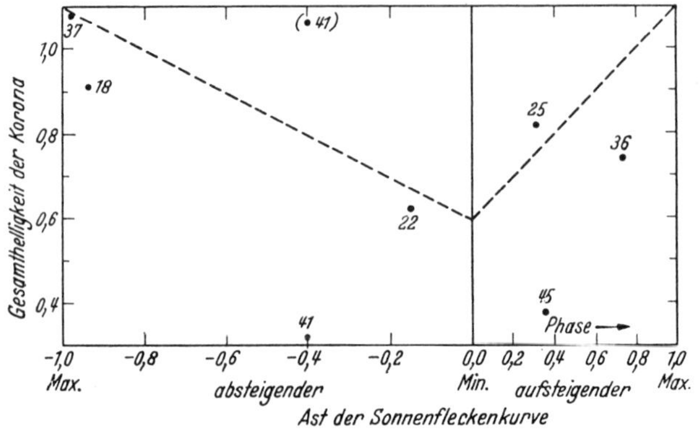

Abb. 219. Absolute Helligkeit der Korona (ϱ = 1,03—6,0) in Abhängigkeit von der Phase im 11 jährigen Zyklus. Nach einer Zusammenstellung von H. C. v. d. Hulst [2103] bzw. V. B. Nikonov und E. K. Nikonova [21113]. *Ordinaten-Einheit:* 10^{-6} × Strahlung der ganzen Sonnenscheibe. Den Punkten ist die Jahreszahl (19..) der Finsternis beigeschrieben.

H. C. van de Hulst [2170 und 2103] hat die Baumbachsche Untersuchung zunächst in zweifacher Hinsicht verfeinert:

1. Anhand neuerer photoelektrischer Messungen berücksichtigt er die Abhängigkeit der *Gesamthelligkeit der Korona,* genauer gesagt des Ringes zwischen $\varrho = 1{,}03$ und 6,0 Sonnenradien, von der Phase im 11jährigen Zyklus. Aus den in Abb. 219 zusammengestellten Beobachtungen schließt van de Hulst auf eine Zunahme der Koronahelligkeit von 0,60 im Fleckenminimum auf 1,10 im Fleckenmaximum, beides in Millionstel der Helligkeit der ganzen Sonnenscheibe. B. Lyots Beobachtungen des polarisierten Lichtes der Korona auf dem Pic du Midi 1944 bis 1947 bestätigen diese Zahlen; auch die Variation der Korona*linien* weist in dieselbe Richtung (vgl. S. 550).

2. Während die *Maximumskorona* ziemlich rund ist, erfolgt in der *Minimumskorona* der Helligkeitsabfall an den *Polen* erheblich rascher, als am Äquator[1]. Die äquatoriale Helligkeitsverteilung der *Maximumskorona* unterscheidet sich nach den vorliegenden Beobachtungen von der im Minimum nur um einen von ϱ unabhängigen Faktor, der sich zu $c \approx 1{,}78$ ergibt.

Unter Berücksichtigung von 1. und 2. sowie einigen neueren Beobachtungen hat nun van de Hulst die in den Spalten 2 von Tab. 92 angegebenen $\log(I_K + I_F)$ ermittelt. Die Intensitätseinheit ist [im Unterschied zu Baumbach (Abb. 218)] jetzt und im folgenden so gewählt, daß die *mittlere* photographische ($\lambda \sim 4330$ Å) Helligkeit der Sonnenscheibe $F_0 = 10^{10}$ gesetzt wird.

Die Zerlegung von $I_K + I_F$ in seine Bestandteile ist nun bis $\varrho \approx 2{,}6$ für die äquatoriale Helligkeitsverteilung der Minimumskorona ohne weiteres möglich anhand von W. Grotrians Messungen des Verhältnisses $k = I_K/I_K + I_F$ (Abb. 217).

[1] Beobachtungen: Ö. Bergstrand [2118] sowie J. M. Ramberg [21140] (1914) und H. C. van de Hulst [2170] (1900).

Tabelle 92. Helligkeitsverteilung der gesamten Korona $\log I(\varrho)$ sowie der F-Korona $\log I_F(\varrho)$ und der K-Korona $\log I_K(\varrho)$ einzeln.

Für die mittlere photographische Helligkeit der Sonnenscheibe ist $\log F_0 = 10{,}0$ gesetzt. Dann folgen $k = I_K/I_K + I_F$ und die Anzahl der Elektronen pro cm³ $N(r)$. Rechts steht der berechnete Polarisationsgrad p_K der K-Korona allein und $p_K \cdot k$ der gesamten Korona. Nach H. C. v. d. Hulst [2103].

ϱ bzw. r (1)	$\log I$ (2)	$\log I_F$ (3)	$\log I_K$ (4)	k (5)	$\log N$ (6)	p_K (7)	$p_K \cdot k$ (8)
			Maximum, Äquator und Pol				
1	4,74	3,30	+4,73	0,96	8,61	0,18	0,17
1,03	4,58	3,22	+4,56	,96	8,50	,24	,23
1,06	4,42	3,15	+4,40	,95	8,37	,28	,27
1,1	4,24	3,06	+4,21	,93	8,20	,32	,30
1,2	3,87	2,86	+3,82	,90	7,85	,41	,37
1,4	3,34	2,55	+3,26	,84	7,36	,51	,43
1,6	2,96	2,32	+2,84	,77	7,00	,57	,44
1,8	2,65	2,14	+2,49	,69	6,70	,60	,42
2,0	2,40	2,00	+2,18	,60	6,45	,62	,37
2,5	1,95	1,73	+1,56	,41	5,92	,65	,27
3,0	1,66	1,51	+1,10	,28	5,50	,65	,18
3,5	1,45	1,34	+0,77	,21	5,21	,63	,13
4,0	1,28	1,20	+0,52	,17	4,95	,61	,10
5	1,02	0,95	+0,17	,14	4,65	,58	,08
6	0,81	0,75	—0,06	,13	4,46	0,56	0,07
8	0,50	0,48	—0,40	,13	....	....	....
10	0,26	0,23	—0,64	0,12	....	....	....
			Minimum, Äquator				
1	4,50	3,30	+4,48	0,94	8,36	0,18	0,17
1,03	4,34	3,22	+4,31	,92	8,25	,24	,22
1,06	4,19	3,15	+4,15	,91	8,12	,28	,25
1,1	4,01	3,06	+3,96	,89	7,95	,32	,28
1,2	3,65	2,86	+3,57	,84	7,60	,41	,34
1,4	3,14	2,55	+3,01	,74	7,11	,51	,38
1,6	2,77	2,32	+2,59	,65	6,75	,57	,38
1,8	2,50	2,14	+2,24	,56	6,45	,60	,34
2,0	2,27	2,00	+1,93	,46	6,20	,62	,29
2,5	1,86	1,73	+1,31	,28	5,67	,65	,18
3,0	1,60	1,51	+0,85	,18	5,25	,65	,12
3,5	1,40	1,34	+0,52	,13	4,96	,63	,08
4,0	1,25	1,20	+0,27	0,10	4,70	0,61	0,06
			Minimum, Pol				
1	4,35	3,30	+4,31	0,91	8,24	0,17	0,16
1,03	4,15	3,22	+4,10	,88	8,10	,24	,21
1,06	3,97	3,15	+3,90	,85	7,94	,28	,24
1,1	3,75	3,06	+3,65	,79	7,73	,33	,26
1,2	3,29	2,86	+3,08	,62	7,21	,42	,26
1,4	2,73	2,55	+2,26	,34	6,44	,52	,18
1,6	2,42	2,32	+1,72	,20	5,93	58	,12
1,8	2,21	2,14	+1,33	,13	5,57	,62	,09
2,0	2,04	2,00	+1,00	,09	5,30	,64	,06
2,5	1,74	1,73	+0,32	,04	4,70	,69	,03
3,0	1,52	1,51	—0,24	,02	4,23	,71	,02
3,5	1,35	1,34	—0,70	,01	3,87	,73	,01
4,0	1,20	1,20	—1,10	0,005	3,60	0,75	0,00

Die von C. W. ALLEN 1940, also in mittlerer Phase des Fleckenzyklus gemessenen etwas größeren k-Werte lassen sich auf die Zunahme von I_K zurückführen.

Die von VAN DE HULST so berechneten Helligkeiten I_F bzw. I_K der immer gleich bleibenden F-Korona und der mit dem 11jährigen Zyklus wechselnden K-Korona sowie die hiermit rückwärts berechneten k sind in den Spalten 3—5 von Tab. 92 angeschrieben.

In S. BAUMBACHS Formel (143, 3) bezieht sich — wie C. W. ALLEN [2109] bemerkt — das Glied $0{,}0532/\varrho^{2,5}$ im wesentlichen auf die F-Korona, während die beiden anderen, nach außen rascher abnehmenden Glieder die K-Korona darstellen.

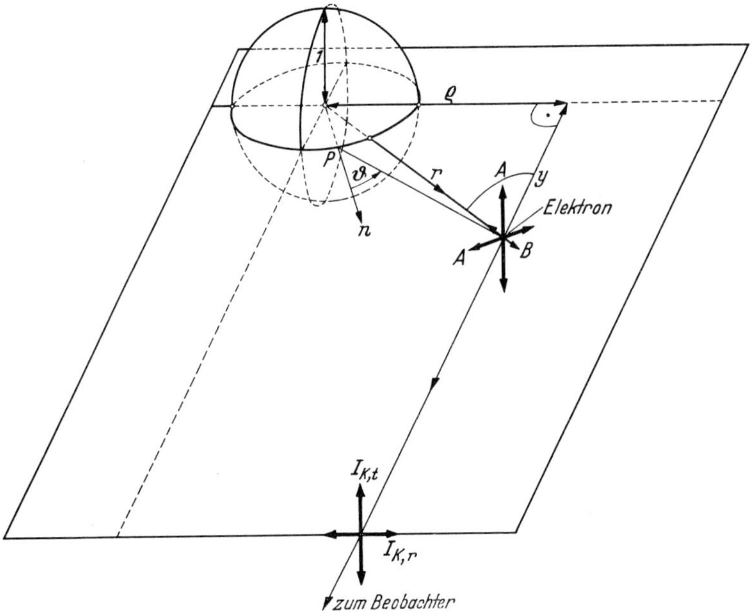

Abb. 220. Zusammenhang der Koronahelligkeit $I_K(\varrho)$ und der Strahlungsemission $\varepsilon_K(r)$ und der Anzahl der Elektronen pro cm³ $N(r)$. Polarisation des Streulichtes.

Aus der *Helligkeitsverteilung* der K-Korona $I_K(\varrho)$ wollen wir nun die *Zahl* $N(r)$ *der freien Elektronen pro cm*³ als Funktion des Abstandes r vom Sonnenmittelpunkt berechnen.

Dieses Problem ist sehr leicht zu lösen, wenn wir zunächst die Korona als *kugelsymmetrisch* betrachten und von der *Richtungsabhängigkeit* der Streukoeffizienten und der *Polarisation* des Streulichtes absehen. Durch letztere Annahme bringen wir Fehler in unsere Rechnung, die aber nach Gl. (49, 6) 25% kaum übersteigen werden. Als Vorbereitung für die sehr umständlichen genaueren Rechnungen dürfte unsere elementare Approximation auch in Zukunft eine gewisse Bedeutung behalten.

Aus der „scheinbaren" (projizierten) *Helligkeitsverteilung* $I_K(\varrho)$ berechnen wir zunächst die *Strahlungsemission* $\varepsilon_K(r)$ pro cm³ der Korona in den Raumwinkel Eins als Funktion des Abstandes r vom Sonnenmittelpunkt. Der Zusammenhang zwischen $I_K(\varrho)$ und $\varepsilon_K(r)$ tritt nach K. SCHWARZSCHILD [21157] am übersichtlichsten in Erscheinung, wenn wir uns $\varepsilon_K(r)$ in eine Potenzreihe (mit ganzen oder gebrochenen Exponenten) nach $1/r$ entwickelt denken.

Der einem Glied $\varepsilon_{K,n}(r) = 1/r^n$ (die Konstante setzen wir der Einfachheit wegen $= 1$) in $\varepsilon_K(r)$ entsprechende Anteil $I_{K,n}(\varrho)$ ist dann nach Abb. 220 (dort

Erklärung der Bezeichnungen)

$$I_{K,n}(\varrho) = \int\limits_{-\infty}^{+\infty} \frac{dy}{r^n} \tag{143, 4}$$

oder mit $r^2 = \varrho^2 + y^2$ und $y = \varrho \operatorname{ctg} \varphi$

$$I_{K,n}(\varrho) = \frac{1}{\varrho^{n-1}} \cdot 2 \cdot \int\limits_{0}^{\pi/2} \sin^{n-2} \varphi \, d\varphi = \frac{1}{\varrho^{n-1}} \cdot \frac{\Gamma\left(\frac{1}{2}\right) \cdot \Gamma\left(\frac{n-1}{2}\right)}{\Gamma\left(\frac{n}{2}\right)} . \tag{143, 5}$$

Das heißt, jedem Glied $\frac{\text{const}}{r^n}$ der Reihe $\varepsilon_K(r)$ entspricht wieder ein Glied $\frac{\text{const}}{\varrho^{n-1}}$ der Reihe für $I(\varrho)$, so daß man *umgekehrt* aus einer Potenzreihendarstellung von $I(\varrho)$ sofort das $\varepsilon_K(r)$ ablesen kann.

Ist n ganzzahlig, so erhält man mit Hilfe der bekannten Ausdrücke für die Gammafunktion leicht

$$\frac{\Gamma\left(\frac{1}{2}\right) \Gamma\left(\frac{n-1}{2}\right)}{\Gamma\left(\frac{n}{2}\right)} = \begin{cases} \pi \cdot \dfrac{1 \cdot 3 \cdot 5 \cdots (n-3)}{2 \cdot 4 \cdot 6 \cdots (n-2)} & \text{für } n \text{ gerade} \\ 2 \cdot \dfrac{2 \cdot 4 \cdot 6 \cdots (n-3)}{1 \cdot 3 \cdot 5 \cdots (n-2)} & \text{für } n \text{ ungerade.} \end{cases} \tag{143, 6}$$

Für nichtganzzahlige n bedient man sich der Tabellen z. B. bei Milne-Thomson und Comrie [8].

Betrachten wir — voraussetzungsgemäß — die Streuung als *isotrop*, so wird nach (49, 10) der *Streukoeffizient* pro Elektron

$$\sigma_{el} = \frac{8\pi}{3} r_0^2 = 0{,}665 \cdot 10^{-24} \text{ cm}^2 , \tag{143, 7}$$

wo $r_0 = \frac{e^2}{m c^2} = 2{,}817 \cdot 10^{-13}$ cm den „Radius des Elektrons" bedeutet. Rechnen wir σ in unserer jetzigen Längeneinheit, d. h. pro Sonnenradius a, so wird

$$\sigma(r) = \sigma_{el} \cdot a \cdot N(r) = 4{,}59 \cdot 10^{-14} \cdot N(r) . \tag{143, 8}$$

Die Emission $\varepsilon_K(r)$ im Abstand r vom Sonnenmittelpunkt ist nun nach der Theorie des Strahlungsgleichgewichtes — z. B. Gl. (27, 3—4) —

$$\varepsilon_K(r) = \sigma(r) \int I \frac{d\omega}{4\pi} = \sigma(r) \cdot J(r) , \tag{143, 9}$$

wo (vgl. Abb. 220) I die Intensität der von der Sonnenscheibe bei P in Richtung $\overrightarrow{PE}$ emittierten Strahlung bedeutet und die Integration über alle *Raumwinkelelemente* $d\omega$ bei E zu erstrecken ist, die von der Sonne Strahlung erhalten. Wie üblich schreiben wir I als Funktion des Austrittswinkels ϑ (s. Abb. 220) in der Form

$$I(\vartheta) = F_0 \frac{1 + \beta \cos\vartheta}{1 + \frac{2}{3}\beta} . \tag{143, 10}$$

Dabei bedeutet F_0 (in van de Hulsts Einheiten $= 10^{10}$) wieder die mittlere Intensität der Sonnenscheibe. Der Randverdunkelungskoeffizient β ist für photographisches Licht ($\lambda \sim 4330$ Å) nach Abbots Messungen gleich 4,0.

Die Integration (143, 9) läßt sich nach S. Baumbach [2116] elementar ausführen und ergibt

$$J(r) = \frac{\frac{1}{2} F_0}{1 + \frac{2}{3}\beta} \left\{ 1 - \sqrt{1 - \frac{1}{r^2}} + \frac{\beta}{2} \left[1 - r\left(1 - \frac{1}{r^2}\right) \ln \sqrt{\frac{r+1}{r-1}} \right] \right\} . \tag{143, 11}$$

Ohne Randverdunkelung der Sonnenscheibe ($\beta = 0$) erhielte man einfach $J(r) = F_0 \cdot \frac{1}{2}\left(1 - \sqrt{1 - r^{-2}}\right)$, d. h. $F_0/4\pi$ mal dem Raumwinkel, den die Sonne von E aus gesehen erfüllt. Das komplizierter gebaute β-Glied berücksichtigt die Bevorzugung der kleinen Ausstrahlungswinkel ϑ. Für große r (praktisch $r > 1{,}2$) entwickelt man $J(r)$ zweckmäßig nach $1/r^2$ und erhält so

$$J(r) \doteq \frac{F_0}{4\,r^2}\left\{1 + \frac{\frac{1}{8} + \frac{\beta}{15}}{\frac{1}{2} + \frac{\beta}{3}} \cdot \frac{1}{r^2} + \cdots\right\}. \tag{143, 12}$$

Der Faktor des r^{-2}-Gliedes hängt von β nur ganz wenig ab und ist für $\beta = 4{,}0$ gleich 0,214.

Nach den Gl. (143, 5), (143, 9) und (143, 12) entsprechen sich also die Glieder unserer drei Funktionen bei nicht allzu kleinen r folgendermaßen:

$$\left.\begin{array}{lll} \text{Elektronendichte} & N(r) \;\ldots\ldots & 1/r^{n-2} \\ \text{Emission pro cm}^3 & \varepsilon_K(r) \;\ldots\ldots & 1/r^{n} \\ \text{Helligkeit der Korona} & I_K(\varrho) \;\ldots\ldots & 1/\varrho^{n-1} \end{array}\right\} \tag{143,13}$$

Zum Beispiel erhält man aus S. Baumbachs Darstellung von $I_K(\varrho)$ in Gl. (143, 3) (in den dortigen Einheiten) — wenn man das letzte Glied als Anteil der F-Korona beiseite läßt —

$$\varepsilon_K(r) = \left(\frac{4{,}157}{r^{18}} + \frac{1{,}452}{r^8}\right) \cdot 10^6 \tag{143, 14}$$

und, indem man die Korrektionsglieder von (143, 12) in den Konstanten näherungsweise mit unterbringt,

$$N(r) = \left(\frac{2{,}99}{r^{16}} + \frac{1{,}55}{r^6}\right) \cdot 10^8 \text{ Elektronen pro cm}^3. \tag{143, 15}$$

Nachdem wir uns schon einen ganz guten Überblick über die Streuung des Sonnenlichtes in der K-Korona verschafft haben, berücksichtigen wir nunmehr etwas genauer deren Winkelabhängigkeit und berechnen vor allem den *Polarisationsgrad des Lichtes der K-Korona* $p_K(\varrho)$. Bezeichnen wir (Abb. 220) die *Intensität* ($\sim$ Amplitudenquadrat) der zum Sonnenrand tangentialen *elektrischen* Schwingung mit $I_{K,t}(\varrho)$, die der radialen mit $I_{K,r}(\varrho)$, so wird

$$p_K = \frac{I_{K,t} - I_{K,r}}{I_{K,t} + I_{K,r}}. \tag{143, 16}$$

Im Anschluß an die klassische Abhandlung von A. Schuster [21156] aus dem Jahre 1879 sowie die daran anschließenden Arbeiten von M. Minnaert [2198], S. Baumbach [2117] und H. C. van de Hulst [2170] zerlegen wir (vgl. Abb. 220) zunächst die „*Ergiebigkeit*" $J(r)$ aus (143, 11) und (143, 12) in je einen Anteil $\frac{F_0}{4} A(r)$, dessen elektrischer Vektor $\perp$ zum Radiusvektor vom Sonnenmittelpunkt und $\perp$ bzw. $\parallel$ zur Streuebene schwingt und einen weiteren Anteil $\frac{F_0}{4} B(r)$, dessen elektrischer Vektor radial zur Sonne schwingt. Die Gesamtergiebigkeit wäre in dieser Auffassung also $J(r) = \frac{F_0}{4}(2\,A(r) + B(r))$. In großer Entfernung von der Sonne geht selbstverständlich $2\,A(r) \to 1/r^2$ und $B(r) \to 0$.

Das in Abb. 220 gezeichnete Einheitsvolumelement E liefert nun zur tangential bzw. radial zum Sonnenrand schwingenden Komponente $I_{K,t}(\varrho)$ bzw. $I_{K,r}(\varrho)$ der *Koronahelligkeit* — wie man aus Gl. (49, 5) und (49, 9) sowie Abb. 71 ohne weiteres entnimmt — die Beiträge

$$\text{tangentiale Schwingung: } \varepsilon_{K,t} = 4\pi r_0^2 N(r) \cdot \frac{F_0}{4} A(r)$$
$$\text{radiale Schwingung: } \varepsilon_{K,r} = 4\pi r_0^2 N(r) \cdot \frac{F_0}{4} (A(r)\cos^2\varphi + B(r)\sin^2\varphi)\,, \tag{143, 17}$$

wobei wieder $r_0 = 2{,}817 \cdot 10^{-13}$ cm den klassischen Elektronenradius und φ den Streuwinkel bezeichnet. $I_{K,t\,\text{bzw.}\,r}$ selbst erhält man vollends, indem man die Ausdrücke (143, 17) längs des Sehstrahles $-\infty \leqq y \leqq +\infty$ integriert.

Das Ergebnis ist — wie S. Baumbach [2117] bemerkt hat — leicht zu übersehen, wenn man sich auf *große* Abstände $\varrho \gg 1$ von der Sonne beschränkt. Dann wird zunächst — wie wir sahen — $A(r) = 1/2\, r^2$ und $B(r) = 0$. Faßt man weiterhin wie in (143, 13) einen Anteil der Elektronendichte $N(r) \sim 1/r^{n-2}$ bzw. der Koronahelligkeit $I_K(\varrho) \sim 1/\varrho^{n-1}$ ins Auge, so verhält sich nach (143, 17) und analog zu (143, 5) im $\lim\limits_{\varrho\to\infty}$es:

$$\left.\begin{aligned}
I_{K,t} &= \frac{\pi}{2} r_0^2 N_0 F_0 \cdot \frac{1}{\varrho^{n-1}} \cdot 2\int\limits_0^{\pi/2} \sin^{n-2}\varphi \, d\varphi \\
&= \frac{\pi}{2} r_0^2 N_0 F_0 \cdot \frac{1}{\varrho^{n-1}} \cdot \frac{\Gamma\left(\frac{1}{2}\right)\Gamma\left(\frac{n-1}{2}\right)}{\Gamma\left(\frac{n}{2}\right)} \\
I_{K,r} &= \frac{\pi}{2} r_0^2 N_0 F_0 \, \frac{1}{\varrho^{n-1}} \cdot 2\int\limits_0^{\pi/2} \sin^{n-2}\varphi(1-\sin^2\varphi)\, d\varphi \\
&= \frac{\pi}{2} r_0^2 N_0 F_0 \cdot \frac{1}{\varrho^{n-1}} \cdot \frac{\Gamma\left(\frac{1}{2}\right)\Gamma\left(\frac{n-1}{2}\right)}{\Gamma\left(\frac{n}{2}\right)} \cdot \frac{1}{n}
\end{aligned}\right\} \text{für } N(r) = N_0/r^{n-2} \text{ im } \lim_{\varrho\to\infty} \tag{143, 18}$$

Die *Gesamthelligkeit* $I_{K,t} + I_{K,r}$ nach (143, 18) unterscheidet sich von der „unpolarisiert" gerechneten nach (143, 5), (143, 7) und (143, 12) nur um einen Faktor $\frac{3}{4}\left(1 + \frac{1}{n}\right)$. Bei kleineren ϱ erfüllt die auf ein Elektron zukommende Sonnenstrahlung einen *größeren* Raumwinkelbereich, die Unterschiede zwischen „polarisierter" und „unpolarisierter" Theorie müssen also noch kleiner werden. Das heißt, bei der Berechnung der Elektronendichte $N(r)$ aus der Helligkeitsverteilung $I_K(\varrho)$ der K-Korona bringt die Berücksichtigung der Polarisation nur kleine Korrektionen (maximal 25%). Bezüglich der — im einzelnen sehr komplizierten — Verallgemeinerung unserer Rechnungen auf kleinere r bzw. ϱ verweisen wir daher auf die angegebene Literatur. Die von H. C. van de Hulst [2170, 2103] aus seinen $I_K(\varrho)$ durch ein "trial and error"-Verfahren schließlich berechneten *Elektronendichten* $N(r)$ sind in Tab. 92 wiedergegeben. Für die *Polzone* der *Minimum*korona ist die Voraussetzung sphärischer Symmetrie nicht mehr ganz gerechtfertigt; die entsprechende Verallgemeinerung der Umkehrungsformeln $I_K(\varrho) \to N(r)$ macht analog bekannten Problemen der Stellarstatistik keine Schwierigkeiten.

Der nach (143, 16) und (143, 18) für große Abstände von der Sonne berechnete *Polarisationsgrad* der K-Korona beträgt

$$\lim_{\varrho\to\infty} p_{K,n} = \frac{n-1}{n+1} \tag{143, 19}$$

— entsprechend einem Helligkeitsanteil $\sim 1/\varrho^{n-1}$.

Bei kleineren ϱ muß p_K offenbar *abnehmen*, da die Sonnenstrahlung auf ein Elektron aus einem größeren Winkelbereich zukommt; die Rechnungen werden dann im Detail wieder ziemlich kompliziert. Die von H. C. VAN DE HULST für sein „*Korona-Modell*" berechneten $p_K(\varrho)$ sind in Tab. 92 mit angegeben.

Der *Polarisationsgrad* $p(\varrho)$ des *gesamten* Koronalichtes wird, insbesondere in größerem Abstand von der Sonne, durch die — zunächst als unpolarisiert vorausgesetzte — F-Korona verringert und sollte — analog (143, 2) —

$$p = p_K \cdot \frac{I_K}{I_K + I_F} = p_K \cdot k \qquad (143, 20)$$

betragen (Tab. 92). In Abb. 221 vergleichen wir mit H. C. VAN DE HULST [2170] seine Berechnungen und einige neuere Messungen. Letztere streuen ziemlich

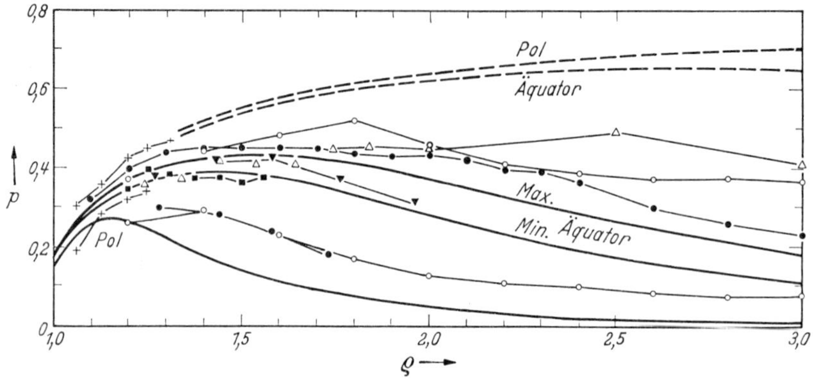

Abb. 221. Polarisationsgrad p der Korona als Funktion des Abstandes ϱ vom Sonnenmittelpunkt. (Nach H. C. v. D. HULST [2170].) Gestrichelte Kurven: Berechnete Polarisation p_K der K-Korona *allein* für den Pol im Minimum und Äquator (im Minimum *und* Maximum; gleichzeitig für Pol im Maximum). Ausgezogene Kurven: Berechnete Polarisation p der K + F-Korona für Maximum Äquator (und Pol) sowie Minimum Äquator und Pol. Messungen: △ ALLEN, C. W.: [2109]. ● ÖHMAN, Y: [21114]. ○ FESSENKOFF, B.: Russ. Astr. J. **12**, 309 (1935). + COHN, W. H.: Astrophysic. J. **87**, 284 (1938). ■ YOUNG, R. K.: Lick. Obs. Bull. **6**, 166 (1911). ▼ HURUHATA, M.: Jap. J. Astr. Geophys. 21, 173 (1947).

stark; insbesondere die Berücksichtigung des Himmelstreulichtes aus der hellen Umgebung der Totalitätszone macht große Schwierigkeit. Die gemessenen p sind — wie man erwarten muß — durchweg $< p_K$, aber fast alle etwas *größer* als die berechneten $p_K \cdot k$.

Die Zurückführung dieser Unstimmigkeit auf eine ungenügende Korrektion für terrestrisches Streulicht erscheint wenig überzeugend, da letzteres auch die Äquivalentbreiten R^* und damit das k nach (143, 1) in derselben Weise beeinflussen müßte wie das p.

Man könnte aber an folgendes denken: Ein Prismenspektrograph — wie er bei den Messungen von k nach (143, 2) benutzt wurde — besitzt für Lichtschwingungen parallel zum Spalt eine größere Durchlässigkeit als für Schwingungen senkrecht zum Spalt. Da bei den k-Messungen von GROTRIAN und ALLEN der Spalt radial zur Sonne stand, war für das vorzugsweise tangential zum Sonnenrand schwingende Licht der K-Korona die Durchlässigkeit des Spektrographen geringer, als für die F-Korona und zwar bei größeren ϱ mehr als in der Nähe des Sonnenrandes. Der Anteil der K-Korona wäre also in Wirklichkeit *größer*, als die Messungen ohne Berücksichtigung der Polarisation anzuzeigen scheinen. Ist — in quantitativer Hinsicht — das Verhältnis der Durchlässigkeiten des Spektrographen für $\parallel$ bzw. $\perp$ zum Spalt schwingendes Licht gleich $\delta : 1 - \delta$, so wird Licht mit einem Polarisationsgrad p_K im Sinne von (143, 16) gegenüber unpolarisiertem benachteiligt um einen Faktor $\delta(1 - p) + (1 - \delta)(1 + p)$. Für $\delta = 0{,}6$, wie man es nach den FRESNELschen Formeln für ein 60°-Prisma mit dem Brechungsindex 1,635 berechnet, würden damit die „berechneten" Kurven in Abb. 221 um $\sim 10\%$ angehoben, was noch zu wenig ist. $\delta = 0{,}8$ würde einen Faktor $\sim 1{,}37$ ergeben, der schon fast ausreichen dürfte.

Nun muß man bedenken, daß neben dem *Prisma* auch der *Spalt* — wenn er hinreichend eng ist (vgl. G. THIESSEN [21162]) — eine Polarisation in demselben Sinne erzeugt; evtl. kann auch die Reflexion am Zölostaten eine Rolle spielen. Es erscheint also nicht ausgeschlossen, daß δ tatsächlich die geforderte Größe hatte; eine sichere Aussage darüber ist zur Zeit kaum mehr möglich. Wenn unsere Vermutung sich bestätigen sollte, so wären in Tab. 92 die k-Werte entsprechend zu vergrößern und die Aufteilung der Koronaintensität in I_K und I_F abzuändern.

G. THIESSEN [21163] hat sodann bemerkt, daß schon ein sehr schwaches *Magnetfeld* im Entstehungsgebiet der F-Korona einen Polarisationseffekt in der Art der von HILTNER und HALL entdeckten interstellaren Polarisationen geben könnte. Einige von THIESSEN angeführte Argumente sprechen für die Existenz einer „*interplanetarischen Polarisation*", doch dürften weitere Messungen zur Klärung der Lage erwünscht sein.

D) Das Linienspektrum der Korona. Seit der Entdeckung der grünen Koronalinie λ 5303 im Jahre 1869 ist das *Linienspektrum der Korona* bei zahlreichen Finsternissen untersucht worden. Eine kritische Bearbeitung gaben 1918 W. W. CAMPBELL und J. H. MOORE [2129]. An neueren Finsternisbeobachtungen nennen wir C. R. DAVIDSON und F. J. M. STRATTON 1926 [2133] und W. GROTRIAN [2155].

Daneben sind — auch als Kunstwerk astrophysikalischer Beobachtungstechnik — besonders bemerkenswert die außerhalb von Finsternissen mit einem Spektrographen großer Dispersion bis λ 10300 ausgedehnten Messungen von B. LYOT [2184—2185]. Eine Zusammenstellung der neueren *Wellenlängenmessungen* gibt die folgende Tab. 93. Es sei noch erwähnt, daß H. D. und

Tabelle 93. Emissionslinien der Korona.

λ	Klasse	Ion	Multiplett	Ionisations- u. Anregungs-potential [eV] χ_{r-1}	Oberer Term $\chi_{r,s}$	A [sec^{-1}]	W_λ [Å]	Int.
3328		Ca XII	$2s^2 2p^5\ ^2P_{3/2} - ^2P_{1/2}$	589	3,72	488	0,7	2,5
3388,1	II	Fe XIII	$3s^2 3p^2\ ^3P_2 - ^1D_2$	325	5,96	87	11,1	44
3454,1							1,4	7
3601,0	III	Ni XVI	$3s^2 3p\ ^2P_{1/2} - ^2P_{3/2}$	455	3,44	193	1,1	6
3642,9		Ni XIII	$3s^2 3p^4\ ^3P_1 - ^1D_2$	350	5,82	18	0,7	4
3800,8	I						0,4	2,5
3986,9	I	Fe XI	$3s^2 3p^4\ ^3P_1 - ^1D_2$	261	4,68	9,5	0,4	3
4086,3	III	Ca XIII	$2s^2 2p^4\ ^3P_2 - ^3P_1$	655	3,03	319	0,3	2,5
4231,4		Ni XII	$3s^2 3p^5\ ^2P_{3/2} - ^2P_{1/2}$	318	2,93	237	0,7	6
4311								
4359		A XIV?	$2s^2 2p\ ^2P_{1/2} - ^2P_{3/2}$	682	2,84	108		
4412								
4567							0,3	3
4586								
5116,03	II	Ni XIII	$3s^2 3p^4\ ^3P_2 - ^3P_1$	350	2,42	157	0,8	8
5302,86	II	Fe XIV	$3s^2 3p\ ^2P_{1/2} - ^2P_{3/2}$	355	2,34	60	20,0	198
5445,2	IV	Ca XV ?		814	4,46		0,05	0,5
5536		A X	$2s^2 2p^5\ ^2P_{3/2} - ^2P_{1/2}$	421	2,24	126	<0,4	<4
5694,42	IV	Ca XV	$2s^2 2p^2\ ^3P_0 - ^3P_1$	814	2,18	95	0,3	3
6374,51	I	Fe X	$3s^2 3p^5\ ^2P_{3/2} - ^2P_{1/2}$	233	1,94	69	5,0	40
6701,83	II	Ni XV	$3s^2 3p^2\ ^3P_0 - ^3P_1$	422	1,85	57	1,2	9
7059,62	II	Fe XV	$3s3p\ ^3P_1 - ^3P_2$	390	31,7		0,8	5
7891,94	I	Fe XI	$3s^2 3p^4\ ^3P_2 - ^3P_1$	261	1,57	44	6,0	30
8024,21	II	Ni XV	$3s^2 3p^2\ ^3P_1 - ^3P_2$	422	3,39	22	0,3	1,5
10746,80	II	Fe XIII	$3s^2 3p^2\ ^3P_0 - ^3P_1$	325	1,15	14	48,0	130
10797,95	II	Fe XIII	$3s^2 3p^2\ ^3P_1 - ^3P_2$	325	2,30	9,7	30,0	81

H. W. BABCOCK [2115] die grüne und rote Koronalinie am Tage in verhältnismäßig tiefen Schichten der Sonnenatmosphäre (höhere Chromosphäre bis tiefere Korona) erhielten. Sie messen λ 5503,15 (in guter Übereinstimmung mit älteren Messungen, aber 0,2 Å größer als das Mittel der neueren) und λ 6374,40. Daneben finden sie in den angegebenen Schichten als novum die grüne *Nordlichtlinie* mit λ 5577,37, welche bekanntlich einem verbotenen Übergang im O I-Spektrum entspricht.

Für das alte und viel diskutierte Problem der *Identifikation* der Koronalinien bedeutete es einen wichtigen Fortschritt, als es im Oktober 1933 W. S. ADAMS und A. H. JOY [2104—2105] gelang, diese Linien im Spektrum von *RS Ophiuchi* zu entdecken.

Dieser merkwürdige Stern war im Jahre 1898 als *Nova Ophiuchi* Nr. 3 bis zu einer Helligkeit von $7\overset{m}{.}7$ angewachsen und dann rasch auf seine Normalhelligkeit von $10\overset{m}{.}8$ bis $11\overset{m}{.}8$ zurückgekehrt. Am 15. August 1933 stieg seine Helligkeit abermals von $11\overset{m}{.}0$ auf $6\overset{m}{.}4$, der Stern gehört also, wie z. B. T Pyxidis, zu der seltenen Klasse der mehrmals aufflammenden Novae. Das Spektrum zeigte zunächst in Emission sehr breite BALMER-Linien, daneben schwach He II und Fe II. Ende August waren die Wasserstofflinien erheblich schwächer geworden; dagegen traten scharfe *Nebellinien* (verbotene Übergänge) auf, die offenbar einer den Stern umgebenden Hülle entstammten. Ungefähr parallelgehend zeigten sich breite (erlaubte) Linien von N II λ 4639 und He II λ 4686; später auch neutrales He und Fe II.

Am 2. Oktober 1933 erkannten nun ADAMS und JOY zum ersten Male die Koronalinien $\lambda\lambda$ 5303 und 6374. Bald darauf konnten alle stärkeren Koronalinien des untersuchten Spektralbereiches festgestellt werden, nämlich $\lambda\lambda$ 3987, 4086, 4231 und 6374, vergesellschaftet mit Wasserstoff, He I und He II 4686.

Als der Stern im April 1934 wieder beobachtet werden konnte, stellten ADAMS und JOY fest, daß die Koronalinien verschwunden waren. Das kontinuierliche Spektrum hatte erheblich an Intensität gewonnen. Ihm überlagerten sich erlaubte und verbotene Emissionslinien von Fe II; daneben sehr hell die BALMER-Linien, mäßig stark die He-Linien und ziemlich ausgeprägt He II 4686. Außerdem zeigten sich die grünen Nebellinien und einige WOLF-RAYET-Bänder. Später sind die Koronalinien auch bei anderen verwandten Objekten bemerkt worden.

Ausgehend von diesen Beobachtungen und B. EDLÉNs Termanalysen hochionisierter Atome gelang 1939 W. GROTRIAN [2159] die *Identifikation* zweier Koronalinien mit *verbotenen Übergängen* aus tiefliegenden *metastabilen* Termen hochionisierter Atome, und zwar

$$\lambda\ 6374{,}51\ \mathrm{Fe\,X}\quad 3p^5\ {}^2P^o_{1\frac{1}{2}} - 3p^5\ {}^2P^o_{\frac{1}{2}}$$

$$\lambda\ 7891{,}94\ \mathrm{Fe\,XI}\ 3p^4\ {}^3P_2 - 3p^4\ {}^3P_1.$$

Bald darauf konnte 1941 B. EDLÉN [2143—2144] in zwei meisterhaften Arbeiten alle wichtigeren *Koronalinien* als *Übergänge von metastabilen Niveaus der Grundkonfigurationen hochionisierter Atome* identifizieren (Tab. 93 und Abb. 222). Zur Festlegung der Termwerte benutzte er neben seinen direkten Analysen der Vakuumfunkenspektren mit bestem Erfolg die Inter- und Extrapolation der Differenzen zwischen den Termen der Grundkonfiguration entlang jeweils einer isoelektronischen Sequenz (Abb. 222). In den Dublettspektren der Sequenzen $3s^2\,3p$ (Al I, Si II, . . ., Fe XIV, Ni XVI, . . .) oder $3s^2\,3p^5$ (Cl I, A II, . . ., Fe X, Ni XII, . . .) (Abb. 222 oben bzw. unten) z. B. sind die Aufspaltungen nach dem bekannten Gesetz der „regulären", d. h. Spin-Dubletts proportional

$(Z - \sigma)^4$, wobei die Abschirmungszahl σ in der Sequenz annähernd konstant bleibt. Über kompliziertere Fälle gibt die Quantenmechanik Auskunft; vgl. B. Edlén [2144] sowie E. U. Condon und G. H. Shortley [B 4].

Weiterhin berechnete B. Edlén auch die *Übergangswahrscheinlichkeiten* A_{nm} der Koronalinien im Anschluß an Arbeiten von G. H. Shortley [21159], S. Pasternack [21118] u. a. über analoge Probleme der Nebellinien. 1945 ist Kun Huang [2167] mit praktisch gleichem Ergebnis nochmals auf den Gegenstand zurückgekommen. Es handelt sich vorwiegend um magnetische Dipolstrahlung (Auswahlregel: $\Delta J = 0, \pm 1$, außer $0 \rightarrow 0$) wie bei der bekannten Rahmenantenne. In einigen wenigen Fällen erfolgt die Ausstrahlung durch einen elektrischen Quadrupol (Auswahlregel: $\Delta J = 0, \pm 1, \pm 2$ außer $0 \rightarrow 0$, $\frac{1}{2} \rightarrow \frac{1}{2}$, $0 \leftrightarrows 1$). Die Zahlenwerte der A_{nm} sind in Tab. 93 mit aufgeführt.

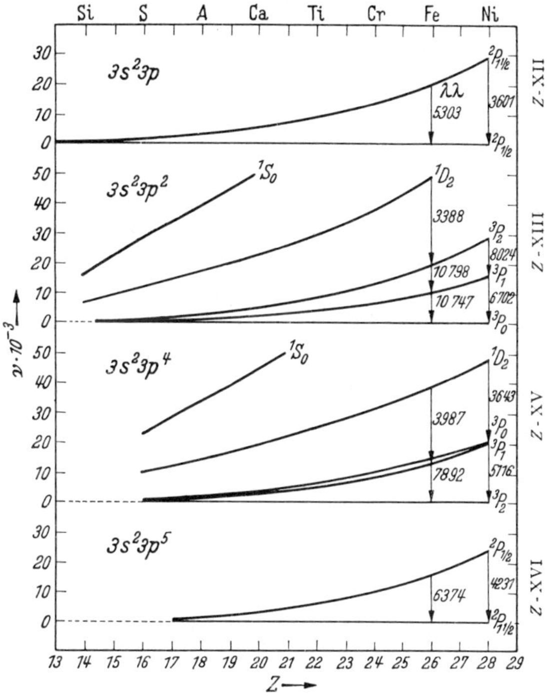

Abb. 222. Niveaus [cm⁻¹] in den Grundkonfigurationen isoelektronischer Sequenzen und Identifikation einiger Koronalinien nach B. Edlén [2144]. Die effektive Kernladung (d. h. die römische Nummer des Spektrums) ist rechts angegeben.

Anhand der berechneten Übergangswahrscheinlichkeiten konnte sodann B. Edlén die *Intensitäten der Koronalinien* und andere Beobachtungen auch in quantitativer Hinsicht weitgehend deuten unter der Annahme, daß der Korona eine *Temperatur* von ~ 1 Million Grad zukommt. So bilden B. Edléns Arbeiten gleichzeitig den Ausgangspunkt für eine eigentliche *Physik der Sonnenkorona.*

Wir wenden uns zunächst noch den *photometrischen Messungen an den Koronalinien* zu, wie sie in brauchbarer Weise zuerst von W. Grotrian [2157] bei der Finsternis vom 9. Mai 1929 ausgeführt wurden. Um eine rationelle Intensitätseinheit zu erhalten, die zugleich praktisch gut realisierbar ist, geht Grotrian folgendermaßen vor: Neben den Koronalinien beobachtet man ja stets das kontinuierliche Spektrum (Fraunhofer-Korona inbegriffen). Man kann also die Gesamtintensität der Linie $\int I_\lambda \, d\lambda$ vergleichen mit der Intensität pro Ångström des Kontinuums und erhält so eine *Äquivalentbreite* W_λ, die man mit den Angaben von Tab. 1 und Kap. II (ausgehend von den $I_\lambda(0)$ der Tab. 7 muß man zunächst die Depression des Spektrums durch die verschmierten Fraunhofer-Linien nach Tab. 6 berücksichtigen und dann nach Tab. 3a (vorletzte Spalte) zu $F_{\lambda,0}$ übergehen) leicht auf CGS-Einheiten umrechnen kann.

W. Grotrian fand zunächst, daß von 0,'8—5' über dem Sonnenrand die W_λ unabhängig von der Höhe seien, daß dagegen in einem Korona*strahl* die Linien größenordnungsmäßig um 20% *verstärkt* werden, ohne daß das Kontinuum entsprechend zunimmt.

Neuere Messungen von C. W. ALLEN [2108] bei der Finsternis vom 1. Oktober 1940 und ebenso Beobachtungen von G. A. SHAJN u. a. über einen größeren Höhenbereich zeigen, daß die W_λ der Koronalinien mit relativ niederen Ionisationsspannungen χ_r (λ 6374, 3987, 3801) nach außen erheblich abnehmen, während die Linien mit größeren χ_r (λ 5303, 5116, 4231) eine geringere Abnahme zeigen.

Die Intensitätsverhältnisse verschiedener Linien in einer bestimmten Höhe über dem Sonnenrand bzw. bei einem festen ϱ zeigen erhebliche örtliche und zeitliche Variationen. In Tab. 93 geben wir daher nur die von H. C. VAN DE HULST [2103] etwa für $\varrho \approx 1{,}1$—$1{,}2$ Sonnenradien und mittlere Anregungs- usw. Verhältnisse aus Beobachtungen von GROTRIAN, LYOT, RIGHINI, SHAJN und ALLEN kompilierten Mittelwerte und ihre Umrechnung in energetische Einheiten (deren Größe hier nicht besonders interessiert).

Anhand der erwähnten örtlichen und zeitlichen Variationen der Koronalinien haben B. LYOT [2185] und dann H. C. VAN DE HULST [2103] u. a. die Koronalinien in mehrere *Klassen* eingeteilt (s. Tab. 93). Es zeigt sich, daß diese einfach der *Ionisationsspannung* χ_{r-1} parallel gehen (Klasse I: $\chi_{r-1} < 300$, II: 300—440; III: 440—700; IV: > 700 eV). Auf die Variationen selbst werden wir noch zurückkommen; zunächst befassen wir uns hier mit einer — etwas idealisierten — „mittleren" Korona.

E) Temperatur der Korona. Schon die enormen *Ionisierungsspannungen* der in der Korona festgestellten Ionen, z. B. Fe X (rote Koronalinie) mit $\chi_{r-1} = 233$ eV oder Fe XIV (grüne Koronalinie) mit $\chi_{r-1} = 355$ eV weisen auf eine *Temperatur* von der Größenordnung $\left(e \cdot \chi_{r-1} \approx \frac{3}{2} kT\right)$ einer Million Grad. Ehe wir uns aber im einzelnen mit der Theorie der Ionisation und Anregung in der Korona und der Deutung der gemessenen Linienintensitäten befassen, versuchen wir, auf anderen Wegen die *Temperatur* $T(r)$ in der Korona zu ermitteln:

1. *Die Dichteverteilung der Korona.* Beobachtungen einzelner Strukturelemente in der Korona bei Finsternissen und viel besser noch B. LYOTs Beobachtungen auf dem Pic du Midi [20163, p. 41 ff.] zeigen, daß in der Korona (abgesehen von der unmittelbaren Umgebung aktiver Fleckengruppen) *keine* Bewegungen > 1—2 km/sec vorkommen. Die beobachteten, zeitlichen Änderungen betreffen offenbar in der Hauptsache die *Anregung* der an ihrem Ort verbleibenden Materie. Wir dürfen also die Korona als ein weitgehend *statisches* Gebilde betrachten und ihre *Dichteverteilung* mit H. ALFVÉN [2107] und H. C. VAN DE HULST [2170] im Sinne der *hydrostatischen Gleichung* (ohne Turbulenzglied) interpretieren. Wegen der großen Ausdehnung der Korona müssen wir nun die Abnahme der Schwerebeschleunigung GM/r^2 mit dem Abstand r vom Sonnenmittelpunkt berücksichtigen ($G =$ Gravitationskonstante, $M =$ Sonnenmasse). Ist noch $\overline{N}(r)$ die Gesamtzahl der Teilchen pro cm³ und $\mu = 0{,}70$ das Molekulargewicht der vollständig ionisierten Materie (Tab. 23), so gilt also

$$-\frac{d}{dr}(\overline{N} \cdot kT) = \frac{GM}{r^2} \cdot \overline{N} \cdot \mu m_H \,. \qquad (143, 21)$$

Hierin ist $\overline{N}(r)$ proportional der Anzahl *Elektronen* pro cm³ $N(r)$. Rechnen wir r wieder in Einheiten des Sonnenradius a, so wird

$$\frac{d}{d(1/r)}(N \cdot T) = T_1 \cdot N \,. \qquad (143, 22)$$

Die Abkürzung $T_1 = \frac{GM}{a} \cdot \frac{\mu}{R} = 16 \cdot 10^6\,{}^\circ$K kennzeichnet *die* Temperatur, bei welcher makroskopisch neutrale Materie mit dem Molekulargewicht μ und einer

Energie kT pro Teilchen gerade von der Sonnenoberfläche in den Weltraum entweichen könnte. Schreibt man Gl. (143, 22) in der Form

$$\frac{T_1}{T} = \frac{d \ln N}{d(1/r)} + \frac{d \ln T}{d(1/r)}, \tag{143, 23}$$

so hat das zweite Glied rechts den Charakter einer kleinen Korrektion, die in erster Näherung vernachlässigt und dann in einer zweiten Näherung berücksichtigt werden kann. Trägt man mit H. C. VAN DE HULST [2170] die $\log N$ nach Tab. 92 als Funktion von $1/r$ auf, so zeigt sich, daß bis $r \approx 3$, d. h. soweit die $\log N$ überhaupt einigermaßen sicher sind, die *Korona praktisch isotherm* ist, und zwar ergibt sich im Maximum-Äquator und -Pol sowie Minimum-Äquator

$$T = 1{,}62 \cdot 10^6 \,^\circ\mathrm{K}, \tag{143, 24a}$$

im Minimum am Pol

$$T = 1{,}15 \cdot 10^6 \,^\circ\mathrm{K}. \tag{143, 24b}$$

2. *Die Breite der Emissionslinien.* Wenn wir die beobachtete Breite der Koronalinien auf den Dopplereffekt ihrer *thermischen* Geschwindigkeiten zurückführen dürfen — und die vorhergehenden Überlegungen sprechen sehr dafür — so können wir einfach auf die Formeln von Abschnitt 72 zurückgreifen und die gemessenen Geschwindigkeiten ξ_0 als $\sqrt{2\,RT/\mu}$ interpretieren, wobei μ nun selbstverständlich das Atomgewicht des emittierenden Ions selbst bedeutet.

B. LYOTs Messungen von 1936 am Koronographen [2184] führen — in dieser Weise reduziert — für

	λ	5303 (Fe XIV)	6374 (Fe X)	6702 (Ni XV)	(143, 25a)
auf	$\xi_0 =$	25,5	25,7	23,0 km/sec	

Neuere Messungen[1] (1942—1953) von A. DOLLFUSS [2140] auf dem Pic du Midi ergaben in Höhen von 0,′5—4′ über dem Sonnenrand für die rote Koronalinie

$$\lambda\, 6374 \cdots \xi_0 = 25 \text{ km/sec}. \tag{143, 25b}$$

M. WALDMEIER [21173—21174] hat 1942 — allerdings mit wesentlich kleinerer Dispersion — die Linie λ 5303 untersucht. Er gibt in der ersten Arbeit für die innere Korona $\xi_0 = 37$ km/sec und in der zweiten für einen Korona*strahl* von innen nach außen abnehmende Werte $\xi_0 = 37$—19 km/sec an.

Für die *normale* Korona möchten wir $\xi_0 = 25$ km/sec als wahrscheinlichste Geschwindigkeit ansehen. Mit $\mu = 56$ führt dies nach der bekannten Beziehung $\xi_0^2 = 2\,RT/\mu$ auf

$$T = 2{,}1 \cdot 10^6 \,^\circ\mathrm{K}. \tag{143, 26}$$

Der Unterschied gegenüber (143, 24a) erscheint kaum bedeutsam; schon eine — durchaus noch diskutable — Verkleinerung der Linienbreiten um 14% würde ihn zum Verschwinden bringen.

3. *Verwaschung der* FRAUNHOFER-*Linien in der inneren Korona.* Wir bemerkten schon, daß die Verwaschung der FRAUNHOFER-Linien im Kontinuum der K-Korona durch die sehr großen thermischen Geschwindigkeiten der streuenden *Elektronen* hervorgerufen wird. Die erwähnten Beobachtungen von W. GROTRIAN [2156] weisen auf eine Temperatur von der Größenordnung $\sim 10^6 \,^\circ$K hin; zu einer eigentlichen Bestimmung derselben reichen die Beobachtungen nicht aus. Die genauere Theorie des Effektes ist von C. J. VAN HOUTEN [2164] durchgerechnet worden; im Ergebnis unterscheidet sie sich kaum von unserer elementaren Abschätzung.

[1] Weiterhin [21119].

Abschließend bemerken wir noch: Selbst wenn man die unter (2) diskutierten Geschwindigkeiten zu einem erheblichen Teil als *Turbulenz* auffassen wollte, so würde diese jedenfalls die *Dichteverteilung der Korona* bzw. die Temperaturbestimmung (143, 24) praktisch gar *nicht* beeinflussen. Denn hierbei müßte sie ja in Konkurrenz treten zu der viel größeren thermischen Geschwindigkeit für das *mittlere* Molekulargewicht $\mu = 0{,}7$, welche z. B. bei 10^6 °K 154 km/sec beträgt! Wollte man — als ganz extreme Annahme — die Geschwindigkeiten (143, 25) ganz auf *radiale* Bewegungen in der Korona zurückführen, so müßte deren Geschwindigkeit — wie sich anhand der geometrischen Verhältnisse unschwer zeigen läßt — immer noch < 45 km/sec sein und könnte also die Dichteverteilung der Korona *nicht* wesentlich ändern.

Unsere Daten erlauben noch, den *Druck* z. B. an der *Basis der Korona* anzugeben. Rechnen wir nach (143, 24a) mit $T = 1{,}62 \cdot 10^6$ °K und nach Tab. 92 mit einer *Elektronendichte* $\log N = 8{,}61$, so wird zunächst $\log P_e = -1{,}04$ bzw. $P_e = 0{,}09$ dyn cm^{-2}. Unter den üblichen Annahmen über die Zusammensetzung der Solarmaterie (auf Feinheiten kommt es nicht an) erhält man daraus den gesamten Gasdruck $\log P_g = -0{,}77$ bzw. $P_g = 0{,}17$ dyn cm^{-2}. Der Druck in den höheren *Chromosphären*schichten muß, wie schon bemerkt, auf jeden Fall größer sein.

F) Ionisation und Anregung in der Korona. Quantitative Auswertung der Linienintensitäten. Wie wir sahen, entspricht die *Geschwindigkeitsverteilung* der Elektronen und sogar der schweren Teilchen in der Korona weitgehend einer „*kinetischen*“ *Temperatur* von rund einer Million Grad. Experimentelle und theoretische Erfahrungen aus dem Gebiete des Gasentladungsphysik lassen keinen Zweifel darüber, daß jedenfalls die freien Elektronen das MAXWELLsche Gesetz der Geschwindigkeitsverteilung mit erheblicher Genauigkeit erfüllen.

Auf der anderen Seite entspricht die Strahlungsdichte in der Korona für $\lambda > 1000$ Å nur einer Temperatur von 4000—5000° K. Über das Gebiet $\lambda < 1000$ Å sind wir zur Zeit noch auf theoretische Vermutungen angewiesen, die deshalb sehr unsicher sind, weil dabei die noch wenig erforschte Übergangszone Chromosphäre → Korona eine wesentliche Rolle spielt. Auf jeden Fall dürfte aber auch hier die Strahlungstemperatur $\ll 10^6$ °K bleiben.

Ionisation und Anregung in der Korona erfolgen also unter Verhältnissen, die vom thermodynamischen Gleichgewicht weit entfernt sind.

Im Anschluß an die Arbeiten von S. MIYAMOTO [21103], L. BIERMANN [2119], R. v. D. R. WOOLLEY und C. W. ALLEN [21190—21191] sowie G. ELWERT [2149—2150] untersuchen wir daher zunächst die *Elementarprozesse der Ionisation und Rekombination*, welche zur Einstellung des Gleichgewichtes, z. B. zwischen den Ionisationsstufen r und $r+1$ eines bestimmten Elementes führen.

Von dieser Atomart sollen sich in 1 cm³ befinden: $n_r \ldots r$-fach ionisierte Atome und $n_{r+1} \ldots r+1$-fach ionisierte Atome; außerdem n_e Elektronen (um deren Herkunft wir uns im Augenblick nicht zu kümmern brauchen). Dann finden pro cm³ und sec statt

$$\begin{array}{ll} n_r Q_{r/r+1} & \text{Photoionisationen} \\ n_{r+1} n_e Q_{r+1/r} & \text{Photorekombinationen} \\ n_r n_e S_{r/r+1} & \text{Ionisationen durch Elektronenstoß} \\ n_{r+1} n_e^2 S_{r+1/r} & \text{Rekombinationen durch Dreierstöße.} \end{array} \qquad (143, 27)$$

Der Wahrscheinlichkeitskoeffizient $Q_{r/r+1}$ hängt vom Strahlungsfeld ab, $Q_{r+1,r}$ sowie $S_{r/r+1}$ und $S_{r+1/r}$ dagegen von der kinetischen Temperatur T (im wesentlichen der Elektronen). Im stationären Zustand gilt nun

$$n_r\,(Q_{r/r+1} + n_e\,S_{r/r+1}) = n_{r+1}\cdot n_e\,(Q_{r+1/r} + n_e\,S_{r+1/r})\,. \tag{143, 28}$$

In der Korona erfolgt — wegen der Schwäche des Strahlungsfeldes — die *Ionisation* vorzugsweise durch *Elektronenstoß*, während die *Rekombination* — wegen der geringen Dichte — überwiegend durch Zweierprozesse, d. h. unter Ausstrahlung eines Lichtquants, zustande kommt. Eine rohe Abschätzung bestätigt, daß $Q_{r|r+1} \ll n_e\,S_{r|r+1}$ und $Q_{r+1|r} \gg n_e\,S_{r+1|r}$. Es gilt also

$$\frac{n_{r+1}}{n_r} = \frac{S_{r|r+1}}{Q_{r+1|r}} \tag{143, 29}$$

unabhängig von der Elektronendichte n_e.

Nun zur Berechnung unserer Wahrscheinlichkeitskoeffizienten!

1. *Photoionisation und -rekombination.* In Ermangelung eines Besseren gehen wir aus von dem Absorptionskoeffizienten für wasserstoffartige Atome mit einer effektiven Kernladungszahl Z, den wir nach H. A. Kramers mit genügender Genauigkeit pro Atom im n-ten Quantenzustand bei der Frequenz ν darstellen können durch — s. Gl. (45, 4) und (45, 5) —:

$$a_n = \frac{64\,\pi^4}{3\sqrt{3}}\cdot\frac{m\,e^{10}}{c\,h^6}\cdot\frac{Z^4}{n^5}\cdot\frac{1}{\nu^3}\,. \tag{143, 30}$$

Zur Abkürzung schreiben wir dafür vorübergehend $a_n = A_n\cdot\nu^{-3}$. Befindet sich unser Atom im n-ten Quantenzustand nun in einem Hohlraum mit der Temperatur T und der Strahlungsdichte u_ν, so ist die pro sec von ihm im Frequenzbereich $\nu\ldots\nu+d\nu$ absorbierte Energie $a_n\cdot c u_\nu\,d\nu$ und die Anzahl solcher Absorptionsprozesse $a_n\cdot\frac{c\,u_\nu}{h\nu}\,d\nu$. Die *Gesamtzahl* der Ionisationsprozesse pro Atom (z. B. der r-ten Ionisationsstufe) im Quantenzustand n ist also — entsprechend (143, 27) geschrieben —

$$Q_{r,n|r+1} = \int\limits_{\nu_n}^{\infty} a_n\cdot\frac{c\,u_\nu}{h\nu}\,d\nu\,, \tag{143, 31}$$

wobei die Integration von der Absorptionskante $\nu_n = Rc\cdot Z^2/n^2$ bis ∞ zu erstrecken ist. Benutzen wir die Wiensche Näherung[1] (für $h\nu/kT > 1$) $u_\nu = \frac{8\pi h\nu^3}{c^3}\,e^{-\frac{h\nu}{kT}}$, so ergibt sich

$$Q_{r,n|r+1} = A_n\cdot\frac{8\pi}{c^2}\int\limits_{\nu_n}^{\infty}\frac{e^{-\frac{h\nu}{kT}}}{\nu}\,d\nu\,. \tag{143, 32}$$

Führen wir — wie in Gl. (48, 8ff.) — die Abkürzungen ein

$$\frac{h\nu}{kT} = u \quad\text{und}\quad \frac{h\nu_n}{kT} = u_n\,, \tag{143, 33}$$

so erhalten wir

$$Q_{r,n|r+1} = A_n\cdot\frac{8\pi}{c^2}\int\limits_{u_n}^{\infty}\frac{e^{-u}}{u}\,du = A_n\cdot\frac{8\pi}{c^2}\,K(u_n)\,, \tag{143, 34}$$

wobei $K(u_n)$ die bekannte Integralexponentialfunktion (Anh. C) bedeutet.

---

[1] Genau genommen, müßten wir im folgenden neben den spontanen auch die induzierten Emissionsprozesse berücksichtigen. Statt dessen können wir ebensogut an dieser Stelle das Wiensche statt des vollständigen Planckschen Strahlungsgesetzes verwenden.

Betrachten wir nun — vorübergehend — wieder den Zustand *thermodynamischen Gleichgewichtes* und bezeichnen die Gesamtzahl der r-fach ionisierten Atome pro cm³ mit n_r, die der r-fach ionisierten im n-ten Quantenzustand mit $n_{r,n}$ usw., so müssen *die* $n_{r,n} \cdot Q_{r,n|r+1}$ Ionisationsprozesse pro cm³ und sec, welche vom Quantenzustand n der r-ten Ionisationsstufe aus erfolgen, gerade rückgängig gemacht werden durch *die* $n_{r+1}\, n_e \cdot Q_{r+1/r,n}$ Photorekombinationen, welche in diesen Quantenzustand zurückführen ("Principle of detailed balancing"), d. h. es gilt

$$\frac{Q_{r,n|r+1}}{Q_{r+1|r,n}} = \frac{n_{r+1} \cdot n_e}{n_{r,n}}. \tag{143, 35}$$

Der rechts stehende Ausdruck kann andererseits durch Kombination von SAHA- und BOLTZMANN-Formel [z. B. Gl. (110, 11)] leicht angeschrieben werden. Nehmen wir gleich die unserem wasserstoffähnlichen Problem angemessenen statistischen Gewichte, so gilt

$$\frac{n_{r+1} \cdot n_e}{n_{r,n}} = \frac{1}{n^2} \cdot \frac{(2\pi m k T)^{3/2}}{h^3}\, e^{-u_n}. \tag{143, 36}$$

Durch Kombination mit (143, 35) sowie (143, 34) und (143, 30) erhält man[1] damit — unter Verwendung der bekannten atomaren Konstanten (Anh. A, I) —:

$$Q_{r+1/r,n} = \frac{64\sqrt{\pi}}{3\sqrt{3}}\, c r_0^2 \left(\frac{\chi_H}{kT}\right)^{1/2} \cdot \frac{Z^2}{n} \cdot \frac{K(u_n)}{e^{-u_n}/u_n} \tag{143, 37}$$

($r_0 = 2{,}817 \cdot 10^{-13}$ cm = klass. Elektronenradius; $\chi_H = 13{,}54$ eV = Ionisierungsarbeit des Wasserstoffs).

Das Glied Z^2/n, in dem bei nicht mehr ganz wasserstoffähnlichen Spektren ja die entsprechenden effektiven Größen einzusetzen wären, könnte man zum besseren Anschluß an empirisch gegebene Größen auch als $\frac{\chi_n}{\chi_H} \cdot n$ schreiben. Um die eigentliche Unsicherheit der Übertragung unserer Formeln auf kompliziertere Atome kommt man damit aber natürlich *nicht* herum! In dem letzten Glied rechts genügt für $u_n > 1$ die Näherung[2] $K(u_n) = e^{-u_n}/u_n + 1$; es wird also $\frac{1}{1 + u_n^{-1}}$ und ist daher praktisch immer ein wenig kleiner als Eins. Zahlenmäßig erhält man nach (143, 37) für $u_n > 1$

$$Q_{r+1|r,n} = 2{,}06 \cdot 10^{-11} \cdot T^{-\frac{1}{2}} \cdot \frac{Z^2}{n} \cdot \frac{1}{1 + u_n^{-1}}. \tag{143, 38}$$

Die *Gesamtzahl aller Rekombinationen* pro $r+1$-fach ionisiertes Atom und Elektron $Q_{r+1/r}$ erhält man durch Summation über die $Q_{r+1/r,n}$ aller Niveaus oberhalb des Grundzustandes $n = n_0$. Dabei muß man noch beachten, daß in (143, 37) das letzte Glied $\frac{K(u_n)}{e^{-u_n}/u_n}$ zwar für $u_n \gg 1$ nahezu gleich Eins ist, bei $u_n \ll 1$ aber ungefähr $\sim 1/n^2$ abnimmt. Schreibt man zur besseren Übersicht

$$Q_{r+1|r} = Q_{r+1|r,n_0} \cdot \gamma \approx \frac{64\sqrt{\pi}}{3\sqrt{3}}\, c r_0^2 \left(\frac{\chi_H}{kT}\right)^{1/2} \frac{Z^2}{n_0} \cdot \frac{\gamma}{1 + u_n^{-1}}, \tag{143, 39}$$

[1] Die Rechnungen von G. CILLIÉ [2130] sind hiermit identisch. Eine explizite Betrachtung der Geschwindigkeitsverteilung der Photoelektronen kann man durch Anwendung von Gl. (143, 36) umgehen, solange man sie doch als MAXWELLisch voraussetzt.

[2] Für große x gilt bekanntlich

$$K(x) = \frac{e^{-x}}{x}\left(1 - \frac{1}{x} + \frac{2}{x^2} \cdots\right),$$

während

$$\frac{e^{-x}}{x+1} = \frac{e^{-x}}{x}\left(1 - \frac{1}{x} + \frac{1}{x^2} \cdots\right).$$

so wird der Faktor γ, welcher also die Rekombination in *angeregte* Zustände berücksichtigt, stets von der Größenordnung 3—5 sein. Eine graphische Darstellung von γ (dort mit g bezeichnet) als Funktion von u_0 und $u_n \cdot n_0^2$ gibt G. ELWERT [2149; Abb. 1].

2. *Ionisation durch Elektronenstoß.* Mit der quantentheoretischen Berechnung von Wirkungsquerschnitten für die Ionisation durch verhältnismäßig langsame Elektronen steht es leider zur Zeit noch schlechter als mit den Wahrscheinlichkeiten für Strahlungsprozesse. Es erscheint daher auch heute noch gerechtfertigt (vgl. [2119, 190 und 49]), auf eine klassische Betrachtung von J. J. THOMSON [21164] zurückzugreifen:

Fliegt das stoßende Elektron mit der kinetischen Energie E an einem im Atom noch gebundenen Elektron mit einem Stoßparameter d vorbei, so ist nach den Gesetzen der klassischen Mechanik und Elektrodynamik die übertragene Energie E_s gegeben durch

$$d^2 = \frac{e^4}{E}\left(\frac{1}{E_s} - \frac{1}{E}\right). \tag{143, 40}$$

Damit ein Elektron mit der Bindungsenergie χ_r aus dem Atom herausgestoßen wird, muß d *kleiner* sein, als das nach (143, 40) mit $E_s = \chi_r$ berechnete d. Mit anderen Worten: Der Wirkungsquerschnitt für Stoßionisation durch Elektronen der Energie E ergibt sich zu

$$\pi d^2 = \frac{\pi e^4}{E}\left(\frac{1}{\chi_r} - \frac{1}{E}\right). \tag{143, 41}$$

Führt man die dimensionslose Hilfsgröße $U = E/\chi_r$ ein und benutzt noch die bekannte Relation $\chi_H = \frac{e^2}{2a_0}$ zwischen der Ionisationsenergie des Wasserstoffes und dem BOHRschen Wasserstoffradius, so kann man (143, 41) auch schreiben

$$\pi d^2 = 4\pi a_0^2 \left(\frac{\chi_H}{\chi_r}\right)^2 \cdot \frac{U-1}{U^2}. \tag{143, 42}$$

Enthält das gestoßene Atom bzw. Ion ζ_r gleichberechtigte Elektronen, so wird man geneigt sein, diesen Faktor in (143, 42) anzufügen. Darüber hinaus hat dann G. ELWERT [2149] die Gl. (143, 42) mit allen möglichen experimentellen und theoretischen Angaben über Stoßquerschnitte verglichen und so einen Korrektionsfaktor (im Bereich $1 < U < 2$) abgeleitet. Insgesamt schreibt er den *Ionisationsquerschnitt* q_r

$$q_r = 4\pi a_0^2 \left(\frac{\chi_H}{\chi_r}\right)^2 \frac{U-1}{U^2} \times \frac{\zeta_r}{2}\left[1 + 0{,}3\,(U-1)\right]. \tag{143, 43}$$

Die *gesamte* Anzahl der Stoßionisationsprozesse pro cm³ und sec — vgl. (143, 27) — erhalten wir hieraus durch Integration über die MAXWELLsche Geschwindigkeitsverteilung. Setzen wir noch $E/kT = u$, so ist der Bruchteil der Elektronen im Energiebereich $E \ldots E + dE$ bzw. $u \ldots u + du$

$$f(u)\,du = \frac{2}{\sqrt{\pi}}\, e^{-u} \sqrt{u}\, du \tag{143, 44}$$

und die gesuchte Anzahl der Stoßprozesse

$$n_r\, n_e\, S_{r|r+1} = n_r\, n_e \int\limits_{u_r = \chi_r/kT}^{\infty} q_r \cdot v \cdot f(u)\, du, \tag{143, 45}$$

wobei $v = \sqrt{\frac{2E}{m}} = \sqrt{\frac{2kT}{m} \cdot u}$ die Geschwindigkeit eines Elektrons der Energie E

bedeutet. Mit (143, 40), (143, 43) und (143, 44) erhält man damit

$$S_{r|r+1} = \frac{\sqrt{\pi}\, e^4}{(kT)^2} \sqrt{\frac{2\,kT}{m}} \cdot \zeta_r \cdot \int\limits_{u_r}^{\infty} \left(\frac{1}{u_r} - \frac{1}{u}\right)\left(0{,}7 + 0{,}3\,\frac{u}{u_r}\right) e^{-u}\, du\,. \quad (143, 46)$$

Das Integral bezeichnet G. Elwert [2149] mit $\frac{e^{-u_r}}{u_r^2} \cdot G_2(u_r)$. Es wird

$$\int\limits_{u_r}^{\infty} \ldots du = \frac{e^{-u_r}}{u_r^2} \left\{0{,}7\, u_r \left(1 - \frac{K(u_r)}{e^{-u_r}/u_r}\right) + 0{,}3\right\}. \quad (143, 47)$$

Für $u_r > 1$ kann man die Integralexponentialfunktion wie unter (1) approximieren und erhält nach elementarer Umformung

$$\int\limits_{u_r}^{\infty} \cdots du \approx \frac{e^{-u_r}}{u_r^2} \cdot \frac{u_r + 0{,}3}{u_r + 1} \cdots (u_r > 1) \quad (143, 48)$$

und durch Einsetzen in (143, 46):

$$S_{r|r+1} = e^4 \sqrt{\frac{2\pi\, kT}{m}} \cdot \frac{\zeta_r}{\chi_r^2}\, e^{-u_r} \cdot \frac{u_r + 0{,}3}{u_r + 1}\,. \quad (143, 49)$$

Der Faktor rechts — Elwerts G_2 — liegt im Bereich seiner Anwendbarkeit stets zwischen 0,6 und 1,0.

Den Koeffizienten $S_{r+1|r}$ für die *Rekombination durch Dreierstöße* — vgl. (143, 27) — könnten wir aus dem inversen $S_{r|r+1}$ leicht wieder durch Betrachtung des "detailed balancing" mit Hilfe der Saha-Boltzmann-Gleichung (143, 36) anschreiben. Wir verzichten darauf, da wie gesagt schon eine einfache Abschätzung zeigt, daß Dreierstöße in der Korona keine Rolle spielen.

Die *Ionisationsformel* für die Sonnenkorona erhalten wir nun leicht vollends nach Gl. (143, 29) mit (143, 47) und (143, 49). Für $u_r = \frac{\chi_r}{kT} > 1$ ergibt sich

$$\boxed{\frac{n_{r+1}}{n_r} = \frac{3\sqrt{3}}{16\,\alpha^3} \cdot \frac{\zeta_r}{\gamma\, n_0} \left(\frac{\chi_{\mathrm{H}}}{\chi_r}\right)^2 \frac{e^{-u_r}}{u_r} \left(1 + \frac{0{,}3}{u_r}\right),} \quad (143, 50)$$

wobei $\alpha = \frac{2\pi\, e^2}{hc} = \frac{1}{137}$ die reziproke Sommerfeldsche Feinstrukturkonstante (s. Anh. A) bedeutet. Rechnet man χ_r in eV, so wird zahlenmäßig:

$$\boxed{\frac{n_{r+1}}{n_r} = 1{,}33 \cdot 10^4 \cdot \frac{\zeta_r}{\gamma\, n_0} \cdot \frac{T}{\chi_r^3} \cdot 10^{-\frac{5040}{T} \cdot \chi_r} \left(1 + \frac{T}{38600 \cdot \chi_r}\right).} \quad (143, 51)$$

Ehe wir diese Formeln auf die Beobachtungen anwenden können, müssen wir uns mit der zweiten wichtigen Frage, nämlich der nach der *Anregung in der Korona*, befassen. In seiner grundlegenden Arbeit hat B. Edlén [2144] in Analogie zur Theorie des Nebelleuchtens zunächst die Anregung der tiefliegenden, metastabilen Terme, von denen aus die Koronalinien emittiert werden, durch *Elektronenstoß* ins Auge gefaßt. R. v. d. R. Woolley und C. W. Allen [21190] konnten aber zeigen, daß — insbesondere in der äußeren Korona — zum Teil auch die Anregung durch die *Strahlung* der Photosphäre trotz der kleinen Übergangswahrscheinlichkeiten eine wesentliche Rolle spielt. Wir behandeln zuerst das zweite Problem.

a) *Strahlungsanregung der Koronalinien.* Der Einfachheit wegen beschränken wir uns auf den in den Konfigurationen $3s^2\,3p$ und $3s^2\,3p^5$ (grüne bzw. rote Koronalinie) realisierten Fall, daß über dem Grundterm n nur *ein* angeregter Term m liege. Dann ist die von der Linie n—m pro cm³ in den Raumwinkel 1 gestreute Strahlung:

$$\varepsilon_L = \int k_\lambda d\lambda \times J_\lambda(r)\,. \tag{143, 52}$$

Dabei bedeutet k_λ den Linienabsorptionskoeffizienten pro cm. $J_\lambda(r)$ ist wie in (143, 9) bis (143, 12) das $\int I_\lambda \frac{d\omega}{4\pi}$ — nur jetzt pro Wellenlängeneinheit des Spektrums — erstreckt von dem betrachteten Volumelement in Abstand r vom Sonnenmittelpunkt aus über den von der Sonne erfüllten Raumwinkel.

Nach Gl. (72, 14) gilt zunächst

$$\int k_\lambda\, d\lambda = \frac{\pi e^2 \lambda^2}{m c^2} f_{mn} N_{r,0}\,, \tag{143, 53}$$

wobei $N_{r,0}$ die Anzahl der Atome bzw. Ionen pro cm³ im Grundzustand und f_{mn} die Oszillatorenstärke der Linie λ bedeutet. Letztere ist nach (70, 26) mit der Einsteinschen Übergangswahrscheinlichkeit verknüpft durch die bekannte Beziehung

$$f_{mn} = \frac{g_m}{g_n} \cdot \frac{m c \lambda^2}{8\pi^2 e^2} A_{nm}\,. \tag{143, 54}$$

Insgesamt erhalten wir also — wenn wir die hier unnötigen Indizes am A_{nm} weglassen —

$$\varepsilon_L = \frac{\lambda^4}{8\pi c} \frac{g_m}{g_n} A \cdot N_{r,0} \cdot J_\lambda(r)\,. \tag{143, 55}$$

Diese Linienemission ε_L vergleichen wir nun mit dem cet. par. von den freien Elektronen pro Wellenlängeneinheit des kontinuierlichen Spektrums gestreuten Licht

$$\varepsilon_K = \sigma_{el} \cdot N_e \cdot J_\lambda(r) \tag{143, 56}$$

nach Gl. (143, 9), wobei wieder $\sigma_{el} = 0{,}665 \cdot 10^{-24}$ cm² und N_e die Anzahl der freien Elektronen pro cm³ bedeutet. Mißt man die *Linienintensität* in äquivalenten Ångström $W_{\lambda,K}$ des Kontinuums zunächst der K-Korona allein, so gilt auch $\varepsilon_L = \varepsilon_K \cdot W_{\lambda,K} \cdot 10^{-8}$, und es ergibt sich

$$W_{\lambda,K} \cdot 10^{-8} = \frac{\lambda^4}{8\pi c \cdot \sigma_{el}} \cdot \frac{g_m}{g_n} A \cdot \frac{N_{r,0}}{N_e} = \frac{\pi e^2 \lambda^2}{m c^2} \cdot \frac{f_{mn}}{\sigma_{el}} \cdot \frac{N_{r,0}}{N_e}\,. \tag{143, 57}$$

Da nach der Ionisationsformel N_0/N_e nicht vom Druck, sondern nur von der Temperatur T abhängt, die in der Korona weitgehend konstant ist, so müßte bei *reiner Strahlungsanregung einer Linie deren Äquivalentbreite, bezogen auf das* K-*Kontinuum allein, unabhängig vom Abstand vom Sonnenmittelpunkt ϱ sein.*

Bezieht man die *Äquivalentbreite,* wie dies in praxi gewöhnlich geschieht, auf das gesamte, d. h. K + F-Kontinuum der Korona, so erhält man nach (143, 1) und (143, 2) ein

$$W_{\lambda,K+F} = W_{\lambda,K} \frac{I_K}{I_K + I_F} = W_{\lambda,K} \cdot k(\varrho)\,. \tag{143, 58}$$

Die ϱ-Abhängigkeit des $W_{\lambda,K+F}$ müßte also dem in Abb. 217 und Tab. 92 dargestellten Verlauf von k folgen.

b) *Anregung der Koronalinien durch Elektronenstoß.* Die Anzahl der Stöße z pro cm³ und sec, welche ein (metastabiles) Niveau s mit der Anregungsenergie $\chi_{r,s}$ sowie der Drehimpulsquantenzahl J und dem statistischen Gewicht $2J+1$

anregen, schreibt B. EDLÉN [2144] im Anschluß an M. H. HEBB und D. H. MENZEL [2161]:

$$z = S_{r,0\to s} \cdot N_{r,0} N_e, \tag{143, 59}$$

wobei

$$S_{r,0\to s} = 8{,}54 \cdot 10^{-6} \cdot \Omega'(2\,J+1)\,T^{-1/2}\,e^{-\frac{\chi_{r,s}}{kT}}. \tag{143, 60}$$

Der Koeffizient Ω' sollte für jedes Ion konstant sein. Sein Zahlenwert muß nach der Quantenmechanik berechnet werden, was aber bei einigem Anspruch an Genauigkeit bekanntlich sehr mühsam ist. Zur Zeit kann man für die Ionen der Korona als wahrscheinlichsten Wert $\Omega' \approx 0{,}5$ abschätzen. Beschränken wir uns zunächst wieder auf den einfachsten Fall *eines* metastabilen Niveaus über dem Grundzustand, so muß die Zahl der Anregungsprozesse gleich der der spontanen Emissionsprozesse sein, d. h.:

$$S_{r,0\to s} \cdot N_{r,0} N_e = A \cdot N_{r,s}. \tag{143, 61}$$

Der *Anregungsfaktor* wird also

$$\frac{N_{r,s}}{N_{r,0}} = \frac{S_{r,0\to s}}{A} \cdot N_e. \tag{143, 62}$$

Man schätzt danach unter Anwendung von (143, 60) und den in Tab. 1 und 2 angegebenen Zahlenwerten leicht ab, daß auch in der innersten Korona der Anregungsgrad noch längst *nicht* erreicht wird, welcher thermischem Gleichgewicht, d. h. der BOLTZMANNschen Formel mit der Temperatur T entsprechen würde. Es ist daher nicht erstaunlich, daß WOOLLEY und ALLEN sowie KUN HUANG in der Korona „empirische Anregungstemperaturen" von nur 13000 bis 29000° K finden, denen aber nach (143, 62) keine weitere physikalische Bedeutung zukommt.

Die Emission pro cm³, sec und Raumwinkel 1 in einer stoßangeregten Koronalinie wird nun nach (143, 61)

$$\varepsilon'_L = S_{r,0\to s}(T) \cdot \frac{h\nu}{4\pi} \cdot N_{r,0} N_e. \tag{143, 63}$$

Da die Temperatur und damit der Ionisationsgrad in der Korona von r kaum abhängt, ist ε'_L im wesentlichen $\sim N_e^2$. Schreiben wir $\varepsilon'_L = \varepsilon_0 N_e^2$, so wird die beobachtete *Linienintensität* (mit den Bezeichnungen von Abb. 220)

$$I_L(\varrho) = \varepsilon_0 \int_{-\infty}^{+\infty} N_e^2\, dy. \tag{143, 64}$$

Charakterisieren wir I_L wieder durch eine *Äquivalentbreite* $W_{\lambda,K}$ (Ångström), bezogen auf die Intensität $I_{\lambda,K}$ pro Ångström des Kontinuums der K-Korona, so gilt

$$I_L(\varrho) = W_{\lambda,K} \cdot I_{\lambda,K}(\varrho)\,; \tag{143, 65}$$

in entsprechender Weise bezogen auf die K + F-Korona wäre

$$I_L(\varrho) = W_{\lambda,K+F} \cdot I_{\lambda,K+F}(\varrho). \tag{143, 66}$$

Das $\int_{-\infty}^{+\infty} N_e^2\, dy$ ist — für Zwecke der Radioastronomie — von zahlreichen Autoren berechnet worden. Mit den bekannten Werten von $I_{\lambda,K}$ und $I_{\lambda,K+F}$ erhält man so (für die mittlere Äquator-Korona) die in Abb. 223 dargestellte Abnahme der $W_{\lambda,K}$ bzw. $W_{\lambda,K+F}$ mit wachsendem Abstand ϱ vom Sonnenmittelpunkt.

Mittels der Theorie der Ionisation sowie der Anregung durch Strahlung und Elektronenstoß in der Korona versuchen wir nunmehr die Beobachtungen der *grünen und roten Linie* zu deuten. Aus dem Verhältnis ihrer Äquivalentbreiten erschließen wir zunächst das Verhältnis der Anzahl der Ionen im Grundzustand FeXIV:FeX und daraus mit Hilfe der Ionisationsformel die *Temperatur* der Korona.

In der inneren Korona ($\varrho \approx 1{,}15$) sind die gemessenen Äquivalentbreiten $W_{5303} \approx 20$ Å und $W_{6374} \approx 5$ Å. Mit Hilfe der aus Kap. II bekannten Intensitätsverteilung des (integrierten) kontinuierlichen Sonnenspektrums erhält man daraus, da die geometrischen Verhältnisse bei der Emission beider Linien dieselben sein werden, das Verhältnis ihrer Emissionen ε'_L zu 4,8. Nach (143, 63) sind diese[1] cet. par. proportional $(2J+1)\cdot\nu$; es ergibt sich daher weiter

$$\text{Fe XIV}:\text{Fe X} = 2{,}0\,. \qquad (143, 67)$$

Dieses Verhältnis ist bekanntlich in Abhängigkeit von der heliographischen Breite, der Phase im Fleckenzyklus und besonders lokalen Störungen erheblichen Schwankungen unterworfen. Auch für den Mittelwert finden sich in der Literatur Angaben bis ~ 5.

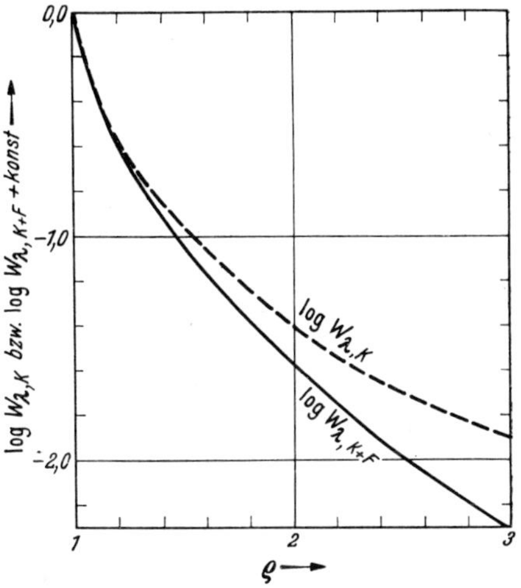

Abb. 223. Abnahme der Äquivalentbreiten $W_{\lambda,K}$ bzw. $W_{\lambda,K+F}$ *stoßangeregter* Koronalinien bezogen auf das Kontinuum der K- bzw. K + F-Korona (für $\varrho = 1$ auf Eins normiert) mit wachsendem Abstand ϱ vom Sonnenmittelpunkt. Bei Strahlungsanregung wäre $W_{\lambda,K} = \text{const}$.

Auf der anderen Seite kann man das Verhältnis der Atomzahlen Fe XIV:Fe X (wie wir kurz statt n_{13} bzw. n_9 sagen wollen) sofort durch Multiplikation der entsprechenden Ionisationsgleichungen (143, 51) anschreiben:

$$\frac{\text{FeXIV}}{\text{FeX}} = \frac{\text{FeXIV}}{\text{FeXIII}}\cdot\frac{\text{FeXIII}}{\text{FeXII}}\cdots\frac{\text{FeXI}}{\text{FeX}}$$

$$= \prod_{r=9}^{12}\left\{1{,}33\cdot 10^4\cdot\frac{\zeta_r}{\gamma\, n_0}\left(1+\frac{T}{38600\,\chi_r}\right)\cdot\chi_r^{-3}\right\}\cdot T^4\cdot 10^{-\frac{5040}{T}\sum_9^{12}\chi_r}\,. \qquad (143, 68)$$

Die Ionisierungsspannungen von Fe X—XIII sind 261, 290, 325, 355 eV, die entsprechenden ζ_r gleich 5, 4, 3, 2; die g bewegen sich von 4,2 bis 4,4. Sodann ist $n_0 = 3$. Die Glieder $\left(1+\frac{T}{38600\cdot\chi_r}\right)$ sind nahezu gleich Eins. Insgesamt ergibt sich (da das vordere Produkt praktisch unabhängig von T ist)

$$\log\frac{\text{FeXIV}}{\text{FeX}} = -\,15{,}57 + 4\log T - 1231\cdot\frac{5040}{T}\,, \qquad (143, 69)$$

woraus man mit (143, 67) eine *Temperatur* $T = 800000°$ erhält. Diese „*Ionisationstemperatur*“ liegt erstaunlicherweise erheblich niedriger als die aus dem *Dichtegradienten* der Korona und der *Breite der Linien* abgeleiteten Temperaturen (143, 24) und (143, 26) von 1,6 bis $2{,}1\cdot 10^6\,°$K. Wollte man die Ionisationstemperatur durch Abänderung der offensichtlich nicht sehr zuverlässigen *Wirkungsquerschnitte* für die Stoßionisation oder Rekombination auf $1{,}6\cdot 10^6\,°$K bringen, so müßte man z. B. in jeder Ionisationsstufe die ersteren um einen Faktor $\sim 18{,}6$ verkleinern bzw. die letzteren entsprechend vergrößern oder dergleichen. Eine derartige Korrektur der bisherigen Abschätzungen durch genauere quantenmechanische Rechnungen erscheint (nach anderweitigen Erfahrungen; vgl. jedoch

[1] Der Boltzmann-Faktor $e^{-\chi_{r,s}/kT}$ ist ≈ 1.

[21187]) keineswegs ausgeschlossen. Auf der anderen Seite macht man sich leicht klar, daß keine im Bereich des Vernünftigen bleibende Änderung der Beobachtungsdaten wesentlich zur Aufhebung unserer Diskrepanz beitragen könnte. Eine weitere Möglichkeit zur Bestimmung der Temperatur der Korona ergibt sich aus der Untersuchung ihrer thermischen Strahlung im Radiofrequenzgebiet.

Die Verteilung, z. B. der Fe-*Ionen, auf die verschiedenen Ionisationsstufen* können wir jetzt nach (143, 51) vollends leicht auswerten. Rechnen wir weiterhin mit der unseren Wirkungsquerschnitten angemessenen Temperatur von $0{,}8 \cdot 10^6\,°\mathrm{K}$, so ergibt sich

Fe	XV	XIV	XIII	XII	XI	X	IX	
$n_r(\%)$	0,3	6,3	28,7	41,3	19,8	3,4	0,2	(143, 70)

Die Theorie läßt also das gleichzeitige Vorkommen einer größeren Anzahl von Ionisationsstufen ohne weiteres verstehen.

Wir diskutieren nun — zunächst ebenfalls für die grüne und rote Linie — weiter die Frage: „*Anregung durch Strahlung oder Elektronenstoß?*"

Die Anzahl der Anregungsprozesse durch photosphärische *Strahlung* Z_{rad}, welche etwa ein FeXIV oder FeX-Ion pro sec erfährt, können wir z. B. mit Hilfe der Einsteinschen Übergangswahrscheinlichkeit für Absorption als $B_{mn} \cdot u_\nu = B_{mn} \cdot \frac{4\pi}{c} J_\nu$ schreiben, wobei u_ν die Strahlungs*dichte* bedeutet und J_ν nach (143, 11) bzw. (143, 12) pro Frequenzeinheit zu berechnen ist. Oder wir können von (143, 55) ausgehend $Z_{rad} = \frac{4\pi\,\varepsilon_L}{h\nu}$ schreiben. Auf beiden Wegen ergibt sich

$$Z_{rad} = \frac{g_m}{g_n} \cdot \frac{\lambda^5}{2\,h\,c^2} A_{nm} \cdot J_\lambda(r)\,. \tag{143, 71}$$

Würde man J_λ durch einen Verdünnungsfaktor $D(r)$ mal der Hohlraumstrahlung für eine Temperatur T_s darstellen, so wäre $Z_{rad} = \frac{g_m}{g_n} A_{nm} \cdot D(r) \cdot \exp\left(-\frac{\chi_{r,s}}{k T_s}\right)$. Die mit den Strahlungsintensitäten von Kap. II für $r = 1{,}15$ und $1{,}60$ berechneten Z_{rad} sind in Tab. 94 links angegeben. Jedes Ion wird also nicht ganz einmal pro sec angeregt.

Tabelle 94. Anregung der grünen und roten Koronalinie durch Strahlung bzw. Elektronenstoß. Zahl der Anregungsprozesse Z_{rad} bzw. Z_{coll} pro Ion im Grundzustand und sec.

	Z_{rad} Strahlungsanregung		Z_{coll} Stoßanregung	
	$r = 1{,}15$	$r = 1{,}60$	$r = 1{,}15$	$r = 1{,}60$
Fe XIV λ 5303	0,9	*0,4*	*1,9*	0,2
Fe X λ 6374	0,5	*0,2*	*0,9*	0,1

Die entsprechende Anzahl der *Stoßanregungsprozesse* pro Ion und sec Z_{coll} ist nach (143, 59) und (143, 60)

$$Z_{coll} = 8{,}54 \cdot 10^{-6}\,\Omega'(2\,J+1)\,e^{-\frac{\chi_{r,s}}{kT}} \cdot N_e \cdot T^{-1/2} \tag{143, 72}$$

Zahlenwerte sind in Tab. 94 rechts angeschrieben. Wie man aus dieser Tabelle ersieht, überwiegt bei $r = 1{,}15$ Sonnenradien ($\log N_e = 8{,}0$) noch die *Stoß*anregung. Aber schon bei $r = 1{,}6$ ist die Elektronendichte N_e um einen Faktor 10, der Verdünnungsfaktor der Strahlung dagegen nur um einen Faktor 2,2 kleiner geworden, so daß hier und erst recht in größerem Abstand von der Sonne die Anregung durch *Strahlung* überwiegt.

Diese Aussagen lassen sich nachprüfen durch Beobachtung der Variation der Äquivalentbreite als Funktion von ϱ. Nach R. v. d. R. Woolley und C. W. Allen

[21190] zeigt die auf das reine K-Kontinuum bezogene Äquivalentbreite von λ 5303 folgenden Verlauf:

$$\left.\begin{array}{lcccccccc} \varrho = & 1{,}2 & 1{,}4 & 1{,}6 & 1{,}8 & 2{,}0 & 2{,}2 & 2{,}4 & 2{,}6 \\ W_{\lambda,K}[\text{Å}] = & (10) & 6{,}5 & 4{,}3 & 3{,}1 & 2{,}5 & 2{,}2 & 2{,}2 & 2{,}3 \end{array}\right\} \quad (143,73)$$

Die Abnahme von $W_{\lambda,K}$ bis $\varrho \approx 1{,}8$ zeigt nach Abb. 223, daß hier die *Stoßanregung* überwiegt; die Annäherung an einen konstanten Grenzwert $W_\lambda \approx 2{,}2$ Å bei $\varrho > 1{,}8$ beweist nach Gl. (143, 57), daß hier die Anregung durch *Strahlung* den Ausschlag gibt. Empirisch ist $Z_{coll} = Z_{rad}$ dort, wo $W_\lambda = 4{,}4$ Å wird, also bei $\varrho = 1{,}6$ in ausgezeichneter Übereinstimmung mit der Theorie, welche nach Tab. 3 Gleichberechtigung der beiden Anregungsarten bei $\varrho \approx 1{,}4$ ergibt. Die rote Koronalinie λ 6374 nimmt mit wachsendem ϱ in ähnlicher Weise ab wie λ 5303. Da C. W. Allen [2108] sie nur im Bereich $1{,}4 < \varrho < 2{,}1$ messen konnte, ist hier die Prüfung von Abb. 223 nicht so eindeutig.

In der äußeren Korona, wo die Strahlungsanregung bei beiden Linien überwiegt, sollten nach (143, 37) ihre Äquivalentbreiten sich verhalten wie

$$\frac{W_{5303,K}}{W_{6374,K}} = \frac{W_{5303,K+F}}{W_{6374,K+F}} = \left(\frac{5303}{6374}\right)^4 \cdot 4\,\frac{A_{5303}}{A_{6374}} \cdot \frac{\text{Fe XIV}}{\text{Fe X}} \,. \qquad (143,74)$$

Mit $A_{5303} = 60$ und $A_{6374} = 69\ \text{sec}^{-1}$ und Fe XIV : Fe X = 2,0 nach (143, 67) ergibt sich danach $W_{5303}:W_{6374} = 3{,}5$ in guter Übereinstimmung mit der Beobachtung von C. W. Allen (s. S. 650), der bei $\varrho = 2{,}0$ — der äußersten Stelle, wo λ 6374 noch gut meßbar war — ein Verhältnis von 3,3 fand.

Wie schon Woolley und Allen bemerkten, kann man ihren Grenzwert $W_{5303,K} = 2{,}2$ Å für große ϱ benutzen, um mit Hilfe von Gl. (143, 57) das Verhältnis N (Fe XIV) : N_e und damit die *Häufigkeit des Eisens* in der Korona zu bestimmen. Mit $g_m/g_n = 2$ und $A_{5303} = 60\ \text{sec}^{-1}$ erhält man $\log N$ (Fe XIV) : $N_e = -4{,}9_4$. Nach unserer Standard-Häufigkeitsverteilung (Tab. 22 oder 56, letzte Spalte) sollte zunächst, wenn das He doppelt ionisiert ist, $\log N_e : N(\text{H}) = 0{,}14$ sein, ferner $\log N(\text{H}) : N(\text{Fe}) = 4{,}05$. Nimmt man weiter nach (143, 39) an, daß 6,3% des Eisens in der Korona als Fe XIV sind, so findet man $\log (N(\text{Fe XIV}) : N_e)_{ber} = -5{,}3_9$. Die Übereinstimmung des für die Korona bzw. die Photosphäre bestimmten Verhältnisses von Fe zur Gesamtheit aller Elemente innerhalb eines Faktors ~ 3 ist so gut, wie man dies bei dem augenblicklichen Stand der Theorie überhaupt erwarten kann.

Was die anderen Koronalinien betrifft, so sollte man nach Gl. (143, 71) und (143, 72) erwarten, daß cet. par. im langwelligen Gebiet die Anregung durch *Strahlung* bevorzugt wäre. Im einzelnen kommt es natürlich auf die A_{nm} und die Ω' an, wobei besonders letztere recht unsicher sind. Wenn *mehrere tiefliegende metastabile Terme* vorhanden sind, muß man die Kaskaden-Emission der Elektronen aus den höheren Termen in der Theorie berücksichtigen. Dieses Problem ist in bekannter Weise leicht auf die Auflösung eines Systems linearer Gleichungen zurückzuführen. Die Messungen von C. W. Allen (s. S. 650) deuten darauf hin, daß in dem untersuchten Bereich $1{,}1 < \varrho < 1{,}5$ Strahlungs- *und* Stoßanregung eine Rolle spielen, wie man es im großen und ganzen erwarten sollte.

Woolley und Allen [21190] haben schließlich aus den gemessenen Äquivalentbreiten aller Koronalinien die Häufigkeitsverhältnisse der betreffenden Elemente zu bestimmen versucht und finden pro Elektron gerechnet:

$$\left.\begin{array}{lccccc} & \text{H} & \text{A} & \text{Ca} & \text{Fe} & \text{Ni} \\ -\log(N/N_e) = & (0{,}12) & 7{,}1 & 5{,}8 & 4{,}3_3 & 5{,}7 \end{array}\right\} \quad (143,75)$$

in hinreichender Übereinstimmung mit anderen quantitativen Analysen kosmischer Materie.

G) Struktur und Dynamik der Korona. Schon in dem einleitenden Abschnitt 132, B 6 (S. 547) haben wir kurz über das Aussehen der Korona und seine Abhängigkeit von der Phase im 11 jährigen Zyklus berichtet. Nachdem unsere bisherigen Ansätze vorzugsweise auf die ungefähr kugelsymmetrische *Maximumskorona* zugeschnitten waren, studieren wir zunächst im Anschluß an eine Arbeit von H. C. VAN DE HULST [2170] die *Minimumskorona* der Finsternis vom 28. Mai 1900 unter der weniger einschneidenden Voraussetzung nur *axialer Symmetrie* bezüglich der Rotationsachse der Sonne. Der Übergang von der gemessenen Helligkeitsverteilung zur Verteilung der Elektronendichte bietet auch hier — in Anlehnung an bekannte Paradigmata aus der Theorie der Sternhaufen — keine wesentlichen Schwierigkeiten. Es ergab sich, daß bei $r = 1{,}15$ Sonnenradien die Anzahl der Elektronen pro cm^3 von $7 \cdot 10^7$ am Äquator bis zu einem Minimum von $\sim 1 \cdot 10^7$ in der heliographischen Breite 70° abnimmt, um dann überraschenderweise bis zu den Polen wieder auf $4 \cdot 10^7$ anzusteigen. Eine Nachprüfung dieses Ergebnisses bei anderen Minimums-Finsternissen wäre sehr wünschenswert.

Indem wir uns sodann der Betrachtung einzelner *Strukturelemente* in der Korona zuwenden, bemerken wir vorweg, daß deren exakte Zuordnung zu anderen solaren Erscheinungen dadurch erschwert ist, daß wir die Korona nur in *Projektion* beobachten können. Etwas entschädigt werden wir dafür durch die erhebliche Dauerhaftigkeit vieler koronaler Strukturen, die es sogar ermöglicht, durch Kombination von Beobachtungen, die $\sim \frac{1}{2}$ Rotationsperiode auseinanderliegen, eine Art von *Korona-Karten* zu zeichnen (Zürich, Freiburg i. Br.). Da die Erforschung dieser Dinge sich noch in ihren Anfängen befindet, hat sich auch noch keine einheitliche Terminologie herausgebildet; deren Festlegung erscheint auch kaum wünschenswert, solange wir noch so wenig verstehen.

Wir beginnen mit der Betrachtung der *direkten* Koronaaufnahmen, deren Helligkeit also im wesentlichen dem $\int_{-\infty}^{+\infty} N_e dy$ längs des Sehstrahles entspricht. Die bekanntesten und übersichtlichsten Strukturen auf solchen Bildern sind die *polaren Strahlen oder Büschel der Minimumskorona.* Eine photometrische Untersuchung ist erst 1950 wieder von H. C. VAN DE HULST [2171] an Aufnahmen vom 18. Mai 1900 durchgeführt worden. Die Helligkeitsschwankungen zwischen den Strahlen und ihren Zwischenräumen sind viel geringer, als unser kontrastempfindliches Auge erwarten ließ, nämlich $\sim 20\%$. Der effektive Durchmesser der Strahlen entspricht etwa 0°,5 heliographischer Breite oder etwa 7000 km bei $r = 1{,}2$ Sonnenradien. Nach außen werden die Strahlen breiter. Berücksichtigt man diese geometrische Struktur der Polarbüschel, so ergibt sich, daß in diesen die *Elektronendichte* N_e (gegenüber der Umgebung) etwa um einen *Faktor* 5 erhöht ist, während der *Abfall* von $N_e(r)$ nach außen sich von dem normalen nur unerheblich unterscheidet.

Die Ähnlichkeit der Polarbüschel der Minimumskorona mit dem Kraftlinienbild einer magnetisierten Kugel, hat schon immer auf eine „magnetische" Theorie des Phänomens hingedeutet, aber erst in neuester Zeit ist es möglich geworden, solche Gedanken ernstlich zu verfolgen. VAN DE HULST [2171] hat die *Richtungsverteilung der Strahlen* charakterisiert, indem er bemerkt, daß sie, rückwärts verlängert, die Achse der Sonne in einem Abstand $q \approx 0{,}65$ Sonnenradien von deren Mittelpunkt schneiden.

Beim Dipolfeld einer homogen magnetisierten Kugel liegt nach den Formeln von Abschnitt 136 dieser Schnittpunkt für die in der heliographischen Breite φ entspringenden Kraftlinien bei $q = 1/3 \sin\varphi$ Sonnenradien; für die Polarzone

$90 \geqq \varphi \geqq 65^\circ$ also bei $q = 0{,}33$ bis $0{,}37$. Das postulierte Magnetfeld der Sonne hat also jedenfalls *keinen* Dipolcharakter.

Die Lage der solaren „Magnetpole" hat G. ABETTI [2017] auf den Koronaaufnahmen von zahlreichen Finsternissen bestimmt. Im Mittel (ohne Rücksicht auf Vorzeichen) beträgt der Abstand der magnetischen von den Rotationspolen in der Projektion 4°. Diese kleinen Differenzen lassen sowohl hinsichtlich der Beziehung von Nord- und Südpol, wie auch im Gang von Finsternis zu Finsternis keine Gesetzmäßigkeiten erkennen. Man darf also wohl sagen, daß innerhalb $\pm 4^\circ$ die magnetischen und die Rotationspole der Sonne übereinstimmen.

1952/53, also fast im Fleckenminimum, hat nun H. W. BABCOCK [2030] mit seinem neuen *Sonnenmagnetographen* tatsächlich in heliographischen Breiten über $\pm 65^\circ$ ein mehr oder weniger systematisch angeordnetes allgemeines Magnetfeld der Sonne nachgewiesen. Dessen Komponente in der Sehlinie entspricht ~ 1 Gauß, die gesamte Feldstärke also $H \approx 1{,}5$ Gauß. Damit dürfte die „magnetische" Erklärung der Koronabüschel so gut wie sicher sein. Man schätzt vollends leicht ab, daß die gefundene Feldstärke gerade ausreicht, um die Koronamaterie zu steuern: Die magnetische Energiedichte oder — was dasselbe ist — der magnetische Druck beträgt $\frac{H^2}{8\pi} = 0{,}09$ erg cm^{-3} bzw. dyn cm^{-2}. Andererseits hat man am Minimum-Pol $\bar{N} \approx 3 \cdot 10^8$ Elektronen + Kerne pro cm^3, deren thermische Energie pro cm^3 ($= 1{,}5 \times$ Druck) beträgt $\frac{3}{2}\,\bar{N} k T$ oder mit $T = 1{,}15 \cdot 10^{6\circ}$ also 0,07 erg cm^{-3}. Die Energiedichten des Magnetfeldes und der Materie sind also nahezu gleich, wir befinden uns mitten im Bereich der Magnetohydrodynamik. Die ionisierte Materie kann sich im wesentlichen nur längs der Kraftlinien bewegen. Wir dürfen also wohl einen polaren Koronastrahl auffassen als in eine magnetische Kraftröhre eingeschlossene Teilatmosphäre, deren Temperatur und hydrostatisches Gleichgewicht[1] *in* Richtung der Kraftlinien von dem gewohnten in nichts abweicht. Weshalb die Dichte am Boden der Strahlen größer ist als in ihrer Umgebung, diese Frage ist offenbar nur zu beantworten im Zusammenhang mit einer Theorie über die Entstehung der Korona.

Sodann wenden wir uns den *großen Koronastrahlen* zu, welche auf direkten Aufnahmen insbesondere von der Äquatorialzone der *Maximum-Korona* aus oft über mehrere Sonnenradien verfolgt werden können. Die englische Bezeichnung "streamer" ist wenig glücklich, da in diesen Gebilden *keine* systematischen Strömungen > 1 km/sec bestehen (vgl. B. LYOT [20163]); etwas besser mag "fan" = Fächer sein. Ein solcher Strahl nimmt häufig — oder stets? — seinen Ausgang von einer Protuberanz, welche von zwiebelartigen helleren und dunkleren Hüllen koronaler Materie umgeben ist. Letztere geht dann in den sich nach außen allmählich verjüngenden „Strahl" oder „Fächer" über.

Eine photometrische Untersuchung, unter Berücksichtigung auch der Polarisation, hat an Aufnahmen der Maximumkorona vom 8. Juni 1937 M. SCHMIDT [21155] durchgeführt. Der gemessene radiale *Intensitäts*abfall in den Strahlen ist steiler als in ihrer Umgebung. Die Elektronendichte $N(r)$ dagegen nimmt in den Strahlen nach *demselben* Gesetz ab wie außerhalb derselben; ihr Absolutwert geht bis zum 9fachen des normalen. Da die Materie auch in den Strahlen — wie gesagt — *keine makroskopischen Bewegungen* zeigt, so dürfte wieder die naheliegendste Deutung die sein, daß sie sich im wesentlichen nur längs der Kraftlinien eines Magnetfeldes bewegen kann. In Richtung der Kraftlinien würde sich dann, wie beobachtet, der hydrostatische Dichtegradient entsprechend der herrschenden

---

[1] Daß die MAXWELLsche Geschwindigkeitsverteilung durch ein Magnetfeld *nicht* beeinflußt wird, haben schon L. BOLTZMANN und H. A. LORENTZ gezeigt.

Temperatur einstellen. Warum am Boden einer solchen „Schlauchatmosphäre" die Materiedichte größer ist als in der Umgebung, diese Frage gehört wiederum in den Zuständigkeitsbereich einer künftigen Koronatheorie. Die Magnetfelder, welche die großen Koronastrahlen sozusagen „leiten", darf man vielleicht als *Streufelder von Aktivitätszentren bzw. Fleckengruppen* auffassen, deren Fortsetzung in den Außenraum aber wohl durch die leitende Materie erheblich beeinflußt wird und daher kaum nach den Methoden der Vakuum-Potentialtheorie berechnet werden darf (vgl. S. 573).

Unsere bisherigen Betrachtungen bezogen sich in der Hauptsache auf das an freien Elektronen gestreute Licht der „weißen" Korona. Nunmehr wenden wir uns den fast ausschließlich mit dem *Koronographen* ausgeführten (hierzu S. 534 ff. und S. 547) *Beobachtungen im Lichte der Koronalinien* λ 5303 (FeXIV), λ 6374 (FeX) und gelegentlich λ 5694 (CaXV) zu; oft spricht man kurzweg von der grünen, roten und gelben Korona. Wir möchten hier die zahlreichen Arbeiten von B. LYOT, M. WALDMEIER, K. O. KIEPENHEUER, A. BEHR, R. MÜLLER und W. PETRI (hauptsächlich in den neueren Bänden der Z. Astrophysik sowie der betreffenden Institutspublikationen) nicht vollständig referieren, zumal M. WALDMEIER zur Zeit ein dreibändiges Werk über diesen Gegenstand herausgibt. Wir greifen lieber einige im Zusammenhang mit dem heutigen Stand der Theorie interessante Punkte heraus.

Als *monochromatische Gesamtemission der Korona* I_λ° definiert M. WALDMEIER [21176] das Integral über die in einem festen Abstand vom Sonnenrand — etwa 30″ oder $\varrho \approx 1{,}03$ — gemessenen Linien*intensitäten* um den ganzen Umfang der Sonne herum. Da der radiale Intensitätsgradient örtlich und zeitlich wenig variiert, so ist diese Größe wirklich ein Maß der gesamten Emission der Korona in der betreffenden Linie.

Im Laufe des 11 jährigen Zyklus' zeigt die *grüne Gesamtemission* I_{5303}° einen regelmäßigen Verlauf parallelgehend zu den Relativzahlen. Die I_{5303}° im Maximum (1947) bzw. Minimum (1944) standen im Verhältnis 5:1. Die Schwankungen der *roten Gesamtemission* hingegen lassen keine so klare Beziehung zu den Relativzahlen erkennen und schwanken nur in einem kleinen Bereich $\sim 1{,}5:1$. Zur Deutung dieser Befunde erinnern wir uns, daß nach Gl. (143, 68) und (143, 69) infolge der *Ionisation* das Verhältnis FeXIV:FeX mit steigender *Temperatur* T rasch anwächst, indem FeXIV:Fe *zu*nimmt, während FeX:Fe etwa in demselben Maße *ab*nimmt. Eine Änderung der *Dichte* beeinflußt zwar nicht den Ionisationsgrad, wohl aber die *Anregung der Linien*, die in der innersten Korona überwiegend durch Elektronenstoß erfolgt. Nach (143, 63) wird die beobachtete Linienintensität proportional dem $\int_{-\infty}^{+\infty} N_{r,0}\, N_e\, dy$ über die Sehlinie. Das vergleichende Studium von I_{5303}° und I_{6374}° deutet also darauf hin, daß im allgemeinen T und N_e in *demselben* Sinne variieren, so daß die Änderungen in λ 5303 etwa in gleichem Maße von den beiden Faktoren herrühren, während diese sich bei λ 6374 zu einem erheblichen Teil *kompensieren*.

M. WALDMEIER [21184] hat versucht, für die Finsternis vom 9. Juli 1945 aus seinen Beobachtungen am Arosaer Koronographen in λ 5303 und 6374 *zusammen* mit der Finsternis-Photometrie der weißen Korona T und N_e für $r \approx 1{,}03$ als Funktion des Positionswinkels gleichzeitig zu bestimmen. Der Erfolg dieses — prinzipiell ausgezeichnet angelegten — Unternehmens ist recht befriedigend. Auch hier zeigt sich wieder der qualitative Parallelismus von T und N_e. In quantitativer Hinsicht wird man allerdings die sogleich zu besprechende Unsicherheit in der Korona-Ionisationsformel beachten müssen.

Sodann hat M. WALDMEIER [21183] — wieder mit Koronagraphenbeobachtungen bei $\varrho \approx 1{,}03$ — das Intensitäts*verhältnis* 5303:6374 als Funktion der heliographischen Breite *und* der Phase im 11 jährigen Zyklus untersucht. Dieses Intensitätsverhältnis ist — wie wir sahen — praktisch proportional dem Verhältnis FeXIV:FeX und sollte also nach der Ionisationsformel (143, 68) und (143, 69) direkten Aufschluß über die *Temperaturschwankungen in der Sonnenkorona* geben.

Die Beobachtungen (s. ebd. Abb. 2) zeigen zunächst am *Äquator* eine Abnahme des Verhältnisses 5303:6374 vom Fleckenmaximum zum -minimum etwa um einen Faktor 4. An den *Polen* liegt das Verhältnis 5303:6374 im Maximum nur um einen Faktor ~2,4 unter dem gleichzeitigen Äquatorwert; im Minimum dagegen sinkt es rapide ab, so daß das Verhältnis der 5303:6374 vom Maximum-Äquator/Minimum-Pol etwa 62 oder einem $\Delta \log \frac{\text{Fe XIV}}{\text{Fe X}} = 1{,}8$ entspricht. Nach

Tabelle 95. Temperaturabhängigkeit des Verhältnisses Fe XIV : Fe X in der Korona.

a) Nach Gl. (144,69): $\log \frac{\text{Fe XIV}}{\text{Fe X}} = -15{,}57 + 4 \log T - 1231 \cdot \frac{5040}{T}$.

$T \cdot 10^{-5}$ =	6	6,5	7	8	9	10
$\log \frac{\text{Fe XIV}}{\text{Fe X}}$ =	—2,80	—1,86	—1,05	+0,29	+1,37	+2,23

b) Mit empirisch korrigierten Wirkungsquerschnitten.

$$\log \frac{\text{Fe XIV}}{\text{Fe X}} = -20{,}66 + 4 \log T - 1231 \cdot \frac{5040}{T}$$

$T \cdot 10^{-5}$ =	10	12	14	16	18	20
$\log \frac{\text{Fe XIV}}{\text{Fe X}}$ =	—2,86	—1,50	—0,51	+0,29	+0,92	+1,44

unserer ursprünglichen Ionisationsformel (143, 69) bzw. Tab. 95a hätten wir dem Max.-Äquator bzw. dem Min.-Pol Temperaturen von 8 bzw. $6{,}7 \cdot 10^{5\circ}$ zuzuordnen[1]. Es erscheint uns jedoch sehr erwägenswert, ob man nicht die zur Zeit noch sehr unsicheren Wirkungsquerschnitte in der Ionisationsformel empirisch *so* abändern sollte, daß am Max.-Äquator auch der Ionisationsgrad FeXIV/FeX auf die ursprünglich aus der Dichteverteilung erschlossene Temperatur $T = 1{,}6_2 \cdot 10^{6\circ}$K nach (143, 24) führt. Ändern wir also (Tab. 95b) die Konstante 15,57 in 20,66 ab, so erhält man zu Max.-Äquator $1{,}6 \cdot 10^{6\circ}$ für den Minimum-Äquator gerade $T = 1{,}2 \cdot 10^{6\circ}$ in Einklang mit (143, 24b). In der so erreichten Übereinstimmung auch des Temperatur*intervalles* zwischen Max.-Äquator und Min.-Pol erblicken wir ein gewichtiges Argument für die vorgeschlagene empirische Korrektion der Ionisationsformel.

Die naheliegende Frage, wie eigentlich der qualitative Parallelismus in den Variationen von T und N_e (etwa bei $r = 1{,}03$) zustande kommt, müssen wir wieder auf eine zukünftige Theorie der Korona verweisen. Man sieht jedenfalls leicht, daß die Verringerung des Dichte*gradienten* mit wachsendem T allein unter Annahme gleicher Dichte in einem gemeinsamen Ausgangsniveau die Beobachtungen kaum erklären dürfte. Vielleicht ist es in diesem Zusammenhang noch bemerkenswert, daß nach M. G. FRACASTORO [2152] die visuell gemessene *Höhe der* Hα*-Chromosphäre* gerade etwa entgegengesetzt der Koronatemperatur variiert: Im Fleckenmaximum ist sie ziemlich unabhängig von der heliographischen Breite, im Minimum dagegen an den Polen etwa 10% *höher* als am Äquator!

[1] M. WALDMEIER selbst kommt mit etwas anderen Konstanten auf 7,3 bzw. $4{,}5 \cdot 10^{5\circ}$ K.

Durch Koronographen-Beobachtungen in den Linien λ 5303, 6374 und besonders λ 5694 hat M. WALDMEIER die sog. *Koronakondensationen* als ein weiteres bemerkenswertes Strukturelement der Korona herausgestellt. Es handelt sich um Gebiete in der inneren Korona, wo die Helligkeit der Linien über mehrere Stunden bis ungefähr einen Tag überhöhte Werte annimmt. Solche Koronakondensationen kommen nur in der Fleckenzone vor. Aktive Fleckengruppen, und zwar besonders die „Köpfe" der in ihnen gebildeten *Fleckenprotuberanzen* (sowie *Eruptionen*) sind oft von Koronakondensationen begleitet, die etwa wie ein extrafokales Hα-Bild der Fleckenprotuberanz aussehen. λ 6374 und besonders λ 5303 erscheinen erheblich verstärkt. In sehr aktiven Gebilden tritt dazu die gelbe Koronalinie λ 5694,42 CaXV $2s^2\,2p^2\,{}^3P_0$—${}^3P_1$ auf; die Bildung dieses Ions erfordert schon 814 eV! Hierzu auch W. O. ROBERTS u. a. [21148 und 21119]. In sehr hellen Kondensationen hat M. WALDMEIER [21182] noch eine neue Koronalinie λ 5445,2 entdeckt, deren Intensität stets etwa $^1/_6$ der gelben Linie beträgt. Die Ähnlichkeit im Verhalten der beiden Linien spricht für WALDMEIERs Deutung von λ 5445,2 als CaXV $2s^2\,2p^2\,{}^3P_1$—${}^3P_2$, doch ist ihr aus spektroskopischen Gründen widersprochen worden [2153]. Alle Beobachtungen weisen darauf hin, daß die Koronakondensationen offenbar Gebiete erheblich vergrößerter Temperatur *und* Elektronendichte darstellen. Wir werden ihnen im Rahmen der *Radioastronomie* noch einmal begegnen.

Was die *Verknüpfung zwischen Korona und Protuberanzen* betrifft, so treten — wie gesagt — *Koronakondensationen* nur in Verbindung mit aktiven *Fleckenprotuberanzen* auf. In der Umgebung der ruhenden Protuberanzen bzw. Filamente erscheint die Korona im Gegenteil geschwächt, wie z. B. die Darstellung der Verteilung in heliographischer Breite (Abb. 187) deutlich zeigt.

H) Theorie der Korona. Wir wenden uns nun der Kardinalfrage zu: „Wie kommt die Korona zustande, d. h. weshalb steigt in der Sonnenatmosphäre bei einem ganz bestimmten Druck $P_g \approx 0{,}2$ dyn/cm² die Temperatur nach *außen* hin plötzlich auf $\sim 10^6$ °K an?" Unsere Frage ist offenbar gleichbedeutend mit der nach dem *Energie-* und (in zweiter Linie) *Materiehaushalt* der Sonnenkorona.

Der II. Hauptsatz der Thermodynamik belehrt uns zunächst — unabhängig von speziellen Vorstellungen — darüber, daß die Aufheizung der Korona auf eine Temperatur, welche sehr viel höher ist als die der Photosphäre, im wesentlichen durch Zufuhr *„geordneter"* Energie, d. h. *mechanischer Arbeit*[1] geschehen muß.

Eine Gruppe von Theorien führt diese Energie auf den *Einsturz kosmischer Materie* zurück. Die Durchrechnung zeigt aber, daß man letzterer schon ziemlich unwahrscheinliche Eigenschaften zuschreiben müßte. Sodann läßt sich die enge Verknüpfung der Korona mit der Aktivität der Sonne und ihrem 11 jährigen Zyklus kaum ausschließlich auf die Steuerung der einstürzenden Materie durch solare Magnetfelder zurückführen. Wir begnügen uns daher mit einem Hinweis auf eine Arbeit von L. BIERMANN und P. TEN BRUGGENCATE [2121] sowie das Buch von F. HOYLE [2006].

Wesentlich aussichtsreicher erscheint die gleichzeitig und unabhängig von M. SCHWARZSCHILD [21158] sowie L. BIERMANN [2120] vorgeschlagene und dann von E. SCHATZMAN [21153] weitergebildete Vorstellung einer Aufheizung der Korona von *innen*. Als Energiequelle wirkt hier letzten Endes die *Turbulenz* der Photosphäre, deren „Antrieb" durch die Wärmekraftmaschine der Konvektionszone wir ja bereits erklärt haben. Das Strömungsfeld der Turbulenz kann man nun — dies ist zunächst einfach eine andere Art der Beschreibung — nach FOURIER in *Wellen* analysieren. In der HEISENBERGschen Theorie der isotropen Turbulenz

[1] Elektromagnetische Feldenergie kann wohl nur in Verbindung mit Materie auftreten; sie wird dann deren Energie kaum übertreffen.

einer inkompressiblen Flüssigkeit sind dies zwar — wie M. SCHWARZSCHILD bemerkt — quellenfreie ($\operatorname{div}\mathfrak{v} = 0$) Wellen mit $\operatorname{rot}\mathfrak{v} \neq 0$. In der Sonnenatmosphäre erzwingt aber der vom Schwerefeld verursachte Dichtegradient und sodann die Annäherung der Geschwindigkeiten an die Schallgeschwindigkeit die Berücksichtigung der *Kompressibilität*; es werden also auch richtige *Schallwellen* mit $\operatorname{rot}\mathfrak{v} = 0$ und $\operatorname{div}\mathfrak{v} \neq 0$ entstehen.

Eine *ebene Schallwelle* mit der Geschwindigkeitsamplitude v in einem Medium der Dichte ϱ und der Schallgeschwindigkeit c_s bedingt nun einen akustischen *Energiestrom* vom Betrage

$$\varrho\,\overline{v^2}\,c_s\,. \tag{143, 76}$$

Läuft in der Atmosphäre eine solche Welle nach *auswärts*, so müßte bei verschwindender Energiedissipation dieser Energiestrom konstant bleiben, d. h. die Geschwindigkeitsamplitude $v \sim 1/\sqrt{\varrho c_s}$ d. h. $\sim P_g^{-1/2}$ *anwachsen*. Nähert sich v der Schallgeschwindigkeit c_s, d. h. die MACHzahl der Eins, so steilt sich die Front der Welle auf (da die Druckstörung in den durch Kompression erhitzten Gebieten rascher läuft) und geht in eine *Stoßwelle* über. In der Sonnenatmosphäre wird dieser Prozeß, dessen Theorie wegen der Nichtlinearität der Gleichungen[1] schon genügend schwierig ist, noch weiter dadurch kompliziert, daß in der sehr gut leitenden Materie *Magnetfelder* auftreten — vgl. F. DE HOFFMANN und E. TELLER [2163a], H. L. HELFER [2162] u. a. —, welche ihre Bewegungsgleichungen wesentlich modifizieren. Das Ergebnis ist — wie wir der Beobachtung entnehmen — das Auftreten der "Spicules", d. h. einer Unmenge kleiner flammenartiger Protuberanzen in der höheren Chromosphäre. Dieses Phänomen als solches war schon den alten Sonnenbeobachtern SECCHI, YOUNG ... wohlbekannt. Neuerdings haben es insbesondere W. O. ROBERTS [21146—21147] sowie J. H. RUSH und W. O. ROBERTS [21151] am Koronagraphen und O. C. MOHLER [21105] auf Finsternisplatten genauer untersucht. Danach haben die Spicules eine Höhe von durchschnittlich ~ 5000 km, maximal ~ 10000 km, eine Lebensdauer von durchschnittlich 4 min und Geschwindigkeiten von ~ 20 km/sec, vorzugsweise nach außen. Offenbar hängen diese Bewegungen aufs engste zusammen mit der seinerzeit vom Verf. bemerkten „Turbulenz" der mittleren Chromosphäre von $\xi_0 \approx 15$ km/sec; zum Teil dürften die beiden Erscheinungen wesensgleich sein, zum Teil sind die Spicules wohl aufzufassen als extreme Ausbildung des „Turbulenz"-Phänomens in größeren Höhen. (Der Streit, ob man von „Turbulenz", „Stoßwellen", „Protuberanzen" oder wer weiß was sprechen sollte, betrifft offenbar nur die Worte und interessiert uns nicht weiter.)

Um den Zusammenhang zwischen photosphärischer und chromosphärischer Turbulenz ($\approx$ Spicules) verstehen zu können, müssen wir noch die *Energiedissipation* abschätzen. Ersetzt man in der klassischen Theorie der Dämpfung akustischer Wellen (vgl. L. BIERMANN [2120, S. 169]) die freie Weglänge der Moleküle durch die der Turbulenzelemente oder geht man auch direkt von der PRANDTLschen Mischungstheorie der Turbulenz aus, so kommt man stets zu der Aussage, daß der in einer Atmosphäre nach außen laufende Strom mechanischer Energie *größenordnungsmäßig* auf ein e-tel abgedämpft wird auf einer Strecke, welche etwa der *Äquivalenthöhe H* entspricht, und auf welcher also auch der Druck bzw. die Dichte auf ein e-tel abnimmt. H. SCHIRMER [21154] und E. SCHATZMAN [21153] haben versucht, im einzelnen die Theorie ebener Schall- und Stoßwellen anzuwenden. Dies dürfte aber kaum zu einer Darstellung der wirklichen Verhältnisse führen, wo sicher die gegenseitigen Störungen der Wellen und wohl auch die

[1] Das heißt: Zwei *Schall*wellen durchdringen einander ungestört, zwei *Stoß*wellen dagegen nicht. Menschen, die auf gegenseitige Verständigung bedacht sind, unterhalten sich mit Schallwellen; die Militärs dagegen lieber durch Stoßwellen!

Magnetfelder eine wesentliche Rolle spielen. Wir wenden uns lieber sogleich den Beobachtungen zu: In der *Photosphäre*, d. h. bei einem Gasdruck $P_g \approx 10^5$ dyn/cm², fanden wir eine Turbulenzgeschwindigkeit $\xi_0 \approx 1{,}5$ km/sec. Diese liegt also noch erheblich *unter* der Schallgeschwindigkeit $c_s = 7{,}5$ km/sec. Die Größenordnung des akustischen Energiestromes ergibt sich hier zu $\sim 10^9$ erg/cm² sec. In der *Chromosphäre*, d. h. bei $P_g \approx 1$ dyn/cm², ergab die Beobachtung eine Überschall-Turbulenzgeschwindigkeit von $\xi_0 \approx 15$ km/sec. Der Energiestrom beträgt hier nur noch $\sim 10^6$ erg/cm² sec. Auf 5 Zehnerpotenzen im Druck hat also der *mechanische Energiestrom* um ~ 3 Zehnerpotenzen abgenommen, d. h. pro 1,7 Äquivalenthöhen wird er — in größenordnungsmäßiger Übereinstimmung mit unserer Abschätzung — um einen e-Faktor abgedämpft. *Zur Aufheizung der Korona steht also* — wenn wir noch etwas nach außen extrapolieren — *ein mechanischer Energiestrom* $\pi F_c \approx 10^6$ bis 10^5 erg/cm² sec *zur Verfügung.*

Die pro cm³ *und* sec *dissipierte Energie* beträgt nach unserem Ansatz im Überschallbereich (der uns am meisten interessiert) größenordnungsmäßig $\sim \varrho v^3/H$, wo $v \approx \xi_0$ wieder die Geschwindigkeitsamplitude und H eine Länge von der Größenordnung der Äquivalenthöhe bedeutet.

Zur „Beseitigung" des pro cm³ und sec abgeladenen Energiebetrages $\sim \varrho v^3/H$ tragen nun bei 1. die *Abstrahlung* und — wie H. ALFVÉN [2107] zuerst erkannte — 2. die *Wärmeleitung* durch freie Elektronen. Wir untersuchen der Reihe nach diese beiden Prozesse. Dabei müssen wir von der Voraussetzung thermodynamischen Gleichgewichtes absehen, jedoch dürfen wir wohl annehmen, daß die Elektronen eine MAXWELLsche Geschwindigkeitsverteilung entsprechend einer lokalen Temperatur T besitzen.

1. *Ausstrahlung ionisierter Gase.* Wir berechnen zuerst die *frei-gebundene Emission*, d. h. die Emission der Seriengrenzkontinua beim Einfangen freier Elektronen durch ein Ion mit der effektiven Kernladungszahl Z. Im thermischen Gleichgewicht wird die durch Einfangung in einen Quantenzustand n emittierte Energie *gleich* der aus dem Feld der Hohlraumstrahlung durch Absorption in dem betreffenden Seriengrenzkontinuum entnommen sein. Da aber die Einfangung der Elektronen — denen wir nach wie vor eine MAXWELLsche Geschwindigkeitsverteilung mit der Temperatur T zuschreiben — von der Absorption unabhängig ist, so können wir die *gesuchte* Emission auch im Nicht-Gleichgewichtsfalle einfach auf dem Umweg über die Absorption eines Hohlraumstrahlungsfeldes der Temperatur T berechnen. Wie man sich leicht klarmacht, bleibt unser Ansatz auch richtig, wenn man gleichzeitig die erzwungenen Emissionsprozesse wegläßt *und* das WIENsche statt des PLANCKschen Strahlungsgesetzes benutzt.

Wie in Gl. (143, 30ff.) schreiben wir den Koeffizienten für die gebunden-freie *Absorption* pro Atom im n-ten Quantenzustand, indem wir wieder in Ermangelung eines besseren Wasserstoff-Übergangswahrscheinlichkeiten benutzen, in der Form

$$a_n = A_n \cdot \nu^{-3} \quad \text{mit} \quad A_n = \frac{64\,\pi^4}{3\sqrt{3}} \cdot \frac{m\,e^{10}}{c\,h^6} \cdot \frac{Z^4}{n^5}\,. \tag{143, 77}$$

Die pro sec absorbierte Energie erhalten wir durch Multiplikation mit c mal der Strahlungsdichte $u_\nu = \frac{8\pi h \nu^3}{c^3} e^{-\frac{h\nu}{kT}}$ und Integration über alle Frequenzen

$$\nu > \nu_n = R h c Z^2/n^2\,.$$

Setzen wir wie in (143, 33) wieder

$$\frac{h\nu}{kT} = u \quad \text{und} \quad \frac{h\nu_n}{kT} = u_n\,, \tag{143, 78}$$

so erhalten wir

$$A_n \cdot \frac{8\pi k T}{c^2} \int\limits_{u_n}^{\infty} e^{-u}\, du = A_n \cdot \frac{8\pi k T}{c^2}\, e^{-u_n}. \qquad (143, 79)$$

Denselben Ausdruck hätten wir erhalten, indem wir die *Zahl* der Einfangungen nach (143, 34) mit der mittleren *Größe* der ausgestrahlten Quanten $\approx h\nu_n$ multipliziert und dort $K(u_n)$ durch e^{-u_n}/u_n approximiert hätten.

Drücken wir die Anzahl pro cm³ $n_{r,n}$ der Atome im n-ten Quantenzustand, mit der (143, 79) multipliziert werden muß, wieder durch die SAHA-BOLTZMANN-Formel (143, 36) aus, so ergibt sich die *Emission* pro cm³ und sec durch Einfangung von Elektronen in den n-ten Quantenzustand

$$4\pi\,\varepsilon_{r,n} = \frac{2^8\,\pi^4}{3\sqrt{6\pi}} \cdot \frac{e^{10}}{m\,c^3\,h^3}\left(\frac{m}{kT}\right)^{\frac{1}{2}} \frac{Z^4}{n^3}\, n_{r+1}\, n_e\,, \qquad (143, 80)$$

wofür man — unter Verwendung der SOMMERFELDschen Feinstrukturkonstante α — auch schreiben kann

$$4\pi\,\varepsilon_{r,n} = \frac{16}{3}\sqrt{\frac{2\pi}{3}}\,\frac{e^4\,\alpha^3}{(m\,kT)^{1/2}} \cdot \frac{Z^4}{n^3} \cdot n_{r+1}\, n_e = \frac{4{,}49\cdot 10^{-22}}{\sqrt{T}} \cdot \frac{Z^4}{n^3} \cdot n_{r+1}\, n_e\,. \quad (143, 81)$$

Betrachten wir insbesondere — als wichtigstes — die Einfangung von Elektronen durch H^+ und He^{++}, so überwiegen in der kontinuierlich-diskreten Ausstrahlung bei weitem die Übergänge in den Grundzustand. Nun muß man aber bedenken, daß der Einfangung eines Elektrons in einen *höheren* Quantenzustand stets eine Linien-Ausstrahlung folgt, so daß insgesamt doch eine Energie ausgestrahlt wird, die etwas über der Ionisationsenergie liegt. Wir erhalten also die kont.-diskr. *und* diskr.-diskr. Ausstrahlung, indem wir (143, 81) für den Grundzustand mit einem Faktor g' multiplizieren, der ähnlich dem g in (143, 39) etwa gleich 4 sein wird. Bei nicht-wasserstoffähnlichen Atomen wird man das Z^4/n_0^3 vielleicht etwas besser als $\left(\frac{\chi_r}{\chi_H}\right)^2 \cdot n_0$ schreiben.

Hat man *mehrere Ionenarten* mit den Häufigkeiten ε_i und den effektiven Kernladungszahlen Z_i, so wird zunächst die Zahl der freien Elektronen $n_e = \Sigma\,\varepsilon_i\,Z_i$ und die $\Sigma\,\frac{Z^4}{n^3}\cdot n_{r+1} = \Sigma\,\varepsilon_i\left(\frac{\chi_r}{\chi_H}\right) n_{0,i}$, wo $n_{0,i}$ wieder die Hauptquantenzahl des Grundzustandes der Ionensorte i bedeutet. Die gesamte kont.-diskr. und diskr.-diskr. Emission ε pro cm³ und sec wird also

$$4\pi\,\varepsilon = \frac{4{,}49\cdot 10^{-22}}{\sqrt{T}} \cdot \frac{g'\,\Sigma\,\varepsilon_i\left(\frac{\chi_r}{\chi_H}\right)^2 \cdot n_{0,i}}{\Sigma\,\varepsilon_i\,Z_i} \cdot n_e^2\,. \qquad (143, 82)$$

In ganz analoger Weise kann man — wie dies auch zuerst G. CILLIÉ [2130] getan hat — die Emission ε' durch *kontinuierlich-kontinuierliche Übergänge* ausrechnen und erhält

$$4\pi\,\varepsilon' = \frac{2^6\,\pi^2}{3\sqrt{6\pi}} \cdot \frac{e^6}{m\,c^3\,h}\left(\frac{kT}{m}\right)^{\frac{1}{2}} \cdot Z^2 \cdot n_{r+1}\, n_e \qquad (143, 83)$$

oder

$$4\pi\,\varepsilon' = 1{,}425\cdot 10^{-27}\sqrt{T}\cdot Z^2 \cdot n_{r+1}\, n_e = 1{,}425\cdot 10^{-27}\cdot\sqrt{T}\cdot \frac{\Sigma\,\varepsilon_i\,Z_i^2}{\Sigma\,\varepsilon_i\,Z_i} \cdot n_e^2\,. \quad (143, 84)$$

Das Verhältnis von Grenzkontinua + Linien zur kont.-kont. Strahlung ist cet. par. nach (143, 82) und (143, 83) für eine bestimmte Ionensorte ($g' \approx 1$ gesetzt)

$$\frac{\varepsilon}{\varepsilon'} = \frac{2\,\chi_H}{kT} \cdot \frac{Z^2}{n^3} = \frac{3{,}15\cdot 10^5}{T} \cdot \frac{Z^2}{n^3}\,, \qquad (143, 85)$$

woraus man ersieht, daß ε' im allgemeinen kleiner ist als ε.

Mit Hilfe unserer Formeln (143, 82) und (143, 84) schätzen wir als erstes die *Ausstrahlung pro cm³ der Korona* ab (selbstverständlich ohne das *Streu*licht). Deren Temperatur setzen wir gleich $1{,}6 \cdot 10^6\,{}^\circ$K. Die Zusammensetzung sei — entsprechend Tab. 22 — nach Atomzahlen:

$$\text{H}:\text{He}:\text{Übrige Elemente} = 85:15:0{,}27\,. \qquad (143,\,86)$$

Dann erhalten wir folgende Beiträge zur

Ausstrahlung $4\pi\,\varepsilon$ (mit $g' = 4$) bzw $4\pi\,\varepsilon'$ [erg cm⁻³ sec⁻¹]			
Grenzkontinua + Linien	Wasserstoff	$1{,}03 \cdot 10^{-24} \cdot n_e^2$	
	Helium	$2{,}92 \cdot 10^{-24} \cdot n_e^2$	
	Übrige El.	$0{,}80 \cdot 10^{-24} \cdot n_e^2$	(143, 87)
Kont.-kont. Strahlung H + He		$2{,}44 \cdot 10^{-24} \cdot n_e^2$	
	Summe:	$7{,}2 \cdot 10^{-24} \cdot n_e^2\,.$	

Die „schweren Elemente“ umfassen in der Hauptsache N, O, Ne, die sämtlich bis zur K-Schale ionisiert sind. Wir haben sie repräsentiert durch die Mittelwerte $Z = 7$; $\chi \approx 150$ eV; $n_0 = 2$. Ihr Beitrag ist selbstverständlich am schlechtesten bekannt. Woolley und Allen [21191] legen der Linienstrahlung von Mg X besonderes Gewicht bei; eine so spezielle Aussage ist aber natürlich noch mit großer Unsicherheit belastet. Um die *gesamte Ausstrahlung der Korona* pro cm² der Sonnenoberfläche zu erhalten, müssen wir n_e^2 noch über einen vom Sonnenmittelpunkt ausgehenden Kegel integrieren, der aus der Sonnenoberfläche 1 cm² ausschneidet. Mit dem Ansatz (143, 15) für $n_e(r)$ erhält man (a = Sonnenradius)

$$\int_{r=1}^{\infty} n_e^2 \cdot r^2 \cdot a\,dr = 7{,}4 \cdot 10^{26} \qquad (143,\,88)$$

und mit (143, 87) die Abstrahlung der Korona pro cm² Grundfläche zu

$$5300 \text{ erg cm}^{-2}\,\text{sec}^{-1}\,. \qquad (143,\,89)$$

R. v. d. R. Woolley und C. W. Allen [21191] berechnen eine doppelt so große Emission; die inhärente Unsicherheit der Zahl dürfte gut einem Faktor 3 nach oben und unten entsprechen.

Auf jeden Fall stellen wir fest, daß dieser Energiebedarf der Korona ohne weiteres durch den mechanischen Energiestrom von $\sim 10^5$ erg/cm² sec gedeckt werden kann.

Sodann wenden wir unsere Kenntnisse an, um die Frage zu beantworten, *weshalb die plötzliche Aufheizung der Sonnenatmosphäre gerade bei einem Druck von* $\sim 0{,}2$ *dyn/cm² bzw. bei* $n_e \approx 4 \cdot 10^8$ *Elektronen pro cm³ beginnt?* Genauer gesagt, bezieht sich die letztere Angabe auf die „heiße“ Seite ($T = 1{,}6 \cdot 10^6\,{}^\circ$) der Übergangszone Korona—Chromosphäre. Rechnen wir auf der „kalten“ Seite mit 6000° K und Turbulenz von 15 km/sec und vernachlässigen den *Druckanstieg* nach unten, so kommen wir dort auf $4 \cdot 10^{10}$ Elektronen pro cm³. Nehmen wir an, daß an der Grenze der Wasserstoff vollständig ionisiert sei, die anderen Elemente aber nicht, so wird die Dichte

$$\varrho = \frac{0{,}85 + 4 \cdot 0{,}15}{0{,}85}\, m_{\text{H}}\, n_e = 1{,}56\, m_{\text{H}}\, n_e \qquad (143,\,90)$$

und damit die pro cm³ und sec dissipierte mechanische Energie $\varrho\,\xi_0^3/H$, wenn wir noch $\xi_0 \approx 15$ km/sec und die Äquivalenthöhe $H \approx 1000$ km setzen,

$$\varrho\,\xi_0^3/H \approx 8{,}7 \cdot 10^{-14}\, n_e \text{ erg cm}^{-3}\,\text{sec}^{-1}\,. \qquad (143,\,91)$$

Andererseits beträgt unter diesen Verhältnissen die Ausstrahlung pro cm³ und sec nach (143, 82)

$$4\pi\,\varepsilon \approx \frac{4\cdot 4{,}5\cdot 10^{-22}}{\sqrt{T}}\cdot n_e^2 \text{ erg cm}^{-3}\,\text{sec}^{-1} \tag{143, 92a}$$

Nehmen wir $T \sim 6000°$ (auf den Zahlenwert kommt es wenig an), so sinkt ε unter $\varrho\,\xi_0^3/H$ bei

$$n_{e,krit.} \leqq 4\cdot 10^9 \text{ Elektronen pro cm}^3\,. \tag{143, 93b}$$

Das heißt, bei kleineren Elektronendichten kann die freiwerdende mechanische Energie nicht mehr abgestrahlt werden, und die Temperatur *muß steigen.* Es ist sehr befriedigend, daß unser berechnetes $n_{e,krit.}$ gerade in dem empirisch gefundenen Bereich $4\cdot 10^8 < n_e < 4\cdot 10^{10}$ der Übergangszone von der Chromosphäre zur Korona liegt.

2. *Wärmeleitung ionisierter Gase, insbesondere in der Korona.* Wir versuchen nun, die weitere „Verwendung" der in der Korona oder, besser gesagt, am unteren Rande der Korona freigewordenen Wärmeenergie zu verfolgen. Dabei spielt wegen der großen thermischen Elektronengeschwindigkeiten — wie H. ALFVÉN [2107][1] bemerkt hat — die *Wärmeleitung durch freie Elektronen* eine wesentliche Rolle. Deren Theorie entwickeln wir, zunächst ganz allgemein, in Anlehnung an die Theorie der elektrischen Leitfähigkeit ionisierter Gase von Abschnitt 137, F) (S. 594): Haben wir ein *Temperaturgefälle* dT/dr, so entspricht diesem ein Wärmestrom W [erg cm⁻² sec]

$$W = -K\frac{dT}{dr}\,. \tag{143, 93}$$

Das *Wärmeleitvermögen* K ist nach der elementaren kinetischen Gastheorie gegeben durch

$$K = \frac{c_{v,at}\cdot v}{4Q}\,. \tag{143, 94}$$

Dabei bedeutet $c_{v,at} = \frac{3}{2}k$ die spezifische Wärme bei konstantem Volumen pro transportierendes Teilchen, $v = \sqrt{3\,kT/m}$ ist deren Geschwindigkeit und Q der mittlere Wirkungsquerschnitt der Ionen für Elektronen der Geschwindigkeit v. Hat man mehrere Ionensorten, so ist analog Gl. (137, 43) zu mitteln. Benutzen wir für Q zunächst wieder die einfache Approximation (137, 45) mit einer quadratisch gemittelten Kernladungszahl, die in der Korona $Z = 1{,}26$ wird, so erhalten wir

$$K = \frac{27\sqrt{3}}{32\pi}\,\gamma_\omega\,\frac{k^{7/2}}{m^{1/2}\,e^4\,Z^2}\,T^{5/2}\,, \tag{143, 95}$$

wobei γ_ω, entsprechend dem γ_i von Abschnitt 137, ein dimensionsloser Faktor der Größenordnung Eins ist. Seine genauere Berechnung haben S. CHAPMAN und T. G. COWLING [2005] und dann L. SPITZER und R. HÄRM [20220] durchgeführt. Nach den Formeln der letzteren erhält man für die innere Korona mit $T = 1{,}6 \times \times 10^6\,°\mathrm{K}$ und $\log n_e = 8{,}5$ ein $\gamma_\omega = 0{,}471$. Da dieses logarithmische Glied, analog (137, 48ff.), von den Zustandsgrößen nur ganz schwach abhängt, dürfen wir obigen Zahlenwert für die ganze Korona benutzen, und erhalten so — unabhängig von der Elektronendichte —

$$K = \eta\cdot T^{5/2} \quad \text{mit} \quad \eta = 1{,}65\cdot 10^{-6}\,. \tag{143, 96}$$

In der Korona ist also $K \approx 5{,}3\cdot 10^9$ CGS-Einheiten.

---

[1] Hierzu auch R. G. GIOVANELLI [2154] sowie R. v. d. R. WOOLLEY und C. W. ALLEN [21191].

Die *Temperaturleitfähigkeit* Λ = K/spez. Wärme pro cm^3 wird $\approx 4 \cdot 10^{15}$. In $t = 5$ min breitet sich also eine Temperaturstörung über $x \approx \sqrt{4\Lambda t} = 20000$ km aus.

Der rapide *Temperaturanstieg* von der Chromosphäre zur Korona und deren Energieaustausch dürfte nun im wesentlichen folgendermaßen zu verstehen sein: Aus der Chromosphäre dringt ein mechanischer Energiestrom — ob man von Turbulenz, Stoßwellen, Protuberanzen usw. spricht, tut nichts zur Sache — nach oben. In der Chromosphäre selbst wird pro Äquivalenthöhe jeweils ein erheblicher Bruchteil dieses Stromes dissipiert und abgestrahlt. Bei Dichten $\leqq 4 \cdot 10^9$ Elektronen/cm^3 ist dies nicht mehr möglich; infolgedessen steigt die Temperatur. Wenn wir die Abstrahlung der Korona nach (143, 89), etwa $5 \cdot 10^3$ erg pro cm^2 Grundfläche und sec, gegenüber dem zugeführten mechanischen Energiestrom $\pi F_c \approx 10^6$ bis 10^5 erg/cm^2 sec als klein betrachten dürfen (alle diese Zahlen sind noch mit erheblichen Unsicherheiten behaftet!), so muß die der Korona zugeführte Energie *abgeleitet* werden. Die in die Korona eindringenden Stoßwellen bzw. Turbulenzelemente werden, da sie gegen einen steilen Temperaturgradienten anzulaufen haben, rasch stecken bleiben und also ihre Energie innerhalb einer Zone von größenordnungsmäßig höchstens $\sim$ 10000 km Dicke (z. B. ist die Äquivalenthöhe bei $10^6\,°$ gleich 43000 km) abladen. Weiter außen wird die Korona dann — in Einklang mit der Beobachtung — fast isotherm sein. Nach innen zu muß sich ein so steiler *Temperaturgradient* einstellen, daß der größere Teil des *Energiestromes* πF_c durch Leitung in tiefere Schichten zurückbefördert wird, wo er abgestrahlt werden kann. Die *Temperatur* der Korona wird im wesentlichen davon abhängen, wie weit in die Korona hinein der erwähnte Temperaturgradient anhält, d. h. wie weit die mechanische Energie, ehe sie dissipiert wird, in die Korona hineindringen kann. In der Wärmeleitungszone gilt nach Gl. (143, 93) und (143, 96)

$$\pi F_c \approx \eta T^{5/2} \frac{dT}{dh}\,. \tag{143, 97}$$

Integrieren wir diese Differentialgleichung über die Höhendifferenz Δh zwischen *der* Schicht, wo in der Korona die mechanische Energie in der Hauptsache abgeladen wird und der tieferen Schicht in der Chromosphäre, wo die zurückgeleitete Energie abgestrahlt werden kann, so gilt — wieder nur größenordnungsmäßig —

$$\frac{7}{2} \cdot \frac{\pi F_c}{\eta} \cdot \Delta h \approx T^{7/2} - T_0^{7/2}\,. \tag{143, 98}$$

Die Temperatur der Chromosphäre T_0 ist auf jeden Fall sehr viel kleiner als die Temperatur T der Korona. Wir vernachlässigen also $T_0^{7/2}$ gegen $T^{7/2}$ und erhalten z. B. mit einem Energiestrom $\pi F_c = 10^6$ erg cm^{-2} sec^{-1} die beobachtete Aufheizung der Korona auf $T = 1{,}6$ Millionen Grad bei einer Eindringtiefe der „mechanischen Energie" in die Korona von

$$\Delta h \approx 24000 \text{ km}\,. \tag{143, 99}$$

Die geforderte Dicke Δh der Übergangsschicht erscheint hydrodynamisch einigermaßen plausibel und mit den Beobachtungen verträglich. W. Petri [21127] erhält z. B. das *Ergiebigkeits*maximum für die grüne Koronalinie in $\sim 0\overset{'}{,}35$ = 15000 km über der Photosphäre.

Eine genauere Theorie kann zur Zeit noch nicht entwickelt werden, da die nötigen hydrodynamischen Grundlagen fehlen. In einer solchen Theorie müßten auch die solaren Magnetfelder berücksichtigt werden, wobei jedoch im voraus zu bemerken ist, daß vielfach die magnetische und die thermische bzw. mechanische Energiedichte von derselben Größenordnung sind, so daß die Koppelung des Magnetfeldes mit dem Strömungsfeld im Sinne der Magneto-Hydrodynamik beachtet werden muß.

An die *Energiebilanz* der Korona müßte sich eine *Materie-Bilanz*, d. h. eine Abschätzung der ein- und auslaufenden Materieströme, anschließen. Die vorliegenden Abschätzungen — vgl. H. C. VAN DE HULST [2103] — zeigen jedenfalls, daß dieser Materietransport weder für die Dynamik der Korona, noch für die Sonne im Ganzen eine wesentliche Rolle spielen dürfte. Eine genauere Theorie ist dadurch sehr erschwert, daß als wesentliches Zwischenglied der Materieaustausch zwischen Sonne und interplanetarischer Zodiakallicht-Materie auftritt, über deren Dynamik wir noch fast nichts wissen. Auch im zeitlichen Durchschnitt ist vielleicht wichtiger als der beständige kleine Materietransport die plötzliche Ausstoßung von Plasmawolken mit Geschwindigkeiten von $\geqq 1500$ km/sec und Dichten von $\sim 10^5$ bis 10^6 Protonen + Elektronen pro cm^3 bei Sonneneruptionen, wodurch dann auf der Erde evtl. Polarlichter und magnetische Stürme hervorgerufen werden. Bei solchen Gelegenheiten wird anscheinend — wie auch die bekannten Protuberanzenfilme zeigen — vorübergehend die ganze höhere Korona weggefegt!

144. Protuberanzen.

A) Form, Klassifikation und Bewegung der Protuberanzen. A. SECCHI unterschied schon 1872 auf Grund seiner Beobachtungen zusammen mit P. TACCHINI, den «*Immagini spettroscopiche del bordo solare*», zwei Haupttypen von *Protuberanzen*: 1. Die *ruhenden Protuberanzen,* welche ihre Form tagelang, oft wochenlang, im wesentlichen beibehalten und 2. die rasch veränderlichen *eruptiven Protuberanzen,* die im Verlauf einer Stunde, manchmal auch schon in Minuten, ihre Form gründlich ändern.

Neben die Beobachtungen der Protuberanzen in Emission am Sonnenrand stellen wir die Beobachtungen in *Absorption auf der Sonnenscheibe.* Auf spektroheliographischen Aufnahmen mit der Mitte der K- oder besser der Hα-Linie entdeckten H. DESLANDRES [2135] und G. E. HALE [2160] die langgestreckten dunklen „*Filamente*" (auch dunkle Flocculi oder dark markings genannt), welche nichts anderes sind als Protuberanzen in Absorption.

Die Beobachtung der Protuberanzen — in Emission oder Absorption — mit dem Spektroheliographen wird durch zwei nachteilige Eigenschaften des Instrumentes behindert: 1. Man kann den *zeitlichen Abstand* zweier Aufnahmen kaum unter einige Minuten bringen. 2. Wenn ein Gebilde in Absorption oder Emission eine erhebliche *Radialgeschwindigkeit* ($\gtrsim 30$ km/sec) hat, so wird die Linie durch den *Dopplereffekt* aus dem Bereich des 2. Spaltes entfernt. Der betreffende Teil der Protuberanz fehlt dann auf der Aufnahme. Diese Nachteile vermeiden das *Spektrohelioskop* von G. E. HALE, der *Spektroheliokinematograph* von R. R. MCMATH und *Koronograph* sowie *Polarisationsfilter* von B. LYOT. Alle diese Instrumente, welche wir schon in Abschnitt 132 besprochen haben, erlauben auch die fortlaufende Messung von *Radialgeschwindigkeiten.* Die Protuberanzen*filme* haben uns eigentlich erst eine richtige Vorstellung von der feineren Struktur und den rascheren Bewegungen der Protuberanzen vermittelt.

Detailliertere *Protuberanzen-Klassifikationen* sind entwickelt worden von E. PETTIT [21135—21136] nach Beobachtungen der Form und Bewegung der Protuberanzen, wie sie in *Emission* am Sonnen*rand* erscheinen. H. W. NEWTON [21111—21112] dagegen stützt sich auf seine Beobachtungen auf der Sonnen*scheibe* am Greenwicher Spektrohelioskop. M. WALDMEIER [2010] sowie D. H. MENZEL und J. W. EVANS [2194; auch 2102] berücksichtigen neben den Formen und Bewegungen auch Ursprung und Beeinflussung der Protuberanzen durch ihre Umgebung. Wir versuchen im folgenden, die „Anatomie" und „Physiologie" der wichtigeren Protuberanzen-Typen kurz darzustellen, ohne uns in malerische Einzelheiten zu verlieren.

1. *Ruhende Protuberanzen* (PETTIT: Klasse V; NEWTON: Klasse I; MENZEL-EVANS: Nonspot prominences). Durch Kombination von Grund- und Aufriß (in Absorption bzw. Emission) hat wohl zuerst E. PETTIT [21135] erkannt, daß die *ruhenden Protuberanzen* (bei Beobachtung in Absorption sprechen wir von Filamenten) eine dünne Schicht leuchtender Materie darstellen, die auf einer Schmalseite steht „ähnlich der Flamme eines Fischschwanzbrenners". Meist berührt diese Schicht die Chromosphäre nicht überall, sondern beginnt erst einige tausend Kilometer höher und ist mit dem Untergrund durch Gebilde verbunden, die man den Pfeilern einer Brücke oder den Luftwurzeln der Mangroven vergleichen könnte.

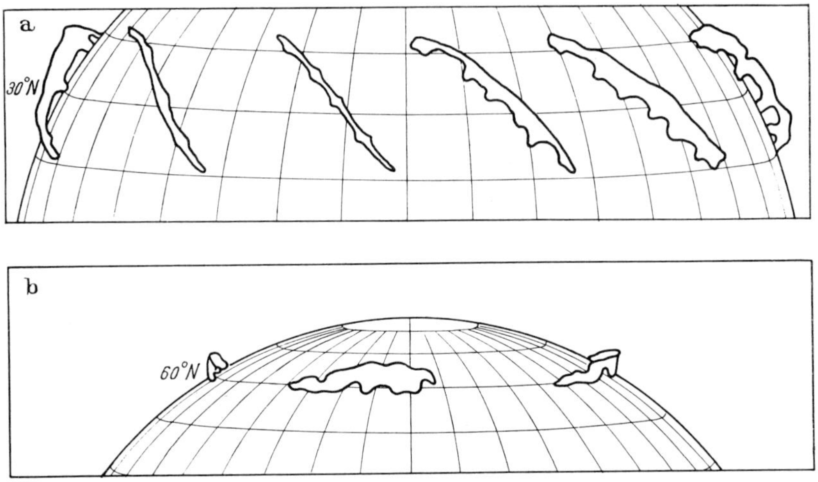

Abb. 224. Aufeinanderfolgende Aspekte einer Protuberanz bei ihrer Wanderung vom Ostrand (links) zum Westrand (rechts) der Sonne. Nach L. u. M. D'AZAMBUJA [2112]. a) Protuberanz niederer heliographischer Breite; b) Protuberanz höherer Breite.

L. und M. D'AZAMBUJA [2113] haben in ihrer schon mehrfach erwähnten grundlegenden Abhandlung etwa 200 *Filamente* auf Pariser Spektroheliogrammen aus den Jahren 1919—1930 und gelegentlich bis 1937 bei ihrer Wanderung über die Scheibe infolge der Rotation der Sonne verfolgt und so ein sehr genaues Bild ihrer räumlichen Struktur und ihrer (langsameren) Bewegungen gewonnen (Abb. 224). Die durchschnittlichen (in Klammern extremen) Dimensionen der „Lamelle" einer ruhenden Protuberanz sind:

Dicke $\sim$ 6600 km (4000—15000 km),
Höhe $\sim$ 42000 km (15000—120000 km),
Länge $\sim$ 200000 km (maximal 1100000 km).

Merkwürdigerweise erscheinen die Filamente am schmalsten nicht *im* Zentralmeridian, sondern etwas *vorher*. Daraus schlossen L. und M. D'AZAMBUJA, daß sie durchschnittlich um $\sim 8°$ gegen die Vertikale nach Westen *geneigt* sind. Eine Deutung dieser Gesetzmäßigkeit steht noch aus.

Vielfach haben die Filamente unten einen *hellen Saum*. Dies deutet wohl darauf hin, daß ihre Anregung von *unten* her erfolgt. Da auf gewöhnlichen Photoheliogrammen am Ort eines Filamentes gar nichts besonderes zu erkennen ist, so dürfte die Anregung am ehesten aus den höheren Schichten der Chromosphäre (etwa 6000 km über dem Sonnenrand) stammen.

Verfolgen wir nun mit M. und L. D'AZAMBUJA die *Entstehung und weitere Entwicklung der Filamente,* zugleich im Rahmen des 11jährigen Zyklus! Ein kleines Filament (Länge < 50000 km) entsteht meist am *polwärtigen Rande* der Fackelfläche (Plage faculaire) eines *Aktivitätszentrums.* Enthält letzteres Flecken, so ist das neue Filament etwa 1°,6 davon entfernt. Zwischen der Entstehung eines Fleckes und eines zugeordneten Filamentes vergehen 0,4—1,4 Rotationen. Die *Richtung* des neuen Filamentes zeigt im wesentlichen zum Pol, doch ist sein polwärtiges Ende gegenüber dem anderen etwas nach Ost zurückgeblieben wegen der langsameren Rotation der höheren Breiten, und zwar entsprechend $\sim 0{,}9$ Rotationen, d. h. der „Latenzzeit" des Filamentes. Die Filamente entstehen also jeweils in Breiten, die etwas höher liegen als die der Fleckenzone; auch die jungen Filamente befolgen das CARRINGTON-SPÖRERsche Gesetz. Im Laufe der weiteren

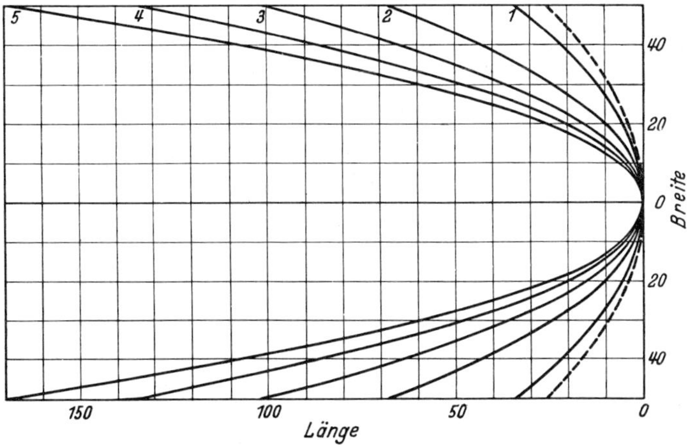

Abb. 225. Deformation eines Sonnenmeridians durch die differentielle Rotation ($\xi = 14{,}^\circ12 - 1{,}^\circ40 \sin^2\varphi - 1{,}^\circ33 \sin^4\varphi$) nach 1, 2 . . . 5 Rotationen [2113].

Entwicklung wachsen die Filamente an ihrem polwärtigen Ende, meist durch „Anbau" weiterer „Brückenbögen". Ihre Länge erreicht meist beim 3. Durchgang über die Sonnenscheibe ein Maximum; dann beginnen sie von niedrigen Breiten her abzubröckeln, können aber noch mehrere Rotationen überdauern. Aus den Durchgängen der Filamente durch den Zentralmeridian konnten D'AZAMBUJAs die *Rotationsgeschwindigkeit* der Sonne (Abschnitt 132, C) bis in hohe Breiten sehr genau messen (s. Abb. 189). Im Laufe ihrer Entwicklung wandern nun die neuen „äquatorialen" Filamente langsam polwärts. Dabei geht ihre ursprünglich offenbar *meridionale* Orientierung infolge der differentiellen Rotation der Sonnenoberfläche mehr und mehr in eine Anordnung längs der *Parallelkreise* über (Abb. 224). Das Tempo der Um-Orientierung der Filamente (Abb. 225) paßt ausgezeichnet zu dem in Abb. 189 dargestellten Rotationsgesetz der Sonnenoberfläche. Im Laufe ihrer Wanderung nach den Polen zu gehen die *„äquatorialen Filamente"* offenbar in die ursprünglich als prinzipiell verschieden betrachteten *„polaren Filamente"* über. Auch die Wanderungsgeschwindigkeiten der beiden Gruppen schließen sich ganz stetig aneinander. Die in Tab. 96 zusammengestellten Zahlen deuten darauf hin, daß in der Sonne eine langsame meridionale Zirkulation besteht, die von den Fleckenzonen nach den Polen zu führt und deren Umlaufzeit — wie man durch Integration über die reziproken Geschwindigkeiten nach Tab. 96 abschätzt — wahrscheinlich der Dauer des Fleckenzyklus entspricht. Qualitativ stimmen diese Ergebnisse der Filamentbeobachtungen mit

U. BECKERs [2033a] neuester Analyse der Eigenbewegungen der Flecke in heliographischer Breite überein. Dieser findet, daß sich die Flecke von der jeweiligen Lage der Fleckenzone aus auf der einen Seite nach den Polen, auf der anderen aber nach dem Äquator zu bewegen (die letztere Gruppe hat unter den Filamenten kein Analogon). Die von U. BECKER gefundenen Wanderungs*geschwindigkeiten* der Flecke sind aber 5—10mal *kleiner* als die der Filamente. Vielleicht darf man sich vorstellen, daß in *den* Bereichen, wo die Zirkulation noch zur Bildung von Flecken „ausreicht", die *vertikale* Strömungskomponente (welche die magnetischen Feldröhren aus der Tiefe emporspült) überwiegt, während in größerem Abstand von der Fleckenzone (nur dort können die Filamente bestehen) die *horizontale* Strömung überwiegt. Ein zusammenhängendes Bild der großen Zirkulation der Sonne, wie es seinerzeit V. BJERKNES [2040] versucht hat, können wir zur Zeit noch kaum entwerfen.

Tabelle 96. Mittlere Bewegung der Filamente $\Delta\varphi$ in Grad heliographischer Breite pro Rotation. Während der aufsteigenden Phase des Fleckenzyklus ist $\Delta\varphi$ etwa doppelt so groß wie während der absteigenden Phase. Nach L. D'AZAMBUJA [2102].

	Äquatoriale Filamente					Polare Filamente	
Heliographische Breite	0—10	11—20	21—30	31—40	40	38—50	51—69
$\Delta\varphi$	$+2{,}^\circ 3$	$+1{,}^\circ 6$	$+1{,}^\circ 3$	$+1^\circ 2$	$+0{,}^\circ 9$	$+0^\circ 9$	$+0{,}^\circ 8$
Zahl der Filamente . .	15	76	112	59	6	21	27

Auf den Protuberanzenfilmen sieht man, daß die ruhenden Protuberanzen eine sehr feine Struktur besitzen; sie bestehen aus einer Unzahl halbwegs geordneter leuchtender Fäden. Die Materie ist längs dieser Fäden, wie auf vorgezeichneten Bahnen, in ständiger *Bewegung* mit Geschwindigkeiten der Größenordnung 5 km/sec, und zwar beobachtet man auf unmittelbar nebeneinanderher laufenden Bahnen nicht selten Bewegungen entgegengesetzter Richtung. Die vorherrschende Strömungsrichtung ist abwärts, wie eine Art Regen. Dafür strömt der Protuberanz dauernd Materie von oben zu, die sich anscheinend aus der Korona heraus, meist schon in der charakteristischen fädigen Anordnung kondensiert hat.

Wie D'AZAMBUJA und andere beobachtet haben, verschwindet ein Filament oftmals plötzlich, z. B. kann es durch eine benachbarte Eruption „zersprengt" werden; hierzu A. BRUZEK [2128]. Einer der LYOTschen Filme zeigt ein solches Ereignis sehr dramatisch. Aber nun ist das Erstaunliche — wie wiederum D'AZAMBUJA mehrmals festgestellt hat —, daß das Filament nach 1—2 Tagen an genau der alten Stelle und in der alten Gestalt wieder aufgebaut bzw. ergänzt wird, als ob nichts geschehen wäre! Wir gehen wohl nicht fehl in der Annahme, daß das *„Gerüst" eines Filamentes durch ein relativ beständiges solares Magnetfeld gebildet wird, auf dem sich Materie aus der Korona kondensieren kann, deren Bewegung dann im wesentlichen den Kraftlinien folgen muß.*

Ehe wir uns der eigentlichen Physik der Protuberanzen zuwenden, werfen wir noch einen Blick auf die rasch bewegten und veränderlichen Phänomene der

2. *Eruptiven Protuberanzen.* Da (wie die Protuberanzenfilme gezeigt haben) zwischen Auf- und Abwärtsbewegungen offenbar kein tiefgreifender Unterschied besteht, wäre es vielleicht besser, einfach von „bewegten Protuberanzen" zu sprechen.

Zunächst sieht man bei der Beobachtung in der Hauptsache ruhender Protuberanzen häufig, wie Materie aus diesen heraus, wie auf vorgezeichneten Bahnen auf ein *„Anziehungszentrum"* zustrebt. Dieses liegt meist bei einem Fleck oder Aktivitätszentrum. Öfters strömt auch Materie aus einem Filament in ein benachbartes über.

Sodann kondensiert sich gelegentlich koronale Materie in einer Art Wolke und strömt dann entweder als feinverteilter „Regen“ (wieder auf bogenförmigen Bahnen) oder wie in einen Trichter gezogen als kompakter Strom nach unten. Wesentlich ist offenbar 1. die Kondensation von Materie aus der Korona und 2. ihre Verschiebung auf mehr oder weniger vorgezeichneten Bahnen — magnetischen Feldlinien — durch relativ kleine Kräfte.

In *aktiven Fleckengruppen* beobachtet man häufig die sog. *Fleck- oder Spritzprotuberanzen*, engl.: *surges*. Die Materie spritzt hier wie die Strahlen eines Springbrunnens mit Geschwindigkeiten von durchschnittlich 50—100 km/sec bis zu Höhen von ~ 100000 km empor und fällt dann im Verlauf von $^1/_2$—1 Std. wieder in die Photosphäre zurück. Die spektroheliokopischen Beobachtungen von H. W. NEWTON [21112b], M. A. ELLISON [2145] auf der Scheibe zeigen, daß die Materie durch eine helle *Eruption* (Flare) aus einer zufällig vorhandenen ruhenden Protuberanz (hierzu A. BRUZEK [2128]) oder direkt aus der Chromosphäre hochgeschleudert wird. ELLISON spricht daher direkt von "flare surges". Bei solchen aufsteigenden Protuberanzen sind (Literatur z. B. [2138—2139, 62a, 92, 133—136]) Geschwindigkeiten bis ~ 700 km/sec, also oberhalb der Entweichgeschwindigkeit der Sonne $\sqrt{2\,g\cdot a} = 616$ km/sec (g = Schwerebeschleunigung, a = Radius der Sonne) beobachtet worden. Von hier dürfte wohl ein stetiger Übergang führen zu den Materieströmen, welche die großen magnetischen Stürme und Polarlichter hervorrufen und — entsprechend ihrer Laufzeit — 1500—2500 km/sec zurücklegen. T. ROYDS [21149] konnte am 19. November 1928 eine eruptive Protuberanz bis 929000 km = 1,3 Sonnenradien über der Chromosphäre verfolgen.

In quantitativer Hinsicht sind die *Bewegungen der Protuberanzen* besonders von E. PETTIT [21134—21136] auf Yerkes-Spektroheliogrammen untersucht worden. Es zeigte sich, daß die Geschwindigkeiten oft über Zeiträume von 1—2 Std. fast konstant bleiben und sich dann ziemlich rasch ändern. Neuere kritische Arbeiten von PAN PUH [21138] (mit LYOTschen Filmen von Pic du Midi), H. R. HULME [2168] u. a. zeigen wohl, daß man nicht gerade *unstetige* Geschwindigkeitsänderungen anzunehmen braucht; es gibt offenbar auch stetige Beschleunigungen aufwärts bis etwa zur Größenordnung der negativen Schwerebeschleunigung g. Von einer eigentlichen Theorie der Protuberanzenbewegungen sind wir noch weit entfernt; einige Gesichtspunkte hierzu besprechen wir später.

Zum Schluß noch zwei etwas inkohärente Bemerkungen:

Die „*Spicules*“ (und überhaupt die höhere Chromosphäre) verhalten sich physikalisch wie Protuberanzen. Sie zeigen aber *nicht* deren charakteristische Zusammenhänge mit dem 11jährigen Zyklus. Wie wir schon sahen, sind sie wohl aufzufassen als letzte Auswirkung der aus tieferen Schichten — letzten Endes also der Granulation — empordringenden Druckwellen bzw. -störungen.

G. E. HALES "*Hydrogen-Vortices*" [20117 und 20121], diese spiraligen Strukturen auf Hα-Spektroheliogrammen der Umgebung von Sonnenflecken, haben — wie schon bemerkt (vgl. S. 569) — nichts mit dem Magnetfeld der Flecke zu tun. Es handelt sich offenbar um kleine Protuberanzen, die vom Fleck „angezogen“ und auf ihrer Bahn durch die *Coriolis*kraft systematisch abgelenkt werden.

B) Verteilung der Elemente in Protuberanzen. Da die Protuberanzen sich häufig mit Überschallgeschwindigkeit bewegen, so muß man — noch ohne sich auf detailliertere Vorstellungen festzulegen — annehmen, daß die treibenden Kräfte nicht hydrodynamischer Art sind, sondern daß sie *direkt an einzelnen Atomen angreifen*. Man ist daher zunächst geneigt, zu erwarten, daß zum mindesten in eruptiven Protuberanzen verschiedene Elemente „aussortiert“ werden. Dieses Problem der Trennung verschiedener Elemente haben E. PETTIT [21135] vom empirischen und W. H. McCREA [2190] vom theoretischen Standpunkt aus eingehend behandelt mit dem Ergebnis — das wir gleich vorwegnehmen —, daß ein solcher Effekt in den Protuberanzen *keine* merkliche Rolle spielt.

Die ältere Literatur unterscheidet meist die *gewöhnlichen Protuberanzen*, die in der Hauptsache die Wasserstofflinien, die starken Ca^+-Linien und He D_3 zeigen, von den *metallischen Protuberanzen*[1], die außerdem das grüne Mg-Triplett, eine Reihe von Fe II-Linien, manchmal auch die Na D-Linien usw. zeigen. Die Unterscheidung deckt sich weitgehend mit der zwischen *ruhenden* und *eruptiven* Protuberanzen. E. PETTIT vergleicht nun beide Typen von Spektren hinsichtlich der Linienintensitäten mit den *Flashspektrum*beobachtungen von S. A. MITCHELL. Dabei zeigt sich, daß die Spektren der gewöhnlichen Protuberanzen in der Hauptsache aus *den* Linien bestehen, die in MITCHELLs Schätzungsskala eine Intensität > 30 aufweisen, während in den metallischen Protuberanzen auch noch die schwächeren Flashlinien bis $\geqq 15$ auftreten. Die „gewöhnlichen" und die „metallischen" Protuberanzen unterscheiden sich also in der Hauptsache nur durch ihre *Intensität.*

Vergleicht man weiterhin auf Flashaufnahmen von großem Maßstab (Abb. 209; nach STRATTON) das Ansehen der Protuberanzenbilder in Linien *verschiedener Elemente,* aber *gleicher Intensität,* so kann man keinerlei Unterschied erkennen. Es findet also keine merkliche Trennung der Elemente statt.

Die Unterschiede zwischen den Bildern mit Linien verschiedener Intensität muß man in der Hauptsache auf Selbstabsorption in den Protuberanzen und photographische Effekte zurückführen. E. PETTIT hat Protuberanzenaufnahmen im Lichte der Ca II-Linien H und K eingehend verglichen mit Aufnahmen und spektroheliospkopischen Beobachtungen in Hα. Er gibt — noch mit Vorbehalt — an, daß die sog. "streamers", also Anhänge der Protuberanzen, die meist einem Fleck oder Anziehungszentrum zustreben, im Hα-Licht relativ *schwächer* erscheinen. Nach visuellen Beobachtungen von B. LYOT [2183] tritt dasselbe Phänomen im D_3-Licht noch ausgesprochener in Erscheinung. Wie schon LYOT bemerkt und die unter C) zu besprechenden spektralphotometrischen Messungen mit Bestimmtheit zeigen, kann man diese Unterschiede zwanglos darauf zurückführen, daß die *Selbstabsorption* in H und K stärker ist als in Hα und in dieser Linie wiederum stärker als in der D_3-Linie, welche praktisch selbstabsorptionsfrei ist.

Für die Annahme einer Trennung verschiedener Elemente scheint zunächst auch die Beobachtung von E. J. PEREPELKIN [z. B. 21121] zu sprechen, daß die Ca II-Linien gewöhnlich größere Radialgeschwindigkeiten ergeben, als die Wasserstofflinien. Aber auch diese Wahrnehmung läßt sich — wie wir sehen werden — zwangslos mit der Selbstabsorption der Ca II-Linien in Verbindung bringen.

Nachdem wir uns überzeugt haben, daß in den Protuberanzen *keine* merkliche Trennung verschiedener Elemente eintritt, betrachten wir mit W. H. McCREA [2190] unser auch für die Deutung der *Wolf-Rayet*-Sterne und *Novae* wichtiges Problem vom Standpunkt der *Theorie* aus.

Wir berechnen zunächst die Kraft F, *welche zwei Gase 1 und 2 pro Volumeinheit aufeinander ausüben, wenn sie sich mit der Relativgeschwindigkeit U durchdringen.* Dieselbe Kraft — nur mit entgegengesetztem Vorzeichen — wäre erforderlich, um die Relativgeschwindigkeit U aufrechtzuerhalten.

McCREA bedient sich zur Lösung dieses Problems der allgemeinen Ansätze der S. CHAPMANschen Diffusionstheorie. Wir möchten daneben auf die enge Analogie zur klassischen[2] Theorie der Elektronenleitung in Metallen von DRUDE-LORENTZ

[1] Vgl. besonders Kodaikanal Obs. Bulletin.

[2] Da in den Protuberanzen usw. die Drucke niedrig sind, so spielen Entartungserscheinungen selbstverständlich keine Rolle, und die für die Metalle selbst ja zum Teil unrichtigen Ansätze der klassischen Theorie sind also fast ohne Änderung anwendbar.

hinweisen (Elektronengas bewegt sich unter der Wirkung des elektrischen Feldes durch das Ionengitter). Da es uns auf große Genauigkeit nicht ankommt, so begnügen wir uns mit den einfachen und anschaulichen Rechenmethoden DRUDEs. Es bedeute im folgenden

m_1, m_2 Masse } der Partikel des Gases 1 bzw. 2.
ν_1, ν_2 Anzahl pro cm³ }
u_1, u_2 die mittlere Geschwindigkeit der Gase } in Richtung der Kraft F bzw. der
$P_1 = m_1 g_1$; $P_2 = m_2 g_2$ äußere Kraft pro Teilchen } Relativgeschwindigkeit U (s. unten).
$U = u_1 - u_2$ Relativgeschwindigkeit der Gase 1 und 2.

Es sei weiterhin

$1/\tau$ die Zahl der Stöße von Teilchen des Gases 1 mit solchen des Gases 2 pro cm³ und sec. (Nur diese beteiligen sich ja an der Impulsübertragung.)
$1/\tau_1$ die Zahl der Stöße *eines* bestimmten Teilchens 1 mit irgendwelchen Teilchen 2 pro cm³ und sec.
$1/\tau_2$ die Zahl der Stöße *eines* bestimmten Teilchens 2 mit irgendwelchen Teilchen 1 pro cm³ und sec.

Dann gilt zunächst offensichtlich

$$\frac{1}{\tau} = \frac{\nu_1}{\tau_1} = \frac{\nu_2}{\tau_2}\,. \tag{144, 1}$$

Unter dem Einfluß der Kraft P_1 erlangt nun ein Teilchen 1 während seiner Flugzeit τ_1 eine *Zusatz*geschwindigkeit $\frac{P_1}{m_1}\tau_1$.

Seine *mittlere* Zusatzgeschwindigkeit würde also $\frac{1}{2}\frac{P_1}{m_1}\tau_1$, wenn wir annehmen dürften, daß bei jedem Zusammenstoß eine vollständige Abgabe des Extraimpulses erfolgte. Dies trifft jedoch nur für zentrale Stöße zu, bei streifenden Zusammenstößen zweier Teilchen wird gar kein Impuls übertragen. Wir zählen daher nur die Hälfte aller Stöße als „impulsübertragend" und erhalten für die mittlere Zusatzgeschwindigkeit der Teilchen 1

$$m_1 u_1 = P_1 \cdot \tau_1\,. \tag{144, 2}$$

Für die Teilchen 2 wird entsprechend

$$m_2 u_2 = P_2 \cdot \tau_2\,. \tag{144, 3}$$

Nun ist nach dem Prinzip von actio und reactio die Kraft F, welche die beiden Gase pro cm³ aufeinander ausüben,

$$F = \nu_1 P_1 = -\nu_2 P_2\,, \tag{144, 4}$$

und (144, 2) und (144, 3) gehen wegen (144, 1) über in

$$\left.\begin{aligned} \nu_1 m_1 u_1 &= \nu_1 P_1 \tau_1 = \nu_1 F\tau \\ \nu_2 m_2 u_2 &= \nu_2 P_2 \tau_2 = -\nu_2 F\tau \end{aligned}\right\} \tag{144, 5}$$

Definieren wir noch in bekannter Weise die effektive Molekülmasse durch

$$\frac{1}{\mu} = \frac{1}{m_1} + \frac{1}{m_2} \quad \text{oder} \quad \mu = \frac{m_1 m_2}{m_1 + m_2}\,, \tag{144, 6}$$

so erhalten wir aus (144, 5) die einfache Verknüpfung zwischen der trennenden Kraft F und der Relativgeschwindigkeit der beiden Gase

$$\boxed{U = u_1 - u_2 = \frac{1}{\mu}\cdot F\tau \quad \text{bzw.} \quad F = \frac{\mu}{\tau}\,U\,.} \tag{144, 7}$$

Nunmehr bleibt noch die mittlere Zeit τ zwischen zwei Stößen 1 ↔ 2 pro cm³ und sec zu berechnen. Bezeichnen wir den *Wirkungsradius* (= Summe der Radien) beider Teilchen für die Stöße mit

$$\sigma = \sigma_1 + \sigma_2\,, \tag{144, 8}$$

so ist die freie Weglänge l_1, welche ein Teilchen 1 im Mittel zurücklegt, bis es auf ein Teilchen 2 stößt, festgelegt durch

$$\pi\sigma^2 \cdot l_1 \nu_2 \approx 1 \,, \tag{144, 9}$$

und die mittlere Zeit τ_1 zwischen zwei Stößen wird

$$\tau_1 = l_1/\bar{v} \,, \tag{144, 10}$$

wo $\bar{v}$ die *mittlere Relativgeschwindigkeit* (geordnete + ungeordnete Bewegung!) der Teilchen 1 und 2 bedeutet. Aus (144, 9) und (144, 10) erhält man mit (144, 1)

$$1/\tau = \nu_1 \nu_2 \, \pi\sigma^2 \cdot \bar{v} \tag{144, 11}$$

und mit (144, 7)

$$F = \nu_1 \nu_2 \cdot \mu \cdot \pi\sigma^2 \cdot \bar{v}\, U \,. \tag{144, 12}$$

Bei der Berechnung von $\bar{v}$ fassen wir zunächst mit McCrea zweckmäßig zwei Grenzfälle ins Auge:

Fall I: U ist *klein* verglichen mit den thermischen Geschwindigkeiten. Dann wird nach einer bekannten Formel der kinetischen Gastheorie

$$\bar{v} = \frac{2}{\pi} \sqrt{2\pi k T/\mu} \tag{144, 13}$$

und also nach (144, 12)

$$F = F' = 2\, \nu_1 \nu_2 \sigma^2 \sqrt{2\pi\, k T \cdot \frac{m_1 m_2}{m_1 + m_2}} \cdot U \,. \tag{144, 14}$$

Die von McCrea [2190, Gl. 7] mit Hilfe der Chapmanschen Theorie abgeleitete exakte Formel unterscheidet sich hiervon nur durch einen Zahlenfaktor 4/3, der bei uns durch nicht ganz korrekte Mittelbildungen verlorenging. (Beim heutigen Stande unserer Kenntnis der Wirkungsgradien σ ist er übrigens völlig belanglos.)

Fall II: U ist *groß* verglichen mit den thermischen Geschwindigkeiten. Dann ist einfach

$$\bar{v} = U \tag{144, 15}$$

und nach (144, 12)

$$F = F' = \pi \cdot \nu_1 \nu_2 \cdot \sigma^2 \frac{m_1 m_2}{m_1 + m_2} \cdot U^2 \,. \tag{144, 16}$$

Ganz *allgemein*, also auch für das Übergangsgebiet zwischen Fall I und II, kann man ersichtlich mit ausreichender Genauigkeit schreiben

$$\bar{v} = \sqrt{\frac{8\, k T}{\pi\, \mu} + U^2} \tag{144, 17}$$

und mit (144, 12)

$$F = \nu_1 \nu_2 \cdot \mu \cdot \pi\sigma^2 \sqrt{\frac{8\, k T}{\pi\, \mu} + U^2} \cdot U \,. \tag{144, 18}$$

Nachdem wir den Zusammenhang zwischen der Relativgeschwindigkeit U zweier Gase und ihrer Wechselwirkungskraft F für den Fall gleichförmiger Bewegung berechnet haben, verallgemeinern wir nunmehr auf *beliebige Bewegungszustände.*

Die Kraft (Gravitation, Strahlungsdruck usw.), welche auf ein Teilchen des Gases 1 wirkt, sei wieder $P_1 = m_1 g_1$. Die Geschwindigkeit des Gases 1 sei u_1 und seine Beschleunigung $\dot{u}_1$. Entsprechende Bezeichnungen gelten für Gas 2. Dann lautet nach den Grundprinzipien der Mechanik die Gleichung für die Relativbewegung der beiden Gase

$$M\, \{(g_1 - \dot{u}_1) - (g_2 - \dot{u}_2)\} = F \,, \tag{144, 19}$$

wo M die effektive Masse pro cm³ bedeutet. Das heißt

$$\frac{1}{M} = \frac{1}{\nu_1 m_1} + \frac{1}{\nu_2 m_2} \quad \text{oder} \quad M = \frac{\nu_1 m_1 \cdot \nu_2 m_2}{\nu_1 m_1 + \nu_2 m_2} . \tag{144, 20}$$

Berücksichtigen wir noch, daß

$$\varrho = \nu_1 m_1 + \nu_2 m_2 \tag{144, 21}$$

die Dichte des Gases 1 + 2 bedeutet und setzen zur Abkürzung

$$F = \nu_1 m_1 \cdot \nu_2 m_2 \cdot \Phi(U) , \tag{144, 22}$$

sowie entsprechend

$$u_1 - u_2 = U \tag{144, 23}$$

noch

$$g_1 - g_2 = G , \tag{144, 24}$$

so nimmt die Bewegungsgleichung (144, 19) die übersichtliche Form an

$$\boxed{\dot{U} = G - \varrho\, \Phi(U) .} \tag{144, 25}$$

Dabei ist nach (144, 14) im Fall I (kleine Trennungsgeschwindigkeit):

$$\Phi(U) = \alpha U \quad \text{mit} \quad \alpha = 2\,\sigma^2 \sqrt{\frac{2\pi\, k T}{m_1\, m_2 (m_1 + m_2)}} \tag{144, 26}$$

und nach (144, 16) im Fall II (große Trennungsgeschwindigkeit):

$$\Phi(U) = \beta U^2 \quad \text{mit} \quad \beta = \frac{\pi\, \sigma^2}{m_1 + m_2} . \tag{144, 27}$$

Aus (144, 25) entnehmen wir zunächst die *Grenzgeschwindigkeit* $U = U_0$, die sich unter der Wirkung einer konstanten Relativbeschleunigung G nach einer hinreichend langen Zeit einstellt. Für $\dot{U} = 0$ wird[1]

$$\Phi\,(U_0) = \frac{G}{\varrho} \tag{144, 28}$$

und also bzw. für

$$\text{Fall I:} \qquad U_0' = \frac{G}{\varrho\, \alpha} , \tag{144, 29}$$

$$\text{Fall II:} \qquad U_0'' = \frac{G}{\sqrt{\varrho\, \beta\, G}} . \tag{144, 30}$$

Weiterhin können wir mit Gl. (144, 25) aber auch leicht die *Relaxationszeit* t_0 abschätzen, die verstreichen muß, bis sich der stationäre Zustand mit der Trennungsgeschwindigkeit U_0' bzw. U_0'' nahezu eingestellt hat. Wir schreiben Gl. (144, 25) im

$$\text{Fall I:} \qquad \Delta U = (G - \varrho\, \alpha\, U)\, \Delta t \tag{144, 31}$$

und erhalten durch einfache Dimensionsbetrachtung

$$t_0' \approx \frac{1}{\varrho\, \alpha} . \tag{144, 32}$$

Wie man erwarten muß und unschwer nachrechnet, ist t_0' stets von derselben Größenordnung, wie die *kleinere* der eingangs betrachteten Stoßzeiten τ_1 bzw. τ_2.

Entsprechend wird im

$$\text{Fall II:} \qquad \Delta U = (G - \varrho \beta U^2)\, \Delta t \tag{144, 33}$$

[1] Dieses Teilergebnis kann man natürlich auch direkt unseren Ausgangsformeln entnehmen.

und damit

$$t_0'' = \frac{1}{\varrho\,\beta\,U_0} = \frac{1}{\sqrt{\varrho\,\beta\,G}}\,. \tag{144, 34}$$

Der allgemeine Fall ließe sich nach (144, 18) ebenfalls ohne nennenswerte Schwierigkeiten behandeln.

Setzt man abschätzungsweise die Wirkungsquerschnitte

$$\sigma \approx 2 \cdot 10^{-8}\,\text{cm}, \tag{144, 35}$$

so erhält man e. g. die folgenden Zahlenwerte:

Gas 1 sei das weitaus häufigste Element, der Wasserstoff mit $m_1 = m_{\mathrm{H}}$. Gas 2 sei z. B. Ca^+ mit $m_2 = 40\,m_{\mathrm{H}}$; ferner $\nu_1 \gg \nu_2$ und daher $\varrho \approx \nu_1 m_1$. Die Relativbeschleunigung sei

$$G = k \cdot g\,. \tag{144, 36}$$

$g = 2{,}74 \cdot 10^4$ cm sec^{-2} bedeutet dabei die Schwerebeschleunigung auf der Sonne. k dürfte (s. unten) während größerer Zeitintervalle (> etwa 5 min) den Wert 1 nicht erheblich überschreiten. Die Temperatur T setzen wir gleich 5000° K. Dann erhalten wir:

Fall I ($U \leqq 10$ km/sec):

$$U_0' = 8{,}6 \cdot 10^{14} \cdot \frac{k}{\nu_1}\,[\text{cm} \cdot \text{sec}^{-1}] \quad \text{und} \quad t_0' = \frac{3{,}1 \cdot 10^{10}}{\nu_1}\,[\text{sec}]\ldots \tag{144, 37}$$

Fall II ($U \gg 10$ km/sec):

$$U_0'' = 3{,}0 \cdot 10^{10}\sqrt{\frac{k}{\nu_1}}\,[\text{cm} \cdot \text{sec}^{-1}] \quad \text{und} \quad t_0'' = \frac{1{,}1 \cdot 10^{6}}{\sqrt{\nu_1 k}}\,[\text{sec}]\ldots \tag{144, 38}$$

Damit die Geschwindigkeitsdifferenzen zwischen Kalzium und Wasserstoff den Betrag von $U_0' = 5$ km/sec nicht überschreiten, muß nach (144, 37) — wenn wir noch $k \approx 1$ annehmen — die Konzentration

$$\nu_1 > 1{,}7 \cdot 10^9\ \text{Teilchen/cm}^3 \tag{144, 39}$$

sein. Für $U_0'' < 20$ km/sec erhält man entsprechend nach Gl. (144, 38)

$$\nu_1 > 2{,}2 \cdot 10^8\ \text{Teilchen/cm}^3\,. \tag{144, 40}$$

Wir werden unten zeigen, daß die spektroskopischen Beobachtungen ganz unabhängig von den im vorhergehenden entwickelten Formeln auf Dichten führen, die mit den Bedingungen (144, 39) und (144, 40) durchaus verträglich sind.

Die *Relaxationszeiten* berechnet man nach (144, 37) bzw. (144, 38) leicht für

$$\nu_1 = 1{,}7 \cdot 10^9\ \text{Teilchen/cm}^3 \quad \text{zu} \quad t_0' = 18\ \text{sec} \tag{144, 41}$$

und für

$$\nu_1 = 2{,}2 \cdot 10^8\ \text{Teilchen/cm}^3 \quad \text{zu} \quad t_0'' = 74\ \text{sec}, \tag{144, 42}$$

d. h. der stationäre Zustand stellt sich praktisch *momentan* ein.

C) Das Linienspektrum der Protuberanzen. Selbstabsorption, Anregungstemperatur, Turbulenz bzw. kinetische Temperatur, Elektronendichte und Anregungs- bzw. Ionisationsfunktion. Rationelle photometrische Messungen von Linienintensitäten in Protuberanzen hat zuerst K. Schwarzschild [21157] bei der Finsternis vom 30. August 1905 ausgeführt. Seine ihrer Zeit weit vorauseilende Abhandlung lohnt es sich auch heute noch zu studieren. Erst mehr als zwanzig Jahre später haben dann C. R. Davidson, M. Minnaert, L. S. Ornstein und F. J. M. Stratton [2134] sowie A. Pannekoek und N. W. Doorn [21116] mit Finsternisaufnahmen, andererseits M. Minnaert und C. Slob [2197] sowie der *Verf.* [21168] diese Dinge weitergeführt. Wir wollen hier diese in der 1. Auflage unseres Buches zum erstenmal im Zusammenhang erörterten Arbeiten nicht mehr ausführlich referieren, sondern stützen uns in der Hauptsache auf die neueren und naturgemäß genaueren Messungen von H. A. und M. BRÜCK, P. TEN BRUGGENCATE, M. A. ELLISON u. a.

Ein *Maß* für die in einer Protuberanzenlinie emittierte Energie erhält man, indem man sie vergleicht mit der cet. par. innerhalb von 1 Å oder Milli-Å im Spektrum des *wahren Kontinuums der Sonnenmitte* ausgestrahlten Energie. So definierte *Äquivalentbreiten* bezeichnen wir im folgenden mit W'_λ.

Erfolgt die Emission der Linie — wie wir bei hinreichend vielen Übergangsmöglichkeiten im Termschema annehmen dürfen — wie im lokalen thermodynamischen Gleichgewicht mit einer Temperatur T, so wird die Ausstrahlung pro cm^3, sec und Wellenlängenbereich 1 in den Raumwinkel 1 bekanntlich $\varepsilon_\lambda = k \cdot B_\lambda(T)$, wo k [cm^{-1}] den Linienabsorptionskoeffizienten und $B_\lambda(T)$ die KIRCHHOFF-PLANCK-Funktion bedeutet. Durch Integration längs der Sehlinie unter Berücksichtigung der Absorption erhält man die ausgestrahlte Intensität

$$I_\lambda = B_\lambda(T)\,\{1 - e^{-\tau_\lambda}\}\,, \tag{144, 43}$$

wo τ_λ die *optische Dicke der Protuberanz längs der Sehlinie* bei der Wellenlänge λ bedeutet. Bei der geringen Dichte der Protuberanzen kann nun die Verbreiterung der Linien nur auf *Dopplereffekt* thermischer und turbulenter Geschwindigkeiten beruhen. Setzen wir noch die Geschwindigkeitsverteilung — soweit ein allgemeiner Ansatz überhaupt sinnvoll ist — als maxwellisch mit einer *Dopplerbreite* $\Delta\lambda_D = \frac{\lambda}{c}\,\xi_0$ voraus, so wird nach Abschnitt 72 und 73:

$$\tau_\lambda = \frac{\sqrt{\pi}\,e^2}{m\,c^2} \cdot \frac{\lambda^2 N H f}{\Delta\lambda_D} \cdot e^{-\left(\frac{\Delta\lambda}{\Delta\lambda_D}\right)^2} = C \cdot e^{-\left(\frac{\Delta\lambda}{\Delta\lambda_D}\right)^2}. \tag{144, 44}$$

Dabei bedeutet in üblicher Weise λ die Wellenlänge und f die Oszillatorenstärke der Linie, NH die Anzahl der Atome in einer Säule von 1 cm^2 Querschnitt längs des Visionsradius. C ist die optische Dichte in der Linien*mitte* längs der Sehlinie.

Beziehen wir nun die Äquivalentbreite auf 1 Å der KIRCHHOFF-PLANCK-Funktion $B_\lambda(T)$ für die Temperatur der Protuberanz und nennen sie dann W_λ (*ohne* Akzent), so dürfen wir auf diese W_λ ohne weiteres die Theorie der *Wachstumskurve für exponentielle Absorption* nach Abschnitt 73 anwenden.

Zwischen den Äquivalentbreiten W'_λ und W_λ besteht die selbstverständliche Beziehung

$$W'_\lambda \cdot I_\lambda(0) = W_\lambda \cdot B_\lambda(T)\,, \tag{144, 45}$$

wo $I_\lambda(0)$ die Intensität im Kontinuum der ⊙-Mitte (Tab. 7) bedeutet.

Im *Strahlungsgleichgewicht* wären T bzw. $B_\lambda(T)$ gleich der Grenztemperatur der Sonne bzw. der Helligkeit des Sonnen*randes* ($\cos\vartheta = 0$). Wir machen von diesem Zusammenhang zunächst noch keinen Gebrauch, da wir die Anregung usw. in den Protuberanzen lieber zuerst von der empirischen Seite her betrachten. In der 1. Auflage hatten wir naiverweise T gleich der MILNEschen Grenztemperatur für die graue Atmosphäre, d. h. 4830° K gesetzt. Der richtige Wert der Protuberanzentemperatur *und* der Grenztemperatur der Sonne liegt — wie wir sehen werden — gut 1000° niedriger!

Neben den *Emissions*linien einer Protuberanz betrachten wir — unter denselben theoretischen Gesichtspunkten — sogleich ihre *Absorptions*linien, wenn sie als *Filament auf der Sonnenscheibe* erscheint: Es sei $I_\lambda(\vartheta)$ die Intensität des Sonnenspektrums (*einschl.* FRAUNHOFER-Linien) an der betrachteten Stelle der Sonnenscheibe. Liegt über dieser nun ein Filament der optischen Dicke $\tau_\lambda^{(\alpha)}$

(längs der *neuen* Sehlinie), so erhält man in dessen Spektrallinie eine Intensitätsverteilung

$$I_\lambda^{(\alpha)} = I_\lambda(\vartheta)\, e^{-\tau_\lambda^{(\alpha)}} + B_\lambda(T)\left\{1 - e^{-\tau_\lambda^{(\alpha)}}\right\} \tag{144, 46}$$

oder

$$\frac{I_\lambda(\vartheta) - I_\lambda^{(\alpha)}}{I_\lambda(\vartheta) - B_\lambda} = 1 - e^{-\tau_\lambda^{(\alpha)}}.$$

Definiert man das Integral über die links stehende „reduzierte Linientiefe" als neue Äquivalentbreite $W_\lambda^{(\alpha)}$, so kann man auch hierauf wieder die Theorie der Wachstumskurve von Abschnitt 73 anwenden.

Wichtiger ist die Bemerkung, daß für *optisch hinreichend dicke Protuberanzen*, bei denen also in der Linienmitte τ_λ und $\tau_\lambda^{(\alpha)} \gg 1$ sind, die Intensitäten der Linienmitte in Emission wie in Absorption gegen $B_\lambda(T)$ streben, d. h.

$$\lim_{\tau_\lambda \to \infty} I_\lambda = \lim_{\tau_\lambda^{(\alpha)} \to \infty} I_\lambda^{(\alpha)} = B_\lambda(T). \tag{144, 47}$$

M. A. Ellison [2147] und P. ten Bruggencate [2127] haben nun in der Tat beobachtet, daß die Zentralintensität von Hα für starke Protuberanzen (Emission) und Filamente (Absorption) einem gemeinsamen Grenzwert zustrebt. Ellisons Messungen ergeben $8{,}5 \pm 1{,}5\%$ des Kontinuums der ⊙-Mitte. (Emission im Mittel 6,2%, Werte $>10\%$ sehr selten; Absorption im Mittel 8,2%, Werte $<7\%$ sehr selten.) P. ten Bruggencate [2127] gibt — noch ohne Details — 11,5% an. Nach D. Chalonge u. a. [227] bzw. Tab. 7 entspricht das Kontinuum bei Hα . . . $I_\lambda(0) = 28{,}8 \cdot 10^{13}$ CGS-Einheiten bzw. einer Strahlungstemperatur $T_s = 6155°$ K. Aus $\exp\left\{-\frac{c_2}{\lambda}\left(\frac{1}{T} - \frac{1}{T_s}\right)\right\} = 0{,}095$ — als Mittelwert der Messungen — erhält man

$$T = 3700° \pm 100°\,\mathrm{K} \tag{144, 48}$$

als Temperatur der Protuberanzen. Wollte man die Hypothese lokalen thermodynamischen Gleichgewichts *nicht* machen, so behielt diese Größe nach Abschnitt 70 immer noch eine klare physikalische Bedeutung: In Verbindung mit der Boltzmann-Formel repräsentiert sie nämlich das wahre Verhältnis der Anzahlen der Wasserstoffatome im 2. und 3. Quantenzustand. T ist also eine *„Anregungstemperatur"*. Ob für andere Linien *dieselbe* Anregungstemperatur gilt, ist damit a priori noch nicht gesagt. Soweit es sich um höhere Terme handelt, die hauptsächlich durch *Rekombination*, also vom Kontinuum her und durch Strahlung etwa von $\lambda > 1500$ Å, angeregt werden, darf man wohl eine in engen Grenzen *einheitliche* Anregungstemperatur T gleich der kinetischen Temperatur der freien Elektronen (entsprechend deren Maxwell-Verteilung) annehmen, welche also die Verteilung der Atome auf die hohen Quantenzustände und die nächst höhere Ionisationsstufe regelt. Rein empirisch zeigt schon die Beobachtung, daß die Filamente auch am Rande der Sonnenscheibe für alle Linien in *Absorption* auftreten, daß die betreffenden Anregungstemperaturen jedenfalls $<4800°$ sind. Auf der anderen Seite weist das bloße Auftreten der Linien von He I und sogar He II darauf hin, daß für größere Anregungsstufen — etwa >10 eV — ganz formal höhere und immer höhere Anregungstemperaturen anzusetzen sind.

P. ten Bruggencate [2127] hat nun 1951 in vier Protuberanzen für die Linien Hα (6563 Å), Hβ (4861 Å) und He$D_3 = 2\,{}^3P^\circ$—$3\,{}^3D$ (5876 Å) zunächst die Äquivalentbreiten W'_λ — bezogen auf ⊙-Mitte — gemessen und dann nach

Gl. (144, 45) in W_λ — bezogen auf B_λ (3700°) — umgerechnet[1]. In Tab. 97 stehen *links* die schwächeren, *rechts* die stärkeren Protuberanzen. Man erkennt sofort, daß das Verhältnis Hα:Hβ nach rechts *ab*nimmt, während Hβ:HeD_3 fast konstant bleibt. Daraus schließen wir — und die Konstruktion von Wachstumskurven nach Abschnitt 73 wird dies bestätigen —, daß Hα bei den stärkeren Protuberanzen in optisch dicker Schicht ausgestrahlt wird, Hβ und HeD_3 dagegen stets noch in optisch dünner Schicht.

Tabelle 97. Äquivalentbreiten von Hα, Hβ und He D_3, bezogen auf 1 Ångström der KIRCHHOFF-PLANCK-Funktion für $T = 3700°$ K, und Anzahl der Atome NH in einer Säule von 1 cm² Querschnitt längs der Sehlinie für vier Protuberanzen. Nach P. TEN BRUGGENCATE [2127].

Protuberanz vom		6. 9. 51	11. 9. 51	10. 9. 51	15. 9. 51
log W_λ	H α	—0,265	—0,064	—0,020	+0,115
	H β	—1,116	—0,489	—0,462	—0,441
	He D_3	—1,552	—0,944	—0,785	—0,875
log NH, H	$n = 2$	12,53	13,13	13,13	13,47
	$n = 3$	10,36	10,76	10,83	11,64
	$n = 4$	9,65	10,40	10,43	10,42
	He 3^3D	8,59	9,27	9,47	9,37

Schon die älteren Messungen von K. SCHWARZSCHILD [21157] sowie M. MINNAERT und C. SLOB [2197] hatten gezeigt, daß in stärkeren Protuberanzen die Linien CaII H + K, sowie Hα „optisch dick" sind, während Hβ, Hγ, ... in optisch dünner Schicht emittiert werden. Direkte Beobachtungen (s. unten) bestätigen diesen Schluß. Daß die Metallinien (außer H und K) in optisch dünner Schicht, d. h. proportional den „theoretischen Intensitäten" ausgestrahlt werden, zeigten 1928 C. R. DAVIDSON, M. MINNAERT, L. S. ORNSTEIN und F. J. M. STRATTON [2134].

Auf Hα und Hβ, die ja beide von Term $n = 2$ ausgehen, wenden wir nun die *Wachstumskurve* Abb. 114 an: Die *Abszissen* $\log \frac{NH\, f}{\Delta\, \omega_D}$ zweier zusammengehöriger Punkte für Hα und Hβ unterscheiden sich um $\Delta \log f \cdot \lambda = 0{,}859$, ihre Ordinaten $\log \frac{W_\lambda}{2\, \Delta\, \lambda_D}$ um $\Delta \log W_\lambda/\lambda$. Durch Aufschieben der Kurvenstücke auf die berechnete Wachstumskurve Abb. 114 (für $2\,\alpha = 0$) erhält man die Dopplerbreiten[2] $\Delta\lambda_D$ von Hα und Hβ sowie die Anzahl der 2quantigen H-Atome in einer cm²-Säule längs des Sehstrahles $N_{0,2}$H. Die entsprechende Anzahl 3quantiger Atome ist durch den BOLTZMANN-Faktor für 3700° schon *festgelegt*, d. h. $N_{0,3}\mathrm{H} = \frac{9}{4} N_{0,2}\mathrm{H}\, e^{-\frac{\chi_3 - \chi_2}{kT}}$. Zahlenmäßig ergibt sich für Hβ eine Dopplerbreite $\Delta\,\lambda_D = 0{,}238$ Å, entsprechend einer wahrscheinlichsten Geschwindigkeit der Wasserstoffatome $\xi_0(\mathrm{H}) = 14{,}7$ km pro sec, was im Sinne einer MAXWELL-Verteilung interpretiert einer *kinetischen Temperatur* von $T_k = 13000°$ K entsprechen würde.

Direkte Messungen der *Linienprofile* — die P. TEN BRUGGENCATE unter sorgfältiger Elimination des Apparateprofils ausführte — ergaben für Hβ (mit einer ganz geringfügigen Korrektion für endliche optische Dicke) ein mittleres $\Delta\,\lambda_D = 0{,}251$ Å in guter Übereinstimmung mit den aus der Wachstumskurve erhaltenen 0,238 Å. Für die HeD_3-Linie führten die Linienprofile auf $\Delta\,\lambda_D = 0{,}166$ Å entsprechend einer erheblich kleineren Geschwindigkeit der Heliumatome $\xi_0(\mathrm{He}) = 8{,}5$ km/sec. Da die Geschwindigkeiten der H und He-Atome sich nahezu

[1] Ebd. sind die numerischen Rechnungen vergleichsweise auch für 3800° und 3900° durchgeführt.

[2] Diese müssen selbstverständlich den Wellenlängen der Linien proportional sein.

umgekehrt wie die Quadratwurzeln aus den Atomgewichten, d. h. wie 2:1 verhalten, interpretiert sie P. TEN BRUGGENCATE im Sinne des Gleichverteilungssatzes mit einer *kinetischen Temperatur* der schweren Teilchen von $T_k \approx 13000°$, die freilich erheblich höher wäre als die *Anregungstemperatur* T, welche nahezu gleich der *Elektronentemperatur* sein muß.

Diese — zunächst sehr bestechende — Interpretation der Messungen erscheint *Verf.* schwerwiegenden Bedenken ausgesetzt: Wie sich zeigen wird, greifen alle Mechanismen, die einer Protuberanz Energie zuführen könnten, Strahlung, Wärmezufuhr aus der Korona und Induktionsströme, primär an den *Elektronen* an. Dann aber müßte man erwarten, daß wie z. B. in der positiven Säule von Gasentladungen, die Elektronentemperatur höchstens *höher* sein könnte als die der schweren Teilchen.

Sodann zeigen nach E. PETTIT [21135] die „ruhenden" Protuberanzen ständige innere „Eigen"-bewegungen von größenordnungsmäßig 5—10 km/sec. Ebenso weisen Beobachtungen von H. W. NEWTON [21111] am "line shifter" des Spektrohelioskopes auf makroskopische turbulente Bewegungen mit einer wahrscheinlichsten Geschwindigkeit[1] von 4—5 km/sec. Zieht man andererseits von den gemessenen ξ_0 die rein thermischen Geschwindigkeiten für $T = 3700°$ (quadratisch) ab, so bleiben als *turbulenter* Geschwindigkeitsanteil ξ_t für H 7,8 km/sec und für He 3,9 km/sec, was jedenfalls in die von PETTIT und NEWTON gefundene Größenordnung paßt. Wir möchten daher P. TEN BRUGGENCATEs Beobachtungen lieber in der Weise interpretieren, daß in den Protuberanzen (ähnlich wie auch in der interstellaren Materie) eine *Korrelation zwischen Geschwindigkeit und Anregung + Ionisation* besteht, in dem Sinne, daß in den rascheren Turbulenzelementen das Verhältnis H:HeD_3 durchschnittlich größer ist, als in den langsamen. Eine eindeutige Entscheidung könnten simultane Messungen der Linienprofile schwererer Elemente, z. B. Ca II und Mg I bringen.

Ähnlich wie aus Hα und Hβ kann man *Wachstumskurven* für Protuberanzen auch durch Vergleich von Hα und HeD_3 bekommen, sofern man *voraussetzt*, daß wenigstens innerhalb *einer* Protuberanz das Verhältnis der betreffenden Atomzahlen konstant ist. Mißt man keine Linien*profile*, sondern nur die Äquivalentbreiten W'_λ, so kann man aus dem flachen Teil der Wachstumskurve nur das *Produkt* $B_\lambda(T) \cdot \Delta\lambda_D$ für Hα und aus dem linearen Teil die Atomzahlen NH für Wasserstoff und Helium bekommen. Die schon erwähnten Messungen von M. MINNAERT und C. SLOB [2197] sowie die neueren von H. A. BRÜCK und W. MOSS [2124] wurden ursprünglich unter der Voraussetzung einer Temperatur $T = 4830°$ ausgewertet und ergaben dann auch ein $\Delta\lambda_D$, das ganz gut hierzu paßte. Die neueren Messungen der Zentralintensitäten von Hα in Emission und Absorption zwingen uns, mit einer tieferen Temperatur $T = 3700°$ zu rechnen, wodurch $\Delta\lambda_D$ bzw. ξ_0 über den rein thermischen Wert für diese Temperatur heraufgedrückt wird. Eine unabhängige Neureduktion der Messungen von H. A. BRÜCK und W. MOSS, welche Herr Dr. K. H. BÖHM frdl. in der Weise durchführte, daß für jede Protuberanz die Verschiebungen in Richtung der Abszissen- und Ordinatenachse besonders bestimmt wurde, ergab unter Annahme von $T = 3700°$ K für Hα Geschwindigkeiten ξ_0 zwischen 5 und 30 km/sec, im Mittel 15,0 km/sec in bester Übereinstimmung mit P. TEN BRUGGENCATEs Wert von 14,7 km/sec. Einige Wachstumskurven sind in Abb. 226 dargestellt.

Soweit die Protuberanzenlinien in *optisch dicker Schicht* emittiert werden, liefert — wie wir sahen — die Theorie der *Wachstumskurve* neben dem $\Delta\lambda$ die

[1] Unter den Protuberanzen seiner Klasse I haben 83% Radialgeschwindigkeiten von 0—4 km/sec, 14% solche von 5—9 km/sec.

Atomzahlen NH im unteren *und* oberen Quantenzustand der betreffenden Linie. Das Verhältnis dieser Atomzahlen, in die BOLTZMANN-Formel eingesetzt, ergibt die *Anregungstemperatur* T, welche zuerst in Verbindung mit der KIRCHHOFF-PLANCK-Funktion auftrat. Richtig verstanden, hat hier die Annahme lokalen thermodynamischen Gleichgewichtes gar nichts Geheimnisvolles an sich.

Bei der Interpretation von Linien, die in *optisch dünner Schicht* emittiert werden ($W_\lambda < \Delta\lambda_D$), wird man besser von vornherein die Selbstabsorption vernachlässigen und die Anzahl der Atome im *oberen* Quantenzustand m ermitteln. Die Linienintensität ist bekanntlich [vgl. (70, 26)]:

$$W'_\lambda \cdot I_\lambda(0) = \frac{1}{4\pi} A_{nm} h\nu \cdot N_m \mathrm{H} = \frac{2\pi e^2 h}{m\lambda^3} \cdot \frac{g_n}{g_m} f_{mn} \cdot N_m \mathrm{H}\,, \qquad (144, 49)$$

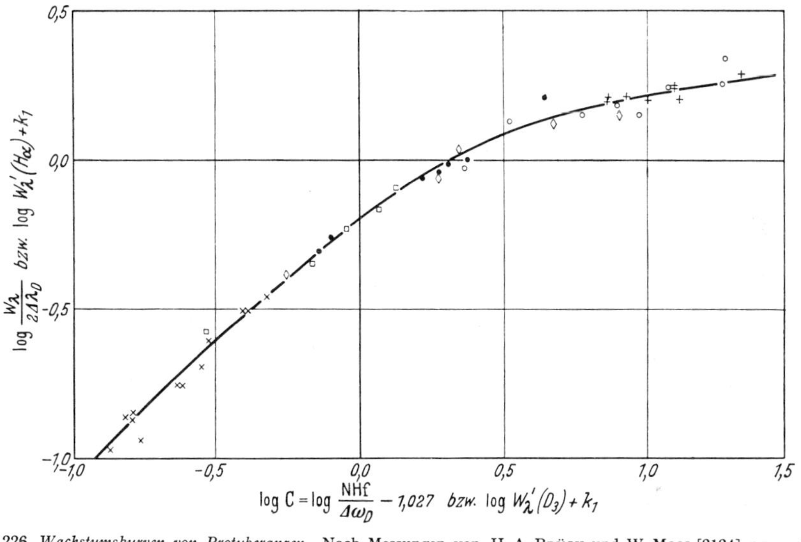

Abb. 226. *Wachstumskurven von Protuberanzen.* Nach Messungen von H. A. BRÜCK und W. MOSS [2124] neu reduziert von K. H. BÖHM. W'_λ bedeutet wieder die Äquivalentbreite, bezogen auf 1 A der Intensität $I_\lambda(0)$ im Spektrum der ⊙-Mitte. W_λ bezogen auf 1 A des schwarzen Körpers von $T = 3700°$ K. Die angegebenen Verschiebungen k_1 und k_2, welche die Meßpunkte auf die universelle Wachstumskurve bringen, streuen bei den ausgewählten Protuberanzen mit „langen" Wachstumskurven stärker als durchschnittlich. Für Protuberanzen, welche in der Hauptsache auf dem $\left\{\begin{matrix}45°\text{-Zweig}\\ \text{flachen Zweig}\end{matrix}\right\}$ der Wachstumskurve liegen, ist nur $\left\{\begin{matrix}k_1 - k_2\\ k_2\end{matrix}\right\}$ sicher bestimmbar.

Protuberanz			k_1	k_2
◇	1a	2124, I	2,75	0,99
○	3b	2124, I	3,92	1,47
□	8	2124, II	2,93	1,27
×	14a	2124, II	1,63	0,67
+	17	2124, II	3,76	1,34
●	20a	2124, II	2,54	1,01

wo g_n bzw. g_m das statistische Gewicht des unteren bzw. oberen Quantenzustandes, f_{mn} die (Absorptions-)Oszillatorenstärke und λ die Wellenlänge der Linie bezeichnen.

P. TEN BRUGGENCATE hat seine Messungen von $H\alpha$ und $H\beta$ an vier Protuberanzen auch in dieser Weise (zum Teil kombiniert mit der vorhergehenden) ausgewertet und zunächst verifiziert, daß die Atomzahlen für $n = 2, 3$ und 4 durch eine *einheitliche* Anregungstemperatur $T = 3700°$ K dargestellt werden können. Die älteren Messungen vom K. SCHWARZSCHILD [21157] sowie A. PANNEKOEK und N. W. DOORN [21116] gehen zwar bis $H\zeta$, sind aber für eine Bestimmung von T (nach heutigen Ansprüchen) nicht genau genug.

Die Atomzahlen NH selbst für die Wasserstoffterme $n = 2, 3, 4$ und He 3^3D enthält Tab. 97. P. TEN BRUGGENCATE hat dabei auch für H, $n = 3$ und 4, sowie He eine sehr kleine Selbstabsorptionskorrektion angebracht, die von obigen Annahmen ausgeht; auf die Zahlenwerte von T und $\Delta\lambda_D$ kommt es dabei nur noch wenig an. Umgekehrt erscheint die Angabe eines *unabhängigen* NH-Wertes für He 2^3P kaum mehr gerechtfertigt.

Die älteren Beobachtungen von K. SCHWARZSCHILD [21157], A. UNSÖLD [21168], M. MINNAERT und C. SLOB [2197] hatten für die Anzahl 2quantiger Wasserstoffatome $\log NH$ zwischen 10,84 und 13,45 ergeben. Es gibt natürlich beliebig dünne Protuberanzen; der letzte Wert dürfte für stärkere einigermaßen charakteristisch sein. In Zukunft sollte man versuchen, durch vorhergehende bzw. nachfolgende spektroheliographische Aufnahmen die geometrische Struktur der am Rand beobachteten Protuberanzen genauer zu bestimmen.

Da wir in guter Näherung annehmen dürfen, daß die empirisch gefundene Anregungstemperatur $T = 3700°$ (welche praktisch gleich der wahren Grenztemperatur der Sonnenatmosphäre ist) auch die Anregung der höheren Terme und der Ionisation des Wasserstoffes von diesen aus beherrscht, so können wir aus den $N_{0,n}$ auf die Anzahl der Protonen N_1 bzw. Elektronen N_e schließen. Durch Kombination der BOLTZMANN- und SAHA-Formel erhält man zunächst (wir bezeichnen die Atomzahlen *hier* mit großen N, um die n weiter für die Hauptquantenzahlen verwenden zu können):

$$\frac{N_1 N_e}{N_{0,n}/g_{0,n}} = 2 g_1 (2\pi m kT)^{3/2} \cdot h^{-3} \cdot e^{-\frac{\chi_0 - \chi_{0,n}}{kT}} . \qquad (144, 50)$$

Das statistische Gewicht des n-ten Quantenzustandes ist beim Wasserstoff $g_{0,n} = 2n^2$. Da die Ionisationsenergie von einem solchen Zustand aus $\chi_0 - \chi_{0,n}$ klein ist — für $n = 2$ z. B. 3,38 eV —, so kommt es auf den Zahlenwert von T nicht sehr genau an. Weiterhin werden die freien Elektronen im wesentlichen vom Wasserstoff selbst geliefert, wir dürfen also $N_e \approx N_1$ setzen. Schätzen wir noch als Mittelwert für die Dicke der Protuberanzen längs des Visionsradius

$$\overline{H} \approx 10000 \text{ km} = 10^9 \text{ cm} \qquad (144, 51)$$

ab, so erhalten wir aus (144, 50) die Anzahl der Wasserstoffionen und Elektronen pro cm³. Da H dabei nur als Quadratwurzel eingeht, ist seine Unsicherheit nicht so sehr bedenklich. Nach P. TEN-BRUGGENCATE bekommt man aus Tab. 97 mit (144, 51) nach Gl. (144, 50) im Mittel die *Elektronen*- bzw. Ionendichte[1]

$$N_e = 0{,}62 \cdot 10^{10} \text{ pro cm}^3 \quad \text{bzw.} \quad \log N_e = 9{,}79 , \qquad (144, 52)$$

entsprechend einem *Elektronendruck*

$$P_e = N_e \cdot kT = 3{,}1 \cdot 10^{-3} \text{ dyn cm}^{-2} \quad \text{bzw.} \quad \log P_e = -2{,}50. \qquad (144, 53)$$

Wendet man Gl. (144, 50) z. B. einmal auf den Wasserstoffzustand $n = 3$ und dann auf den Heliumzustand $3\,^3$D an — die auf das He bezüglichen Größen bezeichnen wir mit einem * —, so erhält man durch Division unter der *Voraussetzung*, daß die Protuberanz homogen sei

$$\frac{N_1^*}{N_1} = \frac{(N_{0,3^3D}H)^*}{N_{0,3}H} \cdot \frac{2/15}{1/18} e^{-\frac{\Delta}{kT}} , \qquad (144, 54)$$

wo $\Delta = (\chi_0^* - \chi_{0,3^3D}^*) - (\chi_0 - \chi_{0,2})$ die Differenz des He $3\,^3$D-Termes minus dem 2-ten H-Term ist, also nur 0,0028 eV. Die Temperatur geht also in die Rechnung praktisch kaum ein. Zahlenmäßig erhält man als Mittelwert aus P. TEN BRUGGENCATEs Messungen (Tab. 97) $H^+ : He^+ = 1 : 0{,}046$.

[1] Die Bearbeitung des 1937 verfügbaren Beobachtungsmaterials führte *Verf.* damals auf den nicht so sehr verschiedenen $\log N_e = 9{,}83$.

Beschränkt man sich auf den Vergleich von Hα- und HeD_3-Linien, welche in *optisch dünner Schicht* emittiert werden und also auf dem linearen Zweig der Wachstumskurve liegen, so kann man unsere Gl. (144, 50) und (144, 49) kombinieren und erhält cet. par.

$$N_1 \sim W'_\lambda \cdot I_\lambda(0) \cdot \lambda^3 \cdot \frac{g_1}{g_n f_{mn}}, \qquad (144, 55)$$

wobei wieder g_1 das statistische Gewicht des Ions, g_n das des *unteren* Termes der Linie λ und f_{mn} deren Oszillatorenstärke bedeutet. Zahlenmäßig wird

$$\frac{N_1^*}{N_1} = \frac{W'_{5876}}{W'_{6563}} \cdot \frac{34,1}{28,8} \cdot \left(\frac{5876}{6563}\right)^3 \cdot \frac{2 \cdot 8}{1 \cdot 9} \cdot \frac{0,637}{0,553} = 1,74 \, \frac{W'_{5876}}{W'_{6563}}. \qquad (144, 56)$$

Reduziert man damit die Messungen von M. MINNAERT und C. SLOB [2197] bzw. die vom *Verf.* in Abb. 135 unserer 1. Auflage angezeichnete Wachstumskurve, so erhält man $H^+ : He^+ = 1 : 0,045$ in ausgezeichneter Übereinstimmung mit P. TEN BRUGGENCATE. K. H. BÖHMs Neureduktion der Messungen von H. A. BRÜCK und W. MOSS ergab für 75% aller Protuberanzen[1]

$$H^+ : He^+ = \mathbf{1 : 0,17} \text{ bis } 1 : 0,031. \qquad (144, 57)$$

Da der Wasserstoff auf jeden Fall *stärker* ionisiert sein dürfte als das Helium, so sollte die Häufigkeit des letzteren relativ zum Wasserstoff jedenfalls $>4\%$ sein. Der obere Grenzwert $H^+ : He^+ = 1 : 0,17$ entspricht nahezu dem in Tab. 56 angegebenen kosmischen Häufigkeitsverhältnis $H : He = 1 : 0,19$. Wir schließen daraus, daß auch in der Sonne das Häufigkeitsverhältnis der beiden leichtesten Elemente dem kosmischen Mittelwert entspricht, *und* daß in den zuletzt betrachteten Protuberanzen nicht nur der Wasserstoff, sondern auch das Helium ziemlich ionisiert ist.

Bis hierher haben wir von dem Begriff der „*Temperatur einer Protuberanz*" vorsichtigerweise nur insoweit Gebrauch gemacht, als wir — und dies wohl mit gutem Grund — annahmen, daß die Verteilung der Elektronen auf die hochangeregten diskreten und die daran anschließenden kontinuierlichen Zustände (d. h. die Geschwindigkeitsverteilung der freien Elektronen) durch ein und dieselbe Temperatur $T \approx 3700°$ dargestellt werden könnten.

Nunmehr betrachten wir das ganze *Spektrum der Protuberanzen* und stoßen dabei selbstverständlich auf Fragen der Art: „Wie verhalten sich die Anzahlen der Wasserstoffatome im 1. und 2. Quantenzustand mit $\chi_{0,2} = 10,15$ eV?" „Welcher Bruchteil des Wasserstoffes ist neutral bzw. ionisiert?" usw.

Wohl das bisher beste und vollständigste Spektrum einer Protuberanz von Hα bis λ 3223 hat W. GROTRIAN [2155] bei der Finsternis vom 9. Mai 1929 aufgenommen und beschrieben. Interessanterweise handelt es sich um eine gerade *eruptive Protuberanz* mit Radialgeschwindigkeiten zwischen -45 und $+284$ km/sec. Schon die *Intensitätsschätzungen* zeigen, daß die relativen Linienintensitäten in der *eruptiven* Protuberanz sich wenig von denen einer *ruhenden* unterscheiden, die G. RIGHINI [2102] am 25. Februar 1952 bekommen hat. (Daß auf der letzteren Aufnahme praktisch alle Linien, denen GROTRIAN Intensität 0 und 1 zuschreibt, und viele mit Intensität 2 fehlen, liegt offensichtlich an der verschiedenen effektiven Belichtung.) Auch mit S. A. MITCHELLs [2199] geschätzten *Chromosphären*intensitäten gehen die der eruptiven Protuberanzen erstaunlich parallel. Offenbar unterscheiden sich also *eruptive Protuberanzen*, *ruhende Protuberanzen* und die (höhere) *Chrcmosphäre* in ihrer physikalischen Konstitution nur sehr *wenig*.

[1] Die statistische Auswertung ergab:

$\log W'_{6563} : W'_{5876} =$	0,5		0,75		*1,0*		*1,25*		*1,5*		*1,75*		2,00		2,25
Anzahl der Protuberanzen		1		1		6		6,5		7		2,5		2 .	

Schon bei qualitativer Betrachtung des Protuberanzenspektrums fällt auf, daß Linien von außerordentlich verschiedener Anregungs- und Ionisationsenergie nebeneinander vorkommen, z. B. die Resonanzlinien von NaI und CaI, dann weitere Linien neutraler und ionisierter Metalle, sodann H, HeI und schließlich HeII λ 4686! Um derartige Abweichungen vom thermodynamischen Gleichgewicht zunächst einmal ganz formal und größenordnungsmäßig *beschreiben* zu können, ersetzen wir in den Formeln von BOLTZMANN und SAHA versuchsweise das bekannte $\chi \cdot \frac{5040}{T}$ durch eine noch zu bestimmende Funktion $\Phi(\chi)$, die offenbar für kleine χ ungefähr gleich $1{,}36\,\chi$ bis χ sein sollte, um dann bei großen χ erheblich flacher zu verlaufen.

W. GROTRIAN hatte die große Freundlichkeit, das besprochene Spektrum dem *Verf.* [21170] zur photometrischen Ausmessung zu überlassen. Da die

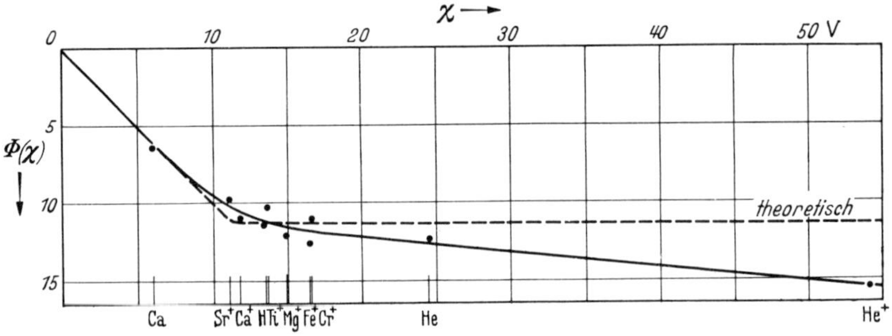

Abb. 227. *Anregungsfunktion* $\Phi(\chi)$, entsprechend dem $\frac{5040}{T} \cdot \chi$ im thermodynamischen Gleichgewicht, für *Protuberanzen*; abgeleitet unter der Annahme eines Elektronendruckes $P_e = 5 \cdot 10^{-3}$ dyn/cm² nach A. UNSÖLD [21170].
— — — Theoretische Anregungsfunktion $\Phi(\chi)$ nach (144,61).

Emission, abgesehen von den ohnehin überbelichteten Linien H + K, Hα und vielleicht Hβ, in optisch dünner Schicht erfolgt, konnten die gemessenen Intensitäten ohne weiteres in (relative) *Atomzahlen* übergeführt werden. Die weitere Diskussion wurde nun anhand der verallgemeinerten BOLTZMANN- und SAHA-Formeln

$$\log \frac{N_{r,s}/g_{r,s}}{N_r/u_r} = -\,\Phi\,(\chi_{r,s}) \tag{144, 58}$$

$$\log \frac{N_{r+1}/u_{r+1}}{N_r/u_r} = -\,\Phi\,(\chi_r) + \frac{5}{2}\log T - \log P_e - 0{,}48 + \log 2 \tag{144, 59}$$

in der Weise durchgeführt, daß in den Gliedern, wo es nicht genau darauf ankommt, zunächst $T \approx 5600°$ gesetzt wurde. Sodann wurde — entsprechend den damaligen Kenntnissen — $P_e = 5 \cdot 10^{-3}$ dyn cm^{-2} gesetzt. Damit ergab sich eine fast überraschend glatte $\Phi(\chi)$-Kurve (Abb. 227), die bis $\chi \approx 8$ eV sich noch weitgehend dem Verlauf für thermisches Gleichgewicht bei Sonnentemperatur anschließt, um dann nach größeren χ hin rasch abzubiegen. Hätten wir z. B. mit $P_e = 5 \cdot 10^{-2}$ dyn cm^{-2} gerechnet — was sicher zu hoch ist — so hätte sich der flache Teil der $\Phi(\chi)$-Kurve um 1 Einheit angehoben; ihre wesentlichen Züge aber wären ganz dieselben geblieben. Bei $\chi = 54$ eV entsprechen die Abweichungen gegenüber dem thermischen Gleichgewicht bei 5040° etwa 38,7 Zehnerpotenzen! Unsere Lösung impliziert, daß der *Wasserstoff und gleichzeitig das Helium* nicht weit vom Ionisationsgrad $x = 0{,}5$ entfernt sind. Man kann (144, 55) in Verbindung mit dem kosmischen Häufigkeitsverhältnis H:He und einen glatten Verlauf der $\Phi(\chi)$-Kurve bekommen mit Ionisationsgraden $x_{\mathrm{H}} = 0{,}71$ und $x_{\mathrm{He}} = 0{,}17$.

K. WURM [21193] hat den *Ionisationsgrad des Wasserstoffes* in Protuberanzen abzuschätzen versucht, indem er davon ausgeht, daß die 2. Ionisation eines *Metalls*, dessen χ_2 in der Nähe von 13,6 eV liegt, sich ähnlich wie die 1. Ionisation des Wasserstoffes verhalten dürfte. Er wählte Sr^+ mit $\chi_2 = 11$ eV, dessen Resonanzlinien $5\,^2S_{\frac{1}{2}} - 5\,^2P^\circ_{\frac{1}{2}}$, λ 4078 und 4215 Å bekannte Oszillatorenstärken $f \approx \frac{1}{3}$ bzw. $\frac{2}{3}$ haben und höchstwahrscheinlich durch Resonanzfluoreszenz angeregt werden.

Mißt man ihre Äquivalentbreiten, bezogen auf 1 Å des — wie wir sehen werden — in diesem Spektralgebiet auf *Elektronenstreuung* beruhenden Protuberanzenkontinuums, so kann man aus Gl. (143, 57) unmittelbar das Verhältnis $\frac{N_1(S_r)}{N_e}$ der *Sr^+-Ionen zu den freien Elektronen* bekommen. Dabei ist im Prinzip noch zu bedenken, daß die photosphärische Strahlung, welche die Sr II-Linien anregt, durch die betreffenden FRAUNHOFER-Linien geschwächt ist. Dieser Effekt wird jedoch durch den Dopplereffekt der Protuberanz sehr verringert, so daß man die rechte Seite von (143, 57) höchstens noch mit einer effektiven Zentralintensität $\bar{I}_c \approx 0{,}5$ multiplizieren muß. Unpublizierte Messungen des *Verf.* an dem schon erwähnten GROTRIANschen Spektrum ergaben nun $W_{4078} = 9{,}3$ Å und $W_{4215} = 6{,}5$ Å, bezogen auf $f = 1$ also im Mittel $W_\lambda \approx 15{,}8$ Å. K. WURM setzt nach Schätzung auf einer Reproduktion von DAVIDSON, MINNAERT, ORNSTEIN und STRATTON [2134] $W_\lambda = 7{,}5$ (4,5 bis 15). Rechnen wir weiterhin mit $W_\lambda = 10$ Å, so ergibt sich aus (143, 57) mit dem erwähnten Faktor $I_e \approx 0{,}5$ der $\log(N_e/N_1(Sr))$ $= 10{,}06$. Andererseits ist nach Tab. 56 und 57 das solare Häufigkeitsverhältnis $\log(\mathrm{H/Sr}) = 8{,}42$. Unter der *Annahme*, daß die zweite Ionisation des Strontiums genau der ersten des Wasserstoffes entspricht und fast alle Elektronen vom Wasserstoff stammen, findet man daraus — wenn wir kurz die Elementsymbole für die Anzahlen schreiben —:

$$\frac{\mathrm{H}^+}{\mathrm{H}} = \frac{\mathrm{Sr}^{++}}{\mathrm{Sr}^+} = \frac{\frac{\mathrm{Sr}}{\mathrm{H}} N_e}{\frac{\mathrm{Sr}^+}{N_e} N_e} \quad \text{oder} \quad \log\frac{N_1}{N_0} = 10{,}06 - 8{,}42 = 1{,}6. \qquad (144,60)$$

Wahrscheinlich wird der Wasserstoff etwas schwächer ionisiert sein als das Sr^+. Ein Verhältnis $N_1 : N_0 \approx 10$ *für Wasserstoff* — mit einem Unsicherheitsbereich von etwa einer Zehnerpotenz — dürfte also der Wirklichkeit wohl am nächsten kommen.

Unter den in Protuberanzen vertretenen Ionen steht in der Ionisierungsspannung das Ti^+ mit $\chi_r \approx 13{,}6$ eV dem Wasserstoff noch näher als Sr^+. Es handelt sich um Linien mit 3,6—4,3 eV Anregungsspannung. Der Modus der Anregung ist aber ziemlich unklar; außerdem dürfte das begleitende Kontinuum im UV vorwiegend BALMER-Grenzkontinuum sein. Eine genauere Auswertung der Ti II-Linien stößt daher zur Zeit noch auf Schwierigkeiten.

Wie lassen sich nun die höchst merkwürdigen *Anregungs- und Ionisationsverhältnisse in den Protuberanzen* und — können wir sogleich hinzufügen — der *höheren Chromosphäre* verstehen?

Durch eine eingehende Diskussion der beobachteten erlaubten Linien und vor allem der *nicht auftretenden*[1] *verbotenen Übergänge* hat K. WURM [21192] — bezüglich Einzelheiten müssen wir auf seine Abhandlung selbst verweisen — zunächst gezeigt, daß trotz der Anregung von Energiestufen bis 54 eV die *Elektronentemperatur* auf jeden Fall $< 10^4\,°$K sein muß, in bester Übereinstimmung mit unserer Aussage, daß sie nahe bei 3700° K liege. In Verbindung schon mit einer

[1] Eine Linie wird erst dann erkennbar, wenn ihre Zentralintensität merklich größer wird als die Intensität des THOMSON-Streukontinuums + evtl. weiterer Kontinua.

ganz groben Abschätzung der Stoßquerschnitte zeigt sich sodann, daß die „Überanregung" der hohen Energiestufen durch *Strahlung* erfolgt und *nicht* durch Stöße bewirkt sein kann.

D'AZAMBUJAs Beobachtung, daß die großen Filamente vielfach einen hellen „Bauch" haben, deutet darauf hin, daß die *anregende Strahlung* von *unten* kommt. Aus tieferen Schichten der Photosphäre — wie z. B. *Verf.* früher einmal vermutet hat — kann sie *nicht* stammen, da der kontinuierliche Absorptionskoeffizient im Lymangebiet sehr hoch ist. Betrachten wir nun — und dies scheint für viele Probleme der Astrophysik und Geophysik ein wichtiger Punkt zu sein — genauer die dünne *Übergangsschicht* etwa 8—15000 km über dem Sonnenrand, in der die Temperatur von etwa 4000° in der Chromosphäre auf etwa 1600000° in der Korona emporschnellt! Die Emission des Hauptseriengrenzkontinuums z. B. der r-ten Ionisationsstufe eines bestimmten Elementes ist cet. par. $\sim n_{r+1}\, n_e$; sie wird also, wenn wir von tieferen zu höheren Temperaturen übergehen, zunächst entsprechend der Ionisation $r \to r+1$ anwachsen. Befinden sich aber alle Atome im Ionisationszustand $r+1$, so wird die Emission bei weiterer Temperatursteigerung abnehmen, einmal wegen des $T^{-1/2}$-Faktors in (143, 80) und sodann wegen der nächsten Ionisation. In der Übergangsschicht Chromosphäre → Korona wird also ein bestimmtes Hauptserienkontinuum bei *der* Temperatur am stärksten zur Geltung kommen, wo seine Ionisationsstufe gerade *etwa zur Hälfte* weiter ionisiert ist.

Ersetzen wir in allen Formeln, um die Abweichungen vom thermodynamischen Gleichgewicht auszudrücken, wieder $\frac{5040}{T}\chi$ durch $\Phi(\chi)$, so gilt also in dieser Näherung[1]

$$N_e = \frac{(2\pi\, m\, kT)^{3/2}}{h^3} \cdot 10^{-\Phi(\chi)}. \qquad (144, 61)$$

Setzt man für die Übergangsschicht von der Chromosphäre zur Korona größenordnungsmäßig $N_e \approx 10^{10}$ und in dem vorderen Glied rechts $T \approx 10000°$ (auf die genauen Zahlenwerte kommt es wenig an), so erhält man $\Phi(\chi) = 11{,}4$, d. h. die in Abb. 227 gestrichelt eingezeichnete „theoretische" Anregungsfunktion. Sie gibt die wesentlichen Züge der empirischen Kurve überraschend gut wieder. Man möchte daraus schließen, daß unsere noch sehr schematisierte Theorie wohl in ihren Grundzügen richtig sein dürfte. Sie impliziert, daß etwa ab $\lambda < 1000$ Å die Intensität im Sonnenspektrum $I_\nu \sim \frac{2h\nu^3}{c^2} 10^{-\Phi}$ sich sehr viel weniger ändert, als man nach dem PLANCKschen Strahlungsgesetz erwarten würde.

Soweit haben wir uns nur mit dem durchschnittlichen Zustand „der Protuberanzen" beschäftigt. Wie steht es nun mit Abweichungen von diesem

---

[1] Nach Gl. (143, 27ff.) gilt bei Photoionisation + Zweierrekombination allgemein: $n_{r+1}\, n_e\, Q_{r+1|r} = n_r\, Q_{r|r+1}$ oder $\frac{n_{r+1}}{n_r} n_e = \frac{Q_{r|r+1}}{Q_{r+1|r}}$. Charakterisiert man das Strahlungsfeld durch eine *Strahlungs*temperatur T_s und evtl. einen Verdünnungsfaktor W sowie die Geschwindigkeitsverteilung der Elektronen durch eine *Elektronen*temperatur T_e, so erhält man — wenn die Ionisation vom Grundzustand aus überwiegt und $\frac{\chi_r}{kT} \gg 1$ ist — als Verallgemeinerung der SAHAschen Formel die zuerst von A. PANNEKOEK angegebene Formel

$$\frac{n_{r+1}}{n_r} \cdot n_e = W \cdot \frac{u_{r+1}}{u_r} \cdot 2\, \frac{(2\pi\, m\, k)^{3/2}}{h^3} \cdot T_e^{1/2}\, T_s\, e^{-\frac{\chi_r}{kT_s}}.$$

Wir haben oben — im Sinne der vorhergehenden Abschätzungen — auf die Unterscheidung von T_e und T_s in den nicht-exponentiellen Gliedern verzichtet; eine genauere Theorie müßte ohnedies noch mancherlei weiteres berücksichtigen.

mittleren Zustand? Wenn wir von den *limb-flares*, d. h. Sonneneruptionen in den höheren Schichten, absehen, die ganz offensichtlich ein Phänomen für sich bilden, so wissen wir darüber fast nichts. M. WALDMEIER [21180] hat das Intensitätsverhältnis von Fe II 5169,03 relativ zu den Linien des Mg I-Tripletts $\lambda\lambda$ 5183, 5172, 5167 (relative Intensitäten 5:3:1) in zahlreichen Protuberanzen eingeschätzt und findet Variationen etwa im Bereich einer Zehnerpotenz. Das Verhältnis Fe II/Mg I hat in den ruhenden Protuberanzen mittlere Werte, in den Fleckentuberanzen ist es *kleiner* und in sehr hellen und aktiven Gebilden — wohl vom Charakter der limb-flares — *größer*. Eine Interpretation (M. WALDMEIER versucht eine solche im Rahmen der gewöhnlichen Theorie der Ionisation und Anregung) erscheint noch kaum möglich.

D) Das kontinuierliche Spektrum der Protuberanzen. An die Grenze der BALMER-Serie λ 3647 schließt sich im Spektrum der Protuberanzen das schon von den A-Sternen her bekannte Kontinuum an (vgl. die Finsternisaufnahmen Abb. 209 und [2134]). In entsprechender Weise kann man auf einer Koronographenaufnahme von B. LYOT [2185; Plate 16, Abb. 28 und 29] auch das PASCHEN-Kontinuum $\lambda < 8206$ Å erkennen. Sodann aber fand 1936 B. LYOT [2183] durch visuelle Beobachtungen, bei denen durch Filter das von starken Linien freie Spektralgebiet λ 5950—6400 abgegrenzt wurde, ein Kontinuum, dessen Licht $\perp$ zum Sonnenrand stark polarisiert war. Der Polarisationsgrad wurde direkt zu 5,5—8,3% gemessen; nach Korrektion für das unpolarisierte terrestrische Streulicht erhöht sich der Wert nach LYOT auf $\sim$15%. Ohne Zweifel rührt dieses Kontinuum zum überwiegenden Teil von THOMSON-Streuung an freien Elektronen her. Der *Vergleich* der drei Kontinua wird uns anhand der *Theorie* — im Anschluß an Arbeiten von K. WURM [21193], H. ZANSTRA [21195] und *Verf.* [1. Aufl.] — interessante Aussagen erlauben. Zum Schluß werden wir auch diskutieren, ob bzw. wie man in Protuberanzen das kontinuierliche Spektrum des H^--Ions erwarten sollte.

1. BALMER- *und* PASCHEN-*Kontinuum.* Nach dem Vorgang von G. CILLIÉ [2130] bzw. analog Gl. (143, 80) — ohne Ausführung der Integration in (143, 79) — berechnen wir die *Emission durch Rekombination* in den n-ten Wasserstoffquantenzustand $\varepsilon_{\nu,n}$ pro cm³, Frequenzintervall 1 in den Raumwinkel 1 (entsprechend dem $\varkappa_\nu S_\nu$ in der Theorie des Strahlungsgleichgewichtes). Wir nehmen dabei an, daß sich in 1 cm³ N_1 Protonen und N_e Elektronen befinden. Die letzteren sollen eine MAXWELLsche Geschwindigkeitsverteilung entsprechend der Temperatur T haben; sonst machen wir *keine* Anleihe an die Theorie für thermisches Gleichgewicht. So wird für $\nu >$ Grenzfrequenz ν_n:

$$\varepsilon_{\nu,n} = \frac{2^7\,\pi^4}{3\sqrt{3}} \cdot \frac{m\,e^{10}\cdot Z^4}{c^3\,h^2(2\pi\,m\,kT)^{3/2}} \cdot \frac{1}{n^3}\,e^{\frac{h}{kT}(\nu_n-\nu)} \cdot N_1 N_e \tag{144, 62}$$

oder

$$\varepsilon_{\nu,n} = \frac{1{,}717\cdot 10^{-33}}{n^3\,T^{3/2}}\,e^{\frac{h}{kT}(\nu_n-\nu)} \cdot N_1 N_e\ [\text{erg/cm}^3\cdot\text{sec}\cdot\text{Hz}\cdot\text{ster}]. \tag{144, 63}$$

Die bei G. CILLIÉ ebenfalls berechneten frei-frei-Übergänge können wir vorerst beiseite lassen. Ebenso spielen die überlagerten höheren Grenzkontinua, wie schon die Abb. 72ff. lehren, nur eine untergeordnete Rolle. Zahlenmäßig erhält man für eine Elektronentemperatur von 3700° die in der oberen Zeile von Tab. 98 zusammengestellten *Emissionsgrößen*. Deren weitere Diskussion stellen wir noch zurück und bemerken vorerst nur noch, daß die Frequenzabhängigkeit von $\varepsilon_{\nu,n}$ und daher auch von $I_\nu \sim e^{-\frac{h\nu}{kT}}$ eine direkte spektralphotometrische

Tabelle 98. Emission $\varepsilon_{\nu,n}$ der Wasserstoffkontinua $n = 2$ und 3 bei einer Elektronentemperatur von $T = 3700°$ K und Streuung durch freie Elektronen E'_ν pro cm³ sowie Frequenzintervall und Raumwinkel 1 in Protuberanzen.

λ	3647 ($n=2$)	3647 ($n=3$)	6200 ($n=3$)	8206 Å ($n=3$)	
Wasserstoffkontinua $\varepsilon_{\nu,n}$	9,54	0,076	0,610	2,82	$\times 10^{-40} N_1 N_e$
Elektronenstreuung ε'_ν	3,1		7,9	7,9	$\times 10^{-30} N_e$
$\frac{\varepsilon_{\nu,n}}{\varepsilon'_\nu}$ für $N_1 = 3 \cdot 10^{10}$	9,2	0,07	0,23	1,1	

Bestimmung der *Elektronentemperatur* T erlaubt. C. R. DAVIDSON, M. MINNAERT, L. S. ORNSTEIN und F. J. M. STRATTON [2134] erhielten so für zwei Protuberanzen in 700 bzw. 14000 km Höhe über dem Sonnenrand $T = 4000°$ bzw. 3200° K in ausreichender Übereinstimmung mit unserem Wert von 3700°.

2. *Streuung an freien Elektronen.* Ähnlich wie für die K-Korona hat S. BAUMBACH [2117] auch für reine Elektronenstreuung in einer *Protuberanz* (wo die Integration längs der Sehlinie wegfällt) den zu erwartenden *Polarisationsgrad* [s. (143, 16)] berechnet. Bezeichnet man die *scheinbare* Höhe der Protuberanz über dem Sonnenrand mit x und den mittleren Streuwinkel $180° - \sphericalangle$ (Sonnenmittelpunkt-Protuberanz-Beobachter) mit φ, so erhält man die in Tab. 99 wiedergegebenen Werte. Die genaue Lage der von B. LYOT beobachteten Protuberanzen ist leider nicht bekannt; der Vergleich des beobachteten $p \approx 15\%$ mit der linken Hälfte von Tab. 99 zeigt aber auf jeden Fall, daß bei λ 6200 Å die Elektronenstreuung den größeren Teil des Protuberanzenkontinuums liefert.

Tabelle 99. Polarisationsgrad des Elektronenstreukontinuums in Protuberanzen p (in %) berechnet von S. BAUMBACH [2117] in Abhängigkeit von der scheinbaren Höhe x (Bogenminuten) über dem Sonnenrand, dem mittleren Streuwinkel φ und der Wellenlänge λ bzw. dem Randverdunkelungskoeffizienten β.

$\varphi =$	λ 6200 ($\beta = 1$)			λ 4330 ($\beta = 4{,}0$)		
	90°	75° 105°	60° 120°	90°	75° 105°	60° 120°
$x = 0{,}00$	7,3	14,8	20,0	13,0	19,1	22,4
0,24	14,3	15,5	21,6	19,0	21,5	24,0
0,56	18,7	20,6	23,5	23,2	24,6	25,6
1,03	24,0	25,0	26,0	28,0	28,5	27,8
2,48	36,3	35,0	30,0	39,6	38,3	32,0

Die pro cm³ in einer Protuberanz gestreute Energie ε'_ν pro Frequenzintervall und Raumwinkel 1 können wir nach Gl. (143, 9) schreiben:

$$\varepsilon'_\nu = \sigma_{el} \cdot J_\nu(r) \cdot N_e \quad \text{mit} \quad \sigma_{el} = 0{,}665 \cdot 10^{-24}\,\text{cm}^2 . \qquad (144, 64)$$

Dabei haben wir die Richtungsabhängigkeit der Streuung und die Polarisation der Streustrahlung vernachlässigt, was in den praktisch vorkommenden Abständen von der Sonnenoberfläche keine Fehler über $\sim 10\%$ verursachen dürfte. $J_\nu(r)$ können wir nach (143, 11) für die plausiblen Mittelwerte $r = 1{,}03$ und $\beta = 1$ schreiben

$$J_\nu(r) = 0{,}30\, I_\lambda(0) \cdot \frac{\lambda^2}{c} , \qquad (144, 65)$$

wobei die Abhängigkeit des vorderen Faktors von r und β so gering ist, daß wir ihn hier ganz allgemein verwenden dürfen. Die Intensität $I_\lambda(0)$ im Spektrum der

⊙-Mitte (pro Ångström!) entnehmen wir Tab. 7[1]. Die so berechneten ε_ν' sind in der untersten Zeile von Tab. 98 angegeben.

3. *Vergleich der Wasserstoffkontinua mit der Elektronenstreuung.* In Anlehnung an die erwähnten Arbeiten von K. WURM [21193] sowie H. ZANSTRA [21195] und seinen Mitarbeitern vergleichen wir nun anhand von Tab. 98 die verschiedenen Kontinua der Protuberanzen. Deren *Intensitäten* werden, wenn wir auch nur größenordnungsmäßige Homogenität voraussetzen, den $\varepsilon_{\nu,n}$ bzw. ε_ν' proportional sein. (Absolutmessungen — die höchst interessant wären — scheint es nicht zu geben.)

Bei λ 8206 erkennt man auf der erwähnten Aufnahme von B. LYOT das PASCHEN-Kontinuum; dieses kann also nicht wesentlich schwächer sein als das Streukontinuum. Bei λ 6200 dagegen muß nach LYOTs Polarisationsmessungen, das Streukontinuum um ein Mehrfaches stärker sein als das dortige PASCHEN-Kontinuum. Bei λ 3647 endlich ist das BALMER-Kontinuum erheblich stärker als das Streukontinuum (dem gegenüber das PASCHEN-Kontinuum hier vernachlässigt werden kann), und zwar nach D. KOELBLOED und W. VELTMAN [2178] um einen Faktor der Größenordnung 5,5 bis etwa 20. Diese Forderungen lassen sich nach Tab. 98 nur vereinbaren, wenn

$$N_1 = 2 \text{ bis } 6 \cdot 10^{10} \text{ Protonen/cm}^3 \qquad (144, 66)$$

ist. Diese Zahl ist — wie schon K. WURM [21193] bemerkte — etwa 3—10mal *größer*, als die auf ganz anderem Wege in (144, 52) abgeleitete. Dort ging — und zwar in der $-\frac{1}{2}$-ten Potenz — die wirksame Dicke $\overline{H}$ der Protuberanz längs des Visionsradius ein. Den Unterschied der beiden Dichten darf man wohl dahingehend interpretieren, daß die wahre mittlere Protonendichte etwa bei

$$N_1 \approx N_e \approx 3 \cdot 10^{10} \text{ cm}^{-3} \qquad (144, 67)$$

liegt, und daß nur etwa $^1/_{25}$ der äußeren Gestalt der Protuberanzen wirklich von Materie erfüllt sind. Nach den bekannten Protuberanzenfilmen erscheint es ganz plausibel, daß die „Fäden", aus welchen die Protuberanzen bestehen, durch Zwischenräume etwa vom Vierfachen ihres Durchmessers voneinander getrennt sind.

4. *Das H^--Kontinuum in Protuberanzen?* Zum Schluß fragen wir, ob wir vielleicht noch einen interessanten Schluß daraus ziehen könnten, daß z. B. bei λ 6200 das H^--Kontinuum sicher erheblich schwächer ist als das Streukontinuum? Die H^--Emission ε_ν^- pro cm³, Frequenzintervall und Raumwinkel 1 können wir nach den Tabellen von S. CHANDRASEKHAR und F. H. BREEN [709 III] sofort anschreiben. Für λ 6200 Å und $T = 3700°$ wird

$$\varepsilon_\nu^- = 4 \cdot 10^{-27} \cdot N_0 \cdot N_e k T \cdot B_\nu(T) = 6{,}4 \cdot 10^{-43} N_0 N_e \,. \qquad (144, 68)$$

Da das beobachtete Kontinuum bei λ 6200 Å stark polarisiert ist, so muß wohl $\varepsilon_\nu^- < 0{,}2 \cdot \varepsilon_\nu'$ sein, was heißt $N_0 < 250 \cdot 10^{10}$ neutrale Wasserstoffatome pro cm³. Diese Aussage ist trivial, da wir längst wissen, daß $N_0 < N_1$ ist. Umgekehrt ersieht man, daß praktisch keine Aussicht besteht, das H^--Kontinuum in Protuberanzen überhaupt zu beobachten.

E) Strahlungsdruck in Protuberanzen. Um das Schweben und die merkwürdigen Bewegungen der Protuberanzen zu erklären, lag es nahe, den *Strahlungsdruck* heranzuziehen. Wir wollen daher dessen Theorie zunächst in einer ziemlich allgemeinen Form entwickeln:

Der *Strahlungsstrom* für die Frequenz ν, d. h. die pro sec und $\Delta\nu = 1$ durch ein horizontales Flächenelement von 1 cm² strömende Strahlungsenergie, sei wieder

[1] Um im UV die verschmierten FRAUNHOFER-Linien zu berücksichtigen, haben wir $I_{3647}(0) \approx 35 \cdot 10^{13}$ erg/cm²sec·cm gesetzt.

πF_ν. Diesem entspricht nach Kap. 1 ein *Impulsstrom* $\pi F_\nu/c$. Betrachten wir nun ein Atom, dessen *Absorptionskoeffizient* pro Atom (unter Berücksichtigung aller Anregungszustände) gleich k_ν sei, so wird die vom Strahlungsfeld auf das Atom ausgeübte Kraft K_s (= pro sec übertragener Impuls)

$$K_s = \int k_\nu \frac{\pi F_\nu}{c} d\nu , \qquad (144, 69)$$

wobei wir angenommen haben, daß die Reemission isotrop erfolge. Betrachten wir zunächst die Absorption in *einer* Linie, z. B. der Resonanzlinie des Atoms, und betrachten den Strahlungsstrom im Bereich der Absorption als frequenz-*un*abhängig, so können wir mit der bekannten Beziehung $\int k_\nu d\nu = \frac{\pi e^2}{m c} \cdot f$ die Oszillatorenstärke einführen und erhalten

$$K_s = \frac{\pi e^2}{m c} \cdot f \cdot \frac{\pi F_\nu}{c} . \qquad (144, 70)$$

Entspricht F_ν der Ausstrahlung eines schwarzen Körpers mit der „*Strahlungstemperatur*" T, die evtl. durch eine FRAUNHOFER-Linie noch um einen Faktor $1/r$ verkleinert wird, so können wir also schreiben $F_\nu = \frac{1}{r} \cdot \frac{2 h \nu^3}{c^2} e^{-\frac{h\nu}{kT}}$. Vergleichen wir endlich der Anschaulichkeit wegen noch die *Strahlungskraft* K_s mit der *Schwerkraft* $K_g = M \cdot g$ auf das betreffende Atom (M = Masse des Atoms, g = Schwerebeschleunigung) so erhalten wir schließlich

$$\boxed{\mu = \frac{K_s}{K_g} = \frac{1}{r} \cdot \frac{2\pi^2 e^2 h \cdot f}{m c \cdot \lambda^3 \cdot M g} e^{-\frac{c_2}{\lambda T}} .} \qquad (144, 71)$$

E. A. MILNE [2195—2196] hat seinerzeit (1924) in zahlreichen Abhandlungen — welche auf die Entwicklung der modernen Astrophysik einen großen Einfluß ausgeübt haben — die Ansicht vertreten, daß in der Chromosphäre und den Protuberanzen der *Strahlungsdruck auf die* Ca^+-*Ionen* (H- und K-Linien) eine bedeutsame Rolle spiele.

Setzt man in Gl. (144, 71) $\lambda = 3950$ Å, $f \approx 1$, $M = 40\, m_H$ und $T = 5740°$, so erhält man tatsächlich $\mu = 1$, d. h. völlige Kompensation der Schwerkraft, für $r = 17{,}5$, d. h. eine ganz diskutable Restintensität der H- und K-Linien von 6,3%. Bedenkt man aber, daß ein Ca^+-Ion ja ungefähr das 15000fache seiner Masse in Gestalt anderer Atome mitschleppen müßte, so erkennt man, daß in Wirklichkeit der Strahlungsdruck auf Ca^+ astrophysikalisch ganz belanglos ist.

Wie steht es nun mit dem Strahlungsdruck auf das häufigste Element, den *Wasserstoff*? Wir diskutieren zuerst den Strahlungsdruck durch die *Resonanzlinie* Lyα λ 1215,7 Å $f = 0{,}416$ sowie evtl. die übrigen LYMAN-Linien und sodann die Bedeutung des LYMAN-*Kontinuums* $\lambda < 912$ Å, wobei wir von vornherein mit der Möglichkeit erheblicher Abweichungen vom thermodynamischen Gleichgewicht rechnen.

1. *Strahlungsdruck durch* Lyα *in Protuberanzen.* Im Anschluß an Gl. (144, 71) müssen wir nun noch bedenken, daß der Strahlungsdruck nur auf den *neutralen* Bruchteil $1 - x$ des Wasserstoffes wirken kann. Weiterhin kommt auf *ein* H-Atom mit der Masse m_H noch das zugehörige Helium mit $\sim 0{,}2 \times 4\, m_H$. Lassen wir noch den Faktor $1/r$ weg und beschreiben das Strahlungsfeld per def. durch die „*Strahlungstemperatur*" T bei $\lambda = 1215{,}7$ Å, so erhalten wir jetzt mit $\Theta = \frac{5040}{T}$

$$\mu = \frac{1 - x}{1{,}8} \cdot \frac{2\pi^2 e^2 h f}{m c \cdot \lambda^3 \cdot m_H g} e^{-\frac{c_2}{\lambda T}} \qquad (144, 72)$$

oder

$$\log \mu = \log(1 - x) + 6{,}51 - 10{,}15 \cdot \Theta . \qquad (144, 73)$$

Schon für eine völlig *neutrale* ($x = 0$) Protuberanz braucht man also, um sie schwebend zu erhalten ($\mu = 1$), eine *Strahlungstemperatur* $T = 7880°$. Nimmt man, was der Wirklichkeit näherkommen dürfte, $1 - x = 0{,}1$ an, so müßte schon $T = 9330°$ sein. Das letzte Glied in (144, 73), welches unserem Φ (10,15) von Gl. (144, 58ff.) entspricht, müßte gleich 6,5 bzw. 5,5 werden. Dies erscheint nach unserer Abb. 227 äußerst unwahrscheinlich, um nicht zu sagen unmöglich.

Sodann rechnet man leicht nach, daß eine Protuberanz in Ly α optisch äußerst *dick* ist und also das Strahlungsfeld stark modifiziert. Nach Gl. (72, 16) ist z. B. für die empirisch gefundene Geschwindigkeit der H-Atome von $\xi_0 = 14{,}7$ km/sec der Absorptionskoeffizient in der Linienmitte $5{,}15 \cdot 10^{-14}$ pro Atom. In einer cm²-Säule durch eine Protuberanz befinden sich aber (mit $1 - x = 0{,}1$ gerechnet) ungefähr $0{,}6 \cdot 10^{18}$ neutrale Wasserstoffatome. Das heißt, die optische Dicke der Protuberanz in Ly α ist $\tau_\nu \approx 30000$! Damit wird die Impulsbilanz noch ungünstiger: Der *Strahlungsstrom* πF_ν transportiert in einem Frequenzintervall $\Delta\nu = \nu \cdot \frac{\Delta v}{c}$ entsprechend einer Geschwindigkeitsstreuung der absorbierenden Atome von $\sim \Delta v/2$ den Impuls pro cm² und sec

$$\frac{\pi F_\nu}{c} \cdot \Delta\nu = \frac{2\pi h}{\lambda^4} e^{-\frac{h\nu}{kT}} \cdot \Delta v \; [\text{dyn cm}^{-2}]. \qquad (144, 74)$$

Andererseits überträgt die *Schwerkraft* auf eine Säule von NH neutralen + ionisierten Wasserstoffatomen nebst zugehörigem Helium

$$1{,}8\, m_{\mathrm{H}}\, g \cdot NH \; [\text{dyn cm}^{-2}] . \qquad (144, 75)$$

Mit $\Delta v = 90$ km/sec[1] und z. B. $T = 10000°$ wird der *Druck der Strahlung* am Fuße der Protuberanz nach oben $(144, 74) = 0{,}13 \cdot 10^{-3}$ dyn cm^{-2}, während ihre *Schwere* bei $NH = 0{,}6 \cdot 10^{10} \times 10^9$ mit $(144, 75) = 0{,}27$ dyn cm^{-2} nach *unten* drückt. Man ersieht sofort, daß durch keine vernünftige Änderung der Daten (wir hatten T schon äußerst hoch gegriffen!) eine Übereinstimmung zu erzielen ist[2]). *Der Strahlungsdruck durch* Ly α *ist daher in Protuberanzen bedeutungslos.*

2. *Strahlungsdruck durch das* LYMAN-*Kontinuum in Protuberanzen.* An der Kante λ 912 Å des LYMAN-Kontinuums ist die optische Dicke einer Protuberanz mit $N_0 H \approx 0{,}6 \cdot 10^{18}$ *neutralen* Wasserstoffatomen pro cm²-Säule von der Größenordnung Eins. Es liegt daher nahe zu fragen, ob nicht das LYMAN-Kontinuum die Protuberanzen trägt. Im Anschluß an eine Note von P. TEN BRUGGENCATE [2126] behandeln wir auch dieses Problem, *ohne* von der Hypothese thermodynamischen Gleichgewichtes Gebrauch zu machen.

Die Anzahl der *Ionisationsprozesse* pro cm³ und sec schreiben wir nach Gl. (143, 27) $N_0 Q_{0|1}$. Bei jedem solchen Prozeß wird der Impuls $h\bar{\nu}/c$ übertragen, wobei $\bar{\nu}$ eine mittlere Frequenz im Kontinuum darstellt, etwa entsprechend $\bar{\lambda} \approx 800$ Å. Im stationären Zustand muß die Zahl der Ionisationsprozesse gleich der Anzahl der Rekombinationsprozesse sein, d. h. nach (143, 27)

$$N_0 \cdot Q_{0|1} = N_1 N_e \cdot Q_{1|0} . \qquad (144, 76)$$

Der Rekombinationskoeffizient $Q_{1|0}$ beträgt für den Grundzustand $n = 1$ nach (143, 38) $Q_{1|0,1} = 2{,}06 \cdot 10^{-11} \cdot T^{-\frac{1}{2}}$, wo $T = 3700°$ die *Elektronen*temperatur

[1] Bei $\tau_\nu \approx 30000$ ist die äquivalente Linienbreite $\approx 6\,\Delta\lambda_D$; wir haben daher $\Delta v \approx 6\,\xi_0 \approx 90$ km/sec gesetzt.

[2] Ein entsprechendes Argument für die Sonnenkorona hat zuerst A. S. EDDINGTON [2142] entwickelt.

bedeutet. Den Gesamt-Rekombinationskoeffizienten $Q_{1|0}$ schreiben wir als $\gamma \cdot Q_{1|0,1}$ wobei $\gamma \approx 3$ ist.

Andererseits haben wir in dem betrachteten Volumelement insgesamt $N_0 + N_1$ Wasserstoffatome und die zugehörigen schweren Elemente; darauf überträgt die Schwerkraft pro sec den Impuls $(N_0 + N_1) \cdot 1{,}8\, m_H\, g$.

Da $N_0 \ll N_1$ ist, gilt also, wenn die Schwerkraft mindestens durch den Strahlungsdruck kompensiert werden soll ($\mu \geqq 1$):

$$N_0 Q_{0|1} \cdot \frac{h\bar{\nu}}{c} \geqq 1{,}8\, N_1 m_H\, g \qquad (144,\,77)$$

oder mit (144, 76) usw.

$$N_e \geqq \frac{1{,}8\, m_H\, g}{Q_{1|0,1} \cdot \gamma \cdot \frac{h\bar{\nu}}{c}} = \frac{1{,}8\, m_H\, g\, \bar{\lambda}}{h \cdot 6{,}18 \cdot 10^{-11} \cdot T^{-1/2}}. \qquad (144,\,78)$$

Mit $\bar{\lambda} = 800$ Å und $T = 3700°$ (es kommt offenbar nicht auf große Genauigkeit an) erhält man daraus

$$N_e \geqq 10^{14}. \qquad (144,\,79)$$

Diese Zahl liegt 3—4 Zehnerpotenzen über den empirisch bestimmten Elektronendichten. Auch der Strahlungsdruck im LYMAN-*Kontinuum* des Wasserstoffes (und erst recht anderer Elemente) kann also in Protuberanzen keinerlei Rolle spielen; anschaulich gesprochen einfach deshalb, weil ein Strahlungsfeld, welches eine Protuberanz mit $N_e \approx 3 \cdot 10^{10}$ Elektronen/cm³ tragen könnte, diese vorher längst ionisieren würde.

F) Konstitution und Dynamik der Protuberanzen. Die Entwicklung der *Protuberanzentheorien* hat eine gewisse Ähnlichkeit mit der der Damenmoden: Jede erscheint zunächst höchst attraktiv, aber nach kurzer Zeit ist sie passée! So beschränken wir uns hier darauf, eine Reihe von Gesichtspunkten vorzutragen, die für eine zukünftige Theorie von Bedeutung werden könnten.

L. und M. D'AZAMBUJAs grundlegende Studie [2113] über die ruhenden Protuberanzen wie auch die Betrachtung der Protuberanzenfilme verschiedener Forscher legen die Vorstellung nahe, daß das wesentliche „Gerüst" einer Protuberanz gebildet wird durch ein in tieferen Schichten verankertes *Magnetfeld*, in dem die Materie sich dann in der Hauptsache nur noch parallel den Kraftlinien bewegen kann (vgl. S. 585). Wird bei einer «disparition brusque» die Protuberanz ganz oder teilweise weggefegt, so wird häufig schon im Verlauf einiger Stunden das offenbar gebliebene Magnetfeld wieder mit Materie umkleidet, d. h. die Protuberanz in genau der alten Form wiederaufgebaut. Die Polwanderung der Protuberanzen und ihre Veränderung durch die differentielle Rotation der Sonne betreffen offenbar primär das Magnetfeld. Die "streamer", auf denen sich die einzelnen Knoten einem „Anziehungszentrum" zu bewegen, sind wohl nichts als „materialisierte" Kraftlinien, die auf eine Art Magnetpol zu führen. Die Felder, welche solche Effekte hervorbringen, brauchen gar nicht sehr stark zu sein: Die Dichte einer Protuberanz mit $N_e = 3 \cdot 10^{10}$ Elektronen/cm³ entspricht (pro Elektron: 1 Proton + 0,1 H-Atome + 0,2 He-Atome = 1,9 m_H) $\varrho \approx 0{,}95 \cdot 10^{-13}$ gr cm^{-3}. Bei Geschwindigkeiten von z. B. 15 km/sec (einschl. der thermischen) ist die Dichte der kinetischen Energie 0,11 erg/cm³. Ein Magnetfeld hat dieselbe Energiedichte $H^2/8\pi$ und infolgedessen Drucke derselben Größenordnung schon bei $H \approx 1{,}7$ Gauß.

Da aerodynamische Kräfte einer Protuberanz niemals Geschwindigkeiten erteilen könnten, die weit über der Schallgeschwindigkeit c_s liegen, so müssen wir die bei Protuberanzen beobachteten Beschleunigungen wohl auf *elektromagnetische Kräfte* zurückführen. Da ein bewegter Materieballen sein Magnetfeld mit sich führt, mag er häufig ein magnetisches Dipolmoment besitzen, das in einem inhomogenen Magnetfeld (Aktivitätszentrum!) Kräfte der erforderlichen Größe ($\mathfrak{M}$, grad) $\mathfrak{H}$ erfährt. Verändert sich das Magnetfeld, so wird ein entsprechendes Dipolmoment induziert, das ebenfalls entsprechende Kräfte erfährt. D. H. MENZEL stellt sich z. B. vor, daß so ein zusammenklappendes Büschel magnetischer Kraftlinien einen Protuberanzenknoten herausschnellen könnte, wie man Melonenkerne zwischen den Fingern herausschießt ("watermelon-seed-effect"). Geht man etwas mehr im Detail, so bereitet die Kopplung elektromagnetischer und hydrodynamischer Kräfte fast unüberwindliche Schwierigkeiten, so daß man von einer eigentlichen Theorie noch kaum reden kann. Wir begnügen uns deshalb damit, einige Teilprobleme durch zahlenmäßige Abschätzungen wenigstens ein Stück weit zu klären. Wir wollen dabei besonders zur Geltung bringen, daß die *Protuberanzen* sich ja nicht im leeren Raum befinden, sondern *in die Korona eingebettet* sind.

1. *Druck in Protuberanzen und Korona.* Wir fanden, daß der *Gesamtdruck* am Grunde der *Korona* (genauer gesagt am Äquator der Maximumskorona) $P_g \approx 0{,}17$ dyn cm^{-2} beträgt; in 4,′8 Höhe z. B. ist er 0,13 dyn cm^{-2}.

In einer *Protuberanz* haben wir pro cm^3 N_e Elektronen. Auf jedes Elektron kommt 1 Proton, sowie $\sim 0{,}1$ neutrale H-Atome und 0,2 He-Atome, zusammen also $2{,}3 \cdot N_e$ Teilchen. Nehmen wir zunächst an, daß alle diese Teilchen eine kinetische Temperatur $T = 3700°$ haben, so wird der Gasdruck $P_g = 2{,}3\, N_e k T = 0{,}035$ dyn cm^{-2}. Dazu müssen wir noch den dynamischen Druck infolge der Turbulenz zählen; charakterisieren wir diese durch die wahrscheinlichste Geschwindigkeit ξ_t, so wird er $\frac{\varrho}{2}\,\xi_t^2$ oder mit dem Mittelwert $\xi_t \approx 8$ km/sec ... 0,030 dyn cm^{-2}. Insgesamt erhalten wir also in einer Protuberanz $P'_g \approx 0{,}06_5$ dyn cm^{-2}. Die *Gesamtdrucke* in Korona und Protuberanzen liegen so nahe beisammen, daß man sie innerhalb der Fehlergrenzen der Ausgangsdaten wohl als *gleich* betrachten darf, wie H. ZANSTRA [21194] bemerkte. In *horizontaler* Richtung befindet sich also eine Protuberanz innerhalb der Korona im *hydrodynamischen Gleichgewicht.* In *vertikaler* Richtung aber kann dies *nicht* gleichzeitig der Fall sein, denn die Dichte ϱ der Protuberanz ist ja 80 mal größer als die der Korona! Die naheliegende Frage, wie das „Schweben" der ruhenden Protuberanzen zu erklären sei, stellen wir noch zurück und betrachten vorher den

2. *Materieaustausch der Protuberanzen.* Eine Protuberanz ist einem ständigen Bombardement schneller Teilchen aus der Korona ausgesetzt. Diesem Materie*zustrom* steht nur ein größenordnungsmäßig geringerer Rückstrom entgegen, den wir füglich vernachlässigen können.

Für eine grobe Abschätzung dürfen wir die Zusammenstöße der Teilchen und das an der Grenze Korona-Protuberanz infolge der verschiedenen Geschwindigkeit von Elektronen und schweren Teilchen auftretende elektrostatische Feld wohl vernachlässigen und schreiben also den Materiestrom — wie in der Theorie des KNUDSEN-Gases — als $\frac{n\,\bar{c}}{4}$ Teilchen pro $\mathrm{cm}^2 \cdot$ sec. Dabei rechnen wir mit $n \sim 4 \cdot 10^8$ Protonen pro cm^3 und berechnen deren *mittlere* Geschwindigkeit $\bar{c} = \sqrt{\frac{8}{\pi} \cdot \frac{RT}{\mu}}$ mit $T = 1{,}62 \cdot 10^{6°}$ und $\mu = 1$ zu 185 km/sec. Damit wird der *Materiestrom* $1{,}8_5 \cdot 10^{15}$ Teilchen pro $\mathrm{cm}^2 \cdot$ sec. Schematisieren wir die Protuberanz als flache Lamelle von 6600 km Dicke — die von beiden Seiten bombardiert wird —, so wird deren materieller Inhalt von $\sim 3 \cdot 10^{10} \times 6{,}6 \cdot 10^8 = 2 \cdot 10^{19}$ Teilchen pro cm^2 einmal erneuert alle $5 \cdot 10^3$ sec $\approx 1{,}5$ Std. Daß diese Abschätzung größenordnungsmäßig richtig sein dürfte, zeigt D'AZAMBUJAs Beobachtung, daß häufig eine „plötzlich verschwundene" Protuberanz tatsächlich im Verlauf von einigen Stunden bis 1 Tag wieder ersteht. Durch den „*Kühlfalleneffekt*" einer ruhenden Protuberanz wird der umgebenden Korona in erheblichem Maße Materie entzogen, wie dies die Beobachtungen bestätigen. M. WALDMEIERs statistische Darstellung Abb. 187 zeigt deutlich die Schwächung der Korona in den Protuberanzenzonen. Unsere Abschätzung des Materiestromes Korona → Protuberanz dürfte daher in vielen Fällen etwas zu hoch gegriffen sein.

Als Ergänzung zu unserer Transport-Rechnung im Sinne von KNUDSEN berechnen wir noch die freien Weglängen der einfach geladenen Teilchen in Korona und Protuberanzen. Nach Gl. (137, 45) ist der Wirkungsquerschnitt für $Z = 1$ gleich $Q = \frac{1}{\gamma}\frac{4\pi}{9}\left(\frac{e^2}{kT}\right)^2$; es genügt hier $\gamma \approx 1$ zu nehmen. Die freie Weglänge ist nun $\lambda \approx 1/NQ$. Man hat also in

Korona:	Protuberanz: (144, 80)
$N \approx 4 \cdot 10^8\,\text{cm}^{-3}$; $T \approx 1{,}6 \cdot 10^6\,°$	$N \approx 3 \cdot 10^{10}\,\text{cm}^{-3}$; $T \approx 3700°$.
$Q \approx 1{,}52 \cdot 10^{-18}\,\text{cm}^2$ u. $\lambda \approx 16000$ km.	$Q \approx 2{,}85 \cdot 10^{-13}\,\text{cm}^2$ u. $\lambda \approx 120$ cm

In der inneren *Korona* sind also die freien Weglängen von der Größenordnung einer Protuberanz; in der Protuberanz selbst sind sie sehr klein.

3. *Energiebilanz einer ruhenden Protuberanz.* Nach der Materiebilanz versuchen wir nun die Energiebilanz einer Protuberanz nachzurechnen. Die *Beobachtung*, daß die *Elektronen*temperatur in den Protuberanzen praktisch gleich der Temperatur der höheren Chromosphärenschichten bzw. der Grenztemperatur der Sonne ist, nämlich $\approx 3700°$, weist darauf hin, daß die wichtigste Energiequelle der Protuberanzen einfach die *Zustrahlung* aus den darunterliegenden Schichten der Sonnenatmosphäre ist. Diese Strahlung setzt sich zusammen aus der normalen Photosphärenstrahlung bis etwa λ 1000 Å und der überhöhten Strahlung aus der Übergangszone Chromosphäre-Korona im Bereich $\lambda \leqq 1000$ Å.

Die bei der Absorption entstehenden Photoelektronen haben ursprünglich eine Geschwindigkeitsverteilung entsprechend der Temperatur der Photosphäre, werden aber sofort durch unelastische Stöße — insbesondere mit Metallatomen — auf $T \sim 3700°$ „abgekühlt" (hierzu K. WURM [21192]). Eine detaillierte Durchrechnung der ganzen hiermit verknüpften Prozesse liegt zur Zeit noch nicht vor; gerade der wichtigste Aktivposten der Protuberanz ist also mit einem großen Fragezeichen behaftet.

Leichter können wir die *Abstrahlung* der Protuberanz übersehen. Diese erfolgt in der Hauptsache im LYMAN-*Kontinuum*; die anderen Kontinua des Wasserstoffes und andere Elemente spielen demgegenüber eine untergeordnete Rolle. Nach Gl. (143, 81) ist die Abstrahlung pro cm³

$$4\pi\,\varepsilon_{1,1} = \frac{4{,}49 \cdot 10^{-22}}{\sqrt{T}} \cdot N_e^2\,. \tag{144, 81}$$

Schematisieren wir die Protuberanz wieder als Lamelle der effektiven Dicke H, so strahlt diese im LYMAN-Kontinuum

$$4{,}49 \cdot 10^{-22} \cdot T^{-1/2} \cdot N_e^2 H \text{ erg/cm}^2\,\text{sec} \tag{144, 82}$$

aus. Setzen wir $T = 3700°$ und nach P. TEN BRUGGENCATEs Messungen $N_e^2 H \approx 3{,}8 \cdot 10^{28}$, so erhalten wir $2{,}8 \cdot 10^5$ erg/cm² sec.

Dem unter 2. berechneten Materie-Zustrom aus der Korona in die Protuberanz — wo die kleinen freien Weglängen sofort eine Abkühlung auf die lokale Temperatur bewirken — entspricht auch ein *Energiestrom*, nämlich pro Teilchen (wie aus der Theorie des KNUDSEN-Gases bekannt ist) durchschnittlich $2\,kT_{Korona}$.

Bei $1{,}85 \cdot 10^{15}$ Teilchen/cm² sec erhält man $8{,}4 \cdot 10^{5}$ erg/cm² sec. Dieser Energiestrom ist also von derselben Größenordnung wie der Leitungs-Energiestrom an der Grenze Chromosphäre-Korona. In vieler Hinsicht ist es daher gar nicht so unrichtig, die Protuberanzen einfach als Ausstülpungen der Chromosphäre in die Korona zu betrachten.

Nach Gl. (144, 81) nimmt — was zunächst paradox erscheint — die LYMAN-Ausstrahlung pro cm³ mit abnehmender Temperatur zu. Ein Volumelement in der Korona, dessen Temperatur irgendwie einmal etwas abgesunken ist, sollte sich also immer weiter abkühlen und dabei anwachsen. Warum bilden sich dann nicht allenthalben in der Korona protuberanzenartige Kondensationen? Betrachten wir ein lamellenförmiges Gebilde der Dicke H, so ist dessen Abstrahlung nach (144, 82) zu berechnen; demgegenüber erhält es — sobald seine Dicke größer als die freie Weglänge ist — *unabhängig* von seiner Dicke pro cm² aus der Korona $2 \times 8{,}4 \cdot 10^{5}$ erg/cm² sec. Bei z. B. $T = 3700°$ und $N_e = 3 \cdot 10^{10}$ kann die Lamelle also erst existieren, wenn $H > 2500$ km ist. Die Kondensation einer Protuberanz aus der heißeren Korona kann also offenbar nur beginnen, wenn über ein hinreichend großes Gebiet die Behinderung des materiellen Energietransportes durch ein *Magnetfeld* dazu günstige Vorbedingungen schafft.

Schließlich betrachten wir noch einen in der Literatur bis jetzt ganz übergangenen Punkt, nämlich die Bilanz der *Turbulenzenergie* in einer Protuberanz. Haben wir bei einer Dichte $\varrho \approx 0{,}95 \cdot 10^{-13}$ gr cm⁻³ turbulente Geschwindigkeiten der Größenordnung $v \approx 6$ km/sec, so ist die Dichte der Turbulenzenergie $\frac{\varrho}{2} v^2 \approx 0{,}017$ erg cm⁻³. Ein Turbulenzelement von schätzungsweise 2000 km Ausdehnung hat unter diesen Verhältnissen eine Lebensdauer von 2000/6 oder 300 sec = 5 min. Die *Energiedissipation in der Turbulenz* einer Protuberanz von $\sim 5 \cdot 10^{-5}$ erg/cm³ ist zwar *klein* gegenüber der Abstrahlung und anderen Posten ihrer Energiebilanz[1]. Aber wir müssen doch fragen: „Wodurch wird in einem relativ kurzen Zeitraum die *mechanische Energie* der Turbulenz jeweils erneuert?" Diese Energie muß auf niederem *Entropie*niveau, d. h., praktisch gesprochen, als mechanische Energie zugeführt werden. Die Zufuhr durch die „Wurzeln" der Protuberanzen kann nicht entscheidend sein, da sich ja auch fast frei schwebende Protuberanzen oft ziemlich lange halten. Man schätzt aber leicht ab, daß die geforderten Geschwindigkeiten der Protuberanzenmaterie ohne weiteres zustande kommen können im Zusammenhang mit der unter 2. besprochenen ständigen Erneuerung der Protuberanzen aus der Korona. Wird eine Strecke von etwa der halben Dicke der Protuberanz ≈ 3300 km im Verlaufe von ~ 10 min — als Größenordnung der charakteristischen Zeit — zurückgelegt, so entspricht dies 5,5 km/sec, d. h. ungefähr den beobachteten Turbulenzgeschwindigkeiten. Wir möchten daher — noch mit aller Vorsicht — die Hypothese vorschlagen, daß *die Protuberanzen keine statischen Gebilde sind, sondern beständig von der Korona aus erneuert und in Bewegung gehalten werden.* Der Abfluß der kondensierten Materie erfolgt — nach den bekannten Filmen zu urteilen — wohl längs der "streamer" in die Chromosphäre hinab.

4. *Bewegungen und Strömungswiderstand der Protuberanzen.* Nunmehr greifen wir nochmals auf die in der Einleitung von F) angeschnittenen Probleme zurück und fragen: „*Welchen Widerstand erfährt eine Protuberanz bei ihrer Bewegung durch die Korona?*" Es fliege z. B. ein Protuberanzen-„Knoten" vom Durchmesser d mit der Geschwindigkeit v durch die innere Korona. Seine Dichte sei ϱ_p, seine Masse also $\sim \varrho_p \cdot d^3$ und sein Impuls $\varrho_p\, d^3 v$.

[1] Möglicherweise wird durch das Magnetfeld die Dissipation der Turbulenz verkleinert und der angegebene Zeitraum also vergrößert.

Man möchte zunächst denken, daß er auf einer Wegstrecke x eine Masse $\sim \varrho_K \cdot d^2 x$ aufsammle (wo ϱ_K die Dichte der Korona bedeutet) und also einen Impuls von der Größenordnung seines ursprünglichen abgebe auf einer Strecke $x \approx d \cdot \varrho_p/\varrho_K \approx 80\, d$. Da ein „Knoten" erst auf dieser Strecke erheblich abgebremst würde, könnte er also in praxi erhebliche Wege in der Korona fast unbehindert zurücklegen.

Diese Überlegung ist aber nur bei großer REYNOLDSscher Zahl Re richtig. Letztere ist aber nach Gl. (55, 9) von der Größenordnung: $Re \approx \frac{v\, d}{v_{th} \cdot \lambda}$, wobei wieder größenordnungsmäßig v die Geschwindigkeit des Knotens ≈ 50 km/sec, d seinen Durchmesser ≈ 5000 km, v_{th} die mittlere Geschwindigkeit der Partikel in der Korona, (d. h. in der Hauptsache der Protonen) ≈ 185 km/sec und λ die freie Weglänge in der Korona ≈ 16000 km [nach (144, 80)] bedeutet. Wir erhalten also die selbstverständlich ganz grobe Abschätzung $Re \approx 0{,}1$, d. h. die Strömung der Koronamaterie um den Protuberanzenknoten herum erfolgt *laminar*! Unsere vorangehende Abschätzung des Strömungswiderstandes nach dem NEWTONschen Widerstandsgesetz müssen wir also nach STOKES' bekannten Rechnungen für die Kugel mit einer *Widerstandszahl* $w \approx 24/Re$ multiplizieren. Wirkt also auf einen Knoten eine — z. B. magnetische — Kraft, so stellt sich praktisch momentan eine *konstante Bewegungsgeschwindigkeit* ein, die einfach durch die *Gleichheit von äußerer Kraft und* STOKES*schem Strömungswiderstand* bedingt ist. Diese Vorstellung erklärt sofort die Beobachtung, daß Protuberanzenknoten sich oft erstaunlich lange mit fast konstanter Geschwindigkeit bewegen (PETTIT). Wir haben uns vorzustellen, daß in diesem Fall eine *konstante* äußere Kraft am Werk ist.

Unser wesentlich neuer Gesichtspunkt ist der, daß die *Korona* ein ungeheuer *zähes Medium* bildet. Ihre *kinematische Zähigkeit* beträgt $\nu \approx \frac{1}{3}\, \lambda \cdot v_{th} \approx 10^{16}\,\mathrm{cm^2/sec}$ etwa gegenüber der von Luft bei Normalverhältnissen von $0{,}133\,\mathrm{cm^2/sec}$! Von hieraus gesehen gewinnt auch das *„Schweben" der Protuberanzen* einen neuen Aspekt: Sie können einfach — genau wie die Wolken in der Erdatmosphäre — wegen der großen Zähigkeit des umgebenden Mediums nur äußerst langsam herunterfallen. Für einen kugelförmigen Protuberanzenknoten vom Durchmesser $d = 2\, r$ z. B. besteht nach dem STOKESschen Widerstandsgesetz Gleichheit von Schwerkraft und Reibungskraft, d. h. er sinkt mit *konstanter Geschwindigkeit* v ab, wenn

$$\frac{4\pi}{3}\, \varrho_P\, r^3\, g = 6\, \pi r\, \nu\, \varrho_K \cdot v\,, \quad \text{d. h.} \quad v = \frac{2\, g\, r^2 \cdot \varrho_P}{9 \nu \cdot \varrho_K}\,. \tag{144, 83}$$

Mit $2\, r = 5000$ km und $\varrho_P/\varrho_K = 80$ erhält man $v \approx 30$ km/sec. (Dies ist selbstverständlich nur eine ganz rohe Abschätzung.) Selbst wenn das Magnetfeld den Protuberanzenknoten nicht behinderte, würde er also relativ langsam absinken. Wie Theorie und Beobachtung übereinstimmend zeigen, erhält eine Protuberanz neue Materie aus der Korona in einem Tempo nachgeliefert, das längst ausreicht, um ihre Verluste durch Absinken in die Photosphäre zu kompensieren. Wir brauchen also gar nicht mehr nach einer geheimnisvollen Kraft zu suchen, welche die *Protuberanzen* trägt; diese *schweben vielmehr in der Korona im wesentlichen nach demselben Prinzip wie die Wolken* in der Erdatmosphäre. Auch die äußere Ähnlichkeit der beiden Phänomene spricht sicher nicht gegen unsere Theorie, deren erste Andeutung *Verf.* einer Bemerkung von E. PETTIT verdankt.

5. *Elektrische Ströme in Protuberanzen?* In neueren Theorien über eruptive Protuberanzen spielen auch *elektrische Ströme* $\mathfrak{i}$ eine Rolle, auf welche ein Magnetfeld $\mathfrak{H}$ Kräfte $\mathfrak{K} = \frac{1}{c}\,[\mathfrak{i}\,\mathfrak{H}]$ ausübt, die dann für den Antrieb der Protuberanzen

verantwortlich gemacht werden. Da die Materie in Protuberanzen und Korona ionisiert ist, können wir ihre *Leitfähigkeit* σ nach Abschnitt 137, F berechnen. Sie ist bekanntlich *un*abhängig von N_e und $\sim T^{3/2}$, d. h. also in den Protuberanzen $\sim$9000mal *kleiner* als in der umgebenden Korona. Man kann also nicht ohne weiteres — wie schon H. ALFVÉN [2003] bemerkt hat — die "streamer" der Protuberanzen als Stromfäden[1] ansehen. Berücksichtigt man aber die Beeinflussung der Leitfähigkeit durch das Magnetfeld, so darf man sich *nicht* mit der Einführung verschiedener Leitfähigkeiten längs und quer zum Magnetfeld begnügen und dabei implizit die Ionen wie in einem Metallblock als ortsfest betrachten. Nach A. SCHLÜTER u. a. [20215, 21137] muß man dann vielmehr notwendigerweise gleichzeitig die auftretenden hydrodynamischen Kräfte berücksichtigen, die das Bild völlig ändern. Eine befriedigende Durchrechnung des offensichtlich sehr schwierigen Problems der eruptiven Protuberanzen unter Berücksichtigung dieser und der im Vorangehenden zusammengestellten Gesichtspunkte liegt noch nicht vor. Wir begnügen uns daher mit dem Hinweis auf einige neuere Arbeiten in [2003, 2007, 2102].

145. Interpretation von Spektroheliogrammen.

Nahezu das gesamte *spektroheliographische Beobachtungsmaterial* ist in drei großen Publikationen bequem zugänglich:

Die seit der Erfindung des Spektroheliographen (1889) am Yerkes Observatorium gewonnenen Ergebnisse haben G. E. HALE und F. ELLERMANN [2160] im Jahre 1903 veröffentlicht.

1908 hat dann H. DESLANDRES in Meudon in instrumenteller Hinsicht wesentliche Fortschritte erzielt durch Vergrößerung der Dispersion und Anwendung doppelter spektraler Zerlegung. So konnten engbegrenzte Teile der FRAUNHOFERschen Linien von nur $\sim$ 0,04 Å Breite isoliert werden. Seine mit diesem und anderen Instrumenten angestellten Beobachtungen hat H. DESLANDRES [2135] im Jahre 1910 zusammenfassend dargestellt.

Wenn auch G. E. HALE und H. DESLANDRES aus ihren Beobachtungen, die sich in der Hauptsache auf die Ca II- und *Wasserstofflinien* beschränkten, schon viele richtige Schlüsse ziehen konnten, so wurde es in neuerer Zeit doch immer deutlicher, daß ein tieferes Verständnis der Spektroheliogramme noch zweierlei Untersuchungen voraussetzte. Einmal eine Verknüpfung der an verschiedenen Zonen derLinien gewonnenen spektroheliographischen Ergebnisse mit dem Studium ihrer *Konturen* und sodann eine Ausdehnung der Beobachtungen auf *Metallinien* verschiedener Stärke. Beide Aufgaben hat 1930 L. D'AZAMBUJA [2111] mit Hilfe des großen Spektroheliographen der Sternwarte Meudon in hervorragender Weise gelöst.

Auf die Wiedergabe von Spektroheliogrammen möchte Verf. mit Rücksicht auf die Kosten dieses Buches verzichten. Die wichtigsten Typen sind in allen Lehr- und Handbüchern zu finden. Wer tiefer in den Gegenstand eindringen will, möge nicht versäumen, die schönen Reproduktionen bei HALE, DESLANDRES und insbesondere D'AZAMBUJA einer eingehenden Betrachtung zu unterziehen.

A) Die Ca II-Linien H und K; λ 3968/33. In den *H*- und *K-Linien* des Sonnenspektrums lassen sich bei großer Dispersion (vgl. die schematische Abb. 228) folgende für das Verständnis der „*Kalzium-Spektroheliogramme*" wichtige Details erkennen: Geht man von den Flügeln der breiten sog. K_1-Linie[2] nach der Linien-

[1] Ob die in Protuberanzen häufig auftretenden fadenartigen Gebilde etwas mit der bekannten „*Einschnürung*" der Gasentladungen unter dem Einfluß ihres eigenen Magnetfeldes, dem sog. "pinch-effect", zu tun haben, erscheint *Verf.* keineswegs sicher.

[2] Für die H-Linie gilt stets entsprechendes.

mitte zu, so stößt man zunächst auf zwei Emissionen K_{2v} bzw. K_{2r} (v und r bezeichnen die violette bzw. rote Seite der Linie). Die Maxima dieser Emissionen erheben sich im integrierten Sonnenlicht nur um einige Prozent über die sie gegen K_{1v} bzw. gegen K_{1r} abgrenzenden Minima. Im Lichte der Fackeln z. B. dagegen wächst die Intensität von K_{2v} und K_{2r} erheblich an. Die beiden Komponenten der K_2-Emission werden getrennt durch die sog. K_3-*Absorption* mit $\sim 0{,}4$ Å (ganzer) Halbwertsbreite.

Nimmt man *Spektroheliogramme* mit den *äußeren Teilen der K_1-Flügel* auf, so unterscheiden sich diese naturgemäß kaum von gewöhnlichen Sonnenaufnahmen. Man erkennt in erster Linie die Flecken und auf den äußeren Teilen der Sonnenscheibe die Fackeln.

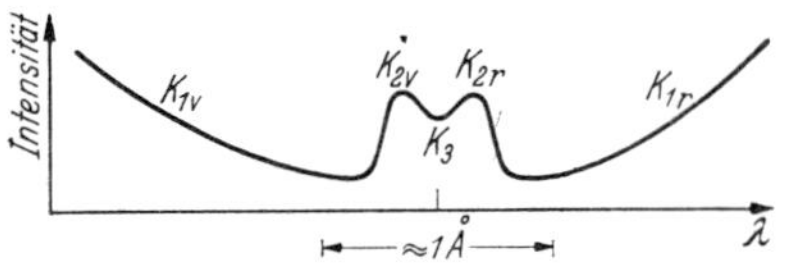

Abb. 228. Intensitätsverteilung im inneren Teil der CaII-K-Linie (schematisch).

Wird nun der zweite Spalt des Spektroheliographen nach K_2, d. h. der Linienmitte hin verschoben, so gehen in den Spektroheliogrammen folgende Veränderungen vor sich: Die hellen Fackelgebiete in der Umgebung der Fleckengruppen erscheinen verstärkt und treten nicht nur am Sonnenrand, sondern auch in der Mitte der Sonnenscheibe auf. Ihre Ausdehnung nimmt allseitig zu, so daß auf den K_2-Bildern die Penumbra der Flecke meist überdeckt wird. Weiterhin erscheint auf der ganzen Sonnenscheibe ein Netz ziemlich unregelmäßig verteilter heller Stellen. G. E. HALE nennt alle diese hellen Gebilde *(Kalzium-) Flocculi,* während H. DESLANDRES unter «réseau de flocculi» nur die auf der ganzen Sonnenscheibe verstreuten Gebilde versteht und die größeren hellen Flächen in der Umgebung der Flecke entsprechend ihrem Zusammenhang mit den Fackeln als „*Fackelflächen*" (Plages faculaires) bezeichnet. Wir werden uns diesen exakteren Definitionen anschließen.

Rückt man endlich den monochromatisierenden Spalt des Spektroheliographen in die Mitte der K-Linie, d. h.[1] in K_3, so erhält man das Netz der Flocculi noch ausgeprägter und die Fackelflächen überdecken meist sogar die Umbren der Sonnenflecke. Weiterhin aber erscheinen neu — als ausschließlich dem K_3-Bild zugehörig — langgestreckte dunkle Gebilde, die sich wie gigantische Würmer über die Sonnenoberfläche ausdehnen. HALE bezeichnete sie zunächst als „dunkle Flocculi", EVERSHED spricht von "dark markings", DELANDRES von «filaments». Am Sonnenrand geben sie, wie schon in Abschnitt 144 gezeigt wurde, ihre wahre Natur zu erkennen: Sie sind nichts anderes, als in Absorption beobachtete *Protuberanzen.*

Außer den beschriebenen Gebilden glaubte H. DESLANDRES auf K_{23}- und noch besser auf reinen K_3-Aufnahmen ein Netz von sog. «*alignements*» zu erkennen. Es handelt sich dabei nur um schwache dunkle Linien, die vielfach die Verlängerung eines Filamentes bilden, häufig aber auch selbständig auftreten. Sie erstrecken sich oft über die ganze jeweils sichtbare Sonnenhälfte und überziehen diese wie ein Netz. Soweit es sich nicht einfach um schwache Filamente handelt, möchte Verf. die *alignements* auf ein *physiologisch-optisches Phänomen* zurückführen, das A. KÜHL seinerzeit zur Deutung der Marskanäle herangezogen hat: Sind auf einer Fläche helle und dunkle Stellen (Flocculi) regellos verteilt, so hat das Auge die Tendenz, diese in Linien zu „ordnen", die meist an irgendwelche hervorstechende Punkte „angeschlossen" werden. Als solche dienen bei DESLANDRES zum Teil offenbar die Filamente, zum Teil auch — wie die l. c. wiedergegebenen Zeichnungen vermuten lassen — helle Plages faculaires.

Wie sind nun die im vorhergehenden kurz zusammengefaßten Beobachtungsergebnisse zu deuten? Schon zu Beginn ihrer Untersuchungen haben G. E. HALE

[1] Reicht das Auflösungsvermögen des Spektroheliographen nicht aus, um K_2 und K_3 zu trennen, so spricht man nach DESLANDRES von K_{23}-Bildern. Sie vereinigen die Hauptzüge von K_2 mit Andeutung von K_3; z. B. zeigen sie nur die stärkeren Filamente.

und H. DESLANDRES richtig bemerkt, daß das K_1-Bild einer verhältnismäßig tiefen, das K_2-Bild einer höheren und endlich das K_3-Bild der höchsten *Schicht der Sonnenatmosphäre* zuzuordnen ist. Dieses Abnehmen der (geometrischen) Dicke der wirksamen Schicht mit Annäherung an die Linienmitte erscheint sofort verständlich, wenn man bedenkt, daß zur Ausstrahlung in einer Frequenz nur die Schichten von $\tau_\nu = 0$ bis $\tau_\nu \sim 1$ wesentlich beitragen. Da der Absorptionskoeffizient nach der Linienmitte zu rasch anwächst, so nimmt die z. B. zu $\tau_\nu = 0{,}5$ gehörende geometrische Tiefe entsprechend ab, und die empirisch gefundene Gesetzmäßigkeit erscheint leicht erklärbar.

HALE und DESLANDRES berufen sich (ebenda) weiterhin auf das Verhalten der Linien in der Chromosphäre. Im allgemeinen wird eine Linie im *Flash*-Spektrum eine um so größere Höhe erreichen, je größer der Absorptionskoeffizient in der Linienmitte (z. B. pro Gramm Materie) ist. Genau genommen muß man jedoch den Unterschied von Temperatur und Druck in Betracht ziehen zwischen den Schichten, welche im Spektrum der Chromosphäre eben noch in Erscheinung treten und den etwas tieferen, welche die Spektroheliogramme bestimmen.

Daß die Protuberanzen nur im K_3-Bild und dort in *Absorption* erscheinen, bedarf kaum eines weiteren Kommentars. Die letztere Tatsache erhärtet den schon aus der Wachstumskurve für die Emissionslinien der Protuberanzen am ☉-Rand gezogenen Schluß, daß die relative Verteilung der Atome auf Energieniveaus von nur wenigen eVolt Anregungsenergie durch eine Anregungstemperatur dargestellt wird, die nicht größer ist, als die Grenztemperatur der Sonne.

Die Deutung der K_2-Spektroheliogramme ist auch heute noch — im Gegensatz zu den Darstellungen vieler elementarer Lehrbücher — keineswegs selbstverständlich. Wir werden besser unter C) zunächst die allgemeinen Züge der Spektroheliogramme mit Metallinien untersuchen und dann erst die Besonderheiten der H- und K-Spektroheliogramme betrachten, welche mit der enormen Stärke dieser Linien zusammenhängen.

B) Die Wasserstofflinien Hα, Hβ, Hγ . . . Betrachten wir sodann zunächst die *Hα-Spektroheliogramme* und ihre Veränderungen, wenn wir von der Linienmitte nach außen gehen.

Obwohl die *Kontur der Hα-Linie* keine Emission erkennen läßt, ist es zweckmäßig, sie — entsprechend dem verschiedenen Aussehen der Spektroheliogramme — in drei Gebiete einzuteilen: Nach L. D'AZAMBUJA bezeichnen wir die Mitte als $H_{\alpha 3}$; $\sim 0{,}25$ Å nach außen kommen $H_{\alpha 2\,v\,bzw.\,r}$ und in $\sim 0{,}5$ Å Abstand von der Linienmitte $H_{\alpha 1}$.

Die *$H_{\alpha 3}$-Spektroheliogramme* zeigen wie die K_3-Bilder auf das schönste die Filamente = Protuberanzen. Die hellen Fackelflächen dagegen sind lange nicht so ausgedehnt, wie auf den Kalziumbildern. Nur deren hellste Teile sind deutlich wiederzuerkennen. Den Untergrund der $H_{\alpha 3}$-Aufnahmen bildet eine schwache und feine Art von „*Granulation*", die sich erst auf den *$H_{\alpha 2}$-Spektroheliogrammen* ($\Delta\lambda = 0{,}25$ Å) voll entfaltet. In der Umgebung der Flecke zeigen die Elemente dieser Granulation öfters eine wirbelartige Anordnung, die berühmten *Solar Vortices* von G. E. HALE. Wie wir schon bemerkten, läßt sich die ursprüngliche Vermutung einer Verknüpfung dieser Gebilde mit den Magnetfeldern der Flecke sicher nicht aufrechterhalten. Es handelt sich vielmehr wahrscheinlich um kleine Protuberanzen, die von den Sonnenflecken angezogen werden und — wegen der Corioliskraft — auf gekrümmten Bahnen diesen zuströmen. Die Filamente sind auch auf den $H_{\alpha 2}$-Bildern noch gut erkennbar und verschwinden mit der Granulation erst auf den

$H_{\alpha 1}$-Spektroheliogrammen ($\Delta\lambda = 0{,}5$ Å). Diese bieten dafür ein zunächst sehr überraschendes Bild: Die Flocculi und Fackelflächen, welche sich auf den Kalziumspektroheliogrammen hell vom dunkleren Untergrund abheben, erscheinen nämlich im $H_{\alpha 1}$-Licht *dunkel* auf hellem Grund.

Geht man zu den *höheren Gliedern der* BALMER-*Serie* $H\beta$, $H\gamma$, $H\delta$, ... über, so ändert sich vor allem der Charakter der mit den *Mitten der Linien* aufgenommenen Spektroheliogramme. Schon bei $H\beta$ treten die hellen Fackelflächen und Flocculi zurück und verschwinden bei $H\delta$ vollständig. Damit parallelgehend erscheinen immer stärker auch im Licht der Linien*mitte* die *dunklen Wasserstoffflocculi*. Die mit den *äußeren* Teilen von $H\beta$, ... aufgenommenen Spektroheliogramme unterscheiden sich wenig von den entsprechenden $H\alpha$-Bildern. Zusammenfassend kann man also das Verhalten von $H\beta$, $H\gamma$, ... auch dahingehend beschreiben, daß jede Stelle in einer dieser Linien sich analog einer weiter außen gelegenen Stelle in $H\alpha$ verhält.

Nun zur *Deutung der Wasserstoffspektroheliogramme!*

Daß die *Filamente* nicht nur auf den $H_{\alpha 3}$-Bildern, sondern auch in fast derselben Stärke auf den $H_{\alpha 2}$-Spektroheliogrammen (0,25 Å von der Linienmitte) zu erkennen sind, erklärt sich in trivialer Weise durch die große *Dopplerbreite* $\Delta\lambda_D \approx 0{,}2$ Å der $H\alpha$-Linie.

Die hellen Kämme der Fackelflächen auf den $H_{\alpha 3}$-*Aufnahmen*, dürften ebenso wie die der K_2-Bilder darauf zurückzuführen sein, daß infolge der Überhitzung der obersten Atmosphärenschichten in den Fackeln dort die *Intensität in der Linienmitte* z.B. von $H\alpha$ entsprechend der KIRCHHOFF-PLANCK-*Funktion* anwächst.

Das „unruhige" Erscheinungsbild der $H_{\alpha 2}$-*Bilder* dagegen hängt augenscheinlich damit zusammen, daß die ganze Sonnenoberfläche „gespickt" ist mit *kleinen Protuberanzen*, den "spicules", deren Form und Verhalten uns aus den Beobachtungen am Sonnenrand schon geläufig ist.

Befinden sich diese in *Ruhe*, so werden sie sich ebenso wie die großen Filamente abzeichnen, solange der 2. Spalt des Spektroheliographen von der Linienmitte nicht weiter entfernt ist, als $\sim$ die thermische Dopplerbreite von $H\alpha$. Ihre „Sichtbarkeit" wird beim Übergang $H_{\alpha 3} \to H_{\alpha 2} \to H_{\alpha 1}$ erst langsam und dann ziemlich plötzlich abnehmen.

Wie wird dieses Bild nun durch evtl. *Bewegungen* in der Sehlinie beeinflußt? Es mögen etwa zwei kleine Protuberanzen nebeneinanderstehen, die sich mit gleicher Geschwindigkeit aufwärts- bzw. abwärtsbewegen. Im $H_{\alpha 3}$-Bild werden sich die beiden nicht unterscheiden. Rückt aber der 2. Spalt in die Nähe des Randes der „Protuberanzenabsorption" mit der Halbbreite $\sim\Delta\lambda_D$, so genügt schon ein kleiner Dopplereffekt, um erhebliche Intensitätsschwankungen zu verursachen. Wir möchten also die $H_{\alpha 2}$-Granulation in der Hauptsache als ein Abbild des *Vertikalgeschwindigkeitsfeldes* der Chromosphäre deuten. Wenn es sich dabei vorzugsweise um *makroskopische* Strömungen und entsprechende Linien*verschiebungen* handelt, so müßten nach unserer Arbeitshypothese simultane $H_{\alpha 2r}$- und $H_{\alpha 2v}$-Aufnahmen sich wie Negativ und Positiv verhalten. Handelt es sich dagegen um turbulente Strömungen und dementsprechend wechselnde *Verbreiterungen* des innersten Kernes der Linie, so sollten $H_{\alpha 2r\,\mathrm{bzw.}\,v}$ dasselbe Bild ergeben. Beobachtungen, welche eine Entscheidung zwischen diesen beiden Möglichkeiten zulassen, scheinen noch nicht vorzuliegen.

Schließlich bleibt noch die Deutung der $H_{\alpha 1}$-Spektroheliogramme (0,5 Å von der Linienmitte) zu besprechen: Schon H. DESLANDRES hat beobachtet, daß in den Fackelflächen und den Flocculi, wo die K_2-Emission *verstärkt* erscheint, die $H\alpha$-*Linie breiter* wird. Eine solche Verbreiterung wird auf dem Spektroheliogramm als *Helligkeitsabnahme* in Erscheinung treten, und zwar cet. par. um so stärker, je *steiler* die Linienkontur an der benutzten Stelle verläuft. Da die steilste Stelle der $H\alpha$-Kontur etwa 0,4 Å von der Linienmitte entfernt ist, so wird es leicht verständlich, daß in dieser Zone der Linie die *dunklen* Fackelflächen und Flocculi am deutlichsten hervortreten. *Daß* die $H\alpha$-Linie in den Fackelgebieten usw.

breiter wird, beruht in der Hauptsache auf der erheblichen Zunahme der Anzahl zweiquantiger Wasserstoffatome entsprechend dem Anwachsen des BOLTZMANNschen Anregungsfaktors mit der Temperatur. Dazu kommt die HOLTSMARK-Verbreiterung infolge des erhöhten Elektronendruckes (allgemeine Ionisation). Gegenüber der besprochenen Verbreiterung von $H\alpha$ spielt die Vergrößerung der KIRCHHOFF-PLANCK-Funktion (welche eine Aufhellung bewirken würde) für die *äußeren* Teile von $H\alpha$ in den Fackeln keine wesentliche Rolle.

Als Abschluß zur Theorie der Wasserstoffspektroheliogramme fragen wir nach der Ursache der oben beschriebenen *Unterschiede zwischen den* $H\alpha$-, $H\beta$-, $H\gamma$-,...-*Bildern.* Wir hatten seinerzeit darauf hingewiesen, daß mit wachsender Gliednummer in der BALMER-Serie die Druckverbreiterung *zu*- und die Oszillatorenstärke *ab*nimmt. Damit parallelgehend wird die wirksame optische Schichtdicke in der Linienmitte immer kleiner, so daß diese etwa von $H\delta$ an nicht mehr als „*gesättigt*" betrachtet werden darf. Die Helligkeitsschwankungen in der *Mitte* der höheren Glieder der BALMER-Serie folgen daher nicht mehr der üblichen Theorie der Restintensität, sondern schließen sich in ihrem Verhalten den weiter außen in der Linie gelegenen Teilen der $H\alpha$-Linie mit derselben wirksamen optischen Tiefe an. Es wird so leicht verständlich, daß z. B. die Mitte von $H\beta$ Bilder liefert, welche die wichtigsten Züge der $H_{\alpha 3}$-Aufnahmen *und* die dunklen Flocculi zeigten, während die Mitte von $H\delta$ schon nur noch die letzteren wiedergibt.

C) L. D'AZAMBUJAs Untersuchungen an Metallinien. In den Jahren 1926 bis 1928 hat L. D'AZAMBUJA [2111] mit Hilfe des großen Spektroheliographen zu Meudon Sonnenaufnahmen mit nur ~0,04 Å breiten Spektralbereichen aus einer großen Anzahl von *Metallinien* gemacht. Diese Untersuchungen werden es erlauben, die *Theorie der Spektroheliogramme* auf eine viel breitere Basis zu stellen, indem wir sie — auch in quantitativer Hinsicht — mit der *Theorie der Linienprofile* verknüpfen.

Die folgende Tab. 100 enthält zunächst in ihren drei vordersten Spalten — nach Wellenlängen geordnet — ein Verzeichnis der benutzten *Linien* sowie ihrer Multiplettklassifikation und ROWLAND-Intensität. Spalte 4 gibt die jeweils benutzte Breite des monochromatisierenden Spaltes bzw. des isolierten Spektralbereiches in Å an.

Um die Orientierung in der zunächst verwirrenden Mannigfaltigkeit der spektroheliographischen Beobachtungen zu erleichtern, fand es D'AZAMBUJA zweckmäßig, in den Metallinien zwei Zonen zu unterscheiden:

Erstens einen „*Linienkern*" (partie médiane), der sich auf gewöhnlichen Spektrogrammen großer Dispersion als dunkler Streifen abhebt und *zweitens* die sich nach außen anschließenden *Linienflügel.* Die von D'AZAMBUJA unter dem Komparator gemessenen (ganzen) Breiten des „Linienkerns" geben die Spalten 6 und 8 unserer Tabelle an.

Ehe wir uns an die Deutung der Spektroheliogramme wagen können, muß die wichtige Vor-Frage geklärt sein, was die offenbar verhältnismäßig scharfe Abgrenzung der beiden Teile in den Metallinien[1] eigentlich bedeutet. Betrachten wir noch einmal den in Abb. 117 dargestellten Verlauf des *Absorptionskoeffizienten* für Spektrallinien mit Doppler- und Dämpfungsverbreiterung: In einem Abstand $v = \frac{\Delta\lambda}{\Delta\lambda_D} \approx 3$, d. h. $\Delta\lambda = 3\,\Delta\lambda_D$ von der Linienmitte (für den in Frage kommenden Bereich von $\alpha = \gamma/2\,\Delta\omega_D$), erfolgt plötzlich der Übergang von der flach verlaufenden Dämpfungskurve $k \sim 1/\Delta\lambda^2$ zu der steilen Dopplerkurve $k \sim e^{-(\Delta\lambda/\Delta\lambda_D)^2}$.

[1] Daß dieses Phänomen bei *Linienkonturenmessungen* nicht früher bemerkt worden ist, dürfte einfach darauf beruhen, daß seine Erfassung ein sehr *hohes Trennungsvermögen* des Spektrographen (nach obigen Angaben 100000—200000) verlangt.

Tabelle 100. Spektroheliographische Untersuchungen an Metallinien von L. D'AZAMBUJA [2111].

1	2		3	4	5	6 und 7		8 und 9		10	11	12
λ	Element. Klassifikation		ROWLAND-Intensität	Breite des monochrom. Spaltes in Å (Meudon)	Abstand zwischen den Sichtbarkeitsmaxima der Granulation	Normale ⊙-Oberfläche bzw. Granulation		Fackelflächen		Abstand $2\,\Delta\lambda_m$ zwischen den Sichtbarkeitsmaxima der Fackelflächen	$\frac{W_\lambda}{2\Delta\lambda_m}$	Höhe über dem Sonnenrand in 10^3 km
						Breite des Linienkerns in Å	ξ_t [km/sec]	Breite des Linienkerns in Å	ξ_t [km/sec]			
3838,304	Mg	$3\,{}^3P_2^0 - 3\,{}^3D$	25	0,05	0,20	0,15	0,8	—	—	0,692	—	2,3
4045,827	Fe	$a\,{}^3F_4 - y\,{}^3F_4^0$	30	0,04	0,12	0,09	—	—	—	0,350	3,3	—
4077,726	Sr II	$5\,{}^2S_{\frac{1}{2}} - 5\,{}^2P_{1\frac{1}{2}}^0$	8	0,04	0,14	0,13	1,35	0,149	1,605	0,124	2,7	1,9
4104,135	Fe	—	5	0,03	0,08	0,08	—	—	—	—	—	—
4132,069	Fe	$a\,{}^3F_2 - y\,{}^3F_3^0$	10	0,04	0,12	—	0,8	—	—	—	—	—
4143,880	Fe	$a\,{}^3F_3 - y\,{}^3F_4^0$	15	0,04	0,10	—	0,3	—	—	0,20	2,6	—
4202,042	Fe	$a\,{}^3F_4 - z\,{}^3G_4^0$	8	0,05	0,14	0,13	1,09	0,147	1,346	0,17	2,6	0,8
4226,742	Ca	$4\,{}^1S_0 - 4\,{}^1P_1^0$	20	0,05	0,14	0,13	0,8	0,149	1,150	0,434	2,7	1,6
4383,559	Fe	$a\,{}^3F_4 - z\,{}^5G_5^0$	15	0,04	0,10	0,12	0,8	0,140	1,190	0,444	2,4	1,3
5183,621 (b_1)	Mg	$3\,{}^3P_2^0 - 4\,{}^3S_1$	30	0,10	0,16	0,15	—	—	—	0,656	2,4	1,0
5889,977 (D_2)	Na	$3\,{}^2S_{\frac{1}{2}} - 3\,{}^2P_{1\frac{1}{2}}^0$	30	0,09	0,24	0,25	1,0	—	—	0,584(?)	1,3(?)	1,2

Wenn die Konzentration der absorbierenden Atome noch nicht *so* groß ist, daß für $v \leqq 3$ die Intensität in der Linie dem Grenzwert für $k \to \infty$, d.h. der „Restintensität" $1 - R_c$ im engeren Sinne, nahezu gleich wird, so muß also das Linienprofil bei $v \approx 3$ einen ziemlich scharfen *Knick* zeigen.

Die *Theorie* läßt also erwarten, daß in nicht zu starken Linien ein *Dopplerkern* der (ganzen) Breite $\sim 6\,\Delta\lambda_D$ zu erkennen sei. Andererseits setzt sich $\Delta\lambda_D$ aus der *thermischen- und der Turbulenzbreite* zusammen nach Gl. (72,7) und (72,9)

$$\frac{\Delta\lambda_D}{\lambda} = \frac{\Delta\omega_D}{\omega} = \frac{1}{c}\sqrt{\frac{2RT}{\mu} + \xi_t^2}\,. \tag{145, 1}$$

In Spalte 6 und 7 der Tab. 100 haben wir mit M. REICHEL [21143] aus L. D'AZAMBUJAs Messungen des *gewöhnlichen* FRAUNHOFER-*Spektrums* mit $T \approx 4000°$ sogleich die *Turbulenzgeschwindigkeiten* ξ_t ermittelt. Sie stimmen mit den anderweitig ermittelten gut überein und bestätigen so wiederum unsere Identifikation des empirisch gefundenen „*Linienkerns*" (partie médiane) mit dem von der Theorie geforderten „*Dopplerkern*". Im Spektrum der *Fackelflächen* ist — ebenfalls nach D'AZAMBUJA — der Linienkern etwas breiter, d.h. die Turbulenzgeschwindigkeit ξ_t etwas größer (Spalte 8 und 9).

Berücksichtigt man noch die Verzerrung der Linien durch den Spektrographen, so werden die Breiten der Linienkerne etwas größer; man erhält dann — entsprechend Spalte 7 — z.B. für die Sr II-Linie $\xi_t \approx 2$ km/sec, für die Ca I- und Fe I-Linien dagegen $\xi_t \approx 1{,}1$ km/sec. Die Unterschiede der Turbulenzgeschwindigkeiten verschiedener Linien, insbesondere der Funkenlinie Sr II λ 4078 gegenüber den Bogenlinien, führt man nach M. REICHEL [21143, Abb. 3] am einfachsten darauf zurück, daß in der Sonnenatmosphäre etwa ab $\tau_{4100} < 0{,}03$, die Turbulenzgeschwindigkeit ξ_t mit der Höhe rasch anwächst. Im Sinne von Abschnitt 115, B) und C) hätten wir — wie man sich leicht klar macht — die in Tab. 100 angegebenen Turbulenzgeschwindigkeiten aufzufassen als Summe aus *Mikroturbulenz* und der *Makroturbulenz der Turbulenzelemente, welche im Spektroheliographen nicht mehr aufgelöst werden*, d. h. deren Durchmesser etwa $< 3''$ ist.

Nach diesem Exkurs kehren wir zurück zur Darstellung von L. D'AZAMBUJAs Beobachtungen. Die mit Licht aus der *Mitte* der Metallinien aufgenommenen Spektroheliogramme sehen im wesentlichen aus wie die bekannten K_1-Bilder: Sie zeigen *helle Fackelflächen und Flocculi*, vermischt mit einer Art von schwacher „*Granulation*", die — wie D'AZAMBUJA durch Simultanaufnahmen beweisen konnte — für alle Linien dieselben Formen hat.

Entfernt man sich von der Linienmitte, so nehmen die Fackelflächen an Deutlichkeit ab, die Granulation dagegen zu. Am *Rande des Linienkernes* erreicht die Sichtbarkeit der Fackelflächen ein Minimum, die der Granulation ihr Maximum. Bei den starken Linien erscheint merkwürdigerweise die Granulation im violetten Teil der Linie deutlicher, als im roten. Mit abnehmender Linienintensität verschwindet diese Unsymmetrie, um anscheinend für ROWLAND-Intensität $\leqq 7$ ihr Vorzeichen umzukehren.

Geht man nun in die *Linienflügel* heraus, so verschwindet die Granulation rasch, die Fackelflächen dagegen werden bei den meisten *stärkeren* Bogenlinien wieder heller und erreichen Sichtbarkeitsmaxima, deren Abstand $2\,\Delta\lambda_m$ in Spalte 10 der Tab. 100 angegeben ist. Ganz anders verhält sich Sr-Funkenlinie λ 4078: Außerhalb des Dopplerkernes gibt diese Linie — ähnlich wie die Wasserstofflinien — *dunkle* Fackelflächen und Flocculi.

Einen Übergang zwischen dem Verhalten der Mehrzahl der Bogenlinien einerseits und der Sr-Funkenlinie andererseits scheint Fe λ 4202 zu bilden. Ihr kurzwelliger Flügel gibt helle Fackelflächen, während der langwellige dunkle liefert (!).

Als Illustration und Zusammenfassung des vorhergehenden entnehmen wir noch D'AZAMBUJAs Arbeit die für die Fe-Linie λ 4384 gezeichnete Abb. 229.

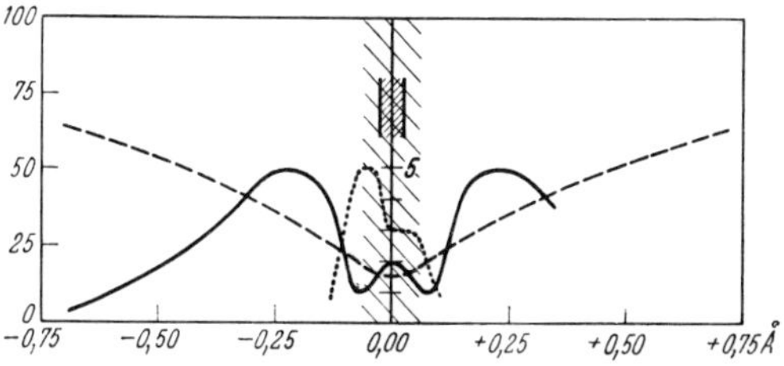

Abb. 229. Sichtbarkeit der Fackelflächen (ausgezogene Kurve) und der Granulation (punktiert) als Funktion des Abstandes von der Mitte der Linie Fe 4383,56 nach L. D'AZAMBUJA [2111, Abb. 22]. Mittlere Ordinatenskala: Sichtbarkeiten in einer 5stufigen Schätzungsskala. Die *gestrichelte Kurve* in Verbindung mit der Ordinatenskala gibt die mit dem Spektroheliographen gemessene Intensitätsverteilung in der Linie. Die *weite Strichelung* in der Mitte gibt die Weite des „*mittleren Teils*" der Linie nach direkter Messung auf den Spektrogrammen. Die *dichte Strichelung*, begrenzt durch senkrechte Linien, bezeichnet die Breite des monochromatisierenden Spaltes, umgerechnet auf Ångström-Einheiten im Spektrum.

Zur Erklärung der beobachteten Phänomene stehen uns im wesentlichen folgende drei Effekte zur Verfügung:

1. Änderungen der „*Restintensität*", d. h. — da die Linien in der Hauptsache durch wahre Absorption entstehen — der KIRCHHOFF-PLANCK-*Funktion* bzw. der *Temperatur* in hohen Schichten.

2. Änderungen der „*Anzahl*" *bzw. der Konzentration der absorbierenden Atome* infolge von Änderungen der Temperatur und des Druckes.

3. *Dopplereffekte* makroskopischer oder turbulenter Strömungen.

Wir knüpfen zunächst an die in Abschnitt 103, Gl. (25ff.) entwickelte — noch sehr schematische — Form der *Theorie der Linienprofile* an. Es bedeute also wieder:

I die Intensität in der Linie bei der Frequenz ν, bezogen auf die Intensität des benachbarten kontinuierlichen Spektrums als Einheit.

$R = 1 - I$ die „Tiefe" der Linie.

R_c die Tiefe der Linienmitte $= 1$ – Restintensität I_c.

x_ν die „wirksame" optische Dicke der Atmosphäre für selektive Streuung und Absorption bei der Frequenz ν.

Dann gilt nach Gl. (103, 25) mit guter Annäherung:

$$\frac{1}{R} = \frac{1}{x_\nu} + \frac{1}{R_c}. \tag{145, 2}$$

Um die Wirkung irgendwelcher Änderungen in R_c (Effekt 1) oder x_ν (Effekt 2) auf die Spektroheliogramme übersehen zu können, berechnen wir die entsprechende Änderung dI der Intensität, bezogen auf die normalerweise bei der betreffenden Frequenz vorhandene Intensität I selbst. Im Hinblick auf die Form der Gl. (145, 2) schreiben wir zunächst

$$\frac{dI}{I} = \frac{-dR}{1-R} = \frac{d\left(\frac{1}{R}\right)}{\frac{1}{R}\left(\frac{1}{R} - 1\right)}. \tag{145, 3}$$

Dann wird der Einfluß einer *Änderung der Restintensität* $dI_c = -dR_c$, d. h. Effekt 1, in Abhängigkeit von x_ν dargestellt durch

$$-\frac{dI}{I \cdot dR_c} = \frac{x_\nu^2}{(x_\nu + R_c)(x_\nu + R_c - x_\nu R_c)}. \tag{145, 4}$$

Ändert sich dagegen die *Anzahl absorbierender Atome* — Effekt 2 —, so ändert sich zunächst dx_ν/x_ν um einen entsprechenden und von der Frequenz *un*abhängigen Betrag. Die Frequenzabhängigkeit des Effektes 2 wird also erfaßt durch

$$-\frac{dI/I}{dx_\nu/x_\nu} = \frac{R_c^2 x_\nu}{(x_\nu + R_c)(x_\nu + R_c - x_\nu R_c)}. \tag{145, 5}$$

Die Wellenlängenabhängigkeit von x_ν ist in den äußeren Teilen der zu betrachtenden starken Linien — d. h. abgesehen vom Dopplerkern, auf den wir nachher zu sprechen kommen — durch Dämpfung bestimmt, und es gilt $x_\nu \sim 1/\Delta\lambda^2$, wo $\Delta\lambda$ den Abstand von der Linienmitte bedeutet. Indem wir $\Delta\lambda$ in passenden Einheiten rechnen, schreiben wir einfach

$$x_\nu = \frac{1}{\Delta\lambda^2}. \tag{145, 6}$$

Die nach (145, 2) und (145, 6) mit der plausiblen Annahme einer Restintensität von 10%, d. h. $R_c = 0{,}90$, berechnete *Linienkontur* zeigt der obere Teil unserer Abb. 230. Die obere Abszissenskala gibt $\Delta\lambda$, die untere das zugehörige x_ν. Die Äquivalentbreite W_λ dieser Linie wird in der hier gewählten Wellenlängeneinheit

$$W_\lambda = \int R\,d\lambda = \int_{-\infty}^{+\infty} \frac{d(\Delta\lambda)}{\Delta\lambda^2 + \frac{1}{R_c}} = \pi\sqrt{R_c}. \tag{145, 7}$$

$\frac{1}{2} W_\lambda$ ist in unserer Abbildung durch ein schraffiertes Rechteck dargestellt. Die zu unserer „Normallinie" — aus der die wirklichen Linien durch passende Veränderung des $\Delta\lambda$-Maßstabes hervorgehen sollen — gehörenden *Sichtbarkeitskurven* für den *Restintensitätseffekt* (Nr. 1) und den *Anzahleffekt* (Nr. 2) sind nach Gl. (145, 4) bzw. (145, 5) in Abb. 230 mit eingetragen.

Vergleicht man sie mit den von D'AZAMBUJA beobachteten Sichtbarkeitskurven (z. B. Abb. 229), so kann kaum ein Zweifel darüber bestehen, daß das *innere Sichtbarkeitsmaximum der Fackelflächen* wie bei den Kalzium- und Wasserstoffspektroheliogrammen auf dem *Restintensitätseffekt* beruht, d. h. auf einer Temperaturerhöhung in den oberen Atmosphärenschichten.

Das *äußere Maximum der Sichtbarkeitskurve der Fackelflächen* dagegen paßt ausgezeichnet zur theoretischen Kurve für den *Anzahleffekt.*

In den Fackelflächen wird — infolge ihrer hohen Temperatur — die thermische Ionisation und Anregung erhöht. So verstehen wir mit einem Schlage, daß dort die Linien der neutralen Metalle schmaler werden und *helle Flocculi* geben. Auf das konträre Verhalten der Sr II-Linie werden wir unten zurückkommen.

Weiterhin lesen wir aus Abb. 230 (unterste Kurve und Rechteck oben) ab, daß nach unserer Theorie für alle Linien gleicher Restintensität der Abstand $2\Delta\lambda_m$ der äußeren Sichtbarkeitsmaxima der Fackelflächen zur Äquivalentbreite W_λ in einem festen Verhältnis stehen sollte. Für den in Abb. 230 angenommenen Zahlenwert der Restintensität von 10% ergibt sich

$$\frac{W_\lambda}{2\Delta\lambda_m} = 2{,}5 \qquad (145,\, 8)$$

Entsprechende Rechnungen mit anderen Annahmen über die Restintensität führen auf nicht sehr verschiedene Verhältnisse. In Tab. 100 haben wir die von D'AZAMBUJA gemessenen Abstände in Spalte 10 aufgeführt und in Verbindung mit den von C. W. ALLEN [908] gemessenen Äquivalentbreiten W_λ die Verhältnisse $W_\lambda/2\Delta\lambda_m$ in Spalte 11 ermittelt. Sie stimmen recht gut mit dem theoretischen Wert (145, 8) überein.

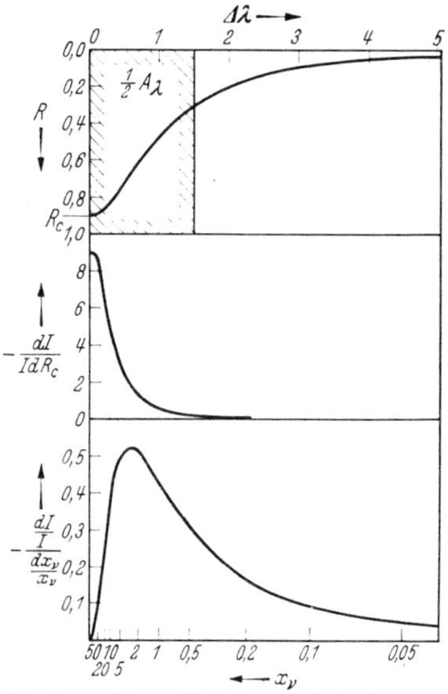

Abb. 230. Oben: Linienkontur (mit Gesamtabsorption) nach Gl. (145, 2 u. 6). Unten: Theoretische Sichtbarkeitskurven für „*Restintensitätseffekt*" Gl. (145, 4) und „*Anzahleffekt*" Gl. (145, 5).

Unsere schematische Theorie der Sichtbarkeitskurven der Fackelflächen hat aber in quantitativer Hinsicht noch einen Schönheitsfehler: Durch Überlagerung von Kurven der Typen (145, 4) und (145, 5) kann man nämlich das beobachtete *Minimum* der Sichtbarkeitskurven nicht darstellen. Offensichtlich muß man feinere Details aus der Theorie der Linienprofile berücksichtigen, um den Beobachtungen ganz gerecht zu werden.

Dies hat M. REICHEL [21143] in seiner Kieler Dissertation getan. Den Ausgangspunkt bilden seine schon in Abschnitt 135, Tab. 83 wiedergegebenen *Modelle* der Photosphäre und der Fackeln. Mit diesen berechnete er nun für die betreffenden Atomzustände die Tiefenabhängigkeit von Ionisation und Anregung sowie Stoßdämpfung. Bezüglich der Turbulenzgeschwindigkeit ξ_t wird — wie schon erläutert — angenommen, daß sie mit der Höhe zunimmt und in den Fackelflächen etwas größer ist als sonst. *Eine* Konstante für jede Linie, in welche die Elementhäufigkeit, der Wirkungsquerschnitt für Stoßdämpfung, die Oszillatorenstärke usw. eingehen, wird empirisch *so* bestimmt, daß die gemessene Äquivalentbreite der Linie am Schluß richtig herauskommt.

Mit dieser — wie man sieht, sehr verfeinerten — Theorie werden nun die relativen Intensitätsänderungen beim Übergang: normale Photosphäre → Fackelfläche mittels numerischer Integration (unter Annahme lokalen thermodynamischen Gleichgewichtes) durchgerechnet. Der Verlauf der berechneten *Sichtbarkeitsfunktionen für die Fackelflächen* als Funktion des Abstandes $\Delta\lambda$ von der

Linienmitte stimmt nun mit den Beobachtungen von L. D'AZAMBUJA gut überein. Der Absolutbetrag der Helligkeitsdifferenzen dagegen kommt im allgemeinen noch etwa zweimal zu groß heraus. Es scheint, daß man diese kleine Unstimmigkeit nicht ohne weiteres durch Abänderung der Modelle beseitigen kann. Vielleicht hängt sie mit den Temperatur-Inhomogenitäten der Sonnenatmosphäre zusammen.

Eine besondere Bemerkung erfordern noch die *dunklen Flocculi* der Sr II-Linie λ 4078. Man kann sie zunächst *nicht* — wie *Verf.* seinerzeit annahm — auf einen umgekehrten Anzahleffekt zurückführen, da ja das Sr nicht mehr als 100%ig ionisiert werden kann! Es ist vielmehr — wie M. REICHEL bemerkt — wesentlich, daß diese in hohen Schichten entstehende Linie im Vergleich zu den Bogenlinien eine verstärkte *Turbulenzverbreiterung* zeigt, und daß diese außerdem in den Fackelflächen eine besonders große Zunahme erfährt.

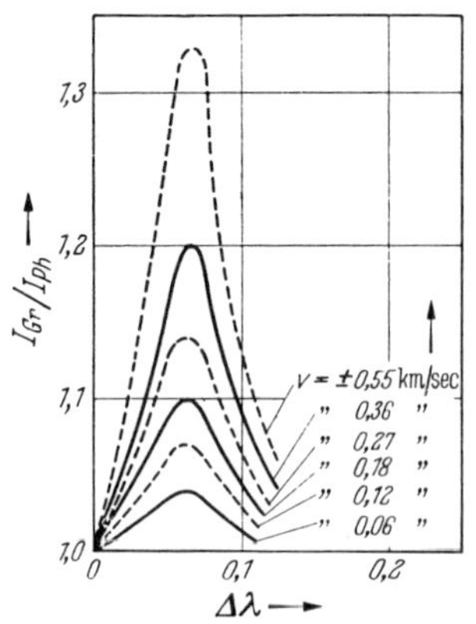

Abb. 231. Die bei Verschiebung der Linie Ca 4227 auftretenden Intensitätsverhältnisse als Funktion des Abstands von der Linienmitte für verschiedene Geschwindigkeiten.

Im Rahmen der erörterten Ansätze kann man auch die Sichtbarkeitskurven der Fackelflächen in den Flügeln der Ca II H + K-Linien, d. h. die K_1- *und* H_1-*Spektroheliogramme* einigermaßen deuten, obwohl merkwürdigerweise gerade hier in quantitativer Hinsicht noch manches zu wünschen übrigbleibt (vgl. M. REICHEL, S. 108ff.). Die K_2- und H_2-Spektroheliogramme entsprechen nach allem, was wir wissen, schon ziemlich hohen Schichten in der Chromosphäre. Ob man die K_2- *und* H_2-*Emissionen* nun nach neueren Arbeiten von S. MIYAMOTO auf den Strahlungsaustausch durch inkohärente Streuung oder nicht einfacher auf die Temperaturzunahme in größeren Höhen (nach der Korona zu) zurückführen soll, erscheint *Verf.* zur Zeit noch nicht entschieden. Auch von Seiten der Beobachter hätten diese interessanten Probleme mehr Aufmerksamkeit verdient.

Nachdem wir das Problem der Sichtbarkeitskurven der Fackelflächen in den Grundzügen gelöst haben, fragen wir nach dem Ursprung der von D'AZAMBUJA beobachteten *Granulation.* Die *Maxima ihrer Sichtbarkeit* stimmen — wie schon bemerkt — überein mit den Stellen steilsten Intensitätsabfalles, welche den Dopplerkern (partie médiane) von den Linienflügeln trennen. So werden wir auf folgende Überlegung gebracht: An den betrachteten Stellen der Linien, d. h. $\Delta\lambda \approx 3\,\Delta\lambda_D$, wird nach unseren bisherigen Untersuchungen sowohl der Restintensitätseffekt, wie auch der Häufigkeitseffekt sehr gering sein. Wird dagegen die Linie durch makroskopische Bewegungen verschoben oder durch Turbulenz verbreitert, so wird gerade an der steilsten Stelle der Linienkontur die größte relative Intensitätsschwankung resultieren (Abb. 231). Das heißt: Die „*Granulation*" beruht auf Effekt Nr. 3; sie gibt ein qualitatives Bild des *Geschwindigkeitsfeldes* der höheren Atmosphärenschichten.

Diesen qualitativen Ansatz hat wieder M. REICHEL [21143, V] unter genauer Berücksichtigung der oben erwähnten Feinheiten durchgerechnet. Gerade der „Steilabfall" der Linienprofile bei $\Delta\lambda \approx 3\,\Delta\lambda_D$ reagiert sehr empfindlich auf alle möglichen Änderungen der Modelle. Setzt man nun die Wahrscheinlichkeit einer Dopplerverschiebung des ganzen Linienprofils entsprechend einer Geschwindigkeit η als

$$f(\eta) = \frac{1}{\sqrt{\pi}\cdot\eta_0}\, e^{-\left(\frac{\eta}{\eta_0}\right)^2} \tag{145, 9}$$

an, so kann man durch „Verwackeln" der berechneten Linienprofile entsprechend dieser Funktion für jedes angenommene η_0 den Verlauf und insbesondere die maximale Höhe der *Sichtbarkeitsfunktion für die chromosphärische Granulation* berechnen. Aus D'AZAMBUJAs Angabe, daß $\overline{\Delta \log I} \approx 0{,}08$ sei, erhält M. REICHEL so — unter Berücksichtigung der instrumentellen Effekte —

$$\eta_0 = 0{,}4 \text{ km/sec} . \qquad (145, 10)$$

Diese wahrscheinlichste Geschwindigkeitsschwankung — entsprechend der von uns durchweg gebrauchten Definition der Turbulenzgeschwindigkeiten ξ_t — ist, entsprechend dem teleskopischen Auflösungsvermögen des *Meudon*er Spektroheliographen, den *Turbulenzelementen* $\geqq 2''$ bis $3''$ zuzuordnen.

Die von M. REICHEL aus den spektroheliographischen Beobachtungen abgelesene Geschwindigkeit $\eta_0 = 0{,}4$ km/sec der Granulationselemente $\geqq 2''$ bis $3''$ stimmt ausgezeichnet überein mit den schon besprochenen Messungen von R. S. RICHARDSON und M. SCHWARZSCHILD [20204], welche am 150'-Turmteleskop von Mt. Wilson durch direkte Messung von Linienverschiebungen für Granulationselemente $\geqq 2''$ eine (analog definierte) "random turbulent velocity" $\eta_0 = 0{,}37$ km/sec erhielten. Auch die Asymmetrie der Sichtbarkeitsfunktion für die chromosphärische Granulation konnte M. REICHEL durch einen sehr detaillierten Vergleich der Linienkonturen der heißen und kalten Turbulenzelemente verständlich machen, doch wollen wir hierauf an dieser Stelle nicht näher eingehen.

Im Rahmen der Rechnungen von M. REICHEL bleibt zunächst die Frage noch unentschieden, ob η_0 sich a) auf statistisch verteilte *Linienverschiebungen* über größere Bezirke der Sonnenoberfläche bezieht oder b) auf lokale Vergrößerungen der Turbulenz, d. h. entsprechende Linien*verbreiterungen*. Eine Entscheidung können Spektroheliogramme bringen, die *simultan* an den steilsten Stellen zu beiden Seiten *einer* Linie oder an der lang- bzw. kurzwelligen Flanke *zweier* sonst ähnlicher Linien aufzunehmen wären — was natürlich sehr schwierig ist. Im Falle a) würden die beiden Bilder einander wie Negativ und Positiv entsprechen, während sie im Falle b) gleich aussehen müßten. Die Beobachtungen von RICHARDSON und SCHWARZSCHILD sprechen — ebenso wie elementare hydrodynamische Überlegungen — für die Annahme a).

Siebenter Teil.

Radiofrequenzstrahlung und kosmische Ultrastrahlung.

XXII. Kapitel.

Radioastronomie.

146. Einleitung. Historisches.

Im Jahre 1932 machte K. G. JANSKY [2272] bei der Untersuchung von Kurzwellen-Funkstörungen mittels einer Richtantenne die erstaunliche Entdeckung, daß die *Milchstraße Radiowellen* aussendet. In den folgenden Jahren hat JANSKY das Phänomen bei Wellenlängen $\lambda \approx 12$—14 m noch genauer untersucht. Doch erst G. REBERs Messungen (1939) der Verteilung der Radiostrahlung an der Sphäre mit einem großen Parabolspiegel (bei λ 1,8 m) überzeugten die bis dahin ziemlich zurückhaltenden Astronomen von der Realität der Erscheinung. 1940 versuchten L. G. HENYEY und P. C. KEENAN [2262] eine theoretische Deutung. 1946 entdeckten dann J. S. HEY, J. W. PHILLIPS und S. J. PARSONS [2264] die erste *diskrete Radiostrahlungsquelle* im Cygnus.

Heute — um der weiteren Darstellung kurz vorzugreifen — glauben wir zu wissen, daß die *allgemeine Radiostrahlung*[1] in der Hauptsache von zahlreichen diskreten *galaktischen* und *extragalaktischen „Quellen“* emittiert wird, welche bis jetzt nur zum Teil mit teleskopisch beobachteten Objekten identifiziert werden konnten. Daneben spielt noch die *Emission* und *Absorption* des *interstellaren Gases* eine, wenn auch geringere Rolle.

Erst die enorme Entwicklung der Radar(Funkmeß-)technik im Kriege ermöglichte die Entdeckung der *Radiostrahlung der Sonne.* 1942 beobachtete J. S. HEY bei Wellenlängen von λ 4—6 m die augenscheinlich mit einer großen Sonnenfleckengruppe zusammenhängende veränderliche *Radiostrahlung der gestörten Sonne* und im selben Jahre entdeckte J. SOUTHWORTH bei λ 3,2 cm die stets vorhandene *Strahlung der ruhigen Sonne.* Häufig spricht man auch kurzweg von der *„gestörten“* bzw. *„ruhigen“ Radiostrahlung* der Sonne. Die letztere deutete 1946 D. F. MARTYN [2282] richtig als *thermische* Ausstrahlung, welche im Gebiet der Meterwellen von der Korona bei $\sim 10^6$ °K und im Gebiet der Zentimeterwellen vorwiegend von der Chromosphäre emittiert wird. Die gestörte Strahlung müssen wir zum größten Teil wohl auf *Plasmaschwingungen* zurückführen, d. h. auf synchrone Schwingungen der freien Elektronen oder Ionen über größere Bezirke in einem ionisierten Gas (Plasma). Die Beobachtung zeigt, daß

---

[1] Nachdem sich gezeigt hat, daß die an der Sphäre verteilte Strahlung teils galaktischen, teils aber auch sicher extragalaktischen Ursprunges ist, sprechen wir schlechthin von der *„allgemeinen“* (im Gegensatz zur solaren) *Radiostrahlung* oder — sprachlich korrekter, aber länger — *Radiofrequenzstrahlung* und *unterteilen* diese evtl. in *galaktische* und *extragalaktische* Radiostrahlung. Die unzweckmäßigen Bezeichnungen „galaktisches Rauschen“ oder „kosmisches Rauschen“ sollten verschwinden. Man spricht ja auch nicht vom „Rauschen der Sterne“, weil z. B. ein hochempfindliches Multiplierphotometer Schwankungserscheinungen zeigt!

solche Plasmaschwingungen durch Ströme rasch bewegter Materie oder Stoßwellen angeregt werden können. Die Theorie dieser Vorgänge steckt noch in den ersten Anfängen. Die Strahlung der *Radio-Quellen* entspricht — ihrer physikalischen Natur nach — offenbar der Strahlung der gestörten Sonne und beruht ebenfalls auf Plasmaschwingungen.

Gar nicht behandeln werden wir in diesem Buch die 1946 von R. H. DICKE und R. BERINGER [2236] nachgewiesene thermische Strahlung des *Mondes*. Sodann müssen wir verzichten auf eine eingehende Darstellung der enormen Fortschritte, welche die Erforschung der *Milchstraße* durch die Entdeckung der 21 *cm-Linie des interstellaren Wasserstoffs* gemacht hat. Endlich muß hier auch beiseite bleiben das hochinteressante Gebiet der *Radarastronomie*, welche die Reflexion künstlich erzeugter Hochfrequenz-Impulse am *Mond* und an den Spuren der *Meteore* untersucht.

Der besondere Reiz der *Radioastronomie* beruht darauf, daß die Radiofrequenzstrahlung *nur* aus den äußersten, extrem verdünnten Bereichen kosmischer Gebilde zu uns gelangen kann. So beobachten wir auf der *Sonne* die Korona und evtl. Chromosphäre ungestört von der im Sichtbaren alles überdeckenden Strahlung der Photosphäre. Umgekehrt ist bei der Mehrzahl der *galaktischen Radioquellen* die Strahlung der tieferen Schichten offenbar photographisch kaum noch erfaßbar.

Nachdem 1946 S. E. FORBUSH und H. EHMERT gezeigt haben, daß die großen *Radiostrahlungs-Ausbrüche* der Sonne von solchen der (kosmischen) *Ultrastrahlung* begleitet sind, lag es nahe, die Entstehung der *galaktischen Radiostrahlung* und der *kosmischen Ultrastrahlung* unter gemeinsamen Gesichtspunkten zu betrachten. Wie A. UNSÖLD [22135] bemerkte, sprechen mancherlei Argumente für einen gemeinsamen Ursprung beider Strahlungen in den sog. „*Radiosternen*“ der Milchstraße. Die Lösung des alten Rätsels der *Entstehung der kosmischen Ultrastrahlung* erscheint durch die Radioastronomie in greifbare Nähe gerückt (Kap. 23).

Die drei wichtigsten *Zentren der Radioastronomie* sind heute:

1. Division of Radiophysics, C.S.I.R.O., University Grounds, *Sydney*; unter Leitung von J. L. PAWSEY.
Publikationen vorwiegend im Australian Journal of Physics (Melbourne) [bis Vol. V: Australian Journal of Scientific Research (A)].

2. Jodrell Bank Experimental Station — University of *Manchester* —. Lower Withington, Macclesfield, Cheshire; unter Leitung von A. C. B. LOVELL. Publikationen in Monthly Notices, Phil. Mag. usw. zusammengestellt in Astron. Contr. Univ. of Manchester.

3. Cavendish Laboratory, *Cambridge*; radioastronomische Abteilung unter Leitung von M. RYLE.
Publikationen in Monthly Notices, Proc. Roy. Soc. London (A) usw.

Eine besondere *Bibliographie der Radioastronomie* gibt laufend die School of Electrical Engineering, Cornell University, *Ithaca* N. Y. (M. E. Stahr) heraus. Einige neuere zusammenfassende Darstellungen mit umfangreichen Literaturangaben sind in unserem Literaturverzeichnis angegeben.

147. Grundbegriffe und Maßeinheiten.

Das *Spektralgebiet der Radioastronomie* erstreckt sich etwa über die

Wellenlängen λ:	15 m	10 m	1 m	10 cm	1 cm	(147, 1)
bzw. Frequenzen $\nu = c/\lambda$:	20	30	300	3000	30000 MHz.	

Die Frequenzeinheit 1 MHz (Megahertz) oder — in der englischen Literatur — 1 Mc/sec (Megacycle per sec) entspricht bekanntlich 10^6 Schwingungen pro sec. Der Bereich der Radioastronomie wird auf der langwelligen Seite begrenzt durch die Reflexion der Ionosphäre, auf der kurzwelligen durch die Absorption von

O_2 und H_2O in der Erdatmosphäre. Der Frequenzumfang des „Radio-Fensters" mit $\sim$3,3 Zehnerpotenzen oder 11 Oktaven ist erheblich größer als der des optischen Spektralgebietes λ 3000 bis $\sim$30000 Å mit nur 3 Oktaven.

Sodann betrachten wir kurz die wichtigsten Typen der *Antennensysteme* bzw. *Radioteleskope* und insbesondere die Begrenzung ihres Winkel-*Auflösungsvermögens* durch Beugungserscheinungen. Dabei ist es nach dem bekannten *Reziprozitätstheorem* gleichgültig, ob wir eine bestimmte Anordnung als *Empfänger* oder als *Sender* ansehen.

Das vielseitigste Radioteleskop ist wohl der bekannte *Parabolspiegel* aus Blech oder — wegen des Winddruckes — aus Drahtnetz, dessen Maschenweite selbstverständlich $\ll \lambda$ sein muß. Das Verhältnis von Durchmesser $2R$ zu Brennweite f wählt man meist $\approx$2—4. Im Brennpunkt befindet sich das eigentliche *Abnahmesystem* bzw. — die Radioingenieure betrachten lieber den Sender — die „*Speisung*" (feed-system). Deren Richtcharakteristik soll den Spiegel gerade ausfüllen. Für Meter- und Dezimeterwellen verwendet man meist einen $\lambda/2$-Dipol, der nach außen durch einen Reflektor abgeschirmt ist; im Zentimeter-Gebiet benutzt man vielfach einen Hohlleiter (wave guide), der in einem Horn endigt.

Solange $2R \gg \lambda$, ist das *Auflösungsvermögen* des Spiegels, d. h. der Winkelabstand zwischen Hauptmaximum und erstem Beugungsminimum nach einer bekannten Formel der Optik

$$\varrho_0 = 1{,}22\,\frac{\lambda}{2R} \quad \text{oder} \quad 70 \cdot \frac{\lambda}{2R}\ \text{Grad.} \tag{147, 2}$$

Die Radioastronomen geben stattdessen die sog. *Keulenbreite* an, d. h. den Abstand zwischen zwei gegenüberliegenden Punkten, in denen die (Energie-)Empfindlichkeit auf die Hälfte ihres Maximums abgesunken ist ("distance between half-power-points"). Sie ist für den kreisförmig begrenzten Spiegel,

$$2\,\varrho_{1/2} = 1{,}03\,\frac{\lambda}{2R} \quad \text{oder} \quad 59 \cdot \frac{\lambda}{2R}\ \text{Grad.} \tag{147, 3}$$

Für den bekannten „*Würzburg*"Spiegel mit $2R = 7{,}5$ m ergibt sich z. B. für $\lambda = 50$ cm eine Keulenbreite $2\,\varrho_{1/2} = 4°$. Das Auflösungsvermögen der Radioteleskope ist selbst im Vergleich zu GALILEIs Fernrohr jämmerlich schlecht.

Neben dem Spiegel benutzt man geeignete *Kombinationen von Dipolen*, deren Richtwirkung als Interferenzeffekt leicht zu verstehen ist. Aus mehreren Zeilen und Spalten von Dipolen mit einem reflektierenden Drahtgitter dahinter entsteht die *Dipolwand* (Matratzenantenne, broadside antenna), deren Keulenbreite mit ihrem Gesamtdimensionen wieder nahezu durch Gl. (147, 3) verknüpft ist. Im Gegensatz zum Spiegel ist die Dipolwand nur für einen kleinen Frequenzbereich verwendbar. Ihr Hauptvorteil liegt in den mäßigen Kosten.

Ordnet man vor und hinter *einem* gespeisten $\lambda/2$-Dipol je einen oder mehrere „parasitische" Dipole an, die also nur durch das Strahlungsfeld mit erregt werden, so erhält man die technisch sehr robuste *Yagi-Antenne*, welche eine Keulenbreite von $\sim 50°$ liefert, allerdings mit ziemlich starken Neben-Keulen. Mehrere Yagis können wieder (wie oben die $\lambda/2$-Dipole) kombiniert werden.

Weitere Antennenformen, wie die besonders breitbandige *Rhombusantenne* oder (im cm-Bereich) die *Hornantenne* usw. seien nur kurz erwähnt.

Wesentlich ist auf alle Fälle, daß die von der Antenne aufgenommene Leistung verlustlos, d. h. ohne Reflexionen, an den Verstärker weitergegeben wird. Die „*Anpassung*" der Antenne an den Verstärker verlangt, daß beide dieselbe Impedanz haben.

Auf die eigentlichen Probleme der *Verstärkertechnik* können wir in diesem Buch nicht eingehen.

Da selbst riesige Spiegel (*Jodrell Bank* ~80 m Durchmesser) immer noch ein mäßiges Auflösungsvermögen haben, verwendet man zur genauen Messung der *Positionen und Durchmesser der Radioquellen* wie auch zur Lokalisierung der *Emissionen der gestörten Sonne* verschiedene Arten von *Interferometern*:

M. RYLE [22116] übertrug das bekannte Prinzip des MICHELSONschen Sterninterferometers auf die Radioastronomie. Zwei Dipolgruppen oder besser Spiegel stehen an den Enden einer ostwestlichen Basis, die bei der ersten Anordnung mit λ 3,7 m eine Länge von $L = 110\,\lambda$ hatte. Die Richtcharakteristik der Anordnung entsteht nun — nach bekannten Prinzipien der Beugungstheorie — durch Überlagerung der relativ breiten Charakteristik der einzelnen Dipolgruppe (bzw. Spiegel) mit der eines *Doppelspaltes* vom Abstand L (Abb. 232). Der Winkelabstand zweier aufeinanderfolgender Maxima oder Minima ist also λ/L oder — in unserem Beispiel — gleich 0°,52. Die *Rektaszension* erhält man wie beim Meridiankreis aus der *Zeit* des Durchganges durch den Meridian. Die *Deklination* δ bestimmt man aus dem zeitlichen Abstand zweier Interferenzmaxima; zu 1° braucht die Radioquelle $4/\cos\delta$ min. Den *Durchmesser der Quelle* kann man — wie beim MICHELSON-Interferometer — aus der *Schärfe der Interferenzstreifen* bzw. dem Intensitätsverhältnis aufeinanderfolgender Maxima und Minima abschätzen.

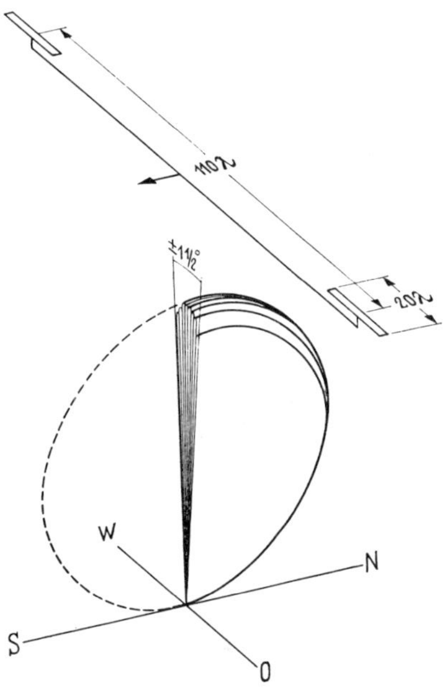

Abb. 232. Anordnung und Richtcharakteristik des radioastronomischen MICHELSON-Interferometers für λ 3,7 m nach M. RYLE [22116].

Eine wesentliche Verbesserung erhielt 1952 M. RYLE [22118], indem er in den einen Arm des Interferometers ein „Umwegkabel" von $\lambda/2$ periodisch ein- und ausschaltete. Dadurch wackelt sozusagen die Interferenzfigur um eine halbe Streifenbreite hin und her. Benutzt man nun als Endstufe einen Verstärker, der nur auf die „Wackelfrequenz" anspricht und dahinter einen entsprechend phasengesteuerten Gleichrichter, so gibt das Schreibgerät einen Ausschlag nur von Objekten, die $< \lambda/L$ sind, d. h. *nur von mehr oder weniger punktförmigen Quellen.* Weiterhin erlaubt dieses Phasenschaltsystem die Einführung von je einem besonderen *Verstärker* hinter jeder der Teilantennen, ohne daß dessen Rauschen stören könnte. Auch die Anfälligkeit der Anlage gegen *Störungen* durch Automobil-Zündungen usw. wird wesentlich herabgedrückt.

Die Schwierigkeiten, welche dadurch entstehen, daß nicht selten die Interferenzstreifen zweier Radioquellen von fast derselben Rektaszension, aber verschiedener Deklination sich störend überlagern, reduziert M. RYLE neuerdings durch Kombination von vier Antennensystemen. Diese bestehen jetzt aus E-W-lich orientierten Zylinderspiegeln (aus parallel gespannten Drähten); dadurch erhält man eine weitere Begrenzung des jeweils wirksamen Deklinationsbereiches und eine erhebliche Erhöhung der Empfindlichkeit.

Um die Winkeldurchmesser selbst der stärksten Radioquellen zu messen, welche sich zu maximal einigen Bogenminuten ergaben, muß man entweder, wie dies F. G. SMITH (Cambridge) getan hat, die Meßgenauigkeit der beschriebenen Apparatur sehr hochtreiben, oder zu Basislininen L von der Größenordnung

10—50 km übergehen. Dabei kann man eine *Radioverbindung* zwischen den beiden End-Antennen benutzen, indem man nach dem Vorgang von R. HANBURY BROWN und Mitarbeitern (Jodrell Bank) [2259] auf beiden Seiten gleichrichtet und dann nur die Schwankungen im (Nieder-)Frequenzbereich ~ 1—2 kHz zusammenführt. Deren *Korrelation*, die von einem geeigneten Gerät direkt angezeigt wird, befolgt dann eine ähnliche Beziehung, wie die „Sichtbarkeit" der Interferenzstreifen beim MICHELSON-Interferometer. B. Y. MILLS (Sydney) bewerkstelligt dagegen eine *phasengerechte Radioverbindung* zwischen den beiden End-Antennen, indem er durch Beimischung einer benachbarten Frequenz, welche mit übertragen wird, zur Übertragung selbst zwischendurch in einen tieferen Frequenzbereich übergeht.

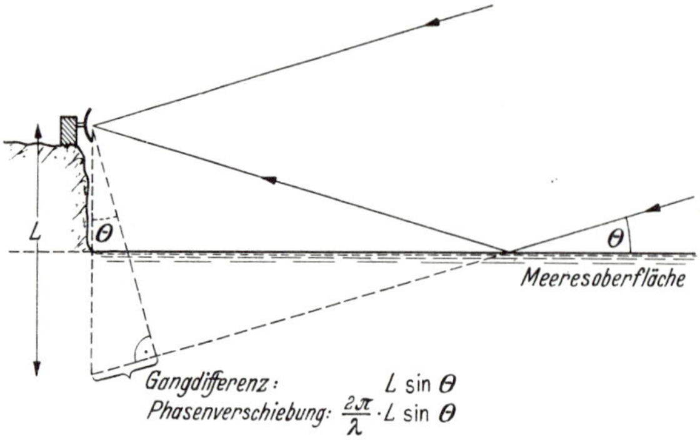

Abb. 233. Das KLIFF-Interferometer (LLOYDscher Spiegelversuch) nach L. L. MCCREADY, J. L. PAWSEY und R. PAYNE-SCOTT [2284].

Durch besondere Einfachheit zeichnet sich das KLIFF-*Interferometer* von L. L. MCCREADY, J. L. PAWSEY und R. PAYNE-SCOTT [2284 und 2223] aus, das sozusagen eine Übertragung des LLOYD*schen Spiegelversuches* darstellt (Abb. 233). *Ein* Antennensystem steht auf einem Kliff in der Höhe $L/2$ über dem Meeresniveau. *Als zweites* System dient sozusagen sein Spiegelbild, so daß die Anordnung wie ein vertikales MICHELSON-Interferometer mit der Basis L wirkt. Leider sind gerade in der Nähe des Horizontes – wo man das Instrument nur gebrauchen kann – die Refraktions- und Szintillationsstörungen durch die Ionosphäre besonders groß. Die genauere Theorie muß die Krümmung der Meeresoberfläche und die Meereswellen berücksichtigen.

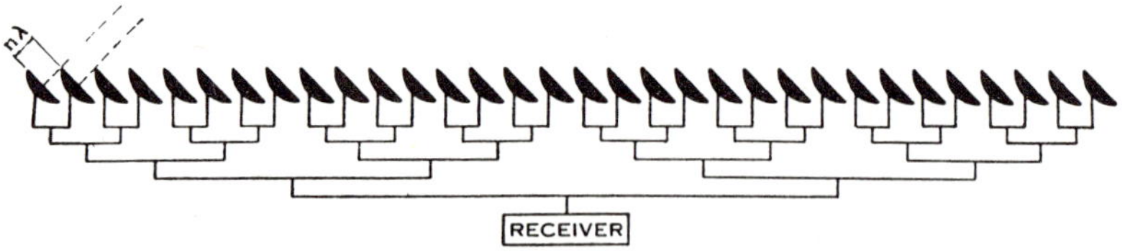

Abb. 234. Gitter-Interferometer nach W. N. CHRISTIANSEN und J. A. WARBURTON [2232].

Für Beobachtungen der Helligkeitsverteilung auf der Sonnenscheibe bei λ 21 cm haben W. N. CHRISTIANSEN und J. A. WARBURTON [2232] ein Interferometer gebaut, welches die Umkehrung des bekannten Prinzipes des *Beugungsgitters* darstellt (Abb. 234). Auf einer E-W-Linie von $L \approx 214$ m sind äquidistant $N = 32$ Spiegel von 1,7 m Durchmesser mit je einem Abnahme- und einem Reflektordipol aufgestellt. Die Spiegel werden von Hand im Stundenwinkel etwa alle 15 min nachgeführt. Das Auflösungsvermögen entspricht einem MICHELSON-Interferometer der Basis L. Während aber bei letzterem die Helligkeitsverteilung aus Durchgängen mit verschiedenen L erst umständlich rechnerisch ermittelt werden muß, gibt das Gitterinterferometer bei Gangunterschieden $n\lambda$ direkt ein — zunächst noch eindimensionales — Bild n-ter Ordnung. Bei den angegebenen Dimensionen ist die *Keulenbreite* 2,'9 und der *Abstand benachbarter Ordnungen* 1,°7 (das N-fache des Auflösungsvermögens).

Sodann müssen wir noch einige *Grundbegriffe* von allgemeiner Bedeutung ins Gedächtnis zurückrufen:

Eine ausgedehnte *flächenhafte Radioquelle* strahle bei der Frequenz ν mit der evtl. noch richtungsabhängigen Intensität I_ν, d. h. sie *emittiere*

$$I_\nu \text{ erg pro sec, cm}^2 \text{ und Raumwinkel 1 (sterad) im Frequenzbereich (Bandbreite) 1 Hz} . \qquad (147, 4)$$

Dann *empfangen* wir auch auf einer Fläche senkrecht zur Strahlrichtung I_ν erg pro sec, cm², Raumwinkel 1 und Bandbreite 1 Hz. Statt der angeschriebenen CGS-Einheit gebraucht man in der Radioastronomie (die ja von Radioingenieuren und nicht von Astronomen begründet wurde!) vielfach die *technische Maßeinheit der Intensität:*

$$1 \text{ Watt/m}^2 \cdot \text{ster} \cdot \text{Hz} = 10^3 \text{ erg/sec} \cdot \text{cm}^2 \cdot \text{ster} \cdot \text{Hz}. \qquad (147, 5)$$

Die *Leistungsaufnahme* P_ν erg/sec · Hz bzw. Watt/Hz unserer (an den Verstärker angepaßten) Antenne beschreiben wir durch Angabe ihrer *wirksamen Fläche* $A(\vartheta, \varphi)$; diese hängt noch von den sphärischen Polarkoordinaten ϑ und φ ab, die auf die Antennennormale bezogen seien.

Ist die ankommende Strahlung $I'_\nu(\vartheta, \varphi)$ *linear polarisiert,* derart, daß die Antenne maximal darauf anspricht, dann schreiben wir deren Leistungsaufnahme

$$P'_\nu = \int A(\vartheta, \varphi) \cdot I'_\nu(\vartheta, \varphi)\, d\omega .$$

Ist die Strahlung der Intensität $I_\nu(\vartheta, \varphi)$ *unpolarisiert,* so ist die Leistungsaufnahme der Antenne, welche (gewöhnlich) nur eine Schwingungskomponente akzeptiert:

$$\boxed{P_\nu = \frac{1}{2} \int A(\vartheta, \varphi) \cdot I_\nu(\vartheta, \varphi)\, d\omega .} \qquad (147, 6)$$

Trägt man $A(\vartheta, \varphi)$ für $\varphi = \text{const}$ als Funktion von ϑ auf, so erhält man offenbar für diese Ebene durch die Antennennormale die *Richtcharakteristik,* welche im allgemeinen aus einer *Hauptkeule* und mehreren *Nebenkeulen* (main lobe, side lobes) besteht.

Häufig bezieht man $A(\vartheta, \varphi)$ auf seinen *Maximalwert* A_0 und schreibt

$$A = A_0 \cdot f(\vartheta, \varphi) . \qquad (147, 7)$$

Dann kann man

$$\Omega_A = \int f(\vartheta, \varphi)\, d\omega \qquad (147, 8)$$

als *wirksamen Raumwinkel der Antenne* bezeichnen.

Oder man bezieht A auf seinen *Mittelwert* $\bar{A}$ über alle Richtungen

$$\bar{A} = \int A(\vartheta, \varphi) \frac{d\omega}{4\pi} \qquad (147, 9)$$

und setzt weiter

$$A(\vartheta, \varphi) = \bar{A} \cdot G(\vartheta, \varphi) . \qquad (147, 10)$$

Die Funktion $G(\vartheta, \varphi)$ nennt man dann den *Gewinn* (gain) der Antenne; sein Maximalwert — in Richtung der Antennennormale ist

$$G_0 = \frac{A_0}{\bar{A}} . \qquad (147, 11)$$

Wie (147, 10) zeigt, bedeutet $G(\vartheta, \varphi)$ anschaulich den *Empfindlichkeitsgewinn,* den unsere wirkliche Antenne $A(\vartheta, \varphi)$ für die Richtung ϑ, φ gegenüber einer gedachten isotropen Antenne $\bar{A}$ erzielt. Nach dem Reziprozitätstheorem gilt eine analoge Überlegung auch für Sender.

Nach diesen — mehr oder weniger terminologischen — Vorbereitungen betrachten wir den Empfang thermischer *Hohlraumstrahlung*. Deren Intensität $I_\nu = B_\nu(T)$ können wir im Radiofrequenzgebiet nach der klassischen Formel (6, 24) von RAYLEIGH und JEANS berechnen

$$B_\nu(T) = \frac{2\nu^2}{c^2} \cdot kT = \frac{2kT}{\lambda^2}, \tag{147, 12}$$

denn selbst z. B. für $\lambda = 1$ cm und $T = 1000°$ ist $\frac{h\nu}{kT} = \frac{c_2}{\lambda T} = 0{,}0014$, d. h. $\ll 1$. Nach dieser Gleichung können wir zunächst — wie im optischen Gebiet — jeder Strahlungsintensität I_ν formal eine *Strahlungstemperatur* T_s oder T_ν zuordnen[1], die angibt, welche Temperatur eine schwarze Fläche haben *müßte*, um die Intensität I_ν bei der Frequenz ν auszustrahlen. (Selbstverständlich ist T_s *nur* dann gleich der wirklichen Temperatur der Strahlungsquelle, wenn diese optisch dick und isotherm ist!) Die Umrechnung der Intensitätseinheiten (147, 5) auf Strahlungstemperaturen ist nach (147, 12) (ν in MHz; λ in Meter gerechnet!):

$$I_\nu = 3{,}075 \cdot 10^{-25} \cdot \nu_{\mathrm{MHz}}^2 \cdot T_s = 2{,}761 \cdot 10^{-20}\, T_s/\lambda_m^2 \ \mathrm{erg/sec \cdot cm^2 \cdot ster \cdot Hz}$$

bzw. (147, 13)

$$I_\nu = 3{,}075 \cdot 10^{-28} \cdot \nu_{\mathrm{MHz}}^2 \cdot T_s = 2{,}761 \cdot 10^{-23}\, T_s/\lambda_m^2 \ \mathrm{Watt/m^2 \cdot ster \cdot Hz}.$$

Bringen wir nun in Gedanken unsere Antenne samt dem (angepaßten) Verstärker in einen Hohlraum der Temperatur T, so besteht *thermodynamisches Gleichgewicht*, und es fluktuiert nur noch eine gewisse Leistung zwischen der Antenne und dem Hohlraum hin und her. Indem wir den Energieaustausch zwischen Hohlraum und Antenne bzw. Verstärker genauer ins Auge fassen, können wir offensichtlich z. B. die Antenne durch einen äquivalenten Wirkwiderstand R ersetzen, oder wir können sogar den Leistungsaustausch zweier Widerstände R betrachten, die durch zwei reflexfreie Leitungen miteinander verbunden sind. Bestände zwischen diesen Anordnungen, hinsichtlich der wechselseitig aneinander abgegebenen „*Rauschleistungen*" — wie man sagt — ein Unterschied, so könnte man leicht, entgegen dem II. Hauptsatz der Thermodynamik, ein Perpetuum mobile II. Art konstruieren. Im Anschluß an eine grundlegende Arbeit von H. NYQUIST [2293] untersuchen wir also die *Schwankungserscheinungen* der Anordnung Abb. 235: Zwei Widerstände R, verbunden durch zwei reflexfreie Leitungen ohne Wirkwiderstand mit der Länge l und der Fortpflanzungsgeschwindigkeit v. Im thermischen Gleichgewicht dürfen wir nun sogar — aus den angeführten Gründen — die Leitung l *für sich* betrachten. Ihre Schwankungserscheinungen aber können wir als Überlagerung *stehender Wellen* ansehen, deren Wellenlängen λ durch $n \cdot \frac{\lambda}{2} = l$ festgelegt sind (n = ganze Zahl).

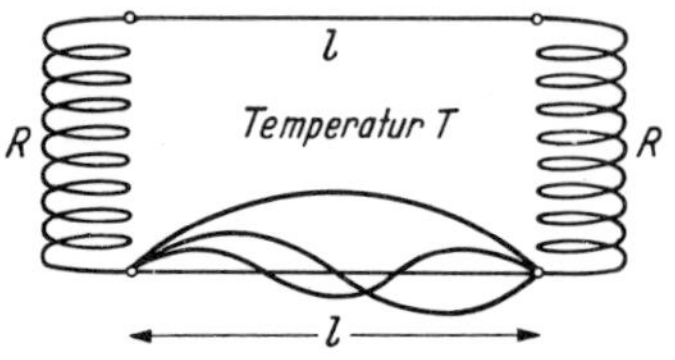

Abb. 235. Berechnung der Rauschleistung und der elektromotorischen Kraft, z. B. eines Widerstandes R bei der Temperatur T nach H. NYQUIST [2293]. (Die Leitungen l sind an R angepaßt; ihre Selbstinduktion L bzw. Kapazität C pro cm erfüllen die Bedingung $\sqrt{L/C} = R$.)

Die zugehörigen Frequenzen sind also

$$\nu = \frac{v}{\lambda} = n \cdot \frac{v}{2l}. \tag{147, 14}$$

[1] Die Bezeichnung „effektive Temperatur" ist in der Astrophysik bereits anderweitig vergeben und sollte hier *nicht* verwendet werden.

Pro Frequenzintervall $\Delta\nu$ haben wir $\Delta\nu\cdot\frac{2l}{v}$ *Eigenschwingungen*, deren jede nach dem *Äquipartitionstheorem* der statistischen Mechanik bei der Temperatur T eine Energie kT erhält. Diese wird in der Zeit l/v jeweils von einem Widerstand zum anderen befördert, d. h. die *thermische Rauschleistung* eines Widerstandes oder einer Antenne im Frequenzintervall $\Delta\nu$ ist — unabhängig von allen Besonderheiten der Anordnung —

$$\boxed{P_\nu \Delta\nu = kT\cdot\Delta\nu\,.} \tag{147, 15}$$

Von hier aus können wir auch sofort den quadratischen Mittelwert der *Rauschspannung eines Widerstandes* R für das Frequenzintervall $\Delta\nu$ bei der Temperatur T anschreiben: Die elektromotorische Kraft *eines* Widerstandes in Abb 235 sei E. Diese erzeugt eine Stromstärke $i = E/2R$. Es wird also an den anderen Widerstand eine Leistung abgegeben von $i^2R = E^2/4R$. Für das *mittlere Rauschspannungsquadrat* von R im Frequenzintervall $\Delta\nu$ ergibt sich also mit (147, 15) die bekannte NYQUIST*sche Formel*

$$\boxed{E_\nu^2\,\Delta\nu = 4\,R\,kT\cdot\Delta\nu\,.} \tag{147, 16}$$

Die Gleichungen (147, 15) und (147, 16) sind von grundlegender Bedeutung für die Radioastronomie. Zunächst muß offensichtlich die nach (147, 15) berechnete Leistungsaufnahme unserer Antenne, die auf eine schwarze Fläche der Temperatur T zeigt, gleich derjenigen sein, welche wir erhalten, indem wir in Gl. (147, 6) für $I(\vartheta,\varphi)$ die Intensität der Hohlraumstrahlung $B_\nu(T)$ nach (147, 12) einsetzen. Es ergibt sich $P_\nu = \frac{kT}{\lambda^2}\int A(\vartheta,\varphi)\,d\omega = kT$. Mit der Definitionsgleichung (147, 9) erhält man hieraus für die mittlere wirksame *Antennenfläche* die universelle Beziehung

$$\boxed{\bar{A} = \frac{\lambda^2}{4\pi}\,.} \tag{147, 17}$$

Für geeignete Grenzfälle kann man diese Formel auch unschwer beugungstheoretisch begründen; vgl. z. B. J. S. HEY [2201]. Aus (147, 7) — (147,11) erhält man übrigens leicht mit (147, 17) noch die sehr anschauliche Darstellung des *maximalen Gewinns*

$$G_0 = \frac{4\pi A_0}{\lambda^2} = \frac{4\pi}{\Omega_A}\,. \tag{147, 18}$$

Wichtiger ist die folgende Überlegung, welche uns zur Einführung des nützlichen Hilfsbegriffes der *Antennentemperatur* T_A (wohl zu unterscheiden von der Strahlungstemperatur T_s!) veranlaßt: Verbinden wir unseren Verstärker (angepaßt) das eine Mal mit der Antenne, welche auf eine — mindestens die ganze Keule ausfüllende — schwarze Fläche der Temperatur T zeigt, und das andere Mal mit einem äquivalenten *Ohm*schen Widerstand der Temperatur T, so ist in beiden Fällen die registrierte *Rauschleistung* P_ν pro Frequenzintervall 1 Hz dieselbe, wie man leicht durch die bekannte Perpetuum-mobile-II.-Art-Überlegung beweist. Allgemein *definiert* man nun analog (147, 15) zu einer irgendwoher aufgenommenen *Strahlungsleistung* P_ν eine *Antennentemperatur* T_A durch die Relation

$$P_\nu = kT_A\,. \tag{147, 19}$$

Man kann T_A direkt *messen*[1], indem man die Antenne gegen einen *thermisch rauschenden Widerstand* bekannter Temperatur austauscht. In praxi benutzt man diese Methodik, um gleichzeitig Änderungen der Verstärkerempfindlichkeit zu eliminieren. Zwischen der *Antennentemperatur* T_A und der *Strahlungstemperatur* $T_s(\vartheta, \varphi)$ einer Flächenquelle bestehen nach (147, 6) und den folgenden Gleichungen die anschaulich ohne weiteres einleuchtenden Relationen:

$$\boxed{T_A = \int T_s(\vartheta, \varphi) \cdot G(\vartheta, \varphi) \cdot \frac{d\omega}{4\pi} = \int T_s(\vartheta, \varphi) \cdot f(\vartheta, \varphi) \cdot \frac{d\omega}{\Omega_A}.} \tag{147, 20}$$

Den *Strahlungsstrom*, welchen wir von der Sonne erhalten, bzw. ihre *Gesamthelligkeit* $S_\nu = \int I_\nu \, d\omega$ *beschreibt* man vielfach durch Angabe der „*effektiven Temperatur*" $T_e(\nu)$, welche eine Scheibe vom Sonnendurchmesser d bzw. dem Raumwinkel $\Omega_\odot$ (s. unten) haben *müßte*, um denselben Strahlungsstrom bei der Frequenz ν zu liefern. Man schreibt also

$$\left.\begin{aligned} S_\nu &= \int I_\nu \, d\omega = B_\nu(T_e) \cdot \Omega_\odot \\ \text{oder} \quad S_\nu &= 2\,k\,\Omega_\odot \cdot \frac{T_e}{\lambda^2}. \end{aligned}\right\} \tag{147, 21}$$

Setzt man d gleich dem *mittleren* Sonnendurchmesser 1919,″3, so wird

$$\Omega_\odot = 0{,}0000680 \quad \text{und} \quad S_\nu = 1{,}88 \cdot 10^{-27} \cdot T_e/\lambda_m^2 \ \text{Watt/m}^2 \cdot \text{Hz}. \tag{147, 22}$$

Nimmt man dagegen einen *konventionellen* Sonnendurchmesser von 0°,5 = 1800″, so erhält man

$$\Omega_\odot = 0{,}0000598 \quad \text{und} \quad S_\nu = 1{,}65_2 \cdot 10^{-27} \cdot T_e/\lambda_m^2 \ \text{Watt/m}^2 \cdot \text{Hz}. \tag{147, 23}$$

In der Literatur bleibt es leider manchmal unklar, welche der beiden Definitionen gemeint ist.

Steht die *Sonne* im Maximum der *Empfindlichkeitskeule* der Antenne (es ist meist $\Omega_\odot \ll \Omega_A$), so gilt nach Gl. (147, 6), (147, 10), (147, 11) und (147, 17) in Verbindung mit (147, 21) für die *Antennentemperatur* die auch anschaulich ohne weiteres evidente Beziehung

$$T_A = G_0 \cdot \frac{\Omega_\odot}{4\pi} T_e. \tag{147, 24}$$

Betrachten wir endlich noch eine (z. B. galaktische) *Punktquelle*, d. h. praktisch gesprochen eine Quelle, deren Helligkeitsverteilung von unserem Radioteleskop nicht mehr aufgelöst wird, so schreiben wir wieder deren *Strahlungsstrom* $S_\nu = \int I_\nu \, d\omega$ erg/cm²·sec·Hz bzw. Watt/m²·Hz[2]. Die *Leistungsaufnahme* P_ν der Antenne ist dann allgemein nach (147, 6)

$$P_\nu(\vartheta,\varphi) = \frac{1}{2} A(\vartheta,\varphi) \cdot S_\nu \tag{127, 25}$$

---

[1] Die *Schwankungen* des Empfängerausschlages (sein „Rauschen") können wir folgendermaßen abschätzen: Hat dieser eine *Bandbreite* $\Delta\nu$, so wird [analog Gl. (76, 41)] die mittlere Zeitdauer der Schwankungen $\approx 1/\Delta\nu$ sein. Hat weiterhin das Registriergerät insgesamt eine *Zeitkonstante* τ, so mittelt es jeweils über $n = \tau \cdot \Delta\nu$ Störvorgänge. Nach einem bekannten Gesetz der *Statistik* sind also die *relativen Schwankungen* von der Größenordnung

$$\frac{\Delta P_\nu}{P_\nu} \approx \frac{1}{\sqrt{n}} = \frac{1}{\sqrt{\tau \cdot \Delta\nu}}.$$

Ein zu messender Effekt muß größer sein als ΔP_ν von Antenne *und* (was wir hier nicht explizit angeschrieben haben) Verstärker.

[2] Da es neuerdings üblich geworden ist, alle möglichen Einheiten mit neuartigen Namen zu versehen, so könnte man den etwa einer helleren Radioquelle [0m0 in der Cambridge-Skala; s. Gl. (147, 27)] entsprechenden Strahlungsstrom von 10^{-23} Watt m^{-2} Hz^{-1} als „1 Radi" und — für solare Strahlungsausbrüche — die 10^9mal größere Einheit als „1 Bier-Radi" bezeichnen.

bzw. im Empfindlichkeitsmaximum nach (147, 11) und (147, 17)

$$P_{\nu,0} = \frac{1}{2} A_0 \cdot S_\nu = \frac{\lambda^2}{8\pi} G_0 \cdot S_\nu \,. \qquad (147, 26)$$

Wie der Vergleich mit (147, 19) zeigt, erzielt man durch Vergrößerung des *Gewinns* G_0 (d. h. — praktisch gesprochen — bei einer bestimmten Wellenlänge λ durch Vergrößerung der Antenne) ein Anwachsen des P_ν, d. h. des Ausschlages, *nur* solange der Winkelbereich der Quelle kleiner ist als der der Empfindlichkeitskeule.

Mit Rücksicht auf die Gewohnheit der Astronomen rechnet man die Helligkeit S_ν von Radioquellen auch in *Größenklassen* um. Analog Gl. (17, 3) definiert man die *scheinbare Radiohelligkeit*

$$m_R(\nu) = -2{,}5 \log S_\nu \,[\text{Watt/m}^2\,\text{Hz}] - \begin{cases} 53{,}4 \ldots \text{Manchester-Skala} \\ 57{,}5 \ldots \text{Cambridge-Skala} \end{cases} \qquad (147, 27)$$

Die Konstante (rechts) ist dabei folgendermaßen festgelegt:

a) In der *Manchester*-Skala soll bei der Frequenz $\nu = 158$ MHz für die normalen Galaxien m_R gleich der photographischen Helligkeit m_{pg} sein.

b) In der *Cambridge*-Skala soll eine Punktquelle mit $S_\nu = 10^{-23}$ Watt/m² Hz ohne Rücksicht auf die Frequenz ν die scheinbare Größe $m_R(\nu) = 0$ haben.

Die *absolute Radiohelligkeit* $M_R(\nu)$ eines Objektes mit der Parallaxe p Bogensekunden bzw. der Entfernung $1/p$ parsec definiert man in beiden Skalen wie im optischen Spektralgebiet durch die Gl. (19, 1):

$$M_R(\nu) - m_R(\nu) = 5(\log p + 1)\,. \qquad (147, 28)$$

148. Die Radiofrequenzstrahlung der ruhigen Sonne.

A) Messungen. Die thermische Radiofrequenzstrahlung der „ruhigen" Sonne, also das, was nach Abzug aller Störungen übrigbleibt, ist im Bereich der *Zentimeterwellen*, d. h. etwa $\lambda \leqq 2$ bis 3 cm, auf den Registrierkurven ohne weiteres abzulesen. Im *Dezimeterbereich*, etwa $3 \leqq \lambda \leqq 60$ cm, überlagert sich die — äußerlich zunächst kaum unterscheidbare — sog. *langsam veränderliche Strahlung* (Abschnitt 149), deren Intensität mit der Fläche A der Sonnenflecke anwächst; vgl. J. L. PAWSEY und D. E. YABSLEY [2298], W. N. CHRISTIANSEN und J. V. HINDMAN [2230], J. F. DENISSE [2234]. Neuerdings haben J. H. PIDDINGTON und R. D. DAVIES [22107—22108] durch eine statistische Analyse gezeigt, daß solare Aktivitätszentren einen Beitrag zur „langsam veränderlichen Strahlung" liefern nicht nur, wenn sie entwickelte Flecke besitzen, sondern auch vor der Ausbildung und nach dem Vergehen der Flecke. Es genügt daher nicht, wie es die zuerst genannten Autoren taten, etwa die gemessene effektive Temperatur der Sonne als Funktion der Fleckenfläche A aufzutragen und auf $A \to 0$ zu extrapolieren. Es erscheint vielmehr richtiger, auch die nicht mehr ohne weiteres erkennbaren *Aktivitätszentren* zu berücksichtigen, indem man Monatsmittel von A oder gleitende Mittelwerte benutzt. Der übrigbleibende Anteil der ruhigen Strahlung wird dadurch erheblich verringert.

Neuerdings hat H. W. DODSON [2239] in Zusammenarbeit mit A. E. COVINGTON und N. W. BROTEN [2233] (zunächst allerdings nur für den 16. Oktober 1951 als Beispiel) gezeigt, daß die Verteilung der λ 10,3 *cm-Intensität* auf der Sonnenscheibe sich ziemlich eng an *die Kalzium-Fackelflächen* (Plages faculaires) anschließt, deren K_{232}-Helligkeit etwa das 1,5fache des Untergrundes übertrifft. Es würde sich wohl lohnen, die Korrelation zwischen 10 cm-Strahlung und Fläche der Kalziumfackelflächen eingehender zu untersuchen.

Im Bereich der *Meterwellen*, etwa ab $\lambda > 60$ cm kann man wieder die Intensität der ruhigen Strahlung *direkt* als unterstes Niveau der Registrierkurven ablesen

Tabelle 101. Effektive Temperatur T_e und Strahlungstemperatur $T_s(0)$ der ⊙-Mitte $T(0)$ als Funktion der Frequenz ν bzw. Wellenlänge λ.

ν MHz	λ	Strahlung der ruhigen Sonne *ohne* Aktivitätszentren $T_e \cdot 10^{-4}$ °K	$T_s(0) \cdot 10^{-4}$ °K	Durchschnitt der fleckenfreien Sonne etwa 1948 $T_e \cdot 10^{-4}$ °K	$T_s(0) \cdot 10^{-4}$ °K	Literatur Bemerkungen
38	7,9 m	108	35			P. A. O'BRIEN [2294]
81	3,7	116	63			P. A. O'BRIEN [2294]
187	1,6	90	—			E. J. BLUM, P. DENISSE u. J. L. STEINBERG [2217]
200	1,5	80	—			Kiel 1954; unpubl.
210	1,4	114	95			P. A. O'BRIEN [2294]
500	69 cm	58	45			P. A. O'BRIEN [2294]
600	50	19	11	50	30	J. H. PIDDINGTON [22108]
1200	25	6,9	4,4	28	18	J. H. PIDDINGTON [22108]
1420	21	7,0	2,6	—	—	W. N. CHRISTIANSEN u. J. A. WARBURTON [2232]
2800	10,7	3,3	2,2	6,0	4,1	J. H. PIDDINGTON [22108]
9400	3,2	1,6	1,2	1,7	1,3	J. H. PIDDINGTON [22108]
24000	1,25	1,0	0,84	1,0	0,84	J. H. PIDDINGTON [22108]
35000	0,85	0,67	0,65	0,67	0,65	J. P. HAGEN [2249]

oder besser aus dem Steilabfall eines *Histogrammes*, welches die Häufigkeit einer Intensität $> I_\nu$ als Funktion von I_ν darstellt; vgl. z. B. J. L. PAWSEY und D. E. YABSLEY [2298].

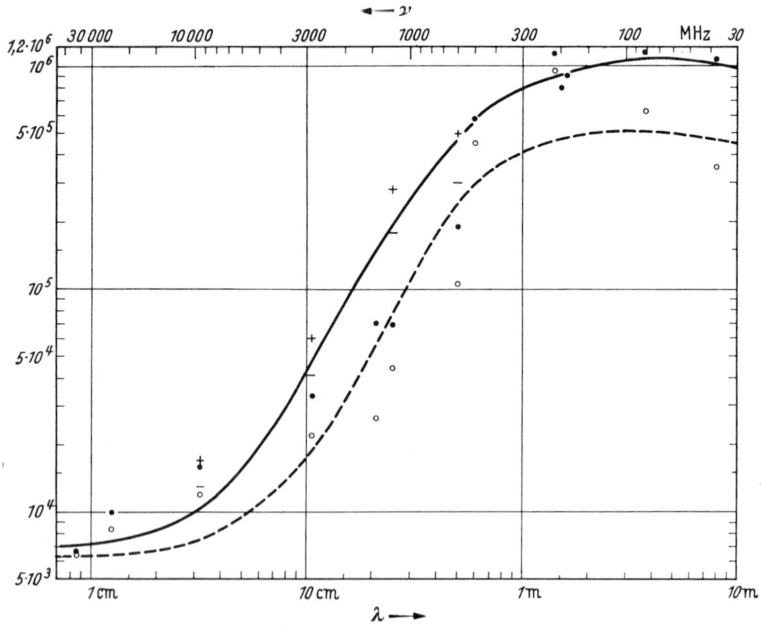

Abb. 236. Radiofrequenzstrahlung der ruhigen Sonne (*ohne* Aktivitätszentren) als Funktion der Wellenlänge λ bzw. Frequenz ν:

Effektive Temperatur T_e { ● gemessen, — berechnet

Strahlungstemperatur ⊙-Mitte $T_s(o)$ { ○ gemessen, --- berechnet

+ + T_e, — — $T_s(o)$ } fleckenfreie Sonne ~ 1948

Theorie für N_e nach BAUMBACH-ALLEN, $T_K = 0{,}5 \cdot 10^6$

Die älteren Messungen der ruhigen Strahlung sind mit einiger Vorsicht zu verwenden. Einmal läßt vielfach die absolute *Kalibrierung* der Apparaturen zu wünschen übrig. In praxi ist es gar nicht leicht, den Gewinn G_0 und die Anpassung der Antenne mit der nötigen Genauigkeit zu messen. Sodann stammen diese Messungen ja aus einer Zeit hoher Sonnenaktivität, wo naturgemäß die Elimination aller Störungen besonders schwierig ist.

Davon abgesehen, wird man sich fragen, ob nicht die ruhige Strahlung selbst von der Phase im 11jährigen Zyklus abhänge. Von der Theorie her gesehen, ist im Zusammenhang mit den Änderungen der Korona und der Chromosphäre ein solcher Einfluß durchaus zu erwarten. Von der empirischen Seite her reichen im Zentimeter- und Meterwellenbereich die Beobachtungen noch nicht aus, um eine sichere Feststellung zu treffen. Im Dezimeterbereich, wo — etwa bei λ 25 cm bzw. 1200 MHz — die Schwankungen der langsam veränderlichen Strahlung am größten sind, kann man sich fragen, ob es in der Umgebung des Fleckenmaximums überhaupt einen Sinn habe, eine ruhige Sonnenatmosphäre zu *definieren*. Unsere späteren theoretischen Überlegungen werden diesen Gesichtspunkt unterstreichen.

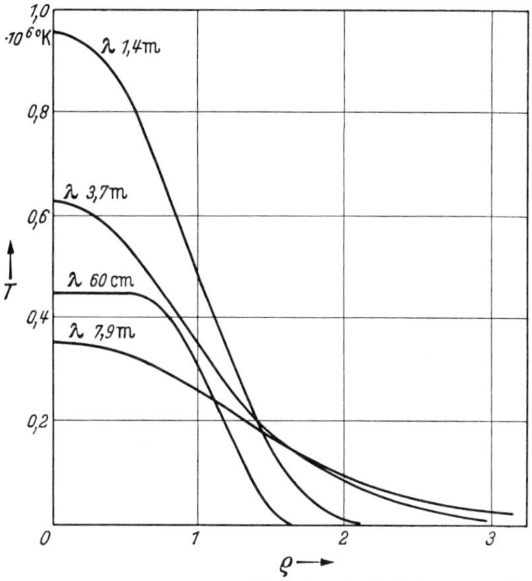

Abb. 237. Mittlere Mitte-Rand-Variation der Radiofrequenzstrahlung. Messungen von P. A. O'BRIEN [2294]. Ordinaten: Strahlungstemperatur T in Einheiten von 10^6 °K. Abszissen: Abstand ϱ vom Mittelpunkt der Sonnenscheibe in Einheiten des Sonnenradius.

Neben den Messungen der *effektiven Temperatur* $T_e(\nu)$ – im Sinne von Gl. (147, 21) – betrachten wir sogleich die der *Mitte-Rand-Variation*[1] $I_\nu(\varrho)$. Mittels eines MICHELSON-*Interferometers* sind solche Messungen in *Cambridge* 1949 von H. M. STANIER [22129] bei λ 60 cm und Juli 1951 — Juli 1952 von P. A. O'BRIEN [2294] bei λ 1,4, 3,7 und 7,9 m ausgeführt worden. Analoge Untersuchungen bei λ 3,2 cm haben 1953 I. ALON, J. ARSAC und J.-L. STEINBERG [2209] und 1952 bei λ 21 cm W. N. CHRISTIANSEN und J. A. WARBURTON [2232] mit ihrem Gitterinterferometer gemacht. Da alle diese Instrumente nur die Helligkeitsverteilung in *einer* Koordinate, über die zweite integriert, messen, so bringt die Umrechnung auf die als radialsymmetrisch angenommene Verteilung eine merkliche Ungenauigkeit herein. Bei λ 1,4 m hat O'BRIEN durch Drehen des Interferometers auch die Elliptizität der Helligkeitsverteilung gemessen.

Da die Interferometermessungen irgendwelche Störungen der Helligkeitsverteilung auf der Sonnenscheibe sofort erkennen lassen, wird man ihnen auch bei der Festlegung des $T_e(\nu)$ der ruhigen Strahlung erhebliches Gewicht beilegen.

In Tab. 101 und Abb. 236 haben wir für die *ruhige Sonne* (d. h. nach Abzug *aller* Aktivität) die zur Zeit wohl zuverlässigsten Werte der *effektiven Temperatur* T_e und der *Strahlungstemperatur* $T_s(0)$ in ⊙-Mitte als Funktion von ν bzw. λ zusammengestellt. Für 600—35000 MHz sind nach J. H. PIDDINGTON [22108] zum Vergleich noch rechts entsprechende Zahlen angegeben für die „fleckenfreie

[1] ϱ bedeutet wieder den Abstand vom Mittelpunkt der Sonnenscheibe in Einheiten des Sonnenradius.

Sonne, etwa 1948"; hier ist also die „langsam veränderliche Strahlung" der nicht durch *Flecke* markierten Aktivitätszentren noch *nicht* ausgeschieden. Abb. 237 zeigt die Cambridger *Randverdunkelungsmessungen* für λ 7,9 m bis 60 cm. Mit λ 21 cm und 3,2 cm variiert die Helligkeit der Sonnenscheibe etwa bis $\varrho \approx 0{,}7$ nur wenig; am *Rande* beobachtet man hier einen *hellen Ring*.

Eine wichtige Prüfung der interferometrischen Randverdunkelungsmessungen gestatten die Beobachtungen von *Sonnenfinsternissen* (Tab. 102). Da im Bereich der längeren Wellen die „Radio-Sonne" erheblich größer ist, als die „optische" Sonnenscheibe bzw. der Mond, so sind partielle Finsternisse mit erheblichem Grad der Bedeckung ebenso nützlich wie totale. Bei längeren Wellen werden die *Verfinsterungskurven* durch die „gestörte" Strahlung evtl. vorhandener Aktivitätszentren stark verzerrt. Eindeutige Ergebnisse über die Strahlung der *ruhigen*

Tabelle 102. Radiobeobachtungen von Sonnenfinsternissen.

Datum	Betrag der größten Phase (in ⊙-Durchmesser)	λ (cm)	ν (MHz)	Radio-intensität im Minimum	Ref.
1945 Juli 9	partiell 58% der Fläche	1,25	24000	55%	(1)
1945 Juli 9	partiell	3,2	9400	58%	(2)
1947 Mai 20	1,039	3,2	9400	4%	(3)
1950 Sept. 12	1,018	3,2	9400	8%	(4)
1951 Sept. 1	0,975	3,2	9350	16%	(5)
1948 Nov. 1	0,63	10	3000	46%	(6)
1946 Nov. 23	0,59	10,7	2800	55%	(7)
1950 Sept. 12	1,018	10,7	2800	17%	(4)
1948 Nov. 1	0,63	50	600	51%	(8)
	0,72	50	600	45%	(8)
	0,85	50	600	30%	(8)
1950 Sept. 12	1,018	64,5	465	28%	(4)
1951 Sept. 1	0,975	178	169	47%	(5)

(1) DICKE, R. H., u. R. BERINGER: [2236].
(2) SANDER, K. F.: Nature (London) **159**, 506 (1947).
(3) HAGEN, J. P.: Naval Res. Lab. (Washington D. C.). July 1949.
(4) HAGEN, J. P., F. T. HADDOCK u. G. REBER: Sky and Telescope **10**, 111 (1951).
(5) BLUM, E. J., J. F. DENISSE u. J. L. STEINBERG: [2218].
(6) PIDDINGTON, J. H., u. J. V. HINDMAN: Austral. J. of Sci. Res. (A) **2**, 524 (1949).
(7) COVINGTON, A. E.: Nature (London) **159**, 405 (1947).
(8) CHRISTIANSEN, W. N., D. E. YABSLEY u. B. Y. MILLS: Austral. J. Sci. Res. (A) **2**, 506 (1949).

Sonne kann man daher nur zur Zeit eines Fleckenminimums bzw. bei Zentimeterwellen erwarten. Die Übereinstimmung mit den Interferometermessungen dürfte hier im ganzen befriedigend sein.

B) Theorie der thermischen Radiofrequenzstrahlung der ruhigen Sonne.

I. Teil: Dezimeter- und Zentimeterbereich; geradlinige Ausbreitung. Die thermische Emission vollständig ionisierter Gase im Radiofrequenzgebiet ist — wie man im Anschluß an Kap. 7 ohne weiteres sieht — praktisch *frei-frei-Strahlung*. Bei den in Frage kommenden Wellenlängen können wir im Anschluß an die bekannte Arbeit von H. A. KRAMERS [721] die Strahlungsemission *eines* Elektrons (Ladung e, Masse m), welches von einem Ion der Ladung $+Ze$ auf einer Hyperbelbahn abgelenkt wird, nach der MAXWELLschen Theorie berechnen. Hierbei dürfen wir uns noch weitgehende Vereinfachungen erlauben: Da die *niederen* Frequenzen ganz überwiegend bei *kleinen* Ablenkungen des Elektrons emittiert werden, so beschränken wir uns auf geradlinige Elektronenbahnen; für diese wiederum ist die Beschleunigung in der x-Richtung (Abb. 238) erheblich größer als senkrecht dazu. Die Ausstrahlung des Elektrons in allen Frequenzen ν und allen Richtungen beträgt nun nach H. HERTZ

$$Q = \frac{2\,e^2}{3\,c^3}\,(\ddot{x})^2\,. \qquad (148,1)$$

Wir ermitteln ihre Frequenzverteilung, indem wir zunächst $\ddot{x}$ FOURIER-analysieren. Da es eine gerade Funktion von t ist ($t=0$ entspreche der größten Annäherung Elektron-Ion), können wir schreiben

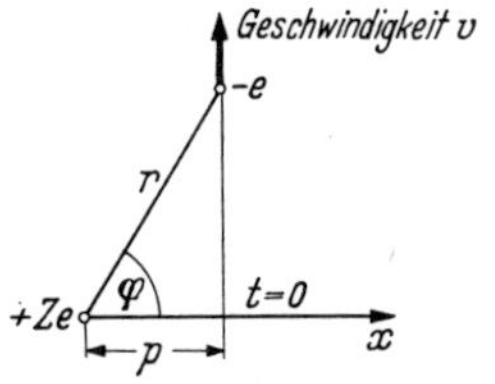

Abb. 238. Klassische Ausstrahlung eines Elektrons bei schwacher Ablenkung durch ein Ion der Ladung $+Ze$.

$$\ddot{x} = \int\limits_0^\infty C(\omega)\cos\omega t\cdot d\omega \quad \text{mit} \quad C(\omega) = \frac{1}{\pi}\int\limits_{-\infty}^{+\infty}\ddot{x}(t)\cos\omega t\cdot dt\,. \qquad (148,2\,\text{a u. b})$$

Das *Spektrum* von Q erhält man nun aus (148, 1) durch Anwendung des bekannten Theorems von PARSEVAL zu

$$Q_\omega\,d\omega = Q_\nu\,d\nu = \frac{2\,e^2}{3\,c^3}\cdot\pi\,C^2(\omega)\,d\omega\,. \qquad (148,3)$$

Bei einem fast geradlinigen Vorübergang (Abb. 238) werden die ausgestrahlten Kreisfrequenzen $\omega = 2\,\pi\nu$ in der Hauptsache *tiefer* liegen, als die reziproke Zeitdauer des Vorüberganges $\approx v/p$. Unsere ganze Rechnung hat also nur Sinn, wenn das Verhältnis $\gamma = \frac{2\pi\,\nu}{v/p} \ll 1$ ist. Dann aber ist weiterhin in dem Zeitintervall, wo die Beschleunigung $\ddot{x}$ erhebliche Werte annimmt, d. h. $-\frac{p}{v} \leqq t \leqq +\frac{p}{v}$, das $\omega t \ll 1$, so daß man im Integranden von (148, 2b) $\cos\omega t \approx 1$ setzen darf. Mit diesen Vereinfachungen können wir die Berechnung von $C(\omega)$ vollends leicht durchführen (Abb. 238): Die Gesamtbeschleunigung des Elektrons ist nach dem COULOMBschen Gesetz $\frac{Z\,e^2}{m\,r^2}$; ihre x-Komponente erhält man daraus durch Multiplikation mit $\cos\varphi$; das Zeitelement wird $dt = \frac{1}{v}\,d(p\,\mathrm{tg}\,\varphi) = \frac{p}{v}\cdot\frac{d\varphi}{\cos^2\varphi}$. Durch Integration über den Bereich $-\frac{\pi}{2} \leqq \varphi \leqq +\frac{\pi}{2}$ ergibt sich insgesamt

$$C(\omega) = \frac{2\,Z\,e^2}{\pi\cdot m\,v\,p} \qquad (148,4)$$

und damit nach (148, 3) die *Ausstrahlung* bei *einem* Vorübergang pro sec und Hz Bandbreite

$$Q_\nu = \frac{2\,e^2}{3\,c^3}\cdot 2\,\pi^2\,C^2(\omega) = \frac{16\,e^6\,Z^2}{3\,c^3\,m^2\,v^2\,p^2}\,. \qquad (148,5)$$

Befinden sich in einem cm³ N_i Ionen und N_e Elektronen der Geschwindigkeit v, so ist pro Sekunde die Zahl der Vorübergänge mit Stoßparametern zwischen p und $p + dp$ nach der bekannten „Zielscheiben-Überlegung" gleich

$$N_i\,N_e\cdot v\cdot 2\,\pi p\,dp. \qquad (148,6)$$

Die Ausstrahlung $4\,\pi\varepsilon_\nu$ pro cm³, sec und Hz wird also, wenn wir noch über die

MAXWELL*sche Geschwindigkeitsverteilung* der Elektronen mitteln $\left(\overline{1/v} = \sqrt{\frac{2m}{\pi k T}}\right)$

$$4\pi\,\varepsilon_\nu = N_i\,N_e\,\frac{32\sqrt{2\pi}\,e^6\,Z^2}{3\,c^3\,m^{3/2}\,(kT)^{1/2}}\int\limits_{p_1}^{p_2}\frac{dp}{p}\,. \tag{148, 7}$$

Die Integration über die Stoßparameter p dürfen wir offenbar nicht einfach von 0 bis ∞ erstrecken, vielmehr müssen wir einen *endlichen* Integrationsbereich $p_1 \leqq p \leqq p_2$ durch folgende, qualitativ leicht zu übersehende Bedingungen abgrenzen:

1. *Untere Grenze* p_1: Voraussetzungsgemäß sollen keine großen Ablenkungen vorkommen. Schneiden wir bei $\sim\pi/2$ ab, so heißt dies, daß bei $\varphi = 0$ die kinetische Energie mindestens das doppelte der potentiellen beträgt oder

$$p_1 \approx \frac{Z\,e^2}{m\,v^2} \approx \frac{Z\,e^2}{3\,kT}\,. \tag{148, 8}$$

(Man verifiziert leicht, daß $2\pi p_1$ in praxi stets *größer* ist als die DE BROGLIE-Wellenlänge h/mv des Elektrons, so daß die Anwendung der klassischen Mechanik zu Recht besteht.)

2. *Obere Grenze* p_2: *Eine* obere Grenze von p wird auf jeden Fall festgelegt durch die schon angeschriebene Bedingung $\gamma \ll 1$, welche besagt, daß eine Frequenz ν im wesentlichen nur durch Stöße mit einem Parameter *unterhalb*

$$p_2' \approx \frac{v}{2\pi\,\nu} \tag{148, 9}$$

ausgestrahlt wird.

Ist die Zahl der Ionen pro cm³ N_i hinreichend *groß*, so wird man mit Zweierstößen nur rechnen dürfen, solange p mindestens zweimal kleiner ist, als der mittlere Abstand zweier benachbarter Ionen, d. h.

$$p_2'' \approx \frac{1}{2}\left(\frac{4\pi}{3}N_i\right)^{-1/3} = 1/3{,}2\cdot N_i^{-1/3}\,. \tag{148, 10}$$

In der *Korona und Chromosphäre* ist — wie man leicht verifiziert — stets $p_2'' > p_2'$. Für die Theorie der radiofrequenten *Sonnenstrahlung* wird also das logarithmische Glied in Gl. (148, 7) im wesentlichen durch (148, 8) und (148, 10) bestimmt. Eine — vielleicht etwas genauere — Rechnung von G. ELWERT [2240 und 2227] verändert den Zahlenfaktor unter dem ln noch ein wenig und ergibt[1]

$$\ln\frac{p_2''}{p_1} = \ln\frac{kT}{1{,}44\,Z\,e^2\,N_i^{1/3}}\,. \tag{148, 11}$$

Unsere Formeln hätten statt des 1,44 ein 1,1 ergeben; die wieder etwas andere Rechnung von S. F. SMERD und K. C. WESTFOLD (s. unten) führte auf 0,25. Praktisch sind diese Differenzen bedeutungslos; eine wirklich befriedigende Theorie der Mehrfachstöße bei $p \approx p_2$ gibt es noch nicht.

Von dem Emissionskoeffizienten ε_ν nach (148, 7) und (148, 11) gehen wir mittels des KIRCHHOFFschen Satzes sofort zum *Absorptionskoeffizienten* $\varkappa_\nu$ über:

$$\boxed{\varkappa_\nu = \frac{\varepsilon_\nu}{B_\nu(T)} = N_i N_e\cdot\frac{8\,e^6\,Z^2}{3\sqrt{2\pi}\;c\,(m\,kT)^{3/2}}\cdot\frac{1}{\nu^2}\ln\frac{kT}{1{,}44\,Z\,e^2\,N_i^{1/3}}\,.} \tag{148, 12}$$

[1] Das ln-Glied ist dort mit $\frac{\pi}{\sqrt{3}}\,g$ bezeichnet.

Für vollständig ionisierte *Stellarmaterie* (80% H, 20% He) ist $N_i N_e Z^2 = 1{,}35\, N_e^2$; man erhält dann zahlenmäßig:

$$\varkappa_\nu = 1{,}318 \cdot 10^{-2} \frac{N_e^2}{T^{3/2} \cdot \nu^2} \ln (367 \cdot T \cdot N_e^{-1/3}) . \qquad (148, 13)$$

Für die *interstellare Materie* mit Elektronendichten von 1—10 El./cm³ wäre das logarithmische Glied durch $\ln p_2'/p_1$ oder nach (148, 8) und (148, 9) bzw. wieder nach den vielleicht etwas genaueren Rechnungen von G. ELWERT (s. oben) zu ersetzen durch

$$\ln \frac{(2\,kT)^{3/2}}{4{,}22\pi \sqrt{m}\, e^2 Z \cdot \nu} \approx \ln \left(\frac{21{,}1 \cdot 10^6}{\nu} \cdot T^{3/2} \right) . \qquad (148, 14)$$

Die ganze Berechnung des *Absorptionskoeffizienten* hätte — wie schon in den ersten Arbeiten von L. G. HENYEY und P. C. KEENAN [2262], A. UNSÖLD [22134] u. a. — auch vom Standpunkt der *Quantenmechanik* aus im Anschluß an Kap. VII durchgeführt werden können. Man muß dabei nur beachten, daß im Bereich der Radioastronomie der Korrektionsfaktor für die *erzwungenen Emissionen* (32, 14)

$$1 - e^{-\frac{h\nu}{kT}} \approx \frac{h\nu}{kT} \ll 1 \qquad (148, 15)$$

ist und unbedingt berücksichtigt werden muß. In der *klassischen* Rechnung, die uns in Gl. (148, 12) bzw. (148, 13) führte, ist er automatisch berücksichtigt (die klassische Theorie kennt ja überhaupt *nur* die *erzwungenen* Emissionsprozesse); unser dortiges $\varkappa_\nu$ wäre also im Sinne von Kap. VII eigentlich mit $\varkappa_\nu'$ zu bezeichnen. Daß die klassische und die quantenmechanische Berechnung von $\varkappa$, wie es das BOHRsche Korrespondenzprinzip verlangt, im Radiofrequenzbereich tatsächlich genau miteinander übereinstimmen, hat G. ELWERT [2240] nachgewiesen. Über die Abgrenzung der klassischen Rechnung nach den Bereichen der Quantentheorie (Beugung der Elektronen*wellen*!) und der Relativitätstheorie (hohe Elektronengeschwindigkeiten!) vgl. [2227, 22115 und 2202].

Mit Hilfe des *Absorptionskoeffizienten* $\varkappa_\nu$ nach Gl. (148, 12) berechnen wir nun die *Radiofrequenzstrahlung der ruhigen Sonne* $I_\nu(\varrho)$ nach dem KIRCHHOFF*schen Satz* für den Bereich der Dezimeter- und Zentimeterwellen. [Bei großen Wellenlängen (s. unten) wird die *Brechung* der Radiowellen eine wesentliche Rolle spielen.] Solche Rechnungen sind — mit geringen Variationen in den Ausgangsannahmen — von zahlreichen Autoren gemacht worden: D. F. MARTYN [2282], A. UNSÖLD [22134], M. WALDMEIER und H. MÜLLER [22139], S. F. SMERD [22128], J. P. HAGEN [2249] u. a.

Wir nehmen an, die Verteilung der *Elektronendichte* N_e in der Korona werde z. B. durch die Formel von BAUMBACH-ALLEN dargestellt

$$N_e(r) = 10^8\,(2{,}99\, r^{-16} + 1{,}55\, r^{-6}) . \qquad (148, 16)$$

Ferner betrachten wir vorerst die *Koronatemperatur* T_K als konstant und stellen uns vor, daß unter der Korona die Chromosphäre in der in Frage kommenden Schicht ebenfalls isotherm sei mit einer Temperatur T_c.

Nach Gl. (148, 13) und Abb. 220 erhalten wir nun leicht die *optische Dicke der Korona* längs eines Sehstrahls $\tau_K(\varrho)$. Da wir das logarithmische Glied durch einen konstanten Mittelwert ersetzen dürfen, kommt es im wesentlichen auf die Auswertung der Integrale $\int N_e^2(r)\, dy$ an, wobei *außerhalb* der Sonnenscheibe die Integration — nach den Formeln (143, 4—6) — von $-\infty$ bis $+\infty$, *auf* der Sonnenscheibe nur von $y_{r=1}$ bis ∞ zu erstrecken ist.

Die optische Dicke der Chromosphäre dürfen wir als unendlich ansehen. Insgesamt gilt daher:

Außerhalb der Sonnenscheibe: $I_\nu(\varrho) = B_\nu(T_K)\,(1 - e^{-\tau_K})$

Innerhalb der Sonnenscheibe: $I_\nu(\varrho) = B_\nu(T_K)\,(1 - e^{-\tau_K}) + B_\nu(T_c)\, e^{-\tau_K}$

bzw. für die entsprechenden Strahlungstemperaturen:

$$T_\nu(\varrho) = T_K\,(1 - e^{-\tau_K})$$
$$T_\nu(\varrho) = T_K\,(1 - e^{-\tau_K}) + T_c\, e^{-\tau_K} \qquad (148,17)$$

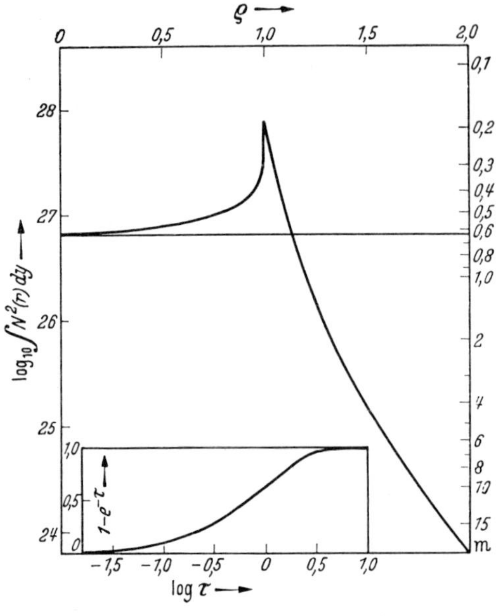

Abb. 239. Berechnung des $\int N^2(r)\,dy$ über die Korona als Funktion von ϱ und hiermit von $\tau_K(\varrho, \lambda)$. Letzteres ist die Ordinatendifferenz zwischen der Kurve und der betreffenden λ-Marke rechts. Die Hilfsfigur unten ergibt $1 - e^{-\tau_K}$.

Die weiteren Zahlenrechnungen hat z. B. *Verf.* [22134][1] 1947 mit $T_K = 500\,000°$ und $T_c = 6000°$ ausgeführt. Die wesentlichen Züge unserer Abb. 239 und 240 sind anschaulich leicht zu verstehen (dies ist wichtiger als die speziellen Zahlenwerte!):

Bei den *längeren* Wellen (bis $\lambda \approx 50$ cm; 600 MHz) ist die Korona auf der ganzen Scheibe und darüber hinaus optisch *dick*. Die Theorie liefert daher eine gleichmäßig helle Scheibe (Strahlungstemperatur T_K), die aber erheblich *größer* ist, als die „optische" Sonne. Bei *kürzeren* Wellen nimmt der Radius dieser Scheibe wegen $\tau_K \sim \nu^{-2}$ ab. Bald wird auch in der Mitte der Scheibe $\varrho = 0$ die optische Dicke der Korona $\tau_K < 1$. Infolgedessen nimmt $I_{\varrho=0}$ ab; im Zentimeterbereich überwiegt auf der Scheibe immer mehr die Strahlung der Chromosphäre mit $T = T_c$. Am Sonnen*rand* bleibt die optische Dicke der Korona nach Abb. 239 noch lange groß. Man erwartet daher bei den kürzeren Wellenlängen einen *hellen Ring* am Sonnenrand.

Diese Erscheinung wird durch die Interferometermessungen von W. N. Christiansen und J. A. Warburton [2232] bei λ 21 cm sowie I. Alon, J. Arsac und J.-L. Steinberg [2209] bei λ 3,2 cm auf das hübscheste verifiziert. J. P. Hagens Messungen bei λ 8,5 mm zeigen — unabhängig von allen Details der Theorie —, daß die Elektronentemperatur der Chromosphäre jedenfalls $< 6500°$ sein muß. Ebenso bestätigen die Messungen von $T_{\varrho=0}$ bei längeren Wellen, daß die Koronatemperatur T_K mindestens $> 800\,000°$ ist. Den weiteren Vergleich zwischen den Messungen und unserem ganz provisorischen Modell stellen wir noch etwas zurück und erweitern lieber vorher den Bereich der Theorie nach größeren Wellenlängen hin.

II. Teil: Meterwellen. Brechung der Radiofrequenzstrahlung in der Korona. Nach der *klassischen Elektronentheorie* von H. A. Lorentz ist der *Brechungsindex n* eines ionisierten Gases (wir brauchen nur die freien Elektronen zu

[1] Das dort noch nicht ganz richtige ln-Glied von $\varkappa_\nu$ ist durch eine kleine Verschiebung der Wellenlängenskala berichtigt.

berücksichtigen) bei Vernachlässigung der Dämpfung durch Stöße oder Strahlung beschrieben durch unsere Gl. (68, 8) mit $\omega_0 = 0$, $\gamma = 0$ und $\omega = 2\pi\nu$, d. h.

$$n^2 - 1 = -\frac{e^2}{\pi m} \cdot \frac{N_e}{\nu^2}. \tag{148, 18}$$

Der Brechungsindex ist also stets < 1 (wie im Röntgengebiet). Läuft ein Strahl in ein Gebiet ansteigender Elektronendichte, so wird er auf jeden Fall vor oder an der Zone mit $n = 0$ zurückgebogen oder — wie man oft etwas ungenau sagt — „reflektiert"; bei $n < 0$ ist ja eine eigentliche Welle nicht mehr möglich. So versteht man die Reflexion terrestrischer Radiowellen an der *Heaviside-Schicht*; in der *Korona* können offenbar Radiowellen aus Tiefen unterhalb der Schicht mit $n = 0$ nicht empordringen. Die *kritische Frequenz* ν_0, *unterhalb* der eine Schicht mit der Elektronendichte N_e sperrt, ist nach (148, 18)

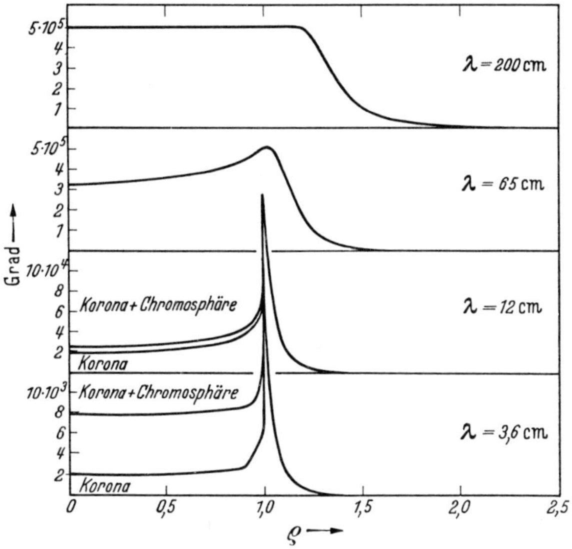

Abb. 240. Verteilung der Intensität $I_\nu(\varrho)$ bzw. Strahlungstemperatur $T_\nu(\varrho)$ über die Sonnenscheibe. ϱ in Einheiten des Sonnenradius. Berechnet mit $T_K = 5 \cdot 10^{5\circ}$ und $T_c = 6 \cdot 10^{3\circ}$ K *ohne* Strahlenberechung.

$$\nu_0 = \sqrt{\frac{e^2}{\pi m} N_e} = 8{,}98 \cdot 10^{-3} \sqrt{N_e}\ [\text{MHz}]$$

bzw.

$$\lambda_0 = \sqrt{\frac{\pi m c^2}{e^2} \cdot \frac{1}{N_e}} = \frac{3{,}34}{\sqrt{N_e \cdot 10^{-8}}}\ [\text{Meter}]. \tag{148, 19}$$

Die kritische Frequenz ν_0 ist nach I. Langmuir gleichzeitig die *Plasmafrequenz*: Verschiebt man durch irgendeine Kraft, welche auf die Elektronen und Ionen *verschieden* wirkt, in einem irgendwie gestalteten Bereich die ersteren gegenüber letzteren um einen Vektor $\mathfrak{s}$, so entstehen Raumladungen der Dichte

$$\varrho = \operatorname{div}(e N_e \cdot \mathfrak{s}). \tag{148, 20}$$

Diese erzeugen wiederum ein elektrisches Feld $\mathfrak{E}$ nach der Poissonschen Gleichung

$$\operatorname{div}\mathfrak{E} = 4\pi\varrho. \tag{148, 21}$$

Durch Kombination beider Beziehungen erhält man zunächst

$$\mathfrak{E} = 4\pi e N_e \cdot \mathfrak{s}. \tag{148, 22}$$

Unter dem Einfluß der rücktreibenden Kraft $-e\mathfrak{E}$, welche an jedem Elektron angreift, entstehen nun in einem Plasma der Elektronendichte N_e gemäß der Differentialgleichung

$$m\frac{d^2\mathfrak{s}}{dt^2} = -4\pi e^2 N_e \cdot \mathfrak{s} \tag{148, 23}$$

Plasmaschwingungen gerade mit der Frequenz $\nu_0 = \sqrt{\frac{e^2}{\pi m} N_e}$. Diese Bemerkung wird sich später für die Theorie der gestörten Sonnenstrahlung als wichtig erweisen.

Berücksichtigt man in der *Dispersionstheorie des Plasmas*[1], welche in ihrer elementarsten Form uns die Gl. (148, 18) lieferte, noch die *Dämpfung* der Elektronenbewegung durch *Zusammenstöße*, d. h. Ablenkung durch die Ionen, so erhält man *Absorption*. Führt man die Theorie, wie dies z. B. D. F. MARTYN [2282], J. S. SHKLOVSKY [22126] sowie S. F. SMERD und K. C. WESTFOLD [22127] getan haben, konsequent durch, so wird man für $n = 1$ (bis auf einen belanglosen Faktor unter dem Logarithmus, der offenbar mit der Art der Abschneidung bei kleinen und großen Stoßparametern zusammenhängt) wieder auf Gl. (148, 12) geführt. *Allgemein* ist der Absorptionskoeffizient $\varkappa_\nu$ nach (148, 12) noch mit einem *Faktor n zu dividieren.*

In der Theorie des *Strahlungsaustausches* — wir beschränken uns auf lokales thermodynamisches Gleichgewicht — ist die Brechung ($n \neq 1$) nach Abschnitt 3 dadurch zu berücksichtigen, daß man I_ν durch I_ν/n^2 ersetzt; die Ergiebigkeit ist jetzt $n^2 \cdot \varkappa_\nu\, B_\nu(T)$, wobei wie seither $B_\nu(T) = 2\,\nu^2\, kT/c^2$ sein soll. Die Strömungsgleichung der Strahlung lautet also allgemein

$$\frac{d}{d\,s}\left(\frac{I_\nu}{n^2}\right) = -\,\varkappa_\nu \frac{I_\nu}{n^2} + \varkappa_\nu\, B_\nu(T)\,. \tag{148, 24}$$

(vgl. D. HILBERT [517] und R. v. d. R. WOOLLEY [vgl. 22127]). Führen wir wieder die optische Tiefe

$$\tau_\nu = \int \varkappa_\nu\, d\,s \tag{148, 25}$$

ein, so erhalten wir die Ausstrahlung einer Gasmasse, deren Temperatur T von Stelle zu Stelle variieren kann, in der gewohnten Form

$$I_\nu = \int B_\nu(T)\, e^{-\tau_\nu}\, d\tau_\nu\,. \tag{148, 26}$$

Im Radiofrequenzgebiet kann man einfacher sogleich die *Strahlungstemperatur* T_s anschreiben,

$$T_s = \int T\, e^{-\tau_\nu}\, d\tau_\nu\,. \tag{148, 27}$$

Sämtliche Integrationen in (148, 25—27) sind selbstverständlich längs der durch das SNELLIUSsche *Brechungsgesetz* vorgeschriebenen *gekrümmten Strahlen* auszuführen.

Für eine *isotherme Gasmasse* (Korona) erhält man Gl. (148, 27) einfacher durch direkte Anwendung des KIRCHHOFFschen Satzes auf ihre Ausstrahlung bzw. Absorption pro cm² *Oberfläche*.

Unsere Hauptaufgabe wird also sein, die *gekrümmte Bahn* zu berechnen, welche in der *Korona* mit dem Brechungsindex $n(r)$ z. B. ein Strahl der Wellenlänge λ beschreiben muß, um schließlich in einem scheinbaren Abstand ϱ von der Mitte der Sonnenscheibe auf den Beobachter zuzulaufen. Zweckmäßig integriert man umgekehrt vom Beobachter aus in die Korona hinein. Für einen Punkt auf einem bestimmten Strahl sei r sein Abstand vom Sonnenmittelpunkt, α der Winkel zwischen Strahl und Radiusvektor sowie wieder ϱ der *schließliche* Abstand des Strahles von der Verbindungslinie Sonnenmittelpunkt—Beobachter. Dann ergibt eine elementare Betrachtung anhand des SNELLIUSschen Brechungsgesetzes (vgl. R. EMDEN: Gaskugeln, Kap. XVI)[2], daß längs jeden

[1] Eine besonders durchsichtige Darstellung gibt G. BURKHARDT [2229].

[2] Einfacher ist eine Ableitung mit Hilfe des HAMILTON-BRUNSschen *Eikonals S*: Bezeichnen wir mit $\mathfrak{s}$ den Einheitsvektor in Strahlrichtung, so gilt bekanntlich $n \cdot \mathfrak{s} = \operatorname{grad} S$, also $\operatorname{rot}\,(n(r)\,\mathfrak{s}) = 0$. Anwendung letzterer Relation auf ein Flächenelement, das von je zwei radialen und sagittalen Linienelementen begrenzt wird, ergibt unmittelbar Gl. (148, 28).

Strahles die Beziehung

$$n(r) \cdot r \sin\alpha = \varrho \qquad (148, 28)$$

gilt. Durch Integration dieser Differentialgleichung haben G. BURKHARDT und A. SCHLÜTER [2228] mit (148, 18) und dem Dichteansatz (148, 16) *Strahlen* für λ 5, 10 und 15 m berechnet (Abb. 241). Weitere derartige Integrationen mit

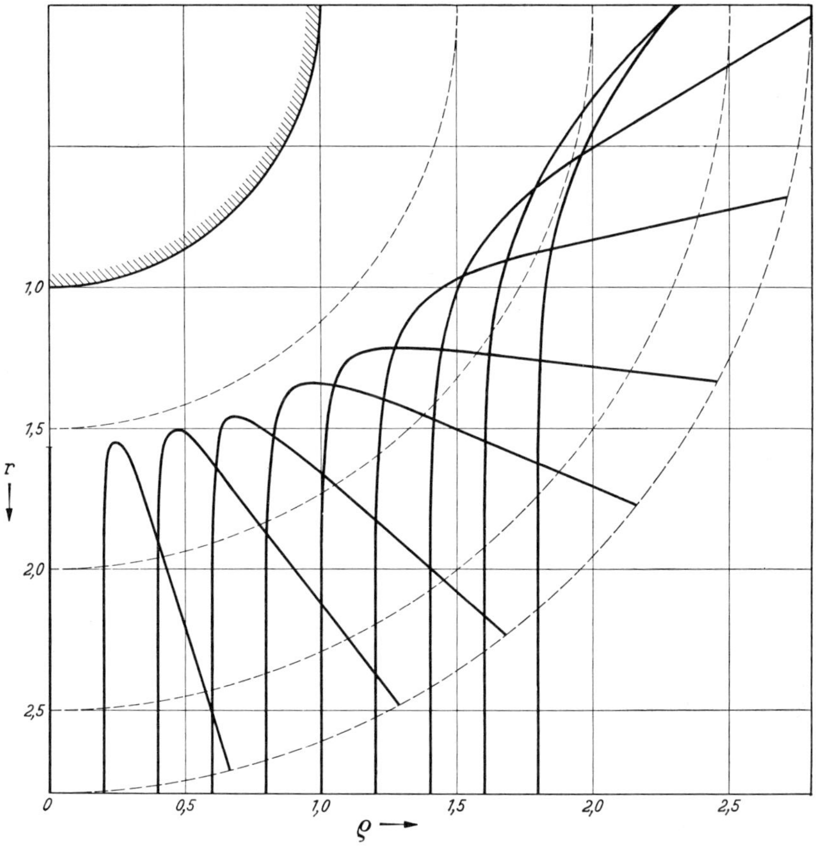

Abb. 241. Verlauf der Strahlen in der Korona für $\lambda = 10$ m nach G. BURKHARDT und A. SCHLÜTER [2228].

ähnlichen Ausgangsannahmen sind von J. C. JAEGER und K. C. WESTFOLD [2271], J. F. DENISSE [2234] und A. REULE [22115] ausgeführt worden. Durch numerische Integration längs jeden Strahles (vom Beobachter aus) muß dann die *optische Tiefe* τ_ν nach (148, 25) und dann die *Strahlungstemperatur* T_s nach (148, 27) berechnet werden. Schließlich kann man die *effektive Temperatur* T_e der Sonne durch Integration über die ganze Scheibe erhalten gemäß der Definitionsgleichung:

$$T_e \int_0^1 2\pi\,\varrho\,d\varrho = \int_0^\infty T_s \cdot 2\pi\,\varrho\,d\varrho \quad \text{oder} \quad T_e = \int_0^\infty T_s\,d(\varrho^2)\,. \qquad (148, 29)$$

In Abb. 242 ist die *Mitte-Rand-Variation* der Strahlungstemperatur T_s (bezogen auf die Koronatemperatur als Einheit) mit und ohne Berücksichtigung der

Brechung aufgetragen. Zahlenmäßig liegt auch dieser Abbildung die Dichteverteilung (148, 16) und eine Koronatemperatur $T = 0{,}5 \cdot 10^{6\circ}$ zugrunde; aus der Chromosphäre kann bei diesen Wellenlängen keine Strahlung mehr empordringen, ihre Temperatur ist daher belanglos.

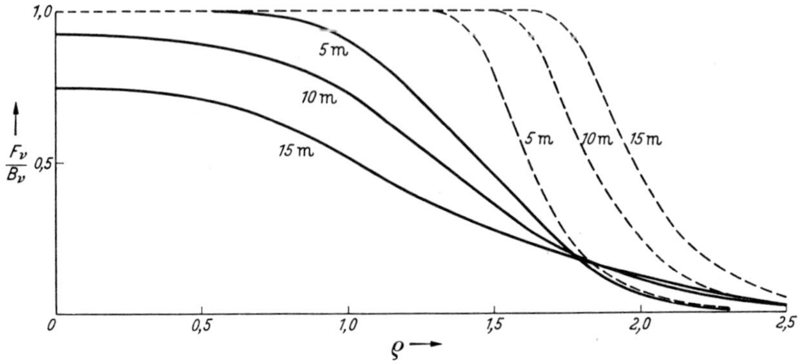

Abb. 242. Mitte-Rand-Variation der Strahlungsintensität bzw. -temperatur mit (—) und ohne (---) Berücksichtigung der Brechung. Nach G. BURKHARDT und A. SCHLÜTER [2228].

In Tab. 103 sind nach diesen und unseren früheren Berechnungen noch die *effektiven Temperaturen* T_e und die *Strahlungstemperaturen der ⊙-Mitte* $T_s(0)$ für den ganzen Wellenlängenbereich der Radioastronomie zusammengestellt.

Tabelle 103. Effektive Temperatur T_e, Strahlungstemperatur der Sonnenmitte T_s und Radius $\varrho_{0,1}$ berechnet für die Dichteverteilung (148, 16), Koronatemperatur $T_K = 0{,}5 \cdot 10^{6\circ}$ und Chromosphärentemperatur $T_c = 6000^\circ$ nach A. UNSÖLD [22134] ($\lambda \leqq 2\,m$; ohne Brechung) und G. BURKHARDT und A. SCHLÜTER [2228] ($\lambda \geqq 5\,m$; mit Brechung).

λ	15 m	10 m	5 m	2 m	65 cm	12 cm	3,6 cm
ν in MHz	20	30	60	150	460	2500	8300
T_e in $10^4\,{}^\circ$K	80	99	111	100	62	5,9	1,1
$T_s(0)$ in $10^4\,{}^\circ$K	37	46	50	50	32	2,2	0,8

Ehe wir unsere — offensichtlich stark schematisierten — Berechnungen mit den Beobachtungen vergleichen, ist es wichtig, auch für die größeren Wellenlängen ihre allgemeinen Züge zu *verstehen*: In der Mitte der Sonnenscheibe kann Strahlung höchstens noch aus *der* Tiefe empordringen, wo *die Grenzfrequenz* ν_0 gleich der Beobachtungsfrequenz ν wird. Da die optische Tiefe dieser Schicht im Meterwellenbereich < 1 ist, so tritt an der Oberfläche der Korona auch solche Strahlung aus, die ursprünglich nach innen lief. Bei größeren ϱ verlagert sich die Grenze, aus der Strahlung noch herauskommen kann, nach oben (vgl. Abb. 241); der Hauptteil der Emission erfolgt in der Umgebung des Umkehrpunktes bzw. auf dem dem Beobachter zugekehrten Zweig der Strahlen. (Eingehende zahlenmäßige Angaben in den genannten Arbeiten.)

Da ferner die optische Dicke der Schicht *oberhalb* der Reflexionsgrenze $\nu = \nu_0$ mit wachsender Wellenlänge immer kleiner wird, so nimmt oberhalb einer gewissen — im einzelnen vom Modell abhängenden — Wellenlänge die *Strahlungstemperatur der ⊙-Mitte* $T_s(0)$ wieder *ab.* Die *effektive Temperatur* T_e ändert sich viel weniger, da mit wachsendem λ der Radius der leuchtenden Scheibe zunimmt.

Im Hinblick auf die Unsicherheit der Koronatemperatur T_K machen wir uns noch klar, wie eine evtl. Änderung derselben $T_s(0)$ und T_e beeinflussen würde: Bei *kleinen* Wellenlängen ist die Korona (abgesehen von $\varrho \approx 1$) optisch dünn. Ihre Ausstrahlung $\varkappa_\nu B_\nu \sim T^{-\frac{1}{2}}$ nimmt also paradoxerweise mit steigender Temperatur ab. Bei mittleren Wellenlängen ($\lambda \sim 1{,}5$ m) wird bei wachsender Temperatur die (optisch dicke) Scheibe heller, aber etwas kleiner (weil am äußersten Rand ja wieder $I_\nu \sim T^{-\frac{1}{2}}$ geht); insgesamt wächst noch T_e mit T_K. Bei noch längeren Wellen endlich ist die Korona bis zur Reflexionsschicht wieder optisch dünn; $T_s(0)$ und T_e nehmen mit wachsendem T_K ab.

In Abb. 236 vergleichen wir unsere berechneten T_e und $T_s(0)$ mit den Beobachtungen. Bedenkt man, wie unsicher bei den kürzeren Wellenlängen die Extrapolation auf „ruhige Sonne" und bei den Meterwellen die absolute Eichung der Intensitätsskalen ist, und hält sich weiterhin die groben Schematisierungen unseres Modells sowie die Unsicherheit der eingehenden Zahlenwerte vor Augen, so erscheint die Übereinstimmung von Theorie und Beobachtung erstaunlich gut. Nach dem Vorhergehenden bedeutet sie aber auch verhältnismäßig wenig. Die zur Zeit (1954) verfügbaren Radiobeobachtungen lassen z. B. noch keine Entscheidung der in Kap. XXI aufgeworfenen Frage zu, ob die *Korona*temperatur näher bei 0,8 oder $1{,}6 \cdot 10^{6\circ}$ liegt; die bei unseren Rechnungen angenommenen $0{,}5 \cdot 10^{6\circ}$ jedoch dürften bestimmt zu niedrig sein. Auf der anderen Seite zeigt die von J. P. HAGEN bei λ 8,5 mm gemessene effektive Temperatur, daß die untere *Chromosphäre* jedenfalls nicht heißer als 6500° ist. (Unsere alte Schätzung von 6000° war also jedenfalls besser als die neueren von 10000—30000°!)

Sehr interessant ist der Vergleich der berechneten und gemessenen *Mitte-Rand-Verdunkelungskurven*. Bei λ 3,2 und 21 cm ist die Übereinstimmung wohl so gut, wie man es erwarten darf, insbesondere auch hinsichtlich des *hellen Ringes* am Sonnenrand. Im Bereich von λ 0,60—7,9 m dagegen werden die Interferometerbeobachtungen von P. A. O'BRIEN durch unsere Theorie nicht dargestellt. Die Radien ϱ, bei welchen $I_\nu(\varrho)$ auf 1/10 der Zentralintensität $I_\nu(0)$ abgesunken ist, sind

für	λ	0,60	1,4	3,7	7,9 m	(148, 30)
gemessen nach O'BRIEN:	$\varrho_{beob} =$	1,45	1,6	2,2	2,8	
nach unseren Berechnungen:	$\varrho_{th} =$	1,37	1,5	1,8	2,0	

Die beobachtete Ausdehnung der Korona erscheint — insbesondere bei langen Wellen bzw. in ihren äußeren Zonen — *größer* als die Theorie es erwarten läßt. In dieselbe Richtung weisen die Beobachtungen von K. E. MACHIN und F. G. SMITH [2280], welche mit 38 und 81,5 MHz bei der *Bedeckung der Taurusquelle* durch die Sonnenkorona eine merkliche Intensitätsabnahme schon in etwa 15 Sonnenradien Abstand von ⊙-Mitte (!) erhielten. Sodann ist vor allem bei λ 1,4 bis 7,9 m die beobachtete Helligkeitsabnahme am Sonnenrand viel allmählicher als die berechnete. Diskutiert man die ganzen Beobachtungen im Lichte unserer allgemeinen Betrachtungen durch, so erkennt man, daß *keine* Theorie im Stile der bisher entwickelten den gestellten Anforderungen genügen kann.

Die gesamten Beobachtungen weisen vielmehr darauf hin, daß die *unregelmäßige Brechung* der Radiostrahlen infolge von *Dichteschwankungen* in der Korona (Koronastrahlen usw.) eine wesentliche Rolle spielt. Cum grano salis könnte man auch von einer *Streuung* der Radiostrahlen sprechen.

Da im Dezimeter- und Zentimeterbereich die Brechung überhaupt eine untergeordnete Rolle spielt (weil die Reflexionsschicht in sehr großer optischer Tiefe liegt), so sind hier in Übereinstimmung mit den Beobachtungen keine wesentlichen Effekte zu erwarten.

Im Bereich der Meterwellen dagegen wird die „Streuung" die Intensität in $\odot$-Mitte herabdrücken, am Sonnenrand den scharfen Helligkeitsabfall verwischen und so auch bei großen ϱ noch eine gewisse Intensität liefern.

Eine quantitative Theorie erscheint schwierig, da wir über die Größe und Verteilung der Dichte- und evtl. Temperaturschwankungen in der Korona noch sehr wenig wissen. Es sei daher folgende Abschätzung erlaubt: Eine „Koronawolke" habe in der Strahlrichtung eine Dicke $\sim y$, quer dazu sei ihre Größe $\sim \Delta$. Die Erhöhung des Brechungsindex n in der Wolke wird von der Größenordnung des $n-1$ selbst sein. Der Unterschied des optischen Weges zwischen einem Strahl *durch* die Wolke und einem daran vorbeiführenden ist also $\sim (n-1)\cdot y$. Da die Strahlen stets senkrecht auf den Wellenflächen stehen, werden beide zusammen um einen Winkel δ der Größenordnung $(n-1)\cdot \frac{y}{\Delta} \approx n-1$ abgelenkt bzw. gestreut. Nach (148, 18) ist aber mit ausreichender Genauigkeit $n-1 \approx \frac{e^2}{2\pi m}\cdot\frac{N_e}{\nu^2}$, es wird also

$$\delta \approx 0{,}4\cdot 10^8\, N_e/\nu^2\,. \tag{148, 31}$$

Stehen k Wolken entlang der Sehlinie hintereinander, so wird δ etwa $\sqrt{k}$-mal größer werden.

Nach MACHIN und SMITH müßte man zur Erklärung ihrer Beobachtung der *Taurus*quellen-Bedeckung fordern, daß bei $\varrho = 10$ Sonnenradien für 38 MHz $\delta \approx 15'$ bzw. für 81,5 MHz $\delta \approx 8'$ sei. Dies würde auf eine Elektronendichte $N_e \approx 2\cdot 10^5\ \mathrm{cm}^{-3}$ schließen lassen, die ganz plausibel erscheint. Im Entstehungsgebiet z. B. der ruhigen Strahlung von 60 MHz (λ 5 m) bei $\varrho \approx 1{,}3$ dagegen ist $N_e \approx 3\cdot 10^7\ \mathrm{cm}^{-3}$. Damit erhält man $\delta \approx 0{,}3 \approx 17°$; es erscheint also recht plausibel, daß hier die Mitte-Rand-Variation der Radiostrahlung durch die „Streuung" erheblich beeinflußt wird[1].

Die *Schicht* der Korona bzw. Chromosphäre, aus welcher die Radiofrequenzstrahlung einer bestimmten Wellenlänge in der Hauptsache zu uns empordringt, liegt bei den Meterwellen (etwa $\lambda > 1{,}5$ m) etwas oberhalb der *Reflexionsschicht* mit der Elektronendichte $N_e = 10^8\cdot\left(\frac{\lambda_m}{3{,}34}\right)^2$ nach (148, 19). Bei kürzeren Wellenlängen (etwa $\lambda < 1{,}5$ m) kommt, wie im optischen Bereich, die Strahlung etwa aus einer optischen Tiefe — längs der Sehlinie gemessen — $\tau_\nu \approx 1$. Die Reflexionsschicht liegt hier in großen optischen Tiefen und spielt also keine wesentliche Rolle mehr. Instruktive Bilder hierzu vgl. G. BURKHARDT und A. SCHLÜTER [2228], A. REULE [22115] u. a.

Was kann man umgekehrt aus dem *beobachteten Radiospektrum der ruhigen Sonne* über *Temperatur* T und Elektronendichte N_e als Funktionen der Höhe über der Sonnenoberfläche erfahren? Im Bereich der Meterwellen sind — wie wir sahen — die Zusammenhänge so wenig ausgeprägt, daß praktisch nichts zu machen ist. Im Bereich der *Dezimeter- und Zentimeterwellen* gehen wir mit J. H. PIDDINGTON [22108][2] am besten von der *Strahlungstemperatur der Sonnenmitte* T_s aus, die wir als Funktion der Frequenz ν z. B. in der Form

$$T_s = a + b\,\nu^{-1} + c\,\nu^{-2} \tag{148, 32}$$

darstellen. Andererseits ist nach (148, 27)

$$T_s = \int_0^\infty T\, e^{-\tau_\nu}\, d\tau_\nu\,, \tag{148, 33}$$

[1] Anm. b. d. Korr.: Hierzu weiterhin A. HEWISH [2263a].

[2] Frühere Berechnungen dieser Art vgl. R. v. D. R. WOOLLEY und C. W. ALLEN [21191], J. H. PIDDINGTON [22102], J. F. DENISSE [2234] und J. P. HAGEN [2249].

wobei die optische Tiefe τ_ν nach (148, 13) gegeben ist durch[1]

$$\tau_\nu = \alpha \cdot \nu^{-2} \quad \text{mit} \quad \alpha = 0{,}07 \int_z^\infty N_e^2\, T^{-3/2}\, dz \tag{148, 34}$$

(z bedeutet die Höhe in cm z. B. über dem Nullniveau der Chromosphäre). Aus diesen Beziehungen erhält man

$$a\,\nu^2 + b\,\nu + c = \int_0^\infty T\, e^{-\alpha/\nu^2}\, d\alpha. \tag{148, 35}$$

Die rechte Seite dieser Gleichung kann man als LAPLACE-Transformierte von $T(\alpha)$ mit ν^{-2} als Transformationsvariable auffassen. Ihre Lösung ist

$$T(\alpha) = a + b(\pi\,\alpha)^{-1/2} + c \cdot \delta(\alpha)\,. \tag{148, 36}$$

Die dem c-Glied in (148, 32) entsprechende Funktion $\delta(\alpha)$ stellt eine diskontinuierliche Zacke bei $\alpha = 0$ dar; sie repräsentiert offensichtlich die *Korona.* Die beiden anderen Glieder enthalten eine Aussage über die Chromosphäre. J. S. PIDDINGTON kombiniert sie versuchsweise mit R. WILDTs [21188] Diskussion des Flashspektrums und erhält folgendes — mit den Beobachtungen von 600—35000 MHz also jedenfalls verträgliche Modell — :

z in Einh. von 1000 km:	3	5	10	15	(148, 37)
$\log N_e$ [cm^{-3}] =	10,50	10,00	9,26	8,92	
T [°K] =	5200	6250	33000	555000	

149. Die Radiofrequenzstrahlung der gestörten Sonne.

A) Allgemeines. Klassifikation. Im Anschluß an die grundlegenden Arbeiten des *Radiophysics Laboratory* in *Sydney* unterteilen wir die Strahlung der gestörten Sonne in mehrere auch ihrer Natur nach wahrscheinlich verschiedene *Komponenten,* die wir zunächst einmal ganz provisorisch beschreiben. Die *Nomenklatur* ist nicht restlos glücklich. Wenn man die Erscheinungen einmal etwas besser versteht, sollte man ihre Rationalisierung ernsthaft ins Auge fassen.

1. *Die langsam variable Komponente*: Bei $\lambda < 60$ cm bzw. $\nu > 500$ MHz beobachtet man — wie wir schon sahen — in Verbindung mit *Flecken* bzw. *Aktivitätszentren* eine Verstärkung der Radiofrequenzstrahlung. Ihre Intensität zeigt — entsprechend der Rotation der Sonne — die 27tägige Periode sehr ausgeprägt; im Laufe von Tagen ändert sie sich ähnlich wie die Aktivitätszentren selbst. Relativ zur ruhigen Strahlung beobachtet man die größte Verstärkung etwa bei λ 10—15 cm. A. E. COVINGTON hat bei λ 10,7 cm sehr ausgedehnte Beobachtungsreihen gemacht. Gelegentlich zeigt die Strahlung schwache zirkulare Polarisation. Mit M. WALDMEIER und H. MÜLLER [22140] kann man die *langsam variable Komponente* (wohl mit ziemlicher Sicherheit) interpretieren als *thermische Strahlung von Koronakondensationen.*

2. Ein *Radiosturm*[2] (noise storm) erzeugt, hauptsächlich im Bereich ~ 1 bis 15 m bzw. 300—20 MHz, über Stunden bis Tage eine sehr erheblich *verstärkte Strahlung* (enhanced radiation). Diese ist in der Regel zirkular polarisiert. Man unterscheidet weiter (Abb. 243):

---

[1] Das logarithmische Glied ersetzt PIDDINGTON durch einen Mittelwert 5,3.

[2] Die Bezeichnung schließt sich an die der „magnetischen Stürme" an. „Rausch-Sturm" oder „Lärmsturm" kann man im Deutschen nicht sagen. Auch „Radio" erinnert schon genügend an Lärm!

a) Die *langsam variable Komponente der verstärkten Strahlung*, welche im Meterbereich von großen Sonnenflecken(gruppen) aus in einen ziemlich begrenzten Raumwinkel emittiert wird. Offenbar ist sie nicht-thermischen Ursprunges und also von 1. prinzipiell verschieden.

b) Die *Sturmstöße* (storm bursts), in denen die Strahlungsintensität innerhalb von Sekunden um riesige Beträge empor und wieder zurück schnellt. Wie 2a) sind auch die Sturmstöße meist zirkular polarisiert.

3. Ein *Strahlungsausbruch* (Outburst) erfaßt den ganzen Bereich von λ 8 mm bis 15 m bzw. 38000—20 MHz. Im Meterbereich geben die großen Ausbrüche effektive Temperaturen bis über 10^{13}° K, es handelt sich also sicher nicht um thermische Phänomene. Die großen *Strahlungsausbrüche* treten stets auf in Verbindung mit großen *Sonneneruptionen* (flares). Sie sind auch für den *Geophysiker* höchst interessant wegen des Zusammenhanges mit *ionosphärischen* und *erdmagnetischen Störungen* sowie dem *Polarlicht*.

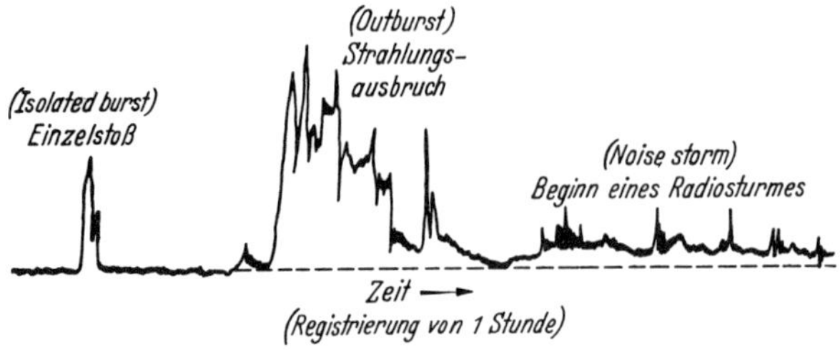

Abb. 243. Zur Klassifikation der Strahlung der gestörten Sonne (~ 100 MHz). Schematisch nach J. L. Pawsey.

4. Die *Einzelstöße* (isolated bursts), vorwiegend im Bereich λ 1—15 m bzw. 300—20 MHz, gleichen auf den gewöhnlichen Registrierkurven den mehr in Gruppen auftretenden Sturmstößen, sind aber unpolarisiert.

B) Beobachtungsmethoden. In Ergänzung von Abschnitt 147 fassen wir kurz die Möglichkeiten zur *Beobachtung der gestörten Sonnenstrahlung* zusammen und berichten, ebenfalls ganz kursorisch, über die hierfür insbesondere am *Radiophysics Laboratory, Sydney*, speziell entwickelten Apparaturen.

1. Die üblichen Registrierungen geben die *Gesamthelligkeit* S_ν [Watt/m² Hz] der Sonne (d. h. den Strahlungs*strom* an der Erdoberfläche) bzw. die *effektive Sonnentemperatur* T_e nach (147, 21). Wie schon bemerkt, sollte es endlich international festgelegt werden, ob sich letztere auf eine Scheibe von 1800″ oder 1919″ Durchmesser bezieht. Die absolute Kalibrierung der Skalen läßt gleichfalls oft zu wünschen übrig.

2. Geeignete Antennen erlauben die Registrierung der *Polarisation*.

3. Ein *Radiospektroskop* wurde zuerst von J. P. Wild und L. L. McCready [22143] für den Bereich 70—130 MHz gebaut. Die neueste Konstruktion des Radiophysics Laboratory, Sydney, verwendet drei Rhombusantennen, welche die aneinander anschließenden Bereiche 40—75—140—240 MHz incl. Polarisation erfassen. Auf dem Schirm einer Braunschen Röhre erscheint die Frequenz ν als Abszisse; S_ν wird als Ordinate oder durch wechselnde Helligkeit des Leuchtpunktes dargestellt. Der Leuchtschirm wird laufend photographiert; alle 0,5 sec erhält man ein Spektrum. Schließlich kann man in einem Frequenz ν-Zeit t-Diagramm S_ν durch eine Art „Schichtlinien" darstellen. Solche *Spektrogramme* der gestörten Radiofrequenzstrahlung haben mit die wichtigsten Einblicke in den Mechanismus ihrer Entstehung gegeben.

4. Das *Swept-Lobe-Interferometer* [22101] ermöglicht die rasche *Lokalisation* (wenigstens in einer Richtung) der oft sehr *kurzlebigen Störungsherde* auf der Sonne. Es ist ein Michelson-Interferometer, bei dem die Signale der beiden Antennengruppen über einen *Phasenschieber* zusammengeführt werden, der mit ~ 25 Hz rotiert. Dies läuft also darauf hinaus, daß die Interferenzmaxima mit

letzterer Frequenz ständig um $\pm \frac{1}{2}$ Streifenbreite hin- und herwackeln und dabei die Sonnenscheibe abtasten. Eindeutigkeit der Lokalisation erreicht man durch gleichzeitige Verwendung mehrerer Antennenabstände bzw. Streifenabstände. Auch hier kann die *Polarisation* mit erfaßt werden.

Nach diesen Vorbemerkungen wenden wir uns der Besprechung und — soweit wie möglich — Deutung der einzelnen Strahlungskomponenten der gestörten Sonne zu.

C) Die langsam variable Komponente ($\lambda \leqq 60$ cm). Die schon in Abschnitt 148 referierten Beobachtungen zeigen, daß die Intensität dieser Komponente etwa proportional zur Fläche der gerade vorhandenen *Sonnenflecke* oder besser noch der *Aktivitätszentren* ist.

Das *Radiofrequenzspektrum* der langsam veränderlichen Komponente kann man nach einer graphischen Darstellung von J. H. PIDDINGTON und H. C. MINNETT [22103; Abb. 1, Kurve T_g] z. B. für eine *Fleckenfläche* von $A = 5000$ millionstel ⊙-Scheibe folgendermaßen beschreiben:

Für $\nu < 1000$ MHz (sie ist etwa bis 600 MHz feststellbar) gibt sie zur effektiven Temperatur der Sonne einen frequenz*un*abhängigen Beitrag $\Delta T_e = 8 \cdot 10^{5\circ}$. Im Bereich $1000 < \nu < 10\,000$ MHz beobachtet man $\Delta T_e = 8 \cdot 10^{23}/\nu^2$ (ν hier in Hz gerechnet). *Ein* weiterer Meßpunkt für 24000 MHz liegt bei PIDDINGTON und MINNETT erheblich unter dieser Kurve. Da hier die langsam variable Komponente viel schwächer als die ruhige Strahlung ist und die meßtechnischen Schwierigkeiten groß sind, lassen wir ihn im folgenden beiseite.

Nach einem Vorschlag von M. WALDMEIER und H. MÜLLER [22140] deuten wir die *langsam variable Komponente* als *thermische Strahlung von Korona-Kondensationen*, d. h. Stellen erhöhter Elektronendichte N_e und evtl. Temperatur T in der inneren Korona. Das obige *Radiofrequenzspektrum* können wir nach Gl. (148, 13) folgendermaßen interpretieren:

Bei $\nu \leqq 1000$ MHz sind die emittierenden Gebiete *optisch dick* ($\tau_\nu > 1$); ist ihre Fläche F (⊙-Scheibe $= 1$) und ihre wirkliche Temperatur T, so gilt also abschätzungsweise nach obigem

$$F \cdot T = \Delta T_e = 8 \cdot 10^5\,. \qquad (149,\,1)$$

Bei $\nu > 1000$ MHz andererseits werden die emittierenden Gebilde *optisch dünn* und emittieren mit $\Delta T_e \sim \nu^{-2}$. Nehmen wir an — was größenordnungsmäßig sicher erlaubt sein dürfte —, daß ihre vertikale Ausdehnung $\approx \sqrt{F} \cdot \sqrt{\pi a^2}$ [cm] (a = Sonnenradius) sei, so besagt unsere zweite Feststellung in Verbindung mit (148, 13), daß

$$F^{3/2} \sqrt{\pi a^2} \cdot 1{,}318 \cdot 10^{-2} \frac{N_e^2}{T^{3/2}} \ln \left(367 \cdot T\, N_e^{-1/3}\right) \cdot T = 8 \cdot 10^{23}\,. \qquad (149,\,2)$$

Das logarithmische Glied können wir (mit $T \approx 5 \cdot 10^{6\circ}$ und $N_e \approx 3 \cdot 10^9$ cm^{-3}) vorweg zu $\sim 14{,}05$ abschätzen und erhalten aus (149, 2)

$$F^{3/2} \cdot N_e^2 \cdot T^{-\frac{1}{2}} = 35 \cdot 10^{12}\,. \qquad (149,\,3)$$

In (149, 1) und (149, 3) haben wir zwei Gleichungen für unsere *drei* Unbekannten F, T und N_e. Da aber Strahlung jedenfalls von $\lambda < 33$ cm ohne weiteres emittiert wird, so muß nach der Reflexionsbedingung (148, 19) jedenfalls $N_e < 10^{10}$ cm^{-3} sein. Andererseits ist normalerweise in der inneren Korona $N_e = 2$ bis $4 \cdot 10^8$ cm^{-3}. Die Auflösung unserer Gleichungen liefert nun mit

$N_e = 10^{10}$ Elektronen/cm³	bzw.	$N_e = 10^9$ Elektronen/cm³	(149, 4)
$T = 4{,}5 \cdot 10^{7\circ}$		$T = 4{,}5 \cdot 10^{6\circ}$	
$F = 0{,}018$ ⊙-Scheibe		$F = 0{,}18$ ⊙-Scheibe	
$\sim 3{,}5$ mal der Fleckenfläche		~ 35 mal der Fleckenfläche	
Höhe $\approx 93\,000$ km		Höhe $\approx 290\,000$ km.	

Die Wirklichkeit dürfte zwischen beiden Wertegruppen, aber wohl näher an der linken liegen.

Aus Beobachtungen bei λ 50 cm bei der *Sonnenfinsternis* vom 1. November 1948 schließen W. N. CHRISTIANSEN, D. E. YABSLEY und B. Y. MILLS (vgl. Tab. 102), daß damals die gesamte *Fläche*, welche Beiträge zur langsam variablen Komponente lieferte, $\Sigma F \approx 4000 \cdot 10^{-6}$ ⊙-Scheibe war, gegenüber einer Fleckenfläche von $A = 850 \cdot 10^{-6}$, also etwa das 5fache der letzteren. Die *Strahlungstemperatur* T_s der emittierenden Flächen war im Mittel $\sim 5 \cdot 10^6$ °K, stellenweise $\geqq 10^7$ °K. Da bei λ 50 cm das $\tau_\nu \geqq 1$ ist, dürften diese T_s praktisch die *wirkliche* Temperatur angeben. Die Finsternisbeobachtungen passen also auf das beste zu unserer Deutung des *Spektrums* der langsam veränderlichen Komponente in (149, 4).

Andererseits erhielt M. WALDMEIER (s. S. 666) aus *optischen Beobachtungen* im weißen Koronalicht die *Elektronendichte* einer Koronakondensation zu etwa $N_e = 3{,}7 \cdot 10^9$ cm^{-3}, was ebenfalls zu den Radiobeobachtungen ausgezeichnet paßt. Das Auftreten der gelben Koronalinie λ 5694,4 Å (Ca XV) in manchen Koronakondensationen kann man als unabhängigen Hinweis auf ihre erhöhte *Temperatur* ansehen.

Auf Grund von A. E. COVINGTONs Beobachtungen bei λ 10,7 cm (2800 MHz) hat M. WALDMEIER [22141] weiterhin die *Mitte-Rand-Variation* der langsam variablen Komponente untersucht. Von ⊙-Mitte zum ⊙-Rand nimmt die Strahlung $S_{2800\,\mathrm{MHz}}$ einer Koronakondensation im Verhältnis 1:0,22 ab. Aber auch am ⊙-Rand verschwindet sie noch nicht, sondern erst etwa 2 Tage, nachdem ihre Basis diesen passiert hat. Daraus kann man auf eine *Höhe* von $\sim$80000 km schließen. Die Abnahme von S_ν *auf* der Sonnenscheibe nach deren Rand zu muß[1] man wohl in dem Sinne interpretieren, daß die *horizontale* optische Dicke $\tau_{\nu,hor}$ einer Kondensation noch >1 ist, während ihre *vertikale* optische Dicke nach den eingangs erwähnten spektralen Beobachtungen bei 2800 MHz nur ungefähr 0,1 beträgt. Daneben spielt möglicherweise auch der Temperaturgradient innerhalb der Kondensation eine Rolle. Im Hinblick auf die Proportionalität des Absorptionskoeffizienten mit ν^{-2} wäre es interessant, Beobachtungen in verschiedenen Frequenzen miteinander zu vergleichen. Derartige Radiobeobachtungen in Verbindung mit koronographischen sollten ziemlich detaillierte Aufschlüsse über die Beschaffenheit der Koronakondensationen geben.

Zur Zeit dürfte die Zusammenstellung (149, 4) das meiste enthalten, was man einigermaßen sicher sagen kann. Bezüglich detaillierterer Modelle vgl. die zitierten Arbeiten von M. WALDMEIER, zum Teil mit H. MÜLLER sowie J. H. PIDDINGTON und H. C. MINNETT; letztere auch bezüglich der beobachtungsmäßig und theoretisch noch nicht genügend erforschten schwachen Zirkularpolarisation der langsam veränderlichen Komponente.

D) Radiostürme (Noise storms). Bei einem *Radiosturm* können die *langsam variable Komponente der verstärkten Strahlung* und die *Sturmstöße* (s. S. 738) je einzeln oder zusammen auftreten. Zwischen beiden besteht eine lose statistische Kopplung. Interferometrische Lokalisierung zeigt, daß die Radiostürme so gut wie immer von einem Aktivitätszentrum bzw. einer Fleckengruppe ausgehen. Aus einer Statistik von RUBY PAYNE-SCOTT und A. G. LITTLE [22101, II] geht hervor, daß die „Sturm-Neigung" nicht so sehr von der *Gesamt*fläche der Fleckengruppe, sondern der *Fläche des größten Flecks* A_{max} abhängt. Erst Flecke $>400 \cdot 10^{-6}$ ⊙-Scheibe scheinen im allgemeinen imstande zu sein, einen Radiosturm zu erzeugen[2].

[1] Daß die Absorption der Strahlung der Kondensation in darüberliegenden Koronaschichten bedeutungslos ist, macht man sich leicht klar.

[2] Vgl. jedoch A. MAXWELLs Beobachtung [2283] eines sonst ziemlich „inaktiven" Flecks, welcher beim Durchgang durch den Zentralmeridian am 14. Juni 1950 bei λ 3,7 m etwa $7 \cdot 10^{-20}$ Watt m^{-2} Hz^{-1}, entsprechend $T_e \approx 5 \cdot 10^{8°}$ lieferte.

Der Vergleich der im Sinne der Sonnenrotation vorausgehenden und folgenden Flecke auf der Nord- bzw. Südhalbkugel — deren magnetische Polarität durch das HALEsche Gesetz (Abb. 184) festgelegt ist — zeigte weiterhin [22101, II], daß ein Nord(-weisender)-pol linkszirkular, ein Südpol rechtszirkular polarisierte[1] Strahlung (bei 97 MHz) aussendet. Im Sinne der Ionosphärentheorie hätten wir es also im allgemeinen mit dem *ordentlichen Strahl* zu tun[2].

Beobachtungen von J. S. HEY, S. J. PARSONS und J. W. PHILLIPS [2265] bei 73 MHz, von C. W. ALLEN [2207] bei 200 MHz, T. HATANAKA und F. MORIYAMA [2261] bei 60, 100 und 200 MHz, R. PAYNE-SCOTT und A. G. LITTLE [22101, II] bei 97 MHz, M. JORAND [2273] bei 160 MHz u. a. zeigten weiterhin, daß die von

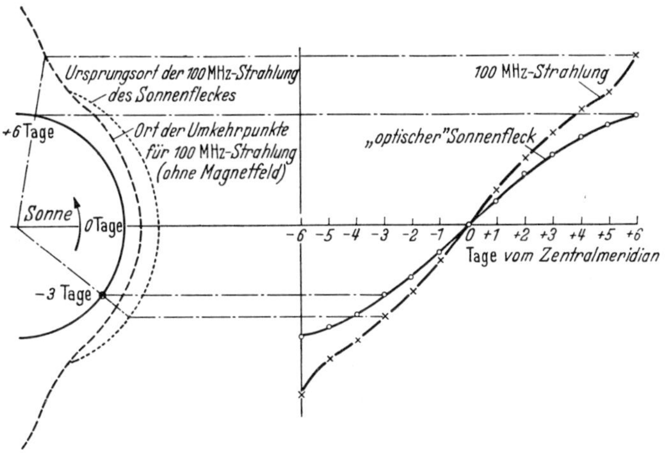

Abb. 244. Interferometrische Lokalisierung der verstärkten (Sturm-)Strahlung bei 100 MHz, nach RUBY PAYNE-SCOTT und A. G. LITTLE [22101, II].

einem Fleck herrührende verstärkte Strahlung S_ν rasch abnimmt, wenn dieser vom Zentralmeridian zum Rande der Sonnenscheibe wandert. K. E. MACHIN und P. A. O'BRIEN [2281] haben neuerdings durch eine eingehende statistische Analyse der Beobachtungen die „*Keulenbreite*" der Fleckenstrahlung, d. h. die ganze Breite des Emissionsdiagrammes zwischen den Punkten $\frac{1}{2}$-maximaler Intensität, für

	81,5	175	500 MHz
zu	15°	20°	36°

ermittelt. Der Sonnenfleck ist also eine ganz passable Richtantenne.

Die genaue interferometrische Lokalisierung der Quellen der verstärkten Strahlung durch R. PAYNE-SCOTT und A. G. LITTLE [22101] bei 97 MHz ergab (Abb. 244), daß diese sich im allgemeinen *rascher* über die Sonnenscheibe bewegen als der zugehörige Sonnenfleck, und daß sie häufig 0,3—0,4 und gelegentlich bis 1,0 Sonnenradien über den Rand der sichtbaren Sonnenscheibe heraustreten. Hierzu überlegt man sich zunächst leicht, daß der Ursprungsort der Strahlung in der Korona *jedenfalls* höher liegen muß als der *Umkehrpunkt* r_{min} der Strahlen (vgl. z. B. Abb. 241 für 30 MHz). Für 97 MHz liegt dieser in ⊙-Mitte nach (148, 19) bei $N_e = 1{,}2 \cdot 10^8$ Elektronen/cm³ bzw. $r_{min} = 1{,}14$ Sonnenradien, am ⊙-Rand entsprechend höher. Sodann muß man aber bedenken, daß bei 97 MHz der Umkehrpunkt schon in einer ziemlich großen optischen Tiefe liegt. Man sollte

[1] *Rechts*zirkular polarisiert nennt man in der Radiotechnik einen Strahl, wenn für einen Beobachter, der *mit* dem Strahl blickt, der elektrische Vektor $\mathfrak{E}$ *im* Uhrzeigersinn umläuft.

[2] *Einen* interessanten Übergangsfall mit *linearer* Polarisation beschreiben R. PAYNE-SCOTT und A. G. LITTLE [22101].

also eher erwarten, daß der Hauptteil der verstärkten Strahlung aus $\tau_\nu \approx 1$ (längs des Strahles gemessen) stammt. Dies entspricht (interpoliert aus den Rechnungen von G. BURKHARDT und A. SCHLÜTER [2228] für 60 MHz und A. REULE [22115] für 150 MHz) für Sonnenmitte ($\varrho = 0$), $r \approx 1{,}26$ und für eine Quelle, die scheinbar am optischen Sonnenrand steht ($\varrho = 1$), $r \approx 1{,}33$ Sonnenradien[1] in befriedigender Übereinstimmung mit den Beobachtungen.

Die starke *Mitte-Rand-Variation* (Bündelung) der *verstärkten Strahlung* kann man vielleicht darauf zurückführen, daß sie *vorzugsweise* unmittelbar über der Schicht mit $n = 0$ entsteht (s. unten), wo die *Plasmafrequenz* mit der *beobachteten Frequenz* ν übereinstimmen würde. Bewegt sich ein Fleck von der Mitte zum Rand der Sonne, so taucht diese Schicht immer tiefer unter diejenige, aus welcher die ν-Strahlung noch hervortreten kann. Die Ergiebigkeit in der letzteren wird also kleiner, und wir erhalten eine geringere Intensität. Daneben müßte man auch die Absorption der verstärkten Strahlung in der Korona berücksichtigen. Da zur Zeit die Theorie noch nicht einmal für die Mitte-Rand-Variation der ruhigen Strahlung in Ordnung ist, erscheint eine quantitative Durchführung dieser Ansätze etwas verfrüht; vgl. auch M. JORAND [2273].

Das Vorhergehende gilt — jedenfalls nach C. W. ALLENs Beobachtungen bei 200 MHz — in gleicher Weise für die *langsam veränderliche Komponente wie für die Stöße der verstärkten (Sturm-)Strahlung.* Nunmehr studieren wir deren Besonderheiten, insbesondere anhand der *spektroskopischen* Untersuchungen von J. P. WILD und seinen Mitarbeitern:

a) *Die langsam veränderliche Komponente der verstärkten (Sturm-)Strahlung.* Nach den Messungen z. B. von J. S. HEY, S. J. PARSONS und J. W. PHILLIPS [2265] bekommt man beim Zentralmeridian-Durchgang großer Flecke bei λ 4,1 m bzw. 73 MHz nicht selten $S_\nu = 1{,}2 \cdot 10^{-19}$ Watt m^{-2} Hz^{-1} entsprechend $T_e = 10^{9}$° K. Berücksichtigt man, daß die strahlende Fläche höchstens 1/100 der Sonnenscheibe bedeckt, so erhält man für deren Strahlungstemperatur den enormen Wert von *mindestens* 10^{11}° K. Eine Erklärung durch thermische Strahlung scheidet von vornherein aus: Selbst wenn die ganze Korona auf eine Temperatur dieser Größenordnung aufgeheizt würde, könnte sie nicht entsprechend ausstrahlen, da ihr Absorptionskoeffizient ja mit $T^{-3/2}$ abnehmen würde; mit anderen Worten die Korona wäre optisch viel zu dünn.

Das *Spektrum* der langsam veränderlichen Sturmstrahlung ist *kontinuierlich.* Eine provisorische Kompilation von J. F. DENISSE [2234] ergibt zwischen 60 und 3000 MHz die interpolatorische Darstellung

$$T_e \approx 10^{11} \cdot \nu_{\mathrm{MHz}}^{-1.66} \quad \text{bzw.} \quad S_\nu \approx 2{,}1 \cdot 10^{-21}\, \nu_{\mathrm{MHz}}^{+0{,}34} \text{ Watt m}^{-2}\,\text{Hz}^{-1}\,, \qquad (149, 5)$$

wobei ν beidemal in MHz zu rechnen ist. Im Bereich $70 < \nu < 130$ MHz zeigte J. P. WILDs genauere Untersuchung, daß die spektrale Energieverteilung des Sturmkontinuums meist kleine Wellen enthält, die sich schon im Verlauf von 10 min ziemlich ändern können. Im Mittel findet er einen etwas rascheren Anstieg von S_ν mit der Frequenz, etwa $\sim \nu$. Weitere Fortschritte auf diesem Gebiet sind wohl weniger von der Anhäufung statistischen Materials, als von der eingehenden und vollständigen Analyse charakteristischer Einzelfälle zu erhoffen.

b) *Die Sturmstöße (storm bursts).* J. P. WILD hat zum Teil mit L. L. MCCREADY [22143, 22144, IV] 1949 auch die *Sturmstöße* im Bereich 70—130 MHz eingehend studiert.

Die *Dauer* der einzelnen Stöße (gemessen zwischen den Punkten mit ein Viertel der Maximalintensität) variiert etwa zwischen 1 und 25 sec mit einem

---

[1] Es dürfte also *nicht* notwendig sein, mit PAYNE-SCOTT und LITTLE eine vergrößerte Elektronendichte anzunehmen.

ausgeprägten Häufigkeitsmaximum bei 1,5 sec. Die Dauer eines Stoßes ist unabhängig von seiner Amplitude.

Über größere Frequenzbereiche scheint — nach dem noch sehr provisorischen Beobachtungsmaterial; vgl. H. C. VAN DE HULST [2202] — die Dauer der Stöße etwa $\sim \nu^{-1}$ zu variieren.

Die *Häufigkeit* der Stöße als Funktion ihrer Maximalintensität (bei der Maximalfrequenz; s. unten) A [Watt m^{-2} Hz^{-1}] ist etwa $\sim A^{-3}$. Alle diese statistischen Aussagen werden natürlich im Bereich sehr kurzer und sehr schwacher Stöße unsicher.

Eine Sensation — darf man wohl sagen — brachte die Analyse des *Spektrums* der Sturmstöße: Während ihrer ganzen Dauer emittieren diese je ein völlig *konstantbleibendes schmales Frequenzband*, dessen Breite $\Delta\nu$ (wieder zwischen den Punkten mit ein Viertel der Maximalintensität gemessen) zwischen 2 und 10, am häufigsten 4 MHz beträgt. Ältere Simultanbeobachtungen auf mehr oder weniger benachbarten Frequenzen bestätigen diesen Befund bestens.

Die *Stärke der „Stoßtätigkeit"* der Sonne bei einem Radiosturm charakterisieren die australischen Forscher durch den sog. *Stoßindex* (burst index). Er gibt — für einen bestimmten Frequenzbereich — die Summe aller Maximalamplituden, welche 10^{-20} Watt m^{-2} Hz^{-1} (für eine Polarisationskomponente) überschreiten, über den Zeitraum von 1 sec an. Als Funktion der Frequenz scheint der Stoßindex im großen und ganzen ähnlich anzuwachsen wie die Intensität des Kontinuums[1]. Auch zeitlich besteht — wie wir schon bemerkten — eine (allerdings nicht allzu straffe) Korrelation zwischen Stoßindex und Intensität des Kontinuums.

Die wesentliche Frage ist nun zunächst die, ob das *Sturmkontinuum* (a) und die *Sturmstöße* (b) astrophysikalisch verschiedene Phänomene sind, oder ob man das Kontinuum auf die *Überlagerung* vieler kleiner Stöße zurückführen kann.

Eine Reihe gewichtiger Argumente sprechen für die *zweite* Auffassung: Zunächst die *zeitliche Korrelation* im Auftreten der beiden Komponenten (a) und (*b*). Sodann die Ähnlichkeit der Polarisation und — im Mittel über größere Zeiträume (vgl. jedoch Anm. 1) — der spektralen Energieverteilung. Wie steht es sodann mit den Absolutbeträgen des Strahlungsstromes? Da *ein* Stoß (jetzt zwischen den Punkten mit der *halben* Maximalintensität gemessen) ~ 1 sec dauert, so gibt der *Stoßindex* per def. zahlenmäßig gerade *den* durchschnittlichen Strahlungsstrom an, welcher von allen Stößen mit Amplituden $A > 10^{-20}$ Watt m^{-2} Hz^{-1} herrührt. In zwei von J. P. WILD [22144, IV, Abb. 2 und 3] wiedergegebenen Beispielen ergeben die Stöße $> A_{min} = 10^{-20}$ Watt m^{-2} Hz^{-1} insgesamt rund 1/400 vom Strahlungsstrom des Sturmkontinuums, das bei 100 MHz ungefähr $0{,}9 \cdot 10^{-20}$ Watt m^{-2} Hz^{-1} entsprach. Extrapoliert man versuchsweise die angegebene Häufigkeitsverteilung der Stöße $\sim A^{-3}$ nach kleineren A hin, so ersieht man leicht, daß der Gesamtbetrag der Stoßstrahlung $\sim A_{min}^{-2}$ variieren müßte. Die Gesamtheit der Stöße bis $A_{min} \approx 0{,}5 \cdot 10^{-21}$ Watt m^{-2} Hz^{-1} herunter könnte also das Kontinuum in den angegebenen Beispielen durchaus erklären. Um das zeitweise voneinander unabhängige Auftreten von „Kontinuum" und Stößen zu deuten, müßte man annehmen, daß eben manchmal vorwiegend große, manchmal kleine Stöße erzeugt werden, d. h. daß deren Häufigkeitsverteilung *Schwankungen* unterworfen ist. Angesichts der großen Variabilität des ganzen Sturm-Phänomens erscheint dies durchaus plausibel.

E) Strahlungsausbrüche (Outbursts). Die großartigste Erscheinung in der Radiofrequenzstrahlung der gestörten Sonne sind ohne Zweifel die großen

[1] WILD findet l. c. ein Minimum des Stoßindex bei 90 MHz. Eine Nachprüfung dieses merkwürdigen Befundes wäre wohl wünschenswert.

Strahlungsausbrüche (Outbursts). Bei dem gewaltigen Ausbruch vom 8. März 1947 z. B. wurde für 60 MHz eine effektive Temperatur der Sonne $T_e > 10^{13}$ °K erreicht. Da die strahlende Fläche sicher < 0,01 ⊙-Scheibe war, muß also die Strahlungstemperatur kurzzeitig über 10^{15} °K gestiegen sein!

Schon E. V. APPLETON, J. S. HEY u. a. erkannten den Zusammenhang der *Strahlungsausbrüche* mit den *Sonneneruptionen* (flares). Deren intensive Beobachtung in Hα am Spektroheliоskop durch M. A. ELLISON und H. W. NEWTON und am Spektroheliokinematographen des McMATH-HULBERT Observatory (vgl. Kap. XXI) haben wesentlich zur Klärung unserer Vorstellungen beigetragen.

Studien von J. S. HEY, S. J. PARSONS und J. W. PHILLIPS [2265] bei 73 MHz und von H. W. DODSON, E. R. HEDEMAN und L. OWREN [2237] bei 200 MHz zeigten, daß nur ein Bruchteil der beobachteten Eruptionen einen Strahlungsausbruch hervorrief. Dieser Bruchteil war — wie zu erwarten — bei den großen Eruptionen höher als bei den kleinen, aber auch in ersterem Fall noch merklich *kleiner* als Eins.

Andererseits konnten H. W. DODSON, E. R. HEDEMAN und A. E. COVINGTON [2238] nachweisen, daß während 98,6% der erheblichen Störungen bei 2800 MHz entweder eine Sonneneruption bzw. ein Kurzwellenfading beobachtet wurde oder gerade keine Beobachtungen angestellt wurden.

Die weiteren Untersuchungen befestigten immer mehr den Gesichtspunkt, daß ein *Radiostrahlungsausbruch* nicht durch die Sonneneruption selbst ausgelöst wird, sondern durch die damit meist verbundenen *Spritz-(Fleck-)protuberanzen* (flare surges) und andere *Materieströme*, die mit noch höheren Geschwindigkeiten ausgeschleudert werden. (Es war ja schon lange bekannt, daß die großen *magnetischen Stürme* und die *Polarlichter* durch solare Korpuskel mit Geschwindigkeiten von ~ 1500 km/sec hervorgerufen werden.) Es dürfte heute gerechtfertigt sein, die Beobachtungen sogleich unter diesem Gesichtspunkt darzustellen.

Den Ablauf des großen und typischen Strahlungsausbruches vom 17. Februar 1950 nach den Beobachtungen von W. N. CHRISTIANSEN und Mitarbeitern [2231] bei 62—9400 MHz zeigt Abb. 245.

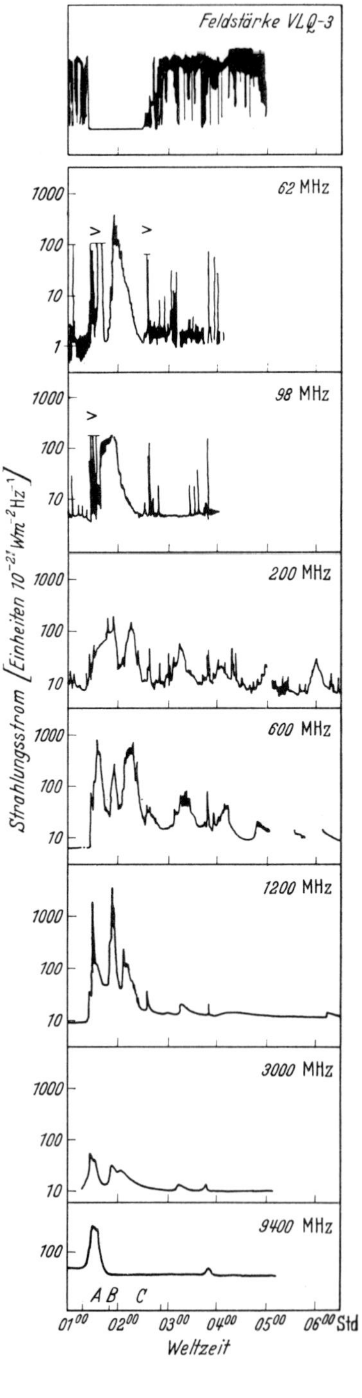

Abb. 245. Strahlungsausbruch (Outburst) vom 17. Februar 1950. Nach W. N. CHRISTIANSEN, J. V. HINDMAN, A. G. LITTLE, R. PAYNE-SCOTT, D. E. YABSLEY und C. W. ALLEN [2231]. Oben MÖGEL-DELLINGER-*Fading*. (*S*udden *I*onospheric *D*isturbance); 9,6 MHz; Strecke Brisbane-Sydney.

Die oberste Kurve gibt eine Registrierung des zugehörigen *Kurzwellenfadings*, d. h. der *Ionosphärenstörung*, welche durch die kurzwellige Strahlung der Eruption hervorgerufen wird und sehr scharf deren Beginn anzeigt unabhängig von spektrohelioskopischen Beobachtungen, die häufig durch Wolken usw. behindert sind.

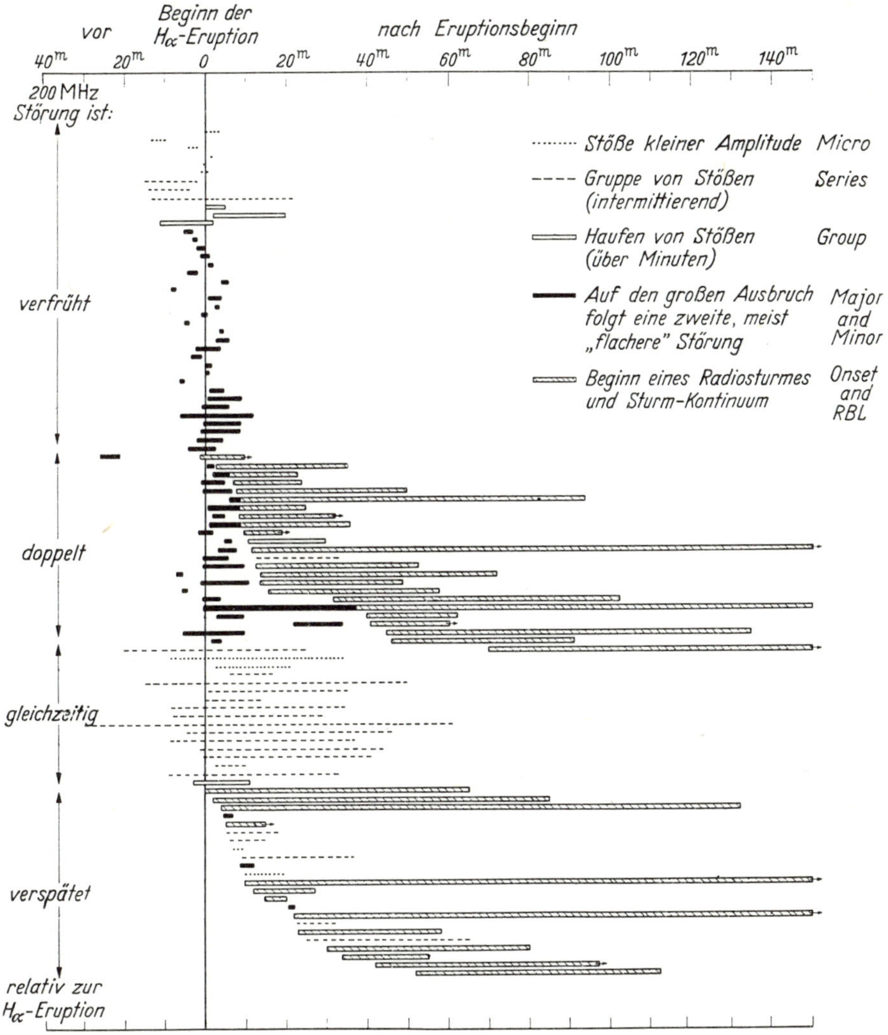

Abb. 246. Das Diagramm — nach H. W. DODSON, E. R. HEDEMAN und L. OWREN [2237] — veranschaulicht die zeitliche Zuordnung verschiedenartiger 200 MHz-Störungen zu 102 Eruptionen.

Bei Frequenzen etwa *unterhalb* 600 MHz (auf die *Besonderheiten* des höheren Frequenzbereiches werden wir noch zu sprechen kommen) besteht ein *typischer Ausbruch* — um mit H. W. DODSON, E. R. HEDEMAN und L. OWREN [2237] zunächst die wesentlichen Züge herauszustellen — aus einem *Hauptausbruch* (Major burst) von etwa 1—10 min Dauer, dem ein flacherer *„zweiter Teil"* (second part) von etwa 20 und mehr Minuten Dauer folgt, welcher aus einem Kontinuum, einer Gruppe von Stößen oder einem ganzen Radiosturm bestehen kann. Nicht selten tritt aber auch nur *einer* der beiden Teile auf. Eine deutlichere Vorstellung als lange Beschreibungen vermittelt Abb. 246. Die Strahlung ist [2231] anfangs unpolarisiert oder teilweise zirkular polarisiert mit wechselndem Drehsinn. Die späteren Phasen sind — jedenfalls in den niederen Frequenzen — meist zirkular polarisiert. Der Drehsinn der Polarisation auf verschiedenen Frequenzen kann in beiden Phasen verschieden sein. Im großen und ganzen hat der *zweite Teil* eines Ausbruches ziemliche Ähnlichkeit mit einem gewöhnlichen *Radiosturm.*

Die *interferometrische Beobachtung* des Strahlungsausbruches vom 17. Februar 1950 (Abb. 245) auf 97 MHz zeigt Abb. 247 nach RUBY PAYNE-SCOTT und A. G. LITTLE [22101, III]. Die *Strahlungsquelle* stieg offensichtlich von der Stelle

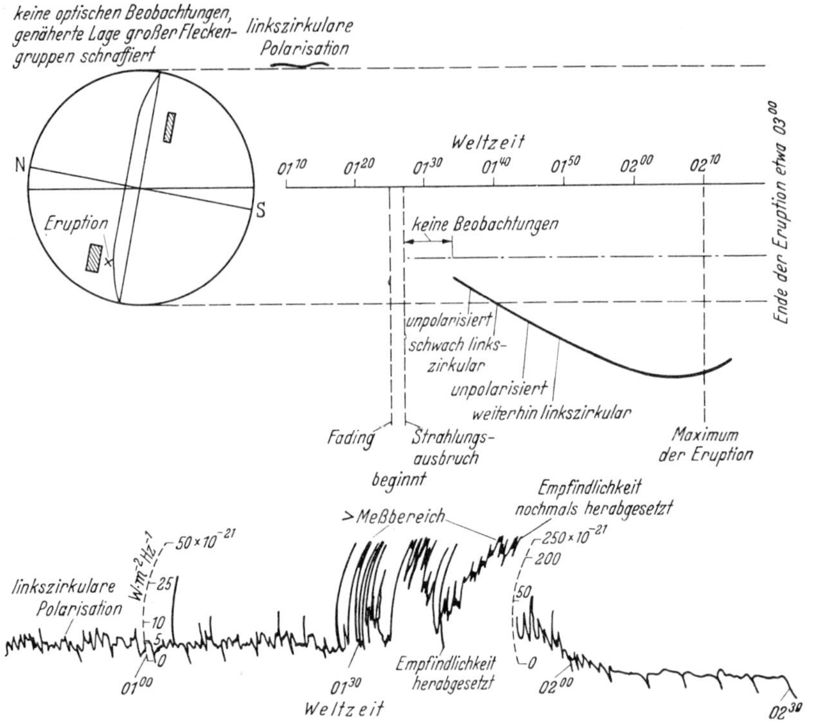

Abb. 247. Interferometer-Beobachtung des Strahlungsausbruches vom 17. Februar 1950, nach RUBY PAYNE-SCOTT und A. G. LITTLE [22101 III] auf 97 MHz. Unten: Registrierkurve 98 MHz (kleine Zacken nach unten = Zeitmarken).

der Hα-Eruption (Fleckengruppe) mit einer Geschwindigkeit von 600 km/sec hoch, um dann ab 2^h05 UT wieder zurückzufallen. Sie erreichte eine *Höhe* von $\sim$ 1,8 Sonnenradien über der Photosphäre. Andere Ausbrüche ergaben ähnliche Resultate.

Dasselbe Bild enthüllt, wie R. PAYNE-SCOTT, D. E. YABSLEY und J. G. BOLTON [2299] wohl zuerst deutlich erkannten, die gleichzeitige Beobachtung in verschiedenen *Frequenzen*: Während im *Dezimeter*gebiet der — sehr scharf definierte — *Einsatz* des Strahlungsausbruches mit dem der Hα-Eruption und der Ionosphärenstörung innerhalb von $\pm$ 1 min zusammenfällt [2238], kommt der Strahlungsausbruch in den niedrigeren Frequenzen mit einer immer größeren *Verspätung* an, die z. B. nach J. S. HEY et. al. [2265] bei 73 MHz etwa zwischen 3 und 7 min liegt. Diese Beobachtungen kann man so interpretieren: Die Strahlung einer bestimmten Frequenz kann — wie wir sahen — nur aus *dem* Gebiet der Korona zu uns gelangen, das *oberhalb* der Umkehrpunkte der betreffenden Strahlen (z. B. Abb. 241) liegt. In der *Mitte der Sonnenscheibe* können aus einer Höhe h, wo die Elektronendichte $N_e(h)$ herrscht, *nur* Frequenzen $\nu \geqq \nu_0$ entweichen, wo $\nu_0 = 8{,}98 \cdot 10^{-3} \sqrt{N_e}$ nach (148, 19) die *kritische Frequenz* der betreffenden Schicht bedeutet. Am Sonnenrand gehört zu derselben Abschneidefrequenz eine höhere Schicht (im Detail vgl. [2228, 128, 115]). Die so aus der Verspätung der niederen Frequenzen abgeleiteten *Geschwindigkeiten* der den Strahlungsausbruch erregenden Materieströme stimmen — jedenfalls hinsichtlich ihrer *unteren* Grenze — gut mit den interferometrisch bestimmten Werten überein. Nach R. PAYNE-SCOTT und A. G. LITTLE war z. B. für den

Strahlungsausbruch vom	5. IX. 1949	17. II. 1950	29. VI. 1950	11. VIII. 1950
die Aufstiegsgeschwindigkeit				
a) interferometrisch gemessen	1500	600	3000	bis 500 km/sec
b) aus der Verspätung der niederen Frequenzen (70 MHz)	1400—7000	700—3500	3000—∞	400—700 km/sec

Ein noch deutlicheres und interessanteres Bild ergeben die Beobachtungen mit dem *Radiofrequenz-Spektrometer.* Wir betrachten sogleich die Messungen mit dem neuesten Instrument von J. P. WILD, J. D. MURRAY und W. C. ROWE [22146] im Bereich 38—220 MHz. Abb. 248 zeigt das Spektrum des großen Strahlungsausbruches vom 21. November 1952. Man erkennt auf das schönste die Drift des Spektrums nach niederen Frequenzen hin. Sodann zeigte sich hier zum ersten Male, daß zu jedem ν gleichzeitig die Oberwelle $\sim 2\,\nu$ ausgestrahlt wird. Genauer war das Verhältnis der beiden Frequenzen (Abb. 248b) 1,90—1,99, bei einem anderen Ausbruch 1,93—2,00, also etwas kleiner als 2. Dies rührt wohl daher, daß für die Frequenz ν die Absorption der Korona ja erheblich größer ist als für $2\,\nu$. Die ν-Gruppe wird also auf ihrer langwelligen Seite ziemlich scharf abgeschnitten, die Oberwelle dagegen nicht. In Abb. 248c wird aus den Beobachtungen eine völlig konstante Aufstiegsgeschwindigkeit von 475 km/sec abgeleitet. Das Schwerefeld der Sonne müßte nach GALILEI in 16 min eine Geschwindigkeits-*änderung* von 263 km/sec bewirken; wie bei den Protuberanzen ist es offenbar auf eine noch nicht recht verstandene Weise kompensiert.

Die merkwürdige Aufspaltung in der Mitte der *beiden* Züge von Abb. 248a möchte man zunächst vielleicht im Sinne der Ionosphärentheorie auf ein Magnetfeld H zurückführen. Die LARMOR-Frequenz ist bekanntlich $\nu_H = \frac{e}{2\pi\, m\, c} H = 2{,}80 \cdot H$ [MHz]. $2\,\nu_H \approx 10$ MHz würde also auf eine ganz plausible Feldstärke $H \approx 2$ Gauß hindeuten. Diese Interpretation wird aber dadurch fragwürdig, daß die Aufspaltung der Oberwelle im allgemeinen größer ist, als die der Grundschwingung.

Zusammenfassend dürfen wir wohl sagen, daß der erste Strahlungs-*Hauptausbruch* bei einer Eruption verursacht wird durch die *Spritzprotuberanzen*, welche bei der Eruption (flare) nach direkten Beobachtungen mit Geschwindigkeiten bis zu 700 km/sec hochgeschleudert werden und durch noch raschere Korpuskularströme mit Geschwindigkeiten bis 2000—3000 km/sec, die wir optisch wegen ihrer geringeren Dichte nicht mehr wahrnehmen, die aber — wenn sie auf die Erdatmosphäre treffen — dort einen magnetischen Sturm (sudden commencement) und Polarlichter erzeugen. Der „*zweite Teil*" eines Strahlungsausbruches rührt offenbar in der Hauptsache her von dem wieder in die Sonne *zurückfallenden* Protuberanzen- usw. Material. Die Hα-Beobachtungen zeigen, daß zur Zeit des „zweiten Teiles" der Flare selbst meist schon im Abklingen ist; das Zurücksinken der Protuberanzen ist das einzig Charakteristische, was noch vor sich geht. Die Interferometerbeobachtungen der Strahlungsquellen bei 97 MHz bestätigen diese Auffassung. Wieso — nach den *Polarisationsbeobachtungen* — Magnetfelder im zweiten Teil eine wesentlich größere Rolle spielen, als im Hauptteil eines Ausbruches, ist noch nicht klar. Die Tatsache als solche wird uns im Zusammenhang mit der solaren Komponente der kosmischen Ultrastrahlung noch einmal interessieren.

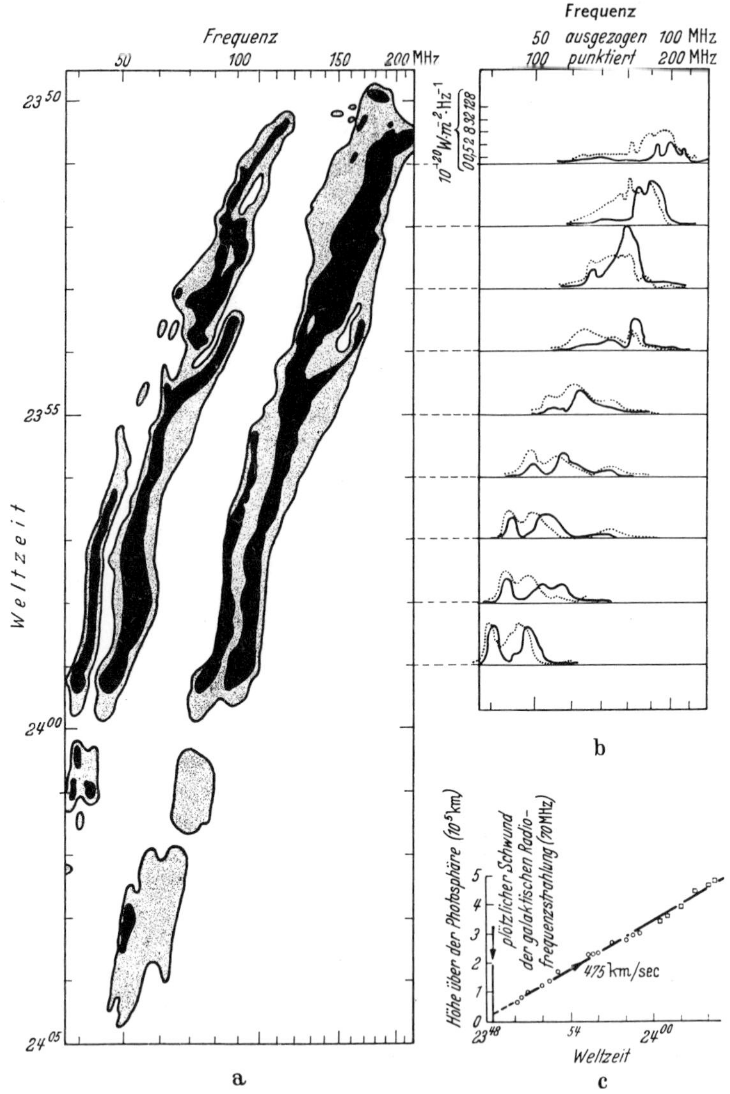

Abb. 248. a) Spektrum des *Strahlungsausbruches* (Outburst) vom 21. November 1952 nach J. P. Wild, J. D. Murray und W. C. Rowe [22146]. Die Konturen zeigen die Intensität als Funktion von Frequenz und Zeit; sie entsprechen etwa 5 bzw. $20 \cdot 10^{-21}$ Watt m^{-2} Hz für *eine* linear polarisierte Komponente. b) Spektrale Energieverteilung in Intervallen von 1 min. Oberwelle punktiert mit halbierter Skala. c) Höhe als Funktion der Zeit aus der langwelligen Abschneidefrequenz. ● Grundwelle; □ Oberwelle.

Die *Mitte-Rand-Variation* der *Ausbruch*-Strahlung im Gebiet der Meterwellen ist — wie zu erwarten — nach statistischen Untersuchungen von H. W. Dodson u. a. bei 200 MHz und J. S. Hey u. a. bei 73 MHz gering. Letzterer findet eine Benachteiligung der westlichen Hemisphäre fast um einen Faktor 2 und führt dies auf die *Absorption* der 73 MHz-Strahlung in dem ausgeschleuderten

Korpuskularstrom zurück. Eine Abschätzung von S. CHAPMAN und A. UNSÖLD [2326] führt auf Dichten, die mit optischen und erdmagnetischen Erfahrungen verträglich sind. Bei 200 MHz wäre der Absorptionskoeffizient 8mal kleiner, das *Fehlen* eines analogen Effektes [2237] erscheint also verständlich.

Wenden wir uns nunmehr dem Dezimeter- und Zentimetergebiet zu! H. W. DODSON, E. R. HEDEMAN und A. E. COVINGTON [2238] haben die "flares" und ihre 2800 MHz (10,7 cm)-Strahlung neuerdings auf das gründlichste untersucht: *Gleichzeitig* mit der H α-Eruption kommt hier — sofern überhaupt etwas passiert — ein „Stoß" (burst)[1] von wenigen Minuten Dauer, dem sogleich weitere, meist schwächere, folgen können. Diese Strahlung entspricht offensichtlich dem schon besprochenen „*Hauptausbruch*". Wie bei längeren Wellen zeigt sie eine sehr schwache Mitte-Rand-Variation. An die kurze Periode heftiger Aktivität schließt sich nun aber — im Unterschied zu den längeren Wellen — häufig eine Erhöhung der Strahlungsintensität an, die ohne wesentliche Schwankungen im Verlauf von etwa 1—2 Std. abklingt (postburst increase). Gelegentlich fehlt auch der Hauptausbruch ganz, und man beobachtet in Verbindung mit einer H α-Eruption *nur* ein stetiges An- und Abschwellen der Strahlung über ~ 1 bis 2 Std. (gradual rise and fall). Die Intensitätszunahme entspricht im Mittel über die drei größten Anstiege [2238] einer Erhöhung der effektiven Sonnentemperatur um $\Delta T_e \approx 1 \cdot 10^4\,°$K. Im Unterschied zum Hauptausbruch zeigt ferner die stetige Komponente eine ausgeprägte *Mitte-Rand-Variation*. Alle diese Beobachtungen interpretieren wir nach C), auch in quantitativer Hinsicht, dahingehend, daß wir es mit der *thermischen Strahlung* aus den auch optisch beobachteten Koronakondensationen über den Sonneneruptionen zu tun haben, während der "burst" offenbar — wie bei längeren Wellen — durch rasche *Korpuskularströme* erregt wird. Die Unabhängigkeit der beiden Teile eines 2800 MHz-Ausbruches erscheint so unmittelbar verständlich, ebenso der Unterschied in der *Mitte-Rand-Variation*.

Bei 35000 MHz (8,5 mm) bleibt, nach den wenigen Beobachtungen von J. P. HAGEN und N. HEPBURN [2250] zu schließen, nur ein *Hauptausbruch* von ~ 3 min Dauer übrig; die Zunahme des Strahlungsstromes betrug bis jetzt maximal $\sim 27\%$.

Zum Schluß noch zwei Bemerkungen über den *durchschnittlichen* Beitrag der *Strahlungsausbrüche* zur gesamten Radiofrequenzstrahlung der Sonne. Diese können nur ziemlich provisorisch sein, da noch kein homogenes Beobachtungsmaterial für den ganzen 11jährigen Zyklus vorliegt.

Trotz ihrer Seltenheit und kurzen Dauer geben die *größten Ausbrüche* mit ihren enormen Strahlungsintensitäten nach einer Abschätzung von H. C. VAN DE HULST [2202] im Gebiet der Meterwellen den größten Anteil auch der *durchschnittlichen Radiofrequenzstrahlung* der Sonne, bei 73 MHz etwa das 250fache der ruhigen Strahlung.

Das *durchschnittliche Spektrum* der Sonne während ihrer großen Strahlungsausbrüche kann man nach einer Zusammenstellung von J. F. DENISSE [2234] — eine Kurve von J. H. PIDDINGTON und H. C. MINNETT [22103] stimmt damit ganz gut überein — darstellen durch folgende Interpolationsformel für die effektive Temperatur T_e im Bereich $50 < \nu < 30000$ MHz:

$$T_e = 1{,}41 \cdot 10^{15} \cdot \nu_{\mathrm{MHz}}^{-2{,}30}. \qquad (149,6)$$

Der Betrag des Exponenten ist bei heftigen Störungen anscheinend größer, als

[1] Die Bezeichnung ist wenig glücklich, da es sich *nicht* um ein Analogon der „Sturmstöße" (storm bursts) oder der noch zu besprechenden „Einzelstöße" (isolated bursts) handelt, sondern um das Pendant des „*Hauptausbruches*" (major burst).

bei schwachen. Eine Vielzahl von Sternen, deren Atmosphäre eine ähnliche „*Aktivität*" zeigen wie die Sonne, würde also — jedenfalls im Gebiet der Meterwellen — ein Spektrum etwa vom Typus (149, 6) aussenden. Diese Bemerkung wird sich für die Deutung der galaktischen Radiofrequenzstrahlung als wichtig erweisen.

F) Einzelstöße (Isolated bursts). Die *Einzelstöße* — vgl. R. PAYNE-SCOTT [22100] und J. P. WILD [22144, III] — unterscheiden sich von den Sturmstößen der verstärkten Strahlung zunächst dadurch, daß sie unpolarisiert sind. Man spricht deshalb oft auch von „unpolarisierten Stößen". Ihre *Zeitdauer* ist — bei einer festen Frequenz gemessen — von derselben Größenordnung wie die der Sturmstöße; sie klingen (unabhängig von der Intensität) z. B. bei 60—85 MHz *exponentiell* mit einer Zeitkonstante von $\sim 1{,}7$ sec ab. Diese Abklingzeit scheint ungefähr proportional der Wellenlänge zu sein. Es ist verschiedentlich bemerkt worden, daß sie von der Größenordnung der freien Flugzeit der Elektronen in der Korona ist.

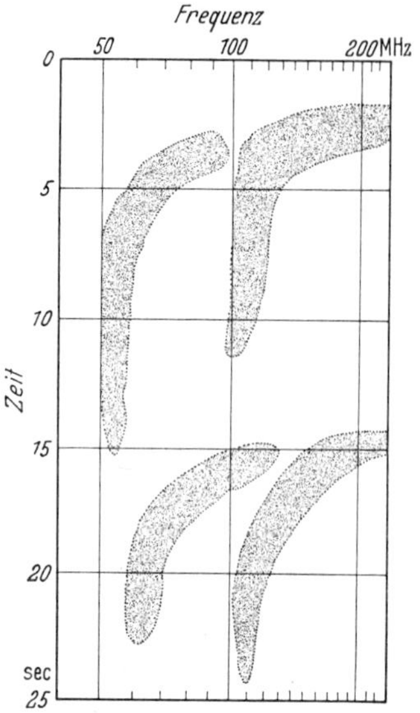

Abb. 249. Spektrum zweier *Einzelstöße* vom 14. Januar 1953, 06.07 Uhr U. T. mit Oberwellen (rechts) nach J. P. WILD, J. A. ROBERTS und J. D. MURRAY [22147].

Die wesentlichen Unterschiede zwischen den *Einzelstößen* und den früher schon betrachteten Sturmstößen enthüllte erst die *spektroskopische Untersuchung*. Wir betrachten sogleich die neuerdings im Bereich von 38—220 MHz von J. P. WILD, J. A. ROBERTS und J. D. MURRAY [22147] aufgenommenen Spektren (Abb. 249). Qualitativ ähnlich wie bei den Strahlungsausbrüchen (outbursts) verschiebt sich das Spektrum samt der auch hier häufig vorhandenen *harmonischen Oberwelle* von hohen nach niederen Frequenzen. Es liegt nahe und erscheint fast zwingend, die Beobachtungen in *dem* Sinne zu interpretieren, daß aus einem bestimmten Niveau in der Korona *nur* Frequenzen oberhalb einer bestimmten Grenze ausgestrahlt werden können, wobei diese Grenzfrequenz für ⊙-Mitte der bekannten Reflexionsfrequenz ν_0 nach (148, 19) entspricht. So erhalten die genannten Autoren für die Materie, welche die Einzelstöße anregt, *Geschwindigkeiten* von 0,3 bis $1{,}0 \cdot 10^5$ km/sec, d. h. 0,1—0,3 Lichtgeschwindigkeit *c* (derartige *Protonen* hätten Energien von 4,7 bis $52 \cdot 10^6$ eV). Es handelt sich also um Partikelströme, welche noch etwa 30—150mal schneller sind als die eruptiven Protuberanzen und diejenige Materie, welche die großen Strahlungsausbrüche auf der Sonne bzw. die magnetischen Stürme und Polarlichter auf der Erde hervorruft. Die vorgeschlagene Interpretation der Spektren der Einzelstöße konnte verifiziert werden in einigen Fällen, wo offensichtlich gleichzeitig und von derselben Stelle aus ein rascher *und* ein langsamerer Partikelstrom starteten. Ersterer ruft *Einzelstöße* (Spektrum des Typs III nach WILD) hervor, letzterer — mit einer Verzögerung von ~10 min — einen *Strahlungsausbruch* (Spektrum des Typs II nach WILD).

Wenden wir zum Schluß den Blick noch einmal zurück auf die ganzen Phänomene der *gestörten Sonnenstrahlung*, so müssen wir zugeben, daß unser *theoretisches Verständnis* derselben noch höchst mangelhaft ist, soweit es sich nicht um die *thermische* Strahlung der Koronakondensationen handelt. Vielleicht dürfen wir trotzdem versuchen, mit allem Vorbehalt, einige *allgemeine Gesichtspunkte* herauszustellen:

Durchdringt ein Strom rasch bewegter Materie das ruhende Plasma der Korona (bzw. höheren Chromosphäre), so entstehen *Stöße.* Dies ist sozusagen das „Urphänomen", sofern wir die langsam variable Komponente im Bereich der Meterwellen als Überlagerung zahlloser kleiner Stöße deuten dürfen. Die Stöße geben ein Spektrum, welches ausgehend von *der* Frequenz, welche eben noch ‚entweichen" kann, nach größeren ν ziemlich rasch abfällt. „Pfeift" ein rascher Materiestrahl durch die Korona, so entsteht ein *Einzelstoß* (Abb. 249); vielleicht kann man den *Sturmstoß* als dessen Analogon ansehen, das durch langsamere Korpuskeln und infolgedessen ohne merkliche Frequenzwanderung emittiert wird. Die *Polarisation,* welche ja an das Vorhandensein eines Magnetfeldes geknüpft ist, scheint vorzugsweise bei den „zahmeren" Vorgängen (2. Teil der Ausbrüche, Radiosturm) eine Rolle zu spielen; bei sehr „heftigen" Vorgängen wird vermutlich auch das Stromsystem zerstört, welches die Vorbedingung eines halbwegs geordneten Magnetfeldes ist.

Stellen wir gar die Frage nach dem physikalischen Mechanismus der Entstehung der Stöße mit ihren zum Teil enormen Intensitäten, so müssen wir bekennen: „Grau, grau, mein Freund, ist alle Theorie ...". Die Entdeckung einer harmonischen Oberwelle spricht sehr für die schon früh aufgetauchte Vorstellung, daß bei der gegenseitigen Durchdringung zweier Plasmaströme eine Art *Plasmaschwingungen* erregt werden. Die Anfachung von *„Raumladungswellen"* haben A. V. HAEFF [2247—2248], J. R. PIERCE [22109], J. FEINSTEIN und H. K. SEN [2242] u. a. bis zu einem gewissen Grad geklärt. Was wir aber noch gar nicht verstehen, ist die *Abstrahlung,* d. h. die Frage nach Wellen mit nicht verschwindendem POYNTINGschen Vektor. Es hat den Anschein — und die Beobachtung einer Oberwelle spricht sehr dafür —, daß hier — ähnlich wie in der Turbulenztheorie und der Theorie der Stoßwellen — die *Nichtlinearität* wesentlich ist.

In der Gasentladungsliteratur liegen zahlreiche Versuche vor, *Plasmaschwingungen* im Laboratorium zu erzeugen. Auch hier ist die meines Wissens ungeklärte Frage, wieweit es sich um Schwingungsmodi handelt, die selbst, d. h. ohne Mitwirkung weiterer Schaltelemente, *abstrahlen* können.

Anscheinend entstehen auch in der *Ionosphäre* beim Eindringen rascher solarer Korpuskularströme, welche ein *Polarlicht* hervorrufen, sehr kurzzeitige *Radiostrahlungs*stöße [2243].

150. Die Radiofrequenzstrahlung der Milchstraße und kosmischer Quellen.

A) Überblick. Nachdem K. G. JANSKY [2272] 1932 die über die Sphäre verteilte *allgemeine Radiofrequenzstrahlung* entdeckt hatte, führten — wie schon bemerkt — G. REBER, J. S. HEY u. a. *Durchmusterungen* über große Bereiche des Himmels mit verschiedenen Frequenzen durch und zeichneten entsprechende *Isophotenkarten,* d. h. Linien konstanten Strahlungsstromes S_ν oder konstanter Strahlungstemperatur T_ν (vgl. Abb. 250—252). Man erkennt auf solchen Karten deutlich den Verlauf der „optischen" *Milchstraße* wieder. Das optisch hinter Dunkelwolken verborgene *Zentrum des Milchstraßensystems,* d. h. der Kern unseres Spiralnebels, tritt in blendender Helligkeit hervor. Das Verhältnis der Flächenhelligkeit an den galaktischen Polen zur Milchstraße selbst aber ist im Radiofrequenzbereich erheblich *größer* als im optischen Spektralgebiet. Die *„Keulenbreite"* der verwendeten Antennensysteme — gemessen zwischen den Punkten halb-maximaler Energieempfindlichkeit ("distance between half-power points") — war von der Größenordnung 2—15°.

Eine theoretische Deutung der Beobachtungen wurde im Anschluß an G. REBERs Arbeiten 1940 von L. G. HENYEY und P. C. KEENAN [2262] vorgeschlagen. Diese interpretierten die *„galaktische" Radiofrequenzstrahlung* als

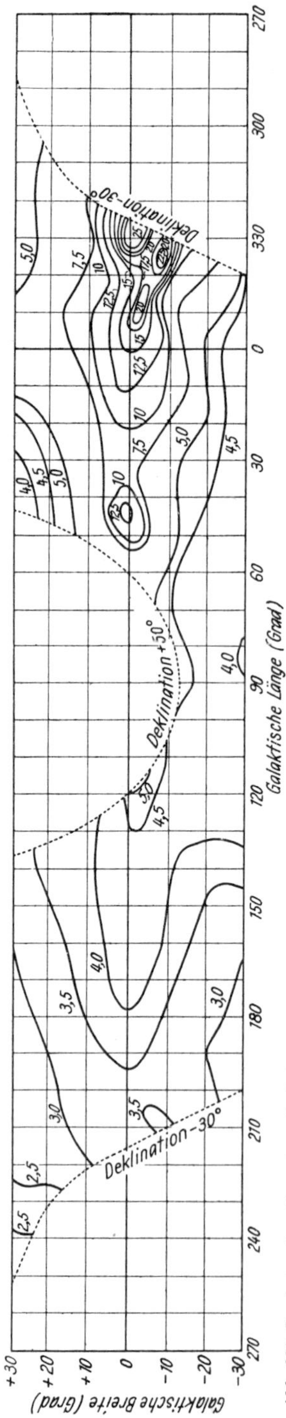

Abb. 250. Isophoten der allgemeinen Radiofrequenzstrahlung bei 64 MHz in galaktischen Koordinaten nach J. S. Hey, S. J. Parsons und J. W. Phillips [2264]. Die Zahlen geben die Strahlungsintensität in Einheiten von 10^{-21} Watt m^{-2} Hz^{-1} $ster^{-1}$.

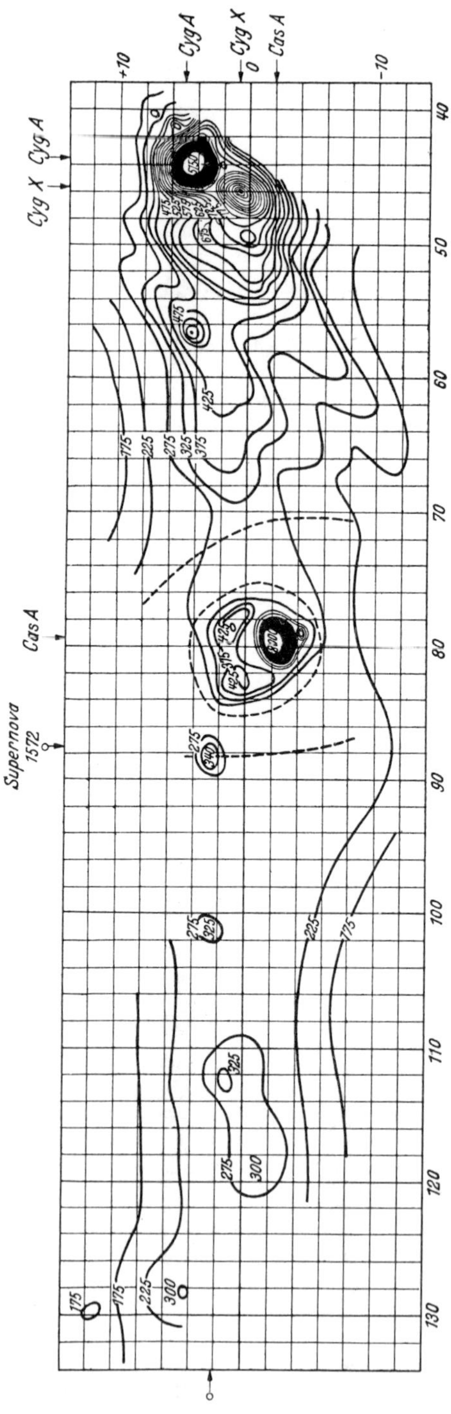

Abb. 251. Isophoten der allgemeinen Radiofrequenzstrahlung bei 158,5 MHz in galaktischen Koordinaten. Mit dem 218'-Paraboloid in *Jodrell Bank* (2° Keulenbreite) aufgenommen von R. Hanbury Brown und C. Hazard [2254]. Die Isophoten geben die Strahlungstemperaturen in Intervallen von 50° K. Die Positionen einiger Quellen sind am Rande angezeichnet.

thermische frei-frei-Strahlung des *interstellaren Gases.* Diese Theorie stieß jedoch auf immer größere Schwierigkeiten, die wir zum Teil noch genauer diskutieren werden. Insbesondere sollten danach bei großer optischer Dicke des interstellaren Gases, d. h. bei niederen Frequenzen, die Strahlungstemperaturen einem Grenzwert gleich der Elektronentemperatur des interstellaren Gases $T_e \approx 10^{4\circ}$ K zustreben. Tatsächlich mißt man aber z. B. bei 18,3 MHz Strahlungstemperaturen, die am größten Teil des Himmels *über* $10^{4\circ}$ liegen und in Richtung zum galaktischen Zentrum bis über $3 \cdot 10^{5\circ}$ ansteigen. Aus diesem und anderen Argumenten — die wir noch betrachten werden — schließen wir, daß das interstellare Gas bei der

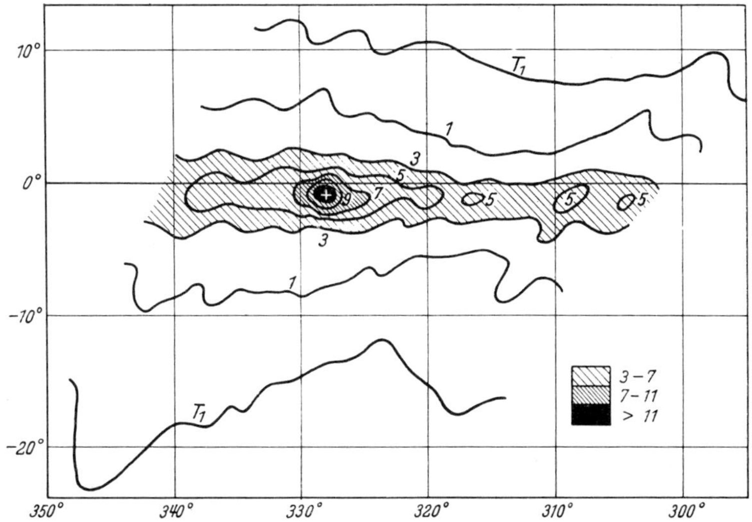

Abb. 252. Isophoten der Umgebung des galaktischen Zentrums bei 400 MHz in galaktischen Koordinaten (2° Keulenbreite) nach R. X. McGee und J. G. Bolton [2285]. Die Zahlen geben die Zunahme der Strahlungstemperatur in Stufen von 30° K über dem Ausgangsniveau T_1, dessen Temperatur etwa 55° K entspricht.

Entstehung der galaktischen Radiofrequenzstrahlung nur eine untergeordnete Rolle spielen kann.

1946 erkannten dann J. S. Hey und seine Mitarbeiter [2264] die erste *diskrete Radiostrahlungsquelle* im Cygnus zunächst an ihren *Intensitätsschwankungen.* Simultane Messungen an verschieden weit voneinander entfernten Stationen erwiesen später, daß diese Intensitätsschwankungen nichts anderes sind, als *Szintillationen,* welche in der *Ionosphäre,* und zwar hauptsächlich in der F2-Schicht bei ~200 km Höhe entstehen. Leider müssen wir es uns versagen, hier genauer auf dieses höchst interessante Gebiet der Ionosphärenforschung einzugehen. Weitere Untersuchungen mit immer größeren *Interferometern* und *Parabolspiegeln,* über die wir schon in Abschnitt 147 berichteten, ließen immer mehr *diskrete Radiostrahlungsquellen* erkennen, deren Anzahl heute schon in die Hunderte gehen dürfte. Gleichzeitig wurden die *Positionen* immer genauer festgelegt; für die hellen Quellen liegen ihre Fehlergrenzen heute bei wenigen Bogenminuten.

Auf dieser Basis entstand dann 1949 (vgl. A. Unsöld [22135—22136], M. Ryle [2206], J. G. Bolton [2220—2226] u. a.) die Vorstellung, daß die galaktische Radiostrahlung in der Hauptsache von *diskreten Quellen* herrühre und daß ihr Entstehungsmechanismus dem der *gestörten Sonnenstrahlung* entspreche, also *nichtthermischer* Art sei. So wurde ihre große Intensität bei niederen Frequenzen und die Ähnlichkeit der Radio*spektren* von Milchstraße und gestörter Sonne verständlich.

1951 bemerkten G. WESTERHOUT und J. H. OORT [22142], daß man die *allgemeine Radiostrahlung* (wie wir heute sagen) zweckmäßig aufteile in eine am ganzen Himmel gleich starke *isotrope Komponente* möglicherweise extragalaktischen Ursprunges und die eigentliche *galaktische Radiostrahlung*, deren Quellendichte sie nun — nach dem Vorbild der Stellarstatistik — zu analysieren versuchten. Was die Struktur der inneren Teile der „*Radiomilchstraße*" betrifft, so liegt die Hauptschwierigkeit solcher Untersuchungen heute noch in dem geringen Winkelauflösungsvermögen der meisten Durchmusterungen. Hier dürfte erst der 80 m-Spiegel in Jodrell Bank erheblich weiterführen.

Nachdem schon 1949 J. G. BOLTON, G. J. STANLEY und O. B. SLEE [2219] den *Crab-Nebel* — der seine Entstehung bekanntlich der Supernova vom Jahr 1054 n. Chr. verdankt — als Radioquelle identifiziert hatten, gelang 1952 W. BAADE und R. MINKOWSKI [2211—2212] der entscheidende Schritt der optischen Identifikation einer Reihe starker, typischer Radioquellen: *Cassiopeia A*, *Cygnus A*, *Puppis A*, denen weitere bald folgten. Spektroskopische Untersuchungen zeigten, daß — ungeachtet der enormen Unterschiede in der kosmischen Stellung der verschiedenen Objekte — in diesen *stets* kosmische Gasmassen mit höchst „turbulenten" Geschwindigkeiten von mehreren hundert bis tausend km/sec vorhanden sind, und erhärteten so die Vorstellung, daß die Strahlung nach demselben Prinzip erzeugt wird wie auf der *gestörten* Sonne. Wenn auch der physikalische Mechanismus noch keineswegs befriedigend geklärt ist, so möge es doch erlaubt sein, provisorisch von *Plasmaschwingungen* zu sprechen.

Ehe wir nun in eine detaillierte Diskussion der Beobachtungen eintreten, stellen wir in Teil B die wichtigeren Elemente der heutigen Theorie zusammen: 1. *Thermische Absorption und Emission des interstellaren Gases* und 2. *nichtthermische Strahlung turbulenter Plasmen (Plasmaschwingungen)*.

Sodann betrachten wir in Teil C typische *Radioquellen* der bis jetzt bekannten Arten hinsichtlich Spektrum, Ergiebigkeit usw. Dagegen erschiene es uns verfrüht, einen Katalog aller bekannten bzw. vermuteten Quellen zu kompilieren.

In Teil D endlich gehen wir an die Analyse der *allgemeinen Radiofrequenzstrahlung* und ihren Zusammenhang mit dem Bau des Milchstraßensystems heran. Auch hierbei möchten wir zur Zeit noch mehr Nachdruck auf die allgemeinen Prinzipien als auf spezielle zahlenmäßige Ergebnisse legen.

Zum Schluß streifen wir in Teil E noch kurz das ganz moderne Forschungsgebiet der 21 cm-Strahlung des interstellaren Wasserstoffes. Dessen Hauptbedeutung fällt jedoch in das Gebiet der Milchstraßenforschung; wir können es hier nur ganz am Rande würdigen.

B) Grundlagen einer Theorie der allgemeinen Radiofrequenzstrahlung und der Strahlung diskreter Quellen.

1. *Thermische Absorption und Emission kosmischer Gasmassen.* Die thermische *Absorption* und *Emission* der (kontinuierlichen) Radiofrequenzstrahlung erfolgt bekanntlich durch ionisiertes Gas. Der *Absorptionskoeffizient* $\varkappa_\nu$ [cm^{-1}] sehr verdünnter Stellarmaterie ist nach Gl. (148, 13) und (148, 14) zahlenmäßig

$$\varkappa_\nu = 1{,}318 \cdot 10^{-2} \frac{N_e^2}{T^{3/2}\,\nu^2} \ln\left(\frac{21{,}1 \cdot 10^6}{\nu}\, T^{3/2}\right). \qquad (150,\ 1)$$

Die *optische Dicke* τ_ν einer isothermen *Gasmasse* ist dann — wenn wir das wenig veränderliche logarithmische Glied noch kurz mit α bezeichnen —

$$\tau_\nu = \frac{1{,}318 \cdot 10^{-2} \cdot \alpha}{T^{3/2} \cdot \nu^2} \int N_e^2\, dy\,, \qquad (150,\ 2)$$

wobei die Integration über den ganzen Sehstrahl zu erstrecken ist. Eine solche

Gasmasse strahlt mit der *Intensität*

$$I_\nu = B_\nu(T)\cdot(1-e^{-\tau_\nu}) = \begin{cases} 40{,}5\cdot 10^{-40}\cdot \alpha\, T^{-1/2}\cdot \int N_e^2\,dy & \text{für} \quad \tau_\nu \ll 1 \\ 30{,}7\cdot 10^{-38}\cdot \nu^2\, T & \text{für} \quad \tau_\nu \gg 1 \end{cases} \tag{150, 3}$$

(alles in CGS-Einheiten!) bzw. der *Strahlungstemperatur*

$$T_\nu = T(1-e^{-\tau_\nu}) = \begin{cases} T\cdot\tau_\nu & \text{für} \quad \tau_\nu \ll 1 \\ T & \text{für} \quad \tau_\nu \gg 1\,. \end{cases} \tag{150, 4}$$

Für eine optisch *dünne* Gasmasse ist also — abgesehen von der geringen Frequenzabhängigkeit des α — I_ν frequenz*un*abhängig und $T_\nu \sim \nu^{-2}$; für die optisch *dicke* Gasmasse dagegen $I_\nu \sim \nu^2$ und $T_\nu = \text{const.}$

Durchdringt Strahlung der ursprünglichen Intensität $I_{\nu,0}$ bzw. der Strahlungstemperatur $T_{\nu,0}$ eine vorgelagerte Gasmasse mit der optischen Dicke τ_ν und der (Elektronen-)Temperatur T, so erhält man die Strahlungsintensität

$$I_\nu = I_{\nu,0}\,e^{-\tau_\nu} + B_\nu(T)\,(1-e^{-\tau_\nu}) = \begin{cases} I_{\nu,0}\left\{1-\left(1-\frac{B_\nu(T)}{I_{\nu,0}}\right)\tau_\nu+\cdots\right\} & \text{für} \quad \tau_\nu \ll 1 \\ B_\nu(T) & \text{für} \quad \tau_\nu \gg 1 \end{cases} \tag{150, 5}$$

bzw. die Strahlungstemperatur

$$T_\nu = T_{\nu,0}\,e^{-\tau_\nu} + T(1-e^{-\tau_\nu}) = \begin{cases} T_{\nu,0}\left\{1-\left(1-\frac{T}{T_{\nu,0}}\right)\tau_\nu+\cdots\right\} & \text{für} \quad \tau_\nu \ll 1 \\ T & \text{für} \quad \tau_\nu \gg 1\,. \end{cases} \tag{150, 6}$$

Nach den bekannten Methoden der Theorie des Strahlungsaustausches behandelt man ebenso leicht auch Probleme mit irgendwie verteilter und gemischter Absorption und Emission.

Wir wenden unsere Rechnungen sogleich an:

Bekanntlich ist unsere Milchstraße großenteils erfüllt von wolkenartigen *Gasmassen*. Diese werden — wie O. STRUVE, C. T. ELVEY und B. STRÖMGREN [22131—22132, dort weitere Literatur] gezeigt haben — durch die kurzwellige Strahlung der O- und B-Sterne in kugelförmigen Bereichen von ~ 50 bis 1 pc Radius um diese herum *ionisiert*. Diese „H II-*Regionen*" leuchten durch Rekombination hauptsächlich in Hα und den anderen BALMER-Linien. Ihre Hα-*Helligkeit* ist also proportional $\int N_{\mathrm{H}^+} N_e\,dy \approx \int N_e^2\,dy$. Diese wichtige Größe, die uns schon in Gl. (150, 2ff.) begegnete, bezeichnete B. STRÖMGREN (ebd.) — y in Einheiten von 1 parsec $= 3{,}084\cdot 10^{18}$ cm gemessen — als das *Emissionsmaß EM* einer Gasmasse. Man kann dieses also — abgesehen von Störungen durch interstellare Absorption — durch absolute Messung der Flächenhelligkeit in Hα, Hβ, ... direkt messen. Die *Elektronendichte* in den H II-Regionen ist nach B. STRÖMGREN $N_e \approx 10$ Elektronen/cm³, die Elektronentemperatur (deren spektroskopische Bestimmung noch wenig genau ist) $T \approx 10000°$.

Von den H II-Regionen führt wohl ein ziemlich stetiger Übergang zu den bekannten *galaktischen Gasnebeln* vom Typus des *Orionnebels*. Deren Dichte ist von der Größenordnung $N_e \approx 10^4$ Elektronen/cm³, ihre Elektronentemperatur liegt ebenfalls bei 10000°.

Arbeiten von W. W. MORGAN, S. SHARPLESS und D. OSTERBROCK [2291] im Bereich unserer *Milchstraße* und von W. BAADE am *Andromedanebel* haben gezeigt, daß die H II-Regionen (incl. der größeren Gasnebel) ebenso wie die sie erregenden Sterne früher Spektraltypen in den Sb-Spiralen wie eine lose Perlenschnur längs der Spiralarme aufgereiht sind und diese sozusagen markieren. Die

Beobachtungen in Hα und — wie wir sehen werden — im Radiofrequenzgebiet ergeben übereinstimmend, daß es eine *sehr* schlechte Approximation wäre, das *ionisierte* Gas z. B. in der Milchstraße als gleichmäßig verteilt zu betrachten. Die Frage ist vielmehr, ob der Sehstrahl keine, eine oder — nur in seltenen Fällen — 2 H II-Regionen trifft.

B. STRÖMGREN [22132] hat neuerdings aus Hβ-Beobachtungen mit einem LYOTschen Polarisationsfilter die *Emissionsmaße EM* charakteristischer Milchstraßengebiete bestimmt. Er erhält im

	$\mathrm{EM} = \int N_e^2\, d y_{\mathrm{pc}}$	
Orionnebel, Zentrum	$8 \cdot 10^6$	(150, 7)
IC 405, Zentrum	7200	
NGC 2025 (bei ζ Ori), Zentrum	6400	
NGC 2244 (bei 12 Mon), Zentrum	6400	
NGC 2264 (bei 15 Mon), Zentrum	5200	
Starke H II-Regionen	2000	
Mittlere H II-Regionen	800	
Schwächste gemessene H II-Regionen	400	

Der Zusammenhang zwischen dem *Emissionsmaß EM* und der *optischen Dicke* τ_ν ist nach (150, 2) bei niederen Frequenzen (im logarithmischen Glied setzen wir $\nu \approx 40$ MHz) bzw. hohen Frequenzen (α mit $\nu \approx 1000$ MHz) für $T = 10^4\,^\circ$K:

$$\tau_\nu = \frac{EM}{\nu_{\mathrm{MHz}}^2} \times \begin{cases} 0{,}535 & (\text{niedere Frequenzen } \nu \approx 40 \text{ MHz}) \\ 0{,}390 & (\text{hohe Frequenzen } \nu \approx 1000 \text{ MHz}). \end{cases} \tag{150, 8}$$

Das Zentrum des *Orionnebels* ist also optisch dick ($\tau_\nu \gg 1$) für Frequenzen $\nu < 1700$ MHz. Trotzdem gelang es J. E. BALDWIN [2213] nicht, ihn mit einem Interferometer von 5°,7 Streifenbreite bei 210 MHz zu beobachten. Offenbar hat das dichte Zentrum des Nebels einen Durchmesser von nur wenigen Bogenminuten. Eine brauchbare Hα-Photometrie gibt es anscheinend immer noch nicht. Bei 3200 MHz haben dann F. T. HADDOCK, C. H. MAYER und R. M. SLOANAKER [2245—2246] den Orionnebel gemessen; eine genauere Interpretation scheitert auch hier an unserer Unkenntnis der Helligkeits*verteilung*.

Ebenfalls in die thermische Klasse dürfte die ausgedehnte Radioquelle *Cygnus X* gehören. Die Position (1950,0) ihrer Mitte ist nach

J. H. PIDDINGTON und H. C. MINNETT [22106]: R.A. $20^{\mathrm{h}}27^{\mathrm{m}} \pm 3^{\mathrm{m}}$, $\delta + 40^\circ\!,5 \pm 1^\circ$ (150, 9)
R. HANBURY BROWN und C. HAZARD [2254]: R.A. $20^{\mathrm{h}}22^{\mathrm{m}}$, $\delta + 40^\circ\!,0$.

Ihre Ausdehnung (bis zur halben Maximalintensität) entspricht *etwa* einer Ellipse mit den Halbachsen 1°,5 und 3°, ihr effektiver Raumwinkel also ungefähr $\Omega = 0{,}0043$ rad². Optisch entspricht nach W. BAADE und R. MINKOWSKI [2212; insbesondere Abb. 1] dem Cygnus X eine Überlagerung heller Hα-Nebel und starker Dunkelwolken in der Nähe von γ Cygni.

Das *Radiospektrum* von Cygnus X entspricht nach PIDDINGTON und MINNETT (vgl. unsere Abb. 253) im Bereich $100 < \nu < 3000$ MHz einem Strahlungsstrom

$$S_\nu = I_\nu\, \Omega \approx 8 \cdot 10^{-23} \text{ Watt m}^{-2}\text{ Hz}^{-1} \tag{150, 10}$$

*un*abhängig von ν. Wir *können* es also als thermische Emission einer optisch dünnen Gasmasse betrachten, für deren *Emissionsmaß* man nach (150, 3) mit $\Omega = 0{,}0043$ den ziemlich hohen, aber keineswegs unplausiblen[1] Wert

$$EM \approx 15000 \ldots (\text{Cygnus X}) \tag{150, 11}$$

[1] Nach W. W. MORGAN, S. SHARPLESS und D. OSTERBROCK [2291] zeigt die Richtung Sonne—Cygnus X (galaktische Länge $l = 46^\circ$) gerade längs eines von Sternen frühen Typen und Hα-Nebeln dicht besetzten *Spiralarmes* unserer Milchstraße.

erhält [vgl. (150, 7)]. Wenn diese Interpretation richtig ist, so muß der Nebel nach (150, 2) ab $\nu < 90$ MHz optisch dick werden, d. h. bei niedrigeren Frequenzen muß sein Strahlungsstrom allmählich $\sim \nu^2$ abnehmen. Tatsächlich finden PIDDINGTON und MINNETT (vgl. Abb. 253) eine Abnahme von S_ν zwischen 100 und 64 MHz; als unbedingt verbürgt kann man sie allerdings noch kaum betrachten. Auf jeden Fall aber scheinen *Verf.* die mehr qualitativen Bedenken von W. BAADE und R. MINKOWSKI gegen eine „thermische" Interpretation des Cygnus X nicht stichhaltig zu sein.

Nach diesen Bemerkungen über *galaktische Gasnebel* (weitere Beobachtungen bei 3200 MHz vgl. [2245—2246]) wenden wir uns den eigentlichen HII-*Regionen* zu. Die optische Dicke einer „*mittleren*" HII-Region vom Emissionsmaß 800 ist nach (150, 8) bei niederen Frequenzen

$$\tau_\nu = 430 \cdot \nu_{\mathrm{MHz}}^{-2} \qquad (150, 12)$$

und bei hohen Frequenzen ein wenig kleiner. Sie sollte also für $\nu > 30$ MHz, d. h. fast im ganzen radioastronomischen Frequenzbereich, nach (150, 3) für sich allein in *Emission* eine konstante Strahlungsintensität $I_\nu = 1{,}2 \cdot 10^{-21}$ Watt m^{-2} Hz^{-1} ster^{-1} liefern. Die entsprechenden Strahlungstemperaturen wären nach (150, 12) und (150, 4) für

$$\left.\begin{array}{lllll} \nu = & 100 & 300 & 1000 & 3000\ \mathrm{MHz} \\ T_\nu \approx 4{,}3 \cdot 10^6 \cdot \nu_{\mathrm{MHz}}^{-2} \approx & 430 & 48 & 4{,}3 & 0{,}5^\circ\,\mathrm{K.} \end{array}\right\} \qquad (150, 13)$$

Insgesamt können also die HII-Regionen nur einen bescheidenen Beitrag zur Radioemission der Milchstraße liefern, und zwar vorwiegend bei hohen Frequenzen und in niederen galaktischen Breiten. In *Absorption* gegenüber einem erheblich „helleren" Hintergrund sollten sich die etwas stärkeren HII-Regionen bemerkbar machen. Bei 18,3 MHz hätte z. B. unsere „mittlere" HII-Region mit $EM = 800$ eine optische Dicke $\tau_{18,3} \approx 1{,}3$. Das Zusammenwirken des interstellaren Plasmas mit der übrigen Emission in der Milchstraße werden wir unter D) weiter analysieren.

2. *Nichtthermische Strahlung turbulenter Plasmen* (Plasmaschwingungen). Schon in Abschnitt 149 fanden wir, daß die *Sonne* überall dort, wo ionisierte Gasmassen einander mit hohen Geschwindigkeiten durchdringen, eine *nichtthermische („gestörte") Strahlung* aussendet, vermutlich infolge Erregung von Plasmaschwingungen. Deren *mittlere* spektrale Energieverteilung ergab sich (149, 6) als[1]

$$T_\nu \sim \nu^{-2,3} \quad \text{bzw.} \quad I_\nu \sim \nu^{-0,3}\,, \qquad (150, 14)$$

wobei der Betrag des Exponenten mit der Heftigkeit der Störung wahrscheinlich etwas ansteigt.

Es ist nun sehr bemerkenswert, daß die durchschnittliche Energieverteilung der *galaktischen Radiofrequenzstrahlung* mit (150, 14) ganz gut übereinstimmt: Schon 1946 fand L. A. MOXON [2292] für die helleren Teile der Milchstraße zwischen 40 und 200 MHz $T_\nu \sim \nu^{-2,7}$ und für die schwächeren einen Exponenten $\sim 2{,}1$. J. W. HERBSTREIT und J. R. JOHLER [2263] erhielten durch sehr sorgfältige Messungen im Mittel zwischen 25 und 110 MHz $T_\nu \sim \nu^{-2,41}$. Auf weitere Details kommen wir unter D) zurück.

Sodann ergaben neuere Messungen z. B. für die beiden extrem starken Radioquellen in *Cygnus* und *Cassiopeia* $T_\nu \sim \nu^{-3,1}$; wir werden sehen, daß auch hier alle Beobachtungen für die Erzeugung der Strahlung in einander heftig durchdringenden Plasmen sprechen.

---

[1] Wir legen natürlich kein Gewicht auf die Darstellung durch ein Potenzgesetz; vielmehr betrachten wir dieses nur als eine bequeme Approximation für einen beschränkten Frequenzbereich.

Wir werden also unseren detaillierteren Betrachtungen im folgenden von vornherein die *Arbeitshypothese* zugrunde legen, daß *heftig durcheinander wirbelnde Plasmen imstande sind, eine starke Nichtgleichgewichtsstrahlung zu emittieren, deren Spektrum wir durch*

$$T_\nu \sim \nu^{-n} \quad \text{bzw.} \quad I_\nu \sim \nu^{-(n-2)} \tag{150, 15}$$

mit n etwa zwischen 2,3 *und* 3,3 *darstellen.* Zur physikalischen Deutung dieser Strahlung haben wir schon am Ende von Abschnitt 149 einige Bemerkungen gemacht; ihre eigentliche Theorie müssen wir zukünftigen Untersuchungen überlassen.

C) Diskrete Radiostrahlungsquellen. Identifikation. Spektren. Nachdem wir die nötigen Vorbereitungen getroffen haben, wenden wir uns dem Studium der diskreten *Radioquellen* zu; wir legen dabei — wie gesagt — keinen Wert auf Vollständigkeit oder gar Kataloge, sondern besprechen von jeder der bis jetzt bekannten Arten ein charakteristisches Exemplar.

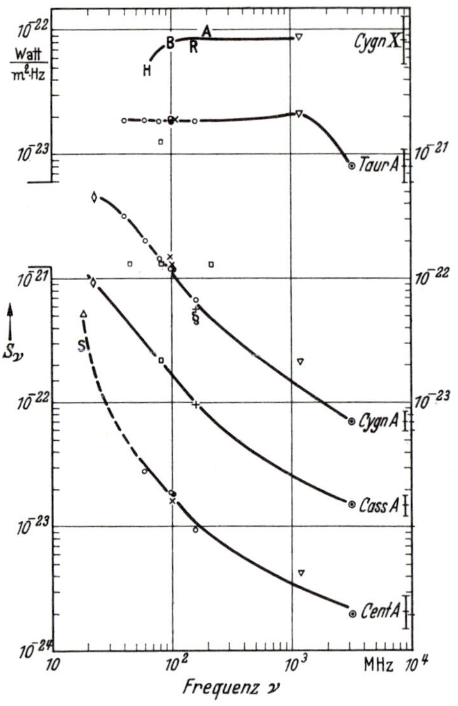

Δ Shain 1954
S Shain 1950
◊ Hey u. Hughes 1954
○ Stanley u. Slee 1950
□ { Ryle 1950; Ryle, Smith u. Elsmore 1950
H Hey, Parsons u. Phillips 1948
× { Mills u. Thomas 1951; Mills 1952
B Bolton u. Westfold 1950
• Bolton, Stanley u. Slee 1954
+ Hanbury Brown u. Hazard 1953
§ Lovell 1951
R Reber 1944
A Allen u. Gum 1950
▿ Piddington u. Minnett 1951
⊙ Haddock, Mayer, Sloanaker 1954

Für die durch Buchstaben gekennzeichneten Messungen vergleiche auch Piddington u. Minnett 1952.

Abb. 253. Spektren von Radioquellen im Bereich 18,3—3200 MHz. Die Ordinate gibt den Strahlungsstrom S_ν in Watt m^{-2} Hz^{-1} (für beide Polarisationsrichtungen zusammen). Linke untere Skala für Cass A und Cent A; linke obere für Taur A und Cygn X. Rechte Skala für Cygn A. Rechts ist für jede Quelle ein mittleres Maß der Unsicherheit der log S_ν angezeichnet.

Zu der Frage der *Bezeichnung* gibt es im wesentlichen folgende Vorschläge:

a) An den Namen der Konstellation werden Buchstaben $A, B, \ldots X$ oder evtl. Zahlen angehängt.

b) An die Stunde der Rektaszension wird eine Nummer nach der Reihenfolge der Entdeckung angefügt (M. Ryle).

Die bekannte zweitstärkste Quelle des Nordhimmels heißt also

Cygnus A oder 19,01 .

c) (Nachtrag b. d. Korr.). Die „I. A. U.-Nummer" [vgl. J. L. Pawsey, Ap. J. **121**, 1 (1955)], z. B. 19 N 4 A gibt an: 19 = Stunden Rektaszension, nördliche (N) oder südliche (S) Deklination, 4 = Zehner der Deklination und A ... Buchstabe zur weiteren Kennzeichnung.

Mit Radioquellen, deren Spektren in Abb. 253 — welche *Verf.* Herrn Dr. W. PRIESTER verdankt — zusammengestellt sind, konnten bis jetzt teleskopische Objekte der folgenden Arten identifiziert werden:

1. *Überreste von Supernovae; der Crab-Nebel = Taurus A.* Die von J. G. BOLTON entdeckte Quelle Taurus A = 05,01 identifizierten 1949 J. G. BOLTON, G. J. STANLEY und O. B. SLEE [2219] mit dem *Crabnebel* NGC 1952 ($5^h31^m30^s$; $+21°59,3$ für 1950,0) der photographischen Helligkeit $m_{pg} = 9{,}0$. W. BAADE und R. MINKOWSKI [2212, dort weitere Literatur] hatten diesem höchst interessanten Objekt 1942 ausführliche Studien gewidmet. Es besteht aus einem inneren *amorphen Gebiet* von elliptischem Umriß $3'\!,2 \times 5'\!,9$ (große Achse im Positionswinkel 130°) mit kontinuierlichem Spektrum und einer *Hülle* bizarrer, offenbar turbulenter Filamente $4'\!,0 \times 6'\!,0$, die vorwiegend in Hα strahlen. Die Radiokonturen stimmen mit den optischen gut überein. Der *Crabnebel* ist die Hülle einer *Supernova* vom Typ I, welche 1054 n. Chr. die absolute Helligkeit $-16{,}5$ erreichte. Die Entfernung beträgt ~ 1000 pc. Messungen von Eigenbewegungen markanter Punkte und Dopplereffekten zeigen, daß der Nebel mit ~ 1100 km/sec expandiert und innere irreguläre Strömungen von einigen hundert km/sec besitzt.

Das *Radiospektrum* des Taurus A (Abb. 253) entspricht im Frequenzbereich 40–1200 MHz dem nahezu *konstanten* Strahlungsstrom $S_\nu = 1{,}9 \cdot 10^{-23}$ Watt m^{-2} Hz^{-1}.

Man könnte daher zunächst an thermische Emission in optisch dünner Schicht denken. Dann müßte aber die *Elektronen*temperatur des Nebels jedenfalls größer sein, als die Strahlungstemperatur bei der niedersten Frequenz, für welche noch $S_\nu = \text{const}$ gilt. Für diese berechnet man mit den angegebenen Dimensionen des Nebels leicht 10^8—10^{9}° K, was mit dem optischen Spektrum offensichtlich *nicht* zu vereinbaren ist.

Denken wir nun an *Nichtgleichgewichtsstrahlung*, so ist die Frage, wie das Spektrum $I_\nu \approx \text{const}$ zu deuten ist. Im Anschluß an J. L. GREENSTEIN und R. MINKOWSKI [2244], deren Untersuchung wir gleich ein Stück weiterführen, stellen wir uns vor, daß ein *nichtthermisch* etwa mit $I_{\nu,0} \sim \nu^{-m}$ emittierender Kern umgeben sei von Plasmafetzen, deren Elektronentemperatur erheblich unter der Strahlungstemperatur des Kerns liege (was selbstverständlich ist) und deren verschiedene Mächtigkeiten wir sogleich durch die entsprechenden Emissionsmaße EM kennzeichnen. Nach Gl. (150, 8) — für den Zahlenfaktor genüge hier ein Mittelwert 0,4 — ist *ein* solches Filament optisch dick für $\nu < \nu_0 = \sqrt{0{,}4 \cdot EM}$. An seiner Stelle wird also — wenn wir noch ein wenig schematisieren — für $\nu > \nu_0$ das ursprüngliche Spektrum $I_{\nu,0} \sim \nu^{-m}$ ausgestrahlt, während es für $\nu < \nu_0$ praktisch abgeschnitten wird. Aus solchen Teilspektren (vgl. die schematische Abb. 254) können wir nun leicht unterhalb einer gewissen *Grenzfrequenz* ein Spektrum $I_\nu = \text{const}$ zusammensetzen: Es werde ein Bruchteil $W(\nu_0)\, d\nu_0$ der Kernemission hinter Filamenten abgestrahlt, deren Abschneidefrequenz zwischen ν_0 und $\nu_0 + d\nu_0$ liegt bzw. deren $EM = 2{,}5\, \nu_0^2$ also einen Bereich $d(EM) = 5\, \nu_0\, d\nu_0$ erfüllt. Dann ist die resultierende Ausstrahlung

$$S_\nu \sim \int\limits_{\nu_0=0}^{\nu_0=\nu} \frac{W(\nu_0)\, d\nu_0}{\nu^m} \quad \text{nach den Beobachtungen} = \text{const}\,. \tag{150, 16}$$

Es gilt also

$$\int\limits_{\nu_0=0}^{\nu_0=\nu} W(\nu_0)\, d\nu_0 \sim \nu^m \quad \text{oder} \quad W(\nu_0) \sim \nu_0^{m-1}\,. \tag{150, 17}$$

Andererseits ist das Verteilungsgesetz der *Emissionsmaße* mit $W(\nu_0)$ verknüpft durch die Relation

$$W^*(EM)\, d(EM) = W^*(EM) \cdot 5\, \nu_0\, d\nu_0 = W(\nu_0)\, d\nu_0\,. \tag{150, 18}$$

Aus der letzteren Beziehung folgt mit (150, 17) schließlich

$$W^*(EM) \sim \nu^{m-2} \quad \text{bzw.} \quad \sim (EM)^{\frac{m-2}{2}}, \qquad (150, 19)$$

was mit $m \approx 0{,}3$ bis 1,3 zu durchaus plausiblen Verteilungen führt, die man evtl. mit denen der Hα-Helligkeit vergleichen könnte.

Nach dieser Deutung kann aber das Gesetz $I_\nu = \text{const}$ nur bis zu einem bestimmten größten ν_0 gelten, oberhalb dessen sich dann eine spektrale Energieverteilung $\sim \nu^{-m}$ einstellen muß. Dieses ν_0 entspricht dem *größten* in der Hülle vorkommenden Emissionsmaß EM_{Max}. Tatsächlich zeigen die Messungen von F. T. HADDOCK, C. H. MAYER und R. M. SLOANAKER [2245—2246] bei 3200 MHz (Abb. 253) ein deutliches Absinken des Strahlungsstromes oberhalb $\nu_0 \approx 1200$ MHz. Dem würde ein $EM_{max} \approx 3{,}6 \cdot 10^6$ entsprechen, etwa gleich dem im Zentrum des Orionnebels. Auch die Hα-*Helligkeiten* der stärksten Details der beiden Nebel sollten also — nach Berücksichtigung der interstellaren Absorption — von derselben Größenordnung sein. Nimmt man an, daß die Dicke der absorbierenden Massen etwa $1' \approx 0{,}3$ pc entspricht, so führt das angegebene maximale Emissionsmaß auf eine Dichte von größenordnungsmäßig 3500 Elektronen/cm³.

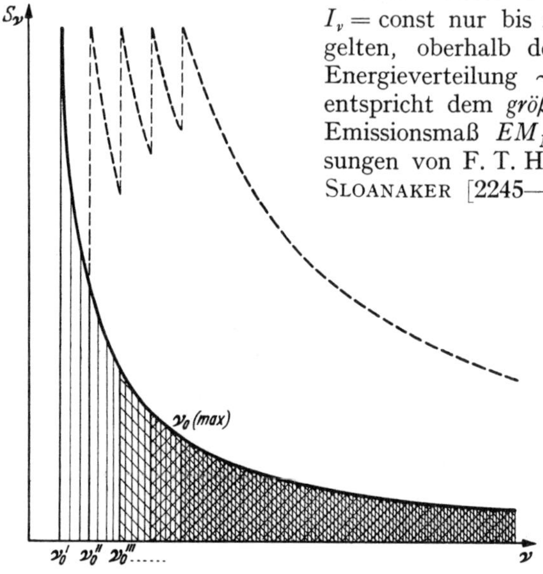

Abb. 254. Entstehung des Radiofrequenzspektrums des *Crabnebels* durch Überlagerung mehrerer *Teilspektren* $W(\nu_0) \cdot \nu^{-m}$ (in der Zeichnung wurde $m = 1$ gesetzt), die durch verschieden dicke absorbierende Gasmassen bei verschiedenen Frequenzen $\nu_0', \nu_0'' \ldots \nu_0$ (max) abgeschnitten werden ($\tau(\nu_0) \approx 1$). In der Abbildung sind zur Verdeutlichung fünf diskrete Arten von Gasmassen angenommen; so entsteht das - - - - Spektrum. Grenzübergang zu einer stetigen Wolkenverteilung erklärt ohne besondere Schwierigkeiten ein Spektrum S_ν, das für $\nu > \nu_0$ proportional ν^{-m}, für $\nu < \nu_0$ aber flacher verläuft bzw. wie (zufällig) beim Crabnebel konstant ist.

Möglicherweise ist eine von R. HANBURY BROWN und C. HAZARD [2255; No. 1] gefundene Quelle als Überrest von TYCHO BRAHEs Nova B Cassiopeiae von 1572, ebenfalls einer Supernova vom Typ I, anzusprechen; hierzu W. BAADE und R. MINKOWSKI [2212]. Nach letzteren Autoren sind in einem S_b Spiralnebel, wie unserer Milchstraße, durchschnittlich etwa fünf Supernovae im Jahrtausend zu erwarten. Zur gesamten Radiofrequenzstrahlung der Milchstraße können solche Objekte also nur einen verschwindend kleinen Beitrag liefern.

2. *Galaktische Emissionsnebel mit großer Turbulenz*: *die Cassiopeia-Quelle* 23,01. Diese stärkste Quelle des Nordhimmels, AR $23^h21^m12''$, $\delta + 58°32'$ (1950), identifizierten W. BAADE und R. MINKOWSKI [2211] mit einer Gruppe höchst merkwürdiger *wurmartiger Gasnebel.* Einige erscheinen selbst auf 200″-Platten fast sternartig, manche erreichen Längen bis 25″; am deutlichsten treten sie auf Hα-Aufnahmen hervor. Die diffusen Wolken zeigen Radialgeschwindigkeiten von -1800 bis $+4500$ km/sec. Die inneren Strömungen innerhalb einzelner Wolken sind von der Größenordnung 500 km/sec. Wie sie zustande kommen, ist zur Zeit nicht bekannt. Das *Radiospektrum* der Cassiopeia-Quelle (Abb. 253) entspricht etwa $T_\nu \sim \nu^{-3,1}$ bzw. $S_\nu \sim \nu^{-1,1}$; genauer gesagt nimmt der Exponent

— wie auch bei anderen Quellen — mit wachsender Frequenz etwas ab. Wir haben es offensichtlich mit einem „*Plasmaschwingungsspektrum*“ in Reinkultur zu tun. Daß auch bei niederen Frequenzen keine Absorption zu erkennen ist, paßt gut dazu, daß die Hα-Helligkeit und damit auch das Emissionsmaß des Nebels klein ist.

Am Südhimmel gehört in dieselbe Klasse die Quelle *Puppis A*; die Streuung der inneren Geschwindigkeiten beträgt hier etwa 150—200 km/sec [2211].

Auch die „*wurmartigen Gasnebel*“ sind galaktisch offenbar seltene Objekte; erst die Radioastronomie hat überhaupt auf ihre Existenz aufmerksam gemacht.

3. *Kollidierende Galaxien*; *Cygnus A* = 19,01. Die zweitstärkste Quelle des Nordhimmels — die seinerzeit J. S. HEY als erste entdeckte — *Cygnus A* oder 19,01; AR $19^{h}57^{m}45''$, $\delta + 40°35'46''$ (1950) identifizierten W. BAADE und R. MINKOWSKI [2211] nach Position und Ausdehnung mit einem Objekt der photographischen Helligkeit $17\overset{m}{.}90$. Das *Spektrum* (außer einem schwachen Kontinuum Hα, [OI und III], [NII], [NeIII und V]) zeigt eine Rotverschiebung von 16830 km/sec. Das Objekt ist also extragalaktisch; seine Entfernung beträgt $3{,}3 \cdot 10^7$ parsec, seine absolute photographische Helligkeit $-17\overset{M}{.}5$. Die genauere Betrachtung läßt zwei Galaxien späten Typs erkennen, die flach — wie zwei Teller — zusammenklatschen. Worlds in collision! Wie W. BAADE und L. SPITZER [2210] schon früher bemerkt hatten, ist die Wahrscheinlichkeit, daß dabei die Sterne der beiden Galaxien zusammenstoßen, verschwindend gering. Dagegen gerät das interstellare Gas in heftige turbulente Bewegung — die Spektren zeigen eine Geschwindigkeitsstreuung von ungefähr 400 km/sec — und wird schließlich in den Raum hinausgefegt. Dabei entstehen offenbar wieder *Plasmaschwingungen*. Es ist daher gar nicht erstaunlich, daß das Radiospektrum (Abb. 253) von Cyg A mit dem der Cassiopeiaquelle trotz ihrer völlig verschiedenen Struktur weitgehend *übereinstimmt*. Das geringe Defizit von Cygnus A bei $\sim$ 20 MHz darf man wohl auf die Absorption der im Cygnus ja weitverbreiteten galaktischen HII-Regionen zurückführen. Nach Abschnitt 150, B), 1. ist diese Deutung auch quantitativ durchaus plausibel.

4. *Anomale Galaxien*; *Centaurus A* = *NGC* 5128. Die Quelle *Centaurus A*; AR $13^{h}22^{m}82^{s}$, $\delta - 42°46'$ (1950), wurde von J. G. BOLTON, G. J. STANLEY und O. B. SLEE [2219] mit NGC 5128 identifiziert. Nach W. BAADE und R. MINKOWSKI [2212] ist dies ein extragalaktischer E0(Kugel)-Nebel ($m_{ph} = 6{,}1$) von etwa 6′ Durchmesser, über den sich im Positionswinkel 135° ein Band starker *Absorption* zieht. Auf 200″-Aufnahmen zeigt dieses feine „turbulente“ Strukturen. BAADE und MINKOWSKI schreiben die Absorption einem *Spiralnebel* späteren Typs zu, der sich *vor* dem E-Nebel befindet und von diesem durch Gezeitenwirkung verzerrt wird. So kommen dann wohl auch Zusammenstöße von Gaswolken mit hohen Geschwindigkeiten zustande.

Interferometrische Messungen von MILLS zeigen eindeutig, daß die Radioemission von dem dunklen Band herrührt.

Das *Radiofrequenzspektrum* unterscheidet sich kaum von dem des Cyg A und Cas A; in Übereinstimmung mit dem optisch gewonnenen Bild handelt es sich wieder um ein reines *Plasmaschwingungs*-Spektrum. Außer Centaurus A haben W. BAADE und R. MINKOWSKI [2212] sowie G. DE VAUCOULEURS [22137] noch eine größere Anzahl analoger Objekte beschrieben. Möglicherweise gibt es einen stetigen Übergang (streifende → zentrale Kollision) zu den seltenen Quellen vom Typ Cygnus A.

5. *Normale Galaxien*; *der Andromedanebel M* 31. Mit Hilfe des 218′-Paraboloids in Jodrell Bank haben R. HANBURY BROWN und C. HAZARD [2251] den *Andromedanebel* M 31 (AR $00^{h}40^{m}$, $\delta + 41°00'$; 1950) als Radioquelle (00,01) nachgewiesen. Bei 158,5 MHz ist sein Strahlungsstrom $S_\nu = 1{,}6 \cdot 10^{-24}$ Watt m^{-2} Hz^{-1}

nur $\sim 1{,}8\%$ von dem der Cassiopeia-Quelle. Unter Berücksichtigung der bekannten Entfernung des M 31 und der Struktur unserer Milchstraße zeigt ein quantitativer Vergleich — wie wir nicht im einzelnen ausführen wollen —, daß die gesamte Radiofrequenzemission der beiden Sb-Spiralen im Meterwellenbereich von derselben Größenordnung ist. Die von HANBURY BROWN und HAZARD gezeichneten 158,5 MHz-Isophoten des Andromedanebels sind wesentlich rundlicher als dies der photographischen Helligkeitsverteilung entsprechen würde. Die Autoren halten es für möglich, daß dies auf dem nicht eliminierten Gang der Untergrundstrahlung in Rektaszension beruht; man könnte auch an eine Beteiligung der Begleiter M 32 = NGC 221 und NGC 205 denken. J. E. BALDWIN [2216] dagegen glaubt aus seinen Interferometermessungen bei 81 MHz schließen zu können, daß nur etwa $^1/_3$ der Radiostrahlung des Andromedanebels von Quellen herrührt, deren Verteilung der der gewöhnlichen Sterne entspricht, während etwa $^2/_3$ einer optisch nicht in Erscheinung tretenden Sternpopulation entstammen sollen, die den Nebel bis zu Abständen über 10000 parsec sphärisch-symmetrisch umgibt. Das Problem ist wichtig im Hinblick auf die Analyse der Radiofrequenzstrahlung unserer Milchstraße; die auffälligsten Objekte mit einer wenig abgeflachten Dichteverteilung sind in letzterer bekanntlich die Kugelsternhaufen. Weitere Messungen wären wünschenswert.

Auch eine Anzahl anderer heller Sb- und Sc-*Spiralen* ließen sich mit Radioquellen identifizieren. Das Verhältnis der Helligkeiten im optischen und Radiofrequenzbereich ist bei allen diesen Nebeln und der Milchstraße etwa dasselbe, wie man a priori erwarten sollte. Über die Radiofrequenzstrahlung der elliptischen (E)-Nebel, die bekanntlich nur Sterne der Population II enthalten, ist leider noch nichts bekannt.

Nachdem wir über die gewöhnlichen *galaktischen Gasnebel* als Radioquellen[1] schon unter B 1 gesprochen haben, wenden wir uns nun der Analyse der *allgemeinen Radiofrequenzstrahlung* zu.

D) Allgemeine Radiofrequenzstrahlung. Die isotrope Komponente und die galaktische Strahlung. In Tab. 104 geben wir zunächst eine Übersicht der wichtigeren *Radiodurchmusterungen.* Mit „gewöhnlichen" Antennensystemen, deren

Tabelle 104. Radio-Durchmusterungen größerer Himmelsgebiete.

Frequenz ν [MHz]	Keulenbreite[2] (Grad)	Hemisphäre	Autor, Jahr
18,3	17	S	C. A. SHAIN u. C. S. HIGGINS 1954 [22123]
64	14	N	J. S. HEY, S. J. PARSONS u. J. W. PHILLIPS 1948 [2264]
100	17	S	J. G. BOLTON u. K. C. WESTFOLD 1950 [2220 u. 2222]
158,5	2	N	R. HANBURY BROWN u. C. HAZARD 1953 [2254]
160	12	N	G. REBER 1944 [22113]
200	25	S	C. W. ALLEN u. C. S. GUM 1950 [2208]
400	2	S	R. X. MCGEE u. J. G. BOLTON 1954 [2285]
480	4,5	N	G. REBER 1948 [22113]
1200	2,8	S	J. H. PIDDINGTON u. H. C. MINNETT 1951 [22104]
3000	3,4	S	J. H. PIDDINGTON u. H. C. MINNETT 1951 [22104]

[1] (Anmerkung b. d. Korr.). Neuere Beobachtungen lassen eine — anscheinend besondere — Art galaktischer Quellen erkennen: ausgedehnte „Nebelringe" bis zu mehreren Grad Durchmesser. Vgl. J. E. BALDWIN u. D. W. DEWHIRST: Nature **173**, 164 (1954) (IC 443 in Gemini); R. HANBURY BROWN, H. P. PALMER u. A. R. THOMPSON: Nature **173**, 945 (1954) (Auriga) und D. WALSH, R. HANBURY BROWN: Nature **175**, 808 (1955) (Großer Cygnus-Bogen). Ob es sich dabei um thermische oder nichtthermische Strahlung handelt, ist z. Z. noch nicht entschieden.

[2] *Ganze* Breite des Antennendiagramms zwischen den Punkten halb-maximaler Energieempfindlichkeit.

„*Keulenbreite*" (gemessen zwischen den Punkten halb-maximaler Energieempfindlichkeit) etwa 15° beträgt, bleiben viele wichtige Züge der galaktischen Isophoten unaufgelöst. Die „*Halbwertsbreite der Milchstraße*", wenn man sie analog der *Keulenbreite* definiert, ist ja vielfach von derselben Größenordnung. Durch nachträgliche rechnerische *Entzerrung* ist — wie wir schon in Abschnitt 65 gesehen haben — nur eine geringe Verbesserung des Auflösungsvermögens zu erreichen.

Erheblich weiter führen erst die großen ortsfesten Parabolspiegel, welche dafür leider nur jeweils eine kleine Umgebung des Zenits abbilden können:

	Durchmesser	Brennweite	Frequenz
Jodrell Bank:	66 m	38 m	158,5 MHz [2251 und 2254]
Sydney:	24 m	12 m	400 MHz [2285].

Die Keulenbreite beider Instrumente beträgt 2°.

Bei hohen Frequenzen kann man zwar leichter eine bessere Bündelung erzielen, dafür verursacht die geringe Intensität der Strahlung zunehmende Schwierigkeiten. Die Abb. 250—252 zeigen mehr als lange Beschreibungen.

Wie G. Westerhout und J. H. Oort [22142] bemerkt haben, erscheint es — nicht nur formal — sinnvoll, die *allgemeine Radiofrequenzstrahlung* hinsichtlich ihrer Verteilung an der Sphäre zu zerlegen in eine *isotrope Komponente* und die eigentliche *galaktische Strahlung*. Bei letzterer unterscheiden wir sodann im Sinne von Teil B zwischen der *Emission nichtthermischer galaktischer Strahlung*, welche wir einem hypothetischen Typ zur Zeit optisch noch nicht identifizierter „*normaler galaktischer Radioquellen*" zuschreiben, und der *Emission und Absorption des interstellaren Plasmas*. Die Details der Beobachtungen werden wir sogleich in Verbindung mit der Theorie vorführen. Hinsichtlich letzterer stützen wir uns vorwiegend auf die neueren Arbeiten von R. Hanbury Brown und C. Hazard [2256] sowie W. Priester [22110—22111]. In zwei Punkten bedürfen meines Erachtens alle bisherigen Ansätze zur Theorie der allgemeinen Radiofrequenzstrahlung noch einer Kritik: 1. Alle optischen ($H\alpha$-) und Radio-Beobachtungen sprechen dafür, daß die *Verteilung des ionisierten interstellaren Gases (Plasma)* in der Milchstraße bzw. an der Sphäre in Absorption oder Emission *sehr* ungleichförmig ist, noch mehr als die der optischen (Rauch-)Dunkelwolken. Die Schematisierung durch irgendeine mehr oder weniger gleichmäßige Dichteverteilung als Funktion der galaktischen Koordinaten erscheint *Verf.* nicht mehr zulässig. 2. Die Auflösung der Umgebung des *galaktischen Zentrums* ist so schwierig, daß insbesondere Angaben über das *Radiospektrum* dieser Gegend (wobei man Messungen mit ganz verschiedenen Antennen kombiniert) und über die *Dichteverteilung* der Quellen im innersten Teil der Milchstraße höchst unsicher werden. Wir möchten daher im folgenden mehr Nachdruck auf die grundsätzlichen Probleme als auf spezielle numerische Ergebnisse legen und trösten uns mit der Bemerkung, daß auch die *Stellarstatistik* eine analoge Entwicklung durchgemacht hat von den vorwiegend mathematisch orientierten Ansätzen von H. v. Seeliger und K. Schwarzschild zu den viel beweglicheren Methoden der *holländischen Schule* und den ganz „individuellen" Arbeiten *amerikanischer Astronomen*.

1. *Die isotrope Komponente*. Trägt man z. B. die Strahlungstemperatur T_ν der allgemeinen Radiofrequenzstrahlung für verschiedene galaktische Längen l als Funktion der galaktischen Breite b auf, so kann man nach G. Westerhout und J. H. Oort [22142] ohne allzu große Unsicherheit eine *isotrope Komponente* abtrennen, deren Strahlungstemperatur bei 100 MHz $500 \pm 100°$ K beträgt. Die *Frequenzabhängigkeit* der isotropen Komponente ist, da Eichfehler bei den kleinen Intensitäten an den galaktischen Polen eine erhebliche Rolle spielen können,

noch nicht sehr genau bekannt. R. HANBURY BROWN und C. HAZARD [2256] rechnen nach dem damaligen Beobachtungsmaterial mit $T_\nu \sim \nu^{-2,5}$. Eine neue Ausgleichung auf Grund der Messungen von C. A. SHAIN [22123—22124], J. G. BOLTON und K. C. WESTFOLD [2220] sowie J. D. KRAUS und H. C. KO [2274] ergab bzw. für

$$\left.\begin{array}{lccc} \nu = & 18{,}3 & 100 & 250\ \text{MHz} \\ T_\nu = & 60000 & 500 & 48^\circ\ \text{K} \end{array}\right\} \qquad (150,20)$$

und damit

$$T_\nu \sim \nu^{-2,7} \quad \text{oder} \quad I_\nu \sim \nu^{-0,7} \text{ (Isotrope Komponente)}. \qquad (150,21)$$

Über den *Ursprung der isotropen Komponente* — daß es sich um nichtthermische Strahlung handelt, ist von vornherein klar — sind zwei Hypothesen vorgeschlagen worden:

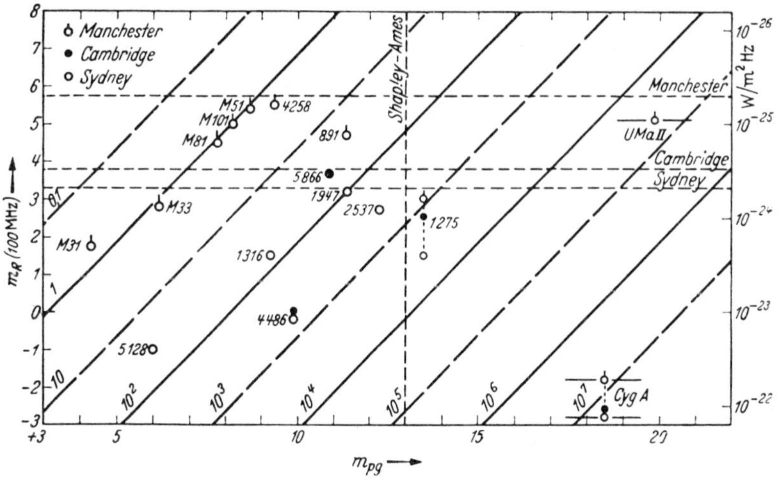

Abb. 255. Zusammenhang zwischen scheinbarer photographischer und scheinbarer Radio-Helligkeit für extragalaktische Objekte. Die Zahlen geben die NGC bzw. Messier-Nummern an. Die im Radiofrequenzbereich normal strahlenden Galaxien liegen auf der mit 1 bezeichneten Diagonalen. Die Zahlen an der Diagonalen geben die relative Leuchtkraft der Galaxien an. Nach W. PRIESTER [22110].

α) J. E. BALDWIN [2216] nimmt in Analogie zu seinen Beobachtungen am *Andromedanebel* an, daß die isotrope Komponente der galaktischen Strahlung herrühre von isotrop in einem Umkreis von ~ 10000 parsec um das galaktische Zentrum verteilten Quellen nicht näher bekannter Art. Abgesehen davon, daß die Deutung der Messungen am Andromedanebel selbst uns noch nicht gesichert erscheint, erhebt sich sogleich ein naheliegender weiterer Einwand: Die Objekte im Milchstraßensystem, welche der geforderten räumlichen Verteilung am nächsten kommen, sind die Kugelsternhaufen und die RR Lyrae-Einzelgänger. Da wir aber bekanntlich ganz am Rande der Milchstraße sitzen, ist z. B. die Verteilung der Kugelhaufen an der *Sphäre* keineswegs isotrop, sondern zeigt immer noch eine starke Konzentration zum galaktischen Zentrum hin; vgl. H. SHAPLEY [22125, S. 20—21]. Radioquellen, deren Verteilung sich etwa dem Vorbild der Kugelsternhaufen bzw. der behaupteten „Hülle“ des Andromedanebels anschließen würde, könnten also schwerlich die geforderte Isotropie der galaktischen Strahlungskomponente erklären. Man müßte schon eine „*Aura*“ von Radioquellen um das galaktische System annehmen, deren Radius ein mehrfaches unseres Abstandes vom Zentrum wäre.

β) W. PRIESTER [22110] hat die andere Möglichkeit eines *extragalaktischen Ursprunges* der isotropen Komponente genauer diskutiert. Im Bereich der Radioastronomie stoßen wir damit wieder — aber nun mit beobachtungsmäßigen Unterlagen — auf ein altes Problem der Kosmologie: „Welche Flächenhelligkeit geben insgesamt die mit abnehmender Helligkeit immer zahlreicheren extragalaktischen Nebel aus dem *gesamten Kosmos*?"

Zur Vorbereitung studieren wir in Abb. 255 den Zusammenhang zwischen scheinbarer *photographischer Helligkeit* m_{pg} und scheinbarer *Radiohelligkeit* m_R extragalaktischer Objekte[1]. $m_R = 0{,}0$ entspricht nach der *Cambridger* Definition einem Strahlungsstrom von 10^{-23} W m^{-2} Hz^{-1} bei 100 MHz; von anderen Frequenzen wurde letzterer $\sim \nu^{-0{,}5}$ umgerechnet. Die schrägen Linien kennzeichnen — in relativem Maß — das Verhältnis von Radio- zu photographischer Leuchtkraft. Bei $m_{pg} = 13$ ist noch die Helligkeitsgrenze des SHAPLEY-AMES-*Kataloges* extragalaktischer Nebel angegeben. Die gestrichelten horizontalen Linien kennzeichnen die Empfindlichkeitsgrenzen der Radioteleskope von *Jodrell Bank, Cambridge* und *Sydney.* Mit Hilfe der bekannten Nebelstatistiken und unter Verwendung der neuen provisorischen Entfernungsskala (W. BAADE, I.A.U. 1952) kann man nun zunächst die *Radiostrahlungs-Ergiebigkeit* pro pc^3 des Weltraumes berechnen. Um die *Radiohelligkeit* des Himmelshintergrundes zu erhalten, hätte man dann in einer statischen euklidischen Welt einfach über einen Sehstrahl von $R \approx 10^9$ pc zu integrieren. Die analoge Rechnung für eine relativistische, expandierende Welt ergibt nur noch einen zusätzlichen Faktor 0,3.

Berücksichtigt man zunächst nur die *normalen extragalaktischen Nebel,* so erhält man je nach den noch etwas unsicheren Annahmen über deren Leuchtkraftfunktion — nach E. HUBBLE [2268] oder E. HOLMBERG [2267] — und über das Weltmodell folgende (berechnete) *Strahlungstemperaturen*

Leuchtkraftfunktion nach:	HUBBLE	HOLMBERG	(150, 22)
Statische klassische Welt:	20°	3°	
Expandierende relativistische Welt:	6°	1°	

Zur Erklärung der beobachteten 500° K reicht also die Gesamtheit der *normalen* Nebel nicht aus.

W. PRIESTER schätzt sodann in Anlehnung an W. BAADE und L. SPITZER [2210] die Häufigkeit *in Kollision befindlicher Nebelpaare* — insbesondere in Nebelhaufen — ab und zeigt, daß man die beobachtete Temperatur der *isotropen Komponente* von $\sim 500°$ K so verstehen kann, selbst wenn die bei einer durchschnittlichen Kollision erzeugte Radiostrahlung noch ein gutes Stück unter der der *Cygnus A*-Quelle bleibt.

Neuerdings sind auch die ersten direkten Beobachtungen über die *Radiostrahlung von Nebelhaufen* bekannt geworden: Die ursprünglich dem *Perseus-Haufen* zugeschriebene Strahlung ließ sich eindeutig seinem hellsten anomalen — wohl kollidierenden — Mitglied NGC 1275 zuordnen [2212 und 2215]. J. D. KRAUS [2275] sowie R. HANBURY BROWN und C. HAZARD [2258] konnten ein ausgedehntes Band verstärkter Hintergrundstrahlung etwa von 12^h, $+70°$ bis $13^h 30^m$, $-38°$ mit einer *Anhäufung extragalaktischer Nebel* nach dem SHAPLEY-AMES-*Katalog* (heller als $13^m_{\cdot}0$) identifizieren, welche schon 1952 G. DE VAUCOULEURS [22138] als „*lokale Supergalaxie*" gedeutet hatte. Die gewöhnlichen Nebel scheinen (nach [2258]) um $1^m_{\cdot}7$ zur Erklärung der beobachteten Intensität der Radiostrahlung *nicht* auszureichen, man muß also wohl auch hier die Nebelkollisionen zu Hilfe nehmen.

[1] Bezüglich Einzelheiten der Beobachtungsdaten verweisen wir auf die Originalarbeiten.

2. *Absorption und Emission des interstellaren Plasmas.* Da bei 18,3 MHz die Temperatur der allgemeinen Strahlung wohl nirgends unter 5 bis $6 \cdot 10^4$°K sinkt, so dürfen wir bei dieser Frequenz die Emission des interstellaren Plasmas — dessen *Elektronen*temperatur bekanntlich $\sim 10^4$°K beträgt — nahezu vernachlässigen und können zunächst seine *Absorption* studieren. C. A. SHAIN [22124] hat das *Verhältnis der Strahlungstemperaturen* für 18,3 und 100 MHz[1]: T_{18}/T_{100} (also das Äquivalent eines Farbindex') im Bereich seiner 18,3 MHz-Durchmusterung als Funktion der galaktischen Koordinaten aufgetragen. Während über große Teile der Sphäre — auch am galaktischen Äquator bei $l \approx 190°$ bis 220° — dieses Verhältnis fast konstant $\approx 120 \pm 10$ ist, sinkt es in Richtung zum galaktischen Zentrum auf ~ 80 ab. Die einfachste Deutung ist die, daß wir es dort mit differentieller Absorption zu tun haben. Bezeichnen wir die *optische Dicke* der absorbierenden Masse bei 18,3 MHz mit τ_{18}, so gilt — da der Absorptionskoeffizient $\sim \nu^{-2}$ ist —

$$\tau_{18}\left\{1-\left(\frac{18{,}3}{100}\right)^2\right\} = \ln\frac{120}{80}\,. \qquad (150,\,23)$$

Man erhält also $\tau_{18} \approx 0{,}4$, was nach (150, 12) der Absorption *einer* schwächeren H II-Region entspricht. Dies ist naturgemäß ein Mittelwert über die Keulenbreite von 17°. Wäre das Absorptionsgebiet zum galaktischen Äquator hin erheblich stärker konzentriert, so könnten dort auch größere optische Dicken vorkommen. Das beobachtete *Fehlen* einer 18,3 MHz-Absorption in den galaktischen Längen 205—215° spricht wieder für die ungleichförmige Verteilung des interstellaren Plasmas in der galaktischen Ebene im Einklang mit den Hα-Beobachtungen in unserer Milchstraße und dem Andromedanebel.

Wie steht es nun mit der entsprechenden *Emission*? Nehmen wir — was im allgemeinen berechtigt sein dürfte — an, daß das interstellare Gas sich *vor* dem Ursprungsort der allgemeinen Strahlung befinde[2], so geht die Absorption in Emission über, sobald die Strahlungstemperatur des Hintergrundes unter die Elektronentemperatur T_e des Gases absinkt. Beschränken wir uns (im Hinblick auf die bekannte Konzentration des Gases zur galaktischen Ebene) auf den galaktischen Äquator, so sollte für $T_e = 10000°$ der Umschlag Absorption → Emission z. B. in dem schwachen Gebiet $l = 195°$ bei etwa 40 MHz, im galaktischen Zentrum ungefähr bei 80 MHz stattfinden.

P. A. G. SCHEUER und M. RYLE [22119] haben nun die *Intensitätsverteilung* quer zur Milchstraße interferometrisch untersucht, und zwar bei 81,5 MHz für $l = 353°$ und 13° und bei 210 MHz für $l = 338°$, 358°, 16°. Es handelt sich also um die Umgebung des galaktischen Äquators in $\Delta l = 10°$ bis 48° vom galaktischen Zentrum. (In galaktischer Länge betrug übrigens die Keulenbreite der beiden Interferometer 30° bzw. 12°.) Absolut geeicht waren nur die Messungen bei 81,5 MHz. *Alle* Messungen zeigen nun am galaktischen Äquator ein steiles Intensitätsmaximum von $\sim 1{,}4°$ ganzer Halbwertsbreite. Bei $l = 353°$ — wo es am ausgeprägtesten ist — erreicht das Maximum absolut $T_{81,5} = 12000°$ bzw. eine Überhöhung des flachen Untergrundes von $\Delta T_{81,5} \approx 5000°$. Deutet man dies als thermische Strahlung von interstellarem Gas, so müßte dessen $\tau_{81,5}$ von der Größenordnung Eins sein. Nach Gl. (150, 8) wäre dann das *Emissionsmaß* der Wolke[3] $EM \approx 13000$, etwa gleich dem von Cygnus X. Selbst wenn wir mit einer Elektronenkonzentration von nur $N_e = 10$ Elektronen/cm³ rechnen, erhalten

[1] Die beiden Durchmusterungen benutzen dieselbe Keulenbreite, sie sind also ohne weiteres miteinander vergleichbar.

[2] Allgemeinere Modelle kann man leicht durchrechnen; vgl. z. B. [22119 und 2256].

[3] Da ihre Hα-Emission nicht zu beobachten ist, müßte sie *hinter* der etwa 700 parsec entfernten Dunkelwolke liegen, welche die bekannte Teilung der Milchstraße hervorruft.

wir daraus als Dicke der Wolke längs des Sehstrahls nur 130 parsec. Es müßte sich also um eine ziemlich langgestreckte, wurmförmige Wolke in der galaktischen Ebene handeln, keinesfalls um eine mehr oder weniger gleichförmig in letzterer ausgebreitete Gasschicht. Ein Widerspruch mit den 18,3 MHz-Messungen besteht *nicht*, da eine Absorptions-„Rinne“ von nur 1°,4 Halbwertsbreite bei einer Keulenbreite von 17° selbstverständlich erheblich verwischt wird.

Obgleich soweit alles ganz vernünftig erscheint, erhebt sich gegen SCHEUER und RYLEs Deutung ihrer Messungen ein gewichtiger Einwand, wenn wir das *Radiospektrum* des „Kammes der Milchstraße“ betrachten: Wenn letzterer von *interstellarem Gas* herrührt, muß T_ν als Funktion der Frequenz konstant sein (für $\tau_\nu \gg 1$) bzw. mit wachsendem ν so abnehmen, daß im Grenzfall kleiner optischer Dicke $T_\nu \sim \nu^{-2}$ variiert. Da bei 81,5 MHz ein maximales T_ν von $\sim 12000°$, d. h. der Größenordnung der interstellaren Elektronentemperatur, gemessen ist, so befinden wir uns wohl in der Nähe des ersten Grenzfalles. Rührt andererseits der Kamm der Milchstraße von *nichtthermischen Quellen* her, welche stark zur Milchstraßenebene hin konzentriert sind, so müßte sein Spektrum — abgesehen von den niedersten Frequenzen — ebenso wie das der sonstigen Quellenstrahlung (s. unten) etwa wie $T_\nu \sim \nu^{-2,7}$ verlaufen. Kombiniert man nun die von SCHEUER und RYLE gemessene Maximaltemperatur von $\sim 12000°$ für 81,5 MHz bei $l = 353°$ mit der von R. X. MCGEE und J. G. BOLTON [2285] neuerdings für 400 MHz bei $l = 340°$ gemessenen Maximaltemperatur von $\sim 175°$, so erhält man $T_\nu \sim \nu^{-2,65}$.

Hätte man für beide Frequenzen Messungen bei genau derselben galaktischen Länge, so würde das Verhältnis $T_{81,5}/T_{400}$ etwas größer; andererseits könnte die bei 400 MHz gemessene Temperatur infolge des kleineren Auflösungsvermögens der Antenne etwas zu niedrig sein.

Wenn auch die experimentellen Unterlagen unserer letzten Überlegung noch verbesserungsbedürftig sind, so möchten wir diese doch als ein gewichtiges Argument dafür ansehen, daß der scharfe Kamm der Radiomilchstraße im *Scorpio* von einer dichten linsenartigen Anhäufung nichtthermischer Quellen und *nicht* von einer uns relativ nahestehenden ionisierten Gaswolke herrührt.

3. *Die Strahlung galaktischer Quellen (Radiosterne).* Die wesentlichen Züge der *galaktischen Radioisophoten* in dem mittleren Frequenzbereich etwa von 100 bis 500 MHz (und vielleicht darüber hinaus) werden also — abgesehen von den schon besprochenen individuell erkennbaren Quellen — offenbar im wesentlichen bestimmt durch die *räumliche Verteilung nicht aufgelöster Quellen.* Das interstellare Plasma macht sich erst etwa ab $\nu < 60$ MHz da und dort durch seine Absorption und bei hohen Frequenzen — wahrscheinlich in erheblich geringerem Umfang als man es gewöhnlich annahm — durch seine Emission bemerkbar. Als Spektrum der reinen *Quellenstrahlung* geben R. HANBURY BROWN und C. HAZARD [2256] an

$$T_\nu \sim \nu^{-2,8} \quad \text{bzw.} \quad I_\nu \sim \nu^{-0,8}\,. \tag{150, 24}$$

Da die Durchmusterungen bei verschiedenen Frequenzen schwer zu vergleichen sind, so dürfte die Unsicherheit der Exponenten etwa $\pm$ 0,2 betragen.

Auf jeden Fall unterscheidet sich das Spektrum (150, 24) so wenig von dem der Quellen der Typen Cas A, Cent A, Cyg A sowie der isotropen Komponente und vor allem der gestörten Sonne, daß kaum ein Zweifel mehr daran bestehen kann, daß diese alle letzten Endes auf *demselben Mechanismus* beruhen. (Andeutungsweise wächst der Betrag des Exponenten etwas mit der Heftigkeit der Turbulenz des strahlenden Plasmas.)

Aus den gemessenen *Radioisophoten* kann man nun nach bekannten Methoden der *Stellarstatistik* die räumliche *Dichteverteilung der Strahlungsergiebigkeit bzw. der Radioquellen* berechnen. Die grundlegende Arbeit von G. WESTERHOUT und

J. H. OORT [22142] stützte sich auf die 100 MHz-Durchmusterung von BOLTON und WESTFOLD mit einer Keulenbreite von 17°; die Milchstraße erscheint daher[1] erheblich zu dick. Eine weitere Arbeit von S. P. WYATT [22148] enthält einige hübsche mathematische Bemerkungen. Wesentlich weiter führte dann die schon mehrfach erwähnte Arbeit von R. HANBURY BROWN und C. HAZARD [2256], welche sich hauptsächlich auf G. REBERs 480 MHz-Durchmusterung mit einer Keulenbreite von 4°,5 stützt. Wenn auch — wie wir sahen — die Berücksichtigung des interstellaren Plasmas kaum so schematisch geschehen kann, wie dies BROWN und HAZARD versuchen, so behalten ihre sonstigen Ergebnisse doch ihre Bedeutung, abgesehen von den sich schon jetzt in Umrissen abzeichnenden Verfeinerungen im Kern des galaktischen Systems (s. unten). Nach den Rechnungen von BROWN und HAZARD erfolgt die Abnahme der *Quellendichte* von ihrem Maximalwert im galaktischen Zentrum (den wir vorläufig gleich 1 setzen) in der *galaktischen Ebene* auf 0,5 im Abstand[2] $r = 1{,}3$ kpc und auf 0,1 in 4 kpc vom Zentrum. Längs der Normalen zur galaktischen Ebene durch das Zentrum (z-Koordinate) nimmt die Dichte auf 0,5 in 0,22 kpc und auf 0,1 in $0{,}5_2$ kpc ab. Eine weitere Verbesserung des Auflösungsvermögens der Radioteleskope dürfte zu einer noch schärferen Quellenkonzentration zur galaktischen Ebene hinführen. Relativ sicher dürften dagegen schon die über z integrierten Flächendichten sein. Die *Konzentration der Radioquellen zum galaktischen Zentrum* hin in r und auf jeden Fall in z scheint stärker zu sein, als die der *stellaren Massendichte*; bezüglich letzterer vgl. J. H. OORTs H. N. RUSSELL-Lecture [2296].

Die feinere *Struktur des galaktischen Zentrums* ist neuerdings durch 400 MHz-Messungen von R. X. MCGEE und J. G. BOLTON [2285] mit dem großen *Sydney*er Paraboloid von 2° Keulenbreite bekannt geworden. Danach ziehen sich die Isophoten (Abb. 252) sozusagen zusammen auf eine Art *Quelle* bei $l = 327{,}^\circ9$, $b = -1{,}^\circ0$, deren Durchmesser nach Interferometermessungen bei 100 MHz nur $0{,}^\circ5$ bis 1° entspricht. Die Position entspricht genau der für das Zentrum unseres Milchstraßensystems erwarteten. Der Durchmesser der Quelle beträgt ~ 100 pc, was allerdings nach W. BAADE erheblich größer ist als der — vermutlich vergleichbare — Kern des Andromedanebels. Der Strahlungsstrom der Quelle bei 400 MHz beträgt $1{,}4 \cdot 10^{-23}$ Watt m^{-2} Hz^{-1}. Dessen Größe und die Struktur der Umgebung machen es sehr wahrscheinlich, daß wir in Abb. 252 wirklich eine Darstellung des *innersten Kernes unserer Milchstraße* vor uns haben. Für die *Quellendichte* erhält man damit eine außerordentlich starke Konzentration zum Mittelpunkt des Systems, was wiederum zu höchst interessanten stellardynamischen Fragestellungen führt[3].

Wir fragen nun weiter nach dem *Ursprung der galaktischen Quellenstrahlung*. Daß weder das interstellare Plasma noch die unter C) beschriebenen Quellentypen zu einer quantitativen Erklärung ausreichen, bedarf keiner Worte mehr. Schon 1949 hat vielmehr A. UNSÖLD [22135—22136] es sehr wahrscheinlich gemacht, daß die „*gewöhnlichen Radioquellen*" (wie wir sie nennen wollen) nichts anderes sind als *extrem kühle (Zwerg-)Sterne* der BAADE*schen Population II*. Da bis jetzt (1954) kein einziges Objekt dieser Art direkt mit einer Radioquelle identifiziert werden konnte, sind wir auf *indirekte* Argumente angewiesen, die neuerdings von W. PRIESTER [22111] sowie W. BAADE und R. MINKOWSKI [2212] weitergebildet worden sind.

[1] Wir bemerkten schon, daß eine mathematische Entzerrung verhältnismäßig wenig nützt.

[2] Der Abstand der Sonne vom Zentrum wurde zu $9{,}4 \pm 1{,}2$ kpc angesetzt.

[3] Nachtrag b. d. Korr.: Eine soeben erschienene Arbeit von R. D. DAVIES und D. R. W. WILLIAMS (Nature **175**, 1079 (1955)) macht es wahrscheinlich, daß die besprochene Quelle *nicht* dem galaktischen Zentrum entspricht, sondern eine thermisch strahlende Gasquelle in etwa 3 kpc Entfernung darstellt.

Die Analyse der galaktischen Radiodurchmusterungen liefert zunächst nur die *gesamte Radioemission* pro parsec³. R. HANBURY BROWN und C. HAZARD [2256] finden so bei 100 MHz (auf andere Frequenzen kann man $\sim\nu^{-0,7}$ leicht umrechnen) für die Umgebung der Sonne $1 \cdot 10^8$ Watt/Hz pc³ ster und als Mittelwert (entsprechend dem erreichten Auflösungsvermögen) für den Kern des galaktischen Systems $1 \cdot 10^{10}$ Watt/Hz pc³ ster. Schematisieren wir die von R. X. MCGEE und J. G. BOLTON [2285] gefundene „Zentralquelle" als Kugel von 100 pc Durchmesser, so erhalten wir ebenfalls bei 100 MHz dort $\sim 10^{14}$ Watt/Hz pro pc³ ster!

Die angegebenen Zahlen deuten wir nun als Produkt aus der *Anzahl der Quellen* pro pc³ ϱ mal der *mittleren Emission* einer gewöhnlichen Quelle oder — wie wir nun kurz sagen werden — *eines Radiosternes* $\overline{E}$ [Watt/Hz ster]. Speziell in der *Umgebung der Sonne* gilt also[1]

$$\varrho_\odot \cdot \overline{E} = 1{,}75 \cdot 10^8 \text{ Watt/Hz pc}^3 \text{ ster}\,. \qquad (150,\,25)$$

Wie können wir nun die beiden Faktoren trennen?

Aus $\varrho_\odot$ erhält man sofort den *mittleren Abstand* $d_\odot$ zweier Radiosterne in der Umgebung der Sonne, da $\frac{4\pi}{3}\left(\frac{d_\odot}{2}\right)^3 \cdot \varrho_\odot = 1$ ist. In Tab. 105 hat W. PRIESTER [22111] nun für eine Reihe angenommener $\varrho_\odot$ zunächst die zugehörigen $d_\odot$ und $\overline{E}$ angeschrieben. Dazu berechnet man leicht den *mittleren Strahlungsstrom der nächsten Radiosterne* η_{1n} (Abstand $\sim d_\odot$) bei 100 MHz oder die entsprechenden *scheinbaren Radio-Helligkeiten* m_{Rn} in der *Cambridger* Skala. Mann kann nun weiter übersehen, *wie viele* Radiosterne heller als eine vorgegebene *Grenzgröße* m_{Rg} — wieder unter der Annahme eines bestimmten $\varrho_\odot$ — auftreten müßten. Diese Zahlen hat W. PRIESTER für die *Radioquellen-Durchmusterungen* von *Sydney* (MILLS), *Cambridge* (RYLE) und *Jodrell Bank* (BROWN und HAZARD) unter Berücksichtigung der mit den betreffenden Antennen erfaßbaren Grenzgrößen m_{Rn} (Abb. 255) und Areale berechnet und im unteren Teil der Tab. 105 zusammengestellt. Da bis jetzt — wie gesagt — keine individuellen Radiosterne erkannt worden sind, müssen diese Zahlen jedenfalls ziemlich *klein* sein. Berücksichtigt man noch eine mäßige Streuung der absoluten Radiohelligkeiten, so erhält

Tabelle 105. Zusammenhang zwischen der angenommenen Dichte der Radio-Sterne in der Umgebung der Sonne und der scheinbaren Radio-Helligkeit der nächsten Radio-Sterne. Nach W. PRIESTER [22111].

$\varrho_\odot$	=	$3{,}5 \cdot 10^{-1}$	$3{,}5 \cdot 10^{-2}$	$3{,}5 \cdot 10^{-3}$	pc^{-3}
$d_\odot$	=	1,8	3,8	8,2	pc
$\overline{E}$	=	$5 \cdot 10^8$	$5 \cdot 10^9$	$5 \cdot 10^{10}$	Watt/ster Hz
η_{1n}	=	1,7	3,6	7,8	10^{-25}W/m^2 Hz
m_{Rn}	=	4,5	3,6	2,8	
z(Sy)	=	—	—	35	
z(Ca)	=	—	15	35	
z(JB)	=	9	21	65	
z(JB)	=	—	4	8	

N = Gesamtzahl der Radio-Sterne in der Galaxis,
$\varrho_\odot$ = Anzahl der Radio-Sterne im pc³ der Sonnenumgebung,
$d_\odot$ = Mittl. Abstand der Radio-Sterne in der Sonnenumgebung,
$\overline{E}$ = Mittl. Emission eines Radio-Sternes bei 100 MHz,
η_{1n} = Mittl. Radio-Helligkeit der *nächsten* Radio-Sterne bei 100 MHz,
m_{Rn} = dto. in der CAMBRIDGE-Größenskala,
z = Zahl der beobachtbaren Radio-Sterne, berechnet auf Grund der obigen Annahmen für die Antennen in Sydney (Grenzgröße $m_{Rg} = 3{,}3$), Cambridge ($m_{Rg} = 3{,}8$) und Jodrell Bank ($m_{Rg} = 5{,}7$ und $m_{Rg} = 4{,}0$). Die Größe der von diesen Antennen erfaßbaren Himmelsareale wurde berücksichtigt.

[1] Rechts nehmen wir der Bequemlichkeit wegen den von W. PRIESTER benutzten, etwas größeren Zahlenwert. Der Unterschied ist belanglos.

man nach W. PRIESTER als wahrscheinlichste Lösung (die zunächst höchstens in Richtung größerer $\varrho_\odot$ bzw. kleinerer $\overline{E}$ modifiziert werden könnte):

Zahl der Radiosterne pro pc³ in Sonnenumgebung	$\varrho_\odot$	$= 7 \cdot 10^{-2}\,\mathrm{pc}^{-3}$	(150, 26)
Gesamtzahl der Radiosterne in der Milchstraße (aus deren gesamter Radio-Ergiebigkeit)	N	$= 2 \cdot 10^{11}$	
Mittlere Radioemission eines Radiosternes bei 100 MHz	$\overline{E}$	$= 2{,}5 \cdot 10^{9}$ Watt/ster Hz	
Häufigste Radioemission eines Radiosternes bei 100 MHz	E_0	$= 1 \cdot 10^{9}$ Watt/ster Hz	
Häufigste absolute Radiohelligkeit (Cambridger Skala)	M_{R_0}	$= +7{,}5$	

Die enorme *Häufigkeit der Radiosterne* legt den Gedanken nahe, daß es sich um ganz gewöhnliche, aber *sehr schwache Sterne am „kühlen" Ende der Hauptsequenz des H. R.-Diagrammes handelt.* W. PRIESTER rechnete [22111] versuchsweise mit absoluten Helligkeiten von $M_{bol} = 13{,}5$ bzw. $M_{pv} \approx 17$. Sehen wir uns daraufhin nochmals die (provisorische) *Leuchtkraftfunktion* der schwächsten Sterne nach G. P. KUIPER (Abb. 37, Kurve *c*) an, so finden wir dort im Bereich $M_v = 12$ bis 16 etwa $5 \cdot 10^{-2}$ Sterne $\cdot\,\mathrm{pc}^{-3}$, was gerade der Anzahl der Radiosterne entsprechen würde. Wir möchten also einem *mittleren Radiostern* eher die visuelle absolute Helligkeit $M_v \approx 14$ zuschreiben. Die *bolometrische Korrektion* dürfte — nach einer erheblichen Extrapolation der Daten von G. P. KUIPER [348] — bei -5 liegen, der *Farbindex* $M_{phot} - M_v$ bei 4. Unseren folgenden Berechnungen legen wir also die provisorischen Annahmen zugrunde:

$$\text{Mittlerer Radiostern: } M_v = 14; \quad M_{phot} = 18; \quad M_{bol} = 9\,. \tag{150, 27}$$

Im Abstand $d_\odot = 2{,}4$ pc wäre dann die *scheinbare* Helligkeit $m_v = 11$ bzw. $m_{phot} = 15$, was mit den offenbar geringen Entdeckungschancen noch verträglich sein dürfte.

Die *Masse* eines solchen Sternchens beträgt etwa $0{,}1\,\mathfrak{m}_\odot$. Die *Massendichte der Radiosterne* in der Sonnenumgebung entspräche also $0{,}007\,\mathfrak{m}_\odot \cdot \mathrm{pc}^{-3}$. Andererseits findet J. H. OORT [2296], daß von der dynamisch bestimmten Massendichte unserer Umgebung ein Anteil $0{,}018\,\mathfrak{m}_\odot \cdot \mathrm{pc}^{-3}$ *nicht* durch beobachtete Sterne und interstellare Materie erklärt werde. In dieser Hinsicht bestehen also keine Schwierigkeiten.

Ein solcher Radiostern hätte z. B. bei einer Temperatur von 2500° einen Radius von 0,7 Sonnenradien. Seine *bolometrische Ausstrahlung* wäre — wie man von den bekannten Daten für die Sonne aus leicht berechnet $5{,}2 \cdot 10^{23}$ *Watt/ster.*

Die *Ausstrahlung im gesamten Radiofrequenzbereich von* 0—3000 MHz andererseits wird nach (150, 26) (alle Frequenzen in MHz)

$$\int_0^{3000} \overline{E} \left(\frac{\nu}{100}\right)^{-0{,}7} d\nu \cdot 10^6 = 2{,}3 \cdot 10^{18}\ \text{Watt/ster.} \tag{150, 28}$$

Auf die Wahl der unteren und oberen Integrationsgrenze kommt es bei dieser Abschätzung wenig an. Hätten wir z. B. bis 10000 MHz integriert, so käme rechts nur noch ein Faktor 1,4 hinzu.

Vergleichen wir nun die *gesamte Radioemission* eines Radiosternes mit seiner *Gesamtstrahlung,* so ergibt sich der — wie zu erwarten äußerst niedrige — *Nutzeffekt* unseres kosmischen Radiosenders zu $\sim 4{,}4 \cdot 10^{-6}$.

Wenn auch die diskutierten Zahlen allesamt noch mit großen Unsicherheiten behaftet sind, so lassen sie doch eindeutig die Vernünftigkeit der Vorstellung erkennen, daß die *Radiosterne nichts anderes sind als kleine und kühle Zwergsterne.* Die Radiosterne zeigen im Milchstraßensystem eine nur mäßige Konzentration zur galaktischen Ebene hin, aber eine sehr starke Konzentration zum galaktischen Zentrum. Gehen wir aus von der oben geschätzten Ergiebigkeit in der „*Zentralquelle*“ von $\approx 10^{14}$ Watt/Hz pc^3 ster, so haben wir dort eine Dichte[1] von etwa 40000 Radiosternen pro pc^3! Die Radiosterne gehören also zur BAADEschen *Population II*, wie W. BAADE und R. MINKOWSKI [2212] durch direkten Vergleich der Breitenverteilung der Radiofrequenzstrahlung mit der Anzahl der *Haufenveränderlichen* pro Quadratgrad bestätigen.

Versuchen wir nun, uns ein etwas genaueres Bild von der *Entstehung der Radiofrequenzstrahlung* in den Radiosternen zu machen! Wegen Gl. (148, 19) kann diese nur in den äußersten Atmosphärenschichten entspringen, die 20 MHz-Strahlung z. B. bei $N_e < 5 \cdot 10^6$ cm^{-3}. Da es sich wegen der charakteristischen Frequenzabhängigkeit offensichtlich um nichtthermische Strahlung, d. h. Plasmaschwingungen, handelt, so dürfen wir uns vorstellen, daß die Radiosterne von einer Art *Korona* umgeben sind, durch welche ähnlich wie auf der Sonne, nur in sehr viel heftigerem Ausmaße, *Materieströme hoher Geschwindigkeit, d. h. eine Art von Protuberanzen,* „pfeifen“, welche die *Plasmaschwingungen* anregen.

Diese Vorstellung erhärten wir durch einen Vergleich der Emission eines *Radiosternes* mit der der *gestörten Sonne*: Nach (147, 22) und (149, 6) berechnet man leicht die Emission der heftig gestörten Sonne bei 100 MHz zu $1{,}6 \cdot 10^5$ Watt/ster Hz; dies ist also etwa der 10^4-te Teil der Emission eines Radiosternes. Berücksichtigt man aber, daß einerseits auf der Sonne nur 10^{-3} bis 10^{-4} ihrer Oberfläche jeweils „gestört“ sind und schätzt andererseits den Radius der Korona eines Radiosternes ≈ 1 Sonnenradius, so ersieht man, daß die Emission pro m$^2 \cdot$ Hz $\cdot$ ster in beiden Fällen von *derselben Größenordnung* ist.

Die *insgesamt* pro m^2 der Oberfläche und Sekunde in den Raumwinkel 1 von einem Radiostern[2] (und ähnlich einer gestörten Stelle der Sonne) ausgestrahlte Radioenergie ist nach (150, 28) größenordnungsmäßig

$$2{,}3 \cdot 10^{18} \cdot r_\odot^{-2} \approx 5 \text{ Watt m}^{-2}\,. \qquad (150, 29)$$

Andererseits transportiert beispielsweise ein *Korpuskularstrom* mit 10^7 Teilchen pro cm^3 von 1000 km/sec

$$\tfrac{1}{2}\,\varrho\, v^3 \approx 10^4 \text{ Watt m}^{-2}\,. \qquad (150, 30)$$

Auch diese Abschätzung fordert also für die Erzeugung der Radiofrequenzstrahlung nur einen sehr niedrigen *Nutzeffekt.*

Daß gerade die *kühlen Sterne* besonders starke Radioquellen sind, beruht letzten Endes ohne Zweifel darauf, daß nach Abschnitt 54—58 dort die *Wasserstoffkonvektionszone* immer größere Bedeutung gewinnt, und daß bei niedrigeren Temperaturen die Chancen für den *konvektiven* vs. Strahlungsenergietransport immer günstiger werden. Auch von der Beobachtung her weist vieles darauf hin, daß die Phänomene der „*Aktivität*“ auf den kühleren Sternen [22135—22136] viel stärker ausgebildet sind als auf der Sonne: Wir kennen dort gewaltige *Flecke* (KRON) und die *Flare*-Sterne; die Ca II-Emissionslinien (oft mit einer H_3- und K_3-Umkehr) deuten auf riesige *Fackelflächen* usw. (Wahrscheinlich sollten wir auch die „magnetischen Sterne“ in diesem Zusammenhang nennen.) Dies gilt übrigens nicht nur für die Zwergsterne, sondern ebenso für die Giganten und Übergiganten.

[1] In offenen Sternhaufen sind Dichten der sichtbaren Sterne bis ~ 10000 pro pc^3 bekannt.
[2] Dessen „wirksamen Radius“ setzen wir ≈ 1 Sonnenradius.

Unsere Deutung der galaktischen Radiofrequenzstrahlung[1] gewinnt durch diese astrophysikalischen Überlegungen sehr an Überzeugungskraft. Es ist zu hoffen, daß Untersuchungen über *strahlungsfähige Plasmaschwingungen* in Kürze das *eine* fehlende Glied unserer Theorie noch ergänzen werden.

151. Die 21 cm-Linie des interstellaren Wasserstoffes.

Wie H. C. VAN DE HULST schon 1944 vermutete und dann 1951 fast gleichzeitig H. I. EWEN und E. M. PURCELL an Harvard, C. A. MÜLLER und J. H. OORT in Leiden und W. N. CHRISTIANSEN und J. V. HINDMAN in Sydney entdeckten [2241], emittieren die neutralen Wasserstoffatome im interstellaren Raum die *Linie* — es ist bis jetzt die einzige im Bereich der Radioastronomie — $\lambda = 21{,}1049$ cm oder $\nu = 1420{,}4056$ MHz. Die Frequenz der Linie ist mit dieser Genauigkeit bekannt aus den Atomstrahl-Resonanzversuchen von K. KUSCH und A. G. PRODELL [2276]. Es handelt sich um den Übergang zwischen den Hyperfeinstrukturniveaus des Grundzustandes $F = 1 \rightarrow F = 0$. Im angeregten Zustand stehen Kern- und Elektronenspin parallel, im Grundterm antiparallel. Der „verbotene" Übergang erfolgt nach P. WILD [22145] durch magnetische Dipolstrahlung mit der Übergangswahrscheinlichkeit $A_{nm} = 2{,}84 \cdot 10^{-15}\,\text{sec}^{-1}$ bzw. der Verweilzeit $A_{nm}^{-1} = 11$ Millionen Jahre. Die Anregung des Termes $F = 1$ erfolgt nach E. M. PURCELL u. a. vorzugsweise durch Elektronenaustausch beim Zusammenstoß zweier H-Atome. Die Anregungs- oder „Spin"-Temperatur stellt sich so auf den Zahlenwert der kinetischen Temperatur der interstellaren H-Atome ein. Die Beobachtungen ergeben dafür im Durchschnitt 110° K.

Die enorme Bedeutung der 21 cm-Linie für die *Erforschung des Milchstraßensystems* beruht darauf, daß man aus der Frequenzverteilung, d. h. dem Profil der Linie, die Verteilung der Radialgeschwindigkeiten des interstellaren Wasserstoffes in der Sehlinie ablesen kann. Schwierigkeiten entstehen erst, wenn — z. B. in Richtung vom galaktischen Zentrum — die Emission in optisch dicker Schicht erfolgt.

Die Analyse der Beobachtungen ist wesentlich ein Problem der Stellardynamik, das über den Rahmen dieses Buches hinausgeht. Wir dürfen auf die grundlegende Abhandlung von H. C. VAN DE HULST, C. A. MÜLLER und J. H. OORT [2270] verweisen und greifen aus deren vielen Ergebnissen nur zwei heraus, die für die übrige Radioastronomie wichtig sind: 1. Die *Dichte des interstellaren Wasserstoffes* beträgt in den Spiralarmen etwa 2 Atome/cm³, dazwischen erheblich weniger, und 2. die *Position des galaktischen Zentrums* ergibt sich zu

$l = 328{,}^\circ 0,\quad b = -1{,}^\circ 5,$ ... 1420 MHz-Linie nach VAN DE HULST, MÜLLER und OORT [2270] (151, 1)

in ausgezeichneter Übereinstimmung mit den Beobachtungen der „Zentralquelle":

$l = 327{,}^\circ 9,\quad b = -1{,}^\circ 0,$ ... 400 MHz nach MCGEE und BOLTON [2285]
$l = 327{,}^\circ 6,\quad b = -1{,}^\circ 46,$ .. 3200 MHz nach HADDOCK, MAYER und SLOANAKER [2246]. (151, 2)

Hierzu vgl. auch die interessanten Beobachtungen im Gebiet des galaktischen Zentrums, welche A. A. KALINJAK, W. I. KRASSOWSKI und W. B. NIKONOW [2320] mittels eines Bildwandlers bei $\lambda \sim 10000$ Å ausgeführt haben.

[1] Auf die gelegentlich vorgeschlagene Hypothese einer Erzeugung der Radiofrequenzstrahlung durch Ultrastrahlungselektronen im Magnetfeld brauchen wir wohl nicht mehr einzugehen. Vgl. W. L. GINSBURG [2319], jedoch H. SIEDENTOPF und G. ELWERT [2322].

XXIII. Kapitel.

Kosmische Ultrastrahlung und Radiofrequenzstrahlung.

152. Problemstellung.

Wir können es uns nicht versagen, zum Schluß auf die höchst interessanten Zusammenhänge zwischen der *Radiofrequenzstrahlung* und der *kosmischen Ultrastrahlung* (A. UNSÖLD [2327—2329]) einzugehen, welche es als nahezu sicher erscheinen lassen, daß diese beiden typischen *Nichtgleichgewichtsstrahlungen,* welche sowohl von der *gestörten Sonne* als auch aus dem *Kosmos* zu uns gelangen, einen *gemeinsamen Ursprung* haben, und zwar in den hochgradig turbulenten und magnetischen Plasmen der äußersten Hüllen der *Sonne* bzw. der *Radiosterne.*

Zur allgemeinen Einführung in das weit verzweigte Gebiet der *Ultrastrahlungsforschung* müssen wir auf die Werke von D. J. X. MONTGOMERY [2302], J. G. WILSON [2303] und besonders W. HEISENBERG [2301] verweisen. Die astrophysikalischen Aspekte sind in letzterem durch Artikel von L. BIERMANN u. a. wohl am eingehendsten berücksichtigt.

153. Die solare Komponente der Ultrastrahlung.

1946 entdeckte S. E. FORBUSH [2317—2318], daß die *Sonne* bei großen *Eruptionen* Ultrastrahlungsteilchen von einigen 10^9 eV (= 1 Bv) emittiert. Messungen von A. EHMERT [2311], J. CLAY u. a. bestätigten und erweiterten seine Beobachtungen. Wesentlich war die Erkenntnis, daß es sich *nicht* um eine Beeinflussung der „allgemeinen" Ultrastrahlung durch das gestörte Erdmagnetfeld handelt, sondern wirklich um die Emission so energiereicher Teilchen von der Sonne.

Zum Nachweis solcher Effekte eignen sich:

Die *Ionisationskammer*; zum Schutz gegen wechselnde radioaktive Umgebungsstrahlung mit etwa 10 cm Bleipanzerung. Um ausreichende zeitliche Auflösung zu erreichen, braucht man ziemlich große Kammern ($\sim 500\,l$).

Das *Zählrohrteleskop.* Zwei oder mehrere Zählrohre parallel zueinander in Koinzidenzschaltung registrieren nur energiereiche, ionisierende Teilchen, welche alle Zählrohre durchdringen. Dadurch ist die Umgebungsstrahlung weitgehend eliminiert. Das Zählrohrteleskop hat eine (bescheidene) Richtwirkung; durch Versuche mit eingeschobenen Absorbern kann man Aussagen über die Energie usw. der Teilchen bekommen.

Bei mehreren großen Sonneneruptionen beobachtete man [2318] mit solchen Apparaturen in Meereshöhe *Anstiege*[1] von $\sim 20\%$, auf Bergstationen mehr, über mehrere Stunden. Die Abhängigkeit von der erdmagnetischen Breite, insbesondere das Fehlen der Effekte am magnetischen Äquator, beweist im Sinne der Theorie von STÖRMER u. a., daß es sich um geladene Teilchen von nur einigen 10^9 eV handelt, während das Energiespektrum der allgemeinen Ultrastrahlung sich bis etwa 10^{17} eV erstreckt.

Zur besseren Erfassung der „weichen" und insbesondere der *solaren Komponente* der Ultrastrahlung bei ~ 4 Bv hat die *Chicagoer* Schule — M. SCHEIN, J. A. SIMPSON, J. W. FIROR, W. H. FONGER, S. B. TREIMAN [2306—2310] — in den Jahren seit 1953 die in Abb. 256 beschriebene Anordnung entwickelt. Damit ergeben schon mäßige Sonneneruptionen Effekte von $\sim 1\%$ maximalem Anstieg und einer Gesamtdauer von ~ 3 Std. Schließlich gelang es sogar, eine ständige *solare Komponente* von $\sim 0{,}5\%$ der Gesamtanzeige des Gerätes zu

[1] Der ungefähr einen Tag nach der Eruption einsetzende erdmagnetische Sturm verursacht einen *negativen* Effekt.

isolieren. Diese zeigt ähnlich wie die gestörte Radiofrequenzstrahlung zeitweilig die charakteristische 27^d-Periode der Sonnenrotation. Ihr tägliches Maximum in *Climax* (106°,2 W, 48°,1 N) bei $4^h \pm 2$ lokaler Sonnenzeit entspricht den nach der STÖRMERschen Theorie berechneten Bahnen, auf welchen geladene 4 Bv-Teilchen von der Sonne zum Beobachtungsort gelangen können.

Die *Entstehung der solaren Ultrastrahlung* wird man — die Idee geht wohl auf W. F. G. SWANN [2324] zurück — auf die Beschleunigung ionisierter Materie in elektrischen Feldern zurückführen, welche durch *zeitliche Änderungen solarer Magnetfelder* induziert werden. Ursprünglich dachte man dabei an Änderungen der *Flecken*felder. Wir wollen die vorgeschlagenen Mechanismen [vgl. 2301] nicht im einzelnen besprechen, da es fraglich ist, ob sie auch den Forderungen der

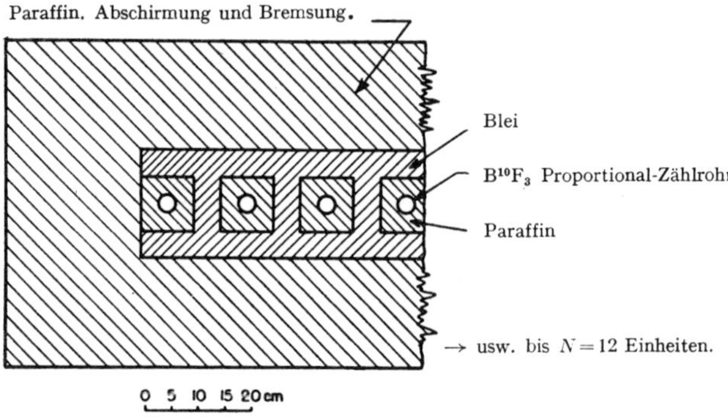

Abb. 256. „*Pile*" nach J. A. SIMPSON u. a. [2306] zur Messung der weichen, insbesondere der *solaren Ultrastrahlung*. Die primäre Ultrastrahlung erzeugt in der Erdatmosphäre sekundär Mesonen sowie Protonen und Neutronen. Letztere werden in der *äußeren Paraffinhülle* abgebremst und erzeugen dann in dem *Bleimantel* lokal wieder Neutronen von etwa 1—20 MeV. Diese werden in dem *inneren Paraffin* weiter abgebremst und in den (bis 12) *Proportionalzählrohren* registriert. Letztere sind mit BF_3 gefüllt, welches nur das Isotop B^{10} enthält. Mit einem langsamen Neutron bildet dieses einen angeregten B^{11}-Kern, der wiederum in $Li^7 + \alpha$ zerfällt. Die angegebene Kette von Prozessen „bevorzugt" die weichen Primärteilchen.

Magnetohydrodynamik gerecht werden. Wichtiger ist folgender Fingerzeig seitens der Beobachtungen: *Der Einsatz und das Maximum des solaren Ultrastrahlungseffektes kommt erst* 15—60 *min nach den entsprechenden Phasen der Sonneneruption.* Man schätzt ohne weiteres ab, daß es sich *nicht* um einen Laufzeiteffekt handeln kann. Andererseits ist der Flare im wesentlichen schon abgeklungen. Was kann also noch die eigentliche Ursache für die Entstehung der Ultrastrahlung sein?

Die 200 MHz-*Radiobeobachtungen* zeigen gerade während des erwähnten Zeitintervalles nach H. W. DODSON, E. R. HEDEMAN und L. OWREN [2237] — vgl. Abb. 246 — den sog. „*zweiten Teil*", eine Art *Radiosturm.* Nach den spektrohelioskopischen Beobachtungen von M. A. ELLISON u. a. erscheint es so gut wie sicher, daß dieser hervorgerufen wird durch die nach einer Eruption noch längere Zeit umherspritzenden und großenteils wieder in die Sonne zurückfallenden *Protuberanzen* ("flare-surges"). Die einander durchdringenden Plasmaströme erzeugen die gestörte Radiofrequenzstrahlung. Wir wollen nun abschätzen, ob sie auch imstande sind, *Ultrastrahlungsteilchen* auf ~ 4 Bv zu beschleunigen:

Die Stärke des *Magnetfeldes H* in Protuberanzen schätzen wir nach bekannten Prinzipien der Magnetohydrodynamik ab, indem wir die Energiedichte des Magnetfeldes gleich der der Turbulenz, d. h. $\frac{1}{8\pi} H^2 \approx \frac{1}{2} \varrho v_t^2$ setzen. Mit $\varrho \approx 1{,}2 \cdot 10^{-13}$ gr cm^{-3} [entsprechend $5 \cdot 10^{10}$ schweren Teilchen/cm³, nach

(144, 66)] und $v_t \approx 80$ km/sec erhalten wir $H \approx 10$ Gauß. Fliegt nun ein magnetisierter Protuberanzenknoten durch die Korona, oder wird er beim Zurückfallen samt seinem Stromsystem aufgelöst, so entsteht durch Induktion ein elektrisches Feld. Nach dem FARADAYschen Induktionsgesetz (d. h. einer der MAXWELLschen Gleichungen) gilt nun (in elektrostatischen Einheiten)

$$\oint (\mathfrak{E}, d\mathfrak{s}) = \frac{1}{c} \frac{d}{dt} \int \mathfrak{B}_n \, d\sigma \,. \tag{153, 1}$$

Der magnetische Fluß rechts ist über den Querschnitt des Protuberanzenknotens zu integrieren; das Linienintegral links um diesen herum. Ist nun der Radius des Knotens von der Größenordnung $\sim l$, die Zeitdauer des Vorganges t, die charakteristische Geschwindigkeit $v \sim r/t$, so wird die über eine Länge l entstehende Spannung $V \sim E \cdot l$ in Volt größenordnungsmäßig (wie auch schon eine einfache Dimensionsbetrachtung lehrt)

$$V \approx H \cdot v \cdot l \cdot 10^{-8} \text{ [Volt]} \tag{153, 2}$$

oder zahlenmäßig mit $H \approx 10$ Gauß, $v \approx 1000$ km/sec, $l \approx 10000$ km

$$V \approx 10^{10} \text{ Volt} \,. \tag{153, 3}$$

Insoweit können also tatsächlich Protonen, α-Teilchen usw. in der Korona auf die beobachtete Energie von einigen Bv beschleunigt werden. Hinreichend große freie Weglängen werden dort ebenfalls vorhanden sein. Aber wir haben es nicht nur mit einzelnen Partikeln zu tun, sondern müssen im Sinne der Magnetohydrodynamik auch die Rückwirkung des Beschleunigungsvorganges[1] bedenken:

Ein Protuberanzenvolumen $V_P \approx l^3$ enthält pro cm³ $n_P \approx 5 \cdot 10^{10}$ Teilchen mit der Energie $E_p \approx 10^4$ eV (entsprechend 1100 km/sec). Dieses beschleunige auf seinem Fluge durch die Korona in einem Volumen $V_K < V_P$ die Materie mit der dortigen Teilchendichte $n_K \approx 10^7$ cm^{-3} auf $E_K \approx 4 \cdot 10^9$ eV. Dann muß offenbar gelten:

$$n_K E_K V_K \leqq n_P E_P V_P \,. \tag{153, 4}$$

Mit den angegebenen Zahlenwerten würde das heißen

$$V_K \leqq 10^{-2} \cdot V_P \,. \tag{153, 5}$$

Insgesamt würden also beschleunigt $n_K V_K \leqq n_P V_P \cdot \frac{E_P}{E_K} \approx 10^{32}$ Teilchen. Bei einer Eruption treten nun selbstverständlich eine ganze Reihe von Protuberanzen in Tätigkeit; andererseits kann nur ein gewisser Bruchteil der Ultrastrahlungsteilchen die Sonne verlassen. Man sollte also erwarten, daß — ganz im Groben — bei einem Ausbruch höchstens 10^{32} Ultrastrahlungsteilchen ausgeschleudert werden.

Nach J. W. FIROR, J. A. SIMPSON und S. B. TREIMAN [2316] produziert nun die Sonne normalerweise etwa 10^{23} Ultrastrahlungsteilchen pro sec (in einem Energieintervall von $\sim 0{,}5$ bis 4 Bv). Bei einer mäßigen Eruption wird nun ein etwa halb so großer zusätzlicher Teilchenstrom während ~ 3 Std. $\approx 10^4$ sec emittiert, d. h. insgesamt $\sim 10^{27}$ Teilchen.

Bei der großen Eruption vom 19. November 1949 beobachteten N. ADAMS und H. J. J. BRADDICK [2304] einen Anstieg der Neutronenintensität über ~ 12 Std. mit einem Maximum von etwa dem 5fachen der normalen Ultrastrahlungsintensität. Dabei dürften also insgesamt schätzungsweise 10^{30} Teilchen emittiert worden sein.

Der Vergleich der beobachteten Teilchenzahlen von 10^{27} bis 10^{30} mit dem theoretisch geschätzten oberen Grenzwert von $\approx 10^{32}$ für einen Ausbruch zeigt,

[1] Ganz allgemein gesprochen, ist das Grundprinzip der *Ultrastrahlungsbeschleunigung* wie auch z. B. das aller *Spritzvorgänge*, des bekannten *hydraulischen Widders* usw., die Energieübertragung von einer großen, verhältnismäßig langsam bewegten Masse auf eine kleine, die so eine hohe Energie pro Masseneinheit erreicht.

daß der diskutierte Mechanismus auch magnetohydrodynamisch, d. h. energetisch möglich ist und keinen unvernünftig hohen *Nutzeffekt* verlangt.

Vielleicht dürfen wir — ganz versuchsweise — eine Abschätzung über das *Energiespektrum der solaren Korpuskularstrahlung* anschließen für den noch wenig erforschten Bereich zwischen den Teilchen von $E_1 \approx 10^4$ eV, welche bei großen Eruptionen die magnetischen Stürme und Nordlichter erzeugen — wir könnten auch sagen: sehr raschen Protuberanzen — und den solaren Ultrastrahlungsteilchen von $E_2 \approx 4 \cdot 10^9$ eV:

Bei großen Sonneneruptionen ist die Dichte der ersteren in Erdnähe nach einer Abschätzung von S. CHAPMAN und A. UNSÖLD [2326] $\sim 10^5$ cm^{-3}, ihr *Strom* also $\sim 10^{14}$ Teilchen/cm² sec. Nehmen wir schätzungsweise an, daß diese Teilchen ein Energieband von ebenfalls $\Delta E_1 \sim 10^4$ eV erfüllen, so haben wir im Energiespektrum $n(E_1) \approx 10^{10}$ Teilchen/cm² pro sec · eV.

Der entsprechende Strom der *Ultrastrahlungsteilchen* mit $E_2 \approx 4 \cdot 10^9$ eV in einem Energieband von $\Delta E_2 \approx 0{,}5 \cdot 10^9$ eV ist ungefähr 1 Teilchen/cm² sec. Im Energiespektrum wäre also $(nE_2) \approx 2 \cdot 10^{-9}$ Teilchen/cm · sec · eV. Vergleicht man die beiden Teilchenströme, so geht

$$n(E) \sim E^{-3,3}\,. \qquad (153,6)$$

Das Energiespektrum der allgemeinen Ultrastrahlung ist bekanntlich etwa $n(E) \sim E^{-2}$; das der solaren Komponente fällt jedenfalls steiler ab. Vielleicht ist es daher — mit aller Vorsicht — erlaubt, mit dem Gedanken zu spielen, daß eine ganz stetige Verbindung von der Beschleunigung der Protuberanzen über die der nordlichterzeugenden Korpuskeln bis zur Entstehung der Ultrastrahlung führt.

Um weiterhin Licht in die Entstehung der Ultrastrahlung zu bringen, vergleichen wir — zunächst ganz formal — die *Ultrastrahlungsemission* der Sonne mit ihrer *Radiofrequenzstrahlung bei* 100 *MHz*. Den Ultrastrahlungsstrom beziehen wir auf den der gesamten kosmischen Ultrastrahlung als Einheit (1 U); die in einer gewissen Zeit pro Flächeneinheit ankommende *Ultrastrahlung* messen[1] wir dementsprechend in [U · sec]. Die Radiofrequenzstrahlung müssen wir selbstverständlich bei einer Frequenz messen, in welcher die gestörte Strahlung hinreichend überwiegt; 100 MHz ist auch in praktischer Hinsicht günstig. Den Strahlungsstrom messen wir wie bisher in Watt/m² · Hz, die in 1 sec cet. par. durch 1 m² gehende Energie bekommt dann die Maßeinheit 1 Watt · sec/m² Hz = 1 Joule/m² Hz. Messungen bei anderen Frequenzen rechnen wir entsprechend dem Spektrum der gestörten Strahlung $S_\nu \sim \nu^{-0,7}$ um; diese Faktoren sind nie sehr bedeutend. Nach diesen etwas umständlichen Vorbereitungen betrachten wir[2]

1. *Die große Sonneneruption vom 25. Juli 1946.* Die *Ultrastrahlung* (gemessen mit Ionisationskammer oder Zählrohrteleskop) zeigte über ~ 15 Std. einen Anstieg mit einem Maximum von 16%. Insgesamt wurden also etwa emittiert $\frac{1}{2} \cdot 0{,}16 \cdot 15 \cdot 3600 = 4300$ U · sec. Die *Radiobeobachtungen* von A. C. B. LOVELL und C. J. BANWELL [2279a] bei 72,6 MHz ergaben a) ein steiles Hauptmaximum bei der Eruption selbst von 3,5 min Dauer und $8{,}6 \cdot 10^{-17}$ Watt m^{-2} Hz^{-1} und b) einen „II. Teil" [2237] von etwa 3 Std. Dauer mit durchschnittlich $5 \cdot 10^{-20}$ Watt m^{-2} Hz^{-1}. Die entsprechenden Energien — umgerechnet auf 100 MHz — sind also absolut bzw. bezogen auf 1 U · sec:

		Joule m^{-2} Hz^{-1} (100 MHz)	$\frac{\text{Joule m}^{-2}\,\text{Hz}^{-1}}{\text{U} \cdot \text{sec}}$	
25. VII. 1946	a) Hauptmaximum:	$1{,}4 \cdot 10^{-14}$	$3 \cdot 10^{-18}$	(153, 7)
	b) II. Teil:	$4{,}3 \cdot 10^{-16}$	$0{,}1 \cdot 10^{-18}$.	

2. *Kleinere Eruptionen.* Mit Neutronenzählern ("Piles") nach Abb. 256 erhielt J. W. FIROR [2309] bei zahlreichen mäßig starken Sonneneruptionen Zunahmen

[1] Wir umgehen damit die Schwierigkeiten einer absoluten Eichung der Ultrastrahlungsapparaturen. Die — streng genommen — nach der STÖRMERschen Theorie zu berechnenden Chancen dafür, daß die auf der Sonne emittierten Teilchen am Beobachtungsort ankommen, machen wir dadurch einigermaßen konstant, daß wir stets „günstige" Stationen auswählen.

[2] Die im folgenden angegebenen Zahlenwerte haben wohl großenteils einen Unsicherheitsbereich von einer Zehnerpotenz.

der Ultrastrahlung über $\sim$ 3 Std. mit Maximis von $\sim$ 0,5%. Die gesamte Emission betrug also $0{,}025 \cdot 3 \cdot 60 = 4{,}5$ U · sec.

Bei derartigen Eruptionen beobachteten andererseits H. W. Dodson, E. R. Hedeman und L. Owren [2237] auf 200 MHz einen "Energy-Excess" von $\sim$ 100. Dessen Einheit ist per definitionem: Strom der ruhigen Strahlung $8 \cdot 10^{-22}$ Watt m^{-2} Hz^{-1} mal 1 min. Rechnet man noch durch Multiplikation mit $2^{0,7} = 1{,}6$ auf 100 MHz um, so erhält man in absolutem Maß bzw. pro U · sec für

	Joule m^{-2} Hz^{-1} (100 MHz)	$\frac{\text{Joule m}^{-2}\text{ Hz}^{-1}}{\text{U} \cdot \text{sec}}$	
Mäßige Eruptionen:	$7{,}8 \cdot 10^{-18}$	$1{,}7 \cdot 10^{-18}$.	(153, 8)

3. *Die durchschnittliche solare Strahlung.* Nach J. W. Firor, J. A. Simpson und S. B. Treiman [2316] entspricht die solare Komponente der 4 Bv-Ultrastrahlungsteilchen im Mittel über einen 11 jährigen Zyklus etwa 0,5% der Gesamtstrahlung oder also 0,005 U.

Den durchschnittlichen Radiostrahlungsstrom bei 200 MHz dürfen wir nach J. L. Pawsey und D. E. Yabsley [2298] etwa gleich $3 \cdot 10^{-21}$ Watt m^{-2} Hz^{-1}, also dem 4fachen der ruhigen Strahlung, setzen. Auf 100 MHz umgerechnet wären es $4{,}8 \cdot 10^{-21}$ Watt m^{-2} Hz^{-1}. Wir haben also, beides pro sec gerechnet:

	Joule m^{-2} Hz^{-1} (100 MHz)	$\frac{\text{Joule m}^{-2}\text{ Hz}^{-1}}{\text{U} \cdot \text{sec}}$	
Durchschnitt über 11 jährigen Zyklus:	$4{,}8 \cdot 10^{-21}$	$1 \cdot 10^{-18}$	(153, 9)

Das *Verhältnis von gestörter Radiostrahlung und Ultrastrahlung* von der Sonne ist also erstaunlich konstant und etwa gleich

$$1{,}8 \cdot 10^{-18} \, \frac{\text{Joule m}^{-2}\text{ Hz}^{-1}}{\text{U} \cdot \text{sec}} \tag{153, 10}$$

Dies spricht aufs neue dafür, daß beide (durchschnittlich) zusammen entstehen, überall da, wo ionisierte Gasmassen heftig durcheinander geschleudert werden.

154. Die kosmische Ultrastrahlung und die galaktische Radiofrequenzstrahlung.

Der Ursprung der kosmischen Ultrastrahlung ist lange Zeit eines der größten Rätsel der kosmischen Physik gewesen. Auch nach der Entdeckung der solaren Komponente bestand gegen die Annahme eines stellaren Ursprunges weiterhin der naheliegende Einwand, daß das Verhältnis von *Ultrastrahlung*:*Lichtstrahlung* für die Milchstraße um einen Faktor 10^9—10^{10} größer ist, als für die Sonne. Nach den in Abschnitt 153 gewonnenen Ergebnissen erscheint es aber auch viel vernünftiger, die beiden *Nichtgleichgewichtsstrahlungen* miteinander zu vergleichen, nämlich die *Ultrastrahlung* und die *Radiofrequenzstrahlung.*

Der Mittelwert der Strahlungstemperatur über den ganzen Himmel ist nach J. S. Hey, S. J. Parsons und J. W. Phillips [2264] bei 64 MHz gleich 2900° oder für 100 MHz umgerechnet 870°. Davon ziehen wir 500° für die isotrope Komponente ab[1]; als galaktischer Anteil bleibt dann 370° oder eine Intensität $I_\nu = 1{,}1 \cdot 10^{-21}$ Watt m^{-2} Hz^{-1} ster^{-1}. Der entsprechende Strahlungsstrom ist $\sim \pi I_\nu = 3{,}6 \cdot 10^{-21}$ Watt m^{-2} Hz^{-1}. Insgesamt finden wir also

$$3{,}6 \cdot 10^{-21} \, \frac{\text{Watt m}^{-2}\text{ Hz}^{-1}}{U} \quad \text{oder} \quad \frac{\text{Joule m}^{-2}\text{ Hz}^{-1}}{U \cdot \text{sec}}. \tag{154, 1}$$

[1] Wir nehmen dabei an, daß die isotrope Komponente extragalaktischen Ursprunges sei. Für das Folgende ist dieser Punkt nicht wesentlich, da unsere ganzen Abschätzungen — wie schon betont — aus den verschiedensten Gründen mit einem Unsicherheitsbereich von etwa einer Zehnerpotenz behaftet sind.

Dieses Verhältnis ist also 500 mal oder — sagen wir besser — rund 1000 mal kleiner als das für die Sonne gefundene von $1{,}8 \cdot 10^{-18} \frac{\text{Joule m}^{-2}\,\text{Hz}^{-1}}{U \cdot \text{sec}}$. Das heißt, die Ultrastrahlung der Milchstraße ist $\sim$ 500 mal stärker als wir zunächst auf Grund der gemessenen Intensität ihrer Radiofrequenzstrahlung erwartet hätten.

Ein solcher „*Speicherfaktor*" muß nun aber — wie schon lange bekannt ist — in *jeder* Theorie der Ultrastrahlung vorkommen. Nach Arbeiten von H. ALFVÉN, E. FERMI, L. BIERMANN u. a. kann man ihn zwanglos auf ein *galaktisches Magnetfeld* zurückführen[1]. Wir fassen kurz zusammen:

1. Die *Energiedichte der Ultrastrahlung* (außerhalb des Erdmagnetfeldes) beträgt $\sim 10^{-12}$ erg cm^{-3}. Sie ist etwa *ebenso* groß wie die Energiedichte der Licht- und Wärmestrahlung im interstellaren Raum. Nach dem II. Hauptsatz der Thermodynamik kann nun eine so entropiearme Strahlung wie die Ultrastrahlung nur sozusagen als Abfall einer viel größeren Produktion an thermischer Strahlung entstehen. Wie wir uns auch die Entstehung der Ultrastrahlung vorstellen wollen, so müssen wir stets annehmen, daß sie um einen Faktor gespeichert wird, der mindestens gleich dem reziproken *Nutzeffekt* ihres Erzeugungsmechanismus' ist.

2. Die *Richtungsverteilung der Ultrastrahlung* — auch der energiereichen Teilchen, welche durch das Erdmagnetfeld nicht mehr wesentlich abgelenkt werden — zeigt einen sehr hohen Grad von *Isotropie*.

Die *Speicherung und die Isotropie der Ultrastrahlung* können wir — wie gesagt — ohne weiteres zurückführen auf ein *galaktisches Magnetfeld*. Nach den erwähnten magnetohydrodynamischen Untersuchungen von H. ALFVÉN, E. FERMI, L. BIERMANN u. a. müssen wir erwarten, daß im *interstellaren Gas* sich ein *Magnetfeld* gebildet hat, dessen mittlere Energiedichte $\frac{H^2}{8\pi}$ etwa gleich der der *turbulenten Strömungen* $\frac{1}{2}\,\varrho\, v_t^2$ ist. Rechnen wir mit einer Dichte von ~ 2 Wasserstoffatomen und — nach Masse — ebensoviel Helium pro cm^3, also $\varrho \approx 6{,}7 \cdot 10^{-24}$g pro cm^{-3} und $v_t \approx 10$ km sec^{-1}, so wird die *Dichte der Turbulenzenergie* $\frac{\varrho}{2}\, v_t^2 \approx 3{,}3 \cdot 10^{-12}$ erg cm^{-3} und damit

$$H \approx 9 \cdot 10^{-6}\ \text{Gauß}\,. \tag{154, 2}$$

(Als plausible Grenzen kann man wohl angeben 5 bis $10 \cdot 10^{-6}$ Gauß.)

Aus der beobachteten Streuung der Ebenen der *interstellaren Polarisation des Sternlichtes* (HILTNER und HALL) sowie dem *mechanischen Gleichgewicht* innerhalb der Spiralarme unseres Milchstraßensystems[2] haben neuerdings E. FERMI und S. CHANDRASEKHAR [2313—2314] auf den fast identischen Wert $H = 7{,}2$ bzw. $6 \cdot 10^{-6}$ Gauß geschlossen. Über den Verlauf der magnetischen Kraftlinien im galaktischen System besteht noch keine vollständige Klarheit (außer den soeben erwähnten Arbeiten vgl. L. BIERMANN und G. K. BATCHELOR [2301]); wahrscheinlich verlaufen sie unregelmäßig verflochten vorzugsweise längs der Spiralarme.

In einem solchen Magnetfeld (dessen Kraftlinien wegen $\operatorname{div} \mathfrak{B} = 0$ geschlossen sein müssen) laufen nun die (geladenen) Ultrastrahlungsteilchen längs der $\mathfrak{H}$-Linien auf Spiralen mit dem LARMOR-Radius $\varrho = 1{,}08 \cdot 10^{-21} \frac{E_{\text{Volt}}}{H}$ [parsec] (für relativistische Teilchen, d. h. $v \approx c$). Selbst für die energiereichsten Teilchen der Primärstrahlung von $\sim 10^{17}$ eV ist also erst $\varrho \approx 10$ parsec, d. h. klein im Verhältnis zur Dicke eines Spiralarmes. Ein irgendwo und irgendwie in der Milchstraße entstandenes Ultrastrahlungsteilchen wird also zunächst auf verwickelten

[1] Wegen Literaturangaben hierzu und zum Folgenden verweisen wir auf die bis 1952 vollständige Bibliographie bei W. HEISENBERG [2301]. Hier zitieren wir nur ergänzungsweise einige inzwischen erschienene Arbeiten.

[2] Das letztere Argument ist mit dem zuerst angeführten eng verwandt.

Bahnen im galaktischen System umherirren, es kann dieses aber nicht ohne weiteres verlassen.

Wodurch wird nun die Laufbahn eines solchen Ultrastrahlungsteilchens beendet? E. FERMI [2312] nahm zunächst an, daß es schließlich durch einen *Kernstoß* abgebremst würde, bei dem ein Mesonenschauer erzeugt wird. Als freie Weglänge l für diesen Prozeß berechnen — mit neueren Daten für die Kernquerschnitte — P. MORRISON, S. OLBERT und B. ROSSI [2321]:

Ultrastrahlungspartikel:	H	He	CNO-Gruppe	Fe-Gruppe	(154, 3)
Mittleres Atomgewicht:	1	4	14	30	
Freie Weglänge l in 10^6 pc:	15	6	2	1,2	

(Dabei ist die Dichte der interstellaren Materie zu 0,5 H-Atome cm^{-3} angesetzt, mit dem oben angenommenen Wert wären die Werte noch um einen Faktor ~ 4 zu verkleinern.) Wenn dieser Prozeß der entscheidende wäre, so könnten nicht — wie es die Beobachtungen fordern — die *Energiespektren* der Kerne verschiedener Massen in der primären Ultrastrahlung gleich sein. Wir müssen vielmehr mit den genannten Autoren annehmen, daß die Ultrastrahlungsteilchen — unabhängig von ihrer Masse und nach einer freien Weglänge $\Lambda < 10^6$ pc — aus der Milchstraße irgendwie entweichen können.

In diesem Zusammenhang ist es nun wichtig zu bemerken (vgl. z. B. W. HEISENBERG [2301]), daß die *Energiedichte der Ultrastrahlung* im galaktischen System größenordnungsmäßig *gleich* ist der der *Turbulenz des interstellaren Gases* bzw. der des *galaktischen Magnetfeldes*. Da aber die *Energiedichte* — bis auf einen Faktor der Größenordnung Eins — in allen drei Fällen gleich dem *Druck* ist $\left(\frac{\text{erg}}{\text{cm}^3} = \frac{\text{dyn}}{\text{cm}^2}\right)$, so müssen wir uns offenbar vorstellen, daß sich die Ultrastrahlungsmaterie solange im galaktischen System ansammelt, bis ihr *Druck* ausreicht, um (samt zugehöriger Materie und Magnetfeld) an irgendwelchen schwachen Stellen „auszubrechen". Physikalisch ist also die mittlere freie Weglänge Λ eines Ultrastrahlungsteilchens in der Milchstraße bedingt durch die Forderungen, daß einerseits die *Energiedichte* der Ultrastrahlung die Größenordnung der turbulenten erreichen soll, und andererseits die irgendwie und irgendwo entstandenen Ultrastrahlungsteilchen größtenteils schließlich aus der Milchstraße entweichen.

Vergleichen wir nun die *Ausbreitung der Ultrastrahlung und der Radiofrequenzstrahlung in der Milchstraße*, so bemerken wir, daß die Verweilzeit eines Ultrastrahlungsteilchens gleich Λ/c ist, während die Radiofrequenzstrahlung zu uns durchschnittlich aus einem Bereich $L \approx 500$ bis 1000 parsec[1] gelangt und also eine Verweilzeit L/c hat. Das heißt, die Ultrastrahlung wird relativ zur Radiofrequenzstrahlung *gespeichert* um einen Faktor Λ/L. Dieser ist nun nach dem vorhergehenden einerseits <1 bis $2 \cdot 10^3$, andererseits aber — wie wir sahen — auch größer als der *reziproke Nutzeffekt* der Ultrastrahlungserzeugung und kann also kaum kleiner als 500—1000 sein. Wir dürfen also wohl anschreiben

$$500 < \Lambda/L < 2000\,. \qquad (154,4)$$

Auf der anderen Seite hatte uns die auch sonst wohl begründete Annahme, daß das Verhältnis von Ultrastrahlungs- zu Radiostrahlungserzeugung in den *Radiosternen* denselben Wert habe, wie auf der gestörten Sonne, nach (153, 10) und (153, 11) zu einem Speicherfaktor

$$\Lambda/L \approx 500 \qquad (154,5)$$

geführt. Die Übereinstimmung von (154, 4) und (154, 5) ist so gut, wie man dies zur Zeit nur erwarten kann und dürfte keinen Zweifel daran lassen, daß die

[1] Die Dicke der Milchstraße ist ~ 300 pc; unser Abstand vom Zentrum ~ 9400 pc.

kosmische Ultrastrahlung tatsächlich in dem turbulenten und magnetischen Plasma der Radiosterne zusammen mit der galaktischen Radiostrahlung entsteht.

Vergleichen wir schließlich noch für einen durchschnittlichen Radiostern nach (150, 26) den *Energiestrom*, welcher seine Oberfläche in Form von *Ultrastrahlung* verläßt, mit seinem *Gesamtstrahlungsstrom*!

Nach den Angaben der Ultrastrahlungsforscher (vgl. [2302, S. 152] und [2301, S. 24]) entspricht der *Energiestrom der Ultrastrahlung* außerhalb des Erdmagnetfeldes $4 \pm 1 \cdot 10^{-6}$ Watt m^{-2}. Diesem hätten wir, wenn wir gemäß (153, 10) von solaren Verhältnissen ausgehen, einen 100 *MHz-Strahlungsstrom* von $1{,}8 \cdot 10^{-18}$ Watt m^{-2} Hz^{-1} bzw. — analog Gl. (150, 27) gerechnet — einen *Strom der gesamten Radiofrequenzstrahlung* < 3000 MHz von $1{,}7 \cdot 10^{-9}$ Watt m^{-2} zuzuordnen. Den zugehörigen gesamten, d. h. bolometrischen Energiestrom erhalten wir daraus nach S. 770 durch Division mit dem „Nutzeffekt" $4{,}4 \cdot 10^{-6}$. Der *Gesamtenergiestrom* wird also $4 \cdot 10^{-4}$ Watt/m^2, so daß wir für die *Erzeugung der Ultrastrahlung* schließlich einen *Nutzeffekt von* 0,01 anzusetzen hätten.

Dieser Zahlenwert erscheint — von der thermodynamischen Seite her betrachtet — noch ziemlich hoch. *Verf.* möchte annehmen, daß wahrscheinlich der *Speicherfaktor* doch näher bei ~ 2000 und dafür der *Nutzeffekt* bei $2{,}5 \cdot 10^{-3}$ liegt. Die Unsicherheiten unserer ganzen Daten lassen eine solche Verschiebung ohne weiteres zu. Auf jeden Fall aber müssen — und diese Schlußfolgerung erscheint uns sehr bemerkenswert — die *Radiosterne* zur Gesamtstrahlung der Milchstraße oder ähnlicher Spiralnebel einen Beitrag liefern, der von derselben Größenordnung ist wie der der bisher bekannten Sterne. Im *Ultrarot* muß demnach z. B. im Kern des Andromedanebels die Strahlung der Radiosterne die der „gewöhnlichen" Sterne weit überwiegen.

Unsere Theorie erklärt in durchaus plausibler Weise die Entstehung der beobachteten Anzahl von Ultrastrahlungsteilchen mit Energien von einigen Bv. Noch nicht befriedigend geklärt ist dagegen die weitere Frage, wieso in der Ultrastrahlung — wenn auch sehr selten — Teilchen mit Energien bis $\sim 10^{17}$ eV vorkommen. Auf der *Sonne* – das zeigt Gl. (153, 3) in Übereinstimmung mit der Beobachtung – können so energiereiche Teilchen nicht entstehen. Es könnte aber sein, daß auf *roten Übergiganten* gelegentlich Protuberanzen mit Werten von H, v und l vorkommen, welche insgesamt die solaren um einen Faktor 10^7 übertreffen.

Die Bemerkung, daß das *Energiespektrum* der solaren Korpuskularstrahlung zwischen 10^4 und $5 \cdot 10^9$ eV sich im Typus gar nicht so sehr von dem der allgemeinen Ultrastrahlung unterscheidet, läßt die weitere Möglichkeit nicht so abwegig erscheinen, daß größere und größere Energien unter günstigen Verhältnissen durch stufenweise Beschleunigung erzeugt werden, d. h. indem ein Partikelstrom z. B. von 10^9 eV aufs neue Induktionseffekte hervorruft usw. Wir müssen die endgültige Klärung dieser Fragen wohl zukünftigen Untersuchungen überlassen.

Dagegen möchten wir noch einige *kritische Bemerkungen* anfügen bezüglich einiger *anderer Theorien* über die Entstehung der kosmischen Ultrastrahlung, die in der Literatur weite Verbreitung gefunden haben:

a) *Theorie einer solaren Entstehung der kosmischen Ultrastrahlung.* R. D. Richtmyer und E. Teller [vgl. 2301] u. a. nahmen an, daß die gesamte Ultrastrahlung auf der Sonne entsteht, indem deren relativ geringe Produktion in einem entsprechenden Volumen magnetisch gespeichert wird. Dessen mittleren Radius $\overline{R}$ kann man durch Vergleich der Intensitäten der solaren und der allgemeinen Komponente abschätzen. A. Unsöld [2329] erhielt so $\overline{R} \approx 5{,}4 \cdot 10^{-3}$ pc $= 1{,}1 \cdot 10^3$ Erdbahnradien. Eine neuere Berechnung von J. W. Firor, J. A. Simpson und S. B. Treiman [2316] ergab

$$20 < \overline{R} < 500 \text{ Erdbahnradien.}$$

Der untere Grenzwert folgt aus der Beobachtung, daß die allgemeine Ultrastrahlung *keine* Fluktuationen im Rhythmus des 11 jährigen Zyklus' zeigt. Daß nun in einem Umkreis von ~ 500 Erdbahnradien um die Sonne ein Magnetfeld bestehen könne, welches imstande wäre, die Ultrastrahlung zu speichern, ist nie gezeigt worden und dürfte auch schlechtweg unmöglich sein. Ein evtl. dipolartiges Feld der Sonne wäre dort auf größenordnungsmäßig 10^{-15} Gauß abgeklungen; ein allgemeines interstellares Magnetfeld aber wird sicher nicht gerade die Sonne sozusagen in eine dichte Hülle einschließen.

b) *Die Theorie einer sukzessiven Beschleunigung der Ultrastrahlung im interstellaren Raum* hat E. FERMI [2312 und 2315] in zwei für das ganze Gebiet sehr bedeutsamen Arbeiten entwickelt. Zunächst einmal verlangt dieser Mechanismus eine ziemlich hohe „*Injektionsenergie*" der Teilchen, ehe sie im interstellaren Raum *weiter* beschleunigt werden können. Die Frage ist also eigentlich, ob *zusätzlich* zu dem von uns diskutierten Mechanismus im interstellaren Raum eine *Nachbeschleunigung* der Teilchen stattfindet oder nicht.

E. FERMI betrachtete zunächst eine sukzessive Beschleunigung der Teilchen durch Zusammenstöße mit relativ kleinen magnetisierten Turbulenzelementen des interstellaren Gases. In quantitativer Hinsicht wurden hierzu erhebliche Bedenken vorgebracht [2329, 2321]; neuerdings hat E. FERMI [2315] diese Vorstellung mehr oder weniger aufgegeben und durch folgende zu ersetzen versucht:

Wenn die Ultrastrahlung irgendwo zwischen zwei magnetisierten interstellaren Wolken eingeschlossen ist[1], die sich einander nähern, so wird sie bei *jeder* der zahlreichen Reflexionen beschleunigt, d. h. man könnte so unter Umständen einen sehr wirkungsvollen Beschleunigungsmechanismus bekommen. Dabei ist aber völlig der makroskopische bzw. magnetohydrodynamische Charakter des Vorganges übersehen: Wie schon bemerkt, ist der Druck des „Ultrastrahlungsgases" durchschnittlich gleich dem hydrodynamischen Druck des interstellaren Gases. Unter diesem Aspekt erkennt man sofort, daß eine einseitige Energieübertragung vom Gas auf die Ultrastrahlung nicht zu erwarten ist. Vielmehr ergibt sich für die Dynamik des galaktischen Systems die interessante Folgerung, daß hier der Druck der kosmischen Ultrastrahlung eine nicht ganz nebensächliche Rolle spielt.

Auch energetisch bestehen gegen *jede* Theorie einer interstellaren Beschleunigung entscheidende Bedenken: Wir sahen, daß die „Lebensdauer" Λ/c eines Ultrastrahlungsteilchens höchstens $3 \cdot 10^6$ Jahre beträgt. Alle $3 \cdot 10^6$ Jahre müßte also zur Beschleunigung der Ultrastrahlung aus der Turbulenzenergie des interstellaren Gases ein Energiebetrag ihrer eigenen Größenordnung entnommen werden. Rechnen wir selbst mit einem äußerst hohen energetischen Nutzeffekt der Ultrastrahlungserzeugung von $\sim 1\%$, so müßte also die Turbulenzenergie der interstellaren Materie alle $3 \cdot 10^4$ Jahre erneuert werden. Nach den Gesetzen der Hydrodynamik ist hierfür aber ein Zeitraum von der Größenordnung der Rotationsdauer der Milchstraße zu erwarten, also $\sim 2 \cdot 10^8$ Jahre. Das interstellare Gas kann daher keinen wesentlichen Beitrag zur Gesamtenergie der Ultrastrahlung liefern. Daß so ungewöhnliche Gebilde, wie der Crabnebel = Taurus A, die Cassiopeia A und ähnliche Radioquellen einen gewissen Beitrag zur Ultrastrahlung liefern, erscheint dagegen durchaus denkbar. In Anbetracht ihrer Seltenheit dürfte dieser jedoch — ähnlich wie ihr Beitrag zur allgemeinen Radiofrequenzstrahlung — verhältnismäßig unbedeutend sein.

[1] Die naheliegende Frage, ob es in der Milchstraße derartige Feldverteilungen gibt, wollen wir zunächst auf sich beruhen lassen.

Anhang A.

Naturkonstanten und Zahlenwerte.

I. Physikalische Konstanten[1] [A 1].

Benennung	Zeichen und Maßeinheit	Logarithmus
Gravitationskonstante	$G = 6{,}67 \cdot 10^{-8}$ dyn cm² g⁻²	0,8241 — 8
Lichtgeschwindigkeit	$c = 2{,}99776 \cdot 10^{10}$ cm sec⁻¹	10,4768
PLANCKsche Konstante	$h = 6{,}6237 \cdot 10^{-27}$ erg · sec	0,8211 — 27
Elektrische Elementarladung	$e = \begin{cases} 4{,}8024 \cdot 10^{-10} \text{ elst. Einh.} \\ 1{,}6020 \cdot 10^{-20} \text{ elm. Einh.} \end{cases}$	0,6814 — 10 0,2047 — 20
Faraday (für 1 Mol)[2]	F = 9649,6 elm. Einh. pro Äquiv.	3,9845
AVOGADROsche Zahl[2]	$N = 6{,}0235 \cdot 10^{23}$	23,7798
Masse der Atomgewichtseinh.[2]	$1/N = 1{,}6602 \cdot 10^{-24}$ g	0,2202 — 24
Masse des Elektrons	$m = 9{,}105 \cdot 10^{-28}$ g	0,9593 — 28
Masse des Protons	$m_P = 1{,}6723 \cdot 10^{-24}$ g	0,2233 — 24
Masse des Wasserstoffatoms	$m_H = 1{,}6732 \cdot 10^{-24}$ g	0,2235 — 24
Atomgewicht des Elektrons[2]	$\mu_e = 5{,}4847 \cdot 10^{-4}$	0,7392 — 4
Atomgewicht des Protons[2]	$\mu_P = 1{,}0073$	0,0032
Atomgewicht des Wasserstoffatoms[2]	$\mu_H = 1{,}00786$	0,0034
Massenverhältnis Proton:Elektron	$m_P/m = 1836{,}6$	3,2640
Spezifische Ladung des Elektrons	$e/m = \begin{cases} 1{,}7594 \cdot 10^{7} \text{ elm. Einh.} \cdot \text{g}^{-1} \\ 5{,}2741 \cdot 10^{17} \text{ elst. Einh.} \cdot \text{g}^{-1} \end{cases}$	7,2454 17,7221
BOLTZMANNsche Konstante	$k = 1{,}3803 \cdot 10^{-16}$ erg · grad⁻¹	0,1400 — 16
Gaskonstante	$R = 8{,}3144 \cdot 10^{7}$ erg · grad⁻¹ mol⁻¹	7,9198
Rezipr. Feinstrukturkonstante (SOMMERFELD)	$\alpha^{-1} = \frac{h\,c}{2\pi e^2} = 137{,}027$	2,1368
COMPTON-Wellenlänge	$\Lambda = \frac{h}{m\,c} = 2{,}4266 \cdot 10^{-10}$ cm	0,3850 — 10
„Radius des Elektrons"	$r_0 = \frac{e^2}{m\,c^2} = 2{,}8170 \cdot 10^{-13}$ cm	0,4498 — 13
1. BOHRscher Radius	$a_0 = \frac{h^2}{4\pi^2 m\,e^2} = 0{,}52921 \cdot 10^{-8}$ cm	0,7236 — 9
RYDBERG-Konstante	$R_\infty = \frac{2\pi^2 m\,e^4}{c\,h^3} = 109737{,}30$ cm⁻¹	5,0403
ZEEMAN-Verschiebung pro Gauß	$\frac{e}{4\pi\,m\,c^2} = 4{,}6703 \cdot 10^{-5}$ cm⁻¹ · Gauß⁻¹	0,6693 — 5
BOHRsches Magneton	$\mu_1 = \frac{e\,h}{4\pi m} = 0{,}9274 \cdot 10^{-20}$ erg · · Gauß⁻¹	0,9672 — 21
Strahlungskonstante	$\sigma = 5{,}671_6 \cdot 10^{-5}$ erg · cm⁻² sec⁻¹ · · grad⁻⁴	0,7537 — 5
Strahlungskonstante	$a = \frac{4\sigma}{c} = 7{,}567_8 \cdot 10^{-15}$ erg · cm⁻³ · · grad⁻⁴	0,8790 — 15
Konstanten des PLANCKschen Strahlungsgesetzes	$C_1 = 8\pi\,h\,c = 4{,}990_4 \cdot 10^{-15}$ erg cm	0,6981 — 15
	$c_2 = \frac{h\,c}{k} = 1{,}4385$ cm · grad	0,1579
Konstante des WIENschen Verschiebungsgesetzes	$\lambda_m \cdot T = 0{,}28973$ cm · grad	0,4620 — 1

0°C entsprechen 273,°16 K; Goldschmelzpunkt: 1063,°0 C = 1336,°2 K.

[1] Die Unsicherheit entspricht meist einigen Einheiten in der letzten Dezimale der Zahlenwerte.

[2] Chemische Skala.

II. Umrechnungsfaktoren.

$h c \nu = \text{eV} \cdot 10^8/c = \text{erg} = kT$.

	ν	V	erg	T
Wellenzahl [cm^{-1}] ν	—	$1{,}2395 \cdot 10^{-4}$	$1{,}9856 \cdot 10^{-16}$	1,4385
Elektronen-Volt V	8067,9	—	$1{,}6020 \cdot 10^{-12}$	11606
erg	$5{,}0362 \cdot 10^{15}$	$6{,}2422 \cdot 10^{11}$	—	$7{,}2447 \cdot 10^{15}$
Absolute Temperatur T	0,69515	$8{,}6163 \cdot 10^{-5}$	$1{,}3803 \cdot 10^{-16}$	—

$1\ \text{cal}_{15^\circ} = 4{,}1854 \cdot 10^7$ erg $= 4{,}1854$ Joule bzw. Wattsec.
1 Atomgewichtseinheit $= 1{,}492 \cdot 10^{-3}$ erg $= 931 \cdot 10^6$ eV.
Geschwindigkeit eines 1 eV-Elektrons: $5{,}9319 \cdot 10^7\ \text{cm sec}^{-1}$.
1 Atm = 760 Torr (mmHg) $= 1{,}0132 \cdot 10^6\ \text{dyn cm}^{-2}$ oder Bar.

III. Astronomische Konstanten.

		Logarithmus
Astronomische Längeneinheit (Erdbahnradius)	$= 1{,}4950 \cdot 10^{13}$ cm	13,1746
1 Parsec = 206265 A.E. = 3,2598 Lichtjahre	$= 3{,}084 \cdot 10^{18}$ cm	18,4891
1 Lichtjahr = 0,3068 parsec	$= 9{,}460 \cdot 10^{17}$ cm	17,9759
1 Meile	$= 1{,}6093 \cdot 10^5$ cm	5,2066
1 Siderisches Jahr = $365^d\ 6^h\ 9^m\ 10^s = 365{,}256^d$	$= 3{,}1558 \cdot 10^7$ sec	7,4991
Sonne:		
Radius	$R = 6{,}953 \cdot 10^{10}$ cm	10,8422
Masse	$M = 1{,}983 \cdot 10^{33}$ g	33,2973
Schwerebeschleunigung an der Oberfläche	$g = 2{,}736 \cdot 10^4\ \text{cm sec}^{-2}$	4,4371
Strahlungsstrom an der Oberfläche	$\pi F = 6{,}32 \cdot 10^{10}\ \text{erg cm}^{-2}\ \text{sec}^{-1}$	10,8007
Gesamtstrahlung (Leuchtkraft)	$4\pi R^2 \cdot \pi F = 3{,}840 \cdot 10^{33}\ \text{erg sec}^{-1}$	33,5843

IV. Mathematische Konstanten.

		Logarithmus
π	3,1416	0,4971
$\frac{4\pi}{3}$	4,1888	0,6221
e	2,7183	$M = 0{,}4343$
$\frac{1}{M} = \ln 10 =$	2,3026	

Anhang B.

Klassifikation der Linienspektren.

Die folgende kurze Zusammenstellung enthält nur die wichtigsten Gesetzmäßigkeiten und Bezeichnungen ohne tiefere Begründung und ohne Anspruch auf Vollständigkeit. Da der Astrophysiker in praxi sich vorwiegend auf die ausgezeichneten Tabellenwerke von CH. E. MOORE [B 11, 12] stützen wird, schließen wir uns diesen weitgehend an. Es sei dem Leser dringend empfohlen, die Einleitungen dieser Werke sorgfältig zu studieren. Für weitergehende Bedürfnisse sei auf das leicht verständliche Buch von H. E. WHITE: Introduction to Atomic Spectra [B 17] hingewiesen. Für die quantenmechanische Theorie der Spektren ist das Standardwerk: E. U. CONDON und G. H. SHORTLEY: The Theory of Atomic Spectra [B 4].

1. Atome und Ionen mit einem Leuchtelektron.

Die Energieniveaus eines Atomes oder Ions mit *einem* Leucht- oder Valenzelektron können wir durch folgende vier Quantenzahlen beschreiben:

n die *Hauptquantenzahl.* Bei wasserstoffartigen Bahnen (COULOMB-Feld) ist in der Sprache der BOHRschen Theorie, deren wir uns auch im folgenden bedienen werden, $n^2 \cdot a_0$ die große Halbachse der Bahn; der entsprechende Termwert $R \cdot Z^2/n^2$ cm^{-1} ($a_0 = 0{,}529$ Å; $R =$ RYDBERG-Zahl).

l ist der *Drehimpuls der Bahnbewegung* des Elektrons gemessen in der Quanteneinheit $\frac{h}{2\pi}$. l kann die *ganzzahligen* Werte $0, 1, 2, \ldots n-1$ annehmen.

s ist der *Spinimpuls des Elektrons* (Kreiselelektron!) in derselben Einheit. Für *ein* Elektron kann s nur die beiden Werte $\pm \frac{1}{2}$ annehmen.

j ist der *Gesamt-Drehimpuls,* wieder in Einheiten von $\frac{h}{2\pi}$. j entsteht durch vektorielle Zusammensetzung von l und s und kann die beiden Werte $l \pm \frac{1}{2}$ annehmen.

Diese vier Quantenzahlen eines Elektrons faßt man symbolisch folgendermaßen zusammen:

	$l =$	0	1	2	3	4	5
gibt ein		s	p	d	f	g	h . . . -Elektron[1].

Vor diesen Buchstaben schreibt man die Hauptquantenzahl n, rechts als Index das j, also z. B.

$$1\, s_{\frac{1}{2}};\; 2\, s_{\frac{1}{2}};\; 2\, p_{\frac{1}{2}};\; 2\, p_{\frac{3}{2}};\; \ldots$$

2. Mehrelektronensysteme. RUSSELL-SAUNDERS-Kopplung.

In Atomen bzw. Ionen mit mehreren Elektronen sind die Drehimpulse, wie H. N. RUSSELL und F. A. SAUNDERS 1925 bei den Erdalkalien fanden, meist

[1] Diese Benennung erfolgte ursprünglich nach den *Serien*, deren oberen Term, den sog. Laufterm, das Symbol kennzeichnet:

s . . . Scharfe Nebenserie (II. N.S.).
p . . . Prinzipalserie (Hauptserie).
d . . . Diffuse Nebenserie (I.N.S.).
f . . . Fundamentalserie (BERGMANN-Serie).

(nähere Bedingungen s. unten) folgendermaßen gekoppelt (RUSSELL-SAUNDERS-Kopplung):

Die *Bahndrehimpulse* l addieren sich vektoriell zu einem resultierenden Bahnmoment $L = \sum \vec{l}$ $\left(\text{alles in Einheiten von } \frac{h}{2\pi}\right)$. Ebenso bilden die *Spinmomente* s ein resultierendes Spinmoment $S = \sum \vec{s}$.

L ist immer ganzzahlig ($L = 0, 1, 2, \ldots$).

S ist $\begin{Bmatrix}\text{halbzahlig}\\ \text{ganzzahlig}\end{Bmatrix}$ für Systeme mit einer $\begin{Bmatrix}\text{ungeraden}\\ \text{geraden}\end{Bmatrix}$ Anzahl von Elektronen. Dies ergibt sich daraus, daß die s sich nur parallel oder antiparallel (↑↑ bzw. ↑↓) aneinanderlagern können.

Die Vektorsumme von L und S gibt den *Gesamtdrehimpuls* J, wobei also

$$|L - S| \leqq J \leqq L + S\,.$$

Wie S ist J $\begin{Bmatrix}\text{halbzahlig}\\ \text{ganzzahlig}\end{Bmatrix}$ für Atome mit $\begin{Bmatrix}\text{ungerader}\\ \text{gerader}\end{Bmatrix}$ Elektronenzahl.

Ähnlich wie bei den Einelektronensystemen führen wir nun folgende *Symbole* ein:

	$L = 0$	1	2	3	4	5
geben	S	P	D	F	G	H . . . -Terme.

Zu einem bestimmten Wert der Quantenzahl S (nicht zu verwechseln mit dem Termsymbol S!) gehören bei hinreichend großem L ($L \geqq S$) insgesamt $r = 2\,S + 1$ *Niveaus*, die sich nur hinsichtlich der Wechselwirkung zwischen (magnetischem) Bahn- und Spinmoment unterscheiden. Sie liegen daher meist[1] nahe beisammen und bilden einen *Term*. Die Zahl $r = 2\,S + 1$ bezeichnet man allgemein — auch wenn $L < S$ und daher die volle Vielfachheit des Termes nicht erreicht ist — als die *Multiplizität* und schreibt sie als Index *links oben* an das Termsymbol.

S =	0	$\frac{1}{2}$	1	$1\frac{1}{2}$
r =	1	2	3	4
	Singulett	Dublett	Triplett	Quartett

Rechts unten hängt man als Index das J an, um die einzelnen Niveaus des Termes zu charakterisieren.

Die Intervalle zwischen benachbarten Niveaus eines Termes sind bei RUSSELL-SAUNDERS-*Kopplung* nach der LANDÉschen Intervallregel proportional dem *größeren* der beiden J. Häufig wird man diese Beziehung anwenden, um zu *prüfen*, ob ein bestimmter Term dem angenommenen Kopplungsschema folgt.

Weiterhin teilen wir die Terme noch in zwei Gruppen ein, die sog. *geraden* bzw. *ungeraden* Terme, je nachdem die *arithmetische* Summe der l gerade oder ungerade ist. Ungerade Terme bezeichnet man durch ein rechts oben angehängtes ° (odd). Die geraden Terme bleiben ohne rechtes oberes Suffix.

$^3P^\circ$ heißt z. B.: Ungerader Triplett-Term ($S = 1$) mit $L = 1$.

^2D heißt z. B.: Gerader Dublett-Term ($S = \frac{1}{2}$) mit $L = 2$.

Statt der Hauptquantenzahl schreibt man vor das Termsymbol die Symbole der einzelnen Elektronenbahnen, die an der Bildung des Termes beteiligt sind. Die Anzahl der Elektronen jeder Art wird durch Exponenten an dem betreffenden

[1] Die wesentlichste Vorbedingung für die Anwendbarkeit des RUSSELL-SAUNDERSschen Kopplungsschemas ist eben die Kleinheit der Multiplettaufspaltung gegenüber den Abständen der Multipletts voneinander (Spin-Bahn-Wechselwirkung $\ll$ elektrische Wechselwirkung). Für hochangeregte Niveaus, die dicht beisammenliegen, wird also z. B. das RUSSELL-SAUNDERSsche Schema meist nicht gelten. Bezüglich anderer Kopplungsverhältnisse sei auf die Literatur verwiesen.

Symbol angegeben. Abgeschlossene Schalen, die spektroskopisch unwesentlich sind, werden meist weggelassen. Ebenso können die Hauptquantenzahlen der einzelnen Bahnen, soweit sie selbstverständlich sind, wegbleiben.

Zum Beispiel ist der Grundterm des Mg — entsprechend seiner Stellung im periodischen System — in vollständiger Notierung:

$$1s^2\, 2s^2\, 2p^6\, 3s^2\, {}^1S_0 \quad \text{oder kurz} \quad 3s^2\, {}^1S_0 .$$

Man kann nun die Gesamtheit der aus einer bestimmten Anordnung der einzelnen Elektronen (z. B. $1s^2\, 2s^2\, 2p^3$) hervorgehenden Niveaus bzw. Terme vorhersagen und nennt sie eine *Konfiguration.* Häufig wird es zweckmäßig sein, sich eine Konfiguration entstanden zu denken durch Addition *eines* Elektrons zu dem vorhergehenden „Eltern-Ion". Alle Terme *derselben Multiplizität,* die aus *einem* Term des nächsthöheren Funkenspektrums durch Hinzufügen eines Elektrons entstehen, bilden eine sog. *Polyade.*

Tabelle 106. Terme der isoelektronischen Sequenz Be I, B II, C III, ...

Config. $1s^2$ +	Terme					
$2s^2$	^1S					
$2s(^2S)\, 2p$	$^3P^{\circ}$ $^1P^{\circ}$					
$2p^2$	^3P ^1S ^1D					
	ns ($n > 3$)	np ($n > 3$)	nd ($n > 3$)	nf ($n > 4$)	ng ($n > 5$)	....
$2s(^2S)\, nx$	^3S ^1S	$^3P^{\circ}$ $^1P^{\circ}$	^3D ^1D	$^3F^{\circ}$ $^1F^{\circ}$	^3G ^1G	....
$2p(^2P^{\circ})\, nx$	$^3P^{\circ}$ $^1P^{\circ}$	^3S ^3P ^3D ^1S ^1P ^1D	$^3P^{\circ}$ $^3D^{\circ}$ $^3F^{\circ}$ $^1P^{\circ}$ $^1D^{\circ}$ $^1F^{\circ}$	^3D ^3F ^3G ^1D ^1F ^1G	$^3F^{\circ}$ $^3G^{\circ}$ $^3H^{\circ}$ $^1F^{\circ}$ $^1G^{\circ}$ $^1H^{\circ}$	....

Treten zwei oder mehrere Elektronen auf, die sich nur durch die Orientierung ihrer l- und s-Vektoren unterscheiden, so spricht man von *äquivalenten Elektronen,* sonst von nicht-äquivalenten. Spektren, die sich bei gleicher Elektronenanordnung nur durch die Kernladungszahl unterscheiden, bilden eine *isoelektronische Sequenz,* z. B. Na I, Mg II, Al III, ... Das Termschema der isoelektronischen Sequenz Be I, B II, ... entsteht z. B. aus dem der vorhergehenden Ionen — wobei der betreffende Term des nächsthöheren Funkenspektrums in Klammern beigeschrieben ist — entsprechend der obigen Tab. 106. Oben stehen die tiefsten Terme, bei denen äquivalente Elektronen vorkommen. Durch das PAULI-Prinzip sind hier solche Terme verboten, bei denen 2 Elektronen völlig identische Quantenzahlen haben. Unten steht das Schema für die höheren Terme mit Hauptquantenzahl des Leuchtelektrons $\geqq 3$.

In komplizierten Spektren bezeichnet man den Grundterm und die tiefsten (metastabilen) Terme gleichen Charakters (gerade bzw. ungerade) mit a, b, c, d; entsprechend höhere mit e, f, ... Die Terme entgegengesetzten Charakters nennt man der Reihe nach z, y, x, ...

Man bezeichnet nun die Gesamtheit der *Übergänge* zwischen den — von links nach rechts immer umfangreicher werdenden — Gruppen von Atomzuständen[1] in

[1] Darunter stehen ihre Quantenzahlen, wobei γ die Gesamtheit der nicht explizit angeführten Quantenzahlen charakterisiert. Die *magnetische Quantenzahl M* — die nur in äußeren Feldern in Erscheinung tritt — gibt die Komponente des Drehimpulses J in der Feldrichtung, beide in Einheiten von $\frac{h}{2\pi}$.

folgender Weise (zum Teil haben wir auch die amerikanischen Bezeichnungen beigeschrieben):

	Zustand (State)	Niveau (Level)	Term	Polyade (vgl. z. B. Tab. 106)	Konfiguration
Quantenzahlen:	$\gamma\, S\, L\, J\, M$	$\gamma\, S\, L\, J$	$\gamma\, S\, L$		
Übergänge:	(Linien-) Komponente	Linie	Multiplett	Supermultiplett	Übergangsschema (Transition Array)

Die Übergänge zwischen zwei Termen[1] sind beschränkt durch folgende *Auswahlregeln*:

1. Es gibt nur Übergänge zwischen geraden und ungeraden Termen.

2. J ändert sich nur um $\Delta J = 0$ oder ± 1. Übergänge $J = 0 \rightarrow J = 0$ sind verboten.

Für den Fall der RUSSELL-SAUNDERS-*Kopplung* gelten die weiteren Regeln:

3. $\Delta L = 0, \pm 1$.

4. $\Delta S = 0$. Das heißt, Übergänge zwischen Termen verschiedener Multiplizität, sog. Interkombinationen, treten nur auf bei Abweichungen von der R.-S.-Kopplung. Die Singulett—Triplett-Übergänge fehlen z. B. bei He, während sie bei Hg (große Multiplettaufspaltung!) sehr stark sind.

Auf die gleichzeitigen Sprünge mehrerer Elektronen in komplizierten Atomen soll hier nicht eingegangen werden. Die obigen Auswahlregeln können unter besonderen Anregungsbedingungen durchbrochen werden. (Verbotene Übergänge; Starkeffekt; planetarische Nebel!) Für die üblichen Lichtquellen (Bogen, Funken usw.) und normale Sternatmosphären geben sie jedenfalls einen deutlichen Hinweis bezüglich der Intensität der betreffenden Linien. Auf die Berechnung relativer *Linienintensitäten* in Multipletts, Supermultipletts und Übergangsschemata — eines der wichtigsten Hilfsmittel der modernen Astrophysik — gehen wir in Kap. XII ein.

Zusammenstellungen astrophysikalisch wichtiger Multipletts usw. geben die schon erwähnten unentbehrlichen Tabellenwerke von CH. E. MOORE [B 11, 13]. Daneben wird der Spektroskopiker häufig die Revision of ROWLANDs Preliminary Table of Solar Spectrum Wave-Lengths [B 14] und ihre Fortsetzung bis λ 13495 von H. D. BABCOCK und CH. E. MOORE [B 1] sowie die M.I.T.-Wavelength-Tables [B 7] benutzen. Bezüglich Multipletts in frühen Spektraltypen vgl. z. B.: A. B. WYSE [B 18] für αCyg cA2 und A. UNSÖLD [B 16] für τSco dB0.

---

[1] Die *Termwerte* [cm^{-1}] rechnete man früher im Termschema meist von der Seriengrenze nach unten. Da diese aber nur durch eine Extrapolation bestimmbar und also mit einer mehr oder weniger großen Unsicherheit behaftet ist, zieht man heute die Rechnung *vom Grundterm aus nach oben* vor. Die Umrechnung von cm^{-1} in eVolt erfolgte früher durch Multiplikation mit $1{,}2345 \cdot 10^{-4}$, heute — entsprechend den neueren Werten der elementaren Konstanten — mit $1{,}2395 \cdot 10^{-4}$. In CH. E. MOOREs Multiplet Table [B 11] ist noch der *alte* Wert, in den Atomic Energy Levels [B 12] dagegen der *neue* benutzt.

Anhang C.

Über die Integralexponentialfunktionen.

Wir definieren die *Integralexponentialfunktionen* für $x \geqq 0$ und $n \geqq 0$ durch

$$K_n(x) = \int_{w=1}^{\infty} \frac{e^{-xw}}{w^n}\, dw\,, \tag{C, 1}$$

oder — mit $x\,w = u$ —

$$K_n(x) = x^{n-1} \int_{x}^{\infty} \frac{e^{-u}}{u^n}\, du\,. \tag{C, 2}$$

Es ist demnach:

$$K_0(x) = \frac{e^{-x}}{x}\,; \quad K_1(x) = K(x) = \int_1^{\infty} \frac{e^{-xw}}{w}\, dw = \int_x^{\infty} \frac{e^{-u}}{u}\, du\,. \tag{C, 3}$$

Aus (C, 2) gewinnt man durch partielle Integration eine *Rekursionsformel* ($n \geqq 2$), die es gestattet, alle höheren K_n-Funktionen auf die *Transzendente* $K_1(x) = K(x)$ (wie wir sie kurz nennen wollen) zurückzuführen.

$$\begin{aligned} K_n(x) &= -\,x^{n-1} \int_x^{\infty} e^{-u}\, d\left(\frac{1}{(n-1)\,u^{n-1}}\right) \\ &= -\,x^{n-1}\left\{\frac{e^{-u}}{(n-1)\,u^{n-1}}\Bigg|_x^{\infty} + \frac{1}{n-1}\int_x^{\infty} \frac{e^{-u}\,du}{u^{n-1}}\right\}, \end{aligned} \tag{C, 4}$$

oder

$$(n-1)\,K_n(x) = e^{-x} - x\,K_{n-1}(x) \tag{C, 5}$$

$$K_2(x) = e^{-x} - x\,K(x) \tag{C, 6}$$

$$2\,K_3(x) = e^{-x} - x\,K_2(x) = e^{-x}(1 - x) + x^2\,K(x) \tag{C, 7}$$

$$3\,K_4(x) = e^{-x} - x\,K_3(x) = e^{-x}\left(1 - \frac{x}{2} + \frac{x^2}{2}\right) - \frac{x^3}{2}\,K(x)\,. \tag{C, 8}$$

Insbesondere ist für $n \geqq 2$:

$$K_n(0) = \frac{1}{n-1}\,. \tag{C, 9}$$

$K_1(x) = K(x)$ geht bei $x = 0$ logarithmisch gegen $+\infty$.

Das qualitative Verhalten der Funktionen $K_n(x)$ ersieht man leicht aus einigen *Ungleichungen* (E. Hopf [504]), die sich in Abschnitt 37 nützlich erweisen werden:

Aus der Definitionsgleichung (C, 1) folgt wegen

$$\frac{1}{w^{n+1}} < \frac{1}{w^n} \quad \text{für} \quad w > 1 \quad \text{und} \quad n \geqq 0$$

sofort

$$K_{n+1}(x) < K_n(x)\,, \tag{C, 10}$$

speziell

$$K(x) < K_0(x) = \frac{e^{-x}}{x}\,.$$

Subtrahiert man von der Rekursionsformel (C, 5) die entsprechende Gleichung mit $n' = n + 1$, so wird zunächst

$$(n-1)\,K_n(x) - n\,K_{n+1}(x) = x(K_n(x) - K_{n-1}(x))$$

oder wegen (C, 10) für $n > 1$

$$(n-1)\,K_n(x) \leqq n\,K_{n+1}(x). \tag{C, 11}$$

Kombiniert man (C, 5) einmal mit (C, 10) und dann mit (C, 11), so erhält man

$$\frac{e^{-x}}{x+n} < K_n(x) \leqq \frac{e^{-x}}{x+n-1} \quad \text{für} \quad n \geqq 1\,. \tag{C, 12}$$

Die Grund-Transzendente $K(x)$ ist vielfach tabuliert worden, vgl. z. B. E. Jahnke und F. Emde [C 3] und F. Tölke [C 10], wo auch Reihenentwicklungen angegeben

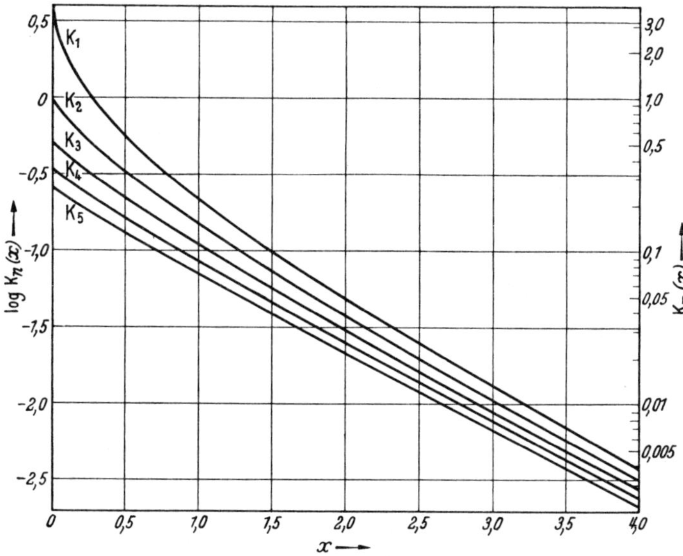

Abb. 257. Die Funktionen $K_n(x)$.

sind. Besonders nützlich sind die Tabellen von G. Placzek [C 8], welche die ganzen $K_n(x)$ bis $n = 20$ und $x = 10$ bringen. Zur Erleichterung der Interpolation haben K. Katterbach und H. Krause [C 4] die $\log_{10} K_n(x)$ bis $n = 5$ und $x = 10$ berechnet. Eine graphische Darstellung der $\log_{10} K_n(x)$ bzw. $K_n(x)$ gibt unsere Abb. 257.

In der Frage der *Bezeichnungen* besteht leider keine Einigkeit: Die hier mit $K_n(x)$ bezeichneten Funktionen heißen bei E. Hopf und S. Chandrasekhar [C 1] $E_n(x)$. $K(x)$ wird vielfach (z. B. Jahnke-Emde [C 3]) mit $-Ei(-x)$ bezeichnet. F. Tölke [C 10] schreibt dafür $-Ei(-x) - 0{,}5772$.

Eine sehr anschauliche und manchmal nützliche Abschätzung der K_n-Funktionen für $n \geqq 2$ kann man folgendermaßen erhalten: Setzt man in der Definitionsgleichung (C, 1)

$$w = \frac{1}{\cos\vartheta} = \frac{1}{v}\,, \tag{C, 13}$$

so wird

$$K_n(x) = \int_0^1 e^{-\frac{x}{v}}\, v^{n-2}\, dv \quad \text{oder} \quad \frac{1}{2}\int_{-1}^{+1} e^{-\frac{x}{|v|}}\, |v^{n-2}|\, dv\,. \tag{C, 14}$$

An der ersteren Darstellung erkennt man zunächst, daß $K_n(x)$ die Absorption eines Strahlenbündels in einer Platte mit der optischen Dicke x beschreibt. In der 2. Form kann man [C 12] das Integral nun im Sinne von GAUSS' „Methodus nova ...“ approximieren, indem man über die Werte bei den Nullstellen der Kugelfunktion $P_2(v)$, d. h. $v = \pm 1/\sqrt{3}$, summiert. Damit ergibt sich die für $n \geqq 2$ (n darf aber auch nicht *zu* groß sein!) und nicht zu große x recht brauchbare Abschätzung

$$K_n(x) \approx \frac{1}{3^{\frac{n-2}{2}}} e^{-x\sqrt{3}} . \qquad \text{(C, 15)}$$

Sodann einige *Integralformeln*, die uns verschiedentlich von Nutzen sein werden:

Durch wiederholte partielle Integration berechnet man zunächst leicht Ausdrücke vom Typus

$$\begin{aligned}
&\int_x^\infty x^s K_n(x)\, dx \\
&= -\frac{x^{s+1}}{s+1} K_n(x) + \int_x^\infty \frac{x^{s+1}}{s+1} K_{n-1}(x)\, dx \qquad \text{(C, 16)}\\
&= -\left\{\frac{x^{s+1}}{s+1} K_n(x) + \frac{x^{s+2}}{(s+1)(s+2)} K_{n-1}(x) + \cdots + \frac{x^{s+n}}{(s+1)(s+2)\cdots(s+n)} K_1(x)\right\} + \\
&\quad + \frac{1}{(s+1)(s+2)\cdots(s+n)} \int_x^\infty x^{s+n-1} e^{-x}\, dx .
\end{aligned}$$

Das letzte Integral kann man wieder durch partielle Integration ausrechnen. Öfters ist es zweckmäßiger, zur Auswertung des Integrals (C, 16) auf die Definitionsgleichung (C, 3) zurückzugreifen und dann die Integrationsfolge zu vertauschen: So erhält man die wegen (C, 5) mit (C, 16) äquivalenten Ausdrücke

$$\begin{aligned}
\int_x^\infty x^s K_n(x)\, dx &= \int_x^\infty x^s \int_{w=1}^\infty \frac{e^{-xw}}{w^n}\, dw\, dx \qquad \text{(C, 17)}\\
&= \int_{w=1}^\infty \frac{e^{-xw}}{w^{s+n+1}} \{(x w)^s + s(x w)^{s-1} + s(s-1)\,(x w)^{s-2} + \cdots + s(s-1)\cdots 1\}\, dw \\
&= x^s K_{n+1}(x) + s\, x^{s-1} K_{n+2}(x) + s(s-1)\, x^{s-2} K_{n+3}(x) + \cdots \\
&\quad + s(s-1)(s-2)\cdots 1 \cdot K_{n+s+1}(x) .
\end{aligned}$$

Im einzelnen wird nach (C, 17):

$$\int_x^\infty K_n(x)\, dx = K_{n+1}(x) \text{ — und umgekehrt } \frac{d}{dx} K_n(x) = -K_{n-1}(x) \quad \text{für} \quad n \geqq 1 \text{ —} \qquad \text{(C, 18)}$$

$$\int_x^\infty x\, K_n(x)\, dx = x\, K_{n+1}(x) + K_{n+2}(x) \qquad \text{(C, 19)}$$

$$\int_x^\infty x^2 K_n(x)\, dx = x^2 K_{n+1}(x) + 2\, x\, K_{n+2}(x) + 2\, K_{n+3}(x) . \qquad \text{(C, 20)}$$

Auf beiden Wegen berechnet man leicht das bestimmte Integral

$$\int_0^\infty x^s K_n(x)\, dx = \frac{s!}{s+n}\,. \qquad \text{(C, 21)}$$

Enthält der Integrand noch eine *Exponentialfunktion* e^{-px}, so kann man zunächst den Index s um Eins erniedrigen, indem man nach (C, 5) schreibt

$$K_n(x) = \frac{1}{x}\{e^{-x} - n\, K_{n+1}(x)\} \qquad \text{(C, 22)}$$

und erhält so

$$\begin{aligned}&\int_x^\infty e^{-px}\, x^s\, K_n(x)\, dx \\ &= \int_x^\infty e^{-(p+1)\,x}\, x^{s-1}\, dx - n \int_x^\infty e^{-(p+1)\,x}\, x^{s-1}\, K_{n+1}(x)\, dx\,.\end{aligned} \qquad \text{(C, 23)}$$

Das erste Integral ist elementar; das zweite läßt sich durch wiederholte Anwendung von (C, 23) und (C, 5) zurückführen auf[1]

$$E(\alpha, x) = \int_0^x e^{\alpha x}\, K(x)\, dx\,. \qquad \text{(C, 24)}$$

Letzteres kann man, wie A. UNSÖLD [C 11] und H. C. VAN DE HULST [C 2][2] gezeigt haben, folgendermaßen berechnen (wobei wir zunächst $\alpha < 1$, aber $\neq 0$ voraussetzen):

Nach der Definitionsgleichung (C, 3) wird

$$E(\alpha, x) = \int_{x=0}^{x} \int_{w=1}^{\infty} \frac{e^{-x(w-\alpha)}}{w}\, dx\, dw = \int_{w=1}^{\infty} \frac{1 - e^{-x(w-\alpha)}}{w(w-\alpha)}\, dw\,. \qquad \text{(C, 25)}$$

Das Integral über $\frac{1}{w(w-\alpha)}$ berechnet man durch Partialbruchzerlegung, wobei man die Stelle $w = \alpha$ zunächst ausschließt, und erhält allgemein:

$$\int_{w=1}^{\infty} \frac{dw}{w(w-\alpha)} = -\frac{1}{\alpha} \ln(|1-\alpha|)\,. \qquad \text{(C, 26)}$$

Den 2. Teil des Integrals (C, 25) formt man in analoger Weise um:

$$-\int_{w=1}^{\infty} \frac{e^{-x(w-\alpha)}}{w(w-\alpha)}\, dw = \frac{1}{\alpha} \int_{w=1}^{\infty} e^{x(w-\alpha)} \left\{\frac{1}{w} - \frac{1}{w-\alpha}\right\} dw = \frac{1}{\alpha}\{e^{\alpha x} K(x) - K((1-\alpha)\,x)\}\,. \qquad \text{(C, 27)}$$

Zusammen ergibt sich also

$$E(\alpha, x) = -\frac{1}{\alpha}\{\ln(|1-\alpha|) + K((1-\alpha)\,x) - e^{\alpha x} K(x)\}\,. \qquad \text{(C, 28)}$$

Ist $\alpha < 1$, so ist im zweiten Glied die Verallgemeinerung der K-Funktion für *negative Argumente* zu verwenden, welche z. B. bei JAHNKE-EMDE [C 3] unter der Bezeichnung [statt unserem $K(x)$] $-\overline{Ei}(-x)$ oder bei TÖLKE [C 10] als $-Ei(-x) - 0{,}5772$ tabuliert ist. Der Spezialfall $\alpha = 0$ ist trivial; wegen $\alpha = 1$ vgl. H. C. VAN

[1] Wir wählen *hier* die Integrationsgrenzen 0 und x, da wir nachher auch den Fall $p < 0$ bzw. $\alpha > 1$ betrachten werden.

[2] Unser $E(\alpha, x)$ heißt dort $F_1(\alpha, x)$.

DE HULST [C 2]. Für $x = \infty$ und $\alpha < 1$ erhält man

$$E(\alpha, \infty) = \int_0^\infty e^{\alpha x} K(x)\, d x = -\frac{1}{\alpha} \ln (1 - \alpha)\,. \qquad (C, 29)$$

In ähnlicher Weise, wie $E(\alpha, \infty)$ berechnet man durch Heranziehen der Definitionsgleichung (C, 3), Umkehrung der Integrationsfolge und Partialbruchzerlegung vor der 2. Integration:

$$\int_0^\infty e^{-\alpha x} K_n(x)\, d x = \int_{x=0}^\infty \int_{w=1}^\infty \frac{e^{-x(w+\alpha)}}{w^n}\, d w\, d x = \int_{w=1}^\infty \frac{d w}{w^n(w+\alpha)}\,. \qquad (C, 30)$$

Nun ist

$$\frac{1}{w^n(w+\alpha)} = \frac{1}{\alpha^n} \left[\frac{\alpha^{n-1}}{w^n} - \frac{\alpha^{n-2}}{w^{n-1}} + \frac{\alpha^{n-3}}{w^{n-2}} - \cdots \pm \frac{\alpha}{w^2} \mp \frac{\alpha}{w(w+\alpha)}\right], \qquad (C, 31)$$

wobei das $\begin{Bmatrix}\text{untere}\\ \text{obere}\end{Bmatrix}$ Vorzeichen für $\begin{Bmatrix}\text{ungerade}\\ \text{gerade}\end{Bmatrix}$ n gilt. Damit erhält man schließlich:

$$\int_0^\infty e^{-\alpha x} K_n(x)\, d x = \frac{1}{\alpha^n} \left[\frac{\alpha^{n-1}}{n-1} - \frac{\alpha^{n-2}}{n-2} + \frac{\alpha^{n-3}}{n-3} - \cdots \pm \alpha \mp \ln (1+\alpha)\right]. \qquad (C, 32)$$

Integrale vom Typus

$$\int_0^x K_m(x)\, K_n(x)\, d x \qquad (C, 33)$$

können nach H. C. VAN DE HULST [C 2] auf die schon behandelten Funktionen zurückgeführt werden. Über weitere unbestimmte und bestimmte Integrale mit zwei K-Funktionen im Integranden vgl. VAN DE HULST (ebenda), V. KOURGANOFF [C 5 und 6] und S. CHANDRASEKHAR [C 1].

Literaturverzeichnis.

Allgemeines.

Als Lehr- und Nachschlagebücher für Astrophysik und theoretische Physik seien empfohlen:

1. BECKER, W.: Sterne und Sternsysteme. 2. Aufl. Leipzig 1950.
2. EDDINGTON, A. S.: Der innere Aufbau der Sterne. (Deutsch von E. v. D. PAHLEN.) Berlin 1928.
3. JOOS, G.: Lehrbuch der theoretischen Physik. 6. Aufl. Leipzig 1945.
4. ROSSELAND, S.: Theoretical Astrophysics. Atomic Theory and the Analysis of Stellar Atmospheres and Envelopes. Oxford 1936.
5. RUSSELL, H. N., R. S. DUGAN and J. Q. STEWART: Astronomy. 2 Bände. New York 1926.
6. STRUVE, O.: Stellar Evolution. Princeton Univ. Press 1950.
7. WALDMEIER, M.: Einführung in die Astrophysik. Basel 1948.

Sowie (Nachtrag 1954):

ALLER, L. H.: Astrophysics. Vol. I. The Atmospheres of the Sun and Stars. Vol. II. Nuclear Transformations, Stellar Interiors, and Nebulae. Ronald Press 1953/54.

Astrophysics. A Topical Symposium. Ed. J. A. HYNEK, New York: McGraw-Hill **1951.**

WOOLLEY, R. v. D. R., and D. W. N. STIBBS: The Outer Layers of a Star. Oxford Univ. Press **1953.**

Als Hilfsmittel für alle Zahlenrechnungen und als „Formelgedächtnis" nahezu unentbehrlich ist:

8. MILNE-THOMSON, L. M., and L. J. COMRIE: Standard Four Figure Mathematical Tables. (Ausg. A mit positiven, B mit negativen Charakteristiken der Logarithmen.) London 1931.

Erster Teil.

Die Sternatmosphäre im thermischen Gleichgewicht.

I. Kapitel. **Strahlungstheorie.**

Klassische Abhandlungen.

101. BOLTZMANN, L.: Ableitung des STEFANschen Gesetzes betreffend die Abhängigkeit der Wärmestrahlung von der Temperatur aus der elektromagnetischen Lichttheorie. Ann. Physik u. Chem. **22**, 291 (1884).

102. KIRCHHOFF, G.: Über das Verhältnis zwischen dem Emissionsvermögen und dem Absorptionsvermögen der Körper für Wärme und Licht. Ann. Chem. u. Phys. **109**, **275** (1860).

103. PLANCK, M.: Zur Theorie des Gesetzes der Energieverteilung im Normalspektrum. Verh. dtsch. phys. Ges. **2**, 237 (1900).

104. WIEN, W.: Eine neue Beziehung der Strahlung schwarzer Körper zum zweiten Hauptsatz der Wärmetheorie. Berl. Sitzgsber. **1893**, **55**.

Lehrbücher[1].

105. CZERNY, M., u. G. HETTNER: Gesetze der schwarzen Strahlung. (Exp. Teil.) MÜLLER-POUILLETs Lehrbuch der Physik, Bd. II, 2, Teil 1. Braunschweig 1929.

106. LORENTZ, H. A.: Theorie der Strahlung. Deutsche Ausg. Leipzig 1927.

107. PAULI, W.: Theorie der schwarzen Strahlung. MÜLLER-POUILLETs Lehrbuch der Physik, Bd. II, 2, Teil 2. Braunschweig 1929.

108. PLANCK, M.: Vorlesungen über die Theorie der Wärmestrahlung. 5. Aufl. Leipzig 1923. — Einführung in die Theorie der Wärme. Leipzig 1930.

109. SCHRÖDINGER, E.: Statistical Thermodynamics. Cambridge 1948.

110. TOLMAN, R. C.: The Principles of Statistical Mechanics. Oxford 1938.

---

[1] Da eine Reihe ausgezeichneter Lehrbücher mit reichhaltigen Literaturangaben vorliegen, können wir in diesem Kapitel von einer vollständigen Zusammenstellung der Einzelliteratur absehen.

111. WESTPHAL, W.: Wärmestrahlung. Handbuch der Astrophysik, Bd. III, 1, Teil 3.
112. WIEN, W., u. C. MÜLLER: Wärmestrahlung. Handbuch der Experimentalphysik. Bd. 9, Teil 1. Leipzig 1929.

Abhandlungen.

113. DEBYE, P.: Zur Theorie der spezifischen Wärmen. Ann. Physik **39**, 798 (1912).
114. DE GROOT, W.: The Radiation Constants and the Light-Equivalent of Energy. Physica **16**, 419 (1950).
115. HOFFMANN, F.: Die optische Temperaturskala und die Strahlungskonstanten. Z. angew. Physik **2**, 88 (1950).
116. ZANSTRA, H.: Luminosity of Planetary Nebulae and Stellar Temperatures. Publ. Domin. Astrophys. Obs. **4**, 209 (1931).

II. Kapitel. Anwendung des PLANCKschen Gesetzes auf die Strahlung der Sonne. Strahlungsmessungen.

Lehrbücher und zusammenfassende Darstellungen.

201. BRUHAT, G., et L. D'AZAMBUJA: Le Soleil, 2. Aufl. Paris: Presses Univ. 1951.
202. Handbuch der Astrophysik, Bd. I, Teil 1. Berlin 1933. — BERNHEIMER, W. E.: Apparate und Methoden zur Messung der Gesamtstrahlung der Himmelskörper.
203. Handbuch der Astrophysik, Bd. IV. Berlin 1929.
203a) ABETTI, G.: Solar Physics. — b) BERNHEIMER, W. E.: Strahlung und Temperatur der Sonne. — c) MITCHELL, S. A.: Eclipses of the Sun.
204. MENZEL, D. H.: Our Sun. Philadelphia: Blakiston Cie 1949.
205. MITCHELL, S. A.: Eclipses of the Sun. Columbia University Press 1932.
206. WALDMEIER, M.: Ergebnisse und Probleme der Sonnenforschung. Leipzig 1941.

Abhandlungen.

207. ABBOT, C. G., and F. E. FOWLE: Ann. Smithson. Astrophys. Obs. **2** (1908).
208. — — and L. B. ALDRICH: Ann. Smithson. Astrophys. Obs. **3** (1913).
209. — — — Ann. Smithson. Astrophys. Obs. **4** (1922).
210. — L. B. ALDRICH and F. E. FOWLE: Ann. Smithson. Astrophys. Obs. **5** (1932).
211. — — and H. W. HOOVER: Ann. Smithson. Astrophys. Obs. **6**, (1942).
212. — — An Improved Water-Flow Pyrheliometer and the Standard Scale of Solar Radiation. Smithson. Misc. Coll. **87**, No. 15 (1932); **92**, Nr. 13 (1934).
212a. ALDRICH, L. B., and H. W. HOOVER: Ann. Smithson. Astrophys. Obs. **7** (1954).
213. ALLEN, C. W.: The Solar Constant. Observatory **70**, 154 (1950).
214. ÅNGSTRÖM, K.: Eine elektrische Kompensationsmethode zur quantitativen Bestimmung strahlender Wärme. Nova Acta Reg. Soc. Sci. Upsaliensis (3) **16**, (1893).
215. — Über absolute Bestimmungen der Wärmestrahlung mit dem elektrischen Kompensationspyrheliometer, nebst einigen Beispielen der Anwendung dieses Instrumentes. Wiedemanns Ann. **67**, 633 (1899).
216. — The Ångström Compensation-Pyrheliometer and the Pyrheliometric Scale. Astrophysic. J. **40**, 274 (1914).
217. ÅNGSTRÖM, A.: Bericht über die internationalen Strahlungskommissionen. Tellus **1**, H. 3, 65 (1949).
218. ARNULF, A., D. CHALONGE et G. DÉJARDIN: Sur la distribution de l'énergie dans le spectre continu du Soleil entre 4500 et 3300 Å. C. r. Acad. Sci. (Paris) **210**, 325 (1940).
219. BRILL, A.: Das Temperaturproblem in der Astrophysik. Veröff. Univ.-Sternw. Berlin-Babelsberg **7**, H. 6 (1930).
220. BRUGGENCATE, P. TEN, H. GOLLNOW u. F. W. JÄGER: Über einen Versuch, die wahre Intensitätsverteilung am äußersten Sonnenrand zu ermitteln. Z. Astrophysik **27**, 223 (1950).
221. CALLENDAR, H. L.: The Radio-Balance; a Thermoelectric Balance for the Absolute Measurement of Radiation. Proc. Phys. Soc. (London) **23**, 1 (1910).
222. CANAVAGGIA, R., et D. CHALONGE: Recherches sur le spectre continu du soleil.-II: Nouvelles données d'observation. Ann. d'Astrophysique **9**, 143 (1946).
223. — — M. EGGER-MOREAU et H. OZIOL-PELTEY: Recherches sur le spectre continu du soleil.-III. Spectre continu du centre du disque entre 3200 et 5000 Å. Ann. d'Astrophysique **13**, 355 (1950).
224. CHALONGE, D., et G. DEJARDIN: Sur la courbe d'énergie du spectre solaire. Bull. Soc. franç. Phys. No. 441 (1940).
225. — — Sur le spectre continu des étoiles du type G0. C. r. Acad. Sci. (Paris) **210**, 558 (1940).
226. — — La courbe d'énergie du spectre solaire. L'Astronomie **1941**, 193.

227. CHALONGE, D., L. DIVAN et V. KOURGANOFF: Température de brillance et opacité des atmosphères stellaires. Application au soleil. Ann. d'Astrophysique **13**, 347 (1950).
228. CLEARMAN, H. E.: The Ultraviolet Solar Spectrum. In G. P. KUIPER, The Atmospheres of the Earth and Planets. Chicago **1947**.
229. DUFAY, J.: Remarques sur la courbe d'énergie solaire dans les régions violette et ultraviolette. Ann. d'Astrophysique **5**, 85 (1942).
230. DURAND, E.: N. R. L. Rocket Sonde Research. In G. P. KUIPER, The Atmospheres of the Earth and Plantes. Chicago **1947**.
231. — J. J. OBERLY and R. TOUSEY: Analysis of the First Rocket Ultraviolet Solar Spectra. Astrophysic. J. **109**, 1 (1949).
232. EINARSSON, T.: Über die Möglichkeit fortlaufender Koronabeobachtungen. Z. Astrophysik **8**, 208 (1934).
233. EVANS, D. S.: The Law of Darkening at the Extreme Limb of the Sun. Observatory **67**, 138 (1947).
234. EVANS, J. W.: A Photometer for Measurement of Sky Brightness Near the Sun. J. Opt. Soc. Amer. **38**, 1083 (1948).
235. FABRY, CH., et H. BUISSON: Sur la courbe de répartition de l'énergie dans la partie ultraviolette du spectre solaire. C. r. Acad. Sci. (Paris) **175**, 156 (1922).
236. FALCKENBERG, G.: Beiträge zur Absolutpyrheliometrie. Met. Z. **60**, H. 9 (1943).
237. FEUSSNER, K.: Beiträge zur Absolut-Pyrheliometrie.
   I. Untersuchungen an dem Potsdamer Absolut-Pyrheliometer in seiner ursprünglichen Form. Met. Z. **52**, 318 (1935).
   II. Ein neues Rührwasser-Kalorimeter. Met. Z. **53**, 303 (1936).
   III. Prüfung der neuen Rührwasser-Kalorimeter und Ergebnisse von Vergleichsmessungen in Davos. Met. Z. **53**, 361 (1936).
   IV. Grundsätzliche Aufgaben der Absolut-Pyrheliometrie und pyrheliometrische Arbeiten in Potsdam. Met. Z. **60**, 73 (1943).
238. GÖTZ, P.: Die kürzeste Wellenlänge des Sonnenlichtes. Strahlenther. **40**, 690 (1931).
239. GUILD, J.: Investigations in Absolute Radiometry. Proc. Roy. Soc. (London) (A) **161**, 1 (1937).
240. Handbuch der Geophysik, Bd. 8. Berlin: Bornträger 1942.
241. JULIUS, W. H.: A New Method for Determining the Rate of Decrease on the Radiative Power from the Center toward the Limb of the Solar Disk. Astrophysic. J. **23**, 312 (1906).
242. — The Total Solar Radiation during the Annular Eclipse on April 17, 1912. Astrophysic. J. **37**, 225 (1913).
243. KIENLE, H.: Das kontinuierliche Spektrum und die Farbtemperatur der Sonne im Bereich 3000—7000 Å. Naturwiss. **29**, 124 (1941).
244. — Das ultraviolette Spektrum und die Temperatur der Sonne. Astr. Nachr. **275**, 32 (1947).
245. KOPAL, Z.: The Distribution of Brightness at the Extreme Limb of the Sun. Astrophysic. J. **104**, 60 (1946).
246. KRAT, T. W.: Poulkovo Publ. **17**, No. 137 (1948).
247. KRISTENSON, H.: Spectrophotometric Determinations of Contact at Total Eclipses of the Sun. Ann. Stockholm Obs. **17**, 1 (1951).
248. LANGLEY, S. P., and C. G. ABBOT: Ann. Smithson. Astrophys. Obs. **1** (1900).
249. LINDBLAD, B.: Radiative Equilibrium and Solar Temperature. Nova Acta Reg. Soc. Sci. Upsaliensis IV, **6**, 1 (1923).
250. LINKE, F., u. E. ULMITZ: Messungen der zirkumsolaren Himmelsstrahlung. Met. Z. **57**, 372 (1940).
251. LYOT, B.: Etude de la couronne solaire en dehors des éclipses. Z. Astrophysik **5**, 73 (1932).
252. MARTEN, W.: Zur Frage der absoluten pyrheliometrischen Skala. Met. Z. **39**, 342 (1922).
253. MICHARD, R.: On the Energy Distribution in the Ultra-Violet Continuous Spectrum of the Sun. Bull. Astr. Netherlands **11**, 227 (1950).
254. MILNE, E. A.: Radiative Equilibrium: the Relation between the Spectral Energy Curve of a Star and the Law of Darkening of the Disc towards the Limb, with Special Reference to the Effects of Scattering and the Solar Spectrum. Philosophic. Trans. Roy. Soc. (London) (A) **223**, 201 (1922).
255. MINNAERT, M.: Recent Data on Solar Radiation converted into Absolute Measure. Bull. Astr. Netherlands **2**, 75 (1924).
256. — The Distribution of Energy near the Limb of the Sun (dort weitere Literaturangaben). Monthly Notices **89**, 197 (1929).
257. — Die Randverdunkelung der Sonnenscheibe in integriertem Lichte. Z. Astrophysik **13**, 196 (1937).

258. MINNAERT, M., G. F. W. MULDERS and J. HOUTGAST: Photometric Atlas of the Solar Spectrum from λ 3612 to λ 8771 with an Appendix from λ 3332 to λ 3637. Utrecht u. Amsterdam 1940.
259. — E. v. d. HOVEN v. GENDEREN and J. v. DIGGELEN: The Brightness Distribution Near the Sun's Limb. Bull. Astr. Netherlands **11**, 55 (1949).
260. MÖRIKOFER, W.: Meteorologische Strahlungsmethoden. In Handbuch der biologischen Arbeitsmethoden (ABDERHALDEN). Abt. II, Teil 3; p. 240.
261. MOLL, W. J. H., H. C. BURGER and J. v. d. BILT: The Distribution of the Energy over the Sun's Disc. Bull. Astr. Netherlands **3**, 83 (1925) — hierzu ABBOT, C. G.: Astrophysic. J. **64**, 271 (1926).
262. MÜLLER, G. (unter Mitwirkung von E. KRON): Die Extinktion des Lichtes in der Erdatmosphäre und die Energieverteilung im Sonnenspektrum. Potsd. Publ. **22**, Nr. 64 (1912).
263. MULDERS, G. F. W.: Äquivalente breedten van FRAUNHOFER-Lijnen in het Zonnespectrum. Diss. Utrecht 1934.
264. — On the Energy Distribution in the Continuous Spectrum of the Sun. Z. Astrophysik **11**, 132 (1935).
265. — The Energy Distribution in the Continuous Solar Spectrum and the Absorption Coefficient of the Sun's Outer Layer. Publ. Astr. Soc. Pacific **52**, 220 (1939).
266. PETTIT, E.: Measurements of Ultra-Violet Solar Radiation. Astrophysic. J. **75**, 185 (1932).
267. — Spectral Energy-Curve of the Sun in the Ultraviolet. Astrophysic. J. **91**, 159 (1940).
268. PEYTURAUX, R.: Contribution à l'étude du fond continu du spectre solaire dans le proche infrarouge. Ann. d'Astrophysique **15**, 302 (1952).
269. PIERCE, A. K., R. R. MCMATH, L. GOLDBERG and O. C. MOHLER: Observations of Solar Limb Darkening between 0,5 and 10,2 μ. Astrophysic. J. **112**, 289 (1950).
269a. — Relative Solar Energy Distribution in the Spectral Region 10000—25000 Å. Astrophysic. J. **119**, 312 (1954).
270. PLASKETT, H. H.: The Wedge Method and its Application to Astronomical Spectrophotometry. Sect. 4: Intensity Distribution in the Continuous Spectrum of the Sun. Publ. Domin. Astr. Obs. **2**, 242 (1923).
271. RAUDENBUSCH, H.: Messungen der Intensitätsverteilung auf der Sonnenscheibe in verschiedenen Wellenlängen. Astr. Nachr. **266**, 301 (1938).
272. SCHWARZSCHILD, K., and W. VILLIGER: On the Distribution of Brightness of the Ultraviolet Light on the Sun's Disk. Astrophysic. J. **23**, 284 (1906).
273. — Über die totale Sonnenfinsternis vom 30. August 1905 (Bes. Abschn. V.) Astr. Mitt. Göttingen **13** — Göttinger Nachr. **5**, Nr. 2 (1906).
274. SHAJN, G.: On the Effect of the Total Line and Band Absorption in Stellar Spectra. Monthly Notices **94**, 642 (1934).
275. TINGWALDT, C.: Ein neues Pyrheliometer für Absolutmessungen. Z. Instrumentenkde. **51**, 593 (1931).
276. WEMPE, J.: Die Gesamtabsorption der FRAUNHOFERschen Linien im Sonnenspektrum. Astr. Nachr. **275**, 97 (1947).
277. WESSELINK, A. J.: Photographic Observations of the Integrated Brightness of the Solar Crescent near Totality of the Total Eclipse of the Sun on June 19, 1936, by J. G. FERWERDA, J. UITTERDIJK and A. J. WESSELINK. Bull. Astr. Netherlands **9**, 81 (1940).
278. WILSING, I.: Über die Helligkeitsverteilung im Sonnenspektrum nach Messungen an Spektrogrammen. Potsd. Publ. **22**, 66 (1913).
279. — Über die Helligkeitsverteilung im Sonnenspektrum nach bolometrischen Messungen und über die Temperatur der Sonnenphotosphäre. Potsd. Publ. **23**, Nr. 72 (1917).
280. — Untersuchungen über die Extinktion der Strahlung in der Erdatmosphäre nach bolometrischen Messungen im Sonnenspektrum. Potsd. Publ. **25**, Nr. 80 (1924).

III. Kapitel. **Die Strahlung der Sterne.**

Abhandlungen.

301. ADAMS, W. S., and A. KOHLSCHÜTTER: Some Spectral Criteria for the Determination of Absolute Stellar Magnitudes. Astrophysic. J. **40**, 385 (1914).
302. ARNULF, A., D. BARBIER, D. CHALONGE et R. CANAVAGGIA: Etude du spectre continu de quelques étoiles entre 3100 et 4600 Å. J. Observateurs **19**, 149 (1936).
303. — — — et H. SAFIR: Etude du rayonnement continu de quelques étoiles entre 3100 et 4600 Å (I). Ann. d'Astrophysique **1**, 293 (1938).
304. — — F. SCHAHMANÈCHE et N. MORGULEFF: Etude du rayonnement continu de quelques étoiles entre 3100 et 4600 Å (II). Ann. d'Astrophysique **1**, 402 (1938).
305. — — D. CHALONGE et N. MORGULEFF: Etude du rayonnement continu de quelques étoiles entre 3100 et 4600 Å (III). Ann. d'Astrophysique **2**, 479 (1939).

306. BAADE, W.: The Resolution of Messier 32, NGC 205, and the Central Region of the Andromeda Nebula. Astrophysic. J. **100**, 137 (1944).
307. BARBIER, D., D. CHALONGE, H. KIENLE u. J. WEMPE: Vergleich von Standardlichtquellen für spektralphotometrische Zwecke. Z. Astrophysik **12**, 178 (1936).
308. — — Remarques préliminaires sur quelques propriétés de la discontinuité de Balmer dans les spectres stellaires. Ann. d'Astrophysique **2**, 254 (1939).
309. — — Etude du rayonnement continu de quelques étoiles entre 3100 et 4600 Å (IV-discussion générale). Ann. d'Astrophysique **4**, 30 (1941).
310. — — et R. CANAVAGGIA: Etude du rayonnement continu de quelques étoiles entre 3100 et 4600 Å. — (V-Nouvelles mesures de D et λ_1.) Ann. d'Astrophysique **10**, 195 (1947).
311. BECKER, W.: Statistische Untersuchungen auf Grund lichtelektrischer Farbenindices von 738 Sternen. Z. Astrophysik **5**, 101 (1932).
312. — Spektralphotometrische Untersuchungen an δ Cephei-Sternen IX. Eine empirische Beziehung zwischen Farbtemperatur, Strahlungstemperatur und effektiver Temperatur, abgeleitet aus den Amplituden der δ Cephei- und der RR Lyrae-Sterne. Z. Astrophysik **19**, 269 (1940).
313. — Beiträge zur Reform der astronomischen Integralphotometrie I—III. Veröff. Univ. Sternw. Göttingen Nr. 79—81 (1946).
314. — Über eine empirische Beziehung zwischen Farbtemperatur und Strahlungstemperatur, abgeleitet aus Bedeckungsveränderlichen. Z. Astrophysik **25**, 145 (1948).
315. BOTTLINGER, K. F.: Lichtelektrische Farbenindices von 459 Sternen. Veröff. Univ.-Sternw. Berlin-Babelsberg **3**, 4 (1923).
316. BRILL, A.: Die Strahlung der Sterne. Erg. exakt. Naturwiss. **3**, 1 (1924).
317. — Die Strahlung der Sterne. Veröff. Univ.-Sternw. Berlin-Babelsberg **5**, H. 1 (1924).
318. — Temperaturen und scheinbare Halbmesser von 134 Sternen. Astr. Nachr. **223**, 105 (1924).
319. — Die Temperaturstrahlung der Fixsterne. Z. Physik **52**, 767 (1928).
320. BRUGGENCATE, P. TEN, E. FREUNDLICH, W. GROTRIAN, H. KIENLE u. A. KOPFF: Zur Erforschung des Weltalls. Berlin 1934.
320a. CHALONGE, D. (z. T. mit A. BAILLET, J. COJAN, L. DIVAN, H. LAFFINEUR, M. SERVIGNE): Recherches sur les spectres continus stellaires I—VI. Ann. d'Astrophysique **15**, 142, 144, 151, 154, 201, 237 (1952).
321. DYSON, F.: Observations of Colour Temperatures of Stars made at the Royal Observatory Greenwich. London 1932. (Zusammenfassung der Arbeiten von GREAVES, DAVIDSON u. MARTIN in Monthly Notices **1925—32**.)
322. ELVEY, C. T., and O. STRUVE: A Study of Stellar Hydrogen Lines and their Relation to the Stark Effect. Astrophysic. J. **72**, 277 (1930).
323. GREAVES, W. M. H., C. DAVIDSON u. E. MARTIN: The Relative Effective Temperatures of Twenty-two stars of Early Type. Monthly Notices **87**, 352 (1927).
324. — The Zero Point of the Greenwich Colour Temperature System. Monthly Notices **94**, 488 (1934).
325. — and E. MARTIN: Colour Temperature Variations of γ Cassiopeiae and the Problem of the "Yellow" B-Type Stars. Monthly Notices **98**, 434 (1938).
326. — Roy. Obs. Greenwich: Relative Gradients of 250 Stars Determined at the Royal Observatory, Greenwich. Monthly Notices **100**, 189 (1940).
327. — The Photometry of the Continuous Spectrum. Monthly Notices **108**, 131 (1948).
328. GÜNTHER, S.: Die Wasserstoffabsorption in Sternspektren. Z. Astrophysik **22**, 185 (1943).
329. HALL, J. S.: Photoelectric Photometry at the Sproul Observatory. Astrophysic. J. **84**, 369 (1936).
330. — Spectrophotometry of 67 Bright Stars with a Photoelectric Cell. Astrophysic. J. **94**, 71 (1941).
331. — and R. C. WILLIAMS: A Determination of the Energy Distribution in the Near Infrared Spectrum of Vega. Astrophysic. J. **95**, 225 (1942).
332. — Spectrophotometry of 67 Bright Stars with a Photoelectric Cell: Discussion. Astrophysic. J. **95**, 231 (1942).
333. Handbuch der Astrophysik, Bd. II, Teil 2, 1. Hälfte. Berlin 1929. — BRILL, A.: Spektralphotometrie.
334. Handbuch der Astrophysik, Bd. V, Teil 1, 1. u. 2. Hälfte.
a) BRILL, A.: Die Temperaturen der Fixsterne. — b) CURTISS, R. H.: Classification and Description of Stellar Spectra. — c) LUNDMARK, K.: Luminosities, Coulours, Diameters, Densities, Masses of the Stars.
335. HERTZSPRUNG, E.: Über die optische Stärke der Strahlung des schwarzen Körpers und das minimale Lichtäquivalent. Z. wiss. Photogr. **4**, 43 (1906).

336. HERTZSPRUNG, E.: Mean Colour Equivalents and Hypothetical Angular Semi-Diameters of 734 Stars brighter than the Fifth Magnitude and within 95° of the North Pole. Ann. Sterrew. Leiden **14**, 1 (1922).
337. — Photographic Magnitudes of 658 Stars. Bull. Astr. Netherlands **1**, 201 (1923).
338. — The Pleiades. Monthly Notices **89**, 660 (1929).
339. HILTNER, W. A., and R. C. WILLIAMS: Photometric Atlas of Stellar Spectra (Ann Arbor 1946).
340. HOFF, H. V.: Die relative Energieverteilung im infraroten Spektrum von 18 Fundamentalsternen. Z. Astrophysik **18**, 157 (1939).
341. JENSEN, H.: Über die Temperaturskalen der Fixsterne. Astr. Nachr. **248**, Nr. 5940—41 (1933).
342. KAMP, VAN DE P.: Stars Nearer than Five Parsecs. Publ. Astr. Soc. Pacific **57**, 34 (1945) und **65**, 73 (1953).
343. KIENLE, H.: Das kontinuierliche Spektrum der Sterne. Erg. exakt. Naturwiss. **16**, 437 (1937).
344. — H. STRASSL u. J. WEMPE: Die relative Energieverteilung im kontinuierlichen Spektrum von 36 Fundamentalsternen. Z. Astrophysik **16**, 201 u. 379 (1938).
345. — D. CHALONGE et D. BARBIER: Comparaison de sources étalons utilisées en spectrophotométrie stellaire à l'Observatoire de Göttingen et au laboratoire d'Astrophysique de Paris. Ann. d'Astrophysique **1**, 396 (1938).
345a.— Nullpunkt und Skala der Temperaturen der Sterne. Göttinger Nachr. **3**, 201 (1940).
346. — J. WEMPE u. F. BEILEKE: Die absolute Intensitätsverteilung im kontinuierlichen Spektrum des mittleren A0-Sternes. Z. Astrophysik **20**, 91 (1941).
347. — Zur Berechnung von Farbtemperaturen. Z. Astrophysik **20**, 239 (1941).
348. KUIPER, G. P.: The Magnitude of the Sun, the Stellar Temperature Scale, and Bolometric Corrections. Astrophysic. J. **88**, 429 (1938).
349. — The Empirical Mass-Luminosity Relation. Astrophysic. J. **88**, 472 (1938).
350. — The Nearest Stars. Astrophysic. J. **95**, 201; **96**, 315 (1942).
351. MAANEN, A. V.: The Nearest Stars. Publ. Astr. Soc. Pacific **45**, 247 (1933).
352. MERRILL, P. W., and O. C. WILSON: Comparison of the Paschen and the Balmer Series of Hydrogen Lines in Stellar Spectra. Astrophysic. J. **80**, 19 (1934).
353. MILFORD, N.: Monochromatic Stellar Fluxes:
I. Line absorption in stellar spectra.
II. The absolute photovisual fluxes of the stars.
III. The absolute flux $\lambda\lambda$ 4000 to 9800.
Ann. d'Astrophysique **13**, 243, 251 u. 262 (1950).
354. MORGAN, W. W., and B. A. WOOTEN: Relative Stellar Energy Distribution in the Infra-Red. Astrophysic. J. **80**, 229 (1934).
355. — On the Spectral Classification of the Stars of Types A to K. Astrophysic. J. **85**, 380 (1932).
356. — P. C. KEENAN and E. KELLMAN: An Atlas of Stellar Spectra. With an Outline of Spectral Classification. Astrophysic. Monographs, Chicago 1943.
357. — On the Determination of Color Indices of Stars from a Classification of their Spectra. Astrophysic. J. **87**, 460 (1949).
358. Nassau, I. I., and S. W. MCCUSKEY: On the Distribution of Stellar Luminosities Derived from Trigonometric Parallaxes. Monthly Notices **94**, 564 (1934).
359. PEASE, F. G.: Interferometer Methods in Astronomy. Erg. exakt. Naturwiss. **10**, 84 (1931).
360. PETRIE, R. M.: The Mass-Luminosity Relation Determined from Spectroscopic Binaries. Publ. Domin. Astr. Obs. Victoria **8**, 341 (1950).
361. PETTIT, E., and S. B. NICHOLSON: Stellar Radiation Measurements. Astrophysic. J. **68**, 279 (1928).
362. PIKE, S. R.: The Physical Conditions in the New Stars. Proc. Leeds. Philosophic. Soc. **1**, 232 (1928).
363. PILOWSKI, K.: Zur Masse-Leuchtkraft-Beziehung und zur empirischen Festlegung einer Skala von effektiven Temperaturen. Z. Astrophysik **27**, 193 (1950). (Ebd. frühere Arbeiten des Verf.)
364. — Die Methoden zur Ableitung von Strahlungstemperaturskalen, Vergleich ihrer Ergebnisse und Untersuchung ihrer Voraussetzungen. Astr. Nachr. **279**, 145 (1951).
365. PLASKETT, H. H.: The Spectra of three O-Type Stars. Publ. Domin. Astr. Obs. **1**, 325 (1922).
366. ROSENBERG, H.: Photographische Untersuchung der Intensitätsverteilung in Sternspektren. Abh. Leop. Karol. D. Akad. Naturforsch. (Halle) **101**, Nr. 2 (1914).
367. RUFUS, W. C.: Typical Stellar Spectra. Univ. Michigan (Detroit) Obs. Publ. **3**, 257 (1923).
368. RUSSELL, H. N., and CH. E. MOORE: The Masses of the Stars. Chicago Univ. Press. 1939.

369. SCHLESINGER, F., and L. F. JENKINS: Catalogue of Bright Stars. 2. Aufl. Yale Univ. Observatory 1940.
370. SEARES, F. H., and M. C. JOYNER: Effective Wave Lengths of Standard Magnitudes; Color Temperature and Spectral Type. Astrophysic. J. **98**, 302 (1943).
371. — — Note on Departures from Black-Body Conditions in Stars. Astrophysic. J. **101**, 36 (1944).
372. SHAJN, G.: On the Effect of the Total Line and Band Absorption in Stellar Spectra. Monthly Notices **94**, 642 (1934).
373. STEBBINS, J., and A. E. WHITFORD: Six-Color Photometry of Stars.
I. The Law of Space Reddening from the Colors of O and B Stars. Astrophysic. J. **98**, 20 (1943).
III. The Colors of 238 Stars of Different Spectral Types. Astrophysic. J. **102**, 318 (1945).
374. STICKER, B.: Temperaturen von Riesen- und Zwergsternen. Z. Physik **61**, 557 (1930).
375. — Untersuchungen über Sternfarben. Veröff. Univ.-Sternw. Bonn **23** (1930).
376. WESSELINK, A. I.: Note on the Energy Distribution in the Spectra of the Stars. Bull. Astr. Netherlands **7**, 239 (1935).
377. WHITFORD, A. E.: Photoelectric Observation of Diffraction at the Moon's Limb. Astrophysic. J. **89**, 472 (1939).
378. WILLIAMS, J. D.: A Method for the Determination of Stellar Diameters. Astrophysic. J. **89**, 467 (1939).
379. WILLIAMS, R. C.: Spectrophotometric Determinations of Stellar Temperatures:
I. The Colour Temperature of α Lyrae. Publ. Univ. Michigan Obs. **7**, 93 (1938).
II. The Absolute Colour Temperatures of Seven Standard Stars. Publ. Univ. Michigan Obs. **7**, 147 (1939).
III. A Comparison of Relative Colour Temperatures. Publ. Univ. Michigan Obs. **7**, 159 (1939).
IV. An International Comparison of Standard Lamps. Publ. Univ. Michigan Obs. **8**, 37 (1940).
380. WILSING, I., u. I. SCHEINER: Temperaturbestimmung von 109 helleren Sternen aus spektralphotometrischen Beobachtungen. Potsd. Publ. **19**, Nr. 56 (1909).
381. — Effektive Temperaturen von 199 helleren Sternen nach spektralphotometrischen Messungen von WILSING, SCHEINER und MÜNCH. Potsd. Publ. **24**, Nr. 74 (1919).
382. — Messungen der Farben, der Helligkeiten und des Durchmessers der Sterne mit Anwendung der PLANCKschen Strahlungsgleichung. Potsd. Publ. **24**, Nr. 76 (1920).
383. YÜ, C. S.: A Photometric Study of Stellar Spectra. Lick. Obs. Bull. **15**, 1 (1930). Ältere Arbeiten: Lick Obs. Bull. **12**, 104, 155 (1926).

IV. Kapitel. **Thermische Ionisation und Anregung.**

Lehrbücher und zusammenfassende Darstellungen.

401. DOSSE, J., u. G. MIERDEL: Der elektrische Strom im Hochvakuum und in Gasen. Leipzig 1943.
402. ENGEL, A. v., u. M. STEENBECK: Elektrische Gasentladungen. 2 Bände. Berlin 1932 u. 1934.
403. FOWLER, R. H.: Statistical Mechanics (2. ed.) Cambridge 1936.
404. Handbuch der Astrophysik, Bd. III/1. Berlin 1930.
PANNEKOEK, A.: Die Ionisation in den Atmosphären der Himmelskörper.
405. JORDAN, P.: Statistische Mechanik auf quantentheoretischer Grundlage. Braunschweig 1933.
406. MENZEL, D. H.: A Study of the Solar Chromosphere. Publ. Lick Obs. **17** (1931).
407. PAYNE, C. H.: Stellar Atmospheres (Harvard Monographs I). Cambridge (Mass.) 1925.
408. ROMPE, R., u. M. STEENBECK: Der Plasmazustand der Gase. Erg. exakt. Naturwiss. **18**, 257 (1939).
409. THOMSON, J. J., and G. P.: Conduction of Electricity through Gases. 2 Bände. Cambridge 1928 u. 1933.
409a. TOLMAN, R. C.: The Principles of Statistical Mechanics. Oxford Univ. Press. 1938.
Hierzu ferner die Literatur von Anhang A und B.

Abhandlungen.

410. CLAAS, W. J.: The Partition Function for the Elements in the Solar Atmosphere. Proc. Amsterdam Acad. **52**, 518 (1949).
411. DARWIN, C. G., and R. H. FOWLER: On the Partition of Energy. Philosophic. Mag. **44**, 450 (1922).
412. EGGERT, J.: Über den Dissoziationszustand der Fixsterngase. Physik. Z. **20**, 570 (1919).

413. FINKELNBURG, W.: Ionization Potentials of Higher Atomic Ions. Physic. Rev. **77**, 303 u. 304 (1950). — Und W. HUMBACH: Naturwiss. **42**, 35 (1955).
414. FOWLER, R. H., and E. A. MILNE: Dissociation Equilibria by the Method of Partitions. Philosophic. Mag. **45**, 1 (1923).
415. — — The Intensities of Absorption Lines in Stellar Spectra and the Temperatures and Pressures in the Reversing Layers of Stars. Monthly Notices **83**, 403 (1923).
416. — — The Maxima of Absorption Lines in Stellar Spectra (2nd paper). Monthly Notices **84**, 499 (1924).
417. FOWLER, R. H.: Notes on the Theory of Absorption Lines in Stellar Spectra. Monthly Notices **85**, 970 (1925).
418. — Statistical Equilibrium with Special Reference to the Mechanism of Ionization by Electronic Impacts. Philosophic. Mag. **47**, 257 (1924).
419. GOLDSCHMIDT, V. M.: Häufigkeitsverteilung der Elemente. Norske Vid.-Akad. Oslo, Mat.-nat. Kl. **1937**, Nr. 4.
420. KING, A. S.: Electric Furnace Experiments Involving Ionization Phenomena. Astrophysic. J. **55**, 380 (1922).
421. MENZEL, D. H.: A Simple Derivation of the Dissoziation Formula. Proc. Nat. Acad. Sci. (Washington) **19**, 40 (1933).
422. PANNEKOEK, A.: Ionization in Stellar Atmospheres. Bull. Astr. Netherlands **1**, 107 (1922).
423. PLANCK, M.: Zur Quantenstatistik des BOHRschen Atommodells. Ann. Physik **75**, 673 (1924).
424. ROSA, A.: Der Aufbau der Sternatmosphären. I. Teil: Ionisation stellarer Materie. Verhältnis von Gasdruck P_g zu Elektronendruck P_e. Effektives Molekulargewicht μ. Z. Astrophysik **25**, 1 (1948) und Berichtigung. Z. Astrophysik **27**, 106 (1950).
425. RUSSELL, H. N.: The Theory of Ionization and the Sunspot Spectrum. Astrophysic. J. **55**, 119 (1922).
426. — Notes on the Ionization in the Solar Atmosphere. Astrophysic. J. **55**, 356 (1922).
427. — Mean Ionization in Stellar Atmospheres. Astrophysic. J. **75**, 337 (1932).
428. SAHA, M. N.: Ionization in the Solar Chromosphere. Philosophic. Mag. **40**, 472 (1920).
429. — Elements in the Sun. Philosophic. Mag. **40**, 809 (1920).
430. — On a Physical Theory of Stellar Spectra. Proc. Roy. Soc. (London) (A) **99**, 135 (1921).
431. — Problems of Temperature Radiation of Gases. Philosophic. Mag. **41**, 267 (1921).
432. — Versuch einer Theorie der physikalischen Erscheinungen bei hohen Temperaturen mit Anwendungen auf die Astrophysik. Z. Physik **6**, 40 (1921).
433. STRÖMGREN, B.: Tables of Model Stellar Atmospheres (Model Stellar Atmospheres I). Publ. og mind. Medd. København Obs. No. 138, 1944.
434. UNSÖLD, A.: Zur Theorie der Sternatmosphären. Z. Astrophysik **8**, 225 (1934).
435. — Nomographische Darstellung der SAHAschen Gleichung. Z. techn. Phys. **16**, 460 (1935).
436. — Zur Berechnung der Zustandsummen für Atome und Ionen in einem teilweise ionisierten Gas. Z. Astrophysik **24**, 355 (1948).
437. WERKMEISTER, P.: Das Entwerfen von graphischen Rechentafeln. (Nomographie.) Berlin 1923.

Zweiter Teil.

Kontinuierliches Spektrum und Aufbau einer Sternatmosphäre.

V. Kapitel. **Strahlungsaustausch.**

Lehrbücher und zusammenfassende Darstellungen.

500. CHANDRASEKHAR, S.: Radiative Transfer. Oxford Univ. Press. 1950.
501. COURANT, R., u. D. HILBERT: Methoden der mathematischen Physik I. Berlin 1924.
502. = [2] EDDINGTON, A. S.: Der innere Aufbau der Sterne. Berlin 1928.
503. Handbuch der Astrophysik. Bd. III, Teil 3, 1. Hälfte. Berlin 1930.
MILNE, E. A.: Thermodynamics of the Stars.
504. HOPF, E.: Mathematical Problems of Radiative Equilibrium. Cambridge Tracts in Mathematics and Mathematical Physics No. 31. Cambridge 1934. (Mit Angaben über die Originalarbeiten des Verf. und weitere mathematische Literatur.)
505. KOURGANOFF, V.: Basic Methods in Transfer Problems. Oxford Univ. Press 1952.
506. = [4] ROSSELAND, S.: Theoretical Astrophysics. Atomic Theory and the Analysis of Stellar Atmospheres and Envelopes. Oxford 1936.
Hierzu weiterhin Anhang C.

Abhandlungen.

507. Barbier, D.: Sur la répartition d'énergie dans le spectre continu des étoiles A0. Ann. d'Astrophysique **7**, 115 (1944).
508. — La structure de la photosphère solaire. Ann. d'Astrophysique **9**, **173** (1946).
509. Biermann, L.: Untersuchungen über Sternatmosphären. II. Die Opazität. Veröff. Univ.-Sternw. Göttingen Nr. 34 (1933).
509a. Böhm-Vitense, E.: Über die Temperatur- und Druckschichtung der Sonnenatmosphäre. Z. Astrophysik **34**, 209 (1954).
510. Bronstein, M.: Über das Verhältnis der effektiven Temperatur der Sterne zur Temperatur ihrer Oberfläche. Z. Physik **59**, **144** (1929). Vgl. auch E. Hopf [504].
511. Bruggencate, P. ten: Bemerkungen über den Zusammenhang zwischen dem Rosselandschen und dem Chandrasekharschen Wert für die Opazität in Sternatmosphären. Veröff. Univ.-Sternwarte Göttingen Nr. 96 (1950).
512. Busbridge, I. W.: On the Solution of the Equation of Radiative Transfer. Monthly Notices **101**, 26 (1941).
513. Chalonge, D., et V. Kourganoff: Recherches sur le spectre continu du Soleil. I.: L'ion négatif hydrogène dans la photosphère solaire. Ann. d'Astrophysique **9**, 69 (1946).
514. Chandrasekhar, S.: On the Radiative Equilibrium of a Stellar Atmosphere II. Astrophysic. J. **100**, 76 (1944).
514a. — On the Radiative Equilibrium of a Stellar Atmosphere VII. Astrophysic. J. **101**, 328 (1945).
515. Emden, R.: Über Strahlungsgleichgewicht und Helligkeitsverteilung der Sonnenphotosphäre. Seeliger-Festschrift. Berlin 1924.
516. Evans, D. S.: An Analysis of Solar Atmospheric Structure. Monthly Notices **107**, 433 (1947).
517. Hilbert, D.: Gesammelte Abhandlungen. Bd. III, S. 217—257. Berlin 1935. — Physik. Z. **13**, 1056; **14**, 592; **15**, 878 (1912/14).
518. Hopf, E.: Zum Problem des Strahlungsgleichgewichts in den äußeren Schichten der Sterne, I. u. II. Z. Physik **46**, 374 (1927); **49**, 155 (1928).
519. Jager, C. de: A Working Model of the Solar Atmosphere. Proc. Amsterdam Acad. **51**, 731 (1948).
520. Lindblad, B.: On the Distribution of Intensity in the Continuous Spectra of the Sun and the Fixed Stars and its Relation to Spectral Type and Luminosity. Uppsala Univ. Arsskr. (Mat. och Nat.) **1** (1920).
521. = [249] — Radiative Equilibrium and Solar Temperature. Nova Acta Reg. Soc. Sci. Upsaliensis IV. s. **6**, Nr. 1 (1923).
522. Lundblad, R.: On the Radiation and Temperature of the External Photospheric Layers. Astrophysic. J. **58**, 113 (1923).
523. Milne, E. A.: Radiative Equilibrium in the Outer Layers of a Star. Monthly Notices **81**, 361 (1921).
524. — Radiative Equilibrium and Spectral Distribution. Monthly Notices **81**, **375** (1921).
525. = [254] — Radiative Equilibrium: the Relation between the Spectral Energy Curve of a Star and the Law of Darkening of the Disc towards the Limb, with Special Reference to the Effects of Scattering and the Solar Spectrum. Philosophic. Trans. Roy. Soc. (London) (A) **223**, 201 (1922).
525a. Mineur, H., et R. Peyturaux: Exploitation numérique de l'équation intégrale d'assombrissement au bord solaire pour obtenir la fonction de source. Ann. d'Astrophysique **15**, 383 (1952).
526. Minnaert, M., and W. J. Claas: The Boundary Temperature of the Sun. Bull. Astr. Netherlands **9**, 261 (1942).
527. Reiz, A.: On the Numerical Solution of certain Types of Integral Equations. Ark. mat., astr. och fys. **29** A, No. 29 (1943).
528. — Quadrature Formulae for the Numerical Calculation of mean Intensities and Fluxes in a Stellar Atmosphere. Ark. Astr. **1**, **147** (1950); **1**, **475** (1954).
529. Rosseland, S.: Note on the Absorption of Radiation within a Star. Monthly Notices **84**, 525 (1924).
530. Rudkjøbing, M.: On the Atmospheres of B-stars. Publ. Kopenhagen Obs. Nr. **145** (1947).
531. Schuster, A.: The Influence of Radiation on the Transmission of Heat. Philosophic. Mag. (6) **5**, **243** (1903).
532. — Radiation through a Foggy Atmosphere. Astrophysic. J. **21**, **1** (1905).
533. Schwarzschild, K.: Über das Gleichgewicht der Sonnenatmosphäre. Göttinger Nachr. 1906, 41.
534. — Über Diffusion und Absorption in der Sonnenatmosphäre. Berl. Sitzgsber. **1914**, 1183.

535. UNSÖLD, A., u. A. W. MAUE: Zur Frequenzabhängigkeit des kontinuierlichen Absorptionskoeffizienten der Sonnenatmosphäre. Z. Astrophysik **5**, 1 (1932).
536. — Mitte-Rand-Verdunkelung, Temperaturverteilung und kontinuierliche Absorption der Sonnenatmosphäre. Z. Naturforsch. **3a**, 486 (1948).
537. — Über den ROSSELANDschen und den CHANDRASEKHARschen Mittelwert des Absorptionskoeffizienten in Sternatmosphären. Z. Astrophysik **25**, 340 (1948).
538. WICK, G. C.: Über ebene Diffusionsprobleme. Z. Physik **121**, 702 (1943).

VI. Kapitel. **Strahlungsgleichgewicht.**

Hierzu die Literatur von Kap. V; außerdem:

600. ASHKIN, J., J. E. NAFE and J. ROTHSTEIN: On the limb darkening of the sun. Astrophysic. J. **95**, 76 (1942).
601. BARBIER, D.: Sur la théorie du spectre continu des étoiles. Ann. d'Astrophysique **6**, 113 (1944).
602. BÖHM, K. H.: Die Temperaturschichtung der Sonnenatmosphäre im nichtgrauen Strahlungsgleichgewicht. Z. Astrophysik **34**, 182 (1954) und **36**, 295 (1955).
603. BURKHARDT, G.: Exakte Berechnung des Strahlungsstroms von Sternatmosphären in Abhängigkeit von Frequenz, Temperatur und Absorptionskoeffizient. Z. Astrophysik **13**, 56 (1937).
604. CAYREL, R.: Contribution à l'étude de l'équilibre radiatif. Ann. d'Astrophysique **14**, 1 (1951).
605. CHANDRASEKHAR, S.: The Radiative Equilibrium of the Outer Layers of a Star with Special Reference to the Blanketing Effect of the Reversing Layer. Monthly Notices **96**, 21 (1935).
606. — On the Radiative Equilibrium of a Stellar Atmosphere. 24 Abhandlungen im *Astrophysical Journal.*

Mit kurzen Inhaltsangaben.

I.	**99**, 180 (1944)	— Entwicklung von $I(\tau,\mu)$ nach LEGENDREschen Polynomen.
II.	**100**, 76 (1944)	— GAUSS-Integration. Exakte Grenztemperatur. Linien.
III.	**100**, 117 (1944)	— Streuung $\sim 1 + \cos^2 \Theta$.
IV[1]. = [514]	**100**, 355 (1944)	— Linien im M. E.-Modell mit linearer KIRCHHOFF-PLANCK-Funktion. GAUSS-Integration.
V.	**101**, 95 (1945)	— Gekrümmte Atmosphären.
VI[1].	**101**, 320 (1945)	— Linien. Strahlungsgleichgewicht in planetar. Nebeln.
VII. = [514a]	**101**, 328 (1945)	— Frequenzabhängiger Absorptionskoeffizient. $\bar{\varkappa}$.
VIII.	**101**, 348 (1945)	— Reflexionseffekt (in Bedeckungsveränderlichen).
IX.	**103**, 165 (1946)	— Diffuse Streuung an einer Platte.
X.	**103**, 351 (1946)	— THOMSON-Streuung. Polarisation.
XI.	**104**, 110 (1946)	— Streuung und Polarisation.
XII.	**104**, 191 (1946)	— Verallgemeinerung von IX für beliebige Phasenfunktion.
XIII.	**105**, 151 (1947)	— Streuung teilweise polarisierter Strahlung (cf. XI).
XIV.	**105**, 164 (1947)	— Einführung v. Invarianzprinzip und Funktionalgl. nach AMBARZUMIAN.
XV.	**105**, 424 (1947)	— Streuung und Polarisation.
XVI[2].	**105**, 435 (1947)	— Numerische Rechnungen und Tabellen.
XVII.	**105**, 441 (1947)	— Funktionalgleichungen.
XVIII[2].	**105**, 461 (1947)	— Hilfsfunktionen und Tabellen zu VII.
XIX[2].	**106**, 143 (1947)	— Fortsetzung zu XVI.
XX.	**106**, 145 (1947)	— Exakte Lösung für Linien (Streuung + Absorption) in M. E.-Atmosphäre mit lin. KIRCHHOFF-PLANCK-Funktion.
XXI.	**106**, 152 (1947)	— Diffuse Reflexion und Transmission einer Platte. Exakte Lösung.
XXII.	**107**, 48 u. 188 (1948)	— Diffuse Reflexion und Transmission. Funktionalgleichungen.
XXIII[2].	**107**, 216 (1948)	— Tabellen zur Streuung in Halbraum mit Phasenfunktion $\sim 1 + x \cos \Theta$.
XXIV.	**108**, 92 (1948)	— Fortsetzung zu XXII.

607. — The Transfer of Radiation in Stellar Atmospheres. Bull. Amer. Math. Soc. **53**, 641 (1947).

---

[1] Mit C. U. CESCO u. J. SAHADE.
[2] Mit F. H. BREEN.

608. Henyey, L. G.: Near Thermodynamic Radiative Equilibrium. Astrophysic. J. **103**, 332 (1946).
609. Hopf, E.: Absorption Lines and the Integral Equation of Radiative Equilibrium. Monthly Notices **96**, 522 (1936).
610. Kourganoff, V.: Problème de Milne. Ann. d'Astrophysique **12**, 169 (1949).
611. Labs, D.: Eine einfache Näherungslösung für das Strahlungsgleichgewicht einer „grauen" Atmosphäre. Z. Astrophysik **27**, 153 (1950).
612. — Die Temperaturschichtung der Sonnenatmosphäre im Strahlungsgleichgewicht unter Berücksichtigung der Fraunhofer-Linien. Z. Astrophysik **29**, 199 (1951).
613. Le Caine, J.: Application of a Variational Method to Milne's Problem. Physic. Rev. **72**, 564 (1947).
614. Mark, C.: The Neutron Density Near a Plane Surface. Physic. Rev. **72**, 558 (1947).
615. Münch, G.: A Theoretical Discussion of the Continuous Spectrum of the Sun. Astrophysic. J. **102**, 385 (1945).
616. — The Effect of the Absorption Lines on the Temperature Distribution of the Solar Atmosphere. Astrophysic. J. **104**, 87 (1946).
617. — and S. Chandrasekhar: The Continuous Spectrum of the Sun and the Stars. Astrophysic. J. **104**, 446 (1946).
618. — Model Solar Atmospheres. Astrophysic. J. **106**, 217 (1947).
619. — The Effect of Nongrayness on the Temperature Distribution of the Solar Atmosphere. Astrophysic. J. **107**, 265 (1948).
620. Pecker, J. C.: Contribution à la théorie du type spectral.
   I. Introduction générale. — La construction des modèles d'atmosphères. Ann. d'Astrophysique **13**, 294 (1950).
   II. La polarisation par les électrons libres et le type spectral. Ann. d'Astrophysique **13**, 319 (1950).
   III. Construction de modèles d'étoiles B. Ann. d'Astrophysique **13**, 433 (1950).
   IV. La formation des raies dans les spectres stellaires. Ann. d'Astrophysique **14**, 115 (1951).
   V. Le "Blanketing effect" et la structure de la photosphère solaire. Ann. d'Astrophysique **14**, 152 (1951).
621. Placzek, G.: The Neutron Density near a Plane Surface. Nat. Res. Council Canada MT-16. Chalk River, Ontario (1947).
622. — and W. Seidel: Milne's Problem in Transport Theory. Physic. Rev. **72**, 550 (1947).
623. — The Angular Distribution of Neutrons Emerging from a Plane Surface. Physic. Rev. **72**, 556 (1947).
624. Strömgren, B.: Die Ionisation in den Atmosphären der Himmelskörper. Handbuch der Astrophysik, Erg. Bd. VII, Berlin 1936.
625. — Problems of Stellar Atmospheres. Astronomical J. **53**, 107 (1948).
625a. Unsöld, A., u. A. W. Maue: Zur Frequenzabhängigkeit des kontinuierlichen Absorptionskoeffizienten. Z. Astrophysik **5**, 1 (1932).
626. — Quantitative Analyse des B0-Sternes τ Scorpii. III. Teil. Theorie des kontinuierlichen Spektrums. Z. Astrophysik **21**, 229 (1942).
627. — Über den Einfluß der Fraunhofer-Linien auf die Temperaturschichtung der Sternatmosphären. Z. Astrophysik **22**, 356 (1944).
628. — Über die Integralgleichung des Strahlungsgleichgewichtes in Sternatmosphären. Z. Astrophysik **24**, 363 (1947).
629. — Ein rasch konvergierendes Iterationsverfahren zur Lösung von Strahlungsgleichgewichts-Problemen. Naturwiss. **38**, 525 (1951).
630. Woolley, R. v. d. R.: Convection in the Outer Layers of the Sun. Monthly Notices **101**, 52 (1941).

VII. Kapitel. **Kontinuierliche Absorption und Streuung.**

Weitere Literatur, insbesondere über spezielle *Atom*kontinua (außer H und He) s. Kap. XIV.

Lehrbücher.

700. Bethe, H.: Quantenmechanik der Ein- und Zwei-Elektronenprobleme. Handbuch der Physik, 2. Aufl., Bd. 24/1, Kap. 3. Berlin 1933.
701. Finkelnburg, W.: Kontinuierliche Spektren. Berlin: Julius Springer 1938. (Mit ausführlichem Literaturverzeichnis.)

Abhandlungen.

702. Bates, D. R.: The Quantal Theory of Continuous Absorption of Radiation by Various Atoms in their Ground States. I. The Atoms from Boron to Neon. Monthly Notices **100**, 25 (1940).

703. BATES, D. R. and H. S. W. MASSEY: Exchange Effects in the Theory of the Continuous Absorption of Light. I. Ca and Ca+. Proc. Roy. Soc. (London) (A) **177**, 329 (1941).
704. — — Philosophic. Trans. Roy. Soc. (London) (A) **239**, 269 (1943).
705. — An Approximate Formula for the Continuous Radiative Absorption Cross-Section of the Lighter Neutral Atoms and Positive and Negative Ions. Monthly Notices **106**, 423 (1946).
706. — Calculation of the Cross-Section of Neutral Atoms and Positive and Negative Ions towards the Absorption of Radiation in the Continuum. Monthly Notices **106**, 432 (1946).
707. — The Quantal Calculation of the Photo-Ionization Cross-Section of Atomic Potassium. Proc. Roy. Soc. (London) (A) **188**, 350 (1946).
708. BIERMANN, L.: Untersuchungen über Sternatmosphären. I—III. Nachr. Ges. Wiss. Göttingen, Math.-phys. Kl. Nr. **45** u. 49 (1933); Veröff. Univ.-Sternw. Göttingen Nr. **34** u. 37 (1933).
709. CHANDRASEKHAR, S.: On the Continuous Absorption Coefficients of the Negative Hydrogen Ion. I. u. II. Astrophysic. J. **102**, 223 u. 395 (1945). — III. mit F. H. BREEN: Astrophysic. J. **104**, 430 (1946).
710. MCCREA, W. H.: Model Stellar Atmospheres. Monthly Notices **91**, 836 (1931).
711. EDDINGTON, A. S.: The Absorption of Radiation inside a Star. Monthly Notices **84**, 104 (1924).
712. FUCHS, R.: Experimentelle Untersuchungen über das bei der Bildung von negativen Wasserstoffionen entstehende Emissionskontinuum. Z. Physik **130**, 69 (1951).
713. GAUNT, J. A.: Continuous Absorption. Proc. Roy. Soc. (London) (A) **126**, 654 (1930).
714. GOLDBERG, L.: Transition Probabilities for He I. Astrophysic. J. **90**, 414 (1939).
715. HYLLERAAS, E.: Die Elektronenaffinität des Wasserstoffatoms nach der Wellenmechanik. Z. Physik **60**, 624 (1930) und **63**, 291 (1930); **65**, 209 (1930).
716. — Theoretische Berechnung von Übergangswahrscheinlichkeiten im Helium. Z. Physik **106**, 395 (1937).
717. — A New Stable State of the Negative Hydrogen Ion. Astrophysic. J. **111**, 209 (1950) u. **113**, 704 (1951).
718. HUANG, SU-SHU: The Continuous Absorption Coefficient of the Helium Atom. Astrophysic. J. **108**, 354 (1948).
719. JEN, C. K.: The Continuous Electron Affinity Spectrum of Hydrogen. Physic. Rev. **43**, 540 (1933).
720. KÖRWIEN, H.: Die Dispersion des Heliums im Grundzustand nach der Wellenmechanik. Z. Physik **91**, 1 (1934).
721. KRAMERS, H. A.: On the Theory of X-Ray Absorption and of the Continuous X-Ray Spectrum. Philosophic. Mag. **46**, 836 (1923).
722. LOCHTE-HOLTGREVEN, W.: Experimenteller Nachweis des H^--Leuchtens. Naturwiss. **38**, 258 (1951).
723. MAECKER, H.: Das kontinuierliche Spektrum des Kohlelichtbogens I und II. Z. Physik **114**, 500 (1939) u. **116**, 257 (1940) sowie **139**, 448 (1954).
724. MASSEY, H. S. W., and D. R. BATES: The Continuous Absorption of Light by Negative Hydrogen Ions. Astrophysic. J. **91**, 202 (1940).
725. MAUE, A. W.: Das kontinuierliche und das kontinuierlich-diskrete Röntgenspektrum. Ann. Physik **13**, 161 (1932).
726. MENZEL, D. H., and C. L. PEKERIS: Absorption Coefficients and Hydrogen Line Intensities. Monthly Notices **96**, 77 (1935).
727. MILNE, E. A.: The Stellar Absorption Coefficient. Monthly Notices **85**, 750 (1925).
728. — The Structure and Opacity of a Stellar Atmosphere. Philosophic. Trans. Roy. Soc. (London) (A) **228**, 421 (1929).
729. MINNAERT, M., u. J. K. v. D. BRIEL: Über das Fehlen von Absorptionskanten im Spektrum der Sonne. Z. Astrophysik **15**, 173 (1938).
730. PAGE, T. L.: The Continuous Atomic Absorption of Light. Monthly Notices **99**, 385 (1939).
731. PANNEKOEK, A.: The Theoretical Intensities of Absorption Lines in Stellar Spectra. Publ. Astr. Inst. Amsterdam 1935, Nr. 4.
732. ROSENFELD, S.: Theory of Electrons. Amsterdam 1951.
733. RUDKJØBING, M.: On the Atmospheres of B-Stars. Publ. Københavns Obs. No. 145 (1947).
734. RUSSELL, H. N.: Opacity Formulae and Stellar Line Intensities. Astrophysic. J. **78**, 239 (1933).
735. — Molecules in the Sun and Stars. Astrophysic. J. **79**, 317 (1934).
736. STAVER, T. B.: On the Scattering of Slow Electrons by Hydrogen Atoms. Ark. Math. og Naturvidenskab (Oslo) **51**, 29 (1949).

737. STRÖMGREN, B.: The Opacity of Stellar Matter and the Hydrogen Content of the Stars. Z. Astrophysik 4, 118 (1932).
738. — On the Chemical Composition of the Solar Atmosphere. In Festschrift für E. STRÖMGREN — Publ. Kopenhagen Obs. No. 127 (1940).
739. — Tables of Model Stellar Atmospheres (Model Stellar Atmospheres I). Publ. Kopenhagen Obs. No. 138 (1944).
740. SUGIURA, Y.: On the Transition Probability between two States with Positive or Negative Energy in a Central Field due to Nuclear Charge Ze. Sci. Pap. Inst. Physic. Chem. Res. (Tokyo) **11**, 1 (1929). (Frühere Arbeiten desselben Verf. ab 1927 sind darin zusammengefaßt.)
741. UNSÖLD, A.: Über den kontinuierlichen Absorptionskoeffizienten und das Spektrum einer Sternatmosphäre, welche nur aus Wasserstoff besteht. Z. Astrophysik **8**, 32 (1934).
742. — Zur Theorie der Sternatmosphären. Z. Astrophysik **8**, 225 (1934).
743. — Über die Stärke einiger Seriengrenzkontinua im Spektrum der Sonne. Z. Astrophysik **17**, 1 (1938).
744. — Quantitative Analyse des B0-Sternes τ Scorpii. III. Teil: Theorie des kontinuierlichen Spektrums. Z. Astrophysik **21**, 229 (1942).
745. VINTI, J. P.: The Continuous Absorption Spectrum of Helium. Physic. Rev. **44**, 524 (1933).
746. VITENSE, E.: Unter welchen Bedingungen könnte man den kontinuierlichen Absorptionskoeffizienten des negativen Wasserstoffions H im Laboratorium messen? Himmelswelt **56**, 33 (1949).
747. — Der Aufbau der Sternatmosphären. IV. Teil: Kontinuierliche Absorption und Streuung als Funktion von Druck und Temperatur. Z. Astrophysik **28**, 81 (1951).
748. WHEELER, J. A.: Theory of the Dispersion and Absorption of Helium. Physic. Rev. **43**, 258 (1933).
749. WILDT, R.: Electron Affinity in Astrophysics. Astrophysic. J. **89**, 295 (1939).
750. — Negative Ions of Hydrogen and the Opacity of Stellar Atmospheres. Astrophysic. J. **90**, 611 (1939).
751. — and S. CHANDRASEKHAR: On the Absorption Continuum of the Negative Oxygen Ion. Astrophysic. J. **100**, 87 (1944).

VIII. Kapitel. **Der Aufbau der Sternatmosphären.**

Lehrbücher und zusammenfassende Darstellungen.

800. CHANDRASEKHAR, S.: An Introduction to the Study of Stellar Structure. Chicago 1939.
801. Fiat Review of German Science 1939—1943. Bd. 20: Astronomie, Astrophysik und Kosmogonie. Wiesbaden 1948. Insbes.
Kap. 6. Physik der Sternatmosphären. Von L. BIERMANN u. P. WELLMANN.
Kap. 7. Der innere Aufbau der Sterne. Von L. BIERMANN.
Kap. 8. Physik der Sonne. Von P. TEN BRUGGENCATE u. H. V. KLÜBER.
802. LETTAU, H.: Atmosphärische Turbulenz. Leipzig 1939.
803. PRANDTL, L.: Strömungslehre. Braunschweig: Vieweg 1949.
804. Problems of Cosmical Aerodynamics. (Insbes. Kap. 34 von M. MINNAERT: Hydrodynamic Problems Connected with the Solar Atmosphere.) Herausgeg. von der Int. Un. of Theor. and Appl. Mech. und der I. A. U. 1951.
805. WASIUTYŃSKI, J.: Studies in Hydrodynamics and Structure of Stars and Planets. Astrophys. Norvegica **4** (1946).

Abhandlungen.

806. AVSEC, D.: Publ. scient. et techn. du ministère de l'air No. 155. Paris 1939.
806a. BÉNARD, H.: Les tourbillions cellulaires dans une nappe liquide transportant de la chaleur par convection en régime permanent. Ann. Chim. et Physique (7) **23**, 62 (1901).
807. BIERMANN, L.: Untersuchungen über den inneren Aufbau der Sterne. IV. Konvektionszonen im Inneren der Sterne. Z. Astrophysik **5**, 117 (1932).
808. — Konvektion im Inneren der Sterne.
I. Astr. Nachr. **257**, 269 (1935).
II. Astr. Nachr. **264**, 361 (1938).
809. — Zur Theorie der Granulation und der Wasserstoffkonvektionszone der Sonne. Astr. Nachr. **264**, 395 (1938).
810. — Der gegenwärtige Stand der Theorie konvektiver Sternmodelle. Vjschr. Astr. Ges. **76**, 194 (1941).
811. — Über das Ionisationsgleichgewicht und den Aufbau der Wasserstoffkonvektionszone. Z. Astrophysik **21**, 320 (1942).
812. — Über den Typus der Konvektion in Instabilitätszonen. Z. Astrophysik **22**, 65 (1942).

813. BIERMANN, L.: Über die chemische Zusammensetzung der Sonne. Z. Astrophysik **22**, 244 (1943).
814. — Neuere Fortschritte der Theorie des inneren Aufbaues und der Entwicklung der Sterne. Erg. exakt. Naturwiss. **21**, 2 (1945).
815. — Konvektion in rotierenden Sternen. Z. Astrophysik **25**, 135 (1948).
816. COWLING, T. G.: The Structure of Sunspots. Monthly Notices **96**, 15 (1935).
817. EDDINGTON, A. S.: Ionisation Equilibrium in a Convective Region. Monthly Notices **101**, 177 (1941).
818. — Conditions in the Hydrogen Convection Zone. Monthly Notices **102**, 154 (1942).
819. L'étude optique de l'atmosphère terrestre. (Colloqu. Liège Sept. 1951.) = Mem. (8°) Soc. Roy. Sci. Liége; 4. Ser. Tome 12, Fasc. I—II. Louvain 1952.
820. FOWLER, R. H., and E. A. GUGGENHEIM: Applications of Statistical Mechanics to Determine the Properties of Matter in Stellar Interiors.
Part. I. The Mean Molecular Weight.
Part. II. The Adiabatics.
Monthly Notices **85**, 939 u. 961 (1925).
821. HEISENBERG, W.: Zur statistischen Theorie der Turbulenz. Z. Physik **124**, 628 (1948).
822. DE JAGER, C.: A Working Model of the Solar Atmosphere. Proc. Amsterdam Acad. **51**, 731 (1948).
823. JEFFREYS, H.: Some Cases of Instability in Fluid Motion. Proc. Roy. Soc. (London) (A) **118**, 195 (1928).
824. — Convection in Stars. Monthly Notices **91**, 121 (1931).
825. KEENAN, P. C.: The Effect of an Adiabatic Layer upon Solar Limb Darkening. Astrophysic. J. **87**, 45 (1938).
826. KOLMOGOROFF: C. r. Acad. Sci. (USSR) **30**, 301 (1940); **32**, 16 (1941).
827. LABS, D.: Die Temperaturschichtung der Sonnenatmosphäre im Strahlungsgleichgewicht unter Berücksichtigung der FRAUNHOFER-Linien. Z. Astrophysik **29**, 199 (1951).
828. LOW, A. R.: On the Criterion for Stability of a Layer of Viscous Fluid Heated from Below. Proc. Roy. Soc. (London) (A) **125**, 180 (1929).
829. MCCREA, W. H.: The Mechanics of the Chromosphere. Monthly Notices **89**, 718 (1929).
830. — Model Stellar Atmospheres. Monthly Notices **91**, 836 (1931).
831. MILNE, E. A.: The Structure and Opacity of a Stellar Atmosphere. Philosophic. Trans. Roy. Soc. (London) (A) **228**, 421 (1929).
832. MÖGLICH, F., K. H. RIEWE u. R. ROMPE: Über den Einfluß der Ionisation und Dissoziation auf die spezifische Wärme. Ann. Physik (5) **35**, 735 (1939).
833. NEVEN, L., and C. DE JAGER: The Model of the Solar Atmosphere and the Continuous Absorption Coefficient in the Infrared. Bull. Astr. Netherlands **11**, 291 (1951).
834. ONSAGER, L.: The Distribution of Energy in Turbulence. Physic. Rev. **68**, 286 (1945).
835. ÖPIK, E. J.: Transport of Heat and Matter by Convection in Stars. Monthly Notices **110**, 559 (1951).
836. PANNEKOEK, A.: The Theoretical Intensities of Absorption Lines in Stellar Spectra. Publ. Astr. Inst. Amsterdam **1935**, Nr. **4**.
837. PECKER, J. C.: Contribution à la théorie du type spectral. I—V. Ann. d'Astrophysique **13**, 294, 319, 433 (1950); **14**, 115, 152 (1951).
838. RAYLEIGH, LORD: On Convection Currents in a Horizontal Layer of Fluid, when the Higher Temperature is on the Under Side. Philosophic. Mag. (6) 32, 529 (1916).
839. RICHARDSON, R. S., and M. SCHWARZSCHILD: On the Turbulent Velocities of Solar Granules. Astrophysic. J. **111**, 351 (1950).
840. ROSA, A., u. A. UNSÖLD: Der Aufbau der Sternatmosphären. III. Teil. Die spezifische Wärme c_p als Funktion von Druck und Temperatur. Z. Astrophysik **25**, 20 (1948).
841. RUDKJØBING, M.: Über Konvektion in Sternatmosphären. Z. Astrophysik **21**, 254 (1942)
842. — On the Temperature Distribution in a Stellar Atmosphere with a Convectively Unstable Zone. Ann. d'Astrophysique **9**, **7** (1946).
843. — On the Atmospheres of B-Stars. Publ. Kopenhagen Obs. No. 145 (1947).
844. SCHMIDT, R. J., and O. A. SAUNDERS: On the Motion of a Fluid Heated from Below. Proc. Roy. Soc. (London) (A) **165**, 216 (1938).
845. SCHMIDT, W.: Der Massenaustausch in freier Luft und verwandte Erscheinungen. Hamburg 1925.
846. SCHWARZSCHILD, K.: Über das Gleichgewicht der Sonnenatmosphäre. Göttinger Nachr. **1906**, 41.
847. SCHWARZSCHILD, M.: Note on the Ionisation in the Hydrogen Convection Zone. Monthly Notices **102**, 152 (1942).
848. SIEDENTOPF, H.: Konvektion in Sternatmosphären I, II und III. Astr. Nachr. **247**, 297 (1933); **249**, 53 (1933); **255**, 157 (1935).

849. SIEDENTOPF, H.: Sonnengranulation und zellulare Konvektion. Vjschr. Astr. Ges. **76**, 185 (1941).
850. STRÖMGREN, B.: On the Chemical Composition of the Solar Atmosphere. In Festschrift für E. STRÖMGREN — Publ. Kopenhagen Obs. No. 127 (1940).
851. — Tables of Model Stellar Atmospheres (Model Stellar Atmospheres I). Publ. Kopenhagen Obs. No. 138 (1944).
851a. TEMESVÁRY, S.: Der Rotationszustand der Sonne. Z. Naturforsch. **7a**; 103 (1952).
852. TRAVING, G.: Die Atmosphäre des B0-Sternes τ Scorpii. Z. Astrophysik **36**, 1 (1955).
853. UNDERHILL, A. B.: On the Effect of Radiation Pressure in the Atmospheres of Early Type Stars. Monthly Notices **109**, 562 (1949).
854. — A Note on the Effects of Radiation in the Convection Zone. Ann. d'Astrophysique **12**, 243 (1949).
855. — On Model Atmospheres for the High-Temperature Stars. Publ. Kopenhagen Obs. No. 151 (1950).
856. — A High-Temperature Model Atmosphere. Astrophysic. J. **111**, 203 (1950).
857. — A Model Atmosphere for an Early O-Type Star. Publ. Domin. Astrophys. Obs. Victoria **8**, 357 (1951).
858. UNSÖLD, A.: Konvektion in der Sonnenatmosphäre I und II. Z. Astrophysik **1**, 138; **2**, 209 (1931).
859. — Zur Theorie der Sternatmosphären. Z. Astrophysik **8**, 225 (1934).
859a. — Über die Einstellgeschwindigkeit des thermodynamischen Ionisationsgleichgewichtes in der Konvektionszone einer Sternatmosphäre. Z. Astrophysik **21**, 307 (1942).
860. — Wasserstoff und Helium in Sternatmosphären der Spektraltypen O bis B3. Z. Astrophysik **23**, 100 (1944).
861. — Der Aufbau der Sternatmosphären. II. Teil. Adiabatische Zustandsänderungen stellarer Materie. Entropie S und Temperaturgradient $\left(\frac{d \log T}{d \log P_g}\right)_{ad}$ als Funktion von P_g und T. Grenzbedingung zwischen konvektivem und Strahlungsgleichgewicht. Z. Astrophysik **25**, 11 (1948).
862. VITENSE, E.: Über die mittleren Zustandsgrößen und spektralen Eigenschaften von Sternatmosphären in Abhängigkeit von Effektivtemperatur und Schwerebeschleunigung. Z. Astrophysik **29**, 73 (1951).
863. — Die Wasserstoffkonvektionszone der Sonne. Z. Astrophysik **32**, 135 (1953).
864. v. WEIZSÄCKER, C. F.: Das Spektrum der Turbulenz bei großen REYNOLDSschen Zahlen. Z. Physik **124**, 614 (1948).
864a. — The Evolution of Galaxies and Stars. Astrophysic. J. **114**, 165 (1951).
865. WOOLLEY, R. v. D. R.: Note on Convection in the Sun. Monthly Notices **103**, 191 (1943).

Dritter Teil.

Messung der Intensitätsverteilung in den FRAUNHOFER-Linien.

IX. Kapitel. Messung der Profile und Äquivalentbreiten von FRAUNHOFER-Linien.

Lehrbücher und zusammenfassende Darstellungen.

900. ANGERER, E. v.: Wissenschaftliche Photographie. Leipzig 1931.
901. BORN, M.: Optik. Berlin: Julius Springer 1933.
902. FORSYTHE, W. E. et al.: Measurement of Radiant Energy. New York: McGraw-Hill Co. 1937.
903. ORNSTEIN, L. S., W. J. M. MOLL u. H. C. BURGER: Objektive Spektralphotometrie. Braunschweig 1932.
904. ROSS, F. E.: The Physics of the Developed Photographic Image. Monogr. Res. Lab. Nr. 5. New York: Eastman Kodak 1924.
905. SELWYN, E. W. H.: Photography in Astronomy. Rochester: Eastman Kodak Co. 1950.
906. WOOD, R. W.: Physical Optics. 3rd Ed. New York 1934.

Abhandlungen.

907. VAN ALBADA, B.: A Method for the Determination of Equivalent Widths in Spectra of F- and G-Type Stars. Bull. Astr. Netherlands **8**, 179 (1937).
908. ALLEN, C. W.: The Intensity of FRAUNHOFER Lines in the Region 4036—6000 Å. Mem. Commonwealth Solar Obs. Canberra **1**, Nr. **5** (1934).
909. — Central Intensities of FRAUNHOFER Lines. Astrophysic. J. **85**, 165 (1937).
910. BAADE, W., F. GOOS, P. P. KOCH u. R. MINKOWSKI: Die Intensitätsverteilung in den Spektrallinien des Orionnebels. Z. Astrophysik **6**, 355 (1933).

911. Barbier, D., D. Chalonge et N. Morguleff: Intensités Totales des Raies de l'Hydrogène et du Calcium Ionisé dans les Spectres Stellaires. Ann. d'Astrophysique **4**, 137 (1941).
912. — Recherches sur les Nébuleuses I. (Abschn. 3) Ann. d'Astrophysique **7**, 80 (1944).
913. Beals, C. S.: A Photo-Electric Microphotometer Using Valve Amplification. Monthly Notices **92**, 196 (1932).
914. — J. R. A. S. Canada **38**, 65 (1944).
915. Brück, H.: A Photoelectric Recording Photometer for the Solar Spectrum. Monthly Notices **99**, 607 (1939).
916. Bruggencate, P. ten, J. Houtgast u. H. v. Klüber: Beobachtungs- und Reduktionstechnik bei den Potsdamer spektralphotometrischen Untersuchungen von Fraunhofer-Linien. Publ. Astrophys. Obs. Potsdam **29**, Nr. 96 (H. 3) (1939).
917. — u. F. W. Jäger: Das Turmteleskop der Göttinger Sternwarte. Nachr. Göttinger Akad. Math.-phys. Kl. **1951**.
918. Buijs, F. W. C. A., and F. E. M. Ongering: Asymmetry in the Profiles of the Utrecht Photometric Atlas. Bull. Astr. Netherlands **10**, 347 (1948).
919. Burger, H. C., u. P. H. v. Cittert: Wahre und scheinbare Intensitätsverteilung in Spektrallinien. Z. Physik **79**, 722 (1932); **81**, 428 (1933).
920. Carroll, J. A.: The Intensity of an Absorption Line in a Spectrum Produced by a Grating. Monthly Notices **88**, 154 (1927).
921. Cittert, P. H. van: Zum Einfluß der Spaltbreite auf die Intensitätsverteilung in Spektrallinien. Z. Physik **65**, 547 (1930); **69**, 298 (1931).
922. — Der Stufenblendenkondensor nach Hansen. Z. Physik **73**, 249 (1931).
923. Cousins, A. W. J., and R. H. Stoy: On the Use of Rotating Sectors in Astronomical Photometry. Monthly Notices **106**, 286 (1946).
924. Dahme, A.: Bolometrische Messung von Linienkonturen im infraroten Sonnenspektrum. Z. Astrophysik **11**, 93 (1935).
925. Dunham, Th. jr.: A Device for the Reduction of Spectrophotometric Tracings. Publ. Astr. Soc. Pacific **45**, 204 (1933).
926. — Photoelectric Measurement of the Shapes of Solar Absorption Lines. Physic. Rev. **44**, 329 (1933).
927. Eberhard, G.: Über die gegenseitige Beeinflussung benachbarter Felder auf einer Bromsilberplatte. Physik. Z. **13**, 288 (1912).
928. — Photographisch-photometrische Untersuchungen. Publ. Astrophys. Obs. Potsdam **26**, Nr. 84, H. 1 (1926).
929. Goos, Fr., u. P. P. Koch: Über eine Neukonstruktion des registrierenden Mikrophotometers. Z. Physik **44**, 855 (1927).
930. Haberl, K.: Eine Vorrichtung zum Umzeichnen von Photogrammen in Intensitäts-Kurven. Physik. Z. **36**, 59 (1935).
931. Hansen, G.: Intensitätsmarken auf photographischen Platten. Z. Physik **29**, 356 (1924).
932. Harris III., D. L.: On the Line-Absorption Coefficient Due to Doppler Effect and Damping. Astrophysic. J. **108**, 112 (1948).
933. Hiltner, W. A., and R. C. Williams: Photometric Atlas of Stellar Spectra. Ann. Arbor (Univ. of Michigan Press) **1946**.
934. — and A. D. Code: The Compensation for Seeing in Stellar Photoelectric Spectrophotometry. J. Opt. Soc. Amer. **40**, 149 (1950).
935. Hirsch, R. v., u. M. Schön: Eine neue Anordnung zum genauen Intensitätsvergleich von Spektrallinien. Z. Astrophysik **1**, 164 (1930).
936. Hjerting, F.: Tables Facilitating the Calculation of Line Absorption Coefficients. Astrophysic. J. **88**, 508 (1938).
937. Houtgast, J.: Variations in the Profiles of Strong Fraunhofer Lines along a Radius of the Solar Disk. Diss. Utrecht 1942.
938. — The Self-Recording Microphotometer of the Utrecht Observatory. Bull. Astr. Netherlands **10**, 417 (1948).
939. — On the Influence of Dispersion on the Equivalent Widths of Fraunhofer Lines. Draft Rep. I. A. U. **1952**, 310.
940. Hulst, H. C. v. d.: The Determination of the True Profile of a Spectral Line. Bull. Astr. Netherlands **9**, 225 (1941).
941. — Generalization of Some Methods for Solving an Integral Equation of the First Kind. Bull. Astr. Netherlands **10**, 75 (1946).
942. — Instrumental Distortion of Weak Spectral Lines. Bull. Astr. Netherlands **10**, 79 (1946).
943. — and J. J. M. Reesinck: Line Breadths and Voigt Profiles. Astrophysic J. **106**, 121 (1947).
944. Jäger, F. W.: Messung von Gesamtabsorptionen schwacher Fraunhofer-Linien nach der Methode der effektiven Linienbreiten. Z. Astrophysik **26**, 341 (1949).

945. Klüber, H. v.: Quantitative Untersuchungen an Absorptionslinien im Sonnenspektrum Z. Physik **44**, 481 (1927).
946. Koch, P. P.: Über Methoden der photographischen Spektralphotometrie. Ann. Physik **30**, 841 (1909).
947. — Über ein registrierendes Mikrophotometer. Ann. Physik **39**, 705 (1912).
948. Kremer, P.: An Apparatus for Facilitating the Elimination of the Instrumental Curve from Observed Fraunhofer Line-Profiles. Bull. Astr. Netherlands **9**, 229 (1941).
949. Kulenkampff, H.: Ein einfaches registrierendes Mikrophotometer. Physik. Z. **36**, 56 (1935).
950. McMath, R. R., and O. C. Mohler: Solar Spectroscopy with a Cashman Cell. J. Opt. Soc. Amer. **39**, 903 (1949).
951. McRae, D. A.: Stellar Photometry with a Rotating Sector. Monthly Notices **109**, 557 (1949).
952. Menzel, D. H., L. Goldberg and E. M. Cook: An Investigation of the Rowland Intensity Scale. Astrophysic. J. **91**, 320 (1940).
953. Migeotte, M. V.: Spectrographe infra-rouge enrégistreur. Diss. Liège 1945 = Mem. Soc. R. Liège **1**, fasc. 3 (1945).
954. Miller, W. L., and A. R. Gordon: Numerical Evaluation of Infinite Series and Integrals J. Physic. Chem. **35**, 2878 (1931).
955. Minnaert, M.: Over Spookbeelden bij Buigingsroosters. Versl. Amsterd. Akad. **30**, 257 (1922).
956. — Die Intensität innerhalb Fraunhoferscher Linien. Z. Physik **45**, 610 (1927).
957. — u. B. v. Assenbergh: Intensitätsmessungen an Fraunhoferschen Linien. Z. Physik **53**, 248 (1929).
958. — u. G. F. W. Mulders: Intensitätsmessungen an Fraunhofer-Linien im Wellenlängengebiet 5150—5270 Å. Z. Astrophysik **1**, 192 (1930).
959. — The Measurement of Equivalent Widths as a Method for the Investigation of Line Profiles. Observatory **57**, 328 (1934).
960. — Die Profile der äußeren Teile der starken Fraunhoferschen Linien. Z. Astrophysik **10**, 40 (1935).
961. — and J. Houtgast: Direct Registration of Intensities in Spectrophometric Work. Z. Astrophysik **15**, 354 (1937).
962. — G. F. W. Mulders and J. Houtgast: Photometric Atlas of the Solar Spectrum from λ 3612 to λ 8771 with an Appendix from λ 3332 to λ 3637. Amsterdam 1940.
963. Minnaert, M. G. J.: The Fraunhofer Lines of the Solar Spektrum. Monthly Notices **107**, 274 (1947).
964. — Transactions I. A. U. **7**, 369 (1950). (Mit ausführlicher Bibliographie 1938—1947.)
965. Mitchell, A. C. G., and M. W. Zemansky: Resonance Radiation and Excited Atoms. Cambridge Univ. Press. 1934.
966. Mohler, O. C., A. K. Pierce, R. R. McMath and L. Goldberg: Photometric Atlas of the Near Infra-Red Solar Spectrum λ 8465 to λ 25242. Ann Arbor 1950.
967. Moll, W. J. H.: (Mikrophotometer). Proc. Phys. Soc. (London) **33**, 207 (1921).
968. Mulders, G. F. W.: Äquivalente breedten van Fraunhofer-Lijnen in het Zonnespectrum. Diss. Utrecht 1934.
969. Öhman, Y.: Spectrophotometric Studies of B, A and F Type Stars. Nova Acta Reg. Soc. Sci. Upsaliensis IV s. **7**, 3 (1930).
970. Öpik, E., and M. Olmsted: The Construction and Use of a Scale of Artifical Spectral Lines, with Application to Absolute Magnitudes of Early Type Stars. Harvard Circ. **369** (1931).
971. Ornstein, L. S., u. M. Minnaert: Die Intensitätsverteilung in Aufnahmen von Spektrallinien und ihre Anwendung auf photometrische Messungen. Z. Physik **43**, 404 (1927).
972. — Vergrößerungskamera. Bull. Astr. Netherlands **5**, 175 (1930).
973. Photographic Plates for Use in Spectroscopy and Astronomy. Rochester: Eastman Kodak Co. 1937.
974. Photometric Catalogue of Fraunhofer Lines λ 6600—λ 8770. Rech. Obs. Utrecht **12**, part 2 (1951).
975. Plaskett, H. H.: The Formation of the Magnesium b Lines in the Solar Atmosphere. Monthly Notices **91**, 780 (1931).
976. — A Moll-Type Microphotometer and its Performance. Monthly Notices **95**, 160 (1934).
977. Lord Rayleigh: Sci. Pap. **I**, 135 (1871).
978. Redman, R. O.: A Determination of the Profile of the Calcium Line λ 4227 in the Solar Spectrum, Using a Prism Spectrograph and Monochromator. Monthly Notices **95**, 742 (1935).
979. — The Cores of Certain Fraunhofer Lines. Monthly Notices **97**, 552 (1937).
980. — Line Profiles. Monthly Notices **98**, 311 (1938).

981. Reiche, F.: Über die Emission, Absorption und Intensitätsverteilung von Spektrallinien. Verh. dtsch. phys. Ges. **15**, 3 (1913).
982. Righini, G.: Profilo Vero e Strumentale delle Righe Spettrali. Osserv. e. Mem. Arcetri **60**, 3 (1941).
983. — Integratore Ottico per la Determinazione del Profilo Vero delle Righe Spettrali. Osserv. e. Mem. Arcetri **60**, 27 (1941).
984. Schachtschabel, K.: Ein einfaches Verfahren zur Messung der Absorption in großem Spektralbereich nebst Anwendung auf Gläser. Ann. Physik **81**, 926 (1926).
985. Seemann, H.: Der Einfluß der photographischen Entwicklungsfehler (Saum-Effekt) in der Spektrogrammetrie, insbesondere bei Bandkantenmessungen. Z. Physik **80**, 506 (1933).
986. Shajn, P. Th.: On the Effect of Dispersion on the Intensity of Spectral Lines and the Relation between Central and Total Absorption. Poulkovo Obs. Bull. **13**, No. **115** (1934).
987. Shane, C. D.: The Photometry of Lines in the Solar Spectrum. Lick Obs. Bull. **1932**, Nr. **449**.
988. — Profiles of the D Lines in the Solar Spectrum. Lick Obs. Bull. **19**, 119 (1941).
989. Shenstone, A. G.: Secondary Diffraction Maxima of Spectral Lines. Physic. Rev. **34**, 726 (1929).
990. Silberstein, L., and J. H. Webb: Photographic Intermittency Effect and the Discrete Structure of Light. Philosophic. Mag. (7) **18**, 1 (1934).
991. Sparrow, C. M.: Theory of Imperfect Gratings. Astrophysic. J. **49**, 65 (1919).
992. Thackeray, A. D.: Observed Central Intensities of Fraunhofer Lines. Monthly Notices **95**, 293 (1935).
993. Traving, G.: Experimentelle Untersuchungen über die systematischen Fehler von Äquivalentbreiten. Z. Astrophysik **31**, 175 (1952).
994. Unsöld, A.: On the Contours of Narrow Absorption Lines. Astrophysic. J. **75**, 106 (1932).
995. Voigt, W.: Über das Gesetz der Intensitätsverteilung innerhalb der Linien eines Gasspektrums. Münch. Ber. **1912**, 603.
996. Walenków, N.: Über den Eberhard-Effekt und seine Bedeutung für die photographische Photometrie. Z. wiss. Photogr. **27**, 236 (1930).
997. Webb, J. H.: The Relationship between Reciprocity Law Failure and the Intermittency Effect in Photographic Exposure. J. Obs. Soc. Amer. **23**, 157 (1933).
997a. Weber, A.: Über die Anwendung des rotierenden Sektors zur photographischen Photometrie. Ann. Physik **45**, 801 (1914).
998. Wempe, J.: Die Gesamtabsorption der Fraunhoferschen Linien im Sonnenspektrum. Astr. Nachr. **275**, 97 (1947).
999. Williams, R. C., and W. A. Hiltner: A Self-Recording Direct-Intensity Microphotometer. Publ. Michigan Univ. Obs. **8**, 45 (1940).
999a. — — Some Uses of the Direct-Intensity Microphotometer. Astrophysic. J. **98**, 43 (1943).

Vierter Teil.

Physikalische Grundlagen der Theorie der Fraunhofer-Linien.

X. Kapitel. Dämpfung (insbesondere Strahlungsdämpfung) und Dopplereffekt.

Lehrbücher und zusammenfassende Darstellungen.

1000. Born, M.: Optik (bes. Kap. 8). Berlin 1933.
1001. Dirac, P. A. M.: Die Prinzipien der Quantenmechanik (Kap. XII). Deutsch von W. Bloch. Leipzig 1930.
1002. Handbuch der Physik, 2. Aufl., Bd. **24**, Teil 1. Berlin 1933.
a) Pauli, W.: Die allgemeinen Prinzipien der Wellenmechanik.
b) Bethe, H.: Quantenmechanik der Ein- und Zwei-Elektronenprobleme.
c) Wentzel, G.: Wellenmechanik der Stoß- und Strahlungsvorgänge.
1003. Heisenberg, E.: Die physikalischen Prinzipien der Quantentheorie. Leipzig 1930.
1004. Mitchell, A., and M. Zemansky: Resonance Radiation and Excited Atoms. Cambridge Univ. Press 1934.
1005. Müller-Pouillets Lehrbuch der Physik, Bd. II, Teil 1, 2. Hälfte, Kap. 28; Teil 2. Kap. 36—40. Braunschweig 1929.
Minkowski, R.: Theorie der Reflexion, Brechung und Dispersion.
Ladenburg, R.: Magneto- und elektrooptische Effekte.
1006. Rosenfeld, L.: Theory of Electrons. Amsterdam 1951.
1007. Weisskopf, V.: Die Breite der Spektrallinien in Gasen. Physik. Z. **34**, 1 (1933).
1008. — The Intensity and Structure of Spectral Lines. Observatory **56**, 291 (1933).
Literatur über Voigt-Profile s. Kap. IX.

Abhandlungen.

1009. DIRAC, P. A. M.: The Effect of Compton Scattering by Free Electrons in a Stellar Atmosphere. Monthly Notices **85**, 825 (1925).
1010. EINSTEIN, A.: Zur Quantentheorie der Strahlung. Physik. Z. **18**, 121 (1917).
1011. HEISENBERG, W.: Bemerkungen zur Strahlungstheorie. Ann. Physik **9**, 338 (1931).
1012. HELD, E. F. M. v. D.: Intensität und natürliche Breite von Spektrallinien. Z. Physik **70**, 508 (1931).
1013. HENYEY, L. G.: The Doppler Effect in Resonance Lines. Proc. Nat. Acad. Sci. (Wash.) **26**, 50 (1939).
1014. KORFF, S. A., and G. BREIT: Optical Dispersion. Rev. Mod. Phys. **4**, 471 (1932).
1015. LADENBURG, R., u. F. REICHE: Über selektive Absorption. Ann. Physik **42**, 181 (1913).
1016. — Die quantentheoretische Deutung der Zahl der Dispersionselektronen. Z. Physik **4**, 451 (1921).
1017. — Die Intensität einer Spektrallinie mit Berücksichtigung der Absorption in der leuchtenden Gasschicht. Z. Physik **65**, 200 (1930).
1018. LORENTZ, H. A.: Over de absorptie — en emissiebanden van gasvormige Lichamen. I. u. II. Versl. Amsterdam Acad. **14**, 518, 577 (1905).
1019. MENZEL, D. H.: The Theoretical Interpretation of Equivalent Breadths of Absorption Lines. Astrophysic. J. **84**, 462 (1936).
1020. MINNAERT, M. G. J., u. G. F. W. MULDERS: Dopplereffekt und Dämpfung bei den FRAUNHOFERschen Linien. Z. Astrophysik **2**, 165 (1931).
1021. MÜNCH, G.: The Effect of Electron Scattering on the Line Spectrum of High-Temperature Stars. Astrophysic. J. **108**, 116 (1948).
1022. PANNEKOEK, A.: The Theoretical Contours of Absorption Lines. Monthly Notices **91**, 139 (1930).
1023. RUSSELL, H. N., and J. Q. STEWART: Pressures at the Sun's Surface. Astrophysic. J. **59**, 197 (1924).
1024. SCHÜTZ, W.: Intensität und natürliche Breite des blauen Cäsiumdubletts. I. Z. Physik **64**, 682 (1930).
1025. — Die Gesamtabsorption als Maß für die Anzahl der Dispersionselektronen. Z. Astrophysik **1**, 300 (1930).
1026. SPITZER, L.: Non-Coherent Dispersion and the Formation of FRAUNHOFER Lines. Monthly Notices **96**, 794 (1936).
1027. — Notes on the Theory of Noncoherent Scattering. Astrophysic. J. **99**, 1 (1943).
1028. STEWART, J. Q.: The Width of Absorption Lines in a Rarefied Gas. Astrophysic. J. **59**, 30 (1924).
1029. STRUVE, O., and C. T. ELVEY: The Intensities of Stellar Absorption Lines. Astrophysic. J. **79**, 409 (1934).
1030. — Some New Trends in Stellar Spectroscopy. Pop. Astr. **43**, No. 8, 9 u. 10 (1935).
1031. WEISSKOPF, V., u. E. WIGNER: Berechnung der natürlichen Linienbreite auf Grund der DIRACschen Lichttheorie. Z. Physik **63**, 54 (1930).
1032. — Zur Theorie der Resonanzfluoreszenz. Ann. Physik **9**, 23 (1931).
1033. — Die Streuung des Lichtes an angeregten Atomen. Z. Physik **85**, 451 (1933).

XI. Kapitel. **Druckverbreiterung und Druckverschiebung von Spektrallinien.**

1100. BATES, D. R., and A. DAMGAARD: The Calculation of the Absolute Strengths of Spectral Lines. Philosophic. Trans. Roy. Soc. (London) (A) **242**, 101 (1949).
1101. BURKHARDT, G.: Über die Stoßverbreiterung und statistische Verbreiterung von Spektrallinien. Z. Physik **115**, 592 (1940).
1102. CHANDRASEKHAR, S.: Proc. Cambridge Philosophic. Soc. **45**, 219 (1949).
1103. DEBYE, P.: Das molekulare elektrische Feld in Gasen. Physik. Z. **20**, 160 (1919).
1104. DIEN, E. VAN: The Stark Effect of the Higher Balmer Lines in Stars of Spectral Types A and B. Astrophysic. J. **109**, 452 (1949).
1104a. ECKARTH, H.: Stark-Effekt an Magnesiumlinien. Z. Physik **107**, 182 (1937).
1105. FERMI, E.: Sopra lo spostamento per pressione delle righe elevate delle serie spettrali. Nuovo Cim. (N. S.) **11**, 157 (1934).
1106. Fiat Review: Physics of the Electron Shells. (Wiesbaden 1948.)
Vgl.: a) H. KOPFERMANN: Atomspektren.
b) W. FINKELNBURG: Kontinuierliche Spektren.
1107. FOLEY, H. M.: The Pressure Broadening of Spectral Lines. Physic. Rev. **69**, 616 (1946). Hierzu auch: ANDERSON, P. W.: A Method of Synthesis of the Statistical and Impact Theories of Pressure Broadening. Physic. Rev. **86**, 809 (1952).

1108. FOSTER, J. S.: Application of Quantum Mechanics to the Stark Effect in Helium. Proc. Roy. Soc. (London) (A) **117, 137** (1927).
1109. — and A. V. DOUGLAS: Stellar Stark Line He λ 4470. Physic. Rev. **44**, 325 (1933).
1110. — — Stark Effect in B Stars. Monthly Notices **99**, 150 (1939).
1111. FRISCH, R., u. E. SEGRÈ: Über die Einstellung der Richtungsquantelung. Z. Physik **80**, 610 (1933).
1112. FÜCHTBAUER, CHR.: Die Absorption in Spektrallinien im Lichte der Quantentheorie. Physik. Z. **21**, 322 (1920).
1113. — G. JOOS u. O. DINKELACKER: Über Intensität, Verbreiterung und Druckverschiebung von Spektrallinien, insbesondere der Absorptionslinie 2537 des Quecksilbers. Ann. Physik (4), **71**, 204 (1923).
1114. FURSSOW, W., u. A. WLASSOW: Zur Theorie der Verbreiterung von Spektrallinien in homogenem Gas. Z. Sov. Physik **10**, 378 (1936).
1115. GEBAUER, R., u. H. STEUL: Über den Stark-Effekt des Calciums. Z. Physik **126**, 465 (1949).
1116. GÜTTINGER, P.: Das Verhalten von Atomen im magnetischen Drehfeld. Z. Physik **73**, 169 (1931).
1117. HOLSTEIN, T.: Pressure Broadening of Spectral Lines. Physic. Rev. **79**, 744 (1950).
1118. HOLTSMARK, J.: Über die Verbreiterung von Spektrallinien. Ann. Physik **58**, 577 (1919)
1119. — Über die Verbreiterung von Spektrallinien I. u. II. Physik. Z. **20**, 162 (1919); **25**, 73 (1924).
1120. JABLONSKI, A.: Über die wellenmechanische Behandlung der Linienverbreiterung I. u. II. Acta phys. polon. **6**, 371 (1937); **7**, 196 (1938).
1121. INGLIS, D. R., and E. TELLER: Ionic Depression of Series Limits in One-Electron Spectra. Astrophysic. J. **90**, 439 (1939).
1122. KROGDAHL, M. K.: The Interaction of a Proton and a Hydrogen Atom in its Excited States. Astrophysic. J. **100**, 311 (1944).
1123. — The Interaction of a Proton and a Helium Atom in its Excited States I. u. II. Astrophysic. J. **100**, 333 (1944); **102**, 64 (1945).
1124. — On the Broadening of Neutral Helium Lines in Stellar Spectra. Astrophysic. J. **105**, 327 (1947).
1125. — On the Broadening of Hydrogen Lines in Stellar Spectra I. Astrophysic. J. **110**, 355 (1949).
1126. KUHN, H., and F. LONDON: Limitation of the Potential Theory of the Broadening of Spectral Lines. Philosophic. Mag. **18**, 983 (1934).
1127. — Pressure Shift and Broadening of Spectral Lines. Philosophic. Mag. **18**, 987 (1934).
1128. — Pressure Broadening of Spectral Lines and VAN DER WAALS Forces I. u. II. Proc. Roy. Soc. (London) (A), **158**, 212, 230 (1937).
1129. KULLENBERG, B.: Zum Starkeffekt in Helium. Z. Physik **90**, 567 (1934).
1130. LADENBURG, R.: Der quadratische elektrische Effekt an den D-Linien des Natriums in Absorption. Z. Physik **28**, 51 (1924).
1131. LANDOLT-BÖRNSTEIN: Zahlenwerte und Funktionen ... I. Band, 1. Teil. Berlin-Göttingen-Heidelberg: Springer-Verlag 1950. Vgl. besonders:
a) JOOS, G., u. A. SAUR: Starkeffekt.
b) JOOS, G., u. A. SAUR: Druckverbreiterung und Druckverschiebung von Spektrallinien.
c) BIERMANN, L.: Oszillatorenstärken und Lebensdauer angeregter Zustände von Atomen, Atomionen und Molekeln.
d) HANLE, W., u. E. U. FRANCK: Querschnitte von Atomen, Ionen und Molekeln.
1132. LENZ, W.: Einige korrespondenzmäßige Betrachtungen. Z. Physik **25**, 299 (1924).
1133. — Allgemeine Theorie der Verbreiterung von Spektrallinien. Z. Physik **80**, 423 (1933).
1134. — Über die Anwendbarkeit der FRANCK-CONDONschen Regel auf die Linienverbreiterung. Z. Physik **83**, 139 (1933).
1135. LINDHOLM, E.: Zur Theorie der Verbreiterung von Spektrallinien. Ark. mat., astr. och fys. **28** B, No. 3 (1941).
1136. — Über die Verbreiterung und Verschiebung von Spektrallinien. Diss. Uppsala 1942.
1137. — Pressure Broadening of Spectral Lines. Ark. mat., astr. och fys. **32** A, No. 17 (1945).
1138. LOCHTE-HOLTGREVEN, W.: Über die Stark-Effekte von Multiplettlinien. Z. Physik **109**, 358 (1938).
1139. MARGENAU, H.: Pressure Shift and Broadening of Spectral Lines. Physic. Rev. **40**, 387 (1932).
1140. — and W. W. WATSON: Pressure Effects of Spectral Lines. Rev. Mod. Phys. **8**, 22 u. 398 (1936).
1141a. MINNHAGEN, L.: Stark Effekt. Diss. Lund 1944.

1142. MITCHELL, A. C. G., and M. W. ZEMANSKY: Resonance Radiation and Excited Atoms. Cambridge Univ. Press 1934.
1143. MÜLLER-POUILLETS Lehrbuch der Physik, Bd. II, Teil 2, 2. Hälfte, Kap. 40. Braunschweig 1929. LADENBURG, R.: Einfluß elektrischer Felder auf Spektrallinien (Starkeffekt).
1144. PANNEKOEK, A., and S. VERWEY: The Stark Effect of Hydrogen in First Type Stellar Spectra. Proc. Amsterd. Acad. **38**, 2 (1935).
1145. — — The Stark effect of Hydrogen in First Type Stellar Spectra. Proc. Amsterd. Acad. **38**, 479 (1935).
1146. — The Hydrogen Lines near the Balmer Limit. Monthly Notices **98**, 694 (1938).
1147. PANTER, S. F., and J. S. FOSTER: Stark Effect in Iron and the Contrast with Pole Effect. Proc. Roy. Soc. (London) (A) **162**, 336 (1937).
1148. REINSBERG, C.: Zur Theorie der Druckverschiebung der Spektrallinien in der Nähe des Serienendes. Z. Physik **93**, 416 (1935).
1148a.— Zur Theorie der Verbreiterung der Spektrallinien einer Serie durch Fremdgase. Z. Physik **105**, 460 (1937).
1149. — Quantenmechanische Berechnung der an Spektrallinien auftretenden Druckeffekte I. Z. Physik **111**, 95 (1938).
1150. RUDKJÖBING, M.: Wave-Mechanical Calculation of Electron Collision Damping Constants for FRAUNHOFER Lines. Ann. d'Astrophysique **12**, 229 (1949).
1151. SCHMALJOHANN, P.: Druckverbreiterung von Wasserstofflinien nach der HOLTSMARKschen Theorie. Staatsexamens-Arbeit. Kiel 1936 (ungedruckt).
1152. SCHRÖDINGER, E.: Quantisierung als Eigenwertproblem (3. Mitt.) Ann. Physik (4) **80**, 437 (1926).
1153. SCHULZ, P.: Beeinflussung der Breite und Lage von Spektrallinien durch Gase. Physik. Z. **39**, 412 (1938).
1154. SPITZER, L.: Stark-Effect Broadening of Hydrogen Lines. I. Single Encounters. Physic. Rev. **55**, 699 (1939).
1155. — Stark-Effect Broadening of Hydrogen Lines. II. Observable Profiles. Physic. Rev. **56**, 39 (1939).
1156. — Impact Broadening in Spectral Lines. Physic. Rev. **58**, 348 (1940).
1157. — Notes on the Theory of Noncoherent Scattering. Astrophysic. J. **99**, 1 (1943).
1157a.— On the Interpretation of Measured Solar Wave-Lengths. Monthly Notices **110**, 216 (1950).
1158. STARK, J.: Elektrische Spektralanalyse chemischer Atome. Leipzig 1914.
1159. STRÖMGREN, B.: On the Chemical Composition of the Solar Atmosphere. Festschrift für E. STRÖMGREN; Kopenhagen 1940 — Publ. Kopenhagen Obs. No. 127 (1940).
1160. UNDERHILL, A. B.: An Estimate of the Relative Helium Content of the Early-Type Stars. Canad. J. Physic. **29**, 447 (1951).
1161. UNSÖLD, A.: Beiträge zur Quantenmechanik der Atome (§ 10). Ann. Physik **82**, 355 (1927).
1162. — Stoßdämpfung in der Sonnenatmosphäre. Z. Astrophysik **12**, 56 (1936).
1163. — Über die Theorie der Druckverbreiterung und -verschiebung von Spektrallinien. Vjschr. astr. Ges. **78**, 213 (1943).
1164. — Quantitative Analyse des B0-Sternes τ Scorpii. IV. Teil: Druckverbreiterung der He- und He^+-Linien. Eine neue Methode zur Bestimmung des Häufigkeitsverhältnisses von Wasserstoff und Helium. Z. Astrophysik **23**, 75 (1944).
1165. VERWEY, S.: The Stark Effect of Hydrogen in Stellar Spectra. Diss. Amsterdam 1936.
1166. WEISSKOPF, V.: Zur Theorie der Kopplungsbreite und der Stoßdämpfung. Z. Physik **75**, 287 (1932).
1167. — Die Breite von Spektrallinien in Gasen. Physik. Z. **34**, 1 (1933).
1168. — The Intensity and Structure of Spectral Lines. Observatory **56**, 291 (1933).
1169. ZWANIKKEN, G. C. J.: Optische Verschijnselen bij door botsingen gestoorde atomen. Diss. Utrecht 1947.

XII. Kapitel. **Quantenmechanische Berechnung von Linienstärken, Übergangswahrscheinlichkeiten und Oszillatorenstärken.**

Lehrbücher und zusammenfassende Darstellungen.

Vgl. auch Anhang B.

1200. Handbuch der Physik, 2. Aufl., Bd. **24**, 1, Kap. 3. Berlin 1933.
BETHE, H.: Quantenmechanik der Ein- und Zweielektronenprobleme.
1201. CONDON, E. U., and G. H. SHORTLEY: The Theory of Atomic Spectra. Cambridge Univ. Press 1935.

1202. DIRAC, P. A. M.: Die Prinzipien der Quantenmechanik. (Deutsch von W. BLOCH.) Leipzig 1930.
1203. GOMBÁS, P.: Theorie und Lösungsmethoden des Mehrteilchenproblems der Wellenmechanik. Basel: Birkhäuser **1950**.
1204. SOMMERFELD, A.: Atombau und Spektrallinien. I. und II. 5. Aufl. Braunschweig 1951.

Abhandlungen.

Linienstärken usw. einzelner Spektren s. Kap. XIV.

1205. BARTLETT, J. H.: The Relative Intensities of Super-Multiplet Lines. Physic. Rev. **35**, 229 (1930).
1206. BATES, D. R., and A. DAMGAARD: The Calculation of the Absolute Strengths of Spectral Lines. Philosophic. Trans. Roy. Soc. (A)., **242**, 101 (1949).
1207. — — Some f-Values for Ionized Oxygen and Ionized Silicon. Astrophysic. J. **107**, 383 (1948).
1208. BIERMANN, L.: Die Oszillatorenstärken einiger Linien in den Spektren des NaI, KI und MgII. Z. Astrophysik **22**, 157 (1943).
1209. — u. E. TREFFTZ: Wellenfunktionen und Übergangswahrscheinlichkeiten der Leuchtelektronen des Atoms MgI; I. u. II. Z. Astrophysik **26**, 213 u. 240 (1949).
1210. BURGER, H. C., u. H. B. DORGELO: Beziehung zwischen inneren Quantenzahlen und Intensitäten von Mehrfachlinien. Z. Physik **23**, 258 (1924).
1211. DORGELO, H. B.: Die Intensität mehrfacher Spektrallinien. Z. Physik **22**, 170 (1924).
1212. — Die photographische Spektralphotometrie. Physik. Z. **26**, 756 (1925).
1213. FERMI, E.: Eine statistische Methode zur Bestimmung einiger Eigenschaften des Atoms. Z. Physik **48**, 73 (1928).
1214. FOCK, V.: Näherungsmethode zur Lösung des quantenmechanischen Mehrkörperproblems. Z. Physik **61**, 126 (1930).
1215. GOLDBERG, L.: Relative Multiplet Strengths in LS-Coupling. Astrophysic. J. **82**, 1 (1935).
1216. — Note on Absolute Multiplet Strengths. Astrophysic. J. **84**, 11 (1936).
1217. GOTTSCHALK, W. M.: Line Strengths in the Iron Spectrum in Intermediate Coupling with Applications to the Solar Curve of Growth. Astrophysic. J. **108**, 326 (1948).
1218. GREEN, L. C., N. E. WEBER and E. KRAWITZ: The Use of Calculated and Observed Energies in the Computation of Oscillator Strengths and the f-Sum Rule. Astrophysic. J. **113**, 690 (1951).
1219. HARTREE, D. R.: The Wave Mechanics of an Atom with Non-Coulomb Central Field. Proc. Cambridge Philosophic. Soc. **24**, 89 (1928).
1219a. HORIE, H.: Line Strengths for Transitions $d^n \to d^{n-1}p$ and $d^n \to d^{n-1}f$ and Probabilities of Photo-Ionization and Recombination $d^n \rightleftarrows d^{n-1}$. J. Physic. Soc. Jap. **7**, 58 (1952).
1219b. ISHIDZU, T., and S. OBI: On the Energy Levels of the Configurations d^4p, d^5p and d^6p. J. Physic. Soc. Jap. **5**, 124 (1950).
1219c. — — Structure of the f^n Electron Configurations I u. II. J. Physic. Soc. Jap. **5**, 142 u. 145 (1950).
1220. KIRKWOOD, J. G.: Erweiterung der Summensätze für Alkalien mit einer Anwendung auf den Stark-Effekt. Physik. Z. **33**, 521 (1932).
1221. KRONIG, R. DE L.: Über die Intensität der Mehrfachlinien und ihrer ZEEMAN-Komponenten. Z. Physik **31**, 885 (1925).
1222. MENZEL, D. H., and C. L. PEKERIS: Absorption Coefficients and Hydrogen Line Intensities. Monthly Notices **96**, 77 (1935).
1223. — and L. GOLDBERG: Multiplet Strengths for Transitions Involving Equivalent Electrons. Astrophysic. J. **84**, 1 (1936).
1224. — Theoretical Problems of Stellar Absorption Lines. Pop. Astr. **46** und **47** = Harvard Repr. 161 (1938).
1225. — Extended Sum Rules for Transition Arrays. Astrophysic. J. **105**, 126 (1947).
1225a. RACAH, G.: Theory of Complex Spectra I—IV. Physic. Rev. **61**, 186 (1942). **62**, 438 (1942); **63**, 367 (1943); **76**, 1352 (1949).
1225b. ROHRLICH, F.: On the Configurations d^2sp, d^3p and d^7p. Physic. Rev. **74**, 1372 (1948).
1225c. — The Classification of the Odd Terms of Ti I. Physic. Rev. **74**, 1381 (1948).
1226. RUDNICK, P.: Computation of Spectral Intensities for Hydrogen. Physic. Rev. **48**, 807 (1935).
1227. RUSSELL, H. N.: The Intensities of Lines in Multiplets. Proc. Nat. Acad. Sci. Washington **11**, 314, 322 (1925).
1228. — Tables for Intensities of Lines in Multiplets. Astrophysic. J. **83**, 129 (1936).
1229. SHORTLEY, G. H.: Line Strengths in Intermediate Coupling. Physic. Rev. **47**, 295 u. 419 (1935).

1230. Slack, F. G.: Intensities in the Hydrogen Spectral Lines. Physic. Rev. **31**, 527 (1928).
1231. Sommerfeld, A., u. W. Heisenberg: Die Intensität der Mehrfachlinien und ihrer Zeeman-Komponenten. Z. Physik **11**, 131 (1922).
1232. — u. H. Hönl: Über die Intensität der Multiplettlinien. Berl. Sitzgsber. **9**, 141 (1925).
1233. Sugiura, Y.: On the Transition Probability between two States with Positive or Negative Energy in a Central Field due to Nuclear Charge Ze. Sci. Pap. Inst. Physic. chem. Res. (Tokyo) **11**, 1 (1929).
1234. White, H. E., and A. Y. Eliason: Relative Intensity Tables for Spectrum Lines. Physic. Rev. **44**, 753 (1933).
1235. Wigner, E.: Über eine Verschärfung des Summensatzes. Physik. Z. **32**, 450 (1931).
1236. Yamanouchi, T.: Proc. Phys.-Math. Soc. Jap. **19**, 166 (1937); **20**, 563 (1938); **22**, 33 u. 841 (1940); **23**, 1059, 1963 (1941).

XIII. Kapitel. **Experimentelle Bestimmung von Oszillatorenstärken. Laboratoriumsuntersuchungen über Strahlungsdämpfung sowie Druckverbreiterung und -verschiebung von Spektrallinien.**

Literatur über quantenmechanisch berechnete und experimentell bestimmte Oszillatorenstärken, Übergangswahrscheinlichkeiten usw. der Seriengrenzkontinua[1] und Linien[2] einzelner Spektren, s. Kap. XIV, S. 365.

1300. Amaldi, E., e E. Segrè: Effetto della pressione sui termini elevati degli alcalini. Nuovo Cim. (N. S.) **11**, 145 (1934).
1301. Anderson, J. A. (z. T. mit S. Smith): Über Kondensatorentladungen großer Stromdichte. Astrophysic. J. **51**, 37 (1920); **61**, 186 (1925); **75**, 394 (1932) u. a.
1302. Burhorn, F., u. H. Maecker: Feldstärkemessungen an wasserstabilisierten Hochleistungsbögen. Z. Physik **129**, 369 (1951).
1303. — — u. T. Peters: Temperaturmessungen am wasserstabilisierten Hochleistungsbogen. Z. Physik **131**, 28 (1951).
1304. Carter, W. W.: Measurement of f-Values in the Iron Spectrum with Applications to Solar and Stellar Atmospheres. Physic. Rev. **76**, 962 (1949).
1305. Ch'en Shang Yi: Pressure Effects of Homogeneous Rubidium Vapor on its Resonance Lines. Physic. Rev. **58**, 884 (1940).
1306. — and Pao Chia-Shan: Pressure Effects of Hydrogen and Nitrogen on the Second Doublet of Rb Principal Series. Physic. Rev. **58**, 1058 (1940).
1307. Clayton, E. D., and Shang-Yi Ch'en: Pressure Effects of Argon and Helium on the Resonance Lines of Silver. Physic. Rev. **85**, 68 (1952).
1308. Elenbaas, W.: The High Pressure Mercury Vapour Discharge. Amsterdam 1951.
1309. Euler, J.: Der Graphitbogen als spektralphotometrisches Strahldichtenormal im Gebiet von 0,25 bis 1,8 μ. Ann. Physik. (6) **11**, 203 (1953); auch Z. angew. Physik **3**, 260 (1951).
1310. Frerichs, R.: Intensitätsmessungen in Multipletts. Z. Physik **31**, 305 (1925).
1311. — Intensitätsmessungen an Multipletts. Ann. Physik **81**, 807 (1926).
1312. Fuchs, R.: Experimentelle Untersuchung über das bei der Bildung von negativen Wasserstoffionen entstehende Emissionskontinuum. Z. Physik **130**, 69 (1951).
1313. Füchtbauer, Chr., u. W. Hofmann: Über Maximalintensität, Dämpfung und wahre Intensitätsverteilung von Serienlinien in Absorption. Ann. Physik **43**, 96 (1914).
1314. — G. Joos u. O. Dinkelacker: Über Intensität, Verbreiterung und Druckverschiebung von Spektrallinien, insbesondere der Absorptionslinie 2537 des Quecksilbers. Ann. Physik **71**, 204 (1923).
1315. — u. F. Gössler: Verschiebung und unsymmetrische Verbreiterung von Absorptionslinien durch Fremdgase. Z. Physik **87**, 89 (1933) (und weitere Arbeiten in Z. Physik).
1316. Hamada, R.: On the Molecular Spectra of Mercury, Zinc, Cadmium, Magnesium and Thallium. Philosophic. Mag. **12**, 50 (1931).
1317. Harrison, G. R.: J. Opt. Soc. Amer. **17**, 389 (1928); **18**, 109 (1929) und (mit Engwicht) **19**, 109 (1929).
1318. Heard, J. F.: The Contours of the Potassium Resonance Lines in Absorption. Monthly Notices **94**, 458 (1934).
1319. Hörmann, H.: Temperaturverteilung und Elektronendichte in frei brennenden Lichtbögen. Z. Physik **97**, 539 (1935).
1320. Hughes, D. S., and P. E. Lloyd: Pressure Effects of Homogeneous K Vapor in Absorption. Physic. Rev. **52**, 1215 (1937).

[1] Hierzu auch Kap. VII, sowie Kap. XII.
[2] Hierzu auch Kap. XII und XIII.

1321. HULL, G. F.: Pressure Broadening of the Potassium Resonance Lines by Argon and Nitrogen. Physic. Rev. **50**, 1148 (1936).
1322. JÜRGENS, G.: Temperatur und Elektronendichte in einem wasserstabilisierten Lichtbogen. Z. Physik **134**, 21 (1952).
1323. KING, R. B., and A. S.: Relative f-Values for Lines of Fe I from Electric-Furnace Absorption Spectra. Astrophysic. J. **82**, 377 (1935); **87**, 24 (1938). Hierzu D. MENZEL u. L. GOLDBERG: Astrophysic. J. **85**, 40 (1936).
1324. — and D. C. STOCKBARGER: Absolute f-Values by the Method of Total Absorption. Astrophysic. J. **91**, 488 (1940).
1325. — Absolute f-Values for Lines of Fe I. Astrophysic. J. **95**, 78 (1942).
1326. KLEMAN, B., and E. LINDHOLM: The Broadening of Na-Lines by Argon. Ark. mat., astr. och fys. **32B**, No. 10 (1945).
1327. KOCH, O., u. H. DUNSTÄDTER: Ein Beitrag zur Temperaturbestimmung im wandstabilisierten Quecksilberhochdruckbogen. Z. Physik **129**, 140 (1951).
1328. KOPFERMANN, H., u. G. WESSEL: Die absoluten f-Werte der Fe I Resonanzlinien λ 3720 Å und λ 3737 Å. Z. Physik **130**, 100 (1951).
1329. KROMPHARDT, K.: Verbreiterung von Heliumlinien. Dipl.-Arbeit Kiel 1953 (unpubl.).
1330. LARENZ, R. W.: Über ein Verfahren zur Messung sehr hoher Temperaturen in nahezu durchlässigen Bogensäulen. Z. Physik **129**, 327 (1951).
1331. — Temperaturmessungen in der Säule eines Gerdien-Bogens. Z. Physik **129**, 343 (1951).
1332. LINDBLAD, B.: The Absorption Continuum at the Resonance Line of Ca, λ 4227, in Dwarf Stars of Type M. Ann. Stockholm Obs. **12**, No. 2 (1935).
1333. LOCHTE-HOLTGREVEN, W., u. H. MAECKER: Temperaturbestimmung an frei brennenden Kohlelichtbögen mit Hilfe der CN-Banden. Z. Physik **105**, 1 (1937).
1334. — Experimenteller Nachweis des H^- Leuchtens. Naturwiss. **38**, 258 (1951).
1335. — u. W. NISSEN: Über das Elektronenaffinitätsspektrum neutraler Wasserstoffatome. Z. Physik **133**, 124 (1952).
1336. — Experimental Astrophysics. Observatory **72**, 145 (1952).
1337. MAECKER, H.: Das kontinuierliche Spektrum des Kohlelichtbogens I und II. Z. Physik **114**, 500 (1939) u. **116**, 257 (1940).
1338. — Ein Lichtbogen für hohe Leistungen. Z. Physik **129**, 108 (1951); **136**, 119 (1953).
1339. — Der elektrische Lichtbogen. Erg. exakt. Naturwiss. **25**, 293 (1951).
1340. MANNKOPFF, R.: Über die Auslöschung der Resonanzfluoreszenz von Natriumdampf. Z. Physik **36**, 315 (1926).
1341. MARGENAU, H., and W. W. WATSON: Pressure Effects of Foreign Gases on the Sodium D-Lines. Physic. Rev. **44**, 92 (1933).
1342. — — Pressure Effects on Spectral Lines. Rev. Mod. Phys. **8**, 22, 398 (1936).
1343. MINKOWSKI, R.: Natürliche Breite und Druckverbreiterung von Spektrallinien. Z. Physik **36**, 839 (1926).
1344. — Über die Abhängigkeit des Intensitätsverlaufes in druckverbreiterten Spektrallinien vom verbreiternden Gas. Z. Physik **55**, 16 (1929).
1345. — Bemerkungen über den Einfluß der Selbstabsorption auf Intensitätsmessungen von Spektrallinien. Z. Physik **63**, 188 (1930).
1346. — Die Intensitätsverteilung in druckverbreiterten Spektrallinien. Z. Physik **93**, 731 (1935).
1347. MOHLER, F. L.: The Number of Lines in a Series as a Function of Electron Pressure. Astrophysic. J. **90**, 429 (1939).
1348. MOTSCHMANN, H.: Einführung von Substanzen in den wasserstabilisierten Lichtbogen. Dipl.-Arbeit Kiel (ungedruckt) 1953.
1349. NISSEN, W.: Untersuchungen an einem Wasserstoff-Hochdruckbogen. Z. Physik **139**, 638 (1954).
1350. NY TSI-ZÉ, and CH'EN SHANG YI: Pressure Effects of Rare Gases on the Second Doublet of Rubidium Principal Series. Physic. Rev. **52**, 1158 (1937).
1351. ORTHMANN, W., u. P. PRINGSHEIM: Über die Verbreiterung der Hg-Resonanzlinie durch Zusatz fremder Gase. Z. Physik **43**, 9 (1927).
1352. PATZELT, F., u. K. BALDEWEIN: Der positive Krater des Kohlebogens als Leuchtdichte- und Temperaturnormal. Wiss. Veröff. Siemens-Konzern **21**, 2, 213 (1942).
1353. PAUL, W., u. G. WESSEL: Messung von Dichte und mittlerer Molekulargeschwindigkeit in einem Atomstrahl. Z. Physik **124**, 691 (1947).
1354. MCPHERSON, H. G.: The Carbon Arc as a Radiation Standard. J. Opt. Soc. Amer. **30**, 189 (1940).
1355. PLASS, G. N., and D. WARNER: Pressure Broadening of Absorption Lines. Physic. Rev. **86**, 138 (1952).

1356. Rompe, R., u. P. Schulz: Die Breite der Spektrallinien in der Quecksilberhochdruckentladung. Z. Physik **108**, 654 (1938).
1357. — — Eigendruck- und Elektronenstoßverbreiterung in der Quecksilberhochdruckentladung in Abhängigkeit von der Stromstärke. Z. Physik **110**, 223 (1938).
1358. Schütz, W.: Über natürliche Breite und Verbreiterung der D-Linien des absorbierenden Natriumdampfes durch Dampfdichte und Druck fremder Gase. Z. Physik **45**, 30 (1927) [vgl. auch **38**, 864 (1926)].
1359. — Intensität und natürliche Breite des blauen Cäsiumdubletts. I. Z. Physik **64**, 682 (1930).
1360. — Experimentelle Prüfung der Quantentheorie der natürlichen Linienbreite. Physik. Z. **34**, 831 (1933).
1361. — (teilweise mit H. Schillbach): Über die natürliche Breite der Neonlinien im sichtbaren Spektrum usw. Ann. Physik **18**, 705, 721, 746 (1933).
1362. Schulz, P.: Beeinflussung der Breite und Lage von Spektrallinien durch Gase. Physik. Z. **39**, 412 (1938).
1363. Vitense, E.: Unter welchen Bedingungen könnte man den kontinuierlichen Absorptionskoeffizienten des negativen Wasserstoffions H^- im Laboratorium messen? Himmelswelt **56**, 33 (1949).
1364. Weingeroff, M.: Bestimmung der natürlichen Breite der D-Linien von Natrium mittels einer Kompensationsmethode. Z. Physik **67**, 679 (1931).
1365. Wessel, G.: Messung der Oszillatorenstärke der Bariumresonanzlinie. Z. Physik **126**, 440 (1949).
1366. — Messung von Dampfdrucken und Kondensationskoeffizienten an Eisen, Cadmium und Silber. Z. Physik **130**, 539 (1951).
1367. Wurm, K., u. H. J. Meister: Zur Ursache der unsymmetrischen Verbreiterung der Calciumlinie λ 4227 in dM-Sternen. Z. Astrophysik **13**, 25 (1937).

XIV. Kapitel. **Literatur über astrophysikalisch wichtige Linienstärken, Übergangswahrscheinlichkeiten und Oszillatorenstärken einzelner Elemente.**

Enthält die (abgekürzten) Literaturangaben im Text, S. 365.

Fünfter Teil.

Die Entstehung der FRAUNHOFER-Linien.

XV. Kapitel. **Strahlungsaustausch und FRAUNHOFER-Linien.**

Lehrbücher und zusammenfassende Darstellungen sowie weitere Literatur s. Kap. V und VI.

1501. Bruggencate, P. ten: Die Entstehung der Fraunhoferschen Linien in der Sonnenatmosphäre. Z. Astrophysik **4**, 159 (1932).
1502. Chandrasekhar, S.: The Softening of Radiation by Multiple Compton Scattering. Proc. Roy. Soc. (London) (A) **192**, 508 (1948).
1503. Code, A.: Radiative Equilibrium in an Atmosphere in which Pure Scattering and Pure Absorption Both Play a Role. Astrophysic. J. **112**, 22 (1950).
1504. Courant, R., u. D. Hilbert: Methoden der mathematischen Physik I. Berlin 1924.
1505. Eddington, A. S.: The Formation of Absorption Lines. Monthly Notices **89**, 620 (1929).
1505a. Edmonds, F. N. jr.: Scattering by a Moving Electron Atmosphere and its Effect on Spectral Lines I u. II. Astrophysic. J. **112**, 307 u. 324 (1950).
1506. Hamilton, D. R.: On Directional Correlation of Successive Quanta. Physic. Rev. **58**, 122 (1940).
1507. — The Resonance Radiation Induced by Elliptically Polarized Light. Astrophysic. J. **106**, 457 (1947).
1508. Hiltner, W. A.: On the Presence of Polarization in the Continuous Radiation of Early-Type Stars. Astrophysic. J. **106**, 231 (1947).
1509. Houtgast, J.: Variations in the Profiles of Strong Fraunhofer Lines Along a Radius of the Solar Disc. Diss. Utrecht 1942.
1509a. Huang, Su-Shu: On the Absorption Lines Formed in Stellar Atmospheres. Ann. d'Astrophysique **16**, 169 (1952).
1510. Hunger, K.: Zur Berechnung der Intensitätsverteilung in Fraunhofer-Linien. II. Teil: Berechnung der Gewichtsfunktionen bei vorgegebener Kirchhoff-Planck-Funktion mit exponentiellem Glied. Z. Astrophysik **28**, 245 (1951).
1511. Janssen, E. M.: Note on the Polarisation of the Continuous Radiation of Early Type Stars. Astrophysic. J. **103**, 380 (1946).
1512. Labs, D.: Untersuchungen zur inkohärenten Streuung in Fraunhofer-Linien. Z. Astrophysik **28**, 150 (1951).

1513. LYOT, B.: Quelques observations de la couronne solaire et des protubérances en 1935. L'Astronomie **51**, 207 bzw. **217** (1937); C. r. Acad. Sci. (Paris) **198**, 250 (1934).
1514. — C. r. Acad. Sci. (Paris) **226**, 25 u. 137 (1948).
1515. MILNE, E. A.: The Theoretical Contours of Absorption Lines in Stellar Atmospheres. Monthly Notices **89**, 3 (1928).
1516. — The Structure and Opacity of a Stellar Atmosphere. Philosophic. Trans. Roy. Soc. (London) (A) **228**, 421 (1929).
1517. MINNAERT, M.: Die theoretische Intensitätsverteilung in den äußeren Flügeln der FRAUNHOFERschen Linien. Z. Astrophysik **12**, 313 (1936).
1518. — The Theoretical Intensities of Faint FRAUNHOFER Lines I a. II. Bull. Astr. Netherlands **10**, 339, 399 (1948), Teil III s. u. PECKER.
1519. MÜNCH, G.: The Effect of Electron Scattering on the Line Spectrum of High-Temperature Stars. Astrophysic. J. **108**, 116 (1948) = [1021].
1520. — On the Formation of Absorption Lines by Noncoherent Scattering. Astrophysic. J. **109**, 275 (1949).
1521. PANNEKOEK, A.: The Theoretical Contours of Absorption Lines I and II. Monthly Notices **91**, 139, 519 (1930/31).
1522. — The Theoretical Intensities of Absorption Lines in Stellar Spectra. Publ. Astr. Inst. Univ. Amsterdam **1935**, Nr. **4**.
1523. PECKER, C.: The Theoretical Intensities of Faint FRAUNHOFER Lines III. Weighting Functions for Different Points of the Solar Disc. Bull. Astr. Netherlands **11**, 43 (1949).
1524. REDMAN, R. O.: Observational Search for Polarisation in the Calcium Line λ 4227 Near the Sun's Limb. Monthly Notices **101**, 266 (1941).
1525. ROSA, A.: Wasserstoff im Sonnenspektrum. Z. Astrophysik **24**, 38 (1945).
1526. SAVEDOFF, M. P.: Formation of Absorption Lines by Noncoherent Scattering. Astrophysic. J. **115**, 509 (1952).
1527. SCHUSTER, A.: On the Polarisation of the Solar Corona. Monthly Notices **40**, 35 (1879).
1528. SCHWARZSCHILD, K.: Über Diffusion und Absorption in der Sonnenatmosphäre. Berl. Sitzgsber. **1914**, 1183.
1529. SPITZER, L.: New Solutions of the Equation of Radiative Transfer. Astrophysic. J. **87**, 1 (1938).
1530. — Notes on the Theory of Noncoherent Scattering. Astrophysic. J. **99**, 1 (1944).
1531. STOKES, G. G.: Trans. Cambridge Philosophic. Soc. **9**, 399 (1852).
1532. STRÖMGREN, B.: The Boundary-Value Problem of the Theory of Stellar Absorption Lines. Astrophysic. J. **86**, 1 (1937).
1533. SUEMOTO, Z.: Effect of Non-Coherent Scattering on the Center-Limb Variation of Strong FRAUNHOFER Lines. Publ. Astr. Soc. Japan **1**, 78 (1949).
1534. SWINGS, P., and L. DOR: On the Integration of the Equation of Radiative Transfer. Astrophysic. J. **88**, 516 (1938).
1535. THIESSEN, G.: Zur Theorie der Polarisation von Hα und D_3 in Protuberanzen. Z. Astrophysik **30**, 8 (1951).
1536. — Ein magnetisch bedingter Polarisationseffekt an Resonanzlinien im Sternspektrum. I. Z. Astrophysik **30**, 307 (1952).
1537. TUBERG, M.: The Variations of Absorption-Line Contours Across the Solar Disc. Astrophysic. J. **103**, 144 (1946).
1538. UNSÖLD, A.: Über die Struktur der FRAUNHOFERschen Linien und die Dynamik der Sonnenchromosphäre. Z. Physik **44**, 793 (1927).
1539. — Über die Struktur der FRAUNHOFERschen Linien und die quantitative Spektralanalyse der Sonnenatmosphäre. Z. Physik **46**, 765 (1928).
1540. — Über den Einfluß von Stößen auf die Struktur der FRAUNHOFERschen Linien. SOMMERFELD-Festschrift, p. 95. Leipzig (Hirzel) 1928.
1541. — Zur Deutung der Intensitätsverteilung in den FRAUNHOFERschen Linien. II. Teil. Die Intensität der Linienflügel. Z. Astrophysik **4**, 339 (1932).
1542. — Zur Theorie der Sternatmosphären. Z. Astrophysik **8**, 225 (1934).
1543. — Über die FRAUNHOFERschen Linien und ihre Mitte-Rand-Variation auf der Sonnenscheibe. Ann. Physik **3**, 124 (1948); Mem. Soc. Astr. Ital. **20**, 3 (1948).
1544. — u. W. KURZ: Zur Berechnung der Intensitätsverteilung in FRAUNHOFER-Linien. Z. Astrophysik **26**, 200 (1949).
1545. VOIGT, H. H.: Über die Polarisation der Strahlung in Sternatmosphären. Z. Astrophysik **28**, 176 (1950).
1546. WOOLLEY, R. V. D. R.: The Analysis of Line Intensities in Stellar Spectra. Monthly Notices **92**, 482 (1932).
1547. WRUBEL, M. H.: Exact Curves of Growth for the Formation of Absorption Lines According to the MILNE-EDDINGTON Model. I. Total Flux. Astrophysic. J. **109**, 66 (1949). II. Center of the Disc. Astrophysic. J. **111**, 157 (1950).

1548. ZANSTRA, H.: Theory of a Polarisation Effect in FRAUNHOFER Lines Due to Oscillator Scattering. Monthly Notices **101**, 250 (1941).
1549. — On the Weakening of the Polarisation Effect by Collision Damping. Monthly Notices **101**, 273 (1941).
1550. — An Attempt to Explain the Polarisation in Hα and D_3 for Prominences. Monthly Notices **110**, 491 (1950).

XVI. Kapitel. **Theorie der Wachstumskurven.**

1601. BIEBERBACH, L.: Lehrbuch der Funktionentheorie I. Leipzig und Berlin 1921.
1602. BRUGGENCATE, P. TEN, u. J. HOUTGAST: Bestimmung der Dämpfung zweier Fe-Multipletts für Mitte und Rand der Sonnenscheibe. Z. Astrophysik **20**, 149 (1941).
1603. JENTZSCH, C., u. A. UNSÖLD: Zur Deutung der interstellaren Kalzium- und Natriumlinien. Z. Physik **125**, 370 (1948).
1604. MENZEL, D. H.: The Theoretical Interpretation of Equivalent Breadths of Absorption Lines. Astrophysic. J. **84**, 462 (1936).
1605. MINNAERT, M., u. G. F. W. MULDERS: Doppler-Effekt und Dämpfung bei den FRAUNHOFERschen Linien. Z. Astrophysik **2**, 165 (1931).
1606. — u. C. SLOB: Die Totalintensitäten der FRAUNHOFER-Linien. Proc. Amsterdam Acad. **34**, 542 (1931).
1607. PECKER, J. C.: Le calcul des fortes raies d'absorption dans les spectres stellaires. Ann. d'Astrophysique **14**, 383 (1951).
1608. RUSSELL, H. N., W. S. ADAMS and C. E. MOORE: A Calibration of Rowlands Scale of Intensities for Solar Lines. Astrophysic. J. **68**, 1 (1928).
1609. — — Preliminary Results of a New Method for the Analysis of Stellar Spectra. Astrophysic. J. **68**, 3 (1928).
1610. SOMMERFELD, A.: Zur Elektronentheorie der Metalle. Z. Physik **47**, 1 (1928).
1611. UNSÖLD, A.: Was kann man aus einer gegebenen Wachstumskurve schließen? Z. Astrophysik **24**, 384 (1948).

XVII. Kapitel. **Quantitative Deutung der FRAUNHOFER-Linien in den Spektren der Sonne und „normaler" Sterne.**

1700. ABT, A.: Hyperfine Structure in the Solar Spectrum. Astrophysic. J. **115**, 199 (1951).
1701. ADAM, M. G.: Variation of Faint FRAUNHOFER Lines Across the Solar Disc. I und II. Monthly Notices **98**, 112 (1938); **100**, 595 (1940).
1702. — Molecular Carbon in the Solar Spectrum. Monthly Notices **98**, 544 (1938).
1703. ADAMS, W. S.: Some Results of a Study of Spectra of Sirius, Procyon and Arcturus with High Dispersion. Astrophysic. J. **33**, 64 (1911).
— and E. McCORMACK: Systematic Displacements of Lines in the Spectra of Certain Bright Stars. Astrophysic. J. **81**, 119 (1935).
1704. — and P. W. MERRILL: Measurements in the Spectrum of τ Scorpii. Astrophysic. J. **97**, 98 (1943).
1705. ALLEN, C. W.: Photometry of the Solar D Lines. Monthly Notices **100**, 10 (1939).
1706. — Stark Effect and Damping Factor in the FRAUNHOFER Spectrum. Monthly Notices **100**, 4 (1940).
1707. — Centre-Limb Variations of FRAUNHOFER Line-Breadths and Intensities. Monthly Notices **109**, 343 (1949).
1708. ALLER, L. H., and D. H. MENZEL: Physical Processes in Gaseous Nebulae. XVIII. The Chemical Composition of the Planetary Nebulae. Astrophysic. J. **102**, 239 (1945).
1709. — The Atmosphere of 10 Lacertae. Astrophysic. J. **104**, 347 (1946).
1710. — The Atmosphere of Gamma Pegasi. Astrophysic. J. **109**, 244 (1949).
1711. — The abundance of Light Elements in Early-type Stars. Astronomical J. **55**, 69 (1950).
1711a.— The Determination of the Abundances of the Light Elements in Early-Type Stars and Gaseous Nebulae. Mém. Soc. Roy. Sci. Liège (IV), Vol. 14. = Internat. Colloqu. (1953).
1712a. ANGER, C. J.: A Study of Hydrogen Lines in Two Galactic Clusters. Harvard Circ. **352** (1930).
1712b.— A Spectroscopic Determination of the Distances of Five Galactic Clusters. Harvard Circ. **362** (1931).
1712c.— Spectroscopic Parallaxes of Early Type Stars in Moving Clusters. Harvard Circ. **372** (1932).
1713. BABCOCK, H. W.: ZEEMAN Effect in Stellar Spectra. Astrophysic. J. **105**, 105 (1946).
1714. — Magnetic Intensification of Stellar Absorption Lines. Astrophysic. J. **110**, 126 (1949).

1715. BELL, B.: A study of DOPPLER and Damping Effects in the Solar Atmosphere. Harvard Obs. Spec. Rep. No. 35, 1951.
1716. BERMAN, L.: The Spectrum Analysis of the Hot Carbon Star R Coronae Borealis. Astrophysic. J. **81**, 369 (1935).
1717a. BIDELMAN, W. P.: The Peculiar Star HD 30 353. Astrophysic. J. **111**, 333 (1950).
1717b. — HD 160 641, A Hydrogen-Deficient O-Type Star. Astrophysic. J. **116**, 227 (1952).
1717c. — The Spectra of Certain Stars whose Atmospheres may be Deficient in Hydrogen. Astrophysic. J. **117**, 25 (1953).
1718. BÖHM, K. H.: Zur Deutung der Mitte-Rand-Variation der FRAUNHOFER-Linien. Z. Astrophysik **35**, 179 (1954).
1719a. BOWEN, I. S.: The Spectrum and Composition of the Gaseous Nebulae. Astrophysic. J. **81**, 1 (1935).
1719b. — Excitation by Line Coincidence. Publ. Astr. Soc. Pacific **59**, 196 (1947).
1720. BRIX, P., u. H. KOPFERMANN: Hyperfeinstruktur der Atomterme und Atomlinien. In LANDOLT-BÖRNSTEIN; Bd. I, 5. Teil; S. 1—69. Berlin-Göttingen-Heidelberg: Springer-Verlag 1952.
1721. BROWN, H.: A Table of Relative Abundances of Nuclear Species. Rev. Mod. Phys. **21**, 625 (1949).
1722. BRUGGENCATE, P. TEN, u. H. v. KLÜBER: Das Spektrum von Sonnenflecken I und II. Z. Astrophysik **18**, 284 u. 330 (1939).
1723. — Die Verbreiterung von FRAUNHOFER-Linien durch Turbulenz. Z. Astrophysik **18**, 316 (1939).
1724. — u. J. HOUTGAST: Bestimmung der Dämpfung zweier Fe-Multipletts für Mitte und Rand der Sonnenscheibe. Z. Astrophysik **20**, 149 (1941).
1725. — Die Anregungstemperatur und die wirksame Schichtdicke für FRAUNHOFER-Linien in der Sonnenatmosphäre. Z. Astrophysik **23**, 119 (1944).
1726. — H. GOLLNOW, S. GÜNTHER u. W. STROHMEIER: Die Mitte-Rand-Variation der BALMER-Linien $H\alpha$ — $H\delta$ auf der Sonnenscheibe. Z. Astrophysik **26**, 51 (1949).
1727. BUISSON, H., et CH. FABRY: Comparaison des spectres du centre et du bord du Soleil. C. r. Acad. Sci. (Paris) **148**, 1741 (1909).
1728. BURBRIDGE, G. R., and E. M.: The Equation of Transfer and the Residual Intensities in Spectrum Lines. Astrophysic. J. **116**, 185 (1952).
1729. CHALONGE, D., et L. DIVAN: Méthodes de détermination des températures de brillance d'une étoile. C. r. Acad. Sci. (Paris) **231**, 215 (1950) = Contr. I. A. P. (A), No. 69.
1730. — — Contour des raies de Balmer et température superficielle d'une étoile. C. r. Acad. Sci. (Paris) **231**, 331 (1950) = Contr. I. A. P. (A), No. 71.
1730a. CHAMBRESIER, Y., and L. ROSENFELD: On the Dissociation of Molecules in the Atmospheres of the Stars of the Main Sequence. Monthly Notices **93**, 710 (1933) und ROSENFELD, L.: The Dissociation of Molecules in the Atmospheres of the Carbon Stars. Monthly Notices **93**, 724 (1933).
1731. CHANDRASEKHAR, S.: Turbulence — a Physical Theory of Astrophysical Interest. Astrophysic. J. **110**, 329 (1949).
1732. CLAAS, W. J.: The Composition of the Solar Atmosphere. Rech. Obs. Utrecht **12**, Part 1 (1951).
1733. Conference on the Abundances of the Elements. Yerkes Observatory, Williams Bay, Wisc. Nov. 6—8, 1952.
1733a. DEMPSTER, R. R.: The Influence of Fluorescence upon the Central Intensities of the Solar D Lines. Astrophysic. J. **96**, 295 (1942).
1734. ELVEY, C. T.: A Note on O. Struve's Paper on the Stark Effect in Stellar Spectra. Astrophysic. J. **69**, 237 (1929).
1735. — The Contours of Helium Lines in Stellar Spectra. Astrophysic. J. **70**, 141 (1929).
1736. — The Contours of Hydrogen Lines in Stellar Spectra. Astrophysic. J. **71**, 191 (1930).
1737. — and O. STRUVE: A Study of Stellar Hydrogen Lines and their Relation to the Stark Effect. Astrophysic. J. **72**, 277 (1930).
1738. — and P. C. KEENAN: The Total Absorption of some Hydrogen Lines in Stellar Spectra. Astrophysic. J. **74**, 223 (1931).
1739. EVERSHED, J.: On the Detection of Small Doppler Shifts in the Spectrum of the Reversing Layer. Monthly Notices **94**, 96 (1934).
1740. FEHRENBACH, C.: Observatory **66**, 206, 830 (1946).
1741. GREENSTEIN, J. L.: The Spectrum of υ Sagittarii. Astrophysic. J. **91**, 438 (1940); **106**, 339 (1947).
1742. — The Spectrum of α Carinae. Astrophysic. J. **95**, 161 (1942).
1743. — The Opacity in Early-Type Stellar Atmospheres. Astrophysic. J. **95**, 299 (1942).
1744. — Spectrophotometry of the F Stars and of τ Ursae Majoris. I. Astrophysic. J. **107**, 151 (1948).

1745. GREENSTEIN, J. L., R. S. RICHARDSON and M. SCHWARZSCHILD: On the Abundance of C^{13} in the Solar Atmosphere. Publ. Astr. Soc. Pacific **62**, **15** (1950).
1746. — — Lithium and the Internal Circulation of the Sun. Astrophysic. J. **113**, 536 (1951).
1747. GÜNTHER, S.: Die Absorption der BALMER-Linien in Sternspektren. Z. Astrophysik **7**, 106 (1933).
1748. — Die Wasserstoffabsorption in Sternspektren. Z. Astrophysik **22**, 185 (1943).
1749. HALE, G. E., and W. S. ADAMS: A Photographic Comparison of the Spectra of the Limb and the Center of the Sun. Astrophysic. J. **25**, 215 (1907).
1750. HALL, R. N., and W. A. FOWLER: The Cross Section for the Radiative Capture of Protons by C^{12} near 100 KeV. Physic. Rev. **77**, 197 (1950).
1751. HAMADA, H.: On the Molecular Spectra of Mercury, Zinc, Cadmium, Magnesium and Thallium. Philosophic. Mag. **12**, 50 (1931).
1752. HERBIG, G. H.: Emission Lines of FeI in RW Aurigae. Publ. Astr. Soc. Pacific. **57**, 166 (1945).
1753. HOERNER, S. v.: Eine Methode zur Untersuchung der Turbulenz der interstellaren Materie. Z. Astrophysik **30**, 17 (1951).
1754. HOUTGAST, J.: Beobachtungen der Mitte-Randänderungen von starken FRAUNHOFER-schen Linien. Z. Astrophysik **16**, 43 (1938).
1755. — The Variations in the Profiles of Strong FRAUNHOFER Lines Along a Radius of the Solar Disk. Diss. Utrecht 1942.
1756. — Observations and Computations about Centre-Limb Variations of FRAUNHOFER Lines. Bull. Astr. Netherlands **11**, 475 (1952).
1757. HUANG, SU-SHU: On the Doppler Broadening of Absorption Lines by Turbulence and by Multiple Interstellar Clouds. Astrophysic. J. **112**, 399 (1950).
1758. — On Turbulence in the Atmospheres of the Sun and the Stars. Astrophysic. J. **112**, 418 (1950).
1759. — On the Variation of Turbulent Velocities in Stellar and Solar Atmospheres. Astrophysic. J. **114**, 287 (1951).
1760. — On the Curve-of-Growth Method. Astrophysic. J. **115**, 529 (1952).
1760a. — and O. STRUVE: The Curve of Line-Width Correlation and Doppler Velocities in Stellar Atmospheres. I. Delta Canis Majoris. Astrophysic. J. **116**, 410 (1952).
1761. HUBENET, H.: FRAUNHOFER-Linien im inhomogenen Magnetfeld. Z. Astrophysik **34**, 110 (1954).
1761a. HUNAERTS, J.: Détermination de la température d'excitation et de l'abondance des molécules CN, CH, C_2 NH et OH par l'analyse du spectre de FRAUNHOFER. Ann. d'Astrophysique **10**, 237 (1947).
1761b. HUNGER, K.: Die Atmosphäre des A0-Sternes α Lyrae. Z. Astrophysik **36**, 42 (1955).
1762. I. A. U.-Symposium: The Abundances of the Chemical Elements in the Universe. (M. MINNAERT, J. HUNAERTS, A. UNSÖLD, D. H. MENZEL, B. STRÖMGREN, O. STRUVE, F. HOYLE, O. KLEIN, O. STRUVE). Trans. I. A. U. **7**, 457 (1948).
1763. JAGER, C. DE, and L. NEVEN: The Profiles of the Lines of the Paschen and Brackett Series of Hydrogen in the Solar Spectrum. Proc. Amsterdam Acad. **53**, 1577 (1950) = Comm. Obs. Roy. Belg. No. **23** (1950).
1764. — et J. C. PECKER: Interprétation des mesures de vitesses radiales dans les granules solaires. C. r. Acad. Sci. (Paris) **232**, 1645 (1951).
1765. — — Largeurs équivalentes des raies solaires et microturbulence. C. r. Acad. Sci. (Paris) **232**, 1813 (1951).
1766. — The Hydrogen Spectrum of the Sun. Rech. Obs. Utrecht **13**, Part 1 (1952).
1766a. — High-energy Microturbulence in the Solar Photosphere. Nature (London) **173**, 680 (1954).
1767. JENSEN, H.: Die Gesamtabsorption der Balmer-Linien in Sternspektren und die Anzahl der zweiquantigen Wasserstoffatome über 1 cm^2 der Sternoberfläche. Astr. Nachr. **266**, 269 (1938).
1768. JOHN, CH. E. ST., and W. S. ADAMS: Convection Currents in Stellar Atmospheres. Astrophysic. J. **60**, 43 (1924).
1769. MCKELLAR, A.: Intense λ 6708 Resonance Doublet of LiI in the Spectrum of WZ Cassiopeiae. Publ. Astr. Soc. Pacific **52**, 407 (1940); Observatory **64**, 4 (1941).
1770a. — The Intensities of Isotopic Carbon Bands in the Spectra of Twenty-One R-Type Stars. Publ. Domin. Astrophys. Obs. **7**, 395 (1948).
1770b. — The 4,0 Isotopic $C^{13}N$ Band of the Red CN System in Spectra of the Classes R and N. Publ. Astr. Soc. Pacific **61**, 34 (1949).
1770c. — Isotopes in Stellar Atmospheres. Publ. Astr. Soc. Pacific **61**, 199 (1949).
1770d. — The C^{12} to C^{13} Abundance Ratio in Stellar Atmospheres. Publ. Astr. Soc. Pacific **62**, 110 (1950).

1771. McKellar, A., G. J. Odgers, L. H. Aller and D. B. McLaughlin: Large-Scale Motions of Ionized Calcium in the Atmosphere of a Giant Star. Nature (London) **169**, 999 (1952).
1772. King, R. B.: Temperature in the Solar Reversing Layer Derived from Titanium Lines. Astrophysic. J. **87**, 40 (1938).
1773. — and K. O. Wright: The Solar Curve of Growth for Lines of V I. Astrophysic. J. **106**, 224 (1947).
1774. Kopfermann, H.: Kernmomente. Leipzig 1940.
1775. Kuiper, C. P.: (Abundances of Elements.) Proc. Nat. Acad. Sci. (London) **38** (1952).
1776. Lindblad, B., and E. Stenquist: On the Spectrophotometric Criteria of Stellar Luminosity. (Dort weitere Literaturangaben.) Stockholm Obs. Ann. **11**, Nr. 12 (1934).
1777. — The Absorption Continuum at the Resonance Line of Ca, λ 4227, in Dwarf Stars of Type M. Stockholm Obs. Ann. **12**, No. 2 (1935).
1778. Lindsay, E. M.: An Investigation of Hydrogen Lines in Stellar Spectra. Harvard Circ. **368** (1930).
1779. Meggers, W. F.: Spectroscopy, Past, Present, and Future. J. Opt. Soc. Amer. **36**, 431 (1946).
1780. Menzel, D. H.: The Identification and Cosmic Abundance of Carbon Isotopes. Publ. Astr. Soc. Pacific **42**, 34 (1930).
1781. — J. G. Baker and L. Goldberg: Equivalent Widths and the Temperature of the Solar Reversing Layer. Astrophysic. J. **87**, 81 (1938).
1782. Merrill, P. W., and O. C. Wilson: Comparison of the Paschen and the Balmer Series of Hydrogen Lines in Stellar Spectra. Astrophysic. J. **80**, 19 (1934).
1783. — and A. D. Thackeray: Note on Incomplete Multipletts in the Spectra of Long-Period Variables. Publ. Astr. Soc. Pacific **49**, 120 (1937).
1784. — Displacements of Certain Helium Lines in Stellar Spectra. Publ. Astr. Soc. Pacific **60**, 326 (1948).
1785. — Two F-Type Stars with Expanding Hydrogen Atmospheres. Astrophysic. J. **115**, 154 (1951).
1786. Miczaika, G. R.: Über die beobachtbare Anzahl der Balmer-Linien in B-, A- und F-Sternen. Z. Astrophysik **25**, 72 (1948).
1787. — Die Wasserstoffabsorption in Sternen vom Spektraltyp B bis F. Z. Astrophysik **25**, 77 (1948).
1788. — Die Atmosphäre von γ-Pegasi. Z. Naturforsch. (a) **3**, 241 (1948).
1789. — Das Häufigkeitsverhältnis von Wasserstoff und Helium in den Atmosphären der O-Sterne. Z. Naturforsch. (a) **3**, 250 (1948).
1790. Minnaert, M.: The Spectrum of the Extreme Limb of the Sun During the Eclipse of 1929, May the 9th. Bull. Astr. Netherlands **6**, 151 (1931).
1791. — u. J. Genard: Intensitätsmessungen an der Serie 2P-nD des Magnesiums im Sonnenspektrum. Z. Astrophysik **10**, 377 (1935).
1792. — u. J. Houtgast: Flügelprofile von starken Fraunhoferschen Linien als Funktion des Abstandes vom Zentrum der Sonnenscheibe. Z. Astrophysik **12**, 81 (1936).
1793a. — The Theoretical Intensities of Faint Fraunhofer Lines. (IVth Paper). The Intensities of Molecular Lines. Bull. Astr. Netherlands **11**, 51 (1949).
1793b. — et al.: Photometric Catalogue of Fraunhofer Lines λ 6600—λ 8770. Rech. Obs. Utrecht **XII**, 2 (1951).
1794. Neven, L., and C. de Jager: Observational Models and Helium Abundances of the Atmospheres of four B-Type Stars. Bull. Astr. Netherlands **12**, 103 (1954.)
1795. Noddack, I. u. W.: Die Häufigkeit der chemischen Elemente. Naturwiss. **18**, **757** (1930).
1796. — The Intensity of the Hydrogen Lines as Criterion of Luminosity for B, A and F Type Stars. Medd. Astr. Obs. Uppsala **1930**, Nr. 47.
1797. — Spectrophotometric Studies of B, A and F Type Stars. Nova Acta Reg. Soc. Sci. Upsaliensis **VI 7**, 3 (1930).
1798. Öhman, Y.: Note on the Spectrum of a Probable White Dwarf in h Persei. Monthly Notices **92**, 71 (1931).
1799. — Some Preliminary Results from a Study of Hydrogen Absorption for Stars in h and χ Persei. Stockholm Obs. Ann. **12**, Nr. 1 (1935).
17100. — The Red Spectral Region of Dwarf Stars of Class M. Stockholm Obs. Ann. **12**, No. 3 (1936).
17101. Öpik, E., and M. Olmsted: Absolute Magnitudes of 792 Stars of Spectra O to A5 Derived from the Intensities of the Hydrogen Lines. Harvard Circ. **380** (1932).
17102. Pannekoek, A.: Critical Remarks on the Central Intensity in Fraunhofer Lines. Bull. Astr. Netherlands **7**, 151 (1933).
17103. Pauwen, I.: Contours of Certain Lines in 88 γ Pegasi. Astrophysic. J. **70**, 263 (1929).
17104. Payne, C. H.: The Stars of High Luminosity. Harvard Obs. Mon. No. **3**, 1930.

17105. PECKER, J. C., et R. PEYTURAUX: Sur la répartition des bandes de CN et CH sur le disque solaire. Ann. d'Astrophysique **11**, 90 (1948).
17106. — Variation des raies de CH sur le disque solaire. Ann. d'Astrophysique **12**, 9 (1949).
17107. — et C. DE JAGER: Largeurs équivalentes des raies solaires et microturbulence. Contr. Inst. d'Astrophysique Paris (A); No. 89 II (1951).
17108. PETRIE, R. M., and C. D. MAUNSELL: The Absolute Magnitudes of the Early A Stars from Measures of Hydrogen-Line Absorption. Publ. Domin. Astrophys. Obs. Victoria **8**, 253 (1949).
17109a. POPPER, D. M.: A Peculiar B-Type Spectrum. Publ. Astr. Soc. Pacific **54**, 160 (1942).
17109b. u. c. — The Spectrum of HD 124448. 2nd and 3rd Note. Publ. Astr. Soc. Pacific **58**, 370 (1946) u. **59**, 320 (1947) .
17110. PRIESTER, W.: Photometrie von FRAUNHOFER-Linien mit der Lummer-Platte, angewandt auf die Mitte-Rand-Variation der Natrium D-Linien. Z. Astrophysik **32**, 200 (1953).
17110a. Gestörte Multipletts in Sternatmosphären. Z. Astrophysik **36**, 230 (1955).
17111. RAUER, W.: Intensitäten gestörter Absorptionslinien in Sternatmosphären. Z. Astrophysik **37**, 1 (1955).
17112. REICHEL, M.: Zur Theorie der Spektroheliogramme. Z. Astrophysik **33**, 79 (1953).
17113. RICHARDSON, R. S., and M. SCHWARZSCHILD: On the Turbulent Velocities of Solar Granules. Astrophysic. J. **111**, 351 (1950).
17114. RIGHINI, G.: Die Intensitäten der Natriumlinien im Sonnenspektrum. Z. Astrophysik **10**, 344 (1935).
17115. ROSA, A.: Wasserstoff im Sonnenspektrum. Z. Astrophysik **24**, 38 (1945).
17116. ROSENTHAL, A. H.: Photographic Intensity Measurements of Lines of the Paschen Series of Hydrogen in the Infra-Red Solar Spectrum. Nature (London) **134**, 533 (1934).
17117. ROSSELAND, S.: On the Origin of Bright Lines in Stellar Spectra. Astrophysic. J. **63**, 218 (1926).
17118a. RUSSELL, H. N.: On the Composition of the Sun's Atmosphere. Astrophysic. J. **70**, 11 (1929).
17118b. — Opacity Formulae and Stellar Line Intensities. Astrophysic. J. **78**, 239 (1933).
17118c. — Molecules in the Sun and Stars. Astrophysic. J. **79**, 317 (1934).
17119. SAHADE, J., and C. U. CESCO: Curve of Growth of γ Cygni. Astrophysic. J. **104**, 133 (1946).
17120a. SANFORD, R. F.: Carbon Isotopes in Class N Stars. Publ. Astr. Soc. Pacific **41**, 271 (1929).
17120b. — An Atlas of Spectra of Six Stars of Classes R and N. Astrophysic. J. **111**, 262 (1950).
17121. SCHWARZSCHILD, M., u. B. (mit W. S. ADAMS): On the Pulsation in the Atmosphere of Eta Aquilae. Astrophysic. J. **108**, 207 (1948).
17122. SEARES, F. H.: The Displacement-Curve of the Sun's General Magnetic Field. Astrophysic. J. **38**, 99 (1913).
17123a. SHAJN, G. A., u. W. F. HASE: Konzentrationsverhältnis der Isotope C^{13} und C^{12} in Sternatmosphären. Abh. Sow. Astr., Folge II, S. **7**. Berlin 1951. (Ebd. weitere russ. Literatur.)
17123b. — — Banden des schweren Cyanmoleküls C^{13} N^{14} in den Spektren der Kohlenstoffsterne. (Das rote System $^2\Pi-^2\Sigma$.) Abh. Sow. Astr., Folge II, S. 15. Berlin 1951. (Ebd. weitere russ. Literatur.)
17124. SPITZER, L.: Spectra of M Supergiant Stars. Astrophysic. J. **90**, 494 (1939).
17125a. STEEL, H. R.: Curve of Growth for α Persei. Astrophysic. J. **102**, 43 (1945).
17125b. — Curve of Growth for δ Canis Majoris. Astrophysic. J. **102**, 429 (1945).
17126. STRÖMGREN, B.: The Influence of Electron Captures on the Contours of FRAUNHOFER Lines. Z. Astrophysik **10**, 237 (1935).
17127. STRUVE, O.: The Stark Effect in Stellar Spectra. Astrophysic. J. **69**, 173 (1929).
17128. — Pressure Effects in Stellar Spectra. Astrophysic. J. **70**, 85 (1929).
17129. — The Stark Effect as a Means of Determining Comparative Absolute Magnitudes. Astrophysic. J. **70**, 237 (1929).
17130. — A Study of the Spectra of B Stars. Astrophysic. J. **74**, 225 (1931).
17131. — The Forbidden Helium Line λ 4470. Astrophysic. J. **80**, 64 (1934).
17132. — Thermal Doppler Effect and Turbulence in Stellar Spectra of Early Class. Proc. Nat. Acad. Sci. (Washington) **18**, **585** (1932).
17133. — and C. T. ELVEY: The Intensities of Stellar Absorption Lines. Astrophysic. J. **79**, 409 (1934).
17134. — Some New Trends in Stellar Spectroscopy. Pop. Astr. **43** (1935, Okt.—Dez.).
17135. — An Interesting Phenomenon in Stellar Spectroscopy (δ CMa). Astrophysic. J. **104**, 138 (1946).

17136. STRUVE, O., and H. CHUN: The Higher Members of the $2^3P^\circ - n^3D$ Series of He I in the Spectrum of 55 Cygni. Astrophysic. J. **107**, 109 (1948).
17137. — Notes on Stellar Spectra. Publ. Astr. Soc. Pacific. **63**, 138 (1951).
17138. — Notes on Stellar Spectra (ε Aur). Publ. Astr. Soc. Pacific **65**, 81 (1953).
17139. SUEMOTO, Z.: On the Limb Effect of Faint FRAUNHOFER Lines. Publ. Astr. Soc. Japan **2**, 126 (1950).
17140. SUESS, H. E.: Über kosmische Kernhäufigkeiten I u. II. Z. Naturforsch. (a) **2**, 311 und 604 (1947).
17141. — u. J. H. D. JENSEN: Die Häufigkeit der Elemente im Kosmos. In: LANDOLT BÖRNSTEIN: Zahlenwerte und Funktionen III, Abschn. 312, S. 53 (1952).
17142. SWINGS, P., and S. CHANDRASEKHAR: On the Distribution of the Absorbing Atoms in the Reversing Layers of Stars and the Formation of Blended Absorption Lines. Monthly Notices **97**, 24 (1936).
17143. — and O. STRUVE: A Note on the Formation of Stellar Absorption Lines. Astrophysic. J. **83**, 238 (1936).
17144. — — Spectrographic Observations of Peculiar Stars. Astrophysic. J. **91**, 546 (1940).
17145. THACKERAY, A. D.: Anomalous Multiplet Intensities in Stellar Spectra and Sunspots. Monthly Notices **94**, 99 (1934).
17146. — Chromospheric Emission in the Wings of H and K. Astrophysic. J. **81**, 336 (1935); Publ. Astr. Soc. Pacific **48**, 330 (1936).
17147. — The Emission Line λ 4511 in Late-Type Variables. Astrophysic. J. **81**, 467 (1935).
17148. — and P. W. MERRILL: The Excitation of certain Emission Lines in the Spectra of Long-Period Variable Stars. Publ. Astr. Soc. Pacific **48**, 333 (1936).
17149. — Intensities of Blended Absorption Lines. Astrophysic. J. **84**, 433 (1936).
17150. — The Excitation of Emission Lines in Late-Type Variables. Astrophysic. J. **86**, 499 (1937).
17151. — The Bright Lines Fe 4063, 4132 in T Tauri Variables and in the Solar Chromosphere. Publ. Astr. Soc. Pacific **58**, 301 (1946).
17152. UNDERHILL, A. B., and W. PETRIE: The Stark Effect of Helium in some B-Type Stars. J. R. A. S. Canada **38**, 385 (1944).
17153. — The Spectrum of γ Pegasi. Astrophysic. J. **107**, 337 (1948).
17154. — The Intensities and Profiles of Lines in Some B-Type Stars. Astrophysic. J. **107**, 349 (1948).
17155. — On the Luminosity Effects of the Hydrogen Lines in O-Type Spectra. Publ. Domin. Astr. Obs. Victoria **8**, 385 (1950).
17155a.— An Estimate of the Relative Helium Content of the Early-Type Stars. Canad. J. Phys. **29**, 447 (1951) = Contr. Domin. Astr. Obs. Victoria No. 23.
17155b.— The Relative Abundance of Hydrogen to Helium in Stars. J. Roy. Astr. Soc. Canada **47**, 153 (1953) = Contr. Domin. Astr. Obs. Victoria No. 30.
17156. UNSÖLD, A.: Die Balmer-Serie des Wasserstoffs im Sonnenspektrum. Z. Physik **59**, 353 (1930).
17157. — O. STRUVE u. C. T. ELVEY: Zur Deutung der interstellaren Calciumlinien. Z. Astrophysik **1**, 314 (1930).
17158. — Astrophysikalische Anwendung und Prüfung der Quantentheorie der natürlichen Linienbreite. Z. Astrophysik **2**, 199 (1931).
17159. — Wasserstoff und Helium in Sternatmosphären. Z. Astrophysik **3**, 81 (1931).
17160. — Über die Gesamtabsorption von Hα in den Spektren von B- und A-Sternen. Z. Astrophysik **4**, 172 (1932).
17161. — Zur Deutung der Intensitätsverteilung in den FRAUNHOFERschen Linien. Teil I. Die Intensität der Linienmitte (Restintensität). Z. Astrophysik **4**, 319 (1932).
17161a.— u. O. STRUVE: On the Number of Balmer Lines in Early-Type Stars. Astrophysic. J. **91**, 365 (1940).
17162. — Quantitative Analyse des B0-Sternes τ Scorpii II. Z. Astrophysik **21**, 22 (1941).
17162a.— Wasserstoff und Helium in Sternatmosphären der Spektraltypen O bis B 3. Z. Astrophysik **23**, 100 (1944).
17162b.— Kernphysik und Kosmologie. Z. Astrophysik **24**, 278 (1948 bzw. 1944).
17163. — Quantitative Analyse der Sonnenatmosphäre. Z. Astrophysik **24**, 306 (1948). [Berichtigung Z. Astrophysik **25**, 352 (1948).]
17164. — Die chemische Zusammensetzung der Sternatmosphären I und II. Himmelswelt **55**, 12 u. 59 (1948).
17165. — u. O. STRUVE: Curves of Growth and Line Contours. Astrophysic. J. **110**, 455 (1949).
17166. — Die chemische Zusammensetzung der Sterne. Physikal. Bl. **7**, 453 (1951).
17167. VOIGT, H. H.: Dämpfung und Mitte-Rand-Variation der Flügel der Mg-Serie $3^1P - n^1D$ auf der Sonne. Z. Astrophysik **27**, 82 (1949).

17168. VOIGT, H. H.: Quantitative Analyse des cB2-Übergiganten 55 Cygni. Z. Astrophysik **31**, 48 (1952).
17168a. WEIDEMANN, V.: Metallhäufigkeiten, Druckschichtung und Stoßdämpfung in der Sonnenatmosphäre. Z. Astrophysik **36**, 101 (1955).
17169. WILLIAMS, E. T. R.: A Spectrophotometric Study of A Stars. Harvard Circ. 348 (1929).
17170. WILLIAMS, E. G.: Stellar Hydrogen Line Contours and their Variation with Temperature and Surface Gravity. Ann. Solar Phys. Obs. Cambridge **2**, 2 (1932).
17171. — Absorption-Line Intensities in B-Type Stars. Astrophysic. J. **83**, 279 (1936).
17172. — Classification of the B-Type Stars. Astrophysic. J. **83**, 305 (1936).
17173. WOOLLEY, R. v. d. R.: On the Central Intensities of some Absorption Lines in the Solar Spectrum. Monthly Notices **90**, 170 (1930).
17174a. — Interlocking of Lines in Absorption Spectra. Monthly Notices **90**, 779 (1930).
17174b. — Interlocking of Triplets of Absorption Lines. Monthly Notices **91**, 864 (1931).
17175. — Fluorescence in Hα and Hβ. Monthly Notices **94**, 631 (1934).
17176. WRIGHT, K. O.: Line Intensities and the Solar Curve of Growth. Astrophysic. J. **99**, 249 (1944).
17177. — Curves of Growth for Neutral and Ionized Atoms in the Spectrum of Alpha Persei. J. R. A. S. Canada **40**, 183 (1946).
17178. — Curves of Growth for Stars of Class F Determined from Lines of Neutral Iron. J. R. A. S. Canada **41**, 49 (1947).
17179. — A Study of Line Intensities in the Spectra of Four Solar-Type Stars. Publ. Domin. Astrophys. Obs. **8**, 1 (1948).
17180. — and E. v. DIEN: The Spectrum of Epsilon Aurigae, 1946—1948. J. R. A. S. Canada **43**, 15 (1949).
17181. — Line Intensities in the Spectra of K-Type Stars. I. α Bootis and γ Draconis. Publ. Domin. Astrophys. Obs. Victoria **8**, 281 (1950).
17182. WRUBEL, M. H.: Turbulence and the Curve of Growth. Astrophysic. J. **112**, 424 (1950).
17183. WURM, K., u. H. J. MEISTER: Zur Ursache der unsymmetrischen Verbreiterung der Calciumlinie λ 4227 in dM-Sternen. Z. Astrophysik **13**, 25 (1936).
17184. WYSE, A. B.: Low-Level Lines of Ionized Calcium in Me Variables. Publ. Astr. Soc. Pacific **53**, 184 (1941).

XVIII. Kapitel. **Beeinflussung der Linienprofile durch Rotation und Expansion der Sterne.**

1800. BÖHM, K. H.: Die Rotationsgeschwindigkeiten der Sterne. Z. Astrophysik **30**, 117 (1952).
1801. BROWN, A.: The Rotational Velocities of Groups of Stars, as Determined from the Apparent Rotational Velocities. Astrophysic. J. **111**, 366 (1950).
1802. CARROLL, J. A.: The Form of an Absorption Line in the Spectrum of a Rotating or Expanding Star. Monthly Notices **88**, 548 (1928).
1803. — The Spectroscopic Determination of Stellar Rotation and its Effects on Line Profiles. Monthly Notices **93**, 478 (1933).
1804. — and L. J. INGRAM: The Rotational Speeds of the Stars. Monthly Notices **93**, 508 (1933).
1805. — On the Effetcs of Errors of Observation on the Spectroscopic Determination of Stellar Rotation. Monthly Notices **93**, 680 (1933).
1806. CHANDRASEKHAR, S., and G. MÜNCH: On the Integral Equation Governing the Distribution of the True and the Apparent Rotational Velocities of Stars. Astrophysic. J. **111**, 142 (1950)
1807. DIEN, E. v.: Axial Rotation of the Brighter Stars in the Pleiades Cluster. Contr. Domin. Astrophys. Obs. Victoria No. 14 = J. R. A. S. Canada **42**, 249 (1948).
1808. ELVEY, C. T.: The Contours of Helium Lines in Stellar Spectra. Astrophysic. J. **70**, 141 (1929).
1809. — The Rotation of Stars and the Contours of Mg^+ 4481. Astrophysic. J. **71**, 221 (1930).
1810. — Variations in Intensities within a Triplet of Si III in Stellar Spectra. Astrophysic. J. **78**, 219 (1933).
1811. HOOF, A. VAN, and R. DEURINCK: Asymmetry in the Line Profiles of Eta Aquilae. Astrophysic. J. **115**, 166 (1952).
1812. MCLAUGHLIN, D. B.: Spectrographic Studies of Eclipsing Binaries. Publ. Obs. Univ. Michigan **6**, Nr. 2 (1934).
1813. MERRILL, P. W.: A Rapidly Rotating G-Type Star. Publ. Astr. Soc. Pacific **60**, 382 (1948).

1814. SHAJN, G., and O. STRUVE: On the Rotation of the Stars. Monthly Notices **89**, 221 (1920).
1815. SHAPLEY, H., and S. B. NICHOLSON: On the Spectral Lines of a Pulsating Star. Proc. Nat. Acad. Sci. (Washington) **5**, **417** (1919).
1816. SLETTEBAK, A.: On the Axial Rotation of the Brighter O and B Stars. Astrophysic. J. **110**, 498 (1949).
1817. STRUVE, O.: On the Axial Rotation of Stars. Astrophysic. J. **72**, 1 (1930).
1818. — and C. T. ELVEY: Intensities in Stellar Spectra of Si III. Astrophysic. J. **72**, 267 (1930).
1819. — Algol and Stellar Rotation. Monthly Notices **91**, **664** (1931).
1820. — and P. SWINGS: On the Interpretation of the Emission Lines in Stars of Early Spectral Class. Astrophysic. J. **85**, 161 (1932).
1821. — Stellar Evolution (Princeton Univ. Press 1950).
1822. — Notes on Stellar Spectra. Publ. Astr. Soc. Pacific **65**, 81 (1953).
1823. WELLMANN, P.: Eine einfache Konstruktion rotationsverbreiterter Linien. Z. Astrophysik **18**, 142 (1939).
1824. WESTGATE, CH.: A Statistical Study of the Rotational Broadening of Stellar Absorption Lines in Classes B and O. Astrophysic. J. **77**, **141** (1932).
1825. — A Statistical Study of the Rotational Broadening of the Absorption Line Mg II λ 4481 im 413 Stars of Class A. Astrophysic. J. **78**, 46 (1933).
1826. — A Statistical Study of Rotational Broadening in 112 Stars of Class F. Astrophysic. J. **79**, **357** (1934).

XIX. Kapitel. **Klassifikation der Sternspektren.**

1901. ADAMS, W. S., and A. KOHLSCHÜTTER: Some Spectral Criteria for the Determination of Absolute Stellar Magnitudes. Astrophysic. J. **40**, 385 (1914).
1902. — and A. H. JOY: The Luminosities and Parallaxes of Five Hundred Stars. Astrophysic. J. **46**, 313 (1917).
1903. — G. STRÖMBERG and C. G. BURWELL: The Parallaxes of 1646 Stars Derived by the Spectroscopic Method. Astrophysic. J. **53**, 13 (1921).
1904. — and M. L. HUMASON: The Absolute Magnitudes and Parallaxes of 410 Stars of Type M. Astrophysic. J. **64**, 225 (1926).
1905. — and A. M. BRAYTON: The Spectroscopic Absolute Magnitudes and Parallaxes of 4179 Stars. Astrophysic. J. **81**, 187 (1935).
1906. BERGER, J.: Sur la classification de quelques groupes stellaires. C. r. Acad. Sci. (Paris) **235**, 234 = Contr. Inst. d'Astrophys. (Paris) (A), No. **127** (1952).
1907. CHALONGE, D., et L. DIVAN: Recherches sur les spectres stellaires. V. Etude du spectre continu de 150 étoiles entre 3150 et 4600 Å. Ann. d'Astrophysique **15**, 201 (1952).
1908. CURTISS, R. H.: Classification and Description of Stellar Spectra. In Handbuch der Astrophysik, Bd. V, Teil 1, 1. Hälfte. Berlin 1932.
1909. The Henry Draper Catalogue (A. J. CANNON u. a.). Ann. Harvard Obs. **28**, **56**, **91—99**.
1910. EDWARDS, D. L.: Zahlreiche Arbeiten in Monthly Notices 1922 u. f.
1911. HYNEK, J. A.: The Classification and Luminosity of the n and s Stars of Type A. Astrophysic. J. **83**, **476** (1936).
1912. JOHNSON, H. L., and W. W. MORGAN: Fundamental Stellar Photometry for Standards of Spectral Type on the Revised System of the Yerkes Spectral Atlas. Astrophysic. J. **117**, 313 (1953).
1913. KEENAN, P. C., and W. W. MORGAN: Classification of Stellar Spectra. In: Astrophysics, ed. J. A. HYNEK. McGraw-Hill Co. 1951.
1914. MILNE, E. A.: The Structure and Opacity of a Stellar Atmosphere. Philosophic. Trans. Roy. Soc. (London) (A) **228**, **421** (1929).
1915. MORGAN, W. W.: Some Effects of Changes in Stellar Temperatures and Absolute Magnitudes. Astrophysic. J. **77**, **291** (1933).
1916. — Some Evidence for the Existence of a Peculiar Branch of the Spectral Sequence in the Interval B 8—F 0. Astrophysic. J. **77**, 332 (1933).
1917. — A Descriptive Study of the Spectra of the A-Type Stars. Publ. Yerkes Obs. **7**, III (1935).
1918. — On the Spectral Classification of the Stars of Types A to K. Astrophysic. J. **85**, 380 (1937).
1919. — On the Determination of Color Indices of Stars from a Classification of their Spectra. Astrophysic. J. **87**, 460 (1938).
1920. — P. C. KEENAN and E. KELLMAN: An Atlas of Stellar Spectra. With an Outline of Spectral Classification. Astrophys. Monographs. Chicago 1943.
1921. — Application of the Principle of Natural Groups to the Classification of Stellar Spectra. Publ. Michigan Obs. **10**, 33 (1951).

1922. Pannekoek, A.: The Theoretical Intensities of Absorption Lines in Stellar Spectra. Publ. Astr. Inst. Amsterdam 1935, Nr. 4.
1923. Payne, C. H.: Stellar Atmospheres. Harvard Obs. Mon. Cambridge (Mass.) **1925**, Nr. 1.
1924. — The Stars of High Luminosity. Harvard Obs. Mon. Cambridge (Mass.) **1930**, Nr. 3.
1925. Petrie, R. M.: Absorption Line Intensities, Spectral Classification and Excitation Temperatures for the O Stars. Publ. Domin. Astr. Obs. Victoria **7**, 321 (1947).
1926. Rudnick, P.: Quantitative Investigation of Spectral Line Intensities in O- and B-Type Stars. Astrophysic. J. **83**, 439 (1936).
1927. Russell, H. N.: Opacity Formulae and Stellar Line Intensities. Astrophysic. J. **78**, 239 (1933).
1928. — C. H. Payne-Gaposchkin and D. H. Menzel: The Classification of Stellar Spectra. Astrophysic. J. **81**, 107 (1935).
1929. Struve, O.: The Problem of Classifying Stellar Spectra. Astrophysic. J. **78**, 73 (1933).
1930. — The History of the Chemical Elements. Sky and Telescope **12**, 152 (1953).
1931. — The Classification of Stellar Spectra. Sky and Telescope **12**, 184 (1953).
1932. Thackeray, A. D.: Sodium and Magnesium in Stellar Spectra. Monthly Notices **94**, 538 (1934).
1933. Unsöld, A.: Zur Theorie der Sternatmosphären. Z. Astrophysik **8**, 225 (1934).
1934. Vitense, E.: Über die mittleren Zustandsgrößen und spektralen Eigenschaften von Sternatmosphären in Abhängigkeit von Effektivtemperatur und Schwerebeschleunigung. Z. Astrophysik **29**, 13 (1951).
1935. Williams, E. G.: The Equivalent Widths of Stellar Calcium Lines. Publ. Astr. Soc. Pacific **48**, 113 (1936).
1936. — Absorption Line Intensities in B-Type Stars. Astrophysic. J. **83**, 279 (1936).
1937. — Classification of the B-Type Stars. Astrophysic. J. **83**, 305 (1936).
1938. Young, R. K., and W. E. Harper: The Absolute Magnitudes and Parallaxes of 1105 Stars. Publ. Domin. Astr. Obs. **3**, 1 (1924).

Sechster Teil.

Physik der Sonne.

XX. Kapitel. **Die Struktur der äußeren Schichten der Sonne.**

Lehrbücher.

2001. Abetti, G.: Solar Physics. Handbuch der Astrophysik, Bd. IV, Kap. 2. Berlin 1929.
2002. — Il Sole. 2. Aufl. Milano 1952; engl. Ausgabe: The Sun. London 1938.
2003. Alfvén, H.: Cosmical Electrodynamics. Oxford: Clarendon Press 1950.
2004. Bruhat, G., et L. d'Azambuja: Le Soleil (2. Aufl.). Paris: Presses Univ. 1951.
2005. Chapman, S., and T. G. Cowling: The Mathematical Theory of Non-Uniform Gases. Cambridge Univ. Press 1939.
2006. Hoyle, F.: Some Recent Researches in Solar Physics. Cambridge: Univ. Press 1949.
2007. Kuiper, G. P. (Ed.): The Sun. Univ. Chicago Press 1954.
2008. Menzel, D. H.: Our Sun. Philadelphia: Blackiston Co. 1949.
2009. Prandtl, L.: Strömungslehre. Braunschweig: Vieweg 1949.
2010. Waldmeier, M.: Ergebnisse und Probleme der Sonnenforschung. Leipzig: Akad. Verl.-Ges. 1941.
2011. — Die Sonnenkorona. I. Beobachtungen der Korona 1939—1949. Zürich: Birkhäuser 1951.

Abhandlungen.

2012. Abetti, G., and B. Novàkovà: Sul periodo di rotazione della cromosfera solare. Osserv. e Mem. Arcetri, No. 46, 27 (1929).
2013. — Moti dei vapori metallici nelle macchie del sole. Publ. R. Osserv. Arcetri **50**, **47** (1932).
2014. — Osservazioni di protuberanze e della cromosfera solare . . . Osserv. e Mem. Arcetri, No. 51 (1933ff.).
2015. — I. Castelli et B. Novàkovà: Determinazione spettroscopica del periodo di rotazione del Sole eseguita negli anni 1933—1934. Osserv. e Mem. Arcetri No. 52, 85 (1934).
2016. — et A. Colacevich: Temperatura e spettro di una notevole macchia solare. Osserv. e Mem. Arcetri No. 58, 9 (1939).
2017. — Sul luogo probabile dei poli magnetici solari. Convegno Volta 1952.
2018. Adams, W. S.: Rotation Period of the Sun. Publ. Carnegie Inst. Washington. 1911, Nr. 138. — Trans. Int. Astr. Union **4**, (1932).

2019. Alfvén, H.: On the Existence of Electromagnetic-Hydrodynamic Waves. Ark. mat., astr. och fys. **29** B, No. 2 (1942).

2020. Allen, C. W.: The Spectrum of Bright Chromospheric Eruptions. Monthly Notices **100**, 635 (1940).

2021. Allen, J. A. van, and S. F. Singer: Cosmic Rays and the Sun's Magnetic Field. Nature (London) **170**, 62 (1952).

2022. Archenhold, G. H. A.: Some Problems Concerning the Distribution of Sunspots over the Sun's Disc. Monthly Notices **100**, 645 (1940).

2023. Åström, A.: On Waves in an Ionized Gas. Ark. Fys. **2**, No. 42 (1950).

2024. Astronomer Royal: The Rotation Period of the Sun Derived from Measures of Solar Faculae made at the Royal Observatory, Greenwich. Monthly Notices **84**, 431 (1924).

2025. — Proper Motions in Latitude of Sunspots and Faculae. Monthly Notices **85**, 185 (1925).

2026. — Determination of the Solar Rotation from Long-lived Spots. Monthly Notices **85**, 548 (1925).

2027. — Characteristic Movements of Sunspots. Monthly Notices **85**, 553 (1925).

2028. d'Azambuja, L.: Recherches sur la structure de la chromosphère solaire. Ann. Obs. Paris-Meudon **8**, Fasc. 2 (1930).

2029. d'Azambuja, M., et L.: Etude d'ensemble des protubérances solaires et de leur évolution. Ann. Obs. Paris-Meudon **6**, Fasc. 7 (1948).

2030. Babcock, H. W., and H. D.: Mapping the Magnetic Fields of the Sun. Publ. Astr. Soc. Pacific **64**, 282 (1952) u. Babcock, H. W.: The Solar Magnetograph. Astrophysic. J. **118**, 387 (1953).

2031. Barabascheff, N., u. B. Semejkin: Über die Helligkeitsverteilung in den Sonnenflecken und ihre Temperatur. Z. Astrophysik **5**, 54 (1932).

2032. Barocas, V.: Prominences and the Sunspot Cycle. Astrophysic. J. **89**, 486 (1939).

2033. Batchelor, G. K.: On the Spontaneous Magnetic Field in a Conducting Liquid in Turbulent Motion. Proc. Roy. Soc. (London) (A) **201**, 405 (1950).

2033a. Becker, U.: Die Eigenbewegung der Sonnenflecke in Breite. Z. Astrophysik **34**, 129 (1954).

2034. Behr, A.: Die Intensitätsvariation der grünen Koronalinie 1943—1950. Z. Astrophysik **28**, 296 (1951).

2035. — u. H. Siedentopf: Sonnenüberwachung. Naturwiss. **39**, 28 (1952).

2036. — — Zur Statistik von Sonneneruptionen. Z. Astrophysik **30**, 177 (1952).

2037. Bergstrand, Ö.: On the Apparent and the Real Forms of the Solar Corona. Monthly Notices **95**, 436 (1935).

2038. Biermann, L.: Über den Ursprung der Magnetfelder auf Sternen und im interstellaren Raum. Z. Naturforsch. **5a**, 65 (1950).

2039. — Entstehung von Magnetfeldern in bewegten Plasmen. Ann. Physik **10**, 413 (1952).

2040. Bjerknes, V.: Solar Hydrodynamics. Astrophysic. J. **64**, 93 (1926).

2041. — J. Bjerknes, H. Solberg u. T. Bergeron: Physikalische Hydrodynamik. Berlin 1933.

2042. Birge, R.: The Quantum Theory of Band Spectra and its Application to the Determination of Temperature. Astrophysic. J. **55**, 273 (1922).

2043. Bocchino, G.: Migrazione delle protuberanze durante il ciclo undecennale dell'attività solare. Osserv. e. Mem. Arcetri, No. **51**, 5 (1933).

2044. Broxon, J. W.: Relation of the Cosmic Radiation to Geomagnetic and Heliophysical Activities. Physic. Rev. **62**, 508 (1942).

2045. Bruggencate, P. ten, u. W. Grotrian: Die Bestimmung der mittleren Lebensdauer der Granulation. Z. Astrophysik **12**, 323 (1936).

2046. — — Bemerkungen zur Deutung der Hanskyschen Messungen von Verschiebungen einzelner Granula auf der Sonnenoberfläche. Z. Astrophysik **14**, 341 (1937).

2047. — — u. E. v. d. Pahlen: Über die Helligkeitsschwankungen und die Struktur der Sonnengranulation im Ultravioletten. Z. Astrophysik **16**, 51 (1938).

2048. — Beitrag zur Technik von Granulationsaufnahmen. Z. Astrophysik **16**, 374 (1938).

2049. — u. H. v. Klüber: Das Spektrum von Sonnenflecken. I. u. II. Z. Astrophysik **18**, 284 u. 330 (1939).

2050. — Temperaturen und Elektronendruck in Sonnenflecken. Veröff. Univ.-Sternw. Göttingen No. 78 (1945).

2051. — Über die Natur der Fackeln auf der Sonnenscheibe. I. Fackelgranulen und ihre mittlere Lebensdauer. Z. Astrophysik **19**, 59 (1939).
II. Photometrie von Fackelgebieten. Z. Astrophysik **21**, 162 (1942).

2052. — u. H. Müller: Untersuchungen der Granulation der Sonne. Z. Astrophysik **21**, 198 (1942).

2053. BRUNNER, W.: Statistische Ergebnisse der Züricher Protuberanzen-Beobachtungen. Astr. Mitt. Zürich, No. 121—139 (1929—1940).
2054. — Gesetzmäßigkeiten in der Anordnung der Sonnenflecken zu Gruppen. Astr. Mitt. Zürich Nr. 124, 67 (1930).
2055. BRUNNKOW, K., u. W. GROTRIAN: Über die zeitliche Änderung der magnetischen Feldstärke von Sonnenflecken im Laufe eines Tages. Z. Astrophysik **26**, 313 (1949).
2056. BRUZEK, A.: Beobachtungen über das Verhalten von Filamenten während chromosphärischer Eruptionen. Z. Astrophysik **28**, 277 (1951); **29**, 198 (1951).
2057. — Die Ausbreitung von „Eruptionsstörungen". Z. Astrophysik **31**, 111 (1952).
2058. — Die Neigung der Sonnenfleckenachsen. Z. Astrophysik **33**, 267 (1954).
2059. BUTLER, H. E.: Observations of Stellar Scintillation. Contr. Dunsink Obs. No. **4** (1952).
2060. CALAMAI, G.: Un metodo per calcolare gli elementi del moto dei vapori nelle macchie solari. Publ. R. Osserv. Arcetri **52**, 39 (1934).
2061. CARRINGTON, R. C.: On the Distribution of the Solar Spots in Latitude since the Beginning of the Year 1854; with a Map. Monthly Notices **19**, 1 (1858).
2062. CHANDRASEKHAR, S.: The Invariant Theory of Isotropic Turbulence in Magneto-Hydrodynamics I—II. Proc. Roy. Soc. (London) (A) **204**, 435 (1951); **207**, 301 (1951).
2063. CHAPMAN, S.: Magnetism in the Sun's Atmosphere. Monthly Notices **103**, 117 (1943).
2064. — J. Terr. Magn. a. Atm. El. **49**, 37 (1944).
2065. CHEVALIER, S.: Étude photographique de la photosphère solaire. Ann. Obs. Zo-Sè. 8C (1912).
2066. COHEN, R. S., L. SPITZER and P. McR. ROUTLY: The Electrical Conductivity of an Ionized Gas. Physic. Rev. **80**, 230 (1950).
2067. COWLING, T. G.: The Magnetic Field of Sunspots. Monthly Notices **94**, 39 (1933).
2068. — The Structure of Sunspots. Monthly Notices **96**, 15 (1935).
2069. — The Electrical Conductivity of an Ionized Gas in a Magnetic Field, with Applications to the Solar Atmosphere and the Ionosphere. Proc. Roy. Soc. (London) (A) **183**, 453 (1944).
2070. — The Growth and Decay of the Sunspot Magnetic Field. Monthly Notices **106**, 218 (1946).
2071. — Alfvén's Theory of Sunspots. Monthly Notices **106**, 446 (1946).
2072. — Le champ magnetique de la galaxie. Conf. Liège, Mai 1953.
2073. DAS, A. K., u. A. S. RAMANATHAN: Distribution of Radiation Flux across a Sunspot. Z. Astrophysik **32**, 91 (1953).
2074. DESLANDRES, H.: Recherches sur l'atmosphère solaire etc. Ann. Obs. Paris-Meudon **4**, 1 (1910).
2075. DODSON, H. W., and E. R. HEDEMAN: The Frequency and Positions of Flares within Three Active Sunspot Areas. Astrophysic. J. **110**, 242 (1949).
2076. — Position and Development of the Solar Flares of May 8 and 10, 1949. Astrophysic. J. **110**, 382 (1949).
2077. — and R. R. McMATH: The Limb Flare of May 8, 1951. Astrophysic. J. **115**, 78 (1952).
2078. DUNGEY, J. W.: A Note on Magnetic Fields in Conducting Materials. Proc. Cambridge Philosophic. Soc. **46**, 651 (1950).
2079. ELLERMAN, F.: Solar Hydrogen "Bombs". Astrophysic. J. **46**, 298 (1917).
2080. ELLISON, M. A.: Some Studies of the Motions of Hydrogen Flocculi by Doppler Displacements of the Hα Line. Monthly Notices **102**, 11 (1942).
2081. — Line-Width Measures and the Observation of a Red-Shift in the Eruptive Hα Line. Monthly Notices **103**, 3 (1943).
2082. — Visual and Spectrographic Observations of a Great Solar Flare, 1946 July 25. Monthly Notices **106**, 500 (1946).
2083. — and F. HOYLE: The Balmer Emission Lines of Chromospheric Flares. Observatory **67**, 181 (1947).
2084. — Characteristic Properties of Chromospheric Flares. Monthly Notices **109**, 3 (1949).
2085. — Solar Flares and their Terrestrical Effects. Nature (London) **163**, 749 (1949).
2086. — The Solar Flare of 1949 November 19. Observatory **70**, 77 (1950).
2087. — Recent Advances in the Observation of Solar Flares (Chromospheric Eruptions). VII Rep. Solar-Terr. Rel. (CIUS) 1950.
2088. — Ionospheric Effects of Solar Flares. Publ. Edinburgh Obs. **1**, No. 4 (1950).
2089. — A Photometric Survey of Solar Flares, Plages, and Prominences in Hα Light. Publ. Edinburgh Obs. **1**, No. **5** (1952).
2090. — and H. SEDDON: Some Experiments on the Scintillation of Stars and Planets. Monthly Notices **112**, 73 (1952).
2091. EVANS, J. W.: A Photometer for Measurement of Sky Brightness near the Sun. J. Opt. Soc. Amer. **38**, 1083 (1948).
2092. — The Birefringent Filter. J. Opt. Soc. Amer. **39**, 229 (1949).

2093. EVERSHED, J.: Radial Movement in Sun-Spots. Monthly Notices **69**, 454 (1909); **70**, 217 (1910). — Kodaikanal Obs. Bull. **2**, 63 (1909).
2094. — and M. A.: Results of Prominence Observations. Mem. Kodaikanal Obs. **1**, p. II (1917).
2095. — Abhängigkeit der Rotationsgeschwindigkeit von der Höhe. Monthly Notices **85**, 607 (1925); **88**, 126 (1927); **89**, 250 (1929); **95**, 503 (1930).
2096. FÉNYI, J.: Die Periodizität der Protuberanzen 1886—1917. Publ. Haynald Obs. (Kalocza) 1922.
2097. — and M. TIBOR: Maps of the Solar Prominences (1896—1902). Publ. Haynald Obs. (Kalocza) No. 17 (1949).
2098. FOWLER, R. H., and E. A. GUGGENHEIM: Applications of Statistical Mechanics ... Part II, The Adiabatics. Monthly Notices **85**, 961 (1925).
2099. FOX, P.: The Rotation Period of the Sun. Publ. Yerkes Obs. **3**, III (1920).
20100. FRENKIEL, F. N., and M. SCHWARZSCHILD: Preliminary Analysis of the Turbulence Spectrum of the Solar Photosphere at Long Wave Lengths. Astrophysic. J. **116**, 422 (1952).
20101. GAVIOLA, E.: On Seeing, Fine Structure of Stellar Images, and Inversion Layer Spectra. Astronomical J. **54**, 155 (1949).
20102. GIOVANELLI, R. G.: Solar Eruptions. Astrophysic. J. **91**, 334 (1940).
20103. — Magnetic and Electric Phenomena in the Sun's Atmosphere Associated with Sunspots. Monthly Notices **107**, 338 (1947).
20104. — Chromospheric Flares. Monthly Notices **108**, 163 (1948).
20105. — Electron Energies Resulting from an Electric Field in a Highly Ionized Gas. Philosophic. Mag. **40**, 206 (1949).
20106. GLEISSBERG, W.: Bemerkungen zur scheinbaren Verteilung entstehender Fleckengruppen. Astr. Nachr. **263**, 13 (1937) u. **268**, 81 (1939).
20107. — On the Inclination of the Axes of Sunspots. Publ. Istanbul Univ. Obs. No. 12 (1940).
20108. — Die mittlere Sonnenfleckenkurve. Publ. Istanbul Univ. Obs. No. 41 (1951) und weitere Abh. ebd. sowie in Astrophysic. J. und Z. Astrophysik.
20109. — Die Häufigkeit der Sonnenflecken. Berlin 1952.
20110. GODOLI, G.: Sul ciclo delle protuberanze. Mem. Soc. Astr. Ital. **22**, 2 (1951).
20111. GROTRIAN, W.: Die Magnetfelder der Sonnenflecken. Naturwiss. **35**, 321, 353 (1948).
20112. — u. H. KÜNZEL: Statistische Untersuchungen der täglichen Änderungen der magnetischen Feldstärke von Sonnenflecken. Z. Astrophysik **26**, 325 (1949).
20113. — — Über den Induktionsfluß durch die Sonnenflecken. Z. Astrophysik **28**, 28 (1950).
20114. — — Über den Induktionsfluß durch Sonnenfleckengruppen der Klassen $\beta\gamma$ und γ. Z. Astrophysik **29**, 173 (1951).
20115. GVOSDOVER, S. D.: The Mobility and Mean Free Path of Electrons in the Positive Column. Z. Sov. Phys. **12**, 164 (1937).
20116. HALE, G. E., and F. ELLERMANN: The Rumford Spectroheliograph of the Yerkes Observatory. Publ. Yerkes Obs. **3**, 1 (1903).
20117. — On the Probable Existence of a Magnetic Field in Sun-Spots. Astrophysic. J. **28**, 315 (1908).
20118. — Preliminary Results of an Attempt to detect the General Magnetic Field of the Sun. Astrophysic. J. **38**, 27 (1913).
20119. — F. H. SEARES, A. v. MAANEN and F. ELLERMANN: The General Magnetic Field of the Sun. Astrophysic. J. **47**, 1 (1918).
20120. — F. ELLERMANN, S. B. NICHOLSON and A. H. JOY: The Magnetic Polarity of Sunspots. Astrophysic. J. **49**, 153 (1919).
20121. — A Test of the Electromagnetic Theory of the Hydrogen Vortices Surrounding Sun-Spots. Proc. Nat. Acad. Sci. (Washington) **11**, 691 (1925).
20122. — and S. B. NICHOLSON: The Law of Sun-Spot Polarity. Astrophysic. J. **62**, 270 (1925).
20123. — The Spectrohelioscope and its Work I—IV. Astrophysic. J. **70**, 265 (1929); **71**, 73 (1930); **73**, 379 (1931); **74**, 434 (1931).
20124. HALE, E., and S. B. NICHOLSON: Magnetic Observations of Sunspots 1917—1924. I. u. II. Publ. Carnegie Inst. Washington No. 498 = Papers Mt. Wilson Obs. **5**, Part I u. II (1938).
20125. HANSKY, A.: Photographies de la granulation solaire faites à Poulkovo. Mitt. Hauptsternw. Pulkowo I, **81** (1905).
20126. — Mouvement des granules sur la surface du soleil. Mitt. Hauptsternw. Pulkowo **3**, 1 (1918).

20127. HARTMANN, J.: Hg-Dynamics I u. II (mit F. LAZARUS). Kgl. Danske Vid. Selskab. Math-Fys. Medd. **15**, No. 6 u. **7** (1937).

20128. HERLOFSON, N.: Magneto-Hydrodynamic Waves in a Compressible Fluid Conductor. Nature (London) **165**, 1020 (1950).

20129. HOUTGAST J., and A. VAN SLUITERS: Statistical Investigations concerning the Magnetic Fields of Sunspots, I. Bull. Astr. Netherlands **10**, 325 (1948).

20130. JANSSEN, J.: Etude de la surface solaire par la photographie. Ann. Obs. Paris-Meudon I, 103 (1896).

20131. JOHN, CH. E. ST.: Radial Motion in Sun-Spots I and II. Astrophysic. J. **37**, 322,; **38**, 341 (1913).

20132. — The Present Condition of the Problem of Solar Rotation. Publ. Astr. Soc. Pacific **30**, 319 (1918).

20133. — Solar Faculae and Ionization. Contr. Jeff. Phys. Lab. **15** (Festschrift Prof. HALL).

20134. KEENAN, P. C.: Dimensions of the Solar Granules. Astrophysic. J. **88**, 360 (1938).

20135. — Photometry of the Solar Granules. Astrophysic. J. **89**, 604 (1939).

20136. KEMPF, P.: Bestimmung der Rotation der Sonne aus der Bewegung von Calciumflocken. Publ. Astr. Obs. Potsdam **23**, No. **71** (1916).

20137. KIEPENHEUER, K. O.: Photoelectric Measurements of Solar Magnetic Fields. Astrophysic. J. **117**, **447** (1953).

20138. — u. U. BECKER: Über ein solares Maß der Fleckentätigkeit. Z. Astrophysik 33, 132 (1953).

20139. KING, R. B.: A preliminary survey of the ZEEMAN effect in the Sun-Spot Spectrum. Astrophysic. J. **80**, 136 (1934).

20140. KINMAN, T. D.: Motions in the Sun at the Photospheric Level. II. The Evershed Effect in Sunspot Mt. Wilson No. 9987. Monthly Notices **112**, 425 (1952). III. The Evershed Effects in Sunspots of Different Sizes. Monthly Notices. **113**, 237 (1953).

20141. KLÜBER, H. v.: Zum Nachweis schwacher Magnetfelder auf der Sonnenoberfläche. Z. Astrophysik **24**, 1 (1948).

20142. — Über den Nachweis und die Messung lokaler Magnetfelder auf der Sonnenoberfläche. Z. Astrophysik **24**, 121 (1948).

20143. — Zur Bestimmung von ZEEMAN-Effekten im Sonnenspektrum. Z. Astrophysik **25**, 187 (1948).

20144. — An Attempt to Detect a General Magnetic Field of the Sun by a Spectrographic Method, Using a Lummer Plate. Monthly Notices **111**, 2 (1951).

20145. KORN, J.: Über die heliozentrische Breite der Sonnenfackeln. Astr. Nachr. **251**, 55 (1934).

20146. KREMER, P.: On the Ratio of the Number of Ca^{+}-Atoms in the Solar Atmosphere over Faculae and over Corresponding Parts of the Solar Surface near the Limb. Proc. Amsterdam Acad. **33**, 379 (1930).

20147. LANGLEY: On the Minute Structure of the Solar Photosphere. Amer. J. Sci. (III. s.) **7**, 87 (1874).

20148. LEHNERT, B.: On the Behaviour of an Electrically Conductive Liquid in a Magnetic Field. Ark. Fys. **5**, 69 (1951).

20149. — Experiments on Non-laminar Flow of Mercury in Presence of a Magnetic Field. Tellus **4**, 63 (1952).

20150. LITTLE, C. G.: A Diffraction Theory of the Scintillation of Stars on Optical and Radio Wave-Lengths. Monthly Notices **111**, 289 (1951).

20151. LOCKYER, W. J. S.: On the Relationship between Solar Prominences and the Forms of the Corona. Monthly Notices **63**, 481 (1903); **82**, 323 (1922) und insbesondere **91**, 797 (1931).

20152. LOSH, H. M.: Distribution of Sun-Spots in Longitude. Publ. Univ. Obs. Michigan **7**, 127 (1938).

20153. LUDENDORFF, H.: Untersuchungen über die Häufigkeitskurve der Sonnenflecke. Z. Astrophysik **2**, 370 (1931).

20154. — Weitere Untersuchungen über die Änderungen der Form der Sonnenkorona. Sitzgsber. preuß. Akad. Wiss., phys.-math. Kl. 1934, 200 (Vgl. auch Sitzgsber. preuß. Akad. Wiss. phys.-math. Kl. 1928).

20155. LUNDQUIST, S.: Experimental Investigations of Magneto-Hydrodynamic Waves. Physic. Rev. **76**, 1805 (1949).

20156. — Magneto-Hydrostatic Fields. Ark. Fys. **2**, No. 35 (1950).

20157. — On the Stability of Magneto-Hydrostatic Fields. Physic. Rev. **83**, 307 (1951).

20158. — Studies in Magneto-Hydrodynamics. Ark. Fys. **5**, 297 (1952).

20159. LYOT, B.: Etude de la couronne solaire en dehors des éclipses. Z. Astrophysik **5**, 73 (1932).

20160. Lyot, B.: L'observation directe des protubérances à Meudon. C. r. Acad. Sci. (Paris) **195**, 943 (1932); auch **200**, 738 (1935).
20161. — Un monochromateur à grand champ utilisant interférences en lumière polarisée. C. r. Acad. Sci. (Paris) **197**, 1593 (1933).
20162. — A Study of the Solar Corona and Prominences without Eclipses. Monthly Notices **99**, 580 (1939).
20163. — Le filtre monochromatique polarisant et ses applications. en physique solaire. Ann. d'Astrophysique **7**, 31 (1944).
20164. — Une nouvelle méthode d'observation de la couronne solaire. C. r. Acad. Sci. (Paris) **231**, 461 (1950).
20165. Maecker, H., T. Peters u. H. Schenk: Ionen- und Atomquerschnitte im Plasma verschiedener Gase. Z. Physik **140**, 119 (1955).
20166. Mascari, A.: Sull' andamento dei centri di maggiore attività delle facule solari in rapporto a quello delle macchie e delle protuberanze. Mem. Spettr. Ital. **33**, 45 (1904).
20167. Massey, H. S. W., and B. L. Moiseiwitsch: Variational Methods and Atomic Scattering Problems I. Proc. Roy. Soc. (London) (A) **205**, 483 (1951).
20168. — and E. H. S. Burhop: Electronic and Ionic Impact Phenomena. Oxford: Clarendon Press 1952.
20169. Mc Math, R. R., and R. M. Petrie: The Spectroheliokinematograph. Publ. Obs. Michigan **5**, 103 (1933).
20170. — The Tower Telescope of the McMath-Hulbert Observatory. Publ. Obs. Michigan **7**, 1 (1937).
20171. — The Julius F. Stone Spectroheliograph for the Determination of Solar Atmospheric Radial Velocities. Publ. Obs. Michigan **8**, 141 (1941).
20172. Mattig, W.: Die radiale Verteilung der magnetischen Feldstärke in normalen Sonnenflecken. Z. Astrophysik **31**, 273 (1953).
20173. Maunder, A. S. D.: An Apparent Influence of the Earth on the Numbers and Areas of Sun-Spots in the Cycle 1889—1901. Monthly Notices **67**, 451 (1907).
20174. — Rotation periods of the Sun as determined from Flocculi and from Sunspots. Mem. Brit. Astr. Assoc. **23**, 51 (1921).
20175. Maunder, E. W.: The Sun and Sunspots 1820—1920. Monthly Notices **82**, 534 (1922).
20176. Menzel, D. H., and C. B. Wyatt: Astrophysicists Watch the Sun. Physics Today **3**, 8 (1950).
20177. Michard, R.: Contribution à l'étude physique de la photosphère et des taches solaires. Thèse Paris 1953 = Ann. d'Astrophysique **16**, 217 (1953).
20178. — Remarques sur l'effet Evershed. Ann. d'Astrophysique **14**, 101 (1951).
20179. Minnaert, M., u. A. J. M. Wanders: Zur Theorie der Sonnenflecke. Z. Astrophysik **5**, 297 (1932).
20180. — u. J. Houtgast: Photometrische Untersuchungen über das Funkeln der Fixsterne. Z. Astrophysik **10**, 86 (1935).
20181. — Die Asymmetrie in der Verteilung der Flecken über die Sonnenscheibe. Astr. Nachr. **269**, 48 (1939).
20182. — On the Inclination of the Normal Axes of Sunspots. Monthly Notices **106**, 98 (1946).
20183. Moore, Ch. E.: Some Results from a Study of the Atomic Lines in the Sun-Spot Spectrum. Astrophysic. J. **75**, 222, 298 (1932).
20184. Newton, H. W.: The Sun's Rotation Period Derived from Recurrent Sunspots, 1924—33. Monthly Notices **95**, 60 (1934).
20185. — Note on Two Allied Types of Chromospheric Eruptions. Monthly Notices **95**, 650 (1935).
20186. — Characteristic Radial Motions of Hα Absorption Makings seen with Bright Eruptions on the Sun's Disc. Monthly Notices **102**, 2 (1942).
20187. Nicholson, S. B.: The Life of a Sun-Spot. Publ. Astr. Soc. Pacific **38**, 347 (1926).
20188. — The Area of a Sun-Spot and the Intensity of its Magnetic Field. Publ. Astr. Soc. Pacific **45**, 51 (1933).
20189. Odgers, G. J.: Structure of Sunspots. Monthly Notices **106**, 101 (1946).
20190. Öhman, Y.: A New Monochromator. Nature (London) **141**, **157** u. 291 (1938).
20191. — On the Solar Work of the Stockholm Observatory. Stockholm Obs. Medd. **65** = Tellus **2**, 255 (1950).
20192. Osterbrock, D. E.: The Electrical Conductivity in the Solar Atmosphere. Physic. Rev. **87**, 468 (1952).
20193. Perepelkin, E. J.: Über die Rotationsgeschwindigkeit der verschiedenen Schichten der Sonne. Z. Astrophysik **6**, 121 (1933).
20194. Pettit, E., and S. B. Nicholson: Spectral Energy-Curve of Sun-Spots. Astrophysic. J. **71**, 153 (1930).

20195. Plaskett, H. H.: Solar Granulation. Monthly Notices **96**, 402 (1936).
20196. — Motions in the Sun at the Photospheric Level. I. Methods. Monthly Notices **112**, 414 (1952).
20197. Prandtl, L.: Meteorologische Anwendung der Strömungslehre. Beiträge zur Physik der freien Atmosphäre **19**, 188 (1932).
20198. Riccò, A.: Distribuzione delle protuberanze sulla superficie del sole. Mem. Spettr. Ital. (II. s.) **3**, 17 (1914).
20199. Richardson, R. S.: An Investigation of Molecular Spectra in Sun-Spots. Astrophysic. J. **73**, 216 (1931).
20200. — Hydrocarbon Bands in the Solar Spectrum. Astrophysic. J. **77**, 195 1933.
20201. — A Photometric Study of Sunspots and Faculae. Astrophysic. J. **78**, 359 (1933).
20202. — and R. Minkowski: The Spectra of Bright Chromospheric Eruptions from λ 3300 to λ 11500. Astrophysic. J. **89**, 347 (1939).
20203. — The Intensities of Sunspots from Center to Limb in Light of Different Colors. Astrophysic. J. **90**, 230 (1939).
20204. — and M. Schwarzschild: On the Turbulent Velocities of Solar Granules. Astrophysic. J. **111**, 351 (1950).
20205. — The Spectra of Two Active Regions Observed at the Sun's Limb. Astrophysic. J. **111**, 572 (1950).
20206. Righini, G.: Determinazione del periodo di rotazione del sole nella regione verde dello spettro. Osserv. e Mem. Arcetri No. **48**, 9 (1931).
20207. Rodés, L.: Draft Rep. I. A. U. 1938 (p. 49).
20208. Roggenhausen, M.: Die Sichtbarkeitsfunktion der Sonnenflecken. Z. Astrophysik **30**, 249 (1952).
20209. Roka, E. G. v.: Über die Berechnung der Magnetfelder von Sonnenflecken. Z. Astrophysik **27**, 15 (1950).
20210. Romaña, A., e J. M. T. Menendez: Publ. Obs. del Ebro (1945).
20211. Rosseland, S.: On the Structure and Origin of Solar Magnetic Fields. Astrophysic. J. **62**, 387 (1925).
20212. — On the Transmission of Radiation through an Absorbing Medium in Motion, with Applications to the Theory of Sun-Spots and Solar Rotation. Astrophysic. J. **63**, 342 (1926).
20213. Royds, T.: Note on Spectroheliograms taken with Different Parts of the Hα Line. Monthly Notices **85**, 464 (1925).
20214. Russell, H. N.: A Note on Cooling by Expansion in Sun-Spots. Astrophysic. J. **54**, 293 (1921).
20215. Schlüter, A., u. L. Biermann: Interstellare Magnetfelder. Z. Naturforsch. **5**a, 237 (1950).
20216. — Der Zusammenhang der Schwingungsformen eines Plasmas. Ann. Physik **10**, 418 (1952).
20217. Schuster, A.: The Influence of Planets on the Formation of Sun-Spots. Proc. Roy. Soc. (London) (A) **85**, 309 (1911).
20218. Schwarzschild, K., and W. Villiger: Note on the Ultra-Violet Radiation of Sun-Spots and Faculae. Astrophysic. J. **23**, 345 (1906).
20219. Speyr, A. v.: Reduktionsfaktoren, um aus Randbeobachtungen der Protuberanzen die wirkliche Verteilung nach heliographischer Breite zu erhalten. Astr. Mitt. Zürich No. 137, 432 (1939).
20220. Spitzer, L., and R. Härm: Transport Phenomena in a Completely Ionized Gas. Physic. Rev. **89**, 977 (1953). — Auch [2066].
20221. Spörer, G.: Beobachtungen der Sonnenflecken vom Januar 1874 bis Dezember 1879. Publ. Astrophys. Obs. Potsdam **2**, 1 (1881).
20222. Stewart, J. Q., and H. A. A. Panofsky bzw. F. E. Eggleston: The Mathematical Characteristics of Sunspot Variations. Astrophysic. J. **88**, 385 (1938); auch **91**, 72 (1940).
20223. Strebel, H., u. B. Thüring: Untersuchungen zu einer photometrischen Statistik der Granulation der Sonnenoberfläche. Z. Astrophysik **5**, 348 (1932).
20224. Sweet, P. A.: The Effect of Turbulence on a Magnetic Field. Monthly Notices **110**, 69 (1950).
20225. Thackeray, A. D.: A Comparison of Sun-Spot, Limb, and Disc Spectra. Publ. Astr. Soc. Pacific **48**, 119 (1936).
20226. Thiessen, G.: Visuelle Untersuchung des allgemeinen Magnetfeldes der Sonne. Z. Astrophysik **26**, 16 (1949).
20227. — Helligkeitsschwankungen der Sonnengranulation. Naturwiss. **37**, 427 (1950); Zur Sonnengranulation. Z. Astrophysik **35**, 237 (1955).

20228. THIESSEN, G.: Lichtelektrische Messungen des solaren Magnetfeldes. Z. Astrophysik **30**, 185 (1952).
20229. TUOMINEN, J.: Die systematische Strombewegung der Sonnenflecke in heliographischer Breite. Z. Astrophysik **21**, 96 (1942); **30**, 261 (1952).
20230. WALDMEIER, M.: Neue Eigenschaften der Sonnenfleckenkurve. Astr. Mitt. Zürich No. 133 (1935).
20231. — Über die Struktur der Sonnenflecken. Astr. Mitt. Zürich No. 138, 439 (1939).
20232. — Eigenbewegungen der Sonnenflecken. Astr. Mitt. Zürich No. 138, 451 (1939).
20233. — u. A. LIEPERT: Über die unsymmetrische Verteilung der Flecken-Neubildungen. Astr. Mitt. Zürich No. 138, 460 (1939).
20234. — Die Feinstruktur der Sonnenoberfläche. Helvet. physica Acta **13**, 13 (1939).
20235. — Chromosphärische Eruptionen I u. II. Z. Astrophysik **16**, 276 (1938); **20**, 46 (1940).
20236. — Die Aktivitätszonen der Sonnenkorona. Z. Astrophysik **21**, 85 (1941).
20237. — Heliographische Karten der Sonnenkorona. Z. Astrophysik **21**, 109 (1942).
20238. — Der Aufbau der Sonnenatmosphäre. Helvet. physica Acta **15**, 405 (1942).
20239. — Statistische Untersuchungen an chromosphärischen Eruptionen. Astr. Mitt. Zürich No. 153 (1948).
20240. — Die Sichtbarkeitsfunktion der Sonnenfackeln. Z. Astrophysik **26**, 147 (1949).
20241. — Aktivitätszonen und Zirkulation in der Sonnenkorona. Astr. Mitt. Zürich No. 157 (1949).
20242. — Der Eruptionenindikator. Z. Astrophysik **26**, 205 (1949).
20243. — Die Variation der monochromatischen Gesamtemission der Sonnenkorona im 11jährigen Zyklus. I. Die Linie 5303 Å. Z. Astrophysik **26**, 264 (1949). — II. Die Linie 6374 Å. Z. Astrophysik **35**, 1 (1954).
20244. — Das Spektrum der Protuberanzen und chromosphärischen Eruptionen im Gebiet 4900—6700 Å. Z. Astrophysik **26**, 305 (1949).
20245. — Polarkarten der Sonnenkorona. Z. Astrophysik **27**, 24 (1950) = Astr. Mitt. Zürich No. 165.
20246. — Statistik der grünen Koronastrahlen. Z. Astrophysik **27**, 237 (1950) = Astr. Mitt. Zürich No. 171.
20247. — Die Form der monochromatischen Korona. Z. Astrophysik **28**, 262 (1951) = Astr. Mitt. Zürich No. 174.
20248. WALÉN, C.: On the Theory of Sunspots. Ark. mat., astr. och fys. **30**, A, No. 15 (1944).
20249. WANDERS, A. J. M.: Die Reduktion für Einstrahlung bei Intensitätsmessungen an Sonnenflecken. Z. Astrophysik **8**, 108 (1934).
20250. — Die Änderung der Sonnenfleckenintensität über die Scheibe. Z. Astrophysik **10**, 15 (1935).
20251. WORMELL, T. W.: Observations on the Intensity of the Total Radiation from Sunspots and Faculae. Monthly Notices **96**, 736 (1936).

Literatur zu Abschnitt 139

Aktivität der Sterne. Flecken, Fackeln und Eruptionen auf Sternen.

A 2001. EBERHARD, G., and K. SCHWARZSCHILD: On the Reversal of the Calcium Lines H and K in Stellar Spectra. Astrophysic. J. **38**, 292 (1913).
A 2002. GORDON, K. C., and G. E. KRON: Flare of a dMe star, BD + 20° 2465, Observed Photoelectrically. Publ. Astr. Soc. Pacific **61**, 210 (1949).
A 2003. GREENSTEIN, J. L.: A Possible Energy Source for T Tauri Stars. Publ. Astr. Soc. Pacific **62**, 156 (1950).
A 2004. HARO, G., and W. W. MORGAN: Rapid Variables in the Orion Nebula. Astrophysic. J. **118**, 16 (1953).
A 2005. HURUHATA, M.: Flaring Phenomena in U Pegasi. Publ. Astr. Soc. Pacific **64**, 200 (1952).
A 2006. JOY, A. H.: The Absorption Lines within the Hydrogen Emission of Mira Ceti. Astrophysic. J. **106**, 288 (1947).
A 2007. — and M. L. HUMASON: Observations of the Faint Dwarf Star L 726—8. Publ. Astr. Soc. Pacific **61**, 133 (1949).
A 2008. KAMP, P. VAN DE, and S. L. LIPPINCOTT: Flare-Up of Krüger 60 B. Publ. Astr. Soc. Pacific **63**, 141 (1951).
A 2009. KELLER, G., and D. N. LIMBER: A Photoelectric Study of the Eclipsing Stars RS Canum Venaticorum and YY Sagittarii. Astrophysic. J. **113**, 637 (1951).
A 2010. KRON, G. E.: The Probable Detection of Patches of Varying Brightness on AR Lacertae. Publ. Astr. Soc. Pacific **59**, 261 (1947).
A 2011. — Emission-Line Variability in Dwarf Stars. Publ. Astr. Soc. Pacific **62**, 141 (1950).
A 2012. — Special Characteristics of a Few Late-Type Dwarf Stars. Astronomical J. **55**, 69 (1950).

A 2013. Kron, G. E.: A Photoelectric Study of the Dwarf M Eclipsing Variable YY Geminorum. Astrophysic. J. **115**, 301 (1952).
A 2014. Liller, W.: Another Flare of the dM4e Star, BD + 20° **2465**. Publ. Astr. Soc. Pacific **64**, 129 (1952).
A 2015. Lippincott, S. L.: Search for Flares of dM Stars on the Sproul Astrometric Program. Astrophysic. J. **115**, 582 (1952).
A 2016. — Note on the Light Curve of the Flare-Up of Krüger 60 B, 1939 July 26. Publ. Astr. Soc. Pacific **65**, 248 (1953).
A 2017. Luyten, W. J.: A New Star of Large Proper Motion (L 726—8). Astrophysic. J. **109**, 532 (1949).
A 2018. — A Third Flare of L 726—8 B. Publ. Astr. Soc. Pacific **61**, 179 (1949).
A 2019. Maanen, A. van: The Photographic Determination of Stellar Parallaxes with the 60- and 100-Inch Reflectors (XVII). Astrophysic. J. **91**, 503 (1940).
A 2020. — Variable Star with Faint Absolute Magnitude. Publ. Astr. Soc. Pacific **57**, 216 (1945).
A 2021. Roques, P. E.: Observations of Flares of the dMe Star, L 726—8. Publ. Astr. Soc. Pacific **65**, 19 (1953).
A 2022. Shapley, H.: Proxima Centauri as a Flare Star. Proc. Nat. Acad. Sci. (Wash.) **37**, 15 (1951) = Harv. Repr. **344**.
A 2023. Sitterly, B. W.: The Eclipsing Variable RS Canum Venaticorum. Contr. Princeton Univ. Obs. Nr. **11**, (Part II) p. 21 (1930).
A 2024. Struve, O.: Notes on Stellar Spectra (α C Mi u. α Boo). Publ. Astr. Soc. Pacific **65**, 185 (1953).
A 2025. Thackeray, A. D.: Five Southern Stars with Emission-Line Spectra. Monthly Notices **110**, 45 (1950).
A 2026. Wellmann, P.: Die doppelte Umkehr der Linien H und K im Spektrum von α Bootis. Z. Astrophysik **19**, 236 (1940). Auch Z. Astrophysik **20**, 214 (1940).

XXI. Kapitel.

Der Sonnenrand. Chromosphäre, Korona und Protuberanzen. Spektroheliogramme.

Zusammenfassende Darstellungen.

2101. Boyd, R. L. F., M. J. Seaton and H. S. W. Massey (Ed.): Rocket Exploration of the Upper Atmosphere. (Enthält u. a. zusammenfassende Darstellungen u. Literatur über das Sonnenspektrum im extremen UV und Röntgengebiet.) London: Pergamon Press 1954.
2102. Fisica Solare, Problemi della ...: Convegno di Scienze Fisiche Matematiche e Naturali 14.—19. Sett. 1952. Acad. Naz. dei Lincei; Fond. Alessandro Volta; Atti dei Convegni 11. Roma 1953.
2103. Hulst, H. C. v. d.: The Chromosphere and the Corona. Kap. 5 in "The Sun". Ed. *G. P. Kuiper*, Chicago Univ. Press 1954.
Weiterhin vgl. Kap. XX [2001—11].

Abhandlungen.

2104. Adams, W. S., and A. H. Joy: The Spectrum of RS Ophiuchi (Nova Ophiuchi Nr. 3). Publ. Astr. Soc. Pacific **45**, 249 (1933).
2105. — Coronal Lines in the Spectrum of RS Ophiuchi. Publ. Astr. Soc. Pacific **45**, 301 (1933).
2106. — and C. G. Burwell: The Flash Spectrum without an Eclipse. Region λ 4800 to λ 6600. Astrophysic. J. **41**, 116 (1915).
2107. Alfvén, H.: On the Solar Corona. Ark. mat., astr. och fys. **27** A, No. 25 (1941).
2108. Allen, C. W.: The Spectrum of the Corona at the Eclipse of 1940 October 1. Monthly Notices **106**, 137 (1946).
2109. — Interpretation of Electron Densities from Corona Brightness. Monthly Notices **107**, 426 (1947).
2110. Anderson, J. A.: The Use of Long-Focus Gratings at Eclipses. Publ. Astr. Soc. Pacific **38**, 239 (1926).
2111. d'Azambuja, L.: Recherches sur la structure de la chromosphère solaire. Ann. Obs. Paris-Meudon. **8** II (1930).
2112. — et M. d'Azambuja: L'évolution et les mouvements d'ensemble des protubérances solaires. L'Astronomie 1941.
2113. — — Etude d'ensemble des protubérances solaires et de leur évolution. Ann. Obs. Paris-Meudon **6**, Fasc. 7 (1948).

2114. Babcock, H. W.: The Paschen Series of Hydrogen Lines in the Spectrum of the Solar Chromosphere. Publ. Astr. Soc. Pacific **44**, 323 (1932).
2115. Babcock, H. D., and H. W.: Some New Features of the Solar Spectrum. Publ. Astr. Soc. Pacific **46**, 132 (1934).
2116. Baumbach, S.: Strahlung, Ergiebigkeit und Elektronendichte der Sonnenkorona. Astr. Nachr. **263**, 121 (1937).
2117. — Die Polarisation der Sonnenkorona. Astr. Nachr. **267**, 273 (1939).
2118. Bergstrand, Ö.: Etudes sur la distribution de la lumière dans la couronne solaire. Stockholm 1919.
2119. Biermann, L.: Über den Mechanismus der Ionisation in der Sonnenkorona. Naturwiss. **34**, 87 (1947).
2120. — Über die Ursache der chromosphärischen Turbulenz und des UV-Exzesses der Sonnenstrahlung. Z. Astrophysik **25**, 161 (1948).
2121. — u. P. ten Bruggencate: Über die Ursache der hohen Temperatur der Sonnenkorona nebst einer Bemerkung über das Nachthimmellicht. Veröff. Univ.-Sternw. Göttingen Nr. **83** (1947).
2122. Blackwell, D. E.: A Comparison of the Intensities of Infra-Red and Violet Radiation from the Solar Corona at the Eclipse of 1952 February 25. Monthly Notices **112**, 652 (1952).
2123. Böhm-Vitense, E.: Die Sonnenchromosphäre. Z. Astrophysik **36**, 145 (1955).
2124. Brück, H. A., and W. Moss: Intensities of Hydrogen Hα and Helium D_3 in Prominences. I u. II. Monthly Notices **103**, 258 (1943); **105**, 17 (1945).
2125. — and D. A. Jackson: An Attempt to Measure Interferometrically the Widths of Chromospheric Lines at the Total Solar Eclipse of 25 February 1952. Proc. Roy. Soc. (London) (A) **216**, 183 (1953).
2126. Bruggencate, P. ten: Zur Theorie der Protuberanzen. Veröff. Univ.-Sternw. Göttingen Nr. **77** (1944).
2127. — Die Temperatur von Protuberanzen. Veröff. Univ.-Sternw. Göttingen Nr. 104 (1953).
2128. Bruzek, A.: Beobachtungen über das Verhalten von Filamenten während chromosphärischer Eruptionen. Z. Astrophysik **28**, 277 (1951).
2129. Campbell, W. W., and J. H. Moore: The Spectrum of the Solar Corona. Lick Obs. Bull. **10**, 8 (1918).
2130. Cillié, G. G.: The Hydrogen Emission in Gaseous Nebulae. Monthly Notices **92**, 820 (1932).
2131. — and D. H. Menzel: The Physical State of the Solar Chromosphere. Harv. Circ. **410**, (1935).
2132. Conway, M. T.: Studies of Hα Line Profiles in Prominences. Monthly Notices **112**, 55 (1952); auch Contr. Dunsink Obs. No. 3 (1952).
2133. Davidson, C. R., and F. J. M. Stratton: Report on the Total Solar Eclipse of 1926 Jan. 14. Mem. Roy. Astr. Soc. **64** IV (1927).
2134. — M. Minnaert, L. S. Ornstein and F. J. M. Stratton: Spectrophotometry of the Chromosphere. Monthly Notices **88**, 536 (1928).
2135. Deslandres, H.: Recherches sur l'atmosphère solaire etc. Ann. Obs. Paris-Meudon **4** I (1910).
2136. Dodson, H. W.: A General Study of a Prominence Field. Monthly Notices **108**, 383 (1948).
2137. — and E. B. Weston: A Study of the Eruptive Prominence of 1940 Sept. 27. Monthly Notices **110**, 199 (1950).
2138. — and R. W. Donselman: The Eruptive Prominence of August 7, 1950. Astrophysic. J. **113**, 519 (1951).
2139. — E. R. Hedeman and J. Chamberlain: Ejection of Hydrogen and Calcium Atoms with High Velocity at the Time of Solar Flares. Astrophysic. J. **117**, 66 (1953).
2140. Dollfus, A.: Sur la température de la couronne solaire. Atti Conv. Volta Rom 1952, p. 184. Auch C. r. Acad. Sci. (Paris) **236**, 996 (1953).
2141. Dufay, J., et H. Grouiller: Etude spectrale de la polarisation de la couronne solaire. C. r. Acad. Sci. (Paris) **196**, 1574 (1933).
2142. Eddington, A. S.: Radiation Pressure in Solar Phenomena. Monthly Notices **80**, 723 (1920).
2143. Edlén, B.: An Attempt to Identify the Emission Lines in the Spectrum of the Solar Corona. Ark. mat., astr. och fys. **28** B, No. 1 (1941).
2144. — Die Deutung der Emissionslinien im Spektrum der Sonnenkorona. Z. Astrophysik **22**, 30 (1942).
2145. Ellison, M. A.: Some Studies of the Motions of Hydrogen Flocculi by Doppler Displacements of the Hα Line. Monthly Notices **102**, 11 (1942); **109**, 3 (1949).

2146. Ellison, M. A.: Sunspot Prominences. — Some Comparisons between Limb and Disc Appearances. Monthly Notices **104**, 22 (1944).
2147. — A Photometric Survey of Solar Flares, Plages and Prominences in Hα Light. Publ. Roy. Obs. Edinburgh **1**, No. 5 (1952).
2148. Elwert, G.: Das kontinuierliche Emissionsspektrum der Sonnenkorona im fernen Ultraviolett und bei weichen Röntgenstrahlen. Z. Naturforsch. **7a**, 202 (1952).
2149. — Über die Ionisations- und Rekombinationsprozesse in einem Plasma und die Ionisationsformel der Sonnenkorona. Z. Naturforsch. **7a**, 432 (1952).
2150. — Verallgemeinerte Ionisationsformel eines Plasmas. Z. Naturforsch. **7a**, 703 (1952).
2151. Evans, D. S.: Electromagnetic Forces in Solar Prominences. Monthly Notices **106**, 300 (1946).
2152. Fracastoro, M. G.: Altezza e Distribuzione della Cromosfera Solare. Osserv. e. Mem. Arcetri **64**, 35 (1947).
2153. Garstang, R. H.: On the Coronal Lines λλ 5445, 5694 and 4086. Astrophysic. J. **115**, 569 (1952).
2154. Giovanelli, R. G.: A Note on Heat Transfer in the Upper Chromosphere and Corona. Monthly Notices **109**, 372 (1949).
2155. Grotrian, W.: Spektroskopische Untersuchungen an Korona und Protuberanzen. Z. Astrophysik **2**, 106 (1931).
2156. — Über die Intensitätsverteilung des kontinuierlichen Spektrums der inneren Korona. Z. Astrophysik **3**, 199 (1931).
2157. — Über den Intensitätsverlauf und das Intensitätsverhältnis der Koronalinien. Z. Astrophysik **7**, 26 (1933).
2158. — Über das Fraunhofersche Spektrum der Sonnenkorona. Z. Astrophysik **8**, 124 (1934).
2159. — Zur Frage der Deutung der Linien im Spektrum der Sonnenkorona. Naturwiss. **27**, 214 (1939).
2160. Hale, G. E., and F. Ellermann: The Rumford Spectroheliograph of the Yerkes Observatory. Publ. Yerkes Obs. **3**, 1 (1930).
2161. Hebb, M. H., and D. H. Menzel: Physical Processes in Gaseous Nebulae. X. Collisional Excitation of Nebulium. Astrophysic. J. **92**, 408 (1940).
2162. Helfer, H. L.: Magneto-Hydrodynamic Shock Waves. Astrophysic. J. **117**, 177 (1953).
2162a. Hickox, J.: The Eruptive Prominence of October 21, 1934. Publ. Astr. Soc. Pacific **46**, 355 (1934).
2163. Hill, E. R.: Collision Processes Involving Highly Ionized Atoms. Austral. J. Sci. Res. (A) **4**, 437 (1951).
2163a. Hoffmann, F. de, and E. Teller: Magneto-Hydrodynamic Shocks. Physic. Rev. **80**, 692 (1950).
2164. Houten, C. J. van: The Form of the Fraunhofer Lines in the Inner Corona. Bull. Astr. Netherlands **11**, 160 (1950).
2165. Houtgast, J.: A High or a Low Kinetic Temperature in the Reversing Layer of the Sun? Atti Convegno Volta p. 33, Roma 1952.
2166. — Gradients of Line Strengths in the Chromosphere. Atti Convegno Volta, p. 68, Roma 1952.
2167. Huang, Kun: On the Excitation of the Coronal Lines. Astrophysic. J. **101**, 187 (1945).
2168. Hulme, H. R.: On the Motion of Solar Prominences and Streamers. Monthly Notices **99**, 634 (1939).
2169. Hulst, H. C. van de: Zodiacal Light in the Solar Corona. Astrophysic. J. **105**, 471 (1947).
2170. — The Electron Density of the Solar Corona. Bull. Astr. Netherlands **11**, 135 (1950).
2171. — On the Polar Rays of the Corona. Bull. Astr. Netherlands **11**, 150 (1950).
2172. Keenan, P. C.: Photometry of Hβ in the Chromospheric Spectrum outside of Eclipse. Astrophysic. J. **75**, 277 (1932). Auch Astrophysic. J. **76**, 134, 139 (1932).
2173. Kiepenheuer, K. O.: Zur Theorie der Sonnenkorona. Z. Astrophysik **10**, 279 (1935).
2174. — Zur Dynamik der Sonnenprotuberanzen. Z. Astrophysik **15**, 53 (1938).
2175. — The Nature of Solar Prominences. Publ. Astr. Soc. Pacific **63**, 161 (1951).
2176. Klüber, H. v.: Photographische Photometrie der Sonnenkorona (1929, 9. Mai). Z. Astrophysik **2**, 289 (1931).
2177. — Über die Sonnenkorona von 1926, 14. Januar. Z. Astrophysik **4**, 1 (1932).
2178. Koelbloed, D., and W. Veltman: On the Electron Temperature of the Chromosphere and Prominences. Proc. Amsterdam Acad. **54**, 468 (1951). — Astr. Inst. Amsterdam Circ. No. 3.
2179. Lane, H. H.: Spectrophotometry of the Chromosphere, 1932. Ann. Harvard Obs. **105**, 69 (1937).

2180. LARMORE, L.: A study of the Motions of Solar Prominences. Astrophysic. J. **118**, 436 (1953).
2181. LINDBLAD, B., and H. KRISTENSON: Chromospheric and Photospheric Gradients from Cinematography of the Flash Spectrum. Atti Convegno Volta p. 61, Roma 1952.
2182. LUDENDORFF, H.: Spektralphotometrische Untersuchungen über die Sonnenkorona. Sitzgsber. preuß. Akad. Wiss., Physik-math. Kl. **5**, 83 (1925).
2183. LYOT, B.: Observations des protubérances solaires faites au Pic du Midi en 1935. C. r. Acad. Sci. (Paris) **202**, 392 (1936).
2184. — La couronne solaire en 1936. C. r. Acad. Sci. (Paris) **202**, 1259 (1936).
2185. — A Study of the Solar Corona and Prominences without Eclipses. Monthly Notices **99**, 580 (1939).
2186. — Le filtre monochromatique polarisant et ses applications en physique solaire. Ann. d'Astrophysique **7**, 31 (1944).
2187. MCCREA, W. H.: The Hydrogen Chromosphere. Monthly Notices **89**, 483 (1929).
2188. — The Mechanics of the Chromosphere. Monthly Notices **89**, 718 (1929).
2189. — Theories of the Solar Chromosphere. Monthly Notices **95**, 80 (1934).
2190. — Gas Motions in Prominences, Wolf-Rayet Stars and Novae. Monthly Notices **95**, 509 (1935).
2191. MCMATH, R. R., and E. PETTIT: Prominences of the Active and Sun-Spot Types Compared. Astrophysic. J. **85**, 279 (1937).
2192. — Prominences Studies. Astrophysic. J. **88**, 263 (1938).
2193. MENZEL, D. H.: A Study of the Solar Chromosphere. Publ. Lick Obs. **17**, I (1931).
2194. — and J. W. EVANS: The Behavior and Classification of Solar Prominences. Harvard College Obs. (1953).
2195. MILNE, E. A.: Arbeiten zur Theorie der Ca^+-Chromosphäre. Monthly Notices **84**, 354 (1924); **85**, 111, 739 (1925); **86**, 8, 578 (1926); **87**, 697 (1927); **88**, 188, 493 (1928).
2196. — On the Possibility of the Emission of Highspeed Atoms from the Sun and Stars. Monthly Notices **86**, 459 (1926).
2197. MINNAERT, M., u. C. SLOB: Selbstabsorption in den Sonnenprotuberanzen. Proc. Amsterd. Acad. **33**, 65 (1930).
2198. — On the Continuous Spectrum of the Corona and its Polarisation. Z. Astrophysik **1**, 209 (1930).
2199. MITCHELL, S. A.: The Spectrum of the Chromosphere. Astrophysic. J. **71**, 1 (1930).
21100. — Heights in the Chromosphere. Astrophysic. J. **72**, 146 (1930).
21101. — and E. T. R. WILLIAMS: Relative Distribution and Abundance of Elements in the Lower Chromosphere. Astrophysic. J. **77**, 197 (1933).
21102. — Chromospheric Spectrum from Ten Eclipse Expeditions. Astrophysic. J. **105**, 1 (1947).
21103. MIYAMOTO, S.: Ionization Theory of Solar Corona. Publ. Astr. Soc. Japan **1**, 10 (1949).
21104. — Dynamical Theory of the Corona and Chromosphere. Publ. Astr. Soc. Japan **1**, 14 (1949).
21105. MOHLER, O. C.: Eclipse Observations of the Structure of the Chromosphere. Monthly Notices **111**, 630 (1951).
21106. MOORE, J. H.: The Coronal Spectrum of September 21, 1922. Publ. Astr. Soc. Pacific **35**, 59 (1923).
21107. — Spectroscopic Evidence of Radial Motion in the Outer Corona. Publ. Astr. Soc. Pacific **35**, 333 (1923).
21108. — Spectroscopic Evidence of Radial Motion in the Corona. Publ. Astr. Soc. Pacific **45**, 147 (1933).
21109. — The FRAUNHOFER Spectrum of the Solar Corona. Publ. Astr. Soc. Pacific **46**, 298 (1934).
21110. MÜLLER, R.: Die Beobachtung der monochromatischen Korona. (λ 5303 Å) in den Jahren 1946—1951. Verfahren und Ergebnisse. Forschungsber. Obs. Wendelstein No. 1 (1951).
21111. NEWTON, H. W.: The Distribution of Radial Velocities of Dark Hα Markings near Sunspots. Monthly Notices **94**, 472 (1934).
21112. — Note on Two Allied Types of Chromospheric Eruptions. Monthly Notices **95**, 650 (1935).
21112a. — Radio Fadings and Bright Solar Eruptions. Nature (London) **138**, 1017 (1936).
21112b. — Characteristic Radial Motions of Hα Absorption Markings seen with Bright Eruptions on the Sun's Disc. Monthly Notices **102**, 2 (1942).
21113. NIKONOV, V. B., and E. K. NIKONOVA: Izv. Krymsk. Astrophysic. Obs. **1**, 83 (1947).
21114. ÖHMAN, Y.: Results from Observations of the Total Solar Eclipse of 1945 July 9. I. The Polarization of the Corona. Stockholm Obs. Ann. **15**, No. 2 (1947).
21115. PANNEKOEK, A., and M. MINNAERT: Photometry of the Flash Spectrum. Verh. Akad. Wetensch. Amsterdam (Sect. 1) **13**, No. 5 (1928).

21116. Pannekoek, A. and N. W. Doorn: Photometry of the Chromosphere and the Corona. Verh. Akad. Wetensch. Amsterdam **14**, Nr. 2 (1930).
21117. — Intensity and Selfabsorption of Chromospheric Lines. Bull. Astr. Netherlands **4**, 263 (1928).
21118. Pasternack, S.: Transition Probabilities of Forbidden Lines. Astrophysic. J. **92**, 129 (1940).
21119. Pecker, C., D. E. Billings and W. O. Roberts: Identification of the atom responsible for the line at λ 5694.4 Å C. r. Acad Sci. (Paris) **238**, 1101 (1954).
21120. Perepelkin, E. J.: Die relative Intensität der Spektrallinien Hα(H) und D_3(He) in verschiedenen Höhen der Protuberanzen. Z. Physik **49**, 295 (1928).
21121. — Über die Natur der Sonnenprotuberanzen. Z. Astrophysik **3**, 338 (1931).
21122. — Über die Struktur der Sonnenchromosphäre. Z. Astrophysik **6**, 245 (1933).
21123. — On the Relative Intensity of the H_ε and H Lines in the Prominences and on its Variations. Poulkovo Obs. Circ. 1933, Nr. 9, 3.
21124. — and V. P. Viasanizyn: On Balmer Decrement in the Spectra of Prominences. Poulkovo Obs. Circ. **1935**, Nr. 13.
21125. — and O. A. Melnikov: Study of Helium D_3 Line in the Spectrum of Chromosphere. Poulkovo Bull. **14**, Nr. 122 (1935).
21126. Petri, W.: Der radiale Verlauf der monochromatischen Korona-Emission. Naturwiss. **38**, 155 (1951).
21127. — Physikalische Ergebnisse der visuellen Koronaphotometrie. Forschungsber. Obs. Wendelstein Nr. 2 (1952).
21128. — Monochromatische Fluktuationen der inneren Sonnenkorona. Z. Astrophysik **31**, 195 (1952).
21129. — Rotation, Persistenz und interdiurne Variationen der inneren monochromatischen Sonnenkorona in verschiedenen Breiten. Z. Astrophysik **34**, 68 (1954).
21130. Petrie, R, M.: The Temperature of the Solar Chromosphere. J. R. A. S. Canada **38**, 137 (1944).
21131. Pettit, E., and S. B. Nicholson: Radiation Measurements of the Solar Corona January 24, 1925. Astrophysic. J. **62**, 202 (1925).
21132. — On the Theory of the Continuous Spectrum of the Corona. Astrophysic. J. **64**, 136 (1926).
21133. — The Great Eruptive Prominences of May 29 and July 15. 1919. Astrophysic. J. **50**, 206 (1919).
21134. — The Forms and Motions of the Solar Prominences. Publ. Yerkes Obs. **3**, IV (1925).
21135. — Characteristic Features of Solar Prominences. Astrophysic. J. **76**, 9 (1932).
21136. — The Motions of Prominences of the Eruptive and Sun-Spot Types. Astrophysic. J. **84**, 319 (1936).
21137. Piddington, J. H.: Theories of Solar Phenomena Depending on Sunspot Fields Moving in the Chromosphere and Corona. Monthly Notices **113**, 188 (1953).
21138. Puh, Pan: Recherches sur le mouvement des protubérances solaires. Ann. Obs. Paris-Meudon **8**, Fasc. IV (1939).
21139. Ramberg, J. M.: Results from Observations of the Total Solar Eclipse of 1945 July 9. III. The Photometry of the Corona. Stockholm Obs. Ann. **16**, No. 3 (1951).
21140. — The Distribution of Light in the Corona of the Eclipse of 1914 August 21. I. u. II. Stockholm Obs. Ann. **17**, No. 2 (1951); No. **7** (1953).
21141. Redman, R. O.: Spectrographic Observations at the Total Solar Eclipse of 1940 October 1.
I. Instrument and Observational Procedure.
II. Concerning the Flash-Spectrum and Atomic Velocities in the Chromosphere.
III. The Spectrum of the Extreme Limb of the Sun.
Monthly Notices **102**, 134, 140 (1942); **103**, 173 (1943).
21142. — Chromospheric Observations at the Total Solar Eclipse of 1952, February 25: Preliminary Report. Atti Convegno Volta p. 72, Roma 1952.
21143. Reichel, M.: Zur Theorie der Spektroheliogramme. Z. Astrophysik 33, 79 (1953).
21144. Richardson, R. S.: The Bright Eruption and Radio Fade-out of August 25, 1936. Publ. Astr. Soc. Pacific **48**, 278 (1936).
21145. — Relation between Bright Chromospheric Eruption and Fade-Outs of High-Frequence Radio Transmission. Publ. Astr. Soc. Pacific **49**, 82 (1937).
21146. Roberts, W. O.: A Preliminary Report on Chromospheric Spicules of Extremely Short Lifetime. Astrophysic. J. **101**, 136 (1945).
21147. — V. K. Brenton, M. B. Shapley and Z. Kopal: Further Measures of Chromospheric Spicules. Publ. Astr. Soc. Pacific **61**, 160 (1949).
21148. — Sunspot Prominences and the Yellow Coronal Line. Astrophysic. J. **115**, 488 (1952).

21149. ROYDS, T.: A Very High Prominence on 1928, Nov. 19. Monthly Notices **89**, 255 (1929).
21150. — Oxygen in the Sun's Chromosphere. Kodaikanal Obs. Bull. **107** (1935).
21151. RUSH, J. H., and W. O. ROBERTS: Recent Studies of Chromospheric Spicules. Austral. J. Physic. **7**, 230 (1954).
21152. RUSSELL, H. N.: On Meteoric Matter near the Stars. Astrophysic. J. **69**, 49 (1929).
21153. SCHATZMAN, E.: The Heating of the Solar Corona and Chromosphere. Ann. d'Astrophysique **12**, 203 (1949).
21154. SCHIRMER, H.: Über die Ausbreitung von Stoßwellen in der Sonnenatmosphäre. Z. Astrophysik **27**, 132 (1950).
21155. SCHMIDT, M.: Brightness, Polarization and Electron Density of Streamers in the Solar Corona. Bull. Astr. Netherlands **12**, 61 (1953).
21156. SCHUSTER, A.: On the Polarisation of the Solar Corona. Monthly Notices **40**, 35 (1879).
21157. SCHWARZSCHILD, K.: Über die totale Sonnenfinsternis vom 30. August 1905. Astr. Mitt. Göttingen 1906, Teil 13.
21158. SCHWARZSCHILD, M.: On Noise Arising from the Solar Granulation. Astrophysic. J. **107**, 1 (1948).
21159. SHORTLEY, G. H.: The Computation of Quadrupole and Magnetic-Dipole Transition Probabilities. Physic. Rev. **57**, 225 (1940).
21160. SIEDENTOPF, H.: Die Sonnenkorona. Erg. exakt. Naturwiss. **23**, 1 (1950).
21161. THACKERAY, A. D.: Wave-Lengths and Intensities in the Flash-Spectrum. Monthly Notices **97**, 672 (1937).
21162. THIESSEN, G.: Polarisation des Lichtes beim Durchgang durch Metallspalte. Optik **2**, 266 (1947); auch J. SPERLING: Optik **5**, 189 (1949).
21163. — Der Effekt der interstellaren Polarisation in der Sonnenkorona. Z. Astrophysik **32**, 173 (1953).
21164. THOMSON, J. J.: Ionisation by Moving Electrified Particles. Philosophic. Mag. (6) **23**, 449 (1912).
21165. TREIMAN, S. B.: Solar Magnetic Moment and Cosmic-Ray Effects Associated with Solar Flares. Physic. Rev. **94**, 1029 (1954).
21166. TRELLIS, M.: La vitesse de rotation de la couronne intérieure solaire. C. r. Acad. Sci. (Paris) **238**, 650 (1954).
21167. UNSÖLD, A.: A Spectroscopic Determination of the Pressure in the Calcium Chromosphere. Astrophysic. J. **69**, 209 (1929).
21168. — Über die BALMER-Serie des Wasserstoffs im Sonnenspektrum. Z. Physik **59**, 353 (1930).
21169. — Die Kontur der Heliumlinie λ 5876 (D_3) im Spektrum der Sonnenchromosphäre. Z. Astrophysik **3**, 77 (1931).
21170. — Quantitative Analyse des Spektrums einer eruptiven Protuberanz. Z. Astrophysik **24**, 22 (1947).
21171. — Turbulenz und Temperatur der Sonnenchromosphäre. Z. Naturforsch. **7a**, 121 (1952).
21172. — The Constitution of the Solar Atmosphere. Atti Convegno Volta p. 22, Roma 1952.
21173. WALDMEIER, M.: Die Kontur der Koronalinie 5302,86 Å. Z. Astrophysik **20**, 323 (1941).
21174. — Der radiale Helligkeitsabfall der Sonnenkorona im monochromatischen Licht der Linie 5303 Å. Z. Astrophysik **21**, 120 (1942).
21175. — Das Verhalten der Koronalinie 5694,42 Å. Astr. Mitt. Zürich Nr. 146 (1945).
21176. — Die Variation der monochromatischen Gesamtemission der Sonnenkorona im 11jährigen Zyklus. I. Die Linie 5303 Å. Z. Astrophysik **26**, 264 (1949). II. Die Linie 6374 Å. Z. Astrophysik **35**, 1 (1954).
21177. — Polarkarten der Sonnenkorona. Z. Astrophysik **27**, 24 (1950).
21178. — Die Koronastruktur in der Umgebung einer großen Fleckengruppe. Z. Astrophysik **27**, 73 (1950).
21179. — Statistik der grünen Koronastrahlen. Z. Astrophysik **27**, 237 (1950).
21180. — Spektralphotometrische Klassifikation der Protuberanzen. Z. Astrophysik **28**, 208 (1951).
21181. — Die Form der monochromatischen Korona. Z. Astrophysik **28**, 262 (1950).
21182. — Die neue Koronalinie 5445 Å. Z. Astrophysik **29**, 29 (1951).
21183. — Variationen der Koronatemperatur. Z. Astrophysik **30**, 137 (1951).
21184. — Synthese der Sonnenkorona. Z. Astrophysik **31**, 304 (1952).
21185. — Die Form der Sonnenkorona bei der Finsternis am 25. Februar 1952. Z. Astrophysik **33**, 286 (1954).
21186. WALLENQUIST, A.: The Distribution of Light in the Solar Corona of July 9, 1945. Uppsala Ann. **3**, No. 1, Part II (1949).

21187. Werner, A.: The Continuous Radiative Absorption Cross Section of Fe XIV and the Coronal Temperature. Austral. J. Physic. **7**, 25 (1954).
21188. Wildt, R.: An Interpretation of the Heights of Lines in the Solar Chromosphere. Astrophysic. J. **105**, 36 (1947).
21189. Woolley, R. v. d. R., and H. W. Newton: Observations of Intensity with a Spectrohelioscope. Monthly Notices **96**, 5 (1935).
21190. — and C. W. Allen: The Coronal Emission Spectrum. Monthly Notices **108**, 292 (1948).
21191. — — Ultra-Violet Emission from the Chromosphere. Monthly Notices **110**, 358 (1950).
21192. Wurm, K.: Über den Zusammenhang zwischen Chromosphären- und Koronaspektrum der Sonne und die Anregung in der Chromosphäre. Z. Astrophysik **25**, 109 (1948); auch Himmelswelt **55**, 77 (1948).
21193. — Ionisation und Anregung in den Sonnenprotuberanzen. Ann. Physik (6) **3**, 139 (1948).
21194. Zanstra, H.: Observatory **67**, 10 (1947).
21195. — The Value of Observations of Continuous Spectra in the Chromosphere and Prominences. Proc. Amsterdam Acad. **53**, 1289 (1950) = Astr. Inst. Amsterdam Circ. No. 1.

Siebenter Teil.

Radiofrequenzstrahlung und kosmische Ultrastrahlung.

XXII. Kapitel. **Radioastronomie.**

Zusammenfassende Darstellungen.

2201. Hey, J. S.: Radio Astronomy. Monthly Notices **109**, 179 (1949).
2202. Hulst, H. C. van de: A Course in Radio Astronomy. Leiden 1951.
2203. Lovell, B., and J. A. Clegg: Radio Astronomy. London 1952.
2204. Nicolet, M.: Bruits solaires et cosmiques. Mem. Inst. Roy. Meteorolog. de Belgique, Vol. **35**, 1949.
2205. Pawsey, J. L., and S. F. Smerd: Solar Radio Emission. Kap. **7** in *The Sun*; ed. G. P. Kuiper: Chicago Univ. Press 1953.
2206. Ryle, M.: Radio Astronomy. Rep. Progr. Physic **13**, 184 (1950).
Nachtrag b. d. Korr.:
Lovell, A. C. B.: Meteor Astronomy. Oxford Univ. Press 1954.
Pawsey, J. W. and R. N. Bracewell: Radio Astronomy. Oxford Univ. Press 1955.

Abhandlungen.

2207. Allen, C. W.: Solar Radio-Noise of 200 Mc/S. and its Relation to Solar Observations. Monthly Notices **107**, 386 (1947).
2208. — and C. S. Gum: Survey of Galactic Radio-Noise at 200 Mc/s. Austral. J. Sci. Res. (A) **3**, 224 (1950).
2209. Alon, I., J. Arsac et J.-L. Steinberg: Sur la distribution de la brillance radioélectrique sur le soleil à la frequence de 9350 Mc/s. C. r. Acad. Sci. (Paris) **237**, 300 (1953).
2210. Baade, W., and L. Spitzer: Stellar Populations and Collisions of Galaxies. Astrophysic. J. **113**, 413 (1951).
2211. — and R. Minkowski: Identification of the Radio Sources in Cassiopeia, Cygnus A and Puppis A. Astrophysic. J. **119**, 206 (1954).
2212. — — On the Identification of Radio Sources. Astrophysic. J. **119**, 215 (1954).
2213. Baldwin, J. E.: A Search for Radio Emission from the Orion Nebula. Observatory **73**, 155 (1953).
2214. — and D. W. Dewhirst: Position and Identification of a Bright Extended Radio Source in Gemini. Nature (London) **173**, 164 (1954).
2215. — and B. Elsmore: Radio Emission from the Perseus Cluster. Nature (London) **173**, 818 (1954).
2216. — Radio Emission from the Andromeda Nebula. Nature (London) **174**, 320 (1954).
2217. Blum, E. J., J. F. Denisse and J.-L. Steinberg: A Study of Solar Radio Disturbances of Feeble Intensity. C. r. Acad. Sci. (Paris) **232**, 387 (1951).
2218. — — — Resultat des observations d'une éclipse annulaire de soleil effectuées sur 169 Mc/s. et 9350 Mc/s. Ann. d'Astrophysique **15**, 184 (1952).
2219. Bolton, J. G., G. J. Stanley and O. B. Slee: Positions of Three Discrete Sources of Galactic Radio-Frequency Radiation. Nature (London) **164**, 101 (1949).
2220. — and K. C. Westfold: Galactic Radiation at Radio Frequencies.
I. 100 Mc/s. Survey. Austral. J. Sci. Res. (A) **3**, 19 (1950).

2221. III. Galactic Structure. Austral. J. Sci. Res. **3**, 251 (1950).
2222. IV. The Distribution of Radio Stars in the Galaxy. Austral. J. Sci. Res. **4**, 476 (1951).
2223. BOLTON, J. G. and O. B. SLEE: V. The Sea Interferometer, Austr. J. Sci. Res. (A) **6**, 420 (1953).
2224. — and G. J. STANLEY: VI. Low Altitude Scintillations of the Discrete Sources. Austral. J. Physic **6**, 434 (1953).
2225. — K. C. WESTFOLD, G. J. STANLEY and O. B. SLEE: VII. Discrete Sources with Large Angular Widths. Austral. J. Physic **7**, 96 (1954).
2226. — G. J. STANLEY and O. B. SLEE: VIII. Discrete Sources at 100 Mc/s between Declinations +50° and —50°. Austral. J. Physic **7**, 110 (1954).
BROWN, HANBURY, R. s. unter HANBURY, BROWN, R.
2227. BURKHARDT, G., G. ELWERT u. A. UNSÖLD: Über das langwellige Ende des kontinuierlichen Röntgenspektrums und die Theorie der Radiofrequenzstrahlung der Milchstraße und der Sonne. Z. Astrophysik **25**, 310 (1948).
2228. — u. A. SCHLÜTER: Ausbreitung und Ausstrahlung radiofrequenter Wellen in der Sonnenkorona. Z. Astrophysik **26**, 295 (1949).
2229. — Dispersionsvermögen und Eigenschwingung eines ionisierten Gases. Ann. Physik (6) **5**, 373 (1950).
2230. CHRISTIANSEN, W. N., and J. V. HINDMAN: A Long-Period Change in Radio-Frequency Radiation from the "Quiet" Sun at Decimetre Wave-Lengths. Nature (London) **167**, 635 (1951).
2231. — — A. G. LITTLE, RUBY PAYNE-SCOTT, D. E. YABSLEY and C. W. ALLEN: Radio Observations of Two Large Solar Disturbances. Austral J. Sci. Res. (A) **4**, 51 (1951).
2232. — and J. A. WARBURTON: The Distribution of Radio Brightness over the Solar Disc at a Wavelength of 21 Centimetres.
I. A New Highly Directional Aerial System.
II. The Quiet Sun. — One-Dimensional Observations.
Austral. J. Physic. **6**, 190, 262 (1953).
2233. COVINGTON, A. E., and N. W. BROTEN: Brightness of the Solar Disc at a Wave Length of 10,3 cm. Astrophysic. J. **119**, 569 (1954).
2234. DENISSE, J. F.: Contribution a l'étude des émissions radioélectriques solaires. Ann. d'Astrophysique **13**, 181 (1950).
2235. — and Y. ROCARD: The excitation of electron oscillations in a shock wave; applications to radio astronomy. J. Physique et Radium **12**, 893 (1951).
2236. DICKE, R. H., and R. BERINGER: Microwave Radiation from the Sun and Moon. Astrophysic. J. **103**, 375 (1946).
2237. DODSON, H. W., E. R. HEDEMAN and L. OWREN: Solar Flares and Associated 200 Mc/sec Radiation. Astrophysic. J. **118**, 169 (1953).
2238. — — and A. E. COVINGTON: Solar Flares and Associated 2800 Mc/sec (10,7 cm) Radiation. Astrophysic. J. **119**, 541 (1954).
2239. — Intensity Measures of Calcium Plages for Comparison with 10,3 Centimeter Solar Radiation October 16, 1951. Astrophysic. J. **119**, 564 (1954).
2240. ELWERT, G.: Der Absorptionskoeffizient an der langwelligen Grenze des kontinuierlichen Röntgenspektrums. Z. Naturforsch. **3a**, 477 (1948).
2241. EWEN, H. I., and E. M. PURCELL; C. A. MULLER and J. H. OORT; W. N. CHRISTIANSEN and J. V. HINDMAN (Bericht von J. L. PAWSEY): Observation of a Line in the Galactic Radio Spectrum. Nature (London) **168**, 356 (1951).
2242. FEINSTEIN, J., and H. K. SEN: Radio Wave Generation by Multistream Charge Interaction. Physic. Rev. **83**, 405 (1951), sowie H. K. SEN: Physic Rev. **97**, 849 (1955)
2243. FORSYTH, P. A., W. PETRIE and B. W. CURRIE: Auroral Radiation in the 300 Megacycle Region. Nature (London) **164**, 453 (1949).
2243a. GABOR, D.: Wave Theory of Plasmas. Proc. Roy. Soc. (London) (A) **213**, 73 (1952).
2244. GREENSTEIN, J. L., and R. MINKOWSKI: The Crab Nebula as a Radio Source. Astrophysic. J. **118**, 1 (1953).
2245. HADDOCK, F. T., C. H. MAYER and R. M. SLOANAKER: Radio Emission from the Orion Nebula and other Sources at λ 9,4 cm. Astrophysic. J. **119**, 456 (1954).
2246. — — — Radio Observations of Ionized Hydrogen Nebulae and other Discrete Sources at a Wave-Length of 9,4 cm. Nature (London) **174**, 176 (1954).
2247. HAEFF, A. V.: The Electron-Wave Tube. Proc. I. R. E. **7**, 4 (1949).
2248. — On the Origin of Solar Radio Noise. Physic. Rev. **75**, 1546 (1949).
2249. HAGEN, J. P.: A Study of the Radio-Frequency Radiation from the Sun. Naval Res. Lab. Rep. 3504; Washington 1949; Astrophysic. J. **113**, 547 (1951).
2250. — and N. HEPBURN: Solar Outbursts at 8,5 mm Wave-length. Nature (London) **170**, 244 (1952).

2251. Hanbury Brown, R., and C. Hazard: Radio Emission from the Andromeda Nebula. Monthly Notices **111**, 357 (1951).
2252. — R. C. Jennison, M. K. Das Gupta, B. Y. Mills and F. G. Smith: Apparent Angular Sizes of Discrete Radio Sources. Nature (London) **170**, 1061—1065 (1952).
2253. — A Symposium on Radio-Astronomy at Jodrell Bank. Observatory **73**, 185 (1953).
2254. — and C. Hazard: A Radio Survey of the Milky Way in Cygnus, Cassiopeia and Perseus. Monthly Notices **113**, 109 (1953).
2255. — — A Survey of 23 Localized Radio Sources. Monthly Notices **113**, 123 (1953).
2256. — — A Model of the Radio-Frequency Radiation from the Galaxy. Philosophic. Mag. (7) **44**, 939 (1953).
2257. — — Radio-Frequency Radiation from the Spiral Nebula M. 81. Nature (London) **172**, 853 (1953).
2258. — — An Extended Radio-Frequency Source of Extragalactic Origin. Nature (London) **172**, 997 (1953).
2259. — and R. G. Twiss: A New Type of Interferometer for Use in Radio Astronomy. Philosophic. Mag. (7), **45**, 663 (1954).
2260. — H. P. Palmer and A. R. Thompson: Galactic Radio Sources of Large Angular Diameter. Nature (London) **173**, 945 (1954).
2261. Hatanaka, T., and F. Moriyama: IV. On Some Features of Noise Storms. Tokyo Astr. Obs. Repr. No. 99, 1952.
2262. Henyey, L. G., and P. C. Keenan: Interstellar Radiation from Free Electrons and Hydrogen Atoms. Astrophysic. J. **91**, 625 (1940).
2263. Herbstreit, J. W., and J. R. Johler: Frequency Variation of the Intensity of Cosmic Radio Noise. Nature (London) **161**, 515 (1948).
2263a. Hewish, A.: The Irregular Structure of the Outer Regions of the Solar Corona. Proc. Roy. Soc. (A) **228**, 238 (1955).
2264. Hey, J. S., S. J. Parsons and J. W. Phillips: An Investigation of Galactic Radiation in the Radio Spectrum. Proc. Roy. Soc. (London) (A) **192**, 425 (1948).
2265. — — — Some Characteristics of Solar Radio Emissions. Monthly Notices **108**, 354 (1948).
2266. — and V. A. Hughes: Intensities of Discrete Radio Sources in Cygnus and Cassiopeia at 22,6 Mc/s. Nature (London) **173**, 819 (1954).
2267. Holmberg, E.: A Photometric Study of Nearby Galaxies. Lund. Medd. Ser. II, Nr. 128 (1950).
2268. Hubble, E.: The Realm of the Nebulae. Yale University Press 1936.
2269. Hulst, H. C. v. d.: The Galaxy Explored by Radio Waves. Observatory **73**, 129 (1953).
2270. — C. A. Muller and J. H. Oort: The Spiral Structure of the Outer Part of the Galactic System Derived from the Hydrogen Emission at 21 cm Wavelength. Bull. Astr. Netherlands **12**, 117 (1954).
2271. Jaeger, J. C., and K. C. Westfold: Transients in an Ionized Medium with Applications to Bursts of Solar Noise. Austral. J. Sci. Res. **2**, 322 (1949).
2272. Jansky, K. G.: Directional Studies of Atmospherics at High Frequencies . . . Proc. I. R. E. **20**, 1920 (1932); **21**, 1387 (1933); **23**, 1158 (1935); **25**, 1517 (1937).
2273. Jorand, M.: Le rayonnement radioélectrique des taches solaires sur 160 Mc/sec de 1948 à 1951. Ann. d'Astrophysique **16**, 151 (1953).
2274. Kraus, J. D., and H. C. Ko: Radio Radiation from the Supergalaxy. Nature (London) **172**, 538 (1953).
2275. Kraus, J. D.: Radiation from the Galaxy and Supergalaxy at 250 Mc/s. Astronomical J. **59**, 113 (1954).
2276. Kusch, K., and A. G. Prodell: On the Hyperfine Structure of Hydrogen and Deuterium. Physic. Rev. **79**, 1009 (1950).
2277. Laffineur, M., et J. Houtgast: Observations du rayonnement solaire sur la longueur d'onde de 55 cm. Ann. d'Astrophysique **12**, 137 (1949).
2278. Lehany, F. J., and D. E. Yabsley: Solar Radiation at 1200 Mc/s., 600 Mc/s. and 200 Mc/s. Austral. J. Sci. Res. (A) **2**, 48 (1949).
2279. Looney, D. H., and S. C. Brown: The Excitation of Plasma Oscillations. Physic. Rev. **93**, 965 (1953).
2279a. Lovell, A. C. B., and C. J. Banwell: Abnormal Solar Radiation on 72 Megacyles. Nature (London) **158**, 517 (1946).
2280. Machin, K. E., and F. G. Smith: Occultation of a Radio Star by the Solar Corona. Nature (London) **170**, 319 (1952).
2281. — and P. A. O'Brien: The Emission Polar Diagram of the Radio-Frequency Radiation from Sunspots. Philosophic. Mag. (7) **45**, 973 (1954).
2282. Martyn, D. F.: Solar Radiation in the Radio Spectrum. I. Radiation from the Quiet Sun. Proc. Roy. Soc. (London) (A), **193**, 44 (1948); Nature (London) **158**, 632 (1946).

2283. Maxwell, A.: Radio Emission from the Sunspot of Central Meridian Passage 1950 June 14. Observatory **71**, 72 (1951).
2284. McCready, L. L., J. L. Pawsey and R. Payne-Scott: Solar Radiation at Radio Frequencies and its Relation to Sunspots. Proc. Roy. Soc. (London) (A) **190**, 357 (1947).
2285. McGee, R. X., and J. G. Bolton: Probable Observation of the Galactic Nucleus at 400 Mc/s. Nature (London) **173**, 985 (1954).
2286. Mills, B. Y.: The Distribution of the Discrete Sources of Cosmic Radio Radiation. Austral. J. Sci. Res. (A) **5**, 266 (1952).
2287. — The Positions of Six Discrete Sources of Cosmic Radio Radiation. Austral. J. Sci. Res. **5**, 456 (1952).
2288. — The Brightness Distributions over Four Discrete Sources of Cosmic Noise. Austral. J. Physic **6**, 452 (1953).
2289. Minkowski, R., and L. H. Aller: The Spectrum of the Radio Source in Cassiopeia. Astrophysic. J. **119**, 232 (1954).
2290. — and J. L. Greenstein: The Power Radiated by some Discrete Sources of Radio Noise. Astrophysic. J. **119**, 238 (1954).
2291. Morgan, W. W., S. Sharpless and D. Osterbrock: Spiral Arms of the Galaxy. Sky and Telescope **11**, 138 (1952).
2292. Moxon, L. A.: Variation of Cosmic Radiation with Frequency. Nature (London) **158**, 758 (1946).
2293. Nyquist, H.: Thermal Agitation of Electric Charge in Conductors. Physic. Rev. **32**, 110 (1928).
2294. O'Brien, P. A.: The Distribution of Radiation across the Solar Disk at Metre Wave-Lengths. Monthly Notices **113**, 597 (1953).
2295. — and C. J. Bell: Distribution of Radio-Frequency Brightness across the Solar Disc and the Derivation of a Model Corona. Nature (London) **173**, 219 (1954).
2296. Oort, J. H.: Problems of Galactic Structure. Astrophysic. J. **116**, 233 (1952).
2297. — and G. Westerhout: A Comparision of the Intensity Distribution of Radio-Frequency Radiation with a Model of the Galactic System. Bull. Astr. Netherlands **11**, 323 (1951).
2298. Pawsey, J. L., and D. E. Yabsley: Solar Radio-Frequency Radiation of Thermal Origin. Austral. J. Sci. Res. (A) **2**, 198 (1949).
2299. Payne-Scott, Ruby, D. E. Yabsley and J. G. Bolton: Relative Times of Arrival of Bursts of Solar Noise on Different Radio Frequencies. Nature (London) **160**, 256 (1947).
22100. — Bursts of Solar Radiation at Metre Wavelengths. Austral. J. Sci. Res. (A) **2**, 214 (1949).
22101. — and A. G. Little: The Position and Movement on the Solar Disc of Sources of Radiation at a Frequency of 97 Mc/s. I. Equipment; II. Noise Storms; III. Outbursts. Austral. J. Sci. Res. (A) **4**, 489 u. 508 (1951); **5**, 32 (1952).
22102. Piddington, J. H.: The Derivation of a Model Solar Chromosphere from Radio Data. Proc. Roy. Soc. (London) (A) **203**, 417 (1950).
22103. — and H. C. Minnett: Solar Radio-Frequency Emission from Localized Regions at Very High Temperatures. Austral. J. Sci. Res. (A) **4**, 131 (1951).
22104. — — Observations of Galactic Radiation at Frequencies of 1210 Mc/s. and 3000 Mc/s. Austral. J. Sci. Res. (A) **4**, 459 (1951).
22105. — The Origin of Galactic Radio Frequency Radiation. Monthly Notices **111**, 45 (1951).
22106. — and H. C. Minnett: Radio Frequency Radiation from the Constellation of Cygnus. Austral. J. Sci. Res. (A) **5**, 17 (1952).
22107. — and R. D. Davies: Thermal Radio Emission from the Sun and the Source of Coronal Heating. Monthly Notices **113**, 582 (1953).
22108. — Model Solar Chromospheres. Astrophysic. J. **119**, 531 (1954).
22109. Pierce, J. R.: Increasing Space-Charge Waves. J. Appl. Physic **20**, 1060 (1949).
22110. Priester, W.: Zur Deutung der extragalaktischen Radiofrequenz-Strahlung. Z. Astrophysik **34**, 283 (1954).
22111. — Über die Anzahl der Radio-Sterne in der Milchstraße. Z. Astrophysik **34**, 295 (1954).
22112. Reber, G.: Cosmic Static. Astrophysic. J. **91**, 621 (1940); Proc. I. R. E. **28**, 68 (1940).
22113. — Cosmic Static. Astrophysic. J. **100**, 279 (1944); Proc. I. R. E. **36**, 1215 (1948).
22114. — Motion in the Solar Atmosphere as Deduced from Radio Measurements. Science (Lancaster, Pa.) **113**, 312 (1951).
22115. Reule, A.: Zur thermischen Emission der Sonnenkorona im Wellenlängenbereich zehn Zentimeter bis zehn Meter. Z. Naturforsch. **7a**, 234 (1952).

22116. RYLE, M., and D. D. VONBERG: An Investigation of Radio-Frequency Radiation from the Sun. Proc. Roy. Soc. (London) (A) **193**, 98 (1948).

22117. — F. G. SMITH and B. ELSMORE: A Preliminary Survey of the Radio Stars. Monthly Notices **110**, 508 (1950).

22118. — A New Radio Interferometer and its Application to the Observation of Weak Radio Stars. Proc. Roy. Soc. (London) (A) **211**, 351 (1952).

22119. SCHEUER, P. A. G., and M. RYLE: An Investigation of the HII Regions by a Radio Method. Monthly Notices **113**, 3 (1953).

22120. SEN, H. K.: An Estimate of the Density and Motion of Solar Material from Observed Characteristics of Solar Radio Outbursts. Austral. J. Physic **6**, 67 (1953).

22121. — Space Charge Wave Amplification in a Shock Front and the Fine Structure of Solar Radio Noise. Austral. J. Physic **7**, 30 (1954).

22122. SHAIN, C. A.: Galactic Radiation at 18.3 Mc/s. Austral. J. Sci. Res. (A) **4**, 258 (1951).

22123. — and C. S. HIGGINS: Observations of the General Background and Discrete Sources of 18.3 Mc/s. Cosmic Noise. Austral. J. Physic **7**, 130 (1954).

22124. — A Comparison of the Intensities of Cosmic Noise Observed at 18.3 Mc/s. and at 100 Mc/s. Austral. J. Physic **7**, 150 (1954).

22125. SHAPLEY, H.: Star Clusters. Harvard Obs. Mon. No. 2; 1930.

22126. SHKLOWSKY, J. S.: Russ. Astronomic. J. **23**, 333 (1947).

22127. SMERD, S. F., and K. C. WESTFOLD: The Characteristics of Radio-Frequency Radiation in an Ionized Gas, with Applications to the Transfer of Radiation in the Solar Atmosphere. Philosophic. Mag. **40**, 831 (1949).

22128. — Radio-Frequency Radiation from the Quiet Sun. Austral. J. Sci. Res. **3**, 34 und 265 (1950).

22129. STANIER, H. M.: Distribution of Radiation from the Undisturbed Sun at a Wave-Length of 60 cm. Nature (London) **165**, 354 (1950).

22130. — and O. B. SLEE: Galactic Radiation at Radio Frequencies. II. The Discrete Sources. Austral. J. Sci. Res. (A) **3**, 234 (1950).

22131. STRÖMGREN, B.: On the Density Distribution and Chemical Composition of the Interstellar Gas. Astrophysic. J. **108**, 242 (1948).

22132. — In: Problems of Cosmical Aerodynamics. (1949), p. 20 f.

22133. TOWNES, C. H.: Interpretation of Radio Radiation from the Milky Way. Astrophysic. J. **105**, 235 (1947).

22134. UNSÖLD, A.: Die Kurzwellenstrahlung der Milchstraße, der Sonne und des Mondes. Naturwiss. **34**, 194 (1947); Naturwiss. **33**, 36 (1946).

22135. — Origin of the Radio Frequency Emission and Cosmic Radiation in the Milky Way. Nature (London) **163**, 489 (1949).

22136. — Über den Ursprung der Radiofrequenzstrahlung und der Ultrastrahlung in der Milchstraße. Z. Astrophysik **26**, 176 (1949).

22137. VAUCOULEURS, G. DE: Normal and Abnormal Galaxies as Radio Sources. Observatory **73**, 252 (1953).

22138. — Evidence for a Local Supergalaxy. Astronomical J. **58**, 30 (1953).

22139. WALDMEIER, M., u. H. MÜLLER: Spektrale Energieverteilung und Mitte-Rand-Variation der radiofrequenten Koronastrahlung. Astr. Mitt. Zürich No. 155 (1948).

22140. — — Die Sonnenstrahlung im Gebiet von $\lambda = 10$ cm. Z. Astrophysik **27**, 58 (1950); weiterhin Z. Astrophysik **36**, 181 (1955).

22141. — Die Randverdunkelung der radiofrequenten Sonnenstrahlung bei $\lambda = 10{,}7$ cm. Z. Astrophysik **32**, 116 (1953).

22142. WESTERHOUT, G., and J. H. OORT: A Comparison of the Intensity Distribution of Radio-Frequency Radiation with a Model of the Galactic System. Bull. Astr. Netherlands **11**, 323 (1951).

22143. WILD, J. P., and L. L. MCCREADY: Observations of the Spectrum of High-Intensity Solar Radiation at Metre Wavelengths. I. The Apparatus and Spectral Types of Solar Burst Observed. Austral. J. Sci. Res. (A) **3**, 387 (1950).

22144. — Desgl. II. Outbursts and III. Isolated Bursts. IV. Enhanced Radiation. Austral. J. Sci. Res. (A) **3**, 399 u. **541** (1950) und **4**, 36 (1951).

22145. — The Radio-Frequency Line Spectrum of Atomic Hydrogen and its Applications in Astronomy. Astrophysic. J. **115**, 206 (1952).

22146. — J. D. MURRAY and W. C. ROWE: Evidence of Harmonics in the Spectrum of a Solar Radio Outburst. Nature (London) **172**, 533 (1953).

22147. — J. A. ROBERTS and J. D. MURRAY: Radio Evidence of the Ejection of Very Fast Particles from the Sun. Nature (London) **173**, 532 (1954).

22148. WYATT, ST. P.: A Radio Model of the Galaxy. Astrophysic. J. **118**, 304 (1953).

XXIII. Kapitel. **Kosmische Ultrastrahlung und Radiofrequenzstrahlung.**

Zusammenfassende Darstellungen der kosmischen Ultrastrahlung.

2301. Heisenberg, W. (Ed.): Vorträge über kosmische Strahlung. Berlin, Göttingen, Heidelberg: Springer-Verlag 1953.
2302. Montgomery, D. J. X.: Cosmic Rays. Princeton Univ. Press 1949.
2303. Wilson, J. G. (Ed.): Progress in Cosmic Ray Physics. Vol. I and II. Amsterdam 1952 und 1954.

Nachtrag: Dauvillier, A.: Les rayons cosmiques. Paris 1954.

Abhandlungen.

2304. Adams, N., and H. J. J. Braddick: Time and other Variations in the Intensity of Cosmic Ray Neutrons. Z. Naturforsch. **6a**, 592 (1951).
2305. Biermann, L., and A. Schlüter: Cosmic Radiation and Cosmic Magnetic Fields. II. Origin of Cosmic Magnetic Fields. Physic. Rev. **82**, 863 (1951).

Cosmic Radiation Intensity-Time Variations and their Origin.

2306. Simpson, J. A., W. Fonger and S. B. Treiman: I. Neutron-Intensity Variation Method and Meteorological Factors. Physic. Rev. **90**, 934 (1953).
2307. Fonger, W. H.: II. Energy Dependence of 27-Day Variations. Physic. Rev. **91**, 351 (1953).
2308. Simpson, J. A.: III. The Origin of 27-Day Variations. Physic. Rev. **94**, 426 (1954).
2309. Firor, J. W.: IV. Increases Associated with Solar Flares. Physic. Rev. **94**, 1017 (1954).
2310. — W. H. Fonger and J. A. Simpson: V. The Daily Variation of Intensity. Physic. Rev. **94**, 1031 (1954).
2311. Ehmert, A.: Ultrastrahlung von der Sonne. Z. Naturforsch. **3a**, 264 (1948).
2312. Fermi, E.: On the Origin of the Cosmic Radiation. Physic. Rev. **75**, 1169 (1949).
2313. — and S. Chandrasekhar: Magnetic Fields in Spiral Arms. Astrophysic. J. **118**, 113 (1953).
2314. — — Problems of Gravitational Stability in the Presence of a Magnetic Field. Astrophysic. J. **118**, 116 (1953).
2315. — Galactic Magnetic Fields and the Origin of Cosmic Radiation. Astrophysic. J. **119**, 1 (1954).
2316. Firor, J. W., J. A. Simpson and S. B. Treiman: Production of Cosmic Radiation at the Sun. Physic. Rev. **95**, 1015 (1954).
2317. Forbush, S. E.: Three Unusual Cosmic-Ray Increases Possibly Due to Charged Particles from the Sun. Physic. Rev. **70**, 771 (1946).
2318. — T. B. Stinchcomb and M. Schein: The Extraordinary Increase of Cosmic-Ray Intensity on November 19, 1949. Physic. Rev. **79**, 501 (1950).
2319. Ginsburg, W. L.: Der Ursprung der kosmischen Strahlung und die Radioastronomie. Fortschr. Physik **1**, 659 (1954) = Uspechi Fiz. Nauk **51**, 343 (1953).
2320. Kalinjak, A. A., W. I. Krassowski u. W. B. Nikonow: Beobachtung des Gebietes des galaktischen Zentrums in der Strahlung von etwa 10000 Å. Abh. Sow. Astr. **3**, 115 (1953) = Nachr. Astrophys. Krim-Obs. **6**, 119 (1950).
2321. Morrison, P., S. Olbert and B. Rossi: The Origin of Cosmic Rays. Physic. Rev. **94**, 440 (1954).
2322. Siedentopf, H., u. G. Elwert: Radiofrequenzemission von Ultrastrahlungselektronen. Z. Naturforsch. **8a**, 20 (1953).
2323. Simpson, J. A., W. Fonger and L. Wilcox: A Solar Component of the Primary Cosmic Radiation. Physic. Rev. **85**, 366 (1951).
2324. Swann, W. F. G.: A Mechanism of Acquirement of Cosmic-Ray Energies by Electrons. Physic. Rev. **43**, 217 (1933); **71**, 485 (1947).
2325. Treiman, S. B.: Solar Magnetic Moment and Cosmic Ray Effects Associated with Solar Flares. Physic. Rev. **94**, 1029 (1954).
2326. Unsöld, A., and S. Chapman: Optical and Radiofrequency Absorption by Solar Corpuscular Bursts. Observatory **69**, 219 (1949).
2327. — Origin of the Radio Frequency Emission and Cosmic Radiation in the Milky Way. Nature (London) **163**, 489 (1949).
2328. — Über den Ursprung der Radiofrequenzstrahlung und der Ultrastrahlung in der Milchstraße. Z. Astrophysik **26**, 176 (1949).
2329. — Cosmic Radiation and Cosmic Magnetic Fields. I. Origin and Propagation of Cosmic Rays in Our Galaxy. Physic. Rev. **82**, 857 (1951).

Anhang A.

Naturkonstanten.

A 1. DuMond, J. W. H., and E. R. Cohen: Our Knowledge of the Atomic Constants F, N, m and h in 1947, and of Other Constants Derivable Therefrom. Rev. Mod. Phys. **20**, 82 (1948); **21**, 651 (1949); **25**, 691 (1953). (Die letzte Arbeit ist in Anh. A nicht mehr berücksichtigt.)

A 2. Landolt-Börnstein: Zahlenwerte und Funktionen aus Physik, Chemie, Astronomie, Geophysik und Technik. 6. Aufl. Herausgeg. v. A. Eucken.
Bd. I. Atom- und Molekularphysik. Bd. III. Astronomie und Geophysik. Berlin-Göttingen-Heidelberg: Springer-Verlag ab 1950.

Anhang B.

Klassifikation der Linienspektren.

B 1. Babcock, H. D., and Ch. E. Moore: The Solar Spectrum, λ 6600 to λ 13495. Publ. Carnegie Inst. Washington, No. 579 (1947).

B 2. Bacher, R. F., and S. Goudsmit: Atomic Energy States. New York 1932.

B 3. Candler, A. C.: Atomic Spectra and the Vector Model (2 Bde.). Cambridge 1937.

B 4. Condon, E. U., and G. H. Shortley: The Theory of Atomic Spectra. Cambridge 1935.

B 5. Dunham, Th. jr.: The Spectrum of Alpha Persei. Princeton Univ. Obs. Contr. 1929, No. 9.

B 6. Grotrian, W.: Graphische Darstellung der Spektren von Atomen und Ionen mit ein, zwei und drei Valenzelektronen. Berlin 1928.

B 7. Harrison, G. R.: M. I. T. Wavelength Tables. Boston.

B 8. Herzberg, G.: Atomic Spectra and Atomic Structure. New York 1937.

B 9. Menzel, D. H.: A Study of the Solar Chromosphere. Publ. Lick Obs. **17** (1931).

B 10. Moore, Ch. E.: Atomic Lines in the Sun-Spot Spectrum. Princeton/N. J. 1933.

B 11. — A Multiplet Table of Astrophysical Interest. (Rev. Ed.) Part. I. Table of Multiplets. Part II. Finding List of all Lines in the Table of Multiplets. Contr. Princeton Univ. Obs. Nr. 20, 1945.

B 12. — Atomic Energy Levels. Nat. Bur. Standards Circ. 467. Washington 1949 ff.

B 13. — An Ultraviolet Multiplet Table. Nat. Bur. Standards Circ. 488. Washington 1950 ff.

B 14. Revision of Rowland's Preliminary Table of Solar Spectrum Wave-Lengths by Ch. E. St. John, Ch. E. Moore, L. M. Ware, E. F. Adams and H. B. Babcock. Publ. Carnegie Inst. Washington, Nr. 396 (1928).

B 15. Sommerfeld, A.: Atombau und Spektrallinien. 2 Bde. Braunschweig 1931.

B 16. Unsöld, A.: Quantitative Analyse des B0-Sternes τ Scorpii II. Z. Astrophysik **21**, 22 (1941).

B 17. White, H. E.: Introduction to Atomic Spectra. New York 1934.

B 18. Wyse, A. B.: A Compilation of Data for the Stronger Lines in the Spectrum of α Cygni. Lick Obs. Bull. **18**, 129 (1938).

Anhang C.

Über die Integralexponentialfunktionen.

C 1. Chandrasekhar, S.: Radiative Transfer. Oxford Univ. Press 1950.

C 2. Hulst, H. C. van de: Scattering in a Planetary Atmosphere. Astrophysic. J. **107**, 220 (1947).

C 3. Jahnke, E., u. F. Emde: Funktionentafeln mit Formeln und Kurven. 2. Aufl. Leipzig 1933.

C 4. Katterbach, K., u. H. Krause: Die Logarithmen der Integralexponentialfunktionen. Z. Astrophysik **26**, 137 (1949).

C 5. und 6. KOURGANOFF, V.: Sur les fonctions $K_n(x) = \int\limits_1^\infty \frac{e^{-xt}}{t^n} dt$ et certaines intégrales qui s'y rattachent.

I. Propriétés générales des $K_n(x)$ et calcul des intégrales $I_{p,s,n}(a) = \int\limits_0^\infty e^{-px} x^s K_n(a x) dx$.

II. Calcul des intégrales $I_{p,s,n,m}(a, b) = \int\limits_0^\infty e^{-px} x^s K_n(ax) K_m(bx) dx$.

Ann. d'Astrophysique **10**, 282, 329 (1947). Hierzu: Errata et rectifications: Ann. d'Astrophysique **11**, 163 (1948). Weiterhin [505].

C 7. NIELSEN, N.: Theorie des Integrallogarithmus. Leipzig 1906.

C 8. PLACZEK, G.: The Functions $E_n(x) = \int\limits_1^\infty e^{-xu} u^{-n} dx$.

Nat. Res. Council of Canada; Div. of Atomic Energy. MT-1. Chalk River, Ontario 1946.

C 9. — The Neutron Density Near a Plane Surface. Nat. Res. Council of Canada; Div. of Atomic Energy. MT-16. Chalk River, Ontario 1947.

C 10. TÖLKE, F.: Praktische Funktionenlehre. I. Bd., 2. Aufl. Berlin 1950.

C 11. UNSÖLD, A.: Über die Integralgleichung des Strahlungsgleichgewichtes in Sternatmosphären. Z. Astrophysik **24**, 363 (1948).

C 12. — u. W. KURZ: Zur Berechnung der Intensitätsverteilung in FRAUNHOFER-Linien. Z. Astrophysik **26**, 200 (1949).

Namen- und Sachverzeichnis[1].

ABBOT, C. G., Wasserstrom-Pyrheliometer 28.
—, Wasserrührpyrheliometer 29.
—, Energieverteilung im Sonnenspektrum 33.
—, Solarkonstante 35.
—, Mitte-Rand-Kontrast der Sonne 39.
ABETTI, G., Evershedeffekt 570.
—, Magnetpole der Sonne 581, 663.
— u. B. NOVAKOVA, Rotation der Sonne 551.
Abklingkonstante 13.
Absolute Helligkeit 69.
Absorption 276.
— in opt. dünner Schicht (*f*-Werte) 353.
—, wahre 108, 372.
Absorptionskeil 241.
Absorptionskoeffizient 4.
Absorptionskoeffizient ged. harmonischer Oszillator 272.
—, Dopplerverbreiterung 287.
—, Dopplereffekt und Dämpfung 288.
— im Radiogebiet 728.
Absorptionsvermögen 6.
ABT, A., Hyperfeinstruktur 463.
Abweichung vom lokalen thermodynamischen Gleichgewicht 390.
Achse einer Fleckengruppe, Neigung 576.
ADAM, M. G., Mitte-Rand-Variation der Linien 446.
ADAMS, N. u. H. J. J. BRADDICK, Neutronenintensität 775.
ADAMS, W. S. u. C. BURWELL, Flashspektrum ohne Finsternis 613.
— u. A. H. JOY, Spektroskopische Parallaxen (Wasserstofflinien) 476.
ADAMS, W. S. u. A. H. JOY, Koronalinien in RS Ophiuchi 648.
— u. A. KOHLSCHÜTTER, Spektroskopische Parallaxen 80.
Adiabasie-Bedingung 232.
Adiabasie 315.
Adiabate ionisierbarer Gase 227.
Adiabatischer Temperaturgradient stellarer Materie 231.
Äquivalente Elektronen 786.
Äquivalentbreite 238, 414.
Aktivität der Sterne 606.
— kühler Zwergsterne 771.
ALBADA, B. v., Contracting method 256.
ALFVÉN, H., Magnetohydrodynamik 559, 585.
—, Theorie der Sonnenflecke 593.
—, Temperatur der Korona 650.
—, Wärmeleitung in der Korona 671.
Alignements 704.
ALLEN, C. W., F-Kurve 406.
—, Mitte-Rand-Variation schwacher Linien 459.
—, Stoßdämpfung von Fe-Linien 469.
—, BALMER-Linien (⊙) 473.
—, Spektra von Eruptionen 601.
—, K- und F-Korona 637.
—, Spektrale Energieverteilung der Korona 638.
—, Intensität der Koronalinien 650.
—, Radiostrahlung und Flecke 741.
ALLER, L. H., Grobanalyse früher Spektraltypen 428.
Allgemeine Radiofrequenzstrahlung 751.
ALON, I., J. ARSAC u. J.-L. STEINBERG, Randverdunkelung λ 3,2 cm 725.
ANDERSON, J. A., Flashspektrum 611.
ÅNGSTRÖM, K., Kompensationspyrheliometer 28.
Anpassung 716.
Anregung, thermische 79.
Anregungstemperaturen (Sonne) 440, 442.
Antenne 716.
—, Richtcharakteristik 719.
—, Gewinn 719.
—, Keule 719.
—, wirksamer Raumwinkel 719.
—, wirksame Fläche 719.
Antennentemperatur 721.
Anzahl absorbierender Atome $\overline{NH}$ 207.
Anzahl wirksamer Atome 402.
Anzahleffekt (Spektroheliogramme) 710.
Apparateprofil 251.
ARCHENHOLD, G. H. A., Sichtbarkeitsfunktion der Sonnenflecke 542.
ASHKIN, J., J. A. NAFE u. J. ROTHSTEIN, Blanketing-Effect 156.
Atomgewichte (Tabelle) 90.
Aufbau der Sternatmosphären 199.
Auflösungsvermögen, theoretisches 248.
Auftrieb 217.
Auslöschung der Resonanzfluoreszenz 300.
Ausstrahlung ionisierter Gase (Korona) 668.
Austauschgröße 223.
Auswahlregeln 787.
AZAMBUJA, L. D', Spektroheliograph 533.
—, Sonnenrotation (Filamente) 551.
—, Spektroheliogramme 703.
—, Spektroheliogramme mit Metallinien 707.
— u. M. D', Filamente 546, 674.

[1] Die angegebenen Seitenzahlen kennzeichnen den *Beginn* des betreffenden Gegenstandes; es empfiehlt sich daher vielfach, auch einige Seiten weiter zu blättern.
Seitenzahlen von 714 bis 781 beziehen sich meist auf *Radioastronomie* und *Ultrastrahlung*. Dies ist daher bei den Schlagworten nicht besonders vermerkt.

BAADE, W., Sternpopulationen 74.
—, H II-Regionen im Andromedanebel 755.
—, F. GOOS, P. P. KOCH u. R. MINKOWSKI, Intensitätsmarkengerät 242.
— u. R. MINKOWSKI, Identifikation von Radioquellen 756—761.
— u. L. SPITZER, Kollidierende Galaxien 765.
BABCOCK, H. W., u. H. D., Messung schwacher Magnetfelder auf der Sonne 571.
— —, Allgemeines Magnetfeld der Sonne 581.
— —, Nordlichtlinie in der Chromosphäre 648.
— —, Koronalinien in der hohen Chromosphäre 648.
—, ZEEMAN-Effekt auf Sternen 464.
—, Magnetfeld der Sonne 663.
BALDWIN, J. E., Radiostrahlung des Orionnebels 756.
—, Andromedanebel 762.
—, Isotrope Komponente 764.
BALMER-Linien, Stoßdämpfung und statistische Verbreiterung 322.
—, Absorptionskoeffizient der Flügel 323.
—, Strahlungsaustausch 472.
— im Sonnenspektrum 473.
BALMER-Serie, Verbreiterung der hohen Glieder 323.
—, hohe Glieder 481.
—, Hauptquantenzahl der letzten Linie 483.
BALMER-Sprung 58, 205.
— im Sonnenspektrum 48.
BARBIER, D., $x = \cos\vartheta$-Methode 113.
—, Modell der Sonnenatmosphäre 117.
—, $\tau = {}^2/_3$-Näherung 154.
—, D. CHALONGE u. A., Spektralphotometrie der Sterne 57.
—, —, BALMER-Sprung 58.
—, — u. M. MORGULEFF, Linienintensitäten 267.
—, — — Wasserstofflinien in Sternspektren 476.
BATCHELOR, G. K., Magnetfeld in turbulentem Plasma 589.
—, Interstellares Magnetfeld 778.
BATES, D. R., u. H. S. W. MASSEY, H^--Ion 174.
BATES, D. R. u. A. DAMGAARD, COULOMB-Approximation 349.
BAUMBACH, S., Helligkeitsverteilung der Korona 639.
—, Polarisation der Korona 644.
—, Polarisation des Protuberanzenkontinuums 694.
BECKER, U., Eigenbewegungen der Flecke 577.
BECKER, W., Dreifarbenphotometrie 68.
—, Farbtemperatur und Strahlungstemperatur der Sterne 75.
BÉNARD, H., Konvektionszellen 218.
BERGER, J., Metallliniensterne 528.
BERGSTRAND, Ö., Form der Korona 547.
BIDELMAN, W. P., Wasserstoffarme Sterne 435.
BIERMANN, L., Opazitätskoeffizient 125.
—, Konvektion 217, 220.
—, Granulation 556.
—, Ionisation der Korona 652.
—, Aufheizung der Korona 666.
—, Interstellares Magnetfeld 778.
—, u. P. TEN BRUGGENCATE, Ursprung der Korona 666.
—, u. A. SCHLÜTER, Magnetfeld in turbulentem Plasma 589.
—, u. E. TREFFTZ, Mg I-Intensitäten 348.
Bipolare Fleckengruppe 575.
BIRGE, R., Rotationstemperatur 568.
BJERKNES, V., Sonnenfleck als Wirbel 591.
BLACKWELL, D. E., Korona im Infrarot 638.
Blanketing-Effect 155.
Blends 501.
BÖHM-VITENSE, E. (s. auch VITENSE, E.), Empirisches Modell der Sonnenatmosphäre 117.
—, Zentralintensität der BALMER-Linien u. Temperatur der äußersten Sonnenschichten 493.
—, Aufbau der Chromosphäre 631.
BÖHM, K. H., Kombiniertes Iterationsverfahren 162.
—, Nichtgraues Strahlungsgleichgewichtsmodell der Sonnenatmosphäre 208.
BÖHM, K. H., Mitte-Rand-Variation der Linien; inhomogenes Sonnenmodell 449.
—, Verteilungsfunktion der wahren Äquatorgeschwindigkeiten für verschiedene Spektraltypen 517.
—, Dreistrommodell der Sonnenatmosphäre 558.
—, Basis der Chromosphäre 617.
Bolometrische Helligkeit 67.
— Korrektion 68.
BOLTON, J. G., G. J. STANLEY u. O. B. SLEE, CRAB-Nebel als Radioquelle 754, 759.
BOLTZMANN, L., Thermodynamik der Hohlraumstrahlung 9.
BOLTZMANN-Formel 83.
BORN, M., VOIGT-Funktionen 265.
BOSE-EINSTEIN-Statistik 15.
BOWEN, I. S., Fluoreszenz in planetarischen Nebeln 500.
Brechungsindex, Einfluß auf Hohlraumstrahlung 7.
—, reeller und komplexer 271.
Breitenwanderung der Fleckenzone 542.
BRONSTEIN, M., Exakter Grenzwert $q(0)$ 138, 144.
BROWN, A., Rotation der Sterne 517.
BROWN, H., Häufigkeitsverteilung der Elemente 433.
BROWN, R. HANBURY, Radio-Interferometer 718.
—, u. C. HAZARD, Cyg X 756.
—, — Andromedanebel 761.
—, — —, Ursprung der allgemeinen Radiostrahlung 763.
BROXON, J. W., Magnetfeld der Flecke 573.
BRÜCK, H. A., Direkte Registrierung des Sonnenspektrums 244.
—, u. W. MOSS, Hα und D_3 in Protuberanzen 686.
BRUGGENCATE, P. TEN, Berechnung der Opazität 127.
—, wirksame Dicke der Sonnenatmosphäre 442.
—, Sonnenaufnahmen 533.
—, Struktur der Fackeln 578.
—, Linienintensitäten in Protuberanzen 684.
—, H. GOLLNOW, S. GÜNTHER u. W. STROHMEIER, BALMER-Linien (⊙) 473.

BRUGGENCATE, P. TEN, H. GOLLNOW, u. F. W. JÄGER, Randverdunkelung der Sonne 42.
—, —, S. GÜNTHER u. W. STROHMEIER, Balmerlinien der Sonne 493.
—, u. W. GROTRIAN, Lebensdauer der Granulation 554.
—, — u. E. v. D. PAHLEN, Granulation 553.
—, u. J. HOUTGAST, Mitte-Rand-Variation der Wachstumskurve 451.
—, — u. H. v. KLÜBER Apparateprofil 251.
—, u. H. v. KLÜBER, Wachstumskurven für Sonnenfleck und Photosphäre 565.
—, u. H. MÜLLER, Granulation 553.
BRUNNER, W., Achsenneigung einer Fleckengruppe 576.
—, M. WALDMEIER u. A. LIEPERT, E-W-Asymmetrie 545.
BUIJS, F. W. C. A., u. F. E. M. ONGERING, Asymmetrie des Apparateprofils 251.
BURBRIDGE, G. R., u. E. M., Restintensitäten 499.
BURGER, H. C., u. P. H. v. CITTERT, Entzerrung 254.
—, u. H. B. DORGELO, Summenregel 338.
BURKHARDT, G., Strahlungsstrom 151.
—, Druckverbreiterung und -verschiebung 300.
—, Stoßdämpfung und statistische Verbreiterung 311.
—, u. A. SCHLÜTER, Strahlenbrechung in der Korona 733.
BUTLER, H. E., Scintillation 532.

c-Sterne 51.
CAINE, J. LE, Variationsmethode 144.
CALAMAI, G., EVERSHED-effekt 570.
CAMPBELL, W. W., u. D. H. MENZEL, Moving-Plate-Spektrograph 611.
—, u. J. H. MOORE, Koronalinien 647.
CANAVAGGIA, R., u. D. CHALONGE, Mitte-Rand-Kontrast der Sonne 41.
CANNON, A. J., Spektralklassifikation 521.
CARRINGTON, R. C., Breitenwanderung der Fleckenzone 542.
—, Rotation der Sonne 551.
CARROLL, J. A., Rotation der Sterne 510, 512.
CARTER, W. W., Emission im KINGschen Ofen (f-Werte) 356.
Cassiopeia-Quelle 760.
CAYREL, R., Ergiebigkeit und Strahlungsstrom 142.
Cepheiden, Linienprofile 519.
CHALONGE, D. u. A., Wahres kontinuierliches Spektrum der Sonne 47.
—, Farbtemperatur der Sonne 47.
—, D. BARBIER u. A., Spektralphotometrie der Sterne 57.
—, u. R. CANAVAGGIA, Mitte-Rand-Kontrast der Sonne 41.
—, u. G. DÉJARDIN, „Fenster" im Sonnenspektrum 46.
—, u. L. DIVAN, Pariser Spektralklassifikation (λ_1, D) 526.
—, —, Grenztemperatur früher Spektraltypen 492
—, u. V. KOURGANOFF, Randverdunkelung und Temperaturschichtung der Sonne 115.
CHAMBRESIER, Y., u. L. ROSENFELD, C : O-Verhältnis 437.
CHANDRASEKHAR, S., Quadraturen 121.
—, Berechnung der Opazität 127.
—, Strahlungsgleichgewicht der grauen Atmosphäre 132.
—, Modell einer nichtgrauen Atmosphäre 158.
—, Polarisation der Streustrahlung 409.
—, COMPTON-Streuung 411.
—, Magnetfeld in turbulentem Plasma 590.
—, u. F. H. BREEN, H^--Absorption 174.
—, u. G. MÜNCH, Verteilungsfunktion der Rotationsgeschwindigkeiten 517.
CHAPMAN, S., Magnetfeld der Flecke 573.
—, u. T. G. COWLING, Leitfähigkeit ionsierter Gase 596.
CHAPMAN, S., u. T. G. COWLING, Wärmeleitung ionisierter Gase 671.
CHEVALIER, S., Granulation 539, 553.
CHRISTIANSEN, W. N., u. A., Strahlungsausbrüche 744.
—, u. J. V. HINDMAN, Langsam veränderliche Strahlung 723.
—, u. J. A. WARBURTON, Gitterinterferometer 718.
—, — Randverdunkelung λ 21 cm 725.
—, D. E. YABSLEY u. B. Y. MILLS, Koronakondensationen 740.
Chromosphäre, Ionisation 95.
—, Basis 617.
—, „Höhen" 617.
—, Linienintensitäten 618.
—, Selbstabsorption 619, 626.
—, Gradienten 620.
—, Metallinien 620.
—, Wasserstofflinien 622.
—, Heliumlinien 623.
—, Turbulenz 625, 630.
—, Aufbau 631.
—, Modell 634.
—, Feinstruktur 635.
—, Übergang in Korona 670.
CILLIÉ, G., Rekombination 654, 693.
CITTERT, P. H. v., Spaltbreite 250.
CLAAS, W. J., Zustandssummen 84.
—, Feinanalyse der Sonnenatmosphäre 438.
CLAY, J., Solare Ultrastrahlung 773.
CLEARMAN, H. E., Ultraviolettes Sonnenspektrum 34.
CODE, A. D., Polarisation 409.
COMPTON-Effekt 179, 411.
COMPTON-Wellenlänge 179.
CONDON, E. U., u. G. H. SHORTLEY, intermediäre Kopplung 343.
Corioliskraft 582.
COULOMB-Approximation 349.
COVINGTON, A. E., Langsam variable Kamponente (λ 10,7 cm) 737.
—, u. N. W. BROTEN, 10,3 cm Strahlung der Sonne 723.
COWLING, T. G., Mitte-Rand-Variation des Fleckenfeldes 574.
—, Zeitliche Variation des Magnetfeldes in Flecken 577.
—, Magnetfeld in leitender Materie 583.

COWLING, T. G., Kritik der Entladungstheorie der Eruptionen 606.
CRAB-Nebel = Tau A 759.
Cygnus-Quelle 761.
Cygnus X 756.

Dämpfung und Dopplereffekt 288.
—, aus Wachstumskurve 445.
— durch H-Atome bzw. Elektronen 452.
Dämpfung 466.
Dämpfungskonstante (klass.) 272.
—, empirisch 467.
DARWIN, C. G., Statistische Mechanik 85.
DAVIDSON, C. R., M. MINNAERT, L. S. ORNSTEIN u. F. J. M. STRATTON, Linienintensitäten in Protuberanzen 682.
—, u. F. J. M. STRATTON, Flashspektrum 610.
—, — Koronalinien 647.
DEBYE, P., Druckeffekt 307.
DEMPSTER, R. R., Restintensität der NaD-Linien 499.
DENISSE, J. F., Langsam veränderliche Strahlung 723.
—, Strahlenbrechung in der Korona 733.
—, Spektrum der langsam veränderlichen Sturmstrahlung 742.
—, Mittleres Spektrum der Strahlungsausbrüche 749.
DESLANDRES, H., Spektroheliograph 533.
—, Spektroheliogramme 703.
—, u. BURSON, Helle H + K-Linien 606.
DEUTSCH, A., „Magnetische" Veränderliche 464.
—, Veränderliche Magnetfelder von Sternen 594.
—, Magnetfelder und Flecke auf Sternen 607.
Dicke, optische 4.
DICKE, R. H., u. R. BERINGER, Radiostrahlung des Mondes 715.
DIEN, E. v., BALMER-Linien 323
—, Grenze der BALMERserie 484.
—, Rotation der Plejaden 516.
Diffusionsgleichung für Magnetfeld in leitender Materie 584.
Dipolwand 716.
DIRAC, P. A. M., Streuung an bewegten Teilchen 293.
Direkte Lösung der SCHWARZSCHILD-MILNEschen Integralgleichung 143.
Dispersion, anomale (Oszillatorenstärken) 353.
Dispersionsfunktion 256.
Dispersionseffekt (Messung von Äquivalentbreiten) 268.
Dissipation der Energie in der hohen Chromosphäre 668.
DODSON, H., Eruptionen 599.
—, 10,3 cm-Strahlung um Calcium-Fackelflächen 723.
—, E. R. HEDEMAN u. A. E. COVINGTON, Strahlungsausbrüche bei λ 10,7 cm 749.
—, — u. L. OWREN bzw. A. E. COVINGTON, Strahlungsausbrüche 744.
—, — —, 200 MHz-Strahlung der Eruptionen 774.
—, u. R. R. MCMATH, Eruptionen am ⊙-Rand 600.
DOLLFUSS, A., Breite der Koronalinien 651.
Dopplereffekt, bei Streuung an freien Elektronen 179.
—, thermischer 286, 456.
— und Dämpfung 288.
Doppelsterne, spektroskopische — Rotation 513.
Drehung des leuchtenden Atoms 317.
Dreifarbenphotometrie 68.
Dreistrommodell der Sonnenatmosphäre 558.
Druckeffekt (allg.) 297.
—, statistische Theorie 307.
— in Sternatmosphären 319.
Druckverbreiterung (exp.) 359.
Druckverschiebung 303.
— exp. 359.
DUNÉR, Sonnenrotation (Dopplereffekt) 551.
DUNGEY, J. W., Magnetfeld in turbulentem Plasma 589.
DUNHAM, TH. JR., Direkte Registrierung des Sonnenspektrums 244.
DURAND, E., J. J. OBERLY u. R. TOUSEY, Sonnenspektrum bis 2200 Å 34.
Durchmesser der Sterne 70.

EBERHARD-Effekt 239.
EBERHARD, G., u. K. SCHWARZSCHILD, Helle H + K-Linien 606.
EDDINGTON, A. S., Bolometrische Korrektion 69.
EDDINGTON, A. S., Masse-Leuchtkraft-Beziehung 77.
—, $x = \cos\vartheta$-Methode 113.
—, II. Näherung 141.
—, Strahlungsaustausch 371.
EDDINGTON-BARBIERsche Näherung 382.
— — und Methode der Gewichtsfunktionen 389.
EDLÉN, B., Identifikation der Koronalinien 648.
EDLUND, Polarisation der Korona 637.
EDMONDS, F. N., Streuung an freien Elektronen 411.
Effektive Temperatur der Sonne 36.
Effektive Temperatur 132.
EGGERT, J., Thermische Ionisation 84.
EHMERT, A., Solare Ultrastrahlung 773.
„Einfrieren" magnetischer Kraftlinien in leitender Materie 585.
Eigenbewegungen der Flecke 577.
Eigendruck-Verbreiterung 331.
Einheiten (Radioastronomie) 719.
EINSTEIN, A., Spontane und erzwungene Emission 126.
—, Übergangswahrscheinlichkeiten 276.
Einzelstöße 738.
Elektronendruck, effektiver (Sonne) 440.
Elektronendichte der Korona 644.
Elektronenstreuung in der Korona 643.
Elektronentheorie 177.
ELLERMAN, F., "bombs" 601.
ELLISON, M. A., Eruptionen 598.
—, Hα in Eruptionen 600.
—, Spektra von Eruptionen 601.
—, flare surges 677.
—, u. F. HOYLE, Hα in Eruptionen 602.
—, u. H. SEDDON, Scintillation 532.
ELSTE, G., VOIGT-Funktionen 265.
ELVEY, C. T., BALMERlinien in Sternspektren 475.
—, Rotationsgeschwindigkeit von Sternen 512.
ELWERT, G., Ionisation der Korona 652.
—, Absorptionskoeffizient im Radiogebiet 728.

Emission, induzierte oder erzwungene 276, 279.
Emission, spontane 276.
Emissionskoeffizient 4.
Emissionsmaß 755.
Emissionsvermögen 6.
Energiestrom, gesamter 224.
Energieverteilung im Sonnenspektrum 31, 37.
— in den kontinuierlichen Sternspektren 56.
Enthalpie stellarer Materie 232.
Entropie 16.
— der Hohlraumstrahlung 9, 10.
— stellarer Materie 228.
Entropiediagramm 230.
Entwicklung einer Fleckengruppe 576.
Entzerrung 252.
Entzerrungsfunktion 253.
— -operator 253.
Erdmagnetismus 591.
Ergiebigkeit 107, 375.
— der grauen Atmosphäre 130.
— und Randverdunkelung 112.
— der Korona 643.
Eruptionen (flares) 546, 598.
—, Spektrum 601.
—, mittlere Zustandsgrößen 602.
—, Theorie 603.
—, JOULEsche Wärme 605.
Eruptions-Sterne 607.
Erzwungene Emission 126.
EVANS, D. S., Randverdunkelung und Ergiebigkeit 114.
—, BALMER-Linien (⊙) 473.
EVANS, J. W., Koronograph 535.
EVERSHED, J. u. M. A., Protuberanzen 546.
EVERSHED-Effekt 569.
EWEN, H. I., u. E. M. PURCELL, 21 cm-Linie 772.
Exakte Lösung der SCHWARZSCHILD-MILNEschen Integralgleichung 144.
Exakte Theorie der grauen Atmosphäre 145.
Extinktion, atmosphärische 26.
Extinktion (FRAUNHOFER-Linien) 109, 374.

FABRY, CH., u. H. BUISSON, Ultraviolettes Sonnenspektrum 46.
Fackeln 545, 577.
—, Mitte-Rand-Variation 579.
Fackeln, Spektrum 579.
—, Modell 580.
Fackelflächen (plages faculaires) 704.
—, stellare 606.
Fading 546, 745.
FALCKENBERG, G., Zwillings-Luftkalorimeter 30.
Farbenindizes 67.
Farbtemperatur 24.
— der Sonne 47.
— der Sterne 53.
— und Strahlungstemperatur der Sterne 75.
Farbtemperaturen 207.
Feinanalyse der Sonnenatmosphäre 438.
— von τ Sco 453.
— von α Lyr 455.
FEINSTEIN, J., u. H. K. SEN, Raumladungswellen 751.
FERMI-DIRAC-Statistik 15.
FERMI, E., Druckverbreiterung hoher Serienglieder 318.
—, Lebensdauer der Ultrastrahlungsteilchen 779.
—, Interstellare Entstehung der Ultrastrahlung 781.
FEUSSNER, K., Pyrheliometer 30.
Filamente 546.
—, Breitenbewegung 676.
—, Entwicklung 675.
FINKELNBURG, W., Ionisierungsspannungen 91.
FIROR, J. W., J. A. SIMPSON u. S. B. TREIMAN, solare Ultrastrahlung 775.
F-Kurven 406.
—, Einfluß auf die Wachstumskurve 418.
Flares 546.
Flare-Sterne 607.
—, Lichtkurven 608.
Flashspektrum 610.
Flecke 581.
Fleckenkurve 540.
Flocculi (Kalzium-) 704.
Flügelstärke c 245.
—, Mitte-Rand-Variation 448.
Flugzeit 311.
Fock, V., Austausch 348.
FORBUSH, S. E., Solare Ultrastrahlung 773.
FOSTER, J. S., Starkeffekt des He I 329, 486.
—, u. A. V. DOUGLAS, Verbotene Komponenten (He) 487.
FOWLER, R. H., Statistische Mechanik 85.
—, u. E. A. GUGGENHEIM, Ionisation und Konvektion 216.
FOWLER, R.H., u. E.A. MILNE, Methode der Maxima 96.
FRACASTORO, M. G., Höhe der Chromosphäre 665.
Franck-CONDON-Prinzip 313.
FRAUNHOFER, J., Sternspektren 520.
FRAUNHOFER-Einheit 238.
Frei-frei-Strahlung im Radiogebiet 727.
FRENKIEL, F. N., u. M. SCHWARZSCHILD, Turbulenzspektrum (⊙) 582.
Frequenz, kritische 731.
FRISCH, R., u. E. SEGRÈ, Adiabasie 316.
f-Summensatz 350.
FUCHS, R., H^--Kontinuum 365.
FÜCHTBAUER, CHR., Gesamtabsorption 279.
—, Druckverbreiterung hoher Serienglieder 318.
—, f-Werte 354.
—, Druckeffekt 359.

GATHIER, P., Dispersionseffekt 268.
GAUNT, J. A., Kontinuierliche Absorption 164, 167.
GAVIOLA, E., Scintillation 532.
Galaxien, normale 761.
—, anomale 761.
—, kollidierende 761.
Galaktische Radiostrahlung und kosmische Ultrastrahlung 777.
Gasdruck und Elektronendruck 102.
— — — in Sternatmosphären 199, 206.
Gasnebel großer Turbulenz 760.
Gasmassen, kosmische; Thermische Absorption und Emission 754.
GAUSS, C. F., Quadraturen 121, 135.
GAUSS-Funktion 256.
Geister-Korrektion 246.
Gerade Terme 785.
Gesamtabsorption 273, 353.
Gesamtemission der Korona in λ 5303 u. 6374 664.
Gesamtstrahlung der Sonne Mitte-Rand-Kontrast 43.
Gestörte Sonne, Radiostrahlung 737.
Gewichtsfunktionen 384.
— für Absorption $g_1(\tau, \vartheta)$ 385.
— — — $G_1(\tau)$ 389.
— — Streuung $g_2(\tau, \vartheta)$ 398.
— — — $G_2(\tau)$ 400.

Gewichtsfunktionen in der Theorie der Wachstumskurven 413.
—, verallgemeinerte 421.
—, für Blends 505.
Gewinn einer Antenne 719.
—, maximaler 721.
GIOVANELLI, R. G., Theorie der Eruptionen 603.
Gittergeister 246.
Gitter-Interferometer 718.
Gleichartige Teilchen (Druckeffekt) 304.
GLEISSBERG, W., 80jährige Fleckenperiode 540.
—, Sonnenflecken-Vorhersage 542.
—, E-W-Asymmetrie 545.
Göttinger Spektralphotometrie 59.
GOLDBERG, L., Absorptionskoeffizienten von He 172.
—, äquivalente Elektronen 343.
GOLDSCHMIDT, V. M., Meteoriten 432.
GOTTSCHALK, W. N., Linienstärken für intermediäre Kopplung 343.
Gradient, absoluter, der Sonne 47.
Gradienten, relative 55.
—, absolute 55, 61.
— (Chromosphäre) 620.
Granulation 539, 553, 581.
—, Lebensdauer 554.
—, Theorie 556.
—, Magnetfeld 594.
Graue Atmosphäre 129.
— —, Ergiebigkeit 146.
— —, Randverdunkelung 147.
— —, Grenztemperatur 147.
GREAVES, W. H. M., C. DAVIDSON u. E. MARTIN, Greenwicher Spektralphotometrie 57.
GREEN, L., Linienstärken 349.
—, N. E. WEBER u. E. KRAWITZ, f-Summen für Ca II 351.
GREENSTEIN, J. L., v Sagittarii 435.
—, u. R. S. RICHARDSON, Lithium (Sonne) 436.
—, — u. M. SCHWARZSCHILD, Kohlenstoffisotope (Sonne) 435.
—, u. R. MINKOWSKI, Radiospektrum des CRAB-Nebels 759.
Greenwich, Spektralphotometrie 57.
—, Flächen der Sonnenflecke usw. 540.
Greenwich, Rotation der Sonne 551.
Grenztemperatur 132.
— und Blanketing-Effekt 156.
— der Sonne 212.
Grobanalyse 402.
— der Sternatmosphären 423.
Größenklassen 54.
— (Radioastr.) 723.
GROTRIAN, W., K- und F-Korona 637.
—, Spektrale Energieverteilung der Korona 638.
—, Identifikation von Koronalinien 648.
—, Intensität der Koronalinien 649.
—, Verwaschung der Fraunhoferlinien in der Korona 651.
—, Spektrum einer eruptiven Protuberanz 689.
—, K. BRUNNKOW u. H. KÜNZEL, Rasche Variationen des Fleckenfeldes 577.
—, u. H. KÜNZEL, Magnetfeld der Flecke 573.
Grundgleichung der Magnetohydrodynamik 586.
GÜNTHER, S., Wasserstofflinien 476.
GÜTTINGER, P., Adiabasie 316.
GUILD, J., Radio-balance 31.
GVOSDOVER, S. D., Leitfähigkeit ionisierter Gase 596.

Hα in Eruptionen 600.
H II-Regionen 755.
H^--Kontinuum (exp.) 364.
HADDOCK, F. T., C. H. MAYER u. R. M. SLOANAKER, Gasnebel als Radioquellen 756.
HAEFF, A. V., Raumladungswellen 751.
Häufigkeitsverteilung der Elemente 427, 455.
— — — nach C. H. PAYNE 100.
— — — nach A. UNSÖLD 102.
— — —, Sonne und Meteoriten 432.
HAGEN, J. P., Thermische Strahlung der Sonne im Radiogebiet 729.
—, u. N. HEPBURN, Strahlungsausbrüche bei λ 8,5 mm 749.
HALE, G. E., Spektroheliograph 533.
—, Spektrohelioskop 533.
HALE, G. E., Magnetfeld der Sonnenflecke 544.
—, Sonneneruptionen 546.
—, Solar Vortices 569.
—, Magnetische Klassifikation der Sonnenflecke 575.
—, Allgemeines Magnetfeld der Sonne 580.
—, Sonnenflecke als Hufeisenwirbel 591.
—, u. W. S. ADAMS, Mitte-Rand-Variation der FRAUNHOFER-Linien 446.
—, u. F. ELLERMANN, Spektroheliogramme 703.
—, u. S. B. NICHOLSON, Magnetfelder von Sonnenflecken 571.
HALL, J. S., Spektralphotometrie der Sterne 62.
—, u. R. C. WILLIAMS, Absolute Gradienten 62.
HALL, R. N., u. W. A. FOLER, Kern-Wirkungsquerschnitte 435.
HAMADA, H., Molekülkontinua 365, 470.
HAMILTON, D. R., Polarisation der Streustrahlung 408.
HANSEN, G., Stufenblende 242.
HANSKY, A., Granulation 553.
Harmonischer Oszillator 12, 271.
—, Quantelung 17.
HARO, G., u. W. W. MORGAN, Orion-Veränderliche 609.
HARRIS III, D. L., VOIGT-Funktionen 263.
HARTMANN, J., Experimente zur Magnetohydrodynamik 589.
HARTREE, D. R., Selfconsistent field 348.
Harvard-Sequenz (Klassifikation) 49.
Harvard-Klassifikation 521.
HATANAKA, T., u. F. MORIYAMA, Radiostrahlung und Flecke 741.
Hauptsequenz 71.
HEARD, J. F., Strahlungsdämpfung (K) 358.
HEISENBERG, W., Turbulenz 219.
—, Ungenauigkeitsrelation 281.
HELD, E. F. M. v. D., Wachstumskurve 289—292.
HELFER, H. L., Magnetfelder in Stoßwellen 667.
Helium, kontinuierliche Absorption 171.
Helium II, Starkeffekt 324.

Helium, v. d. Waals-Kräfte 333.
—, Häufigkeit in O 8 — B 3-Sternen 489.
—, hohe Serienglieder 490.
— in der Chromosphäre 624.
Heliumatome, Wirkungsquerschnitt 598.
Helligkeit, visuelle, photographische u. bolometrische 67.
Helligkeitsabfall am äußersten Sonnenrand 616.
Henry-Draper-Katalog 49 521.
Henyey, L. G., Streuung an bewegten Teilchen 293.
—, u. P. C. Keenan, thermische Radiostrahlung 714.
—, —, Theorie der galaktischen Radiofrequenzstrahlung 751.
Herbstreit, J. W., u. J. R. Johler, Radiospektrum der Milchstraße 757.
Hertz, H., Strahlung des Oszillators 12.
—, Ausstrahlung eines Dipols 177, 334.
Hertzsprung, E., Bolometrische Korrektion 69.
Hertzsprung-Russell-Diagramm 71.
Hewish, A., Streuung der Radiostrahlung in der Korona 736.
Hey, J. S., Radiostrahlung der gestörten Sonne 714.
—, Cygnusquelle 753, 761.
—, S. J. Parsons u. J. W. Phillips, Radiostrahlung und Flecke 741.
—, — —, Strahlungsausbrüche 744.
Hilbert, D., Strahlungsaustausch in brechendem Medium 732.
Hiltner, W. A., Polarisation (Bedeckungsveränderliche) 410.
—, u. R. C. Williams, Photometrischer Atlas von Sternspektren 239.
Himmelsblau 180.
Hirsch, R. v., u. M. Schön, Schwärzungsmarken 241.
Historisches zur Theorie der Fraunhofer-Linien 269.
Hjerting, F., Voigt-Funktionen 264.
Höhe der homogenen Atmosphäre 614.
Höhen (Flashspektrum) 617.
Hoffmann, F., Strahlungskonstanten und Goldschmelzpunkt 23.
Hoffmann, F. de, u. E. Teller, Magnetfelder in Stoßwellen 667.
Hohlraumstrahlung 5.
Holstein, T., Stoßdämpfung und statistische Verbreiterung 311.
Holtsmark, J., Verbreiterung der Wasserstofflinien 307—311.
Holtsmarksche Theorie (exp. Prüfung) 361.
Hoof, A. v., u. R. Deurinck, Linienprofile von Cepheiden 519.
Hopf, E., Integraloperator 119.
—, Lösung der Integralgleichung des Strahlungsgleichgewichtes 139.
—, Exakter Grenzwert $q(0)$ 138.
—, — — $q(0)$ und $q(\infty)$ 144.
, u. N. Wiener, Exakte Randverdunkelung der grauen Atmosphäre 145.
Houten, C. J. v., Verwaschung der Fraunhofer-Linien in der Korona 651.
Houtgast, J., inkohärente Streuung 372, 407.
—, Mitte-Rand-Variation der Fraunhofer-Linien 446, 449.
—, u. A. v. Sluiters, Magnetfelder der Sonnenflecke 574.
Hoyle, F., Entstehung der Korona 666.
Huang, Su-Shu, Turbulenz als Funktion der Höhe 458.
Hubenet, H., Zeeman-Effekt 464.
—, Sonnenflecke 567.
Hulme, H. R., Bewegungen der Protuberanzen 677.
Hulst, H. C. v. d., Apparateprofil für den Utrechter Atlas 251.
—, Entzerrungsmethoden 252.
—, Fourier-Transformation und -Faltung 256.
—, Turbulenz der Sonnenatmosphäre 459.
—, Polarbüschel der Minimumskorona 581, 662.
—, Chromosphärische Gradienten 620.
—, Aufbau der Chromosphäre 631.
Hulst, H. C. v. d., K- und F-Korona 637.
—, Helligkeitsverteilung der Korona 640.
—, Variation der Korona im 11 jährigen Zyklus 640.
—, Polarisation der Korona 644.
—, Temperatur der Korona 650.
—, Energie- und Materiebilanz der Korona 673.
—, 21 cm-Linie 772.
—, u. J. J. M. Reesinck, Voigt-Profile 258.
Hunger, K., Gewichtsfunktionen 384, 387.
—, Vergleich verschiedener Modelle 405.
—, Feinanalyse von α Lyr 455.
Huruhata, M., Flarestern 609.
Hydrostatische Gleichung 200.
Hyperfeinstruktur 463.

Induktion — Beschleunigung der Ultrastrahlung 775.
Inglis, D. R., u. E. Teller, Zusammenfließen der hohen Seriensglieder 325.
Inhomogene Sonnenmodelle 557.
Inkohärente Streuung 109, 284, 319, 407.
Integralexponentialfunktionen, Definition und Formeln 789.
—, Zahlenwerte 789.
Integralgleichung des Strahlungsgleichgewichtes 138.
Integraloperator, Hopfscher 119.
Integrodifferentialgleichung des Strahlungsaustausches 374.
Intensität 1.
Interferenzfilter 539.
Interferometer (Radioastronomie) 717.
Interlocking 499.
Interstellares Plasma, Radiostrahlung 766.
Invarianzprinzipe 145.
Ionisation, thermische 79.
—, Hilfsformeln und -tafeln 89.
— von Gemischen mehrerer Elemente (Stellarmaterie) 101.
— in der Korona 656.
Ionisationskammer 773.
Ionisationsniveau (Russell) 431.

Ionisationstheorie 52.
Ionisierungsspannungen (Tabelle) 90.
Isochromatenmethode (c_2) 23.
Isoelektronische Sequenz 786.
Isophote Wellenlänge 66.
Isophoten der allgemeinen Radiofrequenzstrahlung 752.
Isothermenmethode 23.
Isotrope Komponente 763.
Iterationsverfahren (nichtgraue Atmosphären) 161.

J-Reihen-Summenregel 342.
JÄGER, F. W., Linienintensitäten 267.
JAEGER, J. C., u. K. C. WESTFOLD, Strahlenbrechung in der Korona 733.
JAGER, C. DE, Modelle der Sonnenatmosphäre 117.
—, BALMER-Linien 323, 473, 493.
—, inhomogenes Sonnenmodell 557.
—, Profile chromosphärischer Emissionslinien 626.
—, u. L. NEVEN, PASCHEN- u. BRACKETT-Linien 479.
JANSKY, K. G., Radioastronomie 714.
JANSSEN, E. M., Polarisation (Bedeckungsveränderliche) 410.
JANSSEN, J., Sonnenphotographie 532.
—, Granulation 553.
JEFFREYS, H., Konvektion 218.
JEN, C. K., H^--Ion 174.
JENSEN, H., Absolute Gradienten 56.
JENTZSCH, CHR., Randverdunkelung und Ergiebigkeit 114.
—, u. A. UNSÖLD, Überlagerung von Rechtecks- und MAXWELL-Verteilung 419.
JORAND, M., Radiostrahlung und Flecke 741.
JOY, A. H., Achsenneigung einer Fleckengruppe 576.
—, Spektrum der Mira Ceti 609.
—, u. M. L. HUMASON, Spektrum eines Flaresternes 609.
JÜRGENS, G., BALMER-Linien im Lichtbogen 360.
JULIUS, W. H., Randverdunkelung der Sonne 43.

KALINJAK, A. A., W. I. KRASSOWSKI u. W. B. NIKONOW, galaktisches Zentrum 772.
Kalziumspektroheliogramme 703.
Kalziumflocculi 581, 704.
$\varkappa/\bar{\varkappa}$ aus Randverdunkelung und Absolutintensität 151.
KEENAN, P. C., Sonnenaufnahmen 533.
—, Granulation 553.
—, BALMER-Linien in der Chromosphäre 626.
—, u. W. W. MORGAN, Spektrum der Population II 438.
— —, S, LC und T_e, M_v-Klassifikation 523.
—, —, pec.-Spektra 525.
Kernprozesse 434.
Keulenbreite 716.
KIENLE, H., Farbtemperatur der Sonne 48.
—, Absolute Gradienten 55, 61.
—, J. WEMPE, H. STRASSL u. A., Göttinger Temperaturprogramm 59.
KIEPENHEUER, K. O., Solare Magnetfelder 571.
—, Allgemeines Magnetfeld der Sonne 581.
KINGscher Ofen 22.
KING, A. S., Experimente zur SAHAschen Theorie 93.
KING, R. B., u. A. S., f-Werte 354.
—, u. D. C. STOCKBARGER, absolute f-Werte 354.
KINMAN, T. D., Strömung in Sonnenflecken 570.
KIRCHHOFFscher Satz 6.
KIRKWOOD, J. G., Partieller f-Summensatz 351.
Klassifikation der Linienspektren 784.
Klassifikation der Sonnenflecke 575.
— — Sternspektren 49, 520.
KLEIN, O., u. S. ROSSELAND, Stöße II. Art 299.
Kliff-Interferometer 718.
KLÜBER, H. V., Linien mit extremen g-Faktoren 571.
—, Solare Magnetfelder 571.
—, Allgemeines Magnetfeld der Sonne 581.
KOCH, P. P., Sektorblende 241.
—, Registrierphotometer 243.
KOELBLOED, D., u. W. VELTMAN, Protuberanzenkontinuum 695.

Kohärente Streuung 275, 284.
Kohlenstoffisotope (C^{12}: C^{13}) 435.
KOLMOGOROFF, Turbulenz 219.
Kombiniertes Iterationsverfahren 162.
Kompressible Medien, Turbulenz 221.
Konfiguration 341, 786.
Kontinuierliche Absorption 163.
— Wasserstoff 165.
— He I 171.
— He II 173.
— Metalle 173.
— Negatives Wasserstoffion H^- 174, 176.
Kontinuitätsgleichung der Strahlung 128.
Konvektion 215.
Konvektionserscheinungen auf der Sonne (Klassifikation) 581.
Konvektionszone der Sonne und Magnetfeld der Flecke 590.
Konvektiver und Strahlungs-Energietransport 226.
KOPFERMANN, H., Quadratischer Starkeffekt 328.
—, Hyperfeinstruktur 464.
—, u. G. WESSEL, absolute f-Werte 354.
KORN, J., Breitenverteilung der Fackeln 545.
Korona 547, 635.
—, FRAUNHOFER-Spektrum 636.
—, kontinuierliches Spektrum 636.
—, K(ontinuierliche) und F(RAUNHOFER)-Korona 637.
—, spektrale Energieverteilung 638.
—, Verwaschung des Kontinuums 638.
—, Helligkeitsverteilung 639, 641.
—, Variation im 11jährigen Zyklus 640.
—, Dichteverteilung und Temperatur 650.
—, Breite der Linien 651.
—, Verwaschung der FRAUNHOFER-Linien 651.
—, Druck an der Basis 652.
—, Anregung durch Strahlung 657.
—, — — Stöße 657.
—, Temperatur aus Ionisation 659.
—, Häufigkeit der Elemente 661.

Korona, Polarbüschel 662.
—, Temperaturvariationen 665.
—, Aufheizung 666.
—, Abstrahlung 670.
—, Wärmeleitung 671.
—, Materiebilanz 673.
—, Zähigkeit 702.
—, thermische Ausstrahlung im Radiofrequenzbereich 729.
—, Strahlenbrechung 732.
—, Streuung der Radiostrahlen 736.
Koronakondensationen 666.
—, Radiofrequenzstrahlung 739.
Koronalinien, Identifikation 648.
—, Intensität 649.
Koronastrahlen 663.
Koronograph 534.
Korpuskularstrahlen, solare 750, 776.
Kosmische Häufigkeitsverteilung der Elemente 433.
Kourganoff, V., Variationsmethode 144.
—, u. D. Chalonge, Randverdunkelung und Temperaturschichtung der Sonne 115.
Kramers, H. A., Kontinuierliche Absorption 163, 166.
—, Frei-frei-Strahlung (Radiogebiet) 726.
Kremer, P., Entzerrung 255.
—, Spektrum der Fackeln 579.
Kristenson, H., Randverdunkelung der Sonne 43.
Kromphardt, K., Verbreiterung der He-Linien 363.
Kron, G. E., Flecke auf Sternen 607.
Kronig, R. de L., Multiplettintensitäten 339.
—, Supermultiplett 341.
Kuhn, H., Statistische Verbreiterung 307, 360.
Kuhn-Thomas-Reichescher f-Summensatz 350.
Kuiper, G. P., Bolometrische Korrektion 69.
—, Hertzsprung-Russell-Diagramm u. Leuchtkraftfunktion der Sterne innerhalb 10,5 pc 72.
—, Masse-Leuchtkraft-Beziehung 77.
—, Häufigkeitsverteilung der Elemente 433.
—, kühle Zwergsterne 770.
Kullenberg, B., Starkeffekt He II 324.
Kusch, K., u. A. G. Prodell, 21 cm-Linie 772.

Labs, D., Näherung $q(\tau)$ 145.
—, Linienabsorption in der Sonnenatmosphäre 209.
—, Inkohärente Streuung 407.
Laboratoriumsmessungen von f-Werten usw. 352.
Ladenburg, R., Gesamtabsorption 279.
—, Wachstumskurve 289.
—, Anomale Dispersion 353.
—, u. F. Reiche, Wachstumskurve 290.
Lambda (Λ)-Operator 141.
— -Iterationsverfahren 161.
Landésche g-Formel 343.
—, Intervallregel 343.
—, g-Faktor 464.
Langley, G., Solarkonstante 28.
—, Granulation 553.
Langmuir, I., Plasmafrequenz 731.
Langsam variable Komponente der solaren Radiostrahlung 737.
— — — —gestörten Sonnenstrahlung 738, 739.
— veränderliche Strahlung 723.
Larenz, R. W., Lichtbogen 357.
Larmor-Radius der Ultrastrahlungsteilchen 778.
Lebensdauer angeregter Atomzustände 277.
Legendresche Polynome 121, 132.
Lehnert, B., Experimente zur Magnetohydrodynamik 589.
Leitfähigkeit ionisierter Gase 594.
Lenz, W., Phasenstörungsstöße 300.
—, Stoßdämpfung und statistische Verbreiterung 311.
Leuchtkraftklassen 523.
Limb-flare 600.
Lindblad, B., Randverdunkelung der Sonne 43.
—, Mitte-Rand-Kontrast 148.
—, Kontinuum in M-Sternen 365.
—, Ca 4227 in M-Zwergen 470.
—, Spektralklassifikation 526.
Lindblad, B., u. H. Kristenson, Objektivprismen-Kinokamera 611.
Lindholm, E., Druckverbreiterung und -verschiebung 300.
—, Quantentheorie der Stoßdämpfung 315.
—, Druckeffekt 360.
Lineare Näherung von $B_\nu(T)$ 153.
Linienkern = Dopplerkern 707.
Linienprofil 238.
Linienspektren, Klassifikation 784.
Linienspektrum der Korona 647.
Linienstärke 336.
—, Berechnung 366.
—, Literatur 366.
Lippincott, S. L., Flaresterne 608.
Lithium auf Sternen 436.
Little, C. G., Scintillation 532.
Lochte-Holtgreven, W., Theorie der quadratischen Starkeffekte 328.
—, Stabilisierter Lichtbogen 357, 360.
—, H^--Kontinuum 365.
—, Magnetfeld in turbulenter Materie 591.
Lockyer, W. J. S., Protuberanzen 546.
—, Korona 547.
Lokales thermodynamisches Gleichgewicht 108, 285, 372.
Lorentz, H. A., Elektronentheorie 177, 271.
—, Stoßdämpfung 275, 298.
Lovell, A. C. B., u. C. J. Banwell, Sonneneruption 25. 7. 46 776.
Ludendorff, H.: Sonnenfleckenkurve 540.
—, Form der Korona 547.
—, Fraunhofer-Linien der Korona 637.
—, Spektrale Energeverteilung der Korona 638.
Lundblad, R., Strahlungsintensität und Ergiebigkeit 111, 115.
Lundquist, S., Grundgleichung der Magnetohydrodynamik 585.
—, Experimente zur Magnetohydrodynamik 589.
Luyten, W. J., Flaresterne 608.
Lyot, B., Polarisation des Kontinuums am Sonnenrand 410.

LYOT, B., Polarisation in Protuberanzen 411.
—, Koronograph 534.
—, Polarisationsfilter 536.
—, Kleinste Eruptionen 598.
—, Koronalinien 647.
—, Breite der Koronalinien 651.
—, Kontinuum von Protuberanzen 693.

MACH-Zahl 221.
MACHIN, K. E., u. P. A. O'BRIEN, Keulenbreite der Fleckenstrahlung 741.
—, u. F. G. SMITH, Bedeckung der Taurusquelle 735.
MAECKER, H., Lichtbogen 356.
—, Stabilisierter Lichtbogen 360.
—, Kontinuum im Lichtbogen 364.
—, T. PETERS u. H. SCHENK, Wirkungsquerschnitte für langsame Elektronen (exp.) 598.
Magnetfeld der Flecke 571.
—, Richtungsverteilung 572.
— u. Fläche der Sonnenflecke 574.
— der Sonnenflecke, zeitliche Variationen 577.
—, allgemeines, der Sonne 580.
— und Dynamik der Sonnenflecke 592.
—, galaktisches 778.
Magnetfelder, kosmische (Entstehung) 589.
Magnetische Verstärkung von FRAUNHOFER-Linien 465.
Magnetischer Druck 592.
Magnetohydrodynamik 585.
—, ALFVÉNsche Bedingung 588.
—, Experimente 589.
— Wellen 585.
Magnetorotation 353.
Makro- u. Mikroturbulenz 460.
Makroturbulenz und Protuberanzen 463.
MANNKOPFF, R., Lichtbogen 357.
MARGENAU, H., Statistische Verbreiterung 307.
—, Druckeffekt 359.
MARK, C., Exakte Ergiebigkeit der grauen Atmosphäre 145.
MARTEN, W., Randeffekt 30.
MARTYN, D. F., Thermische Strahlung der Sonne im Radiogebiet 714, 729.
MASCARI, A., Breitenverteilung der Fackeln 545.
Masse-Leuchtkraft-Beziehung 77.
Massenabsorptionskoeffizient 4.
MASSEY, H. S. W., u. E. H. S. BURHOP, Wirkungsquerschnitt von He-Atomen 598.
—, u. B. L. MOISEIWITSCH, Wirkungsquerschnitt von H-Atomen 597.
Matrixelemente 335.
MATTIG, W., Magnetfeld der Flecke 573.
MAUE, A. W., II. Näherung 140.
MAUNDER, E. W., Schmetterlingsdiagramm 542.
MAUNDER, A. S. D., E-W-Asymmetrie (Sonnenflecke) 544.
MAXWELLsche Gleichungen 583.
MAXWELLscher Spannungstensor 8.
McCREA, W. H., Modellatmosphären 164.
—, Trennung der Elemente in Protuberanzen 677.
McCREADY, L. L., J. L. PAWSEY u. R. PAYNE-SCOTT, KLIFF-Interferometer 718.
McGEE, R. X., u. J. G. BOLTON, Galaktisches Zentrum bei 400 MHz 753, 768.
McKELLAR, A., Kohlenstoffisotope 435.
—, Lithiumlinie 437.
McMATH, R. R., Spektroheliokinematograph 534.
Megahertz 715.
MENZEL, D. H., SAHA-Gleichung 85.
—, Summenregeln (äquivalente Elektronen) 343.
—, Wachstumskurve 413.
—, Kohlenstoffisotope 435.
—, Seltene Erden (Linien am ⊙-Rand) 508.
—, Jumping-Film-Spektrograph 611.
—, Chromosphärische Gradienten 620.
—, Dämpfungsflügel im Flashspektrum 629.
—, Protuberanzenklassifikation 673.
—, u. G. G. CILLIÉ, Intensität von Chromosphärenlinien 618.
—, L. GOLDBERG u. E. N. COOK, ROWLAND-Intensitäten 267.
MENZEL, D. H., u. C. L. PEKERIS, Oszillatorenstärken von H 345.
MERRILL, P. W., Rasch rotierender G-Stern 516.
—, u. O. C. WILSON, PASCHEN-Serie 483.
Messung und Schätzung in der Spektralklassifikation 530.
Metalle, kontinuierliche Absorption 173.
Metalliniensterne, Klassifikation 528.
MICHARD, R., Gesamtabsorption der FRAUNHOFER-Linien im Sonnenspektrum 45.
—, Photometrie der Sonnenflecke 559.
—, relative Strahlungstemperatur der Flecke 561.
—, Modell eines Sonnenflecks 567.
MICHELSON-Interferometer 70.
— (Radio) 717.
MICZAIKA, G., Lichtwechsel von Spektrum-Veränderlichen 607.
Mikrophotometer 243.
MILFORD, N., Wahres Kontinuum in Sternspektren 65.
MILLER, W. L., u. A. R. GORDON, Fehlerfunktion imaginären Argumentes 263.
MILLS, B. Y., Radio-Interferometer 718.
MILNE, E. A., Monochromatisches Strahlungsgleichgewicht 108.
—, Lokales thermodynamisches Gleichgewicht 108.
—, Mitte-Rand-Kontrast 148.
—, Strahlungsaustausch 371.
MILNE-EDDINGTON (M.E.)-Modell 379, 393.
MILNE, E. A., u. R. H. FOWLER, Methode der Maxima 96.
MINKOWSKI, R., Strahlungsdämpfung (Na) 358.
—, Verbreiterung der D-Linien 360.
MINNAERT, M., Reduktion der Sonnenstrahlungs-Messungen 37.
—, Mitte-Rand-Kontrast für Gesamtstrahlung der Sonne 43.
—, JULIUSsche Methode 43.
—, Strahlungsintensität und -strom der Sonne 44.
—, Gittergeister 246.

MINNAERT, M., Äquivalentbreite und Linienflügel 266.
—, Gewichtsfunktionen 384, 400.
— u. a., Wachstumskurve 412.
—, Methode der Gewichtsfunktionen angewandt auf die Sonnenatmosphäre 439.
—, Linien am Sonnenrand 446.
—, Dämpfung aus Wachstumskurve 467.
—, BALMER-Linien (☉) 473.
—, Blend-Faktor 501.
—, E-W-Asymmetrie 545.
—, Polarisation der Korona 644.
—, u. P. GENARD, Stoßdämpfung (Mg-Serie) 468.
—, u. J. HOUTGAST, Direkt registrierendes Photometer 244.
—, — —, Flügelstärke c 245.
—, — —, Szintillation 532.
—, E. v. D. HOVEN v. GENDEREN u. J. v. DIGGELEN, Randverdunkelung der Sonne 42.
—, u. G. F. W. MULDERS, Lebensdauer angeregter Atomzustände 278.
—, — —, Wachstumskurven (Sonne) 443, 457.
—, — u. J. HOUTGAST, Photometrischer Atlas des Sonnenspektrums 239.
—, u. C. SLOB, Linienintensitäten in Protuberanzen 682.
—, u. A. J. M. WANDERS, Strahlungsgleichgewicht im Sonnenfleck 563.
Mischung der Elemente in Sternen 434
Mischungsweg 221.
MITCHELL, A. C. G., u. M. W. ZEMANSKY, Polarisation der Streustrahlung 408.
MITCHELL, S. A., Flashspektrum 611.
—, u. E. T. R. WILLIAMS, Chromosphärische Gradienten 621.
Mitte-Rand-Kontrast der Sonne $I_\lambda(\vartheta)/I_\lambda(0)$ 39.
—, Gesamtstrahlung der Sonne 43.
— mit „grauer" Temperaturschichtung 148.
— der FRAUNHOFER-Linien 446.
Mitte-Rand-Variation der Sonnenflecke 561.
— — Feldstärke in Sonnenflecken 574.
MIYAMOTO, S., Ionisation der Korona 652.
MKK-Klassifikation 522.
Modell der Sonnenatmosphäre, empirisch 117.
—, eines Sonnenfleckes 567.
Modelle von Sternatmosphären 376.
MOHLER, F. L., Prüfung der Inglis-Teller-Formel 363.
MOHLER, O. C., Spicules 667.
—, A. K. PIERCE, R. R. MCMATH u. L. GOLDBERG, Photometrischer Atlas des infraroten Sonnenspektrums 239.
Molekulargewicht, effektives, der Stellarmaterie 102.
Mondrand, Profil 43, 612.
Monochromatisches Strahlungsgleichgewicht 108, 371.
Monochromator 247.
MOORE, CH. E., Fleckenspektrum 564.
MOORE, J. H., FRAUNHOFER-Linien der Korona 637.
MORGAN, W. W., P. C. KEENAN u. E. KELLMAN, M.K.K.-Klassifikation 522.
—, S. SHARPLESS u. D. OSTERBROCK, H II-Regionen in Spiralarmen 755.
MORRISON, P., S. OLBERT u. B. ROSSI, Lebensdauer der Ultrastrahlungsteilchen 779.
MOTSCHMANN, H., Lichtbogen 357.
MOXON, L. A., Radiospektrum der Milchstraße 757.
MÜLLER, R., Breitenverteilung der Fackeln 545.
MÜNCH, G., Strahlungsstrom 151.
MILNE, E. A., Blanketing-Effekt 155.
MÜNCH, G., Streuung an bewegten Teilchen 293.
—, Streuung an freien Elektronen 411.
MULDERS, G. F. W., Gesamtabsorption der FRAUNHOFER-Linien im Sonnenspektrum 44.
—, Wahres kontinuierliches Spektrum der Sonne 47.
—, Kalibrierung der ROWLAND-Intensitäten 267.
MULLER, C. A., 21 cm-Linie 772.
Multiplett 787.
— -Intensitäten 338.
Multiplizität 341, 785.

NASSAU, J. J., u. MCCUSKEY, HERTZSPRUNG-RUSSELL-Diagramm 73.
Natürliche Anregung 281.
— Gruppen, Spektralklassifikation 526.
— Linienbreite 274.
— —, Quantentheorie 282.
Naturkonstanten 782.
Negative Absorption 279.
Netz, photosphärisches 532.
Neutraler Punkt 604.
NEWTON, H. W., Protuberanzenklassifikation 673.
—, Flare surges 677.
NICHOLSON, S. B., Magnetfeld der Flecke, Richtungsverteilung 572.
—, Entwicklung einer Fleckengruppe 576.
Nicht-graue Atmosphären 158, 208.
NISSEN, W., BALMER-Linien im Lichtbogen 363.
—, H^--Kontinuum 365.
NODDACK, I., u. W., Meteoriten 432.
Nomogramm zur SAHAschen Gleichung 86.
Normalfeldstärke (HOLTSMARK) 322.
Numerische Integration (Linienprofile) 377.
— Quadraturen 121.
Nutzeffekt der Erzeugung von Ultrastrahlung und Radiostrahlung 780.
NYQUISTsche Formel 721.

Objektivprismenkamera 611.
O'BRIEN, P. A., Randverdunkelung (Radiostrahlung) 725.
ODGERS, G. J., Sonnenfleck 593.
ÖHMAN, Y., Linienintensitäten 266.
—, Wasserstofflinien 476.
—, U.V.-Aufnahmen der Sonne 534.
—, Polarisationsfilter 536.
ÖPIK, E., u. M. OLMSTED, Vergleichskalen 268.
ONSAGER, Turbulenz 219.
OORT, J. H., 21 cm-Linie 772.
Opazität mit Berücksichtigung der Linien 158.
— des Wasserstoffs 169.
— der Stellarmaterie 198.

Opazitätskoeffizient 124.
Optische Dicke 4.
—, Linienmitte 289.
—, effektive (Sonne) 441.
Orionnebel 756.
ORNSTEIN, L. S., H. C. BURGER, H. C. u. DORGELO, Emissions-Intensitäten 356.
ORTHMANN, W., u. P. PRINGSHEIM, Reemission stoßverbreiteter Linien 360.
OSTERBROCK, D. E., H-Atome 597.
Oszillatorenstärken 279.
— u. Matrixelemente 335.
—, Absolutmessung 354.
—, Berechnung 366.
—, Literatur 366.

PANNEKOEK, A., hohe Serienglieder 325.
—, Ionisation durch verdünnte Hohlraumstrahlung 692
—, Restintensitäten 496.
—, Wachstumskurve für Flashlinien 628.
—, u. N. W. DOORN, Linienintensitäten in Protuberanzen 682.
—, u. M. MINNAERT, Intensität von Chromosphärenlinien 618.
—, u. S. VERWEIJ. Wasserstofflinien (Starkeffekt) 471.
Parabolspiegel 716.
Parallaxen, spektroskopische 520.
Pariser λ_1, D-Spektralklassifikation 526.
Parsec 69.
Partielle Multipletts 500.
PASCHEN- u. BRACKETT-Linien 479.
Pauli-Prinzip 15.
— u. f-Summen 350.
PAWSEY, J. L., u. D. E. YABSLEY, Langsam veränderliche Strahlung 723.
PAYNE, C. H., Ionisations-Temperaturskala 100.
—, chemische Zusammensetzung der Sternatmosphären 100.
PAYNE-SCOTT, R., Einzelstöße 750.
—, u. A. G. LITTLE, Radiostürme 740.
— — —, Radiostrahlung und Flecke 741.
— — —, Lokalisierung der verstärkten Strahlung 741.
— — —, Interferometer-Beobachtung von Strahlungsausbrüchen 746.
PAYNE-SCOTT, R., D. E. YABSLEY u. J. G. BOLTON, Strahlungsausbrüche und Materieströme 746.
PEASE, F., Sterndurchmesser 70.
PECKER, J. C., Polarisation 409.
—, Verallgemeinerte Gewichtsfunktionen 421.
Peculiar spectra 525.
Penumbra 559.
PEREPELKIN, E. J., Radialgeschwindigkeiten in Protuberanzen 678.
PETRI, W., Ergiebigkeit der Korona in λ 5303 672.
PETRIE, R. M., u. C. D. MAUNSELL, Spektroskopische Parallaxen (Hγ) 476.
PETTIT, E., Energieverteilung im Sonnenspektrum 33.
—, Bewegungen der Protuberanzen 677.
—, Verteilung der Elemente in Protuberanzen 677.
—, u. S. B. NICHOLSON, Photometrie der Sonnenflecke 559.
PEYTURAUX, R., Mitte-Rand-Kontrast der Sonne 41.
Phasenraum 15, 81.
Phasenstörungsstöße 300.
Photographische Helligkeit 67.
Photoionisation 653.
PICKERING, E. C., Spektralklassifikation 521.
PIDDINGTON, J. H., Radiostrahlung der ruhigen Sonne 725.
—, Radiospektrum und Temperaturverteilung der Sonnenatmosphäre 736.
—, u. R. D. DAVIES, Langsam veränderliche Strahlung 723.
—, u. H. C. MINNETT, Radiospektrum der langsam variablen Komponente 739.
—, — —, Mittleres Spektrum der Strahlungsausbrüche 749.
—, — —, Cyg X 756.
PIERCE, A. K., R. R. MCMATH, L. GOLDBERG u. O. C. MOHLER, Mitte-Rand-Kontrast der Sonne 41.
PIERCE, J. R., Raumladungswellen 751.
PIKE, S. R., Bolometrische Korrektion 69.
Pile 774.
PILOWSKI, K., Strahlungs- und effektive Temperatur 76.
PLANCK, M., Harmonischer Oszillator 12.
—, Strahlungsgesetz 18.
—, Konvergenz der Zustandssummen 84.
PLANCKsche Strahlungsformel 277.
PLASKETT, H. H., Energieverteilung im Sonnenspektrum 45.
—, Granulation 553.
Plasmafrequenz 731.
Plasmaschwingungen 731.
Platte, photographische 239.
Polarbüschel der Korona 581, 662.
Polarisation der Streustrahlung 178, 408.
— Korona 644.
— — —, syst. Fehler 646.
— (Radio-)Sturmstrahlung 741.
Polarisation, interstellare 778.
Polarisationsfilter 536.
Polarisierbarkeit 271.
Polaritätsgesetz der Sonnenflecke 544.
Polyade 341, 786.
POPPER, D. M., Wasserstoffarme Sterne 435.
Population I und II 74.
PRANDTL, L., Mischungsweg 221.
Protuberanzen 546.
—, Häufigkeitsverhältnis H : He 689.
—, Anregungsfunktion 690.
—, Ionisation 691.
—, Verbotene Übergänge 691.
—, Strahlungsanregung 692.
—, Kontinua 693.
—, Materieerfüllung 695.
—, Strahlungsdruck 695.
— u. Magnetfeld 698.
—, Druck 699.
—, Materieaustausch 699.
—, Energiebilanz 700.
—, Strömungswiderstand 701.
—, Elektrische Ströme? 702.
—, Klassifikation 673.
Klassifikation — (PETTIT, E.) 673.
—, ruhende 674.
—, eruptive 676.
—, Bewegung 677.
—, Verteilung der Elemente 677.
—, Linienintensitäten 682.
—, Turbulenz in ruhenden 686.

Protuberanzen, Wachstumskurven 687.
Protuberanzenfilme 535.
Protuberanzenspektroskop 533.
PRIESTER, W., D-Linien 449.
—, Selektive Anregung 501.
—, Isotrope Komponente 763—765.
—, Radiosterne als kühle Zwergsterne 770.
PUCCIANTI, L., Anomale Dispersion 353.
PUH, PAN, Protuberanzen 677.
Pulsierende Sterne, Linienprofile 518.
Punktquelle der Strahlung 112.
Pyrheliometer 28.
—, Skalenvergleich 31.

Quadraturen, numerische 121.
Quadrupolmoment 304, 330.
Quadrupol-Wechselwirkung 329.
Quantelung des harmonischen Oszillators 17.
Quantenstatistik 15.
Quantentheorie 15.
— der Strahlung 280.
— — Stoßdämpfung 313.
QUIRK, A. L., Raketenmessung der Solarkonstanten 36.

Radien der Sterne 78.
Radioastronomie, Historisches 714.
Radio-Durchmusterungen 762.
Radiofrequenzstrahlung der ruhigen Sonne 723.
—, allgemeine 751.
—, —, Isophoten 752.
Radiospektroskop 738.
Radiospektrum und Temperaturverteilung der ruhigen Sonnenatmosphäre 736.
— der galaktischen Strahlung 757.
— diskreter Quellen 758.
Radiosterne 767.
—, Dichteverteilung 769.
—, mittlere Emission 769.
Radiostrahlungsquellen, diskrete, Identifikation 758.
—, — Bezeichnung 758.
—, gewöhnliche 768.
Radiosturm 737, 740.
Randverdunkelung und Ergiebigkeit 112, 114.
— für die Gesamtstrahlung 131.
Randverdunkelung der Sonne im Radiogebiet 725, 731, 735.
REBER, G., Galaktische Radiostrahlung 714.
REDMAN, R. O., Apparateprofil 251.
RAUDENBUSCH, H., Mitte-Rand-Kontrast der Sonne 40.
RAUER, W., Blends 505.
Raumladungswellen 751.
Rauschen 720.
RAYLEIGH, Streuung 180.
—, Konvektion 218.
—, Ver- und Entzerrung 510.
— -JEANSsches Strahlungsgesetz 14.
REDMAN, R. O., Polarisation (Ca 4227) 410.
—, Linien am Sonnenrand 446.
—, Profile von Flashlinien 624.
—, Dämpfungsflügel im Flashspektrum 630.
Reemission 282.
—, druckverbreiterter Linien 318.
REICHEL, M., Fackelmodell 579.
—, Theorie der Spektroheliogramme 708.
—, Dopplereffekt der Granulation 712.
REIZ, A., Quadratur mittels LAGUERRE-Polynomen 123.
Rekombination 654.
Relativgeschwindigkeit, mittlere thermische 299.
Relativzahl (Sonnenflecken) 539.
Resonanzfluoreszenz 275.
—, Auslöschung 300.
Resonanzstreuung an thermisch bewegten Atomen 294.
RESPIGHI, Protuberanzen 546.
Restintensität 396, 491.
Restintensitäten starker Metallinien (☉) 495.
Restintensitätseffekt (Spektroheliogramme) 710.
REULE, A., Strahlenbrechung in der Korona 733.
REYNOLDSsche Zahl 218.
Rhombusantenne 716.
RICCÓ, A., Protuberanzen 546.
RICHARDSON, R. S., Moleküle in Sonnenflecken 568.
—, Mitte-Rand-Variation der Fackeln 579.
RICHARDSON, R. S., u. R. MINKOWSKI, Spektra von Eruptionen 601.
—, u. M. SCHWARZSCHILD, Geschwindigkeit der Granulation 555.
—, — —, Eigenbewegungen der Flecke 577.
RICHTMYER, R. D., u. E. TELLER, Solare Entstehung der Ultrastrahlung 780.
Riesensterne 71.
RIGHINI, G., Entzerrung 254.
—, Spektrum einer Protuberanz 689.
Ring, heller 578.
ROBERTS, W. O., Spicules 667.
ROGGENHAUSEN, M., Sichtbarkeitsfunktion der Sonnenflecken 542.
ROKA, E. G. v., Magnetfeld der Flecke 573.
ROMAÑA, A., u. J. M. T. MENENDEZ, E-W-Asymmetrie 545.
ROMPE, R., u. P. SCHULZ, Druckeffekt 360.
ROQUES, P. E., Flaresterne 608.
ROSA, A., Ionisation der Stellarmaterie 101.
—, BALMER-Linien (☉) 474.
—, u. A. UNSÖLD, c_p stellarer Materie 233.
ROSCHDESTWENSKY, D., Hakenmethode 353.
ROSSELAND, S., Opazitätskoeffizient 124.
ROSSELANDsche Gewichtsfunktion 125.
—, Fluoreszenz 496.
—, Zyklische Quantenübergänge 499.
Rotation der Sterne 508.
— — Sonne 551.
— — —, aus Positions- und spektroskopischen Messungen 552.
Rotationsgeschwindigkeit, Fehlergrenzen 513.
Rotationsprofil 509.
Rotationstemperatur (Sonne) 442.
Rotierender Sektor 242.
ROWLAND-Intensitäten, Kalibrierung 267.
ROWLAND-Skala, Kalibrierung 443.
RUDKJØBING, M., Streuung und Opazität 126.
—, Stoßdämpfung durch Elektronen 328.
RUFUS, W. S., u. R. H. CURTISS, Typische Sternspektren 49.

Ruhige Sonnenstrahlung, Intensität 724.
RUSH, J. H., u. W. O. ROBERTS, Spicules 667.
RUSSELL, H. N., Ionisation der Alkalien in Photosphäre und Sonnenflecken 95.
—, Multiplettintensitäten 339.
—, Zusammensetzung der Sonnenatmosphäre 432.
—, Verhältnis C : O 437.
—, Sonnenflecke 558.
—, W. S. ADAMS u. CH. E. MOORE, Wachstumskurven 412, 443.
—, RUSSEL-HERTZSPRUNG-Diagramm 71.
—, u. CH. E. MOORE, Massen der Sterne 78.
—, u. F. A. SAUNDERS, LS-Kopplung 338, 784.
—, u. J. Q. STEWART, Wasserstofflinien (Starkeffekt) 471.
RYLE, M., Interferometer 717.

SAHA, M. N., Erklärung der Harvardsequenz 52, 96.
SAHAsche Theorie 80.
SAHA-Formel 83.
SANFORD, R. F., Kohlenstoffisotope 435.
—, Lithiumlinie 437.
SAVEDOFF, M., Inkohärente Streuung 407.
SEARES, F. H., u. M. C. JOYNER, Farbenindizes 67.
SECCHI, A., Protuberanzen 673.
Sechsfarbenphotometrie von STEBBINS u. WHITFORD 63.
SEEMANN, H., EBERHARD-Effekt 239.
Sektor, rotierender 242.
Selbstabsorption 355.
— in der Chromosphäre 619, 626.
Selektive Anregung in Sternatmosphären 501.
Selfconsistent field 348.
SHAIN, C. A., 18,3 MHz-Strahlung 766.
SHAJN, G., wahres Kontinuum in Sternspektren 65.
SHAJN, P. TH., Dispersionseffekt 268.
SHANE, C. D., Entzerrung 254.
SHAPLEY, H., Flaresterne 608.
SHAPLEY, H., u. S. B. NICHOLSON, Linienprofile pulsierender Sterne 518.
Sichtbarkeitsfunktion der Sonnenflecken 542.
Sichtbarkeitskurven (Spektroheliogramme) 711.
SIEDENTOPF, H., Konvektion 220.
SILBERSTEIN, L., u. J. H. WEBB, Rotierender Sektor 242.
SLETTEBAK, A., Rotation der Sterne 516.
SMERD, S. F., Thermische Strahlung der Sonne im Radiogebiet 729.
—, u. K. C. WESTFOLD, Absorptionskoeffizient im Radiogebiet 728.
Smithsonian Revised Skala (1913) 31.
Solar Vortices 569.
Solarkonstante, Definition 27.
—, UV- und UR-Korrektion 36.
—, Zahlenwert 36.
—, Raketenmessung 36.
SOMMERFELD, A., u. W. HEISENBERG, Multiplettintensitäten 338.
—, u. H. HÖNL, Multiplettintensitäten 339.
Sonne, Durchmesser 25.
—, Masse 26.
—, Schwerebeschleunigung 26.
—, effektive Temperatur 36.
—, Wahres kontinuierliches Spektrum 47.
—, BALMER-Sprung 48.
—, Nichtgraues Strahlungsgleichgewichtsmodell 208.
—, Grobanalyse 429.
Sonnenaktivität, Überwachung 550.
Sonnenatmosphäre, empirische Modelle 117.
Sonnenfackeln 577.
Sonnenfinsternisse (Radiobeobachtungen) 726.
Sonnenflecke 539, 558.
—, Magnetohydrodynamik 559.
—, Streulicht 559.
—, mittlere Zustandsgrößen 564—568, 592.
—, effektive Temperatur 560.
—, relative Strahlungstemperatur 561.
—, Linienspektrum 563.
—, Anregung und Ionisation 564.
—, Energietransport 593.
Sonnenflecke, Konvektion 593.
—, Ursache der Abkühlung 593.
Sonnenphysik, Probleme 531.
Sonnenrand, scharfer 614.
—, Helligkeitsabfall 616.
Sonnenüberwachung 550.
SOUTHWORTH, J., Radiostrahlung der ruhigen Sonne 714.
Spaltbreite 249.
Spannungstensor, MAXWELLscher 8.
Speicherung der Ultrastrahlung 779.
Spektralklassifikation 520.
—, neuere Probleme 529.
Spektralphotometrie der Sternkontinua 56.
Spektrobolometer 32.
Spektroheliogramme 703.
—, Wasserstofflinien 705.
—, Metallinien 707.
Spektroheliograph 533.
Spektrohelioskop 533.
Spektroheliokinematograph 534.
Spektroskopische Parallaxen 80, 476, 520.
SPEYR, A. V., Sichtbarkeitsfunktion der Protuberanzen 546.
Spezifische Wärme c_p stellarer Materie 232.
Spitzen-Verfahren (Entzerrung) 255.
SPITZER, L., Stoßdämpfung und statistische Verbreiterung 311.
—, Eigendruckverbreiterung 331.
—, Inkohärente Streuung 372, 407.
—, Rote Übergiganten 461.
—, u. A., Leitfähigkeit ionisierter Gase 96.
—, u. R. HÄRM, Wärmeleitung ionisierter Gase 671.
SPÖRER, G., Breitenwanderung der Fleckenzone 542.
Spritzprotuberanzen 600.
Stabilität, spektroskopische 342.
Standard-Sterne (M.K.K.-Klassifikation) 522.
STANIER, H. M., Randverdunkelung λ 60 cm 725.
STARK, J., Druckeffekt 307.
Starkeffekt, linearer 304, 308, 320.
—, quadratischer 304, 310, 326, 328.

Statistische Gewichte 82.
— —, Tabelle 90.
— — von Multipletts 92.
Staub, kosmischer (Streuung) 181.
STEBBINS, J., u. A. E. WHITFORD, Sechsfarbenphotometrie 63.
STEFAN-BOLTZMANNsches Strahlungsgesetz 7.
Stellarmaterie, kontinuierliche Absorption 181.
STERN, O., u. M. VOLMER, Stöße II. Art 299.
Sterne innerhalb 10,5 pc 72.
Sterndurchmesser 70, 78.
STEWART, J. Q., u. H. A. A. PANOFSKY, Darstellung der Fleckenkurve 541.
ST. JOHN, CH. E., EVERSHED-Effekt 569.
—, —, Spektrum der Fackeln 579.
Störung zweier Linien, gegenseitige 501.
Störzeit 311.
STOKES, G. G., Polarisierte Strahlung 409.
Stöße II. Art 299.
Stoßdämpfung 275, 298.
— -Konstante 301.
— und statistische Verbreiterung 311.
—, Quantentheorie 313.
— durch Elektronen und Ionen 327.
— durch H- und He-Atome 333.
Stoßindex der Sonne 743.
Stoßionisation 655.
Stoßwellen 221, 667.
Stoßzahl 299.
Strahlenbrechung in der Korona 732.
Strahlungsausbruch 738, 743.
Strahlungsaustausch 106.
Strahlungsbeschleunigung 200
Strahlungsdämpfung, klass. 12, 274.
—, Quantentheorie 281.
—, Messung 358.
—, Flashspektrum 629.
Strahlungsdichte 3.
Strahlungsdruck 8, 200.
Strahlungsgesetz von PLANCK 18.
— — RAYLEIGH-JEANS 14.
— — STEFAN-BOLTZMANN 7.
— — WIEN 11.
Strahlungsgleichgewicht 128.
— der grauen Atmosphäre 129.
— im Sonnenfleck 563.
Strahlungsintensität 1.
Strahlungsintensität und Ergiebigkeit 109.
—, mittlere und Ergiebigkeit 118.
Strahlungskonstanten c_2 und σ 18.
—, Messung 22.
Strahlungsmessungen 48.
Strahlungsstrom 2.
Strahlungsstrom πF der Sonne 36.
— und Ergiebigkeit 119.
— an der Sternoberfläche 120.
— $\pi F_\lambda(0)$ der grauen Atmosphäre 151.
—, Radioastr. 722.
Strahlungstemperatur 24,
— und Farbtemperatur der Sterne 74.
— — effektive Temperatur 76.
— der Sterne 205.
Strahlungstemperatur (Radioastr.) 720.
STREBEL, H., u. B. THÜRING, Granulation 553.
Streulicht im Spektrographen 247.
Streuung 108, 371.
— an thermisch bewegten Teilchen 293.
— — — — Elektronen 294.
— inkohärente 372.
—, kohärente 391.
STRÖMGREN, B., Ionisation der Stellarmaterie 101.
—, Lineare Näherung von $B_\nu(T)$ 153.
—, Lambda-Iteration 161.
—, Kontinuierliche Absorption 164, 169.
—, Methode der Mittelwerte 381, 397.
—, Restintensitäten starker Metallinien 496.
—, H II-Regionen 755.
Strömungen im Sonnenfleck 569.
Strömungsgleichung der Strahlung 107.
Stromiterationsverfahren 141, 162.
STRUVE, O., Frühe Spektraltypen 425.
—, Makroturbulenz 460.
—, Rotation von spektr. Doppelsternen und Bedeckungsveränderlichen 513.
—, Rotation von Sternen 515.
—, Helle H + K-Linien 606.
—, u. H. CHUN, He in 55 Cyg 490.
STRUVE, O., u. C. T. ELVEY, Verbotene He I-Komponenten 329.
—, — —, Wachstumskurven und Turbulenz 457.
—, — —, Wasserstofflinien (Starkeffekt) 471, 475.
—, — —, Heliumlinien 485.
—, — —, Rotation von Sternen 515.
— — u. G. SHAJN, Rotation der Sterne 508.
—, u. A. UNSÖLD, Turbulenz als Funktion der Höhe 458.
—, — —, Grenze der BALMER-Serie 484.
Stufenabschwächer 241.
Sturmstöße 738, 742.
SUESS, H. E., Häufigkeitsverteilung der Elemente 433.
SUEMOTO, Z., Inkohärente Streuung 407.
SUGIURA, Y., Kontinuierliche Absorption 164.
Summenregel (BURGER-DORGELO) 338.
Supergalaxie 765.
Supermultiplett 341, 787.
Surges 600.
SWANN, W. F. G., Entstehung der Ultrastrahlung 774.
SWEPT-LOBE-Interferometer 738.
SWINGS, P., u. S. CHANDRASEKHAR, Blends 505.
—, u. O. STRUVE, Blends 504.
Szintillation, atmosphärische 532.
— der Ionosphäre 753.
Schallgeschwindigkeit 234.
SCHATZMAN, E., Aufheizung der Korona 666.
SCHEIN, M., J. A. SIMPSON, J. W. FIROR, W. H. FONGER, S. B. TREIMAN, solare Ultrastrahlung 773.
SCHEUER, P. A. G., u. M. RYLE, Radiostrahlung des interstellaren Gases 766.
Schichtdicke, wirksame 206.
Schichtmodell 378.
Schichtquelle der Strahlung 112.
SCHIRMER, H., Stoßwellen in der Chromosphäre 667.
SCHMALJOHANN, P., Statistische Verbreiterung 309.
Schmetterlingsdiagramm (MAUNDER) 543.
SCHMIDTsche Sonnentheorie 613.

SCHMIDT, M., Koronastrahlen 663.
SCHMIDT, W., Austausch 220.
SCHRÖDINGER, E., Intensitäten im Starkeffekt 320.
SCHRÖDINGER-Gleichung 336.
SCHÜTZ, W., Wachstumskurven 289, 443.
—, Strahlungsdämpfung 358.
—, u. H. SCHILLBACH, Strahlungsdämpfung (Ne) 358.
SCHUSTER, A., E-W-Asymmetrie 545.
—, Polarisation der Korona 644.
—, u. K. SCHWARZSCHILD, Näherungsmethode (Strahlungsgleichgewicht) 135.
SCHUSTER-SCHWARZSCHILD (S.S.)-Modell 379.
— — —-Modell mit Streuung 391.
Schwärzungskurve 240.
Schwankungserscheinungen 720.
Schwarzer Körper 22.
SCHWABE, Sonnenflecken-Zyklus 540.
SCHWARZSCHILD, K., Randverdunkelung der Sonne 42.
—, Ergiebigkeit 107.
—, Strömungsgleichung der Strahlung 107.
—, Wahre Absorption 108.
—, Konvektionsbedingung 215.
—, Strahlungsaustausch 371.
—, Flashspektrum 1905, 611.
—, Linienintensitäten in Protuberanzen 682.
—, u. P. S. EPSTEIN, Linearer Starkeffekt 320.
—, u. W. VILLIGER, Mitte-Rand-Kontrast der Sonne 40.
SCHWARZSCHILD-MILNEsche Integralgleichung, Lösungen 146.
SCHWARZSCHILD, M., Aufheizung der Korona 666.
SCHWARZSCHILD, M. u. B., u. W. S. ADAMS, Makroturbulenz 461.
Schwerebeschleunigung auf Sternen 79.
Schwingungsgleichung, Magnetohydrodynamik 587.

TACCHINI, P., Protuberanzen 673.
Tau Scorpii, Strahlungsstrom 213.
Tau Scorpii, Strahlungstemperatur 214.
— —, Temperatur- und Druckverteilung 214.
— —, Kontinuierliches Spektrum 214.
— —, Grobanalyse 426.
Taurusquelle, Bedeckung 735.
Temperaturschichtung der grauen Atmosphäre 132.
— — Sonnenatmosphäre 160.
THACKERAY, A. D., Blends 505.
—, Emissionslinien in H u. K am ⊙-Rand 507.
Thermische Anregung 79.
— Ionisation 79.
Thermodynamisches Gleichgewicht 277.
THIESSEN, G., Polarisation 410.
—, Visuelle Sonnenbeobachtung 532.
—, Granulation 553.
—, Solare Magnetfelder 571.
—, Allgemeines Magnetfeld der Sonne 581.
—, Polarisation der Korona 647.
Thomson-Streuung 177.
Trägheitskräfte in Strömung 217.
Transition array 787.
TRAVING, G., Nichtgraues Modell von τ Sco 212.
—, Dispersionseffekt 268.
—, Feinanalyse von τ Sco 453.
TREIMAN, S. B., Dipolmoment der Sonne und Ultrastrahlung 581.
Treppenspalt 241.
TUOMINEN, J., Eigenbewegungen der Flecke 577.
Turbulenz (Dopplereffekt) 286, 614.
— aus Wachstumskurve 445.
— u. Granulation 555.
— in der Chromosphäre 625, 630.
— und chromosphärische Granulation 712.
Turbulenzdruck 202.
Turbulenztheorie 219.
Turbulenzelemente, Strahlungsaustausch 225.
Turbulenzgeschwindigkeit in Sternatmosphären 456.
Typischer Sonnenfleck (MICHARD) 562.

Übergangsschema 787.
Übergangswahrscheinlichkeit 335.
Ultrastrahlung und allgemeines Magnetfeld der Sonne 581.
— 773.
—, solare Komponente 773.
—, — Entstehung 774.
—, — und Sonneneruptionen 774.
—, — — 200 MHz-Radiostrahlung 774.
—, Entstehung 780.
Ultrastrahlungsemission und Radiofrequenzstrahlung 776.
Umbra 559.
Umrechnungsfaktoren 783.
UNDERHILL, A. B., Entropie der Strahlung 231.
—, Starkeffekt He II 324.
Ungerade Terme 785.
Unsichtbare Flecke 575.
Unsymmetrie von Hα in Eruptionen 601.
UNSÖLD, A., Nomogramm zur SAHAschen Gleichung 86.
—, Berechnung der Opazität 127.
—, Stromiterationsverfahren 141, 162.
—, Direkte Lösung der SCHWARZSCHILD-MILNEschen Integralgleichung 143.
—, Lambda-Iteration 161.
—, Kontinuierliche Absorption des Wasserstoffs 170.
—, Wasserstoff-Konvektions-Zone 216.
—, Energietransport durch Strahlung und Konvektion 222.
—, Entropie stellarer Materie 229.
—, Starkeffekt He II 324.
—, Linien nach der EDDINGTON-BARBIERschen Näherung 382.
—, Gewichtsfunktionen 384.
—, Wachstumskurve 413.
—, Umkehrung des Wachstumskurvenproblems 421.
—, τ Scorpii 426.
—, Grobanalyse der Sonne 429, 432.
—, Mitte-Rand-Variation der Linien 447.
—, BALMER-Linien (⊙) 473.
—, Verbreiterung der Heliumlinien in B-Sternen 487.
—, Häufigkeit von He 489, 689.
—, Restintensitäten starker Metallinien 496.
—, Profile chromosphärischer Emissionslinien 625.

UNSÖLD, A., Anregungsfunktion einer Protuberanz 690.
—, Protuberanzenkontinuum 693.
—, Thermische Strahlung der Sonne im Radiogebiet 729.
—, Ursprung der galaktischen Radiostrahlung 768.
—, Radiofrequenzstrahlung und kosmische Ultrastrahlung 773.
—, u. W. KURZ, exakte Gewichtsfunktionen 384.
—, u. A. W. MAUE, Randverdunkelung 150.
—, O. STRUVE u. C. T. ELVEY, Wachstumskurven (interstellar) 443.
Unterzwerge, Klassifikation 528.
Urmaterie 434.

V2-Rakete 34.
Variationsmethode 144.
VAUCOULEURS, G. DE, anomale Galaxien 761.
Verbotene Komponenten der Heliumlinien 485.
Verkettung mehrerer Linien 499.
Verschiebungsgesetz, WIENsches 11, 21.
Verstärkte (Sturm-)Strahlung, Lokalisierung 741.
— — —, langsam veränderliche Komponente 742.
Verteilung 372.
VERWEY, S., Verbreiterung der Wasserstofflinien 307 bis 311.
VINTI, J. P., Absorptionskoeffizienten von He 172.
Viskosität 217.
Visuelle Beobachtung der Sonne 532.
Visuelle Helligkeit 67.
VITENSE, E., Solarkonstante 36.
—, Beitrag der Linien zur Opazität 157.
—, Kontinuierliche Absorption und Streuung 181.
—, Opazität der Stellarmaterie 198.
—, Mittlere Zustandsgrößen der Sternatmosphären 203, 528.
—, Energietransport durch Strahlung und Konvektion 222.
—, Wasserstoffkonvektionszone der Sonne 234.
—, H^- im Laboratorium 364.
VITENSE, E., Grenze der BALMER- Serie 485.
—, Theorie der Granulation 556.
VOIGT, H. H., Polarisation 410.
—, Grobanalyse von 55 Cyg 429.
—, Mg-Linien 449.
—, Dämpfung (Mg-Serie) 468.
VOIGT-Funktionen 258.
—, Berechnung 261.
Vorhersage der Sonnenfleckenkurve 542.

v. D. WAALS-Kräfte 306, 331.
Wachstumskurve (exp. Absorption) 288—292.
—, Emission 292.
—, Dopplereffekt und Dämpfung 412, 414.
—, universelle 416, 420.
—, empirische 443.
—, Sternspektren 457.
—, für Flashlinien 628.
— von Protuberanzen 687.
Wachstumskurvenproblem, Umkehrung 421.
Wärmeleitung in der Korona 671.
Wahre Absorption 285.
Wahres Kontinuum in Sternspektren 65.
— kontinuierliches Spektrum der Sonne 44, 245.
Wahrscheinlichkeit, thermodynamische 16.
WALDMEIER, M., Sonnenfleckenkurve 540.
—, Breitenverteilung der Fackeln 545.
—, Dauer der Eruptionen 546.
—, Mitte-Rand-Variation der Eruptionen 546.
—, Korona, Protuberanzen u. Flecke (Breitenverteilung) 547.
—, Granulation 553.
—, Eigenbewegungen der Flecke 577.
—, Heller Ring 578.
—, Struktur der Fackeln 578.
—, Eruptionen 598, 601.
—, Breite der Koronalinien 651.
—, Monochromatische Gesamtemission der Korona 664.
—, Temperaturvariationen in der Korona 665.
—, Koronakondensationen 666.
—, Protuberanzenklassifikation 673.
WALDMEIER, M., Protuberanzen 693.
—, u. H. MÜLLER, Thermische Strahlung der Sonne im Radiogebiet 729.
—, u. H. MÜLLER, Radiofrequenzstrahlung der Koronakondensationen 739.
WALÉN, C., Theorie der Sonnenflecke 593.
WALENKOW, N., Eberhardeffekt 240.
WANDERS, A. J. M., Photometrie der Sonnenflecke 559.
WARWICK, J., Sonnenflecke 567.
Wasserstoff, kontinuierliche Absorption 165.
—, v. D. WAALS-Kräfte 333.
—, interstallerer, 21 cm-Linie 772.
Wasserstoffatome, Wirkungsquerschnitt 597.
Wasserstoffion, negatives 174.
—, —, Ionisation 176.
Wasserstoffkonvektionszone der Sonne 234.
—, Entropiediagramm 236.
Wasserstofflinien, radiale Integrale 344.
—, Oszillatorenstärken 345, 346.
—, Übergangswahrscheinlichkeiten 347.
—, Abhängigkeit von T_e und g 479.
—, Zentralintensität 490.
WEBB, J. H., Rotierender Sektor 242.
WEIDEMANN, V., Gewichtsfunktionen 421.
—, Feinanalyse der Sonnenatmosphäre 442.
WEINGEROFF, M., Strahlungsdämpfung 358.
WEISSKOPF, V., Stoßdämpfung 301.
—, Quantentheorie der Stoßdämpfung 313.
—, Eigendruckverbreiterung 331.
—, u. E. WIGNER, Quantentheorie der Strahlungsdämpfung 281.
WEIZSÄCKER, C. F. v., Turbulenz 219.
WELLMANN, P., Rotationsverbreiterung 511.
—, Helle H- u. K-Linien 606.
WEMPE, J., Gesamtabsorption der FRAUNHOFER-Linien im Sonnenspektrum 45.

Wempe, J., Kalibrierung der Rowland-Intensitäten 267.
Westerhout, G., u. J. H. Oort, Allgemeine Radiostrahlung 754.
—, — —, Isotrope Komponente 763.
—, — —, Verteilung der galaktischen Radioquellen 763, 768.
Westgate, Chr., Rotationsgeschwindigkeit verschiedener Spektraltypen 516.
White, H. E., u. A. Y. Eliason, Multiplettintensitäten 341.
Whitford, A. E., Scheinbare Sterndurchmesser 70.
Wick, G. C., Quadraturen 121.
Wien, W., Entropiestrahlung 10.
—, Verschiebungsgesetz 11, 21.
—, Abklingleuchten 275.
Wigner, E., partieller f-Summensatz 351.
Wild, J. P., Einzelstöße 750.
—, u. L. L. McCready, Radiospektroskop 738.
—, — u. A., Sturmstöße 742.
—, J. D. Murray u. W. C. Rowe, Spektrum der Strahlungsausbrüche 747.
—, J. A. Roberts u. J. D. Murray, Spektrum der Einzelstöße 750.
Wildt, R., H^--Ion 174.
—, Chromosphäre 621.
Williams, E. G., Wasserstofflinien 476.
—, B-Sterne 490.
Williams, E. T. R., Wasserstofflinien 476.
Williams, R. C., Spektralphotometrie der Sterne 60.
—, u. W. A. Hiltner, Direkt registrierendes Photometer 244.
Williams, J. D., Scheinbare Sterndurchmesser 70.
Wilsing, J., u. A., Energieverteilung im Sonnenspektrum 33.
Wirbelbewegung in Sonnenflecken? 569.
Wirksame optische Dicke 413.
— — Tiefe 402.
Wirkungsquerschnitt geladener Teilchen 595.
— neutraler Atome 597.
Wolf, R., Relativzahlen 539.
Wolkenbildung 221.
Wood, R. W., Resonanzfluoreszenz 275, 360.
Woolley, R. v. d. R., Ergiebigkeit und Strahlungsstrom 142.
—, Interlocking 499.
—, Restintensität von Hα 499.
—, Strahlungsaustausch in brechendem Medium 732.
—, u. C. W. Allen, Ionisation der Korona 652.
—, — —, Strahlungs- und Stoßanregung in der Korona 661.
—, — —, Zusammensetzung der Korona 661.
—, — —, Abstrahlung der Korona 670.
Wormell, T. W., Gesamtstrahlung der Sonnenflecke 559.
Wormell, T. W., Gesamtstrahlung der Fackeln 579.
Wright, K. O., Wachstumskurven (Sonne) 444.
—, — und Turbulenz 457.
Wrubel, M. H., Wachstumskurven 419.
Würzburg-Spiegel 716.
Wurm, K., Protuberanzen 691.
—, Kontinua von Protuberanzen 693.
—, u. H. J. Meister, Kontinuum bei λ 4227 365, 470.

Yagi-Antenne 716.
Yerkes-Klassifikation 522.

Zählrohrteleskop 773.
Zanstra, H., Hohlraumstrahlung endlicher Frequenzbereiche 19.
—, Polarisation 410.
—, Kontinua von Protuberanzen 693.
—, Druck in Protuberanzen 699.
Zeeman-Effekt 464.
Zentralintensität 396, 491.
Zürich, Relativzahlen 539.
Zustandsgrößen, mittlere, der Sternatmosphären 202, 424, 528.
—, — — Sonnenatmosphäre 431.
Zustandssumme 17, 84.
Zweiter Teil eines Strahlungsausbruches 745, 747.
Zwergsterne 71.
Zyklische Quantenübergänge 499.

Offsetdruck: Julius Beltz, Weinheim/Bergstr.